地基与基础

（第四版）

顾晓鲁　郑　刚　刘　畅　李广信　主编

中国建筑工业出版社

图书在版编目（CIP）数据

地基与基础/顾晓鲁等主编. —4版. —北京：中国
建筑工业出版社，2018.7（2023.3重印）
ISBN 978-7-112-22392-3

Ⅰ.①地… Ⅱ.①顾… Ⅲ.①地基②基础（工
程） Ⅳ.①TU47

中国版本图书馆 CIP 数据核字（2018）第 138382 号

本书系在《地基与基础》第三版的基础上依据现行标准、规范，历经十余载精心修订而成。

全书共分为岩石与地质作用、土力学、基础工程、不良地质条件下的地基基础问题及特殊土地基四篇。第一篇岩石与地质作用，主要内容包括：岩石的类型及特征；地质构造及岩体结构；第四纪沉积层的形成及其工程地质特征；地下水及其地质作用；第二篇土力学，主要内容包括：土的物理性质和工程分类；土的渗透性与土的有效应力原理；土体中的应力计算；基础沉降计算；土的抗剪强度与地基承载力；土坡稳定与挡土墙土压力；非饱和土力学概论；第三篇基础工程，主要内容包括：岩土工程勘察；浅基础设计；基础结构设计与计算；桩基础；沉井及墩基础；地基处理；动力机器基础；基坑工程；岩土工程数值方法概论；第四篇不良地质条件下的地基基础问题及特殊土地基，主要内容包括：地震区的地基与基础；边坡运动及其防治；岩溶与土洞；红黏土地基与花岗岩残积土地基；山区地基；填土地基；软土地基；湿陷性黄土地基；膨胀土地基；多年冻土地基；盐渍土地基。

本书可供土木工程勘察、设计、施工技术人员及注册考试考生、大专院校师生参考。

责任编辑：咸大庆 王 梅 郭 栋
责任校对：党 蕾

地基与基础（第四版）

顾晓鲁 郑 刚 刘 畅 李广信 主编

*

中国建筑工业出版社出版、发行（北京海淀三里河路9号）
各地新华书店、建筑书店经销
霸州市顺浩图文科技发展有限公司制版
河北鹏盛贤印刷有限公司印刷

*

开本：787×1092毫米 1/16 印张：73¾ 字数：1789千字
2019年7月第四版 2023年3月第十三次印刷
定价：**188.00**元
ISBN 978-7-112-22392-3
（32270）

第 四 版 前 言

本书自 2003 年 5 月第三版发行至今历时已 15 年。这些年来地基基础工程领域技术发展十分迅速，地基处理新技术、新工法，桩工机械、桩基础新施工工法、新桩型以及桩基应用领域的扩大如雨后春笋般萌发，岩土工程数值分析方法的应用已在建筑地基基础行业中形成十分强劲的发展势头。在高层建筑领域，近年来超高层建筑大量兴建，超长桩及超深独立地下室的抗拔桩，开始大量应用，全国各地地下空间的开发利用，大量兴建大型地下管廊、大型基坑、超深地下连续墙、隧道工程等高难度地下工程得到了大发展。因城市建设、城镇化规划发展的需要，城市开发大面积的填、挖方工程、围海造陆工程等对地基处理新技术的需求十分迫切。在此社会发展的背景下，本书进行第四次修编，以便于工程技术人员的参考使用，并为地基基础学科的发展起一定的推动作用。

本书仍沿用岩石与地质作用、土力学、基础工程、不良地质条件下的地基基础问题及特殊土地基共四篇的编排结构。在第三版的基础上作了大量的修编，全书内容有较大的充实提高，将更适应地基基础工程技术发展的需要。全书的修编情况如下：

岩石与地质作用篇，由汪时敏主持修编；

土力学篇，由李广信重新编写，增加了土的渗透性与土的有效应力原理一章，增加了由王成华编写的非饱和土力学概论一章；

基础工程篇，由顾晓鲁、郑刚、刘畅主持修编，其中桩基础章中的抗拔桩、超长灌注桩由吴江斌编写。基坑工程章中的基坑工程逆作法由徐中华编写。动力机器基础章由王贤杰修编。新增岩土工程数值方法概论章由雷华阳编写。

不良地质条件下的地基基础问题及特殊土地基篇，由顾晓鲁主持修编，地震区的地基与基础由王承春编写，湿陷性黄土地基由罗宇生修编。各类区域性地基按现行国家与行业相关标准规定作了协调补充。

全书由刘畅负责总成，最后由顾晓鲁、郑刚、刘畅、李广信修改定稿。

顾晓鲁 郑 刚 刘 畅 李广信

第 三 版 前 言

本书前身为由天津大学、西安冶金建筑学院、哈尔滨建筑工程学院、重庆建筑工程学院四校合编的工业与民用建筑专业的统编教材《工程地质与地基基础》，于1961年由中国工业出版社出版。1978年由原编著单位对全书进行了全面改写，重新定名为《地基与基础》，由中国建筑工业出版社出版。经1993年修订出版第二版，2002年修订出版第三版，出版发行至今已历时40余年。参与本书各版本的编作者，为本书做了大量工作，保持了本书具有较完整的学科理论体系，内容全面丰富，既体现学科水平又具有易读实用的特点，为丰富岩土工程学科图书资料作出了长期不懈的努力。

本书主要是为土木工程勘察、设计及施工技术人员编写的。作为岩土工程的一个主要方面的各类建筑地基基础，涉及的范围相当广泛，包括工程地质、土力学、地基基础的设计与施工等很多方面。加之我国土地辽阔，幅员广大，土质各异，使得地基与基础这门工程技术更加复杂。考虑到这些特点，本书编写时力求尽量多地搜集各方面的资料，较系统地介绍地基基础方面的基本理论、实用设计方法和施工要点，并充分反映当前我国地基基础工程理论与实践的发展水平。全书分为：岩石与地质作用、土力学、基础工程、不良地质条件下的地基问题及特殊土地基四篇共28章。

本书在编写过程中，得到了许多勘察、设计、施工、科研部门和高等院校的大力支持，帮助审阅部分书稿，提供了有关资料，在此表示谢意。由于编者水平所限，本书还有不少缺点和错误，恳请读者批评指正。

本书由顾晓鲁、钱鸿缙、刘惠珊、汪时敏主编。编写人名单（以姓氏笔画为序）及分工如下：

王成华，天津大学，第11、14章；

王杰贤，西安建筑科技大学，第16章；

冯元恺，宁波高等专科学校；钱纪荃，中国通讯建设第二工程局；刘宏利，西安毛纺厂，第17章；

刘惠珊，中冶建筑研究总院（原冶金部建筑研究总院），第5、8、18章；

汪时敏，重庆大学，第1、2、3、4、10、19、20章；

连春，海南省第六建筑公司，第21章；

郑刚，天津大学，第12、15章；

陆培毅，天津大学，第24章；

赵焕斌，哈尔滨工业大学，第6、27章；

顾晓鲁，天津大学，第13章；

涂光祉，西安建筑科技大学，第22、23章；

徐攸在，中冶建筑研究总院（原冶金部建筑研究总院），第28章；

钱鸿缙，西安建筑科技大学，第7、9、25、26章。

本书初稿除经各章作者互相交换审阅以外，第三版责任编辑、中国建筑工业出版社咸大庆、吉万旺编辑审阅了编写大纲并给予大力支持，在此一并致以深切谢意。全书由顾晓鲁负责总成，最后由顾晓鲁、钱鸿缙、刘惠珊、汪时敏修改定稿。

顾晓鲁　钱鸿缙　刘惠珊　汪时敏

第 二 版 前 言

本书主要是为土建工程勘察、设计及施工技术人员编写的。作为岩土工程的一个主要方面的房屋建筑地基基础，涉及的范围相当广泛，包括工程地质、土力学、地基基础的设计与施工等很多方面。加之我国土地辽阔、幅员广大、土质各异，使得地基与基础这门工程技术更加复杂。考虑到这些特点，本书编写时力求尽量多地搜集各方面的资料，尽量系统地介绍地基础方面的基本理论、设计方法和施工要点，并充分反映当前我国地基基础工程理论与实践的发展水平。全书分为四篇：岩石及地质作用、土力学、基础工程、不良地质条件下的地基问题及特殊土地基。

本书在编写过程中，得到了许多勘察、设计、施工、科研部门和高等院校的大力支持、帮助审阅部分书稿，提供了有关资料，在此表示谢意。由于编者水平所限，本书还会有不少缺点和错误，恳请读者批评指正。

本书由顾晓鲁、钱鸿缙、刘惠珊、汪时敏主编。编著成员（以姓氏笔画为序）及分工如下：

王正秋，哈尔滨建筑工程学院，第 6、27 章；

王成华，天津大学，第 14 章；

五杰贤，西安冶金建筑学院，第 16 章；

冯元恺，宁波高等专科学校；钱纪荃，中国通讯建设第二工程局；刘宏利，西安毛纺厂，第 17 章；

刘惠珊，冶金部建筑研究总院，第 5、8、18 章；

江级辉，重庆建筑工程学院，第 1、2 章；

汪时敏，重庆建筑工程学院，第 3、4、10、19、21 章；

汪丛林，重庆建筑工程学院，第 20 章；

陈宝利，天津大学，第 11 章；

吴家玧，天津大学，第 15 章；

陆培毅，天津大学，第 24 章；

顾晓鲁，天津大学，第 12、13 章；

徐光祉，西安冶金建筑学院，第 22、23 章；

徐攸在，史桃开，冶金部建筑研究总院，第 28 章；

钱鸿缙，西安冶金建筑学院，第 7、9、25、26 章；

本书初稿除经各章作者互相交换审阅外，承蒙陕西建筑科学研究所罗宇生审阅了第 25 章，总后建筑设计院王惠亭审阅了第 26 章，第一版责任编辑、中国建筑工业出版社朱象清总编辑审阅了编写大纲并给予大力支持，在此一并致以深切谢意。全书由顾晓鲁负责总成，最后由顾晓鲁、钱鸿缙、刘惠珊、汪时敏修改定稿。

顾晓鲁　钱鸿缙　刘惠珊　汪时敏

第 一 版 前 言

为了向科学技术现代化进军的伟大号召，为了适应基本建设事业发展的需要，总结经验，交流技术，我们编写了这部《地基与基础》。

工业与民用建筑的地基与基础，涉及的范围相当广泛，包括工程地质、土力学、地基基础的设计与施工等很多方面；加之，我国土地辽阔，幅员广大，土质各异，使得地基与基础这门工程技术更加复杂。考虑到这些特点，编写时我们力求尽量多地搜集各方面的资料，尽量系统地介绍地基基础方面的基本理论、实用设计方法和施工要点，并本着"洋为中用"的原则，适当介绍了国外的一些技术资料。因此，本书篇幅较大，内容较多。全书分为四篇：岩石及地质作用、土力学、基础工程、不良地质条件下的地基问题和特殊土地基。

本书在编写过程中，得到了全国许多勘察、设计、施工、科研部门和高等院校的大力支持，帮助审阅书稿，提出了许多宝贵意见，并提供了大量资料，在此表示谢意。编写组对全稿虽然反复地进行了讨论与修改，但由于水平所限，本书还会有不少缺点和错误，恳请读者批评指正。

本书第一、二、三、四、十、十九、二十一、二十二、二十七章由重庆建筑工程学院负责编写，参加编写的有肖执中、汪时敏两同志；第五、六、八、二十八章由哈尔滨建筑工程学院负责编写，参加编写的有刘惠珊、全钰琬、徐攸在等同志；第七、九、十四、十八、二十、二十三、二十四、二十五章由西安冶金建筑学院负责编写，参加编写的有钱鸿缙、程显尧、徐光祉、王杰贤、李启鹗、王恕苓、张迪民等同志；第十一、十二、十三、十五、十六、十七、二十六章由天津大学负责编写，参加编写的有顾晓鲁、吴家珣、陈宝利、蔡伟铭、陈火坤等同志。全书由天津大学负责总成。最后由顾晓鲁、钱鸿缙、刘惠珊、汪时敏同志修改定稿。

顾晓鲁　钱鸿缙　刘惠珊　汪时敏

目　录

主 要 符 号 表

A——基础底面面积；

a——压缩系数；

A、B——孔隙水压力参数；

b——基础底面宽度；

$\bar{a}_i$——平均附加应力系数；

c——黏聚力；

C_c——压缩指数；

C_h——水平向固结系数；

C_v——竖直向固结系数；

d——基础埋置深度；

D_r——相对密实度；

d_s——土粒相对密度（比重）；

d_{fr}——基底下允许残留冻土层厚度；

d_{10}——有效粒径；

d_{60}——限定粒径；

E　变形模量；

E_a——主动土压力；

E_p——被动土压力；

E_s——压缩模量；

e——孔隙比；

F——基础底面竖向荷载；

f_{ak}——地基承载力特征值；

f_a——修正后地基承载力特征值；

G——基础及台阶以上覆土重量；

G_D——动力水；

H——基础高度；

h——土层厚度，水头高度；

I——截面惯性矩；

I_L——液性指数；

I_p——塑性指数；

i——水力梯度；

i_{cr}——临界水力梯度；

K——安全系数，附加应力系数，渗透系数；

K_h——抗滑稳定安全系数；

K_q——抗倾覆安全系数；

K_0——侧压力系数，静止土压力系数；

K_a——主动土压力系数；

K_p——被动土压力系数；

K_u——不均匀系数；

k——渗透系数，基床系数；

l——基础底面长度；

M——弯矩、力矩；

m——地基的水平抗力系数；

N——标准贯入试验锤击数；

N_{10}——轻便触探试验锤击数；

$N_{63.5}$——重型圆锥动力触探锤击数；

N_{120}——超重型圆锥动力触探锤击数；

N_r、N_q、N_c——地基承载力系数；

n——孔隙率；

P——外荷载；

p_0——基底平均附加应力；

$p_{1/4}$——地基塑性荷载；

p_{cr}——地基临塑荷载；

p_u——地基的极限承载力；

Q——水平力；竖向荷载时桩基中单桩所承受的竖直力；

q——均布荷载；

q_c——双桥探头锥头阻力；

q_p——桩端土的承载力设计值；

q_s——桩周土的摩擦力设计值；

q_u——无侧限抗压强度；

R——单桩竖向承载力设计值；

R_b——岩石饱和单轴抗压强度；

s——沉降量；

S_i——饱和度；

T——水平力；

T_p——竖向固结时间因子；

T_H——水平向固结时间因子；

t——时间；

U——固结度；

U_v——竖向排水固结度；

U_r——径向排水固结度；

u——孔隙水应力；

V——剪力；

W——重量，截面抵抗矩；

w——含水量；

w_{op}——最优含水量；

w_L——液限含水量；

w_p——塑限含水量；

x_0——标准冻深；

z——深度；

z_n——地基沉降计算深度；

α——边坡坡角，挡土墙墙背倾斜角，桩的变形系数；

β——填土表面坡角；

γ——土的重力密度，简称土的重度；

γ_d——干重度；

γ_p——土的加权平均重度；

γ_w——水的重度；

γ_m——饱和重度；

γ'——浮重度；

δ——土对挡土墙背的摩擦角；

η——群桩效率系数；

η_b——基础宽度的承载力修正系数；

η_d——基础埋深的承载力修正系数；

θ——地基的压力扩散角；

λ——地基梁的柔度特征值；

μ——泊松比，土对挡土墙基底的摩擦系数；

υ——群桩沉降比；

σ——总应力，法向应力；

σ_1、σ_3——大、小主应力；

σ_c——自重应力；

σ_z——土中竖向附加应力；

σ'——有效应力；

τ——剪应力；

τ_1——土的抗剪强度；

φ——土的内摩擦角；

ψ_s——沉降计算修正系数；

ψ_1——采暖对冻深的影响系数；

ω——沉降影响系数；

ρ_w——水的密度。

第一篇 岩石与地质作用

第1章 岩石的类型及特征

1.1 造岩矿物

地球外层的硬壳（地壳）是一切工程建筑物的地基，地壳是由岩石构成的，所以，岩石的工程性质对地基建筑条件的好坏有直接影响。岩石又是由造岩矿物组成的，为了研究岩石，就必须先对造岩矿物有初步的了解。

1.1.1 造岩矿物及其物理性质

地壳的组成物质，少数呈自然元素存在，大多数都为化合物。这些存在于地壳中具有一定化学成分和物理性质的自然元素或化合物称为矿物。现在知道的矿物已有3000多种，但岩石中常见的矿物仅50多种，这些常见的组成岩石的矿物称为造岩矿物。

造岩矿物的物理性质是鉴定矿物的重要特征，主要的物理性质有：形态、颜色、光泽、条痕、硬度、解理、断口等。

1. 形态

矿物由于生成时的环境影响，可以是结晶的或非结晶的。结晶的矿物由于受到内部晶格结构的控制，外表常呈现一定的形态，这种形态可作为鉴定矿物的依据，如方解石为菱面体，水晶石为六方锥状柱体等。矿物的形态通常有：粒状、板状、片状、柱状、纤维状等。

2. 颜色

指矿物新鲜表面的颜色。某些矿物具有特定的颜色，如黄铁矿为铜黄色；有的矿物因含有不同的杂质而能表现出多种颜色，如纯石英为无色透明，含锰则为紫色，含碳则为黑色等。因此，不能仅凭颜色一个指标来鉴定矿物，要与其他物理性质配合运用。按照颜色的深浅，矿物可以分为：

1）浅色（白色、浅灰、粉红、红色、黄色等），如长石、石英等。

2）深色（深灰、深绿、灰黑、黑色等），如角闪石、辉石等。

3. 光泽

指矿物表面反射光线的强度。光泽分为：

1）金属光泽：类似金属光辉闪耀的光泽，如黄铁矿。

2）非金属光泽：具有此种光泽的矿物颜色较浅，它又可以分为：

玻璃光泽：像玻璃面上的光泽，如石英、长石。

脂肪光泽：矿物表面好像涂有一层脂肪，如滑石。

丝绢光泽：反光如丝绢。纤维状矿物有这种光泽，如纤维石膏。

土状光泽：矿物表面暗淡无光，如高岭土。

珍珠光泽：矿物表面如贝壳内面所呈现的多色色彩，如云母。

金刚光泽：光泽灿烂，如金刚石。

4. 条痕

条痕是矿物粉末的颜色，常借矿物在毛瓷板上刻划所留下的粉末痕迹进行观察，故名条痕。条痕较矿物的颜色固定，对鉴定金属矿物意义较大，如磁铁矿条痕为黑色、赤铁矿条痕呈樱红色。

5. 硬度

矿物抵抗外来刻划的能力称为硬度。测定时应刻划矿物的新鲜表面。测定矿物的相对硬度常用摩氏（Mohs）硬度计（表 1.1.1）。该硬度计是选择十种硬度不同的矿物，分别定为 1～10 度，按低到高的次序排列而成。

摩氏硬度计 表 1.1.1

硬度	矿物名称	代用品	硬度	硬度	矿物名称	代用品	硬度
1	滑石	软铅笔	1	6	长石	铅笔刀	5～6
2	石膏	指甲	2～2.5	7	石英	小刀	6～7
3	方解石	铜钥匙	2.5～3	8	黄玉		
4	萤石	铁钉	4	9	刚玉		
5	磷灰石	玻璃	5～5.5	10	金刚石		

由于硬度计携带很不方便，野外工作时可利用表中所列的代用品测定硬度。

硬度是矿物的重要鉴定特征之一。矿物的硬度是用已知硬度的矿物或代用品去刻划另一矿物来确定其硬度。例如，有一矿物能被萤石刻划，而它又能刻划方解石，则这个矿物的硬度大于 3 且小于 4，近似地可取 3.5；又如，有一矿物用指甲刻不动，用铁钉可以刻划，则其硬度约为 3。

6. 解理

矿物受到外力打击时沿一定方向裂开的性能，称为解理。裂开的光滑平面，称为解理面（图 1.1.1）。解理是矿物内部晶格结构决定的，也是矿物的重要鉴定特征。

解理分为：

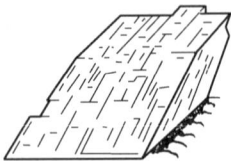

图 1.1.1 方解石菱形解理及解理面

1）极完全解理：矿物裂成极薄的片状，如云母。

2）完全解理：解理面平滑，常沿解理面裂成小块，如方解石。

3）不完全解理：矿物断面上只局部地带有不大的解理面，如橄榄石。

4）无解理：矿物的裂开是沿着任意面产生，只在特殊的情况下才能发现解理面，如石英。

7. 断口

矿物受外力打击断裂后，不规则的断裂面称为断口。其形状有：贝壳状、平坦状、土状、参差状、锯齿状等。

表 1.1.2

最主要的造岩矿物鉴定特征表

类别	矿物名称	化学成分	形状	颜色	光泽	条痕	硬度	解理	断口	其他性质
硅酸盐类	橄榄石	$(Mg,Fe)_2SiO_4$	粒状	绿色,黄绿色	玻璃,脂肪		6.5~7	无或不完全	贝壳状	
	石榴石	$(Fe,Mn,Ca,Mg)_3(Fe,Cr,Al)_2[SiO_4]_3$	粒状	棕红,暗红色等	玻璃,脂肪		6.5~7.5	无	贝壳状	
	辉石	$Ca(Mg,Fe,Al)[(Si,Al)_2O_6]$	粒状,短柱状	灰绿,黑绿色	玻璃		5~6	完全		
	角闪石	$Ca_2Na(Mg,Fe)_4(Al,Fe)[(Si,Al)_4O_{11}]_2[OH]_2$	长柱状,针状	暗绿,褐色	玻璃,丝绢		5~6	完全		常夹有石棉脉
	蛇纹石	$Mg_6[Si_4O_{10}][OH]_8$	块状,纤维状	浅绿至深绿黑色	脂肪,丝绢		2~3.5	无	贝壳状	
	滑石	$Mg_3[Si_4O_{10}][OH]_2$	块状,片状	淡绿,黄白色	脂肪,珍珠		1	完全		具有滑感
	绿泥石	$(Mg,Fe)_5Al[AlSi_3O_{10}][OH]_6$	片状鳞片状	绿色	玻璃,珍珠		2~2.5	完全		薄片无弹性
	高岭土	$Al_4[Si_4O_{10}][OH]_8$	土状	白色,淡黄色	土状		1	无	土状	有土味,有滑感,加水有黏性
	白云母	$KAl_2[AlSi_3O_{10}][OH]_2$	薄片状,集合体	白色,浅色	玻璃,珍珠		2~3	极完全		薄片有弹性,透明或半透明
	黑云母	$K(Mg,Fe)_3[AlSi_3O_{10}][F,OH]_2$	薄片状,集合体	黑色,黑绿色	玻璃,珍珠		2~3	极完全		薄片有弹性,半透明
	正长石	$KAlSi_3O_8$	柱状,板状	肉红,灰白色	玻璃		6	完全		两组解理面正交
	斜长石	$NaAlSi_3O_8$	柱状,板状	白色,灰白色	玻璃		6	完全		两组解理面斜交,晶面上有条纹
氧化物类	石英	SiO_2	块状,六方柱锥体	无色,乳白,灰色	玻璃或油脂肪		7	无	贝壳状	晶面上有平行条纹
	燧石	SiO_2(隐晶质石英)	结核状,瘤状	黑色,深棕色	玻璃		7	无	贝壳状	
	磁铁矿	Fe_3O_4	块状,八面体	铁黑色	金属	黑色	5.5~6	无		有磁性,相对密度较大
	赤铁矿	Fe_2O_3	块状,鳞片状	红褐,铁黑色	金属光泽或无光泽	樱红	5.5~6	无		相对密度较大
	褐铁矿	$Fe_2O_3 \cdot nH_2O$	块状,土状	黄褐色	土状	黄褐	1~4	无		致密块状,多孔块状或镏状
碳酸盐类	方解石	$CaCO_3$	菱形体,块状	白色,无色	玻璃		3	完全		遇稀盐酸起气泡
	白云石	$CaCO_3 \cdot MgCO_3$	菱形体,块状	灰白,浅黄色	玻璃		3.5~4	完全		粉末遇稀盐酸起泡
硫化物及硫酸盐类	石膏	$CaSO_4 \cdot 2H_2O$	板状,纤维状	白色,灰色	玻璃,丝绢		2	完全,极完全		
	硬石膏	$CaSO_4$	板状,纤维状	白色,灰色	玻璃,珍珠		3~3.5	完全,极完全		
	黄铁矿	FeS_2	块状,立方体	铜黄色	金属	黑色	6~6.5	无		

8. 其他性质

除上述性质外，有些矿物还有某些特殊性质，如磁铁矿具有磁性、滑石手摸有滑感、云母片有弹性、方解石滴稀盐酸后会起泡等，这都是它们的特征。

1.1.2 主要造岩矿物及其肉眼鉴定

矿物按化学成分，可分为硅酸盐、氧化物、氢氧化物、碳酸盐、硫化物及硫酸盐等类。根据矿物形成的先后，又可分为：

1. 原生矿物

在岩浆冷凝过程中形成的矿物，如石英、长石、云母、辉石、角闪石等。

2. 次生矿物

由原生矿物经风化等作用变化而成的新矿物，如滑石、绿泥石、高岭土等；或由水溶液中析出形成的矿物，如方解石、石膏、岩盐等。

现将最主要的造岩矿物及其特征列于表1.1.2。

鉴定矿物的方法很多，有肉眼鉴定、化学分析、差热分析、偏光显微镜分析、光谱分析等等。对于建筑工程来说，除特殊要求（如鉴定黏土矿物）外，一般多用肉眼鉴定法。

肉眼鉴定法需用一些简单的工具：铁锤、小刀、10倍的放大镜、条痕瓷板、10%的稀盐酸等。鉴定时，根据表1.1.2所列的矿物特征，先观察矿物的颜色、硬度，然后根据解理、断口及其他特征定出矿物的名称。

1.2 岩石的类型及特征

岩石是由一种或数种矿物组成的集合体，即岩石可以由一种矿物组成（如石英岩由石英组成），也可以由多种矿物组成（如花岗岩由石英、正长石、云母组成）。地壳中，以多种矿物组成的岩石为最多。

岩石按其成因，可分为三大类：

（1）岩浆岩：由熔融的岩浆在地表或地壳内冷凝而成的岩石。岩浆岩又名火成岩。

（2）沉积岩：地表的岩石因大气、水、生物的作用而被破坏成碎屑和溶液，这种破坏后的产物以及死亡的生物在水体内或陆地上堆积起来，重新生成的岩石就叫沉积岩。

（3）变质岩：地壳的先成岩石在高温、高压和化学性活泼的物质作用下经变质而成的岩石。

1.2.1 岩浆岩

1. 岩浆岩的形成

地壳深处的高温熔融物质——岩浆，当其上覆盖的地壳压力失去均衡时（例如发生地壳运动），便向压力小的地方运动，侵入上面的岩石内或喷出地表。在运动过程中，岩浆不断地发生变化，热量也逐渐散失，最后冷凝成岩浆岩。

岩浆在地面以下冷凝的称为侵入岩，在地表冷凝的称为喷出岩。侵入岩按其离地面的深浅程度，相对又可分为深成岩和浅成岩。

深成、浅成和喷出的岩石，在形成时各自处于不同的物理条件：深成岩形成时处于上覆岩石的保护下，因而压力较大、冷却慢，化学物质有较好的结晶环境；喷出岩形成时与空气接触，压力低、冷却快，物质多来不及结晶；浅成岩介于两者之间。由于这种条件的不同，所以它们具有不同的结构和构造。

岩浆按其 SiO_2 的含量（％），可以分为：酸性的（75％～65％）、中性的（65％～52％）、基性的（52％～40％）及超基性的（＜40％）。这些岩浆冷凝后，便相应地形成酸性的、中性的、基性的、超基性的岩浆岩。

2. 岩浆岩的特征

1）岩浆岩的矿物成分　按岩浆岩矿物颜色的深浅可分为：

（1）浅色矿物：正长石、斜长石、石英、白云母等。

（2）深色矿物：黑云母、角闪石、辉石、橄榄石等。

一般酸性和中性的岩浆岩以含浅色矿物为主，故岩石的颜色多为浅色；基性和超基性的岩浆岩以含深色矿物为主，故岩石的颜色多是深色。

2）岩浆岩的产状　产状是岩石形成时岩体的形状。它是鉴定岩石的重要特征之一。

侵入岩的产状有岩基、岩株、岩盘和岩脉等（图1.2.1）。

岩基是最大的岩浆侵入体，它的长度达几百至几千公里，宽度由几十至几百公里。岩株的范围比岩基小，多位于岩基的上部。岩盘呈圆面包状或蘑菇状。岩脉是岩浆侵入围岩裂缝后冷凝成狭长形的岩体，厚度由几厘米到几十米。岩脉的分枝，叫岩枝。岩浆侵入围岩的层面间并顺层面方向延展的，叫岩床。

喷出岩的产状有火山喷发的火山灰、火山砾等堆积成的火山锥，也有自火山口溢出的岩流（图1.2.1）。

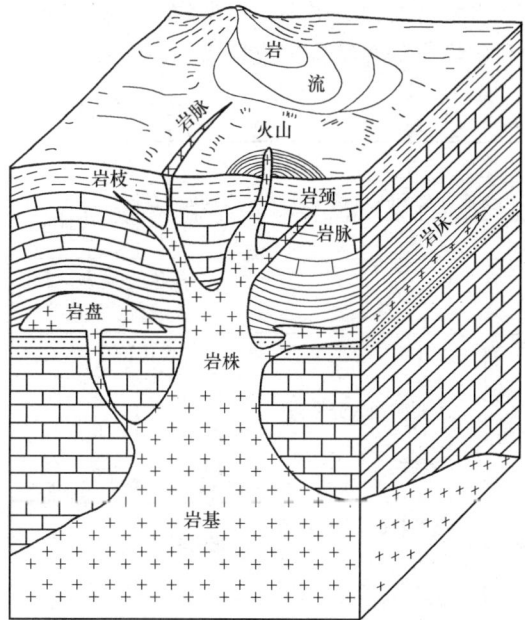

图1.2.1　岩浆岩产状示意图

3）岩浆岩的结构　结构是指岩石中矿物的结晶程度、晶体大小、晶体形状等岩石内部的结合特征。它是鉴定岩浆岩的重要标志之一。为了便于用肉眼鉴定岩浆岩，现按矿物的结晶程度及晶粒大小将结构分为三种（图1.2.2）：

（1）晶粒状结构：即岩石中的矿物全是结晶颗粒，颗粒可以是粗粒（直径＞5mm）、中粒（5～2mm）、细粒（2～0.2mm）、微粒（＜0.2mm）。

（2）斑状结构：即岩石中较大的矿物晶粒被细粒的、隐晶质的或玻璃质的石基所包围。大的晶粒称为斑晶。

（3）玻璃质结构：即岩石中的所有成分皆为玻璃质，肉眼分辨不出晶粒的矿物名称。

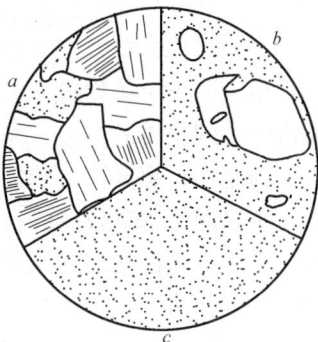

图1.2.2　岩浆岩结构
a—晶粒状结构；b—斑状结构；
c—玻璃质结构

晶粒结构为深成岩所有，斑状结构为浅成岩的喷出岩所有，玻璃质结构多见于喷出岩。

4）岩浆岩的构造 构造是指岩石的外貌，也就是组成岩石的矿物在空间的排列及填充的方式。常见的构造有：

（1）块状构造：矿物排列完全没有次序。如花岗岩、闪长岩等具有这种构造。

（2）流纹状构造：在熔岩流动的情况下，物质成分顺着熔岩流动方向作定向排列。流纹岩常具有这种构造。

（3）气孔状构造：岩石中有许多大小不一的气孔。喷出岩，如玄武岩、浮石具有这种构造。

（4）杏仁状构造：岩石中的气孔被浅色次生矿物如方解石、沸石等所填充，很像杏仁。玄武岩中能见到这种构造。

3. 岩浆岩的分类及其主要特征

岩浆岩的种类很多，根据建筑工程方面的需要和便于用肉眼鉴定，这里按岩浆岩的结构和矿物成分并结合生成环境、颜色和化学成分进行分类，如表 1.2.1 所示。

岩浆岩的分类及主要岩石的特征　　　　　　　　　　　　表 1.2.1

化学成分及 SiO$_2$ 含量(%)	富含 SiO$_2$		富含 Fe 和 Mg		产状
	酸性 （>65%）	中性(65%～52%)	基性 (52%～40%)	超基性 （<40%）	
颜色	浅色的(浅灰、浅红、红色、黄色等) ⟹ 深色的(深灰、深红褐、黑色等)				产状
	含正长石		含斜长石		不含长石	
生成环境　主要矿物成分结构	石 英 云 母 角闪石	黑云母 角闪石 辉 石	角闪石 辉 石 黑云母	辉 石 角闪石 黑云母	橄榄石 辉 石	
深成　晶粒状(所有矿物都能鉴别)	花岗岩	正长岩	闪长岩	辉长岩	橄榄岩 辉 岩	岩基 岩株 岩盘
浅成　斑状(斑晶较大，可鉴定出矿物名称)	花岗斑岩	正长斑岩	玢 岩	辉绿岩		岩脉 岩床
喷出　细粒斑状，玻璃质(矿物难用肉眼鉴别)	流纹岩	粗面岩	安山岩	玄武岩		熔岩流
玻璃质	浮岩、黑曜岩、火山玻璃					火山喷出物

表 1.2.1 中的纵方向表示矿物成分相同而结构不同的岩石，横方向表示矿物成分不同而结构相似的岩石。在闪长岩的左边，浅色矿物增加，岩石为浅色；闪长岩的右边，深色矿物增加，岩石为深色。岩石在横方向从左到右由酸性、中性变为基性、超基性。酸性岩石中，二氧化硅呈过饱和状态，部分单独析出，故在岩石中有石英出现且含量较多。在中性岩石中，二氧化硅呈饱和状态，故岩石中没有或仅有少量石英出现。基性和超基性岩石中，二氧化硅为不饱和状态，故无石英。超基性岩石因二氧化硅过少，连长石也不出现了。

4. 岩浆岩的鉴定步骤

1）先观察岩石的颜色。浅色的多是花岗岩或正长岩类的岩石，深色的多是闪长岩、辉长岩或橄榄岩等岩类的岩石。应该注意,在定岩石的颜色时,要看新鲜岩石断面,不是依某种矿物的颜色,而是观察整个岩石的颜色,所以应将岩石放远一些来观察。

由于喷出岩的矿物成分难用肉眼识别,故这类岩石常参考颜色来鉴别,如流纹岩多为粉红色或灰红色,粗面岩多为灰白色或灰紫色,安山岩多为紫红色,玄武岩多为深色,如黑色、灰黑色或灰绿色。

2)确定岩石的结构和构造。如果岩石是晶粒状结构,表示属于深成岩;如果是斑状结构,而且斑晶较大,岩石较致密,表示属于浅成岩的几种;如果岩石虽属斑状,但斑晶细小或岩石为玻璃质的,则为喷出岩类;如具有气孔、杏仁或流纹状构造的,则必为喷出岩。

3)再用肉眼或放大镜观察岩石的主要矿物成分,然后根据表1.2.1定出岩石的名称。

1.2.2 沉积岩

沉积岩是岩石碎屑、溶液析出物或有机物于常温常压条件下,在陆地或海洋中堆积形成的次生岩石。沉积岩在地表分布最广,约占地表面积的75%。因此,它不仅在地基中是最常碰到的一类岩石,也是建筑材料的重要来源。

1. 沉积岩的形成

沉积岩主要是由岩石被风化、流水等地质作用破坏成为碎屑物质,再经流水、风等搬运到大陆低洼地方或海洋里堆积而成。沉积的碎屑物质在硬结成岩前是松散的沉积物,如卵石、砾石、砂、黏土等;若碎屑物质经过压紧、化学物质的胶结或再结晶等硬结成岩作用后,就成为坚硬的沉积岩,如砾岩、砂岩、页岩及泥岩。此外,在水体中的盐类或生物的遗体经化学或生物化学作用堆积硬结也能形成沉积岩,如石灰岩、泥灰岩、白云岩等。

沉积岩由于沉积的自然地理环境不同,有海相、过渡相和陆相沉积的区别。如再进一步划分,海相可分为滨海相、浅海相、次深海相和深海相;过渡相可分为三角洲相和潟湖相;陆相可分为残积相、坡积相、洪积相、河成相(包括河床相、河漫滩相及牛轭湖相)、湖泊相、沼泽相、沙漠相和冰川相。一般来说,海相沉积的物质成分、岩性和岩层厚度都比较稳定;陆相沉积的物质成分复杂,岩性和岩层厚度变化也较大。

2. 沉积岩的特征

1)沉积岩的矿物成分 除原生矿物石英、长石、云母等外,沉积岩还含有次生矿物方解石、白云石、石膏、岩盐和黏土矿物等。

2)沉积岩的产状 沉积岩多成层状分布,这是沉积岩的重要特征之一。层的上下为两个较平坦的平行或近于平行的界面所限,这两个面称为层面。层面之间同一岩性的层状岩石,称为岩层。上下层面之间的垂直距离,即为岩层的厚度。

岩层按厚度,可分为巨厚层(>1m)、厚层(0.5~1.0m)、中厚层(0.1~0.5m)和薄层(<0.1m)。

由于沉积时条件的变化,岩层的产状可以有正常、夹层、变薄、尖灭、透镜体五种不同的形态(图1.2.3)。松散岩中的夹层、尖灭、透镜体等产状,若位于地基内,能使建筑物发生不均匀沉降,甚至影响建筑物的稳定性。

3)沉积岩的结构 一般按颗粒大小和形状来划分。按颗粒大小分为:砾粒、砂粒、粉土粒、黏土粒等结构;按颗粒形状分为:圆形、棱角状、结核状、鲕状(鱼子状)等结构。

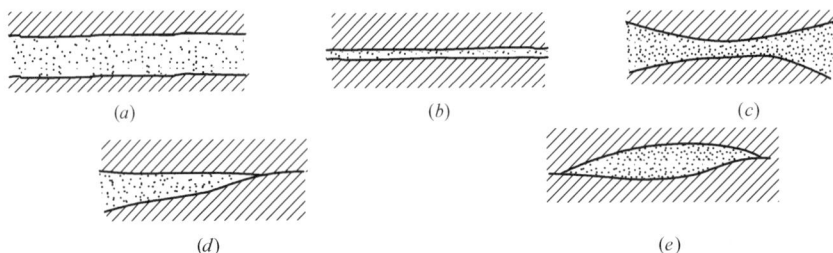

图 1.2.3 沉积岩的产状

(*a*) 正常; (*b*) 夹层; (*c*) 变薄; (*d*) 尖灭; (*e*) 透镜体

4) 沉积岩构造 沉积岩有层理、多孔状、块状等构造。

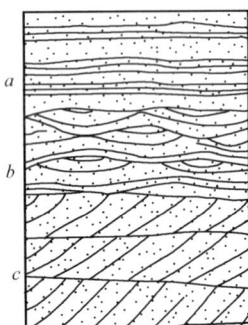

图 1.2.4 沉积岩的层理结构

a—水平层理; *b*—波形层理;

c—斜层理

层理是沉积岩层在垂直方向上因物质成分、颜色及结构等变化所造成的分层现象，它是大多数沉积岩所具有的构造特征。沉积岩的层理有水平层理、波状层理和斜层理（图 1.2.4）。由于层理的存在，造成沉积岩的强度和透水性等性质在不同方向上的不均匀性。

5) 化石 古代生物的遗骸或痕迹所形成的化石，是沉积岩重要特征之一。

3. 沉积岩的分类及其主要特征

沉积岩按其成因和组成成分，可分为碎屑沉积岩、黏土岩、化学及生物化学沉积岩三类。

1) 碎屑沉积岩 直接由碎屑物质沉积而成。碎屑沉积岩按胶结成岩与否，又可分为松散的和胶结成岩的两类，见表 1.2.2。

碎屑沉积岩 表 1. 2. 2

结构	主要碎屑		松散的		胶结成岩的	
	粒径 (mm)	含量占全重	圆形碎屑	棱角形碎屑	圆形碎屑	棱角形碎屑
砾粒状	>200	>50%	漂石	块石	砾岩	角 砾 石
	>20	>50%	卵石	碎石		
	>2	>50%	圆砾	角砾		
砂粒状	>2	25~50%	砾砂		砾砂岩	
	>0.5	>50%	粗砂		粗砂岩	
	>0.25	>50%	中砂		中砂岩	
	>0.075	>85%	细砂		细砂岩	
	>0.075	>50%	粉砂		粉砂岩	

注: 分类时，应根据粒组含量由大到小，以最先符合者确定。

松散碎屑沉积岩的特征和性质将在第 5 章讨论，这里从略。胶结碎屑沉积岩中以砂岩最重要，现将其特征介绍如下。

砂岩由砂胶结而成。胶结物有：硅质、铁质、钙质、石膏质及泥质等。砂岩用手摸时

8

有砂粒的感觉，肉眼也易看到砂粒的存在。颜色及耐久性常随胶结物而异。

砂岩除按砂粒大小定名外，还可以根据胶结物质的成分或砂粒的矿物成分定名。按胶结物质的成分定名有：硅质砂岩（白色或灰色）、铁质砂岩（黄褐或红棕色）、钙质砂岩（白色或灰白色，遇稀盐酸会起泡）、石膏质砂岩（白色）及泥质砂岩（黄或灰黄或紫红色）。按砂粒矿物成分定名主要有：石英砂岩（砂粒主要是石英，有少量长石）及长石砂岩（砂粒主要是石英和长石）。

应该指出，胶结的沉积岩（砾岩、砂岩）的强度主要决定于胶结物质的成分和性质。其中，以硅质胶结的岩石强度最高，抗风化性也好；铁质、钙质和石膏质胶结的岩石强度也较高，但铁质能被氧化，钙质和石膏质能被水溶解。泥质胶结的岩石强度很低，抗风化性也差。另外，胶结的类型也影响胶结沉积岩的强度，胶结的类型有（图 1.2.5）：

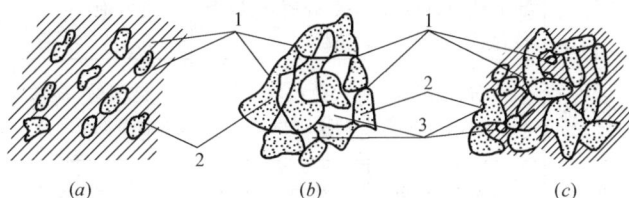

图 1.2.5　沉积岩的胶结类型
(a) 基底胶结；(b) 接触胶结；(c) 孔隙胶结
1　胶结物；2—颗粒；3—孔隙

基底胶结：碎屑颗粒间不直接接触，而是嵌在胶结物之中；

接触胶结：只在许多碎屑颗粒彼此的接触点上，才有胶结物质；

孔隙胶结：碎屑颗粒彼此接触，胶结物完全或部分地填充于颗粒之间的孔隙。

基底胶结的岩石强度完全取决于胶结物质的成分与性质；接触胶结的岩石胶结不坚固，一般强度较低；孔隙胶结的岩石胶结很坚固，强度较高。

此外，碎屑沉积岩中还应包括火山喷出的碎屑沉积形成的火山碎屑岩，如凝灰岩、火山角砾岩、火山集块岩等。这类岩石中最重要的是凝灰岩。凝灰岩由细粒的火山灰组成，外貌很像细砂岩或粉砂岩，但它的颜色不同，常为红褐色、灰绿色等色。

2）黏土岩　黏土岩是介于碎屑沉积岩和化学沉积岩之间的过渡类型。其成分除长石、石英、云母及方解石、白云石、石膏等外，更重要的是含有黏土矿物（见第 5 章第 5.3 节）。黏土岩主要有黏性土及页岩、泥岩。黏性土的分类、特征将在第 5 章讨论，这里从略。黏性土经硬结成岩作用后形成页岩或泥岩，其特征是：

（1）页岩：具有薄层理（页理），沿层理方向易裂成薄片；用指甲或小刀刻刮有泥粉；易风化，遇水软化；强度低。

根据所含物质的不同，页岩可分为碳质页岩、硅质页岩、钙质页岩及砂质页岩等。若根据颜色，页岩又可分为黄色页岩、紫色页岩、灰色页岩及黑色页岩等。

（2）泥岩：成块状，不具薄层理；多为浅色如红色，紫红色等；性脆，用指甲或小刀刻刮有泥粉；暴露在空气中易风化，遇水易软化，强度低。

3）化学及生物化学沉积岩　主要有石灰岩、泥灰岩、白云岩及硅藻土、硅华、岩盐、石膏、煤炭、石油等等。以石灰岩、泥灰岩、白云岩最常见，其特征见表 1.2.3。

石灰岩、白云岩的强度较高，但能溶解于水。泥灰岩不仅强度较低、能溶解于水，而且抗风化性也差。

4. 沉积岩的鉴定步骤

在鉴定沉积岩时，最好先从岩石的结构和构造方面去观察，将松散的与坚硬的区别开。

若被鉴别的岩石是坚硬的，泥质，具薄层理，就是页岩；泥质，但不具薄层理，则是泥岩。若不属于这两种岩石，则看其是否被胶结的颗粒，如果是，就用表1.2.2的特征定出名称；如果不是，就属于化学及生物化学沉积岩，这时用表1.2.3去鉴别。

石灰岩、泥灰岩及白云岩的特征　　　　　　　　表 1.2.3

岩石名称	成分	颜色	结构及构造	与稀盐酸作用	其他特征
石灰岩	$CaCO_3$ 含量在 95% 以上	多为深灰色，也有浅黄、白色、红色、紫色等	结晶粒状、鲕状、碎屑状、致密块状	起气泡	断面上有放射状条纹，断口多呈贝壳状
泥灰岩	40%～75% 的 $CaCO_3$，60%～25% 的黏土	浅黄、浅绿、红褐、浅灰、白色等	微粒状；常具薄层理	起气泡，盐酸干后有泥点	断面上有放射状条纹，断口具贝壳状
白云岩	$CaCO_3$、$MgCO_3$ 含量在 95% 以上	浅黄、浅褐色、白色、灰色等	结晶粒状、碎屑状、致密块状	粉末遇盐酸起气泡	断面粗糙，风化的岩石表面有淡黄色白云石粉

1.2.3 变质岩

1. 变质岩的形成

地壳的先成岩石（包括岩浆岩、沉积岩甚至变质岩）在高温、高压和化学性活泼的物质作用下，改变了原来的成分、结构和构造，形成一种新的岩石，这种新的次生岩石称为变质岩。这种变质的过程，就称为变质作用。

根据岩石变质的主要原因，变质作用可分为：

1）接触变质（热力变质）作用　当岩浆侵入时，岩浆周围的岩石由于岩浆的高温及挥发性物质的影响而发生变质，这种变质作用称为接触变质作用。接触变质仅在岩浆周围的围岩中发生，随着离侵入体距离的增加，围岩的变质就变浅，最后趋于消失。属于这类变质的岩石有大理岩、石英岩等。

2）区域变质作用　在地壳运动中，岩石下沉到地壳深处，由于高温、高压的影响而发生大区域的变质，这种变质作用称为区域变质作用。如泰山、五台山、秦岭、祁连山等，都有区域变质的例子。绝大多数变质岩都是由这种变质作用形成的，如片麻岩、片岩、千枚岩、板岩等。

3）动力变质作用　岩石在地壳运动中受到单向压力的作用而产生变质，这种变质作用称为动力变质作用。这种变质作用影响范围很小，多见于大的断裂带。

2. 变质岩的特征

1）变质岩的矿物成分　除长石、石英、云母等矿物外，变质岩具有特异的矿物，如石榴石、十字石、滑石、绿泥石等。

2）变质岩的产状　变质岩大多数保存着原岩石的产状。

3）变质岩的结构　变质岩多是结晶的，与岩浆岩的结构相似。为了能与岩浆岩相区别，并表示变质岩结构的变质成因，特在各种结构上加上"变晶"两字，如变晶粒状、变晶斑状。

4）变质岩的构造　变质岩的构造有：

（1）片状构造：岩石中的片状矿物或柱状矿物平行排列，成叶片状的片理（图1.2.6）面上有较强的丝绢光泽，它是片岩特有的一种构造。

（2）片麻状构造：岩石中的深色矿物和浅色矿物相间平行排列，呈条带状。具这种构造的岩石称为片麻岩。

图1.2.6　片状构造

（3）千枚状构造：是一种片状的片理，片理面上有丝绢光泽。具这种构造的岩石称为千枚岩。

片状、片麻状、千枚状等构造不仅造成岩石强度在不同方向上的不均匀性，而且大大降低岩石抗风化的能力。

（4）板状构造：是岩石沿一定方向裂成平整板状。具这种构造的岩石称为板岩。

（5）块状构造：岩石中的矿物无定向的排列，如大理岩、石英岩等。

3. 变质岩的分类及主要变质岩的特征

根据主要变质岩的构造可将变质岩分为两类：即片状岩石类和块状岩石类。现将变质岩的分类及主要变质岩的特征列表如下（表1.2.4）。

变质岩的分类及其主要特征　　　　　表1.2.4

变质作用	类别		岩石名称	主要矿物	颜色	其他特征
区域变质	片状岩石类		片麻岩	长石、石英、云母	深色或浅色	片麻状构造，等粒变晶结构，矿物可以辨认
		片岩	云母片岩	云母、石英	白色、银灰及暗色	具有薄片理，有强丝绢光泽，质软易风化
			绿泥石片岩	绿泥石	绿色	鳞片状或叶片状块体，质软易风化
			滑石片岩	滑石	淡绿、灰白	鳞片状块体，指甲可刻划，有高度滑感，质软易风化
			角闪石片岩	角闪石、石英	灰暗	片理常不明显，角闪石有时可认出
			千枚岩	云母、石英	灰、淡红、绿色、黑色	薄片理构造，表面呈丝绢光泽，矿物难辨认，易风化
			板岩	石英及云母为主	灰色、灰黑	薄板状，粒极细，矿物难辨认，质脆，锤击有响声
接触变质	块状岩石类		大理岩	方解石及少量白云石	白色、灰色，常呈美丽的花纹	变晶粒状结构，能见方解石晶体，滴稀盐酸起气泡
			石英岩	石英	白色、灰色、黄色、红棕	致密的细粒块体，坚硬，性脆
动力变质			构造角砾岩	原岩石及钙质、硅质等	浅色或深色	块状构造，压碎结构，角砾之间的物质成砂、粉末状，沿断层带分布
			糜棱岩	石英、长石及绿泥石、绢云母等	灰绿或黄绿等	条带状构造，外貌致密、坚硬，粒度细小，沿断层带分布

注：片麻岩由岩浆岩变质而成的称正片麻岩，由沉积岩变质而成的称副片麻岩。

4. 变质岩的鉴定步骤

根据表 1.2.4 首先确定岩石的构造是属片状类的还是块状类的，然后再观察矿物成分及特征，就可定出岩石的名称。

虽然变质岩的结构和某些构造用肉眼鉴别时和岩浆岩相似，但是有特殊的片理构造，因此能与岩浆岩区别开。大理岩和石英岩虽无片理，可是其均为单矿物组成的岩石，而岩浆岩中没有这样的岩石；石英岩有很高的硬度，大理岩遇盐酸能起泡，更可判断它不是岩浆岩。变质岩多是致密结晶粒状结构，不仅容易与松散沉积岩相区别，而且也容易与胶结沉积岩相区别。鉴定时，不应将变质岩的片理与沉积岩的层理相混淆：片理面是平滑的，并且常有丝绢光泽；层理面较粗糙，几乎无光泽。注意到片理和层理的不同，就大体上可以把变质岩与坚硬沉积岩区别开。动力变质岩分布于断裂带，因此可结合地质构造判定。

1.3 岩石的主要物理力学性质指标

岩石的物理力学性质指标应以测试数据为准，以下经验数据可供参考。

1.3.1 岩石的物理性质指标

1. 岩石的重度、孔隙率（表 1.3.1）

某些岩石的重度、孔隙率　　　　　　　　　　　　表 1.3.1

岩石名称	天然重度(kN/m³)	孔隙率(%)	岩石名称	天然重度(kN/m³)	孔隙率(%)
花岗岩	22.6~27.5	0.04~3.53	石灰岩	18.0~27.2	0.53~27.0
流纹岩	25.5~26.0		泥灰岩	23.0~25.0	1.0~16.0
玄武岩	27.8~31.0	0.35~3.0	白云岩	21.0~27.0	0.30~25.0
安山凝灰岩	25.3	4.59	片岩	23.0~28.6	0.70~3.0
砂岩	22.0~26.5	1.6~28.3	片麻岩	26.0~33.0	0.30~2.40
页岩	22.6~27.0	0.7~7.6	大理岩	27.0	0.1~6.0
泥岩	23.0~26.0				

2. 岩石的吸水率（表 1.3.2）

某些岩石的吸水率　　　　　　　　　　　　　　表 1.3.2

岩石名称	吸水率(%)	岩石名称	吸水率(%)	岩石名称	吸水率(%)
花岗岩	0.10~0.70	页岩	2.30~6.0	片麻岩	0.10~0.70
玄武岩	0.30~0.80	致密石灰岩	0.20~3.0	片岩	0.10~0.60
安山凝灰岩	0.55	泥灰岩	2.14~8.16	大理岩	0.10~0.80

注：吸水率 = $\dfrac{1\text{个大气压条件下岩石吸入的水重}}{\text{干燥岩石的重量}}$

3. 岩石的饱水系数（表 1.3.3）

几种常见岩石的饱和系数 表 1.3.3

岩石名称	饱和系数	岩石名称	饱和系数
花岗岩	0.55	砂岩	0.60
玄武岩	0.69	石灰岩	0.35
云母片岩	0.92	白云质灰岩	0.80

注：饱和系数＝$\dfrac{\text{吸水率}}{\text{饱水度}}$；饱水度＝$\dfrac{150\ \text{个大气压下岩石的吸水量}}{\text{干燥岩石的重量}}$

4. 岩石的耐冻性

饱水系数可作为判定岩石耐冻性的间接指标（表 1.3.4）。

用饱水系数（K_w）判定岩石的耐冻性 表 1.3.4

岩石种类	耐冻岩石	不耐冻岩石
一般岩石的理论值	$K_w<0.9$	$K_w\geqslant0.9$
粒状结晶孔隙均匀的岩石	$K_w<0.8$	$K_w\geqslant0.8$
孔隙不均匀或呈层状分布有黏土物质充填的岩石	$K_w<0.7$	$K_w\geqslant0.7$

1.3.2 岩石的力学性质指标

1. 岩石的单轴抗压强度、软化系数和点荷载强度

1）岩石的单轴抗压强度（表 1.3.5）。

2）岩石的软化系数　岩石的单轴饱和极限抗压强度 f_r 与单轴干极限抗压强度 f_g 之比称为软化系数，即 $K_d=\dfrac{f_r}{f_g}$。软化系数是判断岩石风化、耐浸水能力的指标之一。当软化系数小于 0.75 时，为易软化的岩石。软化系数见表 1.3.5。

某些岩石的抗压强度与软化系数 表 1.3.5

岩石名称	风化程度	单轴抗压强度（MPa）		软化系数（K_d）	岩石名称	风化程度	单轴抗压强度（MPa）		软化系数（K_d）
		干（f_g）	饱和（f_r）				干（f_g）	饱和（f_r）	
花岗岩	微风化	150～210	110～190	0.69～0.87	砂岩	微风化	57～212	42～138	0.65～0.75
玄武岩		150～200	125～190	0.80～0.95	石灰岩		70～160	60～120	0.70～0.90
凝灰岩		160～180	150～170	0.86	片麻岩		80～180	70～170	0.75～0.95

3）岩石的点荷载强度　点荷载强度是通过点荷载仪试验求得（图 1.3.1）。将岩石试样置于上下两个球端圆台之间，利用球端圆台加荷器对试样施加压力（图 1.3.1b）直至破坏，然后计算点荷载强度指数 I_s，见式（1.3.1）：

$$I_s=P/D^2 \tag{1.3.1}$$

式中　P——试样破坏时的极限压力；

　　　D——加荷点之间的距离。

建立岩石点荷载强度与单轴抗压强度之间的经验关系，可将岩石的点荷载指数换算为单轴抗压饱和强度。《工程岩体分级标准》GB 50218 提出按式（1.3.2）计算：

$$f_r = 22.82 I_{s(50)}^{0.75} \qquad (1.3.2)$$

式中　f_r——岩石单轴饱和抗压强度（MPa）；

　　　$I_{s(50)}$——直径为 50mm 标准试件的点荷载强度指数。

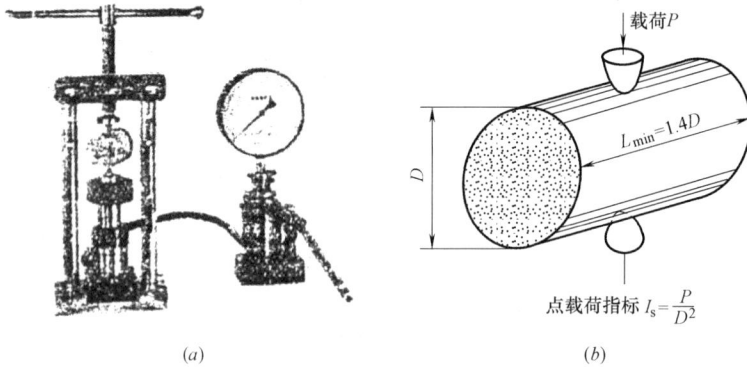

图 1.3.1　点荷载仪

（a）使用油压表测压装置；（b）球端圆台加荷器

由于点荷载试样易于取得，解决了风化岩抗压岩样难取的问题，这对风化岩的分级定量提供了方便。

2. 岩石的抗剪强度（表 1.3.6）

某些岩石的抗剪强度　　　　　　　　　　　　　　　　　表 1.3.6

岩石名称	内摩擦角(°)	黏聚力(MPa)	岩石名称	内摩擦角(°)	黏聚力(MPa)
花岗岩	45～50	14～49	页岩	15～30	3～20
玄武岩	48～55	20～59	泥岩	20～45	1.0～4.5
片麻岩	30～50	3～50	砂岩	35～50	8～39
片岩	26～65	1～20	砾岩	35～50	8～49
大理岩	35～50	15～29	石灰岩	35～50	10～49
板岩	45～60	2～20	白云岩	35～50	20～49

3. 岩石物理力学指标经验数据（表 1.3.7）

4. 国内某些工程试验成果（表 1.3.8）

5. 岩石抗拉强度、抗剪强度、抗弯强度和抗压强度之间的经验关系（表 1.3.9）

6. 岩石坚硬程度等级分类

1）岩石坚硬程度等级的定性分类（表 1.3.10）。

2）岩石按饱和单轴抗压强度进行坚硬程度的分类（表 1.3.11）。

岩石力学性质指标的经验数据

表 1.3.7

岩类	岩石名称	重度 γ (g/cm³)	单轴饱和抗压强度 f_c (MPa)	抗拉强度 f_t (MPa)	静弹性模量 E ($\times 10^4$ MPa)	动弹性模量 E_d ($\times 10^4$ MPa)	泊松比 ν	纵波波速 v (m/s)	弹性抗力系数[①] K_s (MN/m³)	似内摩擦角[②] φ
岩浆岩	花岗岩	2.63~2.73	75~110	2.1~3.3	1.4~5.6	5.0~7.0	0.36~0.16	600~3000	600~2000	70°~82°
		2.80~3.10	120~180	3.4~5.1	5.43~6.9	7.1~9.1	0.16~0.10	3000~6800	1200~5000	75°~87°
		3.10~3.30	180~200	5.1~5.7		9.1~9.4	0.10~0.02	6800	5000	87°
	安山岩	2.5~2.7	120~160	3.4~4.5	4.3~10.6	7.1~8.6	0.20~0.16	3900~7500	1200~2000	75°~87°
	玄武岩	2.7~3.3	160~250	4.5~7.1	2.2~11.4	8.6~11.4	0.16~0.02	3900~7500	2000~5000	87°
	流纹岩	2.5~3.3	120~250	3.4~7.1		7.1~11.4	0.16~0.02	3000~6800	1200~5000	75°~87°
变质岩	片麻岩	2.5	80~100	2.2~2.8	1.5~7.0	5.0~7.0	0.30~0.20	3700~5000	600~2000	78°~82°30′
	大理岩	2.6~2.8	140~180	4.0~5.1		7.8~9.1	0.20~0.05	5300~6500	1200~5000	80°~87°
	千枚岩	2.5~3.3	70~140	2.0~4.0	1.0~3.4	5.0~8.2	0.36~0.16	3000~6500	600~2000	70°~82°30′
	板岩	2.5~3.3	120~140	3.4~4.0	2.2~3.4	7.1~7.8	0.16	3000~6500	1200~2000	75°~87°
沉积岩	砂岩	1.2~1.5	4.5~10	0.2~0.3	0.0005~0.0025	0.5~1.0	0.30~0.25	900~3000	30~50	27°~45°
		2.2~3.0	47~180	1.4~5.2	2.78~5.4	3.7~9.1	0.20~0.05	3000~4200	200~3500	70°~85°
	砂质页岩 云母页岩	2.3~2.6	60~120	4.3~8.6	2.0~3.6	4.4~7.1	0.30~0.16	1800~5250	300~1200	70°~80°30′
	页岩	2.0~2.7	20~40	1.4~2.8	1.3~2.1	1.9~3.3	0.25~0.16	1800~5250	60~400	45°~76°
	砾岩	2.2~2.5	40~100	1.1~2.8	1.0~11.4	3.3~7.0	0.36~0.20	3000~6500	200~1200	70°~82°30′
	凝灰岩	2.8~2.9	120~160	3.4~4.5		7.1~8.6	0.20~0.16		1200~5000	75°~85°
		2.5~3.3	120~250	3.4~7.1	1.2~11.4	7.1~11.4	0.16~0.02	3000~6800	1200~5000	75°~87°
	泥灰岩	2.3~2.35	3.5~20	0.3~1.4	0.38~2.1	0.5~1.9	0.40~0.30	1800~2800	30~200	9°~65°
	石灰岩	2.5	40~60	2.8~4.2		3.3~4.4	0.30~0.20	2800~5250	200~600	65°~76°
		2.2~2.5	25~55	1.5~3.3		2.8~4.1	0.31~0.25	3500~4400	120~800	60°~73°
		2.5~2.75	70~128	4.3~7.6	2.1~8.4	5.0~8.0	0.25~0.16	4800~6300	600~2000	70°~85°
		2.2~2.7	40~120	1.1~3.4	3.3~7.1	3.3~7.1	0.36~0.16	3000~6800	200~1200	65°~83°
	白云岩	2.7~3.0	120~140	3.4~4.0	1.3~3.4	7.1~7.8	0.16	3000~6800	1200~2000	87°

注：1. 弹性抗力系数 K_0 是使岩层产生单位压缩变形所需施加的压力。

2. 似内摩擦角 φ 是考虑岩石的黏聚力在内的假想摩擦角。

国内某些工程试验成果

表 1.3.8

岩石名称	地质年代	单轴饱和抗压强度（MPa）	摩擦系数 f	岩石名称	地质年代	单轴饱和抗压强度（MPa）	摩擦系数 f
花岗岩	燕山期	160	0.70	白云质泥灰岩	奥陶纪	87.2	0.67
角闪花岗岩	白垩纪	106.5	0.57	薄层灰岩	奥陶纪	106.3	0.75
花岗闪长岩	三叠纪	116.1	0.64	鲕状灰岩	奥陶纪	87.8	0.70
辉绿岩		170	0.45	泥灰岩	石炭纪	128.3	0.60
云母石英片岩	前震旦纪	113	0.55	石英砂岩	寒武纪	68.1	0.54
千枚岩	前震旦纪	8.9	0.78	砂岩	寒武纪	108.9	0.82
大理岩	前震旦纪	63.7	0.60	中粒砂岩	寒武纪	39.9	0.75
石英砾岩	泥盆纪	126.2	0.69	砂质页岩	侏罗纪	104.4	0.69
石英砂岩	震旦纪	165.8	0.49	页岩	侏罗纪	43.8	0.70

岩石抗拉强度、抗剪强度、抗弯强度和抗压强度之间的经验关系

表 1.3.9

岩石名称	单轴饱和抗压强度	抗拉强度	抗剪强度	抗弯强度
花岗岩	f_r	$0.028 f_r$	$(0.068 \sim 0.09) f_r$	$(0.07 \sim 0.08) f_r$
砂岩	f_r	$0.029 f_r$	$(0.06 \sim 0.078) f_r$	$(0.09 \sim 0.095) f_r$
石灰岩	f_r	$0.059 f_r$	$(0.06 \sim 0.15) f_r$	$0.119 f_r$
斑岩	f_r	$0.033 f_r$	$(0.06 \sim 0.064) f_r$	$0.105 f_r$
页岩	f_r			$(0.02 \sim 0.2) f_r$

岩石坚硬程度等级的定性分类

表 1.3.10

坚硬程度等级		定性鉴定	代表性岩石
硬质岩	坚硬岩	锤击声清脆，有回弹，振手，难击碎，基本无吸水反应	未风化～微风化的花岗岩、闪长岩、辉绿岩、玄武岩、安山岩、片麻岩、石英岩、石英砂岩、硅质砾岩、硅质石灰岩等
	较硬岩	锤击声较清脆，有轻微回弹，稍振手，较难击碎，有轻微吸水反应	1. 微风化的坚硬岩； 2. 未风化～微风化的大理岩、板岩、石灰岩、白云岩、钙质砂岩等
软质岩	较软岩	锤击声不清脆，无回弹，较易击碎，浸水后指甲可刻出印痕	1. 中风化～强风化的坚硬岩或较硬岩； 2. 未风化～微风化的凝灰岩、千枚岩、泥灰岩、砂质泥岩等
	软岩	锤击声哑，无回弹，有凹痕，易击碎，浸水后可捏成团	1. 强风化的坚硬岩或较硬岩； 2. 中风化～强风化的较软岩； 3. 未风化～微风化的页岩、泥岩、泥质砂岩等
极软岩		锤击声哑，无回弹，有较深凹痕，手可捏碎，浸水后可捏成团	1. 全风化的各种岩石； 2. 各种半成岩

岩石坚硬程度分类

表 1.3.11

坚硬程度等级	坚硬岩	较硬岩	较软岩	软岩	极软岩
饱和单轴抗压强度（MPa）	$f_r > 60$	$60 \geqslant f_r > 30$	$30 \geqslant f_r > 15$	$15 \geqslant f_r > 5$	$f_r \leqslant 5$

注：当无法取得饱和单轴抗压强度数据时，可用点荷载试验强度换算。

第2章 地质构造及岩体结构

2.1 地壳运动的概念及地质年代的划分

2.1.1 地壳运动的概念

地球及地球的各部分都在不断的变化，地壳是地球的一部分，不论其成分、构造或外表形态，都是在不断地运动、变化和发展着。地壳运动可以从沉积岩层失去原有的水平位置发生了弯曲、断裂，高山的岩层中有海洋生物的化石，海、陆沉积的岩层发生交替以及地层发生缺失等事实而得到充分的证据。我国古代早有"沧海桑田"之说，阐明了海陆变迁的事实。

促使地壳发生运动的作用，称为地质作用。地质作用按能源的不同，可以分为两大类：一类是由地球内部能量（例如地球的内热）引起的，称为内力作用；一类是由地球外部能量（例如太阳能）引起的，称为外力作用。内力作用主要表现为地壳的升降及岩层的褶皱与断裂、岩浆活动、变质作用和地震等；外力作用主要是因太阳能引起的风、流水、冰川和生物活动而造成的岩石变化、剥蚀、搬运、堆积以及硬结成岩等作用。内力作用和外力作用是相互矛盾的两个方面，其中内力作用是矛盾的主要方面。例如：地壳上升会引起海水后退，气候改变，地面坡度加大会导致流水活动加强；内力作用在地表造成高低不平的地形，而外力作用则使地表趋于平坦。由于内力、外力的相互作用，就促使地壳不断地运动、变化和发展。地质作用的类型见图 2.1.1。

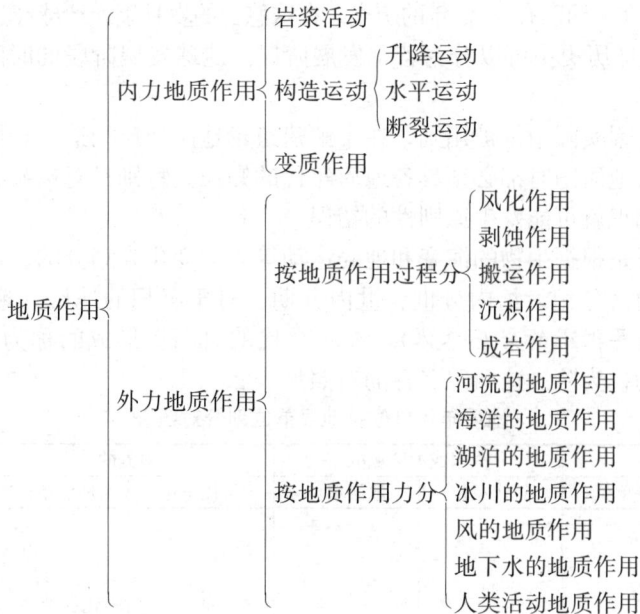

图 2.1.1 地质作用分类

地壳运动主要有两个类型：升降运动和水平运动。升降运动是地壳缓慢上升和下降，促成海陆的变迁。水平运动使岩层发生挤压、弯曲和断裂，地表形成山脉，故水平运动又称造山运动。

地史上，在地壳的不同区域，地壳运动所表现的强弱是不同的。有的地区地壳比较稳定，以缓慢的升降运动为主，岩层的褶皱、断裂轻微，岩浆活动以喷出玄武岩为主，沉积物的厚度小且成分也比较稳定，这种地区为地台区。例如，华北平原、四川盆地等就是这种地区。有的地区地壳极不稳定，以造山运动为主，岩层遭受强烈的褶皱、断裂，岩浆活动频繁、猛烈，区域变质现象显著，地震强烈，沉积物很厚且岩相复杂，这种地区称为地槽区。例如，天山、阿尔泰山、祁连山、昆仑山、喜马拉雅山、台湾等都属于这种地区。地台和地槽之间还有过渡地带，过渡地区的性质近于地槽的，可以称为准地槽；近于地台的，可以称为准地台。

地壳运动一直在不断地进行着，地质上把从晚第三纪至现代所出现的构造运动称为新构造运动。我国新构造运动的特点是：在大陆部分以垂直升降运动为主，上升地区的面积约占我国陆地的80%；运动的幅度是西部大于东部。在对地震、剥蚀作用及边坡岩体运动的研究中，新构造运动是必须考虑的重要因素。

最新研究认为：地球是由若干刚性块体镶嵌而成，全球共划分为六大板块：包括太平洋块板、欧亚板块、印度洋板块、非洲板块、美洲板块及南极洲板块。大板块中又划分若干小板块。由于地壳下面地幔的热对流，地壳板块发生挤压、碰撞和分离，地壳产生运动。例如，汶川大地震即由印度洋板块挤压欧亚板块所致。

地壳运动使沉积岩的原始水平产状遭到破坏，岩层因变形、变位而出现各种空间排列形态，这些形态统称为地质构造。岩石在地壳运动引起的应力——地应力的作用下，经历弹性变形、塑性变形和断裂变形的过程。除弹性变形外，后两种变形在地壳保留下来，形成岩层的弯曲——褶皱构造和断裂——裂隙、劈理及断层构造。此外，由于地壳运动的影响，还可以造成岩层间的不整合。这些对于评价建筑场地的工程地质条件具有重要的意义。

2.1.2 地质年代的划分

地球形成到现在大约已有50亿年的历史。在这悠长的岁月里，地球经过了一连串的变化，这些变化在整个地球历史中可以分为若干发展阶段。地球发展阶段的时间段落，称为地质年代。

地质年代在工程实际中常被用到，在了解建筑场地的地质构造、岩层间的相互关系以及阅读地质资料或地质图时都必须具备地质年代的知识。特别是对褶皱、断层的判断，如果没有这方面的知识就可能发生原则性的错误。

地质年代主要是根据生物的演变和地壳运动等重大变化来划分的。地史常用的最大时间单位是代，代内又分纪，纪内分世、世内分期。对于沉积的地层（地层是指较小区域内，年代、岩性差异很小的岩层总体），在一个代的时间里形成的称为界，纪的称为系，世的称为统，期的称为阶。这两组名称的对照见表2.1.1。

地质年代单位及地层单位划分对照表　　　　表2.1.1

国际的		全国或大区域的		地方的		举例
年代单位	地层单位	年代单位	地层单位	年代单位	地层单位	地层单位
代 纪 世	界 系 统	期	阶	时	｝群 ）组 ）段 ｝化石带	古生界 石炭系 上统

注：代上面还有宙，界上面还有宇，这两个年代、地层单位少用。

现将我国地质年代的划分列于表2.1.2中。

地质年代划分表　　　　　　　　　　　　　　　　表 2.1.2

代	纪	世		距今年数（百万年）	主要造山运动		地史主要特点
新生代（K_z）	第四纪（Q）	全新世（Q_4）			陇山运动	喜马拉雅期	冰川、黄土广泛分布，地球发育为现代地形，人类的出现和急剧发展
		更新世	晚（Q_3）	2			
			中（Q_2）				
			早（Q_1）				
	第三纪（R）	新（N）	上新世（N_2）				陆相沉积的砂岩、页岩及砾岩，哺乳动物及鸟类急剧发展
			中新世（N_1）				
		老（E）	渐新世（E_3）				
			始新世（E_2）	67			
			古新世（E_1）		四川运动		
中生代（M_z）	白垩纪（K）	晚白垩世（K_2）				燕山运动	主要为火山喷出岩及砂岩、页岩、砾岩，大爬虫灭亡，胎生哺乳动物出现
		早白垩世（K_1）		137	宁镇运动	阿尔卑斯期	
	侏罗纪（J）	晚侏罗世（J_3）					中国大陆几乎全为陆地，主要岩石为砂、页岩，恐龙极盛，鸟类出现
		中侏罗世（J_2）					
		早侏罗世（J_1）		195			
	三叠纪（T）	晚三叠世（T_3）			印支运动		华北为陆相砂、页岩，华南为浅海灰岩，恐龙开始发育，哺乳类出现
		中三叠世（T_2）					
		早三叠世（T_1）		230	淮阳运动		
古生代（P_z）	二叠纪（P）	晚二叠世（P_2）					华北从此一直为陆地，华南为浅海，两栖运动繁盛，爬虫开始
		早二叠世（P_1）		285	苏皖运动 东吴运动 云南运动 昆明运动 淮南运动 南山运动	华力西期	
	石炭纪（C）	晚石炭世（C_3）					华北时陆时海到处成煤，华南为浅海，植物繁盛，纺锤虫、石燕、长身贝繁殖
		中石炭世（C_2）					
		早石炭世（C_1）		350			
	泥盆纪（D）	晚泥盆世（D_3）					华北为陆地，华南为浅海，鱼类繁盛，两栖类开始，陆生植物发展
		中泥盆世（D_2）					
		早泥盆世（D_1）		405			
	志留纪（S）	晚志留世（S_2）			江南运动		华北为陆地，华南为浅海，形成石灰岩、页岩，珊瑚、笔石发育，陆地生物出现
		早志留世（S_1）		440			
	奥陶纪（O）	晚奥陶世（O_3）			泰康运动	加里东期	以浅海灰岩为主，中奥陶纪后华北上升为陆地，三叶虫、腕足类、笔石极盛
		中奥陶世（O_2）					
		早奥陶世（O_1）		500	淮远运动		
	寒武纪（$Э$）	晚寒武世（$Э_3$）					以浅海灰岩沉积为主，生物繁殖，三叶虫极盛
		中寒武世（$Э_2$）					
		早寒武世（$Э_1$）		570	蓟县运动		
元古代（P_t）	震旦纪（Z）	晚震旦世（Z_3）					上部为浅海相石灰岩，下部为砂砾岩，中部有冰碛层。变质轻微或不变质。有低级生物藻类出现
		中震旦世（Z_2）					
		早震旦世（Z_1）		2500			
太古代（A_r）					吕梁运动 五台运动		造山变质强烈，岩浆岩活动
				4600			地壳运动强烈，变质作用显著

注：全国地层委员会认为，第四系目前沿用的 Q_1、Q_2、Q_3 代表下更新统、中更新统、上更新统，用 Q_4 代表全新统不妥当。建议暂时用 Q_p 代表更新统，Q_h 代表全新统。

在野外常用下列方法确定地层的地质年代：

1. 地层学的方法

沉积岩是层层叠置的，在正常情况下，位于下面的地层年代较老，地层越上，年代越

19

新。但是，如果发生倒转褶皱或逆掩断层，老地层就会盖在新地层上，这种方法就不适用。

2. 岩石学的方法

在一定的区域内，同时期所形成的岩石特性基本上一致，如果岩层的地质年代已被确定，当在另一地方见到相同的岩层时，就可给以相应的年代名称。但这种方法也有局限性，只适合于一定的地区范围。

3. 古生物学的方法

化石是确定地层地质年代的重要依据，不同的地质年代里有不同的生物化石，年代相同的地层里可以找到相同的生物化石。利用岩层中所含的标准化石，就可以确定岩层的年代。

岩浆岩年代的确定是以被侵入的地层的年代为准，如果侵入岩与围岩的接触处有变质现象，这说明侵入岩较新，围岩较老；若岩浆岩上面有沉积，接触处有侵蚀面或火山碎屑物，则岩浆岩较老，沉积岩较新。

喷出岩的年代多根据上、下沉积岩的年代来确定。

变质岩的年代可根据被变质的沉积岩的年代或覆盖于变质岩上的沉积岩的年代来确定。也可按岩石变质的深浅来判断，变质深的年代较老，变质浅的年代较新。

我国地质工作者已整理出许多地区的地层表，读者要知道建设地区的地层，可从有关的专著中查得。

2.2 岩层的产状

岩层面在空间的位置称为产状，表示空间位置的数据称为产状要素。它包括走向、倾向和倾角。

1. 走向

岩层面延伸方向，即层面与水平面交线的方向。

2. 倾向

岩层面倾斜方向，即垂直于走向沿斜面所引的水平直线的方向。

3. 倾角

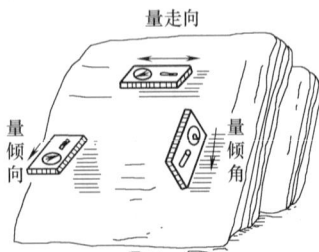

图 2.2.1 用地质罗盘仪测量
岩层面的产状

岩层面与水平面的最大夹角。沿倾向线量得的夹角最大，为真倾角，其余方向量得的夹角皆小于真倾角，称为视倾角。

图 2.2.1 表示用地质罗盘仪测量岩层面产状的情况。岩层产状在地质图上用⊢30°表示，长线表示走向，短线表示倾向，30°表示倾角。在地质报告中，用文字表示，如 N30°E SE∠30°，其中 N30°E 表示走向，SE 表示倾向，∠30°表示倾角。由于走向与倾向两者相垂直，上述产状又可用倾向方位角和倾角表示为 120°∠30°。

2.3 褶皱及其与工程的关系

2.3.1 褶皱及其主要类型

岩层受地壳构造作用的水平力挤压后，形成波状起伏的构造，一个波状的弯曲称为褶曲，一系列褶曲连在一起称为褶皱。

褶曲有背斜和向斜两种基本形式（图 2.3.1）：

1）背斜 即岩层向上凸起的弯曲。中心部分的岩层较两侧的岩层年代老。通常，背斜两侧岩层的倾向是相背的。

2）向斜 即岩层向下凹陷的弯曲。中心部分的岩层较两侧的岩层年代新。通常，向斜两侧岩层的倾向是相对的。

每个褶曲有下列的几何要素（图 2.3.2）：

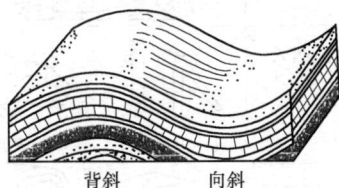

图 2.3.1 背斜及向斜

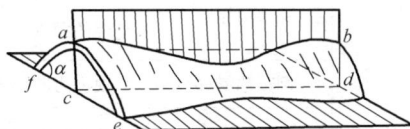

图 2.3.2 褶曲的几何要素

1）核 褶曲的中心部分（c）。

2）翼和翼角 翼是褶曲核部两侧的岩层（ae 及 af）。翼角是两翼岩层的倾角（α）。

3）轴面 是通过褶曲的中心将褶曲大致平分的一个理想面（$abcd$）。褶曲轴面是压性结构面，它与压应力相垂直。

4）轴 轴面与水平面的交线（cd）。

5）脊线 褶曲顶点的连线（ab）。

褶皱的类型见表 2.3.1。

褶皱分类 表 2.3.1

分类原则	名 称	含义或特征	示 意 图
按轴面空间位置和翼的倾斜	直立褶皱（对称褶皱）	轴面直立,两翼的倾角相等	
	斜歪褶皱（不对称褶皱）	轴面倾斜,两翼的倾角不等	
	倒转褶皱	轴面倾斜,一翼在另一翼上面,两翼的岩层各向相同方向倾斜	
	平卧褶皱	轴面或水平或近于水平位置	

分类原则	名 称		含 义 或 特 征	示 意 图
按脊线长短和两翼的倾向	线形褶皱		脊线可以是水平的或近于水平的，褶曲沿某一方向延伸很远，长度大大超过宽度	
	倾伏褶皱	短轴褶皱	脊线从最高点向两端作显著下沉。如是背斜称为短轴背斜，向斜称为短轴向斜	
		穹隆构造	极短轴背斜，长与宽相差不远	
		盆地构造	极短轴向斜，长与宽相差不远	
按两翼和顶部的形态	尖顶褶皱(a)		顶部转折点为尖形，两翼向轴面凹入，呈缓的抛物面	
	圆顶褶皱(b)		顶部为圆形，两翼同尖顶褶皱	
	箱形褶皱(c)		顶部和两翼构成近方形的断面，褶皱顶平缓	
	扇形褶皱(d)		褶曲成扇形剖面，轴部常有隔离核心	
	挠曲(e)		缓倾斜岩层中的一段突然变陡，形成台阶状弯曲	

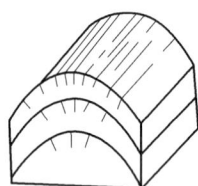

图 2.3.3 背斜轴部
的张裂隙

褶皱主要是岩层受挤压而弯曲，因此岩层中常有裂隙产生。在背斜中，裂隙是向顶部散开的（图 2.3.3）；在向斜中，裂隙是向下部散开的。

在自然界中，完整的褶皱少见，大多数被各种地质作用所破坏。在地形上，背斜不一定都是高山，向斜也不一定都是低地，有时出现背斜是山谷、向斜是山脊的情况。

2.3.2 褶皱与工程的关系

褶皱地区地形多起伏，特别在褶皱强烈的地区，岩层因受强烈破坏，裂隙发育，倾角大。在这种地区的斜坡或坡脚进行建筑时，应注意斜坡岩层的稳定性。

倾斜岩层与山坡坡向之间的关系有两种情况：

1）岩层的倾向与山坡坡向相反即反向坡（图 2.3.4a）。这种情况一般岩层的稳定性较好。

2）岩层的倾向与山坡的坡向一致，即顺向坡。这里又有两种情况：

（1）岩层的倾角小于山坡的坡角（图 2.3.4b）。这时，山坡的稳定性取决于岩层倾角的大小、岩石性质和有无软弱结构面等因素。一般来说，这种情况岩层的稳定性较差，只要岩层的倾角稍大时，就有产生滑动的可能。

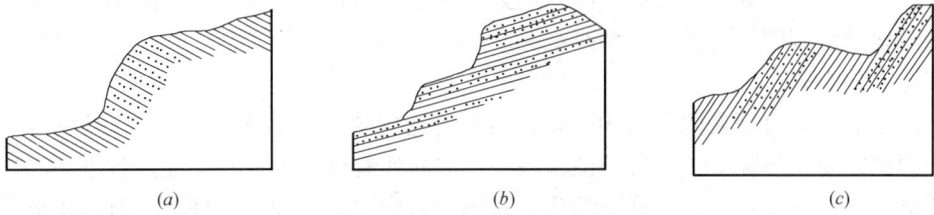

图 2.3.4　岩层倾向与山坡坡向的关系

(a) 反向坡；(b) 顺向坡（倾角小于坡角）；(c) 顺向坡（倾角大于坡角）

（2）岩层的倾角大于或等于山坡的坡角（图 2.3.4c）。这种情况在自然状态下岩层是稳定的，但如果在斜坡或坡脚切割了岩层，上部岩体就有可能沿层面发生滑动，尤其是在薄层岩石（如页岩等）或岩层中有软弱结构面（如软弱夹层等）的情况下，就更容易产生滑动。图 2.3.5 为某车间修建时因切坡而产生岩体滑动的情况。该车间位于砂岩及页岩互层地区，施工时因在坡脚切断了砂岩层，导致岩层沿层面滑动，工程被迫停工，抢修挡土墙。应该指出，这种处理方法不能认为是很安全的。如果把车间选在图上 A 的位置，就不会发生上述情况。

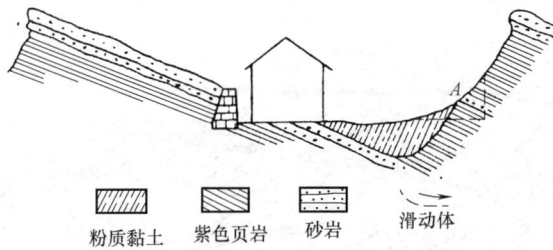

图 2.3.5　切坡后岩体滑动

2.4　断裂构造及其与工程的关系

岩石在地应力的作用下，破坏了它的完整性，发生破裂或甚至沿破裂面还产生错动，这种构造称为断裂构造。断裂构造有裂隙（节理）、劈理和断层，其中裂隙和断层比较重要。

2.4.1　裂隙（节理）

1. 裂隙的概述

裂隙就是岩石中的裂缝，裂缝两侧的岩块没有或仅有很微小的移动。这种构造也称为节理。不过，也有人将若干有规律组合的裂隙及这种裂隙所分割岩块的总体，称为节理，如柱状节理、枕状节理等。但是，在工程上一般不作这样的区分，可以把裂隙和节理看作是同义词。

岩石中的裂隙不仅有疏密和长短大小之分，而且表现的形式是多样的。如有的平直延伸，有的弯曲转折；有的张开（开口）、有的闭合，有的平整或有擦痕，有的粗糙不平，呈锯齿状等等。

由于裂隙多是有规律的成群出现，所以野外观察多注意它的集体系统，将同时期同应力形成的彼此平行或大致平行的裂隙归纳为一裂隙组。在解决工程地质问题时，常选定工程的重点地段对裂隙进行系统的调查观测。

裂隙的分类有：

（1）按成因，可把裂隙分为构造裂隙和非构造裂隙。构造裂隙是由构造运动产生的，如褶曲裂隙、断层裂隙等。这类裂隙多沿一定方向作有规律的分布，能穿越不同年代和不同性质的岩层。非构造裂隙包括岩浆冷凝及沉积岩形成时的原生节理，岩石风化形成的风化裂隙，滑坡、陷落产生的裂隙及岩石因失去负荷而产生的卸荷裂隙等。这类裂隙常局限于某种岩石内，多无共同的方向，分布的范围不大，裂隙的延伸不长，深度也较浅。

（2）按形成时应力的不同，裂隙可分为张（力）裂隙和剪（或扭）（力）裂隙。张裂隙大都延伸不远，多具有较大的裂口，裂隙面比较粗糙。剪（或扭）裂隙一般延伸长且方位稳定，多是闭合的，裂隙面平滑且有擦痕，它往往是两组呈"X"状分布。如果裂隙穿过砂岩或砾岩，常切割砂粒或砾石。

（3）按裂隙面与岩层层面的相互位置，裂隙还可分为走向裂隙、倾向裂隙和斜交裂隙。走向裂隙的裂隙走向与岩层走向平行，倾向裂隙的裂隙走向与岩层倾向平行，斜交裂隙的裂隙走向与岩层走向斜交（图2.4.1）。

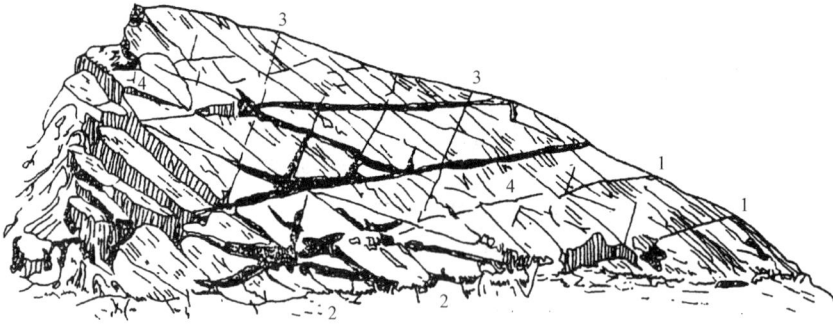

图 2.4.1　裂隙产状与岩层产状的关系

1—走向裂隙组；2—倾向裂隙组；3、4—斜交裂隙组

2. 裂隙与工程的关系

裂隙与工程的关系密切，主要的有下列四点：

（1）裂隙破坏了岩石的整体性，同时大气和水容易沿裂隙渗入而加速岩石的风化和破坏，因此，如果主要裂隙面的方向与边坡的倾斜方向一致且两者走向的夹角小于45°时，常会造成边坡的滑动或崩塌。

（2）裂隙会降低岩石地基的承载力。

（3）裂隙是地下水的通道，水沿裂隙渗入，对基坑开挖及地下室防潮不利。如果岩石为可溶性的石灰岩、石膏等时，水沿裂隙流动，能发展成溶洞。

裂隙被黏性土等物质填充后，透水性降低。

（4）挖方或采石时，裂隙可以提高工作效率，但在爆破时常因漏气而降低爆破效果。

3. 裂隙的工程地质评价

建筑工程中，对裂隙的评价应结合具体建筑或边坡来进行，评价时应解决下面两个基本问题：

（1）决定裂隙发育的主要方向，并对其危害性做出评价；

（2）对裂隙发育程度的数量评价。

研究裂隙发育的主要方向，需要在野外进行细致的勘测，用表 2.4.1 记录，然后编制裂隙的统计图，把区域内的裂隙在图上表示出来。常用的图有以下三种：

裂隙（节理）调查统计表   表 2.4.1

观察点号	岩石的成分及产状	裂隙的成因类型	裂隙的产状			每米长度内的裂隙数量	裂隙长度（m）	裂隙宽度（mm）	填充物性质及程度	裂隙面的特征	所在构造的部位	备注
			走向	倾向	倾角							

1）裂隙产状图　依照裂隙存在的地点，用裂隙的走向、倾向及倾角符号直接填在地形图上。

2）裂隙玫瑰图　用任意半径作半圆，以径向辐射线的方向表示裂隙的走向方位角，辐射线的长度表示裂隙的条数（按比例），然后用直线把辐射的端点连接起来，便成裂隙玫瑰图（图 2.4.2）。在这种图上，很容易看出主要裂隙的发育方向。

3）裂隙极点图和裂隙等密度图　裂隙极点图是以圆周上的度数表示裂隙倾向方位，半径上的度数表示裂隙的倾角，每一裂隙用一个点表示（图 2.4.3）。裂

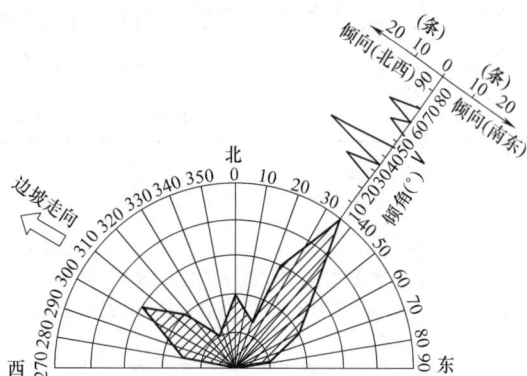

图 2.4.2　裂隙玫瑰图

隙等密度图是在裂隙极点图的基础上以一定的面积计算极点数目，再按一定的密度间隔制成等密度图（图 2.4.4）。这两种图可以表明裂隙的发育程度、分布规律和不同的成因类型。

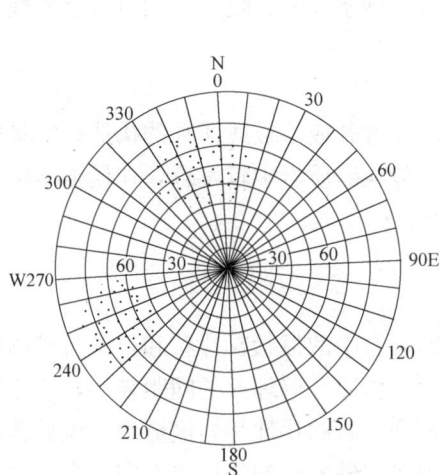

图 2.4.3　裂隙极点图

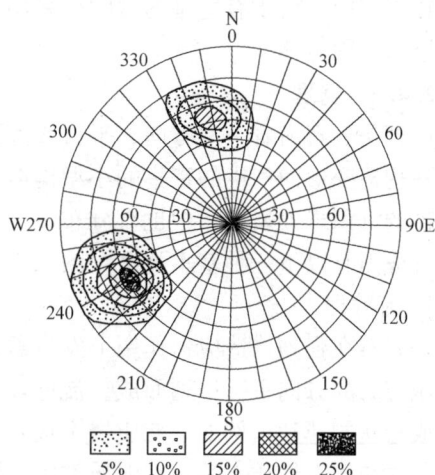

图 2.4.4　裂隙等密度图

关于裂隙的危害性可用图2.4.5的例子作简单说明：图2.4.5所示为有裂隙的岩石边坡，若只是第一组裂隙存在，它对边坡的稳定性影响较小；若第二组裂隙存在，对边坡滑动起主导作用；若两组裂隙同时存在，则边坡就更不稳定。

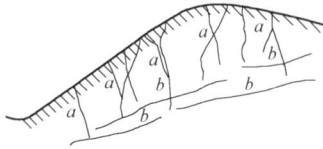

图2.4.5 裂隙评价示意
a—第一组裂隙；b—第二组裂隙

在评价裂隙的危害性时，应注意裂隙的力学性质，一般来说，张裂隙比剪裂隙的工程性能要差。

在评价裂隙的危害性时，还应注意裂隙的闭合程度及填充情况。按裂缝的宽度，裂隙可以分为密闭的（<1mm）、微张的（1~3mm）、张开的（3~5mm）及宽张的（>5mm）。一般而言，闭合的或由钙质填充胶结的裂隙对岩体的强度和稳定的危害性较小，而张开的或由黏性土填充的裂隙，则对岩体的强度和稳定的危害性较大。

根据裂隙的成因类型、密度、组数、闭合及填充情况等多方面的因素，将裂隙发育程度等级分为不发育、稍发育、发育和很发育四等。其特征见表2.4.2。

裂隙（节理）发育程度等级表　　　　　　　　　　表2.4.2

发育程度等级	基本特征	附注
不发育	裂隙1~2组，为构造型，间距在1m以上，多为密闭的。岩体被切割成巨块状	对基础工程无影响
稍发育	裂隙2~3组，呈X形，较规则，以构造型为主，多数间距大于0.4m，多为密闭的，部分为微张的，少有填充物。岩体被切割成大块状	对基础工程影响不大，对其他工程建筑物可能产生影响
发育	裂隙3组以上，不规则，呈X形或米字形，以构造型或风化型为主，多数间距小于0.4m，大部分为张开的，部分有填充物。岩体被切割成小块状	对工程建筑物可能产生很大影响
很发育	裂隙3组以上，杂乱，以风化型和构造型为主，多数间距小于0.2m，以张开的为主，一般均有填充物。岩体被切割成碎块状	对工程建筑物可能产生严重影响

在工程中，对于有危害的裂隙可采用水泥灌浆、砂浆勾缝、喷浆或用衬砌、支柱、锚固等措施加固岩体。

2.4.2 劈理

劈理是岩石沿着一定方向、平行或大致平行的能劈开成薄板或薄片的构造。它是岩石受强烈构造变形而产生的密集的小型构造。劈理一般在变质岩中较发育，在受强烈构造变形地带的沉积岩或岩浆岩中也有分布。

按成因有以下三种基本类型（图2.4.6）：

1. 流劈理

是岩石在强烈构造应力作用下发生塑性流动，岩石中的板状、片状和长条状矿物沿垂直于压应力的方向平行排列而成。流劈理面为压性结构面。劈理面的间距较小，往往使岩石裂成板状的薄片，例如，变质岩中板岩的板劈理和片岩的片理都属流劈理。流劈理的发育情况常与岩石性质有关，在泥质类的软弱岩石中要比砂岩类的强韧岩石中发育。

2. 破劈理

是岩石沿最大剪应力方向形成的一组密集的剪裂。破劈理面为扭性结构面，它与岩石

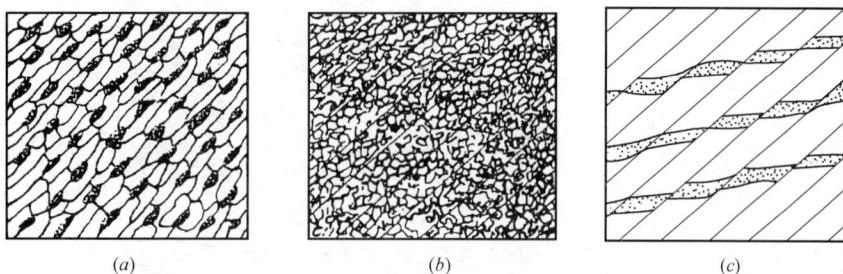

图 2.4.6 劈理的基本类型

(a) 流劈理；(b) 破劈理；(c) 滑劈理

中的矿物定向排列无关。劈理面的间距一般为几毫米到几厘米。如果间距超过几厘米，就应称为剪裂隙。破劈理一般在脆性岩石中或在强韧岩石之间的软弱岩层中发育。

3. 滑劈理

是沿劈理面有微小（几毫米）的位移，在滑劈理面附近的矿物颗粒有平行于劈理面的定向排列。有人认为，这种劈理是剪裂隙，也有人认为它是流劈理和破劈理的过渡类型。滑劈理多见于细粒层状泥岩中，一般都与褶曲轴面平行。

如按劈理生成的先后又可分为：

(1) 原生劈理（真劈理），如板劈理、片理。

(2) 次生劈理（假劈理），如破劈理。

劈理能损害岩石的整体性，加速岩石的风化和破坏，特别是在变质岩地区，劈理常造成边坡的坍塌和滑动。因此，在变质岩区和强烈构造变动的地区，不应忽视劈理对工程建筑所能造成的危害，应加强调查研究。

2.4.3 断层

1. 断层的概述

岩层断裂后，沿断裂面发生显著的相对位移，这种构造称为断层。

断层有下列的几何要素（图 2.4.7）：

1) 断层面 岩层相对位移的断裂面，通常它是不规则的面。由于岩层的相对移动，所以在断层面上岩石常有擦痕。

2) 断层线 断层面与地面的交线。

3) 上盘与下盘 断层面将岩层分成两个断块，当断层面是倾斜或水平时，位于断层面以上的断块称为上盘；位于断层面以下的断块称为下盘。

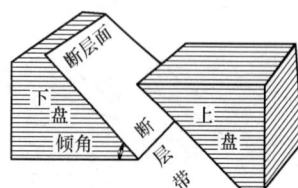

图 2.4.7 断层的几何要素

4) 断层带 介于断层两壁之间的破碎地带。

5) 断距 断层上下盘沿断层面发生相对位移的实际距离称为总断距；在垂直方向上的相对位移称为垂直断距；在水平方向上的相对位移称为水平断距。

断层的主要类型有：

1) 正断层 上盘相对下降或下盘相对上升（图 2.4.8a）。正断层是地壳受水平张力和重力作用形成的，故属于张性断层。断层面倾角一般较陡（>45°），断层线较平直。

正断层可以单独出现，也可以在一个地区成群出现排成一定的组合。正断层及其组合详见图 2.4.8。

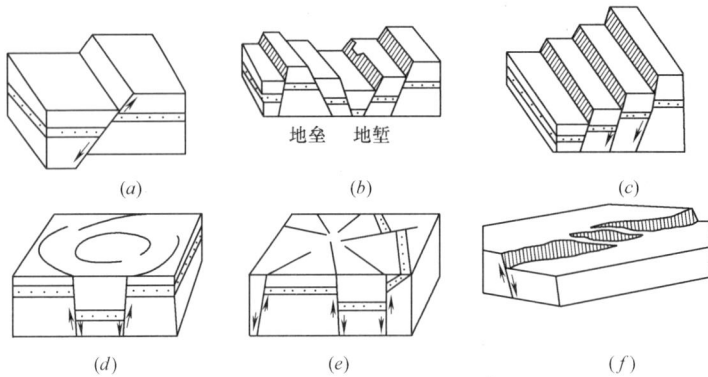

图 2.4.8 正断层及其组合形式

(a) 正断层；(b) 地垒、地堑；(c) 阶梯断层；(d) 环状断层；(e) 放射状断层；(f) 雁列式断层

2）逆断层 上盘相对上升或下盘相对下降。逆断层是岩层受水平挤压面形成，属压性断层。根据断层面倾角的大小，逆断层可以分为：

（1）冲断层：断层面倾角大于45°（图2.4.9a）。

（2）逆掩断层：断层面倾角在45°～25°，往往是由倒转褶皱发展形成。

（3）辗转断层：断层面倾角小于25°，断层面呈波状弯曲，断层规模巨大，上盘推距也较大（图2.4.9b）。

逆断层常见的组合形式是垒瓦状构造，它由一系列近于平行的逆断层向同一方向掩冲而成（图2.4.10）。

3）平移断层（平推断层或平错断层掾断层） 两盘产生相对水平位移的断层（图2.4.11）。平移断层主要是水平剪切运动（水平扭动）形成的，故属于扭性断层。断层面的倾角近于直立，断层面上常有近水平的擦痕。

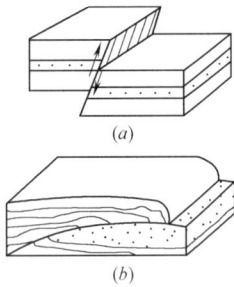

图 2.4.9 逆断层

(a) 冲断层；(b) 辗转断层

图 2.4.10 叠瓦状构造示意图

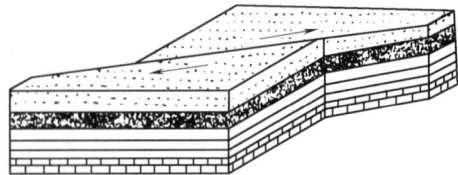

图 2.4.11 平移断层

在野外，可以用下列标志识别断层：

1）岩层标志 岩层或岩脉错动变位，突然中断或重复，或缺失。岩层的重复或缺失表现为不对称的重复，或某一部分缺失。

2）构造标志 由于断层两盘的相互挤压、搓碎，形成与断层面大致相平行的破碎带。破碎带的宽度不等，由几厘米、几米到几百米。在断层交会带（断层交会带是不同方向的断层相交的地带）地区破碎带常被加宽。破碎带内多被构造岩［构造岩是构造应力作用而产生的岩石。构造岩的主要类型有：构造角砾岩和糜棱岩（见表1.2.4）及断层泥。断层泥是岩石被辗磨成细粉，结构、构造已完全破坏。断层泥松软，常成不同的颜色〕所填充。断层面上常有擦痕。由于错动变位，断层两盘岩层的产状多不一致。

3）地形标志　断层有时可造成陡坡、断崖或山脊错断、河谷方向突然改变，有时出现深谷、溪涧、湖泊或成排的泉水出露。

应该指出，野外识别断层时不能只根据某个现象，而应综合上述各点对情况作全面分析，然后做出判断。

2. 断层与工程的关系

断层对建筑工程非常不利。它常有以下不良地质条件：

（1）断层是软弱结构面，它使岩石零乱破碎，裂隙增多，岩石的整体性被破坏，岩石的强度和承载力被显著降低。

（2）断层陡壁的岩石多处于不稳定状态，有崩塌、滑动的可能。

（3）断层上、下盘的岩石性质不同，如建筑物跨越两盘，可能产生不均匀沉降。

（4）断层带是水的通道，也可能形成自流水盆地，施工中遇到这种地下水，会发生涌水事故。

（5）在新构造运动强烈的地区，有的断层可能发生移动（活动性断层），其中有的断层还能引起强烈地震（发震断层）。

这些不良地质条件能严重地影响到地基的稳定性，因此，在选择建筑物场地时，最好避开断层地带。

必须指出，有断层的地方并不是都不能进行建筑，对具体情况应作具体分析。经过详细勘察，对于非活动性断层可根据断层的大小、破碎带的分布与填充物的性质、覆盖层的厚度和性质等情况采取必要的措施之后，有的断层地带仍然是可以建筑的。例如，有一个厂就建在一个断层带内，断层带内的地下水还给该厂提供了丰富的地下水源。

2.5　不　整　合

岩层在沉积的过程中没有发生间断，依一定的次序连续堆积，相互平行排列，这种接触关系称为整合（图 2.5.1a）。如果岩层在沉积的过程中发生长时期的中断或侵蚀，后又再堆积，这种接触关系称为不整合。不整合有平行不整合（或称假整合）和角度不整合。平行不整合是上、下岩层的产状彼此平行，但岩层之间有侵蚀特征（图 2.5.1b）。角度不整合是上、下岩层的产状不一致，而且岩层之间有侵蚀特征（图 2.5.1c）。

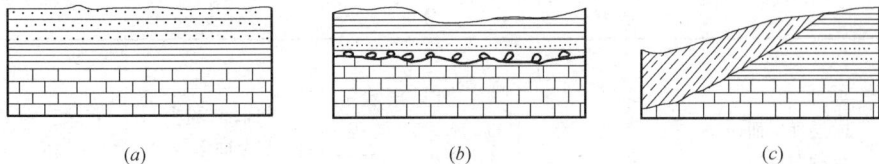

（a）　　　　　　　　　（b）　　　　　　　　　（c）

图 2.5.1　整合及不整合
（a）整合；（b）平行不整合（假整合）；（c）角度不整合

不整合在野外的特征有：上、下岩层间的产状不一致（角度不整合）；老岩层上面有脊状的突出部分伸入新岩层内；上、下岩层之间常有一层砾岩（底砾岩）存在；有一层或几层地层缺失；上、下岩层的岩性突变等。

在地质上，不整合表示地壳发生了运动，是地质时代系统划分的重要依据。

在工程上，山坡地区的第四纪堆积物和基岩之间的不整合是最应加以注意的，因为这种岩土接触面（即不整合面图 2.5.1c）是软弱结构面，当它具有一定的坡度时，堆积物常有可能沿此面发生滑动。此外，由于岩土性质不同，建筑物也可能发生不均匀沉降。因此，凡在这种地区进行建筑，应事先查明岩层的性质、下伏的不整合面的情况与坡度，以便做到正确的设计和施工，拟定防止滑坡等不良地质现象的措施。

2.6 结构面类型及特征

2.6.1 结构面和结构面的类型

为了研究的方便，褶皱、裂隙及断层等地质构造在空间的位置都可以用平面或曲面来表示，例如褶皱可用轴面来表示，断层用断层面来表示，这种面称为结构面。另外，岩体内还有不同物质的分异面和各种不连续面，如层面、层理面、片理面、不同岩石的接触面等等，这种面也称为结构面。总之，岩体内的各种具有一定方向、延伸较大、厚度较小的二维面状地质界面，都称为结构面。结构面与地面的交线，称为构造线。

结构面的类型有：

按成因结构面可分为：原生结构面、构造结构面和次生结构面三种。

1. 原生结构面

即岩石生成时所形成的结构面。包括：沉积岩的层面、层理面、软弱夹层、沉积间断面等；岩浆岩的原生节理、侵入体与围岩的接触面等；变质岩的片理面、片岩软弱夹层等。

2. 构造结构面

即由构造作用形成的结构面。如构造裂隙面、断层面、层间错动面等。

3. 次生结构面

即岩体因风化、地下水等次生作用形成的结构面。如风化裂隙、卸荷裂隙、风化夹层、泥化夹层、次生夹泥层等。

按力学性质结构面又可分为：压性、张性、扭（剪）性、压扭性和张扭性五种。

各类结构面的特征及其工程地质评价见表 2.6.1。

结构面的类型及其特征　　　　　　　　　　　　　　　　　　　表 2.6.1

成因类型	地质类型	主要特征			工程地质评价
		产状	分布	性质	
原生结构面	沉积结构面	1. 层理层面；2. 软弱夹层；3. 不整合面、假整合面；4. 沉积间断面	一般与岩层产状一致，为层间结构面	一般呈层状分布，延续性较强。其中古生代海相沉积分布稳定，而中生代陆相地层中分布较不稳定，呈交错状，易尖灭	层面、软弱夹层等结构面较为平整；不整合面及沉积间断面多由碎屑、泥质物构成，而且不平整	滑坡很多由此类结构面所造成

30

成因类型		地质类型	主要特征			工程地质评价
			产状	分布	性质	
原生结构面	火成结构面	1. 侵入体与围岩接触面；2. 岩脉、岩墙接触面；3. 原生冷凝节理	岩脉受构造结构面控制，原生节理受岩体接触面控制	接触面延伸较远，比较稳定，而原生节理往往短小、密集	接触面可具溶合及破碎两种不同的特征；原生节理一般为张裂面，较粗糙	一般不造成大规模的岩体破坏，但有时与构造断裂配合，也可形成岩体滑移
	变质结构面	1. 片理；2. 片岩软弱夹层	产状与岩层一致或受其控制，非沉积变质岩片理只反映区域构造应力场特点	片理短小，分布极密，片岩软弱夹层延伸较远，具固定层次	结构面光滑、平直，片理在岩体深部往往闭合成隐闭结构面；片岩软弱夹层含片状矿物，呈鳞片状	在变质较浅的沉积变质岩如千枚岩等路堑边坡常见坍塌，片岩夹层有时对工程稳定也有影响
构造结构面		1. 张裂隙、扭裂隙（X形裂隙）；2. 张断层、扭断层、压性断层、压扭性断层；3. 层间错动；4. 劈理	产状与构造线呈一定关系，层间错动与岩层一致	张性断裂较短小；扭性断裂延伸较远，压性断裂规模巨大，但有时为横断层切割成不连续状	张性断裂不平整，常具次生填充，呈锯齿状；扭性断裂较平直，具羽状裂隙；压性断裂具多种构造岩成带状分布，往往含断层泥、糜棱岩	对岩体稳定影响很大，在许多岩体破坏过程中，大都有构造结构面的配合作用
次生结构面		1. 卸荷裂隙；2. 风化裂隙；3. 风化夹层；4. 泥化夹层；5. 次生夹泥层	受地形及原结构面控制	分布上往往呈不连续性、透镜体，延展性不大，且主要在地表风化带内发育	一般为泥质物填充，水理性质很差	在天然及人工边坡上造成危害

此外，在实际工作中可以发现，有些结构面上物质软弱松散，含泥质物及水理性质（如透水性等）不良的黏土矿物，抗剪强度很低，工程上将这种性质软弱的结构面称为软弱结构面。软弱结构面对岩体的稳定有很大影响，边坡岩体的滑动往往是沿着这种结构面发生和发展，因此，必须给以足够的重视。软弱结构面大体上有以下几种地质类型：①黏土、页岩夹层；②不整合面及沉积间断面（包括古风化夹层）；③含断层泥、糜棱岩的断层；④层间破碎夹层；⑤风化夹层；⑥泥化夹层；⑦次生夹泥层等。

2.6.2　结构面的抗剪强度

结构面的抗剪强度应以试验数据为准，表 2.6.2 的建议值可供参考。

结构面抗剪断峰值强度　　　　　　　　　　　表 2.6.2

序号	两侧岩体的坚硬程度及结构面的结合程度	内摩擦角 $\varphi(°)$	黏聚力 $c(MPa)$
1	坚硬岩，结合好	>37	>0.22
2	坚硬～较坚硬岩，结合一般；较软岩，结合好	37～29	0.22～0.12
3	坚硬～较坚硬岩，结合差；较软岩～软岩，结合一般	29～19	0.12～0.08

序号	两侧岩体的坚硬程度及结构面的结合程度	内摩擦角 φ(°)	黏聚力 c(MPa)
4	较坚硬～较软岩,结合差～结合很差; 软岩,结合差; 软质岩的泥化面	19～13	0.08～0.05
5	较坚硬岩及全部软质岩,结合很差; 软质岩泥化层本身	<13	<0.05

注：1. 本表取自《工程岩体分级标准》GB 50218。

2. 通常,将岩石（体）的抗剪强度细分为：抗剪断强度、抗剪强度（摩擦强度）和抗切强度。抗剪断强度指在法向应力 σ 作用下,岩石（体）剪断时剪断面上的剪应力值,公式为 $\tau=\sigma\tan\varphi+c$。抗剪强度指岩石（体）沿已剪断面滑动时,剪切面上的剪应力值,公式为 $\tau=\sigma\tan\varphi$。抗切强度指法向应力为零时,岩石（体）剪断时剪切面上的剪应力值,公式为 $\tau=c$。

结构面结合程度按表 2.6.3 确定。

结构面结合程度的划分 表 2.6.3

名　称	结　构　面　特　征
结合好	张开度小于 1mm,无充填物; 张开度 1～3mm,为硅质或铁质胶结; 张开度大于 3mm,结构面粗糙,为硅质胶结
结合一般	张开度 1～3mm,为钙质或泥质胶结; 张开度大于 3mm,结构面粗糙,为铁质或钙质胶结
结合差	张开度 1～3mm,结构面平直,为泥质或泥质和钙质胶结; 张开度大于 3mm,多为泥质或岩屑充填
结合很差	泥质充填或泥夹岩屑充填,充填物厚度大于起伏差

2.7　岩体结构类型和岩体质量分级

2.7.1　岩体结构类型

在第 1 章中已讨论了岩石的类型和性质,但这在工程应用上还是不够的,因为岩石在其生成时期特别是生成之后经受了长期的地质作用（尤其是构造变形作用）,在解决实际问题时必须把它们的影响包括进去,这就产生了所谓岩体的概念。岩体是指地质年代相同或不同的岩石和经成岩作用、构造运动以及风化、地下水等次生作用而产生于岩石中的结构面组合而成的整体。很明显,岩体和岩石的工程地质性质是不一样的。例如,单就强度来说,岩体的强度多小于岩体中岩石的强度。

在本章第 2.6 节中已经提到,岩体内存在着各种结构面,这些结构面把岩石切割成不同形状和大小的块体,这种块体称为结构体。图 2.7.1 为结构体的常见的几种形状。结构面和结构体的组合就构成岩体结构（图 2.7.2）。根据结构体的几何尺寸及组合特点,一般岩体结构分为整体状结构、块状结构、层状结构、碎裂状结构及散体状结构五类。这五类岩体结构的特征及其工程地质评价见表 2.7.1。

从表 2.7.1 中可以看出,岩体结构对于岩体的工程性质有很大的影响。例如,整体状结构和块状结构的岩体整体强度较高,边坡的稳定性也良好;而散体状结构的岩体,由于

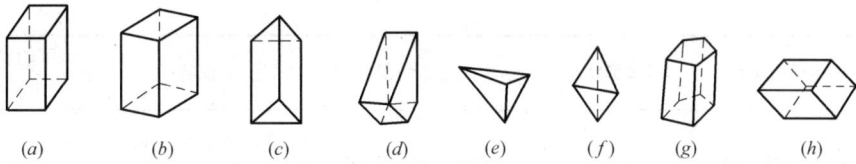

图 2.7.1　常见的结构体的形状

(a) 长方柱（块）体；(b) 菱形柱体；(c) 三菱柱体；(d) 似楔形体；(e) 锥形体；

(f) 斜四面体；(g) 多角柱体；(h) 菱形块体

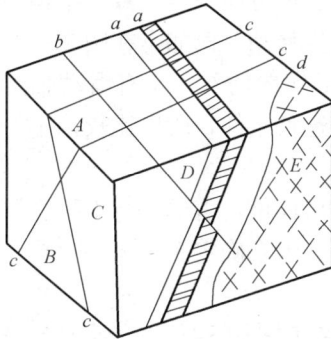

图 2.7.2　岩体结构示意图

A、B、C、D、E—结构体；a、b、c、d—结构面

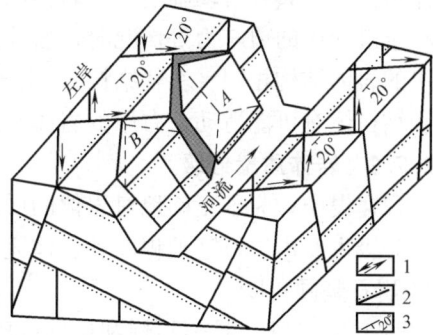

图 2.7.3　河谷岩体稳定评价示意

1—扭性断裂；2—层面；3—岩层产状；

A—三棱柱体；B—似楔形体

受到强烈构造变形和风化作用的影响，整体性和强度都遭到很大的破坏，边坡的稳定性很差。

岩体结构类型及其工程地质评价　　　　　　　　　　　　表 2.7.1

岩体结构类型	岩体地质类型	结构体形状	结构面发育情况	岩土工程特征	可能发生的岩土工程问题
整体状结构	巨块状岩浆岩，变质岩，巨厚层沉积岩	巨块状	以层面和原生、构造节理为主，多呈闭合型，间距大于 1.5m，一般为 1～2 组，无危险结构	岩体稳定，可视为均质弹性各向同性体	局部滑动或坍塌，深埋洞室的岩爆
块状结构	厚层状沉积岩、块状岩浆岩、变质岩	块状柱状	有少量贯穿性节理裂隙，结构面间距 0.7～1.5m。一般为 2～3 组，有少量分离体	结构面互相牵制，岩体基本稳定，接近弹性各向同性体	
层状结构	多韵律薄层、中厚层状沉积岩、副变质岩	层状板状	有层理、片理、节理，常有层间错动	变形和强度受层面和岩层组合控制，可视为各向异性弹塑性体，稳定性较差	可沿结构体面滑塌，软岩可产生塑性变形
碎裂状结构	构造影响严重的破碎岩层	碎块状	断层、节理、片理、层理发育，结构面间距 0.25～0.5m，一般 3 组以上，由许多分离体形成	整体强度很低，并受软弱结构面控制，呈弹塑性体，稳定性很差	易发生规模较大的岩体失稳，地下水加剧失稳

33

岩体结构类型	岩体地质类型	结构体形状	结构面发育情况	岩土工程特征	可能发生的岩土工程问题
散体状结构	断层破碎带,强风化及全风化带	碎屑状	构造和风化裂隙密集,结构面错综复杂,多充填黏性土,形成无序小块和碎屑	完整性遭极大破坏,稳定性极差,岩体接近松散体介质	易发生规模较大的岩体失稳,地下水加剧失稳

应该指出,在评定边坡岩体的稳定性时,除注意岩体结构类型外还必须结合岩体所处的具体条件,当具有滑动临空面、岩体的结构面产状与边坡方向基本一致、结构面的抗剪强度小于滑动体的剪应力等情况时,岩体就完全可能发生移动。例如,在图2.7.3中,河谷两岸的岩体结构相同(块状结构),由于左岸岩层层面倾向河谷,具有滑动临空面,故岩体和结构体有可能滑动;右岸的岩体和结构体不存在这种条件,所以比较稳定。

2.7.2 岩体质量分级

工程建设中,为了正确地对岩体的质量和稳定性做出评价,需要进行工程岩体的质量分级。分级主要由岩石坚硬程度和岩体完整程度两个基本因素确定。

1. 岩石坚硬程度

在表1.3.11中,按岩石饱和单轴抗压强度大小,将其分为坚硬岩、较硬岩、较软岩、软岩和极软岩五类。

2. 岩体完整程度

主要用完整性指数进行分类(表2.7.2)。

在无条件取得实测值的情况下,可通过野外调查按表2.7.3进行完整程度划分,或通过量测岩体体积节理数,按表2.7.4进行完整程度的划分。

岩体完整程度分类　　　　　　　　　　　　表2.7.2

完整程度	完整	较完整	较破碎	破碎	极破碎
完整性指数	>0.75	0.75～0.55	0.55～0.35	0.35～0.15	<0.15

注:完整性指数为岩体纵波速度与岩块纵波速度之比的平方。选定岩体和岩块测定波速时,应注意其代表性。

岩体完整程度的定性划分　　　　　　　　　　表2.7.3

完整程度	结构面发育程度		主要结构面的结合程度	主要结构面类型	相应结构类型
	组数	平均间距(m)			
完整	1～2	>1.0	结合好或结合一般	裂隙、层面	整体状或巨厚层状结构
较完整	1～2	>1.0	结合差	裂隙、层面	块状或厚层状结构
	2～3	1.0～0.4	结合好或结合一般		块状结构
较破碎	2～3	1.0～0.4	结合差	裂隙、层面、小断层	裂隙块状或中厚层状结构
	≥3	0.4～0.2	结合好		镶嵌碎裂结构
			结合一般		中、薄层状结构
破碎	≥3	0.4～0.2	结合差	各种类型结构面	裂隙块状结构
		≤0.2	结合一般或结合差		碎裂状结构
极破碎	无序		结合很差		散体状结构

注:平均间距指主要结构面(1～2组)间距的平均值。

表 2.7.4

岩体体积节理数与岩体完整性指数对照表

岩体体积节理数(条/m³)	<3	3～10	10～20	20～35	>35
岩体完整性指数	>0.75	0.75～0.55	0.55～0.35	0.35～0.15	<0.15

根据岩石的坚硬程度和岩体的完整程度，按表 2.7.5 进行岩体质量分级。

岩体基本质量等级分类 表 2.7.5

质量等级　　完整程度　坚硬程度	完整	较完整	较破碎	破碎	极破碎
坚硬岩	Ⅰ	Ⅱ	Ⅲ	Ⅳ	Ⅴ
较硬岩	Ⅱ	Ⅲ	Ⅳ	Ⅳ	Ⅴ
较软岩	Ⅲ	Ⅳ	Ⅳ	Ⅴ	Ⅴ
软岩	Ⅳ	Ⅳ	Ⅴ	Ⅴ	Ⅴ
极软岩	Ⅴ	Ⅴ	Ⅴ	Ⅴ	Ⅴ

表 2.7.6 为不同质量级别岩体的物理力学参数。

岩体物理力学参数 表 2.7.6

岩体基本质量级别	重力密度 γ (kN/m³)	抗剪断峰值强度		变形模量 E(MPa)	泊松比 ν
		内摩擦角 φ(°)	黏聚力 c(MPa)		
Ⅰ	>26.5	>60	>2.1	>33	<0.2
Ⅱ		60～50	2.1～1.5	33～20	0.2～0.25
Ⅲ	26.5～24.5	50～39	1.5～0.7	20～6	0.25～0.3
Ⅳ	24.5～22.5	39～27	0.7～0.2	6～1.3	0.3～0.35
Ⅴ	<22.5	<27	<0.2	<1.3	>0.35

注：据《工程岩体分级标准》GB 50218。

第3章 第四纪沉积层的形成及其工程地质特征

第四纪沉积层是指第四纪所形成的各种堆积物。它是地壳的岩石经风化、风、地表流水、湖泊、海洋、冰川等地质作用的破坏、搬运和堆积而形成的现代沉积层。第四纪沉积层的基本特征是：

（1）陆相沉积为主。由于其年代较新，故出露地表的以陆相沉积为主，一般都未受变质作用的影响。

（2）松散性。一般都呈松散状态，硬结成岩作用较低。

（3）岩相多变性。由于沉积环境比较复杂，沉积物的性质、结构、厚度在水平方向或垂直方向都具有很大的差异性。

（4）第四纪沉积物常构成各种堆积地貌①形态，并在各地貌单元中呈现规律性的分布。

第四纪沉积层的成因类型见表3.0.1，其主要类型的鉴定标准见表3.0.2。

下面将分别介绍主要的第四纪沉积层的形成和工程地质特征。

第四纪沉积层的成因类型 表3.0.1

成　因	成因类型	主导地质作用
风化残积	残积物	物理、化学风化作用
重力堆积	崩塌堆积物	瞬间发生的重力作用
	坠落堆积物	较长期的重力作用
	滑坡堆积物	大型斜坡块体重力作用
	土溜堆积物	小型斜坡块体表面的重力破坏作用
大陆流水堆积	坡积物	斜坡上雨水、雪水间有重力的长期搬运、堆积作用
	洪积物	短期内大量地表水流搬运、堆积作用
	冲积物	长期的地表流水搬运、堆积作用
	三角洲堆积物（河—湖）	河水、湖水混合堆积作用
	湖泊堆积物	浅水型的静水堆积作用
	沼泽堆积物	潴水型的静水堆积作用
海水堆积	滨海堆积物	海浪及岸流的堆积作用
	浅海堆积物	浅海相动荡及静水的混合堆积作用
	深海堆积物	深海相静水的堆积作用
	三角洲堆积物（河—海）	河水、海水混合堆积作用
地下水堆积	泉水堆积物	化学堆积作用及部分机械堆积作用
	洞穴堆积物	机械堆积作用及部分化学堆积作用
冰川堆积	冰碛物	冰川的搬运、堆积作用
	冰水堆积物	冰水的搬运、堆积作用
	冰湖堆积物	冰川地区的静水堆积作用
风力堆积	风积物	风的搬运、堆积作用

---

① 地貌是指地球表面因内、外力地质作用而产生的地形形态。研究地貌必须研究地形形态的外部起伏不平的特征、成因、年代及其发展过程。地形是指地球表面高低起伏不规则形态的特征的总称。

成因类型	堆积方式及条件	堆积物特征
残积层	岩石经风化作用而残留在原地的碎屑堆积物	碎屑物从地表向深处由细变粗,其成分与母岩相关,一般不具层理,碎块呈棱角状,土质不均,具有较大孔隙,厚度在山丘顶部较薄,低洼处较厚
坡积和崩积层	风化碎屑物由雨水或融雪水沿斜坡搬运及由重力作用堆积在斜坡上或坡脚处而成	碎屑物从坡上往下逐渐变细,分选性差,层理不明显,厚度变化较大,厚度在斜坡较陡处较薄,坡脚地段较厚
洪积层	由暂时性洪流将山区或高地的大量风化碎屑物携带至沟口或平缓地带堆积而成	颗粒具有一定的分选性,但往往大小混杂,碎块多呈亚棱角状,洪积扇顶部颗粒较粗,层理紊乱呈交错状,透镜体及夹层较多,边缘处颗粒细,层理清楚
冲积层	由长期的地表水流搬运,在河流阶地、冲积平原、三角洲地带堆积而成	颗粒在河流上游较粗,向下游逐渐变细,分选性及磨圆度均好,层理清楚,除牛轭湖及某些河床相沉积外厚度较稳定
淤积层	在静水或缓慢的流水环境中沉积,并伴有生物化学作用而成	颗粒以粉粒、黏粒为主,且含有一定数量的有机质或盐类,一般土质松软,有时为淤泥质黏性土、粉土与粉砂互层,具清晰的薄层理
冰水沉积和冰碛层	由冰川或冰川融化的冰水进行搬运堆积而成	颗粒以巨大块石、碎石、砂、粉土、黏性土混合组成,一般分选性极差,无层理,但为冰水沉积时,常具斜层理,颗粒呈棱角状,巨大块石上常有冰川擦痕
风积层	在干旱气候条件下,碎屑物被风吹扬,降落堆积而成	颗粒主要由粉粒或砂粒组成,土质均匀,质纯,孔隙大,结构松散

3.1 风化作用及残积层

3.1.1 风化作用的类型

地表或接近地表的岩石在大气、水和生物活动等因素的影响下,发生物理的和化学的变化,致使岩体崩解和破碎,这种作用称为风化作用。风化作用在地表最明显,往深处则逐渐消失。由于各地环境不一样,岩石风化程度不同,因而风化的深度也不一致,有的很浅,仅几十厘米,有的可深达几百米。

风化作用能使岩石的成分发生变化,能将坚硬的岩石变得松软甚至破坏成松散的碎屑,从而改变岩石的物理性质,降低其力学强度。风化作用又能使岩石产生裂隙,破坏岩石的整体性,影响边坡及地基的稳定。这种作用还能破坏地势高低的基本形态。

风化作用按照引起的原因,可分为物理的、化学的和生物的三种类型。

1. 物理风化作用

是指岩石破碎成各种大小的碎屑而成分不发生变化的机械破坏作用。昼夜和季节的温度变化是物理风化作用的主要因素。岩石是不良导体。白天温度升高,岩石表面受热膨胀,但内部尚处于较冷状态;夜间温度下降,表面冷却收缩,而内部余热未散,仍处于膨胀状态。由于内外胀缩不一致,岩石的外层与内层之间便产生裂隙,逐渐相互脱离,最后变成岩屑。岩石大多数是多种矿物组成的,各种矿物的膨胀系数不同,当温度变化时,矿物之间因膨胀不一而失去连接，岩体便崩离成松散的矿物或岩屑。岩石裂缝中的水因气温变冷而结冰，水变成冰时体积要膨胀，产生很大压力，促成岩体崩裂。

2. 化学风化作用

是指岩石在水和各种溶液的作用下所引起的破坏作用。这种作用不仅使岩石在块体大小上发生变化，更重要的是使岩石成分发生变化。化学风化作用有水化作用、氧化作用、碳酸盐化作用及溶解作用等。

1）水化作用　是水和某种矿物结合。这种作用可使岩石因体积膨胀而招致破坏。例如：

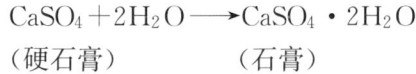

$$CaSO_4 + 2H_2O \longrightarrow CaSO_4 \cdot 2H_2O$$
（硬石膏）　　　　　（石膏）

2）氧化作用　这种作用是氧和水的联合作用，对氧化亚铁、硫化物、碳酸盐类矿物表现比较突出。例如：

$$FeS_2 + 7O + H_2O \longrightarrow FeSO_4 + H_2SO_4$$
（黄铁矿）　　　　　（硫酸亚铁）（硫酸）

$$6FeSO_4 + 3O + 3H_2O \longrightarrow 2Fe_2(SO_4)_3 + 2Fe(OH)_3$$
（硫酸亚铁）　　　　　（硫酸铁）（氢氧化铁）

黄铁矿风化后产生的硫酸对混凝土起破坏作用。

3）碳酸盐化作用　指岩石在二氧化碳和水的作用下形成碳酸盐化合物。例如：

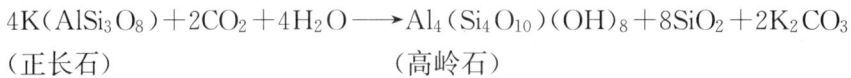

$$4K(AlSi_3O_8) + 2CO_2 + 4H_2O \longrightarrow Al_4(Si_4O_{10})(OH)_8 + 8SiO_2 + 2K_2CO_3$$
（正长石）　　　　　　　　（高岭石）

正长石经碳酸盐化作用后，碳酸钾被水溶解带走，花岗岩剩下的是疏松的高岭石和石英混在一起。

4）溶解作用　自然界的水能直接溶解岩石使岩石破坏。例如：

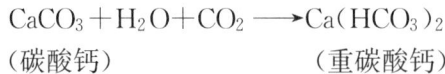

$$CaCO_3 + H_2O + CO_2 \longrightarrow Ca(HCO_3)_2$$
（碳酸钙）　　　　　　　（重碳酸钙）

碳酸钙变成重碳酸钙后，被水溶解带走，结果石灰岩便形成溶洞。

3. 生物风化作用

是指岩石由生物活动所引起的破坏作用。这种破坏作用包括机械的作用（例如，植物的根在岩石裂缝中生长，像楔子一样劈裂岩石）和化学的作用（例如，生物新陈代谢所析出的碳酸、硝酸及有机酸等对岩石的破坏作用）两种。应该指出，人类的工程活动对岩石的风化也产生一定的影响，例如：基槽或边坡的开挖使岩石的新鲜面暴露，爆破使岩石在一定的深度内产生裂隙，这些都对岩石的风化起促进作用。工业废水中的化学物质也对岩石起破坏作用。

自然界中，物理风化作用和化学风化作用是互相联系并同时存在的。在不同的地区，根据表现的强弱，它们中间有主次之分，如在干寒及高山地区以物理风化作用为主，在湿热多雨地区以化学风化作用为主。

3.1.2　岩石风化程度的划分和防止风化的措施

岩石按其风化程度的强弱，可分为未风化、微风化、中等风化、强风化、全风化和残积土等，特征如表3.1.1所示。

通常在一个区域或一个剖面里从残积土到未风化的岩石都可以看到，但有时也可能因地质作用而缺少其中的某一、二类风化物。

前面已经提到，风化作用能降低岩石强度，影响边坡及建筑物地基的稳定，因此在工程上常需要采取措施来防止岩石的风化。常用的方法有：

风化程度	野外特征	风化程度参数指标	
		波速比 K_v	风化系数 K_f
未风化	岩质新鲜，偶见风化痕迹	0.9～1.0	0.9～1.0
微风化	结构基本未变，仅节理面有渲染或略有变色，有少量风化裂隙	0.8～0.9	0.8～0.9
中等风化	结构部分破坏，沿节理面有次生矿物，风化裂隙发育，岩体被切割成岩块。用镐难挖，岩芯钻方可钻进	0.6～0.8	0.4～0.6
强风化	结构大部分破坏，矿物成分显著变化，风化裂隙很发育，岩体破碎，用镐可挖，干钻不易钻进	0.4～0.6	＜0.4
全风化	结构基本破坏，但尚可辨认，有残余结构强度，可用镐挖，干钻可钻进	0.2～0.4	—
残积土	组织结构全部破坏，已风化成土状，锹镐易挖掘，干钻易钻进，具可塑性	＜0.2	—

岩石按风化程度分类　　　　　　　　　　　　表 3.1.1

注：1. 波速比 K_v 为风化岩石与新鲜岩石压缩波速度之比；
　　2. 风化系数 K_f 为风化岩石与新鲜岩石饱和单轴抗压强度之比；
　　3. 岩石风化程度，除按表列野外特征和定量指标划分外，也可根据当地经验划分；
　　4. 花岗岩类岩石，可采用标准贯入试验划分：$N≥50$ 为强风化；$50>N≥30$ 为全风化；$N<30$ 为残积土；
　　5. 泥岩和半成岩可不进行风化程度划分。

（1）覆盖防止风化营力入侵的材料；
（2）灌注胶结和防水的材料；
（3）整平地表，加强排水。

第一种方法可以起隔绝作用。如要防止水和空气侵入岩石，可用沥青、三合土、黏土以及喷水泥浆或石砌护墙来覆盖岩石表面。施工时，先将岩石表面已风化的部分清除，然后在新鲜面上进行覆盖。如要防止温度变化，可以铺一层黏土或砂，其厚度应超过年温度影响深度 5～10cm。在我国西南地区，为了保护边坡上的泥岩或页岩不受风化，广泛采用三合土或沥青抹面，取得了良好的效果。但这种处理方法的缺点是，每隔几年或十几年就要进行修补或重新抹面。

第二种方法能提高地基的强度和稳定性。水泥、水玻璃、沥青和黏土浆是封闭和胶结岩石裂缝的好材料，但是，多半需要施加压力才可灌入。

第三种方法主要是以防为主的方法。水是风化作用的活跃因素之一，隔绝水就能减弱岩石的风化速度。

岩石的风化速度一般发展比较缓慢，但是对于容易风化的岩石（如页岩、泥岩及片岩等），在敞开期限较长的情况下（如大型基坑、道路深堑及矿井等），就必须注意岩石的风化速度。如果发现岩石风化速度较快，就应通过敞露的探槽进行观察，考虑采取保护基坑或矿井免受风化破坏的措施。有时，也可特意不将基坑或路堑底部挖至所设计的深度，直到封闭基坑的施工前才挖至设计深度，这样也能避免基底岩石遭受风化。

3.1.3 岩石风化的产物——残积层

岩石风化后产生的碎屑物质，一部分被风和大气降水带走，一部分保留在原地，这种保留在原地的风化碎屑物质，称为残积层（图3.1.1）。

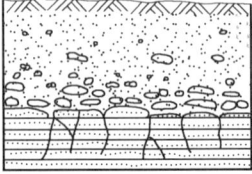

图 3.1.1 残积层断面图

残积层由黏性土或砂土及具棱角状的碎石所组成，粒度从地表向深处由细变粗，有较多的孔隙和裂缝，没有经过分选作用，也无层理。它的厚度与其下面的母岩之间无明显的界限而是逐渐过渡的。它的成分与母岩成分及所受风化作用的类型（化学或物理风化作用）有密切的关系。例如：酸性岩浆岩地区的残积层中，除了含有由长石等矿物分解而成的黏土矿物外，常以富含石英颗粒的土为其特征；石灰岩风化形成的残积层则多为含石灰岩碎石的红色或黄褐色的粉质黏土或黏土（如云贵高原分布的红黏土）。

由于残积层的孔隙很多，成分及厚度很不均匀，若以黏性土组成的残积层作为地基时，应着重研究可能产生的不均匀沉降问题。但是，在粗岩屑组成的残积层地区，沉降问题可能不大。在残积层中开挖基坑时，边坡的稳定性取决于其组成成分。必须注意，施工时如果受到某种振动，也可能引起边坡滑动的危险。

在残积层地区进行建筑时，如果残积层很薄，可以把它挖除而将基础建在基岩上。当残积层的厚度较大时，应尽量利用残积层作为地基。只有在残积层的强度和变形不能满足建筑物要求的情况下，才考虑采取加固措施或将其挖除。

我国分布的花岗岩残积土及红黏土的特征详见第24章。

3.2 地表流水的地质作用及坡积层、洪积层、冲积层

在陆地上有两种地表流水：一种是时有时无的，称为暂时流水，如雨水、融雪水及山洪急流；另一种是终年不息的，称为长期流水，如江水、河水。现将它们的地质作用及相应的沉积物分述如下。

3.2.1 地表暂时流水的地质作用及坡积层、洪积层

1. 雨水、融雪水的地质作用及坡积层

雨水和融雪水的地质作用以洗刷作用为主，它们沿着斜坡面流动，将地表的风化碎屑物质顺坡向下搬运或移动。通常，洗刷作用是在整个坡面上进行，好像是将地面剥去一层一样，其结果是使地形逐渐变得平缓，并造成水土流失。洗刷作用在地表无植物覆盖的情况下最强烈，在有茂密植物覆盖的地面上则不显著。

雨水和融雪水洗刷地面，同时将山上的碎屑物质搬到较平缓的山坡或山麓处逐渐堆积起来，形成坡积层（图3.2.1）。有的坡积层也可以是由悬崖崩塌下来的岩堆形成。

堆积层是搬运距离不远的风化物质，其特点是物质来源于坡上，一般以黏土、粉质黏土为主，并含有棱角状的粗岩屑，粒度由山坡向坡脚逐渐变细，无层理或局部有层理，未经过很好的分选，厚度不均匀。坡积层与残积层之间的主要区别是坡

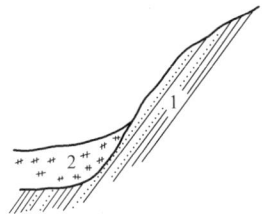

图 3.2.1 坡积层示意图
1—基岩；2—坡积层

积层多覆盖于他种岩石之上，它的成分与基岩毫无联系，残积层则与此相反。

坡积层与下卧基岩的接触面是不整合面（软弱面），因此，在这种地区进行建筑时，坡积层的稳定性就应特别注意。坡积层的稳定性主要取决于下列因素：

（1）下卧基岩面的坡度及状态；

（2）坡积层本身的性质；

（3）下卧基岩的性质；

（4）坡积层的破坏情况。

坡积层的稳定程度首先取决于下卧基岩面的坡度。一般，基岩面的坡度越大，坡积层的稳定性就越差。有时，在地表很平缓的地区出现了坡积层滑动的情况，这主要是由于基岩面的坡度较大的缘故。所以，不能单凭地表的坡度来判断坡积层的稳定性。在山区常可碰到坡积层覆盖在老的沟槽上，这种情况在沟槽的横方向上，坡积层由于受到空间的限制而不易产生滑动，因而它的稳定性主要决定于沿沟槽方向的基岩面的坡度。下卧基岩面的形态对坡积层的稳定性也有影响，如果基岩面凹凸不平或是阶梯状，这对坡积层的稳定是有利的。

黏粒含量较多的坡积层，雨季时它的含水量将大量增加，这不仅使坡积层的重量加大，而且会变得稀湿，因而它的稳定性就会大大降低。

当坡积层下的基岩是不透水或弱透水的岩石时，渗入土中的水就会在坡积层中聚集成地下水并沿下伏岩面向下运动，这对坡积层的稳定性是不利的。如果下卧基岩又是遇水易软化的岩石（如页岩、泥岩等），将更容易引起坡积层的滑动。

如果坡积层的坡脚受水冲刷或不合理的开挖，都可促使坡积层滑动。另外，在坡积层上加荷，对其稳定性也不利。

由黏性土组成的坡积层的天然孔隙率往往很高，具有较大的压缩性，加上坡积层的厚度多是不均匀的，因此，在这种坡积层上修建建筑物时，还应注意不均匀沉降的问题。

由于坡积层在山区和丘陵地区分布很广，在这些地区进行建筑时会经常遇到，如果对它处理不当就会造成很大的浪费。薄的坡积层可以采用挖除的办法；当坡积层较厚时，应当尽量避免挖除，因为很不经济，这时可以考虑采用桩基。根据一些实践经验，在不会产生滑动的情况下，有的坡积层可不进行处理而能直接作为低层建筑物的地基。

2. 山洪急流的地质作用及洪积层

山洪急流是暴雨或骤然大量的融雪水形成的。山洪急流的流速和搬运力都很大，它能冲刷岩土层，形成冲沟，并能将大量的碎屑物质搬运到沟口或山麓平原堆积成洪积层。

1）冲沟　冲沟是暂时性流水流动时冲刷地表所形成的沟槽。

冲沟形成的主要条件有：

（1）比较陡的斜坡；

（2）斜坡由疏松的物质构成（如黄土、黏性土等）；

（3）降水量大，尤其是多暴雨和骤然大量融雪水的地区容易形成冲沟。此外，斜坡上无植物覆盖、人为的不合理开发及废水排泄不当等，也能促进冲沟的发生和发展。在我国黄土地区，如甘肃、山西及陕西等地，冲沟极为发育。

冲沟的发展可分为四个阶段（图 3.2.2）：

（1）初始阶段：在斜坡上出现不深的沟槽，流水开始沿沟槽冲刷。

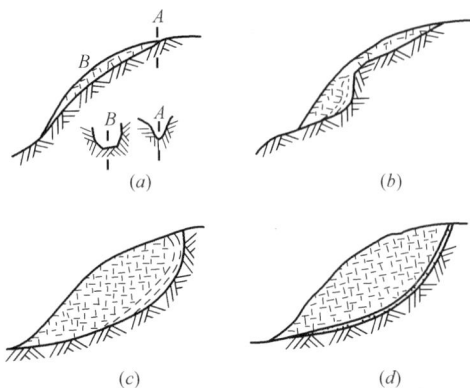

图 3.2.2 冲沟的发展阶段

(a) 初始阶段；(b) 下切阶段；
(c) 平衡阶段；(d) 衰老阶段

（2）下切阶段：冲沟强烈加深底部，并向上游伸展。沟壁几乎直立，沟的纵剖面为凸形。这阶段冲沟发展最强烈，破坏性很大。

（3）平衡阶段：沟的纵剖面已较平缓，沟底破坏基本停止，沟壁的坡度变缓，但沟的宽度仍在增加。

（4）衰老阶段：沟底坡度平缓，沟谷宽阔，沟中的堆积物变厚，斜坡上有植物覆盖。

冲沟不仅破坏农业生产，而且给建筑工程带来许多困难和危害。冲沟使地表崎岖不平，交通不便，有时选择建筑场地也感困难。道路及建筑物常因冲沟发育而招致破坏。

防止冲沟的措施有：

（1）预防性的措施：保护斜坡植被，不准沿斜坡乱挖乱耕，并整理地面流水。

（2）阻止冲沟发展：可沿沟槽建筑谷坊或跌水，将沟槽变为阶梯形，减少水的冲刷力；用砌石、柴排、石笼等保护沟底及岸壁；也要整理地面流水。

2）洪积层　当山洪流至山麓平原或沟谷口时，它所挟带的大量碎屑物质便沉积下来，形成洪积层。洪积层能堆积成洪积扇（或称洪积锥）（图 3.2.3a）、洪积裙等地貌。这些地貌的形成过程是：当山洪挟带的大量泥沙、石块流出沟谷口后，因为地势开阔，水流分散，搬运力骤减，所搬运的块石、碎石及粗砂就首先在沟谷口大量堆积起来；较细的物质继续被流水搬运至离沟谷口较远的地方，离谷口的距离越远，沉积的物质越细。经过多次洪水后，在沟谷口就堆积起锥形的洪积物，称为洪积扇。洪积扇逐渐扩大，有时与相邻沟口的洪积扇互相连接起来，则形成洪积裙或洪积冲积平原等。

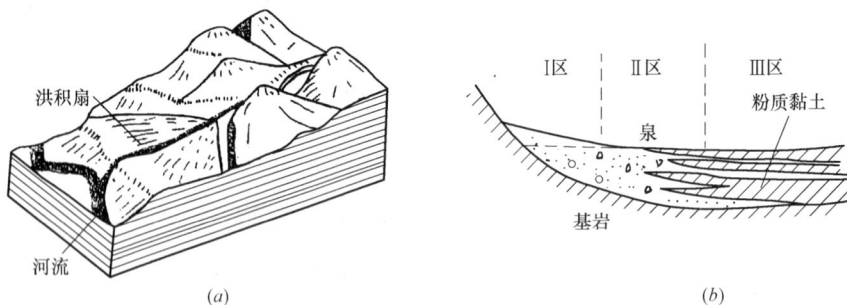

图 3.2.3 洪积扇

(a) 鸟瞰图；(b) 剖面图

洪积层的特征是：

（1）物质大小混杂，分选性差，颗粒多带有棱角。洪积扇顶部以粗大块石为多，中部地带颗粒变细，扇的边缘地带以粉砂和黏性土为主；

（2）具较不规则的斜交层理，有时夹有透镜体和条带状的细粒碎屑和黏土混合体。扇的边缘地带物质变细，磨圆较好，具微斜层理；

（3）洪积层中的地下水一般属于潜水。在顶部埋藏较深；在边缘地带，地形低地下水浅；局部低注地段，地下水可溢出地表；

（4）厚度一般是顶部厚度较大，边缘地带厚度小。

洪积层可划分为三个工程地质条件不同的部分：靠山的粗碎屑沉积部分（图 3.2.3b 中的 I 区），这里地下水埋藏较深，承载力较高，为良好的天然地基，但应注意透镜体等产状引起的地基不均匀性；离山较远的细碎屑沉积部分（图 3.2.3b 中的 III 区），如果形成过程中受到周期性的干燥，土中胶体颗粒凝结，同时析出可溶性的盐分时，则洪积层的承载力也较高，一般是较好的建筑物地基。在上述两部分之间为过渡地带（图 3.2.3b 中的 II 区），由于地下水的出露能形成沼泽区，对建筑不利。另外，在高山边缘地区常有现代正在形成的洪积锥，当道路通过这类洪积锥时，由于洪积锥的发展和移动，能埋没道路，所以应能识别洪积锥是正在发展的还是已经固定的。识别这两类洪积锥的方法之一是观察植物生长情况，通常在正在发展的洪积锥上很少生长植物，已固定的则长有草或其他植物。线路经过正在发展的洪积锥地区时，最好是从顶部通过，以避免道路遭到山洪泥沙的破坏。

3.2.2 河流的地质作用及冲积层

河流是改变陆地地形的最主要的地质作用之一。河流不断地对岩石进行破坏，并将破坏后的物质搬运到海洋或陆地的低注地区堆积起来。河流的地质作用主要取决于河水的流速和流量。由于流速、流量的变化，河流表现出侵蚀、搬运和沉积三种性质不同但又相互关联的地质作用。

1. 河流的侵蚀作用

侵蚀作用是指河水冲刷河床，使岩石发生破坏的作用。破坏的方式为水流冲击岩石使岩石破碎（冲蚀）；河水所夹带的泥、砂、砾石等在运动的过程中摩擦破坏河床（磨蚀）；河水在流动的过程中溶解岩石（溶蚀）。

河流的侵蚀作用依照侵蚀作用的方向，又可分为垂直侵蚀和侧方侵蚀两种：

1）垂直侵蚀　在坡度较陡、流速较大的情况下，河流向下切割能使河床底部逐渐加深，这种侵蚀在河流上游地区表现得很显著。在向下切割的同时，河流并向河源方向发展，缩小和破坏分水岭，这种作用称为向源侵蚀。

垂直侵蚀不能无止境的发展下去，它有一定的侵蚀界限，垂直侵蚀的界限面称为侵蚀基准面（图 3.2.4）。它是河流所流入的水体的水面。地球上大多数河流注入海洋，它们的侵蚀基准面是海平面。河流仅河口部分能达到侵蚀基准面，其余部分只能侵蚀成高出海平面的平滑和缓的曲线，因为河床达到一定的坡度后，水流的能力仅能维持搬运的物质而无力再向下切割。

河流的垂直侵蚀使河床加深，能使桥台或桥墩基础遭到破坏。

2）侧方侵蚀　在流水速度较小或河道弯曲时，流水冲刷两岸，则形成侧方侵蚀。这种侵蚀能使河床逐渐加宽。通常而言，侧方侵蚀是和垂直侵蚀同时进行的，但在垂直侵蚀十分强烈的情况下，侧方侵蚀不十分明显。随着垂直侵蚀的减弱，扩展河床的侧方侵蚀就很明显，甚至在垂直侵蚀完全停止的时候，侧方侵蚀还仍在继续。

河水侵蚀常造成下述结果：

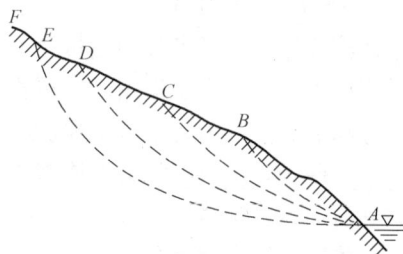

图 3.2.4　侵蚀基准面示意图

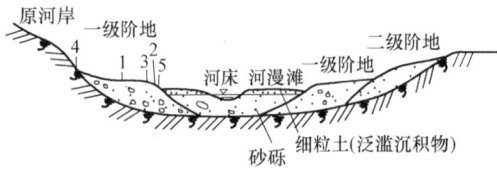

图 3.2.5 平原河谷横断面图

1—阶地面；2—阶地陡坎；3—阶地前缘；
4—阶地后缘；5—阶地坡脚

（1）河谷：河流切入地壳的槽形凹地叫作河谷。河谷在大多数情况下都是由于流水的侵蚀作用形成的。大多数的河谷都有河漫滩及河岸阶地等地貌单元（图3.2.5）。

（2）河流的蛇曲和改道：当河流的垂直侵蚀减弱时，侧方侵蚀就明显表现出来。天然河道本身就有弯曲。在河道弯曲处，河水最大流速的水流就直接指向河的凹岸，使凹岸冲刷破坏，同时河水又将凹岸冲刷下来的物质搬运到凸岸处堆积起来。这样，凹岸被侵蚀，不断向后退；凸岸被堆积，不断向前发展，河道的弯曲就逐渐增大，在前一个弯曲刚刚结束的地方，又能产生另一个弯曲，最后河流就变成弯弯曲曲的蛇曲形状（图3.2.6）。

河曲的发展有时使两个河弯比较接近，洪水时河水的强烈冲刷终于使两个河弯连通，河流便裁弯取直，改道而行。河流改道后，老河床由于冲积物的逐渐填塞以及植物的生长，形成弯月形的湖泊，称为牛轭湖。牛轭湖干涸后，便成为沼泽。

2. 河流的搬运作用

河流的搬运作用是河水把冲刷下来的物质搬运到其他的地方，例如，将冲刷下来的物质从上游搬运到中游或下游，从陆地搬运到海洋。

通常而言，流水搬运力和搬运量的大小，决定于流速及流量的大小。由水力学可知，流水的搬运力与流速的六次方成正比。因此，流水搬运物质的颗粒大小和重量将随流速的变化而急剧变化，搬运物质的颗粒一般是上游较粗，越向下游越细。这就是河流的分选作用，即在一定河段内流水搬运物质的大小具有一定的范围。

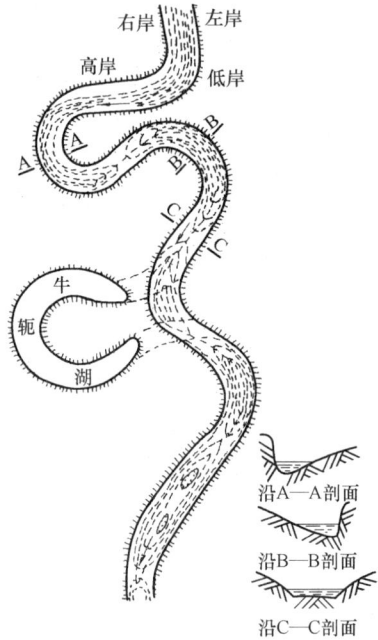

图 3.2.6 河流的蛇曲及改道

搬运过程中，被搬运的物质因摩擦、碰撞，颗粒就变成了圆形或次圆形，例如，石块变成了卵石、圆砾。

3. 河流的沉积作用

河流在河床坡降平缓的地带及河口附近流速变缓，所搬运的物质便沉积下来，这种沉积过程称为河流的沉积作用，所沉积的物质称为冲积层。

冲积层的特征为物质有明显的分选现象，上游及中游沉积的物质多为大块石、卵石、砾石及粗砂等，下游沉积的物质多为中砂、细砂、黏性土等；颗粒的磨圆度较好；多具层理，并有尖灭、透镜体等产状。

河流冲积层在地表分布很广，可分为平原区河流冲积层、山区河流冲积层、山前平原冲积层、三角洲及溺谷沉积层等类型。

1) 平原区河流冲积层 平原区河流的上游，河谷成 V 形，不能形成固定的冲积层。所沉积的砂砾物质，在洪水期时多被流水带到中、下游。在河谷下游出现河曲，在凹岸处侵蚀，在凸岸处沉积砂、砾、卵石层。

平原河流冲积层包括河床冲积物、河漫滩冲积物、牛轭湖沉积物、湖积层等。河床冲积物有卵石、砾石、砂、粉土、粉质黏土、淤泥等。河漫滩冲积物是洪水期河水溢出河床两侧时形成的泛滥沉积物，主要是沉积一些较细的物质，如细砂、粉土及粉质黏土。其主要特征是上部的细砂和黏性土与下部的河床沉积的粗粒土组成二元结构，具斜层理与交错层理。牛轭湖沉积物主要是有机沉积物，如淤泥、泥炭等。

一般河床冲积物是构成河谷谷底的最重要的沉积物，它分布在整个河谷谷底范围内，厚度较大。在河床冲积物上覆盖着厚度较小的河漫滩冲积物。而牛轭湖沉积物则以透镜体的产状分布在河床冲积物和河漫滩冲积物中。

在工程地质特征上，卵石、砾石及密实砂层的承载力较高，作为建筑物地基是比较稳定的。细砂具有不太大的压缩性，饱和时边坡不稳定。至于淤泥、泥炭和松软的黏土、粉质黏土，如作为地基时，建筑物会发生较大的沉降，而且沉降的完成需要很长的时间。总的来说，牛轭湖及河漫滩地带因含松软的淤泥及黏性土，工程性质差。但河漫滩上升为阶地后，因干燥脱水，则工程性质能够改善，一般越老的阶地，工程性质越好。

2) 山区河流冲积层 山区河流的冲积物大多由含纯砂的卵石、砾石等组成。分选性较平原区河流冲积物差，大小不同的砾石互相交替，成为水平排列的透镜体或不规则的袋状。由于山区河流流速大而河床的深度不大，故冲积层的厚度也不大（多不超过 10～15m）。一般山区河谷谷地是由单一的河床砾石组成，不像平原河谷冲积物那样复杂。山区冲积层透水性很大，抗剪强度高，实际上是不可压缩的，是建筑物的良好地基。当山区河谷宽广时，也会有河漫滩洪积物出现，主要为含泥的砾石并具有交错层理。此外，山区河谷中还可能有泥石流沉积物。

3) 山前平原冲积洪积层 常沿山麓分布，厚度有时能达数百米。这种沉积层有分带性，近山处为冲积和部分洪积成因的粗碎屑物质组成，向平原低地逐渐变为砾砂、砂以至黏性土。因此，山前平原的工程地质条件也随分带性的不同而变化。越往平原低处，工程地质条件越差。

4) 三角洲及溺谷沉积层 三角洲沉积层是河流所搬运的大量物质在河口（河流入海或湖处）沉积而成。三角洲沉积层的厚度很大，能达几百米或几千米，面积也很大。三角洲沉积层可分为水上部分及水下部分。水上部分主要是河床及河漫滩冲积物——砂、粉土、粉质黏土、黏土及淤泥，产状一般为层状或透镜体。水下部分则由河流冲积物和海或湖的堆积物混合组成，呈倾斜沉积层（图 3.2.7）。

三角洲沉积物的颗粒较细，含水量大，呈饱和状态，承载力较低。有的还有淤泥分布。在三角洲沉积物的最上层，由于经过长期的干燥和压实，形成所谓硬壳，承载力较下面的为高，在工程建设中应很好地利用这一层。另外，在三角洲上进行建

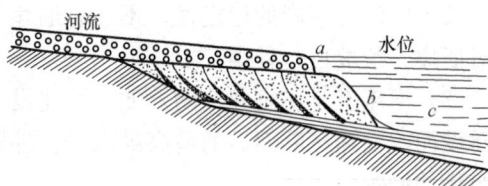

图 3.2.7 三角洲沉积层示意图
a—顶积层；b—前积层；c—底积层

筑时，还应查明暗浜或暗沟的分布情况。

溺谷是被海水淹没的河谷。溺谷沉积层中大多含有有机混合物的淤泥质物质，具有高的孔隙度及接近流动状态，压缩性高、抗剪强度低，不宜作为重型建筑物的地基。

由于河流沉积作用的影响，其结果能形成下列几种常见的地貌：

（1）冲积扇：由冲积物形成的扇形碎屑堆积，若为冲积洪积物堆积则称为冲积洪积扇。

（2）三角洲：在河流入海处形成的堆积，如珠江三角洲、长江三角洲。

（3）冲积平原：由冲积物所形成的平原，如华北平原、江汉平原。

（4）沙洲：沙洲是在河身宽阔处，水流流速减小，由泥、砂、砾石等碎屑物沉积而成，如南京附近的江心洲。沙洲沉积多不稳定。

（5）河岸阶地：河谷两岸由流水作用所形成的狭长而平坦的阶梯状的平台，称为河岸阶地。它是在流水的侵蚀、沉积以及地壳的升降等作用相互配合的情况下形成的。阶地主要有两种类型：一种是侵蚀阶地（图 3.2.8a），它的特点是阶面平缓，基岩出露，阶地上沉积物很薄甚至没有；另一种是堆积阶地（图 3.2.8b），它的特点是沉积物较厚，基岩不露出。

阶地顺河流方向分布在河谷的两侧，地形比较平坦，常被选作建筑场地。

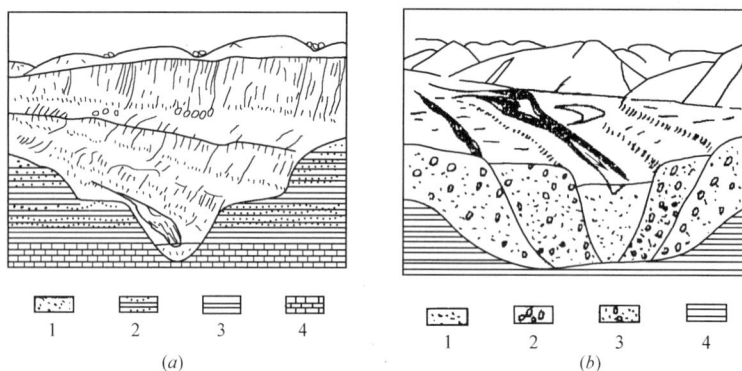

图 3.2.8 侵蚀阶地及堆积阶地

（a）侵蚀阶地，1—冲积层；2—砂岩；3—页岩；4—石灰岩；（b）堆积阶地，1—河漫滩冲积层；

2—第一级阶地冲积层；3—第二级阶地冲积层；4—基岩

4. 河岸地区进行建设应注意的工程地质问题

（1）必须事先了解河流的最高洪水位，避免在洪水淹没区进行建设。

（2）应注意河岸的稳定性，不在有崩塌、滑坡等不稳定的地区建设。如必须建设时，要对崩塌、滑坡进行处理。

（3）河床上是不宜建厂的，如需要建设船台、码头以及取水构筑物时，应考虑由于进行建设而改变河床断面后的最高洪水位、冲刷深度、含泥量，同时也要考虑河水对岸边及构筑物的冲刷。

（4）河流的凹岸受冲刷，容易形成河岸的崩塌、滑坡，特别是松散沉积物构成的河岸更易被侵蚀后退。选择建设场地时，建设物距地边缘应留有适当的安全距离，必要时应采取保护河岸的措施。为阻止水流冲刷可用丁坝、导流堤等，加固河岸可用石笼、抛石块及挡墙护岸等。河流凸岸是沉积区，一般多可建设，但可能存在淤积的问题。所以，建设场地选在河岸平直的地段较好。

（5）应注意冲积物的产状。冲积层中埋藏有黏性土的透镜体或尖灭层时，能使建筑物产生不均匀沉降。

（6）阶地上有古老河床的沉积物和牛轭湖沉积物时，应注意它们的分布、厚度及工程地质性质。

（7）冲积层中常有丰富的地下水，可作为供水水源。但在古河床地区，地下水多且水位较高，施工时排水较为困难。

3.3 海洋的地质作用及海相沉积层

3.3.1 海洋区域的划分

海洋的总面积为 $36 \times 10^7 \mathrm{km}^2$，占地球表面面积的 70.8%。

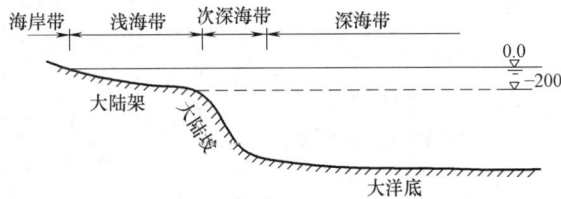

图 3.3.1 海洋按深度分带示意图

根据海水的深度及海底的地形，可以将海洋区域分为以下几个带（图 3.3.1）：

（1）海岸带：是海水高潮与低潮之间的地区，海水深度 0～20m。

（2）大陆架（或陆棚）浅海带：海水深度 20～200m，坡度很平缓。

（3）大陆坡次深海带：海水深度 200～3000m，坡度一般自几度到 20 多度。

（4）深海带：海水深度 3000～6000m，有时在接近大陆处有深达万米的海渊。

3.3.2 海洋的地质作用及海相沉积层

1. 海洋的破坏作用

海洋的破坏作用有冲蚀、磨蚀及溶蚀三种。海浪、潮汐和岸流等都能起破坏作用，其中海浪是破坏海岸的主要力量。海浪时刻都在冲击着海岸，风力越强，它的冲击力也越大。海浪冲击海岸岩石时，对岩石产生很大的压力，使其破坏。海浪可把海岸岩石掏成凹槽或形成洞穴，当这些凹槽和洞穴扩大到一定程度时，它上面悬空的岩石便会崩塌下来。海浪又将这些崩塌下来的岩块当作撞击的工具，这就更加速了对海岸的破坏作用。

海浪冲蚀作用进行得越久，海岸向后撤退就越远，而海滩也就变得越宽。陡岸向后撤退得越远，海浪要达到岸边就越困难，因为海浪前进的能量都消耗在对海滩的摩擦上了。当海滩增长到海浪达不到陡岸的时候，海浪的破坏作用也就暂告结束。

2. 海洋的沉积作用

绝大部分沉积岩是在海洋内沉积形成的，所以海洋的地质作用中最主要的是沉积作用。河水带入海洋的物质和海岸破坏后的物质，在搬运过程中随着流速的逐渐降低，就沉积下来。靠近海岸一带的沉积多是比较粗大的碎屑物，离海岸越远，沉积物也就越细小。这种分布情况，同时还与海水深度和海底的地形有直接的关系。

海洋的沉积物质，有机械的、化学的和生物的三种，形成各类海相沉积物（或海相沉积层）。海相沉积物按分布地带的不同有：

1）海岸带沉积物　主要是粗碎屑及砂，它们是海岸岩石破坏后的碎屑物质组成的。粗碎屑一般厚度不大，没有层理或层理不规则。碎屑物质经波浪的分选，比较均匀。经波浪反复搬运的碎屑物质磨圆度好。有时有少量胶结物质，以砂质或黏土质胶结占多数。海岸带砂土的特点是磨圆度好，纯洁而均匀，较紧密，常见的胶结物质是钙质、铁质及硅质。海岸带沉积物沿海岸往往成条带分布，有的地区砂土能伸延了几公里长，然后逐渐尖灭。此外，海岸带特别是在河流入海的河口地区常常有淤泥沉积，它是由河流带来的泥砂及有机物与海中的有机物沉积的结果。

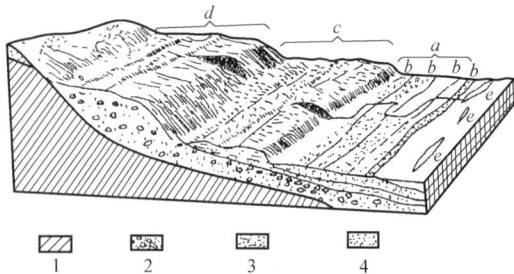

图 3.3.2　海滩、砂坝及海岸阶地
1—基岩；2、3—松散岩石；4—砂和卵石；
a—海滩；b—海岸砂坝；c、d—海滨阶地；e—砂礁

海岸地区的沉积物可以形成以下的地形（图 3.3.2）：

（1）海滩：高潮与低潮间的砂滩。

（2）砂坝：与海岸平行的天然堤坝。

（3）砂嘴：在海岸弯曲处堆积成伸入海中的砂嘴，当砂嘴继续增长，把海湾与海水分开，这种水体称为潟湖，如杭州的西湖。一般在潟湖地区多堆积有淤泥和泥炭，建筑条件差。

（4）海岸阶地：由海浪侵蚀和海水沉积造成的平台。

由于海岸带沉积物在垂直方向和水平方向变化均很大，所以要求布置较密的勘探点及沿深度多取试样来进行研究，才能获得可靠的资料。

2）浅海带沉积物　主要是较细小的碎屑沉积（如砂、黏土、淤泥等）以及生物化学沉积物（硅质或钙质沉积物）。在浅海环境里，生物非常发育，故在沉积物中往往保存有不少化石。浅海带砂土的特征是颗粒细小而且非常均匀，磨圆度好，层理正常，较海岸带砂土为疏松，易于发生流砂现象。浅海砂土分布范围大，厚度从几米到几十米不等。浅海带黏土、淤泥的特征是粒度成分均匀，具有微层理，可呈各种稠度状态，承载力也有很大变化。一般近代的黏土质沉积物密度小，含水量高，压缩性大，强度低；而古老的黏土质沉积物密度大，含水量低，压缩小，承载力很高（有时可达 $500\sim1000kPa$），陡坡也能保持稳定，这种硬黏土常常有很多裂隙，因而具有透水的能力，也易于风化。

浅海带沉积物的成分及厚度沿水平方向比较稳定，沿垂直方向变化较大，因此，在工程地质勘察时，水平方向可布置较稀的勘探点，但在沿深度方向上要求较多的试样，才能获得代表性的资料。

3）次深海带及深海带沉积物　主要由浮游生物的遗体、火山灰、大陆灰尘的混合物所组成，很少有粗碎屑物质出现。沉积物主要是一些软泥。

3.3.3　海岸稳定性的评价

海浪冲击海岸，能使海岸失去稳定，产生滑坡和崩塌，位于岸边的建筑如码头、道路

及住宅等也随之破坏。因此，在海岸地区进行建筑施工时，必须对海岸的稳定性进行评价。

海岸的稳定性取决于构成海岸岩石的成分、产状和海浪冲蚀的情况等。

松软的岩石比坚硬的岩石易受海浪的冲刷破坏。由松散沉积物所构成的海岸，常因稳定性不足而产生滑动。

岩层产状很重要。若组成岩岸的岩层以较陡的倾角倾向海面时，受冲刷后岩层就较容易顺着层面滑动或崩塌（图3.3.3）。若岩层倾向海面但倾角很缓，这种海岸比较稳定，因为海浪是顺着层面向上滚动，它的冲击力都消耗在摩擦作用上（图3.3.4）。如果岩层是水平的，组成的岩石又软硬相间，受海浪冲蚀后容易形成浪蚀阶地，这样就削弱了海浪的破坏力（图3.3.5）。若岩层倾向陆地时，海岸也较为稳定（图3.3.6）。

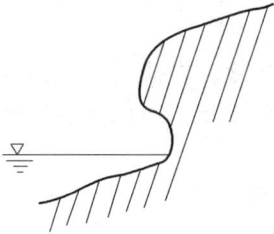

图3.3.3　岩层以陡倾角倾向海面时
　　　　　海岸受冲刷的情形

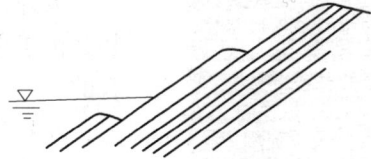

图3.3.4　岩层以缓倾角倾向海面时海
　　　　　岸受冲刷的情形

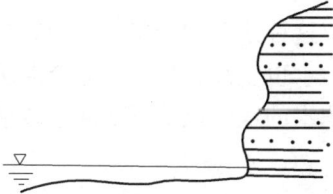

图3.3.5　水平岩层的海岸受冲刷的情形

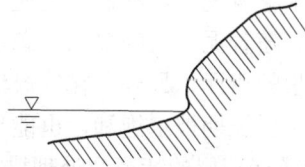

图3.3.6　岩层倾向陆地时海岸受冲刷的情形

在注意岩层产状的同时，也应研究岩石的裂隙发育情况。

海浪的破坏力不仅与风力大小密切相关，而且还受海水的深度及海底地形的影响。与海浪破坏作用相似的还有潮汐的破坏作用，在评价海岸的稳定性时也应加以考虑，例如，我国钱塘江口的潮汐破坏作用对于海塘工程的影响就很大。

为了防止海岸受波浪的冲击，可砌筑护岸建筑，如突堤、防浪堤、海塘等。

3.4　湖泊的地质作用及湖沼沉积层

3.4.1　湖泊的地质作用及湖相沉积层

1. 湖泊的破坏作用

湖的面积较大，由于风的作用及湖水涨落，能产生湖浪及湖流，冲蚀湖岸，使岸壁破坏。

湖岸地区的地下水位常因湖水位的变化而升降，四周的岩土被水浸湿发生松软现象，能使建筑物的地基沉降，岸坡也可能出现崩塌或滑动。

2. 湖泊的沉积作用

湖泊的沉积物称为湖相沉积层。通常在岸边沉积较粗的碎屑物质，湖底的中部多沉积细粒的物质。

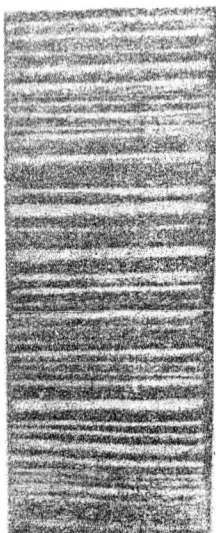

图 3.4.1 层状黏土（浅色的是砂，深色的是黏土）

湖相沉积的碎屑物质包括砾石、砂及黏土等，其中应当特别提出的是层状黏土（也叫带状黏土，图 3.4.1）。层状黏土是由夏季沉积的细砂薄层及冬季沉积的黏土薄层所交互沉积组成。这种黏土压缩性很高，容易滑动和产生不均匀沉降，在开挖基坑时，易于隆起，或在地下水的动力作用下出现破坏现象。

湖相沉积物中尚有淤泥和泥炭。它们的承载力低、压缩性高，是建筑物的不良地基。

另外，在盐水湖中可有石膏、岩盐及碳酸盐等盐类沉积物。由于它们不同程度地溶解于水，所以对建筑物地基是有害的。

3.4.2　沼泽及沼泽沉积层

1. 沼泽的形成

沼泽是上面覆盖有泥炭层的过分潮湿的地区。它是由于湖泊的泥炭化和陆地的沼泽化而形成的。在浅水湖或是水流缓慢的河岸地带，生长着喜水植物，这些植物死后就沉到水底，由于水下氧气少，它们不能充分分解而完全腐烂，这种残余物一年年地积累起来就形成泥炭层。随着泥炭层的增加，湖水面积就逐渐缩小，水也变浅，最后就完全泥炭化，成为杂草丛生的沼泽。另外，在气候潮湿、地势低洼易积水的地区或地下水离地表很近的地区，地表土层长期被水饱和，也能形成沼泽。

2. 沼泽沉积层的特征及处理措施

沼泽沉积层中，腐朽植物的残余堆积占主要地位，主要是分解程度不同的泥炭（有时可见到植物纤维）、淤泥和淤泥质土，以及部分黏性土及细砂。它们具有不规则的层理。

泥炭的有机质含量达 60% 以上，其特征为：

1）含水量极高，可达百分之几百甚至百分之 3000，孔隙比达 9～25，这是由于腐植质吸水能力很强以及泥炭固态物质相对密度小的缘故。

2）其透水性与腐植质的分解程度及含量有关，分解程度高的泥炭不易排水。

3）其性质和含水量的关系很大，干燥、压实的泥炭很坚实，饱和的泥炭多呈流动状态，承载力极低。泥炭干燥后体积约缩去 10%～75%。它的压缩性很高，而且不均匀。

淤泥及淤泥质土的特征将在第 27 章中详细讨论。

沼泽地区不宜修建大型建筑物。如果沼泽的泥炭层较厚，最好不要在上面建造。修筑道路时如不能绕过沼泽区，应在沼泽的最窄的地方通过，并可考虑采取以下措施：

1）采用明渠或暗沟排水，并截除沼泽水的补给来源，疏干沼泽。

2）挖除泥炭或借堆土及石块的自重挤开泥炭，也可用爆炸的方法排除泥炭，将基底置于沼泽下的坚硬层上。

3）采用桩基等深基础将荷载传到坚硬层上。

在处理前必须查明沼泽区的地形，水的补给来源，泥炭层的性质、厚度及分布等情况。

3.5　冰川的地质作用及冰碛层

3.5.1　冰川的地质作用

冰川的地质作用有刨蚀、搬运和沉积三种。

1. 刨蚀作用

冰川对岩石的破坏作用称为刨蚀作用。破坏的方式是：冰川的重量很大而且冰很坚硬，在它移动时就磨碎岩石，并像犁一样刨深地面，将沟谷刨宽刨平。另外，冰川移动时，因压力和摩擦的作用而使底部发热，部分冰被融化成水而进入岩石裂缝，水结冰后体积增大而扩展裂缝，岩石被分裂成块。岩块被冰川挟带一起移动，使摩擦作用更为加强，同时岩块本身也布满擦痕。冰川的刨蚀作用形成特殊的冰蚀地形（图3.5.1）：

（1）幽谷和悬谷：冰川将沟谷断面刨成U形，称为幽谷。大小两冰川会合时，造成高低不等幽谷相接，小幽谷称为悬谷。

（2）冰斗：冰川的源头多呈圆形，三面为陡壁、一面为低狭的洼地。

图3.5.1　冰川侵蚀地形

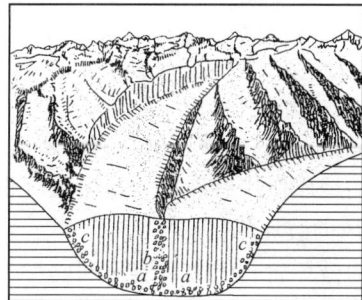

图3.5.2　底碛、中碛和侧碛
a—底碛；*b*—中碛；*c*—侧碛

（3）角峰：几个冰斗围绕高山发育，使山峰变成陡峭的尖峰。

（4）鳍脊：锯齿状的山脊。

2. 搬运作用

冰川的搬运作用有两种：一种是碎屑物质包裹在冰内随冰川移动；另一种是冰融化成冰水，冰水进行搬运。

3. 沉积作用

冰川的沉积作用同样有两种：一种是冰体融化，碎屑物直接堆积，称为冰碛层；另一种是冰水将碎屑物质搬运而堆积，称为冰水沉积层。

冰碛层由于沉积的位置不同，而有底碛、中碛、侧碛（图3.5.2）和终碛之分。

冰川能形成蛇形丘、鼓丘等沉积地形。

3.5.2 冰碛层的特征及其工程地质评价

冰碛层的特征：

（1）冰碛物无分选，也没有层次，而是漂石、碎石、角砾、砂及黏性土混杂堆积。通常是漂石、块石被黏性土包围，习惯上称为"冰川泥砾"。

（2）岩块风化程度轻微，且表面具有不同方向的擦痕。冰碛层中无有机物及可溶盐等。

（3）一般较密实，孔隙率较低，亲水性不高，塑性较弱，多呈硬塑或坚硬状态。

（4）厚度变化较大，可局部含承压水，有时可能存在夹冰层融化后留下的空洞。

冰碛层中的黏土、粉质黏土如位于冰川底部，则因上部冰层巨大压力的压实作用，就变成密实而强度较高的压结冰碛土。冰碛土在新鲜状态下为蓝灰色，风化后呈红色，常夹有块石及漂石。冰碛土在干燥状态下非常坚硬，当被水饱和时往往黏滞性极大。

冰碛层一般压缩性较低，强度较高，是较好的建筑地基，但应注意其极大的不均匀性。冰碛层中有时含有大量岩粉，其粘结力很小，透水性差，在开挖基坑时，如地下水水头较大，易发生涌水、涌砂及坑壁坍塌。

冰水沉积层有分选现象，在冰川末端附近的冰水沉积由块石、砾石、砂等粗碎屑组成，随着离末端距离的增加，渐次变为以黏性土为主并可夹有砂土薄层或透镜体。它们多具有层理。冰水沉积层透水性较大且含水量较高，开挖基坑比较困难。冰水沉积物在山麓缓坡地带常形成大面积的厚层冰水沉积平原，这种地带地下水较浅并可夹有较多黏土夹层或透镜体，应注意基础的不均匀沉降问题。

3.6 风的地质作用及风积层

3.6.1 风的地质作用及风积层

风的地质作用有破坏、搬运及沉积三种。

1. 风的破坏作用

风力破坏岩石的方式有下列两种：

1）吹扬作用 风将岩石表面风化后所产生的细小尘土、砂粒等碎屑物质吹走，使岩石的新鲜面暴露，岩石又继续遭受风化。

2）磨蚀作用 风所夹带的砂、砾石，在移动途中对阻碍物进行撞击摩擦，使其磨损或破坏。风的磨蚀作用可形成"石烂牙"和"石蘑菇"等奇特的地形。

2. 搬运作用

风能将碎屑物质搬运到他处，搬运的物质有明显的分选作用，即粗碎屑搬运的距离较近，碎屑越细，搬运就越远。在搬运途中，碎屑颗粒因相互摩擦碰撞，逐渐磨圆变小。风的搬运与流水的搬运不同，风可以向更高的地点搬运，而流水只能向低地搬运。

3. 沉积作用

风所搬运的物质，因风力减弱或途中遇到障碍物时，便沉积下来形成风积层。

风力沉积时，是依照搬运的颗粒大小顺序沉积下来的。在同一地点沉积的物质，颗粒大小很相近。在水平方向上，有着十分完善的分选特征。

风积层主要有下列两种：

1）砂　风成砂常由细粒或中粒砂组成，矿物成分主要为石英及长石，颗粒浑圆。风成砂多比较疏松，当受振动时能发生很大的沉降，因此，作为建筑物地基时必须事先进行处理。

砂在风的作用下，可以逐渐堆积成大的砂堆，称为砂丘。砂丘有不同的形状，如形成弯月状的称为新月砂丘（图3.6.1）。新月的弯角指向与风向一致。砂丘的高度可达几十米。它的位置是不固定的，在风的作用下经常移动，移动的速度因各地风力的不同而不等。

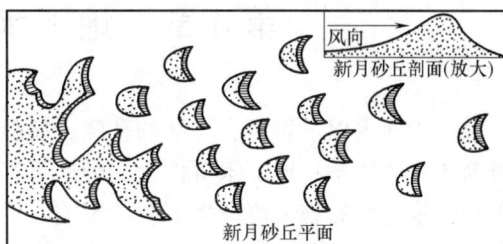

图3.6.1　新月砂丘的平面及剖面图

2）黄土　风将砂土的细颗粒搬运到很远的地方堆积起来，就成为风成黄土。黄土的特征将在第28章详细讨论。

3.6.2　风沙的危害及其防治

风沙可掩埋建筑物及道路，淹没农田，危害极大，因此，必须防治。我国在长期的生产实践中积累了丰富的治沙经验，可概括为三个字，一句话："封"、"植"、"灌"和"因地制宜，综合治理"。"封"，即封沙育草。就是在一定时期内不许在沙漠地区乱砍、乱垦、乱牧，以保护植物的自然生长，并通过人工播种使沙区的植物茂密起来，这样就可以使沙丘逐步得到固定；"植"，即植树造林。在沙漠地区营造大面积的防风林带和护田林。其作用是减弱风速，阻止沙漠向前移动，改善沙地的水分状况；"灌"，就是引水灌溉。在沙漠地区修建水库、水渠，发展灌溉，改变沙漠的土质和气候。

在工程上，有用机械的方法来固定沙，如用黏土、石块、藤条及芦草等覆盖沙的表面，或用沥青乳剂固定沙层。也可设置防沙栏等来阻止沙的移动。

在防止风沙的危害时，由于各地沙漠的自然条件不同，必须因地制宜，采取综合治埋的原则。

第4章　地下水及其地质作用

存在于地表以下岩层、土层的孔隙、裂隙或空洞中的水，称为地下水。研究地下水的学科为水文地质学。地下水可作为一种地下资源来开采，但它的各种地质作用常可能对土木工程的稳定性和施工等产生不利的影响。因此，在评价场地工程地质条件时，必须对地下水进行研究。

4.1　地下水的形成、物理性质和化学成分

1. 地下水的形成

实践证明，地下水主要是由渗透作用和凝结作用形成的。

渗透作用形成的地下水，是大气降水和地表水经岩土的孔隙、裂隙等渗入地下聚积而成。降雨量越多，岩土渗水性越强，地下水的补给来源即越丰富。当地表水（主要是江河、湖泊的水）的水位高于地下水的水位时，地表水经岩土渗透所形成的地下水成为主要来源。例如，黄河下游，河水位高于两岸的地下水位，因此河水补给了两岸的地下水。

凝结作用形成的地下水，是通过空气中的水蒸气进入岩土的孔隙和裂隙中凝结成水滴，水滴向下流动，聚积成地下水。由凝结作用形成的地下水，在草原和沙漠地带特别普遍。

2. 地下水的物理性质

地下水的物理性质包括相对密度、温度、颜色、透明度、味道、气味和导电性等。纯净的地下水应是无色、无味、无嗅和透明的。当含有杂质时，才改变其物理性质。

3. 地下水的化学成分

地下水沿着岩土的孔隙、裂隙或空洞渗流过程中，能溶解岩土的可溶性物质而具有复杂的化学成分。化学成分表现有下列几种状态：

1) 离子状态　分阳离子和阴离子两类：

阳离子：H^+、Na^+、K^+、NH_4^+、Ca^{2+}、Mg^{2+}、Mn^{2+}、Fe^{2+}、Fe^{3+}等；

阴离子：Cl^-、OH^-、NO_2^-、NO_3^-、HCO_3^-、CO_3^{2-}、SO_4^{2-}、SiO_2^{2-}、PO_4^{3-}等。

2) 化合物状态　Fe_2O_3、Al_2O_3、H_2SiO_3等。

3) 气体状态　O_2、N_2、CO_2、CH_4、H_2S等。

在地下水中最常见的主要离子是 Cl^-、SO_4^{2-}、HCO_3^-、Na^+、K^+、Ca^{2+}、Mg^{2+}。它们是评价地下水化学成分的主要项目。

4.2　地下水的基本类型

地下水的分类方法很多，归纳起来，可分为两类：一类是按地下水的某一特征进行分类；另一类是综合考虑了地下水的某些特征进行分类。这里仅介绍按埋藏条件和含水层空

隙性质的综合分类法（表4.2.1）。

这一分类法，先按地下水的埋藏条件分为上层滞水、潜水和承压水三类，次按含水层的空隙性质，又分为孔隙水、裂隙水和岩溶水三类。通过这两种分类的组合，便得出九类不同特点的地下水，如孔隙上层滞水、裂隙潜水、岩溶承压水等等。

现将地下水的基本类型分述如下：

按埋藏条件和含水层空隙性质的地下水分类　　　　　　　　　　　　　表4.2.1

埋藏条件	空　隙　性　质		
	孔　隙　水 （松散沉积物孔隙中的水）	裂　隙　水 （坚硬基岩裂隙中的水）	岩　溶　水 （岩溶化岩层中的水）
上层带水	包气带中的非重力水，以及季节性存在的过路的与局部隔水层上的重力水	出露于地表的裂隙岩层中季节性存在的水	裸露的岩溶化岩层中季节性存在的悬挂水
潜　　水	各种成因类型的松散沉积物中的水 当十分接近或成片出露地表时，成为沼泽水	裸露于地表的层状裂隙岩层中的水	裸露的岩溶化岩层中的水
承 压 水	由松散沉积物构成的山间盆地、山前平原及平原中的深部水	构造盆地、向斜或单斜构造中层状裂隙岩层中的水，构造破碎带中的水，独立裂隙系统中的脉状水	构造盆地、向斜或单斜构造中岩溶化岩层中的水

注：包气带指地表面与潜水面之间的地带。

4.2.1　上层滞水

上层滞水是存在于地表岩土层包气带中以各种形式出现的水。既有分子水、结合水、毛细水等非重力水，也有属于下渗的水流和存在于包气带中局部隔水层上的重力水（图4.2.1）。

上层滞水的特征是：分布范围有限；补给区与分布区一致；直接接受当地大气降水或地表水补给，以蒸发或逐渐下渗的形式排泄；水量随季节变化，雨季出现，旱季消失，极不稳定。

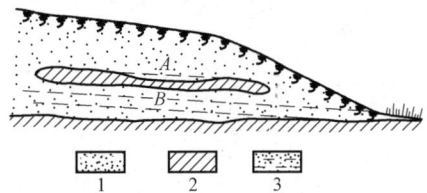

图4.2.1　上层滞水示意
1—透水层；2—隔水层；3—含水层
A—上层滞水；B—潜水

上层滞水可存在于包气带的岩土层孔隙、裂隙或空洞中，因而有孔隙、裂隙和岩溶上层滞水的区别。

上层滞水因接近地表，对建筑物基础的施工有影响，应考虑排水的措施。

4.2.2　潜水

潜水是埋藏在地表以下第一稳定隔水层以上的具有自由水面的重力水（图4.2.2）。自由水面叫潜水面（bb），此面用高程表示叫潜水位（H）。自地表到潜水面间的距离是潜水的埋藏深度（h_1）。含水的岩土层叫含水层，不透水的岩土层叫隔水层。潜水面与隔水层间的距离，即是含水的厚度（h）。

潜水面的形状常与地形相适应，但潜水面的起伏较地形起伏小。潜水面是曲面。当潜水面倾斜时呈潜流（图4.2.2a），在隔水层为盆地或洼地时，潜水面呈水平状态，则称潜水盆地（图4.2.2b）。

潜水的特征是：有隔水底板（不透水层），无隔水顶板；能在水平方向流动，没有水压力；分布区往往与补给区一致；能流到距补给区较远的地方排泄；水位及水质变化较大，易被污染。

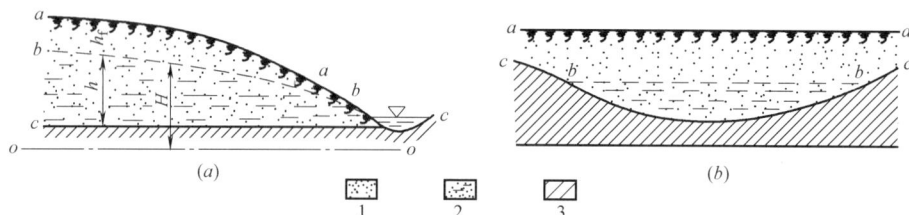

图 4.2.2 潜流及潜水盆地示意

(a) 潜流；(b) 潜水盆地

1—透水层；2—含水层；3—隔水层；aa—地面；bb—潜水面；cc—隔水层面；oo—基准面

潜水主要由大气降水、地表水和凝结水补给。当承压水与潜水有联系时，承压水也能补给潜水。潜水常以泉或蒸发的形式排泄。

潜水在自然界里分布极广，主要存在于具有隔水层的第四纪沉积层或基岩风化带里。由于分布的地区不同，可分为冲积层潜水、洪积层潜水、冰积层潜水、草原及沙漠地带潜水、山区潜水和海滨砂丘潜水。按埋藏条件与岩土空隙性质，又可分为孔隙潜水、裂隙潜水和岩溶潜水。

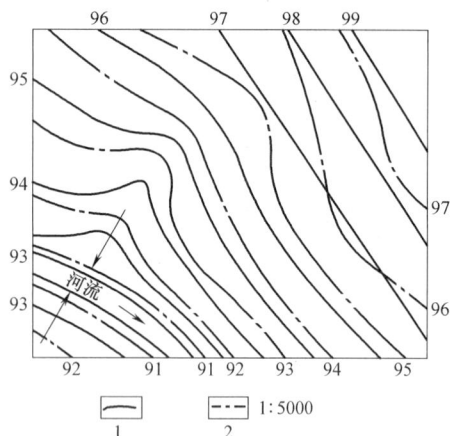

图 4.2.3 等水位线图

1—地形等高线；2—潜水位等高线

等水位线图　将研究地区的很多潜水人工露头（钻孔、探井、水井）和天然露头（泉等）的水位同时测定，绘在地形图上，连接水位等高的各点即是等水位线图（图4.2.3）。其绘法与绘地形等高线一样。等水位线的间距可采用 0.5m 或 1m。由于水位有季节性变化，图上必须注明测定水位的日期。一般应有最低水位和最高水位时期的等水位线图。

根据等水位线图可以确定下列一些资料：

（1）潜水的流向：潜水由高水位流向低水位，因此，垂直于等水位线的直线方向就是潜水的流向。

（2）潜水的水力坡度（或水力坡降、水力梯度）i：在流向方向上，相邻两等水位线的高差与水平距离之比就是这段距离内的潜水水力坡度。例如，两等水位线间的高差为 0.5m，水平距离为 50m，则潜水的水力坡度 $i=0.01$。

（3）潜水的埋藏深度：在任一地点的潜水埋藏深度是地形等高线的标高与这点等水位线标高的差。

（4）潜水与地表水的补给关系：以潜水与河水的补给关系为例，当潜水流向线的箭头方向指向河流时，潜水补给河水（图 4.2.4a）；当箭头方向背离河流时，河水补给潜水（图 4.2.4b）；若右岸指向河流，左岸背离河流时，则右岸潜水补给河水，左岸河水补给潜水（图 4.2.4c）。

（5）可找到泉或沼泽的位置：在潜水等水位线与地形等高线高程相等处，潜水出露，这里即是泉或沼泽的位置。

（6）选择给水、排水渠道的位置：给水、排水渠道的位置，最好选在垂直于潜水流向的方向或潜水汇集的地方。

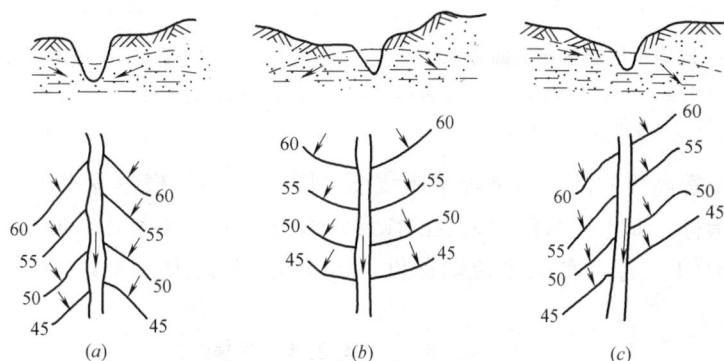

图 4.2.4　潜水与河水的补给关系

此外，根据地下水等水位线图，还可合理地布置建筑物和规划城市建设等。

应该指出，由于潜水面容易变动，只有对潜水进行长期观测，才能反映出潜水面的实际情况。在大城市或工业区解决潜水问题时，至少应有一年以上的潜水位变化资料。

潜水对建筑物的稳定性和施工均有影响。建筑物的地基最好选在潜水位深的地带或使基础浅埋，尽量避免水下施工。如潜水对施工有危害，宜用排水、降低水位、隔离（包括冻结法等）等措施处理。

4.2.3　承压水

承压水是存在于两隔水层间的有压地下水（图 4.2.5）。当地形适当时，在天然露头处或经人工开凿，水能喷出地表，成为自流水。

承压水的特征是上下都有隔水层；具明显的补给区、承压区和泄水区，补给区与泄水区相距很远；由于具有隔水顶板，受地表气候、水文等因素的直接影响较小；具有压力；一般埋藏深，不易被污染。

承压水的形成与地质构造有密切关系。在较大的地质构造范围内，承压水的形成可以是向斜的含水层（图 4.2.5），山前斜地的尖灭含水层（图 4.2.6a），或者是由于断层切断了含水层（图 4.2.6b），它们多成为承压水盆地。在适当的地质构造条件下，孔隙水、裂隙水、岩溶水都能形成承压水。

建筑物地基内如存在有承压水，由于它的压力影响，开挖基坑时能使地基土层产生隆起现象而破坏。

等水压线图　在承压水层中打钻孔时，孔中水位能上升到一定高度，这个高度称为承压水位。将许多钻孔的承压水位按等高点连线，即得等水压线。具有等水压线、地形等高

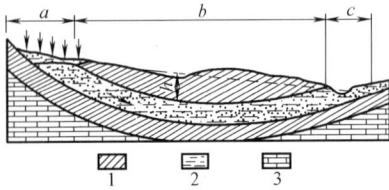

图 4.2.5　向斜承压水盆地剖面图

a—补给区；b—承压区；c—泄水区；h—承压水头；

1—隔水层；2—含水层；3—石灰岩

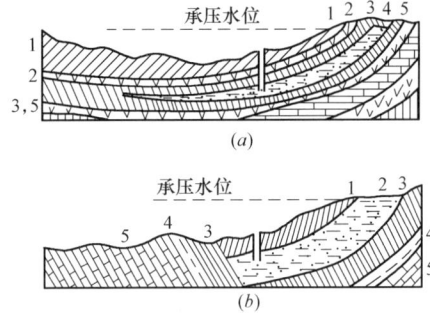

图 4.2.6　承压水盆地

（a）山前斜地尖灭承压水盆地；（b）断层承压水盆地

线或含水层顶板等高线的图，即是等水压线图（图 4.2.7）。根据等水压线图可确定含水层的许多重要指标，如承压水位距地表的深度、水头大小、含水层距地表的埋藏深度。例如，图 4.2.7 中的 A 点，承压水位的深度为 5.7m，水头为 6.3m，含水层的埋藏深度为 12m。

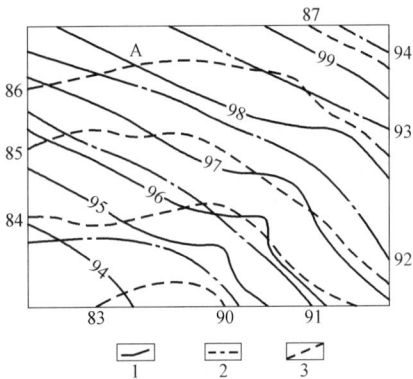

图 4.2.7　等水压线图

1—地形等高线；2—等水压线；3—含水层顶板等高线

4.2.4　裂隙水

埋藏在各种岩石裂隙中的地下水，称为裂隙水。裂隙水主要分布在山区，平原地区也有，但仅埋藏在第四纪沉积层所覆盖的基岩中。裂隙水的主要补给源是大气降水和地表水，在平原地区多靠第四纪沉积层中的潜水补给。

由于岩石裂隙的成因、填充物及相互连通的条件不同，因而裂隙水的分布、运动条件和裂隙的含水性等比较复杂。裂隙水因岩石的裂隙多变，故在分布上的最大特点是具有多变性。

裂隙水按其埋藏条件，可分为裂隙上层滞水、裂隙潜水和裂隙承压水。按含水层的产状，又可分为裂隙层状水和裂隙脉状水。裂隙层状水的含水层呈层状作区域性分布，其厚度远小于分布宽度，如风化裂隙中的地下水。裂隙脉状水只局部分布在断层破碎带或侵入岩接触带，呈带状或脉状，其厚度大于分布宽度。

裂隙水在分布和涌水量方面均能突然变化，又能与其他水体连通，在土木工程施工中遇到时，会引起地区的地下水条件突然改变，发生涌水事故。

4.2.5　岩溶水

岩溶水是埋藏在可溶性岩层地区岩溶裂隙和溶洞中的重力水。这类水可以是上层滞水、潜水或承压水。岩溶上层滞水多在局部的非易溶岩层，或在弱可溶岩层中形成。当厚层的石灰岩大面积出露时，常形成岩溶潜水。由于岩溶发育的不均匀性，也可形成局部的承压水。在易溶性岩层与非易溶性岩层交互的地层中，则易形成岩溶承压水。

岩溶水的补给直接来自大气降水和地表水。它的排泄多以泉的形式出露地表。

岩溶水的特征是：主要分布在可溶性岩层的地区，涌水量在一年内变化很大，只有在补给区大、补给源稳定的情况下，涌水量的变化才较小。

岩溶水一般为重碳酸钙水，在可溶性岩层分布地区，岩层被水溶蚀或冲蚀，便能形成岩溶现象，关于岩溶问题将在第 23 章详细讨论。

在建筑地基内有岩溶水活动，不但在施工中会有突然涌水的事故发生，而且对建筑物的稳定性也有很大影响，事先必须注意。对岩溶水的涌水最好是以排为主，根据具体条件，也可采用排堵结合的办法。总之，解决岩溶的水危害问题，应针对岩溶水的情况，用排除、截源、改道等方法处理，如挖排水沟、截水沟，做挡水坝，开凿输水隧洞改道等等。

4.3 地下水运动的基本规律

地下水在土中沿着孔隙流动，在岩石中沿着裂隙或洞穴流动。

地下水的运动有层流和紊流两种形式。层流是地下水在岩土的孔隙或微裂隙中渗透，流线互不相交；紊流是地下水在岩土的裂隙或洞穴中流动，流线有互相交错现象。

地下水在土中的运动（渗透）属于层流（图 4.3.1），是遵循达西（Darcy）线性渗透定律的。见式（4.3.1）：

$$Q = kA \frac{h}{L} \qquad (4.3.1)$$

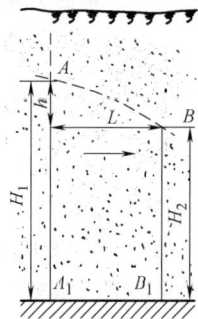

图 4.3.1 地下水
层流断面图
AB—潜水面；
$A_1 B_1$—隔水层

式中 Q——单位时间内的渗透水量，m^3/d（即米³/昼夜）；

k——渗透系数（或透水系数），m/d；

A——水渗流的断面积，m^2；

L——断面间的距离，m；

h——距离为 L 的断面间的水位差，m，$h = H_1 - H_2$。h/L 叫水力坡度，用符号 i 表示。

$$i = \frac{H_1 - H_2}{L} \qquad (4.3.2)$$

达西公式用断面积 A 除后，即得渗流速度（v）：

$$\frac{Q}{A} = v = k \frac{h}{L} = ki \qquad (4.3.3)$$

当 $i = 1$ 时，得 $k = v$，即当水力坡度等于 1 时，渗透系数等于渗流速度，其单位用 cm/s 或 m/d。

渗流速度不是孔隙中的实际流速（u），它只是换算速度，因为在这个公式中用的断面积不是孔隙的断面积。

为了得到地下水的孔隙中运动的实际平均流速，可用流量 Q 除以孔隙所占的面积，故地下水的实际平均流速为：

$$u = \frac{Q}{An} \qquad (4.3.4)$$

式中 n——土的孔隙率,%。

将式(4.3.4)中 Q/A 以 v 代替,即得:

$$u = \frac{v}{n} \qquad (4.3.5)$$

因 $n < 100\%$,可见实际平均流速必大于渗流速度。

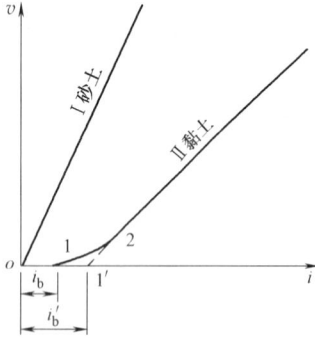

图 4.3.2 渗流速度与水力坡度的关系曲线

水在砂土中流动时,达西公式是正确的,如试验所得图 4.3.2 中的曲线 I 所示。但是,在某些黏土中,这个公式就不正确。因为在黏性土中颗粒表面有结合水膜,因而阻塞或部分阻塞了孔隙间的通道。试验指明,只有当水力坡度 i 大于某一值 i_b 时,黏性土才具有透水性(图中的曲线 II)。如果将曲线 II 在横坐标上的截距用 i'_b 表示(称为起始水力坡度),当 $i > i'_b$ 时,达西公式可改写为:

$$v = k(i - i'_b) \qquad (4.3.6)$$

在岩石的大裂隙或洞穴中,地下水的运动具紊流性质。试验结果表明,渗流速度与水力坡度的平方根成正比,即:

$$v = k\sqrt{i} \qquad (4.3.7)$$

4.4 岩土渗透系数的确定

渗透系数 k 值是表示岩土透水性的重要参数,用于地下水涌水量及沉降与时间关系等计算式中,其确定的方法有:室内试验、野外试验及经验值三种方法。

1. 室内试验

1)常水头渗透试验 这种试验适用于扰动的砂类土样,所用的仪器设备见图 4.4.1。试验时,从量杯量得水量,记下渗透时间。试样断面积和水渗透路径为已知,按达西公式即可计算出试样的渗透系数 k_T:

$$k_T = \frac{QL}{AHt} \qquad (4.4.1)$$

式中 k_T——水温为 T℃时试验的渗透系数 cm/s;

Q——时间 t 秒内渗出的水量,cm^3;

L——两测压管中心点的距离,cm;

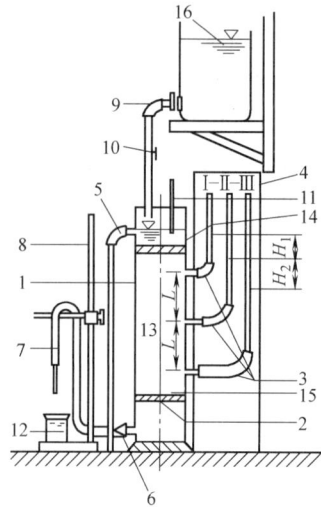

图 4.4.1 常水头渗透仪装置

1—金属圆筒;2—金属孔板;3—测压孔;4—测压管;
5—溢水孔;6—渗水孔;7—调节管;8—滑动支架;
9—供水管;10—止水夹;11—温度计;12—量杯;
13—试样;14—砾石层;15—铜丝筛布滤网;16—供水瓶

A——试样断面积，cm^2；

H——平均水位差$(H_1+H_2)/2$，cm。

2）变水头渗透试验　这种试验适用于原状的黏性土样，所用的仪器设备见图4.4.2。在试验中水头是变化的。

设在dt时间内变水头管中水量变化为：

$$dQ=adH$$

与此同时，经过试样的渗透量为：

$$dQ=-k_T\frac{H}{L}Adt$$

式中负号表示时间和水量的变化相反。两者水量相等，则：

$$adH=-k_T\frac{H}{L}Adt$$

当时间由t_1变至t_2，水头由H_1变至H_2。

$$\int_{H_1}^{H_2}\frac{dH}{H}=-\int_{t_1}^{t_2}\frac{k_TA}{al}dt$$

积分化简后得：

$$k_T=2.3\frac{aL}{A(t_2-t_1)}\lg\frac{H_1}{H_2} \tag{4.4.2}$$

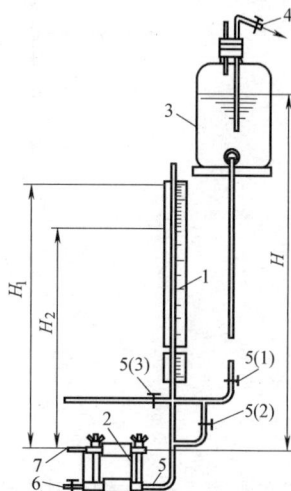

图4.4.2　变水头渗透仪装置
1—变水头管；2—渗透容器；3—供水瓶；
4—接水源管；5—进水管夹；6—排气管；
7—出水管

式中　a——变水头管的断面积，cm^2。

其余符号同式（4.4.1）。

为了使取得的资料能相互比较，一般都用水温在20℃时的渗透系数k_{20}作标准：

$$k_{20}=k_T\frac{\eta_T}{\eta_{20}} \tag{4.4.3}$$

式中　η_T、η_{20}——T℃、20℃时水的动力黏滞系数（kPa·s），可由土工试验规程中查得。

2. 野外试验

1）抽水试验　这种方法测得的渗透系数较室内试验准确，但费用较高。其基本原理如下：

从图4.4.3中可知，当自抽水孔中抽水时，原来水平的潜水面（虚线）逐渐下降形成一个稳定的降水漏斗（实线），这时进入钻孔中的流量与抽水流量是相等和稳定的。流入钻孔的流量为Q，水流过水断面为A，渗流速度为N，按达西定律：

$$Q=AN=Aki$$

设抽水孔中心线为y轴，不透水顶板为x轴，在降水漏斗曲线上任一点P的水力坡度为dy/dx，故得：

$$Q=Ak\frac{dy}{dx}=2\pi xyk\frac{dy}{dx}$$

即

$$ydy=\frac{Qdx}{2\pi kx}$$

$$\int ydy=\frac{Q}{2\pi k}\int\frac{dx}{x}$$

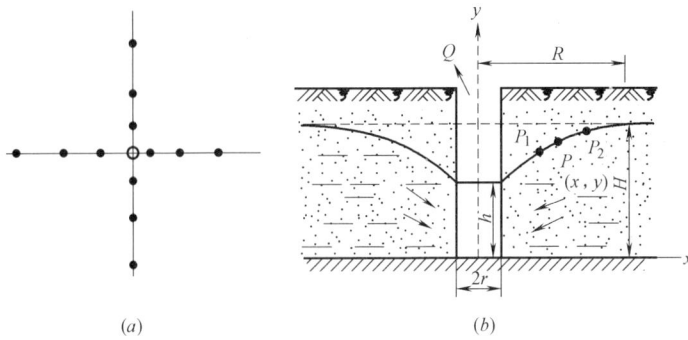

图 4.4.3　多孔抽水试验示意

(*a*) 平面图；(*b*) 剖面图

∘—抽水孔；•—观测孔

$$y^2 = \frac{Q}{\pi k}\ln x + c$$

若在距离 r 和 R 的孔中量得的水位为 h 和 H，将这些已知值代入，得：

$$Q = 1.366\frac{k(H^2 - h^2)}{\lg R - \lg r}$$

故渗透系数为：

$$k = 0.732\frac{Q(\lg R - \lg r)}{H^2 - h^2} \tag{4.4.4}$$

抽水试验方法不同，得到的试验精度不同，详见表 4.4.1。

抽水试验方法和应用范围　　　　　　　　　　　表 **4.4.1**

试验方法	应用范围
钻孔或探井简易抽水	粗略估算弱透水层的渗透系数
不带观测孔抽水	初步测定含水层的渗透性参数
带观测孔抽水	较准确测定含水层的各种参数

2) 注水试验　注水试验的原理与抽水试验相同，只是以注水代替抽水。在巨厚且水平分布较宽的含水层作常流量注水时（图 4.4.4），可按式（4.4.5）或式（4.4.6）计算 k 值：

当 $l \leqslant 4r$ 时

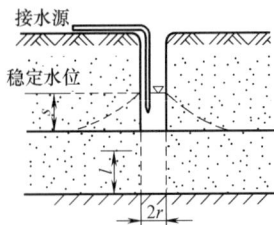

$$k = \frac{0.08Q}{rs\sqrt{\dfrac{c}{2r} + \dfrac{1}{4}}} \tag{4.4.5}$$

当 $l > 4r$ 时

$$k = \frac{0.366Q}{ls} \cdot \lg\frac{2l}{r} \tag{4.4.6}$$

式中　l——试段或过滤器长度，m；

图 4.4.4　钻孔注水试验示意

s——注水造成的水头高度，m；

Q——稳定注水量，m^3/d；

r——钻孔半径或过滤器半径，m。

用以上公式算出的 k 值比用抽水试验算出的 k 值一般小 $15\%\sim20\%$。

当地下水位埋藏在孔底以下较深，且 $50<h/r<200$，孔中水柱高 $h\leqslant l$ 时，可按式（4.4.7）计算 k 值：

$$k=0.423\frac{Q}{h^2}\lg\frac{2h}{r}\qquad(4.4.7)$$

式中，符号意义同式（4.4.6）。

上式算出的 k 值误差小于 10%。

3. 经验值

表 4.4.2 为 k 的大致数值。k 值也可用式（4.4.8）进行估算：

$$k=cd_{10}^2\qquad(4.4.8)$$

式中　c——经验系数，与砂的均匀性及孔隙度有关，纯净均质砂 $c=1200$；中密及中均质砂 $c=800$；紧密非均质砂 $c=400$；

d_{10}——有效粒径，mm。

岩土的渗透系数参考值（m/d）　　　　　　　表 4.4.2

名　称	渗透系数	名　称	渗透系数
黏　土	<0.005	均质中砂	$35\sim50$
粉质黏土	$0.005\sim0.1$	粗　砂	$20\sim50$
粉　土	$0.1\sim0.5$	圆　砾	$50\sim100$
粉　砂	$0.5\sim1.0$	卵　石	$100\sim500$
细　砂	$1.0\sim5.0$	稍有裂隙的岩石	$20\sim60$
中　砂	$5.0\sim20.0$	裂隙多的岩石	>60

注：按渗透系数 k 值，岩土透水性强弱可分为：$k>10$ 为强透水，$k=10\sim1.0$ 为透水，$k=1.0\sim0.01$ 为弱透水，$k=0.01\sim0.001$ 为微透水，$k<0.001$ 为不透水。

4.5　地下水的涌水量计算

在计算流向集水构筑物的地下水涌水量时，必须区分集水构筑物的类型。集水构筑物按构造形式可分为：垂直的井、钻孔和水平的引水渠道、渗渠等。汲取潜水或承压水的垂直集水坑井，分别称为潜水井或承压水井。潜水井和承压水井按其完整程度，又可分为完整井及不完整井两种类型。完整井是井底达到了含水层下的不透水层，水只能通过井壁进入井内；不完整井是井底未达到含水层下的不透水层，水可从井底或井壁、井底同时进入井内。

这里仅将建筑工程中常遇的作层流运动的地下水在坑井中的涌水量计算基本公式列表，如表 4.5.1 所示，便于在计算涌水量时参考。

地下水类型	集水坑井类型	涌水量计算公式	剖面示意图	使用条件	附注
潜水	完整基坑	$Q=1.366\dfrac{kH^2}{\lg\dfrac{R+r_0}{r_0}}$		远离地表水体;基坑长度与宽度之比小于10;坑底为平底	H—潜水含水层厚度;M—承压水含水层厚度;s—水位下降深度;R—影响半径,可按表4.5.2经验公式计算;r_0—基坑引用半径,可按表4.5.3公式计算;T—坑底至不透水层的距离
潜水	不完整基坑	$Q=\dfrac{4kr_0s}{1+\dfrac{r_0}{T}\left(1.1+0.75\lg\dfrac{R+r_0}{H}\right)}$			
承压水	完整基坑	$Q=1.366\dfrac{k(2s-M)M}{\lg\dfrac{R+r_0}{r_0}}$			
承压水	不完整基坑	$Q=\dfrac{4kr_0s}{1+\dfrac{r_0}{M}\left(1.1+0.75\lg\dfrac{R+r_0}{M}\right)}$			
潜水	完整井	$Q=1.366\dfrac{k(H^2-h^2)}{\lg R-\lg r}$		无观测孔	r—井的半径;H_0—有效带深度,见表4.5.4;h_0—井中水位到有效带的距离;H—承压水头高度;L—过滤器工作部分的长度;其余符号意义同上
潜水	不完整井	$Q=1.366\dfrac{k(H_0^2-h_0^2)}{\lg R-\lg r}$		无观测孔,$\dfrac{1}{2}R>$钻孔至地表水体距离	

地下水类型	集水坑井类型	涌水量计算公式	剖面示意图	使用条件	附注
承压水	完整井	$Q = 2.73 \dfrac{kM(H'-h)}{\lg R - \lg r}$		无观测孔	r—井的半径；H_0—有效带深度，见表 4.5.4；h_0—井中水位到有效带的距离；H'—承压水头高度；L—过滤器工作部分的长度；其余符号意义同上
	不完整井	$Q = \dfrac{2.73kSL}{\lg(1.32L) - \lg r}$		无观测孔，$R=1.32L$	

注：1. 在基坑涌水量计算中，将基坑平面换算为圆形，基坑为一圆形大井，此法称为"水井法"。圆的半径即为引用半径 r_0。

2. 有效带是指在非完整井中抽水时，影响的深度未达到含水层底板，只达到该含水层的某一深度，此深度称为有效带。

计算影响半径的经验公式　　　　　　　　　　　表 4.5.2

公　式	应　用　条　件	附　　注
$R = 575s\sqrt{HK}$ （$k=\text{m}/\varepsilon$）	计算潜水含水层群井、基坑、矿山巷道的影响半径	对直径很小的群井和单井计算出的 R 值过大，计算的矿坑涌水量较符合实际
$R = 3000s\sqrt{k}$ （$k=\text{m/s}$）	潜水和承压水抽水初期确定影响半径	对潜水计算出的 R 值比上式精确性小，对承压水计算出的 R 值是粗略的

基坑引用半径（r_0）计算公式　　　　　　　　表 4.5.3

基坑平面形状	计　算　公　式	附　　注
椭圆形	$r_0 = \dfrac{a+b}{4}$	
不规则形	$a/b < 2\sim3$　$r_0 = 0.565F$	F—基坑面积
	$a/b < 2\sim3$　$r_0 = P/\pi$	P—基坑周长
矩形	$r_0 = \eta\dfrac{a+b}{4}$	$b/a=0$，$\eta=1$；$b/a=0.2$，$\eta=1.12$；$b/a=0.4$，$\eta=1.14$；$b/a=0.6$，$\eta=1.16$；$b/a=0.8\sim1$，$\eta=1.18$

水位降深 s(m)	有效带的深度 H_0(m)	附 注
$s=0.2(s+L)$	$H_0=1.3(s+L)$	
$s=0.3(s+L)$	$H_0=1.5(s+L)$	
$s=0.5(s+L)$	$H_0=1.7(s+L)$	L—过滤器工作部分的长度
$s=0.8(s+L)$	$H_0=1.85(s+L)$	
$s=1.0(s+L)$	$H_0=2.0(s+L)$	

4.6 地下水及其地质作用对建筑工程的影响

当建筑场地内有地下水存在时,地下水的水位变化及其腐蚀性和渗流破坏等不良地质作用,对工程的稳定性、施工及正常使用都能产生严重的不利影响,必须予以重视。

4.6.1 地下水的水位变化对建筑工程的影响

地下水的水位常因气候、水文、地质、人类生产活动等因素的影响发生变化。从地基与基础这一角度来谈,地下水位的变化能引起不良的后果。当地下水位的升降只在基础底面以上某一范围内变化时,这种情况对地基基础的影响不大,水位下降仅稍增加基础的自重。若地下水位在基础底面以下压缩层范围内发生变化,情况就不同,能直接影响建筑工程的安全。因地下水在压缩层范围内上升,水浸湿和软化岩土,从而使地基土的强度降低,压缩性增大。尤其是对结构不稳定的岩土(如湿陷性土、膨胀性岩土、盐渍土等),这种现象更为严重,能导致建筑物的严重变形或破坏。若地下水在压缩层范围内下降,则增加土的自重应力,引起基础的附加沉降。如果地基土质不均匀,或地下水位的下降不是在整个建筑物下面均匀而缓慢地进行,基础就会产生不均匀沉降。此外,膨胀土及黏土等失水会发生收缩,能使建筑物变形或破坏。

地下水对地下结构物有浮托作用,在不利的荷载情况下(例如钢筋混凝土水池空池时),地下水位的突然上升(例如降大雨)可能引起结构物的上浮或破坏。

在建筑场地内,地下水位的变化常与抽水、排水有关,因为局部的抽水或排水,能使地下水位突然下降。这样,会使附近建筑物发生附加沉降。特别是在已有建筑的地区,新建建筑的施工降水可引起相邻已建建筑的变化。因此,应注意抽水、降水带来的不利影响。此外,在软土地区,大面积的抽水可能引起大面积的地面下沉,带来不良的后果,例如上海地区地面下沉。

设有地下室的建筑物或地下建筑工程,若地下水位上升,这对其防潮、防湿等不利。

地下水位的变化还可直接影响到河谷阶地、岸坡或边坡岩土体的稳定。图 4.6.1 为河谷地带,河水上涨时,地下水位升高,岩土被软化而抗剪强度降低;河水下落时,水沿岸坡渗出,产生渗透力,成为岩土不稳定的条件之一。甚至在河谷阶地、岸坡或边坡的岩土体会形成滑坡。建筑场地若选在这

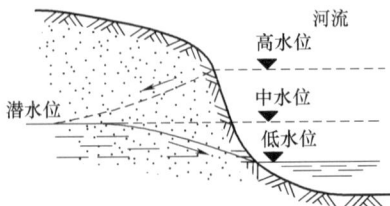

图 4.6.1 河岸地下水位因河水涨落
而变化,对岸坡稳定产生影响

种地带，工程将遭到破坏，这种事故在河岸和山区建筑中曾多次遇到。因此，在河谷阶地、岸坡或边坡地带修建建筑物时，应事先了解地下水变化的影响。

4.6.2　地下水对建筑工程施工的影响

在建筑工程施工中遇到地下水时，会增加施工的困难。如需处理地下水或降低地下水位，工期和造价必将受到影响。如开挖时遇含水层，还能发生涌水事故，延长工期，直接影响经济指标。例如：某工程一车间建造在山脚平坦地带的侏罗系地层上，持力层为砂岩，倾角 $30°$，岩层具有涌水裂隙，砂岩上为厚度 $3\sim5m$ 的粉质黏土层，大部分基槽已挖到设计标高，在继续挖基过程中，突遇涌水裂隙，地下水大量涌出，事前作好的排水沟被堵塞，以致一夜间水充满了基槽，使土质坑壁大量垮塌，结果延长了工期，耗费了建筑费用。因此，挖槽时，应预先做好排水的准备工作，这样可以减少或避免地下水造成的危害。

4.6.3　地下水的腐蚀性（附地表水与土的腐蚀性）

当地下水中的某些化学成分含量过高时，水对建筑材料有腐蚀性。当然，地表水和土受到污染而某些成分过高时，也具有腐蚀性。因此，在进行勘察、设计时需一并考虑。

当有足够经验或充分资料认定工程场地及其附近没有污染的土或水且地下水或地表水对建筑材料为微腐蚀时，可不取样试验进行腐蚀性评价；对常年在地下水位以上的中性、碱性土地区，可不取样试验，直接评价为微腐蚀；否则，应取水试样或土试样进行试验，并按本章评定其对建筑材料的腐蚀性。土对钢结构腐蚀性的评价可根据任务要求进行。

1. 取样和测试

土和水样的采取应满足下列要求：

1）混凝土结构处于地下水以上时，应取土样作腐蚀性试验；

2）混凝土结构处于地下水或地表水中时，应取水样作水的腐蚀性测试；

3）混凝土结构部分处于地下水位以上，部分处于地下水位以下时，应分别取土样和水样作腐蚀性测试；

4）水样和土样应在混凝土结构所在的深度采取，每个场地不应少于 2 件；当土中盐类成分和含量分布不均匀时，应分区、分层取样，每区每层不应少于 2 件。

腐蚀性试验项目和试验方法按表 4.6.1 进行。其中：

腐蚀性试验项目　　　　　　　　　　　　　　　　　表 4.6.1

序号	试验项目	试验方法	序号	试验项目	试验方法
1	pH 值	复合电极法	9	游离 CO_2	酸滴定法
2	Ca^{2+}	EDTA 容量法	10	NH_4^+	钠氏试剂比色法
3	Mg^{2+}	EDTA 容量法	11	OH^-	酸滴定法
4	Cl^-	摩尔法	12	总矿化度	计算法
5	SO_4^{2-}	EDTA 容量法或质量法	13	氧化还原电位	铂电极法
6	HCO_3^-	酸滴定法	14	极化电流密度	原位极化法
7	CO_3^{2-}	酸滴定法	15	电阻率	四极法
8	侵蚀性 CO_2	盖耶尔法	16	质量损失	管罐法

（1）水对混凝土结构腐蚀性的测试项目包括：pH 值、Ca^{2+}、Mg^{2+}、Cl^-、SO_4^{2-}、

HCO_3^-、侵蚀性 CO_2、游离 CO_2、NH_4^+、OH^-、总矿化度;

（2）土对混凝土结构腐蚀性的测试项目包括：pH 值、Ca^{2+}、Mg^{2+}、Cl^-、SO_4^{2-}、HCO_3^-、CO_3^{2-} 的易溶盐（土水比 1：5 分析）;

（3）土对钢结构的腐蚀性的测试项目包括：pH 值、氧化还原电位、极化电流密度、电阻率、质量损失;

（4）腐蚀性测试项目的试验方法应符合表 4.6.1 的规定。

2. 腐蚀性评价

环境类型的划分按表 4.6.2 进行。

表 4.6.2
环境类型分类

类别	场地条件	亚类	场地条件
Ⅰ	盐渍土地区地下水常年水位浅于 50cm;或混凝土一面与水接触,一面暴露在空气中;或混凝土部分在地表水中,部分暴露在大气中	Ⅰ$_A$	海拔高度大于 4000m 的高寒区或干燥指数大于 4.0 的干旱区
		Ⅰ$_B$	海拔高度为 3000~4000m 的高寒区或干燥指数为 1.5~4.0 的半干旱区
		Ⅰ$_C$	干燥指数小于 1.5 的湿润区
Ⅱ	混凝土全部长期处于地表水中		
Ⅲ	除Ⅰ、Ⅱ类环境以外的其他岩土环境	Ⅲ$_A$	混凝土接触的是强透水性地层
		Ⅲ$_B$	混凝土接触的是弱透水性地层

注：强透水地层是指碎石土和砂土；弱透水地层是指粉土和黏性土。

表 4.6.2 中，将混凝土在水中的状态和海拔高度、干燥指数作为分类指标，强调了盐渍土地区与其他地区的不同，使得环境分类更趋于合理。类环境属于干湿交替环境，混凝土受水和大气的共同影响，毛细上升水和渗透水在混凝土表面，盐分积聚，类属于混凝土处于地表水中，类环境属于混凝土常年处于温度和湿度较恒定的地表水、地下水或地下水所影响的潮湿的土层中，而且不受大气的影响。水、土中硫酸盐对混凝土结晶腐蚀与海拔高度、气候条件和混凝土所处水中条件有关，在盐渍土地区由于水的毛细作用，混凝土常在毛细水作用带发生结晶腐蚀。

受环境类型影响，水和土对混凝土结构腐蚀的影响，应按表 4.6.3 和表 4.6.4 的规定进行评价。

表 4.6.3
水中硫酸盐对混凝土结构腐蚀的评价

环境类别		Ⅰ$_A$	Ⅰ$_B$	Ⅰ$_C$	Ⅱ	Ⅲ$_A$	Ⅲ$_B$
		SO_4^{2-} mg/L					
腐蚀强度	微	<150	<200	<250	<300	<400	<500
	弱	150~200	200~250	250~300	300~1000	400~1000	500~2000
	中	200~250	250~300	300~1000	1000~2000	1000~3000	2000~6000
	强	>250	>300	>1000	>2000	>3000	>6000

水中 NH_4^+、OH^- 对混凝土结构的腐蚀性评价

表 4.6.4

腐蚀等级	腐蚀介质	环境类型					
		ⅠA	ⅠB	ⅠC	Ⅱ	ⅢA	ⅢB
微 弱 中 强	铵盐含量 NH_4^+ (mg/L)	<100 100~500 500~800 >800	<500 500~800 800~1000 >1000	<800 800~1000 1000~1500 >1500	<1000 1000~1500 1500~2000 >2000	<1500 1500~2000 2000~3000 >3000	<2000 2000~3000 3000~4000 >4000
微 弱 中 强	苛性碱含量 OH^- (mg/L)	<35000 35000~42000 >42000 —	<42000 42000~50000 >50000 —	<50000 50000~60000 >60000 —	<60000 60000~72000 >72000 —	<72000 42000~85000 >85000 —	<85000 85000~100000 >100000 —

注：苛性碱含量是 NaOH、KOH 中 OH^- 含量之和，通过计算确定。

受环境类型影响，土中硫酸盐结晶腐蚀应按表 4.6.5 评价。

土中硫酸盐对混凝土结构腐蚀的评价

表 4.6.5

环境类别		ⅠA	ⅠB	ⅠC	Ⅱ	ⅢA	ⅢB
		SO_4^{2-} mg/kg					
腐 蚀 强 度	微 弱 中 强	<225 225~300 300~375 >375	<300 300~375 375~450 >450	<375 375~450 450~1500 >1500	<450 450~1500 1500~3000 >3000	<600 600~1500 1500~4500 >4500	<750 750~3000 3000~9000 >9000

土中 NH_4^+、OH^- 对混凝土结构的腐蚀性应按表 4.6.6 评价。

土中 NH_4^+、OH^- 对混凝土结构的腐蚀性评价

表 4.6.6

腐蚀等级	腐蚀介质	环境类型					
		ⅠA	ⅠB	ⅠC	Ⅱ	ⅢA	ⅢB
微 弱 中 强	铵盐含量 NH_4^+ (mg/L)	<150 150~750 750~1200 >1200	<750 750~1200 1200~1500 >1500	<1200 1200~1500 1500~2250 >2250	<1500 1500~2250 2250~3000 >3000	<2250 2250~3000 3000~4500 >4500	<3000 3000~4500 4500~6000 >6000
微 弱 中 强	苛性碱含量 OH^- (mg/L)	<52500 52500~63000 >63000 —	<63000 63000~75000 >75000 —	<75000 75000~90000 >90000 —	<90000 90000~108000 >108000 —	<108000 108000~127500 >127500 —	<127500 127500~150000 >150000 —

注：苛性碱含量是 NaOH、KOH 中 OH^- 含量之和，通过计算确定。

受地层渗透性影响，水、土对混凝土结构的腐蚀性，应按表 4.6.7 评价。

按地层渗透性水和土对混凝土结构的腐蚀性评价

表 4.6.7

腐蚀等级	酸型 pH 值		碳酸型 侵蚀性 CO_2 (mg/L)		溶出型 HCO_3^- (mmol/L)	镁离子型 Mg^{2+} (mg/L)	
	A	B	A	B	A	A	B
微 弱 中 强	>6.5 6.5~5.0 5.0~4.0 <4.0	>5.0 5.0~4.0 4.0~3.5 <3.5	<15 15~30 30~60 >60	<30 30~60 60~100 >100	>1.0 1.0~0.5 <0.5 —	<1000 1000~2000 2000~3000 >3000	<2000 2000~3000 3000~5000 >5000

注：1. 表中 A 是指直接临水或强透水层中的地下水；B 是指弱透水层中的地下水。强透水层是指碎石土和砂土；弱透水层是指粉土和黏性土。

2. HCO_3^- 含量是指水的矿化度低于 0.1g/L 的软水时，该类水质的 HCO_3^- 腐蚀性。

3. 土的腐蚀性评价考虑 pH 值和 Mg^{2+} 指标；pH 值以锥形玻璃电极野外现场插入土中直接测试，镁离子指标乘以 1.5 的系数为土中指标，单位以 mg/kg，评价其腐蚀性时，A 是指强透水土层；B 是指弱透水土层。

水中 pH 值、侵蚀 CO_2、HCO_3 对混凝土结构的腐蚀性评价采用十字法（图 4.6.2），评价结果按表 4.6.8 确定。

水中 pH 值、侵蚀 CO_2、HCO_3^- "十字法"评价

表 4.6.8

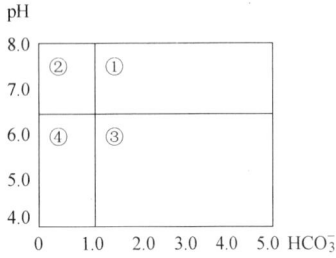

图 4.6.2 十字法

区号	环境条件	评价
①	A 与 B	均为微腐蚀
②	A B	以 HCO_3^- 腐蚀强度为评价结果
③	A B	pH 值与侵蚀 CO_2 选腐蚀强度较强者为评价结果 选 pH 值腐蚀强度为评价结果
④	A B	两项或三项腐蚀共存时，选腐蚀强度较强者

其他：$HCO_3^->5.0mmol/L$，$pH>4$ 的 A、B 环境，均为微腐蚀区

当硫酸盐与 Mg^{2+} 腐蚀介质并存时，应首先按下列方法评价腐蚀介质的腐蚀强度：

（1）表 4.6.7 中镁离子型 A，不论 Mg^{2+} 腐蚀等级的强弱，当有硫酸盐结晶腐蚀时，以硫酸盐结晶腐蚀及其强度为评价结果。

（2）表 4.6.7 中镁离子型 B，当 Mg^{2+} 为强腐蚀，硫酸盐结晶为微腐蚀或弱腐蚀时，以镁离子强腐蚀为评价结果，其他情况以硫酸盐结晶腐蚀为评价结果。

当硫酸盐与其他腐蚀介质并存时，应按下列方法综合评价腐蚀介质的腐蚀强度：

（1）当其他各项介质为弱或与硫酸盐腐蚀强度相等或高出一级，则均应以硫酸盐的腐蚀强度为综合评价结论；

（2）当其他腐蚀介质的腐蚀强度比硫酸盐腐蚀强度高两级或两级以上时，则应综合评价为中等腐蚀；

（3）当混凝土结构直接临水或位于强透水层中，在水、土的 pH<4.0 时；或当混凝土位于弱透水层中，在水、土的 pH<3.0 时，则应综合评价为强腐蚀。

水和土对钢筋混凝土结构中钢筋的腐蚀性评价，应符合表 4.6.9 的规定。

对钢筋混凝土结构中钢筋的腐蚀性评价

表 4.6.9

腐蚀等级	水中的 Cl^- 含量(mg/L)		土中的 Cl^- 含量(mg/kg)	
	长期浸水	非长期浸水	地下水位以上的碎石土、砂土、坚硬、硬塑的黏性土	湿、很湿的粉土，可塑、软塑、流塑的黏性土
微	<10000	<100	<400	<250
弱	10000~20000	100~500	400~750	250~500
中	—	500~5000	750~7500	500~5000
强	—	>5000	>7500	>5000

土对钢结构腐蚀性评价，应符合表 4.6.10 的规定。

土对钢结构腐蚀性评价

表 4.6.10

腐蚀等级	pH	氧化还原电位（mV）	电阻率（$\Omega \cdot m$）	极化电流密度（mA/cm^2）	质量损失（g）
微	>5.5	>400	>100	<0.02	<1
弱	5.5~4.5	400~200	100~50	0.02~0.05	1~2
中	4.5~3.5	200~100	50~20	0.05~0.20	2~3
强	<3.5	<100	<20	>0.20	>3

注：土对钢结构的腐蚀性评价，取各指标中腐蚀等级最高者。

3. 防护措施

当水和土对建筑材料有腐蚀性时，防护应按《工业建筑防腐蚀设计规范》GB 50046 的规定。

4.6.4 地下水的几种不良地质作用对建筑工程的影响

地下水的几种不良地质作用包括渗流破坏、基坑突涌和冻胀等。它们以形成的过程论称为作用；以影响及结果论称为现象。

1. 渗透力及渗流破坏

渗流破坏系指土（岩）体在地下水渗流的作用下其颗粒发生移动，或颗粒成分及土的结构生发改变的现象。它与地下水的渗透力密切相关。

1）渗透力 地下水在渗流的过程中对土骨架的作用力叫作渗透力，单位为 kN/m^3。

图 4.6.3 是水在土中渗流时取出的任一土柱体，它的长度是 L，横断面积是 F，A_1 及 A_2 点的测压管水位高度分别为 H_1、H_2。图中，H_1 大于 H_2，水从 A_1 点流向 A_2 点。因为渗流速度很小，所以惯性力略去不计。这样在渗流时，作用在土体上的力有：$\gamma_w h_1 F$——作用在 A_1 点的土柱横断面上的静水压力，其方向与水流方向一致（γ_w 是水的重度）；$\gamma_w h_2 F$——作用在 A_2 点土柱横断面上的静水压力，其方向与水流方向相反；$\gamma_w LF\cos\alpha$——水柱的重量在渗流方向上的分力；TLF——水渗流时受到土骨架的阻力，其值与渗透力相等，方向相反。T 为单位体积土对渗流水的阻力。

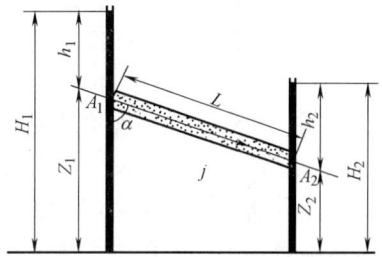

图 4.6.3　水在土中渗流时的土柱体示意

根据力的平衡条件得：

$$\gamma_w h_1 F + \gamma_w LF\cos\alpha - \gamma_w h_2 F - TLF = 0 \tag{4.6.1}$$

因为

$$\cos\alpha = \frac{Z_1 - Z_2}{L}$$

代入式（4.6.1）得

$$\gamma_w h_1 + \gamma_w Z_1 - \gamma_w Z_2 - \gamma_w h_2 - TL = 0 \tag{4.6.2}$$

或

$$\gamma_w[h_1 + Z_1 - Z_2 - h_2] - TL = 0 \tag{4.6.3}$$

因为

$$[h_1 + Z_1 - (h_2 + Z_2)] = H_1 - H_2$$

而

$$i = \frac{H_1 - H_2}{L}$$

代入式（4.6.3）得

$$T = \gamma_w i \tag{4.6.4}$$

渗透力

$$j = -T = -\gamma_w i \tag{4.6.5}$$

式（4.6.5）中负号表示渗透力的方向和土骨架对水流的阻力方向相反。由此式可见，如取水的重度 $\gamma_w = 1$，则渗透力的大小与水力坡度的绝对值相等。在渗流过程中，如水自上而下渗流，则渗透力的方向与重力方向相同，加大了土粒之间的压力；若水自下而上的渗流，则渗透力的方向与重力方向相反，减少了土粒之间的压力。当渗透力等于土的浮重度 γ'（见本书第 5.3 节）时，即：

$$j = \gamma_w i = \gamma' = \frac{(d_s - 1)}{1 + e}\gamma_w = (1 - n)(d_s - 1)\gamma_w \tag{4.6.6}$$

此时土粒之间就毫无压力，理论上土粒处于悬浮状态，它将随渗流水一起流动，这就是渗流破坏产生的原因。

2）地基渗流破坏的形式　主要形式有管涌和流砂（土），以及介于两者之间的过渡型。

（1）管涌。在渗流水的作用下，地基土中细小颗粒被冲走，土的空隙被扩大，逐渐形成管状渗流通道，从而掏空地基，促使地基破坏。

自然界中，在一定的条件下同样会发生上述渗流破坏作用，为了与人类工程活动所引起的管涌相区别，通常称为潜蚀。潜蚀有机械的和化学的两种。机械潜蚀是指渗流的机械力将土细粒冲走而形成洞穴；化学潜蚀是指水流溶解土中的易溶盐或胶结物使土变松散，土粒被水冲走而形成洞穴。这两种作用一般是同时存在的。例如，黄土中的喀斯特洞穴和红黏土中的土洞都与潜蚀作用有关。

（2）流砂（土）。在自下而上的渗透水流作用下，土体某一范围内的细颗粒同时被浮动、沸腾、冲走。这种现象多发生在颗粒较细、级配均匀的细粉砂中，故称为流砂；但这种现象在黏性土中亦有发生，故有人把它称为流土。流砂（土）能造成大量的土体流动，致使地基破坏、地表塌陷，并常给基础施工带来很大困难。

渗流破坏不仅能在建筑物基坑开挖中发生，而且能在有地下水溢出的边坡或地面出现。管涌破坏通常有一个发展过程，而流砂（土）破坏多是突然发生的。

3）渗流破坏的判别[①]　渗流破坏的发生及形式不仅决定于渗透水流动水力的大小，同时与土的颗粒级配、密度及透水性等条件有关。

（1）临界水力坡度：使土产生渗流破坏时的水力坡度称为临界水力坡度（i_{cr}）。

产生流砂（土）型破坏，宜采用下式计算：

$$i_{cr} = (1-n)(d_s-1)\gamma_w \tag{4.6.7}$$

产生管涌型或过渡型破坏，宜采用下式计算：

$$i_{cr} = 2.2(1-n)^2(d_s-1)d_5/d_{20} \tag{4.6.8}$$

式中　d_5、d_{20}——分别占总土重的 5% 和 20% 的土粒粒径，mm。

（2）根据土中细粒含量 P_c，采用下列方法判别：

① 流砂（土）　　　$$P_c \geqslant \frac{1}{4(1-n)} \times 100 \tag{4.6.9}$$

② 管涌　　　　　　$$P_c < \frac{1}{4(1-n)} \times 100 \tag{4.6.10}$$

式中　n——土的孔隙率。

$$d_f = \sqrt{d_{70}d_{10}} \tag{4.6.11}$$

式中　d_f——区分粗、细粒的界限粒径，mm；

　　　d_{70}——小于该粒径的含量占总土重 70% 的颗粒粒径，mm；

　　　d_{10}——小于该粒径的含量占总土重 10% 的颗粒粒径，mm。

（3）对于不均匀系数 C_u 大于 5 的不连续级配土可采用下列方法判别：

① 流砂（土）　$P_c \geqslant 35\%$

② 过渡型 $25\% \leqslant P_c < 35\%$

③ 管涌　$P_c < 25\%$

---

① 资料取自《水利水电工程地质勘察规范》GB 50287。

$$C_u = \frac{d_{60}}{d_{10}} \times 100 \qquad (4.6.12)$$

式中 d_{60}——占总土重 60% 的颗粒粒径，mm；

其余符号同前。

无黏性土不产生渗流破坏的允许水力坡度经验值见表 4.6.11。

无黏性土允许水力坡度   表 4.6.11

允许水力坡度	渗 流 破 坏 形 式					
	流砂(土)型			过渡型	管涌型	
	$C_u \leqslant 3$	$3 < C_u \leqslant 5$	$C_u \geqslant 5$		级配连续	级配不连续
$i_{允许}$	0.25~0.35	0.35~0.50	0.50~0.80	0.25~0.40	0.15~0.25	0.10~0.20

注：本表不适用于渗流出口有反滤层的情况。

4）渗流破坏的防治原则　在有可能产生渗流破坏土层的地段，应尽量利用上面的土层作天然地基，或用桩基穿过该层，避免排水开挖。如必须开挖，以减小或平衡动水力为原则，可考虑采用以下措施：

（1）如条件允许，可在枯水位季节施工；

（2）人工降低地下水位。使地下水位降至渗流变形土层以下，然后开挖；

（3）在基坑四周打板桩或设置地下连续墙。一方面可以加固坑壁，同时增长了地下水渗流路程以减小水力坡度。如板桩或地下连续墙能达到不透水层内，则效果更好；

（4）水下挖掘。在基坑（或沉井）中用机械在水下挖掘，避免因排水而造成产生渗流破坏的水头差。必要时可向坑内注水，造成坑内水向坑外反向渗流并同时进行挖掘；

（5）冻结法。对于重要工程，若流砂（土）较严重，可考虑采用冷冻方法使地下水结冰，然后开挖。

此外，处理渗流破坏的方法还有灌浆法、爆炸法、压重法，以及设置反滤层、黏土铺盖法等。

2. 基坑突涌对建筑工程地基的影响

建筑物基坑下有承压水存在，开挖基坑减少了底部隔水层的厚度。当隔水层较薄时，承压水的水头压力会冲破基坑底板，形成突涌现象。突涌产生后基坑冲毁，地基被破坏。故当基坑底部与承压水含水层相距很近时，应确定足以防止基坑被水冲破的最小隔水层厚度（图 4.6.4）。该厚度 h_0 可按式（4.6.13）计算：

$$\gamma_w H_0 < \gamma h_0 \qquad (4.6.13)$$

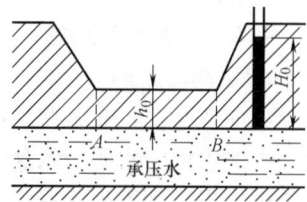

图 4.6.4　基坑下最小隔水层厚度示意

式中 H_0——承压水头，由含水层顶面算起，m；

　　　h_0——基坑底部所需的最小隔水层厚度，m；

　　　γ_w——水的重度，kN/m³；

　　　γ——隔水层土的重度，kN/m³。

近似估算时，可认为 $H_0 \leqslant 2h_0$。

3. 地下水的冻胀作用对建筑工程的影响

在严寒地区，当建筑物地基内埋藏有地下水时，水分往往因冻结作用而迁移和重新分布，形成冰夹层或冰椎等，促使地基冻胀、融沉，建筑物则产生变形，轻者出现裂缝，重者危及使用，这种情况在冻结地区建筑必须慎重对待，详见第 30 章。

4.7 地下水勘察与监测

4.7.1 地下水勘察

从 4.6 节内容可以看出，场地内的地下水的不良地质作用对工程的稳定性、施工、正常使用以及工程费用、工期等都能产生严重影响，因此，必须作好地下水勘察。

根据工程要求，通过搜集资料和初勘工作掌握以下水文地质条件：

（1）地下水的类型和赋存状态；

（2）主要含水层的分布规律；

（3）区域性气象资料，如年降雨量、蒸发量及其变化和对地下水位的影响；

（4）地下水的补给排泄条件、地表水与地下水的补排关系及其对地下水位的影响；

（5）勘察时的地下水位、历史最高水位、近 3～5 年最高地下水位、水位变化趋势和主要影响因素；

（6）是否存在对地下水和地表水的污染源及其可能污染程度。

地下水资料有时需经长期监测取得，对缺乏常年地下水资料的地区，在重大工程的初勘时，对有关层位的地下水宜设置长期观测孔进行长期观测。

在专门的水文地质勘察时，应作以下工作：

（1）查明含水层和隔水层的埋藏条件，地下水类型、流向、水位及其变化幅度。当场地有多层对工程有影响的地下水时，应分层量测地下水位，并查明互相之间的补给关系；

（2）查明场地质条件对地下水赋存和渗流状态的影响；必要时应设置观测孔，或在不同深度处埋设孔隙水压力计，量测压力水头随深度的变化；

（3）通过现场试验，测定渗透系数等水文地质参数。

在勘察中应做好取样和测试工作，取样的要求和测试项目可参照本节及本书第 12.5 节的内容。

4.7.2 地下水监测

1. 监测的目的

如前节所述，在某些情况下，地下水会对工程造成危害，为了获取可靠的资料，需对地下水的水位、水质、水量、水压等的变化规律进行监测，以保证工程能顺利建成并能安全使用。当遇到下列情况之一时，应对地下水进行监测：

（1）当地下水位升降有可能影响岩土的稳定时；

（2）地下水水位上升对构筑物产生浮托力或对地下室和地下构筑物的防潮、防水有较大影响时；

（3）施工降水对拟建工程或相邻工程有较大影响时；

（4）施工或环境条件改变造成孔隙水压力、地下水压的变化对工程有较大影响时；

（5）地下水的下降造成区域性地面沉降时；

（6）地下水位升降可能使岩土产生软化、湿陷、胀缩时；

（7）地下水受污染，需查明污染源，污染的范围、途径、程度及腐蚀性时。

2. 监测内容及监测工作的布置

地下水监测内容应根据水文地质条件和工程的要求确定。主要内容有：

（1）水位监测　查明地下水水位变化幅度、范围；地下水与地表水体、大气降水的联系。

（2）水压监测　开挖深基础，评价边坡或岸坡稳定，软土地基加固等应进行孔隙水压监测。对可能产生渗流破坏的工程也应进行水压监测。

（3）降水工程地面沉降监测　长期抽取地下水面引起地面下沉、建筑物开裂破坏以及出现大量土洞等不良现象时，应进行抽水与沉降关系的监测。

（4）水质监测。

监测工作的布置，应根据水文地质条件，岩土体性状和工程要求确定。原则是：

（1）平原和地质条件简单地区，监测点可按网格布置，观测线平行或垂直地下水流向，间距不宜大于 400m；

（2）在狭窄地区，当无地表水体时，观测点可按三角形布置，当有地表水体时，观测线应垂直地表水体的岸边线布置；

（3）在水位变化较大的地段，上层滞水或裂隙水聚集地带，应布置观测孔；

（4）工程降水监测孔的深度应达到基础施工最大降水深度以下 1m。

3. 监测方法

（1）地下水的动态监测可采用水井、地下水露头或钻孔、探井进行。

（2）孔隙水压力、地下水压力的监测可采用测压计（表 4.7.1）或钻孔测压仪。

孔隙水压力测定方法和适用条件　　　　　　　　　表 4.7.1

仪器类型		适用条件	测定方法
测压计式	立管式测压计	渗透系数大于 10^{-4}cm/s 的均匀孔隙含水层	将带有过滤器的测压管打入土层，直接在管内量测
	水压式测压计	渗透系数低的土层，量测由潮汐涨落、挖方引起的压力变化	用装在孔壁的小型测压计探头，地下水压力通过塑料管传导至水银压力计测定
	电测式测压计（电阻应变式、钢弦应变式）	各种土层	孔压通过透水石传导至膜片，引起挠度变化，诱发电阻片（或钢弦）变化，按振动频率，用接收仪测定
	气动测压计	各种土层	利用两根排气管使压力为常数，传来的孔压在透水元件中的水压阀产生压差测定
孔压静力触探仪		各种土层	在探头上装有多孔透水过滤器、压力传感器，在贯入过程中测定

（3）用化学分析法监测水质，并进行相关项目的化学分析。

4. 监测时间

1）动态监测　时间不得少于一个水文年，并宜每 3d 监测一次，雨天宜每天监测一次；

2）水压监测　当孔隙水压力在施工期间变化可能影响工程安全时，应待孔隙水压力降至安全值后方可停止监测。对受地下水浮托力影响的工程，孔隙水压力监测应进行至浮托力消除时为止。

3）水质监测　采样分析全年不宜少于 4 次，丰水期和枯水期各不少于 1 次。

5. 监测资料整理

监测资料应及时整理，并提出以下成果：

（1）根据需要提出地下水位和降水量动态变化曲线；地下水压动态变化曲线。

（2）不同时期的水位埋深图、等水位线图；不同时期有害化学成分等值线图、矿化度等值线图等。

（3）预测地下水水位、水质变化趋势等。

（4）分析地下水对工程的危害，提出防治措施建议。

第二篇　土　力　学

第5章　土的物理性质和工程分类

5.1　概　　述

正如本书第 3 章所述，土是岩石风化的产物。地球的半径约为 6400km，但土层最厚处也就是 1000m 左右，而正是这远不足半径六千分之一厚度的土，是人类起源和生存的基础。土是一种特殊和奇妙的材料，一般认为它的特性是碎散性、多相性和作为天然材料的多样性。而土的一切工程特性和工程问题，如强度问题、变形问题和渗透问题，主要还是源于它的碎散性。由于它的碎散性，土的强度主要是由固体颗粒间的摩擦力形成的抗剪强度，地基失稳、滑坡、塌陷等都是由于土的剪切破坏；碎散颗粒间的孔隙的胀缩使它的变形远大于连续介质固体，建筑物的沉降、开裂、倾斜都是源于土的变形；碎散颗粒间的孔隙允许水、气等流体的流动，造成了土的渗透性，基坑流土、堤坝溃决、流沙冒水多由水引发的渗透变形所造成。

现今，人们在地球上模拟月壤，除了重力加速度不同外，一个更大的难点在于月壤是由固体颗粒组成的单相体，而地球土不可避免是固、气和水三相的。地球上的水使大地充满了生机，也增加了土的活性和野性。土中水是土的复杂性的主要根源，也是许多工程事故的主要原因。

土是大自然的杰作，它千姿百态、气象万千。每个人都很难说出抽象的"土"是什么样："一川碎石大如斗"的戈壁，"平沙莽莽黄入天"的沙漠，"谁家春燕啄新泥"的江南湿地，"锄禾日当午"的田野，有着完全不同的土，其颗粒尺寸及性质正如动物中的大象与细菌一样不同。

土是人类最老的朋友，万物生发于土，归藏于土。人们在广袤深厚的大地上耕耘营造，生息繁衍，在与自然抗争中，土也是人类最古老的武器：大禹治水"兴人徒以傅土"，也就是依靠土方工程。在与土打交道的长期实践中，人们积累了有关土的丰富的知识和经验。但是土力学作为一门学科却远不是那么古老。大家公认它创始于 1925 年太沙基（K. Terzaghi）发表了关于土力学的第一本专著之后。此前的几千年，人类关于土的知识和经验基本还处于感性阶段，土的有效应力原理和单向渗流固结理论是土力学标志性的理论，这标志土力学作为一门独立学科的诞生。

土是自然的产物，"道法自然"，我们也应在自然中熟悉土、掌握土和应用土。在儿童时期玩砂、玩泥，挖坑堆土，是认识土的重要环节；土工试验也是土力学学习的基础。在工程实践中可以更深刻、更全面地认识天然的原状土。基于土的性质复杂性，作为天燃材料的不确定性和对环境的敏感性，在土力学中，我们只能根据不同的问题和要求对土做不同的理想化和假设，不能期望我们能够像其他力学一样，可以通过严密的理论和精确的计算准确地解决所有土工问题。

5.2 土的三相组成

如前所述，地球上的土是由固体颗粒、水和气体三部分所组成的三相体系。固体部分，一般由矿物质组成，有时也含有有机质（半腐烂和全腐烂的植物质和动物残骸等）。这一部分，构成土的骨架，称为土骨架。所谓土骨架是指由相互接触和联结的土颗粒形成的构架，它具有整个土体的截面积和体积，它承担土的有效应力。土骨架间布满相互贯通的孔隙。这些孔隙有时完全被水充满，称为饱和土；如只有一部分被水占据，另一部分被气体占据，称为非饱和土；若完全充满气体，那就是干土。水和溶解于水的物质构成土的液体部分；空气及其他气体构成土的气体部分。这三种组成部分的性质以及它们之间的比例关系和相互作用决定了土的物理力学性质。因此，研究土的性质，首先必须研究土的三相组成。

5.2.1 土的固体颗粒

固体颗粒构成土的骨架，它对土的物理力学性质起着决定性的作用。研究固体颗粒就要分析粒径的大小及不同尺寸颗粒在土的全部颗粒中所占的质量百分比，称为土的粒径级配。另外，还要研究固体颗粒的矿物成分以及颗粒的形状，这两者之间又是密切相关的。例如粗颗粒的成分都是原生矿物，形状多呈单粒状；而颗粒很细的土，其成分主要是次生矿物，形状多为片状。

1. 粒径级配

颗粒大小不同，可使土的性状迥异。例如，粗颗粒的砂砾石，具有很大的透水性，完全没有黏性和可塑性；而细颗粒的黏土则透水性很小，黏性和可塑性较大。颗粒的大小通常以粒径表示。由于土颗粒的形状各异，所谓颗粒粒径，就是在筛分时用可通过的筛孔的最小孔径；在水中沉积时，用在水中具有相同下沉速度的当量球体的直径表示。工程上按粒径大小分组，称为粒组，即某一级粒径的变化范围。表 5.2.1 表示国内建筑业常用的一种粒组划分。

土的粒组划分 表 5.2.1

粒组划分		粒径范围（mm）
巨粒组	漂(块)石组	$d > 200$
	卵(碎)石组	$200 \geqslant d > 20$
粗粒组	砾粒组	$20 \geqslant d > 2$
	砂粒组	$2 \geqslant d > 0.075$
细粒组	粉粒组	$0.075 \geqslant d > 0.005$
	黏粒组	$D \leqslant 0.005$

实际上，天然的土是各种大小不同颗粒的混合物。较笼统地说，以砾粒和砂粒等为主的土称为粗粒土，黏聚力可忽略的称为无黏性土；以粉粒、黏粒为主的土，称为细粒土，包括粉土与黏性土。土的具体的工程分类见本书 5.5 节。很显然，土的性质取决于土中不同粒组的相对含量。土中各粒组的相对含量，就称为土的粒径级配。为了了解各粒组的相对含量，必须先将土按照粒组分离开，再分别称重。这就是粒径级配的分析方法。

1）粒径级配分析方法

工程中，使用的粒径级配分析方法有筛分法和水分法两种。

筛分法一般适用于粒径分。它是利用一套孔径大小不同的筛子，将事先称过重量的烘干碾散土样过筛，称留在各筛上土的质量，然后计算相应的质（重）量百分数。

水分法用于分析土中粒径小于 0.075mm 的部分。根据斯托克斯（Stokes）定理，球状细颗粒在水中的下沉速度与颗粒直径的平方成正比。因此，可以利用粗颗粒下沉速度快、细颗粒下沉速度慢的原理，按下沉速度进行颗粒粗细分组。基于这种原理，试验室常用悬浮液中的密度计进行颗粒分析，也称为密度计法。

2）粒径级配累积曲线

综合上述筛分试验和比重计试验的全部结果，除了提供某土试样的各粒组的含量外，还列表算出小于某粒径土的累积含量及其占土总质量的百分数。将表中的结果绘制成土的粒径级配累积曲线如图 5.2.1 所示。粒径级配累积曲线的横坐标为土颗粒的直径，以 mm 表示。由于土中所含粒组的粒径往往相差跨度甚大，其中细粒土的含量对土的性质影响很大，因此粒径的坐标常取为对数坐标。级配曲线的纵坐标为小于某粒径的土颗粒累积含量，用百分比表示。

【例题 5.2.1】 取烘干碾散土 200g（全部通过 10mm 筛），粒径分析试验结果见例表 5.2.1 和例表 5.2.2。进行粒径分析并绘制粒径级配曲线。

【解】（1）用筛分法求各粒组含量和小于某种粒径（以筛眼直径表示）土量占总土量的百分数。

计算见例表 5.2.1。

某种土样的筛分结果　　　　　　　　　　　　　　　　　　例表 5.2.1

筛孔直径 （mm）	筛上土的质量 （即粒组含量） （g）	筛下土质量 （即小于某粒径土的含量） （g）	筛上土的质量占 总土质量的百分数 （%）	小于该筛孔土的质量 占总土质量的百分数 （%）
5	10	190	5	95
2.0	16	174	8	87
1.0	18	156	9	78
0.5	24	132	12	66
0.25	22	110	11	55
0.075	46	64	23	32

（2）将例表 5.2.1 中筛分试验的筛余量，即颗粒小于 0.075mm 的土颗粒 64g，用密度计法进行分析，得到细粒土的粒组含量，见例表 5.2.2。

细粒部分粒组含量　　　　　　　　　　　　　　　　　　例表 5.2.2

粒组（mm）	0.075～0.05	0.05～0.01	0.01～0.005	＜0.005
含量（g）	12	25	7	20

（3）两种分析方法相结合，就可以将一个土样分成若干个粒组，并求得各粒组的含量，见例表 5.2.3。

某土样粒径级配分析的结果　　　　　　　　　　　　　　　　例表 5.2.3

粒径(mm)	5	2	1.0	0.5	0.25	0.075	0.05	0.01	0.005
粒组含量(g)	10	16	18	24	22	46	20	25	7	20
小于某粒径土 累积含量(g)		190	174	156	132	110	64	52	27	20
小于某粒径土占总土 质量的百分比(%)		95.0	87.0	78.0	66.0	55.0	32.0	26.0	13.5	10.0

（4）粒径级配曲线

综合上述筛分试验和比重计试验的全部结果，在例表 5.2.3 中，除提供某试样的全部粒组含量外，还算出小于某粒径土的累积含量及占总土量的百分数。将表中的结果绘制成土的粒径级配累积曲线，如图 5.2.1 所示。

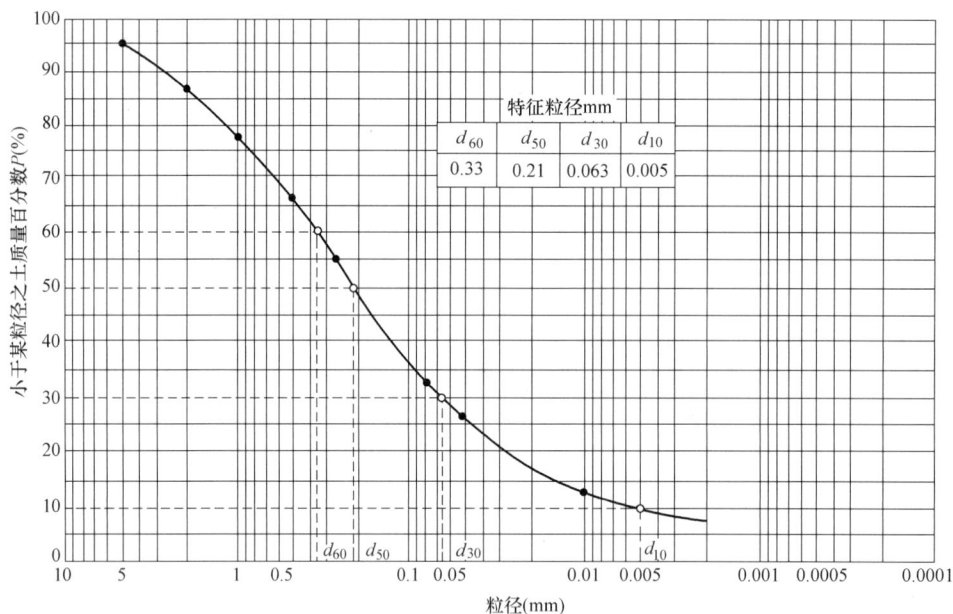

图 5.2.1　土的粒径级配累积曲线

3）粒径级配累积曲线的应用

土的粒径级配累积曲线是土工中很有用的资料，从该曲线可以了解土颗粒的粗细程度、粒径分布的均匀程度和连续性程度，从而判断土的级配的特性，确定其工程应用。土的粗细情况常用平均粒径 d_{50} 表示。它是指土中大于此粒径和小于此粒径的土的含量均占 50%。为了表示土颗粒的均匀程度和连续性程度，取如下三种颗粒粒径作为特征粒径：

d_{10}—小于此种粒径的土颗粒的质量占土颗粒总质量的 10%，也称有效粒径。

d_{30}—小于此种粒径的土颗粒的质量占土颗粒总质量的 30%。

d_{60}—小于此种粒径的土颗粒的质量占土颗粒总质量的 60%，也称为控制粒径。

定义土的不均匀系数 C_u 为：

$$C_u = d_{60}/d_{10} \tag{5.2.1}$$

C_u 越大，则表现为曲线平均越平缓，表示土越不均匀，即土颗粒的大小相差越悬殊。由于土中含有粗细不同的粒组，亦即粒组的变化范围宽。$C_u \geqslant 5$ 的土称为不均匀土，反之称为均匀土。

但是，如果粒径级配累积曲线斜率不连续，在该曲线上的某一位置出现水平段：如图 5.2.2 中曲线②和③所示，显然水平段范围所包含的颗粒含量为零。这种土称为缺少某种中间粒径的土。如果水平段的范围较大，这种土的组成特征是颗粒粗的很粗，细的很细。在同样的压密条件下，得到的密度往往不如级配连续的土高，其他的工程性质差别也较大。土的粒径级配累积曲线的斜率是否连续，可用曲率系数 C_c 表示，其定义为：

$$C_c = \frac{d_{30}^2}{d_{60} \times d_{10}} \tag{5.2.2}$$

假定在图 5.2.2 中三条级配累积曲线上代表 d_{60} 的 a 点和代表 d_{10} 的 b 点位置相同，则它们的不均匀系数 C_u 相同。图中，曲线①表示级配连续的土，在此曲线上读得 $d_{60} = 0.33\text{mm}$，$d_{30} = 0.063\text{mm}$，$d_{10} = 0.005\text{mm}$。由式（5.2.2）得：

$$C_c = \frac{d_{30}^2}{d_{60} \times d_{10}} = \frac{0.063^2}{0.33 \times 0.005} = 2.41$$

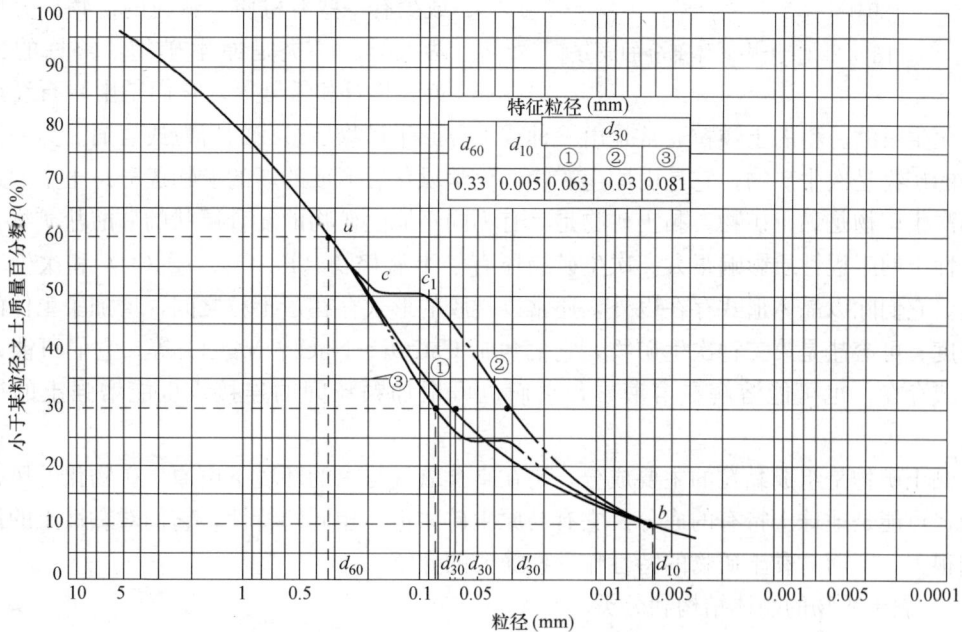

图 5.2.2 级配不连续土的粒径级配累积曲线

图中曲线②表示一种级配不连续的土，出现水平段 $\overline{cc_1}$，水平段所代表的粒径都大于曲线①的 d_{30}，从曲线②读得 $d'_{30} = 0.03\text{mm}$，相应的曲线系数为

$$C'_c = \frac{0.030^2}{0.33 \times 0.005} = 0.545$$

曲线③表示另一种级配不连续的土，其水平段所代表的粒径都小于曲线①的 d_{30}。从

曲线③读得 $d''_{30}=0.081$mm，相应的曲率系数为

$$C''_c = \frac{0.081^2}{0.33\times 0.005} = 3.98$$

对比三种曲线的曲率系数可知，当土中所缺少的中间粒径大于连续级配曲线的 d_{30} 时，曲率系数变小；而当缺少的中间粒径小于连续级配曲线的 d_{30} 时，曲率系数变大。经验表明，当级配连续时，C_c 的范围约为 $1\sim 3$。因此，当 $C_c<1$ 或 $C_c>3$ 时，均表示级配曲线不连续。从工程观点看，土的级配不均匀（$C_u\geqslant 5$）且级配曲线连续（$C_c=1\sim 3$）的土，称为级配良好的土；不能同时满足上述两个条件的土，称为级配不良的土。

岩土工程中，应根据工程需要选择土的级配。级配良好的土经压实后，细颗粒填充于粗颗粒形成的孔隙中，容易得到较高的干密度和强度，渗透系数较小，一般适用于作为填方工程中的填料。而级配均匀的粗粒土孔隙大、渗水性好，利于排水，也有利于渗透稳定，常用于排水结构和反滤层中。对于粗粒土，不均匀系数 C_u 和曲率系数 C_c 是评定渗透稳定性的重要指标，这点将在第 6 章中阐述。

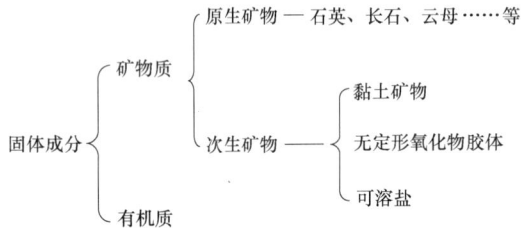

图 5.2.3 土中固体部分的成分

2. 土粒成分

土中固体部分的成分如图 5.2.3 所示，其成分绝大部分是矿物质，可能或多或少有一些有机质。颗粒的矿物成分可分两大类。一类是原生矿物，常见的如石英、长石和云母等，它们是由岩石经过物理风化生成的。粗的土颗粒通常是由一种或多种原生矿物所组成的岩粒或岩屑。另一类组成土的矿物是次生矿物，它是由原生矿物经化学风化后形成的新的矿物成分。土中的最主要的次生矿物是黏土矿物。黏土矿物是具有不同于原生矿物的复合层状的硅酸盐矿物，它对黏性土的工程性质影响很大。次生矿物还有倍半氧化物（Fe_2O_3、Al_2O_3）和次生二氧化硅。它除以晶体形式存在以外，还常以凝胶的形式存在于土粒之间，增加了土体的抗剪强度。可溶盐是第三种次生矿物，它们包括 $CaCO_3$、$NaCl$、$MgCO_3$ 等。它们可能以固体形式存在，也可能溶解在溶液中，它们也可增加颗粒间的连接，也能增强土的抗剪强度。

黏土矿物是组成黏粒的主要成分，是在富含氧气与水的环境下由原生矿物化学风化而来的，可能是地球土特有的成分。它有与原生矿物很不相同的特性，它们对黏性土的性质影响很大。下面对黏土矿物的特性作一些简要的介绍。

1）黏土矿物的晶体结构和分类

黏土矿物是一种复合的铝-硅酸盐晶体，颗粒呈片状，是由硅片和铝片构成的晶包所组叠而成。硅片的基本单元是硅-氧四面体。它是由一个居中的硅离子和四个在角点的氧离子所构成，如图 5.2.4（a）所示。由六个硅-氧四面体组成一个硅片，如图 5.2.4（b）所示。硅片底面的氧离子被相邻的两个硅离子所共有。简化图形如图 5.2.4（c）所示。铝片的基本单元则是铝-氢氧八面体，它是由 1 个铝离子和 6 个氢氧离子所构成，如图 5.2.5（a）所示。4 个八面体组成一个铝片。每个氢氧离子都被相邻两个铝离子所共有，如图 5.2.5（b）所示。简化图形见图 5.2.5（c）。黏土矿物依硅片和铝片组叠形式的不

同，主要分成高岭石、伊利石和蒙特石三种类型。

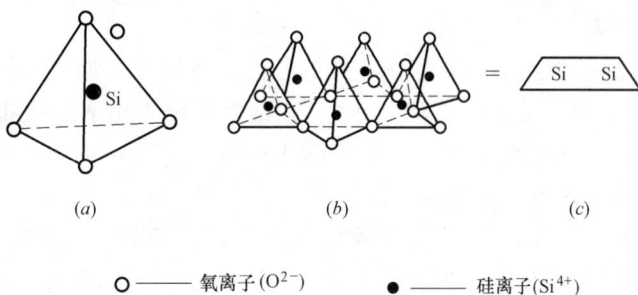

○——氧离子(O^{2-})　　●——硅离子(Si^{4+})

图 5.2.4　硅片的结构

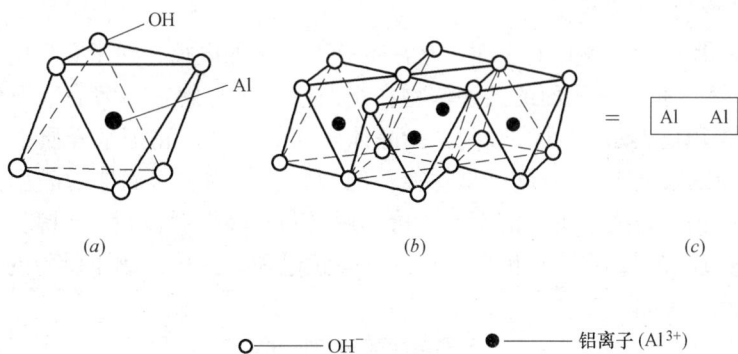

○——OH^-　　●——铝离子(Al^{3+})

图 5.2.5　铝片的结构

高岭石的晶层结构由一个硅片和一个铝片上下组叠而成。如图 5.2.6（a）所示。这种晶体结构称为 1∶1 的两层结构。两层结构的最大特点是晶层之间通过 O^{2-} 与 OH^- 相互连接，称为氢键联结。氢键的联结力较强，致使晶体不能自由活动，水难以进入晶格之

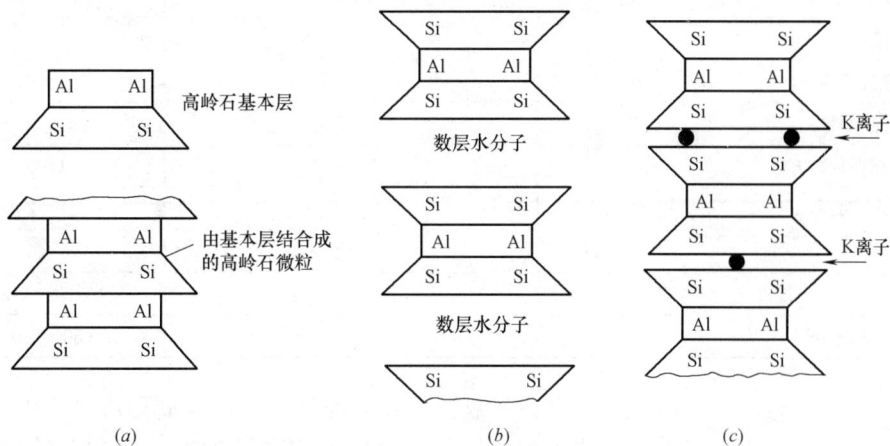

图 5.2.6　黏土矿物的晶格构造
（a）高岭石；（b）蒙特石；（c）伊利石

间，是一种遇水较为稳定的黏土矿物。因为晶层之间的联结力较强，能组叠很多晶层，多达百个以上，成为一个颗粒。高岭石的主要特征是颗粒较粗，不容易吸水膨胀与失水收缩，或者说亲水能力差。

蒙特石其晶层结构是由两个硅片中间夹一个铝片所构成，如图 5.2.6（b）所示，称为 2∶1 的三层结构。晶层之间 O^{2-} 对 O^{2-} 的联结，联结力很弱，水很容易进入晶层之间。每一颗粒能组叠的晶层数较少。蒙特石的主要特征是颗粒细小，具有显著的吸水膨胀、失水收缩的特性，或者说亲水能力强。

伊利石是云母在碱性介质中风化的产物。它与蒙特石相似，是由两层硅片夹一层铝片形成的三层结构，但晶层之间有钾离子联结，如图 5.2.6（c）所示。联结强度弱于高岭石而高于蒙特石，其特征也介于两者之间。

三种黏土矿物的主要特征见表 5.2.2。

2）黏土矿物的带电性质

研究表明，片状黏土颗粒的表面，常常带有不平衡的电荷，通常是负电荷，这主要是由于：（ⅰ）离解：指晶体表面的某些矿物在水质中产生离解，离解后，阳离子扩散到水中，阴离子留在颗粒表面；（ⅱ）吸附：指晶体表面的某些矿物把水介质中一些带电荷的离子吸附到颗粒的表面；（ⅲ）同晶型替换：例如黏土矿物中八面体的晶型保持不变，但内部的铝被镁或铁所替换。由于前者的电价比后者高，转换后，相当于晶体表面有不平衡的负电荷。研究还表明，在颗粒侧面断口处常带正电荷。这样，黏土颗粒的表面电荷分布如图 5.2.7 所示。

三类黏土矿物的特性 表 5.2.2

特性		黏土矿物		
		高岭石	伊利石	蒙特石
分子式		$(OH)_8 Si_4 Al_4 O_{10}$	$(K,H_2O)_2 Si_8 (Al,Mg,Fe)_{4.6} O_{20}(OH)_4$	$(OH)_4 Si_8 Al_4 O_{20}(H_2O)_n$
相对密度		2.60～2.68	2.60～3.00	2.35～2.70
液限 w_L（%）		50～62	95～120	150～900
塑限 w_p（%）		33	45～60	55
塑性指数 I_p		20～29	32～67	100～650
活动性 A		0.2	0.6	1～6
压缩性指数 C_c		0.2	0.6～1.0	1～3
有效内摩擦角 φ'（°）		20～30	20～25	12～20
颗粒尺寸（μm）	平面	0.1～2.0	0.1～0.5	0.1～0.5
	厚度	0.01～0.1	0.005～0.05	0.001～0.005
比表面积（m^2/g）		10～20	65～100	50～800

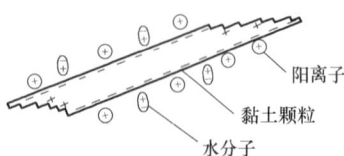

图 5.2.7 黏土颗粒的表面电荷

由于黏土颗粒表面带电荷，四周形成一个电场。在电场的作用下，水中的阳离子被吸引分布在颗粒四周。水分子是一种极性分子，在电场中发生定向排列，形成图 5.2.8 的排列形式。颗粒表面的负电荷，构成电场的内层，被吸引在颗粒表面的水中阳离子和定向排列的水分子构成电场的外层，合称为双电层。

由此可知，黏土矿物的表面性质直接影响土中水的性质，从而使黏性土具有许多无黏性土所没有的特性。

3）颗粒形状和比表面积

原生矿物一般颗粒较粗，呈粒状，即三个方向的尺度基本上在同一数量级，如图5.2.9所示。次生矿物颗粒细微，多呈片状，如图5.2.10所示。单位质量土颗粒所拥有的表面积，称为比表面积A_s。比表面积与颗粒的大小和形状有关，土的颗粒越细，形状越扁平，其比表面积越大。比表面积可用下式表示：

$$A_s = \frac{\sum A_i}{m} \qquad (5.2.3)$$

式中 $\sum A_i$——全部土颗粒的表面积之和，m^2；
      m——全部土颗粒的质量，g。

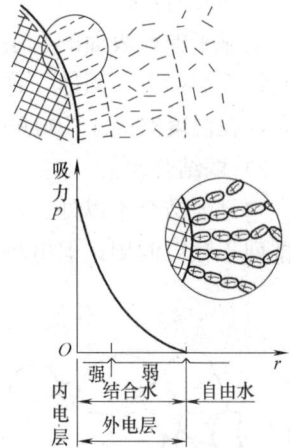

图5.2.8 固体颗粒和水分子间电分子力的相互作用

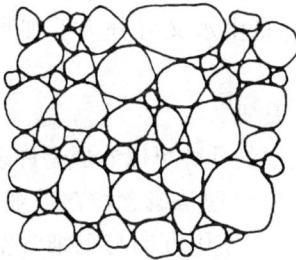

图5.2.9 粗粒土的颗粒

图5.2.10 黏土的颗粒（显微镜下）

假如，当颗粒都是直径0.1mm的圆球时，比表面积约为$0.02m^2/g$。高岭石的比表面积为$10\sim20m^2/g$，伊利石为$65\sim100m^2/g$，而蒙特石可高达$800m^2/g$，参见表5.2.2。

如前所述，黏土颗粒的带电性质都发生在颗粒的表面上，所以，对于黏性土，比表面积的大小直接反映土颗粒与四周介质，特别是水相互作用的强烈程度，是影响和代表黏性土特征的一个很重要的指标。

5.2.2 土中水

组成土的第二种主要成分是土中水。土中水除了一部分以结晶水的形式存在于固体颗粒内部的矿物中以外，可以分成结合水和自由水两大类。

1. 结合水

如前所述，黏土颗粒在水分介质中表现出带电的特性，在其四周形成电场。水分子是极性分子，即正负电荷分布在分子两端。在电场范围内，水中的阳离子和极性水分子被吸引在颗粒的四周，定向排列，如图5.2.8所示。最靠近颗粒表面的水分子所受电场的作用力很大，可以达到1000MPa的量级。随着远离颗粒表面，作用力很快衰减。受黏土颗粒表面电场作用力吸引而包围在颗粒四周的水，称为结合水。结合水因离颗粒表面远近不同，受电场作用力的大小不一样，可以分成强结合水和弱结合水两类。

1）强结合水

紧靠于颗粒表面的几层水分子，所受电场的作用力很大，几乎完全固定排列，丧失液体的特性而接近于固体，这层水称为强结合水。强结合水的冰点低于 0℃，密度也比自由水大，在温度略高于 100℃时才会蒸发，表现为固体的状态，但具有蠕变性。

2）弱结合水

它是强结合水以外、电场作用范围以内的水。弱结合水也受颗粒表面电荷所吸引而定向排列于颗粒四周，但电场作用力随远离颗粒而减弱。这层水是一种黏滞水膜。受力时能由水膜较厚处缓慢转移到水膜较薄处，也可以因电场引力从一个颗粒的周围转移到另一个颗粒的周围。就是说，弱结合水膜能发生变形和转移，但不因自身的重力作用而流动。弱结合水的存在是黏性土在一定含水量范围表现出可塑性的原因。

2. 自由水

不受颗粒电场引力作用的水，称为自由水。自由水又可分为毛细水和重力水两类。

1）毛细水

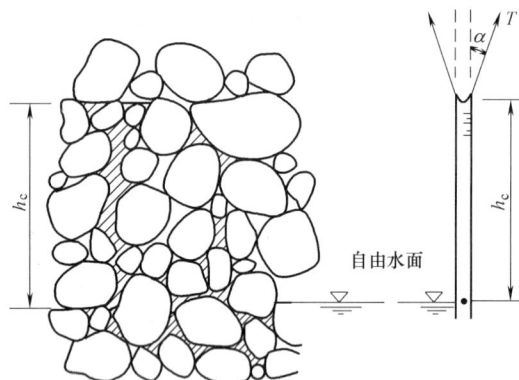

图 5.2.11　土中的毛细升高

毛细水分布在土粒内部间相互贯通的孔隙内，这些贯通的孔隙可以看成是许多形状不一、直径互异、彼此连通的毛细管，如图 5.2.11 所示。按物理学概念，在毛细管周壁，水膜与空气的分界处存在着表面张力 T。水膜表面张力 T 的作用方向与毛细管壁呈夹角 α。由于表面张力的作用，毛细管内的水被提升到自由水面以上高度 h_c 处。h_c 处被称为毛细上升高度，各种土的毛细上升高度见表 5.2.3。

土中的毛细水升高　　　　　　　　　　　　　　　　表 5.2.3

土名称	颗粒有效直径 d_{10}（mm）	孔隙比 e	毛细水头 h_c（cm）	
			毛细水上升高度	毛细饱和区高度
粗砾	0.82	0.27	15.4	6
砂砾	0.20	0.45	28.4	20
细砾	0.30	0.29	39.5	20
粉砾	0.06	0.45	106.0	68
粗砂	0.11	0.27	82	60
中砂	0.03	0.36	165.5	112
细砂	0.02	0.48～0.66	239.6	120
粉土	0.006	0.95～0.93	359.2	180

2）重力水

自由水面以下，土颗粒电分子引力范围以外的水，仅在本身重力作用下运动，称为重力水，与一般水的性质无异。

5.2.3　土中气体

土中气体按其所处的状态和结构特点，可分为以下几种存在形式：吸附于土颗粒表面的气体，溶解于水中的气体，四周为颗粒和水所封闭的气体以及自由气体。通常认为，自由气体与大气连通，对土的性质影响不大。密闭气体的体积与压力有关，压力增加，其体积缩小；压力减小，其体积胀大。另外，压力增大，溶解于水中的气体也增加。因此，密闭气体的存在增加了土的弹性，同时还可阻塞土中水的渗流通道，减小土的渗透性。

5.3 土的物理状态

组成土三相的性质，特别是固体颗粒的性质，直接影响土的工程特性。同样一种土，密实时抗剪强度高，压缩性低；松散时抗剪强度低，压缩性高。对于细粒土，含水量少时则硬，含水量多时则软。这说明，土的性质不仅决定于三相组成的性质，而且三相之间量的比例关系也是一个很重要的影响因素。

5.3.1 土的三相组成的比例关系

对于通常的连续介质，例如钢材，其物质密度本身就表明了其密实程度。但土是三相体系，要全面反映其性质与状态，就需要了解其三相间在体积和质量方面的比例关系，也就需要更多的指标。

1. 土的三相草图

为了更形象地反映土中的三相组成及其比例关系，在土力学中常用三相草图来表示。它将一定量的土中的固体颗粒、水和气体分别集中，并将其质量和体积分别标注在草图的左右两侧，如图 5.3.1 所示。

图中符号意义如下：

V——土的总体积；

V_v——土的孔隙部分总体积；

V_s　　土的固体颗粒部分总体积；

V_w——土中水的体积；

V_a——土中气体的体积；

m——土的总质量；

m_v——土中孔隙流体的总质量；

m_s——土的固体颗粒总质量；

m_w——土中水的质量；

m_a——土中气体质量。

图 5.3.1　三相草图

可见在上述 10 个物理量中，只有 V_s、V_w、V_a、m_s、m_w 和 m_a 是六个独立的量。因为在土力学中可以忽略气体的质量，所以 $m_a \approx 0$；也可以近似认为，水的相对密度等于 1.0，所以在数值上 $m_w \approx V_w$；另外，由于使用三项草图是为了确定或者换算三相间的相对比例关系，可以假设以上所列的任一个量等于 1.0，从而用该草图计算出其余相应的各物理量及其比例关系。这样，在三相换算中一般需要已知 3 个量。如果是饱和土或干土，则只需两个已知量。三相草图是土力学中十分有用的工具，它比用换算公式更方便、直观，无需查询与记忆，简便易懂且不易出错。

2. 确定三相量比例关系的基本试验指标

为了确定三相草图诸量中的三个量，就必须通过试验室的试验测定。通常，做三个最易操作的基本物理性质指标试验。它们是：土的密度试验，土粒相对密度试验和土的含水量试验。

1）土的密度

土的密度定义为单位体积内土的质量，以 kg/m^3 或 g/cm^3 计：

$$\rho=\frac{m}{V}=\frac{m_s+m_w}{V_s+V_w+V_a} \tag{5.3.1}$$

工程中，还常用重度 γ 来表示类似的概念。土的重度定义为单位体积土的重量，以 kN/m^3 计。它与土的密度有如下的关系。

$$\gamma=\rho\times g \tag{5.3.2}$$

式中 g——重力加速度（$g=9.81m/s^2$，工程上为了计算方便，常取 $g=10m/s^2$）。天然土的密度（或重度）因土的矿物组成、孔隙体积和水的含量等因素而异。

2）土颗粒相对密度

土粒相对密度定义为土固体颗粒的质量与同体积纯蒸馏水在 4℃ 时的质量之比。即

$$d_s=\frac{m_s}{V_s(\rho_w^{4℃})}=\frac{\rho_s}{\rho_w^{4℃}} \tag{5.3.3}$$

式中 ρ_s——土固体颗粒粒的密度，即单位体积土粒的质量；

$\rho_w^{4℃}$——4℃时纯蒸馏水的密度。

因为 $\rho_w^{4℃}=1.0g/cm^3$，因而土粒相对密度在数值上即等于土颗粒的密度，是无量纲的数。

天然土颗粒是由不同的矿物所组成，这些矿物的相对密度各不相同。试验测定的是土粒的平均相对密度。土颗粒的相对密度变化范围不大，细粒土颗粒（黏性土）一般在 2.70～2.75 左右；砂粒的相对密度为 2.65 左右。土中有机质含量增加时，土的相对密度会降低。

3）土的含水量

土的含水量定义为土中水的质量与土颗粒质量之比，一般以百分数表示。

$$w=\frac{m_w\times100\%}{m_s}=\frac{m-m_s}{m_s}\times100\% \tag{5.3.4}$$

3. 确定三相量比例关系的其他常用指标

对于钻孔取得的原状土样和室内制成的重塑土试样，通常用试验测出其密度 ρ、土粒相对密度 d_s 和土的含水量 w，然后可根据图 5.3.1 所示的三相草图，计算出三相组成的各成分及其在体积上和重量上的含量。工程上，为了便于表示土中三相含量的特征，还定义如下几种指标。

1）表示土中孔隙多少的指标

工程上常用孔隙比 e 或孔隙率 n 表示土中孔隙的含量。其定义为：

孔隙比 e——指孔隙体积与固体颗粒体积之比，表示为：

$$e=\frac{V_v}{V_s} \tag{5.3.5}$$

孔隙率——亦称孔隙度，指孔隙体积与土体总体积之比，常用百分数表示，但也有用小数表示的，亦即

$$n=\frac{V_v}{V}\times100\% \tag{5.3.6}$$

孔隙比和孔隙率都是用以表示孔隙体积含量的指标。不难证明，两者之间可以用下式互换。

$$n = \frac{e}{1+e} \times 100\%$$ (5.3.7)

$$e = \frac{n}{1-n}$$ (5.3.8)

土的孔隙比或孔隙率都可以用来表示一种土的松、密程度。它与土形成过程中所受的压力、粒径级配和颗粒排列的状况有关。一般来说，粗粒土的孔隙率小，细粒土的孔隙率大。例如，砂类土的孔隙率一般是 $28\% \sim 35\%$；黏性土的孔隙率可高达 $60\% \sim 70\%$。

2）表示土中含水程度的指标

含水量 w 当然是表示土中含水多少的一个重要指标。此外，工程上往往需要知道孔隙中水的充满程度，这就是土的饱和度 S_r。饱和度是孔隙中水的体积与孔隙的全部体积之比，亦即水在土的孔隙中的充盈程度，定义为：

$$S_r = \frac{V_w}{V_v} \times 100\%$$ (5.3.9)

显然，完全干土的饱和度 $S_r = 0$，而完全饱和土的饱和度 $S_r = 100\%$，在自然的条件下土很难达到完全饱和，有时将饱和度大于 80% 的天然土通称为饱和土。也有不用百分数而用小数表示饱和度的。

3）表示土的密度和重度的几种指标

与土有关的密度除了用上述 ρ 表示以外，工程上还常用另外两种密度，即饱和密度和干密度。它们的定义分别为：

饱和密度——孔隙完全被水充满时土的密度，表示为：

$$\rho_{sat} = \frac{m_s + V_v \rho_w}{V}$$ (5.3.10)

干密度——土被完全烘干时的密度，由于忽略了气体的质量，它在数值上等于单位体积土中颗粒的质量，表示为：

$$\rho_d = \frac{m_s}{V}$$ (5.3.11)

显而易见，对于同一种土，这几种密度在数值上有如下的关系：

$$\rho_{sat} \geqslant \rho \geqslant \rho_d$$

ρ 也称为天然密度，在地下水位以下部分的土体基本是饱和的，这时土的天然密度就等于其饱和密度；而在干燥的沙漠中，土的天然密度近似于其干密度。

相应于这几种密度，工程上还常用天然重度 γ、饱和重度 γ_{sat} 和干重度 γ_d，来表示土在不同含水状态下单位体积的重量。在数值上，它们等于相应的密度乘以重力加速度 g。另外，在水下的土体受水的浮力作用，为工程计算方便，土力学中也引进浮重度 γ' 这一指标，浮重度等于单位体积饱和土的重量减去水对其的浮力，亦即等于土的饱和重度减去水的重度，表示为

$$\gamma' = \gamma_{sat} - \gamma_w$$ (5.3.12)

同样地，这几种重度在数值上有如下关系

$$\gamma_{sat} \geqslant \gamma \geqslant \gamma_d > \gamma'$$

4）利用三相草图进行指标换算

如上所述，表示三相量的比例关系的指标主要有 9 个。即①天然密度 ρ，②土粒相对

密度 d_s，③含水量 w，④孔隙比 e，⑤孔隙率 n，⑥饱和度 S_r，⑦饱和密度 ρ_{sat}，⑧干密度 ρ_d，⑨浮重度 γ'。而天然重度、饱和重度与干重度，可通过相应的密度与重力加速度之积表示。对于三相土，只要通过试验确定其中的三个独立的指标，就可以用三相草图，按照它们的定义计算出其他各个指标来。

【例题 5.3.1】 某原状土样，经试验测得天然密度 $\rho = 1.7 \mathrm{g/cm^3}$，含水量 $w = 16\%$，土粒相对密度 $d_s = 2.7$，求其孔隙比 e，孔隙率 n，饱和度 S_r，干重度 γ_d 和饱和重度 γ_{sat}。

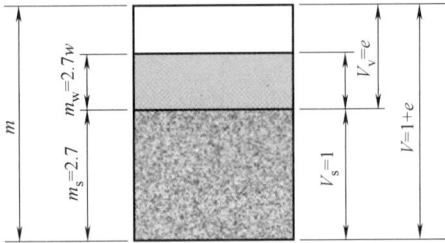

图 5.3.2　三相草图换算

【解】 见图 5.3.2 的三相换算草图。下面的换算都只取数值计算，不计量纲：

1. 设土固体颗粒的总体积：$V_s = 1.0$，根据式（5.3.5）：$V_v = e$；根据式（5.3.3）：$m_s = d_s = 2.7$；

根据式（5.3.4）：$m_w = wm_s = 0.16 \times 2.7 = 0.432 = V_w$。

2. 根据式（5.3.1）：$\rho = \dfrac{m_s + m_w}{V} = \dfrac{2.7 + 0.432}{1 + e} = 1.7 \quad e = 0.842 = V_v$

3. 根据式（5.3.7）：$n = \dfrac{e}{1 + e} = \dfrac{0.842}{1.842} = 0.457 \quad S_r = \dfrac{V_w}{V_v} = \dfrac{0.432}{0.842} = 0.513$

4. 根据式（5.3.10）：$\rho_{sat} = \dfrac{m_s + V_v \rho_w}{V} = \dfrac{d_s + e}{1 + e} = \dfrac{2.7 + 0.842}{1.842} = 1.923 \quad \gamma_{sat} = 19.23$

注：$\rho = 1 \mathrm{g/cm^3} = 1000 \mathrm{kg/m^3} \quad \gamma = \rho g = 1000 \mathrm{kg/m^3} \times 10 \mathrm{m/s^2} = 10 \mathrm{kN/m^3}$

5. 根据式（5.3.12）：$\gamma' = \gamma_{sat} - 10 = 9.23 \mathrm{kN/m^3}$。

这里是假设土颗粒的固体体积 $V_s = 1.0$，也可假设 $V = 1.0$。事实上，因为三相量的指标都是相对的比例关系，不是物理量的绝对值，因此取三相图中任一个物理量等于 1.0，进行计算都应得到相同的结果。但选取合适的假设，可以减少计算的工作量。

在换算土的物理性质指标时，还是提倡这种三相换算草图，无须记忆和推导公式，而且简明方便，它是岩土工程师的基本技法，有很强的实用性。

至于三相换算的公式可以推导出很多种，十分庞杂，难以记忆。表 5.3.1 是根据试验测定的三个基本指标，即①密度 ρ、②土粒相对密度 d_s、③含水量 w 计算其他 6 个指标的换算公式；表 5.3.2 是上述 6 个指标之间的换算关系。这些公式很容易从三相草图推算得到。

常用的三相比例指标之间的换算公式　　　　　　　表 5.3.1

指标名称	换算公式
干密度 ρ_d	$\rho_d = \dfrac{\rho}{1 + w}$
孔隙比 e	$e = \dfrac{\rho_s(1 + w)}{\rho} - 1$
孔隙率 n	$n = 1 - \dfrac{\rho}{\rho_s(1 + w)}$
饱和密度 ρ_{sat}	$\rho_{sat} = \dfrac{d_s + e}{1 + e} \rho_w$
浮重度 γ'	$\gamma' = \gamma_{sat} - \gamma_w$
饱和度 S_r	$S_r = \dfrac{wd_s}{e}$

	孔隙比 e	孔隙率 $n\times100\%$	干密度 ρ_d	饱和密度 ρ_{sat}	浮重度 γ'	饱和度 $S_r\times100\%$
孔隙比 e	$e=V_v/V_s$	$n=\dfrac{e}{1+e}$	$\rho_d=\dfrac{d_s\rho_w}{1+e}$	$\rho_{sat}=\dfrac{d_s+e}{1+e}\rho_w$	$\gamma'=\dfrac{d_s-1}{1+e}\gamma_w$	$S_r=\dfrac{wd_s}{e}$
孔隙率 n	$e=\dfrac{n}{1-n}$	$n=\dfrac{V_v}{V}$	$\rho_d=\dfrac{nS_r}{w}\rho_w$	$\rho_{sat}=d_s\rho_w(1-n)+n\rho_w$	$\gamma'=(d_s-1)(1-n)\gamma_w$	$S_r=\dfrac{wd_s(1-n)}{n}$
干密度 ρ_d	$e=\dfrac{\rho_s}{\rho_d}-1$	$n=1-\dfrac{\rho_d}{\rho_s}$	$\rho_d=\dfrac{m_s}{V}$	$\rho_{sat}=(1+e/d_s)\rho_d$	$\gamma'=[(1+e/d_s)\rho_d-\rho_w]g$	$S_r=\dfrac{w\rho_d}{n\rho_w}$
饱和密度 ρ_{sat}	$e=\dfrac{\rho_s-\rho_{sat}}{\rho_{sat}-\rho_w}$	$n=\dfrac{\rho_s-\rho_{sat}}{\rho_s-\rho_w}$	$\rho_d=\dfrac{\rho_{sat}d_s}{d_s+e}$	$\rho_{sat}=\dfrac{m_s+V_v\rho_w}{V}$	$\gamma'=\rho_{sat}g-\gamma_w$	$S_r=\dfrac{wd_s\gamma'/g}{\rho_s-\rho_{sat}}$
浮重度 γ'	$e=\dfrac{\gamma_s-\gamma_{sat}}{\gamma'}$	$n=\dfrac{(d_s-1)\gamma_w-\gamma'}{(d_s-1)\gamma_w}$	$\rho_d=\dfrac{d_s(\gamma'/g+\rho_w)}{d_s+e}$	$\rho_{sat}=(\gamma'+\gamma_w)/g$	$\gamma'=\gamma_{sat}-\gamma_w$	$S_r=\dfrac{wd_s\gamma'}{\rho_s g-\gamma_{sat}}$
饱和度 S_r	$e=\dfrac{wd_s}{S_r}$	$n=\dfrac{wd_s}{S_r+wd_s}$	$\rho_d=\dfrac{S_r\rho_s}{wd_s+S_r}$	$\rho_{sat}=\dfrac{d_s(S_r+w)}{S_r+wd_s}$	$\gamma'=\dfrac{S_r(\rho_s g-\gamma_{sat})}{wd_s}$	$S_r=\dfrac{V_w}{V_v}$

注：$\gamma_s=d_s\gamma_w$

5.3.2　土的物理状态指标

所谓土的物理状态，是指土的松、密、软、硬的程度。对于粗粒土，是指土的密实程度；对于细粒土则是指土的软硬程度或称为黏性土的稠度。

1. 粗粒土（无黏性土）的密实度

土的密实度通常指单位体积中固体颗粒的体积或质量含量，土颗粒含量多，土就密实；反之，土就疏松。从这一角度分析，在上述三相比例指标中，干密度 ρ_d 和孔隙比 e（或孔隙率 n）都是表示土的密实度的指标。但是这种用固体质量含量或孔隙含量表示密实度的方法有其明显的缺点，主要是这种表示方法没有考虑到颗粒矿物的相对密度和粒径级配这些重要因素的影响。为说明这个问题，取两种不同级配的砂土进行分析。

假定一种砂颗粒是理想的均匀圆球，不均匀系数 $C_u=1.0$。这种砂最疏松的排列如图 5.3.3（a）所示，亦即颗粒为立方体形排列，其孔隙比 $e=0.91$；最密实时的排列为图 5.3.3（b）所示的金字塔式排列和图 5.3.3（c）所示的四面体排列，其二者孔隙比都是 $e=0.34$。如果砂粒的相对密度 $d_s=2.65$，则最密时的干密度 $\rho_d=1.98\text{g/cm}^3$。另一种砂的级配中除大的圆球外，还有小的圆球可以充填于其孔隙中，即不均匀系数 $C_u>1.0$，如图 5.3.3（d）所示，即在金字塔排列的大球间的孔隙中充填有小球。显然，这种砂最密时的孔隙比 $e<0.34$。就是说，这两种砂若都具有同样的孔隙比 $e=0.34$，对于第一种级配

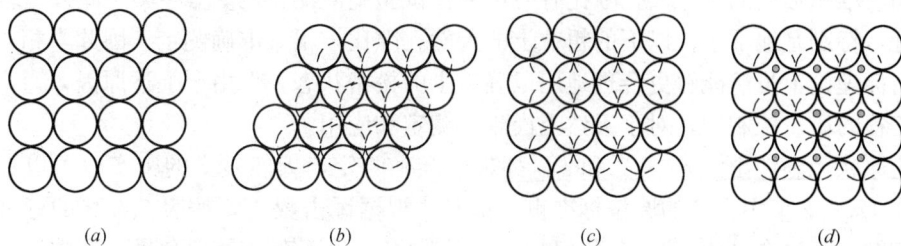

图 5.3.3　圆球形砂粒的排列

的砂，已处于最密实的状态；而对于第二种级配的砂，则不是最密实状态。工程实践中，往往可以碰到不均匀系数很大的砂砾混合料，孔隙比 $e \leqslant 0.30$，干密度 $\rho_d \geqslant 2.0g/cm^3$ 时，仍然只处于中等密实度，有时还需要采取工程措施再予以加密，而这种密度对于较均匀的砂则已经是十分密实了。

工程上为了更好地表明粗粒土所处的松密状态。采用将粗粒土的孔隙比 e 与该种土所能达到最密时的孔隙比 e_{min} 和最松时的孔隙比 e_{max} 相对比的办法，来表示孔隙比为 e 时土的密实程度。这种度量密度的指标称为相对密实度 D_r，表示为：

$$D_r = \frac{e_{max} - e}{e_{max} - e_{min}} \tag{5.3.13}$$

式中 e ——粗粒土的孔隙比；

　　e_{max} ——该土的最大孔隙比，指室内试验所能达到的最松散状态的孔隙比；

　　e_{min} ——土的最小孔隙比，指室内试验所能达到的最紧密状态的孔隙比。

当 $D_r = 0$ 时，$e = e_{max}$，表示土处于最松状态；当 $D_r = 1$ 时，$e = e_{min}$，表示土处于最密状态。用相对密实度 D_r 判定粗粒土的密实度标准是：

$$D_r \leqslant \frac{1}{3} \qquad 疏松$$

$$\frac{1}{3} < D_r \leqslant \frac{2}{3} \qquad 中密$$

$$D_r > \frac{2}{3} \qquad 密实$$

将表 5.3.2 中孔隙比与干重度的关系式 $e = \frac{\rho_s}{\rho_d} - 1$ 代入式（5.3.13），整理后，可以得到用干密度表示的相对密实度的表达式为：

$$D_r = \frac{(\rho_d - \rho_{dmin})\rho_{dmax}}{(\rho_{dmax} - \rho_{dmin})\rho_d} \tag{5.3.14}$$

式中 ρ_d ——相应于孔隙比为 e 时土的干密度；

　　ρ_{dmin} ——相应于孔隙比为 e_{max} 时土的干密度，即最松时的干密度；

　　ρ_{dmax} ——相应于孔隙比为 e_{min} 时土的干密度，即最密时的干密度。

应当指出，目前虽然已有一套测定最大孔隙比和最小孔隙比的试验方法，但是要在试验室条件下测得各种土理论上的 e_{max} 和 e_{min} 却十分困难。在静水中很缓慢沉积形成的无黏性土，孔隙比有时可能比试验室能测得的 e_{max} 还大。同样，在漫长地质年代中，受各种自然力作用下堆积形成的土，其孔隙比有时可能比试验室能测得的 e_{min} 还小。此外，埋藏在地下深处，特别是地下水位以下的粗粒土的天然孔隙比，很难准确测定。因此，相对密实度这一指标理论上虽然能够较合理地用以确定土的松密状态，但由于上述原因，通常多用于填方工程的质量控制中，对于天然土尚难以测定和应用。

因为原状无黏性土的 e、e_{max} 和 e_{min} 都难以准确测定，天然砂土的密实度可以在现场进行将在 12.6.2 节中介绍的原位标准贯入试验，根据锤击数 N，按表 5.3.3 的标准间接判定。细粒土无法在试验室测定 e_{max} 和 e_{min}。实际上，也不存在最大和最小孔隙比，因此通常根据其孔隙比 e 或干密度 ρ_d 来判断其密实度。

天然状态砂土的密实度　　　　　　　　　　　　　表 5.3.3

标准贯入试验锤击数 N	密实度
$N \leqslant 10$	松散
$10 < N \leqslant 15$	稍密
$15 < N \leqslant 30$	中密
$N > 30$	密实

2. 黏性土（细粒土）的稠度

1）黏性土的稠度状态

黏性土最主要的物理状态特征是它的稠度，稠度是指土的软硬程度或土对外力引起变形或破坏的抵抗能力。黏性土中含水量很低时，水都被颗粒表面的电荷紧紧吸着于颗粒表面，形成强结合水。强结合的性质接近于固态。因此，当土粒之间只有强结合水时（图5.3.4a），按水膜厚薄不同，土表现为固态或半固态。

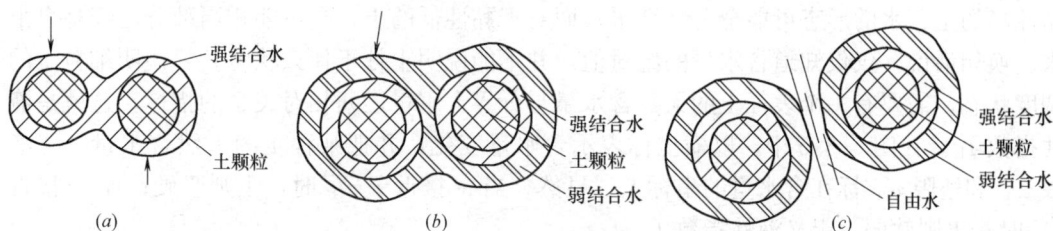

图 5.3.4　土中水与稠度状态
(a) 固态和半固态；(b) 可塑状态；(c) 流动状态

当含水量增加，被吸附在颗粒周围的结合水膜加厚，土粒周围除强结合水外还有弱结合水（图 5.3.4b），弱结合水呈黏滞状态。在这种含水量情况下，土体受外力作用可以被捏成不同形状而不破裂，外力取消后仍然保持改变后的形状。这种状态称为塑态，这种性质叫塑性。弱结合水的存在是土具有可塑性的原因。土处在可塑状态的含水量变化范围，大体上相当于土粒所能够吸附的弱结合水的含量。这一含量的多少，主要决定于土的比表面积和矿物成分。

当含水量继续增加，土中除结合水外，已有相当数量的水处于电场引力影响范围以外，成为自由水。这时，土粒之间被自由水所隔开（图5.3.4c），土体不再能承受剪应力而呈流动状态。可见，从物理概念分析，土的稠度实际上反映了土中水的形态。

2）稠度界限

黏性土从某种状态进入另外一种状态的分界含水量，称为土的特征含水量，或称为稠度界限。工程上常用的稠度界限有液限 w_L 和塑限 w_P。

液性界限（w_L）也称液限含水量，简称液限。相当于土从塑性状态转变为液性状态时的含水量。这时，土中水的形态除结合水外，已有相当数量的自由水。

塑性界限（w_P）也称塑限含水量，简称塑限。相当于土从半固体状态转变为塑性状态时的含水量。这时，土中水大约是强结合水含量的上限。

缩限（w_S），相当于土从半固态转变为固态时的含水量。是在湿土干燥过程中，土的体积不再收缩时的含水量。

93

在试验室中，液限 w_L 用锥式液限仪测定，塑限 w_P 可用搓条法测定，目前也用联合测定仪同时测定液限和塑限。但这些测定方法主要是根据表观观察土在某种含水量下是否"流动"或者是否"可塑"，而不是真正根据土中水的形态来划分的。目前，尚不能够定量地以结合水膜的厚度来确定液限或塑限。而实测的塑限和液限，则是一种近似的定量分界含水量。

3）塑性指数和液性指数

塑性指数表示为 I_P，等于液限与塑限之差。

$$I_P = w_L - w_P \tag{5.3.15}$$

习惯上用百分数的分子部分表示。就物理概念而言，它大体上表示土所能吸着的弱结合水质量与土粒质量之百分比。黏性与可塑性是黏性土的一种重要属性，因此，塑性指数 I_P 常用以作为细粒土工程分类的依据。

土的比表面积和矿物成分不同，吸附结合水的能力不一样。因此，同样的含水量对于黏性高的土，水的形态可能全是结合水；而对于黏性低的土，则可能相当部分已经是自由水。换句话说，仅仅知道含水量的绝对值，并不能说明土处于什么状态。要说明细粒土的稠度状态，需要有一个表征土的天然含水量与分界含水量之间相对关系的指标，这就是液性指数 I_L。在图 5.3.5 中，以横坐标表示含水量变化，并把某种土的天然含水量 w、液限 w_L 和塑限 w_P 标在含水量的坐标上。显然，当 w 接近于 w_P 时，土则坚硬；而 w 接近 w_L 时，土则软弱。定义液性指数 I_L 为：

$$I_L = \frac{w - w_P}{w_L - w_P} \tag{5.3.16}$$

当干土的含水量增加到 $I_L = 0$ 时，$w = w_P$，土从半固态进入可塑状态；而当 $I_L = 1$ 时，$w = w_L$，土从可塑状态进入液态。因此，根据 I_L 值可以直接判定土的软硬状态。工程上，按液性指数 I_L 的大小，将细粒土分成表 5.3.4 中的五种状态。

应该注意，液限试验和塑限试验都是先把试样调成土膏，然后进行试验。也就是说，w_L 和 w_P 都是在土的结构被彻底破坏后，处于重塑状态测得的。因此，用液性指数反映天然土的稠度就存在不可避免的缺点，因为即使含水量相同的同一种土，天然结构状态往往比重塑后具有更高的强度，所以常见的一些液性指数 I_L 大于 1.0 的原状土，还具有一定的抗剪强度和承载力，并不处于流动状态。由于这个缘故，液性指数 I_L 用以作为重塑土软硬状态的判别标准比较合适，而用于原状土则常常得到偏大的结果。

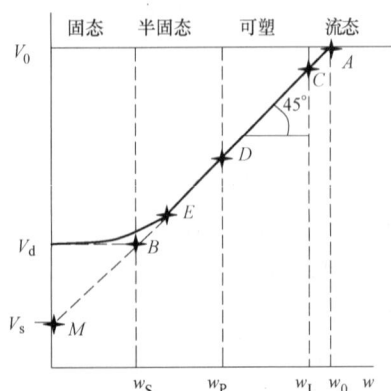

图 5.3.5　分界含水量

黏性土（细粒土）的状态分类　表 5.3.4

液性指数 I_L	状态
$I_L \leqslant 0$	坚硬（半固态）
$0 < I_L \leqslant 0.25$	硬塑
$0.25 < I_L \leqslant 0.75$	可塑
$0.75 < I_L \leqslant 1$	软塑
$I_L > 1$	流塑

图 5.3.5 中，点 A 代表一个初始含水量为 w_0，体积为 V_0 的饱和土试样，呈流态。当含水量逐渐减少时，它在体积-含水量坐标中沿着直线 AE 运动。该试样在 AD 段基本是饱和的。当它处于点 C 时，含水量对应于液限 w_L；处于点 D 时，含水量对应于塑限 w_P。过了点 D 以后，烘干过程试样不再饱和，在 DE 段为直线变化，过了 E 点则两者为非线性关系。可取 B 点的含水量为缩限 w_S，对应的体积 V_d 为干土的体积，缩限 w_S 表明随着含水量的减少，试样体积不再减小了。M 点是直线与纵坐标的交点，其对应的体积为试样内固体颗粒的体积 V_s。

5.4 土 的 结 构

很多试验资料表明，同一种土，原状土样和重塑土样（将原状土样破碎，在试验室内重新制备的土样，称为重塑土样）的力学性质有很大的区别。甚至用不同方法制备的重塑土样，尽管组成和密度相同，性质也有所差别。这就是说，土的组成和物理状态尚不是决定土的性质的全部因素。另一种对土的性质很有影响的因素，就是土的结构。土的结构指土粒或团粒（几个或许多个土颗粒连接成的集合体）在空间的排列和它们之间的相互联结。联结也就是粒间的结合力。土的天然结构是在其沉积和存在的整个地质历史过程中形成的。因其组成、沉积环境和沉积年代不同，土体形成了十分复杂的结构。

5.4.1 粗粒土的结构

粗粒土的比表面积小，在粒间作用力中，重力起决定性的作用。粗颗粒在重力作用下下落时，一旦与已经稳定的颗粒相撞触，找到自己的平衡位置，稳定下来，就形成单粒结构。这种结构的特点是颗粒之间是点与点的接触。当颗粒在水中缓慢沉积，没有经受很高的压力作用，特别是没有受过动力作用时，所形成的结构为松散的单粒结构，如图 5.4.1（a）所示。松散结构受较大的压力作用，特别是受动力作用后颗粒移动，部分颗粒破碎，孔隙减小，土体变密，则成为类似于图 5.4.1（b）所示的密实单粒结构。单粒结构的孔隙率 n 一般变化于 0.2～0.55 之间。级配很不均匀的土，孔隙率还可以更小。

地下水位以上一定范围内的土，以及饱和度不高、颗粒间的缝隙处存在着毛细角边水的土，颗粒除受重力作用外，还受毛细压力的作用。毛细压力增加了土粒间的联结，所以散粒状的砂土，当含有少量水分时会具有假黏聚力，但当土饱和时或者变干时，这种联结作用即告消失，因此，由于砂土毛细力而呈现的黏性是暂时性的。

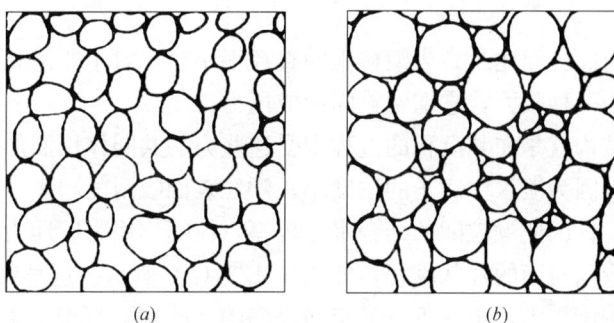

(a)   (b)

图 5.4.1 单粒结构

5.4.2 细粒土的结构

土中的细颗粒，尤其是黏土颗粒，比表面积很大，颗粒很薄，重力往往不起主要的作用。在结构形成中，其他的粒间力起主导作用。这些粒间力既有引力，也有斥力，它们包括：

1. 范德华力（Van der Waal's forces）

范德华力是分子间的引力，力的作用范围很小，只有几个分子的距离。因此，这种粒间引力只发生于颗粒间紧密接触点处。距离很近时，范德华力很大，但它随距离的增加而迅速衰减，经典概念的范德华力与距离的 7 次方成反比。但有的学者研究表明，土中范德华力与距离的 4 次方成反比。总之，距离稍远，这种力就不存在。范德华力是细粒土粘结在一起的主要原因。

2. 库仑力（Coulomb's forces）

库仑力即静电作用力。黏土颗粒表面带电荷，通常如图 5.2.7 所示，其平面带负电荷而边角处带正电荷。所以，当颗粒按平衡位置面对面叠合排列时（图 5.4.2a），颗粒之间因同号电荷而存在静电斥力；当颗粒间的排列是边对面（图 5.4.2b）或角对面（图 5.4.2c）时，接触点处或接触线处因异号电荷而产生静电引力。因此，静电力可以是斥力或引力，视颗粒的排列情况而异。一般而言，库仑力的大小与电荷间距离的平方成反比，因而其作用力随距离而衰减的速度远比范德华力慢。实际上，由于结合水和阳离子的存在，使颗粒间的静电力呈复杂的关系。

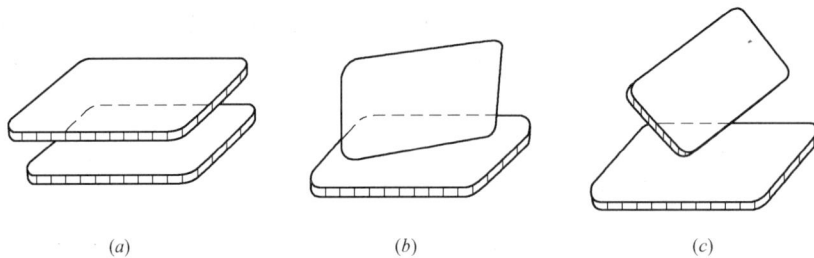

(a) (b) (c)

图 5.4.2 片状颗粒的联结

3. 胶结作用力

土粒间可通过游离氧化物、碳酸盐和有机质等胶体而联结在一起。一般认为，这种胶结作用力是化合键，其数值较高，使土体具有较高的黏聚力。

4. 毛细力

毛细力的概念前面已经述及。当细粒土的直径很小时，对于非饱和土，将存在着相当大的毛细力，表现为一种吸力，它在颗粒间形成压力。

细粒土的天然结构就是在其沉积的过程中受这些力的共同作用而形成的。当微细的颗粒在淡水中沉积时，因为淡水中离子的浓度小，颗粒表面吸附的阳离子较少，存在着较高的未被平衡的负电位，因此颗粒间的结合水膜较厚，粒间作用力以斥力占优势，这种情况下沉积的颗粒常形成面对面的片状堆积，如图 5.4.3（b）所示。这种结构称为分散结构。分散结构的特点是密度较大，土在垂直于定向排列的方向和平行于定向排列的方向上的性质不同，即具有各向异性。

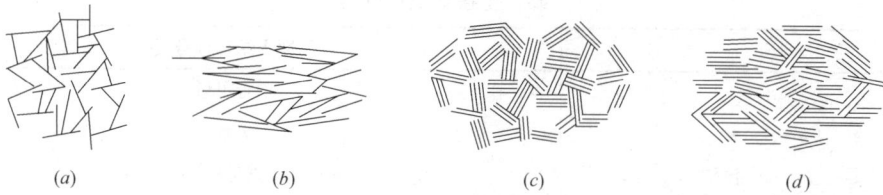

图 5.4.3　黏土的结构

(a) 单片的絮凝结构；(b) 单片的分散结构；(c) 片组的絮凝结构；(d) 片组的分散结构

当细颗粒在海水中沉积时，海水中含有大量的阳离子，浓密的阳离子被吸附于颗粒表面，平衡了相当数量的表面负电位，使颗粒得以相互靠近，因此斥力减少而引力增加。这种情况下，容易形成以角、边与面或边与边搭接的排列形式，如图 5.4.3 (a) 所示，称为絮凝结构。絮凝结构具有较大的孔隙，对扰动比较敏感，性质比较均匀，各向同性较好。

总的说来，当孔隙比相同时，絮凝结构较之分散结构具有较高的强度、较低的压缩性和较大的渗透性。这是由于当颗粒处于不规则排列状态时，粒间的吸引力大，不容易相互移动；同样大小的过水面积，流道少而孔隙直径大。

以上是细粒土的两种典型的结构形式。实际上，天然土的结构要复杂得多。通常不是单一的结构，而是呈多种类型的综合结构。往往是先由颗粒连接成大小不等的团粒或片组，再由各种团粒及片组和原级颗粒组成复杂的结构形式，见图 5.4.3 (c)、(d)。

5.4.3　反映细粒土结构特性的两种性质

1. 黏性土的灵敏度

土的结构形成后就获得一定的强度，而且结构强度随时间而增长。在含水量不变化的条件下，将原状土的结构破坏，按原来的密度制备成重塑土样。由于原状结构彻底破坏，重塑土样的强度较之原状土样将有明显的降低。定义原状土样的无侧限抗压强度与重塑土样的无侧限抗压强度之比，为土的灵敏度 S_t，即

$$S_t = q_u / \bar{q}_u \qquad (5.4.1)$$

式中　q_u——原状土的无侧限抗压强度；

　　　$\bar{q}_u$——重塑土的无侧限抗压强度。

显然，结构性越强的土，灵敏度 S_t 越大。某些近代沉积的黏性土，其灵敏度可达到 50～60，有的灵敏性土的灵敏度甚至可高达 1000。这种土受到扰动以后，

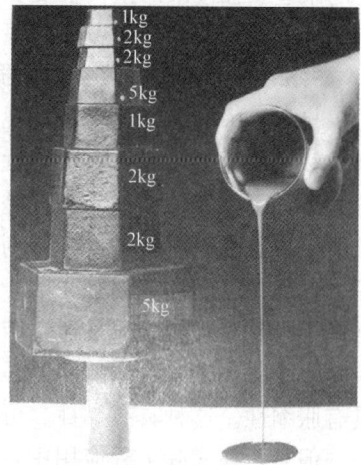

图 5.4.4　灵敏性原状土与重塑土

强度会丧失殆尽。图 5.4.4 表示的是加拿大渥太华的一种超高灵敏性土，其原状圆柱形直径为 38mm 的三轴试样可承受 11kg 砝码的压重，而在含水量与体积不变的情况下，重塑后变成了泥浆。

《软土地区岩土工程勘察规程》JGJ 83—2011 按表 5.4.1 划分黏性土的灵敏性。

2. 黏性土的触变性

与灵敏度密切相关的另一种特性是黏性土的触变性。结构受破坏、强度降低以后的土，若静置不动，则颗粒和水分子及离子会重新组合排列，形成新的结构，强度又得到一

S_t	黏性土结构性分类
$2<S_t\leqslant4$	中等灵敏
$4<S_t\leqslant8$	灵敏
$8<S_t\leqslant16$	高灵敏
$S_t>16$	极灵敏

定程度的恢复。这种含水量和密度不变，土因重塑而软化，又因静置而逐渐硬化，强度有所恢复的性质，称为土的触变性。

5.5 土的工程分类

自然界中土的种类很多，工程性质各异。为便于研究和应用，需要按其主要特征进行分类。当前，国内使用的土名和土的分类法并不统一。各个工程部门使用各自制定的规范。存在这种情况有主观和客观的原因。一方面，各种土的性质很复杂多变，差别很大，但这些差别又都是渐变的，要用比较简单的特征指标进行划分，是难以做到的。此外，有些部门侧重于利用土作为建筑物地基；有些部门侧重于利用土作为修筑土工建筑物的填料；另一些部门又侧重于利用土作为周围介质，在土中修建地下构筑物。由于各个部门对土的某些工程性质的重视程度和要求不完全相同，制定分类标准时的着眼点和依据也就不同。加上长期的经验和习惯，很难使大家取得一致的看法和规定。

5.5.1 土的工程分类的依据

自然界中的各种土，从直观上显然可以分成两大类：一类是由肉眼可见的松散颗粒所堆成，颗粒通过接触点直接接触。粒间除重力，或者可能有毛细压力外，其他的联结力十分微弱，可以忽略不计，这就是前面提到的无黏性土；另一类是由肉眼难以辨别的微细颗粒所组成。由于颗粒微细，特别是黏土颗粒之间存在着重力以外的分子引力及静电力的作用，使颗粒之间存在相互联结，这就是土的黏性的由来。静电力引起结合水膜，颗粒之间常常不再是直接接触而是通过结合水膜相联结，使这类土具有可塑性。另外，黏土矿物具有吸水膨胀、失水收缩的能力，结合水膜也会因土中水分的变化而增厚或变薄，使这类土具有胀缩性。这种具有黏性、可塑性、胀缩性的土，就是前面提到的黏性土。

但是，在实际工程应用中，仅有这种感性的粗略的分类是很不够的；还必须更进一步，用最能反映土的工程特性的指标来进行系统的分类。按前面的分析，影响土的工程性质的三个主要因素是土的三相组成、土的物理状态和土的结构。在这三者中，起主要作用的无疑是三相组成。在三相组成中，关键的是土的固体颗粒，其中最主要的是颗粒的粗细。工程中，以土中颗粒直径大于 0.075mm 的质量占全部土粒质量的 50% 作为第一个分类的界限。含量大于 50% 的土称为粗粒土；含量小于或等于 50% 的土称为细粒土。

粗粒土的工程性质，如透水性、压缩性和强度等，很大程度上取决于土的粒径级配。因此，粗粒土按其粒径级配累积曲线再进行细分。

细粒土的工程性质就不仅决定于粒径级配，比表面积和矿物成分在很大程度上决定了这类土的性质。直接量测和鉴定土的比表面积和矿物成分均较困难，但是它们表现为土的吸附结合水的能力。因此，在目前国内外的各种规范中，多用吸附结合水的能力作为细粒土的分类标准。反映黏性土吸附结合水能力的特性指标有液限 w_L、塑限 w_P 或塑性指数 I_P。经过长期试验结果的统计分析所得的结论，液限 w_L 和塑性指数 I_P 与土的工程性质的关系密切、规律性强，因此国内外对细粒土的分类，多用塑性指数或者液限加塑性指数作为分类指标。

5.5.2 《建筑地基基础设计规范》GB 50007 分类法

这种分类体系将土分为碎石土、砂土、粉土、黏性土和人工填土 5 大类。人工填土由于人为因素的介入，只是成因上的不同。因此，天然土实际上被分为碎石土、砂土、粉土和黏性土四大类。碎石土和砂土属于粗粒土，粉土和黏性土属于细粒土。粗粒土按粒径级配分类，细粒土则按塑性指数 I_P 分类。具体标准如下。

1. 碎石土

碎石土是指粒径大于 2mm 的颗粒质（重）量含量超过颗粒总质（重）量的 50% 的土。根据粒组含量及颗粒形状，按表 5.5.1 又可细分为漂石、块石、卵石、碎石、圆砾和角砾六类。

碎石土的分类　　　　　　　　　　　　　　　　　　　　表 5.5.1

土的名称	颗 粒 形 状	粒 组 含 量
漂　石 块　石	圆形及亚圆形为主 棱角形为主	粒径大于 200mm 的颗粒质量超过颗粒总质量 50%
卵　石 碎　石	圆形及亚圆形为主 棱角形为主	粒径大于 20mm 的颗粒质量超过颗粒总质量 50%
圆　砾 角　砾	圆形及亚圆形为主 棱角形为主	粒径大于 2mm 的颗粒质量超过颗粒总质量 50%

注：分类时，应根据粒组含量由大到小以最先符合者确定。

2. 砂类土

砂类土是指粒径大于 2mm 的颗粒含量不超过颗粒全重的 50%，同时粒径大于 0.075mm 的颗粒含量超过颗粒全重的 50% 的土。砂土根据粒组含量的不同，又细分为砾砂、粗砂、中砂、细砂和粉砂五类。如表 5.5.2 所示。

3. 粉土

粉土是指粒径大于 0.075mm 的颗粒质量不超过颗粒总质量 50%，而塑性指数 $I_P \leqslant 10$

砂土的分类　　　　　　　　　　　　　　　　　　　　表 5.5.2

土的名称	粒 组 含 量
砾　砂	粒径大于 2mm 的颗粒质量超过颗粒总质量 25%～50%
粗　砂	粒径大于 0.5mm 的颗粒质量超过颗粒总质量 50%
中　砂	粒径大于 0.25mm 的颗粒质量超过颗粒总质量 50%
细　砂	粒径大于 0.075mm 的颗粒质量超过颗粒总质量 85%
粉　砂	粒径大于 0.075mm 的颗粒质量超过颗粒总质量 50%

注：分类时应根据粒组含量由大到小以最先符合者确定。

的土。它既不具有砂土透水性大、易于排水固结、抗剪强度较高的优点，又不具有黏土防水性能好、不易被水冲蚀流失、具有较大黏聚力的优点。在许多工程问题上，表现出较差的力学性质，如受振动容易液化、冻胀性大、常具有湿陷性和易被冲蚀等。因此，将其单列一类，以利于工程上正确处理。工程上，有时将 $3<I_P\leqslant7$ 的粉土称为砂质粉土；将 $7<I_P\leqslant10$ 的粉土称为黏质粉土。

4. 黏性土

塑性指数 $I_P>10$ 的土为黏性土，其中 $10<I_P\leqslant17$，称为粉质黏土；$I_P>17$，称为黏土。

淤泥与淤泥质土属于软土，是地基工程中常遇到的土。淤泥为在静水中或者缓慢的流水环境中沉积并经生物化学作用形成的，是天然含水量大于液限、天然孔隙比大于或等于 1.5 的黏性土；天然含水量大于液限、孔隙比小于 1.5 但大于或等于 1.0 的黏性土或粉土，为淤泥质土。

含有大量腐殖质、有机质含量大于 60% 的土为泥炭，有机质含量大于或等于 10%、小于或等于 60% 的土为泥炭质土。

此外，自然界中还分布有许多具有一般土所没有的特殊性质的土，如黄土、红黏土、冻土、膨胀土等。它们的分类都各有自己的规范。实际工作中，碰到与其有关的工程问题时，可选择相应的规范查用。

5.6 土的压实性

填土用于很多工程建设中，例如用在人工地基、铁（公）路路基、土堤和土坝中。进行填土时，经常都要采用夯击、振动或碾压等方法，使土得到压实，以提高土的强度，减小压缩性和渗透性，从而保证地基和土工建筑物的稳定性。压实就是指土体在压实能量作用下，土颗粒克服粒间阻力，产生相对位移，使土中的孔隙减小，干密度增加。

实践经验表明，压实细粒土宜用夯击机具或压强较大的碾压机具，同时必须控制土的含水量。含水量太高或太低，都得不到好的压密效果。压密粗粒土时，则宜采用振动机具，同时充分洒水。两种不同的做法表明，细粒土和粗粒土具有不同的压密性质。

5.6.1 细粒土的压实性

研究细粒土的压实性，可以在试验室或现场进行。在试验室中，将某一土样分成 6～7 份，每份混合以不同的水量，得到各种不同含水量的土样。将每份土样分层装入击实仪内，用完全同样的方法加以击实。击实后，测出压实土的含水量和干密度。以含水量为横坐标，干密度为纵坐标，绘制含水量-干密度曲线如图 5.6.1 所示。这种试验称为土的击实试验，得到的曲线称为土的击实曲线。

1. 最优含水量和最大干密度

在图 5.6.1 的击实曲线上，峰值干密度对应的含水量，称为最优含水量 w_{op}，它表示在这一含水量下，以这种压实方法能够得到最大干密度 ρ_{dmax}。同一种土，干密度越大，孔隙比越小，所以最大干密度相应于试验所达到最小的孔隙比。在某一含水量下，将土压到最密，由于击实与碾压都无法把水从细粒土中排走，理论上就是将土中所有的气体都从孔隙中赶走，使土达到饱和。将不同含水量所对应的土体达到饱和状态时的干密度也点绘于图 5.6.1 中，得到理论上所能达到的最大压实曲线，即饱和度为 $S_r=100\%$ 的压实曲线，也称饱和曲线。

按照饱和曲线，当含水量很大时，干密度很小，因为这时土体中很大的一部分体积都是水。若含水量很小，则饱和曲线上的干密度很大。当 $w=0$ 时，饱和曲线的干密度应等

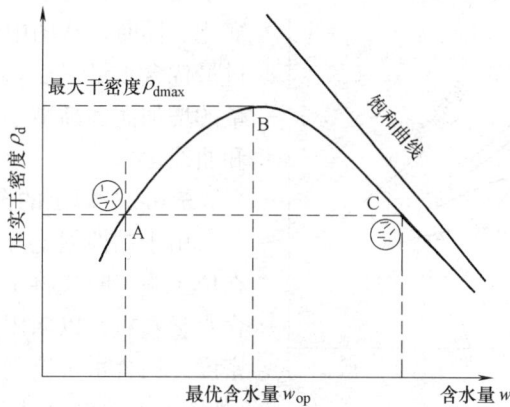

图 5.6.1　击实试验的含水量-干密度曲线

于土颗粒的密度 ρ_s。显然，除了变成岩石外，碎散的土是无法达到的。

实际上，试验的击实曲线在峰值以右逐渐接近于饱和曲线，并且大体与它平行。在峰值以左，则两根曲线差别很大，而且随着含水量减小，差值迅速增加。土的最优含水量的大小随土的性质而异。试验表明，标准击实试验对应的 w_{op} 约在土的塑限 w_P 附近。有各种理论解释这种现象的机理。归纳起来，可以这样理解：当含水量很小时，颗粒表面的水膜很薄，要使颗粒相互移动需要克服很大的粒间阻力，因而需要消耗很大的能量。这种阻力可能来源于粒间的毛细压力或者结合水的抗剪阻力。随着含水量增加，水膜加厚，粒间阻力减小，颗粒自然容易移动。但是，当含水量超过最优含水量 w_{op} 以后，水膜继续增厚所引起的润滑作用已不明显。这时，土中的剩余空气已经不多，并且处于与大气隔绝的封闭气泡状态。封闭气泡很难通过挤压和冲击全部被赶走，因此击实曲线不可能达到饱和曲线，亦即击实土不会达到完全饱和状态。但这里讨论的是黏性土，黏性土的渗透性小，在击实辗压的过程中，土中水来不及渗出，击实的过程可以认为水的含量不变，因此 $w >$ w_{op} 时，必然是含水量越高，得到的压实干密度越小。

2. 压实功能的影响

压实能是指压实每单位体积土所消耗的能量。击实试验中的压实功能用式（5.6.1）表示：

$$E = \frac{WgdNn}{V} \tag{5.6.1}$$

式中　W——击锤质量（kg），在轻型标准击实试验中击锤质量为 2.5kg；

　　　g——重力加速度；

　　　d——落距（m），击实试验中定为 0.305m；

　　　N——每层土的击实次数，标准试验为 25 击；

　　　n——铺土层数，试验中分 3 层；

　　　V——击实筒的体积，轻型击实仪为 $0.9474 \times 10^{-3} \mathrm{m}^3$。

如果每层土的击实次数不同，即表示击实能有差异。同一种土，用不同的能击实，得到的击实曲线如图 5.6.2 所示。曲线表明，压实能越大（图中 N 表示每层填土的击数），得到的最优含水量越小，相应的最大干密度越高。所以，对于同一种土，最优含水量和最

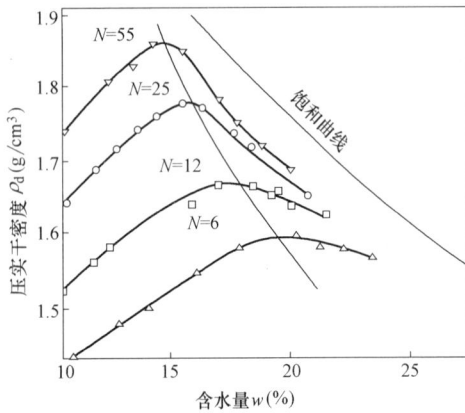

图 5.6.2　不同压实功能下的击实曲线

大干密度并不是恒定值，而是随着压实能而变化。同时，从图中还可以看到，含水量超过最优含水量以后，压实功能的影响随含水量的增加而逐渐减小。击实曲线均靠近于饱和曲线。

5.6.2　填土的含水量和辗压标准的控制

由于黏性填土存在着最优含水量，因此在填土施工时应将土料的含水量控制在最优含水量左右，以期用较小的能量获得较高的密度。当含水量控制在最优含水量的干侧时（如图 5.6.1 的 A 点），击实土的结构常具有絮凝结构的特征。这种土比较均匀，强度较高，较脆硬，不易压密，但浸水时容易产生附加沉降。当含水量控制在最优含水量的湿侧时（如图 5.6.1 的 C 点），土具有分散结构的特征。这种土的可塑性大，适应变形的能力强，但强度较低，并且具有较强的各向异性。所以，含水量比最优含水量偏高或偏低，填土的性质各有优缺点，在设计土料时要根据对填土提出的要求和当地土料的天然含水量，选定合适的含水量，一般选用的含水量要求在 w_{op} 的 $-2\%\sim+3\%$ 的偏差范围。

要求填土达到的压密标准，工程上采用压实系数 λ_c 控制，也有的规范称为压实度。压实系数的定义是

$$\lambda_c = \frac{\rho_d}{\rho_{dmax}} \tag{5.6.2}$$

式中　ρ_d——压实的干密度；

　　　ρ_{dmax}——室内标准击实试验的最大干密度。

第6章 土的渗透性与土的有效应力原理

6.1 概　述

由于土的碎散性和多相性，在土力学中建立了一个"土骨架"的概念。如上所述，所谓土骨架是由相互接触的土颗粒形成的可传递有效应力的构架，它具有整块土体的体积与截面积，但不包括孔隙中的气体与液体。正如一块丝瓜瓤一样，组成土骨架的是它所占据的全部空间中的固体部分。所以，土骨架的重度就是土的干重度 γ_d。土骨架中含有连通的孔隙，孔隙中包含有流体，这些流体在势差的作用下会在孔隙中流动，这就是土中的渗流，土体能够让其中的流体通过的性质就是土的渗透性。本章主要讨论饱和土体中水的渗流问题。

饱和土体中水的渗流服从伯努利（D. Bernoulli）方程，亦即水总是从能量高处流向能量低处。在一个流场中，某一点单位重量水的总能量可以表示为该点的总水头 h，它包括位置水头、压力水头和速度水头，如式（6.1.1）所示：

$$h = z + \frac{u}{\gamma_w} + \frac{v^2}{2g} \tag{6.1.1}$$

式中　z——该点相应于一定基准面 O—O 的位置水头，m；

　　　u——该点的孔隙水压力，kPa；

　　　v——该点孔隙中水的流速，m/s；

　　　g——重力加速度，m/s²。

　　式中　u/γ_w 为压力水头，$v^2/2g$ 为流速水头，由于土中水渗流的流速一般比较小，所以流速水头常常可以忽略，这样就只剩下前两项，亦即位置水头与压力水头，它们之和常被称为测管水头。所以，在土中水的渗流中，总水头也就等于测管水头（图6.1.1）。

土中水的渗流对于土工问题有很大影响，土的应力、变形、强度及土体稳定问题都与土中水的渗流有关。岩土工程中，土中水的渗流主要会引起两类工程问题：

1. 渗流量与渗流速度问题

在土木工程中的基坑工程、地基处理的预压渗流固结工程中，人们关心的是渗流量的多少以及渗流速度的快慢，相应的工程措施就是增加或降低土的渗透性，以满足工程的要求。

2. 稳定问题

包括土体的渗透稳定性与渗流引起的土体抗滑稳定性问题。所谓渗透稳定，亦称渗透

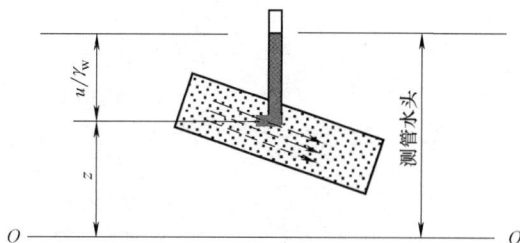

图6.1.1　土中渗透水流的水头

变形（scepage deformation）。是指在渗透水流的作用下，土颗粒间会发生相对移动，它可引发土骨架的坍塌与冲溃，进一步造成其上建筑物的失稳。基坑工程中，很多事故与土中水的渗透失稳以及渗透引起的抗滑失稳有关。一些地质灾害也常常是由降雨入渗形成的土中水渗流引起的。

因而在岩土工程中，需要进行渗流计算与分析，并采取工程措施控制渗流，一旦发生事故，实施正确、有效的处理方法。图 6.1.2 表示的是工程中常见的一些渗流问题。

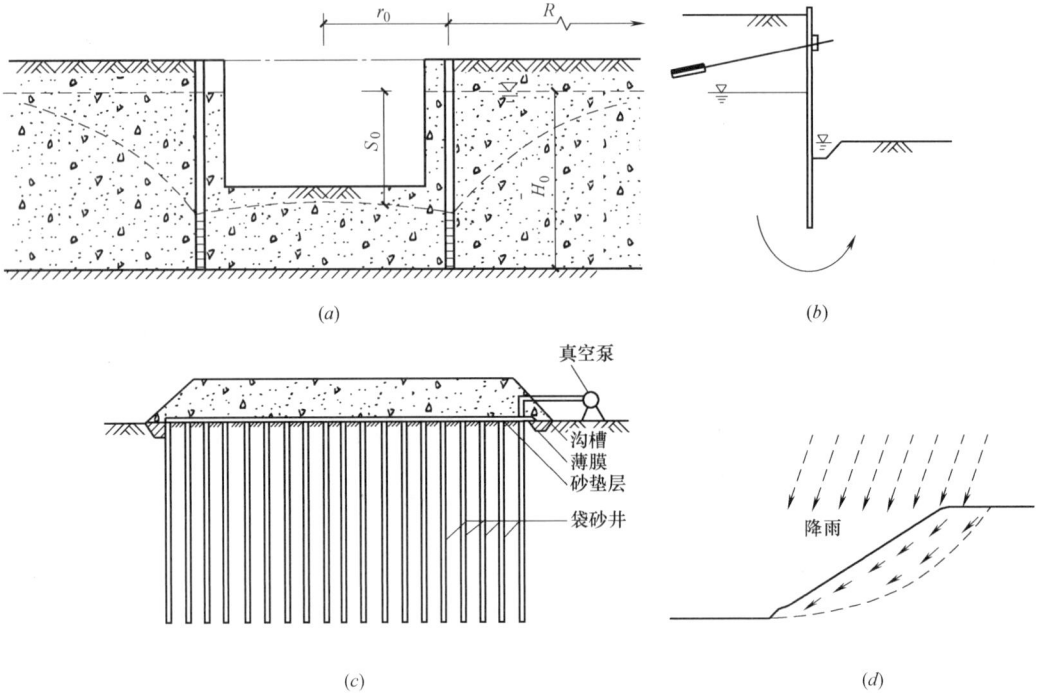

图 6.1.2　工程中常见的土中水渗流问题
（a）基坑降水；（b）基坑排水；（c）真空—堆载联合预压；（d）降雨引起的滑坡

6.2　达 西 定 律

6.2.1　一维渗流试验与达西定律

式（6.1.1）表示土中水的总水头，土中水总是从总水头高处流向总水头低处。早在1856 年，法国的工程师达西（H. Darcy）在均匀的砂土中进行了一系列的一维渗透试验，其基本原理如图 6.2.1 所示。他在试验中变化各种条件，得到如下的规律：

$$Q=k\frac{\Delta h}{L}A \tag{6.2.1}$$

式中　Δh——试样两侧土中水的总水头（测管水头）差，即水流经渗径 L 时的水头损失，m；

L——试样的长度，亦即渗径，m；

A——试样的断面面积，m^2；

Q——渗透流出的流量，m^3/s；

k——比例常数，cm/s。

如果将式（6.2.1）中的各项改写为：

$$i = \frac{\Delta h}{L} = \tan\alpha \qquad (6.2.2)$$

其中，i 是单位渗径上的测管水头之差，或者说是流经单位渗径所发生的水头损失，亦称为水力坡降（水力坡度）；v 是水的渗流流速，其大小等于单位断面积上的流量 $q = \frac{Q}{A}$。则式（6.2.1）可以写成：

$$v = ki \qquad (6.2.3)$$

式（6.2.3）就是著名的达西定律。它表明，土中水的渗流流速 v 与其水力坡降 i 成正比，比例常数为 k，可见 k 是单位水力坡降下的渗流流速，对于一种土试样它是常数，反映了土的透水性，称为渗透系数。

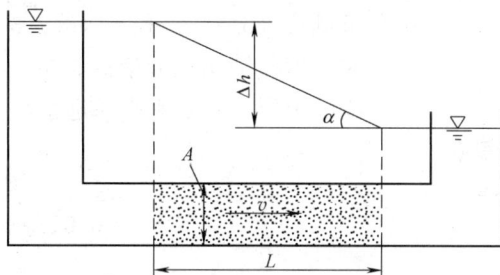

图 6.2.1　一维渗透试验示意图

6.2.2　土的渗透系数的影响因素

渗透系数是土的一个重要的特性指标，影响渗透系数的有土的因素和水的因素。土的因素包括孔隙比、颗粒的大小与级配、土的矿物成分、土体的结构以及土的饱和度等；水的因素主要有水的温度与孔隙水中的离子成分等。其中，影响最大的因素是土的颗粒与孔隙比。

1. 土的孔隙比 e

由于渗流是在土中联通的孔隙中发生的，孔隙比 e 较大，表明土中的实际过水断面较大，则达西渗流流速 v 就较大。试验结果表明，砂土的 k 近似与 e^2、$e^2/(1+e)$ 或者 $e^3/(1+e)$ 成正比。但是对于黏性土，这种关系不完全成立。

2. 土的颗粒大小与级配

土中的孔隙通道越细小，在相同过流面积的情况下，水与固体间的接触周长（或水力学中的"湿周"）就越大，对水流的阻力也就越大，水的平均流速就降低了。而土中的孔隙通道的粗细与土的颗粒大小与级配是有关的，尤其是受土的细颗粒影响很大。例如，对于均匀的砂土，哈臣（A. Hazen，1911）建议如下的经验公式：

$$k = Cd_{10}^2 (cm/s) \qquad (6.2.4)$$

式中　d_{10}——土的有效粒径，mm；

C——与土性有关的经验系数，$C = 0.4 \sim 1.2$。

3. 土的饱和度

本章主要讨论饱和土中水的渗流。实际上，自然界存在大量的非饱和土，即使是地下水位以下的土，也不一定是完全饱和的。孔隙水中哪怕是存在少量的小气泡，也会减少孔隙通道的截面积，堵塞小的孔隙流道，从而明显减少土的渗透系数。所以，在渗透试验中需要对土样进行处理，使其达到充分饱和。图 6.2.2 表示的是某砂土的饱和度与渗透系数间的关系。

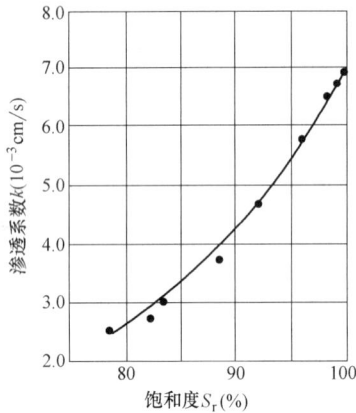

图 6.2.2　某砂土的渗透系数与饱和度的关系

4. 土的矿物成分与土的结构

与砂土比较，孔隙比 e 相同的黏土的渗透系数要小得多。这是由于黏土颗粒及孔隙细小，对水流的阻力更大；也是由于黏土颗粒表面双电层的结合水阻碍了水的流动，对于孔隙水中含较多有低价阳离子的情况，黏土颗粒表面的结合水膜更厚，其渗透系数也就更小。黏土矿物的渗透性次序是：高岭石＞伊利石＞蒙脱石。黏土渗透系数与孔隙比及塑性指数间的关系，可见式（6.2.5）和式（6.2.6）。另外，在孔隙比相同时，絮凝结构比分散结构的土渗透系数更大。天然沉积的土层，一般水平渗透系数比竖向渗透系数大。

$$\lg k = \frac{e - 10\beta}{\beta} \tag{6.2.5}$$

$$\beta = 0.01 I_p + 0.05 \tag{6.2.6}$$

5. 水的温度

渗透系数实际上反映了水从土的孔隙通道中流过时与土颗粒表面间的摩阻力或黏滞力。流体的黏滞性与温度有关，温度高则黏滞性降低，渗透系数提高。所以，从试验测得的渗透系数 k_T 需要经过温度修正，得到在 20℃ 下的标准值 k_{20}。我国《土工试验规程》SL 1237 中规定：

$$k_{20} = k_T \frac{\eta_T}{\eta_{20}} \tag{6.2.7}$$

式中　η_T——T℃时水的动力黏滞系数，kPa·s（10^{-6}）；

　　　η_{20}——20℃时水的动力黏滞系数，kPa·s（10^{-6}）。

其中，黏滞系数比 η_T/η_{20} 与温度的关系见表 6.2.1。

黏滞系数比与温度的关系　　　　　　　　　　　　　表 6.2.1

T（℃）	5	10	15	20	25	30	35
η_T/η_{20}	1.501	1.297	1.133	1.000	0.890	0.798	0.720

6.2.3　土渗透系数的范围

不同土的渗透系数可以相差很大。其中，$k=1.0\text{cm/s}$、10^{-4}cm/s 和 10^{-9}cm/s，是三个重要的量级，它们是卡萨格兰德（Casagrande，1939）所提出的渗透系数的界限值，在工程中很有意义。$k=1.0\text{cm/s}$ 是在常见水力坡降下土中渗流的层流与紊流间的界限值；10^{-4}cm/s 是排水良好与排水不良的界限值，也是对应于发生管涌的敏感范围；而 10^{-9}cm/s 则基本上是土的渗透系数的下限。

6.2.4 确定土的渗透系数的试验

可通过室内试验及野外试验来测定土的渗透系数。其中，室内试验结果对于实际工程问题的适用性取决于：①试样的代表性；②室内试验结果的重现性；③现场条件的模拟：包括土的饱和度、密度及温度等。尽管如此，室内渗透试验仍然是测定土的渗透系数的重要方法。

1. 常水头渗透试验

这种试验通常用于 $k > 1 \times 10^{-4}$ cm/s 的粗粒土（粗砂、中砂及砾石）渗透系数的测定。其试验设备见图 6.2.3（70 型渗透仪）。圆柱形试样被放置于圆筒中，圆筒的直径应大于试验用土最大粒径的 10 倍。试样上下装有滤网；当土中含有细颗粒时，还应设置反滤层。进入试样的水来自于一个容量为 5000mL 的供水容器，进水处的水头及试样上下端的水头差在试验过程中保持不变。渗出水的水量用量杯量测。为保证试样的饱和度，试样首先被抽真空，试验使用脱气水。试验中，记录一定时间间隔 t 的渗出水量，然后用下式计算土的渗透系数：

$$k_T = \frac{VL}{AHt} \quad (\text{cm/s}) \qquad (6.2.8)$$

式中 V——时间 t 秒内渗透的出水量，cm^3；

L——相邻测压管间的高度，cm；

A——试样的截面积，cm^2；

H——相邻测压管间的平均水头差，cm。

然后，用式（6.2.7）进行温度修正，得到在标准温度下土的渗透系数 k_{20}。

2. 变水头渗透试验

这种试验设备有多种，其基本原理如图 6.2.4 所示。这种试验适用于粉细砂、粉土和黏土。由于这些土的渗透系数较小，用常水头试验难以保证长时间精确的量测。它一般采用 100mm 直径的圆试样，它可能是用环刀采取的原状土样，也可以是室内制备的重塑土试样。试样上下也配备有滤网及反滤层保护。试样的下端水位保持恒定，进水端与已知直径的量水管连通。试验中，在几次时间间隔分别记录管中水位。在重复试验中，可采用不同直径的量水管。试样也要用真空饱和，采用脱气水。

在这种试验中，量水管中水位、水力坡降、渗透流速与流量都是时间的函数。根据达西定律，按时间与流量的积分，可得到式（6.2.9a）或式（6.2.9b），用以计算土的渗透系数 k。

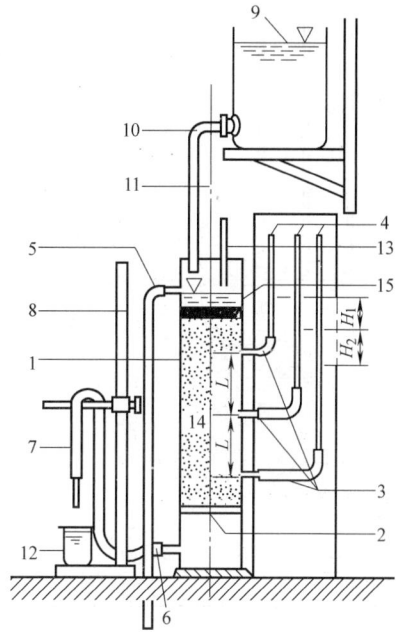

图 6.2.3　常水头渗透试验装置

1—封底的金属圆筒；2—带孔金属滤网；3—测压孔；4—透明测压管；5—溢水孔；6—渗流出水孔；7—调节管；8—滑动支架；9—容量为 5000mL 的供水瓶；10—供水管；11—止水夹；12—容量为 500mL 的量杯；13— 温度计；14—土试样；15—砾石保护层

107

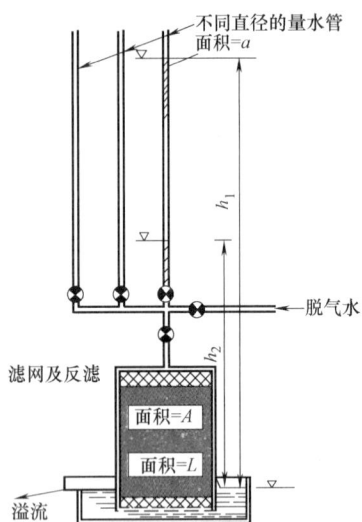

图 6.2.4 变水头渗透试验装置

$$k=\frac{aL\ln(h_1/h_2)}{A(t_2-t_1)} \qquad (6.2.9\text{a})$$

或者

$$k=\frac{2.3aL\lg(h_1/h_2)}{A(t_2-t_1)} \qquad (6.2.9\text{b})$$

式中的符号如图 6.2.4 所示。

【例题 6.2.1】 进行变水头渗透试验，一系列量测的结果见例表 6.2.1。已知：试样直径 $D=100$mm；试样长度 $L=150$mm；供水管的直径分别为 $d=5.0$mm、9.0mm、12.5mm。用式（6.2.9a）计算各试验时段土的渗透系数，并通过试验结果计算土的平均渗透系数。

【解】

计算结果见例表 6.2.1。

土的平均渗透系数为：$k=1.85\times10^{-3}$ mm/s $=1.85\times10^{-4}$ cm/s。

试验成果及计算表 　　　　　　　　　　　例表 6.2.1

试验记录				计算值	
量水管直径(mm) [a(mm^2)]	量水管水位(mm)		t_2-t_1 (s)	$\ln(h_1/h_2)$	$k(10^{-3}$mm/s)
	h_1	h_2			
5.0($a=$19.6)	1200	800	84	0.4055	1.810
	800	400	149	0.6931	1.744
9.0($a=$63.6)	1200	900	177	0.2877	1.975
	900	700	167	0.2513	1.828
	700	400	366	0.5596	1.844
12.5($a=$122.7)	1200	800	485	0.4055	1.959
	800	400	908	0.6931	1.789

3. 野外测定渗透系数的试验

与室内试验相比，通过野外现场试验测定土的渗透系数更接近于原状土的实际情况。但由于天然土层分层、各向异性、含有不同性质的夹层等，所测得的渗透系数往往是一个综合平均值，有时难以操作和观测。同时，现场试验费用较高，所用时间也长。

野外井孔抽水试验是最常用的测定土的渗透系数的方法，其原理如图 6.2.5 所示。在相对不透水层上有一均匀的含有潜水的透水层，抽水井底直达不透水层上（称为完整井）。抽水后形成无压的渗流，具有自由的地下水位表面。当抽水形成了稳定渗流时，地下水面呈不变的漏斗状。试验中，还需在井孔外不同距离布置观测井。

以抽水井为中心，取一半径为 r、径向厚度为 $\mathrm{d}r$ 的薄圆筒，地下水面中心至不透水层顶的距离为 h，薄圆筒内外的水头差为 $\mathrm{d}h$。考虑此厚度为 $\mathrm{d}r$ 的圆筒的渗流：

筒内外的水力坡降： 　　　　　　　　　$i=\dfrac{\mathrm{d}h}{\mathrm{d}r}$

圆筒的侧面积： 　　　　　　　　　　　$A=2\pi rh$

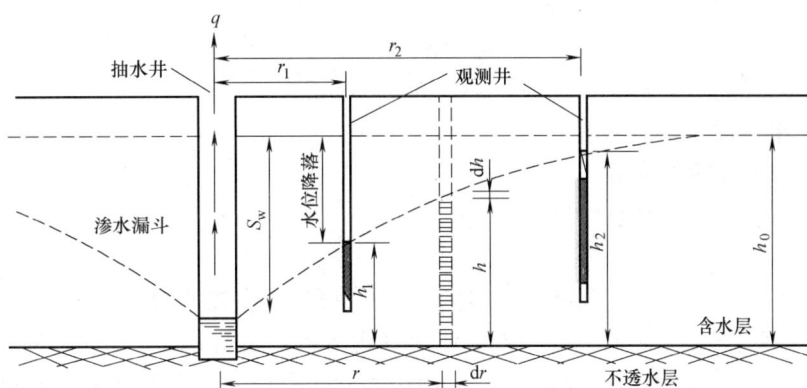

图 6.2.5 在含潜水的透水层中井孔抽水试验

根据达西定律计算通过圆筒的渗流流量：$Q=Aki=2\pi rhk\dfrac{dh}{dr}$ 则$\dfrac{dr}{r}=k\dfrac{2\pi}{Q}h\,dh$

如果在 r_1 处的观测井的水位为 h_1，在 r_2 处的观测井水位为 h_2，则将上式积分得到：

$$\ln(r_2/r_1)=\frac{\pi}{Q}k(h_2^2-h_1^2)$$

$$k=\frac{Q}{\pi}\frac{\ln(r_2/r_1)}{(h_2^2-h_1^2)}=0.733\frac{Q(\lg r_2-\lg r_1)}{h_2-h_1} \tag{6.2.10}$$

当含水层夹在两层不透水土层之间时，含水层常含有承压水，抽水试验也可在承压水土层中进行；也有试验抽水井底没有达到下面不透水层顶的情况，称为非完整井，这些情况也可以通过推导出类似的公式计算渗透系数。

6.2.5 渗透系数的适用条件

达西定律指出，土的渗透流速与其水力坡降间呈线性关系，比例常数是渗透系数 k。这是在流体处于层流和流体的流变方程符合牛顿定律（剪应力与剪应变的速率成正比）的前提下才成立的。对于粗颗粒土，存在大孔隙通道，在高水力坡降下可能会使渗流变成紊流；在黏土中，由于水与土颗粒表面相互作用，也可能使流变方程偏离牛顿定律。这分别成了达西定律适用情况的上、下限。

1. 粗粒料的渗透性

水在某些粗颗粒土，例如砾石、卵石的孔隙中流动时，水流形态可能发生变化，随流速增大，呈紊流状态，渗流不再服从达西定律。用雷诺数 R_e 可判断粗粒土中的流态，土体中水流的雷诺数可由式（6.2.11）计算而得，即

$$R_e=\frac{vd_{10}}{\eta} \tag{6.2.11}$$

式中 v——流速；

d_{10}——土的有效粒径；

η——水的动力黏滞系数。

则土中水流的平均流速可依不同的雷诺数，由式（6.2.12）计算。

$$\left.\begin{array}{l} R_e<5\text{ 时,为层流,}v=ki \\ 200>R_e>5\text{ 时,为过渡区,}v=ki^{0.74} \\ R_e>200\text{ 时,为紊流,}v=ki^{0.5} \end{array}\right\} \tag{6.2.12}$$

也可不计流动形态，用统一公式模拟试验结果，例如：

$$i=aq+bq^2 \tag{6.2.13}$$

或
$$i=aq^m \quad (m=1\sim2) \tag{6.2.14}$$

式中　q——单位面积断面的流量；

　　　a、b——试验确定的常数。

层流区、过渡区与紊流区见图 6.2.6。

2. 黏土的渗透性

一般认为，达西定律对于黏性土也是适用的。可是，在较低的水力坡降下，某些黏土的渗透试验表明，v 与 i 之间偏离牛顿流体的直线关系，如图 6.2.7 所示。对于这一现象有不同解释，但是一般认为这是由于黏土颗粒表面与孔隙水间的物理化学作用产生的结果，亦即双电层内的结合水与一般流体不同，呈半固体和黏滞状态，因而有较大的黏滞性，即不服从牛顿黏滞定律，只有在较大的起始坡降 i_0 下，达到其屈服强度才开始正常流动。这种情况可以表示为两段，即 $v=ki^n$ 和 $v=k(i-i_0)$，一般可选 $n=1.6$。

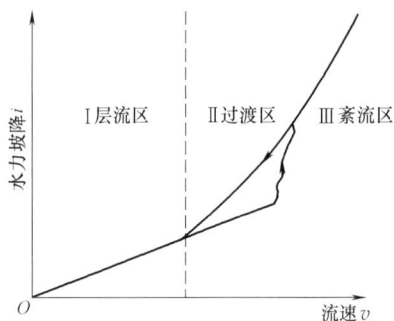

图 6.2.6　层流区、过渡区与紊流区　　　　图 6.2.7　黏性土的初始水力坡降

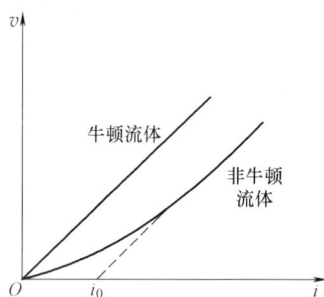

6.2.6　分层土的等效渗透系数

天然地基经常是由渗透系数不同的多层地基土组成的，并且沉积形成的每层土的水平向与竖直向的渗透系数也可能不同，一般水平向渗透系数要大。

图 6.2.8 表示的是由三层各向同性、渗透系数不同的土组成的地基土，分别讨论其水平与垂直方向的等效渗透系数。

1. 水平渗流的等效渗透系数

在图 6.2.8（a）中，设上下及左右两侧都是不透水边界，由于无垂直向的渗流，在各层的进口、出口处的测管水位以及各层土的水头损失 Δh 必然是相同的，其渗径 L 也是相同的，即：

$$\Delta h_1=\Delta h_2=\Delta h_3=\Delta h$$

$$i_1=i_2=i_3=i$$

根据达西定律，各层土在单位宽度上（$B=1.0$）的流量为：

$$q_1=H_1k_1i$$

$$q_2=H_2k_2i$$

$$q_3=H_3k_3i$$

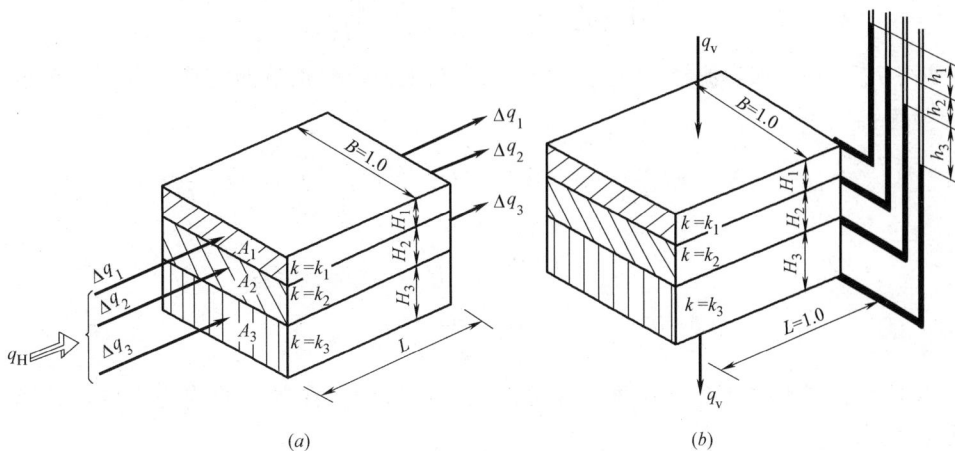

图 6.2.8 分层土中水的渗流

(a) 水平渗流; (b) 垂直渗流

当某具有 n 层土的地基存在水平渗流时，我们假设存在一个渗透均匀的土层，其厚度为 $H = \sum_{i=1}^{n} H_i$ ，水平向渗流时，在同样水力坡降 i 作用下，通过它的单宽渗流量等于各层上单宽流量之和，即 $q = \sum_{i=1}^{n} q_i$ ，那么这 均匀土层就是该多层土的水平渗流等效土层，它的渗透系数就是该多层土的水平等效渗透系数，记作 k_H。

厚度为 H 的 n 层土的水平单宽渗流量为：

$$q = \sum_{i=1}^{n} q_i = \sum_{1}^{n} H_i k_i i$$

而它的水平渗流等效土层单宽渗流量为：

$$q = k_H H i = k_H i \sum_{1}^{n} H_i$$

上面两式相等： $\qquad k_H \sum_{i=1}^{n} H_i i = \sum_{1}^{n} H_i k_i i$

$$k_H = \frac{\sum_{i=1}^{n} H_i k_i}{\sum_{i=1}^{n} H_i} \qquad (6.2.15)$$

这就是水平等效渗透系数的计算公式，可见它是各层土的渗透系数按厚度的加权平均值。

2. 垂直渗流的等效渗透系数

当渗流的方向正交于土的层面时，如图 6.2.8 (b) 所示，由于没有水平向的渗流分量，根据水流的连续性原理，通过各层土单位面积上的流量应当是相等的，亦即：

$$q_1 = q_2 = q_3 = q$$

但流经各层时，需要的水力坡降是不同的，流过渗透系数较小的土层，需要较大的水力坡降。

$$i_1 = \frac{h_1}{H_1} \quad i_2 = \frac{h_2}{H_2} \quad i_3 = \frac{h_3}{H_3}$$

其中，h_1、h_2、h_3 分别为流经 1、2、3 层土的水头损失。根据达西定律，各层土单位面积上的流量为：

$$q_1 = k_1 i_1 = k_1 \frac{h_1}{H_1} \quad q_2 = k_2 i_2 = k_2 \frac{h_2}{H_2} \quad q_3 = k_3 i_3 = k_3 \frac{h_3}{H_3}$$

亦即

$$q = q_i = k_i \frac{h_i}{H_i}$$

$$h_i = q \frac{H_i}{k_i} \tag{6.2.16}$$

当某具有 n 层土的地基存在垂直渗流时，我们假设存在单一的均匀土层，其厚度为 $H = \sum\limits_{i=1}^{n} H_i$，在水头差 $h = \sum\limits_{i=1}^{n} h_i$ 作用下垂直渗流时，该均匀土层流过与 n 层土相同的流量 q，则这个均匀土层就是该多层土的垂直渗透等效土层，它的渗透系数 k_V 就是该多层土的垂直等效渗透系数。

对于垂直渗流等效土层：
$$q = k_V \frac{h}{H} = k_V \frac{\sum\limits_{i=1}^{n} h_i}{\sum\limits_{i=1}^{n} H_i}$$

将式（6.2.16）代入该式：$q = k_V \dfrac{h}{H} = k_V \dfrac{q \sum\limits_{i=1}^{n} H_i / k_i}{\sum\limits_{i=1}^{n} H_i}$

则

$$k_V = \frac{\sum\limits_{i=1}^{n} H_i}{\sum\limits_{i=1}^{n} H_i / k_i} \tag{6.2.17}$$

比较式（6.2.15）与式（6.2.17），可见在水平与垂直渗流时，多层土的等效渗透系数是不同的。用式（6.2.17）可以计算出多层土在垂直渗流时的单位面积流量 q，然后用式（6.2.16）计算流经各层土中的水头损失 h_i，据此就可以计算各层面处的测管水头，再计算渗流在各层的水头损失和水力坡降 i_i。

【例题 6.2.2】 对由三层土组成的试样进行水平与垂直渗透试验，如图 6.2.8 所示。两种试验的总水头差都是 25cm，试样土层的厚度与性质如下：

$$H_1 = 20\text{cm}, \qquad k_1 = 2 \times 10^{-6}\text{cm/s}, \quad 黏土$$
$$H_2 = 20\text{cm}, \qquad k_2 = 2 \times 10^{-4}\text{cm/s}, \quad 粉土$$
$$H_3 = 20\text{cm}, \qquad k_3 = 2 \times 10^{-2}\text{cm/s}, \quad 砂土$$

计算水平等效渗透系数 k_H 和垂直等效渗透系数 k_V。

【解】

1. 根据式（6.2.15）计算水平等效渗透系数：

$$k_H = \frac{H_1 k_1 + H_2 k_2 + H_3 k_3}{H_1 + H_2 + H_3} = \frac{20 \times 2 \times 10^{-6} + 20 \times 2 \times 10^{-4} + 20 \times 2 \times 10^{-2}}{20 + 20 + 20}$$
$$= 0.67 \times 10^{-2} \, \text{cm/s}$$

2. 根据式（6.2.18）计算垂直等效渗透系数：

$$k_V = \frac{H_1 + H_2 + H_3}{H_1/k_1 + H_2/k_2 + H_3/k_3} = \frac{20 + 20 + 20}{20/(2 \times 10^{-6}) + 20/(2 \times 10^{-4}) + 20/(2 \times 10^{-2})}$$
$$= 5.94 \times 10^{-6} \, \text{cm/s}$$

从例题 6.2.2 可见，如果几层土的渗透系数相差很大，对水平等效渗透系数，土层中渗透系数最大的土层权重最大；而对垂直渗透系数，则是渗透系数最小的土层权重最大。设想在很多土层中，加入一层渗透系数为 $k=0$ 的塑料土工薄膜，则其垂直等效渗透系数即为零；而对水平等效渗透系数没有任何影响。

6.3 流　网

6.3.1　流网的原理

工程中的渗流很多都可以近似为平面问题，如堤防、坝、闸、基坑等，都可按二维渗流进行分析。对于各向同性土中的二维稳定渗流，其渗流方程可以写成拉普拉斯微分方程的形式：

$$\frac{\partial^2 h}{\partial x^2} + \frac{\partial^2 h}{\partial z^2} = 0 \tag{6.3.1}$$

其中，h 为流场中某一点的测管水头。通过式（6.3.1），可以得到势函数 Φ 和流函数 Ψ 共轭调和函数，其解为两簇曲线——流网，其等势线和流线必然是正交的。如令流网中各等势线间的差值相等，且各流线间隔使各流道的流量也相等，若令间隔 $a=b$，则网渗为正方形，这就是所谓的流网。绘流网就是对一定边界条件下流场的微分方程（式 6.3.1）的图解法。

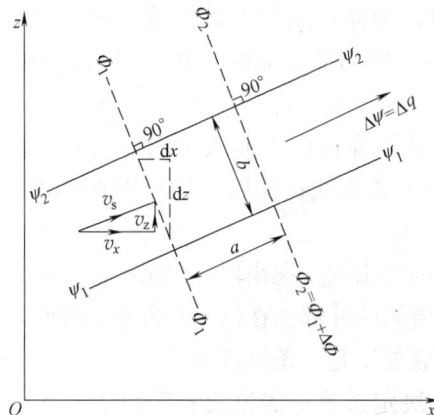

图 6.3.1　流网的网络

6.3.2 流网的绘制

绘制流网前，需先确定渗流场的边界条件，以基坑开挖坑内排水形成的稳定渗流的流网（图 6.3.2）、混凝土重力和不透水地基上的均质土坝坝身中的渗流流网（图 6.3.3）为例，说明渗流场的边界条件。这些情况的边界条件相对简单，其中的边界条件可分为四类：

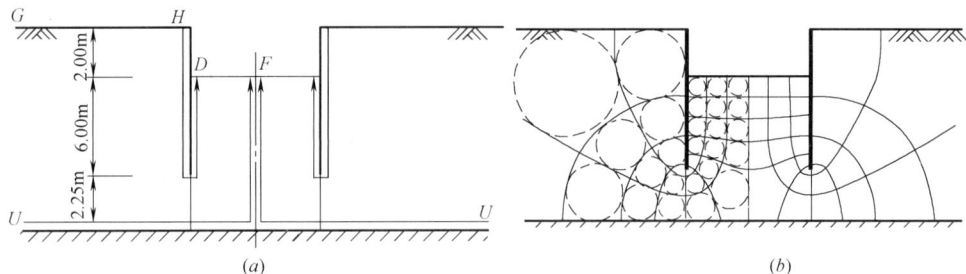

图 6.3.2　基坑开挖排水流网

（a）边界条件；（b）流网

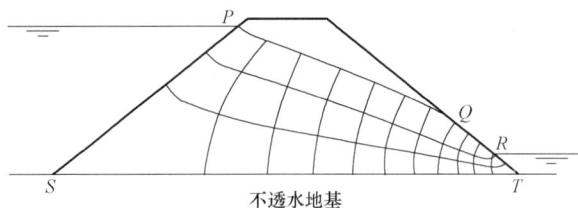

图 6.3.3　不透水地基上的土坝流网

第①类边界条件为水头相等的边界条件，亦即边界为等势线。如水位以下土的透水边界上的总水头相等，为一条等势线，如图 6.3.2 中的 GH 线和 DF 线、图 6.3.3 中的 PS 线和 RT 线。

第②类边界条件为流线。例如，流场中的不透水边界线，如图 6.3.2 中的 $H \rightarrow D$、UU 线和图 6.3.3 中的 ST 线，它们都是流线。其边界条件为法向流速 $v_n = 0$，亦即只能发生沿着此边界的渗流。

第③类边界条件为浸润线，即自由水面线。例如，图 6.3.3 中的 PQ 线。其特点是 $h = z$、$v_n = 0$，可见它本身为一条流线；在以 ST 为基准线时，其上的总水头就等于其位置水平（重力势）。

第④类边界条件为水流的渗出段（逸出段），如图 6.3.3 中的 QR 线。其特点是：$h = z$、$v_n \leqslant 0$，亦即流速指向渗流域的外部。在以 ST 为基准线时，其上的总水头就等于其位置水头，压力水头为零，但它并不是一条流线。

确定边界条件后，即可决定边界上的流线和等势线，然后画出流线，并按正交法则画出等势线，再根据流网的正交性反复试画与修正，即可得到满足工程精度需求的流网。

6.3.3 流网的使用

以图 6.3.4 说明流网在工程中的应用。它表示的是图 6.3.2（b）所示的基坑对称流网的右半边。将 4 条流线自内到外编号为 0、Ⅰ、Ⅱ、Ⅲ，其间共有 3 条流槽；将 11 条等势线自上到下编号为 0、1、2、3、4、5、6、7、8、9、10，共有 10 个间隔。图 6.3.4（b）表示了点 A 和 B 的局部情况，设此处为编号为 $i-1$ 与 i 的等势线与编号为 $j-1$ 和 j 的流线所围成的一个网格。

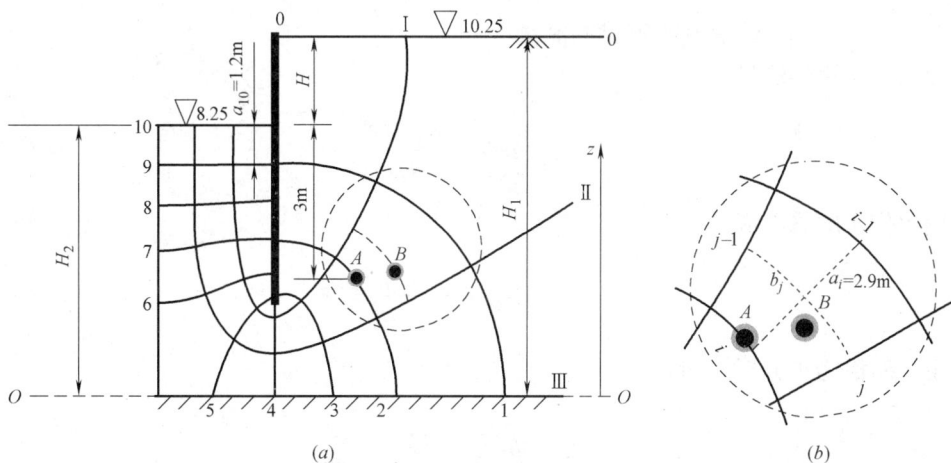

图 6.3.4 流网的应用

在流网中，所有在同一条等势线上的点，具有相同的总（测管）水头，相邻的等势线的总水头差都是相等的。所有在同一条流线上的各点处的渗流流速都与该点的流线相切，即流速的法向分量 $v_n = 0$；并且，各流槽通过的单宽流量 Δq 都是相等的。

1. 流网中一点的总水头计算

在图 6.3.4 所示的流网中，有 $m = 10$ 条等势线间隔，则相邻的等势线的总水头差为 $\Delta h = H/m = 2/10 = 0.2$m，其中以 0—0 为基准，$H = H_1 - H_2 = 10.25 - 8.25 = 2$m；在等势线上的点 A 的总水头 $h_A = H_1 - i \times \Delta h = 10.25 - 2 \times 0.2 = 9.85$m，或者 $h_A = H_2 + (m - i) \times \Delta h = 8.25 + 8 \times 0.2 = 9.85$m。点 B 的总水头为 $h_B = H_1 - 1.6 \times \Delta h = 9.93$m。

2. 流网中一点的孔隙水压力计算

压力水头等于总水头减去位置水头，孔隙水压力为压力水头乘以头的重度 γ_w。点 A 的位置水头 $z_A = 3$m，则压力水头 $h_{pA} = h_A - z_A = 9.85 - 3 = 6.85$m，$u_A = 10 \times 6.85 = 68.5$kPa。

3. 流网中一点的水力坡降 i 计算

一点的水力坡降 i，则可用相应网格的 Δh 除以渗径 a_i 获得；对于图中的点 A 与点 B，$a_i = 2.9$m，则 $i_A = i_B = 0.2/2.9 = 0.07$。紧贴板桩内侧，渗流出口处的水力坡降 $i_{10} = 0.2/1.2 = 0.17$。此处是最容易发生渗透变形的位置。

4. 流网中一点的流速计算

根据达西定律 $v = ki$，用各点的水力坡降乘以土的渗透系数，就可计算该点的流速。在图 6.3.4 中，如果砂土地基的渗透系数 $k = 4.5 \times 10^{-5}$ m/s，则渗流出口处的流速为

$v_{10} = ki_{10} = 4.5 \times 10^{-5} \times 0.17 = 0.765 \times 10^{-5} \,\mathrm{m/s}$。

5. 单为长度总流量 q 的计算

沿着与流网平面垂直的方向（即基坑的长度方向）取单位长度，向基坑流入的总流量，可以通过流网计算。参看图 6.3.4（b），网格中沿流线方向的长度为 a_i，沿等势线方向的长度为 b_j。在绘制流网时，已令 $a_i = b_j$。由于相邻的等势线的总水头差为 $\Delta h = H/m$，网格中任意点的水力坡降 $i_i = \dfrac{\Delta h}{a_i} = \dfrac{H}{a_i m}$。由各流槽的流量 Δq 相等，则单位长度总渗流量 $q = n\Delta q$，其中 Δq 为每个流槽的流量。

而每个流槽的流量

$$\Delta q = ki_i b_j = k\frac{b_j H}{a_i m} \tag{6.3.2}$$

则单位长度总渗流量 q：

$$q = n\Delta q = kH\frac{b_j}{a_i}\frac{n}{m} \tag{6.3.3}$$

由于网格为正方形，即 $a_i = b_j$，则

$$q = nk\Delta h = kH\frac{n}{m} \tag{6.3.4}$$

图 6.3.2 是一个对称的流网，流槽总数为 $n = 6$（两侧），半边的等势线间隔为 $m = 10$ 条，则沿基坑长度每延米抽水流量：

$$q = kH\frac{n}{m} = 4.5 \times 10^{-5} \times 2 \times \frac{6}{10} = 5.4 \times 10^{-5} \,\mathrm{m^3/s/m}$$

6.4 饱和土的有效应力原理

饱和土体是由土颗粒与土中孔隙水两相组成的，两相中与两相间存在着多种力的传递与相互作用。这主要有：孔隙水中的水压力；颗粒间的接触压力，亦即土骨架传递的压力；水作用于土颗粒上的压力及渗透水流对颗粒表面的拖曳力；颗粒对于水的反作用力等。由于土的抗剪强度与压缩变形是土骨架产生的，所以土骨架传递的力十分重要。

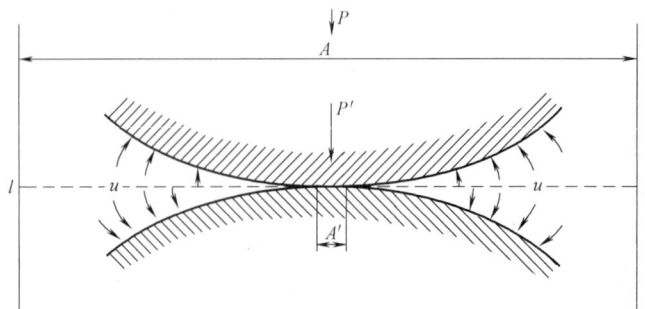

图 6.4.1 有效应力原理的示意图

在图 6.4.1 中，作用于总面积为 A 的土体上的竖向总压力为 P，它可能是上部土体的自重力，也可能是外部的作用（荷载）；在 I-I 截面上，它由两相承担：一是颗粒间的接触压力 P'；另一是孔隙水压力合力 $u(A-A')$，A' 为颗粒间接触的面积。这个孔隙水压力可能是静止的地下水压力，可能是通过上述流网计算得到的渗流孔隙水压力，也可能是外部作用引起的孔隙水压力。由于水压力 u 在各个方向都是相等的，它永远垂直于其作用面，水平的截面 I-I 上的水压力是竖直方向的。考虑竖向力的平衡，这样：

$$P = P' + (A-A')u \tag{6.4.1}$$

式（6.4.1）两侧除以面积 A，

$$\frac{P}{A} = \frac{P'}{A} + \left(1-\frac{A'}{A}\right)u$$

亦即

$$\sigma = \sigma' + \left(1-\frac{A'}{A}\right)u \tag{6.4.2a}$$

或者

$$\sigma = \sigma' + (1-\alpha)u \tag{6.4.2b}$$

式中　$\sigma' = P'/A$——土的有效应力，它表示单位土体面积上垂直于该截面的土颗粒接触力；

　　　　$\alpha = A'/A$——颗粒接触面积与截面总面积之比。

由于颗粒间实际接触面积很小，对于坚硬的矿物的颗粒，接触面近似于一个点。所以 $A' \approx 0$，或者 $\alpha \approx 0$。这样，式（6.4.2b）就变成：

$$\sigma = \sigma' + u \tag{6.4.3}$$

式（6.4.3）就表示由太沙基（K. Terzaghi, 1925）所提出的饱和土体的有效应力原理。它表明：作用于饱和土体上的总应力 σ 由作用于土骨架上的有效应力 σ' 与孔隙水上的孔隙水压力 u 两部分组成，土的强度与变形是由有效应力决定。

这里定义的有效应力 $\sigma' = P'/A$，它并不是颗粒间的真实接触应力 $\sigma_s = P'/A'$，而是垂直于该截面的土颗粒的接触力 P' 除以土体的总面积 A，可见它是一个表象的应力。

在分析饱和土体中的应力与力的传递时，可以取两种不同的隔离体：一种是以总土体（土骨架＋孔隙水）为隔离体，这时孔隙水与土骨架间的相互作用力就变成了内力；另一种是以土的骨架单独作为隔离体，这时要考虑颗粒间作用力、孔隙水对土颗粒的作用力以及土颗粒的重力。下面以图 6.4.2 中静水中的饱和土体为例，分析其力的平衡条件。

（1）以饱和的总土体（土骨架＋孔隙水）为隔离体

土体自重：$W = \gamma_{sat}LA = (\gamma' + \gamma_w)LA$

土体上部水压力：$P_1 = p_1 A = \gamma_w h_1 A$

土体下部水压力：$P_2 = p_2 A = \gamma_w h_2 A = \gamma_w(h_1 + L)$

考虑土体的竖向力的平衡，试样下部滤网提供的支持力：$R = W + P_1 - P_2$，

$$R = (\gamma' + \gamma_w)LA + \gamma_w h_1 A - \gamma_w(h_1 + L)A$$

$$R = \gamma' LA \tag{6.4.4}$$

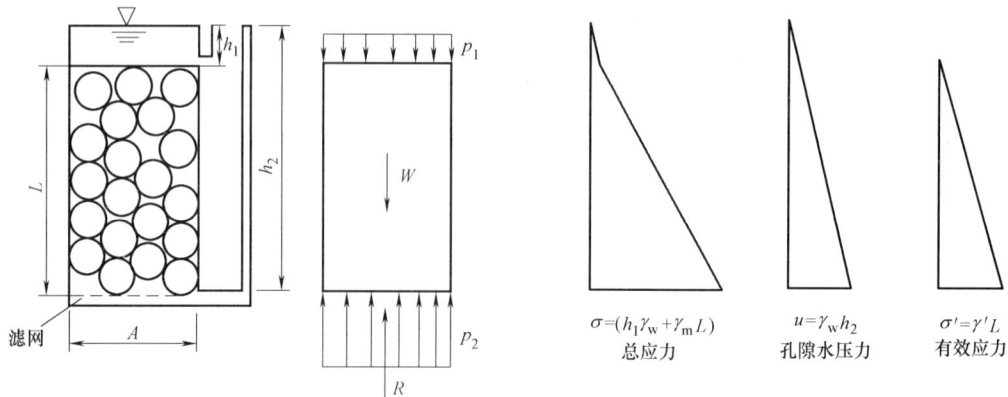

$$\sigma=(h_1\gamma_\mathrm{w}+\gamma_\mathrm{m}L)$$
总应力

$$u=\gamma_\mathrm{w}h_2$$
孔隙水压力

$$\sigma'=\gamma'L$$
有效应力

图 6.4.2 静水中的饱和土体力的平衡

（2）以土的骨架作为隔离体

土颗粒自重：$W_\mathrm{s}=V_\mathrm{s}d_\mathrm{s}\gamma_\mathrm{w}$

水对土颗粒的浮力：$F=V_\mathrm{s}\gamma_\mathrm{w}$

其中，V_s 为土颗粒的总体积，$V_\mathrm{s}=(1-n)LA$，n 为孔隙率，用 W' 表示土骨架自重扣除浮力后的重力。考虑土骨架的竖向力的平衡，计算下部滤网提供的支持力：$R=W'=W_\mathrm{s}-F$，

$$R=V_\mathrm{s}(d_\mathrm{s}-1)\gamma_\mathrm{w}=(1-n)(d_\mathrm{s}-1)\gamma_\mathrm{w}LA$$

由于 $(1-n)d_\mathrm{s}\gamma_\mathrm{w}+n\gamma_\mathrm{w}=\gamma_\mathrm{sat}$，所以：

$$R=W'=(\gamma_\mathrm{sat}-\gamma_\mathrm{w})LA=\gamma'LA$$

与式（6.4.4）计算的结果完全相同，可见用不同的隔离体计算的滤网的支持力都是相同的，它支持着土骨架在水中的自重。

（3）也可以根据有效应力原理，计算出试样底部的各应力：

总应力：$\sigma=\gamma_\mathrm{sat}L+\gamma_\mathrm{w}h_1$

孔隙水压力：$u=\gamma_\mathrm{w}h_2=\gamma_\mathrm{w}(L+h_1)$

有效应力：$\sigma'=\sigma-u=\gamma_\mathrm{w}L+\gamma'L+\gamma_\mathrm{w}h_1-\gamma_\mathrm{w}L-\gamma_\mathrm{w}h_1=\gamma'L$

由于滤网支撑的是土骨架上的有效自重应力，所以 $R=\sigma'A=\gamma'LA$。

可见，总应力是作用于土体（骨架＋孔隙水）上的，有效应力是作用于土骨架上，通过土骨架传递的，而孔隙水压力是通过孔隙水传递的。

6.5 渗透力与渗透变形

6.5.1 渗透力

图 6.5.1（a）表示的是试样中从下向上渗流的情况，以饱和总土体（土骨架＋孔隙水）作为隔离体，则：

土体自重：$W=\gamma_\mathrm{sat}LA=(\gamma'+\gamma_\mathrm{w})LA$

土体上部水压力：$P_1=p_1A=\gamma_\mathrm{w}h_1A$

土体下部水压力：$P_2=p_2A=\gamma_\mathrm{w}h_2A=\gamma_\mathrm{w}(\Delta h+h_1+L)A$

下部滤网上的支持力：$R = W + P_1 - P_2 = (\gamma' + \gamma_w)LA + \gamma_w h_1 A - \gamma_w(h_1 + L + \Delta h)A$

$$R = \left(\gamma' - \frac{\Delta h}{L}\gamma_w\right)LA$$

$$R = (\gamma' - i\gamma_w)LA \qquad (6.5.1)$$

将式（6.5.1）与上一节的式（6.4.4）比较，发现在有向上渗流的情况下，滤网的支持力 R 中，减少了 $i\gamma_w LA$ 这一项。

如果以土骨架作隔离体，已知：

土骨架在水下的自重：$W' = \gamma' LA$

式（6.5.1）表示的滤网的支持力：$R = (\gamma' - i\gamma_w)LA$

图 6.5.1 向上渗流土体中力的平衡

这样，土骨架的竖向力的平衡还差一个向上的力：$J = W' - R = i\gamma_w LA$，这个力是向上的渗流水流作用在土骨架上的力，也称为渗透力。可见，它是一个体积力，作用于单位体积土骨架上的渗透力为：

$$j = i\gamma_w \qquad (6.5.2)$$

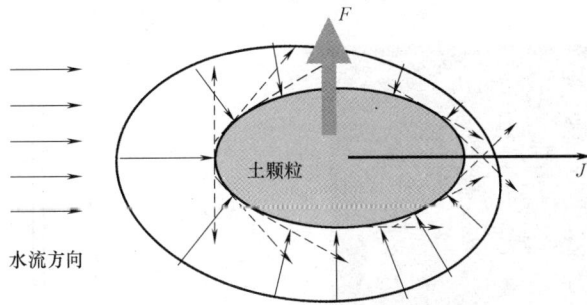

图 6.5.2 渗透力机理示意图

图 6.5.2 表示在水平渗流情况下渗透力机理的示意图。其中，J 为渗透水流对该土骨架中的颗粒的渗透力，F 为颗粒上的浮力，将颗粒表面上的水压力的竖直分量沿着表面积分值就是浮力（等于颗粒所排出的同体积水重）。由于沿渗流方向的水压力减小，将颗粒表面上的水压力的水平分量沿着表面积分，再将颗粒表面上的切向力的水平分量沿表面积分，两者之和就是渗透力 J，亦即它包括了颗粒表面上的水压力在渗透方向的分力之积分，加上水流与颗粒表面切向摩擦力产生的拖曳力在渗流方向的分力之积分。J 被该颗粒在骨架中所具有的体积除，就是土骨架的渗透力 j，所以它是一个体积力。

可以，渗透力是渗透水流作用于单位体积土骨架上的，沿渗流方向的推力及拖曳力，对于渗透各向同性的土，它的方向与渗流方向一致。可用式（6.5.2）计算。

6.5.2 流土及其临界水力坡降

在图 6.5.1 中，如果试样下部的水头逐步升高，滤网上的支持力将会不断减少。当滤

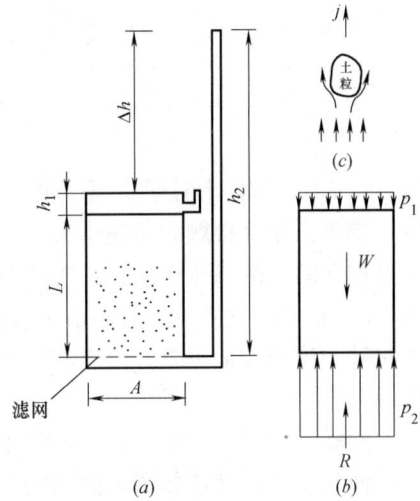

网上的支持力 $R=0$ 时，根据式（6.5.1）：

$$\gamma' = i\gamma_{\mathrm{w}}$$

$$i_{\mathrm{cr}} = \frac{\gamma'}{\gamma_{\mathrm{w}}} \qquad\qquad (6.5.3)$$

这时，当 $i=i_{\mathrm{cr}}$ 时，土骨架脱离了滤网，处于悬浮状态，即土骨架中的有效应力为 0，土颗粒也都不再相互接触和传递重力。

这种在向上的渗流作用下，土体被整体抬起或者颗粒同时悬浮的现象，称为流土。在式（6.5.3）中，发生流土时的水力坡降叫流土临界水力坡降，表示为 i_{cr}。流土是渗透变形的一种，渗透变形主要有流土和管涌两种基本形式；在不同土层间还可能发生接触冲刷和接触流失。

不同类型的土发生流土时的现象不完全相同，对于砂土，在向上水流作用下，砂粒几乎同时涌起悬浮，其状如同水的沸腾，也称砂沸（boiling）。对于黏性土，一般是被其下的砂层中的承压水引起的渗流整体或局部鼓起。

图 6.5.3 表示的是在砂土渗透试验中，发生流土的情况。图 6.5.4 表示的是在黏性土以下有承压水的基坑坑底流土的条件。当在黏土层发生稳定渗流时，黏性土被承压水拱起的条件也符合式（6.5.3）。但通常用土的天然重度考虑其单位面积土体被抬起时的竖向极限平衡

$$\gamma_{\mathrm{sat}} t = p_{\mathrm{w}} = h\gamma_{\mathrm{w}} \qquad\qquad (6.5.4)$$

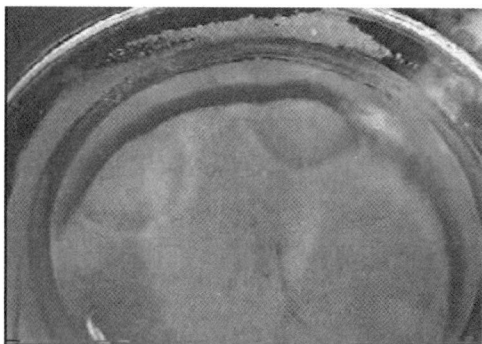

图 6.5.3　向上渗流引起的砂土的流土—砂沸

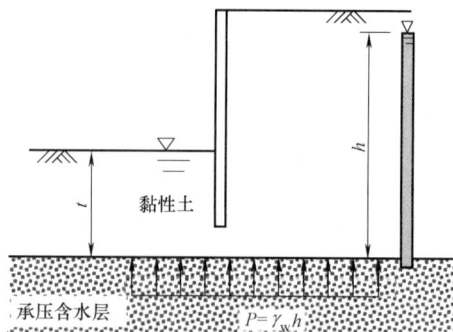

图 6.5.4　基坑底部的流土

6.5.3　管涌

所谓管涌，是指在渗透力的作用下，土中的细颗粒在粗颗粒形成的孔隙通道中被渗透水流带走而流失的现象。其结果常常是随着细颗粒逐渐被带走，留下的孔隙逐渐变大，形成了贯通的管状通道。有时，粗颗粒也被移动、塌落，最后造成土体地面沉降及土上的结构物破坏。如图 6.5.5 所示。

与流土不同，管涌可能发生在土体不同的方向与部位。它引起的土体破坏常常是渐近的，在孔隙大的无黏性土内部发生的管涌，也称为"潜蚀"。

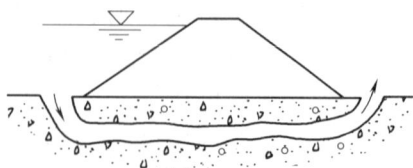

图 6.5.5　堤坝地基下管涌的示意图

流土与管涌是土体渗透变形的基本形式，它们是造成水利水电工程以及基坑工程等事故的重要原因。在具体工程中，它们可能单独发生，也可能相伴或先后发生。发生管涌的条件有土的几何条件和水力条件两部分。

1. 几何条件

从管涌的定义可以看出，必须是土中的细颗粒能够从粗颗粒形成的孔隙中通过，亦即 $d_s < D_0$。这里，d_s 与 D_0 分别代表土中的细颗粒与粗颗粒的孔隙的平均直径。

黏性土由于存在黏聚力，单个颗粒很难被渗透水流移动，所以黏性土一般不是管涌土；均匀的砂土孔隙的平均直径总是小于砂土的颗粒粒径，因而也不是管涌土。不均匀系数 $C_u > 10$，级配不连续，无黏性土中的细颗粒含量小 5%，属于管涌土。对于级配连续的情况，还要进一步判断。若有 5% 以上的颗粒小于 D_0，也属于管涌土。亦即：

$$d_5 < D_0 \tag{6.5.5}$$

其中

$$D_0 = 0.25 d_{20} \tag{6.5.6}$$

其中，d_{20} 为小于该粒径的土的质量占土粒总质量的 20%。

2. 水力条件

渗透水流的渗透力达到一定值，才会带动土中的细颗粒，因而管涌要在一定的水力条件下才会发生。一般来讲，发生管涌的水力坡降比发生流土的水力坡降要低，但其变化范围很大，也远不像流土的临界水力坡降那么容易准确地确定。我国的学者在试验的基础上，提出破坏水力坡降与允许水力坡降范围值，如表 6.5.1 所示。

发生管涌的水力坡降范围值 表 6.5.1

水力坡降 i	连续级配的土	不连续级配的土
破坏临界水力坡降 i_{cr}	0.20～0.40	0.10～0.30
允许水力坡降 $[i]$	0.15～0.25	0.10～0.20

6.5.4 渗透变形的防治

减小渗流出口的水力坡降，对于防治任何形式的渗透变形总是有效的。具体的方法是在挡水建筑物上游设置垂直防渗体或水平防渗体，在其下游采取排水设施，即所谓的"上挡下排"。

在地下水以下开挖基坑时，也要防止渗透变形，这时设置垂直防渗帷幕是有效的措施。它有混凝土地下连续墙、咬合的旋喷桩、搅拌桩、灌浆帷幕等，它们可以是落底式的（即插入下部的不透水层），也可以是悬挂式的。水平防渗体主要是黏土的水平铺盖。垂直与水平防渗体都可以增加渗径，减少水力坡降。

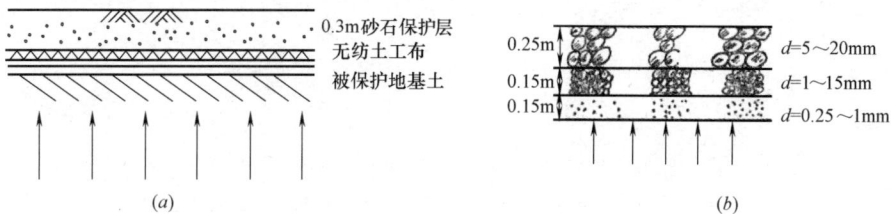

图 6.5.6 反滤层的构造

(a) 土工布反滤层；(b) 砂、砾反滤层防治管涌的措施除了减少水力坡降以外，还可以改变土的几何条件，亦即在地下水的逸出部位设置反滤层。所谓反滤层就是用1～3层级配均匀的砂与砾石保护地基土，土层大体与渗流方向垂直，粒径随渗流方向加大，增加透水性和保土性，减少出口的水力坡降。在各种排水措施中，都需要考虑设置反滤层，防止这层土的土粒从下一层中流失。随着土工合成材料的发展，目前普遍采用各种土工布、土工网等作为反滤层，施工简便，造价降低。反滤层的构造见图6.5.6。

第 7 章　土体中的应力计算

7.1　概　　述

在地基土层上建造建筑物，建筑物的荷载将通过基础传递给地基，使地基中原有的应力状态发生变化，引起地基土的变形，使建筑物基础发生沉降。如果土体变形引起的沉降在容许的范围内，将不致影响建筑物的安全和正常使用；但当外荷载引起的土中应力过大时，会使建筑物发生不可容许的沉降，甚至会使土体发生整体失稳。因此，土中应力的计算是建筑地基基础设计中的变形计算及稳定分析的重要依据。

7.1.1　地基的自重应力与附加应力

地基土中的应力，就其产生的原因主要有两种：由土体自重引起的自重应力和由各种外部作用引起的附加应力。所谓外部作用，主要是建筑物荷载的作用，此外像开挖基坑、地面堆载、地震等也会产生附加应力；地基土的干湿冷热的变化引起的土中应力变化部分也属于附加应力，如渗透力、冻胀力和膨胀力等。

本章主要讨论的是由荷载引起的附加应力。由于基础在地基中都有一定的埋深，荷载在建筑物基础底面与地基土之间产生接触压力 p，这个基底接触压力的分布是十分复杂的，与土、基础、上部结构的刚度和强度都有关系。在一定条件下，我们假设基底压力是线性分布的。基底压力减去基底处土原来的自重应力，就是基底附加压力 p_0，基底附加压力在地基土内部产生附加应力，这个附加应力会使地基产生变形和沉降。

如上所述，由于地基土是非弹性、非线性和分层分布的，这就使基底压力和土中的附加应力十分复杂，并且受很多因素的影响。为了简便，本章在做了一些讨论之后，还是假设土是均匀、各向同性和线弹性的介质来进行分析计算。

7.1.2　地基中的几种应力状态

计算地基应力时，通常将地基当作半无限空间的弹性体，即将地基简化为具有水平界面、深度和广度都无限大的空间弹性体，如图 7.1.1 所示。常见的地基土应力状态有如下三种。

1. 三维应力状态

三维应力状态亦称空间应力状态。在局部荷载作用下，地基土中的应力状态属于三维应力状态，它是地基中最普遍的应力状态，例如单独柱基下地基中各处的应力状态就是典型的三维应力状态。如图 7.1.2 所示。这时，每一点的应力都是三个指标 x、y、z 的函数，其应力状态可用 9 个分量表示（其中 6 个分量是独立的）。写成矩阵形式为：

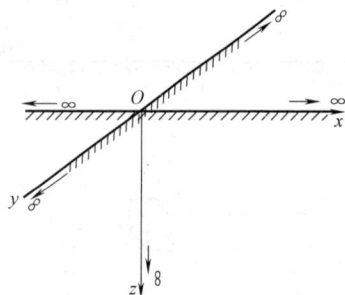

图 7.1.1　半无限空间体

$$\sigma_{ij} = \begin{bmatrix} \sigma_x & \tau_{xy} & \tau_{xz} \\ \tau_{yx} & \sigma_y & \tau_{yz} \\ \tau_{zx} & \tau_{zy} & \sigma_z \end{bmatrix}$$

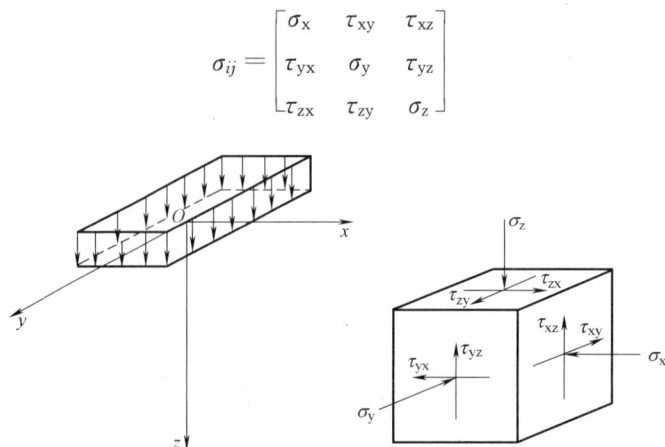

图 7.1.2　单独柱基下地基中的三维应力状态

2. 二维应力状态（平面应变状态）

当在平面上基础的一个方向的尺寸比另一个方向的尺寸大得多，并且每个截面上的荷载大小与分布完全一样时，它在地基中引起的应力状态可认为是平面应变-应力状态，条形基础就属于这一类（图 7.1.3）。这样，沿着长度的垂直方向取任意截面 xOz 都可以认为是对称面，应力只是 x 与 z 的函数。由于平面应变和对称性，$\varepsilon_y=0$，$\tau_{yx}=\tau_{zy}=0$。这种应力状态的矩阵可以写为：

$$\sigma_{ij} = \begin{bmatrix} \sigma_x & 0 & \tau_{xz} \\ 0 & \sigma_y & 0 \\ \tau_{zx} & 0 & \sigma_z \end{bmatrix}$$

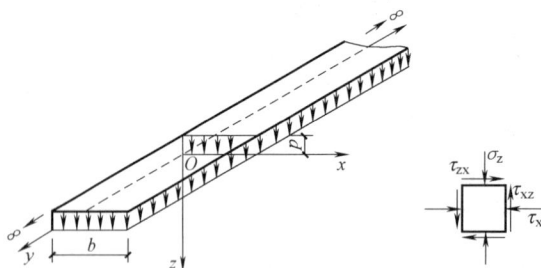

图 7.1.3　条形基础下地基中的二维应力状态

3. 侧限应力状态

侧限应力状态是指水平面上侧向两个方向的应变为零的应力状态，半无限地基在自重作用下的应力状态就属于这种情况（图 7.1.4）。这时，在同一深度 z 处的土单元受力的条件都相同。土体不会发生侧向变形。又由于任何竖直平面都是对称面，因而在任何竖直与水平面上都不会有剪应力，亦即 $\tau_{yx}=\tau_{zy}=\tau_{zx}=0$，其应力矩阵表示为：

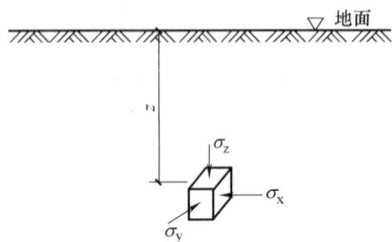

图 7.1.4　地基中的侧限应力状态

$$\sigma_{ij} = \begin{bmatrix} \sigma_x & 0 & 0 \\ 0 & \sigma_y & 0 \\ 0 & 0 & \sigma_z \end{bmatrix}$$

根据 $\varepsilon_y = \varepsilon_x = 0$ 的条件，σ_x 及 σ_y 由 σ_z 所决定，所以侧限应力状态又称为一维（压缩）应力状态，在半无限地基中的自重应力状态就属于侧限应力状态，如图 7.1.4 所示。三个应力之间的关系可表示为下式

$$\sigma_x = \sigma_y = \frac{\nu}{1-\nu}\sigma_z = K_0\sigma_z \tag{7.1.1}$$

式中　ν——地基土的泊松比；

K_0——侧限土压力系数，也称静止土压力系数。

7.2　地基土体的自重应力计算

7.2.1　一般计算原理

土体在受到荷载等外部作用之前，由于其自身重量而产生的应力叫自重应力。表面起伏土体其自重应力计算是相当复杂的，其中最简单和常用的是地基土的自重应力。由于我们假设地基是在水平面上无限延展的半无限体，其应力状态是上述的侧限应力状态，所以我们所说的自重应力通常主要是指竖向自重应力 σ_z。地基土中的竖向自重应力计算是一个可通过竖向的静力平衡确定的静定问题。如果地基土是单层均质的，则在深度 z 处的竖向自重应力为

$$\sigma_z = \gamma z \tag{7.2.1}$$

实际上，天然土地基是由具有不同重度的土层和地下水组成的，如图 7.2.1 所示。则处于深度 z 处的自重应力为

$$\sigma_z = \sum_{i=1}^{n} \gamma_i H_i \tag{7.2.2}$$

式中　n——在 z 的范围内地基中的土层数；

γ_i——第 i 层土的重度；

H_i——在 z 的范围内第 i 层土的厚度。

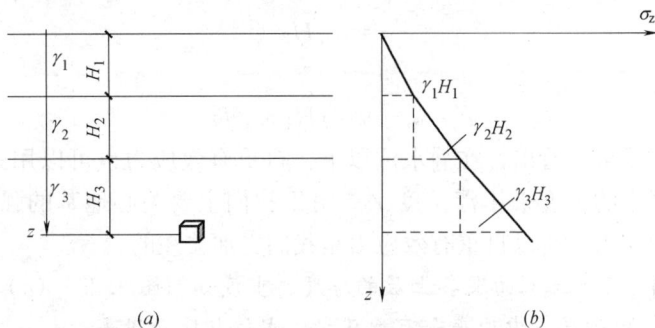

图 7.2.1　地基中的自重应力及其分布

根据式（7.1.1），地基土中的水平自重应力为

$$\sigma_x = \sigma_y = K_0\sigma_z$$

如上所述，K_0 为静止土压力系数。但是，由于土并不是线弹性体，所以 K_0 是与土的种类、状态和应力历史等因素有关的。

7.2.2 静止地下水以下的地基土的自重应力

在地下水以下的土体中，土中水也应属于土体的组成部分，土体的自重应力应服从有效应力原理。这时，可先计算地基土的自重总应力和孔隙水压力，然后计算自重有效应力，有时也可直接计算自重有效应力。

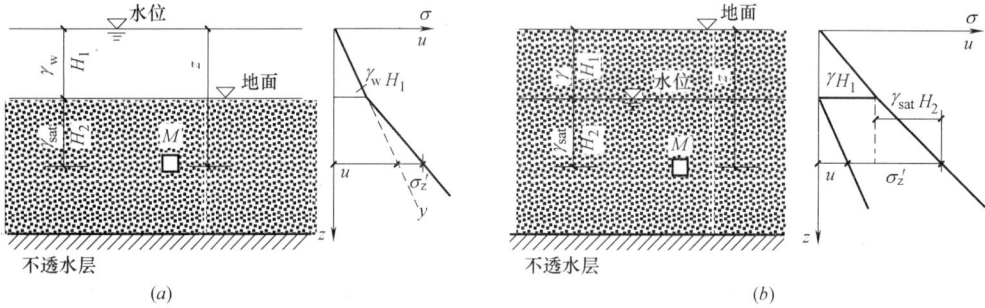

图 7.2.2　有静止地下水时的地基中的自重应力及其分布

图 7.2.2 中，在不透水层以上的地下水为静水。图 7.2.2（a）中，地面以上有深度为 H_1 的静积水，则点 M 的自重总应力为：

$$\sigma_z = \gamma_w H_1 + \gamma_{sat} H_2$$

孔隙水压力为：

$$u = \gamma_w (H_1 + H_2)$$

根据有效压力原理，自重有效应力为：

$$\sigma'_z = \sigma_z - u = \gamma' H_2$$

图 7.2.2（b）中，静地下水位距地面深度 H_1，M 点在静水位以下 H_2 处，其自重总应力为：

$$\sigma_z = \gamma H_1 + \gamma_{sat} H_2$$

孔隙水压力为：

$$u = \gamma_w H_2$$

有效自重应力为：

$$\sigma'_z = \sigma_z - u = \gamma H_1 + \gamma' H_2$$

从以上两个例子可以看出，在静水位以下，自重有效应力也可以用式（7.2.2）直接计算。水下部分式中的重度采用浮重度 γ'。由于我们主要关心地基的强度和变形，而它们又都取决于有效应力，所以自重有效应力是我们更加关注的。

【例题 7.2.1】某土层剖面及各土层的厚度、重度如例图 7.2.1（a）所示，重度单位为 kN/m³。其中，中砂层③中原来含有承压水，水位与地面齐平。

1. 计算并画出竖向自重总应力 σ_z、孔隙水压力 u 和竖向自重有效应力 σ_z' 沿深度的分布；

2. 由于大量开采地下水，多年以后，中砂层③中的地下水位降低到距地面 7m，上层细砂层中潜水位不变，计算并画出此时 σ_z、u 和 σ_z' 沿深度的分布。

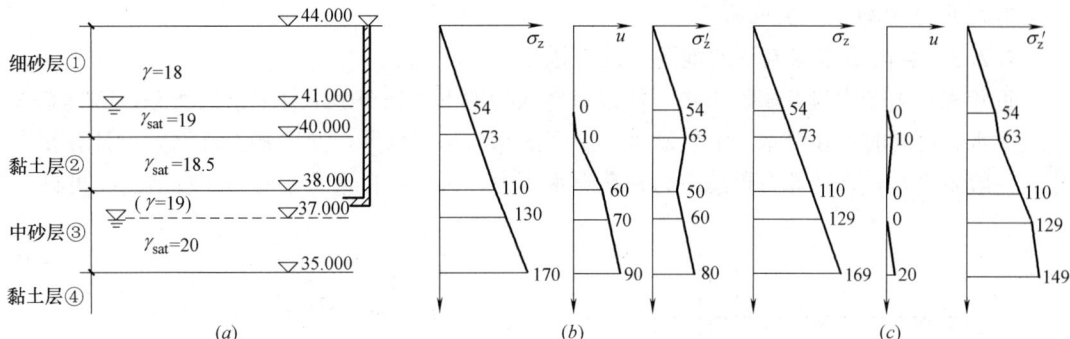

例图 7.2.1

【解】

1. 降水前，应力分布计算结果见例表 7.2.1 及例图 7.2.1 (b)。在黏土层②中有承压水向上渗流，产生向上的渗透力，有效自重应力也可通过浮重度和渗透力相加直接计算。

例表 7.2.1

计算点高程	计算点深度 z(m)	自重总应力 σ_z(kPa)	孔隙水压力 u(kPa)	自重有效应力 σ_z'(kPa)
44.0	0.0	0	0	0
41.0	3.0	$18 \times 3 = 54$	0	54
40.0	4.0	$54 + 19 \times 1 = 73$	10	63
38.0	6.0	$73 + 18.5 \times 2 = 110$	60	50
37.0	7.0	$110 + 20 \times 1 = 130$	70	60
35.0	9.0	$130 + 20 \times 2 = 170$	90	80

2. 降水后，应力分布计算结果见例表 7.2.2 及例图 7.2.1 (c)，由于在由于中砂层③中地下水下降，从承压水变成层间潜水。黏土层②中的自重有效应力明显增加，从平均 57.2kPa 增加到 77.2kPa，其他土层的自重有效应力也都有所增加。所以，地下水大面积下降会使土层压缩，地面下沉。

例表 7.2.2

计算点高程	计算点深度 z(m)	自重总应力 σ_z(kPa)	孔隙水压力 u(kPa)	自重有效应力 σ_z'(kPa)
44.0	0.0	0	0	0
41.0	3.0	$18 \times 3 = 54$	0	54
40.0	4.0	$54 + 19 \times 1 = 73$	10	63
38.0	6.0	$73 + 18.5 \times 2 = 110$	0	110
37.0	7.0	$110 + 19 \times 1 = 129$	0	129
35.0	9.0	$129 + 20 \times 2 = 169$	20	149

应力与孔压沿深度的分布如例图 7.2.1 (b) 和 (c) 所示。值得注意的是在黏土层②，

127

由于存在竖直向下的渗流，其下部的孔隙水压力为0，该层内作用有向下的渗透力，所以也可以用浮重度与渗透力直接计算自重有效应力。此题也表明，大面积开探地下水，可使土层有效应力增加，产生地面下沉。

7.2.3 竖向稳定渗流下的地基土的自重应力

近年来，由于大量开采地下水，使很多地区的地下水分布呈十分复杂的状态，常具有多层地下水，可同时存在滞水、上层潜水、层间潜水、承压水等，使地基土自重应力计算复杂化。一般来说，首先计算自重总应力和孔隙水压力，再计算自重有效应力比较清楚、可靠。

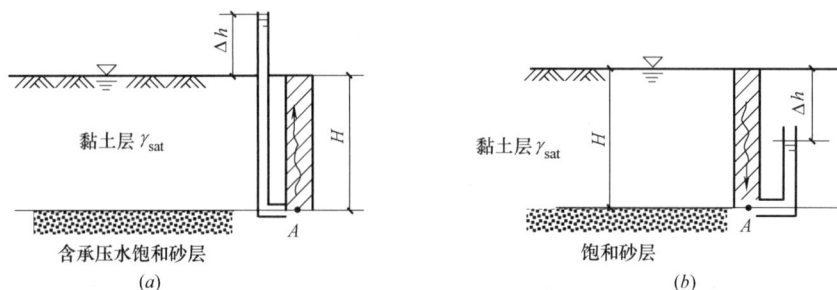

图 7.2.3 稳定渗流情况下自重应力计算

在图 7.2.3 （a）、（b）两种情况下，点 A 的自重总应力都是

$$\sigma_z = \gamma_{sat} H$$

对于图 7.2.3 （a）的情况，在黏土层中，承压水自下而上稳定渗流，A 点孔隙水压力与自重有效应力为

$$u = \gamma_w (H + \Delta h)$$

$$\sigma_z' = \sigma_z - u = (\gamma_{sat} - \gamma_w) H - \gamma_w \Delta h = \gamma' H - \gamma_w \Delta h$$

对于图 7.2.3 （b）的情况，砂层中的水头低于地平面，这时在黏土层中，如有地面水的补给，地下水自上而下稳定渗流，A 点孔隙水压力与自重有效应力分别为

$$u = \gamma_w (H - \Delta h)$$

$$\sigma_z' = \sigma_z - u = (\gamma_{sat} - \gamma_w) H + \gamma_w \Delta h = \gamma' H + \gamma_w \Delta h$$

可见，在图 7.2.3 的两种情况下，地基土的自重应力 $\sigma_z' \neq \gamma' H$，对于图 7.2.3 （a）的情况，σ_z' 小于 $\gamma' H$，这可以理解为向上的渗透力使有效自重应力减少，如果 $\gamma' H = \gamma_w \Delta h$ 则会在黏土中发生流土。对于图 7.2.3 （b）的情况，σ_z' 大于 $\gamma' H$，这可以理解为向下的渗透力使有效自重应力增加。

应当指出，竖向稳定渗流情况是指天然地基中存在多层地下水，其地下水分布处于长期、稳定的自然状态，这时地基土的有效应力属于自重有效应力。如果由于人工降水等原因造成地下水下降，使地基土的有效应力增加，会引发土体压缩。并且，土的渗透系数较小，地面沉降期间增加的竖向有效应力就属于荷载或附加应力了。

7.3 基底压力的分布与计算

建筑物的荷载通过基础传递到地基上，基础底面传递给地基表面的压力称为基底压力，由于基地压力是作用于基础与地基间的接触面上的，所以也称为基底接触压力。基底压力既是作用于地基表面的分布荷载，在地基中产生附加应力；也是计算基础结构内力的外加荷载。因此，在计算地基附加应力和基础内力时，都必须研究基底压力的分布规律和计算方法。试验结果表明，基础底面的实际压力分布取决于地基与基础的相对刚度、基础上的荷载大小、基础尺寸、基础埋深和土的性质等。

7.3.1 基础刚度的影响

柔性基础（薄板、土堤、路基等）的基础刚度很小，在竖向荷载作用下基本没有抵抗弯矩和剪力的能力，如同放在弹性地基上的柔软的橡皮板，完全适应于地基的变形，两者变形是协调的。所以，在弹性地基上，其接触压力的分布与基础上的荷载分布是一致的。如图 7.3.1 (b)、(c) 所示的情况。

对于弹性地基上的刚性基础（亦称无筋扩展基础），由于它比土体的刚度大得多，可以假设为绝对刚性的。在基础上均布荷载作用下，它必定保持平行下沉而不弯曲。从图 7.3.2 (c) 可见，如果基础平移，为使基础与地基间接触面变形一致，则两端的应力必须加大，这时的基底接触压力分布如图 7.3.2 (c) 的实线形式，边缘的压力趋于无限大。可见，这时的基底压力与基础上的荷载分布不一致。

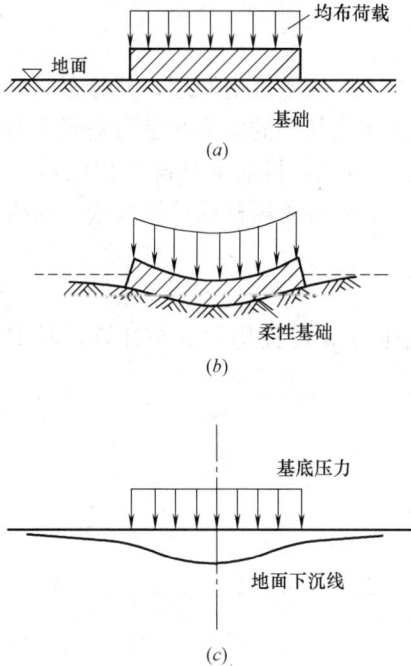

图 7.3.1 均布荷载下的柔性基础基底接触压力

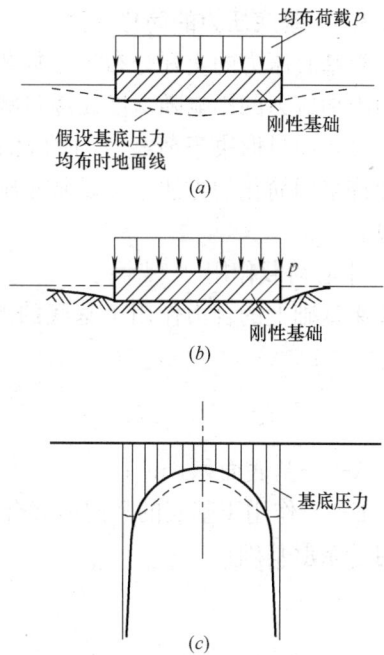

图 7.3.2 均布荷载下的刚性基础基底接触压力

由于土并不是弹性体，当应力达到一定程度时，它就会屈服而达到塑性状态，因而图 7.3.2 (c) 的实线所示的两端趋于无限大的压力是不可能的。应力达到一定数值，土就屈服而不再增加了，所以实际的基底压力分布如图 7.3.2 (c) 的虚线分布形式，即形成马鞍形的分布。

由于基础实际上既不是完全柔性的，也不是绝对刚性的，而是弹性可变形的（如各种扩展基础），对于重要的建筑物，要求进行上部结构、基础和地基的共同作用数值分析，确定基底的压力。

7.3.2 荷载及土性质的影响

实测的资料表明，刚性基础下的基底压力分布大致有图 7.3.3 所示的几种形式。当基础上的荷载较小时，基底压力分布近似于图 7.3.3（a）的形式，它接近于弹性地基的情况；荷载加大时，边缘应力范围加大，地基土屈服，成为马鞍形，如图 7.3.3（b）的形式；荷载进一步加大，地基边缘的塑性区增加，由于边缘的屈服应力不再增加，增加的荷载向中间部分转移（由于四周约束，中间

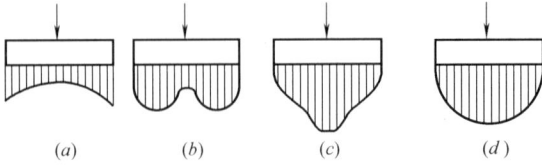

图 7.3.3 刚性基础下的几种基底压力分布形式
(a) 弹性地基；(b) 马鞍形；(c) 钟形；(d) 抛物线形

土的屈服应力更高），就变成了钟形（图 c，对于黏性土）或抛物线形（图 d，对于砂土）。

由此可见，基底的压力分布是十分复杂的，影响因素很多。尤其是当前建筑物的基础埋深都较大，这也会明显改变基底压力分布。例如，在较大荷载下，对于基础浅埋的砂土地基，其基底压力如图 7.3.3（d）所示；而对于基础深埋的砂土地基，压力分布则如图 7.3.3（c）所示。

7.3.3 基底压力的简化计算

尽管基底压力的实际分布十分复杂，但根据弹性理论的圣维南原理，其分布的形式对地基内附加应力的影响随深度而逐步减小，到一定深度地基中的应力几乎与基底压力分布形式无关，而只取决于荷载合力的大小与作用位置。因此，目前的基础工程的地基计算中，允许采用简化的方法，假设基底压力按材料力学的偏心受压柱的计算方法，即线性分布假设。

1. 中心荷载作用

如果基础上的合力作用于基底的形心时，基底压力 p 可按均匀分布计算，对于矩形基础：

$$p = \frac{F}{A} \tag{7.3.1}$$

式中　A——基底面积，m^2；

　　　　F——作用于基底的竖向荷载合力，kN。

对于条形基础：

$$p = \frac{F}{b} \tag{7.3.2}$$

式中　b——条形基础宽度，m；

　　　　F——单位长度的荷载合力，kN/m。

2. 偏心荷载作用

矩形基础受偏心荷载作用，产生的基底压力可按材料力学的偏心受压柱计算，若基础受双向偏心荷载作用，基底任一点的基底压力分布见图 7.3.4。计算如下：

$$p_{(x,y)} = \frac{F}{A} \pm \frac{M_x y}{I_x} \pm \frac{M_y x}{I_y} \tag{7.3.3}$$

式中　$p_{(x,y)}$——基底坐标为 x，y 点的基底压力，kPa；

M_x，M_y——竖直偏心荷载 F 对基础底面 x 轴和 y 轴的力矩， （kN·m），$M_x =$
$F·e_y$，$M_y = F·e_x$；

I_x，I_y——基础底面对 x 轴和 y 轴的惯性矩，$I_x = bl^3/12$，$I_y = lb^3/12$，m^4；

e_x，e_y——竖直偏心荷载距 x 轴和 y 轴的偏心距，m。

若基础受单向的偏心荷载作用时，例如作用于 x 轴上（图 7.3.5），则 $M_x = 0$，$e_y = e$，这时两端的基底压力为

$$p_{\frac{max}{min}} = \frac{F}{A}\left(1 \pm \frac{6e}{b}\right) \tag{7.3.4}$$

按式（7.3.4），当 $e < b/6$ 时，基底压力为梯形分布（图 7.3.5a）；当 $e = b/6$ 时，基底压力为三角形分布（图 7.3.5b）；当 $e > b/6$ 时，基底压力将出现负值。由于基础与地基间不可能出现拉力，因而基底压力将重新分布，出现如图 7.3.5（c）所示的情况。这时的边缘最大压力为

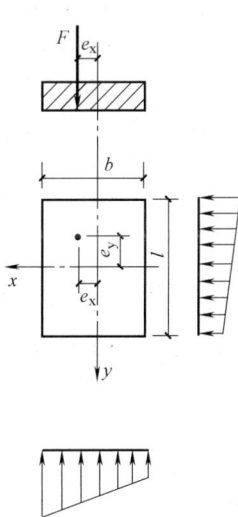

图 7.3.4 双向偏心
荷载下基底压力

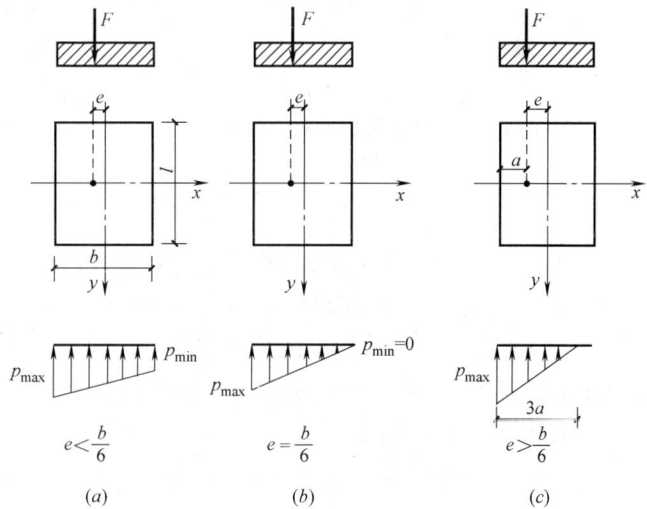

图 7.3.5 单向偏心荷载下的基底压力

$$p_{max} = \frac{2F}{3al} \tag{7.3.5}$$

式中，$a = b/2 - e$。

条形基础的偏心受压情况，同样可以按上述方法解决，只要在长度方向取单位长度 1m 即可。

$$p_{\frac{max}{min}} = \frac{F}{b}\left(1 \pm \frac{6e}{b}\right) \tag{7.3.6}$$

式中　F——单位长度上作用于基础上的总荷载，kN/m。

7.4　地基中的附加应力计算

对于一般的天然土层，其自重应力引起的土层压缩一般在其漫长的地质历史中早已完

成，不会引起地基的沉降。附加的应力是由外部作用引起的，例如建筑物建成以后在地基内产生了新增加的应力，它会使地基压缩，引起建筑物沉降。本节主要介绍地基表面上作用有不同形式的荷载时，在地基内部土体中引起的附加应力的计算。

7.4.1 地表集中荷载作用下的附加应力计算

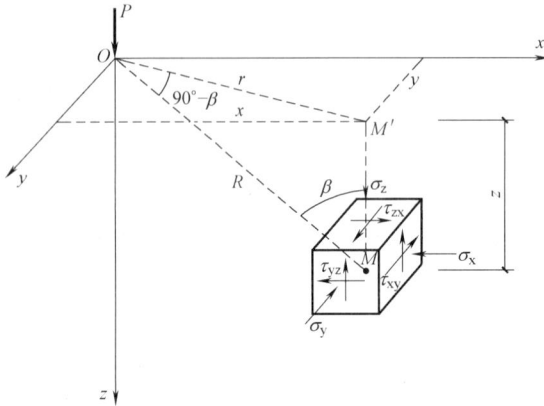

图 7.4.1 地表集中荷载下的应力

1885 年，法国的数学家布辛内斯克（Boussinesq J）用弹性理论推导出半无限空间弹性体表面作用集中力 P 时，在弹性体内任意点 M 所引起的应力解答。这是一个轴对称问题，对称轴是集中力 P 的作用线，以 P 的作用点 O 为原点，则 M 点的坐标为 x，y，z。如图 7.4.1 所示。

M' 点为 M 点在半无限弹性体表面上的投影。由布辛内斯克可以得出 M 点的 6 个应力分量和三个位移分量。其中对地基沉降最重要的竖直法向正应力为：

$$\sigma_z = \frac{3P}{2\pi}\frac{z^3}{R^5} = \frac{3P}{2\pi R^2}\cos^3\beta \tag{7.4.1}$$

式中　R——M 点至坐标原点 O 的距离，$R = \sqrt{x^2 + y^2 + z^2} = \sqrt{r^2 + z^2}$；

　　　　β——直角三角形 OMM' 中的线 OM 与线 MM' 间的夹角。

由于竖直集中力 P 作用下的应力状态是轴对称的空间问题，因此可以在通过 P 作用线的任意竖直面上对附加应力 σ_z 的分布特征进行分析讨论，如图 7.4.2 所示。

1. 在集中力 P 作用线上（$r=0$）σ_z 的分布

（1）对于 $r=0$ 情况，亦即 $R=z$，即沿着 P 的作用线的 σ_z 分布：根据式（7.4.1），$\sigma_z = \frac{3P}{2\pi z^2}\cos^3\beta$，可见它与 z^2 成反比而衰减；

（2）在 $z=0$ 处，$\sigma_z \rightarrow \infty$，这时由于集中力的作用面积等于零，说明在 P 的作用点处应力无穷大；

（3）当 $z \rightarrow \infty$ 时，$\sigma_z = 0$，即坐标轴 z 是 σ_z 分布线的渐近线。沿着 P 的作用线的 σ_z 分布见图 7.4.2。

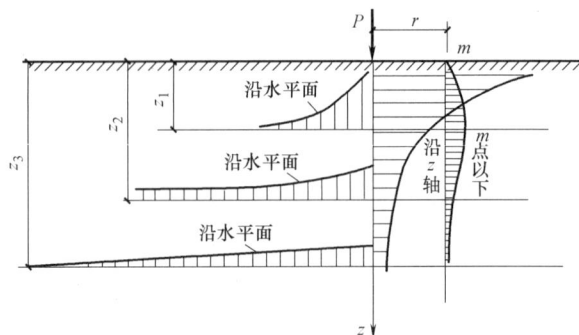

图 7.4.2　集中力 P 作用下的 σ_z 的分布

2. 在 $r=$ 常数的竖直线上 σ_z 的分布（$r>0$）

$z=0$ 时，根据式（7.4.1），$R>0$，$\beta \to 90°$，$\sigma_z=0$，随着 z 从零逐步增大，β 也从 $90°$ 逐渐减小，σ_z 也从零逐步增大，到一定程度又开始减小，其分布见图 7.4.2 中的 m 线。

3. $z=$ 常数时，即在各水平面上 σ_z 的分布

这时在集中力作用线下的 σ_z 最大，随着 r 的增加，σ_z 减小；随着深度 $z=$ 常数增加，集中力作用线下的 σ_z 减小，而在平面上的应力趋于均匀。见图 7.4.2 中的 z_1、z_2、z_3 各水平面。

若在半无限空间将 σ_z 相同的点连成曲面，可以得到如图 7.4.3 所示的等值面图，其空间曲面像一个个泡泡，也称为应力泡。总之，集中力 P 在空间引起的附加应力是向下、向四周逐渐无限扩散的。

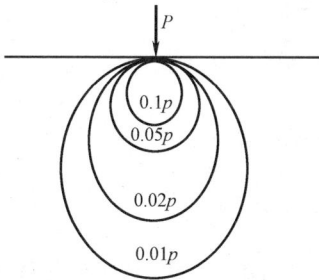

图 7.4.3 σ_z 的等值面图（$p=P/1\mathrm{m}$）

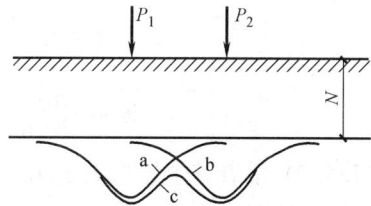

图 7.4.4 几个集中力作用在地基中 σ_z 的叠加

当地基上作用着几个集中力时，可分别计算出各集中力引起的附加应力，然后根据弹性力学的叠加原理求出附加应力的总和。图 7.4.4 中的曲线 a 为集中力 P_1 在深度 z 水平线上引起的 σ_z 的分布，曲线 b 为集中力 P_2 在同一深度的水平线上引起的 σ_z 的分布，把曲线 a 和曲线 b 相加得到的曲线 c，就是该水平线上总的附加应力 σ_z 分布。

在实际工程中，并没有真正意义上的集中力，可以将基底压力分为若干个小面积，把每个小面积上的荷载合力当成集中力，然后利用上述公式计算附加应力，进行叠加。后面的矩形分布荷载和三角形分布荷载等也是通过先分割（微分）后叠加（积分）进行分析。

7.4.2 矩形面积上的各种分布荷载作用下的附加压力计算

如上所述，基础底面的大小和形状各不相同；基底压力的形式也各不相同。但是都可以利用上述的集中力引起的附加应力计算方法，进行叠加积分，计算地基内任意点的附加应力。下面讨论矩形面积上的分布荷载在地基内引起的附加应力的计算。

1. 矩形面积上竖直均布荷载

地基表面上有一宽度为 b、长度为 l 的矩形面积，其上作用着竖直均布荷载 p，求地基下各点的附加应力 σ_z。这时，一般是先计算矩形面积的角点下的应力，然后再用角点法求出任意点的附加应力。

1）角点下的附加应力

角点的应力是指图 7.4.5 中的 O、A、C、D 四个点以下任意深度的应力。由于平面上的对称性，只要深度相同，四个角点的应力是相同的。将坐标原点取在 O 点上，在荷载面积内任取微分面积 $\mathrm{d}A=\mathrm{d}x\mathrm{d}y$，并将其上的荷载以集中力 $\mathrm{d}P=p\mathrm{d}A=p\,\mathrm{d}x\mathrm{d}y$ 代替，利用式（7.4.1）可以计算该集中力在 O 点以下深度 z 处点 M 引起的竖向附加应力 $\mathrm{d}\sigma_z$：

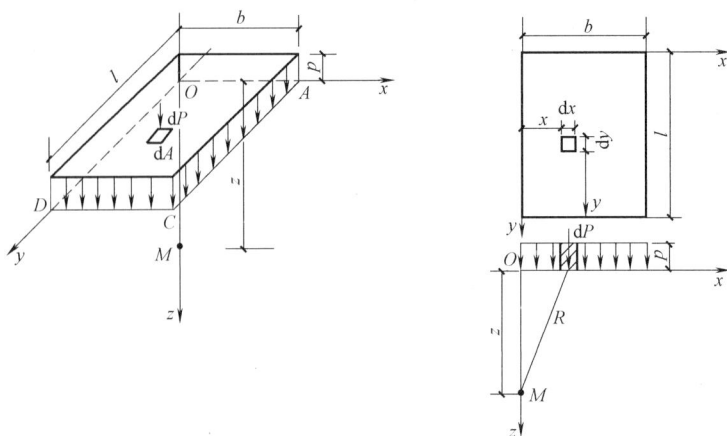

图 7.4.5 矩形均布荷载角点下的应力

$$d\sigma_z = \frac{3dp}{2\pi}\frac{z^3}{R^5} = \frac{3p}{2\pi}\frac{z^3}{(x^2+y^2+z^2)^{5/2}}dxdy \tag{7.4.2}$$

将式（7.4.2）沿着整个矩形 $OACD$ 的面积积分，则可得出矩形面积上均布荷载 p 在角点下 M 点引起的附加应力 σ_z

$$\sigma_z = \int_0^l\int_0^b \frac{3p}{2\pi}\frac{z^3}{(x^2+y^2+z^2)^{5/2}}dxdy$$

$$= \frac{p}{2\pi}\left[\arctan\frac{m}{n\sqrt{1+m^2+n^2}} + \frac{m\cdot n}{\sqrt{1+m^2+n^2}}\left(\frac{1}{m^2+n^2} + \frac{1}{1+n^2}\right)\right] \tag{7.4.3}$$

式中 $m=l/b$，$n=z/b$。为计算方便，可将式（7.4.3）写成

$$\sigma_z = K_s p \tag{7.4.4}$$

K_s 为矩形荷载角点下的应力分布系数，$K_s=f(m，n)$ 可以从表 7.4.1 查得。

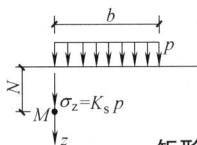

矩形面积竖直均布荷载作用时角点的应力系数 K_s 值   表 7.4.1

$n=z/b$ \ $m=l/b$	1.0	1.2	1.4	1.6	1.8	2.0	3.0	4.0	5.0	6.0	10.0
0.0	0.2500	0.2500	0.2500	0.2500	0.2500	0.2500	0.2500	0.2500	0.2500	0.2500	0.2500
0.2	0.2486	0.2489	0.2490	0.2491	0.2491	0.2491	0.2492	0.2492	0.2492	0.2492	0.2492
0.4	0.2401	0.2420	0.2429	0.2434	0.2437	0.2439	0.2442	0.2443	0.2443	0.2443	0.2443
0.6	0.2229	0.2275	0.2300	0.2315	0.2324	0.2329	0.2339	0.2341	0.2342	0.2342	0.2342
0.8	0.1999	0.2075	0.2120	0.2147	0.2165	0.2176	0.2196	0.2200	0.2202	0.2202	0.2202
1.0	0.1752	0.1851	0.1911	0.1955	0.1981	0.1999	0.2034	0.2042	0.2044	0.2045	0.2046
1.2	0.1516	0.1626	0.1705	0.1758	0.1793	0.1818	0.1870	0.1882	0.1885	0.1887	0.1888
1.4	0.1308	0.1423	0.1508	0.1569	0.1613	0.1644	0.1712	0.1730	0.1735	0.1738	0.1740
1.6	0.1123	0.1241	0.1329	0.1400	0.1445	0.1482	0.1567	0.1590	0.1598	0.1601	0.1604
1.8	0.0969	0.1083	0.1172	0.1241	0.1294	0.1334	0.1434	0.1463	0.1474	0.1478	0.1482
2.0	0.0840	0.0947	0.1034	0.1103	0.1158	0.1202	0.1314	0.1350	0.1363	0.1368	0.1374
2.2	0.0732	0.0832	0.0917	0.0984	0.1039	0.1084	0.1205	0.1248	0.1264	0.1271	0.1277

$n=z/b$ \ $m=l/b$	1.0	1.2	1.4	1.6	1.8	2.0	3.0	4.0	5.0	6.0	10.0
2.4	0.0642	0.0734	0.0812	0.0879	0.0934	0.0979	0.1108	0.1156	0.1175	0.1184	0.1192
2.6	0.0566	0.0651	0.0725	0.0788	0.0842	0.0887	0.1020	0.1073	0.1095	0.1106	0.1116
2.8	0.0502	0.0580	0.0649	0.0709	0.0761	0.0805	0.0942	0.0999	0.1024	0.1036	0.1048
3.0	0.0447	0.0519	0.0583	0.0640	0.0690	0.0732	0.0870	0.0931	0.0959	0.0973	0.0987
3.2	0.0401	0.0467	0.0526	0.0580	0.0627	0.0668	0.0806	0.0870	0.0900	0.0916	0.0933
3.4	0.0361	0.0421	0.0477	0.0527	0.0571	0.0611	0.0747	0.0814	0.0847	0.0864	0.0882
3.6	0.0326	0.0382	0.0433	0.0480	0.0523	0.0561	0.0694	0.0763	0.0799	0.0816	0.0837
3.8	0.0296	0.0348	0.0395	0.0439	0.0479	0.0516	0.0645	0.0717	0.0753	0.0773	0.0796
4.0	0.0270	0.0318	0.0362	0.0403	0.0441	0.0474	0.0603	0.0674	0.0712	0.0733	0.0758
4.2	0.0247	0.0291	0.0333	0.0371	0.0407	0.0439	0.0563	0.0634	0.0674	0.0696	0.0724
4.4	0.0227	0.0268	0.0306	0.0343	0.0376	0.0407	0.0527	0.0597	0.0639	0.0662	0.0692
4.6	0.0209	0.0247	0.0283	0.0317	0.0348	0.0378	0.0493	0.0564	0.0606	0.0630	0.0663
4.8	0.0193	0.0229	0.0262	0.0294	0.0324	0.0352	0.0463	0.0533	0.0576	0.0601	0.0635
5.0	0.0179	0.0212	0.0243	0.0274	0.0302	0.0328	0.0435	0.0504	0.0547	0.0573	0.0610
6.0	0.0127	0.0151	0.0174	0.0196	0.0218	0.0238	0.0325	0.0388	0.0431	0.0460	0.0506
7.0	0.0094	0.0112	0.0130	0.0147	0.0164	0.0180	0.0251	0.0306	0.0346	0.0376	0.0428
8.0	0.0073	0.0087	0.0101	0.0114	0.0127	0.0140	0.0198	0.0246	0.0283	0.0311	0.0367
9.0	0.0058	0.0069	0.0080	0.0091	0.0102	0.0112	0.0161	0.0202	0.0235	0.0262	0.0319
10.0	0.0047	0.0056	0.0065	0.0074	0.0083	0.0092	0.0132	0.0167	0.0198	0.0222	0.0280
15.0	0.0921	0.0025	0.0029	0.0034	0.0038	0.0042	0.0061	0.0080	0.0096	0.0112	0.0158
20.0	0.0012	0.0014	0.0017	0.0019	0.0021	0.0024	0.0035	0.0046	0.0057	0.0067	0.0159

2) 任意点应力的计算——角点法

利用公式（7.4.4）和叠加原理，推求地基中任意点的附加应力的方法称为角点法。角点法可用于下面两种情况。第一种情况，计算在竖直均布荷载 p 作用的矩形面积内任一点 M' 下深度 z 的附加应力（图 7.4.6a）；第二种情况，计算在竖直均布荷载 p 作用的矩形面积外任一点 M' 下深度 z 的附加应力（图 7.4.6b）。

对于第一种情况，可以过点 M' 将矩形分为 Ⅰ、Ⅱ、Ⅲ、Ⅳ 共 4 个小矩形，M' 点为其公共点，则点下 z 深度处的附加应力 $\sigma_{zM'}$ 为

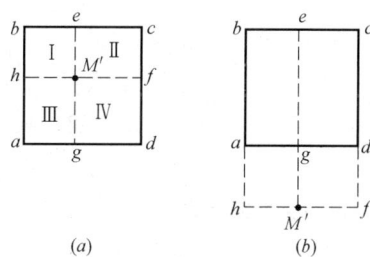

图 7.4.6　用角点法计算 M' 点以下的附加应力

$$\sigma_{zM'} = (K_{s1} + K_{s2} + K_{s3} + K_{s4})p \tag{7.4.5}$$

对于矩形面积外的第二情况，点 M' 下深度 z 的附加应力仍然设法使 M' 点成为几个小矩形的公共顶点。以上 K_{s1}、K_{s2}、K_{s3}、K_{s4}，分别为矩形 $M'hbe$、$M'fce$、$M'hag$、$M'fdg$ 的角点应力分布系数，如图 7.4.6（b）所示。

$$\sigma_{zM'} = (K_{s1} + K_{s2} - K_{s3} - K_{s4})p \tag{7.4.6}$$

值得注意的是，在应用角点法计算每一矩形面积的 K_s 时，b 恒为短边，l 恒为长边。

【例题 7.4.1】　有均布荷载 $p=100\text{kPa}$，荷载面积为矩形 $2\text{m}\times1\text{m}$，求荷载面积上角

点 A、边点 E、中心点 O 以及面积外点 F 各点，$z=1\text{m}$ 深度处的附加应力（例图 7.4.1）。

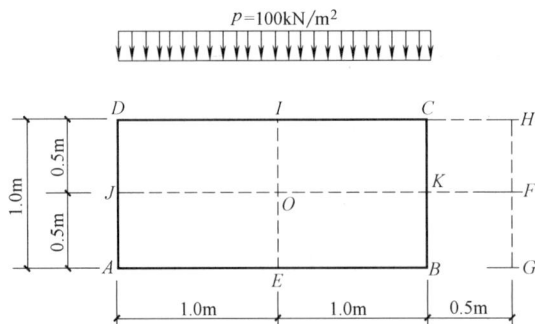

例图 7.4.1

【解】

（1）A 点下的应力

A 点是矩形 $ABCD$ 的角点，且 $m=\dfrac{l}{b}=\dfrac{2}{1}=2$；$n=\dfrac{z}{b}=1$，查表 7.4.1，$K_s=0.1999$，故

$$\sigma_{zA}=K_s p=0.1999\times100\approx20\text{kPa}$$

（2）E 点下的应力

通过 E 点将矩形荷载面积分为两个相等矩形 $EADI$ 和 $EBCI$。求它们的角点应力系数 K_s：

$$m=\frac{l}{b}=\frac{1}{1}=1；\ n=\frac{z}{b}=\frac{1}{1}=1$$

查表 7.4.1，$K_s=0.1752$，故

$$\sigma_{zE}=2K_s p=2\times0.1752\times100\approx35\text{kPa}$$

（3）O 点下的应力

通过 O 点将原矩形面积分为 4 个相等矩形 $OEAJ$、$OJDI$、$OICK$ 和 $OKBE$。求它们的角点应力系数 K_s：

$$m=\frac{l}{b}=\frac{1}{0.5}=2；\ m=\frac{z}{b}=\frac{1}{0.5}=2$$

查表 7.4.1，$K_s=0.1202$，故

$$\sigma_{zO}=4K_s p=4\times0.1202\times100\approx48.1\text{kPa}$$

（4）F 点下应力

过 F 点作矩形 $FGAJ$、$FJDH$、$FGBK$ 和 $FKCH$。设 $K_{sⅠ}$ 为矩形 $FGAJ$ 和 $FJDH$ 的角点应力系数；$K_{sⅢ}$ 为矩形 $FGBK$ 和 $FKCH$ 的角点应力系数。

求 $K_{sⅠ}$：
$$m=\frac{l}{b}=\frac{2.5}{0.5}=5；\ n=\frac{z}{b}=\frac{1}{0.5}=2$$

查表 7.4.1，$K_{sⅠ}=0.1363$

求 $K_{sⅢ}$：
$$m=\frac{l}{b}=\frac{0.5}{0.5}=1；\ n=\frac{z}{b}=\frac{1}{0.5}=2$$

查表 7.4.1，$K_{sⅢ}=0.0840$

故　　　　$\sigma_{zF}=2(K_{sⅠ}-K_{sⅢ})p=2(0.1363-0.0840)\times100=10.5kPa$

可见，这时的附加应力是中心点最大，边的中点次之，角点又次之，矩形外最小。

2. 矩形面积竖直三角形荷载

在矩形面积上作用着竖截面上为三角形分布的分布荷载，最大荷载强度为 p_t，如图 7.4.7 所示。将荷载强度为零的一个角点 O 作为坐标原点，同样可以利用式（7.4.1）和叠加积分方法求出角点 O 下任意深度点的附加应力 σ_z。在矩形面积中，取微面积 $dA=dxdy$，用集中力 $dP=\dfrac{p_t x}{b}dxdy$ 代替微面积上的分布荷载，则 dP 在 O 点下任意点 M 处引起的竖直向附加应力 $d\sigma_z$ 应为

$$d\sigma_z=\frac{3p_t}{2\pi b}\frac{xz^3}{(x^2+y^2+z^2)^{5/2}}dxdy \tag{7.4.7}$$

将式（7.4.7）在矩形面积上积分，得到整个矩形面积竖直三角形分布荷载在角点 O 下深度 z 处所引起的附加应力 σ_z 为

$$\sigma_z=K_t p_t \tag{7.4.8}$$

式中，$K_t=f(m，n)$ 为矩形面积竖直三角形荷载角点 O 下的应力分布系数，为：

$$K_t=\frac{mn}{2\pi}\left[\frac{1}{\sqrt{m^2+n^2}}-\frac{n^2}{(1+n^2)\sqrt{1+m^2+n^2}}\right] \tag{7.4.9}$$

K_t 可由表 7.4.2 查得。

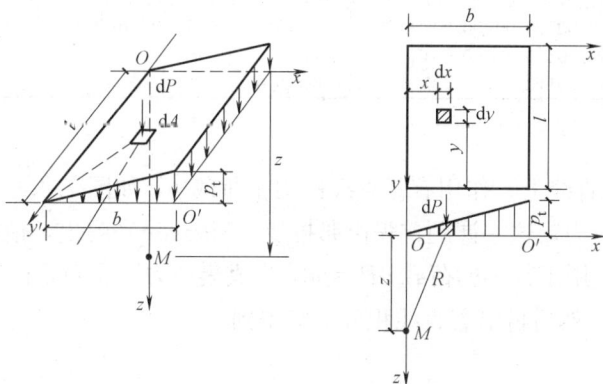

图 7.4.7　矩形面积上竖直三角形分布荷载角点下的应力

角点法同样可以用于三角形荷载的情况，例如利用矩形面积均布荷载与三角形分布荷载，可以叠加计算梯形分布荷载；也可以用矩形的均布荷载角点应力减去三角形分布荷载角点应力，得到三角形荷载强度为 p_t 角点下的附加应力。

7.4.3　条形面积上的各种分布荷载作用下的附加压力计算

宽度为 b、长度无限的条形面积承受荷载，并且荷载在每个垂直于长边的截面上的分布都相同，就是以上所述的平面应变状态，这时垂直于长度方向的任意截面内的应力大小与分布都是相同的，与所取得的截面位置无关。实际上，当截面两侧的矩形荷载作用面尺寸满足 $l>5b$ 时，该截面内的应力与 $l/b=\infty$ 的条形面积的应力是近似的。所以，查表 7.4.1

和表 7.4.2 的 $m=l/b=10$，查得角点的应力系数乘以 2，就可作为条形荷载的短边中点处的应力系数。

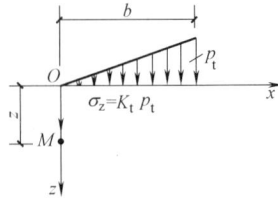

矩形面积上竖直三角形分布荷载角点下的应力系数 K_t　　　　　　表 7.4.2

$m=l/b$ \ $n=z/b$	0.2	0.4	0.6	0.8	1.0	1.2	1.4	1.6	1.8	2.0	3.0	4.0	6.0	8.0	10.0
0.0	0.0000	0.0000	0.0000	0.0000	0.0000	0.0000	0.0000	0.0000	0.0000	0.0000	0.0000	0.0000	0.0000	0.0000	0.0000
0.2	0.0223	0.0280	0.0296	0.0301	0.0304	0.0305	0.0305	0.0306	0.0306	0.0306	0.0306	0.0306	0.0306	0.0306	0.0306
0.4	0.0269	0.0420	0.0487	0.0517	0.0531	0.0539	0.0543	0.0545	0.0546	0.0547	0.0548	0.0549	0.0549	0.0549	0.0549
0.6	0.0259	0.0448	0.0560	0.0621	0.0654	0.0673	0.0684	0.0690	0.0694	0.0696	0.0701	0.0702	0.0702	0.0702	0.0702
0.8	0.0232	0.0421	0.0553	0.0637	0.0688	0.0720	0.0739	0.0751	0.0759	0.0764	0.0773	0.0776	0.0776	0.0776	0.0776
1.0	0.0201	0.0375	0.0508	0.0602	0.0666	0.0708	0.0735	0.0753	0.0766	0.0774	0.0790	0.0794	0.0795	0.0796	0.0796
1.2	0.0171	0.0324	0.0450	0.0546	0.0615	0.0664	0.0698	0.0721	0.0738	0.0749	0.0714	0.0779	0.0782	0.0783	0.0783
1.4	0.0145	0.0278	0.0392	0.0483	0.0554	0.0606	0.0644	0.0672	0.0692	0.0707	0.0739	0.0748	0.0752	0.0752	0.0753
1.6	0.0123	0.0238	0.0339	0.0424	0.0492	0.0545	0.0586	0.0616	0.0639	0.0656	0.0667	0.0708	0.0714	0.0715	0.0715
1.8	0.0105	0.0204	0.0294	0.0371	0.0435	0.0487	0.0528	0.0560	0.0586	0.0604	0.0652	0.0666	0.0673	0.0675	0.0675
2.0	0.0090	0.0176	0.0255	0.0324	0.0348	0.0434	0.0474	0.0507	0.0533	0.0533	0.0607	0.0624	0.0634	0.0636	0.0636
2.5	0.0063	0.0125	0.0183	0.0236	0.0284	0.0326	0.0362	0.0393	0.0419	0.0440	0.0504	0.0529	0.0543	0.0547	0.0548
3.0	0.0446	0.0092	0.0135	0.0176	0.0214	0.0249	0.0280	0.0307	0.0331	0.0352	0.0419	0.0449	0.0469	0.0474	0.0476
5.0	0.0018	0.0036	0.0054	0.0071	0.0088	0.0104	0.0120	0.0135	0.0148	0.0161	0.0214	0.0248	0.0283	0.0296	0.0301
7.0	0.0009	0.0019	0.0028	0.0038	0.0047	0.0056	0.0064	0.0073	0.0081	0.0089	0.0124	0.0152	0.0186	0.0204	0.0212
10.0	0.0005	0.0009	0.0014	0.0019	0.0023	0.0028	0.0033	0.0037	0.0041	0.0046	0.0066	0.0084	0.0111	0.0128	0.0139

1. 竖直线布荷载

在地表无限长的直线上，作用有竖直线性均布荷载 $\bar{p}$，如图 7.4.8 所示，计算在地基中任一点 M 引起的应力，这一课题首先由弗拉曼（Flamant）解出，他是在线性分布荷载上取微分长度 dy，作用于其上的荷载 $dP=\bar{p}dy$ 当成集中力，用布辛内斯克解计算在点 M 引起的附加应力 $d\sigma_z$，然后再沿着直线积分，则得到

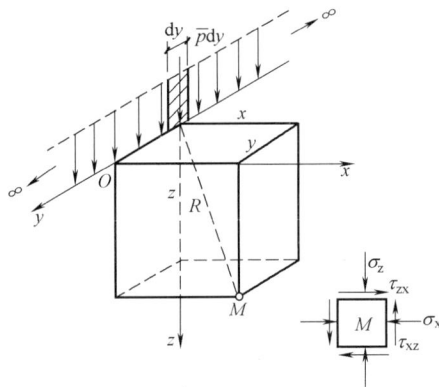

图 7.4.8　竖直线荷载作用下的应力状态

$$\sigma_z = \frac{2\overline{p}z^3}{\pi(x^2+z^2)^2} \tag{7.4.10}$$

式中 $\overline{p}$——单位长度上的线荷载，kN/m。

2. 条形面积上竖直均布荷载

当宽度为 b 的条形面积作用着竖直均布荷载时，地基内任意点 M 的附加应力 σ_z 可用式 (7.4.10) 积分求得。首先，在条形荷载面积的宽度方向上取微分宽度 $d\xi$，将其上作用的荷载 $d\overline{p} = pd\xi$ 视为线布荷载，则 $d\overline{p}$ 在 M 点引起的竖直附加应力 $d\sigma_z$，按式 (7.4.10) 计算为：

$$d\sigma_z = \frac{2z^3}{\pi[(x-\xi)^2+z^2]^2}pd\xi \tag{7.4.11}$$

对于条形均布荷载的边点，将式 (7.4.11) 沿宽度 b 积分，则可得到整个条形面积均布荷载在点 M 引起的附加应力

$$\sigma_z = \int_0^b \frac{2z^3}{\pi[(x-\xi)^2+z^2]^2}pd\xi = K_z^s p \tag{7.4.12}$$

式中 K_z^s——条形面积受均布竖向荷载作用时的竖向附加应力系数，可由表 7.4.3 查取。

K_z^s 可表示为：

$$K_z^s = \frac{1}{\pi}\left[\arctan\frac{m}{n} - \arctan\frac{m-1}{n} + \frac{mn}{m^2+n^2} - \frac{n(m-1)}{n^2+(m-1)^2}\right] \tag{7.4.13}$$

式中 $m=x/b$；$n=z/b$，系数 K_z^s 可查表 7.4.3。

条形面积竖直均布荷载作用时边点的应力系数 K_z^s 值　　　　表 7.4.3

$m=x/b$ ＼ $n=z/b$	0.01	0.1	0.2	0.4	0.6	0.8	1.0	1.2	1.4	2.0
0	0.500	0.499	0.498	0.489	0.468	0.440	0.409	0.375	0.348	0.275
0.25	0.999	0.988	0.936	0.797	0.679	0.586	0.511	0.450	0.401	0.298
0.50	0.999	0.997	0.978	0.881	0.756	0.642	0.549	0.478	0.420	0.306
0.75	0.999	0.988	0.936	0.797	0.679	0.586	0.511	0.450	0.401	0.298
1.00	0.500	0.499	0.498	0.489	0.468	0.440	0.409	0.375	0.348	0.275
−0.25	0.000	0.011	0.091	0.174	0.243	0.276	0.288	0.287	0.279	0.242
−0.50	0.001	0.002	0.011	0.056	0.111	0.155	0.186	0.202	0.210	0.205

3. 条形面积上竖直三角形分布荷载

条形面积上竖向截面为三角形分布荷载在地基内任意点引起的竖向应力，同样可以利用叠加原理积分得到。条形面积受三角形分布竖向荷载作用时的荷载强度为 O 边点的竖向附加应力系数 K_z^t，见表 7.4.4。

7.4.4 圆形面积上竖直均布荷载作用下地基中的附加应力

在这种情况下，圆的半径为 a，作用均布荷载 p，将圆柱状坐标的原点放在圆心 O 的位置，用微单元上的 $dP = prd\theta dr$ 代替式 (7.4.1) 中的集中力 P（图 7.4.9），再在全部圆形面积上积分，得圆形面积上均布荷载作用下在圆心以下的应力系数 K_z^t：

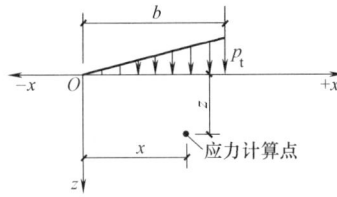

$m=\dfrac{x}{b}$ ＼ $m=\dfrac{z}{b}$	0.01	0.1	0.2	0.4	0.6	0.8	1.0	1.2	1.4	2.0
0	0.003	0.032	0.061	0.110	0.140	0.155	0.159	0.154	0.151	0.127
0.25	0.249	0.251	0.255	0.263	0.258	0.243	0.224	0.204	0.186	0.143
0.50	0.500	0.498	0.498	0.441	0.378	0.321	0.275	0.239	0.210	0.153
0.75	0.750	0.737	0.682	0.534	0.421	0.343	0.286	0.246	0.215	0.155
1.00	0.497	0.468	0.437	0.379	0.328	0.285	0.250	0.221	0.198	0.147
1.25	0.000	0.010	0.050	0.137	0.177	0.188	0.184	0.176	0.165	0.134
1.50	0.000	0.002	0.009	0.043	0.080	0.106	0.121	0.126	0.127	0.115
−0.25	0.000	0.002	0.009	0.036	0.066	0.089	0.104	0.111	0.114	0.108

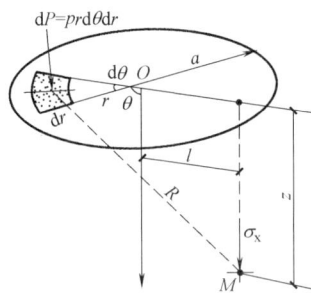

图 7.4.9   圆形面积上的均布荷载

$$\sigma_z = \frac{3pz^3}{2\pi} \int_0^{2\pi} \int_0^a \frac{r\,\mathrm{d}\theta\mathrm{d}r}{(r^2+z^2+l^2-2lr\cos\theta)^{5/2}} = K_z^c p \qquad (7.4.14)$$

式中 K_z^c 为圆形面积上竖直均布荷载时地基中的附加应力系数，可通过表 7.4.5 查取。表中，$m=l/a$，$n=z/a$。

圆形面积上均布荷载作用下的应力系数 K_z^c 表 7.4.5

n ＼ m	0.0	0.2	0.4	0.6	0.8	1.0	1.2	1.4	1.6	1.8	2.0
0.0	1.000	1.000	1.000	1.000	1.000	0.500	0.000	0.000	0.000	0.000	0.000
0.2	0.993	0.991	0.987	0.970	0.890	0.468	0.077	0.015	0.005	0.002	0.001
0.4	0.0949	0.943	0.922	0.860	0.712	0.435	0.181	0.065	0.026	0.012	0.006
0.6	0.864	0.852	0.813	0.733	0.591	0.400	0.224	0.113	0.056	0.029	0.016
0.8	0.756	0.742	0.699	0.619	0.504	0.366	0.237	0.142	0.083	0.048	0.029
1.0	0.646	0.633	0.593	0.525	0.434	0.332	0.235	0.157	0.102	0.065	0.042

n \ m	0.0	0.2	0.4	0.6	0.8	1.0	1.2	1.4	1.6	1.8	2.0
1.2	0.547	0.535	0.502	0.447	0.337	0.300	0.226	0.162	0.113	0.078	0.053
1.4	0.461	0.452	0.425	0.383	0.329	0.270	0.212	0.161	0.118	0.086	0.062
1.6	0.390	0.383	0.362	0.330	0.288	0.243	0.197	0.156	0.120	0.090	0.068
1.8	0.332	0.327	0.311	0.285	0.254	0.218	0.182	0.148	0.118	0.092	0.072
2.0	0.285	0.280	0.268	0.248	0.224	0.196	0.167	0.140	0.114	0.092	0.074
2.2	0.246	0.342	0.233	0.218	0.198	0.176	0.153	0.131	0.109	0.090	0.074
2.4	0.214	0.211	0.203	0.192	0.176	0.159	0.140	0.122	0.104	0.087	0.073
2.6	0.187	0.185	0.179	0.170	0.158	0.144	0.129	0.113	0.098	0.084	0.071
2.8	0.165	0.163	0.159	0.150	0.141	0.130	0.118	0.105	0.092	0.080	0.069
3.0	0.146	0.145	0.141	0.135	0.127	0.118	0.108	0.097	0.087	0.077	0.067
3.4	0.117	0.116	0.114	0.110	0.105	0.098	0.091	0.084	0.076	0.068	0.061
3.8	0.096	0.095	0.093	0.091	0.087	0.083	0.078	0.073	0.067	0.061	0.055
4.2	0.079	0.079	0.078	0.076	0.073	0.070	0.067	0.063	0.059	0.054	0.050
4.6	0.067	0.067	0.066	0.064	0.063	0.060	0.058	0.055	0.052	0.048	0.045
5.0	0.057	0.057	0.056	0.055	0.054	0.052	0.050	0.048	0.046	0.043	0.041
5.5	0.048	0.048	0.047	0.045	0.045	0.044	0.043	0.041	0.039	0.037	0.035
6.0	0.040	0.040	0.040	0.039	0.039	0.038	0.037	0.036	0.034	0.033	0.031

7.4.5 影响土中附加应力的因素

前面介绍的附加应力的计算，都是在假设地基土是均质、各向同性的线弹性体，荷载作用于地表面的基础上进行的。试验及研究成果表明，当地基土质较均匀，土颗粒较细，且荷载不大时，计算的附加应力 σ_z，与实测值相差不大，但不满足这些条件时，会有较大的误差。下面就影响附加应力的因素进行一些讨论。

1. 材料非线性的影响

土体是应力-应变非线性材料，很多研究表明，非线性对于竖直附加应力 σ_z 计算值的影响一般不大，但有时最大误差也可达 25%~30%。非线性对水平应力有显著的影响。

2. 成层地基的影响

天然地基都是分层的，各层土的松密、软硬程度可能相差很大。例如，在软土层以下会遇到硬土层或密实的砂土层；在山区，厚度不大的可压缩土层下为刚度很大的基岩。这时，其附加应力与均质线弹性体差别很大。同时，这类问题的理论解比较复杂，只对其中的较简单情况有理论解，这可以分为两类。

（1）可压缩土层位于刚性基岩上

这种情况如图 7.4.10 所示。由弹性解可知，这时在荷载中心轴附近的 σ_z 将比均匀半无限弹性体的解答增大，离开中心轴应力逐渐减小。至某一距离后，应力小于均匀半无限弹性体的解答，这种现象称为应力集中现象。应力集中程度主要与压缩层厚度 H 与荷载宽度 b 之比 H/b 有关，随着 H/b 加大，应力集中程度减弱。图 7.4.11 为条形均布荷载下，岩层位于不同深度时中轴线上的 σ_z 分布情况。其中，$H \to \infty$ 的情况就接近于半无限弹性体。

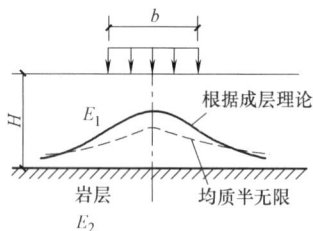

图 7.4.10 基岩上可压缩土层
(E_2/E_1) 的应力集中现象

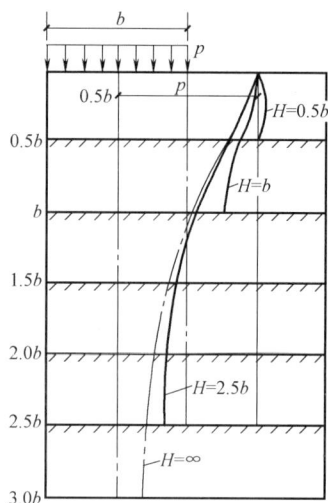

图 7.4.11 基岩不同埋深中轴
线下竖向应力 σ_z 分布

（2）硬土层覆盖于软土层之上

这种情况会出现硬土层下面，条形荷载中轴线附近软土层的附加应力减少，即应力扩散现象。由于应力分布趋于均匀，所以地基的沉降也相对均匀。软土地基上换填一层较硬的垫层，可减少地基中的应力集中和减少不均匀变形，就是这个原因。如图 7.4.12 所示的条形均布荷载的应力扩散情况。图 7.4.13 表示的是地基表面受一个半径为 $R=1.6H_1$ 的圆形均布荷载 p，其下有三层土，分别为厚 H_1、H_2、H_3，变形模量为 E_1、E_2、E_3，荷载中心以下土层的 σ_z/p 曲线形状如图所示。可见，当 $E_1 > E_2 > E_3$ 时（曲线 A 和 B），荷载中心下面土层的应力 σ_z 明显低于均匀土层的应力扩散情况（曲线 C）。

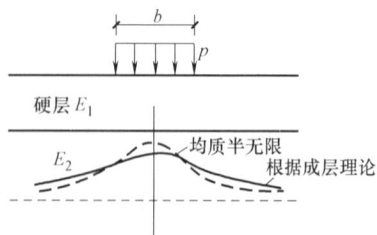

图 7.4.12 $E_1 > E_2$ 时的应力扩散情况

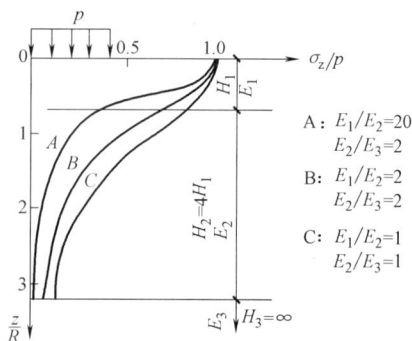

图 7.4.13 不同 E_1/E_2，E_2/E_3 时圆形
均布荷载中心下的 σ_z 分布

3. 变形模量随深度逐渐增大的影响

对于同一种地基土，自重应力随着深度而增加，它的密度、强度和变形模量都是随深度增大的，在砂土中尤为明显。这种连续的非均质现象，是土在沉积以后受到的压力随深度增加而压密的结果。这时，会发生应力集中。有人针对这种情况，提出集中荷载下附加

142

应力的如下半经验公式：

$$\sigma_z = \frac{\mu P}{2\pi R^2} \cos^{\mu} \beta \tag{7.4.15}$$

式中符号见式（7.4.1），对于 $E=$ 常数的均匀土层，$\mu=3$。当 E 随深度增加时，μ 为大于3的应力集中系数。砂土的连续的非均质现象显著，$\mu=6$；介于黏土与砂土之间的土，$\mu=3\sim6$。

4. 各向异性的影响

天然沉积的土层都表现出各向异性，层状的页片状黏土的垂直与水平方向的模量 E 就不同。研究表明，当泊松比 ν 相同时，$E_z > E_x$（$=E_y$），地基中将出现应力集中现象。

5. 基础埋深的影响

随着建筑物高度的增加和地下空间的利用，建筑物基础的埋深逐渐增加；另外，大量使用桩基础，这就与布辛内斯克的作用于地基表面上荷载的假设不同。

竖向集中力作用于土体以下内部，计算地基中附加应力及位移，采用弹性半无限空间的明德林（Mindlin）解。如图7.4.14所示，竖向集中力 P 作用于半无限弹性体内某一深度 c，弹性体内任意点 M 的附加应力 σ_z 的解为：

$$\sigma_z = \frac{P}{8\pi(1-\nu)}\left[\frac{(1-2\nu)(z-c)}{R_1^3} - \frac{(1-2\nu)(z-c)}{R_2^3} + \frac{3(z-c)^3}{R_1^5}\right.$$
$$\left. + \frac{3(3-4\nu)z(z+c)^2 - 3c(z+c)(5z-c)}{R_2^5} + \frac{30cz(z+c)^3}{R_2^7}\right] \tag{7.4.16}$$

式中 ν——土的泊松比，其他符号见图7.4.14。

由式（7.4.16）可发现：

（1）当 $c=0$ 时，亦即集中力作用于表面时，式（7.4.16）退化为式（7.4.1），亦即变成布辛内斯克解；

（2）当 $z<c$ 时，竖向附加应力可能为负值，将减少了作用点以上的自重应力；

（3）当 $z>c$ 时，明德林解的 σ_z 小于布辛内斯克的 σ_z，所以计算的沉降会小一些。

图7.4.15表示的是矩形面积均布荷载下 σ_z 的明德林解的附加应力系数。也可发现，当 $c=0$ 时，与布辛内斯克解是相同的。目前，我国的有关规范关于桩基沉降计算部分，考虑了明德林解的 σ_z，计算的沉降较为合理。

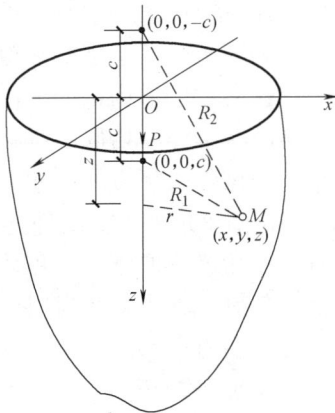

图7.4.14 竖向集中力作
用于半无限空间体内部

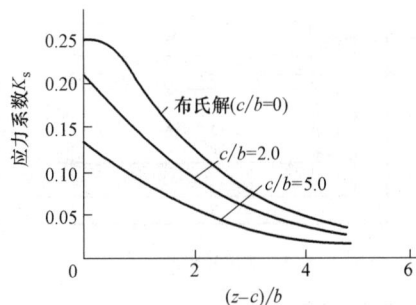

图7.4.15 矩形面积均布荷载下角
点处 σ_z 的应力系数的明德林解

第8章 基础沉降计算

地基的变形与基础的沉降是建筑地基基础设计的重要课题之一。近年来，随着建筑物规模和高度的增加，建筑地基基础设计已经越来越多地由变形所控制。

引起地基变形的因素很多，土的湿陷、膨胀与干缩、冻胀与融陷、振陷、矿山采空区的塌陷、溶岩地区的溶洞与土洞塌陷。特别是长期过量开采地下水导致的上千平方千米的大面积沉降，已经成为严重的环境与生态的问题。对于具体的建筑物，其中最普遍的问题是由建筑物附加应力引起的土体压缩变形。

土是矿物颗粒组成的松散堆积体，土颗粒形成了土的骨架，因而土体具有很大的压缩性。土体压缩的机理主要是在压力作用下，土骨架的体积减小，亦即土颗粒之间的相对运动，相互靠近，土体内的孔隙减少，空气与水等流体被挤出或气体被压缩。

在上部建筑物荷载的作用下地基发生变形，其中向下的竖向位移即为沉降，基底面的沉降一般即等于基础的沉降。由于荷载、土层性质与厚度的不均匀，会引起建筑物差异沉降，使建筑物倾斜、开裂、扭曲，甚至导致建筑物倾覆破坏；也会使超静定上部结构产生次生应力，影响建筑物结构的安全和建筑物的正常使用。因此，进行地基设计时，必须计算基础可能发生的沉降量和沉降差，并采取措施将其控制在容许范围以内，以尽量减小地基沉降可能给建筑物造成的危害。

本章首先介绍土的侧限压缩试验及其压缩性指标；然后，介绍地基最终沉降量的计算方法；最后，讲述地基沉降与时间的关系—土体渗流固结理论。

8.1 土的侧限压缩试验及其指标

8.1.1 侧限压缩试验

侧限压缩试验或单向压缩试验，也简称为压缩试验。其试样处于第7章所述的侧限应力状态。侧限压缩试验是最常用的测定土的压缩性参数的室内试验方法。用金属环刀从原状土样中切取圆饼状试件或制作重塑土试件，环刀的尺寸一般为内径80mm、高20mm。将试件连同环刀装入侧限压缩仪的护环中，见图8.1.1。试件上下各放一透水板，当用饱和土样时，应在水槽内充水超过试样顶部。通过传压板施加竖向压力 $p = \sigma'_z$，由于试件侧面受到环刀的水平向约束应力 σ'_h，试样不能侧向膨胀，所以有 $\sigma'_h = K_0 \sigma'_z = K_0 p$。

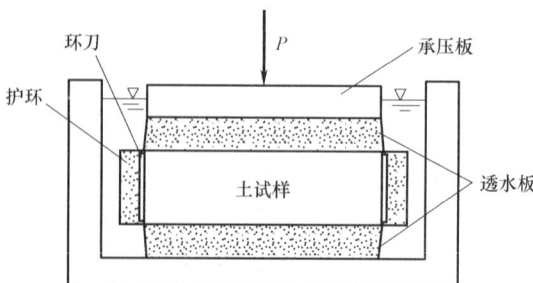

图 8.1.1 侧限压缩试验装置示意图

施加竖向应力后，通过百分表测读变形稳定后试件的竖向变形。试验时，逐级加大压力 p，测得每级压应力作用下试件的竖向变形量，即压缩量 s。

由于可认为土颗粒在通常的压力范围下是不可压缩的，因而可将土的体积变化看作完全是土的孔隙体积的变化，则侧限条件下压缩量 s 和孔隙比 e 之间具有一一对应的关系，如图 8.1.2 三相草图所示。

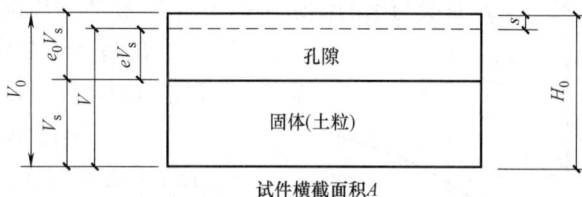

图 8.1.2　试样的三相草图

设施加压力 p 前试件的高度为 H_0，体积为 V_0，孔隙比为 e_0，施加压力 p 后试件的压缩变形量为 s，体积变为 V，孔隙比为 e；从图 8.1.2 可知，施加压力 p 前后试件中的固体体积 V_s 是相同的。则

$$V_s = \frac{1}{1+e_0}V_0 = \frac{1}{1+e_0}H_0 A = \frac{1}{1+e}V = \frac{1}{1+e}(H_0 - s)A$$

因此

$$\frac{H_0}{1+e_0} = \frac{H_0 - s}{1+e}$$

所以

$$e = e_0 - (1+e_0)\frac{s}{H_0} \tag{8.1.1}$$

由此，可求出压缩量 s 与相应的孔隙比 e 的关系，进而确定孔隙比 e 与竖向压力 p 之间的关系，如图 8.1.3 所示。必要时，可做加载－卸载－再加载试验。图 8.1.3 (a) 和 (b) 被称为 $e\text{-}p$ 曲线，图 8.1.3 (c) 被称为 $e\text{-}\log p$ 曲线。

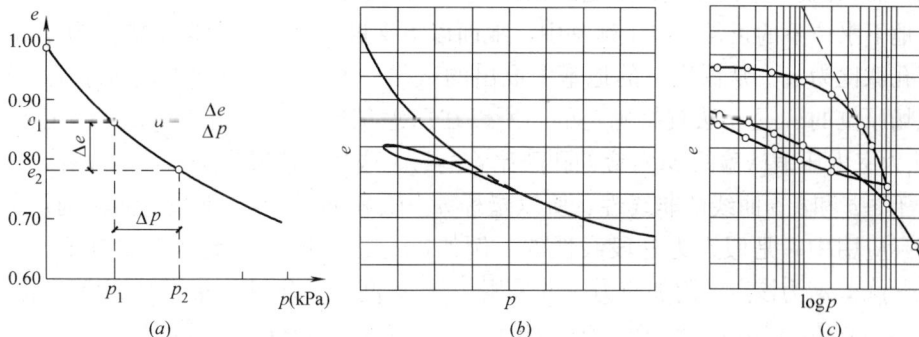

图 8.1.3　土的压缩曲线

8.1.2　压缩曲线及压缩性指标

1. $e\text{-}p$ 曲线与土的压缩系数 a

土在侧限条件下的压缩性通常用土的孔隙比 e 和竖向压力 p 的关系曲线表示，如图 8.1.3 (a) 所示。在图中，取曲线的割线斜率作为土在侧限条件下的压缩系数 a（单位：kPa^{-1} 或 MPa^{-1}），亦即

$$a = -\frac{\Delta e}{\Delta p} \tag{8.1.2}$$

$-\Delta e$ 表示孔隙比 e 随压应力的增加而减小，即其增量为负值。Δe 为相应于 Δp 土的孔隙比变化量。

2. ε_z-p 曲线与土的侧限压缩模量 E_s 和体积压缩系数 m_v

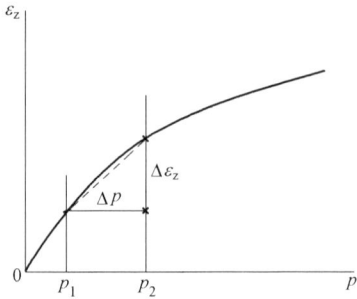

图 8.1.4 压缩试验中的
ε_z-p 关系曲线

在图 8.1.2 中的压缩试验中，竖向应变为 $\varepsilon_z = s/H_0$。由图 8.1.2 中，当截面积 $A = 1.0$ 时，$H_0 = V_s(1+e_0)$，压缩量 $s = V_s(e_0 - e) = -\Delta e V_s$，又由于侧限条件下无侧向应变，竖向应变等于体应变，所以 $\Delta \varepsilon_z = \Delta \varepsilon_v = -\Delta e/(1+e_0)$。压缩试验中的 ε_z 与压力 p 之间的关系曲线见图 8.1.4。

侧限压缩模量又简称压缩模量，定义为

$$E_s = \frac{\Delta p}{\Delta \varepsilon_z} \tag{8.1.3a}$$

根据式（8.1.2）并考虑 $\Delta \varepsilon_z = -\dfrac{\Delta e}{1+e_0}$，可得

$$E_s = \frac{1+e_0}{a} \tag{8.1.3b}$$

定义体积压缩系数 $m_v = \dfrac{\Delta \varepsilon_v}{\Delta p}$，又由于侧限状态下 $\Delta \varepsilon_z = \Delta \varepsilon_v$，所以土的体积压缩系数 m_v 就是压缩模量 E_s 的倒数

$$m_v = \frac{1}{E_s} = \frac{a}{1+e_0} \tag{8.1.4}$$

体积压缩系数 m_v 的量纲与压缩系数 a 相同。a 表示单位压应力变化引起试样的孔隙比变化，而 m_v 表示单位压应力引起的试样体应变的变化。

在地下水位下的正常固结土地基中，地面以下深度 z 处，有效自重应力为 $\gamma' z$，对应的初始孔隙比为 e_0。从深度 z 的地基中取出的试样，由于扰动与回弹，孔隙比将发生变化，现场原位的 e_0 是无法直接确定的。所以在压缩试验中，令图 8.1.3（a）中的 $p_1 = \gamma' z$，认为室内压缩试验的 p_1 对应的孔隙比 $e_1 \approx e_0$。这样，就成为 $1+e_0 = 1+e_1$。

由于 e-p 和 ε-p 曲线的非线性，所以指标 a、E_s 和 m_v 并不是常数，而是与压力 p 有关。实际应用中，是假设为分段线性的。例如，p_1 为一定深度地基土的自重应力 $\gamma' z$，$p_2 = \sigma_z + \gamma' z$，$\sigma_z$ 为该点的附加应力，可采用 $p_1 \sim p_2$ 间土的压缩性指标计算沉降量。也常用从 $p_1 = 100\text{kPa}$ 到 $p_2 = 200\text{kPa}$ 的压缩指标 $a_{1\text{-}2}$ 及 $E_{s1\text{-}2}$，反映土的压缩性大小。

3. 载荷试验，变形模量 E_0 与压缩模量 E_s

在其他主应力分量不变的条件下，土体一个方向的主应力增量与该方向产生的主应变增量之比，称为土的变形模量，表示为 E_0。可见它相似于广义虎克定律中的杨氏模量，但由于土不是弹性介质，故称变形模量。很显然，E_0 是对应于限制应力边界条件（其他应力分量不变）；而压缩模量 E_s 则是限制变形边界条件（侧限：$\varepsilon_x = \varepsilon_y = 0$）。

对于同一种土，假定相同的初始应力状态及增量条件，三轴条件下的变形模量 E_0 和侧限压缩试验中侧限压缩模量 E_s 之间的关系，可通过弹性理论推导。在侧限条件下的某应力状态：

$$E_s = \frac{\Delta \sigma_z}{\Delta \varepsilon_z} \quad \text{或} \quad \Delta \varepsilon_z = \frac{\Delta \sigma_z}{E_s} \tag{a}$$

按广义虎克定律

$$\Delta\varepsilon_z = \frac{\Delta\sigma_z}{E} - \nu\frac{\Delta\sigma_x}{E} - \nu\frac{\Delta\sigma_y}{E} \tag{b}$$

侧限条件，根据式（7.1.1）
$$\Delta\sigma_x = \Delta\sigma_y = K_0\Delta\sigma_z \tag{c}$$

$$K_0 = \frac{\nu}{1-\nu} \text{ 或 } \qquad \nu = \frac{K_0}{1+K_0} \tag{d}$$

将式（a）、式（c）、式（d）代入式（b），就可得到侧限压缩模量 E_s 与变形模量 E_0 的关系

$$E_s = E_0/\beta \tag{8.1.5}$$

或
$$E_0 = \beta E_s \tag{8.1.6}$$

其中
$$\beta = 1 - \frac{2\nu^2}{1-\nu} \tag{8.1.7}$$

由于在弹性理论中泊松比 $\nu \leqslant 0.5$，所以 $0 \leqslant \beta \leqslant 1.0$，因而 $E_0 \leqslant E_s$。

压缩试验比较简便，成为目前评定土的压缩性的主要方法。但由于其试样尺寸较小，取样对土的天然状态和结构有所扰动，加上室内试验的条件与技术等原因，它所反映的土的压缩性与原位地基土的实际情况有所差异。现场载荷试验是一种有效的反映地基承载力与压缩特性的原位测试方法。荷载板（亦称承压板）面积为 0.5m^2 的试验设备和布置见图 8.1.5，测试的结果以 s-p 曲线形式表示，见图 8.1.6。

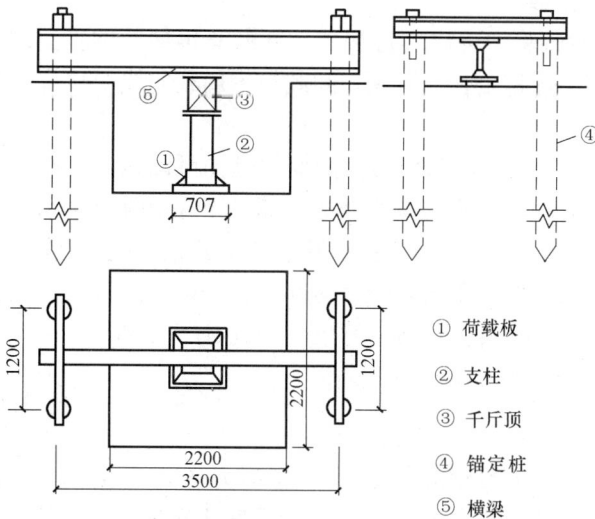

图 8.1.5 载荷试验示意图

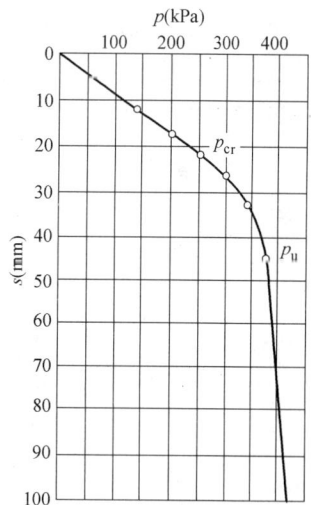

图 8.1.6 载荷试验的 s-p 曲线

试验是在基底面用千斤顶逐渐分级加载，在每级荷载 p 下，变形稳定后记录其沉降 s，就得到了荷载—沉降曲线，即 s-p 曲线。当荷载达到极限承载力 p_u 以后，即停止加载，结束试验。

s-p 曲线的前段通常有一明显的（或接近于）直线段，按弹性理论公式可以通过直线的斜率计算出地基土的平均变形模量 E_0，如式（8.1.8）所示。

$$E_0 = \omega(1-\nu^2)\frac{P}{sd} \tag{8.1.8}$$

式中　ω——基础的形状系数，对于圆形基础 $\omega = 0.79$；

　　　E_0——地基持力层土的平均变形模量，kPa；

　　　P——施加在承压板上的总荷载，kN；

s——圆形荷载板的沉降量，m；

d——圆形荷载板的直径，m；

ν——地基土的泊松比。

由于土并不是线弹性体，室内压缩试验与现场载荷试验的边界条件与初始状态有很大不同，变形模量与压缩模量也不是常数，而是与它所受的应力条件与应力水平有关的，室内压缩试验取样的扰动与土的结构性破坏不可避免。实际上，室内试验得到的 E_s 与现场原位进行的载荷试验得到的变形模量 E_0，一般并不符合上述的弹性理论解答〔式 (8.1.5)，式 (8.1.6)〕。表 8.1.1 表示了通过两种试验资料得到的经验关系。

变形模量与压缩模量间的经验关系 表 8.1.1

土的种类	E_0/E_s		土的种类	E_0/E_s	
	变化范围	平均值		变化范围	平均值
老黏土	1.45～2.80	2.11	新近沉积黏性土	0.35～1.94	0.93
一般黏性土	0.60～2.80	1.35	新近沉积淤泥质土	1.05～2.97	1.90
	0.54～2.68	0.98	红黏土	1.04～4.87	2.36

4. e-lg$p$ 曲线与压缩指数 C_c 和回弹指数 C_e

如图 8.1.3 (b)、(c) 所示，在压缩试验中可以进行加载－卸载－再加载试验。试验结果表明，卸载曲线与再加载曲线形成一个滞回圈。可见，卸载与再加载曲线明显位于初次加载曲线的下方。

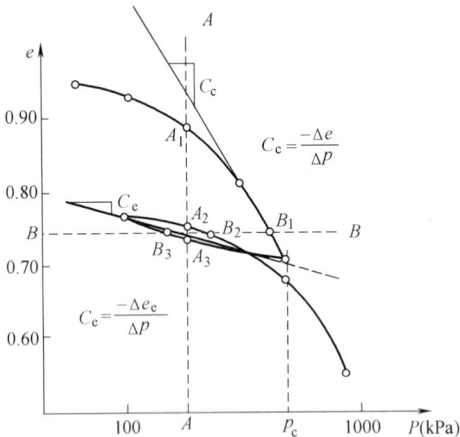

图 8.1.7 e-lg$p$ 坐标系中土的压缩曲线

因为压力值的变化范围可以很大，所以侧限压缩试验的结果也常用 e-lg$p$ 曲线表示，如图 8.1.7 所示。用这种形式表示的特点之一是，在压力较大的部分，e-lg$p$ 关系接近直线，其斜率称为土的压缩指数 C_c，亦即

$$C_c = -\frac{\Delta e}{\Delta(\lg p)} \qquad (8.1.9)$$

无量纲的量 C_c 表示压应力 p 每变化一个对数周（10 倍）所引起的孔隙比变化量。卸载段和再加载段的平均斜率，称为土的回弹指数或再压缩指数 C_e

$$C_e = -\frac{\Delta e_e}{\Delta(\lg p)} \qquad (8.1.10)$$

式中，Δe_e 为卸载－再加载段的孔隙比增量。C_e 也基本不随应力 p 的变化而变化，且 $C_e \ll C_c$，一般黏性土 $C_e \approx (1/5 \sim 1/10) C_c$。

5. 土的压缩性分类与各压缩性参数间的关系

压缩模量 E_s 值越大，土的压缩性越小；而 a、m_v 和 C_c 越大，土的压缩性越大。通常，可根据表 8.1.2 所列数值大致判别土的压缩性大小，其中以压缩模量 E_s 值判别土的压缩性最为常见。

土的压缩性判别参考值 表8.1.2

土的类别	参 数 值			
	$a_{1\text{-}2}$(MPa^{-1})	m_v(MPa^{-1})	$E_{s1\text{-}2}$(MPa)	C_c
高压缩性	$\geqslant 0.5$	$\geqslant 0.25$	$\leqslant 4$	$\geqslant 0.167$
中等压缩性	$0.1\sim 0.5$	$0.06\sim 0.3$	$4\sim 17$	$0.033\sim 0.167$
低压缩性	<0.1	<0.03	>30	<0.033

如果以微分的形式表示各指标，即 $a=\dfrac{-\mathrm{d}e}{\mathrm{d}p}$ $C_c=\dfrac{-\mathrm{d}e}{\mathrm{d}(\lg p)}=\dfrac{-\mathrm{d}e}{\mathrm{d}p\times 1/(2.3p)}$，则

$$C_c=2.3ap \qquad (8.1.11)$$

可见如果 C_c 为常数，则 a 就不是常数。各压缩性指标的换算关系见表8.1.3。

各压缩性指标的换算关系 表8.1.3

	a	E_s	m_v	C_c	E_0
a	—	$\dfrac{1+e_0}{E_s}$	$m_v(1+e_0)$	$\dfrac{C_c}{2.3p}$	$\dfrac{1+e_0}{E_0}\beta$
E_s	$\dfrac{1+e_0}{a}$	—	$\dfrac{1}{m_v}$	$\dfrac{2.3(1+e_0)p}{C_c}$	E_0/β
m_v	$\dfrac{a}{1+e_0}$	$\dfrac{1}{E_s}$	—	$\dfrac{C_c}{2.3(1+e_0)p}$	$\dfrac{\beta}{E_0}$
C_c	$2.3ap$	$\dfrac{2.3(1+e_0)p}{E_s}$	$2.3(1+e_0)pm_v$	—	$\dfrac{2.3(1+e_0)p\beta}{E_0}$
E_0	$\dfrac{1+e_0}{a}\beta$	βE_s	β/m_v	$\dfrac{2.3(1+e_0)p\beta}{C_c}$	—

8.1.3 先期固结压力与土的固结历史

在图8.1.7所示的压缩试验中，竖线 A-A 上的压（应）力 p 都相等，但是点 A_1、A_2、A_3 对应的孔隙比递减；水平线 B-B 上的孔隙比 e 都相等，但点 B_1、B_2、B_3 对应的压力递减。这些不同是源于它们应力历史的不同。点 A_1、B_1 位于初始的压缩曲线上，A_2、B_2 位于卸载后的再加载的曲线上；A_3、B_3 位于卸载曲线上。可见，在同样的压力下，卸载与再加载情况下的孔隙比要小；在同样的孔隙比情况下，卸载与再加载情况对应的压力要小，这也就表现为 $C_e\ll C_c$。初始加载时，土体单元目前受到的压力就是它历史上受到的最大压力；而卸载与再加载情况下（A_2，A_3），它在其历史曾经经受过的压力 p_c 大于它目前受到的压力。其中，p_c 叫作其先期固结压力。

自然界的原状土单元同样存在这种情况，可按照其应力历史对其进行分类，参见图8.1.8。饱和地基土层中的土在其地质历史中曾经受过的最大有效固结应力，即为先期固结应力。在图8.1.8（c）中，可表示为 $p_c=\sigma'_p=\gamma' z_p$；土层目前受到的固结应力可表示为 $p_s=\sigma_0=\gamma' z$，这里的所谓固结应力就是会转化为有效应力的总应力；σ'_z 则是地基土目前的实际有效固结应力。

图8.1.8（a）表示的土单元①的目前的实际有效固结应力 σ'_z 与固结应力 $\sigma_0=\gamma' z$ 相同，也等于地质历史中曾经受过的最大有效固结应力，即为先期固结应力 σ'_p。在图8.1.8（b）中，表示为初始加载曲线上的①点，这种地基土就是正常固结土。

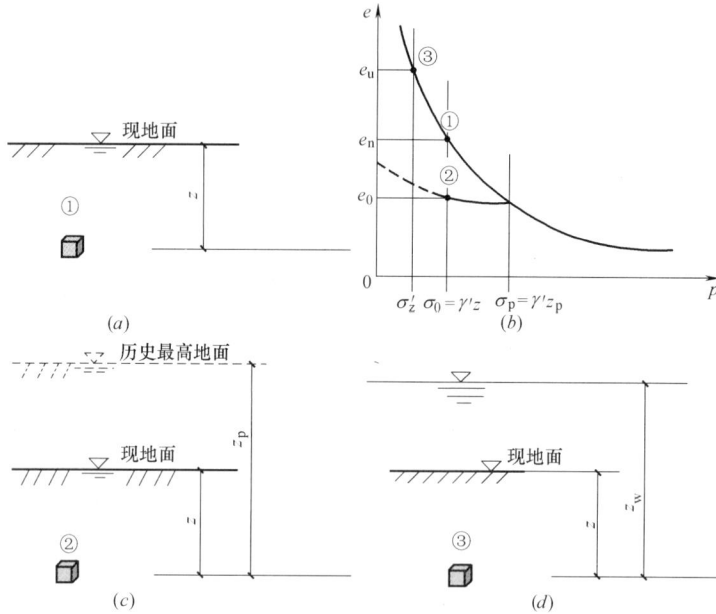

图 8.1.8 地基土的应力历史

图 8.1.8（c）表示的土单元②的目前的实际有效固结应力 σ'_z 与其固结应力 $\sigma_0 = \gamma'z$ 相同，但在漫长的地质历史过程中，由于冰川融化、覆盖土层剥蚀、地下水位上升和人类大面积开挖上部土层等，σ'_z 小于地质历史中曾经受过的最大有效固结应力，即先期固结应力 σ'_p，表示为图 8.1.8（b）中的回弹曲线上的②点，此为超固结土。

在自然界还有一种情况，比如在泥沙含量极高的黄河，其泥沙在河口大量淤积，这种新近沉积的稀泥，颗粒尚处于半悬浮状态，土层目前的固结应力 $\sigma_0 = \gamma'z$ 尚未能充分形成有效应力，亦即所说"稀泥嫩滩，人马不能驻足"。如图 8.1.8（d）中的土单元③。目前的实际有效固结应力 $\sigma'_z = U\gamma'z$（等于历史中的最大有效固结应力即先期固结应力 σ'_p）在图 8.1.8（b）中的③点，其中 U 为其固结度（亦即其有效应力 σ_z 所占总应力 σ_0 的比例，$U \leqslant 1.0$），小于上覆固结应力 $\sigma_0 = \gamma'z$，这种土被叫作欠固结土。

定义土的先期固结应力 $p_c(\sigma'_p)$ 与目前实际固结应力 σ_0 之比，称为超固结比，表示为：

$$OCR = \frac{p_c}{\sigma_0} \tag{8.1.12}$$

OCR 越大，表示土的超固结性越强。显而易见，超固结土的 $OCR > 1.0$，正常固结土的 $OCR = 1.0$，欠固结土的 $OCR < 1.0$。表 8.1.4 表示了这三种土的三种应力间的关系。

不同应力历史土的状态　　　　　　　　　　　　表 8.1.4

应力	正常固结土①	超固结土②	欠固结土③
目前固结应力 $p_s(\sigma_0)$	$\gamma'z$	$\gamma'z$	$\gamma'z$
先期固结应力 $p_c(\sigma_p)$	$\gamma'z$	$\gamma'z_p > \gamma'z$	$\sigma'_z = U\gamma'z$
目前有效固结应力 σ'_z	$\gamma'z$	$\gamma'z$	$\sigma'_z = U\gamma'z$
孔隙比 e	e_n	e_0	e_u
超固结度 OCR	1.0	>1.0	<1.0

先期固结压力 p_c 取决于土层在以往的地质年代中的受力历史，一般很难查明，只能

根据原状土样的 e-$\lg p$ 线用经验的方法推求。以图 8.1.9 中所示的正常固结土为例，在自然界该土层经历了从 A 到 B 的压缩过程，取土样时经历了从 B 到 C 的卸载过程，然后在试验室再压缩。当压力超过原来曾经受过的压力 p_c 之后，才逐渐进入初始压缩直线段，即试验的过程为 CDE，D 点的横坐标相当于曾经受过的（先期固结）压力 p_c。

卡萨格兰德（Casagrande，A.）建议采用如下经验作图法确定 B 点，相应于 B 点对应的压力就是先期固结压力 p_c：

（1）在 e-$\lg p$ 曲线上寻找曲率半径最小（曲率最大点）的点 m；

（2）过 m 作水平线 $m1$ 和曲线的切线 $m2$；

（3）作 $\angle 1m2$ 的平分线 $m3$；

（4）向上延长 e-$\lg p$ 曲线的直线段，与 $m3$ 相交，交点即所求的 B 点。

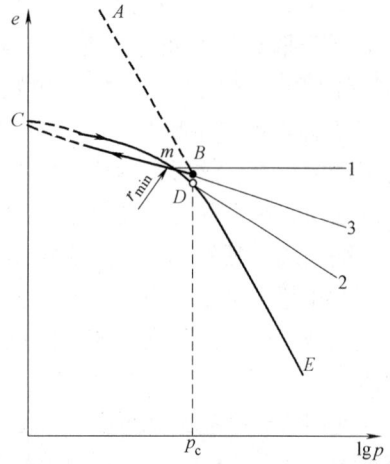

图 8.1.9　确定先期固结压力 p_c 的作图法

按这种经验方法或其他类似的经验方法确定的先期固结压力只能是一种大致估计，其精度与土样的扰动尺度有关。在超固结土层上修建建筑物时，如果土中有效应力不超过先期固结压力 p_c，沉降就不会很大。

8.1.4　原位压缩曲线和原位再压缩曲线

如前所述，在 e-$\lg p$ 坐标系内，在压力较大部分该曲线接近直线，且再压缩曲线也接近于直线。但上述压缩曲线，不论是 e-p 形式还是 e-$\lg p$ 形式，都是用现场采取的试样由室内侧限压缩试验测得的。由于土样在采取过程中受到扰动以及取出地面后应力释放等因素的影响，室内压缩曲线已经不能完全代表地基中原位土体的压缩性状。

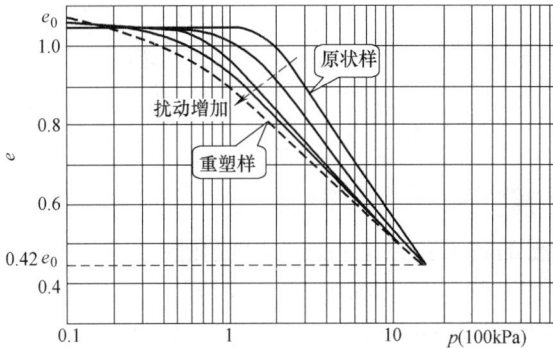

图 8.1.10　不同扰动条件下
土样的压缩曲线

在某地基同一深度取一系列土样进行压缩试验，测试其 e-$\lg p$ 压缩曲线，各土样的原位初始状态相同，但受扰动的程度不同，测得的压缩曲线如图 8.1.10 所示。可以看出，随着扰动程度的增加，e-$\lg p$ 曲线上部的曲线段加长；其中，最下面的那条曲线对应于重塑土，其曲线段范围最大；最上面的那条曲线对应于扰动极小的原状样（试样体积不变），其直线段向上部延伸最长。压力较大时，各试验的土样变得密实，扰动对土样的压缩性质影响已很小；总结大量试验结果得出，孔隙比达到 $0.42e_0$ 时，可以认为扰动对土样压缩性的影响可以忽略，各曲线相交于一点。

根据压缩曲线的上述特点可以推断，在 e-$\lg p$ 坐标系内，原状土的原位压缩曲线为直线，原状土的原位再压缩曲线也近似为直线，可利用如下经验方法推求。

图 8.1.11 (a) 表示正常固结土的 $e\text{-}\lg p$ 曲线，因为是正常固结土，所以先期固结压力 p_c 等于取土深度处的上覆固结应力 $p_s = \gamma' z$，p_c 可用图 8.1.9 的方法确定。假定土样取出后体积保持不变，则土样的初始孔隙比 e_0 就相应于取土深度处土的原位孔隙比，故图中 E 点即表示原位状态土的应力和孔隙比。如前所述，当 $e = 0.42 e_0$ 时，可以认为试样不受扰动的影响，这时室内压缩曲线上的 D 点可以表示原位状态的 e 和 p。另外，正常固结土的 e 和 $\lg p$ 关系呈直线变化，已知两点就可确定一条直线，连接 E、D 点的直线就是原位压缩曲线，其斜率 C_c 就是原位土的压缩指数。

对于超固结土，室内试验测得的 $e\text{-}\lg p$ 曲线如图 8.1.11 (b) 所示，试验中进行卸载和重加载，形成滞回圈，滞回圈的平均斜率就是再压缩指数 C_e，并按上述先确定先期固结压力 p_c。

超固结土的先期固结压力 p_c 大于当前取土点的 p_s。显然，在压缩试验中只有当应力增加至等于 p_c 时，土样才进入正常固结状态。假定土样取出地面后体积不变化，测出的初始孔隙比 e_0 就是原位自重应力作用下的孔隙比，因此图 8.1.11 (b) 曲线中的 F 点代表当前地基中取土处的 e 和 p_s。从 F 点按再压缩指数 C_e 的斜率作直线，交先期固结压力 p_c 相应的竖直线于 E 点，显然 E 点代表土体应力恢复到先期固结压力 p_c 时的 e，也就是原位土在正常固结状态的一个代表点。同样，室内压缩曲线上相应于 $0.42 e_0$ 的 D 点也是土体正常固结状态的另一个代表点。这样，直线 DE 即为原位压缩曲线，而直线 EF 即为原位再压缩曲线之一。

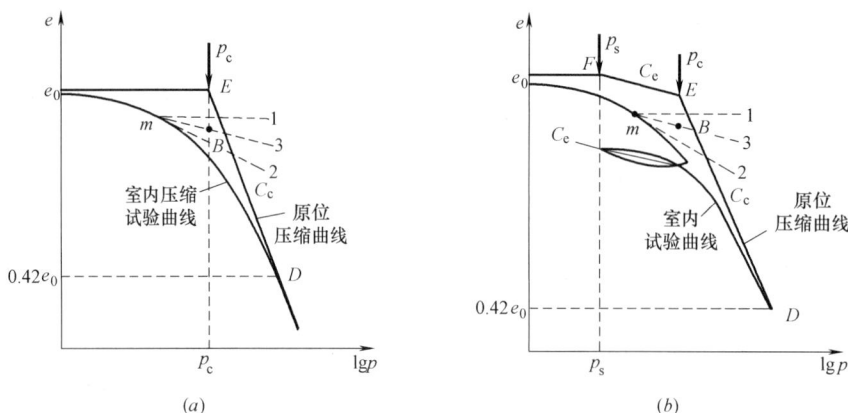

图 8.1.11　原位压缩曲线和再压缩曲线

上述分析中，将从地基中取出土样测得的初始孔隙比 e_0 作为原位孔隙比是不准确的。实际上，由于应力释放，取出地面后土样的体积会发生膨胀。真正原位的孔隙比应小于测得的 e_0 值。可见，"原位压缩曲线"和"原位再压缩曲线"也并非真正的"原位"。事实上，真正的原位密度尚很难直接测定，见图 8.1.10。显而易见，用这种办法求得的原位压缩指数可能偏大。

8.2　基础沉降量计算

8.2.1　黏性土上基础沉降与时间的关系及其类型

根据对黏性土地基在局部荷载作用下的实际变形特征的观察和分析可知，黏性土上基

础的沉降 s 可以认为是由三部分不同的沉降组成（图 8.2.1），亦即：

$$s = s_i + s_c + s_s \qquad (8.2.1)$$

式中　s_i——瞬时沉降（亦称初始沉降）；

　　　s_c——固结沉降（亦称主固结沉降）；

　　　s_s——次固结沉降（亦称蠕变沉降）。

瞬时沉降是指加载后地基瞬时发生的沉降。由于地基表面加载面积为有限尺寸，在宽广的地基局部上加载后地基中会产生剪应变，特别是在靠近基础边缘应力集中部位；对于饱和或接近饱和的黏性土，加载瞬间土中水来不及排出，因而体积不变，侧向挤出甚至地面隆起的变形也会造成基础的瞬时沉降。固结沉降是指饱和与接近饱和的黏性土在基底附加荷载作用下，将产生超静孔隙水压力，随着超静孔隙水压力的消散，土骨架上的有效应力增加，土骨架压缩所造成的沉降（固结压密）。固结沉降速率取决于孔隙水的排出速率。次固结沉降是指主固结过程（超静孔隙水压力消散过程）基本

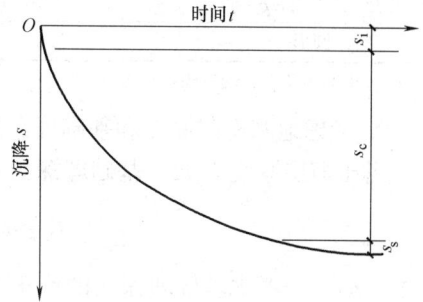

图 8.2.1　地基沉降类型

结束后，在有效应力不变的情况下，土骨架随时间继续发生的变形。这种变形的速率只取决于土骨架本身的蠕变性质。次固结沉降包括剪切变形和体积变化。

上述三部分沉降实际上并非在某时刻截然分开发生的，对于黏土地基，瞬时沉降主要不是土体的压缩，而是在局部荷载下土体形变而侧向挤出造成的。对于饱和黏土，这时可以认为泊松比 $\nu_u = 0.5$。一般工程计算中，并不单独计算瞬时沉降，而是通过沉降计算经验系数反映瞬时沉降的因素。

一般认为，次固结沉降在固结过程一开始就产生了，只不过数量相对很小而已。但超静孔隙水压力消散殆尽时，主固结沉降基本完成，而次固结沉降越来越显著，逐渐成为沉降增量的主要部分。根据上海市 33 幢建筑物沉降观测统计，建成十年后的沉降速率仍保持为 $0.007 \sim 0.008\,\text{mm/d}$，可见固结过程可能持续很长时间，但很难将主固结和次固结过程截然分开。为讨论和计算的方便，通常将它们分别对待。

8.2.2　瞬时沉降

瞬时沉降也称初始沉降，指地基土瞬时施加荷载时产生的地面沉降。它可采用弹性理论计算。

1. 均布荷载柔性基础下的瞬时沉降

矩形或圆形柔性基础在均布荷载 p 作用在半无限地基表面时，不同部位的地面瞬时沉降 s_i' 的普遍表达式如下：

$$s_i' = \frac{pb}{E_0}(1 - \nu^2)I \qquad (8.2.2)$$

式中　b——矩形基础的宽度或圆形基础的直径；

　　　E_0——地基土的变形模量；

　　　I——影响系数，见表 8.2.1。

基础形状	计算点位置		
	中心	角、边(注)	平均
方形	1.12	0.56	0.95
矩形,长宽比 $l/b=2$	1.52	0.76	1.30
矩形,长宽比 $l/b=5$	2.10	1.05	1.83
圆形	1.00	0.64	0.85

注: 矩形为角点,圆形为边界点。

2. 考虑地基有限厚度和基础埋深的瞬时沉降

当压缩层厚度为 H、基础埋深为 d 时,基础的平均瞬时沉降按下式修正:

$$s_i' = \mu_0 \mu_1 \frac{pb}{E_0} \quad (按 \nu = 0.5) \tag{8.2.3}$$

式中 μ_0——考虑基础埋深 d 的修正系数,见图 8.2.2;

μ_1——考虑地基压缩层 H 的修正系数,见图 8.2.2。

图中,l 为矩形基础的长边长度,b 为其短边长度。

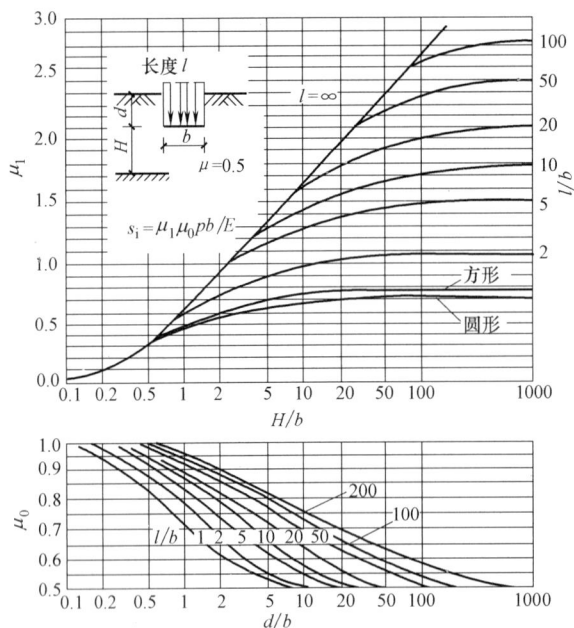

图 8.2.2   瞬时沉降的修正系数 μ_0 与 μ_1

3. 变形模量 E_0 的确定

对于饱和黏土地基,发生瞬时沉降时,土中水无法瞬时排出,地基土的体积是不变的,计算瞬时沉降所用的变形模量 E_0 可用其不排水弹性模量 E_u 代替,建议在以上各式中的泊松比采用 $\nu=0.5$。可用基础底面以下一倍基础宽深度内的原状土试样,通过固结不排水三轴试验测定。

(1) 取高质量原状土试样,在三轴仪中施加其在地基中的垂直原位应力的 2/3 或 1/2 的各向等压应力 σ_3,将其各向等压固结;或施加垂直原位应力 σ_z,并在 K_0 条件下固结。

（2）在不排水条件下施加轴压力，即预计荷载产生的偏应力 $\sigma_1-\sigma_3$，卸荷至偏应力为零，如此重复五六次，如图8.2.3所示。

（3）在最后一次循环的再加荷线上的 $(\sigma_1-\sigma_3)/2$ 处作曲线的切线，其斜率即为 E_u。可见，这里所讲的弹性模量 E_u 是指土在回弹后再压缩的模量。

4. 瞬时沉降修正

黏性土的不排水强度较低，地基在承受基础荷载的瞬时极易产生局部塑性剪切区，则基于弹性理论的瞬时沉降计算不尽合理。经式（8.2.3）修正后的 s_i' 还要进一步修正。达帕洛里亚（D'Appolonia）

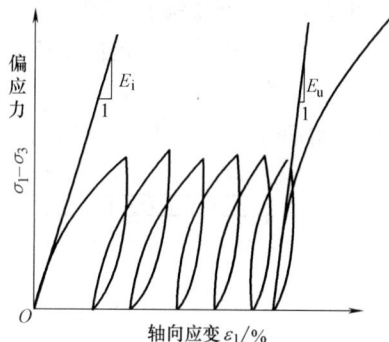

图8.2.3　弹性模量的确定

等为此通过有限元分析，建议了简化修正方法。令修正前后的瞬时沉降分别为 s_i' 和 s_i，定义两者的比值为沉降比 S_R，则：

$$s_i = s_i'/S_R \tag{8.2.4}$$

上式中 S_R 总小于1，该值取决于以下两个参数：地基土的极限承载力 p_u 和初始剪应力比 f。f 按下式计算：

$$f = \frac{\sigma_{v0}' - \sigma_{h0}'}{2c_u} = \frac{1-K_0}{2c_u/\sigma_{v0}'} \tag{8.2.5}$$

式中　σ_{v0}'，σ_{h0}'——起始垂直和水平有效应力；

　　　c_u——土的不排水抗剪强度；

　　　K_0——土的静止侧压力系数。

三种 H/b 情况时的 S_R 绘于图8.2.4中，H 为压缩土层厚度。该结果按均质、强度各向同性地基上的条形基础求得的。实际上，影响 S_R 最敏感的是 f。正常固结黏性土的 $f=0.60\sim0.75$，开始出现局部塑性区时基底平均应力为 $\overline{p}=p_u/6\sim p_u/4$。

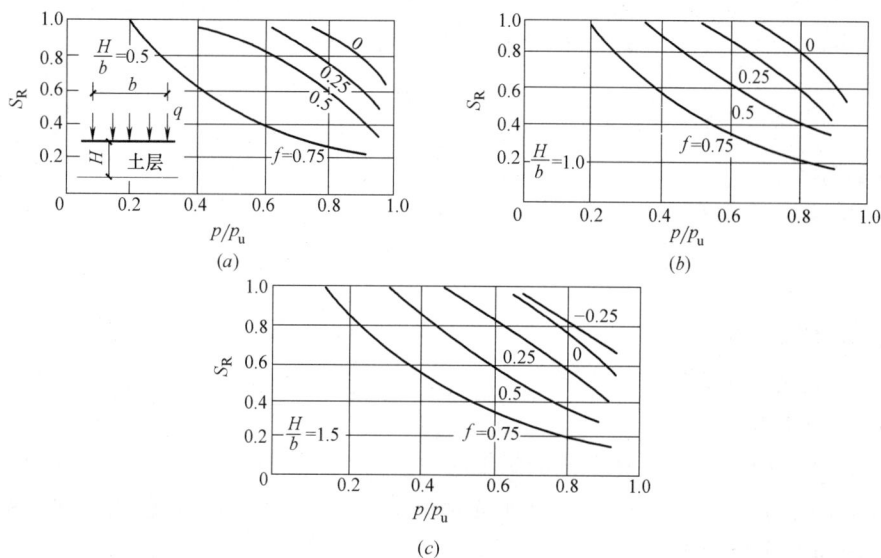

图8.2.4　条形基础瞬时沉降的沉降比

155

8.2.3 一维压缩基本课题

在厚度为 H 的土层地面上施加大面积连续均布荷载 p（图8.2.5a），这时土层是在竖向发生压缩变形，而无侧向变形，这就是第6章介绍的侧限应力状态，与上述的侧限压缩试验中的情况相同，属一维压缩问题。

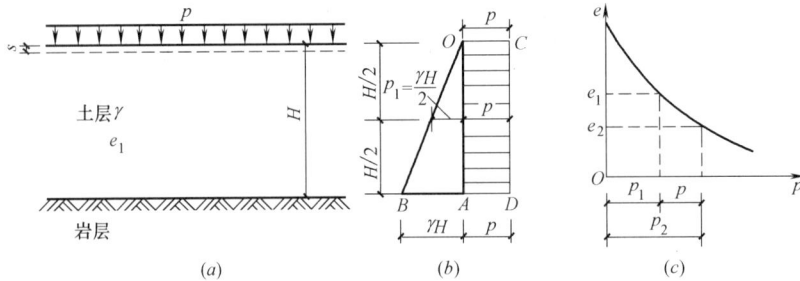

图 8.2.5　土层一维压缩

在地表面施加大面积荷载 p 之前，土层中的自重有效应力分布为图8.2.5（b）中三角形 OBA 所示；施加 p 之后，在土层中引起的附加应力分布为矩形 $OCDA$。对整个土层来讲，施加外荷载前后存在于土层中的平均竖向应力分别为 p_1（$=\gamma H/2$）和 p_2（$=p_1+p$）。从土的侧限压缩试验 e-p 曲线（图8.1.3a）可以看出，竖向应力从 p_1 增加到 p_2，将引起土的孔隙比从 e_1 减小为 e_2。参照式（8.1.1），可求得一维条件下土层的压缩变形量 s 与土的孔隙比变化之间存在如下关系：

$$s=\frac{e_1-e_2}{1+e_1}H \tag{8.2.6}$$

$$s=\frac{-\Delta e}{1+e_1}H \tag{8.2.7}$$

这就是土层一维压缩变形量的基本计算公式。不难证明，式（8.2.7）亦可改写成如下各式：

$$s=\frac{a}{1+e_1}(p_2-p_1)H=\frac{a}{1+e_1}pH \tag{8.2.8}$$

或

$$s=\frac{pH}{E_s} \tag{8.2.9}$$

$$s=C_c\frac{H}{1+e_1}\lg\left(\frac{p_2}{p_1}\right) \tag{8.2.10}$$

式中　a——压缩系数；

　　　E_s——侧限压缩模量；

　　　C_c——压缩指数；

　　　H——土层厚度；

　　　p——作用于土层厚度范围内的附加应力，对于大面积荷载，亦即地面均布荷载 p。

对于超固结土，可应用 e-$\lg p$ 曲线求先期固结压力 p_c，然后根据超固结的程度，分下列两种情况进行沉降计算：

（a）当 $p_2 \leqslant p_c$ 时，可应用下式计算分层土 i 的沉降量。

$$s = C_e \frac{H}{1+e_1} \lg \frac{p_2}{p_1} \qquad (8.2.11)$$

（b）当 $p_2 > p_c$ 时

$$s = C_e \frac{H}{1+e_1} \lg \frac{p_c}{p_1} + C_c \frac{H}{1+e_1} \lg \frac{p_2}{p_c} \qquad (8.2.12)$$

式中　p_c——土层的先期固结压力；

　　　C_e——土层的原位再压缩指数，参见图 8.1.11（b）。

8.2.4　沉降计算分层总和法

分层总和法是目前基础工程中最常用的地基沉降计算方法，如图 8.2.6 所示。分层总和法的基本假设和计算步骤如下。

1. 基本假定和基本方法

分层总和法为一种简化的计算方法，作了如下的基本假定：

1）假定基底压力为线性分布。

2）用弹性理论计算附加应力，采用基础中点下的附加应力计算沉降。

3）假定地基只发生单向沉降，即土处于侧限应力状态。

4）只计算主固结的最终沉降，不计瞬时沉降和次固结沉降。

5）将地基分成若干层，分别计算基础中心点下地基中各个分层十的压缩变形量 s_i'，认为地基的沉降量 s' 等于 s_i' 的总和，即

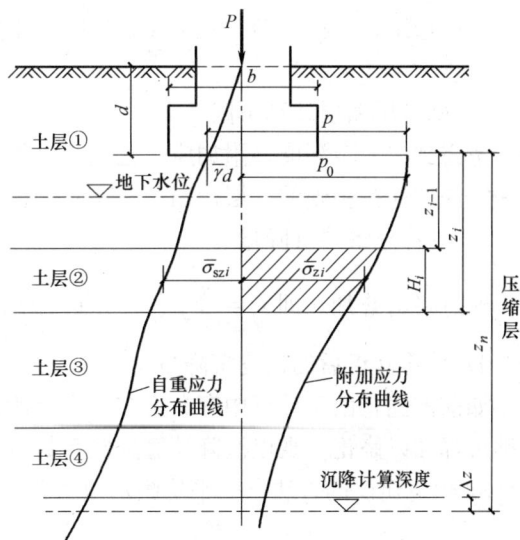

图 8.2.6　分层总和法计算基础沉降示意图

$$s' = \sum_{i=1}^{n} s_i' \qquad (8.2.13)$$

式中，n 为计算深度范围内的分层数。计算 s_i' 时，因有假定 3 和假定 4，所以可用上述式（8.2.7）～式（8.2.12）中的任何一种方法进行计算。

6）适当考虑上述假定引入的误差，根据荷载和地基条件对计算沉降量进行修正。

2. 计算步骤

1）计算基底的附加压力 p_0

由于基础底面一般在原地面以下，埋深为 d，基底附加压力 p_0 等于基底的全压力 p 减去基底土的自重应力，即 $p_0 = p - \bar{\gamma}d$，$\bar{\gamma}$ 为基底以上原地基土的平均重度。这是由于对于正常固结土和超固结土，自重应力 $\bar{\gamma}d$ 部分不会产生沉降。

2）将地基土分层

首先，将地基土分为若干薄层，分层的原则是：①土层的界面处；②地下水位处；③为减少计算误差，一般采用上薄下厚的原则；④每层的厚度一般不大于 $0.4b$，b 为基础的宽度。

3）计算自重应力

逐层计算基础中点的平均自重有效应力：$\sigma_{szi} = \sum \gamma_i h_i$，地下水以下取浮重度，$h_i$ 从原地面起算。将自重应力按一定比例画在中心线左侧（图 8.2.6）。

4）计算附加应力

按照布辛内斯克解，通过附加应力 p_0 用角点法查取从基底算起的基础中心点与各层界面交点处的附加应力 σ_{zi}，将其按与 σ_{szi} 相同比例绘制在中心线的右侧（图 8.2.6）。

5）计算各层的平均自重应力 $\bar{\sigma}_{szi}$ 与附加应力的平均值 $\bar{\sigma}_{zi}$，一般可以将各层顶面与底面处的应力相加再除以 2，即为该层的平均应力。

6）计算各层土的压缩量

可以选用式（8.2.7）～式（8.2.12）计算各层土对基础沉降的贡献 s'_i，其中的 p 变成 $\bar{\sigma}_{zi}$。

7）确定压缩层计算下限

考虑到在一定深度，附加应力已经很小了，随着深度增加土的压缩模量会提高，或者在一定深度存在坚硬的土层，因而在实际工程计算中，以 z_n 表示基础沉降的计算下限。

8）计算总最终沉降量

通过将 s'_i 叠加，即 $s' = \sum_{i=1}^{n} s'_i$，初步计算总最终沉降量 s'。

9）计算修正后的最终沉降量 s

如前上述，由于计算中存在很多假设，所以根据大量的实测资料，将这种简化计算的基础沉降加以修正，乘以沉降计算经验系数 ψ_s，即 $s = \psi_s s'$。

3. 规范建议的方法——平均附加应力系数法

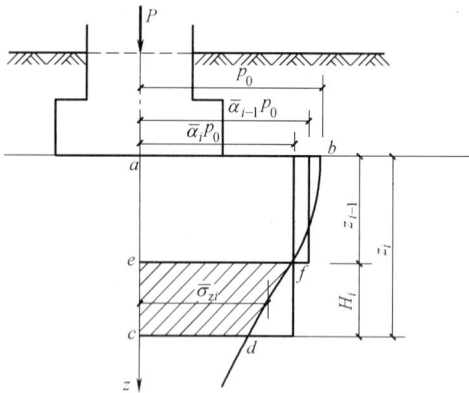

图 8.2.7 矩形基础下附加应力的面积与平均附加应力系数

在上述的分层总和法中，计算每一层土的中点的附加应力，以其代表该层土的附加应力平均值 $\bar{\sigma}_{zi}$，但由于土层附加应力分布的非线性，这种计算存在误差。《建筑地基基础设计规范》GB 50007 采用另一种确定各层土平均附加应力的方法，其原理见图 8.2.7。

在图 8.2.7 中，可以通过第 7 章的式（7.4.3）计算基础中心线各点的附加应力 σ_z。将 σ_z 沿着深度积分到 z_i（点 c），则积分面积为曲边梯形 $abdc$ 的面积，以矩形 $p_0 \bar{\alpha}_i z_i$ 等于曲边梯形 $abdc$ 的面积，其中 $\bar{\alpha}_i$ 称为深度 z_i 的平均附加应力系数。同样以 $p_0 \bar{\alpha}_{i-1} z_{i-1}$ 等于曲边梯形 $abfe$ 的面积，则 $\bar{\alpha}_{i-1}$ 称为深度 z_{i-1} 的平均附加应力系数。第 i 层土厚度 H_i 阴影区的附加应力面积为：

$$A_i = p_0 (\bar{\alpha}_i z_i - \bar{\alpha}_{i-1} z_{i-1}) = \bar{\sigma}_{zi} H_i \tag{8.2.14}$$

根据式（8.2.9）

$$s'_i = \frac{\bar{\sigma}_{zi} H_i}{E_s} = \frac{p_0}{E_s} (\bar{\alpha}_i z_i - \bar{\alpha}_{i-1} z_{i-1}) \tag{8.2.15}$$

矩形基础下均布荷载作用下，通过中线点的竖直线上的平均附加应力系数 $\bar{\alpha}$ 见表 8.2.2。

矩形面积上均布荷载作用下，通过中心点的竖直线上的平均附加应力系数 $\bar{\alpha}$　　表 8.2.2

z/b \ l/b	1.0	1.2	1.4	1.6	1.8	2.0	2.4	2.8	3.2	3.6	4.0	5.0	>10.0（条形）
0.0	1.000	1.000	1.000	1.000	1.000	1.000	1.000	1.000	1.000	1.000	1.000	1.000	1.000
0.2	0.987	0.990	0.991	0.992	0.992	0.992	0.993	0.993	0.993	0.993	0.993	0.993	0.993
0.4	0.936	0.947	0.953	0.956	0.958	0.960	0.961	0.962	0.962	0.963	0.963	0.963	0.963
0.6	0.858	0.878	0.890	0.898	0.903	0.906	0.910	0.912	0.913	0.914	0.914	0.915	0.915
0.8	0.775	0.801	0.810	0.831	0.839	0.844	0.851	0.855	0.857	0.858	0.859	0.860	0.860
1.0	0.698	0.738	0.749	0.764	0.775	0.783	0.792	0.798	0.801	0.803	0.804	0.806	0.807
1.2	0.631	0.663	0.686	0.703	0.715	0.725	0.737	0.744	0.749	0.752	0.754	0.756	0.758
1.4	0.573	0.605	0.629	0.648	0.661	0.672	0.687	0.696	0.701	0.705	0.708	0.711	0.714
1.6	0.524	0.556	0.580	0.599	0.613	0.625	0.641	0.651	0.658	0.663	0.666	0.670	0.675
1.8	0.482	0.513	0.537	0.556	0.571	0.583	0.600	0.611	0.619	0.624	0.629	0.633	0.638
2.0	0.446	0.475	0.499	0.518	0.533	0.545	0.563	0.575	0.584	0.590	0.594	0.600	0.606
2.2	0.414	0.443	0.466	0.484	0.499	0.511	0.530	0.543	0.552	0.558	0.563	0.570	0.577
2.4	0.387	0.414	0.436	0.454	0.469	0.481	0.500	0.513	0.523	0.530	0.535	0.543	0.551
2.6	0.362	0.389	0.410	0.428	0.442	0.455	0.473	0.487	0.496	0.504	0.509	0.518	0.528
2.8	0.341	0.366	0.387	0.404	0.418	0.430	0.449	0.463	0.472	0.480	0.486	0.495	0.506
3.0	0.322	0.346	0.366	0.383	0.397	0.409	0.427	0.441	0.451	0.459	0.465	0.474	0.487
3.2	0.305	0.328	0.348	0.364	0.377	0.389	0.407	0.420	0.431	0.439	0.445	0.455	0.468
3.4	0.289	0.312	0.331	0.346	0.359	0.371	0.388	0.402	0.412	0.420	0.427	0.437	0.452
3.6	0.276	0.297	0.315	0.330	0.343	0.353	0.372	0.385	0.395	0.403	0.410	0.421	0.436
3.8	0.263	0.284	0.301	0.316	0.328	0.339	0.356	0.369	0.379	0.388	0.394	0.405	0.422
4.0	0.251	0.271	0.288	0.302	0.314	0.325	0.342	0.355	0.365	0.373	0.379	0.391	0.408
4.2	0.241	0.260	0.276	0.290	0.300	0.312	0.328	0.341	0.352	0.359	0.366	0.377	0.396
4.4	0.231	0.250	0.265	0.278	0.290	0.300	0.316	0.329	0.339	0.347	0.353	0.365	0.384
4.6	0.222	0.240	0.255	0.268	0.279	0.289	0.305	0.317	0.327	0.335	0.341	0.353	0.373
4.8	0.214	0.231	0.245	0.258	0.269	0.279	0.294	0.300	0.316	0.324	0.330	0.342	0.362
5.0	0.206	0.223	0.237	0.249	0.260	0.269	0.284	0.296	0.306	0.313	0.320	0.332	0.352

注：l、b——矩形的长边与短边；

　　z——从荷载作用平面起算的深度。

4. 沉降计算深度的确定

从图 8.2.6 可以看出，附加应力随深度递减，自重应力随深度递增，到了一定深度之后，附加应力相对于该处原有的自重应力已经很小，加之一般土的压缩性随深度降低。到一定深度，附加应力引起的压缩变形就可以忽略不计了，因此沉降算到此深度即可。一般取附加应力与自重应力的比值为 0.2（一般土）或 0.1（软土）的深度处作为沉降计算深度的限界。我国《建筑地基基础设计规范》GB 50007 规定采用下式确定沉降计算深度：

$$\Delta s'_n \leqslant 0.025 \sum_{i=1}^{n} \Delta s'_i \tag{8.2.16}$$

式中，$\Delta s'_n$ 为由计算深度向上取厚度为 Δz 的土层计算的变形值；$\Delta z = 0.3 \sim 1.0 \mathrm{m}$，取决于基础宽度 b，按表 8.2.3 采用；$\Delta s'_i$ 为计算深度范围内，第 i 层土的变形计算值。

b(m)	$\leqslant 2$	$2 < b \leqslant 4$	$4 < b \leqslant 8$	> 8
Δz(m)	0.3	0.6	0.8	1.0

具体应用时可采用试算法，自上而下，先假设一个沉降计算深度，按式（8.2.16）校核；如不满足，再增加沉降计算深度，直至满足为止。

对一般房屋基础，如果不考虑相邻建筑物荷载的影响，$b = 1 \sim 30$m，亦可按下列经验公式确定沉降计算深度 z_n：

$$z_n = b(2.5 - 0.4 \ln b) \tag{8.2.17}$$

b 为基础宽度（m）。需要注意的是，如果在确定的沉降计算深度以下尚有压缩性较大的土层时，沉降应继续计算。

5. 沉降计算经验系数

由于采用基础中点下的附加应力（它一般大于任何其他点下的附加应力）作为计算依据，沉降计算值会比实际偏大；另一方面，由于假设基础底面以下土层处于完全侧限状态，只产生一维固结压缩，不发生侧向变形，这又会使沉降计算值比实际偏小。再加上一系列假设，用上述分层总和法预计的基础沉降量与建筑物基础的实测沉降量不可能完全相符，存在着误差。这种误差的大小与地基土的种类、基础的形式、基底设计压力的大小以及土的压缩性等因素有关。常常根据建筑物实际观测资料与计算沉降量的比较，经验统计得出可用于各种不同情况下的沉降计算经验修正系数 ψ_s。这样，为了使预估沉降量较为接近实际，可写成：

$$s = \psi_s s' \tag{8.2.18}$$

式中，s' 为按上述分层总和法［式（8.2.13）］计算的沉降量。在没有其他资料（如本地区经验统计数据或相类似建筑物地基基础的实测资料）时，沉降经验修正系数 ψ_s 可按表 8.2.4 采用。表中，f_{ak} 为地基承载力特征值，其意义和确定方法见本书第 9 章。

沉降经验修正系数 ψ_s 值　　　　　　　　　　表 8.2.4

基底附加压力	$\overline{E}_s$(MPa)				
	2.5	4.0	7.0	15.0	20.0
$p_0 \geqslant f_{ak}$	1.4	1.3	1.0	0.4	0.2
$p_0 \leqslant 0.75 f_{ak}$	1.1	1.0	0.7	0.4	0.2

表 8.2.4 中，$\overline{E}_s$ 为沉降计算深度范围内压缩模量的当量值，应按下式计算：

$$\overline{E}_s = \frac{\sum A_i}{\sum \dfrac{A_i}{E_{si}}} \tag{8.2.19}$$

式中　A_i——第 i 层土附加应力分布图的面积，可参见图 8.2.7 和式（8.2.14）；

　　　　E_{si}——第 i 土层的侧限压缩模量。

所谓的压缩模量的当量值，是假设计算深度内地基土为一均匀土层，它的压缩模量就是 $\overline{E}_s$，在同样的附加压力 p_0 作用下，这个假设土层与实际分层土产生相同的沉降 s'，亦即：$\dfrac{\sum A_i}{\overline{E}_s} = \sum \dfrac{A_i}{E_{si}}$。

从上面的分析可以看出，沉降经验修正系数 ψ_s 适当考虑了瞬时沉降和固结沉降的三维效应以及土的变形的非线性等因素。

6. 考虑基底土回弹－再压缩的沉降计算

前面的计算都是采用基底的附加压力 p_0 计算地基中的附加应力，认为只有附加应力才产生沉降。基底以上的自重应力 $\bar{\gamma}d$ 部分不产生沉降。但是，对于基础面积和埋深均较大的情况，由于基坑开挖保持开敞状态的时间比较长，地基土有足够时间回弹。遇到这种情况，应分别计算再压缩量（加载尚未超过开挖的土重 $\bar{\gamma}d$ 部分）和初始压缩量（基础加载超过开挖土重 $\bar{\gamma}d$ 以后）。由于基础或建筑物的沉降应从基底回弹后的平面起算，所以基础的沉降由再压缩量和初始压缩量两部分组成。

图8.2.8 表示一个基础宽、埋深大的基坑。当挖除基底以上的土时，地基内土体自重应力降低。原来的自重应力分布曲线 Oa 变为 $O'a'$。图中的阴影面积表示开挖卸载所引起的负附加应力，分布图如箭头所示。可以用第 7 章所述的方法计算。

现在研究土层 i 中点处的应力变化。假定开挖前为正常固结土，则开挖后实际上变成超固结土，原先层中心的平均自重应力为 $\bar{\sigma}_{szi}$，可以看成是该层的先期固结压力 p_{ci}；由于基底作用了负的附加压力 $\bar{\gamma}d$，在基底以

图 8.2.8 考虑坑底回弹的沉降计算

下产生了阴影部分的负的附加应力，则基坑开挖回弹以后的土层 i 中点处的应力为 $\bar{\sigma}_{szi} - \alpha_i \bar{\gamma}d$，其中 α_i 为该深度的附加应力系数。如果在基底再施加附加压力 p_0，在土层 i 中点处产生了平均附加应力 $\bar{\sigma}_{zi}$，则从 $(\bar{\sigma}_{szi} - \alpha_i \bar{\gamma}d)$ 到 $\bar{\sigma}_{szi}$ 部分产生再压缩沉降，从 $\bar{\sigma}_{szi}$ 部分到 $(\bar{\sigma}_{szi} + \bar{\sigma}_{zi})$ 部分产生压缩沉降。亦即按 $e\text{-}\lg p$ 曲线计算时，再压缩量为：

$$s_{i1} = C_{ei} \frac{H_i}{1+e_{0i}} \lg \frac{\bar{\sigma}_{szi}}{\bar{\sigma}_{szi} - \alpha_i \bar{\gamma}d} \tag{8.2.20}$$

压缩量为

$$s_{i2} = C_{ci} \frac{H_i}{1+e_{0i}} \lg \frac{\bar{\sigma}_{szi} + \bar{\sigma}_{zi}}{\bar{\sigma}_{szi}} \tag{8.2.21}$$

式中 e_{0i}——分层 i 开挖前的原位孔隙比（相当于自重应力 $\bar{\sigma}_{szi}$ 时的孔隙比）；
C_{ei} 和 C_{ci}——分别相应于分层 i 的回弹再压缩指数和压缩指数。

分层 i 的总沉降量为

$$s_i = s_{1i} + s_{2i} \tag{8.2.22}$$

其他分层的沉降量也可以用同一方法计算，按式（8.2.13）将各分层土的压缩量叠加，就得到地基的总压缩量。

《建筑地基基础设计规范》GB 50007 考虑回弹再压缩变形时，仍然用 $e\text{-}p$ 曲线计算，利用 $e\text{-}p$ 曲线的回弹部分确定土的回弹模量 E_c，

$$s_c = \psi_c \sum_{i=1}^{n} \frac{p_c}{E_{ci}} (z_i \bar{\alpha}_i - z_{i-1} \bar{\alpha}_{i-1}) \tag{8.2.23}$$

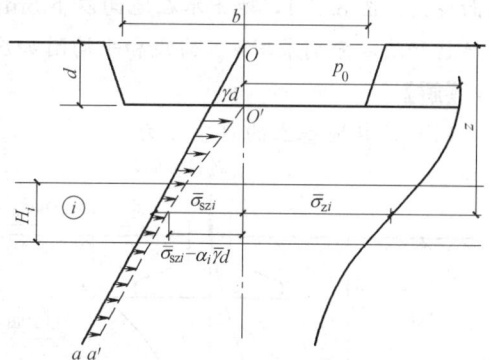

式中　　s_c——地基的回弹再压缩变形量，mm；

ψ_c——回弹量计算的经验系数，无地区经验时可取 1.0；

p_c——基坑底面以上土的自重压力，kPa，$p_c=\bar{\gamma}d$，地下水位以下应扣除浮力；

E_{ci}——土的回弹模量，kPa，按现行国家标准《土工试验方法标准》GB/T 50123 中土的固结试验回弹曲线的不同应力段计算。

最后，总沉降等于 s_c 加上式（8.2.18）计算的附加压力 p_0 引起的沉降量相加，得到总沉降量。

【例题 8.2.1】　一柱下单独方形基础，基础底面尺寸为 2.5m×2.5m，埋深 2m，作用于基础上（设计地面标高处）的作用标准组合轴向力 $F_k=1500$kN，有关地基勘察资料与基础剖面详见例图 8.2.1，地下水在地面以下 5m，①层粉土的承载力特征值 $f_{ak}=220$kPa。试用分层总和法，分别采用 e-p 曲线和平均附加应力系数法计算基础中点最终沉降量。

【解】

（1）计算地基土的自重应力

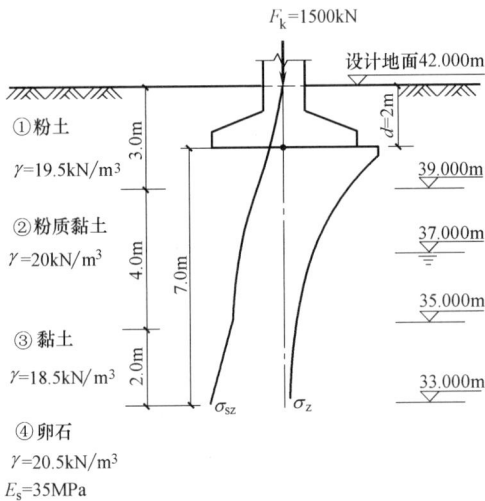

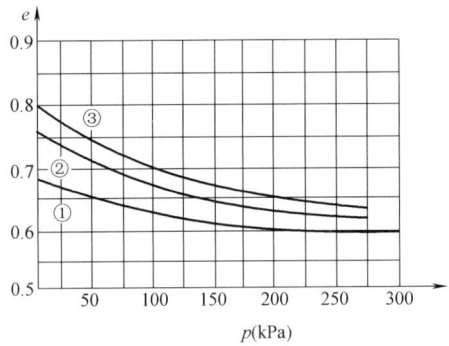

例图 8.2.1

z 自基底标高起算自重应力：

当 $z=0$，$\sigma_{SD}=19.5\times2=39$kPa

$z=1$m，$\sigma_{sz1}=39+19.5\times1=58.5$kPa

$z=2$m，$\sigma_{sz2}=58.5+20\times1=78.5$kPa

$z=3$m，$\sigma_{sz3}=78.5+20\times1=98.5$kPa

$z=4$m，$\sigma_{sz4}=98.5+(20-10)\times1=108.5$kPa

$z=5$m，$\sigma_{sz5}=108.5+(20-10)\times1=118.5$kPa

$z=6$m，$\sigma_{sz6}=118.5+(18.5-10)\times1=127$kPa

$z=7$m，$\sigma_{sz7}=127+(18.5-10)\times1=135.5$kPa

（2）基底压力计算

基础底面以上至设计地面之间，基础和填土的混合重度取 $\gamma_0=20$kN/m³。

$$p=\frac{F_k+G_k}{A}=\frac{1500+20\times2.5\times2.5\times2}{2.5\times2.5}=280\text{kPa}$$

（3）基底附加压力计算

$$p_0 = p - \gamma d = 280 - 19.5 \times 2 = 241 \text{kPa}$$

（4）基础中点下地基中竖向附加应力计算，用角点法计算，$l/b=1$，查表 7.4.1，$\sigma_{zi} = 4K_{si}p_0$，结果见例表 8.2.1。

（5）确定沉降计算深度 z

考虑第④层土压缩性比第③层土大得多，且由例表 8.2.1 可知，在 7m 处，$\dfrac{\sigma_z}{\sigma_{sz}} = 10.53\%$，能满足要求。初步确定 $z_n = 7$m。

（6）计算基础中点最终沉降量利用勘察资料中的 e-p 曲线，求

$$\alpha_i = \frac{e_{1i} - e_{2i}}{\sigma'_{2i} - \sigma'_{1i}} \ \text{及} \ E_{si} = \frac{1 + e_{1i}}{\alpha_i}$$

附加应力计算表　　　　　　　　　　　　　　　　　　　例表 8.2.1

z (m)	$z/\dfrac{b}{2}$	K_s	σ_z (kPa)	σ_{sz} (kPa)	$\dfrac{\sigma_z}{\sigma_{sz}}$ (%)	z_n (m)
0	0	0.2500	241	39		
1	0.8	0.1999	192.7	58.5		
2	1.6	0.1123	108.26	78.5		
3	2.4	0.0642	61.89	98.5		
4	3.2	0.0401	38.66	108.5	35.6	
5	4.0	0.0270	26.03	118.5	21.97	
6	4.8	0.0193	18.61	127.0	14.65	
7	5.6	0.0148	14.27	135.5	10.53	按 7m 计

最后，按下式求得

$$s = \sum_{i=1}^{n} \frac{\overline{\sigma_{zi}}}{E'_{0i}} H_i \quad （例表 8.2.2）$$

分层沉降计算表　　　　　　　　　　　　　　　　　　　例表 8.2.2

z (m)	σ_{sz} (kPa)	σ_z (kPa)	H_i (cm)	自重应力平均值 $\overline{\sigma}_{sz}$ (kPa)	附加应力平均值 $\overline{\sigma}_z$ (kPa)	$\overline{\sigma}_{sz} + \overline{\sigma}_z$ (kPa)	e_1	e_2	$a = \dfrac{e_1 - e_2}{\overline{\sigma}_z}$ kPa^{-1}	$E_s = \dfrac{1 + e_1}{\alpha}$ (kPa)	$\Delta s'_i = \dfrac{\overline{\sigma}_z}{E_s} H_i$ (cm)	$s' = \sum \Delta s'_i$ (cm)
0	39	241										
			100	48.75	216.85	265.6	0.65	0.595	0.000236	6505	3.33	
1	58.5	192.7										
			100	68.5	150.5	219.0	0.70	0.625	0.000498	3411	4.41	7.74
2	78.5	108.3										
			100	88.5	85.1	173.6	0.68	0.63	0.000613	2738	3.11	10.85
3	98.5	61.9										
			100	103.5	50.3	153.8	0.675	0.645	0.000596	2817	1.78	12.63
4	108.5	38.7										
			100	113.5	32.35	145.9	0.665	0.648	0.000526	3168	1.02	13.65
5	118.5	26.0										
			100	122.8	22.3	145.1	0.685	0.675	0.000448	3757	0.59	14.24
6	127.0	18.6										
			100	131.3	16.45	147.8	0.683	0.674	0.000545	3085	0.54	14.78
7	135.5	14.3										

（7）假定 E_{si} 已知，如按《建筑地基基础设计规范》GB 50007—2011平均附加应力系数法计算地基沉降量，查表8.2.2确定 $\bar{\alpha}$ ，计算见例表8.2.3。

平均附加应力系数法计算

例表8.2.3

z	l/b	z/b	$\bar{\alpha}_i$	$\bar{\alpha}_i z_i$	$\bar{\alpha}_i z_i - \bar{\alpha}_{i-1} z_{i-1}$	E_{si}	$\Delta s' = \dfrac{p_0}{E_{si}}(\bar{\alpha}_i z_i - \bar{\alpha}_{i-1} z_{i-1})$	$s' = \sum \Delta s'$
(m)						(kPa)	(cm)	(cm)
0	1.25/1.25=1	0	1.000	0				
					0.936	6505	3.47	3.47
1.0		0.4	0.936	0.936				
					0.614	3411	4.34	7.81
2.0		0.8	0.775	1.550				
					0.343	2738	3.02	10.83
3.0		1.2	0.631	1.893				
					0.203	2817	1.74	12.57
4.0		1.6	0.524	2.096				
					0.134	3168	1.02	13.59
5.0		2.0	0.446	2.230				
					0.092	3757	0.59	14.18
6.0		2.4	0.387	2.322				
					0.065	3085	0.51	14.69
7.0		2.8	0.341	2.387				

按式（8.2.17）$z_n = 2.5\ (2.5 - 0.4\ln 2.5) = 5.3\mathrm{m}$ ；至7m深处附加应力与自重应力的比值已接近0.1；同时，7m以下为较硬的卵石层。因而，取 $z_n = 7.0\mathrm{m}$ 能满足计算精度要求。

（8）按式（8.2.18）计算预估沉降量

$$当\ \overline{E}_s = \frac{\sum A_i}{\sum \dfrac{A_i}{E_{si}}} = \frac{(0.936+0.614+0.343+0.203+0.134+0.092+0.065)}{\dfrac{0.936}{6505}+\dfrac{0.614}{3411}+\dfrac{0.343}{2738}+\dfrac{0.203}{2817}+\dfrac{0.134}{3168}+\dfrac{0.092}{3757}+\dfrac{0.065}{3085}} =$$

$$= \frac{2.387}{0.000609} = 3919\mathrm{kPa}$$

查表8.2.4，由于 $p_0 > f_{ak}$ ，则

$$\psi_s = 1.306$$

$$s = \psi_s s' = 1.306 \times 14.69 = 19.2\mathrm{cm}$$

7. 沉降计算中存在的问题

上述的沉降计算作了一些重大的假设，计算偏于简略，没有考虑地基—基础—上部结构的共同作用，勘察的地质剖面图和压缩性指标也难得精准。因此，这种计算必须与工程经验和实测资料结合，进行必要的修正。下面，讨论沉降计算中的主要问题。

1）应力与变形间的关系

沉降计算的附加应力是基于线弹性介质的半无限空间假设计算的，在分层总和法计算沉降和固结度中，也假设压缩性指标在加载过程中为常数。实际上，土在高应力水平下非线性十分明显，而软土的变形从一开始就是明显非线性的。

2）土的压缩性指标

目前，土的压缩性指标主要是从室内试验确定的，土试样的扰动和受力条件使其与天然原状土受建筑物荷载实际产生的变形有很大差别。如按弹性理论，土的压缩模量大于变形模量，即 $E_s > E_0$，表 8.1.1 表示出一些相反的结果。即使是原位进行的载荷试验，由于荷载的尺寸和影响深度较小，与受建筑物荷载实际的天然地基的变形特性也有较大差距。

3）地基变形计算的精度问题

针对沉降计算的误差，《建筑地基基础设计规范》GB 50007 提出了沉降计算经验系数 ψ_s，用它对计算值进行修正。一般来说，对于压缩性较大的地基，计算值往往偏小；对于压缩性较小的地基，计算值往往偏大。但是我国地域广阔，土的变形特性不同；建筑物类别很多；据以确定沉降计算经验系数 ψ_s 的统计资料尚不够充分。所以沉降计算的误差是难免的。表 8.2.5 表示了几个沉降计算值与实测值的比较。可见，对于硬土层计算值仍然偏大，而对于软土层计算值偏小。

沉降的计算值与实测值的比较　　　　　　　　表 8.2.5

| 工程名称 | 地基土代表性压缩模量 E_{s1-2}(kPa) | 结构类型 | 基础 | | 基底压力(kPa) | 实测沉降值(mm) | | 按式(8.2.18)计算的沉降量(mm) | $\frac{s_{实测}}{s_{计算}}$ |
			类型	面积(m²) 埋深(m)		最近一次观测值	推算最终值		
北京某宿舍大楼	16300	四层混合结构	砖条形基础	420 2.15	144	4.91	沉降基本稳定	7.86	0.624
武汉某厂烟囱	23800	构筑物	钢筋混凝土基础	201 8.90	291	9.60	取 9.60	37	0.26
上海某医学院大楼	2950	五层混合结构	钢筋混凝土条形基础	1479 1.00	110	668.5	712	355	2.00
江苏某化肥厂造气车间	5840	三层框架结构	钢筋混凝土十字形条形基础	152 1.00	41	59.3	74.5	59.7	1.25

8.2.5　次固结沉降的计算

上述分层总和法是当前工程实践中采用最广泛的沉降计算方法，也是《建筑地基基础设计规范》GB 50007 中规定采用的沉降计算方法。

对于一般黏性土压缩层，在分层计算时可得出各层土在侧限条件下的固结沉降量，在进行沉降量修正时适当考虑了瞬时沉降和固结沉降的三维效应。对次固结沉降，可以采用流变学理论或其他力学模型进行计算，但比较复杂，而且有关参数不易测定。因此，目前在生产中主要使用下述半经验的方法估算土层的次固结沉降。

图 8.2.9 为室内压缩试验得出的孔隙比 e 与时间对数 $\lg t$ 的关系曲线，取曲线反弯点前后两段曲线的切线的交点作为主固结段与次固结段的分界点。设相当于分界点的时间为 t_c，次固结段

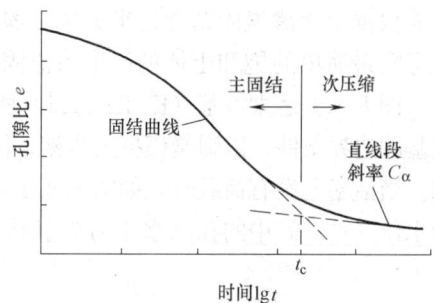

图 8.2.9　土的 e-$\lg t$ 曲线

（基本上是一条直线）的斜率反映土的次固结变形速率，一般用 C_α 表示，称为土的次固结指数。已知 C_α 也就可以按下式计算土层的次固结沉降 s_s：

$$s_s = \frac{H}{1+e_1} C_\alpha \lg \frac{t}{t_c} \tag{8.2.24}$$

式中　H，e_1——分别为土层的厚度和初始孔隙比；

　　　　t——欲求次固结沉降量的时间；

　　其余符号意义同前。

从式（8.2.24）可以看出，地基土层的次固结沉降量 s_s 主要取决于土的次固结指数 C_α。研究表明，土的 C_α 与下列因素有关：（1）土的种类；塑性指数越大，C_α 越大，尤其是对有机土；（2）含水量 w 越大，C_α 越大；（3）温度越高，C_α 越大。C_α 值的一般范围如表 8.2.6 所示。

次固结指数 C_α 值　　　　　　　　　　　　　　　　表 8.2.6

土类	C_α
正常固结黏土	$0.005\sim0.020$
高塑性黏土、有机土	$\geqslant0.03$
超固结黏土（$OCR>2$）	<0.001

对于地基中的无黏性土层，其绝对沉降量一般不很大。但当荷载较大、相对密实度较小时，沉降量也不能忽略。无黏性土的渗透系数比较大，相当于在排水条件下加载，所以在一般情况下，大部分沉降在施工期间已经完成。计算无黏性土层的沉降，原则上可用上述分层总和法，常采用压缩模量 E_s 进行计算，E_s 通常可通过标准贯入法等现场测试手段确定。

8.3　饱和土体的单向渗流固结理论

根据第 6 章所介绍的有效应力原理，在外荷载的作用下，饱和土体所受应力由土骨架和孔隙流体共同承担，即土骨架上产生有效应力，孔隙流体（水）内产生超静孔隙水压力。随着孔隙水的排出，超静孔隙压力逐渐消散，有效应力逐渐增加，土体的变形随之增加，这一过程称为渗流固结。饱和土地基，尤其是饱和黏性土地基，一般都要经历缓慢的渗流固结过程，压缩变形才能逐渐终止。上节的固结沉降计算方法得出的是渗流固结终结时达到的最终沉降量。工程设计中，除了要知道最终沉降量之外，往往还需要知道沉降随时间的变化过程，亦即沉降与时间的关系及沉降基本稳定所需要的时间。此外，在研究土体的稳定性时，还需要知道土体中孔隙水压力，特别是超静孔隙水压力的大小。这两个问题需根据土体渗流固结理论来解决。渗流固结理论是土力学的最重要的理论之一，下面主要考察最简单的饱和土体的一维渗流固结情况，即太沙基一维渗流固结理论。

图 8.3.1 是太沙基（K. Terzaghi）所提出的一个物理力学模型。以钢筒模拟侧限状态下地基的边界条件，以弹簧模拟土骨架，筒内充满水，模拟饱和土中的孔隙水，以活塞模拟基础。当活塞上没有荷载时，如图 8.3.1（a）所示，与钢筒连接的测压管中的水位与筒中的静水位齐平。筒中的孔隙水压力为静孔隙水压力，任意深度处的总水头都相等，没有渗流发生。

当活塞上瞬时施加均布荷载 σ 时，即 $t=0$ 时（图 8.3.1b），由于模拟土的渗透性的活塞的孔径很小，水又有一定的黏滞性，容器内的水来不及在瞬时流出，相当于这些孔隙在瞬时被堵塞而处于不排水状态。筒内的水在瞬时受压力 σ 且水不可压缩，故筒内体积变化为 $\Delta V = 0$，活塞被水顶住而不能下移，弹簧就不受力，弹簧（土骨架）上的有效应力为 0，外加荷载 σ 全部由水承担，测压管中的水位将上升到 h_0，它代表由荷载引起的初始超静孔隙水压力 $u_0 = \sigma = \gamma_w h_0$，而作用于弹簧上的有效应力 $\sigma' = 0$。

当 $t > 0$，例如 $t = t_i$ 时（图 8.3.1c），由于活塞两侧存在水头差 Δh，$t > 0$ 时必将有渗流发生，水从活塞的孔隙中不断排出，筒内水量减少，活塞向下移动，代表土骨架的弹簧被压缩，部分荷载作用于弹簧上（σ'），与此同时筒内的孔隙水压力 u 减少，测压管内的水位降低，$h_i < h_0$，$u = \gamma_w h_i$。从竖向的静力平衡可知：$u + \sigma' = \sigma$。

上述的过程不断持续，直到时间足够长时，筒内的超静孔隙水压力完全消散，即 $u = 0$（图 8.3.1d）。活塞内外压力平衡，测压管水位又恢复到与静水位齐平，渗流停止。全部荷载都由弹簧承担，活塞稳定到某一位置，亦即总应力 σ 等于土骨架的有效应力 σ'。

上述这一过程就形象地模拟了饱和土体的渗流固结过程。在这一过程中，饱和土体内的超静孔隙水压力逐渐消散，总应力转移到土骨架上，有效应力逐渐增加，与此同时土体被压缩。

分析以上的渗流固结过程，可以得到如下几点认识：

（1）在渗流固结过程中，超静孔隙水压力 u 与有效应力 σ' 都是时间的函数，即 $u = f_1(t)$，$\sigma' = f_2(t)$。当外荷载不变时，始终是 $u + \sigma' = \sigma$。渗流固结过程的实质就是两种不同的应力形态的转化过程，最后造成土体的压缩。

（2）上述由外荷载引起的孔隙水压力称为超静孔隙水压力，简称超静孔压。超静孔压是由外部作用（如荷载、振动、扰动等）或者边界条件变化（如水位升降）所引起的，它是总孔压中扣除静孔压的部分，它会随时间持续变化，并伴以土的体积改变。以后我们会看到，超静孔压可以为正，也可以为负。在现实中，我们经常会遇到超静孔压引起的现象：路面以下黏土的含水量很高时，就会在重车荷载作用下从路面的裂隙中冒出泥水，即所谓的翻浆；含饱和砂土的地基，在地震作用下会喷砂冒水，即所谓的液化。

（3）上述模拟的是饱和土体侧限应力状态下的渗流固结过程，渗流固结也会发生在复杂应力状态下。

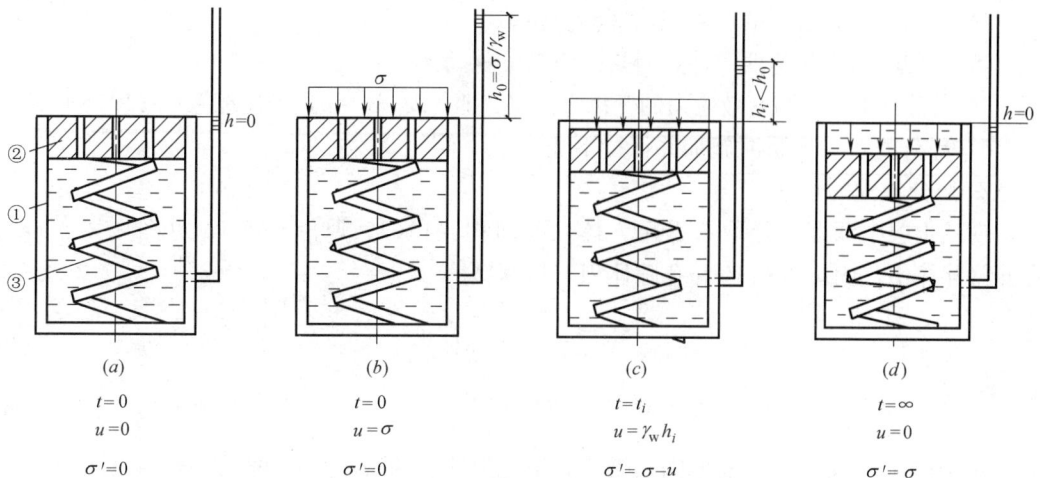

图 8.3.1 饱和土体的渗流固结模型

在厚度为 H 的饱和土层上面施加无限宽广的均布荷载 p（图 8.3.2），这时土中的附加应力沿深度均匀分布（如面积 $abdc$ 所示），土层只在与外载作用方向相一致的竖直方向发生渗流和变形（一维课题），土层的顶面为透水层，这与图 8.3.1 所示的模型情况是一致的。当瞬时加载，$t=0$ 时，超静孔隙水压力 $u_0=p$，面积 $abdc$ 表示超静孔压分布。渗流固结过程中，例如在时间 t（>0）时，附加应力由孔隙水和土骨架共同承担，面积 bde 表示由孔隙水分担的超静水压力 u 的空间分布，面积 $abec$ 表示由骨架分担的有效应力 σ' 沿竖向的分布。曲线 be 的位置与形状随时间而逐渐变化，当 $t=0$ 时，be 与 ac 重合，亦即全部附加应力由孔隙水承担；$t=\infty$ 时，be 与 bd 重合，亦即全部附加应力由骨架承担。在整个渗流固结过程中，土中的超静水压力 u 和附加有效应力 σ' 是深度 z 和时间 t 的函数。可以在下列基本假设前提下，建立渗流固结微分方程，然后根据具体的初始条件和边界条件求解土层中任意点在任意时刻的 u 或 σ'，进而求得整个土层及不同深度在任意时刻达到的固结度（土层中总应力转化成有效应力的百分比）。这就是渗流固结理论所要解决的主要问题。

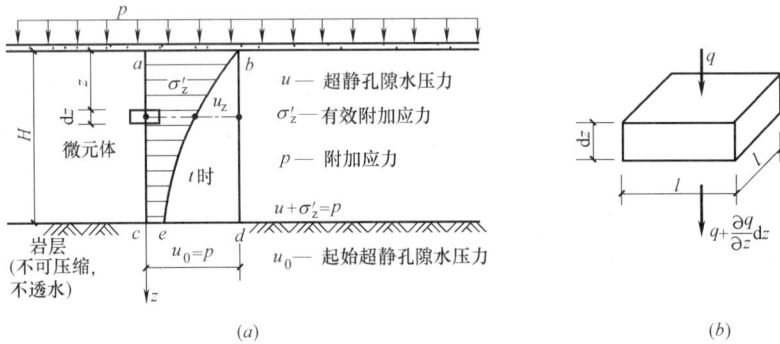

图 8.3.2　一维渗流固结过程

1. 基本假设

太沙基建立一维渗流固结理论时作了如下假设：

1）土层是均质、完全饱和的；

2）土颗粒和水都是不可压缩的；

3）水的渗出和土层的压缩只沿竖向发生；

4）水的渗流遵从达西定律，且渗透系数 k 保持不变；

5）孔隙比的变化与有效应力的变化成正比，即 $-\mathrm{d}e/\mathrm{d}\sigma'=a$，即压缩系数 a 保持不变；

6）外荷载 p 一次瞬时施加并保持不变。

2. 微分方程的建立

现从土层中深度 z 处取一微单元体（断面积 $=1\times1$，厚度 $=\mathrm{d}z$），见图 8.3.2（b）。在此微元体中，固体体积 V_s 和孔隙体积 V_v 分别为

$$V_s=\frac{1}{1+e}\mathrm{d}z=常量 \tag{a}$$

$$V_v=eV_s=\frac{e}{1+e}\mathrm{d}z \tag{b}$$

对于饱和土体，在 $\mathrm{d}t$ 时段内，微元体中孔隙体积的减小量 $-\mathrm{d}V_v$ 等于同一时间内从微元体中净流出的水量 $\mathrm{d}q\mathrm{d}t$，亦即

168

$$-\frac{\partial V_\mathrm{v}}{\partial t}\mathrm{d}t=\frac{\partial q}{\partial z}\mathrm{d}z\mathrm{d}t \tag{c}$$

式中，q 代表单位时间内流过单位横截面积的水量。

从式（b）：

$$\frac{\partial V_\mathrm{v}}{\partial t}\mathrm{d}t=\frac{\mathrm{d}z}{1+e}\frac{\partial e}{\partial t}\mathrm{d}t$$

代入（c），得：

$$-\frac{1}{1+e}\frac{\partial e}{\partial t}=\frac{\partial q}{\partial z} \tag{8.3.1}$$

这是饱和土体渗流固结过程的基本关系式。由式（8.1.2），得 $\mathrm{d}e=-a\mathrm{d}\sigma'_z$，根据有效应力原理，$\mathrm{d}u=-\mathrm{d}\sigma'_z$，则 $\mathrm{d}e=a\mathrm{d}u$。

$$\frac{\partial e}{\partial t}=-a\frac{\partial \sigma'_z}{\partial t}=a\frac{\partial u}{\partial t} \tag{d}$$

根据达西定律

$$q=ki=-\frac{k}{\gamma_\mathrm{w}}\frac{\partial u}{\partial z} \tag{e}$$

将式（d）和式（e）代入式（8.3.1），得

$$\frac{k(1+e_1)}{a\gamma_\mathrm{w}}\frac{\partial^2 u}{\partial z^2}=\frac{\partial u}{\partial t}$$

或

$$\frac{\partial u}{\partial t}=C_\mathrm{v}\frac{\partial^2 u}{\partial z^2} \tag{8.3.2}$$

式中，

$$C_\mathrm{v}=\frac{k(1+e)}{a\gamma_\mathrm{w}} \tag{8.3.3}$$

C_v 称为土的固结系数，常用单位有 m^2/年、cm^2/年、cm^2/s 等。

式（8.3.2）是描述超静孔压时空分布的微分方程，其中孔压对时间的变化速率 $\frac{\partial u}{\partial t}$ 与 C_v 成正比，因此固结系数 C_v 是反映土体中孔压变化速率的参数。

3. 固结微分方程的解析解

式（8.3.2）一般称为一维渗流固结微分方程，可以根据不同的起始条件和边界条件求得它的特解。对图 8.3.2 所示的情况：

当 $t=0$，在 $0 \leqslant z \leqslant H$ 范围 ,$u=u_0=p$

$0<t\leqslant\infty$,在 $z=0$ 处,$u=0$

$0\leqslant t\leqslant\infty$,在 $z=H$ 处,$\frac{\partial u}{\partial z}=0$

$t=\infty$,在 $0\leqslant z\leqslant H$ 范围,$u=0$

应用傅立叶级数，可求得满足上述边界条件和初始条件的解答如下：

$$u_{z,t}=\frac{4p}{\pi}\sum_{m=1}^{m=\infty}\frac{1}{m}\sin\frac{m\pi z}{2H}\mathrm{e}^{-m^2(\frac{\pi^2}{4})T_\mathrm{v}} \tag{8.3.4}$$

式中　m——奇数正整数（1，3，5，…）；

　　　e——自然对数的底；

　　　H——排水最长距离，当土层为单面排水时，H 等于土层厚度，当土层上下双面排

水时，H 采用土层厚度的一半；

T_v——时间因数（无量纲）按下式计算：

$$T_v = \frac{C_v}{H^2}t \qquad (8.3.5)$$

式中　C_v——土层的固结系数；

　　　t——固结历时。

在上述边界条件下，固结微分方程的解析解（8.3.4）具有如下特点：

1）孔压 u 用无穷级数表示。

2）孔压 u 与荷载 p 成正比。

3）每一项的正弦函数中仅含变量 z，表示孔压在空间上按三角函数分布。

4）每一项的指数函数中仅含变量 t 且系数为负，表示孔压在时间上按指数衰减。

5）随着 m 的增加，各级的影响急剧减小。

根据上述特点5），在时间 t 不是很小时，式（8.3.4）取一项即可满足一般工程要求的精度。

按式（8.3.4），可以绘制不同 t 值时土层中的超静孔隙水压力分布曲线（u-z 曲线），如图8.3.3所示。从 u-z 曲线随 t（或 T_v）的变化情况可看出渗流固结过程的进展情况。

u-z 曲线上某点的切线斜率反映该点处的竖直方向的水力梯度，即 $i = \frac{1}{\gamma_w}\frac{\partial u}{\partial z}$。

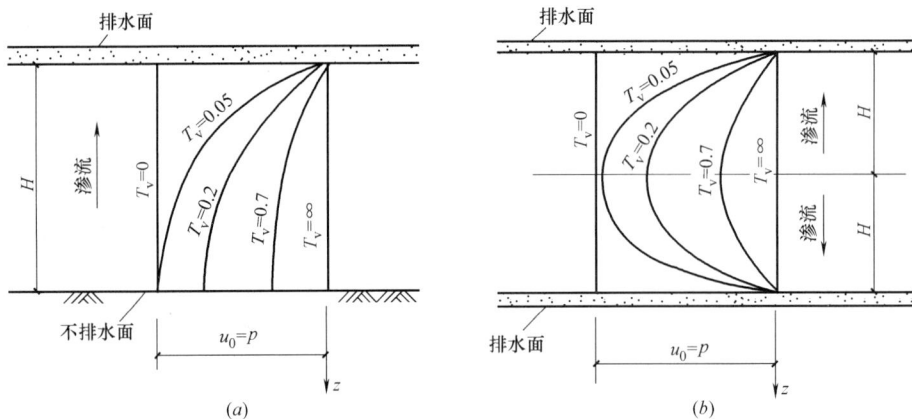

图 8.3.3　土层在固结过程中超静孔隙水压力的分布

（a）单面排水；（b）双面排水

4. 固结度

图8.3.3（a）中表示在附加应力 p 的作用下，在 t（对应时间因数 T_v）时刻，土层中的有效应力 σ'_{zt} 和超静孔隙水压力 u_t 的分布。在某一深度 z 处，t 时刻有效附加应力 σ'_{zt} 与 $t=\infty$ 时有效附加应力 $\sigma'_{z\infty}$ 的比值，称为该点土的固结度。对图8.3.3所示的情况，深度 z 处的固结度也等于有效附加应力 σ'_{zt} 对总应力 p 的比值，亦即超静孔隙水压力的消散部分 u_0-u_{zt} 对起始孔隙水压力 u_0 的比值，表示为：

$$U_{zt} = \frac{\sigma'_{zt}}{\sigma'_{z\infty}} = \frac{\sigma'_{zt}}{p} = \frac{u_0 - u_{zt}}{u_0} \qquad (8.3.6)$$

对于实际工程，更有意义的是土层的平均固结度。t 时刻土层的平均固结度等于此时

土层中土骨架已经承担的平均有效附加应力面积对最终平均有效附加应力面积的比值。表示为图 8.3.2 中的

$$U_t = \frac{\text{面积 } abec}{\text{面积 } abdc}$$

亦即

$$U_t = \frac{\int_0^H u_0 \, \mathrm{d}z - \int_0^H u_{zt} \, \mathrm{d}z}{\int_0^H u_0 \, \mathrm{d}z} = 1 - \frac{\int_0^H u_{zt} \, \mathrm{d}z}{\int_0^H u_0 \, \mathrm{d}z} \tag{8.3.7}$$

将上面求得的式（8.3.4）代入式（8.3.7），积分化简后便得：

$$U_t = 1 - \frac{8}{\pi^2} \sum_{m=1}^{m=\infty} \frac{1}{m^2} e^{-m^2 \frac{\pi^2}{4} T_v} \quad (m = 1, 3, 5, \cdots) \tag{8.3.8}$$

或

$$U_t = 1 - \frac{8}{\pi^2} \left(e^{-\frac{\pi^2}{4} T_v} + \frac{1}{9} e^{-9\frac{\pi^2}{4} T_v} + \cdots \right) \tag{8.3.9}$$

由于括号内是快速收敛的级数，通常为实用目的，在 T_v 不是很小时采用第一项已经有足够精度。此时，式（8.3.9）亦可近似写成：

$$U_t = 1 - \frac{8}{\pi^2} e^{-\frac{\pi^2}{4} T_v} \tag{8.3.10}$$

式（8.3.9）给出的 U_t 和 T_v 之间的关系可用图 8.3.4 中的曲线①表示。由式（8.3.9）和图 8.3.4 可以看出，U_t 和 T_v 之间具有一一对应的递增关系，且 T_v 是 U_t 表达式中唯一的一个变量，因而时间因数 T_v 是反映土层的固结度的主要参数。

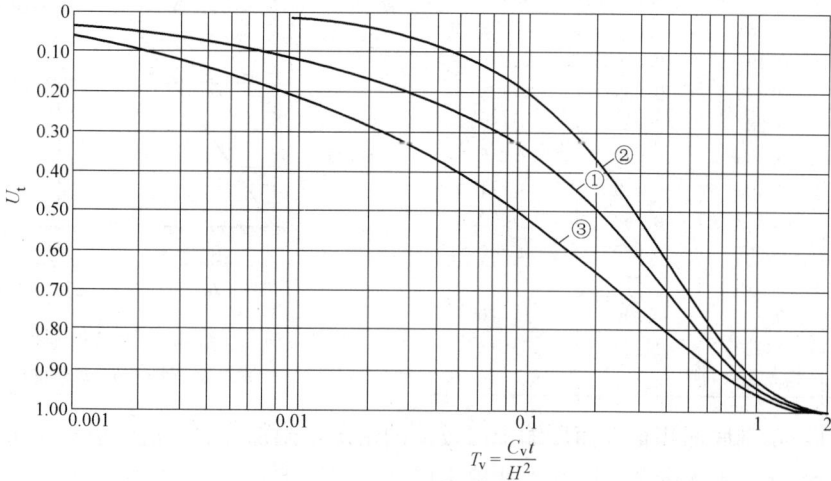

图 8.3.4　$U_t - T_v$ 关系曲线

为计算简便，图 8.3.4 中的曲线①或式（8.3.9）亦可用下列近似经验公式表达：

$$T_v = \frac{\pi}{4} U_t^2 \quad （当 U_t \leqslant 0.60） \tag{8.3.11a}$$

$$T_v = -0.933 \lg(1 - U_t) - 0.085 \quad （当 U_t > 0.60） \tag{8.3.11b}$$

$$T_v \approx 3 U_t \quad （当 U_t = 1.0） \tag{8.3.11c}$$

对于起始超静水压力 u_0 沿土层深度为线性变化的情况（图 8.3.5（a）中单面排水的情况 2 和情况 3），可根据此时的边界条件，解微分方程（8.3.2）并积分式（8.3.7），分

别得到情况 2 和情况 3 对应的固结度表达式：

$$U_{t2}=1-1.03\left(e^{-\frac{\pi^2}{4}T_v}-\frac{1}{27}e^{-9\frac{\pi^2}{4}T_v}+\cdots\right) \qquad (8.3.12)$$

$$U_{t3}=1-0.59\left(e^{-\frac{\pi^2}{4}T_v}+0.37e^{-9\frac{\pi^2}{4}T_v}+\cdots\right) \qquad (8.3.13)$$

这两种情况下的 U_t-T_v 关系曲线，如图 8.3.4 中的曲线②和曲线③所示。也可利用表 8.3.1，查相应于不同固结度的 T_v 值。

实际工程中，作用于饱和土层中的起始超静水压力分布要比图 8.3.5 所示的三种情况更复杂，但实用上可以足够准确地将实际上可能遇到的起始超静水压力（或起始附加应力）分布近似地分为五种情况处理（图 8.3.6）：

U_t-T_v关系表　　表 8.3.1

固结度 U_t(%)	时间因数 T_v		
	T_{v1}[曲线①]	T_{v2}[曲线②]	T_{v3}[曲线③]
0	0	0	0
5	0.002	0.024	0.001
10	0.008	0.047	0.003
15	0.016	0.072	0.005
20	0.031	0.100	0.009
25	0.048	0.124	0.016
30	0.071	0.158	0.024
35	0.096	0.188	0.036
40	0.126	0.221	0.048
45	0.156	0.252	0.072
50	0.197	0.294	0.092
55	0.236	0.336	0.128
60	0.287	0.383	0.160
65	0.336	0.440	0.216
70	0.403	0.500	0.271
75	0.472	0.568	0.352
80	0.567	0.665	0.440
85	0.676	0.772	0.544
90	0.848	0.940	0.720
95	1.120	1.268	1.016
100	∞	∞	∞

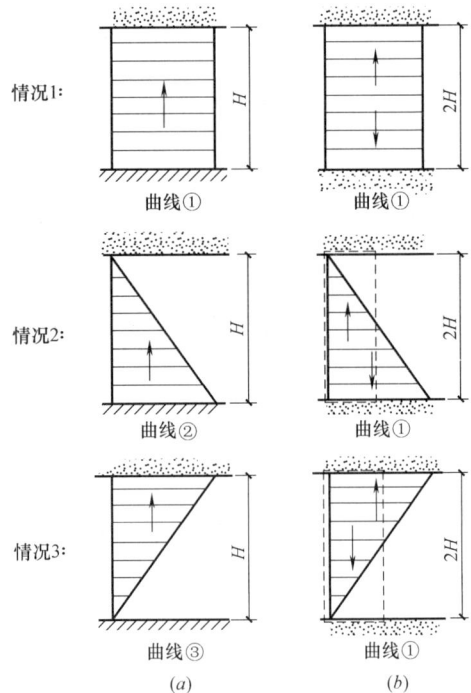

图 8.3.5　一维渗流固结的三种基本情况
（a）单面排水；（b）双面排水

情况 1：基础底面积很大而压缩土层较薄的情况，附加（总）应力近似矩形分布。

情况 2：相当于无限宽广的水力冲填土层（欠固结土），在上覆固结应力 $\gamma' z$ 作用下而产生固结的情况，也相当于地下水位从土层顶面很快大面积下降的固结情况。

情况 3：相当于基础底面积较小，在压缩土层底面的附加（总）应力已接近零的情况。

情况 4：相当于地基在自重作用下尚未固结（欠固结土），并在上面修建建筑物基础的情况。

情况 5：与情况 3 相似，但基础稍大，属于压缩土层底面的附加（总）应力不接近于零的情况。

在这些情况中，表示的都是需要固结的竖向总应力，不包括已经固结的总应力，所以它等于初始的超静孔隙水压力。尽管情况 3、4、5 已不是一维固结与压缩问题，但在一般实际工程中常按一维问题近似求解。情况 4 和情况 5 的固结度 U_{t4}、U_{t5}，可以根据土层平均固结度的物理概念，利用情况 1、2、3 的 U_t-T_v 关系式叠加与推算。

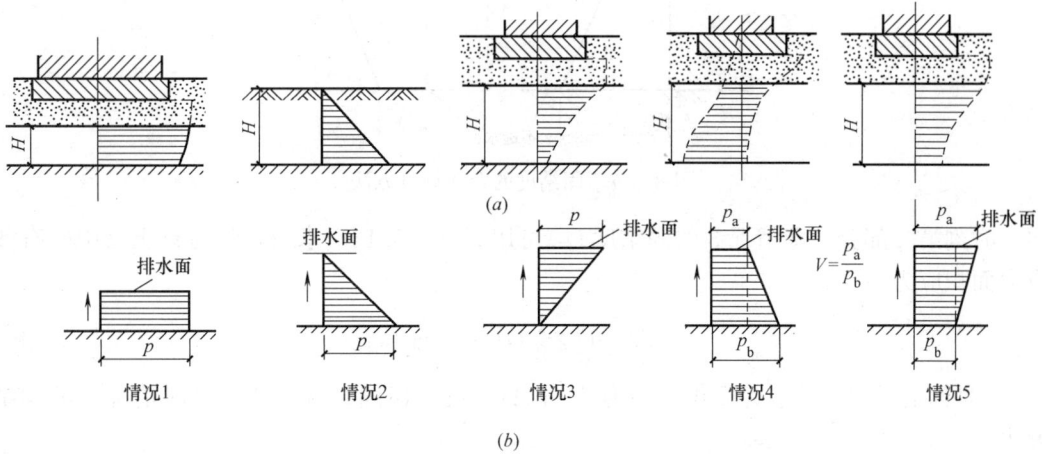

图 8.3.6 固结土层中的起始固结应力分布
(a) 实际分布图；(b) 简化分布图（箭头表示水流方向）

按式（8.3.7），土层在某时刻 t 的固结度等于该时刻土层中有效应力分布图的面积与总应力分布图面积之比。用虚线将图 8.3.6 (b) 情况 4 的总应力分布图（亦即起始超静孔隙水压力分布图）分成两部分：第一部分即为情况 1，第二部分为情况 2。在 t 时刻，第一部分的固结度 U_{t1}，可用式（8.3.9）计算，该时刻土层中的有效应力分布面积应为

$$A_1 = U_{t1} p_a H \tag{a}$$

同一时刻第二部分，即情况 2 的固结度 U_{t2} 可用式（8.3.12）求得，该时刻土层中的有效应力面积应为

$$A_2 = U_{t2} \cdot \frac{1}{2} H(p_b - p_a) \tag{b}$$

t 时刻土层中有效应力面积之和为 $A_1 + A_2$。按上述固结度定义，这时情况 4 的固结度为

$$U_{t4} = \frac{A_1 + A_2}{A_0} \tag{c}$$

式中，A_0 为土层中总应力分布图面积，即 $A_0 = \frac{H}{2}(p_a + p_b)$。令 $\alpha = p_a/p_b$，将式（a）、式（b）、式（c）代入式（8.3.7），得

$$U_{t4} = \frac{U_{t1} p_a H + \frac{1}{2} U_{t2}(p_b - p_a)H}{\frac{1}{2} H(p_a + p_b)} = \frac{2\alpha U_{t1} + U_{t2}(1-\alpha)}{1+\alpha} \tag{8.3.14}$$

用同样的方法可以推出情况 5 的固结度。

第一部分的固结度 U_{t1}，时刻 t 土层中的有效应力分布面积应为

$$A_1 = U_{t1} p_b H \tag{a'}$$

173

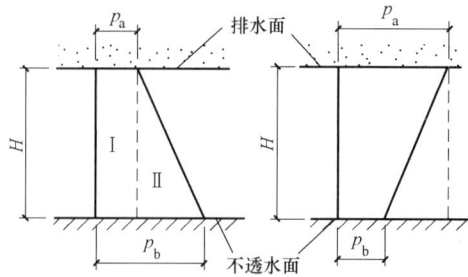

图 8.3.7　固结度的合成计算方法

同一时刻第二部分，即情况 3 的固结度 U_{t3} 可用式（8.3.13）求得，该时刻土层中的有效应力面积应为

$$A_2 = U_{t3} \frac{1}{2} H (p_a - p_b) \tag{b'}$$

t 时刻土层中有效应力面积之和为 $A_1 + A_2$。按上述固结度定义，这时情况 4 的固结度为

$$U_{t5} = \frac{A_1 + A_2}{A_0} \tag{c'}$$

式中，A_0 为土层中总应力分布图面积，即 $A_0 = \frac{H}{2} (p_a + p_b)$。将式（a'）、式（b'）、式（c'）代入式（8.3.7），

$$U_{t5} = \frac{1}{1+\alpha} \left[2U_{t1} + (\alpha - 1) U_{t3} \right] \tag{8.3.15}$$

或者

$$A_1 = U_{t1} p_a H \tag{a''}$$

$$A_2 = U_{t2} \frac{1}{2} H (p_a - p_b) \tag{b''}$$

$$U_{t5} = \frac{A_1 - A_2}{A_0} \tag{c''}$$

则

$$U_{t5} = \frac{1}{1+\alpha} \left[2\alpha U_{t1} - (\alpha - 1) U_{t2} \right] \tag{8.3.16}$$

应当注意，在上式中，p_a 表示排水面的应力；p_b 表示不透水面的应力，而不是应力分布图的上边和下边的总应力。

如果压缩土层上下两面均为排水面，由于可以线性叠加，下部减去一个三角形，上部加上一个三角形，变成了与原三角形面积相等的矩形。则无论压力分布为哪一种情况，和情况 1 一样，只要在式（8.3.5）中以 $H/2$ 代替 H，就可按式（8.3.9）或式（8.3.10），亦即情况 1，计算固结度。

5. 沉降与时间关系的计算

以时间 t 为横坐标，沉降 s_t 为纵坐标，可以绘出沉降与时间的关系曲线，如图 8.3.8 所示。

如果总应力为 p，对一层土的沉降与时间关系，按土层平均固结度的定义：

174

$$U_t = \frac{\int_0^H \sigma'_{zt}\mathrm{d}H}{pH} = \frac{\frac{a}{1+e_1}\int_0^H \sigma'_{zt}\mathrm{d}H}{\frac{a}{1+e_1}pH} = \frac{s_t}{s_\infty}$$

或 $$s_t = U_t s_\infty \tag{8.3.17}$$

即知道土层的最终沉降量 s_∞ 和固结度 U_t，就可以求得基础在时间 t 达到的沉降量 s_t。

如果求达到某一沉降量 s_t 所需时间 t，可先用分层总和法计算最终沉降量 s_∞，然后根据式（8.3.17）计算固结度 U_t，再根据式（8.3.10）计算 T_v，进而根据式（8.3.5）计算时间 t。

另外一种常见的工况是，根据前一阶段测定的沉降—时间曲线，推算以后的沉降—时间关系。上述情况 1~5 固结度与时间的关系可写成如下统一的表达形式：

$$U_t = 1 - a\mathrm{e}^{-bt} \tag{8.3.18}$$

如果已知一系列沉降量与时间的关系，可先计算最终沉降量 s_∞，然后可求出各时刻实测沉降量对应的固结度 U_t，即可根据式（8.3.18）拟合求取参数 a 和 b，在此基础上可求出此后任一时刻的固结度和沉降量。沉降与时间的关系如图 8.3.8 所示。

考虑到一维渗流固结理论作了许多假设，很多情况不能符合实际工程的情况。在国内外积累的大量实测资料的基础上，人们发展了不少沉降—时间的经验公式，其中双曲线公式就是其中之一。

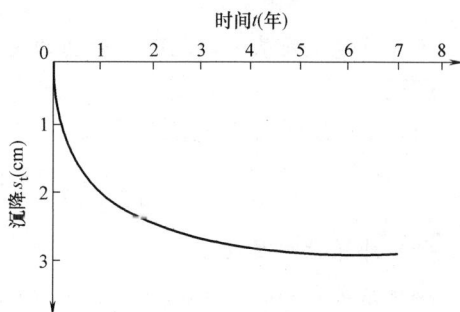

图 8.3.8 $s_t - t$ 曲线

双曲线法的基本公式为

$$s_t = \frac{t}{a+t}s_\infty \tag{8.3.19}$$

式中 s_∞——基础的最终沉降量；

s_t——加载后时间 t 的基础沉降量，如果是线性加载，可取施工期一半的时间开始计算；

a——待定的经验参数。

可以取实测的时间—沉降关系曲线的后部分，任意取两组实测的资料 t_1、s_1 与 t_2、s_2，代入式（8.3.19），可得出两个未知数 a 与 s_∞，就可以推求以后的任意时间 t 对应的沉降 s_t。

【例题 8.3.1】 某建筑物的施工期从 1984 年 1 月到 1986 年 1 月。在 1989 年实测沉降量为 4cm，计算其最终沉降量为 $s_\infty = 12$cm。估算 1994 年 1 月时的沉降量。

【解】 设瞬时加载为施工期的中间，即 1985 年的 1 月。则此题为：4 年后建筑物沉降为 4cm，求 9 年后的建筑物沉降量。

因为在 1989 年的固结度为 $4/12 \times 100\% = 33.3\% < 60\%$，可根据式（8.3.11a）进行预测。

$$T_v = \frac{\pi}{4}U_t^2$$

$$\text{则 } \sqrt{T_{v1}} : \sqrt{T_{v2}} = \sqrt{t_1} : \sqrt{t_2} = U_1 : U_2 = s_1 : s_2$$
$$4 : s_2 = \sqrt{4} : \sqrt{9} = 2 : 3$$

$s_2 = 4 \times 3/2 = 6\text{cm}$，亦即到 1994 年 1 月，建筑物沉降量约为 6cm。

$U_2 = 6/12 \times 100\% = 50\% < 60\%$。满足式（8.3.11a）的使用条件。

【例题 8.3.2】 某地基的土层分布见例图 8.3.1，薄砂层下为一厚 8m 的饱和黏土层，其下为不透水的坚硬土层。黏土层的原始孔隙比 $e_1 = 0.88$，渗透系数为 $k = 0.6 \times 10^{-8}\text{cm/s}$，饱和重度 $\gamma_{sat} = 18\text{kN/m}^3$。一建筑物的基础位于砂层之上，在黏土层形成的竖向附加应力，土层上部 $\sigma_{z1} = 240\text{kPa}$，土层下部 $\sigma_{z2} = 160\text{kPa}$，平均值为 $\bar{\sigma}_z = 200\text{kPa}$。室内压缩试验，在 $p_2 = \bar{\sigma}_{sz} + \bar{\sigma}_z = 32 + 200 = 232\text{kPa}$，该黏土层试样对应的孔隙比 $e_2 = 0.83$。

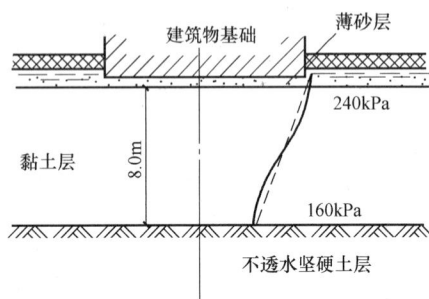

例图 8.3.1

推算该建筑物基础的沉降与时间的关系。

【解】

(1) 计算最终沉降量 s_∞

$$s_\infty = \frac{e_1 - e_2}{1 + e_1} h = \frac{0.88 - 0.83}{1.88} \times 800 = 21.3\text{cm}$$

(2) 计算时间因数 T_v

渗透系数 $k = 0.6 \times 10^{-8}\text{cm/s} = 0.19\text{cm/a}$，

压缩系数 $a = (e_1 - e_2)/(p_2 - p_1) = (0.88 - 0.93)/200 = 0.25\text{MPa}^{-1} = 0.0025\text{cm}^2/\text{N}$，$\gamma_w = 0.01\text{N/cm}^3$

按公式（8.3.3）计算固结系数 C_v

$$C_v = \frac{k(1+e)}{a \gamma_w}$$

在固结过程中，参数 a、k、e 都取这个过程中的平均值，则 $e = (0.88 + 0.83)/2 = 0.855$。

$$C_v = \frac{k(1+e)}{a \gamma_w} = \frac{0.19 \times 1.855}{0.0025 \times 0.01} = 14100\text{cm}^2/\text{a}$$

按式（8.3.5）计算时间因数：

$$T_v = \frac{C_v}{H^2} t = \frac{14100}{800^2} t = 0.022t$$

(3) 计算固结度

按式（8.3.15）和式（8.3.16）计算 U_{t5}—T_v 关系，式中 $\alpha = 240/160 = 1.5$。

$$U_{t5} = \frac{1}{1+\alpha} [2U_{t1} + (\alpha - 1)U_{t2}] = 0.8U_{t1} + 0.2U_{t2} \qquad (8.3.15)$$

$$U_{t5} = \frac{1}{1+\alpha} [2\alpha U_{t1} - (\alpha - 1)U_{t3}] = 1.2U_{t1} - 0.2U_{t3} \qquad (8.3.16)$$

例表 8.3.1 和例表 8.2.3 是先从图 8.3.4 分别查出不同 T_v 情况下的 U_{t1}、U_{t2} 和 U_{t3}，然后分别用式（8.3.15）和式（8.3.16）计算的结果，可见两者基本相等。

时间 t （年）	时间因数 T_v	固结度			s_t （cm）
		U_{t1}	U_{t2}	U_{t5}	
0.5	0.0011	0.12	0.02	0.10	0.21
2	0.044	0.24	0.10	0.21	4.50
10	0.22	0.53	0.44	0.50	10.6
20	0.44	0.74	0.64	0.72	15.3
30	0.66	0.85	0.80	0.84	17.9
40	0.88	0.91	0.88	0.90	19.3

时间 t （年）	时间因数 T_v	固结度			s_t （cm）
		U_{t1}	U_{t2}	U_{t5}	
0.5	0.0011	0.12	0.22	0.10	0.21
2	0.044	0.24	0.38	0.21	4.50
10	0.22	0.53	0.67	0.50	10.6
20	0.44	0.74	0.83	0.72	15.3
30	0.66	0.85	0.89	0.84	17.9
40	0.88	0.91	0.93	0.90	19.3

第9章 土的抗剪强度与地基承载力

9.1 概　　述

土的强度、变形和渗透，是土力学中的三个主要的课题，也是岩土工程事故和地质灾害的主要的原因。在实际生活与工程中的强度问题主要表现在滑坡、地基失稳和挡土结构的失稳等。图 9.1.1 反映了这三种失稳的示意图。

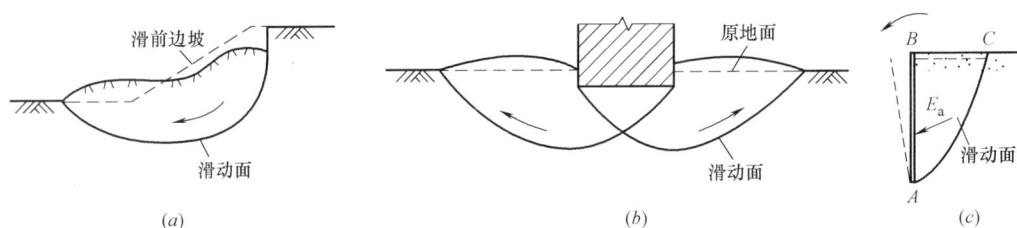

图 9.1.1　土体失稳的几种情况

(a) 滑坡；(b) 地基失稳；(c) 基坑侧壁失稳

建筑工程中，土的强度问题集中反映在地基承载力与基坑工程中。近年来，随着建筑物的规模和基础形式的发展，很多情况下都是以变形控制，但承载力破坏的情况也时有发生；基坑事故频发已成为关注的焦点。

由于在居民楼楼前挖坑、墙后堆土，上海闵行区某高楼于 2009 年建成后只来得及向周围匆匆张望了一下，就向前扑地而亡，如图 9.1.2（a）所示。杭州地铁一号线车站基

图 9.1.2　两个工程事故

(a) 上海闵行区某高楼的倾倒；(b) 杭州地铁基坑倒塌

坑倒塌使坑边西侧地面形成了长 110m、宽 40m、深 7m 的大面积地面塌陷，也使挖深近 17m 的基坑瞬时变成了满坑稀泥。

土是一种碎散的、三相的粒状集合体，颗粒本身的矿物强度很高，但颗粒间的接触较薄弱，颗粒间容易发生相对运动和接触处的破碎。因此土的破坏主要是剪切破坏，其强度主要是其抗剪强度。对于砂土，其抗剪强度主要是由颗粒间的摩擦力形成的；黏性土颗粒间会有较弱的连接强度，因而也会有很小的抗拉强度，由于其抗拉强度值和极限拉应变都很小，一般只在验算土体裂缝时用到。第 8 章讲到，在侧限压缩情况下，土会被不断压密，因而土不会被压坏。所以，这里讲的土的强度是指其抗剪强度。

9.2 直剪试验与库仑公式

9.2.1 直剪试验

早在 1773 年，著名法国力学家、物理学家库仑（C. A. Coulomb）采用直剪仪系统地研究了土体的抗剪强度特性。图 9.2.1（a）是直剪仪装置的原理简图。仪器可由固定的上盒和可移动的下盒构成，截面积为 A 的土样置于上、下剪切盒之内。

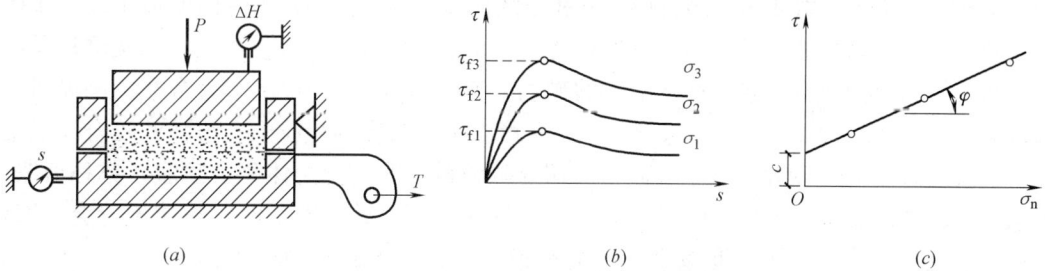

图 9.2.1 直剪试验示意图及抗剪强度包线
（a）直剪仪；（b）剪切曲线；（c）强度包线

试验时，首先对试样施加中心竖向压力 P，然后施加水平力 T 于下盒，使试样在上、下盒间土的水平接触面处产生剪切位移 s。在施加某一段法向压应力 $\sigma_n = P/A$ 后，逐步增加剪切面上的剪应力 $\tau = T/A$，直至试样破坏。将试验结果绘制成剪应力 τ 和剪切变形 s 的关系曲线，如图 9.2.1（b）所示。图中，每条曲线的峰值 τ_f 为土样在该级法向应力 σ_n 作用下所能承受的最大剪应力，即相应的抗剪强度。

9.2.2 库仑公式

试验结果表明，土的抗剪强度不是一个常量，而是随剪切面上法向应力 σ_n 的增加而增大的（图 9.2.1c）。据此，库仑总结了土的破坏现象和影响因素，提出了土的抗剪强度公式为：

$$\tau_f = c + \sigma_n \tan\varphi \tag{9.2.1}$$

一般则表示为

$$\tau = c + \sigma \tan\varphi \tag{9.2.2}$$

式中 τ_f——剪切破裂面上的剪应力，即土的抗剪强度；

$\sigma_n \tan\varphi$——摩擦强度，其大小正比于法向压力 σ_n；

φ——土的内摩擦角；

c——土的黏聚力，为对应于法向压力为零时的抗剪强度，其大小与所受法向应力无关。对于无黏性土，$c=0$。式（9.2.2）就是著名的库仑公式。

c 和 φ 是决定土的抗剪强度的两个指标，称为土的抗剪强度指标。对于同一种土，它们在相同的试验条件下为常数。

根据有效应力原理，上述库仑公式也可写为

$$\tau = c' + \sigma' \tan\varphi' \qquad (9.2.3)$$

式中　$\sigma' = \sigma - u$——剪切破裂面上的有效法向应力；

$\qquad\quad u$——土中的孔隙水压力；

$\qquad\quad c'$——土的有效黏聚力；

$\qquad\quad \varphi'$——土的有效内摩擦角。

c' 和 φ' 称为土的有效应力抗剪强度指标。

9.2.3　土的抗剪强度机理

库仑公式 $\tau = c + \sigma\tan\varphi$ 表明，土的抗剪强度是由两部分所组成，即摩擦强度 $\sigma\tan\varphi$ 和黏聚强度 c。

1. 摩擦强度

摩擦强度决定于剪切面上的正应力 σ 和土的内摩擦角 φ。粗粒土的内摩擦主要为土颗粒之间的相对滑动摩擦，另一部分是颗粒之间由于咬合所产生的咬合摩擦。滑动摩擦是由于矿物沿接触面滑动所引起。对于给定的矿物，其滑动摩擦角 φ_μ 基本为常数，例如对饱和石英，$\varphi_\mu = 22° \sim 24.5°$。咬合部分与土的密度有关，密实的粗粒土有很强的咬合摩擦强度，如图 9.2.2（a）所示。对于密砂，剪切时颗粒被抬升，土的体积会膨胀，亦称剪胀。由于抬升颗粒需要额外做功，所以抗剪强度会提高。而松砂在剪切时，颗粒位置会下降，宏观上表现为剪缩，抗剪强度减少。一般来说，粗砂、中砂的内摩擦角为 $32° \sim 40°$，粉砂、细砂为 $28° \sim 36°$。对于以矿物成分石英为主的砂土，饱和状态时比干砂的内摩擦角会降低 $1° \sim 2°$。黏性土的内摩擦角受其矿物成分、排水条件和松密状态影响很大，矿物成分以高岭石为主的黏土，其有效内摩擦角 φ' 可达 $30°$。

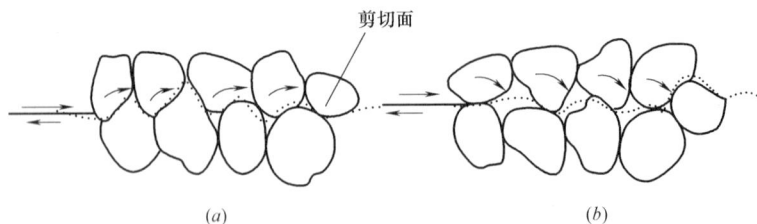

图 9.2.2　砂土的密度和咬合
（a）密砂；（b）松砂

2. 黏聚强度

黏性土的黏聚力 c 取决于土粒间的各种物理化学作用力，包括库仑力（静电力）、范德华力、胶结作用力等。对黏聚力的微观研究是一个很复杂的问题，目前还存在着各种不同的见解。苏联学者将黏聚力区分成两部分，即原始黏聚力和固化黏聚力。原始黏聚力来源于颗粒间的静电力和范德华力。颗粒间的距离越近，单位面积上土粒的接触点越多，则原始黏聚力越大。固化黏聚力决定于存在于颗粒之间的胶结物质的胶结作用，例如土中的游离氯化物、铁盐、碳酸盐和有机质等，沉积年代越老的土，强度越高，很重要的原因就是这种固化粘结力所起的作用。无黏性土的粒间连接力与重力相比可以忽略不计，故一般认为无黏性土不具有黏聚强度。

地下水位以上的土，由于毛细水表面张力的作用，在土骨架间引起毛细压力。毛细压力也有连接土颗粒使颗粒间受压的作用。颗粒越细，毛细压力越大。在非饱和砂土中，颗粒间受毛细压力，含水量适当时也有明显的黏聚作用，称为"假黏聚力"，但因为是暂时性的，工程中一般不将其产生的强度作为抗力考虑。

9.3 测定土的抗剪强度的试验

工程上常用的测定土的抗剪强度的试验方法有室内试验和现场试验。室内试验主要包括直剪试验、三轴剪切试验、无侧限压缩试验以及其他室内试验方法。现场试验包括十字板剪切试验、旁压仪试验等。

9.3.1 直剪试验

如上一节所述，直剪试验是发展较早的一种测定土的抗剪强度的方法。由于其设备简单、易于操作，目前在我国工程界应用较广。

图 9.3.1 是直剪仪的构造示意图。它的主要部分是剪切盒。剪切盒分上下盒，上盒通过量力环固定于仪器架上，下盒放在能沿滚珠槽滑动的底盘上。土试样通常是用环刀切出的一块厚 20mm 的圆饼形。试验时，将土饼推入剪切盒内。先在试样上加中心垂直压力 P，然后通过推进螺杆推动下盒，使试样沿上下盒间的平面直接受剪切。剪力 T 由量力环测定。剪切变形 s 由百分表测定。

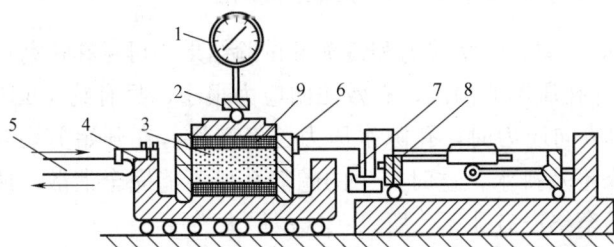

图 9.3.1 应变控制式直剪仪

1—垂直变形百分表；2—加压框架；3—试样；4—连接件；
5—推动轴；6—剪切盒；7—限制连接杆；8—测力计；9—透水板

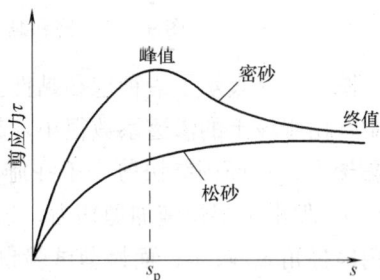

图 9.3.2 直剪试验的剪应力—剪变形关系曲线

在施加每一级法向压应力 $\sigma = P/A$ 后（其中，A 为试样面积），逐级增加剪切面上的剪应力 $\tau = T/A$，直至试样破坏。将松砂、密砂试验结果绘制成剪应力 τ 和剪变形 s 的关系曲线，如图 9.3.2 所示。一般以曲线的峰值作为该级法向应力 σ 下相应的抗剪强度 τ_f。无峰值时，可取剪切位移 $s = 4mm$ 所对应的剪应力 τ_f 为抗剪强度。变换几种法向应力 σ_n，测出相应的几个抗剪强度 τ_f。绘制 σ-τ_f 曲线，即为土的抗剪强度曲线，也就是其强度包线，如图 9.2.1（c）所示。

对于饱和试样，在直剪试验过程中，无法严格控制试样的排水条件，只能通过控制剪切速率近似模拟排水条件。根据固结和剪切过程中的排水条件，直剪试验分为固结慢剪、固结快剪和快剪三种类型。

（1）固结慢剪试验，简称慢剪试验。要点是要保证试验中试样能充分固结排水。为此，试样的上下面布设可透水的滤纸及透水板。加垂直应力 σ 后，让试样充分固结，待竖向变形稳定后，再施加剪应力。加剪应力的速率也很缓慢，让剪切过程中超静孔隙水压力得以完全消散。

（2）固结快剪试验。试样上下面布设可透水的滤纸及透水板，使试样可以排水。试验要点是，加垂直应力 σ 后，让试样充分固结；然后施加剪应力，加剪应力的速率应较快，即要求试样在 $3\sim5\min$ 内剪坏，使黏性土试样来不及排水。

（3）快剪试验。在试样的上下面贴上不透水的蜡纸或塑料薄膜，以模拟不排水的边界条件。快剪试验的要点是，加垂直法向应力 σ 后，不使试样固结，立即施加剪应力，剪应力的施加速度也很快，要求在 $3\sim5\min$ 内将试样剪坏，使黏性土试样来不及排水。

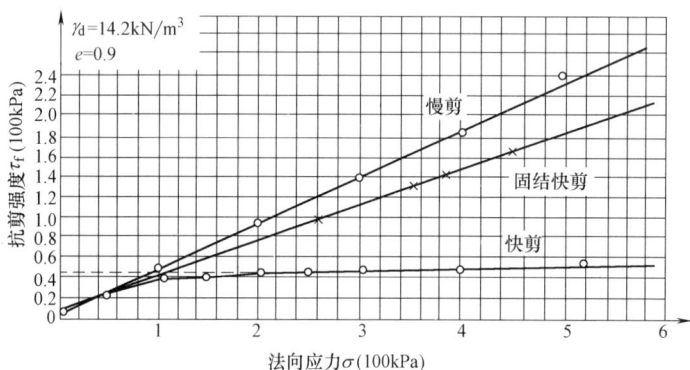

图 9.3.3　饱和黏性土快剪、固结快剪、慢剪试验结果对比

图 9.3.3 表示了一种饱和黏性土的快剪、固结快剪和慢剪的试验结果，可见在快剪试验中，由于该土的渗透系数很小，超静孔压不能消散，有效法向应力很小，只有约 40kPa 的黏聚力 c_q；而固结快剪由于在施加法向应力时，孔隙水压力已经消散，在开始剪切时 $\sigma_n'=p$，但由于很快施加剪切力，还来不及排水，这时产生的超静孔压不能完全消散，所以内摩擦角 φ_{cq} 较小；而慢剪试验自始至终没有孔压，所以 $\varphi_s\approx\varphi'$ 最大。

直剪试验已有 200 年以上的历史，由于仪器简单、操作方便，至今在工程中仍广泛应用。但是，这种仪器也有一些缺点，首先是人为固定的破坏面（亦即剪切面），而固定剪切面上土的性质不一定具有代表性，也往往会增加附加的约束作用；其次，剪切面上的应力-应变状态复杂，各点主应力的方向与大小在试验过程中是不断变化的，同时其应力和应变分布不均，而且在试验中随剪切位移的增大，剪切面积也逐渐减小；另外，其排水条件不明确，只能根据剪切速率，大致模拟实际工程中土体的排水条件。

9.3.2　三轴试验

1. 试验设备及常规三轴压缩试验方法

三轴试验是测定土的应力-应变关系和强度的一种常用的室内试验方法。三轴试验装置简称三轴仪，如图 9.3.4 所示。常用的试件尺寸为直径 $38\sim100\mathrm{mm}$，高 $75\sim200\mathrm{mm}$，对于碎石料，试样可以更大。试样用橡皮膜套起来，装在密闭压力室里，通过由左侧的阀门①进入压力室的压力液体（水或油）使试件表面承受周围压力σ_c，简称围压。然后，通过轴向活塞杆对试件顶面逐渐施加附加竖向偏差应力$\sigma_1-\sigma_3=F/A$，F为作用于活塞杆上的竖向压力，A为试件的截面积。与此同时，测读压力F作用下试样的轴向变形，并计算出竖向应变ε_1。也可以变化周围压力σ_c和偏差应力$\sigma_1-\sigma_3$，进行不同应力路径的试验，但最经常的是进行围压不变的常规三轴压缩试验，也叫常规剪切三轴试验或简称三轴试验。这种试验过程中，水平面上的两个应力总是相同的，等于周围压力。其中，围压σ_c不变，一直增加竖向的偏差应力$\sigma_1-\sigma_3$直至试样破坏。这是工程中最常用的三轴试验。图9.3.4给出了常规三轴试验以及试验中试样的应力状态。可见，轴向应力σ_a是大主应力σ_1，水平面上的两个应力总是相等的，即$\sigma_2=\sigma_3=\sigma_c$。

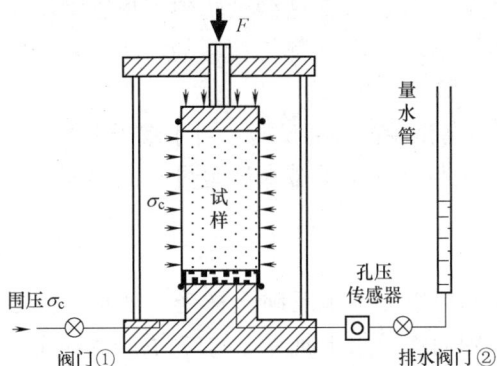

图9.3.4 三轴压缩试验设备及试样

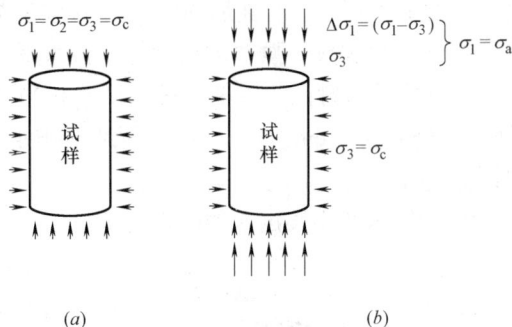

图9.3.5 三轴压缩试验试样的应力状态
(a) 施加围压力；(b) 施加偏差应力进行剪切

一般，可将常规三轴压缩试验分为如下的两个阶段，采用饱和土试样可模拟实际工程中土体的排水条件，如图9.3.4和图9.3.5所示。

（1）施加围压阶段，见图9.3.5（a）。亦即对试样通过橡皮膜施加一个各向相等的围压力$\sigma_1=\sigma_2=\sigma_3=\sigma_c$。在这个阶段，如果打开图9.3.4中的排水阀门②，并让试样中由施加围压产生的超静孔压完全消散，孔隙水排出，伴以土样体积的压缩，这一过程称为固结；反之，如果关闭排水阀门，不允许试样中的孔隙水排出，试样内保持有超静孔隙水压力，这个过程称为不固结。

（2）剪切阶段，保持$\sigma_3=\sigma_c$不变，通过轴向活塞杆对试样施加轴向偏差应力$\sigma_1-\sigma_3$进行剪切，见图9.3.5（b）。剪切过程中，如果打开排水阀门②，允许试样内的孔隙水自由进出，并根据土样渗透性的大小控制加载速率，使试样内不产生超静孔压，这个过程称为排水；反之，剪切过程中始终关闭排水阀门，不允许试样内的孔隙水进出，试样内保持有超静孔压，这个过程称为不排水。由于可以认为水与固体颗粒都是不可压缩的，所以在不排水剪切过程中，饱和土试样的体积或土的孔隙比e是保持不变的。

所以根据施加围压力和剪切阶段排水条件的不同，常规三轴压缩试验分为固结排水（CD）、固结不排水（CU）和不固结不排水（UU）三种类型。这三种试验的过程要点分别简述如下：

（1）固结排水试验（CD），简称排水试验。试验过程中始终打开排水阀门②，首先施加围压σ_3，使试样充分固结，然后再剪切并控制加载速率，使试样中不产生超静孔隙水压力。对完全饱和试样，试样体积的变化等于量水管的水量变化。通过测定的轴向力、轴向变形和排水量，可分别计算得到偏差应力 $\sigma_1-\sigma_3$、轴向应变 ε_1 和体积应变 ε_v。据此得到的强度指标表示为 $c_d=c'$，$\varphi_d=\varphi'$。

（2）固结不排水试验。首先，施加围压 σ_3 打开排水阀门②，使试样充分固结；然后，关闭排水阀门②进行剪切，这时试样内会产生超静孔隙水压力 u。通过测定的轴向力和轴向变形，可分别计算得到偏差应力 $\sigma_1-\sigma_3$ 和轴向应变 ε_1。据此，得到的强度指标表示为 c_{cu} 和 φ_{cu}。试验中如果同时测孔压 u，也可以间接确定土的有效应力强度指标 c' 和 φ'。

（3）不固结不排水试验，简称不排水试验。在这种试验过程中，排水阀门②始终关闭。可见对完全饱和试样，试样的体积与孔隙比 e 在整个试验过程中始终保持不变，试样内存在超静孔隙水压力，对应的强度指标表示为 c_u 和 φ_u。在这种试验中，尽管围压 σ_c 变化，但由于不固结，所施加的围压都变成超静孔压，即其 σ'_3 都是相等的，所以对于完全饱和黏土 c_u 为常数，强度包线就是一根水平线，即 $\varphi_u=0°$。

与直剪试验对比，三轴的排水试验相当于直剪试验的慢剪试验；对于渗透系数很小的黏性土（$k<10^{-7}$ cm/s），三轴的固结不排水试验与不固结不排水试验可分别用固结快剪和快剪代替。

2. 三轴试验中强度包线的确定方法

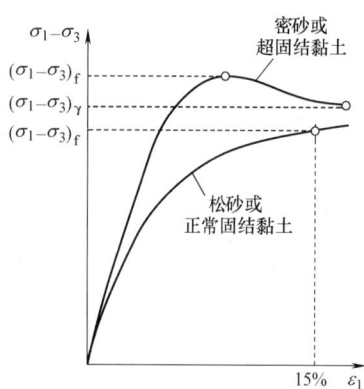

图 9.3.6　破坏应力取值方法

三轴试验可以完整地反映土样受力变形直到破坏的全过程，因而既可用于研究土的应力-应变关系，也可用来研究土的强度特性。

要确定土的强度包线，首先需要确定土样的破坏点及其应力状态。不论是排水试验还是不排水试验，均可得出土的应力-应变关系曲线，即 $(\sigma_1-\sigma_3)$-ε_1 曲线，并从该曲线得到试样的破坏点。下面以图 9.3.6 所示的典型三轴试验结果为例进行说明。从应力-应变曲线寻找破坏偏差应力 $(\sigma_1-\sigma_3)_f$ 的方法有如下三种：

（1）当应力-应变曲线存在峰值时（图 9.3.6 中的密砂或超固结黏土试验结果，亦称应变软化），取峰值对应的最大偏差应力作为破坏偏差应力 $(\sigma_1-\sigma_3)_f$。

（2）当研究土的残余强度时，则取试验曲线的终值 $(\sigma_1-\sigma_3)_r$ 作为破坏偏差应力；

（3）当应力-应变曲线不存在峰值，为持续硬化型（图 9.3.6 中的松砂或正常固结黏土试验结果），取规定的轴向应变值（通常取 15%）所对应的偏差应力作为破坏偏差应力 $(\sigma_1-\sigma_3)_f$。

在确定了每个围压力 σ_3 下的破坏偏差应力 $(\sigma_1-\sigma_3)_f$ 之后，可得破坏时的最大轴向应力为 $\sigma_{1f}=\sigma_3+(\sigma_1-\sigma_3)_f$。这样，用周围应力 σ_3 和相应于这个周围应力的 σ_{1f} 就可以在 τ-σ 坐标上绘制出一个极限状态莫尔圆。改变几种周围压力 σ_3，就可绘制几个极限状态莫尔圆。做这些极限状态莫尔圆的公切线就可得到土的莫尔—库仑抗剪强度包线。这条破坏包线与 σ 轴的倾角就是土的内摩擦角 φ，与 τ 轴的截距就是土的黏聚力 c，如图 9.3.7（b）所示。这就是用三轴剪切试验测定土的抗剪强度指标 c 和 φ 的理论依据。

3. 三轴仪的优缺点和发展

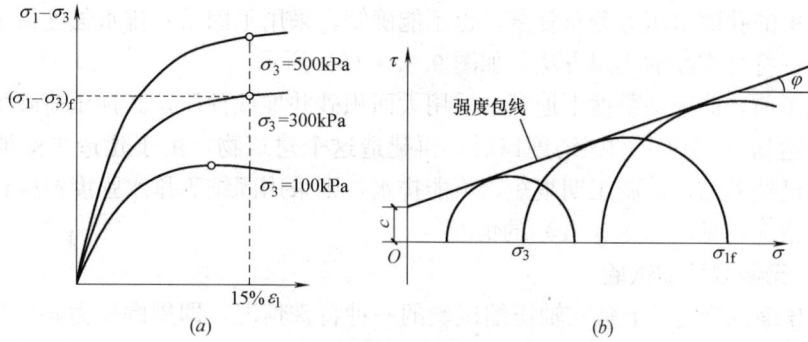

图 9.3.7 由常规三轴试验确定土的强度包线

早在20世纪30年代，人们就发展了三轴试验代替直剪试验，以确定土的强度指标。又历经许多土力学专家的研究与完善，它逐步发展成为目前在土力学试验室中不可缺少的仪器。与直剪仪相比，三轴仪具有许多明显的优势：

（1）可以完整地反映试样受力变形直到破坏的全过程，因而既可作强度试验，也可用作应力-应变关系试验；

（2）试样内应力和应变相对均匀，试样是作为一单元体，应力状态明确，应变量测简单、可靠；

（3）破坏面非人为固定，而且可较容易地判断试样的破坏，操作比较简单；

（4）可很好地控制排水条件，不排水条件下还可量测试样的超静孔隙水压力；

（5）也可以模拟不同的工况，进行不同应力路径的三轴试验。

此后，又陆续出现了进行土循环加载试验的动三轴仪、进行高围压试验的高压三轴仪、进行粗颗粒土试验的大型三轴仪及针对非饱和土的非饱和土三轴仪等。为了揭示土在更复杂应力状态和应力路径下的强度特性，还发展了平面应变仪、真三轴仪和空心圆柱扭剪仪等。

9.3.3 不同排水条件的强度指标的应用

既然土的抗剪强度是由有效应力决定的，孔隙水压力对于土的强度并无贡献，为什么还要进行不固结、不排水的三轴试验？为什么存在着有效应力和总应力强度指标呢？

如果建筑物建造在饱和的砂土地基上，由于砂土的渗透系数很高，建筑物施工过程中砂土中的超静孔隙水压力已经完全消散，那么计算地基承载力应当用砂土的有效应力强度指标 c' 和 φ'，如图 9.3.8 （a）所示。

可是，同样的建筑物建造在饱和黏性土上，一般建筑物施工期只有几个月到一年，然而在【例题 8.3.2】中，半年的固结度还不到 10%，所以超静孔压不可能在施工期内消

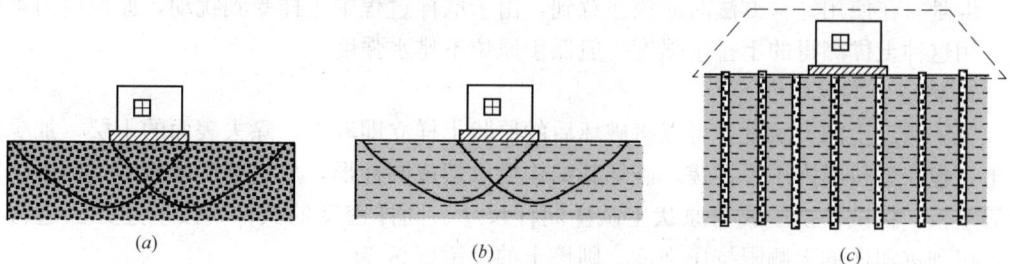

图 9.3.8 地基土抗剪强度指标的选用

（a）c'，φ'；（b）c_u，φ_u；（c）c_{cu}，φ_{cu}

散，并且土中的孔隙水压力分布复杂，也不能确知，采用不固结不排水强度指标确定地基承载力是唯一符合实际的实用方法，如图 9.3.8（b）所示。

如果施工前，此饱和黏性土地基中采用大面积砂井堆载预压，其预压荷载稍大于建筑物荷载。待达到 90% 以上的固结度以后，再建造这个建筑物，由于建造之前地基土在此荷载压力下已经固结，而施工期很短，不能排水，则采用固结不排水强度指标计算承载力更符合实际情况，见图 9.3.8（c）的情况。

9.3.4 无侧限压缩试验

无侧限压缩试验实际上是三轴压缩试验的一种特殊情况，即周围压力 $\sigma_3=0$ 的三轴试验。其设备如图 9.3.9（a）所示。试样直接放在仪器的底座上，转动手轮，使底座缓慢上升，顶压上部量力环，从而施加轴向压力 $\sigma_1=q$，直至试样发生剪切破坏，破坏时的轴向压应力以 q_u 表示，称为无侧限抗压强度。由于无黏性土在无侧限条件下试样无法成型，故该试验主要用于黏性土，尤其适用于原状饱和软黏土。在无侧限压缩试验中，土样可不用橡胶膜包裹，并且剪切速度快，水来不及排出，所以属于三轴不固结不排水压缩试验的一种。

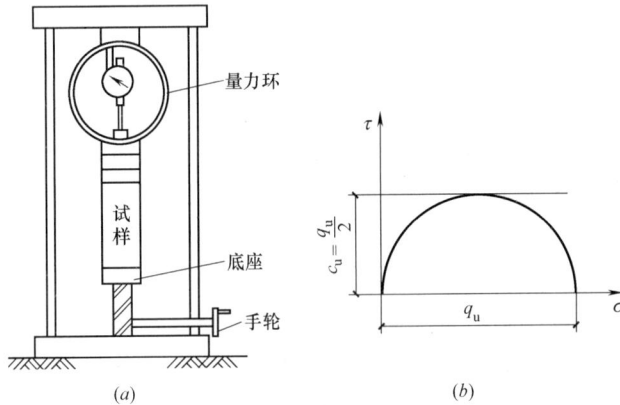

图 9.3.9　无侧限压缩试验

1. 测定土的不排水强度 c_u

由于不施加围压 σ_c，所以如图 9.3.9（b）所示，只能测得一个通过原点的总应力极限状态莫尔圆，对于这种情况，就可用通过无侧限抗压强度 q_u 来换算土的不固结不排水强度 c_u。即

$$\tau_f=\frac{q_u}{2}=c_u \tag{9.3.1}$$

但是，在使用这种方法时应该注意到，由于取样过程中土样受到扰动，原位应力被释放，用这种土样测得的不排水强度一般低于原位不排水强度。

2. 测定土的灵敏度 S_t

为了测定土的灵敏度，可以将破坏后的原状土样立即取下，除去表面的土层，加少许余土，包在塑料膜内用手揉搓，破坏其结构后重塑成圆柱形，放进圆筒状重塑模筒中。用金属垫板，将试样挤压成与原状土试样同样尺寸、同样密度的试样，按上述方法进行试验，得到重塑样的无侧限抗压强度。则该土的灵敏度 S_t 为

$$S_t=\frac{q_u}{q_u'} \tag{9.3.2}$$

式中 q_u 和 q_u'——分别为原状样与重塑样的无侧限抗压强度。

9.3.5 十字板剪切试验

十字板剪切仪是一种使用方便的原位测试仪器，通常用于测定饱和黏性土的原位不排水强度，特别适用于均匀饱和软黏土。原位土常因取样操作和试样成形过程中不可避免地受到扰动而破坏这种土的天然结构，致使室内试验测得的强度值低于原位土的强度。

十字板剪切仪由板头、加力装置和量测装置三部分所组成，其设备装置简图见图9.3.10（a）。板头是两片正交的金属板，厚2mm，刃口成60°，常用尺寸为 D（宽）× H（高）＝50mm×100mm。试验通常在钻孔内进行，首先将钻孔钻进至要求测试的深度，然后将十字板头压入孔底以下的试验深度，顺时针旋转铅杆，施加扭矩，达到 M_{max} 时土体沿圆柱面破坏。M_{max} 由 M_1 和 M_2 两部分所组成。

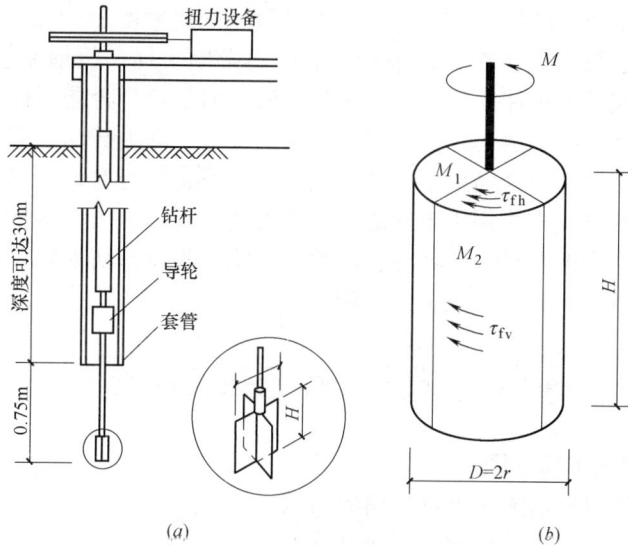

图9.3.10 十字板试验装置
（a）仪器装置简图；（b）板头剪切面受力分析

即
$$M_{max} = M_1 + M_2 \tag{9.3.3}$$

M_1 是圆柱体的上、下圆面的抗剪强度对圆心所产生的抗扭力矩。其值为

$$M_1 = 2\int_0^{D/2} \tau_{fh} \cdot 2\pi r \cdot r dr = \frac{\pi D^3}{6} \tau_{fh} \tag{9.3.4}$$

式中，τ_{fh} 为沿水平面上土的抗剪强度。

M_2 是圆柱侧面上的剪应力对圆心所产生的抗扭力矩，其值为：

$$M_2 = \pi DH \cdot \frac{D}{2} \cdot \tau_{fv} \tag{9.3.5}$$

式中，τ_{fv} 为竖直面上土的抗剪强度。假定土体强度为各向同性，即 $\tau_{fh} = \tau_{fv}$，将式（9.3.4）和式（9.3.5）代入式（9.3.3），得

$$M_{max} = M_1 + M_2 = \frac{\pi D^2}{2} \cdot \frac{D}{3} \cdot \tau_f + \frac{1}{2} \pi D^2 H \tau_f$$

$$\tau_f = \frac{M_{max}}{\frac{\pi D^2}{2}\left(\frac{D}{3} + H\right)} \tag{9.3.6}$$

通常认为，在不排水条件下，饱和软黏土的内摩擦角 $\varphi_u = 0$。因此，十字板剪切试验

所测得的抗剪强度也就相当于三轴试验中土的不排水强度 $\tau_f = c_u$ 或上述的无侧限抗压强度 q_u 的一半。

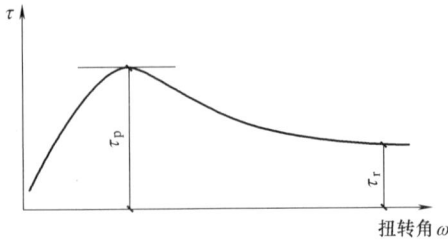

图 9.3.11　十字板试验 $\tau \sim \omega$ 曲线

试验时，当扭矩达到 M_{max}，土体剪切破坏，这时土所发挥的抗剪强度 τ_f 也就是图 9.3.11 中的峰值剪应力 τ_p。剪切破坏后，扭矩不断减小，也即剪切面上的剪应力不断下降，最后趋于稳定。稳定时的剪应力称为残余剪应力 τ_r。原状土破坏后，松开铅杆夹具，用扳手或者钳快速将铅杆顺时针方向旋转 6 圈，使十字板周围的土充分扰动后，立即拧紧铅杆夹具，按前述方法，测量重塑土的抗剪强度 τ_f'，则可计算土的灵敏度 $s_t' = \tau_f / \tau_f'$。

十字板剪切试验因为直接在原位进行试验，不必取土样，故地基土体所受的扰动较小，被认为是比较能反映土体原位强度的测试方法。但是，是否能测得满意的结果与土的各向异性和不均匀性、扭转速率、插入深度对土的扰动、渐进破坏效应诸多因素有关。

原位十字板剪切试验已经经历了半个多世纪的工程实践与发展，试验方法和仪器本身已基本标准化。这种试验方法用于正常固结饱和黏性土较为有效。尽管目前它的测试结果在理论上尚难做出严格的解释，上述各种因素的影响也难以确切地修正，但在实用上，仍不失为一种简便、可行和有效解决工程问题的方法。

9.4　莫尔－库仑强度理论

9.4.1　应力状态和莫尔圆

材料力学中，采用莫尔圆法进行平面应力状态分析时，正应力以拉为正，剪应力以从外法线顺时针转动 90° 后的方向为正（图 9.4.1a）。但如第 7 章所述，由于土体为散粒的集合体，很少或完全不能承受拉应力，为使用方便，在莫尔圆法中的应力，也采用与材料力学相反的规定。亦即，正应力以压为正，则剪应力以外法线逆时针转动 90° 后的方向为正（图 9.4.1b）。

需要注意的是，一般的力学应力计算和莫尔圆应力分析时，对剪应力符号的规定是不相同的。前者剪应力成对，符号相同；后者成对的剪应力则是一正一负。

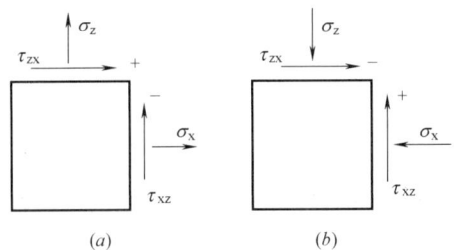

图 9.4.1　莫尔圆应力分析符号规定
（a）材料力学；（b）土力学

三轴试样的应力是均匀的，可以代表一个应力单元，或者代表土中的一个点的应力状态。图 9.4.2（a）中，该土单元作用着最大主应力 σ_1 和最小主应力 σ_3，如果不计土样的自重，根据静力平衡条件，在任意斜截面 m-n 上的正应力和剪应力与主应力间的关系如式（9.4.1）与式（9.4.2）所示。

$$\sigma = \frac{1}{2}(\sigma_1 + \sigma_3) + \frac{1}{2}(\sigma_1 - \sigma_3)\cos 2\alpha \tag{9.4.1}$$

$$\tau = \frac{1}{2}(\sigma_1 - \sigma_2)\sin 2\alpha \tag{9.4.2}$$

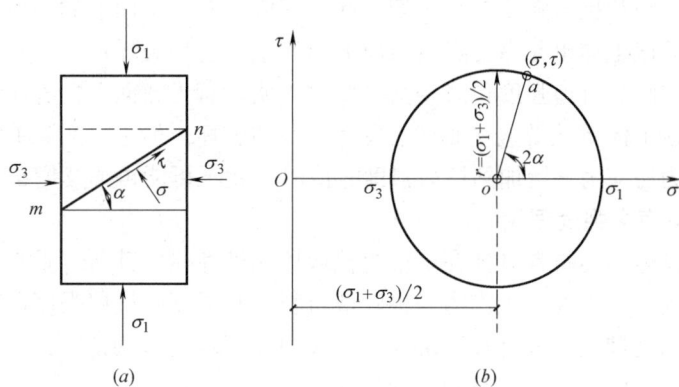

图 9.4.2　应力单元上的应力与莫尔圆

代表该土单元的圆心坐标为 $(\sigma_1+\sigma_3)/2$，半径为 $r=(\sigma_1-\sigma_3)/2$，圆周上一个点代表一个斜截面上的应力。m-n 斜截面上的应力对应于莫尔圆圆周上一点 $a(\sigma,\tau)$，该点对应的圆心角为 2α，即为 m-n 斜截面与最大主应力作用面的夹角 α 的两倍。

当土单元体发生剪切破坏时，即破坏面上剪应力达到其抗剪强度 τ_f 之时，称该土单元体达到极限平衡状态。根据库仑公式，判别土体单元是否发生剪切破坏，取决于某一个面上作用的正应力 σ 和剪应力 τ 是否满足库仑公式（9.4.3），τ_f 可由下式确定：

$$\tau_f=c+\sigma\tan\varphi \tag{9.4.3}$$

如前所述，对于土体中的一点或者一个土单元，在不同方向的面上作用着大小不同的正应力和剪应力分量。因此，当土体中的一点发生破坏时，并不会是该点所有面上的正应力 σ 和剪应力 τ 都能达到库仑公式（9.4.3）所描述的关系，而是仅在某个面上满足库仑公式。所以，我们规定土单元体中只要有一个面发生剪切破坏，该土单元体就达到破坏或极限平衡状态。

在 τ-σ 图上，式（9.4.3）为一条截距为 c、倾角为 φ 的直线。它是所有达到破坏状态或极限平衡状态土体的应力单元莫尔圆的公切线，称为土的抗剪强度包线。其中，切点所对应的面，即为土体发生剪切破坏的破坏面（图 9.4.3）。

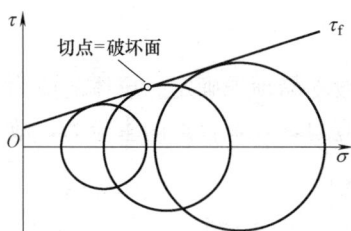

图 9.4.3　土的强度包线

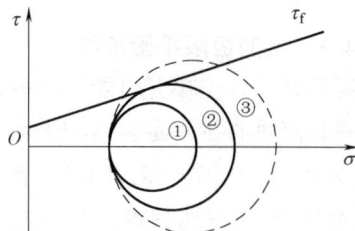

图 9.4.4　应力莫尔圆和强度包线的关系

根据土体单元应力莫尔圆和抗剪强度包线的相对位置关系，可以形象地判别土体单元是否发生了剪切破坏。如图 9.4.4 所示，应力莫尔圆和抗剪强度包线的相对关系存在如下三种可能的情况：

（1）应力莫尔圆处于抗剪强度包线之下。此时表明，此土单元的任何一个面上的一对应力 σ 与 τ 都没有达到破坏包线，该土体单元不发生剪切破坏；

（2）应力莫尔圆和抗剪强度包线相切。此时表明，有一个面上的一对应力 σ 与 τ 正好达到破坏包线，即该土体单元沿切点所对应的面发生了剪切破坏；

（3）应力莫尔圆和抗剪强度包线相交。此时表明，有无数面上的剪应力 τ 超过了土的抗剪强度 τ_f，即该土体单元沿这些面均已发生了剪切破坏。但是，实际上这种应力状态是不会存在的，因为剪应力 τ 增加到抗剪强度 τ_f 值时，就不可能再继续增长了。

9.4.2 莫尔-库仑强度理论

金属材料与其他固体材料试样在单轴受拉或压缩破坏时，其所有垂直于受力方向的截面上的应力都达到了其强度。土作为一种碎散材料，其强度是抗剪强度，并且它一般并不符合最大剪应力强度理论。只有在满足式（9.4.3）的截面上，剪应力才达到其抗剪强度。这样，古典的几个强度理论都不符合土的情况。

库仑公式是他在很多直剪试验资料基础上提出的一种基于归纳法的表达式，强度理论应当揭示材料的破坏机理。莫尔（Mohr）继续了库仑的早期研究工作，利用莫尔圆来表示土单元的主应力状态下的破坏与强度问题，指出土的破坏是剪切破坏的理论，并且指出在破裂面上，抗剪强度 τ_f 是作用于该面上法向应力 σ_n 的单值函数，即

$$\tau_f = f(\sigma) \tag{9.4.4}$$

与库仑公式相比，这个函数更加广义，库仑公式（9.4.3）可看作是该函数在特定情况下的一个特例。但是大量的试验资料表明，在较大的应力范围，其包线是非线性的，在高应力水平下，曲线的斜率明显下降，如图 9.4.5 所示。

莫尔-库仑破坏理论，可表达为如下三点：

（1）破裂面上，材料的抗剪强度是法向应力的单值函数，即可表达为式（9.4.4）；

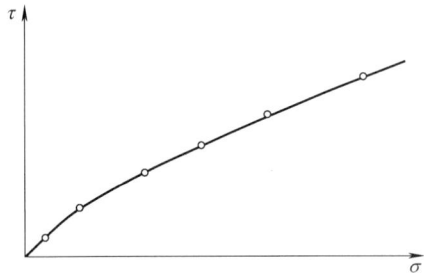

图 9.4.5　土强度包线非线性

（2）在一定的应力范围内，抗剪强度可简化为法向应力的线性函数，即表示为库仑公式；

（3）土单元体中，任何一个面上的剪应力达到该面上土的抗剪强度，该土单元体即发生破坏。

9.4.3　土的极限平衡条件

实际问题中，土单元可能发生剪切破坏的平面一般不易预先确定。土体的应力分析一般只计算各点垂直于一定坐标轴平面上的正应力和剪应力，或者各点的主应力，故无法直接判定土单元体是否破坏。因此，需要进一步研究莫尔-库仑破坏理论如何直接用主应力表示的问题。用主应力表示的莫尔-库仑破坏理论的数学表达式称为莫尔-库仑破坏准则，也称土的极限平衡条件。

下面进一步分析试样达到破坏状态的应力条件。从图 9.4.6 的几何关系：

$$\sin\varphi = \frac{ab}{o'a} = \frac{ab}{o'o + oa}$$

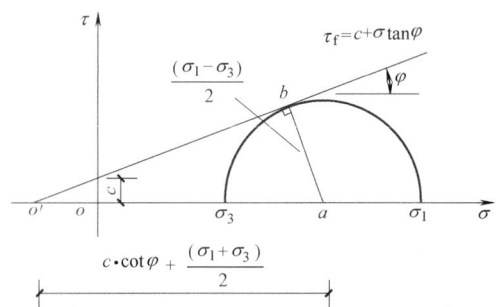

图 9.4.6　极限平衡条件

$$o'o = c\cot\varphi, \quad oa = \frac{\sigma_1 + \sigma_3}{2}$$

$$ab = \frac{\sigma_1 - \sigma_3}{2}$$

将后面三式代入 $\sin\varphi$ 的表达式，可得：

$$\sin\varphi = \frac{(\sigma_1 - \sigma_3)/2}{(\sigma_1 + \sigma_3)/2 + c\cot\varphi} = \frac{\sigma_1 - \sigma_3}{\sigma_1 + \sigma_3 + 2c\cot\varphi} \tag{9.4.5}$$

对式 (9.4.5) 进行整理

$$\sigma_1 - \sigma_3 = (\sigma_1 + \sigma_3)\sin\varphi + 2c\cos\varphi$$

也可得：

$$\sigma_1 = \sigma_3 \frac{1 + \sin\varphi}{1 - \sin\varphi} + 2c\frac{\cos\varphi}{1 - \sin\varphi} = \sigma_3 \frac{1 + \sin\varphi}{1 - \sin\varphi} + 2c\sqrt{\left(\frac{\cos\varphi}{1 - \sin\varphi}\right)^2}$$

$$= \sigma_3 \frac{1 + \sin\varphi}{1 - \sin\varphi} + 2c\sqrt{\frac{1 + \sin\varphi}{1 - \sin\varphi}} = \sigma_3 \frac{1 - \cos(90° + \varphi)}{1 + \cos(90° + \varphi)} + 2c\sqrt{\frac{1 - \cos(90° + \varphi)}{1 + \cos(90° + \varphi)}}$$

$$= \sigma_3 \frac{2\sin^2(45° + \varphi/2)}{2\cos^2(45° + \varphi/2)} + 2c\sqrt{\frac{2\sin^2(45° + \varphi/2)}{2\cos^2(45° + \varphi/2)}}$$

进一步整理

$$\sigma_1 = \sigma_3\tan^2\left(45° + \frac{\varphi}{2}\right) + 2c\tan\left(45° + \frac{\varphi}{2}\right) \tag{9.4.6}$$

用同样的方法可以推导出：

$$\sigma_3 = \sigma_1\tan^2\left(45° - \frac{\varphi}{2}\right) - 2c\tan\left(45° - \frac{\varphi}{2}\right) \tag{9.4.7}$$

式 (9.4.5)～式 (9.4.7) 都是表示土单元体达到破坏时主应力的关系，就是莫尔-库仑理论的破坏准则，也是土体达到极限平衡状态的条件，故也称之为极限平衡条件。显然，只知道一个主应力，并不能确定土体是否处于极限平衡状态，必须知道一对主应力 σ_1、σ_3，才能进行判断。实际上，是否达到极限平衡状态，取决于 σ_1 与 σ_3 的相对大小。当 σ_1 一定时，σ_3 越小，土越接近于破坏；反之，当 σ_3 一定时，σ_1 越大，土越接近于破坏。

对于无黏性土，由于黏聚力 $c = 0$，则极限平衡条件的表达式可简化为：

$$\sin\varphi = \frac{\sigma_1 - \sigma_3}{\sigma_1 + \sigma_3} \tag{9.4.8}$$

$$\frac{\sigma_1}{\sigma_3} = \frac{1 + \sin\varphi}{1 - \sin\varphi} \tag{9.4.9}$$

$$\sigma_1 = \sigma_3\tan^2\left(45° + \frac{\varphi}{2}\right) \tag{9.4.10}$$

$$\sigma_3 = \sigma_1\tan^2\left(45° - \frac{\varphi}{2}\right) \tag{9.4.11}$$

下面分析土试样破坏时剪切破坏面的位置。如图 9.4.7 (a) 所示，假定在三轴剪切试验中，试样的围压为 σ_3，破坏时的轴向应力为 $\sigma_{1f} = \sigma_3 + (\sigma_1 - \sigma_3)_f$，$(\sigma_1 - \sigma_3)_f$ 是土样达到破坏时的偏差应力。在 τ-σ 坐标上绘制土样破坏时的莫尔圆，如图 9.4.7 (b) 所示。按照莫尔-库仑破坏理论，破坏莫尔圆必定与破坏包线相切。显然，切点所代表的平面满足 $\tau = \tau_f$ 的条件，是试样的破裂面。

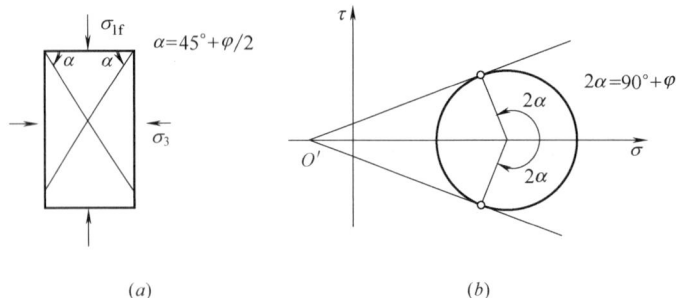

图 9.4.7　土体剪切破裂面的位置

根据图 9.4.7 (b) 所示的几何关系，有

$$2\alpha = 90° + \varphi$$

$$\alpha = 45° + \frac{\varphi}{2}$$

(9.4.12)

即破裂面与大主应力面成 $45° + \varphi/2$ 的夹角。

由此可见，与一般连续性材料（如钢、混凝土等）不同，土是一种具有内摩擦强度的颗粒材料，这种材料的破裂面不是最大剪应力面，而与最大主应力作用面成 $45° + \varphi/2$ 的夹角。如果土质均匀，且试验中能保证试样内的应力、应变分布均匀，则试样内将会出现两组完全对称的破裂面，如图 9.4.7 (a) 所示。

【例题 9.4.1】　如例图 9.4.1 (a) 所示的地基表面作用有条形均布荷载 $p = 150\text{kPa}$，在地基内 A 点引起的附加应力为 $\sigma_z = 72\text{kPa}$，$\sigma_x = 34.5\text{kPa}$，$\tau_{zx} = 39\text{kPa}$。地基为粉质黏土，重度 $\gamma = 20\text{kN/m}^3$，$c = 20\text{kPa}$，$\varphi = 28°$，静止土压力系数 $K_0 = 0.5$，试求作用于 A 点的主应力值、大主应力面方向并判断该点土体是否破坏。

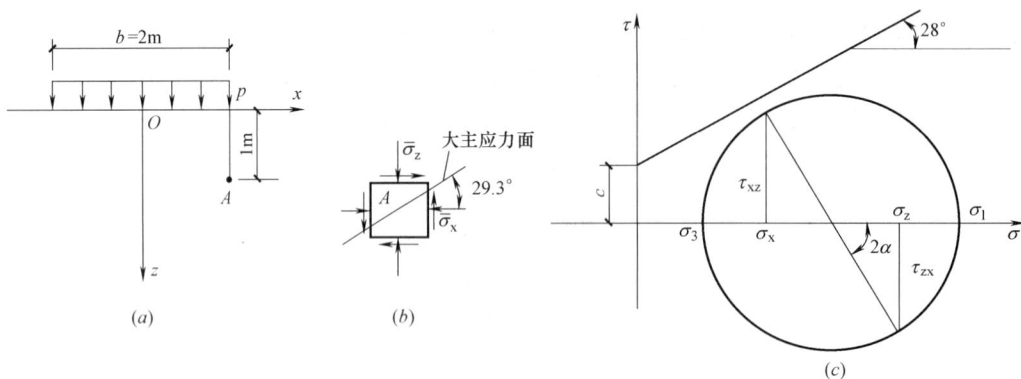

例图 9.4.1

【解】

1. 计算 A 点应力

$$\bar{\sigma}_z = \sigma_z + \sigma_{sz} = 72 + 1 \times 20 = 92\text{kPa}$$

$$\bar{\sigma}_x = \sigma_x + K_0\sigma_{sz} = 34.5 + 10 = 44.5\text{kPa}$$

$$-\tau_{zx} = \tau_{xz} = \tau = 39\text{kPa}$$

按照应力计算中应力符号的规定，画单元体的应力如例图9.4.1 (b)、(c) 所示。

2. 求 A 点主应力值

$$\sigma_{1,3}=\frac{\bar{\sigma}_z+\bar{\sigma}_x}{2}\pm\sqrt{\left(\frac{\bar{\sigma}_z-\bar{\sigma}_x}{2}\right)^2+\tau^2}=(68.25\pm45.66)\text{kPa}$$

$$\sigma_1=114\text{kPa} \quad \sigma_3=22.6\text{kPa}$$

3. 求大主应力面方向

根据例图9.4.1 (b) 绘莫尔圆，如例图9.4.1 (c) 所示。注意按照本章绘莫尔圆时应力符号的规定，这时 τ_{zx} 为负值。

$$\tan 2\alpha=\frac{\tau}{(\bar{\sigma}_z-\bar{\sigma}_x)/2}=\frac{39}{23.75}=58.66° \quad \alpha=29.3°$$

大主应力面方向如例图9.4.1 (b) 所示。

4. 破坏可能性判断

根据式 (9.4.1)

$$\sigma_{1f}=\sigma_3\tan^2\left(45°+\frac{\varphi}{2}\right)+2c\tan\left(45°+\frac{\varphi}{2}\right)$$

$$=22.6\times\tan^2(45°+28°/2)+2\times20\times\tan(45°+28°/2)$$

$$=62.6+66.6=129.2\text{kPa}>\sigma_1=114\text{kPa}$$

实际的大主应力小于极限状态的大主应力，故 A 点土体不会破坏。

【例题9.4.2】 进行一种砂土的常规三轴压缩试验，施加的围压 $\sigma_3=100\text{kPa}$，试样破坏时的偏差应力 $\sigma_1-\sigma_3=205\text{kPa}$，砂土的内摩擦角是多少？

【解】

$$\sigma_3=100\text{kPa}$$

$$\sigma_1=(\sigma_1-\sigma_3)+\sigma_3=205+100=305\text{kPa}$$

$$\sin\varphi=\frac{\sigma_1-\sigma_3}{\sigma_1+\sigma_3}=\frac{205}{405}=0.506$$

$$\varphi=30.4°$$

9.5 土的应力路径与破坏主应力线

9.5.1 土的应力路径

试验中的土样或工程土体中的土单元，在外部作用变化的过程中，应力将随之发生变化。由于土并非是线弹性体，其应力变化过程不同，则土体所具有的性质或所产生的应变会有很大的差别。例如在软土地面上，我们踩了一脚抬起以后，地面应力回复到零。但地面上会留下一个脚印，而没回复到原状。所以，研究土的变形与强度性质，不仅需要知道土的应力状态，而且还需要知道它所受应力的变化过程。

在一般的土工建筑物或地基中，土体单元处于三维应力状态，可用在一定坐标系中土体微单元上作用的正应力和剪应力来表示，也可用三个主应力 σ_1、σ_2、σ_3 来表示（图9.5.1a）。我们称作用在土体中一点（微小单元）上应力的大小与方向，为该点的应力状态。土体中一点的应力状态，可用某种应力坐标系中的一个点来表示。例如，对于图

9.5.1（a）所示 A 点的三维应力状态，在以三个主应力为坐标轴的坐标系中，其初始应力状态可用图 9.5.1（b）中的点 A 来表示。可见，在这种主应力坐标系表示中，只与主应力大小有关，没有反映主应力在空间的方向。

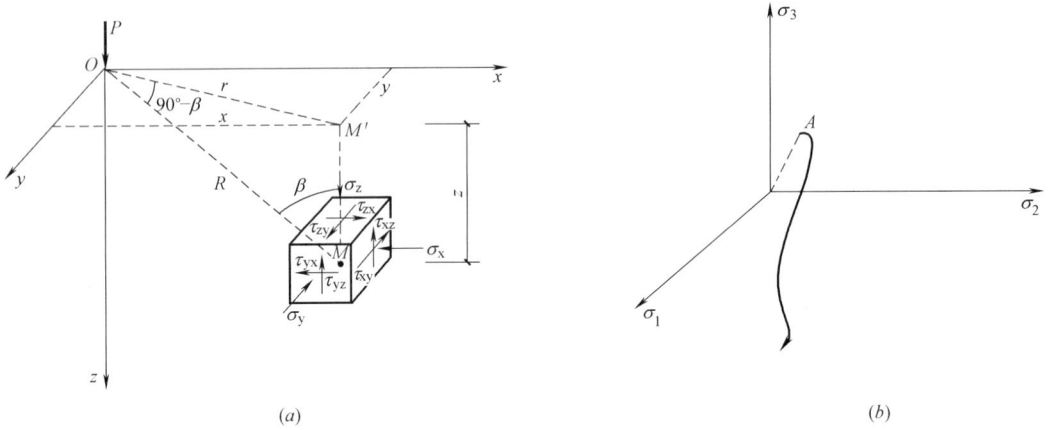

图 9.5.1 地基土的应力状态和应力路径
（a）应力状态；（b）应力路径

当作用在地基表面上的荷载发生变化时，土体中一点的应力状态也会随之发生变化。在应力坐标系中，表示该点应力状态的点也会发生相应的移动。当土体中一点的应力状态发生连续变化时，表示应力状态的点在应力空间（或平面）中形成的轨迹称为应力路径（图 9.5.1b）。

在常规三轴压缩试验中，可用一系列莫尔圆表示试样的应力变化过程。在该试验中，首先对试样施加围压力 σ_3，这时 $\sigma_1 = \sigma_3$，莫尔圆表示为横轴上的一个点 A，见图 9.5.2。然后，在剪切过程中，在轴向增加偏差应力 $\sigma_1 - \sigma_3$ 使得大主应力 σ_1 逐步增加，应力莫尔圆的直径也逐步增大。当试样达到破坏状态时，应力莫尔圆与强度包线相切。这种用若干个莫尔圆表示应力变化过程比较直观，但当应力有时增加、有时减小的情况，用莫尔圆来表示应力变化过程，极易发生混乱。

由于莫尔圆是以一个圆来表示一个单元的应力状态，如果用一个点表示一个应力状态就会更清晰简洁。一个圆的两个要素是其圆心坐标与其半径，如果用 $p = (\sigma_1 + \sigma_2)/2$ 表示其圆心坐标，用 $q = (\sigma_1 - \sigma_2)/2$ 表示其半径，则在 p-q 坐标系中，一个点代表一个圆，也就代表一个应力状态，我们将应力 τ，σ 坐标系与 p，q 应力坐标系重合，见图 9.5.2（b）。

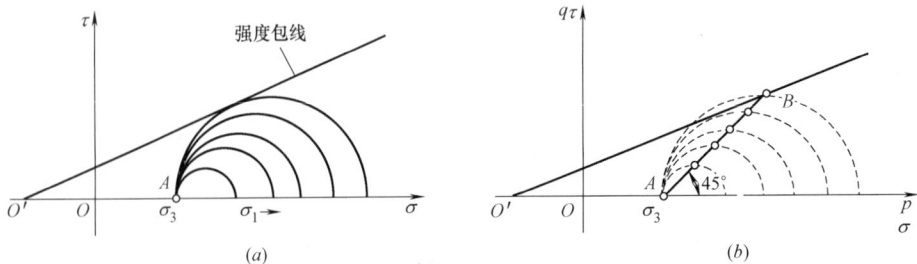

图 9.5.2 常规三轴压缩试验的应力路径
（a）莫尔圆法；（b）p-q 应力平面法

图 9.5.2 (b) 以常规三轴压缩试验为例,给出了其应力路径。在对试样施加围压力 σ_3 时,$p=\sigma_3$,$q=0$,表示为横轴上的点 A,达到破坏时为点 B。剪切过程中,增加偏差应力 $\sigma_1-\sigma_3$,使得大主应力 σ_1 逐步增大时,莫尔圆顶点的轨迹为倾角为 45° 的直线($\Delta p/\Delta q=\Delta\sigma_1/\Delta\sigma_1=1.0$)。

9.5.2 土的强度包线与破坏主应力线

如上所述,当试样达到破坏状态时,莫尔圆顶点 B 并不位于强度包线上,而是到达强度包线下方的另外一条直线上 $O'B$。在图 9.5.2 (b) 中,则常规三轴试验的应力状态 (p,q) 沿与 p 轴呈 45° 的直线向上发展直至试样破坏。不同 σ_3 试验破坏时的应力莫尔圆顶点的连线,亦即 p-q 图上的所有处于极限平衡应力状态点的集合,称为破坏主应力线,简称 K_f 线。

强度包线 τ_f 和破坏主应力线 K_f 的点都对应土体的破坏状态。强度包线 τ_f 为在 σ-τ 坐标系中所有破坏状态莫尔圆的公切线,它和所有破坏状态对应的应力莫尔圆相切。破坏主应力线 K_f 是在 p-q 坐标系中所有处于极限平衡应力状态应力点的集合,它通过所有破坏状态莫尔圆的顶点。

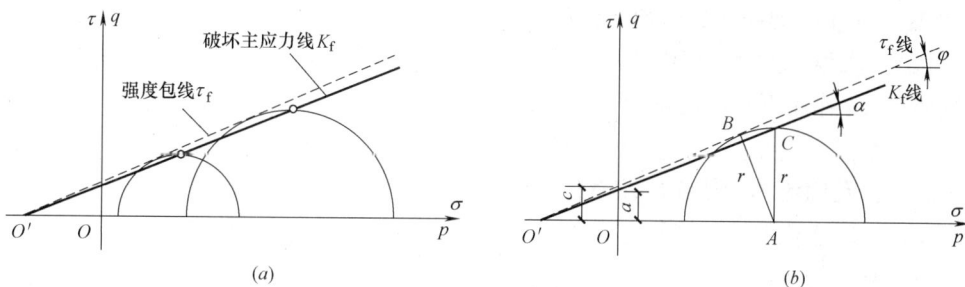

图 9.5.3 破坏包线与破坏主应力线

强度包线 τ_f 和破坏主应力线 K_f 两者有一定的关系。图 9.5.3 (a) 给出了两者之间的几何关系。图中,将 σ-τ 坐标和 p-q 坐标重叠在一起。首先,表示出了破坏状态莫尔圆,破坏包线与之相切,切点为莫尔圆上的一个点。破坏主应力线通过破坏莫尔圆的顶点,它也是莫尔圆上的一个点。所以,当莫尔圆的半径无限缩小而趋于零时,会变成聚焦于 O' 的点圆,可见 τ_f 线和 K_f 线必定在横坐标的 O' 点重合相交。此外,由两者的几何关系还可以发现,如果强度包线 τ_f 为直线,则破坏主应力线 K_f 也必为直线。

设破坏主应力线与 p 轴的倾角为 α,在 q 轴上的截距为 a;强度包线与 σ 轴的倾角为 φ,在 τ 轴的截距为 c。则 α 和 a 与 φ 和 c 之间的关系,可以由图 9.5.3 (b) 中所示的莫尔圆进行推导。土体破坏状态莫尔圆,其半径为 r,点 B 为破坏包线 τ_f 和该莫尔圆的切点,点 C 为莫尔圆的顶点,破坏主应力线 K_f 线通过 C 点。在三角形 $O'AB$ 和 $O'AC$ 中,有

$$r=\overline{O'A}\cdot\tan\alpha=\overline{O'A}\cdot\sin\varphi$$

$$\alpha=\tan^{-1}\sin\varphi \tag{9.5.1}$$

由于
$$a=O'O\cdot\tan\alpha,\quad c=O'O\cdot\tan\varphi$$

所以
$$a=\tan\alpha\frac{c}{\tan\varphi}=\sin\varphi\frac{c}{\frac{\sin\varphi}{\cos\varphi}}=c\cdot\cos\varphi \tag{9.5.2}$$

因此,从 p-q 应力图做出 K_f 线后,再利用式(9.5.1)和式(9.5.2),也可求得抗剪

强度指标 c 和 φ，绘出莫尔-库仑破坏包线。

9.5.3 孔隙水压力系数与有效应力路径

在附加应力作用下，土体中将产生多大的超静孔隙水压力，是涉及土体稳定的十分重要的问题。斯开普顿（A. W. Skempton），结合三轴试验，提出了孔隙水压力系数（简称孔压系数）的概念。所谓孔压系数是指在不允许土中孔隙流体进出的情况下，由附加应力引起的超静孔隙水压力增量与总应力增量之比。斯开普顿的孔隙水压力计算的公式为：

$$\Delta u = \Delta u_1 + \Delta u_2 = B[\Delta\sigma_3 + A\Delta(\sigma_1 - \sigma_3)] \tag{9.5.3}$$

1. 各向等压应力与孔压系数 B

在不排水条件下对土试样施加应力增量 $\Delta\sigma_3$，会在土中产生有效应力增量 $\Delta\sigma_3'$ 和孔压增量 Δu_1。根据太沙基的有效压力原理

$$\Delta\sigma_3 = \Delta\sigma_3' + \Delta u_1 \tag{9.5.4}$$

其中，有效应力增量 $\Delta\sigma_3'$ 作用于土骨架上，Δu_1 作用于孔隙流体上。土骨架在 $\Delta\sigma_3'$ 作用下将被压缩，土骨架的压缩量为

$$\Delta V_s = C_{sk}V_0\Delta\sigma_3' = C_{sk}V_0(\Delta\sigma_3 - \Delta u_1) \tag{9.5.5}$$

式中　C_{sk}——土骨架的体积压缩系数；

　　　V_0——试样的初始体积。

孔隙流体在 Δu 作用下其压缩量为

$$\Delta V_v = V_v C_f \Delta u = nV_0 C_f \Delta u_1 \tag{9.5.6}$$

式中　C_f——孔隙流体的体积压缩系数；

　　　V_v——试样孔隙的总体积；

　　　n——土的孔隙率。

如果试样是完全饱和的，则孔隙流体就是水，$C_f = C_w$，C_w 就是水的体积压缩系数。

由于颗粒本身不可压缩，土骨架的压缩必将发生孔隙的减少，孔隙的减少有两种原因：（a）孔隙流体被挤压流出；（b）孔隙流体本身被压缩。在不排水条件下，孔隙流体不可能流出，只能是孔隙流体本身被压缩，土体的总压缩量必须等于土骨架的体积压缩量，也等于孔隙流体的体积压缩量，亦即 $\Delta V_s = \Delta V_v$，式（9.5.5）与式（9.5.6）相等，得到

$$C_{sk}V_0(\Delta\sigma_3 - \Delta u_1) = nV_0 C_f \Delta u_1$$

则上式可写成

$$\Delta u_1 = B\Delta\sigma_3 \tag{9.5.7}$$

式中

$$B = \frac{1}{1 + n\dfrac{C_f}{C_{sk}}} \tag{9.5.8}$$

其中，B 就是各向等压条件下的孔压系数，它表示的是单位球应力增量引起的超静孔隙水压力增量。对于各种土，其骨架的体积压缩系数很大，而如果土是完全饱和的，$C_f = C_w = 0.49 \times 10^{-6} \text{kPa}^{-1}$，我们可假设水是不可压缩的，所以饱和土的孔压系数 B 都接近于 1.0，即 $C_f/C_{sk} \approx 0$，$B \approx 1.0$。但是，随着土的饱和度 S_r 降低，孔压系数 B 会很快下降，如图 9.5.4 所示。

2. 偏差压力与孔压系数 A

在式（9.5.3）中，如果 σ_3 不变，只施加偏差应力增量 $\Delta(\sigma_1-\sigma_3)$，在不排水的条件下，将产生超静孔压增量 Δu_2，这需要另一个孔压系数来表述。

如果土骨架是弹性体，则其体积变化可以用广义虎克定律计算

$$\Delta V_s = V_0 \frac{(\Delta\sigma'_1+\Delta\sigma'_2+\Delta\sigma'_3)}{3K} \quad (9.5.9)$$

式中 K——土骨架的体积压缩模量，土骨架的体积压缩系数 $C_{sk}=1/K$。

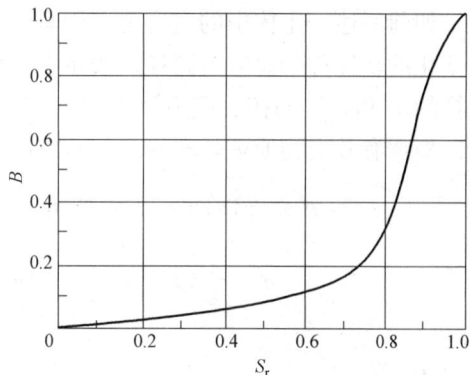

图 9.5.4 孔压系数 B 与土的饱和度 S_r 之间的关系

施加偏差应力增量 $\Delta(\sigma_1-\sigma_3)$ 以后，产生超静孔压增量为 Δu_2，由于 $\Delta\sigma_2=\Delta\sigma_3=0$，则 $\Delta\sigma'_2=\Delta\sigma'_3=-\Delta u_2$，$\Delta\sigma'_1=\Delta(\sigma_1-\sigma_3)-\Delta u_2$，将它们代入式（9.5.9）：

$$\Delta V_s = C_{sk}V_0[\Delta(\sigma_1-\sigma_3)/3-\Delta u_2] \quad (9.5.10)$$

孔隙流体的体积压缩量为：

$$\Delta V_v = nV_0 C_f \Delta u_2 \quad (9.5.11)$$

在不排水条件下，土骨架的体积压缩量应等于孔隙流体的体积压缩量，可以得到：

$$\Delta u_2 = \frac{1}{1+\dfrac{nC_v}{C_{sk}}}\frac{1}{3}\Delta(\sigma_1-\sigma_3) = B\frac{1}{3}\Delta(\sigma_1-\sigma_3) = BA\Delta(\sigma_1-\sigma_3) \quad (9.5.12)$$

可见，在弹性假设条件下，由单位偏差应力增量引起的孔压增量为 $A=1/3$。由于土并不是弹性体，剪应力也可以引起土的体变。所以，式（9.5.12）一般表示为：

$$\Delta u_2 = BA\Delta(\sigma_1-\sigma_3) \quad (9.5.13)$$

式中，孔压系数 A 在弹性情况下等于 $1/3$，当土在剪应力作用下会发生体胀时（即具有剪胀性），如密砂和坚硬的黏性土，$A<1/3$，甚至 $A<0$；当土在剪应力作用下会发生体缩时（即具有剪缩性），松砂和软黏土，$A>1/3$，甚至 $A>1$，如表 9.5.1 所示。

孔压系数 A 的参考值　　　　　　　　　　　　　　　表 9.5.1

土类	A（用于计算沉降）	土类	A（用于土体破坏）
很松的细砂	2～3	高灵敏度软黏土	>1
灵敏性黏土	1.5～2.5	正常固结黏土	0.5～1.0
正常固结黏土	0.7～1.3	超固结黏土	0.25～0.5
轻超固结黏土	0.3～0.7	重超固结黏土	0～0.25
重超固结黏土	−0.5～0		

从表 9.5.1 可见，在三轴试验的加载过程中，孔压系数 A 并不是一个常数。至于为什么饱和土试样剪胀时会产生负的孔隙水压力，而剪缩时则相反，我们可以将自己的口腔当成三轴试样的橡皮膜，当我们含一口水，然后紧闭嘴唇。如果你想把口中水喷出去，口中的水压力必须高于大气压力，这时你一定要努力压缩口腔；反之，如果你想要用吸管吸取瓶中的水，你一定要努力扩张口腔，才能在口中形成低于大气压的压力。

3. 有效应力路径

如前所述，土体中的应力可以用总应力 σ 表示，也可以用有效应力 σ' 表示。表示总应力变化的轨迹称为总应力路径，表示有效应力的变化轨迹称为有效应力路径。按有效应力计算的 p' 和 q'，与按总应力计算的 p 和 q 存在如下的关系：

根据有效应力原理，$\sigma'_3 = \sigma_3 - u$，$\sigma'_1 = \sigma_1 - u$，故

$$p' = \frac{1}{2}(\sigma'_1 + \sigma'_3) = \frac{1}{2}(\sigma_1 - u + \sigma_3 - u) = \frac{1}{2}(\sigma_1 + \sigma_3) - u = p - u \tag{9.5.14}$$

$$q' = \frac{1}{2}(\sigma'_1 - \sigma'_3) = \frac{1}{2}(\sigma_1 - u - \sigma_3 + u) = \frac{1}{2}(\sigma_1 - \sigma_3) = q \tag{9.5.15}$$

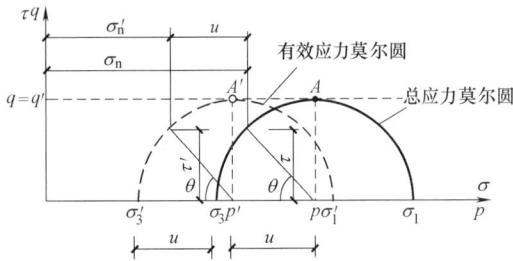

图 9.5.5　总应力和有效应力莫尔圆与应力状态点

上两式表明，用有效应力表示的莫尔圆与用总应力表示的莫尔圆的半径相等，但圆心位置相差一个孔隙水压力值 u，如果 $u > 0$，则有效应力的莫尔圆在总应力莫尔圆的左侧，如图 9.5.5 所示。也就是说，通过土体单元的任意平面，用总应力表示的法向应力 σ_n 与用有效应力表示的法向应力 σ'_n 相比，两者的差值是孔隙水压力值 u。而剪应力则不论是以总应力表示或以有效应力表示，其值不变。因为水不能承受剪应力，所以孔隙水压力的大小不会影响土骨架所受的剪应力值。

如果用 p-q 坐标来表示总应力与有效应力状态，则总应力状态点为 A，$p' = p - u$，$q = q'$，则有效应力状态点为 A'，A' 也在 A 点的左侧。

在排水（CD）试验中，不计饱和试样的静孔隙水压力与自重应力，则试样内的超静孔隙水压力总为零，总应力即等于有效应力。所以，三轴排水试验的有效应力路径和总应力路径重合，有效应力破坏主应力线和总应力破坏主应力线重合。

如果在加载过程中，试样内有超静孔隙水压力产生，则首先需要确定每一个计算点的总应力 p、q 和孔隙水压力 u，再根据 $p' = p - u$ 和 $q' = q$ 计算出该点的有效应力 p' 和 q'，并绘出有效应力路径。因此，绘制有效应力路径的关键在于求取总应力变化所引起的孔隙水压力 u 的大小。下面以饱和土的常规三轴固结试验为例，说明不同排水条件下的有效应力路径。

（1）固结排水三轴试验的有效应力路径

这时，由于自始至终没有孔隙水压力产生，所以总应力路径就是有效应力路径，如图 9.5.6 所示，两条路径重合，都是 AB。

（2）固结不排水的有效应力路径

对饱和土样，孔压系数 $B = 1.0$。因此，在常规三轴固结不排水试验中，由偏差原理引起的孔隙水压力 u 可由下式计算：

$$u = A \cdot \Delta(\sigma_1 - \sigma_3) \tag{9.5.16}$$

如上所述，孔压系数 A 值的大小与土的性质、

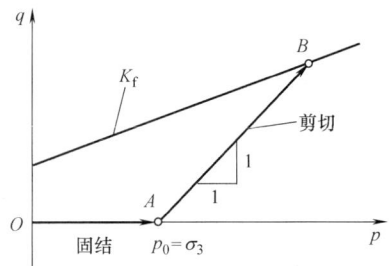

图 9.5.6　固结排水三轴试验的
总应力与有效应力路径

应力历史、应力水平等因素有关，在三轴剪切过程中一般不为常数。

由于排水固结后，试样内的孔隙水压力消散为零，所以该过程的有效应力路径和总应力路径相同，均为图 9.5.7（a）中的 OA。

增加偏差应力 $\Delta(\sigma_1-\sigma_3)$，进行不排水剪切过程中，总应力路径是与 p 轴呈 45° 倾角向上发展的直线，直至试样破坏。在图 9.5.7（a）中，该段总应力路径表示为 AB。其中，B 点位于总应力破坏主应力线 K_f 上。

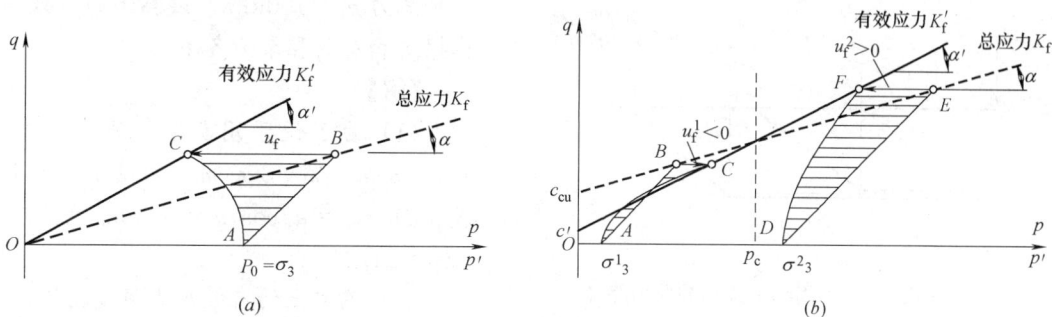

图 9.5.7　三轴固结不排水试验应力路径
(a) 正常固结土；(b) 超固结土

由于不排水剪切，所以当作用偏差应力 $\Delta(\sigma_1-\sigma_3)$ 时，饱和试样内会产生超静孔隙水压力 $u=A\cdot\Delta(\sigma_1-\sigma_3)$。这时，由于 $p'=p-u$；$q'=q$，所以每个点的有效应力都是和总应力相差 u。在图 9.5.7（a）中，该段的有效应力路径表示为 AC。C 点位于有效应力破坏主应力线 K_f' 上，B 点和 C 点水平坐标相差 u_f。其中，u_f 为试样发生破坏时的孔隙水压力。

图 9.5.7（b）表示的是一种超固结土，先期固结应力为 p_c。当试验的固结压力 σ_3^1 较小时，试样处于强超固结状态（$OCR=p_c/\sigma_3^1\gg1.0$），在进行剪切时通常具有较为显著的剪胀趋势，在不排水条件下会产生负孔隙水压力，即 $u_f^1<0$，即破坏时的有效应力点 C 在总应力点 B 的右侧；当试验的固结压力 σ_3^2 较大，大于先期固结应力为 p_c 时，$OCR=1.0$，试样破坏时的孔隙水压力 u 一般会为正值，有效应力莫尔圆相反向左侧移动，如图 9.5.7（b）所示。对固结不排水三轴试验，超固结黏土的总应力和有效应力强度包线呈剪刀交叉的形式，即有：$\varphi'>\varphi_{cu}$，$c'<c_{cu}$。

图 9.5.7（b）给出了超固结黏土总应力和有效应力路径以及破坏主应力线。图中，AB、DE 分别为不排水剪切的总应力路径，AC、DF 为相应的有效应力路径，ABC 和 DEF 阴影部分代表在剪切过程中试样内的孔隙水压力。

（3）不固结不排水三轴试验的有效应力路径

图 9.5.8 表示了饱和试样的不固结不排水三轴试验的莫尔圆与有效应力路径。试样首先应当有一定的固结应力 $\sigma_c=p_0$，然后对同样的试样分别施加围压达到 σ_3^1 和 σ_3^2，再施加偏差应力 $\sigma_1-\sigma_2$，破坏时总应力路径分别为 $\sigma_3^1B_1$ 和 $\sigma_3^2B_2$。

但是由于不固结，在施加了围压 σ_3^1 和 σ_3^2 后产生孔隙水压力分别为 u^1 和 u^2，结果有效应力还是 $\sigma_c=p_0$，并且具有唯一的有效应力路径 p_0-C。由于各个莫尔圆的半径，或者 q_u 都是相等的，其总应力强度莫尔圆半径相同，其包线就是一条水平线，所以 $\varphi_u=\alpha_u=$

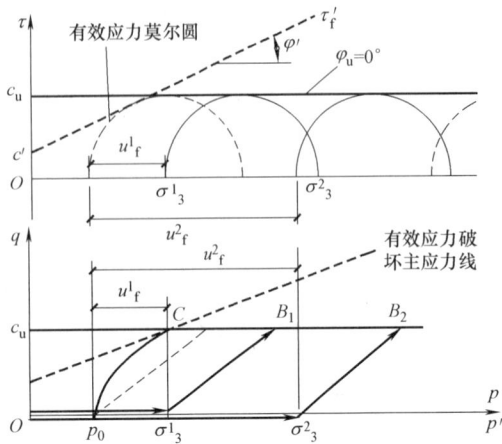

图 9.5.8 不固结不排水的应力路径

亦即没有围压 σ_3 时，土的抗剪强度为 0，亦即处于泥浆状，所以 $c'=0$。分别计算破坏时有效大、小主应力：

$$\sigma_1 = \sigma_3 \tan^2(45° + \varphi_{cu}/2)$$
$$= 200 \times \tan^2(45° + 21.34°/2) = 429\text{kPa}$$
$$\sigma_1' = \sigma_1 - u_f = 429 - 100 = 329\text{kPa}$$
$$\sigma_3' = \sigma_3 - u_f = 200 - 100 = 100\text{kPa}$$
$$\sin\varphi' = \frac{\sigma_1' - \sigma_3'}{\sigma_1' + \sigma_3'} = \frac{329 - 100}{329 + 100} = 0.534$$

得：$\varphi' = 32.3°$

见例图 9.5.1。

$0°$，c_u 为常数。

【例题 9.5.1】 某饱和正常固结黏土，由固结不排水三轴试验测得其总应力 K_f 线的 $a=0\text{kPa}$，倾角 $\alpha=20°$。计算其 c_{cu} 与 φ_{cu}；若试样在 $\sigma_3 = 200\text{kPa}$ 的固结不排水三轴试验中，剪切破坏时的孔隙水压力 $u_f = 100\text{kPa}$，该黏土的有效内摩擦角和有效黏聚力各多大？

【解】

(1) 为了便于用莫尔圆进行分析，将 a、α 角化成 c、φ 角，固结不排水强度指标 $c_{cu} = a/\cos\alpha = 0$，$\varphi_{cu} = \sin^{-1}\tan\alpha = 21.34°$

(2) 确定土的有效应力强度指标：

对于正常固结土，由于 $\alpha = c_{cu} = 0$，

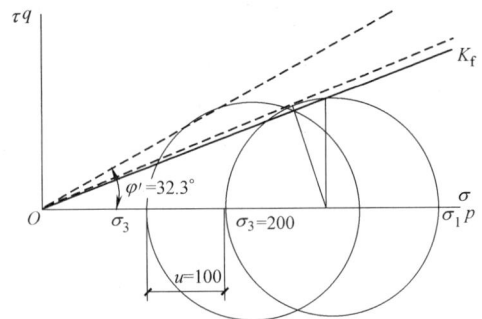

例图 9.5.1

9.6 地基承载力概述

9.6.1 土的抗剪强度与地基承载力

当地基中一点的剪应力达到土的抗剪强度时，这个点就处于极限平衡应力状态。若地基中某一区域各点均达到极限平衡应力状态时，就形成了极限平衡区，或称为塑性区。如果荷载继续增大，塑性区范围也就不断扩大，局部的塑性区发展形成连续的、贯穿到地表的整体滑动面，这时基础下的一部分土体沿着滑动面整体滑动而隆起，地基失稳，建筑物塌陷或倾倒，造成事故和灾害。图 9.6.1 是一个在坚实黏土地基上的某谷仓整体失稳的情况，这种情况被认为是地基达到了其极限承载力。

9.6.2 地基承载力基本公式及其机理

由上述可见，地基承载力就是地基承受荷载的能力。地基基础设计有两种极限状态：即承载能力极限状态与正常使用极限状态。前者对应于极限承载力，亦即地基达到了它所

图 9.6.1　某谷仓地基整体失稳情况

能承受的最大荷载；后者对应于容许承载力，即除了满足整体稳定以外，还要满足变形（沉降）不超过容许值。

地基的极限承载力主要取决于地基土的抗剪强度。图 9.6.2 表明了地基极限承载力的机理。图示的基础埋深为 d，基础宽度为 b，如果地基完全均匀对称，在极限荷载 p_u 的作用下地基土将沿着对称的滑动面向两侧滑动，两侧土体隆起。可见极限承载力由三部分组成，其一般表达式为：

$$p_u = \frac{\gamma b}{2} N_\gamma + c N_c + \gamma d N_q \tag{9.6.1}$$

式中，N_γ、N_c、N_q 称为承载力系数，都是内摩擦角 φ 的函数，随着 φ 的增加，它们都有所增加。上式也可以表示为：

$$p_u - p_{u\gamma} + p_{uc} + p_{uq} \tag{9.6.2}$$

图 9.6.2 为基础底面光滑的情况下基底下地基在破坏时的滑动模式。下面通过此图逐项分析式（9.6.2）中承载力的三个部分。

（1）滑动面上的黏聚力产生的承载力 p_{uc}

在图 9.6.2（b）表示 $b=2$m、$\varphi=0°$ 时的滑动面和滑动土体情况，在图 9.6.2（c）表示 $b=2$m、$\varphi=20°$ 的情况。对比两图可以发现，随着内摩擦角 φ 的增加，滑动土体将加深加宽，滑动面的曲线长度加大，滑动面上的总黏聚阻力增加，承载力也就增加，这反映在承载力系数 N_c，它随内摩擦角增加而增加。

（2）由滑动土体自重产生的承载力 $p_{u\gamma}$

滑动土体的自重在滑动面上产生正应力，当 $\varphi>0°$ 时，将会在滑动面上产生摩擦阻力，成为承载力的重要组成部分，所以这种摩擦阻力正比于滑动土体的体积。在图 9.6.2（a）中，当滑动面形状不变时，基础宽度由 b 增加到 $2b$，土的体积与宽度 b 的平方成正比，因而单位面积承载力 $p_{u\gamma}$ 是 b 的线性函数，亦即 $p_{u\gamma}=N_\gamma b/2$。当基础宽度 b 相同，内摩擦角增加时，滑动土体的宽度和深度都迅速增加，所以承载力系数 N_γ 随 φ 增加的速度比另两个承载力系数要快。对于内摩擦角高的粗粒土，这部分承载力占很大比例。

（3）由基底以上两侧超载产生的承载力 p_{uq}

由于多数承载力公式都忽略了 γd 这部分土体本身的黏聚力和摩擦力，而只是将它作

为超载 $q = \gamma d$ 作用于基底以上的地面。

这部分抗力有两个方面的贡献：一是它作为超载作用于与基底齐平的假想地面上，滑动土体企图隆起时，必须同时克服其重力将它抬起。在图 9.6.2 (b) 中可以看出，当 $\varphi = 0°$ 时，p_u 与 γd 作用的尺度相等且对称，所以此时 $N_q = 1.0$。超载的第二个作用是它压在滑动土体之上，在滑动面上也会产生正应力和摩阻力，组成承载力的一部分。当内摩擦角 φ 增加时，上述两种作用都会加强，所以系数 N_q 也是 φ 的递增函数。

根据以上的分析可以看到，提高地基承载力需考虑以上三方面的因素。它们都与地基土的内摩擦角 φ 有关，因而选择好的持力层十分重要。

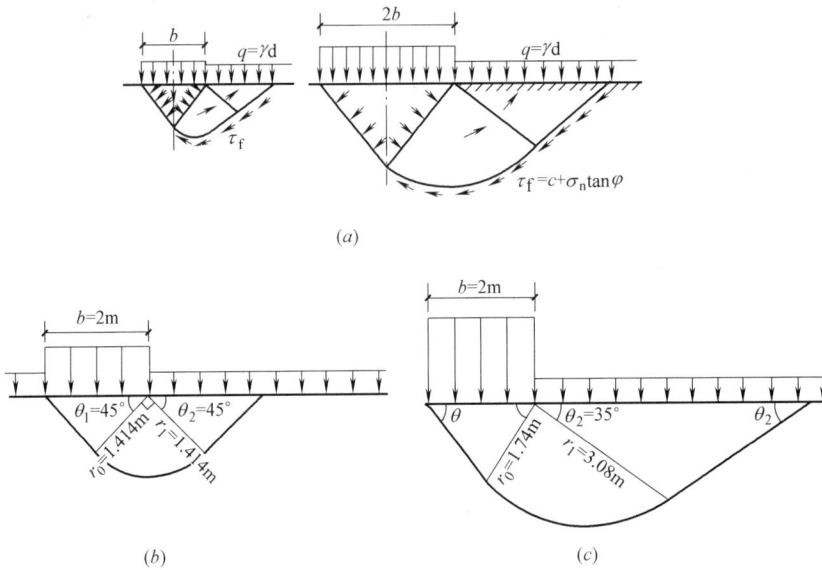

图 9.6.2　地基承载力机理示意图

(a) 基础宽度对挤出土体体积的影响；(b) $\varphi = 0°$ 的滑动面；(c) $\varphi = 20°$ 的滑动面

9.6.3　竖直荷载下地基的破坏形式

图 9.6.3 (b) 表示的是一种地基整体剪切破坏的形式。它对应的是图 9.6.3 (a) 中的 p-s 曲线 a，即加载开始时存在一个线性变形阶段，达到临塑荷载 p_{cr} 以后，地基中开始出现塑性区，出现了非线性变形阶段。当塑性区发展成连通的滑动面时，曲线突变，地基发生了整体破坏，达到了其极限承载力 p_u。

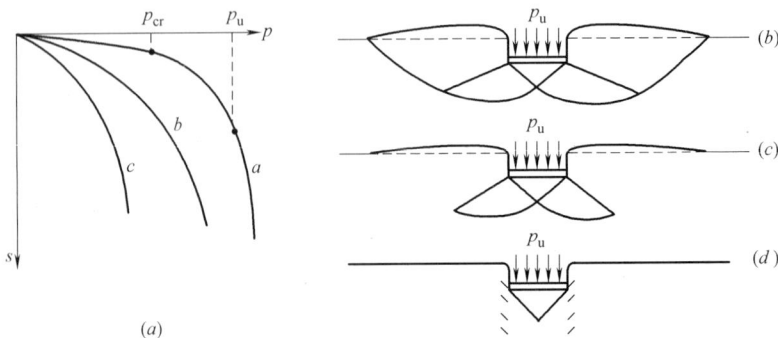

图 9.6.3　竖直荷载下地基破坏的三种形式

但整体剪切破坏并不是地基破坏的唯一形式。在松软土层中，或者基础的埋深较大时，常会出现图 9.6.3（c）和（d）所示的破坏形式，在图 9.6.3（a）中的 p-s 曲线中对应为 b、c 曲线。既没有明显的线性阶段，也没有明显的突变点。曲线 b 表示的是地基的局部剪切破坏形式。地基中发展的塑性区最后没有形成贯通的滑动面，地面可见稍许隆起；曲线 c 表示的是一种冲剪破坏，两侧土体不明显隆起，地基土沿着基础两侧被垂直剪切破坏，自始至终 p-s 曲线都是非线性的。

图 9.6.4 是这三种地基破坏形式的模型试验结果。这是在条形试验槽里，用不同密度的干砂进行的模型试验。

尽管地基破坏具有三种不同的破坏形式，但其承载力的基本机理还是相近的。即主要是由土的黏聚力 c、滑动土体自重和基础埋深部分土体 γd 三部分形成的。对于不同的情况，三者所占的比例不同。

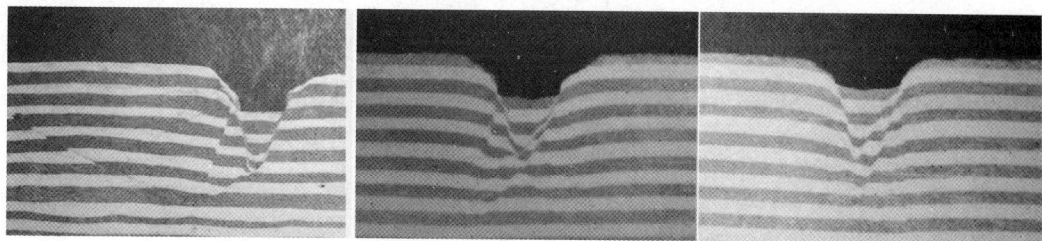

图 9.6.4　地基破坏的三种形式

9.7　地基中塑性区的发展与容许承载力

如上所述，所谓地基的容许承载力是满足正常使用极限状态的设计，既满足地基稳定，又要求不超过容许的沉降。对于不同的建筑物等级与形式、不同的地基土层、不同的基础埋深和基础宽度，容许的沉降也是不同的。因此，要进行第 8 章所介绍的沉降计算。但是如果地基中土的应力都处于弹性阶段，如基底压力 $p \leqslant p_{cr}$，或者塑性区不超过一定的范围，对于一般的民用建筑物采用这时的承载力，既可满足地基的稳定性要求，也可满足变形的要求。所以，常常以限制地基中的塑性区范围，进行地基的容许承载力设计。

9.7.1　地基中的临塑荷载和临界荷载

临塑荷载 p_{cr} 是地基中即将出现极限平衡区（塑性区）时的荷载。在图 9.7.1 中，根据弹性力学，在条形均布荷载下地基中任意点 M 由基底附加压力 $p_0 = p - \gamma d$ 引起的附加主应力为：

$$\left. \begin{array}{l} \sigma_1 = \dfrac{p - \gamma d}{\pi}(2\beta + \sin 2\beta) \\[3mm] \sigma_3 = \dfrac{p - \gamma d}{\pi}(2\beta - \sin 2\beta) \end{array} \right\} \tag{9.7.1}$$

式中，2β 为 M 点与条形荷载两侧边缘的连线 $\overline{MA}$、$\overline{MB}$ 之间的夹角，以弧度表示，称为视角。大主应力 σ_1 的方向在 $\angle AMB$ 的角平分线上，如图 9.7.1 所示。

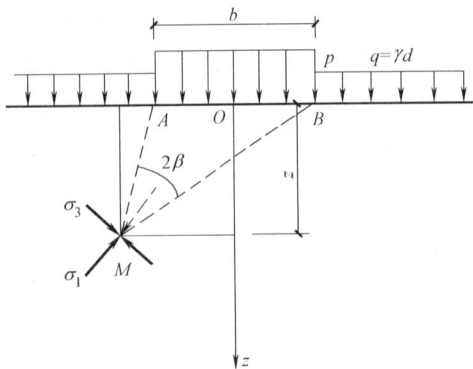

图 9.7.1 条形均布荷载下的附加应力

如果假设静止土压力系数 $K_0=1.0$，则地基中自重引起的应力为各向等压的应力，与附加应力叠加后变成：

$$\left.\begin{array}{l}\bar{\sigma}_1=\dfrac{p-\gamma d}{\pi}(2\beta+\sin2\beta)+\gamma(d+z)\\[3mm]\bar{\sigma}_3=\dfrac{p-\gamma d}{\pi}(2\beta-\sin2\beta)+\gamma(d+z)\end{array}\right\}$$

$$(9.7.2)$$

将式（9.7.2）代入极限平衡条件式（9.4.5），即可得到极限平衡区的界限方程式：

$$z=\frac{p-\gamma d}{\pi\gamma}\left(\frac{\sin2\beta}{\sin\varphi}-2\beta\right)-c\frac{\cot\varphi}{\gamma}-d \qquad (9.7.3)$$

在土的特性指标 γ、c、φ 已知的情况下，塑性区的深度就是视角 β 的单值函数，式（9.7.3）也就是塑性区的边界方程，我们往往更重视塑性区发展的最大深度，这样对应于最大深度 $z_{\max}$ 的视角 β 为满足 $\dfrac{\partial z}{\partial\beta}=0$ 的条件：

$$\frac{\partial z}{\partial\beta}=\frac{p-\gamma d}{\pi\gamma}\cdot2\left(\frac{\cos2\beta}{\sin\varphi}-1\right)=0$$

得到：

$$\beta=\frac{\pi}{4}-\frac{\varphi}{2} \qquad (9.7.4)$$

将式（9.7.4）代入式（9.7.3）得到：

$$z_{\max}=\frac{p-\gamma d}{\pi\gamma}\left(\cot\varphi-\frac{\pi}{2}+\varphi\right)-\frac{c\cdot\cot\varphi}{\gamma}-d \qquad (9.7.5)$$

对应于 $z_{\max}=0$、$z_{\max}=b/4$ 和 $z_{\max}=b/3$ 的界限荷载分别为临塑荷载 p_{cr}、临界荷载 $p_{1/4}$ 和临界荷载 $p_{1/3}$，见式（9.7.6）、式（9.7.7）和式（9.7.8）。

$$p_{cc}=\gamma d\left(1+\frac{\pi}{\cot\varphi-\frac{\pi}{2}+\varphi}\right)+c\left(\frac{\pi\cot\varphi}{\cot\varphi-\frac{\pi}{2}+\varphi}\right) \qquad (9.7.6)$$

$$p_{1/4}=\gamma b\frac{\pi}{4\left(\cot\varphi-\frac{\pi}{2}+\varphi\right)}+\gamma d\left(1+\frac{\pi}{\cot\varphi-\frac{\pi}{2}+\varphi}\right)+c\left(\frac{\pi\cot\varphi}{\cot\varphi-\frac{\pi}{2}+\varphi}\right) \qquad (9.7.7)$$

$$p_{1/3}=\gamma b\frac{\pi}{3\left(\cot\varphi-\frac{\pi}{2}+\varphi\right)}+\gamma d\left(1+\frac{\pi}{\cot\varphi-\frac{\pi}{2}+\varphi}\right)+c\left(\frac{\pi\cot\varphi}{\cot\varphi-\frac{\pi}{2}+\varphi}\right) \qquad (9.7.8)$$

它们也可以统一写成类似式（9.6.1）的形式：

$$p=\frac{\gamma b}{2}N_\gamma+cN_c+\gamma dN_q \qquad (9.7.9)$$

9.7.2 《建筑地基基础设计规范》GB 50007 承载力公式

我国的《建筑地基基础设计规范》GB 50007 对于承载力的设计是基于正常使用极限状态的设计，设计中采用的基本是容许承载力方法，其中确定承载力的方法有在强度试验基础上的公式计算法、现场原位试验法和经验类比的方法。这些方法用于确定承载力的初值，还要通过沉降计算最后确定设计值。

该规范给出的计算公式为

$$f_a = M_b \gamma b + M_d \gamma_m d + M_c c_k \tag{9.7.10}$$

式中 f_a——地基承载力的特征值；

M_b、M_d、M_c——承载力系数，可按表 9.7.1 取值；

      γ——基底以下地基土的重度；

     γ_m——基础埋深 d 范围土的平均重度；

      b——基底宽度，大于 6m 按 6m 取值，对于砂土小于 3m 按 3m 取值；

c_k、φ_k——分别为基底以下一倍底宽 b 内的地基土内摩擦角和黏聚力标准值。

采用该公式时有如下几点值得注意：

1. 该公式与确定塑性区深度的临界荷载 $p_{1/4}$ 的公式是相似的，在表 9.7.1 中，当 $\varphi < 20°$ 时，它与式（9.7.7）中 $p_{1/4}$ 的三个承载力系数数值基本相同；当 $\varphi > 20°$ 时，式（9.7.10）中的宽度系数值显著提高了。

2. 与 $p_{1/4}$ 的公式一样，该公式也是在竖向中心荷载条件下推导的，所以它适用于偏心距 e 不大的情况，要求 $e \leqslant 0.033b$。

3. 该公式采用的强度指标是基于室内三轴试验的标准值，它不同于简单的试验成果的平均值，对成果进行了统计分析，首先要求进行 $n \geqslant 6$ 组三轴试验，然后计算试验指标的平均值 μ、标准差 σ 和变异系数 δ，确定强度指标的标准值，考虑了成果的离散情况。

承载力系数表   表 9.7.1

$\varphi_k(°)$	基础宽度系数		基础深度系数		黏聚力系数	
	式(9.7.10) M_b	式(9.7.9) $N_\gamma/2$	式(9.7.10) M_d	式(9.7.9) N_q	式(9.7.10) M_c	式(9.7.9) N_c
0	0	0	1.00	1.00	3.14	3.14
2	0.03	0.03	1.12	1.12	3.32	3.32
4	0.06	0.06	1.25	1.25	3.51	3.51
6	0.10	0.10	1.39	1.40	3.71	3.71
8	0.14	0.14	1.55	1.55	3.93	3.93
10	0.18	0.18	1.73	1.73	4.17	4.17
12	0.23	0.23	1.94	1.94	4.42	4.42
14	0.29	0.30	2.17	2.17	4.69	4.70
16	0.36	0.36	2.43	2.43	5.00	5.00
18	0.43	0.43	2.72	2.72	5.31	5.31
20	0.51	0.50	3.06	3.10	5.66	5.66
22	0.61	0.60	3.44	3.44	6.04	6.04
24	0.80	0.70	3.87	3.87	6.45	6.45
26	1.10	0.80	4.37	4.37	6.90	6.90
28	1.40	1.00	4.93	4.93	7.40	7.40
30	1.90	1.20	5.59	5.60	7.95	7.95
32	2.60	1.40	6.35	6.35	8.55	8.55

$\varphi_k(°)$	基础宽度系数		基础深度系数		黏聚力系数	
	式(9.7.10) M_b	式(9.7.9) $N_\gamma/2$	式(9.7.10) M_d	式(9.7.9) N_q	式(9.7.10) M_c	式(9.7.9) N_c
34	3.40	1.50	7.21	7.20	9.22	9.22
36	4.20	1.80	8.25	8.25	9.97	9.97
38	5.00	2.10	9.44	9.44	10.80	10,80
40	5.80	2.50	10.84	10.84	11.73	11.73

9.8 地基的极限承载力

图 9.8.1 基底下的刚性核

在解决地基的极限承载力问题时，一般是假设土为理想塑性材料。通过理想塑性材料的极限平衡理论求得问题的解析解，即使是对材料和边界条件做了很大的简化，这也是极为困难的。另一种方法是根据观测和分析，预先假设滑动面形状，然后对滑动土体进行极限平衡分析，确定其极限承载力，如太沙基和梅耶霍夫等方法。

9.8.1 太沙基（K. Terzaghi）公式

这是一种预先假设滑动面，然后对滑动土体进行极限平衡分析，确定其极限承载力的方法。太沙基认为，基础底面是完全粗糙的，因而基底以下的土体形成一个刚性核（图9.8.1），它和基础一起形成一个整体，在荷载作用下沿竖直方向向下运动，进而分析刚性核的静力平衡，假设滑动面，推求极限承载力。

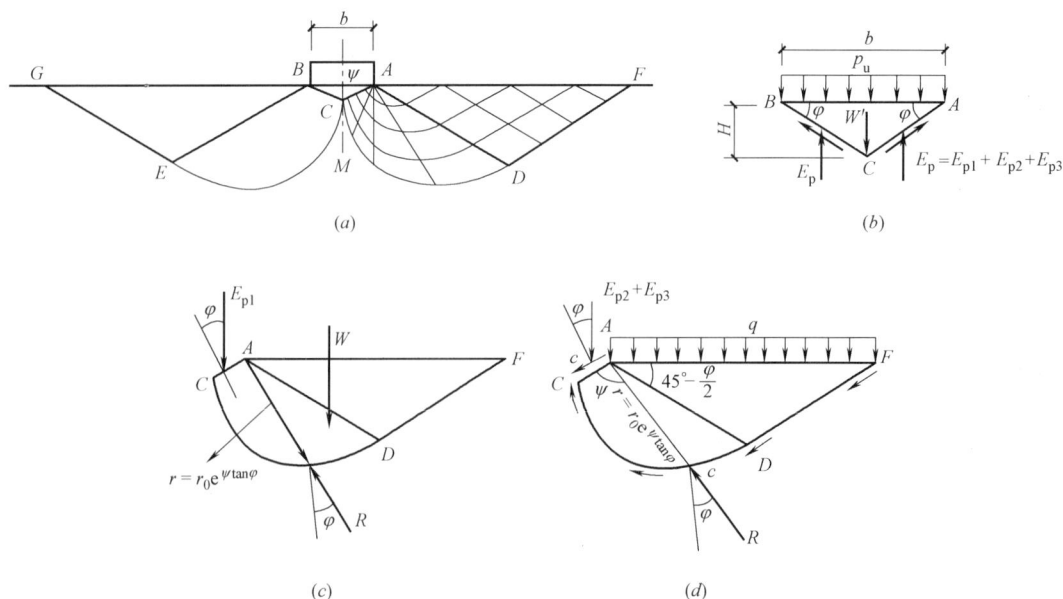

图 9.8.2 太沙基的极限承载力原理

在图 9.8.2（b）中，假设刚性核三角形 ABC 与水平面的夹角为 φ，考虑刚性核在极限状态下的竖向静力平衡，其上作用的力包括：

（1）向下的总荷载 bp_u；

（2）刚性核两个侧面上的被动土压力 $2E_p$，由于在极限状态下它们与作用面 AC、BC 的倾角为 φ，所以它们是竖直向上的；

（3）两侧面上的总黏聚力的竖向分量，$2c(b/2)\tan\varphi=cb\tan\varphi$，它也是向上的抗力；

（4）向下的刚性核自重 w'，$\dfrac{\gamma b^2}{4}\tan\varphi$。

其中，被动土压力 $2E_p$ 的计算是关键，太沙基将它分解为三个部分，即 E_{p1}、E_{p2} 和 E_{p3}，而且 $E_p=E_{p1}+E_{p2}+E_{p3}$。其中，E_{p1} 为不考虑土的黏聚力，只考虑摩擦力时的被动土压力，可用库仑土压力理论计算；E_{p2} 为不考虑土的自重，完全是由土的黏聚力产生的被动土压力；E_{p3} 则为埋深 d 产生的两侧超载 γd 所引起的被动土压力。最后的极限承载力公式形式与式（9.6.1）相同：

$$p_u=\frac{\gamma b}{2}N_\gamma+cN_c+\gamma dN_q$$

其中，承载力系数 N_γ、N_c、N_q 取决于土的内摩擦角 φ，其数值可以通过图 9.8.3 查取。

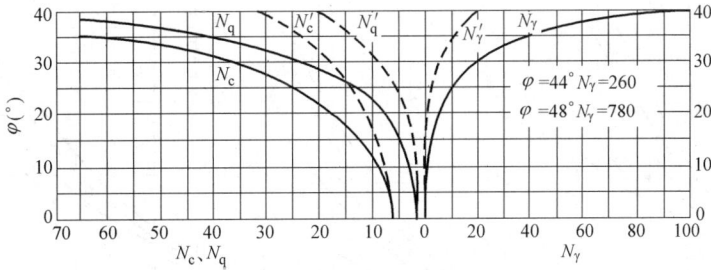

图 9.8.3 太沙基的承载力系数

如果地基为局部剪切破坏，则承载力公式可表示为：

$$p_u=\frac{\gamma b}{2}N'_\gamma+\frac{2}{3}cN'_c+\gamma dN'_q \qquad (9.8.1)$$

式中，N'_γ、N'_c、N'_q 可查图 9.8.3 中的虚线。

9.8.2 梅耶霍夫（G. G. Meyerhof）公式

梅耶霍夫所提出的地基极限承载力公式首先作了如下假设：

（1）与太沙基公式一样，假设基底存在摩擦力，在地基土中形成了刚性核三角形 ABC，如图 9.8.4 所示。在极限承载力条件下，三角形 ABC 的两个底角为 $\psi=45°+\varphi/2$。

（2）在极限荷载 p_u 作用下，刚性核与基础形成整体向下移动，挤压两侧土体，滑动面在地面 F 与 F' 点处滑出，其中滑动面上 CE 和 CE' 为对数螺旋线，F 和 F' 为从 A 点和 B 点出发，与水平线成 β 夹角的直线与地面线的交点；EF 和 $E'F'$ 与对数螺旋线相切。

（3）在三角形 $AA'F$ 和 $BB'F'$ 中，土体的自重与在 AA' 与 BB' 面上的侧压力和摩擦阻力，将在等代自由面 AF 和 BF' 上引起正应力 σ_0 和剪应力 τ_0，但是 σ_0 和 τ_0 一般不满足极限平衡条件。

根据如上假设的滑动面，梅耶霍夫推导出与式（9.8.1）形式相似的地基极限承载力公式：

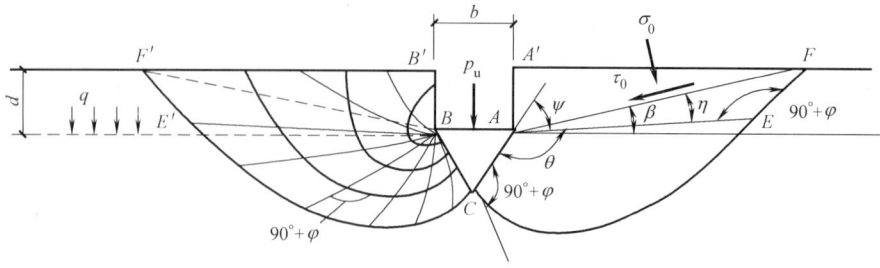

图 9.8.4 梅耶霍夫地基极限承载力分析示意图

$$p_u = \frac{\gamma b}{2}N_\gamma + cN_c + \sigma_0 N_q \tag{9.8.2}$$

式中，σ_0 为作用于等代自由面 AF 上的正应力。承载力系数 N_γ、N_c、N_q 与太沙基公式不同，它不但与内摩擦角 φ 有关，也与夹角 β 有关。可以从图 9.8.5 所示的曲线查用。

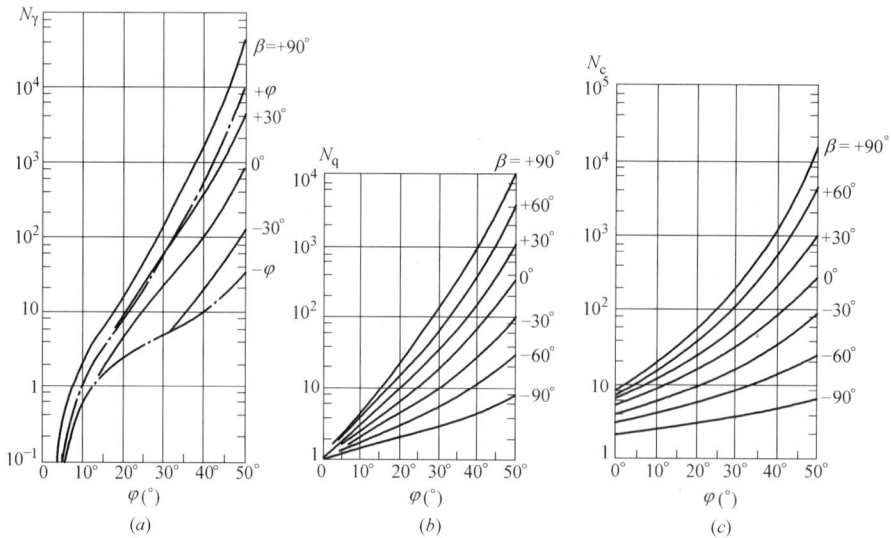

图 9.8.5 梅耶霍夫的地基极限承载力系数

(a) N_γ—φ 曲线；(b) N_q—φ 曲线；(c) N_c—φ 曲线

从图 9.8.5 可以看到，其中夹角 β 是一个与基础埋深和基础形状有关的未知量。需要用以下的迭代步骤确定。

(1) 先假设一个 β 角，根据三角形 $AA'F$ 和 $BB'F'$ 上的静力平衡条件，推求等代自由面 AF 和 BF' 上的正应力 σ_0 和剪应力 τ_0

$$\sigma_0 = \frac{1}{2}\gamma_0 d\left(K_0\sin^2\beta + \frac{K_0}{2}\tan\delta\sin2\beta + \cos^2\beta\right) \tag{9.8.3}$$

$$\tau_0 = \frac{1}{2}\gamma_0 d\left(\frac{1-K_0}{2}\sin2\beta + K_0\tan\beta\sin^2\beta\right) \tag{9.8.4}$$

式中　δ——地基土与基础侧面的摩擦角；

　　　K_0——静止土压力系数；

　　　d——基础埋置深度；

208

γ_0——基础底面以上土的重度。

（2）如上所述，等代自由面 AF 和 BF' 并不是滑动面，在图 9.8.4 中，与 AF 和 BF' 夹角为 η 的 AE 和 BE' 才是第一条滑动线，η 角可以用作图法求得，如图 9.8.6 所示。图中的圆心角 $\angle TCE = 2\eta$。

（3）从图 9.8.4 可以看出，角 η 与角 β 与基础埋深 d 之间关系：

$$d = \frac{b\sin\beta\cos\varphi \cdot e^{\theta\tan\varphi}}{2\sin\left(45° - \dfrac{\varphi}{2}\right)\cos(\eta + \varphi)} \qquad (9.8.5)$$

图中的 θ 角为：

$$\theta = 135° + \beta - \eta - \frac{\varphi}{2} \qquad (9.8.6)$$

这样，迭代的程序可以表示为图 9.8.7。

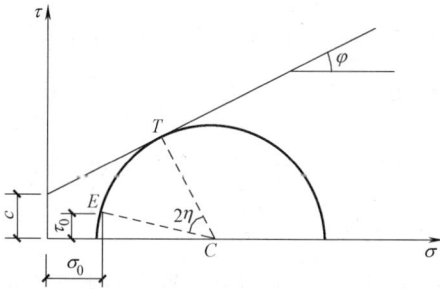

图 9.8.6 η 角的图解法

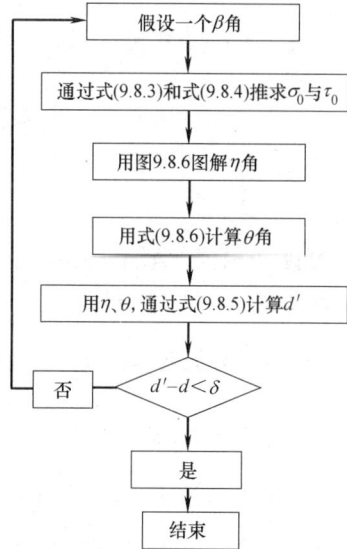

图 9.8.7 梅耶霍夫极限承载力计算程序图

当基础的埋深不深时，可以假设 $\beta = 0°$，这样计算就可以大大简化，如图 9.8.8 所示。这时，可认为基底以上的土 $c = \varphi = \delta = 0$。此时，$\beta = 0°$，$\sigma_0 = \gamma d$，$\tau_0 = 0$；$2\eta = 90° - \varphi$；$\theta = 90°$。可直接用图 9.8.5 确定各承载力系数。

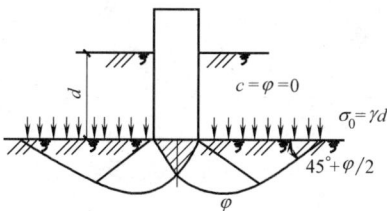

图 9.8.8 $\beta = 0°$ 的地基破坏模式

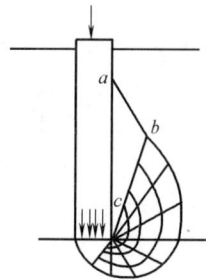

图 9.8.9 深基础下地基破坏形式

当基础（桩）的埋深很大时，最后达到了图 9.8.9 的封闭梨形的形式，这时 $\beta=90°$。这是在深基础中常用的形式。

【例题 9.8.1】 一条形基础，宽度 $b=2.9\mathrm{m}$，埋深 $d=3.0\mathrm{m}$。地基土层为砂土，$\varphi=35°$，$\gamma=20.8\mathrm{kN/m^3}$。土与基础混凝土间的摩擦角 $\delta=25°$。用太沙基公式计算其极限承载力 p_{u}。

【解】 根据图 9.8.3 所示的曲线查承载力系数，$N_\gamma=40$，$N_{\mathrm{q}}=40$。

则 $p_{\mathrm{u}}=\dfrac{\gamma b}{2}N_\gamma+cN_{\mathrm{c}}+\gamma dN_{\mathrm{q}}=\dfrac{20.8\times2.9}{2}\times40+20.8\times3\times40=1206+2496=3702\mathrm{kPa}$

【例题 9.8.2】 条件同【例题 9.8.1】，用梅耶霍夫公式计算地基极限承载力。

【解】

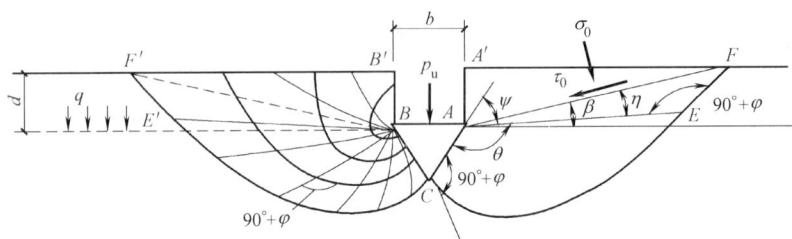

例图 9.8.1

（1）假设 $\beta=10°$，$A'A=3\mathrm{m}$；则 $A'F=3/\tan10°=17.0\mathrm{m}$；$AF=3/\sin10°=17.3\mathrm{m}$。

（2）根据式（9.8.3）和式（9.8.4），计算 σ_0 和 τ_0，其中 $K_0=1-\sin\varphi=0.426$

$$\sigma_0=\frac{1}{2}\gamma_0 d\left(K_0\sin^2\beta+\frac{K_0}{2}\tan\delta\sin2\beta+\cos^2\beta\right)$$

$$=\frac{1}{2}\times20.8\times3\times(0.426\times\sin^210°+0.426/2\times\tan25°\times\sin20°+\cos^210°)$$

$$=31.2\times(0.013+0.034+0.97)=31.7\mathrm{kPa}$$

$$\tau_0=\frac{1}{2}\gamma_0 d\left(\frac{1-K_0}{2}\sin2\beta+K_0\tan\beta\sin^2\beta\right)=31.2\times(0.287\times\sin20°+0.426\times\tan10°\times\sin^210°)$$

$$=31.2\times(0.098+0.002)=3.12\mathrm{kPa}$$

（3）用莫尔圆确定 η 角。

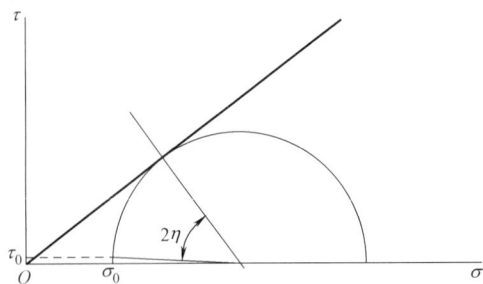

例图 9.8.2

从例图 9.8.2 可以量得 $\eta=23.5°$。

（4）用式（9.8.6）计算角 θ：

$$\theta=135°+\beta-\eta-\frac{\varphi}{2}=135°+10°-23.5°-35°/2=104°=1.815\text{ 弧度}$$

（5）用式（9.8.5）计算 d：

$$d'=\frac{b\sin\beta\cos\varphi\cdot e^{\theta\tan\varphi}}{2\sin\left(45°-\frac{\varphi}{2}\right)\cos(\eta+\varphi)}=\frac{2.9\times\sin10°\times\cos35°\times e^{1.815\tan35°}}{2\times\sin27.5°\times\cos58.5°}$$

$$=\frac{2.9\times0.174\times0.819\times3.56}{2\times0.462\times0.522}=\frac{1.472}{0.482}=3.05\text{m}$$

可见 $d'-d\approx0$，$\beta=10°$ 是可以接受的。

（6）查图 9.8.5，得 $N_\gamma=64$，$N_q=45$。

$$p_u=\frac{\gamma b}{2}N_\gamma+cN_c+\sigma_0 N_q=\frac{20.8\times2.9}{2}\times64+31.7\times45=1930+1427=3357\text{kPa}$$

（7）如果假设 $\beta=0°$，可以直接用式（9.8.2）计算：$\sigma_0=\gamma d=20.8\times3.0=62.4\text{kPa}$，查图 9.8.5，得 $N_\gamma=42$，$N_q=37$

$$p_u=\frac{\gamma b}{2}N_\gamma+cN_c+\sigma_0 N_q=\frac{20.8\times2.9}{2}\times42+62.4\times37=1267+2309=3576\text{kPa}$$

可见对于埋深不是很大的情况，用 $\beta=0°$ 的简化计算误差不大。

9.8.3 汉森（J. B. Hansen）地基极限承载力公式

上述的承载力公式都是在中心竖直荷载、条形基础的条件下推导的。针对不同的基础形状、不同的荷载性质，一些人也进行研究分析，一般是在各自的承载力公式中增加修正系数。在这方面，汉森做了具有代表性的工作。

在偏心或倾斜荷载下，基础可能沿基底滑移或者地基整体剪切破坏。汉森认为如发生地基整体剪切破坏，滑动体的形状是与偏心矩及荷载的倾角有关的。如图 9.8.10 所示，其中楔体 ABC 为刚性体，在中心荷载下它是三角形的，随着荷载的偏心和倾斜，一部分滑动面蜕变为圆弧形，其圆心为基础的转动中心。随着偏心距和倾角的增加，地基的滑动土体范围明显减小。

针对各种复杂的情况，汉森在承载力公式中加入了一些修正系数，其一般表达式为：

图 9.8.10 偏心荷载（a）和倾斜荷载（b）下滑动图示

$$p_u=\frac{1}{2}\gamma b N_\gamma s_\gamma d_\gamma i_\gamma g_\gamma b_\gamma+qN_q s_q d_q i_q g_q b_q+cN_c s_c d_c i_c g_c b_c \qquad (9.8.7)$$

式中 N_q、N_c、N_γ——地基承载力系数；在汉森公式中取 $N_q=\tan^2\left(45°+\frac{\varphi}{2}\right)e^{\pi\tan\varphi}$，

$N_c=(N_q-1)\cot\varphi$，$N_\gamma=1.5(N_q-1)\tan\varphi$；

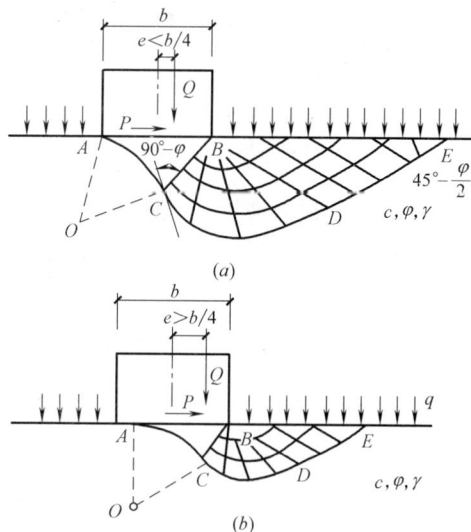

s_γ、s_q、s_c——相应于基础形状修正的修正系数；

d_γ、d_q、d_c——相应于考虑埋深范围内土强度的深度修正系数；

i_γ、i_q、i_c——相应于荷载倾斜的修正系数；

g_γ、g_q、g_c——相应于地面倾斜的修正系数；

b_γ、b_q、b_c——相应于基础底面倾斜的修正系数。

对于 $d \leqslant b$、$\varphi > 0°$ 的情况，汉森提出的上述各系数的计算公式见表9.8.1。

汉森承载力公式中的修正系数 表9.8.1

形状修正系数（无荷载倾斜）	深度修正系数	荷载倾斜修正系数	地面倾斜修正系数	基底倾斜修正系数
$s_c = 1 + 0.2\dfrac{b}{l}$	$d_c = 1 + 0.4\dfrac{d}{b}$	$i_c = i_q - \dfrac{1-i_q}{N_q-1}$	$g_c = 1 - \beta°/147$	$b_c = 1 - \bar{\eta}°/147$
$s_q = 1 + \dfrac{b}{l}\tan\varphi$	$d_q = 1 + 2\tan\varphi(1-\sin\varphi)^2\dfrac{d}{b}$	$i_q = \left(1 - \dfrac{0.5P_h}{P_v + A_f c \cdot \cot\varphi}\right)^5$	$g_q = (1 - 0.5\tan\beta)^5$	$b_q = \exp(-2\bar{\eta}\tan\varphi)$
$s_\gamma = 1 - 0.4\dfrac{b}{l}$	$d_\gamma = 1.0$	$i_\gamma = \left(1 - \dfrac{0.7P_h}{P_v + A_f c \cdot \cot\varphi}\right)^5$	$g_\gamma = (1 - 0.5\tan\beta)^5$	$b_\gamma = \exp(-2\bar{\eta}\tan\varphi)$

表中符号

A_f——基础的有效接触面积 $A_f = b'l'$；

b'——基础的有效宽度 $b' = b - 2e_b$；

l'——基础的有效长度 $l' = l - 2e_l$；

d——基础的埋置深度；

e_b、e_l——相对于基础面积中心而言的荷载偏心矩；

b——基础的宽度；

l——基础的长度；

c——地基土的黏聚力；

φ——地基土的内摩擦角；

P_h——平行于基底的荷载分量；

P_v——垂直于基底的荷载分量；

β——地面倾角；

$\bar{\eta}$——基底倾角。

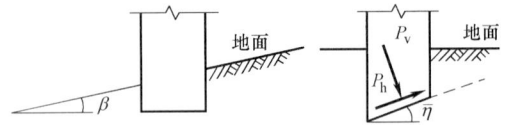

9.8.4 承载力理论公式的比较

天津《岩土工程技术规范》DB 29—2000 用 30 组载荷试验得到的容许承载力 f_k 与不同的理论计算结果进行比较，结果见表9.8.2。

载荷试验与理论计算的地基承载比较 表9.8.2

序号	载荷试验 f_k	GB 50007 式(5.2.5)f_a 即式(9.7.10)	f_a/f_k	$P_{1/4}$ 式(9.7.7)	Hansen p_u	Hansen $p_u/3$	Terzaghi p_u
1	120	152.4	1.27	152.1	450.3	150.1	588.2
2	120	113.3	0.94	112.7	377.8	125.9	513.4
3	120	75.0	0.63	74.3	238.1	79.4	331.5
4	144	157.8	1.10	152.0	556.4	185.5	800.1
5	145	121.6	0.84	118.6	333.3	111.1	436.8
6	135	143.3	1.06	143.1	402.1	134.0	524.4
7	175	148.2	0.85	147.8	469.9	156.6	630.9
8	120	161.3	1.34	158.3	462.0	154.0	607.5
9	105	141.4	1.34	137.0	544.4	181.5	762.3
10	150	118.8	0.79	117.5	426.5	142.2	587.9

序号	载荷试验 f_k	GB 50007 式(5.2.5)f_a 即式(9.7.10)	f_a/f_k	$P_{1/4}$ 式(9.7.7)	Hansen		Terzaghi p_u
					p_u	$p_u/3$	
11	120	124.9	1.04	121.2	439.6	146.5	611.0
12	140	155.9	1.11	156.4	508.5	169.5	677.1
13	90	116.6	1.30	116.2	315.8	105.3	407.0
14	120	114.8	0.96	115.2	439.9	146.6	616.3
15	180	85.3	0.47	81.9	302.5	100.8	433.2
16	160	127.5	0.80	124.5	479.5	159.8	669.8
17	150	154.8	1.03	151.8	524.4	174.8	711.2
18	120	141.8	1.18	133.3	546.4	182.1	775.5
19	150	150.2	1.00	148.5	432.6	144.2	563.6
20	150	146.1	0.97	144.1	441.5	147.2	581.4
21	150	125.3	0.84	123.9	381.2	127.1	505.6
22	120	126.3	1.05	122.9	404.7	134.9	553.7
23	110	126.5	1.15	123.6	397.5	132.5	540.2
24	100	156.5	1.56	154.3	488.6	162.0	654.3
25	130	108.6	0.84	105.0	358.6	119.5	499.6
26	160	99.6	0.63	99.0	317.2	105.7	435.0
27	165	146.8	0.89	140.8	489.4	163.1	676.2
28	115	136.6	1.19	134.3	482.1	160.7	672.4
29	120	132.1	1.10	130.1	440.6	146.9	595.2
30	103	93.2	0.90	88.0	350.7	116.9	512.5
平均	132.9	130.1	1.01	127.6		142.2	

从以上的比较可以发现：

（1）《建筑地基基础设计规范》GB 50007 的计算公式［式（9.7.10）］与 $p_{1/4}$［式（9.7.7）］计算的结果一般是一致的；

（2）太沙基公式计算的极限承载力普遍偏高；

（3）汉森（Hansen）公式的 $p_u/3$ 与试验及规范计算的容许承载力较为接近。

第10章 土坡稳定与挡土墙土压力

10.1 概　　述

土坡是具有倾斜表面的土体，其各部位的名称如图 10.1.1 所示。土坡有天然土坡与

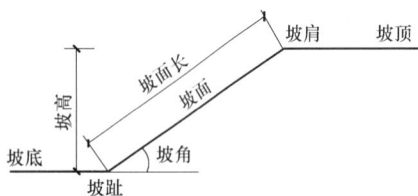

图 10.1.1　土坡各部位名称

人工土坡之分。山、丘之坡以及江河湖海的岸坡都属于天然土坡；人工填筑或开挖的则属于人工土坡，例如基坑、渠道、土坝、路堤等的边坡。

所谓滑坡，是一部分土体相对于另一部分土体相对滑动的现象。在滑动面上土的剪应力等于其抗剪强度，亦即滑动面上的土体处于极限平衡状态。滑坡体垂直于截面的方向很长的，

可认为是平面应变问题，通常用一个剖面图表示。这时的滑坡大体上可分为平面滑动与曲面滑动。平面滑动一般发生在有软弱夹层的分层土体、无黏性土浅层滑动及岩土交界面的情况。如图 10.1.2（a）所示。均匀深厚的土层和强风化岩层多发生深层的曲面滑动，一般近似于圆弧滑动面，如图 10.1.2（b）所示。

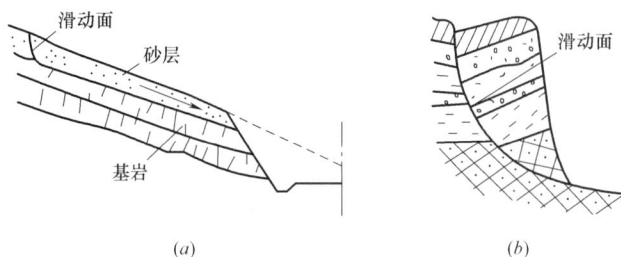

(a)　　　　　　　　　(b)

图 10.1.2　平面滑动面与曲面滑动面的滑坡

土坡的稳定分析通常采用极限平衡法，一般是先假设滑动面的形状及位置，根据土体的极限平衡和莫尔-库仑强度准则验算土坡滑动的可能性，即其稳定的安全系数，其中安全系数最小的滑动面就是滑动可能性最大的滑动面。工程类比法是在对大量的已有土坡的调查的基础上，通过工程地质和土坡的工作条件进行类比，它也是土坡设计和安全性评估的重要方法。

挡土结构是一种用以在一定的限制空间内，支撑天然土体或人工填土，使其不至于坍塌的建筑结构物。图 10.1.3 表示了几种有代表性的挡土结构形式。它们都要求在墙后的侧向荷载—土压力的作用下，保持稳定及工程允许的位移和变形。

土坡稳定和挡土墙上的土压力计算都属于土体的稳定问题，是很普遍的工程实际问

题，也是土力学课程中的重要内容。

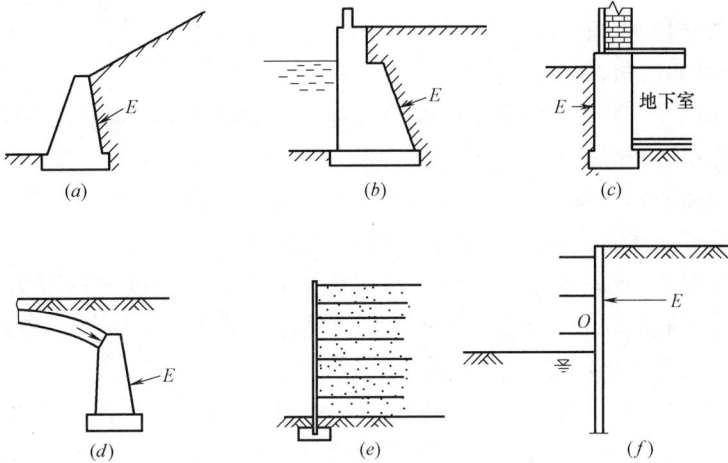

图 10.1.3　挡土结构的几种类型

(a) 支挡土坡的重力式挡土墙；(b) 堤岸的重力式挡土墙；(c) 地下室外墙；

(d) 拱桥桥台；(e) 加筋挡土墙；(f) 基坑支护结构

10.2　平面滑动面的稳定性分析

如上所述，平面滑动一般发生在有软弱夹层的分层土体、无黏性土浅层滑动以及岩土交界面等情况。这里，只介绍无黏性土坡的稳定性分析。

1. 均质干的与静水下的无黏性土坡

对于完全干的与浸没于静水位以下的无黏性土坡，只要坡面上的土颗粒在重力作用下保持稳定，整个土坡就是稳定的。图 10.2.1 (a) 所示的是通过漏斗将干砂轻轻漏下，形成砂堆，无论砂堆多高，其最陡的坡角都是固定的，就是处于极限平衡状态下的坡角，即天然休止角。图 10.2.1 (c) 的砂丘背风坡的情况也类似。

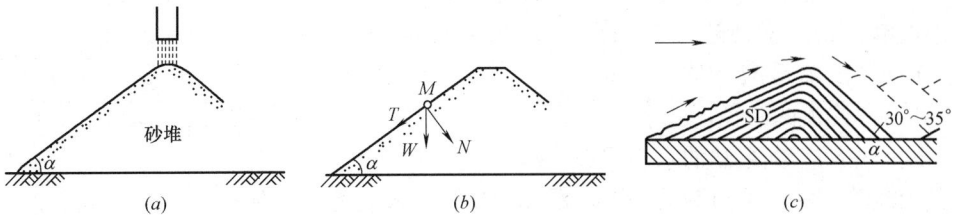

图 10.2.1　无渗流的无黏性土坡

分析这种土坡的坡面上的微单元 M（图 10.2.1b），设该微单元重量为 W，W 沿坡面方向的滑动力分量为 $T = W\sin\alpha$，垂直于坡面的压力为 $N = W\cos\alpha$，由于无黏性土的黏聚力为零，其抗滑力为正压力产生的摩擦力，即 $R = N\tan\varphi = W\cos\alpha\tan\varphi$。定义土的抗滑稳定安全系数为 $F_s =$（抗滑力/滑动力）：

$$F_s = \frac{R}{T} = \frac{W\cos\alpha\tan\varphi}{W\sin\alpha} = \frac{\tan\varphi}{\tan\alpha} \qquad (10.2.1)$$

式中 φ——土的内摩擦角,°;

α——土坡的坡角,°。

可见在式（10.2.1）中,计算的安全系数与土的重度无关,与单元在坡面上的位置无关。当土坡在静水以下时,土单元的重量为 W',但式（10.2.1）仍然适用。因为过土坡内部的任意滑动面的安全系数都大于该式的安全系数,所以该式计算的安全系数 F_s 是其中最小的安全系数,代表了整个无黏性土坡的安全度。

当 $F_s = 1.0$ 时,$\alpha = \varphi$ 称为天然休止角,是其处于这种密度时的最大可能坡角。图 10.2.1（a）、（c）都是砂土处于松散状态时的天然休止角状态。对于矿物以石英为主的砂土,松散砂土的天然休止角均为 $30° \sim 35°$。

在图 10.1.2（a）中,相对于土层厚度较小,土坡的坡长很长,可以近似为无限土坡。在这种无限砂土坡中,如果界面上的摩擦角等于土的内摩擦角,则所有平行于坡面的平面滑动面都是可能的滑动面,都可以用式（10.2.1）计算稳定安全系数。

2. 有沿坡渗流的无限长无黏性土坡的稳定性分析

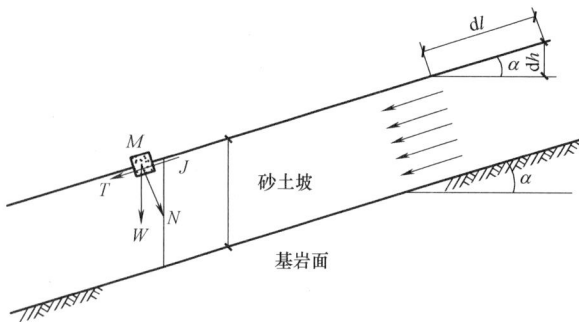

图 10.2.2 有沿坡渗流的无黏性土坡

降雨会在无黏性土坡中产生渗流,当降雨很大时会产生稳定的沿坡渗流。这时,在坡面上土的微单元上,以土的骨架作为隔离体,除了受图 10.2.1（b）中的各力之外,还有一个与渗流方向相同的渗透力 J,可见它是一个滑动力。

以图 10.2.2 所示的无限土坡为例,分析在有沿坡渗流情况下的土坡稳定。图中微单元 M 上的渗透力 J 可根据式（6.5.2）计算。首先,计算沿坡渗流的水力坡降 i

$$i = \frac{dh}{dl} = \sin\alpha \qquad (10.2.2)$$

则微单元 M 的总渗透力 $J = jV = V\gamma_w i = V\gamma_w\sin\alpha$。

式中 V——微单元 M 的体积,m³;

dl——渗流的渗径,m;

dh——对应渗径 dl 的水头损失,m。

其中微单元的自重为 $W' = \gamma'V$,滑动力增加了渗透力 J,则

$$F_s = \frac{\gamma'V\cos\alpha\tan\varphi}{\gamma'V\sin\alpha + \gamma_w V\sin\alpha} = \frac{\gamma'}{\gamma_{sat}}\frac{\tan\varphi}{\tan\alpha} \qquad (10.2.3)$$

对比式（10.2.3）和式（10.2.1）,可以发现有沿坡渗流时,土坡稳定的安全系数降低,通常 γ'/γ_{sat} 约为 0.5,亦即安全系数约降低了一半。这也就说明了为什么在降雨时,会发生滑坡和泥石流等地质灾害。

【**例题 10.2.1**】 一无限砂土坡的坡角为 α,砂土的重度 $\gamma = 19\text{kN/m}^3$,内摩擦角 $\varphi = 35°$,砂土与基岩间的摩擦角为 $\delta = 33° < \varphi$。如果要保持土坡沿界面滑动的安全系数为 $F_s = $

216

1.2，相应的坡角应为多少度？

【解】 对于这种无限砂土坡，平行于坡面的滑动面，可以用式（10.2.1）计算：

$$F_s = \frac{\tan\delta}{\tan\alpha} \quad 1.2 = \frac{\tan33°}{\tan\alpha} \quad \tan\alpha = 0.541 \quad \alpha = 28.4°$$

【例题 10.2.2】 在上题的情况下，如果由于降雨使砂土饱和，土的相对密度 $d_s = 2.65$，含水量 $w = 20\%$，问保持土坡沿界面滑动的安全系数为 $F_s = 1.2$，相应的坡角应为多少度？

【解】 首先计算其饱和重度，利用例图 10.2.1 的三相换算草图进行计算，设固体颗粒的总体积为 $V_s = 1.0$，则水的体积等于孔隙体积，$V_w = V_v = 0.53$；孔隙比 $e = 0.53$。则饱和重度为

$$\gamma_{sat} = \frac{2.65 + 0.53}{1 + 0.53} \times 10 = 20.8\text{kN/m}^3 \quad \gamma' = 10.8\text{kN/m}^3$$

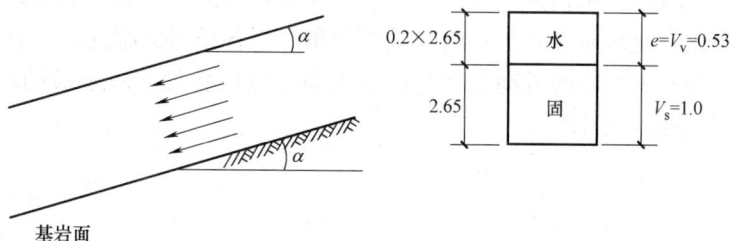

例图 10.2.1

根据式（10.2.3）可得

$$F_s = \frac{\gamma'}{\gamma_{sat}}\frac{\tan\delta}{\tan\alpha} = \frac{10.8}{20.8}\frac{\tan33°}{\tan\alpha} = 1.2 \quad \tan\alpha = 0.281 \quad \alpha = 15.7°$$

与上题比较，这时的稳定坡角要平缓得多。

10.3 圆弧滑动面的稳定性分析

对于黏性土坡，由于黏聚力的存在，不可能沿着坡面附近直线滑动。最危险的滑动面一定应深入土坡内部。根据土体的极限分析，均质土坡的滑动面为对数螺旋曲面，它也可以用圆弧来近似。

10.3.1 整体圆弧法

1915 年，瑞典人彼德森（K. E. Petterson）用圆弧滑动面分析土坡的稳定性，后来瑞典的费伦纽斯（W. Fellenius）进一步发展完善为瑞典条分法，以后该方法得到广泛的应用，被称为瑞典圆弧条分法，也简称为瑞典圆弧法。

图 10.3.1 表示一个均质的黏性土坡。$\overset{\frown}{AC}$ 为滑动圆弧，O 为圆心，R 为半径。认为边坡失去稳定就是滑动土体绕圆心发生转动。把滑动土体当成一个刚体，滑动土体的重量 W 将使土体绕圆心 O 旋转，转动力矩为 $M_s = Wd$，d 为过滑动土体重心的竖直线与圆心 O 的水平距离。抗滑力矩 M_R 由两部分组成：一是滑动面 $\overset{\frown}{AC}$ 上黏聚力产生的抗滑力矩，$M_{R1} = c \cdot \overset{\frown}{AC} \cdot R$，$c$ 为土的黏聚力；另一项是滑动土体重量在滑动面上的正应力所产生的

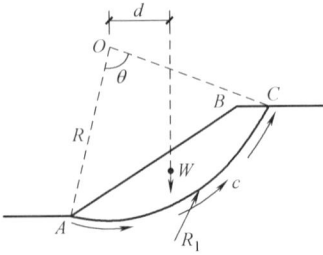

图 10.3.1　土坡的圆弧滑动面

总抗滑力矩。这一抗滑力矩可积分求得：

$$M_{R2} = \int_A^C \sigma_n \tan\varphi R\mathrm{d}l \qquad (10.3.1)$$

由于圆弧滑动面上各点的正应力 σ_n 是未知的，M_{R2} 无法通过积分直接确定。所以，只能通过下面介绍的条分法近似计算。只有在 $\varphi_u = 0°$，亦即饱和土体的不排水情况下，$M_{R2} = 0$，只存在 M_{R1} 这一项，稳定的安全系数可通过下式计算：

$$F_s = \frac{M_R}{M_s} = \frac{c \cdot l_{A-C} \cdot R}{W \cdot d} \qquad (10.3.2)$$

这就是所谓的整体圆弧法，只适用于 $\varphi_u = 0°$ 的饱和土体的不排水情况。

10.3.2　条分法

由于式（10.3.1）无法积分，所以这是一个超静定的问题。为了取得近似的解答，可以将滑动体离散化，通常是将其竖直向分成若干条，把各条当成刚性体，分别求各条上的作用力，计算各条对于圆心的滑动力矩与抗滑力矩，然后叠加求取土坡的稳定安全系数。图 10.3.2 为条分法的示意图。

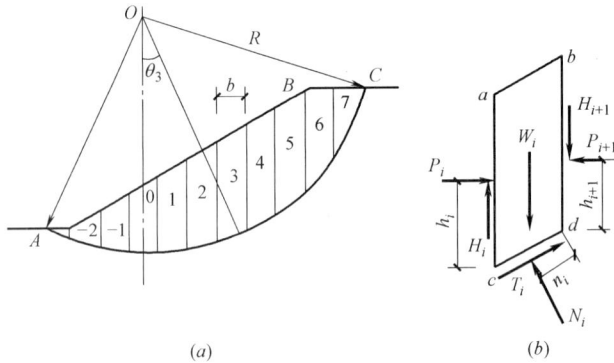

(a)　　　　　　　　(b)

图 10.3.2　条分法与土条上的作用力

分析第 i 个土条上的作用力，其中自重 W_i 是已知的，而 P_i、H_i、N_i、T_i 以及力的作用点 h_i、n_i 共有 6 个未知量，设共有 n 个土条，有 $n-1$ 个界面（有未知量 P_i、H_i、h_i），还有一个最重要的未知数是安全系数 F_s。则总的未知数有 $3(n-1)+3n+1=6n-2$。而静力平衡（n 土条竖向、水平向和力矩平衡）条件为 $3n$ 个，还有 n 个土体的极限平衡条件 $T_i = (c_i l_i + N_i \tan\varphi_i)/F_s$，解题的条件有 $4n$ 个。还差 $2n-2$ 个条件，一般可假设力 N_i 的作用点在圆弧段的中点，即 $n_i = l_i/2$，这样还差 $n-2$ 个条件，可见这是一个超静定问题。为了合理地解决这个课题，人们分别作了各种假设，以期取得工程上可以接受的解答。

1. 瑞典圆弧条分法

1927 年，瑞典的学者费伦纽斯（W. Fellenius）首先提出了一种非常简化的条分法，即瑞典圆弧条分法。它的基本假设是，作用于土条两侧的条间力（图 10.3.2 中的 H_i 与 H_{i+1}，P_i 与 P_{i+1}）是大小相等、方向相反的，并且作用于同一条直线上，所以可以相互抵消而不予考虑。因此，土条上只作用着 W_i、N_i、T_i 这三个力，如图 10.3.3 所示。

首先，考虑第 i 土条径向的平衡条件：

$$N_i = W_i \cos\theta_i \qquad (10.3.3)$$

设滑动土体每个土条的安全系数都为 F_s，根据极限平衡条件，土条 i 有

$$T_i = \frac{c_i l_i + W_i \cos\theta_i \tan\varphi_i}{F_s} \qquad (10.3.4)$$

则整个滑动土体的滑动力矩为：

$$M_s = \sum W_i d_i = \sum W_i R \sin\theta_i \qquad (10.3.5)$$

则整个滑动土体的抗滑力矩为：

$$M_R = \sum T_i R = \sum \frac{c_i l_i + W_i \cos\theta_i \tan\varphi_i}{F_s} R$$

$$(10.3.6)$$

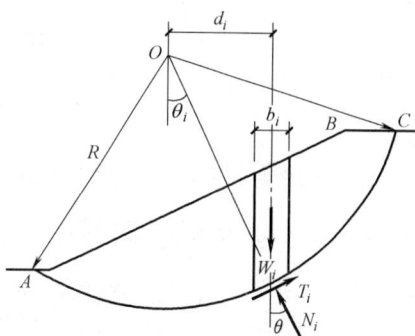

图 10.3.3　瑞典条分法

当滑动土体处于极限平衡状态时，滑动力矩＝抗滑力矩，则式（10.3.5）等于式（10.3.6），故

$$\sum W_i R \sin\theta_i = \sum \frac{c_i l_i + W_i \cos\theta_i \tan\varphi_i}{F_s} R \qquad (10.3.7)$$

$$F_s = \frac{\sum (c_i l_i + W_i \cos\theta_i \tan\varphi_i)}{\sum W_i \sin\theta_i} \qquad (10.3.8)$$

可见瑞典条分法是忽略了条间力的一种简化的计算方法，它只满足各条的径向力的平衡和整体的力矩平衡，因而其计算的安全系数一般偏低，与其他考虑条间力的计算方法相比，约偏低 10%。但由于它计算简单，误差偏于安全，所以在一般的土坡稳定分析中仍然被经常使用。

2. 简化毕肖普法

1955 年，毕肖普（A. N. Bishop）提出了一种考虑条间力的土坡稳定分析方法，考虑每个土条的竖向静力平衡，被称为毕肖普法。后来，为了计算简化，就假设 $H_i = H_{i+1}$，认为对计算精度影响不大，这就被称为简化毕肖普法。图 10.3.4 为简化毕肖普法的示意图。

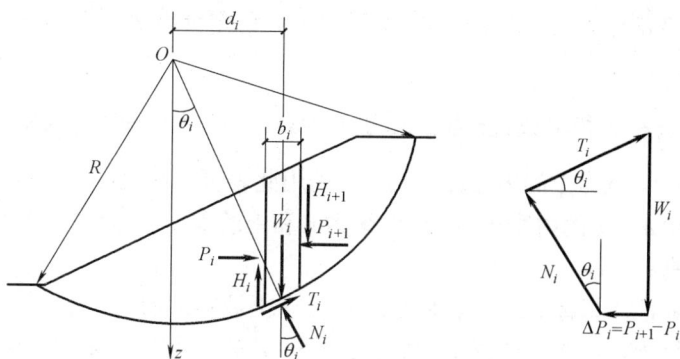

图 10.3.4　简化毕肖普法示意图

（1）首先，考虑其中的 i 个土条的竖向静力平衡，应有

$$W_i = N_i \cos\theta_i + T_i \sin\theta_i$$

$$N_i \cos\theta_i = W_i - T_i \sin\theta_i \tag{10.3.9}$$

（2）由于满足以 F_s 为安全系数的极限平衡条件，根据式（10.3.4）$T_i = \dfrac{c_i l_i + N_i \tan\varphi_i}{F_s}$，将其代入式（10.3.9），整理后得

$$N_i = \frac{W_i - c_i l_i \sin\theta_i / F_s}{\cos\theta_i + \sin\theta_i \tan\varphi_i / F_s} = \frac{1}{m_{\theta_i}}(W_i - c_i l_i \sin\theta_i / F_s) \tag{10.3.10}$$

式中

$$m_{\theta_i} = \cos\theta_i + \sin\theta_i \tan\varphi_i / F_s \tag{10.3.11}$$

（3）考虑滑动土体对于圆心 O 的整体力矩平衡，这时条间力 H_i 和 P_i 是成对出现的，其对 O 的合力矩为零，N_i 都是过圆心的，其力矩也是零，只有自重 W_i 和滑动面上的切向力 T_i 分别产生滑动力矩和抗滑力矩，处于极限平衡状态，两者应相等

$$\sum W_i d_i = \sum T_i R \qquad \sum W_i R \sin\theta_i = \sum R(c_i l_i + N_i \tan\varphi_i)/F_s$$

将式（10.3.10）的 N_i 代入上式，考虑 $b_i = l_i / \cos\theta_i$，简化以后，得

$$F_s = \frac{\sum (c_i b_i + W_i \tan\varphi_i)/m_{\theta_i}}{\sum W_i \sin\theta_i} \tag{10.3.12}$$

式（10.3.12）就是简化毕肖普法的基本公式，这其中 m_{θ_i} 包含有未知数 F_s，因而需要先假设一个安全系数 F_{s0}，通过式（10.3.11）计算 m_{θ_i}，再用式（10.3.12）计算 F_{s1}。如果两者相差大于规定的误差，可用 F_{s1} 计算 m_{θ_i}，如此迭代，最后使误差小于规定值为止。

10.3.3 边坡稳定分析的图解法

以上所介绍的圆弧条分法，计算量都比较大，并且还要计算很多滑动面，以搜索最可能（最危险）的滑动面，计算最小安全系数。为简化计算，不少人在大量的计算和工程类比的基础上，整理出简单土坡的安全系数与各种参数间的结果，绘制成图表以供查取。图 10.3.5 是苏联学者洛巴索夫（Лобасов）绘制的土坡稳定计算表，适用于坡高不大于 10m 的简单土坡。

图中，$N = \dfrac{c}{\gamma H}$ 称为稳定数，c 为黏聚力（kPa），γ 为土的重度（kN/m³），H 为坡高（m），α 为坡角（°），φ 为土的内摩擦角（°）。利用此表可以解决如下课题：

（1）已知坡角 α、土的内摩擦角 φ、黏聚力 c 和土的重度 γ，根据允许的安全系数，求取土坡容许的坡高；

（2）已知土的性质指标 φ、c、γ 和坡高 H，求土坡容许的坡角 α。

在上述的计算中，如果土的强度指标已除以了安全系数，则可直接求取与该安全系数对应的坡高或坡角。

【例题 10.3.1】 已知土坡坡角 $\alpha = 33.41°$（1∶1.5），土的内摩擦角 $\varphi = 25°$，黏聚力

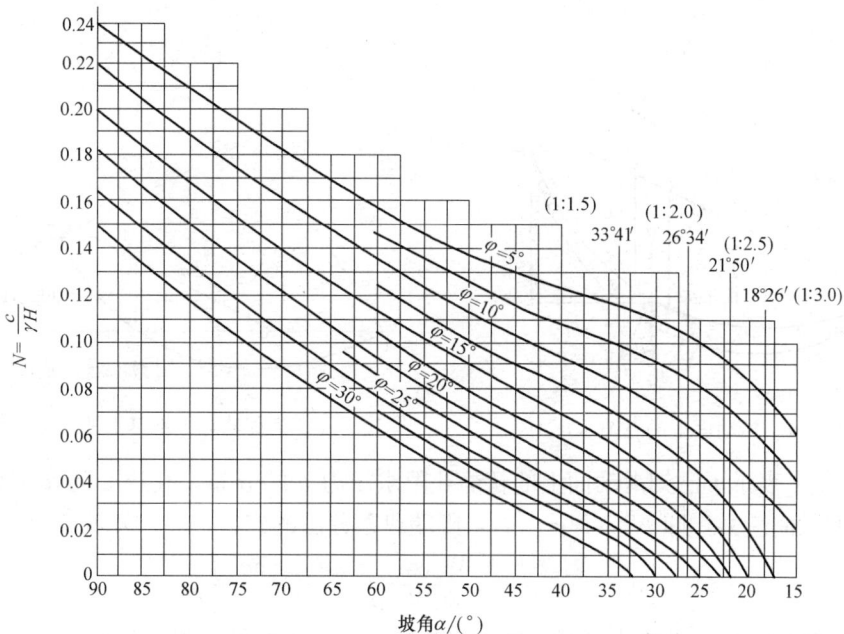

图 10.3.5　简单土坡稳定计算曲线

$c=6.4\text{kPa}$。重度为 $\gamma=16\text{kN/m}^3$，要求土坡稳定安全系数 $F_s=1.3$，求土坡的容许高度。

【解】　首先，计算除以安全系数折减后的强度指标：

$$\bar{c}=c/1.3=4.9\text{kPa} \qquad \bar{\varphi}=\tan^{-1}[(\tan\varphi)/1.3]=19.7°$$

在图 10.3.5 中，根据 α、$\bar{\varphi}$ 查取稳定数：$N=0.035$，则允许坡高为 $H=\dfrac{\bar{c}}{\gamma N}=\dfrac{4.9}{16\times0.035}=8.75\text{m}$

【例题 10.3.2】　土坡的性质指标同上题，已知坡高 $H=15\text{m}$，求在安全系数 $F_s=1.3$ 时土坡的稳定坡角。

【解】　首先，求稳定数

$$N=\frac{\bar{c}}{\gamma H}=\frac{4.9}{16\times15}=0.0204$$

按稳定数 N 和内摩擦角 $\bar{\varphi}$ 查图 10.3.5，达到稳定坡角为 $\alpha=27°$。

10.4　土坡稳定性分析的一些问题

10.4.1　土坡稳定分析中土的强度指标

土坡稳定分析中，使用土的何种强度指标是一个关键问题，具体地讲就是使用有效强度指标，还是使用总应力强度指标。根据有效压力原理，土的抗剪强度是由土的有效应力唯一决定的，因而在稳定分析中，应尽可能使用有效应力强度指标。对于无黏性土，不管它饱和与否，其稳定分析一般是使用有效应力强度指标 φ'；而对于饱和与高饱和度黏性土，只要是可以确定其孔隙水压力（包括静、超静孔隙水压力），也应使用有效应力强度指标。

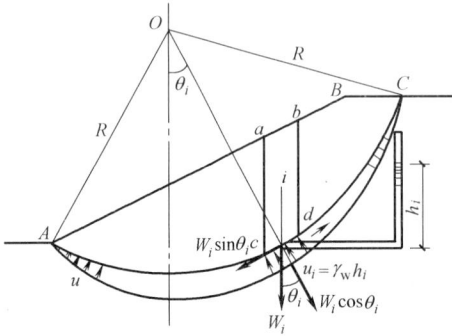

图 10.4.1　滑动面上的孔隙水压力　　图 10.4.2　饱和软黏土地基上的填方路堤稳定性

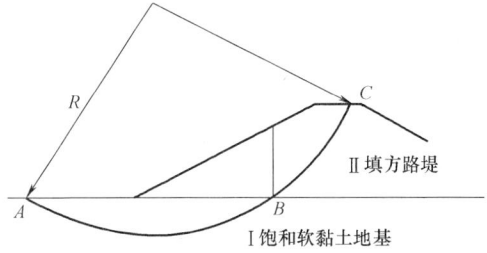

图 10.4.1 表示了已知滑动面上的超静孔隙水压力 u 的分布，孔压 u 的作用是减少了滑动面上的径向应力，即 $N'_i = N_i - u_i l_i$，则瑞典条分法的式（10.3.8）就变成

$$F_s = \frac{\sum[c'_i l_i + (W_i \cos\theta_i - u_i l_i)\tan\varphi'_i]}{\sum W_i \sin\theta_i} \tag{10.4.1}$$

但是，黏性土中的孔隙水压力，特别是超静孔压是变化的，不容易准确确定，因而在很多情况下还只能使用总应力法进行稳定分析。例如，在饱和黏性土地基上快速填筑的黏性土路堤，在对其进行包括地基在内的滑动稳定分析时，对地基土与填方路堤，就应使用不排水强度指标；而在正常固结饱和黏性土中快速开挖时，由于地基土在自重作用下已经固结，开挖主要是在施加偏差应力 $\sigma_1 - \sigma_3$，所以用固结不排水强度指标更合理，如在基坑工程中就是这样。土坡稳定分析中，具体使用土的何种强度指标是一个较为复杂的问题，需要分析论证和依据工程经验判断。

10.4.2　滑动面的形状

以上叙述中，介绍了简单均匀土坡的平面滑动面与圆弧滑动面，实际上土的分布会很复杂，影响土坡稳定的因素也很多，其滑动面也就多种多样。

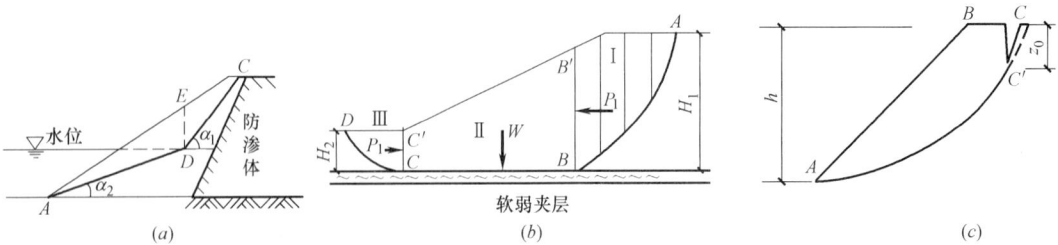

图 10.4.3　不同形式的滑动面

图 10.4.3（a）中，土石坝上游水库水位上升，无黏性土坡部分浸水，由于水面以下土的重度变为浮重度，加之浸水后抗剪强度有所降低，这样沿 ADC 折线滑动的安全系数可能比沿坡面直线滑动的安全系数更低。

图 10.4.3（b）中，由于地基中存在一薄的软弱夹层，可能形成包括圆弧和平面的复合滑动面，有时还会形成更复杂的滑动面，对此需要使用非圆弧滑动面的普遍条分法，例

如简布（Janbu）法、摩根斯坦-泼赖斯（Morgenstern-Price）法等。

在圆弧滑动面的坡顶部分，由于干缩或者受拉，经常会产生近乎竖直的裂缝，如图10.4.3（c）所示。这种裂缝会使滑动面的长度减少，摩阻力及黏聚阻力减少；若裂缝里渗入或存蓄雨水，土的抗剪强度会降低，土的重度提高，静水压力或渗透力产生滑动力矩，这些都是不利因素。

10.4.3 最危险滑动面的搜索

前面介绍的是一些相对于某个位置确定的滑动面，其稳定性安全系数的计算方法。但这一滑动面不一定是最危险的，亦即计算的安全系数不一定是最小的，因为滑动面是假设的。只有相对于最小安全系数的滑动面才是现实的、最危险的滑动面，其安全系数反映了土坡的安全性。

对于圆弧条分法，确定最危险滑动面需要确定其圆心的位置和半径的大小两个参数，其工作量是很大的，对于普遍条分法工作量就更大。随着计算机硬件和计算软件技术的发展，人们可以借助计算机进行搜索。

在开始阶段，人们基于经验和数学方法进行搜索。费伦纽斯（W. Fellenius）提出的经验方法，可以较快地确定简单土坡的最危险的滑动面。后来，更多的使用数学的方法，例如枚举法，它常用于圆弧滑动面的搜索。它让圆心坐标在一定范围内按一定步长变化，同时圆弧半径也按一定步长进行变化。逐个圆弧计算安全系数。取最小值对应的安全系数作为最小安全系数，对应的滑动面为临界滑动面。但其计算量大、精度提高只有靠提高步长的划分精度、成倍增大计算量来实现。一些文献上的区格搜索法（又称扫描法）实际上也是枚举法。

牛顿法通过解析手段寻找使目标函数 F 对自变量 Z_i 的偏导数为零的极值点，此类方法中以泛函导数为研究的主要对象，因此，也称为以导数为基础的方法。例如对某一步迭代的搜索方向进行了修正，亦称瞎了爬山法。

随机搜索方法是对于某一边坡，根据问题特点确定一个搜索区域，可以认为搜索区域内的滑动面空间的每个部分都机会均等地被扫描了一遍。搜索次数越多，扫描密度越高，成果越佳。从理论上讲，随机搜索的次数无穷大时，所获得的最小安全系数就是所寻找的整体最小值。

近年来，各种搜索算法层出不穷，其中各种基于仿生的算法取得了很大进展，例如遗传算法、蚁群算法和神经网络算法等。在这方面，有很多现成的计算程序可供使用。

费伦纽斯在早期所提出的经验方法，对于简单土坡还有一定的使用价值。他认为对于均值的黏性土坡，最危险滑动面一般通过坡脚。在 $\varphi_u = 0°$ 的整体圆弧法中，最危险滑动面的圆心 O 为图 10.4.4（a）中的 β_1 与 β_2 夹角的交点，β_1 与 β_2 与坡角 α 有关，可以通过表10.4.1查取。

各种坡角的 β_1 与 β_2　　　　　　　　　　　　　　表 10.4.1

坡角 α	坡度 $1:m$	β_1	β_2
60°	1：0.58	29°	40°
45°	1：1.0	28°	37°
33°41′	1：1.5	26°	35°

坡角 α	坡度 $1:m$	β_1	β_2
$26°34'$	$1:2.0$	$25°$	$35°$
$18°26'$	$1:3.0$	$25°$	$35°$
$14°02'$	$1:4.0$	$25°$	$36°$
$11°19'$	$1:5.0$	$25°$	$39°$

对于 $\varphi>0°$ 的土坡，最危险滑动面的圆心可能在图 10.4.4（b）中 DE 的延长线上。D 点是深度为坡底面向下 H、与坡脚的水平距离为 $4.5H$ 的点；E 点就是图 10.4.4（a）的 E 点。在 DE 的延长线上取圆心 O_1、O_2、O_3、O_4，通过坡脚分别做圆弧 AC_1、AC_2、AC_3、AC_4，并计算相应的安全系数 F_{s1}、F_{s2}、F_{s3}、F_{s4}，按一定的比例标注在相应的圆心点处，连成曲线；该曲线的最低点，即为圆心在 DE 延长线上的安全系数最小值。但真正的最小安全系数不一定在 DE 延长线上，过这个最低点做 DE 的垂直线 FG，在 FG 与 DE 延长线的交点附近再假设几个圆心 O_1'、O_2'、O_3'、O_4'，用类似的步骤确定圆心在 FG 线上时的最小安全系数的圆心 O，这个圆心才被认为是通过坡脚点滑动时的最危险滑动面

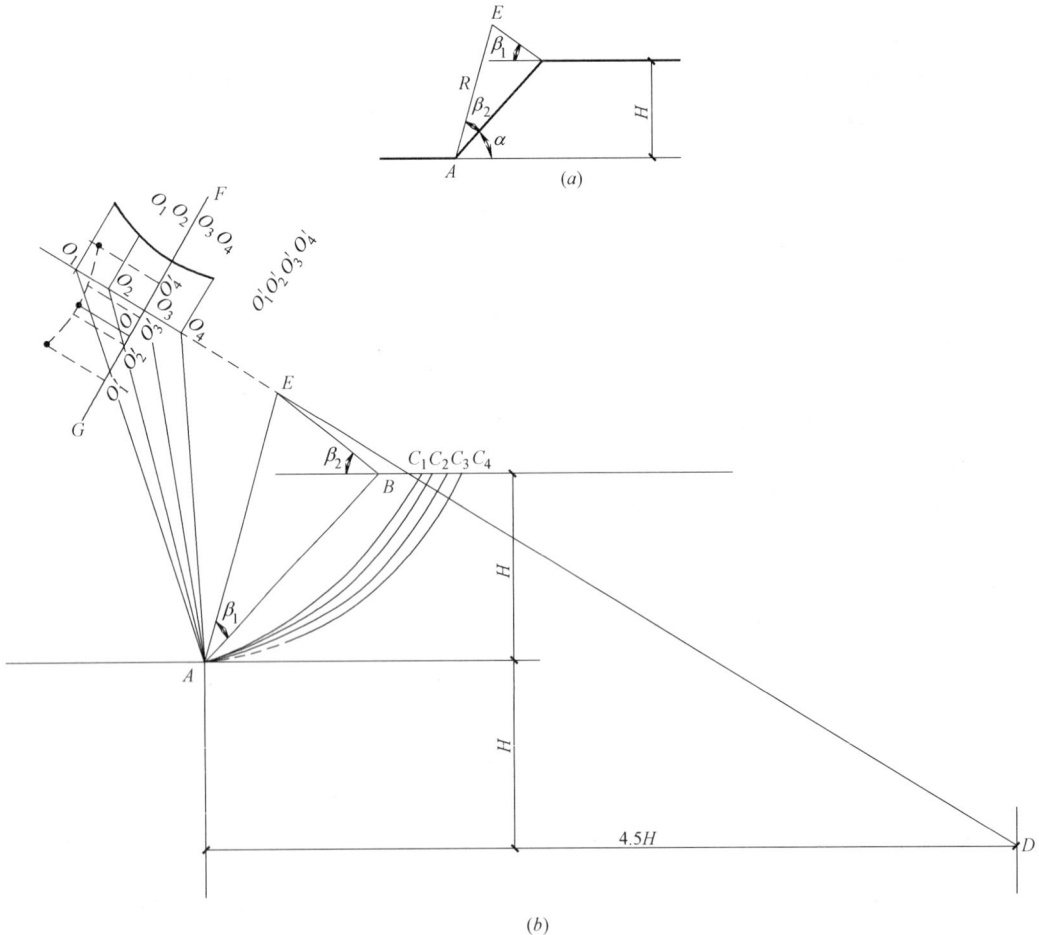

图 10.4.4　费伦纽斯确定最危险滑动面的经验方法

的圆心。

10.4.4 土坡稳定的容许安全系数

土坡稳定的容许安全系数是以过去的工程经验为依据，综合考虑材料参数、计算精度、工作环境、土坡等级、经济政治等综合因素，以相关的规范形式规定的。水利水电、公路、铁路、港口、建筑各行业均在其规范中有所规定。表10.4.2为《建筑边坡工程技术规范》GB 50330给出的建筑边坡稳定容许安全系数。可见它与边坡安全等级、边坡类型与工况有关。具体设计验算时，验算的安全系数不应小于容许安全系数。

建筑边坡稳定容许安全系数
表 10.4.2

稳定安全系数　边坡类型		边坡工程安全等级		
		一级	二级	三级
永久边坡	一般工况	1.35	1.30	1.25
	地震工况	1.15	1.10	1.05
临时边坡		1.25	1.20	1.15

注：1. 地震工况时，安全系数仅适用于塌滑区内无重要建（构）筑物的边坡；
  2. 对地质条件很复杂或破坏后果极严重的边坡工程，其稳定安全系数应适当提高。

10.5　挡土墙的位移与土压力

挡土墙是一种为了支挡天然土体或者人工填土，以保持其稳定的构筑物。在各工程领域都有各种形式的挡土构筑物。在建筑行业，最常见的是重力式挡土墙和基坑工程中的支挡结构。

挡土墙上的主要荷载是土压力。墙后填土的自重与作用于填土表面上的荷载，将在墙背产生侧向土压力，简称土压力。土压力主要与墙体的位移、土的性质和墙高等因素有关。

10.5.1 墙土体的位移与土压力

当墙体建立在坚实的地基上，自身具有足够的刚度、强度和支撑力，墙体在土压力作用下不会移动，作用在墙上的土压力是静止土压力。可见静止土压力就是土处于侧限状态时的土压力。其侧向土压力与竖向应力间的关系符合式（7.1.1），静止土压力系数就是 K_0。

当墙体在土压力作用下发生绕墙趾向离开土体方向转动时，即图10.5.1（b）中墙体逆时针转动时，墙后的土体也随之变形，墙后的土压力就会逐渐减小。当墙后土体达到极限平衡状态时，土压力就达到了主动土压力，称为土体的主动极限平衡状态。当墙体在外力作用下顺时针方向转动时，墙背作用的土压力逐步增加，当土体达到极限平衡状态时，对应的土压力即为被动土压力，称为土体的被动时极限应力状态。图10.5.1（a）和（b）分别表示的是在墙体转动时密砂与松砂的位移和土压力间的关系曲线。

试验研究发现，对于砂土，墙体绕着墙趾转动时，当相对位移 Δ/H 达到 $0.001 \sim 0.005$ 时，墙后土体即可处于主动极限状态。当墙的位移再增加时，土压力还可能稍有下降。如果墙位移继续增加，土压力的变化则与土的应力应变关系特性有关（图10.5.2）。对于松砂等应变硬化的土，土压力变化不大；对于密砂、超固结土和灵敏性土，由于土的

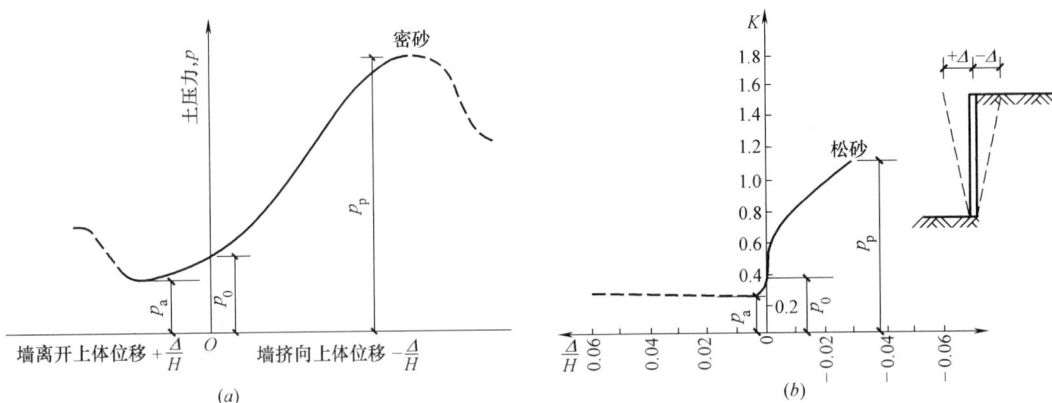

图 10.5.1　挡土墙的位移与墙后土压力

（a）密砂填土的挡土墙位移与土压力关系试验结果；（b）松砂填土的挡土墙位移与土压力关系试验结果

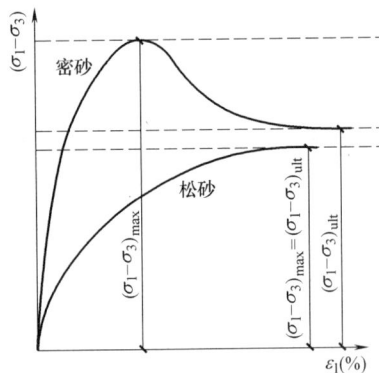

图 10.5.2　松砂与密砂的应力
应变关系曲线

应变软化，随着墙后土体应变的增加，其强度急剧下降，墙上的土压力反而会陡增，而使情况进一步恶化。如在日本的阪神地震中，一些码头的挡土墙由于墙后砂土震动液化，使水土总压力剧增，震后挡土墙被推出几米远。

当墙体向着土体运动时，相对位移 Δ/H 达到 $-0.01 \sim -0.05$ 时墙后土体就达到被动极限状态，挡土墙承受被动土压力。当位移继续增加时，对于松砂，土压力还会有所增加；对于应变软化的密砂等土，土压力会下降。这时由于作为抗力的被动侧土压力减少，而作为荷载的主动侧土压力增加，意味着一旦发生事故，将是突发的、渐进的和灾难性的。所以有的国家规定，在这种情况下采用土的残余强度进行设计。

对于数量众多的重力式挡土墙，墙后一般是人工压实填土，其应变软化问题不严重，但基坑支挡的是天然原状土，遇到强结构型土、超固结土、密砂和易于液化及流滑的土，则可能会发生渐进破坏、突发破坏等情况，应予以足够的重视。

10.5.2　墙体不同位移形式引起的土压力分布

墙体的位移和变形形式也与土压力分布有重要关系。墙体离土移动有三种方式：绕墙趾的转动、平移和绕墙顶的转动，如图 10.5.3 所示。

当墙离开土体绕墙趾转动达到一定量时，墙后会产生完整的主动土压力分布，主动土压力基本按三角形分布，如图 10.5.3（a）所示。当墙体平移时，土压力也基本可达到主动极限平衡状态，由于墙底土与地基土间的摩阻力，使底部土压力偏小，可近似认为是三角形分布，见图 10.5.3（b）。当墙绕墙顶点转动时，土压力分布明显不同于三角形，近似于抛物线分布，合力作用点高于 $H/3$。试验结果表明，对于砂土，主动土压力合力作用点在底面以上 $(0.4 \sim 0.55)H$ 范围。实测结果也表明，总土压力值 E_a 与用经典土压力理论计算的总主动土压力值大体一致。

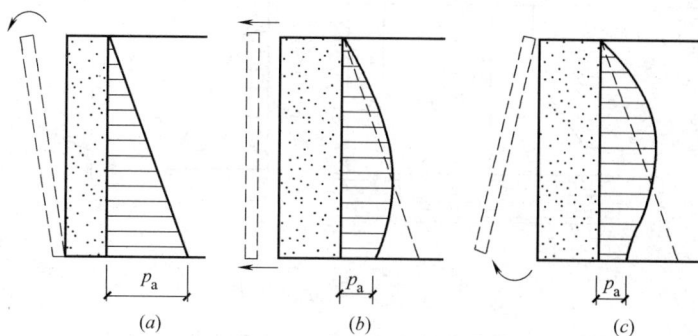

图 10.5.3　砂土中支挡结构的三种运动形式及其土压力分布示意图
(*a*) 绕墙趾的转动；(*b*) 平移；(*c*) 绕墙顶的转动

基坑的支挡结构一般是非完全刚性的，它们本身会在土压力作用下变形，并且在施工过程中的不同阶段，随着锚杆或内支撑的施加，其位移和变形呈十分复杂的情况。图10.5.4 表示的是其墙后的土压力分布示意图，表明在不同阶段土压力分布和结构的内力与墙身的变形有关，设计时必须考虑满足各阶段的稳定要求。通常，挡土墙后回填的是砂土或重塑土，而基坑挡土结构后是天然原状土，经常是黏性土，这与一般的重力式挡土墙不同。一般来说，黏性土达到主动与被动土压力需要的位移比砂土大；原状土比重塑土需要的位移小。基坑开挖时，墙前的土变成超固结土，产生被动土压力需要的位移相对较小，被动土压力值也比同类的重塑土和正常固结土更大。

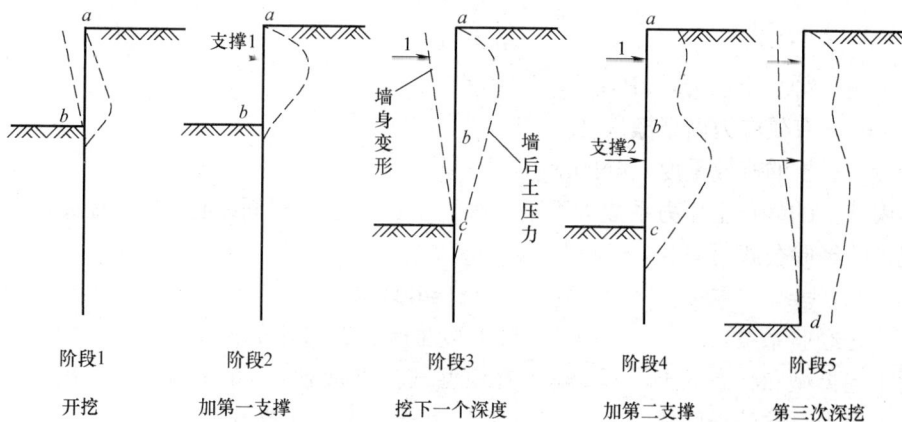

图 10.5.4　施工过程中基坑支挡结构后的净土压力发展阶段示意图

10.5.3　静止土压力的计算

图 10.5.5 (*a*) 表示的是天然地基中的处于侧限应力状态的土体。在图 10.5.5 (*b*) 中，坐落在基岩上的地下结构外墙，具有足够的刚度和质量，可以认为是不可位移与不会变形的。它所支挡的土体也是处于侧限状态的，其中的水平土压力就是静止土压力 p_0。

水平方向的静止土压力与竖向有效自重应力之比称为静止土压力系数，用 K_0 来表示。静止土压力系数主要与土类、土的强度、应力历史等因素有关，同时也与土的相对密度、

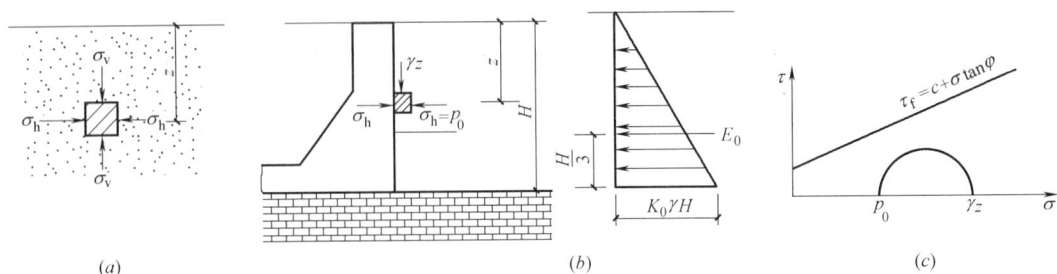

(a) (b) (c)

图 10.5.5　静止土压力

含水量等因素有关。按照弹性理论的虎克定律,当水平位移为 0 时,相应的静止土压力系数可用式(7.1.1)计算,所以 K_0 可表示为

$$K_0 = \frac{\sigma_h}{\sigma_v} = \frac{\nu}{1-\nu} \tag{10.5.1}$$

式中　ν——泊松比。当 $\nu = 0.5 \sim 0.25$ 时,$K_0 = 1.0 \sim 0.33$。

实际上土并不是线弹性材料,卸载时会有不可恢复的变形,其泊松比减小。因此,在超固结情况下 K_0 可以大于 1.0。在土力学的历史上,人们提出不少静止土压力系数的经验公式与数值。但与主动和被动土压力可以在土的极限平衡理论基础上确定不同,静止土压力系数无法通过土力学的经典理论推导,它多是在模型试验实测的基础上归纳出来的。但在试验中,当位移极小时,其土压力随位移的变化速率较大,尤其是密度较大的土,所以准确地测定静止土压力值难度较大。

在水平地面情况下,对于砂土和正常固结黏性土的静止土压力系数的经验公式如下:

$$K_0 = 1 - \sin\varphi \tag{10.5.2}$$

$$p_0 = K_0 \gamma z \tag{10.5.3}$$

式中　p_0——静止土压力,kPa;

　　　　φ——有效应力内摩擦角,°;

　　　　γ——土的有效重度,kN/m^3。

超固结土的静止土压力系数大于正常固结土,数值与超固结比 OCR 有关,在水平地面情况下的经验公式可写为

$$K_{0,oc} = (1 - \sin\varphi) OCR^m \tag{10.5.4}$$

其中,m 是经验系数,$m = 0.4 \sim 0.5$,对于塑性指数 I_P 较小的黏土,m 取大值。

对不同类型和状态的土,不少学者在模型试验或原型实测的基础上,给出了不尽相同的静止土压力系数的经验值,表 10.5.1 为毕肖普等给出的数值。

毕肖普建议的静止土压力系数经验值　　　　　　　　　　表 10.5.1

土类	液限 W_L	塑性指数 I_P	静止土压力系数 K_0
饱和松砂			0.46
饱和密砂			0.36
干松砂($e = 0.8$)			0.64
干密砂($e = 0.6$)			0.49
压实残积黏土		9	0.42

228

土类	液限 W_L	塑性指数 I_P	静止土压力系数 K_0
压实残积黏土		31	0.66
原状有机质淤泥质黏土	74	45	0.57
原状高岭土	61	23	0.64~0.70
原状 Oslo 海相黏土	37	16	0.48
灵敏性黏土	34	10	0.52

顾慰慈总结了国内外很多试验的结果，给出了如表 10.5.2 的建议值，可供参考。

顾慰慈总结的静止土压力系数经验值 表 10.5.2

土类及物性		K_0	土类及物性		K_0
砾石土		0.17	黏土	硬黏土	0.11~0.25
砂土	$e=0.5$	0.23		紧密黏土	0.33~0.45
	$e=0.6$	0.34		塑性黏土	0.61~0.82
	$e=0.7$	0.52	泥炭土	有机质含量高	0.24~0.37
	$e=0.8$	0.60		有机质含量低	0.40~0.65
粉土与粉质黏土	$w=15\%~20\%$	0.43~0.54	砂质粉土（砂壤土）		0.33
	$w=25\%~30\%$	0.60~0.75			

在静止土压力的影响因素中，应力历史的影响最大，超固结黏土的 K_0 可以大于 1.0；另外，就是土的强度（主要是有效内摩擦角 φ），密实的砾石、砂土和硬黏土 K_0 都可以在 0.2 左右。对于同一种砂土，随着孔隙比 e 的增加，K_0 也明显增加；黏土的状态由硬变软，K_0 也会急剧增加；粉土的含水量增加，K_0 也有明显增加；有机质含量提高，K_0 会有所减小。

基坑工程中，由于钻孔和开槽会使地基原状土松弛，使 K_0 有所减少；而人工地基中，打入板桩和预制桩会使 K_0 增加。有时，支挡结构极小的离土方向的位移就会引起土压力明显减少，所以即使是变形控制设计，也不一定按照静止土压力计算。如无特殊要求，按朗肯土压力计算也能满足稳定和变形的要求。

10.6 朗肯土压力理论

朗肯土压力理论是土力学中著名的古典土压力理论，由英国学者朗肯（W. J. M Rankine）于 1857 年提出，其概念明确、计算简便，目前仍然在工程中被广泛应用。

10.6.1 土体的朗肯极限平衡应力状态

图 10.6.1 和图 10.6.2 表示的是地面水平的半无限土体，由于其中任意竖直面 mn 都是一个对称面，其上没有剪应力，所以水平与竖直方向都是主应力方向。考虑 mn 面右侧土体的应力状态与应力变化。如上所述，当土体水平位移为 0 时，水平向应力与竖直向应力的关系为 $\sigma_{h0}=p_0=K_0\sigma_v$，这时一般 σ_v 和 σ_h 分别为大、小主应力 σ_1 与 σ_3，见图 10.6.1

（b）和图 10.6.2（b）中的莫尔圆①。

当半无限土体发生土体水平向伸长的位移时，如同拉开手风琴一样，竖直面 mn 水平位移到 $m'n'$，水平（小）主应力 $\sigma_h = \sigma_3$ 逐渐减小，竖向（大）主应力 $\sigma_v = \sigma_1$ 不变，当 σ_h 减小到使土体达到极限状态时，亦即土的莫尔圆与其强度包线相切时，σ_h 就成为主动土压力 p_a，见图 10.6.1（b）中的莫尔圆②。从图 10.6.1（b）的极限状态的莫尔圆可以得出下式：

$$p_a = \sigma_{3f} = \sigma_1 \tan^2(45° - \varphi/2) - 2c\tan(45° - \varphi/2) \tag{10.6.1}$$

这时的水平向主应力由 p_0 减小到 p_a，土体也从侧限（静止土压力）应力状态变到主动极限平衡状态，主动土压力 p_a 按直线分布，亦称为朗肯主动极限平衡状态，其两组滑动面方向与水平方向夹角为 $45° + \varphi/2$。

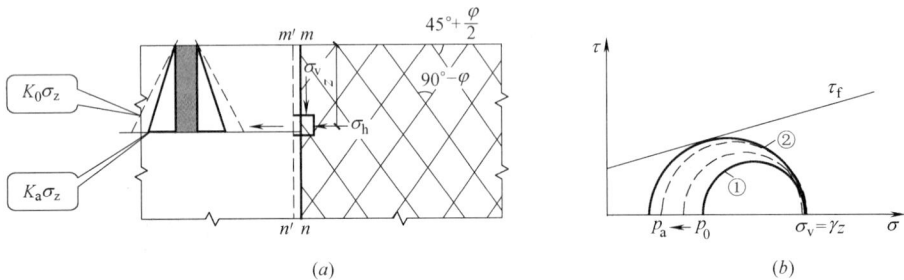

图 10.6.1　从静止土压力状态到朗肯的主动极限平衡状态

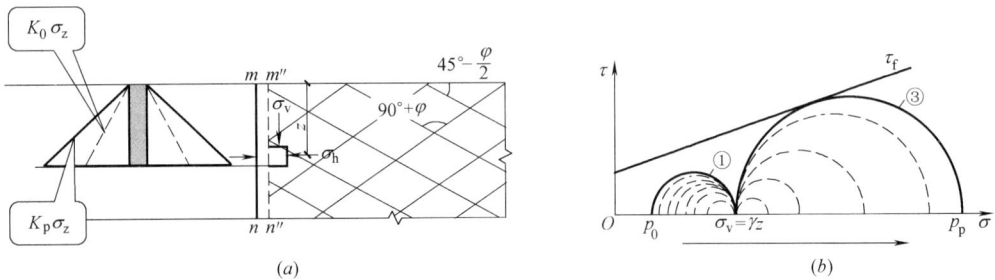

图 10.6.2　从静止土压力状态到朗肯的被动极限平衡状态

当半无限土体发生引起土体水平向压缩的位移时，如同压缩手风琴一样，竖直面 mn 被压缩到 $m''n''$ 位置，水平向主应力 σ_h 逐渐增加，竖向主应力 σ_v 不变，从静止状态莫尔圆①开始，莫尔圆半径逐渐减小。当水平向主应力 σ_h 与竖直向主应力 σ_v 相等时，莫尔圆退化为一点；当水平向主应力 σ_h 继续增加时，它就变为大主应力 σ_1，竖直向应力 σ_v 就变为小主应力 σ_3。当 σ_h 增加到使土体达到极限状态时，亦即莫尔圆与土的强度包线相切时，见图 10.6.2（b）的莫尔圆③，σ_h 就成为被动土压力 p_p。从图 10.6.2（b）的极限状态的莫尔圆可以得出下式：

$$p_p = \sigma_{1f} = \sigma_3 \tan^2(45° + \varphi/2) + 2c\tan(45° + \varphi/2) \tag{10.6.2}$$

在半无限土体受挤压过程中，最后水平向主应力由 p_0 增加到 p_p，土体也从侧限（静止土压力）应力状态变到被动极限平衡状态，亦称朗肯被动极限平衡状态，被动土压力

p_p 也按直线分布，其两组滑动面与水平方向夹角为 $45° - \varphi/2$。其中，p_a 与 p_p 分别为主动土压力强度与被动土压力强度，一般简称为主动土压力与被动土压力。

10.6.2 朗肯理论土压力的计算

上述的竖直面 mn 为半无限土体的对称面，其上剪应力为 0。如果以竖直的、完全光滑的墙背面代替竖直面 mn，那么图 10.6.1 和图 10.6.2 中的土的应力状态不变。则可以用这个挡土墙代替半无限土体的左侧，剩下的右侧土体与上述的半无限土体完全相同，这样就可以研究挡土墙后的土压力问题。

因而，用朗肯土压力理论计算挡土墙后的土压力，使墙后土体与图 10.6.1 和图 10.6.2 所示的应力状态和应力路径完全一致，需要满足以下三个条件：①墙背光滑、垂直；②填土表面水平；③忽略地基与填土间的摩擦力。这样，才能保证墙后土体的竖向应力与水平应力总是主应力。

当墙体离开土体外移一定位移时，墙后土体达到朗肯主动极限平衡状态，墙上的土压力就是朗肯主动土压力 p_a，如果设主动土压力系数为

$$K_a = \tan^2\left(45° - \frac{\varphi}{2}\right) \tag{10.6.3}$$

并且当竖向只有土的自重应力时，则朗肯主动土压力为：

$$p_a = \sigma_{3f} = K_a\sigma_{1f} - 2c\sqrt{K_a} = K_a\gamma z - 2c\sqrt{K_a} \tag{10.6.4}$$

对砂土，由于黏聚力 $c = 0$，上式变为，$p_a = K_a\gamma z$，则作用于高 H 的挡土墙上，沿墙长度方向每延米的总主动土压力为

$$E_a = \frac{1}{2}K_a\gamma H^2 \tag{10.6.5}$$

同样，设被动土压力系数为

$$K_p = \tan^2\left(45° + \frac{\varphi}{2}\right) \tag{10.6.6}$$

当土体竖向只有的自重应力时，朗肯被动土压力为：

$$p_p = \sigma_{1f} = K_p\sigma_{3f} + 2c\sqrt{K_p} = K_p\gamma z + 2c\sqrt{K_p} \tag{10.6.7}$$

对于砂土，则作用于高 H 挡土墙上，沿墙长度方向每延米的总被动土压力为

$$E_p = \frac{1}{2}K_p\gamma H^2 \tag{10.6.8}$$

对于黏性土，$c > 0$，主、被动土压力 p_a 和 p_p 的计算见式（10.6.4）与式（10.6.7）。这时，主动土压力由 $K_a\gamma z$ 和 $-2c\sqrt{K_a}$ 两部分决定，见图 10.6.3。按照式（10.6.4），主动土压力 p_a 为 0 时，$z = z_0$，根据 $p_a = K_a\gamma z_0 - 2c\sqrt{K_a} = 0$，则：

$$z_0 = \frac{2c}{\gamma\sqrt{K_a}} \tag{10.6.9}$$

当 $z < z_0$ 时，主动土压力 $p_a < 0$。由于墙背面与土体间不能传递拉应力，所以可认为 $z < z_0$ 部分发生了拉裂缝（图 10.6.3b），土压力为 0。z_0 以上可称为零土压力区。

这样，实际上的总主动土压力 E_a 由三部分面积组成：（三角形 ABC）－（矩形 $ADEC$）＋（三角形 ADF）＝三角形 FEB。

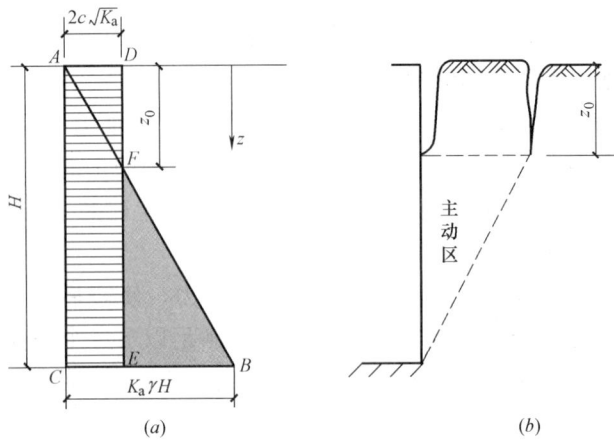

图 10.6.3 黏性土主动土压力

$$E_a = \frac{1}{2} K_a \gamma H^2 - 2c \sqrt{K_a} H + \frac{1}{2} K_a \gamma z_0^2 = \frac{1}{2} K_a \gamma H^2 - 2c \sqrt{K_a} H + 2c^2/\gamma = \frac{1}{2} K_a \gamma (H - z_0)^2$$

$$(10.6.10)$$

此式的最后一项其实就是三角形 FEB 的面积。

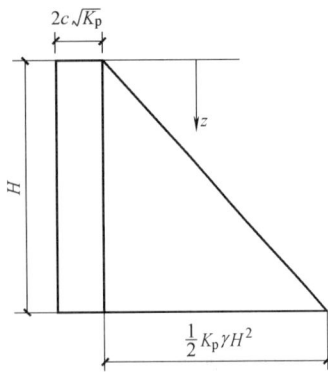

图 10.6.4 朗肯的被动土压力

黏性土的总被动土压力的分布见图 10.6.4，总被动土压力由两项组成，即

$$E_p = \frac{1}{2} K_p \gamma H^2 + 2c \sqrt{K_p} H \quad (10.6.11)$$

图 10.6.4 表明，被动土压力包括推动土体以克服土的摩擦力 $K_p \gamma H^2/2$ 和黏聚力 $2c \sqrt{K_p} H$ 两部分。

【例题 10.6.1】 一重力式挡土墙墙高 5m，墙背光滑垂直，墙后填土为地面水平的密砂，其黏聚力 $c = 0$，内摩擦角 $\varphi = 40°$，重度 $\gamma = 18kN/m^3$。分别计算作用于墙后的主动、静止和被动土压力。

【解】 （1）计算主动、静止、被动土压力系数：

$$K_a = \tan^2 \left(45° - \frac{\varphi}{2} \right) = \tan^2 (45° - 20°) = 0.217$$

$$K_0 = 1 - \sin\varphi = 1 - \sin 40° = 0.357$$

$$K_p = \tan^2 \left(45° + \frac{\varphi}{2} \right) = \tan^2 (45° + 20°) = 4.6$$

（2）计算墙底处的土压力

$$p_a = K_a \gamma H = 19.6 kPa$$

$$p_0 = K_0 \gamma H = 32.1 kPa$$

$$p_p = K_p \gamma H = 413.9 kPa$$

232

（3）计算单位墙宽的总土压力

$$E_a = \frac{1}{2}K_a\gamma H^2 = 49\text{kN/m}$$

$$E_0 = \frac{1}{2}K_0\gamma H^2 = 80.3\text{kN/m}$$

$$E_p = \frac{1}{2}K_p\gamma H^2 = 1034.8\text{kN/m}$$

计算的结果见例图 10.6.1。

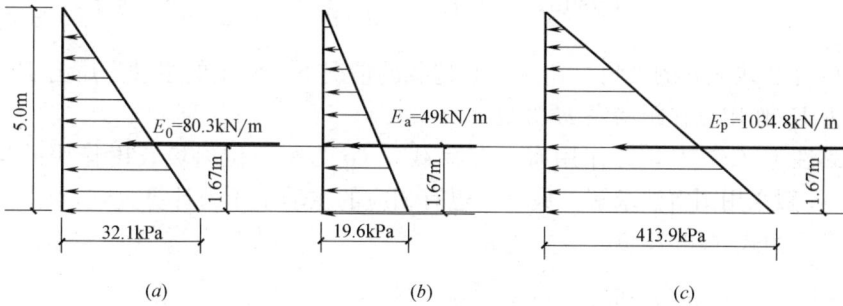

例图 10.6.1

10.7 库仑土压力理论

1776 年，法国的工程师库仑（C. A. Coulomb）根据墙后土楔体的处于极限平衡的条件，提出了另一种土压力分析的方法，称为库仑土压力理论。它适用于有各种倾角的地面和墙背条件，也可考虑墙背与填土间的摩擦力，适用性广，也有足够的精度，至今仍然是一种应用广泛的土压力计算方法。

10.7.1 主动土压力计算

库仑土压力理论原理如图 10.7.1 所示，该理论假定土体内的滑动面是平面，楔形滑动土体 ABC 是刚性的，考虑该滑动平面 BC 与墙背平面 AB 之间所夹的楔形土体的静力平衡，就可以计算出墙上的主动或被动土压力。

从图示的力三角形，根据正弦定理，可以得到总土压力 E 的表达式

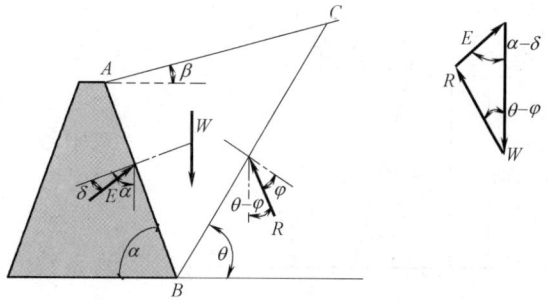

图 10.7.1 库仑主动土压力计算简图

α——墙背与水平面的夹角；

β——墙后土表面与水平面的夹角；

φ——土的内摩擦角；

δ——墙背与土间的摩擦角；

θ——滑动面与水平面的夹角

$$E = \frac{\sin(\theta-\varphi)}{\sin(\theta-\varphi+\alpha-\delta)}W \qquad (10.7.1)$$

由于 E 是 θ 的函数，θ 为任选的滑动面倾角，变化 θ，可计算得到最大的总土压力 $E_{\max}$，即 $\dfrac{\mathrm{d}E}{\mathrm{d}\theta}=0$ 所对应的夹角 θ_{cr}，将这个 θ_{cr} 代入式（10.7.1），就可得到其中最大的总土压力值，即为总主动土压力 E_{a}，可表示为：

$$E_{\mathrm{a}}=\frac{1}{2}K_{\mathrm{a}}\gamma H^2 \tag{10.7.2}$$

其中，K_{a} 就是库仑主动土压力系数。

$$K_{\mathrm{a}}=\frac{\sin^2(\alpha+\varphi)}{\sin^2\alpha\sin(\alpha-\delta)\left[1+\sqrt{\dfrac{\sin(\varphi-\beta)\sin(\varphi+\delta)}{\sin(\alpha+\beta)\sin(\alpha-\delta)}}\,\right]^2} \tag{10.7.3}$$

E_{a} 与墙背的外法线成 δ 的夹角，在无地面超载的情况下，砂土的主动土压力 P_{a} 呈三角形分布，合力 E_{a} 作用点在距墙底 $H/3$ 处。

对于黏性土（$c>0$），并作用有上覆荷载 q（q 为每单位斜坡长度作用的均布荷载，kPa）时，一般采用图解法求解。最近，也有相应的主动土压力计算公式，库仑主动土压力系数可表示为式（10.7.4）。

$$K_{\mathrm{a}}=\frac{\sin(\alpha+\beta)}{\sin^2\alpha\,\sin^2(\alpha+\beta-\varphi-\delta)}\{K_{\mathrm{q}}[\sin(\alpha+\beta)\sin(\alpha-\delta)+\sin(\varphi+\delta)\sin(\varphi-\beta)]+$$
$$2\eta\sin\alpha\cos\varphi\cos(\alpha+\beta-\varphi-\delta)-2\sqrt{K_{\mathrm{q}}\sin(\alpha+\beta)\sin(\varphi-\beta)+\eta\sin\alpha\cos\varphi}\times$$
$$\sqrt{K_{\mathrm{q}}\sin(\alpha-\delta)\sin(\varphi+\delta)+\eta\sin\alpha\cos\varphi}\}$$

$$\tag{10.7.4}$$

式中

$$K_{\mathrm{q}}=1+\frac{2q\sin\alpha\cos\beta}{\gamma H\sin(\alpha+\beta)} \tag{10.7.5}$$

$$\eta=\frac{2c}{\gamma H} \tag{10.7.6}$$

式中各符号见图 10.7.2，总主动土压力值 E_{a} 用式（10.7.4）计算。

式（10.7.4）是包括很多条件的库仑主动土压力系数公式。当没有均布荷载 q、无黏性土、填土表面水平、墙背竖直光滑时，亦即：$K_{\mathrm{q}}=1.0$、$\alpha=90°$、$\beta=0°$、$\delta=0°$、$c=0$（$\eta=0$）时，该式就退化

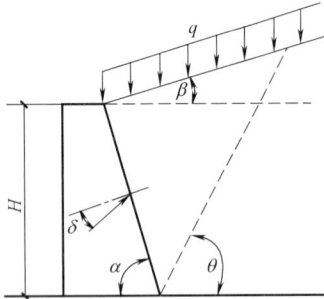

图 10.7.2　库仑土压力计算

成为朗肯主动土压力系数公式 $K_{\mathrm{a}}=\tan^2(45°-\varphi/2)$；如果上述其他条件不变，但 $c>0$，则 $E_{\mathrm{a}}=\dfrac{1}{2}\gamma H^2\tan^2\left(45°-\dfrac{\varphi}{2}\right)-2cH\tan\left(45°-\dfrac{\varphi}{2}\right)$，可见它没有考虑黏性土主动土压力分布中的零土压力区 z_0 和拉裂缝的影响。与式（10.6.10）比较，主动土压力没有计入 $2c^2/\gamma$ 这一项。

10.7.2　被动土压力计算

与主动土压力一样，库仑理论也可用于计算被动土压力，这时设滑动面为平面（表示为直线），按照刚性楔体的静力平衡，计算的示意图见图 10.7.3。

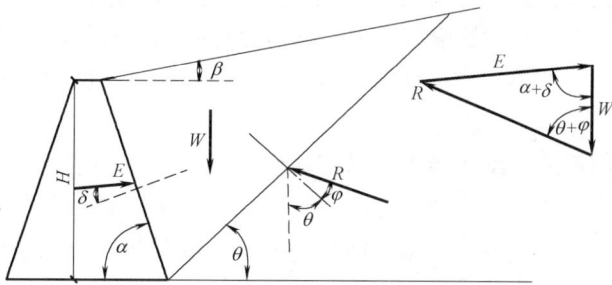

图 10.7.3 库仑的被动土压力

首先，假设倾角为 θ 的滑动面，通过楔体的极限静力平衡计算土压力 E。通过变化滑动面的倾角 θ，得到对应的墙上总土压力最小值 $E_{\min}$，$E_{\min}$ 即为被动总土压力 E_p，假设它沿墙背上直线分布，对于砂土可以推导出被动土压力系数的表达式为

$$K_p = \frac{\sin^2(\alpha-\varphi)}{\sin^2\alpha\sin(\alpha+\delta)\left[1-\sqrt{\dfrac{\sin(\varphi+\beta)\sin(\varphi+\delta)}{\sin(\alpha+\beta)\sin(\alpha+\delta)}}\right]^2} \tag{10.7.7}$$

$$E_p = \frac{1}{2}K_p\gamma H^2 \tag{10.7.8}$$

当墙后土为黏性土或地面有大面积超载时，可采用图解法计算。也可推导出与式（10.7.4）类似的被动土压力系数公式，但是公式的形式十分复杂，一般工程中很少使用。

关于为什么在库仑土压力理论中，主动土压力是所有假设滑动面中对应的土压力最大值，而被动土压力是所有假设滑动面中对应的土压力最小值，见图 10.7.4 中的莫尔圆②。当墙的初始状态为静止状态时，对应的为莫尔圆①，土压力为 $p_0 = K_0\gamma z$，墙面离开土体移动时，第一次出现了滑动面，倾角为 θ_{cr}，它是真正的滑动面，对应的是图 10.7.4 中的莫尔圆②，小主应力 σ_3 为主动土压力 p_a。如果继续移动墙面，让其他地方出现滑动面，$E < E_a$，使 $\sigma_3 < p_a$，则此滑动面对应的莫尔圆就会超过强度包线，如图 10.7.4（a）的虚线所示。而应力超过强度是不可能的，所以倾角为 θ_{cr} 的滑动面是唯一可能的滑动面，动土压力 p_a 是所有假设的主动滑动面对应的土压力中最大值，也是现实的、可能的极限状态土压力。

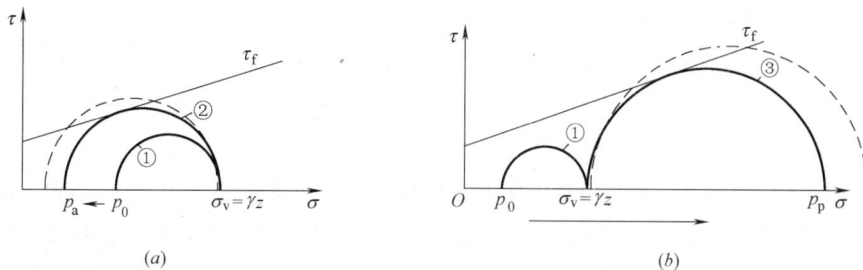

图 10.7.4 主动土压力最大即被动土压力最小的示意图

相似的道理，从初始的、静止状态的莫尔圆①出发，墙面推向土体，第一次出现了滑动面对应的莫尔圆③与强度包线相切，则对应的大主应力 σ_1，为被动土压力 p_p。如果继

续推动挡土墙，则会发生另外的滑动面，其他假设的滑动面的土压力均大于 E_p，大主应力 $\sigma_1 > p_p$，如图 10.7.4 (b) 的虚线所示，滑动面对应的应力莫尔圆超过强度包线，这也是不可能的。因此，只有第一次出现滑动时的土压力才是现实的，也是最小的土压力，即为被动土压力。

10.7.3 朗肯与库仑主动土压力公式的比较

朗肯土压力理论主要适用于墙背竖直、光滑、墙后土体表面水平，忽略了地基与填土间的摩擦力的情况。实际工程中，不可能也不必要使墙背和地基表面完全光滑，所以用它计算的主动土压力偏大且土压力方向水平，这使设计偏于保守。但由于其计算简便，设计偏于安全，所以仍然被广泛应用于工程设计中。

库仑土压力理论适用于比较复杂的几何和力学条件，既可以用数解法，也可以用图解法，计算的主动土压力更接近于实际情况，所以在一些规范中被推荐使用。

苏联学者索科洛夫斯基（Соколовский В. В）利用极限平衡理论对于填土水平的挡土墙，得出了理论解的主动与被动土压力系数。将朗肯理论（忽略土与墙背的摩擦）和库仑土压力理论的解答与理论解比较，结果见表 10.7.1 和表 10.7.2。

朗肯土压力系数与极限平衡理论解土压力系数的比较 表 10.7.1

计算方法	土压力系数	φ 10° δ 0°	5°	10°	20° 0	10°	20°	30° 0	15°	30°	40° 0	20°	40°
极限平衡理论解	K_a	0.70	0.67	0.65	0.49	0.45	0.44	0.33	0.30	0.31	0.22	0.20	0.22
	K_p	1.42	1.56	1.66	2.04	2.55	3.04	3.00	4.62	6.55	4.60	9.69	18.2
朗肯理论	K_a	0.704			0.490			0.333			0.217		
	K_p	1.420			2.04			3.00			4.60		

库仑土压力系数与极限平衡理论解土压力系数的比较 表 10.7.2

计算方法	土压力系数	φ 10° δ 0°	5°	10°	20° 0	10°	20°	30° 0	15°	30°	40° 0	20°	40°
极限平衡理论解	K_a	0.70	0.67	0.65	0.49	0.45	0.44	0.33	0.30	0.31	0.22	0.20	0.22
	K_p	1.42	1.56	1.66	2.04	2.55	3.04	3.00	4.62	6.55	4.60	9.69	18.2
库仑理论	K_a	0.70	0.66	0.64	0.49	0.45	0.43	0.33	0.30	0.30	0.22	0.20	0.21
	K_p	1.42	1.57	1.73	2.04	2.63	3.52	3.00	4.98	10.09	4.60	11.77	92.6

从以上两表可以看出：

（1）朗肯土压力理论计算的主动土压力系数偏大，但误差很小，可满足工程应用的精度，但是两者计算的主动土压力的作用方向是不同的；由于忽略了墙背的摩擦，所以计算的被动土压力系数偏小，尤其是当土的内摩擦角 φ 和墙背摩擦角 δ 较大时，会带来很大的误差。

（2）库仑土压力理论假设滑动面是平面，这与理论的曲面滑动面不一致；库仑理论计算的主动土压力系数与理论值相差很小，并且方向也一致；对于被动土压力，当 φ 和 δ 都很小时，相差不大；当 φ 和 δ 较大时，由于库仑理论对应的不是真正的滑动面，因而计算的被动土压力系数偏大很多。

（3）从工程应用来看，两个土压力理论计算的主动土压力误差都不大，朗肯理论公式简便，误差也偏于安全的方面，所以很受工程技术人员的欢迎。库仑理论适用于较广泛的边界条件，适用的范围更广泛。但是，φ 和 δ 较大时，两个土压力理论计算的被动土压力误差都很大。由于发生被动土压力时对应的位移很大，工程上一般不允许，所以被动土压力要慎用。

10.8　几种常见情况的土压力计算

10.8.1　填土表面有荷载作用

当填土表面有竖向荷载作用时，荷载可以与自重叠加，计算土压力。

1. 连续的均布荷载作用

当墙背光滑、垂直，在水平砂填土表面分布有连续的均布荷载 q 时，如图 10.8.1 所示，仍可用朗肯土压力理论计算主动与被动土压力。只是土中的竖向荷载变为 $\sigma_v = \gamma z + q$，则主动土压力为：

$$p_a = K_a(\gamma z + q) \tag{10.8.1}$$

被动土压力为：

$$p_p = K_p(\gamma z + q) \tag{10.8.2}$$

当黏性土地面存在均布荷载时，竖向的主应力 σ_v 除了有效自重应力外，还包括地面超载 q，这时首先需要判断零土压力区的高度 z_0。

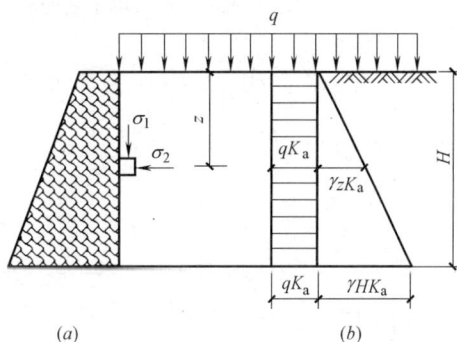

图 10.8.1　水平砂土体表面有连续的均布荷载作用时的主动土压力

$$z_0 = \frac{1}{\gamma}\left(\frac{2c}{\sqrt{K_a}} - q\right) \tag{10.8.3}$$

当 $qK_a < 2c\sqrt{K_a}$ 时，$z_0 > 0$，可用式（10.6.10）中的 $E_a = \frac{1}{2}K_a\gamma(H - z_0)^2$ 计算总主动土压力；当 $qK_a = 2c\sqrt{K_a}$ 时，$z_0 = 0$，无零压力区，主动土压力为三角形分布，可用式（10.6.8）计算总主动土压力；当 $qK_a > 2c\sqrt{K_a}$ 时，$z_0 < 0$，亦即不存在零压力区，则：

$$E_a = \frac{1}{2}K_a\gamma H^2 + H(qK_a - 2c\sqrt{K_a}) \tag{10.8.4}$$

若挡土墙墙背和无黏性填土表面都是倾斜的，如图 10.8.2 所示。其中，q 为沿坡面单位长度时的荷载，则可用库仑土压力理论计算作用于墙面时的总主动土压力 E_a。

按图 10.8.2（a）中的楔体极限平衡条件，根据图 10.8.2（c）中的力三角形相似原理，有

$$E_a = E'_a\left(1 + \frac{G}{W}\right) \tag{10.8.5}$$

其中，E'_a 为无超载时用库仑理论计算的总主动土压力，$E'_a = \frac{1}{2}K_a\gamma H^2$。设

$$\Delta E_a = \frac{E'_a G}{W} \tag{10.8.6}$$

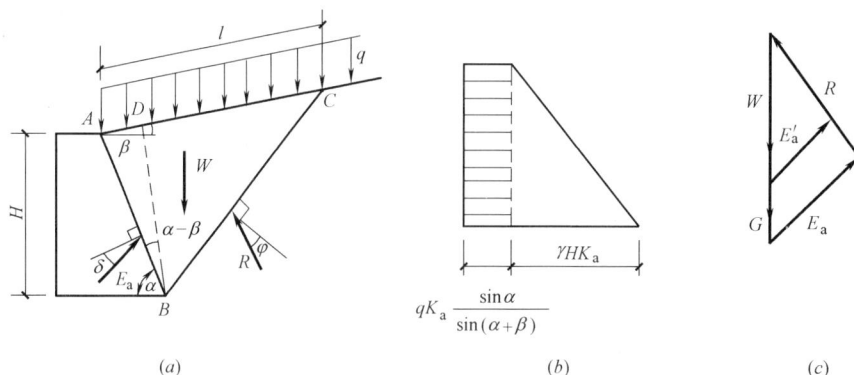

图 10.8.2 倾斜填土表面有连续的均布荷载作用时的主动土压力

其中，$W = \dfrac{1}{2}\gamma \times \overline{AC} \times \overline{BD}$，$G = q \times \overline{AC}$，$\overline{AB} = H/\sin\alpha$，$\overline{BD} = \overline{AB}\sin(\alpha+\beta) = H\dfrac{\sin(\alpha+\beta)}{\sin\alpha}$。

所以

$$\Delta E_a = K_a q H \frac{\sin\alpha}{\sin(\alpha+\beta)} \tag{10.8.7}$$

则总主动土压力 E_a 为：

$$E_a = E'_a + \Delta E_a = \frac{1}{2}K_a\gamma H^2 + K_a q H \frac{\sin\alpha}{\sin(\alpha+\beta)} \tag{10.8.8}$$

2. 局部的均布荷载作用

如图 10.8.3 (a) 所示，对于当墙背光滑垂直、在水平砂土表面有局部荷载 q 作用的情况，主动土压力仍然可以用朗肯土压力理论近似计算。产生的附加主动土压力为 $p_{aq} = K_a q$。关于其分布形式没有严格的理论解答，目前有很多不同的经验计算方法。其中一种近似的方法如图所示，认为附加土压力沿着与土的滑动面平行的方向传递至墙背面。在图 10.8.3 (a) 中，荷载 q 在 cd 范围引起了附加主动土压力，ac、bd 两线与水平面的夹角为 $45° + \varphi/2$。这样，作用于墙背的总主动土压力如图 10.8.3 (b) 的阴影部分面积。

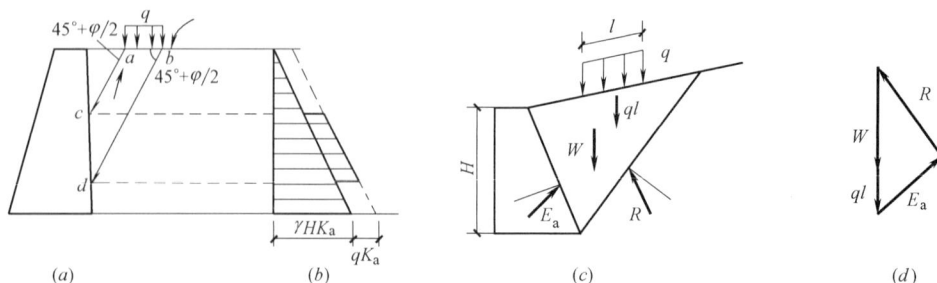

图 10.8.3 填土表面有局部荷载

当墙背与填土表面倾斜时，可以用库仑土压力理论进行计算，可以用楔体的极限平衡的图解法解决，如图 10.8.3 (c)、(d) 所示。

238

10.8.2 成层土的土压力

当墙后填土由性质不同的土层组成时，土压力将受到不同土的性质的影响。对于表面和土分层面为水平的情况，可以先计算上层土的土压力，这时可认为在层面之上为一个独立的挡土墙；然后，将下层土也当作一个独立的挡土墙，墙后土表面作用有均布荷载 $q = \gamma_1 H_1$，如图 10.8.4（c）所示，计算其土压力。最后，两者叠加就是墙体上的总土压力，见图 10.8.4。下面讨论一下分层土朗肯主动土压力的影响因素。

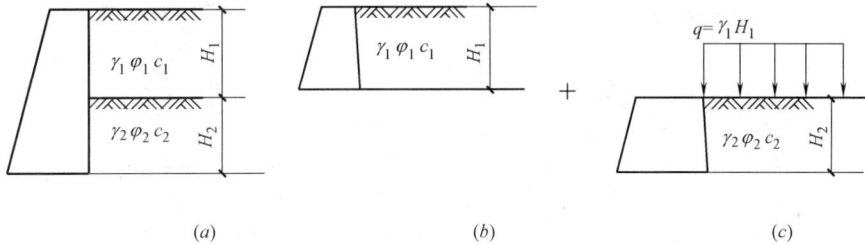

图 10.8.4　分层土的土压力计算

对于墙后分层土的情况，最主要应判别界面处主动土压力 p_a 是否连续，直线分布的斜率是否相同。这应根据两层土的重度 γ、内摩擦角 φ 以及黏聚力 c 的相对关系判断。

1. 影响两层土界面处主动土压力 p_a 是否相等的因素

根据式（10.6.4），$p_a = K_a \gamma z - 2c \sqrt{K_a}$，其中 $K_a = \tan^2 \left(45° - \dfrac{\varphi}{2} \right)$，可见在分界面处的竖向应力 $\sigma_z = \gamma_1 H_1$，对于界面处的上下层中它是相同的。上层土①在界面处 $p_{a1} = \tan^2(45° - \varphi_1/2) \gamma_1 H_1 - 2c_1 \tan(45° - \varphi_1/2)$；下层土②在界面处 $p_{a2} = \tan^2(45° - \varphi_2/2) \gamma_1 H_1 - 2c_2 \tan(45° - \varphi_2/2)$。可见如果其他条件相同：$c_2 > c_1$，则此处的 $p_{a2} < p_{a1}$，会造成下层土的土压力有向内的突变；其他条件相同时，$\varphi_2 > \varphi_1$，则 $K_{a2} < K_{a1}$，$p_{a2} < p_a$，也会造成下层土的土压力有向内的突变；如图 10.8.6（c）所示。γ_2 对于界面土压力无影响。

2. 影响两层土界面处主动土压力 p_a 分布线斜率的因素

根据式（10.6.4）

$$\frac{\partial p_a}{\partial z} = \tan^2(45° - \varphi/2) \gamma \qquad (10.8.9)$$

可见影响主动土压力 p_a 分布斜率的，有土的重度 γ 和内摩擦角 φ。如果其他条件相同，土的重度 γ 越大，斜率就越大越缓；内摩擦角 φ 越大，斜率就越小越陡。可见在界面处影响主动土压力 p_a 线是否转折的因素是 γ 与 φ。

3. 几种情况下的分层土主动土压力

1）$\gamma_1 = \gamma_2$，$\varphi_1 = \varphi_2$，$c_1 = 0$，$c_2 > 0$

这种情况见图 10.8.5 所示。由于 $c_1 = 0$，上层土主动土压力 p_{a1} 线过地处的墙顶；由于 $c_2 > 0$，$\gamma_1 = \gamma_2$，$\varphi_1 = \varphi_2$，所以在界面处 p_{a2} 线有缩进的突变，但斜率不变，两者平行。

2）$\gamma_1 < \gamma_2$，$\varphi_1 = \varphi_2$，$c_1 = c_2 = 0$

如上所述，由于 φ 和 c 都未变，所以

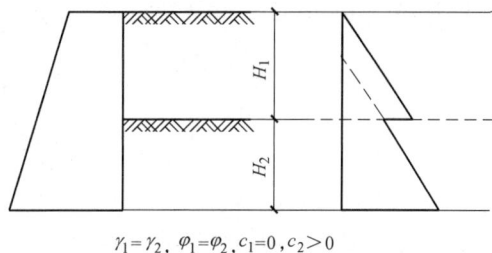

图 10.8.5　黏聚力不同时分层土的主动土压力

在界面处上下层的土压力 p_a 是相同的，亦即没有突变发生。但是，由于 γ_2 更大，所以斜率也加大，亦即与垂直线的夹角更大，直线变缓。如图 10.8.6（b）所示。

3）$\gamma_1 = \gamma_2$，$\varphi_1 < \varphi_2$，$c_1 = c_2 = 0$

由于 φ_2 大于 φ_1，在界面处的主动土压力减小，在界面处出现了缩进的突变，其斜率也减小变陡了。但是其延长线（虚线）过地面处的墙顶，这是由于三角形 def 相当于 $\gamma_1 = \gamma_2$，$\varphi_1 = \varphi_2$，$c_1 = c_2 = 0$ 的均质填土的主动土压力分布。

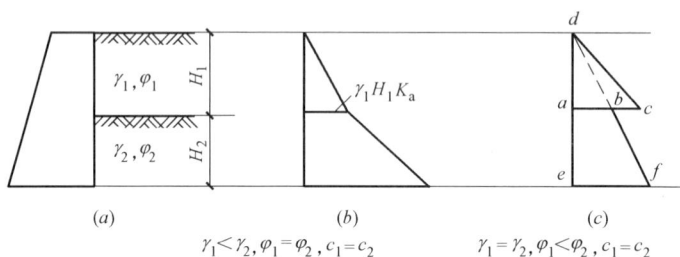

图 10.8.6　内摩擦角和重度不同时分层土的主动土压力

【**例题 10.8.1**】　图示挡土墙，墙高 $H = 6\mathrm{m}$。已知上层砂土的重度为 $\gamma_1 = 17\mathrm{kN/m^3}$，内摩擦角 $\varphi_1 = 30°$，黏聚力 $c_1 = 0$，厚度 $H_1 = 2\mathrm{m}$。下层黏性土的重度 $\gamma_2 = 19\mathrm{kN/m^3}$，内摩擦角为 $\varphi_2 = 20°$，黏聚力为 $c_2 = 20\mathrm{kPa}$，按朗肯主动土压力理论，问作用在墙后的总主动土压力为多少？

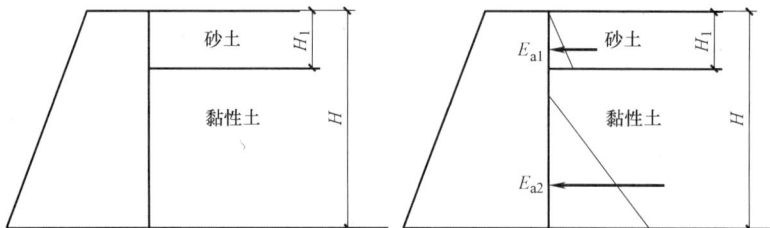

例图 10.8.1

【**解**】

（1）砂土：$K_{a1} = \tan^2(45° - \varphi_1/2) = 1/3$，$p_a = K_{a1}\gamma_1 H_1 = 17 \times 2/3 = 11.3\mathrm{kPa}$

$E_{a1} = K_{a1}\gamma_1 H_1^2/2 = 17 \times 2^2/6 = 11.3\mathrm{kN/m}$

（2）黏性土，$K_{a2} = \tan^2(45° - \varphi_2/2) = 0.49$，相当于上覆均布荷载 $q = \gamma_1 H_1 = 34\mathrm{kN}$

$$z_0 = \frac{1}{\gamma_2}\left(\frac{2c_2}{\sqrt{K_{a2}}} - q\right) = \frac{1}{19}\left(\frac{2 \times 20}{0.7} - 34\right) = 1.2\mathrm{m}$$

$$E_{a2} = \frac{1}{2}K_{a2}\gamma_2(H_2 - z_0)^2 = \frac{1}{2} \times 0.49 \times 19 \times (4 - 1.2)^2 = 36.5\mathrm{kN/m}$$

（3）总土压力：$E_a = 36.5 + 11.3 = 47.8\mathrm{kN/m}$。

10.8.3　墙后土中有地下水的情况

墙后土中有地下水时，要考虑地下水对土压力的影响。具体表现在：①地下水以下土的重度变为浮重度 γ'；②地下水对土的强度指标 c、φ 的影响，一般认为饱和砂土的有效应力强度指标变化不大，但对于黏性土抗剪强度指标会因浸水而下降；③地下水对墙的水压力作用，以及渗透情况下渗透力对土压力的影响。

以图 10.8.7（a）的挡土墙为例，若墙后为均匀的砂土，地下水在地面以下的深度为 H_1，水上、下砂土的内摩擦角相等。这时，计算其主动土压力与成层填土相同，由于水下重度变为 γ' 而减小，主动土压力 p_a 分布的斜率变小，在地下水面线处发生转折，如图 10.8.7（b）所示。同时，水下墙面作用有水平向的静水压力 E_w，如图 10.8.7（c）所示。可见挡土墙后存在地下水时，一般总水平压力会明显增加，所以以墙后填土应严格限制浸水饱和，挡土墙要采取有效的排水措施。

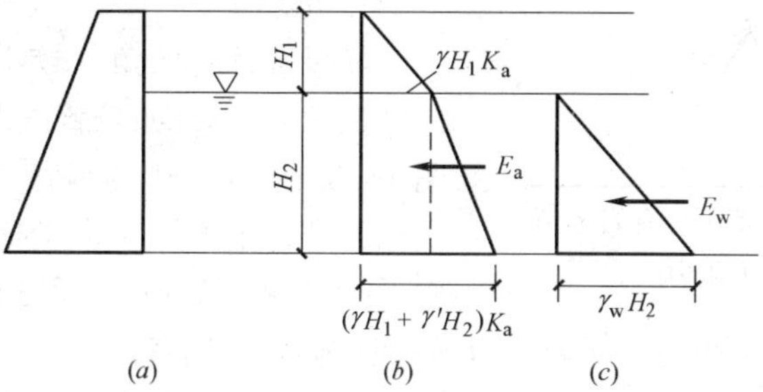

图 10.8.7　墙后填土有地下水时的主动土压力与水压力

10.8.4　墙后土体中滑动面受限情况

基坑附近有相邻建筑物的地下室、既有或在建的其他建筑物的基坑支挡结构物等，会使支挡结构后面土体中不能产生完整的朗肯主动极限应力状态或库仑的主动滑动面，$\theta < \theta_{cr}$，这时会比滑动面不受限情况的主动土压力小，见图 10.8.8。由于这时的滑动面仍然是直线，并且是固定的，可根据库仑理论的图解法计算主动土压力，利用倾角为 θ 的滑动面，计算滑动楔体的极限平衡状态。也可按下式计算主动土压力系数：

$$K_a = \frac{\sin(\alpha+\beta)}{\sin(\alpha-\delta+\theta-\varphi)\sin(\theta-\beta)} \times \left[\frac{\sin(\alpha+\theta)\sin(\theta-\varphi)}{\sin^2\alpha} - \eta\frac{\cos\varphi}{\sin\alpha}\right] \quad (10.8.10)$$

$$E_a = \frac{1}{2}K_a\gamma H^2 \quad (10.8.11)$$

式中，θ 为最大可能的滑动面的倾角，η 见式（10.7.6），其他符号见图 10.8.8。

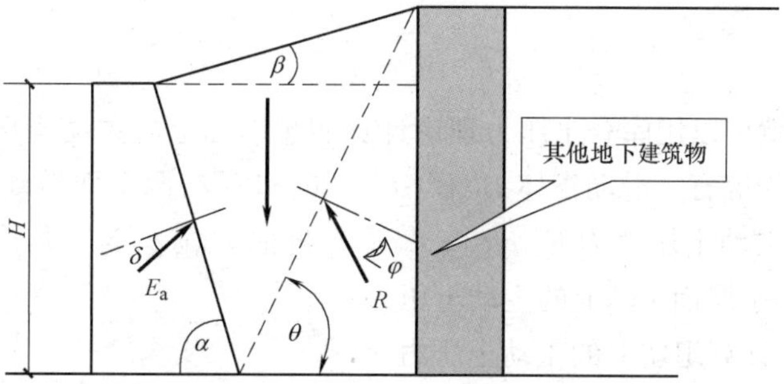

图 10.8.8　墙后土体滑动面受限情况下的主动土压力计算示意图

当墙后砂填土后有岩坡时，岩坡的倾角为 θ，土与岩体间摩擦角为 δ_R，$\delta_R < \varphi$，见图 10.8.9。这时，要利用库仑理论搜索土压力最大的滑动面。如果是沿着岩土的界面滑动，可用滑动楔体的极限平衡计算主动土压力 E_a，也可用下面的公式进行计算：

$$K_a = \frac{\sin(\alpha+\theta)\sin(\alpha+\beta)\sin(\theta-\delta_R)}{\sin^2\alpha\sin(\theta-\beta)\sin(\alpha-\delta+\theta-\delta_R)}$$

(10.8.12)

然后，用式（10.8.11）计算总主动土压力。

10.8.5 坦墙与第二滑动面

1. 坦墙

如果墙背的倾角 α 较小，并且墙背与填土间的摩擦角 $\delta \approx \varphi$（如悬臂式与扶壁式挡土墙），则图 10.8.10（a）中的墙背 AC 就可能不再是库仑土压力理论中的一个滑动面了，而是在土中又产生了第二滑动面 BC。而三角形土体 ABC 是附着

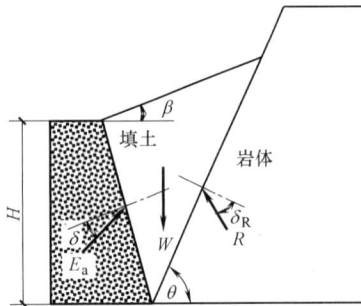

图 10.8.9 墙后土填土后有岩体情况的主动土压力

在墙体上的，成为挡土墙的一部分，BC 可当成假想的墙背。

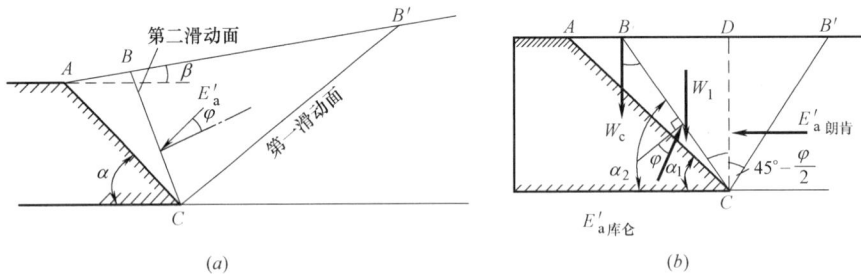

(a)

(b)

图 10.8.10 坦墙与第二滑动面

2. 用库仑理论计算坦墙上的主动土压力

首先，根据墙背倾角 α 判断是否为坦墙，当 $\delta = \varphi$ 时的临界倾角为

$$\alpha_{cr} = 45° + \frac{\varphi}{2} - \frac{\beta}{2} + \frac{1}{2}\arcsin\frac{\sin\beta}{\sin\varphi}$$

(10.8.13)

可见，若填土水平，即 $\beta = 0°$，则

$$\alpha_{cr} = 45° + \frac{\varphi}{2}$$

(10.8.14)

如果 $\alpha < \alpha_{cr}$，就可以用库仑土压力理论计算假想墙面上的主动土压力。在图 10.8.10（a）中，假设 BC 为墙背，滑动楔体 BCB' 沿着 BC 和 B'C 两个面滑动，库仑土压力理论计算出 BC 面上的主动土压力为 $E'_{a(库仑)}$；最后，再把 $E'_{a(库仑)}$ 与三角形土体 ABC 的重力 W_c 叠加，得到作用于墙面 AC 上的主动土压力 E_a。

3. 用朗肯理论计算坦墙上的主动土压力

当墙后填土表面水平时，也可以用朗肯土压力理论计算坦墙的主动土压力，如图 10.8.10（b）所示。由于滑动土体 BCB' 以 DC 为对称面，所以 CD 面可假设为无剪应力

的垂直光滑墙面，计算作用于 CD 上的主动土压力 $E'_{a(朗肯)}$，其方向水平。将 $E'_{a(朗肯)}$ 与三角形土体 ADC 的重力 W_1 叠加，也可得到作用于墙面 AC 上的主动土压力 E_a。

【例题 10.8.2】 某悬臂式钢筋混凝土挡土墙及其各部分，尺寸如例图 10.8.2 所示。已知墙后的填土为密砂，$c=0\text{kPa}$，$\varphi=40°$，$\gamma=18\text{kN/m}^3$，墙基底混凝土与地基土间的摩擦角 $\delta=30°$，墙身混凝土单位重 $\gamma_c=23.5\text{kN/m}^3$。试分别用朗肯和库仑土压力理论求挡土墙的抗滑稳定安全系数。

【解】

首先根据式（10.8.13）判断是否为坦墙：$\alpha_{cr}=45°+\dfrac{\varphi}{2}-\dfrac{\beta}{2}+\dfrac{1}{2}\sin^{-1}\dfrac{\sin\beta}{\sin\varphi}=45°+\dfrac{40°}{2}=65°$ $\alpha=\tan^{-1}\dfrac{5.4}{2.52}=65°$。所以这是一个坦墙。可以分别用朗肯和库仑土压力理论计算其抗滑稳定安全系数。

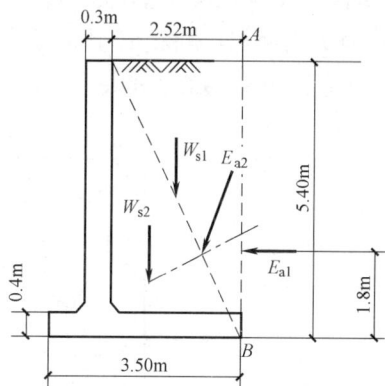

例图 10.8.2

1. 用朗肯土压力理论计算：

主动土压力系数：$K_{a1}=\tan^2\left(45°-\dfrac{\varphi}{2}\right)=\tan^2 25°=0.217$

总水平主动土压力：$E'_{a朗肯}=\dfrac{1}{2}\gamma H^2 K_{a1}=\dfrac{1}{2}\times 18\times 5.4^2\times 0.217=57\text{kN/m}$

墙底板以上的土重：$W_1=2.52\times 5.0\times 18=226.8\text{kN/m}$

挡土墙混凝土自重：$W_h=(0.3\times 5.0+3.5\times 0.4)\times 23.5=68.15\text{kN/m}$

挡土墙抗滑稳定安全系数：$F_ε=\dfrac{(W_1+W_h)\tan 30°}{E_{a1}}=\dfrac{(226.8+68.15)\tan 30°}{57}=2.99$

2. 用库仑土压力理论计算：

用式（10.7.3）计算墙背 BC 上的主动土压力系数：

$$K_a=\dfrac{\sin^2(\alpha+\varphi)}{\sin^2\alpha\sin(\alpha-\delta)\left[1+\sqrt{\dfrac{\sin(\varphi-\beta)\sin(\varphi+\delta)}{\sin(\alpha+\beta)\sin(\alpha-\delta)}}\right]^2}$$

其中 $\delta=0$，$K_{a2}=0.515$

总主动土压力：$E'_{a库仑}=\dfrac{1}{2}\gamma H^2 K_{a2}=\dfrac{1}{2}\times 18\times 5.4^2\times 0.515=135\text{kN/m}$

其中，水平分量：$E'_{ax}=E'_{a库仑}\cos(40°+25°)=57\text{kN/m}$

竖直分量：$E'_{az}=E'_{a库仑}\sin(40°+25°)=122.3\text{kN/m}$

墙底板以上三角形部分的土重：$W_c=\dfrac{1}{2}\times(2.52-0.4\times\tan 25°)\times 5.0\times 18=105\text{kN/m}$

挡土墙混凝土自重：$W_h=(0.3\times 5.0+3.5\times 0.4)\times 23.5=68.15\text{kN/m}$

挡土墙抗滑稳定安全系数：

$$F_s=\dfrac{(W_{s2}+W_c+E_{az})\tan 30°}{E_{ax}}=\dfrac{(68.15+105+122.3)\tan 30°}{57}=2.99$$

可见两种计算方法的结果是完全一样的，但是用朗肯理论计算更简单一些。

10.8.6 墙背的形状有变化

1. 折线墙背情况

1) 延长墙背法

对于折线墙背，可以墙背的折点为界，分解成两个独立的挡土墙，计算上墙时不考虑下墙的存在，如图 10.8.11 (a) 所示。按库仑土压力理论计算上墙的主动土压力 E_{a1}；然后，将下墙的墙背向上延长到填土表面，用库仑土压力理论计算该假想墙的总主动土压力 E_a'，表示为三角形 DCE 的面积，扣除 AB 段的总主动土压力 E_{a1}' 三角形 DBF 面积，余下的梯形部分 $BFEC$ 面积就是下墙墙背 BC 上的总主动土压力 E_{a2}，则 E_a 为向量和 $\overline{E}_a = \overline{E}_{a1} + \overline{E}_{a2}$。

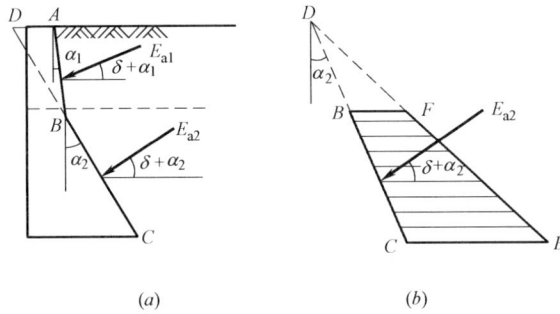

图 10.8.11 延长墙背法计算折线墙背挡土墙主动土压力

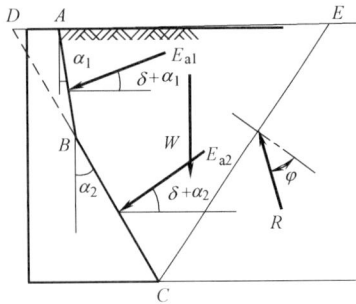

图 10.8.12 力多边形法计算折线墙背挡土墙主动土压力

2) 力多边形法

这个方法的上墙计算同延长墙面法，即不考虑下墙，按库仑土压力理论计算上墙的主动土压力 E_{a1}；在计算下墙时，考虑 $ABCE$ 滑动土体的静力极限平衡。按 W、R、E_{a1} 和 E_{a2} 的静力平衡计算下墙上的未知数——主动土压力 E_{a2}。计算结果与延长墙面法会有一定的差别（图 10.8.12）。

2. 墙背减压平台

对于地基承载力较高，尤其是墙背填土表面有荷载的情况，墙背可设减载平台，可有效地提高墙的稳定性，使地基上的附加应力更均匀。见图 10.8.13。

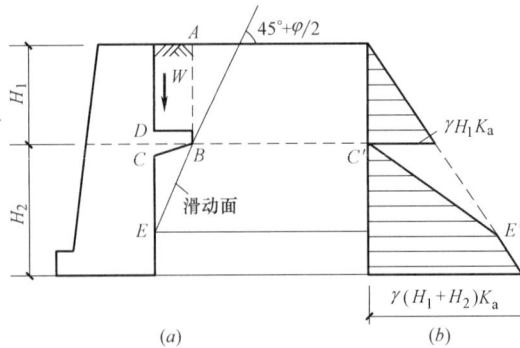

图 10.8.13 带减载平台的挡土墙土压力计算

对于图示的情况，可以用朗肯土压力理论计算。作用于 AB 墙背上的主动土压力如图 10.8.13（b）所示。而 C 点以上的土中已经有减载平台承担，C 点处的土压力为零。过 B 点的滑动面 BE 与墙背交于 E，则 CE 段的土压力为直线 $C'E'$ 分布，如图 10.8.13（b）所示。图中的阴影部分表示减载后的主动土压力分布。

10.8.7 加筋挡土墙

加筋挡土墙靠筋材的拉力承担土压力，通过滑动面以后的土体与筋材间的摩擦力将筋材锚定，保持加筋土体的稳定。筋材可能为各种金属拉带、各种土工格栅、土工布、加筋条带等。加筋土挡土墙可以是有墙面和无墙面的，图 10.8.14（a）为无墙面的包裹式挡土墙，其筋材一般为柔性的；图 10.8.14（b）表示的是整体混凝土墙面，筋材通过挂件固定在墙面后；图 10.8.14（c）表示的是砌块式墙面，筋材也是固定在砌块之后，施工中分层填筑碾压、分层加筋、分层砌筑墙面。

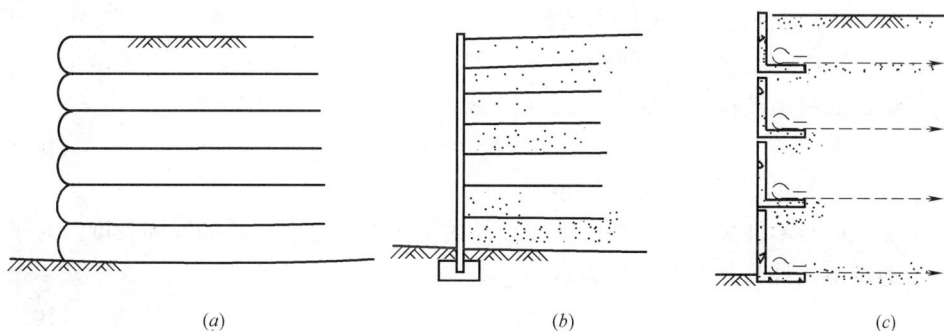

图 10.8.14　加筋挡土墙

加筋挡土墙中的力的传递如图 10.8.15（b）所示，筋材在滑动面两侧所受的摩擦力方向相反，在与滑动面相交处筋材的拉力最大。这样，作用在滑动楔体上的主动土压力被筋材的拉力所平衡，筋材被锚固在滑动面后的土体中，从而保证了墙体的稳定性。

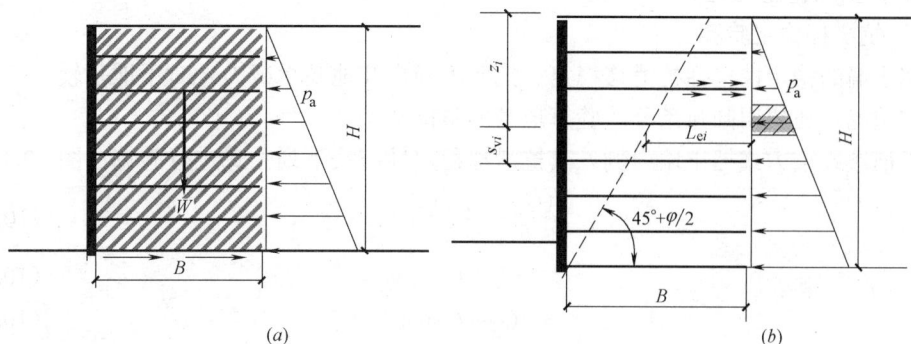

图 10.8.15　加筋的挡土墙的滑动面与稳定性

1. 整体稳定性

图 10.8.15（a）为墙体的整体稳定示意图，亦称外部稳定，一般设计加筋长度为（0.7～0.8）H，这就形成了一个由加筋土体组成的重力式挡土墙，它的整体抗滑稳定安全

系数可以通过加筋土体自重 W 在基底产生的摩阻力与主动土压力 E_a 之比计算。其主动土压力可通过朗肯土压力理论计算，如图 10.8.15（a）所示，一般加筋挡土墙可不验算抗倾覆稳定。

2. 内部稳定性

对于刚性不是很大的筋材，其滑动面是一条大约与水平面夹角为 $45°+\varphi/2$ 的平面，如图 10.8.15（b）所示。这时，主动土压力可以按朗肯土压力理论计算，即主动土压力系数为 $K_a=\tan^2(45°-\varphi/2)$。

验算内部稳定主要是验算筋材的抗拉破坏和抗拔稳定。图中，第 i 层筋材承担的土压力为其筋材竖向间距范围的主动土压力，见图 10.8.15（b）中的梯形阴影部分，对于片状的筋材，每延米筋材承受的拉力 T_i 等于这部分主动土压力之和。

$$T_i=K_a\gamma z_i s_{vi} \tag{10.8.15}$$

式中　z_i——筋材 i 距墙后地面的深度；

　　　K_a——筋材 i 处的主动土压力系数；

　　　s_{vi}——筋材 i 处的竖直向间距。

为了保证筋材不被拉断，应满足式（10.8.16）

$$T_a/T_i \geqslant 1.0 \tag{10.8.16}$$

式中　T_a——筋材的设计容许抗拉强度。

为了保证筋材不被拔出，它在滑动面以外的土体中需要有足够的锚固长度。对于片状筋材，可通过下式计算其有效长度 L_{ei}：

$$2\sigma_{vi}L_{ei}f \geqslant F_s T_i \tag{10.8.17}$$

式中　σ_{vi}——筋材上的有效法向应力，kPa；

　　　L_{ei}——筋材在滑动面以外的有效长度，m；

　　　f——筋材与土间的摩擦系数；

　　　F_s——筋材抗拔稳定安全系数，我国有关规范规定 $F_s=1.3$。

10.8.8　挡土墙设计的一些问题

1. 挡土墙稳定性验算

1）抗滑移稳定验算

挡土墙的稳定性包括抗滑移稳定、抗倾覆稳定和地基承载力，对于地基较差、挡土墙较高的情况，还要用圆弧条分法验算地基的整体滑动。

以前倾式重力式挡土墙为例，其抗滑移稳定性应按下列公式进行验算（图 10.8.16）。

$$\frac{(G_n+E_{an})\mu}{E_{at}-G_t} \geqslant 1.3 \tag{10.8.18}$$

$$G_n=G\cos\alpha_0 \tag{10.8.19}$$

$$G_t=G\sin\alpha_0 \tag{10.8.20}$$

$$E_{at}=E_a\sin(\alpha-\alpha_0-\delta) \tag{10.8.21}$$

$$E_{an}=E_a\cos(\alpha-\alpha_0-\delta) \tag{10.8.22}$$

式中　G——挡土墙每延米自重，kN；

　　　α_0——挡土墙基底的倾角，°；

　　　α——挡土墙墙背的倾角，°；

δ——土对挡土墙墙背的摩擦角，°；

μ——土对挡土墙基底的摩擦系数，由试验确定。

2）抗倾覆稳定验算

抗倾覆稳定性应按下列公式验算（图 10.8.17）：

$$\frac{Gx_0+E_{az}x_f}{E_{ax}z_f}\geqslant 1.6 \tag{10.8.23}$$

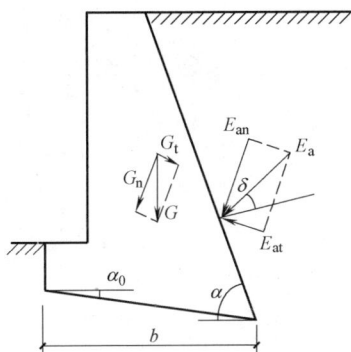

图 10.8.16　重力式挡土墙的　　　　　图 10.8.17　重力式挡土墙的抗倾
　　　抗滑移稳定验算　　　　　　　　　　　　覆稳定验算

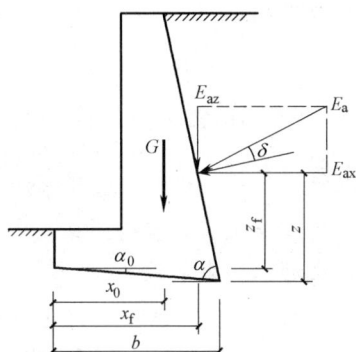

$$E_{ax}=E_a\sin(\alpha-\delta) \tag{10.8.24}$$
$$E_{az}=E_a\cos(\alpha-\delta) \tag{10.8.25}$$
$$x_f=b-z\cot\alpha \tag{10.8.26}$$
$$z_f=z-b\tan\alpha_0 \tag{10.8.27}$$

式中　z——土压力作用点与墙踵的高度，m；

x_0——挡土墙重心与墙趾的水平距离，m；

x_f——土压力作用点与墙趾的水平距离，m；

b——基底的水平投影宽度，m。

【例题 10.8.3】

某重力式挡土墙墙高 10m，底宽 6.0m，墙背竖直。墙后填土为中砂，填土面水平，$c=0$，$\varphi=32°$，$\gamma=17kN/m^3$，墙背与填土间的摩擦角 $\delta=16°$，混凝土单位重 23.7kN/m^3，墙底与地基土摩擦系数 $\mu=0.5$，如例图 10.8.3 所示。分别用朗肯理论和库仑理论计算该墙的抗滑和抗倾覆稳定安全系数。

【解】

（1）朗肯理论

这时，假设 $\delta=0°$。

主动土压力系数：$K_{a1}=\tan^2\left(45°-\dfrac{\varphi}{2}\right)=\tan^2 29°=0.307$

总主动土压力：$E_a=\dfrac{1}{2}\gamma H^2 K_{a1}=\dfrac{1}{2}\times$

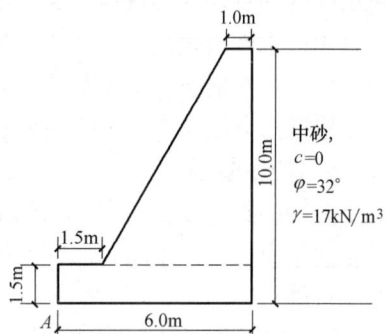

例图 10.8.3

247

$17 \times 10^2 \times 0.307 = 261.2 \text{kN}$

挡土墙混凝土自重：$W_c = \left[1.5 \times 6.0 + \dfrac{1}{2}(1+4.5) \times 8.5 \right] \times 23.7 = 767.3 \text{kN}$

挡土墙抗滑稳定安全系数：$F_s = \dfrac{767.3 \times 0.5}{261.2} = 1.47$

绕墙趾 A 转动：倾覆力矩：$M_0 = \dfrac{1}{3} H E_a = 261.2 \times 10/3 = 870.7 \text{kN} \cdot \text{m}$

抗倾覆力矩：

$$M_r = \left[1.5 \times \dfrac{6^2}{2} + 8.5 \times 1 \times 5.5 + \dfrac{1}{2} \times 3.5 \times 8.5 \times (1.5 + 2 \times 3.5/3) \right] \times 23.7$$
$$= (27 + 46.75 + 57.02) \times 23.7 = 3099.3 \text{kN} \cdot \text{m}$$

抗倾覆稳定安全系数：$F_s = \dfrac{3099.3}{870.7} = 3.56$

（2）用库仑土压力理论计算：

计算主动土压力系数：

$$K_{a2} = \dfrac{\cos^2 \varphi}{\cos \delta \left[1 + \sqrt{\dfrac{\sin(\varphi + \delta) \sin \varphi}{\cos \delta}} \right]^2} = \dfrac{0.7192}{0.9613 \times 2.69} = 0.278$$

总主动土压力：$E_a = \dfrac{1}{2} \gamma H^2 K_{a2} = \dfrac{1}{2} \times 17 \times 10^2 \times 0.278 = 236.4 \text{kN}$

其中，水平分量：$E_{at} = E_a \cos 16° = 227.2 \text{kN}$

竖直分量：$E_{an} = E_a \sin 16° = 65.2 \text{kN}$

挡土墙抗滑稳定安全系数：$F_s = \dfrac{(767.3 + 65.2) \times 0.5}{227.2} = 1.83$

倾覆力矩：$M_0 = \dfrac{1}{3} H E_a = 227.2 \times 10/3 = 757.3 \text{kN} \cdot \text{m}$

抗倾覆力矩：$M_r = 3099.3 + 65.2 \times 6.0 = 3490.5 \text{kN} \cdot \text{m}$

抗倾覆稳定安全系数：$F_s = \dfrac{3490.5}{757.3} = 4.61$

可见，由于考虑了墙背的摩擦，用库仑理论计算的抗滑和抗倾覆稳定安全系数更高一些。

2. 墙后填土的选择

挡土墙后填土的选择及填筑质量对于土压力的大小有很大的影响。良好的填土应有较高的抗剪强度和良好的渗透性。黏性土透水性差，有蠕变的趋势。因此一些规范建议墙后填土宜选用透水性较强的无黏性土，如炉渣、碎石、粗砾等。避免使用成块的硬黏土、冻土、有机质含量高的土和淤泥与淤泥质土。

填土应进行分层压实，施工时要检验填筑质量，同时做好墙后填土的排水设施。

3. 挡土结构的类型

挡土结构的类型很多，在不同的工程领域，使用不同的挡土结构形式。在建筑业，山区建筑常使用重力式挡土墙；而在基坑工程中，则较多使用支撑或锚拉的地下连续墙、排桩以及土钉墙等。

图 10.8.18 表示了不同形式的挡土结构。根据其结构特点可以分为：

（1）重力式挡土墙，见图 10.8.18（a），包括墙底前倾式、减压平台式和墙背折线

式等;

（2）悬臂式挡土墙，见图 10.8.18（b），这是一种 L 形断面的悬臂式挡土墙;

（3）扶壁式挡土墙，见图 10.8.18（c），它和悬臂式墙都可利用部分填土的重力增加墙体的稳定性;

（4）土钉墙，见图 10.8.18（d），它可以用于永久性支挡，也可用于临时支挡，主要用于基坑工程和土坡加固;

（5）内支撑式挡土结构，见图 10.8.18（e），其支挡结构部分可以是地下连续墙或排桩，一般还有纵向的冠梁和腰梁，多用于软土地区的基坑工程;

（6）悬臂或锚杆式支挡结构，见图 10.8.18（f），前者用于开挖深度不大的基坑，后者用于土质较好、开挖较深的基坑;锚杆式支挡结构适用于土质较好，但基坑开挖深度较深的情况，可以设几层预应力锚杆;

（7）加筋土挡土墙，见图 10.8.18（g），近年来使用土工合成材料的加筋土挡墙在各种工程领域广泛应用;

（8）锚定板挡土墙，见图 10.8.18（h），多用于路肩或路堤，可为肋柱式与无肋式，拉杆可为单层或多层，肋柱间距 2.0～2.5m。

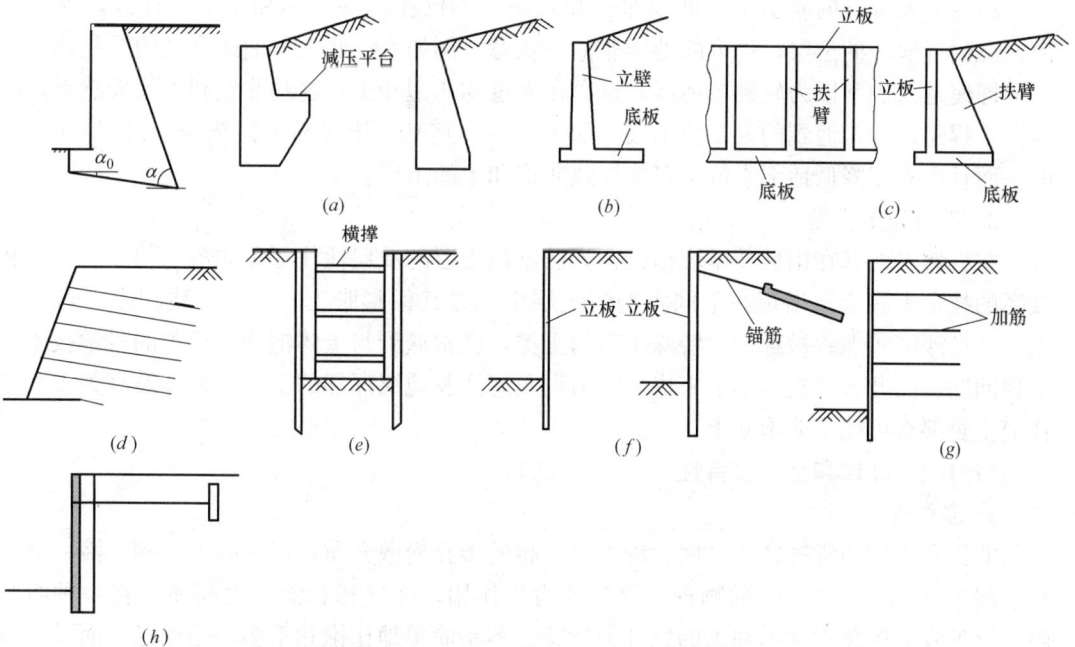

图 10.8.18　不同类型的挡土结构

上述的各类挡土结构中，又可分为刚性挡土墙与柔性挡土墙，后者结构本身的变形是很明显的，土压力受结构变形的影响明显。在计算结构的变形和内力时，要考虑压力与变形的耦合作用。

第 11 章　非饱和土力学概论

11.1　概　述

11.1.1　引言

1. 非饱和土的概念

土在传统土力学研究中，被看作是由土颗粒、土中水及土中气三相组成的。因此，就其孔隙中充满水的程度，可将土分为饱和土（饱和度 $S=100\%$）及非饱和土（$S<100\%$）。饱和土是由土、水两相组成的，而非饱和土中除了土、水两相外，孔隙中还有其他流体（如空气、收缩膜等），因此非饱和土是指土孔隙由水和空气填充，即饱和度小于 100% 但大于 0 时的土。

2. 非饱和土的分布

地球上大部分的表层土均处于非饱和状态，不仅在那些干旱和半干旱地区，就是在河、海附近地区的土层，也可能处于非饱和状态，例如海洋底下含油或含气的沉积物。

即使是人们常以为软黏土地区，也存在大量的非饱和土。这些非饱和土除天然形成的外，工程建设中常遇到的人工填土层（如土石坝、路基、压实黏土衬垫等），也是非饱和的。而且，人工降低地下水位也可能导致非饱和土的出现。

3. 非饱和土类型

在自然界尤其在山坡及岸坡地带，天然沉积土层的浅层往往都是非饱和的。与工程相联系的技术难题常常出现在不同类型的土层中，尤其像膨胀土、黄土、残积土、若干红土、戈壁沙漠等那些被称为"特殊土"的土类，经常遇到与土体饱和度相关的科学技术和工程问题。因此，从土质学上来讲，除河湖及海洋及地层深部的土体外，涉及有关工程的任何土类都有可能是非饱和土。

11.1.2　非饱和土一般特性

1. 多相性

非饱和土曾通常被认为是固、液、气三相的多孔松散介质，但实际上，固、液、气三相之间不仅具有复杂多变的物理、化学及力学作用，在气相和液相之间还存在一种收缩膜。这种收缩膜使得非饱和土的物理力学特性不是简单地比饱和土多一相而已，而是导致了极为复杂的物理性态变化。因此，目前越来越重视收缩膜的作用，并将其作为单独一相来看待。非饱和土的变化过程实际上是土骨架结构系中各要素调整的过程，也是适应这种土结构变化的液、气相在结构孔隙中变形或运移过程。

2. 吸力作用

吸力是非饱和土体内部土颗粒的表面与孔隙内的水和气相互作用而产生的，与外荷载作用没有直接联系。总吸力通常包含基质吸力和溶质吸力两部分。当不考虑土体中孔隙水化学浓度变化时，溶质吸力的影响可以忽略，此时主要关注基质吸力。

非饱和土与饱和土在力学方面最大的区别是吸力的存在，吸力使得非饱和土性质与饱和土有较大不同，对非饱和土的变形、强度和渗透性有很大影响。吸力的存在使得非饱和土比同土质成分的饱和土具有更大的抗压缩性或刚度。土的抗剪强度会随着基质吸力的增加而增加，同时吸力也是土体抗拉强度的主要来源之一。在非饱和土中，因土孔隙中部分充气，导水孔隙相应减少，因而水渗透系数也比饱和土低。

但是，吸力尤其基质吸力，源于土体的非饱和含水量，故吸力随着土体含水量的变化而变化。基质吸力主要受水-气交界面（即张力收缩膜）的影响，并且与饱和度的变化密切相关，常用土水特征曲线来表征；从另一方面来看，一旦非饱和土的水环境和状态产生增湿变化，吸力就会下降甚至消失。因此，吸力是一把"双刃剑"。利用吸力时，保持吸力存在的可靠性至关重要。

3. 压缩性与固结

非饱和土的压缩性与饱和土仅取决于外加应力不同，还受到吸力及其变化的影响。因此，研究非饱和土的压缩性和固结，需要考虑吸力作用。

非饱和土体的压缩性虽然由于收缩膜的存在会导致土骨架的刚度有所提高，但是当土体内气相成分很高、封闭气体产生压缩以及与孔隙水一样，在压力梯度下导致非饱和土的固结变形加大。

4. 环境敏感性

天然环境里的非饱和土极易受到气候条件等因素的影响。如图 11.1.1 所示，在大气温度变化、降水与蒸发、植被覆盖及地下水位波动等情况下，非饱和土的水气状态会随之产生变化。这种变化常常引起非饱和土中吸力的不稳定性，改变土体的各种物理力学特性，带来难以预测的变化或工程事故。因此，非饱和土的环境敏感性也使得非饱和土特性的研究与环境岩土工程紧密相关。

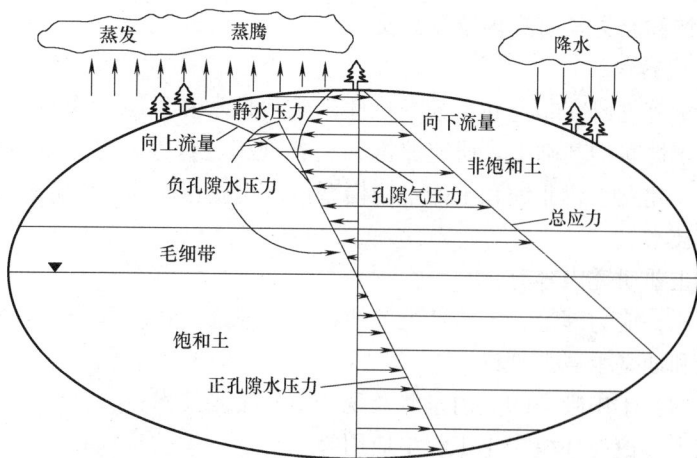

图 11.1.1 非饱和土受到的环境影响

11.1.3 非饱和土工程问题

传统土力学中，土的工程性质主要包括土的变形、强度和渗流三个方面。非饱和土力学特性也是仍然体现在这三个方面。但是，由于非饱和土更明显的多相性，使得非饱和土在这三个方面遇到的问题更加复杂，而且更加宽泛。这些问题很多都不能采用传统的基于饱和土力学的原理和方法来解决。

1. 与变形相关的问题

非饱和土在变形方面的主要问题有：

（1）膨胀土的膨胀与收缩问题；

（2）黏性土的脱水开裂问题；

（3）土的崩塌问题；

（4）地基的固结与沉降问题；

（5）土的压实问题等。

2. 与强度相关的问题

非饱和土在强度方面的主要问题有：

（1）天气变化条件下的土坡稳定及滑坡问题；

（2）侧向土压力及挡土结构稳定性问题；

（3）基坑开挖及钻孔的稳定性问题；

（4）湿度变化条件下的浅基础承载力问题；

（5）应力波传播相关的土体破坏问题等。

3. 与渗流相关的问题

非饱和土在强度方面的主要问题有：

（1）土体与大气界面的水量平衡问题；

（2）与饱和土层或含水层的水量进出问题；

（3）废物的地下存储及污染防护问题；

（4）近地表土的污染输移及修复问题；

（5）非饱和土堤坝及基坑中的渗流问题等。

11.1.4 非饱和土力学研究内容及意义

1. 主要研究内容

非饱和土力学首先研究非饱和土基本特性，尤其是水和气在土中孔隙中的迁移规律。在基本弄清其力学性状的基础上，研究非饱和土各种相关特性，如体变特性、强度特性、水气运动特性等，建立符合非饱和土的本构模型，以建立相应的数值分析方法、实用计算方法及工程应用技术。

非饱和土的主要研究内容有：

（1）基本理论：应力理论、土水特征曲线、渗流理论、强度理论、本构理论、固结理论、土压力理论和地基承载力理论；

（2）量测技术：土中吸力的室内量测及现场工程实测技术；

（3）非饱和土理论在环境岩土工程中应用等。

2. 研究意义

由于非饱和土本身较饱和土的性状复杂，而且经典土力学在其发展过程中将重点放到饱和的砂、粉土和黏土上，故人们对非饱和土的认识不是很完善。然而，工程实践中遇到的很多是非饱和土，其很多性状并不符合经典土力学的原理。作为土力学基本框架的重要组成部分，饱和土的强度理论已经基本趋于成熟，而非饱和土理论尚不十分完善。研究非饱和土的工程特性及科学问题，能够揭示复杂的非饱和土工程问题的机理及其规律性，提出更为先进、合理的分析手段和设计方法。

11.1.5 非饱和土力学发展与展望

20世纪中叶，非饱和土力学研究的复苏是土力学发展中又一具有长远影响的事件。早在20世纪30年代，即土力学成为一门独立学科后不久，土力学研究者就开始考虑非饱和土问题。以Fredlund等所著的"Soil mechanics for unsaturated soils"一书为非饱和土力学作为土力学的一个重要分支学科的诞生得起点，使非饱和土力学理论和测试技术的研究取得了重大进展。岩土工程中遇到的土大多数处于非饱和状态，非饱和土的工程性质已成为20世纪90年代以来国际土力学界研究的热点问题之一。

非饱和土力学的发展是围绕吸力这一基本概念而开展的。20世纪初，土中吸力理论概念已在土壤物理学中得到发展。土的吸力理论主要是同土—水—植物相关联而发展起来的。土的吸力在解释工程问题中的土的力学性状方面具有重要意义。围绕这一概念，不同人提出了不同的吸力概念。Frdelund等认为，总吸力分为基质吸力和渗透吸力；沈珠江则提出了广义吸力的概念。国内外许多学者还通过试验研究非饱和土的抗剪强度，总结出了各自的非饱和土抗剪强度理论和公式，并逐步应用于岩土工程实践。

目前，国际和国内非饱和土研究工作主要体现三种趋势：

（1）从宏观和微观的层面上，对非饱和土的基本特性和工程性状进行较为本质的研究。从根本上认识非饱和土的真实组成和各种性状，包括其物质组成（矿物成分和胶结物质）、结构和组构、应力变量、体积变化、抗剪强度和剪切刚度特性、吸力变化对土的含水率、水的流动以及变形的影响，然后在认识其面目和行为的基础上再建立相关的本构关系和各种计算公式，并进行数值模拟。

（2）将非饱和土的研究尽量与现有的饱和土力学的原理、方法和成果联系起来，即在现有饱和土的有关原理的基础上考虑一定的非饱和土特性指标，形成新公式，以便尽快在工程实际问题中得到应用。

（3）在非饱和土的特性进行研究和认识的过程中，同时加强与工程问题的衔接，建立既反映非饱和土主要特性，在形式上也比较简便的实用分析和计算方法，并在工程中应用。

非饱和土力学研究还远远不够成熟，很多更为复杂的特性和问题尚未得到很好的认识与解决。总体来讲，非饱和土力学还是一门很年轻的学科，有待于更大的发展。

11.2 相态特性与基质吸力

11.2.1 非饱和土的相态特性

相态特性是从土质结构理论角度来揭示非饱和土的特性，它是非饱和土一切特性变化的依据。根据土的饱和度 S 定义，当饱和度 $S=0\%$，土中没有孔隙水，如沙滩上的风干沙，即为理想的干土；当饱和度 $S=100\%$，则土中不含有气体，如地下水位下的软黏土，即为理想的饱和土；介于干土和饱和土之间的土则是非饱和土，其孔隙中同时含有液态水和气体。因而，通常认为非饱和土具有土颗粒呈固相、水呈液相及空气呈气相的多相性。

当在非饱和土中液相与气相接触时，水气交界面是一个由收缩膜张力和固液间吸附力的共同作用而造成，通过吸附力粘在土的骨架颗粒上，呈一个马鞍形翘曲的弯液面。由于水与气材料的自由能特性差异作用，形成了弯液面处的收缩膜（contractile skin）。为了维持它的平衡，在收缩膜气一侧的孔隙气压力和水一侧的孔隙水压力并不能相等，并分别显示正和负的不同效应，使土颗粒受到液相水的吸力。

Fredlund 等把收缩膜定义为非饱和土除传统意义上的固相、液相及气相以外的第四相，如图 11.2.1（a）所示。收缩膜本身很薄，只有几个分子的厚度，因而在建立非饱和土的体积—质量关系时，一般没有必要将其单独分离出来考虑，而视为液相的一部分，如图 11.2.1（b）所示。非饱和土中收缩膜的重要意义不在于其质量大小，而在于其特殊的物理力学特性：

（1）收缩膜与相邻的液相水体有区别，其密度较小，热传导性质高，光折射性与冰相似，从液态水转化为收缩膜的过程是很明显的；

（2）收缩膜的最显著特征是它能够承受拉力作用，在张力作用下像弹性薄膜那样处于土体结构中；

（3）非饱和土中液、气两相之间的，存在弯液面的受力状态及其变化导致水、气体积变化及运动。

非饱和土包括收缩膜在内的多相性，正是导致非饱和土物理力学特性复杂的根本原因。在非饱和土中，由于以气泡形式存在的少量空气会使孔隙中的液相成压缩性增大；较大量的空气在土体中形成连续的气相，从而形成了土中的孔隙气压力 u_a。正是由于孔隙气压力 u_a 与孔隙水压力 u_w 的差别，使得非饱和土的特性显著不同于饱和土的特性，导致有些经典的基于饱和土力学概念与理论不再适用。

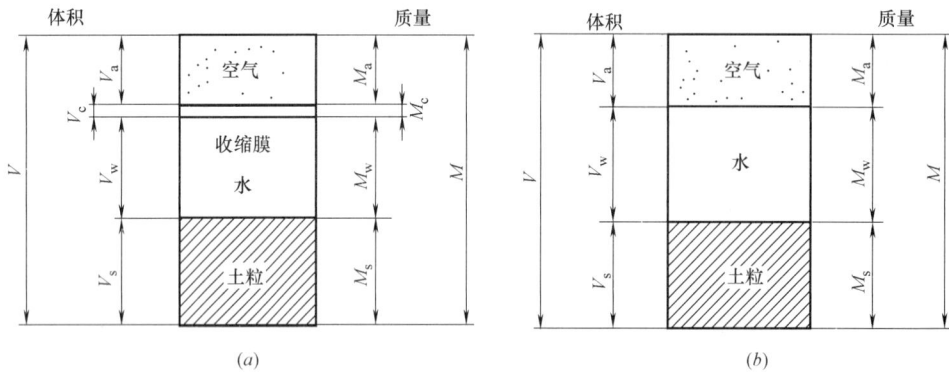

图 11.2.1 非饱和土的四相示意

11.2.2 非饱和土的水气状态

非饱和土的水气状态是指由于非饱和土中孔隙水与孔隙气含量差异导致的存在方式和可运移特性。

气相形态的研究是研究非饱和土力学性质的前提。Gulhati 最早将非饱和土按照饱和度的大小，分为三个阶段：

（1）高饱和度时，空气以封闭气泡的形式存在于孔隙水中，称为封闭阶段；

（2）低饱和度时，气体存在于土内部的通道上，而水则以透镜体形式包围颗粒的接触点，或以气水弯液面形式包围颗粒接触点，故称为透镜体阶段；

（3）介于上面两阶段之间的，称为过渡阶段。

俞培基等依据土的饱和度不同，将非饱和土划分为水封闭、双开敞和气封闭三个阶段，并用高柱法、水渗透试验和击实试验求得三种状态分界饱和度值。

Fredlund 以饱和度大小为依据，将非饱和土分为：具有连续气的非饱和土，其饱和度通常小于 80%；具有封闭气泡的非饱和土，其饱和度通常大于 90%；当饱和度在80%～90% 时，出现介于连续气相与封闭气泡之间的过渡状态。

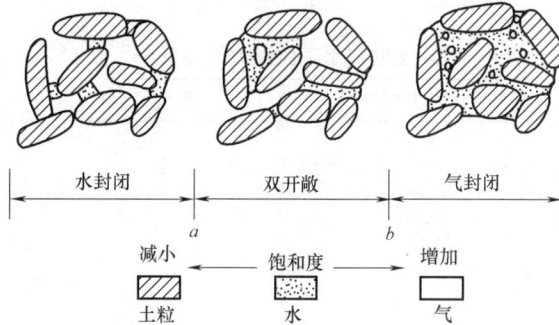

图 11.2.2 非饱和土水气封闭与开敞

由图 11.2.2 可见，随着饱和度的不同，非饱和土可以分为气封闭、气-水均连通和气连通三种状态。所谓水封闭，是指由于含水量太小，土中水被大量的气体所包围或封闭，几乎难于运移，即使有一些少量的水分运移，也可以近似归为气体运动来考虑；所谓气封闭，是指由于饱和度很高，如黏性土中 95%～98% 以上，少量气体为孔隙水所包围，不能自由运移或有少量运移，也可以近似归为自由水体的运动来考虑；所谓双开敞，是指孔隙水和孔隙气的含量没有很大差别，液、气两相各自都不可以并到另一相中去考虑。

综上所述，在这上述三种状态中，双敞开状态又可继续分为气体部分连通和气体内部连通。非饱和土的特性研究与应用与其水气状态紧密相关。目前，非饱和土的变形及固结理论研究是主要针对气－水双连通状态，其饱和度大概在 50%～95%（对有黏性的土或细粒土）或 20%～80%（粒状土或粗粒土）的范围，而强度特性则主要针对水封闭和双开敞两种状态。

11.2.3 非饱和土的基质吸力

1. 弯液面与表面张力

非饱和土水气界面通常存在一个弯液面。弯液面处形成收缩膜，而具有表面张力。表面张力的产生是由于收缩膜内的水分子受力不平衡。水体内部的水分子承受各向等值的力作用，收缩膜内的水分子有一指向水体内部的不平衡力作用，为保持平衡，收缩膜内必须产生张力。收缩膜承受张力的特性，称为表面张力 T_s，以收缩膜单位长度上的张

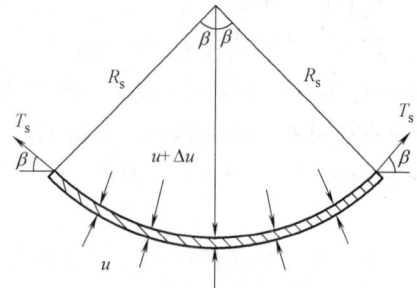

图 11.2.3 作用于收缩膜上的压力差和表面张力

力大小来表示。如图 11.2.3 所示，表面张力的作用方向与收缩膜表面相切，其大小随温度的增加而减小。表面张力使收缩膜具有弹性薄膜的性状。根据其受力平衡条件，建立曲面两侧的压力差 Δu 与表面张力 T_s 及薄膜曲率半径 R_s 的关系为：

$$\Delta u = \frac{T_s}{R_s} \tag{11.2.1}$$

式中 R_s——弯液面处收缩膜的曲率半径，m；

T_s——弯液面处收缩膜的表面张力，N/m，可根据温度查表11.2.1确定。

Δu——薄膜曲面两侧的压力差，kPa。

对于曲率半径各向等值的三维薄膜，根据 Laplace 方程特性，可将上式延伸写为：

$$\Delta u = \frac{2T_s}{R_s} \tag{11.2.2}$$

温度与水表面张力的关系   表 11.2.1

温度 t(℃)	表面张力 T_s(MN/m)	温度 t(℃)	表面张力 T_s(MN/m)
0	75.7	40	69.6
10	74.2	50	67.9
15	73.5	60	66.2
20	72.75	70	64.4
25	72.0	80	62.6
30	71.2	100	58.8

2. 基质吸力

在非饱和土中，水气界面处的弯液面是由于收缩膜内外的压力差造成的。由于收缩膜气体一侧的孔隙气压力 u_a 与液体一侧的孔隙水压力 u_w 不相等的，且孔隙气压力大于孔隙水压力，收缩膜产生弯曲现象。这个弯液面处收缩膜两侧的压力差 Δu 来源于孔隙水压力和孔隙气压力的差异，故式（11.2.2）可以写为：

$$(u_a - u_w) = \Delta u = \frac{2T_s}{R_s} \tag{11.2.3}$$

式（11.2.3）称为 Kelvin 毛细模型方程，而基质吸力是由于土体中孔隙内毛细作用导致的，因而又称为毛细力或毛细压力。水随着土的基质吸力增大，收缩膜的曲率半径减小。当孔隙气压力和孔隙水压力的差值即基质吸力为零时，曲率半径会变成无穷大，即水—气界面变为水平面。

当与土体同高程的纯净自由水体（受重力作用，自由表面承受大气压力）通过半透膜（阻止粒子及固体颗粒通过，只允许水分子通过）与土体接触，自由水将被吸入土中，要阻止不被吸入，必须施加一个负的压力，这一平衡负压力称为这种湿度状态下土体的吸力（suction），是土中水、气作为材料的自由能的差异导致的，因而称为基质吸力（matric suction）。

基质吸力是非饱和土特有的最重要力学变量。它是非饱和土本质特征的力学反应，是区别于饱和土的基本力学特征。它和土的饱和度 S 或气相的连通程度，即水和气的存在状态具有直接而密切的联系，因而它直接影响非饱和土的压缩性、强度及渗透性等全部力学性质。在研究非饱和土的压缩性、强度及渗透性等性质时，通常按下式定义非饱和土的基质吸力：

$$s = u_a - u_w \tag{11.2.4}$$

式中 s——基质吸力，kPa；其他符号意义同前。

由此可见，非饱和土的孔压包括孔隙水压力 u_w 和孔隙气压力 u_a 两个方面。孔隙气压力一般大于零（即高于大气压），而孔隙水压力总小于零（低于大气压）。基质吸力表示土对其中水分的吸持作用，也是区分饱和土与非饱和土的分水岭。

11.2.4 基质吸力测量

非饱和土的基质吸力在土的应力-应变分析、渗流分析及强度分析等具有极其重要的作用，但是基质吸力作为材料内部的基本状态需要实际测量，才能研究非饱和土的物理力学状态和特性。测量吸力的方法有很多种，通常按测试的途径分为直接测量法和间接测量法。

1. 直接测量法

直接测量法主要有压力板法、Tempe 仪法和张力计法。

1）压力板法

通常，在试验室内用压力板仪测定土样的土水特征曲线。吸力，自然状态下一般表现为负孔隙水压力。根据轴平移原理，可使孔隙水压力保持定值（通常为大气压），而对试样施加高的气压力，以得到所需的吸力值。压力板仪由高进气值陶瓷板实现对试样中孔隙水压力和孔隙气压力的分别控制。将土样放置于饱和的高进气值陶瓷板上，增加气压力，导致土样排水，待平衡时称量其重量，再逐级施加下一级压力，得到各级吸力下相应的含水量即可得到土水特征曲线的干燥曲线；压力逐级减小时土样吸水，同样测量各级吸力下相应的含水量，即得到土水特征曲线的浸湿曲线。

该仪器（图 11.2.4）可量测最大基质吸力值为 1500kPa，适用于干燥曲线和浸湿曲线的测试。试验步骤：将饱和土样与饱和高进气值陶土板充分接触，先将陶土板下面的空气排净，并充满水和量管连接，以保证试样水量变化可由量管指示读出，试样内 $u_w=0$。逐级增加容器内的空气气压 u_a，待到吸力 s 平衡时，读出量管指示数。逐级施加空气气压并记录 u_a 值及含水量变化，以便反算含水量。施加最后一级空气压力后，记录吸力值 $u_a-u_w=s$，称量试样质量，烘干后计算质量含水量 w。再利用两次量管体积读数差反算不同吸力值下的试样含水量 w，绘出土水特征曲线。计算得不同吸力值下的体积含水量 θ；计算得不同吸力值下的饱和度 S。

2）Tempe 仪法

Tempe 仪是一种可测量非饱和土吸力的专门仪器。该仪器适用于基质吸力高达 100kPa 的情况，可量测干燥曲线。将饱和试样与饱和高进气值陶土板充分接触，陶土板下的底板上有一排水管，供土样排水之用。通过施加气压 u_a 控制基质吸力 $u_a-u_w(u_w=0)$，待吸力平衡后称量试件和仪器重，以便测定含水量变化。施加更高气压后，重复这一步骤。施加完最后一级气压后，取出试样，烘干测定含水量 w，根据前面测定的

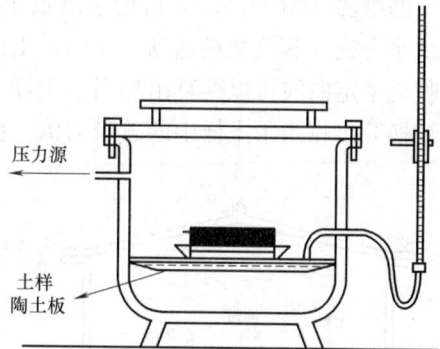

压力源

土样
陶土板

图 11.2.4 压力板仪法示意

试样和仪器重反算不同吸力值（u_a）下对应的重力含水量值，用以绘制减湿段土水特征曲线。

3）张力计法

TEN型张力计（图11.2.5）具有操作简单、精度较高等特点，可以测量0～100kPa范围的基质吸力。其量测系统主要由探测管和真空表两部分组成，探测管由聚碳酸酯管和高进气阀值的陶瓷头加密封橡胶圈组成。其工作原理是将充满水密封的张力计陶瓷头插入非饱和土体中后，张力计内的自由水通过多孔陶瓷头壁与土体中水分建立水力上的联系。当土体含水率较低时，与陶瓷头接触的收缩膜，即土体孔隙中水气分界面上的表面张力趋于将管内的水分吸出，从而在管内顶部形成局部真空；当土体含水率较高时，水分被吸回管内使真空度减少。高真空值读数表明土体干燥，低真空值读数则表明土体湿润。

将土样制成边长为30cm的方形试样，采用直径约为张力计探头直径的钻头在试样中心打孔，孔深应大于陶瓷头的长度。成孔后，在孔底取样用烘干法测得质量含水率；然后，将孔底散样清理干净，将排气后充满水的张力计竖直向下插入土样钻孔中，并用与土样相同湿度的细砂填充钻孔与张力计间的空隙。待张力计读数稳定后，即测得该含水率下的基质吸力。

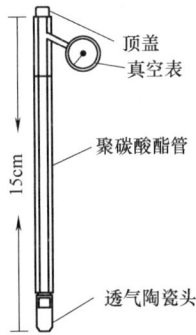

图11.2.5 TEN型
张力计

2. 间接测量法

间接测量法主要有盐溶液法、滤纸法、GDS四维应力路径法、高速离心机法等多种方法，简要介绍如下。

1）盐溶液法测试

当基质吸力超过1500kPa时，可用盐溶液法（图11.2.6）进行量测。将土样放在陶瓷坩埚内，放入干燥器，每一干燥器可容纳4个坩埚，用磁力棒搅拌盐溶液，在不同蒸汽压即吸力值下达到平衡后，测得坩埚及土样质量，测得的质量差即为土样含水量变化。利用滤纸含水量变化检测蒸汽压是否达到平衡，测得的滤纸含水量根据，滤纸的吸力率定方程计算吸力值。不断改变蒸汽压，最后一次蒸汽压平衡测量后，取出坩埚内土样，烘干土样计算含水量，并利用测得的含水量变化反算不同蒸汽压平衡后的吸力值。

2）滤纸法测试

滤纸法（图11.2.7）可用于测量土体的基质吸力与总吸力。滤纸与土样接触，土与滤纸水分或水蒸气交换达到平衡后，土体含水量与滤纸含水量近似相等，通过滤纸含水量与吸力率定曲线可以换算出相当于土样中的基质吸力值；与土样不接触的滤纸，通过率定曲线换算出相当于土样中的总吸力值。滤纸法可量测相当大范围的吸力值。

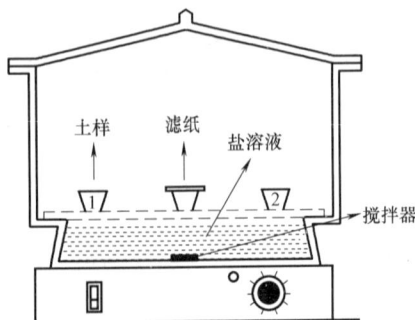

图11.2.6 盐溶液法仪器示意

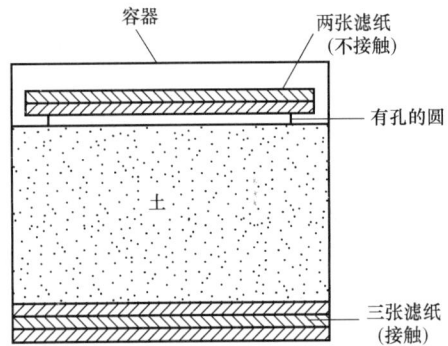

图11.2.7 滤纸法测基质吸力与总吸力

3）GDS四维应力路径法

利用GDS仪器（图11.2.8）在围压和偏应力不变的条件下测试土的吸力。试验开始前施加一个小的轴向荷载，以确保试样和底座间接触良好。开始时，孔隙气压较高，孔隙水压较低，待达到平衡而孔隙水没有（或者很小）体积变化（反压控制器控制），即认为吸力平衡。不断增大（或减小）孔隙水压变化，测得不吸力平衡条件下的孔隙水变化量。待施加最后一次孔隙水压后，测得试样含水量，并利用孔隙水变化量反算不同吸力值下的试样含水量。

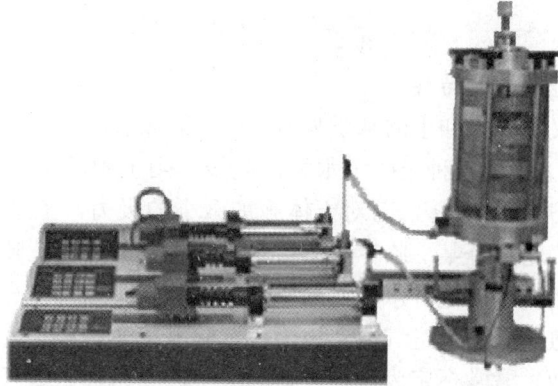

图 11.2.8　GDS三轴试验系统

4）高速离心机法

高速离心机法测试基质吸力的原理是将重力场装置搬移到离心力场，把土柱法测试水势全部搬离到离心机场。首先，在室内将土样按照一定密度为标准分层装入环刀中，制备上样若干。将这若干土样吸水饱和，测试得到其平均饱和含水率。其后，将这几个土样放入高速离心机内，开启离心机。随着离心机转速的逐渐加大，土样中的水会不断甩出。而甩出来的水会自动收集到一个玻璃容器内，记录下每个转速下被甩出来的水的体积，从而换算出在某个转速下土样的含水率，取其平均值。根据离心机铭牌上所标识的公式算出基质吸力水头，取其平均值。

11.3　土水特征曲线

11.3.1　土水特征曲线的概念

非饱和土的基质吸力随着土体含水量的变化而变化。非饱和土的土水特征曲线（Soil Water Characteristic Curve，简称SWCC）是描述非饱和土含水数量与基质吸力之间关系的数学方程。具体可有质量含水量与基质吸力的关系（w-s）、体积含水量与基质吸力的关系（θ-s）和饱和度与基质吸力的关系（S-s）三种形式，而这三种形式是可以相互转换的。可以根据不同性质的问题，使用其不同的形式。

由于它能够反映非饱和土的孔隙大小和分布规律等孔隙结构特性和持水能力，因此在非饱和土工程中，SWCC可以用于确定非饱和土基质吸力、压缩性、渗透性及强度特性的相关计算尤其是非饱和土数值分析，因而具有十分重要的意义和作用。

土水特征曲线通常以基质吸力 s 为横坐标，含水量 w 为纵坐标。也常见采用体积含水量 θ 或饱和度 S 为纵坐标的表达方法。

由土的三相比例指标中的基本体积—质量关系可知，饱和度 S 与含水量 w 的关系为：

$$S=\frac{wd_s}{e}\times100\% \tag{11.3.1}$$

式中　d_s——土粒相对密度；

e——土的孔隙比；其他符号意义同前。

体积含水量 θ 定义为水的体积 V_w 与土的总体积 V 之比，与含水量 w 的关系为：

$$\theta=\frac{V_w}{V}=\frac{wd_s}{1+e}\times100\% \tag{11.3.2}$$

11.3.2　土水特征曲线的特性

土水特征曲线定义了非饱和土的基质吸力 s 和质量含水量 w、体积含水量 θ 或饱和度 S 之间的关系。图 11.3.1 为某种土的土水特征曲线。当土中的水分处于饱和状态时，体积含水率为 $\theta=\theta_w$，而吸力 s 为零。若对土体施加微小的吸力，土中尚无水排出，则含水率维持饱和值。当吸力增加至某一临界值 s_a 后，由于土中的最大孔隙不能抗拒所施加的吸力，于是土体开始排水，相应地含水率开始减小。饱和土开始排水意味着空气随之进入土中，故称该临界值为进气吸力或进气值。该值在试验测定非饱和土的基质吸力（或负压力水头）时是一重要参数，常常标定为试验设备的唯一性能指标，进气值越大，试验设备性能指标要求越高。当基质吸力超过进气值时，若吸力继续增大，土水会开始从孔隙中逐渐排出。由于土水首先从大孔隙中排出，所以当吸力不大时，随着基质吸力的微小变化，含水率会发生较大的变化；当吸力很高时，只在十分狭小的孔隙中才能保持有限的水分，所以较大范围的吸力变化才会引起较小的含水率变化。当含水率减小到一临界值时 θ_r，吸力再变化也不会减小土的含水率，此临界含水率称为剩余含水率或残余含水率。

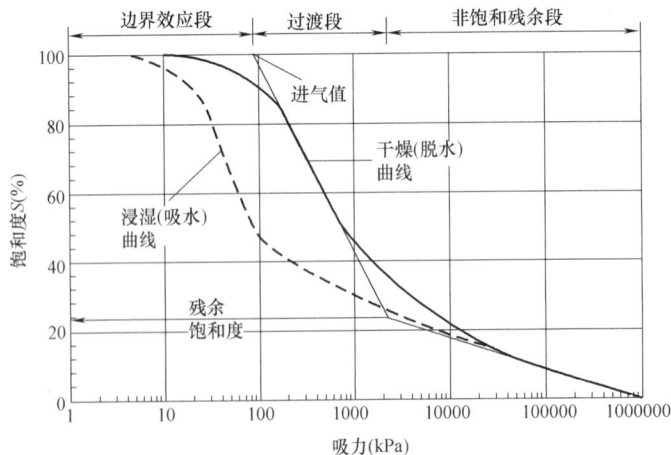

图 11.3.1　非饱和土的土水特征曲线

非饱和土吸收水和保留水的能力可以通过其水的滞留曲线（土水特征曲线 Soil Water Characteristic Curve，SWCC）来定量分析。

土水特征曲线可以描述为当含水量随吸力的变化而变化时，对土的持水能力的一种度量。通过土水特征曲线和常规的饱和土参数，可用理论和经验的关系是来模拟和预测非饱和土的参数，如渗透系数和抗剪强度。这一过程对工程实践者很有吸引力，因为严格的非饱和土室内试验很困难、很耗时，而且费用也高。一般，都是利用一个在有限的吸力范围内（通常是 0～1500kPa）的土水特征曲线来模拟非饱和土性状的。从图 11.3.1 中可看出，当吸力从 0 变换到 10^6 kPa 时，土就由饱和状态状逐渐变为干燥状态。

如果试验的吸力范围较小（即 0～1500kPa），土水特征曲线可在普通的坐标上标绘。而当吸力范围很大时，则常采用半对数坐标绘制曲线（图 11.3.1）。土水特征曲线的主要特性可由这张图来解释。

1. 进气值

进气值 s_{aev}（air entry value），理论上讲是指引起土体内部最大孔隙中，产生减湿所必需的孔隙水、气压力差（即进气）。通过将土水特征曲线中斜率恒定的部分延长并与饱和度 $S=100\%$ 时的吸力轴相交（图 11.3.1），可以得到对应的吸力值，这就被称作进气值。

进气值是土水特征曲线上的一个突变点。当吸力达到了进气值后，含水量就会随着吸力的增加而大幅度下降，意味着土中孔隙进气即减湿过程的开始。如果图中的纵坐标采用体积含水量 θ，则延伸至进气值的倾斜段的斜率值就等同于体积压缩系数 m_v。

2. 残余饱和度

残余饱和度 S_r（residual degree of saturation）是当液相开始变得不连续时的饱和度。残余饱和度代表一个含水量值，当减湿到这个值后，土中的水会越来越难于通过吸力的增大而排出，即吸力对减湿作用大幅下降，而只有通过蒸发才能有效排水。

残余饱和度点往往难于确定。传统意义上，土水特征曲线被定义在 0～1500kPa 的吸力范围内。吸力 1500kPa 具有重要意义，称为"残余吸力"。当含水量接近残余饱和度即近似一常量时，吸力会沿着土水特征曲线增加而渐近于无穷大。当应用包含整个吸力范围（即 0～10^6 kPa）的土水特征曲线时，有一种作图方法可以确定残余饱和度（图 11.3.1）。做法是先将曲线中部的直线段延长，再从 10^6 kPa 沿曲线作另一条延长线，则残余饱和度可定义为上述两条延长线的交点所对应的饱和度（图 11.3.1）。

残余饱和度在非饱和土的物理力学特性中有重要的意义。利用这一概念，可以预测渗透性或抗剪强度的相关参数。

3. 可区分的阶段

通过确定进气值以及残余饱和度，土的减饱和过程可分为三个阶段（图 11.3.1）：边界效应段、过渡段和非饱和残余段。同时，图 11.3.1 也说明了土水特征曲线不同阶段土中含水量的变化趋势。

在边界效应阶段，几乎所有土中的孔隙都充满水。在过渡阶段土会在进气值时减饱和。此阶段中，随着吸力增大，水呈液相流动且土随吸力增加而迅速变干。孔隙中水的连通性随着吸力值的增大而持续降低，最后吸力的大幅度提高导致饱和度的变小速率趋缓，进入非饱和残余阶段。

4. 增湿与减湿过程

由图 11.3.1 可知，非饱和土的土水特征曲线的受到含水量变化趋势的影响。非饱和土含水量增加的过程为增湿过程；相反，含水量减少的过程为减湿过程。非饱和土的增湿与减湿如同土体应力分析中的加载与卸载路径一样，有重要的实际意义。在非饱和土的变形及渗流分析中，只了解土体所具有的现状湿度状态或含水量是不够的，还必须了解现状含水状态是处于增湿还是减湿过程，以便按照不同的过程确定非饱和土现状的物理力学特性及其计算参数。

5. 滞回效应

一般情况下，确定一个完整的 SWCC 曲线，需要给出含水量变化的整个范围内基质吸力与含水量关系曲线，不但要给出饱和度从 0~1.0 的增湿过程，而且要给出饱和度从 1.0~0 的减湿过程。这种最外围大量实测发现增湿和减湿过程的特征曲线并不一致，甚至差异很大，存在一个滞回圈。

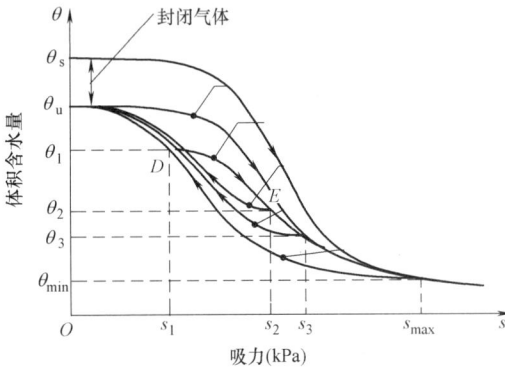

图 11.3.2　非饱和土的土水特征
曲线的滞回特性

如图 11.3.2 所示的土水特征曲线，有最上和最下两条外边曲线，一般称为骨干曲线。假定初始土样处于饱和状态，体积含水量为 q_s，如果土试样从饱和状态出发逐渐增大吸力，含水量将逐渐降低，此时试样的状态点在 q-s 平面内形成的曲线即为边界减湿曲线；当吸力增大到一定程度（图 11.3.2 上的 s_{max} 点），土中的含水量将不再随吸力增加而明显减小，此时对应的含水量为残余含水量 q_r。从初始减湿曲线上的吸力 s_{max} 减小至 0 形成的曲线为边界增湿曲线。两条边界曲线形成一个滞回圈。

SWCC 滞回模型只有在吸力变化历史已知的条件下才能进行计算。建立能够在吸力变化历史未知情况下依然可以模拟含水量变化规律的 SWCC 滞后模型就显示出了重要的实用价值。但是，实际自然界内的非饱和土，在极端饱和度 $S=0$ 和 $S=1.0$ 之间，历史上都曾经经历过无数次增湿与减湿，从而有很多边界曲线内部的增湿与减湿循环交替变化的过程。要准确预测和模拟这些过程是非常困难的。

11.3.3　土水特征曲线测量

土水特征曲线是非饱和土的自身特性，因此需要用试验方法进行测定。根据实测数据结果拟合出经验关系或通过制定某种数学模型，用少量的试验数据确定经验参数后，确定土水特征曲线的数学模型。

非饱和土的土水特征曲线描述的是基质吸力与土体持水能力，如质量含水量、饱和度、体积含水量等的定量关系，因此其测量关键在于基质吸力的测量。11.2 节中所介绍的各种吸力测量方法均可以用来确定测定土水特征曲线。一旦测得基质吸力，再与质量含水量、饱和度、体积含水量中三者其一建立相关关系，即可得到土水特征曲线。

11.3.4　土水特征曲线的数学模型

对于非饱和土，土水特征曲线的数学模型并不是唯一的。土的类型不同，所得出的数学模型也有所不同。对非饱和土土水特征曲线的数学方程主要包括 Van Genuchten、Gardner 及 Fredlund 等人提出的模型。

1. Van Genuchten 模型

1）Van Genuchten 基本模型

Van Genuchten 通过对土水特征曲线的研究，得出非饱和土的体积含水量 θ 与基质吸力 s 之间的幂函数的关系，其表达式为：

$$\frac{\theta-\theta_r}{\theta_s-\theta_r}=\frac{1}{[1+(as)^n]^m}$$ (11.3.3)

式中　　θ——土体积含水率；

θ_s——饱和含水率；

θ_r——残余含水率；

s——土体基质吸力；

a，n，m——拟合参数；其他符号意义同前。

参数 a 直接与空气进气值相关；参数 n 控制着土水特征曲线的斜率；参数 m 通常认为等于 $1-n^{-1}$。θ_r 也可通过试验方法来得到。

式（11.3.3）中，体积含水量 θ 的取值范围为：$\theta \in (\theta_r, \theta_s]$，基质吸力 s 的取值范围为：$s \in [0, s_r)$。式（11.3.3）适用于描述基质吸力变化范围为 $s \in [0, s_r)$ 的土水特征曲线。

但由于残余含水率的测试方法没有统一的标准，各种不同方法所测值也不相同，所以汪东林等采用参数拟合来得到 θ_r 值。

2）修正 Van Genuchten 模型

修正 Van Genuchten 模型（三参数）表达式为：

$$S=\frac{100}{\left[1+\left(\frac{s}{a}\right)^b\right]^c}$$ (11.3.4)

2. Gardner 模型

1）Gardner 基本模型

Gardner 模型[15]的表达式为：

$$\theta=\theta_r+\frac{\theta_s-\theta_r}{1+\left(\frac{s}{a_G}\right)^{n_G}}$$ (11.3.5)

式中　　a_G——表示与进气值 a_{aev} 有关的参数，kPa；

n_G——与减湿率 λ 有关的参数，其他符号意义同前。

2）修正 Gardner 模型

修正 Gardner 模型（二参数）表达式为：

$$S=\frac{100}{1+as^b}$$ (11.3.6)

以上式中　　S——非饱和土的基质吸力，kPa；

a、b、c——模型拟合参数。

3. Fredlund 模型

1）Fredlund 三参数模型

Fredlund 三参数模型的表达式为：

$$\frac{\theta}{\theta_s}=\frac{1}{\left\{\ln\left[e+\left(\frac{s}{a}\right)^n\right]\right\}^m}$$ (11.3.7)

式中 s——非饱和土的基质吸力，kPa；

e——土的孔隙比；

a、n、m——模型拟合参数。

本式中，a 值要比空气进气值略大。在这个模型中，认为残余含水率 θ_r 较小，为了对模型简化而假定 θ_r 为 0。

2）Fredlund 三参数修正模型

Fredlund 三参数修正模型表达式为：

$$S=\frac{100}{\left\{\ln\left[e+\left(\dfrac{s}{a}\right)^{b}\right]\right\}^{c}} \tag{11.3.8}$$

式中 a、b、c——模型拟合参数，其他符号意义同前。

3）Fredlund 四参数模型

Fredlund 四参数模型[14] 的表达式为：

$$\frac{\theta-\theta_r}{\theta_s-\theta_r}=\frac{1}{\left\{\ln\left[e+\left(\dfrac{s}{a}\right)^{n}\right]\right\}^{m}} \tag{11.3.9}$$

式中 a、n、m——拟合参数，其他符号意义同前。

式（11.3.9）中体积含水量的取值范围为：$\theta\in[0,\theta_s]$，基质吸力 s 的取值范围为：$s\in[0,s_{max}]$，s_{max} 为土体含水量 $\theta=0$ 时，所能达到的最大基质吸力。由此可见，式（11.3.9）适用于全吸力范围的任何土类，但其形式较为复杂，给实际应用带来诸多不便。

4）Fredlund 四参数修正模型

Fredlund 四参数修正模型表达式为：

$$S=\left[1-\frac{\ln\left(1+\dfrac{s}{d}\right)}{\ln\left(1+\dfrac{10^{6}}{d}\right)}\right]\frac{100}{\left\{\ln\left[e+\left(\dfrac{s}{a}\right)^{b}\right]\right\}^{c}} \tag{11.3.10}$$

式中 a、b、c——拟合参数，a 为进气值函数的土性参数；b 为当基质吸力超过土的进气值时，土中水流出率函数的土性参数；c 为残余含水量函数的土性参数；其他符号意义同前。

4. Mckee 及 Bumb 模型

修正 Mckee 及 Bumb 模型（三参数）表达式为：

$$S=\frac{100}{1+e^{\left(\frac{s}{a}-\frac{b}{c}\right)}} \tag{11.3.11}$$

式中 a、b、c——拟合参数；其他符号意义同前。

11.4 有效应力原理

11.4.1 应力状态变量

土的体变形与强度力学性状取决于土中的应力状态。土中的应力状态可用若干个应力变量的组合来描述，这些应力变量称为"应力状态变量"，这些变量与土的物理性质无关。

根据 Terzaghi 饱和土有效应力原理定义的有效应力（$\sigma'=\sigma-u_w$），通常用于描述饱和土性状的应力状态变量。有效应力变量可用于各种饱和土，如黏性土、粉土、砂土等，因为它同土的材料性质无关。饱和土的体变和抗剪强度特征均由有效应力控制，而非饱和土则增加了一个控制应力，即基质吸力。

土的力学性状是由控制土的结构平衡的应力变量所控制。对于非饱和土，可用控制土的结构平衡的应力变量作为土的应力状态变量。应力状态变量必须用总应力 σ、孔隙水压力 u_w，和孔隙气压力 u_a 等可量测的应力表达。考虑土体中一点的应力状态后，可进行非饱和土的各种力学性状的分析。

如图 11.4.1 所示，取非饱和土中的一个立方体单元，其上作用的各自应力有 x、y、z 方向的总法向应力 σ_x、σ_y、σ_z，剪应力 τ_{xy}、τ_{yz}、τ_{xz}，孔隙气压力 u_a 及孔隙水压力 u_w。可根据牛顿第二定律求作用于该立方体单元各个方向（即 x、y、z 方向）上的力总和。对非饱和土来说，平衡条件意味着土的四个相（亦即空气、水、收缩膜和土粒）均处于平衡状态。假设每个相在每个方向上均形成独立的、线性的、连续一致的应力场，可以写出每个相独立的平衡方程，然后应用叠加原理将其叠加起来。但这样做，并不一定能得出用可量测应力表示的平衡方程。例如，粒间应力便无法直接测出。因此，必须将各个独立的相按一定方式组合起来，使可量测的应力出现在土结构（亦即土粒排列）的平衡方程中。

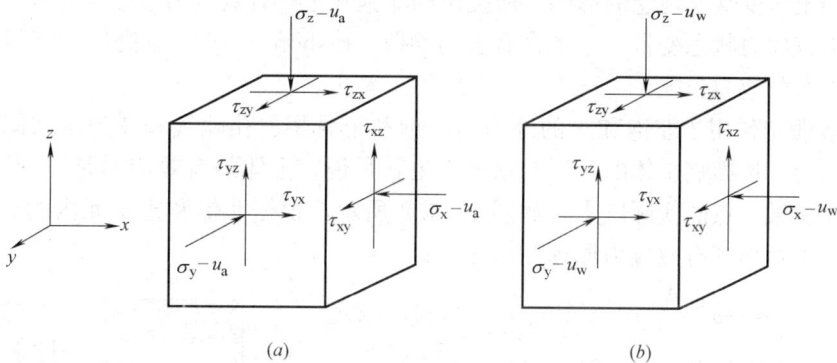

图 11.4.1 非饱和土应力状态变量

利用气相、水和收缩膜的平衡方程以及土单元的总平衡方程，可以求出土结构的平衡方程。由土结构平衡可以得出独立的三组法向应力：$(\sigma - u_a)$，$(u_a - u_w)$ 和 u_a。它们控制土体结构平衡和收缩膜平衡。这三个应力状态变量可以测量得到。同理，从 x 方向和 z 方向的土结构平衡方程可以得出相似的应力状态变量。因此，非饱和土的全面应力状态可以用两个相互独立的净应力张量 σ 和吸力张量 s 来表示，即：

$$\sigma = \begin{bmatrix} (\sigma_x - u_a) & \tau_{yx} & \tau_{zx} \\ \tau_{xy} & (\sigma_y - u_a) & \tau_{zy} \\ \tau_{xz} & \tau_{yz} & (\sigma_z - u_a) \end{bmatrix} \tag{11.4.1a}$$

$$s = \begin{bmatrix} (u_a - u_w) & 0 & 0 \\ 0 & (u_a - u_w) & 0 \\ 0 & 0 & (u_a - u_w) \end{bmatrix} \tag{11.4.1b}$$

式（11.4.1a）与式（11.4.1b）表示的这两个张量不能合成一个张量，因为它们各自对应土中不同相的性质参数。

可以用三个正应力变量中的任意两个来描述非饱和土的应力状态。也就是说，对于非饱和土有三个可能的应力状态变量组合，这三组应力状态变量是根据不同的基准（亦即孔隙气压力 u_a、孔隙水压力 u_w 和总法向应力 σ）从土结构的平衡方程中推导出来的（表11.4.1）。

用于非饱和土应力状态变量的可能组合 表 11.4.1

相关应力项	应力状态变量
孔隙气压力 u_a	$(\sigma-u_a)$ 和 (u_a-u_w)
孔隙水压力 u_w	$(\sigma-u_w)$ 和 (u_a-u_w)
总法向应力 σ	$(\sigma-u_a)$ 和 $(\sigma-u_w)$

在这三组应力状态变量组合中，$(\sigma-u_a)$ 和 (u_a-u_w) 组合最适合于在工程实践中应用，因为这一组合使得总法向应力变化造成的影响可以与孔隙水压力变化造成的影响区分开来。尤其在一些孔隙气压力等于大气压力的实际工程问题，以孔隙气压力作为基准推导得出的应力状态变量组合最简单、合理、实用。

11.4.2 Bishop 有效应力原理

有效应力概念已成为饱和土力学的重要基础。最好能将饱和土的有效应力概念延伸应用于非饱和土。受这一观念的影响，所提出的非饱和土"有效应力"公式，采用一个单值的有效应力或应力状态变量，并都含有土的参数。Bishop 于 1959 年提出了获得广泛引用的非饱和土有效应力公式。

Bishop 假定作用于非饱和土的外力由非饱和土骨架、孔隙气和孔隙水共同承担。土骨架上的应力直接影响土体的变形与强度。也就是说，土体的有效应力是一种平均应力，而不是土体中某一点的实际应力。如图 11.4.2 所示，根据非饱和土单元内的 $n\text{-}n$ 平面内受力平衡，可得出其有效应力原理为：

$$\sigma' = \sigma - \frac{A_w}{A}u_w - \frac{A_a}{A}u_a \qquad (11.4.2)$$

式中 A——土单元体截面面积；

      A_w——孔隙水面积；

      A_a——孔隙气面积；

      A_s——土颗粒接触面积。

通常，$A = A_w + A_a + A_s$。其中，A_s 是土粒接触面积，不过一般很小，可以忽略不算。所以，剪切面面积可以表示为 $A = A_w + A_a$。如果将 A_w/A_a 计作 χ。则 Bishop 有效应力公式可以写成：

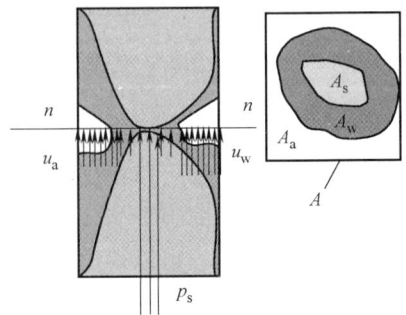

图 11.4.2 非饱和土的单元内受力平衡

$$\sigma' = (\sigma-u_a) + \chi(u_a-u_w) \qquad (11.4.3)$$

式中 χ——经验系数，与土体的饱和度、类型以及应力路径有关，通过试验确定。

      σ'——非饱和土的有效应力，kPa；其他符号意义同前。

对于饱和土，$\chi=1$，式（11.4.3）变为 $\sigma'=\sigma-u_w$，即 Terzaghi 有效应力原理；对于干土，$\chi=0$，式（11.4.3）变为 $\sigma'=\sigma-u_a$，即为净应力。

式（11.4.3）还可以写成另一形式，即：

$$\sigma' = \sigma - S_\chi u_w \qquad (11.4.4)$$

266

式中 S_χ——与土体的饱和度、类型以及应力路径有关的参数，可按式（11.4.5）计算。

$$S_\chi = 1 + (1-\chi)(u_a - u_w)/u_w \qquad (11.4.5)$$

式（11.4.3）或式（11.4.4）为非饱和土建立了一个单值的有效应力公式，但其中均含有与土的物理性质有关的变量 χ。试验结果也表明，Bishop 所建议的非饱和土有效应力公式并非单值，而与应力路径有关，且土性有关的参数 χ 很难确定。

Morgenstern（1979 年）指出，"有效应力是一个应力变量，它只与平衡条件有关，而 Bishop 有效应力公式含有与本构关系有关的参数 χ。确定这个参数时，假定土的形状可以唯一地用单值的有效应力变量来表达，并将非饱和土的性状与饱和土的性状相对应以计算 χ 值。正确的做法是，通过本构关系将平衡条件与变形联系起来，而不是将本构关系直接引入应力变量中去。"

Fredlund 和 Morgenstern（1977）将非饱和土视为四相系，假定土粒为不可压缩，并认为土内不起化学作用，基于 $(\sigma - u_a)$ 和 $(u_a - u_w)$ 两个应力状态变量组合，提出了建立在多相连续介质力学基础上的非饱和土应力分析。

11.4.3 Skempton 有效应力原理

Skempton 建议对土的变形分析和强度分析分别建立有效应力公式。对饱和土变形分析和强度分析，其建议的有效应力公式分别为式（11.4.6）和式（11.4.7）：

$$\sigma' = \sigma - \left(1 - \frac{K}{K_s}\right)u_w \qquad (11.4.6)$$

式中 K——饱和土的体积压缩模量，MPa；

K_s——饱和土的土骨架体积压缩模量，MPa；其他符号意义同前。

$$\sigma' = \sigma - \left(1 - \frac{a\tan\varphi_u}{\tan\varphi'}\right)u_w \qquad (11.4.7)$$

式中 φ_u——饱和土的三轴不排水剪内摩擦角，°；

φ'——饱和土的有效内摩擦角，°；

a——饱和土的土粒接触面积与总面积的比值；其他符号意义同前。

对于非饱和土，将上述两式分别与 Bishop 有效应力公式相结合，得出用于非饱和土变形分析和强度分析的有效应力公式，分别为式（11.4.8）和式（11.4.9），即：

$$\sigma' = \sigma - \left(1 - \frac{K}{K_s}\right)\left[\chi u_w + (1-\chi)u_a\right] \qquad (11.4.8)$$

$$\sigma' = \sigma - \left(1 - \frac{a\tan\varphi_u}{\tan\varphi'}\right)S_\chi u_w \qquad (11.4.9)$$

式（11.4.8）和式（11.4.9）中，各符号意义同前。

11.4.4 其他有效应力公式

1. 陈正汉有效应力公式

陈正汉在假定土粒不可压缩的前提下，推导出了弹性情况下含有两种不溶混流体的各向同性的非饱和土有效应力公式：

$$\sigma' = \sigma - u_a + \frac{K^n}{K^{sn}}(u_a - u_w) \qquad (11.4.10)$$

式中 n——非饱和土的孔隙率；

K^n——孔隙率为 n 的非饱和土的体积压缩模量；

K^{sn}——孔隙率为 n 的非饱和土的土骨架体积压缩模量；其他符号意义同前。

式（11.4.6）中的 K^n 及 K^{sn} 可以分别采用孔隙率为 n 但孔隙中不存在流体的试样和有流体但孔压等于零的非饱和土试样测得。

2. 刘奉银有效应力公式

刘奉银通过分析非饱和土荷载传递机理，分别对球应力 p 和广义剪应力 q 建立了有效应力方程为

$$p' = (p - u_a) - \chi_p(u_a - u_w) \tag{11.4.11a}$$

$$q' = q - \chi_q(u_a - u_w) \tag{11.4.11b}$$

式中 p、q——分别为土的球应力和广义剪应力，kPa；

p'、q'——分别为土的有效球应力和有效广义剪应力，kPa；

χ_p、χ_q——与体变及剪应变相关的吸力参数；其他符号意义同前。

式（11.4.7）中的两个吸力参数 χ_p、χ_q 可分别根据非饱和土三轴试验中偏应力与大主应变及体积应变关系 $(\sigma_1 - \sigma_3)$-ε_1-ε_v 曲线及吸力与大主应变关系 $(u_a - u_w)$-ε_1 曲线计算得出。

11.5 渗透性与渗流分析

11.5.1 非饱和土中水的势能

非饱和土的中水的势能，简称土水势，即土中水分所具有其决定水分的能态和运动的势能。一般情况下，可先选定一个标准的参考状态，土中任一点的土水势大小可用该点土的水分状态与标准参考状态的势能差值来定义。

1. 非饱和土中水势能组成

非饱和土中水的势能有多种来源组成。从热力学观点出发，土水势 ψ 包括重力势、压力势、基质势、溶质势及温度势，可用下式来表示：

$$\psi = \psi_g + \psi_p + \psi_m + \psi_s + \psi_t \tag{11.5.1}$$

式中 ψ_g——重力势，m；

ψ_p——压力势，m；

ψ_m——基质势，m；

ψ_s——溶质势，m；

ψ_t——温度势，m。

1）重力势

重力势 ψ_g 是指相对于基准面的单位重量的水所具有的重力势能，是由于重力场的存在而引起的，决定于土中水的高度或垂直位置。其具有长度单位，一般称为水头或位置水头，它仅与计算点和参照基准面的相对位置有关，与介质的属性无关。当坐标系选定后，土中坐标为 z（z 坐标向上为正时取"$+$"号，z 坐标向下为正时取"$-$"号）的土中水的重力势为：

$$\psi_g = \pm z \qquad\qquad (11.5.2)$$

2）压力势

压力势 ψ_p 是由于压力场中压力差的存在而引起的。定义标准参考状态下的压力为标准大气压或当地大气压，若土中任一点的土中水分所受压力不同于参考状态下的大气压 p_a，则该点存在附加势。对于饱和土，地下水面以下深度处的单位重量土中水分的压力势为：

$$\psi_p = h_w \qquad (\psi_p \geqslant 0) \qquad\qquad (11.5.3)$$

对于非饱和土中水，如果考虑到通气孔隙的连通性，则各点所受的压力均为大气压，故各点附加压力势为零。但当非饱和土中存在有闭塞的未充水孔隙时，其中与土中水相平衡的气压可能不同于大气压，由此产生的压力势为气压势。闭塞气泡及相应气压势的存在，对土水分布状况有一定的影响，但一般不考虑此项。

3）基质势

土中水的基质势 ψ_m 是由于土的基质对水分的吸持作用引起的，以不含土基质作用的自由水为标准参考状态，单位数量的土中水分由非饱和土中的一点移至标准参考状态，除了基质作用外其他各项维持不变，则土中水所做的功即为该点土中水分的基质势。非饱和土中水的基质势为负值，即 $\psi_m < 0$；饱和土中水的基质势为零，即 $\psi_m = 0$。

从力学概念上来讲，基质势来源于土的基质吸力，故可按基质吸力确定土的基质势，即：

$$\psi_m = \frac{s}{\gamma_w} = \frac{\sigma_a - \sigma_w}{\gamma_w} \qquad\qquad (11.5.4)$$

式中 γ_w ——水的重度，kN/m^3；

s ——非饱和土的基质吸力，kPa；其他符号意义同前。

非饱和土中水的基质势 ψ_m 是土体积含水率 θ 或基质吸力 s 的函数。

4）溶质势

溶质势 ψ_s 是由于土中溶液中所有形式的溶质对土中水分综合作用的结果。以不含溶质的纯水作为标准的参考状态，当土中任一点的水含有溶质时，该点土中水分便有一定的溶质势。土中水溶液中的溶质对水分子有吸引力，水分子移动时必须克服这种吸持作用对其做功，故溶质势亦为负值。

土中的孔隙水通常含有溶解的溶质。相对湿度随土中孔隙水的溶质含量增多而减小。由于土中孔隙水含有溶质而造成相对湿度下降，称为渗透吸力 π。

溶质势与基质势均是土中水受到的吸力作用，故非饱和土中的总吸力势 ψ_A 为：

$$\psi_A = \psi_m + \psi_s = \frac{s + \pi}{\gamma_w} \qquad\qquad (11.5.5)$$

5）温度势

温度势 ψ_t 是由于土中存在温度场的温差引起的。通常认为，温度势的值比较小，在一般的分析中不考虑。

2. 渗流分析实用土水势

在实际问题中，土水势的各分势并不是同等重要，溶质势和温度势通常都可以不考虑。所以在土体饱和土中，地下水具有的土水势为压力势和重力势之和，其总水势可写成：

$$\psi=\psi_{\mathrm{g}}+\psi_{\mathrm{p}}=z+\frac{u_{\mathrm{w}}}{\gamma_{\mathrm{w}}} \tag{11.5.6}$$

式中　u_{w}——孔隙水压力，包括静水或动水压力以及超净孔隙水压力，kPa；其他符号意
　　　　义同前。

对于非饱和土中水，其总水势由重力势和基质势组成，即：

$$\psi=\psi_{\mathrm{g}}+\psi_{\mathrm{m}}=z+\frac{u_{\mathrm{a}}-u_{\mathrm{w}}}{\gamma_{\mathrm{w}}} \tag{11.5.7}$$

式中　u_{a}——孔隙气压力，即相对超出大气压力气体压力的超净孔隙气压力，kPa；其他
　　　　符号意义同前。

当认为土中气体与大气联通或忽略气体压力，u_{w} 取负值时，将式（11.5.6）及式（11.5.7）
两者统一起来，均采用式（11.5.6）的形式，对于分析土的饱和—非饱和渗流十分方便。

11.5.2　非饱和土渗透系数

当非饱和土处于双开敞状态，土中存在液相与气相两相运移。因此，明确指出，此处
讨论的非饱和土的渗透性是指土中水的渗透。研究表明，在非饱和土中水的渗透流动也和
饱和土中水一样，服从达西定律。对于某一特定的饱和土，可以把渗透系数看作常数，而
在非饱和土中，渗透系数不能再被视为为常数，而是基质吸力或体积含水量的函数。为强
调这种重要函数关系，在非饱和土力学中常称其为渗透性函数。这些函数关系主要包括了
渗透系数与饱和度关系、渗透系数与基质吸力关系以及渗透系数与体积含水量关系。

1. 渗透系数与饱和度的相互关系

Brooks 和 Corey（1964）曾建议由基质吸力与饱和度的关系曲线得出渗透系数。基于
非饱和土的基土水特征曲线，Brooks 和 Corey 提出了非饱和土的渗透系数如下：

$$k_{\mathrm{w}}=\begin{cases}k_{\mathrm{s}} & (s\leqslant s_{\mathrm{b}})\\ S_{\mathrm{e}}^{\delta}k_{\mathrm{s}} & (s>s_{\mathrm{b}})\end{cases} \tag{11.5.8}$$

式中　k_{w}——非饱和土的渗透系数，m/s；

　　　k_{s}——饱和土的渗透系数，m/s；

　　　s——基质吸力，kPa；

　　　s_{b}——基质吸力的进气值，kPa；

　　　δ——经验常数，可按经验常数 λ 以式（11.5.9）估算：

$$\delta=\frac{2+3\lambda}{\lambda} \tag{11.5.9}$$

　　　S_{e}——非饱和土的有效饱和度，以式（11.5.10）估算：

$$S_{\mathrm{e}}=\left(\frac{s_{\mathrm{b}}}{s}\right)^{\lambda} \tag{11.5.10}$$

2. 渗透系数与基质吸力的相互关系

由于基质吸力 s 与饱和度 S 之间可以建立土水特征曲线关系（s-S），所以渗透系数也可用
基质吸力 s 或（$u_{\mathrm{a}}-u_{\mathrm{w}}$）的函数来表达，Gardner 和 Arbhabhirama 曾提出以下表达式：

$$k_{\mathrm{w}}=\frac{k_{\mathrm{s}}}{1+a\left(\dfrac{s}{\gamma_{\mathrm{w}}}\right)^{\eta}} \tag{11.5.11}$$

式中　a——试验常数，m/s；

η——试验指数常数，m/s；其他符号意义同前。

$$k_{\mathrm{w}} = \frac{k_{\mathrm{s}}}{1 + a\left(\dfrac{s}{s_{\mathrm{b}}}\right)^{\eta'}} \tag{11.5.12}$$

式中　a——试验常数，m/s；

η'——试验指数常数，m/s；其他符号意义同前。

3. 渗透系数与体积含水量的相互关系

渗透系数和体积含水量之间也可以建立关系。基质吸力和体积含水量之间通过土水特征曲线（s-θ）联系，所以就有可能把渗透系数表达为含水量的函数：

$$k_{\mathrm{w}} = k_{\mathrm{s}}\left(\frac{\theta - \theta_{\mathrm{r}}}{\theta_{\mathrm{s}} - \theta_{\mathrm{r}}}\right)^{\mathrm{n}} \tag{11.5.13a}$$

$$k_{\mathrm{w}} = k_{\mathrm{s}}\left(\frac{\theta}{\theta_{\mathrm{s}}}\right)^{\mathrm{n}} \tag{11.5.13b}$$

$$k_{\mathrm{w}} = k_{\mathrm{s}} e^{a\frac{\theta}{\theta_{\mathrm{s}}}} \tag{11.5.13c}$$

式中　θ——土的体积含水量；

θ_{r}——土的残余体积含水量；

θ_{s}——土的饱和体积含水量；其他符号意义同前。

非饱和土的渗透系数，可以直接或间接的方法来测定。由于直接法往往难以测得，所以一般利用基质吸力与饱和度的关系曲线，或利用土的水分特征曲线来进行渗透系数的计算。图 11.5.1 为利用基质吸力 s 与体积含水量 θ 之间的土水特征曲线（s-θ）计算对应该曲线上一点的非饱和土渗透系数的方法。如图 11.5.1 所示，将土水特征曲线按照体积含水量在饱和体积含水量 θ_{s} 与最小体积含水量 θ_{L} 之间等分成 m 个段，各段中点编号为 $i=1$，2，3，$\cdots$，m，按式（11.5.14）计算各段中体积含水量 θ 对应的渗透系数 $k_{\mathrm{w}}(\theta)_i$：

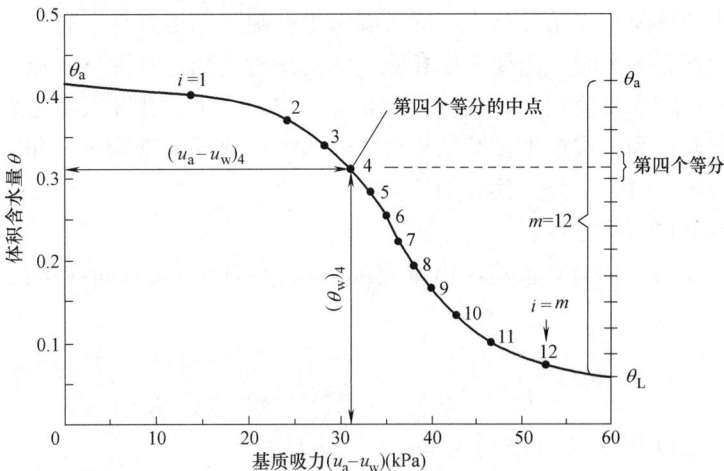

图 11.5.1　利用土水特征曲线（s-θ）计算非饱和土渗透系数

$$k_{\mathrm{w}}(\theta)_i = \frac{k_{\mathrm{s}}}{k_{\mathrm{se}}} \frac{T_{\mathrm{s}}^2 \gamma_{\mathrm{w}} \theta_{\mathrm{s}}^p}{2\mu_{\mathrm{w}} N^2} \sum_{j=i}^{m} \{(2j + 1 - 2i)(u_{\mathrm{a}} - u_{\mathrm{w}})_j^2\} \quad i = 1, 2, \cdots, m \tag{11.5.14}$$

式中　$k_{\mathrm{w}}(\theta)_i$——对应于第 i 段的特定体积含水量 θ_i 的计算渗透系数，m/s；

i——分段序号，编号顺序为随体积含水量减小而增大，共 m 段；

j——分段序号，从 i 累计到 m；

k_s——饱和渗透系数实测值，m/s；

k_{se}——饱和渗透系数计算值，m/s；

T_s——水的表面张力，kN/m；

γ_w——水的重度，kN/m³；

μ_w——水的绝对黏度，N·s/m²；

θ_s——土的饱和体积含水量；

θ_L——土的最小体积含水量；

p——考虑不同尺寸孔隙相互作用的常数，一般可取 2.0；

m——土水特征曲线上饱和体积含水量 θ_s 与最小体积含水量点之间的分段数；

N——土水特征曲线上饱和体积含水量 θ_s 与体积含水量为零点之间的分段数；

$(u_a-u_w)_j$——土水特征曲线上第 j 分段中点处的基质吸力值，kPa。

根据上述方法，某一体积含水量 θ 下的非饱和渗透系数 k_w 直接从上式计算出来。渗透性函数的大小还需要参照实测饱和渗透系数 k_s，用匹配因子加以调整。所以，饱和渗透系数一经测定，则渗透性函数就可以从土水特征曲线直接预测出来。上述计算渗透性函数的方法对孔隙大小分布相对较窄的砂性土最为成功。

4. 渗透系数滞后性

由于土中水的体积含水量 θ 和基质吸力 s 之间的关系有滞后，所以对渗透系数和基质吸力之间的关系也有滞后现象，分别如图 11.5.2（a）、（b）所示。渗透系数 k_w 和体积含水量或饱和度 S 直接相关，所以渗透系数与体积含水量或者饱和度的关系曲线在干燥和浸湿状态下没有滞后现象，如图 11.5.2（c）所示。

5. 气渗透系数

在非饱和土的渗流与固结分析中，除了要考虑孔隙水的运移外，有时需要分析非饱和的干土或双开敞状态的土时，需要考虑孔隙气体的渗透作用。孔隙气渗流是在气体压力梯度下的运动，与孔隙水渗流相似，也符合 Darcy 定律。干土的孔隙气渗透系数需要通过试验确定，而一般非饱和土或根据试验结果按照经验、简化理论来确定。非饱和土的渗透系数的经验公式较多，对若干公式简介如下。

1）Brooks 和 Corey 公式

Brooks 和 Corey（1964）曾建议由基质吸力与饱和度的关系曲线得出孔隙气体放入渗透系数：

$$k_a = \begin{cases} 0 & (s \leqslant s_b) \\ k_d(1-S_e)^2(1-S_e^{(2+\lambda)/\lambda}) & (s > s_b) \end{cases} \tag{11.5.15}$$

式中 k_a——非饱和土的气渗透系数，m/s；

k_d——干土的渗透系数，m/s；

s——基质吸力，kPa；

s_b——基质吸力的进气值，kPa；

S_e——非饱和土的有效饱和度，式（11.5.10）估算；

λ——经验系数。

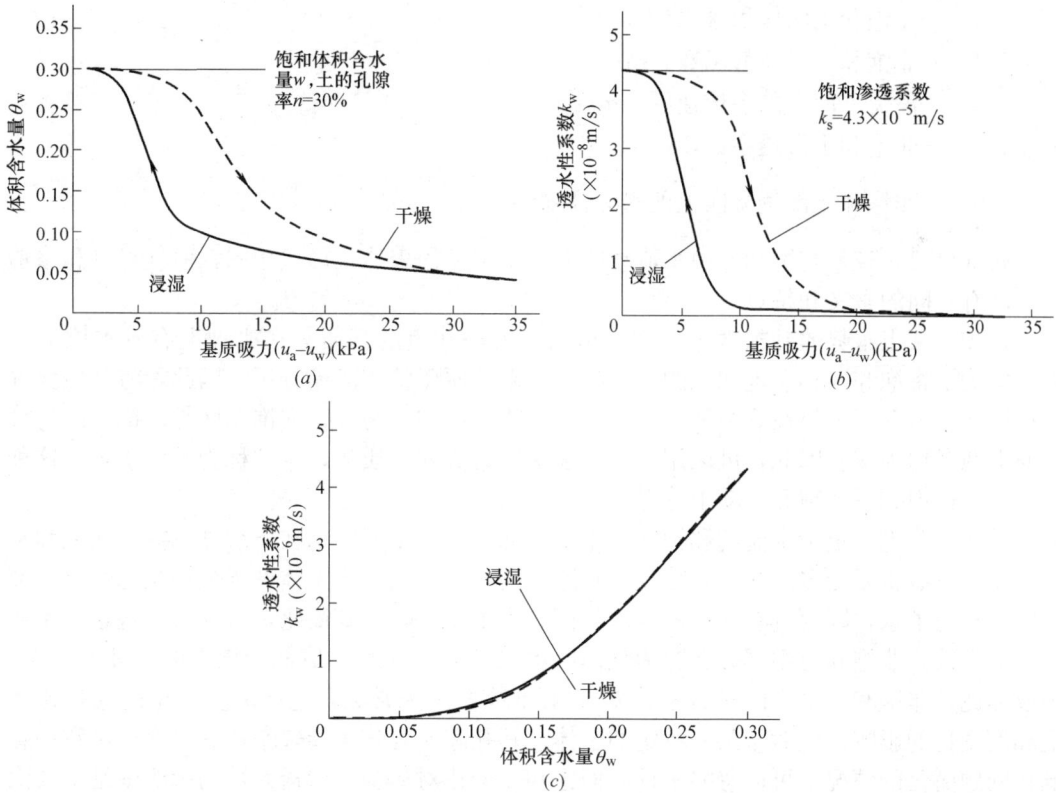

图 11.5.2 透水性系数、基质吸力和体积含水量三者间的相互关系

2）Aloson 公式

Aloson 等采用下式考虑非饱和土孔隙率、饱和度及气体重度对气渗透系数的影响：

$$k_a = \frac{B_k \gamma_a}{\mu_a} [e(1-S)]^{\beta_k} \qquad (11.5.16)$$

式中　B_k——气渗透系数经验常数；

　　　β_k——气渗透系数经验指数；

　　　γ_a——气体重度，kN/m^3；

　　　μ_a——气的绝对黏度，$N \cdot s/m^2$；其他符号意义同前。

11.5.3 非饱和土渗流特点

达西定律不仅适用于饱和土中水的流动，而且也适用于非饱和土中水的流动。处于非饱和状态下的土中水和饱和土中水一样，也遵循热力学第二定律，水分从水势高处自发地向水势低处运动。假设水仅通过水占有的孔隙空间流动，空气所占有的孔隙对水的流动来说是非传导性的流槽，那么，非饱和土中空气占有孔隙的形状可视为与固相介质相似，土可以处理为一种减小含水量的饱和土，从而饱和土中的 Darcy 定律同样可以适用于非饱和土中。Richards 最早将 Darcy 定律引入非饱和土水流动。非饱和土中水流动的 Darcy 定律可表示为：

$$v_n = -k_{wn}(\theta) \frac{\partial \psi}{\partial n} \qquad (11.5.17)$$

式中　n——水流运动方向，即渗流势函数等势面的外法线方向；

θ——非饱和土的体积含水量；

ψ——非饱和土渗流势函数，m；

v_n——渗流方向上的渗透速度，m/s；

$k_{wn}(\theta)$——非饱和土渗透系数，m/s；

$\dfrac{\partial\psi}{\partial n}$——非饱和土渗透方向上的水力梯度。

式（11.11.17）与饱和土中水流动的 Darcy 定律的表达式形式相同，但其水势和渗透系数却有不同的含义和特点。

首先，从土水势的基本理论可知，正的压力势和负的基质势在机理上有着本质的区别，但为了将饱和区和非饱和区的渗流统一起来，便于整体渗流分析，因此，将基质势称为负压势。由于压力势在非饱和区为零，基质势在饱和区为零，在饱和区与非饱和区的分界面上两者均为零。因此，可以用 ψ 统一表示压力势和基质势，且统称为压力水头。这种统一对分析饱和—非饱和流动十分有利。

其次，非饱和土中水流动和饱和土中水流动的另一重要区别在于渗透系数。在饱和土中，渗透系数主要受多孔介质孔隙比与孔隙连通性的影响。当土体处于饱和状态时，全部孔隙都充满了水，因而具有较高的导水率值。为了使问题得到简化，常常可以将渗透系数假设为常数。非饱和土中部分孔隙为气体所填充，故其导水率值低于该土的饱和导水率。不仅如此，非饱和土中水的渗透系数 k_w 一般不能假定为常数，它同时受到土的孔隙比和饱和度变化的影响。但对于某一特定的土体，其孔隙比变化可能较小，它对渗透系数的影响在问题简化的情况下可以忽略不计。而饱和度变化对非饱和渗透系数的影响则是主要因素。因此，常常将渗透系数表达为饱和度（s）或体积含水率（θ）的单一函数 $k_w(\theta)$。此外，因为饱和度或含水率是引起基质吸力变化的主要因素，含水率通常被表述为基质吸力的函数（即土-水特征曲线）。因此，渗透性函数 $k_w(\theta)$，也可表达为基质吸力的函数，记为 $k_w(u_a-u_w)$。

11.5.4 非饱和渗流连续方程

1. 水流连续方程

在非饱和区设以 $p(x, y, z)$ 点为中心取某一无限小的平行六面体（其各边长度分别为 Δx，Δy，Δz 且和坐标轴平行）作为均衡单元体，如图 11.5.3 所示。

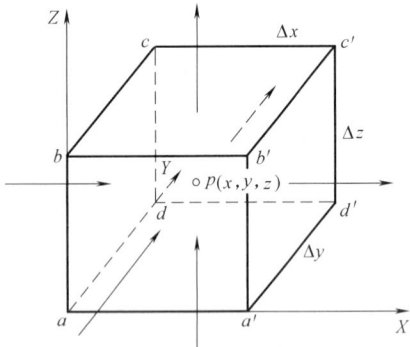

图 11.5.3　渗流区中的单元体

若 p 点沿坐标轴方向的渗流速度分量为 v_x，v_y，v_z，水的质量密度为 ρ，则在单位时间内通过垂直于坐标轴方向单位面积的水质量分别为 ρv_x，ρv_y，ρv_z。那么，通过 $abcd$ 面中点 $p_1\left(x-\dfrac{\Delta x}{2}, y, \dot{z}\right)$ 的单位时间、单位面积的水质量为 ρv_{x1}，可利用 Taylor 级数求得：

$$\rho v_{x1}=\rho v_x\left(x-\frac{\Delta x}{2}, y, z\right)=\rho v_x(x,y,z)+\frac{\partial(\rho v_x)}{\partial x}\left(-\frac{\Delta x}{2}\right)+\frac{1}{2!}\frac{\partial^2(\rho v_x)}{\partial x^2}\left(-\frac{\Delta x}{2}\right)^2+$$

$$\cdots+\frac{1}{n!}\frac{\partial^n(\rho v_x)}{\partial x^n}\left(-\frac{\Delta x}{2}\right)^2+\cdots$$

（11.5.18）

略去二阶导数以上的高次项，于是在 Δt 时间内由 $abcd$ 面流入单元体的水质量为：

$$\left[\rho v_{\mathrm{x}}-\frac{\partial(\rho v_{\mathrm{x}})}{2\partial x}\Delta x\right]\Delta y\Delta z\Delta t \qquad (11.5.19)$$

同理，可求出通过右侧 $a'b'c'd'$ 面流出的水质量为：

$$\left[\rho v_{\mathrm{x}}+\frac{\partial(\rho v_{\mathrm{x}})}{2\partial x}\Delta x\right]\Delta y\Delta z\Delta t \qquad (11.5.20)$$

因此，沿 x 轴方向流入和流出单元体的水质量差为：

$$\left[\rho v_{\mathrm{x}}-\frac{\partial(\rho v_{\mathrm{x}})}{2\partial x}\Delta x\right]\Delta y\Delta z\Delta t-\left[\rho v_{\mathrm{x}}+\frac{\partial(\rho v_{\mathrm{x}})}{2\partial x}\Delta x\right]\Delta y\Delta z\Delta t=-\frac{\partial(\rho v_{\mathrm{x}})}{\partial x}\Delta x\Delta y\Delta z\Delta t$$

$$(11.5.21)$$

均衡单元体取得越小，这个式子就越正确。同理，可以得出沿 y 轴方向和沿 z 轴方向流入与流出这个单元体的液体质量差分别为 $-\dfrac{\partial(\rho v_{\mathrm{y}})}{\partial y}\Delta x\Delta y\Delta z\Delta t$ 和 $-\dfrac{\partial(\rho v_{\mathrm{z}})}{\partial z}\Delta x\Delta y\Delta z\Delta t$。

因此，在 Δt 时间内，流入与流出这个单位体的总水质量为：

$$-\left[\frac{\partial(\rho v_{\mathrm{x}})}{\partial x}+\frac{\partial(\rho v_{\mathrm{y}})}{\partial y}+\frac{\partial(\rho v_{\mathrm{z}})}{\partial z}\right]\Delta x\Delta y\Delta z\Delta t \qquad (11.5.22)$$

在单元体内液体所占的体积为 $\theta\Delta x\Delta y\Delta z$，单元体内的水质量为 $\rho\theta\Delta x\Delta y\Delta z$。因此，在 Δt 时间内，单元体内水质量的变化量为：

$$\frac{\partial}{\partial t}(\rho\theta\Delta x\Delta y\Delta z)\Delta t \qquad (11.5.23)$$

根据质量守恒定律，两式应该相等。因此，非饱和区渗流连续方程为：

$$-\left[\frac{\partial(\rho v_{\mathrm{x}})}{\partial x}+\frac{\partial(\rho v_{\mathrm{y}})}{\partial y}+\frac{\partial(\rho v_{\mathrm{z}})}{\partial z}\right]\Delta x\Delta y\Delta z=\frac{\partial}{\partial t}(\rho\theta\Delta x\Delta y\Delta z) \qquad (11.5.24)$$

同样，在应用的时候，可以将式（11.5.24）简化。如把地下水看成是不可压缩的均质液体，$\rho=$ 常数；同时，假设含水层骨架不被压缩，则 Δx、Δy、Δz 不随时间变化。则式（11.5.8）化简为：

$$-\left[\frac{\partial v_{\mathrm{x}}}{\partial x}+\frac{\partial v_{\mathrm{y}}}{\partial y}+\frac{\partial v_{\mathrm{z}}}{\partial z}\right]=\frac{\partial\theta}{\partial t} \qquad (11.5.25)$$

2. 非饱和渗流控制方程

根据非饱和土水流动的 Darcy 定律式（11.5.15），有：

$$v_{\mathrm{n}}=-k_{\mathrm{wn}}(\theta)\frac{\partial\psi}{\partial n} \qquad n=x,y,z \qquad (11.5.26)$$

将式（11.5.26）代入式（11.5.25），即得出非饱和土中水流动的基本微分方程：

$$\frac{\partial}{\partial x}\left(k_{\mathrm{wx}}(\theta)\frac{\partial\psi}{\partial x}\right)+\frac{\partial}{\partial x}\left(k_{\mathrm{wy}}(\theta)\frac{\partial\psi}{\partial y}\right)+\frac{\partial}{\partial x}\left(k_{\mathrm{wz}}(\theta)\frac{\partial\psi}{\partial z}\right)=\frac{\partial\theta}{\partial t} \qquad (11.5.27)$$

由于渗透系数是含水率的函数，因此方程式（11.5.27）是一个二阶高度非线性的偏微分方程，一般情况下，此方程的解析求解是极为困难的，需要寻求数值解法。

3. 渗流控制方程应力状态形式

Fredlund 和 Morgenstern 提出使用两个独立应力状态变量 $(\sigma-u_{\mathrm{a}})$ 和 $(u_{\mathrm{a}}-u_{\mathrm{w}})$ 描述非饱和土的应力状态，故认为体积含水率的变化由法向应力 $(\sigma-u_{\mathrm{a}})$ 和基质吸力 $(u_{\mathrm{a}}-u_{\mathrm{w}})$ 共同引起：

$$d\theta = -m_1 d(\sigma - u_a) - m_2 d(u_a - u_w) \tag{11.5.28}$$

式中 σ——土的总应力，kPa；

u_a——孔隙气压力，kPa；

u_w——孔隙水压力，kPa；

m_1——与净应力（$\sigma - u_a$）变化有关的水的体积变化系数；

m_2——与基质吸力（$u_a - u_w$）变化有关的水的体积变化系数。

在特定的时间步长内，系数 m_1 和 m_2 可以作为常数处理，则有：

$$\frac{\partial \theta}{\partial t} = -m_1 \frac{\partial(\sigma - u_a)}{\partial t} - m_2 \frac{\partial(u_a - u_w)}{\partial t} \tag{11.5.29}$$

联立式（11.5.27）和式（11.5.29），可以得到非饱和土渗流控制方程的应力状态形式：

$$\frac{\partial}{\partial x}\left(k_{wx}(\theta)\frac{\partial \psi}{\partial x}\right) + \frac{\partial}{\partial x}\left(k_{wy}(\theta)\frac{\partial \psi}{\partial y}\right) + \frac{\partial}{\partial x}\left(k_{wz}(\theta)\frac{\partial \psi}{\partial z}\right) = -m_1 \frac{\partial(\sigma - u_a)}{\partial t} - m_2 \frac{\partial(u_a - u_w)}{\partial t}$$
$$\tag{11.5.30}$$

11.5.5 控制方程定解条件

边界条件和初始条件合称为定解条件。求解非稳定渗流问题要同时列出边界条件和初始条件；而求解稳定渗流问题只要列出边界条件就够了。一个或一组数学方程与其定解条件加在一起，构成一个描述某一实际问题的数学模型。前者用来研究地下水的流动规律，后者用来表明所研究实际的特定条件，两者缺一不可。下面介绍地下水流问题中定解条件的类型：

1. 边界条件

1）第一类边界条件

第一类边界条件也叫 Dirichlet 条件。如果在某一类边界（设为 Γ_1）上，各点在每一时刻的势函数都是已知的，则这部分边界就称为第一类边界或给定势函数的边界，表示为：

$$\psi(x,y,z,t)|_{\Gamma_1} = \psi_1(x,y,z,t) \qquad (x,y,z) \in \Gamma_1 \tag{11.5.31}$$

式中 $\psi(x, y, z, t)$——表示在三维条件下边界 Γ_1 段上（x，y，z，t）在 t 时刻的水头；

$\psi_1(x,y,z,t)$——Γ_1 上的已知函数。

2）第二类边界条件

第二类边界条件也叫 Neumann 条件。当知道某一部分边界（设为 Γ_2）单位面积上流出（流出时用负值）的流量 q 时，称为第二类边界或给定流量的边界。相应的边界条件表示为：

$$k_{wn}\frac{\partial \psi}{\partial n}|_{\Gamma_2} = q_n(x,y,z,t) \qquad (x,y,z) \in \Gamma_2 \tag{11.5.32}$$

式中 n——边界 Γ_2 的外法线方向；

q_n——已知函数，分别表示 Γ_2 上单位面积的法向补给量。

3）第三类边界条件

第三类边界条件亦称为混合边界条件。若某段边界 Γ_3 上 ψ 和 $\frac{\partial \psi}{\partial n}$ 的线性组合已知，即：

$$\frac{\partial \psi}{\partial n}+\alpha\psi=\beta \qquad (x,y,z)\in \Gamma_3 \qquad (11.5.33)$$

式中 α, β——已知函数，这种类型的边界条件称为第三类边界条件。

2. 初始条件

所谓初始条件，就是计算开始时间 $t=0$ 时计算域 Ω 内各点的势函数值，即：

$$\psi(x,y,z,t)|_{t=0}=\psi_0(x,y,z) \qquad (x,y,z)\in \Omega \qquad (11.5.34)$$

式中 $\psi_0(x,y,z)$——Ω 上的已知势函数初始值。

11.6 压缩性与固结分析

11.6.1 引言

非饱和土是一种三相的多孔松散介质，三相之间不仅具有力学效应复杂多变的收缩膜，而且还存在气、固与固、液之间的电化学作用和物理作用以及它们物理性态变化的影响，这样一种复杂介质结构的单元体受到附加应力作用时，一方面，固、液、气三相及收缩膜构成的结构发生变化，最终抵抗附加作用应力；另一方面，伴随着结构的体缩，存在液、气相在结构孔隙中的运动。前者不仅包含土粒构架，而且包含了液固间的电化学加固作用、气液固之间的收缩膜加固作用等，它们构成了非饱和土的骨架结构系。结构系中各种要素的调整与变化在于抵抗附加应力作用；后者是指结构系体缩过程中液、气相在结构系孔隙中运动，以便适应土骨架结构系中各种要素的调整变化。因此，非饱和土的固结过程实际上是土骨架结构系中各要素调整变化的过程，也是适应这种变化液、气相在结构孔隙中运动的过程。总之，非饱和土中固相、液相、气相及收缩膜之间的相互作用机理是非常复杂的。

非饱和的压缩与固结不仅受到土骨架应力-应变关系的影响，还受到土中水气运动规律、饱和度变化等多方面的影响。与饱和土相比的特殊之处，非饱和土中水分变化，会直接引起土体中基质吸力的改变；吸力变化与荷载变化一样，可以直接引起土体变形。

非饱和土中饱和度变化对变形的影响主要包括两层方面：

（1）由于水分变化直接引起的变形。如水分发导致土体变干，土体收缩；相反，土体吸水后膨胀，引起体积增加（有些土吸水后收缩，如湿陷性黄土）。

（2）水分的变化会引起土体刚度的变化，即使软黏土脱湿之后也会变硬，施加相同的荷载所产生的变形就会减少；而硬度增湿可导致土体软化，施加相同的荷载所产生的变形就会增加。

11.6.2 非饱和土的压缩特性

与饱和土体一样，非饱和土中是土颗粒压缩性很小，一般都认为其不可压缩。非饱和土的压缩变形主要源于水和气两种孔隙流体的排出和压缩，即土体的变形是孔隙水的转移及气体体积减小、颗粒重新排列、土骨架发生错动的结果。

孔隙流体的压缩性：在不排水压缩和恒温条件下单位体积的固定质量物体由于压力变化而引起的体积变化。在非饱和土中的孔隙流体包括水和自由空气，以及溶解与水中的空气组成。因此，分析非饱和土的压缩性时，应了解空气和水的压缩性。

1. 非饱和土体变连续性方程

非饱和土可以看作一个混合体，其中两相（土颗粒和收缩膜）在应力梯度的作用下到达平衡，另两相（液相和气相）在应力梯度的作用下产生流动。

一个土单元体中，假设土颗粒不可压缩，则非饱和土的连续条件可表达为：

$$\frac{\Delta V_\mathrm{v}}{V_0} = \frac{\Delta V_\mathrm{w}}{V_0} + \frac{\Delta V_\mathrm{a}}{V_0} + \frac{\Delta V_\mathrm{c}}{V_0} \tag{11.6.1}$$

式中 V_0——非饱和土单元的初始总体积；

V_v——土中孔隙体积；

V_w——水体积；

V_a——气体积；

V_c——收缩膜体积。

假定收缩膜体积变化发生在单元体内部，则非饱和土的连续条件可简化为：

$$\frac{\Delta V_\mathrm{v}}{V_0} = \frac{\Delta V_\mathrm{w}}{V_0} + \frac{\Delta V_\mathrm{a}}{V_0} \tag{11.6.2}$$

通过实测总体积变化和水体积变化，可以计算气体积变化，从而可定出与连续条件相关变形状态变量。

2. 气体的压缩性

空气的压缩性可用式（11.6.3）表示：

$$C_\mathrm{a} = -\frac{1}{V_\mathrm{a}} \frac{\mathrm{d}V_\mathrm{a}}{\mathrm{d}u_\mathrm{a}} \tag{11.6.3}$$

式中 u_a——空气压力，kPa；

V_a——空气体积，m^3；

C_a——空气的压缩系数，kPa^{-1}。

在恒温和不排气条件下压缩过程中，空气的体积与压力之间的关系可用 Boyle 定律表示：

$$V_\mathrm{a} = \frac{u_\mathrm{a0} V_\mathrm{a0}}{u_\mathrm{a}} \tag{11.6.4}$$

式中 u_a0——空气初始压力，kPa；

V_a0——空气初始体积，m^3。

假定大气压力 p_a 为常数，不考虑温度变化时，可得出空气压缩性系数为：

$$C_\mathrm{a} = \frac{1}{p_\mathrm{a} + u_\mathrm{a}} \tag{11.6.5}$$

3. 水的压缩性

$$C_\mathrm{w} = -\frac{1}{V_\mathrm{w}} \frac{\mathrm{d}V_\mathrm{w}}{\mathrm{d}u_\mathrm{w}} \tag{11.6.6}$$

式中 u_w——水压力，kPa；

V_w——水体体积，m^3；

C_w——水的压缩系数，kPa^{-1}。

溶解在水中的空气对水的压缩性影响不大，也就是无空气水和被空气饱和的水的压缩性并无明显差别。

4. 空气—水混合物的压缩性

在非饱和土中，存在孔隙内存在空气—水混合物。空气—水混合物的压缩性由水的压

278

缩性和空气压缩性组成，其中空气又分为自由和溶解两种。空气在水中的溶解对压缩性有影响。溶解在水中的空气造成的压缩性约比水的压缩性大两个数量级。当自由空气体积小于孔隙体积的 20％时，溶解于水中的空气对压缩性有明显影响。

按照空气—水混合物的总体积即水的体积 V_w 和空气体积 V_a 之和，同时需要考虑空气在水中的溶解来研究其压缩性。根据土的各相比例值标关系有：$V_w = S(V_w + V_a)$，$V_a = (1-S)(V_w + V_a)$。可以认为溶解空气的体积 V_d 包括在水体积内，其数量可用 Henry 系数 H 来计算，则 $V_d = HS(V_w + V_a)$。溶解系数 H 为溶解在单位水体积中的空气体积百分数。空气—水混合物的压缩系数为：

$$C_{aw} = -\frac{1}{V_w + V_a}\left[\frac{d(V_w - V_d)}{d\sigma} + \frac{d(V_a + V_d)}{d\sigma}\right] \tag{11.6.7}$$

式中　C_{aw}——空气—水混合物的压缩系数，kPa^{-1}；

　　　σ——土总法向应力，kPa；其他符号意义同前。

对上式进行连锁微分，并引入空气和水各自的压缩性，得到空气—水混合物的压缩性为：

$$C_{aw} = SC_w\frac{du_w}{d\sigma} + (1-S+HS)\frac{du_a}{d\sigma}/(p_a + u_a) \tag{11.6.8}$$

式中　C_{aw}——空气—水混合物的压缩系数；

　　　S——土的饱和度；

　　　H——反映气体溶于水的能力的 Henry 系数；其他符号意义同前。

孔隙压力变化和总应力变化之比就是孔隙压力参数。在气相和液相中，孔隙压力参数是不同的，主要取决于土的饱和度和荷重条件。在各项荷重等值的情况下，将孔隙压力计作 B，在式（11.6.8）中引用孔隙压力参数，则压缩性公式为：

$$C_{aw} = SC_w B_w + (1-S+HS)B_a/(p_a + u_a) \tag{11.6.9}$$

式中　B_w——各项等值加荷下孔隙水压力系数，即 $du_w/d\sigma_3$；

　　　B_a——各项等值加荷下孔隙气压力系数，即 $du_a/d\sigma_3$；其他符号意义同前。

在没有固体颗粒的情况下，参数 B_w 和 B_a 就等于 1。在有固体颗粒的情况下，由于表面张力的作用，B_w 和 B_a 小于 1，与基质吸力 s 有关。

5. 非饱和土压缩方程

将非饱和土的变形性状不能与单值的有效应力方程建立唯一的相关关系。对于饱和与非饱和的土体进行压缩试验证明，多数土体的体积变化与有效应力之间并没有单一的关系，故非饱和土的体积变化必须分别独立地与两个应力状态变量建立关系。为了描述非饱和土的体积变化，需要两组变形状态变量。与土结构和液相有关的体积变化的变形状态变量可用孔隙比和含水量来表示，而与气相相关的体积变化则用土结构和液相的差值表示即可。

（1）与土结构有关的体积变化本构关系

非饱和土与土结构有关的体积变化关系为：

$$-\frac{dV}{V_0} = -C_{21}(du_a - du_w) + C_{22}(d\sigma_m - du_a) + C_{23}(d\sigma_1 - d\sigma_3) \tag{11.6.10}$$

式中　　　dV——土单元体的总体积变化；

　　　　　V_0——土单元体的当前总体积；

σ_m——平均总法向应力，$\sigma_\mathrm{m}=(\sigma_1+2\sigma_3)/3$；

C_{21}、C_{22}、C_{23}——与土结构体积变形有关土性参数；其他符号意义同前。

（2）与液相有关的体积变化本构关系

非饱和土与液相有关的体积变化关系为：

$$-\frac{\mathrm{d}V_\mathrm{w}}{V_0}=-C_{11}(\mathrm{d}u_\mathrm{w}-\mathrm{d}u_\mathrm{a})+C_{12}(\mathrm{d}\sigma_\mathrm{m}-\mathrm{d}u_\mathrm{a})+C_{13}(\mathrm{d}\sigma_1-\mathrm{d}\sigma_3) \qquad (11.6.11)$$

式中　　　　　$\mathrm{d}V_\mathrm{w}$——土单元体中水体积的变化；

C_{11}、C_{12}、C_{13}——与土单元体中水体积变形有关的土性参数；其他符号意义同前。

（3）非饱和土压缩方程

不考虑土体剪胀性的情况下，土体结构的体应变及孔隙水的压缩计算如下：

① 土结构体应变的本构方程，参见图 11.6.1（a），可表示为：

$$\mathrm{d}\varepsilon_\mathrm{V}=m_1^\mathrm{s}\mathrm{d}(\sigma_\mathrm{m}-u_\mathrm{a})+m_2^\mathrm{s}\mathrm{d}(u_\mathrm{a}-u_\mathrm{w}) \qquad (11.6.12)$$

式中　$\mathrm{d}\varepsilon_\mathrm{v}$——土结构体应变；

m_1^s——与净正应力相关的体积变化系数，即 $3(1-2\mu)/E$；

m_2^s——与体积变化系数，即 $3/H$（H 为与基质吸力 s 有关的弹性常数，通过可试验测定）；其他符号意义同前。

② 液相的本构方程参见图 11.6.1（b），可表示为：：

$$-\frac{\mathrm{d}V_\mathrm{w}}{V_0}=m_1^\mathrm{w}\mathrm{d}(\sigma_\mathrm{m}-u_\mathrm{a})+m_2^\mathrm{w}\mathrm{d}(u_\mathrm{a}-u_\mathrm{w}) \qquad (11.6.13)$$

式中　m_1^w——与净正应力相关的液相体积变化系数，即 $3/E_\mathrm{w}$；

m_2^w——与基质吸力相关的液相体积变化系数，即 $1/H_\mathrm{w}$；其他符号意义同前。

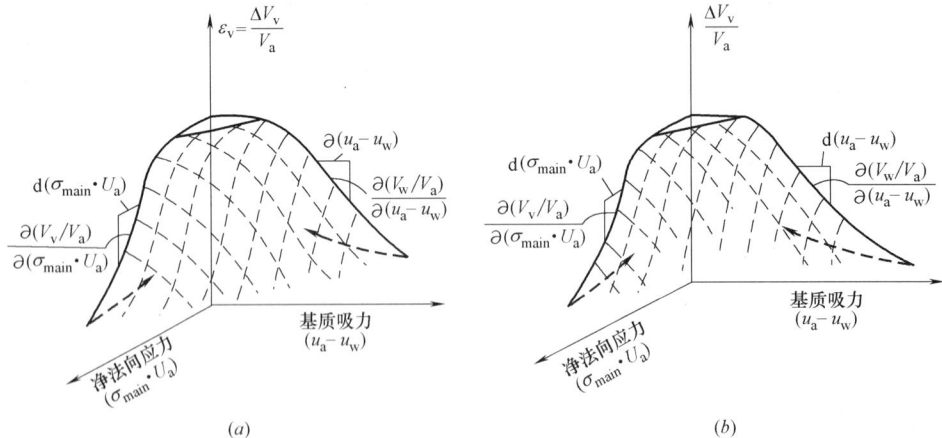

图 11.6.1　净应力与基质吸力导致的土结构体应变及孔隙水压缩

用孔隙比和含水量来表示土结构体应变和孔隙水的压缩状态变量，式（11.6.12）及式（11.6.13）分别可写为式（11.6.14）及式（11.6.15）：

结构的本构方程：　　　$\mathrm{d}e=a_\mathrm{t}\mathrm{d}(\sigma_\mathrm{m}-u_\mathrm{a})+a_\mathrm{m}\mathrm{d}(u_\mathrm{a}-u_\mathrm{w}) \qquad (11.6.14)$

式中　a_t——与法向应力变化相关的压缩系数；

a_m——与基质吸力变化相关的压缩系数；其他符号意义同前。

液相的本构方程：　　　$\mathrm{d}w=b_\mathrm{t}\mathrm{d}(\sigma_\mathrm{m}-u_\mathrm{a})+b_\mathrm{m}\mathrm{d}(u_\mathrm{a}-u_\mathrm{w}) \qquad (11.6.15)$

式中 b_t——与净法向应力变化相关的含水率变化系数；

b_m——与基质吸力变化相关的含水率变化系数；其他符号意义同前。

在孔隙比与平均净应力与吸力的对数坐标系内，孔隙比 e 方程为：

$$e=e_0-C_t\log(\sigma_m-u_a)-C_m(u_a-u_w) \qquad (11.6.16)$$

式中 e——土的孔隙比；

C_t——与净正应力相关的液相体积变化指数；

C_m——与基质吸力相关的液相体积变化指数；其他符号意义同前。

在质量含水量 w 与平均净应力与吸力的对数坐标系内，质量含水量 w 方程为：

$$w=w_0-D_t\log(\sigma_m-u_a)-D_m(u_a-u_w) \qquad (11.6.17)$$

式中 w——质量含水量；

D_t——与净正应力相关的液相体积变化指数；

D_m——与基质吸力相关的液相体积变化指数；其他符号意义同前。

11.6.3 非饱和土的固结

1. 非饱和土固结机理

饱和土的固结可视为孔隙水压力的消散和土骨架有效应力相应增长的过程。非饱和土的孔隙中同时含有气体和水，固结过程中土中水和气会发生相互作用，非饱和土要涉及两种介质的渗透性，而且非饱和土的渗透性受土的结构性影响相当显著。这些使非饱和土的固结过程非常复杂。由于土体内部结构复杂，使得非饱和土体在固结变形特性上与饱和土体存在巨大差异。因此，掌握非饱和土体的固结变形机理，并且有针对性地对地基沉降加以控制是目前亟待解决的问题。

非饱和土的固结同饱和土的固结相似，也是土骨架结构系体缩，结构系孔隙中液、气相身体积变化及运移的过程；也是土骨架结构系承担有效应力增长，孔隙水压力与孔隙气压力变化的过程。超静孔隙压力会随着时间增长而消散，最终回到加荷以前的数值。水和空气这两种流体可以在非饱和土中独立流动，同时存在孔隙气体的压缩与溶解。因此，需要两个独立的偏微分方程来求解孔隙水压力和孔隙气压力与时间的关系。

2. 固结方程一般形式

1）基本假设

对于非饱和土的固结分析，其基本假设为：

（1）土体是各向同性的；

（2）土骨架只产生小变形；

（3）土颗粒和水体不可压缩；

（4）孔隙水和孔隙气在压力梯度及温度梯度下的运动符合 Darcy 定律；

（5）气体压缩符合 Boyle 定律，气体溶解于水时符合 Henry 定律。

2）土体结构平衡方程

（1）土骨架的增量应力-应变关系

根据 Fredlund 双应力变量理论，土骨架的增量应力-应变关系为：

$$\{V\varepsilon\}=[C]_{nt}\{V\sigma^*\}+[C]_{st}Vs\{\delta\} \qquad (11.6.18)$$

式中 $\{V\varepsilon\}$——土结构应变增量；

$\{V\sigma^*\}$——土的净应力增量；

V_s——土的吸力增量；

$[C]_{nt}$——相应于净应力的土结构柔度矩阵；

$[C]_{st}$——相应于吸力的土结构柔度矩阵；

$\{\delta\}$——运算符，$\{\delta\}=\{1\ \ 1\ \ 1\ \ 0\ \ 0\ \ 0\}^T$。

$$\{V\sigma^*\}=[D]_{nt}(\{V\varepsilon\}-\{V\varepsilon^0\}) \tag{11.6.19}$$

式中 $\{V\varepsilon^0\}=[C]_{st}V_s\{\delta\}$，$[D]_{nt}=[C]_{nt}^{-1}$。

（2）土骨架的几何方程

土骨架变形的几何方程为：

$$\{V\varepsilon\}=-\mathbf{L}^T\{Vu^*\} \tag{11.6.20}$$

式中 $\{Vu^*\}$——土结构位移增量；

$\mathbf{L}$——微分算子，按下式计算：

$$\mathbf{L}=\begin{bmatrix} \dfrac{\partial}{\partial x} & 0 & 0 & \dfrac{\partial}{\partial y} & 0 & \dfrac{\partial}{\partial z} \\ 0 & \dfrac{\partial}{\partial y} & 0 & \dfrac{\partial}{\partial x} & \dfrac{\partial}{\partial z} & 0 \\ 0 & 0 & \dfrac{\partial}{\partial z} & 0 & \dfrac{\partial}{\partial y} & \dfrac{\partial}{\partial x} \end{bmatrix}$$

（3）土骨架的平衡方程

土骨架的平衡方程增量形式为：

$$\mathbf{L}\{V\sigma^*\}+\{Vb\}=0 \tag{11.6.21}$$

式中 $\{Vb\}$——初始应力梯度增量；其他符号意义同前。

将几何方程代入应力应变关系方程，再代入平衡方程，可得以土骨架变形、孔隙气压力及孔隙水压力表示的平衡方程，如下：

$$\mathbf{L}[D]_{nt}\mathbf{L}^T\{\Delta u^*\}+\mathbf{L}u_a\{\delta\}=\{\Delta b\}+\mathbf{L}[D]_{nt}\{\Delta\varepsilon^0\} \tag{11.6.22}$$

3）孔隙水连续方程

$$\frac{\partial}{\partial t}(\rho_w\theta_w+\rho_v\theta_a)=-\mathrm{div}(\overset{r}{q}_w+\overset{r}{q}_v) \tag{11.6.23}$$

式中 ρ_w、ρ_v——分别为孔隙水和水蒸气的质量密度；

θ_w、θ_a——分别为孔隙水和孔隙气的体积含量，即 $\theta_w=Sn$，$\theta_a=(1-S)n$；

$\overset{r}{q}_w$、$\overset{r}{q}_v$——分别为孔隙水和孔隙气的质量通量。

将孔隙水和孔隙气的渗流 Darcy 定律及热传导定律分别引入式（11.6.21），可得：

$$\begin{aligned}\frac{\partial}{\partial t}\Big[Sn+\frac{\rho_v}{\rho_w}(1-S)n\Big]=&\,\mathrm{div}\big[(d_{Tw}+d_{Tv})\mathrm{grad}T\big]\\ &+\frac{1}{\rho_w g}\mathrm{div}\big[(k_w-k_v)\mathrm{grad}T\big]+\frac{1}{\rho_w g}\mathrm{div}(k_v\mathrm{grad}u_a)+\frac{\partial}{\partial z}k_w\end{aligned} \tag{11.6.24}$$

4）孔隙气连续方程

孔隙气体包括除去水蒸气后的自由气体和水中溶解气体两部分

$$\frac{\partial}{\partial t}\Big[\rho_a\theta_a\Big(1-\frac{\rho_v}{\rho_w}\Big)+\rho_a H\theta_w\Big]=-\mathrm{div}\Big(\overset{r}{q}_a+H\frac{\rho_a}{\rho_w}\overset{r}{q}_w\Big) \tag{11.6.25}$$

式中 ρ_a——孔隙气的质量密度，随压力和温度变化而变化；

$\overset{r}{q}_a$、$\overset{r}{q}_w$——分别为孔隙气和水蒸气的质量通量；

H——Henry 溶解系数；其他符号意义同前。

将孔隙气和孔隙水的渗流 Darcy 定律及热流定律分别引入式（11.6.24），并考虑气体压缩定律，可得：

$$\frac{\partial}{\partial t}\left[\rho_a HSn+\rho_a\left(1-\frac{\rho_v}{\rho_w}\right)(1-S)n\right]=\mathrm{div}\left[\rho_a(d_{Ta}+Hd_{Tw})\mathrm{grad}T\right]$$

$$+\frac{1}{g}\mathrm{div}\left[H\rho_a k_w \mathrm{grad}u_w\right]+\frac{1}{g}\mathrm{div}(\rho_a k_a \mathrm{grad}u_a)+\frac{\partial}{\partial z}(H\rho_a k_w) \tag{11.6.26}$$

5）热能守恒方程

考虑土中固相、水及水汽及气体的各部分的热量传导，得出热量守恒方程为：

$$\frac{\partial}{\partial t}(c_T T+c_v\rho_v\theta_a-c_w\rho_w\theta_w)=-\mathrm{div}\overset{r}{q}_h \tag{11.6.27}$$

式中 T——绝对温度；

c_T——非饱和土为固相、空气、水汽、孔隙水四部分的比热容总和，即 $c_T=\sum\limits_{i=1}^{4}c_i\rho_i\theta_i$；

c_v、c_w——分别为水汽蒸发和凝结时的热量变化系数；

$\overset{r}{q}_h$——土体热流量；其他符号意义同前。

将孔隙气和孔隙水的渗流 Darcy 定律及热流定律分别引入式（11.6.26），可得：

$$\frac{\partial}{\partial t}\left[c_T T+\rho_v c_v(1-S)n+c_w\rho_w Sn\right]=\mathrm{div}\{[\lambda_m-\rho_w c_w T(d_{Tw}+d_{Tv})]\mathrm{grad}T\}$$

$$+\frac{1}{g}\mathrm{div}\{[c_w T(d_{Tw}+d_{Tv})-c_v k_w]\mathrm{grad}u_w\}$$

$$+\frac{1}{g}\mathrm{div}\{[c_w T k_v+c_v k_w]\mathrm{grad}u_a\}+\rho_w\frac{\partial}{\partial z}(c_w k_w T) \tag{11.6.28}$$

将上述方程式（11.6.22）、式（11.6.24）、式（11.6.26）及式（11.6.28）联立，可描述非饱和土的一般固结问题。由上述理论可知，非饱和土固结问题一般可以归纳为 6 个场变量的耦合问题，即 3 个土骨架位移 $\{u^*\}$，一个孔隙水压力 u_w，一个孔隙气压力 u_a 和一个温度 T。

解答非饱和土的固结问题尚需利用 6 个场变量的边界条件和初始条件。非饱和土的固结问题，一般来讲难于采用解析法求解，仅对很简单的情况才有一些简化解答，因此都需要采用数值分析方法求解。有关非饱和土固结问题的数值分析，限于篇幅不在此介绍。

3. 一维固结理论简化解答

针对非饱和土的一维固结问题，一些学者在不同的简化假定条件下提出了简化解答。在固结理论一般形式的基础上，进一步假定：

（1）气相是连续的（气相为气泡时，在其渗透系数趋于空气在水中的扩散率；空气体积较大时，超孔隙气压力为大气压力，无需求解）；

（2）土的体积变化系数在固结过程中为常数，气相和液相的渗透系数为常数；

（3）气相和液相的渗透系数在固结过程中为应力状态或体积-质量特性的函数；

（4）不考虑空气通过水的扩散、空气在水中的溶解以及水蒸气移动等影响；

（5）不考虑温度变化。

1）一维固结本构方程

非饱和土层厚度为 H_d，在均布外荷载 p 作用下的产生一维固结。根据上述假定，考虑土骨架、孔隙水和孔隙气的本构方程可大为简化，具体如下。

土骨架本构方程： $\dfrac{dV_v}{dV_0} = m_{1k}^s d(\sigma_z - u_a) + m_2^s d(u_a - u_w)$　　　　(11.6.29a)

液相的本构方程： $\dfrac{dV_w}{dV_0} = m_{1k}^w d(\sigma_z - u_a) + m_2^w d(u_a - u_w)$　　　　(11.6.29b)

气相的本构方程： $\dfrac{dV_a}{dV_0} = m_{1k}^a d(\sigma_z - u_a) + m_2^a d(u_a - u_w)$　　　　(11.6.29c)

2）单变量解答

（1）问题描述

单变量解答时，以孔隙气力为基本未知数，则固结方程中的气相方程可简化为：

$$\frac{\partial u_a}{\partial t} = \frac{k_a + c_h k_w}{\rho_w g (1 - S + c_h S)[n + m_1(u_a + p_a)]} \frac{\partial}{\partial z}(u_a + p_a)\frac{\partial u_a}{\partial z} \tag{11.6.30}$$

土层顶部透水、透气，底部 $z = H_d$ 处不透水、不透气，则相应的边界条件为：

$$u_a(0,t) = 0;$$
$$\frac{\partial}{\partial z}u_a(H_d,t) = 0 \qquad t \geqslant 0 \tag{11.6.31}$$

相应的初始条件为：

$$u_a(z,0) = u_{ai} \qquad 0 < z < H_d \tag{11.6.32}$$

式中　$u_{ai} = u_{a0} + \Delta u_a$。

（2）固结度解答

令 $Y = (u_a + p_a)^2 - p_a^2$；$J_v = \dfrac{(k_a + c_h k_w)(u_a + p_a)}{\rho_w g(1 - S + c_h S)[n + m_1(u_a + p_a)]}$，$m_1 = m_v(1 - \chi)$，

则式（11.6.30）简化为：

$$\frac{\partial Y}{\partial t} = J_v \frac{\partial^2 Y}{\partial z^2} \tag{11.6.33}$$

进一步，令 J_v 中的 u_a 为介于 u_{ai} 和 u_{a0} 之间的常量，则得理论解为：

$$Y = \sum_{m=0}^{\infty} \frac{2u_{ai}(u_{ai} + 2p_a)}{M} \sin M \frac{z}{H_d} \exp(-M^2 J_v) \tag{11.6.34}$$

式中　$M = \dfrac{1}{2}(2m + 1)\pi$。

相应的固结度公式为：

$$U = 1 - \left(1 + \frac{1}{2}\frac{u_{ai}}{p_a}\right)\frac{\int_0^{H_d} Y dz}{\int_0^{H_d} u_{ai}(u_{ai} + 2p_a)dz} + \frac{\int_0 H_d u_a^2 dz}{2H_d u_{ai} p_a} \tag{11.6.35}$$

3）双变量解答

单变量解只考虑了孔隙气压力方程，适合初始饱和度较低的情况；一般情况下需要考虑孔隙水和孔隙气的同步固结问题，需要以孔隙气压力与孔隙水压力为基本未知数，联立求解水气两相的固结方程。

（1）孔隙水和孔隙气的平衡方程

孔隙水和孔隙气的平衡方程为：

$$\left[\chi m_{\mathrm{v}}(1-a_1)+a_2\right]\frac{\partial u_{\mathrm{a}}}{\partial t}+\left[(1-\chi)m_{\mathrm{v}}(1-a_1)+a_3\right]\frac{\partial u_{\mathrm{w}}}{\partial t}=\frac{k_{\mathrm{w}}}{\rho_{\mathrm{w}}g}\frac{\partial^2 u_{\mathrm{w}}}{\partial z^2} \tag{11.6.36a}$$

$$(\chi m_{\mathrm{v}}a_1+a_2)\frac{\partial u_{\mathrm{a}}}{\partial t}+\left[(1-\chi)m_{\mathrm{v}}a_1-a_2\right]\frac{\partial u_{\mathrm{w}}}{\partial t}=\frac{k_{\mathrm{a}}}{\rho_{\mathrm{a}}g}\frac{\partial^2 u_{\mathrm{a}}}{\partial z^2} \tag{11.6.36b}$$

式中　　m_{v}——非饱和土的一维压缩系数；

a_1，a_2，a_3——中间系数，即 $a_1=S-\dfrac{\partial S}{\partial n}n$，$a_2=\dfrac{\partial S}{\partial s}$，$a_3=\dfrac{n(1-S)}{u_{\mathrm{a}}+p_{\mathrm{a}}}+\dfrac{\partial S}{\partial s}n$；

χ——Bishop 孔压经验系数；其他符号意义同前。

（2）孔隙压力解答

通过 Laplace 变换和有限 Fourier 变换，可解得：

$$u_{\mathrm{w}}(z,t)=\frac{4p}{\pi}\sum_{i=0}^{\infty}\frac{F_{\mathrm{w}}(i,t)}{i+1}e^{-\mathrm{m}^2Ct}\sin mz \tag{11.6.37a}$$

$$u_{\mathrm{a}}(z,t)=\frac{4p}{\pi}\sum_{i=0}^{\infty}\frac{F_{\mathrm{a}}(i,t)}{i+1}e^{-\mathrm{m}^2Ct}\sin mz \tag{11.6.37b}$$

式中　m、C、$F_{\mathrm{w}}(i,t)$、$F_{\mathrm{a}}(i,t)$——中间变量，分别按式（11.6.38a）～式（11.6.38d）计算：

$$m=\frac{(2i+1)\pi}{2H_{\mathrm{d}}} \tag{11.6.38a}$$

$$C=\frac{D_{11}+D_{22}}{2D} \tag{11.6.38b}$$

$$F_{\mathrm{w}}(i,t)=\frac{D_{20}}{D}\mathrm{ch}it+\frac{2D_{10}D_{21}+D_{20}(D_{11}-D_{22})}{D\sqrt{(D_{11}-D_{22})^2+4D_{12}D_{21}}}\mathrm{sh}it \tag{11.6.38c}$$

$$F_{\mathrm{a}}(i,t)=\frac{D_{20}}{D}\mathrm{ch}it+\frac{D_{10}(D_{22}-D_{11})_t+2D_{20}D_{12}}{D\sqrt{(D_{11}-D_{22})^2+4D_{12}D_{21}}}\mathrm{sh}it \tag{11.6.38d}$$

式中　D_{11}、D_{12}、D_{21}、D_{22}、D_{10}、D_{20}、D 均为中间变量，分别按式（11.6.39a）～式（11.6.39g）计算。

$$D_{11}=\left[(1-\chi)m_{\mathrm{v}}(1-a_1)+a_3\right]k_{\mathrm{a}} \tag{6.11.39a}$$

$$D_{12}=\left[(1-\chi)m_{\mathrm{v}}a_1-a_2\right]k_{\mathrm{w}} \tag{6.11.39b}$$

$$D_{21}=\left[\chi m_{\mathrm{v}}(1-a_1)-a_2\right]k_{\mathrm{a}} \tag{6.11.39c}$$

$$D_{22}=(\chi m_{\mathrm{v}}a_1+a_2)k_{\mathrm{w}} \tag{6.11.39d}$$

$$D_{10}=m_{\mathrm{v}}\left[a_1a_3+a_2(1-a_1)\right] \tag{6.11.39e}$$

$$D_{20}=m_{\mathrm{v}}a_2 \tag{6.11.39f}$$

$$D=\chi D_{10}+(1-\chi)D_{10}+a_2(a_3-a_2) \tag{6.11.39g}$$

（3）固结度及沉降解答

固结度计算公式为：

$$U(t)=1-\frac{D}{\chi D_{10}+(1-\chi)D_{20}}\frac{8}{\pi^2}\sum_{i=0}^{\infty}\frac{1}{(2i+1)^2}\left[\chi F_{\mathrm{a}}+(1-\chi)F_{\mathrm{w}}\right]e^{-\mathrm{m}^2Ct}$$

$$\tag{11.6.40}$$

相应的地基固结沉降 u_{z} 公式为：

$$u_{\mathrm{z}}(t)=m_{\mathrm{v}}pH_{\mathrm{d}}\left\{1-\frac{8}{\pi^2}\sum_{i=0}^{\infty}\frac{1}{(2i+1)^2}\left[\chi F_{\mathrm{a}}+(1-\chi)F_{\mathrm{w}}\right]e^{-\mathrm{m}^2Ct}\right\} \tag{11.6.41}$$

11.7 抗剪强度理论

11.7.1 引言

非饱和土强度的准确确定，对边坡稳定性分析、土压力的计算等工程实践具有重要的意义。Mohr-Coulomb 强度理论可比较准确的确定饱和土的抗剪强度，这早已经被试验和工程实践所证实。在 20 世纪中叶以前，岩土工程界一直近似地应用饱和土的 Mohr-Coulomb 强度公式确定非饱和土的抗剪强度。20 世纪中叶以后，随着对非饱和土力学研究的深入，在近 50 多年的研究历史中，许多学者通过试验研究了非饱和土的抗剪强度，形成了各自的抗剪强度理论和公式。

11.7.2 线性强度理论

非饱和土的线性强度理论是指以基质吸力的线性函数表示的强度理论，其中最典型的线性强度理论有 Bishop 强度理论和 Fredlund 强度理论。

1. Bishop 强度理论

早在 1960 年，Bishop 对非饱和土有效应力进行研究，提出了 Bishop 有效应力表达式为

$$\sigma' = (\sigma - u_a) + \chi(u_a - u_w) \tag{11.7.1}$$

式中 σ'——破坏面上的法向有效应力；

χ——非饱和土的吸力系数；

$\sigma - u_a$——破坏面上的净正应力，kPa；

$u_a - u_w$——破坏面上的基质吸力，kPa。

Coulomb 抗剪强度的有效应力原理表达式为：

$$\tau_f = c' + \sigma' \tan\varphi' \tag{11.7.2}$$

式中 τ_f——破坏面上的抗剪强度，kPa；

σ'——破坏面上的法向有效应力，kPa；

c'——非饱和土的有效凝聚力，kPa；

φ'——非饱和土的有效内摩擦角，°。

将式（11.7.1）带入式（11.7.2），可以得到非饱和土的 Bishop 强度公式为：

$$\tau_f = c' + [(\sigma - u_a) + \chi(u_a - u_w)]\tan\varphi' \tag{11.7.3}$$

式中，各符号意义同前。

2. Fredlund 强度理论

1978 年，Fredlund 等针对非饱和土的强度问题，对 Coulomb 强度理论进行了改进，得到了 Fredlund 强度公式。Fredlund 强度公式的理论基础仍然是 Coulomb 强度理论。采用 Fredlund 应力状态变量，考虑非饱和土固有的力学参数即基质吸力对强度的贡献，得到了强度与基质吸力之间的关系为：

$$\tau_f = c' + (\sigma - u_a)\tan\varphi' + (u_a - u_w)\tan\varphi^b \tag{11.7.4}$$

式中 φ^b——强度随基质吸力变化的摩擦角；其他符号意义同前。

Fredlund 强度公式中，假设非饱和土抗剪强度与基质吸力成线性正比关系，而且假定土的破坏包络面在净应力、基质吸力及强度的三维空间里是一个平面（图 11.7.1）。此平面破坏包络面是饱和土 Coulomb 强度包络线的推广，对于基质吸力恒定的非饱和土样，其摩尔圆

与饱和土的摩尔圆一样，当基质吸力变化时，非饱和土的摩尔圆也随着变化。

φ^b 作为反映非饱和土体黏聚力随基质吸力变化的参数，可通过对有效黏聚力与内摩擦角固定的土体在不同的基质吸力下进行强度试验，如图 11.7.2 所示，测定强度随基质吸力的变化，参照饱和土强度分析方法确定强度曲面随基质吸力变化的比率 $\tan\varphi^b$。φ^b 有时可以参考已有的经验值选用。

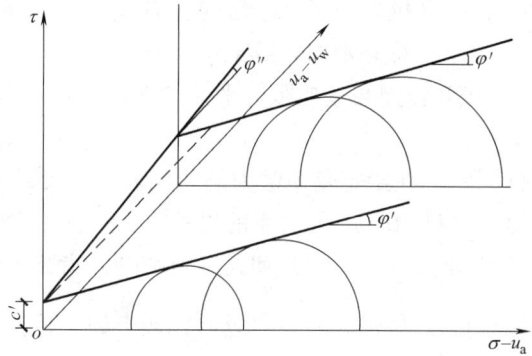

图 11.7.1　非饱和土的强度组成及破坏面

Fredlund 的非饱和土抗剪强度公式中采用的是以孔隙气压力 u_a 为基准的应力状态变量 $(\sigma-u_a)$ 和 (u_a-u_w) 的组合。Fredlund 非饱和土抗剪强度公式作为 Coulomb 饱和土抗剪强度公式的延伸，两者之间平稳过渡。当土体饱和时，孔隙水压力 u_w 等于孔隙气压力 u_a，因此，基质吸力 (u_a-u_w) 等于零。式 (11.7.4) 中的基质吸力项消失，从而过渡为饱和土抗剪强度公式。

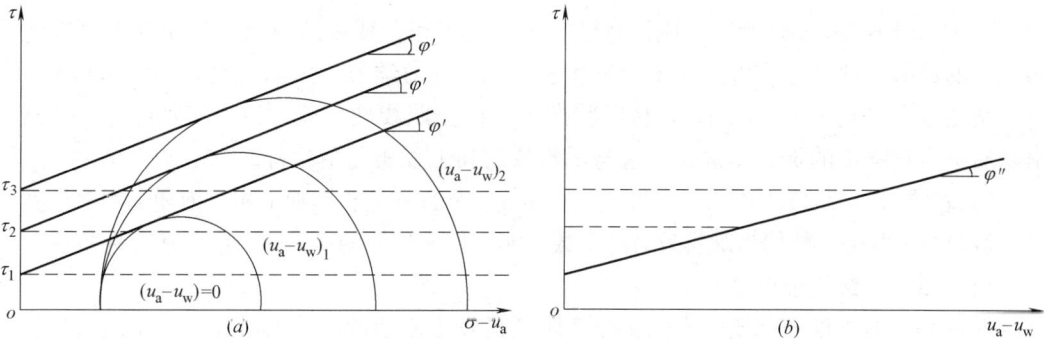

图 11.7.2　吸力内摩擦角 φ^b 的确定

(a) 不同吸力下的摩尔圆；(b) 强度与吸力的关系：$\tau_f \sim (u_a-u_w)$ 曲线

3. 非饱和土的 Mohr-Coulomb 准则

大量研究表明，非饱和土的破坏也符合饱和土的 Mohr-Coulomb 准则。根据饱和土的 Mohr-Coulomb 准则，可以推导出以有效应力内摩擦角及总黏聚力参数表示的非饱和土的 Mohr-Coulomb 准则表达式，即：

$$(\sigma_3-u_a)=(\sigma_1-u_a)\frac{1-\sin\varphi'}{1+\sin\varphi'}-2c\frac{\cos\varphi'}{1+\sin\varphi'} \tag{11.7.5a}$$

$$(\sigma_1-u_a)=(\sigma_3-u_a)\frac{1+\sin\varphi'}{1-\sin\varphi'}+2c\frac{\cos\varphi'}{1-\sin\varphi'} \tag{11.7.5b}$$

亦或

$$\sin\varphi'=\frac{[(\sigma_1-u_a)-(\sigma_3-u_a)]/2}{[(\sigma_1-u_a)+(\sigma_3-u_a)]/2+c\cot\varphi'} \tag{11.7.6}$$

4. 几点讨论

1) 当破坏包面为平面时，如图 11.7.1 所示，其黏聚力 c'、有效内摩擦角 φ'、吸力摩擦角 φ^b，均为常数。破坏包面在剪应力轴上的截距为黏聚力 c'，破坏面与净法向应力轴的交角为 φ'，相交线方程为：

$$\tau_{ff}=c'+(\sigma-u_a)\tan\varphi' \tag{11.7.7}$$

式中　τ_{ff}——抗剪强度随净法向应力（$\sigma-u_a$）的变化量，kPa；

　　　c——总黏聚力，kPa。

2）破坏包面与基质吸力平面的夹角为 φ^b，相交线方程为：

$$c''=c'+(u_a-u_w)\tan\varphi^b \tag{11.7.8}$$

式中　c''——在给定基质吸力的总黏聚力，kPa。

3）χ 值与 $\tan\varphi^b$ 的关系的讨论

若假定式（11.7.4）和式（11.7.3）得出的非饱和土抗剪强度相等，则 Bishop 建议的非饱和土抗剪强度的有效应力公式中的 χ 值与 $\tan\varphi^b$ 的关系为 $\chi=\dfrac{\tan\varphi^b}{\tan\varphi'}$。

为方便计，将 Fredlund 建议的非饱和土抗剪强度表示方法称为"φ^b 方法"，将 Bishop 建议的非饱和土抗剪强度的有效应力方法称为"χ 方法"。在 φ^b 方法中，将饱和土的破坏包线向上平移 $(u_a-u_w)\tan\varphi^b$ 距离后。

通常认为，参数 χ 与土的饱和度有关。然而，χ 值有时要从不同含水量的压实土试件抗剪强度试验中测得，在不同含水量下压实土试件并不是"等同"的土，因此，得到的 χ 值基本上是从"互异"土中测得。

4）使用 Fredlund 理论时，应注意随着土体趋于完全变干的时候，基质吸力可以达到相当大的数值，此时土体可能处于拉裂状态。根据热力学公式可以得到，当含水量趋于 0 时，基质吸力将趋于 980MPa。这样的状态下，再按照线性公式（11.7.4）计算，必然得出基质吸力对强度的贡献非常大，这与试验数据和工程实际不相符。

5）在式（11.7.4）中的 φ^b 与在式（11.7.3）中的 φ' 是非饱和土相对饱和土而言所具有的独特参数，两个参数均为基质吸力的函数，能否作为土体的应力状态参数还存在争议。

11.7.3　非线性强度理论

非饱和土的强度随基质吸力的变化实际上是较为复杂的。如前所述，采用线性强度理论有时会得到与实际不符的结果。为了更好地反映基质吸力对非饱和土强度的变化规律性，一些学者提出了非饱和土的非线性强度理论。国外 Rohm 和 Vilar（1995 年）认为，抗剪强度与基质吸力之间存在双曲线关系。

1. 沈珠江强度理论

沈珠江（1995 年）为了解释广义吸力和强度之间的函数关系，进一步提出折减吸力的概念。即广义吸力中只有一部分能有效地增加土体的强度和抗变形能力。通过定义并用广义吸力 $(u_a-u_w)_s$ 代替基质吸力，得到非饱和土抗剪强度与广义吸力之间的双曲线关系公式：

$$\tau_f=c'+(\sigma-u_a)\tan\varphi'+(u_a-u_w)_s\tan\varphi^b \tag{11.7.9}$$

式中　$(u_a-u_w)_s$——非饱和土的广义吸力，kPa，按式（11.7.10）计算。其他符号意义同前。

$$(u_a-u_w)_s=\frac{(u_a-u_w)}{1+d(u_a-u_w)} \tag{11.7.10}$$

式中　d——考虑非饱和土强度随基质吸力变化的常数，其他符号意义同前。

2. Vanapalli 强度理论

Vanapalli 基于抗剪强度与土水特性曲线之间存在密切关系，利用土水特征曲线，提出了预测吸力对强度贡献的方程：

$$\tau_f = c' + (\sigma - u_a)\tan\varphi' + (u_a - u_w)\left(\frac{\theta - \theta_r}{\theta_s - \theta_r}\right)\tan\varphi' \qquad (11.7.11)$$

式中　θ——非饱和土的体积含水量；

　　　θ_s——饱和体积含水量；

　　　θ_r——残余体积含水量；其他符号意义同前。

式（11.7.9）是利用土水特征曲线及饱和土有效强度参数即 c' 及 φ'，来预测非饱和土的抗剪强度，其预测出的强度值与通过直剪试验和三轴剪切试验得到的强度值吻合程度较好。

3. Fredlund 强度理论

Fredlund 也认识到吸力作用面积随饱和度的降低而减小的事实，由此给出非饱和土的非线性公式：

$$\tau_f = c' + (\sigma - u_a)\tan\varphi' + \tan\varphi^b \int_0^{(u_a - u_w)} \frac{S - S_r}{1 - S_r}\mathrm{d}(u_a - u_w) \qquad (11.7.12)$$

式中　S_r——非饱和土体的残余饱和度（风干土的饱和度）；

　　　S——非饱和土体的饱和度；其他符号意义同前。

饱和度与基质吸力的关系可由 Fredlund 等推导出的适用于全吸力范围任何土类的土水特性曲线表达：

$$S = \left[1 - \frac{\ln(1 + (u_a - u_w)/(u_a - u_w)_{sr})}{\ln(1 + 10^6/(u_a - u_w)_{sr})}\right]\frac{1}{\{\ln[e + ((u_a - u_w)/a)^b]\}^e} \qquad (11.7.13)$$

式中　a——进气值函数的土性参数；

　　　b——当基质吸力超过土的进气值时土中水流出率函数的土性参数；

　　　c——残余含水量函数的土性参数，

$(\sigma - u_a)_{sr}$——残余饱和度 S_r 所对应的基质吸力。

式（11.7.13）中参数较多且较复杂，给实际应用带来诸多不便。可以通过试验手段测得土水特性曲线的简化公式，由此得到的抗剪强度公式便于实践应用。

4. 几点讨论

1）当非饱和土抗剪强度与基质吸力之间的关系为非线性时，破坏包面为曲面。如图 11.7.3 所示，其黏聚力 c'、有效内摩擦角 φ' 为常数，而 φ^b 则为基质吸力（$u_a - u_w$）的函数。

图 11.7.3 显示出，土体中某一点初始时处于饱和状态，孔隙水压力等于孔隙气压力，基质吸力（$u_a - u_w$）$= 0$，并在法向应力 σ 下固结，可以得出初始状态土体抗剪强度为 $\tau_f = c' + (\sigma - u_a)\tan\varphi'$。此初始状态用图 11.7.3 中的 A 点表示。随着孔隙水压力降低，土体中开始产生基质吸力（$u_a - u_w$）> 0，如果基质吸力小于该土的进气压力值（$u_a - u_w$）$_b$，则土体中该点在低基质吸力作用下仍处于饱和状态。孔隙水压力和总法向应力对抗剪强度的影响情况取决于内摩擦角 φ'，剪应力与基质吸力包线的坡角 φ' 等于 φ^b，即 $\varphi' = \varphi^b$。

2）对强度非线性的简化处理

在解决实际工程问题时，可以采用 Fredlund 建议采用两种线性化方法来处理图

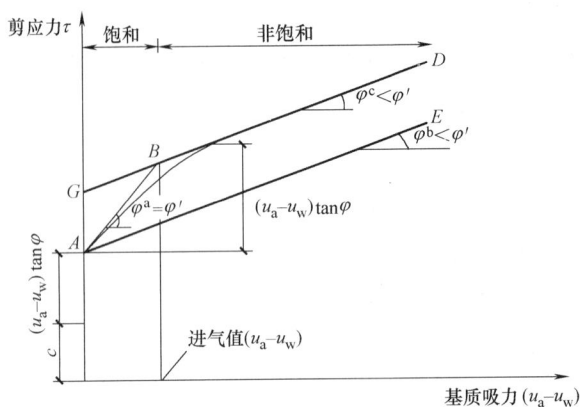

图 11.7.3　抗剪强度与基质吸力的关系

11.7.3 中包线的非线性。第一种方法为分段线性方法，是将破坏包线分成两个线性部分。例如，图 11.7.3 中的破坏包线可用两条直线 $\overline{AB}$ 和 $\overline{BD}$ 来表示。当基质吸力小于 B 点所对应的值 $(u_a-u_w)_b$ 时，破坏包线的坡角为 φ^b，与纵坐标轴相切于 A 点；当土中的基质吸力大于 $(u_a-u_w)_b$ 时，采用 $\overline{BD}$ 线代表破坏包线，φ' 角小于 φ^b 角。$\overline{BD}$ 线与纵坐标轴相交于 G 点。第二种方法是采用一条近似线性包线来代表。该线从基质吸力为零处的正点开始，其坡角为 φ^b 角。如图 11.7.3 中的 $\overline{AE}$ 线。用 $\overline{AE}$ 破坏包线估算的抗剪强度是偏于保守的。

11.8　挡土墙土压力计算

11.8.1　非饱和土静止土压力

Fredlund（1993）在饱和土的土压力的理论基础上，得出了非饱和土的静止土压力公式。非饱和土的静止土压力系数 K_0 定义为：

$$K_0 = \frac{\sigma_x - u_a}{\sigma_z - u_a} \tag{11.8.1}$$

式中　u_a——非饱和土中的孔隙气压力，kPa；

σ_x——非饱和土中的水平应力，kPa；

σ_z——非饱和土中的竖向应力，kPa；

K_0——非饱和土的静止土压力系数。

非饱和土在水平方向上应力与应变关系以广义胡克定律表示为：

$$\varepsilon_x = \frac{\sigma_z - u_a}{E} - \frac{\mu}{E}(\sigma_z + \sigma_x - 2u_a) + \frac{u_a - u_w}{H_s} \tag{11.8.2}$$

式中　u_w——非饱和土中的孔隙水压力，kPa；

E——非饱和土中的弹性模量，kPa；

μ——非饱和土中的泊松比；

H_s——与基质吸力 (u_a-u_w) 有关的弹性常数；

ε_x——x 方向上的法向应变。

得 $\varepsilon_x = 0$ 时的水平应力和竖向应力的关系：

$$\sigma_x - u_a = \frac{\mu}{1-\mu}(\sigma_z - u_a) - \frac{E}{1-\mu}\frac{u_a - u_w}{H_s} \tag{11.8.3}$$

于是，得到非饱和土的静止土压力系数为：

$$K_0 = \frac{\mu}{1-\mu} - \frac{E}{(1-\mu)H_s}\frac{u_a - u_w}{\sigma_z - u_a} \tag{11.8.4}$$

11.8.2 非饱和土 Rankine 土压力理论

1. 主动土压力

1) 墙后一点的土压力

设图 11.8.1 中墙 a-a 向离开土体方向移动。此时，土体中的水平应力将逐渐减小，直至出现塑性极限平衡而达到极限值，即由于水平应力减小而导致剪切破坏。此时，水平应力必定是最小主应力而竖向应力为最大主应力。可以根据竖向应力和土的剪切破坏准则，计算墙后非饱和土体达到主动状态时任意一点的水平应力。

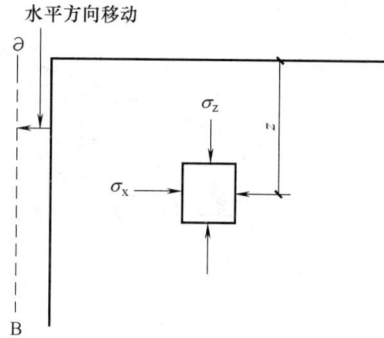

图 11.8.1 直立挡土墙后一点处土单元体

从图 11.8.2 可以看出，土中的主动和被动压力随着基质吸力的变化而变化。基质吸力增加时，主动土压力减小。换而言之，土中的负孔隙水压力越大，土体的强度越大。

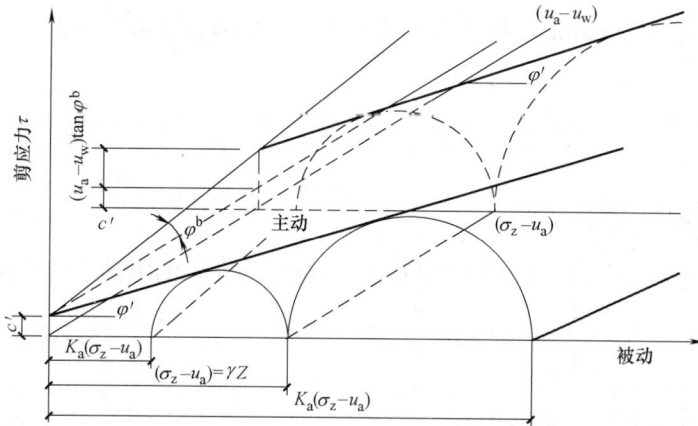

图 11.8.2 非饱和土的主动与被动应力状态

设图 11.8.1 所示的土体具有一定的基质吸力，深度 z 处土单元体上作用有上覆压力 $(\sigma_z - u_a)$，该单元及其有关变量定义如图 11.8.3 所示。如果墙体向离开土体向方向移动达到极限平衡状态，就会产生净主动土压力 $(\sigma_a - u_a)$。根据 Mohr 圆的几何关系，可以得出以竖向应力 $(\sigma_z - u_a)$ 表示的水平主动土压力关系如下：

$$\sin\varphi' = \frac{[(\sigma_z - u_a) - (\sigma_a - u_a)]/2}{[(\sigma_z - u_a) + (\sigma_a - u_a)]/2 + c\cot\varphi'} \tag{11.8.5}$$

经整理，式（11.8.5）可以写成：

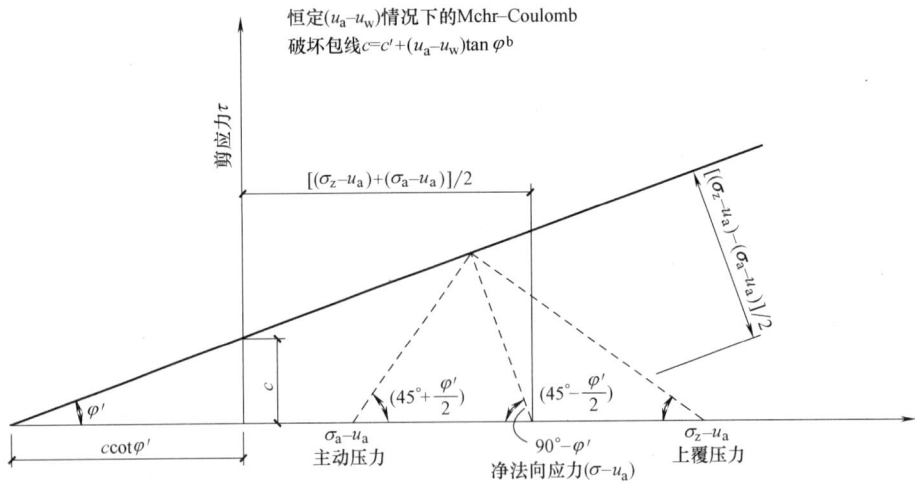

图 11.8.3 土单元体处于主动状态时的 Mohr 圆

$$(\sigma_a - u_a) = (\sigma_z - u_a)\frac{1-\sin\varphi'}{1+\sin\varphi'} - 2c\frac{\cos\varphi'}{1+\sin\varphi'} \tag{11.8.6}$$

根据非饱和土的抗剪强度公式:

$$\tau_f = c' + (\sigma - u_a)\tan\varphi' + (u_a - u_w)\tan\varphi^b \tag{11.8.7}$$

得到总凝聚力 c:

$$c = c' + (u_a - u_w)\tan\varphi^b \tag{11.8.8}$$

将总凝聚力代替 Rankine 土压力公式的凝聚力即得到非饱和土的土压力, 其中主动土压力公式为:

$$\sigma_a - u_a = (\sigma_z - u_a)k_a - 2c\sqrt{k_a} = \gamma z k_a - 2c'\sqrt{k_a} - 2(u_a - u_w)\tan\varphi^b\sqrt{k_a} \tag{11.8.9}$$

式中 $\sigma_z - u_a = \gamma z$

$$k_a = \tan^2\left(45° - \frac{\varphi'}{2}\right)$$

根据净主动土压力与净竖向应力的概念, 得出非饱和土的主动土压力系数的定义:

$$K_a = \frac{\sigma_a - u_a}{\sigma_z - u_a} = k_a - \frac{2c'}{\gamma z}\sqrt{k_a} - \frac{2(u_a - u_w)\tan\varphi^b}{\gamma z}\sqrt{k_a} \tag{11.8.10}$$

2) 主动土压力分布

(1) 基质吸力沿深度为常数情况

可以计算出并绘制不同深度处土体处于主动极限状态时的水平土压力分布, 如图 11.8.4 所示。主动状态时, 土体中出现与水平面成 $45° + \varphi'/2$ 的共轭平面, 如图中所示。采用有效黏聚力表示饱和土情况, 假定基质吸力沿深度分布为常数, 则总黏聚力沿深度分布亦为常数, 主动土压力分布便向左侧平移, 平行于饱和土情况。主动土压力可分解成如图 11.8.5 所示的三个组成部分。

非饱和土也有饱和土挡土墙的自立高度问题, 称为张拉区深度问题。令式 (11.8.9) 的水平土压力等于 0, 并假设处于大气压力下, 则可得张拉区深度为:

$$z_t = \frac{2c}{\gamma\sqrt{k_a}} = \frac{2c'}{\gamma\sqrt{k_a}} + \frac{2(u_a - u_w)\tan\varphi^b}{\gamma\sqrt{k_a}} \tag{11.8.11}$$

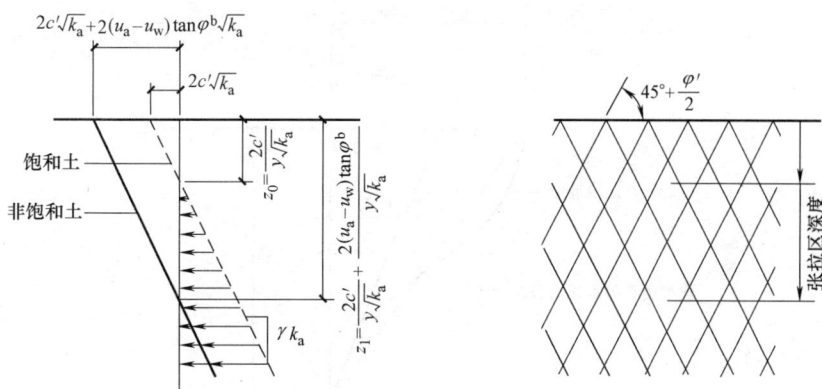

图 11.8.4 饱和土及具有常基质吸力的非饱和土 Rankine 主动土压力

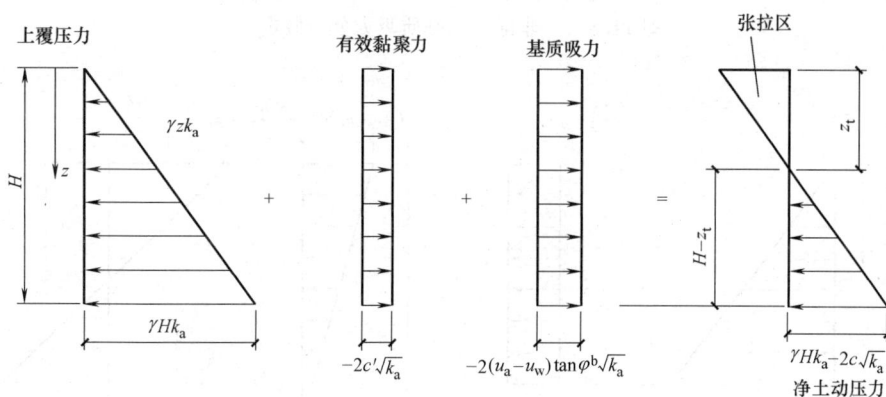

图 11.8.5 常基质吸力的非饱和土 Rankine 主动土压力组成及分布（H 为墙的高度）

（2）基质吸力沿深度线性分布情况

可以用一简单的函数关系定义基质吸力随深度的线性变化。如图 11.8.6 所示，令在地下水位深度 D 处以内的基质吸力为

$$(u_a - u_w)_z = f_w(u_a - u_w)_h(1 - z/D) \qquad (11.8.12)$$

式中　　D——地下水位深度，m；

f_w——地面处基质吸力系数；

$(u_a - u_w)_h$——地下水静止情况下按地表处的基质吸力值，kPa；可以水的重度 γ_w 按式（11.8.13）计算。

$$(u_a - u_w)_h = \gamma_w D \qquad (11.8.13)$$

地下水位以上任意深度处的主动土压力分布为：

$$\sigma_a - u_a = (\sigma_z - u_a)k_a - 2c\sqrt{k_a} = \gamma z k_a - 2c'\sqrt{k_a} - 2f_w(u_a - u_w)_h \tan\varphi^b\left(1 - \frac{z}{D}\right)\sqrt{k_a}$$

$$(11.8.14)$$

根据式（11.8.14），可绘制出具有基质吸力随深度线性减小至地下水位时的非饱和土 Rankine 主动土压力组成及其分布图，如图 11.8.7 所示。

2. 被动土压力

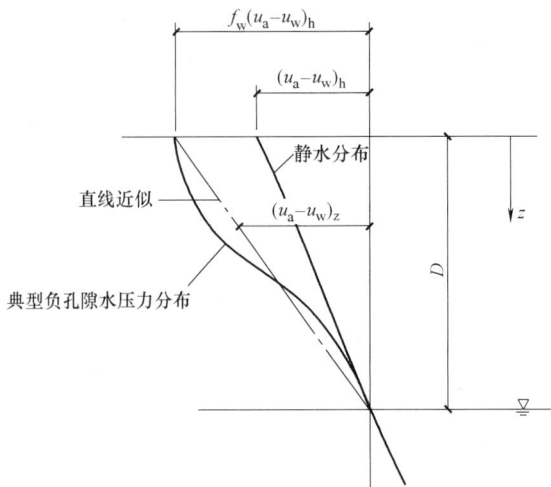

图 11.8.6 非饱和土基质吸力分布假定

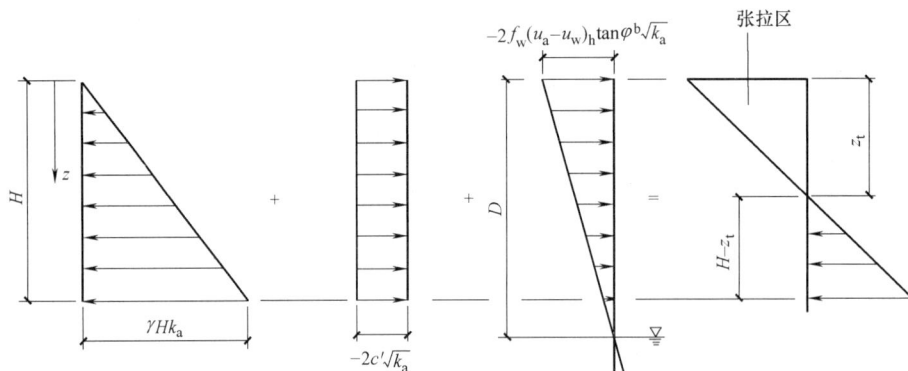

图 11.8.7 线性变化基质吸力的非饱和土 Rankine 主动土压力组成及分布

1）墙后一点的土压力

如果图 11.8.1 中的墙向土体位移导致墙后土体受到挤压，土体中的水平应力将逐渐加大。当土体到达极限破坏状态时，总水平应力就是最大主应力而总竖向应力为最小主应力。根据竖向应力及土体的极限平衡条件即可得出墙后土体达到被动状态时的水平应力即被动土压力。由图 11.8.8 可见，土体中被动土压力是基质吸力的函数，随着基质吸力的增大而增大。按照主动土压力的推导方法，可得出竖向应力（$\sigma_z - u_a$）下的被动土压力（$\sigma_p - u_a$）。

如果墙体挤向土体方向，移动达到极限平衡状态，就会产生净被动土压力（$\sigma_p - u_a$）。根据 Mohr 圆的几何关系，可以得出以竖向应力（$\sigma_z - u_a$）表示的水平被动土压力关系如下：

$$\sin\varphi' = \frac{[(\sigma_p - u_a) - (\sigma_z - u_a)]/2}{[(\sigma_p - u_a) + (\sigma_z - u_a)]/2 + c\cot\varphi'} \tag{11.8.15}$$

经整理，式（11.8.15）可以写成：

$$(\sigma_p - u_a) = (\sigma_z - u_a)\frac{1 + \sin\varphi'}{1 - \sin\varphi'} + 2c\frac{\cos\varphi'}{1 - \sin\varphi'} \tag{11.8.16}$$

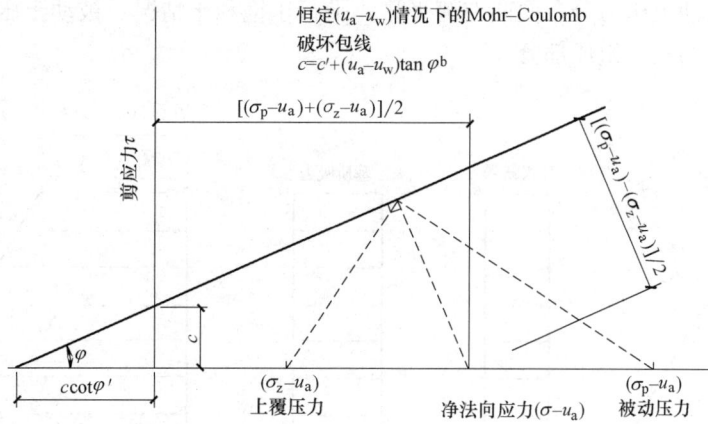

图 11.8.8　土单元体处于被动状态时的 Mohr 圆

根据非饱和土的抗剪强度公式（11.7.7）及式（11.7.8），将总凝聚力代替 Rankine 土压力公式的凝聚力，即得到非饱和土的土压力。其中，被动土压力公式为：

$$\sigma_p - u_a = (\sigma_z - u_a)k_p + 2c\sqrt{k_p} = \gamma z k_p + 2c'\sqrt{k_p} + 2(u_a - u_w)\tan\varphi^b\sqrt{k_p} \quad (11.8.17)$$

式中　$\sigma_z - u_a = \gamma z$

$$k_p = \tan^2\left(45° + \frac{\varphi'}{2}\right)$$

根据净被动土压力与净竖向应力的概念，得出非饱和土的被动土压力系数的定义：

$$K_p = \frac{\sigma_p - u_a}{\sigma_z - u_a} = k_p + \frac{2c'}{\gamma z}\sqrt{k_p} + \frac{2(u_a - u_w)\tan\varphi^b}{\gamma z}\sqrt{k_p} \quad (11.8.18)$$

2）被动土压力分布

（1）基质吸力沿深度为常数情况

可以计算出并绘制不同深度处土体处于被动极限状态时的水平土压力分布，如图 11.8.9 所示。被动状态时，土体中出现与水平面成 $45° - \varphi'/2$ 的共轭平面，如图中所示。采用有效黏聚力表示饱和土情况，假定基质吸力沿深度分布为常数，则总黏聚力沿深度分

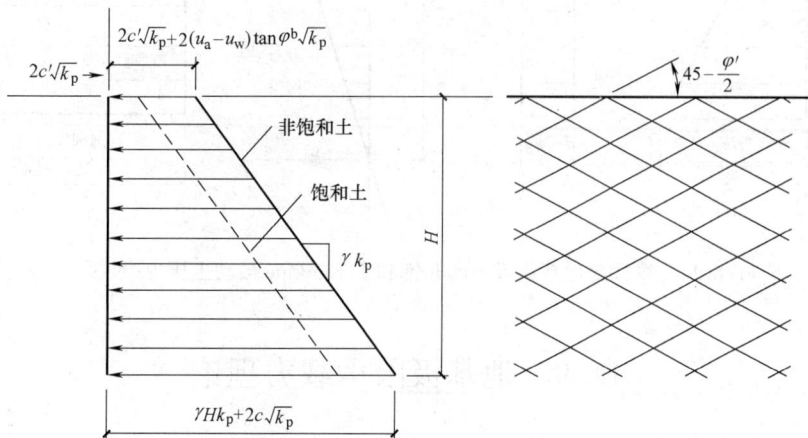

图 11.8.9　饱和土及具有常基质吸力的非饱和土 Rankine 被动土压力

布亦为常数，被动土压力分布便向左侧平移，平行于饱和土情况。被动土压力可分解成如图 11.8.10 所示的三个组成部分。

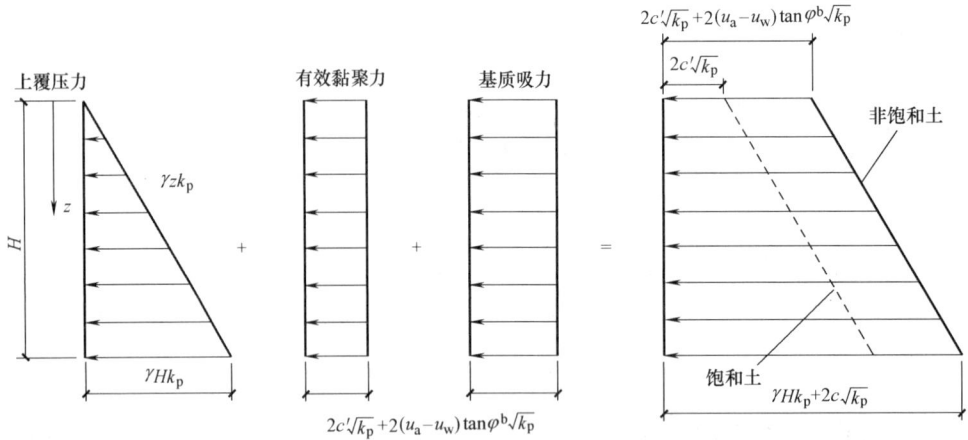

图 11.8.10　常基质吸力的非饱和土 Rankine 被动土压力组成及分布

（2）基质吸力沿深度线性分布情况

仍采用如图 11.8.6 所示的一简单的函数关系定义基质吸力随深度的线性变化，则地下水位以上任意深度处的被动土压力分布如图 11.8.11 所示，为：

$$\sigma_p - u_a = (\sigma_z - u_a)k_p + 2c\sqrt{k_p} = \gamma z k_p + 2c'\sqrt{k_p} + 2f_w(u_a - u_w)_h \tan\varphi^b \left(1 - \frac{z}{D}\right)\sqrt{k_p}$$

$$(11.8.19)$$

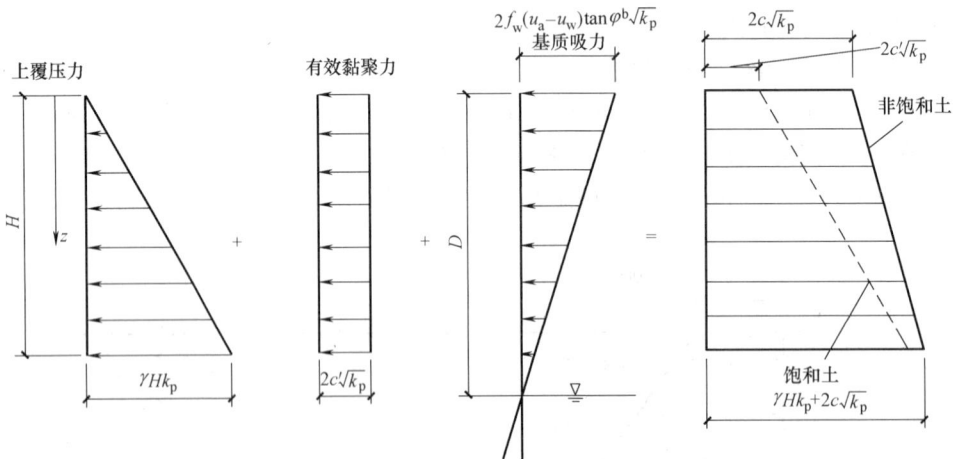

图 11.8.11　线性变化基质吸力的非饱和土 Rankine 被动土压力组成及分布

11.9　地基极限承载力理论

11.9.1　概述

非饱和土的地基承载力，概念上可以采用饱和土的承载力理论进行计算。非饱和土地基按照饱和土的极限承载力理论来计算承载力，需要考虑土的强度指标、地下水位、地基基质吸力分布等几个方面的影响因素。为了使用方便，尚需对指标进行一些近似等效处理。

1. 承载力计算影响因素

1）强度指标

根据 Fredlund 非饱和土强度理论，计算地基极限承载力需要按照有效黏聚力 c'、有效摩擦角 φ' 及吸力摩擦角 φ^b 三个强度指标。一般来说，不能简单地采用三轴试验的不排水剪指标（c_u 及 φ_u）、固结不排水剪（c_{cu} 及 φ_{cu}）及直剪试验快剪（c_q 及 φ_q）、固结快剪指标（c_{cq} 及 φ_{cq}）。

2）地下水位

利用饱和土的地基极限承载力理论，涉及这些理论中极限滑动面的深度位置。工程实用上，一般认为地下水位以下的土可以当作饱和土考虑，而地下水位以上的土可以按非饱和土对待。在饱和土的极限承载力理论中，未能严格考虑地下水位的影响，实用上只是将地下水位以下的土体重度取为有效重度，但是指标可能采用土的总应力强度指标，即固结不排水剪或固结快剪。

对于非饱和土地基，计算承载力时，一般应考虑极限滑移面总处于地下水位以上，这样才能使用土的有效黏聚力 c'、有效摩擦角 φ' 及吸力摩擦角 φ^b 三个强度指标；否则，就应按成层土地基来考虑。

3）基质吸力分布

对于传统的饱和土承载力理论，都是在总黏聚力随深度不变的假定下推导得出的。但是，考虑到地下水位以上非饱和土的基质吸力分布不一定能满足随深度不变的条件，即使有效黏聚力随深度不变。正是如此，利用传统的极限承载力理论时，基质吸力随深度的任何变化都将导致这些经典解答不成立。

2. 近似等效处理

为了利于既有饱和土地基承载力理论计算非饱和土地基的极限承载力，根据上述对三个方面影响因素的分析，对中较为复杂的实际工况可进行一些近似处理，以满足实用性要求。

1）基质吸力分布简化

如图 11.9.1 所示，基础下地下水位以上地基中的吸力不但受到地下水位的影响，还会受到天气等环境因素的影响，进而导致吸力分布往往是比较复杂的。为实用计，可以对地基中的吸力取其随深度变化的平均值，作为地基的吸力计算值。

2）总应力法的近似应用

在一般黏性土地基，可以采用总应力法估计地基的承载力 p_u。利用土的三轴不排水剪切指标 c_u 计算地基极限承载力。

根据 Fredlund 建议，对于非饱和土，其不排水强度 c_u 可以近似表示为

$$c_u \approx \tau_f = c' + (\sigma - u_a)\tan\varphi' + (u_a - u_w)\tan\varphi^b \tag{11.9.1}$$

式中 c_u——非饱和土的三轴近似不排水强度，kPa；其他符号意义同前。

再按照 Prandtl 公式进行地基瞬时加载的短期承载力计算，即

$$p_u = c_u N_c \tag{11.9.2}$$

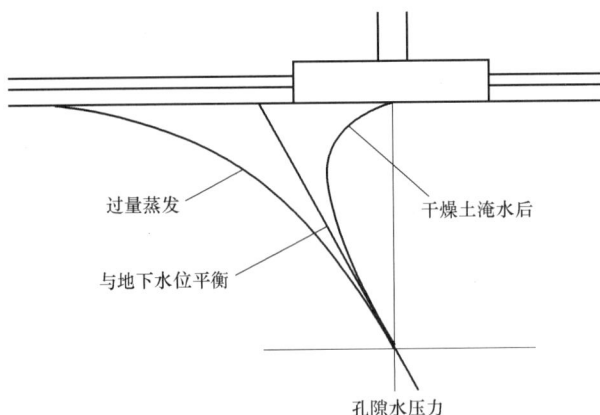

图 11.9.1 基础下地下水位以上土体吸力的分布与变化

式中 N_c——Prandtl 承载力公式中的承载力系数，见第 8 章。其他符号意义同前。

根据式（11.9.2）可以预测由于气候及地下水位变化等原因导致的地基中基质吸力的变化而引起的地基土强度及极限承载能力的变化。

使用上述方法，就意味着针对影响非饱和土地基承载力的各个因素，如吸力（$u_a - u_w$）、净应力（$\sigma - u_a$）及其他各种指标进行近似处理。

11.9.2 基于 Terzaghi 承载力理论的非饱和土地基承载力

1. 基本概念

非饱和土的三轴试验结果表明，有效内摩擦角 φ' 与地基吸力无关，是个常量，所以非饱和土的地基承载力可以分为两部分：一部分是饱和土的地基承载力；另一部分是基质吸力引起的地基承载力，即：

$$p_u = p_u' + p_u'' \tag{11.9.3}$$

式中 p_u'——有效强度指标对应的地基承载力；

p_u''——基质吸力引起的地基承载力。

2. 条形基础地基整体剪切破坏时的极限承载力

对于条形基础，其极限承载力可根据 Terzaghi 承载力公式计算：

$$p_u' = c'N_c + qN_q + \frac{1}{2}\gamma b N_\gamma \tag{11.9.4}$$

式中 N_γ、N_q、N_c——分别为土体重度 γ、基础超载 q 及有效黏聚力 c' 对应的 Terzaghi 地基承载力系数，均为土体有效内摩擦角 φ' 的函数。

按照均质地基黏聚力 c 对地基承载力的影响，可按照下式计算地基中均匀分布吸力（$u_a - u_w$）对地基承载力的贡献：

$$p_u'' = sN_s \tag{11.9.5}$$

式中 N_s——土体吸力对应的 Terzaghi 地基承载力系数，亦为有效内摩擦角 φ' 的函数。

s——非饱和土的基质吸力，即 $s = (u_a - u_w)$。

N_q 可依据土的有效内摩擦角 φ' 按式（11.9.6a）计算：

$$N_q = \frac{e^{\left(\frac{3}{2}\pi - \varphi'\right)\tan\varphi'}}{2\cos^2\left(45° + \dfrac{\varphi'}{2}\right)} \tag{11.9.6a}$$

N_c 可依据土的有效内摩擦角 φ' 按式（11.9.6b）计算：

$$N_c = (N_q - 1)\cot\varphi' \tag{11.9.6b}$$

对 N_γ，Terzaghi 未给出其显式，需用试算法求得。也有一些研究者建议采用不同的简化公式来考虑。根据 Vesic 的建议，N_γ 可按下式计算。

$$N_\gamma = 2(N_q - 1)\tan\varphi' \tag{11.9.6c}$$

N_s 可按下式计算

$$N_s = N_c\tan\varphi^b \tag{11.9.6d}$$

除系数 N_s 需考虑吸力摩擦角 φ^b 外，承载力系数 N_γ、N_q、N_c 也依据土的有效内摩擦角 φ'，可通过表 11.9.1 查得。

Terzaghi 承载力系数 N_γ、N_q、N_c 取值表　　　　表 11.9.1

$\varphi'(°)$	N_γ	N_q	N_c	$\varphi'(°)$	N_γ	N_q	N_c
0	0	1.00	5.7	24	8.6	11.4	23.4
2	0.23	1.22	6.5	26	11.5	14.2	27.0
4	0.39	1.48	7.0	28	15	17.8	31.6
6	0.63	1.81	7.7	30	20	22.4	37.0
8	0.86	2.2	8.5	32	28	28.7	44.4
10	1.20	2.68	9.5	34	36	36.6	52.8
12	1.66	3.32	10.9	36	50	47.2	63.6
14	2.20	4.00	12.0	38	90	61.2	77.0
16	3.0	4.91	13.6	40	130	80.5	94.8
18	3.9	6.04	15.5	42	200	109.4	119.5
20	5.0	7.42	17.6	44	260	147.0	151.0
22	6.5	9.17	20.2	45	326	173	172

3. 条形基础地基局部剪切破坏时的极限承载力

承载力公式即式（11.9.4）是在地基发生整体剪切破坏的条件下得到的。对于地基局部剪切破坏时的承载力，Terzaghi 建议先把土的强度指标进行修正，即：

$$c^* = \frac{2}{3}c' \tag{11.9.7a}$$

$$\tan\varphi^* = \frac{2}{3}\tan\varphi' \text{ 或 } \varphi^* = \arctan^{-1}\left(\frac{2}{3}\tan\varphi'\right) \tag{11.9.7b}$$

再用修正后的 c^*、φ^*，就可计算局部剪切破坏时松土地基的极限承载力：

$$p_u^* = \frac{1}{2}\gamma b N_\gamma{}^* + q N_q{}^* + c' N_c{}^* + s N_s{}^* \tag{11.9.8}$$

式中　$N_c{}^*$、$N_q{}^*$、$N_\gamma{}^*$、$N_s{}^*$——修正后地基承载力系数，都是土的有效内摩擦角 φ' 的函数。其他符号意义同前。

4. 矩形及圆形基础地基整体剪切破坏时的极限承载力

当基础不是条形时，根据 Terzaghi 对建议，参照饱和土地基情况，按以下公式计算。对于边长为 b 的方形基础：

$$p_u = 0.4\gamma b N_\gamma + q N_q + 1.2 c' N_c + 1.2 s N_s \text{（整体破坏）} \tag{11.9.9}$$

$$p_u = 0.4\gamma b N_\gamma{}^* + q N_q{}^* + 1.2c'N_c{}^* + 1.2s N_s{}^* \text{（局部破坏）} \tag{11.9.10}$$

对于宽度为 b、长度为 l 的矩形基础，可按 b/l 值在条形基础（$b/l=0$）和方形基础（$b/l=1$）之间内插，求得对应的地基极限承载力。

对于半径为 r 的圆形基础：

$$p_u = 0.6\gamma r N_\gamma + q N_q + 1.2c'N_c + 1.2s N_s \text{（整体破坏）} \tag{11.9.11}$$

$$p_u = 0.6\gamma r N_\gamma{}^* + q N_q{}^* + 1.2c'N_c{}^* + 1.2s N_s{}^* \text{（局部破坏）} \tag{11.9.12}$$

11.10 边坡稳定性分析

11.10.1 引言

非饱和土坡的稳定性分析仍可广泛采用极限平衡法。实际工程中，土坡在地下水位以上，土体中存在着基质吸力的影响，属于非饱和土。非饱和土的负孔隙水压力产生的土体抗剪强度对土坡稳定的作用很大，特别是在浅层滑动的情况下。

现有的常规土坡稳定分析中，土体抗剪强度并没有考虑非饱和土中基质吸力的作用，只是按饱和土的理论来确定抗剪强度指标。这必然使计算模型和实际情况不相一致，一方面可能造成边坡稳定计算保守；另一方面，不能考虑复杂自然环境对土坡稳定性的影响。

将传统的土坡极限平衡条分法与非饱和土抗剪强度理论相结合，是非饱和土坡稳定性分析的基本思路。

11.10.2 非饱和土坡稳定分析的 Bishop 方法

1. 基本假定

Bishop 法是条分法的一种，假定滑动面是一个圆弧面，考虑土条侧面的作用力，并假定各土条底部滑动面上的抗滑安全系数均相同，即等于整个沿动面的平均安全系数。在传统 Bishop 法的基础上，考虑土条低端处于地下水位以上，引入土孔隙气压力与孔隙水压力变量，可以按照传统 Bishop 法的思路计算非饱和土坡的稳定安全系数。

2. 土条受力分析

如图 11.10.1 所示，对于半径为 R 的圆弧滑动面，若土条处于静力平衡状态，根据竖向力平衡条件 $\sum F_z = 0$，应有：

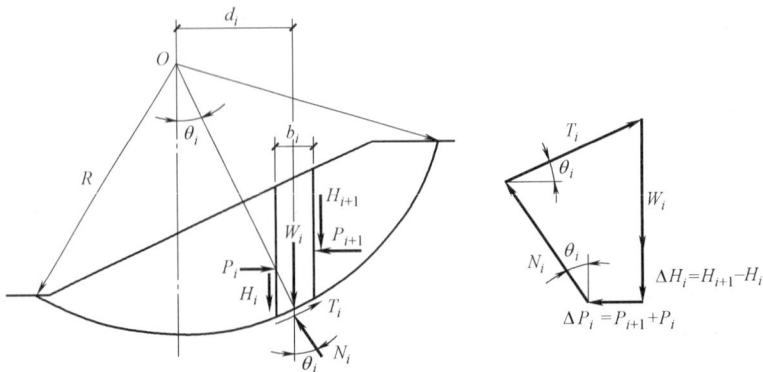

图 11.10.1 条分法土条受力分析

$$W_i + \Delta H_i = (N_i - u_{ai}l_i)\cos\theta_i + T_i\sin\theta_i,$$
$$(N_i - u_{ai}l_i)\cos\theta_i = W_i + \Delta H_i - T_i\sin\theta_i \tag{11.10.1}$$

式中 l_i——第 i 土条的土条沿滑动面的长度，m；

θ_i——滑动面切线与水平方向的夹角，°；

W_i——第 i 土条的重力，kN；

N_i——第 i 土条滑动面上的总正压力，kN；

T_i——第 i 土条滑动面上的切向力，kN；

P_i——第 i 土条的水平向条间力，kN；

H_i——第 i 土条的竖向条间力条，kN；

ΔH_i——第 i 土条左右的竖向条间力之差，kN；

u_{ai}——第 i 土条的孔隙气压力，kPa。

根据满足安全系数为 F_s 时的极限平衡条件，并考虑土条底部的非饱和土强度，整理可得：

$$T_i = \frac{(c_i' + s_i\tan\varphi_i^b + \sigma_i\tan\varphi_i')l_i}{F_s} = \frac{c_i'l_i + s_i\tan\varphi_i^b l_i + (N_i - u_{ai}l_i)\tan\varphi_i'}{F_s} \tag{11.10.2}$$

式中 s_i——第 i 土条的土的基质吸力，$s_i = u_{ai} - u_{wi}$，kPa；

φ_i^b——第 i 土条的吸力摩擦角，°；

c_i'——第 i 土条的土的有效黏聚力，kPa；

φ_i'——第 i 土条的土的有效内摩擦角，°；

F_s——土坡稳定安全系数；其他符号意义同前。

考虑整个滑动土体的整体力矩平衡条件，各土条的作用力对圆心力矩之和为零。这时，条间力 P_i 和 H_i 成对出现，大小相等，方向相反，相互抵消，对圆心不产生力矩。滑动面上的总正压力 N_i 通过圆心，也不产生力矩。因此，只有土条重力 W_i 和滑动面上的切向力 T_i 对圆心产生力矩。

3. 安全系数计算

由整体力矩平衡得：

简化后得 $\sum W_i d_i = \sum T_i R$，即

$$\sum W_i R\sin\theta_i = \sum \frac{1}{F_s}[c_i'l_i + s_i\tan\varphi_i^b l_i + (N_i - u_{ai}l_i)\tan\varphi_i']R \tag{11.10.3}$$

则土坡稳定安全系数为

$$F_s = \frac{\sum \dfrac{1}{m_{\theta i}}[c_i'b_i + s_i\tan\varphi_i^b b_i + (W_i + \Delta H_i - u_{ai}b_i)\tan\varphi_i']}{\sum W_i\sin\theta_i} \tag{11.10.4}$$

式中 $m_{\theta i}$——第 i 土条的计算系数，按式（11.10.5）计算；其他符号意义同前。

$$m_{\theta i} = \cos\theta_i + \frac{\tan\varphi_i'\sin\theta_i}{F_s} \tag{11.10.5}$$

式中，$\Delta H_i = H_{i+1} - H_i$ 仍然是未知量。毕肖普进一步假定 $\Delta H_i = 0$，实际上也就是认为条块间只有水平作用力 P_i 而不存在切向力 H_i，上式可进一步简化为：

假定土条间的切应力 $H_i = 0$，则安全系数：

$$F_s = \frac{\sum \frac{1}{m_{\theta i}}\left[c_i'b_i + s_i\tan\varphi_i^b b_i + (W_i - u_{ai}b_i)\tan\varphi_i'\right]}{\sum W_i\sin\theta_i} \tag{11.10.6}$$

土坡与大气相通，则 $u_{ai}=0$，式（11.10.6）成为：

$$F_s = \frac{\sum \frac{1}{m_{\theta i}}\left[c_i'b_i + s_i\tan\varphi_i^b b_i + W_i\tan\varphi_i'\right]}{\sum W_i\sin\theta_i} \tag{11.10.7}$$

若土的基质吸力 s、有效黏聚力 c'、内摩擦角 φ 及吸力摩擦角 φ^b 均为常数，则安全系数可为：

$$F_s = \frac{\sum \frac{1}{m_{\theta i}}\left(c'b_i + s\tan\varphi^b b_i + W_i\tan\varphi_0'\right)}{\sum W_i\sin\theta_i} \tag{11.10.8}$$

11.10.3　非饱和土坡稳定分析的 Fredlund 方法

Fredlund（1963）考虑非饱和土基质吸力对土坡稳定性的影响，同时提出了非饱和土边坡力矩平衡和水平平衡的安全系数。

如图 11.10.2 所示，按照条分法基本思路，通过分析非饱和土坡上一个土条的极限平衡受力状态，来确定土坡的力矩及水平力的稳定安全系数。

1. 力矩稳定安全系数 F_m

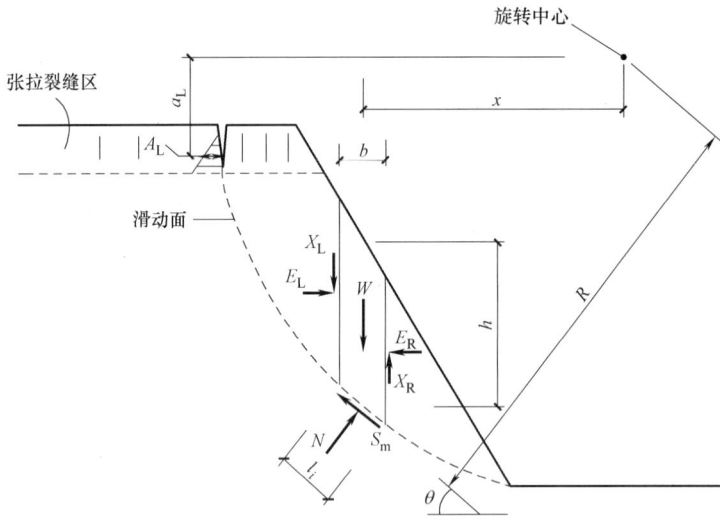

图 11.10.2　非饱和土坡中一个滑动土条的受力分析

$$F_m = \frac{\sum\left\{c'l_iR + \left[N_i - u_{wi}l_i\frac{\tan\varphi^b}{\tan\varphi'} - u_{ai}l_i\left(1 - \frac{\tan\varphi^b}{\tan\varphi'}\right)\right]R\tan\varphi'\right\}}{A_L\alpha_L + \sum W_i - \sum N_i f_i} \tag{11.10.9}$$

式中　W_i——第 i 土条的总重力，kN；

$\quad\quad N_i$——第 i 土条的底面的总法向力，kN；

$\quad\quad c'$——土的有效黏聚力，kPa；

$\quad\quad \varphi'$——土的有效内摩擦角，°；

$\quad\quad \varphi^b$——土的吸力摩擦角，°；

u_{ai}——第 i 土条的孔隙气压力，kPa；

u_{wi}——第 i 土条的孔隙水压力，kPa；

l_i——第 i 土条的土条沿滑动面的长度，m；

x_i——土条中心至转动中心的水平距离，m；

f_i——法向力 N_i 作用线至水平转动中心的垂直距离，m；

R——圆弧滑动面的半径，m；

A_L——坡顶裂缝内的水压力，下标 L 表示左侧。

其中，第 i 土条的底面的总法向力 N_i 的计算式为：

$$N_i = \frac{W_i - (X_{Ri} - X_{Li}) - \dfrac{c'l_i\sin\theta_i}{F_m} + u_{wi}\dfrac{l_i\sin\theta_i}{F_m}\tan\varphi^b}{m_{\theta i}} \qquad (11.10.10)$$

式中　X_{Ri}——第 i 土条的右侧水平力，kN；

X_{Li}——第 i 土条的左侧水平力，kN；

$m_{\theta i}$——第 i 土条的计算系数，按式（11.10.11）计算；其他符号意义同前。

$$m_{\theta i} = \cos\theta_i + \frac{\sin\theta_i\tan\varphi'}{F_m} \qquad (11.10.11)$$

2. 水平力平衡安全系数 F_f

根据水平力极限平衡原理，可得出水平力平衡安全系数为：

$$F_f = \frac{\sum\left\{c'l_i\cos\theta_i + \left[N_i - u_{wi}l_i\dfrac{\tan\varphi^b}{\tan\varphi'} - u_{ai}l_i\left(1 - \dfrac{\tan\varphi^b}{\tan\varphi'}\right)\tan\varphi'\cos\theta_i\right]\right\}}{A_L\alpha_L + \sum N_i\sin\theta_i} \qquad (11.10.12)$$

如果土坡顶无张开裂缝，水平力 $A_L = 0$，同时假设土坡沿圆弧滑动，则 $f_i = 0$。考虑土同时满足力和力矩平衡，即 $F_m = F_f$，对于饱和土 $\varphi' = \varphi^b$，由滑动体的几何关系知，$x_i = R\sin\theta_i$；$b_i = l_i\cos\theta_i$，所以式（11.10.12）成为：

$$F_m = F_f = \frac{\sum\dfrac{1}{m_{\theta i}}\left[c_i l_i\cos\theta_i + (W_i - u_{wi}b_i)\tan\varphi_i\right]}{\sum W_i\sin\theta_i} \qquad (11.10.13)$$

式（11.10.13）与饱和土坡的 Bishop 稳定安全系数公式是完全一致的。

11.11　本构模型简介

11.11.1　引言

非饱和土体变本构关系是非饱和土理论研究的一个重要内容。在饱和土中，一个单值有效应力即可以描述饱和土的力学性状。对于非饱和土，Coleman（1962）将 Bishop 有效应力方程的两个部分分开，分别对土的结构和液相提出两组本构关系；Fredlund 和 Morgenstern 提出了建立在多相连续介质力学基础上的非饱和土应力分析方法，采用了两个独立的应力状态变量即基质吸力（$u_a - u_w$）和净平均应力（$\sigma_m - u_a$）来描述非饱和土的力学性状。

近年来，随着土体弹塑性力学迅速发展，各种建模思想不断出现，对于非饱和土也出现了许多不同形式的本构模型。其中，弹性模型是最简单、最基本的本构模型。首先，假定非饱和土是各向同性的、线弹性的材料，在此基础上得到线弹性模型，最典型的是

Fredlund 模型。

到目前为止，开始于 20 世纪 80 年代弹塑本构模型的理论研究，已经取得了很多进展。出现了比弹性模型更加丰富、合理的模型，包括非饱和土弹塑性模型。其中，得到公认的有描述饱和土的临界状态理论的剑桥模型和 Alonso 等人基于剑桥模型提出的描述非饱和土弹塑性理论的 Barcelona 模型。

11.11.2 Fredlund 模型

在饱和土力学中，根据广义的 Hook 定律，使用有效应力变量 $(\sigma-u_{\mathrm{w}})$，可以写出土结构的本构关系。对于各向同性和线弹性的土结构，其 x、y 和 z 方向上的本构关系有如下的形式：

$$\varepsilon_{\mathrm{x}}=\frac{(\sigma_{\mathrm{x}}-u_{\mathrm{w}})}{E}-\frac{\mu}{E}(\sigma_{\mathrm{y}}+\sigma_{\mathrm{z}}-2u_{\mathrm{w}}) \tag{11.11.1a}$$

$$\varepsilon_{\mathrm{y}}=\frac{(\sigma_{\mathrm{y}}-u_{\mathrm{w}})}{E}-\frac{\mu}{E}(\sigma_{\mathrm{x}}+\sigma_{\mathrm{z}}-2u_{\mathrm{w}}) \tag{11.11.1b}$$

$$\varepsilon_{\mathrm{z}}=\frac{(\sigma_{\mathrm{z}}-u_{\mathrm{w}})}{E}-\frac{\mu}{E}(\sigma_{\mathrm{x}}+\sigma_{\mathrm{y}}-2u_{\mathrm{w}}) \tag{11.11.1c}$$

式中　ε_{x}——x 方向上的总法向应力；

$\quad\quad\varepsilon_{\mathrm{y}}$——$y$ 方向上的总法向应力；

$\quad\quad\varepsilon_{\mathrm{z}}$——$z$ 方向上的总法向应力；

$\quad\quad E$——土结构的弹性模量；

$\quad\quad\mu$——泊松比。

Fredlund 进一步将此推广到非饱和土，用应力状态变量 $(\sigma-u_{\mathrm{a}})$ 和 $(u_{\mathrm{a}}-u_{\mathrm{w}})$ 给出了非饱和土的弹性本构关系为：

$$\varepsilon_{\mathrm{x}}=\frac{(\sigma_{\mathrm{x}}-u_{\mathrm{a}})}{E}-\frac{\mu}{E}(\sigma_{\mathrm{y}}+\sigma_{\mathrm{z}}-2u_{\mathrm{a}})+\frac{(u_{\mathrm{a}}-u_{\mathrm{w}})}{H_{\mathrm{s}}} \tag{11.11.2a}$$

$$\varepsilon_{\mathrm{y}}=\frac{(\sigma_{\mathrm{y}}-u_{\mathrm{a}})}{E}-\frac{\mu}{E}(\sigma_{\mathrm{x}}+\sigma_{\mathrm{z}}-2u_{\mathrm{a}})+\frac{(u_{\mathrm{a}}-u_{\mathrm{w}})}{H_{\mathrm{s}}} \tag{11.11.2b}$$

$$\varepsilon_{\mathrm{z}}=\frac{(\sigma_{\mathrm{z}}-u_{\mathrm{a}})}{E}-\frac{\mu}{E}(\sigma_{\mathrm{x}}+\sigma_{\mathrm{y}}-2u_{\mathrm{a}})+\frac{(u_{\mathrm{a}}-u_{\mathrm{w}})}{H_{\mathrm{s}}} \tag{11.11.2c}$$

式中　H——与基质吸力 $(u_{\mathrm{a}}-u_{\mathrm{w}})$ 有关的弹性常数，通过可试验测定。

方程（11.11.2）的增量形式为：

$$\mathrm{d}\varepsilon_{\mathrm{x}}=\frac{\mathrm{d}(\sigma_{\mathrm{x}}-u_{\mathrm{a}})}{E}-\frac{\mu}{E}\mathrm{d}(\sigma_{\mathrm{y}}+\sigma_{\mathrm{z}}-2u_{\mathrm{a}})+\frac{\mathrm{d}(u_{\mathrm{a}}-u_{\mathrm{w}})}{H_{\mathrm{s}}} \tag{11.11.3a}$$

$$\mathrm{d}\varepsilon_{\mathrm{y}}=\frac{\mathrm{d}(\sigma_{\mathrm{y}}-u_{\mathrm{a}})}{E}-\frac{\mu}{E}\mathrm{d}(\sigma_{\mathrm{x}}+\sigma_{\mathrm{z}}-2u_{\mathrm{a}})+\frac{\mathrm{d}(u_{\mathrm{a}}-u_{\mathrm{w}})}{H_{\mathrm{s}}} \tag{11.11.3b}$$

$$\mathrm{d}\varepsilon_{\mathrm{z}}=\frac{\mathrm{d}(\sigma_{\mathrm{z}}-u_{\mathrm{a}})}{E}-\frac{\mu}{E}\mathrm{d}(\sigma_{\mathrm{x}}+\sigma_{\mathrm{y}}-2u_{\mathrm{a}})+\frac{\mathrm{d}(u_{\mathrm{a}}-u_{\mathrm{w}})}{H_{\mathrm{s}}} \tag{11.11.3c}$$

$$\mathrm{d}\varepsilon_{\mathrm{v}}=\mathrm{d}\varepsilon_{\mathrm{x}}+\mathrm{d}\varepsilon_{\mathrm{y}}+\mathrm{d}\varepsilon_{\mathrm{z}} \tag{11.11.4}$$

将方程（11.11.3）代入方程（11.11.4）得到：

$$\mathrm{d}\varepsilon_{\mathrm{v}}=3\left(\frac{1-2\mu}{E}\right)\mathrm{d}\left(\frac{\sigma_{\mathrm{x}}+\sigma_{\mathrm{y}}+\sigma_{\mathrm{z}}}{3}-u_{\mathrm{a}}\right)+\frac{3}{H_{\mathrm{s}}}\mathrm{d}(u_{\mathrm{a}}-u_{\mathrm{w}}) \tag{11.11.5}$$

对于 K_0 固结条件，不允许土体发生水平方向变形（即 $d\varepsilon_x = d\varepsilon_y = 0$），而且体积应变 $d\varepsilon_v$ 等于垂直方向应变 $d\varepsilon_z$，因此

$$d\varepsilon_v = \frac{(1+\mu)(1-2\mu)}{E(1-\mu)}d(\sigma_z - u_a) + \frac{(1+\mu)}{H_s(1-\mu)}d(u_a - u_w) \tag{11.11.6}$$

对于压缩性形式，可表示为

$$d\varepsilon_v = m_1^s d(\sigma_m - u_a) + m_2^s d(u_a - u_w) \tag{11.11.7}$$

式中，$m_1^s = 3\left(\dfrac{1-2\mu}{E}\right)$，与净平均应力（$\sigma_m - u_a$）有关的体积变化系数；$m_2 = \dfrac{3}{H_s}$，与基质吸力（$u_a - u_w$）有关的体积变化系数。在 K_0 固结条件下，$m_1^s = \dfrac{(1+\mu)(1-2\mu)}{E(1-\mu)}$；$m_2^s = \dfrac{(1+\mu)}{H(1-\mu)}$。

对于式（11.11.7），也可以表达为

$$de = C_t d\lg(\sigma_m - u_a) + C_m d\lg(u_a - u_w) \tag{11.11.8}$$

其中，$C_t = \dfrac{m_1^s(1+e_0)(\sigma_m - u_a)_{ave}}{0.435}$，$C_m = \dfrac{m_2^s(1+e_0)(\sigma_m - u_a)_{ave}}{0.435}$。

11.11.3　Barcelona 模型

在剑桥模型临界状态的概念基础上，Alonso 和 Gen 等人发展得到了非饱和土的弹塑性模型。针对非饱和土和弱膨胀土在广义应力空间内提出了一个统一的弹塑性本构模型，后来被人们广泛应用，也就是著名的 Barcelona 模型。

1. 体变特性

非饱和土体积变形特性可以在二维应力空间（p，s）内进行研究。其中，$p = \sigma_m - u_a$，表示土体平均净应力；$s = u_a - u_w$，表示土体基质吸力。土体比体积 $v = 1 + e$ 随应力 p 的变化关系如图 11.11.1 所示。

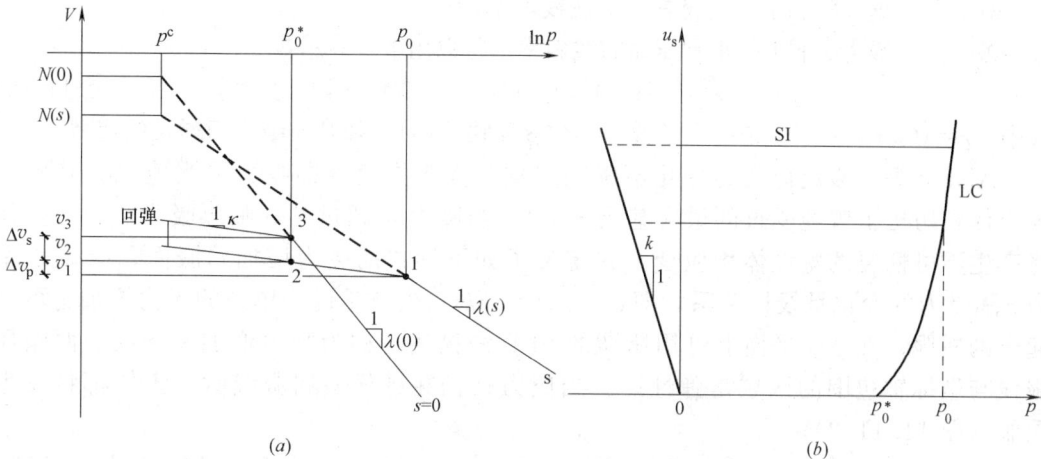

图 11.11.1　非饱和土的压缩、回弹规律及吸力路径

在等吸力条件下，初始压缩曲线可表示为：

$$v = N(s) - \lambda(s)\ln\frac{p}{p^c} \tag{11.11.9}$$

式中　$\lambda(s)$ ——对应于净平均应力 p 的压缩指数；

　　　 p^c ——参考应力；

　　 $N(s)$ ——与吸力 s 有关的初值。

由图 11.11.1 可以看出：

$$v_1 + \Delta v_p + \Delta v_s = v_3 \tag{11.11.10}$$

在卸荷阶段，即由点 1 到点 2，比体积 v 的增量形式为

$$dv = -\kappa \ln \frac{p}{p} \tag{11.11.11}$$

在吸湿阶段，即由点 2 到点 3，比体积 v 的增量形式可写为

$$dv = -\kappa_s \frac{ds}{(s + p_a)} \tag{11.11.12}$$

式中　p_a ——大气压值，一般可取 100kPa。

将式（11.11.9）、式（11.11.11）和式（11.11.12）代入式（11.11.10）得到

$$N(s) - \lambda(s) \ln \frac{p_0}{p^c} + \kappa \ln \frac{p_0}{p_0^*} + \kappa_s \ln \frac{s + p_a}{p_a} = N(0) - \lambda(0) \ln \frac{p_0^*}{p^c} \tag{11.11.13}$$

可以通过选取适当 p^c 使

$$\Delta v(p^c) \big|_s^0 = N(0) - N(s) = \kappa_s \ln \frac{s + p_a}{p_a} \tag{11.11.14}$$

将式（11.11.14）代入式（11.11.13）得下式，即为 LC（Loading Collapse）屈服曲线：

$$\frac{p_0}{p^c} = \left(\frac{p_0^*}{p^c} \right)^{[\lambda(0) - \kappa] / [\lambda(s) - \kappa]} \tag{11.11.15}$$

式中　p_0^* ——饱和条件下的先期固结应力；

　　　 κ ——试样的回弹指数；

　　 $\lambda(0)$ ——饱和状态下土的正常压缩曲线斜率；

　　 $\lambda(s)$ ——吸力 s 下土的正常压缩曲线斜率。可以用下式表示：

$$\lambda(s) = \lambda(0) [(1 - r) \exp(-\beta s) + r] \tag{11.11.16}$$

式中　$r = \lambda(s \to \infty) / \lambda(0)$ 是一个常数，参数 β 反映了 $\lambda(s)$ 随基质吸力而增长的速率。

Alonso 等人假定荷载的变化不影响先期最大吸力值（即吸力屈服值 s_0，其中 s_0 为土体在历史上曾经受过的最大基质吸力）。当吸力 u_s 超过某一临界吸力 s_0 时，土体将产生不可恢复的塑性体积应变，并定义了如下形式的吸力增加屈服面。$s = s_0$ 内聚力 c 随吸力的变化呈线性关系，即 $c = c(s) = -ks$。也就是说，单纯的吸力增加也可引起土的屈服，在 p-s 平面上可用所谓的 SI 直线描述，称为吸力增加屈服线。两条屈服线与坐标轴包围的区域是弹性区。当应力路径穿越任一屈服线时，土体都将发生屈服（图 11.11.2）。

对应于 p，s 平面为一条水平线，称作 SI（Suction Increase）屈服曲线，屈服方程为

$$s = s_0 = \text{const} \tag{11.11.17}$$

Barcelona 基本模型采用一个三维 (p, q, s) 的屈服面。在各向等压状态下（即 p，s 平面），屈服面由两条屈服曲线组成：LC（Loading Collapse）屈服曲线和 SI（Suction Increase）屈服曲线，如图 11.11.2 所示。

当净平均应力 p 达到屈服应力 p_0，引起的弹性体变和总体积应变可表达为

$$d\varepsilon_{vp}^e = -\frac{dv}{v} = \frac{\kappa}{v}\frac{dp}{p} \tag{11.11.18}$$

$$d\varepsilon_{vp} = \frac{\lambda(s)}{v}\frac{dp_0}{p_0} \tag{11.11.19}$$

则由应力 p 引起的塑性体变为

$$d\varepsilon_{vp}^p = \frac{\lambda(s)-\kappa}{v}\frac{dp_0}{p_0} = \frac{\lambda(0)-\kappa}{v}\frac{dp_0^*}{p_0^*} \tag{11.11.20}$$

同样，由吸力引起的弹性体应变为

$$d\varepsilon_{vs}^e = \frac{\kappa_s}{v}\frac{ds}{(s+p_a)} \tag{11.11.21}$$

当吸力 s 达到屈服吸力 s_0，$\lambda(s)=\lambda_s$，土体的总体积应变和塑性体积应变分别为

$$d\varepsilon_{vs} = \frac{\lambda_s}{v}\frac{ds_0}{(s_0+p_a)} \tag{11.11.22}$$

$$d\varepsilon_{vs}^p = \frac{\lambda_s-\kappa_s}{v}\frac{ds_0}{s_0+p_a} \tag{11.11.23}$$

当土体同时受到基质吸力和净平均应力作用时，土体的塑性总应变为

$$d\varepsilon_v^p = d\varepsilon_{vs}^p + d\varepsilon_{vp}^p \tag{11.11.24}$$

2. 剪切特性

该模型在剑桥模型的应力-应变空间中增加了一个吸力变量，构成了一个广义屈服面，并假定 (p, q) 平面内的应力屈服轨迹是椭圆（图 11.11.3）。得到在 (p, q, s) 三维应力空间（图 11.11.2）内，屈服轨迹面方程为：

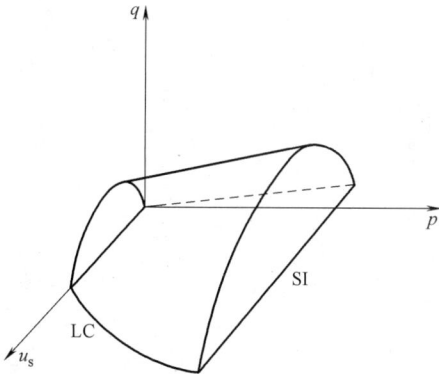

图 11.11.2 非饱和土体的屈服面

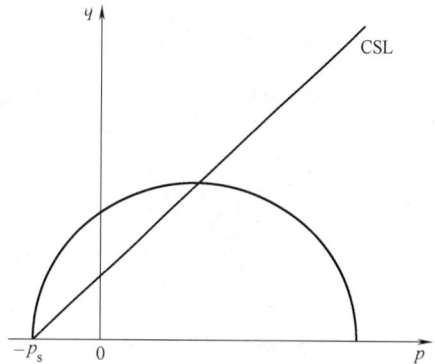

图 11.11.3 Alonso 模型在 p-s 平面的屈服面

$$f_1 = q^2 - M^2(p+p_s)(p_0-p) = 0$$
$$f_2 = s - s_0 = 0 \tag{11.11.25}$$

式中 M——临界状态线的斜率；

 q——广义剪应力，按下式计算：

$$q = \frac{1}{\sqrt{2}}\sqrt{(\sigma_1-\sigma_2)^2 + (\sigma_2-\sigma_3)^2 + (\sigma_3-\sigma_1)^2} \tag{11.11.26}$$

该模型是当今应用最广泛的描述非饱和土力学行为的本构模型。此模型以修正的剑桥模型为基础考虑了吸力对先期固结应力的影响；由于引入吸力的影响，屈服面与原来的剑桥模型有所不同，但是弹性行为和硬化准则仍然与修正的剑桥模型一致。其中，净应力和吸力是 Barcelona 模型中描述土力学行为的基本变量。Barcelona 模型可以再现很多非饱和土试验中观察到的特有现象，如体积变化、塑性行为、加载硬化或软化现象等。

第三篇 基础工程

第 12 章 岩土工程勘察

12.1 岩土工程（学）的定义

一切工程都修建在地壳的表层，因此，工程的稳定性、结构形式、施工和造价等与工程场地的工程地质条件密切相关。研究工程场地工程地质条件的学科，称为工程地质学。

随着工程建设规模的发展和人们对岩土材料的复杂性认识的加深，发现仅从工程地质的角度去解决复杂的岩土问题显然是不够的。因此，在 20 世纪 60～70 年代发展出一门综合性学科——岩土工程。

岩土工程是以岩土体为工作对象，以工程地质学、岩石力学、土力学和基础工程学为基础，对岩土体进行利用、整治和改造的技术性学科，属土木工程的范畴。它包括岩土工程的勘察、设计、施工和监测，涉及工程建设的全过程。

12.2 岩土工程勘察

12.2.1 勘察的目的和任务

勘察的目的在于查明并评价工程场地岩土技术条件和它们与工程之间相互作用的关系而进行的系统工作，内容包括工程地质测绘与调查、勘探与取样、室内试验与原位测试、检验与监测、分析与评价、编写勘察报告等项工作，以保证工程的稳定、经济和正常使用。其主要任务有：

1. 通过工程地质测绘与调查、勘探、室内试验、现场测试与观测等方法，查明场地的工程地质条件[①]。其内容包括：

1）调查场地的地形地貌　包括场地地形地貌的形态特征、地貌的成因类型及单元的划分。在勘测中，常可能遇到的地貌单元有如表 12.2.1 所列的各类。

2）查明场地的地层条件　包括岩土性质、成因类型、年代、分布规律及埋藏条件。对岩层尚应查明风化程度及不同地层的接触关系；对土层应着重区分特殊性土的分布范围及其工程地质特征。

---

① 各种对工程建筑有影响的地质因素的总称，即所列的六项内容及天然建材情况。

<h1 align="center">地貌单元分类</h1>

表 12.2.1

成 因	地貌单元			主导地质作用
构造、剥蚀地貌	山地	名称	2km距离内的相对高度(m)	
		高山	>1000	构造作用为主,强烈的冰川刨蚀作用
		中山	400~1000	构造作用为主,强烈的剥蚀切割作用和部分的冰川刨蚀作用
		低山	175~400	构造作用为主,长期强烈的剥蚀切割作用
	丘陵		<175	中等强度的构造作用,长期剥蚀切割作用
	剥蚀残山			构造作用微弱,长期剥蚀切割作用
	剥蚀准平原			构造作用微弱,长期剥蚀和堆积作用
山麓斜坡堆积地貌	洪积扇			山谷洪流沉积作用
	堆积裙			山坡片流坡洪积作用
	山前平原			山谷洪流洪积作用为主,夹有山坡片流坡积作用
	山间凹地			周围的山谷洪流洪积作用和山坡片流坡积作用
河流侵蚀堆积地貌	河谷	河床		河流的侵蚀切割作用或冲积作用
		河漫滩		河流的冲积作用
		牛轭湖		河流的冲积作用或转变为沼泽堆积作用
		阶地		河流的侵蚀切割作用或冲积作用
	河间地块			河流的侵蚀作用
河流堆积地貌	冲积平原			河流的冲积作用
	河口三角洲			河流的冲积作用,间有滨海堆积或湖泊堆积
大陆停滞水堆积地貌	湖泊平原			湖泊堆积作用
	沼泽地			沼泽堆积作用
大陆构造-侵蚀地貌	构造平原			中等构造作用,长期堆积和侵蚀作用
	黄土塬、梁、峁			中等构造作用,长期黄土堆积和侵蚀作用
海成地貌	海岸、海岸阶地			海水冲蚀或堆积作用
	海岸平原			海水堆积作用
岩溶地貌	岩溶盆地、坡立谷			地表水、地下水强烈的溶蚀作用
	峰林地区、石芽残丘			地表水强烈的溶蚀作用
	溶蚀准平原			地表水长期的溶蚀作用及河流的堆积作用
冰川地貌	冰斗、幽谷、冰蚀凹地			冰川刨蚀作用
	冰碛丘陵、冰积平原、终碛堤			冰川堆积作用
	冰前扇地			冰水堆积作用
	冰水阶地			冰水侵蚀作用
	蛇堤、冰碛阜			冰川接触堆积作用
风成地貌	沙漠	石漠		风的吹蚀作用
		沙漠		风的吹蚀和堆积作用
		泥漠		风的堆积作用和水的再次堆积作用
	风蚀盆地			风的吹蚀作用
	砂丘			风的堆积作用

3）调查场地的地质构造　包括岩层产状及褶曲类型；节理裂隙的性质、产状、数量、延伸方向及充填胶结情况；断层的类型、产状、位置、断距、破碎带宽度及充填胶结情况；晚近期构造活动的特点及与地震活动的关系等。

4）查明场地的水文地质条件　包括地下水的类型、埋藏、补给、排泄条件，水位变化幅度，岩土渗透性及地下水腐蚀性等。

5）确定场地有无不良（物理）地质现象①　如滑坡、崩塌、岩溶、土洞、冲沟、泥石流、地震液化、岸边冲刷等。如有，则应查明其成因、分布、形态、规模及发育程度，判断它们对工程可能造成的危害。

6）测定岩土的物理力学性质指标，并提出可靠、适用的岩土参数

此外，还应了解与岩土工程有关的水文、气象条件，如洪水淹没范围、最高洪水位及其发生时间，大气降水的聚集、径流、排泄、土层最大冻结深度等。

2. 根据场地的工程地质条件并结合工程的具体特点和要求，进行岩土工程分析评价，提出基础工程、整治工程和土方工程等的设计方案和施工措施。岩土工程分析评价包括下列工作：

（1）整编测绘、勘探、测试和搜集到的各种资料；编制各种图件；

（2）统计和选定岩土计算参数；

（3）进行咨询性的岩土工程设计；

（4）预测或研究岩土工程施工和运营中可能发生或已经发生的问题，提出预防或处理方案；

（5）编制岩土工程勘察报告书。

进行岩土工程分析评价时，不仅要考虑地质条件的因素，而且还应考虑建筑类型、结构特点、施工环境、施工技术、工期及资金等因素对岩土工程的要求或制约，做出定性分析和定量评价，并进行不同工程方案的技术经济分析与论证。岩土工程分析评价不仅仅是描述地质条件和提供岩土性质指标，提出几条泛泛的建议，而是要负责提出解决岩土工程问题的具体方法。因此，岩土工程分析评价在勘察报告中占有重要的位置。

3. 对于重要工程或复杂岩土工程问题，在施工阶段或使用期间须进行现场检验或监测。必要时，根据监测资料对设计、施工方案做出适当调整或采取补救措施，以保证工程质量、安全和总结经验。

必须强调的是，在勘察过程中，特别是在进行岩土工程分析评价时，岩土工程师应与结构工程师密切配合，使分析评价既符合岩土工程的实际特点，又能满足结构设计的要求。

12.2.2　岩土工程勘察分级

根据工程规模和特征、场地复杂程度和地基复杂程度等三方面的因素，对岩土工程难度和复杂性进行等级划分，以利对工程的勘察、设计和施工控制做出技术性和管理性的规定。通常分为三级，划分的具体条件是：

1. 工程重要性

根据工程的规模和特征，以及由于岩土问题造成工程破坏或影响正常使用的后果，分

---

① 由地球的内力和外力所产生的对工程建筑常造成危害的地质作用和现象，也称物理地质作用和现象。

为三个工程重要性等级：

（1）一级工程，重要工程，后果很严重；

（2）二级工程，一般工程，后果严重；

（3）三级工程，次要工程，后果不严重。

2. 场地复杂程度

根据场地的复杂程度，可按下列条件分为三个等级：

1）符合下列条件之一者为一级场地（复杂场地）：

（1）对建筑抗震危险的地段①；

（2）不良地质作用强烈发育：指泥石流、崩塌、土洞、塌陷、岸边冲刷，地下潜蚀等极不稳定的场地，这些不良地质现象直接威胁着工程安全；

（3）地质环境已经或可能受到强烈破坏：指人为原因或自然原因引起的地下采空、地面沉降、地裂缝、化学污染、水位上升等。受到强烈破坏是指对工程安全已构成直接威胁，如浅层地下采空、地面沉降盆地的边缘地带、横跨地裂缝、因蓄水而沼泽化等；

（4）地形地貌复杂；

（5）有影响工程的多层地下水，岩溶裂隙水或其他水文地质条件复杂、需专门研究的场地。

2）符合下列条件之一者为二级场地（中等复杂场地）：

（1）对建筑抗震不利的地段；

（2）不良地质作用一般发育：指虽有不良地质现象但并不十分强烈，对工程安全影响不严重；

（3）地质环境已经或可能受到一般破坏：指已有或将有地质环境问题，但不强烈，对工程安全影响不严重；

（4）地形地貌较复杂；

（5）基础位于地下水位以下的场地。

3）符合下列条件者为三级场地（简单场地）：

（1）抗震设防烈度等于或小于6度，或对建筑抗震有利的地段；

（2）不良地质作用不发育；

（3）地质环境基本未受破坏；

（4）地形地貌简单；

（5）地下水对工程无影响。

在确定场地复杂程度的等级时，从一级开始，向二级、三级推定，以最先满足者为准。下面确定地基复杂程序等级时，也按本方法推定。

3. 地基复杂程度

根据地基的复杂程度，可按下列条件分为三个地基等级：

1）符合下列条件之一者为一级地基（复杂地基）：

（1）岩土种类多，很不均匀，性质变化大，需特殊处理；

（2）严重湿陷、膨胀、盐渍、污染的特殊性岩土，以及其他情况复杂，需作专门处理

---

① 对建筑抗震有利、不利和危险地段的划分请参看第21.2节

的岩土。

2）符合下列条件之一者为二级地基（中等复杂地基）：

（1）岩土种类较多，不均匀，性质变化较大；

（2）除上述 1)（2）款以外的特殊性岩土。

3）符合下列条件者为三级地基（简单地基）：

（1）岩土种类单一、均匀，性质变化不大；

（2）无特殊性岩土。

4. 工程勘察等级

根据工程重要性等级、场地复杂性等级和地基复杂性等级，按下列条件划分等级：

1）甲级　在工程重要性、场地复杂程度和地基复杂程度等级中，有一项或多项为一级；

2）乙级　除勘察等级为甲级和丙级以外的勘察项目；

3）丙级　工程重要性、场地复杂程度和地基复杂程度等级均为三级。

《岩土工程勘察规范》GB 50021 规定，建筑在岩质地基上的甲级工程，当场地复杂程度和地基复杂程度等级均为三级时，岩土工程勘察等级可定为乙级。

有关地基基础设计等级的划分，请参看第 13.2 节。

12.3　房屋建筑与构筑物的岩土工程勘察

房屋建筑与构筑物的岩土工程勘察宜分阶段进行。勘察阶段的划分应与设计阶段相适应，分为可行性研究勘察（选址勘察）、初勘（初步勘察）、详勘（详细勘察）及施工勘察。对于已有较充分的工程地质资料或工程经验的工程，以能提出必要的数据、做出充分而有效的设计论证为原则，可简化勘察阶段或简化勘察工作内容。对于单项且仅与地基土质条件有关的岩土工程（如基础托换或加固、已有边坡局部加固等），可直接进行一次性勘察。

12.3.1　岩土工程勘察纲要

进行某项工程的岩土工程勘察时，首先应编制该工程的勘察（工作）纲要，使整个勘察按纲要有计划进行。勘察纲要是勘察工作的指导性文件，故应充分重视。

编制勘察纲要前，勘察人员需得到工程建设单位（或设计单位）提出的勘察任务书，以了解工程的特点和对勘察的要求。表 12.3.1 为勘察任务书（表）最常用一种形式，其填写的内容视设计阶段不同而有差别。初步设计阶段是将主要建（构）筑物的名称、建筑面积、高度、最大荷载、主要设备及特殊要求等填入表内，同时应附有 1：2000～1：10000 的标有场地范围的地形图。施工图设计阶段应将各建（构）筑物的详细资料填入表内，并附有 1：500～1：2000 的建筑总平面图。

编写勘察纲要前，勘察人员还应全面搜集并深入研究勘察地区的已有资料，进行现场踏勘，以获得场地地质条件概况，找出勘察中要解决的主要问题，确定所需采取的方法及各项工作的工作量。这样，根据工程特点和场地地质条件编制的勘察纲要才能符合实际。

勘察纲要的内容通常包括以下各点：

岩土工程勘察技术委托书（表）

表12.3.1

建设单位		工程名称		勘察阶段：		场地位置：	

勘察技术要求

要求提交勘察资料内容：

提出委托书日期	年　月　日
要求提交资料日期	年　月　日
要求提交资料份数	
随委托书附图（委托单位提供）	地形图（初勘），有总平面布置的地形图（详勘），一级建筑房屋平面网图；地形图（详勘），地下管网图

主要设备说明

设备名称	形状	尺寸(m×m)	材料	砌置深度(m)	单位荷载(kN/m²)或柱荷重(kN/柱)	对差异沉降敏感程度	地下室或地下设备情况	备注

建（构）筑物

顺序号	建筑物名称	平面尺寸(长×宽)(m×m)	设计地坪标高(m)	层数	高度(m)	建（构）筑物等级	结构类型	柱距(m)	对差异沉降敏感程度	建（构）筑物基础（初勘可不填）				
										形状	尺寸(m×m)	材料	砌置深度(m)	单位荷载(kN/m²)或柱荷重(kN/柱)

提出委托书单位：（公章）　　　　提出委托书人：　　　　电话：

314

1. 工程名称、建设地点及委托单位

2. 勘察阶段及勘察目的和任务

3. 场地地质概况及其研究程度

4. 本阶段勘察所应解决的问题及预期达到的要求

5. 勘察工作程序、方法及工作量布置（附布置简图）

6. 勘察工作中可能碰到的问题及解决措施

7. 勘察资料整理及报告书编写内容与要求

8. 勘察人员组织、进度计划及预算等

12.3.2 可行性研究勘察（选址勘察）

可行性研究勘察应满足确定场址方案的要求，如需要应取得两个以上场址的资料，对拟选场址的稳定性和适宜性做出评价与方案比较。勘察的主要工作内容如下：

1. 搜集区域地质、地形地貌、地震、矿产和附近地区的岩土工程资料及当地建筑经验

2. 在分析已有资料的基础上，通过踏勘了解场地的地层结构、岩土性质、不良地质现象及地下水等情况

3. 当拟建场地工程地质条件复杂，已有资料不能满足要求时，应根据具体情况进行工程地质测绘和必要的勘探工作

选定场址时，宜避开场地等级或地基等级为一级的地区或地段，同时应避开地下有未开采的有价值矿藏的地区。

勘察工作结束时必须对场地的稳定性和适宜性做出评价，写成报告作为选址的依据。

12.3.3 初勘

初勘应满足初步设计或扩大初步设计的要求，应对场地内建筑地段的稳定性做出进一步评价，并为确定建筑总平面布置、选择主要建筑物地基基础设计方案和不良地质现象的防治进行初步论证。初勘前应取得以下资料：

1. 工程的可行性研究报告（如已进行了可行性研究勘察）

2. 附有建筑初步规划方案或建筑区范围的地形图

3. 有关工程性质及规模的文件

初勘的主要工作有：

1. 初步查明地质构造、地层结构、岩土工程特性、地下水埋藏条件

2. 如有不良地质现象，需查明其成因类型、分布、规模、发展趋势，并对场地的稳定性做出评价

3. 对抗震设防烈度等于或大于 6 度的场地，应对场地和地基的地震效应做出初步评价

4. 季节性冻土地区，应调查场地土的标准冻结深度

5. 初步判定水和土对建筑材料的腐蚀性

6. 高层建筑初步勘察时，应对可能采取的地基基础类型、基坑开挖与支护、工程降水方案进行初步分析评价

初勘的勘探工作应符合下列要求：

1. 勘探线应垂直地貌单元边界线、地质构造线及地层界线布置

2. 勘探点一般沿勘探线布置，每个地貌单元均应布置勘探点，在地貌单元交接部位和地层变化较大的地段，勘探点应予加密

3. 地形平坦地区，勘探点可按网格布置

对岩质地基、勘探线和勘探点的布置及孔深等，应根据地质构造、岩体特性、风化情况等，按地方标准或当地经验确定；《岩土工程勘察规范》GB 50021 对土质地基[①]的勘探线、点间距及孔深和取样等做了如下的规定：

勘探线、点间距可按表 12.3.2 确定，局部异常地段应予加密。

初勘勘探线、勘探点间距（m）　　　　　　　　　　　　表 12.3.2

间距 地基复杂程度等线	勘探线间距	勘探点间距
一级（复杂）	50～100	30～50
二级（中等复杂）	75～150	40～100
三级（简单）	150～300	75～200

注：1. 表中间距不适用于地球物理勘探；

2. 控制性勘探点宜占勘探点总数的 1/5～1/3，且每个地貌单元均应有控制性勘探点。

初勘勘探孔深度可按表 12.3.3 确定。

初勘勘探孔深度（m）　　　　　　　　　　　　　　表 12.3.3

孔深 工程重要性等级	一般（性勘探）孔	控制（性勘探）孔
一级（重要工程）	≥15	≥30
二级（一般工程）	10～15	15～30
三级（次要工程）	6～10	10～20

注：1. 勘探孔包括钻孔、探井和原位测试孔等；

2. 特殊用途的钻孔除外。

当遇下列情况之一时，应适当增减孔深：

1. 当勘探点的地面标高与预计整平地面标高相差较大时，应按两者差值调整孔深

2. 在预定深度内遇基岩时，除控制孔仍应钻入基岩适当深度外，其他孔达到确认为基岩（例如排除孤石）后即可终止

3. 在预计基础埋深以下有厚超过 3～5m 且分布均匀的坚实土层（如碎石土、密实砂、老沉积土等）时，除控制孔应达到规定深度外，一般孔深度可适当减小

4. 当预定深度内有软弱土层时，孔深应适当增加，部分控制孔应穿透软弱土层或达到预计控制深度

5. 对重型工业建筑，应根据结构特点和荷载条件适当增加孔深

取土样和进行原位测试的勘探点应结合地貌单元、地层结构和土的工程性质布置，其数量可占勘探总数的 1/4～1/2。取土样数量或孔内原位测试的竖向间距应按地层特点和土的均匀程度确定。每层土均应取样或进行原位测试，其数量不宜少于 6 个。

为初步查明地下水对工程的影响，需调查含水层的埋藏条件、地下水类型、补给排泄条件、各层地下水水位，调查其变化幅度，必要时应设置长期观测孔，监测水位的变化。

_____

① 在平原地区（例如我国东部堆积大平原），土层往往很厚，这些地区是以土层作为工程地基，习惯上称为土质地基。

当需绘制地下水等水位线图时，应根据地下水埋藏条件和层位，统一量测地下水水位。当地下水可能浸湿基础时，应采取水样进行腐蚀性评价。

重庆地处丘陵地区，为侏罗系红色砂、泥岩互层，多采用岩质地基[①]。表12.3.4为常采用的勘探线、点与孔深经验值。由于地形变化和基岩面起伏较大等因素，采用的勘探线、点间距小于表12.3.2；因为是基岩，所用的孔深也小于表12.3.3。

重庆地区初勘勘探线、点间距与孔深（m） 表 12.3.4

工程重要性等级	勘探线点间距		钻孔深度	
	勘探线间距	勘探点间距	控制孔	一般孔
一级	20～30	15～30	8～12	3～5
二级	30～40	30～40	5～8	1～3
三级	40～50	40～50	≤3	≤1

注：1. 孔深指基底下进入中风化岩的深度；
　　2. 不包括采用嵌岩桩时应考虑的钻孔深度；
　　3. 基岩面变化较大处钻孔应加密。

12.3.4 详勘

详勘应按单体建筑物或建筑群提出详细的岩土工程资料和设计、施工所需的岩土参数；对建筑地基做出岩土工程评价，并对地基类型、基础形式、地基处理、基坑支护、工程降水和不良地质作用的防治等提出建议。详勘前应取得以下资料：

1. 附有坐标及地形的建筑总平面布置图，如已进行了初勘应附初勘报告

2. 各建筑物的地面整平标高，建筑物的性质、规模、单位荷载或总荷载，结构特点及地下设施情况

3. 拟采取的基础形式、尺寸及预计埋深，地基允许变形及对地基基础设计、施工方案的特殊要求等

详勘阶段的主要工作有：

1. 查明建筑范围内各岩土层的种类、深度、分布、工程特性，分析和评价地基的稳定性、均匀性和承载力

2. 对需进行沉降计算的建筑物，提供地基变形计算参数，预测建筑物的变形特征

3. 查明埋藏的河道、沟滨、墓穴、防空洞、孤石等对工程不利的埋藏物

4. 查明地下水的埋藏条件，提供地下水水位及其变化幅度

5. 对抗震设防烈度等于或大于 6 度的场地，应划分场地土类型和建筑场地类别。当场地位于抗震危险地段，应按《建筑抗震设计规范》GB 50011 要求，提出专门研究的建议

6. 判定水和土对建筑材料的腐蚀性

7. 工程需要时应论证地基土及地下水在建筑施工和使用期间可能产生的变化及其对工程本身和环境的影响，并提出防治方案、防水设计水位和抗浮设计水位的建议

8. 当建筑物采用桩基础时，应按第 12.8 节桩基础勘察要求进行

9. 如为深基坑开挖，则应提供坑壁稳定计算和支护方案设计所需的岩土参数，评价

[①] 在丘陵和山地等地区，覆土很薄或基岩裸露，这些地区常以基岩作为工程地基，习惯上称为岩质地基。

基坑开挖、降水等对邻近建筑的影响

10. 如场地存在滑坡等不良现象，则应进一步查明情况，做出评价并提供整治所需的岩土技术参数和整治方案的建议

11. 在季节性的冻土区，应提供场地土的标准冻结深度

详勘勘探点布置和孔深应根据建筑物特性和岩土条件确定，同时应尽量利用初勘的成果。

《岩土工程勘察规范》GB 50021对土质地基详勘勘探点布置、孔深和土样的采取等作如下的规定：

详勘勘探点布置：

1. 勘探点宜按建筑物周边线和角点布置（拟建物较宽时还应按中线布置——编者），对无特殊要求的建筑物可按建筑物或建筑群的范围布置

2. 同一建筑物范围内的主要受力层或有影响的下卧层起伏较大时，应加密勘探点，查明其变化

3. 重大设备基础应单独布置勘探点，重大的动力机器基础和高耸建筑物，勘探点不宜少于3个

此外，对单幢高层的勘探点布置，可参照第12.8节。

详勘勘探点间距可按表12.3.5确定。

详勘勘探点间距（m） 表 12.3.5

地基复杂程度等级	勘探点间距	地基复杂程度等级	勘探点间距
一级（复杂）	10~15	三级（简单）	30~50
二级（中等复杂）	15~30		

详勘勘探点深度（自基底算起）应符合下列规定：

1. 勘探孔深度应能控制地基主要受力层，当基底宽度（b）不大于5m时，孔深对条形基础不应小于$3b$，对单独柱基不应小于$1.5b$和5m

2. 地基变形计算深度，对中、低压缩性土可取附加压力等于上覆土层有效自重压力20%的深度，对高压缩性土层可取附加压力等于自重压力10%的深度

3. 建筑总平面内的裙房或仅有地下室部分（或当基底附加压力$P_0 \leqslant 0$时）的控制孔深可适当减小，但应深入稳定分布地层，且不宜小于基底下$(0.5~1.0)b$

当建筑裙房或仅有地下室建筑不能满足抗浮设计要求，需设置抗浮桩或锚杆时，勘探孔深应满足抗拔承载力评价的要求。

4. 当有大面积地面堆载或软弱下卧层时，应适当增加控制孔深；当在预定深度内遇基岩或厚层碎石土等稳定地层时，应根据情况对孔深进行调整

5. 大型设备基础勘探孔深不宜小于基础底面宽度的2倍

6. 当需进行地基整体稳定性验算时，控制孔深度应满足验算要求；当需进行地基处理时，孔深应满足地基处理设计与施工的要求

7. 当采用桩基时，勘探孔深应满足第12.8节的要求

详勘勘探手段宜采用钻探与触探相配合；在复杂地质条件、湿陷性土、膨胀岩土地区、风化岩和残积土地区，宜布置适量探井。

土样采取与原位测试：两者应满足岩土工程评价需要。

1. 采土样和原位测试的孔数，应根据地层结构、地基土均匀性和工程特点确定。孔

数不应少于勘探孔总数的 1/2，钻探取样不少于勘探孔总数的 1/3

2. 每个场地每一主要土层的原状土样和原位测试数据不少于 6 件（组）。当采用连续记录的静力触探或动力触探为主要勘察手段时，每个场地不应少于 3 个孔

3. 在地基主要受力层内，对厚度大于 0.5m 的夹层或透镜体，应采取土样或进行原位测试

4. 当土层性质不均匀时，应增加取土数量或原位测试工作量

对于岩质地基，建议根据地质构造、岩体特性、风化情况（应含基岩面起伏情况和地形条件）等，结合建筑物对地基的要求，按地方标准或当地经验确定。前述土质地基的详勘勘探孔的布置原则及取样孔数量，应基本适用于岩质地基。

12.3.5　施工勘察

基坑或基槽开挖后，发现岩土（地质）条件与勘察资料不符（有较大出入）或有必须查明的异常情况时，应进行施工勘察。

在工程施工和使用期间，当地基土、边坡、地下水等发生未曾估计到的变化时，应进行监测，并对工程和环境的影响进行补充分析评价。

地基变形计算按《建筑地基基础设计规范》GB 50007 及其他有关标准规定。地基承载力按有关标准结合地区经验综合确定。有不良地质作用的场地，建在坡上或坡顶的建筑物，以及基础旁开挖的建筑物，应评价其稳定性。

12.4　工程地质测绘与调查

工程地质测绘与调查是对拟建场地及其邻近地段的工程地质条件进行调查研究，为确定勘探、测试工作及对场地的工程地质分区与评价提供依据。它一般在可行性研究或初勘阶段进行，其基本原则是：在可行性研究阶段，搜集研究已有的地质资料并尽量利用航、卫片的判释成果；当场地范围小、地质条件简单时，可用踏勘代替测绘；在岩层出露地区、地质条件复杂地区和有多种地貌单元组合地区，则应进行测绘；对经初勘测绘与调查仍未解决的某些专门地质问题（如不稳定边坡等），应在详勘阶段进行测绘。

工程地质测绘与调查的范围应包括：对查明场地的地貌、地层、地质构造等问题有重要意义的邻近地段；为追索对拟建工程有影响的不良地质现象可能的影响范围；地质条件较复杂的地区，可适当扩大范围。

测绘所用地形图比例尺，在可行性研究阶段选用 1∶5000～1∶50000，初勘阶段选用 1∶2000～1∶10000，详勘阶段选用 1∶500～1∶2000。地质条件复杂时，比例尺可适当放大；对工程有重要影响的地质单元体（如滑坡、断层、软弱夹层、洞穴等），可采用扩大比例尺表示；工程场地的地质界线、地质点[①]测绘精度在图上的误差不应超过 3mm，其他地段不应超过 5mm。

测绘前先编制测绘纲要，通常将其包括在勘察纲要内。

常用的测绘方法有路线穿越法、界线追索法及布点法三种：

1. 路线穿越法

---

① 地质测绘时，在野外进行观察、测量、研究地质现象的地点称为地质点。

沿一定的路线穿越测绘场地，详细观测沿线地质情况并填于地形图上，路线方向应大致与岩层走向、构造线及地貌单元相垂直。

2. 界线追索法

沿地层走向、重要构造线或不良地质现象边界线详细追索，以查明复杂的构造或地质问题。

3. 布点法

在地形图上预先布置一定数量（如在图上按 2～5cm 间距）的观测点（地质点），广泛观测地质现象。

观测点应充分利用天然的或人工的岩石露头。被表土覆盖处，视具体情况布置一定的勘探工作量，有条件时可配合物探。观测点的定位应根据精度要求和地质条件的复杂程度，选用目测法、半仪器法和仪器法。有特殊意义的地质点（如构造线、地层接触线、不同岩性分界线、软弱夹层、地下水露头、不良地质现象等），宜采用仪器定点。

测绘与调查的内容除包括第 12.2.1 节所列的内容外，尚应调查人类工程活动对场地稳定性的影响，如人工洞穴、地下采空、大挖大填、抽水排水及水库诱发地震等，以及当地建筑物的变形和工程经验。

工程地质测绘与调查完成后，应编制实际材料图、工程地质图、柱状图、剖面图及各种素描图、照片等及文字说明。多数情况下不单独提出成果报告，而是把测绘资料依附于某一勘察阶段，使该阶段工作得以深入进行。利用遥感影像资料解译进行工程地质测绘时，现场检验地质点数宜为测绘点数的 30%～50%。内容包括：检查解译标志；检查解译结果；检查外推结果；对室内解译难以获得的资料进行野外补充。

12.5 勘探和取样

为查明地下岩土性质、分布及地下水等条件，勘察工作中常需进行勘探并取样进行试验。

12.5.1 勘探

勘探包括掘探、钻探和地球物理勘探（物探）等。勘察中具体勘探手段的选择应符合勘察目的、要求及岩土层的特点，力求以合理的工作量达到应有的技术效果。

1. 掘探

掘探是在建筑场地或地基内挖掘探坑、探槽、探井或平洞。这种方法能直接观察到地质情况，取得较准确的地质资料。同时，还可利用这种坑、井进行取样或原位试验。它们多用于大型边坡、地下工程中。

探坑、探井、平洞采用直径 0.8～1.0m 圆形断面或 1.0m×1.2m 矩形断面。探坑多浅于 5m，竖井深不宜超过 20m。掘进中应对坑、井壁支护，以防垮塌，确保施工安全。

在掘进过程中应详细记录，如编号、位置、标高、尺寸、深度等，描述岩土性状及地质界线，在指定深度取样。整理资料时，绘出柱状图或展视图（参看图 12.5.1、图 12.5.2）。

在代表性部位应有照片。资料取得后，如无别的用途即应很好回填。

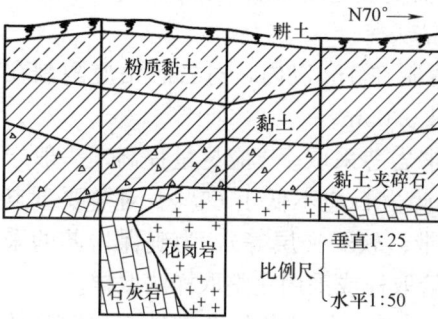

图 12.5.1 探井展视图

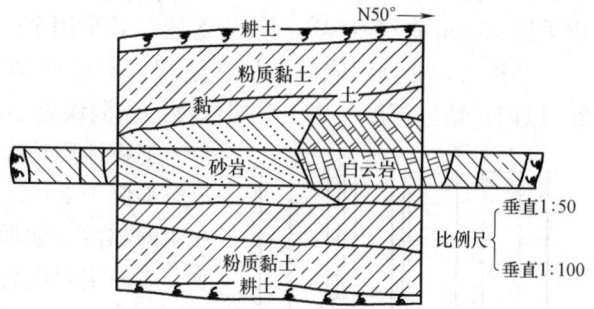

图 12.5.2 探槽剖面图

2. 钻探

钻探是用钻机打钻孔获取地下地质资料的一种应用最广的勘探方法。按动力来源，可分为人工钻和机动钻，前者仅用于浅的覆盖层。按破碎岩土方法的不同，钻进又可分为回转、冲击、振动和冲洗四种，它们的适用范围见表 12.5.1。

钻探方法的适用范围 表 12.5.1

钻探方法		钻 进 地 层					勘察要求	
		黏性土	粉 土	砂 土	碎石土	岩 石	直观鉴别,采取不扰动试样	直观鉴别,采取扰动试样
回 转	螺旋钻探	++	+	+	—	—	++	++
	无岩芯钻探	++	++	++	+	++	—	—
	岩芯钻探	++	++	++	++	++	++	++
冲 击	冲击钻探	—	+	++	++	—	—	—
	锤击钻探	++	++	++	+	—	++	++
振动钻探		++	++	++	+	—	+	++
冲洗钻探		+	++	++	—	—	—	—

注：++适用，+部分适用；—不适用。

目前，常用的钻机有表 12.5.2 所列的各种类型。

常用的工程地质钻机类型 表 12.5.2

钻机类型	适用地质	给进情况	钻孔深度 (m)	钻孔直径 (mm)		钻机总量 (kg)
				开孔	终孔	
XU300-2A 型钻机	各种地层	油压给进	300	110	75	900(不包括动力机)
XY-1 岩芯钻机	各种地层	油压给进	100	110	75	500(不包括动力机)
DPP-100-3B 型汽车钻机	各种地层	液压加压给进	100	150,200		6800(包括汽车)
G-2 工程钻机		回转、冲击、振动钻进	50	110,130,150		
SH30-2 工程钻机	粉土、黏性土、砂、卵石、填土	回转、冲击钻进	30	142	110	500

钻孔结构应按钻探任务、地质条件和钻进方法综合考虑确定。用于鉴别及划分地层，终孔直径不宜小于 33mm；取不扰动土样段的孔径不宜小于 108mm；取岩样段的孔径：

硬质岩不宜小于89mm，软质岩不宜小于108mm。当需要确定岩石质量指标 RQD[①] 值时，应采用75mm直径（N）双层岩芯管，并采用金刚石钻头。

钻进时，非连续取芯的回次进尺，对螺旋钻应限制在1m以内，对岩芯钻应限制在2m以内。钻进深度、岩土分层深度的量测误差不超过0.05m。

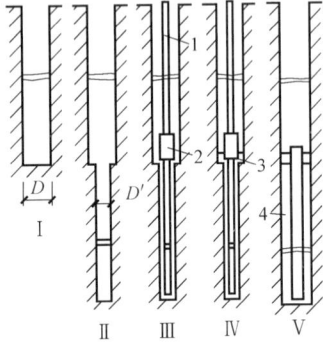

图12.5.3　完整取样法取样步骤

1—定位钻杆；2—连接元件；
3—胶粘剂；4—完整岩芯样

工程地质钻探要求岩芯采取率[②]应尽量提高，一般岩石应不低于80%，破碎岩石应不低于65%。对需要重点查明的部位（如滑动带、软弱夹层等），为确保岩芯的采取，应使用双层岩芯管取样或采用完整取样法取样。

如图12.5.3所示，直径为 D 的钻孔被钻至要取完整岩样的深度处，然后钻一个与 D 孔同轴的直径为 D' 的孔，D' 孔深度与要求取完整岩样的长度相同，放入加固钢筋并用胶粘剂将它与岩体粘结，然后再继续 D 直径钻孔的钻进，便能获完整的岩芯样。完整取样法能沿不同方向取芯，并能获得结构面的性状。

每一钻孔在开钻前需编制钻孔设计书，对孔位、孔的类型、孔深、预测剖面、孔的结构和地质要求等做出说明。钻进过程中，应认真做好记录并及时编录。钻探以及预计的观测、测试工作完成后，钻孔应立即回填。所取岩、土及地下水试样，应贴好标签及时清点装箱送室内分析。岩土芯样可根据工程要求保存一定期限或长期保存，亦可拍照纳入勘察成果资料。

应该指出，目前已在采用井下电视，用来在地表直接观察孔中的地层岩性及构造等。

3. 轻便勘探

1）洛阳铲　洛阳铲是一种轻便勘探工具，在洛阳市勘探古墓时首先得到广泛使用，故有洛阳铲之称。它是一种半圆形的铲头（图12.5.4），尾有套圈，接在一根长约2m的木杆上。钻进时用手操作，先使钻头对准钻孔，借冲击力入土，然后拔出铲头将附着的土带出，继续插入和拔出，即可不断钻进。检查带出的土则能了解土层情况。当钻孔的深度增加后，可在木杆顶部拴一长绳，钻探深度可达10～20m。洛阳铲由于需要依靠附着作用才能将土取出，故最适宜用在地下水位以上的硬塑黏性土和黄土。

2）手持螺旋钻　它是一种小型的轻便螺旋钻具。钻探深度可达10m，适用于查明黏性土覆土层的厚度。操作时，在勘探点用人

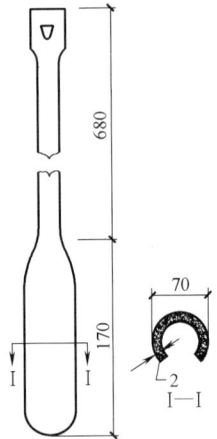

图12.5.4　洛阳铲头

---

① 岩石质量指标 RQD 指用钻孔连续取得某一岩层的岩芯中，长度大于10cm的芯段长度之和与该岩层中钻探总进尺的比值，以百分数表示。表示岩石完整性指标之一。分为：0～25岩石质量非常不好，25～50不好，50～75较好，75～90好和90～100非常好五级。

② 岩芯采取率指钻孔中取得的岩芯长度与钻探进尺的比值，以百分数表示。通常以回次岩芯采取率表示，即下钻具进钻孔钻进，钻至一定的进尺后提升钻具取岩芯为一回次。岩芯采取率数值可以反映钻进的质量的好坏及岩层完整性等。

力回转入土，然后拔出，出土后放入钻孔继续钻进。借附着在螺旋钻头上的土了解土层情况。

3) 钎探　这种方法利用钢筋作探钎，是查明土层中有无土洞的简便方法。一般，将 20～25mm 直径的钢筋的一端打成锥形即成。勘探点沿开挖的基槽布置。勘探点的间距一般为 1～2m。钎探深度，当基岩埋深小于地基压缩层计算深度时，探到基岩表面；当基岩埋深大于地基压缩层计算深度时，根据荷载条件，探到基坑底以下 6～8m 为止。钎探时，在基坑底勘探处挖凹坑，向坑中加水，将探钎慢慢下插，插钎过程中需保持坑中水量，如遇土洞即有掉钎现象，同时坑中的水漏失或灌注不满。发现土洞后应加密勘探点和扩大钎深范围，确定土洞的尺寸与分布。

4. 地球物理勘探（物探）

这类方法包括电法勘探（即电探）、地震波速法勘探等。它们可用来配合钻探，减少钻探工作量。该项工作多由专门人员来运作。

1) 电探　电探场地地形起伏变化不宜过大，影响工作的障碍物不多，附近没有严重的干扰因素，如变电设备、高压线、地下金属管道、机械振动等。电探可分多种方法，其中广泛采用的是电阻率法。电阻率法可用来了解场地内主要地层的分布和变化、地下水位及基岩的埋藏深度；探查岩溶、断裂、破碎带和软弱地层的分布范围。这种方法是通过人工形成的电场来测定各种岩层的不同电阻率（ρ_k）而获得勘察资料。电阻率的确定用下式：

$$\rho_k = K \frac{\Delta V}{I} (\Omega \cdot m) \tag{12.5.1}$$

式中　K——取决于电极 A、M、N、B 相互配置的系数；

ΔV——测量电极 M、N 间的电位差；

I——供电极 A、B 间的电流强度。

勘探时的设备布置如图 12.5.5 所示。供电极 A、B 与电池及安培计连接，测定电流（I）。测量电极 M、N 与电位计连接，测量电位差（ΔV）。四个电极（铜棒）以中心点 O 为中心，对称地打入地表土层，在地表勘探线上的各个点进行测量，即可得不同岩层的电阻率值。根据电阻率值，绘制电测剖面曲线或电阻变化图表进行分析，即得电测结果。

电阻率法根据电极极距的装置不同，可分为电剖面法和电测深法。

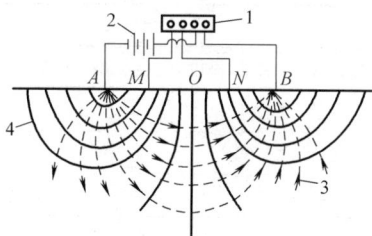

图 12.5.5　四极装置示意图

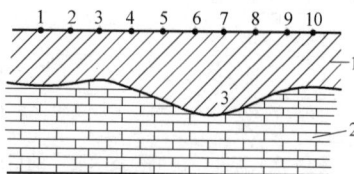

图 12.5.6　电测地段的地质剖面
1—黏土；2—石灰岩；3—漏斗

（1）电剖面法：此法是通过具有固定的供电极距和测电极距的 $AMNB$ 装置测量电阻率，这个装置沿规定的剖面布置（图 12.5.6），每变换一测点，四个电极间距不变，同时沿测绘线方向移动。需要了解岩土层的不均匀程度,在平面上应测量若干剖面。

电剖面法能查明岩土层的不均匀程度,但不能测出岩土层埋藏的深度及厚度。

(2) 电测深法:此法是当选定中心点 O 的位置后,逐渐加大 A、B 的间距和相应加大 M、N 的间距,来测定某一深度岩土层的电阻率值。A、B 间的距离越大,输送电流入地的深度越深,因而测量的深度越大。连续测量后,用得到的资料绘制测深曲线。用测深曲线和理论曲线(图板)对比,即能推断岩土层的深度、厚度或有无地下水存在。

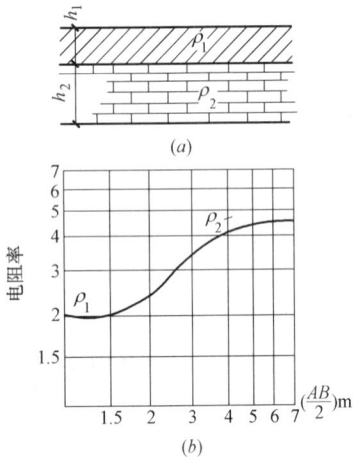

图 12.5.7　两层岩土层测深

(a) 非均质的岩层地段;

(b) 电阻率随深度变化的图表

通常,均质岩土层的测深曲线是一条直线。如果岩土层有两层时(图 12.5.7a),其中上层的厚度为 h_1,电阻率为 ρ_1;下层的厚度为 h_2,电阻率 ρ_2(比 ρ_1 大)。在供电极间的距离很小时,电场的性质仅决定于 ρ_1 值,这说明所得的 ρ_k 等于 ρ_1。如果 A、B 的距离增大,下层的影响就会增加,ρ_k 值将自距离 B 的某一值起发生变化(图 12.5.7b),这种情况一直继续到 A、B 距离达上层岩层的影响极小时为止。此时,ρ_k 应等于 ρ_2。

2) 地震波速法勘探　这种方法可以查明松散覆盖层的厚度、基岩埋藏深度、断层破碎带、软弱夹层或溶洞等。原理是设置爆炸点,经人为的爆炸产生激发的弹性波,在接收点的检波器上用电线连一扩大器和一记录摄影机,检波器收到的震动记录于迅速移动的感光纸上,并用一记时装置在每 0.01s 处做出标记,爆炸的瞬时也记录在这感光纸上。爆炸点与检波器间的距离为已知,即可计算弹性波穿过岩层的速度。这种方法实际上是准确地观测穿过岩层的人为激发的弹性波,因岩层的传波速度不同,根据震动记录及计算的速度进行分析,即能得到勘察资料,如场地类别划分及地基土动力参数等。

12.5.2 取样

1. 土样的采取

土样质量等级划分[①]

表 12.5.3

级别	扰动程度	试验目的
Ⅰ	不扰动	土类定名,含水量,密度,强度试验,固结试验
Ⅱ	轻微扰动	土类定名,含水量,密度
Ⅲ	显著扰动	土类定名,含水量
Ⅳ	完全扰动	土类定名

注:除甲级工程外,在工程技术要求的情况下,可用Ⅱ级土样进行强度和固结试验,但宜先对土样受扰动程度作抽样鉴定,判定用于试验的适宜性,并结合地区经验使用试验成果。

土样有扰动的和不扰动的两种。扰动土样的原状结构已被破坏,只能用来测定土的颗粒成分、含水量、可塑性及定名等;不扰动土样是指土的原位应力状态虽已改变,但其结

① Ⅰ级和抽样鉴定可用于抗剪试验与固结试验的Ⅱ级土样,可定为原状土样。

构、密度和含水量变化很小的土样，用来测求土的物理力学性质。土样受扰动的程度不同，所能进行的试验也不同，现将土样质量和所能进行试验的项目列于表12.5.3中。

扰动土样的采取比较容易，可自探坑或钻孔中采取0.5～1.0kg保持天然级配和湿度的土装入瓶内或塑料袋内即可。下面介绍不扰动土样的采取。

1）探坑（井）中取黏性土不扰动土样　先在坑底（图12.5.8）的指定深度挖一土柱，其尺寸稍大于薄钢板取土筒直径，土要保持不受扰动。削平柱面，放上取土筒，一面削去筒外多余土，一面将筒压入，直到筒完全套入土柱后，切断土柱，削平筒两端土体并盖上筒盖，用布包裹，贴上标签（注明土样上下位置），用熔蜡全密封，妥善装箱送试验室。土样尺寸为：圆柱体的直径10～

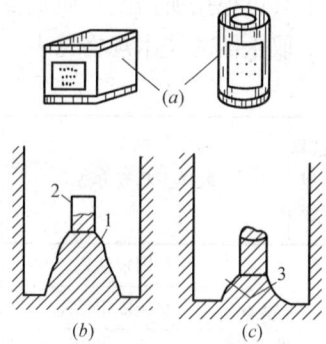

图 12.5.8　探坑（井）中取黏性土不扰动土样
(a) 立方体和圆柱体不扰动土样；
(b)、(c) 探坑（井）中取圆柱体土样
1—土柱；2—套入取土筒；3—切断

15cm，长度一般是直径的2～2.5倍；立方体的边长为10～20cm，少数为30cm。

2）钻孔中取不扰动土样　在钻孔中取不扰动土样需用取土器。取土器的种类较多，如按其上部封闭装置的形式分为上提活塞式（图12.5.9a）和反旋活塞式；如按壁厚，又分为厚壁和薄壁等。

取样时应先清孔，孔底残留浮土厚度不应大于取土器废土段长度（活塞取土器除外）。将取土器接在钻杆或加重杆上，放入孔内时不得冲击孔底。采用快速静力连续压入法将取土器送入土中。当取土器盛满土样后，提断或扭断试样底端，然后提出钻具。在地面细心地将土样连同容器（薄壁管或衬管）卸下，量测土样长度，计算回收率。如回收率小于0.95或大于1时，应分析原因。如确系土样受扰动，应降级或废弃不用。管两端多余土削去后，盖上管盖，贴上标签，随即蜡封（取Ⅰ、Ⅱ、Ⅲ级土试样皆应妥善密封）。

图 12.5.9　上提活塞式取土器
(a) 取土器；(b) 取土器的几个有效直径
1—接头；2—连接帽；3—操纵杆；4—活阀；
5—余土管；6—衬管；7—取土管；8—管靴

D_w—管靴外径
D_c—管靴内径
D_l—取土筒外径
D_s—取土筒内径

在软土、砂土中采样时，宜用泥浆护孔壁。如使用套管，应保持管内水位等于或稍高于地下水位，取样位置应低于套管底3倍孔径以上的距离；采用冲洗、冲击、振动等方式钻进时，应在预计取样位置1m以上改用回转钻进，以免取样处的土受扰动。在钻孔中采取粉砂、细砂、粗砂及砾砂的不扰动样，需采用原状取砂器。

运输途中，土样应避免振动、暴晒或冰冻。保存时间不宜超过3周。对易于振动液化和水分离析的土样，宜就近进行试验。

显然，土试样质量的好坏与取样方法、所用取土工具及土的类别密切有关。取样方法

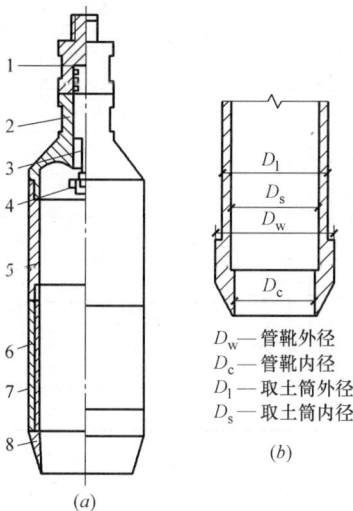

和工具可根据所需土样质量及土的特性，按表12.5.4选择。

取土器的技术规格见表12.5.5。

不同等级土试样要求的取样方法或工具　　　　　　表12.5.4

土试样质量等级	取样工具或方法		适用土类											
			粘性土					粉土	砂土				砾砂碎石土软岩
			流塑	软塑	可塑	硬塑	坚硬		粉砂	细砂	中砂	粗砂	
Ⅰ	薄壁取土器	固定活塞	++	++	+	－	－	+	+	－	－	－	－
		水压固定活塞	++	++	+	－	－	+	+	－	－	－	－
		自由活塞	－	+	++	－	－	+	+	－	－	－	－
		敞口	+	+	+	－	－	+	+	－	－	－	－
	回转取土器	单动三重管	－	+	++	++	+	++	++	++	－	－	－
		双动三重管	－	－	－	+	++	－	－	－	++	++	+
	探井、探槽人工刻取块状土样		++	++	++	++	++	++	++	++	++	++	++
Ⅱ	薄壁取土器	水压固定活塞	++	++	+	－	－	+	+	－	－	－	－
		自由活塞	+	++	++	－	－	+	+	－	－	－	－
		敞口	++	++	+	－	－	+	+	－	－	－	－
	回转取土器	单动三重管	－	+	++	++	+	++	++	++	－	－	－
		双动三重管	－	－	－	+	++	－	－	－	++	++	++
	厚壁敞口取土器		+	++	++	++	++	+	+	+	+	+	－
Ⅲ	标准贯入器		++	++	++	++	++	++	++	++	++	++	－
	厚壁敞口取土器		++	++	++	++	++	++	++	++	++	+	－
	螺旋钻头		++	++	++	++	++	+	－	－	－	－	－
	岩芯钻头		++	++	++	++	++	++	+	+	+	+	+
Ⅳ	标准贯入器		++	++	++	++	++	++	++	++	++	++	－
	螺旋钻头		++	++	++	++	++	+	－	－	－	－	－
	岩芯钻头		++	++	++	++	++	++	++	++	++	++	++

注：1. ＋＋适用，＋部分适用，－不适用；

　　2. 采取砂土试样应有防止试样失落的补充措施；

　　3. 有经验时，可用束节式取土器代替薄壁取土器。

取土器技术参数　　　　　　表12.5.5

取土器参数	厚壁取土器	薄壁取土器		
		敞口自由活塞	水压固定活塞	固定活塞
面积比 $\dfrac{D_w^2-D_e^2}{D_e^2}\times100(\%)$	13～20	≤10	10～13	
内间隙比 $\dfrac{D_s-D_e}{D_e}\times100(\%)$	0.5～1.5	0	0.5～1.0	
外间隙比 $\dfrac{D_w-D_t}{D_t}\times100(\%)$	0～2.0	0		
刃口角度 $\alpha(°)$	＜10	5～10		

取土器参数	厚壁取土器	薄壁取土器		
		敞口自由活塞	水压固定活塞	固定活塞
长度 L(mm)	400,550	对砂土:$(5\sim10)D_e$ 对黏性土:$(10\sim15)D_e$		
外径 D_t(mm)	$75\sim89,108$	75,100		
衬管	整圆或半合管,塑料、酚醛层压纸或镀锌薄钢板制成	无衬管,束节式取土器衬管同左		

注:1. 取样管及衬管内壁必须光滑、圆整;

    2. 在特殊情况下取土器直径可增大至 $150\sim250$mm;

    3. 表中符号:

        D_e——取土器刃口内径;

        D_s——取样管内径,加衬管时为衬管内径;

        D_t——取样管外径;

        D_w——取土器管靴外径,对薄壁管 $D_w=D_t$。

2. 岩样采取

岩样一般在钻孔、平洞或探井内采取。在平洞或探井中取样时,不得采取受爆破影响的岩块作试样。同一组试样必须属于同一岩层和同一岩性。对于干缩湿胀和易风化的岩石,取样后立即密封。用于直剪试验的软弱夹层或裂隙岩体,取样时应防止剪切面受扰动。每组试样的数量、标准尺寸可根据表 12.5.6 选取。岩样应贴好标签,注明层位及方向。运输途中应防止受猛烈振动或被撞坏。

室内岩石各项试验的试样标准尺寸和数量   表 12.5.6

试验项目	试样尺寸(m)	每组试样数量不少于		备 注
相对密度	岩 粉			
密度	圆柱体、方柱体或立方体	干密度	3块	
		湿密度	5块	
吸水性	$\phi5\times5$	3块		
单轴抗压强度	$\phi5\times10$	3块		GB/T 50266 规定
		6块		GB 50007 规定
单轴压缩变形	$\phi5\times10$	3块		
抗拉(劈裂法)	$\phi5\times5$	3块		
三轴	$\phi5\times10$	5块		

注:1. 表列试样数量系指一种含水状态和一种受力方向而言;

    2. 单轴抗压强度试验试样尺寸不标准时,应换算成标准试样强度试验值。

    3. 水样的采取

采取水样的目的是为了查明地下水对建筑材料的腐蚀性,或有其他特殊要求时进行水样化学分析。取水样一般是在钻探停止后进行。如了解地下水的腐蚀性水样取 1000mL,每 500mL 加入 $2\sim3$g 大理石粉。用干净且用水样的水反复冲洗的瓶盛装水样,瓶口塞紧后用蜡密封,贴上标签。水样存放时间:清洁的水样不超过 72h,稍受污染的水样不超过 48h,污染的水样不超过 12h。

此外,对有腐蚀性的地表水和土,亦应取样分析。

12.6 原 位 测 试

原位测试是在原位或基本上在原位状态和应力条件下，对岩土性质进行的测试。遇下列情况时，需进行原位测试：

1. 遇到难以采取不扰动试样或试样代表性差的岩土层，如砂土、碎石土、软土、淤泥、软弱夹层、风化岩等

2. 重大工程项目，必须取得大体积的具宏观结构的岩土体的资料（规范、规程规定）

3. 需快速并直接地了解土层在剖面上的连续变化

4. 室内难以进行的试验，如岩土应力测试等

各种原位测试适用的岩土种类和能提供的资料见表12.6.1。土的渗透性现场试验可参看第4章。

各类原位测试的适用范围　　　　　　　　　　　　　表 12.6.1

适用范围 测试方法	适用土类							所提岩土参数											
	岩石	碎石土	砂土	粉土	黏性土	填土	软土	鉴别土类	剖面分层	物理状态	强度参数	模量	渗透系数	固结特性	孔隙水压力	侧压力系数	超固结比	承载力	判别液化
平板载荷试验(PLT)	+	++	++	++	++	++	++				+	++					+	++	
螺旋板试验(SPLT)			++	++	++		+				+	++					+	++	
静力触探(CPT)			+	++	++	+	++	+	+	+	++							+	++
孔压—静力触探(CPTU)			+	++	++	+	++	+	+	++	++	+	++	++				+	++
圆锥动力触探(DPT)		++	++	+	+					+	++							+	
标准贯入试验(SPT)			++	+	+			++		+	+							+	++
扁铲侧胀试验(DMT)			+	++	++		+			++	+			+		+	+	+	
十字板剪切试验(VST)					++		++				++								
预钻式旁压试验(MPT)	+	+	+	++	++	+					+	++						++	
自钻式旁压试验(SBPMT)			+	++	++	+	+	+		+	+	++	+	+	+	+	+	++	+
现场直剪试验(FDST)	++	++			+						++								
现场三轴试验(FTT)	++	+			+						++								
岩体应力测试(RST)	++															+			
波速试验(WVT)	+	+										++							

注：＋＋很适用，＋适用。

一般来说，原位测试获得资料的代表性多优于室内试验。但是，影响原位测试成果的因素比较复杂，常需要几种试验对比并与室内试验资料配合使用。某些种类原位测试（如静力触探、动力触探等）成果的解释有地区性和经验性，在无经验的地区应慎重使用。此外，某些原位测试（如载荷试验等）的费用较高、历时较长，这也限制了它们的应用。

选择原位测试方法时，应考虑岩土条件、建筑类型及设计要求、地区经验成熟程度及勘察阶段等因素。例如，地基载荷试验多用于无经验的地区（或地层）的甲级工程，在详勘阶段用来确定持力层或主要受力层（包括土层、风化岩或软岩）的承载力和变形模量。

原位测试中的载荷、十字板剪切、旁压、现场直剪等试验在其他章节已有叙述，岩体原位测试较少使用，本章仅就常用的静力触探、圆锥动力触探、标准贯入和扁铲侧胀等试验介绍如下。

12.6.1 静力触探

静力触探（CPT）是将圆锥形的金属探头以静力方式按一定的速率均匀压入土中，量测其贯入阻力值借以间接判定土的物理力学性质的试验。其优点是可在现场快速、连续、较精确地直接测得土的贯入阻力指标，了解土层原始状态的物理力学性质。特别是对于不易钻探取样的饱和砂土、高灵敏的软土层，以及土层竖向变化复杂而不能密集取样或测试以查明土层性质变化的情况下，静力触探具有它独特的优点；缺点是不能取土直接观测鉴别，测试深度不大（常小于50m），对基岩和碎石类土层不适用。

孔压静力触探（CPTU）为触探时采用孔压静力触探探头，测量孔隙水压力。

1. 静力触探的仪器及主要技术要求

1）静力触探的主要仪器设备（图12.6.1）

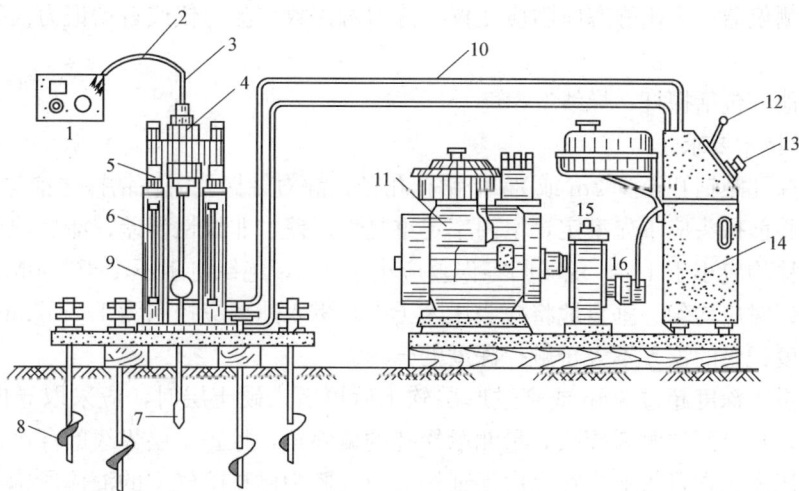

图 12.6.1 双缸油压静力触探仪结构示意图

1—电阻应变仪；2—电缆；3—探杆；4—卡杆器；5—防尘罩；6—贯入深度标尺；7—探头；8—地锚；9—油缸；10—高压软管；11—汽油机；12—手动换向阀；13—溢流阀；14—高压油箱；15—变速箱；16—油泵

（1）触探主机　能施加压力，将探头垂直压入土中。按加压的装置动力的不同，静力触探仪分为电动机械式、液压式及手摇轻型链式三种。

（2）反力装置　可用单片螺旋状地锚或压重来取得反力。目前，大多将仪器设备固定在卡车上，利用车身或载重来平衡反力。

（3）探头　按其结构和功能分为：

① 单桥探头　如图12.6.2所示，可测定比贯入阻力 p_s。

② 双桥探头　如图12.6.3所示，由于有摩擦筒，可同时测定锥尖阻力 q_c 和侧壁摩阻力 f_s。

③ 孔压静力触探探头　在探头内将多种电测传感器组合，可测得 q_c、f_s 和贯入时的孔隙水压力 u 等（图12.6.4）。

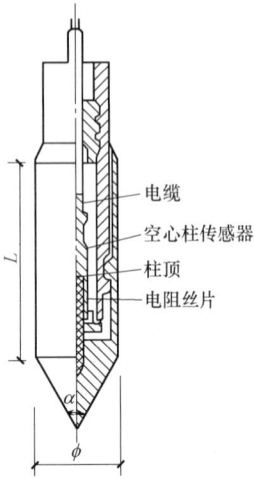

图 12.6.2 单桥探头示意　　图 12.6.3 双桥探头示意　　图 12.6.4 孔压静力触探探头示意

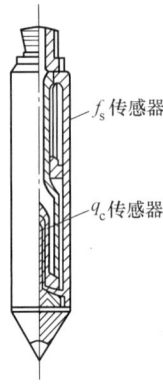

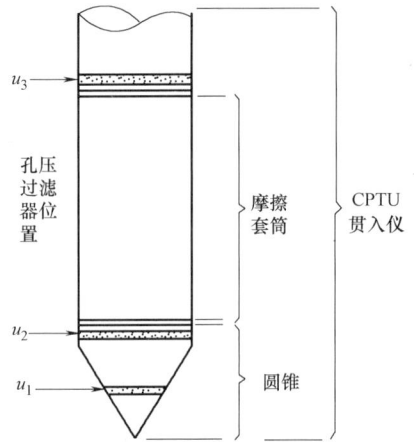

（4）量测仪器　采用静态电阻应变仪、静力触探数字测力仪或自动记力仪等，以及深度记录装置。

（5）其他　包括探杆、导线等。

2）主要技术要求：

（1）触探孔距钻孔至少 2m 或 25 倍钻孔孔径，静力触探孔需在钻探之前进行。

（2）试验前探头应事先率定，室内率定重复性误差、非线性误差、滞后误差、归零误差、温度漂移均应小于 1%，现场归零误差应小于 3%，绝缘电阻不小于 500MΩ。

（3）测试时应均匀、垂直地将探头压入土中，贯入速率应控制为 1.2m/min。

（4）深度记录的误差不大于触探深度的 ±1%。

（5）当贯入深度超过 30m 或穿过厚层软土后再贯入硬土层时，应采取导向护壁防止孔斜或断杆，也可配置测斜探头，量测触探孔的偏斜角，校正土层界线的深度。

（6）孔压探头在贯入前应在室内保证探头应变腔为已排除气泡的液体所饱和，并在现场采取措施保持探头的饱和状态，直至探头进入地下水位以下土层为止。在孔压静探试验过程中，不得上提探头。

（7）在预定深度进行孔压消散试验时，应量测停止贯入后不同时间的孔压值，其计时间隔由密而疏合理控制；试验过程不得松动探杆。

2. 静力触探的资料整理与应用

1）每一触探孔可整理出以下资料：

（1）按下列公式分别计算比贯入阻力 p_s（单桥探头）或锥尖阻力 q_c、侧壁摩阻力 f_s 及摩阻比 R_f（双桥探头）：

$$p_s = \frac{P}{A} \tag{12.6.1}$$

$$q_c = \frac{Q_c}{A} \tag{12.6.2}$$

$$f_s = \frac{P_f}{F_s} \tag{12.6.3}$$

$$R_f = \frac{f_s}{q_c} \times 100 \tag{12.6.4}$$

式中　P——总贯入阻力，kN；

$\quad\quad A$——锥底面积，cm^2；

$\quad\quad Q_c$——实测锥尖阻力，kN；

$\quad\quad P_f$——实测侧壁摩阻力，kN；

$\quad\quad F_s$——摩擦筒表面积，cm^2。

p_s 值并层容许变动幅度（MPa）　　　　　表 12.6.2

p_s 实测值范围	并层容许变动幅度
$p_s \leqslant 1$	$\pm 0.1 \sim 0.3$
$1 < p_s \leqslant 3$	$\pm 0.3 \sim 0.5$
$3 < p_s \leqslant 6$	$\pm 0.5 \sim 1.0$

（2）以深度（z）为纵坐标，以锥尖阻力 q_c（或比贯入阻力 p_s）、侧壁摩阻力 f_s 及摩阻比 R_f 为横坐标，绘制 q_c-z（p_s-z）、f_s-z、R_f-z 关系曲线，如图 12.6.5 所示。

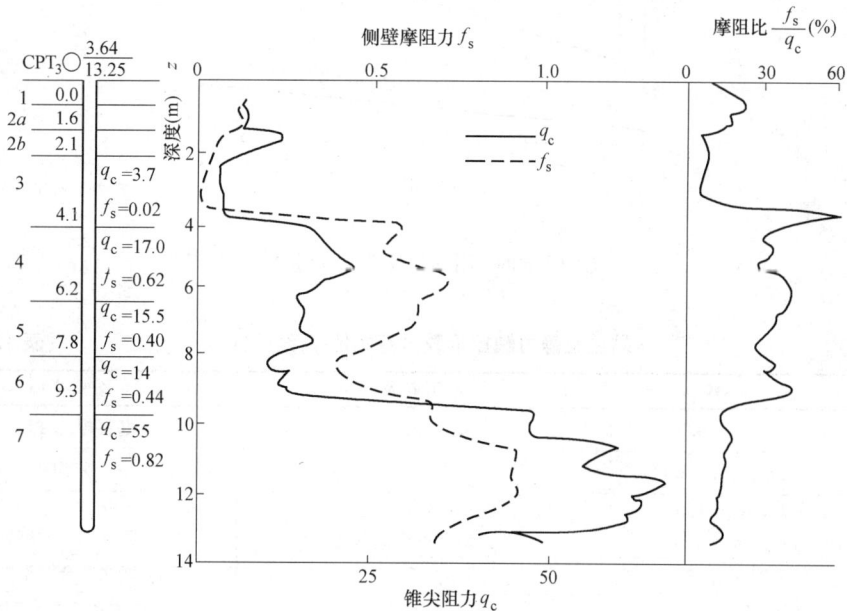

图 12.6.5　静力触探曲线

2）成果应用　静力触探资料主要用于以下几个方面：

（1）用于划分土层和判别土的类别：静力触探的测试值反映了土的力学性质，因而可划分土层和确定土的类别。划分土层时，通常按表 12.6.2 所列的 p_s 值归并为同一层。

表 12.6.3 为国内一些单位按 q_c 和 R_f 值划分土类的综合研究成果，可供参考。

图 12.6.6 为《铁路工程地质原位测试规范》TB 10018 提出的土的分类图。

（2）确定地基土的承载力：表 12.6.4、表 12.6.5 为国内一些单位提出的经验公式。

土的名称	单位,国内					
	铁道部		交通部一航局		一机部勘测公司	
	$q_c,f_s/q_c$ 值					
	q_c (MPa)	$\dfrac{f_s}{q_c}$ (%)	q_c (MPa)	$\dfrac{f_s}{q_c}$ (%)	q_c (MPa)	$\dfrac{f_s}{q_c}$ (%)
淤泥质土及软黏性土	0.2～1.7	0.5～3.5	<1	10～13	<1	>1
黏　　土	1.7～9 2.5～20	0.25～5.0 0.6～3.5	1～1.7	3.8～5.7	1～7 >1	>3 0.5～3
亚黏土(粉质黏土)			1.4～3	2.2～4.8		
轻亚黏土(粉土)			3～6	1.1～1.8		
砂类土	2～32	0.3～1.2	>6	0.7～1.1	>4	<1.2

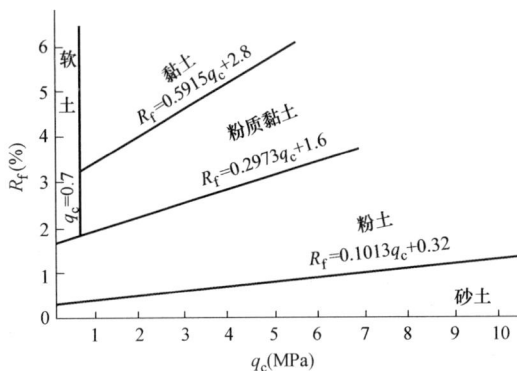

图 12.6.6　用双桥探头划分土类

序号	公　式	适用范围	公式来源
1	$f_0=104p_s+26.9$	$0.3\leqslant p_s\leqslant6$	勘察规范 TJ 21
2	$f_0=183.4\sqrt{p_s}-46$	$0\leqslant p_s\leqslant5$	铁三院
3	$f_0=17.3p_s+159$ $f_0=114.8\lg p_s+124.6$	北京地区老黏性土 北京地区的新近代土	原北京市勘测处
4	$p_{0.016}=91.4p_s+44$	$1\leqslant p_s\leqslant3.5$	湖北综合勘察院
5	$f_0=249\lg p_s+157.8$	$0.6\leqslant p_s\leqslant4$	四川省综合勘察院
6	$f_0=45.3+86p_s$	无锡地区 $p_s=0.3\sim3.5$	无锡市建筑设计室
7	$f_0=116.7p_s^{0.387}$	$0.24<p_s<2.53$	天津市建筑设计院
8	$f_0=87.8p_s+24.36$	湿陷性黄土	陕西省综合勘察院
9	$f_0=80p_s+31.8$		
10	$f_0=98q_c+19.24$	黄土地基	原一机部勘测公司
11	$f_0=44.7+44p_s$	平川型新近堆积黄土	机械委勘察研究院
12	$f_0=90p_s+90$	贵州地区红黏土	贵州省建筑设计院
13	$f_0=112p_s+5$	软土:$0.085<p_s<0.9$	铁道部(1988)

注：f_0——kPa，p_s，q_c——MPa。

砂土静力触探承载力基本值 f_0 经验式   表 12.6.5

序号	公　式	适用范围	公式来源
1	$f_0=20p_s+59.5$	粉细砂 $1<p_s<15$	用静探测定砂土承载力
2	$f_0=36p_s+76.6$	中粗砂 $1<p_s<10$	联合试验小组报告
3	$f_0=91.7\sqrt{p_s}-23$	水下砂土	铁三院

注：f_0——kPa，p_s、q_c——MPa。

（3）确定土的变形性质：表 12.6.6、表 12.6.7 为国内一些单位提出的 p_s 与 E_0、E_s 的经验关系和经验值。

（4）确定软土不排水抗剪强度（τ_u）和砂土内摩擦角（φ）：表 12.6.8、表 12.6.9 为《铁路工程地质原位测试规程》TB 10018 给出的软土不排水抗剪强度 τ_u 和砂土内摩擦角 φ。

按比贯入阻力 p_s（MPa）确定 E_0 和 E_s（MPa）   表 12.6.6

序号	公　式	适用范围	公式来源
1	$E_s=3.72p_s+1.26$	$0.3\leqslant p_s<5$	勘察规范 TJ 21
2	$E_0=9.79p_s-2.63$ $E_0=11.77p_s-4.69$	$0.3\leqslant p_s<3$ $3\leqslant p_s<6$	勘察规范 TJ 21
3	$E_s=3.63(p_s+0.33)$	$p_s<5$	交通部一航局设计院
4	$E_s=1.62+2.17p_s$ $E_0=3.85+2.12p_s$	$0.7<p_s<4$ 北京近代土 $1<p_s<9$ 北京老土	北京市勘察处
5	$E_s=1.9p_s+3.23$	$0.4<p_s\leqslant3$	四川省综合勘察院
6	$E_s=2.94p_s+1.34$	$0.24<p_s<3.33$	天津市建筑设计院
7	$E_s=1.01+3.47p_s$	无锡地区 $p_s=0.3\sim3.5$	无锡市建筑设计院
8	$E_s=6.3p_s+0.85$	贵州地区红黏土	贵州省建筑设计院

注：E_0 为现场载荷试验求得的变形模量。

按比贯入阻力 p_s 估算砂土压缩模量 E_s 表 12.6.7

p_s(MPa)	0.5	0.8	1.0	1.5	2.0	3.0	4.0	5.0
E_s(MPa)	2.6~5.0	3.5~5.6	4.1~6.0	5.1~7.5	6.0~9.0	9.0~11.5	11.5~13.0	13.0~15.0

注：据《铁路工程地质原位测试规程》TB 10018。

软土不排水抗剪强度 τ_u 与 p_s 的关系   表 12.6.8

p_s(MPa)	0.1	0.2	0.3	0.4	0.5	0.6	0.7	0.8
τ_u(kPa)	7	11	15	19	23	27	31	35

按比贯入阻力 p_s 估算砂土内摩擦角 φ 表 12.6.9

p_s(MPa)	1	2	3	4	6	11	15	30
φ(°)	29	31	32	33	34	36	37	39

（5）估算单桩承载力（详见第 15 章）。

3. 孔压静力触探的资料整理与应用

1）资料整理

锥尖阻力修正。在锥尖后部及摩擦套筒两端的面上作用有水压力，这些水压力会影响

333

锥尖阻力和侧壁摩阻力，实测值不能代表土的真正阻力。

（1）按下列公式计算真锥头阻力与真侧壁摩阻力、孔压参数比及归一化超孔压。

① 真锥头阻力 q_t 与真侧壁摩阻力 f_t：

$$q_t = q_c + \beta(1-a)u_i \qquad (12.6.5)$$

$$f_t = f_s + \gamma(1-b)u_i \qquad (12.6.6)$$

式中　a——A_N 与 A_T 之比（图 12.6.7）：$A_N = \dfrac{\pi}{4}d^2$；$A_T = \dfrac{\pi}{4}D^2$；

　　　　b——F_L 与 F_u 之比；

　　β、γ——修正系数，由滤水器所测的孔压 u_m 与锥面中高处和摩擦筒中高处孔压的比值确定，β 可按表 12.6.10 取值；

　　　　u_i——孔压探头贯入土中量测的孔隙水压力即初始水压；

　　其余符号同前。

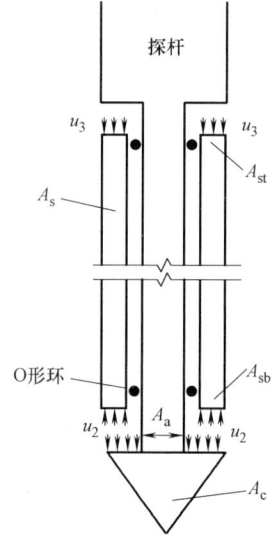

图 12.6.7　端面面积不等的修正

β 值　　　　　　　　　　　　　　　　　　　　表 12.6.10

土质状态	中、粗砂	粉、细砂		正常固结和轻度超固结黏性土	重度超固结黏性土
		松散-中密	密实		
β 值	1.0	0.7~0.3	0.1	0.8~0.7	0.1~0

② 静探孔压参数 B_g：

$$B_g = \frac{u_i - u_0}{q_t - \sigma_{vo}} \qquad (12.6.7)$$

式中　u_0——土中静止水压力；

　　　σ_{vo}——试验深度处总上覆压力；

　　其余符号同前。

③ 归一化超孔压 u_n：

$$u_n = \frac{u - u_0}{u_i - u_0} \qquad (12.6.8)$$

式中　u——某一时间 t 的孔隙水压力；

　　其余符号同前。

（2）以深度（z）为纵坐标绘 u_i-z、f_t-z、q_t-z、B_g-z 曲线和孔压消散曲线 u_t-$\log t$ 曲线。

2）成果应用　孔压静力触探资料主要用于以下几个方面：

（1）划分土的类别：可按表 12.6.11 和图 12.6.8 划分土类。

（2）判定黏性土的稠度状态：按表 12.6.12 判定黏性土（$I_p > 10$）的稠度状态。

（3）估算饱和黏性土的固结系数：在第 8 章介绍了土的固结理论，下面介绍利用孔压静力触探估算饱和黏性土固结系数 C_n 的公式为：

$$C_n = R \frac{r_0^2}{t_{50}} T_{50} \qquad (12.6.9)$$

式中 R——再压比（再压缩指数与初次压缩指数之比）：一般为 $0.1 \sim 0.25$，软土约为 0.17；

$\quad\quad r_0$——孔压探头半径；

$\quad\quad t_{50}$——超孔压消散 50% 的历时；

$\quad\quad T_{50}$——超过压消散 50% 的时间因素，可从表 12.6.13 查得。

用孔压静力触探划分土类　　　　　　　　　　　表 12.6.11

序号	土　类	主　判　别	辅助判别
I	软　土	$q_t<0.8, B_g>0.1$	
II	黏　土	$q_t>0.8$ $B_g>0.207q_t+0.249$	$t_{50}>100$
III	粉质黏土 $I_p>10$	$B_g<0.207q_t+0.249$ $B_g>0.151q_t-0.153$	$10<t_{50}\leqslant100$
IV	黏质粉土 $7<I_p\leqslant10$	$B_g<0.151q_t-0.153$ $B_g\geqslant0.1$	$t_{50}<100$
V	砂质粉土	$0.01\leqslant B_g<0.1$	$t_{50}<20$
VI	砂　土	$B_g<0.01, q_t>1.5$	$t_{50}<20$

注：q_t 单位为（MPa），t_{50} 为超孔压消散达 50% 时的历时（s）。

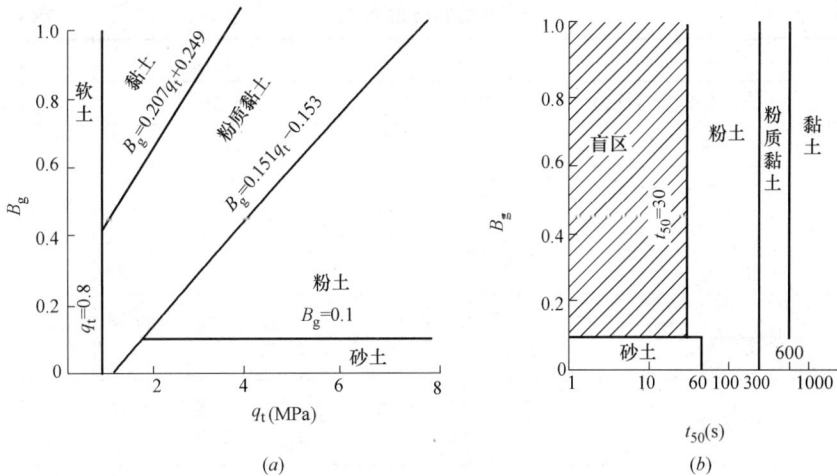

图 12.6.8　孔压静力触探划分土类
（a）主判别；（b）辅助判别

用孔压静力触探划分黏性土的状态　　　　　　　表 12.6.12

状　态		液性指数 I_L	主　判　断	辅助判别
坚硬状态		$I_L<0$	$q_t>5$	$B_g<0.2$
可塑状态	硬　塑	$0\leqslant I_L<0.5$	$3.12B_g-2.77q_t<-2.21$	$0<B_g<0.3$
	软　塑	$0.5\leqslant I_L<1$	$3.12B_g-2.77q_t>-2.21$ $11.2B_g-21.39q_t<-2.56$	$B_g>0.2$
流塑状态		$I_L\geqslant1$	$11.2B_g-21.39q_t>-2.56$	$B_g\geqslant0.42$

表 12.6.13

I_r	A_f			
	1/3	2/3	1	4/3
	T_{50}			
10	1.145	1.593	2.095	2.622
50	2.487	3.346	4.504	5.931
100	3.524	4.761	6.447	8.629
200	5.025	6.838	9.292	12.790

注：1. A_f 为孔压系数；

2. I_r（土的刚度指数）$= E_u$（土的不排水压缩模量）$/3c_u$（土的不排水抗剪强度）。

12.6.2 圆锥动力触探和标准贯入（标贯）试验

1. 圆锥动力触探

圆锥动力触探（DPT）是利用一定的落锤能量，将与触探杆相连接的圆锥形探头打入土层，根据打入的难易程度（贯入度）得到每打入一定深度所需的锤击数，来判定土的工程性质。

圆锥动力触探根据锤击能量的大小，可分为轻型、重型和超重型三种，其规格和适用土类见表 12.6.14。

圆锥动力触探类型   表 12.6.14

类　　型		轻　型	重　型	超重型
落　锤	锤的质量(kg)	10±0.2	63.5±0.5	120±1
	落　　距(cm)	50±2	76±2	100±2
探　头	直　　径(mm)	40	74	74
	锥　　角(°)	60	60	60
探杆直径(mm)		25	42	50～60
贯入指标		贯入 30cm 的读数 N_{10}	贯入 10cm 的读数 $N_{63.5}$	贯入 10cm 的读数 N_{120}
主要适用岩土		浅部的填土、砂土、粉土、黏性土	砂土、中密以下的碎石土、极软岩	密实和很密的碎石土、软岩、极软岩

1）圆锥动力触探的仪器设备和试验方法

（1）轻型动力触探试验：设备主要由锥头、触探杆和穿心锤三部分组成（图12.6.9）。触探杆用直径 25mm 的金属管，每根长 1.0～1.5m，穿心锤重 10kg。操作要点是：首先，用轻便钻具钻至试验土层标高，然后对土层连续触探；试验时，锤击的落距为50cm，锤自由落下，将触探杆竖直打入土层中，记录每打入土层 30cm 的锤击数 N_{10}。若需描述土层情况，可将杆拔出，取下锥头，换以轻便钻头进行取样。该试验一般用于贯入深度小于 6m 的土层。

（2）重型动力触探试验：设备主要由触探头（图 12.6.10）、触探杆和穿心锤三部分组成。设备布置与轻型动力触探相同，锤落距为 76cm。

贯入时应及时记录贯入深度、一阵击贯入量及相应的锤击数（一般 5 击为一阵击）。

并且，计算每贯入 10cm 的实测锤击数 $N'_{63.5}$。锤击数可按下式修正[①]：

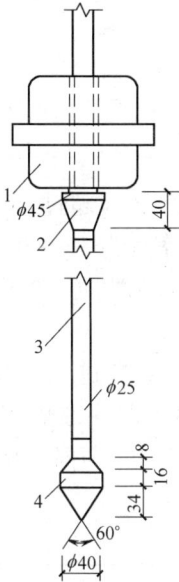

图 12.6.9　轻型动力触探试验设备（单元：mm）

1—穿心锤；2—锤垫；3—触探杆；4—锥头

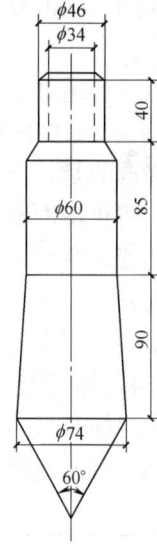

图 12.6.10　重型动力触探探头

$$N_{63.5}=aN'_{63.5} \tag{12.6.10}$$

式中　$N_{63.5}$——重型触探试验修正的锤击数；

$N'_{63.5}$——实测的锤击数；

a——触探杆长度修正系数，按表 12.6.15 确定。

重型动力触探试验触探杆长度修正系数 a　　　　　表 12.6.15

$L(m)$ ＼ a ＼ $N'_{63.5}$	5	10	15	20	25	30	35	40	≥50
2	1.00	1.00	1.00	1.00	1.00	1.00	1.00	1.00	
4	0.96	0.95	0.93	0.92	0.90	0.89	0.87	0.86	0.84
6	0.93	0.90	0.88	0.85	0.83	0.81	0.79	0.78	0.75
8	0.90	0.86	0.83	0.80	0.77	0.75	0.73	0.71	0.67
10	0.88	0.83	0.79	0.75	0.72	0.69	0.67	0.64	0.61
12	0.85	0.79	0.75	0.70	0.67	0.64	0.61	0.59	0.55
14	0.82	0.76	0.71	0.66	0.62	0.58	0.56	0.53	0.50
16	0.79	0.73	0.67	0.62	0.57	0.54	0.51	0.48	0.45
18	0.77	0.70	0.63	0.57	0.53	0.49	0.46	0.43	0.40
20	0.75	0.67	0.59	0.53	0.48	0.44	0.41	0.39	0.36

注：表中，L 为杆长。

对地下水位以下的中砂、粗砂、砾砂和圆砾、卵石，锤击数修正需按式（12.6.11）进行：

$$N_{63.5}=1.1N''_{63.5}+1.0 \tag{12.6.11}$$

---

① 动力触探锤击数是否需要修正，应根据有关的规范、规程的要求确定。

式中 $N''_{63.5}$——地下水位以下的中砂、粗砂、砾砂和圆砾、卵石层中实测锤击数。

（3）超重型动力触探试验：除锤重及落距（见表 12.6.14）外，其余与重型动力触探试验基本相同，锤击数可按式（12.6.12）修正：

$$N_{120} = aN'_{120} \tag{12.6.12}$$

式中 N'_{120}——超重型动力触探实测锤击数；

a——触探杆长度修正系数，按表 12.6.16 确定。

需要强调的是，在动力触探试验中，触探杆的最大偏斜度不应超过 2%，锤击贯入应连续进行，防止锤击偏心、触探杆偏斜及侧向晃动，锤击速率宜为 15～30 击/min 并采用自动落锤装置，每贯入 1m，宜将探杆转动一圈半；当贯入深度超过 10m，每贯入 20cm 就宜转动探杆。

如遇坚硬、密实土层，轻型动力触探当贯入 0.3m 的锤击数超过 100 击或贯入 0.15m 超过 50 击时，即可停止试验。如需对下卧层进行试验，可用钻具穿透坚实土层后再贯入。当重型动力触探每贯入 0.1m 所需锤击数连续三次超过 50 击时，即停止试验。如需对土层继续试验，可改用超重型动力触探。

超重型动力触探杆长修正系数 a 　　　　表 12.6.16

$N'_{63.5}$ / a / $L(m)$	1	3	5	7	9	10	15	20	25	30	35	40
1	1.00	1.00	1.00	1.00	1.00	1.00	1.00	1.00	1.00	1.00	1.00	1.00
2	0.96	0.92	0.91	0.90	0.90	0.90	0.90	0.89	0.89	0.88	0.88	0.88
3	0.94	0.88	0.86	0.85	0.84	0.84	0.84	0.83	0.82	0.82	0.81	0.81
5	0.92	0.82	0.79	0.78	0.77	0.77	0.76	0.75	0.74	0.73	0.72	0.72
7	0.90	0.78	0.75	0.74	0.73	0.72	0.71	0.70	0.68	0.68	0.67	0.66
9	0.88	0.75	0.72	0.70	0.69	0.68	0.67	0.66	0.64	0.63	0.62	0.62
11	0.87	0.73	0.69	0.67	0.66	0.66	0.64	0.62	0.61	0.60	0.59	0.58
13	0.86	0.71	0.67	0.65	0.64	0.63	0.61	0.60	0.58	0.57	0.56	0.55
15	0.86	0.69	0.65	0.63	0.62	0.61	0.59	0.58	0.56	0.55	0.54	0.53
17	0.85	0.68	0.63	0.61	0.60	0.60	0.57	0.56	0.54	0.53	0.52	0.50
19	0.84	0.66	0.62	0.60	0.58	0.58	0.56	0.54	0.52	0.51	0.50	0.48

注：表中，L 为杆长。

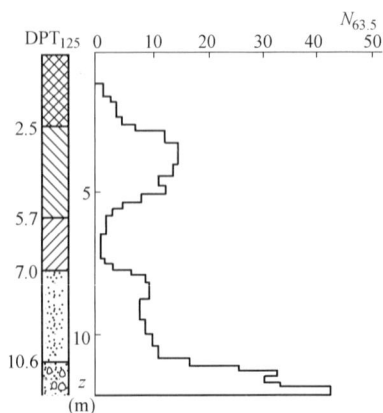

图 12.6.11　动力触探 N-z 曲线

2）圆锥动力触探指标的应用

（1）土层力学分层　绘制单孔触探锤击数 N 与深度 z 曲线（图 12.6.11），并根据地质资料对土层进行力学分层。通常，划分土层是按某层的触探指标的平均值考虑。根据各孔分层的贯入指标平均值，用厚度加权平均法计算场地分层贯入指标平均值和变异系数。

分析触探曲线时，应剔除超前或滞后影响范围内的指标异常值。这种现象与下卧层的性质有关。当下卧层的密度较小时，击数值提前减小，如图 12.6.11 曲线 5.5m 处；反之，则提前增大，如曲线 10.5m 处。

（2）确定土的孔隙比与密实度　用动力触探击

数确定砂土的孔隙比和密度（表 12.6.17～表 12.6.19）。

北京市 N_{10} 与砂土密实度的关系（北京市勘察院）　　　　　表 12.6.17

N_{10}	<10	10～20	21～30	31～50	51～90	>90
密实度	疏　松	稍　密	中下密	中　密	中上密	密　实

$N_{63.5}$ 与 e 的关系（机械工业部第二勘察研究院）　　　　　表 12.6.18

土类	修正后的 $N_{63.5}$									
	3	4	5	6	7	8	9	10	12	15
中砂	1.14	0.97	0.88	0.81	0.76	0.73				
粗砂	1.05	0.90	0.80	0.73	0.68	0.64	0.62			
砾砂	0.90	0.75	0.65	0.58	0.53	0.50	0.47	0.45		
圆砾	0.73	0.62	0.55	0.50	0.46	0.43	0.41	0.39	0.36	
卵石	0.66	0.56	0.50	0.45	0.41	0.39	0.36	0.35	0.32	0.29

$N_{63.5}$ 与砂土密实度的关系（机械工业部第二勘察研究院）　　　　　表 12.6.19

土　类	$N_{63.5}$	密实度	孔隙比
砾　砂	<5	松　散	>0.65
	5～8	稍　密	0.65～0.50
	8～10	中　密	0.50～0.45
	>10	密　实	<0.45
粗　砂	<5	松　散	>0.80
	5～6.5	稍　密	0.80～0.70
	6.5～9.5	中　密	0.70～0.60
	>9.5	密　实	<0.60
中　砂	<5	松　散	>0.90
	5～6	稍　密	0.90～0.80
	6～9	中　密	0.80～0.70
	>9	密　实	<0.70

（3）确定地基土地承载力和变形模量

①《建筑地基基础设计规范》GBJ 7 规定，可用 N_{10} 确定地基土承载力（见第 13 章）。

② 原机械工业部第二勘察设计院资料，$N_{63.5}$ 与承载力标准值 f_{ak} 的关系见表 12.6.20、表 12.6.21。

中、粗、砾砂 $N_{63.5}$ 与 f_{ak} 的关系　　　　　表 12.6.20

$N_{63.5}$	3	4	5	6	8	10
f_{ak}(kPa)	120	150	200	240	320	400

注：表列数值，适用于冲积、洪积的砂土，但中、粗砂的不均匀系数不大于 6，砾砂的不均匀系数不大于 20。

碎石土 $N_{63.5}$ 与 f_{ak} 的关系　　　　　表 12.6.21

$N_{63.5}$	3	4	5	6	8	10	12
f_{ak}(kPa)	140	170	200	240	320	400	480

注：表列适用于冲积、洪积的碎石土，其 d_{60} 不大于 30mm，不均匀系数不大于 120，密实度为稍密-中密。

③ 铁道部《动力触探技术规定》TBJ 18 提出用 $N_{63.5}$ 确定地基土承载力基本值 f_0 （表 12.6.22）。

砂与碎石土的 $N_{63.5}$ 与 f_0 的关系   表 12.6.22

f_0(kPa) \ $N_{63.5}$ 土类	2	3	4	5	6	7	8	9	10	12	14
粉细砂	80	110	142	165	187	210	232	255	277	321	
中砂、砾砂		120	150	180	220	260	300	340	380		
碎石土		140	170	200	240	280	320	360	400	480	540

f_0(kPa) \ $N_{63.5}$ 土类	16	18	20	22	24	26	28	30	35	40
粉细砂										
中砂、砾砂										
碎石土	600	660	720	780	830	870	900	930	970	1000

注：1. 上表适用于冲积层、洪积层；
    2. 动力触探深度为 1～20m；
    3. $N_{63.5}$ 需经过杆长修正。

④《油气管道工程地质勘察技术规定》对黏性土等类土提出的 $N_{63.5}$ 与 f_k 的关系（表 12.6.23）。

黏性土、粉土、粉细砂与素填土的 $N_{63.5}$ 与 f_k 的关系   表 12.6.23

f_k(kPa) \ $N_{63.5}$ 土类	1	2	3	4	5	6	7	8	9	10
黏 土	96	152	209	265	321	382	444	505		
粉质黏土	88	136	184	232	280	328	376	424		
粉 土	80	107	136	165	195	224				
粉 细 砂		80	110	142	165	187	210	232	255	277
素 填 土	79	103	128	152	176	201				

⑤ 原一机部勘察公司提出黄土的 $N_{63.5}$ 与 f_k、E_0 的关系（表 12.6.24）。

黄土 $N_{63.5}$ 与 f_k、E_0 的关系   表 12.6.24

s(cm/击)	10	8	6	5	4	3	2
$N_{63.5}$	1	1.25	1.67	2	2.5	3.3	5
f_k(kPa)		90	130	140	160	180	200
E_0(MPa)	2	3	5	7.5	10	15	35

⑥ 铁道部第二勘测设计院提出 $N_{63.5}$ 与圆砾、卵石土的变形模量 E_0 的关系（表 12.6.25）。

⑦ 中国建筑西南勘察院提出碎石土 N_{120} 与 f_k、E_0 的关系（表 12.6.26）。

用动力触探 $N_{63.5}$ 确定圆砾、卵石土的变形模量 E_0 表 12.6.25

击数平均值 $N_{63.5}$	3	4	5	6	7	8	9	10	12	14
E_0(MPa)	10	12	14	16	18.5	21	23.5	26	30	34
击数平均值 $N_{63.5}$	16	18	20	22	24	26	28	30	35	40
E_0(MPa)	37.5	41	44.5	48	51	54	56.5	59	62	64

碎石土 N_{120} 与 f_k、E_0 的关系   表 12.6.26

N_{120}	3	4	5	6	7	8	9	10	11	12	14	16
f_k(kPa)	210	320	400	480	560	640	720	800	850	900	950	1000
E_0(MPa)	16.0	21.0	26.0	31.0	36.5	42.0	47.5	53.0	56.5	60.0	62.5	65.0

3）确定单桩承载力（详见第 15 章）。

2. 标准贯入（标贯）试验

标贯试验（SPT）用于砂土、粉土、一般黏性土等。其贯入器为两个半圆管（对开管）合成的取土器，可采取土样直接观察和进行有关的试验。

1）标贯试验的仪器设备和试验方法

标贯试验设备主要由标贯器（图 12.6.12）、触探杆（直径 42mm 钻杆）和 63.5kg 的穿心锤三部分组成。操作要点如下：

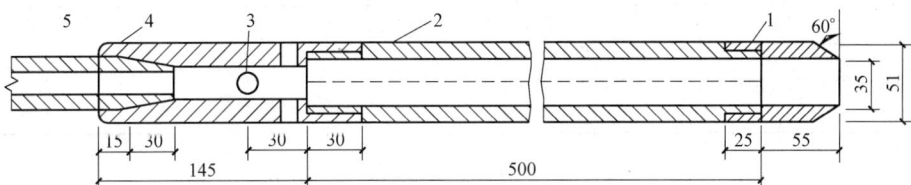

图 12.6.12 标贯试验设备（单位：mm）

1—贯入器靴；2—由两个半圆形管合成的贯入器身；3—出水孔；4—贯入器头；5—触探杆

（1）先用回转钻具钻进到试验土层标高以上 0.15m 处，清除孔底残土。当孔壁不稳定时，可用泥浆护壁或下套管。在地下水位以下时，应保持孔内水位略高于地下水位。

（2）贯入时，穿心锤落距 76±2cm，自动脱钩垂直落下，锤击速率小于 30 击/min。

（3）贯入器打入土 15cm 后，开始记录每打入 10cm 的锤击数，累计打入 30cm 的锤击数，为标贯试验锤击数 N。

（4）拔出贯入器，取出其中的土样进行鉴别、记录、量测长度。需要时进行包装、密封、编号，以备试验之用。

（5）重复上述步骤，直至所需的深度。

当锤击数已达到 50 击而贯入深度未达 30cm 时，可记录 50 击的实际贯入深度，按式（12.6.13）换算成相应于 30cm 的锤击数，并终止试验。

$$N = 30 \times \frac{50}{\Delta S} \tag{12.6.13}$$

式中 ΔS——50击时的贯入度。

根据《建筑地基基础设计规范》GB 50007，当杆长大于3m时，锤击数 N 按下式进行杆长修正：

$$N = \alpha N' \tag{12.6.14}$$

式中 N'——实测标贯击数；

α——杆长度修正系数，见表12.6.27。

标贯试验触探杆长度修正系数 α 表12.6.27

触探杆长度(m)	≤3	6	9	12	15	18	21
α	1.00	0.92	0.86	0.81	0.77	0.73	0.70

国内 N 值与 f_k（kPa）的经验关系 表12.6.28

单 位	f_k 经验关系(kPa)	土 类	注
江苏省水利勘测总队	$23.3N$	黏性土、粉土	N 不用杆长修正
冶金部武汉勘察公司	$4.9+35.8N$	中南、华东地区黏性土、粉土	$N=3\sim23$
武汉市建筑规划设计院等	$80+20.2N$ $152.6+17.48N$	一般黏性土 老黏性土	$3\leqslant N<18$ $18\leqslant N<22$
铁道部第三勘测设计院	$72+9.4N^{1.2}$ $-212+222N^{0.3}$ $-803+850N^{0.1}$	粉土 粉细砂 中粗砂	
纺织工业部设计院	$N/(0.00308N+0.01504)$ $105+10N$	粉土 细、中砂	
冶金部长沙勘察公司	$360+33.4N$ $387+5.3N$	红土 老黏土	$8\leqslant N\leqslant37$
《武汉建筑软弱地基基础设计规定》WBJ 1—1—92	$14.89+26.05N$ $42.21-298.8N$	武汉地区黏性土	$N<15$ $N>15$

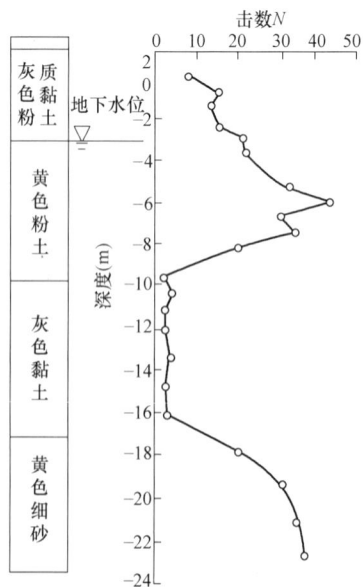

图 12.6.13 标贯 N-z 曲线

2）标贯指标 N 的应用

试验应详细做好记录，并绘制单孔标贯击数与深度关系曲线（图 12.6.13）。依据 N 值在深度上的变化，对各土层的 N 值进行统计。统计各层平均值时，应剔除个别异常值。N 值的应用主要有：

（1）确定砂土与黏性土的承载力值（见第 13 章）。国内一些单位的 N 与 f_k 的经验关系式见表 12.6.28。

（2）判别砂土的紧密状态（表 12.6.29）。

（3）评定黏性土的稠度状态（表 12.6.30、表 12.6.31）。

（4）评定土的变形参数（表 12.6.32）。

（5）判别砂土的液化势（见第 21 章）。

12.6.3 扁铲侧胀（扁胀）试验

扁胀试验（DMT）主要用静力将一扁铲形探头贯入土中预定的深度，然后利用气压使扁铲侧面的圆形膜向外扩张而进行试验。其适用于一般黏性土、粉土、黄土、松散—中密的砂土，不适用于含碎石的土、风化岩等。

按 N 确定砂土的紧密状态　　　　　　　　表 12.6.29

紧密状态		D_T	N					
国际标准	国内标准		国际标准	南京水科所 江苏水利厅	原水电部水科所			冶金部规范
					粉　砂	细　砂	中　砂	
极松	松散	0～0.2	0～4	<10	<4	<13	<10	<10
松			4～10					
稍密	稍密	0.2～0.33	10～15	10～30	>4	13～23	10～26	10～15
中密	中密	0.33～0.67	15～30					15～30
密实	密实	0.67～1	30～50	30～50		>23	>26	>30
极密			>50	>50				

注：表内 N 值为人力拉锤测得的资料。

黏性土 N 与稠度状态的关系（Terzaghl & Peck）　　　表 12.6.30

N	<2	2～4	4～8	8～15	15～30	>30
稠度状态	极软	软	中等	硬	很硬	坚硬
q_u(kPa)	<25	25～50	50～100	100～200	200～400	>400

N 与 I_L 稠度状态的关系　　　　　　　　表 12.6.31

N	<2	2～4	4～7	7～18	18～35	>35
I_L	>1	1～0.75	0.75～0.5	0.5～0.25	0.25～0	<0
稠度状态	流动	软塑	软可塑	硬可塑	硬塑	坚硬

N 与 E_0 或 E_s 的经验关系（MPa）　　　　　表 12.6.32

单　　位	关系式	土　类
冶金部武汉勘察公司	$E_s=1.04N+4.89$	中南、华东地区黏性土
湖北省水利电力勘测设计院	$E_0=1.066N+7.431$	黏性土、粉土
武汉城市规划设计院	$E_0=1.41N+2.62$	武汉地区黏性土、粉土
西南综合勘察院	$E_s=0.276N+10.32$	唐山粉细砂

1. 扁胀试验的仪器设备及技术要求

1) 主要仪器设备：

主要为扁铲形探头，其尺寸为：长 230～240mm，宽 94～96mm，厚 14～16mm；偏铲头侧面有一直径 60mm 的可侧向外扩的钢膜片。探头可与钻杆或触探杆连接（图 12.6.14）。

2) 技术要求：

(1) 每孔试验前、后均应进行探头率定，取试验前、后率定的平均值为修正值。膜片的合格标准为：

率定时膨胀到 0.05mm 的气压实测值　　　　　$\Delta A = 5～25kPa$；

率定时膨胀到 1.10mm 的气压实测值　　　　　$\Delta B = 10～110kPa$。

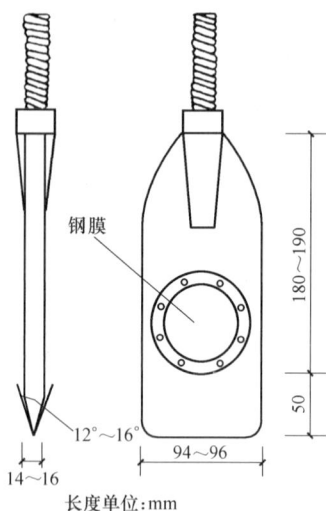

钢膜

180～190

50

12°～16°

14～16

94～96

长度单位：mm

图 12.6.14 扁胀仪探头

（2）试验时，应以静力匀速将探头贯入土中，贯入速率宜为 2cm/s，试验点间距取 20～50cm；

（3）探头达到预定深度后，应匀速加压和减压，测该膜片膨胀到 0.05mm、1.10mm 和回复到 0.05mm 时膜片的气压值 A、B、C。每当膜片到达确定的位置时，仪器会发一电信号，即测读相应的压力。通常，三个压力值可在贯入后 1min 读出。得到的三个压力值为：

A：膜片向土体水平位移 0.05mm 时的压力；

B：膜片向土体水平位移 1.10mm 时的压力；

C：膜片回复到 0.05mm 时的压力。

对试验的实测数据进行膜片刚度修正：

$$P_0 = 1.05(A - z_m + \Delta A) - 0.05(B - z_m - \Delta B)$$

$$(12.6.15)$$

$$P_1 = B - z_m - \Delta B \qquad (12.6.16)$$

$$P_2 = C - z_m + \Delta A \qquad (12.6.17)$$

式中　P_0——膜片向土中膨胀之前的接触压力，kPa；

P_1——膜片膨胀至 1.10mm 时的压力，kPa；

P_2——膜片回到 0.05mm 时的终止压力，kPa；

z_m——调零前的压力表初读数，kPa。

（4）扁胀消散试验应在需测试的深度进行，测读时间间隔可取 1min、2min、4min、8min、15min、30min、90min，以后每 90min 测读一次，直至孔隙水压消散结束。

2. 扁胀试验资料整理及应用

1）扁胀试验可取得以下指标

（1）侧胀模量 E_D　扁胀试验时膜片向外扩张可假设为在无限弹性介质中在圆形面积上施加均布荷载 ΔP，设介质的弹性模量为 E，泊松比为 μ，膜片外移 S，则：

$$S = \frac{4R\Delta P}{\pi} \frac{(1-\mu^2)}{E} \qquad (12.6.18)$$

式中　R——膜片半径，30mm。

把 $E/(1-\mu^2)$ 定义为 E_D，S 为 1.10mm，则上式变为：

$$E_D = 34.7\Delta P = 34.7(P_1 - P_0) \qquad (12.6.19)$$

（2）侧胀水平应力指数 K_D　作用在扁胀仪上的原位应力为 P_0，水平有效应力 P_0' 与竖向有效应力 σ_{vo} 之比为 K_D：

$$K_D = (P_0 - u_0)/\sigma_{vo}' \qquad (12.6.20)$$

式中　u_0——静水压力。

（3）侧胀土性指数 I_D　膜片外移 1.10mm 所需的压力（$P_1 - P_0$）与土的类型有关，I_D 定义为：

$$I_D = (P_1 - P_0)/(P_0 - u_0) \qquad (12.6.21)$$

（4）侧胀孔压指数 U_D　将压力 P_2 当作初始的孔压加上由于膜片扩张所产生的超孔压之和，故 U_D 定义为：

$$U_D=(P_2-u_0)/(P_0-u_0) \tag{12.6.22}$$

2）扁胀试验资料整理

（1）根据压力 A、B、C 及 ΔA、ΔB 计算 P_0、P_1 和 P_2，绘制 P_0、P_1、P_2 与深度的变化曲线。

（2）绘制 E_D、K_D、I_D、U_D 与深度变化曲线。

3）扁铲试验资料的应用

根据 E_D、K_D、I_D 和 U_D 划分土层、判定土类及确定静止侧压力系数、超固结比、不排水抗剪强度及变形参数等，为浅基础、深基础等岩土工程问题做出评价。

（1）用 I_D 划分土层及土类（图 12.6.15 及表 12.6.33）。

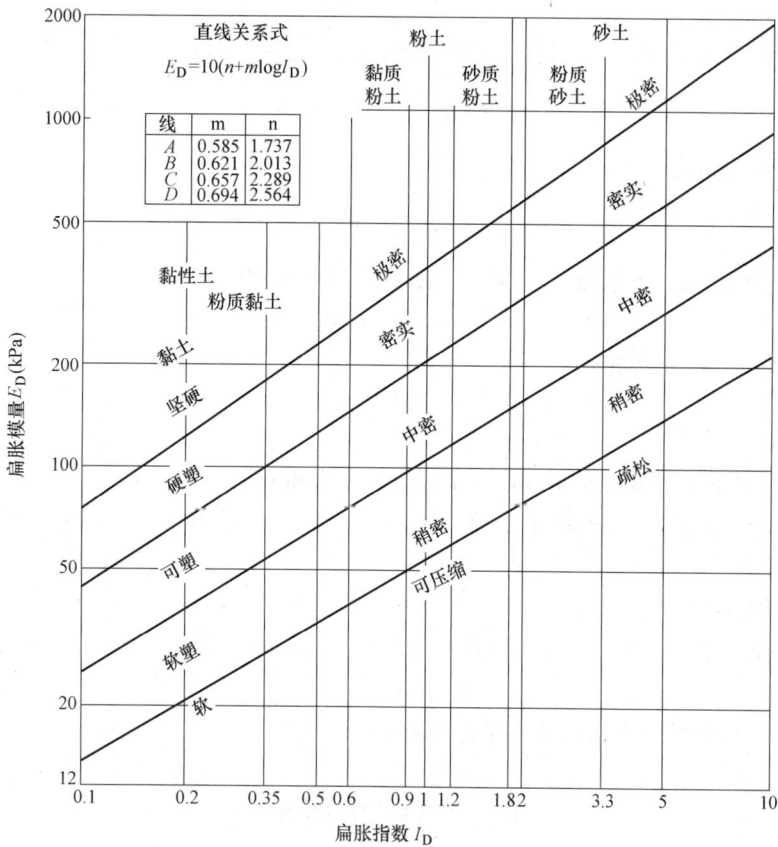

图 12.6.15　划分土层（Marchetti 和 Crapps，1981）

据扁胀指数 I_D 划分土类（据 Marchetti，1980） 表 12.6.33

泥炭及灵敏性黏土	黏　土	粉质黏土	黏质粉土	粉　土	砂质粉土	粉质砂土	砂　土
I_D	0.1	0.35	0.6	0.9	1.2	1.8	3.3

（2）确定静止侧压力系数 K_0：通过建立 K_0 和 K_D 的关系式确定 K_0，如 Marchetti（1980）根据意大利黏土试验的经验得出：

$$K_0 = \left(\frac{K_D}{1.5}\right)^{0.47} - 0.6 \quad (I_D \leqslant 1.2) \tag{12.6.23}$$

Lunne 等（1990）提出新近沉积黏土：

$$K_0 = 0.34 K_D^{0.54} \quad (c_u/\sigma'_{vo} \leqslant 0.5) \tag{12.6.24}$$

老黏土：

$$K_0 = 0.68 K_D^{0.54} \quad (c_u/\sigma'_{vo} > 0.8) \tag{12.6.25}$$

（3）评定土的超固结比（OCR）：

Marchetti（1980）对于无胶结的黏性土（$I_D \leqslant 1.2$）建议用 K_D 评定土的 OCR：

$$OCR = 0.5 K_D^{1.56} \tag{12.6.26}$$

Lunne 等（1988）提出：对新近沉积黏土（$c_u/\sigma'_{vo} \leqslant 0.8$）；

$$OCR = 0.3 K_D^{1.17} \tag{12.6.27}$$

对老黏土（$c_u/\sigma'_{vo} > 0.8$）

$$OCR = 2.7 K_D^{1.17} \tag{12.6.28}$$

（4）确定不排水抗剪强度 c_u：Marchetti（1980）提出：

$$c_u/\sigma'_{vo} = 0.22(0.5 K_D)^{1.25} \tag{12.6.29}$$

Roque 等（1988）提出：

$$c_u = \frac{P_1 - \sigma_{ho}}{N_c} \tag{12.6.30}$$

式中　σ_{ho}——原位水平应力，由 $\sigma_{ho} = K_D \sigma'_{vo} = u_0$ 求得；

　　　N_c——经验系数，硬黏性土 $N_c = 5$，中等黏性土 $N_c = 7$，非灵敏可塑黏性土 $N_c = 9$。

（5）土的变形参数：

① 压缩模量 E_s　Marchetti（1980）提出 E_s 的 E_D 的关系：

$$E_s = R_M \cdot E_D \tag{12.6.31}$$

式中　R_M——与水平应力指数 K_D 有关的函数：

当 $I_D \leqslant 0.6$

$$R_M = 0.14 + 2.36 \lg K_D \tag{12.6.32}$$

$I_D \geqslant 3.0$

$$R_M = 0.5 + 2 \lg K_D \tag{12.6.33}$$

$0.6 < I_D < 3.0$

$$R_M = R_{M0} + (2.5 - R_{M0}) \lg K_D \tag{12.6.34}$$

$$R_{M0} = 0.14 + 0.15(I_D - 0.6)$$

$I_D > 10$

$$R_M = 0.32 + 2.18 \lg K_D \tag{12.6.35}$$

一般

$$R_M \geqslant 0.85 \tag{12.6.36}$$

② 弹性模量 E（初始切线模量 E_i，50％极限应力时的割线模量 E_{50}，25％极限应力时的割线模量 E_{25}）

$$E = F \cdot E_D \tag{12.6.37}$$

式中　F——经验系数，见表 12.6.34。

经验系数 F

表 12.6.34

土　类	E	F	提供者
黏 性 土	E_1	10	Robertson 等（1988）
砂　　土	E_1	2	Robertson 等（1988）
砂　　土	E_{25}	1	Campanella 等（1985）
NC 砂土	E_{25}	0.85	Baldi 等（1986）
OC 砂土	E_{25}	0.35	Baldi 等（1986）
重超固结黏土	E_1	1.4	Davidson 等（1983）
黏 性 土	E_1	（0.4～1.1）*	Lutenegger（1988）

注：* F 与 I_D 有关，$F = 0.36 I_D^{-1.6}$。

（6）水平固结系数 C_h：

① 根据扁胀试验 C 压力的读数，绘制 C-$\sqrt{t}$ 曲线，由曲线确定相应 C 消散 50％的时间 t_{50}，则：

$$C_h = 600 \left(\frac{T_{50}}{t_{50}} \right) \quad （\text{mm}^2/\text{min}） \tag{12.6.38}$$

式中　T_{50}——孔压消散 50％的时间因数，见表 12.6.35。

孔压消散 50％的时间因素

表 12.6.35

E/c_u	100	200	300	400
T_{50}	1.1	1.5	2.0	2.7

用扁胀试验的结果由式（12.6.38）确定的 C_h，由于扁胀探头压入土体相当于再加荷（初始阶段），要确定现场的水平固结系数 $(C_h)_F$ 还须作修正：

$$(C_h)_F = C_h/a \tag{12.6.39}$$

式中　a——修正系数，见表 12.6.36。

a 值

表 12.6.36

土的固结历史	正常固结	正常超固结	低超固结	重超固结
a	7	5	3	1

② Marchetti 和 Totani（1989）建议利用 A 压力读数的消散试验，绘制 A-$\lg t$ 曲线，在曲线上找相应反弯点的时间 t_f，则：

$$C_h \cdot t_f = 5 \sim 10 \ \text{cm}^2 \tag{12.6.40}$$

由 t_f 值还可以评定固结速率的快慢，见表 12.6.37。

据 t_f 值评定固结速率

表 12.6.37

t_f(min)	<10	10～30	30～80	80～200	>200
固结速率	极快	快	中等	慢	极慢

（7）侧向受荷桩设计：参看第 15 章。

12.7 室 内 试 验

室内试验包括岩土的物理力学性质指标和地下水化学成分等试验，各项试验的要求在试验规程已有详细规定。

1. 岩土室内试验项目应根据岩土类别及工程类型，并考虑工程分析计算的要求，参照表 12.7.1、表 12.7.2 确定。在提供数据时，有关室内试验的结果（如土的渗透性质、力学性质）宜与原位测试数据对比使用。

2. 为评价地下水的腐蚀性，通常需测定地下水的 pH 值、Cl^-、SO_4^{2-}、HCO_3^-、OH^-、NH_4^-、Ca^{2+}、Mg^{2+}、游离 CO_2、腐蚀性 CO_2、总硬度、有机质等（参看表 4.6.1）。

岩石试验项目　　　　　　　　　　　　　　　　表 12.7.1

岩石类别	工程类别	岩石物理性质试验					岩石强度及变形性质试验						
		相对密度	密度	吸水率及饱和吸水率	湿化	膨胀	点荷载	单轴抗压强度	轴向拉伸法	裂法(巴西法)	直剪	变形	三轴
硬质岩石	房屋建筑与构筑物	[+]	[+]				[+]	+	[+]	[+]	[+]	[+]	[+]
	边坡		[+]				[+]	[+]	[+]	[+]	+	[+]	[+]
软质岩石	房屋建筑与构筑物	[+]	[+]	[+]			[+]	[+]	[+]		[+]	[+]	[+]
	边坡		[+]		[+]	[+]	[+]	[+]	[+]		+	[+]	[+]

注：1. 本表所列试验项目，系按详勘要求确定；
　　2. 有 [＋] 者，视具体情况选做，有"＋"号者为必做项目；
　　3. 必要时，可进行岩石成分试验。

土试验项目　　　　　　　　　　　　　　　　表 12.7.2

土类别	工程类别	物理性质试验									静强度与变形性质试验					
		含水量	界限含水量	相对密度	颗粒分析	密度	相对密实度	击实	有机物有机质含量	渗透	三轴剪切	三轴压缩	无侧限抗压强度	直接剪切	固结	休止角
碎石土	房屋建筑与构筑物	[+]			[+]			[+]								
	边坡	[+]			[+]			[+]								[+]
砂土、粉土、黏性土	房屋建筑与构筑物	+	+	+	+			+	[+]	[+]	[+]	[+]	[+]	[+]	[+]	+
	边坡	+	+	+	+			+	[+]	[+]	[+]	[+]	[+]	[+]	[+]	+

注：1. 表中符号＋为必做项目，[＋] 根据需要选做；
　　2. 本表不包括特殊性土；
　　3. 必要时进行土的动力性质试验。

12.8 高层建筑的岩土工程勘察

我国通常将 8 层、高度 24m 的建筑定为高层建筑，将 30 层、高度达 100m 的定为超高层建筑。与一般建筑物相比，高层建筑物需要考虑的主要岩土工程问题有：

1）由于高层建筑荷载大，地基内的附加应力影响深、范围大，不仅要求地基有较高的承载能力，而且还需要考虑建筑物可能产生过大沉降、差异沉降和整体倾斜。同时，主楼与裙楼之间的部分存在沉降差的问题。

2）由于建筑物高，对于风和地震引起的水平荷载所产生的地基问题必须考虑。

3）为减少过大的基底压力和抵抗水平荷载，高层建筑常采用深基础，因此，需考虑深基坑开挖可能引起的坑壁稳定、地基回弹、基坑降水及深基础施工对相邻建筑的影响等问题。

高层建筑的岩土工程勘察除应满足本章前述各节的要求外，下面按高层建筑常采用的基础形式介绍其详勘要点。

12.8.1 箱形基础和筏形基础的勘察

箱形基础和筏形基础多用于土质地基的高层建筑。

1. 勘察任务

（1）查明建筑物荷载影响范围内地基土的组成、分布、均匀性及性质，根据建筑物特点、地基土条件和抗倾覆要求确定基础埋深，并对地基承载力的变形特征做出评价和预测；

（2）判明深基开挖坑壁的稳定性及其对相邻建筑物的影响，提供设计参数和支护方案；

（3）当基础埋深低于地下水位时，应对施工降水和邻近建筑物的保护提出方案。

2. 勘探和试验工作

1）勘探　勘探点的布置应考虑建筑物体形、荷载分布、地层结构和均匀性，尤其应满足评价纵向、横向倾斜的要求。

（1）勘探点应按建筑物周边布置，并保证突出角点和中心点有勘探点。当主体建筑物在平面上为矩形，勘探点应分别按两长边方向布置，并保证四角有勘探点。

（2）单幢高层建筑的勘探点不宜少于 4 个，其中控制性勘探点不宜少于 2 个。勘探点的间距：一级地基宜为 10～15m，二级地基宜为 15～30m，三级地基宜为 30～50m。

（3）对于高层建筑群，可共用勘探点或按网格布点，但须保证每幢高层建筑物至少有一个控制勘探点。

（4）同一高层建筑范围内的主要受力层或有影响的下卧层起伏变化较大时，应补充勘探点，查清其起伏变化。

控制性勘探点深度应适当超过压缩层的下限，一般勘探点深度应适当大于主要受力层的深度。勘探点深度 z 可按下式计算：

$$z = d + ab \tag{12.8.1}$$

式中　d——箱形基础或筏形基础的埋深，m；

　　　b——基础底面宽度，m，对圆形或环形基础按最大直径考虑；

α——与土类有关的压缩层深度经验系数，按表 12.8.1 确定。

经验系数 α 值   表 12.8.1

土的类别 \ α 值 \ 勘探点类别	碎石土	砂土	粉土	黏性土（含黄土）	软土
控制性勘探点	0.5～0.7	0.7～0.9	0.9～1.2	1.0～1.5	2.0
一般性勘探点	0.3～0.4	0.4～0.5	0.5～0.7	0.6～0.9	1.0

注：表中 α 值，当土的年代老、密实或地下水位以上取小值，反之取大值。

2）原位测试　为确切的评价地基承载力和设计所需的参数，根据岩土条件和地区经验，选作静力触探、旁压试验、圆锥动力触探、标准贯入或十字板剪切试验。必要时，可进行两种或两种以上的试验方法作资料对比。对地基基础设计等级为甲级的建筑应建议进行平板载荷试验。地震区应进行波速试验。如有地下水，深基坑施工降水需土层的渗透系数，应进行抽水或注水等试验。

3）室内试验　确定地基承载力的抗剪强度试验宜采用三轴试验，其数量不少于 6 组。试验方法应尽可能符合实际受力情况。当施工荷载施加速率较低时，可采用三轴固结不排水剪切试验；当地基土为饱和软黏土且荷载加速率较快时，宜采用自重压力预固结条件下的三轴不固结不排水剪切试验。

固结试验按地基沉降量计算方法的不同，可采用以下试验方法：

（1）当采用压缩模量进行沉降计算时，试验的最大压力值应大于预计的上覆土有效自重压力与附加压力之和。压缩系数和压缩模量的计算应取自土的有效自重压力至有效自重压力与附加压力之和的压力段；当需考虑基坑开挖卸荷和再加荷的影响时，应进行回弹再压缩试验。

（2）当考虑土的固结应力史进行沉降计算时，试验最大压力应满足制定完整的 e-lgρ 曲线和确定先期固结压力 P_c、回弹指数 C_s 和压缩指数 C_c 等参数的需要。

（3）当地基内有高压缩性土层且需预测建筑的沉降历时关系时，应在计算深度内选取适量土样，按预期的应力状态测定其固结系数 C_v。

3. 地基变形计算

参看本书第 8 章。

箱形基础和筏形基础的勘察报告，可按第 12.10.9 节的要求编写。

12.8.2　桩基础勘察

1. 勘察任务

（1）查明场地各层岩土的类型、深度、分布、工程特性和变化规律；

（2）当采用基岩作为桩的持力层时，应查明基岩的岩性、风化程度及强风化层厚度、基岩面的深度及起伏情况；确定其坚硬程度、完整程度和基本质量等级；判定有无洞穴、临空面、破碎岩体或软弱岩层；

（3）查明有关的水文地质条件，评价地下水对桩基设计和施工的影响，判定水质对建材的腐蚀性；

（4）查明有无不良地质作用和可液化土层和特殊性岩层分布，有时应评价其对桩基的危害程度，并提出防治措施的建议；

（5）评价成桩条件，论证桩的施工条件及其对环境的影响。

2. 勘探和试验工作

1）勘探　勘探点的布置要求是：

（1）对端承桩，勘探点间距以能控制持力层层面和厚度的变化为原则，一般为12～24m，相邻勘探孔揭露的持力层层面高差宜控制为1～2m（即控制层面坡度≤10％）；

（2）对摩擦桩宜为20～35m；当地层条件复杂、影响成桩或设计有特殊要求时，勘探点应适当加密；

（3）复杂地基一柱一桩工程，宜每柱设置勘探点。

勘探点的深度要求为：

（1）一般孔的深度应达到预计桩长以下（3～5）d（d为桩的直径），且不得小于3m；对大直径桩不得小于5m；

（2）控制孔深度应满足下卧层验算要求；对需验算沉降的桩基，应超过地基变形计算深度；

（3）钻至预计深度遇软弱层时，应予加深；在预计孔深内遇稳定、坚实岩土层时，可适当减小；

（4）对嵌岩桩，应钻入预计嵌岩面以下（3～5）d，如遇溶洞、破碎带等应予钻穿并达到稳定岩层；当基岩面坡度较大时，钻孔应适当加深；

（5）对可能有多种桩长方案时，应按最长桩方案确定。

桩基勘察宜采用钻探和触探相结合的方式进行。

2）测试　对软土、黏性土、粉土和砂土的测试手段宜采用静力触探和标准贯入试验，对碎石土宜采用重型或超重型圆锥动力触探。

单桩竖向和水平承载力，应根据地基基础设计等级、岩土性质和原位测试成果并结合当地经验确定。对甲级建筑和缺乏经验的地区，应建议做静载试验，试验数量不宜少于工程桩数的1％且每个场地不少于3个。对承受较大水平荷载的桩，应建议进行桩的水平载荷试验；对承受上拔力的桩，应建议进行抗拔试验。

3）室内试验　室内试验应满载下列要求：

（1）当需估算桩的侧阻力、端阻力和验算下卧层强度时，宜进行三轴剪切试验或无侧限抗压强度试验；三轴剪切试验的受力条件应模拟工程的实际情况；

（2）对需估算沉降的桩基，应进行压缩试验，试验最大压力应大于上覆自重压力和附加压力之和；

（3）当桩端持力层为基岩时，对硬质岩应采取样进行饱和单轴抗压强度试验；对软质岩和极软岩，可进行天然湿度单轴抗压强度试验。对无法取样的破碎和极破碎的岩石，宜进行原位测试。

3. 勘察报告

桩基勘察报告多附于岩土工程勘察报告中，成为其中的一部分。写入的内容包括：

（1）提供可选的桩基类型和桩端持力层；提出桩长、桩径方案的建议；

（2）提出各有关岩土层的侧阻力和端阻力，必要时提出估算的竖向、水平和抗拔承载力；

（3）当有软弱下卧层时，验算软弱下卧层的强度；

（4）对需要进行沉降计算的桩基工程，应提供计算所需的各层岩土变形参数，并根据任务要求进行沉降估算；

（5）对欠固结土和有大面积堆载的工程，应分析桩侧产生负摩阻力的可能性及其对桩承载能力的影响，并提供负摩阻力系数和减少负摩阻力措施的建议；

（6）分析成桩的可能性、成桩和挤土效应的影响，并提出保护措施的建议；

（7）持力层为倾斜地层、基岩面起伏不平或地层中有洞穴时，应评价桩的稳定性，并提出处理措施的建议。

有关桩基的论述请参看第 15 章。

12.9　岩土工程勘察报告

岩土工程勘察的最终成果是提出勘察报告书（并附必要的附件）。它是在工程地质调查与测绘、勘探、试验测试等已获得的原始资料的基础上，结合工程特点和要求，进行整理、统计、归纳、分析、评价，提出工程建议，形成文字报告并附各种图件的勘察技术文件。下面分为图件编制、岩土参数的分析和选定、岩土工程分析与评价及编写报告书四项内容加以介绍。

12.9.1　图件的编制

图件编制是利用已搜集的和现场勘察的资料，经整理分析后绘制成工程地质图。工程地质图是建筑工程用的地质图，有平面和剖面两种。常用的图有综合工程地质图、工程地质分区图、工程地质剖面图、钻孔柱状图及探坑或探井展示图等。它们的绘制方法如下：

1. 综合工程地质图的绘制

综合工程地质图在建筑工程中较常用（图 12.9.1）。图上应表示出地貌单元、地层分布、地质构造、不良地质现象以及场地的其他建筑条件。必要时应附岩土的物理力学性质等资料。绘制时，先将野外测绘的岩层露头、地质界线等按要求的比例尺绘制在地形图上，注明岩层类型及产状要素，根据露头彼此间的关系绘出地层界线和构造线；再将勘察所得的各种地质资料如不良地质现象、水文地质条件等，用图 12.9.2 所示的符号及表 12.9.1 所示的代号填绘在图上，并表明方位、比例尺和绘出图例，即是综合工程地质平面图（图 12.9.1a）。此外，在同一张图纸上绘勘探线剖面图（图 12.9.1b）及综合柱状图。这样，即是完整的综合工程地质图。

表 12.9.1

第四纪地层的成因类型符号

名　　称	符号	名　　称	符号	名　　称	符号
人工填土	Q^{ml}	湖积层	Q^l	崩积层	Q^{col}
植物层	Q^{pd}	沼泽沉积层	Q^h	滑坡堆积层	Q^{del}
冲积层	Q^{al}	海相沉积层	Q^m	泥石流堆积层	Q^{sef}
洪积层	Q^{pl}	海陆交互相沉积层	Q^{mc}	生物堆积层	Q^0
坡积层	Q^{dl}	冰积层	Q^{gl}	化学堆积层	Q^h
残积层	Q^d	冰水沉积层	Q^{fgl}	成因不明的第四纪沉积层	Q^{pr}
风积层	Q^{eol}	火山堆积层	Q^b		

注：1. 两种成因混合而成的沉积层，可采用混合符号，例如冲积与洪积混合层可用 Q^{al+pl} 表示。

　　　2. 地层与成因符号可合起来使用，例如由冲积形成的第四系上更新统，可用 Q_3^{al} 表示。

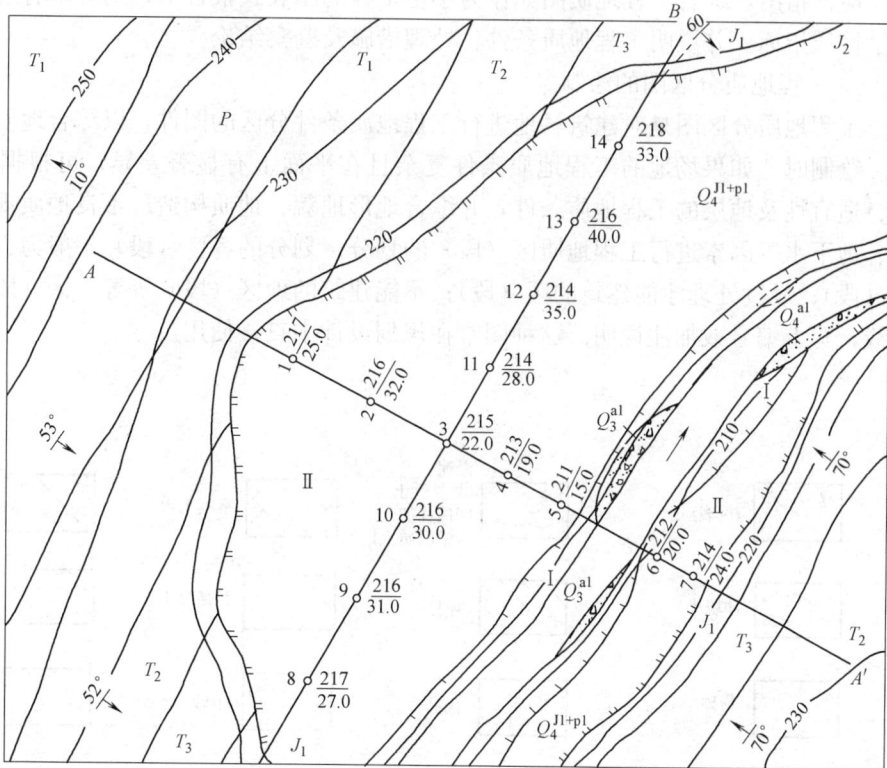

(a)

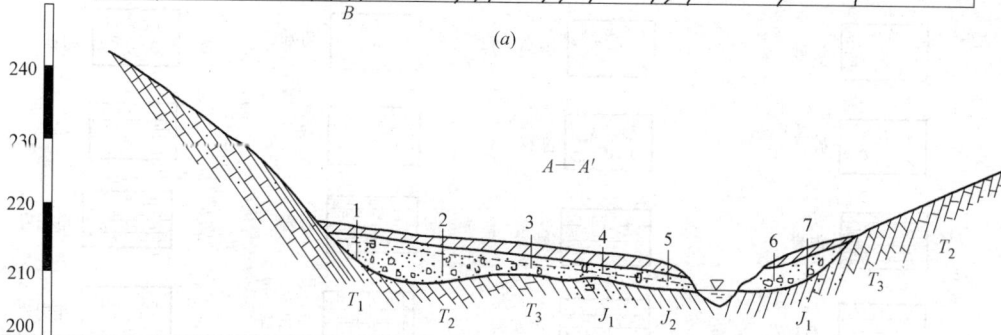

(b)

图例
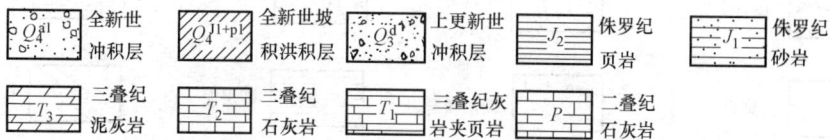

	Q_4^{al} 全新世冲积层		Q_4^{Jl+pl} 全新世坡积洪积层		Q_3^{al} 上更新世冲积层		J_2 侏罗纪页岩		J_1 侏罗纪砂岩
	T_3 三叠纪泥灰岩		T_2 三叠纪石灰岩		T_1 三叠纪灰岩夹页岩		P 二叠纪石灰岩		

图 12.9.1 综合工程地质图（综合柱状图及分区说明略）

(a) 平面图（1∶5000）；(b) A-A'剖面图

应该指出，综合工程地质图如作为小型工程的图表式报告书，则应附有地基土的物理力学性质指标，并说明工程地质条件、处理措施及勘察结论。

2. 工程地质分区图的绘制

工程地质分区图是对建筑场地进行工程地质条件分区的图件，以综合地质图为基础绘制。绘制时，如果场地的工程地质条件复杂且在平面上有显著差异，可根据场地的稳定性、适宜性及地层的工程地质条件，并综合地形地貌、地质构造、不良地质现象、岩土性质、地下水等因素进行工程地质区（段）的划分。划分的各区（段）一般为：能建筑的地区（段）；经过处理才能建筑的区（段）；不能建筑的地区（段）等等。区（段）均应绘出界线，写上编号或加注说明。这种图常在规划设计中直接使用。

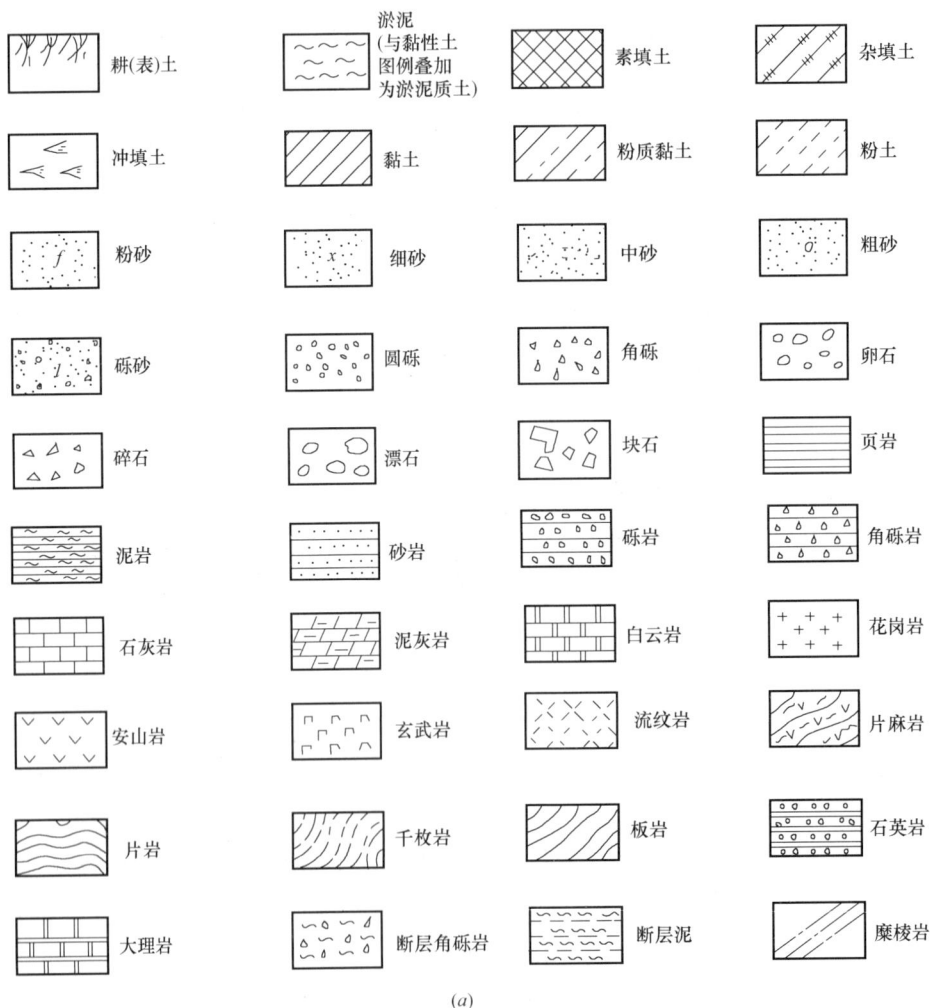

(a)

图 12.9.2 常用的地质图例及符号（一）

（a）岩石和土

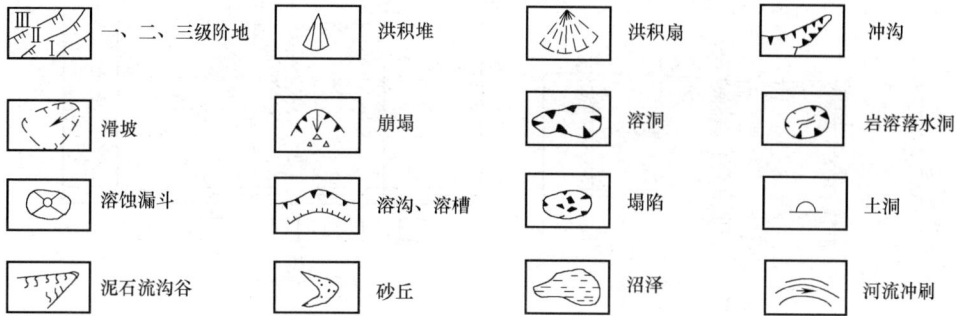

(b)

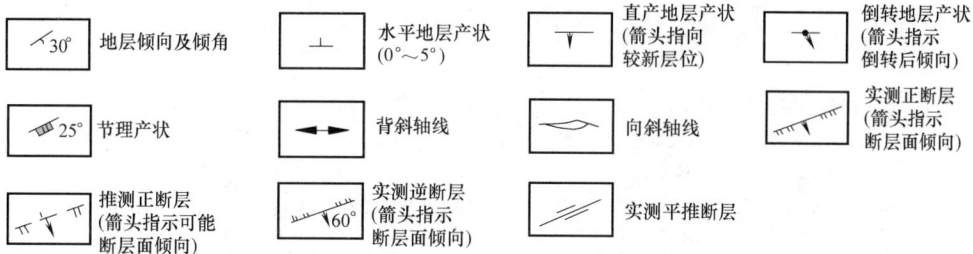

(c)

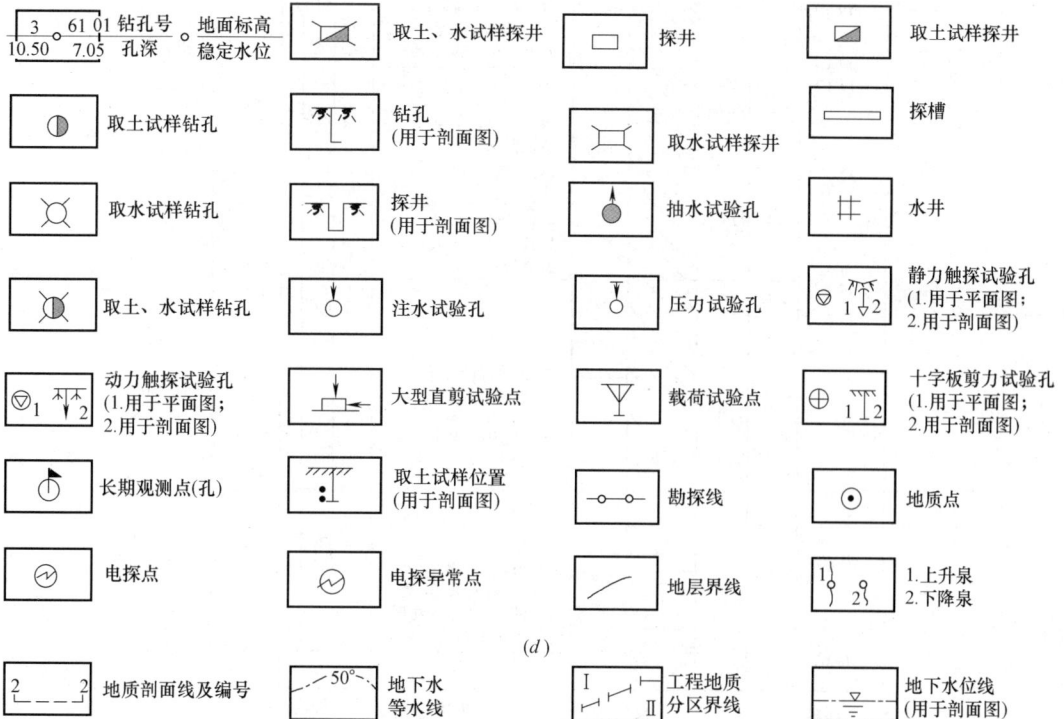

(d)

(e)

图 12.9.2 常用的地质图例及符号（二）

(b) 地貌及物理地质现象；(c) 地质构造；(d) 勘探测试点线；(e) 其他

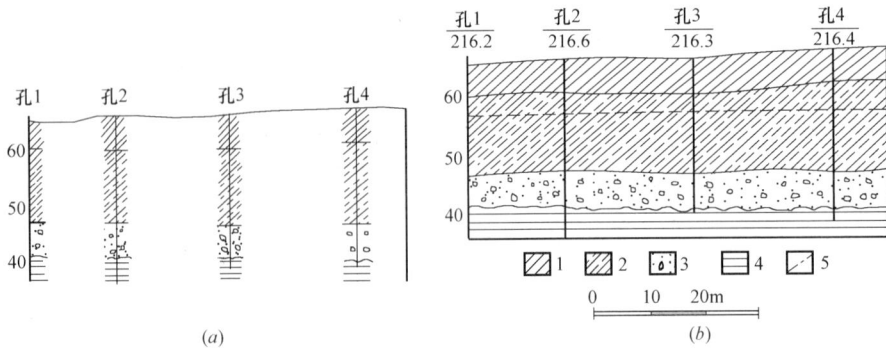

图 12.9.3　工程地质剖面图

工程名称______　孔号________　孔口标高 18.670　坐标: X633.546

工程地点______　钻机型号 ZK–50　终孔深度 9.0　Y678.560

厚度(标高)(m)	层序	地质年代及成因	图例 1:100	岩芯采取率(%)	地层描述及取样号		取样器及钻头类别	套管类别	标贯击数	备注
0.50 (18.17)	1				耕土					
1.0 (17.17)	2	Q_4^{alpl}		75	粉质黏土：褐黄色，很湿，软塑，含较多黑褐色铁锰结核	①	ZB			初见水位
1.20 (15.97)	3	Q_4^{alpl}		100	粉质黏土：褐黄色，很湿，流塑，含较多铁锰氧化物	②	ZB 130	127		
1.50 (14.47)	4	Q_4^{glal}			黏土：褐黄色，湿，可塑，含少量的铁锰氧化物和较多的纹状高岭土及云母碎片	③ ④	ZB ZB			
3.50 (10.97)	5	Q_4^{Flal}		90 85	黏土：棕色，稍湿，坚硬，含铁锰氧化物及其结核和多呈团块状的灰白色高岭土	⑤ ⑥ ⑦	DE DE 110 DE			
1.30 (9.67)	6	T_3		85	石灰岩：深灰色，致密，钙质，胶结，中厚层，表面较破碎，岩溶不发育，裂隙不甚发育					

编录______　校核______　审核______

图 12.9.4　钻孔柱状图

3. 工程地质剖面图的绘制

这种图直接用钻孔、探井等勘探资料绘制。绘制时，先绘制水平坐标，定出钻孔或探井间的距离，次绘纵坐标，定各钻孔或探井的地面标高，各标高点连线表示地面。再在各钻孔（或探井）线上用符号及一定比例尺，按岩层由上而下的次序表明其厚度和岩性（图12.9.3a），将同地质年代的同种岩层连线后，绘上岩层符号、图例和比例尺，下方加上持力层、承载力及基础形式等说明，即是工程地质剖面图（图12.9.3b）。绘图比例尺常采用1：100～1：500。

4. 柱状图的绘制

1）综合柱状图的绘制　综合柱状图是将勘探的地层绘成综合的柱状，用来表示勘察地区地层的剖面。绘制时，按各地层的新老次序由上而下地绘成柱状，然后注明岩土性质、厚度及地质年代等，即是综合柱状图。比例尺可采用1：50～1：200。

2）钻孔柱状图的绘制　钻孔柱状图（图12.9.4）是用钻孔的勘探资料绘制的。绘制法与综合柱状图相同。图上应注明钻孔编号、岩土名称、特点、厚度及埋藏深度，地下水位和取样深度等。

12.9.2　岩土参数的分析和选定

勘察中必须对所得到的大量岩土参数加以处理，才能取得有代表性的数值，用于岩土工程的设计计算。

对岩土参数的基本要求是可靠和适用。所谓可靠，是指参数能正确反映岩土体在规定条件下的性状，较有把握地估计参数真值所在区间；所谓适用，是指参数能满足岩土工程设计计算假定条件和计算精度的要求。在分析岩土参数的可靠性和适用性时，应着重考虑以下因素：

（1）取样方法和其他因素（如取土器等）对试验结果的影响；

（2）采用的试验方法和取值标准；

（3）不同测试方法（如室内试验与现场测试等）所得结果的分析比较；

（4）测试结果的离散程度；

（5）测试方法与计算模型的配套性。

在对测试数据的可靠性做出分析评价的基础上，用统计方法来整理和选择参数的代表性数值。其步骤如下：

① 划分工程地质单元（统计单元），将沉积年代、成因类型、地层层位、岩（土）性特征、物理力学性质大体相同的岩（土）层划为同一统计单元；

② 按工程地质单元分别对不同的数据进行整理；

③ 求出参数的基本值；

④ 对参数及本质加以修正，得出标准值。需要时，提供岩土参数的设计值。

1. 参数的平均值、标准差和变异系数

参数的平均值 φ_m、标准差 σ_f 和变异系数 δ 按以下公式计算：

$$\varphi_m = \frac{\sum\limits_{i=1}^{n} \varphi_i}{n} \tag{12.9.1}$$

$$\sigma_f = \sqrt{\frac{1}{n-1}\left[\sum_{i=1}^{n} \varphi_i^2 - \frac{1}{n}\left(\sum_{i=1}^{n} \varphi_i\right)^2\right]} \tag{12.9.2}$$

$$\delta = \frac{\sigma_f}{\varphi_m} \tag{12.9.3}$$

式中　φ_i——岩土参数数据；

　　　n——参加统计数据的个数。

算出平均值和标准差后，应剔除不合理的数据，当离差 d 满足式（12.9.4）时，该数据应予舍弃：

$$|d| > g\sigma_f \tag{12.9.4}$$

$$d = \varphi_i - \varphi_m \tag{12.9.5}$$

式中　g——系数，当采用 3 倍标准差时，$g=3$ 已满足要求。采用其他方法时，由表 12.9.2 查得。

根据变异系数的大小，可将数据的变异系数划分为不同的等级（表 12.9.3）。并根据等级建立了各类设计参数分项安全系数的数值。

Chauvent 法及 Crubbs 法的 g 值　　　　　　　　表 12.9.2

| n | Chauvenet 法 | Crubbs 法 | | n | Chauvenet 法 | Crubbs 法 | |
		$\alpha=0.05$	$\alpha=0.01$			$\alpha=0.05$	$\alpha=0.01$
5	1.68	1.67	1.75	16	2.16	2.44	2.76
6	1.73	1.82	1.94	18	2.20	2.50	2.82
7	1.79	1.94	2.10	20	2.24	2.56	2.88
8	1.86	2.03	2.22	22	2.28	2.60	2.94
9	1.92	2.11	2.32	24	2.31	2.64	2.99
10	1.96	2.18	2.41	30	2.39	2.75	3.10
12	2.03	2.29	2.55	40	2.50	2.87	3.24
14	2.10	2.37	2.66	50	2.58	2.96	3.34

变异性等级（据 Meyerhof）　　　　　　　　表 12.9.3

变异系数	荷　　载	参　　数	分项安全系数（90%可靠性）
<0.1　很低	死荷载静水压力	重度	<1.1
0.1~0.2　低	孔隙水压力	砂土的指示指标内摩擦角	1.1~1.3
0.2~0.3　中等	活荷载环境荷载	黏土的指示指标黏聚力	1.3~1.6
0.3~0.4　高		压缩性,固结系数,贯入阻力	>1.6
>0.4　很高		渗透性	

对主要的岩土系数，需要分析其在深度方向和水平方向的变异规律。

岩土参数在深度方向上的变异，可划分为相关型和非相关型两类。相关型参数随深度呈有规律的变化（正相关、负相关），可按式（12.9.6）、式（12.9.7）确定变异系数：

$$\delta = \frac{\sigma_\mathrm{r}}{\varphi_\mathrm{m}} \tag{12.9.6}$$

$$\sigma_\mathrm{r} = \sigma_\mathrm{f} \sqrt{1-r^2} \tag{12.9.7}$$

式中　σ_r——剩余标准差；

　　　r——相关系数；对非相关型，$r=0$。

按变异系数，岩土参数随深度的变异特征可分为均一型（$\sigma < 0.3$）和剧变型（$\sigma \geqslant 0.3$）。

2. 参数的标准值和设计值

参数的标准值 φ_k 是岩土参数的可靠性估值。可靠性估值是按区间估值理论得到的参数母体平均值置信区间的单侧置信界限值。如母体平均值以 φ_m 表示，并服从 t 分布规律，可靠性估值以 φ_k 表示，则可靠性估值按下式求得：

$$P(\varphi_\mathrm{m} < \varphi_\mathrm{k}) = a \tag{12.9.8}$$

式中　a——风险率，是一个可接受的小概率；

　　　P——置信概率，表示可预期的安全概率。

按区间估值理论，单侧置信界限值由下式求得：

$$\varphi_\mathrm{k} = \varphi_\mathrm{m} \left(1 \pm \frac{t_\mathrm{a}}{\sqrt{n}} \delta \right) = \gamma_\mathrm{s} \varphi_\mathrm{m} \tag{12.9.9}$$

$$\gamma_\mathrm{s} = 1 \pm \frac{t_\mathrm{a}}{\sqrt{n}} \delta \tag{12.9.10}$$

式中　γ_s——统计修正系数；

　　　t_a——为学生氏函数，可从统计学书中查得。

当采用风险率 $a=0.05$ 时，γ_s 可近似地按下式计算：

$$\gamma_\mathrm{s} = 1 \pm \left(\frac{1.704}{\sqrt{n}} + \frac{4.678}{n^2} \right) \delta \tag{12.9.11}$$

式中，正负号按不利组合考虑，如抗剪强度指标取负值，压缩系数、压缩模量取正值。

统计修正系数 γ_s 也可按岩土工程类型和重要性、指标的变异性和统计数据的个数等情况，由岩土工程人员根据经验选用。

岩土参数的设计值 φ_d 按下式计算：

$$\varphi_\mathrm{d} = \frac{\varphi_\mathrm{k}}{\gamma} \tag{12.9.12}$$

式中　γ——岩土参数分项系数，参考表 12.9.5 取值。

12.9.3　岩土工程分析评价

1. 岩土工程分析评价的基本要求

在第 12.2 节中已经说明了岩土工程分析评价的要求，现归纳为以下几点：

（1）阐明拟建场地的稳定性与适宜性；

（2）提供场地工程地质资料并提供岩土体性状的设计参数；

（3）预测拟建工程所产生的环境变化，以及环境变化对已有工程可能产生的影响；

（4）提供地基与基础方案设计的建议；

（5）预测施工过程中可能出现的岩土工程问题，并提出相应防治措施和合理施工方案的建议。

在进行岩土工程分析评价时，应充分注意以下各点：

（1）充分了解工程的结构类型、特点、荷载情况和变形控制要求；

（2）掌握场地的地质背景，考虑岩土材料的非均质性、各向异性和随时间的变化，评估岩土参数的不确定性，选取其最佳估值；

（3）充分考虑地区经验和类似工程的经验；

（4）对于理论依据不足、实践经验不多得岩土工程，可通过模型试验或足尺试验取得测试数据进行分析、评价；

（5）对于重大工程和复杂岩土工程问题，可建议进行施工监测，根据监测资料必要时调整设计和施工方案。

根据岩土工程勘察等级的不同，分析评价可区别进行：

（1）对丙级岩土工程勘察，可根据临近工程经验，结合触探和钻探取样试验资料进行；

（2）对乙级岩土工程勘察，在详勘、测试的基础上，结合临近工程经验进行，并提供岩土的强度和变形参数；

（3）对甲级岩土工程勘察，除按乙级要求进行外，尚宜提供载荷试验资料，必要时应对其中的复杂问题进行专门研究，并结合监测对评价结论进行检验。

2. 定性分析和定量评价

定性分析是岩土工程评价的首要步骤和基础。对于下列问题仅进行定性分析：

（1）工程选址和场地适宜性；

（2）场地地质条件的稳定性；

（3）岩土性质的一般描述。

定量评价应在定性分析的基础上进行，以下问题宜作定量评价：

（1）岩土体变形性状及其极限值；

（2）岩土体的强度、稳定性及其极限值，包括边坡及地基的稳定性；

（3）岩土压力及岩土体中应力分布与传递；

（4）岩土体及水体与建筑物的共同作用；

（5）其他各种临界状态的判定问题。

3. 定量评价准则和分项系数设计

1）定量评价准则　定量评价包括定值法和概率法两种，目前岩土工程评价仍以定值法为主，仅对特殊工程辅以概率法。

（1）定值法　按极限状态计算，根据经验采用一定的安全系数作为安全储备，表达式为：

$$K=\frac{R}{S}\geqslant[K] \tag{12.9.13}$$

式中　R、S、K、$[K]$——分别为抗力、作用、安全系数、目标安全系数。表 12.9.4 为各类工程采用的安全系数。

（2）概率法　将各基本变量如荷载、岩土参数、几何尺寸等视为随机变量或用随机过程描述，用失效概率量度安全性，表达式为：

$$P_f = P(R \leqslant S) \leqslant [P_f] \tag{12.9.14}$$

$$P_f = \varphi(-\beta) \tag{12.9.15}$$

$$\beta = \frac{\overline{R} - \overline{S}}{\sqrt{\sigma_R^2 + \sigma_s^2}} \tag{12.9.16}$$

式中　P_f——失效概率；

$[P_f]$——目标失效概率；

$\varphi(\cdot)$——标准正态分布函数；

β——可靠性指标。对于延性破坏 $\beta = 2.7 \sim 3.7$，脆性破坏 $\beta = 3.2 \sim 4.2$。

2）分项系数设计　分项系数表达式可建立在概率分析的基础上，也可以建立在经验的基础上。岩土工程设计可以用下式表达：

$$\gamma_n \cdot S(\gamma_A \varphi_k, a_k, \gamma_Q Q_k, \gamma_{sd}, \varphi_c) \leqslant R(\gamma_R \varphi_k, a_k, \gamma_{Rd}, c) \tag{12.9.17}$$

式中　$S(\cdot)$——作用效应函数；

$R(\cdot)$——抗力函数；

γ_n、γ_Q——工程重要性系数及作用效应分项系数；

γ_{sd}、γ_{Rd}——反映作用效应函数和抗力函数计算模式不定性系数；

a_k——几何参数；

Q_k、φ_k——作用效应标准值及岩土参数标准值；

γ_A、γ_R——岩土参数的作用效应分项系数及抗力分项系数；

φ_c——作用效应组合系数；

c——限值。

岩土参数分项系数见表12.9.5。

各类工程安全系数　表12.9.4

失稳类型	工程设计类型	安全系数
剪切	土工构筑物	1.3～1.5
	挡土构筑物	1.5～2.0
	板桩，围堰	1.2～1.6
	有支撑的开挖	1.2～1.5
	独立与条形基础	2.0～3.0
	筏形基础	1.7～2.5
	上拔力基础	1.7～2.5
渗透	隆起、浮托	1.5～2.5
	管涌	3.0～5.0

岩土参数分项系数　表12.9.5

项目	岩土参数		分项系数
土工构筑物与挡土墙	黏聚力 c	γ_R	0.67
	内摩擦角 $\tan\varphi$		0.83
基础工程	黏聚力 c		0.4～0.5
	内摩擦角 $\tan\varphi$		0.67～0.83
水压	渗透及孔隙压力	γ_A	1.0～1.2
土体自重	密度		1.0～1.1

12.9.4　勘察报告书的编写

岩土工程勘察的成果用报告书附有必要的图表来表示。报告书的编写应做到资料准确、重点突出，论据充分，结论明确。对报告依据的所有原始资料，均应进行整理、分析、鉴定，认为无误后才能利用。提供的图表必须清晰。岩土工程的各项性质指标数据应进行统计、分析，提出标准值。报告的内容应根据任务的要求、勘察阶段、地质条件、工程特点等具体情况确定。对于地质条件简单，勘察工作量小，设计、施工上无特殊要求的丙级岩土工程，报告可采用图表式并附以简要的文字分析说明。对于场地岩土工程条件复杂，工程规模大的甲级岩土工程，报告应包括：

1. 前言

内容包括：①委托单位、承担单位；②场地概况：位置（附示意图）、交通、水文气象等；③拟建工程概述；④勘察目的、要求和任务（附委托书）；⑤已有的资料和勘察工作；⑥依据的技术标准；⑦勘察工作日期。

2. 勘察方法和工作量布置

内容包括：①勘探工作布置原则；②掘探方法说明；③钻探方法说明；④取样器规格与取样方法说明，取样质量评估；⑤原位测试的种类、仪器及试验方法说明，资料整理方法及成果质量评估；⑥室内试验项目、试验方法及资料整理方法说明，试验成果评估。

3. 场地条件

内容包括：地形地貌、地层条件、地质构造、水文地质条件、不良地质现象及岩土物理力学性质等（参看第 12.2 节）。

4. 岩土工程分析评价

内容包括：①场地稳定性与适宜性；②岩土指标的分析与选用；③岩土利用、整治、改造方案及其分析论证；④工程施工和运营其间可能发生的工程问题的预测及监控、防御措施。

5. 结论

内容包括：①对任务书提出的问题及实际工作中发现的问题明确具体的回答；②运用本报告是应注意的事项；③今后尚需进行的岩土工程工作的建议等。

报告应附有必要的图表附件，主要有：①勘探点平面布置图；②钻孔柱状图；③工程地质剖面图；④原位测试成果图表；⑤室内试验成果图表；⑥岩土利用、整治、改造方案有关图表；⑦岩土工程计算简图和计算成果表；⑧必要时，尚应附有以下图表：综合工程地质图或工程地质分区图，综合柱状图，地下水等水位线图，某种特殊岩土的分布图，地质素描及照片等。

除综合性的岩土工程勘察报告外，根据任务要求可提出单项报告，主要有：

（1）岩土工程测试报告；

（2）岩土工程检验报告（如施工验槽报告）或监测报告（如沉降观测报告）；

（3）岩土工程事故调查分析报告（如工程偏斜原因及纠正措施报告）；

（4）岩土利用、整治或改在方案（如深开挖的降水与支挡设计）；

（5）专门岩土工程问题的技术咨询报告（如场地地震反应分析、场地土液化评价）等。

第 13 章　浅基础设计

13.1　概　　述

13.1.1　地基基础基本概念

1. 天然地基与人工地基

地基基础设计是建筑物设计的一个重要组成部分。设计时，要考虑场地的工程地质和水文地质条件，同时也要考虑建筑物的使用要求、上部结构特点和施工条件等各种因素。为了保证建筑物的安全、正常使用，并充分发挥地基的承载能力，就必须深入实际，调查研究，因地制宜地确定设计方案。

凡是基础直接建造在未经加固的天然地层上时，这种地基称为天然地基。若天然地基较软弱，事先经过人工加固，再修建基础，这种地基称为人工地基。天然地基施工简单，造价经济；而人工地基一般比天然地基施工复杂，造价也高，因此，可能情况下应尽量采用天然地基。

2. 浅基础与深基础

天然地基依基础埋置深度，可分为浅基础及深基础。以前，习惯的提法为：埋深不超过 3~5m 的，称为浅基础。实际上，浅基础和深基础没有一个很明确的界限。大多数基础埋深较浅，一般可用比较简便的施工方法来修建，属于浅基础；而采用桩基、沉井和地下连续墙等某些特殊的施工方法修建的基础，则称为深基础。

13.1.2　地基基础设计的内容

当进行天然地基上浅基础设计时，除了要保证基础本身有足够的强度和稳定性，以支承上部结构的荷载外，同时要考虑地基的强度、稳定性及变形必须在允许范围内。因此，基础设计又常称为地基与基础设计。满足上述要求的方案可能不止一个，这时只有根据技术经济指标以及施工条件等各方面因素来进行比较，才能从中确定出最为合理的方案。

在设计地基基础时，一般要考虑下列几个因素：

（1）确定地基基础设计等级；

（2）建造基础所用的材料及基础的结构形式；

（3）基础的埋置深度；

（4）地基土的承载力；

（5）基础的形状和布置，以及与相邻基础和地下构筑物、地下管道的关系；

（6）上部结构的类型、使用要求及其对不均匀沉降的敏感度；

（7）施工期限、施工方法及所需的施工设备等；

（8）在地震区，尚应考虑地基与基础的抗震。

13.1.3　设计步骤

设计浅基础前，必须调查清楚场地的工程地质和水文地质条件，对岩土工程勘察报告要进行全面、深入和细致的分析与研究，也要对建筑物的功能与使用要求、结构类型及特点、建筑施工工期与条件等进行全面的了解，然后才能进行具体的地基基础的设计与计算。

天然地基上浅基础的设计步骤：

(1) 选择基础材料和构造类型；

(2) 确定基础的埋置深度；

(3) 确定地基土的承载力；

(4) 按地基土的承载力确定基础底面的初步尺寸，当压缩层范围内有软弱土层时，尚需验算软弱下卧层的承载力；

(5) 根据规范要求和建筑物的具体条件确定是否进行地基变形验算；

(6) 对建在斜坡上或有水平荷载作用的建筑物，验算其抗倾覆及抗滑移稳定性；

(7) 按基础材料强度决定基础剖面形状、各部分的尺寸；

(8) 绘制基础施工图。

13.2 地基基础设计的原则

13.2.1 建筑地基基础设计等级

根据地基复杂程度、建筑物规模和功能特征以及由于地基问题可能造成建筑物破坏或影响正常使用的程度，将地基基础设计分为三个设计等级。设计时应根据具体情况，按表13.2.1选用。

地基基础设计等级   表 13.2.1

设计等级	建筑和地基类型
甲级	重要的工业与民用建筑物 30 层以上的高层建筑 体形复杂、层数相差超过 10 层的高低层连成一体的建筑物 大面积的多层地下建筑物（如地下车库、商场、运动场等） 对地基变形有特殊要求的建筑物 复杂地质条件下的坡上建筑物（包括高边坡） 对原有工程影响较大的新建建筑物 场地和地基条件复杂的一般建筑物 位于复杂地质条件及软土地区的二层及二层以上地下室的基坑工程 开挖深度大于 15m 的基坑工程 周边环境条件复杂、环境保护要求高的基坑工程
乙级	除甲级、丙级以外的工业与民用建筑物 除甲级、丙级以外的基坑工程
丙级	场地和地基条件简单、荷载分布均匀的七层及七层以下民用建筑及一般工业建筑 次要的轻型建筑物 非软土地区且场地地质条件简单、基坑周边环境条件简单、环境保护要求不高且开挖深度小于 5.0m 的基坑工程

13.2.2 两种极限状态与设计规定

1. 两种设计极限状态

为了保证建筑物的安全使用，同时充分发挥地基的承载力，各个等级的地基基础设计，均需要满足正常使用极限状态和承载能力极限状态的要求。

1）承载能力极限状态

保证地基具有足够的强度和稳定性。基底压力要小于或等于地基承载力特征值。理论上说，为了充分发挥地基的承载能力而又使地基不发生破坏，基础的基底压力一般应控制在界限荷载 $p_{1/4}$ 范围内，使大部分地基土仍主要处于受压状态；当基底压力过大时，地基可能出现连续贯通的塑性破坏区，进入整体破坏阶段，导致地基承载能力丧失而失稳。另外，建造在斜坡上的建筑物会有沿斜坡滑动的趋势，易于丧失其稳定性；受有很大水平荷载的建筑物，会在基础底面或地基中出现滑动面，使建筑物失去抗滑稳定；有些建筑物有在地震及较大静水平力作用下产生倾覆的可能性。

2）正常使用极限状态

保证地基的变形值在允许范围内。地基在荷载及其他因素的影响下，要发生均匀沉降或不均匀沉降。变形过大时，可能危害到建筑物结构的安全（如产生裂缝、倒坍或其他不允许的变形）或影响建筑物的正常使用，妨碍其设计功能的发挥。因此，对地基变形的控制，实质上主要是根据建筑物的要求而制定的。

2. 设计规定

根据建筑物地基基础设计等级及长期荷载作用下地基变形对上部结构的影响程度，地基基础设计应符合下列规定：

1）所有建筑物的地基计算均应满足承载力计算的有关规定；

2）设计等级为甲级、乙级的建筑物，均应按地基变形设计；

3）表 13.2.2 所列范围内设计等级为丙级的建筑物可不作变形验算，但如有下列情况之一时，仍应作变形验算：

可不作变形验算的设计等级为丙级的建筑物　　　　　　　　表 13.2.2

地基主要受力层情况	地基承载力特征值 f_{ak}(kPa)		$80{\leqslant}f_{ak}$ <100	$100{\leqslant}f_{ak}$ <130	$130{\leqslant}f_{ak}$ <160	$160{\leqslant}f_{ak}$ <200	$200{\leqslant}f_{ak}$ <300
	各土层坡度（%）		≤5	≤10	≤10	≤10	≤10
建筑类型	砌体承重结构、框架结构（层数）		≤5	≤5	≤6	≤6	≤7
	单层排架结构（6m柱距）	单跨	吊车额定起重量(t)	10～15	15～20	20～30	30～50	50～100
			厂房跨度(m)	≤18	≤24	≤30	≤30	≤30
		多跨	吊车额定起重量(t)	5～10	10～15	15～20	20～30	30～75
			厂房跨度(m)	≤18	≤24	≤30	≤30	≤30
	烟囱	高度(m)	≤40	≤50	≤75		≤100
	水塔	高度(m)	≤20	≤30	≤30		≤30
		容积(m²)	50～100	100～200	200～300	300～500	500～1000

注：1. 地基主要受力层系条形基础底面下深度为 $3b$（b 为基础底面宽度），独立基础下为 $1.5b$，且厚度均不小于 5m 的范围（二层以下一般的民用建筑除外）；

2. 地基主要受力层中如有承载力特征值小于 130kPa 的土层时，表中砌体承重结构的设计，应符合《建筑地基基础设计规范》GB 50007 的有关要求；

3. 表中砌体承重结构和框架结构均指民用建筑，对于工业建筑可按厂房高度、荷载情况折合成与其相当的民用建筑层数；

4. 表中吊车额定起重量、烟囱高度和水塔容积的数值系指最大值。

（1）地基承载力特征值小于130kPa且体形复杂的建筑；

（2）在基础上及其附近有地面堆载或相邻基础荷载差异较大，可能引起地基产生过大的不均匀沉降时；

（3）软弱地基上的建筑物存在偏心荷载时；

（4）相邻建筑距离过近，可能发生倾斜时；

（5）地基内有厚度较大或厚薄不均的填土，其自重固结未完成时。

4）对经常受水平荷载作用的高层建筑、高耸结构和挡土墙等，以及建造在斜坡上或边坡附近的建筑物和构筑物，尚应验算其稳定性；

5）基坑工程应进行稳定性验算；

6）当地下埋藏较浅，存在地下室上浮问题时，尚应进行抗浮验算。

13.2.3　地基基础设计与岩土工程勘察

1. 岩土工程勘察报告

岩土工程勘察报告应提供下列资料：

1）有无影响建筑场地稳定性的不良地质条件及其危害程度；

2）建筑物范围内的地层结构及其均匀性，以及各岩土层的物理力学性质；

3）地下水埋藏情况、类型和水位变化幅度及规律，以及对建筑材料的腐蚀性；

4）在抗震设防区应划分场地土类型和场地类别，并对饱和砂土及粉土进行液化判别；

5）对可供采用的地基基础设计方案进行论证分析，提出经济合理的设计方案建议；提供与设计要求相对应的地基承载力及变形计算参数，并对设计与施工应注意的问题提出建议；

6）当工程需要时，尚应提供：

（1）深基坑开挖的边坡稳定计算和支护设计所需的岩土技术参数，论证其对周围已有建筑物和地下设施的影响；

（2）基坑施工降水的有关技术参数及施工降水方法的建议；

（3）提供用于计算地下水浮力的设计水位。

2. 地基评价

地基评价宜采用钻探取样、室内土工试验、触探、并结合其他原位测试方法进行。计算级为甲级的建筑物应提供载荷试验指标、抗剪强度指标、变形参数指标和触探资料；设计等级为乙级的建筑物应提供抗剪强度指标、变形参数指标和触探资料；设计等级为丙级的建筑物应提供触探及必要的钻探和土工试验资料。

3. 建筑物地基均应进行施工验槽

如地基条件与原勘察报告不符时，应进行施工勘察。

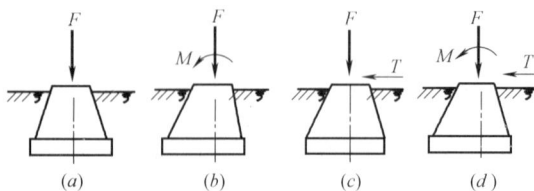

图 13.2.1　基础所受荷载的四种情况

13.2.4　荷载及荷载效应组合

1. 作用在基础上的荷载

作用在基础上的荷载有四种情况，如图 13.2.1 所示。无论是轴向力 F、水平力 T 和力矩 M，都是由恒载和活荷载两部分组成。

恒载是作用在结构上的不变荷载，

包括建筑物及基础的自重、固定设备重量、土压力和正常水位时的水压力等。从地基沉降来看，恒载是长期作用的，是引起沉降的主要因素。

活荷载是作用在结构上的可变荷载，如楼面及屋面活荷载、吊车荷载、雪荷载及风荷载等，此外尚有地震荷载及其他特殊活荷载等。

在轴向荷载作用下，基础将发生沉降；在偏心荷载作用下，还将发生倾斜；在水平力作用下，还要进行沿基础底面滑动、沿地基内部滑动和基础倾覆稳定性等方面的验算。

2. 荷载效应组合规定

地基基础设计所采用的荷载效应的最不利组合与相应的抗力限值应满足《建筑地基基础设计规范》GB 50007 的下列规定：

1) 按地基承载力确定基础底面积及埋深或按单桩承载力确定桩数时，传至基础或承台底面上的荷载效应应按正常使用极限状态下荷载效应的标准组合。相应的抗力应采用地基承载力特征值或单桩承载力特征值。

2) 计算地基变形时，传至基础底面上的荷载效应应按正常使用极限状态下荷载效应的准永久组合，不应计入风荷载和地震作用。相应的限值应为地基变形允许值。

3) 计算挡土墙、地基或斜坡稳定以及基础抗浮稳定时，作用效应应按承载能力极限状态下荷载效应的基本组合，但其荷载分项系数均为 1.0。

4) 在确定基础或桩基承台高度、支挡结构截面、计算基础或支挡结构内力、确定配筋和验算材料强度时，上部结构传来的荷载效应组合和相应的基底反力、挡土墙土压力及滑坡推力，应按承载能力极限状态下荷载效应的基本组合，采用相应的荷载分项系数。

当需要验算基础裂缝宽度时，应按正常使用极限状态荷载效应标准组合。

5) 基础设计安全等级、结构设计使用年限、结构重要性系数应按有关规范的规定采用，但结构重要性系数 γ_0 不应小于 1.0。

3. 荷载效应组合计算

1) 正常使用极限状态下，荷载效应的标准组合值 S_k 应用式（13.2.1）表示：

$$S_k = S_{Gk} + S_{Q1k} + \psi_{c2} S_{Q2k} + \cdots \psi_{ci} S_{Qik} \cdots + \psi_{cn} S_{Qnk} \tag{13.2.1}$$

式中　S_{Gk}——永久荷载标准值 G_k 的效应；

　　S_{Qik}——第 i 个可变荷载标准值 Q_{ik} 的效应；

　　ψ_{ci}——可变荷载 Q_i 的组合值系数。

荷载效应的准永久组合值而应用式（13.2.2）表示：

$$S_k = S_{Gk} + \psi_{q1} S_{Q1k} + \psi_{q2} S_{Q2k} + \cdots\cdots + \psi_{qn} S_{Qnk} \tag{13.2.2}$$

式中　ψ_{qi}——第 i 个可变作用的准永久值系数。

2) 承载能力极限状态下，由可变荷载效应控制的基本组合设计值 S_d 应用式（13.2.3）表达：

$$S_d = \gamma_G S_{Gk} + \gamma_{Q1} S_{Q1k} + \gamma_{Q2} \psi_{c2} S_{Q2k} + \cdots + \gamma_{Qi} \psi_{ci} S_{Qik} \cdots + \gamma_{Qn} \psi_{cn} S_{Qnk} \tag{13.2.3}$$

式中　γ_G——永久荷载的分项系数；

　　γ_{Qi}——第 i 个可变荷载的分项系数。

对由永久荷载效应控制的基本组合，也可采用简化规则，荷载效应组合的设计值 S_d 按式（13.2.4）确定：

$$S_d = 1.35 S_k \tag{13.2.4}$$

式中 S_k——荷载效应的标准组合值。

在式（13.2.1）～式（13.2.4）中，ψ_{ci}、ψ_{qi}、γ_G 及 γ_{Qi} 均按现行《建筑结构荷载规范》GB 50009 的规定取值。

13.3 基础的选型与材料选用

13.3.1 基础材料

基础材料的选择决定着基础的强度、耐久性和经济效果，应考虑就地取材、充分利用地方材料的原则，并满足技术经济的要求。

常用的基础材料有砖石、混凝土（包括毛石混凝土）、钢筋混凝土等，此外，在我国北方还利用灰土，在南方利用三合土等地方性材料作为基础材料。

1. 砖石砌体

就砖的强度和抗冻性来说，不能算是优良的基础材料，在干燥而较温暖的地区较为适用，在寒冷而又潮湿的地区不甚理想。但是，由于砖可以就地烧制、价格较低，所以应用的还比较广泛。为保证砖基础在潮湿和霜冻条件下坚固耐久，砖的强度等级不应低于MU10，砌砖砂浆应按《砌体结构设计规范》GB 50003 规定选用。在产石料的地区，毛石是比较容易取得的一种基础材料。地下水位以上的毛石砌体可以采用水泥、石灰和砂配制的混合砂浆砌置，在地下水位以下则要采用水泥砂浆砌置。砂浆强度等级按规范规定采用，且不应低于 M5。毛石砌体接缝的结合力不如形状平整的块石砌体高，但由于块石加工很费劳动力，所以在使用上不如毛石砌体那样广泛。

2. 混凝土和毛石混凝土

混凝土的强度、耐久性和抗冻性都比较好，是一个较好的基础材料。有时为了节约水泥，可以在混凝土中掺入毛石，配成毛石混凝土，虽然强度有所降低，但仍比砖石砌体高，所以也有较广泛的应用。

3. 钢筋混凝土

钢筋混凝土是建造基础的较好材料，其强度、耐久性和抗冻性都很好，能很好地承受弯矩。在相同的基础宽度下，钢筋混凝土基础的高度远比砖石和混凝土基础要小得多。钢筋混凝土的单价比其他基础材料要高，但因基础构造高度小，从而可以浅埋，因此可以节省开挖基坑所用的支撑材料、排水费用以及土方工程量，所以总的造价，在某些情况下也可能比其他材料的基础造价还低。但是考虑到节约钢材和水泥，所以还不能用钢筋混凝土全部代替其他基础材料。应当注意因地制宜，根据实际情况加以选择。目前，钢筋混凝土基础多在较大的建筑中或地基土层软弱时采用。

凡基础遇到有侵蚀性地下水时，对混凝土的成分要严加选择，不然可能会影响基础的耐久性。

4. 灰土

早在 1000 多年前，我国劳动人民就开始采用灰土作为基础材料，而且有不少还完整地保存至今。这说明在一定条件下，灰土的耐久性是良好的。我国华北和西北地区用灰土做基础很广泛。灰土用石灰和黄土（或黏性土）混合而成。石灰以块状生石灰为宜，经消化 1～2d，用 5～10mm 的筛子筛后使用。土料一般以粉质黏土为宜，若用黏土则应采取相应措施，使其达到松散程度。土在使用前也应过筛（10～20mm 的筛孔）。石灰和土的体积比一般为 3：7 或 2：8。拌合均匀并加适量的水，分层夯实，每层虚铺 22～25cm，夯至 15cm，为一步。施工时注意基坑保持干燥，防止灰土早期浸水。灰土早期强度虽不高，但用作普通民用房屋基础，一般能够满足要求，并且随着年代久远，其强度也不断增长。在干燥或稍湿环境下，灰土具有抗冻性；但在有补给水源及灰土早期强度不高的情况下，灰土会产生冻胀现象，对于有一定龄期的灰土（如超过一个月），受冰冻作用后，灰土的结构可遭冰冻破坏，但仍有一定强度。如哈尔滨二十道街石灰土垫层（白灰含量占 10% 左右），在过湿和强冰冻条件下，历时 15 年（也即经受了 15 个反复冻融循环），该段路面仍很稳定，并没有因冰冻作用而沉陷开裂，更没有破坏。但这方面的研究还不够，需进一步探讨。

5. 三合土

在我国南方，也常用三合土基础，其体积比一般为 1：2：4 或 1：3：6（石灰：砂子：骨料），每层虚铺 22cm，夯至 15cm。三合土的强度与骨料有关，矿渣最好，因其有水硬性，碎砖次之，碎石及河卵石因不易夯打结实，质量较差，三合土基础一般多用于四层和四层以下的民用建筑中。

13.3.2 基础的构造类型

1. 单独基础

1）柱下单独基础 单独基础是柱子基础的基本形式，如图 13.3.1 所示。如果柱子是钢柱或钢筋混凝土柱，基础材料通常用混凝土或钢筋混凝土，而混凝土强度等级不低于 C20。但在荷载不大时，也可用砖石砌体，并用混凝土墩与柱子相联结。在柱子荷载的偏心距不大时，基础底面常为方形，而偏心距大时则为矩形。预制柱下的钢筋混凝土基础一般做成杯形基础，如图 13.3.2 所示。柱下单独钢筋混凝土基础需要进行基础结构强度和配筋计算。

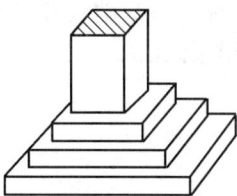

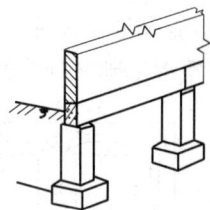

图 13.3.1 柱下单独基础　　　　图 13.3.2 杯形基础　　　　图 13.3.3 墙下单独基础

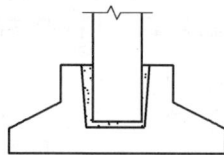

2）墙下单独基础 当建筑物传给基础的荷载不是很大、地基承载力也较高、基础需要埋置较深时，可采用如图 13.3.3 所示的墙下单独基础。砌墙则砌筑在单独基础上边的跨度一般为 3～5m 的钢筋混凝土过梁上。

2. 条形基础

条形基础是墙基础的主要形式，如图 13.3.4 所示。常用砌体建造，但在因基础宽度过宽、有必要减少其构造高度时，或在需要加强纵向墙体以承受不均匀沉降引起的拉力时，也可用钢筋混凝土建造。

当设计在软弱地基上放置单独基础时，基础底面积可能很大，以致彼此相接近，甚至碰在一起。这时，可将柱子基础连接起来，做成钢筋混凝土条形基础，如图 13.3.5 所示，使各个柱子支承在一个共同的条形基础上。这种基础形式对减轻不均匀沉降对建筑物的影响也很有利。

如果地基很软，需要进一步扩大基础底面积或为了增强基础刚度以调整不均匀沉降时，可在纵横两个方向都采用钢筋混凝土条形基础，进而形成十字交叉条形基础，如图 13.3.6 所示。

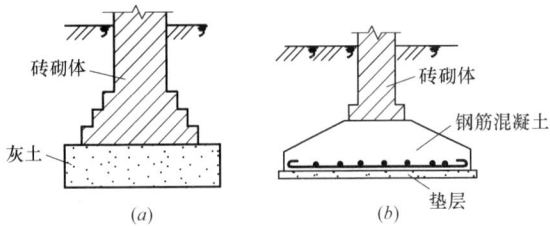

图 13.3.4　墙下条形基础

（a）砖和灰土条形基础；（b）钢筋混凝土条形基础

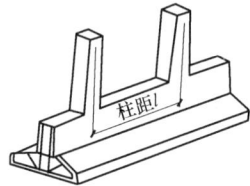

图 13.3.5　柱下钢筋混凝土条形基础

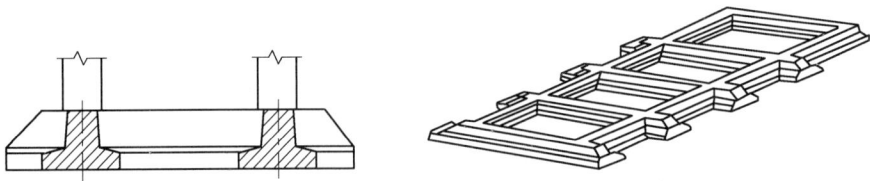

图 13.3.6　十字交叉条形基础

3. 筏形基础

如果地基特别软弱而荷载又很大（特别是带有地下室的房屋），十字交叉基础的底面积还不能满足要求时，则可将基础做成一整片钢筋混凝土连续板，称筏形基础（或筏片基础）。筏形基础又分为梁板式筏形基础和平板式筏形基础两种，见图 13.3.7。

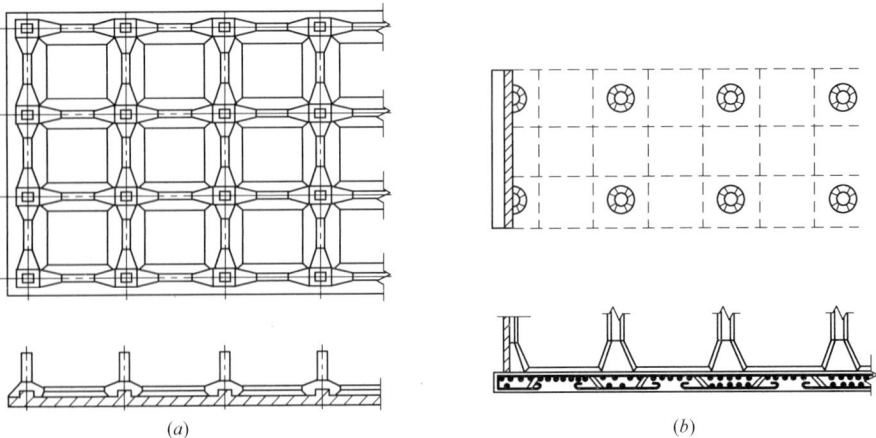

图 13.3.7　筏形基础

（a）梁板式筏形基础；（b）平板式筏形基础

在多层住宅和办公楼等民用建筑中也常采用墙下筏形基础，墙下筏形基础通常做成一块不带梁的等厚的钢筋混凝土平板，筏板厚度一般可根据楼层层数大约按每层50mm确定，但不得小于200mm。具体厚度尚需根据筏板的抗冲切、抗剪切要求确定。

4. 箱形基础

为了使基础具有更大的刚度，大大减少建筑物的相对弯曲，可将基础做成由顶板、底板及若干纵横隔墙组成的箱形基础，见图13.3.8。它是筏形基础的进一步发展。一般都用钢筋混凝土建造，基础顶板和底板之间的空间可以作为地下室。主要特点是刚性大，而且挖去很多土，减少了基础底面的附加压力，因而适用于地基软弱土层厚、荷载大和建筑面积不太大的一些重要建筑物。目前，高层建筑中大多采用筏形基础或箱形基础。

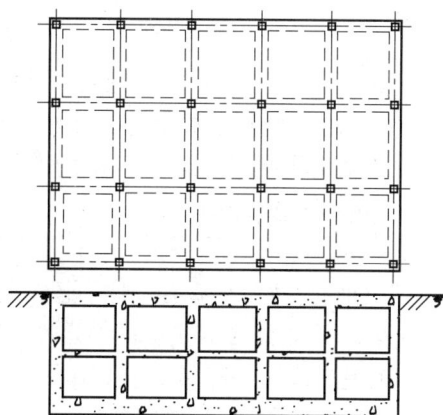

图 13.3.8　箱形基础

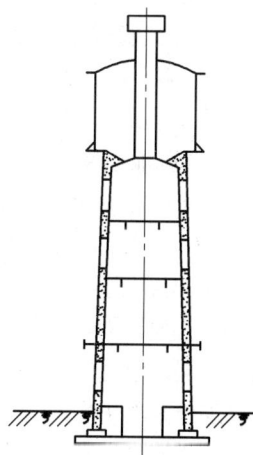

图 13.3.9　水塔基础

5. 大块基础

水塔、烟囱、高炉和其他一些独立构筑物常把全部结构支承在一个整体的大块基础上，如图13.3.9所示的水塔基础。这类基础的稳定性要求较高。大块基础可以是实体的；但为了减少基础体积和重量，也可以做成空心的。

6. 壳体基础

壳体基础是一类较新的基础形式，一般适于作水塔、烟囱、料仓和中小型高炉等构筑物的基础。其中，实际应用最多的是正圆锥形及其组合形式的壳体基础，此外还有无筋倒圆台基础等。

综上所述，基础的形式多种多样，基础的类型与荷载大小、地质条件、上部结构形式及基础施工技术等因素有关。用砌体和混凝土等材料做成的基础，抗压强度较高，而抗拉强度低。为保证基础外伸悬臂在基底反力作用下，不致因受弯曲而拉裂，基础每个台阶的设计截面都需要保证有足够的高度，使基础能基本上承受压力，这种基础称为刚性基础或无筋扩展基础。钢筋混凝土基础的受力情况类似梁和板，能承受弯矩和剪力，受力后微弯曲，称为非刚性基础或扩展基础。

13.4 基础埋置深度

基础埋置深度的确定对建筑物的安全、正常使用、施工工期及建筑物造价影响很大。大量的中小型建筑物一般都采用浅埋基础。在工程实践中，土质地基上的基础，考虑到基础的稳定性、基础大放脚的要求、动植物活动的影响、耕土层的厚度以及习惯做法等因素，其埋置深度一般不宜小于 0.5m；对于岩石地基，则可不受此限。

建筑物基础的埋置深度，应根据：

(1) 建筑物本身特点如使用要求、结构形式；

(2) 荷载的类型、大小和性质；

(3) 建筑物周围的条件，如工程地质和水文地质条件、相邻建筑物基础埋深、地基土冻胀和融陷的影响等因素，全面分析来确定。必要时，还应通过多方案综合比较来选定。

13.4.1 确定基础埋置深度的主要因素

1. 建筑物的类型和用途

如建筑物对不均匀沉降很敏感，应将基础埋置在较好的土层上（即使较好的土层埋藏较深）。当有地下室、地下管道和设备基础时，则往往要求建筑物基础局部加深或整个加深。基础形式有时也决定基础埋深，如采用刚性基础，当基础底面积确定后，由于要满足刚性角的构造要求，因而就规定了基础的最小高度，也影响了基础的埋深。

2. 作用在地基上的荷载大小和性质

同一土层，对于荷载小的基础，可能是很好的持力层，而对荷载大的基础，则可能不适宜作为持力层。承受较大水平荷载的基础，应有足够的埋置深度，以保证有足够的稳定性。例如，高层建筑由于受风荷载和地震作用等水平荷载作用，其基础埋深一般不少于 1/15 的地面以上建筑物高度。某些承受上拔力的基础，如输电塔基础，也往往需要较大的埋置深度，以保证其有必需的抗拔阻力。某些土，如饱和疏松的粉砂、细砂等在动荷载作用下，容易产生液化现象，造成基础过大的沉降，甚至失去稳定，故在确定受振动荷载的基础埋置深度时，不宜选这类土层作为持力层。同样，在地震区不宜将可液化土层直接作为基础的持力层。

3. 工程地质和水文地质条件

当上层土较好时，一般宜选上层土作持力层。当下层土的承载力大于上层土时，应经过方案比较后，再确定基础放在哪一层土上。此外，还应考虑地基在水平方向是否均匀。必要时，同一建筑物的基础可以分段采取不同的埋置深度，以调整基础的不均匀沉降，使其减小到允许范围以内。在遇到地下水时，基础一般应尽量浅埋，放在地下水位以上，避免施工排水的麻烦。如必须将基础埋在地下水位以下时，基坑开挖施工应采取排水措施，以保护地基土不受扰动。对有侵蚀性的地下水，应将基础放在水位以上，否则应采取防止基础受侵蚀破坏的措施。当基础位于江河湖海岸边时，其埋置深度应在流水的冲刷作用深度以下。有些新近沉积的软弱土层、松散的填土以及年代较少的人工吹填土，承载力往往很低，基础一般不宜设置在这类土层上。

4. 相邻房屋和构筑物的基础埋置深度

为保证相邻原有房屋在施工期间的安全和正常使用，一般宜使所设计基础的埋深浅于或等于相邻原有建筑物基础。当必须深于原有建筑物基础时，则应使两基础之间保持一定的净距。根据荷载大小和土质情况，这个距离约为相邻基础底面高差的 $1\sim2$ 倍；否则，须采取相应的施工措施（如分段施工、设临时基坑支撑、打板桩、地下连续墙等），以避免当新基础的基坑开挖时，使原有基础的地基松动甚至破坏。

13.4.2 季节性冻土地区的基础埋置深度

冻土分为两大类：季节性冻土和多年冻土。多年冻土是指连续保持冻结状态三年以上的土层；季节性冻土则为一年内冻融交替的土层，而且冻层下的土常年处于正温状态。季节性冻土在我国分布面积很广，东北、西北、华北都有，而且有些地方其厚度可达 3m。

1. 地基土冻胀性分类及分类指标

土冻结后体积增大的现象称为冻胀，冻土融化后产生的沉陷的现象则称为融陷。季节性冻土在冻融过程中所产生的冻胀或融陷，对放置在冻土上的建筑物有不良影响，故在设计时还必须考虑地基冻胀和融陷对基础埋置深度的影响。

季节性冻土的融陷性大小和其冻胀性大小有关，故通常以冻胀性来代表融陷性。《冻土地区建筑地基基础设计规范》JGJ 118 按冻胀量及对建筑物的危害程度，将土的冻胀性分为五类：

1）不冻胀土　冻结时没有水分转移，地面有时反而呈现冻缩。即使对变形很敏感的砖拱围墙等，也不产生冻害。在不冻胀的地基上，基础的埋置深度与冻深无关。

2）弱冻胀土　冻结时水分转移极少，土中的冰一般呈晶粒化。地表或散水坡无明显隆起，道路无翻浆现象。对基础浅埋的建筑物一般也无危害，只是在最不利情况下，有时建筑物可能出现细微裂缝，但不影响建筑物的安全和使用。

3）冻胀土　冻结时，有水分转移并形成冰夹层。地表或散水坡明显隆起，道路翻浆。埋得过浅的建筑物将产生裂缝。在冻深较大的地区，非采暖建筑物还会因基础侧面的切向冻胀力而遭到破坏。

4）强冻胀土　冻结时有较多的水分转移，形成较厚或较密的冰夹层。道路翻浆严重。基础浅埋的建筑物可能产生严重破坏。在冻深较大的地区，即使基础埋在冻深以下，也会因切向冻胀力而使建筑物破坏。

5）特强冻胀土　冻结时有大量水分转移，形成很厚或很密的冰夹层。道路翻浆很严重。基础浅埋的建筑物会受到严重破坏。在冻深较大的地区，即使基础埋在冻深以下，也会因切向冻胀力而使建筑物严重破坏。

土的冻胀主要是由于土中弱结合水从未冻区向冻区转移造成的。对于没有或很少有结合水的土（如砂砾和含水量小于塑限的黏性土），由于没有水分转移，而土中原有水冻结所产生的体积膨胀，又往往被冻土的冷缩和干缩所抵消，所以实际上并不呈现冻胀。

土冻胀的大小，决定于当地气温、土的类别、冻前含水量与地下水位等因素，详见表13.4.1。但应注意：

（1）由于生产或生活用水的侵入，使冻深范围内土的含水量显著增加时，应按有水分补给考虑；

（2）冻深与冻结期间的地下水位都是随时间变化的，表 13.4.1 中的最小距离应为期间两者的最小差值；

（3）冻深范围内，地基土由不同冻胀性土层组成时，基础最小埋深可按下层土确定，不宜浅于下层土的顶面。

地基土的冻胀性分类 表 13.4.1

土的名称	冻前天然含水量 $w(\%)$	冻结期间地下水位距冻结面的最小距离 $h_w(m)$	平均冻胀率 $\eta(\%)$	冻胀等级	冻胀类别
碎(卵)石,砾粗、中砂(粒径小于 0.075mm 颗粒含量大于 15%),细砂(粒径小于 0.075mm 颗粒含量大于 10%)	$w\leqslant12$	>1.0	$\eta\leqslant1$	I	不冻胀
		$\leqslant1.0$	$1<\eta\leqslant3.5$	II	弱冻胀
	$12<w\leqslant18$	>1.0			
		$\leqslant1.0$	$3.5<\eta\leqslant6$	III	冻胀
	$w>18$	>0.5			
		$\leqslant0.5$	$6<\eta\leqslant12$	IV	强冻胀
粉　砂	$w\leqslant14$	>1.0	$\eta\leqslant1$	I	不冻胀
		$\leqslant1.0$	$1<\eta\leqslant3.5$	II	弱冻胀
	$14<w\leqslant19$	>1.0			
		$\leqslant1.0$	$3.5<\eta\leqslant6$	III	冻胀
	$19<w\leqslant23$	>1.0			
		$\leqslant1.0$	$6<\eta\leqslant12$	IV	强冻胀
	$w>23$	不考虑	$\eta>12$	V	特强冻胀
粉　土	$w\leqslant19$	>1.5	$\eta\leqslant1$	I	不冻胀
		$\leqslant1.5$	$1<\eta\leqslant3.5$	II	弱冻胀
	$19<w\leqslant22$	>1.5			
		$\leqslant1.5$	$3.5<\eta\leqslant6$	III	冻胀
	$22<w\leqslant26$	>1.5			
		$\leqslant1.5$	$6<\eta\leqslant12$	IV	强冻胀
	$26<w\leqslant23$	>1.5			
		$\leqslant1.5$	$\eta>12$	V	特强冻胀
	$w>30$	不考虑			
黏性土	$w\leqslant w_p+2$	>2.0	$\eta\leqslant1$	I	不冻胀
		$\leqslant2.0$	$1<\eta\leqslant3.5$	II	弱冻胀
	$w_p+2<w\leqslant w_p+5$	>2.0			
		$\leqslant2.0$	$3.5<\eta\leqslant6$	III	冻胀
	$w_p+5<w\leqslant w_p+9$	>2.0			
		$\leqslant2.0$	$6<\eta\leqslant12$	IV	强冻胀
	$w_p+9<w\leqslant w_p+15$	>2.0			
		$\leqslant2.0$	$\eta>12$	V	特强冻胀
	$w>w_p+15$	不考虑			

注：1. w_p——塑限含水量（%）；w——在冻层内冻前天然含水量的平均值；

2. 盐渍化冻土不在表列；

3. 塑性指数大于 22 时，冻胀性降低一级；

4. 粒径小于 0.005mm 的颗粒含量大于 60% 时，为不冻胀土；

5. 碎石类土当充填物大于全部质量的 40% 时，其冻胀性按充填物土的类别判定。

2. 地基冻胀对建筑物的危害及对基础设计的要求

当基础埋深浅于冻深时，在基础侧面作用着切向冻胀力 T，在基底作用着法向冻胀力 P（图13.4.1）。如果基础上的荷载 F 和自重 G 不足以平衡法向与切向冻胀力，基础会被上抬起来。融化时冻胀力消失，冰变成水，土的强度降低，基础就产生下沉。研究资料表明，冻深发展的不平衡以及土层在水平方向的不均匀性，会导致建筑物各部分基础的隆起或下沉不等，基底接触压力重新分布。图13.4.2（a）为浅埋的采暖房屋纵墙基底压力在冻融过程中的变化，这种变化使纵墙因受剪与受弯而出现斜裂缝和垂直裂缝。图13.4.2（b）为基础横断面内基底压力在冻融时的变化。由图13.4.2（b）可见，由于墙内、外侧的切向冻胀力不等和基底反力不均匀分布，墙身受纵向弯曲并可能产生水平裂缝。

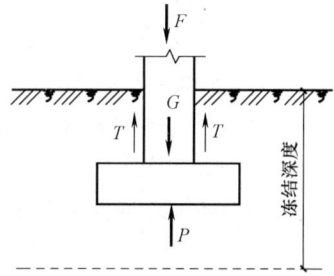

图 13.4.1　作用在基础上的冻胀力

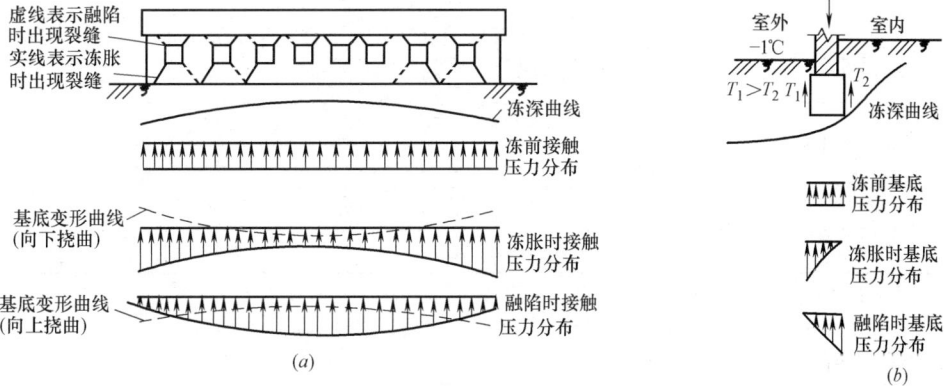

图 13.4.2　采暖建筑物在地基冻融时接触压力的变化
（a）纵墙下基底压力在冻融过程中的变化；（b）基础横截面内基底压力在冻融时的变化

为了使建筑物免遭冻害，在设计冻胀性地基上的基础时应注意：

（1）保证基础有相应的最小埋置深度 d_{min}，以消除基底的法向冻胀力；

（2）在冻深与地基的冻胀性都较大时，还应采取减小或消除切向冻胀力的措施。例如，在基础侧面回填中、粗砂等不冻胀材料，这对不采暖的轻型结构，如仓库、管墩、管道支架等尤为重要。

季节性冻土地区基础埋置深度宜大于场地冻结深度。对于深厚季节冻土地区，当建筑基础底面土层为不冻胀土、弱冻胀土、冻胀土时，基础深度可以小于冻深，基底允许冻土层最大厚度可按表13.4.2查取，基础最小埋深 d_{min} 按式（13.4.1）计算：

$$d_{min} = z_d - h_{max} \qquad (13.4.1)$$

式中　h_{max}——基础底面下允许冻土层的最大厚度，m；

　　　z_d——季节性冻土地基的场地冻结深度，m，按式（13.4.2）确定：

$$z_d = \psi_{zs} \psi_{zw} \psi_{ze} z_0 \qquad (13.4.2)$$

式中　z_d——场地冻结深度，当有实测资料时按 $z_d = h' - \Delta z$ 计算，h' 为最大冻深出现时场地最大冻土层厚度，Δz 为最大冻深出现时场地地表冻胀量；

z_0——标准冻结深度。系采用在地表平坦、裸露、城市之外的空旷场地中不少于10年实测最大冻深的平均值。当无实测资料时，可按标准冻深图（详见《建筑地基基础设计规范》GB 50007—2011 附录 F）查出；

ψ_{zs}——土的岩性对冻深的影响系数，按表13.4.3；

ψ_{zw}——土的冻胀性对冻深的影响系数，按表13.4.4；

ψ_{ze}——环境对冻深的影响系数，按表13.4.5。

建筑基底允许冻土层最大厚度 h_{max}（m） 表 13.4.2

| 冻胀性 | 基础形式 | 采暖情况 | 基底平均压力（kPa） | | | | | |
			110	130	150	170	190	210
弱冻胀土	方形基础	采 暖	0.90	0.95	1.00	1.10	1.15	1.20
		不采暖	0.70	0.80	0.95	1.00	1.05	1.10
	条形基础	采 暖	>2.50	>2.50	>2.50	>2.50	>2.50	>2.50
		不采暖	2.20	2.50	>2.50	>2.50	>2.50	>2.50
冻胀土	方形基础	采 暖	0.65	0.70	0.75	0.80	0.85	
		不采暖	0.55	0.60	0.65	0.70	0.75	
	条形基础	采 暖	1.55	1.80	2.00	2.20	2.50	
		不采暖	1.15	1.35	1.55	1.75	1.95	

注：1. 本表只计算法向冻胀力，如果基侧存在切向冻胀力，应采取防切向力措施。
2. 基础宽度小于0.6m时不适用，矩形基础取短边尺寸按方形基础计算。
3. 表中数据不适用于淤泥、淤泥质土和欠固结土。
4. 计算基底平均压力时取永久荷载标准值乘以0.9，可以内插。

土的岩性对冻深的影响系数 表 13.4.3

土的岩性	影响系数 ψ_{zs}
黏性土	1.00
细砂、粉砂、粉土	1.20
中砂、粗砂、砾砂	1.30
大块碎石土	1.40

土的冻胀性对冻深的影响系数 表 13.4.4

冻胀性	影响系数 ψ_{zw}
不冻胀	1.00
弱冻胀	0.95
冻胀	0.90
强冻胀	0.85
特强冻胀	0.80

周围环境	影响系数 ψ_{ze}
村、镇、旷野	1.00
城市近郊	0.95
城市市区	0.90

注：环境影响系数一项，当城市市区人口为 20 万～50 万时，按城市近郊取值；当城市市区人口大于 50 万且小于或等于 100 万时，只计入市区影响；当城市市区人口超过 100 万时，除计入市区影响外，尚应考虑 5km 以内的郊区近郊影响系数。

建筑物建造后，地基的实际冻深将有所变化。由于热量由地板及基础传入土中，采暖建筑物的地基冻深比天然条件下的冻深要小。而且，外墙的中段比角端冻得浅。因此，基础的埋置深度在外墙中段与角端可以采用不同的值。对于不采暖建筑物，由于北墙受不到日照，实际冻深比标准冻深还大些，设计中要予以充分注意。

地基的总冻胀量是随冻深的增大而增加的，但冻深发展到一定深度以后，地表总冻胀量就不再增加或增加得很少。这是因为要使弱结合水转移与冻结，需要一定的负温度梯度，否则结合水摆脱不了土粒的吸力而形成冰晶。而负温度梯度越往深处则越小（图 13.4.3）。故从工程观点出发，可以认为冻胀只在冻深范围内负温度梯度较大的部分发生。这部分厚度称为有效冻胀区，基础的埋置深度只要超过有效冻胀区就行了。这样，基底下虽残留某个厚度的冻土层，但其冻胀

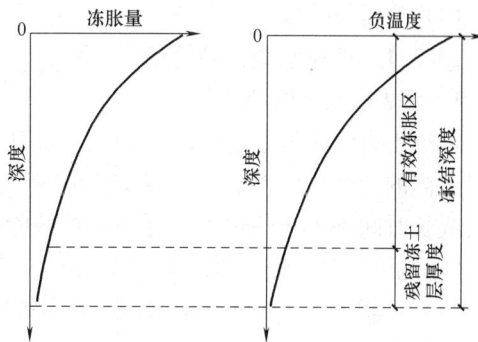

图 13.4.3 地面下土的负温度及冻胀量

量很小，可为上部结构所容许。显然，冻胀性大的土中含有较多的结合水，水膜外缘的水分子受土粒的吸力不大，只要较小的负温度梯度就可使土冻胀，因此，允许残留冻土层应较薄。对冻胀性小的土，允许残留冻土层厚度应较厚。《建筑地基基础设计规范》GB 50007 所规定的建筑基底允许冻土层最大厚度值，就是根据不同冻胀性土的实测资料和我国浅埋基础的实际经验综合确定的。

13.5 地基承载力的确定

地基承载力系保证地基强度和稳定的条件下，建筑物不产生过大沉降和不均匀沉降的地基承受荷载的能力。确定地基承载力时，应考虑下列因素：

（1）土的物理力学性质。地基土的物理力学性质指标直接影响承载力的高低。

（2）地基土的堆积年代及其成因。堆积年代越久，一般承载力也越高，冲洪积成因土的承载力一般比坡积土要大。

（3）地下水。从承载力计算公式中，可以看出土的重度大小对承载力的影响。地下水位上升时，土的天然重度变为浮重度，承载力也相应减小。另外，地下水大幅度升降会影

响地基变形，湿陷性黄土遇水湿陷，膨胀土遇水膨胀、失去收缩，这些对承载力都有影响。

（4）建筑物性质。建筑物的结构形式、体形、整体刚度、重要性以及使用要求不同，对容许沉降的要求也不同，因而对承载力的选取也应有所不同。

（5）建筑物基础。基础尺寸及埋深对承载力也有影响。

确定地基承载力是一件比较复杂的工作。《建筑地基基础设计规范》GB 50007 规定：地基承载力的特征值，可以采用载荷试验或其他原位试验、理论公式计算并结合工程实践经验等方法综合确定。

下面概要介绍地基承载力特征值的基础宽度、深度修正概念及其几种主要确定地基承载力特征值的途径：

（1）用载荷试验确定；

（2）用理论公式计算；

（3）用静力触探等其他原位试验确定；

（4）凭建筑经验确定等。

13.5.1 地基承载力特征值

1. 地基承载力的特征值

根据土力学中地基承载力的理论，地基丧失整体稳定时的临界荷载，称为极限荷载，此时土内的塑性区的发展为连续贯通的滑动面，在载荷试验的 $p\text{-}s$ 曲线上，出现沉降急剧增大或长时间不停止的现象，将极限荷载除以安全系数，可以作为地基的承载力特征值。

《建筑地基基础设计规范》GB 50007—2011 规定，地基工程特性指标代表值为特征值。地基承载力特征值为由载荷试验测定的地基土压力变形曲线（$p\text{-}s$ 曲线）线性变形段内规定的变形所对应的压力值，其最大值为比例极限。这样，通过地基浅层平板载荷试验，即可确定在载荷试验条件下的地基承载力特征值。即相当于基础宽度小于或等于 3m，埋深为 0.5m 时的地基承载力特征值，以符号 f_{ak} 表示。实际即为地基承载力的允许值（或称允许承载力）。当基础的宽度与埋深与上述条件不同时，对地基承载力特征值 f_{ak} 应进行深度、宽度修正。

2. 修正后的地基承载力特征值 f_a

由载荷试验或其他原位测试、工程实践经验等方法综合确定地基承载力的特征值 f_{ak}，没有体现一个具体实际基础的尺寸和埋深等因素对其对地基承载力的影响。因此，《建筑地基基础设计规范》GB 50007—2011 规定：当基础宽度大于 3m 和/或埋置深度大于 0.5m 时，除岩石地基外，应对地基承载力特征值 f_{ak} 进行宽度、深度修正，即

$$f_a = f_{ak} + \eta_b \gamma (b-3) + \eta_d \gamma_m (d-0.5) \tag{13.5.1}$$

式中　f_a——经修正后的地基承载力特征值，kPa；

　　　f_{ak}——地基承载力特征值，kPa；

　η_b、η_d——分别为基础宽度和埋深的地基承载力修正系数，按基底下土类查表 13.5.1 取值；

　　　γ——基础底面以下土的重度，地下水位以下取浮重度，kN/m³；

　　　γ_m——基础底面以上土的按土层厚度为权的加权平均重度，地下水位以下取有效重

度，kN/m^3；

b——基础底面宽度，m；当基宽小于 3m 时，按 3m 考虑；大于 6m 时，按 6m 考虑；

d——基础埋置深度，m，一般自室外地面标高算起。在填方整平地区，可自填土地面标高算起，但填土在上部结构施工后完成时，应从天然地面标高算起。对于地下室，采用箱形基础或筏形基础时，基础埋置深度自室外地面标高算起；采用独立基础或条形基础时，应从室内地面标高算起。

地基承载力修正系数　　　　　　　　　表 13.5.1

土 的 类 别		η_b	η_d
淤泥和淤泥质土		0	1.0
人工填土 e 或 I_L 大于等于 0.85 的黏性土		0	1.0
红黏土	含水比 $\alpha_w > 0.8$	0	1.2
	含水比 $\alpha_w \leqslant 0.8$	0.15	1.4
大面积 压实填土	压实系数大于 0.95、黏粒含量 $\rho_c \geqslant 10\%$ 的粉土	0	1.5
	最大干密度大于 2100kg/m^3 的级配砂石	0	2.0
粉土	黏粒含量 $\rho_c \geqslant 10\%$ 的粉土	0.3	1.5
	黏粒含量 $\rho_c < 10\%$ 的粉土	0.5	2.0
e 或 I_L 均小于 0.85 的黏性土		0.3	1.6
粉砂、细砂（不包括很湿与饱和时的稍密状态）		2.0	3.0
中砂、粗砂、砾砂和碎石土		3.0	4.4

注：1. 强风化和全风化的岩石，可参照所风化成的相应土类取值，其他状态下的岩石不修正；

2. 地基承载力特征值按《建筑地基基础设计规范》GB 50007—2011 附录 D 深层平板载荷试验确定时，η_d 取 0；

3. 含水比是指土的天然含水量与液限的比值；

4. 大面积压实填土是指填土范围大于两倍基础宽度的填土。

13.5.2 按载荷试验确定地基承载力特征值 f_{ak}

对重要的建筑物，为进一步了解地基土的变形性能和承载能力，必须做现场原位载荷试验，以确定地基承载力。

确定地基土的承载力及其沉降值的理想办法是做与基础同样尺寸的荷载板试验。但这种做法的实际可能性不大，因为试验的时间过长，另外使较大荷载板下地基土产生破坏，要施加很大的荷载，这些都给试验带来一定的困难，所以一般都用一个小尺寸的荷载板做试验，一般称为浅层平板载荷试验，可适用于确定浅部地基土层的承压板下应力主要影响范围内的承载力。承压板的面积不应小于 0.25m^2，对于软土不应小于 0.5m^2。

根据载荷试验曲线确定承载力的方法，被广泛应用于岩土工程各领域。其中，《建筑地基基础设计规范》GB 50007 中对确定地基承载力特征值的规定如下：

（1）当载荷试验的荷载沉降 p-s 曲线上有明确的比例界限时，取该比例界限所对应的荷载值；

（2）当极限荷载能确定，且该值小于对应比例界限的荷载值的 2.0 倍时，取极限荷载值的一半；

（3）不能按上述两点确定时，如荷载板面积为 $0.25\sim0.50\mathrm{m}^2$，可取 $s/b=0.01\sim0.015$ 所对应的荷载值，但其值不应大于最大加载量的一半。

具体使用上，同一土层参加统计的试验点不应少于 3 点，各试验点按上述方法所确定的实测值的极差不得超过其平均值的 30%。将满足这一要求的平均值作为地基承载力特征值 f_{ak}。

有了承载力特征值 f_{ak}，仍应按前述式（13.5.1）考虑基础宽度及埋深对承载力特征值的影响，来确定其修正后的特征值。

荷载板的尺寸一般都比较小，因此载荷试验的影响深度不大，约为荷载板宽度或直径的两倍，不能充分反映较深土层的影响，这个尺寸效应问题应引起重视。如为成层土，需要时可在不同深度的土层上做载荷试验，以了解各土层的承载力。特别是在持力层下有软弱下卧层时，常需这样做。

13.5.3 按理论公式计算地基承载力特征值 f_a

有关地基承载力的理论计算公式很多。这些理论公式都是建立在各自的一些假设的基础上的，因此，各有一定的适用范围。《建筑地基基础设计规范》GB 50007 参照了地基临界荷载 $p_{1/4}$ 的计算公式，根据试验和经验做了局部修正，给出下面的计算公式（13.5.2）。

$$f_a=M_b\gamma b+M_d\gamma_m d+M_c c_k \tag{13.5.2}$$

式中 f_a——由土的抗剪强度指标确定的地基承载力特征值，kPa；

M_b、M_d、M_c——承载力系数，根据土的内摩擦角标准值 φ_k 按表 13.5.2 确定；

    b——基础底面宽度，大于 6m 时按 6m 考虑，对于砂土小于 3m 时按 3m 考虑；

    c_k——基底下一倍短边宽度的深度范围内土的黏聚力标准值，kPa；

承载力系数 M_b、M_d、M_c 表 13.5.2

土的内摩擦角标准值 $\varphi_k(°)$	M_b	M_d	M_c
0	0.00	1.00	3.14
2	0.03	1.12	3.32
4	0.06	1.25	3.51
6	0.10	1.39	3.71
8	0.14	1.55	3.93
10	0.18	1.73	4.17
12	0.23	1.94	4.42
14	0.29	2.17	4.69
16	0.36	2.43	5.00
18	0.43	2.72	5.31
20	0.51	3.06	5.66
22	0.61	3.44	6.04

土的内摩擦角标准值 φ_k（°）	M_0	M_d	M_c
24	0.80	3.87	6.45
26	1.10	4.37	6.90
28	1.40	4.93	7.40
30	1.90	5.59	7.95
32	2.60	6.35	8.55
34	3.40	7.21	9.22
36	4.20	8.25	9.97
38	5.00	9.44	10.80
40	5.80	10.84	11.73

注：φ_k——基底下一倍短边宽度的深度范围内土的内摩擦角标准值（°）。

式（13.5.2）适用于偏心距 e 小于或等于 0.033 倍基础底面宽度的情况。因为地基临界荷载 $p_{1/4}$ 的理论公式是依据均布基底压力导出的，故对上式增加了偏心距的限制条件。

按式（13.5.2）计算的地基土承载力，只是满足了地基的强度条件，还需要进行地基的变形验算。

13.5.4　用静力触探等原位测试法确定地基承载力特征值 f_{ak}

在原位测试的方法中，除上面提到的静载荷试验外，尚有采用静力触探动力触探、十字板强度试验和旁压试验等方法，通过建立各试验力学指标与按静载荷试验所确定的地基承载力特征值的相关关系来确定地基承载力。

多年来各国对静力触探试验极为重视，这是一种有发展前途的确定地基承载力的方法。在我国许多地区，静力触探试验发展很快。静力触探具有不用取土且快速、连续、直接测出贯入阻力指标的优点。各地区通过相关分析对比，建立了不少地区性的承载力计算经验公式。有关内容可参考第 12 章。

13.5.5　按工程实践经验确定地基承载力特征值 f_{ak}

在拟建建筑物的邻近地区，常常有着各种各样的在不同时期内建造的建筑物。调查这些已有建筑物的形式、构造特点、基底压力大小、地基土层情况以及这些建筑物是否有裂缝、倾斜和其他损坏现象，根据这些进行详细的分析和研究，对于新建建筑物地基土的承载力的确定，具有一定的参考价值。这种方法一般适用于荷载不大的中小型工程。

上海、北京和天津等地编制了地区性的"工程地质图"，这种图集根据以往的工程勘察和观测资料，通过综合分析对比，就给出各地区的地基承载力，可供参考。

鉴于我国幅员辽阔，同类土的性质随地区差异较大，因此，原则上各地区可以建立本地区的地基土承载力指标的经验性表格，以便于设计人员参考使用。

13.5.6　关于地基承载力问题的讨论

1. 地基的极限状态设计原则

《工程结构可靠性设计统一标准》GB 50153 中规定，建筑结构应满足两种极限状态设计的规定：

1) 承载能力极限状态

当结构或结构构件出现下列状态之一时，应认为超过了承载能力极限状态：

（1）结构构件或连接因超过材料强度而破坏，或因过度变形而不适于继续承载；

（2）整个结构或其一部分作为刚体失去平衡；

（3）结构转变为机动体系；

（4）结构或结构构件丧失稳定；

（5）结构因局部破坏而发生连续倒塌；

（6）地基丧失承载能力而破坏；

（7）结构或结构构件的疲劳破坏。

2）正常使用极限状态

当结构或结构构件出现下列状态之一时，应认为超过了正常能力极限状态：

（1）影响正常使用或外观的变形；

（2）影响正常使用或耐久性能的局部损坏；

（3）影响正常使用的振动；

（4）影响正常使用的其他特定状态。

地基与基础是建筑结构的一部分，其极限状态设计原则可表述如下：

① 地基的承载能力极限状态　地基的承载能力极限状态是指地基在基础荷载的作用下，地基不能丧失强度稳定性。在土力学中，地基的强度稳定性即要求地基中不产生整体剪切破坏而使地基丧失稳定。通常，在设计时要求作用在地基上的荷载不得超过地基的极限承载力。按承载能力极限状态设计对地基进行承载力验算时，地基上作用的荷载不得超过地基承载力特征值。

② 地基的正常使用极限状态　建筑地基的正常使用极限状态主要是要求建筑物基础在荷载作用下产生的最大沉降或不均匀沉降，即地基变形应在地基允许变形值范围内，确保地基基础的正常使用。

建筑地基基础设计时，除了确保上述的地基不出现失稳现象和满足建筑使用功能的变形要求外，还应具有足够的耐久性，以确保建筑结构的安全。建筑结构地基基础方面的安全问题，从已有的大量地基事故分析，绝大多数事故皆由地基变形过大或不均匀造成。故在规范中，明确规定了对建筑地基按变形设计的原则、方法；仅对地基基础设计等级为丙级的建筑物，当按地基承载力设计基础面积及埋深后，可不进行变形计算。

2. 建筑地基设计的可靠度

按《建筑结构可靠度设计统一标准》GB 50153 中"工程结构设计宜采用以概率理论为基础，以分项系数表达的极限状态设计方法；当缺乏统计资料时，工程结构设计可根据可靠的工程经验或必要的试验研究进行，也可采用容许应力或单一安全系数等经验方法进行。"

岩土工程中，由于岩土性质受地质条件及环境因素的影响，岩土性质的变异性极大。

在岩土工程的结构可靠度设计方法方面，尚未达到采用可靠指标量度的水平，而仍然沿用总安全系数的方法。《建筑地基基础设计规范》GB 50007 中，与国际上大多数国家一样，对岩土工程的安全性，在设计时采用总安全系数的方法来体现。这是比较符合当前岩土工程技术水平的发展现状的。

建筑地基基础设计规范中规定的地基承载力特征值的取值，大体相当于地基极限承载力除以 2，即地基承载力的总安全系数大致为 2。按多年来的建筑地基基础的工程实践来看，工程的安全是有保证的。

3. 关于地基承载力特征值

在建筑结构设计规范中，材料的抗力通常以材料抗力的标准值与设计值表示，材料强度的设计值，由强度标准值除以材料分项系数确定。在《建筑地基基础设计规范》中对地基承载力，历届规范的版本中有不同的说法，我国国家标准地基基础规范最早的版本为《工业与民用建筑地基基础设计规范》TJ 7—74，以下简称为74规范。74规范中建筑地基基础设计和地基承载力的基本规定，已在前期的工程中得到验证，可以确保工程的安全可靠、经济合理。以下对建筑地基基础设计的历年来的各版本规范中，对地基承载力的相关规定作一简要介绍：

1)《工业与民用建筑地基基础设计规范》TJ 7—74

TJ 7—74为全国通用设计规范，自1974年11月1日起实行，其对地基承载力的相关规定如下：

（1）关于容许承载力

74规范中，对地基承载力称为地基容许承载力。该版规范中对地基容许承载力是这样定义的：地基土的容许承载力系指在保证地基稳定的条件下，房屋和构筑物的沉降量不超容许值的地基承载能力。地基土的容许承载力，可根据土的物理力学指标或触探试验分别按表13.5.3～表13.5.14确定。对于重要的或结构特殊的房屋和构筑物，尚应结合现场静载荷试验、公式计算和实践经验等方法综合确定。

（2）关于地基土容许承载力表

74规范中列出了各种土的容许承载力表。设计时可以根据土的物理力学性质试验、标准贯入试验、轻便触探等试验结果，查相应的表格确定地基土的容许承载力。

规范规定，当基础的宽度小于或等于3m，埋深为0.5～1.5m时，各类土的容许承载力可直接采用表内数值；若基础的宽度和埋深不符合上述规定时，则应对表内查得的容许承载力数值进行宽、深度修正。

①根据土的物理、力学指标或野外鉴别结果，可按表13.5.3～表13.5.10确定地基土容许承载力。

岩石容许承载力 $[R]$ （t/m^2） 表13.5.3

风化程度 岩石类别	强风化	中等风化	微风化
硬质岩石	50～100	150～250	≥400
软质岩石	20～50	70～120	150～200

注：对于微风化的硬质岩石，其容许承载力如取用大于400t/m^{2}时，应另行研究确定。

碎石土容许承载力 $[R]$ （t/m^2） 表13.5.4

密实度 土的名称	稍密	中密	密实
卵石	30～40	50～80	80～100
碎石	20～30	40～70	70～90
圆砾	20～30	30～50	50～70

密实度 土的名称	稍 密	中 密	密 实
角 砾	15～20	20～40	40～60

注：1. 表中数值适用于骨架颗粒空隙全部由中砂、粗砂或硬塑、坚硬状态的黏性土所充填。

2. 当粗颗粒为中等风化或强风化时，可按其风化程度适当降低容许承载力。当颗粒间呈半胶结状时，可适当提高容许承载力。

砂土容许承载力［R］(t/m²)　　　　　　表 13.5.5

密实度 土的名称		稍 密	中 密	密 实
砾砂、粗砂、中砂 （与饱和度无关）		16～22	24～34	40
细砂、粉砂	稍 湿	12～16	16～22	30
	很 湿		12～16	20

老黏性土容许承载力［R］　　　　　　表 13.5.6

含水比 u	0.4	0.5	0.6	0.7	0.8
容许承载力［R］(t/m²)	70	58	50	43	38

注：1. 含水比 u 为天然含水量 w 与液限 w_L 的比值。

2. 本表仅适用于压缩模量 E_s 大于 150kg/cm² 的老黏性土。

一般黏性土容许承载力［R］(t/m²)　　　　　　表 13.5.7

塑性指数 I_p		≤10			>10					
液性指数 I_L 孔隙比 e	0	0.5	1.0	0	0.25	0.50	0.75	1.00	1.20
0.5	35	31	28	45	41	37	(34)		
0.6	30	26	23	38	34	31	28	(25)	
0.7	25	21	19	31	28	25	23	20	16
0.8	20	17	15	26	23	21	19	16	13
0.9	16	14	12	22	20	18	16	13	10
1.0		12	10	19	17	15	13	11	
1.1				15	13	11	10		

注：有括号者仅供内插用。

沿海地区淤泥和淤泥质土容许承载力［R］　　　　　　表 13.5.8

天然含水量 w(%)	36	40	45	50	55	65	75
容许承载力［R］(t/m²)	10	9	8	7	6	5	4

注：1. 对于内陆淤泥和淤泥质土，可参照使用。

2. w 为原状土的天然含水量。

红黏土容许承载力［R］　　　　　　表 13.5.9

含水比 u	0.50	0.55	0.60	0.65	0.70	0.75	0.80	0.85	0.90	0.95	1.00
容许承载力［R］(t/m²)	35	30	26	23	21	19	17	15	13	12	11

注：本表适用于广西、贵州、云南地区的红黏土。对于母岩、成因类型、物理力学性质相似的其他地区的红黏土，可参照使用。

黏性素填土容许承载力 [R] 表 13.5.10

压缩模量 E_s(kg/cm²)	70	50	40	30	20
容许承载力[R](t/m²)	15	13	11	8	6

注：1. 本表只适用于堆填时间超过 10 年的黏土和粉质黏土，以及超过 5 年的黏质粉土。

2. 压实填土地基的容许承载力，可按本规范第 58 条采用。

② 根据触探试验确定容许承载力

根据标准贯入试验锤击数 $N_{63.5}$，可按表 13.5.11 及表 13.5.12 确定容许承载力。

砂土容许承载力 [R] 表 13.5.11

标准贯入试验锤击数 $N_{63.5}$	10～15	15～30	30～50
容许承载力[R](t/m²)	14～18	18～34	34～50

老黏性土和一般黏性土容许承载力 [R] 表 13.5.12

标准贯入试验锤击数 $N_{63.5}$	3	5	7	9	11	13	15	17	19	21	23
容许承载力[R](t/m²)	12	16	20	24	28	32	36	42	50	53	66

根据轻便触探试验锤击数 N_{10}，可按表 13.5.13 及表 13.5.14 确定容许承载力。

一般黏性土容许承载力 [R] 表 13.5.13

轻便触探试验锤击数 N_{10}	15	20	25	30
容许承载力[R](t/m²)	10	14	18	22

黏性素填土容许承载力 [R] 表 13.5.14

轻便触探试验锤击数 N_{10}	10	20	30	40
容许承载力[R](t/m²)	8	11	13	15

地基容许承载力表，是在收集全国各地不同土层上进行的大量静载荷试验资料，经数理统计归纳而得，是一项有相当可靠性的技术指导。74 规范发布后，在全国各地大量工程设计实践中得到了广泛应用。

2)《建筑地基基础设计规范》GBJ 7—89

1981 年，根据原国家建委的要求对《工业与民用建筑地基基础设计规范》TJ 7—74 进行了修改，改名为《建筑地基基础设计规范》GBJ 7—89，自 1990 年 1 月 1 日起实行，以下简称为 89 规范。89 规范修订时，要求工程结构的设计标准均要满足《建筑结构设计统一标准》GBJ 68—84 的要求：工程结构设计应采用以概率理论为基础、以分项系数表达的极限状态设计方法进行；荷载效应应按基本组合及长期组合的规定计算；荷载按作用的代表值、设计值及作用分项系数的关系确定；材料性能按标准值、设计值及材料性能分项系数的关系确定。

89 规范修订时，由于岩土工程的复杂性、地区性以及岩土参数的离散性等特点，当时尚难以取得满足概率极限状态设计要求的各分项系数的统计值，因此 89 规范中采取了如下的过渡方法：将由现场静载荷试验或查表方法取得的地基承载力容许值定名为地基承载力基本值，将基本值（平均值）乘以按样本数作用的修正的变异分数后的值作为地基承载力标准值，将地基承载力标准值进行地基承载力的深、宽度修正以后的值称为地基承力设计值。采取这样的过渡方法，可以使地基基础按 89 规范的设计结果与 74 规范的设计结果大致相当。这样的过渡方法与按极限状态设计并无联系。关于地基承载力的标准值，在《建筑地基基础设计规范》GBJ 7—89 附录五给出了各种土（岩）的承载力标准值。但当根据室内物理力学指标确定承载力时，附录五给出的承载力的基本值 f_0，基本值乘以回归修正系数即得出承载力的标准值 f_k，其表达式如下：

$$f_k = \psi_f f_0 \tag{13.5.3}$$

式中　f_k——地基承载力标准值；

　　　f_0——地基承载力基本值；

　　　ψ_f——回归修正系数。

乘以回归修正系数 ψ_f，是考虑到据以查表的土性指标是根据数量有限的测定个数统计得出的，且测定值又有一定的离散性。测定个数 n 应视工程重要程度、场地面积大小、土层厚度和均匀性而定，一般要求不少于 6 个。

回归修正系数按式（13.5.4）计算：

$$\psi_f = 1 - \left(\frac{2.884}{\sqrt{n}} + \frac{7.918}{n^2} \right) \delta \tag{13.5.4}$$

式中　n——据以查表的土性指标参加统计的数据数；

　　　δ——变异系数。

当回归修正系数小于 0.75 时，应分析 δ 过大原因，如分层是否合理、试验有无差错等，并应同时增加试样数量。

变异系数按式（13.5.5）计算

$$\delta = \frac{\sigma}{\mu} \tag{13.5.5}$$

$$\mu = \frac{\sum\limits_{i=1}^{n} \mu_i}{n} \tag{13.5.6}$$

$$\sigma = \frac{\sqrt{\sum\limits_{i=1}^{n} \mu_1^2 - n\mu}}{n-1} \tag{13.5.7}$$

式中　μ——据以查表的某一土性指标试验平均值；

　　　σ——标准差。

当表中含并列两个指标时，要计算综合变异系数：

$$\delta = \delta_1 + \xi \delta_2 \tag{13.5.8}$$

式中　δ_1——第一指标的变异系数；

　　　δ_2——第二指标的变异系数；

　　　ξ——第二指标的折算系数，见有关承载力表的注。

与 74 规范相比，89 规范的地基承载力基本值，相当于 74 规范的地基承载力容许值。89 规范增加用岩石单轴抗压强度确定岩石地基承载力的方法。取消老黏土和新近沉积黏性土的承载力表，增加粉土承载力表 13.5.15，修订了红黏土承载力表 13.5.16，采用数理统计方法确定土的工程特性指标。

粉土承载力基本值（kPa）　　　　　　　　　　　　　　　表 13.5.15

第一指标 孔隙比 e ＼ 第二指标 含水量 w(%)	10	15	20	25	30	35	40
0.5	410	390	(365)				
0.6	310	300	280	(270)			
0.7	250	240	225	215	(205)		
0.8	200	190	180	170	(165)		
0.9	160	150	145	140	130	(125)	
1.0	130	125	120	115	110	105	(100)

注：1. 有括号者仅供内插用；

　　2. 折算系数 ξ 为 0；

　　3. 在湖、塘、沟、谷与河漫滩地段，新近沉积的粉土，其工程性质一般较差，应根据当地实践经验取值。

红黏土承载力基本值（kPa）　　　　　　　　　　　　　　表 13.5.16

土的 名称	第二指标 液塑比 $I_r=\dfrac{w_L}{w_p}$ ＼ 第一指标 含水比 $a_w=\dfrac{w}{w_L}$	0.5	0.6	0.7	0.8	0.9	1.0
红黏土	≤1.7	380	270	210	180	150	140
	≥2.3	280	200	160	130	110	100
次生红黏土		250	190	150	130	110	100

注：1. 本表仅适用于定义范围内的红黏土；

　　2. 折算系数 ξ 为 0.4。

89 规范保留了采用的土的物理力学性指标查表确定地基承载力的方法，方便于设计。但确定地基承载力标准值、设计值的过渡方法，为工程设计带来了诸多不便。

3）《建筑地基基础设计规范》GB 50007—2002

根据建设部要求，对 89 规范进行了修订，发布了《建筑地基基础设计规范》GB 50007—2002 版本，以下简称为 02 版本。

02 规范对 89 规范作了较大修改，在《工程结构可靠性设计统一标准》GB 50153—2008 中明确了：工程结构设计宜采用以概率理论为基础、以分项系数表达的极限状态设计方法；当缺乏统计资料时，工程结构设计可根据可靠的工程经验或必要的试验研究进行，也可采用容许应力或单一安全系数等经验方法进行。

因此，02 规范中地基基础设计的可靠性采用了总安全系数法，去除了 89 规范中地基承载力设计值的提法。由于土为大变形材料，当荷载增加时，随着地基变形的相应增长，地基承载力也在逐渐加大，很难界定出一个真正的"极限值"；另一方面，建筑物的使用有一个功能要求，常常是地基承载力还有潜力可挖，而变形已达到或超过正常使用的限值。因此，地基设计是采用正常使用极限状态这一原则，所选定的地基承载力是在地基土的压力变形曲线线性变形段内相应于不超过比例界限点的地基压力值，即允许承载力。它相当于 74 规范中的地基容许承载力。

根据国外有关文献，相应于我国规范中"标准值"的含义可以有特征值、公称值、名义值、标定值四种。在国际标准《结构可靠性总原则》ISO 2394 中，相应的术语直译应为"特征值"（characteristic value），该值的确定可以是统计得出，也可以是传统经验值或某一物理量限定的值。

规范修订采用"特征值"一词，用以表示按正常使用极限状态计算时采用的地基承载力和单桩承载力的值，其涵义即为在发挥正常使用功能时所允许采用的抗力设计值，以避免过去一律提"标准值"时所带来的混淆。

02 规范规定，地基承载力特征值可由载荷试验或其他原位测试、公式计算，并结合工程实践经验等方法综合确定。

当基础宽度大于 3m 或埋置深度大于 0.5m 时，从载荷试验或其他原位测试、经验值等方法确定的地基承载力特征值，尚应进行深宽度修正。

当采用静力触探、动力触探、标准贯入试验等原位测试，用于确定地基承载力，在我国已有丰富经验可以应用，并强调了必须有地区经验，即当地的对比资料。同时还应注意，当地基基础设计等级为甲级和乙级时，应结合室内试验成果综合分析，不宜单独应用。

02 规范修订时，取消了确定地基承载力的查表方法。查表法是从 74 规范建立了土的物理力学性指标与地基承载力关系，89 规范仍保留了地基承载力表，列入附录并在使用上加以适当限制。承载力表使用方便是其主要优点，但也存在一些问题。承载力表是用大量的试验数据，通过统计分析得到的。我国幅员广大，土质条件各异，用几张表格很难概括全国的规律。用查表法确定承载力，在大多数地区可能基本适合或偏保守，但也不排除个别地区可能不安全。此外，随着设计水平的提高和对工程质量要求的趋于严格，变形控制已是地基设计的重要原则，02 规范作为国标，如仍沿用承载力表，显然已不适应当前的要求，故 02 规范修订决定取消有关承载力表的条文和附录。

从多年来我国地基基础设计的水平和工程实践来看，地基承载力表仍有其使用价值，现对承载力表使用时的注意事项说明如下：

（1）《建筑地基基础设计规范》GB 50007—2002 取消了地基承载力表格，并不意味着完全否定这种确定承载力方法的理论与实践意义，而是更强调考虑地质条件的地区性差异和根据地区经验确定地基承载力。因此，地方性的地基基础设计规范仍可以建立反映当地实际的承载力表。

（2）地基承载力表是以大量工程实践经验的总结。对于没有建立地方性承载力表格等地区，应更强调通过原位测试确定承载力，以积累地区性的承载力经验参数。

（3）在参考使用原地基基础设计的承载力表时，尚应注意了解当时与原地基基础设计规定配套的其他荷载规范和建筑、结构设计与施工规范。

4）《建筑地基基础设计规范》GB 50007—2011

2011 年，住房和城乡建设部发布了《建筑地基基础设计规范》GB 50007—2011，这是在原《建筑地基基础设计规范》GB 50007—2002 的基础上修订完成的，简称 11 规范。11 规范对地基承载力特征值的规定未作修改，明确地基承载力特征值可由载荷试验及其他原位测试、公式计算，并结合工程经验等方法综合确定。

4. 基础宽度和埋深的承载力修正问题

按土力学中地基承载力的理论解，当基础的尺寸与埋深与地基静载荷试验荷载板的尺寸与埋深不同时，应对地基承载力值作深宽度修正，予以适当提高。地基基础设计时，要考虑满足两种极限状态设计的要求，通常地基正常使用极限状态的要求、按变形设计是控制条件。因此，承载力修正的问题，通常不单纯从地基强度考虑，而是考虑若设计时对地基承载力取值过高，地基变形可能较大，影响建筑物的正常使用。在一些情况下，对较好土层深度修正系数取较小值，对宽度不作修正，而对砂土作较大修正。

5. 关于对地基承载力的综合评价

建筑物地基基础设计时，应综合考虑场地和地基两方面的因素。场地是指工程建设所直接占有并使用的有限面积的土地；地基则是指承担建筑物基础的那一部分范围很小的场地。地基因承受建筑物荷载的作用而产生有危害的变形或因地基强度不足而失稳，所以与工程建筑的关系更为直接、具体。评价场地要考虑如断裂、地裂、液化、滑坡等各种不良地质现象（参见第一篇岩石与地质作用），而地基问题主要是预估土体承载力，其强度是否足以保证其稳定性及地基变形的大小。场地与地基评价虽各有侧重内容，各有其技术特点，但一般来说，两者总是相互补充、相辅相成的。

规范所规定的地基承载力的三种确定方法，载荷试验是基本方法，重要工程都需进行现场静载荷试验；原位测试，或是用室内试验成果来确定地基承载力的，都是试验资料与载荷试验确定的地基承载力，建立回归经验方程得到的计算公式或表格；通过承载力理论公式计算时，需要按所选的方式、所采用的抗剪强度指标及安全系数配套考虑。由上述三种方法得到的承载力值，依然有所出入，这就需要从建筑物的重要性、场地土质条件、地下水位变化、测试方法和数据的可靠性以及邻近建筑物的工程经验等综合分析加以确定。承载力的取值要考虑建筑物不均匀沉降存在的可能性及其影响，尤其是在软弱地基上，宜适当控制承载力的取值。

13.6 按地基承载力确定基础底面积

基础设计首先需要确定基础底面积，进行基底压力的计算，即确定作用在地基上的荷载，进行地基承载力的验算。

基底压力计算在土力学中属于接触压力课题，参见第7.3节，基础的刚度影响接触压力的分布。当基础下的基底压力呈马鞍形分布，地基基础设计时需要取简化计算方法，按刚性基础作用地基上的计算模型进行基底压力计算，基底压力呈直线分布。

13.6.1 基础底面的压力计算

基础底面的压力，可按下列公式确定：

1. 当轴心荷载作用时

$$p_k = \frac{F_k + G_k}{A} \tag{13.6.1}$$

式中　F_k——相应于作用的标准组合时，上部结构传至基础顶面的竖向力值，kN；

　　　G_k——基础自重和基础上的土重，kN；

　　　A——基础底面面积，m^2。

2. 当偏心荷载作用时

$$p_{kmax} = \frac{F_k + G_k}{A} + \frac{M_k}{W} \tag{13.6.2}$$

$$p_{kmin} = \frac{F_k + G_k}{A} - \frac{M_k}{W} \tag{13.6.3}$$

式中 M_k——相应于作用的标准组合时，作用于基础底面的力矩值，kN；

W——基础底面的抵抗矩，m^2；

p_{kmin}——相应于作用的标准组合时，基础底面边缘的最小压力值，kPa。

3. 当基础底面形状为矩形且偏心距 $e > b/6$ 时

如图 13.6.1 所示，p_{kmax} 应按式（13.6.4）计算：

$$p_{kmax} = \frac{2(F_k + G_k)}{3la} \tag{13.6.4}$$

式中 l——垂直于力矩作用方向的基础底面边长，m；

a——合力作用点至基础底面最大压力边缘的距离，m。

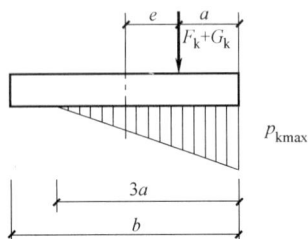

图 13.6.1 偏心荷载（$e > b/6$）
下基底压力计算示意图
b—力矩作用方向基础底面边长

13.6.2 地基承载力的验算

基底压力确定后，进行地基承载力验算，可按下列公式进行：

1. 当轴心荷载作用时

$$p_k \leqslant f_a \tag{13.6.5}$$

式中 p_k——相应于作用的标准组合时，基础底面处的平均压力值，kPa；

f_a——修正后的地基承载力特征值，kPa。

2. 当偏心荷载作用时

除符合式（13.6.5）要求外，尚应符合下式要求：

$$p_{kmax} \leqslant 1.2 f_a \tag{13.6.6}$$

式中 p_{kmax}——相应于作用的标准组合时，基础底面边缘的最大压力值，kPa。

3. 当基础宽度大于 3m 或埋置深度大于 0.5m 时

从载荷试验或其他原位测试、经验值等方法确定的地基承载力特征值，尚应按式（13.5.1）修正。

13.6.3 中心荷载作用下的基础计算

1. 墙下条形基础

基础一般采用对称形式，使基础底面形心与荷载作用线位于同一垂线上，避免基础发生倾斜。作用于条形基础上的荷载取 1m 长度为计算单位。

当按地基承载力计算时，应符合式（13.6.7）要求。

$$p_k \leqslant f_a \tag{13.6.7}$$

式中 p_k——相应于荷载效应标准组合时的基础底面处的平均压力值，kPa/m；

f_a——修正后的地基承载力特征值，kPa。

基底压力 p_k 按式（13.6.8）计算：

$$p_k = \frac{F_k + G_k}{b} \tag{13.6.8}$$

式中 F_k——相应于荷载效应标准组合时，作用于基础上的轴向力值，kN/m；

G_k——基础自重和基础上的土重，kN/m。

对于常规浅基础，G_k 可按下式计算：

$$G_k = \gamma_G A d \qquad (13.6.9)$$

γ_G——基础及其上覆土体的混合重度，一般可近似取为 $20kN/m^3$；地下水位以下取浮重度；

A——基础底面面积，m^2；对条形基础，$A = b \times 1$；

b——基础底面宽度，m；

d——基础埋深，m。

将式（13.6.7）代入式（13.6.8），可求得基础底面宽度为：

$$b = \frac{F}{f_a - \gamma_G d} \qquad (13.6.10)$$

2. 柱下单独基础

基底平均压力按下式计算：

$$p_k = \frac{F_k + G_k}{A} = \frac{F_k + \gamma_G A d}{A} \qquad (13.6.11)$$

基础尺寸亦应满足式（13.6.7）要求。

对于方形基础，其边长为

$$p_k = \frac{F_k + \gamma_G A d}{A} = \frac{F_k + \gamma_G b^2 d}{b^2} \leqslant f_a \qquad (13.6.12)$$

$$b \geqslant \sqrt{\frac{F_k}{f_a - \gamma_G d}} \qquad (13.6.13)$$

对于矩形基础

$$p_k = \frac{F_k + \gamma_G A d}{A} = \frac{F_k + \gamma_G b l d}{b l} \leqslant f_a \qquad (13.6.14)$$

$$A = b l \geqslant \frac{F_k}{f_a - \gamma_G d} \qquad (13.6.15)$$

式中　l——矩形基础底面的长度，m；

其他符号意义同前。

【例题 13.6.1】　某墙下条形基础，在荷载效应标准组合时作用于基础上的轴向荷载值 $F_k = 180kN/m$，埋深 $d = 1.1m$。地基土为粉质黏土，土的天然重度 $\gamma = 18kN/m^3$，孔隙比 $e = 0.85$，塑性指数 $I_p = 12.5$，液性指数 $I_L = 1.0$。已知地基承载力特征值 $f_{ak} = 144.8kPa$。基础顶面宽度 $b_0 = 38cm$。基础做法为下面采用厚度为 $45cm$ 的 $3:7$ 灰土，上面采用砖砌体。试确定所需的基础底面宽度，并绘出基础剖面图。

【解】

（1）预估基础宽度

$$b = \frac{F_k}{f_{ak} - \gamma_G d} = \frac{180}{144.8 - 20 \times 1.1} = 1.46m$$

取 $b = 1.50m$。

（2）求修正后地基土承载力特征 f_a

因为 $b < 3m$，但 $d > 0.5m$，需对承载力特征值进行深度修正。

$$f_a = f_{ak} + \eta_b \gamma (b - 3) + \eta_d \gamma_m (d - 0.5)$$

$$=144.8+1.0\times18\times(1.1-0.5)=155.6\text{kPa}$$

（3）根据修正后承载力特征 f_a 确定 b

$$b=\frac{F_k}{f_a-\gamma_G d}=\frac{180}{155.6-20\times1.1}=1.35\text{m}$$

$b<3\text{m}$，不需再调整。最后，取 $b=1.5\text{m}$。

（4）根据用砖和灰土做的基础的宽度比（见例图 13.6.1 基础剖面图和第 14 章表 14.3.1）要求（$b_1/H_0<1.5$），可绘出基础剖面图，如例图 13.6.1 所示。

（5）灰土顶面接触压力验算

灰土顶面压力为

$$p'=\frac{F_k+G'}{b'}=\frac{180+20\times1.1\times0.65}{1.1}$$

$$=176.6\text{kPa}<250\sim300\text{kPa}（满足要求）$$

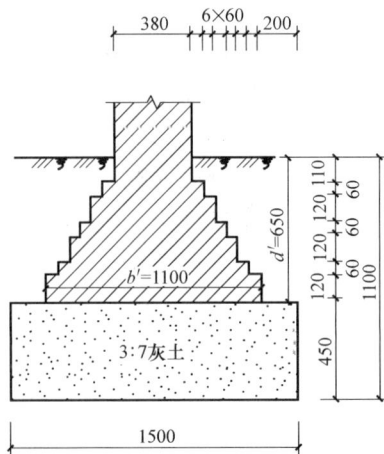
例图 13.6.1

13.6.4 偏心荷载作用下的基础计算

在偏心荷载作用下，基底压力分布一般假定为直线分布，其边端压力（图 13.6.2）等于：

$$p^{k_{max}}_{k_{min}}=\frac{F_k+G_k}{A}\pm\frac{M_k}{W} \quad (13.6.16)$$

式中 M_k——荷载效应标准组合时，作用于基础底面的力矩值，$kN\cdot m$；

W——基础底面的弯矩抵抗矩，m^3。

当基础受到法向压力 F_k+G_k 和两个方向的力矩 M_{kx} 和 M_{ky} 的作用时，基础底面某点 $(x、y)$ 的压力可按式（13.6.17）计算：

$$p_k(x,y)=\frac{F_k+G_k}{A}\pm\frac{M_{kx}y}{J_x}\pm\frac{M_{ky}x}{J_y}$$

$$(13.6.17)$$

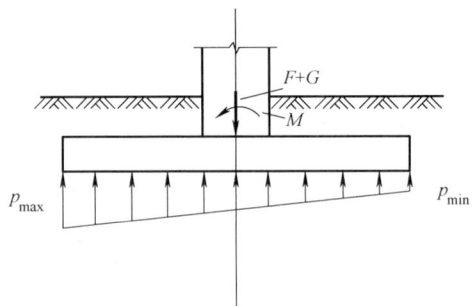
图 13.6.2 偏心荷载作用下基底压力的分布

式中 M_{kx}——荷载效应标准组合时，作用于基础底面对 x 轴的力矩值，$kN\cdot m$；

M_{ky}——荷载效应标准组合时，作用于基础底面对 y 轴的力矩值，$kN\cdot m$；

J_x——基础底面对 x 轴的惯性矩，m^3；

J_y——基础底面对 y 轴的惯性矩，m^3。

在偏心荷载作用下，基础宽度或底面积应采用试算法来确定，先预估基础底面尺寸，按初步尺寸进行基底压力的校核，不合要求时再重新修改，其步骤如下（以矩形基础为例）：

（1）先按中心受压情况，用式（13.6.15）估算基础底面积 A_0：

$$A_0\geqslant\frac{F_k}{f_a-\gamma_G d}$$

考虑偏心荷载，假定基础底面积增加 $10\%\sim40\%$，即 $A_1=(1.1\sim1.4)A_0$。

（2）根据荷载偏心方向、基础平面布置条件并兼顾基础内力及结构分析情况，初步选定基础的长度 l_1 与宽度 b_1：

$$A_1 = b_1 \times l_1$$

（3）以初估的基础底面积 A_1，按式（13.6.14）计算基底边缘的最大和最小压力：
基底最大压力应满足式（13.6.18）要求：

$$p_{kmax} \leqslant 1.2 f_a \qquad (13.6.18)$$

同时，要求平均基底压力满足公式（13.6.19）的
要求：

$$\overline{p}_k \leqslant f_a \qquad (13.6.19)$$

p_{kmax} 和 p_{kmin} 相差过多是不利的，特别是在软土地基
上，会造成基础较大倾斜。因此，有时可将基础做成不对
称的形式，如图 13.6.3 所示，使外荷对于基础底面形心的
偏心距尽量减小，这样，p_{kmax} 和 p_{kmin} 相差可不致过大。

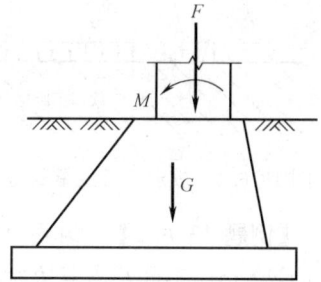

图 13.6.3　偏心荷载下的
不对称基础

13.6.5　软弱下卧层的承载力验算

上述按满足地基承载力条件计算基底尺寸的方法，只
考虑到基底压力不超过持力层土的承载力。如果在地基压
缩层范围内地基持力层的各下卧土层的承载力均不低于持力层的承载力，则可认为地基强
度条件完全满足了。实际上，有时会遇到地基下卧层较为软弱的情况，这时则必须验算较
弱下卧层的强度，要求作用在下卧层顶面的全部压力不应超过下卧层土的承载力，即

$$p_{kz} + p_{cz} \leqslant f_{az} \qquad (13.6.20)$$

式中　p_{kz}——荷载效应标准组合时，软弱下卧层顶面处的附加压力值，kPa；

　　　p_{cz}——软弱下卧层顶面处土的自重压力值，kPa；

　　　f_{az}——软弱下卧层顶面处经深度修正后地基承载力特征值，kPa。

附加压力 p_{kz}，可按双层地基中附加应力分布的简化方法计算。具体介绍如下：

（1）当持力层与下卧软弱土层的压缩模量比值 $E_{s1}/E_{s2} \geqslant 3$ 时，需要进行软弱下卧层
承载力验算；

（2）式（13.6.20）中的 p_{kz} 可按压力扩散角的概念计算，即假设基底处的附加压力
（$p_{0k} = p_k - p_c$）往下传递时按某一角度 θ 向外扩散，并均匀分布于较大的面积上。

（3）根据扩散前后各面积上的总附加荷载相等的条件，可计算 p_{kz}，如图 13.6.4
所示。

条形基础

$$p_{kz} = \frac{b(p_k - p_c)}{b + 2z\tan\theta} \qquad (13.6.21)$$

矩形基础

$$p_{kz} = \frac{bl(p_k - p_c)}{(b + 2z\tan\theta)(l + 2z\tan\theta)} \qquad (13.6.22)$$

式中　b——矩形基础或条形基础的底边宽度，m；

　　　l——矩形基础底边的长度，m；

　　　p_c——基础底面处土的自重压力值，kPa；

　　　z——基础底面至软弱下卧层顶面的距离，m；

　　　θ——地基压力扩散线与垂直线的夹角，°，可按表 13.6.1 采用。

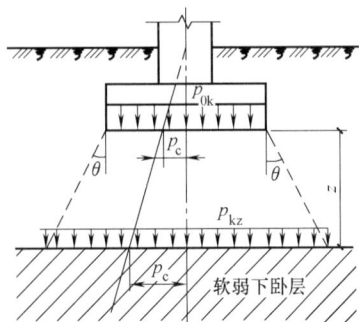

图 13.6.4 软弱下卧层承载力验算

地基压力扩散角 θ 　　表 13.6.1

E_{s1}/E_{s2}	z/b	
	0.25	0.50
3	6°	23°
5	10°	25°
10	20°	30°

注：1. E_{s1} 为上层土压缩模量，E_{s2} 为下层土压缩模量；

　　2. $z/b < 0.25$ 时，取 $\theta = 0°$，必要时，宜由试验确定；$z/b > 0.50$ 时，θ 值不变；

　　3. z/b 在 $0.25 \sim 0.50$，可插值使用。

【例题 13.6.2】 例图 13.6.2 中柱基础荷载值 $F_{vk} = 835$kN，$F_{hk} = 14$kN，$M_k = 577$kN·m；下卧层承载力特征值为 $f_{ak} = 84$kPa。试根据图中各项资料验算下卧层的承载力是否满足要求。

【解】

（1）计算经深度修正的下卧层承载力特征值 f_{az}

已知基础宽度 $b = 2.0$m，长度 $l = 2.5$m，埋深 $d = 2.2$m，持力层厚度 $z = 3.3$m。下卧层承载力 $f_{ak} = 84$kPa，下卧层埋深为 $d_z = d + z = 5.5$m。

根据图中资料，持力层土的有效重度为：

$$\gamma' = \frac{d_s - 1}{1 + e}\gamma_w = \frac{2.75 - 1}{1 + 0.78} \times 9.80 = 9.6 \text{kN/m}^3$$

下卧层埋深范围内土的按厚度加权平均重度为：

$$\gamma_{mz} = \frac{\gamma_m d + \gamma' z}{d + z} = \frac{\left(\frac{16 \times 1.5 + 19.8 \times 0.7}{2.2}\right) \times 2.2 + 9.6 \times 3.3}{2.2 + 3.3} = 12.6 \text{kN/m}^3$$

按下卧层土性指标，查表 13.5.1，对淤泥或淤泥质土得修正系数 $\eta_d = 1.0$。

经深度修正的下卧层承载力特征值为

$f_a = f_{ak} + \eta_d \gamma_{mz}(d_z - 0.5)$

$= 84 + 1.0 \times 12.6 \times (5.5 - 0.5) = 147$kPa

（2）计算下卧层顶面处土自重压力 p_{cz}

$p_{cz} = \gamma_{mz} d_z = 12.6 \times 5.5 = 70$kPa

（3）确定地基压力扩散角 θ

按持力层与下卧层的压缩模量之比 $E_{s1}/E_{s2} = 7.5/2.5 = 3$，以及 $z/b = 3.3/2.0 > 0.50$，查表 13.6.1 得 $\theta = 23°$，$\tan\theta = 0.424$。

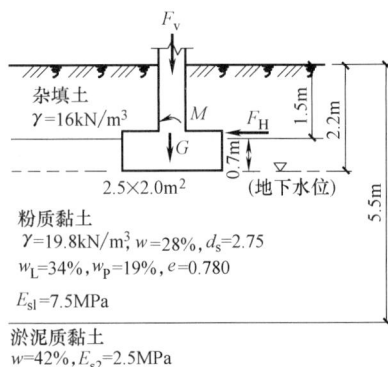

例图 13.6.2

（4）计算基底平均压力 p_k 和土的自重压力 p_c。

$$p_k = \frac{F_k + G_k}{A} = \frac{835 + 20 \times 2.0 \times 2.5 \times 2.2}{2.0 \times 2.5} = 211 \text{kPa}$$

$$p_c = \gamma_m d = 16 \times 1.5 + 19.8 \times 0.70 = 38 \text{kPa}$$

（5）计算下卧层顶面处的附加压力 p_{kz}

$$p_{kz} = \frac{bl(p_k - p_c)}{(b+2z\tan\theta)(l+2z\tan\theta)} = \frac{2.5 \times 2.0 \times (211-38)}{(2.0+2 \times 3.3 \times 0.424) \times (2.5+2 \times 3.3 \times 0.424)} = 34 \text{kPa}$$

（6）验算下卧层的承载力

$p_{kz} + p_{cz} = 34 + 70 = 104 \text{kPa} < f_{az} = 147 \text{kPa}$，满足要求。

13.7 地基变形验算

根据建筑物的具体条件和地基基础设计规范的规定，应确定所设计的建筑物是否需要进行地基变形验算。对不满足表 13.2.2 规定的建筑物，在按地基承载力条件初步选定基础底面尺寸后，尚应进行地基变形验算。验算地基变形时，要满足地基变形值不超过其允许值的条件，以保证不致因地基变形过大而影响建筑物正常使用或危害安全。如果变形要求不能满足时，则需调整基础底面尺寸或采取其他控制变形的措施。

13.7.1 地基变形特征及其允许值

地基变形的验算，要针对建筑物的具体结构类型与特点，分析对结构正常使用有主要控制作用的地基变形特征。地基变形的类型，按其特征可以分为沉降量、沉降差、倾斜和局部倾斜四种，概括于表 13.7.1。

地基允许变形值的确定是一项十分复杂的工作，应通过建筑物沉降观测，并根据建筑物的结构类型及使用情况，从大量资料中进行总结，以及考虑地基和上部结构的共同工作，进行全面分析研究而确定的。建筑地基基础规范中对允许变形值的规定，如表 13.7.2 所示。由于全国各地的建筑物在结构形式、材料及使用等方面的条件各不相同，而且各地区的地质条件也有很大差别，所以对允许变形值应注意结合具体工程条件酌定。

地基的变形特征 表 13.7.1

特征类型	定义	图 示	计算式	说 明
沉降量	基础中心点的下沉值		计算方法见第 8 章	1. 主要用于地基比较均匀时的单层排架结构柱基,在满足允许沉降量后可不再验算相邻柱基的沉降量; 2. 在决定工艺上考虑沉降所预留建筑物有关部分之间净空、连接方法及施工顺序时也须用到沉降量,此时往往需要分别预估施工期间和使用期间的地基变形值
沉降差	相邻两个单独基础的沉降量之差		$\Delta s_{12} = s_1 - s_2$	1. 控制地基不均匀,荷载差异大时框架结构及单层排架结构的相邻柱基沉降差; 2. 相邻结构物影响存在时; 3. 在原有基础附近堆积重物时; 4. 当必须考虑在使用过程中结构物本身与之有联系部分的标高变动时

特征类型	定义	图　示	计算式	说　明
倾斜	单独基础在倾斜方向上两端点下沉之差与此两点水平距离之比		$\tan\theta=\dfrac{s_1-s_2}{b}$	对有较大偏心荷载的基础和高耸构筑物基础,其地基不均匀或附近堆有地面荷载时,要验算倾斜。在地基比较均匀且无相邻荷载影响时,高耸构筑物的沉降量在满足允许沉降量后,可不验算倾斜值
局部倾斜	砌体承重结构沿纵向 $6\sim10$m 内基础两点的下沉值之差与此两点水平距离之比		$\tan\theta=\dfrac{s_1-s_2}{l}$	一般承重墙房屋(如墙下条形基础)。距离 l 可根据具体建筑物情况,根据隔墙的间距而定,一般应将沉降计算点选择在地基不均匀,荷载相差很大或体形复杂的局部段落的纵横墙壁交点处

建筑物的地基变形允许值　　　　　　表 13.7.2

变　形　特　征		地基土类别	
		中、低压缩性土	高压缩性土
砌体承重结构基础的局部倾斜		0.002	0.003
工业与民用建筑相邻柱基的沉降差	框架结构	$0.002l$	$0.003l$
	砌体墙填充的边排柱	$0.0007l$	$0.001l$
	当基础不均匀沉降时不产生附加应力的结构	$0.005l$	$0.005l$
单层排架结构(柱距为 6m)柱基的沉降量(mm)		(120)	200
桥式吊车轨面的倾斜(按不调整轨道考虑)	纵向	0.004	
	横向	0.003	
多层和高层建筑的整体倾斜	$H_g\leqslant24$	0.004	
	$24<H_g\leqslant60$	0.003	
	$60<H_g\leqslant100$	0.0035	
	$H_g>100$	0.002	
体型简单的高层建筑基础的平均沉降量(mm)		200	
高耸结构基础的倾斜	$H_g\leqslant20$	0.008	
	$20<H_g\leqslant50$	0.006	
	$50<H_g\leqslant100$	0.005	
	$100<H_g\leqslant150$	0.004	
	$150<H_g\leqslant200$	0.003	
	$200<H_g\leqslant250$	0.002	
高耸结构基础的沉降量(mm)	$H_g\leqslant100$	400	
	$100<H_g\leqslant200$	300	
	$200<H_g\leqslant250$	200	

注: 1. 本表数值为建筑物地基实际最终变形允许值;
　　2. 有括号者仅适用于中压缩性土;
　　3. l 为相邻柱基的中心距离(mm);H_g 为自室外地面起算的建筑物高度(m);
　　4. 倾斜指基础倾斜方向两端点的沉降差与其距离的比值;
　　5. 局部倾斜指砌体承重结构沿纵向 $6\sim10$m 内基础两点的沉降差与其距离的比值。

具体建筑物所需验算的地基变形特征取决于建筑物的结构类型、整体刚度和使用要求。以下按柔性、敏感性和刚性三类结构，分述与其有关的地基变形特征及其可能招致的损害特点。

1. 与柔性结构有关的地基变形特征——沉降量、沉降差

以屋架、柱和基础为主体的木结构和排架结构，在中、低压缩性地基上一般不因沉降而损坏，但在高压缩性地基上就应注意下列情况下的地基特征变形。

开窗面积不大的墙砌体所填充的边排柱，尤其是房屋端部抗风柱之间的沉降量；应该限制单层排架结构柱基的沉降量，尤其是多跨排架中受荷较大的中排柱基的下沉，以免支承于其上的相邻屋架发生对倾而使端部相碰。

相邻柱基的沉降差所形成的桥式吊车轨面沿纵向或横向的倾斜，会导致吊车滑行或卡轨；由于厂房内部大面积地面堆载引起柱基向内转动倾斜（参见《建筑地基基础设计规范》GB 50007—2011 附录 N），使柱受屋架的顶撑作用而弯曲。由地面荷载引起的柱基倾斜不宜超过 0.008。

2. 与敏感性结构有关的地基变形特征——局部倾斜

建筑物因地基变形所引起的损坏，最常见的是砌体承重结构房屋外纵墙由拉应变形成的裂缝。根据一些实测资料，砖墙可见裂缝的临界拉应变约为 0.05‰（脆性饰面最易开裂），裂缝的形态多样。图 13.7.1 是混合结构房屋外纵墙上因砌体主拉应力引起的斜裂缝。其中，图 13.7.1（a）中部沉降较大，墙体正向挠曲（下凹），裂缝呈正八字形开展；图 13.7.1（b）两翼沉降较大，墙体反向挠曲（拱起），裂缝呈倒八字形。总之，斜裂缝的形态特征是朝沉降较大那一方倾斜地向上延伸的。墙体在门窗洞处刚度削弱，角部应力集中，常首先出现裂缝。

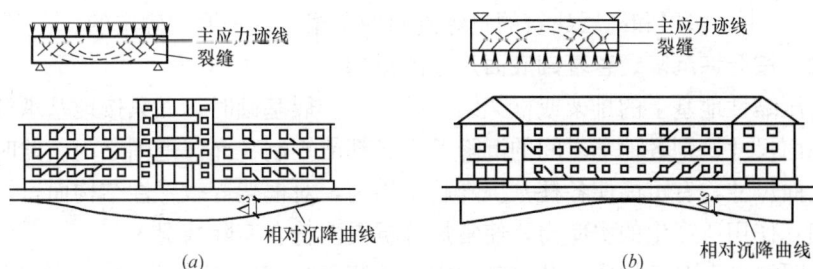

图 13.7.1　砌体承重结构房屋外纵墙上的斜裂缝
(a) 墙体正向挠曲；(b) 墙体反向挠曲

图 13.7.1（a）、（b）的左上角各以一条简支梁来分别比拟整幅砖墙正向和反向挠曲的情况，说明裂缝开展方向是垂直于主拉应力轨迹的。根据有关理论，当梁的长高比（L/H）较小时，靠近端部的斜拉应变是控制裂缝开展的因素；反之，$L/H>0.6$ 时，由于弯曲，梁中部的正拉应变更易接近临界状态；尤其是当 $L/H>2$ 时，弯曲拉应变引起的竖向裂缝可能成为控制因素。

一般砌体承重结构房屋的长高比不太大，以局部出现斜裂缝为主，应以局部倾斜作为地基变形的主要特征，其允许值如表 13.7.2 所示。墙体的相对挠曲不易计算，一般不作为需要验算的地基变形特征。

框架结构主要因柱基的不均匀沉降使构件损坏。通常认为填充墙框架结构的相邻柱基沉降差不超过 $0.002l$（l 为柱距）时，是安全的。A. W. Skempton 在 1956 年曾得出敞开式框架结构柱基能经受大约 $0.007l$ 的沉降差而不损坏的结论。

3. 与刚性结构有关的地基变形特征——倾斜、沉降量

对于高耸结构以及长高比很小的高层建筑，其地基变形的主要特征是建筑物的整体倾斜。

地基土层的不均匀分布以及邻近建筑物的影响是高耸结构物产生倾斜的重要原因。这类结构物的重心高，基础倾斜使重心侧向移动引起的偏心力矩荷载，不仅使基底边缘压力增加而影响倾覆稳定性，还会导致高烟囱、电视塔等筒体结构的附加弯矩。因此，高耸结构基础的倾斜允许值随结构高度的增加而递减。

如果地基的压缩性比较均匀且无邻近荷载的影响，对高耸结构，只要基础中心沉降量不超过表 13.7.2 的允许值，便可不作倾斜验算。

高层建筑横向整体倾斜允许值主要取决于人们视觉的敏锐程度，倾斜值到达明显可见的程度时大致为 1/250，而结构损坏则大致当倾斜值达到 1/150 时开始。考虑到倾斜允许值应随建筑物高度增加而递减，《建筑地基基础设计规范》GB 50007 根据基础倾斜引起矩形基底边缘压力增量 Δp_k 不得超过平均压力 p 的 1/40 这一条件，制定允许倾斜值 $[\theta]$ 的控制标准。据此，并按基底边缘最大压力 p_{kmax} 的表达式（13.7.1）得：

$$\Delta p_k = p_{kmax} - p_k = p_k \cdot \frac{6e}{b} \leqslant \frac{p_k}{40} \tag{13.7.1}$$

设上部结构重心位于建筑物高度 H_g 的一半处，则允许偏心距为 $e = [\theta]H_g/2$，将 e 代入式（13.7.1），得倾斜允许值的表达式如下：

$$[\theta] = \frac{b}{120H_g} \tag{13.7.2}$$

表 13.7.2 中，多层和高层建筑的整体倾斜即是根据这一原理确定的。

13.7.2 按允许沉降调整基础底面尺寸的概念

设计高压缩性地基上的排架或框架结构的柱下扩展基础时，如只按地基承载力确定各个基础的底面尺寸，则各地基之间的沉降差未必都能控制在允许范围之内。此时，如适当调整基础底面尺寸，有可能使各柱基沉降趋于均匀，对框架等敏感性结构而言，就能减少其与地基相互作用所产生的次应力，使常规分析更能符合实际情况。

为了说明概念，对于均质地基上基础中心柱荷载为 F_k，埋深为 d，长为 l、宽为 b 的矩形浅基础，用式（13.7.3a）来表示其沉降。由于土的重度 γ_m 与基础及其上覆土的混合重度 γ_G 相差不太大，故可近似用基底平均净反力 $p_j = F_k/A = F_k/(bl)$ 来近似地代替式中的基底平均附加压力 p_{0k}。得到近似公式（13.7.3b）。

$$s = \frac{1-\mu^2}{E_0} \omega p_{0k} b \tag{13.7.3a}$$

$$s = \frac{1-\mu^2}{E_0} \omega \frac{F_k}{l} \tag{13.7.3b}$$

假设对某建筑物下荷载不同的柱基础群，原则上应该按各个基础的不同荷载条件 F_{kj} 和不同的承载力特征值 f_{ai} 来确定其基础的底面尺寸，则各基础的基底附加压力为 p_{0ki}。对一般中等至高压缩性土来讲，在埋深变化不大的情况下，常用的基础宽度对于承载力的影响较小，因此承载力特征值 f_{ai} 差异可能不明显。故虽然根据式（13.7.3a），底面尺寸

越大的基础，其沉降量也越大。所以，从减少沉降差的角度看，单纯按承载力确定基础底面尺寸的设计方法就未必合理了。尤其当地基的压缩性高、各基础荷载轻重悬殊时，矛盾会更加突出。这是在一定条件下调整基底尺寸的必要性。

增大基础底面积对基础沉降有双重作用：一方面，由于荷载面积增大，地基压缩层深度加大且地基附加应力水平提高，导致沉降加大；另一方面，在基础上外荷载不变的情况下，基础底面积增加会使基底压力减少，从而降低地基中的附加应力水平，减少沉降。就一个柱基而言，其荷载 F_k 值不变。从式（13.7.3b）看，增大底面尺寸反而可以减少沉降量，因为其基底平均附加压力 p_{0k} 已随着底面积的增大而减小了。按照这一概念，对于承受一定柱荷载的基础，可以通过改变其底面尺寸来达到改变沉降量的目的。这就提供了调整不同柱基间沉降差的可能性。

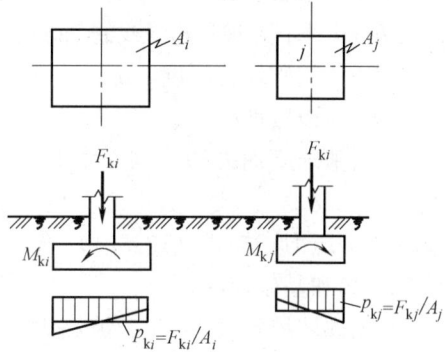
图 13.7.2　按沉降差调整基础尺寸示意

如图 13.7.2 中 i、j 两相邻基础，原来的底面积都是以相同的承载力 f_a 确定的，设柱荷载 $F_{ki} < F_{kj}$，则底面积 $A_i > A_j$，因此沉降 $s_i > s_j$，如沉降差 $\Delta s_{ij} = s_i - s_j$ 超过允许值 $[\Delta]$ 时，就只能靠增大沉降较大基础 i 的底面积来削减 s_i，从而将沉降差缩小允许范围以内。上述概念只是为了说明按沉降差要求调整基础底面积的思想。具体计算时，还要考虑所有影响基础沉降的主要因素，如是否需要考虑各相邻基础的影响、调整基础的边长比 l/b 甚至基础的埋置深度等。

13.8　地基稳定性验算

对于经常受水平荷载作用或建在斜坡上的建筑物的地基，还应验算稳定性。此外，某些建筑物的独立基础，当承受水平荷载很大时（如挡土墙），或建筑物较轻而水平力的作用点又比较高的情况下（如取水构筑物、水塔、塔架等），也要验算建筑物的稳定性。

地基的稳定性包括基础的水平滑动、倾覆以及地基深层的整体滑动。在土力学篇第章中已有介绍。这里仅对位于稳定土坡坡顶上的建筑的整体稳定性验算作一介绍。

地基稳定性验算时，荷载按荷载效应的基本组合，荷载分项系数均取 1.0。

地基稳定性可采用圆弧滑动面法进行验算。最危险的滑动面上诸力对滑动中心所产生的抗滑力矩与滑动力矩应符合式（13.8.1）的要求：

$$M_R/M_S \geqslant 1.2 \tag{13.8.1}$$

式中　M_S——滑动力矩，kN·m；

M_R——抗滑力矩，kN·m；

位于稳定土坡坡顶上的建筑，应符合下列规定：

1）对于条形基础或矩形基础，当垂直于坡顶边缘线的基础底面边长小于或等于 3m 时，其基础底面外边缘线至坡顶的水平距离（图 13.8.1）应符合下式要求且不得小于 2.5m：

条形基础

$$a \geqslant 3.5b - \frac{d}{\tan\beta} \tag{13.8.2}$$

矩形基础

$$a \geqslant 2.5b - \frac{d}{\tan\beta} \tag{13.8.3}$$

式中 a——基础底面外边缘线至坡顶的水平距离，m；

b——垂直于坡顶边缘线的基础底面边长，m；

d——基础埋置深度，m；

β——边坡坡脚，°。

2）当基础底面外边缘线至坡顶的水平距离不满足式（13.8.2）、式（13.8.3）的要求时，可根据基底平均压力，按式（13.8.1）确定基础距坡顶边缘的距离和基础埋深。

3）当边坡坡脚大于 45°、坡高大于 8m 时，尚应按式（13.8.1）验算坡体稳定性。

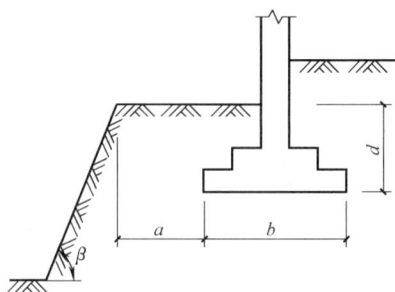

图 13.8.1　基础底面外边缘线至坡顶的水平距离示意图

建筑物基础存在浮力作用时应进行抗浮稳定性验算，并应符合下列规定：

（1）对于简单的浮力作用情况，基础抗浮稳定性应符合下式要求：

$$\frac{G_k}{N_{w,k}} \geqslant K_w \tag{13.8.4}$$

式中 G_k——建筑物自重及压重之和，kN；

$N_{w,k}$——浮力作用值，kN；

K_w——抗浮稳定安全系数，一般情况下可取 1.05。

（2）抗浮稳定性不满足设计要求时，可采用增加压重或设置抗浮构件等措施。在整体满足抗浮稳定性要求而局部不满足时，也可采用增加结构刚度的措施。

13.9　减少建筑物不均匀沉降的措施

建筑物总会产生一定的沉降和不均匀沉降。均匀沉降对建筑物不会带来大的危害，但过大的沉降会影响建筑物的正常使用，而不均匀沉降往往导致建筑物开裂、破坏或严重影响使用。特别是软弱地基上的建筑物，沉降往往很大且不均匀，沉降稳定历时很长，如果处理不好，很容易造成工程事故。所以，为减少建筑物的不均匀沉降而采取各种必要且合适的工程措施，是地基基础设计中的一个重要课题。

建筑物设计中，为了防止不均匀沉降造成的危害，可以单从加强上部结构或加固地基来达到目的，但这往往不是最经济或最合理的。因为上部结构（包括基础）和地基是紧密联系在一起的一个整体，它们互相联系又互相影响，按照上部结构和地基共同工作的观点来采取消除不均匀沉降的措施，才可能得到经济、合理的效果。现从如图 13.9.1 所示的一种最简单的情形来分析这一点。该图中建造在地基上的一个墙体，其荷载是均匀分布的，而地基受到墙体传来的荷载会发生变形。如果墙是柔性的，按直线变形体理论，墙身的挠曲应如图 13.9.1 中曲线 a 所示，此时墙内没有附加应力。相反，如果墙体为绝对刚性的，则作用于地基的基底压力将有相应的调整，其结果是墙的沉降各点相等，如图中的曲线 b 所示，但墙身内的附加应力很大。但是，实际上，绝对柔性或绝对刚性的墙体都是不能做到的。墙是介于这两者之间、具有一定刚度的，这时墙体的挠度将比曲线 a 有所减少，但仍然保持一部分挠度，如图中曲线 c 所示。此时，在墙体内产生一定的附加应力，但比绝对刚性的墙要小。由此可见，虽然作用在墙上的为同样的均布荷载，但由于墙体刚度不同，引起的地基变形情况也不同，因而在墙体内产生的附加内力也不同。因此，考虑上部结构和地基共同工作，对建筑物和地基两方面共同采取必要的措施，既可适当加强上部结构刚度，提高结构的抗裂性，同时又使地基变形在容许范围内，做到安全、经济、合理。

实际建筑物是由多道纵横墙及楼盖、屋盖等组成，并且由于建筑物的平面形状、体形的复杂多变性，其空间刚度难以确切地定量表达。加之，建筑物的荷载分布往往很不规则以及地基土的压缩性也可能各不相同，所以考虑上部结构与地基共同工作的问题，目前还无法通过简便的理论计算来解决。但是，通过大量的工程实践，在采取建筑措施、结构措施及地基处

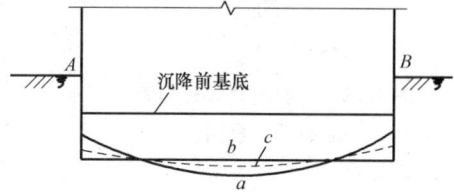

图 13.9.1 墙基础的沉降
a—绝对柔性；b—绝对刚性；c—有一定刚性

理这三个主要方面，已积累了不少行之有效的方法，而且有些方法已经列入了我国各有关地基基础规范。本节着重介绍从建筑物方面可以采取的各种措施，至于地基处理技术，将在第 17 章中介绍。

13.9.1 建筑措施

1. 建筑物的体形力求简单

建筑物的体形系指建筑物的平面及立面形式。在一些民用建筑中，因建筑功能或美观方面的要求，往往采用多单元的组合形式，平面形状复杂，立面高差悬殊，因此使地基受力状态很不均匀，差异沉降也就增大，很容易导致建筑物产生裂缝与破坏。

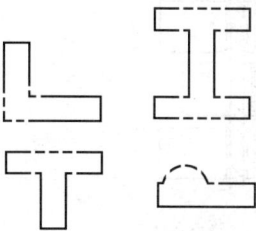

图 13.9.2 复杂平面的裂缝位置

平面形状复杂的建筑物，如 H 形、L 形、T 形等，在其纵横单元相交处基础密集，地基中应力重叠，该处沉降往往大于其他部位，因而在其附近的墙体常常出现裂缝。建筑物平面的突出部分也是容易开裂的。图 13.9.2 是一些复杂平面的裂缝部位情况（图中虚线表示最易开裂的部位）。而且，当平面形状复杂时，建筑物本身还会因扭曲而产生附加应力。因此，在软弱地基上建筑物的平面以简单为宜。

立面上有高度（或荷载差）的建筑物，由于作用在地基上荷载的突变，使建筑物高低相接处出现过大的差异沉降，常造成建筑物的轻、低部分倾斜或开裂损坏，裂缝向重、高部分倾斜（图 13.9.3）。软土地区由于层数差别引起的损失现象很为普遍，一般高差二层及二层以上者，常有轻重不同的裂缝。当地基特别软弱时，即使仅一层之差，也会导致建筑物开裂或损坏。此外，如在建筑平面转折部位有高差或荷载差，则对建筑物更为不利，设计应尽量避免这种现象。

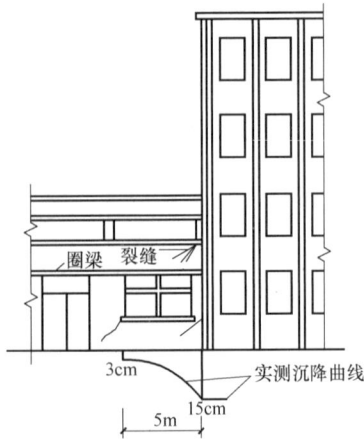

图 13.9.3 具有高差建筑物
的裂缝示意图

2. 设置沉降缝

在建筑物的某些特定部位设置沉降缝是减少由于地基不均匀变形对建筑物造成危害的有效方法之一。沉降缝不同于温度收缩缝，它从檐口到基础把建筑物各单元断开，其作用在于将建筑物分成若干个长高比较小、整体刚度较好、自成沉降体系的单元，而使这些单元具有调整地基不均匀变形的能力。

工程实践证明，在建筑物的下列部位宜设置沉降缝：

（1）地基土的压缩性有显著差异处；

（2）地基基础处理方法不同处；

（3）平面形状复杂的建筑物转折部位；

（4）建筑物高度或荷载有差异处；

（5）建筑结构或基础类型不同处；

（6）过长的砖石承重结构或钢筋混凝土框架结构的适当部位；

（7）局部地下室的边缘处；

（8）分期建造房屋的分界处。

图 13.9.4 表示软土地区常用的沉降缝类型。沉降缝要求有足够的宽度，以防止在缝的两侧单元有可能相互内倾而造成挤压破坏。软弱地基上建筑物沉降缝宽度可参照表

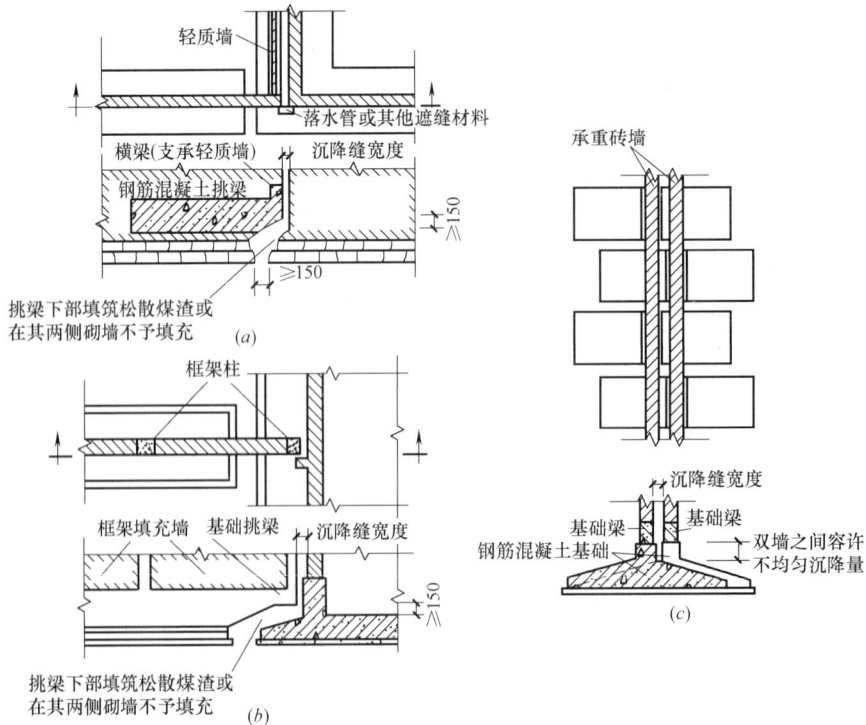

图 13.9.4　沉降缝构造图

（a）砌体承重结构条形基础；（b）框架结构基础；（c）交叉式基础

402

13.9.1 中的数值确定。

房屋沉降缝宽度　　表 13.9.1

房屋层数	沉降缝宽度(cm)
二、三	5~8
四、五	8~12
大于五	≥12

沉降缝内一般不要填塞任何材料，因为当缝的两侧单元内倾时，填塞的材料会起传递压力的作用，使沉降缝失去作用。在我国北方地区，为防寒考虑，应采取必要的构造措施，如做成锯齿形砖缝等，并只在缝内填塞松软材料，以保证缝的上端不致因建筑物内倾而相互挤压。

如果估计不均匀沉降量较大，设沉降缝不足以克服不均匀沉降所造成的危害，这时可将建筑物分成若干独立部分，相互间隔一定距离，其间用能自由沉降的连接体联系或采用简支悬挑结构联系。

3. 合理确定相邻建筑物的间距

建筑物的荷载不仅使建筑物下面的土层受到压缩，而且在它以外的一定范围内的土层，由于受到基底压力扩散的影响，也将产生压缩变形。这种影响随着距离的增加而减小。由于软弱地基的压缩性很高，两建筑物距离近时，这类由相邻建筑物引起的附加不均匀沉降甚大，常造成建筑物的倾斜或破坏。

相邻建筑物的影响主要表现为使建筑物产生裂缝或倾斜。当被影响的建筑物的刚度较差时，其影响主要表现为建筑物的裂缝；当刚度较好时，主要表现为倾斜。存在建筑物相邻影响的情况大致有下列几种：

(1) 同时建造的重、高建筑物对轻、低建筑物的影响；

(2) 同时建造的荷载相近的建筑物的相互影响；

(3) 重、高建筑物建成后不久，在其邻近建造轻、低建筑物时，前者对后者的影响；

(4) 旧建筑物受到新的重、高建筑物的影响。

为了减少建筑物的相邻影响，应使建筑物之间相隔一定的距离。决定这个距离时应根据"影响建筑物"的荷载大小、受荷面积和"被影响建筑物"的刚度以及地基的压缩性等条件而定。这些因素可以归纳为"影响建筑物"的沉降量和"被影响建筑物"的长高比两个综合指标。软弱地基上相邻建筑物如高度差异（或荷载差异）较大时，其间隔距离可根据这两个指标查表 13.9.2 确定。

相邻建筑物基础间的净距离（m）　　　　　　　　　　　　　　　表 13.9.2

影响建筑的预估平均沉降量 s(mm)	被影响建筑的长高比	
	$2.0 \leqslant \dfrac{L}{H_f} < 3.0$	$3.0 \leqslant \dfrac{L}{H_f} < 5.0$
70~150	2~3	3~6
160~250	3~6	6~9
260~400	6~9	9~12
>400	9~12	不小于12

注：1. 表中，L 为建筑长度或沉降缝分隔的单元长度（m）；H_f 为自基础底面标高算起的建筑物高度（m）。

　　2. 当被影响建筑的长高比为 $1.5 < L/H_f < 2.0$ 时，其间净距可适当缩小。

对于同时建造的并列建筑物，其间隔距离可按表 13.9.2 所列数值适当缩小。这是因为软弱地基上的建筑物常呈正向挠曲，当两建筑物并列建造时，由于相邻影响使端部沉降增加，因此，建筑物的相对挠曲值反而有所减少。

当被影响建筑物的长高比为 $1.5 < L/H < 2.0$ 时，可按表 13.9.2 第一列数值适当减小。对于高耸构筑物（或对倾斜要求严格的构筑物）的间隔距离，应根据容许倾斜值计算确定。

4. 建筑物标高的控制与调整

基础的沉降将会引起建筑物各组成部分的标高发生变化，从而可能影响建筑物的正常使用。在软土地区，常常可以看到由于沉降过大而造成室内地坪低于室外地坪、地下管道被压坏、设备之间的连接受损坏等等现象。为了减少或防止沉降对建筑物正常使用的不利影响，设计时就应根据基础的预估沉降值，适当调整建筑物或其各部分的标高。比较常用的措施有：

（1）适当提高室内地坪（不包括单层工业厂房的地坪）和地下设施的标高；

（2）建筑物各部分（或设备之间）有联系时，可将沉降较大者的标高提高；

（3）建筑物与设备之间应留有足够的净空；

（4）建筑物有管道穿过时应须留足够尺寸的孔洞，管道采用柔性接头等。

某些情况下，可在建筑物的承重构件中设置千斤顶支座，以备将来调整标高时安设千斤顶用。图 13.9.5 是在油罐的环形钢筋混凝土基础肋上，每隔一定距离开一洞口，平时嵌砌砌块。当需要纠正罐体倾斜时，便可凿去砖块，安上千斤顶进行调整。

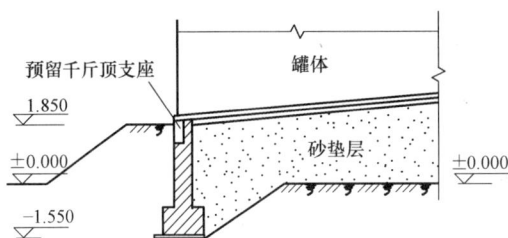

图 13.9.5 某油罐基础预留千斤顶支座

13.9.2 结构措施

1. 增强砌体承重结构建筑物刚度和承载力

建筑物的空间刚度是指建筑物抵抗自身变形的能力。建筑物空间刚度越小，地基反力的分布越接近建筑物荷载的分布，不均匀沉降也就越大。例如，独立支柱与简支梁或三铰拱组成的建筑物、金属结构车间以及具有柔性底板的水池、油罐等柔性较大的建筑物，此类建筑物由于构件间联系软弱，甚至是铰接的，因而建筑物能随同地基一起变形，而在构件内只产生较小的附加应力或根本不产生任何附加应力；相反，若建筑物的刚度越大，则不均匀沉降越小，如支承在独立基础上的烟囱和水塔等构筑物，可以认为是接近绝对刚性的，它们几乎不会发生弯曲变形，只能出现整体倾斜。但是，接近绝对刚性的建筑物是很少的，而大量的建筑物都只具有一定程度的刚性。例如，常见的砌体承重房屋，建立在独立基础或单向条形基础上的框架结构等，都属于这种具有一定程度的刚性的建筑类型。它们对地基的不均匀沉降比较敏感，常表现为建筑物发生相对挠曲，在建筑物内则产生附加应力，当相对挠曲过大时建筑物便开裂，因此，对这类建筑物应提高其刚度和强度，以克服地基的不均匀沉降。

如图 13.9.6 所示，某软土地区一座 6 层砌体混合结构房屋，其纵横墙密集，建筑高度很大，很像一个很结实的盒子。如果不考虑建筑物刚度的影响，该建筑物的计算沉降曲线如图 13.9.6 中的虚线所示，建筑物中部和两端的沉降差异很大，达 41cm 之多。但实际上，其沉降却很均匀，如图 13.9.6 所示中的实测沉降曲线。这表明，建筑物的刚度对地基的不均匀变形起到了调整作用。

增强建筑物刚度和强度的措施，常用的有下列几种：

1）控制建筑物的长高比

建筑物的长高比是指建筑物的长度 L 与从基础底面算起的建筑物总高度 H 之比，即 L/H。它是决定砌体结构房屋空间刚度的一个主要因素。长高比 L/H 越小，建筑物的刚度越好，对地基不均匀变形的调整能力也就越大。实践证明，控制建筑

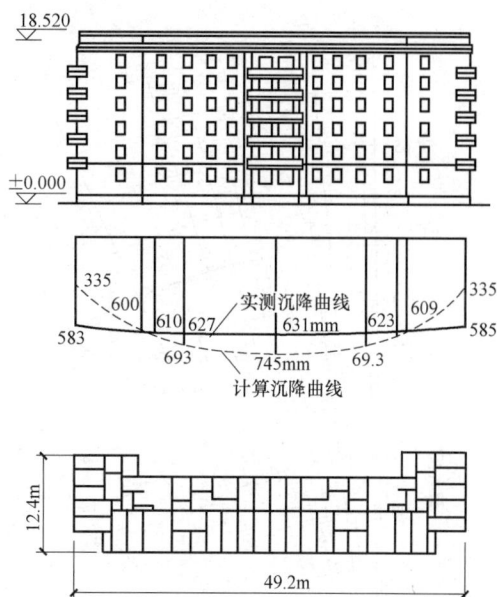

图 13.9.6 某砌体混合结构房屋

物的长高比，在一定范围内能有效减少建筑物的不均匀沉降。图 13.9.7 是对软土地区一些建筑物的调查结果，说明长高比与建筑物裂缝的有很大关系。从图中可以看出，长高比 L/H 小于 2.5 或最大沉降量小于 12cm 的建筑物，均不出现裂缝；长高比 L/H 在 2.5～3.0 之间的大多数建筑物不出现裂缝，出现裂缝的可能性与影响刚度的其他因素有关；长高比 L/H 大于 3.0 且最大沉降量大于 12cm 者，建筑物极易出现裂缝。据此，对于沉降量可能大于 12cm 的建筑物，其长高比 L/H 宜不大于 2.5。

2）设置圈梁

在建筑物的墙体内设置钢筋混凝土圈梁（或钢筋砖圈梁），可以增强建筑物的整体性，提高砖石砌体的抗剪、抗拉能力，在一定程度上能防止或减少裂缝的出现，或可阻止已经出现裂缝的继续发展。

圈梁一般配置在外墙内，而且应根据建筑物可能弯曲的方向而确定配置于建筑物的底部或顶部。当难以判断建筑物的弯曲方向时，对于四层或四层以下的建筑物，应在墙的上部及基础大放脚处各设置一道圈梁。对于重要、高大的建筑物或地基特别软弱时，可以隔层设置一道甚至层层设置圈梁。圈梁一般设在楼板下面或窗过梁处（用圈梁代替窗过梁）。顶层圈梁上应有足够重量的砌体，以使圈梁和砌体能够整体工作。除在外墙内纵墙设置圈梁外，在主要的内横墙上也可适当设置。圈梁要求在平面上能够闭合，如遇墙体开洞而圈梁不得不中断时，可在开洞上方另行设置加强圈梁，以弥补连续性的不足，如图 13.9.8 所示。

当地基特别软弱且开窗较大时，还可在底层窗台口的砖墙内适当配筋，并适当提高该段砖墙砌体的砂浆强度等级。当开洞过大时，可考虑采用钢筋混凝土边框进行加强。

圈梁的宽度一般等于墙的厚度，高度不应小于 12cm，一般截面为 24cm×18cm，当兼作大跨度过梁时则可选用 24cm×24cm，混凝土强度等级不低于 C20，纵向钢筋不宜少

405

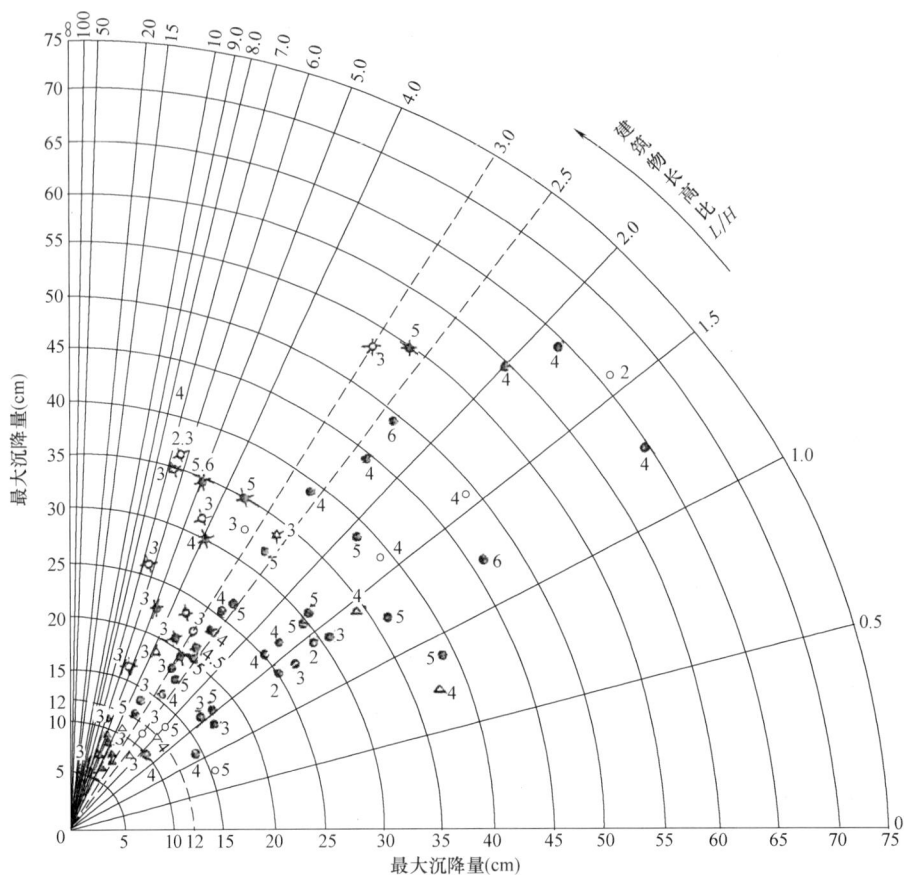

图中数字为建筑物层数

- ○ 内框架结构　　无裂缝
- ☆ 内框架结构　　有裂缝
- ● 混合结构　　　无裂缝
- ✶ 混合结构　　　有裂缝
- △ 砖木结构　　　无裂缝
- Ψ 砖木结构　　　有裂缝

图 13.9.7　建筑物长高比、最大沉降量与开裂的关系

于 4φ8，箍筋间距不宜大于 30cm。当圈梁兼作过梁时，还需按过梁计算配筋。

3）合理布置纵、横墙

当地基发生不均匀变形时，砖石承重结构的墙身是主要的受力构件，它具有调整地基不均匀变形的能力。由于建筑物的纵墙刚度一般较弱，因而地基的不均匀变形常表现为建筑物的纵向挠曲，故纵墙的布置就显得很重要。纵墙转折、中断或高度变化等均会削弱纵墙的刚度，刚度削弱部位的砖墙，

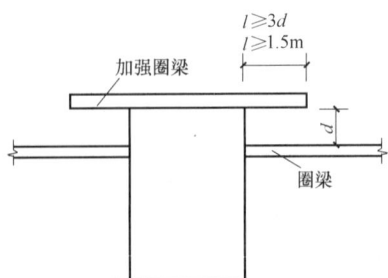

图 13.9.8　墙体开洞时圈梁的处理

最易遭到损坏。例如，纵墙转折处，因挠曲产生的水平推力在折角处组成一个力偶，使折角有转动的趋势（图 13.9.9），因而很可能在转折处的内横墙上和外纵墙上产生竖直的裂缝。因此，纵墙应尽量避免转折与中断。

建筑物的横墙能起到加强整体刚度的作用，并能调整内外纵墙间的不均匀沉降，横墙间距越小，建筑物的整体刚度越大，调整不均匀沉降的能力也就越大，因此内横墙的间距不宜过大，而且要注意与外纵墙妥善连接，使其能够连成共同受力的整体。

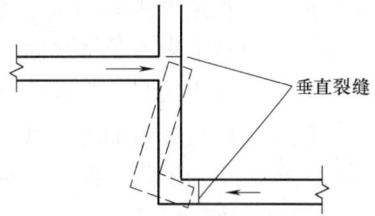

图 13.9.9　纵墙折转处的力偶

4）加强基础的刚度和强度

基础在建筑物的最下面，对建筑物的整体刚度影响很大，特别是当建筑物产生正向挠曲时，受拉区在其下部，所以保证基础有足够的刚度和强度就显得特别重要。

根据地基软弱程度和上部结构的不同情况，可以采用钢筋混凝土十字交叉条形基础或筏形基础，有时甚至采用箱形基础。采用这类基础形式，基础的挠曲变形基本上被消除。当建筑物场地内有局部软弱土层分布时，为增加基础刚度，跨越软土部分的基础可以做成钢筋混凝土基础墙形式。为增加筏形基础的刚度，也可做成带肋式筏板。

由于建筑物使用功能的要求或当地基持力层倾斜时，条形基础在纵向的埋深可以有变化，这时应做成纵向台阶式（图 13.9.10）。为了使埋深变化处的沉降变化不致太大，并照顾到基坑开挖时台阶部分的土不致松动，纵向台阶的坡度不应超过 1∶1（密实土）或 1∶0.5（砂和软弱土）。必要时，在埋深变化部分的一定范围内，基础和墙内应有圈梁或配筋加强。

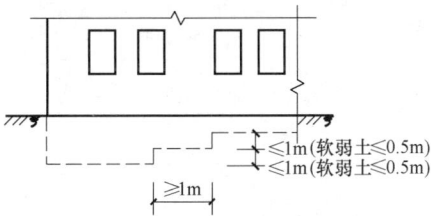

图 13.9.10　条形基础埋深变化

2. 减轻或调整建筑物的荷载

建筑物给地基的荷载大小及其分布形式对地基变形有直接的影响。为了减少建筑物的沉降，必须设法尽量减轻或调整荷载。

根据统计，在通过基础传给地基的荷载中，上部结构和基础的自重约占总荷载的 40%～75%（民用建筑的比例较大，约 60%～70%；工业建筑次之，约 40%～50%）。因此，应尽量采用自重轻的结构形式，如采用预应力钢筋混凝土结构或轻钢结构等；对于砖石承重结构的房屋，墙身重量所占总荷载的比例很大，约 55%～65%，故宜选用轻质墙体材料。

室内厚填土对软土地基的压缩会造成建筑物的很大沉降。可以采用架空地板代替厚填土，以减轻对地基的荷载。

在软弱地基上，基础自重和基础台阶上的土重约占基底压力的 10%～30%，它随着基础埋深的增加而增加。因此，宜选用自重轻、覆土少的基础形式，如空心基础、薄壳基础等。

设置地下室或半地下室是减少建筑物沉降的有效措施。通过挖除的土重能抵消一部分作用在地基上的附加压力，从而减少建筑物的沉降。有时，也可通过在建筑物的重、高部分下设置地下室或半地下室以调整建筑物各部分的沉降差异。

此外，还可以对建筑物各部分采用不同的基底压力，以调整不均匀沉降。例如，可在建筑物预估沉降较大的部位采用较小的附加基底压力。

对于活荷载占较大比重的构筑物，加荷前期必须控制加荷速率，因为饱和软黏土的强度是随着土中孔隙水压力的消散而逐渐增加的，它需要一个时间过程。如荷载大且加载快，则由于地基上来不及排水固结，很可能使地基破坏或造成大量的不均匀沉降。因此在软土地基上，对于某些活载占较大比例的构筑物或构筑物群，如水塔、料仓、储气罐、油罐等，使用前期活载施加的数量、速率必须加以控制，必要时需调整活载的分布，以避免产生过大的不均匀沉降，保证建筑物的安全与正常使用。

13.9.3 施工措施

淤泥及淤泥质土具有一定的结构强度，施工时要注意不要扰动其原状结构。在开挖基槽时，可以暂不挖到基底标高，而保留一定厚度的原土（约30cm），待基础施工时才挖除。如槽底土免遭扰动，一般先铺一层中粗砂，然后再铺碎砖、片石、块石等进行处理。有时，如有对基底土的扰动，还要视破坏程度适当降低地基原来的承载力。

当建筑物各部分存在荷载差异时，适当安排施工顺序也能调整一部分沉降差，先建造重、高部分，后建造轻、低部分。在重、高建筑物附近的附属建筑物，如锅炉房、连接廊等，尽可能慢一些施工，如能间隔一个时期后施工更好。但应指出，在软土地基上的建筑物，在正常施工速度下，施工期间完成的沉降量仅为总沉降量的10%～20%，因此用这个方法只能调整一部分沉降差异。

第 14 章　基础结构设计与计算

14.1　概　述

浅基础的内力分析及结构设计是基础设计的重要一环。基础内力计算的关键在于求解基底反力大小和分布,实质上这是上部结构、基础与地基的共同工作课题。也就是说,不应将结构、基础与地基三者分开后单独求解。因为结构、基础和地基之间的相互作用力,都是与三者之间的变形特性和刚度条件密切相关的。

如图 14.1.1 (a) 所示,为一般结构分析时的计算简图。通常是先将上部结构分离出来 (图 14.1.1b) 单独计算,求得作用在基础上的力 (图 14.1.1c) 后进行基础设计。最后,将基础所受的作用力作为作用在地基上的荷载 (图 14.1.1d) 进行地基计算。计算过程中一般需采用一些简化计算的假定,因而是一种不能满足地基与上部结构变形协调条件的实用简化计算。精确的计算是选择适当的地基模型,考虑上部结构、基础、地基的共同工作——即弹性地基上结构物分析的方法。但由于其计算比较麻烦,且计算参数的确定也较困难,故除重大工程外,设计中常用的还是实用简化计算法。

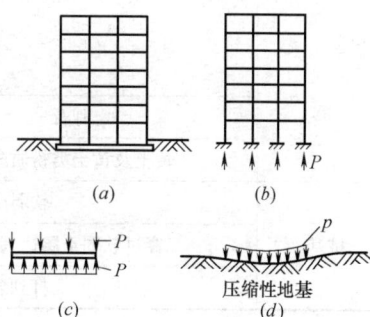

图 14.1.1　压缩性地基上结构物
简化分析时的简图

14.2　地基上梁和板的分析

地基上梁和板的分析是考虑地基和基础共同工作条件下,来确定基础(梁或板)与地基之间的接触压力(基底反力)的分布,从而较精确地求得基础的内力。

14.2.1　地基模型

在地基与基础共同工作计算中,重要的问题是如何确定地基反力与地基沉降之间的关系,或者说如何选取地基模型的问题。至今,已经提出了不少地基模型,然而由于问题的复杂性,不论哪一种模型都难以完全地反映出地基的实际工作性状,因而各具有一定的局限性。这里,只介绍目前较为常用的属于线性变形体的三种地基计算模型。

1. 文克勒地基模型

1876 年,由捷克工程师 E·文克勒 (E·Winkler) 提出,假设地基上任一点所受的压力 p 只与该点的地基沉降 s 成正比,即

$$p=ks \tag{14.2.1}$$

式中　k——基床系数,表示产生单位沉降所需的反力,kN/m³。

文克勒地基上某点的沉降只与该点土作用的压力有关，与其他点的压力无关（图14.2.1）。文克勒地基模型忽略了地基中的剪应力，这是与实际情况不符的。只有在抗剪强度很低的软土或厚度不大的薄压缩层地基才适用。地基土的基床系数难以准确确定，一般可参照表14.2.1选用。

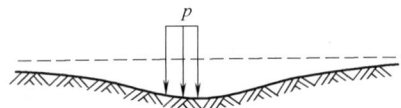

基床系数 k 值   表14.2.1

土 的 名 称		状　　态	k(kN/m³)
天然地基	淤泥质土、有机质土或新填土		$0.1×10^4 \sim 0.5×10^4$
	软弱黏性土		$0.5×10^4 \sim 1.0×10^4$
	黏土、粉质黏土	软塑	$1.0×10^4 \sim 2.0×10^4$
		可塑	$2.0×10^4 \sim 4.0×10^4$
		硬塑	$4.0×10^4 \sim 10.0×10^4$
	砂土	松散	$1.0×10^4 \sim 1.5×10^4$
		中密	$1.5×10^4 \sim 2.5×10^4$
		密实	$2.5×10^4 \sim 4.0×10^4$
	砾石	中　密	$2.5×10^4 \sim 4.0×10^4$
	黄土及黄土类粉质黏土		$4.0×10^4 \sim 5.0×10^4$
桩基	软弱土层内摩擦桩		$1.0×10^4 \sim 5.0×10^4$
	穿过软弱土层达到密实砂层或黏性土层的桩		$5.0×10^4 \sim 15.0×10^4$
	打到岩层的支承桩		$800×10^4$

2. 半空间地基模型

把地基看作为均质、连续、各向同性的弹性半空间体，地基上任意点的沉降 s（x、y）与整个基底反力的作用有关（图14.2.2）。根据弹性理论，地基沉降 s 与基底压力 R 可用矩阵形式表示为：

$$\{s\} = [\delta]\{R\} \tag{14.2.2}$$

式中　　$\{\delta\}$——地基的柔度矩阵。

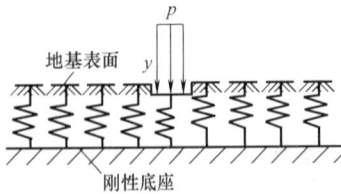

图14.2.1　文克勒地基模型　　　　　图14.2.2　半空间地基模型

半空间地基模型反映了地基的连续整体性，其中的弹性假设没有反映土的非线性特性以及地基土层的分层特点等，因而在应用上也受到一定的限制。

3. 压缩层地基模型

压缩层地基模型的表达式与式（14.2.2）相同，只是地基柔度矩阵中的元素 δ_{s1} 用计算沉降的分层总和法计算。按照分层总和法，地基沉降等于压缩层范围内各计算分层在完全侧限条件下的压缩量之和（图14.2.3）。

这一模型较好地反映了地基土扩散应力和变形的能力，可以考虑地基土的分层特点。

地基计算模型实际上具体描述了地基沉降与基底压力之间的关系。选用地基模型是地基上梁和板分析中的关键问题，应按地基的实际情况和模型的适用条件适当选用。

地基模型一经选定，则分析时都以下面两个条件为出发点：

（1）地基与基础始终保持接触，不得出现脱开的现象。这就是地基与基础之间的变形协调条件。

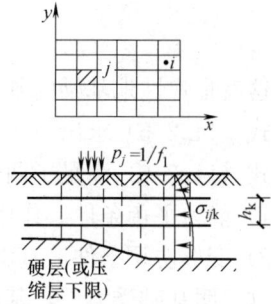

图 14.2.3　压缩层地基模型

（2）基础在外荷载和基底反力的作用下必须满足力平衡条件。

根据这两个基本条件可以列出求解问题所需的微分方程式，然后结合必要的边界条件求解。

14.2.2　弹性地基上结构物分析的一般原理

有许多专著介绍弹性地基上结构物分析的方法，这里仅作一概念性的介绍。

图 14.2.4（a）为一弹性地基上的基础梁。在已知外荷载 $q(x)$ 及待求的地基反力 $p(x)$ 作用下产生挠曲变形，其挠度曲线微分方程式为：

$$E_c I_c \frac{\mathrm{d}^4 w}{\mathrm{d} x^4} = q(x) - p(x) \tag{14.2.3}$$

式中　E_c——基础梁的弹性模量，$\mathrm{MN/m^2}$；

　　　I_c——基础梁断面的惯性矩，$\mathrm{m^4}$；

　　　w——梁的挠度，m；

　　　x——梁的横向坐标，m。

式（14.2.3）中有两个未知数，即梁的挠度 w 和地基反力 $p(x)$。若知道 $p(x)$ 与 w 的关系，就可在上式中消去一个未知数。

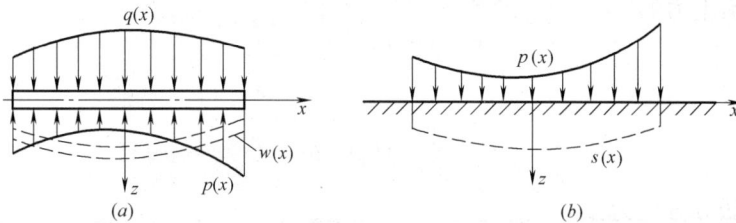

图 14.2.4　基础梁上所受的力和挠曲变形

（a）基础梁的挠曲；（b）地基沉降

假设地基和基础是连续的，即基础底面与地基表面各点都是互相接触的，两者之间没有缝隙，即

$$w(x) = s(x) \tag{14.2.4}$$

式中　$s(x)$——地基表面的沉降。

通常，地基表面的变形与荷载有一定的关系，取为

$$p(x) = f(w) \tag{14.2.5}$$

代入式（14.2.3）中，可得

$$E_c I_c \frac{\mathrm{d}^4 w}{\mathrm{d} x^4} = q(x) - f(w) \tag{14.2.6}$$

这就是弹性地基梁的基本微分方程式。解此方程式可求出基础梁的挠度 $w(x)$，然后可按式（14.2.5）求出 $p(x)$ 值。这样，基础梁的内力分析即告解决。

式（14.2.6）满足了两个基本条件，即静力平衡条件和变形协调条件：

1）静力平衡条件 作用在基础上的竖向荷载和地基反力相平衡。

2）变形协调条件 基础底面任一点的挠度等于该点地基的竖向变形。

这表明基础受力后，基础底面与地基表面须保持接触，而无脱开现象。

式（14.2.6）结合必要的边界条件只有在简单情况下才能获得解析解，用有限元法或有限差分法已可求解各种复杂问题，并可考虑上部结构、基础与地基的共同工作和地基土的非线性、大变形分析。详细解法可参阅有关专著。

14.2.3 文克勒地基上梁的计算

图 14.2.5（a）为文克勒地基上的基础梁，梁的宽度为 B，取长度为 $\mathrm{d}x$ 的微分段进行分析，其上作用有分布荷载 q 等荷载和基底反力 p，以及微分段左右截面上的弯矩 M 和剪力 V，如图 14.2.5（b）所示。

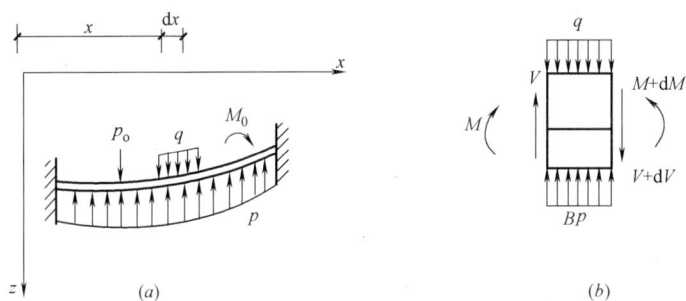

图 14.2.5 文克勒地基上梁的计算图式

根据梁元素上力的平衡

$$V - (V + \mathrm{d}V) + pB\mathrm{d}x - q\mathrm{d}x = 0 \tag{14.2.7}$$

由此得：

$$\frac{\mathrm{d}V}{\mathrm{d}x} = Bp - q$$

梁的挠曲微分方程为：

$$EI \frac{\mathrm{d}^2 w}{\mathrm{d} x^2} = -M$$

$$EI \frac{\mathrm{d}^4 w}{\mathrm{d} x^4} = -\frac{\mathrm{d}^2 M}{\mathrm{d} x^2} = -Bp + q \tag{14.2.8}$$

根据接触条件，沿梁全长的地基沉降 s 应与梁的挠度 w 相等，即 $s = w$。于是，由式（14.2.1）得

$$p = ks = kw$$

代入式（14.2.8），得文克勒地基上梁的挠曲微分方程

$$EI \frac{\mathrm{d}^4 w}{\mathrm{d} x^4} = -Bkw + q \tag{14.2.9}$$

对梁的无荷载部分（$q=0$），式（14.2.9）变为

$$EI \frac{\mathrm{d}^4 w}{\mathrm{d}x^4} = -Bkw = -Kw \tag{14.2.10}$$

式中 $K = k \cdot B$，称作集中基床系数（kN/m^2）。

上式还可写成如下形式：

$$\frac{\mathrm{d}^4 w}{\mathrm{d}x^4} + 4\lambda^4 w = 0 \tag{14.2.11}$$

式中

$$\lambda = \sqrt[4]{\frac{kB}{4EI}} = \sqrt[4]{\frac{K}{4EI}}(长度)^{-1}$$

λ 值与梁的抗弯刚度和地基的弹性特征有关，l/λ 值称为特征长度。l/λ 值越大，梁对地基的相对刚度越大，因此 λ 值是影响梁挠曲曲线形状的一个重要因素。

以上四阶常系数线性微分方程式的通解为：

$$w = e^{\lambda x}(C_1 \cos\lambda x + C_2 \sin\lambda x) + e^{-\lambda x}(C_3 \cos\lambda x + C_4 \sin\lambda x) \tag{14.2.12}$$

式中 C_1、C_2、C_3、C_4——待定常数，根据荷载及边界条件确定；

λx——无量纲数，当 $x=L$（L 为基础长度），λL 称为柔性指数，反映相对刚度对内力分布的影响。

按 λL 值将梁划分为：

$\lambda L \leqslant \frac{\pi}{4}$　短梁（或刚性梁）

$\frac{\pi}{4} < \lambda L < \pi$　有限长梁（或有限刚度梁）

$\lambda L \geqslant \pi$　无限长梁（或柔性梁）

1. 无限长梁

当梁端离加荷点距离为无限远时，端挠度为零，此基础梁称为无限长梁。实用上，当满足 $\lambda L \geqslant \pi$ 时，均可按无限长梁计算。

1）集中力 p_0 作用（向下为正）

以集中力 p_0 作用点为坐标原点 0。当 $x \to \infty$ 时，$w \to 0$，从式（14.2.12）可得 $C_1 = C_2 = 0$。于是梁的右半部挠度为：

$$w = e^{-\lambda x}(C_3 \cos\lambda x + C_4 \sin\lambda x) \tag{14.2.13}$$

由式（14.2.13）可解得（适用于梁的右半部）

$$\left. \begin{aligned} w &= \frac{p_0 \lambda}{2K} A_x \\ \theta &= -\frac{p_0 \lambda^2}{K} B_x \\ M &= \frac{p_0}{4\lambda} G_x \\ V &= \frac{-p_0}{2} D_x \\ p &= kw = \frac{p_0 \lambda}{2B} A_x \end{aligned} \right\} \tag{14.2.14}$$

式中　$A_x = e^{-\lambda x}(\cos\lambda x + \sin\lambda x)$

　　　$B_x = e^{-\lambda x}\sin\lambda x$

　　　$C_x = e^{-\lambda x}(\cos\lambda x + \sin\lambda x)$

　　　$D_x = e^{-\lambda x}\cos\lambda x$

这四个系数都是 λx 的函数，其值可由表 14.2.2 查得。

对于梁的左半部，可利用对称关系求得，其中挠度 w，弯矩 M 和反力 p 是关于原点 O 对称的，而转角 θ、剪力 V 是关于原点反对称的，如图 14.2.6 (a) 所示。

2) 集中力偶 M_0 作用（顺时针方向为正）

以集中力偶 M_0 作用点为坐标原点 O，当 $x \to \infty$ 时，$w \to 0$，可得 $C_1 = C_2 = 0$。由于荷载和地基反力是关于原点反对称的，因此，$x = 0$，$w = 0$，可得 $C_3 = 0$。式（14.2.12）改写成

$$w = C_4 e^{-\lambda x}\sin\lambda x \tag{14.2.15}$$

由式（14.2.15）可解得（适用于梁的右半部）：

$$\left.\begin{aligned}
w &= \frac{M_0\lambda^2}{K}B_x \\[4pt]
\theta &= \frac{M_0\lambda^3}{K}C_x \\[4pt]
M &= \frac{M_0}{2}D_x \\[4pt]
V &= -\frac{M_0\lambda}{2}A_x \\[4pt]
p &= \frac{M_0\lambda^2}{B}B_x
\end{aligned}\right\} \tag{14.2.16}$$

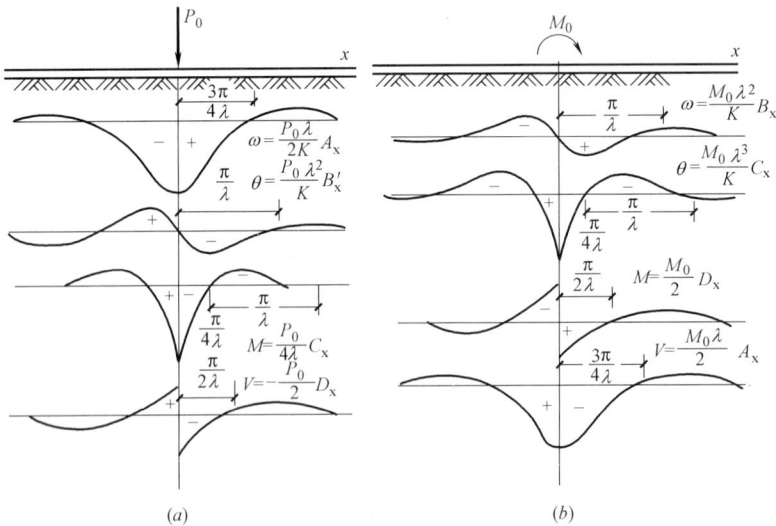

图 14.2.6　无限长梁的挠度 w、转角 θ、弯矩 M、剪力 V 分布图

(a) 竖向集中力作用下；(b) 集中力偶作用下

对于梁的左半部，同样利用对称关系求得。其中，挠度 w、弯矩 M 和反力 p 是关于原点 O 反对称的，而转角 θ 和剪力 V 是关于原点 O 对称的，如图 14.2.6 (b) 所示。

414

若有多个荷载作用于无限长梁时，可用叠加原理求内力。

A_x、B_x、C_x、D_x、E_x、F_x函数表   表 14.2.2

λ_z	A_x	B_x	C_x	D_x	E_x	F_x
0	1	0	1	1	∞	$-\infty$
0.02	0.99961	0.01960	0.96040	0.98000	382156	−382105
0.04	0.99844	0.03842	0.92160	0.96002	48802.6	−48776.6
0.06	0.99654	0.05647	0.88360	0.94007	14851.3	−14738.0
0.08	0.99393	0.07377	0.84639	0.92016	6354.30	−6340.76
0.10	0.99065	0.09033	0.80998	0.90032	3321.06	−3310.01
0.12	0.98672	0.10018	0.77437	0.88054	1962.18	−1952.78
0.14	0.98217	0.12131	0.73954	0.86085	1261.70	−1253.48
0.16	0.97702	0.13576	0.70550	0.84126	863.174	−855.840
0.18	0.97131	0.14954	0.67224	0.82178	619.176	−612.524
0.20	0.96507	0.16266	0.63975	0.80241	461.078	−454.971
0.22	0.95831	0.17513	0.60804	0.79318	353.904	−348.240
0.24	0.95106	0.18698	0.57710	0.76408	278.526	−283.229
0.26	0.94336	0.19822	0.54691	0.74514	223.862	−218.874
0.28	0.93522	0.20887	0.51748	0.72635	183.183	−178.457
0.30	0.92666	0.21893	0.48880	0.70773	152.233	−147.733
0.35	0.90360	0.24164	0.42033	0.66196	101.318	−97.2646
0.40	0.87844	0.26103	0.35637	0.61740	71.7915	−88.0628
0.45	0.85150	0.27735	0.29680	0.57415	53.3711	−49.8871
0.50	0.82307	0.29079	0.24149	0.53228	41.2142	−37.9185
0.55	0.79343	0.30156	0.19030	0.49186	32.8243	−29.6754
0.60	0.76224	0.30988	0.14307	0.45295	26.8201	−23.7865
0.65	0.73153	0.31504	0.09966	0.41559	22.3922	−19.4496
0.70	0.69972	0.31991	0.05990	0.37981	19.0435	−16.1724
0.75	0.66761	0.32198	0.02364	0.34563	16.4562	−13.6409
$\pi/4$	0.64479	0.32240	0	0.32240	14.9672	−12.1334
0.80	0.63538	0.32233	−0.00928	0.31305	14.4202	−11.6477
0.85	0.60320	0.32111	−0.03902	0.28209	12.7924	−10.0518
0.90	0.57120	0.31848	−0.06574	0.25273	11.4729	−8.75491
0.95	0.53954	0.31458	−0.08962	0.22496	10.3905	−7.68704
1.00	0.50833	0.30956	−0.11079	0.19877	9.49305	−6.79724
1.05	0.47766	0.30354	−0.12943	0.17412	8.74207	−6.04730
1.10	0.44765	0.29666	−0.14567	0.15090	8.10850	−5.41038
1.15	0.41836	0.28901	−0.15967	0.12934	7.57013	−4.86335
1.20	0.38986	0.28072	−0.17158	0.10914	7.10976	−4.39002
1.25	0.36223	0.27189	−0.18155	0.09034	6.71390	−3.97735
1.30	0.33550	0.28260	−0.18970	0.07290	6.37186	−3.61500
1.35	0.30972	0.25295	−0.19617	0.05678	6.07508	−3.29477
1.40	0.28492	0.24301	−0.20110	0.04191	5.81664	−3.01003
1.45	0.26113	0.23286	−0.20459	0.02827	5.59088	−2.75541
1.50	0.23835	0.22257	−0.20679	0.01578	5.39317	−2.52652
1.55	0.21662	0.21220	−0.20779	0.00441	5.21965	−2.21974

λ_z	A_x	B_x	C_x	D_x	E_x	F_x
$\pi/2$	0.20788	0.20788	-0.20788	0	5.15382	-2.23953
1.60	0.10592	0.20181	-0.20771	-0.00590	5.06711	-2.13210
1.65	0.17625	0.19144	-0.20664	-0.01520	4.93283	-1.96109
1.70	0.15762	0.18116	-0.20479	-0.02354	4.81454	-1.80464
1.75	0.14002	0.17099	-0.20197	-0.03097	4.71026	-1.66098
1.80	0.12342	0.16098	-0.19853	-0.03756	4.61834	-1.52865
1.85	0.10782	0.15115	-0.19448	-0.04333	4.53732	-1.40638
1.90	0.09318	0.14154	-0.18989	-0.04835	4.46596	-1.29312
1.95	0.07950	0.13217	-0.18483	-0.05267	4.40314	-1.18795
2.00	0.06674	0.12306	-0.17938	-0.05632	4.34792	-1.09008
2.05	0.05488	0.11423	-0.17359	-0.05936	4.29946	-0.99835
2.10	0.04388	0.10571	-0.16753	-0.06182	4.25700	-0.91368
2.15	0.03373	0.09749	-0.16124	-0.06376	4.21988	-0.83407
2.20	0.02438	0.08958	-0.15479	-0.06521	4.18751	-0.75959
2.25	0.01580	0.08200	-0.14821	-0.06621	4.15936	-0.68987
2.30	0.00796	0.07476	-0.14156	-0.06680	4.13495	-0.62457
2.35	0.00084	0.06785	-0.13487	-0.96702	4.11387	-0.56340
$3\pi/4$	0	0.06702	-0.13404	-0.06702	4.11147	-0.55610
2.40	-0.00562	0.06128	-0.12817	-0.06689	4.09573	-0.50611
2.45	-0.01143	0.05503	-0.12150	-0.06647	4.08019	-0.45248
2.50	-0.01663	0.04913	-0.11489	-0.06576	4.06692	-0.40229
2.55	-0.02127	0.04354	-0.10836	-0.06481	4.05568	-0.35537
2.60	-0.02536	0.03829	-0.10193	-0.06364	4.04618	-0.31156
2.65	0.02894	0.03335	-0.09563	-0.06228	4.03821	-0.27070
2.70	-0.03204	0.02872	-0.08948	-0.06076	4.03157	-0.23264
2.75	-0.03469	0.02440	-0.08348	-0.05909	4.02608	-0.19727
2.80	-0.03693	0.02037	-0.07767	-0.05730	4.02157	-0.16445
2.85	-0.03877	0.01663	-0.07203	-0.05540	4.01790	-0.13408
2.90	-0.04026	0.01316	-0.06659	-0.05343	4.01495	-0.10603
2.95	-0.04142	0.00997	-0.06134	-0.05138	4.01259	-0.08020
3.00	-0.04226	0.00703	-0.05631	-0.04929	4.01074	-0.05650
3.10	-0.04314	0.00187	-0.04688	-0.04501	4.00819	-0.01505
π	-0.04321	0	-0.04321	-0.04321	4.00143	0
3.20	-0.04307	-0.00238	-0.03831	-0.04969	4.00675	0.01910
3.40	-0.04079	-0.00853	-0.02374	-0.03227	4.00563	0.06840
3.60	-0.03659	-0.01209	-0.01241	-0.02450	4.00533	0.09693
3.80	-0.03138	-0.01369	-0.00400	-0.01769	4.00501	0.10969
4.00	-0.02583	-0.01386	-0.00189	-0.01197	4.00442	0.11105
4.20	-0.02042	-0.01307	0.00572	-0.00735	4.00364	0.10468
4.40	-0.01546	-0.01168	0.00791	-0.00377	4.00279	0.09354
4.60	-0.01112	-0.00999	0.00886	-0.00113	4.00200	0.07996
$3\pi/2$	-0.00898	-0.00808	0.00898	0	4.00161	0.07190
4.80	-0.00748	-0.00820	0.00892	0.00072	4.00134	0.06561
5.00	-0.00455	-0.00646	0.00837	0.00191	4.00085	0.05170

λ_z	A_x	B_x	C_x	D_x	E_x	F_x
5.50	0.00001	−0.00288	0.00578	0.00290	4.00020	0.02307
6.00	0.00169	−0.00069	0.00307	0.00060	4.00003	0.00554
2π	0.00187	0	0.00187	0.00187	4.00001	0
6.50	0.00179	0.00032	0.00114	0.00147	4.00001	−0.00259
7.00	0.00129	0.00060	0.00009	0.00069	4.00001	−0.00479
$9\pi/4$	0.00120	0.00060	0	0.00060	4.00001	−0.00482
7.50	0.00071	0.00052	−0.00033	0.00919	4.00001	−0.00415
$5\pi/2$	0.00039	0.00039	−0.00039	0	4.00000	−0.00311
8.00	0.00028	0.00033	−0.00038	−0.00005	4.00000	−0.00266

2. 有限长梁

实际的基础梁大多不能看成是无限长梁。对于有限长梁 $\left(\dfrac{\pi}{4}<\lambda L<\pi\right)$，要考虑荷载作用对梁端的影响，通常可利用无限长梁和叠加原理求得。如图 14.2.7 所示，把受有荷载的有限长梁 Ⅰ（实际梁）由 A、B 两端向外延伸到无限，这样形成无限长梁 Ⅱ。此时，梁 Ⅱ 上 AB 两点的弯矩和剪力分别为 M_a、V_a 和 M_b、V_b。实际上，梁 Ⅰ 的两端是自由端，不存

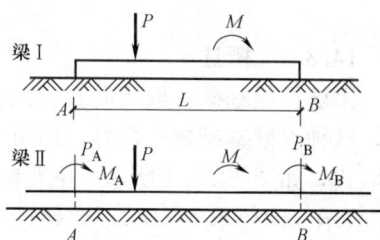

图 14.2.7　用叠加法计算有限长梁

在任何内力。为此，在梁 Ⅱ 的 A、B 两点外侧，特意分别施加一对附加集中荷载 M_A、P_A 和 M_B、P_B（其正方向如图 14.2.7 所示），并要求这两对附加荷载在 A、B 截面中产生的弯矩和剪力分别等于 $-M_a$，$-V_a$ 和 $-M_b$、$-V_b$。这样，正好抵消了梁 Ⅱ 在外荷载作用下 A、B 两截面处的内力 M_a、V_a 和 M_b、V_b，其效果相当于把梁 Ⅱ 在 A 和 R 处切断。因此，有限长梁 Ⅰ 的内力与无限长梁 Ⅱ 在外荷载和附加集中荷载作用下叠加的结果相当。由于 P_A、M_A 和 P_B、M_B 是为了梁 Ⅱ 上实现梁 Ⅰ 的边界条件所必须的附加荷载，所以叫作梁端边界条件。根据上述条件，可以解得梁端边界条件力为：

$$\left.\begin{aligned}
P_A &= (E_L+F_LD_L)V_a+\lambda(E_L-F_L)M_a-(F_L+E_LD_L)V_b+\lambda(F_L-E_LA_L)M_b \\
M_A &= -(E_L+F_LC_L)\frac{V_a}{2\lambda}-(E_L-F_LD_L)M_a+(F_L+E_LC_L)\frac{V_b}{2\lambda}-(F_L-E_LD_L)M_b \\
P_B &= (F_L+E_LD_L)V_a+\lambda(F_L-E_LA_L)M_a-(E_L+F_LD_L)V_b+\lambda(E_L-F_LA_L)M_b \\
M_B &= (F_L+E_LC_L)\frac{V_a}{2\lambda}+(F_L-E_LD_L)M_a-(E_L+F_LC_L)\frac{V_b}{2\lambda}+(E_L-F_LD_L)M_b
\end{aligned}\right\}$$

$$(14.2.17)$$

式中

$$E_L=\frac{2e^{2L}\,\text{sh}\lambda L}{\text{sh}^2\lambda L-\sin^2\lambda L} \tag{14.2.18}$$

$$F_L=\frac{2e^{\lambda L}\sin\lambda L}{\sin^2\lambda L-\text{sh}^2\lambda L} \tag{14.2.19}$$

式中　sh 表示双曲线正弦函数；E_L 及 F_L 值按 λL 值由表 14.2.2 查得。

当作用于有限长梁的外荷载对称时，$V_a=-V_b$，$M_a=M_b$，则式（14.2.17）简化为：

$$P_A = P_B = (E_L + F_L)\left[(1+D_L)V_a + \lambda(1+A_L)M_a\right] \Big\}$$
$$M_A = -M_B = -(E_L + F_L)\left[(L+C_L)\frac{V_a}{2\lambda} + (1-D_L)M_a\right] \Big\} \tag{14.2.20}$$

具体计算步骤归纳如下：

1. 将有限长梁 I 延长到无限长，计算无限长梁 II 上相应于梁 I 两端的 A 和 B 截面由于外荷载引起的内力 M_a、V_a 和 M_b、V_b；

2. 按式（14.2.17）计算梁端附加荷载 P_A、M_A 和 P_B、M_B；

3. 再按叠加原理计算在已知荷载和虚拟荷载共同作用下梁 II 上相应于梁 I 各点的内力，这就是有限长梁 I 的解。

14.3 无筋扩展基础

14.3.1 概述

无筋扩展基础一般用砖石、混凝土、毛石混凝土、灰土和三合土等材料建造，已如前述，这种类型基础抗压性好，而抗弯性能差。为适应这种特点无筋扩展基础要求一定的构造形式，如图 14.3.1 所示，主要限制 α 角的大小，不要超过刚性角 α_{max}，或用宽高比 b_2/H_0 表示，即要求 b_2/H_0 不要超过容许值。否则，当基础外伸长度相对于高度来说比较大时，可能由于基础材料抗弯强度不足而开裂破坏。宽高比的容许值根据基础材料和基底压力大小而定，详见表 14.3.1。

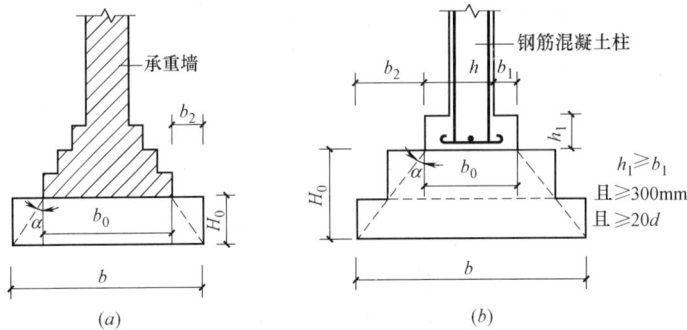

图 14.3.1 无筋扩展基础构造示意

d—柱中纵向钢筋直径

无筋扩展基础台阶宽高比的允许值 表 14.3.1

基础材料	质量要求	台阶宽高比的允许值		
		$p_k \leqslant 100$	$100 < p_k \leqslant 200$	$200 < p_k \leqslant 300$
混凝土基础	C15 混凝土	1：1.00	1：1.00	1：1.25
毛石混凝土基础	C15 混凝土	1：1.00	1：1.25	1：1.50
砖基础	砖不低于 MU10，砂浆不低于 M5	1：1.50	1：1.50	1：1.50
毛石基础	砂浆不低于 M5	1：1.25	1：1.50	—
灰土基础	体积比为 3：7 或 2：8 的灰土，其最小干密度： 粉土 1550kg/m³ 粉质黏土 1500kg/m³ 黏土 1450kg/m³	1：1.25	1：1.50	—

418

基础材料	质量要求	台阶宽高比的允许值		
		$p_k \leqslant 100$	$100 < p_k \leqslant 200$	$200 < p_k \leqslant 300$
三合土基础	体积比 1:2:4～1:3:6 （石灰：砂：骨料），每层约虚铺 220mm，夯至 150mm	1:1.50	1:2.00	—

注：1. p_k 为荷载效应标准组合时基础底面处的平均压力值（kPa）；
　　2. 阶梯形毛石基础的每阶伸出宽度，不宜大于 200mm；
　　3. 当基础由不同材料叠合组成时，应对接触部分作抗压验算；
　　4. 混凝土基础单侧扩展范围内基础底面处的平均压力值超过 300kPa 时，尚应进行抗剪验算；对基底反力集中于立柱附近的岩石地基，应进行局部受压承载力验算。

　　无筋扩展基础可用于 6 层和 6 层以下（三合土基础不宜超过四层）的一般民用建筑和墙承重的轻型厂房。如超过此范围内，必须进行基础强度验算。

　　按刚性角要求，基础高度 H_0 应满足式 14.3.1 要求（图 14.3.1）：

$$H_0 \geqslant \frac{b - b_0}{2\tan\alpha} \tag{14.3.1}$$

式中　b——基础底面宽度；

　　　b_0——基础顶面的墙体宽度或柱脚宽度；

　　　H_0——基础高度；

　　　b_2——基础台阶宽度；

　　$\tan\alpha$——基础台阶宽高比 $b_2 : H_0$，其允许值可按表 14.3.1 选用。

　　采用无筋扩展基础的钢筋混凝土柱，其柱脚高度 h_1 不得不小于 b_1（图 14.3.1），并不应小于 300mm 且不小于 20d（d 为柱中的纵向受力钢筋的最大直径）。当柱纵向钢筋在柱脚内的竖向锚固长度不满足锚固要求时，可沿水平方向弯折，弯折后的水平锚固长度不应小于 10d，也不应大于 20d。

14.3.2　灰土基础

　　灰土基础必须采用符合标准的石灰和土料，并取灰土比为 3:7 或 2:8 为宜。施工时还应保证灰土的夯实干密度（粉土为 1.55t/m³，粉质黏土为 1.5t/m³，黏土为 1.45t/m³）。如能符合这些要求，灰土 28d 的极限抗压强度将不低于 800kPa。设计时，可取灰土基础的设计强度为 400kPa，基础的容许宽高比 $\tan\alpha$ 为 1:1.25（当基底平均压力 $p \leqslant 100$kPa 时）和 1:1.5（当 $p \leqslant 200$kPa 时）。灰土 28d 的抗弯和抗剪强度，约为抗压强度的 30%。灰土 28d 后浸水 48h 的变形模量约为 32～40MPa。

　　灰土的早期强度主要取决于密实度，并将随龄期加长，其强度有明显的增长。

　　灰土在空气中硬化时，早期强度增长很快，但浸水后强度降低很多。灰土经夯实后，在水位下的饱和土中养护而不是直接投入水中养护时，龄期在 3 个月以内的强度也不低于气硬性灰土的饱水强度。因此，可以在地下水位以下或潮湿地区用作基础材料。

　　灰土的抗冻性，同冻结时的灰土强度（或龄期）以及其周围土的湿度有关。灰土在不饱和的情况下，冻结对强度影响不大，解冻后灰土强度继续增长。在有水供给时，灰土早期的抗冻性就较差，但龄期超过 3 个月左右（相当于强度超过 1.0～1.3MPa 时）的 3:7 灰土，冻结后强度就没有明显的降低。施工时，要注意不使灰土基础早期受冻。

为了保证灰土基础的强度和耐久性，石灰宜用块状生石灰，经消化 1～2d 后，通过孔径 5～10mm 的筛子立即使用，土料以粉质黏土为宜并使其达到散粒状，使用前应通过 10～20mm 孔径的筛子。

施工时，基坑应保持干燥，防止灰土早期浸水，灰土拌合要均匀，湿度要适当，含水量过大或过小均不易夯实。因此，最好实地测定其最佳含水量，使在一定夯击能量下，达到最大密实度，夯实应分层进行，每层虚铺 22～25cm，夯至 15cm。

14.3.3 毛石基础

毛石基础是用强度等级不低于 MU20 级的毛石以砂浆砌成，一般采用混合砂浆或水泥砂浆。当基底压力较小且基础位于地下水位以上时，也可用白灰砂浆。

毛石基础一般砌筑成阶梯形。毛石的形状不规整，不易砌平，为了保证毛石基础的整体刚性传力均匀，每一台阶均不少于 2～3 排（视石块大小和规整情况定），每阶挑出宽度应小于 20cm，每阶高度不小于 40cm。

14.3.4 砖基础

砖基础一般用不低于 MU10 的砖（砖材宜用经熔烧过的）和不低于 M5 的砂浆砌成。因砖的抗冻性较差，所以在严寒地区和含水量较大的土中，应采用高强度等级的砖和水泥砂浆。

砖基础通常做成阶梯形，俗称大放脚，大放脚一般是两皮一收，或者是两皮一收与一皮一收相间，后者较节省材料，故而采用较多。砌砖基础前，必须先铺底灰。砌筑时，砖应先用水浇透，并要求砌体砂浆饱满。

如果基础下半部用灰土时，则灰土部分不做台阶，其宽高比按表 14.3.1 要求控制，同时应验算灰土顶面的压力，以不超过 250～300kPa 为宜。

14.3.5 混凝土和毛石混凝土基础

混凝土基础的混凝土强度等级，应不低于 C15。

混凝土基础的剖面形式有阶梯形和锥形等，按基础的尺寸大小和施工条件确定。

毛石混凝土基础一般用 C15 混凝土，掺入少于基础体积 30％的毛石（毛石强度等级不低于 MU20，其长度不宜大于 80cm）。

毛石混凝土基础施工时，应先浇灌 12～15cm 厚的混凝土层再铺砌毛石，毛石插入混凝土约一半后再灌混凝土，填满所有空隙，再逐层铺砌毛石和灌混凝土。

为节约材料，刚性基础的理论截面应按刚性角放坡，如图 14.3.1 虚线所示。但为施工方便计，常做成阶梯形。分阶时，应注意每一台阶均应保证刚性角要求。使用块石时，每一层台阶应有两排块石；使用毛石时，则要有三排，以保证毛石之间的连接。依块石大小不同，每阶高度可在 40～60cm 之间。当用混凝土或块石混凝土时，每阶高度一般为 50cm。

如果根据刚性角的要求，基础所需高度超过埋深时，或基础顶面离地面不足 10cm 时，则应加大埋深，或者改用钢筋混凝土基础（因它不受刚性角限制，可以浅埋）。

14.4 钢筋混凝土扩展式基础

扩展式基础常指柱下钢筋混凝土独立基础和墙下钢筋混凝土条形基础。通常能在较小的埋深内，将基础底面扩大到所需的面积，因而是最常用的一种基础形式。为使扩展式基础具有一定的刚度，要求基础台阶的宽高比不大于2.5。从基础受力特点分析，扩展式基础仍为板式基础，基础底板的厚度应满足抗冲切的要求，并按板的受力分析进行抗剪及抗弯强度计算。

14.4.1 柱下钢筋混凝土单独基础

1. 柱下钢筋混凝土单独基础的构造

柱下钢筋混凝土单独基础按截面形状，可分为角锥形及阶梯形两种。按施工方法，可分为现浇柱基础及预制柱基础两种。

1）一般要求

（1）锥形基础的边缘高度一般不小于200mm，阶形基础的每阶高度，宜为300～500mm。

（2）基础下面通常设有低强度等级（C10）素混凝土垫层，垫层厚度一般为100mm。当地基较好时，可利用基坑侧壁作为基础的侧模，此时垫层的平面尺寸与基础底面尺寸相同。一般情况下，垫层每边应从基础边缘放宽100mm，也可以用碎砖三合土、灰土等作垫层。

（3）基础混凝土强度等级不低于C20。

（4）底板受力钢筋直径不宜小于10mm，间距不宜大于200mm，也不宜小于100mm。当有垫层时，钢筋保护层厚度不宜小于40mm，无垫层时不宜小于70mm。

（5）当柱下钢筋混凝土独立基础的边长和墙下钢筋混凝土条形基础的宽度大于或等于2.5m时，底板受力钢筋的长度可取边长或宽度的0.9倍并宜交错布置（图14.4.1a）；

（6）钢筋混凝土条形基础底板在T形及十字形交接处，底板横向受力钢筋仅沿一个主要受力方向通长布置，另一方向的横向受力钢筋可布置到主要受力方向底板宽度1/4处（图14.4.1b），在拐角处底板横向受力钢筋应沿两个方向布置（图14.4.1c）。

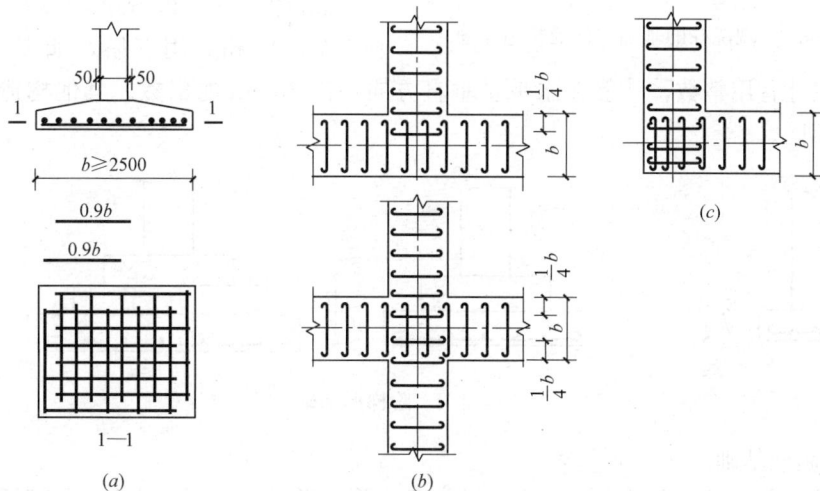

图14.4.1 扩展基础底板受力钢筋布置示意

2）现浇柱基础

（1）角锥形基础：基础高度除应满足抗冲切要求外，尚应满足柱子纵向钢筋锚固长度

421

的要求。现浇柱基础如不与柱同时浇灌，在基础内预留插筋的规格和数量应与柱子底部的纵向受力钢筋相同，插筋的锚固及与柱的纵向受力钢筋的搭接长度，应满足《混凝土结构设计规范》GB 50010 的要求。当基础高度在 900mm 以内时，插筋应伸至基础底部的钢筋网，并在端部做成直弯钩（图 14.4.2）。

有抗震设防要求时，纵向受力钢筋的最小锚固长度 l_{aE} 应按下式计算：

一、二级抗震等级

$$l_{aE}=1.15l_a$$

三级抗震等级

$$l_{aE}=1.05l_a$$

四级抗震等级

$$l_{aE}=l_a$$

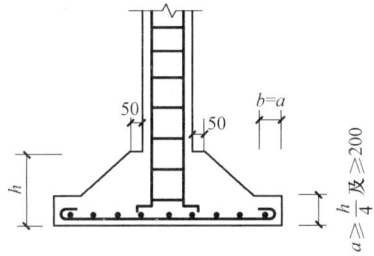

图 14.4.2 现浇柱下单独角锥形基础

式中 l_a——纵向受拉钢筋的锚固长度。按《混凝土结构设计规范》GB 50010 的有关规定确定。

当柱为轴心受压或小偏心受压，基础高度大于等于 1200mm；或柱为大偏心受压，基础高度大于等于 1400mm 时，可仅将四角的插筋伸至底板钢筋网上，其余插筋锚固在基础顶面下 l_a 或 l_{aE}（有抗震设防要求时）处（图 14.4.3）。

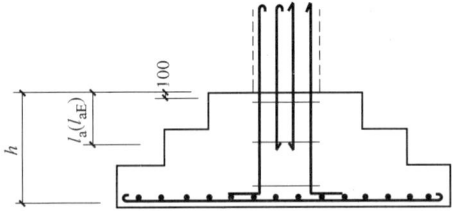

图 14.4.3 现浇柱的基础中插筋构造示意

插筋长度范围内均应设置箍筋。插筋伸出基础的长度，根据柱子的受力情况及钢筋规格来确定。基础顶部做成平台，每边从柱边缘放出不少于 50mm 的距离。

（2）阶梯形基础：阶梯形基础的每阶高度一般为 300～500mm。基础高度 $h \leqslant 350mm$ 用一阶，$350mm < h \leqslant 900mm$ 用二阶，$h > 900mm$ 用三阶，如图 14.4.4 所示。阶梯尺寸宜用整数，一般在水平及垂直方向均用 50mm 的倍数。其他构造要求与角锥形基础相同。

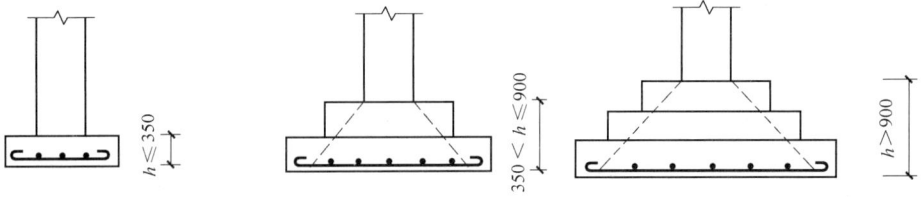

图 14.4.4 阶梯形基础

3）预制柱基础

预制柱下单独基础通常做成杯形基础（角锥形或阶梯形），预制的柱子就插入并嵌固在杯口中，如图 14.4.5 所示，柱与基础的连接应满足下列要求：

（1）柱的插入深度，可按表 14.4.1 选用，并应满足钢筋锚固长度的要求及吊装时柱的稳定性。

（2）基础的杯底厚度和杯壁厚度，可按表 14.4.2 选用。

（3）当柱为轴心受压或小偏心受压且 $t/h_2 \geqslant 0.65$ 时，或大偏心受压且 $t/h_2 \geqslant 0.75$ 时，杯壁可不配筋；当柱为轴心受压或小偏心受压且 $0.5 \leqslant t/h_2 < 0.65$ 时，杯壁可按表 14.4.3 构造配筋；其他情况下，应按计算配筋。

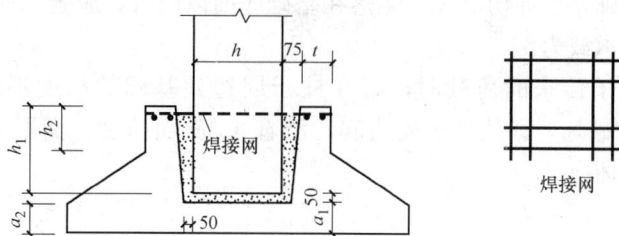

图 14.4.5　预制钢筋混凝土柱独立基础示意

柱的插入深度 h_1（mm）　　　　　　　　　　　表 14.4.1

矩形或工字形柱				双肢柱
$h < 500$	$500 \leqslant h < 800$	$800 \leqslant h \leqslant 1000$	$h > 1000$	
$h \sim 1.2h$	h	$0.9h$ 且 $\geqslant 800$	$0.8h$ 且 $\geqslant 1000$	$(1/3 \sim 2/3)h_a$
				$(1.5 \sim 1.8)h_b$

注：1. h 为柱截面长边尺寸；h_a 为双肢柱全截面长边尺寸；h_b 为双肢柱全截面短边尺寸；

　　2. 柱轴心受压或小偏心受压时，h_1 可适当减小；偏心距大于 $2h$ 时，h_1 应适当加大。

基础的杯底厚度和杯壁厚度　　　　　　　　　　　表 14.4.2

柱截面长边尺寸 h（mm）	杯底厚度 a_1（mm）	杯壁厚度 t（mm）
$h < 500$	$\geqslant 150$	$150 \sim 200$
$500 \leqslant h < 800$	$\geqslant 200$	$\geqslant 200$
$800 \leqslant h < 1000$	$\geqslant 200$	$\geqslant 300$
$1000 \leqslant h < 1500$	$\geqslant 250$	$\geqslant 350$
$1500 \leqslant h < 2000$	$\geqslant 300$	$\geqslant 400$

注：1. 双肢柱的杯底厚度值，可适当加大；

　　2. 当有基础梁时，基础梁下的杯壁厚度，应满足其支承宽度的要求；

　　3. 柱子插入杯口部分的表面应凿毛，柱子与杯口之间的空隙，应用比基础混凝土强度等级高一级的细石混凝土充填密实。当达到材料设计强度的 70% 以上时，方能进行上部吊装。

杯壁构造配筋　　　　　　　　　　　表 14.4.3

柱截面长边尺寸（mm）	$h < 1000$	$1000 \leqslant h < 1500$	$1500 \leqslant h \leqslant 2000$
钢筋直径（mm）	$8 \sim 10$	$10 \sim 12$	$12 \sim 16$

注：表中钢筋置于杯口顶部，每边两根（图 14.4.5）。

14.4.2　柱下钢筋混凝土单独基础的计算

扩展基础的计算应符合下列规定：1）对柱下独立基础，当冲切破坏锥体落在基础底面以内时，应验算柱与基础交接处以及基础变阶处的受冲切承载力；

2）对基础底面短边尺寸小于或等于柱宽加两倍基础有效高度的柱下独立基础，以及墙下条形基础，应验算柱（墙）与基础交接处的基础受剪切承载力；

3）基础底板的配筋，应按抗弯计算确定；

4）当基础的混凝土强度等级小于柱的混凝土强度等级时，尚应验算柱下基础顶面的局部受压承载力。

1. 基础高度的确定

对柱下独立基础，当冲切破坏锥体落在基础底面以内时，应验算柱与基础交接处以及基础变阶处的冲切承载力。

当基础承受柱子传来的荷载时，若在柱子周边处基础的高度不够，就会发生如图 14.4.6 所示的冲切破坏，即从柱子周边起，沿着 45° 斜面拉裂，而形成如图 14.4.7 中虚线所示的冲切角锥体。

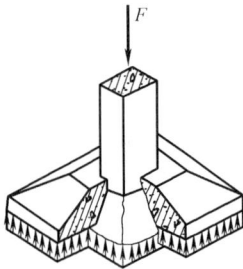

图 14.4.6　冲切破坏

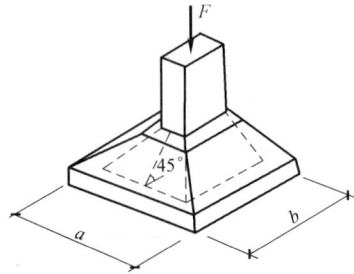

图 14.4.7　冲切角锥体

为了保证基础不发生冲切破坏，在基础冲切角锥体以外，由地基反力产生的冲切荷载 F_l 应小于基础冲切面上的抗冲切强度。根据《混凝土结构设计规范》，对矩形截面柱的矩形基础，在柱与基础交接处以及基础变阶处的冲切强度可按下列公式计算（图 14.4.8）：

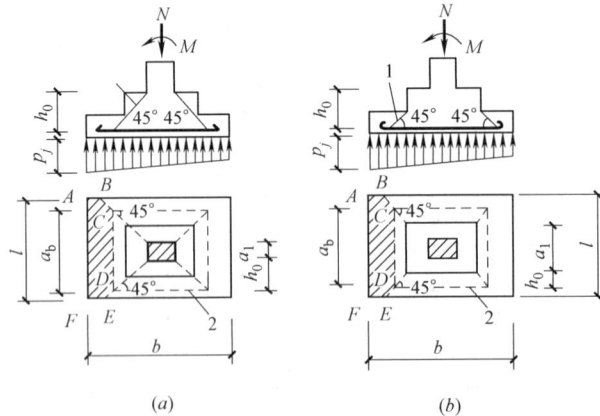

图 14.4.8　计算阶形基础的受冲切承载力截面位置

（a）柱与基础交接处；（b）基础变阶处

1—冲切破坏锥体最不利一侧的斜截面；2—冲切破坏锥体的底面线

扩展基础的计算，应符合下列要求：

1）基础底面积，可参阅第 13 章浅基础设计中的有关部分。在墙下条形基础相交处，不应重复计入基础面积；

2) 对矩形截面柱的矩形基础，应验算柱与基础交接处以及基础变阶处的受冲切承载力。

受冲切承载力应按下列公式验算：

$$F_l \leqslant 0.7\beta_{hp}f_t a_m h_0 \tag{14.4.1}$$

$$a_m = (a_t + a_b)/2 \tag{14.4.2}$$

$$F_l = p_j A_l \tag{14.4.3}$$

式中 β_{hp}——受冲切承载力截面高度影响系数，当 h 不大于 800mm 时，β_{hp} 取 1.0；当 h 大于等于 2000mm 时，β_{hp} 取 0.9，其间按线性内插法取用；

f_t——混凝土轴心抗拉强度设计值；

h_0——基础冲切破坏锥体的有效高度；

a_m——冲切破坏锥体最不利一侧计算长度；

a_t——冲切破坏锥体最不利一侧斜截面的上边长，当计算柱与基础交接处的受冲切承载力时，取柱宽；当计算基础变阶处的受冲切承载力时，取上阶宽；

a_b——冲切破坏锥体最不利一侧斜截面在基础底面积范围内的下边长，当冲切破坏锥体的底面落在基础底面以内（图14.4.8a、b），计算柱与基础交接处的受冲切承载力时，取柱宽加两倍基础有效高度；当计算基础变阶处的受冲切承载力时，取上阶宽加两倍该处的基础有效高度。

p_j——扣除基础自重及其上土重后相应于荷载效应基本组合时的地基土单位面积净反力，对偏心受压基础可取基础边缘处最大地基土单位面积净反力；

A_l——冲切验算时取用的部分基底面积（图14.4.8a、b 中的阴影面积 ABCDEF）；

F_l——相应于荷载效应基本组合时作用在 A_l 上的地基土净反力设计值。

对基础底面短边尺寸小于或等于柱宽加两倍基础有效高度的柱下独立基础，应验算柱与基础交接处的基础受剪切承载力。

$$V_s \leqslant 0.7\beta_{hs}f_t A_0 \tag{14.4.4}$$

$$\beta_{hs} = (800/h_0)^{1/4} \tag{14.4.5}$$

式中 V_s——柱与基础交接处的剪力设计值，图14.4.9中的阴影面积乘以基底平均净反力；

β_{hs}——受剪切承载力截面高度影响系数当 $h_0 < 800$mm 时，取 $h_0 = 800$mm；当 $h_0 > 2000$mm 时，取 $h_0 = 2000$mm；

A_0——验算截面处基础的有效截面面积。当验算截面为阶形或锥形时，其截面折算宽度和截面的有效高度按《建筑地基基础设计规范》GB 50007 附录 P 计算。

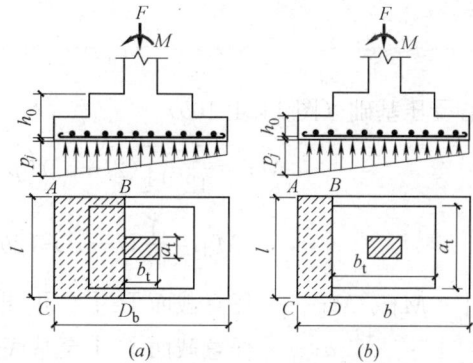

图14.4.9 验算阶形基础受剪切承载力示意图

(a) 柱与基础交接处；(b) 基础变阶处图

2. 基础底板内力及配筋计算

柱下钢筋混凝土单独基础承受荷载后，如同平板那样，基础底板沿着柱子四周产生弯曲，当弯曲应力超过基础抗弯强度时，基础底板将发生弯曲破坏。一般单独基础的长宽尺寸较为接近，故基础底板为双向弯曲板，其内力计算常采用简化计算方法。将单独基础的底板看作为固定在柱子周边的四面挑出的悬臂板，近似地将地基反力按对角线划分，沿基础长宽两个方向的弯矩，等于梯形基底面积上地基净反力所产生的力矩。当矩形基础在轴心或单向偏心荷载作用下，基础台阶的高宽比 $\tan\alpha \leqslant 2.5$ 和偏心距 $e \leqslant \dfrac{a}{6}$ 时，基板任意截面 I-I 及 II-II（图 14.4.10）的弯矩可按下列公式计算：

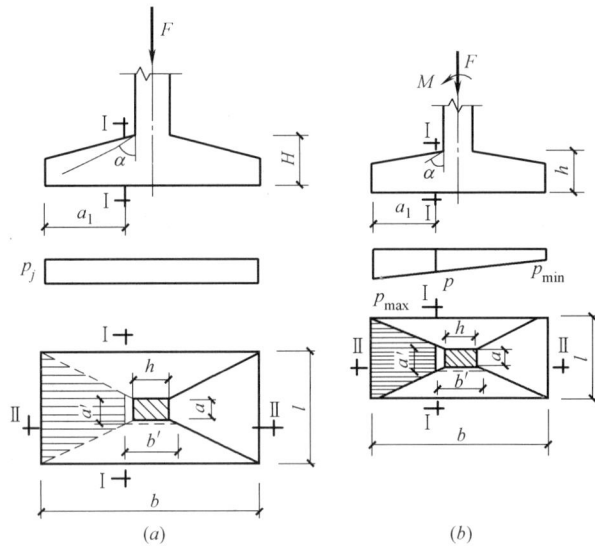

图 14.4.10 矩形基础底板的计算图式

（a）中心受压；（b）偏心受压

中心受压基础（图 14.4.10a）

$$M_{\text{I}} = \frac{1}{6}a_1^2(2l+a')p_j \tag{14.4.6}$$

$$M_{\text{II}} = \frac{1}{24}(l-a')^2(2b+b')p_j \tag{14.4.7}$$

偏心受压基础（图 14.4.10b）

$$M_{\text{I}} = \frac{1}{12}a_1^2\left[(2l+a')\left(p_{\max}+p-\frac{2G}{A}\right)+(p_{\max}-p)l\right] \tag{14.4.8}$$

$$M_{\text{II}} = \frac{1}{48}(l-a')^2(2b+b')\left(p_{\max}+p_{\min}-\frac{2G}{A}\right) \tag{14.4.9}$$

式中　M_{I}、M_{II}——任意截面 I-I、II-II 处相应于荷载效应基本组合时的弯矩设计值；

$\qquad\quad a_1$——任意截面 I-I 至基底边缘最大反力处的距离；

$\qquad\quad l$、b——基础底面的边长；

$\qquad\quad p_{\max}$、$p_{\min}$——相应于荷载效应基本组合时的基础底面边缘最大和最小地基反力设

426

计值；

p——相应于荷载效应基本组合时在任意截面 I-I 处基础底面地基反力设计值；

G——考虑荷载分项系数的基础自重及其上的土自重；当组合值由永久荷载控制时，$G=1.35G_k$，G_k 为基础及其上土的标准自重。

基础底板配筋计算，根据底板内力，各计算截面所需的钢筋面积 A_s 为：

$$A_s=\frac{M}{0.9h_0f_y} \tag{14.4.10}$$

式中　M——计算配筋截面处的设计弯矩，$N \cdot mm$；

f_y——钢筋的抗拉强度设计值，$N \cdot mm$；

h_0——基础有效高度，cm，应注意双向配筋时有效高度的取值，通常沿基础长向的钢筋设置于下层。

对于阶梯形基础，除进行柱边截面的强度计算外，尚应在变阶处进行验算，根据变阶处的截面位置，按式（14.4.6）～式（14.4.9）计算。

双向偏心的单独基础，可按叠加原理进行计算。

【例题 14.4.1】 某单层工业厂房的柱基础，采用阶梯形杯形基础。作用于杯口顶面的荷载 $F=2400kN$；$M=850kN \cdot m$；$V=60kN$。预制钢筋混凝土柱的断面尺寸为 $500mm \times 1200mm$。基础采用 C20 混凝土，钢筋采用 HPB300 级钢筋，基础埋深 $d=1.90m$。地基持力层为粉质黏土，$e=0.75$，$I_L=0.80$，$\gamma=18.5kN/m^3$。地基承载力特征值 $f_{ak}=210kPa$，基础底面以上土的平均重度 $\gamma_m=18.0kN/m^3$。地下水位在天然地面以下$-5.0m$处。试进行杯形基础的设计和计算。

【解】

1. 基础底面尺寸的确定及地基承载力验算

1）基础底面尺寸的确定　在轴向荷载 F 作用下，基础底面积 A' 为：

$$A'=\frac{F}{f_a-\gamma_G d}=\frac{2400}{210-20 \times 1.9}=13.95m^2$$

式中，地基承载力特征值 f_a，先用未修正的特征值 f_{ak} 进行估算。考虑到力矩荷载 M 作用的影响，基础底面积乘以系数 1.2 适当增大，即

$$1.2A'=1.2 \times 13.95=16.75m^2$$

今选取基础宽度 $b=4550mm$，长度 $l=3850mm$，则基础底面积 F 为：

$$A=3.85 \times 4.55=17.5m^2$$

2）地基承载力验算　经修正后的地基承载力特征值 f_a 为：

$$f_a=f_{ak}+\eta_b\gamma(b-3)+\eta_d\gamma_m(d-0.5)$$
$$=210+0.3 \times 18.5 \times (3.85-3)+1.6 \times 18.0 \times (1.9-0.5)$$
$$=210+4.72+40.3=255kN/m^2$$

基础底面积的抵抗矩 W 为：

$$W=\frac{1}{6}lb^2=\frac{1}{6} \times 3.85 \times 4.55^2$$
$$=13.3m^3$$

基础底面的最大压力 $p_{\max}$ 及最小压力 $p_{\min}$ 为：

$$p_{\max \atop \min}=\frac{F+G}{A}\pm\frac{M}{W}$$

$$=\frac{2400+20\times1.9\times17.5}{17.5}\pm\frac{850+60\times1.4}{13.3}$$

$$={245 \atop 105}\text{kN/m}^2$$

$$p_{\max}=245\text{kN/m}^2<1.2f=1.2\times255=306\text{kN/m}^2$$

$$p_{\min}=105\text{kN/m}^2>0,\ \text{均满足要求}。$$

2. 冲切计算

根据表 14.4.1 及表 14.4.2 并考虑构造要求，确定基础的外形尺寸如例图 14.4.1 所示。

进行冲切计算时，按由柱边起呈 45° 的冲切角锥体的斜面进行验算。

基底净反力（例图 14.4.1c）为：

$$p_{j\max}=p_{\max}-\gamma_G d=245-20\times1.9=207\text{kN/m}^2$$

$$p_{j\min}=p_{\min}-\gamma_G d=105-20\times1.9=67\text{kN/m}^2$$

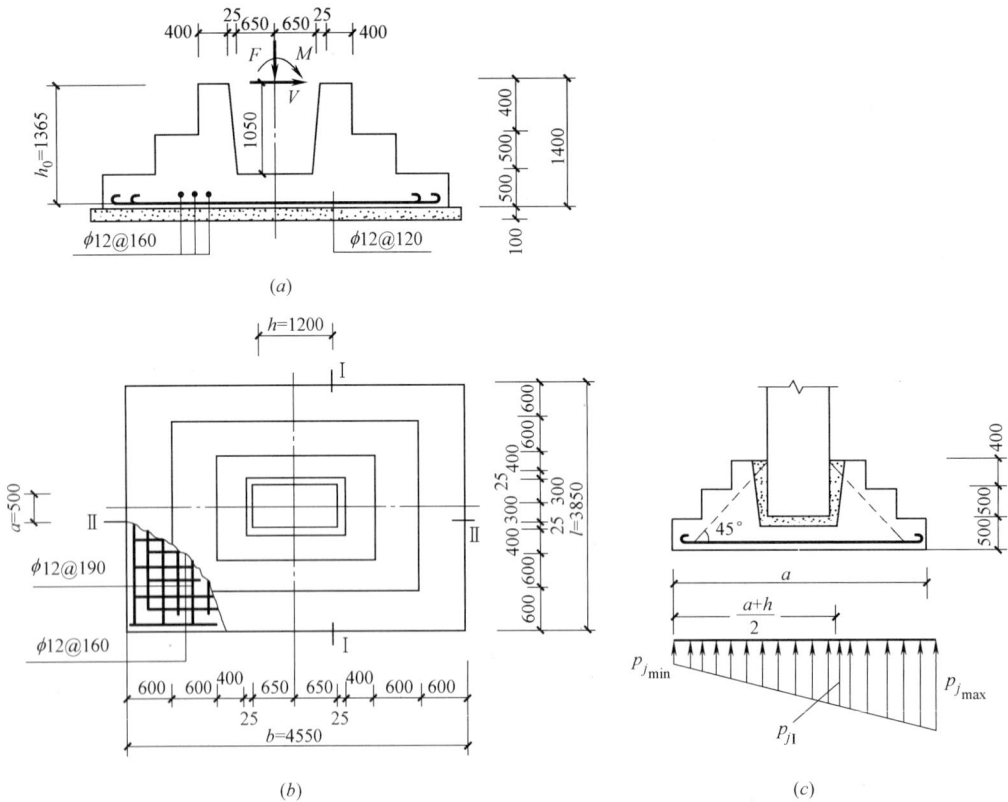

例图 14.4.1 基础尺寸及配筋图

利用式（14.4.3）计算作用在基础上的冲切荷载，这时取 $p_{j\max}=207\text{kN/m}^2$，取基础有效高度 $h_0=1400-35=1365\text{mm}$。这时，冲切荷载作用面积 A 为：

$$A = \left(\frac{b}{2} - \frac{h}{2} - h_0\right)l - \left(\frac{l}{2} - \frac{a}{2} - h_0\right)^2$$

$$= \left(\frac{4.55}{2} - \frac{1.2}{2} - 1.365\right) \times 3.85 - \left(\frac{3.85}{2} - \frac{0.5}{2} - 1.365\right)^2$$

$$= 1.1\text{m}^2$$

$$F_1 = p_{j\max}A = 1.1 \times 207 = 222.7\text{kN}$$

利用式（14.4.1）计算基础抗冲切强度：

$$0.7\beta_{\text{hp}}f_t a_m h_0 = 0.7\beta_{\text{hp}}f_t \frac{a_1 + a_t}{2}h_0$$

$$= 0.7 \times 0.95 \times 1.1 \times 10^3 \times \frac{0.5 + 3.23}{2} \times 1.365$$

$$= 1862\text{kN} > 227.7\text{kN}$$

3. 基础底板配筋计算

$p_{j\text{I}}$ 按直线比例关系求得（例图 14.4.1）：

$$p = p_{\min} + (p_{\max} - p_{\min})\frac{b+h}{2b} = 105 + (245 - 105) \times \frac{4.55 + 1.2}{2 \times 4.55} = 193.5\text{kN/m}^2$$

沿柱边截面处的弯矩，可按式（14.4.8）及式（14.4.9）计算：

$$M_{\text{I}} = \frac{1}{12}a_1^2\left[(2l + a')\left(p_{\max} + p - \frac{2G}{A}\right) + (p_{\max} - p)l\right]$$

$$= \frac{1}{48}(4.55 - 1.2)^2\left[(2 \times 3.85 + 0.5)\left(245 + 193.5 - \frac{2 \times 17.5 \times 1.9 \times 20}{17.5}\right)\right.$$

$$\left. + (245 - 193.5) \times 3.85\right] = 738\text{kN} \cdot \text{m}$$

$$M_{\text{II}} = \frac{1}{48}(l - a')^2(2b + b')\left(p_{\max} + p_{\min} - \frac{2G}{A}\right)$$

$$= \frac{1}{48}(3.85 - 0.5)^2(2 \times 4.55 + 1.2)\left(245 + 105 \frac{2 \times 17.5 \times 1.9 \times 20}{17.5}\right) = 660\text{kN} \cdot \text{m}$$

配筋按式（14.4.10）计算：

$$A_{s\text{I}} = \frac{M_{\text{I}}}{0.9h_{0\text{I}}f_y} = \frac{738000000}{0.9 \times 1365 \times 210} = 2861\text{mm}^2 = 28.61\text{cm}^2$$

选用 $\phi12@160\text{mm}$，共 25 根（$A_{s\text{I}} = 28.28\text{cm}^2$）

$$A_{s\text{II}} = \frac{M_{\text{II}}}{0.9h_{0\text{II}}f_y} = \frac{660000000}{0.9 \times (1365 - 12) \times 210} = 2581\text{mm}^2 = 25.81\text{cm}^2$$

选用 $\phi12@190\text{mm}$，共 23 根（$A_{s\text{II}} = 26.01\text{cm}^2$）

14.4.3 墙下钢筋混凝土条形基础

墙下钢筋混凝土条形基础（以下简称墙下条形基础）是在上部结构的荷载比较大，地基土质软弱，用一般砖石和混凝土砌体又不经济时采用。

1. 墙下钢筋混凝土条形基础的构造

墙下条形基础一般做成无肋的板，有时做成带肋的板，如图 14.4.11（a）所示。

墙下条形基础的受力钢筋在横向（基础宽度方向）配置，纵向配置分布筋直径不小于 8mm，间距不大于 300mm。每延米分布钢筋的面积应不小于受力钢筋面积的 1/10。在不均匀地基上，或沿基础纵向荷载分布不均匀时，为了抵抗不均匀沉降引起的弯矩，在纵向也应配置受力钢筋，做成如图 14.4.11（b）所示的带纵肋的条形基础，以增加基础的纵

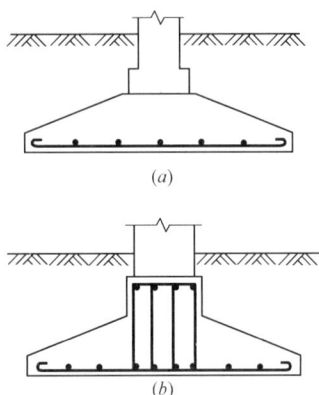

图 14.4.11　钢筋混凝土条形基础

（a）板式条形基础；（b）带肋的板式条形基础

向抗弯能力。

条形基础的配筋一般采用 HPB300 级钢筋，直径 $\phi 8 \sim \phi 16$，纵向分布筋按构造配置，一般用 $\phi 6 @ 250 \text{mm}$。

2. 墙下钢筋混凝土条形基础的计算

墙下条形基础埋深的确定和基础宽度的计算，与一般浅基础相同，可参阅第 13 章浅基础设计中的有关部分。计算基础内力时，沿条形基础长度方向取单位长度（一般取 1m 长）来计算（图 14.4.12）。

任意截面 Ⅰ-Ⅰ 处（图 14.4.12）的弯矩 M 为：

$$M_1 = \frac{1}{6} a_1^2 \left(2p_{\max} + p - \frac{3G}{A} \right) \quad (14.4.11)$$

其最大弯矩截面的位置；

当墙体为混凝土时，$a_1 = b_1$；

如为砖墙且大放脚不大于 1/4 砖长时，$a_1 = b_1 + \frac{1}{4}$ 砖长。

根据经验，条形基础高度一般约为基础宽度 b 的 1/8。

墙下条形基础底板应按式（14.4.4）验算墙与基础底板交接处截面受剪承载力，以确定条形基础的截面高度，其中 A_0 为验算截面处基础底板的单位长度垂直截面有效面积，V_s 为墙与基础交接处由基底平均净反力产生的单位长度剪力设计值。

墙下条形基础配筋可按式（14.4.10）计算。

【例 14.4.2】　某居住建筑砖墙承重，底层墙厚为 37cm，作用于基础顶面上的荷载为 $F = 172 \text{kN/m}$。基础埋深 $d = 0.5 \text{m}$。地基持力层为淤泥质粉质黏土，地基承载力特征值 $f_{ak} = 95 \text{kN/m}^2$。试设计钢筋混凝土条形基础。

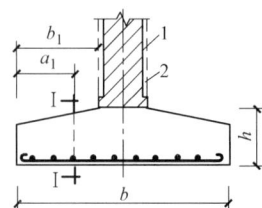

图 14.4.12　墙下条形基础的计算示意

1—砖墙；2—混凝土墙

【解】

1. 条形基础宽度计算

$$b = \frac{F}{f_a - \gamma_G d} = \frac{172}{95 - 20 \times 0.6} = 2.07 \quad \text{取 } b = 2.20 \text{m}$$

上式中地基承载力设计值项，因持力层为淤泥质粉质黏土，则 $\eta_b = 0$，由于埋深 $d = 0.5 \text{m}$，所以不需作宽度深度修正，即 $f_a = f_{ak} = 95 \text{kN/m}^2$。因为室内外地面标高不同，故基础自重计算时取平均深度 $d = 0.6 \text{m}$ 计算。

2. 基础配筋计算

基础材料采用：C20 混凝土，HPB300 级钢。$f_t = 1.1 \text{N/mm}^2$，$f_y = 210 \text{N/mm}^2$

地基净反力：

$$p_j = \frac{F}{b} = \frac{172}{2.2} = 78.2 \text{kN/m}^2$$

基础断面尺寸如例图 14.4.2 所示。计算基础悬臂部分最大弯矩 M 和剪力 V 值为：

$$M = \frac{1}{2} p_j s^2 = \frac{1}{2} \times 78.2 \times \left(1.10 - \frac{0.37}{2}\right) = 32.6 \text{kN} \cdot \text{m}$$

$$V = p_j s = 78.2 \times \left(1.10 - \frac{0.37}{2}\right) = 71.5 \text{kN}$$

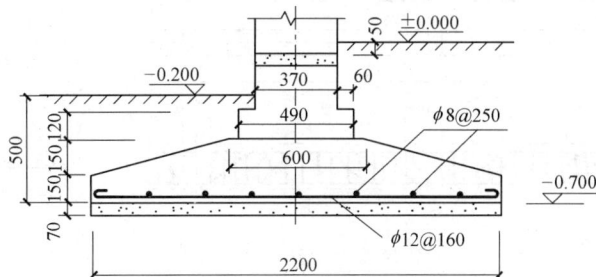

例图 14.4.2　条形基础断面图

确定基础高度：基础高度一般先按 $h = \frac{b}{8}$ 的经验值选取，然后再进行验算。

$$h = \frac{b}{8} = \frac{220}{8} = 27.5 \text{cm} \qquad 取 \ h = 30 \text{cm}, \ h_0 = 30 - 3.5 = 26.5 \text{cm}$$

抗剪验算：

$$V = 71.5 \text{kN}$$

$$0.7 \beta_{\text{hs}} f_t b h_0 = 0.7 \times 1 \times 110 \times 26.5 \times 100 = 204 \text{kN} > V$$

配筋计算：

$$A_s = \frac{M}{0.9 h_0 f_y} = \frac{3260000}{0.9 \times 26.5 \times 21000} = 6.50 \text{cm}^2$$

选用 $\phi 12@160 \text{mm}$ （$A_s = 7.07 \text{cm}^2$），分布筋选用 $\phi 8@250 \text{mm}$。

14.5　柱下钢筋混凝土条形基础

柱下钢筋混凝土条形基础也称为基础梁，连接上部结构的柱列布置成单向条状的钢筋混凝土基础，通常在下列情况下采用：

（1）多层与高层房屋，或上部结构传下的荷载较大，地基土的承载力较低，采用各种形式的单独基础不能满足设计要求时；

（2）当采用单独基础所需的底面积由于邻近建筑物或设备基础的限制而无法扩展时；

（3）地基土质变化较大或局部有不均的软弱地基，需作地基处理时；

（4）各柱荷载差异过大，会引起基础之间较大的相对沉降差异时；

（5）需要增加基础的刚度，以减少地基变形，防止过大的不均匀沉降量时。

14.5.1　柱下钢筋混凝土条形基础的构造

柱下条形基础的构造如图 14.5.1 及图 14.5.2 所示，其横截面一般呈倒 T 形，下部挑出部分叫作翼板，中间的梁腹也叫作肋部。梁高应根据计算确定，一般可在柱距的 1/4～1/8 范围内选择。底板厚度不宜小于 200mm。当底板厚度为 200～250mm 时，宜用等厚度底板（图 14.5.1）；当底板厚度大于 250mm 时，宜用变厚度底板（图 14.5.2），其顶面坡度小于或等于1：3。中间肋部的高度通常沿基础长度方向上是不变的。当基础上作用的荷载大，并且柱距较大时，肋梁在接近支座处的弯矩和剪力均较大，往往在肋梁支座处需要加腋，如图14.5.2所示。

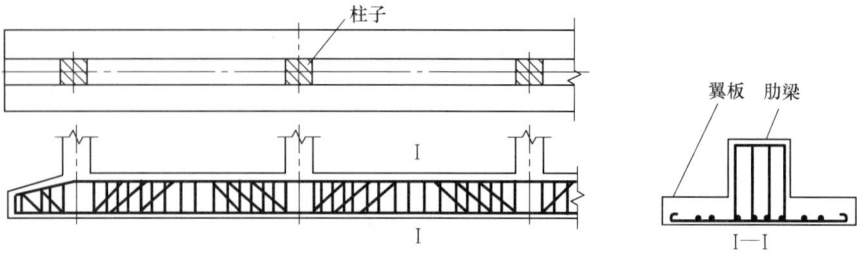

图14.5.1　柱下条形基础

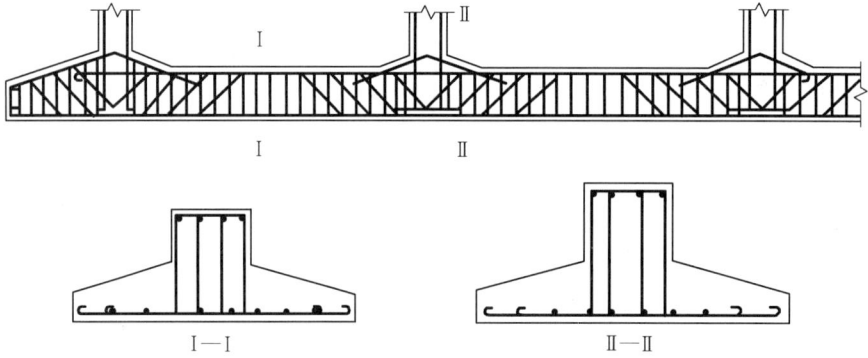

图14.5.2　加腋的柱下条形基础

现浇柱与条形基础梁的交接处，其平面尺寸不应小于图14.5.3的规定。

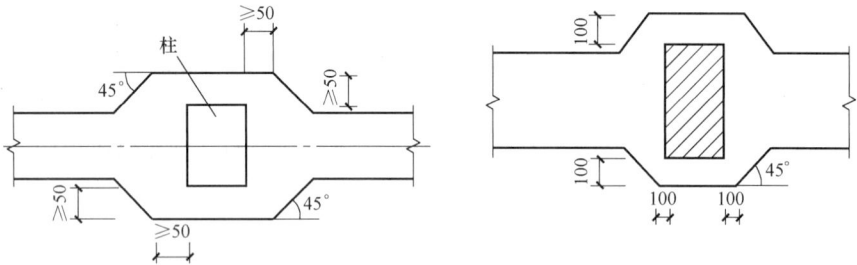

图14.5.3　现浇柱与条形基础梁交接处平面尺寸
(a) 柱宽小于600mm；(b) 柱宽大于或等于600mm

通常，柱下条形基础在柱列末端伸出柱边一定距离，叫作悬出部分，其作用可使基础下地基反力分布更均匀一些，伸出长度宜为第一跨距的0.25～0.3倍。

柱下条形基础除在纵向配置受力筋外，沿翼板宽度方向还需配置横向筋，以承受翼板部分的横向弯矩。肋梁内的纵向受力筋一般均为双筋，上下钢筋的配筋率都不应小于0.2%。箍筋直径不小于φ8，在距支座轴线为（0.25～0.30）l的一段长度内应加密配置。翼板内的受力筋由计算确定，直径不小于φ10，分布筋的直径为φ8～10，间距200～300mm。

条形基础梁顶面和底面的纵向受力钢筋除满足计算要求外，顶面钢筋宜全部贯通，底面通长钢筋不应少于底面受力钢筋总面积的 1/3。

柱下条形基础的混凝土强度等级，不应低于 C20。

当条形基础的混凝土强度等级小于柱的混凝土强度等级时，尚应验算柱下条形基础梁顶面的局部受压承载力。

14.5.2 柱下钢筋混凝土条形基础的简化计算法

采用弹性地基梁法计算基础梁时，计算比较麻烦，计算工作量也较大。另外，由于地基土性的复杂多变，无论对地基采用文克尔假定或半无限弹性体假定，均不能很好地反映地基的实际情况，计算中用到的土的力学指标如 k 与 E_0 等也难以准确确定，因而其计算结果往往与实际情况仍有出入。所以，在一般中小型工程中为便于计算，有时常采用一些简化计算方法。

梁、板式基础计算理论中要解决的关键问题是确定基底压力的分布。实用上，在比较均匀的地基上，当上部结构刚度较好、荷载分布较均匀，并且条形基础梁的高度不小于 1/6 柱距时，地基反力可按直线分布，条形基础的内力可按连续梁计算，此时边跨跨中弯矩及第一内支座的弯矩值宜乘以 1.2 的系数。这样，按偏心受压公式根据柱子传至梁上的荷载，利用力平衡条件，即可求得梁下地基反力的分布，如图 14.5.4 所示，可得：

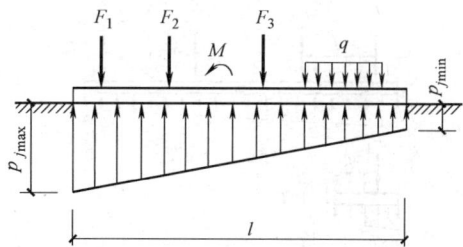

图 14.5.4 按直线分布关系求基础梁地基反力

$$p_{j\max \atop j\min} = \frac{\sum F_i}{bl} \pm \frac{6\sum M_i}{bl^2} \tag{14.5.1}$$

式中　$\sum F_i$——上部建筑物作用在基础梁上的各垂直荷载（包括均布荷载 q 在内）之总和；

$\sum M_i$——各外荷载对基础梁中点的力矩代数和；

b——基础梁的宽度；

l——基础梁的长度；

$p_{j\max}$——基础梁边缘处最大地基反力；

$p_{j\min}$——基础梁边缘处最小地基反力。

当 $p_{j\max}$ 与 $p_{j\min}$ 相差不大时，可近似地取其平均值作为梁下均布的地基反力，这样计算时将更为简便。

1. 确定底面尺寸和压力分布

将条形基础视为一狭长的矩形基础，长边 l 由构造要求决定（只要决定伸出边柱的长度），然后根据地基的承载力计算所需的宽度 b，如果荷载的合力是偏心的，则可像对待偏心荷载下的矩形基础那样，先初步选定宽度，再用边缘最大压力验算地基。

2. 内力分析

实践中常用下列两种简化方法来计算条形基础的内力：

1) 静定分析法

因为基础（包括覆土）的自重不引起内力，故可根据基底的净反力来做内力分析。式（14.5.1）中的 $\sum F_i$ 不包括自重，所得的结果即为净反力。求出净反力分布后，基础上所有的作用力都已确定，便可按静力平衡条件计算出任一 i 截面上的弯矩 M_i 和剪力 V_i，如图 14.5.5 所示选取若干截面进行计算，然后绘制弯矩、剪力图。

2）倒梁法

这种方法将地基反力视作作用在基础梁上的荷载，将柱子视作为基础梁的支座，这样就可将基础梁作为一倒置的连续梁进行计算，故称为倒梁法，如图 14.5.6 所示。

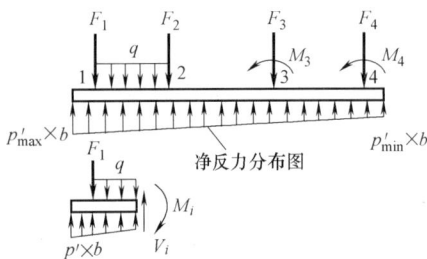

图 14.5.5　按静力平衡条件计算
条形基础的内力

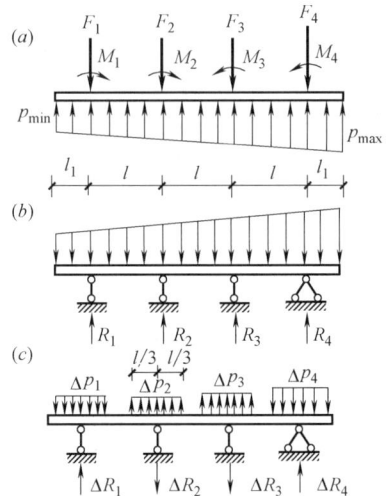

图 14.5.6　倒梁法计算简图
（a）按直线分布的基底反力；
（b）倒置的梁；（c）调整的荷载

由于未考虑基础梁挠度与地基变形协调条件且采用了地基反力直线分布假定，即反力不平衡。为此，需要进行反力调整，即将柱荷载 F_i 和相应支座反力 R_i 的差值均匀地分配在该支座两侧各三分之一跨度范围内，再解此连续梁的内力，并将计算结果进行叠加。重复上述步骤，直至满足精度为止。一般经过一次调整，就能满足设计精度的要求（不平衡力不超过荷载的 20%）。

倒梁法把柱子看作基础梁的不动支座，即认为上部结构是绝对刚性的。由于计算中不涉及变形，不能满足变形协调条件，因此，计算结果存在一定的误差。经验表明，倒梁法较适合于地基比较均匀，上部结构刚度较好，荷载分布较均匀且条形基础梁的高度大于 1/6 柱距的情况。由于实际建筑物多发生盆形沉降，导致柱荷载和地基反力重新分布。研究表明，端柱和端部地基反力均会增大，为此，宜在端跨适当增加受力钢筋，并且上下均匀配筋。

【**例 14.5.1**】　试验倒梁法分析例图 14.5.1 所示柱下条形基础的内力。基础长 20m，宽 2.5m，高 1.1m，荷载和柱距见例图 14.5.1（a）。

【**解**】

计算条形基础基底平均反力

$$q = \frac{\sum F}{l} = \frac{5880}{20} = 294\text{kN/m}$$

视基础梁为在均布荷载 q 作用下，以柱脚处为支座的三跨连续梁，计算草图如例图

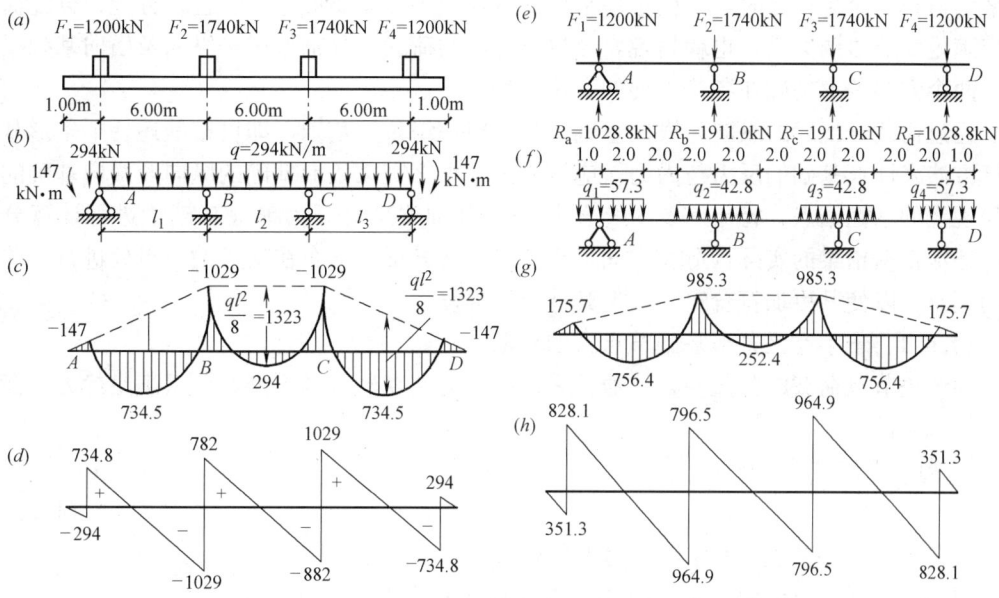

例图 14.5.1　用倒梁法计算基础梁

（a）荷载和柱距；（b）计算草图；（c）弯矩图；（d）剪力图；（e）支座反力图；

（f）调整的荷载分布图；（g）最终弯矩图；（h）最终剪力图

14.5.1（b）所示。

用弯矩分配法计算基础梁内力，其计算结果如例图 14.5.1（c）、（d）、（e）、（f）所示。

由于反力与原柱荷载不相等，进行调整，将差值折算成分布荷载，作用在支座两侧 2m 范围内（例图 14.5.1f），再用弯矩分配法计算基础梁的调整内力（M、V、R），将两次计算结果进行叠加，将叠加后的支座反力与柱荷载相比，误差不大时可不再作调整计算，一般进行一次调整计算后即可满足要求。

例图 14.5.1（g）、（h）所示为经调整计算后的最终弯矩图和剪力图。

14.6　十字交叉钢筋混凝土条形基础

当地基土质软弱且不均匀，建筑物荷载又相当大时，为了使基础有足够的支承面积，并减少建筑物的不均匀下沉，可以采用十字交叉的钢筋混凝土条形基础（简称十字交叉条形基础）。这种类型的基础也是多层建筑物在地震区的抗震措施之一。十字交叉条形基础是在柱列下纵、横两个方向以条形基础构成整体十字交叉的格排形状的基础，如图 14.6.1 所示。这是一种空间结构，应用弹性半无限空间体理论的精确计算比较复杂。所以，工程设计中一般常采用各种简化计算法。下面仅对简化计算的原则，作一些简单介绍：

十字交叉条形基础的交叉节点上，一般承受柱子

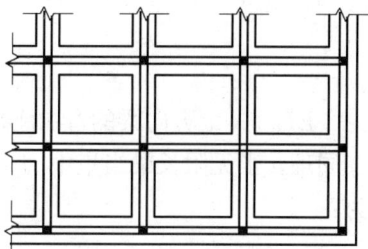

图 14.6.1　十字交叉条形基础

传来的荷载。简化计算时，将柱子将来的荷载在两个方向条形基础上进行分配，分配荷载时应满足变形协调关系，也就是说，经过分配后的荷载，分别作用于纵向及横向基础梁上时，两个方向条形基础在各节点处的变位应相等。

经过荷载分配后的纵向与横向基础，各形成一组条形基础，即可按前述柱下条形基础计算方法来计算基础的反力与内力。应该指出，十字交叉条形基础的纵向及横向基础的交点是现浇的刚性结点，将十字交叉空间格排状基础梁系拆开为单根基础梁进行计算分析后，还应根据格梁的实际构造及空间工作情况，将其反力分布在交叉的节点处进行一些必要的调整，以使其更加符合实际，但其计算较繁复。

14.6.1　十字交叉条形基础节点力的分配

为解决节点荷载的分配问题，通常采用的多为文克勒地基模型，要求满足静力平衡及变形协调条件：

1. 静力平衡条件

$$F_i = F_{ix} + F_{iy} \tag{14.6.1}$$

式中　F_i——任一节点 i 上作用的集中荷载；

F_{ix}、F_{iy}——分别为分配于 x 方向和 y 方向基础上的荷载。

2. 变形协调条件

即纵横基础梁在节点 i 处的竖向位移和转角应相同，且要与该处地基的变形相协调。为了简化计算，假设在交叉点处纵梁和横梁之间为铰接，即一个方向的条形基础有转角时，在另一方向的条形基础内不引起内力，节点上两个方向的力矩分别由相应的纵梁和横梁承担。因此，只考虑节点处的竖向位移协调条件：

$$w_{ix} = w_{iy} = s \tag{14.6.2}$$

当十字交叉节点间距较大，纵、横两个方向间距相等且节点荷载差别又不太悬殊时，可不考虑相邻荷载的相互影响，使节点荷载的分配计算大大简化。

1）边柱节点

图 14.6.2 所示为交梁基础的边柱节点。在荷载 F_i 的作用下，交叉的基础梁可以分解为 F_{ix} 作用下的无限长梁和 F_{iy} 作用下的半无限长梁。由式（14.2.14）可得，无限长梁在 F_{ix} 作用下，在荷载作用点（$x=0$）处的地基沉降为：

$$w_{ix} = \frac{F_{ix}\lambda_x}{2kb_x} = \frac{F_{ix}}{2kb_x s_x} \tag{14.6.3}$$

式中　k——基床系数；

b_x——x 方向基础梁的底面宽度；

s_x——x 方向梁的刚度特征值，由下式计算：

$$s_x = \frac{1}{\lambda_x} = \sqrt[4]{\frac{4EI_x}{kb_x}} \tag{14.6.4}$$

式中　EI_x——x 方向梁的弯曲刚度。

同理，半无限长梁当集中力 F_x 作用于梁端时，在荷载作用下（即 $y=0$）的地基沉降为：

$$w_{iy} = \frac{2F_{iy}}{kb_y s_y} \tag{14.6.5}$$

式中 b_y——y 方向梁的底面宽度；

s_y——y 方向梁的刚度特征值，由下式计算；

$$s_y = \frac{1}{\lambda_y} = \sqrt[4]{\frac{4EI_y}{kb_y}}$$ (14.6.6)

式中 EI_x——y 方向梁的弯曲刚度。

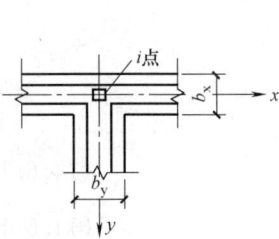

图 14.6.2 边柱

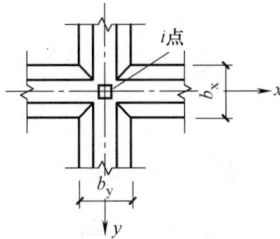

图 14.6.3 内柱

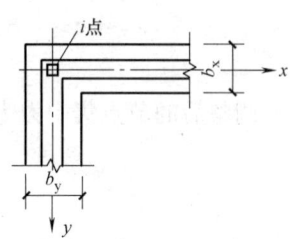

图 14.6.4 角柱

由变形协调条件 $w_{ix} = w_{iy}$ 得

$$\frac{F_{ix}}{2kb_x s_x} = \frac{2F_{iy}}{kb_y s_y}$$

又由平衡条件可得：$F_{ix} + F_{iy} = F_i$

解以上两式得：

$$F_{ix} = \frac{4b_x s_x}{4b_x s_x + b_y s_y} F_i$$

$$F_{iy} = \frac{b_y s_y}{4b_x s_x + b_y s_y} F_i$$ (14.6.7)

2）内柱和角柱节点

图 14.6.3、图 14.6.4 为交叉条形基础的中柱和角柱节点。作用在节点处的集中荷载 F_i 同样可分解成 F_{ix} 和 F_{iy}，对于中柱，按两个方向的无限长梁计算；对于角柱，则按两个方向的半无限长梁计算，可得：

$$\left.\begin{array}{l} F_{ix} = \dfrac{b_x s_x}{b_x s_x + b_y s_y} F_i \\[3mm] F_{iy} = \dfrac{b_y s_y}{b_x s_x + b_y s_y} F_i \end{array}\right\}$$ (14.6.8)

14.6.2 十字交叉条形基础节点力分配的调整

按照节点集中力分配公式计算出的 F_{ix} 和 F_{iy} 节点集中力，只用来确定交叉条形基础每个节点下地基反力的初值，但由于交叉条形基础的底板在节点处的相互交叉，尚须考虑两条形基础相互影响的调整值。

因此，要把实际的计算简化到不相互交叉简图，将底板重叠部分面积上的地基压力折算成整个基础底面积上地基平均压力，作为地基压力的增量：

$$\Delta F = \frac{\Delta A \sum F_i}{A^2}$$ (14.6.9)

式中 ΔA——为交叉条形基础节点重叠的总面积；

$\sum F_i$——所有节点集中力之和；

A——交叉条形基础全部支承总面积。

实际位于每一节点上纵横方向的集中力，应等于节点分配力加上交叉叠加部分面积上的压力之和。由于重叠面积在纵横梁计算中作了重复考虑，故每一节点引起 ΔF_i 的多余，使节点达到平衡，可按比例用下式分配：

$$\Delta F_{ix} = \frac{F_{ix}}{F_i} \times \Delta A_i \Delta F$$

$$\Delta F_{iy} = \frac{F_{iy}}{F_i} \times \Delta A_i \Delta F$$

调整后的节点集中力为

$$F'_{ix} = F_{ix} + \Delta F_{ix} \tag{14.6.10}$$

$$F'_{iy} = F_{iy} + \Delta F_{iy} \tag{14.6.11}$$

式中 ΔF_{ix}——节点 i 在 x 轴向集中力的增量；

$\quad\quad \Delta F_{iy}$——节点 i 在 y 轴向集中力的增量；

$\quad\quad A_i$——节点 i 处基础板带相互重叠的面积。

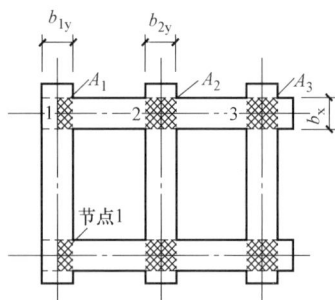

图 14.6.5　交叉面积计算简图

基础板带重叠面积的计算如下：

中柱和带悬臂的板带

$$A_i = b_{ix} \times b_{iy} \tag{14.6.12}$$

边柱的无伸出悬臂板带与边缘横向板带交叉，认为只到后者宽度的一半，如图 14.6.5 节点 1，可用下式计算：

$$A_1 = \frac{b_{1x} \times b_{1y}}{2} \tag{14.6.13}$$

14.7　筏形基础

上部结构荷载较大、地基承载力较低，采用一般基础不能满足要求时，可将基础扩大成支承整个建筑物结构的大钢筋混凝土板，即成为筏形基础或称为筏板基础（图 14.7.1）。筏形基础不仅能减少地基土的单位面积压力、提高地基承载力，还能增强基础的整体刚性、调整不均匀沉降，故在多层和高层建筑中被广泛采用。

筏形基础是地基上整体的连续的钢筋混凝土板式基础。又可分为柱下筏形基础和墙下筏形基础，或者为两种情况的组合。为了适当增加筏板的整体刚度，在板上或板底设置连续肋梁。

筏形基础常做成一块等厚的钢筋混凝土板（见图 14.7.1a），称为平板式筏形基础，适用于柱荷载不大、柱距较小且等柱距的情况。当荷载较大时，可以加大柱下的板厚（见图 14.7.1b）；如柱荷载太大且不均匀、柱距又较大时，将产生较大的弯曲应力，可沿柱轴线纵横向设肋梁（见图 14.7.1c），就成为梁板式筏形基础（或称为肋梁式筏形基础）。

筏形基础的结构与钢筋混凝土楼盖结构相似，由柱子或墙传来的荷载，经主梁、次梁及板传给地基。若将地基反力看作作用于筏形基础底板上的荷载，则筏形基础相当于一个

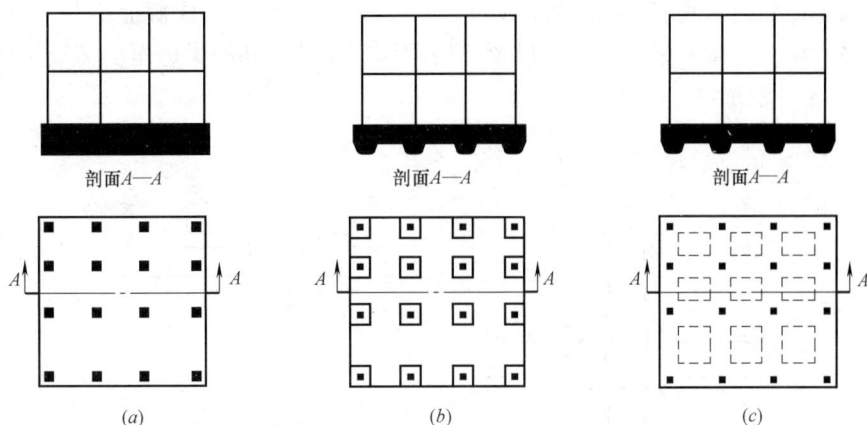

图 14.7.1　筏形基础的基本类型

倒置的钢筋混凝土平面楼盖。

筏形基础大多采用梁板式结构的形式，当柱网间距大时，可加肋梁使基础刚度增大。当柱网为正方形时（或近于正方形），筏形基础也可以做成无梁式基础板，相当于一倒置的无梁楼盖。

梁板式筏形基础向上凸出的肋梁，如图 14.7.2（b）所示。布置纵向和横向的肋梁时，应使其交点位于柱下。肋梁向下凸出时，如图 14.7.2（a）所示；其断面可做成梯形的，施工时利用土模浇筑混凝土，以节省模板；且底板上部是平整的，使用方便。但施工质量不易检查，通常采用的还是肋梁向上凸出的形式。为使其形成平整的室内地面，可在肋梁间填土或填筑低强度等级混凝土。如果肋的间距不大时，也可以铺设预制钢筋混凝土板。

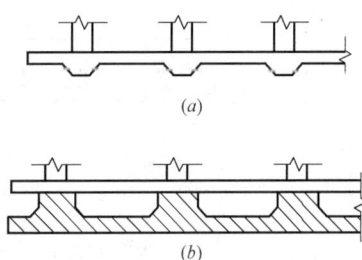

图 14.7.2　梁板式筏形基础的肋梁位置

筏片式钢筋混凝土基础的结构构造与一般钢筋混凝土基础及钢筋混凝土平面楼盖的构造要求基本相同。但应根据基础的要求，确定混凝土的强度等级、钢筋的直径及保护层的厚度。

14.7.1　筏形基础的构造

1. 筏板厚度

1）梁板式筏形基础　梁板式筏形基础底板的板格应满足受抗冲切承载力的要求。梁板式筏形基础的板厚不应小于 400mm，而且板厚与板格的最小净跨度之比不宜小于 1/14。梁板式筏形基础梁的高跨比不宜小于 1/6。有悬臂筏板，可做成坡度，但边端厚度不小于200mm，而且悬臂长不宜大于 1.0m。

2）平板式筏形基础　平板式筏形基础板厚应能满足受冲切承载力的要求，而且板的最小厚度不宜小于 400mm。

2. 地下室底层柱、剪力墙与梁板式筏形基础的基础梁连接

当交叉基础梁的宽度小于柱截面的边长时，交叉基础的连接处应设置八字角，柱角和八字角之间的净距不宜小于 50mm，见图 14.7.3（a）。当单向基础梁与柱连接时，柱截面

439

边长大于 400mm 时，可按图 14.7.3（b）、14.7.3（c）采用；柱截面边长小于 400mm 时，可按图 14.7.3（d）采用。当基础梁与剪力墙连接时，基础梁边至剪力墙边的距离不宜小于 50mm，见图 14.7.3（e）。

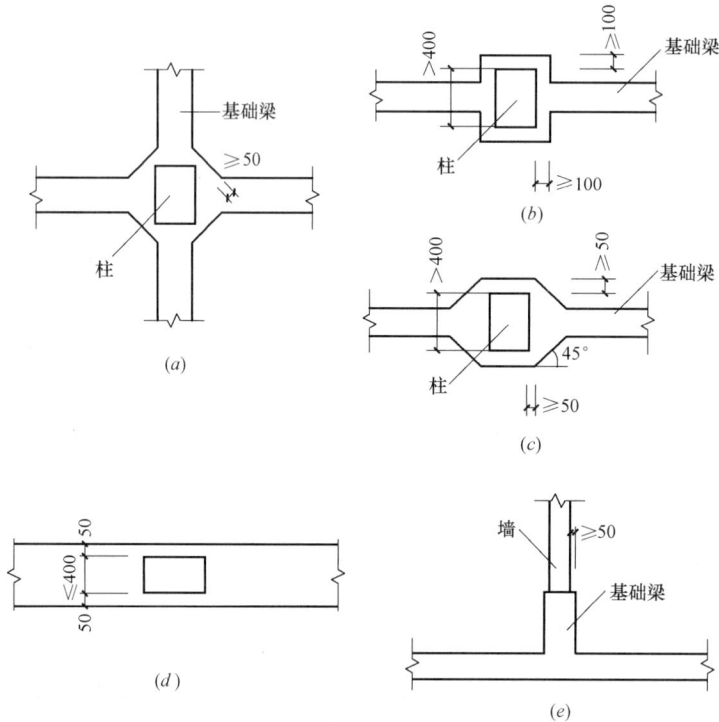

图 14.7.3　基础梁与地下室底层柱或剪力墙连接的构造

3. 筏板配筋

筏板配筋由计算确定，按双向配筋并考虑下述原则：

1）平板式筏形基础　按柱上板带和跨中板带分别计算配筋，以柱上板带的正弯矩计算下筋，用跨中板带的负弯矩计算上筋，用柱上和跨中板带正弯矩的平均值计算跨中板带的下筋。

2）梁板式筏形基础　在用四边嵌固双向板计算跨中和支座弯矩时，应适当予以折减。肋梁按 T 形梁计算，肋板也应适当的挑出 1/6～1/3 柱距。

考虑到整体弯曲的影响，纵横方向的支座钢筋尚应有 1/3 贯通全跨，且其配筋率不应小于 0.15%，跨中钢筋按实际配筋率全部连通。

3）墙下筏形基础，适用于筑有人工垫层的软弱地基及具有硬壳层的比较均匀的软土地基上，建造六层及六层以下横墙较密集的民用建筑。墙下筏形基础一般为等厚度的钢筋混凝土平板，混凝土强度等级可采用 C20，对地下水位以下的地下室筏形基础，必须考虑混凝土的抗渗等级并进行抗裂度验算。筏形基础垫层厚度一般为 100mm。

14.7.2　筏形基础的地基计算

筏形基础的平面尺寸应根据地基上的承载力、上部结构的布置及荷载分布等因素确定。当为满足地基承载力的要求而扩大底板面积时，扩大部位宜设置在建筑物的宽度方向。筏形基础的地基应进行承载力和变形验算，必要时应验算地基的稳定性。

1. 基础底面积的确定

1）应满足基础持力层上的地基承载力要求。如果将坐标原点置于筏形基础底板形心处，则基底反力可按下式计算：

$$p(x,y)=\frac{F+G}{A}\pm\frac{M_{\mathrm{x}}y}{I_{\mathrm{x}}}+\frac{M_{\mathrm{y}}x}{I_{\mathrm{y}}} \tag{14.7.1}$$

式中　F——相应于荷载效应标准组合时，筏形基础上由墙或柱传来的竖向荷载总和，kN；

　　　G——筏形基础的自重，kN；

　　　A——筏形基础的底面积，m^2；

M_x、M_y——相应于荷载效应标准组合时，分别为竖向荷载 F 对通过筏形基础底面形心的 x 轴和 y 轴的力矩，kN·m；

　I_x、I_y——分别为筏形基础基底面积对 x、y 轴的惯性矩，m^4；

　x、y——分别为计算点的 x 轴和 y 轴的坐标，m。

基底反力应满足以下要求：

$$p\leqslant f_{\mathrm{a}}$$
$$p_{\max}\leqslant1.2f_{\mathrm{a}} \tag{14.7.2}$$

式中　p、$p_{\max}$——分别为相应于荷载效应标准组合时，基础底面的平均基底压力和最大基底压力，kPa；

　　　f_{a}——基础持力层土的地基承载力特征值，kPa。

2）对单幢建筑物，在均匀地基的条件下，基础底面形心宜与结构竖向荷载重心重合。当不能重合时，在永久荷载与楼（屋）面荷载长期效应组合下，偏心距宜符合下式要求：

$$e\leqslant0.1\frac{W}{A} \tag{14.7.3}$$

式中　W——与偏心距方向一致的基础底面边缘抵抗矩；

　　　A——基础底面积。

如果偏心较大或不能满足式（14.7.2）中第二式的要求，为减小偏心距和扩大基底面积，可将筏板外伸悬挑。对于肋梁不外伸的悬挑筏板，挑出长度不宜大于 2m；如做成坡度，其边缘厚度不小于 200mm。

3）如有软弱下卧层，应验算其下卧层强度，验算方法与天然地基上浅基础相同。

2. 基础的沉降

基础的沉降应小于建筑物的允许沉降值，当采用土的压缩模量计算筏形与箱形基础的最终沉降量 s 时，应按下列公式计算：

$$s=s_1+s_2 \tag{14.7.4}$$

$$s_1=\psi'\sum_{i=1}^{m}\frac{p_{\mathrm{c}}}{E'_{si}}(z_i\,\overline{a_l}-z_{i-1}\,\overline{a_{l-1}})$$

$$s_2=\psi_{\mathrm{s}}\sum_{i=1}^{n}\frac{p_0}{E_{si}}(z_i\,\overline{a_l}-z_{i-1}\,\overline{a_{l-1}})$$

式中　　s——最终沉降量；

　　　　s_1——基坑底面以下地基土回弹再压缩引起的沉降量；

　　　　s_2——由基底附加压力引起的沉降量；

ψ'———考虑回弹影响的沉降计算经验系数，无经验时取 $\psi'=1$；

ψ_s———沉降计算经验系数，按地区经验采用；当缺乏地区经验时，可按现行国家标准《建筑地基基础设计规范》GB 50007 的有关规定采用；

p_c———相当于基础底面处地基土的自重压力的基底压力，计算时地下水位以下部分取土的浮重度；

p_0———准永久组合下的基础底面处的附加压力；

$E、_{si}、E_{si}$———基础底面下第 i 层土的回弹再压缩模量和压缩模量；

m———基础底面以下回弹影响深度范围内所划分的地基土层数；

n———沉降计算深度范围内所划分的地基土层数；

$z_i、z_{i-1}$———基础底面至第 i 层、第 $i-1$ 层底面的距离；

$a_i、a_{i-1}$———基础底面计算点至第 i 层、第 $i-1$ 层底面范围内平均附加应力系数。

式（14.7.5）中的沉降计算深度应按地区经验确定，当无地区经验时可取基坑开挖深度；式（14.7.6）中的沉降计算深度，可按现行国家标准《建筑地基基础设计规范》GB 50007 确定。

3. 基础的稳定性验算

高层建筑在承受地震作用、风荷载或其他水平荷载时，应进行基础的抗滑移稳定性、抗倾覆稳定性验算；当地基内存在软弱土层或地基土质不均匀时，应采用极限平衡理论的圆弧滑动面法验算地基整体稳定性；当建筑物地下室的一部分或全部在地下水位以下时，应进行抗浮稳定性验算。

14.7.3 筏形基础内力的简化计算

1. 筏形基础受力特点

筏形基础受荷载作用后，是一置于弹性地基上的弹性板，为一空间问题，应用弹性理论精确求解时，计算工作繁重。工程设计中，大多采用简化计算法，即将筏形基础看作平面楼盖，将基础板下地基反力作为作用在筏基上的荷载，然后如同平面楼盖那样分别进行板、次梁及主梁的内力计算。其中，合理地确定基底反力分布是问题的关键。

实际工程中，筏形基础的计算常采用简化方法，即假设基础为绝对刚性、基础底反力呈直线分布，并按静力学的方法确定。当相邻柱荷载和柱距变化不大时，将筏板划分为互相垂直的板带，板带的分界线就是相邻柱列间的中线；然后，在纵横方向分别按独立的条形基础计算内力，可采用倒梁法或其他方法，这种分析方法忽略了板带间剪力的影响，但计算简单、方便。当地基比较均匀、上部结构刚度较好，框架的柱网在纵横两个方向上尺寸的比值小于 2，而且在柱网单元内不再布置小肋梁时，可将筏形基础近似地视为一倒置的楼盖，地基净反力作为荷载，筏板按双向多跨连续板，肋梁按多跨连续梁计算，即所谓"倒楼盖法"，这些简化方法在工程中得到广泛应用。

如果上部结构和基础的刚度足够大，将筏形基础假设为绝对刚性，在工程实用中可认为是合理的。但在一般情况下，如地基比较复杂、上部结构刚度较差，或柱荷载及柱间距变化较大时，筏形基础属于有限刚度板，上部结构、基础和土是共同作用的，应按共同作用的原理分析或按弹性地基上矩形板理论计算。对筏形基础的这类复杂问题，可采用有限差分法和有限单元法等数值方法分析。

2. 基础内力的简化计算

当地基土比较均匀、上部结构刚度比较好、梁板式筏形基础梁的高跨比或平板式筏形基础板的厚跨比不小于 1/6，而且相邻柱荷载及柱间距的变化不超过 20％时，筏形基础可仅考虑局部弯曲作用，可采用反力按直线分布的假设，采用式（14.7.1）计算反力。

为了避免基础发生太大的倾斜和改善基础的受力状况，在决定平面尺寸时，可以通过改变底板在四边的外挑长度（不宜挑出太多）来调整基底的形心位置，以便尽量减少基础所受的偏心力矩。如果已调整到接近中心受荷状态，为了进一步简化筏形基础的计算工作，也可按均布反力考虑（能采用直线分布假设时）。

基底反力确定后，便可进行内力的简化分析（地基验算同单独基础）。简化计算法的实质相当于计算条形基础的倒梁法，即假定上部结构的刚度很大，以致柱位之间不可能产生相对的竖向位移。对于许多具有填充墙的现浇多层框架房屋来说，这一假定在一定程度上是适用的。

1）梁板式筏形基础的简化计算

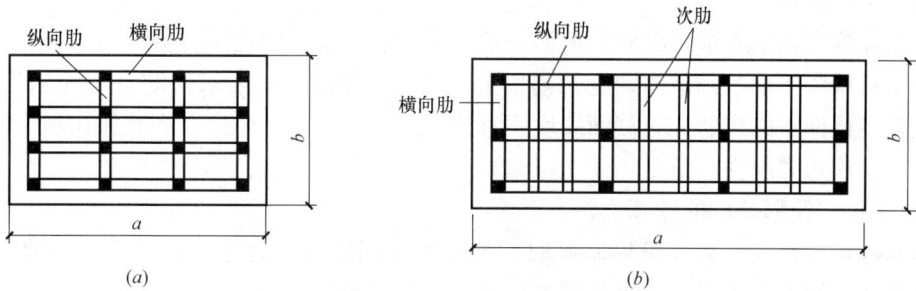

图 14.7.4　梁板式筏形基础的肋梁布置方案
（a）按柱网布置；（b）在柱网单元中加肋梁

按基底反力直线分布的梁板式筏形基础，其基础梁内力可按连续梁分析，边跨跨中以及第一内支座的弯矩值宜乘以 1.2 的系数。

梁板式筏形基础的肋梁布置大致可分为两种类型：一种是按柱网布置的形式（图 14.7.4a）；另一种是在柱网单元中还加设些肋梁（如同次梁的作用）的形式（图 14.7.4b）。

基底反力分布确定以后，可将筏形基础分别按板、纵向肋及横向肋进行内力计算。梁板上荷载传递的方式与肋梁布置方式有关。

图 14.7.5 所示的筏形基础，其柱网尺寸接近于方形，而且在柱网单元内不布置次肋。这时，作用在筏形基础底板上的地基反力，可按 45°线所划分的范围，分别传到纵向肋及横向肋上去。这样，筏形基础底板可按多跨连续双向板计算。纵向肋及横向肋都可按多跨连续梁计算。

图 14.7.6 所示的筏形基础，在柱网单元中布置了次肋，次肋的间距也比较小。这时筏形基础梁板的内力计算可采用平面肋形楼盖的算法。筏形基础底板按单向多跨连续板计算。次肋作为次梁，按多跨连续梁计算。纵向肋作为主梁按多跨连续梁计算。柱间次肋也可作为次梁按多跨连续梁计算，但梁的刚度应比次肋大，以增强筏形基础横向的刚度。

筏形基础在四角处及四边边区格上，往往地基反力较大，尤其是四角处应力更为集中。设计时，配以辐射状钢筋，给予适当加强，以免在梁板上出现过大的裂缝。

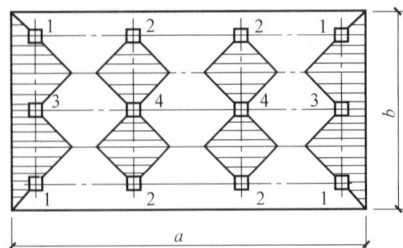

图 14.7.5　筏形基础肋梁上荷载的分布

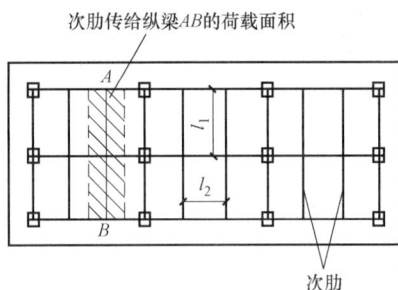

图 14.7.6　设置次肋时筏形基础上荷载的分布

应当指出，按连续梁计算肋梁时，必然也会遇到计算出的"支座"反力与柱压力不符的问题。对于其中某些位置上的主肋来说，这种矛盾还可能相当突出，因此就更需要设计者在截面设计时结合实际作必要的调整，有时也可用前述静定分析法计算主肋的内力，再参考两种结果进行配筋。

根据强度方面的要求，次肋的截面一般可比主肋为小，但在选择截面时，应当考虑到次肋还负有增强筏形基础整体刚度、调整主肋受力的作用，故要求次肋具有相当的刚度。特别是位于柱网下的次肋，其截面高度不宜比主肋相差太多。此外，底板挑出较大时，宜将肋梁排至板边并削去板角。

2）平板式筏形基础的计算

当基础板设计成平板式筏形基础时，如果柱子间距并不是很大且符合前文所述条件时，可近似地当作倒无梁楼盖来计算。地基反力假定为均匀分布。

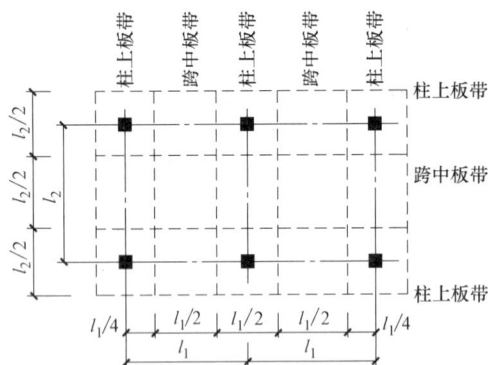

图 14.7.7　无梁式筏形基础

计算时，将基础板在每一方向上分为两种区格——柱上板带及跨中板带（图 14.7.7），每一种板带的宽度为半跨度。根据荷载分布情况，计算这些板带跨度中部及支座上的弯矩的平均值，并进行各板带的配筋。因为柱上板带如同跨中板带的支座似的，这样，柱上板带的弯矩比跨中板带为大，配筋也较多。

柱下板带中柱宽及其两则各 0.5 倍板厚且不大于 1/4 板跨的有效宽度范围内的钢筋配置量不应小于柱上板带钢筋的一半，且应能承受部分不平衡弯矩 $\alpha_m M_{unb}$。M_{unb} 为作用在冲切临界截面重心上的不平衡弯矩，α_m 按下式计算：

$$\alpha_m = 1 - \alpha_s \qquad (14.7.5)$$

式中　α_m——不平衡弯矩通过弯曲来传递的分配系数；

　　　α_s——按式（14.7.31）计算。

3. 墙下筏形基础的计算

横墙较密集的多层民用建筑，当基础设计成墙下筏形基础时，板的跨度较小，可近似地作为单向连续板或双向板计算，地基反力假定为均匀分布。

墙下筏形基础的内力计算，需要同时考虑整体弯曲和局部弯曲的作用应力。影响筏板整体弯曲的因素很多，如上部结构的刚度、荷载的大小和位置、基础刚度、地基土层的计算参数以及相应的基底反力等。由于筏板厚度不大、刚度小，上部结构的刚度对筏板的影响不能忽视。

当上部结构的刚度较大（如承重墙开间小于 4m，纵横墙各有 1~2 道连通），沉降比较均匀时，可以认为整体弯曲所产生的内力大部分由上部结构分担。此时，筏板可仅按局部弯曲计算。这时，对于压缩模量 $E_s \leqslant 4MPa$ 的地基，地基反力采用直线分布假定，筏板按不同支承条件的双向板或单向板计算内力。同时，考虑到上部结构刚度的影响使筏板端部地基反力的增大，在筏板纵向端部一、二开间内地基反力应比均匀反力增加 10%~20%，由此考虑增加筏板受力筋的面积，并按上下均匀配筋。

对于上部结构刚度较好、沉降也比较均匀、厚度大于 1/6 承重墙开间距离的筏板，计算局部弯曲时，可取单位宽度的条板，用倒梁法计算内力。地基反力可按直线分布。

当地基均匀性差，荷载分布复杂，上部结构刚度变化多等情况下，筏形基础应按弹性地基梁、板方法计算。

4. 刚性条带法及算例

1) 刚性条带法原理

如前所述，如果上部结构和基础的刚度足够大，就可将基础看作绝对刚性，假设基底反力成直线分布，按式（14.7.1）计算基底反力。基础的内力计算，可以将筏形基础在 x、y 方向从跨中到跨中分成若干条带，如图 14.7.8（a）所示，取出每一条带按独立的条形基础计算基础内力。值得注意的是按以上方法计算时，由于没有考虑条带之间的剪力，因此每一条带柱荷的总和与基底净反力总和不平衡，因而必需进行调整。

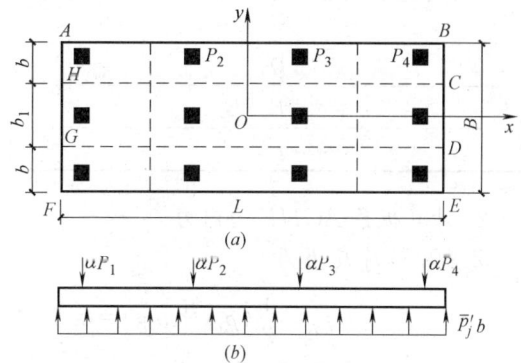

图 14.7.8 刚性板带法

以图 14.7.8 中的 $ABCH$ 板带为例，柱荷载总和为 $\sum P = P_1 + P_2 + P_3 + P_4$，基底净反力的平均值为 $\overline{p}_j = (p_{jA} + p_{jB})/2$。式中，$p_{jA}$ 和 p_{jB} 为 A 点和 B 点的基底净力反力。如果该板带的宽度为 b，则基底净反力的总和为 $\overline{p}_j bL$，其值不等于柱荷载总和 $\sum P$，两者的平衡值为

$$\overline{P} = \frac{1}{2}(\sum P + \overline{p}_j bL) \tag{14.7.6}$$

$$\alpha = \frac{\overline{P}}{\sum P}$$

各荷载的修正值分别为 αP_1、αP_2、αP_3、αP_4，修正的基底平均净反力可按式（14.7.7）计算：

$$\overline{p}_j = \frac{\overline{P}}{bL} \tag{14.7.7}$$

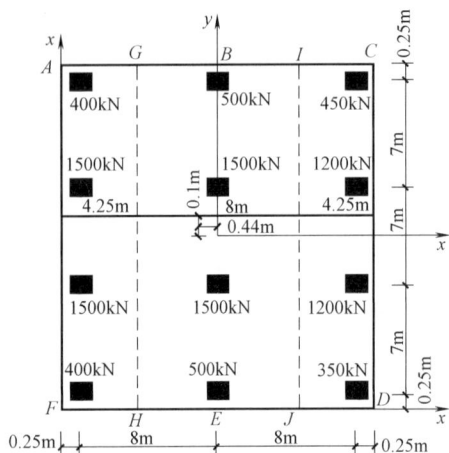

例图 14.7.1

计算简图如图 14.7.8 所示。

2）刚性条带法算例

【例题 14.7.1】 筏形基础平面尺寸为 16.5m×21.5m，厚 0.8m，柱距和柱荷载如例图 14.7.1 所示，试计算基础内力。

【解】 将筏形基础在 y 轴方向从跨中到跨中划分三条板带 $AGHF$、$GIJH$ 和 $ICDJ$，分别计算其内力。

1. 基底净反力计算

由式（14.7.1），不计基础自重 G 得各点净反力列表于例表 14.7.1。

计算点基底净压力   例表 14.7.1

计算点	基底净压力(kPa)
A	36.81
B	36.81
C	26.91
D	25.91
E	30.14
F	35.09

2. 计算板条 $AGHF$ 的内力

基底平均净反力为

$$\bar{p}_j = \frac{1}{2}(p_{jA} + p_{jB}) = 0.5 \times (36.81 + 35.09) = 35.95 \text{kPa}$$

基底总反力为

$$\bar{p}_j bL = 35.95 \times 4.25 \times 21.50 = 3285 \text{kN}$$

柱荷载总和为

$$\sum P = 400 + 1500 + 1500 + 400 = 3800 \text{kN}$$

基底反力与柱荷载的平均值为

$$\bar{P} = \frac{1}{2}(\sum P + \bar{p}_j bL) = 0.5 \times (3800 + 3285) = 3542.5 \text{kN}$$

柱荷载修正系数为

$$\alpha = \frac{\bar{P}}{\sum P} = 3542.5/3800 = 0.9322$$

各柱荷载的修正值如例图 14.7.2（a）所示。

修正的基底平均净反力为

$$\bar{p}_j = \frac{\bar{P}}{bL}$$

$$= 3542.5/(4.25 \times 21.5) = 38.768 \text{kPa}$$

446

每单位长度基底平均净反力为 $\overline{p_j}b =$ 38.768×4.25＝164.76kN/m。

最后，按柱下条形基础计算内力。本例按静力平衡法计算各截面的弯矩和剪力，如例图 14.7.2 (b)、(c) 所示。板带 GIJH 和 IC-DJ 计算从略。

14.7.4 筏形基础抗冲切和抗剪验算

筏形基础除应根据上述方法计算其弯矩和剪力并满足相应的强度要求外，尚应进行筏形基础的抗冲切及抗剪承载力的验算。包括梁板式筏形基础的底板的抗冲切抗剪；平板式筏形基础柱下冲切、内筒冲切及筏板的受剪验算。

1. 梁板式筏形基础底板的抗冲切及抗剪验算

梁板式筏形基础底板除计算正截面受弯承载力外，其厚度尚应满足受冲切承载力、受剪切承载力的要求。其底板厚度与最大双向板格的短边净跨之比不应小于 1/14，且板厚不应小于 400mm，梁板式筏形基础梁的高跨比不宜小于 1/6。

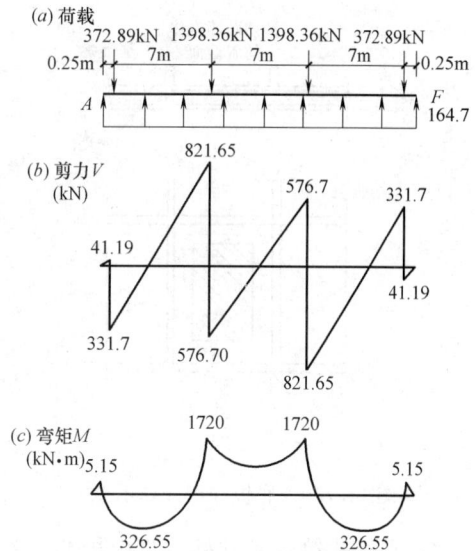

例图 14.7.2 板带 AGHF 的荷载与内力

底板受冲切承载力按式（14.7.8）计算：

$$F_l \leqslant 0.7\beta_{hp}f_t u_m h_0 \tag{14.7.8}$$

式中　F_l——作用在图 14.7.9 中阴影部分面积上的地基土平均净反力设计值；

　　　u_m——距基础梁边 $h_0/2$ 处冲切临界截面的周长（图 14.7.9）。

当底板区格为矩形双向板时，底板受冲切所需的厚度 h_0 按式（14.7.9）计算：

$$h_0 = \frac{(l_{n1}+l_{n2}) - \sqrt{(l_{n1}+l_{n2})^2 - \dfrac{4pl_{n1}l_{n2}}{p+0.7\beta_{hp}f_t}}}{4} \tag{14.7.9}$$

式中　l_{n1}、l_{n2}——计算板格的短边和长边的净长度；

　　　p——相应于荷载效应基本组合的地基土平均净反力设计值。

底板斜截面受剪承载力应符合下列要求：

$$V_s \leqslant 0.7\beta_{hs}f_t(l_{n2}-2h_0)h_0 \tag{14.7.10}$$

$$\beta_{hs} = (800/h_0)^{1/4} \tag{14.7.11}$$

式中　V_s——距梁边缘 h_0 处，作用在图 14.7.10 中阴影部分面积的地基土平均净反力设计值；

　　　β_{hs}——受剪切承载力截面高度影响系数，当按式（14.7.11）计算时，板的有效高度 h_0 小于 800mm 时，h_0 取 800mm；h_0 大于 2000mm 时，h_0 取 2000mm。

梁板式筏形基础的基础梁除满足正截面受弯及斜截面受剪承载力外，尚应按现行《混凝土结构设计规范》GB 50010 有关规定验算底层柱下基础梁顶面的局部受压承载力。

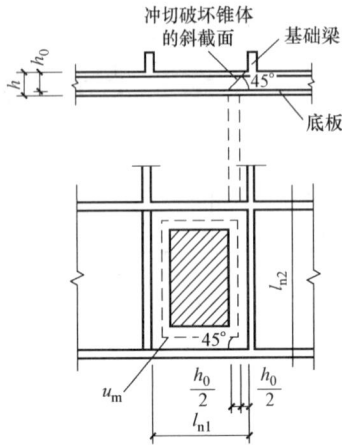

图 14.7.9　底板冲切计算示意

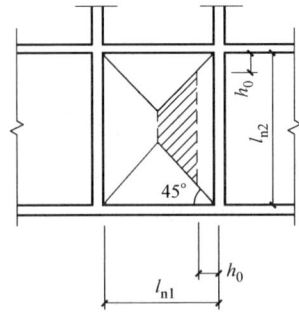

图 14.7.10　底板剪切计算示意

2. 平板式筏形基础柱下筏板抗冲切验算

平板式筏形基础筏板在柱荷载作用下，形成的冲切角锥体，其验切的冲切临界截面如图 14.7.11～图 14.7.13 所示。对于内柱，边柱和角柱因其受力条件不同，冲切临界截面周长及极惯性矩计算公式将有所不同，现分述如下：

1）冲切临界截面的周长 u_m 以及冲切临界截面对其重心的极惯性矩 I_s，应根据柱所处的位置分别进行计算。内柱应按下列公式计算（图 14.7.11）：

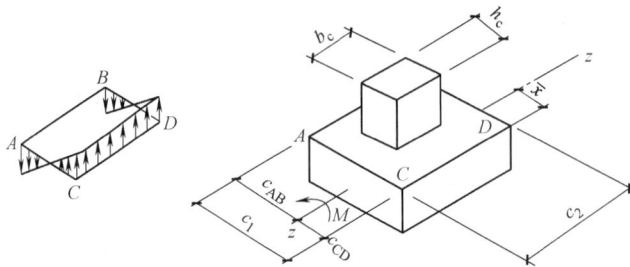

图 14.7.11　内柱冲切临界截面

$$u_m = 2c_1 + 2c_2 \tag{14.7.12}$$

$$I_s = c_1 h_0^3/6 + c_1^3 h_0/6 + c_2 h_0 c_1^2/2 \tag{14.7.13}$$

$$c_1 = h_c + h_0 \tag{14.7.14}$$

$$c_2 = b_c + h_0 \tag{14.7.15}$$

$$c_{AB} = c_1/2 \tag{14.7.16}$$

式中　h_c——与弯矩作用方向一致的柱截面边长；

　　　b_c——垂直于 h_c 的柱截面边长。

2）边柱

边柱应按下列公式计算（图 14.7.12）：

$$u_m = 2c_1 + c_2 \tag{14.7.17}$$

$$I_s = c_1 h_0^3/6 + c_1^3 h_0/6 + 2h_0 c_1 (c_1/2 - \bar{x})^2 + c_2 h_0 \bar{x}^2 \tag{14.7.18}$$

$$c_1 = h_c + h_0/2 \tag{14.7.19}$$

448

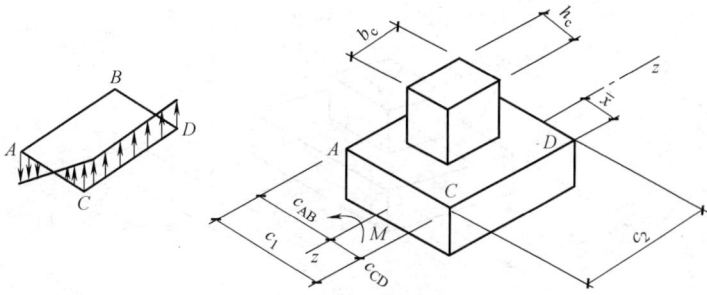

图 14.7.12 边柱冲切临界截面

$$c_2 = b_c + h_0 \qquad (14.7.20)$$

$$c_{AB} = c_1 - \overline{x} \qquad (14.7.21)$$

$$\overline{x} = c_1^2 / 2c_1 + c_2 \qquad (14.7.22)$$

式中 $\overline{x}$——冲切临界截面中心位置。

3）角柱

角柱应按下列公式计算（图 14.7.13）：

$$u_m = c_1 + c_2 \qquad (14.7.23)$$

$$I_s = c_1 h_0^3 / 12 + c_1^3 h_0 / 12 + h_0 c_1 (c_1 / 2 - \overline{x})^2 + c_2 h_0 \overline{x}^2 \qquad (14.7.24)$$

$$c_1 = h_c + h_0 / 2 \qquad (14.7.25)$$

$$c_2 = b_c + h_0 / 2 \qquad (14.7.26)$$

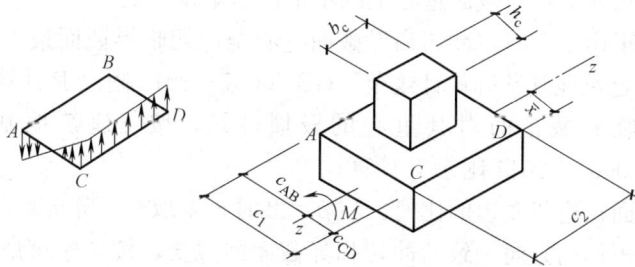

图 14.7.13 角柱冲切临界截面

$$c_{AB} = c_1 - \overline{x} \qquad (14.7.27)$$

$$\overline{x} = c_1^2 / 2c_1 + 2c_2 \qquad (14.7.28)$$

式中 $\overline{x}$——冲切临界截面中心位置。

平板式筏形基础柱下筏板抗冲切验算时，应根据柱的荷载条件及其所在位置（内柱、边柱或角柱）按最不利条件分别进行验算，现以内柱下筏板抗冲切为例，其抗冲切承载力验算按以下要求计算：

平板式筏形基础的板厚应满足受冲切承载力的要求。计算时应考虑作用在冲切临界面重心上的不平衡弯矩产生的附加剪力。对于基础边柱和角柱的冲切力，分别乘以 1.1 和 1.2 的增大系数。距柱边 $h_0 / 2$ 处冲切临界截面的最大剪应力 τ_{max} 应按式（14.7.29）、式（14.7.30）、式（14.7.31）计算（图 14.7.14）。板的最小厚度不应小于 400mm。

$$\tau_{max} = F_l / u_m h_0 + \alpha_s M_{unb} c_{AB} / I_s \qquad (14.7.29)$$

449

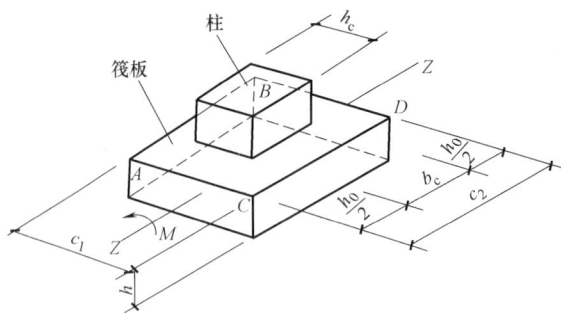

图 14.7.14　内柱冲切临界截面

$$\tau_{max} \leqslant 0.7(0.4+1.2/\beta_s)\beta_{hp}f_t \tag{14.7.30}$$

$$\alpha_s = 1 - \frac{1}{1+\dfrac{2}{3}\sqrt{(c_1/c_2)}} \tag{14.7.31}$$

式中　F_l——相应于荷载效应基本组合时的冲切力,对内柱取轴力设计值减去筏板冲切破坏锥体内的地基净反力设计值;对边柱和角柱,取轴力设计值减去筏板冲切临界截面范围内的地基净反力设计值;

　　　u_m——距柱边 $h_0/2$ 处冲切临界截面的周长,按《建筑地基基础设计规范》GB 50007—2011 附录 P 计算;

　　　h_0——筏板的有效高度;

　　M_{unb}——作用在冲切临界截面重心上的不平衡弯矩设计值;

　　　c_{AB}——沿弯矩作用方向,冲切临界截面重心至冲切临界截面最大剪应力点的距离,按《建筑地基基础设计规范》GB 50007—2011 附录 P 计算;

　　　I_s——冲切临界止面对其重心的极惯性矩,按《建筑地基基础设计规范》GB 50007—2011 附录 P 计算;

　　　β_s——柱截面长边与短边的比值,当 $\beta_s<2$ 时,β_s 取 2;当 $\beta_s>4$ 时,β_s 取 4;

　　　c_1——与弯矩作用方向一致的冲切临界截面的边长,按《建筑地基基础设计规范》GB 50007—2011 附录 P 计算;

　　　c_2——垂直于 c_1 的冲切临界截面的边长,按《建筑地基基础设计规范》GB 50007—2011 附录 P 计算;

　　　α_s——不平衡弯矩通过冲切临界截面上的偏心剪力来传递的分配系数。

u_m、c_{AB}、I_s、c_1、c_2 可根据柱的位置,按式(14.7.11)~式(14.7.27)计算。

当柱荷载较大,等厚度筏板的受冲切承载力不能满足要求时,可在筏板上面增设柱墩或在筏板下局部增加板厚,或采用抗冲切箍筋来提高受冲切承载能力。

3. 平板式筏形基础筒下筏板抗冲切验算

平板式筏形基础内筒下的板厚应满足受冲切承载力的要求,其受冲切承载力按式(14.7.32)计算:

$$F_l/u_m h_0 \leqslant 0.7\beta_{hp}f_t/\eta \tag{14.7.32}$$

式中　F_l——相应于荷载效应基本组合时的内筒所承受的轴力设计值减去筏板冲切破坏锥体内的地基净反力设计值;

u_m——距内筒外表面 $h_0/2$ 处冲切临界截面的周长（图 14.7.15）；

h_0——距内筒外表面 $h_0/2$ 处筏板的截面有效高度；

η——内筒冲切临界截面周长影响系数，取 1.25。

当需要考虑内筒根部弯矩的影响时，距内筒外表面 $h_0/2$ 处冲切临界截面的最大剪应力可按式（14.7.29）计算，此时 $\tau_{max} \leqslant 0.7\beta_{hp} f_t / \eta$。

4. 平板式筏形基础内筒周边筏板抗剪验算

平板式筏板除满足受冲切承载力外，尚应验算距内筒边缘或柱边缘 h_0 处筏板的受剪承载力。

受剪承载力应按式（14.7.33）验算：

$$V_s \leqslant 0.7\beta_{hs} f_t b_w h_0 \qquad (14.7.33)$$

式中 V_s——荷载效应基本组合下，地基土净反力平均值产生的距内筒或柱边缘 h_0 处筏板单位宽度的剪力设计值；

b_w——筏板计算截面单位宽度；

h_0——距内筒或柱边缘 h_0 处筏板的截面有效高度。

当筏板变厚度时，尚应验算变厚度处筏板的受剪承载力。

当筏板的厚度大于 2m 时，宜在板厚中间部位设置直径不小于 12mm、间距不大于 300mm 的双向钢筋网。

当筏板变厚度时，尚应验算变厚度处筏板的受剪承载力。

此外，梁板式筏形基础的基础梁除满足正截面受弯及斜截面受剪承载力外，尚应按照《混凝土结构设计规范》GB 50010 有关规定验算底层柱下基础梁顶面的局部受压承载力。

图 14.7.15 筏板受内筒冲切
的临界截面位置

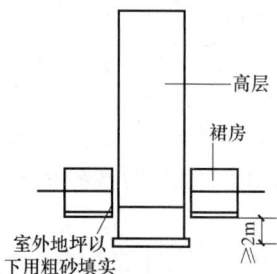

14.7.5 高层建筑筏形基础与裙房基础之间的构造

当高层建筑设有裙房时，高层建筑筏形基础与裙房基础之间的构造应符合下列要求：

图 14.7.16 高层建筑与裙房
间的沉降缝处理

1. 当高层建筑与相连的裙房之间设置沉降缝时，高层建筑的基础埋深应大于裙房基础的埋深至少 2m。当不满足要求时必须采取有效措施。沉降缝地面以下处应用粗砂填实（图 14.7.16）。

2. 当高层建筑与相连的裙房之间不设置沉降缝时，宜在裙房一侧设置后浇带，后浇带的位置宜设在距主楼边柱的第二跨内。后浇带混凝土宜根据实测沉降值，并计算后期沉降差能满足设计要求后方可浇筑。

3. 当高层建筑与相连的裙房之间不允许设置沉降缝和后浇带时，应进行地基变形验算。验算时，需考虑地基与结构变形的相互影响并采取相应的有效措施。

4. 筏板与地下室外墙的接缝、地下室外墙沿高度处的水平接缝应严格按施工缝要求施工，必要时可设通长止水带。

5. 筏形基础地下室施工完毕后，应及时进行基坑回填工作。回填基坑时，应先清除基坑中的杂物，并应在相对的两侧或四周同时回填，分层夯实。

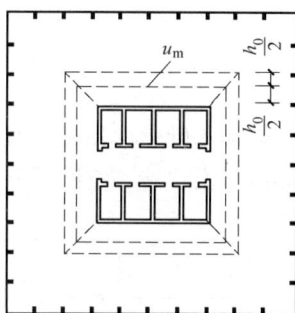

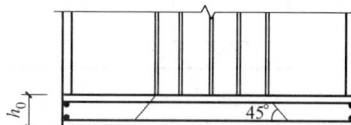

14.8 箱形基础

箱形基础是由顶板、底板、外墙和内墙组成的空间整体结构（见图 14.8.1），一般由钢筋混凝土建造，空间部分可结合建筑使用功能设计成地下室。

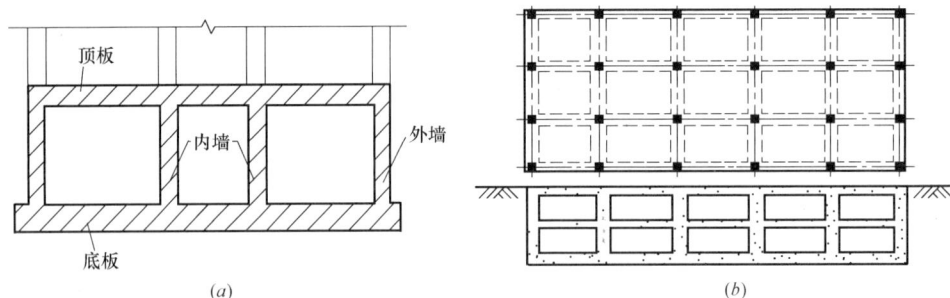

图 14.8.1 箱形基础的组成与布置
(a) 箱形基础的组成；(b) 箱体的布置

箱形基础具有以下特点：

（1）有很好的刚度和整体性。因而能有效地调整基础的不均匀沉降，常用于上部结构荷载大、地基软弱且分布不均的情况，当地基特别软弱且复杂时，可采用箱形基础下桩基的方案。

（2）有较好的抗震效果。因为箱形基础将上部结构较好地嵌固于基础，基础埋置得又较深，因而可降低建筑物的重心，从而增加建筑物的整体性。在地震区，对抗震、人防和地下室（如图 14.8.1b）有要求的高层建筑，宜采用箱形基础。

（3）有较好的补偿性。箱形基础的埋置深度一般比较大，基础底面处的土自重应力和水压力在很大程度上补偿了由于建筑物自重和荷载产生的基底压力。如果箱形基础有足够埋深，使得基底上自重应力等于基底接触压力，从理论上讲。基底附加压力等于零，在地基中就不会产生附加应力，因而也就不会产生地基沉降，亦不存在地基承载力问题，按照这种概念进行地基基础设计的称为补偿性设计。但在施工过程中，由于基坑开挖解除了土自重，使坑底发生回弹，当建造上部结构和基础时，土体会因再度受荷而发生沉降，在这一过程中，地基中的应力发生一系列变化，因此，实际上不存在那种完全不引起沉降和强度问题的理想情况，但如果能精心设计、合理施工，就能有效地发挥箱形基础的补偿作用。

箱形基础的设计与计算比一般基础要复杂得多，长期以来没有统一的计算方法，合理的设计应考虑上部结构、基础和地基的共同作用。我国于 20 世纪 70 年代在北京、上海等地的高层建筑中进行了测试研究工作，对箱形基础的基底反力和箱形基础内力分析等问题取得了重要成果。编制了《高层建筑筏形与箱形基础技术规范》JGJ 6—2011，为箱形基础的设计与施工提供了有效的依据。

箱形基础设计包括以下内容：（1）确定箱形基础的埋置深度；（2）进行箱形基础的平面布置及构造设计；（3）根据箱形基础的平面尺寸验算地基承载力；（4）箱形基础的沉降和整体倾斜验算；（5）箱形基础内力分析及结构设计。

452

14.8.1 箱形基础的埋置深度

箱形基础的埋置深度除应满足一般基础埋置深度有关规定外，对于作为高层建筑或重型建筑物的基础，为防止整体倾斜，满足抗倾覆及抗滑稳定性要求，一定程度上依赖于箱形基础的埋置深度和周围土体的约束作用，同时考虑箱形基础使用功能的要求，如作为人防抗爆防辐射要求、设置设备层的要求等。一般最小埋置深度在 3.0～5.0m，在地震区天然地基上箱形基础埋深不宜小于高层建筑物总高度的 1/15；对桩基上的箱形基础，当桩顶嵌入箱形基础底板内的长度对大直径桩不小于 100mm、对小直径桩不小于 50mm 时，箱形基础埋深（不计桩长）不宜小于建筑物高度的 1/18。为确定合理的埋深，应进行抗倾覆等稳定性验算。

箱形基础的埋置深度比一般基础要大得多，既有利于对地基承载力的提高，又由于基础体积所占空间部分挖去的土方重量远比箱形基础为重，相应的基底附加压力值会得到减小。因此，箱形基础是一种理想的补偿基础。采用箱形基础不但可提高地基土的承载力，而且在同样的上部结构荷载情况下，基础的沉降量要比其他类型天然地基的基础小。

14.8.2 箱形基础的构造要求

箱形基础的构造要求主要有下列各点：

1. 箱形基础的平面尺寸，应根据地基强度、上部结构的布置和荷载分布等条件确定。在均匀地基条件下，基底平面形心应尽可能与上部结构竖向静荷载重心相重合。当偏心较大时，可使箱形基础底板四周伸出不等长的悬臂，以调整底面形心位置。如不可避免偏心，偏心距不宜大于 0.1，其值按式（14.8.1）计算：

$$e = \frac{W}{A} \tag{14.8.1}$$

式中　W——基础底面的抵抗矩；

　　　A　　基础底面积。

根据设计经验，也可控制偏心距不大于偏心方向基础边长的 1/60。

2. 箱形基础的高度（底板底面到顶板顶面的外包尺寸）应满足结构强度、结构刚度和使用要求，不宜小于箱形基础长度的 1/20，并不应小于 3m。

3. 箱形基础的顶板、底板厚度应按跨度、荷载、反力大小确定，并应进行斜截面抗剪强度和冲切验算。顶板厚度不宜小于 200mm，底板厚度不宜小于 400mm。

4. 箱形基础的墙体是保证箱形基础整体刚度和纵、横方向抗剪强度的重要构件。外墙沿建筑物四周布置，内墙一般沿上部结构柱网和剪力墙纵横均匀布置。墙体要有足够的密度，要求平均每平方米基础面积上墙体长度不得小于 400mm，或墙体水平截面积不得小于箱形基础外墙外包尺寸的水平投影面积的 1/10，其中纵墙配置不得小于墙体总配置量的 3/5，且有不少于三道纵墙贯通全长。对基础平面长宽比大于 4 的箱形基础，其纵墙水平截面积不得小于箱形基础外墙外包尺寸的水平投影面积的 1/18。计算墙体水平截面积时，不扣除墙体上开洞的洞口部分。当墙满足上述要求时，墙距可能仍很大，建议墙的间距不宜大于 10m。

墙体的厚度应根据实际受力情况确定，外墙厚度不宜小于 250mm，内墙厚度不宜小于 200mm。

5. 箱形基础的墙体应尽量不开洞或少开洞，并应避免开偏洞和边洞、高度大于 2m 的高洞、宽度大于 1.2m 的宽洞，一个柱距内不宜开洞两个以上，也不宜在内力最大的断面上开洞。两相邻洞口最小净间距不宜小于 1m，否则洞间墙体应按柱子计算并采取构造措施。开口系数口应符合式（14.8.2）要求：

$$\lambda=\sqrt{\frac{A_{\mathrm{h}}}{A_{\mathrm{w}}}}\leqslant 0.4 \qquad (14.8.2)$$

式中　A_{k}——开口面积，m^2；

　　　A_{w}——墙面积，m^2；系指柱距与箱形基础全高的乘积。

6. 顶、底板及内外墙的钢筋应按计算确定，墙体一般采用双面配筋，横、竖向钢筋不宜小于 $\phi 10@200$，除上部为剪力墙外，内、外墙的墙顶宜配置两根不小于 $\phi 20$ 的钢筋。顶板、底板配筋不宜小于 $\phi 14@200$。

7. 在底层柱与箱形基础交接处，应验算墙体的局部承压强度。当承压强度不能满足时，应增加墙体的承压面积，且墙边与柱边或柱角与八字角之间的净距不宜小于 50mm。

8. 底层现浇柱主筋伸入箱形基础的深度，对三面或四面与箱形基础墙相连的内柱，除四角钢筋直通基底外，其余钢筋伸入顶板底面以下的长度不应小于其直径的 40 倍。外柱与剪力墙相连的柱及其他内柱的主筋应直通到基础底板的底面。

9. 预制桩长柱与箱形基础的连接，当首层为预制长柱时，箱形基础顶部设杯口，如图 14.8.2 所示。对于两面或三面与顶板连接的杯口，其临空面的杯四壁顶部厚度应符合高杯口的要求，且不应小于 200mm；对于四面与顶板连接的杯口，杯口壁顶部厚度不应小于 150mm，杯口深度取 $(L/2+50)$ mm（L 为预制长度），且不得小于 35 倍柱主筋的直径，杯口配筋按计算确定并应符合构造要求。

10. 箱形基础在相距 40m 左右处应设置一道施工缝，并应设在柱距三等分的中间范围内，施工缝构造要求如图 14.8.3 所示。

11. 箱形基础的混凝土强度等级不应低于 C20，并应采用密实混凝土刚性防水。

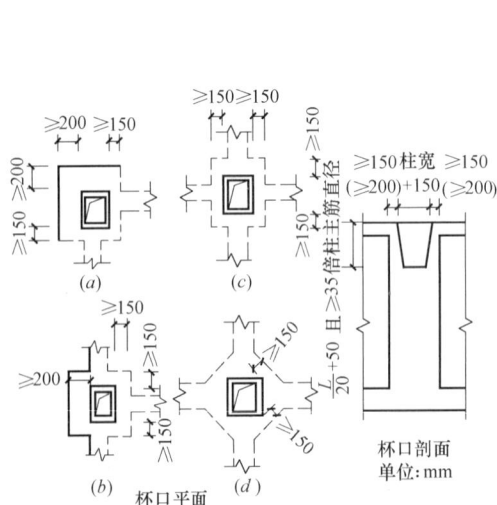

图 14.8.2　预制长柱与箱形基础的连接

（a）两面与顶板连接时；（b）三面与顶板连接时；

（c）四面与顶板连接时；（d）四面与顶板连接时

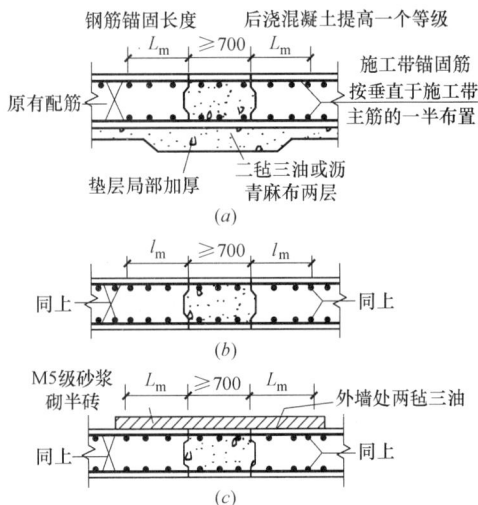

图 14.8.3　箱形基础施工缝构造示意

（a）底板；（b）顶板与内墙；（c）外墙

14.8.3 箱形基础地基承载力与变形验算

1. 地基强度验算

对于天然地基上的箱形基础，应验算持力层的地基承载力；其验算方法与天然地基上的浅基础大体相同，应符合下列要求：

在非地震区：

$$p \leqslant f_a$$
$$p_{max} \leqslant 1.2 f_a$$
$$p_{min} > 0 \qquad\qquad (14.8.3)$$

在地震区：除应符合式（14.8.3）前两式要求外，还应符合下式要求：

$$p_E \leqslant f_{SE} \qquad\qquad (14.8.4)$$
$$p_{E,max} \leqslant 1.2 f_{SE} \qquad\qquad (14.8.5)$$
$$f_{SE} = \zeta_s f_a \qquad\qquad (14.8.6)$$

上两式中　p——相应荷载效应标准组合时，箱形基础底面处平均基底压力，kPa；

p_{max}、p_{min}——分别为最大基底压力和最小基底压力，kPa；

f_a——地基承载力特征值，kPa，按《建筑地基基础设计规范》GB 50007 确定；

ζ_s——地基土抗震承载力修正系数，按《建筑抗震设计规范》GB 50011 确定。

上列各式中的基底压力计算方法与一般基础相同。

在强震、强风暴地区，当建筑物地基比较软弱、建筑物高耸、偏心较大、埋深较浅时，尚应进行稳定性验算。

2. 地基变形计算

由于箱形基础埋深较大，随着施工的进展，地基的受力状态和变形十分复杂。基坑开挖前，大多用井点降低地下水位，以便进行基坑开挖和基础施工，因此由于降水使地基压缩。在基坑开挖阶段，由于卸去土重引起地基回弹变形，根据某些工程的实测，回弹变形不容忽视。当基础施工时，由于逐步加载，使地基产生再压缩变形。基础施工完后可停止降水，地基又回弹。最后，在上部结构施工和使用阶段，由于继续加载，地基继续产生压缩变形。为了使地基变形计算所取用的参数尽可能与地基实际受力状态相吻合，可以在室内进行模拟实际施工过程的压缩——回弹试验。

基础的最终沉降计算公式如下：

$$s = \sum_{i=1}^{n} \left(\psi' \frac{p_c}{E'_{si}} + \psi_s \frac{p_0}{E_{si}} \right) (z_i \alpha_i - z_{i-1} \alpha_{i-1}) \qquad\qquad (14.8.7)$$

式中　s——箱形基础中心点沉降；

ψ'——考虑回弹影响的沉降计算经验系数，无经验时取 $\psi' = 1$；

ψ_s——沉降计算经验系数，按国家标准《建筑地基基础设计规范》GB 50007 采用，或按地区经验确定；

n——地基沉降计算深度范围内所划分的土层数；

p_0——对应于荷载标准值时的基底附加压力，应扣除浮力；

E'_{si}、E_{si}——基础底面以下第 i 层土的回弹再压缩模量和压缩模量，按实际应力范围取值；

z_i、z_{i-1}——分别为基础底面至第 i 层土、第 $i-1$ 层土底面的距离；

α_i、α_{i-1}——基础底面计算点至第 i 层土，第 $i-1$ 层土底面范围内平均附加应力系数可按《高层建筑筏形与箱形基础技术规范》JGJ 6 采用。

在具体应用时，应注意以下几点：

1) 由于箱形基础埋置深度一般较大，又置于地下水位以下，故在计算基底平均附加压力时应扣除水浮力。

2) 地基沉降计其深度 Z_n 对箱形基础的地基变形计算结果有重要意义。实测资料表明，对于大尺寸的基础，影响地基沉降计算深度的主要因素不是荷载而是基础尺寸，应力比法所确定的计算深度往往偏大，因此建议按《建筑地基基础设计规范》GB 50007 中的简化经验公式确定。即当无相邻荷载影响，基础宽度在 1～50m 范围内时，基础中点的地基沉降计算深度按式（14.8.8）计算：

$$Z_n = b(2.5 - 0.4\ln b) \tag{14.8.8}$$

式中 b——基础的宽度，m。

箱形基础的允许沉降量到目前还没有明确、统一的规定。根据工程的调查发现，许多工程的沉降量尽管很大，但对建筑物本身没有什么危害，只是对毗邻建筑物有较大影响，但过大的沉降还会造成室内外高差，影响建筑物正常使用，也可能引起地下管道的损坏。因此，箱形基础的允许沉降量应根据建筑物的使用要求和可能产生的对相邻建筑物的影响按地区经验确定。建议对中、低压缩性土不宜超过 200mm，对高压缩性土则不宜超过 350mm。

3. 整体倾斜

箱形基础设计中，整体倾斜问题应引起足够重视。当整体倾斜超过一定数值时，首先造成人们心理恐慌，并直接影响建筑物的稳定性，使上部结构产生过大的附加应力，严重的还有倾覆的危险。此外，还会影响建筑物的正常使用，如电梯导轨的偏斜将影响电梯的正常运转等。

影响高层建筑整体倾斜的因素主要有上部结构荷载的偏心、地基土层分布的不均匀性、建筑物的高度、地震烈度、相邻建筑物的影响以及施工因素等。在地基均匀的条件下，就尽量使上部结构荷载的重心与基底形心相重合。当有邻近建筑物影响时，应综合考虑重心与形心的位置。施工因素往往很难估计，但应引起重视，应采取措施防止基坑土体结构的扰动。

目前，还没有统一的整体倾斜的计算方法。一般情况下，常控制横向整体倾斜，例如对矩形的箱形基础，以分层总和法计算基础纵向边缘中点的沉降值，两点的沉降差除以基础的宽度，即得横向整体倾斜值。

确定横向整体倾斜允许值的主要依据是保证建筑物的稳定性和正常使用，不造成人们心理的恐慌，与此有关的主要因素是建筑物的高度 H 和箱形基础的宽度 B。在非地震区，横向整体倾斜计算值 α_T 应符合式（14.8.9）的要求：

$$\alpha_T \leqslant \frac{B}{100H_g} \tag{14.8.9}$$

式中 B——基础宽度；

H_g——建筑物高度，指室外地坪至檐口（不包括突出屋面的电梯间、水箱间等局部附属建筑）的高度。

根据国内京、沪两地 10 幢高层建筑的调查研究，其中 9 个工程的实测横向整体倾斜满足式（14.8.9）的要求，因此，将整体倾斜值限制在 $B/(100H_g)$ 以内是适宜的，也可根据地区经验确定。有些地区的经验认为，α 值可控制在 0.3%～0.4% 以内。

对于地震区，目前还没有明确的横向整体倾斜允许值，可按地区经验和参考一些工程的实测值确定。

14.8.4　箱形基础基底压力分布

箱形基础设计中，基底反力的确定甚为重要，因为其分布规律和大小不仅影响箱形基础内力的数值，还可能改变内力的正负号，因此基底反力的分布成为箱形基础计算分析中的关键问题。

影响基底反力的因素很多，主要有土的性质、上部结构和基础的刚度、荷载的分布和大小、基础的埋深、基底尺寸和形状以及相邻基础的影响等。要精确地确定箱形基础的基底反力，是一个非常复杂、困难的问题，过去曾将箱形基础看作是置于文克尔地基或弹性半空间地基上的空心梁或板，用弹性地基上的梁板理论计算，其结果与实际差别较大，至今尚没有一个可靠又实用的计算方法。

为此，探索箱形基础基底反力实测分布规律具有重要指导意义。我国于 20 世纪 70 年代，曾在北京、上海等地对数幢高层建筑进行基底反力的量测工作。实测结果表明，对软土地区，纵向基底反力一般是马鞍形（见图 14.8.4a），反力最大值离基础端部约为基础长边的 1/8～1/9，最大值为平均值的 1.06～1.34 倍；对第四纪黏性土地区，纵向基底反力分布曲线一般呈抛物线形（见图 14.8.4b），反力最大值为平均值的 1.25～1.37 倍。

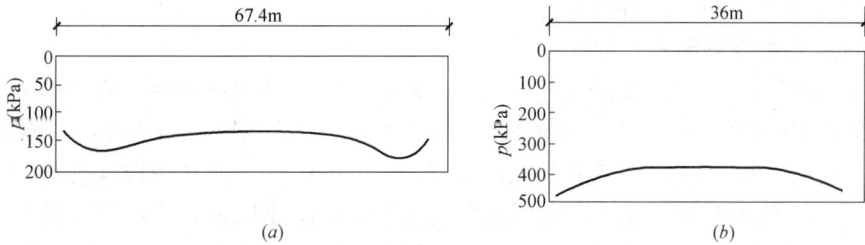

图 14.8.4　箱形基础纵向基底反力实测分布
（a）软土地区；（b）第四纪黏性土地区

《高层建筑筏形与箱形基础技术规范》JGJ 6 根据北京地区和上海淤泥质黏性土上高层建筑实测反力资料，以及收集到的西安、沈阳等地的实测结果编制了几种常见平面形状的箱形基础的地基反力系数表。具体方法如下：

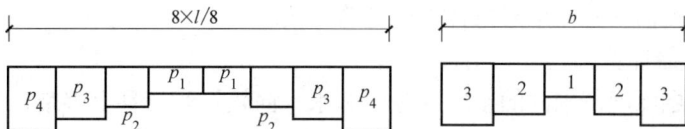

图 14.8.5　箱形基础基底反力分布分区示意

将基础底面划分成若干个区格，如黏性土地基上，当箱形基础底板长宽比 $L/B=1$，将底板分区，形成 8×8 个区格，给出了每个区格低级反力系数 α_i；对基础底板长宽比 $L/B=4\sim5$ 者，将底板分成纵向 8 格横向 5 格共 40 个区格，如图 14.8.5 所示，某 i 区格的基底反力按下式确定：

$$p_i = \frac{P}{bl}\alpha_i \qquad (14.8.10)$$

式中　P——上部结构竖向荷载加箱形基础重；

　　b、l——分别为箱形基础的宽度和长度；

　　　α_i——相应于 i 区格的基底反力系数，由《高层建筑筏形与箱形基础技术规范》JGJ 6—2011 附录 E 确定。

《高层建筑筏形与箱形基础技术规范》JGJ 6—2011 中地基反力系数表适用于上部结构与荷载比较匀称的框架结构，地基土比较均匀，底板悬挑部分不超出 0.8m，不考虑相邻建筑物的影响以及满足各项构造要求的单幢建筑物的箱形基础。当纵横方向荷载不很均匀时，应分别求出由于荷载偏心产生的纵横向力矩引起的不均匀基底反力，将该不均匀反力与由反力系数表计算的反力进行叠加，力矩引起的基底不均匀反力按直线变化计算。

计算分析表明，由基底反力系数计算箱形基础整体弯矩的结果比较符合实际，例如北京某高层建筑用文克尔地基、弹性半空间地基和基底反力系数法计算纵向整体弯矩，计算结果表明，按文克尔地基计算的跨中弯矩出现最大负弯矩，按弹性半空间地基计算的结果在跨中出现最大正弯矩，而用实测基底反力系数法计算的结果则介于两者之间，并与实测比较接近。

当荷载、柱距相差各异，箱形基础长度大于上部结构的长度（悬挑部分大于 1m）时，或者建筑物平面布置复杂、地基不均匀时，箱形基础内力应通过考虑土—箱形基础或土—箱形基础—上部结构相互作用的方法计算。

14.8.5　箱形基础的内力分析

箱形基础的内力计算是个比较复杂的问题。从整体来看，箱形基础承受着上部结构荷载和地基反力的作用在基础内产生整体弯曲应力，可以将箱形基础当作一空心厚板，用静定分析法计算任一截面的弯矩和剪力，弯矩使顶板、底板轴向受压或受拉，剪力由横墙或纵墙承受。

另一方面，箱形基础的顶板、底板还分别由于顶板荷载和地基反力的作用产生局部弯曲应力，可以将顶板、底板按周边固定的连续板计算内力。合理的分析方法应考虑上部结构、基础和土的共同作用。根据共同作用的理论研究和实测资料表明，上部结构刚度对基础内力有较大影响，由于上部结构参与共同作用。分担了整个体系的整体弯曲应力，基础内力将随上部结构刚度的增加而减少，但这种共同作用分析方法距实际应用还有一定距离，目前工程上应用的是考虑上部结构刚度的影响（采用上部结构等效刚度），按不同结构体系采用不同的分析方法。上部结构大致可分为框架、剪力墙、框架-剪力墙和筒体四种结构体系，可根据不同体系来选择不同计算方法。

1. 按局部弯曲计算

当地基压缩层深度范围内的土层在竖向和水平向较均匀，且上部结构为平、立面布置较规则的框架、剪力墙、框架-剪力墙体系时，箱形基础的顶板、底板可仅按局部弯曲计算，计算时底板反力应扣除板的自重。顶板按实际荷载、底板按均布基底反力作用的周边固定双向连续板分析。考虑到整体弯曲可能的影响，钢筋配置量除符合计算要求外，纵横方向支座钢筋尚应有 1/2～1/3 贯通全跨，并应分别有 0.15% 和 0.10% 配筋率连通配置，跨中钢筋按实际配筋率全部连通。

2. 同时考虑整体弯曲和局部弯曲计算

对不符合按局部弯曲计算的箱形基础，箱形基础的整体弯曲就比较明显，箱形基础的内力应同时考虑整体弯曲和局部弯曲作用。在计算整体弯曲产生的弯矩时，将上部结构的刚度折算成等效抗弯刚度，然后将整体弯曲产生的弯矩按基础刚度占总刚度的比例分配到基础。基底反力按基底反力系数法或其他有效方法确定。由局部弯曲产生的弯矩应乘以 0.8 的折减系数，并叠加到整体弯曲的弯矩中去。其具体方法如下。

1）上部结构等效抗弯刚度

1953 年，梅耶霍夫（Meyerhof）首次提出了框架结构等效抗弯刚度计算公式，后经过修改，列入我国《高层建筑筏形与箱形基础技术规范》JGJ 6 中，对于如图 14.8.6 所示的框架结构，等效抗弯刚度 $E_B I_B$ 可按下式计算（图 14.8.6）：

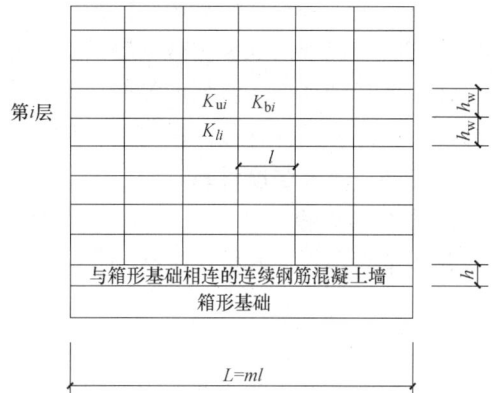

图 14.8.6　式（14.8.11）中符号的示意

$$E_B I_B = \sum_{i=1}^{n}\left[E_b I_{bi}\left(1+\frac{K_{ui}+K_{li}}{2K_{bi}+K_{ui}+K_{li}} \cdot m^2\right)\right] \qquad (14.8.11)$$

式中　　　　E_b——梁、柱的混凝土弹性模量，kPa；

I_{bi}——第 i 层梁的截面惯性矩；

K_{ui}、K_{li}、K_{bi}——第 i 层上柱、下柱和梁的线刚度，m^3，其值分别为 $\frac{I_{ui}}{h_{ui}}$、$\frac{I_{li}}{h_{li}}$ 和 $\frac{I_{bi}}{l}$；

I_{ui}、I_{li}、I_{bi}——第 i 层上柱、下柱和梁的截面惯性矩，m^4；

h_{ui}、h_{li}——第 i 层上柱及下柱的高度，m；

L——上部结构弯曲方向的总长度，m；

l——上部结构弯曲方向的柱距，m；

m——在弯曲方向的节间数；

n——建筑物层数，当层数不大于 5 层时，n 取实际层数；当层数大于 5 层时，n 取 5。

式（14.8.11）适用于等柱距的框架结构，对柱距相差不超过 20％的框架结构也可适用。

2）箱形基础的整体弯曲弯矩

从整个体系来看，上部结构和基础是共同作用的，因此，箱形基础所承担的弯矩 M_F 可以将整体弯曲产生的弯矩 M 按基础刚度占总刚度的比例分配，即

$$M_F = \frac{E_F I_F}{E_F I_F + E_B I_B} M \qquad (14.8.12)$$

式中　M_F——箱形基础承担的整体弯曲弯矩；

M——由整体弯曲产生的弯矩，可按静定分析或采用其他有效方法计算，kN·m；

E_F——箱形基础的混凝土弹性模量；

I_F——箱形基础横截面的惯性矩，按工字形截面计算，上、下翼缘宽度分别为箱形基础顶板、底板全宽，腹板厚度为箱形基础在弯曲方向的墙体厚度总和；

459

$E_B I_B$——框架结构的等效抗弯刚度，按式（14.8.11）计算。

3）局部弯曲弯矩

顶板按实际承受的荷载，底板按扣除底板自重后的基底反力作为局部弯曲计算的荷载，并将顶板、底板视作周边固定的双向连续板计算局部弯曲弯矩。顶板、底板的总弯矩为局部弯曲弯矩乘以 0.8 折减系数后，与整体弯曲弯矩叠加。

在箱形基础顶板、底板配筋时，应综合考虑承受整体弯曲的钢筋与局部弯曲的钢筋配置部位，以充分发挥各截面钢筋的作用。

14.8.6 基础强度计算

1. 顶板与底板

箱形基础顶板、底板厚度除根据荷载与跨度大小按正截面抗弯强度决定外，其斜截面抗剪强度应符合下式要求：

$$V_s \leqslant 0.07\beta_{hs} f_c b h_0 \tag{14.8.13}$$

式中 V_s——扣除底板自重后基底净反力产生的板支座边缘处的总剪力设计值，为板面荷载或板底净反力与图 14.8.7 中阴线部分面积的乘积；

f_c——混凝土轴心抗压强度设计值；

b——支座边缘处板的净宽；

h_0——板的有效高度。

箱形基础底板应满足受冲切承载力的要求。当底板区格为矩形双向板时，底板的有效高度按下式计算（图 14.8.8）：

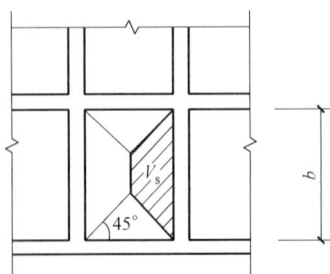

图 14.8.7 V_s 计算方法示意   图 14.8.8 底板冲切强度计算的截面位置

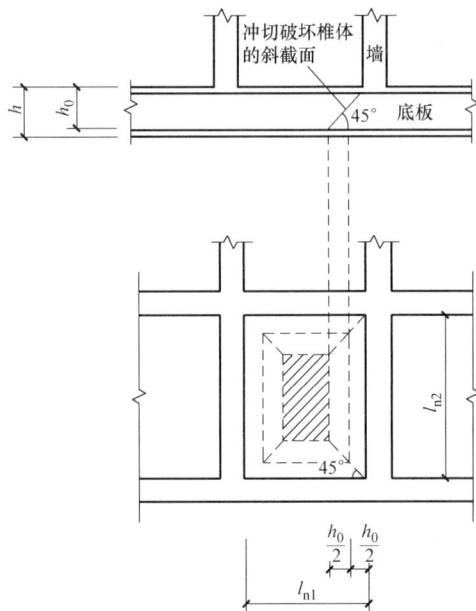

$$h_0 \geqslant \frac{(l_{n1}+l_{n2}) - \sqrt{(l_{n1}+l_{n2})^2 - \dfrac{4 p_n l_{n1} l_{n2}}{p_n + 0.7\beta_{hp} f_t}}}{4} \tag{14.8.14}$$

式中 h_0——底板的截面有效高度；

l_{n1}、l_{n2}——计算板格的短边和长边的净长度；

p_n——扣除底板自重后的基底平均净反力设计值，地基反力系数按《高层建筑筏形与箱形基础技术规范》JGJ 6—2011 附录选用。

f_t——混凝土抗拉强度设计值。

2. 内墙与外墙

箱形基础的内、外墙，除与剪力墙连接外，其墙身截面应按式（14.8.15）验算：

$$V_w \leqslant 0.25 f_c A_w \qquad (14.8.15)$$

式中 V_w——墙身截面承受的剪力；

f_c——混凝土轴心抗压强度设计值；

A_w——墙身竖向有效截面积。

对于承受水平荷载的内外墙，尚需进行受弯计算。此时，将墙身视为顶部、底部固定的多跨连续板，作用于外墙上的水平荷载包括土压力、水压力和由于地面均布荷载引起的侧压力，土压力一般按静止土压力计算。

3. 洞口

1）洞口过梁正截面抗弯承载力计算

墙身开洞时，计算洞口处上、下过梁的纵向钢筋，应同时考虑整体弯曲和局部弯曲的作用，过梁截面的上、下钢筋，均按下列公式求得的弯矩配置。

上梁

$$M_1 = \mu V_b \frac{l}{2} + \frac{q_1 l^2}{12} \qquad (14.8.16)$$

下梁

$$M_2 = (1-\mu) V_b \frac{l}{2} + \frac{q_2 l^2}{12} \qquad (14.8.17)$$

式中 V_b——洞口中点处的剪力值；

q_1、q_2——作用在上、下过梁上的均布荷载值；

l——洞口的净宽；

μ——剪力分配系数，按下式计算：

$$\mu = \frac{1}{2} \left(\frac{h_1}{h_1 + h_2} + \frac{h_1^3}{h_1^3 + h_2^3} \right) \qquad (14.8.18)$$

式中 h_1、h_2——上、下过梁截面高度，m。

2）洞口过梁截面抗剪强度验算

洞口上、下过梁的截面，应分别符合以下公式要求：

$$V_1 \leqslant 0.25 f_c A_1 \qquad (14.8.19)$$
$$V_2 \leqslant 0.25 f_c A_2 \qquad (14.8.20)$$

式中 A_1、A_2——洞口上、下过梁的计算截面积，按图 14.8.9（a）和图 14.8.9（b）中的阴影部分面积计算，取其中较大值。

V_1、V_2——洞口上、下过梁的剪力。按下式计算，其余符号同前。

$$V_1 = \mu V_b + \frac{q_1 l}{2} \qquad (14.8.21)$$

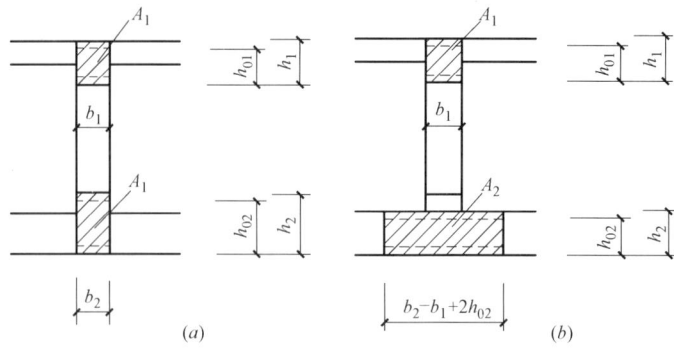

图 14.8.9 洞口上下过梁的有效截面积

$$V_2 = (1-\mu)V_b + \frac{q_2 l}{2} \tag{14.8.22}$$

3）洞口加强钢筋

箱形基础墙体洞口周围应设置加强钢筋，钢筋面积可按以下近似公式验算：

$$M_1 \leqslant f_y h_1 (A_{s1} + 1.4 A_{s2}) \tag{14.8.23}$$
$$M_2 \leqslant f_y h_2 (A_{s1} + 1.4 A_{s2}) \tag{14.8.24}$$

式中　M_1、M_2——按式（14.8.16）和式（14.8.17）计算的弯矩；

h_1、h_2——上、下过梁的截面高度；

A_{s1}——洞口每侧附加竖向钢筋总面积；

A_{s2}——洞角附加斜钢筋面积；

f_y——钢筋抗拉强度设计值。

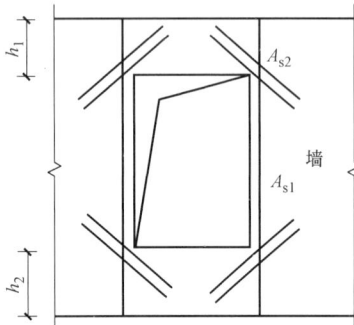

图 14.8.10　洞口两侧及每角的
加强钢筋示意

洞口加强钢筋除应满足式（14.8.23）和式（14.8.24）外，每侧附加钢筋面积应不小于洞口宽度内被切断钢筋面积的一半，且不小于 2Φ16，此钢筋应从洞口边缘处延长 $40d$。洞口每个角落各加 2Φ12 斜筋，长度不小于 1.0m（图 14.8.10）。

14.8.7　箱形基础的施工要求

箱形基础深基坑开挖工程应在认真研究建筑场地工程地质和水文地质资料的基础上，进行施工组织设计。施工操作必须遵照有关规范执行。

1. 在可能产生流砂现象的地区，开挖箱形基础深基坑，应采用井点降水措施。井点类型的选择、井点系统的布置及深度、间距、滤层质量和机械配备等关键问题应符合规定，并宜设置水位降低观测孔。基坑开挖前，地下水位应降至设计坑底标高以下至少 50cm。停止降水时应验算箱形基础的抗浮稳定性；地下水对箱形基础的浮力，不考虑折减，抗浮安全系数值取 1.2。停止降水阶段抗浮力包括已建成的箱形基础自重、当时的上层结构净重以及箱形基础上施工材料的堆重。水浮力应考虑相应施工阶段期间的最高地下水位。当不能满足时，必须采取有效措施。

2. 基坑开挖工程应验算边坡稳定性，并注意对基坑边邻近建筑物的影响。验算时，应考虑坡顶堆载、地面积水和邻近建筑物影响等不利因素，必要时应采取支护或板桩措施。采用机械开挖，应注意保护坑底上的结构不受破坏，并在基坑底面设计标高以上保留30cm。厚土层，用人工挖除。基坑不得长期暴露，更不得积水。验收后，应立即进行基础施工。

3. 箱形基础施工完毕后，不得长期暴露，要抓紧基坑的回填工作。回填基坑时，必须先清除回填土及基坑中的杂物，在相对的两侧或四周同时均匀进行，分层夯实。拨拉钢板时应采取有效措施，尽量减少地基土的破坏。

4. 基础长度超过40m时，宜设置施工缝，缝宽不宜小于80cm。在施工缝处，钢筋必须贯通。当主楼与裙房采用整体基础，且主楼基础与裙房基础之间采用后浇带时，后浇带的处理方法应与施工缝相同。施工缝或后浇带及整体基础底面的防水处理应同时做好，并注意保护。

5. 箱形基础的底板、内外墙和顶板宜持续浇筑完毕，并按设计要求做好后浇施工带。如必须设置施工缝时，要保证施工质量。施工缝及后浇施工带的混凝土表面应凿毛，继续浇筑混凝土前必须清除杂物，表面冲洗干净，注意接浆质量，然后浇筑混凝土。

6. 基础混凝土应采用同一品种水泥、掺合料、外加剂和同一配合比。大体积混凝土可采用掺合料和外加剂改善混凝土的和易性，减少水泥用量，降低水化热，其用量应通过试验确定。掺合料和外加剂的质量应符合现行国家标准《混凝土质量控制标准》GB 50164的规定。

7. 大体积混凝土宜采用斜面式薄层浇捣，利用自然流淌形成斜坡，并应采取有效措施，防止混凝土将钢筋推离设计位置。

8. 大体积混凝土宜采用蓄热养护法养护，其内外温差不宜大于25℃。

9. 大体积混凝土必须进行二次抹面工作，减少表面收缩裂缝。

10. 混凝土的泌水宜采用抽水机抽吸或在侧模上开设泌水孔排除。

11. 基础施工完毕后，基坑应及时回填。回填前应消除基坑中的杂物，回填应在相对的两侧或四周同时均匀进行并分层夯实。

12. 高层建筑进行沉降观测，水准点及观测点应根据设计要求及时埋设并注意保护。

第15章 桩 基 础

15.1 概 述

桩是筑于地基中的柱状承载构件，通过桩将上部结构荷载传到地基深部较好土层中，提供了较高的承载力并减少了建筑物的沉降。

桩基通常由若干根桩组成，桩身全部或部分埋入土中，顶部由承台联成一体，构成桩基础，再在承台上修筑上部建筑。

桩基础按承台的位置，分为低桩承台桩基础和高桩承台桩基础两种。低桩承台桩基础（图15.1.1）的承台底面位于地面以下，高桩承台桩基础（图15.1.2）的承台底面在地面以上（主要在水中）。其设计计算方法也不相同。在工业与民用建筑中，大多采用低桩承台桩基础。而桥梁、港口、码头等构筑物，常采用高桩承台桩基础。

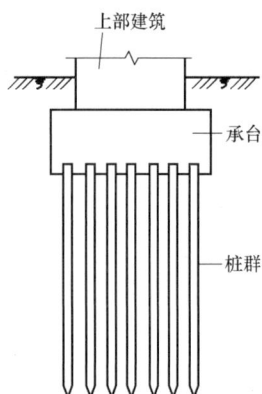

图 15.1.1 低桩承台桩基础

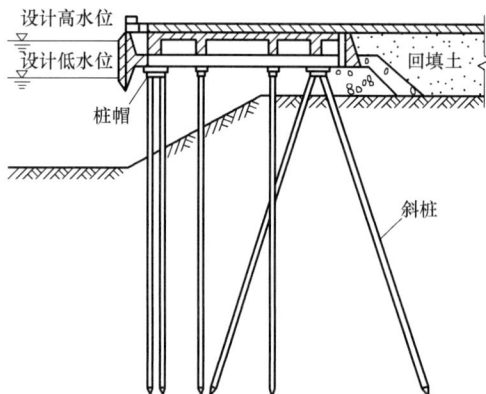

图 15.1.2 高桩承台桩基础

桩基础的主要功能是将荷载传至地下较深处的密实土层，以满足承载力和沉降的要求。因而具有承载力高、沉降速率低、沉降量较小且均匀等特点，能承受竖向荷载、水平荷载、上拔力及由机器产生的振动或动力作用等。

由于桩的工作性状随桩的几何尺寸及成桩方法不同而有所变化，可以按桩径 d 的不同，将桩划分为小直径桩、中等直径桩和大直径桩。其桩径的界限大体是：$d \leqslant 250\text{mm}$ 为小桩（微型桩）；$250\text{mm} < d \leqslant 800\text{mm}$ 为中等直径桩，此桩径范围最常用；$d > 800\text{mm}$ 为大直径桩。对于端承型大直径桩，又称为墩，常在坚硬的桩端持力土层埋藏不深时采用，往往还可以做成扩底形式，以提高承载能力。

我国在桩基础应用方面有着悠久的历史，古代不少用桩基础建造的建筑物，如杭州湾海塘工程、南京的石头城、上海的龙华塔、西安的坝桥、北京的御河桥等，至今仍情况良好。现在，桩基础广泛应用于各种土木建筑工程中。

15.2 桩的类型与适用条件

15.2.1 桩的分类

桩基础的类型，随着桩的材料、构造形式和施工技术的发展而名目繁多，可按多种方法分类（图 15.2.1）：

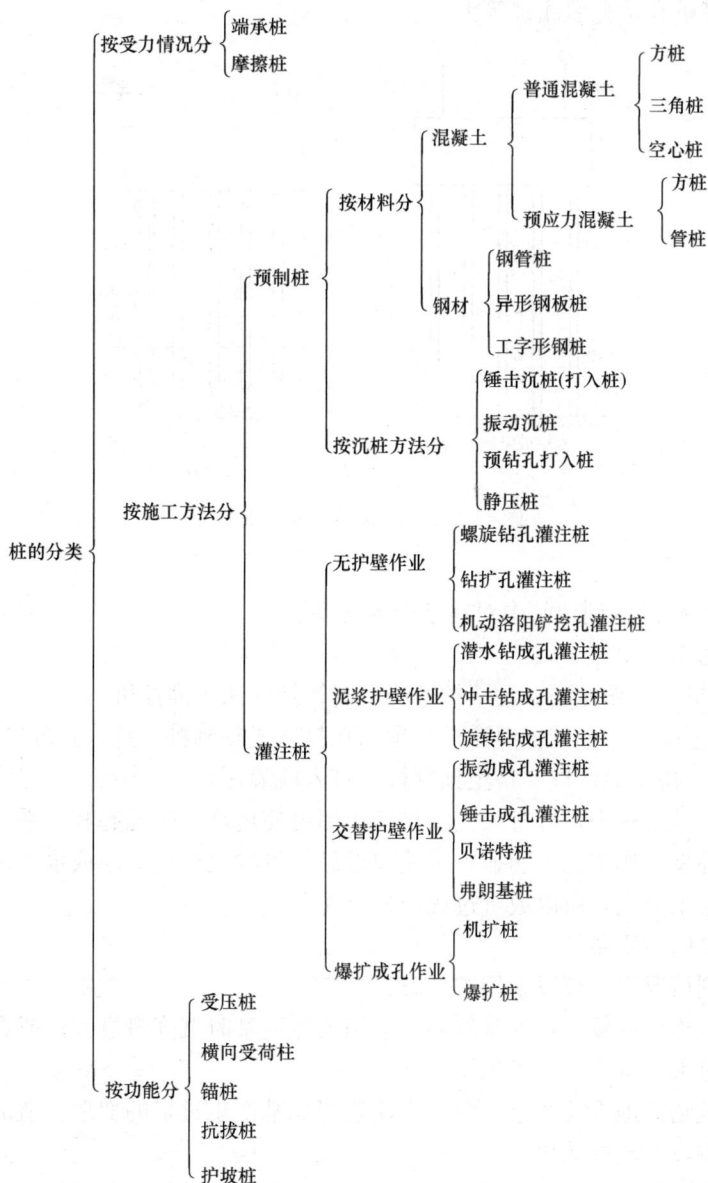

```
                    ┌ 端承桩
         按受力情况分 ┤
         │          └ 摩擦桩
         │
         │                                              ┌ 方桩
         │                          ┌ 普通混凝土 ─────────┤ 三角桩
         │                 ┌ 混凝土 ─┤                    └ 空心桩
         │          ┌ 按材料分       └ 预应力混凝土 ─────────┤ 方桩
         │          │      │                             └ 管桩
         │          │      │        ┌ 钢管桩
         │          │      └ 钢材 ─┤ 异形钢板桩
         │   ┌ 预制桩          └ 工字形钢桩
         │   │      │
         │   │      │         ┌ 锤击沉桩(打入桩)
         │   │      └ 按沉桩方法分 ┤ 振动沉桩
         │   │                   │ 预钻孔打入桩
 桩的分类 ┤ 按施工方法分          └ 静压桩
         │   │
         │   │                   ┌ 螺旋钻孔灌注桩
         │   │         ┌ 无护壁作业 ┤ 钻扩孔灌注桩
         │   │         │          └ 机动洛阳铲挖孔灌注桩
         │   │         │          ┌ 潜水钻成孔灌注桩
         │   └ 灌注桩 ──┤ 泥浆护壁作业 ┤ 冲击钻成孔灌注桩
         │             │          └ 旋转钻成孔灌注桩
         │             │          ┌ 振动成孔灌注桩
         │             │ 交替护壁作业 ┤ 锤击成孔灌注桩
         │             │          │ 贝诺特桩
         │             │          └ 弗朗基桩
         │             │          ┌ 机扩桩
         │             └ 爆扩成孔作业 ┤
         │                        └ 爆扩桩
         │          ┌ 受压桩
         │          │ 横向受荷柱
         └ 按功能分 ─┤ 锚桩
                    │ 抗拔桩
                    └ 护坡桩
```

图 15.2.1　桩的分类

1. 桩按传力及作用性质，可分为端承桩和摩擦桩（图 15.2.2）

穿过软弱土层，主要靠桩端在坚硬土层或岩层上起支承作用的桩，称为端承桩；而靠桩周表面与土之间的摩擦力起主要支承作用的桩（同时桩端土也起一定支承作用），称为摩擦桩。

2. 按桩的功能分

有受压桩、横向受荷桩、抗拔桩、锚桩、护坡桩等。

3. 按桩的制作和施工方法，可以分为预制桩和灌注桩

常用的预制桩有钢筋混凝土桩、木桩、钢桩等；用沉桩设备将桩打入、压入、振入土中。灌注桩是在施工现场桩位上先成孔，然后在孔内设置钢筋笼、灌注混凝土而成。常用的有沉管式灌注桩和钻孔灌注桩等。

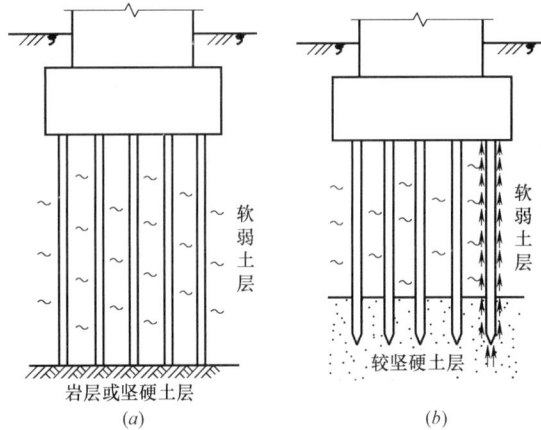

图 15.2.2　桩按传力及作业性质
（a）端承桩；（b）摩擦桩

4. 按成桩时桩设置到地基中对地基土的扰动影响

可分为（图 15.2.3）：

1）非挤土桩　干作业法、泥浆护壁法、套管护壁法、灌注桩；

2）部分挤土桩　部分挤土灌注桩、预钻孔打入式预制桩、打入式敞口桩；

3）挤土桩　挤土灌注桩、挤土预制桩（打入或静压）。

预制桩在沉桩过程中，桩身入土的排挤作用可使地基产生隆起和水平位移。在软土地基中打桩，这种挤土作用尤为明显，可使邻近已打下的桩产生上浮或水平位移。而钻孔灌注桩由于采取排土成孔，所以成桩过程中挤土作用小。

15.2.2 桩的适用条件

通常在下列情况下，可以采用桩基础：

（1）当建筑物荷载较大，地基软弱，采用天然地基时沉降量过大；或是建筑物较为重要，不容许有过大的沉降时，可采用桩基。

（2）当建筑物的地面荷载过大时，将使软弱地基产生过量的变形，造成对建筑物的危害，采用桩基将收到较好效果。

（3）高耸建筑物或构筑物对限制倾斜有特殊要求时，往往需要采用桩基。

（4）因基础沉降对邻近建筑物产生相互影响时。

（5）设有大吨位的重级工作制吊车的重型单层工业厂房，吊车载重量大，使用频繁，车间内设备平台多，基础密集且一般均有地面荷载，因而地基变形大，这时可采用桩基。

（6）设备基础。一种是精密设备基础，安装和使用过程中对地基沉降及沉降速率有严

成桩方法与工艺分类
- 非挤土桩
  - 干作业法
    - 螺旋钻孔灌注桩
      - 全螺旋钻孔灌注桩
      - 短螺旋钻孔灌注桩
    - 钻孔扩底灌注桩
    - 机动洛阳铲成孔灌注桩
    - 人工挖孔（扩底）灌注桩
  - 泥浆护壁法
    - 潜水钻成孔灌注桩
    - 反循环钻成孔灌注桩
    - 回旋钻成孔灌注桩
    - 机挖异形灌注桩
    - 钻孔扩底灌注桩
  - 套管护壁法
    - 贝诺托灌注桩
    - 短螺旋钻孔灌注桩
- 部分挤土桩
  - 部分挤土灌注桩
    - 冲击成孔灌注桩
    - 钻孔压注成型灌注桩
    - 组合桩
  - 预钻孔打入式预制桩
  - 打入式敞口桩
    - 混凝土管桩
    - H型钢桩
    - 钢管桩
- 挤土桩
  - 挤土灌注桩
    - 沉管灌注桩
      - 振动沉管灌注桩
      - 锤击沉管灌注桩
      - 锤击振动沉管灌注桩
      - 平底大头灌注桩
      - 沉管灌注同步桩
    - 内夯灌注桩
      - 弗兰基桩
      - 夯扩桩
    - 干振灌注桩
    - 爆扩灌注桩
  - 挤土预制桩与闭口钢管桩
    - 打入桩
    - 爆扩桩

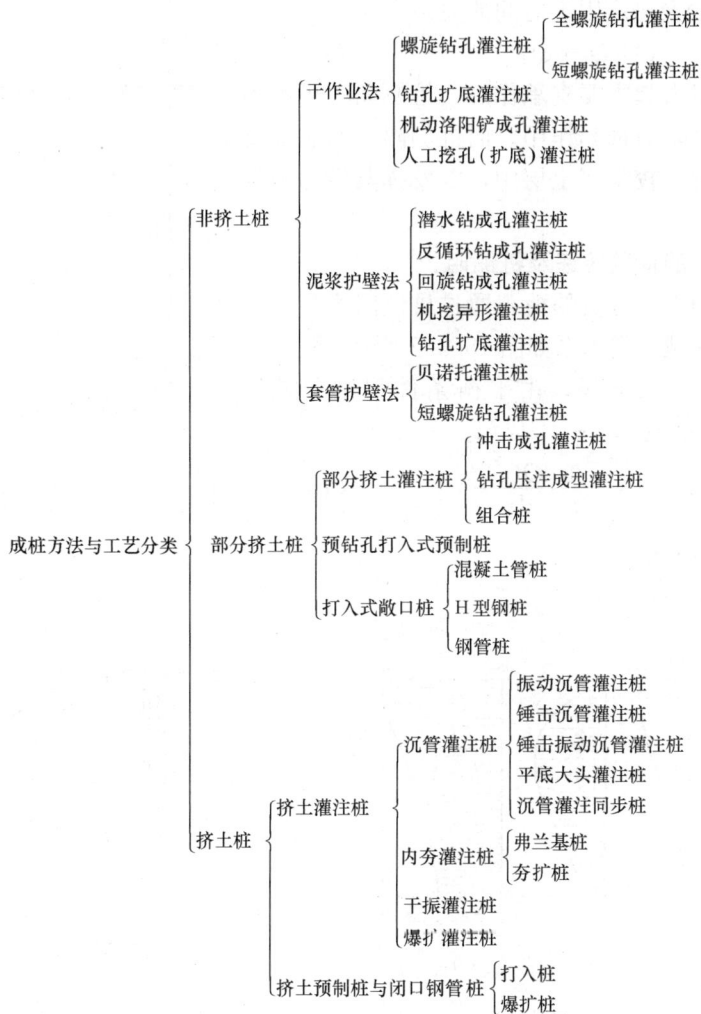

图 15.2.3　按成桩方法与工艺分类

格要求；另一种是动力机械基础，对容许振幅有一定要求。采用桩基础常常是一种有效的解决办法。

（7）地震区。在可液化地基中，采用桩基穿越可液化土层并伸入下部密实稳定土层，可消除或减轻液化对建筑物的危害。

15.3　单桩工作原理

桩的承载力和沉降机制取决于桩与土之间的相互作用的应力-应变性状，这是一个十分复杂的课题，由于岩土条件的复杂多变，即使在现代试验测试手段和计算技术高度发展的情况下，许多问题仍未获得较为满意的解答。

15.3.1　桩土间的静力平衡

单桩的承载力，一般都取决于土对桩的阻力。土对桩的阻力，由桩侧表面的桩侧阻力 Q_s 和桩端下土层的桩端阻力 Q_p 两部分组成（图 15.3.1）。根据静力平衡条件，桩上作用

的荷载 Q 与桩侧阻力及桩端阻力之间的关系为：

$$Q = Q_s + Q_p \qquad (15.3.1)$$

对于端承桩，桩端阻力起主要支承作用，桩侧阻力可略不计。对摩擦桩则两种阻力都起作用，而桩侧阻力起主要支承作用，并将桩端置于较密实土层中，以发挥其端阻力并减少桩的沉降。

15.3.2 桩土间的荷载传递及桩侧阻力

在竖向荷载作用下，桩受的荷载通过桩侧阻力传递到桩周土层中去，其荷载传递关系如图 15.3.2 所示。

在桩上 z 处取一微分段，由平衡条件得微分桩段 (15.3.2a) 上的桩侧阻力 $q(z)$ 为：

$$q(z) = -\frac{1}{u}\frac{dQ(z)}{dz} \qquad (15.3.2)$$

式中　u——桩身截面周长；
　　$Q(z)$——桩身轴向力。

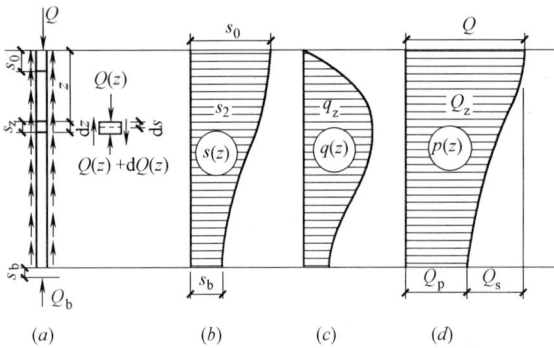

图 15.3.1　土对桩的阻力
(a) 端承桩；(b) 摩擦桩

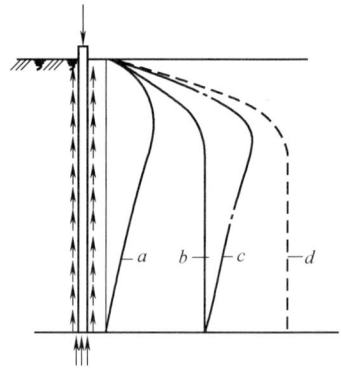

图 15.3.2　桩周摩擦力分布

(a) 轴向受压单桩及微分桩段的受力情况；(b) 桩身截面位移分布曲线；(c) 桩周摩擦力分布曲线；(d) 桩身轴力分布曲线

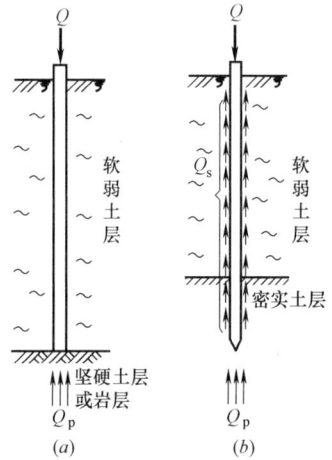

图 15.3.3　桩周摩擦力分布

a——由弹性位移产生的摩擦力；

b——由刚性位移产生的摩擦力；

c——曲线 a 与曲线 b 叠加；

d——达到极限荷载时的摩擦力分布

微分桩段的压缩变形 $ds(z)$ 与轴向力 $Q(z)$ 之间存在简单关系：

$$Q(z) = -AE\frac{ds(z)}{dz} \qquad (15.3.3)$$

式中　A、E——桩身截面积和弹性模量。

故得

$$q(z) = \frac{AE}{u}\frac{d^2 s(z)}{dz^2} \qquad (15.3.4)$$

这就是桩的荷载传递的基本微分方程，借助于实测的方法，测得桩身的位移曲线 $s(z)$，于是由式（15.3.3）和式（15.3.2）可得桩身轴向力和桩侧阻力分布曲线。也可测得桩身钢筋的应变或应力，从而算出桩身轴向力，再由式（15.3.2）求得桩侧阻力。

桩侧阻力，实质上就是土沿着桩身的极限抗剪强度或土与桩的黏着力问题。桩在极限荷载作用下，对于较软的土，由于剪切面一般都发生在邻近桩表面的土内，极限侧阻力即为桩周土的抗剪强度。对于较硬的土，剪切面可能发生在桩与土的接触面上，这时极限侧阻力要略小于土的抗剪强度。土受剪时，剪应变随剪应力的增大而发展，故桩身各点侧阻力的发挥，主要决定于桩土间的相对位移。大量试验和分析表明，一般当桩顶沉降在4～10mm时，侧阻力即可达极限值。根据已有资料分析，在均匀土层中侧阻力的分布大致有以下特点：

（1）对于支承于硬质岩层上的端承桩，可视桩尖处为固定支承点（即假定桩尖下土没有沉降），桩主要由于桩身的弹性压缩而对周围的土发生剪切位移。这种位移称为弹性位移。由弹性位移产生的侧阻力，如图15.3.3中曲线 a 所示。

（2）对于软土中的纯摩擦桩（桩尖阻力近于零），假定将桩视为刚体，当桩受荷后，桩身每一点与土之间均产生等量的剪切位移，这种位移可称为刚性位移（或叫刺入变形）。由刚性位移产生的侧阻力如图15.3.3中曲线 b 所示。

（3）对于中间状态的桩，即一般所称的摩擦桩（侧阻力与桩尖阻力同时存在），则可认为是上述两种作用的综合，桩侧阻力的分布如图15.3.3中曲线 c 所示，即由曲线 a 与曲线 b 叠加而成。

（4）当达到极限荷载时，曲线 c 的发展变化，视土质情况等因素而定。因为土的抗剪力是以剪应变为转移的。对于中间状态的桩，桩尖土是可以压缩的，即桩在荷载作用下，能够发生相当的刺入变形。使桩身上某点的侧阻力首先达到土的抗剪强度，当桩继续下沉时，该点的侧阻力就不再增加而形成侧阻力的重分布，使附近点的侧阻力均逐渐达到极限值。因此，当桩达到极限荷载时，桩侧阻力的分布将如图15.3.3中曲线 d 所示，即呈锥顶柱形分布。若桩尖下土质比较坚硬，不容许发生较大沉降时，则曲线仍保持原来 c 的形状。

通过对桩身应力测试得知，桩侧阻力分布比简单的理论推理要复杂得多，图15.3.4为一钢管桩的实测桩侧阻力分布图，沿桩深大多呈抛物线分布。对摩擦端承桩而言，桩侧阻力承担的荷载约占80%～90%，端阻约占5%～20%。

桩侧阻力实质上是近桩侧土的抗剪强度，剪应力与剪应变间的关系，受土的剪胀性和密实状态的影响，随着桩土间相对位移的发展，侧阻力达到极限值以后会出现加工硬化或加工软化的现象，并直接影响到桩侧阻力的大小及分布。

15.3.3　桩端下土体的极限平衡

作用在桩上的荷载是由侧阻力和桩端阻力共同承受的。如图15.3.5所示。在加载初期，侧阻力 Q_s 的增长比较快，桩尖阻力 Q_p 的作用较小。随着荷载的不断增加，侧阻力逐渐增大到极限值 Q_{su} 后就不再增大了，Q_s 曲线趋向于水平，而桩顶继续增加的荷载，完全由 Q_p 的增大来承担，直到桩尖下土达到极限平衡，桩被破坏。此外，由图15.3.4还可以看出，不同 Q 值下的 Q_s/Q_p 并不是一个常数。

桩达到破坏荷载时，桩发生剧烈或不停滞的下沉。此时，桩端下土发生大量塑性变形，土中形成局部剪切破坏区，桩端下土体被压缩。但由于桩的入土深度与其断面尺寸相比是很大的，根据"临界深度"的理论，当桩的入土深度超过临界深度后，桩端阻力将保持为常数。这是与浅基础破坏时不同的地方。

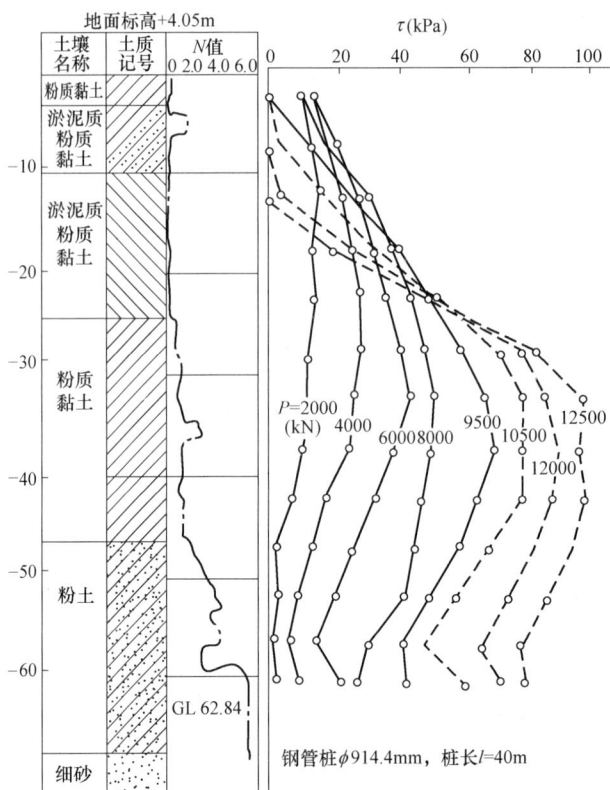

图 15.3.4 桩侧阻力的实测分布图

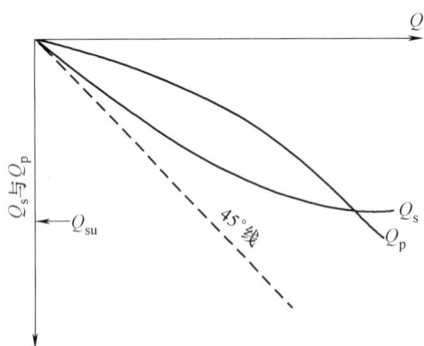

图 15.3.5 Q_s 与 Q_p 的变化关系

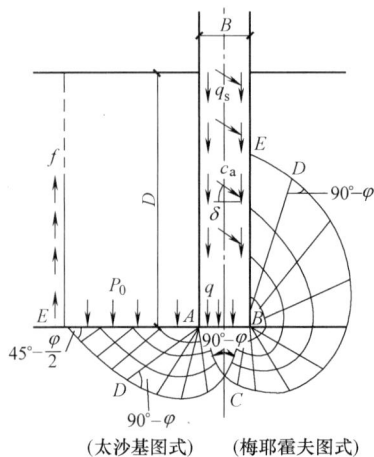

图 15.3.6 太沙基与梅耶霍夫的极限
平衡图式的比较

　　桩端阻力即桩尖下土体的极限承载力,采用深基础的极限荷载理论来确定时,在极限状态下,桩端下土体的滑动面的形状,有各种不同的假定,较常用的为太沙基及梅耶霍夫的图式,如图 15.3.6 所示。利用土体的极限平衡理论可以得到确定桩尖承载力的理论计算公式(见第 9 章)。但各种理论公式的假定条件,还缺乏足够的试验验证,因此在使用上常受到限制。

充分发挥桩端极限承载力所需要的桩端沉降量则大得多，且它不仅与土类有关，同时还与桩径 d 有关。这个极限沉降值，一般黏性土约为 $0.25d$；硬黏土约为 $0.1d$；砂土约为 $(0.08 \sim 0.1)d$。

分析桩加载过程中，桩侧阻力和桩端阻力的变化，可发现桩侧阻力与桩端阻力不是同步达到极限状态的，桩侧阻力先达到极限，桩端阻力后达到极限。

15.3.4 单桩的破坏模式

单桩在竖向荷载作用下的破坏包括：桩周地基土的强度破坏和桩身截面强度的破坏。单桩的破坏模式主要取决于桩周与桩端下土的性质及桩的类型。图 15.3.7 为典型的 $Q\text{-}s$ 曲线（荷载—沉降曲线）示意图，分析单桩静载荷试验曲线大致可以分为两类：

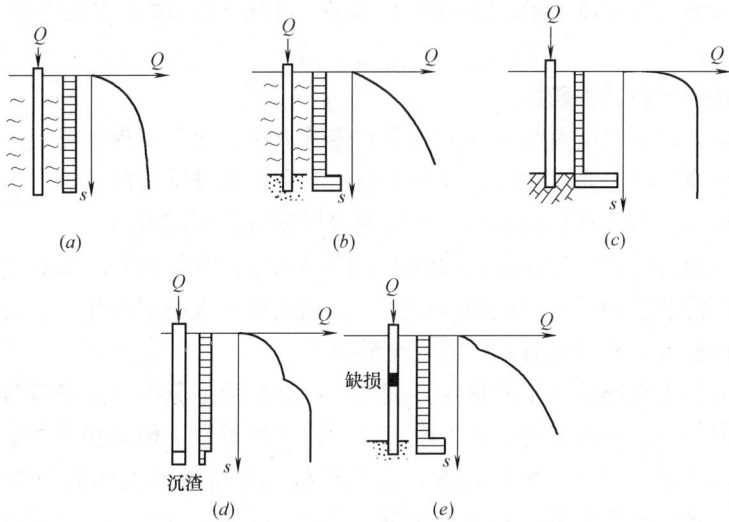

图 15.3.7　典型的 $Q\text{-}s$ 曲线示意图

(a) 软弱土层摩擦桩；(b) 桩端为硬土层摩擦端承桩；(c) 桩端为坚硬岩石端承桩；
(d) 孔底有渣土的灌注桩；(e) 桩身有缺损的桩

（1）$Q\text{-}s$ 曲线上有明显拐点，其后曲线呈明显陡降型，极限荷载值明确（图 15.3.7a）。

（2）$Q\text{-}s$ 曲线呈缓降型（图 15.3.7b），桩未达到破坏，但沉降已过大，通常呈渐变破坏，常以沉降控制值确定相应的桩的极限承载力。

15.4　单桩竖向承载力

桩基础应满足两种极限状态的设计要求。桩基础不得出现因桩周土破坏而丧失整体稳定性的承载能力极限状态，以及桩基础出现影响建筑物正常使用的沉降或不均匀沉降等的正常使用极限状态。

由于桩的承载条件不同，桩的承载力可以分为竖向承载力（包括竖向抗压承载力和抗拔承载力）和横向（水平）承载力两种。

单桩极限承载力通常是指桩周土对桩的最大支承力，即在桩周土整体达到剪切破坏的强度极限状态时的桩的承载力。当采用总安全系数法取安全系数 $K=2$ 时，将单桩极限承载力除以 2 后，可得单桩允许承载力。

《建筑地基基础设计规范》GB 50007 中定义的单桩竖向承载力特征值 R_a 是指将通过单桩静载荷试验确定的单桩竖向承载力极限值，除以 2 即为单桩竖向承载力特征值，即其值与单桩允许承载力相当。

由桩身截面材料强度确定的单桩承载力称为桩身结构承载力，根据桩身所用的材料按结构构件计算要求确定。桩身结构承载力同样应满足桩的承载力设计要求。

单桩承载力通常应通过现场静载荷试验确定，作为桩基础的设计依据。在同一条件下的试桩数量，不宜少于总桩数的 1% 且不应少于 3 根。在作承载力估算时，可采用经验公式等多种方法确定。

当桩端持力层为密实砂卵石或其他类似的土层时，对单桩承载力很高的大直径端承型桩，可采用深层平板载荷试验确定桩端土的承载力特征值，试验方法详见建筑地基设计规范。

15.4.1 按静载荷试验确定

静载荷试验是确定单桩承载力的最可靠的传统方法。建筑工程中习惯用慢速维持荷载法，根据桩的使用条件，尚有循环荷载等变形速率和快速维持荷载法等。当在桩身埋设有应力、应变、桩底反力测量传感器时，可以测定桩侧阻力和端阻力。

为设计提供单桩承载力设计依据的试桩，应采用慢速维持荷载法加载达桩的承载力的极限状态。当用静载试验对工程桩抽样检测时，加载量不应小于设计要求的单桩承载力特征值的两倍，以保证工程桩具有足够的安全储备。

静载荷试验是先在准备施工的地点打试桩，在试桩顶上分级施加静载荷，直到土对桩的阻力被破坏时为止，从而求得桩的极限承载力。试桩数量一般不少于桩总数的 1%，且不少于两根。由于成桩时对土体的扰动，所以试桩必须待桩周土体的强度恢复后方可开始。间隔天数应视土质条件及沉桩方法而定。预制桩在砂土中入土 7d 后才能进行试验，黏性土中一般不得少于 15d，对饱和软黏土不得少于 25d。灌注桩应在桩身混凝土达到设计强度后才能进行。

1. 加载装置

静载试验的加载可采用锚桩法或堆载法。加载反力装置提供的反力不得小于最大加载量的 1.2 倍。对加载装置的全部构件，均应进行强度和变形验算。

1) 锚桩法　锚桩法试验的装置如图 15.4.1 所示。

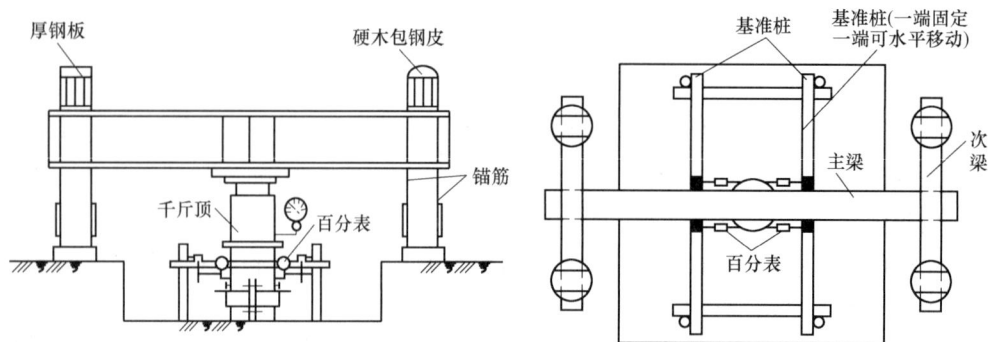

图 15.4.1　锚桩法试桩装置图

加荷利用液压千斤顶、杠杆、载重承台等装置。液压千斤顶应设有稳压装置。千斤顶借助锚桩的反力对试桩加荷。试验时可根据需要布置4~6根锚桩，锚桩深度应不小于试桩深度。为了减少锚桩对试桩的影响，锚桩与试桩的间距应大于4d（d为桩径）且不小于2m。观测装置应埋设在试桩和锚桩受力后产生地基变形的影响范围之外，可参照表15.4.1的规定，以免影响观测结果的精度。

试桩、锚桩（或压重平台支墩边）和基准桩之间的中心距离　　　　表15.4.1

反力装置	试桩中心与锚桩中心或压重平台支墩边	试桩中心与基准桩中心	基准桩中心与锚桩中心或压重平台支墩边
锚桩横梁	≥4(3)D且>2.0m	≥4(3)D且>2.0m	≥4(3)D且>2.0m
压重平台	≥4D且>2.0m	≥4(3)D且>2.0m	≥4D且>2.0m
地锚装置	≥4D且>2.0m	≥4(3)D且>2.0m	≥4D且>2.0m

注：1. D为试桩、锚桩或地锚的设计直径或边宽，取其较大者。
   2. 如试桩或锚桩为扩底桩或多支盘桩时，试桩与锚桩的中心距尚不应小于2倍扩大端直径。
   3. 括号内数值可用于工程桩验收检测时多排桩设计桩中心距离小于4D的情况。
   4. 软土场地堆载重量较大时，宜增加支墩边与基准桩中心和试桩中心之间的距离，并在试验过程中观测基准桩的竖向位移。

2）堆载法　采用堆载压重平台提供反力装置（图15.4.2），压重宜在试验前一次加足，并均匀、稳固地放置于平台上，压重施加于地基上的压力不宜大于地基承载力特征值的1.5倍。堆载量大时，宜利用桩（可利用工程桩）作为堆载的支点。在软土地区压重平台支墩边距试桩较近时，大吨位堆载地面下沉将会引起对试桩的附加应力，特别对摩擦桩将明显影响其承载力，通常要求支墩与试桩间的距离应大于2m。

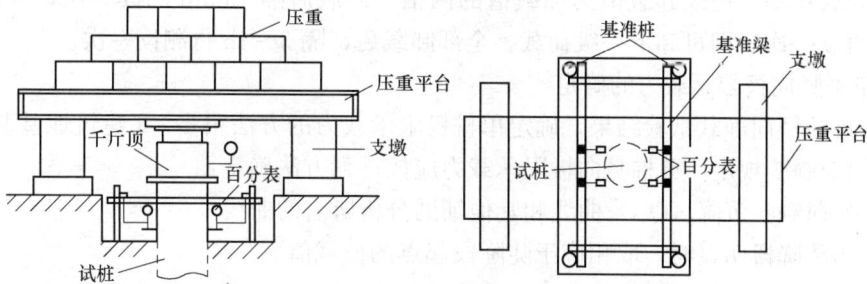

图15.4.2　压重平台反力装置

2. 试验方法

1）试验加载应分级进行　加荷分级不应小于8级，每级加载量宜为预估极限荷载的1/8~1/10。

2）测读桩沉降量的间隔时间　每级加载后，每第5min、10min、15min时各测读一次，以后每隔15min读一次，累计1h后每隔0.5h读一次。

在每级荷载作用下，桩的沉降量连续两次小于0.1mm/h时可视为稳定。

3）终止加载条件　试桩过程中，桩的破坏状态的出现有时不是十分明显的，所以要规定一个相对的标准。当出现下列情况之一时，即可终止加载：

（1）当荷载~沉降（Q-s）曲线上有可判定极限承载力的陡降段，且桩顶总沉降量超过40mm；

（2）$\dfrac{\Delta s_{n+1}}{\Delta s_{n}} \geqslant 2$，且经 24h 尚未达到稳定；

（3）25m 以上的非嵌岩桩，Q-s 曲线呈缓变型时，桩顶总沉降量大于 60～80mm；

（4）在特殊条件下，可根据具体要求加载至桩顶总沉降量大于 100mm。

注：1. Δs_{n}——第 n 级荷载的沉降增量；Δs_{n+1}——第 $n+1$ 级荷载的沉降增量；

2. 桩底支承在坚硬岩（土）层上，桩的沉降量很小时，最大加载量不应小于设计荷载的两倍。

4）根据试验结果，可绘出荷载－沉降曲线（Q-s 曲线）及各级荷载下沉降－时间曲线（s-t 曲线） 如图 15.4.3 所示。

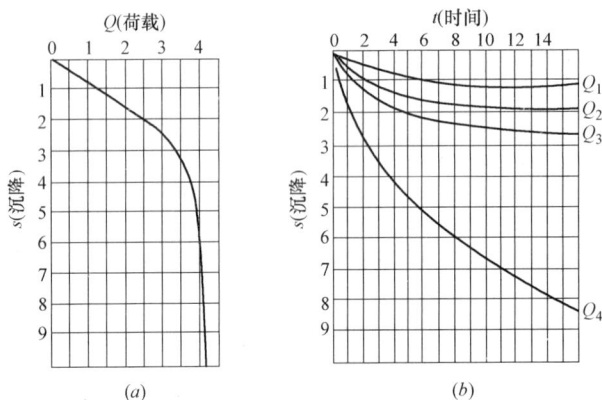

图 15.4.3 桩的竖向静载荷试验结果

（a）荷载—沉降（Q-s）曲线；（b）沉降—时间（s-t）曲线

5）卸载观测 每级卸载值为加载值的两倍。卸载后隔 15min 测读一次，读两次后，隔 0.5h 再读一次，即可卸下一级荷载。全部卸载后，隔 3～4h 再测读一次。

3. 单桩竖向极限承载力的确定

根据桩的竖向静载试验结果，确定单桩极限承载力的方法很多，《建筑地基基础设计规范》GB 50007 规定，单桩竖向极限承载力应按下列方法确定：

（1）作荷载～沉降（Q-s）曲线和其他辅助分析所需的曲线。

（2）当陡降段明显时，取相应于陡降段起点的荷载值。

（3）当出现 $\dfrac{\Delta s_{n+1}}{\Delta s_{n}} \geqslant 2$ 且经 24h 尚未达到稳定的情况，取前一级荷载值。

（4）Q-s 曲线呈缓变型时，取桩顶总沉降量 $s=40$mm 所对应的荷载值。当桩长大于 40m 时，宜考虑桩身的弹性压缩。

（5）按上述方法判断有困难时，可结合其他辅助分析方法综合判定。对桩基沉降有特殊要求者，应根据具体情况选取。

（6）参加统计的试桩，当满足其极差不超过平均值的 30% 时，可取其平均值为单桩竖向极限承载力；极差超过平均值的 30% 时，宜增加试桩数量并分析离差过大的原因，结合工程具体情况确定极限承载力。对桩数为 3 根及 3 根以下的柱下桩台，取最小值。

（7）将单桩竖向极限承载力除以安全系数 2，为单桩竖向承载力特征值 R_{a}。

4. 单桩静载荷试验的快速维持荷载法：

单桩静载荷试验的快速维持荷载法在国内从 20 世纪 70 年代就开始应用，我国港口工程规范从 83 年（JTJ 2202—83）、上海地基设计规范从 1989 年（DBJ—08—11—89）起就将这一方法列入，与慢速法一起并列为静载试验方法。快速法由于每一级荷载维持时间短（1h），各级荷载下的桩顶沉降相对慢速法要小一些，但相差不大。表 15.4.2 列出了上海市 23 根摩擦桩慢速维持荷载法试验实测桩顶稳定时的沉降量和 1h 时沉降量的对比结果。从中可见，在 1/2 极限荷载点，1h 时的桩机沉降量快速法与慢速法相差很小（0.5mm 以内），平均相差 0.2mm；在极限荷载点相差要大些，为 0.6～6.1mm，平均 2.9mm。相对而言，"慢速维持荷载法"的加荷速率比建筑物建造过程中的施工加载速率要快得多，慢速法试桩得到的使用荷载对应的桩顶沉降与建筑物桩基在长期荷载作用下的实际沉降相比，要小几倍到十几倍，所以，规范中的快慢速试桩沉降差异是可以忽略的。

稳定时的沉降量 s_w 和 1h 时的沉降量 s_{1h} 的对比　　　　　　　　　表 15.4.2

荷载点	s_w 与 s_{1h} 之差（mm）		s_{1h}/s_w（％）	
	幅度	平均	幅度	平均
极限荷载	0.57～6.07	2.89	71～96	86
1/2 极限荷载	0.01～0.51	0.20	95～100	98

关于快慢速法极限承载力比较，根据上海市统计的 71 根试验桩资料（桩端在黏性土中 47 根，在砂土中 24 根），这些对比是在同一根桩或桩土条件相同的相邻桩上进行的，得出的结果见表 15.4.3。

快速法与慢速法极限承载力比较　　　　　　　　　表 15.4.3

桩端土类别	快速法比慢速法极限荷载提高幅度
黏 性 土	0～9.6％,平均 0.45％
砂土	−2.5％～9.6％,平均 2.3％

从中可以看出，快速法试验得出的极限承载力较慢速法略高一些。其中，桩端在黏性土中平均提高约 1/2 级荷载，桩端在砂土中平均提高约 1/4 级荷载。

快速维持荷载法的试验步骤如下：

（1）每级荷载加载后维持 1h，按 5min、15min、30min、45min、60min 测读桩顶沉降量，即可施加下一级荷载；对最后一级荷载，加载后沉降测读方法及稳定标准应按慢速维持荷载法中的规定执行。

（2）卸载时每级荷载维持 15min，测读时间为第 5min、15min，即可卸下一级荷载。卸载至零后应测读稳定的残余沉降量，维持时间为 2h，测读时间为 5min、15min、30min，以后每隔 30min 测读一次。

（3）当出现下列情况之一时，可终止加载：

① 某级荷载作用下，桩顶沉降量大于前一级荷载作用下沉降量的 5 倍；

但当桩顶沉降能稳定且总沉降量小于 40mm 时，宜加载至桩顶总沉降量超过 40mm；

② 某级荷载作用下，桩顶沉降量大于前一级荷载作用下沉降量的 2 倍，且经 24h 尚未达到稳定标准；

③ 已达加载反力装置的最大加载量；

④ 已达到设计要求的最大加载量；

⑤ 当工程桩作锚桩时，锚桩上拔量已达到允许值；

⑥ 当荷载-沉降曲线呈缓变型时，可加载至桩顶总沉降量 $60 \sim 80mm$；特殊情况下，可根据具体要求加载至桩顶累计沉降量超过 $80mm$。

15.4.2 经验公式

单桩承载力由桩侧阻力和桩端阻力组成。桩侧阻力和桩端阻力值一般按土的种类，由大量桩的静载试验成果的统计分析得到，也可按地区经验确定。

桩基础初步设计时，通常先按经验公式对单桩竖向承载力进行估算，然后通过静载荷试验及原位测试等综合确定设计采用的单桩竖向承载力特征值。

《建筑桩基技术规范》JGJ 94 根据土的物理指标与承载力参数之间的经验关系，确定单桩竖向极限承载力标准值 Q_{uk} 时，按式（15.4.1）计算：

$$Q_{uk} = Q_{sk} + Q_{pk} = u\sum q_{sik} l_i + q_{pk} A_p \tag{15.4.1}$$

式中　q_{sik}——桩侧第 i 层土的极限侧阻力标准值，如无当地经验时，可按表 15.4.4 取值；

　　　q_{pk}——极限端阻力标准值，如无当地经验时，可按表 15.4.5 取值。

桩的极限侧阻力标准值 q_{sik}（kPa）　　　　　　　　表 15.4.4

土的名称	土的状态		混凝土预制桩	泥浆护壁钻（冲）孔桩	干作业钻孔桩
填土	—		22～30	20～28	20～28
淤泥	—		14～20	12～18	12～18
淤泥质土	—		22～30	20～28	20～28
黏性土	流塑	$I_L > 1$	24～40	21～38	21～38
	软塑	$0.75 < I_L \leqslant 1$	40～55	38～53	38～53
	可塑	$0.50 < I_L \leqslant 0.75$	55～70	53～68	53～66
	硬可塑	$0.25 < I_L \leqslant 0.50$	70～86	68～84	66～82
	硬塑	$0 < I_L \leqslant 0.25$	86～98	84～96	82～94
	坚硬	$I_L \leqslant 0$	98～105	96～102	94～104
红黏土	$0.7 < a_w \leqslant 1$		13～32	12～30	12～30
	$0.5 < a_w \leqslant 0.7$		32～74	30～70	30～70
粉土	稍密	$e > 0.9$	26～46	24～42	24～42
	中密	$0.75 \leqslant e \leqslant 0.9$	46～66	42～62	42～62
	密实	$e < 0.75$	66～88	62～82	62～82
粉细砂	稍密	$10 < N \leqslant 15$	24～48	22～46	22～46
	中密	$15 < N \leqslant 30$	48～66	46～64	46～64
	密实	$N > 30$	66～88	64～86	64～86
中砂	中密	$15 < N \leqslant 30$	54～74	53～72	53～72
	密实	$N > 30$	74～95	72～94	72～94
粗砂	中密	$15 < N \leqslant 30$	74～95	74～95	76～98
	密实	$N > 30$	95～116	95～116	98～120
砾砂	稍密	$5 < N_{63.5} \leqslant 15$	70～110	50～90	60～100
	中密（密实）	$N_{63.5} > 15$	116～138	116～130	112～130
圆砾、角砾	中密、密实	$N_{63.5} > 10$	160～200	135～150	135～150
碎石、卵石	中密、密实	$N_{63.5} > 10$	200～300	140～170	150～170

476

土的名称	土的状态		混凝土预制桩	泥浆护壁钻(冲)孔桩	干作业钻孔桩
全风化软质岩	—	$30<N\leq50$	100~120	80~100	80~100
全风化硬质岩	—	$30<N\leq50$	140~160	120~140	120~150
强风化软质岩	—	$N_{63.5}>10$	160~240	140~200	140~220
强风化硬质岩	—	$N_{63.5}>10$	220~300	160~240	160~260

注：1. 对于尚未完成自重固结的填土和以生活垃圾为主的杂填土，不计算其侧阻力。

2. a_w为含水比，$a_w=w/w_L$，w为土的天然含水量；ω_L为土的液限。

3. N为标准贯入击数；$N_{63.5}$为重型圆锥动力触探击数。

4. 全风化、强风化软质岩和全风化、强风化硬质岩系指其母岩分别为$f_{rk}\leq15MPa$、$f_{rk}>30MPa$的岩石。

桩的极限端阻力标准值 q_{pk}（kPa） 表15.4.5

土名称	土的状态		混凝土预制桩桩长 l(m)				泥浆护壁钻(冲)孔桩桩长 l(m)				干作业钻孔桩桩长 l(m)		
			$l\leq9$	$9<l\leq16$	$16<l\leq30$	$l>30$	$5\leq l<10$	$10\leq l<15$	$15\leq l<30$	$30\leq l$	$5\leq l<10$	$10\leq l<15$	$15\leq l$
黏性土	软塑	$0.75<I_L\leq1$	210~850	650~1400	1200~1800	1300~1900	150~250	250~300	300~450	300~450	200~400	400~700	700~950
	可塑	$0.50<I_L\leq0.75$	850~1700	1400~2200	1900~2800	2300~3600	350~450	450~600	600~750	750~800	500~700	800~1100	1000~1600
	硬可塑	$0.25<I_L\leq0.50$	1500~2300	2300~3300	2700~3600	3600~4400	800~900	900~1000	1000~1200	1200~1400	850~1100	1500~1700	1700~1900
	硬塑	$0<I_L\leq0.25$	2500~3800	3800~5500	5500~6000	6000~6800	1100~1200	1200~1400	1400~1600	1600~1800	1600~1800	2200~2400	2600~2800
粉土	中密	$0.75\leq e<0.9$	950~1700	1400~2100	1900~2700	2500~3400	300~500	500~650	650~750	750~850	800~1200	1200~1400	1400~1600
	密实	$e<0.75$	1500~2600	2100~3000	2700~3600	3600~4400	650~900	750~950	900~1100	1100~1200	1200~1700	1400~1900	1600~2100
粉砂	稍密	$10<N\leq15$	1000~1600	1500~2300	1900~2700	2100~3000	350~500	450~600	600~700	650~750	500~950	1300~1600	1500~1700
	中密、密实	$N>15$	1400~2200	2100~3000	3000~4500	3800~5500	600~750	750~900	900~1100	1100~1200	900~1000	1700~1900	1700~1900
细砂	中密、密实	$N>15$	2500~4000	3600~5000	4400~6000	5300~7000	650~850	900~1200	1200~1500	1500~1800	1200~1600	2000~2400	2400~2700
中砂		$N>15$	4000~6000	5500~7000	6500~8000	7500~9000	850~1050	1100~1500	1500~1900	1900~2100	1800~2400	2800~3800	3600~4400
粗砂		$N>15$	5700~7500	7500~8500	8500~10000	9500~11000	1500~1800	2100~2400	2400~2600	2600~2800	2900~3600	4000~4600	4600~5200
砾砂	中密、密实	$N>15$	6000~9500		9000~10500		1400~2000		2000~3200		3500~5000		
角砾、圆砾		$N_{63.5}>10$	7000~10000		9500~11500		1800~2200		2200~3600		4000~5500		
碎石、卵石		$N_{63.5}>10$	8000~11000		10500~13000		2000~3000		3000~4000		4500~6500		

土名称	桩型	混凝土预制桩桩长 $l(m)$				泥浆护壁钻(冲)孔桩桩长 $l(m)$				干作业钻孔桩桩长 $l(m)$		
土的状态		$l\leqslant9$	$9<l$ $\leqslant16$	$16<l$ $\leqslant30$	$l>30$	$5\leqslant l$ <10	$10\leqslant l$ <15	$15\leqslant l$ <30	$30\leqslant l$	$5\leqslant l$ <10	$10\leqslant l$ <15	$15\leqslant l$
全风化软质岩	$30<N$ $\leqslant50$	4000~6000				1000~1600				1200~2000		
全风化硬质岩	$30<N$ $\leqslant50$	5000~8000				1200~2000				1400~2400		
强风化软质岩	$N_{63.5}>10$	6000~9000				1400~2200				1600~2600		
强风化硬质岩	$N_{63.5}>10$	7000~11000				1800~2800				2000~3000		

注：1. 砂土和碎石类土中桩的极限端阻力取值，宜综合考虑土的密实度，桩端进入持力层的深径比 h_b/d，土越密实，h_b/d 越大，取值越高。

2. 预制桩的岩石极限端阻力指桩端支承于中、微风化基岩表面或进入强风化岩、软质岩一定深度条件下的极限端阻力。

3. 全风化、强风化软质岩和全风化、强风化硬质岩，指其母岩分别为 $f_{rk}\leqslant15MPa$、$f_{rk}>30MPa$ 的岩石。

15.4.3 按静力触探法确定

用静力触探确定桩侧阻力和桩端阻力，方便、迅速，精度也较高，国内外已提出许多推算单桩承载力的公式。测试时，可采用单桥或双桥探头。下面介绍《建筑桩基技术规范》JGJ 94 的计算方法：

当根据单桥探头静力触探资料确定混凝土预制桩单桩竖向极限承载力标准值 Q_{uk} 时，可按式（15.4.2）计算：

$$Q_{uk}=Q_{sk}+Q_{pk}=u\sum q_{sik}l_i+\alpha p_{sk}A_p \tag{15.4.2}$$

当 $p_{sk1}\leqslant p_{sk2}$ 时

$$p_{sk}=\frac{1}{2}(p_{sk1}+\beta \cdot p_{sk2}) \tag{15.4.3}$$

当 $p_{sk1}>p_{sk2}$ 时

$$p_{sk}=p_{sk2} \tag{15.4.4}$$

式中　Q_{sk}、Q_{pk}——分别为总极限侧阻力标准值和总极限端阻力标准值；

u——桩身周长；

q_{sik}——用静力触探比贯入阻力值估算的桩周第 i 层土的极限侧阻力（图 15.4.4）；

l_i——桩周第 i 层土的厚度；

α——桩端阻力修正系数，可按表 15.4.6 确定；

p_{sk}——桩端附近的静力触探比贯入阻力标准值（平均值）；

A_p——桩端面积；

p_{sk1}——桩端全截面以上 8 倍桩径范围内的比贯入阻力平均值；

p_{sk2}——桩端全截面以下 4 倍桩径范围内的比贯入阻力平均值，如桩端持力层为密实的砂土层，其比贯入阻力平均值超过 20MPa 时，则需乘以表

15.4.7 中系数 C 予以折减后，再计算 p_{sk}；

β——折减系数，按表 15.4.8 选用。

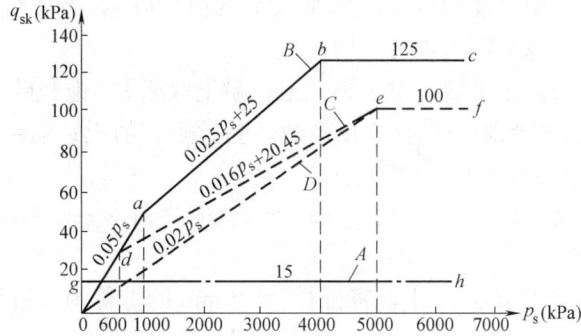

图 15.4.4 q_{sk}-p_{sk} 曲线

注：1. q_{sk} 值应结合土工试验资料，依据土的类别、埋藏深度、排列次序，按图 15.4.4 折线取值；图 15.4.4 中，直线Ⓐ（线段 gh）适用于地表下 6m 范围内的土层；折线Ⓑ（线段 $oabc$）适用于粉土及砂土土层以上（或无粉土及砂土土层地区）的黏性土；折线Ⓒ（线段 $odef$）适用于粉土及砂土土层以下的黏性土；折线Ⓓ（线段 oef）适用于粉土、粉砂、细砂及中砂。

2. p_{sk} 为桩端穿过的中密—密实砂土、粉土的比贯入阻力平均值；p_{sl} 为砂土、粉土的下卧软土层的比贯入阻力平均值。

3. 采用的单桥探头，圆锥底面积为 15cm²，底部带 7cm 高滑套，锥角 60°。

4. 当桩端穿过粉土、粉砂、细砂及中砂层底面时，折线Ⓓ估算的 q_{sik} 值需乘以表 15.4.9 中系数 η_s 值。

桩端阻力修正系数 α 值   表 15.4.6

桩长（m）	$l<15$	$15\leqslant l\leqslant30$	$30<l\leqslant60$
α	0.75	0.75~0.90	0.90

注：桩入土深度 $15\leqslant l\leqslant30$m，α 值按 l 值直线内插；l 为桩长（不包括桩尖高度）。

系数 C   表 15.4.7

p_{sk}（MPa）	20~30	35	>40
系数 C	5/6	2/3	1/2

折减系数 β   表 15.4.8

p_{sk2}/p_{sk1}	$\leqslant5$	7.5	12.5	$\geqslant15$
β	1	5/6	2/3	1/2

注：表 15.4.7、表 15.4.8 可内插取值。

系数 η_s 值   表 15.4.9

p_{sk}/p_{sl}	$\leqslant5$	7.5	$\geqslant10$
η_s	1.00	0.50	0.33

当根据双桥探头静力触探资料确定混凝土预制桩单桩竖向极限承载力标准值时，对于黏性土、粉土和砂土，可按下式计算：

$$Q_{uk}=Q_{sk}+Q_{pk}=u\sum l_i \cdot \beta_i \cdot f_{si}+\alpha \cdot q_c \cdot A_p \tag{15.4.5}$$

479

式中 f_{si}——第 i 层土的探头平均侧阻力，kPa；

q_c——桩端平面上、下探头阻力，取桩端平面以上 $4d$（d 为桩的直径或边长）范围内按土层厚度的探头阻力加权平均值，kPa，然后再和桩端平面以下 $1d$ 范围内的探头阻力进行平均；

a——桩端阻力修正系数，对于黏性土、粉土取 2/3，饱和砂土取 1/2；

β_i——第 i 层桩侧阻力综合修正系数，黏性土、粉土：$\beta_i = 10.04(f_{si})^{-0.55}$；对砂土：$\beta_i = 5.05(f_{si})^{-0.45}$。

注：双桥探头的圆锥底面积为 15cm²，锥角 60°，摩擦套筒高 21.85cm，侧面积 300cm²。

15.4.4 大直径桩

《建筑桩基技术规范》JGJ 94 中，将桩径≥800mm 的桩称为大直径桩。随着建设工程的发展，大直径桩的应用不断增多，在不同的行业标准中，有的已将 2000～2500mm 的钻孔灌注桩定义为大直径桩。

通常，大直径桩的桩侧阻力和桩端承载力略小于常规桩径的桩，工程上常将这种现象称其为"尺寸效应"。

桩成孔后，土体中产生应力释放，孔壁土中出现松弛变形，桩侧阻力随桩径增大呈减小趋势。

由桩端承载力的理论分析可知，桩端的承载力是桩在荷载作用下，桩端下部分土体达到极限平衡状态时的极限承载力，常规桩径桩端下的土体的塑性区较小，呈整体剪切破坏，土中应力的扩散范围也小，而大直径桩端下的土体塑性区范围大，应力扩散范围大，地基土发生的压缩变形也大，桩端下土体的承载力将有所减小。

Menzenbach 由统计结果得出了两点结论，即：1）对于软土（$q_c \leqslant 1$MPa），尺寸效应不明显；2）对于硬土层，如中密—密实砂土（$q_c \geqslant 10$MPa），尺寸效应明显，值得注意。

根据土的物理指标与承载力参数之间的经验关系，确定大直径桩单桩极限承载力标准值时，可按下式计算：

$$Q_{uk} = Q_{sk} + Q_{pk} = u \sum \psi_{si} q_{sik} l_i + \psi_p q_{pk} A_p \qquad (15.4.6)$$

式中 q_{sik}——桩侧第 i 层土极限侧阻力标准值，如无当地经验值时，可按表 15.4.4 取值，对于扩底桩变截面以上 $2d$ 长度范围不计侧阻力；

q_{pk}——桩径为 800mm 的极限端阻力标准值，对于干作业挖孔（清底干净）可采用深层载荷板试验确定；当不能进行深层载荷板试验时，可按表 15.4.10 取值；

ψ_{si}、ψ_p——大直径桩侧阻力、端阻力尺寸效应系数，按表 15.4.11 取值；

u——桩身周长，当人工挖孔桩桩周护壁为振捣密实的混凝土时，桩身周长可按护壁外直径计算。

15.4.5 嵌岩桩

嵌岩桩属于端承桩类型，工程实践经验表明，嵌岩桩的承载力由桩侧土总侧阻力、嵌岩段桩体总侧阻力和桩端岩体的总端阻力三部分组成。嵌岩桩穿越土层，下部嵌固于基岩中，由于岩、土性质变化大以及岩体的风化程度不同，桩身与土及岩石之间荷载传递机制复杂，确定嵌岩桩的承载力应以现场原位静载荷试验为主。初步设计时，可按《建筑桩

土 名 称		状 态		
黏 性 土		$0.25{<}I_L{\leqslant}0.75$	$0{<}I_L{\leqslant}0.25$	$I_L{\leqslant}0$
		$800{\sim}1800$	$1800{\sim}2400$	$2400{\sim}3000$
粉 土		—	$0.75{\leqslant}e{\leqslant}0.9$	$e{<}0.75$
		—	$1000{\sim}1500$	$1500{\sim}2000$
砂土、碎石类土		稍密	中密	密实
	粉砂	$500{\sim}700$	$800{\sim}1100$	$1200{\sim}2000$
	细砂	$700{\sim}1100$	$1200{\sim}1800$	$2000{\sim}2500$
	中砂	$1000{\sim}2000$	$2200{\sim}3200$	$3500{\sim}5000$
	粗砂	$1200{\sim}2200$	$2500{\sim}3500$	$4000{\sim}5500$
	砾砂	$1400{\sim}2400$	$2600{\sim}4000$	$5000{\sim}7000$
	圆砾、角砾	$1600{\sim}3000$	$3200{\sim}5000$	$6000{\sim}9000$
	卵石、碎石	$2000{\sim}3000$	$3300{\sim}5000$	$7000{\sim}11000$

注：1. 当桩进入持力层的深度 h_b 分别为：$h_b{\leqslant}D$、$D{<}h_b{\leqslant}4D$、$h_b{>}4D$ 时，q_{pk} 可相应取低、中、高值。

2. 砂土密实度可根据标贯击数判定，$N{\leqslant}10$ 为松散，$10{<}N{\leqslant}15$ 为稍密，$15{<}N{\leqslant}30$ 为中密，$N{>}30$ 为密实。

3. 当桩的长径比 $l/d{\leqslant}8$ 时，q_{pk} 宜取较低值。

4. 当对沉降要求不严时，q_{pk} 可取高值。

土类型	黏性土、粉土	砂土、碎石类土
ψ_{si}	$(0.8/d)^{1/5}$	$(0.8/d)^{1/3}$
ψ_p	$(0.8/D)^{1/4}$	$(0.8/D)^{1/3}$

注：当为等直径桩时，表中 $D{-}d$。

基技术规范》JGJ 94 的经验公式确定。

桩端置于完整、较完整基岩的嵌岩桩单桩竖向极限承载力，由桩周土总极限侧阻力和嵌岩段总极限阻力组成。当根据岩石单轴抗压强度确定单桩竖向极限承载力标准值时，可按下列公式计算：

$$Q_{uk}=Q_{sk}+Q_{rk} \tag{15.4.7}$$

$$Q_{sk}=u\sum q_{sik}l_i \tag{15.4.8}$$

$$Q_{rk}=\zeta_r f_{rk}A_p \tag{15.4.9}$$

式中　Q_{sk}、Q_{rk}——分别为土的总极限侧阻力标准值、嵌岩段总极限阻力标准值；

　　　　q_{sik}——桩周第 i 层土的极限侧阻力，无当地经验时，可根据成桩工艺按表 15.4.4 取值；

　　　　f_{rk}——岩石饱和单轴抗压强度标准值，黏土岩取天然湿度单轴抗压强度标准值；

　　　　ζ_r——桩嵌岩段侧阻和端阻综合系数，与嵌岩深径比 h_r/d、岩石软硬程度和成桩工艺有关，可按表 15.4.12 采用；表中数值适用于泥浆护壁成桩，对于干作业成桩（清底干净）和泥浆护壁成桩后注浆，ζ_r 应取表列数值的 1.2 倍。

嵌岩深径比 h_r/d	0	0.5	1.0	2.0	3.0	4.0	5.0	6.0	7.0	8.0
极软岩、软岩	0.60	0.80	0.95	1.18	1.35	1.48	1.57	1.63	1.66	1.70
较硬岩、坚硬岩	0.45	0.65	0.81	0.90	1.00	1.04	—	—	—	—

注：1. 极软岩、软岩指 $f_{rk} \leqslant 15 MPa$，较硬岩、坚硬岩指 $f_{rk} > 30 MPa$，介于两者之间可内插取值。

    2. h_r 为桩身嵌岩深度，当岩面倾斜时，以坡下方嵌岩深度为准；当 h_r/d 为非表列值时，ζ_r 可内插取值。

15.4.6 根据桩身结构强度的单桩承载力

桩身混凝土强度应满足承载力设计要求。通常，桩总是同时受轴力、弯矩和剪力的作用。桩必须满足桩身结构强度条件的验算。低桩台桩基，当作用在单桩上的弯矩、剪力不大时，桩身结构强度满足轴压验算即可。对全埋入土中的桩，除穿过超软土层的端承桩外，一般可不考虑桩的纵向弯曲。由于灌注桩在成孔和混凝土水下浇注的质量较难以保证，预制桩在运输及沉桩过程中受振动和锤击的影响，因此，根据上述桩的施工工作条件因素，计算中应按桩的类型和成桩工艺的不同，将混凝土的轴心抗压强度设计值乘以工作条件系数 ψ_c。工作条件系数 ψ_c 的影响因素很多，与桩型和桩的施工条件等有关，标准中的取值也不统一。

1.《建筑地基基础设计规范》GB 50007 规定桩在轴心受压时桩身混凝土抗压强度设计值可按下式计算：

$$Q \leqslant A_p f_c \varphi_c \tag{15.4.10}$$

式中 f_c——混凝土轴心抗压强度设计值，kPa；按现行国家标准《混凝土结构设计规范》GB 50010 取值；

     Q——相应于作用的基本组合时的单桩竖向力设计值，kN；

    A_p——桩身横截面积，m^2；

    φ_c——工作条件系数，非预应力预制桩取 0.75，预应力桩取 0.55～0.65，灌注桩取 0.6～0.8（水下灌注桩、长桩或混凝土强度等级高于 C35 时用低值）。

桩身结构强度的承载力，应满足承载能力极限状态下荷载效应基本组合的承载要求。

2.《建筑桩基技术规范》JGJ 94 的规定

混凝土轴心受压桩正截面受压承载力，可按下式计算：

$$N \leqslant \psi_c f_c A_{ps} \tag{15.4.11}$$

式中 N——荷载效应基本组合下的桩顶轴向压力设计值；

    f_c——混凝土轴心抗压强度设计值；

  A_{ps}——桩身截面积；

    ψ_c——基桩成桩工艺系数，应按以下规定取值；

（1）混凝土预制桩、预应力混凝土空心桩：$\psi_c = 0.85$；

（2）干作业非挤土灌注桩：$\psi_c = 0.90$；

（3）泥浆护壁和套管护壁非挤土灌注桩、部分挤土灌注桩、挤土灌注桩：$\psi_c = 0.7～0.8$；

（4）软土地区挤土灌注桩：$\psi_c = 0.6$。

桩身结构强度除按轴心受压作用进行验算外，当应按桩顶与承压连接的形式，进行节点受力条件验算，桩的配筋应满足《混凝土结构设计规范》对轴向受力构件的纵筋最小配筋率及箍筋最小配箍率的构造要求外，应当满足节点在复合抗力作用下的受力需要。在地震区应当满足构件抗震等级、材料性能以及构件延性等方面的设计要求。

15.4.7 后注浆灌注桩的单桩承载力

灌注桩后注浆是指：灌注桩成桩后一定时间通过预设于桩身内的注浆管及与之相连的桩端、桩侧注浆阀注入水泥浆，使桩端、桩侧土体、沉渣和泥皮等得到加固，从而提高单桩承载力。

1. 后注浆装置

后注浆技术可以分为桩侧后注浆、桩端后注浆及桩端桩侧复合后注浆三种。注浆管及注浆阀等装置与钢筋笼连成一体。后注浆的装置及工艺流程如图 15.4.5 和图 15.4.6 所示。

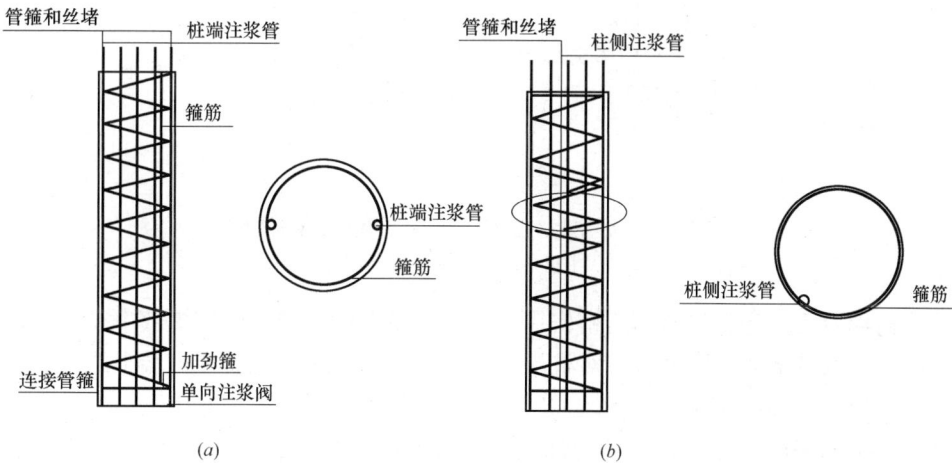

图 15.4.5 后注浆装置示意图

（a）桩端注浆示意图；（b）桩侧注浆示意图

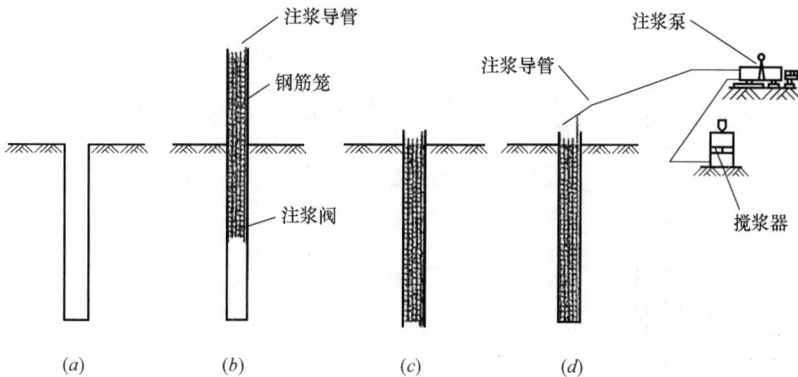

图 15.4.6 后注浆工艺流程

（a）成孔；（b）下放钢筋笼与注浆阀、注浆导管；（c）灌注桩身混凝土；（d）实施后注浆

2. 灌注桩后注浆的加固作用

后注浆的作用是相当于利用地基处理中的注浆法对土体进行加固。

注浆效应可分为渗入性注浆、压密注浆和劈裂注浆三种类型。在灌注桩后注浆时，上述三种注浆性状大多同时存在。在同一次注浆实施过程中，它们相互交织，只有主次之分而没有明显的界限区分。一般来说，以渗入注浆和劈裂注浆为主导；当在非饱和土中以稠浆液实施注浆时，呈现压密注浆的效应。

后注浆对桩侧、桩端土加固效应的示意，如图15.4.7所示。

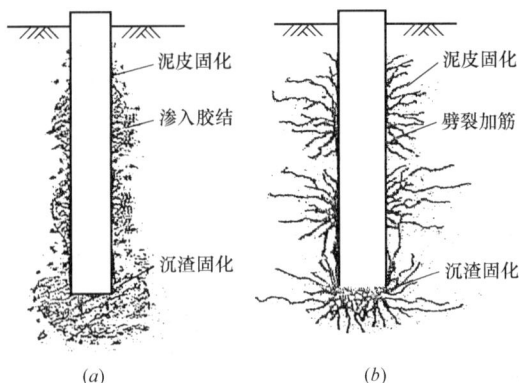

图 15.4.7 后注浆对桩侧、桩端土的加固增强效应
(a) 卵砾石、中粗砂；(b) 黏性土、粉土、粉细砂

注浆初期对沉渣起到渗透与压密作用，随着注浆量的增加和注浆扩散半径增大，注浆压力升高，注浆球形体不断增大，对桩端土层起到压密作用，提高了桩端土的承载力。

当注浆压力升高，注浆量不断增加时，注入桩端的浆液在压力作用下沿着桩土间空隙向上浸出，加固泥皮、充填桩身与桩周土体间隙并渗入到桩周土层一定宽度范围，凝固后桩侧泥皮被加固，提高了桩身侧摩阻力。

在单桩注浆前后的静载试验对比中可以明显发现，经注浆加固后的单桩 Q-s 曲线呈缓变形，单桩承载力有明显提高（图 15.4.8）。

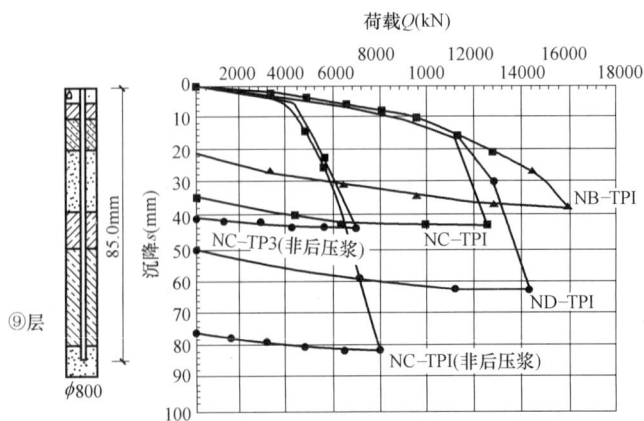

图 15.4.8 首都国际机场航站楼粉细砂黏性土层灌注桩 Q-s 曲线

3. 后注浆灌注桩的单桩承载力

后注浆灌注桩的单桩极限承载力，初步设计时，可按《建筑桩基技术规范》JGJ 94

的经验公式确定，其注浆单桩极限承载力标准值可按下式估算：

$$Q_{uk} = Q_{sk} + Q_{gsk} + Q_{gpk}$$
$$= u \sum q_{sjk} l_j + u \sum \beta_{si} q_{sik} l_{gi} + \beta_p q_{pk} A_p \qquad (15.4.12)$$

式中　　Q_{sk}——后注浆非竖向增强段的总极限侧阻力标准值；

　　　　Q_{gsk}——后注浆竖向增强段的总极限侧阻力标准值；

　　　　Q_{gpk}——后注浆总极限端阻力标准值；

　　　　u——桩身周长；

　　　　l_j——后注浆非竖向增强段第 j 层土厚度；

　　　　l_{gi}——后注浆竖向增强段内第 i 层土厚度；对于泥浆护壁成孔灌注桩，当为单一桩端后注浆时，竖向增强段为桩端以上 12m；当为桩端、桩侧复式注浆时，竖向增强段为桩端以上 12m 及各桩侧注浆断面以上 12m，重叠部分应扣除；对于干作业灌注桩，竖向增强段为桩端以上、桩侧注浆断面上下各 6m；

q_{sik}、q_{sjk}、q_{pk}——分别为后注浆竖向增强段第 i 土层初始极限侧阻力标准值、非竖向增强段第 j 土层初始极限侧阻力标准值、初始极限端阻力标准值；根据表 15.4.5 确定；

　　　　β_{si}、β_p——分别为后注浆侧阻力、端阻力增强系数，无当地经验时，可按表 15.4.13 取值。

后注浆侧阻力增强系数 β_{si}，端阻力增强系数 β_p　　　　表 15.4.13

土层名称	淤泥、淤泥质土	黏性土、粉土	粉砂、细砂	中砂	粗砂、砾砂	砾石、卵石	全风化岩、强风化岩
β_{si}	1.2～1.3	1.4～1.8	1.6～2.0	1.7～2.1	2.0～2.5	2.4～3.0	1.4～1.8
β_p	—	2.2～2.5	2.4～2.8	2.6～3.0	3.0～3.5	3.2～4.0	2.0～2.4

注：干作业钻、挖孔桩，β_p 按表列值乘以小于 1.0 的折减系数。当桩端持力层为黏性土或粉土时，折减系数取 0.6；为砂土或碎石土时，取 0.8。

影响灌注桩后注浆加固效果的因素很多，尤其是施工条件的影响较大，通常应在现场原位先进行后注浆试验，确定注浆加固的施工参数，如注浆量、注浆压力、水灰比、一次注浆或是需二次注浆等施工参数。工程实践表明，后注浆加固效果的离散性大，所以设计时，对注浆加固对单桩承载力提高的幅度不宜过高。表 15.4.14 中的增幅值，可作为工程设计时的参考。

不同持力层桩底注浆前后单桩竖向极限承载力增幅理论值　　　　表 15.4.14

桩持力层	砂砾层	中砂层	粉砂层	黏土层	淤泥质土	基　岩
桩极限承载力增幅	≥40%	≥30%	≥25%	≥15%	10%	≥15%
优　点	桩底注浆相当于人造一个好的桩端持力层，可减少群桩中桩之间的不均匀沉降					

15.5　关于单桩竖向承载力的若干问题

15.5.1　根据静载荷试验确定桩的极限荷载的方法

桩的极限荷载，也就是桩的极限承载力。前面已指出，桩的破坏状态是指桩开始发生剧烈的或不停滞的下沉时的状态。这时，桩端周围的土发生大量的塑性变形，桩端下土体被压缩。桩侧阻力也达到极限值，桩身周围土体中形成一个圆柱形的剪切破坏面。桩的下沉表现出明显的塑性变形的特点。桩的极限荷载是桩在出现这种现象前所能承受的最大荷载。但这些破坏特征在试桩过程中的反映，有时不是十分典型，因此常人为地统一规定，以某个沉降值或沉降速率作为破坏荷载的标准。这样规定往往是不够合理的，因为对于桩端处于软土或硬土层中的桩来说，在破坏荷载下的沉降速率和沉降量是极其不同的。所以，准确确定桩的极限荷载，应当根据桩在各类土中破坏时的变形特征，通过试桩曲线的分析来解决。试桩曲线的分析方法很多，下面介绍几种常用的方法。

1. 明显拐点法

在 Q-s 曲线上，以曲线明显地转向陡降的点作为极限荷载（图 15.5.1）。该点标志着桩端下土中塑性变形骤增前的情况。此法在 Q-s 曲线比较平缓的情况下不宜应用，因拐点不明显，可能产生人为误差。另外，由于 Q-s 曲线图所用纵横坐标比例不同，会改变拐点的位置，影响结果的准确性。所以作 Q-s 曲线图时，比例必须选择适当。常用的比例为：横坐标（荷载）以 1cm 代表 50kN；纵坐标（沉降）以 1cm 表示桩下沉 1mm（对预制桩和灌注桩）。

2. 切线交会法

此法是用 Q-s 曲线上初始阶段和最后阶段的切线交汇点来确定极限荷载（图15.5.2）。方法简单，但有选择切点位置的人为因素，特别是对于"最后阶段"的含义没有明确规定，切点取在破坏阶段附近，则结果趋近于极限荷载；如取在过渡阶段上，则其结果可相差很大。利用此法时，Q-s 曲线图纵横坐标的比例规定，与明显拐点法相同。

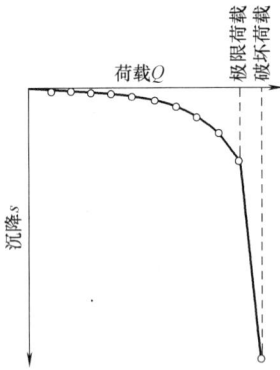

图 15.5.1　明显拐点法　　　　　　　　图 15.5.2　切线交会法

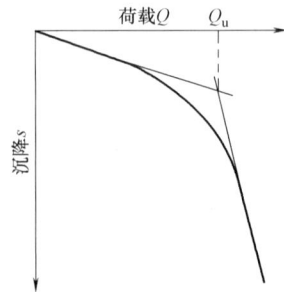

3. 沉降速率法

此法也叫 s-$\log t$ 法。根据试桩资料绘出各级荷载作用下的"s-$\log t$"曲线，其中斜率（坡度）开始剧增的曲线所对应的荷载即为桩的极限荷载。因为从试桩资料的分析中发现，在达到极限荷载之前，各级荷载作用下，桩的下沉量近似地与时间的对数保持线性关系，如图 15.5.3 中的曲线 $a\sim d$。而当桩达到破坏时，曲线的坡度变陡，沉降速率骤增，同时曲线也出现明显的向下曲折，如图 15.5.3 中的曲线 $e\sim h$。沉降速率的骤增，往往就是桩尖下土中塑性变形骤增的结果，即为桩破坏的标志。据此，可将图中的曲线 e 所对应的荷载作为极限荷载。

486

4. 指数方程法

此法也叫极限荷载百分率法，原为针对端承桩的一种分析方法，有人将其用于分析摩擦桩，也收到较好效果。

其做法是在 $s\text{-}\log\left(1-\dfrac{Q}{Q_u}\right)$ 坐标上，以假设的极限荷载 Q_u 绘制关系曲线。即先假定一个极限荷载（可用静载荷试验中的某一级荷载假定为极限荷载），然后求出与前面各级荷载的比例 $\dfrac{Q_i}{Q_u}$，并按每级荷载的 Q_i 所对应的沉降量 s_i、在半对数纸上，绘出 " $s\text{-}\log\left(1-\dfrac{Q_i}{Q_u}\right)$ " 曲线。如此每假定一个极限荷载，便有一根 " $s\text{-}\log\left(1-\dfrac{Q_i}{Q_u}\right)$ " 曲线。如假设的 Q_u 值偏小时，曲线向上弯；反之，则向下弯。出现直线时，假设的 Q_s 值即为真正的极限荷载（图 15.5.4）。在分析试桩曲线时，可以同时用几种方法进行比较，以排除一些人为因素的影响。

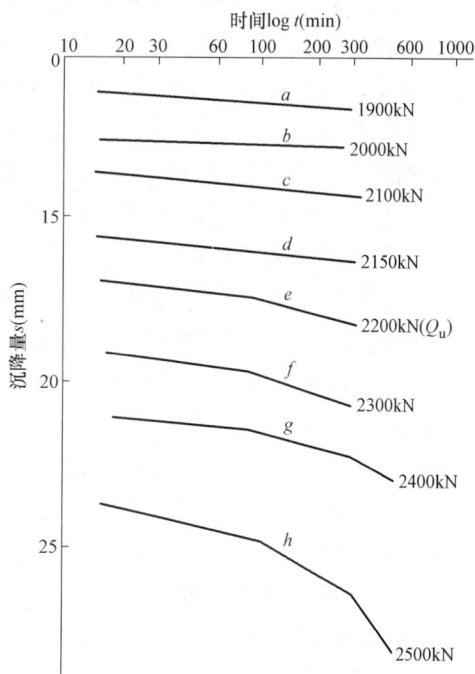

图 15.5.3 沉降速率法

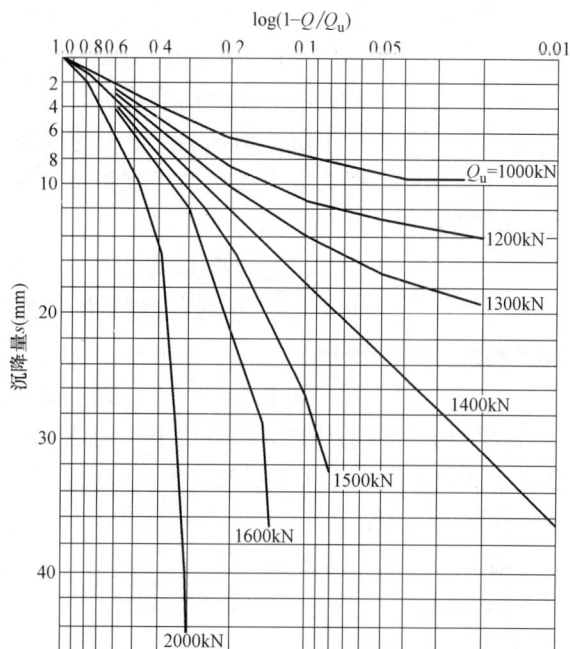

图 15.5.4 指数方程法

487

15.5.2 利用 $Q\text{-}s$ 曲线划分桩端阻力与桩侧阻力

研究桩的承载力，有时需要分别知道桩端阻力与桩侧阻力各占多少，以便进一步了解某一地区的土层的性质，积累资料，掌握其变化规律。下面介绍一个比较实用的划分打入桩的桩侧阻力与桩端阻力的方法，这个方法假定：

（1）在极限荷载以前，桩顶沉降（桩尖沉降＋桩身弹性压缩）与桩端阻力成正比；

（2）在极限荷载之后，桩侧阻力不再增大而保持常数。

这样就可以利用试桩曲线来近似地划分桩侧阻力（图15.5.5）。在 $Q\text{-}s$ 曲线上相应于极限荷载的 A 点上画切线 AD，从原点 O 引一直线平行于 AD 并与通过 A 点的水平线 AC 交于 A' 点。然后再从 A' 点画曲线 $A'B'$ 平行于 A 点以下的试桩曲线 AB。曲线 $OA'B'$ 即代表桩端阻力——沉降曲线。在线段 AC 上，CA' 代表桩尖阻力，AA' 代表桩侧阻力。

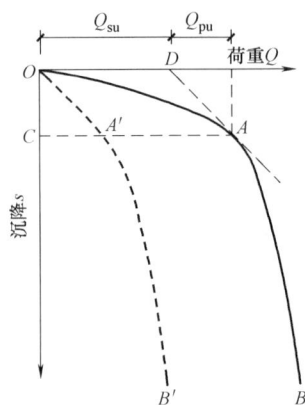

图 15.5.5　根据 $Q\text{-}s$ 曲线划分 Q_{pu} 与 Q_{su}

15.5.3 桩的负摩擦力

1. 产生负摩擦力的原因

穿过软弱土层支承在坚硬土层上的桩，一般来说，桩受荷载作用后，地基土对桩的侧阻力是向上作用的（图15.5.6a）。但当软弱土层由于某种原因而发生地面沉降时，桩周土体对桩身产生相对的向下位移，这就使桩身承受向下作用的摩擦力（图15.5.6b），软弱土层通过作用在桩上的向下作用的摩擦力而悬挂在桩身上。这部分摩擦力不但不是桩承载力的一部分，反而变成施加在桩上的外加荷载。这种由地面沉降引起的在桩上向下作用的摩擦力，称为负表面摩擦力。在桩的下沉比地基下沉量大的部分（桩的下部），桩身上仍为向上作用的正摩擦力，正、负摩擦力变换处的位置，称为中性点。

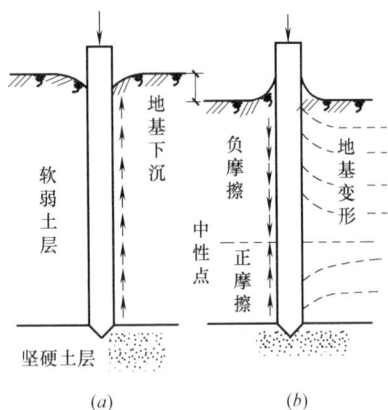

图 15.5.6　负表面摩擦力

桩的负摩擦力问题，在国内外普遍受到重视。由于未注意到负摩擦力问题，也造成过一些工程事故。

如上所述，负摩擦力是因为桩周围土层的下沉（地面沉降）而产生的，造成地面沉降的原因大致有以下几种情况：

（1）在未固结的软土或新填土上，由于土层的自重固结而产生；

（2）由于大面积地面荷载所造成；

（3）场地地下水大量抽降，造成上部土层下沉；

（4）湿陷性黄土因湿陷引起。

2. 负摩擦力的影响因素

研究桩的负摩擦力，与正摩擦力一样，实质上也是研究土沿桩身的极限抗剪强度或土与桩的黏着力问题。但这个问题较为复杂，桩基沉降及地面沉降的大小、沉降速率、稳定历时等，都对负摩擦力的大小有影响。由于地面沉降及桩的沉降都随着时间而变化，所以桩与土间的剪变（相对位移）值也不断变化，因此负摩擦力的分布及变化也较为复杂。根据目前对负摩擦力问题的研究，在设计桩基时应注意下列几点：

（1）在桩表面引起负摩擦力的条件是：桩周围的地面沉降要大于桩的沉降，否则可不考虑负摩擦力问题。

（2）桩的竖向位移与桩周地基内的竖向位移相等之处，即为中性点位置，如图 15.5.7 所示，若地面沉降 s_d 为一定值，则当桩的底端沉降 s_g 及桩身弹性压缩 s_t 减小时，中性点就向下移，负摩擦力增大；反之，当 s_g 及 s_t 增加时，中性点就向上移，负摩擦力减少。因此，当按变形控制设计桩基时，根据建筑物的要求，合理地确定桩基允许沉降值（$s_0 = s_g + s_t$），对控制负摩擦力的大小、充分发挥桩的承载力有着重要意义。

（3）软弱地基的下沉速度是影响负摩擦力大小的一个因素，下沉速度快时，则负摩擦力的值也大。

（4）负摩擦力需要经过一定时间后才能达到最大值，一般在初期增长快，随后逐渐趋向稳定。桩所穿过的软弱土层的厚度越大，则达到负摩擦力最大值所需的时间也越长；反之，则短。

由于负摩擦力的存在，非但使桩表失一部分承载能力，而且它相当于外荷载增加了作用于桩上的荷载量。为了计算负摩擦力值，有必要找出中性点的位置。中性点是桩土位移相等，摩擦力等于零的分界点。该点以上土的下沉大于桩，桩身承受向下的负摩擦力；该点以下桩的下沉大于土，桩受正摩擦力。在中性点处桩身轴力最大。

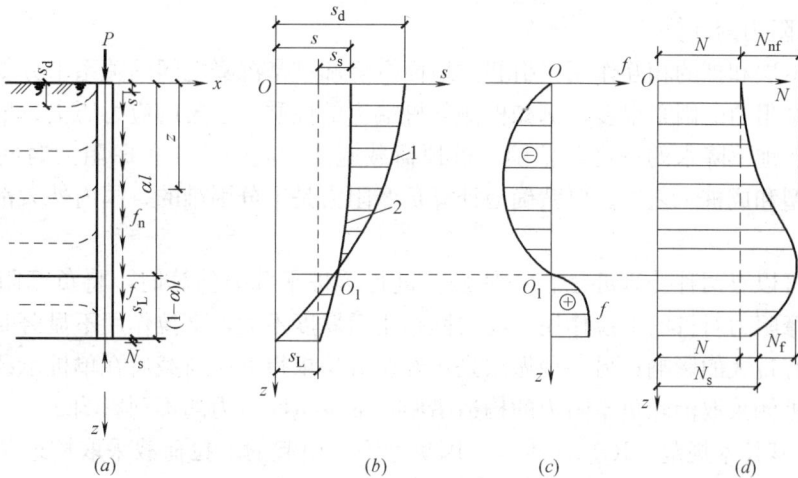

图 15.5.7　单桩产生负摩擦力时的荷载传递

(a) 单桩；(b) 位移曲线；(c) 桩侧摩擦力分布曲线；(d) 桩身轴力分布曲线

1—土层竖向位移曲线；2—桩的截面位移曲线

图 15.5.7 (a) 表示一根承受竖向荷载的桩，桩身穿过正在固结中的土层而达到坚实土层。在图 15.5.7 (b) 中，曲线 1 表示不同深度土层的位移；曲线 2 为该桩的截面位移曲线。曲线 2 和 1 的交点（O_1）即为桩土之间不发生相对位移的中性点。图 15.5.7 (c)、(d) 分别为桩侧摩擦力曲线和轴身轴力曲线。其中，N_{nf} 为负摩擦力引起的桩身最大轴

力，又称下拉力；N_f为总的正摩擦力。从图中可知，在中性点处桩身轴力达最大值（$N+N_{nf}$）。

一些桩的摩擦力实测资料表明：当桩侧主要为欠固结的土层时，中性点的位置到桩顶的距离大多为桩长的 $70\%\sim75\%$；支承在岩层上的桩，中性点接近岩层顶面。当有地面堆载时，中性点的深度取决于堆载的大小，堆载越大，中性点越深。

在黏性土中的桩，负摩擦力的极限值接近于土的不排水抗剪强度。有关负摩擦力的计算方法，由于其影响因素较多，多带有经验性质，有待进一步研究。

3. 负摩擦力的计算

1）中性点的位置

进行桩身负摩擦力的计算，需要确定中性点的位置，即正负摩擦力的分界点。中性点处桩土位移相等，摩阻力为零，桩身轴力最大。

中性点深度 l_n 应按桩周土层沉降与桩沉降相等的条件计算确定，也可参照表 15.5.1 确定。

中性点深度 l_n 表 15.5.1

持力层性质	黏性土、粉土	中密以上砂	砾石、卵石	基岩
中性点深度比 l_n/l_0	$0.5\sim0.6$	$0.7\sim0.8$	0.9	1.0

注：1. l_n/l_0——分别为自桩顶算起的中性点深度和桩周软弱土层下限深度；

2. 桩穿过自重湿陷性黄土层时，l_n 可按表列值增大 10%（持力层为基岩除外）；

3. 当桩周土层固结与桩基固结沉降同时完成时，取 $l_n=0$；

4. 当桩周土层计算沉降量小于 20mm 时，l_n 应按表列值乘以 $0.4\sim0.8$ 折减。

2）负摩阻力的计算

欠固结土层和桩的相互作用，引起的地面沉降和桩基沉降之间的关系十分复杂。

影响负摩阻力的因素很多，例如桩侧与桩端土的性质、土层的应力历史、地面堆载的大小与范围、地下降水的深度与范围、桩顶荷载施加时间与发生负摩阻力时间之间的关系、桩的类型和成桩工艺等。要精确地计算负摩阻力是十分困难的，国内外大都采用经验方法估算。

设计时可以有两种处理办法：一种是在进行单桩承载力估算时，将负摩阻力假定为零，不计入摩阻力对桩的下拉作用，在欠固结土后厚度不大，下拉作用不显著时，不致对桩基的沉降有过大的影响；另一种做法是按经验方法求得下拉荷载后在单桩承载力中将其扣除，或对桩侧采取消除负摩阻力的构造措施，减少负摩阻力的不利影响。

《建筑桩基技术规范》JGJ 94 推荐，因负摩阻力引起的下拉荷载采取按地基中竖向有效应力乘以修正系数的经验方法确定。

中性点以上单桩桩周第 i 层土平均负摩阻力可按下列公式计算：

$$q_{si}^n=\xi_{ni}\sigma_i' \tag{15.5.1}$$

式中　q_{si}^n——第 i 层土桩侧平均负摩阻力；当按式（15.5.1）计算值大于正摩阻力值时，取正摩阻力值进行设计；

ξ_{ni}——桩周第 i 层土负摩阻力系数，可按表 15.5.2 取值；

σ_i'——桩周第 i 层土平均竖向有效应力；

p——地面均布荷载。

土　类	ξ_n	土　类	ξ_n
饱和软土	0.15～0.25	砂　土	0.35～0.50
黏性土、粉土	0.25～0.40	自重湿陷性黄土	0.20～0.35

注：1. 在同一类土中，对于打入桩或沉管灌注桩，取表中较大值；对于钻（冲）孔灌注桩，取表中较小值。

    2. 填土按其组成取表中同类土的较大值。

桩单位面积负摩阻力 q_{si}^n 值也可利用一些土的室内试验或原位测试成果根据经验确定。

对黏性土，可以用无侧限抗压强度的一半作为 q_{si}^n，也可以用静力触探试验所获得的双桥探头锥尖阻力 q_c 或单桥探头比贯入阻力 p_s 按下式估算 q_{si}^n：

$$q_{si}^n = \frac{q_c}{10} \text{ 或 } q_{si}^n \approx \frac{p_s}{10} \text{ (kPa)} \tag{15.5.2}$$

15.5.4 打桩对地基土强度的影响

打桩过程中，土体沿桩尖向桩侧四周挤出。在地表部分，土体向上隆起。在地面下，由于上覆土层的压力，土体向水平方向排挤，如图 15.5.8 所示，形成贴近桩身结构完全破坏的第一区和完全不受影响的第三区，以及介于该二区之间的过渡区——第二区。在第一区，原来的水平土层变成薄的垂直层理的土壳，此部分土受到强烈的挤压，沿桩周形成剪切破坏的一圈深土层。由于打桩的振动和挤压的影响，土壳外第二区的土体也受到扰动，原有结构有一定破坏。

饱和软黏土的压密过程需要很长时间，桩打入土时，土不易被立即挤实，在强大的挤压力作用下，使贴近桩身的土体中，产生很大的孔隙水压力，土的结构也遭到破坏，抗剪强度大为降低（触变）。经过一段时间的间歇后，孔隙水压力逐渐消散，土逐渐固结压密。同时，土的结构强度也逐渐恢复，抗剪强度逐渐提高，甚至超过了原状土的强度，因而摩擦力及桩尖阻力也不断增高，桩的承载力在一相当长的时间内不断有所增高。图 15.5.9 所示即为在软土中桩随着间歇时间加长，承载力不断提高的实例，初期增长速度很快，逐渐减慢，最后趋于某个极限值。

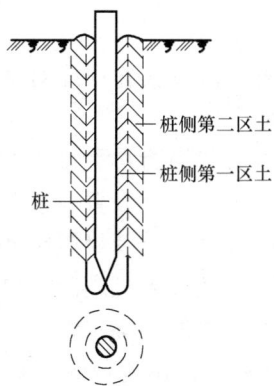

图 15.5.8　桩侧土变形分区

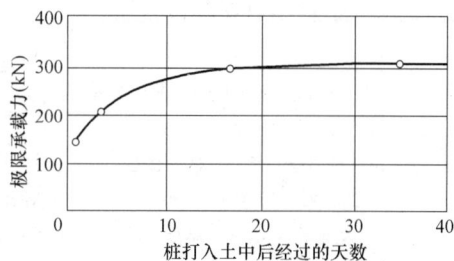

图 15.5.9　软土中桩的承载力随时间增长的实例

桩的承载力随时间增长的现象在软土中比较明显。但在硬塑黏性土中（由于土的结构强度不会恢复，故摩擦力要小于抗剪强度）以及当沉桩方法不同时，承载力随时间变化规律，还有待进一步的研究。

桩打入土体时总使桩周附近（约3～5倍桩径）的土受到某些甚至相当大的扰动重塑作用。在施加全部设计荷载前，要经相当长的时间。在此过程中，由打桩引起的土中孔隙水应力消散，桩周土强度相当于重塑土的排水强度值。

黏性土中桩的承载力随时间增加，强度提高最快发生在1～3个月时。这在某种程度上，可由高孔隙水压和排挤开的体积影响，使紧靠桩的土产生迅速的排水固结来解释。事实上，紧靠桩的土（大约在50～200mm的范围内）往往可得到充分固结，相当于使桩的有效直径增加，超过现有直径达5%～7%。

15.5.5 自平衡测试技术

大型桥梁及超高层建筑桩基常采用大直径桩和超长桩，由于其单桩承载力很高，采用传统静载试验（堆载法、锚桩法等）法试桩，困难较大，加上环境条件限制等因素，有时常难以实施。在《建筑基桩自平衡法静载试验技术规程》JGJ/T 403—2017中提到，当传统静载试验受条件限制时，可采用自平衡法静载试验技术，对基桩竖向承载力进行检测和评价。

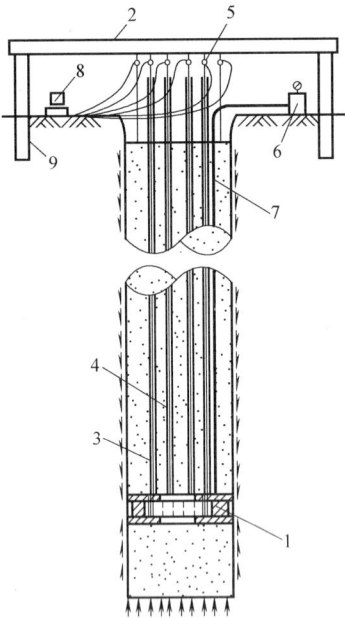

图 15.5.10 基桩子平衡法静载试验系统
1—荷载箱；2—基准梁；3—保护套；
4—位移杆（丝）；5—位移传感器；
6—油泵；7—高压油管；
8—数据采集仪；9—基准桩

自平衡测试技术的原理是利用试桩自身反力平衡的原则，在桩端附近或桩身适当截面处预先埋设单层或多层荷载箱，通过荷载箱对上、下段桩身施加荷载，利用荷载箱上下段桩身自身平衡达到加载目的。自平衡测试技术的测试设备、装置较简单，不需大量压重、反力架或锚桩，测试费用低，可对大吨位的基桩进行承载力测试。

基桩自平衡法静载试验装置可由下列系统组成（图15.5.10）：

（1）荷载箱、高压油管、加载油泵、油压测量仪组成的加载系统；

（2）位移传递装置、位移传感器、位移基准装置组成的位移量测系统；

（3）采集压力和位移数据并据此对加载进行控制的数据采集与控制系统。

图15.5.10中，荷载箱为自平衡静载试验中用于施加荷载的装置，荷载箱应设置在桩身上自平衡点附近，即基桩上段桩身自重及极限桩侧摩阻力之和下段桩极限桩侧阻力及极限桩端阻力之和基本相等的位置。由于岩土参数的不确定性及灌注桩施工条件的多变性，自平衡点的位置是难以预估确定的。

自平衡法静载试验应采用慢速维持荷载法，桩经自平衡检测后仍可作为工程桩使用，因此，自平衡测试的灌注桩检测系统的安装和连接，灌注桩荷载箱和钢筋笼的连接应满足图15.5.11所示的构造要求。

自平衡测试技术的应用仍受到一定的限制，因为自平衡测试时，上、下段桩的受力条

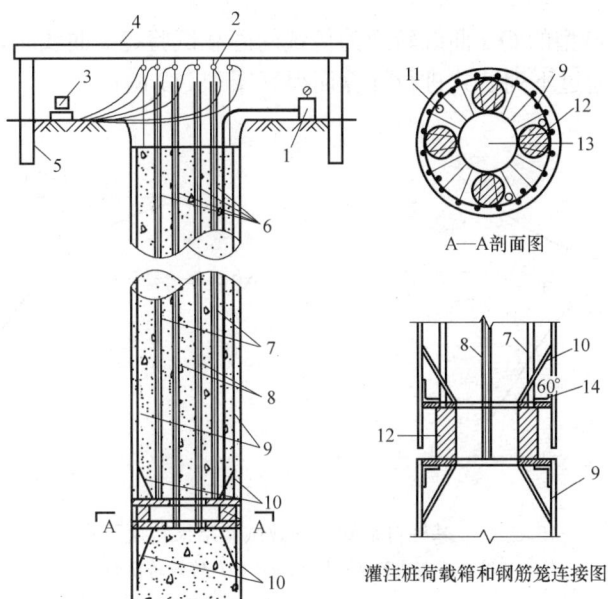

图 15.5.11　灌注桩检测系统的安装与连接

1—加压系统；2—位移传感器；3—静载试验仪（压力控制和数据采集）；4—基准梁；5—基准桩；
6—位移杆（丝）；7—上位移杆（丝）；8—下位移杆（丝）；9—主筋；10—导向筋（喇叭筋）；
11—声测管；12—千斤顶；13—导管孔；14—L形加强筋

件相反，与桩的实际承载情况相比，桩周土体中的应力场、位移场，桩身加载的边界条件等的差异大，仍不能完全替代单桩静荷载试验。目前，在大吨位桩的承载力测试中，具备与传统试桩法现场对比试验的条件时，已有相当广泛的工程应用。

自平衡测试时，通过荷载箱加载及对上下段桩位移传感器的测定，得到单桩自平衡试桩的典型 Q-s 曲线，如图 15.5.12 所示。

应当说，自平衡 Q-s 曲线与传统单桩静荷载试验的 Q-s 曲线的条件相差很大，由于自平衡测试时上段桩是受荷载箱的上顶荷载作用，桩侧作用的是负摩阻力作用，所以自平衡测试引起地基中应力的应力场与位移场与传统静载试验时是完全不同的，

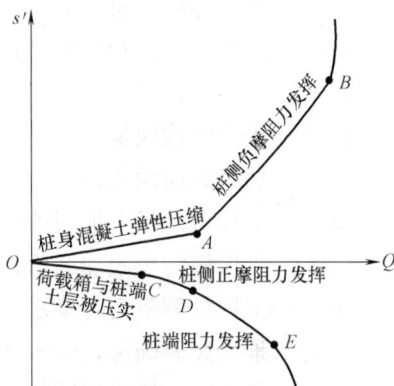

图 15.5.12　自平衡测试
桩典型的 Q-s 曲线

且上下段桩也难以同时达到极限平衡状态。实际工程应用中，需对其测试结果进行转换修正，并经验证后方可应用。

如何将自平衡试验得到的上下桩段的两条 Q-s 曲线转换成传统的静载试验 Q-s 曲线，这时目前自平衡法在理论与实践中尚未解决的一个关键问题。目前，采用经验修正进行转换，然后通过对比试验加以验证的方法来实现转换，这样的转换必须有具体的现场试验才

能实施。

将自平衡测试桩典型的 $Q\text{-}s$ 曲线转换为传统的静载试验 $Q\text{-}s$ 曲线时，等效荷载 Q 与等效位移 s 的转换，可通过下列公式进行计算而得（图 15.5.13）。

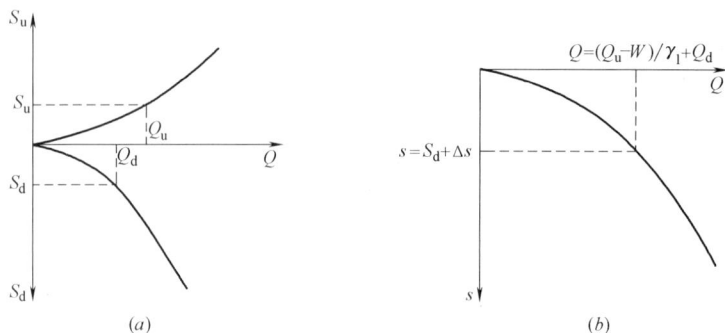

图 15.5.13　基桩自平衡法静载试验结果转换示意图
(a) 基桩自平衡法静载试验曲线；(b) 等效转换曲线

$$Q=\frac{Q_u-w}{\gamma_1}+Q_d \qquad (15.5.3)$$

$$s=S_d+\Delta s \qquad (15.5.4)$$

$$\Delta s=\frac{\left[(Q_u-W)/\gamma_1+2Q_d\right]L_u}{2E_pA_p} \qquad (15.5.5)$$

式中　Q——桩顶等效荷载；

s——桩顶等效位移；

Δs——上段桩的桩身压缩量；

L_u——上段桩长度；

E_p——桩身弹性模量；

A_p——桩身截面面积；

Q_u——上段桩的极限加载值；

Q_d——下段桩的极限加载值；

γ_1——上段桩侧阻力转换系数，应通过传统试桩法和自平衡法测试对比确定，或按地区经验确定，无地区经验时可取 0.8；

S_d——下段桩的桩身压缩量。

通过以上转换求得的桩顶等效荷载，可视作为测试桩的单桩竖向极限承载力，单桩承载力特征值的建议值的安全系数可取为 2.0。

自平衡测试技术在大直径超长灌注桩工程单桩静载试验中已有较多应用，与锚桩法静载试验结果比较，比较接近，可以在工程中应用，图 15.5.14 和图 15.5.15 为连接苏州与南通的苏通大桥超长桩的 $Q\text{-}s$ 曲线图。图中，N_1、N_2 试桩桩径为 $\phi1000$，桩长 76m。S_2、S_3 试桩桩径为 $\phi1500$，桩长 69m。

N_1、N_2 试桩尺寸相同，地质条件相同，分别采用锚桩法和自平衡法测试，其桩顶荷载-位移曲线如图 15.5.14 所示。

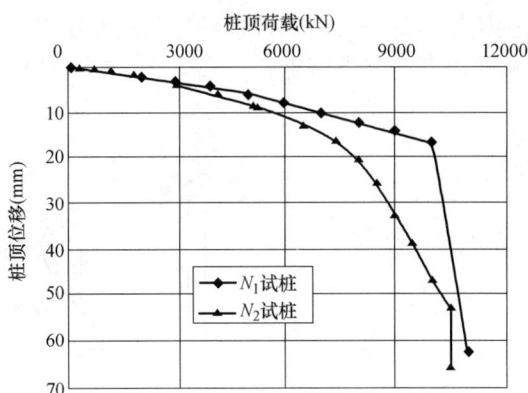

图 15.5.14 N_1、N_2 试桩桩顶荷载-位移曲线对比

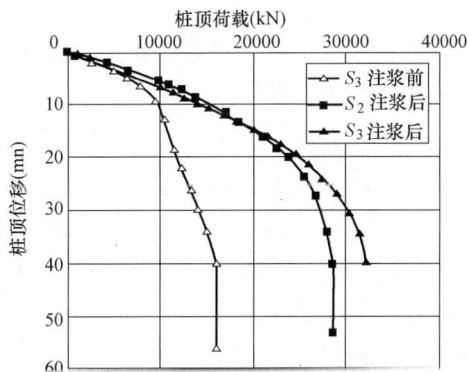

图 15.5.15 S_2 注浆前与 S_2、S_3 注浆后的桩顶荷载-位移曲线对比

从图 15.5.14 可以看出，N_1、N_2 试桩桩顶荷载-位移曲线在荷载小于 3000kN 时，基本接近。当荷载大于 3000kN 时，N_1 试桩的刚度略大于 N_2 试桩。两根试桩的极限承载力基本接近，均为 10000kN 左右。锚桩法和自平衡法测试结果基本接近，两种测试方法得到了相互验证。

S_2 和 S_3 试桩尺寸相同，地质条件相同。S_3 压浆前的桩顶荷载-位移曲线与 S_2、S_3 压浆后的桩顶荷载-位移曲线对比如图 15.5.15 所示。从图 15.5.15 可以看出，桩端后压浆明显改善了钻孔灌注桩的承载性能，不仅提高了极限承载力，而且提高了刚度。S_2 和 S_3 压浆后承载性能有一定的差异，表明桩端后压浆的效果也具有一定的离散性。

15.6 单桩水平承载力

桩的水平承载力，系指与桩轴方向垂直的承载力。工业与民用建筑中的桩基础，一般以承受竖向荷载为主，但在风荷载及地震荷载等作用下，桩基础上作用有较大的水平荷载时，必须对桩的水平承载力进行验算。

桩在水平荷载作用下，类似于一受弯的弹性地基梁，桩与土共同变形。由于土的弹塑性性质，土的抗力问题就比较复杂，目前仍按弹性地基的假定进行计算。根据一些试验资料的分析，桩在水平荷载作用下有以下特点：

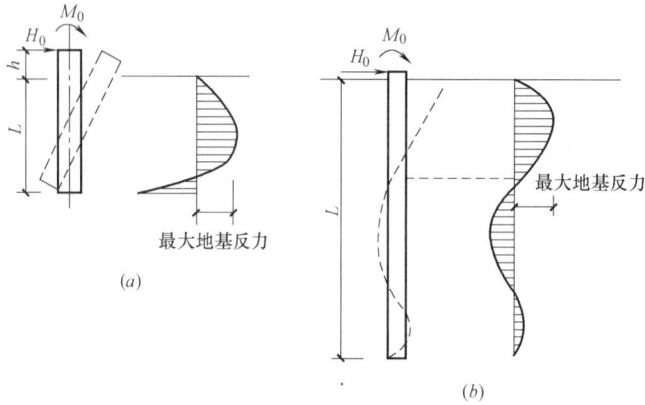

图 15.6.1 单桩水平受力与变形情况
(a) 刚性桩；(b) 弹性桩

15.6.1 水平荷载作用下桩身的变位

由水平荷载引起的桩身变位，通常有两种形式：

（1）当地基松软、桩身短、桩的抗弯刚度大大超过地基刚度时，桩身如同刚体一样围绕桩轴上某一点而转动。当桩前方的土体在桩全长范围内超过地基的屈服强度时，结构产生大变位甚至倾倒，如图 15.6.1 (a) 所示。

（2）当地基较密实，入土很深的长桩（或刚度很小）桩身产生弹性挠曲，不出现桩全长范围内的水平向地基屈服。屈服是由地表逐渐向深处发展的，如图 15.6.1 (b) 所示。破坏是由于过大的水平位移引起桩身断裂而造成的。本章仅介绍弹性桩承载力的确定方法。

弹性桩的水平承载力取决于全桩的截面刚度、入土深度、土质条件、桩顶水平位移允许值和桩顶嵌固情况等因素。一般通过现场试验确定，也可通过理论方法估算。

刚性桩与弹性桩的区分条件，如表 15.6.1 所示。

水平荷载下桩的分类标准　　　　　　　　　　　　　　　　表 15.6.1

单桩分类	长　桩	中长桩	短　桩
m 法	$l \geqslant \dfrac{4.0}{\alpha}$	$\dfrac{4.0}{\alpha} > l \geqslant \dfrac{2.5}{\alpha}$	$l < \dfrac{2.5}{\alpha}$
张氏法	$l \geqslant \dfrac{3.0}{\beta}$	$\dfrac{3.0}{\beta} > l \geqslant \dfrac{1.4}{\beta}$	$l < \dfrac{1.4}{\beta}$
计算类型	弹性桩		刚性桩

注：表中，α、β 值见式（15.6.11）、式（15.6.4）；l—桩长。

15.6.2 影响桩水平承载力的因素

桩的截面尺寸和地基土强度越大，桩的水平承载力也越高。通常，在桩的水平位移已较大时，桩仍不折断，而建筑物已不允许出现这样大的位移了。所以，桩的允许水平承载力常常不是由桩的强度条件决定的，而是由桩的允许水平位移值控制。另外，桩头嵌固条件对桩的水平承载力影响也很大，因为桩头嵌固于承台中的桩，其抗弯刚度大于桩头自由的桩，所以桩头嵌固提高了桩抵抗横向弯曲的能力。

桩的入土深度对水平承载力也有影响。当入土深度增大时，承载力提高。但是，当达到某一深度后，继续增加入土深度，承载力将不起变化。桩抵抗水平荷载作用所需的入土深度，称为"有效长度"。在水平荷载作用下，有效长度以下部分，桩没有显著的水平变位。桩的入土深度小于有效长度时，则不能充分发挥地基的水平抗力，荷载达到一定值后，桩就会倾倒而被拔出。而当桩的入土深度大于有效长度时，桩嵌固于土中某一深度处，地基的水平抗力得到充分发挥，桩不致倾倒或被拔出，而是产生弯曲变形。有效长度的计算见式（15.6.7）、式（15.6.8）。

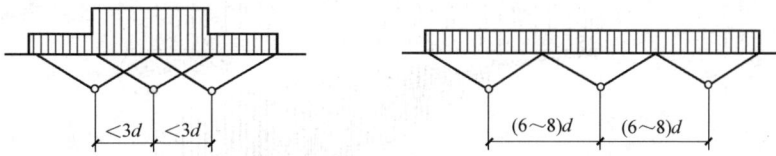

图 15.6.2　桩距的影响

桩距的大小，对桩的水平承载力也有影响。当桩距较小（小于 $3d$）时，桩前区土中水平应力将发生重叠（图 15.6.2），地基变形较大，桩的水平承载力将下降。当桩距大 $[(6\sim8)d]$ 时，应力重叠的影响小。但桩距大，承台尺寸也将随之增大。因此，设计时必须进行经济比较，全面考虑。

15.6.3　单桩水平静载荷试验

桩的水平静载荷试验是确定桩水平承载力的最可靠办法，能真实地反映现场影响桩水平承载力的各种因素。

1. 加荷装置

水平载荷试验常采用横向放置的千斤顶加荷，如图 15.6.3 所示。桩在水平荷载作用下，桩顶同时产生横向位移和转动。为了自始至终使水平力的作用点和受力面不变，千斤顶应有球支座装置。

观测装置原则上与垂直载荷试验相似。量测桩顶水平位移一般不少于两个测点，而且与中轴线对称布置。观测装置的固定点位置，应与试桩保持足够的距离，以免影响观测精度。

2. 加荷方法

加荷时，可采用连续加荷法或循环加荷法。与垂直静载荷试验一样，荷载需分级施加，每

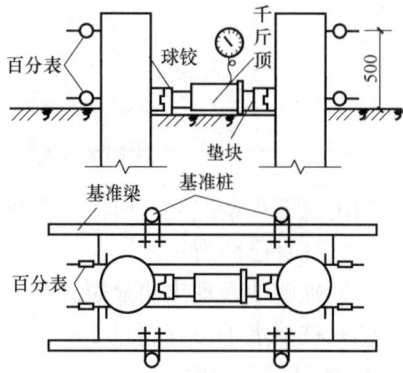

图 15.6.3　单桩水平载荷试验加荷装置

次加荷等级为估计的最大水平荷载的 $1/10\sim1/15$，一般为 $5\sim10kN$，过软的土可采用

2kN 为级差。

连续加荷法在每级加荷后保持 10min，测读水平位移，再加下一级荷载，这样连续加至极限荷载。在确定桩的极限荷载时，以这种方法为好。

循环加荷法最为常用，这种加荷法与基础承受反复水平荷载（风荷载、地震作用、机械制动力以及动力基础水平扰力等）时的情况类似，其特点是反复多次。试验时的循环加荷及测读水平位移做法为：加载后保持 10min，记录水平位移读数，然后卸至零。再经过 10min，读测剩余变形，继续加荷载，如此即为一循环。每级荷载均按以上过程反复 3～5 次左右，即完成这级水平荷载试验，然后接着施加下一级荷载，直至桩达到极限荷载或满足设计要求为止。如在加载过程中观测到 10min 时的水平位移还未稳定，则应延长该级荷载的维持时间，直至稳定为止。其稳定标准可参照轴向静载荷试验。

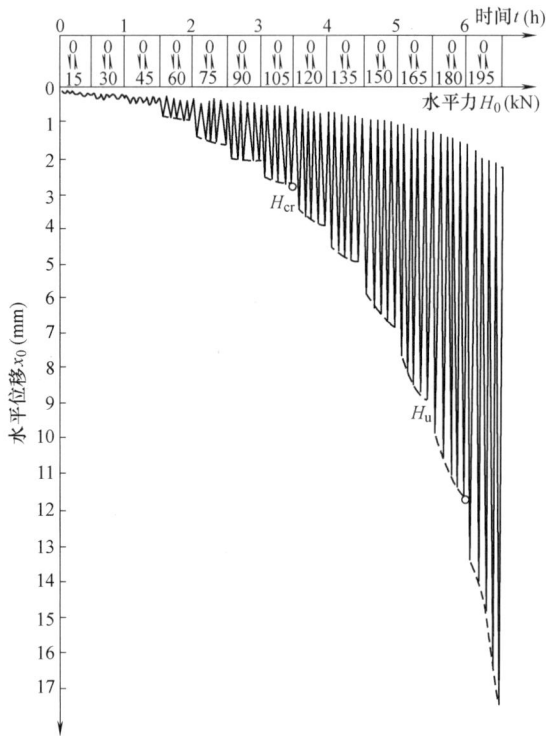

图 15.6.4　单桩水平静载荷试验 H_0-t-x_0 曲线

当出现下列情况之一时，认为桩已破坏，即可终止试验：

（1）桩身已断裂；

（2）桩侧地表现出明显裂缝或隆起；

（3）桩顶水平位现超过 20～30mm（软土取 30mm）。

3. 极限荷载的确定

通过对试桩资料的整理分析，确定桩的水平极限荷载（水平极限承载力）。试桩资料的整理，根据不同的加荷方法，按以下要求进行：

（1）对循环加荷法，绘制桩顶水平荷载-时间-桩顶水平位移（H_0-t-x_0）曲线（图 15.6.4）。取 H_0-t-x_0 曲线出现突变点的荷载为临界荷载 H_{cr}；取曲线明显陡降点的荷载为

极限荷载 H_u，或按 $H_0\text{-}t\text{-}x_0$ 曲线各级荷载下水平位移的包络线的凹向确定，若包络线向上方凹曲，则表明在该级荷载下，桩的位移趋于稳定；若包络线朝下方凹曲（如图 15.6.4 中当 $H_0=195\text{kN}$ 时水平位移包络线所示），则表明在该级荷载作用下，水平位移不稳定且在增加。因此，认为桩已达破坏状态，其前一级荷载为极限荷载 H_u。

（2）对连续加荷法绘制 $H_0\text{-}x_0$ 曲线。曲线的第一直线段的终点对应的荷载为 H_{cr}，而曲线陡升段的起点所对应的为极限荷载 H_u（图 15.6.5）。

绘制水平荷载—位移梯度 $\left(H_0-\dfrac{\Delta x_0}{\Delta H_0}\right)$ 曲线，取第一直线段的终点对应的荷载为 Q_{cr}；取第二直线段的终点所对应的荷载为 H_u（图 15.6.6）。

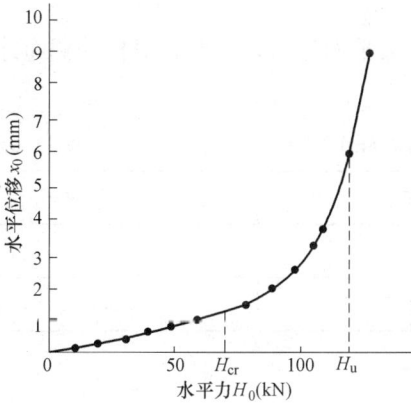

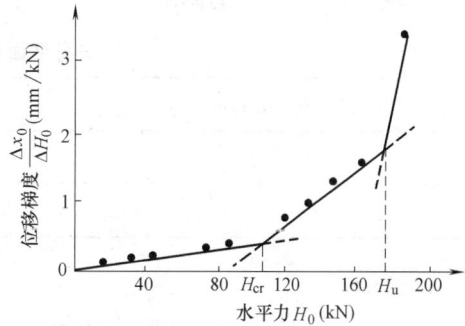

图 15.6.5　$H_0—x_0$ 曲线　　　　图 15.6.6　$H_0-\dfrac{\Delta x_0}{\Delta H_0}$ 曲线

4. 水平承载力的确定

将极限荷载除以安全系数，即为水平承载力允许值（单桩水平承载力特征值），安全系数一般取 2.0。

桩达到极限荷载时的位移，往往大大超过建筑物的允许水平位移值，故在按变形控制的设计中，应按建筑物允许水平位移值，桩相应地按变形确定桩的水平承载力特征值。对一般工业与民用建筑，其允许水平位移值可取为 1.0cm。

15.6.4　单桩在水平力作用下的理论计算

桩在水平力和弯矩作用下，用理论方法计算桩的变位和内力时，通常采用按文克尔假定的弹性地基上的竖直梁的计算方法，桩上侧向地基反力 p 与该点的水平位移 x 成比例，即 $p=k_x x$。式中，地基水平抗力系数 k_s 的分布和大小将直接影响桩内力和变位的结果。各种计算理论所假定的 k_s 分布图式不同。图 15.6.7 所示为四种常用的分布形式，即："常数法"、"k 法"、"m 法"和"c 法"。

根据上述原理进行计算后，可求得桩在水平力作用下，桩身各部分的位移、弯矩、剪力值。几种方法的计算结果往往相差很大，所以在实际工程中，究竟采用哪一种计算方法，应根据土的性质及桩的工作情况来确定。

由于单桩在水平荷载作用下所引起的桩周土的抗力不只分布于荷载作用平面内，而

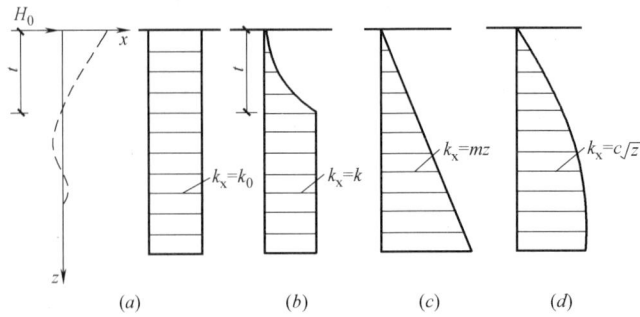

图 15.6.7　地基水平抗力系数的分布图式

(a) 常数法；(b) "k" 法；(c) "m" 法；(d) "c 值" 法

且，桩的截面形状对抗力也有影响。而计算时简化为平面受力，因此，对桩的截面计算宽度 b_0 作表 15.6.2 所列的调整。

桩身截面计算宽度 b_0（m）　　　　表 15.6.2

截面宽度 b 或直径 d(m)	圆　　桩	方　　桩
>1	$0.9(d+1)$	$b+1$
≤1	$0.9(1.5d+0.5)$	$1.5b+0.5$

1. 常数法

根据文克尔假定，桩受水平力作用，桩侧的土反力与桩轴的挠曲变形 x 成正比，如图 15.6.8 所示。

这时，地基的水平反力见式（15.6.1）：

$$p = k_x x \qquad (15.6.1)$$

式中　k_x——地基侧向基床系数，kN/m^3；

　　　p——桩侧土反力，kPa；

　　　x——桩轴的侧向位移，m。

把桩视为在水平力作用下的半无限长梁，这时，桩的弹性曲线微分方程式为：

$$EI \frac{d^4 x}{dE^4} = -p = -k_x x \qquad (15.6.2)$$

其通解为：

$$x = e^{\beta z}(A\cos\beta z + B\sin\beta z) + e^{-\beta z}(C\cos\beta z + D\sin\beta z) \qquad (15.6.3)$$

其中

$$\beta = \sqrt[4]{\frac{E_x}{4EI}} \qquad (15.6.4)$$

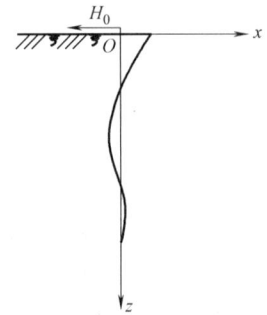

图 15.6.8　"常数法"计算图形

式中　E——桩的弹性模量；

　　　I——桩的横截面惯性矩；

　　　E_x——土的横向弹性模量；

$$E_x = k_x b_0$$

b_0——桩截面宽度或桩径。

A、B、C、D为积分常数，可根据边界条件确定。分别考虑桩头自由和桩头嵌固两种情况，可解得桩的变位及内力的计算公式，见表 15.6.3。

常数法解桩的水平抗力计算公式 表 15.6.3

桩头的状态	桩头为自由端的情况	桩头为固定端的情况
计算简图		
边界条件	$z=0;\begin{cases} M=-EI\dfrac{\mathrm{d}^2x}{\mathrm{d}z^2}=0 \\[2mm] V=-EI\dfrac{\mathrm{d}^3x}{\mathrm{d}z^3}=-H_0 \end{cases}$ $z=\infty;\begin{cases} x=0 \\[1mm] \dfrac{\mathrm{d}x}{\mathrm{d}z}=0 \end{cases}$	$z=0;\begin{cases} \dfrac{\mathrm{d}x}{\mathrm{d}z}=0 \\[2mm] V=-EI\dfrac{\mathrm{d}^3x}{\mathrm{d}z^3}=-H_0 \end{cases}$ $z=\infty;\begin{cases} x=0 \\[1mm] \dfrac{\mathrm{d}x}{\mathrm{d}z}=0 \end{cases}$
挠曲线方程式	$x=\dfrac{H_0}{2EI\beta^3}e^{-\beta z}\cos\beta z$	$x=\dfrac{H_0}{4EI\beta^3}e^{-\beta z}(\cos\beta z+\sin\beta z)$
角变位方程式 $\theta=\dfrac{\mathrm{d}x}{\mathrm{d}z}$	$\theta=-\dfrac{H_0}{2EI\beta^3}e^{-\beta z}(\cos\beta z+\sin\beta z)$	$\theta=-\dfrac{H_0}{2EI\beta^3}e^{-\beta z}\sin\beta z$
弯矩 $M=-EI\dfrac{\mathrm{d}x^2}{\mathrm{d}z^2}$	$M=-\dfrac{H_0}{\beta}e^{-\beta z}\sin\beta z$	$M=-\dfrac{H_0}{2\beta}e^{-\beta z}(\sin\beta z-\cos\beta z)$
剪力 $V=-EI\dfrac{\mathrm{d}^2x}{\mathrm{d}z^3}$	$V=H_0e^{-\beta z}(\sin\beta z-\cos\beta z)$	$V=-H_0e^{-\beta z}\cos\beta z$
桩头位移、弯矩和剪力 $(z=0)$	$x_0=f=\dfrac{H_0}{2EI\beta^3}=\dfrac{2H_0\beta}{E_x}$ $M_0=0$ $V_0=-H_0$	$x_0=f=\dfrac{H_0}{4EI\beta^3}=\dfrac{H_0\beta}{E_x}$ $M_0=\dfrac{H_0}{2\beta}$ $V_0=-H_0$
最大弯矩	$M_{max}=-\dfrac{H_0}{\beta}e^{-\frac{\pi}{4}}\sin\dfrac{\pi}{4}$ $=-0.3224\dfrac{H_0}{\beta}$	$M_{max}=-\dfrac{H_0}{\beta}e^{-\frac{\pi}{2}}=-0.104\dfrac{H_0}{\beta}$ $=-0.208M_0$

桩头的状态	桩头为自由端的情况	桩头为固定端的情况
最大弯矩点处深度、位移、剪力($z=0$)	$l_{\mathrm{m}}=\dfrac{\pi}{4\beta}$ $x_{\mathrm{m}}=\dfrac{H_0}{2EI\beta^3}e^{-\frac{\pi}{4}}\cos\dfrac{\pi}{4}$ $\qquad=0.161\dfrac{H_0}{EI\beta^3}$ $V_{\mathrm{m}}=0$	$l_{\mathrm{m}}=\dfrac{\pi}{2\beta}$ $x_{\mathrm{m}}=\dfrac{H_0}{4EI\beta^3}e^{-\frac{\pi}{2}}$ $\qquad=0.052\dfrac{H_0}{EI\beta^3}$ $V_{\mathrm{m}}=0$
第一不动点($z=l_{\mathrm{x}}$)	$l_{\mathrm{x}}=\dfrac{\pi}{2\beta},x_{\mathrm{x}}=0$ $M_{\mathrm{x}}=-\dfrac{H_0}{\beta}e^{-\frac{\pi}{4}}$ $\qquad=-0.456\dfrac{H_0}{\beta}$ $V_{\mathrm{z}}=H_0e^{-\frac{\pi}{4}}=0.456H_0$	$l_{\mathrm{x}}=\dfrac{3\pi}{4\beta},x_{\mathrm{x}}=0$ $M_{\mathrm{x}}=-\dfrac{H_0}{2\beta}e^{-\frac{3}{4}\pi}\left(\sin\dfrac{3}{4}\pi-\cos\dfrac{3}{4}\pi\right)$ $\qquad=-0.067\dfrac{H_0}{\beta}$ $V_{\mathrm{z}}=-H_0e^{-\frac{3}{4}\pi}\cos\dfrac{3}{4}\pi=0.067H_0$
转角等于零处($z=l_{\theta}$)	$l_{\theta}=\dfrac{3\pi}{4\beta}=\dfrac{2.356}{\beta}$ $M_{\theta}=-\dfrac{H_0}{\beta}e^{-\frac{3}{4}\pi}\sin\dfrac{3}{4}\pi$ $\qquad=-0.067\dfrac{H_0}{\beta}$ $V_{\theta}=H_0e^{-\frac{3}{4}\pi}\left(\sin\dfrac{3}{4}\pi-\cos\dfrac{3}{4}\pi\right)$ $\qquad=0.134H_0$ $x_{\theta}=\dfrac{H}{2EI\beta^3}e^{-\frac{3}{4}\pi}\cos\dfrac{3}{4}\pi$ $\qquad=-0.034\dfrac{H_0}{EI\beta^3}$	$l_{\theta}=\dfrac{\pi}{\beta}$ $M_{\theta}=-H_0e^{-\pi}\dfrac{\sin\pi-\cos\pi}{2\beta}$ $\qquad=-0.0216\dfrac{H_0}{\beta}$ $V_{\theta}=-H_0e^{-\pi}\cos\pi=0.0432H_0$ $x_{\theta}=\dfrac{H_0}{4EI\beta^3}(\cos\pi+\sin\pi)$ $\qquad=-\dfrac{0.25H_0}{EI\beta^3}$

注：以上公式中，字脚符号的意义：m——最大弯矩点处的有关值；x——第一不动点的有关值；θ——转角等于零处的有关值，其他符号同前及见计算简图。

地基的水平基床系数 k_{x}，可以利用单桩水平静载荷试验资料求得。根据试桩时桩顶（$x=0$）水平荷载 H_0 及与其相应的水平位移 x_0 值，代入挠曲线方程式（表 15.6.3），可得

$$x_0=\frac{H_0}{2EI\beta^3} \qquad (15.6.5)$$

由此解得 β 为：

$$\beta=\sqrt[3]{\frac{2EIx_0}{H_0}} \qquad (15.6.6)$$

代入式（15.6.4），即可求得基床系数 k_{x} 值。

利用试桩资料求 k_{x} 值时，当桩顶水平荷载及位移值改变时，k_{x} 值也在变化，随着桩顶水平位移的增大，k_{x} 值逐渐变小，一般常取 $x_0=0.5\sim1.0\mathrm{cm}$ 时相应的 k_{x} 作为计算指标。

表 15.6.3 中所列各计算公式，仅适用于桩顶不高出地面时的低桩承台基础中桩的计算（高桩承台时另有计算公式）。

当桩的入土深度小时，如前所述，在水平力作用下，桩呈现短桩的破坏特征，这与常数法的计算假定不符。因此，采用常数法计算时，桩长必须大于桩承受水平荷载时的有关长度。当桩顶不高出地面时，有效长度 l_e 可按下列规定计算：

桩顶为自由端时：

$$l_e = \frac{1.5\pi}{\beta} = \frac{4.71}{\beta} \tag{15.6.7}$$

桩顶为嵌固端时：

$$l_e = 1.5 \times \frac{5\pi}{4\beta} = \frac{5.89}{\beta} \tag{15.6.8}$$

"常数法"系由我国张有龄提出，在国外又称为"张氏法"。由于假定地基侧向基床系数是个常数，因而会得出在地面处位移最大，从而地面处水平土反力也最大的结果。这个结果是与实际不符的。因为地表处为地基的自由边界面，随着横向土反力的增大，土即向上发生挤出，土中应力即重新分布。所以，"常数法"是否适用应根据工程具体情况及地基条件，结合使用经验具体分析判定。

2. m 法

假定 k_x 随深度正比例地增加，即 $k_x = mZ$。称为"m"法。这是我国铁道部门提出的方法，建筑工程桩基设计规范中亦使用此法。

1) 计算参数

按 m 法计算时，地基水平抗力系数的比例常数 m 值，应根据试验确定；如无试验资料时，可参照表 15.6.4 选用。

地基土横向抗力系数的比例系数 m 值   表 15.6.4

序号	地基土类别	预制桩、钢柱		灌注桩	
		m(MN/m⁴)	相应单桩在地面处水平位移(mm)	m(MN/m⁴)	相应单桩在地面处水平位移(mm)
1	淤泥，淤泥质土，饱和湿陷性黄土	2～4.5	10	2.5～6	6～12
2	流塑($I_L>1$)、软塑($0.75<I_L\leq1$)状黏性土；$e>0.9$粉土；松散粉细砂，松散、稍密填土	4.5～6.0	10	6～14	4～8
3	可塑($0.25<I_L<0.75$)状黏性土；$e=0.7\sim0.9$粉土；湿陷性黄土；中密填土稍密细砂	6.0～10	10	14～35	3～6
4	硬塑($0<I_L<0.25$)硬塑($I_L\leq0$)状黏性土、湿陷性黄土；$e<0.7$粉土；中密的中粗砂；密实老填土	10～22	10	35～100	2～5
5	中密、密实的砾砂碎石类土			100～300	1.5～3

注：1. 当桩顶横向位移大于表列数值或当灌注桩配筋率较高（>0.65%）时，m 值应适当降低；当预制桩的横向位移小于 10mm 时，m 值可适当提高；

　　2. 当横向荷载为长期或经常出现的荷载时，应将表列数值乘以 0.4 降低采用。

当桩侧由几层土组成时，应求出主要影响深度 $h_m = 2(d+1)$，h_m 的量纲为 m，d 为桩径，h_m 范围内的 m 的平均值 $\overline{m}$ 为计算值。

二层土时

$$\overline{m} = \frac{m_1 h_1^2 + m_2(2h_1 + h_2)h_2}{h_m^2} \tag{15.6.9}$$

2）单桩计算

单桩在水平力 H_0、弯矩 M_0 和地基水平抗力 p_x 作用下挠曲，根据 m 系数的假定 $k_x = mz$，桩的弹性曲线微分方程可写成以下形式：

$$\frac{d^4 x}{dz^4} + \frac{mb_0}{EI}zx = 0 \tag{15.6.10}$$

令

$$a = \sqrt[5]{\frac{mb_0}{EI}}(m^{-1}) \tag{15.6.11}$$

a 称为桩的变形系数。将式（15.6.11）代入式（15.6.10）得：

$$\frac{d^4 x}{dz^4} + a^5 zx = 0 \tag{15.6.12}$$

利用幂级数积分后可得到该微分方程的解：

$$x = \frac{H_0}{a^3 EI}A_x + \frac{M_0}{a^2 EI}B_x \tag{15.6.13}$$

然后，利用梁的挠度 x 与弯矩 M、剪力 V 和转角 φ 的微分关系求得所需的内力值。可利用表 15.6.5 进行计算，图 15.6.9 表示单桩的 x、M、V 和 σ_x 的分布图形。

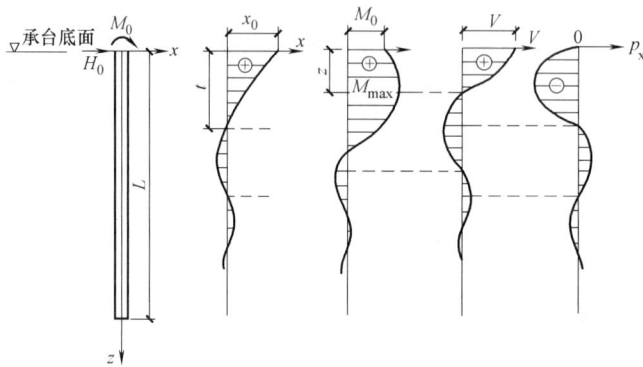

图 15.6.9　单桩的挠度 x、弯矩 M、剪力 V 和水平抗力 p_x 的分布曲线

3）桩身最大弯矩及其位置

设计承受水平荷载的单桩时，最关心的是桩身的最大弯矩和其位置，以便计算截面配筋。可以根据桩顶荷载 H_0 和 M_0 以及桩的变形系数 α 计算如下系数：

$$C_I = \alpha \frac{M_0}{H_0} \tag{15.6.14}$$

由系数 C_I 从表 15.6.5 查得相应的换算深度 $\overline{h}(\overline{h} = \alpha z)$，则最大弯矩的深度为：

$$z' = \frac{\overline{h}}{\alpha} \tag{15.6.15}$$

$\bar{h}=\alpha x$	C_I	C_II	$\bar{h}=\alpha x$	C_I	C_II
0.0	∞	1.000	1.4	-0.145	-4.596
0.1	131.252	1.001	1.5	-0.299	-1.876
0.2	34.186	1.004	1.6	-0.434	-1.128
0.3	15.544	1.012	1.7	-0.555	-0.740
0.4	8.781	1.029	1.8	-0.665	-0.530
0.5	5.530	1.057	1.9	-0.768	-0.396
0.6	3.710	1.101	2.0	-0.865	-0.304
0.7	2.566	1.169	2.2	-1.048	-0.187
0.8	1.791	1.274	2.4	-1.230	-0.118
0.9	1.238	1.441	2.6	-1.420	-0.074
1.0	0.824	1.728	2.8	-1.635	-0.045
1.1	0.503	2.299	3.0	-1.893	0.026
1.2	0.246	3.876	3.5	-2.994	-0.003
1.3	0.034	23.438	4.9	-0.045	-0.011

同时，由 C_I 或换算深度 $\bar{h}$ 从表 15.6.5 查得相应的系数 C_II，并由式（15.6.16）计算桩身最大弯矩值：

$$M_{\max}=C_0 M_0 \tag{15.6.16}$$

4）单桩水平允许承载力

当桩顶的水平位移的允许值 $[x_0]$ 为已知时，可按式（15.6.17）和式（15.6.18）计算单桩水平允许承载力：

桩顶自由时

$$[H_0]=4.1\alpha^3 EI[x_0]-0.665\alpha M_0 \tag{15.6.17}$$

桩顶为刚接时

$$[H_0]=1.08\alpha^3 EI[x_0] \tag{15.6.18}$$

上两式中，$[x_0]$ 的单位是 m；M_0 的单位是 kN·m，以顺时针方向为正，计算得到的水平承载力是 kN。

表 15.6.5 是按桩长 $l=\dfrac{4.0}{\alpha}$ 的情况编制的。如桩长 $l<\dfrac{4.0}{\alpha}$，应视作刚性桩；如 $\alpha l\geqslant 4.0$，可按该表计算。

桩顶刚接于承台的桩，其桩身所产生的弯矩和剪力的有效深度为 $z=\dfrac{4.0}{\alpha}$。在这一深度以下，桩身的内力 M、V 实际上可忽略不计，只需构造配筋或不配筋。

【例 15.6.1】 断面为 45cm×45cm、入土 20m 的钢筋混凝土桩，桩顶与承台嵌固。传到桩顶的轴向力 $F=800$kN，水平力 $H_0=20$kN，力矩 $M_0=80$kN·m。桩身混凝土强度等级为 C20，弹性模量 $E_c=3\times10^3$MPa。桩周土为 $I_L=1.10$ 的淤泥质黏土。试确定单桩的水平允许承载力，桩身最大弯矩及其位置。

【解】 截面惯性矩

$$I = \frac{0.45^4}{12} = 0.003417 \text{m}^4$$

$$E_c I = 3000 \times 0.003417 = 10251 \text{kN} \cdot \text{m}^2$$

$$0.8 E_c I = 10251 \times 0.8 = 8200 \text{kN} \cdot \text{m}^2$$

截面计算宽度

$$b_0 = 1.5b + 0.5 = 1.5 \times 0.45 + 0.5 = 1.175 \text{m}$$

取 $m = 6\text{MPa} = 6000 \text{kN/m}^2$

$$\alpha = \sqrt[5]{\frac{m b_0}{E_c I}} = \sqrt[5]{\frac{6000 \times 1.175}{10251}} = 0.93 \text{m}^{-1}$$

$$L > \frac{4.0}{\alpha} = 4.30\text{m} \ \text{属于弹性长桩}$$

$$C_I = \alpha \frac{M_0}{H_0} = 0.93 \times \frac{80}{20} = 3.72$$

由表 15.6.5 查得：

$$\bar{h} = 0.6, C_u = 1.101$$

桩身最大弯矩为：

$$M_{max} = C_u M_0 = 1.101 \times 80 = 88 \text{kN} \cdot \text{m}$$

最大弯矩离地面深度为：

$$z = \frac{\bar{h}}{\alpha} = \frac{0.6}{0.93} = 0.645\text{m}$$

若允许水平位移 $[x_0] = 1\text{cm}$

$$[H_0] = 1.08 \alpha^3 E_c I [x_0] = 1.08 \times 0.93^3 \times 8200 \times 0.01 = 71.23 \text{kN} > H_0$$

在水平荷载不大时，也可参考采用一些经验数据。如：对于 $\phi40\text{cm}$ 的钢筋混凝土桩，在中砂中的允许水平承载力为 35kN；细砂中为 27.5kN；在中等强度的黏性土中为 25kN，这些数据相应于水平位移为 8mm 时，安全系数为 3。也有建议：对于桩径大于 $\phi30\text{cm}$，入土深度大于 3m，桩配筋量不少于构造配筋及 $4\Phi12$ 时，单桩水平允许承载力，在软塑黏性土中，可采用 $20\sim30\text{kN}$；在硬塑黏性土中，可采用 $30\sim50\text{kN}$。上列数据可作为估算时的参考。

15.7 群桩基础的竖向承载力

桩基系由多根桩（群桩）组成。群桩与单桩承载力的关系如何？群桩承载力和沉降如何确定？这就是"群桩理论"所研究的课题。目前，对群桩的作用还研究得不够完善，工程上所用的计算方法也并不一致。

15.7.1 群桩工作原理

对于端承桩基，由于桩尖下的压力分布面很小，各桩的压力叠加作用小，可以认为群桩承载力等于各单桩承载力之和（图 15.7.1），其沉降也几乎与单桩相同，一般都能满足建筑物的要求。因此，群桩理论主要是针对摩擦桩而言的。

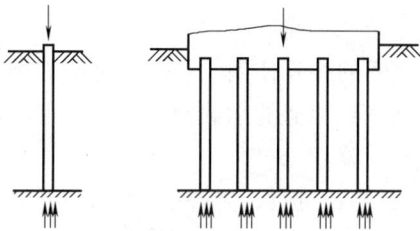

图 15.7.1 端承桩桩尖平面上的应力分布   图 15.7.2 摩擦桩桩尖平面上的应力分布

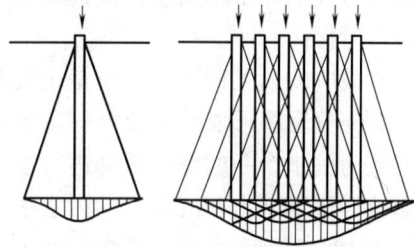

摩擦桩在垂直荷载作用下，群桩的作用和单桩相比是有些不同的。图 15.7.2 是单桩和群桩在桩端平面处应力分布示意图。由于摩擦力的扩散作用，群桩中各桩传布的应力互相重叠，所以群桩桩端处土受的压力比单桩大，传布范围也比单桩深（图 15.7.3）。如果不允许群桩的沉降量大于单桩沉降量，则群桩中每一根桩的平均承载力将小于单桩承载力。换而言之，当群桩中各桩所受的荷载与单桩相同时，则群桩的沉降比单桩大。

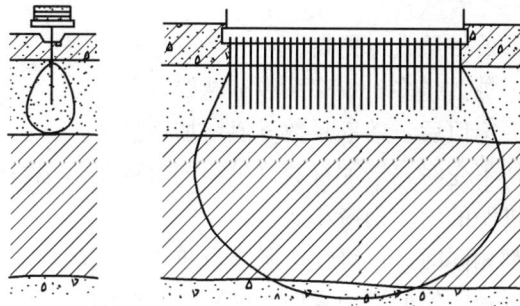

图 15.7.3 群桩和单桩应力传布深度比较

15.7.2 群桩效应

群桩效应是指群桩基础在荷载作用下，由于承台、桩、土间的相互作用，使基桩桩侧阻力、桩端阻力、沉降与独立单桩明显不同的一种效应。

群桩效应具有以下特点：

（1）群桩中各基桩、桩间土、承台处于共同工作状态，各自的承载状态及变形之间有明显的相互影响。

（2）承台基桩有阻止桩间土侧向挤出的趋势，称为群桩的遮拦作用，可以提高桩间土的承载作用。

（3）承台与基桩的连接以及承台的承载作用，使基桩上部桩土间的相对位移减小，使基桩上部桩侧阻得不到充分发挥，承台对基桩上部侧阻起削弱作用。

（4）群桩中桩距不大（小于 $6d$）的基桩之间相互影响，形成因基桩荷载传递形成土中应力的叠加，使群桩中基桩的工作状况明显不同于独立的单桩。与独立的单桩相比，群桩中基桩端阻增大，侧阻减小，端阻承载相对密度高于单桩，群桩桩数多，基础面积大，竖向应力沿深度扩散收敛慢，影响深度大，群桩中基桩的沉降大于独立单桩的沉降。

（5）群桩的荷载—沉降曲线（Q-s 曲线），表现为渐进破坏模式，且无明显破坏特征点。加载前期，荷载主要由基桩侧阻承担，随着不断加载，基桩侧阻自上而下发展，侧阻

507

引起的应力叠加越来越明显，基桩端阻明显增大，随着群桩沉降不断增大，承台下土的承载比重有所提高。

群桩效应的以上特点，主要是小桩距基桩与土之间的相互作用，使桩土之间的相对位移得不到充分发挥形成的，使群桩基础形成与实体沉基础相似的承载模式，通常可以将群桩基础视为桩土合一的等代墩基进行承载能力和沉降计算。

影响群桩承载力和沉降量的因素很复杂，与土的性质、桩长、桩距、桩数、群桩的平面形状和大小等因素有关。现提出两个指标——群桩的效率系数 η 与沉降比 v，以便于分析群桩的工作特性。

$$\eta = \frac{\text{群桩的极限承载力}}{n \times \text{单桩的极限承载力}}$$

$$v = \frac{\text{群桩上作用荷载 } nQ \text{ 时的沉降量}}{\text{单桩上作用荷载 } Q \text{ 时的沉降量}}$$

此处，n 为桩基中的桩数。η 值可用来评价群桩中单桩的承载力是否充分发挥。v 值可说明群桩的沉降特性。国内外通过群桩模型试验和群桩野外载荷试验，对群桩进行了许多研究，初步可以得出下列几点看法：

(1) 当桩距增大时，效率系数 η 提高。

(2) 当桩距相同时，桩数越多，效率系数 η 越低。

(3) 当桩距增大至一定值后，效率系数 η 值增加不显著。

(4) 当承台面积保持不变时，增加桩数（桩距同时减小），效率系数 η 显著下降。

(5) 沉降比 v 随着桩距的增大而减小。

(6) 当荷载和桩距都相同时，沉降比 v 随着群桩中桩数的增多而加大。

综上所述，在影响 η 和 v 值的诸因素中，桩距是主要的，其次是桩数及其排列等。但不应片面地加大桩距来提高 η 和降低 v 值，而应合理选择桩距，既可尽量提高 η 和降低 v，又不使承台平面尺寸过大而造成不经济。一些试验资料表明，当桩距小于 $3d$（d 为桩径）时，桩端处应力重叠现象严重，群桩效率系数低而沉降比大。桩距大于 $6d$ 时，应力重叠现象将较少，群桩效率系数就较高。

群桩的地基变形及破坏状态也受多种因素影响。在对不同桩距群桩的承台、桩间土和桩端下土的变形测定结果中发现：当桩距较小、土质坚硬时，在荷载作用下，桩间土与桩群作为一个整体而下沉，桩端下土层受压缩，在极限荷载下，桩端下土达到极限平衡状态，群桩呈"整体破坏"，其破坏形态类似一个实体深基础。而当桩距足够大、土质较软时，在荷载作用下，桩与土之间发生剪切变形，桩端刺入桩端下土层中，不仅桩端下土层受压缩，桩间土也产生压缩变形。在极限荷载下，群桩呈"刺入破坏"。在一般情况下，群桩不同程度地兼有这两种变形特性。

由以上分析，群桩的工作状态大致可以分为两类：

(1) 当桩距大、桩数少，单桩应力传到桩端处后重叠影响小时，群桩承载力 $R_{群}$ 为各单桩承载力 $R_{单}$ 之和，即

$$R_{群} = nR_{单}$$

(2) 当桩距小、桩数多，单桩应力传到桩尖处后互相重叠，群桩与桩间土形成一个整体，近似于一个深埋实体基础。群桩承载力可以按实体基础进行地基强度与变形验算。

由于群桩具有深埋实体基础的性质（当桩距较小时），所以当地基土层中在不很深处有较好的坚硬土层时，应尽量利用来作为群桩的持力层，桩尖进入该层一定深度为宜，根据土质情况及施工条件确定，一般可为 1～2m，这将大大有利于提高群桩承载力，减少沉降。

无论哪一种情况下，因为桩尖平面处群桩的受荷面积比单桩大，因而受压层深度也大，所以群桩的沉降总要比单桩大。

15.7.3　桩基中各桩受力的计算

建筑物的荷载是通过承台而传给桩的，桩基础中各桩所受的力，将视承台上所作用的荷载和桩的布置情况而定。设计时必须知道上部结构的荷载如何分配到每根桩上，并使其不超过单桩承载力。

低桩承台桩基础，当承受的水平荷载 H 与垂直荷载 F 相比甚小时，可根据材料力学偏心受压原理，计算桩基中各桩所受的垂直荷载和水平荷载（图 15.7.4），其值均不应超过单桩承载力。

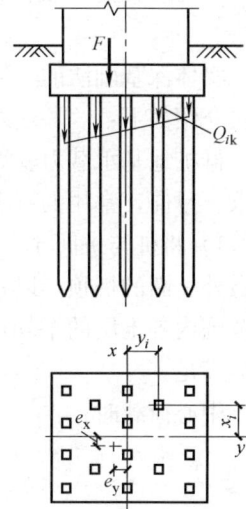

群桩中单桩桩顶竖向力应按下列公式计算：

1. 轴心竖向力作用下

$$Q_k = \frac{F_k + G_k}{n} \qquad (15.7.1)$$

偏心竖向力作用下

$$Q_{ik} = \frac{F_k + G_k}{n} \pm \frac{M_{xk} y_i}{\sum y_i^2} \pm \frac{M_{yk} \tau_i}{\sum x_i^2} \qquad (15.7.2)$$

2. 水平力作用下

$$H_{ik} = \frac{H_k}{n} \qquad (15.7.3)$$

图 15.7.4　桩基中各桩受力的计算

式中　F_k——相应于荷载效应标准组合时，作用于桩基承台顶面的竖向力；

$\quad G_k$——桩基承台自重及台上土自重标准值；

$\quad Q_k$——相应于荷载效应标准组合轴心竖向力作用下任一单桩的竖向力；

$\quad n$——桩基中的桩数；

$\quad Q_{ik}$——相应于荷载效应标准组合偏心竖向力作用下第 i 根桩的竖向力；

M_{xk}、M_{yk}——相应于荷载效应标准组合时，作用于承台底面通过桩群形心的 x、y 轴的力矩；

$\quad x_i$、y_i——桩 i 至桩群形心的 y、x 轴轴线的距离；

$\quad H_k$——相应于荷载效应标准组合时，作用于承台底面的水平力；

$\quad H_{ik}$——相应于荷载效应标准组合时，作用于任一单桩的水平力。

单桩承载力计算应符合下列表达式：

1. 轴心竖向力作用下

$$Q_k \leqslant R_a \qquad (15.7.4)$$

偏心竖向力作用下，除满足式（15.7.4）外，尚应满足下列要求：

$$Q_{ik\max} \leqslant 1.2R_a \qquad (15.7.5)$$

式中　R_a——单桩竖向承载力特征值。

2. 水平荷载作用下

$$H_{ik} \leqslant R_{Ha} \qquad (15.7.6)$$

式中　R_{Ha}——单桩水平承载力特征值。

15.7.4　群桩按实体深基础法的计算

群桩验算,多年来国内外基本上采取两种办法:一种是将单桩承载力进行折减以后,乘以桩数,作为群桩承载力。但折减系数的算法出入很大,且折减后桩基沉降究竟减小了多少仍无法知道。实际工程设计中,逐渐趋向于放弃采用群桩折减系数确定承载力的做法。

实体深基础法的具体计算方法尚不统一,现将常用的按实体深基础地基承载力验算的算法介绍如下:

群桩地基承载力验算是指验算实体基础底面(即桩端平面处)的地基承载力是否满足要求。目前,常用的有下列两种算法:

1) 将桩与桩间土一起作为一个实体基础,假定荷载从最外一圈的桩顶,以 $\varphi_0/4$ 的倾角向下扩散传布(φ_0 为桩长范围内各土层的平均内摩擦角),如图 15.7.5 所示,此时应满足:

中心荷载时:

$$\frac{F+G}{A} \leqslant f_a \qquad (15.7.7)$$

偏心荷载时:

$$\frac{F+G}{A} + \frac{M_x}{W_x} + \frac{M_y}{W_y} \leqslant 1.2f_a \qquad (15.7.8)$$

其中

$$A = \left(l_0 + 2l_p \tan\frac{\varphi_0}{4}\right)\left(b_0 + 2l_p \tan\frac{\varphi_0}{4}\right)$$

式中　F——相应于荷载效应标准组合时作用于桩基承台顶面的竖向力;

　　　G——实体基础自重,包括承台自重和承台上土重及图15.7.5中1234范围内的土重及桩重标准值;

　　　A——实体基础的底面积;

　　　φ_0——桩长 l_p 范围内各层土的内摩擦角的加权平均值,即 $\varphi_0 = \dfrac{\sum \varphi_i h_i}{\sum h_i}$;其中,$\varphi_i$ 为第 i 层土的内摩擦角;h_i 为第 i 层土厚度;

l_0、b_0——桩尖平面处实体基础的长度和宽度;

M_x、M_y——相应于荷载效应标准组合作用于桩尖平面处实体基础底面上,对于桩基主轴的力矩;

W_x、W_y——桩尖平面处实体基础底面积 F 对于桩基主轴的截面抵抗矩;

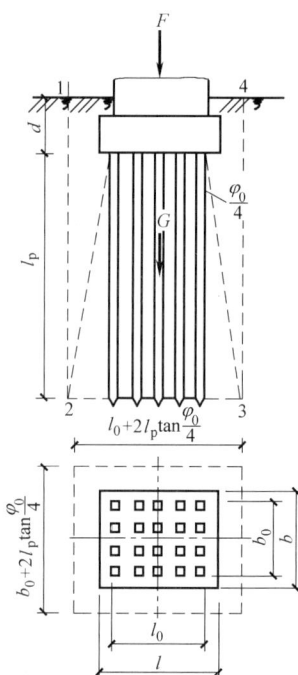

图 15.7.5　群桩地基强度验算之一

f_a——桩端平面处经深度修正后的地基承载力特征值。

2）将桩与桩间土一起作为一个实体基础，考虑实体基础侧面与土的摩擦力的支承作用，如图 15.7.6 所示，此时应满足：

中心荷载时：

$$\frac{F+G-(\sum Uq_{su}/K)}{A} \leqslant f_a \qquad (15.7.9)$$

偏心荷载时：

$$\frac{F+G-(\sum Uq_{su}/K)}{A} + \frac{M_x}{W_x} + \frac{M_y}{W_y} \leqslant 1.2f_a \quad (15.7.10)$$

其中

$$A = l_0 \times b_0$$

$$q_{su} = \frac{q_u}{2}$$

$$q_u = E_0 \tan\varphi$$

式中　l_0、b_0——群桩外围的长度和宽度；

　　　　U——按土层分段的实体基础侧表面积；

　　　　q_{su}——不同土层的极限摩擦力，对黏性土，取 $q_{su} = \frac{q_u}{2}$ 或十字板抗剪强度值；对砂土，取 $q_{su} = E_0\tan\varphi$；

　　　　q_u——土的无侧限抗压强度；

　　　　E_0——实体基础侧面土的静止土压力；

　　　　φ——土的内摩擦角；

　　　　K——安全系数，一般取 $K=3$。

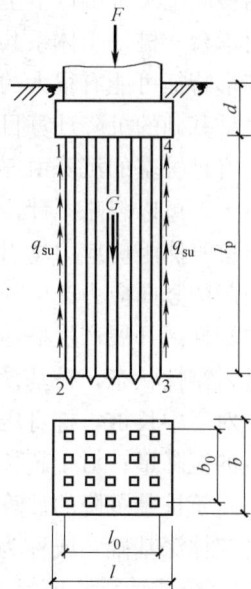

图 15.7.6　群桩地
基强度验算之二

15.8　群桩沉降计算

15.8.1　概述

由群桩组成的桩基础的沉降是岩土工程中的一个复杂的理论课题，并有重要的实际工程意义。建筑工程中，大多采用的是群桩基础，群桩沉降和单桩沉降是有明显不同的，许多学者对单桩和群桩的沉降计算进行了大量的研究，提出了许多计算模式和计算方法，在工程中可根据建筑物的特点、地质条件及桩的类型，合理选择桩基沉降计算模式和相应的计算参数，结合与实际工程的沉降观测资料对比修正，满足桩基沉降验算的要求。

对于一柱一桩的情况，需要进行单桩的沉降计算。单桩沉降计算的方法主要有：弹性理论法、分层总和法、剪切变形传递法等。单桩的沉降可归纳为由两部分组成，即桩身弹性压缩和桩端下土体的压缩。桩端下土体的压缩除土体的固结变形外，有时桩端还可能发生刺入变形（桩端下土体出现塑性滑动）。

对固结变形可采用土力学中的固结理论计算，对刺入变形尚无法很好地预测。

群桩的沉降是桩、承台、地基土共同作用的结果，影响因素十分复杂，建筑物类型、桩基础的规模、桩数、桩距、桩长、桩的类型、地质条件等均对群桩沉降有影响。群桩沉降由桩间土及桩端以下土的压缩、桩端刺入变形及桩身弹性压缩等组成。由于建筑物设计时对承台一桩一土体系共同工作的考虑的出发点不同，按不同的设计原则设计的桩基础，其变形特征可能有很大的差别，更增加了群桩沉降计算的难度，采用一种统一的计算方法解决桩基础的沉降计算目前还难以实现。

群桩桩基的沉降由三部分组成。一是由桩身压缩引起的沉降，一般情况下桩身的弹缩量不大，可以忽略不计，但在超长桩基础中，桩身压缩量在总沉降量中占相当的比重；二是由桩身侧阻剪应力场引起的土中竖向应力引起土层压缩产生的沉降，以及桩端阻力在土中引起的竖向应力产生的沉降，这是桩基沉降量的主要部分；三是由于桩端阻力作用下，土中塑性区开展产生桩端刺入土中的刺入变形。桩基在正常工作状态下，桩端下土体通常不进入塑性状态，桩基设计时取对刺入变形不予计算。

对于中长桩，桩身压缩、桩侧阻力、桩底沉渣、虚土或挤土沉桩上涌等，都会明显影响桩的沉降量；对于超长桩，桩身压缩量可占到沉降值的 $50\%\sim80\%$。

建筑桩基沉降的计算，规范中推荐常用的有两种计算方法：一种是将群桩基础视作一假想实体深基础，或称为等代墩基的方法计算；另一种是基于弹性理论 Mindlin 课题的 Geddes 公式计算法进行土中应力计算的沉降计算法。以下将分别进行介绍。

15.8.2 桩基础的允许变形值

建筑桩基的变形与建筑物地基变形控制指标相同。

桩基沉降变形可用下列指标表示：

1）沉降量

2）沉降差

3）整体倾斜 建筑物桩基础倾斜方向两端点的沉降差与其距离的比值。

4）局部倾斜 墙下条形承台沿纵向某一长度范围内桩基础两点的沉降差与其距离的比值。

1. 建筑桩基沉降变形计算值

不应大于建筑桩基沉降变形允许值（表 15.8.1）。

建筑桩基沉降变形允许值 表 15.8.1

变　形　特　征		允许值
砌体承重结构基础的局部倾斜		0.002
各类建筑相邻柱(墙)基的沉降差		
(1)框架、框架—剪力墙、框架—核心筒结构		$0.002l_0$
(2)砌体墙填充的边排柱		$0.0007l_0$
(3)当基础不均匀沉降时不产生附加应力的结构		$0.005l_0$
单层排架结构(柱距为6m)桩基的沉降量(mm)		120
桥式吊车轨面的倾斜(按不调整轨道考虑)		
纵向		0.004
横向		0.003
多层和高层建筑的整体倾斜	$H_g\leqslant24$	0.004
	$24<H_g\leqslant60$	0.003
	$60<H_g\leqslant100$	0.0025
	$H_g>100$	0.002

变 形 特 征		允许值
高耸结构桩基的整体倾斜	$H_g \leqslant 20$	0.008
	$20 < H_g \leqslant 50$	0.006
	$50 < H_g \leqslant 100$	0.005
	$100 < H_g \leqslant 150$	0.004
	$150 < H_g \leqslant 200$	0.003
	$200 < H_g \leqslant 250$	0.002
高耸结构基础的沉降量 （mm）	$H_g \leqslant 100$	350
	$100 < H_g \leqslant 200$	250
	$200 < H_g \leqslant 250$	150
体形简单的剪力墙结构 高层建筑桩基最大沉降量 （mm）	—	200

注：l_0为相邻柱（墙）两测点间距离，H_g为自室外地面算起的建筑物高度（m）。

2. 按不同设计等级的桩基沉降验算

对以下建筑物的桩基应进行沉降验算

1）地基基础设计等级为甲级的建筑物桩基；

2）体形复杂、荷载不均匀或桩端以下存在软弱土层的设计等级为乙级的建筑物桩基；

3）摩擦型桩基。

嵌岩桩、设计等级为丙级的建筑物桩基、对沉降无特殊要求的条件基础下不超过两排桩的桩基、吊车工作级别 A5 及 A5 以下的单层工业厂房桩基（桩端下为密实土层），可不进行沉降验算。

当有可靠地区经验时，对地质条件不复杂、荷载均匀、对沉降无特殊要求的端承型桩基，也可不进行沉降验算。

建筑桩基沉降变形允许值，应按表 15.8.1 的规定采用。

对于表 15.8.1 中未包括的建筑桩基沉降变形允许值，应根据上部结构对桩基沉降变形的适应能力和使用要求确定。

15.8.3 桩基础沉降计算的实体深基础法

1.《建筑地基基础设计规范》法

《建筑地基基础设计规范》GB 50007 推荐的桩基沉降计算的实体深基础法，对实体深基础在土中引起的竖向应力场，按弹性理论的 Boussinesq 解计算，按单向压缩分层总和法进行沉降计算。

实体深基础用于桩距为（3～4）d，桩数超过 9 根以上的群桩基础，将群桩与桩间土视为一个整体，桩端处为实体基础的埋深，其支承面积可按图 15.8.1（a）或图 15.8.1（b）采用。

与浅基础计算类似，土中应力仍采用各向同性均质直线变形体理论计算，按单向压缩分层总法计算桩基最终沉降量（图 15.8.2）。

桩基础最终沉降量的单向压缩分层总和法按式（15.8.2）计算：

$$s = \psi_\mathrm{p} \sum_{j=1}^{m} \sum_{i=1}^{n_j} \frac{\sigma_{j,i} \Delta h_{j,i}}{E_{sj,i}} \tag{15.8.1}$$

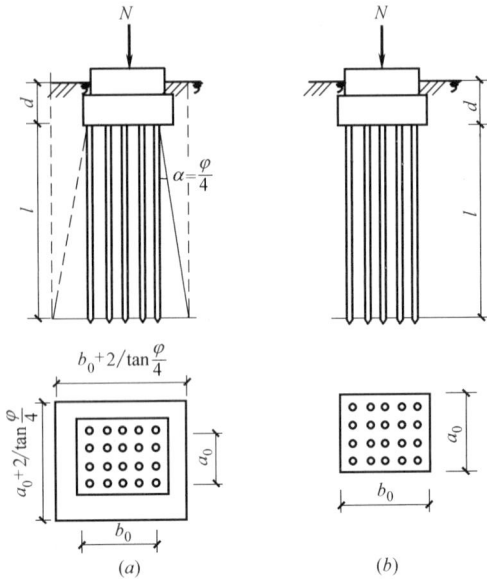

图 15.8.1 实体深基础的底面积

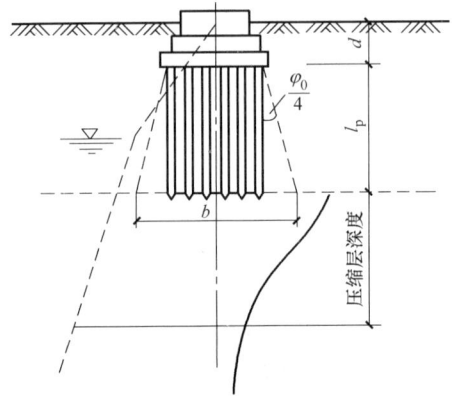

图 15.8.2 群桩沉降验算

式中 s——桩基最终计算沉降量，mm；

     m——桩端平面以下压缩层范围内土层总数；

$E_{sj,i}$——桩端平面下第 j 层土第 i 个分层在自重应力至自重应力加附加应力作用段的压缩模量，MPa；

     n_j——桩端平面下第 j 层土的计算分层数；

$\Delta h_{j,i}$——桩端平面下第 j 层土的第 i 个分层厚度，m；

     $\sigma_{j,i}$——桩端平面下第 j 层土的第 i 个分层的竖向附加应力，kPa；

     ψ_p——桩基沉降计算经验系数，各地区应根据当地的工程实测资料统计对比确定。

在不具备条件时，ψ_{ps} 值可按表 15.8.2 选用。

实体深基础计算桩基沉降经验系数 ψ_{ps} 表 15.8.2

$\overline{E}_s$(MPa)	$\leqslant$15	25	35	$\geqslant$45
ψ_{ps}	0.5	0.4	0.35	0.25

注：表内数值可以内插。

2. 《建筑桩基技术规范》法

《建筑桩基技术规范》JGJ 94 推荐的桩基沉降计算方法也属于实体深基础模型。将桩土视为一等代墩基（桩中心距不大于 $6d$），等效作用面位于桩端平面，等效作用面积为承台投影面积。取承台底面的附加荷载作为等效作用面上的荷载，按 Mindlin 解计算在地基中形成的竖向附加应力场，按单向应力分层总和法计算沉降 [式（15.8.2）]。

计算模式如图 15.8.3 所示，桩基任一点最终沉降量可用角点法按下式计算：

$$s = \psi \cdot \psi_{\mathrm{e}} \cdot s'$$

$$= \psi \cdot \psi_{\mathrm{e}} \cdot \sum_{j=1}^{m} p_{0j} \sum_{i=1}^{n} \frac{z_{ij} \bar{\alpha}_{ij} - z_{(i-1)j} \bar{\alpha}_{(i-1)j}}{E_{si}}$$

(15.8.2)

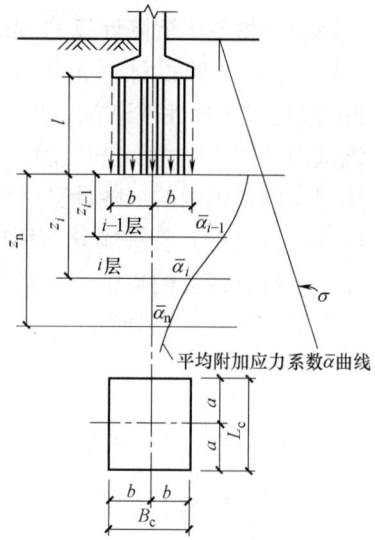

图 15.8.3 桩基沉降计算示意图

式中　　　 s——桩基最终沉降量，mm；

　　　　　 s'——采用布辛奈斯克（Boussinesq）解，按实体深基础分层总和法计算出的桩基沉降量，mm；

　　　　　 ψ_{e}——桩基等效沉降系数，可按《建筑桩基技术规范》JGJ 94 第 5.5.9 条确定；

　　　　　 m——角点法计算点对应的矩形荷载分块数；

　　　　　 p_{0j}——第 j 块矩形底面在荷载效应准永久组合下的附加压力，kPa；

　　　　　 n——桩基沉降计算深度范围内所划分的土层数；

　　　　 E_{si}——等效作用面以下第 i 层土的压缩模量，MPa，采用地基土在自重压力至自重压力加附加压力作用时的压缩模量；

z_{ij}、$z_{(i-1)j}$——桩端平面第 j 块荷载作用面至第 i 层土、第 $i-1$ 层土底面的距离，m；

$\bar{\alpha}_{ij}$、$\bar{\alpha}_{(i-1)j}$——桩端平面第 j 块荷载计算点至第 i 层土、第 $i-1$ 层土底面深度范围内平均附加应力系数，可按《建筑桩基技术规范》JGJ 94　2008 附录 D 选用。

　　　　　 ψ——桩基沉降计算经验系数。

当无当地可靠经验时，桩基沉降计算经验系数 ψ 可按表 15.8.3 选用。对于采用后注浆施工工艺的灌注桩，桩基沉降计算经验系数应根据桩端持力土层类别，乘以 0.7（砂、砾、卵石）～0.8（黏性土、粉土）的折减系数；饱和土中采用预制桩（不含复打、复压、引孔沉桩）时，应根据桩距、土质、沉桩速率和顺序等因素，乘以 1.3～1.8 的挤土效应系数，土的渗透性低、桩距小、桩数多、沉降速率快时，取大值。

桩基沉降计算经验系数 ψ_{pm}
表 15.8.3

$\bar{E}_s$(MPa)	≤10	15	20	35	≥50
ψ	1.2	0.9	0.65	0.50	0.40

注：1. $\bar{E}_s$ 为沉降计算深度范围内压缩模量的当量值，可按下式计算：$\bar{E}_s = \sum A_i / \sum \dfrac{A_i}{E_{si}}$，式中 A_i 为第 i 层土附加压力系数沿土层厚度的积分值，可近似按分块面积计算；

　　　2. ψ 可根据 $\bar{E}_s$ 内插取值。

桩基沉降计算深度 z_n 应按应力比法确定，即计算深度处的附加应力 σ_z 与土的自重应力 σ_c 应符合下列公式要求：

$$\sigma_z \leqslant 0.2\sigma_c \tag{15.8.3}$$

15.8.4 桩基础沉降计算的 Mindlin 法

《建筑地基基础设计规范》GB 50007 中还推荐了桩基础沉降计算的 Mindlin 法，Mindlin 法是基于弹性理论 Mindlin 课题的 Geddes 公式，将桩侧阻力及桩端阻力分解为作用于地基内部的集中力，进行土中竖向应力场的计算，再按桩端下的竖向压力分布进行有效压缩层深度范围内的沉降计算，沉降计算仍采用单向压缩的分层总和法计算。

Geddes（1966）将桩端分布压应力简化为利用于桩轴线的集中力；将桩侧剪应力简化为作用于桩轴线上的集中力，沿深度呈均匀分布和线性增长分布模式（图 15.8.4）条件下，求得土中任一点竖向应力计算式：

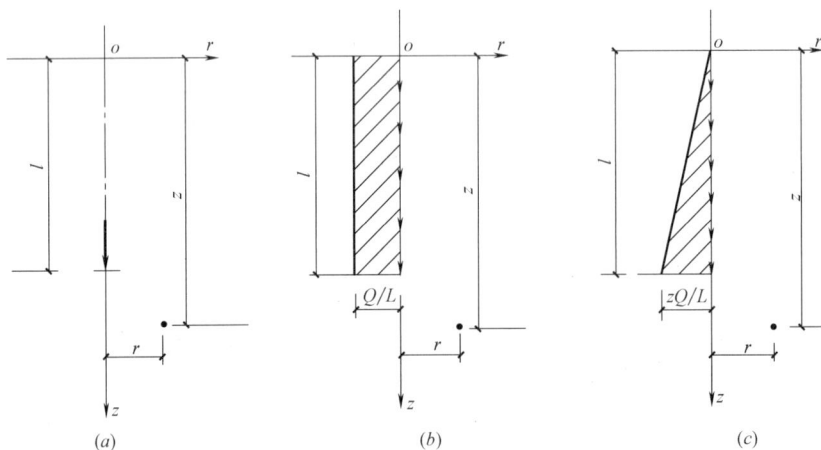

图 15.8.4 土中应力图示

(a) 桩端集中力；(b) 桩侧矩形分布集中力；(c) 桩侧呈三角形分布集中力

$$\sigma_z = \sigma_{zp} + \sigma_{zsr} + \sigma_{zst} \tag{15.8.4}$$

桩端集中力

$$\sigma_{zp} = \frac{Q_p}{l^2}K_p = \frac{\alpha Q}{l^2}K_p \tag{15.8.5}$$

桩侧阻力呈矩形分布的集中力

$$\sigma_{zsr} = \frac{Q_{sr}}{l^2}K_{sr} = \frac{\beta Q}{l^2}K_{sr} \tag{15.8.6}$$

桩侧阻力呈正三角形分布的集中力

$$\sigma_{zst} = \frac{Q_{st}}{l^2}K_{st} = \frac{(1-\alpha-\beta)Q}{l^2}K_{st} \tag{15.8.7}$$

式中 l——桩长；

Q_p、Q_{sr}、Q_{st}——桩端荷载、矩形分布侧阻力分担的荷载和正三角形分布侧阻力分担的荷载；

K_p、K_{sr}、K_{st}——桩端、矩形分布侧阻和三角形分布侧阻情况下地基中任一点的竖向应力系数；

516

α、β——分别为桩端荷载占总荷载的比例和桩侧阻力呈矩形分布的桩侧荷载占总荷载的比例。

这样将单桩的荷载分担简化为如图 15.8.5 所示的形式，即可利用 Geddes 应力公式，通过叠加计算，求得单桩作用在土中形成的竖向应力场，通过叠加计算求得群桩在荷载作用下在土中形成的竖向附加应力场，进而按分层总合法进行沉降计算。

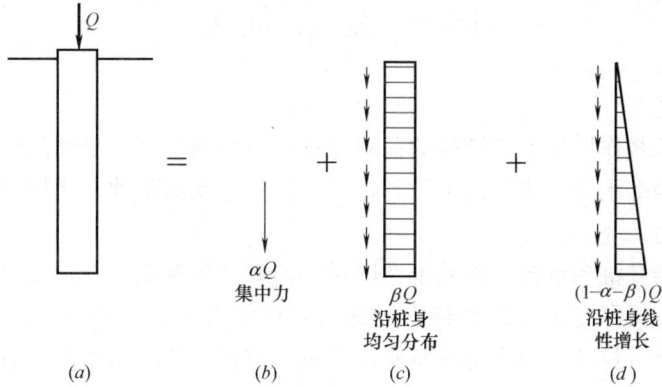

图 15.8.5　单桩荷载分担

(a) 桩上作用荷载 Q（准永久组合下竖向荷载）；(b) 在 Q 作用下的桩端阻力 αQ；

(c) 在 Q 作用下的桩侧阻力分量 βQ（矩形分布）；(d) 在 Q 作用下

的桩侧阴力分量 $(1-\alpha-\beta)\,Q$（三角形分布）

按单向压缩分量总和法的沉降计算公式：

$$s = \psi_{\mathrm{pm}}\frac{Q}{l^2}\sum_{j=1}^{m}\sum_{i=1}^{n_j}\frac{\Delta h_{j,i}}{E_{sj,l}}\sum_{k=1}^{K}\left[\alpha I_{\mathrm{p,k}}+(1-\alpha)I_{\mathrm{s2,k}}\right] \tag{15.8.8}$$

式中　s——桩基最终计算沉降量，mm；

Q——相应于作用的准永久组合时，轴心竖向力作用下单桩的附加荷载，kN；由桩端阻力 Q_{p} 和桩侧摩阻力 Q_{s} 共同承担，且 $Q_{\mathrm{p}}=\alpha Q$，α 是桩端阻力比；桩的端阻力假定为集中力，桩侧摩阻力可假定为沿桩身均匀分布和沿桩身线性增长分布两种形式组成，其值分别为 βQ 和 $(1-\alpha-\beta)\,Q$，如图 15.8.5 所示；

l——桩长，m；

$I_{\mathrm{p,k}}$，$I_{\mathrm{s2,k}}$——应力影响系数，可用对明德林应力公式进行积分的方式推导得出；

m——桩端平面以下压缩层范围内土层总数；

$E_{sj,i}$——桩端平面下第 j 层土第 i 个分层在自重应力至自重应力加附加应力作用段的压缩模量，MPa；

n_j——桩端平面下第 j 层土的计算分层数；

$\Delta h_{j,i}$——桩端平面下第 j 层土的第 i 个分层厚度，m；

α——轴心竖向力作用下单桩附加荷载的桩端阻力比；

ψ_{pm}——桩基沉降计算经验系数，各地区应根据当地的工程实测资料统计对比确定。

无地区经验时，ψ_{pm} 值可按表 15.8.4 选用。

$\overline{E}_s$(MPa)	$\leqslant$15	25	35	$\geqslant$40
ψ_{pm}	1.00	0.8	0.6	0.3

注：表内数值可以内插。

15.9 复合桩基

15.9.1 概述

传统桩基的承载作用是上部结构的荷载通过承台传递给桩，桩通过桩周土提供的桩侧阻力和桩端下土的端承力，将荷载扩散到桩周土并传递到深部地基土层中去，承台底部土不承担竖向作用力。

复合桩基是指基桩和承台下地基土共同承担荷载的桩基础。与传统桩基不同，复合桩基中，地基土可直接承受上部结构传来的荷载，称为考虑承台效应或桩土共同工作。因此，无论是独立承台桩基、筏下群桩基础或单桩、排桩、疏桩基础等，有条件时都可按复合桩基进行设计计算。

复合桩基设计的特点是在桩基的承载能力计算中，可以有条件地考虑承台效应；在沉降计算中，考虑承台受力后对地基变形产生的影响。与传统桩基相比，复合桩基沉降会增大，其承载能力的总体安全度与传统桩基相比有所降低。因此，考虑桩基的承台效应的建筑物适应变形的能力应较强。

当承台底为可液化土、湿陷性土、高灵敏度软土、欠固结土、新填土，沉桩引起超孔隙水压力和土体隆起以及因地下水位下降而引起地面沉降时，不考虑承台效应。

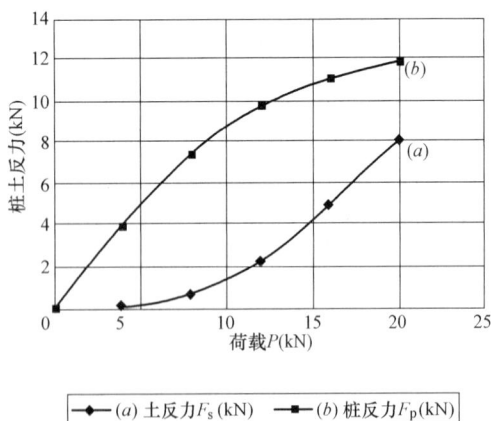

图 15.9.1 桩土共同作用下桩土反力图

15.9.2 桩、土相互作用机理分析

1. 桩、土间的荷载分担作用

桩、土共同工作的机理是在变形协调的条件下，桩、土共同承受、分担上部结构传来的荷载，桩土各自承受的荷载份额之比，称为桩、土荷载分担比。图 15.9.1 为试验实测的桩土反力变化特征图。图中所示为桩、土反力随荷载的变化关系，桩土体系在加荷初期，荷载大部分由桩来承担，承台土反力很小；随着荷载的增加，桩顶反力增量逐渐减小，而承台土反力增长加快；在加荷后期，桩顶反力随荷载的增加而增长的较慢，而承台土反力增长加快，直至桩土体系达到极限承载力。桩土反力发展过程有"桩受力在先，桩间土受力滞后"的特点。

承台、承台下土和桩之间共同分担荷载的机制，是复合桩基的理论基础，简称桩土相互作用。单桩基础、筏形基础还是带台单桩基础，最终承担荷载的都是地基土，只不过是因土受力方式的不同而导致了变形的差异。

单桩基础是靠沿桩侧的剪力和桩端的压力向土体中传递荷载的，由于发挥了深层土体的变形和承载能力，使得整体结构的变形很小，所以对于控制沉降具有非常重要的作用。但随着桩的下沉，桩的侧阻力不断增大，在桩侧的薄土层中产生剪切破坏，最终沿桩土界面产生连续的滑动面而导致桩达到承载能力极限状态（破坏）。承台通过地基土表面受压向深层土体传递荷载，但因为土的刚度较小，所以荷载的传递范围有限，很难发挥深层土体的变形和承载能力，因此只有在承台产生一定的沉降时，承台下的土体才能发挥相应的承载作用。

单桩桩筏基础则吸取了上述两种基础形式的优点，不仅土体直接受压，而且由桩通过桩侧的侧阻和桩端压力的形式使荷载向深层土体传递，发挥了深层土体的变形和承载能力。同时，由于承台使土直接受压，限制了桩顶附近的桩土相对位移，所以使得桩土界面始终无法形成连续的滑动面，因此单桩桩筏基础的承载力比无承台单桩要高得多。另外，因为发挥了深层土体的变形能力，有效地控制了基础的沉降，所以弥补了筏形基础沉降较大的缺点。

复合桩基与传统桩基相比，具有既发展深部土层的承载作用，又发挥了浅部土层的作用，既提高了承载效益又具有控制沉降的优点。

2. 桩土相互作用机理分析

把承台与桩看作一整体的"T"形结构，由于承台下土与桩相比的刚度差异，加载初期，桩起主要的承载作用。由桩的 Q-s 曲线可知，桩在沉降量并不大时，桩的侧阻力即可得到充分发挥，这时承台下土体只承受少量荷载。继续加载，承台的沉降不断加大，在"T"形结构中桩土间处于滑动状态，桩提供的承载力达到极限值。继续加载，承台继续下沉，承台下土体的承载作用增大，桩在维持极限承载力条件下，随承台同步沉降，工程上亦将在这种承载条件下的桩称为"塑性支承桩"。继续加载直到承台下土体达到极限平衡状态，这时，桩与承台下土体在荷载作用下，整体达到极限平衡状态。

以上分析为承台与单桩形成的"T"形结构的荷载-沉降变化过程，展示了承台下地基土与桩共同作用的机理。

3. 桩土相互作用的极限状态方程

桩土相互作用的力学模型可以体现带台单桩的荷载—沉降变化过程的特点，对群桩基础而言，相互作用的影响因素很多，其中桩距是重要影响因素，变形协调是桩土分担比的决定性条件。按桩距 $6d$（桩径）为界，可以将复合桩基分为传统桩距 $[(3\sim4)d]$ 和大桩距（$>6d$）复合桩基两类。大桩距基桩与承台下土的承载能力如下。

桩与地基土之间的荷载—沉降关系特性是有很大差别的。单桩的荷载—沉降关系曲线表明，荷载达到比例极限时（大约相当于单桩容许承载力值）所对应的沉降值，从大量的试桩资料的统计分析中可得出约为 $3\sim5$mm，达到极限荷载时的极限变形值约为 $10\sim20$mm，部分桩可达到或超过 40mm。这是由桩侧阻力及桩端阻力的特性所决定的，而天然地基土的荷载—沉降关系曲线与桩不同，与桩相比，作用在地基土的荷载不很大时，地基土已会有相当大的变形，而达到地基土的极限承载力，地基土将产生远较桩的沉降大得多的变形量。因此，桩基础下桩与承台下土的承载关系大致有以下的特点：

（1）加载初期至比例极限，荷载主要由桩承载，这时桩基础的沉降很小，地基土的变形小，承受的相应的荷载很小。

（2）随着荷载不断增加，桩的沉降逐渐增大，桩承担的荷载逐渐增大至极限荷载，但对地基土而言，此时的沉降值仍仅能使地基土所承担的荷载有所增大，此时桩基础的荷载主要仍由桩承担。

（3）荷载继续增大，桩所分担的荷载达到单桩极限承载力以后，随着沉降的继续增大，桩所能承担的荷载保持不变。地基土随沉降增大，承担的荷载份额不断增大，直至地基土的承载能力达到极限值。此时，桩基础上作用的荷载在使桩基础产生足够的沉降的条件下，桩群与地基土的承载力都达到极限值。桩基础达到承载能力极限状态。

桩基础的极限状态方程可用式（15.9.1）表示：

$$Q_{pk} + Q_{ck} - S_{Gk} - S_{Lk} = 0 \qquad (15.9.1)$$

式中　Q_{pk}、Q_{ck}——分别为桩群的总极限承载力和承台下土的极限总反力；

　　　S_{Gk}、S_{Lk}——分别为作用在桩基础上的恒载与活荷载标准值。

当采用总安全系数法时，桩距不小于 $6d$ 时，桩基础的允许承载力可用式（15.9.2）表示：

$$Q = \frac{1}{K}[Q_{pk} + Q_{ck}] \qquad (15.9.2)$$

式中　Q——按桩土共同作用计算的桩基础的允许承载力；

　　　K——安全系数，可取 $K = 2 \sim 3$。

式（15.9.2）中，桩基础的桩与土的承载力是一个整体，其值为 $\frac{1}{K}[Q_{pk} + Q_{ck}]$，并不表示此时的桩、土间的相对承载关系。若将某一特定荷载作用下桩、土各自承担的荷载的比值，称为桩、土分担比。则桩、土之间的荷载分担比不是定值，不存在随荷载同步增长的比例关系，而是一种非线性关系。

当桩基础按桩、土共同作用设计时，满足式（15.9.2），表示此桩基础已满足了承载能力极限状态的设计要求，按总安全系数法而言，其安全系数为 K。

综合以上所述，大桩距复合桩基按式（15.9.2）的极限状态方程，总安全系数法进行设计，是满足承载能力极限状态设计要求的。对于按常规桩距布桩的复合桩基，按承台效应系数设计的计算，如下节所述。

15.9.3　复合桩基的竖向承载力计算

复合桩基的承载力计算，只需在传统桩基计算的基础上加上承台效应的支承作用即可。

考虑承台效应的复合基桩竖向承载力特征值可按下列经验公式确定：

$$R = R_a + \eta_c f_{ak} A_c \qquad (15.9.3)$$

式中　η_c——承台效应系数，可按表 15.9.1 取值；

　　　f_{ak}——承台下 1/2 承台宽度且不超过 5m 深度范围内各层土的地基承载力特征值按厚度加权的平均值；

　　　A_c——计算基桩所对应的承台底净面积；

　　　A——承台计算域面积对于柱下独立桩基，A 为承台总面积；对于桩筏基础，A 为

520

柱、墙筏板的 1/2 跨距和悬臂边 2.5 倍筏板厚度所围成的面积；桩集中布置于单片墙下的桩筏基础，取墙两边各 1/2 跨距围成的面积，按条形承台计算 η_c；

承台效应系数 η_c 表 15.9.1

B_c/l \ s_a/d	3	4	5	6	>6
≤0.4	0.06~0.08	0.14~0.17	0.22~0.26	0.32~0.38	
0.4~0.8	0.08~0.10	0.17~0.20	0.26~0.30	0.38~0.44	0.50~0.80
>0.8	0.10~0.12	0.20~0.22	0.30~0.34	0.44~0.50	
单排桩条形承台	0.15~0.18	0.25~0.30	0.38~0.45	0.50~0.60	

注：1. 表中，s_a/d 为桩中心距与桩径之比；B_c/l 为承台宽度与桩长之比。当计算基桩为非正方形排列时，$s_a = \sqrt{A/n}$，A 为承台计算域面积，n 为总桩数。

    2. 对于桩布置于墙下的箱形、筏形承台，η_c 可按单排桩条形承台取值。

    3. 对于单排桩条形承台，当承台宽度小于 $1.5d$ 时，η_c 按非条形承台取值。

    4. 对于采用后注浆灌注桩的承台，η_c 宜取低值。

    5. 对于饱和黏性土中的挤土桩基、软土地基上的桩基承台，η_c 宜取低值的 0.8 倍。

表 15.9.1 的承台效应系数 η_c 考虑了柱距、桩长和承台宽度等的影响因素，通过模型试验工程实例与计算比较等取得的统计分析结果。通过在非饱和粉土独立柱基不同桩距承台下实测的反力结果，可以得出反力分布图 15.9.2。从中可以看出：

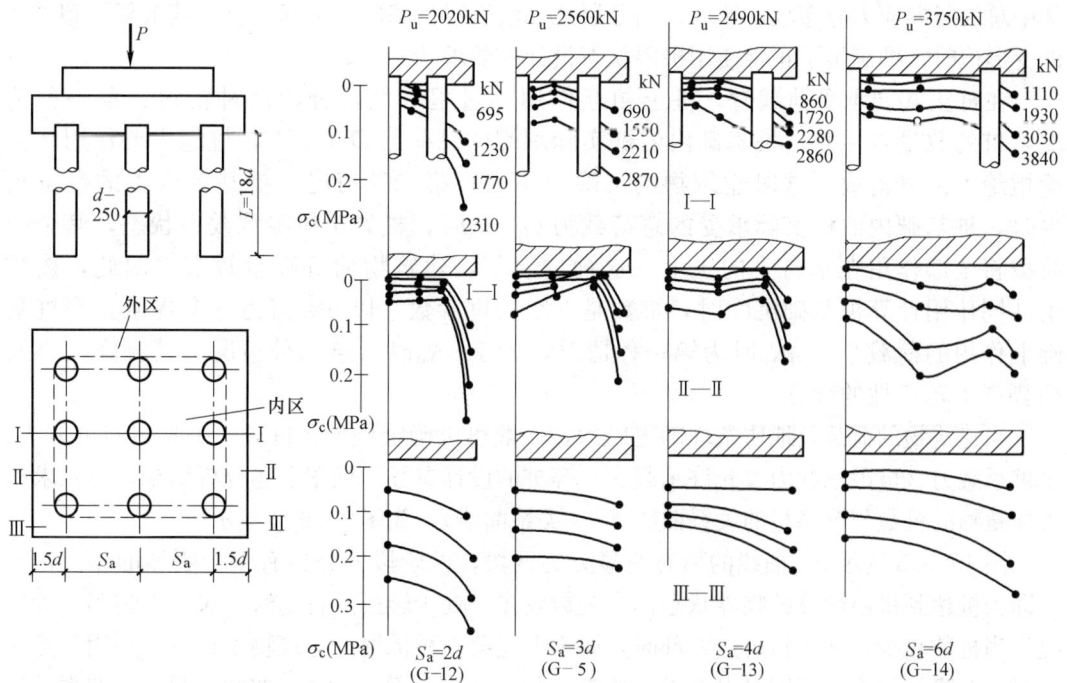

图 15.9.2 粉土中不同桩距承台土反力分布

（1）承台土反力分布的总体图式特征是承台外缘大，桩群内部小，呈马鞍形或抛物线形。

（2）土反力分布图式不随荷载增加而明显变化，桩群内部（内区）土反力总的来说比较均匀。

（3）承台内区土反力随桩距增大而增大，外区土反力受桩距影响相对较小；承台内、外区土反力的差异随桩距增大而增大。

表 15.9.1 的承台效应系数 η_c 适用于各种形式的复合桩基，如独立承台桩基、筏下桩基以及柱下单排桩基及疏桩基础等。

15.9.4 复合桩基的沉降计算

复合桩基的变形，原则上是应考虑承台压力作用与桩的作用共同引起的土中附加应力对地基产生的压缩的影响。工程实践中，常规桩基中考虑承台效应系数 η_c 作用后，因桩距比较小，沉降计算中因 η_c 的作用，承台分担的荷载较小，对沉降的影响忽略不计了。

对大桩距（$s>6d$）的复合桩基，通常将承台压力与桩的作用引起的土中竖向应力场进行叠加后计算沉降量，沉降计算仍采用单向压缩分层总和法。

桩与承台下土的变形具有如下特点：

桩基础的正常使用极限状态，通常是指桩基础在正常使用条件的荷载作用下，桩基础产生的沉降或不均匀沉降不超过允许变形值。

按桩土共同作用计算时桩基础沉降量的计算，必须确定在该荷载作用下桩与土各自承受的荷载份额，才能以桩土各自承受的荷载，按各自在土中不同的应力扩散方式，求出地基中总的竖向应力分布场，然后采用分层总和法得桩基础的沉降量。当其沉降不超过允许变形值时，即满足了正常使用极限状态设计的要求。

在桩土共同承受荷载时，桩土相互作用的过程一般可分为两种情况：第一种情况，桩的数量较多时，桩基础内的桩实际承受的总荷载 $Q_p \leqslant nR_u$，桩起主要作用，桩承担绝大部分荷载，这时建筑物的沉降量不大；第二种情况，桩基础内桩的数量较少时，桩基础内的桩实际承受的总荷载为 $Q_p > nR_u$，桩处于极限承载力状态，其余的荷载将全部作用在承台下的土上。这种情况下，建筑物的沉降量较大。因此，按桩土共同作用计算桩基础沉降时，桩数是一个关键参数，以 nR_u 值为一个界限。当桩基础上作用的荷载小于 nR_u 时为第一种情况，大于 nR_u 时为第二种情况，其沉降大小的趋势产生转折性的变化。

当建筑物的荷载及地质条件确定以后，一般可以确定桩型、桩径、桩长、布桩方式、单桩承载力（极限承载力、允许承载力）等桩的设计参数。根据上述分析结果，可以求得该建筑物的桩数与沉降量的关系曲线（$n\text{-}s$ 关系曲线），如图 15.9.3 所示。

图 15.9.3 所示 $n\text{-}s$ 曲线的形态明显分为两段，两阶段的分界有一个明显的拐点，该点即为桩达到极限荷载的临界状态。当桩数较多，处于转折点右部时，属于上述第一种情况；当桩数较少，处于转折点左部时，属于上述第二种情况。建筑物不打桩，采用天然地基时，沉降量最大，当同时设置桩，按桩土相互作用计算，由 $n\text{-}s$ 曲线可见，当桩数由 0 增至拐点附近时，基础沉降减少较快，桩数的增加对减少基础沉降的作用明显。当桩数超过拐点处的桩数后，基础的沉降衰减很慢，再增加桩数对减少基础沉降的作用不大。图 15.9.3 所示的曲线，为按桩土共同作用的桩基础按正常使用极限状态设计提供了依据。

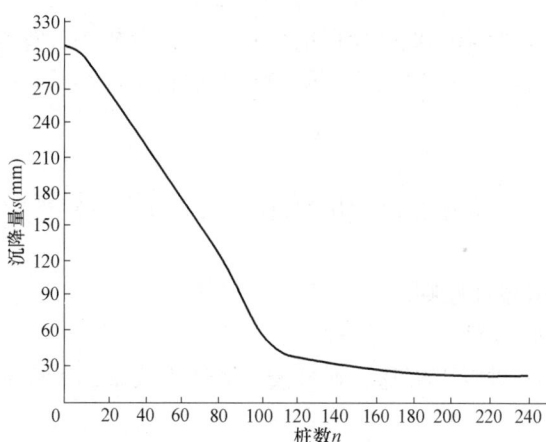

图 15.9.3　桩土共同作用桩基础的 n-s 曲线示意图

按所设计的建筑物的功能及使用要求选定了沉降量值，即可从该建筑物的 n-s 曲线中求得所需的桩数。再进行承载能力极限状态的验算，即建筑物在荷载作用下，桩和地基土承受的荷载均不超过其允许承载力值，该建筑物按桩土共同作用的桩基础设计，满足了两种极限状态的设计要求。

复合桩基的沉降计算可分两种情况：小桩距（$s \leqslant 6d$）的复合桩基，仍可以按实体深基础模型计算沉降，与传统桩基的计算方法相同；大桩距（$s > 6d$）的复合桩基，由于考虑承台下土反力的作用，桩基规范中不推荐等代墩基计算模型，而是采用基于弹性理论 Mindlin 课题的 Geddes 公式计算法。在土中应力计算时，桩的作用按 Mindlin 解计算，承台下土反力的作用按 Boussinesq 解计算，按两种应力叠加后的附加应力场计算沉降，沉降计算仍按单向压缩分层总和法计算，桩基规范中将单桩、单排桩及疏桩基础的最终沉降计算的统一表达式为：

$$s = \psi \sum_{i=1}^{n} \frac{\sigma_{zi} + \sigma_{zci}}{E_{si}} \Delta z_i \tag{15.9.4}$$

式中　n——沉降计算深度范围内土层的计算分层数；分层数应结合土层性质，分层厚度不应超过计算深度的 0.3 倍；

σ_{zi}——水平面影响范围内各基桩对应力计算点桩端平面以下第 i 层土 1/2 厚度处产生的附加竖向应力之和；应力计算点应取与沉降计算点最近的桩中心点；

σ_{zci}——承台压力对应力计算点桩端平面以下第 i 计算土层 1/2 厚度处产生的应力；

Δz_i——第 i 计算土层厚度，m；

E_{si}——第 i 计算土层的压缩模量，MPa，采用土的自重压力至土的自重压力加附加压力作用时的压缩模量；

ψ——沉降计算经验系数，无当地经验时可取 1.0。

对于单桩、单排桩、疏桩复合桩基础的最终沉降计算深度 Z_n，可按应力比法确定，即 Z_n 处由桩引起的附加应力 σ_z、由承台土压力引起的附加应力 σ_{zc} 与土的自重应力 σ_c 应符合下式要求：

$$\sigma_z + \sigma_{zc} = 0.2\sigma_c \tag{15.9.5}$$

岩土工程中，对基础沉降、地基变形的计算、理论分析和计算方法尚有诸多需进一步深入研究问题，目前工程上对基础最终沉降量估算的精度尚不足，一般都需要对计算结果作经验修正。

15.10 桩基础的设计计算

15.10.1 桩基础的设计原则

1. 桩基础的极限状态设计

1）承载力极限状态 对应于桩基达到最大承载能力或整体失稳或发生不适于继续承载的变形。

2）正常使用极限状态 对应于桩基达到建筑物正常使用所规定的变形限值或达到耐久性要求的某项极限值。

根据地基及建筑物的条件，桩基础同样分为甲级、乙级、丙级三种设计等级（表15.10.1）。桩基础均应满足承载能力计算的有关规定。设计等级为甲级、乙级的建筑物桩基，均应按变形设计。

建筑桩基设计等级 表 15.10.1

设计等级	建 筑 类 型
甲级	(1)重要的建筑； (2)30 层以上或高度超过 100m 的高层建筑； (3)体形复杂且层数相差超过 10 层的高低层(含纯地下室)连体建筑； (4)20 层以上框架-核心筒结构及其他对差异沉降有特殊要求的建筑； (5)场地和地基条件复杂的 7 层以上的一般建筑及坡地、岸边建筑； (6)对相邻既有工程影响较大的建筑
乙级	除甲级、丙级以外的建筑
丙级	场地和地基条件简单、荷载分布均匀的 7 层及 7 层以下的一般建筑

按单桩承载力确定桩数时，承台底面上的荷载效应应按正常使用极限状态下荷载效应的标准组合确定。相应的抗力应采用单桩承载力特征值。进行桩基变形计算时，传至承载底面上的荷载效应，应按正常使用极限状态下荷载效应的准永久组合，不计入风荷载和地震荷载。相应的限值应为建筑物的地基变形允许值。

在进行承台和桩的结构截面、配筋和验算材料强度时，上部结构传来的荷载效应和相应的承台底桩的反力，应按承载能力极限状态下荷载效应的基本组合，采用相应的荷载分项系数。

当按承载能力的极限状态下由永久荷载效应控制的基本组合，也可采用简化规则，荷载效应组合的设计值 S 按下式确定：

$$S = 1.35 S_k \leqslant R \tag{15.10.1}$$

式中 R——结构构件抗力的设计值，按有关建筑结构设计规范的规定确定；

S_k——荷载效应的标准组合值。

2. 桩基的设计原则

桩基设计应符合下列规定：

（1）所有桩基均应进行承载力和桩身强度计算。对预制桩，尚应进行运输、吊装和锤击等过程中的强度和抗裂验算。

（2）桩基础沉降验算应符合桩基沉降计算的规定。

（3）桩基础的抗震承载力验算应符合现行国家标准《建筑抗震设计规范》GB 50011的有关规定。

（4）桩基宜选用中、低压缩性土层作桩端持力层。

（5）同一结构单元内的桩基，不宜选用压缩性差异较大的土层作桩端持力层，不宜采用部分摩擦桩和部分端承桩。

（6）由于欠固结软土、湿陷性土和场地填土的固结，场地大面积堆载、降低地下水位等原因，引起桩周土的沉降大于桩的沉降时，应考虑桩侧负摩擦力对桩基承载力和沉降的影响。

（7）对位于坡地、岸边的桩基，应进行桩基的整体稳定验算。桩基应与边坡工程统一规划，同步设计。

（8）岩溶地区的桩基，当岩溶上覆土层的稳定性有保证且桩端持力层承载力及厚度满足要求，可利用上履土层作为桩端持力层。当必须采用嵌岩桩时，应对岩溶进行施工勘察。

（9）应考虑桩基施工中挤土效应对桩基及周边环境的影响；在深厚饱和软土中，不宜采用大片密集有挤土效应的桩基。

（10）应考虑深基坑开挖中，坑底土回弹隆起对桩身受力及桩承载力的影响。

（11）桩基设计时，应结合地区经验考虑桩、土、承台的共同工作。

（12）在承台及地下室周围的回填中，应满足填土密实度要求。

15.10.2　桩基础的设计步骤

桩基础的设计可按下列步骤进行：

1. 调查研究，收集设计资料

设计桩基时，首先应通过调查研究，充分掌握设计资料，包括建筑物形式、荷载、地质勘察资料、材料来源及施工条件（桩的制造、运输、沉桩设备、动力设备）等，并了解当地使用桩基的经验，以供设计参考。

由于桩基础工程的特殊性，设计前详细掌握建筑场地的工程地质勘察资料十分重要，桩基工程的地质勘察应注意下列特点：

（1）勘探孔的间距，可按一般建筑物详细勘察阶段要求布孔。但当土层在水平方向变化较大时，宜适当加密孔距。对于端承桩，应注意持力层顶板的起伏变化情况；对于摩擦桩，要注意土层的不均匀性及有无软弱夹层等。

（2）当采用单排端承桩时，部分勘探孔深度一般应钻至持力层顶板下2～3m。如在预定钻探深度范围内有软弱下卧层时，应予以钻穿，并达到厚度不小于3m的密实土层。对于群桩，宜将群桩当作实体基础考虑，来确定勘探深度，以满足群桩沉降计算的需要。

（3）为选择桩基的良好持力层，宜通过静力触探或动力触探，连续测定地基土层不同深度的力学强度或密实程度，并绘出带有柱状图的触探测试曲线。

2. 选定桩基类型、桩长和截面尺寸

根据地基土层的分布情况，并考虑到施工条件、打桩设备等因素，决定采用端承桩或摩擦桩，是用预制桩还是灌注桩，进行比较后确定。

摩擦桩桩尖应尽量达到低压缩性的土层上。中密以上的砂层，一般黏性土当孔隙比小于 0.7、压缩系数小于 $0.25MPa^{-1}$、液性指数小于 1 时，可作为摩擦桩基的良好持力层。同时，桩必须深入持力层至少 1m，以提高桩的承载力并减小沉降。

由持力层的深度确定桩长（一般指桩身长度，不包括桩尖），进行初步设计和验算。同时，也需要考虑桩的制作和运输条件的可能性，以及沉桩设备的能力是否能顺利沉到预定深度。

桩的截面尺寸与桩长相适应，并根据计算确定。

3. 确定单桩承载力特征值

按第 15.4 节的方法确定。

4. 确定桩数及桩的布置

按下列各情况考虑：

1）确定桩数 根据单桩承载力特征值和上部结构荷载情况，即可确定桩数。当中心荷载作用时，桩数 n 为：

$$n = \frac{F+G}{R}$$
(15.10.2)

当偏心荷载作用时，桩基中各桩受力不均等，故桩数应适当增加，按下式计算：

$$n = \mu \frac{F+G}{R}$$
(15.10.3)

式中 μ——系数，一般取 1.1～1.2。

这样确定的桩数是初步的，可据以初步进行桩的平面布置，然后经过单桩受力验算后作必要的修改。

2）桩的间距及布置 合理布置桩是使桩基设计做到经济和有效的重要一环。一般情况下，桩距取（3～4）d 左右为宜。

桩的最小中心距应符合表 15.10.2 的规定：当施工中采取减小挤土效应的可靠措施时，可根据当地经验适当减小。

基桩的最小中心距　　　　　　　　　　　表 15.10.2

土类与成桩工艺		排数不少于 3 排且桩数不少于 9 根的摩擦型桩桩基	其他情况
非挤土灌注桩		3.0d	3.0d
部分挤土桩	非饱和土、饱和非黏性土	3.5d	3.0d
	饱和黏性土	4.0d	3.5d
挤土桩	非饱和土、饱和非黏性土	4.0d	3.5d
	饱和黏性土	4.5d	4.0d

土类与成桩工艺		排数不少于3排且桩数不少于9根的摩擦型桩桩基	其他情况
钻孔、挖孔扩底桩		2D 或 D+2.0m（当 D>2m）	1.5D 或 D+1.5m（当 D>2m）
沉管夯扩、钻孔挤扩桩	非饱和土、饱和非黏性土	2.2D 且 4.0d	2.0D 且 3.5d
	饱和黏性土	2.5D 且 4.5d	2.2D 且 4.0d

注：1. d—圆桩设计直径或方桩设计边长，D—扩大端设计直径。

2. 当纵横向桩距不相等时，其最小中心距应满足"其他情况"一栏的规定。

3. 当为端承桩时，非挤土灌注桩的"其他情况"一栏可减小至 $2.5d$。

承台中桩的平面布置形式对桩的受力有影响，应力求使各桩受力接近，以充分发挥单桩承载力。由式（15.10.1）可知，宜将桩布置在承台外围，以增大桩基抵抗弯矩的能力。

桩的排列可采用梅花式或行列式布置（图 15.10.1）。

由初步决定的桩数、桩距及布置方式，即可确定承台的平面尺寸，做出桩基的初步设计。

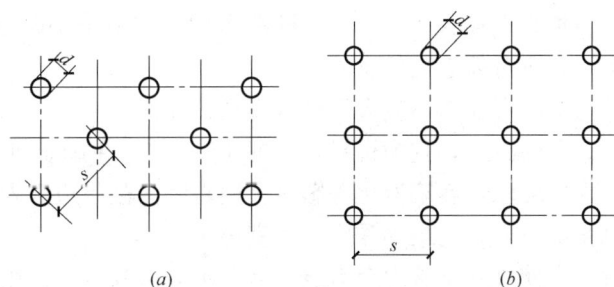

图 15.10.1 桩的排列
(a) 梅花式；(b) 行列式

钻孔、挖孔、冲孔灌注桩，由于成桩过程对周围土体不产生挤压，其最小桩距主要从受力考虑。群桩效率明显变化的界限桩距一般为 $(2\sim3)d$。钻孔扩底灌注桩，由于是端承桩，桩距对承载力影响不明显，综合考虑受力和施工偏差，桩距可略小些。

沉管灌注桩，由于沉管过程中对周围土体的侧向挤压，土体会产生侧向位移及隆起，邻桩将受到较大水平推力和上拔力，易造成断桩、缩颈等质量事故。因此，其最小桩距应严加限制，除符合表 15.10.2 规定外，尚应采取相应的措施，严守施工操作规程，方可避免或减少断桩、缩颈等质量事故。

3) 桩底进入硬持力层的深度 桩端进入硬持力层一定深度，承载力将有明显提高。桩端进入硬持力层的深度，对黏性土、粉土不宜小于 $2d$，砂土不宜小于 $1.5d$，碎石类土，不宜小于 $1d$。当存在软弱下卧层时，桩基以下硬持力层厚度不宜小于 $4d$。对支持于基岩上的端承桩，若强风化层厚度小于 $2d$ 时，桩端宜嵌入中风化或微风化层，并注意避免桩底沿倾斜基岩面滑动。

4）桩的长径比（l/d）　桩的长径比主要根据桩身不产生压屈失稳和不致由于施工偏差而出现桩身相交而确定的。对于一般土中的桩，其压屈临界荷载远大于由土对桩的阻力控制的极限荷载值，因此，主要根据施工因素来确定桩的长径比，通常应符合表 15.10.3 的规定。

桩的长径比　　　　　　　　　　　　　表 15.10.3

桩型	穿越一般黏性土、砂土	穿越淤泥、自重湿陷性黄土
端承桩	$l/d \leqslant 60$	$l/d \leqslant 40$
摩擦桩	不限	不限

5）桩基础验算　根据桩基的初步设计进行桩基础验算（群桩验算），包括桩基中单桩受力的验算，桩基强度验算，以及必要时作桩基沉降计算。如计算结果表明桩基础未满足上述各项验算中任一项要求时，应修改桩基础的设计，直到完全满足为止。

6）承台的设计与计算

7）桩的设计与计算

15.10.3　桩和桩基的构造

桩和桩基的构造，应符合下列规定：

（1）摩擦型桩的中心距应符合表 15.10.2 的规定；扩底灌注桩，桩的中心距不宜小于扩底直径的 1.5 倍；当扩底直径大于 2m 时，桩端净距不宜小于 1m。确定桩距时，尚应考虑施工工艺中挤土等效应对邻近桩的影响。

（2）扩底灌注桩的扩底直径，不应大于桩身直径的 3 倍。

（3）桩底进入持力层的深度，宜为桩身直径的 1～3 倍。在确定桩底进入持力层深度时，尚应考虑特殊土、岩溶以及震陷液化等影响。嵌岩灌注桩周边嵌入完整和较完整的未风化、微风化、中风化硬质岩体的最小深度，不宜小于 0.5m。

（4）布置桩位时，宜使桩基承载力合力点与竖向永久荷载合力作用点重合。

（5）设计使用年限不少于 50 年时，非腐蚀环境中预制桩的混凝土强度等级不应低于 C30，预应力桩不应低于 C40，灌注桩的混凝土强度等级不应低于 C25；二 b 类环境及三类及四类、五类微腐蚀环境中不应低于 C30；在腐蚀环境中的桩，桩身混凝土的强度等级应符合现行国家标准《混凝土结构设计规范》GB 50010 的有关规定。设计使用年限不少于 100 年的桩，桩身混凝土的强度等级宜适当提高。水下灌注混凝土的桩身混凝土强度等级不宜高于 C40。

（6）桩身混凝土的材料、最小水泥用量、水灰比、抗渗等级等应符合现行国家标准《混凝土结构设计规范》GB 50010、《工业建筑防腐蚀设计规范》GB 50046 及《混凝土结构耐久性设计规范》GB/T 50476 的有关规定。

（7）桩的主筋配置应经计算确定。预制桩的最小配筋率不宜小于 0.8%（锤击沉桩）、0.6%（静压沉桩），预应力桩不宜小于 0.5%；灌注桩最小配筋率不宜小于 0.2%～0.65%（小直径桩取大值）。桩顶以下 3～5 倍桩身直径范围内，箍筋宜适当加强、加密。

（8）桩身纵向钢筋配筋长度应符合下列规定：

① 受水平荷载和弯矩较大的桩，配筋长度应通过计算确定；

② 桩基承台下存在淤泥、淤泥质土或液化土层时，配筋长度应穿过淤泥、淤泥质土层或液化土层；

③ 坡地岸边的桩、8度及8度以上地震区的桩、抗拔桩、嵌岩端承桩应通长配筋；

④ 钻孔灌注桩构造钢筋的长度不宜小于桩长的2/3；桩施工在基坑开挖前完成时，其钢筋长度不宜小于基坑深度的1.5倍。

（9）桩身配筋可根据计算结果及施工工艺要求，可沿桩身纵向不均匀配筋。腐蚀环境中的灌注桩主筋直径不宜小于16mm，非腐蚀性环境中灌注桩主筋直径不应小于12mm。

（10）桩顶嵌入承台内的长度不应小于50mm。主筋伸入承台内的锚固长度不应小于钢筋直径（HPB300）的30倍与钢筋直径（HRB335和HRB400）的35倍。对于大直径灌注桩，当采用一柱一桩时，可设置承台或将桩和柱直接连接。桩和柱的连接可按《建筑地基基础设计规范》GB 50007高杯口基础的要求选择截面尺寸和配筋，柱纵筋插入桩身的长度应满足锚固长度的要求。

（11）灌注桩主筋混凝土保护层厚度不应小于50mm；预制桩不应小于45mm，预应力管桩不应小于35mm；腐蚀环境中的灌注桩不应小于55mm。

（12）在承台及地下室周围的回填中，应满足填土密实性的要求。

桩基承台的构造，除满足抗冲切、抗剪切、抗弯承载力和上部结构的要求外，尚应符合下列要求：

① 承台的宽度不应小于500mm。边桩中心至承台边缘的距离不宜小于桩的直径或边长，且桩的外边缘至承台边缘的距离不小于150mm。对于条形承台梁，桩的外边缘至承台梁边缘的距离不小于75mm；

② 承台的最小厚度不应小于300mm；

③ 承台的配筋，对于矩形承台其钢筋应按双向均匀通长布置（图15.10.2a），钢筋直径不宜小于10mm，间距不宜大于200mm；对于三桩承台，钢筋应按三向板带均匀布置，且最里面的三根钢筋围成的三角形应在柱截面范围内（图15.10.2b）。承台梁的主筋除满足计算要求外，尚应符合现行《混凝土结构设计规范》GB 50010关于最小配筋率的规定，主筋直径不宜小于12mm，架立筋不宜小于10mm，箍筋直径不宜小于6mm（图15.10.2c）；

④ 承台混凝土强度等级不应低于C20，纵向钢筋的混凝土保护层厚度不应小于70mm；当有混凝土垫层时，不应小于40mm。

（13）承台之间的连接应符合下列要求：

① 单桩承台，宜在两个互相垂直的方向上设置连系梁；

② 两桩承台，宜在其短向设置连系梁；

③ 有抗震要求的柱下独立承台，宜在两个主轴方向设置连系梁；

④ 连系梁顶面宜与承台位于同一标高。连系梁的宽度不应小于250mm，梁的高度可取承台中心距的1/10～1/15；

⑤ 连系梁的主筋应按计算要求确定。连系梁内上下纵向钢筋直径不应小于12mm且不应少于两根，并应按受拉要求锚入承台。

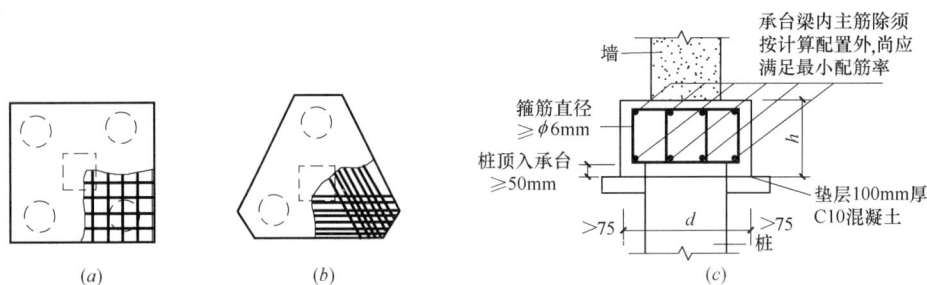

图 15.10.2 承台配筋示意

(a) 矩形承台配筋；(b) 三桩承台配筋；(c) 梁式承台配筋

(14) 桩与承台的构造连接

桩顶的受力条件比较复杂，与承台的连接可以为固端连接或铰接。建筑工程中由于结构底板的防水要求，便于防水层设置，常采用铰接方式。节点除应满足桩顶复合抗力的结构验算要求外，尚应满足以下构造要求：

① 桩嵌入承台内的长度对中等直径桩不宜小于 50mm；对大直径桩不宜小于 100mm。

② 混凝土桩的桩顶纵向主筋应锚入承台内，其锚入长度不宜小于 35 倍纵向主筋直径。对于抗拔桩，桩顶纵向主筋的锚固长度应按现行国家标准《混凝土结构设计规范》GB 50010 确定。

③ 对于大直径灌注桩，当采用一柱一桩时，可设置承台将桩与柱连接。

15.10.4 耐久性设计

桩基础的耐久性设计应满足混凝土结构耐久性设计的要求，且尚应考虑承台和桩属于地下隐蔽工程，不便于检查和维修的特殊条件给予足够的重视。

混凝土结构的耐久性按正常使用极限状态控制，对二、三类环境的桩基结构耐久性设计，应按现行《混凝土结构设计规范》GB 50010 的规定执行。

二类和三类环境中，设计使用年限为 50 年的桩基结构混凝土耐久性应符合表 15.10.4 的规定。

二类和三类环境桩基结构混凝土耐久性的基本要求　　　　　表 15.10.4

环境类别		最大水灰比	最小水泥用量 (kg/m^3)	混凝土最低强度等级	最大氯离子含量(%)	最大碱含量 (kg/m^3)
二	a	0.60	250	C25	0.3	3.0
	b	0.55	275	C30	0.2	3.0
三		0.50	300	C30	0.1	3.0

注：1. 氯离子含量系指其与水泥用量的百分率。

　　2. 预应力构件混凝土中最大氯离子含量为 0.06%，最小水泥用量为 300kg/m³；混凝土最低强度等级应按表中规定提高两个等级。

　　3. 当混凝土中加入活性掺合料或能提高耐久性的外加剂时，可适当降低最小水泥用量。

　　4. 当使用非碱活性骨料时，对混凝土中碱含量不作限制。

　　5. 当有可靠工程经验时，表中混凝土最低强度等级可降低一个等级。

桩身裂缝控制等级及最大裂缝宽度应根据环境类别和水、土介质腐蚀性等级，按表

530

15.10.5 规定选用。

环境类别		钢筋混凝土桩		预应力混凝土桩	
		裂缝控制等级	ω_{lim}(mm)	裂缝控制等级	ω_{lim}(mm)
二	a	三	0.2(0.3)	二	0
	b	三	0.2	二	0
三		三	0.2	一	0

注：1. 水、土为强、中腐蚀性时，抗拔桩裂缝控制等级应提高一级。
　　2. 二a类环境中，位于稳定地下水位以下的基桩，其最大裂缝宽度限制可采用括弧中的数值。

四类、五类环境桩基结构耐久性设计可按现行《港口工程混凝土结构设计规范》JTJ 267 和《工业建筑防腐蚀设计规范》GB 50046 等执行。

对三、四、五类环境桩基结构，受力钢筋宜采用环氧树脂涂层钢筋。

15.11　承台与桩的设计计算

承台设计计算中，将介绍承台的破坏模式，承台厚度的确定，梁式承台及板式承台的受弯、受剪计算，承台设计的构造要求见第 15.10.3 节。

15.11.1　承台内力分析及其破坏模式

承台是在桩顶与上部结构连接的钢筋混凝土结构构件，分为梁式承台与板式承台两种，可以按不同的布桩方式做成各种平面形式，常见的有条形、方形、矩形、三角形等其他多边形形式。

承台设计是桩基设计中的一个重要组成部分，承台应有足够的强度和刚度，以便把上部结构的荷载可靠地传给各桩，并将各单桩连成整体。承台应进行抗冲切、抗剪切及抗弯的强度计算。

根据所需的桩数及合理的桩距进行桩的布置，即可确定承台的平面尺寸。此项工作常需反复进行，当不能满足桩基础的各项验算要求时就需要进行修改，直到全部满足为止。

承台的受力比较复杂，承台的破坏基本属于梁、板结构受弯破坏呈双向板的塑性铰线形式（图 15.11.1）。

对于独立承台，也有采用空间桁架模型进行受力分析的，国内现行规范推荐的计算方法大多为按梁、板结构进行内力分析和设计计算。承台的厚度按抗冲切要求确定。承台的截面强度设计，按混凝土梁、板结构正截面受弯构件计算，以及斜截面的抗剪计算。承台与桩的连接可以按铰接或刚接的节点要求设计，建筑工程中的低桩承台大多采取铰接方式。根据工程的具体受力条件，通常节点按复合抗力的要求进行验算。

15.11.2　承台厚度的确定

1. 承台抗冲切计算

承台的厚度一般按冲切及抗剪的条件确定。由于桩的承载力都比较大，所以冲切及抗剪验算是承台计算中不可忽视的问题。冲切计算中，包括柱对承台的冲切及单根桩对承台的冲切两种情况。

柱对承台的冲切　当承台在承受柱传来的荷载时，如果承台厚度不够，就会产生如

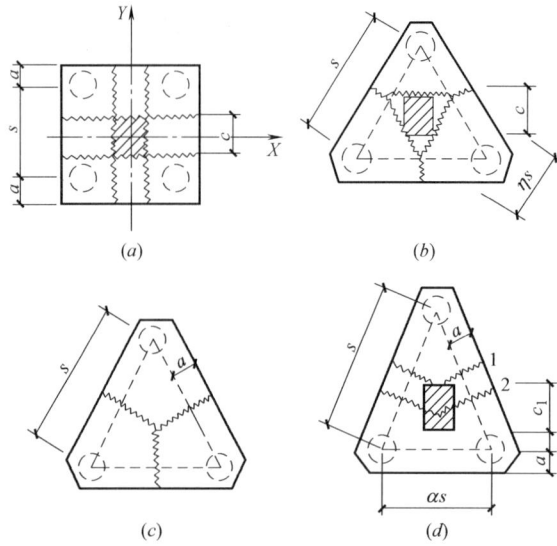

图 15.11.1 承台破坏模式

(a) 四桩承台；(b) 等边三桩承台（一）；(c) 等边三桩承台（二）；(d) 等腰三桩承台

图 15.11.2 所示的冲切破坏，沿柱四周形成 45°斜面拉裂的冲切角锥体。

（1）冲切破坏锥体应采用自柱（墙）边或承台变阶处至相应桩顶边缘连线所构成的锥体，锥体斜面与承台底面之夹角不应小于 45°（图 15.11.3）。

（2）受柱（墙）冲切承载力可按下列公式计算：

$$F_l \leqslant \beta_{hp} \beta_0 u_m f_t h_0 \qquad (15.11.1)$$

$$F_l = F - \Sigma Q_i \qquad (15.11.2)$$

$$\beta_0 = \frac{0.84}{\lambda + 0.2} \qquad (15.11.3)$$

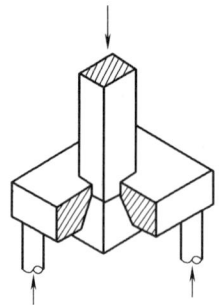

图 15.11.2 承台的
冲切破坏

式中 F_l——不计承台及其上土重，在荷载效应基本组合下作用于冲切破坏锥体上的冲切力设计值；

     f_t——承台混凝土抗拉强度设计值；

     β_{hp}——承台受冲切承载力截面高度影响系数，当 $h \leqslant 800mm$ 时，β_{hp} 取 1.0；$h \geqslant$ 2000mm 时，β_{hp} 取 0.9，其间按线性内插法取值；

     u_m——承台冲切破坏锥体一半有效高度处的周长；

     h_0——承台冲切破坏锥体的有效高度；

     β_0——柱（墙）冲切系数；

     λ——冲跨比，$\lambda = a_0/h_0$，a_0 为柱（墙）边或承台变阶处到桩边水平距离；当 $\lambda < 0.25$ 时，取 $\lambda = 0.25$；当 $\lambda > 1.0$ 时，取 $\lambda = 1.0$；

     F——不计承台及其上土重，在荷载效应基本组合作用下柱（墙）底的竖向荷载设计值；

$\sum Q_i$——不计承台及其上土重，在荷载效应基本组合下冲切破坏锥体内各基桩或复合基桩的反力设计值之和。

2. 柱对承台的冲切，可按下列公式计算（图 15.11.3）

$$F_l \leqslant 2[\alpha_{ox}(b_c + a_{oy}) + \alpha_{oy}(h_c + a_{ox})]\beta_{hp}f_t h_0 \tag{15.11.4}$$

$$F_l = F - \sum N_i \tag{15.11.5}$$

$$\alpha_{ox} = 0.84/(\lambda_{ox} + 0.2) \tag{15.11.6}$$

$$\alpha_{oy} = 0.84/(\lambda_{oy} + 0.2) \tag{15.11.7}$$

式中 F_l——扣除承台及其上填土自重，作用在冲切破坏锥体上相应于作用的基本组合时的冲切力设计值，kN，冲切破坏锥体应采用自柱边或承台变阶处至相应桩顶边缘连线构成的锥体，锥体与承台底面的夹角不小于 45°（图 15.11.3）；

h_0——冲切破坏锥体的有效高度，m；

β_{hp}——受冲切承载力截面高度影响系数，其值按式（5.11.1）取用；

α_{ox}、α_{oy}——冲切系数；

λ_{ox}、λ_{oy}——冲跨比，$\lambda_{ox} = a_{ox}/h_0$、$\lambda_{oy} = a_{oy}/h_0$，$a_{ox}$、$a_{oy}$ 为柱边或变阶处至桩边的水平距离；当 $a_{ox}(a_{oy}) < 0.25h_0$ 时，$a_{ox}(a_{oy}) = 0.25h_0$；当 $a_{ox}(a_{oy}) > h_0$ 时，$a_{ox}(a_{oy}) = h_0$；

F——柱根部轴力设计值，kN；

$\sum N_i$——冲切破坏锥体范围内各桩的净反力设计值之和，kN。

图 15.11.3 柱对承台冲切

对中低压缩性土上的承台，当承台与地基土之间没有脱空现象时，可根据地区经验适当减小柱下桩基础独立承台受冲切计算的承台厚度。

3. 角桩对承台的冲切，可按下列公式计算：

（1）多桩矩形承台受角桩冲切的承载力应按下列公式计算（图 15.11.4）：

$$N_l \leqslant \left[\alpha_{1x}\left(c_2 + \frac{a_{1y}}{2}\right) + \alpha_{1y}\left(c_1 + \frac{a_{1x}}{2}\right)\right]\beta_{hp}f_t h_0 \tag{15.11.8}$$

$$\alpha_{1x} = \frac{0.56}{\lambda_{1x} + 0.2} \tag{15.11.9}$$

$$\alpha_{1y} = \frac{0.56}{\lambda_{1y} + 0.2} \tag{15.11.10}$$

式中 N_l——扣除承台和其上填土自重后的角桩桩顶相应于作用的基本组合时的竖向力设计值，kN；

α_{1x}、α_{1y}——角桩冲切系数；

λ_{1x}、λ_{1y}——角桩冲跨比，其值满足 0.25~1.0，$\lambda_{1x} = a_{1x}/h_0$，$\lambda_{1y} = a_{1y}/h_0$；

c_1、c_2——从角桩内边缘至承台外边缘的距离，m；

a_{1x}、a_{1y}——从承台底角桩内边缘引 45°冲切线与承台顶面或承台变阶处相交点至角桩内边缘的水平距离，m；

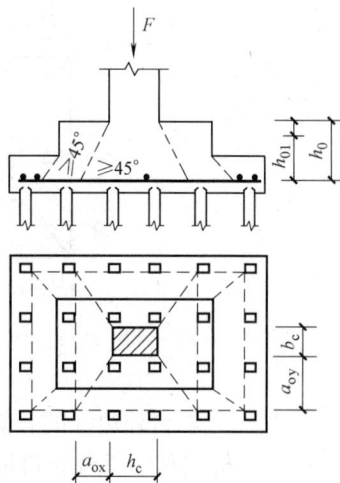

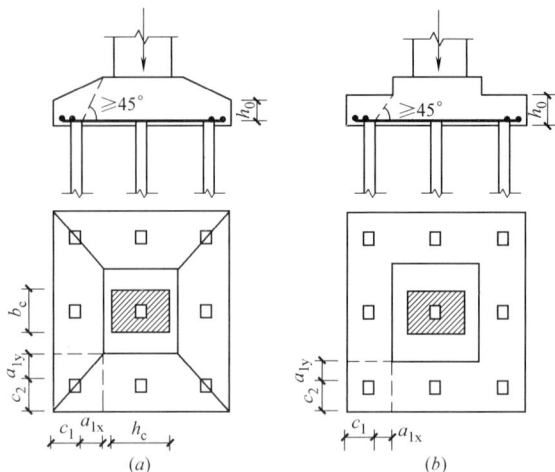

图 15.11.4 四桩以上（含四桩）承台角桩冲切计算示意

（a）锥形承台；（b）阶形承台

h_0——承台外边缘的有效高度，m。

（2）三桩三角形承台受角桩冲切的承载力可按下列公式计算（图 15.11.5）。对圆柱及圆桩，计算时可将圆形截面换算成正方形截面。

① 底部角桩

$$N_l \leqslant \alpha_{11}(2c_1+a_{11})\tan\frac{\theta_1}{2}\beta_{hp}f_th_0 \quad (15.11.11)$$

$$\alpha_{11}=\frac{0.56}{\lambda_{11}+0.2} \quad (15.11.12)$$

② 顶部角桩

$$N_l \leqslant \alpha_{12}(2c_2+a_{12})\tan\frac{\theta_2}{2}\beta_{hp}f_th_0 \quad (15.11.13)$$

$$\alpha_{12}=\frac{0.56}{\lambda_{12}+0.2} \quad (15.11.14)$$

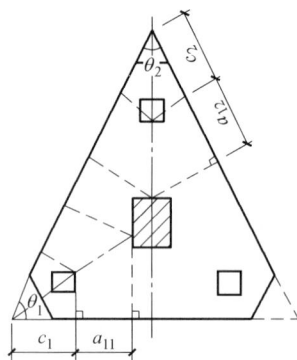

图 15.11.5 三角形承台角桩冲切验算

式中 λ_{11}、λ_{12}——角桩冲跨比，其值满足 $0.25\sim1.0$，

$$\lambda_{11}=\frac{a_{11}}{h_0}, \quad \lambda_{12}=\frac{a_{12}}{h_0};$$

a_{11}、a_{12}——从承台底角桩内边缘向相邻承台边引

45°冲切线与承台顶面相交点至角桩内边缘的水平距离，m；当柱位于该 45°线以内时，则取柱边与桩内边缘连线为冲切锥体的锥线。

15.11.3 承台抗弯计算

1. 梁式承台

计算墙下桩基承台梁时，可按连续的墙梁考虑。根据弹性理论，所有荷重以两个三角形的形式传布到梁上（图 15.11.6），三角形分布荷载的最大值 p_0 在桩轴线处，其值为：

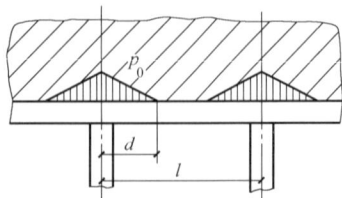

图 15.11.6 承台梁上作用的
计算荷载图形

$$p_0=0.305ql\sqrt[3]{\frac{E_kb}{EI}} \quad (15.11.15)$$

式中 q——均布荷载值，kN/m，$q=g+q_0$；

　　g——梁的自重和梁上的墙砌体的重量，kN/m，按梁上墙砌体的全部高度计算；

　　q_0——作用在墙上的楼板的重量及其他有效荷载，kN/m；

　　l——承台梁的计算跨度，m，取桩轴线间的距离；

　　E_k——墙砌体的弹性模量，kN/m^2；

　　E——承台梁材料的弹性模量，kN/m^2；

　　I——承台梁截面的惯性矩，m^4；

　　b——墙的厚度，m。

在承台梁上的三角形荷载的分布长度 d 为：

$$d=3.27\sqrt[3]{\frac{EI}{E_kb}}(\mathrm{m})\qquad(15.11.16)$$

当承台梁的宽度等于墙的厚度时，式（15.11.15）、式（15.11.16）可改写为：

$$p_0=0.699\frac{ql}{h}\sqrt[3]{\frac{E_k}{E_kb}}(\mathrm{kN/m})\qquad(15.11.17)$$

$$d=1.429h\sqrt[3]{\frac{E}{E_k}}(\mathrm{m})\qquad(15.11.18)$$

承台梁的内力，即可按图15.11.6所示的计算图形进行计算。

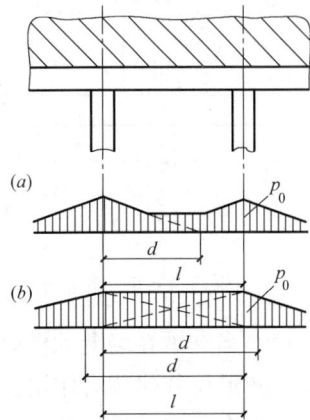

图 15.11.7　承台梁上计算荷载图形的重叠

（a）部分重叠；（b）全部重叠

如果 d 值大于桩的间距的一半，即 $d>\frac{1}{2}$，则在梁的中部，两个三角形荷载将发生重叠（图15.11.7）。

如果 $d\geqslant l$，承台梁上的荷载图形将是沿着全长为均布荷载（图15.11.7）。

承台梁的内力，即可按以上各计算图形进行计算，这时，连续梁的支座反力 P 等于在桩上的荷载：

$$P=ql\qquad(15.11.19)$$

支座最大剪力：

$$V=\frac{P}{2}=\frac{ql}{2}\qquad(15.11.20)$$

最大弯矩：

$$M=-\frac{qld}{12}\Big(2-\frac{d}{l}\Big)\qquad(15.11.21)$$

按所得的 V 和 M 值，选择承台梁的截面和钢筋。通常，截面的高度不取决于弯矩，而取决于剪力。

当墙上开有孔洞或作用有集中荷载时，可按以下原则考虑：

（1）当洞口在 d 值分布范围外，认为洞口对梁上荷载分布没有影响。

（2）当洞口位置距离梁的高度 $h\geqslant\frac{l}{2}$ 时，洞口离梁比较远了，可按没有洞口考虑。

（3）如果洞口宽度比较大，则荷载计算图形应按梯形考虑（图15.11.8），这里

535

$$p_a = p_0\left(\frac{d}{s} - 1\right) \tag{15.11.22}$$

$$s = \frac{l-B}{2} \tag{15.11.23}$$

式中　p_0——在支座处三角形荷载的最大值，按式（15.11.15）求得；

　　　d——没有洞口时三角形荷载分布的长度；

　　　s——计算图形的实际长度；

　　　B——洞口宽度。

（4）当支承在墙上的横梁传来的集中荷载，其距承台梁的高度 $H_0 \geqslant l$ 时，可用均布荷载来代替。

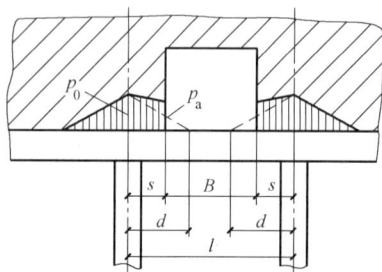

图 15.11.8　墙上开洞的影响

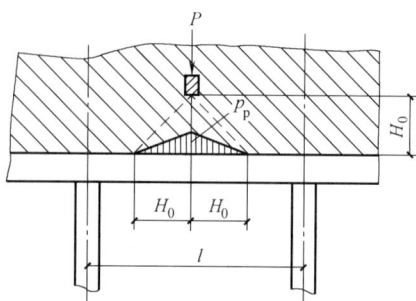

图 15.11.9　墙上作用有集中荷载（当 $H_0 \geqslant l$）时

（5）当支承在墙上的横梁传来的集中荷载，其距承台梁的高度 $H_0 < l$ 时，集中荷载 P 由三角形荷载代替后作用在承台梁上，其分布长度为 $2H_0$，但不大于 l（图 15.11.9）。三角形分布荷载的最大值 p_p 为：

$$p_p = \frac{P}{H_0} \tag{15.11.24}$$

承台梁除进行上述计算外，尚应进行施工阶段的强度验算。当梁上砌体砂浆尚未结硬则，则在梁上的荷载，取墙高 $\frac{l}{3}$ 以下部分的重量，沿梁长均匀分布，进行梁的内力验算。

应当指出，当在桩顶上开有门洞时，这时承台梁支座处的弯矩将增大。此时，可取跨度为 $1.05B$（B 为门洞宽）的简支梁，以桩的反力作为集中荷载，计算得弯矩及所需配筋量后，布置在承台梁支座（门洞）的上面，作为加强措施，钢筋向门洞两侧伸长至足够的锚固长度。

对于荷载不大、跨度也较小的承台梁，也可采用钢筋砖过梁的形式。这时，可参照《砌体结构设计规范》关于钢筋砖过梁的有关规定进行计算。

2. 板式承台

独立基础下的桩基承台常设计成板式承台，承台板的破坏特征往往是先受弯开裂；到最后，则有的是受弯断裂，有的是剪切破坏。在同样条件下，相同厚度的承台，当含钢量多时（$\mu > 0.5\%$），则是冲切破坏；当含钢量少时（$\mu > 0.3\%$），则是受弯破坏。实际工程中，一般承台的含钢量往往比较低，所以承台多为受弯破坏。

柱下桩基承台的弯矩可按以下简化计算方法确定：

（1）多桩矩形承台计算截面取在柱边和承台高度变化处（杯口外侧或台阶边缘，图 15.11.10）：

$$M_x = \sum N_i y_i \tag{15.11.25}$$

$$M_y = \sum N_i x_i \tag{15.11.26}$$

式中　M_x、M_y——分别为垂直 y 轴和 x 轴方向计算截面处的弯矩设计值；

$\quad\quad x_i$、y_i——垂直 y 轴和 x 轴方向自桩轴线到相应计算截面的距离；

$\quad\quad N_i$——扣除承台和其上填土自重后相应于荷载效应基本组合时的第 i 桩竖向力设计值。

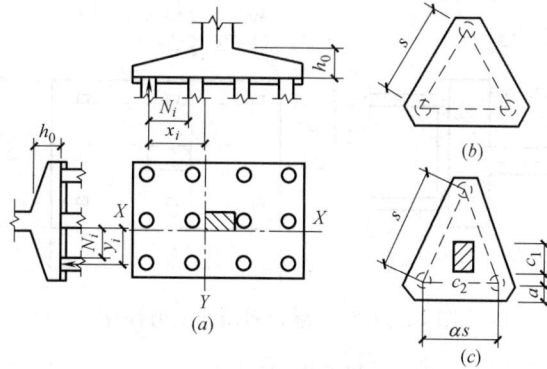

图 15.11.10　承台弯矩计算示意图

（2）三桩承台

1）等边三桩承台（图 15.11.10）

$$M = \frac{N_{max}}{3}\left(s - \frac{\sqrt{3}}{4}c\right) \tag{15.11.27}$$

式中　M——由承台形心至承台边缘距离范围内板带的弯矩设计值；

$\quad\quad N_{max}$——扣除承台和其上填土自重后的三桩中相应于荷载效应基本组合时的最大单桩竖向力设计值；

$\quad\quad s$——桩距；

$\quad\quad c$——方柱边长，圆柱时 $c = 0.866d$（d 为圆柱直径）。

2）等腰三桩承台（图 15.11.10）

$$M_1 = \frac{N_{max}}{3}\left(s - \frac{0.75}{\sqrt{4-\alpha^2}}c_1\right) \tag{15.11.28}$$

$$M_2 = \frac{N_{max}}{3}\left(\alpha s - \frac{0.75}{\sqrt{4-\alpha^2}}c_2\right) \tag{15.11.29}$$

式中　M_1、M_2——分别为由承台形心到承台两腰和底边的距离范围内板带的弯矩设计值；

$\quad\quad s$——长向桩距；

$\quad\quad \alpha$——短向桩距与长向桩距之比，当 α 小于 0.5 时，应按变截面的二桩承台设计；

$\quad\quad c_1$、c_2——分别为垂直于、平行于承台底边的柱截面边长。

15.11.4 承台受剪计算

柱下桩基础独立承台应分别对柱边和桩边、变阶处和桩边连线形成的斜截面进行受剪计算。当柱边外有多排桩形成多个剪切斜截面时，尚应对每个斜截面进行验算。

柱下桩基独立承台斜截面受剪如图15.11.11所示，其斜截面受剪承载力可按下列公式进行计算

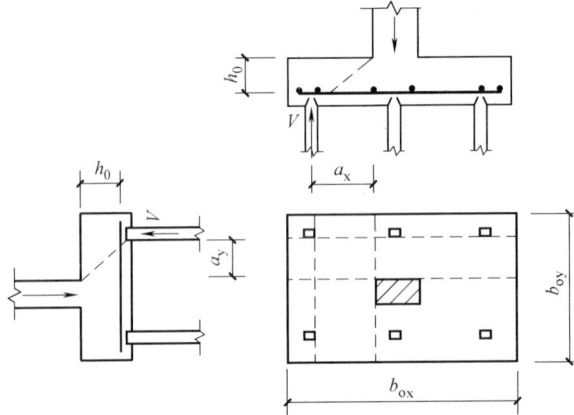

图 15.11.11　承台斜截面受剪计算

$$V \leqslant \beta_{hs} \beta f_t b_0 h_0 \qquad (15.11.30)$$

$$\beta = \frac{1.75}{\lambda + 1.0} \qquad (15.11.31)$$

式中　V——扣除承台及其上填土自重后相应于作用的基本组合时的斜截面的最大剪力设计值，kN；

h_0——计算宽度处的承台有效高度，m；

β——剪切系数；

β_{hs}——受剪切承载力截面高度影响系数，$\beta_{hs} = (800/h_0)^{1/4}$；

λ——计算截面的剪跨比，$\lambda_x = \dfrac{a_x}{h_0}$，$\lambda_y = \dfrac{a_y}{h_0}$；$a_x$、$a_y$为柱边或承台变阶处至 x、y 方向计算一排桩的桩边的水平距离，当 $\lambda < 0.25$ 时，取 $\lambda = 0.25$；当 $\lambda > 3$ 时，取 $\lambda = 3$；

b_0——承台计算截面处的计算宽度，m。

承台计算截面处的计算宽度 b_0 按以下公式计算确定：

对于阶梯形承台，应分别在变阶处（A_1—A_1，B_1—B_1）及柱边处（A_2—A_2，B_2—B_2）进行斜截面受剪计算（图15.11.12），并应符合下列规定：

（1）计算变阶处截面 A_1—A_1、B_1—B_1 的斜截面受剪承载力时，其截面有效高度均为 h_{01}，截面计算宽度分别为 b_{y1} 和 b_{x1}。

（2）计算柱边截面 A_2—A_2 和 B_2—B_2 处的斜截面受剪承载力时，其截面有效高度均为 $h_{01} + h_{02}$，截面计算宽度按下式进行计算：

对 A_2—A_2

$$b_{y0} = \frac{b_{y1} \cdot h_{01} + b_{y2} \cdot h_{02}}{h_{01} + h_{02}} \qquad (15.11.32)$$

538

对 $B_2 - B_2$

$$b_{x0} = \frac{b_{x1} \cdot h_{01} + b_{x2} \cdot h_{02}}{h_{01} + h_{02}} \tag{15.11.33}$$

对于锥形承台应对 $A—A$ 及 $B—B$ 两个截面进行受剪承载力计算（图 15.11.13），截面有效高度均为 h_0，截面的计算宽度按下式计算：

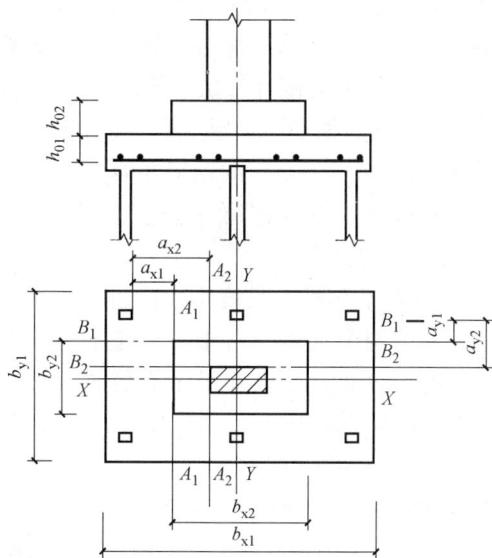

图 15.11.12 阶梯形承台斜截面
受剪计算

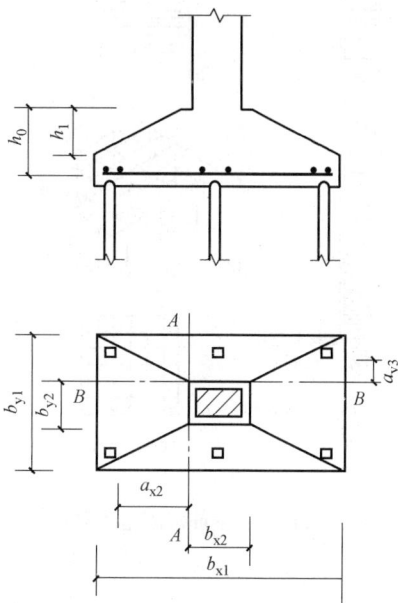

图 15.11.13 锥形承台受剪计算

对 $A—A$

$$b_{y0} = \left[1 - 0.5 \frac{h_1}{h_0} \left(1 - \frac{b_{y2}}{b_{y1}} \right) \right] b_{y1} \tag{15.11.34}$$

对 $B—B$

$$b_{x0} = \left[1 - 0.5 \frac{h_1}{h_0} \left(1 - \frac{b_{x2}}{b_{x1}} \right) \right] b_{x1} \tag{15.11.35}$$

15.11.5 桩的设计计算

桩的种类很多，有预制桩、灌注桩、组合桩以及由成桩施工方法不同而形成的种类繁多的各种桩形。以混凝土预制桩为例，按工程要求选定桩的持力层确定桩长及桩截面等基本尺寸后，应进行以下各方面的设计计算。

作为混凝土构件，应按其受力情况进行强度、抗裂等各方面的计算。桩设计时的构造要求，参见第 15.10.3 节。

1. 混凝土预制桩

混凝土预制桩分普通混凝土桩及预应力混凝土桩两大类，截面形式多样，可以制成方形、三角形、空心桩、管桩等多种形式；尚可做成小截面尺寸的微型桩，用于地基处理中。混凝土预制桩在桩基工程中具有适用范围广、用量大、施工简便、造价低等诸多优点。

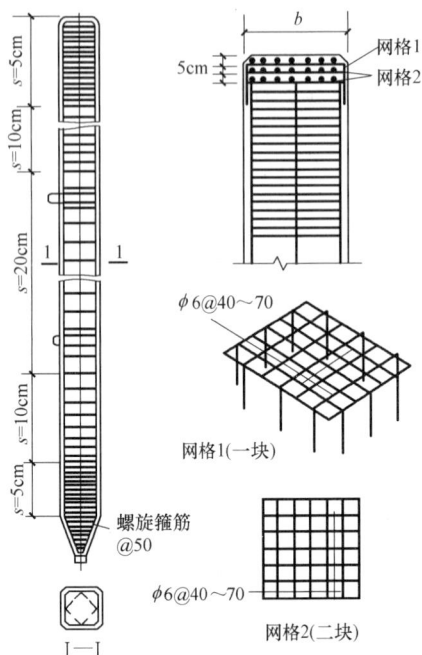

图 15.11.14　钢筋混凝土预制桩

桩的截面常采用方形，因其生产、制作、运输和堆放均比较方便。方桩边长 20～50cm，每节桩长 8～12m。较长的桩施工时，往往需要接桩。

图 15.11.14 为钢筋混凝土预制方桩的构造示意图。由于桩尖穿过土层时直接受到正面阻力，应在桩尖处将所有主筋弯在一起并焊在一根芯棒上。桩头直接受到锤击，故在桩顶需放 $\phi 6@40\sim 70$ 方格钢筋网片三层，间距为 50mm，以增强桩头强度。钢筋保护层不小于 35mm。桩内需预埋直径 20～25mm 的钢筋吊环，吊点位置通过计算确定。桩在混凝土强度达到 100% 后，方可搬运及打桩。

1）桩的水平起吊　长度不大的桩，水平起吊时一般采用两个支点，由于桩内主筋通常都是沿桩长均匀分布，所以起吊吊点位置应按桩身正负弯矩相等的原则确定（图 15.11.15）。吊点应位于 $0.207l$ 处，这时

$$M_A = M_B = M_{AB} = 0.0214ql^2$$

$$(15.11.36)$$

式中　l——水平起吊时的桩长，m；

　　　q——桩的重量（应考虑动力系数），kN/m。

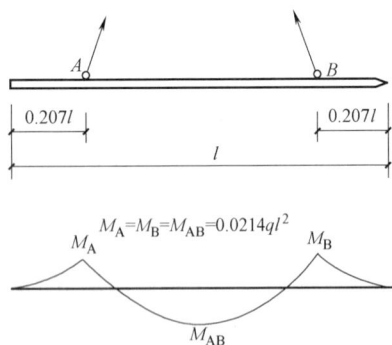

图 15.11.15　桩的水平起吊

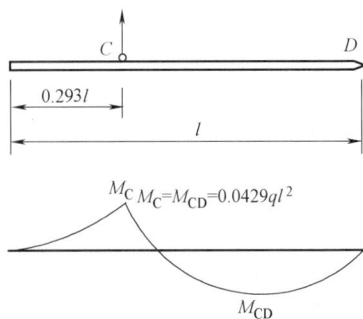

图 15.11.16　桩的吊立

2）桩的吊立　长度不大的桩，吊立入打桩架龙口时，采用一个吊点（图 15.11.16）。根据同样道理可以求得，吊点应位于 $0.293l$ 处，这时

$$M_C = M_{CD} = 0.0429ql^2$$

$$(15.11.37)$$

3）桩的运输　运输时支点宜放在吊点下，如受运输设备限制时，应按运输过程中桩的实际支点位置，计算桩身内力。

桩应根据上述三种受力情况的弯矩叠合图形配筋，也可调整吊点位置，使桩身弯矩叠

合图形的正负弯矩分布更合理。配筋时，除通长的主筋外，在弯矩大的部位可配附加短钢筋。

当桩的长度较大时，桩的起吊、运输及吊立将采用多吊点方案，这时不能简单地按多跨连续梁计算。需根据施工的实际情况，考虑到桩受力的全过程，即桩从预制场地起吊、搬运以及在桩架上从水平旋转成竖直位置的整个过程，合理布置吊点位置，并确定各吊点上的作用力的大小及方向，然后计算桩身内力并配筋。

当对桩有抗裂要求时，还需验算其裂缝开展，验算方法同一般钢筋混凝土受弯构件。在工业与民用建筑工程中，一般可不作抗裂验算。

4）桩的接头 由于桩架的高度有一定限制（一般不超过 30m），当桩长超过桩架高度时就需要接桩。另外在预制构件厂预制桩时，桩长受到运输条件的限制，一般不超过 12m，这时长桩就只能分段预制后到现场接桩。

钢筋混凝土桩的接头比较困难，一般采用角钢焊接，图 15.11.17 为一种接桩法的实例。

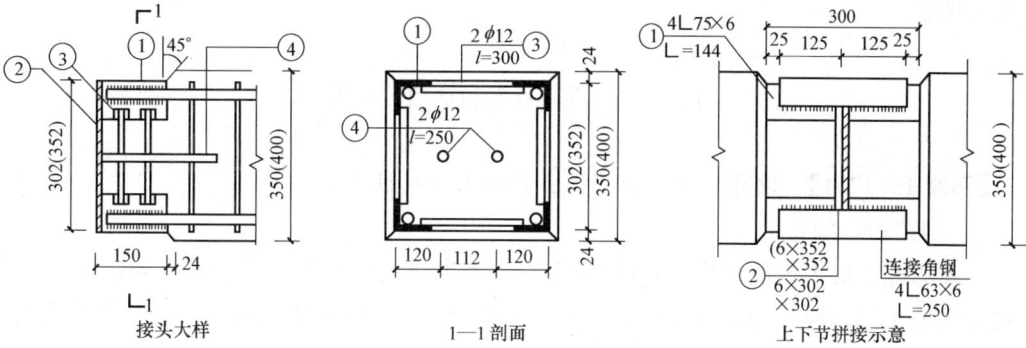

图 15.11.17 钢筋混凝土桩的接头实测

注：1. 括号内尺寸为边长 400mm 的桩；

2. 上下节桩以 4∟ 63×6 连接；

3. 板②不得凸出角钢①之外；

4. 板②边长可允许有负公差，不许有正公差。

桩的接头的可靠性是很重要的，必须保证接头有足够的强度。接头应能传递轴力、弯矩和剪力。在图 15.11.17 所示的实例中，全部垂直荷载由连接的角钢承受，不考虑两段桩端混凝土接触面的承压作用，因在施工中，上下段桩的混凝土面无法做到密合。用四根角钢作为主要传力件，其抗弯能力可以达到钢筋混凝土截面的抗弯强度，抗剪能力稍差，但一般桩承受的剪力都较小，因此抗剪强度亦能满足。接桩时要注意焊接的质量，宜用两人双向对称同时电焊，以免产生不对称的收缩。焊完后还须停止一个时间打桩，以免热的焊缝遇到地下水而开裂。

2. 混凝土桩桩身截面强度计算

桩身混凝土强度应满足桩的承载力设计要求。作用于桩上的荷载，应按荷载效应的基本组合时的单桩竖向力设计值计算。

按桩身混凝土强度计算桩的承载力时，应按桩的类型和成桩工艺的不同，将混凝土的轴心抗压强度设计值乘以工作条件系数 φ_c，桩轴心受压时桩身强度应符合式（15.11.38）的规定。当桩顶以下 5 倍桩身直径范围内螺旋式箍筋间距不大于 100mm 且钢筋耐久性得到保证的灌注桩，可适当计入桩身纵向钢筋的抗压作用。

$$Q \leqslant A_p F_c \varphi_c \tag{15.11.38}$$

式中 F_c——混凝土轴心抗压强度设计值，kPa，按现行国家标准《混凝土结构设计规范》GB 50010 取值；

  Q——相当于作用的基本组合时的单桩竖向力设计值，kN；

  A_p——桩身横截面积，m^2；

  φ_c——工作条件系数，非预应力预制桩取 0.75，预应力桩取 0.55～0.65，灌注桩取 0.6～0.8（水下灌注桩、长桩或混凝土强度等级高于 C35 时用低值）。

按式（15.11.37）计算时，桩身强度计算中并未考虑荷载偏心、弯矩作用、瞬时荷载的影响等因素，因此，桩身强度设计必须留有一定的安全储备。在确定工作条件系数时，考虑了承台下的土质情况、抗震设防等级、桩长、混凝土浇筑方法、混凝土强度等级以及桩型等因素。

15.12 桩基础设计例题

【例题 15.12.1】 设计一柱下预制钢筋混凝土打入桩基础

1. 工程地质条件

建筑场地表层为松散杂填土，厚 2.0m。其下为灰色粉质黏土层，厚 8.5m。再下为灰黄色粉质黏土层，厚 4.0m。地层剖面如例图 15.12.1(a) 所示。土的物理力学性质指标如例表 15.12.1(a) 所示。地下水位位于地表下 2.0m 处。灰黄色粉质黏土层以下的土层的压缩模量 E_s 值见例图 15.12.1（e）。

2. 桩基础设计资料

由上部结构传至柱基的荷载标准值为：轴力 $F = 2500$kN，$M = 400$kN·m，剪力 $V = 50$kN。承台底面埋深 $D = 2.0$m。

根据地质条件，以灰黄色粉质黏土层为桩尖持力层，采用预制钢筋混凝土方桩，桩长 $l_p = 10$m，截面尺寸为 30cm×30cm，桩尖进入灰黄色粉质黏土层为 1.5m。桩身材料：混凝土 C30 级，$f_c = 14.3$N/mm²；钢筋：HRB335 级钢筋，4Φ20，$f_y = f'_y = 210$N/mm²。承台用 C20 级混凝土，$f_c = 9.6$N/mm²，$f_t = 1.10$N/mm²。

桩的静载荷试验的"Q-s"曲线如例图 15.12.19（b）所示。

3. 单桩垂直承载力的确定

1）根据桩身材料强度（$\varphi = 1$，$\varphi_c = 0.75$）

$R = \varphi(f_c A_p + f'_y A'_s) = 14.3 \times 0.75 \times 300^2 + 210 \times 942 = 1163$kN

2）根据静载荷试验

根据单桩垂直静载荷试验的"Q-s"曲线（例图 15.12.1b），按明显拐点法得单桩极限承载力

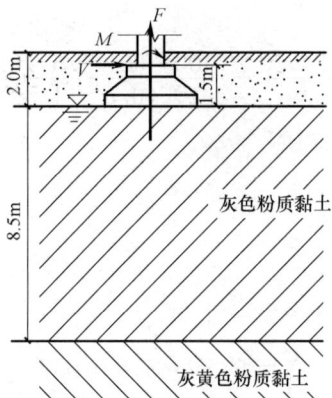

例图 15.12.1 (a) 地质剖面图

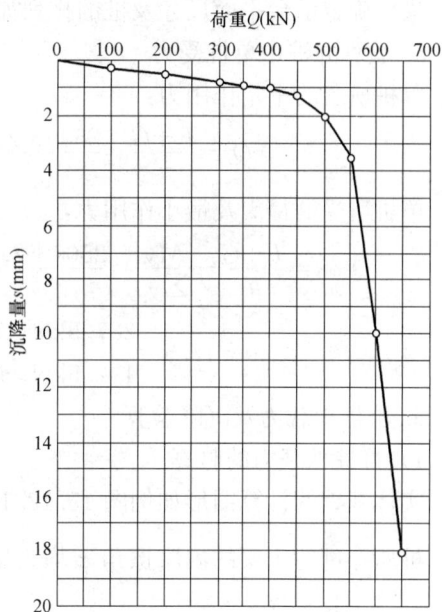

例图 15.12.1 (b) 单桩垂直静
载荷试验的"Q-s"曲线

土的物理力学性质指标
例表 15.12.1 (a)

土层名称	厚度 (m)	天然含水量 w (%)	天然重度 γ (kN/m³)	相对密度 d_s	天然孔隙比 e	液限 w_L (%)	塑限 w_p (%)	塑性指数 I_p	液性指数 I_L	饱和度 S_r (%)	内聚力 c (kPa)	内摩擦角 φ (°)	压缩系数 α^{1-2} (MPa⁻¹)	压缩模量 E_s (MPa)	承载力特征值 f_a (kPa)
杂填土	2.0		16.0												
灰色粉质黏土	8.5	38.2	18.9	2.73	1.0	38.2	18.4	19.8	1.0	95.6	12	21	0.41	4.64	110
灰黄色粉质黏土	4.0	26.7	19.6	2.71	0.75	32.7	17.7	15	0.60	96.5	18	20	0.25	7.0	220

$$Q_u = 550\text{kN}$$

$$R_a = \frac{Q_u}{2} = \frac{550}{2} = 275\text{kN}$$

单桩承载力特征值

根据以上各种计算结果，取单桩竖向承载力特征值 $R_a = 275\text{kN}$。

4. 确定桩数和桩的布置

初步假定承台尺寸为 2m×3m，上部结构传来垂直荷载 $F = 2500\text{kN}$，承台和土自重 $G = 20 \times 2 \times 3 \times 2 = 240\text{kN}$。桩数 n 可取为

$$n = 1.1\frac{F+G}{R_a} = 1.1 \times \frac{2500+240}{275} = 10.96 \text{ 取 } n = 12 \text{ 根}$$

桩距 $s = (3\sim4)d = (3\sim4) \times 0.3 = 0.9\sim1.2\text{m}$，取 $s = 1.0\text{m}$。

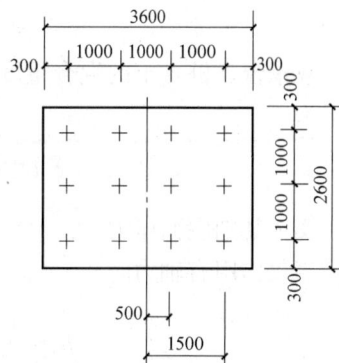

例图 15.12.1 (c) 桩的排列

最后确定承台平面尺寸及桩的排列如例图 15.12.1（c）所示。

5. 验算群桩中单桩受力

单桩所受的平均作用力：

$$Q_i = \frac{F+G}{n} = \frac{2500 + 2.6 \times 3.6 \times 2 \times 20}{12} = 240\text{kN} < R_a$$

单桩所受的最大及最小作用力：

$$Q_{\substack{i\max \\ \min}} = \frac{F+G}{n} \pm \frac{My}{\sum y_i^2} = \frac{2500 + 2.6 \times 3.6 \times 2 \times 20}{12} \pm \frac{(400 + 50 \times 1.5) \times 1.5}{6 \times (0.5^2 + 1.5^2)}$$

$$= 240 \pm 47.5 = \frac{287.5\text{kN} < 1.2R_a = 330\text{kN}}{192.5\text{kN} > 0}$$

6. 群桩承载力及沉降验算

1）群桩承载力的验算

实体基础的计算图形如例图 15.12.1（d）所示。

桩所穿过的土层的内摩擦角 φ 均为 20°。故 $\alpha = \frac{\varphi}{4} = 5°$，$\tan 5° = 0.0875$，边桩外围之间的尺寸为 2.3m×3.3m。

实体基础底面宽：

$$2.3 + 2 \times 10 \times 0.0875 = 4.05\text{m}$$

实体基础底面长：

$$3.3 + 2 \times 10 \times 0.0875 = 5.05\text{m}$$

桩尖土承载力设计值：

实体基础埋深范围内土的平均重度：

$$\gamma_0 = \frac{16 \times 2 + 8.9 \times 8.5 + 9.6 \times 1.5}{12} = 10\text{kN/m}^3$$

实体基础底面灰黄色粉质黏土的承载力设计值为：

$$f_{ak} = f_a + \eta_b \gamma (b-3) + \eta_d \gamma_0 (d-0.5)$$
$$= 220 + 0.3 \times 9.6 \times (4.05-3) + 1.6 \times 10 \times (12-0.5)$$
$$= 220 + 3.02 + 184 = 407.0\text{kPa}$$

取承台、桩、土的混合重度为 20kN/m³，地下水位以下按 10kN/m³ 计，则实体基础自重为：

$$G = 4.05 \times 5.05 \times (2 \times 20 + 10 \times 10) = 2863\text{kN}$$

实体基础底面压力：

当仅作用有轴力时，

$$p_0 = \frac{F+G}{A} = \frac{2500 + 2863}{4.05 \times 5.05} = 262\text{kPa} < f_{ak}$$

当同时作用有轴力及弯矩时，

$$p_{\max} = \frac{F+G}{A} + \frac{M}{W} = \frac{2500 + 2863}{4.05 \times 5.05} + \frac{400 + 50 \times 1.5}{\dfrac{4.05 \times 5.05^2}{6}}$$

$$=289.6\text{kPa}<1.2f_{ak}=488.4\text{kPa}$$

2）群桩沉降验算

群桩沉降验算的计算图形如例图 15.12.1（e）所示。群桩沉降量计算，利用第 8 章式（8.2.18）计算，取桩尖平面处的平均压力进行计算，

$$p=262\text{kPa}$$

桩尖平面处土的自重压力：

$$p_c=2.0\times16+8.5\times8.9+1.5\times9.6=122\text{kPa}$$

桩尖平面处土的附加压力：

$$p_0=262-122=140\text{kPa}$$

实体基础底面长 $a=5.05\text{m}$，宽 $b=4.05\text{m}$，沉降量计算结果列于例表 15.12.1（b）。

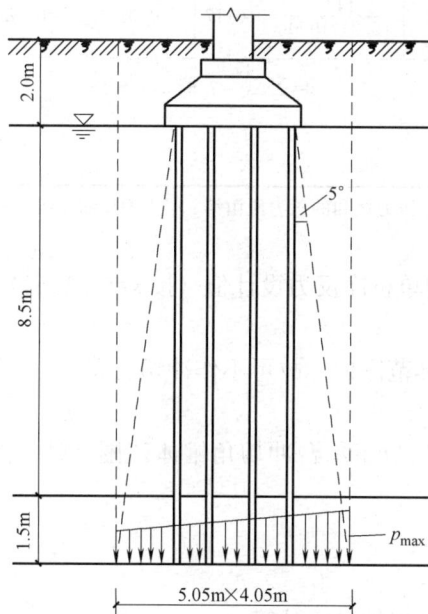

例图 15.12.1（d） 群桩承载力验算

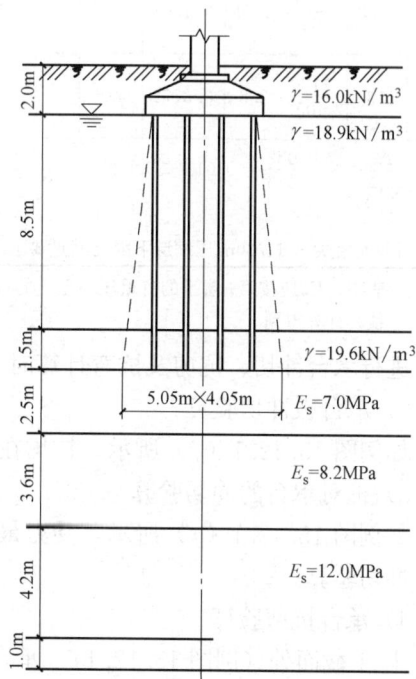

例图 15.12.1（e） 群桩沉降验算

按例表 15.12.1，对桩基础的沉降计算经验系数的规定，本例中取 $\psi_s=0.5$。则桩基础的最终沉降量 $s=3.773\text{cm}$。

7. 承台设计

承台构造尺寸如例图 15.12.1（f）所示。钢筋保护层取 10cm。

1）计算单桩净反力

单桩净反力，即不考虑承台及覆土重量时桩所受的力。

单桩净反力最大值：

$$Q'_{i\max}=\left[281.5-\frac{1}{12}（2.6\times3.6\times2\times20）\right]\times1.35=338\text{kN}$$

单桩净反力平均值：

$$Q'_i=1.35\times\frac{2500}{12}=281\text{kN}$$

545

i	z_i (cm)	$\dfrac{a}{b}=\dfrac{5.05}{4.05}=1.25$				E_{si} (MPa)	$\dfrac{p_0}{E_{si}}$	$\Delta s=\dfrac{p_0}{E_{si}}(z_i\alpha_i-z_{i-1}\alpha_{i-1})$ (cm)
		z_i/b	α_i	$z_i\alpha_i$	$z_i\alpha_i-z_{i-1}\alpha_{i-1}$			
0	0	0	1.0000	0	0		2	
1	250	$\dfrac{250}{405}=0.617$	0.8768	219	219	7.0	$\dfrac{140}{7.0\times1000}=0.02$	$0.02\times219=4.18$
2	610	$\dfrac{610}{405}=1.51$	0.5856	358	139	8.2	$\dfrac{140}{8.2\times1000}=0.017$	$0.017\times139=2.37$
3	1030	$\dfrac{1030}{405}=2.54$	0.4064	419	61	12.0	$\dfrac{140}{12.0\times1000}=0.0117$	$0.0117\times61=0.714$
4	1130	$\dfrac{1130}{405}=2.8$	0.3772	426	7	12.0	$\dfrac{140}{12.0\times1000}=0.0117$	$0.0117\times7=0.082$

$$\dfrac{\Delta s_n}{\sum_{i=1}^{n}\Delta s_i}=\dfrac{0.082}{7.546}=0.011<0.025 \qquad\qquad s=\sum\Delta s_i=7.546\text{cm}$$

计算至桩尖下 11.30m 压缩层下限已满足要求

注：表中，E_{si} 应按第 i 层土的自重压力至土的自重压力与附加压力之和的压力段由第 i 层土的压缩曲线（e-p 曲线）计算得到。

进行承台冲切、抗剪及抗弯计算时，均应采用单桩净反力设计值（按 $s=1.35S_k$）。

2）承台板冲切验算

如例图 15.12.1（f）所示，桩均在冲切角锥体范围内，故可不作冲切验算。

3）桩对承台的冲切验算

如例图 15.12.1（f）所示，受力最大的边桩均位于承台冲切角锥体范围以外，故可不作冲切验算。

4）承台抗剪验算

Ⅰ-Ⅰ截面处（例图 15.12.1f）承台抗剪验算：

边排桩单桩净反力最大值 $Q'_{imax}=338\text{kN}$，按 3 根桩进行计算。

剪切力 $V=3Q'_{imax}=3\times338=1014\text{kN}$

承台抗剪时的截面尺寸为：

对锥形承台，按式（15.12.32），其折算宽度 $b_{y0}=2.33\text{m}$；$h_0=1.0\text{m}$

则斜截面上受压区混凝土的抗剪强度为：

$V\leqslant\beta_{hs}\beta f_t b_0 h_0=0.9457\times1.429\times1100\times2.33\times1=3464\text{kN}$

Ⅰ-Ⅰ截面处满足抗剪验点要求。

Ⅱ-Ⅱ截面处（例图 15.12.1f）承台抗剪验算：

边排桩单桩净反力平均值 $Q'_i=281\text{kN}$，按 4 根桩进行计算。

剪切力 $V=4Q'_i=4\times281=1124\text{kN}$

承台抗剪时的截面尺寸：

对锥形承台按式（15.12.33），其折算宽度 $b=3.21\text{m}$；$h_0=1.0\text{m}$

则斜截面上受压区混凝土的抗剪强度为：

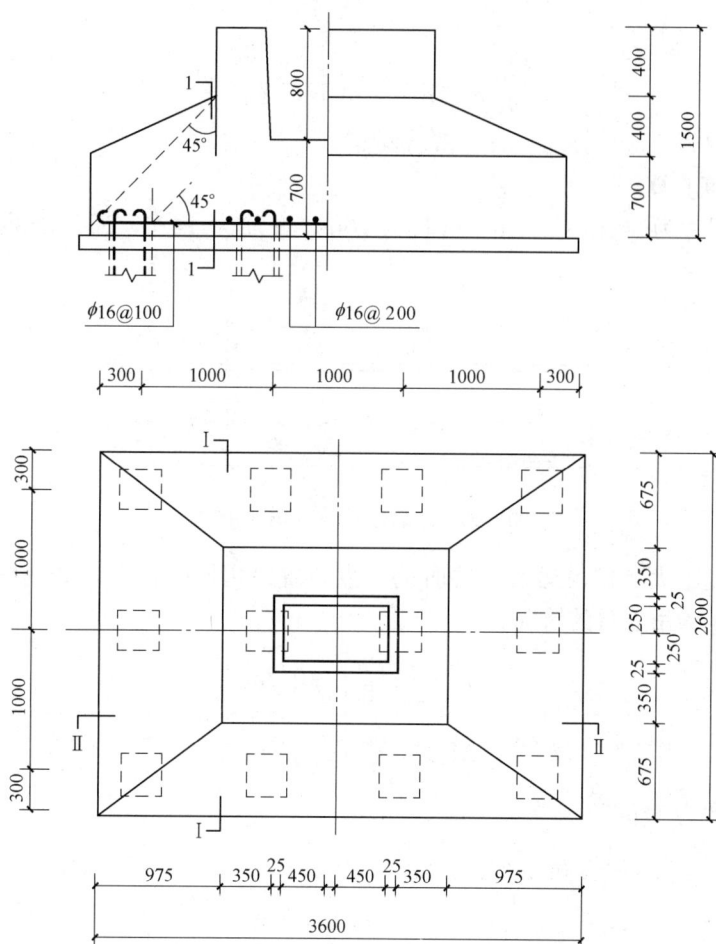

例图 15.12.1（f） 承台构造及配筋图

$$V \leqslant \beta_{hs}\beta f_t b_0 h_0 = 0.9457 \times 1.148 \times 1100 \times 3.21 \times 1 = 3833\text{kN}$$

Ⅱ-Ⅱ截面处满足抗剪验点要求。

5）承台板弯矩及配筋计算

（1）承台板弯矩计算 多桩承台的弯矩可在长、宽两个方向分别按单向受弯计算（例图 15.12.1f）：

Ⅰ-Ⅰ截面弯矩设计值 M_I，按 3 根桩计算：

$$M_I = 3 \times 338 \times (0.975 - 0.3) = 684\text{kN} \cdot \text{m}$$

Ⅱ-Ⅱ截面弯矩设计值 $M_{\rm II}$，按 4 根桩计算：

$$M_{\rm II} = 4 \times 281 \times (0.675 - 0.3) = 421.5\text{kN} \cdot \text{m}$$

（2）承台板配筋计算 取 $h_0 = 1.0\text{m}$，$K = 1.4$。

长向配筋：

$$A_{s1} = \frac{M_I}{0.9 h_0 f_y} = \frac{684 \times 10^6}{0.9 \times 1000 \times 210} = 36.2\text{cm}^2$$

选配$\Phi 20@200$ $A_s = 3.14 \times 13 = 40.8 \text{cm}^2$

短向配筋

$$A_{s2} = \frac{M_{II}}{0.9 h_0 f_y} = \frac{421.5 \times 10^6}{0.9 \times 1000 \times 210} = 22.30 \text{cm}^2$$

选配$\Phi 14@200$ $A_s = 1.54 \times 18 = 27.72 \text{cm}^2$

8. 桩的强度验算

桩的截面尺寸为 30cm×30cm，桩长为 10m，配筋为 4Φ20，通长配筋，钢筋保护层为 3.5cm。

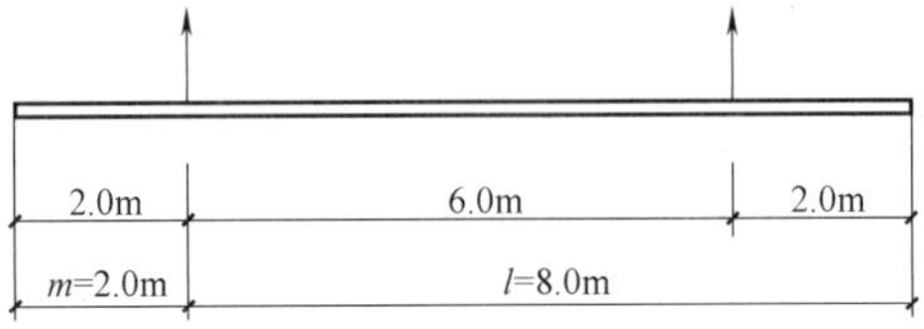

例图 15.12.1（g） 柱的吊点位置

因桩的长度不大，桩吊运及吊立时的吊点布置采用同一位置，如例图 15.10.1（g）所示。控制弯矩为吊立时的情况。

$$\lambda = \frac{m}{l} = \frac{2.0}{8.0} = 0.25$$

$$M_{\max} = \frac{q l^2}{8} (1 - \lambda^2)^2$$

取动力系数为 1.5。

$$M_{\max} = \frac{1}{8} \times 0.3^2 \times 24 \times 8^2 \times (1 - 0.25^2) \times 1.5 = 24.3 \text{kN} \cdot \text{m}$$

$$\alpha_s = \frac{M}{b h_0^2 f_{0m}} = \frac{24.3 \times 10^6}{300 \times 265^2 \times 110} = 0.01$$

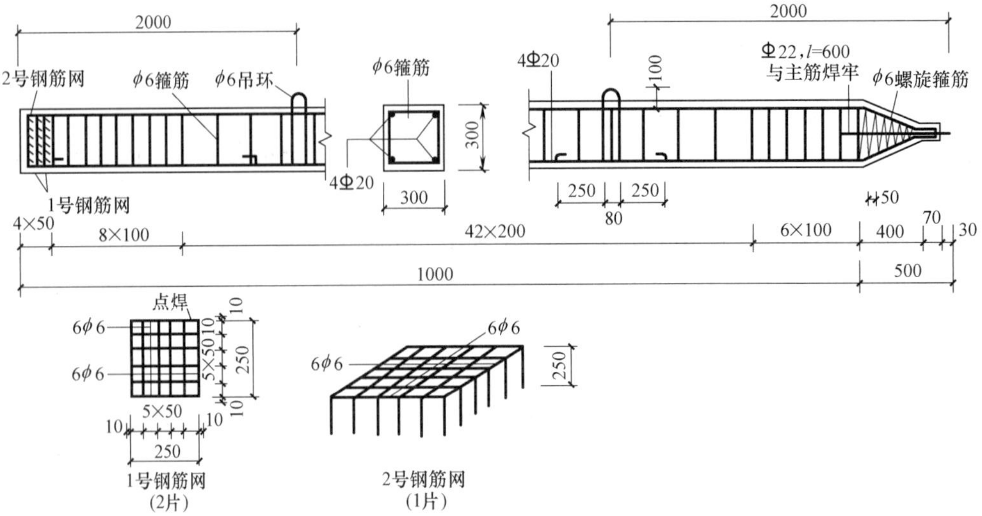

例图 15.12.1（h） 桩的配筋构造图

$$\gamma_s=0.5(1+\sqrt{1-2\alpha_s})=0.5\times(1+\sqrt{1-2\times0.01})=0.995$$

$$A_s=\frac{1.35M}{\gamma_s f_y h_0}=\frac{1.35\times24.3\times10^6}{0.995\times210\times260}=6.03\text{cm}^2$$

选配 $2\Phi20$，$A_s=2\times3.14=6.28\text{cm}^2$

桩的配筋构造见例图 15.10.1 （h）。

预制混凝土桩的配筋构造如例图 15.12.1 （h）所示。

预钻孔沉桩的单桩承载力略低于常规锤击沉桩的单桩承载力，但可使桩能较顺利地穿过一定厚度的硬土层而达下部更坚硬土层，这样可减小桩基沉降量。

15.13 预应力混凝土管桩

采用离心工艺和钢筋预应力张拉工艺成型的圆形截面的空心混凝土桩，称为预应力管桩。当前，管桩制作时大多采用先张法预应力张拉工艺，故常称为先张法预应力混凝土管桩。

15.13.1 概述

预应力管桩（prestress tube pile）的主要优点有单桩承载力高、适用范围广、桩长规格灵活、单位承载力造价低、接桩速度快、施工功效高、工期短、桩身耐打、穿透力强等，而且成桩质量可靠。预应力管桩一般采用工厂化生产，桩身质量可靠，只要严格执行沉桩操作规程，成桩质量较好，从而得到广泛应用。

预应力管桩的特点：

（1）单桩承载力高，桩身混凝土强度高，可打入较好桩端持力土层。

（2）运输吊装方便，接桩快捷，施工速度快，功效高，工期短。

（3）能适应锤击、静压、振动等多种沉桩方式，桩身耐打，穿透力强，破损率低。

（4）工业化生产，成桩质量可靠。

（5）单位承载力造价低，适用范围广，既适用多层建筑，也可用于中、高层建筑。

（6）属挤土桩，施工噪声大，对环境有一定的不利影响。

（7）不易穿透较厚的坚硬土层。

（8）桩身水平刚度差，构件延性低，在软土地区基坑开挖不当时容易引起桩位偏移甚至造成断桩。

15.13.2 预应力混凝土管桩的分类

建筑工程中常用的预应力管桩有：PC 桩（预应力混凝土管桩）、PHC 桩（高强预应力混凝土管桩）、PRC 桩（增强型 PHC 桩）、SC 桩（钢管离心混凝土桩）等，还可制成扩底型、竹节型等特殊桩型。管桩采用高强混凝土、先张预应力、蒸养或免蒸养等先进生产工艺，桩身质量可靠，产品价格低，在建筑市场上需求量极高，已成为一个新兴产业。

1）RC 桩 离心钢筋混凝土管桩，桩径 $\phi250\sim\phi600$，混凝土强度等级 C40，工程上已少用。

2）PC 桩 预应力混凝土管桩，桩径 $\phi400$、$\phi550$，20 世纪曾应用于铁道部门。大直径后张预应力管桩曾应用于港口工程部门。

3）PHC 桩 通常指先张法离心高强预应力混凝土管桩，桩径 $\phi300\sim\phi1000$，混凝土强度等级已达 C80 以上，按其制作时的有效压应力不同，分为 A 型、B 型、C 型及 AB 型等多种形式。A 型主要用于承受垂直荷载的桩基，B 型、C 型主要用于同时承受垂直及水平荷载的桩基。

4）PRC 桩 混合配筋高强预应力混凝土管桩，与 PHC 桩不同之处为桩身横截面中增配了部分非预应力纵筋，用以改善管桩的延性。

5）PTC 桩 预应力混凝土薄壁管桩，是管壁较薄、技术指标略低的一种 PHC 桩，工程上应用较少。

15.13.3 管桩材料

管桩是一种混凝土预制构件，其所用材料应满足混凝土制品的各种相关标准的规定。

1）水泥 强度等级不低于 42.5 级的 P·Ⅰ、P·Ⅱ 硅酸盐水泥或 42.5R 硅酸盐水泥。

2）砂、石集料 砂、石集料应符合《建设用砂》GB/T 14684 和《建设用卵石、碎石》GB/T 14685 的规定。

3）钢筋 目前管桩制品大多采用《预应力混凝土用钢棒》作为预应力混凝土管桩的主筋。端板材料采用 Q235B 板材。

管桩混凝土制作中尚需使用高效混凝土减水剂并添加多种矿物质粉料，对所用各种材料的要求，应满足《先张法预应力混凝土管桩》GB 13476 的规定。

管桩的主筋为预应力混凝土钢棒，钢棒强度高，但延性差，不符合《建筑抗震设计规范》中对钢筋材料的要求。《建筑抗震设计规范》规定，地震区钢筋用材，要求抗拉强度与屈服强度的比值不应小于 1.3，且钢筋在最大拉应力下的总伸长率不应小于 9%。由于钢棒的延性差，受弯作用下达到极限承载力时，不能形成塑性铰，管桩常呈现突然的脆性破坏。因此，在地震区使用管桩时，宜采用复式配筋的 PRC 桩，改善管桩的抗震性能。

15.13.4 管桩的制作与构造

先张法预应力管桩采用先张预应力工艺和离心成型法制成的一种空心圆筒形钢筋混凝土柱形构件，主要由圆柱形桩身、端板和钢套箍等组成（图 15.13.1）。管桩的接头可以采用端头板电焊连接法及采用法兰盘螺栓连接等不同接头形式。管桩构造及端部构造及端头板的形状如图 15.13.2 所示。

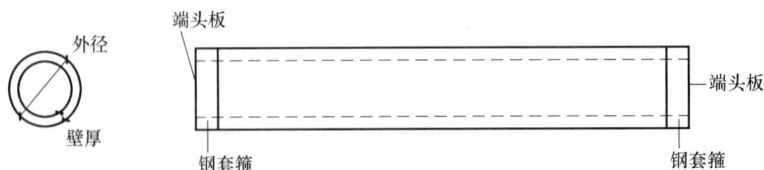

图 15.13.1 预应力混凝土管桩示意图

管桩最小配筋率不应小于 0.5%，并不得少于 6 根。管桩两端螺旋筋加密长度不小于外径的 3~5 倍且不得小于 2m。

管桩的钢筋混凝土保护层厚度不得小于 35mm，对于有腐蚀、冻融的水、土中的桩，其保护层厚度尚应满足混凝土类别的要求。

受压管桩与承台连接的构造示意如图 15.13.3 所示。灌芯混凝土内的配筋如表

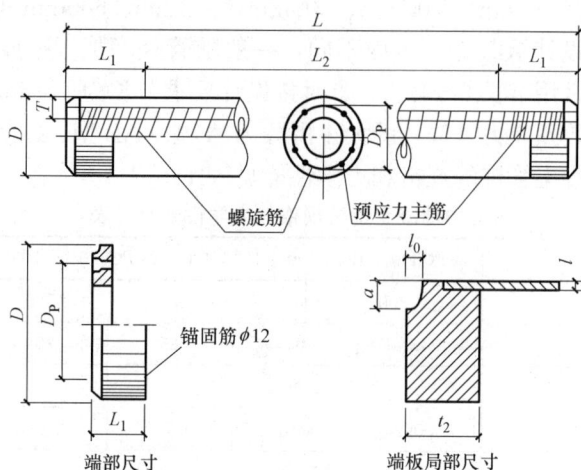

图 15.13.2 管桩构造及端部尺寸

15.13.1 所示。

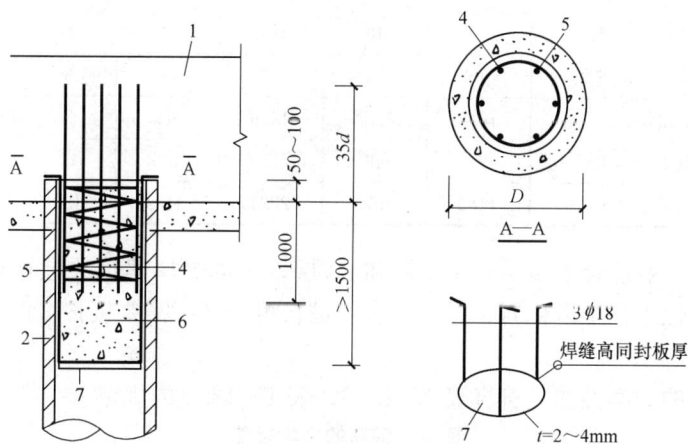

图 15.13.3 受压管桩与承台连接构造图

1—承台或底板；2—管桩；3—垫层；4—灌芯混凝土内纵筋；5—灌芯混凝土内箍筋；

6—微膨胀混凝土灌芯；7—支托钢板及吊筋

灌芯混凝土内配筋表 表 15.13.1

管桩外径	灌芯混凝土内配筋	
（mm）	4	5
300	$4\phi14$	$\phi6@200$
400	$4\phi16$	$\phi6@200$
500	$6\phi16$	$\phi8@200$
600	$6\phi18$	$\phi8@200$

15.13.5 预应力管桩规格与基本性能

1. 预应力管桩规格与基本性能

先张法管桩外径有 300mm、400mm、500mm、550mm、600mm 等规格。管壁厚55～130mm，应视管径、设计承载力大小而不同，一般随管径增加，壁厚也增加。管桩每节长一般不超过 15m，常用节长 8～12m，有时按设计要求节长为 4～5m。

预应力管桩按有效预应力（筋）的大小可分为 A 型、AB 型、B 型和 C 型，对应配筋由少到多。预应力混凝土管桩的规格和力学性能见表 15.13.2。

预应力混凝土管桩规格与力学性能参考表　　　　　　　　表 15.13.2

规格			B_1 PC300	B_1 PC400	B_2 PC400	B_1 PC550	B_1 PHC550	PHC550	PHC600
直径(mm)			300		400		550		600
壁厚(mm)			45	55		65	70	100	105
混凝土强度等级			C60				C80		
重量(t/m)			0.092	0.153		0.173	0.264	0.37	0.42
桩节长度(m)			6～14				6～15		
配筋	预应力筋	直径(mm)	$\phi5$	$\phi7.4$	$\phi7.4$	$\phi9.2$	$\phi9.2$	$\phi11$	$\phi11$
		数量	8	7	9	8	8	10	11
	螺旋筋	直径(mm)	$\phi3.5$	$\phi4.0$	$\phi4.0$	$\phi4.8$	$\phi4.8$	$\phi4.8$	$\phi4.8$
		L_1 螺距	50	40	40	40	40	40	40
		L_2 螺距	100	80	80	80	80	80	80
抗裂弯矩(kN·m)			16.8	35.8	43.9	94	96	140	176
极限弯矩(kN·m)			24	49	71.9	140	145	240	294
轴心受压极限值(kN)			1180	1970	2291	3470	4226	5680	6580

预应力管桩一般适合于多层、小高层和 25 层以下的高层建筑的桩基础。桩持力层可选在黏性土、砂性土、全风化岩、强风化岩。桩长可按实际需要接长（但长径比应控制在 100 以内）。

预应力钢筋的力学性能应符合表 15.13.3、表 15.13.4 的规定。

预应力钢筋的力学性能　　　　　　　　表 15.13.3

抗拉强度值（MPa）	规定非比例延伸强度（MPa）	弹性模量（N/mm²）	1000h 量大松弛值（%）	最大力总伸长率（%）		断后伸长率（%）	
				延性 35	延性 25	延性 35	延性 25
≥1420	≥1280	2.0×10^5	2.0	3.5	2.5	7	5

预应力钢筋的基本尺寸　　　　　　　　表 15.13.4

公称直径（mm）	基本直径及允许偏差（mm）	公称截面面积（mm²）	最小截面面积（mm²）	理论质量（kg/m）	允许最小质量（kg/m）
7.1	7.25±0.15	40.0	39.0	0.314	0.306
9.0	9.15±0.20	64.0	62.4	0.502	0.490
10.7	11.10±0.20	90.0	87.5	0.707	0.687
12.6	13.10±0.20	125.0	121.5	0.981	0.954
14.0	14.15±0.20	154.0	190.2	1.209	1.184

2. 混合配筋预应力管桩

采用高强度钢棒（抗拉强度≥1420MPa）为主筋的预应力管桩，因钢棒延性差，易发生脆断的现象，构件延性达不到《建筑抗震技术规范》GB 500011 规定的在地震区对钢材性能的要求，因此采用混合配筋的预应力管桩可以提高构件的延性，扩大了管桩的应用范围。混合配筋预应力管桩（PRC）的配筋示意如图 15.13.4 所示。

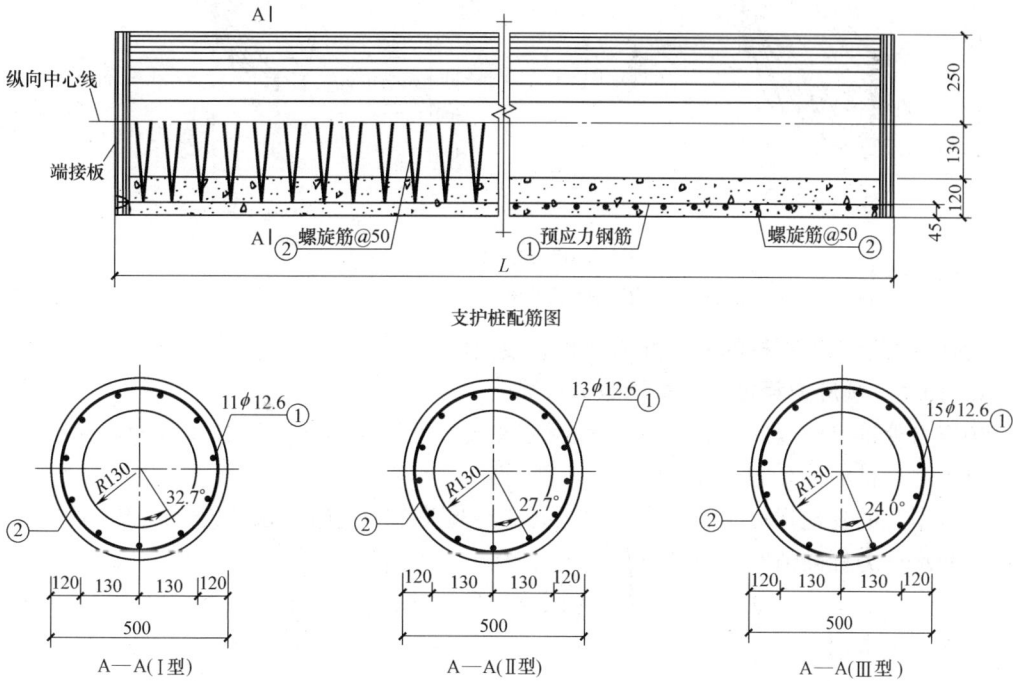

图 15.13.4 混合配筋预应力管桩

注：1. ①号筋为预应力筋，②号筋为螺旋箍筋。

2. L 为单节支护桩长度，一般长 7～16m，以 1m 模数递增。

3. Ⅰ、Ⅱ、Ⅲ型单节桩张拉控制力分别为 1366.8kN、1615.3kN、1863.8kN。

4. 桩身混凝土强度等级为 C80（GZH）、C60（ZH）。

5. 支护桩端板详见图 15.13.2。

通过 16 根混合配筋预应力混凝土管桩的抗震性能试验，桩身位移延性系数 2.6～3.9，平均值为 3.25，混合配筋不仅可以提高预应力混凝土管桩的承载能力，还能显著提高其延性和耗能能力。典型混合配筋预应力混凝土管桩与普通预应力混凝土管桩滞回曲线如图 15.13.5 所示。

普通预应力混凝土管桩破坏模式为预应力筋拉断导致全截面脆性破坏，而混合配筋预应力混凝土管桩的破坏时预应力筋拉断，非预应力筋受拉屈服，存在受压区混凝土压碎现象，呈延性受弯破坏形态。在往复荷载作用下的混合配筋预应力管桩，非预应力筋与预应力筋的配筋强度比在 0.72～1.43 时，管桩的极限承载力相比于 PHC 管桩提高了 30%～60%。随着配筋强度比的提高，管桩的极限承载力增大。当配筋强度比在 0.9～1.2 时，混合配筋预应力混凝土管桩的位移延性系数能达到 3.0 以上，相比于 PHC 管桩提高了 60% 以上，表现出很好的延性性能。配置非预应力筋可以显著提高 PHC 管桩在低周往复荷载作用下的延性性能。《预应力混凝土管桩技术标准》JGJ/T 406—2017 中对混

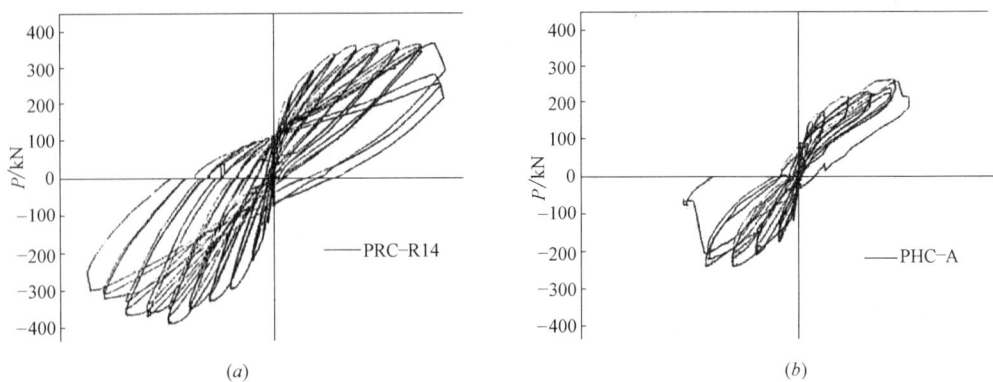

图 15.13.5

(a) 混合配筋预应力混凝土管桩；(b) 普通预应力混凝土管桩

合配筋预应力混凝土管桩的桩身配筋及相关参数作了介绍。

15.13.6　预应力管桩的单桩承载力计算

预应力管桩单桩竖向承载力计算的经验公式，可按《建筑桩基技术规范》JGJ 94 中的混凝土空心桩的计算方法计算。

当根据土的物理指标与承载力参数之间的经验关系确定敞口预应力混凝土空心桩单桩竖向极限承载力标准值时，可按下列公式计算：

$$Q_{uk} = Q_{sk} + Q_{pk} = u \sum q_{sik} l_i + q_{pk}(A_j + \lambda_p A_{pl}) \qquad (15.13.1)$$

当 $h_b/d < 5$ 时

$$\lambda_p = 0.16 h_b/d \qquad (15.13.2)$$

当 $h_b/d \geqslant 5$ 时

$$\lambda_p = 0.8 \qquad (15.13.3)$$

式中　q_{sik}、q_{pk}——分别按表 15.4.4 和表 15.4.5 取与混凝土预制桩相同值；

A_j——空心桩桩端净面积：

管桩：$A_j = \dfrac{\pi}{4}(d^2 - d_1^2)$；

空心方桩：$A_j = b^2 - \dfrac{\pi}{4} d_1^2$；

A_{pl}——空心桩敞口面积：$A_{pl} = \dfrac{\pi}{4} d_1^2$；

λ_p——桩端土塞效应系数；

d、b——空心桩外径、边长；

d_1——空心桩内径。

15.14　抗　拔　桩

15.14.1　概述

桩基础承受上拔力的结构类型较多，主要有高压输电线路塔架、高耸建筑物（如电视塔等）、受地下水浮力的地下结构物（如地下室、水池、深井泵房、车库等）、水平荷载作用下出现上拔力的结构物（如叉桩情况）以及膨胀土地基上建筑物等。与单桩竖向抗压荷载传递相比，对桩在竖向上拔荷载传递机理的认识还很不充分，其设计计算方法也很不成熟，因而需加深对影响单桩抗拔承载力因素的研究。

1. 影响单桩抗拔承载力的因素

影响桩抗拔承载力的因素较多，主要包括以下几个方面：

(1) 桩的几何特性如桩长、桩断面形状及尺寸、桩端扩底情况等；

(2) 桩的施工方法。不同的施工方法对地基的影响不同，导致桩侧土体性质的改变不同；

(3) 桩的材料特性如材料类型、桩身强度等；

(4) 桩侧土特性如土的类别、软硬或密实程度以及土层层位关系等；

(5) 桩上荷载特性如桩的加载历史以及桩上拔荷载大小及与其他荷载组合情况等。

2. 确定单桩抗拔承载力的主要方法

一般来说，桩在承受上拔荷载后，其抗力可来自三个方面——桩侧的摩擦力、桩的自重以及带有扩大端头桩的桩端阻力。其中，对直桩而言，桩侧摩阻力是最主要的。由于除桩重以外，对其他两部分阻力的发挥机理及其估算方法研究得还不够，故以桩抗拔静载试验确定单桩抗拔承载力是最主要而可靠的方法，因而重要工程均应进行现场抗拔试验。对次要工程或无条件进行抗拔试验时，实用上可按经验公式估算单桩抗拔承载力。

15.14.2 抗拔桩的受力机理与破坏模式

抗拔桩的荷载传递机理与抗压桩类似，只不过方向相反，在上拔荷载作用下，桩身首先将荷载以桩侧向下的侧阻力的形式传递到周围土中。一般情况下，桩的上拔量在 6～10mm 条件下，桩侧抗拔承载力即可达到极限值，为提高桩的抗拔承载力常在桩底进行扩底，做成扩底桩，可以大幅度提高单桩的抗拔承载力，为优化抗拔桩设计提供条件。

与抗压桩类似，抗拔桩的工作状态同样分为单桩抗拔和群桩整体抗拔两类，除进行单桩抗拔设计计算外，对于桩距小的抗拔群桩应进行群桩抗拔承载力验算。

抗拔桩的抗拔破坏模式如图 15.14.1 所示。

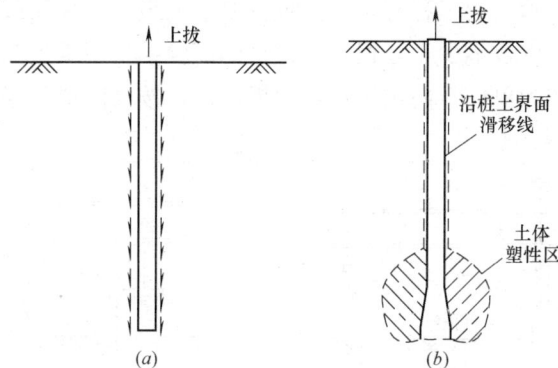

图 15.14.1 抗拔桩的破坏模式

(a) 等截面桩；(b) 中长扩底桩

等截面直桩在上拔荷载作用下，初始阶段上拔阻力主要由浅部土层提供，桩身上拔侧阻力自上而下逐渐发挥，桩土间的相对位移量约在 6～10mm 时，上拔侧阻力即达到极限值。随后，桩即从土中拔出，是一种纯摩擦桩（图 15.14.1a）。

中长桩为提高桩的抗拔承载力，常可做成桩端带扩大头的形式（图 15.14.1b），可以大幅度提高桩的抗拔力。扩底桩的抗拔承载力受扩大头的破坏模式影响，扩底端的破坏形态与土的抗剪强度有关，土中内摩擦角越大，受扩底影响的破坏柱体越长。通常在桩底以上长度约（4～10）d（桩径）范围内，破裂柱体直径扩大至扩底直径，然后破裂面缩小至桩土界面。

扩底抗拔桩的承载力计算简图，可简化成如图 15.14.2 所示的柱状体。其中，l_1 段桩身截面计算周长 $U_{s1}=\pi d$；l_2 段桩身截面计算周长 $U_{s2}=\pi D$；扩底段影响范围 H' 一般自扩底段的起始位置往上取 $8D$。

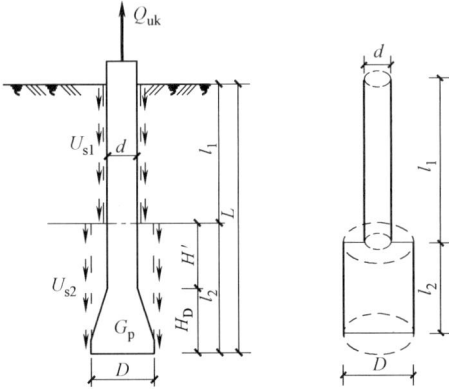

图 15.14.2　扩底抗拔桩承载力计算图示

15.14.3　抗拔静载荷试验

桩的抗拔静载荷试验装置如图 15.14.3 所示。

单桩竖向抗拔静载试验设备主要由主梁、次梁（适用时）、反力桩或反力支承墩等反力装置，千斤顶、油泵加载装置，压力表、压力传感器或荷重传感器等荷载测量装置，百分表或位移传感器等位移测量装置组成。

试验时，加载应分级进行，采用逐级等量加载，分级荷载宜为预估极限抗拔承载力的 1/10。

当出现下列情况之一时，可终止加载：

（1）在某级荷载作用下，桩顶上拔量大于前一级上拔荷载作用下的上拔量的 5 倍；

（2）按桩顶上拔量控制，当累计桩顶上拔量超过 100mm 时；

（3）按钢筋抗拉强度控制，钢筋应力达到钢筋强度标准值的 0.9 倍；

（4）对于验收抽样检测的工程桩，达到设计要求的最大上拔荷载值。

抗拔静载试验受检桩数不少于 3 根，受检桩的试验结果当满足其极差不超过平均值的 30% 时，取其平均值作为单桩竖向抗拔承载力极限值，按极限值一半取值为单桩抗拔承载

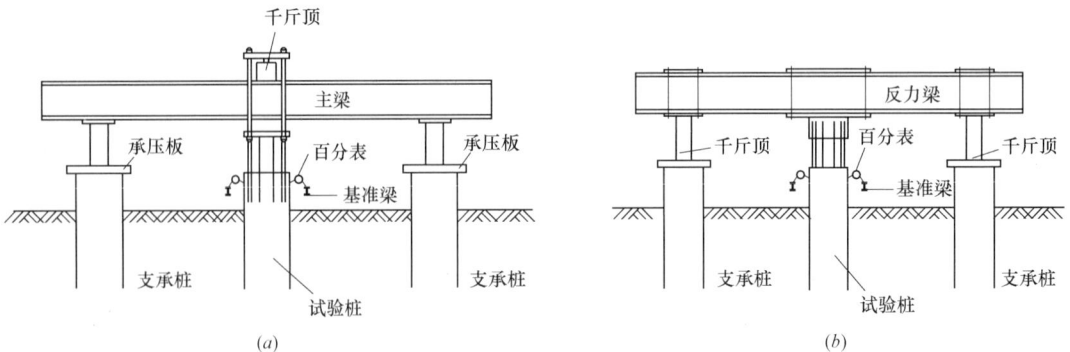

图 15.14.3　抗拔试验装置示意图

力特征值。

15.14.4 抗拔桩的设计计算

桩基的抗拔承载力破坏可以是单桩拔出或群桩整体（类似于实体深基础）拔出两种破坏模式。抗拔桩设计时，桩距都较大，通常桩距大于 $6d$（桩径）时，按单桩抗拔验算；桩距为 $(3\sim4)d$ 时，按群桩整体抗拔验算。

（1）对于设计等级为甲、乙级建筑桩基，应通过单桩现场上拔试验确定单桩抗拔极限承载力。群桩的抗拔极限承载力难以通过试验确定，故可通过计算确定。

（2）对于设计等级为丙级建筑桩基，可通过计算确定单桩抗拔极限承载力，但应进行工程桩抗拔静载试验检测。

单桩抗拔承载力确定的经验公式中的桩侧抗拔摩阻力，通常采用抗压极限承载力的侧摩阻力值乘以抗拔系数 λ（表15.14.2）进行折减的计算方法。

1. 单桩抗拔承载力经验公式

单桩抗拔承载力应通过现场抗拔静荷载试验确定，初步设计时，可按式（15.14.1）进行估算。

$$T_{uk} = \sum \lambda_i q_{sik} u_i l_i \tag{15.14.1}$$

式中 　T_{uk}——基桩抗拔极限承载力标准值；

　　　u_i——桩身周长，对于等直径桩取 $u=\pi d$；对于扩底桩，按表15.14.1取值；

　　　q_{sik}——桩侧表面第 i 层土的抗压极限侧阻力标准值，由当地静载荷试验结果统计分析得到；

　　　λ_i——抗拔系数，可按表15.14.2取值。

扩底桩破坏表面周长 u_i 　　　　　　　　　　　　表15.14.1

自桩底起算的长度 l_i	$\leqslant(4\sim10)d$	$>(4\sim10)d$
u_i	πD	πd

注：l_i 对于软土取低值，对于卵石、砾石取高值；l_i 取值随内摩擦角增大而增加。

抗拔系数 λ 　　　　　　　　　　　　　　表15.14.2

土类	λ 值
砂土	$0.50\sim0.70$
黏性土、粉土	$0.70\sim0.80$

注：桩长 l 与桩径 d 之比小于20时，λ 取小值。

取单桩抗拔极限承载的一半作为单桩抗拔承载力的特征值。

群桩呈整体抗拔破坏时，群桩中基桩的抗拔极限承载力标准值可按下式计算：

$$T_{gk} = \frac{1}{n} u_l \sum \lambda_i q_{sik} l_i \tag{15.14.2}$$

式中 　u_l——群桩外围周长。

2. 抗拔桩桩身裂缝控制

按桩基结构的耐久性设计要求，抗拔桩的桩身裂缝控制应满足以下条件：

（1）应根据环境类别及水、土对钢筋的腐蚀、钢筋种类对腐蚀的敏感性和荷载作用时间等因素，确定抗拔桩的裂缝控制等级；

（2）对于严格要求不出现裂缝的一级裂缝控制等级，桩身应设置预应力筋；对于一般要求不出现裂缝的二级裂缝控制等级，桩身宜设置预应力筋；

（3）对于三级裂缝控制等级，应进行桩身裂缝宽度计算。

桩身裂缝控制等级及最大裂缝宽度应根据环境类别和水、土介质腐蚀性等级，按表15.14.3规定选用。

桩身的裂缝控制等级及最大裂缝宽度限值 　　　　　　　表15.14.3

环境类别		钢筋混凝土桩		预应力混凝土桩	
		裂缝控制等级	w_{lim}（mm）	裂缝控制等级	w_{lim}（mm）
二	a	三	0.2(0.3)	二	0
	b	三	0.2	二	0
三		三	0.2	一	0

注：1. 水、土为强、中腐蚀性时，抗拔桩裂缝控制等级应提高一级。

　　2. 二 a 类环境中，位于稳定地下水位以下的基桩，其最大裂缝宽度限值可采用括弧中的数值。

3. 抗拔桩基础的验算

由群桩组成的抗拔桩基，应进行群桩中单桩抗拔验算及群桩整体抗拔验算。抗拔群桩基础可视作实体深基础，按经验公式估算时，抗拔作用中可以计入桩体自重及实体深基础自重。

承受拔力的桩基，应按下列公式同时验算群桩基础呈整体和非整体破坏时基桩的抗拔承载力：

$$N_k \leqslant T_{gk}/2 + G_{gp} \tag{15.14.3}$$

$$N_k \leqslant T_{uk}/2 + G_p \tag{15.14.4}$$

式中　N_k——按荷载效应标准组合计算的基桩拔力；

　　　T_{gk}——群桩呈整体破坏时基桩的抗拔极限承载力标准值；

　　　T_{uk}——群桩呈非整体破坏时基桩的抗拔极限承载力标准值；

　　　G_{gp}——群桩基础所包围体积的桩土总自重除以总桩数，地下水位以下取浮重度；

　　　G_p——基桩自重，地下水位以下取浮重度，对于扩底桩应按表15.14.2确定桩、土柱体周长，计算桩、土自重。

15.15　超长灌注桩

15.15.1　概述

超高层建筑荷载大，具有对地基承载力、稳定、沉降等控制要求高的特点。如上海中心大厦，核心筒范围内的平均压力高达3000kPa，常规桩基础承载能力已满足不了要求，大直径超长灌注桩应运而生。在建筑工程中的大直径超长灌注桩，主要指直径大于800mm、桩长超过50m、长径比大于50的灌注桩。近年来，其在超高层建筑已有很多应用，表15.15.1列出了部分工程应用情况。

15.15.2　超长桩的特点

超长灌注桩通常穿越土性复杂、性状变化较大的多层土体，进入承载力较高、埋深较大的地层，以获得较高的承载力和沉降变形控制能力，其在设计、施工、检测等方面与中、短桩均有较大不同。就超长灌注桩技术特点而言，主要表现为：

超长桩桩端入土深度较大，桩端土层为密实土层，并采用灌注桩后注浆技术加固桩端

名称	高度(m)	层数	桩型	桩径(mm)	桩端埋深(m)	桩端持力层
天津津塔	336.9	75	钻孔灌注桩	1000	85.0	粉砂层
无锡太湖广场	339.0	83	钻孔灌注桩	850	74.0	粉质黏土
温州鹿城广场	350.0	75	钻孔灌注桩	1100	110.0	中风化闪长岩
苏州国际金融中心	450.0	92	钻孔灌注桩	1000	90.0	细砂
上海中心大厦	632.0	121	钻孔灌注桩	1000	88.0	粉砂夹中粗砂层
天津117大厦	600.0	117	钻孔灌注桩	1000	98.0	粉砂层
苏州中南中心	658	138	钻孔灌注桩	1100	110.0	粉细砂
上海白玉兰广场	320.0	66	钻孔灌注桩	1000	85.0	含砾中粗砂
北京CCTV新主楼	234.0	51	钻孔灌注桩	1200	51.7	砂卵石
武汉中心大厦	438.0	88	钻孔灌注桩	1000	65.0	中风化泥岩、砂岩

沉渣和桩身泥皮，单桩承载力高。桩身通常采用高强混凝土，以满足桩身强度与地基支承力相协调的问题。

大直径超长灌注桩，通常采用泥浆护壁的成孔工艺。超深钻孔成孔时间长，孔壁稳定条件复杂，对桩的垂直度、泥皮及沉渣厚度的控制严格，施工难度大。

检测是保证超长桩质量的重要手段，检测要求全面，包括桩孔形状、深度、垂直度、沉渣厚度、桩身完整性、混凝土质量、后注浆加固效果、承载力等方面。

超长桩的静载荷试验要求高、难度大，事前应进行周密的设计。当地下室埋置较深且在地面进行试验时，需要在基坑开挖深度范围内设置双套管，消除开挖段土体对桩侧阻力的影响。除承载力外应进行桩身轴力，桩顶及桩端位移量测，分析侧阻端阻发展变化规律，桩顶、桩端及桩身的荷载沉降曲线（Q-s曲线）。

15.15.3 超长桩的荷载传递特点

大量实测数据表明，桩端清渣干净和采用桩端后注浆工艺的大直径超长灌注桩，加载至桩基极限承载力的资料较少，试验荷载作用下，试桩 Q-s 曲线以缓变型为主，不存在明显的拐点，表现出较高的承载力和良好的沉降控制能力。

（1）超长桩上部土层的侧摩阻力先于下部发挥作用，荷载达到一定水平后，下部土层的侧摩阻力才逐渐发挥出来。随加载和桩土位移的增加，桩身上部桩侧摩阻力较早发挥至极限并进一步出现软化现象，其残余强度约为峰值的 0.7～0.9 倍。由于桩的长度大，桩身下部位移小，下部侧阻存在不能充分发挥现象。

（2）在工作荷载作用下，超长桩侧摩阻力常常是呈现桩身中部大、桩顶和桩端小的规律，桩顶至桩身一定范围内呈近似线性增长。超过一定深度后，侧摩阻力因未得到充分发挥而沿深度减小或基本保持不变。

（3）超长桩的端阻力发挥有明显的滞后性，由于桩端沉降量小，桩端阻力很难得到充分发挥。端阻力在整个承载力中所占的比例明显小于侧阻力，主要表现为摩擦型桩的特点。

（4）桩侧摩阻力的发挥与桩端支承条件有关。当桩端软弱或沉渣较厚，不仅端阻承载力低，还会使侧摩阻力的发挥大打折扣，使得其在相对较小的荷载作用下便发生陡降破坏。桩端后注浆改善了桩端支承条件，桩端的嵌固作用加强，桩侧摩阻力可以发挥到较高的水平。

（5）超长桩桩身长径比大、刚度较小，桩顶荷载不易向下传递，承载效率较低，以较大的桩顶变形为代价来获取较高的承载力，极限承载力往往由桩顶变形和桩身强度来控制，很难实现侧阻与端阻皆达到极限的理论状态。

（6）超长桩基础的沉降由桩身压缩和桩端下土体压缩两部分组成。在总沉降量中，超长桩桩身压缩量占的比例较高。尤其是在工作荷载下，超长桩桩基沉降大多为桩身压缩。

（7）由于桩身压缩量大，在桩顶沉降达到控制值时，桩端沉降量还不大，还远未达到桩端阻力完全发挥所需要的沉降量，将大大影响超长桩端部承力的发挥，所以要选择合适的桩长及长径比。

（8）关于超长桩的临界桩长

一定桩径的长桩，在极限荷载 Q_u 作用下，存在一个临界桩长 L_u，见图 15.15.1。L_u 以下桩段上的桩侧摩阻力为零，这时桩顶沉降 s_u 将等于在极限侧阻 f_u 作用下的桩身压缩量 s_s。从部分超长桩的静载荷试验资料得知，对于桩径为 1.0m 的超长灌注桩，达到临界桩长的长径比约为 80。超长桩设计时，桩长一般不宜大于临界桩长。

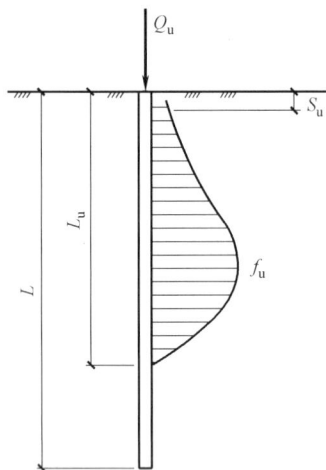

图 15.15.1 超长桩临界
桩长示意图

超长桩形成的群桩实体深基础中的单桩的侧摩阻力不能充分发挥。在实体深基础底部仍可测得一定的桩端阻力分布，群桩的沉降仍可由桩端下土体的压缩和桩身压缩两部分组成。

（9）群桩效应

超高层建筑荷载大，但主体建筑结构底盘小，在 3 倍桩径间距要求，通常采用满堂布桩的方式才能满足上部荷载的需求。建筑工程的桩径范围约为 800～1200mm，长径比往往大于 50，每个工程桩数都在数百根，群桩效应明显。

群桩中，单桩端阻增大、侧阻减小，端阻占比高于单桩。群桩端阻平面内，竖向应力明显增大。因此，超长桩基础更宜于按实体深基础模型进行承载力和变形分析。超长桩采用后注浆后，单桩承载力得到大幅提高，由于群桩效应的存在，按变形控制是超长桩设计的基本原则。即使在工作荷载作用下，桩身压缩和密集群桩之间的相互作用是影响沉降的主要因素，这是按变形设计中与常规桩基明显不同的地方。

15.15.4　超长桩静载荷试验

超高层建筑的超长桩的设计、施工实践经验相对较少。因此，设计前确定单桩承载力及施工工艺参数的现场试成桩及静载试验就显得十分重要。静载试验要求与常规桩有所不同。

为设计提供依据的试桩应在施工图设计前进行，数量不宜小于预估总桩数的 0.5% 且不小于 3 组。载荷试验应加载至极限，宜采用桩锚法加载。试锚桩桩身混凝土和钢筋的强度需满足试验拟定最大加载值的要求，并有一定的安全储备。

（1）试桩最大试验荷载不宜超过桩身强度标准值的 0.85 倍，见式（15.15.1）。由于试桩加载值较高，试桩采用的混凝土强度可较工程桩提高 1～2 个等级，并加强桩身配筋。考虑到试验荷载为临时荷载，试桩可采用混凝土强度标准值进行桩身强度验算。

$$N_s \leqslant 0.85(f_{ck}A_p + f_{yk}A_s) \qquad (15.15.1)$$

式中　N_s——试桩最大加载值；

　　　f_{ck}——混凝土轴向抗压强度标准值；

　　　A_p——桩身横截面积；

　　　f_{yk}——纵向主筋屈服强度标准值；

　　　A_s——纵向主筋截面面积。

（2）在试桩加载时，每根锚桩荷载为最大加载值除以锚桩数量并乘以 1.2（考虑荷载偏心引起的局部荷载增加）。由于试桩需加载至极限承载力，对应的锚桩抗拔力也应采用极限值，应满足式（15.15.2），锚桩配筋的强度应满足式（15.15.3）。

$$T_m \geqslant 1.2N_s/n \qquad (15.15.2)$$

$$0.85f_{yk}A_s \geqslant 1.2N_s/n \qquad (15.15.3)$$

　　　T_m——锚桩抗拔承载力极限值；

　　　n——锚桩数量，一般为 4 根；当荷载特别大时，也可采用 6 根。

超长桩现场试验加载等级较高且需要满足加载仪器的布置及桩顶量测内容的实现等要求，试桩桩头需要专门设计。当超高层建筑基础埋深较大，在地面试桩时必须合理考虑开挖段桩侧摩阻力扣除问题。采用双层钢套管隔离基坑开挖段桩土接触作用，能较真实模拟工程桩实际受荷状态和承载机理，进而更为合理地确定工程桩承载力。

试桩设计需重点关注施工机具与工艺参数，测试内容、方法与结果，并根据试桩情况总结形成大面积工程桩施工导则。

15.15.5　超长桩设计

超长桩基础设计原则上与常规桩基相同，因桩超长而引起的荷载传递机制的不同，在设计时应考虑下列不同特点。

1. 超高层建筑物的允许变形值

目前，还没有超高层建筑物允许变形值的规定，设计时可参照地基基础设计规范中对高层建筑物的变形允许值的规定。一般认为，高层建筑沉降在 100mm 以内，不会对建筑功能有明显影响。高层建筑的倾斜不超过 1/300 时，可以保证电梯的正常运行。随着建筑高度的增加，建筑整体的允许沉降值和允许角变形值更为严格，但对于建造在软土地区的超高层建筑，应用十分严格的标准是不切实际的，有可能是无法达到。软土地区超高层建筑基础最终总沉降量可以控制在 150mm 以内。

2. 构造

（1）宜将桩的长径比控制在 65 以内。

（2）桩身宜采用高强混凝土，但混凝土强度等级不宜大于 C50。

（3）桩的主筋配置应由计算确定。桩顶以下 8 倍桩身直径范围内，应保证适当的配筋率及配箍率，并有一部分主筋沿桩身通长设置。

（4）超长桩是以桩侧摩阻力的抗力为主的摩擦型桩。采用后注浆技术克服桩端沉渣和泥皮的影响，保障并提高承载力的发挥是必不可少的技术措施。桩端后注浆或桩端桩侧联合后注浆的注浆参数应结合地层条件，通过现场试验确定。

（5）大直径超长灌注桩在高应力状态下，桩身压缩变形表现出较大的塑性变形。因此，在轴力大的桩身上部一定范围内，桩身配箍率宜按塑性混凝土的要求配置。

3. 超长桩单桩承载力的确定

大直径超长灌注桩穿越土层多、土性复杂，深层土体的物理力学指标难以把握，单桩竖向极限承载力标准值应通过单桩静载试验确定。在初步设计和试桩设计时，大直径超长灌注桩的单桩极限承载力标准值估算宜根据土的物理指标与承载力参数之间的经验关系，按式（15.15.4）估算：

$$Q_{uk} = Q_{sk} + Q_{pk} = u \sum \psi_{si} q_{sik} l_i + \psi_p q_{pk} A_p \tag{15.15.4}$$

式中　q_{sik}——桩侧第 i 层土极限侧阻力标准值；

　　　q_{pk}——极限端阻力标准值；

　　ψ_{si}、ψ_p——大直径桩侧阻、端阻尺寸效应系数；

　　　u——桩身周长。

根据式（15.15.4）计算单桩竖向极限承载力核心问题是桩的极限侧阻力标准值和极限端阻力标准值经验参数的取值，其取值应充分参考岩土工程勘察报告、当地经验及邻近场地的试桩资料。

超长桩侧阻本身的发挥是一个异步的过程，桩身上部桩侧摩阻力较早发挥至极限并进一步出现加工软化现象，其残余强度约为峰值的 0.7～0.9 倍。端阻力发挥也有明显的滞后性，很难达到式（15.15.4）中侧阻与端阻皆达到极限的理论状态。

宜通过静载试验中埋设桩身轴力测试元件，以确定并建立极限侧阻力标准值、极限端阻力标准值与土层物理指标、岩石饱和单轴抗压强度以及与静力触探等土的原位测试指标间的经验关系。

大直径尺寸效应系数取值详见《建筑桩基技术规范》JGJ 94—2008 中表 5.3.6-2。大直径尺寸效应系数主要是针对桩成孔后产生应力释放，孔壁出现松弛变形，导致侧阻力有所降低；端阻力呈现以压剪变形为主导的渐进破坏，得不到充分发挥。对于大直径超长桩，还应考虑施工成孔时间长、桩身泥皮过厚、桩端沉渣等问题，采取后注浆措施和加强质量控制是关键。后注浆对承载力的提高效应可参照《建筑桩基技术规范》JGJ 94—2008 中第 5.3.10 条估算。

4. 沉降计算

超长桩基础的沉降计算，实用上仍可按实体深基础模型进行估算，如采用《建筑桩基技术规范》JGJ 94 推荐的等效作用分层总和法计算。沉降计算中压缩层深度的确定，宜采用应力比法，计算深度至附加应力与土的自重应力之比达到20％处的位置。

超长桩的沉降由桩身压缩和桩端下土层压缩两部分组成，而且桩身压缩在总沉降中占相当高的比例。

图 15.15.2 为一超长灌注桩荷载-桩顶沉降（Q-s）、荷载-桩端沉降（Q-s_b）及荷载-桩身压缩（Q-s_e）曲线。可以看出，桩身压缩在桩的总沉降中占一定比例，而且桩身压缩由

弹性变形及塑性变形两部分组成。

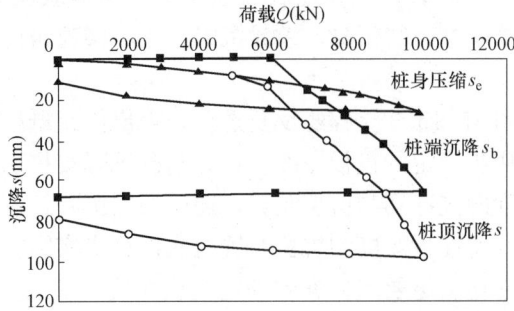

图 15.15.2　常规灌注桩荷载-沉降（Q-s）、荷载-桩端沉降（Q-s_b）、
荷载-桩身压缩（Q-s）曲线

在工作荷载作用下大直径超长桩的桩身压缩可按式（15.15.5）计算。

$$s_e = \xi_e \frac{Q \cdot l}{E_c \cdot A_{ps}} \qquad (15.15.5)$$

式中　s_e——计算桩身压缩；

　　　E_c——桩身混凝土的弹性模量。在高应力状态下，需考虑桩身材料弹塑性性质；

　　　ξ_e——桩身压缩系数，建议取 $1/4 \sim 1/2$；

　　　Q——桩顶作用荷载；

　　　l——第 j 桩桩长（m）；

　　　A_{ps}——桩身截面面积；

现行规范对桩身压缩系数的取值如下：端承型桩，取 $\xi_e = 1.0$；摩擦型桩，当 $l/d \leqslant$ 30 时，取 $\xi_e - 2/3$；$l/d \geqslant 50$ 时，取 $\xi_e - 1/2$；介于两者之间的可线性插值。大直径超长桩通常表现为摩擦型桩，其在极限荷载作用下，桩身压缩占桩顶沉降的比例达 80% 以上。根据部分实测结果，桩身压缩系数随桩身压缩实测值增加而增大，其基本上分布于 $1/4 \sim$ $1/2$；在极限荷载或最大加载水平下，部分试桩桩身压缩系数超过了 $1/2$。

5. 超长桩基础的设计要点

超高层建筑由于较高的建设标准，在群桩基础设计计算时，通常采用数值分析方法对上部结构和超长桩基进行整体的共同作用分析。计算中，需要关注以下方面：

（1）超长桩基应有较高的可靠度，常选用大直径灌注桩或钢管桩，通过试桩验证地质条件及确定设计、施工相关参数。

（2）桩端持力层应选择厚度较大的密实土层，单桩长度宜小于临界桩长，并考虑实体深基础的承载特征，其下卧土层不应存在较厚的软弱土层。

（3）尽可能采用高强混凝土，桩身截面强度通常是承载力的重要控制因素。灌注桩后注浆的功效是影响桩基承载性能至关重要的因素。

（4）超长桩施工工艺选择和现场施工过程质量控制措施是保证桩基工程质量的重要条件，应实现施工全过程的信息化施工。

（5）超长桩群桩基础分析：超长桩主要用于超高层建筑，而超高层建筑的结构刚度较大，其对基础变形、群桩与底板受力等存在较大的影响，应进行主体结构、基础底板、群桩的共同作用分析。

　　群桩基础体系应在竖向荷载、风和地震引起的水平向荷载及倾覆力矩作用效应组合下，满足承载力要求。控制基础总沉降、差异沉降、主塔楼建筑区域和低层建筑区域之间的不均匀沉降。

　　桩基设计时，可按图 15.15.3 流程经反复迭代，得出优化群桩基础方案。首先，根据上部荷载、桩位布置及初步确定的筏板厚度，计算基础沉降与桩顶反力。由上部荷载和桩顶反力，可进行筏板厚度的抗冲切与剪切验算，还可根据沉降控制、桩基承载力要求对桩位进行调整。将重新确定的筏板厚度和桩位布置再次计算出实际桩顶反力，以此重新作上面所述计算，直至各条件均满足要求。据此确定筏板厚度与布置、桩位布置与桩顶反力、基础沉降与弯曲内力。

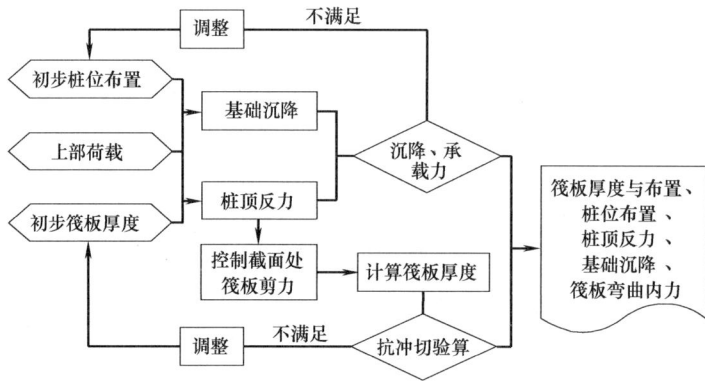

图 15.15.3　考虑群桩基础设计计算流程

　　考虑共同作用的群桩基础简化分析计算方法，可采用支承于弹簧上的弹性板有限元分析法，见图 15.15.4。即假定整个体系符合静力平衡和变形协调，根据结点对应的关系，将桩土刚度矩阵、上部结构刚度矩阵叠加到筏板刚度矩阵上，形成总体控制方程，以进行分析。分析计算的理论框架与流程如图 15.15.5 所示。

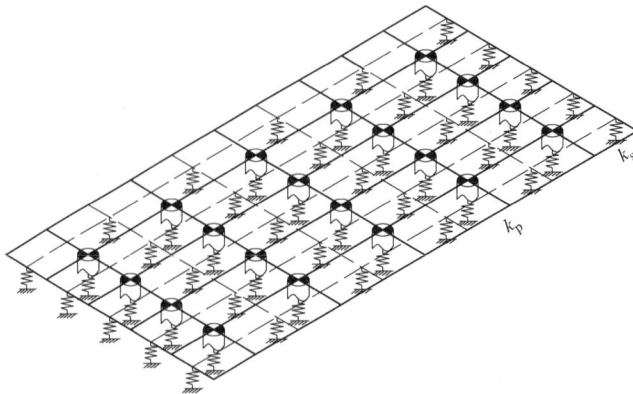

图 15.15.4　桩-土-基础底板共同作用计算模型示意图

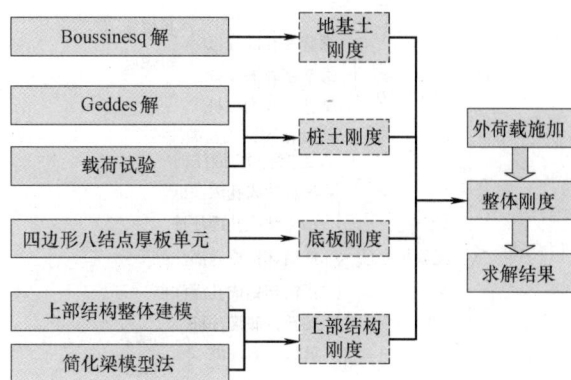

图 15.15.5　共同作用分析计算的理论框架流程

15.16　桩基础施工

15.16.1　概述

桩基础是一种深基础，属于地下隐蔽工程。桩基础施工是确保桩基质量的重要一环，桩基类型多，工艺条件差别大，地下工程又难以事后检查，因此施工全过程的严格监控十分重要。

桩按施工方法，可分为挤土桩、部分挤土桩和非挤土桩三大类型。按成桩工艺，又可分为沉入式预制桩及钻孔灌注桩两大类，尚有多种特种工艺施工的桩型，因此桩的施工机具多种多样、功能各异，先进的桩工机械及施工工艺是桩基施工的关键。

预制桩常用的有混凝土桩及钢桩等多种形式，混凝土预制桩及预应力管桩的用量较大，沉桩方法从锤击沉桩、静压桩发展为中掘施工的沉桩法和植桩法。

灌注桩的施工工艺更是多样化，成孔机械有回转钻机、旋挖钻机及冲击钻等多种。另外，还有长螺旋钻机以及多种形式的钻扩机具，并已形成相对稳定的工法。

15.16.2　桩型与施工工艺

1. 桩的施工类型

选择桩型和工艺时，应对建筑物的特征（建筑结构类型、荷载性质、桩的使用功能、建筑物的安全等级等）、地形、工程地质条件（穿越土层、桩端持力层岩土特性）、水文地质条件（地下水类别、地下水位标高）、施工机械设备、施工环境、施工经验、各种桩施工法的特征、制桩材料供应条件、造价以及工期等进行综合性研究分析后，并进行技术经济分析比较，最后选择经济合理、安全适用的桩型和成桩工艺。

图 15.16.1 为常用桩型的施工工艺选择参考表，该表综合国内外施工实践并参阅大量文献资料后编制而成，可供选型时参考。

需要引起注意的是：任何一种桩型都不是万能的，都有其适用范围，关键在于找到切入点，扬长避短；再好的桩型只要施工中不注意质量或超过其适用范围，就会出现质量问题，甚至造成重大事故及经济损失。

随着工业、交通、建筑业的发展，环境因素对桩型选择已产生重要影响，一般情况下，超过 40dB 的噪声就能造成危害。对于打入式桩，在城市繁华地区已限制使用，采用

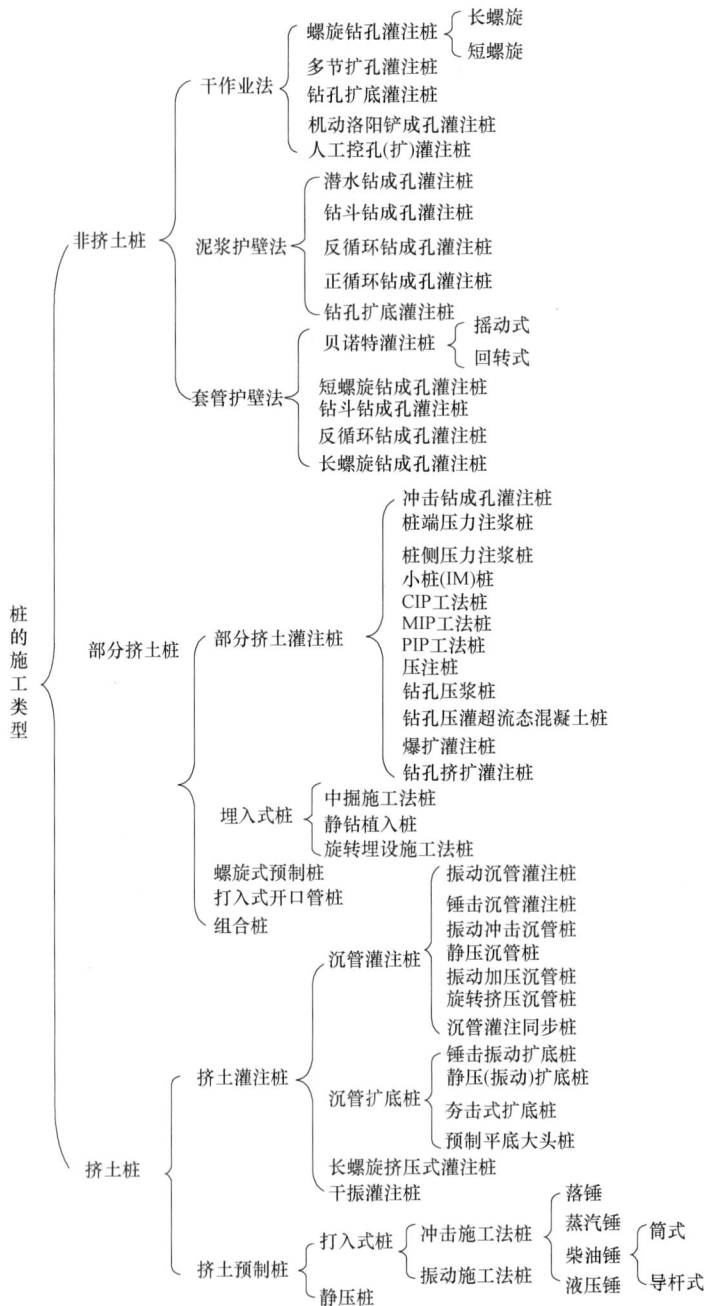

图 15.16.1　桩的施工类型

静压桩法是一种选择。

　　挤土桩和部分挤土桩可以造成对邻近建筑和地下管线的位移，影响正常使用，通过桩基选型来减少打桩施工对环境的影响是常用的措施。

　　2. 成桩施工技术的发展趋向

　　环保要求，绿色施工，要求桩基向低公害工法方向发展。静压桩、钻孔灌注桩等工法得到了大量应用，泥浆处理技术的发展及植桩埋入桩工法为绿色施工做出了贡献。灌注桩后压浆技术得到了广泛应用，对提高桩的承载力及控制沉降起到了保证作用，工艺简单、造价低，已普遍采用。

随着建设的发展，高层及超高层日益增多，大直径超长桩的应用不断增多，桩径超过2500mm，桩入土深度已达120m，超长桩施工难度大，日益受到工程界的重视。

15.16.3 锤击沉桩法

预制桩的沉桩方法有锤击法、振动法、射水法及压桩法等，各种方法的使用应根据桩穿过的土层的特点来选择。

锤击沉桩是常用的沉桩方法之一。

锤击法是软土地区沉桩最常用的一种方法。利用桩锤的冲击能量克服土对桩的阻力而使桩沉到预定深度，适用于软塑或可塑的黏性土层。其主要设备有桩架、桩锤、动力设备等。

1. 桩锤类型

常用的有落锤、单动汽锤、双动汽锤和柴油锤四种。

1）落锤 是一种最简单的桩锤，锤块用铸铁做成，质量为250～2000kg 不等，视需要而定。用人力或卷扬机提升，靠锤自重下落的冲击能量打桩。其优点是结构简单，但打桩速度较慢。

2）单动汽锤 单动汽锤的提升是依靠蒸汽或压缩空气的能量推动，而下落则靠锤下落部分的自重作用，所以称为单动汽锤。锤击次数为 25～30 次/min，是常用的一种桩锤。

3）双动汽锤 双动汽锤的外壳（即汽缸）是固定在桩头上的，而锤是在外壳内上下运动。锤（冲击部分）的上升和降落都是由蒸汽或压缩空气的作用而发生的。其冲击频率高，因而打桩效率高。双动汽锤不仅可用以打桩，还可用于拔桩。由于这些优点，故在生产中被广泛使用。这种锤的形式很多，构造上的差别也很大，养护和维修工作较为复杂。

4）柴油锤 柴油打桩锤的工作原理与柴油发动机的汽缸工作情况相似，效率也较高。柴油锤有杆式和筒式两种，都是常用的。

2. 桩锤重量的选择

锤重可根据土质、桩重和桩的类型参照表 15.16.1 选用。

表 15.16.1

锤重选择表

锤 型		柴 油 锤（t）						
		D25	D35	D45	D60	D72	D80	D100
锤的动力性能	冲击部分质量(t)	2.5	3.5	4.5	6.0	7.2	8.0	10.0
	总质量(t)	6.5	7.2	9.6	15.0	18.0	17.0	20.0
	冲击力(kN)	2000～2500	2500～4000	4000～5000	5000～7000	7000～10000	>10000	>12000
	常用冲程(m)				1.8～2.3			
	预制方桩、预应力管桩的边长或直径(mm)	350～400	400～450	450～500	500～550	550～600	600 以上	600 以上
	钢管桩直径(mm)	400		600	900	900～1000	900 以上	900 以上

锤 型			柴 油 锤 （t）						
			D25	D35	D45	D60	D72	D80	D100
持力层	黏性土粉土	一般进入深度(m)	1.5～2.5	2.0～3.0	2.5～3.5	3.0～4.0	3.0～5.0		
		静力触探比贯入阻力 P_s 平均值(MPa)	4	5	＞5	＞5	＞5		
	砂土	一般进入深度(m)	0.5～1.5	1.0～2.0	1.5～2.5	2.0～3.0	2.5～3.5	4.0～5.0	5.0～6.0
		标准贯入击数 $N_{63.5}$（未修正）	20～30	30～40	40～45	45～50	50	＞50	＞50
锤的常用控制贯入度(cm/10 击)			2～3		3～5	4～8		5～10	7～12
设计单桩极限承载力（kN）			800～1600	2500～4000	3000～5000	5000～7000	7000～10000	＞10000	＞10000

注：1. 本表仅供选锤用。

2. 本表适用于桩端进入硬土层一定深度的长度为 20～60m 的钢筋混凝土预制桩及长度为 40～60m 的钢管桩。

3. 锤击沉桩的施工技术问题

桩基础的广泛应用，单桩承载力的大幅度提高和超长桩的采用，钻孔桩和各种新型桩的发展以及海洋钻井平台的出现等，都对施工技术提出更高的要求，促进了它的发展。以下仅就其中若干问题进行简要讨论。

1）关于打入桩的沉桩可能性

沉桩的可能性除与锤击能量有关外，还受桩身结构强度、垫层特性、桩群密集程度、打桩流水等多种因素的制约，尤以与桩端持力层土的性质的影响最大。故选择锤型必须掌握准确、可靠的地质资料，特别是原位测试资料。主要应根据桩端土质来决定施工中控制的入土深度。

2）垫层研究

垫层的作用主要是：

（1）降低桩身和锤的锤击应力；

（2）使打桩应力均匀分布；

（3）延长撞击的持续时间以利桩的贯入。目前，国内锤垫多用硬木或白棕绳、钢丝绳圈盘而成；桩垫多用松木或纸垫等。这些材料耗能大、易损坏且性能不稳。国外已采用多种合成材料，如酚醛层压塑料、合成橡胶等，弹性好、强度高、不易老化且性能稳定，构造也有创新。

3）锤击应力与冲击疲劳

（1）锤击压应力沿桩身大致呈漏斗状分布，上大下小；锤击拉应力呈橄榄形分布，中部最大。

（2）土质条件对锤击应力的分布和大小有重要影响。桩底土层越硬，则桩尖压应力越大，甚至超过桩顶应力一倍，但对桩顶压应力影响甚微，因当锤击力波传到桩底再返回桩顶时，初始应力波已衰退。从桩尖反射的拉应力波将使桩身产生拉应力，桩底土越软则拉应力越大；桩周土的阻尼作用将使拉应力波减弱，故桩周土强度越高（摩阻力越大），则桩身拉应力越小。最大拉应力多发生在打桩初期，可达 6.5～8.6MPa，大大超过混凝土的抗裂强度，故对抗裂有要求的桩应加预应力。

（3）锤击应力随落距与锤重的加大而增高，尤以落距影响为甚，故采取"重锤轻击"比"轻锤重击"（高落距）更合理。

冲击疲劳对打入式长桩也是一个不容忽视的问题。每锤击一次，桩身就受到压应力与拉应力的交替作用。这就使混凝土内砂浆与粗骨料粘结面上原已存在的微裂缝逐渐扩展，强度随之降低。这种反复作用超过 2000 次时，混凝土强度降低 10％以上，弹性模量降低 70％～80％。当冲击达数千次时，即使锤击应力尚未超过混凝土静强度，仍可导致桩的破坏。因此，在设计时应充分注意冲击疲劳的影响；施工中应严格控制总锤击数不超过 2000 次，并尽量减小锤击应力。

4）桩基施工位移及其控制

（1）打桩位移及其控制

在饱和黏性土地基中打入大片密集桩群时，有以下特点：

① 孔隙水压力急剧上升。这是使桩、土位移的一个重要原因。桩群越大、越密，则孔隙水压力越高且波及面越广，消散越慢。

② 地基土发生竖向和水平位移，桩群越密越大，土位移亦越大。

③ 打桩可使已打完的桩上抬，最甚者为中部桩，打桩引起的土体位移较大且范围广，对邻近建筑威胁大，必须重视。据观测，沿打桩推进的前方，孔隙水压升高，土位移亦大，而其后方则恰恰相反。故打桩应沿着背离建筑物而向空旷区推进或采取间隔打桩，以免孔隙水压力累积上升，减小土体位移。此外，采用钻孔打入桩亦有一定效果。

（2）基坑开挖引起的桩位移及其控制

软土地基大面积深基坑开挖常引起桩的大量位移以至断裂，已成为突出问题。许多基坑开挖后基桩普遍挠曲，桩顶位移，分析原因是打桩形成的高孔隙水应力和土因压差造成的侧向挤压形成的应力场所致。所以，不应在沉桩期间或打桩刚结束时开挖基坑，应至少间隔两周；开挖前宜采取降水以消除孔隙水压；土方应均匀开挖，每次开挖深度不宜太大，一般以 1～2m 为宜。并在沉桩及开挖过程中加强对建筑物和边坡的位移观测，以便及时改进施工。

5）打桩的流水顺序

由于打桩时对土体的挤压，先打入的桩常被后打入的桩推挤而发生水平位移。尤其是在满堂打桩时，这种现象尤为突出，甚至可使桩移动达数十厘米。所以，打桩时应合理控制打桩流水顺序，使沉桩的推进方向逐排改变。并且，对同一排桩而言，可采用间隔跳打的方式进行。大面积打桩时可从中间先打，逐渐向四周围推进，以减少桩的挤动。

6）锤击沉桩的质量控制

沉桩施工控制的主要目标是使桩能达到设计单桩承载力。但沉桩施工中通常无法确保所设置的桩是否能达到设计单桩承载力，确定单桩承载力唯一可靠的方法是通过现场单桩静载试验。

桩基设计要满足承载力和控制沉降的要求，根据所选桩型按地质条件选定均匀、可靠、有一定厚度且强度高的土层作为桩端持力层。这是桩基可靠性的重要保证。因此，沉桩质量控制所谓的"收锤标准"为两条：其一是桩端必须达到设计标高，进入桩端持力层一定深度；其二是通过贯入度控制持力层的强度应达到设计要求。其中，对桩端入土的标高控制通过测量易于得到，但通过贯入度掌控桩端土层强度是一种半经验的做法。

由于桩的最后贯入度的控制值与场地的地质、水文条件、桩型、锤型等诸多因素相关，因此工程桩施打前应通过锤击试成桩和桩的承载力对比试验，确定沉桩施工参数，较为切实可行。

锤击沉桩施工的收锤标准中，通常对总锤击数，一般以不宜超多1500～2000次为标准。应重锤轻击，过量的锤击易导致桩体损坏。最后，贯入度常以最后继续锤击3阵，每阵10击的平均值作为收锤的最后贯入度，通常为2～3mm。

工程上对桩端为坚硬土层时，如硬塑黏性土、碎石土、中密以上砂土、风化岩层等，可以贯入度控制为主，标高为辅。对软土层可以标高控制为主，贯入度供参考。

7）山区打桩时应注意的问题

在山区，现在广泛采用打入式（端承）短桩，由于山区地质上的特点，打桩时常碰到下面的问题：

（1）由于基岩面起伏较大，为了避免造成浪费，桩的长度需仔细考虑，一般是根据基础下面的深度的统计资料，将桩设计成几种不同的长度（如4m、6m等），打桩时分别选用。为此，设计时要求有较准确的基岩面深度资料。

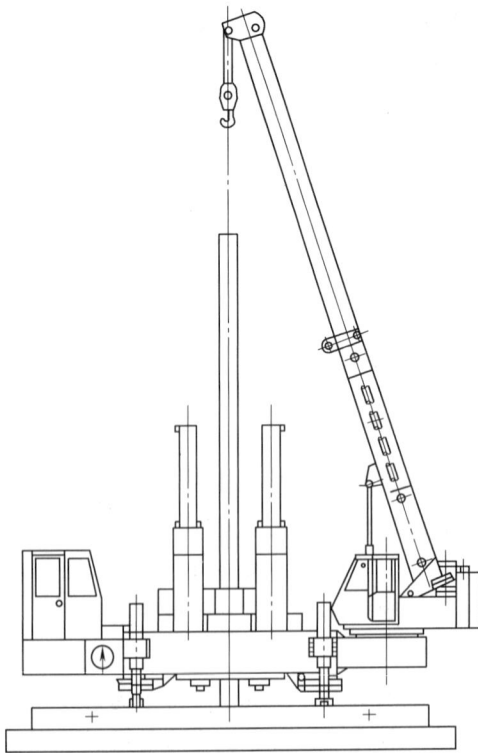

图 15.16.2　液压式压桩机

（2）打桩时如碰到基岩面倾斜很大、桩尖插入基岩裂隙或擦过土中块石的边缘等情况时，常造成桩有较大的偏斜。如发生这种情况应及时纠正，必要时应将桩拔出重打。

（3）打桩时如碰到土中夹有大块石，这不仅使桩不能达到基岩表面，而且桩可能会被打坏。大块石可以由土在堆积过程中夹入，但这种情况比较少见，它们大多由人工回填土时埋入。为了避免发生这种情况，填方时不应将坚硬的大石块（如砂岩块）填入建筑场地内。对残积土层及风化岩层中出现的孤石，应采取有效措施加以处理。

此外，还应防止桩被打坏，特别是当桩已到基岩表面时容易被打坏，这时应适当控制锤的落距。

15.16.4　静压桩法

压桩是利用静力压桩机在静压作用下的沉桩方法，在桩基施工中应用获得良好效果。压桩时利用静压机的自重，通过液压装置将桩压入土中。压桩法可以减少沉桩对邻近建筑物的振动影响。

静压沉桩按对桩的传力方式，分为顶压式和抱压式两种，目前多为抱压式。夹具根据桩截面不同，分为方桩夹具与圆桩夹具。图15.16.2为液压式压桩机的示意图，表

15.16.2 为几种典型压桩机的性能对比。

目前液压式压桩机最大压桩力可达 10000kN 左右。

几种典型压桩机的性能对比   表 15.16.2

桩机型号	最大压桩力 f(kN)	最大压桩速度 U(m/min)	装机功率 N(kW)	性能功率比 K(统一单位)
YZY160	1700	1.8	70	0.72
DYZ320	3200	0.94	55	0.89
日本桩机	2250	0.5	55	0.4
ZYJ180	1800	2.1	44	1.56
ZYJ240	2400	2.1	44	1.87
ZYJ320	3200	2.1	44	2.49

注：其中，$K=fU/N$，为"性能功率比"；"日本桩机"系日本的一种压桩装置（引自史佩栋主编《桩基工程手册》P662）。

《建筑桩基技术规范》JGJ 94 中，关于静压沉桩施工的要求如下：

（1）采用静压沉桩时，场地地基承载力不应小于压桩机接地压强的 1.2 倍且场地应平整。

（2）选择压桩机的参数应包括：压桩机型号、桩机质量（不含配重）、最大压桩力等；压桩机的外形尺寸及拖运尺寸；压桩机的最小边桩距及最大压桩力；长、短船型履靴的接地压强；夹持机构的形式；液压油缸的数量、直径，率定后的压力表读数与压桩力的对应关系；吊桩机构的性能及吊桩能力。

（3）压桩机的每件配重必须用量具核实，并将其质量标记在该件配重的外露表面；液压式压桩机的最大压桩力应取压桩机的机架重量和配重之和乘以 0.9。

（4）当边桩空位不能满足中置式压桩机施压条件时，宜利用压边桩机构或选用前置式液压压桩机进行压桩，但此时应估计最大压桩能力，减少造成的影响。

（5）当设计要求或施工需要采用引孔法压桩时，应配备螺旋钻孔机或在压桩机上配备专用的螺旋钻。当桩端持力层需进入较坚硬的岩层时，应配备可入岩的钻孔桩机或冲孔桩机。

（6）最大压桩力不得小于设计的单桩竖向极限承载力标准值，必要时可由现场试验确定。

（7）静力压桩施工的质量控制应符合：第一节桩下压时垂直度偏差不应大于 0.5%；宜将每根桩一次性连续压到底，且最后一节有效桩长不宜小于 5m；抱压力不应大于桩身允许侧向压力的 1.1 倍。

（8）应根据现场试压桩的试验结果确定终压力标准；终压连续复压次数应根据桩长及地质条件等因素确定。对于入土深度大于或等于 8m 的桩，复压次数可为 2～3 次；对于入土深度小于 8m 的桩，复压次数可为 3～5 次；稳压压桩力不得小于终压力，稳定压桩的时间宜为 5～10s。

（9）压桩顺序宜根据场地工程地质条件确定，对于场地地层中局部含砂、碎石、卵石时，宜先对该区域进行压桩；当持力层埋深或桩的入土深度差别较大时，宜先施压长桩，后施压短桩。

（10）压桩过程中应测量桩身的垂直度，当桩身垂直度偏差大于1％的时，应找出原因并设法纠正；当桩尖进入较硬土层后，严禁用移动机架等方法强行纠偏。

（11）出现下列情况之一时，应暂停压桩作业并分析原因，采取相应措施：

① 压力表读数显示情况与勘察报告中的土层性质明显不符；

② 桩难以穿越具有软弱下卧层的硬夹层；

③ 实际桩长与设计桩长相差较大；

④ 出现异常响声；压桩机械工作状态出现异常；

⑤ 桩身出现纵向裂缝和桩头混凝土出现剥落等异常现象；

⑥ 夹持机构打滑；

⑦ 压桩机下陷。

（12）静压送桩的质量控制应为：测量桩的垂直度并检查桩头质量，合格后方可送桩，压、送作业应连续进行；送桩应采用专制钢质送桩器，不得将工程桩用作送桩器；当场地上多数桩的有效桩长 L 小于等于15m或桩端持力层为风化软质岩，可能需要复压时，送桩深度不宜超过1.5m；除满足本条上述规定外，当桩的垂直度偏差小于1％且桩的有效桩长大于15m时，静压桩送桩深度不宜超过8m；送桩的最大压桩力不宜超过桩身允许抱压压桩力的1.1倍。

（13）引孔压桩法质量控制应符合：引孔宜采用螺旋钻；引孔的垂直度偏差不宜大于0.5％；引孔作业和压桩作业应连续进行，间隔时间不宜大于12h；在软土地基中不宜大于3h；引孔中有积水时，宜采用开口型桩尖。

（14）当桩较密集或地基为饱和淤泥、淤泥质土及软黏土时，应设置塑料排水板、袋装砂井消减超孔压或采取引孔等措施。压桩施工过程中，应对总桩数10％的桩设置上涌和水平偏位观测点，定时检测桩的上涌量及桩顶水平偏位值。若上涌和偏位值较大，应采取复压等措施。

（15）对于预制混凝土方桩、预应力混凝土空心桩、钢桩等压入桩的桩位允许偏差，应符合表15.16.3的规定。

预制桩桩位的允许偏差（mm）　　　　　　　　　　表 15. 16. 3

项　　　　　目	允许偏差
带有基础梁的桩：(1)垂直基础梁的中心线 　　　　　　　　(2)沿基础梁的中心线	$100+0.01H$ $150+0.01H$
桩数为1～3根桩基中的桩	100
桩数为4～16根桩其中的桩	1/3桩径或边长
桩数大于16根桩基中的桩：(1)最外边的桩 　　　　　　　　　　　　(2)中间桩	1/3桩径或边长 1/2桩径或边长

注：H 为施工现场地面标高与桩顶设计标高的距离。

15.16.5　振动法

振动法沉桩的主要设备是一个大功率的电力振动器（振动打桩机），以及一些附属起吊机械设备。沉桩时，将振动打桩机安装在桩顶上，利用振动力以减小土对桩的阻力，使桩能较快沉入土中。振动法一般用于沉、拔钢板桩及钢管桩，效果很好，特别在砂土中效率最高。对黏性土地基，则需用大功率振动器。

15.16.6 其他辅助沉桩方法

1. 射水法

射水沉桩是锤击法或振动法的一种辅助方法，利用高压水流经过依附于桩侧面或空心桩内部的射水管，冲松桩附近的土层，以减少桩下沉时的阻力，于是桩便在自重或锤击下沉入土中。此法一般用于砂土层中，效率很高，或在锤击法遇砂卵石层受阻打不穿时，可辅以射水法穿过。当桩尖沉到距设计标高约 1.0～1.5m 时，应停止射水，而用锤击法将桩沉到设计标高。

2. 预钻孔沉桩法

当桩较长、截面尺寸较大、深部土层较坚硬且缺乏大能量桩锤时，预制桩常难以顺利沉达到预定深度。预钻孔沉桩法是先用钻机在桩位上打钻孔，孔径略小于桩径，钻孔深度距桩尖设计标高 1.0～1.5m 时停止。成孔后，在预钻孔位上沉桩，可大大减小锤击的沉桩阻力。

15.16.7 灌注桩施工工艺选择

桩按施工方法可分为预制桩和就地灌注桩两大类。灌注桩的分类在第 15.2 节中已作介绍。其施工工艺有基本上属于挤土型的沉管灌注桩类或非挤土型的钻孔灌注桩类，桩的种类多，施工技术发展快。灌注桩以其明显的优越性，在桩基工程中起着越来越大的作用，尤其是高承载力桩和大直径超深桩，或是在复杂地质条件、不利环境条件下成桩，灌注桩是其他桩型无法代替的。灌注桩的技术在国内外工程界日益受到重视和发展。

灌注桩的工程质量主要取决于施工工艺和施工水平。与预制桩相比，其保证工程质量的难度较大。需要采取可靠的方法检查桩身质量以消除隐患。在重要工程中，如没有高效可靠的检测手段，灌注桩的工程质量就缺乏保证，因而就可能阻碍灌注桩的应用。这一点是十分重要的。

灌注桩的成孔工艺，应根据桩所穿越上层的性质、桩端持力层的条件、地下水位情况等综合比较而定。常见的几种灌注桩的成孔工艺的选择，可参见表 15.16.4。

15.16.8 沉管灌注桩

沉管式灌注桩系采用锤击打桩机或振动打桩机，将带有钢筋混凝土桩头或带有活瓣式桩靴的钢管沉入土层中，然后边灌注混凝土边振动拔管而成。利用振动打桩机沉管的，称为振动灌注桩。利用一般锤击沉桩设备沉管、拔管时，使桩锤连续冲击，直到桩管全部从土中拔出的，称为冲击振动灌注桩。图 15.16.3 为沉管式灌注桩施工过程示意图。

沉管式灌注桩的桩径一般为 300～700mm，长度可达 24m，过长时则因桩架高度及钢管长度限制，不便制作。桩距不宜小于 $3d$，有条件时桩距宜大些，可按大于 $4d$ 及不小于 2m 考虑，以防止打桩时使土层挤动过于剧烈，影响桩身混凝土质量。

活瓣式桩靴在活瓣合拢后，其尖端应在桩管中轴线上。活瓣必须张闭灵活，否则易造成质量问题。活瓣间不得有较大的间隙。采用钢筋混凝土桩尖时，在桩管下端与桩尖接触处应绕草绳。桩尖入土如有损坏时，应将桩管拔出，用土或砂填实，另换新的重新打入。当采用活瓣桩靴时，在沉管过程中如水或泥浆有可能进入桩管时，应在桩管中灌入一部分混凝土，方可沉入桩管。

桩管开始沉入土中时，应保持位置正确，如有偏斜或倾斜应立即纠正。

成桩工艺选择参考表

表 15.16.4

成桩法	桩类	桩身(mm)	扩大端(mm)	桩长(m)	一般黏性土及其填土	淤泥和淤泥质土	粉土	砂土	碎石土	季节性冻土膨胀土	非自重湿陷性黄土	自重湿陷性黄土	中间有硬夹层	中间有砂夹层	中间有砾石夹层	硬黏性土	密实砂土	碎石土	软质岩石和风化岩石	地下水位以上	地下水位以下	振动和噪声	排浆	孔底有无挤密
非挤土成桩法 干作业法	长螺旋钻孔灌注桩	300~600	/	≤12	○	×	○	△	×	○	○	△	×	△	×	○	○	×	×	○	×	无	无	无
	短螺旋钻孔灌注桩	300~800	/	≤30	○	×	○	△	×	○	○	△	×	△	×	○	○	×	×	○	×	无	无	无
	钻孔扩底灌注桩	300~600	800~1200	≤30	○	×	○	△	×	○	○	△	×	△	×	○	○	×	×	○	×	无	无	无
	机动洛阳铲成孔灌注桩	300~500	/	≤20	○	×	△	△	×	○	○	△	△	△	△	○	○	×	×	○	×	无	无	无
	人工挖孔扩底灌注桩	1000~2000	1600~4000	≤40	○	△	△	△	×	△	△	△	△	△	△	○	○	△	△	○	△	无	有	无
泥浆护壁法	潜水钻成孔灌注桩	500~800	/	≤50	○	○	○	△	×	○	○	△	○	○	×	○	○	△	○	○	○	无	有	无
	反循环钻成孔灌注桩	600~1200	/	≤80	○	○	○	○	○	○	○	△	○	○	○	○	○	○	○	○	○	无	有	无
	回旋钻成孔灌注桩	600~1200	/	≤80	○	○	○	△	×	○	○	△	○	○	×	○	○	△	○	○	○	无	有	无
	机挖异形灌注桩	400~600	/	≤20	○	△	○	△	×	○	○	△	○	○	×	○	○	×	△	○	○	无	有	无
	钻孔扩底灌注桩	600~1200	1000~1600	≤20	○	×	○	△	×	○	○	△	○	○	×	○	○	△	○	○	○	无	有	无
套管护壁法	贝诺托灌注桩	800~1600	/	≤50	○	△	○	△	○	○	○	△	△	△	△	○	○	△	○	○	○	有	无	无
	短螺旋钻成孔灌注桩	300~800	/	≤20	○	×	○	△	×	○	○	△	×	△	×	○	×	×	×	○	△	无	无	无
冲击成孔灌注桩	冲击成孔灌注桩	600~1200	/	≤50	○	△	△	△	○	○	○	△	△	△	△	○	○	△	○	○	○	有	有	无
	钻孔压浆成型灌注桩	300~1000	/	≤30	○	△	△	△	×	○	○	△	△	△	×	○	△	△	△	○	○	无	无	无
部分挤土成桩法	组合桩	≤600	/	≤30	○	△	○	△	×	○	○	△	△	△	△	○	○	△	○	○	△	有	无	有
	预钻孔打入式预制桩	≤500	/	≤60	○	△	○	△	×	○	○	△	○	○	△	○	○	△	○	○	○	有	无	有
	混凝土（预应力混凝土）管桩	≤600	/	≤60	○	△	○	△	×	△	△	△	△	△	△	○	△	△	△	○	○	有	无	有

桩 类		桩身规格(mm)	扩大端(mm)	桩长(m)	一般黏性土及其填土	淤泥和淤泥质土	粉土	砂土	碎石土	季节性冻土膨胀土	非自重湿陷性黄土	自重湿陷性黄土	中间有硬夹层	中间有砂夹层	中间有砾石夹层	硬黏性土	密实砂土	碎石土	软质岩石和风化岩石	地下水位以上	地下水位以下	振动和噪声	排浆	孔底有无挤密
部分挤土成桩法 冲击成孔灌注桩	H型钢柱	规格	/	≤50	○	○	○	○	○	△	×	×	○	○	○	△	△	○	○	○	○	有	无	无
	敞口钢管柱	600~900	/	≤50	○	○	○	○	△	△	○	○	○	△	○	△	○	○	○	○	○	有	无	有
挤土灌注桩	振动沉管灌注桩	270~400	/	≤25	○	○	○	△	×	○	○	○	○	△	△	△	△	×	×	○	○	有	无	有
	锤击沉管灌注桩	300~500	/	≤25	○	○	△	△	×	○	○	○	○	△	△	△	△	△	△	○	○	有	无	有
	锤击振动沉管灌注桩	270~400	/	≤20	○	○	△	×	×	○	○	○	○	×	△	○	×	×	×	○	○	有	无	有
	平底大头灌注桩	350~400	550×450~500×500	≤15	○	○	○	○	×	○	○	○	○	○	×	△	×	×	×	○	×	有	无	有
	沉管灌注同步桩	≤400	/	≤20	○	○	×	×	×	△	○	○	×	×	×	△	△	×	×	○	○	有	无	有
	夯压成型灌注桩	325,327	460~700	≤24	○	×	○	△	△	○	○	○	×	△	△	△	△	×	×	×	×	有	有	有
	干振灌注桩	350	/	≤10	○	×	○	△	△	○	○	○	×	△	△	△	△	△	×	○	×	有	无	无
	爆扩灌注桩	≤350	≤1000	≤12	○	○	○	△	△	△	○	○	△	△	△	△	△	△	×	○	○	有	无	有
	弗兰克桩	≤600	≤1000	≤20	○	○	○	△	△	○	○	○	○	△	△	○	△	△	×	○	○	有	无	有
挤土预制桩	打入实心混凝土预制桩、闭口钢管桩、混凝土管桩	≤500×500 ≤600	/	≤50	○	○	△	○	○	△	○	○	△	○	○	○	○	○	△	○	○	有	无	有
	静压柱	100×100	/	≤40	○	○	○	△	×	○	○	○	△	△	△	△	△	△	×	○	○	无	无	有

注：表中符号○表示比较合适；△表示有可能采用；×表示不宜采用。

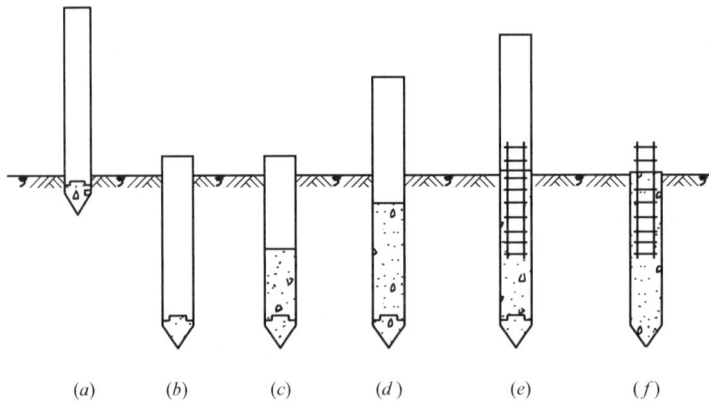

图 15.16.3　沉管式灌注桩施工过程示意图

(a) 就位；(b) 沉入套管；(c) 开始灌注混凝土；(d) 边振动边拔管继续灌注混凝土；

(e) 下钢筋笼，继续灌注混凝土；(f) 成型

振动沉管灌注桩的施工机械设备包括：振动锤、桩架、卷扬机、加压装置、桩管、桩尖或钢筋混凝土预制桩靴等。

振动沉管施工法，是在振动锤竖直方向反复振动作用下，桩管也以一定的频率和振幅产生竖向往复振动，以减少桩管与周围土体的摩阻力。当强迫振动频率与土体的自振频率相同时（黏土自振频率为 600～700r/min，砂土自振频率为 900～1200r/min），土体结构因其共振而破坏。与此同时，桩管受加压作用而沉入土中，在达到设计要求深度后，边拔管、边振动、边灌注混凝土、边成桩。施工程序见图 15.16.4。

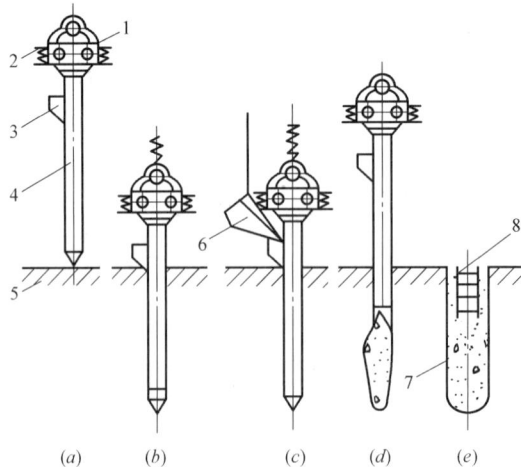

图 15.16.4　振动沉管灌注桩施工程序

(a) 桩机就位；(b) 沉管；(c) 上料；(d) 拔出桩管；(e) 在桩顶部混凝土内插入短钢筋并灌满混凝土

1—振动锤；2—加压减振弹簧；3—加料口；4—桩管；5—活瓣桩尖；6—上料斗；7—混凝土桩；8—短钢筋骨架

振动沉管灌注桩拔管时，应先启动振动打桩机，振动片刻后再开始拔管，并应在测得

桩靴活瓣确已张开或钢筋混凝土桩尖确已脱离，混凝土已从桩管中流出以后，方可继续拔出桩管。拔管速度应控制在 1.5m/min 以内，边拔边振，每拔起 50cm 即停拔。再振动片刻，如此反复进行，直至将桩管全部拔出。在淤泥层中为防止缩颈，宜上下反复沉拔。振动灌注桩施工时，其间隔时间不得超过水泥的初凝时间，中途停顿时应将桩管在停顿前先沉入土中。冲击振动灌注桩拔管速度应在 1m/min 以内。桩锤上下冲击的次数不得少于 70 次/min；但在淤泥层和淤泥质软土中，其拔管速度不得大于 0.8/min。拔管时，应使桩锤连续冲击至桩管全部从土中拔出为止。

15.16.9 钻孔灌注桩

1. 钻孔灌注桩施工简介

图 15.16.5 为钻孔灌注桩施工过程示意图。利用旋转式钻机，带动钻头旋转钻进，依靠镶在钻头上的刀齿切削和破碎土块。同时，用泥浆泵来压送泥浆（或用水泵压送清水），通过泥浆输送管从钻头处射出，泥浆挟带着被钻头切削碎的土颗粒不断地从孔底向孔口溢出，达到连续钻进、连续排土的目的。泥浆的另一作用为加固保护孔壁，可防止地下水渗流而造成坍孔。在黏性土中可用水泵喷射清水，清水和孔中钻头切削下来的土粒混成泥浆，利用自造泥浆护壁。在易坍孔的砂土中钻孔时，应设置循环泥浆池和泥浆泵，用相对密度为 1.1~1.3 的泥浆进行护壁。钻孔时如发生轻微坍孔现象，应即提出钻头，并调整水头高度或泥浆相对密度。如坍孔严重，可向孔内回填黏性土，重新钻孔。由于利用泥浆排土及保护孔壁，钻孔时会排出大量泥浆，需要有较大的场地排泄泥浆或设置泥浆池，所以在城市中由于缺乏排除泥浆的条件，使用上受到限制。

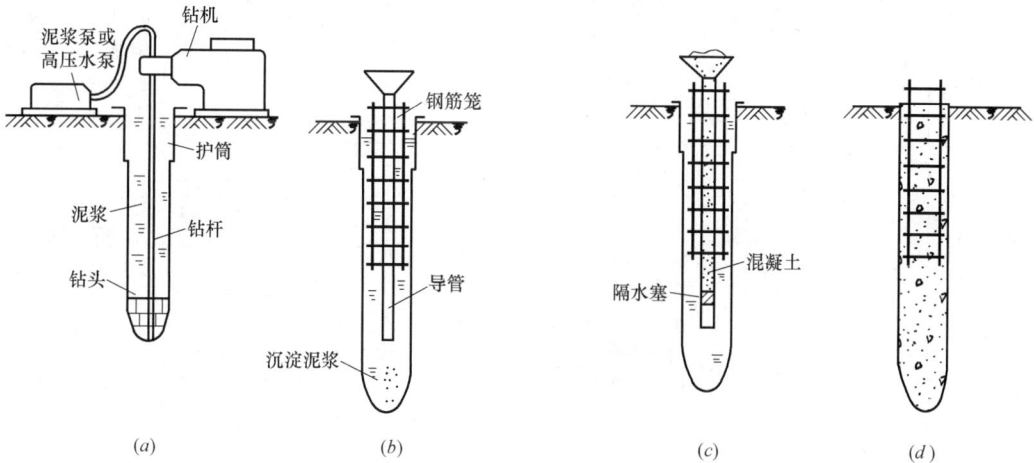

图 15.16.5 钻孔灌注桩施工过程示意图
(a) 成孔；(b) 下导管、钢筋笼；(c) 灌注混凝土；(d) 成型

钻孔时，孔口应埋设护筒，用以固定桩位，保护孔口地表土免于坍塌和维持水头，使孔内泥浆能高出施工时的地下水位，从而对孔壁产生侧压力，使孔壁不致坍塌。护筒直径宜较钻头最大直径大 10cm，护筒埋入土中的深度，在砂土中不宜小于 1m，在黏性土中不宜小于 0.5m。护筒周围应填黏土并夯实，防止漏水。护筒内的水位应保持高于地下水位 1.5m 左右。

钻孔达到设计深度时，应尽量把孔底沉渣清除，以免影响桩的承载力。消除孔底沉渣，可采用循环换浆法，即钻孔达到设计标高后，让钻头继续原位旋转，继续注水，用清水换浆，经一定时间后即可大大减少孔底沉渣，这种清渣方法称为正循环换浆法。

反循环钻机成孔时，泥浆循环方向正好与正循环相反，泥浆从孔壁与钻杆间的空隙注入孔中，携带渣土的泥浆由泵或空气（气举法）经钻杆排出孔外，反循环的方式有泵吸、气举和喷射三种循环方式可选用，反循环的成孔和清渣功能优于正循环。

常用钻孔灌注桩清孔方式及适用范围如表15.16.5所示。

泥浆的配制应满足泥浆护壁与排渣的功能，应具有物理、化学的稳定性，适当的密度和流动性，在黏性土层中可利用黏性土层自造泥浆，在其他土层中均应配制泥浆，根据工程经验，施工过程中主要的泥浆指标要求如表15.16.6所示。

钻孔成形过程中，应选择相应的机具完成泥浆除渣及清孔程序，常用正循环和反循环两种机具。正、反循环钻机的区别在于：正循环钻机成孔时，泥浆由钻杆通过钻头进入孔内，循环泥浆正护壁同时将渣土悬浮带出地面，泥浆经沉淀除砂后可循环使用。

常见钻孔灌注桩清孔方式及适用范围 表 15. 16. 5

作业方式	清孔方式	适用孔径 mm	清孔设备及原理	适用桩长	适用地层	优缺点
泥浆护壁成孔	正循环清孔	600~1000	利用泥浆泵向钻杆内或导管内注入泥浆送到孔底，然后该泥浆将孔底沉渣经孔壁循环上来，再流到泥浆池的循环清孔方式	一般孔深在 70m 以内	所有地层	最常用的清孔方式，清孔成本低，但清孔速度慢，对于桩长较长时沉渣清理较困难，对持力层扰动后沉渣清理更困难
	气举反循环清孔	500~2000	利用空压机将导管内的风管注入压缩空气，从而使导管内变成低压的气水混合物，由孔壁与导管内泥液压力差的作用将孔底沉渣抽上来的循环清孔方式	所有桩长，但要注意空压机风量和风管高度的协调	黏性土和基岩地区适用。但粉砂层应注意塌孔，清孔时间一般应控制在10min以内	清孔时间快，效率高。缺点是易塌孔且必须保持孔内泥浆面不下降
	泵式反循环清孔	600~4000	利用深井砂石泵将孔底沉渣抽上来的循环清孔方式	桩长受真空度的制约	所有地层	优点是扭矩大，适用于超长超大钻孔桩施工，但钻进效率低

2. 泥浆护壁

钻孔达到设计深度后，孔中保持着满孔泥浆，这时应立即进行下一道工序——放置钢筋笼和灌注水下混凝土。在此期间仍应维持钻进时的水头，以免坍孔。水下混凝土采用"导管灌注法"，由下而上连续地灌注。灌注时借助导管内混凝土柱的高度形成的压力，使混凝土压出管外，排挤泥水而充满桩孔截面，并借混凝土自重压实而不能振捣。因此，要求混凝土和易性好，流动性大。所以，应严格按设计配合比配料，并准确控制加水量。开始灌注时，导管出口距孔底应小于1m。管口距孔底过高，会造成过多的混凝土和泥浆掺混，影响混凝土质量。第一槽混凝土应在储备充足后方能开始灌注，以保证混凝土将管口埋住，避免泥浆回灌。整个灌注过程中，必须始终保持导管埋入混凝土中1.5~2m以上。终了时应保证新鲜混凝土灌至设计标高，注意防止将混有泥浆的混凝土误认为纯混凝土而影响桩头质量。

主要泥浆指标选择范围 表 15.16.6

项 目	性能指标	检测方法
相对密度	1.02~1.25	泥浆比重计
黏度	10~50s	漏斗黏度计
含砂率	<8%	含砂率测定器
pH	7~9	pH试纸

泥浆护壁钻孔灌注桩的施工流程如图 15.16.6 所示。

3. 钻孔机械设备

钻孔灌注桩的成孔机械设备类型很多，常用的有潜水电站、回旋钻机（正循环钻机及反循环钻机）、冲击钻、冲抓钻、旋挖钻机及长螺旋钻机等。应根据场地地质条件和工程具体要求，选用适当的机具。

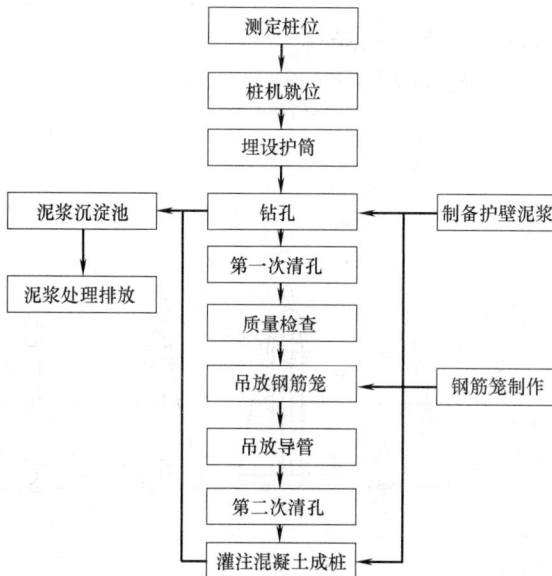

图 15.16.6　泥浆护壁成孔灌注桩施工流程

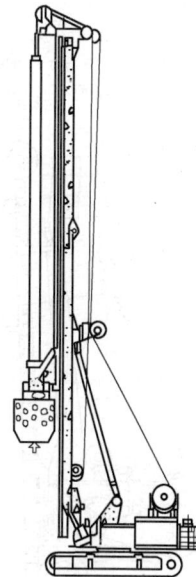

图 15.16.7　旋挖钻机

旋挖钻机（图 15.16.7）适用于黏性土、粉土、砂土、填土、碎石土及风化岩层，旋挖钻机具有效率高、振动小、噪声低、劳动强度低、排浆量少、对周边环境影响小等特点，是一种优质、高效的钻孔机械，在工程界被广泛应用。

长螺旋钻孔机是一种常用的机具。

长螺旋钻孔压灌桩施工采用长螺旋钻机钻孔至设计标高，混凝土泵将混凝土泵压经桩管由钻头底端溢出，边压混凝土边拔管直到地表，然后用专用设备将钢筋笼插入成桩。成孔与成桩有机结合，一机一次完成单桩施工作业。这种成桩工艺已迅速推广应用于桩基施工。其施工流程如图 15.16.8 所示。

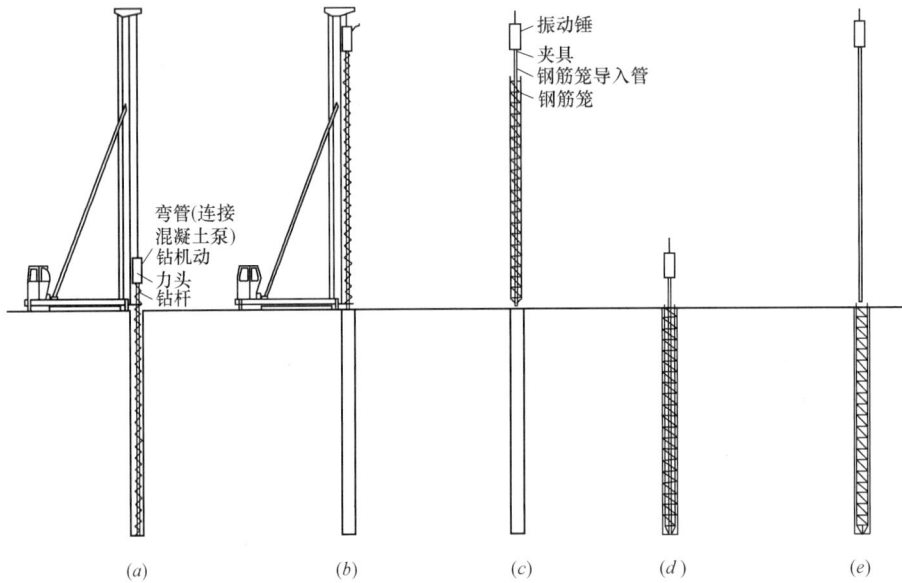

图 15.6.8　长螺旋钻孔压灌桩施工流程

(a) 长螺旋钻机成孔至设计标高；(b) 边拔钻边泵入混凝土成素混凝土桩；
(c) 钢筋笼就位；(d) 钢筋笼送至设计标高；(e) 拔出钢筋导入管成桩

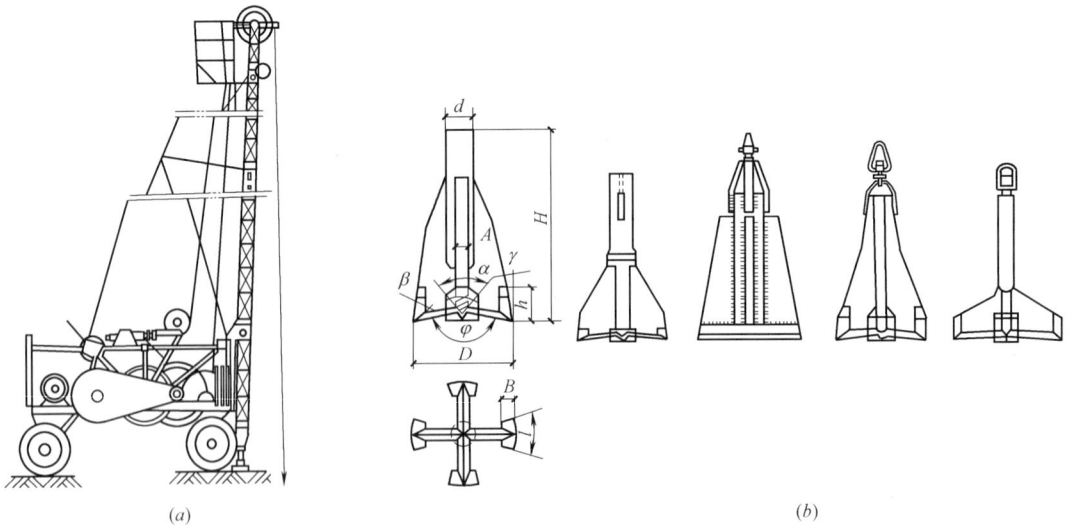

图 15.16.9　冲击钻钻机与钻头

(a) 冲击钻机示意图；(b) 十字形冲击钻头示意图

长螺旋钻孔压灌桩适用于素填土、黏性土、粉土、砂质土及粒径不大的砂卵石地层，应用广泛，长螺旋钻孔机不受地下水位限制，无需泥浆护壁，对环境影响少，无桩身泥皮及沉渣，适应性强，是一种高效的钻孔灌注桩施工设备。

冲击成孔钻机主要用于穿透地下障碍物成孔时使用，利用十字形冲击钻头，依靠重力反复冲击，穿透地层中建筑垃圾及孤石等障碍物（图15.16.9）。

15.16.10　灌注桩后注浆工法

后注浆是在灌注桩施工时，桩身混凝土达到强度后，用注浆泵将水泥浆液或混合浆液通过预置于桩身中的注浆导管注入桩端或桩侧土体中，注入的浆液起到注浆加固的作用，使桩底沉渣以及施工时受扰动的土体得到有效的加固，从而提高桩的承载力，减少沉降。在工程上，这已是一种施工简便、性能可靠、经济实用、行之有效的控制灌注桩质量的方法。

1. 灌注桩后注浆工艺流程

灌注桩后注浆施工技术工艺流程如图15.16.10所示。

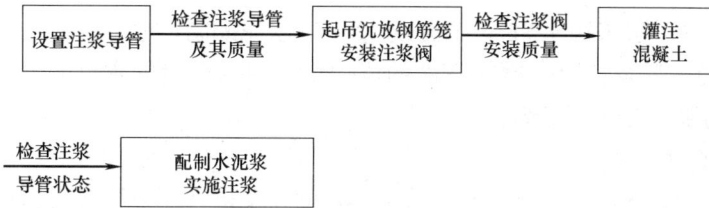

图15.16.10　灌注桩后注浆施工工艺流程图

桩端注浆的装置示意图如图15.16.11所示。

2. 注浆装置

注浆装置包括注浆导管、桩底和桩侧注浆阀及相应的连接和保护配件（图15.16.12）。

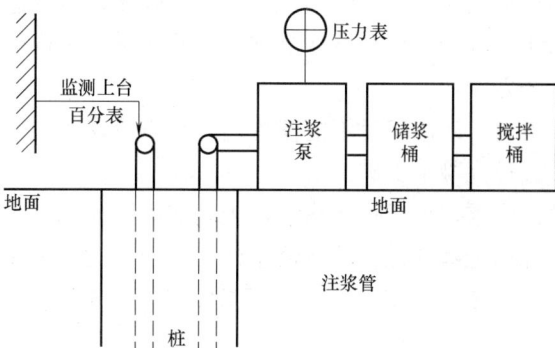

图15.16.11　桩端压力注浆装置

图15.16.12　单向注浆阀示意图

1) 注浆导管

注浆导管一般采用焊接钢管。桩端注浆导管可以选用 $\phi15\sim\phi30$、壁厚不小于 3mm 的钢管。桩侧注浆导管可以选用 $\phi20$（3/4″），壁厚 2.75mm。注浆管的管壁不应太薄，否则与注浆阀管箍的连接易出现断裂现象。当注浆导管兼用于桩身超声波检测时，可根据检测要求适当加大。

每根桩一般应埋设两根注浆管。对桩径大于 1500mm 的桩，宜埋设 3 根注浆管。桩长越长，注浆管直径应越大。两管应沿钢筋笼内侧垂直且对称下放，注浆管下端比通长配筋的钢筋笼长 $50\sim100mm$。管子连接可以采用丝扣连接或外接短套管焊接的办法。

2) 注浆泵

后注浆对注浆泵的要求较高，不仅压力要大，而且稳定性要好。注浆泵的最大注浆压力应不小于 10MPa，可采用 2～3SNS 型高压注浆泵，额定压力不小于 8MPa，额定流量 $50\sim75L/min$，功率 $11\sim18kW$。

3. 后注浆施工要点

1) 浆液材料

配制注浆浆液一般采用 42.5 级水泥或 32.5 级水泥配制，通常桩底注浆采用水灰比为 $0.45\sim0.65$ 的纯水泥浆；为了增加浆液的流动性，加入适量的木钙等减水剂是可行的，同时加入少量的浆液悬浮稳定剂。

2) 压水试验（开塞）

正式注浆前均要开塞，进行压水试验，其目的在于检查注浆管有无损坏并打通注浆通道。开塞时间与注浆工艺有关，一般控制在 7d 之内。当桩端有碎石填料且注浆管插入碎石中时，开塞时间可适当延长。当注水压力达到 1MPa 左右并迅速归零，说明开塞成功；若压力大于 4MPa，可认定管路不通。当桩身混凝土有一定的强度时，即可开始注浆，一般成桩后 3～5d。

压水试验是注浆施工前必不可少的重要工序。成桩后至实施桩底注浆前，通过压水试验来认识桩底的可灌性。压水试验的情况是选择注浆工艺参数的重要依据之一。此外，压水试验还担负探明并疏通注浆通道、提高桩底可灌性的特殊作用。通常单管压水开塞，如压下的水能连续下灌，也表示已开通。一般压水开通后，应立即初注。

3) 注浆压力

注浆压力是注浆施工效果好坏的关键因素之一。决定注浆压力的因素较多，目前还无法用定量的公式表示，只能根据注浆前的注水试验数据和以往的施工经验确定。进行桩端后注浆时，注浆压力的确定要考虑下列三个方面：

（1）最终注浆压力要小于桩上抬的摩阻力，即注浆时不能使桩向上严重位移；

（2）最终注浆压力要尽可能使桩端、桩身混凝土少破坏；

（3）最终注浆压力要使注浆量达到设计要求，形成扩大头，使桩端加固明显。

注浆压力与许多因素有关，如桩周及桩端土渗透性、注浆器结构、浆液浓度以及注入速度等。上海地区的正常注入压力在 1MPa 左右，高值可达 2～3MPa；郑州地区正常注入压力为 1～2MPa，高值可达 3～4MPa。

4) 注浆量

合理的注浆量应由桩端、桩侧土层类型、渗透性能、桩径、桩长、承载力增幅要求、沉渣量施工工艺、上部结构的荷载特点和设计要求等诸因素确定。一般而言，ϕ800 桩建议注浆量为 1000～2500 的水泥；ϕ1000 桩建议注浆量为 1500～4000 的水泥。一般注浆以注浆量为主控条件，注浆压力为辅控条件。

5）后注浆的终止条件

后注浆质量控制采用注浆量和注浆压力双控方法，以水泥注入量控制为主，泵送终止压力控制为辅。达到以下条件时，可终止注浆：

（1）注浆总量和注浆压力远达到设计要求；

（2）水泥压入量达到设计值的 75％，注浆压力超过 4.0MPa 且稳定。

6）注浆过程常见问题

（1）注浆压力长时间低于正常值或地面出现冒浆或周围桩孔串浆时，应改为间歇注浆，间歇时间宜为 30～60min 或调低水灰比。

（2）在非饱和土中注浆，出现桩顶上抬量超过或地表出现隆起现象，此时应适当调高水灰比或实施间歇注浆。

（3）当注浆压力长时间偏高、注浆泵运转困难时，宜采用加入减水剂、提高水泥强度等级（细度增大）等提高可注性措施。

7）二次注浆

若采取二次注浆则可能会达到更佳的注浆效果，一般二次注浆量约为第一次注浆量的三分之一。

15.17　桩基工程的检测

15.17.1　概述

桩基是建筑物的一种主要基础形式。桩的类型多、用量大，提高桩基的设计施工水平，加强桩基质量检测已是工程界的重要问题。常规的桩基检验主要采用静载荷试验，但费用高、历时长，只能进行少量试验。近年来，随着桩基动测试验研究的发展，已出现桩的多种检测方法，奠定了桩基动测技术的基础。

桩基的质量问题大致有以下几类：

（1）灌注桩与其成桩工艺有关的质量问题，如沉管灌注桩因挤土引起的土体隆起和侧移，混凝土桩身的多种质量缺陷、缩颈、断桩等，钻孔灌注桩可能发生孔底虚土或沉渣过厚，混凝土强度等级偏低，桩身结构不完整、空洞、离析、断裂、缩颈等质量问题。

（2）钢筋混凝土预制桩因桩的接头构造不合理或焊接不良，混凝土强度等级低，锤击次数过多造成桩身折断、开裂。或因对地层结构了解不够，锤击能量偏小，与贯入阻力不匹配，把桩打坏了也无法贯穿硬夹层或贯入持力层足够深度，致使相当数量的桩的入土深度达不到设计标高，甚至形成"桩林"。

（3）沉桩挤土引起大范围土体隆起和侧移，造成对周围建筑物、管线、道路等损坏。这在软土地区尤为突出。

（4）在桩基施工中，由于对相邻工序处理不当，造成基桩大量侧移。如边打桩边在邻近进行基坑开挖，或在桩基的一侧降水、挖土，使土体向一侧产生过大的侧向位移，造成大量基桩移位，桩身倾斜。

桩基检测包括对桩的位置及受力条件的检测，以及对桩身完整性和承载力的检验。工程桩必须进行承载力检测。

15.17.2 检测方法和内容

桩基的检测方法，传统的有：声波透射法、钻孔取芯法、静载试验法，以及高应变法和低应变法等桩的动测方法。在《建筑基桩检测技术规范》JGJ 106 中列出的检测方法如表 15.17.1 所示。

检测方法及检测目的　　　　　　　　　　　　　　　　表 15.17.1

检测方法	检测目的
单桩竖向抗压静载试验	确定单桩竖向抗压极限承载力； 判定竖向抗压承载力是否满足设计要求； 通过桩身内力及变形测试，测定桩侧、桩端阻力； 验证高应变法的单桩竖向抗压承载力检测结果
单桩竖向抗拔静载试验	确定单桩竖向抗拔极限承载力； 判定竖向抗拔承载力是否满足设计要求； 通过桩身内力及变形测试,测定桩的抗拔摩阻力
单桩水平静载试验	确定单桩水平临界和极限承载力，推定土抗力参数； 判定水平承载力是否满足设计要求； 通过桩身内力及变形测试,测定桩身弯矩和挠曲
钻芯法	检测灌注桩桩长、桩身混凝土强度、桩底沉渣厚度,判定或鉴别桩底岩土性状,判定桩身完整性类别
低应变法	检测桩身缺陷及其位置,判定桩身完整性类别
高应变法	判定单桩竖向抗压承载力是否满足设计要求； 检测桩身缺陷及其位置,判定桩身完整性类别； 分析桩侧和桩端土阻力
声波透射法	检测灌注桩桩身混凝土的均匀性、桩身缺陷及其位置,判定桩身完整性类别

表 15.17.1 中所列的方法是目前常用的检测方法。对常规桩基，可根据条件选用其中一种或多种方法进行检测，根据地质条件、桩型、施工方法的可靠性等多方面因素来考虑，使各种检测方法优势互补，提高检测结果的可靠性。特别是对于大直径灌注桩的完整性检测，一般可选用两种或两种以上的方法进行检测。对异形桩、组合型桩，高、低应变法和声透法就不能完全适用。对设计等级高、地质条件复杂、施工质量变异性大的桩，或低应变完整性判定遇到困难时，则提倡采用直接法（静载试验、钻芯法等）进行验证。

桩检测时的抽检方式必须随机，保证有代表性。

1. 桩的位置和受力条件检验

桩的平面位置不得超过规范规定的允许偏差值，桩在平面位置上的允许偏差应符合表 15.17.2 和表 15.17.3 的规定。

预制桩（钢桩）桩位的允许偏差（mm）　　　　　　　　表 15.17.2

项	项　　　　　　　　　目	允　许　偏　差
1	带有基础梁的桩： (1)垂直基础梁的中心线 (2)沿基础梁的中心线	$100+0.01H$ $150+0.01H$
2	桩数为 1~3 根桩基中的桩	100

项	项　　目	允　许　偏　差
3	桩数为4～16根桩基中的桩	1/2桩径或边长
4	桩数大于16根桩基中的桩: (1)最外边的桩 (2)中间桩	1/3桩径或边长 1/2桩径或边长

注:H为施工现场地面标高与桩顶设计标高的距离。

灌注桩的平面位置和垂直度的允许偏差　　　　　　表 15.17.3

序号	成　孔　方　法		桩径允许偏差(mm)	垂直度允许偏差(%)	桩位允许偏差(mm)	
					1～3根、单排桩基垂直于中心线方向和群桩基础的边桩	条形桩基沿中心线方向和群桩基础的中间桩
1	泥浆护壁钻孔桩	$D \leqslant 1000mm$	±50	<1	$D/6$ 且不大于100	$D/4$ 且不大于150
		$D > 1000mm$	±50		100+0.01H	150+0.01H
2	套管成孔灌注桩	$D \leqslant 500mm$	-20	<1	70	150
		$D > 500mm$			100	150
3	干成孔灌注桩		-20	<1	70	150
4	人工挖孔桩	混凝土护壁	+50	<0.5	50	150
		钢套管护壁	+50	<1	100	200

注:1.桩径允许偏差的负值是指个别断面。

　　2.采用复打、反插法施工的桩,其桩径允许偏差不受上表限制。

　　3.H为施工现场地面标高与桩顶设计标高的距离,D为设计桩径。

1) 预制桩　预制打入桩、静力压桩应提供经确认的桩顶高、桩底标高、桩端进入持力层的深度等。其中,预制桩还应提供打桩的最后三阵锤击贯入度、总锤击数等。静力压桩还应提供最大压力值等。

当预制打入桩、静力压桩的入土深度与勘察资料不符或对桩端下卧层有怀疑时,可采用补勘方法,检查自桩端以上1m起至下卧层5d范围内的标准贯入击数和岩土特征。

2) 灌注桩　对混凝土灌注桩,应提供经确认的施工过程有关参数,包括原材料的力学性能检验报告、试件留置数量及制作养护方法、混凝土抗压强度试验报告、钢筋笼制作质量检查报告。施工完成后,尚应进行桩顶标高、桩位偏差等检验。

对混凝土灌注桩提供成桩过程的有关参数应包括桩端进入持力层的深度。对锤击沉管灌注桩,应提供最后三阵锤击贯入度、总锤击数等。对钻(冲)孔桩,应提供孔底虚土或沉渣情况等。当锤击沉管灌注桩、冲(钻)孔灌注桩的入土(岩)深度与勘察资料不符或对桩端下卧层有怀疑时,可采用补勘方法,检查自桩端以上1m起至下卧层5d范围内的岩土特征。施工完成后,尚应进行桩顶标高、桩位偏差等检验。

3) 嵌岩桩　直径大于800mm的嵌岩桩,其承载力一般设计得较高,桩身质量是控制承载力的主要因素之一,应采用可靠的钻孔抽芯或声波透射法(或两者组合)进行检测。每个柱下承台的桩抽检数不得少于一根,单柱单桩的嵌岩桩必须100%检测。直径大于 800mm 非嵌岩桩检测数量不少于总桩数的 10%。小直径桩其抽检数量宜为 20%。对预制桩，当接桩质量可靠时，抽检率可比灌注桩稍低。

4）人工挖孔桩　人工挖孔桩应逐孔进行终孔验收，终孔验收的重点是持力层的岩土特征。对单柱单桩的大直径嵌岩桩，承载能力主要取决于嵌岩段岩性特征和下卧层的持力性状，终孔时，应用超前钻逐孔对孔底下 $3d$ 或 5m 深度范围内持力层进行检验，查明是否存在溶洞、破碎带和软夹层等，并提供岩芯抗压强度试验报告。人工挖孔桩终孔时，应进行桩端持力层检验。单柱单桩的大直径嵌岩桩，应视岩性检验桩底下 $3d$ 或 5m 深度范围内有无空洞、破碎带、软弱夹层等不良地质条件。

2. 桩身质量检验

桩身质量检验包括测定桩的截面、桩长、桩身混凝土强度以及有无断裂、夹泥、离析、缩颈等。常用的桩基完整性检测方法有钻孔抽芯法、声波透射法、高应变动力检测法、低应变动力检测法等。其中，低应变方法方便、灵活，检测速度快，适宜用于预制桩、小直径灌注桩的检测。一般情况下，低应变方法能可靠地检测到桩顶下第一个浅部缺陷的界面，但由于激振能量小，当桩身存在多个缺陷或桩周土阻力很大或桩长较大时，难以检测到桩底反射波和深部缺陷的反射波信号，影响检测结果的准确度。改进方法是加大激振能量，相对地采用高应变检测方法的效果要好；但对大直径桩，特别是嵌岩桩，高、低应变均难以取得较好的检测效果。钻孔抽芯法通过钻取混凝土芯样和桩底持力层岩芯，既可直观地判别桩身混凝土的连续性、持力层岩土特征及沉渣情况，又可通过芯样试压了解相应混凝土和岩样的强度，是大直径桩的重要检测方法。不足之处是一孔之见，存在片面性且检测费用高、效率低。声波透射法通过预埋管逐个剖面检测桩身质量，既能可靠地发现桩身缺陷又能合理地评定缺陷的位置、大小和形态，不足之处是需要预埋管，检测时缺乏随机性，而且只能有效检测桩身质量。实际工作中，将声波透射法与钻孔抽芯法有机地结合起来进行大直径桩质量检测是科学、合理的，而且是切实有效的检测手段。

对直径大于 800mm 的混凝土嵌岩桩，应采用钻孔抽芯法或声波透射法检测，检测桩数不得少于总桩数的 10%，而且每根柱下承台的抽检桩数不得少于 1 根。直径小于和等于 800mm 的桩及直径大于 800mm 的非嵌岩桩，可根据桩径和桩长的大小，结合桩的类型，抽检桩数不得少于总桩数的 10%。

3. 单桩承载力检验

施工完成后的工程桩应进行竖向承载力检验。竖向承载力检验的方法和数量，可根据地基基础设计等级和现场条件，结合当地可靠的经验和技术确定。复杂地质条件下的工程桩竖向承载力的检验宜采用静载荷试验，检验桩数不得少于同条件下总桩数的 1% 且不得少于 3 根。大直径嵌岩桩的承载力，可根据终孔时桩端持力层岩性报告，结合桩身质量检验报告核验。

工程桩竖向承载力检验可根据建筑物的重要程度，确定抽检数量及检验方法。对地基基础设计等级为甲、乙级的工程，宜采用慢速静荷载加载法进行承载力检验。

当嵌岩桩的设计承载力很高，受试验条件和试验能力限制时，可根据终孔时桩端持力层岩性报告，结合桩身质量检验报告核验单桩承载力。

15. 17. 3　桩的动力测试

动测方法在桩上的应用已有很长的历史，利用能量守恒与碰撞定理的打桩公式，是早期的一种动测方法，根据打桩时测得的贯入度推算桩的极限承载力。近代桩基动测技术是以应力波理论为基础发展起来的，桩顶受到锤击后，冲击能量在弹性体内以波动形式传布，利用一维波动方程的理论，使桩的动测技术得到了广泛的应用。

桩的动测主要用以判断桩身结构完整性和对单桩承载力的评价。目前，动测方法都是把桩、土体系按一定的模型简化后进行参数测定和分析，常用的动测方法如图 15.17.1 所示。

动测法的原理可归纳如图 15.17.2 所示。

动测法是在桩顶上施加一动态力（激励振源），动态力可以是瞬态冲击力或稳态激振力。桩、土系统对动态力作用的反映称为动力响应，动力响应的信号可以是位移、速度或加速度，通过对信号的时域分析或频域分析来判定桩身结构完整性和对单桩承载力做出评价。

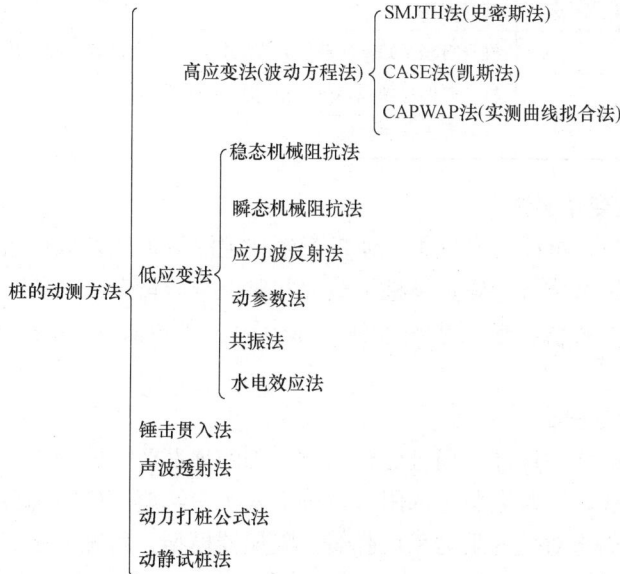

图 15.17.1　桩的动测方法

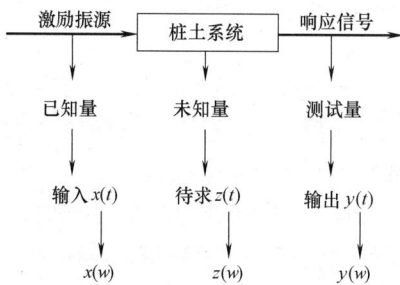

图 15.17.2　动测法基本原理图
$x(t)$、$y(t)$、$z(t)$ 表示时域函数；
$x(w)$、$y(w)$、$z(w)$ 表示频域函数

动测法通常是以作用在桩顶上动态力的能量大小和应力水平能否使桩土间产生一定的位移，而将动测方法分为高、低应变两大类。

1）高应变法　作用在桩上的动态力的能量大，桩身中产生的应力和应变水平接近工程桩的实际应力、应变水平，所作用的动荷载使桩克服土阻力产生贯入度，桩、土响应信号中包含了土对桩的阻力（承载力）因素，所以高应变法可以对单桩承载力做出评价，也可对桩身结构完整性做出评价。

2）低应变法　作用在桩上的动态力能量

小，只能使桩产生微小的弹性变形，通过应力波在桩身中的传布和反射原理，对桩身结构完整性进行评估。低应变法从原理上不能直接对桩的极限承载力作出判断，而是通过桩的动、静刚度之间的实测对比关系进行推算。一般认为，高应变法可用于桩的承载力检测，低应变法可用于桩身完整性检测，桩身完整性分类如表15.17.4所示。

桩基的检测通常是多种方法并用，常规的直接法——静载法、钻芯法，可以对桩的质量做出有效的检测和评价。随着桩基检测技术的发展，作为半直接法的动测方法，已成为桩基质量普查和承载力判定的有效补充手段。当需要对整个桩基工程质量进行评定时，单独的一种方法无法覆盖，而采取多种方法并用，才能真正做到确保桩基工程的质量与安全。

桩身完整性分类表　　　　　　　　　　　　表 15.17.4

桩身完整性类别	分 类 原 则
Ⅰ类桩	桩身完整
Ⅱ类桩	桩身有轻微缺陷承载能力极限状态下不会影响结构承载力的正常发挥
Ⅲ类桩	桩身有明显缺陷，对桩身结构承载力有影响
Ⅳ类桩	桩身存在严重缺陷

15.17.4 高应变动测法

高应变动测法是以重锤敲出桩头，使桩产生一定的贯入度，根据接收到的桩、土系统的响应信号，经过计算分析，确定单桩承载力并对桩身质量做出评价。这里所提的高应变动测法主要指波动方程法，包括史密斯法（Smith）、凯司法（Case）和实测曲线拟合法（Capwap）。

1. 史密斯波动方程法

将桩视作连续的弹性杆件。当桩受锤击时，桩的顶部产生的弹性应变以纵波的形式沿桩身传递，直至桩底，同时克服土的阻力使桩贯入土中，应变的传递遵循一维波动方程。

史密斯假定桩周土对桩的阻力采用弹簧、阻尼器模型。将锤—桩—土组成的系统用质量块、弹簧和阻尼器组成的离散系统来模拟（图15.17.3），并提出了差分解法。

史密斯解可以得到打桩时土的静阻力 R_u 与贯入阻力的关系曲线——打桩反应曲线，根据实测的打桩最后贯入度即可从曲线上查得打桩时土的静阻力 R_u，可以预测单桩极限承载力，确定打桩时桩身的最大应力，以及进行沉桩能力分析。

2. 凯司法

凯司法是美国俄亥俄州凯斯大学（Case Western Reserve University）研究成功的桩的动力分析方法的简称，由 G. G. Goble（高勃尔）博士进行一系列有效的研究，以行波理论为基础，推导出了一整套简便的计算公式，通常称为 Case-Goble 法。

凯司法是把桩作为连续的弹性杆件进行应力波分析的，假设桩为均质等截面弹性杆件，应力波在传布过程中没有能量损耗，动阻力主要集中于桩尖，忽略桩周动阻力，Case法的基本原理简介如下：

1) 基本假定和行波理论

凯斯法的计算图式如图15.17.4所示。桩顶后冲击后，桩身上任意点的位移与时间的关系，遵循一维波动方程：

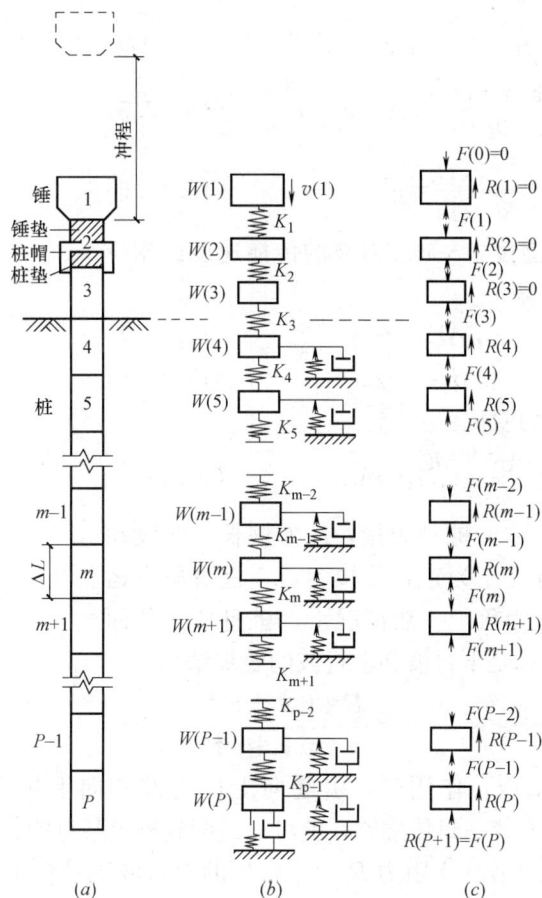

图 15.17.3　史密斯法计算模型

(a) 单元划分；(b) 计算模型；(c) 单元受力

$$\frac{\partial^2 U}{\partial t^2} = c^2 \frac{\partial^2 U}{\partial x^2} = \frac{E}{\rho} \frac{\partial^2 U}{\partial t^2} \tag{15.17.1}$$

式中　U——桩沿纵轴 x 方向的位移；

　　　　t——时间；

E、ρ——桩身材料的弹性模量和质量密度。

$c = \sqrt{\dfrac{E}{\rho}}$，其物理意义是应力波在桩身中的传播速度。

一维波动方程的通解为：

$$U(x,t) = f(x-ct) + g(x+ct) \tag{15.17.2}$$

这表明，桩上任一质点的运动是下行波 $f(x-ct)$ 和上行波 $g(x+ct)$ 的叠加结果，凯斯法计算图式见图 15.17.4，于是下行波波速 v 与应变 ε 可写为：

$$v(t) = \frac{\partial U}{\partial t} = \frac{\partial f(x-ct)}{\partial t} = -cf'(x-ct) \tag{15.17.3}$$

$$\varepsilon(t)=\frac{\partial U}{\partial x}=\frac{\partial f(x-ct)}{\partial x}=-cf'(x-ct) \quad (15.17.4)$$

上行波波速和应变可记为

$$v(t)=\frac{\partial g(x+ct)}{\partial t}=cg'(x+ct) \quad (15.17.5)$$

$$\varepsilon(t)=\frac{\partial g(x+ct)}{\partial x}=g'(x+ct) \quad (15.17.6)$$

此处，v 是质点的运动速度，c 是应力波的传播速度。相应的力为：

$$F\downarrow=\varepsilon\downarrow AE=Zv\downarrow \quad (15.17.7)$$

$$F\uparrow=\varepsilon\uparrow AE=-Zv\uparrow \quad (15.17.8)$$

式中，Z 为桩身截面的力阻抗：

$$Z=\frac{AE}{c}=\frac{MC}{L}=\rho Ac \quad (15.17.9)$$

A 为桩身截面积，M 为桩身质量，L 为桩长。在波动方程分析中，规定桩身受压为正，受拉为负，桩身质点运动速度向下为正，向上为负。一般情况下，桩身任一截面上的质点运动速度或力都是下行波和上行波的叠加结果。

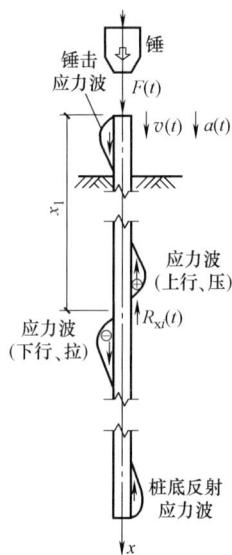

图 15.17.4 凯司法计算图式

$$F=F\downarrow+F\uparrow \quad (15.17.10)$$

$$v=v\downarrow+v\uparrow \quad (15.17.11)$$

当桩侧有摩阻力 $R_i(t)$ 作用时，引起向上压力波和向下拉力波，其幅值都等于 $1/2R_i(t)$。如果在桩顶安装一组传感器，就可以量测到桩上某点的合成速度和应力波，即由锤击力引起的应力波讯号、土阻力 $R_i(t)$ 产生的上行波讯号和土阻力产生的下行波讯号，见图 15.17.5 的实测波形图。

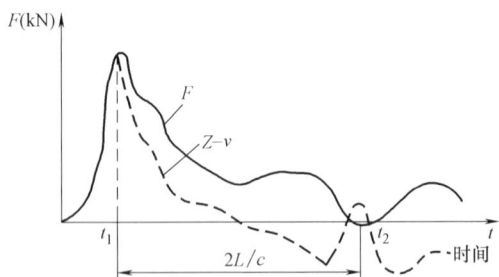

图 15.17.5 实测桩顶力和速度波

由图 15.17.5 可见，开始一段两条曲线重合，表明质点承受的只是锤击力，过了峰值之后两条曲线逐渐分离，说明土阻力引起的应力波开始起作用。根据这些信息经过推导，可求得土总阻力公式：

$$R_T=\frac{1}{2}(F_1+F_2)+\frac{Z}{2}(v_1-v_2) \quad (15.17.12)$$

这就是著名的凯司-高勃尔（Case-Goble）公式。

上式表示动力试桩时土对桩的总阻力，为阻力和动阻力之和，即

$$R_T=R_C+R_D \quad (15.17.13)$$

$$R_D=J_CZv_b \quad (15.17.14)$$

式中 R_C——静阻力，就是桩的静极限承载力；

R_D——动阻力，与质点运动速度和土的性质有关；

J_C——桩尖土阻尼系数；

v_b——桩尖质点速度。

$$v_b = \frac{1}{2}(F_1 + Zv_1 - R_T) \tag{15.17.15}$$

于是，静阻力为：

$$R_C = R_T - J_C(F_1 + Zv_1 - R_T)$$

$$= (1 - J_C) \cdot \frac{1}{2}(F_1 + Zv_1) + (1 + J_C) \cdot \frac{1}{2}(F_1 - Zv_2) \tag{15.17.16}$$

式中 F_1、F_2——分别为 t_1、t_2 时刻的锤击力；

v_1、v_2——分别为 t_1、t_2 时刻的质点运动速度。

应当指出，凯司法中的阻尼系数 J_C 是一个人为选取的经验系数，它对单桩极限承载力的最终取值影响甚大，美国 PDI 公司推荐的 Case 阻尼系数 J_C 值见表 15.17.5。

美国 PDI 推荐的 J_C 值 表 15.17.5

桩尖土	纯　砂	粉　砂	粉　土	粉质黏土	黏　土
J_C	$0.1 \sim 0.15$	$0.15 \sim 0.25$	$0.25 \sim 0.4$	$0.4 \sim 0.7$	$0.7 \sim 1.0$

2）截面削弱引起的反射效应

设桩顶锤击力的最大值为 F_{max}，经过 x_c/c 传到截面 x_i，此时截面 x_i 已作用有土反力 ΔR，方向与 F_{max} 相反。则作用于截面 x_i 上的合力为

$$F_i = F_{max} - \Delta R$$

此力在通过变截面 x_i 时，分为透射和反射两部分。透射波的性质与入射波一致，幅值为入射波的 $2A'/(A+A')$ 倍。反射波当 $A' < A$ 时，力波改变符号，幅值为入射波的 $-(A-A')/(A'+A)$ 倍，所以，变截面产生向上的反射力 F_r 为

$$F_r = (F_{max} - \Delta R)(A - A')/(A + A')$$

由 F_r 引起的桩顶速度增量

$$\Delta v(t) = \frac{2c}{EA}(F_{max} - \Delta R)\frac{A - A'}{A + A'}$$

则速度为：

$$v = \frac{c}{EA}F - \frac{c}{EA}\Delta R + \frac{2c}{EA}(F_{max} - \Delta R)\frac{A - A'}{A + A'} \tag{15.17.17}$$

令：$\Delta u = v\frac{EA}{c} - F + \Delta R \cdot \beta = \frac{A'}{A}$

上式变为：

$$\frac{\Delta u}{2(F_{max} - \Delta R)} = \frac{A - A'}{A + A'} = \frac{1 - \beta}{1 + \beta} \tag{15.17.18}$$

由实测得 F 和 v，代入上式就可以求出 β。利用 β 进行桩身质量判断：

$\beta = 1.0$，无破损；

$\beta = 0.8 \sim 1.0$，轻微破损；

$\beta = 0.6 \sim 0.8$，破损；

$\beta < 0.6$，折断。

3）凯司法的设备配置

凯司法现场检测的仪器设备配置框图如图 15.17.6 所示。

锤的重量宜大于桩重的 8%，或大于被测桩预估单桩极限承载力的 1%。

4）凯司法检测结果示例

图 15.17.8 为凯司法检测结果的示例。ϕ550 的预应力钢筋混凝土管桩，桩长为 18.6m，桩尖持力层为粉土层。图 15.17.7 为桩的静载荷试验的 Q-s 曲线。采用美国 PDI 公司的 PDA 打桩分析仪，实测结果如图 15.17.8 所示。分析时，求桩的阻尼力 R_d 时采用的阻尼系数 $J = 0.29$，并求得该桩的极限承载力 R_u，凯司法动力试桩的结果汇总于表 15.17.6。

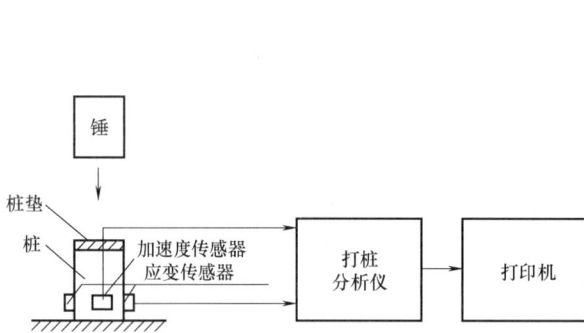

图 15.17.6　凯司法现场检测仪器设备配置框图

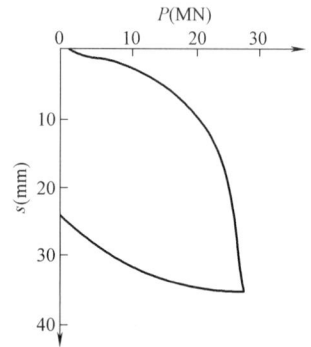

图 15.17.7　静载荷试验曲线

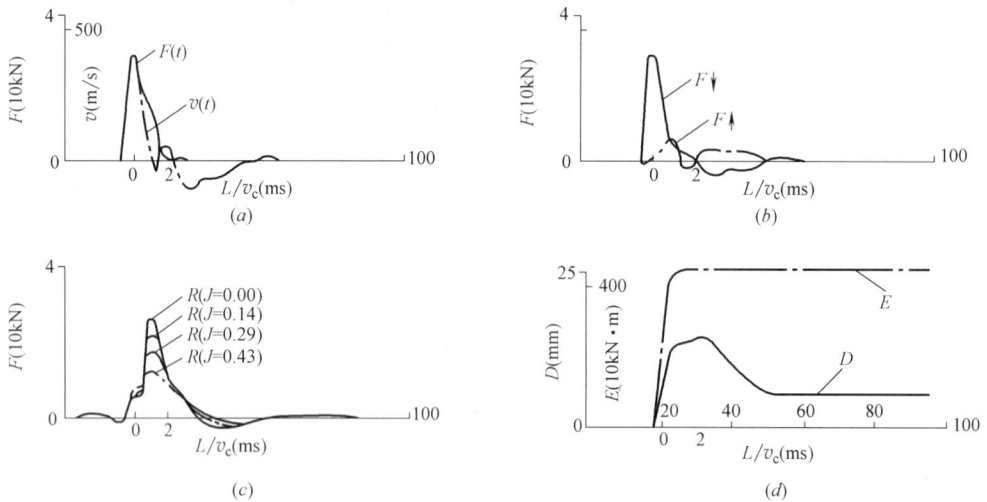

图 15.17.8　2 号桩凯司法实测结果

（a）加和速度；（b）上行波和下行波；（c）不同阻尼系数时的承载力；（d）动位移与能量曲线

3. 实测曲线拟合法

实测曲线拟合法又称为凯司波动分析程序法（CASE Pile Wave Analysis Program 法，简称 CAPWAP 法），属于波动方程法的一种类型，是在凯司法的基础上发展而成的。所用的仪器设备、检测方法和要求以及检测的结果，均与凯司法相同。主要的不同之处在于实测曲线拟合法在分析计算中所采用的参数不是像凯司法中那样设定的，而是根据实测的波形拟合的，所以称为实测曲线拟合法。拟合计算时所采用的程序版本较多，但基本上大同小异，而 CAPWAP 程序应用较早，使用者较多。

桩号	桩径(m)	桩长(m)	有效桩长(m)	测点下桩长(m)	持力层	锤重(t)	落高(m)	能量(kN·m)	锤效率(%)
2	0.55	18.6	14.7	17.6	粉　土	4	2	44.6	56

桩号	力峰值(kN)	动位移(cm)	速度(m/s)	波速(m/s)	极限承载力(MN)	与静载试验误差(%)	极限端阻力(MN)	极限侧阻力(MN)	检测日期(年.月.日)
2	3970	1.96	2.99	3600	2.59	+3.6	0.53	2.06	1993.1.11

实测曲线扩合法把桩视作弹性连续杆件，土的静阻力与桩的位移有关，简化为理想的弹塑性体，而土的动阻力与桩的运动速度有关，用线性黏滞阻尼模型表示。土的计算模型如图 15.17.9 所示。

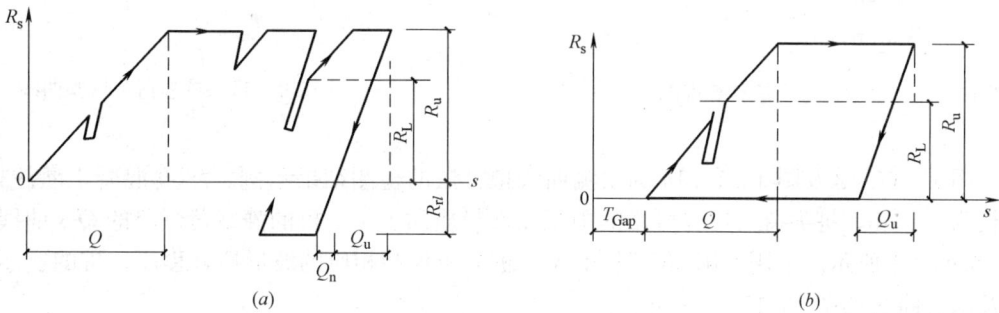

图 15.17.9　土的计算模型
(a) 桩侧土的静阻力模型；(b) 桩尖土的静阻力模型

实测曲线拟合法是用实测的力波或速度波曲线作为边界条件，使计算波形与实测波形拟合，反复迭代计算，直到符合程度满意为止，从而可以得到单桩极限承载力、侧阻力分布、端阻力大小及模拟的静载试验 P-s 曲线等。在根据实测曲线的拟合计算过程中，与计算有关的未知量很多。理论上讲，CAPWAP 法求得的解不是一个定解，而是多解，必须对拟合计算中的主要参数进行分析选定，应在岩土工程的合理范围内拟合，得出的结果才有实际意义。

实测曲线拟合法测得的单桩极限承载力与凯司法是相同的。

实测曲线拟合法的分析计算框图如图 15.17.10 所示。其计算步骤均已在计算程序中编入。

计算曲线与实测曲线的拟合程度用拟合质量数来评价，即计算值与实测值之差的绝对值之和来表示。计算曲线与实测曲线的拟合是否达到满意的程度就需要检验是否满足计算程序的收敛标准，关于 CAPWAP 程序的收敛标准可参见有关文献资料。

如计算曲线与实测曲线不吻合，即计算结果不能满足收敛标准，则应有针对性地修改桩、土模型和参数，然后重新计算，直至满足收敛标准为止。在获得满意的拟合结果后，不仅可得出单桩的极限承载力 P_u，还可打印出桩侧阻力分布、桩端阻力以及计算的荷载—位移曲线（Q-s 曲线）等。

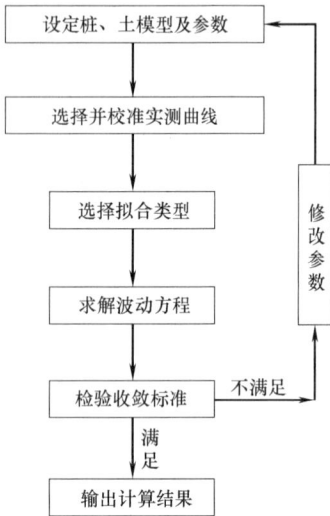

图 15.17.10　波形拟合法计算框图

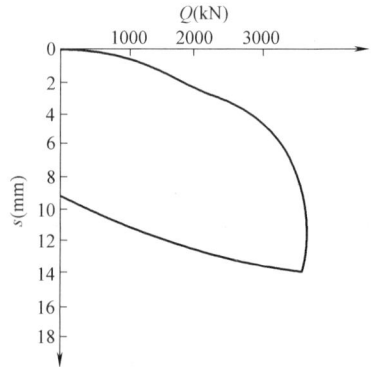

图 15.17.11　桩静荷载试验曲线

图 15.17.12 及图 15.17.14 为实测曲线拟合法的检测结果示例。$\phi800$ 混凝土灌注桩，桩长为 21.5m，桩尖持力层为可塑的中压缩性粉质黏土层，桩的静载荷试验的 Q-s 曲线如图 15.17.11 所示。采用美国 GC 型 PDA 打桩分析仪和相应的波形拟合程序，桩的实测曲线及拟合曲线如图 15.17.12 所示。

根据拟合结果，最终得到的桩身轴力见图 15.17.13（左部）；桩侧阻力的分布见图 15.17.13（右部）。

将拟后所得的 Q-s 曲线与静荷载试验的 Q-s 曲线进行对比，结果如图 15.17.14 所示。桩的动力试验结果汇总于表 15.17.7 中。

15.17.5　静动试桩法（Statnamic Load Testing）

为了克服波动方程法要求桩产生较大的贯入度，而难以克服在灌注桩上实现的严重缺点，1989 年加拿大伯明翰默（Berming Hammer）公司与荷兰的皇家科学院建工研究所（TNO）共同研制成一种特殊的加载装置，改变动测法中的冲击力为缓慢荷载，作用在桩顶上的力脉冲延续时间较长到 200～600ms。这样，可使桩产生很大的贯入度，又不破坏桩顶。在此动力作用下，桩身的应力和位移都与应力波的传布无关，而接近于静态承压桩。通过测得的位移信号和力信号，最终通过计算分析得到单桩的 Q-s 曲线。

由于静动法比较可靠，适用范围广，无论打入桩、灌注桩、斜桩、水平桩甚至群桩都可应用。

静动法的设备装置如图 15.17.15 所示。它由汽缸、活塞堆载平台、消声器及砂砾容器等组成。堆载可为钢块或预制钢筋混凝土块，质量为预估桩承载力的 1/10～1/20（由加速度大小定），堆载荷重块的中间预留孔，以便套进消声器。消声器是带有隔板的钢筒，可以将点燃固体燃料产生高压气体时的噪声降低到最低程度。桩顶的位移是由安装在桩顶的激光传感器测得的。为此，需在高桩的一定距离处安放一激光发射器。

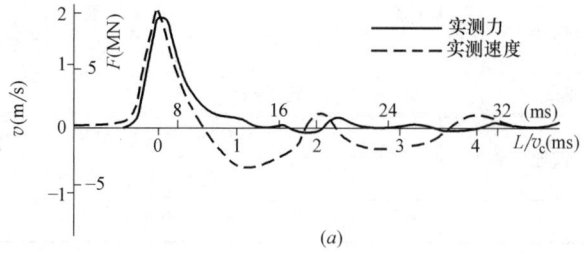

(a)

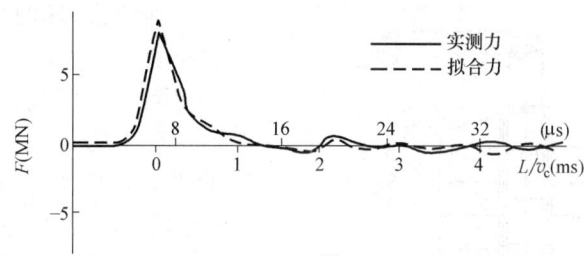

(b)

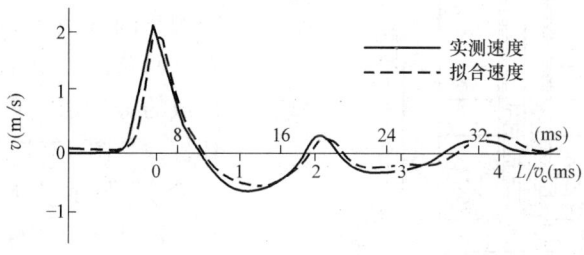

(c)

图 15.17.12　桩波形拟合结果

（a）实测力和实测速度时程曲线；（b）力的拟合曲线；（c）速度的拟合曲线

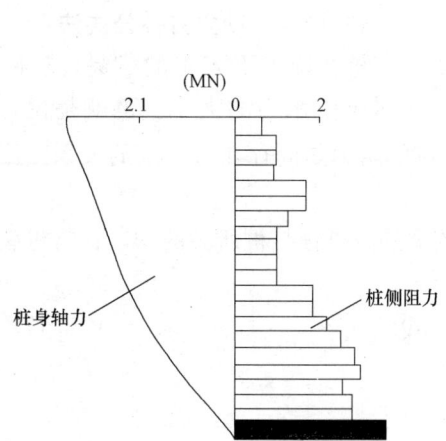

图 15.17.13　桩身轴向力及桩侧阻力的分布

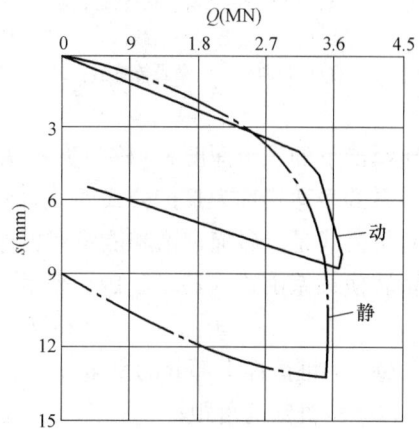

图 15.17.14　1 号桩静荷载试验与动
测试验结果的比较

桩号	桩径(m)	桩长(m)	入土深度(m)	持力层	锤落高(m)	力峰值(MN)	桩顶动位移(cm)
1	0.8	21.5	20	粉质黏土	1.4	7.5	0.54

桩号	桩顶速度(m/s)	波速(m/s)	贯入度(cm)	动极限承载力(MN)			静极限承载力(MN)	误差(%)
				总承载力	侧阻	端阻		
1	2.08	3050	0.28	3.5	3.2	0.3	3.4	+2.8

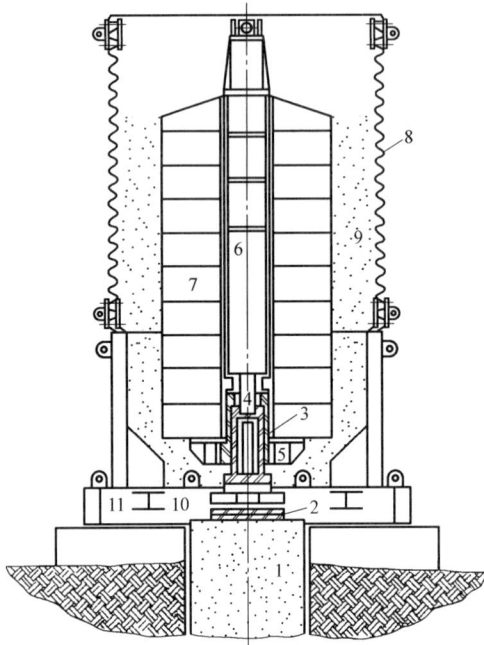

图 15.17.15 静动法试验装置

1—桩；2—力传感器；3—汽缸；4—活塞；

5—平台；6—消声器；7—堆载；8—砂砾填料容器；

9—砂砾填料；10—激光传感器；11—支架

静动法的试验过程比较简单。当设备装置安装完毕后（图 15.17.16a），用电阻丝点燃汽缸中的固体燃料，此时所产生的高压气体，推动活塞连接的平台，使平台上的堆载脱离桩顶（图 15.17.16b）。此时，堆载重块四周的砂砾填料就随即填充堆载与桩顶之间的空间（图 15.17.16c）。当堆载重新又回落时，由于桩顶已有砂砾填料形成的缓冲层，重块就不会撞击和破坏桩顶（图 15.17.16d）。静动法试验的全过程示于图 15.17.16 中。图 15.17.16（a）中，A 为桩，B 为力传感器，C 为带燃烧室的汽缸，D 为活塞，E 为平台，F 为消声器，G 为堆载（反压块），H 为砂砾容器，I 为砂砾，J 为激光发生器，K 为激光光束，L 为激光传感器（接收器）。

15.17.6 动力打桩公式法

桩在锤击下入土的难易，反映了土对桩支承力的大小。也就是说，桩在一次锤击下的入土深度 e（称为贯入度）与土对桩的阻力之间存在着一定的关系，反映这种关系的表达式称为打桩公式或动力公式。

打桩公式是以碰撞理论和能量守恒原理作为依据的。桩锤打桩所做的功，在打桩瞬间的能量转换关系由式（15.17.19）表示：

$$QH = Re + Qh + \alpha QH \qquad (15.17.19)$$

式中 Q——桩锤冲击部分的重量；

      H——桩锤的落距；

      e——贯入度，即锤一击时桩的入土距离；

      R——相应于贯入度为 e 时桩的贯入阻力；

      h——桩锤的反弹高度；

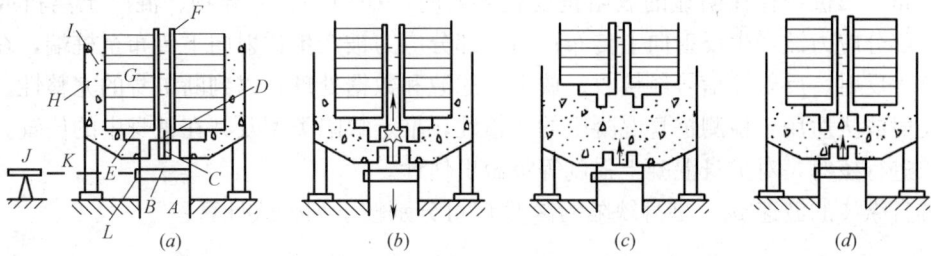

图 15.17.16　静动法的试验过程

(a) 设备安装完毕；(b) 点燃固体燃料产生高压气体，举起堆载平台；

(c) 堆载及平台回落；(d) 堆载平台落在砂砾缓冲层上

α——能量消耗系数，$0 < \alpha < 1$。

上式表示在锤击过程中，锤击功 QH 转化到三个方面去；Re 表示消耗于将桩沉入土中一段距离所做的功，称为有效功；Qh 表示消耗于土及桩材料弹性变形的功；αQH 表示消耗于桩和桩垫材料的非弹性变形与土挤出以及打桩时克服一切其他阻力的功。后两项称为无效功。

α 值的影响因素很复杂，变化范围也大，与桩的材料、打桩方法（有无桩垫、桩帽）、土的性质等都有关，很难准确确定。

打桩公式的应用有两种情况：

(1) 已知贯入度 e，根据 $Q_a = f(e)$ 的关系式，确定桩的允许承载力。测定桩在不同入土深度时的 e 值，就可以求得相应深度的 Q_a 值。

(2) 已知桩允许承载力 Q_a，根据 $e = \varphi(Q_a)$ 的关系式，可在设计中提出桩的设计承载力要求后，利用此式求得控制贯入度 e。要求打桩时实测贯入度等于或小于控制贯入度为止，从而保证桩具有足够的承载力。

桩打入后，经过一段时间的间歇，其承载力往往会有变化，变化的情况随着土质条件的不同而异。因此，在应用打桩公式时，应采用经过间歇后复打的贯入度，才符合桩的实际工作情况。间歇时间，在一般黏性土中不少于 7d，在软土中应不少于 14d，砂土中可适当缩短。

打桩过程中的能量消耗受很多复杂因素影响，很难准确确定。因此，在许多动力公式中，只能引进一些大概的经验数值。所以，只有在能够反映当地实际经验、适合当地土质条件和桩型的动力公式，在使用相同的施工机具的情况下才有使用意义。

常见的动力打桩公式如格尔谢凡诺夫（Н. М. Гepceвaнoв）公式和海利（A. Hiley）公式。

15.17.7 低应变动测法

低应变动测法由于其适用范围广，仪器设备轻便、简单，操作方便，检测速度快，成本低，已被工程界广泛接受。低应变法是利用低能量的动态力对桩体作瞬态或稳态激振，使桩体产生弹性振动，利用振动和波动理论检测桩身结构完整性，可以用作桩体完整性的一种普查手段。在一定条件下，也可作为单桩允许承载力的辅助检测手段。

1. 反射波法

桩作为连续均质的弹性杆，用手锤或力锤、力棒敲击桩顶，由此产生的应力波沿桩身向下传布。当桩身存在明显的波阻抗变化界面时，如缩颈、夹异物、混凝土离析或扩颈时，一部分应力波产生反射向上传布；另一部分应力被产生透射向下传布至桩端，在桩端处又产生反射。反射波信号经接收、放大、滤波和数据处理，以判断桩身的完整性。

反射波法适用于检测桩身混凝土的完整性，推定缺陷类型及其在桩身中的位置。也可对桩长进行核对，对桩身混凝土强度等级做出估计。

桩身纵波的波速 v_p、桩身缺陷的深度 L' 可分别按下列公式计算：

$$v_p = \frac{2L}{t} \tag{15.17.20}$$

$$L' = \frac{1}{2} v_{pm} t' \tag{15.17.21}$$

式中　L——桩身全长；

　　　t——桩底反射波的到达时间；

　　　t'——桩身缺陷部位反射波的到达时间；

　　v_{pm}——同一工地内多根已测合格桩桩身纵波波速的平均值。

根据桩顶速度波的时域曲线图中的入射波和反射波的波形、相位、振幅、频率及波的到达时间等特征，推算单桩的完整性。根据桩的时域波形的特征，将桩的完整性区分为：完整桩、截面突变桩、断桩、半断桩、缩颈、离析和夹泥桩、扩底桩、嵌岩桩、截面渐变桩等。

以上几种不同阻抗变化的理想时域曲线的特征如下：

1）桩身阻抗变化对桩顶速度曲线的影响

如前所述，反射波法就是利用桩身阻抗变化对桩顶速度的时域曲线产生影响的道理来判断桩身的质量的。图 15.17.17 左侧为实际桩的剖面，右侧即为相应该桩的实测桩顶速度的时域曲线。

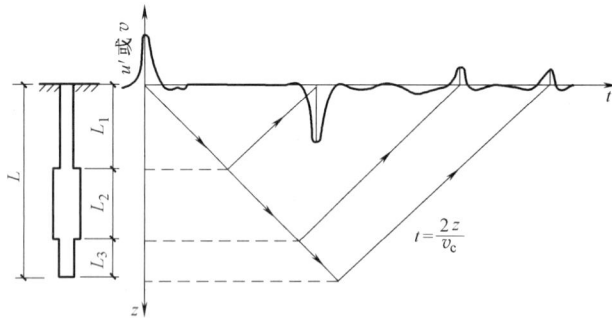

图 15.17.17　桩身阻抗变化时桩顶速度的时域曲线

从图 15.17.17 可看出，对于图示的桩，敲击后可获得图中曲线，曲线上共有四个波峰。根据上述基本原理可知，第一个波峰为敲击时桩顶的入射波（$t=0$）。此波向下经历 L_1 到达第一个界面后，一部分透射过去继续下传，另一部分则反射到桩顶被传感器记录下来，形成第二个波峰（$t=2L_1/v_c$）。由于波是从阻抗 Z_1 小处往阻抗 Z_2 大处传播的，故此波峰与入射波是反相的。透射波下传经过 L_2 到达第二个界面，同样有一部分透射过去继续下传，而另一部分则又反射到桩顶被记录下来，形成第三个波峰（$t=2L_1/v_c+2L_2/v_c$），由于波是从阻抗大处向阻抗小处传播的，故此波峰与入射波同相。最后，剩余的透射波又继续传至第三个界面（桩底），又有一部分反射到桩顶，形成第四个波峰（$t=2L/v_c$）。由于桩材料的阻抗总是大于土的阻抗，故此波峰必然与入射的初始波峰同相。

2）桩的缺损率对桩顶速度曲线的影响

根据反射波出现的时间可以确定界面的位置，但是无法确定阻抗变化的程度（或缺损率）。图 15.17.18 为三根材质相同（即 E、ρ、v_c一样）但具有不同缺损率 $\eta=A_2/A_1$ 的桩的实测桩顶速度时域曲线，由此图再次表明，缺损率越大，界面上下阻抗变化越大，其反射波越明显，因此，可以根据反射波峰与初始入射波峰的幅值之比 u'_r/u'_i 大致判断其缺损率 η，即

$$\eta=A_2/A_1=(u'_i-u'_r)/(u'_i+u'_r) \tag{15.17.22}$$

式中　A_1、A_2——界面上、下段的桩截面面积；

　　　u'_i、u'_r——实测初始入射波峰和界面反射波峰的速度幅值。

桩缺损程度可按表 15.17.8 的 η 值表确定。

桩身缺损程度的判别

表 15.17.8

η	缺损程度
1	无缺损
0.8～1	轻微缺损
0.6～0.8	缺损
0.4～0.6	严重缺损
<0.4	断裂

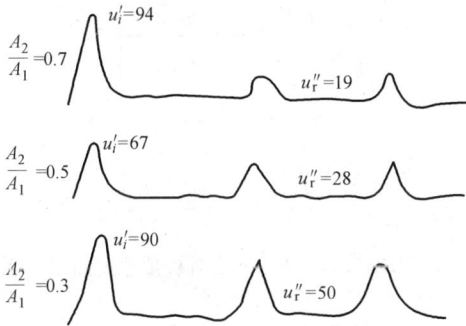

图 15.17.18　缺损率对桩顶速度曲线的影响

应当指出的是，由于现场实际情况十分复杂，故式（15.17.22）及表 15.17.8 只能提供一个大致判别的参考方法。

3）缺陷形状对桩顶速度曲线的影响

相同的缺损率，但缺损的形状不同，也会得到不同的桩顶速度时域曲线。图 15.17.19 所示的三根桩的缺损率是一样的，但缩颈的形状不同，可以是突变的，也可以是渐变的，其中以突变的（$S=0$）反射波最明显，而渐变缓慢的（$S=3m$）反射波基本上就看不出来。这一点在现场测试中应注意。

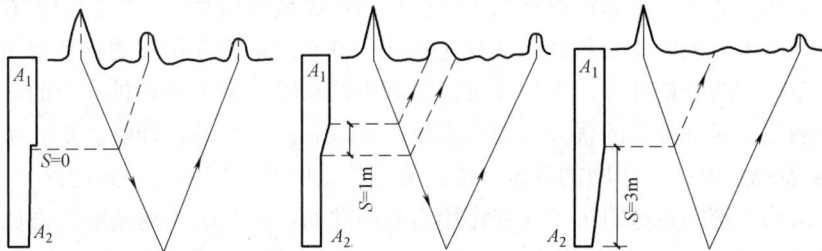

图 15.17.19　缺损形状对桩顶速度曲线的影响

4）锤头材质对桩顶速度曲线的影响

不同锤头材料，会产生不同的桩顶速度时域曲线，图 15.17.20 为用钢质锤头（实线）和用硬塑料锤头敲击同一根混凝土灌注桩时，所测得的桩顶速度时域曲线。由图 15.17.20 可见，锤头材质对实测曲线有较大影响，故应根据具体情况选用适当的锤头材料。

5）土质对桩顶速度曲线的影响

在前面的基本概念中已经说明，由于桩周围的介质是土而不是空气，因此，用反射波法测定桩身的完整性和质量时，不可避免地要考虑土质对桩顶速度时域曲线的影响。图 15.17.21 是三根同样的桩，但其周围土层性质不同而获得桩顶速度的时域曲线。由图 15.17.21 可见，虽然这三根桩都是质量完好的桩，但由于土质不同，所得的实测曲线也大不相同，所以必须在排除土质影响后，才能得到反映桩身质量的桩顶速度曲线。

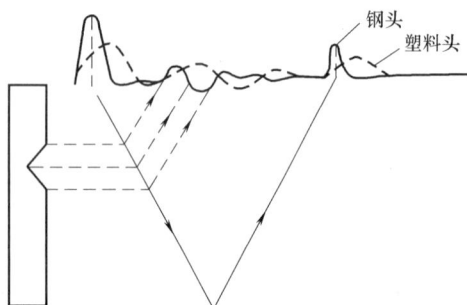

图 15.17.20　锤头材质对桩顶速度曲线的影响

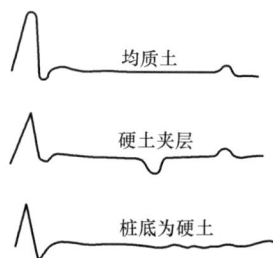

图 15.17.21　土质对桩顶速度曲线的影响

如何排除土质对实测曲线的影响呢？通常，可采用以下几种方法。

（1）选择一根完好的桩作为参考桩，以它的实测曲线作为基础，来判断其他桩的实测曲线，当其他桩的实测曲线上有与参考桩相同的正相或反相反射波出现时，应视为土层的影响，而不是桩本身造成的。图 15.17.21 中的反相反射波是因桩身穿过硬土层造成，而非扩颈。

在不能选定参考桩时，可根据现场大多数桩的实测曲线，结合场地的地质剖面图来排除土质条件的影响。

（2）可利用场地的地质剖面图以及静力触探或动力触探（标准贯入）试验曲线，来排除实测桩顶速度曲线中的土质影响。

2. 机械阻抗法

机械阻抗法是通过测定施加桩顶的激励信号和在该激励信号下产生的动态响应来识别桩的动力特性。由于桩的动力特性与桩身完整性和桩土体系相互作用的特性密切相关，通过对桩的动态特性的分析计算，可估计桩身混凝土的缺陷类型及其在桩身中的部位，并可确定桩的动刚度。对桩施加的扰力（动态激振）可以有三种类型，即稳态正弦激振、瞬态（冲击）激振及随机激振。不同的激振方法所测得的桩的动态特性是一致的。

把一个结构系统的机械阻抗定义为作用力与由此而产生的结构运动响应之比。结构运动响应可以是位移、速度、加速度。

$$Z = \frac{F}{v} \qquad (15.17.23)$$

式中　Z——机械阻抗；

F——对结构施加的作用力；

v——结构的运动速度。

机械阻抗的倒数为机械导纳。系统在动态力作用下的阻抗（或导纳）是以动态力圆频率为自变量的复函数 $Z(iw)$ 或 $Y(iw)$。对于不同的 w 值，阻抗（或导纳）的幅值和幅角也就不同。这就提供了用阻抗或导纳随激振频率变化的图像来研究分析系统动态特性的可能性，从而判别桩身结构完整性。桩的检测通常用速度阻抗和速度导纳。

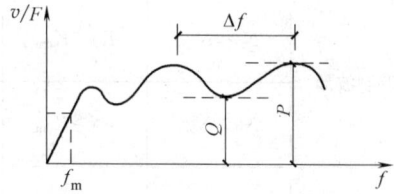

图 15.17.22　导纳曲线

把桩土系统简化为质弹体系，由质量、弹簧和阻尼组成力学模式，激振力作用下的桩—土系统响应信号，通过速度传感器量测，可得出速度导纳（v/F）随频率（f）变化曲线（图 15.17.22）。两个谐振峰之间的频差 Δf 为：

$$\Delta f = c/2L$$

c 为纵波速度，L 为桩长，谐振峰值 P，谷值 Q，由导纳曲线低频段斜率的倒数可求得桩的动刚度：

$$K_d = 2\pi f_m/(v/F) \tag{15.17.24}$$

（1）桩身混凝土完整性判断

稳态激振和瞬态激振机械阻抗法，虽然试验方法不一样，但试验结果都可得到导纳随频率变化曲线，对其进行分析和计算，检测桩身结构的完整性。

根据实测的机械导纳曲线，计算桩的平均波速

当已知桩长，从导纳曲线量的 Δf 值，由下式计算波速：

$$v_p = 2L\Delta f$$

如果已知波速或设定波速，可计算测量桩长，即 $L_0 = \dfrac{c}{2\Delta f}$。

计算各单桩理论导纳值 N 和实测导纳值 N_0：

$$N = \frac{1}{\rho A c_0} \quad N_0 = \sqrt{PQ}$$

根据所计算的参数及导纳曲线形状，就可对桩身结构完整性进行判断。按表 15.17.9 推定桩身混凝土的完整性，确定缺陷类型，计算缺陷在桩身中出现的位置。

机械导纳曲线推定桩身结构完整性　　　　表 15.17.9

机械导纳曲线形态	实测导纳值 N_0	实测动刚度 K_d	测量桩长 L_0	实测波速 v_p	波峰状况	缺陷位置	结　　论
与典型导纳曲线接近	$N_0 \approx N$	$K_d \approx K_{dm}$	$L_0 \approx L$	$v_p \approx v_{pm}$	波峰间隔均匀、整齐		完整
	$N_0 \geqslant N$	$K_d \leqslant K_{dm}$	$L_0 < L$	$v_p \geqslant v_{pm}$	波峰间隔均匀、尖峭	$L' = \dfrac{v_{pm}}{2\Delta f}$	断桩
	$N_0 \leqslant N_{0m}$	$K_d \geqslant K_{dm}$	$L_0 < L$	$v_p > v_{pm}$	波峰间隔均匀、圆滑	$L' = \dfrac{v_{pm}}{2\Delta f}$	桩身有较大鼓肚
	$N_0 \approx N$	$K_d > K_{dm}$	$L_0 \approx L$	$v_p \approx v_{pm}$	波峰间隔均匀		嵌固良好完整桩
	$N_0 \approx N$	$K_d < K_{dm}$	$L_0 \approx L$	$v_p \approx v_{pm}$	波峰间隔均匀		嵌固差的完整桩

机械导纳曲线形态	实测导纳值 N_0	实测动刚度 K_d	测量桩长 L_0	实测波速 v_p	波峰状况	缺陷位置	结　论
调制波形	$N_0 \approx N_{0m}$	$K_d < K_{dm}$	$L_0 \approx L$	$v_p > v_{pm}$	波峰尖峭	$L' = \dfrac{v_{pm}}{2\Delta f}$	桩身局部离析
	$N_0 > N_{0m}$	$K_d > K_{dm}$	$L_0 \approx L$	$v_p \approx v_{pm}$	波峰圆滑	$L' = \dfrac{v_{pm}}{2\Delta f}$	桩身局部扩大
波形不规则	$N_0 > N$	$K_d < K_{dm}$	$L_0 < L$	$v_p > v_{pm}$	波峰尖峭	$L' = \dfrac{v_{pm}}{2\Delta f}$	有严重缩颈

注：N——导纳理论值；

　　N_{0m}——导纳实测几何平均值；

　　K_{dm}——工地平均动刚度值；

　　L——桩长；

　　v_{pm}——工地实测桩身波速平均值，一般等于 $3000 \sim 3500\text{m/s}$。

（2）在收集本地区同类地质条件下桩的静荷载试验资料，并应确定在单桩外部尺寸相似情况下的允许沉降值，或根据上部结构物的类型及重要程度或设计要求，确定的允许沉降值，采用在允许荷载作用下的允许沉降值计算单桩竖向承载力的推算值。

单桩竖向承载力的推算值 R 用式（15.17.25）计算：

$$R = [s]\frac{K_d}{\eta} \tag{15.17.25}$$

式中　K_d——单桩的动刚度（kN/mm），在低频段的实测值；

　　　η——桩的动静刚度测试对比系数，宜为 $0.9 \sim 2.0$；

　　　$[s]$——单桩的允许沉降值（mm）。

机械阻抗法测定承载力是按导纳曲线的低频段确定的动刚度 K_d 除以动静刚度测试对比系数 η 换算成静刚度，再乘以单桩允许沉降量 $[s]$，求得单桩竖向承载力的推算值 R。动静刚度测试对比系数的取值，可根据本地区积累的数据进行合理选择。

理论上讲，机械阻抗法是建立在桩—土按弹性体系的假定的基础上的。因此，对单桩承载力的推算法仅局限于弹性条件下的一种动静承载力的对比参考值。

3. 动力参数法

动力参数法是通过简便的敲击，激起桩土体系的竖向自由振动，实测桩的基本自振频率，根据单自由度质弹体系振动理论，推算出单桩动刚度，进行动静对比修正后，求得单桩竖向承载力推算值。

动参数法和球击法：这两种方法与频域法一样，也是通过测定桩—土体系的动刚度 K_d 来确定桩承载力的。所不同的是，时域法是通过桩顶振动的时域曲线上获得动刚度的。此外，在由动刚度转化为静承载力时与允许沉降无关，而直接采用经验系数。

为了求得桩—土体系的动刚度，这两种方法都利用了两个物体的碰撞原理和碰撞前后动量守恒的定律。为此，作了如下基本假定：①假定桩顶的速度即代表桩重心的速度；②碰撞为中心碰撞，无偏心；③不考虑土的阻尼，即撞击时的计算模型如图15.17.23所示。

图15.17.23中，m 为桩土体系的参振质量，根据动量守恒定律，由动参数法得到：

$$m = 0.452 \frac{(1+\varepsilon)m_0 \sqrt{H}}{v_0} \qquad (15.17.26)$$

式中　ε——回弹系数；$\varepsilon = \sqrt{h/H}$，h 为回弹高度，m；

　　m_0——穿心锤质量，t；

　　H——穿心锤落距，m；

　　v_0——撞击后桩顶实测的初速度，m/s；也可由实测振幅求得，$v_0 = \alpha A_d$，α 为与 f_0 相应的测试系统灵敏度系数 $[\text{m/(s · mm)}]$，$A_d = A_{max} + A_1$（mm）。

同样，根据动量守恒定律，由球击法得到：

$$m = \frac{(1+\varepsilon)m_0 v}{v_0} \qquad (15.17.27)$$

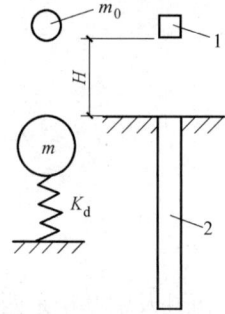

图 15.17.23　计算模型
1—落锤（落球）；2—桩

式中　v——撞击时落球的速度，$v = \sqrt{2gH}$（m/s），H 为落球的落距；

ε、m_0、v_0 意义同前（将穿心锤改为落球）。

回弹高度 h 可由落重和桩顶第一次撞击与回弹后第二次撞击之间所经历的时间 t，按式（15.17.28）求得（图 15.17.24）：

$$h = \frac{g}{2}\left(\frac{t}{2}\right)^2 \qquad (15.17.28)$$

有了桩土体系的参振质量 m 后，即可求得相应的动刚度 K_d 和桩的承载力 R。

对动力参数法为

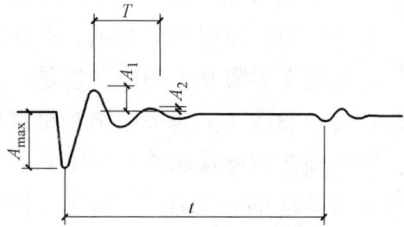

图 15.17.24　时域法实测桩顶振动波形

$$K_d = \frac{m(2\pi f_0)^2}{2.365} \qquad (15.17.29)$$

$$R = \frac{0.004K_d}{K} = \frac{f_0^2(1+\varepsilon)m \sqrt{H}}{Kv_0}\beta_v \qquad (15.17.30)$$

式中　K——安全系数，一般取 $K = 2$；

　　β_v——调整系数；

　　f_0——桩土体系的固有频率，Hz。

对球击法为

$$K_d = m(2\pi f_0)^2 \qquad (15.17.31)$$

$$R = \frac{K_d}{\xi} \qquad (15.17.32)$$

式中　ξ——动静对比系数，取 $\xi = 800 \sim 1000$。

第16章 沉井及墩基础

16.1 概　　述

沉井及墩基础是两种常见的深基础。随着工程建设的需要和施工技术的发展，这两种基础的应用越来越广泛，在基础工程中占有重要地位。

沉井是以现场浇筑、挖土下沉方式没入地基中的深基础。墩是在地基中钻孔或冲孔并灌注混凝土而形成的短粗型深基础。

沉井由于断面尺寸大、承载力很高而多作为大、重型结构物的基础，在桥梁、水闸及港口等工程中应用广泛，同时以其施工方便、对邻近建筑物影响较小、内部空间可资利用等特点，已成为工业建筑物尤其是软土中地下建筑物的主要基础类型之一。

墩是一类短而粗的深基础。墩在外形上和工作方式上与桩尤其是灌注桩很相似，因而墩与桩的定义界限并不明确。但是，由于墩的断面尺寸较大而相对墩身较短，而且其体积巨大，故一般情况不能采用预制桩那样打入，压入法做成，而只能采用灌注或砌筑方式形成。墩基础在桥梁及建筑工程中有着广泛的应用，尤其在高层建筑及重型构筑物设计中，单墩支承单柱的方案越来越多。随着施工机具及技术的发展，墩的断面尺寸一般可达 $0.8\sim2.0m$，甚至大到 $6m$ 左右，而深度也可做得很深；墩的类型也在增多，其适应性越来越广。

一般认为，墩的直径可在 $0.8m$ 以上，而墩身长在 $6\sim20m$，长径比不大于 30。墩常支承在较硬的土层或岩层上，以用其较大的底面积获得取较高的墩端承载力，同时在墩的端部还可以扩大，形成扩底墩。而且，墩还有比单桩大得多的水平承载力和抗拔能力。

在适当的条件下，采用墩基础来代替群桩基础承担建筑物荷载，不但可避免采用群桩基础等其他深基础的较复杂的设计与施工方法，并可以节省基础占地面积，取得明显的经济效益。因此，墩基础越来越受到工程界的欢迎，在港口码头、公路及铁路桥梁、海洋钻井平台、堤坝与岸坡以及高层建筑等结构中应用十分广泛。

由于墩具有体形大、承载力高的特点，使得墩常以单墩顶单柱的方式工作，承担较大的风险。故对于墩基设计、施工及检测也要求更高。目前，对墩基础工作机理的认识还不很充分，因而计算和设计方法尚不成熟；施工与检测技术也还有待进一步研究与开发，以满足墩基础实际应用的需要。

作为深基础，沉井、墩与桩虽有一定的相似之处，也存在重要的区别。墩与桩相比，其主要区别在于：

（1）桩是一种长细的地下结构物，而墩的断面尺寸一般较大，长细比则较小；

（2）墩不能以打入法或压入法施工；

（3）墩往往单独承担荷载，且其承载力比桩高得多；

（4）墩的荷载分担与传递机理与桩有所不同。沉井与墩相比，不但在其自身结构上不同于实心的墩，而且其外轮廓尺寸也常比墩大得多，其承载力也比墩高；更主要的差别在于沉井与墩的施工方法不同。

本章对沉井与墩两类深基础的类型与特点、承载力与变形计算、墩基础设计、施工的基本原理、方法与技术做了简要的介绍。

16.2 沉井的类型及基本构造

16.2.1 沉井的类型

沉井的类型较多，一般可按以下几个方面进行分类。

1. 按沉井横截面形状分类

1）单孔沉井　单孔沉井的孔形有圆形、正方形及矩形等之分，如图 16.2.1（a）所示。圆形沉井承受水平土压力及水压力的性能较好，而方形、矩形沉井受水平压力作用时断面内会产生较大的弯矩，因而圆形沉井井壁可做得较方形及矩形沉井井壁薄些。方形及矩形沉井在制作及使用上，经常比圆形沉井更方便。为改善方形及矩形沉井转角处的受力条件，减缓应力集中现象，常将其四个外角做成圆角。

2）单排孔沉井　单排孔沉井有两个或两个以上的井孔，各孔以内隔墙分开并在平面上按同一方向排布。按使用要求，单排孔也可做成矩形、长圆形及组合形等形状，如图 16.2.1（b）所示。各井孔间的隔墙可以提高沉井的整体刚度，也可用其使沉井能较均衡地挖土下沉。

3）多排孔沉井　多排孔沉井即在沉井内部设置数道纵横交叉的内隔墙，如图 16.2.1（c）所示。这种沉井刚度较大且在施工中易于均匀下沉，如发生沉井偏斜，可通过在适当的孔内挖土校正。这种沉井承载力很高，适于作平面尺寸大的重型建筑物的基础。

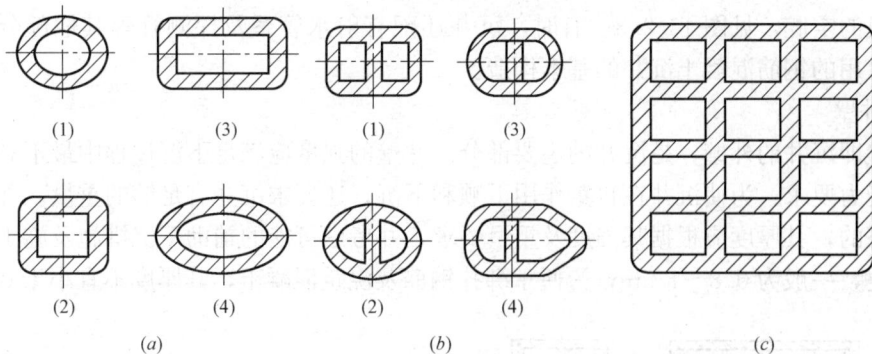

图 16.2.1　沉井横断面形状

（a）单孔沉井：（1）圆形；（2）方形；（3）矩形；（4）椭圆形；

（b）单排孔沉井：（1）扁长矩形；（2）椭圆形；（3）两头带有半圆的矩形；（4）复杂形状；

（c）多排孔沉井

2. 按沉井竖直截面形状分类

1）柱形沉井　柱形沉井井壁按横截面形状做成各种柱形且平面尺寸不随深度变化，如图 16.2.2（a）所示。柱形沉井受周围土体的约束较均衡，只沿竖向切沉，不易发生倾斜，而且下沉进程中对周围土的扰动较小；其缺点是沉井外壁面上土的侧摩阻力较大，尤其当沉井平面尺寸小、下沉深度较大而土又较密实时，其上部可能被土体夹住，使其下部悬空，容易造成井壁拉裂。因此，柱形沉井一般在入土不深或土质较松散的情况下使用。

2）阶梯形沉井　阶梯形沉井井壁平面尺寸随深度是台阶形加大，如图 16.2.2（b）所示。由于沉井下部受到的土压力及水压力较上部大，故阶梯形结构可使沉井下部刚度相应提高。阶梯可设在井壁内侧或外侧。当土比较密实时，设外侧阶梯形结构可减小沉井侧面上的摩阻力，以便顺利下沉。刃脚处的台阶高度一般为 $h=1\sim2$m，阶梯宽度一般为 $\Delta=10\sim20$cm。有时，考虑到井壁受力要求并避免沉井下沉，使四周土体破坏的范围过大而影响邻近的建筑物，可将阶梯设在沉井内侧，而外侧保持直立。

3）锥形沉井　锥形沉井的外壁面带有斜坡，坡比一般为 1/20～1/50，参见 16.2.2（c）。锥形沉井也可减小沉井下沉时土的侧摩阻力，但这种沉井具有下沉时不稳、制作较难等缺点，故较少使用。

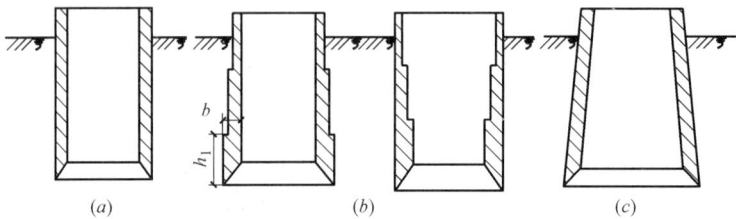

图 16.2.2　沉井的竖向剖面形式
（a）柱形沉井；（b）阶梯形沉井；（c）锥形沉井

16.2.2　沉井的基本构造

沉井一般由井壁、刃脚、内隔墙、凹槽、封底及顶盖等部分组成。井孔即为井壁内由隔墙分成的空腔，见图 16.2.3。有时，沉井还配有射水管系及探测管等其他部分。本章仅介绍常用的钢筋混凝土沉井的基本构造。

1. 井壁

井壁即沉井的外壁，是沉井的主要部分。井壁的强度应满足下沉过程中最不利荷载组合下的受力要求；为使沉井在自重作用下顺利下沉，还要求沉井有足够的重量。井壁过厚是不经济的，其厚度应根据其强度及重量要求，并考虑可能的辅助下沉措施及施工方便等综合选定，一般为 0.8～1.5m；为便于绑扎钢筋及浇筑混凝土，其厚度不宜小于 0.4m。

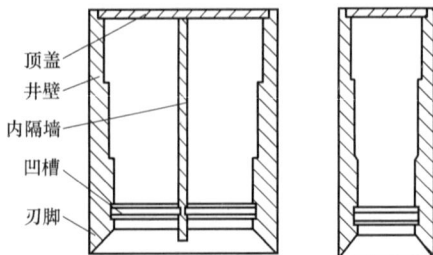

图 16.2.3　沉井构造图

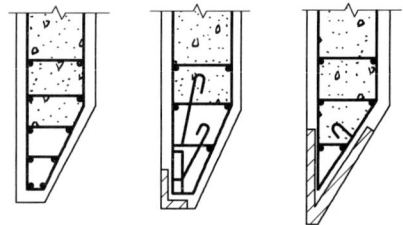

图 16.2.4　刃脚的构造

2. 刃脚

刃脚为沉井井壁最下端的尖角部分，如图 16.2.4 所示。刃脚的作用是在沉井下沉时切入土中。刃脚是沉井受力最集中的部分，必须有足够的强度，以免产生挠曲或被碰坏。刃脚底平面称为踏面，其宽度视所遇土层的软硬及井壁重量、厚度等而定，一般不大于 5cm。当通过坚硬土层或达到岩层时，踏面宜用钢板或角钢保护。为利于切土下沉，刃脚的内侧面倾角应大于 45°，其高度的确定应考虑便于抽取刃脚下的垫木及挖土施工。

3. 内隔墙

内隔墙又称内壁，其作用在于把整个沉井空腔分隔成多个井孔并加强沉井的刚度。施工时井孔作为取土井，以便在沉井下沉时掌握挖土的位置以控制下沉方向，防止或纠正沉井倾斜和偏移。内隔墙间距一般要求不超过 5~6m，其厚度一般为 0.5~1.2m。内隔墙的墙底面应比刃脚踏面高出 0.5m 以上，以免妨碍沉井下沉。

4. 凹槽

凹槽位于刃脚内侧上方，用于沉井封底时使井壁与封底混凝混凝土连接在一起，以使封底底面反力更好地传递给井壁，参见图 16.2.3。凹槽高约 1m，深度一般为 15~30cm。

5. 封底

沉井下沉达到设计标高后，在其最下端刃脚踏面以上至凹槽处浇筑混凝土，形成封底。封底可防止地下水涌入井内。当封底达到设计强度后，在凹槽处尚需浇制钢筋混凝土底板。

6. 顶盖

沉封底后，根据需要或条件许可，井孔内不需充填任何东西时，在沉井顶部浇筑钢筋混凝土顶盖，以承托上部结构物。顶盖厚度一般为 1.5~2.0m。

16.3　沉井的施工

沉井的施工方法主要取决于施工场地的式各地质及水文地质条件和所具备的技术力量、施工机具及设备。一般沉井的施工程序及其要点如下。

16.3.1　沉前准备

1. 清整场地

沉井施工场地要求平整、干净，以便施工。天然地面土质较硬时，可只将地表杂物清除并整平，否则应在基坑处铺填砂垫层，如图 16.3.1 所示，以免沉井在开始浇制时产生较大的不均匀沉降。砂垫层的厚度一般不应小于 0.5m，并应便于抽取垫木。

2. 制作第一节沉井

首先，在刃脚处对称地铺置垫木（图 16.3.1）。垫木的作用是支承第一节沉井的重量，并按垫木定位立模板，以绑扎钢筋。垫木一般为枕木或方木，其数量、尺寸及间距由计算确定。垫木间隙亦应以砂土填实，以便抽取垫木下沉。

3. 拆除垫木

抽拆除垫木需在沉井混凝土达到设计强度 70% 以

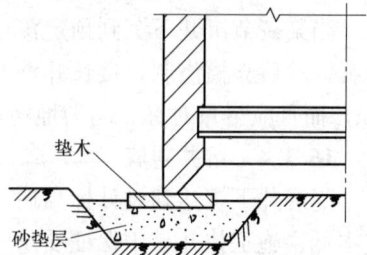

图 16.3.1　基坑砂垫层剖面图

垫木

砂垫层

上时方可进行。为防止井壁偏斜，定位垫木时需谨慎、力求平稳。拆除垫木的一般顺序是：对矩形沉井，先拆内隔墙下的，再拆短边井壁下的，最后拆长边下的；长边下垫木应隔根抽除，然后以四角处的定位垫木为中心由远及近地对称抽除，最后抽定位垫木。

16.3.2 取土下沉

沉井挖土下沉时，应对称、均衡地进行。根据沉井所遇到土层的土质条件及透水性能，下沉施工分为排水下沉和不排水下沉两种。

1. 排水下沉

当沉井所穿过的土层较稳定，不会因排水而产生大量流砂塌陷时，可采用排水挖土下沉施工，如图 16.3.2 所示。沉井内挖土和出土的方法为：当土质为砂土或软黏土时，可用水力机械施工，即用高压水（压力一般为 2.5～3.0MPa）先将井孔里的泥土冲成稀泥浆，然后以水力吸泥机将泥浆吸出排在井外空地；当遇到砂层、卵石层或硬黏土层处，可采用抓土斗出土。

2. 不排水下沉

当土层不稳定、地下水涌水量很大时，为防止因井内排水面产生流砂等不利现象，需用不排水下沉，如图 16.3.3 所示。井内水下出土，可使用机械抓斗或用高压水枪破土，然后用空气吸泥机将泥水排出。

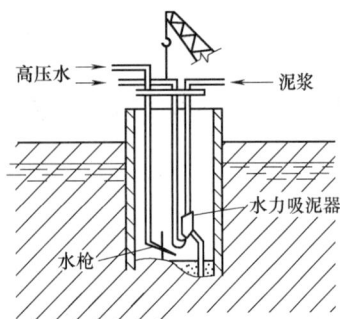

图 16.3.2 排水下沉

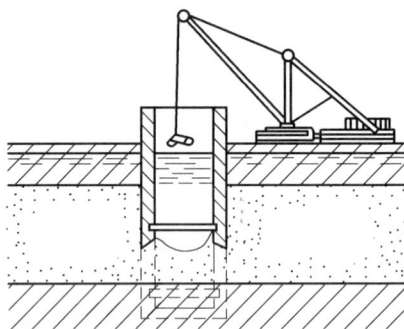

图 16.3.3 不排水下沉

3. 泥浆套下沉法

泥浆套下沉法是在井壁与土层之间设一层触变泥浆，靠泥浆的润滑作用大大减少土对井的阻力，使井又快又稳地下沉。使用泥浆套下沉沉井，由于大大减少了土层对壁的阻力，因而工程上可利用这一点，减轻沉井的自重。

16.3.3 接筑沉井

当第一节沉井下沉到预定深度时（如第一节沉井尚高出地面约 1m 时），可停止挖土下沉，然后立模浇制，接长井壁及内隔墙，再沉再接。每次接筑的最大高度一般不宜超过5m，而且应尽量对称、均匀地浇制，以防倾斜。

16.3.4 沉井封底

当沉井下沉达到设计标高后，停止挖土，准备封底。封底应优先考虑干封，因为干封成本低、施工快并易于保证质量。封底一般采用素混凝土。为确保混凝土封底的质量，在封底上要预留集水井。集水井用于当封底混凝土未达到设计强度时连续抽水，待封底达到强度要求后将其封死。由于条件所限，不能进行排水干封时，可采用水下封底。水下封底应特别注意保证混凝土的浇筑质量，其厚度应按施工中最不利情况，由素混凝土强度及沉井抗浮要求计算确定。

16.3.5 施工中常见问题及其处理

沉井施工与场地的地基条件密切相关，因此，应在开工根据地质勘察结果及设计要求对施工中可能遇到的问题做必要的准备工作。沉井施工中常遇到以下几个问题。

1. 突沉问题

在软土地区的沉井施工中，常发生突然下沉现象。突沉的原因主要是井壁侧摩阻力较小，而当刃脚下土被挖除时，沉井支承削弱。突沉容易使沉井产生较大的倾斜或超沉，尤其当下沉接近设计标高时，更应注意防止突沉。防止突沉的措施一般是控制均匀挖土，在刃脚处挖土不宜过深，此外在设计时可采用增大刃脚阻力的措施，如增大刃脚踏面宽度或增设底梁等。

2. 沉偏问题

沉井下沉过程中会经常发生偏斜，如不注意防止与及时纠正，会造成沉井过偏而不能满足设计要求。因此，沉井下沉过程中应加强测量工作，以便及时发现和纠正偏斜。纠正偏斜的方法常有：

（1）在下沉少的一边：井内加快挖土；井外侧挖土以减少摩阻力并加压重；以高压水冲刃脚底部；外侧设射水管冲刷等。

（2）在下沉多的一边：停止挖土；以钢缆向下沉少的一边扳拉等。

3. 难沉问题

难沉即下沉过慢或不下沉，遇到难沉时，应根据具体原因采取适当的措施。如因沉井侧面摩阻力过大造成难沉，一般在井壁外侧用水管射水冲刷或在井壁外侧面涂抹润滑剂，有时也可采用施工加荷重等办法迫使其下沉。在不排水下沉时遇到难沉，可进行部分抽水，以减小浮力，增加沉井的有效自重。若因刃脚下土阻力过大造成难沉，则应尽量控除刃脚下的土。如遇大块石等障碍物，必要时可以小型爆破清除。若水下无法清理障碍物，可由潜水员进行水下清理。设计上，可采用泥浆套或空气幕下沉法解决难沉问题。

16.4 沉井的设计与计算

沉井的设计内容主要包括沉井尺寸确定及验算、沉井承载力计算、施工及使用阶段的沉井结构内力分析和截面强度配筋计算以及沉井抗浮稳定验算等。

沉井在施工及使用阶段受到作用力主要有井体自重、井壁外侧土压力、水压力和侧摩阻力，以及井底反力和上部结构传来的荷载等。按施工及使用阶段的各种受力条件，对刃脚及沉井井壁分别进行计算。

16.4.1 沉井尺寸的确定

1. 沉井高度

当沉井作为基础时，其顶面要求埋在地面下 0.2m 或在地下水位以上 0.5m。沉井底面标高，主要根据上部荷载、水文地质条件及各土层的承载力等确定。沉井顶面和底面两个标高之差，即为沉井的高度。

2. 确定沉井平面形状和尺寸

沉井平面形状应根据上部建筑物的平面形状决定。为了挖土方便，取土井宽度一般不小于 2.5m，取土井应沿沉井中心线对称布置。沉井下沉过程中，可能发生少许偏斜，所以要留有襟边，其宽度不得小于下沉总深度的约 2%，且不得小于 20cm。若 A_0、B_0 为上部建筑物底面长、宽尺寸，h_0 为沉井下沉高度，则沉井顶面的尺寸为：$A=A_0+2(0.02\sim0.04)h_0$ 或 A_0+20cm；而 $B=B_0+2(0.02\sim0.04)h_0$ 或 B_0+20cm。如施工条件差，A、B 还应加大。

3. 井壁厚度

井壁厚度一般为 0.7～1.5m（对一些泵房等小沉井，井壁也可用 0.3～0.4m），内隔墙厚度为 0.5m 左右。根据沉井施工要求，其井壁及内墙要有足够的厚度，使沉井在自重作用下克服侧面摩阻力面顺利下沉。当沉井平面尺寸 A、B 确定后，井壁及内墙尺寸要根据沉井使用和施工的要求，经过几次验算，才能最后确定下来。

16.4.2 沉井作为天然地基上基础的计算

当沉井作为深基础时，一般要求下沉到坚实的土层或岩层上。如作为地下构筑物时，其荷载也较小，故地基的强度和变形方面一般不会有什么问题。

迄今在计算方面尚缺乏较统一的方法。如图 16.4.1 所示，一般对地基强度的验算，应满足下列条件

$$F_k+G_k\leqslant R_j+R_f=R \tag{16.4.1}$$

式中　F_k——相应于作用的标准组合时，沉井顶面处作用的荷载，kN；

　　　G_k——沉井的自重，kN；

　　　R_j——沉底部地基土的总阻力特征值，kN；

　　　R_f——沉井侧面的总摩阻力特征值，kN；

　　　R——作用于沉井上的总阻力特征值。

沉井底部地基土的总阻力特征值 R_j 等于该处土的承载力特征值 f_a 与支承面积 A 的乘积，即

$$R_j=f_aA \tag{16.4.2}$$

式中　f_a——在刃脚标高处土的承载力特征值，kPa。

沉井侧面总摩阻力特征值 R_f 按如下的假定计算：即沿深度呈梯形分布，距地面 5m 范围内按三角形分布，其下为常数，如图 16.4.2 所示。总摩阻力特征值为

$$R_f=U(h-2.5)q \tag{16.4.3}$$

式中　U——沉井端面的外围周长，m；

　　　h——沉井的入土深度，m；

　　　q——井壁摩阻力特征值，按土层厚度取加权平均值，kPa。

沉井井壁的摩阻力，对于重要工程根据试验结果确定，对一般工程无试验资料时，可参照表 16.4.1 选用。

16.4.3 沉井自重的验算

为了保证沉井在施工时能顺利下沉到达设计标高，需要验算沉井自重是否满足下沉的要求，这可用下沉系数 K 表示

$$K=\frac{G}{R}\geqslant1.15\sim1.25 \tag{16.4.4}$$

16.4.4 第一节井壁在自重作用下应力验算

第一节沉井制作后,抽掉垫木准备下沉时,或在下沉过程中,沉井刃脚下由于不同的支承可使井壁产生较大的应力,因此需要根据不同的支承情况,进行井壁的强度验算。沉井施工中实际的支承位置是很复杂的,下面仅介绍可能出现的几种支承情况。

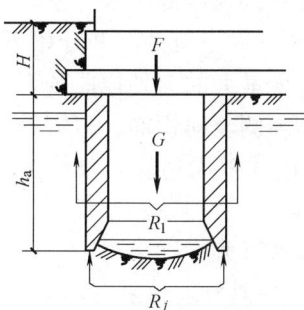

图 16.4.1 作用在沉井上的力系

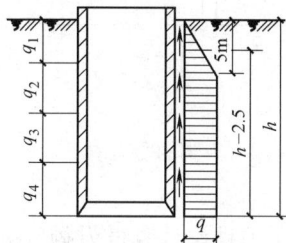

图 16.4.2 沉井侧面单位面积上摩阻力的计算假定

(1) 在开始下沉时,沉井支承在定位垫木上,井壁自重全部由定位垫木承受,沉井受力如带悬臂的简支梁。当沉井平面边长 $A/B \geqslant 1.5$ 时,定位垫木的间距可采用 $0.7A$,如图 16.4.3 (a) 所示,应据此来验算井壁在自重作用下所产生的应力。

(2) 在不排水下沉时,由于挖土不易均匀,有可能使沉井支承于四个角点上,沉井受力如两端支承的简支梁 (图 16.4.3b)。

沉井井壁土的摩阻力特征值经验值

表 16.4.1

土的种类	摩擦力 q(kPa)
砂土	20~50
卵石	30~60
黏性土	25~50
软土	10~12
泥浆套*	3~5

* 泥浆套即灌注在井壁外侧的触变泥浆,是一种助沉材料。

也可能因遇到孤石等障碍物,使沉井支承于其中,如图 16.4.3 (c) 所示。这些支承情况都是不利的,应按不同情况分别对井壁进行验算。

(3) 对于圆形沉井,一般按支承在相互垂直直径的四个点验算;在不排水下沉时,考虑到可能遇到障碍物,沉井按直径的两端验算。

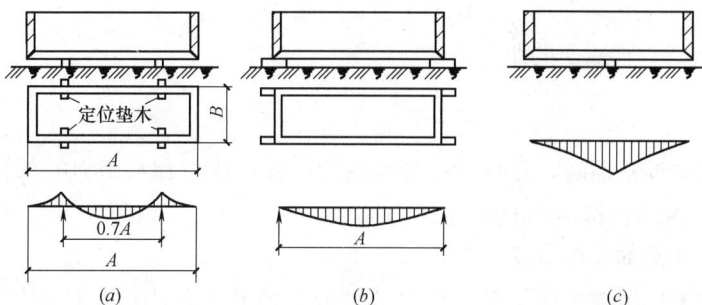

图 16.4.3 井壁强度验算

(a) 支承在定位垫木上;(b) 支承在四角上;(c) 支承在中央

16.4.5 刃脚计算

1. 刃脚竖向内力计算

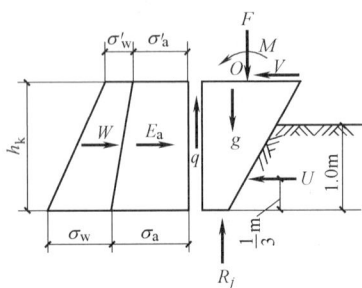

图 16.4.4 刃脚的受力图

刃脚竖向内力按悬臂梁来计算，并按刃脚向内挠曲和向外挠曲两种不利情况考虑。

1) 刃脚向外挠曲 沉井下沉的最不利位置，是在沉井沉到途中，同时已接筑全部上部井壁，刃脚入土约为 1.0m；或当采用一次下沉的沉井开始下沉时。在这种情况下，刃脚产生最大的向外挠曲的弯矩，故应此不利情况确定刃脚内侧竖向钢筋。刃脚的受力情况如图 16.4.4 所示，沿井壁周边取一单位宽度来计算，其步骤如下：

(1) 计算土压力和水压力

根据土压力理论计算得刃脚底部及端部的主动土压力，分别为 σ_a 和 σ'_a（图 16.4.4）总土压力即为：

$$E_a = 0.5(\sigma_a + \sigma'_a) \tag{16.4.5}$$

E_a 的作用点到刃脚底面的距离为：

$$h_E = \frac{\sigma_a + 2\sigma'_a}{\sigma_a + \sigma'_a} \cdot \frac{h_k}{3} \tag{16.4.6}$$

水压力按下列公式计算：

$$\sigma_w = \psi \gamma_w z_w \tag{16.4.7}$$

式中 γ_w——水的重度，kN/m^3；

       z_w——计算点到水面的深度，m；

       h_k——刃脚斜面高度，m；

       ψ——水压力折减系数。如排水下沉，则作用在井内的水压力为零，作用在井壁外侧的水压力按土的性质来确定；透水性大的砂土按 100% 计，即 $\psi=1.0$；黏性土按 70% 计，$\psi=0.7$；如不排水下沉时，则井外水压力按 100% 计，即 $\psi=1.0$；面井内水压力则要根据施工期间的水位差考虑最不利情况计算，一般也可按 50% 计，即 $\psi=0.5$。

总水压力为

$$W = 0.5(\sigma_w + \sigma'_w)h_k \tag{16.4.8}$$

W 的作用点到刃脚底面的距离为

$$h_w = \frac{\sigma_w + 2\sigma'_w}{\sigma_w + \sigma'_w} \cdot \frac{h_k}{3} \tag{16.4.9}$$

在计算刃脚向外挠曲时，作用在刃脚外侧的计算土压力和水压力的总和，应不大于静水压力的 70%，否则就按 70% 的静水压力计算。

(2) 计算井壁侧的摩擦力 T

作用在井壁上的摩擦力按下列两个公式计算，取其中较小值，目的为考虑反力 R_j 为最大值（图 16.4.5）。

$$T = 0.5E_a \tag{16.4.10}$$

$$T = qA \tag{16.4.11}$$

式中 E_a——作用在井壁上的总的主动土压力，kN/m；

  A——沉井侧面与土接触的单位宽度上的总面积，m；

  q——井壁与土之间的摩擦力，kPa。

（3）计算刃脚下土的反力 R_j

刃脚下土的反力 R_j 如图 16.4.5 所示，按下式计算：

$$R_j = G - T \tag{16.4.12}$$

式中 G——沿井壁周长单位宽度上的沉井自重，kN，在不排水下沉时，应扣除水浮力；

  T——沿井壁周长单位宽度上沉井侧面的总摩阻力特征值，kN。

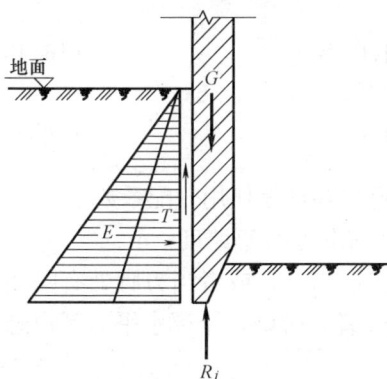

图 16.4.5 井壁摩擦力 T 及刃脚下土的反力 R_j

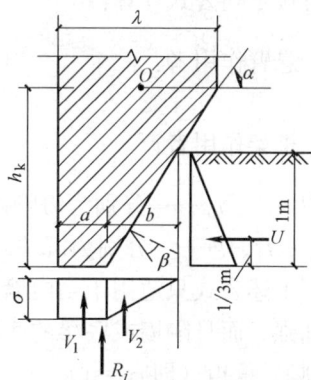

图 16.4.6 R_j 作用点计算

R_j 的作用点可按下面方法计算：如图 16.4.6 所示，设作用在刃脚斜面上的土反力的方向与外面上法线成 β 角，为土与刃脚斜面间的外摩擦角（β 一般取 30°），作用在刃脚斜面上的上合反力分解成水平力 U 与垂直力 V_2，刃脚底面上的垂直土反力 V_1，则有

$$R_j = V_1 + V_2 \tag{16.4.13a}$$

$$\frac{V_1}{V_2} = \frac{2a}{b} \tag{16.4.13b}$$

式中 a——刃脚踏面底宽，m；

  b——刃脚入土斜面的水平投影，m。

联立求解上述两式，即可求得 V_1 和 V_2，假定 V_2 为三角形分布，即可求得 V_1 和 V_2 的合力 R_j 的作用点。

作用在刃脚斜面上的水平反力 U 可按下式计算：

$$U = V_2 \tan(\alpha - \beta) \tag{16.4.14}$$

式中 α——刃脚斜面与水平面所成的夹角；

  β——土与刃脚斜面间的外摩擦角，一般为 30°。

假定 U 为三角形分布，则 U 的作用点在距刃脚底面 1/3m 高处。

（4）计算刃脚自重 g

刃脚自重 g 按式（16.4.15）计算

$$g = \gamma_c h_k \frac{\lambda + a}{2} \tag{16.4.15}$$

式中 γ_c——混凝土的重度，kN/m^3，若为不排水下沉，应扣除水的浮力。

(5) 刃脚外侧的摩擦力

计算作用在刃脚外侧的摩擦力其计算方法与计算井壁侧面摩擦力 T 的方法相同，但取两式之中的较大值，目的是使刃脚弯矩最大。

(6) 作用于刃脚上的水平外力的分配

沉井刃脚一方面可看作固着在刃脚根部处的悬臂梁，梁长等于外壁刃脚斜面部分的高度；另一方面，刃脚又可看作为一个封闭的水平框架。因此，作用在刃脚侧面上的水平外力将由两种不同的作用（即悬臂梁和框架）来共同承担。也就是说，其中一部分水平外力是垂直向传至刃脚根部（悬臂作用），余下的部分由框架自身承担（框架作用）。其分配系数可按下列公式计算：

悬臂作用者：
$$c_b = \frac{0.1l_1^4}{h_k^4 + 0.05l_1^4} \leqslant 1.0 \qquad (16.4.16a)$$

框架作用者：
$$c_r = \frac{0.1l_2^4}{h_k^4 + 0.05l_2^4} \leqslant 1.0 \qquad (16.4.16b)$$

式中 c_b、c_r——分别为刃脚侧面上的水平外力的悬臂梁和框架作用分配系数；

l_1、l_2——分别为沉井外壁支承于内隔墙的最大和最小计算跨度，m。

上述公式只适用于当内墙刃脚踏面高出外壁不超过 0.5m，或者当刃脚处有隔墙或底梁加强，而且隔墙或底梁的底面不高于刃脚踏面 0.5m 者；否则，全部水平力都由悬臂梁（刃脚）承担（即 $c_b = 1$）。

(7) 刃脚内侧竖直钢筋的确定

按以上所求得作用在刃脚上的所有外力的大小、方向和作用点后，即可求算作用在刃脚根部截面上单位周长内的轴向力 F、水平剪力 V 以及对刃脚根部截面中心 O 点的力矩 M，如图 16.4.4 所示。然后，根据 F、V、M 计算刃脚内侧所需的竖向钢筋。钢筋面积不得小于根部总截面的 0.1%。布置钢筋时应伸入悬臂根部以上 $0.5l_1$。刃脚中在全高排设剪力钢筋，其数量按剪力 V 计算。

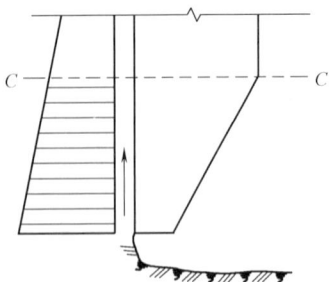

图 16.4.7 刃脚向内挠曲

2) 刃脚向内挠曲　当沉井沉到设计标高，刃脚下的土已挖空，这时刃脚处于向内挠曲的不利情况，在水平外力作用下使刃脚产生向内挠曲，如图 16.4.7 所示。按此情况确定刃脚外侧竖向钢筋。

作用在刃脚上的外力，沿沉井周边取一单位宽度来计算，计算步骤和上述第一种情况相似，现简述如下：

(1) 计算刃脚外壁的土压力和水压力。土压力与长一种情况计算相同。水压力的计算，对不排水下沉时，井壁外侧水压力按 100%（$\psi = 1.0$）计算，井内水压力一般按 50% 计算（$\psi = 0.5$）计算，在不透水土中，可按静水压力的 70% 计算。这里，土压力和水压力的总和不受第一情况所规定的"不超过 70%的静水压力"的限制。

(2) 因刃脚下的土已掏空，故 $R_j = 0$、$U = 0$。

(3) 刃脚上的侧面摩擦力与第一情况计算相同，但取较小值。

614

（4）刃脚的自重计算，与第一种情况相同。

（5）刃脚外侧竖向钢筋的计算和布置，与第一种情况相同。

2. 刃脚水平内力计算

1）矩形沉井　刃脚水平内力计算，对矩形沉井，可视为封闭的水平框架来计算。当刃脚处于第二种不利情况下（刃脚下的土已掏空），刃脚受到最大水平剪力。作用在刃脚上的外力与计算刃脚向内挠曲时一样，由于水平钢筋只分担作用在水平框架上的荷载，因此采用分配系数 c_f 见式（16.4.16b）。作用于水平框架上的均布荷载 p 等于作用在刃脚上的水平外力乘以系数 c_r，根据 p 值求算水平框架的中控制断面上的内力，即可进行水平钢筋配筋计算。

对于不同形式框架的内力计算公式，可按一般结构力学方法计算。

2）圆形沉井　作用在圆形井壁上同一标高上的土压力，理论上讲应是均匀的，但实际情况并非如此。由于沉井下沉过程中，可能发生倾斜或土质不均匀等原因，而引起土压力的不均匀分布。为了方便计算，采用调整土的内摩擦角值的办法来解决。设井壁横截面上互成 90° 的两点处的径向土压力为 p_A、p_B，计算 p_A 时的内摩擦角值采用 $\varphi+(2.5° \sim 5°)$；计算 p_B 时的内摩擦角值采用 $\varphi+(2.5° \sim 5°)$，

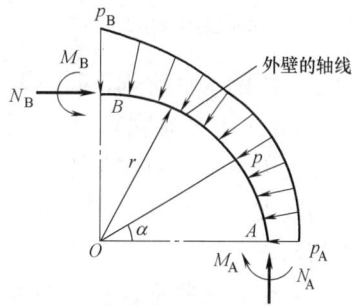

图 16.4.8　圆形井壁上压力的调整

作为土压力的不均匀分布，并假定其他各点的土压力 p 按式（16.4.17）变化，如图 16.4.8 所示。

$$p=p_A\left[1+\left(\frac{p_B}{p_A}-1\right)\sin\alpha\right] \tag{16.4.17}$$

作用在 A、B 截面上的内力为

$$N_A=[p_A+0.785(p_B-p_A)]r$$
$$M_A=-0.149(p_B-p_A)r^2$$
$$N_B=[p_A+0.500(p_B-p_A)]r$$
$$N_B=+0.137(p_B-p_A)r^2 \tag{16.4.18}$$

式中　N_A、N_B——分别为 A 截面上和与之垂直 B 截面上的轴向力，kN；

　　　M_A、M_B——分别为 A、B 截面上的力矩，kN·m；

　　　　　r——井壁中心线之半径，m。

3）圆形沉井刃脚的环向拉力计算

沉井下沉途中，由于刃脚内侧的土反力的作用，使圆形沉井的刃脚产生环向拉力 N，其值为

$$N=Ur_m \tag{16.4.19}$$

式中　r_m——井壁的平均半径，m；

　　　U——按式（16.4.14）计算的刃脚水平土反力，kN。

根据 N 值，进行刃脚环向配筋计算。

16.4.6　沉井井壁计算

井壁内需要配置水平和垂直方向的两种钢筋。

1. 井壁水平内力计算

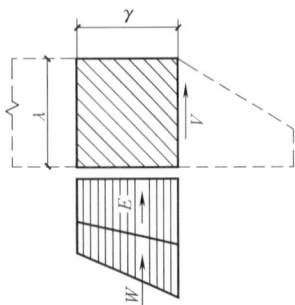

图 16.4.9 刃脚上作用的水平荷载

因作用在井壁上的水平外力（土压力和水压力）沿深度是变化的，此井壁水平内力也应分段计算。在计算水平内力时，认为沉井下沉的最不利位置是沉井下沉到设计标高且刃脚下的土业已挖空，此时作用于井壁上的水平外力为最大。作用在井壁上的土压力和水压力的计算，与上述计算刃脚竖向内力时相同。然后，把沉井井壁看作框架，计算各分段的内力及水平钢筋。

（1）位于刃脚根部以上其高度等于井壁厚度的一段井壁，因这段井壁是刃脚悬臂梁的固端。在施工阶段作用于该段的水平荷载，除本身所受的水平荷载外，还承担由刃脚传来的水平剪力 V（即悬臂部分作用之荷载），其值等于作用在刃脚悬臂梁上的水平外力乘上分配系数 c_b。则作用在此段井壁上的均布荷载为 $p=E+W+V$，如图 16.4.9 所示。根据 p 值求处水平框架中的最大 M、F 和 V 值，然后以此计算其水平钢筋，其计算方法与上述计算刃脚水平内力相同。

（2）其余各段井壁计算：对其余各段井壁的计算，按断面变化为准，将井壁分成数段，也即取每一段中控制设计的井壁（位于每一段最下端的单位高度）进行计算。作用在框架上的均布荷载为 $p=E+W$。用上述同样方法，计算水平框架的内力及水平钢筋，并将水平钢筋布置于全段上。

2. 井壁垂直受拉计算

井壁受拉的最不利情况是沉井沉到设计标高，由于上部井壁被土夹住，而刃脚下的土业已挖空，这时沉井好像挂在土中一样，在井壁内将出现较大的拉力，使井壁有拉断的危险。

作用在井壁的侧面摩阻力，按沉井可能被夹住的最不利的位置，此时假设井壁摩阻力 q 沿深度成倒三角形分布。井壁受拉计算根据不同的井壁截面，分别介绍如下。

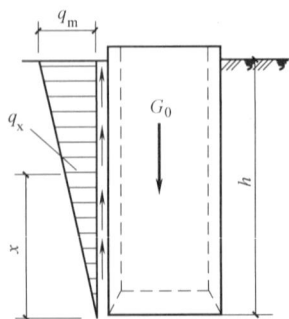

图 16.4.10 等截面井壁受拉计算

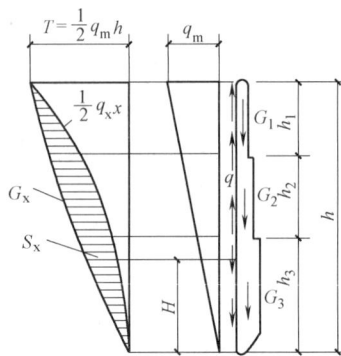

图 16.4.11 非等截面井壁受拉计算

1）等截面井壁 如图 16.4.10 所示，设 G 为沉井自重，U 为井壁的周长，h 为沉井的入土深度，q_m 为位于土面的摩阻力，q_x 为 x 处的摩阻力。

616

根据井自重与倒三角形分布的摩阻力相等，容易推得 x 处的井壁摩阻力为

$$q_x = \frac{2G_0 x}{Uh^2} \qquad (16.4.20)$$

故井壁 x 处的拉力为

$$S_x = \frac{G_0 x}{h}\left(1 - \frac{x}{h}\right) \qquad (16.4.21)$$

为了求得井壁最大拉力 S_{max}，对式（16.4.21）求导，得出最大拉力位置为 $x_{max} = h/2$，进而得到最大拉力为 $S_{max} = G_0/4$。

根据上述推导结果，对于等截面的井壁，最大拉力等于沉井自重的四分之一，可能拉断的位置于沉井中 $h/2$ 处。应按最大拉断力计算井壁竖向钢筋。

2）非等截面井壁　如图 16.4.11 所示，设 G_1、G_2、G_3 为各段井壁自重，U 为沉井外壁的周长，距刃脚底面 x 处其井壁自重为 G_x，侧面摩阻力为 q_x，拉力为 S_x。

由于　　　　　　　　　　$0.5q_m hU = G_1 + G_2 + G_3$

故沉井上部侧面摩阻力 q_m 为　　$q_m = \dfrac{2(G_1 + G_2 + G_3)}{Uh}$

任意高度 x 处的摩阻力 q_x 为　　　　$q_x = \dfrac{x}{h} q_m$

所以，x 处井壁的拉力为

$$S_x - G - \frac{1}{2} U q_x x \qquad (16.4.22)$$

对变截面的井壁，每段井壁都应进行拉力计算，然后取最大值。通过计算，说明最大拉力发生在截面变化处。根据最大拉力计算井壁内的竖向钢筋。

16.4.7　沉井封底混凝土的计算

沉井封底混凝土应按以下规定计算：

（1）在施工抽水时，封底混凝土承受基底水和土的向上反力，如此时混凝土的龄期不足，应考虑混凝土的强度折减。

（2）沉井井孔用混凝土填实时，封底混凝土应承受基础设计的最大基底反力，并可计入井孔内其他填充物作用在封底混凝土的重量。

16.4.8　沉井抗浮验算

沉井应按各个时期实际可能出现的地下水位（或河水位）验算抗浮稳定，在不计井壁上的土摩阻力的情况下，抗浮安全系数可采用 1.05。为满足抗浮要求，可采取加厚井壁或底板厚度措施，但需考虑到经济的合理性和施工便利。此外，还可采用井底或井侧壁设锚杆、井底设桩等措施，以提高沉井的抗浮稳定性。

16.5　对沉井设计理论的讨论

1. 沉井井壁上的土压力计算

目前，沉井土压力计算多采用朗肯（Rankine）及库仑（Coulomb）土压力理论。由于沉井结构刚度较大，井筒的截面尺寸一般不很大，通常处于空间受力状态，故用平面问题主动土压力计算是不尽合理的。当沉井深度较大时，这种误差更为明显。虽然还有一些

考虑空间问题因素的沉井土压力计算方法，但比较复杂，不便于实际使用。因此，沉井井壁土压力的计算尚待进一步研究解决。

2. 沉偏时土压力的周向分布

当采用传统土压力理论计算土压力，考虑沉偏时沉井四周土压力分布时，现行方法是：对圆形沉井，采用调整土内摩擦角法（图 16.4.8）；对矩形沉井，则按均布考虑。事实上，发生沉偏时，沉井在偏斜方向两端处的土压力状态及量值是不同的，而且与沉井的平面尺寸、深度及纠偏方法等有关。调整内摩擦角的做法本身随意性较大，而且其依据是否充分，到底能否反映上述因素尚不清楚。至于矩形沉井土压力，按均布处理就更欠合理了。

3. 考虑水土压力的重液法

鉴于沉井土压力机理尚缺乏研究，传统土压力理论计算很粗略，与实际出入较大，为简化计算，可近似地将土及水视为土水混合重液，按重液静压力施加于沉井井壁，即采用所谓重液法。重液法简单易行，具有一定的实用价值，在国内外均有应用。

4. 沉井底面土层的承载力

众所周知，沉井底面尺寸较大，进行足尺试验测定沉井底面土层承载力是十分困难甚至是不可能的。按式（16.4.1）估算沉井竖向承载力值时，需要确定沉井底面土层承载力值。通常按浅基础作用下的地基承载力作深宽度修后用于计算。实际上由于沉井深度大，沉井底面处土层的承载力属于深基础承载力课题，但在实际工程中，国内还缺少使用经验，尚待进一步研究解决。

16.6 墩的类型与特点

16.6.1 墩的类型

墩的类型较多，可根据墩的受力情况、墩的体形及施工方法进行分类。

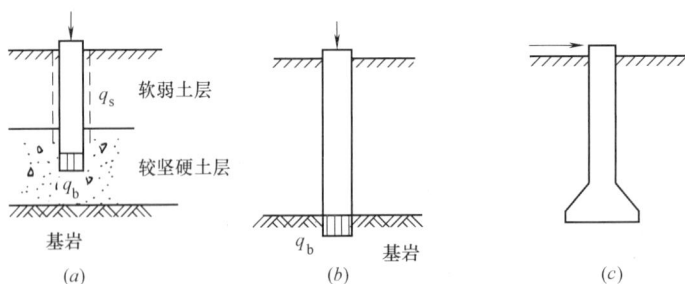

图 16.6.1 墩按受力情况分类
(*a*) 摩擦墩；(*b*) 端承墩；(*c*) 水平受力墩

1. 按受力情况分类

墩作为深基础，主要用于承受上部结构物传来的归并向压力及水平力，而较少用于抗拔情况。按传递上总压力荷载的方式，墩可分为摩擦墩与端承墩两种基本类型，如图 16.6.1 (*a*)、(*b*) 所示。当墩以承受水平荷载为主时，称水平受力墩，如图 16.6.1 (*c*)

所示。

2. 按墩体形状分类

墩的断面形状多是圆形，而墩身轴向截面形状及墩底形式有许多类型。

1) 墩轴向截面形状　墩按轴向截面形状不同，可分为柱形墩、锥形墩与齿形墩三种类型。柱形墩的断面尺寸及形状不随深度变化，如图16.6.2（a）所示。柱形墩因其形状简单、施工方便、设计计算较简单，得到广泛应用。锥形墩断面形状随深度不变而其尺寸则随深度呈线性变化，因而墩的受力状态较好，但其成孔施工较柱形墩复杂（图16.6.2b）。图16.6.2（c）所示为齿形墩的两种形式。齿形墩由于沿墩身设有倒置的台阶，故可以加大墩的侧壁阻力，主要适于墩侧面有较硬的黏性土层的情况，但此种情况应用较少。

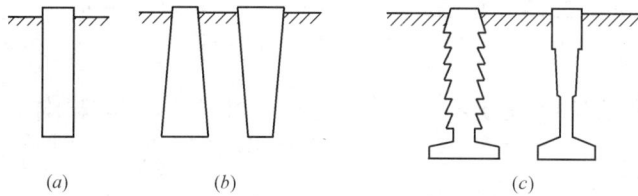

图16.6.2　墩按竖向断面形式分类
（a）柱形墩；（b）锥形墩；（c）齿形墩

2) 墩底形式　墩底形式主要取决于墩底岩土的承载能力及墩底荷载水平。如图16.6.3（a）所示，直底墩墩端尺寸与上部墩身尺寸相同。这种墩常见于墩底为坚硬土层或岩层、墩承载力较易满足要求的情况。为了使墩端承担更大的荷载，常在墩底土较硬的情况下将墩部尺寸加大，形成扩底墩，如图16.6.3（b）所示。当墩底支承于岩层上，为使墩底牢固、防止水平荷载导致墩底滑动而将墩端部嵌入岩层，形成嵌底墩，亦称嵌岩墩，如图16.6.3（c）所示。

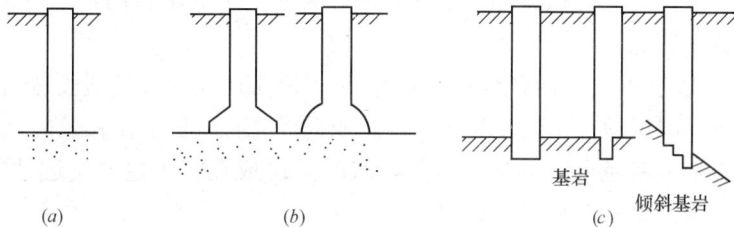

基岩　　倾斜基岩

图16.6.3　墩按墩底形式分类
（a）直底墩；（b）扩底墩；（c）嵌底墩（嵌岩墩）

3. 按施工方法分类

墩的施工方法除以混凝土浇制墩体外，主要指墩的成孔方法与孔壁支护方法两方面。

1) 成孔方法　墩由于其断面尺寸较大，故不能打入而只能通过在地基中成孔制作而成。墩按成孔方法分类，有钻孔墩、挖孔墩及冲孔墩三种。钻孔墩是使用带有大型钻头的钻机在土、岩层中钻孔而成的墩，其应用较广泛。挖孔墩则有人式挖孔与机械挖孔之分，一般成孔断面较大而浓度较浅，其应用也较多。冲孔墩是使用冲击钻钻头冲击土层或成孔的墩，多在较特定的条件下应用。

2）孔壁支护　墩按成孔侧壁支护情况，可分为无护壁墩和有护壁墩两种类型。在成孔过程中及成孔后，孔壁无需保护而直接浇筑混凝土形成的墩为无护壁墩，如图 16.6.4（a）所示，这种墩主要适用于上部土层较好且不易塌落的情况。护壁墩即在施工过程中对孔壁加以支撑，以防止土体塌落或地下水流入孔内。护壁按具体目的不同，可采用钢筒、板、砖石或砂土等材料，参见图 16.6.4（b）、（c）、（d）。

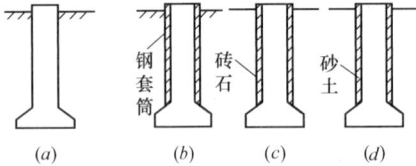

图 16.6.4　墩按有无护壁分类
（a）无护壁墩；（b）～（d）有护壁墩

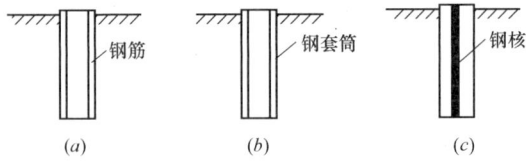

图 16.6.5　墩按钢材布置分类
（a）钢筋混凝土墩；（b）钢套筒墩；（c）钢核墩

4. 按钢材布置情况分类

当墩内使用钢材作为墩体加劲材料时，按钢材的类型及布置情况，墩可分为钢筋混凝土墩（图 16.6.5a）、钢套筒墩（图 16.6.5b）和钢核墩（16.6.5c）三种。钢筋混凝土墩的配筋与一般灌注桩的配筋类似，而钢套筒墩和钢核墩多采用成品钢管或型钢，故钢材用量较大，主要适应于墩身受力很大、需很大配筋量的情况。

16.6.2　墩的特点

在地基基础工程方案规划过程中，必须掌握墩基的工程特点，以合理地选用墩基。墩基与桩基等其他深基础相比，主要有以下几方面的特点：

（1）墩具有很高的承载力。当上部结构传来的荷载大而集中、基础平面布置受场地条件限制时，单墩可代替群桩和承台。相应地，单墩的质量要求较高，一旦出现质量事故，对整个建筑物造成的危害将很严重。

（2）在较密实的砂层、卵石层地基中，打桩很困难，而做墩基则较易于施工。在打桩会造成相邻建筑物因振动及土的隆起面损坏，或造成先打入桩的侧移及向上浮起等不利现象时，墩基施工常可避免这些问题。但是，墩的深层成孔施工也会引起地基因卸荷面位移，给附近建筑物及设施带来不利影响。

（3）与沉井、沉箱等深基础相比，墩基施工一般只需轻型机具，在适当的地基与环境条件下，常有较大的经济优势。墩基施工没有像打桩那样有强烈的噪声，可以减轻噪声公害。墩成孔施工中遇到地下水位下的砂层可能引起流砂等现象，应特别注意。

（4）墩基不但有较高的竖向承载力，也可承担较大的水平荷载。扩底墩还可抵抗很大的上拔力。

（5）由于墩身断面尺寸较大，便于在成孔后检查墩底持力层与墩侧面土层的土质情况，对勘察与设计结果进行核实；另一方面，墩的混凝土浇筑量较大，必须更仔细地检查施工质量，而且不利天气条件会影响墩的施工进度。

16.7 墩的承载力与变形

墩的承载力包括竖向抗压承载力、抗拔承载力与水平承载力三方面。墩的变形主要包括墩的沉降与水平位移。墩的承载力与变形受很多因素影响,其机理也很复杂,故目前尚无很完善的分析方法。本节仅介绍墩的承载力和变形估算的一些基本原则与方法。

16.7.1 墩的竖向抗压承载力

确定墩竖向抗压承载力的方法与桩承载力确定方法类似,主要有四类,即墩载荷试验方法、经验公式方法、理论公式方法及墩身材料强度方法。

1. 按载荷试验结果确定墩的承载力

按墩的载荷试验结果确定墩的承载力是工程实践中最常用的主要方法之一,也是公认的最可靠的方法。对于重要工程必须进行墩的现场载荷试验。

墩的载荷试验方法与单桩的载荷试验方法类似。根据墩荷载沉降性状的特点和墩基设计原则,确定墩的承载力通常有两种具体做法,即安全系数法和允许变形法。

1) 安全系数法 根据墩的竖向荷载 Q 与沉降 s 的关系曲线特征,先确定出墩的极限承载力 Q_u,然后将其除以一安全系数 K,得到墩的承载力特征值 R_a,即

$$R_a = Q_u/K \tag{16.7.1}$$

式中 K——竖向承载力安全系数,一般可取为 2.0。

2) 允许变形法 当按变形控制原则进行墩基设计时,可在墩的荷载沉降关系曲线 $Q \sim s$ 上,按某一允许变形值 $[s]$ 选取相应的荷载作为墩的承载力特征值 R_a,即

$$R_a = Q|_{s=[s]} \tag{16.7.2}$$

式中,墩允许变形 $[s]$ 的取值,应根据工程的重要性及结构物对变形的设计要求选择。参考国内外工程经验,对直底墩,可取 $[s] = 10 \sim 25\text{mm}$;对扩底墩,可取 $[s] = 10 \sim 15\text{mm}$。

2. 按经验公式确定墩的承载力特征值

墩的承载力经验公式与桩类似。在工程实践中,有极限承载力经验公式与承载力特征值经验公式之分,但其形式相同,只是公式中的墩侧阻力与端阻力参数值不同。下面介绍的是墩的承载力特征值 Q_a 的经验公式(图 16.6.1a、b)。

$$Q_a = A_b q_b + U_p \sum_{i=1}^{n} l_i q_{si} \tag{16.7.3}$$

式中 q_b——墩底土极限端阻力特征值,kPa;

A_b——墩底面积,m²;

U_p——墩身断面周长,m;

l_i——扩大墩端以上第 i 层土内墩长,m;

q_{si}——第 i 层土侧阻力特征值,kPa;

n——扩大墩端以上墩身内土层层数。

式(16.7.3)中墩端阻力参数 q_b 及侧阻力参数 q_{si} 应按大量载荷试验结果经统计分析确定,亦可根据地区经验参照条件类似的其他墩的情况确定。

作为工程经验公式,式(16.7.3)精度较低,一般只在初步设计阶段用于初估墩的承载力特征值,对于重要墩基工程不应单独采用。

3. 按理论公式计算墩的承载力

按土的极限平衡理论，墩的竖向极限承载力 Q_u 为

$$Q_u = Q_{bu} + Q_{su} \tag{16.7.4}$$

式中　Q_{bu}——墩底土极限承载力，kN；

　　　Q_{su}——墩侧壁总极限摩阻力，kN；

对于墩底下为较硬密土层时，可按整体剪切破坏计算墩基极限承载力，即

$$Q_{bu} = A_b \left(c N_c{}^* + q N_q{}^* + \frac{1}{2} \gamma D_b N_\gamma{}^* \right) \tag{16.7.5}$$

式中　　　　　　A_b——墩底面面积，m^2；

　　　　　　　　D_b——墩底面直径，m；

　　　　　　　　c——墩底土层黏聚力，kPa；

　　　　　　　　γ——墩底土的重度，水位以下取有效重度，kN/m^3；

　　　　　　　　q——墩底面深度处有效上覆压力，kPa；

$N_c{}^*$、$N_q{}^*$、$N_\gamma{}^*$——深基础极限承载力系数，可按太沙基深基础极限承载力公式或迈耶霍夫公式确定，参见第 9 章。

$$Q_{su} = U_p \sum_{i=1}^{n} q_{sui} l_i \tag{16.7.6}$$

式中　q_{sui}——第 i 层土对墩侧壁的极限摩阻力，按式（16.7.7）估算，其余符号意义同前。

$$q_{sui} = k_{0i} \sigma_{vi} \tan\delta_i + \alpha_i \tag{16.7.7}$$

式中　k_{0i}——第 i 层土的静止压力系数；

　　　σ_{vi}——第 i 层土平均有效上覆压力，kPa；

　　　δ_i——第 i 层土层墩界面外摩擦角，°；

　　　α_i——第 i 层土与墩界面黏着力，kPa。

按理论公式得出的墩竖向承载力极限值，除以一定的安全系数，如式（16.7.1），即可得墩的承载力特征值，但安全系数主要依承载力系数 $N_c{}^*$、$N_q{}^*$ 及 $N_\gamma{}^*$ 的确定方法选定，一般为 2.0~4.0。

4. 按墩身材料强度确定墩的承载力特征值

置于坚硬土层或岩层上的墩，由于其可承受很高的荷载，其承载力往往由墩身材料强度控制，设计应保证外荷载满足墩身材料强度要求，即

$$R_a = \psi_c \left[(A - A_g) f_c + A_g f_g \right] \tag{16.7.8}$$

式中　R——墩竖向承载力特征值，kN；

　　　A——墩身断面积，m^2；

　　　A_g——墩身断面内加劲钢材断面积，m^2；

　　　f_c——混凝土轴心抗压强度，kPa；

　　　f_g——钢材抗压强度，kPa；

　　　ψ_c——工作条件系数，一般可取 0.6~0.7。

墩身尚应按作用在墩上的荷载，进行墩身内力分析，并对墩体进行抗弯、抗剪等强度验算。

16.7.2 墩的沉降计算

墩的沉降一般由二部分组成，即

$$s = s_p + s_b \tag{16.7.9}$$

式中　s——墩顶沉降量，m；

　　　s_p——墩身轴向压缩变形，m；

　　　s_b——墩底土层压缩变形，m。

墩身的压缩变形可认为是弹性变形，在已知墩端荷载及墩身侧摩阻力分布条件下，可按材料力学方法计算。

墩底土层的压缩变形通常按分层总和法等估算，参见第8章。

由上述可见，不同类型的墩，其沉降主要来源也不同。较长的墩，其轴向压缩也较大；岩层上的墩，尤其是嵌入硬质微风化或新鲜岩层中的墩，岩层的压缩可能很小而可忽略不计；在成孔中可能造成的孔壁塌落或孔底残余土体，会对墩的总沉降量有较大影响，故在沉渣情况不明的情况下，墩的沉降估算必须格外慎重。另外，墩的沉降计算尚缺乏比较准确的方法，必要时应通过现场原位试验来测定墩在工作荷载下的沉降。

16.7.3 墩的抗拔承载力和水平承载力

墩的抗拔力可以用式（16.7.10）来表示：

$$T_u = T_{un} + G \tag{16.7.10}$$

式中　T_u——墩的极限抗拔承载力，kN；

　　　T_{un}——墩的净极限抗拔力，kN；

　　　G——墩体的有效自重，kN。

墩的净极限抗拔力就主要通过墩的抗拔试验来确定。对于不同类型、不同土质条件的墩，其净抗拔力的理论计算模式及方法有所不同。直底墩的净抗拔力一般可参照单桩抗拔力计算方法计算；扩底墩由于墩头扩人，使得其拔出破坏的模式与直底墩沿墩壁产生拉出破坏的模式不同，故其计算方法由于考虑扩底顶面带动一部分土体破坏的机理而比较复杂，参见图16.7.1。扩底墩抗拔力要比同样条件下的直底墩的抗拔力高，具体与墩的扩底尺寸、形状以及深度有关，其带动土体破坏的形式及范围也与墩的临界深度有关，具体计算方法可参见有关文献。

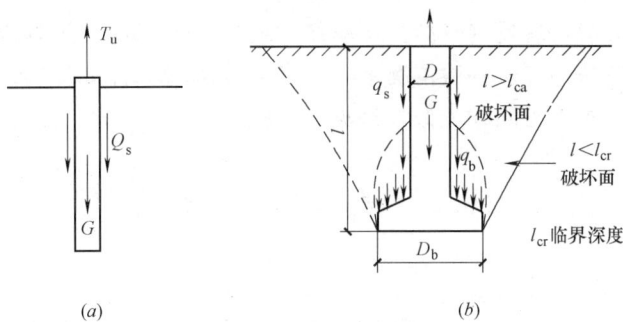

图16.7.1　墩的抗拔破坏模式

（a）直底墩；（b）扩底墩

当得到的墩的净极限抗拔力后，可按式（16.7.11）计算墩的抗拔承载力特征值：

$$T_a = \frac{T_{un}}{K_n} + \alpha G \tag{16.7.11}$$

式中 T_a——墩的抗拔承载力特征值，kN；

$\quad K_n$——对净极限抗拔力的安全系数。对由抗拔试验结果确定的 T_{un}，$K_n = 2.0$ 而对理论计算的，可取 $K_n = 2.0 \sim 3.0$；

$\quad \alpha$——系数，一般可取 $0.9 \sim 1.0$；

$\quad G$——墩自重，kN。

墩的水平承载力往往比一般单桩的水平承载力高得多。在抵抗地震作用、波浪力及船舶撞击力等水平荷载时，墩是十分有效的基础类型之一。

对于承受水平力及弯矩作用为主的墩，可根据墩身长度与墩的相对刚度系数 R 之比 β 分为刚性墩、半刚性墩及柔性墩三种，即

$\qquad \beta \leqslant 2 \qquad$ 刚性墩

$\qquad 2 < \beta < 4 \qquad$ 半刚性墩

$\qquad \beta \geqslant 4 \qquad$ 柔性墩

系数 β 可按式（16.7.12）计算：

$$\beta = \frac{l}{R} = \frac{l}{\sqrt[5]{E_c I / m}} \tag{16.7.12}$$

式中 l——墩身长度，m；

$\quad E_c I$——墩身抗弯刚度，$kN \cdot m^2$；

$\quad m$——采用 m 法的地基水平抗力系数的比例常数，参见第 15 章。

对于基础内多墩共同承担水平荷载的情况，作用于各墩顶的水平力可按式（16.7.13）分配：

$$H_i = \frac{R_i}{\sum\limits_{j=1}^{n} R_j} \sum\limits_{j=1}^{n} H_j \tag{16.7.13}$$

式中 n——基础内的墩数；

$\quad H_i$——第 i 墩上的水平力，kN；

$\quad R_i$——相对刚度系数，参见式（16.7.12）。

墩的水平承载力应按现场水平载荷试验结果确定。对于次要工程以及初步设计阶段，也可采用理论分析方法估算。一般情况下，水平荷载作用下墩的水平承载力、内力与变形的理论分析方法与桩水平力问题类似，参见第 15 章。

16.8 墩基础设计要点

16.8.1 设计依据与原则

墩基设计的依据主要指建筑物或结构形式及特点、场地与地基的工程地质条件、荷载的类型、量级及组合条件、墩基承载力与沉降的设计控制准则等。墩基方案的确定，应在考虑上述条件并充分结合墩基的特点与施工方法的基础上进行。

墩的体形大、承载力高而刚度大等特点，使得其在很多情况下单独工作或少数单墩共

同工作，因而在墩位布置、墩承载力与变形计算等方面较群桩基础有简便性，同时每个墩承担的风险也较群桩中的一根桩体大而集中。因此，墩基的设计必须针对每一根墩的具体条件来进行。

墩的工作性状与墩施工的方法、工艺密切相关，因此，墩的设计应紧密结合墩的施工技术、施工条件进行。在方案设计阶段，就应充分考虑到每一根在具体土层条件、施工环境下可能存在的问题（如墩端岩土层与勘察结果不符、墩侧土层塌落、地下水涌入墩孔等），并对应做出调整方案或补救措施。

竖向荷载下各类墩的一般设计依据 表 16.8.1

设计内容	墩 的 类 型					
	置于均质土中		端承于硬土上		端承于岩层上	
	直底墩	扩底墩	嵌入硬层	扩底墩	支承于岩层	嵌岩墩
荷载水平(kN)	500～1500	500～5000	500～2500	1000～3000	2000～7000	3000～7000
控制准则	沉降	沉降与承载力	承载力与沉降	承载力	墩身强度	墩身与岩石约束或墩身强度
工作荷载下主要抗力	侧摩阻力	侧摩阻力与端阻力	硬层中的侧摩阻力	端阻力	端阻力	岩层与墩侧的摩阻力
极限荷载下主要抗力	侧摩阻力与端阻力	端阻力	侧摩阻力与端阻力	端阻力	端阻力	侧摩阻力与端阻力
确定工作荷载的途径	分析侧摩阻力或沉降量	荷载试验	载荷试验、极限承载力分析或对持力层的强度变形特性评价		载荷试验及岩石强度及稳定性的评价	
检测要求	指定墩	每个墩	每个墩	每个墩及在指定墩下触探或钻芯样	每个墩及在指定墩下触探或钻芯样	

根据总的原则，将竖向荷载作用下的各类墩的一般设计依据列于表 16.8.1，供设计参考。对于抗拔墩及水平受力墩的设计，也可参照表 16.8.1 的原则进行方案选择。

16.8.2 墩基础设计步骤及内容

在地基基础方案规划确定了墩基方案后，墩基的具体设计步骤及内容一般为：

1. 选择墩的类型

其内容主要包括确定墩在具体荷载条件下的体形、成孔方法、护壁方法及钢材布置类型等。

2. 初定墩的基本尺寸

其内容主要包括墩的长度、断面尺寸、扩底形状尺寸、护壁体尺寸等。

3. 墩的承载力特征值与变形计算

其内容主要包括核算在具体荷载类型及组合条件下按土体支承力与墩身材料强度确定的承载力是否满足稳定性要求，估算墩的沉降、水平位移等是否满足结构物变形要求。

4. 墩基础本身配筋、加劲材料的设计计算与墩身护壁结构设计并绘制施工图

5. 提出对施工方法、质量检测等工作的意见和建议

一项完整合适的墩基设计，包括很多具体内容，而且各个设计内容之间往往是相互联系的，因而要求前后结合与反复选择，以得出最佳设计结果。

16.8.3 设计中的若干重要因素

墩基设计仅做到内容完整、计算无误，是远远不够的。由于墩基工程的复杂性、墩基

设计计算方法本身尚不完善，因而设计工件应综合考虑设计条件与方法、施工技术与环境及工程检测等多方面因素，结合工程经验进行综合判断，才能得到良好的设计结果。影响墩基设计的因素有以下几点：

（1）上部结构的复杂性及对不均匀沉降的敏感程度。

（2）特殊荷载的作用，如地震作用、墩上的负摩擦力、膨胀力等。

（3）墩基施工对邻近建筑物及设施的不利影响，如墩成孔造成土层侧移与渗水等。

（4）现存及未来的环境因素对墩基性状的不利影响，如水质的侵蚀性、河床受水流冲刷、岸坡失稳等。

（5）在复杂地质条件下中途改变设计方案的可能性及由此带来的其他工程问题。

（6）墩基施工中先进、便利技术的应用及墩基质量检测的便利性与可靠性。

设计人员只有认真分析这些因素、熟悉这些因素对设计结果影响的方式与程度，才可能使墩基设计工作真正完善、合理，才可能对施工中涉及设计配合的一些技术问题，如沉渣处理、成孔护壁、排水措施等提出恰当的建议，对质量检测中涉及和影响墩工作性状的一些问题做出客观与合理的判断。

16.9 墩基础施工要点

墩基的施工方法主要取决于工程地质条件、施工机具及设备条件、施工单位技术素质及管理水平等因素。墩基的施工组织设计应全面、客观地分析这些因素，根据设计要求与相应的施工规范，对施工的内容、步骤、目标做出规划。对于施工中可能遇到的技术困难及问题做一定的准备。在施工中的质量检查及监理应做到及时、准确。对出现的质量事故应及时会同设计单位、建设单位等研究解决，避免对工程造成损害和拖延工期。

16.9.1 墩基础的施工程序

1. 清整场地

清整场地是施工的前期准备工作。对于进场道路、堆料场及施工操作现场，均应清除杂物、整平、安排施工临时建筑物、设施，以便正式施工。

2. 放线定位

在整平的施工场地，按设计要求放出建筑物轴线及边线，在设计墩位处设置标志即定位。这项工作虽属简单项目，但必须认真进行，必要时尚需反复核对设计图纸，以免造成墩轴线偏差过大、成孔后再返工的现象。

3. 成孔施工

墩基成孔方法有钻孔、挖孔、冲孔等多种方法。工程实践中，以前两种应用最为广泛。

1）钻孔法　钻孔法即使用大型钻机在地基中定位钻孔。钻机的类型尤其是钻头的选择应视土层或岩层的层位分布、软硬程度、墩孔深度与直径及是否扩底、嵌岩等因素来进行。

2）挖孔法　挖孔法有机械挖孔与人工挖孔之分。

机械挖孔一般是在挖孔前先在墩位处打入钢套筒，然后在套筒内使用机械抓土到挖土成孔。这种方法适用的土质条件广泛，因而较为普及。

人工挖孔即以人工挖土成孔。挖土工具可采用锹、镐，运土采用吊篮或吊斗等，简单、方便。人工挖孔最适于土质条件好、超大孔径、孔深在 20m 以内的情况，而且底部清渣比较方便和彻底，便于检查，因地制宜，比较经济。人工挖孔施工方法有多种，比较典型的有现浇混凝土圈衬砌法和多级套筒法两种。

现浇混凝土圈衬砌法是每下挖 0.6～1.0m 就支模板，浇筑钢筋混凝土护圈衬砌，将孔壁支撑住，然后再下挖，边挖边支护，直到墩底处为止（图 16.9.1a）。

多级套筒法是先下挖一段后在孔壁加入钢套筒，完成第一段再第二段；第二段孔径比第一段要小至少 5cm，然后加入相应尺寸的第二级套筒。如此类推做下去，直到墩底处（图 16.9.1b）。这种方法要求孔径最小处尺寸为 1.2m，以便操作。

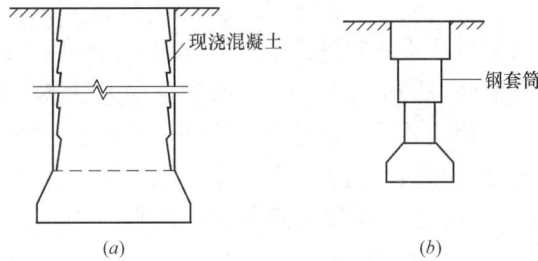

图 16.9.1 人工挖孔法
(a) 现浇混凝土圈衬砌法；(b) 多级套筒法

人工挖孔法虽然工艺简单、方便，但安全性差，稍有不慎就容易出现问题，如孔壁支护结构失稳塌落、孔内大量涌水等。此外，还应注意人工挖土过程中遇到有害水质和气体等问题，以及保持孔内外通信及联络事宜。

4. 验孔清底

墩基成孔基本完成后，应对孔径位置、大小、是否偏斜等方面进行尺检，并检查孔壁土层或衬砌结构是否松动及是否已损坏，发现问题及时修正、补救处理。

验孔的另一方面就是检查孔底标高、孔内沉渣及核实墩底土层情况。对于个别孔或挖孔余下的沉渣，应首选清除；条件不便的，可采用重锤夯实或以水泥浆加固。

5. 放设钢材

验孔清底合格后，即可按设计要求放置钢筋笼、钢套筒或钢核等加劲材。安放钢材要注意平稳起吊，准确就位，严格控制倾斜等偏差，同时应避免碰撞孔壁，造成孔壁松动、塌落。钢材放设应有可靠的支承或悬挂钢材设施，防止钢材掉下孔底（设计到底的除外）。这一环节应特别仔细，加强安全性与可靠性检查。

6. 混凝土灌注

灌注混凝土是墩基施工的关键环节。混凝土应保证要求的密实度及和易性，其坍落度一般控制在 10～20cm。混凝土在灌注过程中应及时分层振捣密实，成孔护壁用临时套筒等物件随时振捣随时拔，掌握好时机（按设计不需拔出者除外）。混凝土灌注一般应在达到墩顶标高后，超灌至少 0.5m 方可结束。

16.9.2 施工常见问题及其处理方法

1. 定位偏差问题

无论是采用哪种成孔方法，要使墩基在地面定位正确相对较容易做到，而保持在成孔中墩轴线绝对不发生偏移则比较困难。当墩穿过有大块砾石或出现孔壁塌落，成孔就会出现偏斜，定位就会更难。

一般要求墩中心偏差不得大于5cm，而墩轴线垂直度偏差不能超过有效长度的0.5%～1.0%。墩的设计说明和施工组织方案中，均应给出墩孔在轴线定位及垂直度方面允许偏差的界限标准；在墩基结构构件设计中，应考虑这些偏差带来的对墩身质量与工作性状的影响。

一旦出现超过设计许可的定位偏差问题，首先考虑适当扩大墩身直径，以高速荷载作用于墩身的偏心或采取墩身加强技术。

当上述措施不能满足要求时，应考虑重新对墩进行定位、成孔。

2. 墩孔进水问题

墩孔进水是施工中常见且严重的问题。墩身穿过地下水位以下的透水层时，在成孔过程中或成孔后，也可能在灌注混凝土过程中，常有地下水大量渗入墩孔的现象发生。这一问题除直接影响施工操作，使挖孔受阻、检查不便外，更严重的是影响墩侧土层的稳定性与密实度，造成墩侧土塌落、承载力损失；还由于水汇集墩孔底处，使墩底持力层土质软化和受到扰动，导致墩的承载力下降和沉降加大。因此，施工对此问题必须给予高度重视。

解决墩孔进水的方法主要有排水法和挡水法。排水法即在成孔前进行深层抽水，人工降低地下水位，直到墩基施工完成。这种方法常受到场地环境条件限制，不适于在建筑设施附近采用。排水法在较空旷的场地下采用较为便利，但在岸坡中或岸坡附近采用时，尚应注意排水对岸坡稳定性的不利影响。

挡水法一般有两种具体措施：

1）设防水套筒　穿过透水层设置一个钢套筒并将其插入不透水层内，该套筒可永久留在孔内充水或以膨胀水泥浆护壁，以平衡孔壁内外水位置。

2）采用水下混凝土浇灌技术　这种方法适于在成孔一开始就主动采用，而对临时的墩涌水情况则难以及时、有效地发挥作用。因而，一般应在事先充分估计进入可能性的前提下优先考虑前者，不得已时才用后者。

上述两类挡水方法对于置于岩层上的墩来说，都很难进行或效果不佳。这时，可考虑成孔前预先对岩缝等进行压力灌浆，以减小其透水能力。

3. 混凝土质量事故

混凝土质量事故主要包括混凝土振捣不密实、混凝土骨料分离或离析、混凝土夹泥、墩体出现缩颈或断开等。出现这些事故的原因往往是多方面的，其中施工中的排水、拔套筒等环节最易出现问题。

当孔内有积水，尤其在积水较多时，应采用套筒在水下灌注混凝土，以免造成混凝土过水、骨料产生离析现象。

拔出套筒时，混凝土在套筒内的高度要保证足以平衡筒外的水、土压力，防止水或土块侵入混凝土中。同时，套筒内混凝土不易过高或存留时间过长，否则会因套筒上拔时筒壁与混凝土摩阻力太大，在混凝土内产生拱作用面，造成墩身空洞甚至断墩现象。

4. 护壁处理问题

护壁的作用除在施工过程中支护孔壁土体不致塌落、防水或防止混凝土在灌注过程中受到污染外，还可兼用于加强墩身强度，提高墩的承载力。因此，护壁的处理应按护壁的类型及作用具体分析。

对钢套筒护壁，除用于加强墩身外，多是临时性的，为节约计，应随混凝土灌注过程适时、适量、谨慎地拔出。

对于以木板制作的护壁，在地下水位以下者可不拔出；而在地下水位以上者应尽量拆除，以免木板腐烂对墩侧摩阻力有不利影响。

对于砂石、砖块等护壁材料，一般不拆除，而且它们有利于增加墩的侧摩阻力。

16.10　墩基工程质量检测

墩基工程质量检测是墩基工程的重要方面之一。墩基检测的目的是监督墩基施工各个环节的质量，评定墩基施工的效果是否达到设计要求。

16.10.1　质量检测的阶段与内容

墩基工程质量检测主要包括两个阶段：墩体施工阶段和竣工后阶段。

1. 墩体施工阶段

墩体施工阶段的检测内容主要包括以下几个方面：

1）检查墩孔定位、垂直度及孔深是否达到设计要求

2）孔身形状、扩底处尺寸或嵌岩深度的检测

3）孔底沉渣厚度及沉渣处理结果的检查

4）墩体的材料特性，如混凝土配比、钢材型号及尺寸、含钢率等的测定

上述项目的检测应于施工工序中及时进行。对于施工质量不满足要求的，应采取改进和补救措施，否则不得进行下一步工序。

2. 竣工后阶段

竣工后阶段的检测主要是检查成墩的质量，包括两个方面：

1）墩身混凝土质量检测　对混凝土的强度等级、耐久性等指标进行测试和评定。

2）墩基承载力检测

16.10.2　检测方法简介

墩身施工阶段的检测，是施工方质量控制的环节与手段，施工方应在整个施工过程中进行这些工作；工程监测方则是实施检测的主体。这一阶段检测的方法，主要是尺检和较简单室内与现场测试。

竣工后阶段的检测方法较多，主要分为四种。

1. 开挖直观法

在墩身侧面开挖，直接观察墩身形状，混凝土外表有无孔洞、离析及颈缩等现象。这种方法的优点是简单、方便、直观，不足之处是不能检查墩身内部质量情况，而且不宜挖得过深，以免对墩的承载力及稳定性产生不利影响。

2. 钻芯取样法

这种方法是利用钻机在墩顶至墩底范围内钻取混凝土芯样，根据芯样可直观地检查混凝土的质量，并可对芯样进行各种室内试验（如单轴抗压试验等），评定墩身强度质量。这种方法比较昂贵，除对重要工程外，检验墩数不宜过多。

3. 载荷试验法

对制成的墩进行现场载荷试验，主要检查墩的承载力是否满足要求。这种方法是公认最可靠评定墩承载力的方法，对于重要工程必须进行逐墩试验，次要工程应选择足够的代表性墩以及对成墩施工质量有怀疑时进行试验。但是，这种方法费用高、耗时长。对于大口径墩基，试验加载量级很高、试验设备要求高，使用上较为不便。

4. 动力检测法

动力检测法是一类基于一维波动方程理论的对桩、墩类基础结构质量及承载力进行检测的方法。就目前来讲，动力测桩方法中除按打桩公式外的大多数方法均可用于墩基质量及承载力检测。动力检测法又分低应变法和高应变法两种。一般认为，低应变法最适于检测桩、墩身混凝土质量，即桩身完整性；而高应变法则更适于估算桩、墩的承载力。关于这些方法的具体原理、适用条件及检测内容，详见第15章。

第 17 章 地基处理

17.1 概 述

建筑地基基础设计中，当天然地基不能满足设计要求时，就需要对地基进行人工加固处理，天然地基经人工加固处理后称为人工地基。地基处理是对软弱地基和不良地基的某些不足之处采用物理或化学方法进行加固，改善地基的物理力学性质使其满足工程设计要求。地基处理的方法很多，各种方法均有其各自的特点和作用机理，在不同的土类中有其不同的加固效果和局限性。具体工程之间的地质条件差异大，设计对地基的要求也各不相同，而且地基处理所用的材料来源、施工机具和施工条件也因工程地点不同而有较大差别。因此，对每一工程必须进行综合考虑通过几种可能采用的地基处理方案的比较，选择技术可靠、经济合理、施工可行的方案。

各种不同的地基处理方法，总的目的都是要提高地基的强度和减小压缩性。经处理后的地基大致可以分为两种情况：一种是对地基进行了整体加固处理，地基强度普遍得到提高。处理的效果在平面范围内大致相同，比较均匀，如：换填法、预压法、强夯法等；另一种是通过设置在地基中的竖向增强体，通常为各种形式的桩体（柔性的、半刚性的、刚性的），使地基得到加固，桩体的强度较高。而桩体周围的上体，则保持原有强度或有一定程度的提高。处理的效果在平面范围内是不均匀的，荷载由桩体和地基土共同承担，桩分担荷载的比重大于原有地基土所分担的荷载，如水泥土搅拌桩等。由桩体和原有地基土组成的加固后的地基，引出了复合地基的概念。复合地基是指天然地基在地基处理过程中，通过在地基部分土体被增强或置换，形成由地基土和增强体共同承载的人工地基，称为复合地基。加固区由增强体和天然地基土两部分组成，工程中对复合地基中的各种竖向增强体常冠以"桩"的称呼，如："振冲桩复合地基"、"石灰桩复合地基"等。建筑工程中常用由竖向增强体构成的复合地基，本章中涉及的复合地基均指竖向增强体构成的复合地基。

常用的地基处理方法的分类，如图17.1.1所示。

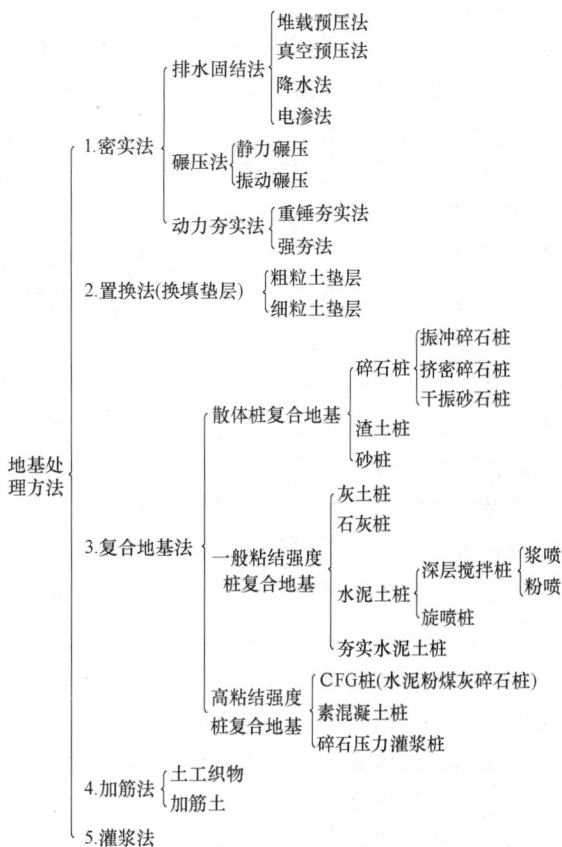

图 17.1.1 常用地基处理方法

按不同的加固处理后形成的人工地基，在地基基础设计时均按地基考虑，天然地基的各种设计原则，大体均适用于人工地基（包括各种不同竖向增强体形成的复合地基），只是在具体的设计参数上，对不同的复合地基有不同的规定。

17.2 软弱地基与不良地基

地基处理的对象是软弱地基和不良地基，本节对软弱地基和不良地基的工程特性作一概括性的介绍。

17.2.1 软弱地基与不良地基

当地基强度稳定性不足或压缩性很大，不能满足设计要求时，可以针对不同情况对地基进行处理。处理的目的是增加地基的强度和稳定性，减少地基变形。经过处理后的地基称为人工地基。工程实践中，还可能遇到一些特殊情况需要对地基进行处理的，例如地基的事故处理，或由于建筑物的加层和扩建等原因增大了作用在地基上的荷载等；此外，在透水性很大的土层中开挖较深基坑时，有时需用人工方法做成不透水的阻水帷幕，以阻挡地下水大量涌入基坑。

通常，将不能满足建筑物要求的地基（包括承载力、稳定变形和渗流三方面的要求）统称为软弱地基或不良地基，主要包括：软黏土、杂填土、冲填土、饱和粉细砂、湿陷性黄土、泥炭土、膨胀土、多年冻土、盐渍土、岩溶、土洞、山区不良地基等。软弱地基和不良地基的种类很多，其工程性质的差别也很大，因此对其进行加固处理的要求和方法也各不相同。

软黏土是软弱黏性土的总称，通常亦称为软土。主要是第四纪后期在滨海、湖泊、河滩、三角洲等地质沉积环境下沉积形成的，还有部分冲填土和杂填土。这类土大部分处于饱和状态，含有机质，天然含水量大于液限，孔隙比大于1。当天然孔隙比大于1.5时，称为淤泥；天然孔隙比大于1而小于1.5时，则称为淤泥质土。淤泥和淤泥质土的工程特性表现为抗剪强度很低、压缩性较高、渗透性很小并具有结构性，广泛分布于我国沿海地区和内陆江河湖泊周围。

软土在我国沿海地区分布较广，长江三角洲、珠江三角洲、渤海湾以及浙江、福建沿海地区都有大面积的软土。这些地区的软土层以海相沉积为主，其固体成分主要为有机质和矿物质的综合物，厚度为数米至数十米。内陆地区的软土主要分布在洞庭湖、洪泽湖、太湖及滇池等湖泊的周围，厚度较小，一般约为10m。此外，位于各大河流中下游地区的河滩相沉积软土，如东北的三江平原等，以及内蒙古、东北的大小兴安岭和南方、西南的森林地区的属于沼泽沉积的软土，其含水量可高达600%。

我国典型软土地区有天津、上海、温州、杭州、广州和昆明等。

杂填土是由建筑垃圾、工业废料或生活垃圾组成，其成分复杂，性质也不相同且无规律性。大多数情况下，杂填土是比较疏松和不均匀的。在同一场地的不同位置，地基承载力和压缩性也可能有较大的差异。

冲填土是由水力冲填泥沙形成的。冲填土的性质与所冲填泥沙的来源及淤填时的水力条件有密切关系。含黏土颗粒较多的冲填土往往是欠固的，其强度和压缩性指标都比同类天然沉积土差。

湿陷性黄土是受水浸湿后土的结构迅速破坏，并发生显著的附加下沉，其强度也随着迅速降低的黄土。由于黄土湿陷而引起建筑物不均匀沉降是造成黄土地区事故的主要原因。黄土在我国特别发育，地层多，厚度大，广泛分布在甘肃、陕西、山西大部分地区，以及河南、河北、山东、宁夏、辽宁、新疆等部分地区。

饱和粉细砂及部分粉土，虽然在静载作用下具有较高的强度，但在地震作用的反复作用下有可能产生液化，地基会因液化而丧失承载能力。这种地基也经常需要进行处理。

泥炭土是在潮湿和缺氧环境中未经充分分解的植物遗体堆积而成的一种有机质土，有机质含量大于 60%。其含水量极高，压缩性很大且不均匀，一般不宜作为天然地基，需进行处理。

膨胀土是指黏粒成分主要由亲水性黏土矿物组成的黏性土，在环境的温度和湿度变化时可产生强烈的胀缩变形。利用膨胀土作为结构物地基时，如果没有采取必要措施进行地基处理，常会给结构物造成危害。膨胀土在我国分布范围很广，如在广西、云南、湖北、河南、安徽、四川、河北、山东、陕西、江苏、内蒙古、贵州和广东等地均有不同范围的分布。

多年冻土是指温度连续三年或三年以上保持在摄氏零度或零度以下，并含有冰夹层的土层。多年冻土的强度和变形有许多特殊性。

盐渍土中的盐遇水溶解后，物理和力学性质均会发生变化，强度降低。盐渍土地基浸水后，因盐溶解而产生地基溶陷。某些盐渍土（如含 Na_2SO_4 的土）在温度或湿度变化时，会发生体积膨胀。盐渍土中的盐还会导致地下设施材料腐蚀。我国盐渍土主要分布在西北干旱地区的新疆、青海、甘肃、宁夏、内蒙古等地势低平的盆地和平原中。

岩溶或称"喀斯特"，它是石灰岩、白云岩、泥灰岩、大理石、岩盐、石膏等可溶性岩层受水的化学和机械作用而形成的溶洞、溶沟、裂隙，以及由于溶洞的顶板塌落使地表产生陷穴、洼地等现象和作用的总称。土洞是岩溶地区上覆土层被地下水冲蚀或被地下水潜水的渗漏和涌水等冲蚀淘空作用形成的。

山区地基地质条件比较复杂，主要表现在地基的不均匀性和场地的稳定性两方面，山区基岩表面起伏大且可能有大块孤石，这些因素常会导致建筑物基础产生不均匀沉降。另外，在山区常有可能遇到滑坡、崩塌和泥石流等不良地质现象，给建（构）筑物造成直接或潜在的威胁。

17.2.2 常用的地基处理方法

地基加固或处理，按其原理和作法的不同可分为以下四类：

1. 排水固结法

利用各种方法使软黏土地基排水固结，从而提高土的强度，减小土的压缩性。

2. 振密、挤密法

采用某种措施，如振动、挤密等，使地基土体增密，以提高土的强度，降低土的压缩性。

3. 置换及拌入法

以砂、碎石等材料置换软土地基中部分软土，或在松散地基中掺入胶结硬化材料，或向地基中注入化学药液产生胶结作用，形成加固体，达到提高地基承载力、减小压缩量的目的。

4. 加筋法

通过在地基中埋设强度较大的土工聚合物，以达到加固地基的目的。

选择地基处理方案时，应根据工程和地基的实际情况，并考虑到施工速度和加固所需的设备等条件，对各种加固方案进行综合比较，做到经济上合理，技术上可靠。

常用的地基处理方法按其原理和作法主要分为13类，见表17.2.1。

地基处理方法分类表　　　　　　　　　　　　表17.2.1

编号	分类	处理方法	原理及作用	适用范围
1	换填垫层法	砂石垫层，素土垫层，灰土垫层，工业废渣垫层	以砂石、素土、灰土和矿渣等强度较高的材料，置换地基表层软弱土，提高持力层的承载力，扩散应力，减少沉降量	适用于处理淤泥、淤泥质土、湿陷性黄土、素填土、杂填土地基及暗沟、暗塘等的浅层处理
2	预压法	天然地基预压，砂井预压，塑料排水带预压，真空预压，降水预压	在地基中增设竖向排水体，加速地基的固结和强度增长，提高地基的稳定性；加速沉降发展，使基础沉降提前完成	适用于处理淤泥、淤泥质土和冲填土等饱和黏性土地基
3	强夯法和强夯置换法	强力夯实（动力固结）	利用强夯的夯击能，在地基中产生强烈的冲击能和动应力，迫使土动力固结密实。强夯置换墩兼具挤密、置换和加快土层固结的作用	适用于碎石土、砂土、低饱和度的粉土、黏性土、湿陷性黄土、杂填土等地基。强夯置换墩可应用于淤泥等黏性软弱土层，但墩底应穿透软土层到达较硬土层
4	振冲法	振冲置换法 振冲挤密法	采用专门的技术措施，以砂、碎石等置换软弱土地基中部分软弱土，对桩间土进行挤密。与未处理部分土组成复合地基，从而提高地基承载力，减少沉降量	适用于处理砂土、粉土、粉质黏土、素填土和杂填土等地基。不加填料振冲密实适用于处理粉粒含量不大于10%的中砂、粗砂地基
5	砂石桩法	振动成桩法 锤击成桩法	通过振动成桩或锤击成桩，减少松散砂土的孔隙比，或在黏性土中形成桩土复合地基，从而提高地基承载力，减少沉降量，或部分消除土的液化性	适用于挤密松散砂土、素填土和杂填土等地基
6	水泥粉煤灰碎石桩法	长螺旋钻孔灌注成桩，长螺旋钻孔、管内泵压混合料成桩，振动沉管灌注成桩	水泥、粉煤灰及碎石拌和形成混合料，成孔后灌入形成桩体，与桩间土形成复合地基。采用振动沉管成孔时桩间土具有挤密作用。桩体强度高，相当于刚性桩	适用于黏性土、粉土、黄土、砂土、素填土等地基。对淤泥质土应通过现场试验确定其适用性
7	夯实水泥土桩法	人工洛阳铲成孔，螺旋钻机成孔，沉管成孔，冲击成孔	采用各种成孔机械成孔，向孔中填入水泥与土混合料夯实形成桩体，构成桩土复合地基。采用沉管和冲击成孔时对桩间土有挤密作用	适用于处理地下水位以上的粉土、素填土、杂填土、黏性土等地基。处理深度不超过10m
8	水泥土搅拌法	用水泥或其他固化剂，外渗剂进行深层搅拌形成桩体。分干法和湿法	深层搅拌法是利用深层搅拌机，将水泥浆或水泥粉与土在原位拌和，搅拌后形成柱状水泥土体，可提高地基承载力，减少沉降，增加稳定性和防止渗漏，建成防渗帷幕	适用于处理淤泥、淤泥质土、粉土、饱和黄土、素填土、黏性土以及无流动地下水的饱和松散砂土等地基

编号	分类	处理方法	原理及作用	适用范围
9	高压喷射注浆法	单管法 二重管法 三重管法	将带有特殊喷嘴的注浆管,通过钻孔置入到处理土层的预定深度,然后将浆液(常用水泥浆)以高压冲切土体。在喷射浆液的同时,以一定速度旋转、提升,即形成水泥土圆柱体;若喷嘴提升时不旋转,则形成墙状固结体加固后可用以提高地基承载力,减少沉降,防止砂土液化、管涌和基坑隆起,形成防渗帷幕	适用于处理淤泥、淤泥质黏土、黏性土、粉土、黄土、砂土、人工填土等地基。当土中含有较多的大粒径块石、坚硬黏性土、大量植物根茎或有过多的有机质时,应根据现场试验结果确定其适用程度对既有建筑物可进行托换工程
10	石灰桩法	人工洛阳铲成孔 螺旋钻机成孔 沉管成孔	人工或机械在土体中成孔,然后灌入生石灰块,经夯压形成的一根桩体。通过挤密、吸水、反应热、离子交换、胶凝及置换作用,并形成复合地基,提高超载力,减少沉降量	适用于处理饱和黏性土、淤泥、淤泥质土、素填土、杂填土地基等地基
11	土或灰土挤密桩法	沉管(振动、锤击)成孔 冲击成孔	采用沉管、冲击或爆扩等方法挤土成孔,分层夯填素土或灰土成桩。对桩间土挤密,与地基土组成复合地基,从而提高地基承载力,减少沉降量。部分或全部消除地基土湿陷性	适用于处理地下水位以上的湿陷性黄土、素填土和杂填土等地基
12	柱锤冲扩法	冲击成孔 填料冲击成孔 复打成孔	采用柱状锤冲击成孔,分层灌入填料、分层夯实成桩,并对桩间土进行挤密,通过挤密和置换提高地基承载力,形成复合地基	适用于处理杂填土、素填土粉土、黏性土、黄土等地基。对地下水位以下饱和松软土层,应通过现场试验确定其适用性
13	单液硅化法和碱液法	主要用于既有建筑物下地基加固	在沉降不均匀,地基受水浸湿引起湿陷的建(构)筑物下地基中通过压力灌注或溶液自渗方式灌入硅酸钠溶液或氢氧化钠溶液,使土颗粒之间胶结,提高水稳性,消除湿陷性,提高承载力	适用于地下水位以上渗透系数为 $0.1 \sim 0.2 \mathrm{m/d}$ 的湿陷性黄土等地基。在自重湿陷性黄土场地,对Ⅱ级湿陷性地基,当采用碱液法时,应通过试验确定其适用性

根据桩身刚度不同,将砂石桩等桩身刚度低的散体材料形成的桩称为柔性桩,相应其复合地基称为柔性复合地基;而深层搅拌法及高压喷射注浆法形成的水泥土桩构成的复合地基,则可称为半刚性桩复合地基。近年来,地基处理技术发展较快,出现了一些新的地基处理技术,如以钢筋混凝土桩或混凝土桩取代原常用的砂桩、水泥搅拌桩,形成刚性桩复合地基,复合地基的理论有了很大的发展,复合地基承载力大为提高。

此外,针对深层搅拌法及高压喷射注浆法形成的水泥土桩,由于桩身强度限制,使复合地基承载力提高有限,有人提出在水泥土桩中心插入一定长度的小直径钢筋混凝土桩形成加劲水泥土桩,使单桩极限承载力大为提高,从而使复合地基承载力大为提高。

其他还有一些地基加固方法,如热处理法、冻结法、电渗加固、土工合成材料加固法等方法。

热处理加固法是通过带孔的管,将热空气与燃料的混合压缩气体贯入土中。贯入压力平均为大气压力的 1.5 倍,加热温度可达到 $300 \sim 1000℃$,使土体得到加固。在饱和土中,其渗透性必须大到足以使所产生的蒸汽可以排除。这种加固方法造价高,很少采用。

冻结法常常作为一种临时加固方法,常在开挖隧道或竖井时用于加固土壁。1884 年,斯德哥尔摩的勃伦克伯格(Brunkeberg)隧道工程施工中首次应用冻结法作为地基土的加固技术。此后,这一技术得到了非常成功的应用。

电渗技术是利用电渗原理,将正、副电极插入土中,使水由正极向负极移动,从而疏干地基,达到加固的目的。实际工程应用中,电渗的目的并不一定总是用来疏干地基,也可用以产生渗透压力,使土产生固结。在比利时安特卫普的 Grote-Geul 工程开挖基坑时,曾应用电渗来施加渗透压力,在 7m 深的极软的淤泥层中开挖基坑。在这个成功实例中采用了三排电极,排与排之间距离为 5m,每排电极之间的距离是 3m。共用负极 88 根,在 27d 中,总计电能消耗为 60000kW,电源为 30V 直流电。

土工合成材料加固是利用其抗拉强度,对土体起到加筋的作用。土工合成材料还能起到排水及过滤等作用。

17.2.3 地基处理方法的选择

在选择地基处理方案前,应完成下到工作:

(1)搜集详细的工程地质、水文地质及地基基础设计资料等;

(2)根据工程的设计要求和采用天然地基存在的主要问题,确定地基处理的目的、处理范围和处理后要求达到的各项技术经济指标等;

(3)结合工程情况,了解本地区地基处理经验和施工条件以及其他地区相同场地上同类工程的地基处理经验与使用情况等。

在选择地基处理方案时,应考虑上部结构、基础和地基的共同作用,并经过技术经济比较,选用地基处理方案或加强上部结构和处理地基相结合的方案。

地基处理方法和确定可按下列步骤进行:

(1)根据结构类型、荷载大小及使用要求,结合地形地貌、地层结构、土质条件、地下水特征、环境情况和对邻近建筑的影响等因素,初步选定几种可供考虑的地基处理方案;

(2)对初步选定的各种地基处理方案,分别从加固原理、适用范围、预期处理效果、材料来源及消耗、机具条件、施工进度和对环境的影响等方面进行技术经济分析和对比,选择最佳的地基处理方法,必要时也可选择两种或多种地基处理措施组成的综合处理方法;

(3)对已选定的地基处理方法,宜按建筑物安全等级和场地复杂程度,在有代表性的场地上进行相应的现场试验或试验性施工,并进行必要的测试,以检验设计参数和处理效果。如达不到设计要求时,应查找原因采取措施或修改设计。

17.3 复 合 地 基

17.3.1 复合地基的构成

复合地基是在天然地基中设置一定数量的竖向增强体(桩),形成由地基土与竖向增强体共同承担荷载的人工地基。如图 17.3.1 所示,由于桩的刚度远大于土的刚度,因此,桩承担的荷载将远大于土承受的荷载。为了充分发挥天然地基的承载力，必须在基础底面下设置一层褥垫层，在荷载作用下，桩顶可以向褥垫层刺入，从而调整桩与土之间的荷载分担比例，增大地基土承载荷载的幅值，同时减小桩所承担荷载的幅值，达到充分发挥地基土承载力的目的。竖向增强体（桩）的种类很多，可以是散体桩，如砂、碎石桩等，也可以是粘结性的桩，如水泥土搅拌桩、CFG 桩及混凝土类桩等。

复合地基与复合桩基的区别在于复合地基与基础底面之间设置了一层褥垫层，这是形成复合地基的必要条件。复合地基必须充分发挥原有地基土的承载力，但竖向增强体的刚度往往远大于地基土的刚度，通过褥垫层对桩、土变形的协调，使桩与土各自的承载力均能按设计要求得到充分的发挥。

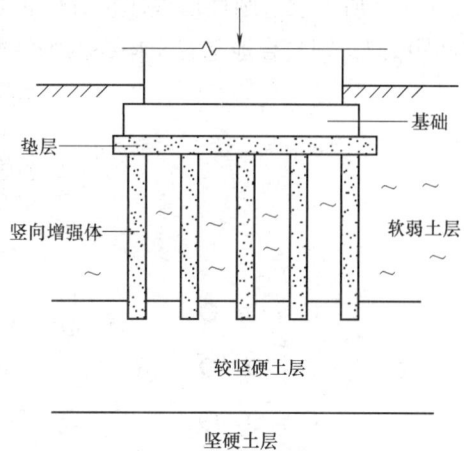

图 17.3.1　复合地基形成条件示意图

可见，基础下是否设置褥垫层，对复合地基受力影响很大。基础下不设置褥垫层，复合地基的承载特性与桩基础相似。

基础下设置褥垫层，桩间土承载力的发挥就不单纯依赖于桩的沉降，即使桩端落在好土层上，也能保证荷载通过褥垫作用到桩间土上，使桩土共同承担荷载。

图 17.3.2 所示即为天然地基—复合地基—桩基的过渡，其中是否存在褥垫层是重要因素。

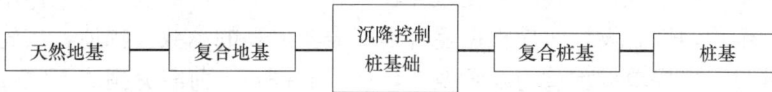

图 17.3.2　由天然地基—桩基的过渡

地基处理的目的是对基底下软弱或不良持力土层进行加固，以提高地基土的承载力并减小地基变形。无论是散体、柔性体或刚性增强体（桩），都成为复合地基的一部分。天然地基的设计原则，大体上均适用于复合地基。复合地基是桩、土共同作用的地基。桩、土间的承载力发挥需满足变形协调原则，按地基基础承载力设计原则的要求，桩和桩间土的承载力均不应超过其各自的承载力特征值。

17.3.2　复合地基的主要设计参数

1. 复合地基的置换率

复合地基中，一根桩和它所承担的桩间土体为一复合土体单元。在这一复合土体单元中，桩的断面面积 A_p 和复合土体单元面积 A（复合土体桩间土面积与桩的断面面积之和）之比，称为面积置换率，并用 m 表示：

$$m = \frac{A_p}{A} \tag{17.3.1}$$

桩体在平面上的布置形式最常用的有两种：等边三角形和正方形布置。除上述两种外，还有长方形布置，也有的布置成网格状，其增强体形成连续墙形状。四种布置形式如

图 17.3.3 所示。对圆柱形桩体正方形布置和等边三角形布置两种情况，若桩体直径为 d，桩间距为 l，则复合地基置换率在两种情况下分别为：

$$m = \frac{\pi d^2}{4l^2} \text{（正方形布置）} \tag{17.3.2}$$

$$m = \frac{\pi d^2}{2\sqrt{3}l^2} \text{（三角形布置）} \tag{17.3.3}$$

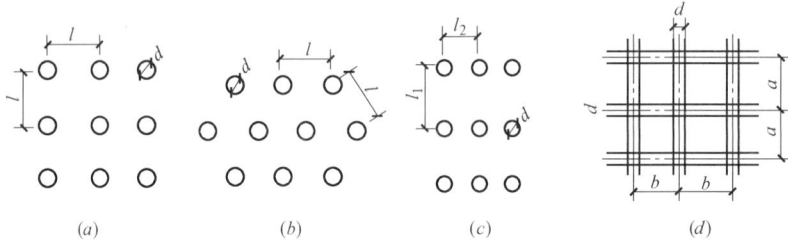

图 17.3.3 桩体平面布置形式

(a) 正方形布置；(b) 等边三角形布置；(c) 长方形布置；(d) 网格状布置

对长方形布置，若桩体直径为 d，桩间距为 l_1 和 l_2，则复合地基置换率为

$$m = \frac{\pi d^2}{4l_1 l_2} \tag{17.3.4}$$

对网格状布置情况，若增强体间距分别为 a 和 b，增强体宽度为 d，则复合地基置换率为

$$m = \frac{(a+b-d)d}{ab} \tag{17.3.5}$$

复合地基中，由于桩、土间的刚度差异较大，属于不均匀地基，形成作用在基础底面上地基反力的不均匀性。设计时应根据复合地基需要提高的承载力幅值，按软弱土层加固深度所需的桩长，选择单桩承载力及置换率，选取的桩、土荷载分担比不宜过大，以尽量减小地基反力的不均匀性。

实际工程中，由于地基土岩性的变化、上部结构荷载的不均匀性，以及基础平面尺寸等因素的影响，不可能整个基础下都是等间距布桩。对只在基础下布桩的复合地基，桩的断面面积之和与基础总面积相等的复合土体面积之比，称为平均面积置换率。

2. 复合地基的桩、土荷载分担比

在荷载作用下，复合地基中桩体承担的荷载与桩间土承担的荷载之比称为桩土荷载分担比。有时，也用复合地基加固区的上表面上桩体的竖向应力和桩间土的竖向应力之比来衡量，称为桩土应力比，桩土荷载分担比和桩土应力比是可以相互换算的。

在荷载作用下，复合地基加固区的上表面上桩体的竖向应力记为 σ_p，桩间土中的竖向应力记为 σ_s，则桩土应力比 n 为

$$n = \frac{\sigma_p}{\sigma_s} \tag{17.3.6}$$

在荷载作用下桩体承担的荷载记为 P_p，桩间土承担的荷载记为 P_s，则桩土荷载分担比 N 为

$$N = \frac{P_p}{P_s} \tag{17.3.7}$$

桩土荷载分担比 N 与桩土应力比 n 可通过下式换算,

$$N = \frac{mn}{1-m} \qquad (17.3.8)$$

3. 复合地基的承载力发挥系数

复合地基中,对于桩、土间的刚度差异、不同桩之间的刚度差异、褥垫层的密实度及厚度的影响,复合地基中桩土承载力各自发挥的程度难以达到理想的承载力特征值的要求。工程实践中,通常以承载力发挥系数表示桩、土承载力各自发挥的程度。

土和桩的承载力发挥系数各不相同,而且都通过实际工程实例或由地区经验确定。

4. 复合模量

模量是表征某一均匀单元体的应力-应变关系的参数。复合地基是由刚度差异很大的桩和土体组成的,不符合土力学中土体变形模量的条件。但为了表征复合地基的变形性状,当按常规地基的分层总和法计算沉降时,需要复合地基变形模量参数。因此,这里所提的变形模量是一种等代概念,通常将其称为复合模量。将复合地基加固区中增强体和桩间土两部分视为一复合土体,采用复合模量 E_{sp} 来评价复合土体的压缩性,并采用分层总和法计算加固区土层的压缩量。

复合模量表征复合土体抵抗变形的能力,数值上等于某一应力水平时复合地基应力与复合地基相对变形之比。通常复合模量可用桩抵抗变形能力与桩间土抵抗变形能力的某种叠加来表示。计算式为

$$E_{sp} = mE_p + (1-m)E_s \qquad (17.3.9)$$

式中　E_p——桩体压缩模量;

　　　E_s——桩间土压缩模量;

　　　E_{sp}——复合模量。

实际工程中,桩的模量直接测定比较困难。另一方面,桩土荷载分担与桩土模量相关,可以用土的模量的某个倍数表示桩的模量,这既反映了桩土相互作用的关系,也大大减少了确定设计参数的误差。当荷载接近或达到复合地基承载力时,假定:

(1) 桩土模量比等于桩土应力比,即 $\dfrac{E_p}{E_s} = n$,或 $E_p = nE_s'$(E_s' 为加固后桩间土压缩模量)。

(2) 加固后桩间土压缩模量 E_s' 是加固前天然地基压缩模量 E_s 的 α 倍,即 $E_s' = \alpha E_s$。α 为桩间土承载力提高系数。

(3) 复合模量按下式组合:

$$E_{sp} = mE_p + (1-m)E_s' \qquad (17.3.10)$$

由以上的基本假定,可求得复合地基的复合模量:

$$E_{sp} = mE_p + (1-m)E_s' = mnE_s' + (1-m)E_s'$$
$$= [1 + m(n-1)]E_s' = [1 + m(n-1)]\alpha E_s \qquad (17.3.11)$$

令　　　　　　　　　$\zeta = [1 + m(n-1)]\alpha \qquad (17.3.12)$

式中,当采用排土成桩工艺时,$\alpha = 1$;采用非排土成桩工艺时,$\alpha \neq 1$,根据土性及当地经验取值。

复合地基承载力的表达式一般为

$$f_{\rm sp,k}=[1+m(n-1)]\alpha f_{\rm k}=\zeta f_{\rm k} \qquad (17.3.13)$$

式中 $f_{\rm sp,k}$——复合地基承载力标准值，kPa；

$f_{\rm k}$——天然地基承载力标准值，kPa。

由式（17.3.13）可得

$$\zeta=\frac{f_{\rm sp,k}}{f_{\rm k}} \qquad (17.3.14)$$

显然，ζ 既是承载力提高系数，也是模量提高系数。

实际工程应用时，根据地质报告提供的天然地基土的压缩模量 $E_{\rm s}$、天然地基承载力标准值 $f_{\rm k}$、加固后静载试验测定的复合地基承载力标准值 $f_{\rm sp,k}$，可求得模量提高系数

$$\zeta=f_{\rm sp,k}/f_{\rm k} \qquad (17.3.15)$$

则复合土层的复合模量为

$$E_{\rm sp}=\zeta E_{\rm s} \qquad (17.3.16)$$

17.3.3 复合地基中不同桩的极限平衡状态

1. 散体材料桩

散体材料桩是借助于桩周土对桩体的侧向约束力保持桩体的形状并承受荷载，其承载力主要是由密实桩体在围压作用下的抗剪力提供的。Brauns 提出的在极限平衡条件下碎石桩的轴对称受力模型，如图 17.3.4 所示。

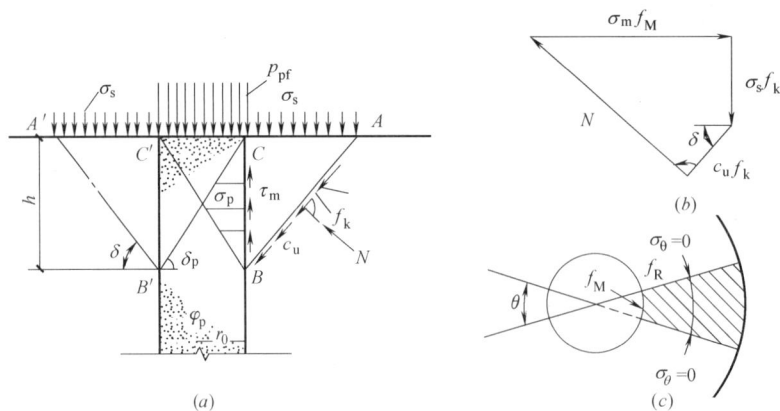

图 17.3.4 Brauns（1978）计算图式

图中 $p_{\rm pf}$——碎石桩的单桩极限承载力；

$c_{\rm u}$——桩间土不排水抗剪强度；

δ——滑动面与水平面夹角；

$\sigma_{\rm s}$——桩周土表面荷载，如图 17.3.4 所示；

$\delta_{\rm p}$——桩体材料内摩擦角。

根据桩体极限平衡可得到桩体极限承载力为：

$$p_{\rm pf}=\left(\sigma_{\rm s}+\frac{2c_{\rm u}}{\sin 2\delta}\right)\left(\frac{\tan\delta_{\rm p}}{\tan\delta}+1\right)\tan^2\delta_{\rm p}$$

当 $\sigma_{\rm s}=0$，$\varphi_{\rm p}=38°$，$\delta_{\rm p}=64°$，试算得 $\delta=61°$，则 Brauns 提出的碎石桩极限承载力的理论简化计算公式为：

$$p_{\rm pf}=20.8c_{\rm u} \qquad (17.3.17)$$

2. 刚性材料桩

混凝土预制桩、灌注桩等均属于刚性桩，复合地基中常采用的 CFG 桩，由于其桩身刚度远大于桩周土的刚度，也属于刚性桩的范畴。刚性桩在土中荷载传递的机制已为工程界所公认，桩的极限承载力由桩侧极限侧摩阻力和桩端极限端阻力两部分组成。一般情况下，桩侧极限侧摩阻力在桩沉降仅在 $3\sim5\mathrm{mm}$ 时即可充分发挥，而桩端极限端阻力则需产生较大的变形后达到。桩基规范中规定，试桩时桩的沉降超过 $40\mathrm{mm}$ 后方可终止加载。复合地基中由于褥垫层的作用，桩的受力变形条件更为复杂。但工程界通常仍以常规桩的承载表达式作为复合地基中刚性桩的承载力经验公式，有时根据工程经验作些必要的修正。所以，当桩体刚度较大时，在复合地基中，可按摩擦桩的承载力经验公式，其极限承载力的表达式为：

$$p_{\mathrm{pf}} = (\textstyle\sum f S_{\mathrm{a}} L_i + A_{\mathrm{p}} R) / A_{\mathrm{p}} \tag{17.3.18}$$

式中　f——桩周土摩擦力极限值；

　　　S_{a}——桩身周边长度；

　　　A_{p}——桩身横断面积；

　　　R——桩端土极限承载力；

　　　L_i——按土层的各段桩长。

除按上式计算承载力外，尚需对桩身进行强度验算。

若复合地基中刚性桩为端承桩，则复合地基上需铺设足够厚度的垫层。其桩体承载力由桩底端承力提供。

3. 柔性材料桩

由少量水泥系等材料与土混合而成的桩，桩体刚度相对较小，常称为柔性材料桩，地基处理规范中将其称为有粘结强度的增强体。这类桩大多在现场原位施工而成，在不同地质条件和不同施工工艺下形成的桩的刚度差异大，而且桩体均匀性也差，其计算理论尚不成熟，尤其是桩侧、桩端的极限阻力难以确定，并且桩与桩周土共同作用时各自的承载力发挥程度也难以统一表达。对柔性桩的承载力，目前工程界仍笼统地以桩的侧摩阻力和桩端阻力两部分表达，在不同桩型的复合地基的计算中，按工程经验积累的经验系数加以修正，因此柔性桩的承载力表式，完全是经验性的，如地基处理规范中，可按下式计算：

对有粘结强度增强体复合地基应按下式计算：

$$f_{\mathrm{spk}} = \lambda m \frac{R_{\mathrm{a}}}{A_{\mathrm{p}}} + \beta(1-m) f_{\mathrm{sk}} \tag{17.3.19}$$

式中　λ——单桩承载力发挥系数，可按地区经验取值；

　　　R_{a}——单桩竖向承载力特征值，kN；

　　　A_{p}——桩的截面积，m^2；

　　　β——桩间土承载力发挥系数，可按地区经验取值。

增强体单桩竖向承载力特征值可按下式估算：

$$R_{\mathrm{a}} = u_{\mathrm{p}} \sum_{i=1}^{n} q_{si} l_{pi} + \alpha_{\mathrm{p}} q_{\mathrm{p}} A_{\mathrm{p}} \tag{17.3.20}$$

式中　u_{p}——桩的周长，m；

　　　q_{si}——桩周第 i 层土的侧阻力特征值（kPa），可按地区经验确定；

l_{pi}——桩长范围内第 i 层土的厚度，m；

α_p——桩端阻力发挥系数，应按地区经验确定；

q_p——桩端阻力特征值（kPa），可按地区经验确定；对于水泥搅拌桩、旋喷桩，应取未经修正的桩端地基土承载力特征值。

综上所述，复合地基由竖向增强体、桩与桩间土体共同组成承载体，两者之间的刚度、模量差异极大，再加上加固体本身的不均匀性，更增大了其应力-应变关系之间的不确定性。因此，通常只能以现场原位的静载荷试验确定其承载力，但由于荷载板的尺寸小，其影响深度有限，难以反映复合地基深部的承载条件。另外，对复合地基的变形参数，目前尚难以通过室内或现场试验方法确定，现有的各种变形参数的确定方法都是经验性的。因此，复合地基变形计算的不确定性更大。所以，从总体上讲，对软弱地基经人工加固形成的各种复合地基，设计时应以考虑变形控制为主，对复合地基的承载力应适当加以控制。

17.3.4 复合地基的设计要点

1. 复合地基的承载力

天然地基上浅基础的承载力，常见的是基于塑性理论的普朗特尔（Prandtl）解，以及常用的如根据和普朗特尔相似假定导出的地基极限承载力公式的太沙基（Terzaghi）解。而复合地基是地基土与桩合在一起的一种不均匀地基，既不是天然地基又不是桩基，还得按其作为地基来设计。因此，目前尚无复合地基极限承载力理论的计算模式。现有研究成果，工程界大体都接受认为复合地基承载是由地基承载力和桩的承载力两部分组成的，但桩、土承载力发挥的幅值差别很大，需通过设计时恰当选择设计参数，合理设置褥垫层，通过变形协调，使两者大体均处于承载力特征值状态。

复合地基的承载力应通过现场静载荷试验确定。初步设计估算时，按桩体材料性状将复合地基分为两类：

1）散体桩复合地基 如砂桩、碎石桩为增强体的复合地基。

2）粘结强度桩复合地基

（1）低粘结强度桩复合地基 如石灰桩复合地基。

（2）中等粘结强度桩复合地基 如水泥土搅拌桩、旋喷桩、夯实水泥土桩等。

（3）高粘结强度桩复合地基 如水泥粉煤灰碎石桩（CFG 桩）、混凝土桩、钢筋混凝土桩等。

桩体粘结强度的变化，导致桩的刚度有很大差异，对复合地基的工作性状影响很大。

在进行复合地基初步设计时，复合地基的承载力的计算简图，如图 17.3.5 所示。

图 17.3.5 中所示各符号的含义是：

p、p_p、p_s——分别为作用于复合地基上的平均压力、桩体及桩间土上的应力，kPa；

E_{sp}、E_p、E_s——分别为复合地基、桩体及桩间土的变形模量，kPa；

l——桩体长度，m；

s——桩体按矩形布孔时的桩距，m；

A——一根桩所承担的加固面积，m^2，$A=s^2$；

A_p——一根桩的截面积，m^2；

A_s——一根桩所承担的加固范围内土的面积，m^2，$A_s=A-A_p$。

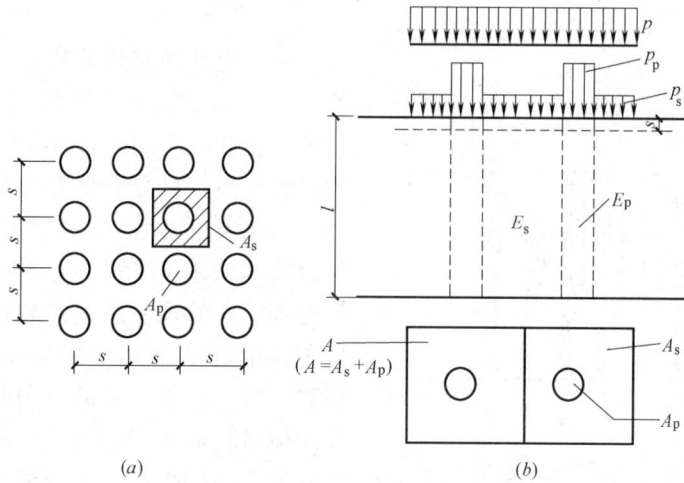

图 17.3.5　复合地基计算简图

(a) 平面布置图；(b) 桩、土分担的荷载

桩、土共同作用通过变形协调体现在桩土荷载分担比上，一般情况下桩、土不可能同时处于承载力特征值的工作状态，所以在复合地基承载力表达式中，桩和地基土的承载力均需分别乘以小于1.0的承载力发挥系数，以体现桩、土实际的承载力发挥水平。桩土共同工作的影响因素有很多。不同增强体复合地基的承载力发挥系数差别很大。本章将在后续各节中对各类复合地基的设计中详细介绍。

2. 复合地基的沉降和复合模量

在深厚软弱地基上建筑物的沉降控制是十分重要的，软土地基上建筑工程事故不少是由于沉降过大，特别是不均匀沉降过大引起的。不少工程采用复合地基是为了减少沉降，但就目前认识水平，复合地基沉降计算水平还远远落后于工程实际需要。工程界虽有一些实用计算方法，但大多属经验性的，复合地基沉降计算理论还很不成熟。

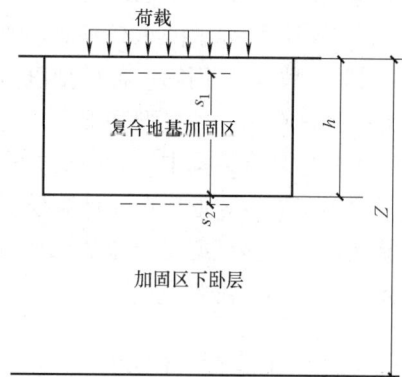

图 17.3.6　复合地基沉降

在各类实用计算方法中，通常把复合地基沉降量分为两部分，如图 17.3.6 所示。图中，h 为复合地基加固区厚度，Z 为荷载作用下地基压缩层厚度。复合地基加固区的压缩量记为 s_1，地基压缩层厚度内加固区下卧层厚度为 $(Z-h)$，其压缩量记为 s_2。于是，在荷载作用下复合地基的总沉降量 s 可表示为两部分之和，即

$$s = s_1 + s_2 \tag{17.3.21}$$

若复合地基设置有垫层，通常认为垫层压缩量很小，可以忽略不计。

至今提出的复合地基沉降实用计算方法中，对下卧层压缩量 s_2 大多采用分层总和法计算，而对加固范围内土层的压缩量 s_1 则针对各类复合地基的特点采用各种不同的算法，常用的有复合模量法、应力修正法、桩身压缩量法等。

3. 复合地基的稳定性

对建造在处理后的地基上受较大水平荷载或位于斜坡上的建筑物及构筑物，应进行地

基稳定性验算。

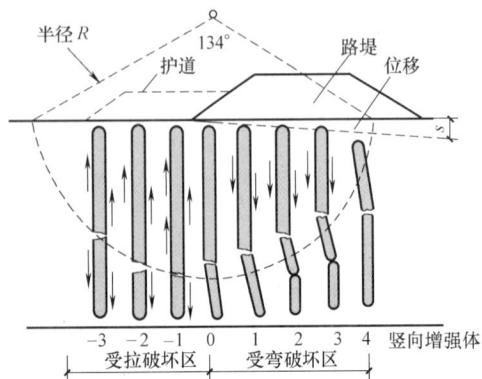

图 17.3.7 水泥土搅拌桩复合地基的
整体稳定破坏模式

复合地基的整体稳定破坏，在滑动面上的土体呈剪切破坏，而增强体则呈现受拉、受剪、受弯破坏同时存在的情况。图 17.3.7 为水泥土搅拌桩复合地基失稳破坏时的示意图。当土坡采用增强体加固时也属类似情况，符合实际破坏条件的稳定分析计算比较复杂，规范规定：处理后地基的整体稳定分析可采用圆弧滑动法，其稳定安全系数不应小于 1.30。散体加固材料的抗剪强度指标，可按加固体材料的密实度通过试验确定；胶结材料的抗剪强度指标，可按桩体断裂后滑动面材料的摩擦性能确定。

这里规定的验算方法是常用的算法。胶结材料竖向增强体抵抗水平荷载和弯矩作用的能力较弱，在发生整体稳定破坏时，假定桩体完全断裂，按滑动面材料的外摩擦角的作用确定其抗剪能力，对工程验算是安全的。

4. 多桩型复合地基

采用两种及两种以上不同材料增强体，或同一种材料、不同长度增强体加固形成的复合地基，称为多桩型复合地基。一般情况下，都是场地土具有特殊性，采用一种增强体处理后达不到设计要求的承载或地基变形要求时，同时采用另一种增强体处理，使其达到设计要求。例如：采用第一种桩型以消除地基的可液化性及湿陷性或加固浅部欠固结土层，以另一种桩在第一种桩型基础上，进一步提高其承载力或控制地基变形。

多桩型复合地基中，其布桩方式如图 17.3.8 所示。通常采用如图 17.3.8 所示的矩形或三角形布桩方式形成单元计算模型。其承载力及变形计算，大体相当于单桩型计算模型作叠加计算。多桩型复合地基承载力按现场静载试验确定，荷载板尺寸应满足多桩型计算单元模型大小的需要。

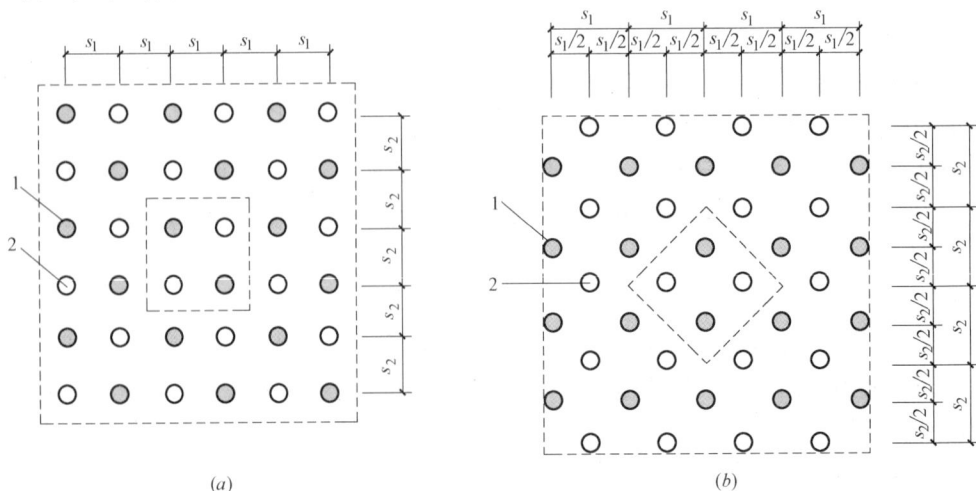

图 17.3.8 多桩型复合地基布桩图

17.3.5 复合地基的设计计算

1. 复合地基的承载力计算

1）对散体材料增强体复合地基应按下式计算：

$$f_{spk} = [1 + m(n-1)]f_{sk} \tag{17.3.22}$$

式中 f_{spk}——复合地基承载力特征值，kPa；

$\qquad f_{sk}$——处理后桩间土承载力特征值（kPa），可按地区经验确定；

$\qquad n$——复合地基桩土应力比，可按地区经验确定；

$\qquad m$——面积置换率，$m = d^2/d_e^2$；d 为桩身平均直径（m），d_e 为一根桩分担的处理地基面积的等效圆直径（m）；等边三角形布桩 $d_e = 1.05s$，正方形布桩 $d_e = 1.13s$，矩形布桩 $d_e = 1.13\sqrt{s_1 s_2}$，s、s_1、s_2 分别为桩间距、纵向桩间距和横向桩间距。

2）对有粘结强度增强体复合地基应按下式计算：

$$f_{spk} = \lambda m \frac{R_a}{A_p} + \beta(1-m)f_{sk} \tag{17.3.23}$$

式中 λ——单桩承载力发挥系数，可按地区经验取值；

$\qquad R_a$——单桩竖向承载力特征值，kN；

$\qquad A_p$——桩的截面积，m^2；

$\qquad \beta$——桩间土承载力发挥系数，可按地区经验取值。

3）增强体单桩竖向承载力特征值可按下式估算：

$$R_a = u_p \sum_{i=1}^{n} q_{si} l_{pi} + \alpha_p q_p A_p \tag{17.3.24}$$

式中 u_p——桩的周长，m；

$\qquad q_{si}$——桩周第 i 层上的侧阻力特征值（kPa），可按地区经验确定；

$\qquad l_{pi}$——桩长范围内第 i 层土的厚度，m；

$\qquad \alpha_p$——桩端端阻力发挥系数，应按地区经验确定；

$\qquad q_p$——桩端端阻力特征值（kPa），可按地区经验确定；对于水泥搅拌桩、旋喷桩，应取未经修正的桩端地基土承载力特征值。

4）复合地基承载力的修正

软弱地基经人工处理后，承载能力有了很大提高，但控制地基变形仍是重点的设计要求，因此，对处理后的地基承载力不作过多修正。规范规定：经处理后的地基，当按地基承载力确定基础底面积及埋深而需要对本规范确定的地基承载力特征值进行修正时，应符合下列规定：

（1）大面积压实填土地基，基础宽度的地基承载力修正系数应取零；基础埋深的地基承载力修正系数，对于压实系数大于 0.95、黏粒含量 $\rho_c \geqslant 10\%$ 的粉土，可取 1.5；对于干密度大于 $2.1t/m^3$ 的级配砂石，可取 2.0。

（2）其他处理地基，基础宽度的地基承载力修正系数应取零，基础埋深的地基承载力修正系数应取 1.0。

（3）带有粘结强度增强体的复合地基的承载力是由地基土与桩两部分组成的，由于桩的存在，地基土已与天然地基上浅基础处于极限平衡条件时受基础埋深和宽度影响的条件不同，因此，一般不考虑粘结强度增强体复合地基承载力的修正。规范提出的有粘结强度复合地基增强体桩身强度应满足式（17.3.25）的要求。当复合地基承载力进行基础埋深的深度修正时，增强体桩身强度应满足式（17.3.26）的要求。

$$f_{cu} \geqslant 4 \frac{\lambda R_a}{A_p} \qquad (17.3.25)$$

$$f_{cu} \geqslant 4 \frac{\lambda R_a}{A_p} \left[1 + \frac{\gamma_m (d - 0.5)}{f_{spa}} \right] \qquad (17.3.26)$$

式中　f_{cu}——桩体试块（边长 150mm 立方体）标准养护 28d 的立方体抗压强度平均值，kPa；

γ_m——基础底面以上土的加权平均重度（kN/m^3），地下水位以下取有效重度；

d——基础埋置深度，m；

f_{spa}——深度修正后的复合地基承载力特征值，kPa。

2. 复合地基的沉降计算

1）按分层总和法计算复合地基沉降

在复合地基的沉降计算时，可将复合地基视作双层地基，由加固区内土体的压缩变形和加固区以下土层的压缩变形共同构成。加固区的压缩模量应由竖向增强体和地基土体共同形成。

复合地基的变形模量 E_{sp}，它是由桩体的变形模量 E_p 和桩周土的变形模量 E_s 所组成，可用一根桩所承担的加固面积 $A(A = A_p + A_s)$ 范围内桩与桩间土的面积加权平均的方法确定复合地基的 E_{sp} 值，其表达式见式（17.3.16）。

复合地基变形通常仍采用分层总和法计算。

如果桩体未穿透压缩层，沉降是由桩加固后形成的复合地基的沉降和下部未经加固的土层的沉降两部分所组成，则有：

$$s = \sum_{i=1}^{nl} \frac{p_0}{E_{spi}} (z_i \bar{\alpha}_i - z_{i-1} \bar{\alpha}_{i-1}) + \sum_{i=nl+1}^{n} \frac{p_0}{E_{si}} (z_i \bar{\alpha}_i - z_{i-1} \bar{\alpha}_{i-1}) \qquad (17.3.27)$$

式中　p_0——基础底面处的附加压力；

E_{spi}——基础底面下第 i 层复合土的变形模量；

E_{si}——基础底面下第 i 层天然地基土的压缩模量；

z_i、z_{i-1}——分别为基础底面第 i 层和第 i-1 层底面的距离；

$\bar{\alpha}_i$、$\bar{\alpha}_{i-1}$——分别为基础底面第 i 层和第 i-1 层底面范围内平均附加压力系数；

n、nl——地基压缩层范围内所划分的土层数，其中 $1 \sim nl$ 位于复合土层内，$(nl+1) \sim n$ 位于无桩体的天然地基内。

2）复合模量及受压层厚度

复合地基变形计算应符合现行国家标准《建筑地基基础设计规范》GB 50007 的有关规定，地基变形深度应大于复合土层的深度。复合土层的分层与天然地基相同，各复合土层的压缩模量等于该层天然地基压缩模量的 ζ 倍，ζ 值可按下式确定：

$$\zeta = \frac{f_{spk}}{f_{ak}} \qquad (17.3.28)$$

式中　f_{ak}——基础底面下天然地基承载力特征值，kPa。

3）复合地基的沉降计算系数

复合地基的沉降计算经验系数 ψ_s 可根据地区沉降观测资料统计值确定，无经验取值时，可采用表 17.3.1 的数值。

沉降计算经验系数 ψ_s 表 17.3.1

$\overline{E}_s$(MPa)	4.0	7.0	15.0	20.0	35.0
ψ_s	1.0	0.7	0.4	0.25	0.2

注：$\overline{E}_s$ 为变形计算深度范围内压缩模量的当量值，应按下式计算：

$$\overline{E}_s = \frac{\sum_{i=1}^{n}A_i + \sum_{j=1}^{n}A_j}{\sum_{i=1}^{n}\dfrac{A_i}{E_{spi}} + \sum_{j=1}^{n}\dfrac{A_j}{E_{sj}}} \qquad (17.3.29)$$

式中 A_i——加固土层第 i 层土附加应力系数沿土层厚度的积分值；

        A_j——加固土层下第 j 层土附加应力系数沿土层厚度的积分值。

    3. 复合地基的稳定性验算

    一般情况下，当复合地基的承载力特征值满足了设计计算要求以后，地基将不致产生整体稳定性的问题，但对于放置在斜坡上的建筑物或加固体内外压差较大、加固体下部仍为软土层时，尚应进行复合地基的稳定性验算。

    复合地基中的桩体可提高土坡的抗滑稳定性。稳定分析时，采用复合土层的抗剪强度 S_{sp}，它是分别由桩与桩间土两部分强度组成，Aboshi 等提出按平面面积加权法求得：

$$S_{sp}=(1-m)c_u+mS_p\cos\alpha \qquad (17.3.30)$$

式中 S_{sp}——复合地基的抗剪强度；

        S_p——桩体的抗剪强度；

        α——滑弧切线与水平线的夹角，如图 17.3.9 所示；

        c_u——桩间土的不排水抗剪强度；

        m——面积置换率。

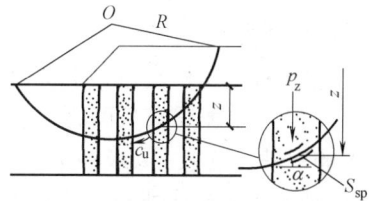

图 17.3.9 用于提高土坡稳定的桩体

    桩体抗剪强度 S_p，按式（17.3.31）计算：

$$S_p = p_z \cdot \tan\varphi_p\cos\alpha \qquad (17.3.31)$$

$$p_z = \gamma_p z + \mu_p \sigma_z \qquad (17.3.32)$$

$$\mu_p = \frac{n}{1+(n-1)m} \qquad (17.3.33)$$

式中 p_z——作用于滑动面上的竖向应力；

        φ_p——桩体材料内摩擦角；

        γ_p——桩体的重度，水位以下取浮重度；

        z——桩顶至滑动面上计算点的竖向距离；

        σ_z——桩顶平面上作用荷载引起的附加应力，可按一般弹性理论计算；

        μ_p——应力集中系数。

    当求得复合地基抗剪强度 S_{sp} 后，可用常规的稳定分析法计算抗滑稳定。

17.3.6 复合地基的静载荷试验及增强体静载荷试验

    确定地基承载力的主要方法是通过现场静载荷确定，《建筑地基基础设计规范》GB 50007 中规定：复合地基承载力特征值应通过现场复合地基载荷试验确定，或采用增强体载荷试验结果和其周边土的承载力特征值结合经验确定。

    即复合地基的承载力，除通过静载荷试验确定外，也可以通过对增强体（桩体）进行载荷试验以及周边地基土的承载力特征值结合经验确定。但由于桩、土承载力发挥系数影响因素多，虽可结合地区经验资料，但其可靠性不及桩、土复合地基的静载荷试验结果。

1. 复合地基静载荷试验

复合地基静载荷试验基本与天然地基静载荷试验相同，此外，尚需满足以下规定：

1）荷载板面积应满足桩、土面积的置换率的尺寸要求。

2）荷载板底中、粗砂垫层厚度可取 100～150mm。若采用设计的褥垫层厚度进行试验，则荷载板的宽度应与基础宽度相等。

3）当出现下列现象之一时，可终止试验：

（1）沉降急剧增大，土被挤出或承压板周围出现明显的隆起；

（2）承压板的累计沉降量已大于其宽度或直径的 6%；

（3）当达不到极限荷载，而最大加载压力已大于设计要求压力值的两倍。

4）复合地基承载力特征值确定的规定如下：

复合地基承载力特征值的确定应符合下列规定：

（1）当压力—沉降曲线上极限荷载能确定，而其值不小于直线段比例界限的 2 倍时，可取比例界限；当其值小于比例界限的 2 倍时，可取极限荷载的一半；

（2）当压力—沉降曲线是平缓的光滑曲线时，按相对变形值确定，并符合下列规定：

① 对沉管砂石桩、振冲碎石桩和柱锤冲扩桩复合地基，可取 s/b 或 s/d 等于 0.01 所对应的压力；

② 对灰土挤密桩、土挤密桩复合地基，可取 s/b 或 s/d 等于 0.008 所对应的压力；

③ 对水泥粉煤灰碎石桩或夯实水泥土桩复合地基，当以卵石、圆砾、密实粗中砂为主的地基，可取 s/b 或 $s/d=0.008$ 所对应的压力；当以黏性土、粉土为主的地基，可取 s/b 或 $s/d=0.01$ 所对应的压力；

④ 对水泥土搅拌桩或旋喷桩复合地基，可取 s/b 或 s/d 等于 0.006～0.008 所对应的压力，桩身强度大于 1MPa 且桩身质量均匀时可取高值；

⑤ 对有经验的地区，可按当地经验确定相对变形值，但原地基土为高压缩性土层时，相对变形值的最大值不应大于 0.015；

⑥ 复合地基荷载试验，当采用边长或直径大于 2m 的承压板进行试验时，b 或 d 按 2m 计；

⑦ 相对变形值确定的承载力特征值不应大于最大加载压力的一半。

注：s 为静载荷试验承压班的沉降量；b 和 d 分别为承压板宽度和直径。

5）试验点的数量不应少于 3 点，当满足其极差不超过平均值的 30% 时，可取其平均值为复合地基承载力特征值；当极差超过平均值的 30% 时，应分析离差过大的原因，需要时应增加试验数量，并结合工程具体情况确定复合地基承载力特征值；工程验收时应视建筑物结构、基础形式综合评价，对于桩数少于 5 根的独立基础或桩数少于 3 排的条形基础，复合地基承载力特征值应取最低值。

2. 复合地基竖向增强体静载荷试验要点：

竖向增强体的静载荷试验与单桩静载荷试验基本相同，除应满足《建筑地基基础设计规范》GB 50007 的要求外，根据增强体的不同特点尚应满足以下要求：

1）桩头处理：

试压前对桩头进行加固处理，水泥粉煤灰碎石桩等强度高的桩，桩顶宜设置带水平钢筋网片的混凝土桩帽或采用钢护筒桩帽，其混凝土宜提高强度等级和采用早强剂。桩帽高度不宜小于1倍桩的直径。

2）终止加载试验的条件

当出现下列条件之一时可终止加载：

（1）当荷载-沉降（Q-s）曲线上有可判定极限承载力的陡降段，且桩顶总沉降量超过40mm；

（2）$\dfrac{\Delta s_{n+1}}{\Delta s_n} \geqslant 2$，且经24h尚未达到稳定；

（3）桩身破坏，桩顶变形急剧增大；

（4）当桩长超过25m，Q-s 曲线呈缓变形时，桩顶总沉降量大于60～80mm；

（5）验收检验时，最大加载量不应小于设计单桩承载力特征值的两倍。

注：Δs_n——第 n 级荷载的沉降增量；Δs_{n+1}——第 $n+1$ 级荷载的沉降增量。

3）单桩竖向抗压极限承载力的确定应符合下列规定：

（1）作荷载-沉降（Q-s）曲线和其他辅助分析所需要的曲线；

（2）曲线陡降段明显时，取相应于陡降段起点的荷载值；

（3）当出现《建筑地基基础设计规范》GB 50007 规范附录 Q 第 Q.0.8 条中第 2 款情况时，取前一级荷载值；

（4）Q-s 曲线呈缓变型时，取桩顶总沉降量 s 为 40mm 所对应的荷载值；

（5）按上述方法判断有困难时，可结合其他辅助分析方法综合判定；

（6）参加统计的试桩，当满足其极差不超过平均值的 30% 时，设计可取其平均值作为单桩极限承载力；极差超过平均值的 30% 时，应分析离差过大的原因，结合工程具体情况确定单桩极限承载力；需要时应增加试桩数量。工程验收时应视建筑物结构、基础形式的综合评价，对于桩数少于 5 根的独立基础或桩数少于 3 排的条形基础，应取最低值。

将单桩极限承载力除以安全系数 2，为单桩承载力特征值。

17.3.7　复合地基的工程验收和检验

复合地基的验收和检验包括：复合地基施工后对增强体桩身的完整性检测和对复合地基承载力验收两方面。

1. 增强体桩身的完整性检测

对散体材料复合地基增强体应进行密实度检验；对有粘结强度复合地基增强体应进行强度及桩身完整性检验。

复合地基增强体单桩的桩位施工允许偏差：对条形基础的边桩沿轴线方向应为桩径的 $\pm 1/4$，沿垂直轴线方向应为桩径的 $\pm 1/6$，其他情况桩位的施工允许偏差应为桩径的 $\pm 40\%$；桩身的垂直度允许偏差应为 $\pm 1\%$。

2. 复合地基承载力验收

复合地基承载力的验收检验应采用复合地基静载荷试验，对有粘结强度的复合地基增强体尚应进行单桩静载荷试验。

17.4　换填垫层法

换填垫层法是将基础底面下一定范围内的软弱土层挖除，换填其他无侵蚀性的低压缩性的散体材料，经过分层夯实，作为地基的持力层。垫层的材料有中（粗）砂、碎（卵）石、灰土、粉质黏土等。石屑、炉渣或其他工业废料经检验合格后，也可作为垫层材料。垫层的作用是提高持力层的承载力，并通过垫层的应力扩散作用，减小垫层下天然土层所承受的压力，这样可减少基础的沉降量。另外，用透水性大的材料作垫层时，软土中的水分可以部分地通过它排出，从而加速软土的固结。同时，还能防止土的冻胀作用。

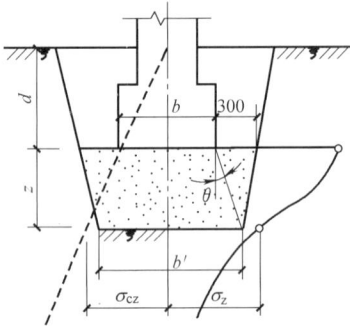

图 17.4.1　砂垫层厚度计算

工程实践表明，在合适的条件下，采用换填垫层法能有效地解决中小型工程的地基处理问题。本法的优点是：可就地取材，施工简便，不需特殊的机械设备，既能缩短工期又能降低造价，因此得到普遍的应用。

17.4.1　垫层设计

1. 垫层厚度的确定

如图 17.4.1 所示，垫层的厚度 z 应根据下卧软弱土层的承载力确定，即作用在垫层底面处的土的自重应力与附加应力之和应不大于软弱土层的承载力特征值，并符合下式要求：

$$p_z + p_{cz} \leqslant f_{az} \tag{17.4.1}$$

式中　p_z——相应于作用的标准组合时，垫层底面处的附加压力值，kPa；

p_{cz}——垫层底面处土的自重压力值，kPa；

f_{az}——垫层底面处经深度修正后的地基承载力特征值，kPa。

垫层的厚度不宜大于 3m。

2. 垫层底面处的附加压力值 p_z

可分别按式（17.4.2）和式（17.4.3）计算：

1）条形基础

$$p_z = \frac{b(p_k - p_c)}{b + 2z\tan\theta} \tag{17.4.2}$$

2）矩形基础

$$p_z = \frac{bl(p_k - p_c)}{(b + 2z\tan\theta) + (l + 2z\tan\theta)} \tag{17.4.3}$$

土和砂石材料压力扩散角 θ（°） 　　　　　　　　　　表 17.4.1

z/b　　换填材料	中砂、粗砂、砾砂、圆砾、角砾、石屑、卵石、碎石、矿渣	粉质黏土、粉煤灰	灰土
0.25	20	6	28
≥0.50	30	23	

注：1. 当 $z/b < 0.25$ 时，除灰土取 $\theta = 28°$ 外，其他材料均取 $\theta = 0°$，必要时宜由试验确定；

　　2. 当 $0.25 < z/b < 0.5$ 时，θ 值可以内插；

　　3. 土工合成材料加筋垫层其压力扩散角宜由现场静载荷试验确定。

式中　b——矩形基础或条形基础底面的宽度，m；

l——矩形基础底面的长度，m；

p_k——相应于作用的标准组合时，基础底面处的平均压力值，kPa；

p_c——基础底面处土的自重压力值，kPa；

z——基础底面下垫层的厚度，m；

θ——垫层（材料）的压力扩散角（°），宜通过试验确定。无试验资料时，可按表17.4.1采用。

垫层宽度的确定　垫层的宽度应满足基础底面应力扩散的要求，并且要考虑垫层侧面土的侧向支承力来确定，因为基础荷载在垫层中引起的应力使垫层有侧向挤出的趋势，如果垫层宽度不足，四周土又比较软弱，垫层有可能被压溃而挤入四周软土中去，使基础沉降增大。

垫层底面宽度可按式（17.4.4）计算并结合当地经验确定：

$$b' \geqslant b + 2z\tan\theta \qquad (17.4.4)$$

式中　b'——垫层底面宽度；

θ——垫层的压力扩散角，可按表17.4.1采用；当$z/b < 0.25$时，仍按表中$z/b = 0.25$取值。

整片垫层的宽度可根据施工的要求适当加宽。垫层顶面每边宜超出基础底边不小于300mm，或从垫层底面两侧向上按当地开挖基坑经验的要求放坡。

对于重要的建筑或垫层下存在软弱下卧层的建筑，还应进行地基变形计算。对超出原地面标高的垫层或换填材料的密度高于天然土层密度的垫层，宜早换填并应考虑其附加的荷载对建筑及邻近建筑的影响。

垫层的压实标准可按表17.4.2选用。矿渣垫层的压实系数可根据满足承载力设计要求的试验结果，按最后两遍压实的压陷差确定。

各种垫层的压实标准　　　　　　　　　　　　　　　　　　表17.4.2

施工方法	换填材料类别	压实系数 λ_c
碾压振密或夯实	碎石、卵石	$\geqslant 0.97$
	砂夹石（其中，碎石、卵石占全重的30%～50%）	
	土夹石（其中，碎石、卵石占全重的30%～50%）	
	中砂、粗砂、砾砂、角砾、圆砾、石屑	
	粉质黏土	$\geqslant 0.97$
	灰土	$\geqslant 0.95$
	粉煤灰	$\geqslant 0.95$

注：1. 压实系数 λ_c 为土的控制干密度 ρ_d 与最大干密度 ρ_{dmax} 的比值；土的最大干密度宜采用击实试验确定；碎石或卵石的最大干密度可取 $2.1 \sim 2.2 t/m^3$；

2. 表中压实系数 λ_c 系使用轻型击实试验测定土的最大干密度 ρ_{dmax} 时给出的压实控制标准；采用重型击实试验时，对粉质黏土、灰土、粉煤灰及其他材料压实标准应为压实系数 $\lambda_c \geqslant 0.94$。

垫层自身的承载力宜通过现场试验确定，对一般工程，当无试验资料时可按表17.4.3选用。

垫层地基的变形由垫层自身变形和下卧层变形共同形成，当垫层的压实标准符合表17.4.2的规定时，垫层自身的变形可忽略不计。

各种垫层的承载力特征值表 表 17.4.3

施工方法	换填材料类别	压实系数 λ_c	承载力特征值 f_{ak}(kPa)
碾压、振密或夯实	碎石、卵石	0.94～0.97	200～300
	砂夹石(其中,碎石、卵石占全重的 30%～50%)		200～250
	土夹石(其中,碎石、卵石占全重的 30%～50%)		150～200
	中砂、粗砂、砾砂、角砾、圆砾、石屑		150～200
	粉质黏土		130～180
	灰土	0.95	200～250
	粉煤灰	0.90～0.95	150～200

注：1. 压实系数小的垫层，承载力特征值取低值，反之取高值；

2. 重锤夯实土的承载力特征值取低值，灰土取高值；

3. 压实系数 λ_c 为土的控制干密度 ρ_d 与最大干密度 ρ_{dmax} 的比值；土的最大干密度宜采用击实试验确定，碎石或卵石的最大干密度可取 20～22kN/m³ (2.0～2.2t/m³)。

17.4.2 垫层施工

1. 垫层材料

垫层可选用下列材料：

1) 砂石 应级配良好，不含植物残体、垃圾等杂质。当使用粉细砂时，应掺入不少于总重的 30% 的碎石或卵石。最大粒径不宜大于 50mm。对湿陷性黄土地基，不得选用砂石等渗水材料。

2) 粉质黏土 土料中有机质含量不得超过 5%，亦不得含有冻土或膨胀土。当含有碎石时，其粒径不宜大于 50mm。用于湿陷性黄土或膨胀土地基的粉质黏土垫层，土料中不得夹有砖、瓦和石块。

3) 灰土 体积配合比宜为 2:8 或 3:7。土料宜选用粉质黏土，不宜使用块状黏土和粉土，不得含有松软杂质并应过筛，其颗粒不得大于 15mm。灰土宜用新鲜的消石灰，其颗粒不得大于 5mm。

4) 粉煤灰 可用于道路、堆场和小型建筑、构筑物等的换填垫层。粉煤灰垫层上宜覆土 0.3～0.5m。粉煤灰垫层中采用掺加剂时，应通过试验确定其性能及适用条件。作为建筑物垫层的粉煤灰应符合有关放射性安全标准的要求。粉煤灰垫层中的金属构件、管网宜采取适当防腐措施。大量填筑粉煤灰时，应考虑对地下水和土壤的环境影响。

5) 矿渣 垫层使用的矿渣是指高炉重矿渣，可分为分级矿渣、混合矿渣及原状矿渣。矿渣垫层主要用于堆场、道路和地坪，也可用于小型建筑、构筑物地基。选用矿渣的松散重度不小于 11kN/m³，有机质及含泥总量不超过 5%。设计、施工前必须对选用的矿渣进行试验，在确认其性能稳定并符合安全规定后方可使用。作为建筑物垫层的矿渣应符合对放射性安全标准的要求。易受酸、碱影响的基础或地下管网不得采用矿渣垫层。大量填筑矿渣时，应考虑对地下水和土壤的环境影响。

6) 其他工业废渣 在有可靠试验结果或成功工程经验时，对质地坚硬、性能稳定、无腐蚀性和放射性危害的工业废渣等，均可用于填筑换填垫层。被选用工业废渣的粒径、级配和施工工艺等，应通过试验确定。

7) 土工合成材料 由分层铺设的土工合成材料与地基土构成加筋垫层。所用土工合成材料的品种与性能及填料的土类应根据工程特性和地基土条件，按照现行国家标准《土工合成材料应用技术规定》GB 50290 的要求，通过设计并进行现场试验后确定。

作为加筋的土工合成材料应采用抗拉强度较高、受力时伸长率不大于 4%～5%、耐久性好、抗腐蚀的土工格栅、土工格室、土工垫或土工织物等土工合成材料；垫层填料宜用碎石、角砾、砾砂、粗砂、中砂或粉质黏土等材料。如工程要求垫层具有排水功能时，垫层材料应具有良好的透水性。

在软土地基上使用加筋垫层时，应保证建筑稳定并满足允许变形的要求。

2. 垫层压实

垫层施工应根据不同的换填材料选择施工机械。粉质黏土宜采用平碾或羊足碾，砂石等宜用振动碾和振动压实机。当有效夯实深度内土的饱和度小于并接近 0.6 时，可采用重锤夯实。

垫层的施工方法、分层铺填厚度、每层压实遍数等，宜通过试验确定。除接触下卧软土层的垫层底层应根据施工机械设备及下卧层土质条件的要求具有足够的厚度外，一般情况下，垫层的分层铺填厚度可取 200～300mm。为保证分层压实质量，应控制机械碾压速度。

粉质黏土和灰土垫层土料的施工含水量宜控制在最优含水量 $w_{op}\pm2\%$ 的范围内。最优含水量可通过击实试验确定，也可按当地经验取用。

严禁扰动垫层下卧层的淤泥或淤泥质土层，防止其被践踏、受冻或受浸泡。在碎石或卵石垫层底部宜设置 150～300mm 厚的砂垫层，以防止淤泥或淤泥质土层表面的局部破坏。如淤泥或淤泥质土层厚度较小，在碾压荷载下抛石能挤入该层底面时，可采用抛石挤淤处理。先在软弱土面上堆填块石、片石等，然后将其压入，以置换和挤出软弱土。

垫层底面宜设在同一标高上，如深度不同，基坑底上面应挖成阶梯或斜坡搭接，并按先深后浅的顺序进行垫层施工，搭接处应夯压密实。粉质黏土及灰土垫层分段施工时，不得在柱基、墙角及承重窗间墙下接缝。上下两层的缝距不得小于 500mm。接缝处应夯压密实。灰土应拌合均匀并当日铺填夯实。灰土夯实后，3d 内不得受水浸泡。垫层竣工后，应及时进行基础施工与基坑回填。

对常用的砂和砂石垫层，常用的压实方法、每层铺设厚度以及控制含水量见表 17.4.4。

砂垫层和砂石垫层每层铺设厚度及最优含水量　　　　　　表 17.4.4

项次	捣实方法	每层铺设厚度(cm)	施工时的最优含水量(%)	施工说明	备注
1	平振法	20～25	15～20	用平板式振捣器往复振捣数遍到密度合格为止	
2	插振法	按振捣器插入深度确定	饱和	1. 用插入式振捣器 2. 插入间距可根据机械振幅大小决定 3. 不应插至土层	不宜使用于细砂或含泥量较大的砂所铺筑的砂垫层
3	水撼法	25	饱和	1. 注水高度超过铺设面层 5cm； 2. 用钢叉摇撼捣实，插入点间距为 10cm； 3. 钢叉分四齿。齿的间距 8cm，长 30cm，木柄长 90cm，重 4kg	

项次	捣实方法	每层铺设厚度（cm）	施工时的最优含水量（%）	施 工 说 明	备 注
4	夯实法	15～20	8～12	1. 用木夯或机械夯； 2. 木夯重 40kg，落距 50cm； 3. 一夯压半夯，全面夯实	不宜使用于细砂或含泥量较大的砂所铺筑的砂垫层
5	碾压法（压路机）	15～20	8～12	6～10t 压路机往复碾压	1. 适用于大面积或砂石垫层 2. 不宜用于地下水位以下的砂垫层

17.4.3 质量检验

对粉质黏土、灰土、粉煤灰和砂石垫层，可用贯入仪检验垫层质量；对砂石、矿渣垫层也可用轻便触探检验，并且均应通过现场试验，以控制压实系数所对应的贯入度为合格标准。压实系数的检验可采用环刀法、灌砂法、灌水法或其他方法。

垫层的质量检验必须分层进行。每夯压完一层，应检验该层的平均压实系数。当压实系数符合设计要求后，才能铺填上层。当采用环刀法取样时，取样点应位于每层 2/3 的深度处。

当采用贯入仪或钢筋检验垫层的质量时，检验点的间距应小于 4m。当取土样检验垫层的质量时，对大基坑每 50～100m² 应不少于 1 个检验点；对基槽每 10～20m 应不少于 1 个点，每个单独柱基应不少于 1 个点。

重锤夯实的质量检验，除按试夯要求检查施工记录外，总夯沉量不应小于试夯总夯沉量的 90%。

竣工验收用载荷试验检验垫层承载力时，每个单位工程不宜少于 3 点；对于大型工程，则应按工程的面积确定检验点数。

17.5 预 压 法

预压法是在建筑物施工前，用堆土或其他荷重对地基进行预压，使地基土压密，从而提高地基强度，减少建筑物建成后的沉降量。预压荷载可采用堆载、真空预压或堆载加真空预压联合预压，还有降水预压等。这种方法对各类软弱地基，包括天然沉积层或人工冲填的土层，如沼泽土、淤泥、淤泥质土以及水力冲填土等均有效。其缺点是堆载预压需要一定的时间过程，特别是深厚的饱和软黏土，排水固结所需的时间很长。同时，还需要大量的堆载，因此在使用上受到一定的限制。

为了加速地基固结、缩短预压时间，常在地基中打入砂井，然后进行堆载预压，这种方法称为砂井堆载预压法。砂井的作用是缩短软土中的排水距离，土中水通过砂井顶部的砂垫层或排水沟排走，使软土中的孔隙水压力得以较快地消散，从而加速地基固结，地基强度迅速提高。应注意到，当预压场地邻近有建筑物时，需考虑到预压荷载对邻近建筑物影响。

17.5.1 砂井堆载预压法

砂井预压法在水利工程、公路、铁路、港口码头等方面已普遍应用，近年来在工业与民用建筑工程中也被采用，取得良好的效果，如图 17.5.1 所示为某冷库工程采用砂井预压法处理深厚的饱和软黏性土地基。采用砂井直径为 330mm，砂井深度 18m，间距 2.5m，利用土料加载，预压荷载为 120kPa，堆土过程历时 6 个月，然后满载预压 80d，平均预沉降量达 1240mm。经预压后，软土的工程性质大为改善。

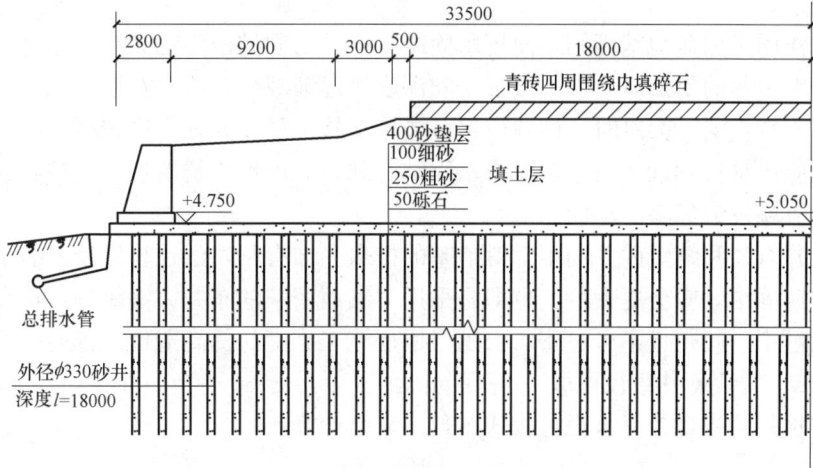

图 17.5.1　砂井堆载预压实例

近年来，预压加固法在施工工艺和施工机械等方面得到了发展，如打设袋装砂井和塑料排水板等方法。

砂井堆载预压的设计与施工：

1. 预压荷载的大小、分布及加荷速率和预压时间

预压荷载的大小根据设计要求确定，一般宜接近设计荷载，必要时可超出设计荷载 10%～20%。有时，某些对沉降要求不严格的构筑物，直接利用构筑物自重使地基固结，因设置了砂井从而达到加速地基固结的目的。预压荷载的分布，应与建筑物设计荷载的分布大致相同。

在施加预压荷载的过程中，任何时刻作用于地基上的荷载不得超过地基的极限荷载，以免地基失稳破坏。如需施加较大荷载时，应采取分级加荷并控制加荷速率，使其与地基的强度增长相适应，待地基在前一级荷载作用下达到一定的固结度后，再施加下一级荷载。特别是在加荷后期，更须严格控制加荷速率。加荷速率可通过理论计算来确定，但是一般情况下，通过现场原位测试来控制。现场原位测试工作项目有：地面沉降速率、边桩水平位移和地基中孔隙压力的量测等。根据工程实践经验，提出如下几项控制要求：

（1）在排水砂垫层上埋设地基竖向沉降观测点，对竖井地基要求堆载中心地表沉降不超过 15mm/d；对天然地基，最大沉降不应超过 10mm/d。

（2）在离预压土体边缘约 1m 处，打一排边桩（即短木桩），长 1.5～2.0m，打入土中 1m，边桩的水平位移应不超过 5mm/d。当堆载接近极限荷载时，边桩位移量将迅速增大。

（3）在地基中不同深度处埋设孔隙水压力计，应控制地基中孔隙水压力不超过预压荷载所产生应力的 50%～60%。

当超过上述三项控制值时，地基有可能发生破坏，应立即停止加荷。一般情况下，加

载在 60kPa 以前，加载速率可不受限制。

2. 砂井设计

砂井的长度、直径和间距可根据工程对固结时间的要求，通过固结理论计算确定。一般要求在预期内能完成该荷载下 80％ 的固结度。但是，很大程度上取决于地质条件和施工方法等因素。

砂井的作用是加速地基固结，而排水固结效应是与固结压力的大小成正比。由于预压荷载在地基中引起的附加应力，一般都是随深度而逐渐减少，所以在地基深处，砂井的作用将很小。当软土层不太厚时，砂井应尽可能打穿软土层，如软土层较厚，而土层中夹有砂层时，则应尽量打到砂夹层中，对排水固结有利。对以地基抗滑稳定性控制的工程，竖井深度至少应超过最危险滑动面 2m。

加大砂井直径和缩短砂井间距都对地基的排水固结有利，经计算比较，缩小桩距比增大井径对加速固结效应会更大些，也即是采用"细而密"的布井方案较好。在实用上，砂井直径不能过小；间距也不可过密，否则将增加施工难度与提高造价。普通砂井直径宜为 300～500mm，袋装砂井直径可取 70～120mm。

塑料排水带的当量换算直径可按式（17.5.1）计算：

$$d_{\text{p}} = \frac{2(b+\delta)}{\pi} \tag{17.5.1}$$

式中　d_{p}——塑料排水带当量换算直径；

　　　b——塑料排水带宽度；

　　　δ——塑料排水带厚度。

排水竖井可采用等边三角形或正方形排列的平面布置，并应符合下列规定：

1）当等边三角形排列时

$$d_{\text{e}} = 1.05l \tag{17.5.2}$$

2）当正方形排列时

$$d_{\text{e}} = 1.13l \tag{17.5.3}$$

式中　d_{e}——竖井的有效排水直径；

　　　l——竖井的间距。

排水竖井的间距可根据地基土的固结特性和预定时间内所要求达到的固结度确定。设计时，竖井的间距可按井径比 n 选用（$n=d_{\text{e}}/d_{\text{w}}$，$d_{\text{w}}$ 为竖井直径，对塑料排水带可取 $d_{\text{w}}=d_{\text{p}}$）。塑料排水带或袋装砂井的间距可按 $n=15\sim22$ 选用，普通砂井的间距可按 $n=6\sim8$ 选用。

经综合考虑上述各因素后，便可以先给定砂井长度、直径和间距，然后计算拟达到设计固结度所需的预压时间；如不符合要求，再予以修正调整。

3. 砂井地基固结度计算

对于只采用堆载预压而不设置砂井的情况，地基的固结度可按第 8 章的渗透固结理论，并结合现场观测结果来确定。

当地基中打有砂井时，砂井地基的固结已非单向固结问题，求解时分为竖向固结与径向固结两种情况，分别确定在指定时间内的固结度，然后加以综合，得出地基的总固结度。

计算时作如下假设:

(1) 地基土是饱和的,固结过程即是土中孔隙水的排出过程;

(2) 砂井地基表面受连续均布荷载作用,地基中附加应力分布不随深度而变化,故地基土仅产生垂直方向的压密变形;

(3) 荷载是一次施加上去的;

(4) 在整个压密过程中,土的渗透系数保持不变;

(5) 井壁土面受砂井施工所引起的涂抹作用(可使土的渗透性发生变化)的影响不计。

1) 垂直固结度计算 根据第 8 章的固结理论推出垂直平均固结度 U_v 为:

$$U_v = 1 - \frac{8}{\pi^2} e^{-\frac{\pi}{4}T_v} \qquad (17.5.4)$$

$$T_v = \frac{c_v t}{H^2} \qquad (17.5.5)$$

$$C_v = \frac{k_v(1+e_1)}{a\gamma_w} \qquad (17.5.6)$$

式中 T_v——竖向固结时间因数(无因次);

C_v——竖向固结系数,cm^2/s;

k_v——土的竖向渗透系数,cm/s;

e_1——初始孔隙比;

a——压缩系数,MPa^{-1};

γ_w——水的重度,kN/m^3;

H——单面排水土层厚度,双面排水时取土层厚度之半,cm;

t——固结时间,如荷载是逐渐施加,则从加荷历时的一半起算,s。

砂井地基的竖向固结度 U_v 与 T_v 的关系也可从图 17.5.2 中的虚线中查得。

2) 径向固结度的计算 为简化计算,令每一砂井的影响范围相当于一个等面积的圆,如图 17.5.3 所示,其直径 d_e 按下列公式计算:

当为等边三角形布桩时:

$$d_e = \sqrt{\frac{2\sqrt{3}}{\pi}} l = 1.05l \qquad (17.5.7)$$

当为正方形布桩时:

$$d_e = \sqrt{\frac{4}{\pi}} l = 1.128l \qquad (17.5.8)$$

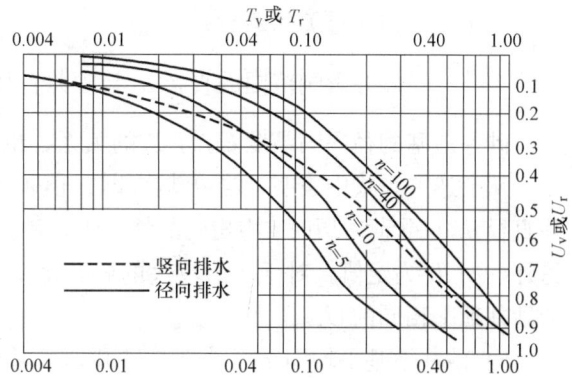

图 17.5.2 T_v、T_r 与 U_v、U_r 关系图

式中 l——砂井间距。

砂井地基的固结渗流途径如图 17.5.3 所示。

瞬时加荷条件下,径向固结度 U_r 按式(17.5.9)计算:

$$U_r = 1 - e^{-\frac{8}{F} \cdot T_r} \qquad (17.5.9)$$

$$T_r = \frac{C_h t}{d_e^2} \qquad (17.5.10)$$

657

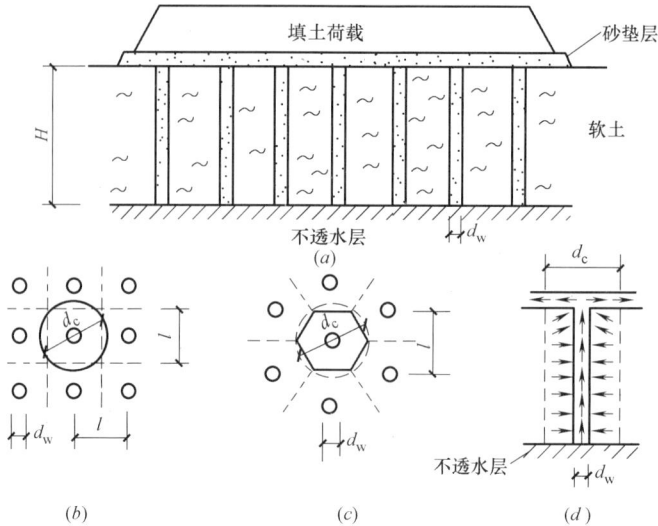

图 17.5.3 砂井布置示意图

(a) 砂井布置剖面图；(b) 正方形平面布置；(c) 正三角形平面布置；(d) 孔隙水渗流途径

$$C_h = \frac{k_h(1+e_1)}{\alpha \gamma_w} \tag{17.5.11}$$

$$F = \frac{h^2}{h^2-1}\ln n - \frac{3n^2-1}{4n^2} \tag{17.5.12}$$

式中　T_r——径向固结时间因数（无因次）；

C_h——径向固结系数，cm^2/s；

k_h——土层水平向渗透系数，cm/s；

F——与 n 有关的系数；

n——砂井影响范围的直径 d_e 与砂井直径 d_w 之比，$n = \dfrac{d_e}{d_w}$。

砂井地基的径向固结度 U_v 与 T_v 的关系，也可从图 17.5.1 中的实线查得。

从上述关系式中表明，当 d_e 越大即 n 值越大时，T_r 就越小，U_r 也越小，这说明在砂井直径 d_w 与受荷后历时 t 均相同的情况下，砂井间距越大，地基达到径向固结度 U_r 越小。另外，如 d_w 为定值，对于 n 值较大的砂井地基，需要较长的历时 t 才能达到与 n 值较小的砂井地基相同的 U_r。

3）砂井地基平均固结度计算　砂井地基总的平均固结度 U_{rv} 是由垂直向排水和径向排水引起的，总的平均固结度按式（17.5.13）计算：

$$U_{rv} = 1 - (1-U_v)(1-U_r) \tag{17.5.13}$$

如砂井的间距很密，垂直向固结度 U_v 将很小，可忽略不计。

砂井地基平均固结度也可根据《建筑地基处理技术规范》JGJ 79 计算：

一级或多级等速加载条件下，t 时间对应的总荷载作用下的地基平均固结度可按式（17.5.14）计算：

$$U_t = \sum_{i=1}^{n} \frac{q_i}{\sum \Delta P}\left[(T_i - T_{i-1}) - \frac{\alpha}{\beta}e^{-\beta t}(e^{\beta T_i} - e^{\beta T_{i-1}})\right] \tag{17.5.14}$$

658

式中 U_t——t 时间地基的平均固结度；

　　　 q_i——第 i 级荷载的加载速率，kPa/d；

　　　 $\sum \Delta P$——各级荷载的累加值，kPa；

T_{i-1}、T_i——分别为第 i 级荷载加载的起始和终止时间（从零点起算）（d），当计算第 i 级荷载过程中某时间 t 的固结度时，T_i 改为 t；

　α、β——参数，按表 17.5.1 取用。对竖井地基，表中所列 β 为不考虑涂抹和井阻影响的参数值。

α 和 β 值

表 17.5.1

参数 ＼ 排水固结条件	竖向排水固结 $U_z > 30\%$	向内径向排水固结	竖向和向内径向排水固结（竖井穿透受压土层）	说　明
α	$\dfrac{8}{\pi^2}$	1	$\dfrac{8}{\pi^2}$	$F_n = \dfrac{n^2}{n^2-1}\ln(n) - \dfrac{3n^2-1}{4n^2}$ c_h——土的径向排水固结系数（cm²/s）； c_v——土的竖向排水固结系数（cm²/s）； H——土层竖向排水距离（cm）； $\overline{U}_z$——双面排水土层或固结应力均匀分布的单面排水土层平均固结度
β	$\dfrac{\pi^2 c_v}{4H^2}$	$\dfrac{8c_h}{F_n d_e^2}$	$\dfrac{8c_h}{F_n d_e^2} + \dfrac{\pi^2 c_v}{4H^2}$	

当排水竖井采用挤土方式施工时，应考虑涂抹对土体固结的影响。当竖井的纵向通水量 q_w 与天然土层水平向渗透系数 k_h 的比值较小且长度又较长时，尚应考虑井阻影响。瞬时加载条件下，考虑涂抹和井阻影响时，竖井地基径向排水平均固结度可按式（17.5.15）计算：

$$\overline{U}_r = 1 - e^{-\frac{8C_h}{Fd_e^2}t} \tag{17.5.15}$$

$$F = F_n + F_s + F_r$$

$$F_n = \ln n - \frac{3}{4} \qquad n \geqslant 15$$

$$F_s = \left(\frac{k_h}{k_s} - 1\right)\ln s$$

$$F_r = \frac{\pi^2 L^2}{4}\frac{k_h}{q_w}$$

式中 $\overline{U}_r$——固结时间 t 时竖井地基径向排水平均固结度；

　　 k_h——天然土层水平向渗透系数，cm/s；

　　 k_s——涂抹区土的水平向渗透系数，可取 $k_s = \left(\dfrac{1}{5} - \dfrac{1}{3}\right)k_h$，cm/s；

　　　 s——涂抹区直径 d_s 与竖井直径 d_w 的比值，可取 $s = 2.0 \sim 3.0$，对中等灵敏黏性土取低值，对高灵敏黏性土取高值；

　　　 L——竖井深度，cm；

　　 q_w——竖井纵向通水量，为单位水力梯度下单位时间的排水量，cm³/s。

一级或多级等速加荷条件下，考虑涂抹和井阻影响时竖井穿透受压土层地基之平均固结度可按式（17.5.14）计算，其中 $\alpha = \dfrac{8}{\pi^2}$，$\beta = \dfrac{8C_h}{Fd_e^2} + \dfrac{\pi^2 C_v}{4H^2}$，此时 F 按式（17.5.15）

取值。

对排水竖井未穿透受压土层的地基，应分别计算竖井范围土层的平均固结度和竖井底面以下压缩土层的平均固结度，通过预压使该两部分固结度和所完成的变形量满足设计要求。

4. 地基土抗剪强度

预压荷载下，正常固结饱和黏性土地基中某点任意时间的抗剪强度可按式（17.5.16）及式（17.5.17）计算：

$$\tau_{ft} = \tau_{f0} + \Delta\tau_{fc} \tag{17.5.16}$$

$$\Delta\tau_{fc} = \Delta\sigma_z U_t \tan\varphi_{cu} \tag{17.5.17}$$

式中　τ_{ft}——t 时刻该点土的抗剪强度，kPa；

　　　τ_{f0}——地基土的天然抗剪强度，由十字剪切试验测定，kPa；

　　　$\Delta\tau_{fc}$——该点土由于固结而增长的强度，kPa；

　　　$\Delta\sigma_z$——预压荷载引起的该点的附加竖向压力，kPa；

　　　U_t——该点土的固结度；

　　　φ_{cu}——三轴固结不排水剪切试验求得的土的内摩擦角，°。

5. 沉降计算

预压荷载下地基的最终竖向变形量可按式（17.5.18）计算：

$$s_f = \xi \sum_{i=1}^{n} \frac{e_{0i} - e_{1i}}{1 + e_{0i}} h_i \tag{17.5.18}$$

式中　s_f——最终竖向变形量；

　　　e_{0i}——第 i 层中点上自重压力所对应的孔隙比，由室内固结试验所得的孔隙比 e 和固结压力 p（即 e-p）关系曲线查得；

　　　e_{1i}——第 i 层中点上自重压力和附加压力之和所对应的孔隙比，由室内固结试验所得的即 e-p 关系曲线查得；

　　　h_i——第 i 层土层厚度；

　　　ξ——经验系数，对正常固结饱和黏性土地基可取 $\xi = 1.1 \sim 1.4$，荷载较大、地基土较弱时取较大值，否则取较小值。

变形计算时，可取附加压力与自重压力的比值为 0.1 的深度作为受压层深度的界限。

6. 卸荷标准

达到如下条件时即可卸荷：

（1）地面总沉降量达到预压荷载下计算最终沉降量的 80% 以上；

（2）理论计算的地基总固结度达到 80% 以上；

（3）地面沉降速度已降到 0.5~1.0mm/d 以下。

【例题 17.5.1】某软土地基采用砂井预压加固法加固地基，地基土层情况如下：地面下 15m 为高压缩性软土，其下为粉砂层，地下水位在地面下 1.5m。软土的重度 $\gamma = 18.5$kN/m³，孔隙比 $e_1 = 1.10$，压缩系数 $\alpha = 0.58$MPa^{-1}，竖向渗透系数 $k_v = 2.5 \times 10^{-8}$cm/s，水平向渗透系数 $k_h = 3k_v$（以上为平均值）。设计荷载为 120kPa，预压荷载与设计荷载相等。预压加荷时间定为 4 个月，满载后预压时间定为 4 个月。初步考虑砂井直径采用 33cm，井距 3m，井位采用正三角形排列，砂井打到粉砂层作双面排水固结情况计算。

试计算经预压后地基的固结度。

【解】 假定预压荷载是等速施加，计算历时可以从加荷期的中点起算，故计算所用的预压历时为 2+4=6 个月。

$$c_v=\frac{k_v(1+e_1)}{\alpha\gamma_w}=\frac{2.5\times10^{-8}(1+1.1)}{0.1\times0.58\times10\times0.0001}=0.000905\text{cm}^2/\text{s}$$

$$T_v=\frac{c_v t}{H^2}=\frac{0.000905\times183\times86400}{750^2}=0.026$$

从图 17.5.2 中虚线查得，竖向固结度 $U_v=0.18$。

砂井按正三角形排列时，$d_e=1.05\times300=315\text{cm}$

$$n=\frac{d_e}{d_w}=\frac{315}{33}=9.6$$

$$c_r=\frac{k_h(1+e_1)}{\alpha\gamma_w}=3\times0.000905=0.0272\text{cm}^2/\text{s}$$

$$T_v=\frac{c_v t}{H^2}=\frac{0.00272\times183\times86400}{315^2}=0.43$$

从图 17.5.2 查得，径向固结度 $U_r=0.9$。

经 6 个月后，地基的总固结度 U_{rv}

$$U_{rv}=1-(1-U_v)\times(1-U_r)=1-(1-0.18)\times(1-0.90)=0.92$$

从上例可见，U_{rv} 与 U_r 相差很小，这表明在 c_v 很小、H 很大的情况下，竖向固结度 U_v 常忽略不计。

17.5.2 真空预压法

真空预压法是先在需加固的软土地基表面铺设一层透水砂垫层或砂砾层，再在其上覆盖一层不透气的塑料薄膜或橡胶布，四周密封好与大气隔绝。在砂垫层内埋设渗水管道，然后与真空泵连通进行抽气，使透水材料保持较高的真空度。在土的孔隙水中产生负的孔隙水压力，将土中孔隙水和空气逐渐吸出，从而使土体固结。

图 17.5.4 是典型的真空预压施工断面图。

真空预压法适于饱和均质黏性土及含薄层砂夹层的黏性土，特别适于新吹填土、超软地基的加固，但不适于在加固范围内有足够的水源补给的透水土层，以及无法堆载的倾斜地面和施工场地狭窄等场合。

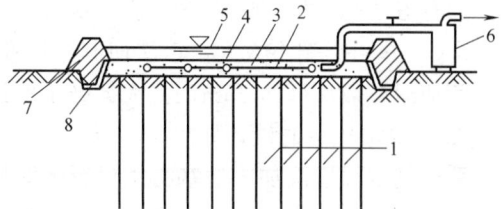

图 17.5.4 真空预压施工断面图
1—竖向排水通道；2—滤水管；3—砂垫层；4—塑料膜；5—敷水；6—射流泵；7—土堰；8—压膜沟

1. 真空预压法的加固机理

真空预压在抽气后薄膜内气压逐渐下降，薄膜内外形成一个压力差（称为真空度），由于土体与砂垫层和塑料排水板间的压差，从而发生渗流，使孔隙水沿着砂井或塑料排水板上升而流入砂垫层内，被排出塑料薄膜外；地下水在上升的同时，形成塑料板附近的真空负压，使土壤内的孔隙水压形成压差，促使土中的孔隙水压力不断下降，地基有效应力不断增加，从而使土体固结。随着抽气时间的增长，压差逐渐变小，最终趋向于零，此时渗流停止，土体固结完成。所以，真空预压是逐渐降低土体的孔隙压力，不增加总应力条件下增加土体有效应力的过程，使土体逐渐排水固结的过程。

真空预压法加固软土地基同堆载预压法一样，完全符合有效应力原理，只不过是负压边界条件的固结过程，因此只要边界条件与初始条件符合实际，各种固结理论（如太沙基理论、比奥理论等）和计算方法都可求解。

工程经验和室内试验表明，土体除在正压、负压作用下侧向变形方向不同外，其他固结特性无明显差异。真空预压加固中竖向排水体间距、排列方式、深度的确定、土体固结时间的计算，一般可采用与堆载预压基本相同的方法进行。

真空预压的加固深度：

形成负压边界的真空预压法的加固深度（即真空度传递深度）与常压条件的真空降水深度是两个概念。后者有一极限深度（10m），而前者并不存在"极限"深度，它取决于传递真空度的塑料排水板（或砂井）的"井阻"大小。

根据实测结果，10m 长的袋砂井真空度损失 20%。在加固深度为 10m 时，使用袋装砂井尚可以，但在较深层（15～20m）加固中，就不宜使用袋砂井作为排水通道了。对塑料排水板情况则不同，该法研制单位曾做过专项试验。测量结果表明，在抽真空后期，地表下 20m 处塑料排水板的真空度达 600mmHg 左右，与表层几乎相同。

有关井阻的理论分析结果与上述实测结果基本一致。例如，由瑞典汉斯保（S. Hansbo）对井阻的分析可知，塑料排水板排水能力远大于直径 7cm 袋砂井，因此在深层加固中推荐使用塑料排水板。

大气压力是一种流体压力，在真空预压条件下，密封膜下形成负压边界，这种负压也是流体压力，它不能直接作用在土颗粒间成为有效应力，而是在总应力不变的条件下，通过降低孔隙水压力逐渐转化为有效应力。它首先作用于排水通道中，使塑料排水板内形成负压，与土体中的孔隙水压力形成压差和水力梯度，发生由土向排水板的渗流。渗流过程就是孔隙水压力不断降低、有效应力不断增加的过程，也就是固结过程，可用固结理论求解。

由此可知，真空预压法的加固深度，就决定于塑料排水板传递负压的深度。当形成负压边界后，若井阻趋近于零而加固时间又较长时，塑料排水板传递负压可以达到很大的深度。当存在井阻时，加固深度就取决于井阻的大小。常用的塑料排水板（排水能力 25cm^3/s）井阻影响不太大，该法研制单位在软基加固中已成功地用塑料排水板作排水通道，使加固有效深度达 25m，大大突破了所谓的 10m "极限"加固深度。

2. 真空预压法的设计要求

采用真空预压法加固地基必须设置竖向排水体。设计内容应满足下列要求：

（1）选择竖向排水体的形式，确定其间距、排列方式和深度；

（2）确定预压区面积和分块，要求达到膜下真空度和土层固结度；

（3）真空预压下和建筑物荷载下的地基沉降计算，预压后的强度增长计算等。

对于表层存在良好透气（水）层及在加固处理范围内有充足水源补给等情况，应采取有效措施切断透气层和透水层。根据真空预压法开发、研制单位加固软土经验，用黏土泥浆与地表的粉砂层拌和，形成柔性密封墙，可满足密封要求。根据室内试验，黏土掺入粉砂后，黏粒（<0.005mm）含量达 15%，即可使渗透系数小于 1×10^{-5}cm/s。经工程检验，满足真空预压密封要求。

砂井或塑料排水板的间距、排列方式、深度，以及土体固结度和强度增长的计算，可参照砂井堆载预压法的要求确定。

确定真空预压竖向排水体深度时，当加固范围（被加固的软土层）以下有透水土层时，应注意竖向排水体不得进入该土层，并应离该土层顶面有一定距离，以保持土体内的真空度。

膜下真空度应稳定地维持在 650mmHg 以上，且应均匀分布。真空预压需要达到的固结度宜大于 90％，具体视工程加固要求而定。

真空预压地基最终竖向变形可按式（17.5.18）计算，其中 ξ 可取 0.8～0.9。当采用后文讲述的真空—堆载联合预压法以真空预压为主时，ξ 可取 0.9。

3. 真空预压法的施工要求

真空预压法的施工顺序如下：

铺砂垫层→打设竖向排水通道→在砂垫层表面铺设安装传递真空压力及抽气集水用的滤水管、挖压膜沟→铺塑料薄膜、封压膜沟→安装射流泵、连接管路→布设沉降杆、抽气、观测。并应注意以下要求：

（1）铺设砂垫层厚度应均匀，表面应整平；砂垫层厚度及砂料要求可参照砂井堆载预压法的规定；

（2）在砂垫层中沿水平方向埋设滤水管，在预压过程中滤水管能适应地基变形；

（3）采用的密封膜应满足施工和当地气候条件要求。密封膜周边及表面应采取挖沟填埋、沿周边筑埝、埝内膜上覆水等处理措施；

（4）当加固区周边或表层土有透水层或透气层时，应采用密封墙将其封闭；

（5）安装抽气设备，连接抽气管道。射流泵的设置应根据预压区大小。射流泵的功率以工程经验确定。

在满足真空度要求情况下，真空预压的沉降稳定标准，是根据真空预压在实际工程施工中固结度达到 80％以上时的沉降速率提出的。此时，它的沉降速率为连续 5d 沉降速率小于或等于 2mm/d，同样固结度卜堆载预压沉降速率为 1mm/d，说明真空预压沉降速率大，加固效果好。在近 10 年真空预压加固推广应用中，有的建设单位以最后 10d 的平均沉降小于或等于 1mm/d，作为真空预压法的沉降稳定标准。在满足真空度要求的条件下，应连续抽气。当沉降稳定后，方可停泵卸载，真空预压的沉降稳定标准为：实测地面沉降速率连续 5～10d 平均沉降量不大于 2mm/d。

4. 质量控制

真空预压法的质量检测及检验，基本上与砂井堆载预压法相同外，尚应测量泵上及膜下真空度，并应在真空预压加固区边缘处埋设测斜仪，测量土体沿深度的侧向位移。

17.5.3 真空预压联合堆载预压法

当地基预压荷载大于 80kPa 时，应在真空预压抽真空的同时再施加定量的堆载，称为真空预压联合堆载预压法。真空预压与堆载预压联合加固，加固效果可以叠加，是由于它们符合有效应力原理并经工程实践证明。真空预压是逐渐降低土体的孔隙水压力，不增加总应力，而堆载预压是增加土体总应力。同时，使孔隙水压力增大，然后逐渐消散。

两者叠加：既抽真空降低孔隙水压力又堆载增加总应力，使孔隙水压力增大，然后消散。开始时，抽真空使土中孔隙水压力降低有效应力增大，经不长时间（7～10d）在土体保持稳定的情况下堆载，使土体产生正孔隙水压力，并与抽真空产生的负孔隙水压力叠加。正、负孔隙水压力叠加，转化的有效应力为消散的正、负孔隙压力绝对值之和。现以瞬间加荷为例，对土中任一点 m 的应力转换加以说明。m 点的深度为地面下 h_m，地下水位与地面齐平，堆载量为 $\Delta\sigma_1$，土的浮重度 γ'，水重度 γ_w，大气压力 P_a，抽真空土中 m 点大气压力逐渐降至 P_n，t 时的固结度为 U_1，不同时间土中 m 点总应力和有效应力见表 17.5.2。

土中任意点（m）应力—时间转换关系　　　表 17.5.2

情况	总应力 σ	有效应力 σ'	孔隙水压力 u
$t=0$（未抽真空未堆载）	σ_0	$\sigma'_0=\gamma' h_m$	$\mu_0=\gamma_w h_m+P_a$
$0 \leqslant t \leqslant \infty$（既抽真空又堆载）	$\sigma_t=\sigma_0+\Delta\sigma_1$	$\sigma'_t=\gamma' h_m+[(P_a-P_n)+\Delta\sigma_1]U_t$	$u_t=\gamma'_w h_m+P_a+[(P_a-P_n)+\Delta\sigma_1](1-U_t)$
$t \rightarrow \infty$（既抽真空又堆载）	$\sigma=\sigma_0+\Delta\sigma_1$	$\sigma'=\gamma' h_m+(p_a-p_n)+\Delta\sigma_1$	$u=\gamma'_w h_m+p_a$

对一般软黏土，当膜下真空度稳定地达到 80kPa 后，抽真空 10d 左右可进行上部堆载施工，即边抽真空边连续施加堆载；对高含水量的淤泥类土，当膜下真空度稳定地达到 80kPa 后，一般抽真空 20~30d 可进行堆载施工，荷载大时可分级施加，分级数通过稳定计算确定。

进行上部堆载前，必须在密封膜上铺设防护层，保护密封膜的气密性。防护层可采用编织布或无纺布等，其上铺设 100~300mm 厚的砂垫层，然后再行堆载。堆载时宜采用轻型运输工具，并不得损坏密封膜。进行上部堆载施工时，应密切观察膜下真空度的变化，发现漏气应及时处理。

17.6　强夯法和强夯置换法

17.6.1　概述

强夯法又名动力固结法（Dynamic Consolidation Method），这种方法是反复将很重的锤提到高处使其自由落下，给地基进行强力夯实，从而提高地基的强度并降低其压缩性。强夯法是 1969 年法国 L. Menard（梅纳）首先提出的，通常以 80~300kN 的重锤（最重可达 2000kN）和落距为 8~20m（最高可达 40m）的夯击能量对地基进行动力加固，一般夯击能量为 500~800kN·m。

强夯法最初是用以处理松散砂石和碎石土，后来用于处理杂填土、黏性土和湿陷性黄土等地基。工程实践表明，强夯法不仅能提高地基强度降低土的压缩性，而且还能改善地基抗液化能力降低液化势及消除湿陷性，但对饱和度较高的黏性土，一般来说效果不显著。

20 世纪 80 年代后期，又发展了强夯置换法，是用来处理软土地基的一种有效手段。强夯置换法是利用强夯排开软土，夯入块石、碎石、砂或其他颗粒材料，最终形成块（碎）石墩，与周围混有砂石的夯间土形成复合地基。经强夯置换处理的地基，既提高了地基强度又改善了地基排水条件，有利于软土的固结。并且，还具有施工速度快的优点，成为处理软土地基的一种好方法。

17.6.2 强夯法

1. 强夯法加固机理

强夯法是在极短的时间内对地基土体施加一个巨大的冲击能量，这种突然释放的巨大能量将使土体发生一系列的物理变化；如土体结构破坏或液化、排水固结压密、触变恢复等。其作用结果使一定范围内地基强度提高、孔隙挤密、消除湿陷性。强夯过程影响地基土状态如图 17.6.1 所示。强度提高较明显的区段是Ⅱ区，压密区深度即是加固深度。

解释强夯效应目前有两种理论，即 Menard 的动力固结理论和冲击破坏压缩理论。Menard 根据饱和黏土受到强夯后产生的一系列物理现象提出了动力固结模型，用以解释荷载与沉降关系的滞后效应；孔隙水的可压缩性；土骨架的压缩模量的改变和渗透系数的变化等现象。冲击破坏压缩理论是针对粗粒土地基而提出的，用以解释夯击过程中地面大量沉陷、密实度及强度提高等现象。

强夯法虽然在工程实践中已被证实是地基处理有效方法之一，但目前还没有一套成熟的理论和设计计算方法，所以还有待进一步提高。

现场试验与测试表明，强夯过程和静置期间夯击能、土体变形、孔隙水压力以及强度特征等随时间的变化关系，如图 17.6.2 所示。地基土强度增长与土中孔隙水压力消散有关。夯击初始阶段，由于土体发生液化或结构破坏，土的强度降低到很小；其后，随着孔隙水压力逐渐消散，土的强度也相应增长，最后阶段为土触变恢复阶段。另外，还观察到：夯击时，夯击坑周围产生竖向裂隙，夯坑出现冒气冒水现象，随着孔隙水压力逐渐消散，土颗粒重新组合，裂隙闭合，地基土的强度也逐渐增长。

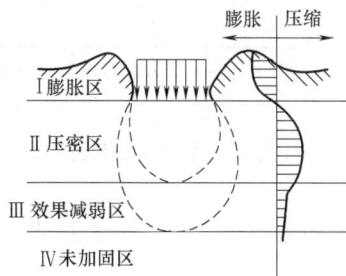

图 17.6.1 强夯过程土体的状态

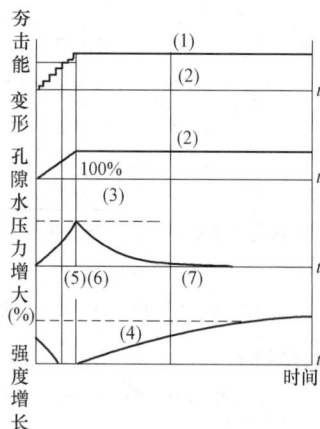

图 17.6.2 强夯阶段土的强度增长过程

另外，研究工作表明，强夯作用所导致的砂土液化，能够降低地基在未来地震作用下的液化势。

2. 设计

工程实践表明，用强夯法加固地基时，必须根据场地的地质条件和工程要求，正确地选用各项强夯参数，才能取得理想的效果。

1) 加固土层厚度、锤重与落距　强夯锤重 W 和落距 h 的选择，取决于需要加固的土层厚度 H，三者之间的关系可用下列经验公式进行估算：

$$H = \alpha \sqrt{\frac{Wh}{10}} \qquad (17.6.1)$$

式中 H——加固土层厚度，m；

$\quad\quad W$——锤重，kN；

$\quad\quad h$——落距，m；

$\quad\quad \alpha$——小于 1.0 的经验系数，视不同土质条件来取值：对黏性土可取 0.5；对砂性土可取 0.7；对黄土可取 0.35～0.5。

根据工程实践经验，一般情况下，锤重用 40～200kN，落距取 8～25m，锤底面积宜按土的性质确定，锤底静接地压力值可取 25～40kPa。对于细颗粒土，锤底静接地压力宜取较小值。锤的底面宜对称设置若干个与其顶面贯通的排气孔，孔径可取 250～300mm。强夯置换锤底静接地压力值可取 100～200kPa。

2）强夯法的有效加固深度 应根据现场试夯或地区经验确定。在缺少试验资料或经验时，可按表 17.6.1 预估。

强夯法的有效加固深度（m）　　　　　　　　　　表 17.6.1

单击夯击能 E(kN·m)	碎石土、砂土等粗颗粒土	粉土、粉质黏土、湿陷性黄土等细颗粒土
1000	4.0～5.0	3.0～4.0
2000	5.0～6.0	4.0～5.0
3000	6.0～7.0	5.0～6.0
4000	7.0～8.0	6.0～7.0
5000	8.0～8.5	7.0～7.5
6000	8.5～9.0	7.5～8.0
8000	9.0～9.5	8.0～8.5
10000	9.5～10.0	8.5～9.0
12000	10.0～11.0	9.0～10.0

注：强夯法的有效加固深度应从最初起夯面算起；单击夯击能 $E > 12000$kN·m 时，强夯的有效加固深度应通过试验确定。

3）夯点的夯击次数 应根据现场试夯的夯击次数和夯沉量关系曲线确定，并应同时满足下列条件：

（1）最后两击的平均夯沉量，宜满足表 17.6.2 的要求。当单击夯击能 E 大于 12000kN·m 时，应通过试验确定：

强夯法最后两击平均夯沉量（mm）　　　　　　　　表 17.6.2

单击夯击能 E(kN·m)	最后两击平均夯沉量不大于(mm)
$E < 1000$	50
$1000 \leqslant E < 6000$	100
$6000 \leqslant E < 8000$	150
$8000 \leqslant E < 12000$	200

（2）夯坑周围地面不应发生过大的隆起；

（3）不因夯坑过深而发生提锤困难。

4）夯击遍数和夯击点的布置 夯击遍数应根据地基土的性质确定，可采用点夯 2～4 遍，最后以低能量满夯两遍。夯点位置可采用等边三角形布置，夯点处理范围应大于建筑物处理范围。

强夯地基承载力特征值应通过现场静载荷试验确定。夯后有效加固深度内的土的压缩模量，应通过原位测试或土工试验确定。

3. 施工

1）强夯夯锤 强夯夯锤质量宜为 10～60t，其底面形式宜采用圆形，锤底面积宜按土的性质确定，锤底静接地压力值宜为 25～80kPa，单击夯击能高时取高值，单击夯击能低时取低值，对于细颗粒土宜取低值。锤的底面宜对称设置若干个上下贯通的排气孔，孔径宜为 300～400mm。

夯实地基宜采用带有自动脱钩装置的履带式起重机，夯锤的质量不应超过起重机械额定起重质量。履带式起重机应在臂杆端部设置辅助门架或采取其他安全措施，防止起落锤时机架倾覆。

2）施工程序

（1）铺设垫层：垫层应选用砂石透水材料，厚度约为 0.5～2.0m。在上一遍夯击后，可用新土或周围的土将坑填平，再进行下一遍夯击。如夯击过程有地下水上升到坑内时，应设法降低地下水位或将水排除后再夯击。

（2）夯距与夯法：夯击点位置可根据建筑结构类型和基底平面形状，采用等边三角形、等腰三角形或正方形布置。第一遍夯击点间距可取夯锤直径的 2.5～3 倍；第二遍夯击点位于第一遍夯击点之间，以后各遍夯击点间距可与第一遍相同，也可适当减小。对处理深度较深或单击夯击能较大的工程，第一遍夯击点间距宜适当增大。强夯处理范围应大于建筑物基础范围。每边超出基础外缘的宽度宜为设计处理浓度的 1/2～1/3，并不宜小于 3m。

（3）分击击数与遍数：夯点的夯击次数，应按现场试夯得到的夯击次数和夯沉量关系曲线确定，且应同时满足下列条件：

① 最后两击的平均夯沉量不大于下列数值：当单击夯击能小于 4000kN·m 时，为 50mm；当单击夯击能为 4000～6000kN·m 时，为 100mm；当单击夯击能大于 6000kN·m 时，为 200mm；

② 夯坑周围地面不应发生过大的隆起；

③ 不因夯坑过深而发生起锤困难。

夯击遍数应根据地基土的性质确定，一般情况下可采用 2～3 遍，最后再以低能量满夯两遍。对于渗透性较差的细颗粒土，必要时夯击遍数可适当增加。两遍夯击之间应有一定的时间间隔。间隔时间取决于土中超静孔隙水压力的消散时间，应不少于 3～4 周；对于渗透性好的地基，可连续夯击。

（4）施工要点及步骤：当地下水位较高，夯坑底积水影响施工时，宜采用人工降低地下水位或铺填一定厚度的松散性材料。夯坑内或场地积水应及时排除。

强夯施工前，应查明场地范围内的地下构筑物和地下管线的位置及标高等，并采取必要的措施，以免因强夯施工而造成损坏。当强夯施工所产生的振动对邻近建筑物或设备产生有害的影响时，应采取防振或隔振措施。

强夯施工可按下列步骤进行：

① 清理并平整施工场地；

② 标出第一遍夯点位置并测量场地高程；

③ 起重机就位，使夯锤对准夯点位置；

④ 测量夯前锤顶高程；

⑤ 将夯锤起吊到预定高度，待夯锤脱钩自由下落后，放下吊钩，测量锤顶高程；若发现因坑底倾斜而造成夯锤歪斜时，应及时将坑底整平；

⑥ 重复步骤⑤，按设计规定的夯击次数及控制标准，完成一个夯点的夯击；

⑦ 重复步骤③～⑥，完成第一遍全部夯点的夯击；

⑧ 用推土机将夯坑填平，并测量场地高程；

⑨ 在规定的间隔时间后，按上述步骤逐次完成全部夯击遍数，最后用低能量满夯两遍，将场地表层松土夯实并测量夯后场地高程。

强夯施工过程中，应有专人负责下列监测工作：

① 开夯前应检查夯锤重和落距，以确保单击夯击能量符合设计要求；

② 在每遍夯前，应对夯点放线进行复核，夯完后检查夯坑位置，发现偏差或漏夯应及时纠正；

③ 按设计要求检查每个夯点的夯击次数和每击的夯沉量，对强夯置换尚应检查置换深度。

施工过程中，应对各项参数及施工情况进行详细记录。

（5）当强夯施工所引起的振动和侧向挤压对邻近建构筑物产生不利影响时，应设置监测点，并采取挖隔振沟等隔振或防振措施。

17.6.3 强夯置换法

强夯置换法在国外也称为"动力置换与混合法"（Dynamic displacement and mixing method），是 20 世纪 80 年代后期开发的方法。可用于处理高饱和度的粉土、流塑～软塑的黏性土等地基，具有加固效果显著、工期短、费用低等优点，目前已用于堆场、公路、机场、房屋建筑、油罐等工程，一般效果良好。

强夯置换法是在强夯形成的夯坑内回填块石、碎石等粗颗粒材料，然后用夯锤夯击，重复此过程连续施工，形成一个墩体，称为强夯置换墩。对粉土，形成的强夯置换墩可按与桩间土形成复合地基考虑；但在淤泥和其他流塑状态黏性土中，宜按单墩载荷试验确定的单墩承载除以单墩加固作为加固后的地基承载力，不考虑墩间土的承载力。

1. 加固机理

强夯置换除在土中形成墩体外，当加固土层为深厚饱和粉土、粉砂时，还对墩间土和端底端以下土有挤密作用，因此，强夯置换的加固深度应包括墩体置换深度和墩下加密范围。此时，可将墩身与墩间土视为构成了复合地基。对淤泥或流塑的黏性土中的置换墩，则不考虑墩间土的承载力，仅考虑墩的承载力。同时，墩体本身也是一个特大直径的排水体，有利于加快土层固结。

强夯置换法的加固深度应由土质条件决定，不宜超过 10m，对淤泥、泥炭等黏性软弱土层，强夯置换墩应穿透软土层，到达较硬土层上。对深厚饱和粉土、粉砂，因墩下土在墩体施工过程中会得到挤密，强度提高。当沉降等其他条件允许时，墩身可允许不穿透该层。

2. 设计

强夯置换地基处理，必须通过现场试验确定其适用性和处理效果。

强夯处理地基的设计，应根据地质资料及工程条件确定加固处理的深度、墩位布置及确定夯击触及夯击次数等参数。

1）单击夯击能及夯击次数：进行强夯置换施工时，单击夯击能应通过现场试验确定。在进行初步设计时，也可通过如下经验公式计算单击夯击能平均值 $\overline{E}$ 和单击夯击能最低值 E_w，初选单击夯击能可在 $\overline{E}$ 和 E_w 之间选取：

$$\overline{E}=940(H_1-2.1) \tag{17.6.2}$$

$$E_w=940(H_1-3.3) \tag{17.6.3}$$

式中　　H_1——置换墩深度，m。

夯点的夯击次数应通过现场试夯确定，且应同时满足以下条件：

（1）墩体穿透软弱土层；

（2）累计夯沉量为设计墩长的 1.5～2.0 倍；

（3）最后两击的平均夯沉量不大于 50mm；当单击夯击能量较大时，不大于 100mm。

2）材料及墩布置：墩体材料可采用级配良好的块石、碎石、矿渣、建筑垃圾等及坚硬粗颗粒材料，粒径大于 300mm 的颗粒含量不宜超过全重的 30%。形成墩体后，在施工基础以前，墩顶应铺设一层厚度不小于 500mm 厚的压实垫层，垫层材料可与墩体相同，粒径不宜大于 100mm。

墩位的布置宜采用等边三角形或正方形。对独立基础或条形基础可根据基础形状与宽度相应布置。墩间距的大小应根据荷载大小、加固前土的承载力经过计算确定，当满堂布置时可取夯锤直径的 2～3 倍，对柱基或条形基础可取夯锤直径的 1.5～2.0 倍。墩的计算直径可取夯锤直径的 1.1～1.2 倍。当墩间净距较大时，应适当提高上部结构和基础的刚度。

3）软黏性土中强夯置换地基承载力特征值，应通过现场单墩静载荷试验确定；对于饱和粉土地基，当处理后形成 2.0m 以上厚度的硬层时，其承载力可通过现场单墩复合地基静载荷试验确定。

4）强夯置换地基的变形，宜按单墩静载荷试验确定的变形模量计算加固区的地基变形，对墩下地基土的变形，可按置换墩材料的压力扩散角计算传至墩下土层的附加应力，按现行《建筑地基基础设计规范》GB 50007 的有关规定计算确定。

3. 施工

强夯置换施工时的夯击方法，大体与强夯法相同，强夯置换夯锤底面宜采用圆形，夯锤底静接地压力值宜大于 80kPa。

强夯置换施工应按下列步骤进行：

（1）清理并平整施工场地，当表层土松软时，可铺设 1.0～2.0m 厚的砂石垫层；

（2）标出夯点位置并测量场地高程；

（3）起重机就位，夯锤置于夯点位置；

（4）测量夯前锤顶高程；

（5）夯击并逐击记录夯坑深度；当夯坑过深、起锤困难时应停夯，向夯坑内填料直至与坑顶齐平，记录填料数量；工序重复，直至满足设计的夯击次数及质量控制标准，完成一个墩体的夯击；当夯点周围软土挤出，影响施工时应随时清理，并宜在夯点周围铺垫碎石后继续施工；

（6）按照"由内而外、隔行跳打"的原则，完成全部夯点的施工；

（7）推平场地，采用低能量满夯，将场地表层松土夯实。

17.6.4 检测与检验

强夯施工无论是对强夯法或强夯置换法，均包括施工过程中的施工检测和强夯处理地基的地基检验两部分。

1. 施工检测

施工过程中的检测，包括以下四个方面：

（1）开夯前，应检查夯锤质量和落距，以确保单击夯击能量符合设计要求。

（2）在每一遍夯击前，应对夯点放线进行复核，夯完后检查夯坑位置，发现偏差或漏夯应及时纠正。

（3）按设计要求，检查每个夯点的夯击次数、每击的夯沉量、最后两击的平均夯沉量和总夯沉量、夯点施工起止时间。对强夯置换施工，尚应检查置换深度。

（4）施工过程中，应对各项施工参数及施工情况进行详细记录。

2. 质量检验

强夯施工的质量检验包括处理后地基的承载力及地基均匀性检验两方面：

1）强夯处理后的地基承载力检验 应在施工结束后间隔一定时间进行，对于碎石土和砂土地基，间隔时间宜为7～14d；粉土和黏性土地基，间隔时间宜为14～28d；强夯置换地基，间隔时间宜为28d。

2）强夯地基均匀性检验 可采用动力触探试验或标准贯入试验、静力触探试验等原位测试，以及室内土工试验。检验点的数量可根据场地复杂程度和建筑物的重要性确定，对于简单场地上的一般建筑物，按每400m²不少于1个检测点，且不少于3点；对于复杂场地或重要建筑地基，每300m²不少于1个检验点，且不少于3点。强夯置换地基，可采用超重型或重型动力触探试验等方法，检查置换墩着底情况及承载力与密度随深度的变化，检验数量不应少于墩点数的3%，且不少于3点。

3）强夯地基承载力检验的数量 应根据场地复杂程度和建筑物的重要性确定，对于简单场地上的一般建筑，每个建筑地基载荷试验检验点不应少于3点；对于复杂场地或重要建筑地基应增加检验点数。检测结果的评价，应考虑夯点和夯间位置的差异。强夯置换地基单墩载荷试验数量不应少于墩点数的1%，且不少于3点；对饱和粉土地基，当处理后墩间土能形成2.0m以土厚度的硬层时，其地基承载力可通过现场单墩复合地基静载荷试验确定，检验数量不应少于墩点数的1%，且每个建筑载荷试验检验点不应少于3点。

17.7 振 冲 法

17.7.1 概述

振冲法是以起重机吊起振冲器（图17.7.1），启动潜水电机后带动偏心块，使振冲器产生高频振动；同时，开动水泵，高压水由喷嘴喷射高压水流，在边振边冲的联合作用下，将振冲器沉到土中预定深度，经过清孔后，即可从地面向孔内逐段填入碎石，每段填料均在振动影响下补振密挤实，达到要求的密实度后可提升振冲器。如此重复填料和振密，直到地面，从而在地基中形成一个大直径的密实桩体。

振冲法施工有加填充料和不加填充料两种，一般多采用加填充料的方法。对细颗粒含量较多的砂性土地基，采用加填充料而形成碎石桩能获得良好的加固效果，且碎石桩具有良好的透水性，加速地基固结，提高地基强度。此外，振冲过程的震动效应可使砂性土地基增加抗液化能力。

振冲法制桩的施工步骤如图 17.7.2 所示。图 17.7.2（a）、（b）为振冲成孔，振冲器以 1～2m/min 的速度沉入土中，成孔后如图 17.7.2（c）所示向孔内填入填料，并用振冲器振实挤密。这样，分段填料振实直至孔口，形成如图 17.7.2（d）所示的碎石桩。

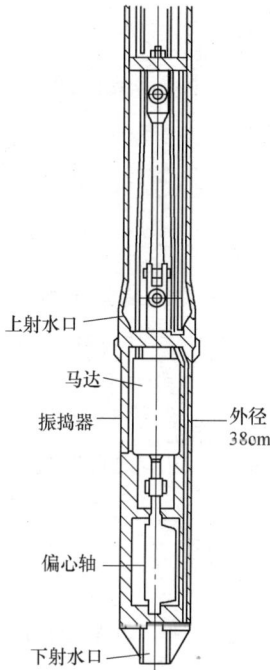

图 17.7.1　振冲器

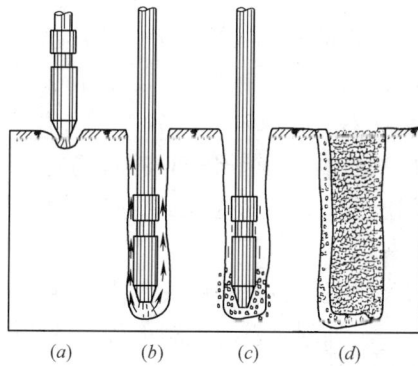

图 17.7.2　制桩步骤
（a）、（b）振冲成孔；（c）填料振实；（d）成桩

振冲法按不同土类，可分为振冲置换法和振冲密实法两类。振冲法在黏性土中主要是振冲置换作用，置换后填料形成的桩体与土组成复合地基，从而提高地基承载力，减少沉降和不均匀沉降；在砂土中，主要是振动挤密和振动液化作用。如果桩周土强度过低，当其不排水抗剪强度小于 20kPa，以致土的侧向约束力不能平衡由于填料挤入的孔壁产生的作用力，则不宜采用本法。

17.7.2　设计与计算

1. 桩孔布置与加固范围

处理范围应根据建筑物的重要性和场地条件确定，通常都大于基底面积。对一般地基，在基础外缘宜扩大 1～3 排桩；对可液化地基，在基础外缘应扩大的范围不应小于基底下可液化土层厚度的 1/2，且不应小于 5m。

桩的布置，对大面积满堂处理，宜用等边三角形布置；对独立或条形基础，宜用正方形、矩形或等腰三角形布置。

2. 桩的间距

桩的间距应根据上部结构荷载大小和场地土层情况，并结合所采用的振冲器功率大小综合考虑。30kW 振冲器布桩间距可采用 1.3～2.0m；55kW 振冲器布桩间距可采用 1.4～2.5m；75kW 振冲器布桩间距可取 1.5～3.0m。荷载大或对黏性土宜采用较小的桩距，荷载小或对砂土应采用较大的桩距。

3. 桩长确定

桩长可根据工程地质条件和工程要求确定：

1）当相对硬土层埋深较浅时，可按相对硬层埋深确定

2）当相对硬土层埋深较大时，应按建筑物地基变形允许值确定

3）对按稳定性控制的工程，桩长应不小于最危险滑动面以下 2.0m 的深度

4）对可液化的地基，桩长应按要求处理液化的深度确定

5）桩长不宜小于 4m

桩顶部位应铺一层 300～500mm 厚的碎石垫层。

4. 选择填料

桩体材料可用含泥量不大于 5% 的碎石、卵石、矿渣或其他性能稳定的硬质材料，不宜使用风化易碎的石料。常用的材料粒径为：30kW 振冲器 20～80mm；55kW 振冲器 30～100mm；75kW 振冲器 40～150mm。

5. 承载力计算

复合地基的承载力特征值应按现场复合地基载荷试验确定，初步设计时也可用单桩和处理后桩间土载荷试验数据按式（17.7.1）计算：

$$f_{spk}=[1+m(n-1)]f_{sk} \tag{17.7.1}$$

式中　f_{spk}——复合地基的承载力特征值；

　　　f_{sk}——处理后桩间土的承载和特征值，宜按当地经验取值；如无经验时，可取天然地基承载力特征值；

　　　n——桩土应力比，可按地区经验确定；

　　　m——面积置换率。

$$m=\frac{d^2}{d_e^2} \tag{17.7.2}$$

式中　d——桩的直径；

　　　d_e——等效影响的直径。

等边三角形布置　　　$d_e=1.05S$

正方形布置　　　$d_e=1.13S$

矩形布置　　　$d_e=1.05\sqrt{S_1S_2}$

S、S_1、S_2——分别为桩的间距、纵间距和横间距。

6. 沉降计算

地基在处理后的变形计算应按《建筑地基基础设计规范》GB 50007 的有关规定执行。

复合土层的压缩模量可按式（17.7.3）计算：

$$E_{sp}=[1+m(n-1)]E_s \tag{17.7.3}$$

式中　E_{sp}——复合土层的压缩模量；

E_p——桩间土的压缩模量，宜按当地经验取值；如无经验时，可取天然地基压缩模量。

式（17.7.4）中的桩上应力比 n 在无实测资料时，对黏性土可取 2～4，对粉土和砂土可取 1.5～3，原土强度低取大值，原土强度高取小值。

17.7.3　质量检验

振冲施工结束后，除砂土地基外，应间隔一定时间后方可进行质量检验。对粉质黏土地基间隔时间可取 21～28d，对粉土地基可取 14～21d。

振冲桩的施工质量检验可采用单桩载荷试验，检验数量为桩数的 0.5% 且不少于 3 根。对碎石桩体检验，可用重型动力触探进行随机检验。对桩间土的检验，可在处理深度内用标准贯入、静力触探等进行检验。

对不加填料振冲加密处理的砂土地基，竣工验收承载力检验应采用标准贯入、动力触探、载荷试验或其他合适的试验方法。检验点应选择在有代表性或地基土质较差的地段，并位于振冲点围成的单元形心处及振冲点中心处。检验数量可为振冲点数量的 1%，总数不应少于 5 点。

此外，复合地基载荷试验数量不应少于总桩数的 0.5%，且每个单位工程不应少于 3 点。

17.8　砂石桩法

17.8.1　概述

为了挤密较大深度范围内的松软土，常采用挤密桩的方法。它是先往土中打入桩管成孔，拔出桩管后向孔中填入砂或其他材料并加以捣实而成。其作用是挤密桩周的松软土层，使桩和挤密后的土共同组成基础下的复合土层，作为持力层，从而提高地基承载力和减小地基变形。挤密桩按其所填充的材料，有砾石桩、砂桩、石灰桩、灰土桩以及土桩等，适用于含砂砾、砖瓦屑的杂填土地基及含砂较多的松散土地基。砂桩还能有效地防止松砂地基的地震液化。但是，对于黏性大的饱和软土，由于土的渗透性小，在加固过程中不能排水固结，挤密效果不大。在各种材料的挤密桩中，采用砂桩较为普遍，这里着重介绍砂桩的设计与施工，其他类形挤密桩的设计原理大体与砂桩类同。

砂桩的作用有两种：一是挤密；二是排水。前者以挤密松散土地为主，而后者在于加速饱和软土的排水固结。

17.8.2　设计与计算

1. 砂桩的桩径与桩距

砂石桩直径可采用 300～800mm，可根据地基土质情况和成桩设备等因素确定。对饱和黏性土地基，宜选用较大的直径。砂桩的平面布置可采用等边三角形和正方形。对于松散地基，采用等边三角形布置，可使地基挤密得较为均匀。

桩距的确定，尽可能采用原位试验方法。对粉土和砂土地基，不宜大于砂石桩直径的 4.5 倍；对黏性土地基不宜大于砂石桩直径的 3 倍。初步设计时，砂石桩的间距也可按如下方法确定：

假设在松散土中，砂桩能起到完全理想的预期挤密效果，设处理前土的孔隙比 e_0，挤密后要求达到的孔隙比为 e_1，又设一根砂桩所承担的地基处理面积为 A，如图 17.8.1 所示。当砂桩直径为 d，桩长为 l，则一根桩孔的体积为 $\frac{\pi}{4}d^2l$，单位体积处理土的孔隙改变量为 $\frac{e_0-e_1}{1+e_0}$，根据桩的平面布置不同，按如下关系计算桩距 s：

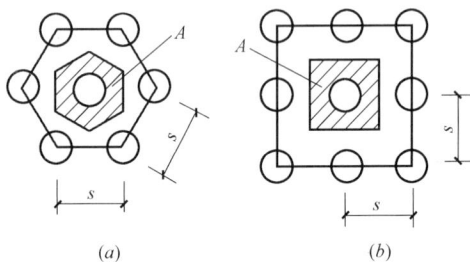

图 17.8.1 挤密砂桩承担的处理面积
（a）等边三角形布置；（b）正方形布置

1）松散粉土和松散砂土地基

（1）等边三角形布置：处理面积 $A=\frac{\sqrt{3}}{2}s^2$；处理体积的孔隙改变为 $Al\frac{e_0-e_1}{1+e_0}=\frac{\sqrt{3}}{2}s^2l\cdot\frac{e_0-e_1}{1+e_0}$，令其与桩孔体积相等，即得桩距 s：

$$s=0.95\xi d\sqrt{\frac{1+e_0}{e_0+e_1}} \tag{17.8.1}$$

（2）正方形布置：处理面积 $A=s^2$，同样按上述关系，可得桩距 s：

$$s=0.89\xi d\sqrt{\frac{1+e_0}{e_0-e_1}} \tag{17.8.2}$$

$$e_1=e_{max}-D_{r1}(e_{max}-e_{min}) \tag{17.8.3}$$

2）对黏性土地基
等边三角形布置

$$s=1.08\sqrt{A} \tag{17.8.4}$$

正方形布置

$$s=\sqrt{A} \tag{17.8.5}$$

式中　　s——砂石桩间距，m；

d——砂石桩直径，m；

ξ——修正系数，当考虑振动下沉密实作用时，可取 $1.1\sim1.2$；不考虑振动下沉密实作用时，可取 1.0；

e_0——地基处理前砂土的孔隙比，可按原状土样试验确定，也可根据动力或静力触探等对比试验确定；

e_1——地基挤密后要求达到的孔隙比；

e_{max}、e_{min}——砂土的最大、最小孔隙比，可按现行国家标准《土工试验方法标准》GB/T 50123 的有关规定确定；

D_{r1}——地基挤密后要求砂土达到的相对密实度，可取 $0.7\sim0.85$。

2. 复合地基承载力

砂石桩复合地基的承载力特征值，应按现场复合地基载荷试验确定，也可通过下列方法确定：

1）对于砂石桩处理的复合地基，承载力可按式（17.3.22）估算。

2）对于砂桩处理的砂土地基，可根据挤密后砂土的密实状态，按《建筑地基基础设计规范》GB 50007 的有关规定确定。

3. 沉降计算

砂石桩处理地基的变形计算，应按《建筑地基基础设计规范》GB 50007 的有关规定执行，复合土层的压缩模量可按式（17.3.28）计算。

4. 砂桩加固长度与加固范围

当地基中的松软土层厚度不大时，砂石桩宜穿过松软土层；当松软土层厚度较大时，桩长应根据建筑地基的允许变形值确定，但不宜小于 4m。

对按稳定性控制的工程，砂石桩桩长应不小于最危险滑动面以下 2m 的深度。

砂石桩挤密地基时宽度应超出基础的宽度，每边放宽不应少于 1~3 排；砂石桩用于防止砂层液化时，每边放宽不宜小于处理深度的 1/2，并不应小于 5m。当可液化层土覆盖有厚度大于 3m 的非液化层时，每边放宽不宜小于液化层厚度的 1/2 并不应小于 3m。

17.8.3 施工

1. 材料选用

桩孔内的填料宜用砾砂、粗砂、中砂、圆砾、角砾、卵石、碎石或石屑等硬质材料。填料中含泥量不得大于 5%，并不得含有大于 50mm 的颗粒。

2. 砂石桩施工

砂石桩施工可采用振动沉管、锤击沉管或冲击成孔等成桩法。当用于消除粉细砂及粉土液化时，宜用振动沉管成桩法。以振动打桩机的效率最高，桩管在振动力作用下迅速地沉入土中。另外，振动对捣实填料也有作用。

桩管的口径宜粗些，粗口径有利于下料，不致堵塞。管径和管长有密切关系，过长的砂桩，即使采用 400mm 直径的桩管，在软土中仍难避免发生砂桩中断或缩颈等事故，当出现此情况时，可采用提高振动频率，采用饱和砂或分段投砂提管以及设法反插等补救办法解决。

桩管的下口有做成自动脱落的混凝土桩靴，如图 17.8.2 所示。

砂石桩的施工程序应满足如下要求：对砂土地基应从外围或两侧向中间进行，对黏性土地基宜从中间向外围或隔排施工；在既有建（构）筑物邻近施工时，应背离建（构）筑物方向进行。

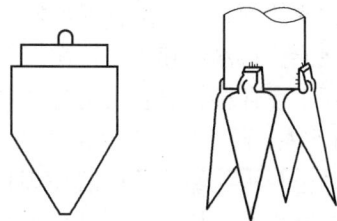

图 17.8.2　混凝土桩靴和活瓣式桩靴

17.8.4 质量检验

施工后应间隔一定时间方可进行质量检验，对饱和黏性土应待超孔隙压力基本消散后进行，间隔时间不宜少于 4 周；对粉土、砂土和杂填土地基，不宜少于 1 周。

砂石桩的施工质量检验可采用单桩载荷试验，对桩体可采用动力触探试验检测，对桩间土可采用标准贯入、静力触探、动力触探或其他原位测试等方法检测。桩间土质量的检测位置应在等边三角形或正方形的中心。检测数量不应少于桩孔数量的 2%，竣工验收质量检验应采用单桩复合地基或多桩复合地基载荷试验。试验数量不少于总桩数的 0.5%，且每个单体建筑物不得少于 3 点。

17.9 水泥土搅拌法

17.9.1 概述

水泥土搅拌法加固软土地基是利用水泥、石灰等材料作为固化剂的主剂，通过特制的深层搅拌机械，在地基深处就地将软土和浆液或粉状的固化剂进行强制搅拌，经拌和后的混合物发生一系列物理化学反应，使软土硬结成具有整体性、水稳定性和一定强度的加固体。

当用水泥作为固化剂时，水泥与水反应生成水化生成物再与黏土矿物起反应，从而胶结了黏土颗粒形成强度较高的水泥土搅拌桩，加固深度一般可达 $10\sim15m$，新型水泥土搅拌设备的搅拌加固深度已可达 $30\sim40m$。

水泥土搅拌桩法适用于处理淤泥、淤泥质土、素填土、黏性土（软塑、可塑）、粉土（稍密、中密）、粉细砂（松散、中密）、中粗砂（松散、稍密）、饱和黄土等土层。不适用于含大孤石或障碍物较多且不易清除的杂填土、硬塑及坚硬的黏性土、密实的砂类土，以及因地下水渗流影响成桩质量的土层。当地基土的天然含水量小于 30%（黄土含水量小于 25%）时，不宜采用粉体搅拌法。冬期施工时，应考虑负温对处理地基效果的影响。

水泥土搅拌桩的施工工艺分为浆液搅拌法（以下简称湿法）和粉体搅拌法（以下简称干法）。可采用单轴、双轴、多轴搅拌或连续成槽搅拌，形成柱状、壁状、格栅状或块状水泥土加固体。

水泥土搅拌桩用于处理泥炭土、有机质土、pH 值小于 4 的酸性土、塑性指数大于 25 的黏土，或在腐蚀性环境中以及无工程经验的地区使用时，必须通过现场和室内试验确定其适用性。

17.9.2 水泥土加固机理

深层搅拌法是对厚度较大的软土层的一种深层加固方法，通过对软土地基拌入化学固化剂达到对软土加固的目的。常用的化学固化剂有：水泥、石灰、沥青及化学材料等多种不同性质的固化剂。工程界最常采用的深层水泥土搅拌法即是以水泥为固化剂，利用搅拌机械在原位将水泥和水进行搅拌形成水泥土搅拌桩，经一定的硬化过程后形成有一定强度的水泥土搅拌桩，对软土层起到深层加固作用。

1. 黏土颗粒与水泥水化物的作用

软土与水泥经搅拌后的加固作用，是基于水泥和土拌合后发生的一系列物理化学反应。当利用水泥加固软土时，水泥和水作用生成的各种水化物与活性黏土颗粒发生反应，产生离子交换和团粒化作用，随着水泥水化反应深入，形成硬凝反应；同时，水泥水化物中游离的氢氧化钙吸收水中的二氧化碳反应，使土的分散程度降低、压缩性降低、强度提高、渗透性降低。

在水泥加固土中，由于水泥的掺量很少，仅占被加固土重的 7%~15%，水泥的水解和水化反应完全是在具有一定活性的介质——土的围绕下进行的，所以硬化速度缓慢且反应复杂，其强度增长的过程远比混凝土要慢。

2. 水泥土的物理力学性质

通过对水泥土的室内试验研究，水泥土的基本工程特性如下：

水泥土的重度与天然软土的重度相差不大，水泥土的相对密度（3.1）比一般软土（2.65～2.75）略大，水泥土的抗拉强度低，通常不予考虑。水泥土的抗剪强度与一般黏性土相同，由黏聚力及内摩擦力两部分组成，其 c、φ 值受多种因素影响。三轴试验中，水泥土样的变形呈弹塑（脆）性。与天然软土相比，水泥土的强度提高、压缩性降低，加固效果明显。同时，水泥土的抗渗性好，其应用范围日益广泛。

3. 水泥土加固的影响因素

（1）天然软土中有机质含量多少对强度影响较大，土中有机质含量由 1% 增大到 10% 时，水泥土强度降低达 30%。对高有机质含量土加固时，应掺入其他外加剂，方能收到一定的加固效果。

（2）水泥土强度随水泥掺入比 α_w 的增加而增大，当 $\alpha_w < 5\%$ 时，水泥与土的反应过弱，加固作用不明显；$\alpha_w > 10\%$ 时，水泥土的无侧限强度 q_u 可达 1MPa 以上，工程上常用的掺入比为 12%～15%。

（3）水泥土的强度随水泥强度等级提高而增大，水泥强度等级提高 10 级，水泥土的无侧限抗压强度 q_u 约增大 20%～30%。

（4）水泥土强度随龄期增长而增大，一般水泥土龄期在 28d 后，强度仍继续增长，水泥土的硬凝反应需 3 个月才能充分完成。

（5）水泥土样的室内试验结果与工程现场原位钻取的芯样的性状常有较大差别，由于不同深度土层间的条件不同，现场原位芯样的试验结果的离散性较大，尤其是沿海地区海相沉积的淤泥及淤泥质土层中，由于土中水及土中化学成分含其量及腐蚀性离子成分的含量差别很大，因此不同土层中水泥土的加固效果差异很大。有时，甚至在水泥土龄期较长的情况下，仍会出现加固体强度上不去的现象。当芯样取出在空气中经暴露后，出现强度迅速变化增大的情况。这是对水泥土加固体尚在进行研究而当前未完全搞清的问题。

17.9.3 设计与计算

采用水泥土搅拌桩处理地基，在进行岩土工程勘察时，尚应查明拟处理地基土层的塑性指数、有机质含量、地下障碍物及软土分布情况、地下水的腐蚀性、地下水位及其运动规律。

设计前，应进行处理地基土的室内配比试验。针对现场拟处理地基土层的性质，选择合适的固化剂、外掺剂及其掺量，为设计提供不同龄期、不同配比的强度参数。对竖向承载的水泥土强度，宜取 90d 龄期试块的立方体抗压强度平均值。

1. 桩的布置与加固范围

水泥土搅拌桩平面布置可根据上部建筑对变形的要求，采用柱状、壁状、格栅状、块状等处理形式。可只在基础范围内布柱。

2. 搅拌桩的长度

应根据上部结构对地基承载力和变形的要求确定，并应穿透软弱土层到达地基承载力相对较高的土层；当设置的搅拌桩同时为提高地基稳定性时，其桩长应超过危险滑弧以下不少于 2.0m；干法的加固深度不宜大于 15m，湿法加固深度不宜大于 20m。

3. 水泥土搅拌桩复合地基承载力计算

水泥土搅拌桩复合地基承载力特征值应通过复合地基静载荷试验或采用对水泥土搅拌桩静载荷试验结果和其周边土的承载力特征值结合经验确定。初步设计时，水泥土搅拌桩复合地基的承载力特征值可按以下公式估算：

$$f_{spk} = \lambda m \frac{R_a}{A_p} + \beta(1-m)f_{sk} \tag{17.9.1}$$

式中　f_{spk}——水泥土搅拌桩复合地基承载力特征值，kPa；

　　　　λ——单桩承载力发挥系数，可取 $\lambda = 1.0$；

　　　　R_a——水泥土搅拌桩单桩竖向承载力特征值，kN；

　　　　A_p——桩的截面积，m^2；

　　　　β——桩间土承载力发挥系数，对淤泥、淤泥质土和流塑状软土等处理土层，可取 $0.1 \sim 0.4$；对其他土层，可取 $0.4 \sim 0.8$；

　　　　f_{sk}——处理后桩间土承载力特征值（kPa），可取天然地基承载力特征值。

　　4. 水泥土搅拌桩单桩竖向承载力特征值

$$R_a = u_p \sum_{i=1}^{n} q_{si} l_i + \alpha q_p A_p \tag{17.9.2}$$

$$R_a = \eta f_{cu} A_p \tag{17.9.3}$$

式中　f_{cu}——与搅拌桩桩身水泥土配比相同的室内加固土试块（边长为 70.7mm 的立方体，也可采用边长为 50mm 的立方体）在标准养护条件下 90d 龄期的立方体抗压强度标准值，kPa；

　　　　n——桩长范围内划分的土层数；

　　　　η——桩身强度折减系数，干法可取 $0.20 \sim 0.30$；湿法可取 $0.25 \sim 0.33$；

　　　　u_p——桩的周长，m；

　　　　q_{si}——桩周第 i 层土的侧摩阻力特征值。对淤泥，可取 $4 \sim 7$kPa；对淤泥质土，可取 $6 \sim 12$kPa；对软塑状态的黏性土，可取 $10 \sim 15$kPa；对可塑状态的黏性土，可取 $12 \sim 18$kPa；

　　　　l_i——桩长范围内第 i 层土的厚度，m；

　　　　q_p——桩端地基土未经修正的承载力特征值，kPa；

　　　　α——桩端天然地基土的承载力折减系数，可取 $0.4 \sim 0.6$，承载力高时取低值。

　　5. 变形计算

　　水泥土搅拌桩复合地基的变形包括复合土层的压缩变形 s_1 与桩端下未加固土层的压缩变形 s_2：

　　1）搅拌桩复合土层的压缩变形 s_1 可按式（17.9.4）计算：

$$s_1 = \frac{(p_z + p_{z1})l}{2E_{sp}} \tag{17.9.4}$$

式中　p_z——搅拌桩复合土层顶面的平均附加压力值，kPa；

　　　　p_{z1}——搅拌桩复合土层底面的平均附加压力值，kPa；

　　　　E_{sp}——搅拌桩复合土层的复合模量，可按式（17.9.5）计算：

$$E_{sp} = mE_p + (1-m)E_s \tag{17.9.5}$$

式中　E_p——搅拌桩的压缩模量，可取 $(100 \sim 200)f_{cu}$（kPa）。对桩较短或桩身强度较低者，取低值；反之，可取高值。

　　2）桩端以下未加固土层的压缩变形 s_2，可按现行的国家标准《建筑地基基础设计规范》GB 50007 的有关规定进行计算。

17.9.4 施工

由于工程现场的地质条件不同，水泥土搅拌桩施工时应先根据设计要求进行现场试成桩工艺性试验，并不少于 3 组，确定施工参数并对工艺试桩质量进行检验。

1. 搅拌机械

搅拌机械由电动机、减速器、搅拌轴、搅拌头、中心管、输浆管、球形阀等组成，如图 17.9.1 所示。

2. 施工步骤

如图 17.9.2 所示。

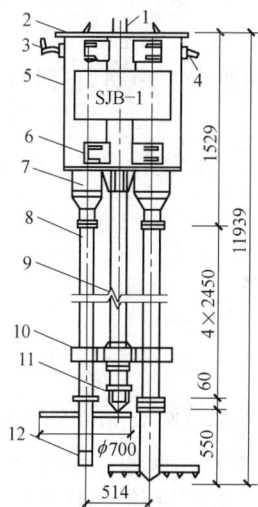

图 17.9.1　SJB-1 型深层搅拌机

1—输浆管；2—外壳；3—出水口；4—进水口；

5—电动机；6—导向滑块；7—减速器；8—搅拌轴；

9—中心管；10—横向系板；11—球形阀；12—搅拌头

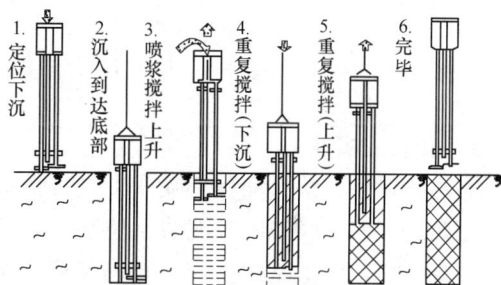

图 17.9.2　深层搅拌加固工艺流程

（1）将深层搅拌机就位对中，启动电机；

（2）待搅拌头转动速度正常后，搅拌切土下沉，直至设计加固深度；

（3）制备水泥浆，将搅拌机向上提升，进行喷浆搅拌提升；

（4）重复搅拌下沉、提升搅合，使软土与水泥浆搅拌均匀；

（5）待搅拌机提出地面，成桩完毕，关闭电源，移至新孔处。

水泥搅拌桩施工过程中，水泥和外加剂用量以及泵送浆液的喷浆量及搅拌深度应由监测仪器进行自动记录。干法施工时，应具有能瞬时检测并记录出粉体的计量装置及搅拌深度记录仪。

17.9.5　检测与检验

水泥土搅拌桩的质量控制应贯穿在施工的全过程，并应坚持全程的施工监理。施工过程中必须随时检查施工记录和计量记录，并对照规定的施工工艺对每根桩进行质量评定。检查重点是：水泥用量、桩长、搅拌头转数和提升速度、复搅次数和复搅深度、停浆处理方法等。

水泥土搅拌桩的施工质量检验可采用以下方法：

（1）成桩 7d 后，采用浅部开挖桩头［深度宜超过停浆（灰）面下 0.5m］，目测检查搅拌的均匀性，量测成桩直径。检查量为总桩数的 5%。

（2）成桩后 3d 内，可用轻型动力触探（N_{10}）检查桩身的均匀性。检验数量为施工总桩数的 1% 且不少于 3 根。

（3）竖向承载的水泥土搅拌桩的竣工验收应采用单桩载荷试验、单桩或多桩复合地基载荷试验，检验其承载力。载荷试验宜在成桩 28d 后进行，检验总数为施工总桩数的 1% 且每项单体工程不宜少于 3 点。

经触探和载荷试验检验后对桩身质量有怀疑时，应在成桩 28d 后用双管单动取样器钻取芯样做抗压强度检验，检验数量为施工总桩数的 0.5% 且不少于 3 根。

（4）对相邻桩搭接要求严格的工程，应在成桩 15d 后选取数根桩进行开挖，检查搭接情况。

（5）基槽开挖后，应检验桩位、桩数和桩顶质量。如不符合设计要求，应采取有效的补强措施。

17.10 高压喷射注浆

17.10.1 概述

高压喷射注浆法（简称旋喷法）是将带有特殊喷嘴的注浆管喷射钻进到预定深度，然后利用高压（20～40MPa）泥浆泵使浆液以高速喷射冲切土体，使射入的浆液和土混合，经过凝结硬化，在地基中生成比较均匀且高强度的加固体，形成旋喷桩体。适用于处理淤泥、淤泥质土、黏性土（流塑、软塑和可塑）、粉土、砂土、黄土、素填土和碎石土等地基。对土中含有较多的大直径块石、大量植物根茎和高含量的有机质，以及地下水流速较大的工程，应根据现场试验结果确定其适应性。

旋喷注浆有强化地基和防渗的作用，可用于既有建筑和新建工程的地基处理、地下工程及堤坝的截水、基坑封底、被动区加固、基坑侧壁防止漏水或减小基坑位移等。对地下水流速过大或已涌水的防水工程，由于工艺、机具和瞬时速凝材料等方面的原因，应慎重使用并通过现场试验确定其适用性。

17.10.2 高压喷射注浆法的分类

高压喷射有旋喷（固结体为圆柱状）、定喷（固结体为壁状）和摆喷（固结体为扇状）三种基本形状，它们均可用下列方法实现。

1. 单管法

喷射高压水泥浆液一种介质。

2. 双管法

喷射高压水泥浆液和压缩空气两种介质。

3. 三管法

喷射高压水流、压缩空气及水泥浆液三种介质。

三种喷射流的结构和喷射介质不同，其有效处理范围也不同。三种不同方法喷射的基本参数如表 17.10.1 所示。喷射体的直径大小的确定，更是一个复杂问题。只能用经验方法作初步判断，设计时可参考表 17.10.2 选用。

喷射注浆法分类 表 17.10.1

方法分类	单管法	二重管法	三重管法	
喷射方式	浆液喷射	浆液、空气喷射	水、空气喷射,浆液注入	
硬化剂	水泥浆	水泥浆	水泥浆	
常用压力(MPa)	15.0～20.0	15.0～20.0	高压	低压
			20.0～30.0	2.0～3.0
喷射量(L/min)	60～70	60～70	60～70	100～200
压缩空气(kPa)	不使用	500～700	500～700	
旋转速度(转/min)	16～20	5～16	5～16	
桩径(cm)	30～60	60～150	80～200	
提升速度(cm/min)	15～25	7～20	7～20	

旋喷桩的设计直径（m） 表 17.10.2

土质	方法	单管法	双管法	三管法
黏性土	0＜N＜5	0.5～0.8	0.8～1.2	1.2～1.8
	6＜N＜10	0.4～0.7	0.7～1.1	1.0～1.5
砂土	0＜N＜10	0.6～1.0	1.0～1.4	1.5～2.0
	11＜N＜20	0.5～0.9	0.9～1.3	1.2～1.8
	21＜N＜30	0.4～0.8	0.8～1.2	0.9～1.5

注：表中，N 为标准贯入击数。

17.10.3 喷射注浆复合地基的设计

1. 喷射注浆复合地基的承载力

初步设计时，喷射注浆复合地基的承载力特征值 f_{spk} 可按式（17.10.1）估算：

$$f_{spk} = m\frac{R_a}{A_p} + \beta(1-m)f_{sk} \qquad (17.10.1)$$

式中 β——桩间土承载力折减系数，可根据试验或类似土质条件工程经验确定，当无试验资料或经验时，可取 0.1～0.5，承载力较低时取低值。

R_a——单桩竖向承载力特征值（kN），可通过现场单桩载荷试验确定。也可按式（17.10.2）和式（17.10.3）估算，取其中较小值：

$$R_a = \eta f_{cu} A_p \qquad (17.10.2)$$

$$R_a = \pi d \sum_{i=1}^{n} h_i q_{si} + A_p q_p \qquad (17.10.3)$$

式中 f_{cu}——与旋喷桩桩身水泥土配比相同的室内加固土试块（边长为 70.7mm 的立方体）在标准养护条件下 28d 龄期的立方体抗压强度标准值，kPa；

η——桩身强度折减系数，可取 0.33；

d——桩的直径，m；

681

n——桩长范围内所划分的土层数；

h_i——桩周第 i 层土的厚度，m；

q_{si}——桩周第 i 层土的摩阻力特征值，kPa，可按现行的国家标准《建筑地基基础设计规范》GB 50007 有关规定或地区经验确定；

q_p——桩端地基土的未经修正的承载力特征值，kPa。

旋喷桩复合地基承载力应通过现场静载荷试验确定。通过公式计算时，在确定折减系数 β 和单桩承载力方面均可能有较大的变化幅度，因此只能用作估算。对于承载力较低时 β 取低值，则是出于减小变形的考虑。

旋喷桩复合地基宜在基础和桩顶之间设置褥垫层。褥垫层厚度宜为 150～300mm，褥垫层材料可选用中砂、粗砂和级配砂石等，褥垫层最大粒径不宜大于 20mm。褥垫层的夯填度不应大于 0.9。

旋喷桩的平面布置可根据上部结构和基础特点确定，独立基础下的桩数不应少于 4 根。

2. 喷射注浆复合地基的变形计算

喷射注浆复合地基的变形计算可参照第 17.3.4 节中复合地基沉降计算中式 (17.3.28) 的方法进行计算。

17.10.4 喷射注浆复合地基的施工

高压喷射注浆施工时，虽然旋喷方法不同，但喷射注浆施工程序是基本一致的，都是先将钻杆钻入预定土层中，然后进行喷射注浆工作，其主要施工程序如图 17.10.1 所示。

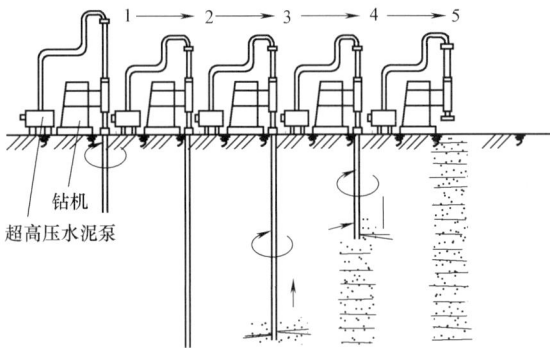

图 17.10.1 高压喷射注浆法施工程序

高压喷射注浆，即旋喷桩施工中，最重要的施工条件是应根据地质条件、加固要求，通过试验或根据工程经验确定旋喷桩的施工参数。

加固土体的水泥掺入量不宜少于 300kg/m³。旋喷注浆的压力大，处理地基的效果好。根据国内实际工程中应用实测，单管法、双管法及三管法的高压水泥浆液流或高压水射流的压力应大于 20MPa，流量大于 30L/min，气流的压力以空气压缩机的最大压力为限，通常在 0.7MPa 左右，提升速度可取 0.1 ～0.2m/min，旋转速度宜取 20r/min。表 17.10.3 列出建议的旋喷桩的施工参数，供参考。

旋喷注浆，宜采用强度等级为 42.5 级的普通硅酸盐水泥，可根据需要加入适量的外加剂及掺合料。外加剂和掺合料的用量应通过试验确定。

水泥浆液的水灰比宜为 0.8～1.2。

旋喷桩的施工参数一览表 表 17.10.3

旋喷施工方法	单管法	双管法	三管法
适用土质	砂土、黏性土、黄土、杂填土、小粒径砂砾		
浆液材料及配方	以水泥为主材，加入不同的外加剂后具有速凝、早强、抗腐蚀、防冻等特性，常用水灰比 1：1，也可适用化学材料		

旋喷施工方法			单管法	双管法	三管法
旋喷施工参数	水	压力(MPa)			25
		流量(L/min)			80～120
		喷嘴孔径(mm)及个数			2～3(1～2)
	空气	压力(MPa)		0.7	0.7
		流量(m³/min)		1～2	1～2
		喷嘴间隙(mm)及个数		1～2(1～2)	1～2(1～2)
	浆液	压力(MPa)	25	25	25
		流量(L/min)	80～120	80～120	80～150
		喷嘴孔径(mm)及个数	2～3(2)	2～3(1～2)	10～2(1～2)
	灌浆管外径(mm)		$\phi42$ 或 $\phi45$	$\phi42,\phi50,\phi75$	$\phi75$ 或 $\phi90$
	提升速度(cm/min)		15～25	7～20	5～20
	旋转速度(r/min)		16～20	5～16	5～16

17.10.5 质量检验

旋喷桩的施工质量应在严格控制施工参数的基础上，根据具体情况选定质量检验方法。

开挖检查法简单易行，通常在浅层进行，但难以对整个固结体的质量作全面检查。钻孔取芯是检验单孔固结体质量的常用方法，选用时需以不破坏固结体和有代表性为前提，可以在 28d 后取芯。标准贯入和静力触探在有经验的情况下也可以应用。静载荷试验是建筑地基处理后检验地基承载力的方法。压水试验通常在工程有防渗漏要求时采用。

检验点的位置应重点布置在有代表性的加固区，对旋喷注浆时出现过异常现象和地质复杂的地段亦应进行检验。

每个建筑工程旋喷注浆处理后，不论其大小均应进行检验。检验量为施工孔数的 2% 且不应少于 6 点。

旋喷注浆处理地基的强度离散性大，在软弱黏性土中，强度增长速度较慢。检验时间应在喷射注浆后 28d 进行，以防由于固结体强度不高时因检验而受到破坏，影响检验的可靠性。

17.11 土或灰土挤密桩

17.11.1 概述

土或灰土挤密桩是利用沉管、冲击或爆扩等方法在地基中挤土成孔，然后向孔内夯填素土或灰土成桩。土或灰土挤密桩通过成孔过程中的横向挤压作用，桩孔内的土被挤向周围，使桩间土得以挤密，然后将备好的素土（黏性土）或灰土分层填入桩孔内，并分层捣实至设计标高。用素土分层夯实的桩体，称为土挤密桩；用灰土分层夯实的桩体，称为灰土挤密桩。两者分别与挤密的桩间土组成复合地基，共同承受基础的上部荷载。

土桩及灰土桩挤密，属于深层加密处理地基的一种方法，主要作用是提高地基承载力，降低地基压缩性。对湿陷性黄土，则有部分或全部消除湿陷性的作用。土或灰土挤密桩在成孔时，桩孔部位的土被侧向挤出，从而使桩周土得以加密。因此，具有就地取材、以土治土、原位处理、深层加密和费用较低的特点，在我国西北及华北等黄土地区已广泛应用。

土或灰土挤密桩适用于处理地下水位以上的湿陷性黄土、素填土和杂填土等地基。处理深度宜为 5~15m。土或灰土挤密桩，在消除土的湿陷性和减小渗透性方面，其效果基本相同或差别不明显，但土挤密桩地基的承载力和水稳性不及灰土挤密桩。选用上述方法时，应根据工程要求和处理地基的目的确定。当以提高地基的承载力或增强其水稳性为主要目的时，宜选用灰土挤密桩法；当以消除地基的湿陷性为主要目的时，宜选用土挤密桩法。

大量的试验研究资料和工程实践表明，土或灰土挤密桩用于处理地下水位以上的湿陷性黄土、素填土、杂填土等地基，不论是消除土的湿陷性还是提高承载力都是有效的。但当土的含水量大于 24% 及其饱和度超过 65% 时，在成孔及拔管过程中桩孔容易缩颈，周围土地易发生隆起，挤密效果差，故上述方法不适用于处理地下水位以下及处于毛细饱和带的土层。因此，当地基土的含水量大于 24%、饱和度超过 65% 时，由于挤密效果差，故不宜选用上述方法。

土挤密桩法 1934 年首创于苏联，主要用以消除黄土地基的湿陷性，至今仍为俄罗斯及东欧诸国湿陷性黄土地基常用的处理方法之一。我国自 20 世纪 50 年代中期开始，在西北黄土地区开展土桩挤密法的试验应用，又在 20 世纪 60 年代中期试验成功了具有中国特点的灰土桩挤密法。自 20 世纪 70 年代初期以来，逐步在陕、甘、晋和豫西等省区推广应用灰土桩挤密法及土桩挤密法，取得了显著的技术经济效益。这一方法已成为我国黄土地区建筑地基处理的主要方法之一。

17.11.2　灰土挤密桩的工程特性

1. 灰土的硬化

石灰与土掺合后，将发生一系列的物理化学反应，包括产生离子交换、凝硬反应、石灰的碳化与结晶以及石灰的吸水、发热和膨胀反应等。这些反应，完成了灰土的硬化过程。

2. 灰土挤密桩的强度和变形

灰土挤密桩的强度和变形与桩孔内灰土的填料及夯实施工形成的密实度有关。通常桩孔内的灰土填料，其消石灰与土的体积配合比宜为 2∶8 或 3∶7。孔内填料应分层回填夯实，填料的平均压实系数 $\bar{\lambda}_c$ 不应低于 0.97，其中压实系数最小值不应低于 0.93。

灰土的强度常用 28d 的无侧限抗压强度表示，一般要求不低于 500kPa。灰土的变形模量，通常可达 40MPa 左右。

3. 灰土挤密桩的水稳定性

灰土具有一定的水硬性，施工达到密实状态的灰土，即使处于地下水位以下，灰土的硬化和强度仍有一定的增长。

17.11.3　土与灰土挤密桩的设计

1. 桩的布置

土或灰土挤密桩处理地基的面积，应大于基础或建筑物底层平面的面积。当采用局部处理时，超出基础底面的宽度对非自重湿陷性黄土、素填土和杂填土等地基，每边不应小于基底宽度的 0.25 倍，并不应小于 0.50m；对自重湿陷性黄土地基，每边不应小于基底宽度的 0.75 倍，并不应小于 1.00m。当采用整片处理时，超出建筑物外墙基础底面外缘的宽度，每边不宜小于处理土层厚度的 1/2，并不应小于 2m。

土或灰土挤密桩处理地基的深度，应根据建筑场地的土质情况、工程要求和成孔及夯实设备等综合因素确定。对湿陷性黄土地基，应符合现行国家标准《湿陷性黄土地区建筑规范》GB 50025 的有关规定。

桩孔直径宜为 $300 \sim 450mm$，并可根据所选用的成孔设备或成孔方法确定。为使桩间土均匀挤密，桩孔宜按等边三角形布置，桩孔之间的中心距离可为桩孔直径的 $2.0 \sim 2.5$ 倍，也可按式 (17.11.1) 估算：

$$s = 0.95d \sqrt{\frac{\bar{\eta}_c \rho_{dmax}}{\bar{\eta}_c \rho_{dmax} - \bar{\rho}_d}} \tag{17.11.1}$$

式中 s——桩孔之间的中心距离，m；

    d——桩孔直径，m；

    ρ_{dmax}——桩间土的最大干密度，t/m^3；

    $\bar{\rho}_d$——地基处理前土的平均干密度，t/m^3；

    $\bar{\eta}_c$——桩间土经成孔挤密后的平均挤密系数，按式 (17.11.2) 计算。对重要工程不宜小于 0.93，对一般工程不应小于 0.90。

$$\bar{\eta}_c = \frac{\bar{\rho}_{d1}}{\rho_{dmax}} \tag{17.11.2}$$

式中 $\bar{\rho}_{d1}$——在成孔挤密深度内，桩间土的平均干密度，t/m^3，平均试样数不应少于 6 组。桩孔的数量可按式 (17.11.3) 估算：

$$n = \frac{A}{A_e} \tag{17.11.3}$$

式中 n——桩孔的数量；

    A——拟处理地基的面积，m^2；

    A_e——1 根土或灰土挤密桩所承担的处理地基面积，m^2，即：

$$A_e = \frac{\pi d_e^2}{4}$$

    d_e——一根桩分担的处理地基面积的等效圆直径，m；

桩孔按等边三角形布置，$d_e = 1.05s$（s 为桩孔间距）；

桩孔按正方形布置，$d_e = 1.13s$。

2. 承载力

土或灰土挤密桩复合地基的承载力特征值，应通过现场单桩或多桩复合地基载荷试验确定。初步设计时，也可按当地经验确定。但对土挤密桩复合地基的承载力特征值，不宜大于处理前的 1.4 倍，并不宜大于 180kPa；对灰土挤密桩复合地基的承载力特征值，不宜大于处理前的 2.0 倍，并不宜大于 250kPa。

3. 变形计算

土与灰土挤密桩复合地基的变形计算，可参照第 17.3.5 节复合地基的沉降计算中式 (17.3.27) 的方法进行计算。

土或灰土挤密桩复合地基的变形包括桩和桩间土及其下卧未处理土层的变形。前者通过挤密后，桩间土的物理力学性质明显改善，即土的干密度增大、压缩性降低、承载力提高，湿陷性消除，故桩和桩间土（复合土层）的变形可不计算，但应计算下卧未处理土层的变形。若下卧未处理的土层为中、低压缩性的非湿陷性土层，其压缩变形、湿陷变形也可不计算。

4. 桩孔填料

桩孔内的填料，应根据工程要求或处理地基的目的确定，桩体的夯实质量宜用平均压实系数$\overline{\lambda}_c$控制。当桩孔内用素土或灰土分层回填、分层夯实时，桩体的平均压实系数$\overline{\lambda}_c$值不应小于0.96。消石灰与土的体积配合比，宜为2：8或3：7。

5. 灰土垫层

桩顶标高以上应设置300～500mm厚的2：8灰土垫层，其压实系数不应小于0.95。

17.11.4 土与灰土挤密桩的施工

1. 成孔工艺

现有成孔方法，包括沉管（锤击、振动）或冲击等方法，都有一定的局限性，在城乡建设和居民较集中的地区往往限制使用。如锤击沉管成孔，通常允许在新建场使用，故选用上述方法时，应综合考虑设计要求、成孔设备或成孔方法、现场土质和对周围环境的影响等因素，选用沉管（振动、锤击）或冲击、爆扩等方法成孔。

施工土或灰土挤密桩，在成孔或拔管过程中，对桩孔（或桩顶）上部土层有一定的松动作用，因此施工前应根据选用的成孔设备和施工方法，在场地预留一定厚度的松动土层，待成孔和桩孔回填夯实结束后，将其挖除或按设计规定进行处理。应预留松动土层的厚度，对沉管（锤击、振动）成孔，宜为0.5～0.7m；对冲击成孔，宜为1.2～1.5m。

2. 被加固地基土含水量

拟处理地基土的含水量对成孔施工与桩间土的挤密至关重要。工程实践表明，当天然土的含水量小于12％时，土呈坚硬状态，成孔挤密很困难且设备容易损坏；当天然土的含水量等于或大于24％，饱和度大于75％时，桩孔可能缩颈，桩孔周围的土容易隆起，挤密效果差；当天然土的含水量接近最优（或塑限）含水量时，成孔施工速度快，桩间土的挤密效果好。因此，成孔过程中应掌握好拟处理地基土的含水量，不要太大或太小。成孔时，地基土宜接近最优（或塑限）含水量。当土的含水量低于12％时，宜对拟处理范围内的土层进行增湿，增湿土的加水量可按式（17.11.4）估算：

$$Q = V\overline{\rho}_d(w_{op} - \overline{w})k \tag{17.11.4}$$

式中　Q——计算加水量，m^3；

　　　V——土的总体积，m^3；

　　　$\overline{\rho}_d$——地基处理前土的平均干密度，t/m^3；

　　　w_{op}——土的最优含水量，％，通过室内击实试验求得；

　　　$\overline{w}$——地基处理前土的平均含水量，％；

　　　k——损耗系数，可取1.05～1.10。

应于地基处理前4～6d，通过一定数量和一定深度的渗水孔，将增湿土的计算加水量，均匀地浸入拟处理范围内的土层中。

3. 成孔和回填夯实

成孔和孔内回填夯实，应符合下列要求：

（1）成孔和孔内回填夯实的施工顺序，对整片处理，宜从里（或中间）向外间隔1～2孔进行。对大型工程，可采取分段施工；对局部处理，宜从外向里间隔1～2孔进行。

（2）向孔内填料前，孔底应夯实，并应抽样检查桩孔的直径、深度和垂直度。

（3）桩孔的垂直度偏差不应大于1.5%。

（4）桩孔中心点的偏差不应超过桩距设计值的5%。

（5）经检验合格后，应按设计要求，向孔内分层填入筛好的素土、灰土或其他填料，并应分层夯实至设计标高。

此外铺设灰土垫层前，应将桩顶标高以上预留的松动土层挖除或夯（压）密实。

17.11.5　质量检验

成桩后，应及时抽样检验土或灰土挤密桩处理地基的质量。对一般工程，主要应检查施工记录、检测全部处理深度内桩体和桩间土的干密度，并将其分别换算为平均压实系数$\bar{\lambda}_c$和平均挤密系数$\bar{\eta}_c$。对重要工程，除检测上述内容外，还应测定全部处理深度内桩间土的压缩性和湿陷性。

抽样检验的数量，对一般工程不应少于桩总数的1%；对重要工程，不应少于桩总数的1.5%；对不合格处，应采取加桩或其他补救措施。

竣工验收时，应采用复合地基载荷试验检测复合地基的承载力，检验数量不应少于桩总数的0.5%，并不应少于3点。

17.12　夯实水泥土桩

17.12.1　概述

夯实水泥土桩是利用人工或机械成孔，选用相对单一的土质材料，与水泥按一定比例，在孔外充分搅拌均匀成水泥土，然后分层向孔内回填并强力夯实，形成夯实水泥土桩。水泥土桩与桩间土以及褥垫层，共同形成复合地基。

目前，由于施工机械的限制，夯实水泥土桩法适用于地下水位以上的粉土、素填土、杂填土、黏性土等地基。夯实水泥土强度主要由土的性质、水泥品种、水泥强度等级、龄期、养护条件等控制。夯实水泥土设计强度应采用现场土料和施工采用的水泥品种、强度等级进行混合料配比设计。

由于夯实水泥土的强度等级一般小于等于C5，因此处理的深度应加以限制。当采用洛阳铲成孔时，宜小于6m；当处理深度大于6m时，此时由于施工工艺所限而效率太低，因此不宜采用。

17.12.2　夯实水泥土桩复合地基的设计

夯实水泥土桩复合地基主要用于多层房屋的地基处理，可在建筑物基础范围内布桩。桩孔直径宜为300~600mm，桩位按三角形布置，桩距可为桩径的2~4倍。桩长可按相对较硬土层的埋深确定，并满足变形设计要求。

夯实水泥土的强度主要由土的性质、水泥品种、水泥强度等级、龄期、养护条件等控制。桩孔内的填料应进行配比试验，水泥与土的体积配合比宜为1：5~1：8。孔内填料应分层回填夯实，填料的平均压实系数$\bar{\lambda}_c$不应小于0.97，压实系数最小值不应低于0.93。

夯实水泥土桩复合地基的承载力应由现场静载荷试验确定。初步设计时可按第17.3节复合地基中式（17.3.23）进行估算，桩间土承载力发挥系数β可取0.9~1.0，单桩承载力发挥系数λ可取1.0。

夯实水泥土桩复合地基的变形计算，可按第 17.3 节复合地基中式（17.3.27）的规定计算。

夯实水泥土的变形模量远大于土的变形模量。应在桩顶与基础底面之间设置褥垫层，以调整基底压力的分布，通过褥垫层的作用，使桩和桩间土的承载力得到相应的发挥。

17.12.3 夯实水泥土桩复合地基的施工

夯实水泥土桩的施工，应按设计要求选用成孔工艺。挤土成孔可选用沉管、冲击等方法；非挤土成孔可选用人工洛阳铲、螺旋钻等方法。

夯填桩孔时，宜选用机械夯实。分段夯填时，夯锤的落距和填料厚度应根据现场试验确定，混合料的压实系数不应小于 0.93。土料中有机质含量不得超过 5%，不得含有冻土或膨胀土，使用时应过 10～20mm 筛，混合料含水量应满足土料的最优含水量 w_{op}，其允许偏差不得大于 ±2%。土料与水泥应拌和均匀，水泥用量不得少于按配比试验确定的用量。

垫层材料应级配良好，不含植物残体、垃圾等杂质。垫层铺设时应压（夯）密实，夯填度不得大于 0.9。采用的施工方法应严禁使基底土层受到扰动。

成孔施工应符合下列要求：

1）桩孔中心偏差不应超过桩径设计值的 1/4，对条形基础不应超过桩径设计值的 1/6

2）桩孔垂直度偏差不应大于 1.5%

3）桩孔直径不得小于设计桩径

4）桩孔深度不应小于设计深度

向孔内填料前孔底必须夯实。桩顶夯填高度应大于设计桩顶标高 200～300mm，垫层施工时应将多余桩体凿除，桩顶面应水平。

施工过程中，应有专人监测成孔及回填夯实的质量，并做好施工记录。如发现地基土质与勘察资料不符时，应查明情况，采取有效处理措施。雨期或冬期施工时，应采取防雨、防冻措施，防止土料和水泥受雨水淋湿或冻结。

17.12.4 夯实水泥土桩复合地基的施工质量检验

1. 施工质量检验

施工过程中，对夯实水泥土桩的成桩质量应及时进行抽样检验。抽样检验的数量不应少于总桩数的 2%。对一般工程，可检查桩的干密度和施工记录。干密度的检验方法可在 24h 内采用取土样测定或采用轻型动力触探击数 N_{10} 与现场试验确定的干密度进行对比，以检验桩身质量。

2. 竣工验收承载力检验

竣工验收应采用单桩复合地基载荷试验进行检验，数量为总桩数的 0.5%～1%，且每个单体工程不应少于 3 点。对重要或大型工程，必要时尚应进行多桩复合地基载荷试验。

17.13 水泥粉煤灰碎石桩

17.13.1 概述

水泥粉煤灰碎石桩，又称为 CFG 桩（Cement Fly-ash Gravel Piles），是由水泥、碎石、粉煤灰和水拌合而成，其中粉煤灰为 Ⅱ～Ⅲ 级细灰，在桩体混合料中主要提高混合料的可泵性。采用各种机械成孔经灌注形成的桩体，通过调整水泥的用量及配比，可使桩体强度在 C5～C20 变化。由于桩体刚度很大，需在桩顶与基础之间铺设一层 150～300mm 厚的中粗砂、级配碎石的褥垫层，起调整桩与桩间土之间的荷载分担作用。

水泥土粉煤灰碎石桩复合地基适用于处理黏性土、粉土、砂土和自重固结已完成的素填土地基，对淤泥及淤泥质土应按地区经验或通过现场试验确定其适用性。这种桩通过调整配比增大水泥用量时，可以形成刚度很大的刚性桩，其作用机理相当于刚性桩复合地基。

CFG 桩的应用范围较广，由于桩体刚度大，桩身强度较高。当桩长较大时，单桩承载力也较高。既有利于采用 CFG 桩提高地基承载力，也可在天然地基承载力较高的情况下采用 CFG 桩复合地基，以控制地基变形，减小基础沉降。

17.13.2 水泥粉煤灰碎石桩复合地基的设计

1. 桩的布置

水泥粉煤灰碎石桩可只在基础范围内布桩，选择承载力和压缩模量相对较高的土层作为桩端持力层。桩径与选用的成孔机具有关，长螺旋钻中心压灌、干成孔和振动沉管成桩宜为 350～600mm；泥浆护壁钻孔成桩宜为 600～800mm。

桩距与成桩工艺有关。采用挤土成桩工艺时，桩距宜为 3～6 倍桩径；非挤土成桩工艺时，宜为 3～5 倍桩径；当用以控制沉降时，桩距应大于 6 倍桩径。

2. 水泥粉煤灰碎石桩复合地基的承载力

水泥粉煤灰碎石桩复合地基的承载力应通过现场复合地基静载荷试验确定。初步设计时，可按以下经验公式估算：

1）复合地基承载力特征值 f_{spk}

$$f_{spk} = \lambda m \frac{R_a}{A_p} + \beta(1-m)f_{sk} \tag{17.13.1}$$

式中　λ——单桩承载力发挥系数，$\lambda = 0.8 \sim 0.9$；

　　　R_a——单桩竖向承载力特征值，kN；

　　　A_p——桩的截面积，m^2；

　　　β——桩间土承载力发挥系数，$\beta = 0.9 \sim 1.0$；

　　　f_{sk}——处理后桩间土承载力特征值。对非挤土成桩工艺，可取天然地基承载力特征值；对挤土成桩工艺，一般黏性土可取天然地基承载力特征值；松散砂土、粉土可取天然地基承载力特征值的 1.2～1.5 倍。

2）单桩竖向承载力特征值 R_a

$$R_a = u_p \sum_{i=1}^{n} q_{si}l_{pi} + \alpha_p q_p A_p \tag{17.13.2}$$

式中　u_p——桩的周长，m；

　　　q_{si}——桩周第 i 层土的侧阻力特征值，kPa，可按地区经验确定；

　　　l_{pi}——桩长范围内第 i 层土的厚度，m；

　　　q_p——桩端阻力特征值，kPa，可按地区经验确定；对于水泥搅拌桩、旋喷桩应取未经修正的桩端地基土承载力特征值；

　　　α_p——桩端阻力发挥系数，$\alpha_p = 1.0$。

3）按桩身强度确定的承载力

水泥搅拌法复合地基中，应按式（17.13.3）的要求，应使由桩身材料强度确定的单桩承载力不小于由桩周土和桩端土的抗力所提供的单桩承载力。

$$R_a = \eta f_{cu} A_p \qquad\qquad (17.13.3)$$

式中 f_{cu}——与搅拌桩桩身水泥土配比相同的室内加固土试块，边长为 70.7mm 的立方体在标准养护条件下 90d 龄期的立方体抗压强度平均值，kPa；

η——桩身强度折减系数，干法可取 0.20～0.25，湿法可取 0.25。

4）水泥粉煤灰碎石桩复合地基变形计算

水泥粉煤灰碎石桩复合地基的变形计算，可按第 17.2 节中复合地基变形计算方法进行计算。

水泥粉煤灰碎石桩的刚度已接近于刚性桩，因此复合地基的变形，宜按实体深基础假定，计算下部土层的压缩量，加上桩顶在褥垫层中的刺入量作为复合地基的变形量，较为接近实际。

17.13.3 水泥粉煤灰碎石桩复合地基的施工

1. 成桩工艺

水泥粉煤灰碎石桩的施工，应按设计要求和现场条件选用相应施工工艺。常用的成桩工艺有如下三种：

1）长螺旋钻孔灌注成桩 适用于地下水位以上的黏性土、粉土、素填土、中等密实以上的砂土，成孔时不会发生坍孔现象，而且当周围环境对噪声、泥浆污染要求比较严格时。图 17.13.1 是步履式长螺旋钻机示意图。

2）长螺旋钻孔、管内泵压混合料成桩 适用于黏性土、粉土、砂土，以及对噪声或泥浆污染要求严格的场地。施工时，先用长螺旋钻钻孔达到设计孔深后，提升钻杆，同时用高压泵将桩体混合料通过高压管路及长螺旋钻杆的内管压到孔内成桩。本施工方法噪声低。

3）振动沉管灌注成桩 适用于粉土、非饱和黏性土及素填土地基，而且周围环境对噪声要求不严的场地。由于振动沉管打桩机施工效率高，造价相对较低，因此，目前采用该工艺的较多。采用振动沉管工艺时，由于要产生挤土效应，有可能对周围环境造成影响，而且易造成相邻桩移位、开裂或上浮等，因此要妥善制订施工方案。

4）泥浆护壁钻孔灌注成桩 适用于分布有砂层，以及对振动噪声要求严格的场地。由于采用泥浆循环和护壁，将产生

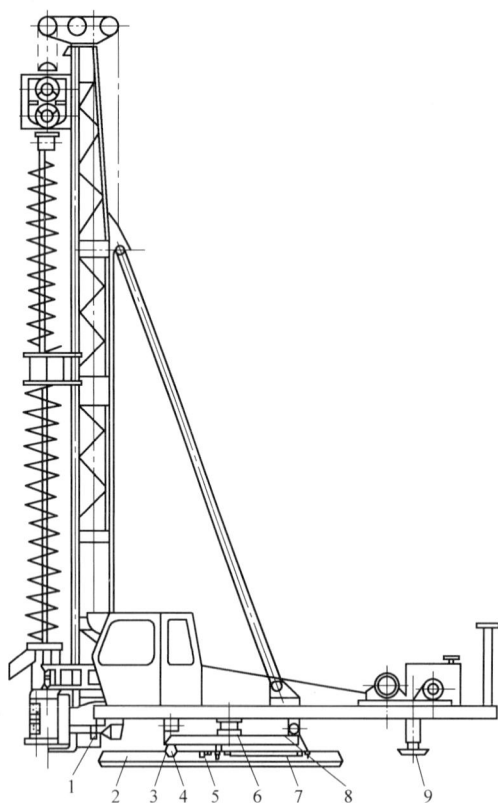

图 17.13.1 步履式全螺旋钻孔机

1—上盘；2—下盘；3—回转滚轴；4—行走滚轮；
5—钢丝滑轮；6—回轴中心轴；7—行走油缸；
8—中盘；9—支腿

泥浆，泥浆的排放将对环境造成一定污染。

采用上述成桩工艺施工除应执行国家现行有关规定外，尚应符合下列要求：

（1）施工前应按设计要求由试验室进行配合比试验，施工时按配合比配制混合料。长螺旋钻孔、管内泵压混合料成桩施工的混合料坍落度宜为 160～200mm，振动沉管灌注成孔所需混合料坍落度宜为 30～50mm，振动沉管灌注成桩后桩顶浮浆厚度不宜超过 200mm。

（2）长螺旋钻孔、管内泵压混合料成桩施工，在钻至设计深度后，应准确掌握提拔钻杆时间，混合料泵送量应与拔管速度相配合，遇到饱和砂土或饱和粉土层，不得停泵待料；沉管灌注成桩施工拔管速度应按匀速控制，拔管速度应控制在 1.2～1.5m/min 左右；如遇淤泥或淤泥质土，拔管速度应适当放慢。

（3）施工桩顶标高宜高出设计桩顶标高不少于 0.5m。

（4）成桩过程中，抽样做混合料试块，每台机械一天应做一组（3块）试块（边长为 150mm 的立方体）进行标准养护，测定其立方体抗压强度。

（5）冬期施工时，混合料入孔温度不得低于 5℃，对桩头和桩间土应采取保温措施。

（6）进行基坑开挖时，复合地基基坑的保护土层可采用人工或机械、人工联合开挖。开挖时应采取有效措施防止桩身断裂。机械、人工联合开挖时，预留人工开挖厚度应由现场试开挖确定；机械开挖造成桩的断裂部位不得低于基础底面标高，桩间土应不受扰动。

（7）褥垫层铺设宜采用静力压实法，当基础底面下桩间土的含水量较小时，也可采用动力夯实法，夯填度（夯实后的褥垫层厚度与虚铺厚度的比值）不得大于 0.9。

（8）桩体施工垂直度偏差不应大于 1%；对满堂布桩基础，桩位偏差不应大于 0.4 倍桩径；对条形基础，桩位偏差不应大于 0.25 倍桩径；对单排布桩，桩位偏差不得大于 60mm。

2. 成桩施工顺序

以采用振动沉管灌注成桩施工工艺为例，施工顺序如下：

（1）桩机进入现场，根据设计桩长、沉管入土深度确定机架高度和沉管长度备组装。

（2）桩机就位，调整沉管与地面垂直，确保垂直度偏差不大于 1%。

（3）启动马达沉管到预定标高，停机。

（4）沉管过程中做好记录，每沉 1m 记录电流表上的电流一次，并对土层变化予以说明。

（5）停机后立即向管内投料，直到混合料与进料口齐平。混合料按设计配比经搅拌机加水拌合，拌合时间不得少于 1min，如粉煤灰用量较多，搅拌时间还要适当放长。加水量按坍落度 3～5cm 控制，成桩后浮浆厚度以不超过 20cm 为宜。

（6）启动马达，留振 5～10s，开始拔管，拔管速率一般为 1.2～1.5m/min，如遇淤泥或淤泥质土，拔管速率还应放慢。拔管过程中不允许反插。如上料不足，须在拔管过程中空中投料，以保证成桩后桩顶标高达到设计要求。

（7）沉管拔出地面，确认成桩符合设计要求后，用粒状材料或湿黏性土封顶。然后，移机进行下一根桩的施工。

（8）施工过程中，抽样做混合料试块，一般一个台班做一组（3块），试块尺寸为 15cm×15cm×15cm 并测定 28d 抗压强度。

17.13.4 水泥粉煤灰碎石桩复合地基施工质量检验

1. 施工质量检验

施工质量检验主要应检查施工记录、混合料坍落度、桩数、桩位偏差、褥垫层厚度、夯填度和桩体试块抗压强度等。

2. 竣工验收质量检验

竣工验收质量检验应采用单桩复合地基载荷试验、多桩复合地基载荷试验。检验必须在桩体强度满足试验荷载条件时进行，一般宜在施工结束28d后进行。试验数量宜为总桩数的0.5%～1%，单体工程的试验数量不应少于3个试验点。此外，还应抽取不少于总桩数的10%的桩进行低应变动力试验。检测桩身结构完整性。

17.14 石灰桩法

17.14.1 概述

石灰桩是以生石灰为主要固化剂，与粉煤灰或火山灰、炉渣、矿渣、黏性土等掺合料按一定的比例均匀混合后，在桩孔中经机械或人工分层振压或夯实所形成的密实桩体。为提高桩身强度，还可掺加石膏、水泥等外加剂。石灰桩主要是通过生石灰的吸水膨胀挤密桩周土，继而经过离子交换和胶凝反应，使桩间土强度提高。同时，桩身生石灰与活性掺合料经过水化、胶凝反应，使桩身具有0.3～1.0MPa的抗压强度。石灰桩属可压缩的低粘结强度桩，能与桩间土共同作用形成复合地基。

石灰桩加固软土的机理，可分为物理加固和化学加固两个作用，物理作用包括吸水作用、膨胀挤密作用、桩身置换作用。物理作用的完成时间较短，一般情况下7d以内均可完成。此时，桩身的直径和密度已定型，在夯实力和生石灰膨胀力的作用下，7～10d桩身已具有一定的强度。化学加固作用包括反应热作用、离子交换作用、凝胶作用。石灰桩的化学作用速度缓慢，桩身强度的增长可延续3～5年。此外，石灰桩对土的加固作用还包括成孔时对土的挤密作用和桩身置换作用。

一般认为，在软土中石灰桩的置换作用和吸水膨胀作用是主要的，而在杂填土中置换和挤密起着同样的作用。

石灰桩法适用于处理饱和黏性土、淤泥、淤泥质土、素填土和杂填土等地基。由于生石灰的吸水膨胀作用，特别适用于新填土和淤泥的加固，生石灰吸水后还可使淤泥产生自重固结。形成强度后的密集石灰桩身与经加固的桩间土结合为一体，使桩间土欠固结状态消失。用于地下水位以上的土层时，宜增加掺合料的含水量并减少生石灰用量，或采取土层浸水等措施。

17.14.2 设计与计算

石灰桩设计的主要内容有桩身材料、桩径、桩长、置换率、桩距和布桩范围，并根据复合地基承载力和下卧层承载力要求以及变形控制的要求综合确定。

1. 材料

石灰桩的主要固化剂为生石灰，掺合料宜优先选用粉煤灰、火山灰、炉渣等工业废料。生石灰与粉煤灰、炉渣、火山灰等活性材料可以发生水化反应，生成不溶于水的水化物。同时，使用工业废料也符合国家环保政策。生石灰与掺合料的配合比宜根据地质情况确定，生石灰与掺合料的体积比可选用1:1或1:2。对于淤泥、淤泥质土等软土，可适当增加生石灰用量，桩顶附近生石灰用量不宜过大。当掺石膏和水泥时，掺加量为生石灰质量的3%～10%。

2. 桩径、桩距及布桩要求

石灰桩成孔直径应根据设计要求及所选用的成孔方法确定，从加固机理来说，采用细而密的布桩方案较好，一般常用 300～400mm，可按等边三角形或矩形布桩，桩中心距可取 2～3 倍成孔直径。石灰桩可仅布置在基础底面下，当基底土的承载力特征值小于 70kPa 时，宜在基础以外多布置 1～2 排围护桩。

3. 桩长

设计桩长时，主要考虑复合地基承载力及变形的需要。一般来说，当需加固的软弱土层不厚时，应尽量考虑石灰桩穿过软弱土层进入相对较好土层；当软弱土层较厚时，应考虑复合地基承载力及变形的需要确定桩长，并按《建筑地基基础设计规范》GB 50007 验算下卧层承载力及地基的变形。此外，还应减少上部结构重心与基础形心的偏心，必要时宜加强上部结构及基础的刚度。对于主要用于加强地基稳定的石灰桩，桩长应尽可能穿过可能的滑动面。此外，桩长也受到成孔机械的限制。当采用洛阳铲成孔时，桩长不宜超过 6m；采用机械成孔管外投料时，桩长不宜超过 8m；螺旋钻成孔及管内投料时，可适当加长。

4. 承载力

石灰桩复合地基承载力特征值应通过单桩或多桩复合地基静载荷试验确定。初步设计时，也可按式（17.3.22）估算，初步设计时 f_{spk} 可取 350～500kPa，土质软弱时取低值（kPa）；加固后桩间土承载力特征值，取处理前天然地基承载力特征值 f_{ak} 的 1.05～1.2 倍，土质软弱或置换率大时取高值（kPa）；面积置换率 m，桩面积按 1.1～1.2 倍成孔直径计算，土质软弱时取高值。

此外，石灰桩复合地基承载力特征值不宜超过 160kPa。当土质较好并采取保证桩身强度的措施，经过试验后可以适当提高。

当地基需要排水通道时，可在桩顶以上设 200～300mm 厚的砂石垫层；需要减少基础面积和减少桩顶附加应力时，可通过计算在桩顶设置一定厚度的垫层。

5. 变形计算

处理后地基变形应按《建筑地基基础设计规范》GB 50007 有关规定进行计算。沉降计算经验系数 ψ_s，可按地区沉降观测资料及经验确定。

石灰桩复合土层的压缩模量宜通过桩身及桩间土压缩试验确定，初步设计时可按式（17.14.1）计算：

$$E_{sp} = \alpha[1 + m(n-1)]E_s \qquad (17.14.1)$$

式中 E_{sp}——复合土层的压缩模量，MPa；

α——系数，可取 1.1～1.3，成孔对桩周土挤密效应好或置换率大时取高值；

n——桩土应力比，可取 3～4，长桩取大值；

E_s——天然土的压缩模量，MPa。

17.14.3 施工

1. 成桩工艺与设备

石灰桩根据具体条件可采用洛阳铲或机械成孔，机械成孔分为沉管和螺旋钻成孔。成桩时可采用人工夯实、机械夯实、沉管反插、螺旋反压等工艺。填料时必须分段压（夯）实，人工夯实时每段填料厚度不得大于 400mm。桩顶施工标高应高出设计标顶标高

100mm 以上。管外投料或人工成孔填料时，应采取措施减小地下水渗入孔内的速度，成孔后填料前应排除孔底积水。

2. 桩身材料

石灰材料应选用新鲜生石灰块，有效氧化钙含量不宜低于 70％，粒径不应大于 70mm，含粉量（即消石灰）不宜超过 15％，掺合料应保持适当的含水量，使用粉煤灰或炉渣时含水量为 30％左右。无经验时宜进行成桩工艺试验，确定密实度的施工控制指标。进入场地的生石灰应有防水、防雨、防风、防火措施，宜做到随用随进。

3. 其他施工注意事项

1）施工前进行成桩试验和材料配比试验　以验证设计的合理性和成桩工艺的适宜性，确定合理的成桩参数，如桩身材料配合比、填料数量和夯击参数等，了解施工时可能发生的问题和相应的解决措施。

2）控制施工顺序　为提高对桩间土的挤密效果，施工顺序宜由外围或两侧向中间进行。在软土中宜间隔成桩。这些措施也有利于提高桩间土对桩身的约束力。

3）应注意石灰桩施工过程中的"冲孔（放炮）"现象　它是指由于孔内进水使生石灰与水迅速反应，其温度高达 200～300℃，空气遇热膨胀，而由于桩身孔隙大，孔隙内空气在高温下迅速膨胀，将上部夯实的桩料冲出孔口。为避免出现冲孔，应采取减少掺合料含水量、排干孔内积水或降水、加强夯实等措施，确保安全。

4）严格做好封顶　为了减小桩体向上胀发引起的能量损失，以保证桩身强度，需利用素土、灰土或素混凝土等进行桩身封顶，夯压密实，长度一般为 50～100cm 且封口标高应略高于原地面。

17.14.4　质量检验

石灰桩施工检测宜在施工 7～10d 后进行；竣工验收检测宜在施工 28d 后进行。检测内容包括桩间土加固效果检验、桩身质量检验和复合地基载荷试验。检测方法包括采用静力触探、动力触探或标准贯入试验，检测桩间土加固效果和桩身质量。石灰桩复合地基竣工验收检验应采用单桩复合地基或多桩复合地基载荷试验。载荷试验的数量宜为地基处理面积每 200m² 左右布置一个点，每一单体工程不得少于 3 点。

17.15　柱锤冲扩法

17.15.1　概述

柱锤冲扩法是采用直径 300～500mm、长度 2～6m、质量 1～8t 的柱状锤（简称柱锤），通过自行杆式起重机或其他专用设备，将柱锤提升至距地面一定高度后下落，在地基土中冲击成孔并重复冲击至设计深度，在孔内分层填料、分层夯实形成桩体。同时，对桩间土进行挤密，形成复合地基。在桩顶部设置 200～300mm 厚砂石垫层。

柱锤冲扩桩复合地基适用于处理地下水位以上的杂填土、粉土、黏性土、素填土和黄土等地基；对地下水位以下饱和土层处理，应通过现场试验确定其适用性。

柱锤冲扩桩处理地基的深度不宜超过 10m。

对大型、重要或场地复杂的工程，正式施工前应在有代表性的场地进行试验。

柱锤冲扩法的加固机理主要有：

1. 成孔及成桩过程中对原土的动力挤密作用

2. 对原土的动力固结作用

3. 冲扩桩充填置换作用（包括桩身及挤入桩间土的骨料）

4. 生石灰的水化和胶凝作用（化学置换）

上述作用依不同土类而有明显区别。对地下水位以上杂填土、素填土、粉土及可塑状态黏性土、黄土等，在冲孔过程中成孔质量较好，无坍孔及缩颈现象，孔内无积水，成桩过程中地面不隆起甚至下沉。经检测，孔底及桩间土在成孔及成桩过程中得到挤密。试验表明，挤密土影响范围约为2～3倍桩径。而对地下水位以下饱和松软土层，冲孔时坍孔严重，有时甚至无法成孔，在成桩过程中地面隆起严重。经检测，桩底及桩间土挤密效果不明显，桩身质量也较难保证，因此对上述土层应慎用。

柱锤冲扩法目前还处于半理论半经验状态，成孔和成桩工艺及地基固结效果直接受到土质条件的影响。因此，正式施工前进行成桩试验及试验性施工十分必要。根据现场试验取得的资料修改设计，制定施工及检验要求。

17.15.2 柱锤冲扩法复合地基的设计

对大型、重要或场地复杂的工程，正式施工前，应在有代表性的场地上进行试验。

1. 桩的布置

处理范围应大于基底面积。对一般地基，在基础外缘应扩大1～2排桩，并不应小于基底下处理土层厚度的1/2。对可液化地基，处理范围可按上述要求适当加宽。

地基处理的宽度超过基础底面边缘一定范围，主要作用在于增强地基的稳定性，防止基底下被处理土层在附加应力作用下产生侧向变形，因此原天然土层越软，加宽的范围应越大。通常，按压力扩散角 $\theta=30°$ 来确定加固范围的宽度，并不少于1～2排桩。

桩位布置可采用正方形、矩形、三角形布置。常用桩距为1.5～2.5m，或取桩径的2～3倍。桩径可取500～800mm，桩孔内填料量应通过现场试验确定。

地基处理深度可根据工程地质情况及设计要求确定。对相对硬层埋藏较浅的土层，应深达相对硬土层；当相对硬层埋藏较深时，应按下卧层地基承载力及建筑物地基的变形允许值确定；对可液化地基，应按现行《建筑抗震设计规范》GB 50011 的有关规定确定。

桩体材料可采用碎砖三合土、级配砂石、矿渣、灰土、水泥混合土等。当采用碎砖三合土时，采用生石灰：碎砖：黏性土，其配合比（体积比）为1：2：4。当采用其他材料时，应经过试验确定其适用性和配合比。

2. 承载力

柱锤冲扩桩复合地基承载力特征值应通过现场复合地基载荷试验确定，初步设计时也可按式（17.3.22）估算。

$$f_{spk}=[1+m(n-1)]f_{sk} \tag{17.15.1}$$

式中　f_{spk}——复合地基承载力特征值，kPa；

f_{sk}——处理后桩间土承载力特征值，kPa，可按地区经验确定；

n——复合地基桩土应力比，$n=2～4$；

m——面积置换率，$m=d^2/d_e^2$；d 为桩身平均直径，m，d_e 为一根桩分担的处理地基面积的等效圆直径，m；等边三角形布桩 $d_e=1.05s$，正方形布桩 $d_e=1.13s$，矩形布桩 $d_e=1.13\sqrt{s_1 s_2}$，s、s_1、s_2 分别为桩间距、纵向桩间距和横向桩间距。m 值宜取 $0.2\sim0.5$。

3. 柱锤冲扩法复合地基的变形计算

柱锤冲扩法复合地基的变形，可按第 17.3.5 节复合地基中复合地基变形计算的要求进行计算。

此外，当柱锤冲扩桩处理深度以下存在软弱下卧层时，应进行下卧层地基承载力验算。

17.15.3 柱锤冲扩法复合地基的施工

柱锤冲扩法施工可按下列步骤进行：

1. 清理平整施工场地，布置桩位

2. 施工机具就位，使柱锤对准桩位

3. 柱锤冲孔

根据土质及地下水情况，可分别采用下述三种成孔方式：

1）冲击成孔　将柱锤提升一定高度，自动脱钩下落冲击土层，如此反复冲击设计成孔深度时，可在孔内填少量粗骨料继续冲击，直到孔底被夯密实。

2）填料冲击成孔　成孔时出现缩颈或坍孔时，可分次填入碎砖和生石灰块，边冲击边将填料挤入孔壁及孔底。当孔底接近设计成孔深度时，夯入部分碎砖形成扩大端。

3）复打成孔　当坍孔严重难以成孔时，可提锤反复冲击至设计孔深，然后分次填入碎砖和生石灰块，待孔内生石灰吸水膨胀、柱间土性质有所改善后，再进行二次冲击，复打成孔。

当采用上述方法仍难以成孔时，也可以采用套管成孔，即用柱锤边冲孔边将套管压入土中，直至桩底设计标高。

4）成桩　用标准料斗或运料车将拌合好的填料分层填入桩孔夯实。当采用套管成孔时，边分层填料夯实，边将套管拔出。锤的质量、锤长、落距、分层填料量、分层夯实厚度、夯击次数、总填料量等，应根据试验或按当地经验确定。每个桩孔应夯填至桩顶设计标高以上至少 0.5m，其上部桩孔宜用原槽土夯封。施工中应做好记录，并对发现的问题及时进行处理。

5）施工机具移位，重复上述步骤进行下一根桩的施工

起重机具可用起重机、步履式夯扩桩机或其他专用机具设备。

此外，成孔和填料夯实的施工顺序宜间隔进行。

基槽开挖后，应进行晾槽拍底或碾压，随后铺设垫层并压实。

17.15.4 柱锤冲扩法复合地基的质量检验

1. 施工过程质量

施工过程中应随时检查施工记录及现场施工情况，并对照预定的施工工艺标准，对每根桩进行质量评定。对质量有怀疑的工程桩，应用重型动力触探进行自检。

2. 桩身及桩间土质量检验

冲扩桩施工结束后 7~14d 内，可采用重型动力触探进行对桩身及桩间土进行抽样检验，并对处理后桩身质量及复合地基承载力作出评价。检验点数可按冲扩桩总数的 2% 计。每一单体工程桩身及桩间土总检验点数均不应少于 6 点。

基槽开挖后，应检查桩位、桩径、桩数、桩顶密实度及槽底土质情况。如发现漏桩、

桩位偏差过大、桩头及槽底土质松软等质量问题，应采取补救措施。

3. 竣工验收承载力检验

应进行单桩复合地基或多桩复合地基载荷试验，载荷试验应在成桩14d后进行。检验总数为总桩数的0.5%，且每一单体工程不应少于3点。

17.16 注浆加固

17.16.1 概述

注浆加固是利用能起胶结固化作用的化学浆液注入岩土体中的一种岩土加固方法，在工程中应用广泛。在建筑地基领域、建筑地基的改良加固、建筑物的纠偏、深基坑开挖支护和防渗、边坡稳定性的改良加固等许多方面，均得到了广泛应用。注浆加固过程中，流动的浆液具有一定的压力，对地基土有一定的渗透力和挤压劈裂作用，其适用性较广泛。根据工程加固需要及不同的地质条件，可选用不同的注浆浆液，如水泥系浆液、黏土浆液、硅化浆液、聚氨酯类浆液和碱液等，以达到不同的加固要求。本节中将对利用水泥系浆液注浆作简要介绍。

17.16.2 注浆加固方法的分类

按加固原理不同，在建筑地基中常用的注浆方法可分为：渗透注浆、压密注浆、充填注浆、劈裂注浆和电动化学注浆等多种不同方法。

1. 渗透注浆

渗透注浆是依靠注浆压力，使浆液通过岩土体的孔隙或裂隙，就地凝固而达到加固或减少渗漏的注浆方法。在渗透注浆中，浆液以渗透方式起主导作用，排除岩土体中的自由水和空气，而不破坏岩土的原有结构，被灌注的岩土体中的裂隙被充填并胶结，从而其强度和防渗性能显著提高。

2. 压密注浆

压密注浆是将很稠的浆液注入事先在地基中钻成的孔中，随着注浆量的增加，在压力作用下，注浆体通常呈球状或圆柱状，在不均匀地基中大多呈不规则形状，使周围地基土得到加固（图17.16.1）。

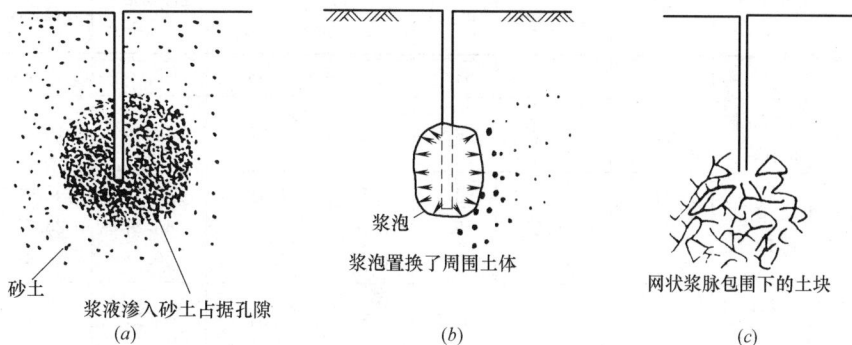

砂土 浆液渗入砂土占据孔隙
(a)

浆泡 浆泡置换了周围土体
(b)

网状浆脉包围下的土块
(c)

图17.16.1 灌浆类型

(a) 渗入性灌浆；(b) 压密灌浆；(c) 劈裂灌浆

压密注浆可用以对地基中的薄弱区进行加固，适用于粉细砂地基及非饱和土体中的加固，进行基础托换调整不均匀沉降，以及在深开挖或隧道掘进时对邻近土体进行加固。

3. 充填注浆

充填注浆是利用稠浆或掺加混合料的浆液直接向地基内的大孔隙、大孔洞、岩溶裂隙等空间注浆，以及对砂砾碎石层、隧道回填灌浆等。注浆液固化后，成为具有一定强度的固结体，充填了原有空间。充填注浆也可用于砾砂、粗砂、杂填土层中等。充填注浆也不改变岩土原来的结构，浆液的渗流是哪里薄弱、哪里有空洞就往哪里钻。充填固结的结果是形成不规则的浆脉，如在杂填土或裂隙岩体的裂隙中起充填作用。

4. 劈裂注浆

劈裂注浆是一种以破坏求加固的方法，在压力作用下浆液克服地层的重力和抗拉强度，引起土体结构的破坏，使土层中原有的裂隙张开，促进浆液的可灌性和增大扩散距离，从而达到加固的目的。劈裂注浆相对压力较高，利用水力压裂原理，在注浆区间附近，造成有限的可控破坏区，解决渗透性低的土及某些特殊土层的加固问题。

黏性土地基是劈裂注浆加固应用最广泛的领域。在低渗透性的黏性土及软土中，在较高的注浆压力作用下，浆液在土体内产生水力劈裂作用，土中产生一系列裂隙，使水泥浆液进入这些裂隙。硬化后形成交叉的水泥结石网络，起着土体骨架作用，使软弱土体具有较高的强度。

5. 电动化学注浆

电化学注浆是在施工时，将带孔的注浆管作为阳极，用滤水管作为阴极，浆液由阳极压入土中，并通以直流电，在电流作用下，孔隙水由阳极流向阴极排出，降低了土的含水量，化学浆液也随之流入土孔隙中并在土中固结。电渗加固时采用铁管为阳极，电渗过程中，铁发生氧化反应，铁离子生成的胶液对土粒起胶结作用。近年来，在土工合成材料中已制成一种能导电的塑料排水板，以代替金属管电极，用于进行电渗固结，实现排水快速固结，大幅降低了降水成本。电渗固结后，土的强度可得到较大幅度的提高。如表17.16.1所示，即为深圳机场淤泥经电渗固结的效果。

深圳机场淤泥电渗前后物理力学指标表　　　　　　　　　　　表 17.16.1

试样号		试验条件	相对密度 D_r	表观密度 $\gamma(kN/m^3)$	含水量 $w(\%)$	孔隙比 e	压缩系数 a_{1-2} $(\times 10^{-3} kPa)$	无侧限抗压强度 $q_u(kPa)$	黏聚力 $c(kPa)$	内摩擦角 $\varphi(\degree)$
试验前			2.70	15.3	83.1	2.21	2.63	3.0	2.09	0.3
试验后	I_1	电渗无附加荷载	2.61	16.3	56.9	1.51	1.27	18.14	10.46	2.4
	I_2 II_{-1} II_{-2}	电渗、附加荷载 13kPa	2.60 2.6 2.62	16.0 16.5 16.8	53.8 55.1 49.5	1.50 1.46 1.33	1.48 0.89 1.04	33.28 45.87 50.06	9.13 23.57 21.41	0.3 1.2 3.6
	III	无电渗、附加荷载 13kPa	2.62	15.9	67.5	1.76	1.81	8.29	3.65	0.8

17.16.3　水泥类注浆加固材料

注浆材料有多种不同的种类，建筑工程中常用的水泥类注浆材料就可有以下的分类：

1. 普通型水泥浆

普通型水泥浆即纯水泥浆，一般无特殊要求的工程，宜采用普通型水泥浆。适用于对岩体的裂隙加固及大直径混凝土桩缺陷的补强等，其主要控制指标是注浆压力和注入量。

2. 速凝早强水泥浆

对地下水发育、流速大的工程，需要在水泥浆中掺入速凝早强剂，使水泥浆速凝，常用的早强剂有水玻璃、氯化钙等。

3. 抗渗型水泥浆

在水泥中掺入少量（约 2%～4%）的水玻璃，不但能加快水泥浆的凝固时间，而且能明显提高其抗渗效果。

4. 硅粉浆液

在水泥浆中掺入硅粉及减水剂，使浆液的可灌性和稳定性改善。由于硅粉的化学活性作用，与水泥反应生成强度高的凝胶结石，达到地基注浆加固的目的。

5. 超细水泥浆液

超细水泥是将某种水硬性材料或水泥进行特殊的机械加工，制成超细颗粒，其平均粒径小、比表面大、分散性好，浆液的流动性、可灌注性及渗透性均优于普通水泥浆液。将超细水泥辅以不同的外加剂配制成膨胀型、快凝型、早强型、带凝型等满足不同需要的浆液，扩大了应用范围。

6. 水玻璃—水泥浆液

水玻璃的作用可促使水泥浆早凝，在工程中应用广泛。但水玻璃掺量过多，对加固体的强度会有影响，强度将随水玻璃体积增加而降低。有时，为防止水泥颗粒的沉淀也可添加一定数量的膨润土，改善浆液的稳定性。

7. 聚氨酯类浆液

聚氨酯浆液注入地层后，遇水即反应生成聚氨酯泡沫体，起加固地基和防渗堵漏作用。聚氨酯浆液的固结体可以是硬的塑胶体，也可以是延伸性好的橡胶体或者是可硬可软的泡沫体。聚氨酯浆液的特点是在任何条件下能遇水反应而固化，所以浆液不会因遇水稀释而流失。因此，它既可作为补强加固的注浆材料，又可作为防渗堵漏的灌浆材料，还可用于要求有伸缩变形的嵌缝材料。还可用于填补松散地基孔洞等防止不均匀沉降的加固措施。工程中常用水溶性聚氨酯浆材，浆液黏度低，可灌性好，结石体有较高强度，可与水泥注浆结合，形成防渗帷幕。常用于地下连续墙发生渗漏时防渗漏注浆及建筑物下局部软弱地基的固化加固。

17.16.4 水泥为主剂的注浆加固

在建筑工程地基处理中，最常采用的是以水泥为主剂、辅以其他外加剂形成的注浆液，如水泥浆、水泥砂浆和水泥水玻璃浆等。是胶结性好、结石强度高的一种注浆材料，可于防渗、堵漏、充填、压密加固和软土劈裂注浆等工程加固处理中应用。

1. 设计

水泥为主剂的注浆法，适用于软基加固、防渗堵漏、裂隙孔洞的填充等工程加固中。

由于地质条件的复杂性，要针对注浆加固目的，在注浆加固设计前进行室内浆液配比试验和现场注浆试验是十分必要的。浆液配比的选择也应结合现场注浆试验，试验阶段可选择不同的浆液配比。现场注浆试验包括注浆方案的可行性试验、注浆孔布置方式试验和注浆工艺试验三方面。可行性试验是当地基条件复杂，难以借助类似工程经验决定采用注浆方案的可行性时进行的试验。一般为保证注浆效果，尚需通过试验寻求以较少的注浆量、最佳注浆方法和最优注浆参数，即在可行性试验基础上进行注浆孔布置方式试验和注浆工艺试验。只有在经验丰富的地区，可参考类似工程确定设计参数。

一般的软弱地基加固，可采用单液水泥注浆法；对有地下水流动的软弱地基，应采用双液注浆，控制浆液凝固时间，防止浆液流失。应通过室内试验确定浆液成分的配比，包括浆液初凝时间、坍落度、水灰比等。

地层中有较大裂隙、溶洞。耗浆量很大或有地下水活动时，宜采用水泥砂浆。水泥砂浆由水灰比不大于 1.0 的水泥浆掺砂配成，与水泥浆相比，有稳定性好、抗渗能力强和析水率低的优点；缺点是流动性小，对设备要求较高。

水泥-水玻璃浆广泛用于地基、大坝、隧道、桥墩、矿井等建筑工程，其性能取决于水泥浆水灰比、水玻璃浓度和加入量、浆液养护条件。

工程实践经验表明，水泥为主剂的注浆法加固时，注浆孔间距宜取 1.0～2.0m。

在砂土地基中，浆液的初凝时间宜为 5min/20min；在黏性土地基中，浆液的初凝时间宜为 1～2h。

注浆量和注浆有效范围，应通过现场注浆试验确定；在黏性土地基中，浆液注入率宜为 15%～20%；注浆点上覆土层厚度应大于 2m。

对劈裂注浆的注浆压力，在砂土中宜为 0.2～0.5MPa，在黏性土中宜为 0.2～0.3MPa。对压密注浆，当采用水泥砂浆浆液时，坍落度宜为 25～75mm，注浆压力宜为 1.0～7.0MPa。当采用水泥-水玻璃双液快凝浆液时，注浆压力不应大于 1.0MPa。

对人工填土地基，应采用多次注浆，间隔时间应按浆液的初凝试验结果确定，且不应大于 4h。

在黏性土中，宜为 0.2～0.3MPa。对压密注浆，当采用水泥砂浆浆液时，坍落度宜为 25～75mm，注浆压力宜为 1.0～7.0MPa。当采用水泥-水玻璃双液快凝浆液时，注浆压力不应大于 1.0MPa。

对人工填土地基，应采用多次注浆，间隔时间应按浆液的初凝试验结果确定，且不应大于 4h。

2. 施工

以水泥为主剂的注浆施工时，应严格按设计要求布置和设置注浆管，成孔、埋管后应对钻孔进行泥浆封闭。施工时，宜采用自动流量和压力记录装置，进行施工参数的及时控制。

(1) 浆液黏度应为 80～90s，封闭泥浆 7d 后 70.7mm×70.7mm×70.7mm 立方体试块的抗压强度应为 0.3～0.5MPa。

(2) 浆液宜用普通硅酸盐水泥。注浆时可部分掺用粉煤灰，掺入量可为水泥重量的 20%～50%。根据工程需要，可在浆液拌制时加入速凝剂、减水剂和防析水剂。

(3) 注浆用水 pH 值不得小于 4。

(4) 水泥浆的水灰比可取 0.6～2.0，常用的水灰比为 1.0。

(5) 注浆的流量可取 7～10L/min；对充填型注浆，流量不宜大于 20L/min。

(6) 当用花管注浆和带有活堵头的金属管注浆时，每次上拔或下钻高度宜为 0.5m。

（7）浆体应经过搅拌机充分搅拌均匀后方可压注，注浆过程中应不停缓慢搅拌，搅拌时间应小于浆液初凝时间。浆液在泵送前，应经过筛网过滤。

（8）水温不得超过 30～35℃，盛浆桶和注浆管路在注浆体静止状态不得暴露于阳光下，防止浆液凝固；当日平均温度低于 5℃ 或最低温度低于 -3℃ 的条件下注浆时，应采取措施防止浆液冻结。

（9）应采用跳孔间隔注浆，且先外围后中间的注浆顺序。当地下水流速较大时，应从水头高的一端开始注浆。

（10）对渗透系数相同的土层，应先注浆封顶，后由下而上进行注浆，防止浆液上冒。如土层的渗透系数随深度而增大，则应自下而上注浆。对互层地层，应先对渗透性或孔隙率大的地层进行注浆。

（11）当既有建筑地基进行注浆加固时，应对既有建筑及其邻近建筑、地下管线和地面的沉降、倾斜、位移和裂缝进行监测。并应采用多孔间隔注浆和缩短浆液凝固时间等措施，减少既有建筑基础因注浆而产生的附加沉降。

在以水泥为主剂的注浆实际施工过程中，常出现冒浆、窜浆及绕塞返浆等现象，应及时分析其产生的原因，调整施工工序、流量、压力等，及时加以克服和控制。

注浆加固施工中，最常采用的注浆管是花管注浆施工法，一般均能满足各种注浆要求。近年来，在基坑工程地下结构的施工过程中，已常采用袖阀管注浆法的新工艺。在地下连续墙的施工过程中，更能全面地满足防渗、堵漏的要求。

17.17 单液硅化法和碱液法

17.17.1 概述

单液硅化法是硅化加固法的一种，是指将硅酸钠溶液（$Na_2O \cdot nSiO_2$）（常称为液体水玻璃）灌入土中，当溶液和含有大量水溶性盐类的土相互作用时，产生硅胶将土颗粒胶结，提高水的稳定性，消除黄土的湿陷性，提高土的强度。

碱液法是把具有一定浓度的 NaOH 溶液经加热到 90～100℃，通过有孔铁管在其自重作用下灌入土中，利用 NaOH 溶液来加固黏性土，使土颗粒表面相互溶合粘结。对于钙质饱和的黏性土（如湿陷性黄土）能获得较好的效果，对软土需同时使用氯化钙溶液。这是因为氢氧化钠溶液注入土中后，土粒表层会逐渐发生膨胀和软化，进而发生表面的相互溶合和胶结（钠铝硅酸盐类胶结），但这种溶合胶结是非水稳性的，只有在土粒周围存在有 $Ca(OH)_2$ 和 $Mg(OH)_2$ 的条件下，才能使这种胶结构成为强度高且具有水硬性的钙铝硅酸盐络合物。这些络合物的生成将使土粒牢固胶结，强度大大提高，并且具有充分的水稳性。

由于黄土中钙、镁离子含量一般都较高（属于钙、镁离子饱和土），故采用单液加固已足够。如钙、镁离子含量较低，则需考虑采用碱液与氯化钙溶液的双液法加固。为了提高碱液加固黄土的早期强度，也可适当注入一定量的氯化钙溶液。

单液硅化法和碱液法适用于处理地下水位以上渗透系数为 0.1～2.0m/d 的湿陷性黄土等地基。在自重湿陷性黄土场地，对Ⅱ级湿陷性地基，由于碱液法在自重湿陷性黄土地区使用较少，而且加固深度不足 5m，为防止采用碱液法加固既有建筑物地基产生附加沉降，当采用碱液法加固时，应通过试验确定其可行性。

对于下列建（构）筑物，宜采用单液硅化法或碱液法：

（1）沉降不均匀的既有建（构）筑物和设备基础；

（2）地基受水浸湿引起湿陷，需要立即阻止湿陷继续发展的建（构）筑物或设备基础以及拟建的设备基础和构筑物。

采用单液硅化法或碱液法加固湿陷性黄土地基，应于施工前在拟加固的建（构）筑物附近进行单孔或多孔灌注溶液试验，确定灌注溶液的速度、时间、数量或压力等参数。

灌注溶液试验结束后，隔7～10d，应在试验范围的加固深度内量测加固土的半径，并取土样进行室内试验，测定加固土的压缩性和湿陷性等指标。必要时，应进行浸水载荷试验或其他原位测试，以确定加固土的承载力和湿陷性。

对酸性土和已渗入沥青、油脂及石油化合物的地基土，不宜采用单液硅化法和碱液法。

17.17.2 单液硅化法

1. 溶液灌注

单液硅化法按其灌注溶液的工艺，可分为压力灌注和溶液自渗两种。

1）压力灌注 是指向土中打入灌注管（有孔铁管），采用一定的压力将溶液灌入土中。可用于加固自重湿陷性黄土场地上拟建的设备基础和构筑物的地基，也可用于加固非自重湿陷性黄土场地上的既有建（构）筑物和设备基础的地基。

非自重湿陷性黄土上的既有建（构）筑物和设备基础的地基之所以可采用压力灌注，是因为非自重湿陷性黄土有一定的湿陷起始压力，基底附加应力不大于湿陷起始压力或虽大于湿陷起始压力但数值不大时，不致出现附加沉降，并已为大量工程实践和试验研究资料所证明。压力灌注需要用加压设备（如空压机）和金属灌注管等，成本相对较高，其优点是加固范围较大，不只是可加固基础侧向，而且可加固既有建筑物基础底面以下的部分土层。

2）溶液自渗 是指在拟加固的土层中打（钻）设灌浆用的孔，将配制好的溶液灌满各灌注孔，并使溶液面高出基础底面标高0.50m，使溶液自行渗入土中。该法宜用于加固自重湿陷性黄土场地上的既有建（构）筑物和设备基础的地基。

溶液自渗的速度慢，扩散范围小，溶液与土接触初期，对既有建筑物和设备基础的附加沉降很小（10～20mm），不超过建筑物地基的允许变形值。而对这种条件下的地基采用压力灌注，溶液的灌注速度快，扩散范围大。灌注溶液过程中，溶液与土接触初期，尚未产生化学反应，在自重湿陷性严重的场地，采用此法加固既有建筑物地基，附加沉降可达30cm以上，对既有建筑物显然是不允许的。

2. 溶液用量计算

单液硅化法应由浓度为10%～15%的硅酸钠（$Na_2O \cdot nSiO_2$）溶液，掺入2.5%氯化钠组成。其相对密度宜为1.13～1.15，并不应小于1.10。

加固湿陷性黄土的溶液用量，可按式（17.17.1）估算：

$$Q = V \bar{n} d_{N1} \alpha \qquad (17.17.1)$$

式中　Q——硅酸钠溶液的用量，m^3；

　　　V——拟加固湿陷性黄土的体积，m^3；

$\overline{n}$——地基加固前，土的平均孔隙率，%；

d_{N1}——灌注时，硅酸钠溶液的相对密度；

α——溶液填充孔隙的系数，可取 0.60～0.80。

硅酸钠溶液的模数值宜为 2.5～3.3，其杂质含量不应大于 2%。

当硅酸钠溶液的浓度大于加固湿陷性黄土所要求的浓度时，应将其加水稀释，加水量可按式（17.17.2）估算：

$$Q' = \frac{d_N - d_{N1}}{d_{N1} - 1} \times q \tag{17.17.2}$$

式中 Q'——拟稀释硅酸钠溶液的加水量，t；

d_N——稀释前硅酸钠溶液的相对密度；

q——拟稀释硅酸钠溶液的数量，t。

3. 灌注孔的布置

采用单液硅化法加固湿陷性黄土地基，灌注孔的布置应符合下列要求：

（1）灌注孔的间距：压力灌注宜为 0.80～1.20m；溶液自渗宜为 0.40～0.60m；

（2）加固拟建的设备基础和建（构）筑物的地基，应在基础底面下按等边三角形满堂布置，超出基础底面外缘的宽度，每边不得小于 1m；

（3）加固既有建（构）筑物和设备基础的地基，应沿基础侧向布置，每侧不宜少于两排。

当基础底面宽度大于 3m 时，除应在基础每侧布置两排灌注孔外，必要时可在基础两侧布置斜向基础底面中心以下的灌注孔或在其台阶上布置穿透基础的灌注孔，以加固基础底面下的土层。

17.17.3 碱液法

1. 溶液灌注

碱液法灌注溶液可采用溶液自渗的方式。灌注孔可采用各种机械成孔，或将带有尖端的钢管打入土中成孔，再插入有孔铁管（注液管），使溶液通过注液管在其自重作用下灌入土中。

当 100g 干土中可溶性和交换性钙镁离子含量大于 10mg·eq 时，可采用单液法，即只灌注氢氧化钠一种溶液加固；否则，应采用双液法，即采用氢氧化钠溶液与氯化钙溶液轮番灌注加固。

2. 加固深度及加固范围

碱液加固地基的深度应根据场地的湿陷类型、地基湿陷等级和湿陷性黄土层厚度，并结合建筑物类别与湿陷事故的严重程度等综合因素确定。加固深度宜为 2～5m。

对非自重湿陷性黄土地基，加固深度可为基础宽度的 1.5～2 倍。

对 II 级自重湿陷性黄土地基，加固深度可为基础宽度的 2～3 倍。

碱液加固土层的厚度 h，可按式（17.17.3）估算：

$$h = L + r \tag{17.17.3}$$

式中 L——灌注孔长度，从注液管底部到灌注孔底部的距离，m；

r——有效加固半径，m。

碱液加固地基的半径 r，宜通过现场试验确定。当碱液浓度和温度符合《建筑地基处理技术规范》JGJ 79 的有关规定时，有效加固半径与碱液灌注量之间可按式（17.17.4）估算：

$$r = 0.6 \sqrt{\frac{V}{nL \times 10^3}} \tag{17.17.4}$$

式中　V——每孔碱液灌注量，L，试验前可根据加固要求达到的有效加固半径按式（17.17.5）进行估算；

n——拟加固土的天然孔隙率。

当无试验条件或工程量较小时，r 可取 0.4～0.5m。

当采用碱液加固既有建（构）筑物的地基湿陷事故时，灌注孔的平面布置，可沿条形基础两侧或单独基础周边各布置一排。当湿陷较严重时，孔距可取 0.7～0.9m；当湿陷较轻时，孔距可适当加大至 1.2～2.5m。

3. 每孔碱液灌注量

每孔碱液灌注量可按式（17.17.5）估算：

$$V = \alpha \beta \pi r^2 (L+r) n \tag{17.17.5}$$

式中　α——碱液充填系数，可取 0.6～0.8；

β——工作条件系数，考虑碱液流失影响，可取 1.1。

17.17.4　施工

1. 单液硅化法

1) 压力灌注　压力灌注溶液的施工步骤，应符合下列要求：

（1）向土中打入灌注管和灌注溶液，应自基础底面标高起向下分层进行。即先将带孔眼的灌注管和不带孔眼的连接管打入第一加固层，并灌注配好的硅酸钠溶液，完毕后再依次施工其他加固层，达到设计深度后将管拔出，清洗干净可继续使用；

（2）加固既有建筑物地基时，在基础侧向应先施工外排，后施工内排。

2) 溶液自渗　溶液自渗的施工步骤，应符合下列要求：

（1）在基础侧向，将设计布置的灌注孔分批或全部打（或钻）至设计深度；

（2）将配好的硅酸钠溶液注满各灌注孔，溶液面宜高出基础底面标高 0.50m，使溶液自行渗入土中；

（3）在溶液自渗过程中，每隔 2～3h 向孔内添加一次溶液，防止孔内溶液渗干。

计算溶液量全部注入土中后，所有灌注孔宜用 2：8 灰土分层回填夯实。

采用单液硅化法加固既有建（构）筑物或设备基础的地基时，在灌注硅酸钠溶液过程中应进行沉降观测，当发现建（构）筑物和设备基础的沉降突然增大或出现异常情况时，应立即停止灌注溶液，待查明原因并采取有效措施处理后，再继续灌注。

2. 碱液法

灌注孔可用洛阳铲、螺旋钻成孔或用带有尖端的钢管打入土中成孔，孔径为 60～100mm，孔中填入粒径为 20～40mm 的石子，直到注液管下端标高处，再将内径 20mm 的注液管插入孔中，管底以上 300mm 高度内填入粒径为 2～5mm 的小石子，其上用 2：8 灰土填入并夯实。

碱液可用固体烧碱或液体烧碱配制，加固 1m³ 黄土需要 NaOH 量约为干土质量的 3%，即 35～45kg。碱液浓度不应低于 90g/L，常用浓度为 90～100g/L。

双液加固时，氯化钙溶液的浓度为 $50\sim80\text{g/L}$。

溶液加碱量可按下列公式计算：

（1）采用固体烧碱配制每 1m^3 浓度为 M 的碱液时，每 1m^3 水中的加碱量为：

$$G_\text{s} = \frac{1000M}{P} \qquad (17.17.6)$$

式中 G_s——每 1m^3 碱液中投入的固体烧碱量，kg；

M——配制碱液的浓度，g/L，计算时将 g 化为 kg；

P——固体烧碱中，NaOH 含量的百分数，%。

（2）采用液体烧碱配制每 1m^3 浓度为 M 的碱液时，投入的液体烧碱量为：

$$V_1 = 1000 \frac{M}{d_\text{N} N} \qquad (17.17.7)$$

加水量：

$$V_2 = 1000 \left(1 - \frac{M}{d_\text{N} N}\right) \qquad (17.17.8)$$

式中 V_1——液体烧碱体积，L；

V_2——加水的体积，L；

d_N——液体烧碱的相对密度；

N——液体烧碱的质量分数，%。

配溶液时应先放水，然后徐徐放入碱块或浓碱液。

应在盛溶液桶中将碱液加热到 90℃ 以上才能进行灌注，灌注过程中桶内溶液温度应保持不低于 80℃。灌注碱液的速度宜为 $2\sim5\text{L/min}$。

碱液加固施工，应合理安排灌注顺序和控制灌注速率。宜间隔 $1\sim2$ 孔灌注并分段施工，相邻两孔灌注时间间隔不宜少于 3d。同时，灌注的两孔间距不应小于 3m。

当采用双液加固时，应先灌注氢氧化钠溶液，间隔 $8\sim12\text{h}$ 后再灌注氯化钙溶液，后者用量为前者的 $1/2\sim1/4$。

施工中应防止污染水源，注意安全操作，并备工作服、胶皮手套、风镜、围裙、鞋罩等。皮肤如沾上碱液，应立即用 5% 浓度的硼酸溶液冲洗。

17.17.5 质量检验

1. 单液硅化法

硅酸钠溶液灌注完毕后，隔 $7\sim10\text{d}$，应按下列规定对已加固的地基土进行检验。

（1）检查施工记录，各灌注孔的加固深度和注入土中的溶液量应符合设计规定；

（2）竣工验收应采用动力触探或其他原位测试，在加固土的全部深度内进行检测，确定其承载力及均匀性；

（3）必要时，尚应在加固土的全部深度内，每隔 1m 取土样进行室内试验，测定其压缩性和湿陷性。

地基加固结束后，尚应对已加固地基的建（构）筑物或设备基础进行沉降观测，直至沉降稳定，观测时间不应少于半年。

2. 碱液法

应做好施工记录，检查碱液浓度及每孔注入量是否符合设计要求。施工中每间隔 $1\sim 3\text{d}$，应对既有建筑物的附加沉降进行观测。

碱液加固地基的竣工验收，应在加固施工完毕 28d 后进行。可通过开挖或钻孔取样，对加固土体进行无侧限抗压强度试验和水稳性试验。取样部位应在加固土体中部，试块数不少于 3 个，28d 龄期的无侧限抗压强度平均值不得低于设计值的 90%。将试块浸泡在自来水中，无崩解。当需要查明加固土体的外形和整体性时，可对有代表性加固土体进行开挖，量测其加固半径和有效加固厚度。

　　地基经碱液加固后应继续进行沉降观测，观测时间不得少于半年，按加固前后沉降观测结果或用触探法检测加固前后土中阻力的变化，确定加固质量。

17.18　袖阀管注浆法

　　袖阀管注浆工法是由法国 Soletanche 基础工程公司于 20 世纪 50 年代首创的一种注浆工法，又称 Soletanche3-法。袖阀管注浆工法由于能较好地控制注浆范围和注浆压力，可进行重复注浆且发生冒浆与串浆的可能性很小等特点，被国内外公认为可靠的注浆工法之一。

　　袖阀管灌浆法如图 17.18.1 所示。

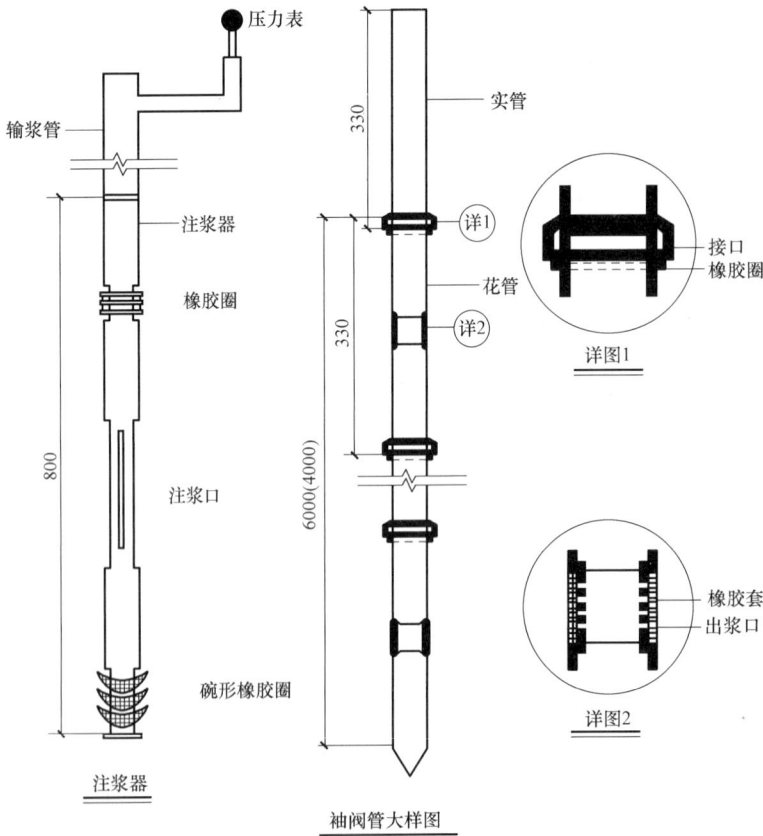

图 17.18.1　袖阀管大样及注浆器图

　　袖阀管注浆能在同一孔内反复多次、分段进行灌浆，是公认最可靠的灌浆方法，其构造如图 17.18.2 所示。

主要构成部分如下。

1. 袖阀管

它是一根直径为 $\phi 50$ 的硬质 PVC 管，在需要灌浆的地段，每隔 0.33mm 钻有 6 个直径为 6mm 的小孔，小孔被一长度为 7cm 的胶皮套所包裹，称为塞孔套。它是只能向管外出浆，不能从管外返浆的单向闭合装置。灌浆时，压力将小孔外的塞孔套冲开，将液进入地层。停止灌浆时，塞孔套则自动闭合。

2. 灌浆嘴

灌浆管的顶端为一具有两阻塞器的灌浆嘴，灌浆嘴的顶端有一 $\phi 6$ 的小孔与 $\phi 8$ 的钢球相接。当灌浆管放入袖阀管中时，管中的水能从小孔自由进入。灌浆时，浆液将钢球顶紧，从灌浆嘴的花管中喷出并冲向双阻塞器。阻塞器由几个方向相对的橡皮碗组成。在浆液压力下，喇叭口张开，紧紧压住袖阀管的内壁，起到阻塞作用，迫使浆液冲开塞孔套，进入地层。皮碗式的阻塞器所能承受的压力与皮碗数有关，一般仅装 4 个皮碗分放两端，这种阻塞器可承受 2MPa 的灌浆压力。

3. 包皮浆

一种充填钻孔与袖阀管外壁之间的特制浆液。凝固后具有一定的粘结力和强度，灌浆时阻止浆液沿袖阀管外壁向上跑浆；同时，避免地层中的细小颗粒进入管中。一般采用膨润土-水泥浆作护壁胶泥。为防止包皮浆在塞孔套处形成硬壳层，在其固化前（12h 内）向管内注水。

袖阀管注浆法是通过较大的压力将浆液注（压）入岩土层中，注浆芯管上下的阻塞器可实现分段分层注浆，可由施工需要选择连续或跳段注浆。此工法在需要全程注浆的施工中，通过分段注浆，使得松散的地层均有很好的注浆加固效果，避免了以往的注浆工艺在松散地层和较密实地层同时存在时，松散地层注浆量大、较密实地层注不进浆的现象的发生。

灌浆步骤如图 17.18.2 所示。

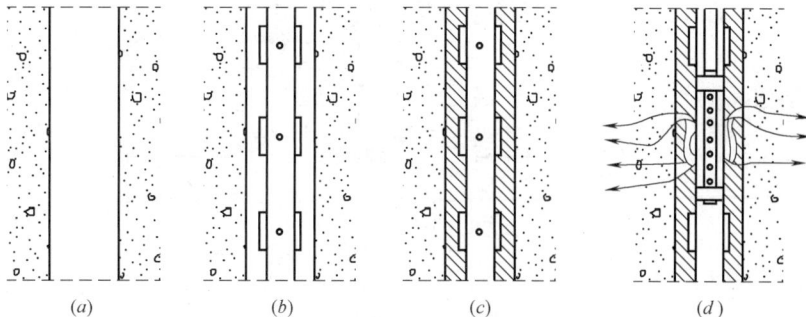

图 17.18.2 袖阀管法灌浆程序

(a) 钻孔并下套管；(b) 放入袖阀管；(c) 封填袖阀管并拔出套管；(d) 利用双塞灌浆器灌浆

袖阀管灌浆法是一种较先进的方法，袖阀管的构造如图 17.8.3 所示，其工艺流程框图如图 17.18.4 所示。但工艺上比较复杂，它的设计和实施都比一般的灌浆要严密。灌浆施工必须具备以下条件：

（1）要求有带上保护孔眼胶膜的套管（花管）；

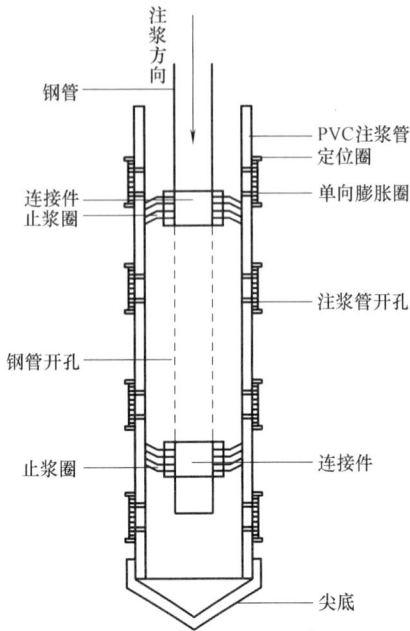

图 17.18.3 袖阀管构造示意图

（2）有套管固定在地层的充填灌浆的辅助工艺；

（3）特制的双阻塞的灌浆管；

（4）溶液型的浆液。

袖阀管灌浆法的主要特点是：

（1）具有上下两阻塞器，能将浆液限定在任意一段灌注。

（2）阻塞器在光滑的套管内自由移动，可根据需要对某一部位反复灌浆。对于某些复杂或薄弱的部位，可以通过双阻塞的灌浆管反复灌注，以达到较高的灌浆效果，并确保质量和工期。

（3）可使用较高的灌浆压力，灌浆时冒浆和串浆的可能性要比其他方法小。

（4）可根据地层特点，采用不同的灌浆材料，选用不同的灌浆参数。

（5）灌浆、钻孔可分开作业，提高工作效果。

袖阀管灌浆法有上述优点，但国内却很少使用，主要的疑虑是：袖阀管不能回收、花费大。实际上，由于该方法的有效性，从总体工程考虑，它应是一种经济的方法。比如，在发现防水效果不佳时，可利用原孔补灌某一孔段，很容易达到目的；而其他方法则非常麻烦。特别是对复杂地层的灌浆和更高要求的灌浆，袖阀管灌浆法显示了更加明显的优越性。

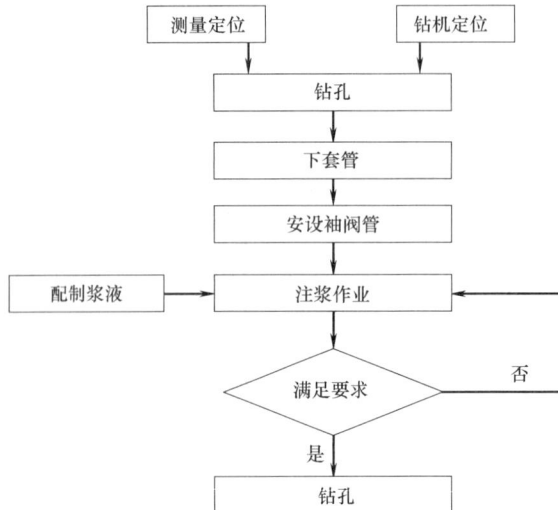

图 17.18.4 袖阀管注浆工法工艺流程框图

该法还有一个缺点：每个灌浆段长度固定为 33～50cm，不能根据地层的实际情况灌浆段的长度。

著名的英吉利海峡隧道堵水灌浆，英、法、日、意等国的地铁灌浆，中国台湾省和中国香港地区的地铁灌浆，这些成功的工程实践证明了这一方法的优越性。

17.19 土工合成材料

17.19.1 概述

土工合成材料（土工聚合物）是土工用合成纤维材料的总称。它包括土工织物、土工纤维、建筑纤维、土工薄膜（塑料薄膜）、土工格栅（塑料网格）等。我国于 20 世纪 70 年代末开始研究土工聚合物并迅速推广应用，在铁路、公路、水利、港口等建设工程中取得了成功。

土工合成材料的优点是质地柔软而质量小，整体连续性好，施工方便，抗拉强度高，耐腐蚀和抗微生物侵蚀。但应注意其耐紫外线辐射能力与自然老化性能。因此，当应用土工聚合物时，应了解产品性能指标与规格。

岩土工程中所应用的土工合成材料种类很多，主要有如下几种：纺织型织物；无纺型纤维制品（按连接方法不同，可分为针刺型、热压型和化学粘结型等）；纺织品；组合型纤维制品；其他（如土工网、土工垫、土工格栅以及各种土工薄膜和复合组合材料等）。

土工合成材料是以人工合成的高聚合物，如塑料、化纤等为原料制成的，是用于岩土体加固的新型材料，包括土工织物和超轻质填土材料两类，将其置于土体内部，以发挥其加强土体的作用。

土工合成材料按不同的工程用途，其分类如图 17.19.1 所示。

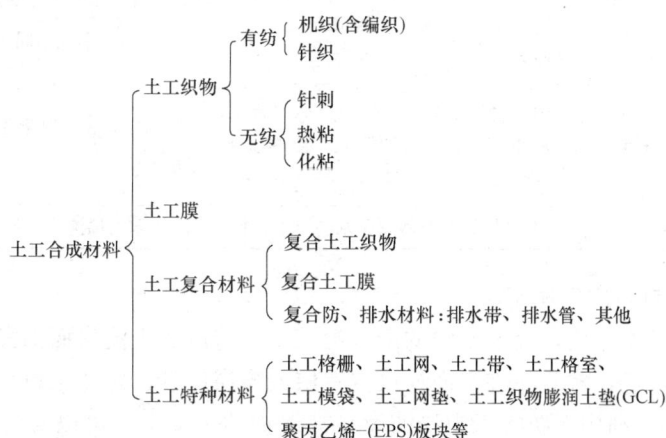

图 17.19.1　土工合成材料分类

土工合成材料的力学性能，主要包括：抗拉强度、断裂时的延伸率、样形撕裂强度、冲穿强度、顶破强度、蠕变性与岩土间的摩擦系数等。这些力学性能参数可通过试验取得，但无论国内外，至今尚无统一标准。我国标准可参考水利部发布的《土工合成材料测试规程》SL 235。

17.19.2 土工合成材料的应用

根据工程的需要，土工合成材料的品种很多，各种土工合成材料的主要用途及其所用的原材料如表 17.19.1 所示。归纳起来，主要应用于反滤、排水、隔离和加固补强等方面。

分　类		用　途	原　材　料
透水性的土工合成材料	土工织物	排水、反滤、隔滤、护坡	合成纤维,如绵纶、的纶、氯纶、聚乙烯、丙纶、氰纶等
	土工网	软基加固垫层、坡面防护植草等厚垫层用于排水通道、滤层	用塑料条、带编织或压制成刚度较大的网状物
	土工格栅	装入石子、砂等材料,防冲刷、流失、用于沙漠或沼泽地筑路、护坡	聚乙烯、聚丙烯、聚氯乙烯、聚酯等塑料挤压成型,构成网状、蜂窝状三维结构
	土工格室	同上	用塑料板焊接而成
	土工模袋	代替模板,灌入混凝土或砂浆,形成板状或其他结构件,用于护坡、地基处理	用合成纤维制成模袋
	土工袋	装入大块石,用于截流、筑堤、防流失	用合成纤维制成绳网、绳袋
不透水性的土工合成材料	塑料膜	用于地下建筑防水如隧道顶、壁的初级防水膜;堤围的加筋材料	用聚氯乙烯、聚丙烯、高密度聚乙烯膜、板等
	土工膜	用于堤坝、水库的防渗漏,地下建筑防渗漏;屋顶、游泳池等的防渗漏	用有纺或无纺布制成的土工膜、进行防水处理后的膜或垫等
复合土工合成材料	多孔泡沫型塑料板	用作排水通道	多用聚氨酯作开孔型的泡沫塑料
	塑料排水带	用于排水固结的软基处理的塑料排水板,用于垂直方向排水	将透水的土工织物与聚丙烯等塑料挤压成型的复合塑料板
	复合土工膜	用于防涌、加筋、排水,增加与土层间摩擦力	同上,但形式不同
	复合排水材料	用于路基纵横向排水,地下水排水管、集水井,支挡结构的墙后排水、隧道排水、堤坝排水等	用无纺土工织物作芯材制成的塑料排水管
EPS填土材料		用于铁道、公路深软路基的填土材料	聚苯乙烯泡沫塑料

1. 土工合成材料用作反滤层

水在土中的渗流作用,会将土中的细颗粒带走,造成水土流失而引发工程问题。为防止细土粒被水流挟走,常需在临空面处设置一层或多层由砂、砾透水料构成的反滤层,其厚度为 50～60cm。利用无纺土工织物铺设在被保护的土层上,可以替代天然滤料起到反滤层同样的作用。土工织物作为反滤材料,应满足保土、透水和防堵三方面的要求,应以被保护土和拟选用的土工织物进行较长时间的淤堵试验,以判别其是否淤堵。

2. 土工合成材料用作排水层

岩土工程中需要排水的情况是很多的,传统的土体排水法是在土中铺设排水管阀或铺设透水的砂砾石垫层等,但无论哪种形式,都要求既排出水量又不允许土粒被水流带走,有时常难以施工。而用土工合成材料却容易解决问题,同时起到排水、反滤和隔离作用。工程中常用厚层针刺无纺织物形成水平或竖向排水层。软土地基处理时,用土工合成材料塑料排水板可以代替排水砂井,起到深层排水作用 (图 17.19.1)。其施工程序如图 17.19.2 所示。塑料板宽度一般为 100mm,厚 3～4mm (图 17.19.3),每卷长约 200m,工厂生产、质轻易运、施工方便,在工程中已广泛应用。

3. 土工合成材料用于防渗

涉及防渗要求的工程事例很多，如水池、地下结构、固体废料填埋场防渗等。传统工程的防渗是以黏土、沥青等作为防渗材料，但存在用量大、需要压实、容易开裂等问题。在土工合成材料中，土工膜及膨润土垫已几乎是固体废料填埋场采用的主要防渗材料，防渗效果好。

土工膜的原材料有聚乙烯及聚氯乙烯等种类，有单膜与复合膜等品种可选择。土工合成材料膨润土垫（GCL）是在两层土工合成材料（无纺织物或土工膜）之间包裹膨润土一起合成的复合材料，铺放在需要防渗的部位，其渗流率比黏土层还小，有极佳的防渗效果。图17.19.4为采用土工合成材料膨润土垫（GCL）防渗渠道的工程应用举例图。

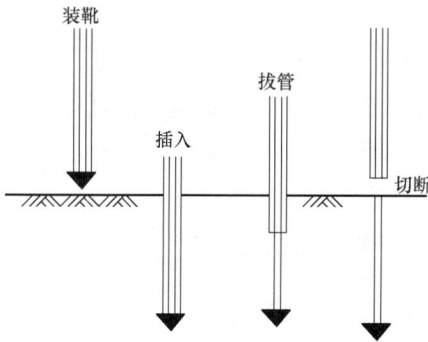

图17.19.2 排水带施工程序

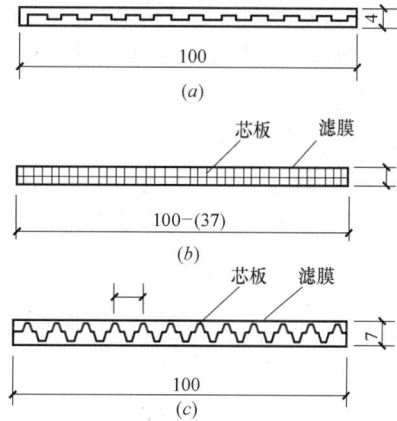

图17.19.3 塑料排水板断面示意图
（a）城垛式；（b）口琴式；（c）乳头式

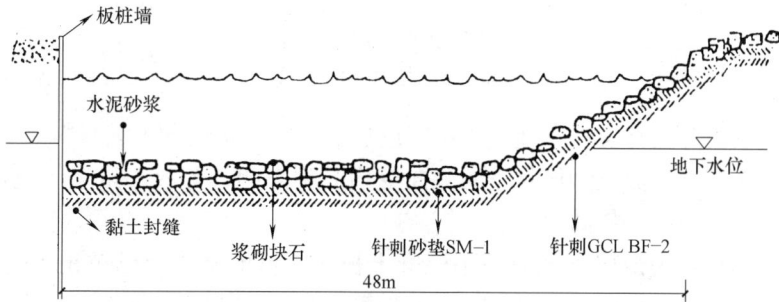

图17.19.4 渠道应用GCL举例

4. 土工合成材料用作隔离层

在无铺砌道路工程（临时道路或施工道路）中，利用土工织物作为下部软弱地基与上部基层碎石层之间的隔离层，可以起到承载膜的作用，有局部加筋效果，并可防止路基翻浆，不仅可减薄上部碎石层厚度，尚可改善施工压实条件。图17.19.5所示为土工织物对无铺砌道路的加筋作用的示意图。

隔离层作用在工程中的应用很广泛，如在道路软地基和路面基层之间；铁路道碴与土地基之间；坝体的土与卵砾石之间，以及在沼泽地带，铺土工织物于地表，可以改善施工

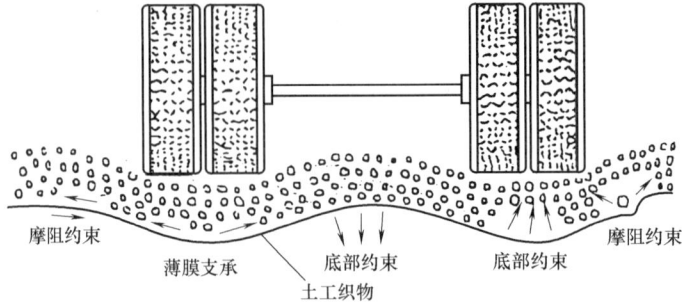

图 17.19.5 土工织物对无铺砌道路的加筋作用

条件。

土工合成材料应用于隔离，多置于两种不同的固体粒料之间，有可能发生相应的顶破、刺破等破坏。因此，隔离材料选用时，应根据工程的具体条件，确保所选材料的抗破坏能力，避免出现可能的破坏。

5. 土工合成材料用于加筋土体

在土体内按适当方式铺放土工加筋材料，形成加筋土，将显著提高土的强度，增大其承载力。工程上，加筋土技术常用建造加筋土挡墙（图 17.19.6）。

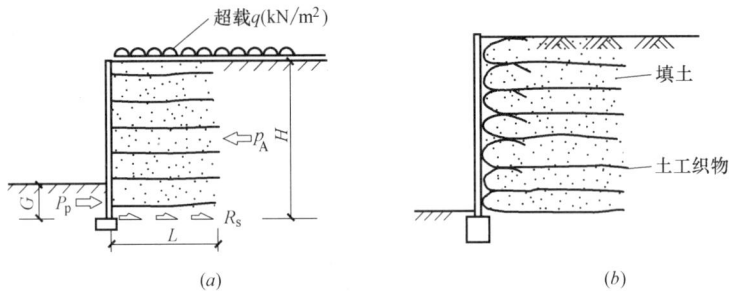

图 17.19.6 加筋土挡墙
(a) 筋带式；(b) 包裹式

修筑挡墙填土分层夯实时，随填土层铺放加筋材料，常用的加筋材料如土工格栅有纺土工织物等，作满堂铺放，加筋后土的侧向变形受到限制，等效于给土体施加了侧向力，使土的抗压强度得到明显提高。

早期的加筋材料为金属条带或预制混凝土板块，目前基本上已被土工合成材料所取代。我国自产土工格栅较晚，故最初采用的加筋材为土工加筋带和有纺土工织物。随着土工格栅和经编格栅的大量问世，现在大多采用土工格栅和有纺织物了。

构筑挡墙墙面板以后，既可保护墙体并形成景观，成为工程界很流行的加筋土挡墙。

17.19.3 轻质填土材料

用聚苯乙烯泡沫塑料制成的轻质填土材料在工程上已得到了广泛的应用，这种材料质轻，抗压性能好，吸水率低，又称膨胀性聚苯乙烯（EPS），是一种化学稳定性高的土工合成材料。EPS 材料为硬质、闭孔泡沫塑料。按其原材料，可分为普通型可发性聚苯乙烯泡沫塑料、自熄型可发性聚苯乙烯泡沫塑料和乳液型聚苯乙烯泡沫塑料三种类型。它们的特点和用途见表 17.19.3。

性质		试验方法	单位	制 造 法			
				型内发泡法			挤压发泡法
热的性质	热传导率	JIS A1412	kcal/(m·h·℃)	0.028	0.030	0.034	0.020
	耐热温度	BS 3837	℃	80	80	80	75
	线膨胀系数	AS TM-D696(×10⁻⁵)	℃	5~7	5~7	5~7	5~7
耐水性质	吸水率	JIS A 9511	g/100cm²	0.14	0.16	0.18	0.69
	水蒸气透过率	ASTM-E96-53T	g/cm²	0.8	1.0	1.2	0.6
燃 烧 性		JIS A9511		合格	合格	合格	合格
密 度		JIS A9511	kg/m³	16~25			23~30
压缩强度		JIS K7220	kPa	50~150			200~300
弯曲强度		JIS A9511	kPa	350~400			
张拉强度		JIS K6767	kPa	450~500			

作为填土材料，还要根据表观密度和承载能力，将其分为三类：Ⅰ类—不承受荷载；Ⅱ类—可承受有限荷载；Ⅲ类—能承受较大荷载。一般选用Ⅲ类材料作填土材料，其技术性能见表 17.19.2～表 17.19.4。

用 EPS 换土垫层进行软基处理时，为使填土前后地基深度 D 处应力相等，要控制由于荷载作用而在地基中产生的附加应力，具体计算不属本章讨论范畴。

品 种	特 点	用 途
普通型可发性聚苯乙烯泡沫塑料	质轻,保温、隔热、吸声、防震性能好,吸水性小,耐低温性好,耐酸碱性好,有一定弹性,易于加工	建筑上广泛用作吸声、保温、隔热、防震材料以及制冷设备、冷藏设备的隔热材料,可作填土材料
自熄型可发性聚苯乙烯泡沫塑料	同普通型可发性聚苯乙烯泡沫塑料,但泡沫体自熄性能好,放在火焰上燃着,移开火源后 1~2s 内即自行熄灭	同普通型可发性聚苯乙烯泡沫塑料,适于防水要求较高的场合
乳液聚苯乙烯泡沫塑料(又名硬质 PB 型聚苯乙烯泡沫塑料)	除具有同普通型可发性聚苯乙烯泡沫塑料的特点外,其显著特点是硬度大、耐热度较高、机械强度大、泡沫体的尺寸稳定性好	同可发生聚苯乙烯泡沫塑料。特别适用于要求硬度大,耐热度高的保温、隔热、吸声、防震等工程及填土材料

项 目		单位	性能指标					
			Ⅰ	Ⅱ	Ⅲ	Ⅳ	Ⅴ	Ⅵ
表观密度	不小于	kg/m³	15.0	20.0	30.0	40.0	50.0	60.0
压缩强度	不小于	kPa	60	100	150	200	300	400
导热系数	不大于	W/(m·K)	0.041		0.039			

项 目		单位	性能指标					
			I	II	III	IV	V	VI
尺寸稳定性 不大于		%	4	3	2	2	2	1
水蒸气透过系数 不大于		ng/(Pa·m·s)	6	4.5	4.5	4	3	2
吸水率(体积分数) 不大于		%	6	4	2			
熔结性[1]	断裂弯曲负荷 不小于	N	15	25	35	60	90	120
	弯曲变形 不小于	mm	20			—		
燃烧性能[2]	氧指数 不小于	%	30					
	燃烧分级		达到 B₂ 级					

1) 断裂弯曲负荷或弯曲变形有一项能符合指标要求即为合格。

2) 普通型聚苯乙烯泡沫塑料板材不要求。

　　轻质泡沫聚苯乙烯是一种新材料，在道路工程中的使用属一种新技术。这种新材料、新技术的应用目前正在不断发展，在工程实践中逐渐趋于完善。

　　泡沫聚苯乙烯在国内土木工程中的应用尚属空白，但从使用材料、设计和施工方面考虑，要设计修建泡沫聚苯乙烯土工结构物是完全可能的。主要问题是聚苯乙烯材料价格昂贵，在目前经济紧缩的条件下，要在道路工程中修建这样的结构物暂时还不可能，但将来随着国民经济的好转，这项新技术在国内土木工程中的应用势必将成为可能。

第18章 动力机器基础

机器基础依作用在基础上荷载性质的不同，可分为两类：一类是只受到静力作用（或是动力较小，在实用上可以忽略其动力影响）的静力机器基础；另一类是除了受到静力作用外，还受到由于机器工作而产生的较大的不平衡扰力或冲击作用的动力机器基础。静力机器基础的设计计算可按本书前述各章的方法和机器的使用要求来进行。动力机器基础则由于它受到较大的动力或冲击作用，所以除了考虑静力作用外，还需要对地基和基础进行动力计算。

动力机器工作时过大的振动会严重影响生产工艺要求和机器的正常工作。同时，通过基础把振动传至地基并波及相邻的结构，又常引起地基承载能力的降低，增加地基的附加沉降，造成房屋结构的损坏及影响工人的健康。所以，在工业建筑中正确地进行动力机器基础的设计计算是一个重要问题。

动力机器类型很多，按照它们的动力作用特征，可粗略区分为以下三类：

（1）带有曲柄连杆的机器，如柴油机、活塞压缩机等。它们的曲柄连杆机构在运行过程中往复运动而产生周期性的不平衡扰力；

（2）具有冲击作用的机器，如锻锤、落锤等。它们都有着较大的脉冲振动；

（3）带有转动质量的机器，如汽轮发电机、电动发电机等等。它们的旋转部分的质量通常具有较高的转速（一般为 $500 \sim 3000$ 转/min），从而引起支承结构的振动。

此外，还有一些具有特殊振动作用的机器，如压延设备、破碎机等。

由于机器类型和动力作用性质的不同，动力机器基础的形式也不尽相同。实践中广泛采用的形式有钢筋混凝土实体式、墙式和构架式三种。实体式基础应用最为普遍，本身多为钢筋混凝土块体，所以又称大块式（图 18.0.1a）。构架式基础是由钢筋混凝土的纵梁和横向构架所组成，这些构架立柱都固定在基础底板上（图 18.0.1c）。有时，为适应机器支承的需要，而把机器基础设计成由纵墙、横墙和底板所组成的墙式基础（图 18.0.1b）。

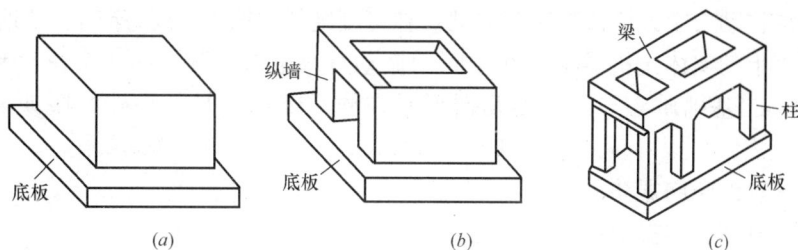

图 18.0.1 基础类型
(a) 实体式；(b) 墙式；(c) 构架式

动力机器基础的设计计算，通常应满足以下几项要求：

（1）基础本身应具有足够的强度和稳定性；

（2）地基和基础不发生可能破坏机器正常工作条件的变形；

（3）不产生足以妨碍本车间和邻近车间的机器正常生产及操作人员工作的剧烈振动；

（4）不使振动造成房屋结构的开裂和破坏。

18.1 实体式机器基础振动原理

实体式机器基础的振动计算，目前主要有两种计算理论：

（1）质量—弹簧模型（图18.1.1）理论以及后来经过改善的质量—阻尼器—弹簧模型（图18.1.2）理论，简称质阻弹理论；

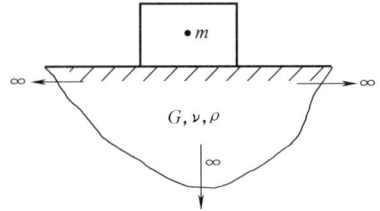

（2）刚体—弹性半空间模型（图18.1.3）理论，简称弹性半空间理论。

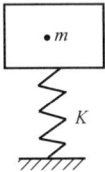

图 18.1.1　质-弹模型　　　图 18.1.2　质-阻-弹模型　　　图 18.1.3　弹性半空间模型

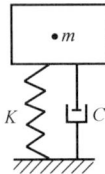

质阻弹理论在俄罗斯、印度及东欧一些国家和我国普遍应用。弹性半空间理论在美国、日本、加拿大及西欧等普遍应用。本章主要按质阻弹理论阐述基础振动原理，对于弹性半空间理论仅作简要介绍。

18.1.1　质阻弹理论

1. 质阻弹理论的基本假定

1）在振动作用下，基础底面任一点的地基反力与该点的弹性位移呈线性关系；

2）地基土只有弹性而无惯性（无质量），相反地认为基础只有惯性而无弹性，即为有质量的刚体；

3）振动能量的耗损是由于黏滞阻尼的作用，它显著降低了共振区的振幅（位移）。

这样，就可以将基础在地基上的振动问题用刚体在弹簧和阻尼器上的振动模型来代替，然后用结构动力学方法计算基础振动。弹簧刚度就是第18.2节所阐述的地基刚度。

置于地表上的实体式机器基础在空间的振动有六个自由度，即三个位移和三个转角（图18.1.4）。当基础质心与其底面几何形心在同一竖线上时，基础的振动可分为以下振型：

（1）沿 z 轴的竖向振动；

（2）绕 z 轴的扭转振动；

（3）绕 x 轴（或 y 轴）的水平—摇摆振动。

2. 基础的竖向振动

假设基础的振动是由于作用在基础上的竖向扰力 $P(t)$ 或瞬时冲击所引起，基组（包括机器及基础）的总质心及基础底面形心与扰力 $P(t)$ 或冲击作用线位于一条竖线上，则基础只产生竖向振动，如图 18.1.5 所示。如任一时刻的竖向位移为 z，根据达伦贝尔（d'Alembert）原理，可得竖向振动微分方程

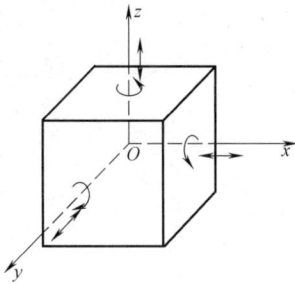

图 18.1.4 实体式基础振动的六个自由度

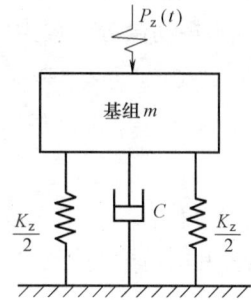

图 18.1.5 竖向强迫振动

$$m\frac{\mathrm{d}^2z}{\mathrm{d}t^2}+C\frac{\mathrm{d}z}{\mathrm{d}t}+K_zz=P_z(t) \tag{18.1.1}$$

式中，第一项为基组惯性力，m 为基组质量；第二项为阻尼力，C 为振动体系的黏滞阻尼系数；第三项为地基反力，K_z 为地基竖向刚度。

1）无阻尼竖向自由振动

基础是由于冲击作用，在竖向产生初速度（如锻锤基础），则竖向无阻尼自由振动微分方程为

$$m\frac{\mathrm{d}^2z}{\mathrm{d}t^2}+K_zz=0 \tag{18.1.2}$$

或

$$\frac{\mathrm{d}^2z}{\mathrm{d}t^2}+\frac{K_z}{m}z=0 \tag{18.1.2'}$$

令 $\lambda_z=\sqrt{\dfrac{K_z}{m}}$，为基组竖向振动无阻尼自振圆频率或称固有圆频率（rad/s）。

则方程又可写成

$$\frac{\mathrm{d}^2z}{\mathrm{d}t^2}+\lambda_z^2z=0 \tag{18.1.3}$$

其通解为

$$z=A\sin\lambda_zt+B\cos\lambda_zt \tag{18.1.4}$$

式中，A、B 是两个常数，代表基础自由振动的振幅，其值由振动的初始条件确定。

当 $t=0$ 时，$z=0$，$\dfrac{\mathrm{d}z}{\mathrm{d}t}=v_0$

代入式（18.1.4），然后对 t 一次微分，得到常数：$A=\dfrac{v_0}{\lambda_z}$；$B=0$。

因此，基组竖向自由振动时的竖向位移为

$$z=\frac{v_0}{\lambda_z}\sin\lambda_zt \tag{18.1.5}$$

可见，基础竖向无阻尼自由振动是以 λ_z 为圆频率的简谐振动，振动系统的固有圆频率仅与基组的质量及地基刚度有关，而振幅则取决于冲击能量和地基刚度。

2）无阻尼竖向强迫振动

基础振动是由于竖向扰力 $P_z(t)=P_z\sin\omega t$（P_z 是扰力幅值，ω 是机器圆频率，$\omega=0.105n$，n 是机器转速，单位为 r/min）作用所引起。如忽略振动系统的阻尼，则竖向无阻尼强迫振动微分方程为

$$m\frac{\mathrm{d}^2z}{\mathrm{d}t^2}+K_zz=P_z\sin\omega t \qquad (18.1.6)$$

或

$$\frac{\mathrm{d}^2z}{\mathrm{d}t^2}+\lambda_z^2z=\frac{P_z}{m}\sin\omega t \qquad (18.1.6')$$

式（18.1.6）或（18.1.6′）的解为

$$z=A\sin\lambda_zt+B\cos\lambda_zt+\frac{P_z}{m}\cdot\frac{1}{\lambda_z^2-\omega^2}\sin\omega t \qquad (18.1.7)$$

式（18.1.7）的前两项表示振动系统的自由振动，最后一项表示强迫振动。由于实际上存在振动阻尼，自由振动在 $P_z(t)$ 作用后不久即迅速消失，以后仅剩下强迫振动。因此，对工程实际有意义的仅是最后一项。故可将无阻尼强迫振动的解写为

$$z=A_z\sin\omega t \qquad (18.1.8)$$

振幅：

$$A_z=\frac{P_z}{m}\cdot\frac{1}{\lambda_z^2-\omega^2}=\frac{P_z}{K_z}\cdot\frac{1}{1-\dfrac{\omega^2}{\lambda_z^2}} \qquad (18.1.9)$$

由式（18.1.9）可见：基础的竖向振幅 A_z 除了随扰力增加而增大外，还随（$\lambda_z^2-\omega^2$）的减小而增大。当 $\lambda_z=\omega$ 时，在理论上振幅将为无限大，这种现象称为"共振"。为消除共振的有害影响，应力求使（$\lambda_z^2-\omega^2$）值增大。实际上，具有一定埋置深度的机器基础都受到较大的阻尼作用，振幅不可能达到无限大，但也可能是一个相当大的数值。

3）有阻尼竖向自由振动

如前所述，振动系统实际上存在着阻尼作用。这种阻尼认为是由于土粒的摩擦和黏滞效应所产生的内部能量耗损。计算简图见图 18.1.2，其振动微分方程为

$$m\frac{\mathrm{d}^2z}{\mathrm{d}t^2}+C\frac{\mathrm{d}z}{\mathrm{d}t}+K_zz=0 \qquad (18.1.10)$$

设解 $z=Ae^{\beta t}$，代入式（18.1.10），得特征方程

$$m\beta^2+C\beta+K_z=0 \qquad (18.1.11)$$

解得

$$\beta_2^1=\frac{1}{2m}\left[-C\pm\sqrt{C^2-4mK_z}\right] \qquad (18.1.12)$$

讨论：（1）当 $C^2-4mK_z>0$ 时，β_1、β_2 有两个实根，则 $z=A_1e^{\beta_1t}+B_1e^{\beta_2t}$ 称过阻尼，见图 18.1.6 曲线 a，机器基础很少出现这种情况。

（2）当 $C^2-4mK_z=0$ 时，$\beta_1=\beta_2=-\dfrac{C}{2m}$，为二重根，则 $z=(A+Bt)e^{\beta t}$，称临界阻尼，见图 18.1.6 曲线 b。$C_{cr}=2\sqrt{mK_z}$ 称临界阻尼系数。为应用方便，引入无量纲阻尼比 D，定义为：$D=\dfrac{C}{C_{cr}}=\dfrac{C}{2\sqrt{mK_z}}$。

（3）当 $C^2 - 4mK_z < 0$ 时，β_1 和 β_2 为轭复数根。若如代入阻尼比 $D = \dfrac{C}{2\sqrt{mK_z}}$ 和固有圆频率（或称无阻尼自振圆频率）$\lambda_z = \sqrt{\dfrac{K_z}{m}}$。

则

$$\beta_{1,2} = \lambda_z[-D \pm i\sqrt{1-D^2}] \tag{18.1.13}$$

于是，得到解

$$z = e^{-D\lambda zt}(A_2 \sin\sqrt{1-D^2} \cdot \lambda_z \cdot t + B_2 \cos\sqrt{1-D^2} \cdot \lambda_z \cdot t) \tag{18.1.14}$$

称低阻尼。见图 18.1.7 的曲线。

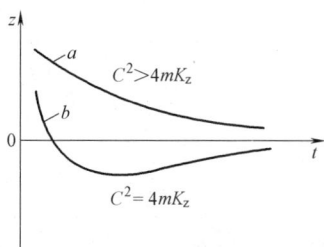

图 18.1.6　过阻尼和临界阻尼自由振动

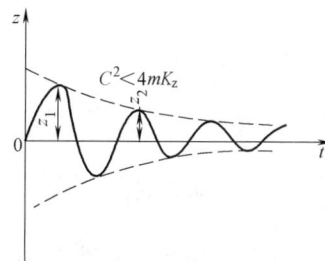

图 18.1.7　正常阻尼自由振动

令 $\lambda_z' = \sqrt{1-D^2} \cdot \lambda_z$，则式（18.1.14）可写成

$$z = e^{-D\lambda zt}(A_2 \sin\lambda_z' t + B_2 \cos\lambda_z' \cdot t) \tag{18.1.15}$$

λ_z' 称有阻尼自振圆频率或简称自振圆频率。自振圆频率 λ_z' 小于固有圆频率 λ_z，表明阻尼对固有圆频率的影响，但两者相差不超过 5%。对于机器基础，竖向振动的阻尼比一般为 0.1~0.3。如以 0.3 来估计，则 $\lambda_z' = 0.95\lambda_z$。关于阻尼比的确定方法详见第 18.2 节。

4）有阻尼竖向强迫振动

在竖向扰力 $P_z(t) = P_z \sin\omega t$ 作用下，基础产生有阻尼竖向强迫振动，计算简图见图 18.1.5。其振动微分方程为

$$m\frac{d^2 z}{dt^2} + C\frac{dz}{dt} + K_z z = P_z \sin\omega t \tag{18.1.16}$$

或

$$\frac{d^2 t}{dt^2} + \frac{C}{m} \cdot \frac{dz}{dt} + \frac{K_z}{m}z = P_z \sin\omega t$$

引入 $\lambda_z = \sqrt{\dfrac{K_z}{m}}$ 和 $D_z = \dfrac{C}{2\sqrt{mK_z}}$（$D_z$——竖向阻尼比），则可得

$$\frac{d^2 t}{dt^2} + 2D_z\lambda_z\frac{dz}{dt} + \lambda_z^2 z = \frac{P_z}{m}\sin\omega t \tag{18.1.17}$$

式（18.1.17）的通解为自由振动的特解加上强迫振动的特解，即

$$z = A_0 e^{-D_z\lambda zt} \cdot \sin(\lambda_z' t + \delta_0) + A_z \sin(\omega t - \delta) \tag{18.1.18}$$

式中　A_0、δ_0 由初始条件确定。自由振动由于阻尼作用而逐渐消失，只剩下强迫振动部分（稳态振动部分）解

$$z = A_z \sin(\omega t - \delta) \tag{18.1.19}$$

振幅：

$$A_z = \frac{P_z}{K_z} \cdot \frac{1}{\sqrt{\left(1 - \dfrac{\omega^2}{\lambda_z^2}\right)^2 + 4D_z^2 \dfrac{\omega^2}{\lambda_z^2}}} \tag{18.1.20}$$

扰力与竖向位移的相位差：

$$\delta = \arctan \frac{2D_z \lambda_z \cdot \omega}{\lambda_z^2 - \omega^2} \tag{18.1.21}$$

令 $\dfrac{P_z}{K_z} = A_{st}$，为基组的静位移。

则

$$\frac{A_z}{A_{st}} = \frac{1}{\sqrt{\left(1 - \dfrac{\omega^2}{\lambda_z^2}\right)^2 + 4D_z^2 \dfrac{\omega^2}{\lambda_z^2}}} = \eta \tag{18.1.22}$$

当 $\dfrac{\omega}{\lambda_z} \approx 1$ 时，动力放大系数 $\eta_{max} \approx \dfrac{1}{2D_z}$。

动力放大系数 η 与 $\dfrac{\omega}{\lambda_z}$ 及 D_z 有关，见图 18.1.8。只有在共振区 $\dfrac{\omega}{\lambda_z} = 0.75 \sim 1.25$ 内，阻尼的作用才比较明显。在工程上一般认为，当 $\omega < 0.75\lambda_z$ 或 $\omega > 1.25\lambda_z$ 时可不计阻尼。

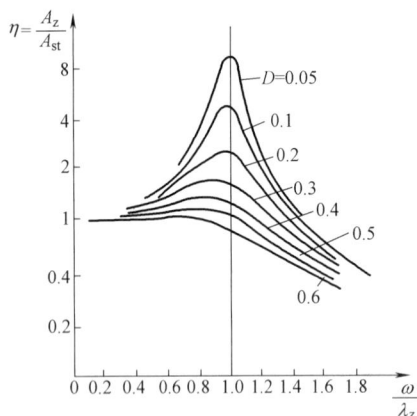

图 18.1.8 竖向强迫振动 $\eta - \dfrac{\omega}{\lambda_z}$ 曲线

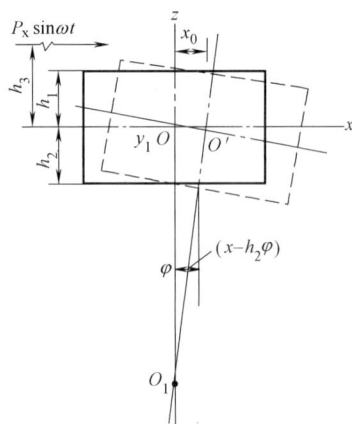

图 18.1.9 水平-摇摆耦合振动

3. 基础的水平-摇摆振动

在水平扰力 $P_x(t)$ 作用下，基础既产生水平振动也产生摇摆振动，称为水平-摇摆耦合振动，如图 18.1.9 所示。除水平扰力外，扰力偶也会产生耦合振动，当扰力作用点、基组质心和基础底面形心不在一条直线上时，垂直扰力对质心产生扰力偶，因而也有耦合振动。基础耦合振动微分方程组可写成如下形式

$$\begin{cases} m \dfrac{d^2 x}{dt^2} = X \\[3mm] I_m \dfrac{d^2 \varphi}{dt^2} = M \end{cases} \tag{18.1.23}$$

式中 x、φ——分别为 t 时基组总质心所产生的水平变位和通过该质心并垂直于振动主平面的轴的角位移（转角）；

   m——基组质量；

   I_m——基组对于通过其质心并垂直于振动主平面的轴的质量惯性矩；

   X——作用在基础上所有外力在 x 轴方向上的分力总和（包括地基弹性反力、阻尼力和扰力）；

   M——X 力对 y 轴所产生的力矩的总和。

根据振动初始条件的不同，振动形式将分为自由振动和强迫振动两种。

1）无阻尼水平-摇摆耦合自由振动

在图 18.1.9 中，O 为基础质心，由于水平冲击产生绕 y 轴（垂直于纸面）的摇摆角位移 φ 和沿 x 轴的水平位移 x 引起基础水平-摇摆耦合振动，其振动方程如下：

$$\begin{cases} m\dfrac{\mathrm{d}^2 x}{\mathrm{d}t^2}+K_x(x-\varphi h_2)=0 \\ I_{my}\dfrac{\mathrm{d}^2 \varphi}{\mathrm{d}t^2}+K_\varphi\varphi-K_z(x-\varphi h_2)h_2=0 \end{cases} \tag{18.1.24}$$

或

$$\begin{cases} \dfrac{\mathrm{d}^2 x}{\mathrm{d}t^2}+\dfrac{K_x(x-\varphi h_2)}{m}=0 \\ \dfrac{\mathrm{d}^2 \varphi}{\mathrm{d}t^2}+\dfrac{K_\varphi\cdot\varphi-K_x(x-\varphi h_2)h_2}{I_{my}}=0 \end{cases}$$

令

$$\lambda_x^2=\frac{K_x}{m} \tag{18.1.25}$$

$$\lambda_\varphi^2=\frac{K_\varphi \mid K_x h_2^2}{I_{my}} \tag{18.1.26}$$

$$r^2=\frac{I_{my}}{m}\quad(r\text{ 为回转半径}) \tag{18.1.27}$$

式中 K_x、K_φ——分别为地基抗剪刚度和抗弯刚度。

将以上代入式（18.1.24），变成

$$\begin{cases} \dfrac{\mathrm{d}^2 x}{\mathrm{d}t^2}+\lambda_x^2\cdot x-\lambda_x^2\cdot\varphi\cdot h_2=0 \\ \dfrac{\mathrm{d}^2 \varphi}{\mathrm{d}t^2}+\lambda_\varphi^2\cdot\varphi-\lambda_x^2\dfrac{h_2}{r^2}x=0 \end{cases} \tag{18.1.28}$$

设解

$$\begin{cases} x=A_x\sin\lambda t \\ \varphi=A_\varphi\cdot\sin\lambda t \end{cases} \tag{18.1.29}$$

代入式（18.1.28），经整理后得

$$\begin{cases} A_x(\lambda_x^2-\lambda^2)+A_\varphi(-\lambda_x^2\cdot h_2)=0 \\ A_x\left(-\lambda_x^2\dfrac{h_2}{r^2}\right)+A_\varphi(\lambda_\varphi^2-\lambda^2)=0 \end{cases} \tag{18.1.30}$$

由于 A_x、$A_\varphi\neq0$，则系数行列式为零，即

$$\begin{vmatrix} \lambda_{\mathrm{x}}^2-\lambda^2 & -\lambda_{\mathrm{x}}^2 h_2 \\ -\lambda_{\mathrm{x}}^2\dfrac{h_2}{r^2} & \lambda_{\varphi}^2-\lambda \end{vmatrix}=0 \tag{18.1.31}$$

解得

$$\lambda_{12}^2=\frac{1}{2}\left[(\lambda_{\mathrm{x}}^2+\lambda_{\varphi}^2)\mp\sqrt{(\lambda_{\mathrm{x}}^2-\lambda_{\varphi}^2)^2+\frac{4h_2^2}{r^2}\lambda_{\mathrm{x}}^4}\right] \tag{18.1.32}$$

频率 λ_1 和 λ_2 分别称第一主频（固有圆频率）和第二主频（固有圆频率）。λ_1 永远小于 λ_{x} 和 λ_{φ}，而 λ_2 永远大于 λ_{x} 和 λ_{φ}。

这样，方程组就有两组独立的特解

$$\begin{cases} x_1=A_1\sin(\lambda_1 t+\delta_1) \\ \varphi_1=B_1\sin(\lambda_1 t+\delta_1) \end{cases} \tag{18.1.33}$$

和

$$\begin{cases} x_2=A_2\sin(\lambda_2 t+\delta_2) \\ \varphi_2=B_2\sin(\lambda_2 t+\delta_2) \end{cases} \tag{18.1.34}$$

其通解为两个特解相加。

由式（18.1.30）的第一式，当基组以 $\lambda=\lambda_1$ 振动时，得 $\rho_1=\dfrac{A_{\mathrm{x}}}{A_{\varphi}}=\dfrac{\lambda_{\mathrm{x}}^2\cdot h_2}{\lambda_{\mathrm{x}}^2-\lambda_1^2}>0$，表示基组将绕质心以下距离为 ρ_1 的点 O_1 为轴心转动，见图 18.1.10。当 $\lambda=\lambda_2$ 时，得 $\rho_2=\dfrac{\lambda_{\mathrm{x}}^2\cdot h_2}{\lambda_2^2-\lambda_{\mathrm{x}}^2}$ <0，表示基组将绕质心以上距离为 ρ_2 的点 O_2 为轴心转动，见图 18.1.11。以 λ_1 和 λ_2 为频率的振动，称"主振动"。

2）有阻尼水平-摇摆耦合强迫振动

图 18.1.12 是有阻尼水平-摇摆耦合强迫振动计算简图。在振动微分方程组中，除有惯性力或惯性力矩外，还有地基弹性恢复力（或力矩）和阻尼力（或力矩）以及扰力（或扰力矩）。根据达朗倍尔原理，可列出以下微分方程组

$$\begin{cases} m\dfrac{\mathrm{d}^2 x}{\mathrm{d}t^2}+C_{\mathrm{x}}\left(\dfrac{\mathrm{d}x}{\mathrm{d}t}-\dfrac{\mathrm{d}\varphi}{\mathrm{d}t}\cdot h_2\right)+K_{\mathrm{x}}(x-\varphi h_2)=P_{\mathrm{x}}\sin\omega t \\ I_{\mathrm{my}}\dfrac{\mathrm{d}^2\varphi}{\mathrm{d}t^2}+C_{\varphi}\dfrac{\mathrm{d}\varphi}{\mathrm{d}t}-C_{\mathrm{x}}\left(\dfrac{\mathrm{d}x}{\mathrm{d}t}-\dfrac{\mathrm{d}\varphi}{\mathrm{d}t}\cdot h_2\right)h_2+K_{\varphi}\cdot\varphi-K_{\mathrm{x}}(x-\varphi h_2)h_2=M_{\varphi}\cdot\sin\omega t \end{cases}$$
$$\tag{18.1.35}$$

式中　K_{x}、K_{φ}——分别为地基抗剪和抗弯刚度；

　　　C_{x}、C_{φ}——分别为水平阻尼系数和摇摆阻尼系数；

$M_{\varphi}=P_{\mathrm{x}}h_3$ 为扰力矩。其他符号见图 18.1.12。

上述微分方程组难以求解。我国《动力机器基础设计规范》GB 50040—96（以下简称为《动规》）采用了振型分解法，将方程组去耦后换成两个独立的微分方程，然后再利用单自由度振动的解法。显然这是一个近似方法，基本思路如下。

将水平-摇摆耦合振动化成两个分别绕转心 O_1 和 O_2 转动的独立振型，然后按单自由度求解，略去它们之间的相差，将振幅叠加而得。

由图 18.1.12 可见

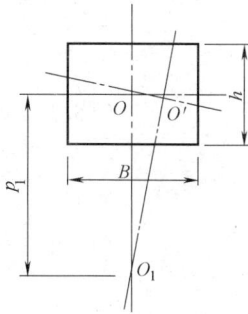

图 18.1.10 第一"主振动"

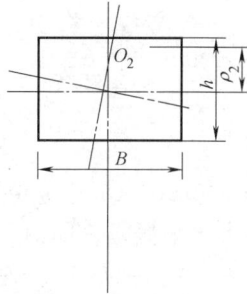

图 18.1.11 第二"主振动"

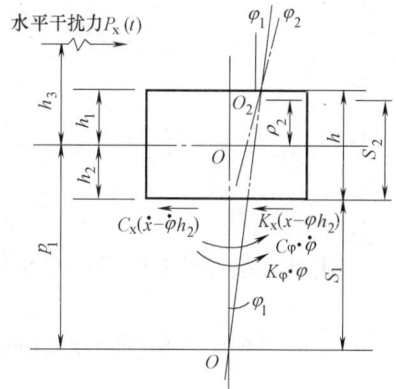

图 18.1.12 耦合振动和阻尼力

$$x = \rho_1 \varphi_1 - \rho_2 \varphi_2 \tag{18.1.36}$$

$$\varphi = \varphi_1 + \varphi_2 \tag{18.1.37}$$

$$\rho_1 = \frac{\lambda_x^2}{\lambda_x^2 - \lambda_1^2} \cdot h_2 \tag{18.1.38}$$

$$\rho_2 = \frac{\lambda_x^2}{\lambda_x^2 - \lambda_2^2} \cdot h_2 \tag{18.1.39}$$

令

$$C_\varphi = S_1 \cdot S_2 \cdot C_x \tag{18.1.40}$$

式中 $S_1 = \rho_1 - h_2$

$S_2 = \rho_2 + h_2$

则微分方程组（18.1.35）可写成

$$\frac{d^2 \varphi_1}{dt^2} + 2D_{x\varphi 1} \cdot \lambda_1 \frac{d\varphi_1}{dt} + \lambda_1^2 \varphi_1 = \frac{P_x \rho_1 + M_\varphi}{I_{my} + m\rho_1^2} \sin\omega t \tag{18.1.41}$$

$$\frac{d^2 \varphi_2}{dt^2} + 2D_{x\varphi 2} \cdot \lambda_2 \frac{d\varphi_2}{dt} + \lambda_2^2 \varphi_2 = \frac{P_x \rho_2 + M_\varphi}{I_{my} + m\rho_2^2} \sin\omega t \tag{18.1.42}$$

式（18.1.41）和式（18.1.42）的解分别为

$$\varphi_1 = \frac{P_x \rho_1 + M_\varphi}{(I_{my} + m\rho_1^2)\lambda_1^2} \cdot \frac{1}{\sqrt{\left(1 - \frac{\omega^2}{\lambda_1^2}\right)^2 + 4D_{x\varphi_1}^2 \frac{\omega^2}{\lambda_1^2}}} \cdot \sin(\omega t - \delta_1) \tag{18.1.43}$$

$$\varphi_2 = \frac{-P_x \rho_2 + M_\varphi}{(I_{my} + m\rho_2^2)\lambda_2^2} \cdot \frac{1}{\sqrt{\left(1 - \frac{\omega^2}{\lambda_2^2}\right)^2 + 4D_{x\varphi_2}^2 \frac{\omega^2}{\lambda_2^2}}} \cdot \sin(\omega t - \delta_2) \tag{18.1.44}$$

式中，$M_\varphi + P_x \rho_i$ 为对 O_i 点（$i = 1$, 2）的扰力偶的幅值。$(I_m + m\rho_i^2)\lambda_i^2$ 相当于对 O_i 点的抗弯刚度。于是，把第一项看作是力偶绕 O_i 点的静角变位；第二项为动力系数，用相应的固有振频率 λ_i 和阻尼比 $D_{m\varphi i}$ 代入；第三项为角位移的时间函数；其中，δ_i 为相位角

723

$$\delta_1 = \arctan \frac{2D_{x\varphi_1}\dfrac{\omega}{\lambda_1}}{1-\dfrac{\omega^2}{\lambda_1^2}} \tag{18.1.45}$$

$$\delta_2 = \arctan \frac{2D_{x\varphi_2}\dfrac{\omega}{\lambda_2}}{1-\dfrac{\omega^2}{\lambda_2^2}} \tag{18.1.46}$$

则基础某点任意时刻的水平位移为

$$x_{x\varphi} = (\rho_1 + h_1)\varphi_1 + (h_1 - \rho_2)\varphi_2 \tag{18.1.47}$$

实际工程中，通常控制基础顶面最大水平振幅，即：

$$A_{x\varphi} = (\rho_1 + h_1)A_{\varphi_1} + (h_1 - \rho_2)A_{\varphi_2} \tag{18.1.48}$$

$$A_{\varphi_1} = \frac{P_x(\rho_1 + h_3)(\rho_1 + h_1)}{(I_{my} + m\rho_1^2)\lambda_1^2} \cdot \frac{1}{\sqrt{\left(1-\dfrac{\omega^2}{\lambda_1^2}\right)^2 + 4D_{x\varphi_1}^2\dfrac{\omega^2}{\lambda_1^2}}} \tag{18.1.49}$$

$$A_{\varphi_2} = \frac{P_x(h_3 - \rho_2)(h_1 - \rho_2)}{(I_{my} + m\rho_2^2)\lambda_2^2} \cdot \frac{1}{\sqrt{\left(1-\dfrac{\omega^2}{\lambda_2^2}\right)^2 + 4D_{x\varphi_2}^2\dfrac{\omega^2}{\lambda_2^2}}} \tag{18.1.50}$$

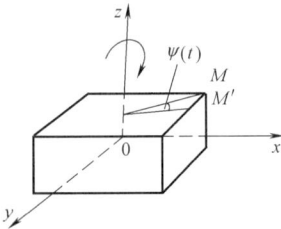

图 18.1.13 扭转振
动的转角 $\psi(t)$

需要指出：耦合振动是指一个自由度上的运动引起另一个自由度上的运动。不论是单一水平扰力还是单一扰力偶；不论水平扰力是否通过总质心；也不论水平扰力和扰力矩是否同时作用，都可能产生耦合现象。因此，要注意对振型的分析。

4. 基础的扭转振动

在基础的水平面上作一个绕竖轴 z 的扭转扰力耦 $M_\psi(t) = M_\psi \sin\omega t$，则基础产生扭转振动，以扭角 $\psi(t)$ 表示，如图 18.1.13 所示。振动微分方程

$$J_m \frac{\mathrm{d}_\psi^2}{\mathrm{d}t^2} + C_\psi \frac{\mathrm{d}\psi}{\mathrm{d}t} + K_\psi \cdot \psi = M_\psi \cdot \sin\omega t \tag{18.1.51}$$

式中　J_m——基组对 z 轴的质量惯性矩；

　　　C_ψ——扭转阻尼系数；

　　　K_ψ——地基抗扭刚度。

式（18.1.51）的解为

$$\psi = \frac{M_\psi}{K_\psi} \cdot \frac{1}{\sqrt{\left(1-\dfrac{\omega^2}{\lambda_\psi^2}\right)^2 + 4D_\psi^2\dfrac{\omega^2}{\lambda_\psi^2}}} \cdot \sin(\omega t - \delta) \tag{18.1.52}$$

相位角

$$\delta = \arctan \frac{2D_\psi\dfrac{\omega}{\lambda_\psi}}{1-\dfrac{\omega^2}{\lambda_\psi^2}} \tag{18.1.53}$$

扭转振动固有圆频率

724

$$\lambda_\psi = \sqrt{\frac{K_\psi}{J_m}} \tag{18.1.54}$$

扭转振动阻尼比

$$D_\psi = \frac{C_\psi}{2\sqrt{K_\psi J_m}} \tag{18.1.55}$$

扭转振动幅角

$$A_\psi = \frac{M_\psi}{K_\psi} \cdot \frac{1}{\sqrt{\left(1 - \frac{\omega^2}{\lambda_\psi^2}\right)^2 + 4D_\psi^2 \frac{\omega^2}{\lambda_\psi^2}}} \tag{18.1.56}$$

基础顶面要求控制点的水平振幅（距 z 轴 l_ψ 处）

$$A_{x\psi} = A_\psi l_\psi \tag{18.1.57}$$

18.1.2 弹性半空间理论简介

基础（刚体）置于弹性半空间（设地基土为匀质、各向同性、线性的弹性半无限体）上的振动问题，主要是分析基础与地基的相互作用——动力接触问题。运用弹性动力学的方法，假定某种边界条件，建立基础底面位移与动反力的关系式，然后可以用各种方法分析基础的振动。为了使读者对弹性半空间理论有一概括了解，仅就基础竖向振动作一简要介绍。

1904 年，拉姆（H. Lambe）得出了竖向谐和集中力 $P_z e^{i\omega t}$ 作用于弹性半空间表面（见图 18.1.14）上，地面任意点的位移 $w(r, 0, t)$ 的积分形式解为

$$w(r, 0, t) = -\frac{P_z e^{i\omega t}}{2\pi G} \int_0^\infty \frac{k^2 pa}{\varphi(p)} J_0(pr) \mathrm{d}p \tag{18.1.58}$$

其中 $\quad \varphi(p) = (\alpha p^2 - k^2)^2 - 4p^2 \alpha\beta$

$$\alpha = \sqrt{p^2 - h^2}; h^2 = \frac{\omega^2}{v_p^2}$$

$$\beta = \sqrt{p^2 - k^2}; k^2 = \frac{\omega^2}{v_s^2}$$

式中 $\quad G$——土的剪变模量；

$\quad h$、k——分别为纵波和横波波数；

$\quad v_p$、v_s——分别为纵波和横波速度；

$\quad \omega$——扰力圆频率；

$\quad P_z$——竖向扰力幅；

$\quad J_0(pr)$——零阶贝塞尔函数；

$\quad p$——与 ω 及波速有关的参数。

1936 年，E. Reissner（赖斯纳）把 Lambe 的解用于基础振动。他首先假定一个无质量的柔性圆板基底应力为均匀分布。经过比较复杂的数学运算后，得到了圆板中心处竖向动位移（图 18.1.15）：

$$w(0, 0, t) = \frac{P_z}{G r_0}(f_1 + i f_2) e^{i\omega t} \tag{18.1.59}$$

式中 $\quad f_1$、f_2——与地基土的泊松比 ν 和频率 ω 有关的位移函数；

r_0——圆板半径；

$i=\sqrt{-1}$。

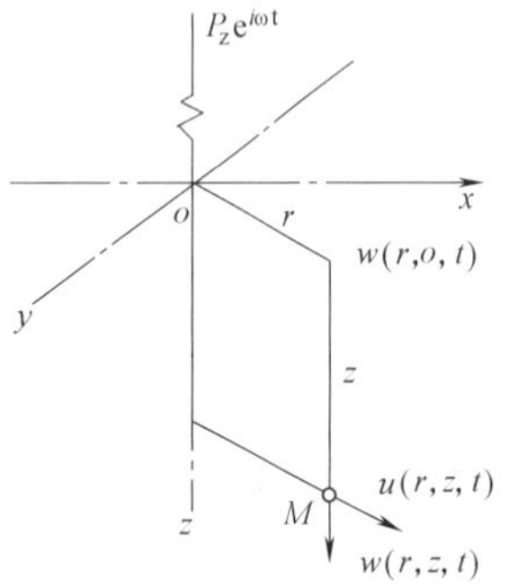

图 18.1.14　圆柱坐标系及边界条件

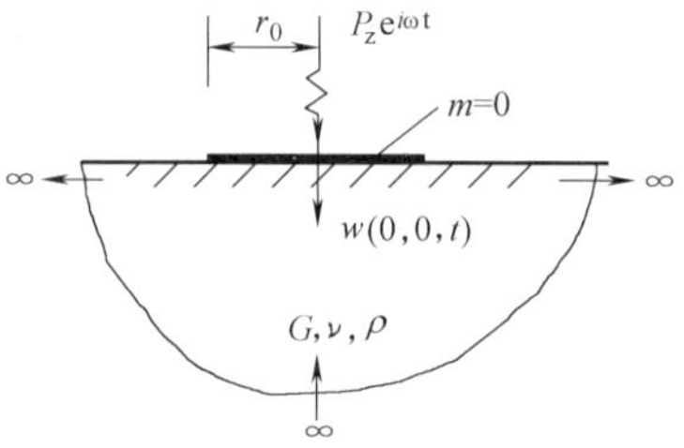

图 18.1.15　无质量盘竖向强迫振动

然后，根据达朗倍尔原理，可以列出有质圆板的动力反应方程。由于赖斯纳在计算位移函数时出现差错，使计算结果与试验出入较大，致使该理论一度发展迟缓，但他的工作为后人的研究奠定了基础。特别是他提出的两个重要指标：无量纲频率 $a_0=\dfrac{\omega r_0}{v_s}$（$\omega$——扰力圆频率，$v_s$——横波速度）和质量比 $b=\dfrac{m}{\rho r_0^3}$（m——基础质量，$\rho=\dfrac{\gamma}{g}$ 为土的质量密度）。从而把基础——土体系作为一个综合体来考虑了。此后，谢赫捷尔（О. Я. Шехтер，1948）、昆兰（Quinlan，1953）以及沈（T. Y. Sung，1953）等人提出了不同基底应力分布形式为边界条件的各种位移解。接着，博罗达契夫（Н. М. Вородацев，1964）、阿福朱壁（A. Awojobi，1965）等人用混合边值问题的方法分析了各种振型的基础振动。尽管学者们采用了不同的分析方法，但关键还是在于建立基底波动反力与位移之间的关系式。只要建立此种关系式，基础振动的运动方程就可建立。下面以 Sung 的位移解为例，阐述基础竖向振动的计算方法。

Sung 首先得出基底反力为均匀分布、静刚性分布和抛物线分布三种不同应力边界条件的位移解。现以基底反力为均匀分布的情况为例。若以基底中心点（$r=0$）的竖向动位移 w（0，0，t）近似为基底动位移，其解

$$w(0,0,t)=-\frac{P_z e^{i\omega t}}{Gr_0}(f_1'+if_2') \qquad (18.1.60)$$

令

$$f_1=-f_1' \qquad f_2=-f_2'$$

则

$$w(0,0,t)=\frac{P_z e^{i\omega t}}{Gr_0}(f_1+if_2) \qquad (18.1.61)$$

式中　$f_1'=-(0.238733-0.059683a_0^2+0.004163a_0^4-\cdots)$

$f_2'=0.148594a_0-0.017757a_0^3+0.000808a_0^5-\cdots)$

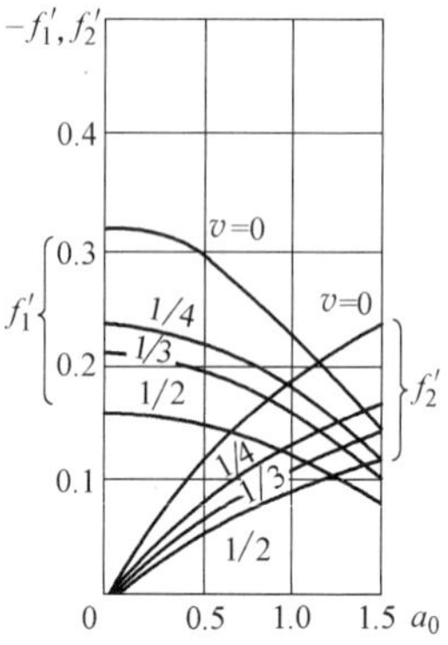

可绘成图 18.1.16 的曲线。

图 18.1.16　均布反力
的 f-a_0 曲线

图 18.1.17 （a）是一个有质量的刚性基础，置于弹性半空间表面，在竖向扰力 $Q_z e^{i(\omega t+\delta)}$（$\delta$ 为扰力比基底动反力导前的相位角）作用下，其动力反应可以分解为图 18.1.17 （b）和图 18.1.17 （c）两种情况来考虑。

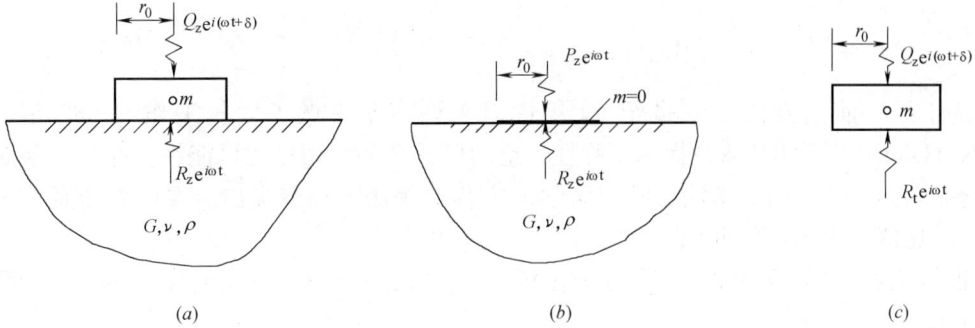

图 18.1.17　圆形有质基础竖向强迫振动

图 18.1.17 （b）即前面已介绍过的求位移解的图式，根据式（18.1.61）可反求得基底动反力

$$R_z(t)=R_z e^{i\omega t}=-P_z e^{i\omega t}=\left[\frac{-f_1}{f_1^2+f_2^2}+i\left(\frac{f_2}{f_1^2+f_2^2}\right)\right]Gr_0 W(t) \qquad (18.1.62)$$

再由图 18.1.17 （c），按达朗贝尔原理可列出基础振动微分方程（为习惯用 Z 换 W）

$$m\frac{\mathrm{d}^2 z}{\mathrm{d}t^2}+R_z e^{i\omega t}=Q_z e^{i(\omega t+\delta)} \qquad (18.1.63)$$

将式（18.1.61）两次微分代入式（18.1.63）可得

$$\frac{R_z m\omega^2}{Gr_0}(f_1+if_2)e^{i\omega t}+R_z e^{i\omega t}=Q_z e^{i(\omega t+\delta)} \qquad (18.1.64)$$

将实部和虚部分列

$$\begin{cases} \dfrac{m\omega^2 f_2}{Gr_0}R_z=Q_z\sin\delta \\[2mm] \left(\dfrac{m\omega^2 f_1}{Gr_0}\right)R_z=Q_z\cos\delta \end{cases} \qquad (18.1.65)$$

得

$$\delta=\arctan\frac{(m\omega^2/Gr_0)f_2}{1+\left(\dfrac{m\omega^2}{Gr_0}\right)f_1} \qquad (18.1.66)$$

$$R_z=\frac{Q_z}{\sqrt{\left[1+\left(\dfrac{m\omega^2}{Gr_0}\right)f_1\right]^2+\left[\left(\dfrac{m\omega^2}{Gr_0}\right)f_2\right]^2}}=-P_z \qquad (18.1.67)$$

代回原位移方程式（18.1.61），得基础振动幅

$$A_z=\frac{Q_z}{Gr_0}\sqrt{\frac{f_1^2+f_2^2}{\left[1+\left(\dfrac{m\omega^2}{Gr_0}\right)f_1\right]^2+\left[\left(\dfrac{m\omega^2}{Gr_0}\right)f_2\right]^2}} \qquad (18.1.68)$$

或

$$A_z = \frac{Q_z}{Gr_0} \sqrt{\frac{f_1^2 + f_2^2}{[1 + ba_0^2 f_1] + [ba_0^2 f_2]^2}} \tag{18.1.69}$$

式中　$a_0 = \omega r_0 \sqrt{\dfrac{\rho}{G}}$——无量纲频率；

$\qquad b = \dfrac{m}{\rho r_0^3}$——质量比。

为工程上使用方便，20 世纪 60 年代以来许多学者做了大量工作。1962 年，谢（T. K. Hsieh）用反力代入法揭示了弹性半空间模式全部实用化的可能性。此后，莱斯默（J. Lysmer，1965）的比拟法、湖南大学的方程对等法等相继提出。现以莱斯默（Lysmer）的比拟法为例介绍如下。

根据位移方程反求的动反力 R，即式（18.1.62）代入基础振动微分方程式（18.1.63），得

$$m \frac{\mathrm{d}^2 z}{\mathrm{d}t^2} + \frac{Gr_0}{\omega}\left(\frac{f_2}{f_1^2 + f_2^2}\right)\frac{\mathrm{d}z}{\mathrm{d}t} + Gr_0\left(\frac{-f_1}{f_1^2 + f_2^2}\right)z = Q_z e^{i\omega t} \tag{18.1.70}$$

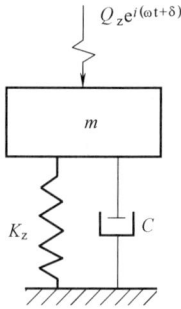

图 18.1.18　等效集中参数系统

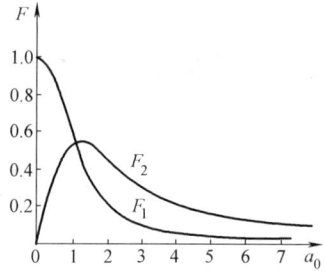

图 18.1.19　莱斯默位移函数

式（18.1.70）形式上类似质阻弹理论的微分方程，但系数的含义不同。人们称此模式为"等效集中参数系统"，见图 18.1.18。若令 $F_1 = \dfrac{1-\gamma}{4}f_1$；$F_2 = \dfrac{1-\gamma}{4}f_2$，并将 Q_z 写成习惯符号 P_z，则式（18.1.70）变成

$$m \frac{\mathrm{d}^2 z}{\mathrm{d}t^2} + \frac{4Gr_0}{(1-\nu)\omega}\left(-\frac{F_2}{F_2^2 + F_1^2}\right)\frac{\mathrm{d}z}{\mathrm{d}t} + \frac{4Gr_0}{1-\nu}\left(\frac{F_1}{F_1^2 + F_2^2}\right)z = P_z e^{i\omega t} \tag{18.1.71}$$

当 $a_0 \leqslant 1$ 时；$-\dfrac{F_2}{F_1^2 + F_2^2} \approx 0.85a_0$，$\dfrac{F_1}{F_1^2 + F_2^2} \approx 1$，再将 $\omega = \dfrac{a_0}{r_0}\sqrt{\dfrac{G}{\rho}}$ 代入，最后得

$$m \frac{\mathrm{d}^2 z}{\mathrm{d}t^2} + \frac{3.4 r_0^2}{1-\nu}\sqrt{\rho G} \cdot \frac{\mathrm{d}z}{\mathrm{d}t} + \frac{4Gr_0}{1-\nu}z = P_z e^{i\omega t} \tag{18.1.72}$$

式中　ν——土的泊松比。其他符号同前。

位移函数 F_1、F_2 与 a_0 的关系见图 18.1.19。

式（18.1.72）的第一项是基础惯性力；第二项是等效黏滞阻尼力（因在弹性半空间理论中解释振动能量的耗损是由于辐射阻尼）；第三项是弹簧静反力。由式（18.1.72）可见，当 $a_0 \leqslant 1$ 时，阻尼和刚度均与频率无关。在质阻弹理论中，阻尼和刚度也与频率无

关，所不同的是弹性半空间理论给出了阻尼和刚度的具体表达式，即阻尼系数 $C=\dfrac{3.4r_0^3}{1-\nu}\times\sqrt{G\rho}$，静刚度 $K_z=\dfrac{4Gr_0}{1-\nu}$。

总之，上述两种理论各有特点。质阻弹理论依据"文克尔-伏脱"模型求解过程和解的形式都比较简单，易被工程界接受；但对三个参数的分析欠缺，往往采用实测基础动力反应反算而得。弹性半空间理论从波动方程出发，研究基础动力接触问题，有比较严格的数学解析。实用化后的集中参数系统与质阻弹理论十分相似。所得的三参数表达式对定性分析基础动力反应具有指导意义。但由于假定地基土是各向同性、匀质的半无限弹性体，与实际有明显差别，致使理论计算与实际有出入。近年来，不少学者做出改进。读者可参阅有关文献及资料。

18.2 振动对地基承载力的影响和地基刚度及阻尼

18.2.1 振动对地基承载力的影响

考虑到振动作用下土的附加沉降和抗剪强度降低等不利因素，在设计计算动力机器基础时，应该采用比单纯静荷载作用要低的地基承载力。至于降低的程度，可按振动加速度的大小来决定。因此，机器基础下地基承载力验算应符合式（18.2.1）的要求：

$$p\leqslant\alpha_f f_a \tag{18.2.1}$$

式中　p——基础底面的静压力；

　　　f_a——修正后的地基承载力特征值；

　　　α_f——由于动力影响对地基承载力特征值的折减系数，对于汽轮机组与电机基础采用 0.8；锻锤基础按第 18.4 节规定；其他机器基础采用 1.0。

18.2.2 天然地基刚度及阻尼

在我国，目前一般按质阻弹理论计算动力机器基础（迄今仍沿用 GB 50040—1996 规范），计算的精确程度主要取决于地基刚度系数的选取。为此，在研究动力机器基础在弹性地基上振动问题时，引用了如下的弹性变形特征指标。

1. 天然地基刚度

1）地基的弹性均匀压缩

由荷载试验可知：地基土在荷载作用下的变形可分为弹性变形和残余变形两个部分。对于弹性变形来说，压力与弹性变形之间呈线性关系：

$$p_z=C_z s \tag{18.2.2}$$

式中　p_z——作用于地基的垂直压力，kN/m^2；

　　　C_z——地基抗压刚度系数，kN/m^3；

　　　s——由垂直荷载引起的地基弹性变形，m。

C_z 的物理意义是：使单位面积的地基土产生单位竖向弹性均匀压缩变形所需的荷载。根据我国 80 多个高低压模及大量机器基础实测资料的分析，发现 C_z 除与土的性质有关外，还和基础的底面尺寸有关。当基础底面尺寸大于 $20m^2$ 时，C_z 值变化不大，可视为常数；当基底面积在 $20m^2$ 以下时，C_z 值与底面积的立方根成反比关系。在动力机器基础的振动计算中，最好现场实测 C_z 值。当不具备实测条件时，可按表 18.2.1 选用。

地基承载力特征值 f_k(kPa)	黏 性 土	粉 　 土	砂 　 土
300	66000	59000	52000
250	55000	49000	44000
200	45000	40000	36000
150	35000	31000	28000
100	25000	22000	18000
80	18000	16000	

注：1. 不属本表所列土类的 C_z 值，参照与表中相近的土类采用；

2. 表中 C_z 值适用于 $A \geqslant 20\text{m}^2$ 时（A——基础底面积）；当 $A < 20\text{m}^2$ 时，应乘以 $\sqrt[3]{\dfrac{20}{A}}$ 进行修正。

当地基为分层土时，基础下弹性变形的影响深度按 $2d$ 计算（d 为方形基础的边长或其他形状基础的底面积开平方），在此深度内的地基综合抗压刚度系数 C_z 按式（18.2.3）计算：

$$C_z = \frac{0.667}{\sum\limits_{i=1}^{n} \dfrac{1}{C_{z_i}} \left(\dfrac{1}{1+\zeta_{i-1}} - \dfrac{1}{1+\zeta_i} \right)} \tag{18.2.3}$$

式中　$\zeta_i = h_i / d$

　　　d——方形基础的边长，其他形状基础按 $d = \sqrt{A}$ 计算，m；

　　　h_i——从基础底面到第 i 层土层底面的厚度，m；

　　　C_{zi}——第 i 层土的抗压刚度，kN/m³，由表 18.2.1 查得。

2）地基的弹性非均匀压缩和均匀剪切

当基础产生水平—摇摆振动时，地基将受到非均匀压缩和均匀剪切的压力。若假定压力和剪力却与土的弹性变形之间呈线性关系：

对于非均匀压缩

$$p_z = C_\varphi \cdot \xi\varphi \tag{18.2.4}$$

对于均匀剪切

$$p_x = C_x \cdot u_x \tag{18.2.5}$$

式中　φ——基础摇摆时的转角，°；

　　　ξ——基底压力 p_z 距转动中心的距离，m；

　　　C_φ——地基抗弯刚度系数，kN/m³；

　　　u_x——由于剪力引起的水平弹性变形，m；

　　　C_x——地基抗剪刚度系数，kN/m³。

根据试验，C_φ、C_x 与 C_z 大致有如下关系：

$$C_\varphi = 2.15 C_z \tag{18.2.6}$$

$$C_x = 0.7 C_z \tag{18.2.7}$$

3）地基的弹性扭转（非均匀剪切）

当基础产生绕竖轴的扭转振动，地基将受到非均匀剪切力 p_ψ 作用。同样，假定剪力与地基弹性剪切变形之间呈线性关系：

$$p_\psi = C_\psi l \psi \tag{18.2.8}$$

$$C_\psi = 1.5 C_z \tag{18.2.9}$$

式中 p_ψ——距离竖轴 l 处的单位面积剪力，kN/m^2；

ψ——基础底面绕竖轴的扭转角，°；

C_ψ——地基抗扭刚度系数，kN/m^3。

综上所述，求得各种振型的刚度系数后，可分别按以下公式计算天然地基刚度：

竖向振动时地基抗压刚度（kN/m）：$K_z = C_z \cdot A \tag{18.2.10}$

摇摆振动时地基抗弯刚度（kN·m）：$K_\varphi = C_\varphi \cdot I \tag{18.2.11}$

水平振动时地基抗剪刚度（kN/m）：$K_x = C_x \cdot A \tag{18.2.12}$

扭转振动时地基抗扭刚度（kN·m）：$K_\varphi = C_\varphi \cdot I_z \tag{18.2.13}$

式中 A——基础底面积，m^2；

I——基础底面对水平轴 x（或 y）的面积惯性矩，m^4；

I_z——基础底面对竖轴 z 的面积惯性矩，m^4。

基础四周填土和地坪的作用，试验研究发现：只要填土质量有一定保证，随着基础深度的增加，机器基础在强迫振动下的共振频率提高，共振峰幅值减小，见图 18.2.1。

这个规律表明：基础周围土体起了提高地基刚度的作用，埋深越大，这个作用越强。为此，在考虑地基刚度时（冲击机器基础除外），引用了一个频率提高系数。当基础四周回填土为黏性土和砂土时，其重度与原地基土重度之比不小于 0.85。基础旁四周无地沟或仅有一边有地沟时，天然地基刚度可分别乘以提高系数 α_z（用于 K_z）和 $\alpha_{x\varphi}$（用于 K_x 和 K_φ）。α_z 和 $\alpha_{x\varphi}$ 按下式计算：

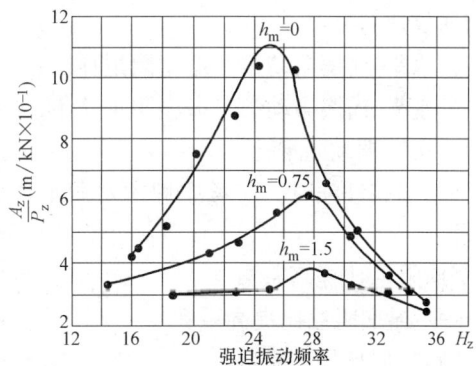

图 18.2.1 1.6m×2.5m×2.05m
基础垂直激振共振曲线

（图中，h_m—基础旁回填土的厚度，单位 m；A_2—最大振幅；P_z—干扰力幅值）

$$\alpha_z = (1 + 0.4\delta_b)^2 \tag{18.2.14}$$

$$\alpha_{x\varphi} = (1 + 1.2\delta_b)^2 \tag{18.2.15}$$

式中 δ_b——埋深比，$\delta_b = \dfrac{h_m}{\sqrt{A}}$（$h_m$ 为回填土高度，A 为基础底面积）。当 $\delta_b \leqslant 0.1$ 时，不考虑回填土影响；当 $\delta_b > 0.6$ 时，按 0.6 考虑。

这样，地基刚度的最终计算公式应为

抗压地基刚度 $K_z = C_z A \alpha_z \tag{18.2.16}$

抗剪地基刚度 $K_x = C_x A \alpha_{x\varphi} \tag{18.2.17}$

抗弯地基刚度 $K_\varphi = C_\varphi I \alpha_{x\varphi} \tag{18.2.18}$

抗扭地基刚度 $K_\psi = C_\psi I_z \alpha_{x\varphi} \tag{18.2.19}$

基组在水平挠力作用下，地坪的嵌固作用将进一步提高其自振频率。因此，当机器基础与四周刚性地坪连接时，其计算自振频率可以适当提高。

2. 天然地基阻尼比

阻尼是影响基础—土体系动力反应的重要因素之一，它使振动体系能量耗损。在质阻弹理论中，这种能量的耗损是由于土的滞后和黏性效应所造成的，称为内阻尼或黏滞阻尼。前面已提到，为计算时方便采用阻尼比 D 表示。在弹性半空间理论中，阻尼的含义解释为由于弹性波向四周传播时，波面增大而使能量耗损，称为几何阻尼或辐射阻尼。

根据我国《动力机器基础设计规范》GB 50040—1996 规定，天然地基的阻尼比可选用下列数值：

1）竖向振动阻尼比 $D_z = \dfrac{0.16}{\sqrt{b}}$（黏性土）；$D_z = \dfrac{0.11}{\sqrt{b}}$（砂土，粉土），式中 $b = \dfrac{m}{\rho A \sqrt{A}}$（基组质量比）；

2）水平-摇摆振动第一振型阻尼比 $D_{x\varphi1} = 0.5 D_z$；

3）水平-摇摆振动第二振型阻尼比 $D_{x\varphi2} = D_{x\varphi1}$；

4）扭转振动阻尼比 $D_{x\psi} = D_{x\varphi1}$。

当基础有埋深时，应考虑埋深对阻尼比的提高作用，此时可乘以相应振型的提高系数。即

竖向阻尼比提高系数	$\beta_z = 1 + \delta_b$	(18.2.20)
水平-摇摆阻尼比提高系数	$\beta_{x\varphi} = 1 + 2\delta_b$	(18.2.21)
扭转阻尼比提高系数	$\beta_{z\psi} = 1 + 2\delta_b$	(18.2.22)

式中　δ_b——基础埋深比；

　　　m——基组质量；

　　　ρ——土的质量密度；

　　　A——基础底面积。

18.2.3　桩基刚度及阻尼

设计动力机器基础，当天然地基不能满足要求时，对下列情况可采用桩基：

（1）基底压力（包括动荷载、静荷载）大于地基土在振动情况下的承载力；

（2）必须减少由于动力而引起的基础沉降；

（3）为了避开共振区而提高基组自振频率；

（4）必须减少基础振幅。

桩的类型很多，目前广泛采用等截面钢筋混凝土预制桩和沉管灌注桩（打入式灌注桩）。

近年来，国内外对桩基的动力特性进行了不少试验研究，但由于桩-土相互作用是一个十分复杂的问题，而且试验工作量大、耗资多，桩在土中的测试也比较困难。因此，迄今尚无一个既符合实际又简便的确定桩基刚度和阻尼的方法。为工程上实用，以下介绍两种常用方法。

1. 按我国《动力机器基础设计规范》GB 50040—1996 的方法

1）桩基刚度

（1）预制桩和打入式灌注桩（以下简称桩基）计算下列几种刚度。

① 桩基抗压刚度 K_z：

桩基的抗压刚度最好由现场确定，如无试验条件可按下式计算

$$K_{pz} = n_{pz} \cdot k_{pz} \qquad (18.2.23)$$

式中　K_{pz}——群桩抗压刚度，kN/m；

　　　n_{pz}——桩数；

　　　k_{pz}——单桩抗压刚度，kN/m。

$$k_{pz} = \sum C_{p\tau} A_{p\tau} + C_{pz} A_p \qquad (18.2.24)$$

式中　$C_{p\tau}$——桩周各层土的当量抗剪刚度系数，见表 18.2.2（当桩间距为 4～5 倍桩截面直径或边长时），kN/m³；

　　　$A_{p\tau}$——桩周各层土的表面积，m²；

　　　C_{pz}——桩尖平面处土的当量抗压地基刚度系数，见表 18.2.3（当桩间距为 4～5 倍桩截面直径或边长时），kN/m³；

　　　A_p——桩的截面积，m²。

桩周土的当量抗剪刚度系数 $C_{p\tau}$ 值　　　　　　　　　　表 18.2.2

地基土名称	地基土状态	$C_{p\tau}$(kN/m³)
淤泥	饱　和	6000～7000
黏土、粉质黏土、粉土	软　塑	7000～8000
	可　塑	10000～15000
	硬　塑	15000～25000
粉砂、细砂	稍密-中密	10000～15000
圆砾、卵石	稍密-中密	15000～30000
中砂、粗砂、砾砂	稍密-中密	20000～25000

桩尖土的当量抗压刚度系数 C_{pz} 值　　　　　　　　　　表 18.2.3

地基土名称	地基土状态	自地面算起的桩尖入土深度(m)	C_{pz}(kN/m³)
黏土、粉质黏土、粉土	软塑、可塑	10～20	500000～800000
	软塑、可塑	20～30	800000～1300000
	硬塑	20～30	1300000～1600000
粉砂、细砂	中密、密实	20～30	1000000～1300000
中砂、粗砂、砾砂、圆砾及卵石	中密、密实	7～15	1000000～2000000
页岩	中等风化		1500000～2000000

当用表 18.2.2 及表 18.2.3 中数值计算基础的竖向固有圆频率 λ_z 与振幅 A_z 时，必须考虑基础下桩和土参加振动的当量质量 m，将它加到振动质量中去。m_s 的简化计算方法如下：

$$m_s = l_k ab \frac{\gamma}{g} \qquad (18.2.25)$$

式中　a、b——分别为基础（承台）的长边和短边，m；

　　　γ——土和桩的平均重度，可近似取土的重度，kN/m³；

　　　g——重力加速度，m/s²；

l_k——折算长度，当桩长 $L \leqslant 10m$ 时，取 1.8m；$L \geqslant 15m$ 时，取 2.4m；$10m < L < 15m$ 时，用插入法求得。

② 桩基的抗弯刚度 K_φ

$$K_{p\varphi} = \sum_{i=1}^{n} k_{pz} \cdot r_i^2 \qquad (18.2.26)$$

式中　$K_{p\varphi}$——群桩抗弯刚度，$kN \cdot m$；

　　　k_{pz}——按式（18.2.24）算得的单桩抗压刚度，kN/m；

　　　r_i——第 i 根桩的轴线至基础底面回转轴的距离，m。

当计算基组固有圆频率 λ_1、λ_2、λ_ψ 与相应的振幅 $A_{x\varphi}$、A_ψ 时，必须考虑基础下桩和土参加振动的当量质量，其值可取式（18.2.25）的 0.4 倍。

（2）爆扩桩

爆扩桩使用到锻锤基础中（7.5～100kN 的锻锤都有应用的）收到良好效果，这是因为爆扩桩不仅施工简单，而且有良好的动力性能。试验表明：爆扩群桩较打入式群桩能在强迫振动或自由振动时，带动更多的土质量参加振动，使地基刚度提高、振幅降低。如桩距为（1.7～1.8）d_c（d_c 为扩大头平均直径，一般用 800～900mm），地基土为可塑的粉质黏土或中密砂土，则效果尤为显著。

爆扩桩抗压刚度 K_z 按式（18.2.27）及式（18.2.28）计算

$$K_{dz} = n_{dh} \cdot k_{dh} \qquad (18.2.27)$$

$$k_{dh} = C_{dh} \cdot A_{dh} \qquad (18.2.28)$$

式中　K_{dz}——爆扩群桩抗压刚度，kN/m；

　　　n_{dh}——桩数；

　　　k_{dh}——单根爆扩桩抗压刚度，kN/m；

　　　C_{dh}——爆扩桩扩大头支承处土的当量抗压刚度系数，kN/m^3，见表 18.2.4；

　　　A_{dh}——单根桩扩大头的投影面积，m^2。

当爆扩桩间距在（1.7～1.8）d_c、桩长在 3.5～5m 时的 C_{dh}　　　表 18.2.4

土的名称	土的状态	$C_{dh}(kN/m^3)$
黏土、粉质黏土	可　塑	310000～480000
中砂、粗砂、砾砂	中　密	350000～500000

当选用 C_{dh} 时，如桩距与表列者不同，应乘以表 18.2.5 中的影响系数。

影响系数 η　　　表 18.2.5

桩距	$1.5d_c$	$1.6d_c$	$1.9d_c$	$2.0d_c$	$2.1d_c$	$2.2d_c$
η	0.72	0.90	0.93	0.88	0.76	0.61

需要指出：《动规》方法没有考虑桩身变形对桩基刚度的影响。尤其是软土地区的长桩，这种影响不可忽视。此外，群桩刚度也不等于单桩刚度之和，而是一个比其总和低的数值。

2）桩基阻尼比

《动规》对预制桩和打入式灌注桩的阻尼比规定如下：

（1）竖向阻尼比 $D_z = \dfrac{0.2}{\sqrt{b}}$（承台下为黏性土）；$D_z = \dfrac{0.14}{\sqrt{b}}$（承台下为砂土、粉土）；

端承桩：$D_z = \dfrac{0.10}{\sqrt{b}}$；

（2）水平-摇摆第一振型阻尼比 $D_{x\varphi_1} = 0.5 D_z$；

（3）水平-摇摆第二振型阻尼比 $D_{x\varphi_2} = D_{x\varphi_1}$；

（4）扭转阻尼比 $D_\psi = D_{x\varphi_1}$。

试验表明：承台侧向回填土对竖向刚度和阻尼比的影响不大；对水平—摇摆振动，类似埋置基础侧向回填土的作用。

2. 按弹性半空间体系的计算方法

诺瓦克（M. Novak，1974）根据 BapaHob（巴拉诺夫）分析埋置基础的方法，假定桩身范围内的土层是由一系列无限薄的弹性层所组成的独立弹性体；桩尖以下的土层为一个弹性半空间体。在弹性半空间与弹性层之间满足某种边界条件。然后，求解一维波动方程，再导出单桩桩头复刚度。最后，得到的单桩抗压刚度及阻尼如下：

单桩抗压刚度

$$k_{zh} = \frac{E_{zh} \cdot A_{zh}}{r_0} \cdot f_k \qquad (18.2.29)$$

单桩抗压阻尼

$$C_{zh} = \frac{E_{zh} \cdot A_{zh}}{r_0} \cdot f_c \qquad (18.2.30)$$

式中　r_0——圆截面桩的半径（非圆截面取当量半径），m；

　　f_k、f_c——分别为刚度和阻尼系数，查图 18.2.2 的曲线；

　　E_{zh}——桩的弹性模量，kPa；

　　A_{zh}——单桩截面积，m^2。

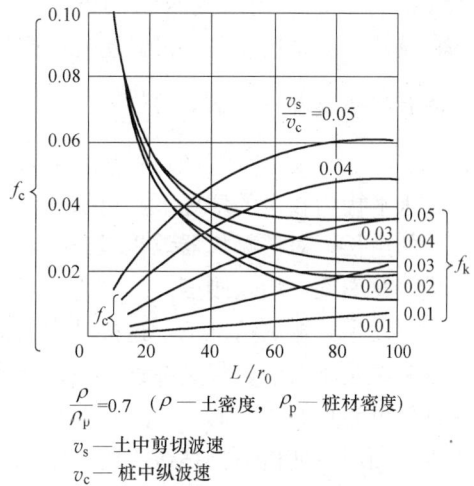

$\dfrac{\rho}{\rho_p} = 0.7$（$\rho$——土密度，$\rho_p$——桩材密度）

v_s——土中剪切波速

v_c——桩中纵波速

图 18.2.2　f-L/r_0 曲线

群桩刚度

$$K_{hz} = \frac{\displaystyle\sum_{i=1}^{n} k_{zh}}{\displaystyle\sum_{i=1}^{n} \alpha_A} \qquad (18.2.31)$$

式中　K_{zh}——群桩抗压刚度，kN/m；

　　α_A——群桩相互影响的折减系数，见图 18.2.3；

　　n——桩数。

前面已经提过，由于桩-土相互作用十

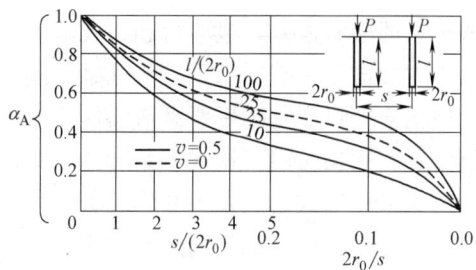

图 18.2.3　α_A-$s/(2r_0)[2r_0/s]$ 曲线

分复杂，涉及的因素较多，往往理论与实际不大吻合，如诺瓦克公式就得出偏小的结果。因此，尚需进一步试验研究。

18.3 曲柄连杆机器基础的计算

18.3.1 曲柄连杆机器基础的设计原则及一般构造

曲柄连杆机器是一种往复运动的机械，在运转时由固定在机器主轴上并随同机器一起转动的曲柄带动连杆，使活塞杆与活塞作直线往复运动，例如柴油机、活塞式空气压缩机、蒸汽机等，就是属于这种类型的机械。这类机械一般运转速度约为 $125\sim1500$ 转/min（柴油机、蒸汽机一般是低转速的，300 转/min 左右）。运转时产生周期性不平衡扰力或扰力矩，使基础产生振动，特别是当机械的扰力频率（机器转速）接近于基础或建筑物的固有频率时，将发生共振现象，使基础或建筑物产生很大振动，造成机器严重磨损，缩短使用寿命，影响生产；同时，也会给操作人员带来生理上的不适和造成建筑物的破坏。因此，在设计中应尽量使动力机器基础或建筑物的固有频率避开共振区，使 $\dfrac{\omega_{机}}{\lambda_{基}}\leqslant0.75$ 或 >1.25。对于基础，可以通过调整底面尺寸。如水平扰力较大的情况下，可加大沿振动方向的边长，对低频机器效果较好（$n<600$ 转/min 的卧式压缩机）。对于建筑物，可增设横墙及圈梁，增大刚度。

曲柄连杆式机器基础顶面允许振幅值（mm）

表 18.3.1

机器每分钟当量转速(n_d)	允许振幅
$n_d\leqslant300$	0.2
$n_d>300$	$60/n_d$

注：$n_d=\dfrac{A_1+2A_2}{A_1+A_2}\cdot n$

式中 A_1——基础第一谐波计算振幅，m；

A_2——基础第二谐波计算振幅，m；

n——机器转速，rpm。

在不发生共振的情况下，这类动力机器基础由于振动而产生的振幅（位移）比起冲击类机器来说是不大的，但是在设计中也要满足其振幅计算值不超过允许振幅值的要求（允许振幅值可参见表 18.3.1）；否则，由于过大的振幅会造成基础的不均匀沉降，机器随同基础发生倾斜，使机器损坏或不能正常工作。

基础尺寸的设计，可以先参照机器制造厂提供的轮廓尺寸（见产品目录或产品说明书），再根据实体式基础振动原理（第 18.1 节）验算基础的振幅值，并结合构造要求来确定；还应满足基底压力不超过地基在振动情况下承载力的要求（第 18.2 节）。

基础埋置深度按照构造要求和地基的地质条件来确定，一般应大于土的冻结深度。

为了保证基础均匀沉降，机械设备及基础的总重心与基础底面的形心应尽可能在一条垂线上，即使有偏差，也不得超过在偏心方向基础底边长度的 $3\%\sim5\%$。同时，还要使机器的主轴位于基础的总重心与基础底面形心所构成的竖直平面上，以简化振动计算。

曲柄连杆机器基础一般做成实体式或墙式。通常采用现浇混凝土，也有用装配式的。机器设置在底层时用实体式，基础的长高比不大于 5，计算时可视为刚体，如设置在二层楼面时宜采用墙式，它是由基础底板、纵横墙及上部顶板等组成，它的整体刚度接近实体式，但要注意各构件相互间连接的刚度，上部顶板应设在纵墙、横墙顶部，以保证平面内的刚度。基础混凝土的强度等级应不低于 C10～C15；为了防止基础温度收缩应力、不均匀沉降和振动所引起的裂缝，在基础内应配置构造钢筋，一般配 $\phi10\sim16$，间距 $200\sim400mm$。凡开孔或切口尺寸大于 600mm 时，应沿孔或切口周围配筋，根据孔或切口的大小配不小于 $\phi12$、间距不大于 $200mm$ 的钢筋。对于底板基础，周边可以结合具体情况作适当处理。对于体积为 $20\sim40\text{m}^3$ 的大块式基础，配置 $\phi10$、间距 200mm 的钢筋；但体积大于 40m^3 的大块式基础，应沿四周及顶底面配置 $\phi10\sim14$、间距 $200\sim300\text{mm}$ 的钢筋网。墙式基础应配置钢筋网，垂直钢筋一般为 $\phi12\sim16$，水平钢筋 $\phi10\sim14$，间距均为 $200\sim300\text{mm}$。顶板的配筋按计算配置，在连接处还应适当增加构造钢筋。基础底板悬臂部分应上、下配筋，并按强度计算确定，钢筋直径宜用 $\phi12\sim18$，间距 $200\sim300\text{mm}$；如不配筋，其板厚应不小于悬臂部分的长度；基础中的坑道底板厚度应不小于坑道宽度的 1/5 或 200mm。底脚螺栓应带有弯钩，扰力较大时可焊一块槽钢，螺栓孔用 C20 细石混凝土浇筑。总之，要保证基础的整体刚度和削弱部位的局部强度。

有时为了减小振幅，可以将同类型的机器设置在一个共同的基础上，构成联合基础。一般以两三台为宜，太多了底板易开裂，失去联合的意义。基础底板的厚度应满足刚度要求且不小于 800mm，块体之间的底板宜按构造上、下配置钢筋；计算振幅时，可按单独基础考虑，但乘以 0.75 的折减系数；联合基础宜同期施工，以免底板产生不均匀沉降。

18.3.2　基础的振动计算

曲柄连杆机器基础的振动计算包括固有频率和强迫振动振幅两个方面。产生振动的主要原因是曲柄连杆机器运转部分的质量所产生的惯性力（称为不平衡扰力），对于它的作用点、大小、方向及特性要搞清楚，此外还要求出基组（机器与基础）的总质心位置和质量惯性矩的大小。下面分别加以叙述。

1. 扰力的确定

现以活塞式空气压缩机为例，分析其扰力。

活塞式空气压缩机按气缸旋转状态，可分为卧式、立式及角度式三种。就卧式而言，它的气缸是平放的，曲柄间可成一定角度，这类机器占地面积大、转速低、结构笨重、动力平衡性差，但操作维修方便，另外有一种改进的新型卧式压缩机叫对动平衡式，如 H 形、M 形及对置式，如 D 形等，动力平衡性能好。立式压缩机的气缸是立放的，曲柄之间可成一定角度，这类机器占地面积小，结构紧凑，主要是竖直扰力作用于基础上；角度式压缩机是在一根曲柄梢头上连接几根连杆形成角形构造，如 L 形、V 形、W 形等，这类机器结构紧凑、重量轻、转速高、机械效率高，只要气缸夹角适当配置，各缸往复运动的质量相应比例，可得到良好的动力平衡性能。由此可知，一台压缩机可以有几个气缸，尽管连接方式不同，但计算时仍以一列曲柄连杆机构为一个运动

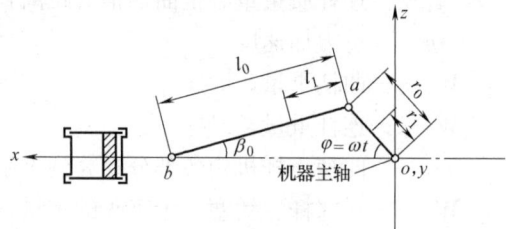

图 18.3.1　曲柄连杆机构图

单元，下面以卧式单气缸为例分析其扰力（图 18.3.1）。

空气压缩机的不平衡扰力是由曲柄、连杆、活塞杆、十字头等运转部件的质量产生的惯性力所组成，在机器工作时上述每个部分都产生它自己的不平衡扰力，但计算中一般是求其总和效应，因此假定：曲柄和连杆的部分质量 (m_a) 集中在曲柄梢 a 点，作圆周运动，产生离心力 $P=m_a\omega^2r_0$。如把主轴作为坐标原点，x 轴的方向与活塞运动方向一致（水平），z 轴竖直，y 轴在 xoz 平面上的投影与主轴重合，则离心力 P 可分解为：

$$P_x=m_a\omega^2r_0\cos\omega t \tag{18.3.1}$$

$$P_z = m_a \omega^2 r_0 \sin\omega t \qquad\qquad (18.3.2)$$

式中 ω——机器的圆频率，$\omega=0.105n$（n 为机器转速，单位：r/min），rad/s；

r_0——曲柄的半径，m。

连杆另一部分的质量及活塞杆、活塞、十字头等的质量（m_b）集中在 b 点，作变速往复直线运动。按牛顿第二定律，这里的加速度为：

$$\frac{\mathrm{d}^2 x}{\mathrm{d} t^2} = r_0 \omega^2 \cos\omega t + r_0 \omega^2 \lambda \cos 2\omega t - r_0 \omega^2 \frac{\lambda^3}{4} \cos 4\omega t + \cdots\cdots \qquad (18.3.3)$$

式中 λ——曲柄长 r_0 与连杆长 l_0 的比值，$\lambda = \dfrac{r_0}{l_0}$。

则惯性力：

$$P_x = m_b \frac{\mathrm{d}^2 x}{\mathrm{d} t^2} = m_b r_0 \omega^2 \left(\cos\omega t + \lambda\cos 2\omega t - \frac{\lambda^3}{4}\cos 4\omega t + \cdots\cdots \right) \qquad (18.3.4)$$

由上式可以看出：往复运动的质量产生一谐波、二谐波、四谐波……扰力，二谐波频率为一谐波频率的二倍，四谐波以后的扰力很小，可以忽略不计。对于对置式压缩机来说，一谐波扰力被平衡，而二谐波扰力未被平衡，加之二谐波频率（2ω）很容易接近基础固有频率（$\lambda_{1,2}$），故很可能发生共振，因此在设计中要引起注意。

这样曲柄连杆机器产生的不平衡扰力为：

$$P_x = r_0 \omega^2 \left[(m_a + m_b)\cos\omega t + \lambda m_b \cos 2\omega t \right] \qquad (18.3.5)$$

$$P_z = r_0 \omega^2 m_a \sin\omega t \qquad\qquad (18.3.6)$$

$$m_a = \frac{1}{g} \left[\frac{r_1}{r_0} W_1 + \left(1 - \frac{l_1}{l_0} \right) W_3 \right]$$

$$m_b = \frac{1}{g} \left(W_2 + \frac{l_1}{l_0} W_3 \right)$$

式中 m_a——曲柄连杆机构各部分换算到曲柄梢的质量，kN·s²/m；

r_1——曲柄质量重心至主轴的距离，m；

l_1——连杆质量重心至曲柄梢的距离，m；

g——重力加速度，

W_1——曲柄重量，kN；

W_3——连杆重量，kN；

m_b——曲柄连杆机构各部分换算到十字头的质量，kN·s²/m；

W_2——活塞杆、活塞、十字头的重量，kN。

对于多列曲柄机构的机器，作用于基础上的总扰力为每列曲柄机构所产生的扰力之代数和，按下列公式计算：

$$P_x = \sum_{i=1}^{n} P_{xi} = r_0 \omega^2 \left[\sum_{i=1}^{n} (m_{ai} + m_{bi})\cos(\omega t + \beta_i) + \sum_{i=1}^{n} \lambda m_{bi} \cos 2(\omega t + \beta_i) \right]$$

$$(18.3.7)$$

$$P_z = \sum_{i=1}^{n} P_{zi} = r_0 \omega^2 \sum_{i=1}^{n} m_{ai} \sin(\omega t + \beta_i) \qquad (18.3.8)$$

式中 β_i——曲柄夹角。

对于配有平衡铁块的机器，公式内的 m_{ai} 应减去 m'，因为平衡铁块只作等角速回转运

动，起平衡 m_a 质量的作用

$$m' = \frac{r_{2i}}{r_0} m_{ci}$$

式中　r_{2i}——平衡铁块质心至主轴距离，m；

m_{ci}——i 机构中平衡铁块的质量，$kN \cdot s^2/m$。

机器不平衡扰力的资料可向机器制造厂索取。如没有，则可按上述方法计算求得。即便是有扰力资料，设计者也应核实无误。

2. 机器和基础总质心位置的确定

当选择一个适当的坐标系 x、y、z（见图 18.3.2）后，机器和基础总质心的坐标按下式求得：

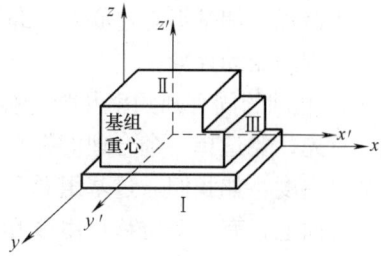

图 18.3.2　坐标系示意图

$$\left. \begin{array}{l} x_0 = \dfrac{\sum m_i x_i}{\sum m_i} \\[2mm] y_0 = \dfrac{\sum m_i y_i}{\sum m_i} \\[2mm] z_0 = \dfrac{\sum m_i z_i}{\sum m_i} \end{array} \right\} \tag{18.3.9}$$

式中　$m_i x_i$、$m_i y_i$、$m_i z_i$——基组中第 i 根构件对 x、y、z 轴所产生的静矩，$kN \cdot s^2$；

m_i——基组中第 i 根构件的质量，$kN \cdot s^2/m$；

x_i、y_i、z_i——基组中第 i 根构件质心到 x、y、z 轴的距离，m。

3. 计算质量惯性矩

计算质量惯性矩是曲柄连杆机器基础振动计算中一项比较烦琐的工作，其数值的精确程度对振幅的计算结果并不敏感，为了减少工作量，基础分块时应尽量少分，有的可"填平补齐"，近似分块。

根据理论力学中刚体转动惯量的概念，基组的总质量通过其总重心而垂直于摆动面轴的质量惯性矩（即转动惯量）为：

$$\left. \begin{array}{l} I'_{mx} = \sum \dfrac{m_i}{12} (a_y^2 + a_z^2) + \sum m_i (y_0^2 + z_0^2) \\[2mm] I'_{my} = \sum \dfrac{m_i}{12} (a_x^2 + a_z^2) + \sum m_i (x_0^2 + z_0^2) \\[2mm] I'_{mz} = \sum \dfrac{m_i}{12} (a_x^2 + a_y^2) + \sum m_i (x_0^2 + y_0^2) \end{array} \right\} \tag{18.3.10}$$

式中　$\dfrac{m_i}{12}(a_y^2 + a_z^2)$、$\dfrac{m_i}{12}(a_x^2 + a_z^2)$、$\dfrac{m_i}{12}(a_x^2 + a_y^2)$——各构件质量对通过构件本身重心的 x、y、z 轴的惯性矩；

$m_i(y_0^2 + z_0^2)$、$m_i(x_0^2 + z_0^2)$、$m_i(x_0^2 + y_0^2)$——集中于构件重心的各构件质量对通过基组总重心的 x'、y'、z' 轴的惯性矩；

x_0、y_0、z_0——各构件重心对通过基组总重心的 x'、y'、z' 轴的坐标；

a_x、a_y、a_z——构件的尺寸。

为了方便可列成表格计算，见例题 18.3.1。

机器扰力和基组总重心及质量惯性矩等求得后，即可按不同类型压缩机的工作状态，进行基础的振动计算。

4. 基础的固有圆频率及强迫振幅的计算

首先，要选择一个合理的振型。一般来说，机器基础作为刚体置于地基上振动时具有六个自由度，如我们通过基组总重心设一个坐标系 x、y、z（图 18.1.4），则在 x、y、z 三个方向上，有三个位移自由度和绕这三个轴有三个转动自由度，但结合曲柄连杆机器基础的几何形状及不平衡扰力的作用特征，这六个方向的位移并非同时产生，因此，往往可以简化到一至三个自由度。图 18.3.3 表示某活塞式压缩机基础上不平衡扰力的作用情况。扰力的竖向分力 P_z 和水平分力 P_x 作用在离开基组重心 O 某个距离处，因此产生了相应的扰力矩，即水平扰力 P_x 产生使基础绕 y 轴转动的力矩 $M_y = P_x h_3$ 和绕 z 轴扭转的力矩 $M_z = P_x b_3$；竖向扰力 P_z 产生使基础绕 y 轴转动的力矩 $M_y' = P_z a_3$ 和绕 x 轴转动的力矩 $M_x = P_z b_3$。共有五个自由度，见图 18.3.3。但如在计算中抓住主要方向的振动，就可减少自由度的数目。例如，对于卧式压缩机基础，水平扰力引起的振动是主要的，竖向扰力引起的振动是次要的（不在共振区时），因为 P_z 比 P_x 小很多，而且地基抗压刚度系数 C_z 比抗剪刚度系数 C_x 大，P_x 和 M_y 引起的水平振动和摇摆振动是同时产生的（耦合振动）。P_z 产生的绕 x 轴的转振动与 x 方向的水平振动无关，可略去不计。这样，只剩下计算水平摇摆振动在 x 方向产生的水平振幅。对于立式压缩机基础，当竖向扰力通过基组重心时，仅有竖向振动；对动平衡式压缩机基础，由扰力矩引起的绕 z 轴的扭转振动是主要的；对于角度式压缩机基础，竖向振动、水平—摇摆振动都可能同时产生。至于计算各种振型所用的公式，都是来自大块式基础振动原理这一节。

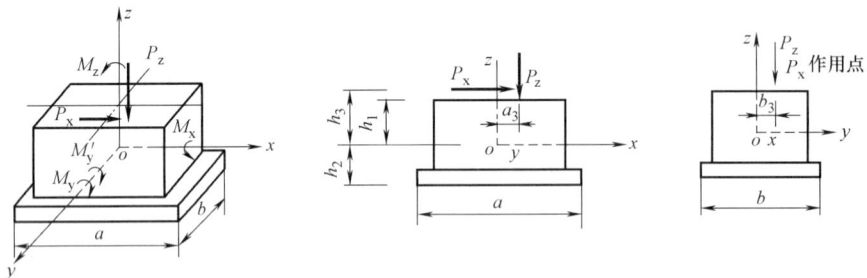

图 18.3.3　活塞式压缩机扰力作用示意图

1）竖向扰力通过基组重心时基础的竖向振动计算
基组竖向固有圆频率

$$\lambda_z = \sqrt{\frac{K_z}{m}} = \sqrt{\frac{C_z A}{m}}$$

式中　C_z——地基抗压刚度系数，kN/m^3；查表 18.2.1；

　　　A——基础底面积，m^2；

　　　m——基础质量，$m = \dfrac{W_g + W_{gc} + W_t}{g}$，t；

　　　W_g——机器重量，kN；

W_{gc}——基础重量，kN；

W_t——基础台阶上填土重，kN。

基础竖向振幅

$$A_z = \frac{P_z}{K_z} \cdot \frac{1}{\sqrt{\left(1-\frac{\omega^2}{\lambda_z^2}\right)^2 + 4D_z^2\frac{\omega^2}{\lambda_z^2}}} \tag{18.3.11}$$

式中　P_z——竖向扰力，kN；

　　　K_z——地基抗压刚度，kN/m；

　　　D_z——竖向振动阻尼比；

　　　ω——扰力圆频率，rad/s，$\omega = 0.105n$，n 为机器转速（r/min）。

设计中应尽量使基础的固有圆频率避开共振区，即 ω（或 2ω）$< 0.75\lambda_z$；或 ω（或 2ω）$> 1.25\lambda_z$。此时，上式中可不计 D_z。

2）在竖向扰力偏心作用下或在水平扰力作用下，基组的水平——摇摆耦合振动计算

（1）基组水平——摇摆耦合振动的第一、第二固有圆频率：

$$\lambda_{1,2}^2 = \frac{1}{2}\left[(\lambda_z^2 + \lambda_\varphi^2) \mp \sqrt{(\lambda_x^2 - \lambda_\varphi^2)^2 + \frac{4mh_0^2\lambda_x^4}{I_m}}\right] \tag{18.3.12}$$

式中　$\lambda_x^2 = \dfrac{K_x}{m} = \dfrac{C_z A}{m}$；

　　　$\lambda_\varphi^2 = \dfrac{K_\varphi + K_x h_2^2}{I_m} = \dfrac{C_\varphi I + C_x A h_2^2}{I_m}$；

　　　C_x、C_φ——分别为地基抗剪刚度系数和抗剪刚度系数，kN/m³；

　　　　I——基础底面积惯性矩，$I = \dfrac{ba^3}{12}$，m⁴；

　　　I_m——基组对通过基础底面形心并垂直于摆动面的水平轴的质量惯性矩，kN·m·s²；

　　　h_2——基组重心至基础底面的距离，m。

（2）基础顶面的水平振幅 $A_{x\varphi}$

$$A_{x\varphi} = (\rho_1 + h_1)A_{\varphi 1} + (h_1 - \rho_2)A_{\varphi 2}$$

$$A_{\varphi 1} = \frac{M_1}{(I_m + m\rho_1^2)\lambda_1^2} \cdot \frac{1}{\sqrt{\left(1-\frac{\omega^2}{\lambda_1^2}\right)^2 + 4D_{x\varphi 1}^2\frac{\omega^2}{\lambda_1^2}}} = \frac{M_1}{I_{m1} \cdot \lambda_1^2} \cdot \eta_1 \tag{18.3.13}$$

$$A_{\varphi 2} = \frac{M_2}{(I_m + m\rho_2^2)\lambda_2^2} \cdot \frac{1}{\sqrt{\left(1-\frac{\omega^2}{\lambda_2^2}\right)^2 + 4D_{x\varphi 2}^2\frac{\omega^2}{\lambda_2^2}}} = \frac{M_2}{I_{m2} \cdot \lambda_2^2} \cdot \eta_2 \tag{18.3.14}$$

式中　ρ_1——基组第一振型当量回转半径，$\rho_1 = \dfrac{h_2 \cdot \lambda_x^2}{\lambda_x^2 - \lambda_1^2}$，m；

　　　ρ_2——基组第二振型当量回转半径，$\rho_2 = \dfrac{h_2 \cdot \lambda_x^2}{\lambda_2^2 - \lambda_x^2}$，m；

　　　h_1——基组重心至基础顶面距离，m；

　　　M_1——基组第一振型当量扰力矩，kN·m，当竖向扰力偏心作用时，$M_1 = P_z \cdot e +$

M_0；当水平扰力作用时，$M_1 = P_x \rho_1 + M$；

M_2——基组第二振型当量扰力矩，$kN \cdot m$；当竖向扰力偏心作用时，$M_2 = P_z e + M_0$，当水平扰力作用时，$M_2 = P_x \rho_2 + M$；

e——竖向扰力作用线至基组重心的水平距离，m；

P_x——机器的水平扰力，kN；

P_z——机器的竖向扰力，kN；

M——机器水平扰力对基组重心的扰力矩，$M = P_x \cdot h_3$；

M_0——机器回转引起的力矩，$kN \cdot m$；

$D_{x\varphi1}$、$D_{x\varphi2}$——分别为第一、第二振型耦合振动阻尼比，当不考虑侧向填土时 $D_{x\varphi1} = 0.5D_z$，$D_{x\varphi2} = D_{x\varphi1}$；

D_z——竖向振动阻尼比；

I_{m1}——基组第一振型当量质量惯性矩，$I_{m1} = I_m + m\rho_1^2$，$kN \cdot m \cdot s^2$；

I_{m2}——基组第二振型当量质量惯性矩，$I_{m2} = I_m + m\rho_2^2$，$kN \cdot m \cdot s^2$。

当 ω（或 2ω）$< 0.75\lambda_1$，或 ω（或 2ω）$> 1.25\lambda_1$ 以及 ω（或 2ω）$< 0.9\lambda_2$，或 ω（或 2ω）$> 1.1\lambda_2$ 时，可不计阻尼。

（3）基础顶面控制点的竖向振幅 $A_{z\varphi}$

$$A_{z\varphi} = A_z + A_\varphi a$$

式中 a——基组重心至基础顶面要求控制点的水平距离，m；

A_z——基组的竖向振幅，m，按式（18.1.19）计算。

当 ω（或 2ω）$< 0.75\lambda_1$ 或 ω（或 2ω）$> 1.25\lambda_1$ 以及 ω（或 2ω）$< 0.9\lambda_2$ 或 ω（或 2ω）$> 1.1\lambda_2$ 时，式中的 $D_{x\varphi1}$ 和 $D_{x\varphi2}$ 可不计。

3）在扭转力矩作用下的基组扭转振动计算

基组扭转固有圆频率

$$\lambda_\psi = \sqrt{\frac{K_\psi}{I_m}} = \sqrt{\frac{C_\psi \cdot I_\psi}{I_m}}$$

式中 I_ψ——基础底面对通过基础底面形心的抗扭惯性矩，m^4；

I_m——基组对通过其重心并垂直于基础底面的竖轴的质量惯性矩，$kN \cdot m \cdot s^2$；

K_ψ——抗扭地基刚度，$kN \cdot m$；

C_ψ——抗扭地基刚度系数，kN/m^3。

基础顶面角点的振幅 $A_{x\psi} = A_\psi l$

$$A_\psi = \frac{M_\psi}{K_\psi} \cdot \frac{1}{\sqrt{\left(1 - \frac{\omega^2}{\lambda_\psi^2}\right)^2 + 4D_\psi^2 \frac{\omega^2}{\lambda_\psi^2}}} \tag{18.3.15}$$

式中 A_ψ——基组绕通过其重心并垂直于底面的竖轴之扭转振动幅角，rad；

l——控制的振幅点到扭转轴的距离，m；

M_ψ——机器的扭转力矩，$kN \cdot m$；

D_ψ——扭转振动阻尼比。

当 ω（或 2ω）$< 0.75\lambda_\psi$ 或 ω（或 2ω）$> 1.25\lambda_\psi$，式中阻尼可不计。

在设计中应尽量避开共振区，当难以避开时，计算中应考虑阻尼影响。凡是存在一谐波、二谐波扰力或扰力矩的机器，应分别作强迫振动计算，其计算振幅为一、二谐波振幅的绝对值相加。振动控制标准可按表 18.3.1，亦可采用双控制，既控制位移幅值又控制速度幅值，即对一、二谐扰频均高于 300 转/min 的压缩机可只用振动速度幅值控制（不大于 6.3mm/s）；一、二谐扰频均低于 300 转/min，可只用位移幅值控制（不小于 0.20mm），否则分别控制。

【例题 18.3.1】 4L-20/8 双缸复动水冷式压缩机基础动力计算

1. 设计条件

(1) 基础尺寸：参照生产厂方提供的附图，其底面尺寸为 $2.8 \times 1.8 + 1 \times 0.75 = 5.79 \mathrm{m}^2$，经修改后底面尺寸为 $A = 3.2 \times 2 + 1 \times 0.55 = 6.95 \mathrm{m}^2$，见例图 18.3.1 (a)。基础采用强度等级为 C15 的素混凝土（配构造钢筋）。

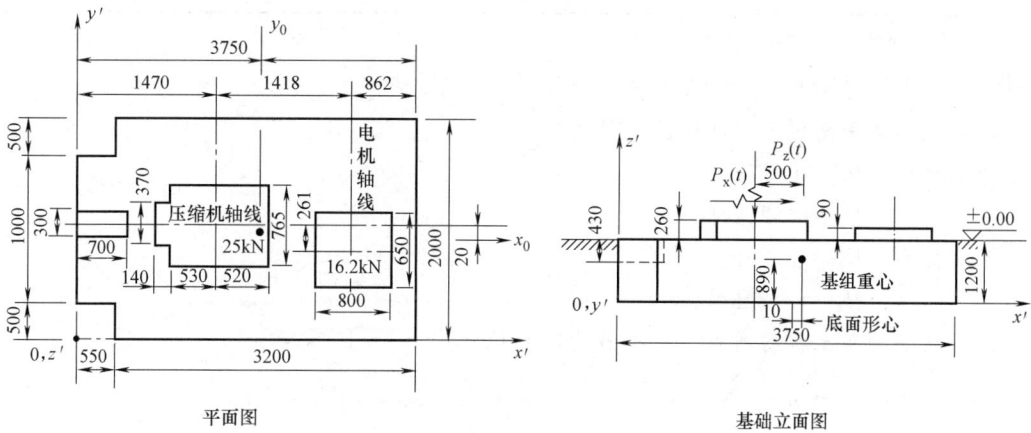

例图 18.3.1 (a) 基础平面图、立面图

(2) 机器主轴中心线至基础顶面距离 0.67m；

压缩机重心至其底座距离 0.8m；

压缩机重 25kN；

电机为 JR127-8 型，130kW，转速 $n = 730 \mathrm{r/min}$，重 16.2kN；

电机重心至其底座距离 0.54m。

(3) 机器工作转速 $n = 400 \mathrm{r/min}$；

基组特征值计算表　　　　　　　　　　　　　　　　　　　　　　　　　　例表 18.3.1

构件名称	构件尺寸			质量	各构件重心的坐标			各构件的重量对 x'、y'、z' 轴的静矩			各构件质量对通过构件重心 y 轴的惯性矩	各构件质量对通过基组重心轴所成的重心坐标		各构件质量对通过基组重心 y 轴所成的惯性矩
	a_x	a_y	a_z	$m_i = \dfrac{w_i}{g}$	x'_i	y'_i	z'_i	$m_i x_i$	$m_i y_i$	$m_i z_i$	$\dfrac{m_i}{12}(a_x^2 + a_z^2)$	$x_0 - x_i = x_{0i}$	$z_0 - z_i = z_{0i}$	$m_i(x_{0i}^2 + z_{0i}^2)$
		(m)		$(\mathrm{kN \cdot s^2/m})$		(m)			$(\mathrm{kN \cdot s^2})$		$(\mathrm{kN \cdot m \cdot s^2})$	(m)		$(\mathrm{kN \cdot m \cdot s^2})$

743

构件名称	构件尺寸			质量	各构件重心的坐标			各构件的重量对 x'、y'、z' 轴的静矩			各构件质量对通过构件重心 y 轴的惯性矩	各构件质量对通过基组重心轴所成的重心坐标		各构件质量对通过基组重心 y 轴所成的惯性矩
基①	3.2	2.00	1.25	18.0	2.150	1.000	0.625	38.70	18.00	11.25	17.70	−0.140	0.265	1.62
基②	0.55	1.00	1.20	1.5	0.275	1.000	0.600	0.41	1.50	0.90	0.22	1.735	0.290	4.64
压缩机				2.6	1.470	1.000	2.260	3.82	2.60	5.88		−0.54	−1.37	5.64
电机				1.7	2.888	0.740	1.830	4.91	1.26	3.11		−0.878	−0.94	2.81
总计								47.89	23.36	21.14	17.92			14.71

注：1. C15 混凝土，$\gamma=22\mathrm{kN/m^3}$；

则：2. $I_{my}=\sum\dfrac{m_i}{12}(c_x^2+a_z^2)+\sum m_i(x_{0i}^2+z_{0i}^2)=17.92+14.71=32.63\mathrm{kN\cdot m\cdot s^2}$

（4）机器不平衡扰力（电机扰力忽略）

竖向扰力　$P_{z1}=8.17\mathrm{kN}$

$P_{z2}=4.25\mathrm{kN}$

水平扰力　$P_{x1}=2.22\mathrm{kN}$

$P_{x2}=2.82\mathrm{kN}$

（5）地基为黄土状粉质黏土，承载力特征值 $f_{ak}=95\sim100\mathrm{kN/m^2}$

（6）基底静压力 $p=\dfrac{(\sum m_i)\cdot g}{A}=\dfrac{23.8\times9.81}{6.95}=33.6\mathrm{kN/m^2}<f_{ak}$

2. 基础特征值计算（例表 18.3.1）

（1）基础底面积 $A=3.2\times2+1\times0.55=6.95\mathrm{m^2}$

（2）基础底面形心 $x'=\dfrac{EA_i x_i}{\sum A_i}=\dfrac{1\times0.55\times\dfrac{0.55}{2}+3.2\times2\times\left(0.55+\dfrac{3.2}{2}\right)}{6.95}=2.0\mathrm{m}$

$$y'=\dfrac{\sum A_i y_i}{\sum A_i}=\dfrac{1\times0.55\times\left(0.5+\dfrac{1}{2}\right)+3.2\times2\times1}{6.95}=1.0\mathrm{m}$$

（3）基组总质心坐标（根据基组特征值计算表）

$$x_0=\dfrac{\sum m_i\cdot x_i}{\sum m_i}=\dfrac{47.84}{23.8}=2.01\mathrm{m}$$

$$y_0=\dfrac{\sum m_i\cdot y_i}{\sum m_i}=\dfrac{23.36}{23.8}=0.982\mathrm{m}$$

$$z_0=\dfrac{\sum m_i\cdot z_i}{\sum m_i}=\dfrac{21.14}{23.8}=0.89\mathrm{m}$$

在 x 方向的偏差 $\dfrac{2.01-2}{3.75}=0.27\%<3\%$

在 y 方向的偏差 $\dfrac{1-0.982}{2}=0.9\%<3\%$

P_z 偏心 $e_x\approx0.5\mathrm{m}$。

3. 基组动力计算

(1) 竖向振动

1) 机器扰力圆频率

$$\omega=0.105n=0.105\times400=42\text{rad/s}；2\omega=84\text{rad/s}$$

2) 基组竖向自振圆频率

基础埋置比 $\delta_b=\dfrac{h_t}{\sqrt{A}}=\dfrac{1.2}{\sqrt{6.97}}=0.45$

埋深提高系数 $\alpha_z=(1+0.4\delta_b)^2=(1+0.4\times0.45)^2=1.39$

$$\alpha_{x\varphi}=(1+1.2\delta_b)^2=(1+1.2\times0.45)^2=2.37$$

地基竖向刚度系数查表 18.2.1 得 $C_z=24980\text{kN/m}^3$，则地基抗压刚度

$$K_z=C_z\cdot\sqrt[3]{\frac{20}{A}}\cdot A\cdot\alpha_z=24980\times1.42\times6.95\times1.39=342670\text{kN/m}$$

固有圆频率：

$$\lambda_z=\sqrt{\frac{K_z}{m}}=\sqrt{\frac{342670}{23.8}}=120\text{rad/s}$$

$\dfrac{\omega}{\lambda_z}=\dfrac{42}{120}=0.35<0.75$，共振区前工作，可不计阻尼；

$\dfrac{2\omega}{\lambda_z}=\dfrac{84}{120}=0.7<0.75$，共振区前工作，可不计阻尼。

一谐波振幅

$$A_{z1}=\frac{P_{z1}}{K_z}\cdot\frac{1}{1-\left(\dfrac{\omega}{\lambda_z}\right)^2}=\frac{8.17}{342670}\cdot\frac{1}{1-0.35^2}=27\mu$$

一谐波速度 $v_{z1}=A_{z1}\cdot\omega=0.027\times42=1.13\text{mm/s}<6.3\text{mm/s}$（满足）

二谐波振幅

$$A_{z2}=\frac{P_{z2}}{K_z}\cdot\frac{1}{1-\left(\dfrac{2\omega}{\lambda_z}\right)^2}=\frac{4.25}{342670}\cdot\frac{1}{1-0.7^2}=24\mu$$

二谐波速度 $v_{z2}=A_{z2}\cdot(2\omega)=0.024\times2\times42=2.02\text{mm/s}<6.3\text{mm/s}$（满足）

或按当量转速 $n_d=\dfrac{A_1+2A_2}{A_1+A_2}\cdot n=\dfrac{27+2\times24}{27+24}\times400=588\text{r/min}>300\text{r/min}$

则容许振幅 $[A_z]=\dfrac{60}{n_d}=\dfrac{60}{588}=0.102\text{mm}=102\mu$

计算振幅 $A_z=A_{z1}+A_{z2}=27+24=51\mu<102\mu$（满足）

(2) 水平-摇摆振动

1) 机器主轴至基组重心距离 $h_3=1.24\text{m}$；

基组重心到基础底面距离 $h_2=0.89\text{m}$；

基组重心到基础顶面距离 $h_1=0.57\text{m}$。

2) 求基组第一、第二自振圆频率 λ_1、λ_2

地基抗剪刚度

$$K_x=C_x\sqrt[3]{\frac{20}{A}}\cdot A\alpha_{x\varphi}=0.7\times24980\times\sqrt[3]{\frac{20}{6.95}}\times6.95\times2.37=408990\text{kN/m}$$

地基抗弯刚度

$$K_\varphi = C_\varphi \cdot \sqrt[3]{\frac{20}{F}} I_y \cdot \alpha_{x\varphi} = 2.15 \times 24980 \times \sqrt[3]{\frac{20}{6.95}} \times 7.255 \times 2.37 = 1311310 \text{kN} \cdot \text{m}$$

式中　$I_y = \frac{1}{12} \times 2 \times 3.2^2 + 2 \times 3.2 \times (0.55 + 1.6 - 2)^2 + \frac{1}{12} \times 1 \times (0.55)^3 + 1 \times 0.55 \times$

$$\left(2 - \frac{0.55}{2}\right)^2 = 7.255 \text{m}^4$$

参数　　　　　　　　　$\lambda_x^2 = \frac{k_x}{m} = \frac{408990}{23.8} = 17184$

$$\lambda_\varphi^2 = \frac{k_\varphi + k_x h_2^2}{I_{my}} = \frac{1311310 + 408990 \times 0.89^2}{32.63} = 50115$$

则　　$\lambda_{1,2}^2 = \frac{1}{2}\left[(\lambda_x^2 + \lambda_\varphi^2) \mp \sqrt{(\lambda_x^2 - \lambda_\varphi^2)^2 + \frac{4mh_2^2}{I_{my}}\lambda_x^4}\right]$

$$= \frac{1}{2}\left[(17184 + 50115) \mp \sqrt{(17184 - 50115)^2 + \frac{4 \times 23.8 \times 0.89^2}{32.63} \times (17184)^2}\right]$$

$$= \begin{cases} 12633, \lambda_1 = 112 \text{rad/s} \\ 54667, \lambda_2 = 234 \text{rad/s} \end{cases}$$

$$\left.\begin{array}{l} \dfrac{\omega}{\lambda_1} = \dfrac{42}{112} = 0.374 < 0.75 \\[2mm] \dfrac{2\omega}{\lambda_1} = \dfrac{84}{112} = 0.747 < 0.75 \end{array}\right\} \text{共振前工作,可不计阻尼;}$$

$$\left.\begin{array}{l} \dfrac{\omega}{\lambda_2} = \dfrac{42}{234} = 0.179 < 0.9 \\[2mm] \dfrac{2\omega}{\lambda_2} = \dfrac{84}{234} = 0.359 < 0.9 \end{array}\right\} \text{共振前工作,可不计阻尼。}$$

3）求基础顶面振幅

基组第一振型当量回转半径

$$\rho_1 = \frac{h_2}{1 - \left(\dfrac{\lambda_1}{\lambda_x}\right)^2} = \frac{0.89}{1 - 0.735} = 3.36 \text{m}$$

基组第二振型当量回转半径

$$\rho_2 = \frac{h_2}{\left(\dfrac{\lambda_2}{\lambda_x}\right)^2 - 1} = \frac{0.89}{3.18 - 1} = 0.41 \text{m}$$

由一谐波扰力 P_{x1} 和 P_{x2} 偏心引起的绕 y_0 轴的水平-摇摆振动，基础顶面水平振幅

$$A_{x\varphi1} = \frac{[P_{x1}(\rho_1 + h_3) + P_{z2} \cdot e_x](\rho_1 + h_1)}{(I_{my} + m\rho_1^2) \cdot \lambda_1^2} \times \frac{1}{1 - \left(\dfrac{\omega}{\lambda_1}\right)^2} +$$

$$+ \frac{[P_{x1}(h_3 - \rho_2) + P_{z1} \cdot e_x](h_1 - \rho_2)}{(I_{my} + m\rho_2^2) \cdot \lambda_2^2} \times \frac{1}{1 - \left(\dfrac{\omega}{\lambda_2}\right)^2}$$

$$= \frac{[2.22 \times (3.36 + 1.24) + 8.17 \times 0.5] \times (3.36 + 0.57)}{(32.63 + 23.83 \times 3.36^2) \times 12633} \times \frac{1}{1 - 0.37^2} +$$

746

$$+\frac{[2.22\times(1.24-0.41)+8.17\times0.5]\times(0.57-0.41)}{(32.63+23.83\times0.41^2)\times54667}\times\frac{1}{1-0.18^2}$$

$$=17+0.5=17.5\mu$$

一谐波速度

$$V_{x\varphi_1}=A_{x\varphi_1}\cdot\omega=0.0175\times42=0.74\text{mm/s}<6.3\text{mm/s}\text{（满足）}$$

由二谐波扰力 P_{x2} 和 P_{z2} 偏心引起的绕 y_0 轴的水平-摇摆振动，基础顶面水平振幅

$$A_{x\varphi2}=\frac{[P_{x2}(\rho_1+h_3)+P_{z2}\cdot e_x](\rho_1+h_1)}{(I_{my}+m\rho_1^2)\cdot\lambda_1^2}\times\frac{1}{1-\left(\frac{2\omega}{\lambda_1}\right)^2}+$$

$$+\frac{[P_{x2}(h_3-\rho_2)+P_{z2}\cdot e_x](h_1-\rho_2)}{(I_{my}+m\rho_1^2)\cdot\lambda_2^2}\times\frac{1}{1-\left(\frac{2\omega}{\lambda_2}\right)^2}$$

$$=\frac{[2.82\times(3.36+1.24)+4.25\times0.5]\times(3.36+0.57)}{(32.63+23.8\times3.36^2)\times12633}\times\frac{1}{1-0.747^2}+$$

$$+\frac{[2.82\times(1.24-0.41)+4.25\times0.5]\times(0.57-0.41)}{(32.63+23.8\times0.41^2)\times5466}\times\frac{1}{1-0.359^2}$$

$$=35.3+0.4=35.7\mu$$

二谐波速度

$$V_{x\varphi_2}=A_{x\varphi_2}\cdot2\omega=0.0357\times2\times42=3\text{mm/s}<6.3\text{mm/s}\text{（满足）}$$

或按当量转速 $\quad n_d=\frac{A_{x\varphi1}+2A_{x\varphi2}}{A_{x\varphi1}+A_{x\varphi2}}=\frac{17.5+2\times35.7}{17.5+35.7}\times400=669\text{r/min}>300\text{r/min}$

容许振幅 $\quad[A_{x\varphi}]=\frac{60}{n_d}=\frac{60}{669}=89.7\mu$。

基础顶面（在压缩机底座处）总水平振幅

$$A_{x\psi}=\Lambda_{x\varphi1}+\Lambda_{x\varphi2}=17.5+35.7$$

$$=53.2\mu<89.7\mu\text{（满足）}$$

4）在 x 方向最远点 M 的竖向振幅

M 点在基础顶面沿 x 方向距基组中心线 $l=2$m，见例图 18.3.1（b），该点在竖向振幅

由

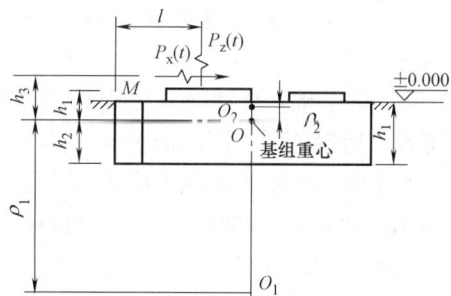

例图 18.3.1（b） 控制点位置图

$$A_\varphi\approx\frac{A_{x\varphi}}{\rho_1+h_1}=\frac{0.532\times10^{-4}}{3.36+0.57}=0.136\times10^{-4}\text{rad}$$

则 $\quad A_{z\varphi}=A_z+A_\varphi\cdot l=0.51\times10^{-4}+0.136\times10^{-4}\times2=78\mu<[A_{z\varphi}]=102\mu\text{（满足）}$

18.4 锻锤基础的设计和振动计算

18.4.1 锻锤基础的设计和构造

锻锤可分为模锻锤和自由锻锤两种类型。模锻锤的锤架直接装置在砧子上（图 18.4.1c），两者合成为一个刚性的整体，锤头沿锤架上的导轨向下冲压锻件。自由锻锤的锤架和砧子通常是分离的，并有单柱式和双柱式两种锤架（图 18.4.1a、b）。

锻锤基础宜设计成整体大块式的钢筋混凝土结构，其上设有为装置锤架和砧子用的凹

槽和凸起的小墙（图 18.4.2）。凹槽中设置木垫，其上装置铁砧。基础的混凝土强度等级不低于 C15。锤的重量小于等于 50kN。

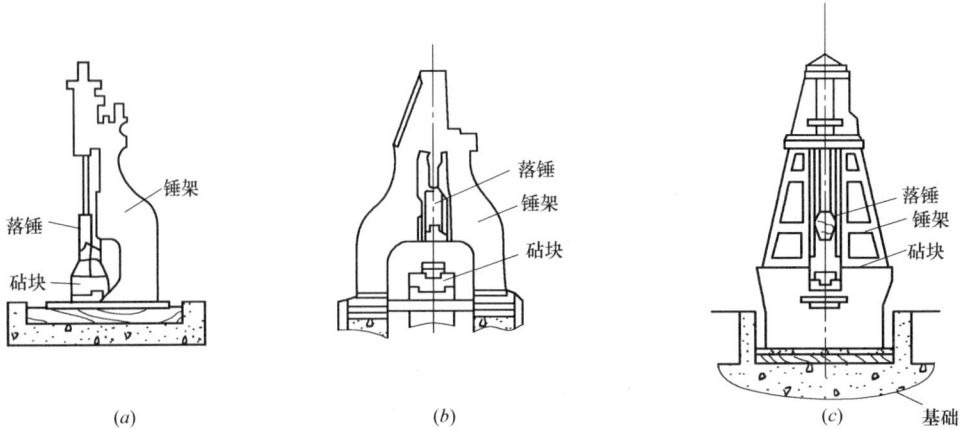

图 18.4.1　锤机械的类型
(a) 单柱式锻锤；(b) 双柱式锻锤；(c) 模锻锤

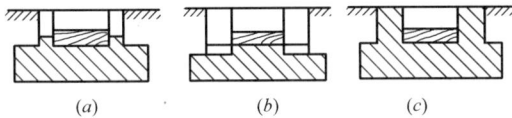

图 18.4.2　锤基础的结构形式

锤基础的配筋按构造配置，主要考虑到冲击能量和大体积混凝土的温度、收缩等因素对混凝土的破坏作用。通常，在砧座下的基础上部表面配以直径为 10～6mm、间距为 100～150mm 的水平钢筋网。对于锤下落部分的公称重量小于 10kN 的基础，可铺设两层钢筋网；对于锤下落部分的公称重量为 20～30kN 的基础，可铺设三层钢筋网。网间的竖向距离采用 100～200mm，材料应用 16 锰带肋钢筋。

小于 50kN 锤的基础凹槽四周应配以直径 12～18mm、不小于 50kN 的锤基，配钢筋直径 18～22mm、间距为 200～300mm 的双向钢筋，其竖向钢筋应伸到基础底面。

基础底部配筋可根据锻锤重量的大小，分别用直径 12～20mm、间距 150～200mm 的双向钢筋。对于不小于 50kN 的锻锤，还应在基础底板内部每隔 800mm 左右设一层直径为 12～16mm、间距 400mm 左右的水平钢筋网。基础的顶面应配置直径 12～16mm，间距 150～250mm 的钢筋网。

对于 20kN（包括 20kN）以上的锻锤基础或体积大于 40m³ 的基础，尚应在侧面配以直径为 12～16mm、间距 200mm 的双向钢筋。

砧座下面的垫木是为了减少振动和均匀扩散锤击应力，以保护钢筋混凝土基础而设的。一般宜用抗压强度和弹性模量较高的硬质木材制成，如橡木、柞木、水曲柳等；10kN 以下的锻锤，亦可选用落叶松木、红松、云杉等。垫木的材质要求较高，绝对含水量不得大于 20%～25%并需做防腐处理。垫木总厚度由设计确定；如需分层铺设时，则每层厚度不应小于 150mm。每层垫木用木材平铺而成，并应每隔 0.5～1m 水平间距用螺栓将木料拧紧。上、下层应十字交叠，而且最上边的一层还要沿着砧子座底面短边铺设。垫木的平面尺寸应以砧子底面尺寸为依据，并且能自由嵌入基础上的砧子凹槽中。关于垫木的使用，国内有过很多的试验研究。根据各地树种不同，如青杠、红桦、铁绸等，均可作为较好的垫木材料。此外，由于对垫木的含水量限制难以保证，还试验了胶合垫木，效果良好。还有用橡胶垫代替垫木（50kN以下锻锤），吸振能力较好且使用较久。

砧子下钢筋混凝土基础部分应有足够的厚度，具体数值可按表18.4.1确定。

砧下基础部分的最小厚度值

表 18.4.1

锤下落部分的公称重量(kN)	基础部分的最小厚度(mm)
≤2.5	600
≤7.5	800
10	1000
20	1200
30	1500（模锻锤） 1750（由锻锤）
50	2000
100	2750
160	3500

18.4.2 锻锤基础的计算

设计锻锤基础应具备下述资料：

（1）锻锤型号及轮廓尺寸；

（2）锤下落部分的重量、落距及最大冲击速度；

（3）砧座及机架的重量；

（4）汽缸的直径和汽体的最大工作压力；

（5）砧座尺寸、机器重心位置及工作面对车间地坪的相对标高。

锤基础的计算有如下几个方面。

1. 地基承载力的验算

如第18.1节所述，为防止地基强度发生破坏或过大的沉降，需保证机器基础对地基所产生的平均静压力 p 不超过经过折减后的地基承载力 $\alpha_f f_a$，见式（18.2.1）。锤基础的折减系数 α_f 按式（18.4.1）计算：

$$\alpha_f = \frac{1}{1+\beta \dfrac{a}{g}}$$

（18.4.1）

式中　a——锤基础振动加速度，m/s^2；

　　　g——重力加速度，m/s^2；

　　　β——土的动力沉陷影响系数，对三类土取2.0；四类土取3.0。关于土的分类，见表18.4.2。

锤基允许振幅及允许加速度

表 18.4.2

地基土类别	地基土名称及指标（承载力特征值 f_{ak}，kN/m^2）	允许振幅 $[A_z]$(mm)	允许加速度 $[a]$(m/s²)
一类土	碎石土，$f_{ak}>500$，黏性土 $f_{ak}>250$	0.8～1.2	(0.85～1.3)g
二类土	碎石土、砂土 $f_{ak}=300\sim400$，黏性土 $f_{ak}=180\sim250$	0.65～0.8	(0.65～0.85)g
三类土	碎石土、砂土 $f_{ak}=160\sim300$，黏性土 $f_{ak}=130\sim180$	0.4～0.65	(0.45～0.65)g
四类土	砂土 $f_{ak}=120\sim160$，黏性土 $f_{ak}=80\sim130$	<0.4	<0.45g

注：1. 对松散的碎石土，稍密或很湿～饱和砂土（尤其是细粉砂）以及软塑～可塑的粉土，可按表中数值适当降低；

　　2. 对黄土类土及膨胀土，可按表内相应的 f_{ak} 值选用，但应针对该类土的特点采取有关措施；

　　3. 在第四类土上建造大于或等于10kN锻锤的大块式基础时，宜采用人工地基；

　　4. 当锻锤基础与厂房处在不同土质上时，应按较差的土质选用允许值；当两者均为桩基时，可按桩尖处的土质选用；

　　5. 本表适用于20～50kN的锻锤基础，当<20kN时，表中值乘以1.15；当>50kN时，表中值乘以0.80。

2. 锻锤基础的振动计算

锻锤工作所产生的振动，可作为垂直自由振动来考虑。为了保证锤的正常工作和免除有害影响，需限制其垂直振动的振幅不致过大，即：

$$A_z \leqslant [A_z] \tag{18.4.2}$$

式中　$[A_z]$——允许振幅值，见表 18.4.2。

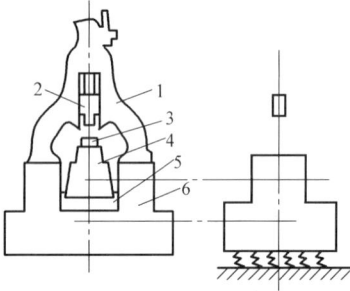

图 18.4.3　锤基础计算简图
1—机架；2—落锤；3—锻件；4—砧座；
5—木垫；6—基础

为计算基础的垂直振动的振幅 A_z，引用第 18.2 节的原理，假定机器和基础是一个刚性整体，放在无重量的理想弹簧——地基上，如图 18.4.3 所示。考虑到锻锤工作时，每次锤击间隔中，前一锤击所引起的振动已经消失（在一般情况下，这种振动影响在 0.2s 内就结束了）。所以，这种振动可以认为是由于一个冲击作用使基础得到一个初速度 v_0 所造成，这时就可以直接引用竖向自由振动的解答了。即：

$$A_z = \frac{v_0}{\lambda_z} \tag{18.4.3}$$

根据撞击定律，由于锤头冲击，使基础得到的初速度 v_0 为：

$$v_0 = \frac{(1+e)W_0}{W}v \tag{18.4.4}$$

式中　e——冲击系数，取决于材料的弹性；

　　　W_0——锤落下部分的实际重量，kN；

　　　W——基础块、砧座、锤架及基础上填土等的总重量，kN。

令　$a = (1+e)/\sqrt{g}$，并将它代入上式，得振幅值：

$$A_z = \frac{v_0}{\lambda_z} = k_A \frac{\alpha v W_0}{\sqrt{K_z W}} \tag{18.4.5}$$

基础垂直自由振动的固有圆频率 λ_z 为：

$$\lambda_z^2 = \frac{k_\lambda^2 K_z g}{W} \tag{18.4.6}$$

振动加速度 a 为：

$$a = A_z \lambda_z^2 \tag{18.4.7}$$

式中　k_A——振幅调整系数，见表 18.4.3；

　　　k_λ——频率调整系数，见表 18.4.3；

振幅和频率调整系数 k_A、k_λ　　　　表 18.4.3

基础形式	地基类别	k_A	k_λ
大块式	天然地基（岩石地基除外）	0.60	1.60
	爆扩桩基	0.75	0.70
	打入桩、灌注桩基	1.00	1.00
正圆锥壳	天然地基	0.65	1.60

　　　K_z——地基抗压刚度，kN/m；

α——冲击回弹影响系数，对模锻锤，当模锻钢制品时取 $\alpha=0.5$；当模锻有色金属制品时，$\alpha=0.35$；对自由锻锤，$\alpha=0.4$；亦可由 $\alpha=(1+e)/\sqrt{g}$ 算得；

v——锤头下落部分最大冲击速度，m/s，按产品说明书采用或按式 (18.4.8) 和式 (18.4.9) 计算。

$$v=0.9\sqrt{2gh_0}\ (\text{自由下落的锻锤}) \tag{18.4.8}$$

$$v=0.65\sqrt{2gh_0\frac{PA_s+W_0}{W_0}}\ (\text{双动作用的锻锤}) \tag{18.4.9}$$

式中 h_0——下落部分的最大落距，m；

A_s——汽缸中活塞的面积，m^2；

P——蒸汽或压缩空气的最大工作压力，kN/m^2；

g——重力加速度，可取 $9.81m/s^2$。

考虑到锻锤振动的振幅和振动加速度都比较大的特点，而且锤基础振动对建筑物的影响主要的是取决于振动加速度的大小，所以设计时除控制振幅以外，尚应控制振动加速度的大小，其数值可参照表 18.4.2 决定。

还应指出：由于假设地基为无质量的弹簧，即认为地基是没有惯性的，实际上地基土有惯性和阻尼作用的存在，因此需要对理论公式作出修正，所以采用了系数 k_A、k_λ（表 18.4.3）。经过这些调整后，计算出来的结果才更接近于实际情况。

3. 砧子下垫木应力的验算

对使砧子安全工作，砧子下面的垫木不应过厚或过薄。这个尺寸一般都由机器制造厂给出。垫木过厚，会使砧子在受冲击时产生过大振动，影响机器工作；过薄则由于本身强度不够，不能起到缓冲冲击的作用。设计中应使砧子振动所引起的动压力不超过木材的抗压允许强度 Q_d，由此换算成相当的垫木厚度为：

$$d=\frac{\alpha^2W_0^2v^2E_1}{\sigma_d^2W_1A_1} \tag{18.4.10}$$

式中 σ_d——垫层容许压应力，kN/m^2，按下列条件取值：

横放木垫 {应力等级 TB-20、TB-17 $\sigma_d=3000kN/m^2$
应力等级 TC-17 $\sigma_d=1800kN/m^2$
应力等级 TC-15、TB-15 $\sigma_d=1700kN/m^2$

竖放木垫   应力等级 TC-17、TC-15、TB-15 $\sigma_d=10000kN/m^2$

运输胶带 $\sigma_d=2500\sim3000kN/m^2$

E_1——垫木的弹性模量，MPa

横放木垫 {应力等级 TB-20、TB-17 $E_1=500MPa$
应力等级 TC-15、TB-15 $E_1=300MPa$

竖放木垫 应力等级 A-1、A-2、B-3 $E_1=10000MPa$

运输胶带 $E_1=36\sim40MPa$

W_1——自由锻锤的砧座重量；模锻锤的砧座和机架的总重 kN；

A_1——砧座底面积，m^2。

用上式算出的垫木厚度还不应小于表 18.4.4 所给出的垫木最小厚度值，以适应使用上的要求。

4. 砧座振幅的计算

砧座振幅过大，会影响锻锤的使用效率，所以设计中还应当验算砧座在垫木上振动的振幅。这时，假定基础不动，只有砧座在弹性垫木上振动（图18.4.4），仍可沿用竖直自由振动的解答，即：

$$A_{z1} = \frac{v_0}{\lambda_{z1}} \qquad (18.4.11)$$

$$v_0 = \frac{(1+e)W_0}{W_1}v \qquad (18.4.4)$$

$$\lambda_{z1} = \sqrt{\frac{K_{z1}g}{W_1}}$$

垫木最小厚度表　　表 18.4.4

锤落下部分公称重量(kN)	垫木最小厚度(mm)	运输胶带厚度(mm)(参照使用)
≤2.5	150	20
5.0	250	20
7.5	300	30
10	400	30
20	500	40
30	600	60
50	700	80
100	1000	
160	1200	

式中　v_0——锤头冲击砧座后，砧座所得到的初速度；

λ_{z1}——在所假定的条件下，砧子在垫木上振动时的固有频率；

K_{z1}——垫木的刚度，$K_{z1} = \frac{E_1 A_1}{d}$。

将 v_0 和 λ_{z1} 等代入式（18.4.11），得到：

$$A_{z1} = \alpha W_0 v \sqrt{\frac{d}{E_1 W_1 A_1}} \qquad (18.4.12)$$

其中

$$\alpha = \frac{1+e}{\sqrt{g}}$$

应使：

$$A_{z1} \leqslant [A_{z1}] \qquad (18.4.13)$$

$[A_{z1}]$——砧座振动振幅允许值，按表18.4.5采用。

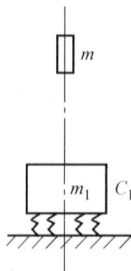

图 18.4.4　木垫振动计算简图

砧座允许振幅值（mm）

表 18.4.5

锤落下部分公称重量(mm)	允许振幅[A_{z1}]
≤10	1.7
20	2.0
30	3.0
50	4.0
100	4.5
160	5.0

【例题 18.4.1】 50kN 蒸汽-空气两用自由锻锤基础计算。

1. 设计资料（附基础图）

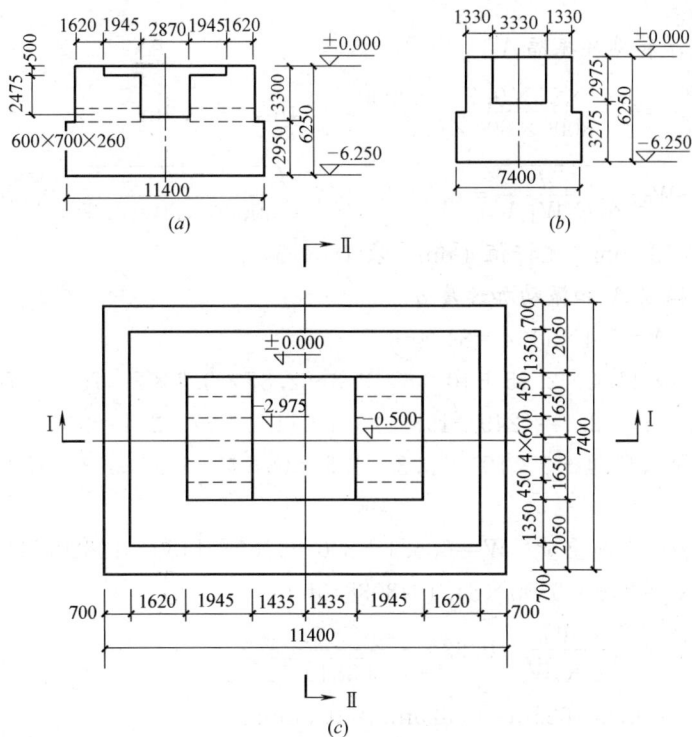

例图 18.4.1 50kN 汽-空两用自由锻锤基础

(a) Ⅰ-Ⅰ剖面图；(b) Ⅱ-Ⅱ剖面图；(c) 基础平面图

(1) 锤下落部分实际重量 $W_0 = 50$kN

(2) 锤下落部分的最大落程 $h = 1.7$m

(3) 汽缸直径 $D = 0.635$m；面积 $A_s = \dfrac{\pi \times 0.635^2}{4} = 0.317$m²

(4) 下落部分最大冲击速度 $v = 8.4$m/s

(5) 砧座重量 $W_1 = 800$kN

(6) 锤机架重 $W_2 = 605.1$kN

(7) 砧座底面积 $A_1 = 3 \times 2.2 = 6.6$m²

(8) 蒸汽最大工作压力 $p = 7 \sim 9$ 大气压 $= 700 \sim 900$kPa

(9) 垫木用柞木 $E_1 = 500$MPa，$\sigma_a = 3000$kPa

(10) 地基为粉质黏土，$f_{ak} = 155$kPa；孔隙比 $e = 0.7$；$I_L = 0.75$

查得：$C_z = 36000$kN/m³（由表 18.2.1）

允许振幅 $[A_z] = 0.8$mm（由表 18.4.2）

允许控制振动加速度 $[a] = 0.85g$（由表 18.4.2）

2. 锤击速度 v

$$v = 0.65 \sqrt{2gh_0 \frac{pA_s + W_0}{W_0}} = 0.65 \sqrt{2 \times 9.80 \times 1.7 \times \frac{90 \times 0.317 + 5}{5}}$$

$$= 9.7 \text{m/s} > \text{设计资料的 } 8.4 \text{m/s}$$

用 $v=9.7\text{m/s}$

3. 垫木厚度 d 和砧座振幅 A_{z1}

$$d=\frac{\alpha^2 W_0^2 v^2 E_1}{\sigma_d^2 W_1 A_1}=\frac{0.4^2\times5^2\times9.7^2\times50000}{300^2\times80^2\times6.6}=0.4\text{m}，用\ 0.9\text{m}$$

$$A_{z1}=\alpha W_0 v\sqrt{\frac{d}{E_1 W_1 A_1}}=0.4\times5\times9.7\sqrt{\frac{0.9}{50000\times80\times6.6}}=0.0036\text{m}$$

$$=0.36\text{mm}<允许值\ 4\text{mm}（表\ 18.4.5）$$

4. 计算基础振幅 A_z 和振动加速度 a

基础底面积 $A=7.4\times11.4=84.4\text{m}^2$

基础重 $=(7.4\times11.4\times2.95+10\times6\times3.3-2.87\times3.3\times2.475-6.76\times3.3\times0.5-$
$4\times0.7\times0.6\times3.565)\times2.4=(249+198-23.4-11.1-6)\times2.4=406.5\times2.4=9760\text{kN}$

填土重 $=(7.4\times11.4-6\times10)\times3.3\times1.8=(84.4-60)\times3.3\times1.8=24.4\times3.3\times$
$1.8=1450\text{kN}$

机械、基础和填土总重量 $W=605.1+800+9760+1450=12620\text{kN}$

地基刚度 $K_z=C_z F=3600\times84.4=303840\text{t/m}$

基础振幅 $A_z=k_A\dfrac{\alpha v W_0}{\sqrt{K_z W}}=0.63\times\dfrac{0.4\times9.7\times5}{\sqrt{303840\times1262}}$

$$=0.000625\text{m}=0.625\text{mm}<0.8\text{mm}$$

基础自振频率 $\lambda_z^2=k_\lambda^2\dfrac{K_z g}{W}=1.41^2\times\dfrac{303840\times9.80}{1262}=4691\text{s}^{-2}$

振动加速度 $a=A_z\lambda_z^2=0.000625\times4691=2.93\text{m/s}^2=0.299g<0.85g$

5. 地基承载力

地基承载力折减系数 $\alpha_f=\dfrac{1}{1+\beta\dfrac{a}{g}}=\dfrac{1}{1+1.3\times\dfrac{2.92}{9.80}}=0.722$

地基静力作用下承载力特征值：

$$f_a=f_{ak}+\eta_d\gamma_0(d-0.5)=155+2\times18\times(6.25-0.5)=155+207=362\text{kPa}$$

$$p=\frac{W}{A}=\frac{12620}{84.4}=150\text{kPa}<\alpha_f f_a=0.722\times362=261.4\text{kPa}$$

【例题 18.4.2】 某机械厂锻工车间 30kN 自由锻锤桩基础设计

1. 地质条件

锻工车间位于渭河Ⅱ级阶地上，地面高程为 395.00m。地下水深度在地表下 5.5～7.0m。场地属非自重湿陷性黄土。地层分布：地表下第一层为 2m 左右的耕土层；第二层为 12.0m 厚的黄土状粉质黏土（Q_3^{al}），软塑～可塑，稍湿～很湿，天然含水量 $w=21\%\sim25\%$，天然重度 $\gamma=16.9\sim18.0\text{kN/m}^3$，天然孔隙比 $e=0.815\sim0.996$，饱和度 $S_r=0.68\sim0.71$，土粒相对密度 $d_s=2.70$，地基承载力特征值 $f_{ak}=100\sim110\text{kPa}$；第三层为大于 5m 厚的细砂（$Q_3^{al}$），中～密实，地基承载力特征值 $f_{ak}=200\sim230\text{kPa}$，按第二层，属四类土场地。

2. 基础方案

考虑到锻锤的吨位并不是很大，先按天然地基上块式基础的方案，根据《动力机器基础设计规范》GB 50040—1996 的有关规定进行了试算，算得锤基竖向振幅 $A_z=$ 0.53mm>0.40mm（允许值），故不宜采用天然地基。如采用换土垫层，场地施工条件受限。最后，选择桩基础，不仅更安全、可靠而且与车间厂房柱下桩基方案一致，便于施工。

3. 确定桩基刚度与阻尼

采用钢筋混凝土预制桩，桩长 $L=12.5$m（桩尖进入砂层2m），桩横截面积 $A_p=$ 0.35m×0.35m，混凝土强度等级 C30，主筋 4Φ20。通过现场自由振动试验提供桩基刚度和阻尼。

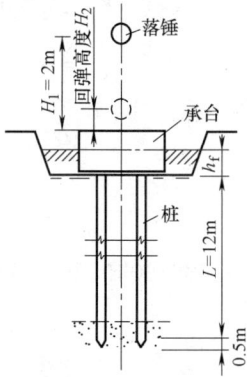

例图 18.4.2　桩基自由振动试验

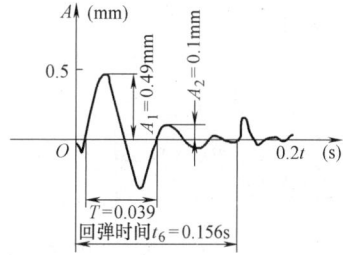

例图 18.4.3　桩基自由振动波形

试桩尺寸同工程桩，两根桩，承台尺寸为 3.2m×1.6m×1.6m，混凝土密度为 2.4t/m³。试验方案见例图 18.4.2。铁球（落体）质量 $m_1=0.41$t，下落高度 $H_1=2$m，测得竖向自由振动波形见例图 18.4.3。铁球回弹高度

$$H_2=\frac{1}{2}g\left(\frac{t_0}{2}\right)^2$$

$$=\frac{1}{2}\times9.81\times\left(\frac{0.156}{2}\right)^2=0.03\text{m}$$

测得 $A_{z1}=0.49$mm，$A_{z2}=0.10$mm，$T=0.039$s，$f_d=\frac{1}{T}=\frac{1}{0.039}=25.4$Hz

铁球下落速度

$$v=\sqrt{2gH_1}=\sqrt{2\times9.81\times2}=6.26\text{m/s}$$

则竖向阻尼比

$$D_{pz}=\frac{1}{2\pi}\ln\frac{A_{z1}}{A_{z2}}=\frac{1}{2\pi}\ln\frac{0.49}{0.10}=0.253$$

铁球冲击回弹系数

$$e_1=\sqrt{\frac{H_2}{H_1}}=\sqrt{\frac{0.03}{2}}=0.1224$$

相角

$$\varphi=\frac{D_{pz}}{\sqrt{1-D_{pz}^2}}\arctan\frac{\sqrt{1-D_{pz}^2}}{D_{pz}}$$

$$= \frac{0.253}{\sqrt{1-0.253^2}} \arctan \frac{\sqrt{1-0.253^2}}{0.253} = 19.7° = 0.344 \mathrm{rad}$$

基组固有频率

$$f_{nz} = \frac{f_d}{\sqrt{1-D_{pz}^2}} = \frac{25.4}{\sqrt{1-0.253^2}} = 26 \mathrm{Hz}$$

基组质量

$$m_z = \frac{(1+e_1)m_1 v}{A_{zl} \cdot 2\pi f_d} \cdot \mathrm{e}^{-\varphi}$$

$$= \frac{(1+0.1214) \times 0.41 \times 6.26}{0.00049 \times 2\pi \times 25.4} \times \mathrm{e}^{-0.344} = 25.76 \mathrm{t}$$

承台质量

$$m_2 = (3.2 \times 1.6 \times 1.6) \times 2.4 = 19.66 \mathrm{t}$$

则桩、土参振质量

$$m_s = m_z - m_2 = 25.76 - 19.66 = 6.1 \mathrm{t}$$

两根桩的抗压刚度

$$\overline{k}_{pz} = m_z (2\pi f_{nz})^2 = 25.76 \times (2\pi \times 26)^2 = 686790 \mathrm{t/s^2} = 686790 \mathrm{kN/m}$$

一根桩的抗压刚度

$$k_{pz} = \frac{1}{2} \times 686790 = 343395 \mathrm{kN/m}$$

按《动力机器基础设计规范》GB 50040—1996，单桩抗压刚度计算公式

$$k_{pz} = C_{pz} A_p + \sum C_{p\tau} \cdot A_{p\tau}$$

$$= 130 \times 10^4 \times 0.35^2 + (0.35 \times 4 \times 12) \times 10^4$$

$$= 327300 \mathrm{kN/m}$$

4. 设计资料

1）锻锤规格

锤落下部分实际重量　　$W_0 = 36.83 \mathrm{kN}$

锤落下部分最大行程　　$H_0 = 1.45 \mathrm{m}$

汽缸直径　　$D = 0.55 \mathrm{m}$，汽缸面积 $A_0 = 0.238 \mathrm{m^2}$

最大进汽压力　　$p_{0m} = 800 \mathrm{kN/m^2} = 800 \mathrm{kPa}$

砧座重量　　$W_p = 458 \mathrm{kN}$，底面积 $A_1 = 2.2 \times 2.5 = 5.5 \mathrm{m^2}$

机架重　　$W_q = 316 \mathrm{kN}$

锤头打击速度（双作用锤）

$$v_0 = 0.65 \sqrt{2gH_0 \frac{p_{0m} A_0 + W_0}{W_0}}$$

$$= 0.65 \sqrt{2 \times 9.81 \times 1.45 \times \frac{800 \times 0.238 + 36.83}{36.83}}$$

$$= 8.6 \mathrm{m/s}$$

2）砧座垫层

采用竖放木垫，材质为云杉，强度等级 TB-15，承压强度计算值 $f_c = 10000 \mathrm{kPa}$，弹性模量 $E_1 = 10 \times 10^6 \mathrm{kPa}$，最小允许厚度 600mm。

3）控制条件

要求锤基竖向允许振动线位移 $[A_z]<0.4$mm，允许振动加速度 $[a]<0.45g$。

5. 动力计算

1）基础（承台）尺寸

在满足工艺要求的前提下，可按下式先估计一下锤基（承台）重量和底面积；

锤基重量
$$W'=(8\sim10)(W_1+W_q)$$
$$=(8\sim10)\times(458+316)=6192\sim7740\text{kN}$$

如锤基（承台）埋深 $h=4.4$m，则锤基（承台）底面积 $A_0=\dfrac{6192\sim7740}{24}\div4.4=58.6\sim$ 73m²，然后再考虑桩数及桩排列。根据承台埋深及桩尖持力层埋深，确定桩长 $L=12.5$m（入土深度 16m）；桩横截面积 $A_p=0.35\times0.35=0.1225$m²，桩周长 $U=4\times0.35=1.4$m，桩间距 $s_a=4.5d=4.5\times0.35=1.575$m＝1575mm。桩按矩形布置，见例图 18.4.4。在满足构造要求的情况下，得到锤基（承台）的设计底面积为 $8.775\times7.300=64.06$m²。

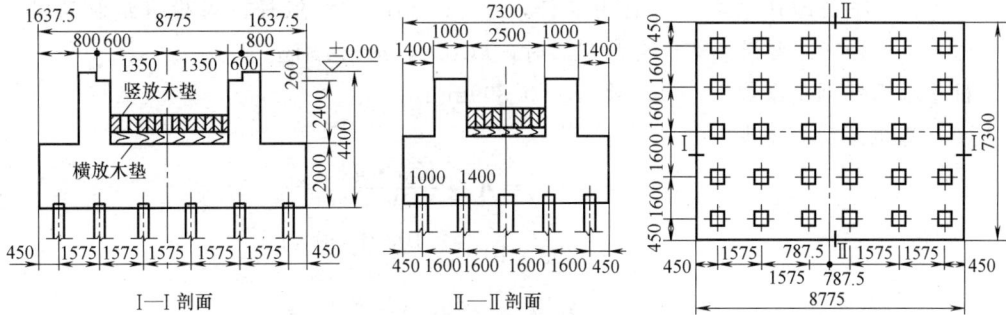

例图 18.4.4　锻锤桩基础（承台）外形尺寸

2）计算锤基振幅和加速度

（1）单桩抗压刚度　　$k_{pz}=343395$kN/m

（2）桩基（群桩）抗压刚度
$$K_{pz}=n_p\cdot k_{pz}=30\times343395=10301850\text{kN/m}$$

（3）桩土参振重量

如按测试计算的桩土参振质量经换算后只有 700kN（太小），而按《动力机器基础设计规范》GB 50040—1996 公式（当桩入土深度大于 15m 时，$l_t=2.4$m）
$$W_{p,s}=\gamma\cdot b\cdot d\cdot l_t=20\times8.775\times7.3\times2.4=3075\text{kN}$$

式中　γ——桩土重度；

$b\cdot d$——承台底面积。

（4）基组总重量

砧块和机架重　　$W_p=W_1+W_q=458+316=774$kN

基础（承台）重　$W_2=(8.775\times7.3\times2+5.5\times4.5\times2.4-2.7\times2.5\times2.47)\times24$
$$=4112\text{kN}$$

承台上填土重　$W_s=(8.775\times7.3-5.5\times4.5)\times2.4\times19=1792.4$kN

757

则基组总重　　$W = W_p + W_2 + W_s + W_{p,s} = 774 + 4112 + 17924 + 3075 = 9753.4 \text{kN}$

（5）锤基（承台）竖向振动线位移

由初速度 v_0 引起的竖向振动线位移

$$A_z = \frac{v_0}{\lambda_z} \sin\lambda_z t$$

式中　$\lambda_z = \sqrt{\dfrac{K_{pz}}{m}}$——基组固有圆频率；

　　　　v_0——基组振动初速度。

于是，按式（18.4.5）可计算出基组（承台顶面）的最大线位移（振幅）

$$A_z = \frac{(1+e_1)W_0 v_0}{\sqrt{g} \cdot \sqrt{K_{pz}W}} = \frac{\dfrac{1+0.25}{\sqrt{9.81}} \times 36.83 \times 8.6}{\sqrt{10301850 \times 9753.4}}$$

$$= 3.99 \times 10^{-4} \text{m}$$

$$= 0.399 \text{mm} < 0.4 \text{mm}（满足）$$

式中　e_1——冲击回弹系数，对自由锻锤，$e_1 = 0.25$；对模锻锤，当模锻钢制品时，取
　　　　0.56；当模锻有色金属制品时，取 0.1，$g = 9.81 \text{m/s}^2$。

桩基础振幅调整系数 $k_A = 1$，故 $A_z = 0.399 \text{mm}$。

（6）基组振动加速度

$$a = A_z \cdot \lambda_z^2 = A_z \cdot \frac{K_{pz} \cdot g}{W}$$

$$= 0.399 \times 10^{-3} \times \frac{10301850 \cdot g}{9753.4}$$

$$= 0.422g < 0.45g（满足）$$

桩基础频率调整系数 $k_\lambda = 1$，故 $a = 0.422g$。

基组固有圆频率 $\lambda_z = \sqrt{\dfrac{K_{pz} \cdot g}{W}} = \sqrt{\dfrac{10301850 \times 9.81}{9753.4}} = 101.8 \text{rad/s}$。

3）砧座竖向振动线位移

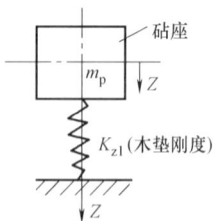

例图 18.4.5　砧座
计算模式

在计算砧座竖向振动线位移之前，先确定砧座下木垫的厚度。砧座振动计算模型如例图 18.4.5 所示。图中，$m_p = \dfrac{W_1}{g}$ 为砧座质量，木垫刚度 $K_{z1} = \dfrac{E_1 A_1}{d}$。其中，$E_1$ 是木垫的弹性模量，上层为 0.6m 厚（竖放），木材强度等级 TB-15，$E_1 = 10 \times 10^6 \text{kPa}$；下层 0.1m 厚（横放），木材强度等级为 TB-15，$E_1 = 30 \times 10^4 \text{kPa}$。木垫（上层）承压强度计算值 $f_c = 10000 \text{kPa}$。当木垫应力达到承压强度计算值 f_c 时，砧座的竖向线位移为

$$A_{z1} = \frac{f_c}{E_1} d_0$$

式中，A_{z1} 可仿照式（18.4.5）写出如下公式

$$A_{z1} = \frac{v_{01}}{\lambda_{z1}} = \alpha \frac{W_0 v_{01}}{\sqrt{K_{z1} \cdot W_1}} = \alpha \frac{W_0 v_{01}}{\sqrt{\dfrac{E_1 A_1}{d_0} \cdot W_1}}$$

758

式中 $\quad \alpha=\dfrac{1+e_1}{\sqrt{g}}=\dfrac{1+0.25}{\sqrt{9.81}}=0.4$；

v_{01}——砧座初速度（$v_{01}\approx v_0$）；

W_1——砧座重；

A_1——砧座底面积 $5.5\mathrm{m}^2$；

λ_{z1}——砧座固有圆频率。

由式（18.4.10）得木垫最小厚度

$$d_0=\dfrac{\alpha^2 W_0^2 v_{01}^2 E_1}{f_c^2 \cdot W_p \cdot A_1}$$

代入有关数据后，得 $d_0=\dfrac{0.4^2\times 36.83^2\times 8.6^2\times(10\times 10^6)}{1\times 10^8\times 458\times 5.5}=0.637\mathrm{m}>0.60\mathrm{m}$，实际 $d=0.7\mathrm{m}$，满足要求。

于是，得砧座竖向振动线位移（振幅）

$$A_{z1}=0.4\ \dfrac{36.83\times 8.6}{\sqrt{\left(\dfrac{10\times 10^6\times 5.5}{0.7}\right)\times 458}}$$

$$=0.668\times 10^{-3}\mathrm{m}$$

$$=0.668\mathrm{mm}<3\mathrm{mm}\ （满足）$$

6. 桩基承载力验算

单桩竖向极限承载力标准值（在振动条件下承台底与土易脱开，故不考虑承台作用效应）

$$Q_{uk}=Q_{sk}+Q_{pk}$$

式中　$Q_{sk}=u\sum q_{sik}l_i=50\times 1.4\times 12=840\mathrm{kN}$（为桩侧土极限侧阻力标准值）；

$Q_{pk}=q_{pk}\cdot A_p=6300\times 0.35^2=771.75\mathrm{kN}$（为桩尖土极限端阻力标准值）。

单桩竖向承载力特征值

$$R_a=\dfrac{Q_{uk}}{K}=\dfrac{Q_{sk}+Q_{pk}}{K}$$

$$=\dfrac{840+771.75}{2}$$

$$=805.87\mathrm{kN}$$

锻锤作用下单桩竖向承载力允许值

$$R_d=\alpha_f\cdot R_a=0.542\times 805.87=436.78\mathrm{kN}$$

式中，动力折减系数 $\alpha_f=\dfrac{1}{1+\beta\dfrac{a}{g}}=\dfrac{1}{1+2\times\dfrac{0.422g}{g}}=0.542$

式中　β——沉陷系数，桩尖为三类土：$\beta=2$；

a——基组振动加速度计算值，为 $0.422g$。

于是，锻锤桩基础竖向承载力允许值

$$N'=n_p\times R_d=30\times 436.78=13103.5\mathrm{kN}$$

桩基实际承受的静荷载设计值

$$W'=1.25(W_1+W_q+W_2+W_s)$$

$$=1.25\times(458+316+4112+1792.4)$$

$$=1.25\times6678.4=8348kN<13103.5kN（满足）$$

7. 施工图

配筋图见例图 18.4.6。

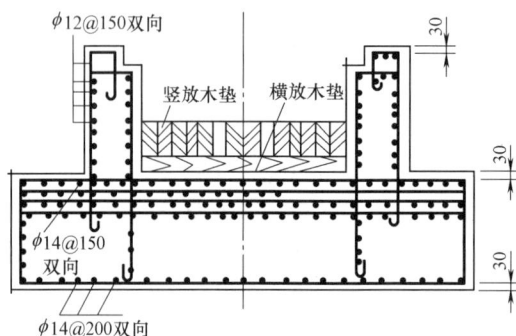

例图 18.4.6 基础（承台）配筋示意图

18.5 防止动力机械基础振动影响的措施

18.5.1 振动波在土中的传播

当一刚性基础置于地面，在垂直振动作用下，有一组振波（纵波和横波，统称体波）射入土中，并向四周发射，遇到界面后形成面波，这些波均随与振源中心距离增加而逐渐衰减。纵、横波是按 $r^{(-2\sim-1.5)}$ 的比值衰减（r 为某处距振源中心的距离），面波是按 $r^{-\frac{1}{2}}$ 的比值衰减，所以面波离振源的距离增加，而衰减的速度比体波要慢得多。而且，根据试验研究：在各向均质的弹性半空间土体上作用一垂直振动时，振动能量的 67% 为由面波传播出去；振动能量的 26% 由横波传播出去；振动能量的 7% 由纵波传播出去。由此可知，地面的振动主要是由面波引起的。所以工程实践中，我国一直沿用了高里宁公式来计算振动基础振波随距离的衰减，即：

$$A_r=A_0\sqrt{\frac{r_0}{r}}e^{-k(r-r_0)} \tag{18.5.1}$$

式中 A_0——地面波幅度最大处 r_0 的振幅；

A_r——距离 A_0 为 r 处的振幅；

k——土壤能量吸收系数：松软饱和细粉砂、粉质黏土、粉土，$k=0.01\sim 0.03m^{-1}$；很湿的粉质黏土、黏土，$k=0.04\sim0.06m^{-1}$；稍湿和干的粉土、粉质黏土，$k=0.07\sim0.1m^{-1}$。

这一个公式原是基于点振源（即把振源视为作用于一点）能量呈环状扩散衰减导得，用来计算浅振源（因基础有一定埋置深度）的面源（振源为基础底面作用于地基上）的机器基础振动的近距离传播就不一定合适了。根据这一公式计算的结果，近距离偏差较大，远距离较接近实测值，但太远处又小于实测值。同时，该公式也没有考虑到土性、阻尼及振动频率的影响。所以，在具体应用时应具体分析其计算结果。

我国《动力机器基础设计规范》GB 50040—1996 提供的振动基础振波随距离的衰减

公式

$$A_r = A_0 \left[\frac{r_0}{r} \xi_0 + \sqrt{\frac{r_0}{r}} (1 - \xi_0) \right] e^{-f_0 \alpha_0 (r - r_0)} \qquad (18.5.2)$$

对于方形及矩形基础：$r_0 = \mu_1 \sqrt{\dfrac{A}{\pi}}$

对于圆形基础：$r_0 = \sqrt{\dfrac{A}{\pi}}$

式中　A_r——距振动基础中心 r 处地面上的振动线位移，m；

　　　　A_0——振动基础的振动线位移，m；

　　　　f_0——基础上机器的扰力频率，Hz，一般为 50Hz 以下。对于冲击机器基础，可采用基础的固有频率；

　　　　r_0——圆形基础的半径，m 或矩形及方形基础的当量半径；

　　　　ξ_0——无量纲系数，可按表 18.5.1 采用；

　　　　α_0——地基土能量吸收系数，s/m，可按表 18.5.2 采用；

　　　　μ_1——动力影响系数，可按表 18.5.3 采用。

系数 ξ_0 　　　　　　　　　　　　　　　表 18.5.1

土的名称	振动基础的半径或当量半径 r_0(m)							
	0.5 及以下	1.0	2.0	3.0	4.0	5.0	6.0	7 及以上
一般黏性土、粉土、砂土	0.70～0.95	0.55	0.45	0.40	0.35	0.25～0.30	0.23～0.30	0.15～0.20
饱和软土	0.70～0.95	0.50～0.55	0.40	0.35～0.40	0.23～0.30	0.22～0.30	0.20～0.25	0.10～0.20
岩石	0.80～0.95	0.70～0.80	0.65～0.70	0.60～0.65	0.55～0.60	0.50～0.55	0.45～0.50	0.25～0.35

注：1. 对于饱和软土，当地下水深 1m 及以下时，ξ_0 取较小值；1～2.5m 时取较大值；大于 2.5m 时取一般黏性土的 ξ_0 值。

　　2. 对于岩石覆盖层在 2.5m 以内时，ξ_0 取较大值；2.5～6m 时取较小值；超过 6m 时，取一般黏性土的 ξ_0 值。

地基土能量吸收系数 α_0 值 　　　　　　　　　表 18.5.2

地基土名称及状态		α_0(s/m)
岩石(覆盖层 1.5～2.0m)	页岩、石灰岩	$(0.385～0.485) \times 10^{-3}$
	砂岩	$(0.580～0.775) \times 10^{-3}$
硬塑的黏土		$(0.385～0.525) \times 10^{-3}$
中密的块石、卵石		$(0.850～1.100) \times 10^{-3}$
可塑的黏土和中密的粗砂		$(0.965～1.200) \times 10^{-3}$
软塑的黏土、粉土和稍密的中砂、粗砂		$(1.255～1.450) \times 10^{-3}$
淤泥质黏土、粉土和饱和细砂		$(1.200～1.300) \times 10^{-3}$
新近沉积的黏土和非饱和松散砂		$(1.800～2.050) \times 10^{-3}$

注：1. 同一类地基土上，振动设备大者（如 10t、16t 锻锤），α_0 取小值，振动设备小者取较大值；

　　2. 同等情况下，土壤孔隙比大者，α_0 取偏大值；土壤孔隙比小者，α_0 取偏小值。

18.5.2　动力机器基础对建筑物的影响

　　动力机器基础的振动，除影响到机械本身和基础的正常工作外，还由于振波在土中传插而使周围的建筑物和设备受到振动的影响，在此情况下：

（1）通常，将某些易受振动影响的试验室、精密仪表车间等设置在离动力基础较远的地方，这个距离视允许振幅的大小，可参考表 18.5.4，由式（18.5.1）或式（18.5.2）求得 A_r 的计算值。

<table>
<tr><td colspan="2" align="center">动力影响系数 μ_1　表 18.5.3</td></tr>
<tr><td>基础底面积 $A(m^2)$</td><td>μ_1</td></tr>
<tr><td align="center">$A \leqslant 10$</td><td align="center">1.00</td></tr>
<tr><td align="center">12</td><td align="center">0.96</td></tr>
<tr><td align="center">14</td><td align="center">0.92</td></tr>
<tr><td align="center">16</td><td align="center">0.88</td></tr>
<tr><td align="center">$A \geqslant 20$</td><td align="center">0.80</td></tr>
</table>

车间和房间的允许振幅参考值（mm）

表 18.5.4

精密测量仪试验室	0.0
精密车床和试验设备车间	0.02～0.04
自动电力操纵的汽轮发电机	0.02
铸工部和特殊制型部	0.03～0.05
行政用房和居住用房	0.05～0.07

（2）采取减振措施，使基础的振动减小。

在基础底下设置减振弹簧来吸收基础的振动能量，从而减少振动对地基的影响。图 18.5.1 所表示的是一种减振弹簧形式，也可选用火车车厢弹簧来制作；还可用橡胶垫（块或条）设置在基础下，但应按相应的规定来计算弹簧或橡胶垫的数量。

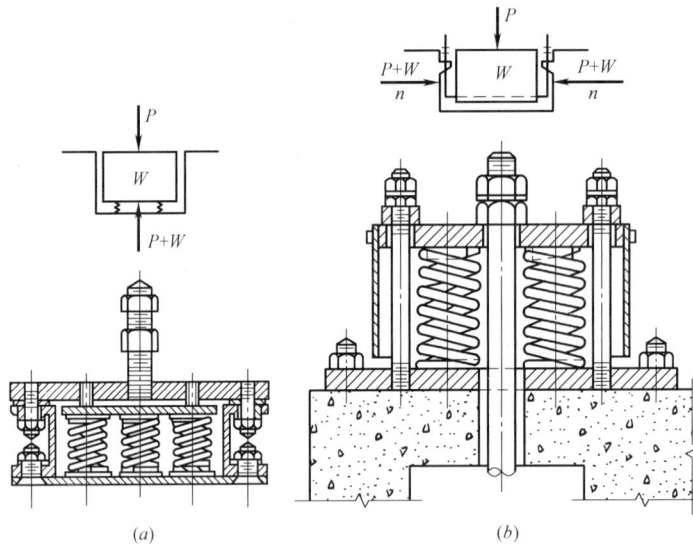

图 18.5.1　基础的弹簧形状

（a）支承式基础；（b）悬挂式基础

（3）增大建筑物的刚度

为了增强抵抗振动的能力，可考虑在建筑物内加设横墙或配置圈梁，也可在外墙的外侧加砌扶壁，以增大建筑物的刚度，改变建筑物的自振频率。

（4）采用桩基或人工地基，以减小基础振幅

选择防止机器基础振动对建筑物的影响的方法是一件仔细的工作，需要针对具体情况认真加以分析比较，找出主要原因加以解决，从一个方面或几个方面采取措施，以达到良好效果。有时考虑不当，虽然采取了一些措施但仍不能奏效，这是应引以为戒的。

第19章 基坑工程

19.1 概　　述

19.1.1 基坑工程发展概况

基坑工程是建筑物基础和地下工程建造时，为保证基坑施工、主体地下结构的安全和周围环境不受损害，需要在施工现场采取从支护结构设置，经降水和土方开挖与回填等工程环节，包括勘察、设计、施工与监测等各阶段的工程过程的总称。

随着我国城市建设的迅猛发展，高层建筑、市政工程、地下商城、城市轨道交通等各种大型工程日益增多，地下空间的开发利用已成为城市建设重点发展领域，这些都极大地推动了基坑工程的设计理论和施工技术水平的快速提高，基坑工程已从最简单的放坡开挖发展成综合先进设计理论、高新施工机械设备和施工技术的现代化专业工程部门，成为结构工程与岩土工程紧密结合的新型学科。

近年来，我国超深、超大型基坑日益增多，基坑开挖深度已超过 35m，超大型基坑面积已达 35 万 m^2，城市轨道交通的快速发展、地铁车站、盾构隧道等大量兴建，尤其是在繁华市区兴建的大型基坑工程，由于周边存在建筑物、地下管线、既有地铁车站、隧道、桥梁等建（构）筑物，这些基坑工程除了要保证基坑本身的安全，还要保证基坑周边环境安全。要严格控制基坑开挖引起的周围土体的变形，确保周边建（构）筑物的正常使用和安全。基坑工程已由承载能力控制设计向环境影响控制设计方向发展，为满足这些控制要求，促使基坑工程进入了采用现代先进施工监测的信息化施工时代。

基坑工程是集地质工程、岩土工程、结构工程和岩土测试技术于一体的系统工程，由于岩土信息的复杂性和不确定性，基坑工程施工实践中存在种种风险，常会出现各种安全事故，这对基坑工程技术的进一步发展提出了挑战。近年来，在基坑工程设计中进行工程风险预测、安全评估，已成为不可缺少的工程环节了。

19.1.2 基坑工程的功能与特点

1. 基坑工程的特点

1）基坑工程是岩土工程中综合性强的学科

基坑工程不仅涉及工程地质、土力学、渗流理论、结构工程、施工技术和监测设计，而且还涉及这些学科之间的交叉，如：地下水的渗流对土压力、土体稳定的影响；考虑土与支护结构相互作用对土压力大小、分布形式的影响；土体的卸载和加载的不同过程对支护体系的影响；基坑施工中的时空效应；采取对地下水位、土压力、支护和支撑体系的变形等数据的监测及信息化施工；基坑工程引起周围土体应力场、位移场、地下水位的变化对周围环境的影响等。

2）临时性和风险性大

一般情况下，基坑支护是临时措施，支护结构的安全储备较小，风险大。同时，基坑工程的经济指标要求特别苛刻，有时甚至是不合理的低安全度。而在大城市密集建筑群中的深基坑工程，周围环境条件要求严格，基坑工程必须安全、可靠，而基坑工程造价常较高。因此，临时性和经济指标的矛盾突出。

3）基坑工程的地区性差别大

各地区基坑工程的地质条件不同，如软土地区和黄土地区的工程地质和水文地质条件不同，造成基坑工程差异性很大。同一城市的不同区域也有差异。因此，设计要因地制宜，不能简单照搬。

4）基坑周围的环境条件要求严格，邻近的高大建筑、地下结构、管线、地铁等对因基坑开挖而引起的变形限制严格，施工因素复杂多变，气候、季节、周围水体等因素的变化，均可导致基坑周围环境条件的变化。

以上特点决定了基坑工程设计、施工的复杂性。多种不确定因素容易导致在基坑工程中经常发生概念性的错误，这是基坑事故的主要原因。

2. 基坑工程的功能

在地下建筑工程建设过程中，基坑工程起着十分重要的作用，基坑支护结构应保证岩土开挖、地下结构施工的安全，并使周围环境不受损害。为此，基坑支护工程必须具有以下三方面的功能：

（1）基坑支护结构需起到挡土的作用，这是土方开挖和地下结构施工的必要条件。

（2）控制地下水，基坑支护体系通过截水、止水或降水、排水，做到对地下水进行有效的控制，保证在地下水位以上进行基坑工程施工。

（3）在基坑工程施工的全过程中，应严格控制基坑及其周围土体的变形，保证基坑四周的环境不受损害，对基坑四周的相邻建筑物、地下结构、管线等相应设施，不发生影响其正常使用的不利影响。

基坑支护结构的功能应为地下结构的施工创造空间条件和保证施工安全，并确保基坑周围环境得到应有的保护。应综合考虑各种影响因素，确保边坡稳定、有效控制地下水的作用，顺利进行土方开挖，并将支护结构及周围地面的变形控制在设计允许的范围内。图19.1.1列示了基坑周边典型的环境条件。基坑工程设计与施工时，应根据场地的地质条件和环境条件，通过有效的工程措施控制基坑周边的变形，满足对周边环境的保护要求。

19.1.3 基坑工程的事故与破坏形式

基坑工程是一项风险性较大的工程，经常发生工程事故甚至导致基坑破坏。出现工程事故的原因是多方面的，地质条件复杂，对地下水处理不当，设计方案选择不当，设计计算内容漏项或出错，施工人员经验不足，工程遇险报警及应急措施不到位等综合因素，造成基坑工程的风险大。基坑工程事故导致的破坏形式大致可分以下几类：

（1）基坑支护结构体系的破坏。

（2）基坑内外土体的强度稳定性破坏。

（3）地下水控制不当，导致土体发生渗流破坏及突涌破坏。

（4）基坑周边的地面沉降，影响附近建（构）筑物正常使用或破坏。

常见的基坑工程破坏形式，如图19.1.2所示。

基坑工程事故重在防治，除对支护体系进行精心设计外，实行信息化施工，加强监测和动态管理非常重要。事故出现前应注意：如结构发生过大的变形、裂缝；基坑周边地面

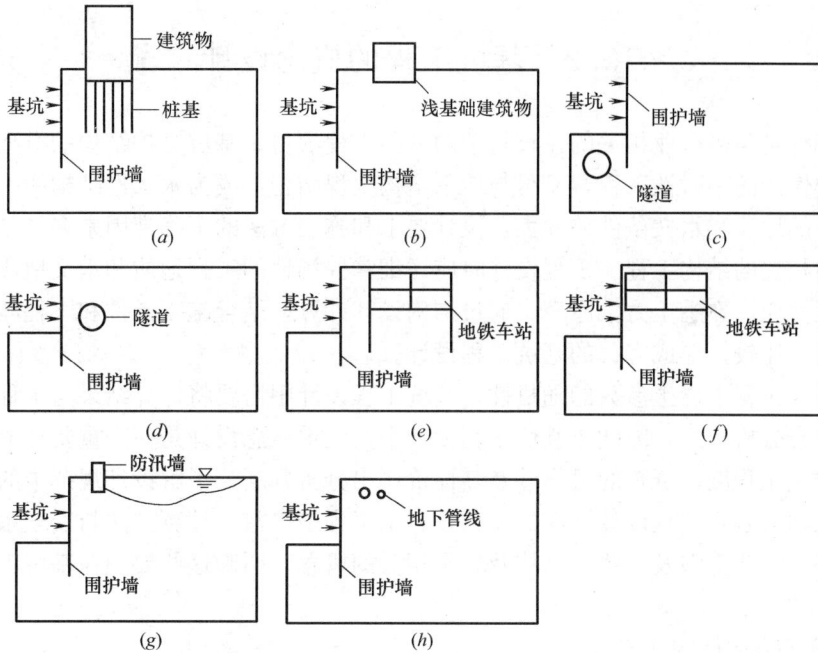

图 19.1.1 基坑周边典型的环境条件

（a）基坑周边存在桩基础建筑物；（b）基坑周边存在浅基础建筑物；（c）坑底以下存在隧道；

（d）基坑旁边存在隧道；（e）基坑周围存在地铁车站；（f）基坑紧邻地铁车站；

（g）基坑周边存在防汛墙；（h）基坑紧邻地下管线

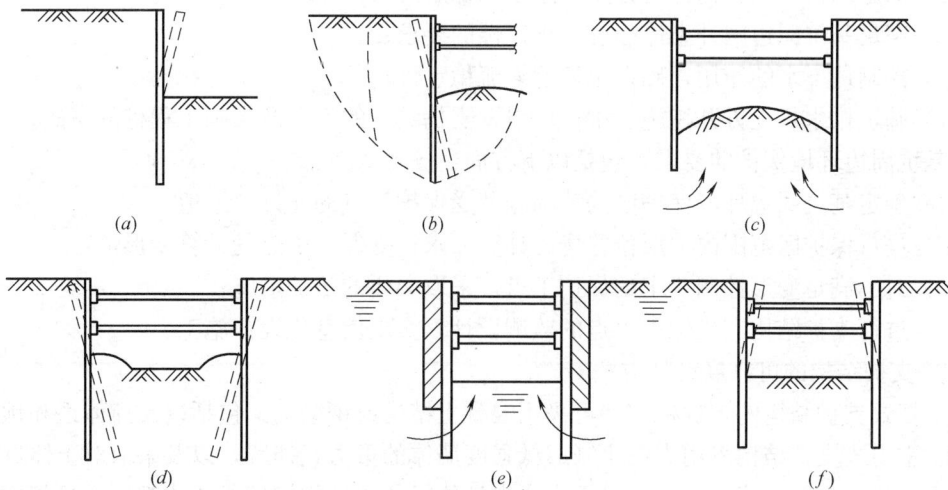

图 19.1.2 围护体系破坏基本形式

（a）墙体折断破坏；（b）整体失稳破坏；（c）基坑隆起破坏；

（d）踢脚失稳破坏；（e）流土破坏；（f）支撑体系失稳破坏

出现水平位移和沉降；地面或马路出现较长、较大的裂缝；周边建筑物或构筑物出现过大的沉降变形；渗流造成的地面塌陷等事故的前兆。施工中应做到发现隐患及时处理，将事故消除在萌芽阶段。

19.2 基坑工程的概念设计

基坑工程是与多行业相关的比较复杂的一种工程项目。基坑支护结构的类型多,可以是仅起支护作用的临时性工程,又可与地下结构工程结合,成为永久性结构的一部分。不同建设场地的地质和水文条件差异大,设计要求和施工方法的不确定因素多,是一种与岩土工程密切相关的结构工程。工程设计时应详细掌握场地的工程地质和水文地质条件,了解土的工程性质,熟悉土力学原理,通过结构设计计算,结合施工条件和工程经验,选择多个方案进行比较,形成完善的基坑工程设计。

由于岩土工程中岩土参数的随机性,基坑工程设计中需要将计算结果与工程经验进行类比并作综合分析判断,因此,基坑工程设计中,注重概念设计是一个重要环节。工程实践中应对岩土工程勘察资料的可靠性及其评价作出分析判断,了解设计规范中的某些局限性,结构工程与岩土工程设计标准的差异,岩土工程中参数、计算方法与安全系数之间的配套关系等,这些都涉及一些与结构及岩土相关的概念,明确这些要领在基坑工程设计中是十分重要的。

1. 基坑工程设计的两要素

基坑工程设计的两要素为:

1)确保基坑支护结构体系的安全;

2)满足基坑工程周边环境保护的要求。

基坑支护结构体系的安全包括以下方面:

1)满足结构体系、构件的强度、刚度和稳定的设计要求;

2)满足基坑周边内外土体强度、稳定性的要求;

3)控制地下水的作用,确保土体的渗流稳定性;

4)基坑排水、土方开挖施工中,不引发支护结构的安全及影响工程桩的事故。

基坑周边环境保护的要求,包括以下方面:

1)确定基坑周边环境保护区的范围以及受保护工点的允许变形值;

2)进行保护区范围内地层位移场的计算,求得受保护工点的计算变形值;

3)对不满足变形控制要求的保护工点,采取必要的防护措施;

4)进行支护结构和受保护工点的监测设计,实现信息化设计施工。

2. 支护结构的可靠度设计方法

支挡式支护结构的支护桩、墙可采用混凝土结构或钢结构,包括内支撑体系和预应力锚杆;重力式支护结构采用水泥土制成低强度墙体的重力式挡墙,以及采取对土体进行加固而形成的土钉墙、复合土钉墙等重力式支护体。各类结构构件或墙体都应满足相应的结构设计规定的强度、刚度、稳定性及耐久性设计要求。与岩土工程不同,结构设计规范采用以概率理论为基础、以分项系数表示的极限状态设计方法。作用在支护结构上的作用(荷载),按承载能力极限状态下作用的基本组合确定,结构的安全性以可靠指标 β 值体现设计的可靠度水平。

3. 岩土工程的安全系数设计方法

岩土生成的地质年代久远,长期经受反复的地质作用以及风化、搬运等复杂过程,其物理、力学性质参数存在着巨大的变异性，对各种基本参数尚缺乏可靠的统计资料，目前尚无法采用概率极限状态设计方法进行岩土工程设计，而采用单一安全系数的经验方法确定工程的可靠度水平。这是与结构工程设计完全不同的两种可靠性体系。岩土体进行承载能力极限状态下的设计计算时，作用取荷载效应的标准组合，抗力取岩土强度指标的标准值，岩土工程的可靠度水平由安全系数的大小确定。

结构设计时，结构永久作用控制的基本组合，也可采用简化规则，基本组合的效应设计值 S_d 可按下式确定：

$$S_d = 1.35 S_k \qquad (19.2.1)$$

式中 S_k——标准组合的作用效应设计值。

4. 基坑工程设计中的各种等级规定

基坑工程从设计、施工直到监测，均按基坑的规模、挖深、施工质量、监测难度及环保要求的不同，作了不同等级的划分，以体现不同等级的基坑工程相应的设计要求。

1) 安全等级

《工程结构可靠性统一标准》GB 50153，基于对工程结构破坏后果的不同，划分为不同的安全等级，体现结构设计在不同安全等级下对结构构件设计可靠度水平的要求。不同的安全等级体现构件结构设计的不同安全度在混凝土结构设计规范中，以结构重要性系数 γ_0 的不同取值体现，这是对结构构件承载能力的安全储备不同的要求。

2) 设计等级

《建筑地基基础设计规范》GB 50007，对基坑工程作了不同设计等级的规定，不同设计等级的区别主要体现在对变形设计的不同要求。设计等级为甲级的基坑工程，除要求按变形设计外，在水文地质条件复杂的情况下应进行基坑专项降水设计。

3) 施工验收等级

《建筑地基工程施工质量验收标准》GB 50202，在对基坑工程验收时，基于对支护结构安全和周围环境安全出发，将基坑类别划分为三种施工验收等级，对不同等级的基坑变形值规定了施工验收要求。但明确指出，当设计对基坑变形控制值有规定时，按设计要求执行。

4) 基坑监测报警值的等级

《建筑基坑工程监测技术规范》GB 50497，对不同类型的支护结构按基坑类别的不同等级规定了监测报警值的要求，这里对基坑类别不同等级的规定与《建筑地基工程施工质量验收标准》GB 50202 的规定相同。同样明确指出，当设计对监测报警值有规定时按设计要求执行，当设计对监测报警值未作出规定时可参照执行。

5) 基坑工程的环境保护等级

基坑支护设计的难点在于控制基坑周边的地面变形，以满足环境保护的要求，设计人员应根据计算结果在设计文件中明确对环境变形控制的各有关参数，但由于环境条件的复杂性，有些要求难以量化规定，工程界希望能结合基坑的具体条件、重要性等考量，提出一些间接的控制规定，方便设计人员在具体工程中使用。上海市《基坑工程技术规范》DG/TJ 08—61—2011 中，将基坑按不同的环境保护要求，划分了基坑的环境保护等级，对变形控制作出了不同规定。这些规定具有当地实际工程观测结果的统计依据，可供设计人员参考。

综上所述，基坑工程的等级有两个层面上的概念：

1)"统一标准"规定的安全等级

这是以结构可靠度水平体现的基坑不同安全等级的规定。不同的安全等级，要求构件设计不同的可靠度水平。

2)其他相关规范中涉及的基坑类别划分的等级

这些标准中提到的基坑变形的控制标准，都可供设计人员参考，对具体工程的设计不起约束作用。

5. 荷载

确定作用在支护结构上的作用（荷载），是一个土与结构相互作用的问题，比较复杂。工程界通常按古典土压力理论进行土压力计算。《建筑结构荷载规范》GB 50009 规定，按承载能力极限状态进行设计时，作用应按荷载效应的基本组合，采用荷载设计值进行结构构件截面设计。

由于岩土工程尚未采用概率极限状态设计而是采用总安全系数法，土压力计算时，求得的土压力是荷载为标准组合作用效应的荷载设计值，采用简化计算方法乘以 1.35，得到基本组合的荷载效应设计值，用于进行支护结构构件的截面设计。

基坑支护结构上除作用有水、土压力及基坑周边的地面超载、施工荷载及行车荷载外，周边既有建（构）筑物的荷载作用均应计入。另外，因季节及昼夜气温变化引起的结构温度应力也应予以考虑。

6. 土压力

土压力是作用在支护结构上的主要荷载，土压力计算是支护结构设计至关重要的一步。

基坑支护结构大致可分为两大类，即支挡式支护结构与重力式支护结构。当前，对实体重力式挡墙上作用的土压力仍沿用古典的库仑或朗肯土压理论，按刚性挡墙计算。支挡式支护结构，大多采用排桩或地下连续墙作支护，属于柔性结构，经施工土方分步开挖，逐道加撑，最后桩身轴线的变位大致是一条弧形的弹性曲线。严格来讲，应按土与结构相互作用条件确定作用在支护桩上的土压力，但目前尚无较简捷的方法进行计算。因此，支护桩上作用的土压力，也常按朗肯土压力理论计算，开挖区桩上作用主动土压力，坑下部桩体受被动土压力作用。土压力的计算值与实测值相比有一定差异，开挖区桩体的朗肯主动土压力计算值比实测值大，而且合力作用点也高；坑下部被动区的被动土压力计算值，上部偏小，下部偏大。当支护桩的位移受严格控制时，可采用静止土压力。

7. 水土压力计算与土的强度指标

水压力也是作用在支护结构上的主要荷载，当坑内外无地下水渗流作用时，水压力可按静止水压力计算，否则应按流网理论进行计算。水土压力的共同作用，涉及在土力学中采用何种强度理论进行分析计算的问题。

土力学按土的有效应力原理，常可将土的强度理论分为有效应力强度理论和总应力强度理论两种。有效应力强度理论中，土的抗剪强度指标为有效强度指标，土中的应力按土的有效应力场确定，水土压力采用水土分算。土的有效应力强度指标是唯一的。常规计算中，有效应力强度理论应用时，由于土中有效应力场难以确定，除采用数值方法进行计算外，一般不常采用。总应力强度理论对土中应力按总应力场确定，土的强度指标按不同的排水条件有：不固结不排水剪、固结不排水剪及排水剪三种。目前，基坑工程中的水、土压力计算，常采用总应力强度理论水土合算，土中应力按总应力场确定。对正常固结土，可采用固结不排水剪强度指标；对欠固结土，则采用不固结不排水强度指标。

8. 基坑工程的稳定性

基坑工程的稳定性包含两个层面的内容：其一是支护结构体系的稳定；其二是指基坑内外土体的稳定。支护结构体系的稳定在此不详述，基坑内外土体的稳定一般包括以下方面：

1）基坑内外土体的整体稳定；

2）支护结构的倾覆稳定；

3）坑内土体的隆起稳定；

4）地下水作用的渗流及突涌稳定。

基坑工程设计中，控制稳定的关键参数是支护结构的入土深度（指支护结构插入坑底下部较好土体中的深度）。目前，尚无对有效入土深度确定的唯一算法，通常是先作经验性的试算。满足各种稳定验算后，再根据施工条件及工程经验等予以综合确定。

整体稳定验算通常采用圆弧滑动法。验算时，水平支撑力及锚拉力的作用不计入内。验算切桩滑弧时，弯曲抗力大的桩、墙的作用可以计入。稳定分析时，选用的强度指标、计算方法及安全系数之间应配套。

9. 弹性抗力法

弹性抗力法，也称为侧向弹性地基反力法、基床系数法等，是杆系结构力学中按弹性地基梁法的假定，对桩受水平力时的一种分析计算方法。基坑设计时，将这种算法移植到基坑支护桩、墙进行内力分析，称为弹性抗力法。

桩在水平力作用下，按弹性地基梁假定计算时，基床系数的模型有四种，即常数法、c 法、m 法和 k 法，国内工程界常用 m 法。

支护桩计算，都采用 m 法地基模型，按平面应变问题计算。目前，工程都应用通用程序完成计算。弹性抗力法可求得在各种不同施工工况下的桩身内力和变位，但无法确定支护桩、墙的有效入土深度，也无法求得基坑周边的地面沉降。土层的 m 系数可通过桩的现场水平静载试验求得。目前，各种规范中推荐的 m 系数表均为经验值，应结合地区工程经验加以验证。

10. 地层移动与环境保护

基坑开挖会引起基坑周边的地面沉降，地面沉降使周边建（构）筑物出现程度不同的不均匀沉降，影响其安全或正常使用，形成对基坑周边的环境保护问题。基坑周边的地面沉降是因地层移动造成的，图 19.2.1 为基坑有限元计算简图，图 19.2.2 所示为因基坑土方开挖及降水形成的地层位移矢量图。

从图中可以看出明显的地层移动趋势，坑底以下土体的变形主要是隆起，紧靠坑边的土体同时产生沉降和水平位移，远处土体的变形以沉降为主，支护桩、墙以下的土体则主要向基坑方向水平位移。

在基坑工程的整个施工过程中，地层移动是不可避免的。地下连续墙（包括密排灌注桩等）成槽施工、土方开挖、坑内降水引起的渗流作用等，都是地层移动的影响因素，基坑设计必须确保周边环境安全，要针对产生地层移动的原因采取有效的设计与施工措施，控制地层移动，达到保护基坑周边环境安全的要求。

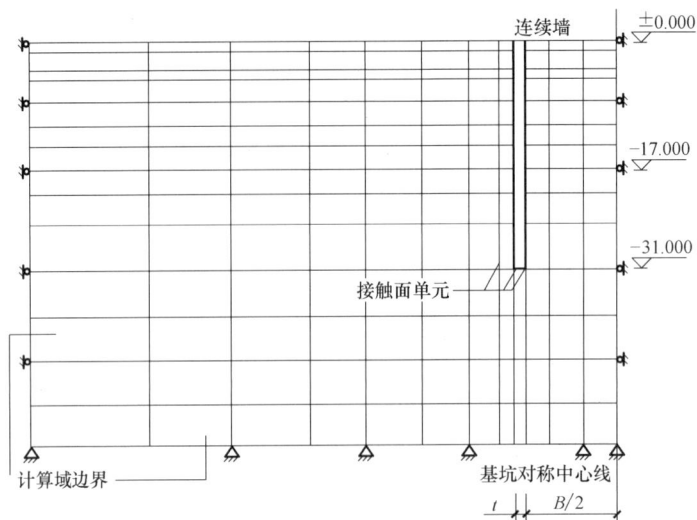

图 19.2.1　有限元法计算简图

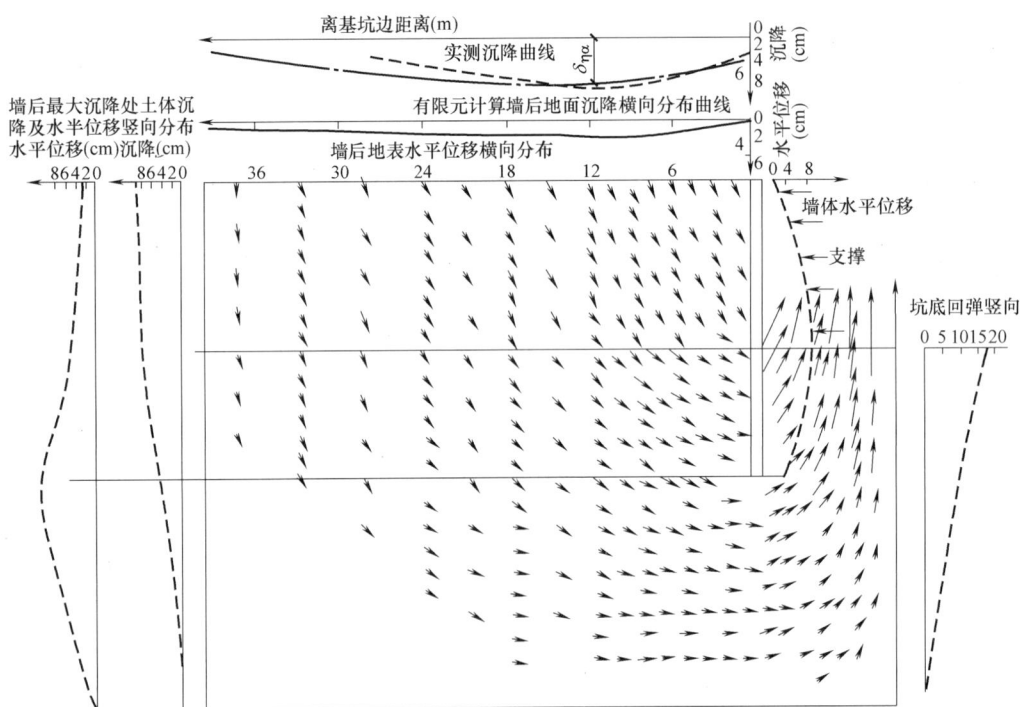

图 19.2.2　有限元计算基坑系统在开挖结束时的土体位移场

目前常用的支护结构设计软件，大多按杆系结构力学体系编制，求得的均为各结构单元的内力和变位。因基坑开挖造成地层移动引起的地面沉降只能用数值方法求解，由于按数值方法计算所需的参数及本构模型的复杂性影响到计算结果的准确性，所求得的位移场分布的解一般仅供设计时参考。工程界的经验性解决办法大体如下：

1）地表沉降范围一般为开挖深度的 1～4 倍；

2）地面沉降按工程实测的经验分布曲线估算。

11. 地下水控制

能否控制好基坑开挖施工中的地下水作用，是基坑工程成败的一项关键技术措施。

含水地层中的地下水有上层滞水、潜水及承压水等不同类型。含水地层由粉土、砂土及碎石、砾石层组成，各含水层间由相对隔水层（不透水层）分割，勘察时应查明各含水层的分布、土层的渗透系数及水头等水力参数。除通过钻探取样、土工试验等确定土层的渗透系数外，必要时可进行现场抽水试验（单井或群井抽水试验），完善各含水层的各水力参数，并进一步查明不同含水层间的水力联系以及降水时对地面沉降的影响。

城市中建筑密集地区的基坑工程常采取在基坑周边设置止水帷幕（水泥土墙或地下连续墙）的方案，使基坑成为一个封闭系统，以便对地下水可以实施有效的控制。基坑降水时，对相对隔水层以上的潜水，常采用疏干井对浅部地下水抽降疏干。基坑开挖深度较大下部承压水的水头对坑底土层的稳定产生不利影响时，有时也可在承压水层中设置减压井，按保持坑底土层稳定计算的需要，适当降低承压含水层的水头，满足对承压水作用控制的需要。施工时，按监测信息对减压井的减压作用进行实时监控。疏干井和减压井形成两套降水系统，一般不得以一口井形成既疏干又减压的混合井，这不利于对降水影响进行有效监控。

地下水控制失效，通常有两种情况：其一是止水帷幕或地连墙渗漏，造成水土流失，坑外土体坍塌；其二是坑内外含水层的水力联系未切断或减压控制下部含水层水头失效，坑底土出现突涌或渗流破坏，从而引发重大基坑事故。

12. 土方开挖

岩土工程中由于地质和水文条件的不确定性，设计时所掌握的地质资料不一定完全符合实际，基坑开挖出来的情况与设计条件不同是经常遇到的，所以一个周密的土方开挖施工方案，包括对风险的预测和应急措施所需的各种准备，是土方开挖施工方案中不可或缺的内容。

土方开挖的进程应与设计工况的要求一致，严禁超挖或先挖后撑。在深厚软土层中的基坑，应防止土方开挖引起地层移动而发生工程桩的偏位和倾斜，控制每步土方开挖厚度及坡率是十分必要的，应通过现场试开挖确定。同时，应严格控制基坑周边堆载以及重载车辆的运行范围。

土方开挖前，施工现场应提前进行降水疏干并进行预降水试验，对沿基坑周边的降水井的涌水量分别进行统计，对涌水量偏大井区段的止水帷幕效果进行评价，核查施工质量，做好在开挖时可能出现渗漏的防范措施。

施工现场监测是信息施工的基础，基坑设计时应同步完成施工监测设计方案，由第三方监控支护结构的变形，掌控环境保护区内的变形信息，明确监测参数的报警值，确保施工安全。

软土地区土方开挖时，通常有先挖的区段支护变形较后挖的区段大的趋势，需重点控制变形区段的土方宜后挖。

13. 基坑支护总体方案的选择

基坑工程设计时应进行多方案选择比较：

（1）支挡式支护结构设计计算理论成熟，控制变形效果好，施工质量易于保证，适用范围广，多数情况下是基坑支护的首选方案。

（2）水泥土墙重力式支护结构适用于软土地区开挖深度较浅的基坑，虽然施工简便、造价低，但一般基坑变形较大。

（3）土钉墙与复合土钉墙，在场地地质条件较好、地下水位低时，土钉支护有较大优势。土体经加固后呈现出一定的延性，对预警土体稳定破坏有利。施工简便、造价低，但土钉支护的应用常受基坑红线条件的限制。

（4）地下连续墙。地下连续墙刚度大，止水效果好，在深大基坑中是支护结构的首选形式。地下连续墙支护结构有利于采用逆作法、半逆作法施工，为支护结构选型带来较多选择余地。另外，地下连续墙支护结构整体性好，抗风险能力强，在周边环境保护要求高时，更显现出地下连续墙支护结构的优点。

地下连续墙支护有利于采用支护结构与主体结构相结合的技术。结合设计包括：二墙合一设计；水平结构相结合与竖向结构相结合的设计等，可大幅度降低基坑支护的综合造价及提高基坑支护的安全性与可靠性。

（5）超大型基坑的面积可达数万平方米，简单地采用支挡式支护结构，临时支挡的结构工程量大，造价高。通常利用基坑面积大的有利条件，在基坑周边留反压土，形成中心岛放坡正施、周边逆施的方案比较合理。在此基础上，结合施工流水的总体安排，还可将超大型基坑分解为几个基坑分期分批施工，更为有利。

（6）组合式支护结构一般为在基坑上下部采用不同的支护方法，根据工程条件和要求，选择能充分发挥所选结构形式及特长的最经济组合形式，构成一种联合支护。

基坑工程设计时，多种支护结构形式、地下水控制方案、施工条件、逆作与顺作等进行综合比较，结合所在场地的地质条件、环境保护要求、技术经济指标等方面，形成优化的基坑设计方案。

19.3 基坑工程的等级

基坑工程从最简单的一个浅基础施工时需要放坡开挖基坑，直到在繁华市区开挖超大超深基坑，其设计条件和技术要求千差万别，为区别不同类型的基坑设计、施工及监测条件，需要对基坑工程划分等级，以便按不同的等级实施设计、施工及监测方面的相应标准。

1. 安全等级

《工程结构可靠性设计统一标准》GB 50153 第 3.2.1 条规定，按结构破坏后果分为一、二、三级，这是对结构构件的可靠度水平的规定。安全等级每相差一级，其可靠指标 β 的取值相差 0.5。在结构构件设计计算中，按结构重要性系数 γ_0 的取值来体现。建筑工程的结构设计中，安全等级为二级的可靠指标 β 的取值为 3.2～3.7，已可确保结构构件在持久设计状态承载能力极限状态设计的可靠度。对仅起支护作用的基坑支护结构，有效使用期限较短，结构体系的超静定次数高。安全等级取为二级时，支护结构已有足够的可靠度，构件截面设计时取结构重要性系数 $\gamma_0 = 1.0$ 计算即可。

2. 设计等级

根据基坑工程设计的复杂性和技术难度，将基坑按设计等级分为甲、乙、丙三级，不同的设计等级体现对基坑不同的设计要求，确定是否要对基坑按变形设计和是否需要进行基坑降水的专项设计。除了非软土地区且场地地质条件简单、基坑周边环境条件简单、环境保护要求不高且开挖深度小于 5.0m 的丙级基坑工程外，均应进行基坑支护结构的变形及坑外土体的变形计算。设计等级为甲级的基坑，应进行基坑降水的专项设计。

3. 施工质量验收等级

《建筑地基工程施工质量验收标准》GB 50202 中规定：

基坑（槽）、管沟土方工程验收必须以确保支护结构安全和周围环境安全为前提。当设计有指标时，以设计要求为依据；如无设计指标时，应按表 19.3.1 的规定执行。

基坑变形的监控值（cm） 表 19.3.1

基坑类别	围护结构墙顶位移监控值	围护结构墙体最大位移监控值	地面最大沉降监控值
一级基坑	3	5	3
二级基坑	6	8	6
三级基坑	8	10	10

注：1. 符合下列情况之一，为一级基坑：
　　（1）重要工程或支护结构做主体结构的一部分；
　　（2）开挖深度大于 10m；
　　（3）与邻近建筑物、重要设施的距离在开挖深度以内的基坑；
　　（4）基坑范围内有历史文物、近代优秀建筑、重要管线等需严加保护的基坑。
　　2. 三级基坑为开挖深度小于 7m 且周围环境无特殊要求时的基坑。
　　3. 除一级和三级外的基坑属二级基坑。
　　4. 当周围已有的设施有特殊要求时，尚应符合这些要求。

表中规定的变形监控值，是在当设计对变形未提出验收要求时的一种一般性规定，与设计人员设计计算的监控值无必然联系。这里提到的基坑类别一、二、三级，与安全等级中的一、二、三级没有任何相关性。

4. 基坑监测报警等级

《建筑基坑工程监测技术规范》GB 50497 中对基坑报警分级的规定如下：

基坑及支护结构监测报警值应根据土质特征、设计结果及当地经验等因素确定；当无当地经验时，可根据土质特征、设计结果以及表 19.3.2 确定。

基坑及支护结构监测报警值 表 19.3.2

序号	监测项目	支护结构类型	基坑类别								
			一级			二级			三级		
			累计值		变化速率 (mm/d)	累计值		变化速率 (mm/d)	累计值		变化速率 (mm/d)
			绝对值 (mm)	相对基坑深度(h)控制值		绝对值 (mm)	相对基坑深度(h)控制值		绝对值 (mm)	相对基坑深度(h)控制值	
1	围护墙（边坡）顶部水平位移	放坡、土钉墙、喷锚支护、水泥土墙	30～35	0.3%～0.4%	5～10	50～60	0.6%～0.8%	10～15	70～80	0.8%～1.0%	15～20
		钢板桩、灌注桩、型钢水泥土墙、地下连续墙	25～30	0.2%～0.3%	2～3	40～50	0.5%～0.7%	4～6	60～70	0.6%～0.8%	8～10

序号	监测项目	支护结构类型	一级 累计值 绝对值 (mm)	一级 累计值 相对基坑深度(h)控制值	一级 变化速率 (mm/d)	二级 累计值 绝对值 (mm)	二级 累计值 相对基坑深度(h)控制值	二级 变化速率 (mm/d)	三级 累计值 绝对值 (mm)	三级 累计值 相对基坑深度(h)控制值	三级 变化速率 (mm/d)
2	围护墙(边坡)顶部竖向位移	放坡、土钉墙、喷锚支护、水泥土墙	20～40	0.3%～0.4%	3～5	50～60	0.6%～0.8%	5～8	70～80	0.8%～1.0%	8～10
		钢板桩、灌注桩、型钢水泥土墙、地下连续墙	10～20	0.1%～0.2%	2～3	25～30	0.3%～0.5%	3～4	35～40	0.5%～0.6%	4～5
3	深层水平位移	水泥土墙	30～35	0.3%～0.4%	5～10	50～60	0.6%～0.8%	10～15	70～80	0.8%～1.0%	15～20
		钢板桩	50～60	0.6%～0.7%	2～3	80～85	0.7%～0.8%	4～6	90～100	0.9%～1.0%	8～10
		型钢水泥土墙	50～55	0.5%～0.6%		75～80	0.7%～0.8%		80～90	0.9%～1.0%	
		灌注桩	45～50	0.4%～0.5%		70～75	0.6%～0.7%		70～80	0.8%～0.9%	
		地下连续墙	40～50	0.4%～0.5%		70～75	0.7%～0.8%		80～90	0.9%～1.0%	
4	立柱竖向位移		25～35	—	2～3	35～45	—	4～6	55～65	—	8～10
5	基坑周边地表竖向位移		25～35	—	2～3	50～60	—	4～6	60～80	—	8～10
6	坑底隆起(回弹)		25～35	—	2～3	50～60	—	4～6	60～80	—	8～10
7	土压力		$(60\%～70\%)f_1$	—		$(70\%～80\%)f_1$	—		$(70\%～80\%)f_1$	—	
8	孔隙水压力										
9	支撑内力		$(60\%～70\%)f_2$	—		$(70\%～80\%)f_2$	—		$(70\%～80\%)f_2$	—	
10	围护墙内力										
11	立柱内力										
12	锚杆内力										

注：1. h 为基坑设计开挖深度，f_1 为荷载设计值，f_2 为构件承载能力设计值。

2. 累计值取绝对值和相对基坑深度(h)控制值两者的小值。

3. 当监测项目的变化速率达到表中规定值或连续 3d 超过该值的 70%，应报警。

4. 嵌岩的灌注桩或地下连续墙位移报警值宜按表中数值的 50%取用。

5. 环境保护设计等级

基坑支护设计的难点在于控制基坑周边的地面变形，以满足环境保护的要求，设计人员应根据计算结果在设计文件中明确变形控制的各有关参数，但由于环境条件的复杂性，有些要求难以量化规定，工程界希望能结合基坑的规模、重要性等考量，提出一些参考性的控制规定，方便设计人员在具体工程中使用。上海《基坑工程技术规范》DG/TJ 08—61—2011 中的规定，具有实际工程观测结果的统计依据，可供设计人员参考。

对环境保护等级的规定如下：

根据基坑周围环境的重要性程度及其与基坑的距离，基坑工程环境保护等级应分为以下三级，相应的基坑变形控制指标应按表 19.3.3 的规定采用。

基坑工程的环境保护等级　　　　　　　　　　　　表 19.3.3

环境保护对象	保护对象与基坑的距离关系	基坑工程的环境保护等级
优秀历史建筑、有精密仪器与设备的厂房、其他采用天然地基或短桩基础的重要建筑物、轨道交通设施、隧道、防汛墙、原水管、自来水总管、煤气总管、共同沟等重要建（构）筑物或设施	$s \leqslant H$	一级
	$H < s \leqslant 2H$	二级
	$2H < s \leqslant 4H$	三级
较重要的自来水管、煤气管、污水管等市政管线、采用天然地基或短桩基础的建筑物等	$s \leqslant H$	二级
	$H < s \leqslant 2H$	三级

注：1. H 为基坑开挖深度，s 为保护对象与基坑开挖边线的净距；

2. 基坑工程环境保护等级可依据基坑各边的不同环境情况分别确定；

3. 位于轨道交通设施、优秀历史建筑、重要管线等环境保护对象周边的基坑工程，应遵照政府有关文件和规定对待。

根据基坑环境等级确定的基坑变形设计控制指标如下：

当基坑周围环境没有明确的变形控制标准时，可根据基坑的环境保护等级参考表 19.3.4 确定基坑变形的设计控制指标。

基坑变形设计控制指标　　　　　　　　　　　　表 19.3.4

基坑环境保护等级	围护结构最大侧移	坑外地表最大沉降
一级	$0.18\%H$	$0.15\%H$
二级	$0.3\%H$	$0.25\%H$
三级	$0.7\%H$	$0.55\%H$

注：H 为基坑开挖深度（m）。

综上所述，有关基坑等级的规定可以归结为以下三个方面：

1) 基坑安全等级的规定

由统一标准规定，基坑工程分为三种安全等级，以结构构件设计的可靠指标不同予以体现，与混凝土结构设计规范中的 γ_0 取值相关。一般情况下，取 $\gamma_0 = 1.0$ 已可确保基坑支护结构对构件设计的可靠度要求。

2) 基坑类别及设计等级的规定

基坑工程施工质量验收及基坑监测要求中，对不同的基坑类别规定了不同的变形验收要求及监测要求，这些都是在基坑设计人员对验收及监测来明确作出规定时的一种一般性标准。基坑设计时，不受此标准约束。基坑工程的设计等级仅体现在基坑设计中，对不同设计等级基坑的变形设计及降水设计相应的不同要求。

3) 基坑环境保护等级的规定

在国标与行标的基坑设计规范中，均未对基坑的环境保护等级作出规定，上海市基坑规范采取划分环保等级，按不同的环保等级规定基坑相应的变形控制的要求是可行的。实际上，依靠提高荷载等级及安全系数解决不了环保要求问题，通过划分环保等级，按不同的环保要求等级规定基坑变形的相关参数，是基坑设计中的一种间接、经验、简单可行的做法。

19.4　基坑支护结构的分类

基坑支护的主要形式有以下四种：

1. 放坡开挖（坡率法）

2. 重力式支护结构

3. 支挡式支护结构

4. 组合式支护结构

19.4.1　放坡开挖

施工场地土质较好，现场有足够的放坡开挖的场地，有条件采取降水、排水措施时采用（图 19.4.1）。基坑开挖的坡率及开挖深度与场地地质条件有关，根据土的抗剪强度指标，按土坡稳定验算确定。

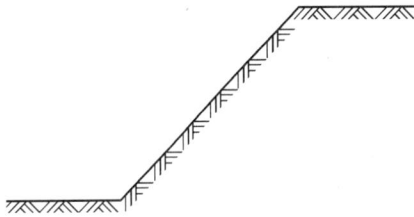

图 19.4.1　放坡开挖示意图

19.4.2　重力式支护结构

在基坑周边土体中，设置水泥搅拌或高压旋喷水泥土增强体，对一定宽度及深度范围内的土体进行加固，形成一重力式挡墙，对土方开挖起支挡作用。重力式支护体以加固土体的重力来维持在侧向土压力作用下的自身稳定，故称为重力式支护结构，其功能相当于重力式挡墙。最常用的重力式支护结构有水泥土重力式支护结构及土钉墙支护结构两种。

这里简要介绍水泥土重力式支护结构。

采用深层搅拌水泥土搅拌桩（作为竖向增强体）连排布置或按格构式布置，形成可以满足稳定性要求的具有一定宽度和深度的水泥土墙。

水泥土重力式支护结构示意图如图 19.4.2 所示。目前，在工程中用得较多的水泥土重力式支护结构常采用深层搅拌法形成，有时也采用高压喷射注浆法形成。为了节省投资，常采用格构体系（图 19.4.2A-A 截面）。水泥土与其包围的天然土形成重力式挡墙支挡周围土体，保持基坑边坡稳定。深层搅拌水泥土桩重力式支护结构常用于软黏土地区开挖深度约在 6.0m 以内的基坑工程。采用高压喷射注浆法施工，可以在砂类土地基中形成水泥土挡墙。近几年来，也有采用较大功率的深层搅拌机械在砂土地基中形成水泥土挡墙的工程实例。水泥土重力式支护结构适用于较浅的基坑工程，其变形也比较大。

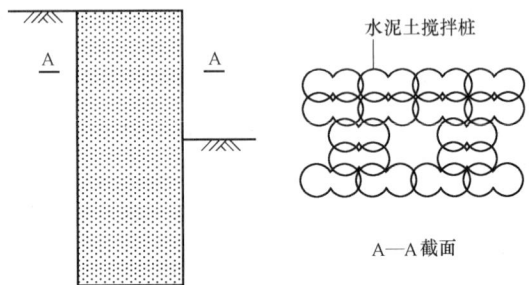

图 19.4.2　水泥土重力式支护结构示意图

19.4.3　土钉墙

随基坑分步土方开挖，在侧向挖方边坡中设置一定长度的注浆土钉，并施工喷射混凝土面层形成能保持自身稳定的土钉墙（图19.4.3），其功能相当于一重力式挡土墙。

土钉一般通过钻孔、插筋和注浆来设置，传统上称砂浆锚杆。也有采用打入或射入方式设置土钉。边开挖基坑，边在土坡中设置土钉，在坡面上铺设钢筋网，并通过喷射混凝土形成混凝土面板，形成土钉墙支护结构。土钉墙支护结构的机理可理解为通过在基坑边坡中设置土钉，形成加筋土重力式挡墙，起到挡土作用。土钉墙围护适用于地下水位以上或人工降水后的黏性土、粉

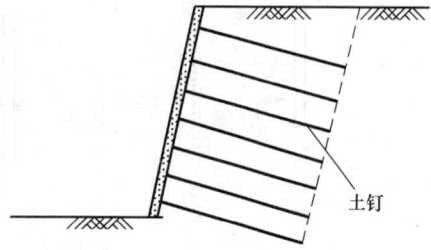

图 19.4.3　土钉支护示意图

土、杂填土及非松散砂土、卵石土等，不适用于淤泥、淤泥质土及未经降水处理地下水位以下的土层地基。土钉墙支护基坑深度一般不超过18m，使用期限不超过18个月。

19.4.4　支挡式支护结构

开挖深度较大的基坑，挖方边坡形成的水、土压力差大，通常采用支挡式支护结构。先在基坑周边打设排桩或地下连续墙形成支护体，再在坑内随着土方分步开挖设置多道水平内支撑或锚杆，形成竖向和横向结合成一体的空间结构，起到支承侧向坡体的水土压力的作用，这种空间结构体系称为支挡式支护结构。工程上常用的有以下多种形式。

1. 悬臂式支护结构

悬臂式支护结构适用于土质较好、开挖深度较浅的基坑工程，如图19.4.4所示。

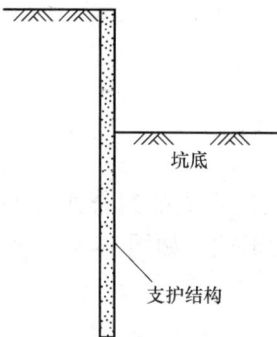

图 19.4.4　悬臂式支护结构

悬臂式支护结构常采用钢筋混凝土桩排桩墙、钢板桩、钢筋混凝土板桩、地下连续墙等形式。钢筋混凝土桩常采用钻孔灌注桩、人工挖孔灌注桩、沉管灌注桩及预制桩。悬臂式支护结构依靠足够的入土深度和结构的抗弯能力，来维持整体稳定和结构的安全。

2. 内支撑式支护结构

内撑式支护结构由支护结构体系和内支撑体系两部分组成。支护结构体系常采用钢筋混凝土桩排桩墙和地下连续墙形式。内支撑体系可采用水平支撑和斜支撑。根据不同开挖深度，又可采用单层水平支撑、二层水平支撑及多层水平支撑，分别如图19.4.5（a）、（b）所示。当基坑平面面积很大而开挖深度不太大时，宜采用单层斜支撑，如图19.4.5（c）所示。

3. 锚拉式支护结构

锚拉式支护结构由支护结构体系和锚固体系两部分组成。支护结构体系与内支撑式支护结构相同，常采用钢筋混凝土排桩墙和地下连续墙。锚固体系可分为锚杆式和地面拉锚式两种。随基坑深度不同，锚杆式也可分为单层锚杆、二层锚杆和多层锚杆。地面锚拉式锚碇板支护结构和土层锚杆式支护结构示意图分别如图19.4.6（a）、（b）所示。地面拉锚式需要有足够的场地设置锚桩或其他锚固物。锚杆式较适用于砂土及黏性土地基。由于软黏土地基不能提供锚杆较大的锚固力，所以很少使用。

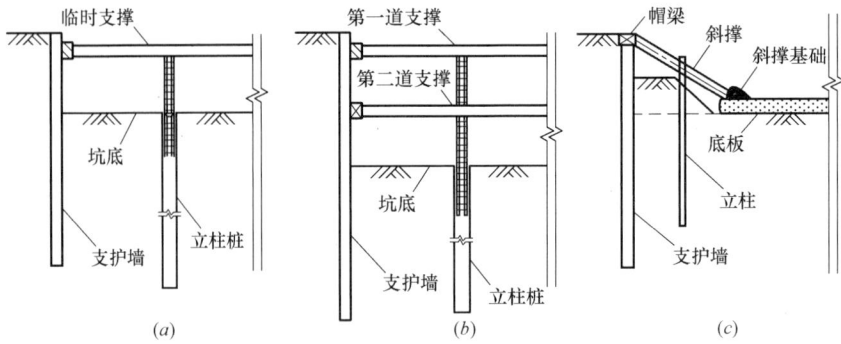

图 19.4.5　内支撑式支护结构示意图

（a）单支撑；（b）双支撑；（c）竖向斜撑

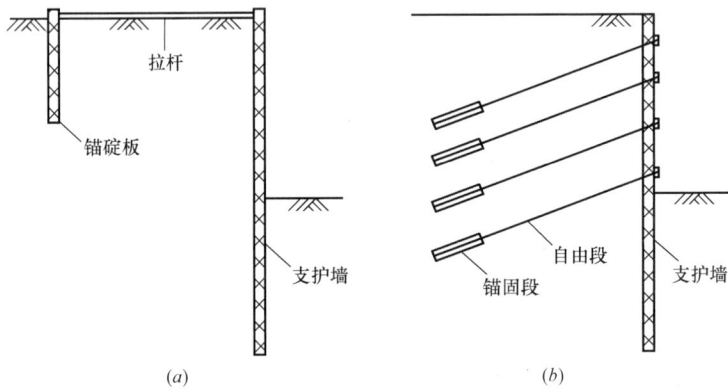

图 19.4.6　锚拉式支护结构示意图

（a）地面锚碇板式；（b）土层锚杆

4. 组合式支护结构

当土质条件、场地和环境条件适当时，可采用多种支护结构组合成的组合式支护结构，如双排桩支护，或采用支挡式支护与重力式支护联合支护的形式，如图 19.4.7 和图 19.4.8 所示。

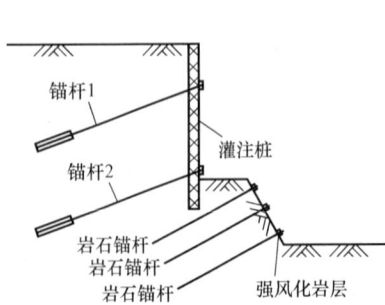

图 19.4.7　灌注桩、土（岩）层锚杆组合支护示意图

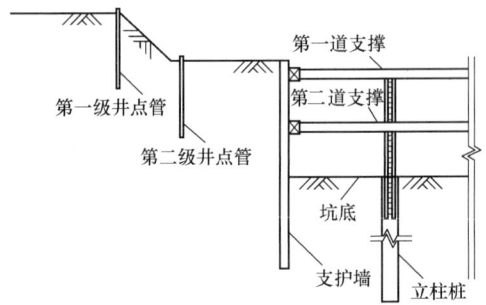

图 19.4.8　软土地区基坑支护示意图

图 19.4.9 所示为支挡式支护结构常用的各种内支护系统工程实景图片，包括钢管支撑、H 型钢支撑、钢竖向斜撑、无围檩钢支撑、十字正交钢筋混凝土支撑、钢筋混凝土

桁架支撑系统，钢筋混凝土圆环支撑、钢和钢筋混凝土组合支撑及在逆作法中采用地下结构梁板替代支撑等。

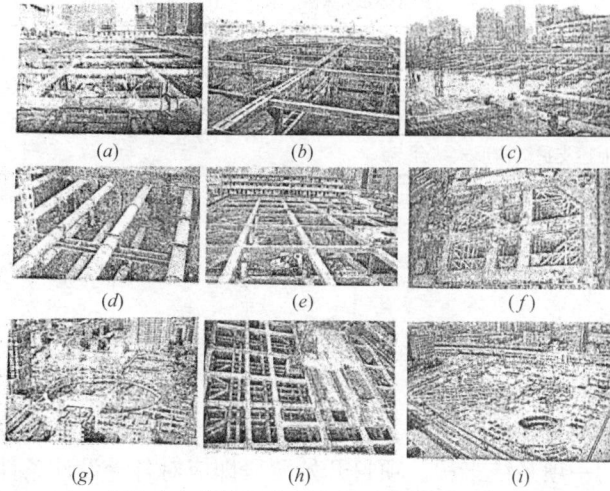

图 19.4.9 支挡式支护结构常用的各种内支撑系统工程实景图片

(a) 钢管支撑；(b) H 型钢支撑；(c) 钢竖向斜撑；(d) 无围檩钢支撑；
(e) 十字正交钢筋混凝土支撑；(f) 钢筋混凝土桁架支撑系统；(g) 钢筋混凝土圆环支撑；
(h) 钢和钢筋混凝土组合支撑；(i) 地下结构梁板代支撑（逆作法）

5. 各类支护结构的适用性

支护结构的选型，应结合场地工程地质、水文地质条件、基坑开挖深度、周边环境条件、施工条件、地区工程经验等通过技术与经济性比较综合分析确定，常用的基坑支护结构类型可按表 19.4.1 选用。

各类支护结构的适用条件表　　　　　　　　　　　　表 19.4.1

安全等级	适　用　条　件	
	基坑深度、环境条件、土类和地下水条件	
一级 二级 三级	适用于较深的基坑	1. 排桩适用于可采用降水或截水帷幕的基坑 2. 地下连续墙宜同时用作主体地下结构外墙，可同时用于截水 3. 锚杆不宜用在软土层和高水位的碎石土、砂土层中 4. 当邻近基坑有建筑物地下室、地下构筑物等，锚杆的有效锚固长度不足时，不应采用锚杆 5. 当锚杆施工会造成基坑周边建（构）筑物的损害或违反城市地下空间规划等规定时，不应采用锚杆
	适用于较深的基坑	
	适用于较浅的基坑	
	当锚拉式、支撑式和悬臂式结构不适用时，可考虑采用双排桩	
	适用于基坑周边环境条件很复杂的深基坑	
二级 三级	适用于地下水位以上或降水的非软土基坑，且基坑深度不宜大于 12m	当基坑潜在滑动面内有建筑物、重要地下管线时，不宜采用土钉墙
	适用于地下水位以上或降水的非软土基坑，且基坑深度不宜大于 15m	
	用于非软土基坑时，基坑深度不宜大于 12m；用于淤泥质土基坑时，基坑深度不宜大于 6m；不宜用在高水位的碎石土、砂土层中	
	适用于地下水位以上或降水的基坑，用于非软土基坑时，基坑深度不宜大于 12m；用于淤泥质土基坑时，基坑深度不宜大于 6m	

适 用 条 件	
安全等级	基坑深度、环境条件、土类和地下水条件
二级 三级	适用于淤泥质土、淤泥基坑,且基坑深度不宜大于7m
三级	1. 施工场地满足放坡条件 2. 放坡与上述支护结构形式结合

注:1. 当基坑不同部位的周边环境条件、土层性状、基坑深度等不同时,可在不同部位分别采用不同的支护
形式。
2. 支护结构可采用上、下部以不同结构类型组合的形式。

19.5 基坑工程的总体设计

基坑工程是涵盖勘察、设计、施工、监测等各个工作阶段,并涉及岩土、结构、环境保护等各方面要求的一项系统工程。项目开始阶段即应对各种设计条件进行全面考虑,对各种可行设计方案作综合比较,这是基坑设计中的重要一环,亦可称为总体设计。总体设计阶段不确定因素很多,应充分掌握有关设计条件的基础资料,为后期施工图设计作好充分准备。

19.5.1 总体设计阶段要求具备的设计条件

1. 岩土工程勘察资料

岩土工程勘察资料是基坑设计的依据,基坑工程的勘察并不单独进行,应对基坑勘察重点强调以下要求:

1)地层划分的准确性与合理性

基坑设计时应查明场地的地层分布与组成,对尖灭和透镜体的范围应有较为准确的界定,地层中含水层的类型及相对隔水层的界定、分布、埋深等参数应准确,并查明各含水层间是否存在某些水力联系,这将影响地下水控制的设计方案。

2)土的抗剪强度指标

水、土压力是作用在支护结构上的主要荷载,计算时一般采用总应力强度理论。因土层前期固结条件不同,将会用到不排水剪及固结不排水两种强度指标,要求三轴剪切试验或直剪试验应结合当地条件及工程经验确定。

3)原位测试指标

由于岩土参数的离散性往往比较大,仅依靠钻探取样室内土工试验数据确定的土的强度参数的可靠性仍感不足,应与原位测试数据对比综合确定。因此,在岩土勘察时,要求提供较充实的静力触探、标准贯入和扁铲等原位测试数据。

4)渗透性指标和现场抽水试验

设计等级为甲级的基坑工程需进行地下水控制的专项设计,土层的渗透系数是设计计算所需的主要参数,在水文地质条件较为复杂时应提供现场抽水试验资料。

2. 环境调查资料

城市繁华地区的基坑工程对周边环境保护的要求必须得到满足,因环境安全引发的纠纷十分常见。因此,进行基坑总体设计时必须有对周边环境调查的报告,主要指以下

内容：

1）确定周边需环境保护的范围，一般不小于基坑开挖深度的两倍。

2）保护区内建（构）筑物的结构条件及安全性评价。

3）道路交通的流量。

4）市政涵管、地下交通车站、隧道、桥梁基础等资料。

5）建筑场地用地红线。

3. 地下结构的设计文件

地下结构设计的施工图是基坑设计必不可少的设计依据，包括建筑总平面图、建筑、结构、基础、桩基图。

地下工程的施工工期和施工条件也是基坑工程设计的重要条件，工程周边的场地条件、施工用地、材料堆场和交通运输、土方运输条件等资料，也都需调查清楚。

19.5.2 支护结构选型

基坑支护可以有放坡开挖、水泥土重力式挡墙、土钉墙、支挡式支护等多种类型，每种类型中尚可分出多种不同的支护形式。总体设计时，支护结构的选型应根据基坑平面尺寸形状及基坑深度、基坑周边环境条件、施工现场条件、工期及经济指标等因素，初步选定几种结构形式进行比较。不同类型的支护结构的适用条件，见表19.4.1。

19.5.3 地下水控制方案选择

基坑总体方案设计中，对场地地下水控制方案是重要一环。地下水控制应根据工程地质和水文地质条件、基坑周边环境保护要求及支护结构形式等条件，选择采用止水、降水、集中明排方法或其组合。

1）基坑止水帷幕

基坑工程的止水通常选用水泥土搅拌桩帷幕、高压旋喷或摆喷注浆帷幕、地下连续墙或咬合式排桩等形成止水帷幕，止水帷幕应插入下部相对隔水层一定深度，切断坑内外含水层之间的水力联系，形成坑内封闭的降水条件。

2）降水

基坑降水可采用管井、真空井点、喷射井点等方法，各种管井的适用性可按表19.5.1的规定选用。分层挖土时，随着挖土面的下移，在新的开挖面上重挖集水井和集水沟。该方法适合于弱透水地层中的浅基坑，尤其基坑环境简单、含水层较薄、降水深度较小时，采用集水明排是比较经济的。

井点降水是通过对地下水施加作用力来促使地下水的排出，从而达到降低地下水位的目的。根据施加作用力的方式以及抽水设备的不同，井点降水有轻型井点、喷射井点、电渗井点和管井（深井）井点等。各种井点的适用范围可参见表19.5.1。

降水方法及适用范围   表 19.5.1

适用范围 降水方法	适用地层	渗透系数 （cm/s）	降水深度 （m）
集水明排	含薄层粉砂的粉质黏土,黏质粉土, 砂质粉土,粉细砂	$1×10^{-7}～2×10^{-4}$	<5
轻型井点及多级轻型井点	同上	$1×10^{-7}～2×10^{-4}$	<6 6～10

降水方法 \ 适用范围	适用地层	渗透系数（cm/s）	降水深度（m）
喷射井点	同上	$1×10^{-7}～2×10^{-4}$	8～20
电渗井点	黏土,淤泥质黏土,粉质黏土	$<1×10^{-7}$	根据选定的井点确定
管井(深井)	含薄层粉砂的粉质黏土,砂质粉土,各类砂土,砾砂,卵石	$>1×10^{-6}$	>10
砂(砾)渗井	含薄层粉砂的粉质黏土,黏质粉土,砂质粉土,粉土,粉细砂	$>5×10^{-7}$	根据下伏透水层的性质及埋深确定

19.5.4 施工方案选择

基坑工程的基本施工方法分为明挖法和逆作法两大类。

1) 明挖法

明挖法是基坑工程的最基本的方法,先将地表挖开,形成基坑,然后在基坑内施筑结构,完成后再填土,最终完成工程施工。施工工艺简单,施工面宽敞,作业条件较好,便于使用大型、高效率机械,造价低,施工质量易于保证。随着基坑工程的发展,无论采用何种形式的支护结构,只要按上述程序进行土方开挖和建造地下结构的,均称为明挖法。

2) 逆作法

逆作法是利用主体地下结构的全部或部分作为支护结构,自上而下施工地下结构并与基坑开挖交替实施的基坑施工方法。

逆作法按不同的分类方法有不同的类型,一般按照利用主体地下结构的程度可以分为全逆作法和部分逆作法。采用全逆作法时,全部地下结构由上至下逐层施工,最终形成基础底板。工程实践中很多也采用部分逆作法,如部分地下结构由上至下施工、部分区域逆作与部分区域顺作相结合或者仅部分地下结构层采用逆作法施工等。比如,周边逆作结合中心岛顺作、裙楼逆作结合塔楼顺作等,均为部分逆作法。

逆作法施工支护结构变形小,有利于保护邻近建筑物、构筑物。采用顶板盖挖逆作施工时,在城市街区施工,可尽快恢复路面交通。

19.5.5 环境保护方案选择

总体基坑支护方案设计时,应研究对已建工程或设施进行保护的策略和技术。基坑施工的环境保护主要是工程保护。可以将其分为基坑支护结构、基坑周边建(构)筑物、地下管线或设施的保护三类。环境保护的总体原则应是以控制地面变形及避免建(构)筑物破坏为主。对历史文物或特殊建(构)筑物的保护,应制定专项保护要求。工程上,经常采用以下多种环境保护措施:

1) 对基坑支护结构的变形控制

基坑护壁的变形是构成坑外地面变形的主要因素之一,因此总体设计时,对环境保护控制要求严格时,应选择抗变形能力强的支护结构,选型时一般采用排桩及地下连续墙护壁加多道内支撑支护,可以有效控制支护结构的变形。另外,采用逆作法施工,可以减少支撑工况引起的变形。

支护桩或地连墙在施工成槽时,会引起坑外地面的沉降,因槽壁坍塌引起的变形和稳定事故时有发生,应考虑采取相应的防护措施。

2）基坑周边建（构）筑物保护

对坑外建筑物的保护，可选择采用隔断墙、基础托换、地基加固或结构补强等方法对既有建筑进行工程保护。

（1）隔断墙保护　在被保护建筑物与基坑之间设置隔断墙，以减少土体的水平位移与沉降量，是避免由施工导致对建筑物不利影响的一种保护方法。

隔断墙体可以采用钢板桩、混凝土排桩、水泥土搅拌桩等不同形式。

（2）注浆加固地基　这类方法是借助对地基注入适当的注浆材料，使地基土体得到加固。有时，因基坑施工使周边建（构）筑物发生的附加沉降或倾斜超过了其允许值时，也可在相应部位采取补偿性跟踪注浆，以控制变形的发展。

（3）建筑结构加固　对建筑物本体进行加固，使其适应由地表沉降引起的变形。对建筑物本体加固之前，应先由房屋鉴定部门对建筑物的安全性作出评估，并进行加固方案设计。

3）地下管线保护

地层移动幅度超过一定限度时，地下管线将产生较大的变形甚至断裂破坏。根据不同类型管线的抗变形能力，制定相应的架空、加固、切改等加固保护措施。

19.5.6　基坑总体支护及施工方案的选择

综上所述，基坑总体方案设计时影响因素及不确定因素很多，需要设计人员综合各种设计要求和条件进行综合优化比较，提出技术先进、经济合理的设计方案。基坑工程的总体设计方案如图 19.5.1 所示，确定几种合理方案进行综合比较，进一步深化设计，形成完善的设计方案。

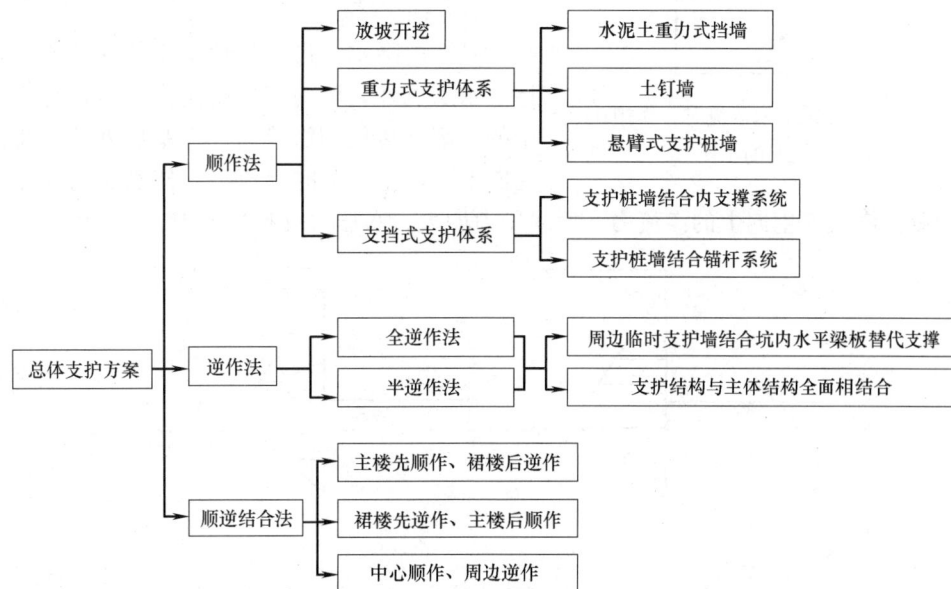

图 19.5.1　基坑工程总体设计支护方案分类图

19.6　土压力与水压力

作用在支护结构上的侧向荷载包括：土压力、水压力、基坑周边建筑物及施工荷载等引起的侧向压力。确定作用在支护结构上的荷载，是支护结构设计的重要环节。

19.6.1 土压力

基坑支护结构大多为柔性结构，土与结构相互作用条件下的土压力计算十分复杂，目前工程界大多采用作用在刚性挡墙上的朗肯土压力理论或库仑土压力理论进行计算。根据支护结构产生位移的不同极限平衡条件，作用在支护结构上的土压力可按静止土压力、主动土压力和被动土压力计算确定。三种土压力的计算公式，详见第 10 章土坡稳定和土压力章中的相关计算公式。

基坑支护设计时，在基坑施工土方开挖阶段，在基坑支护结构外侧作用有主动土压力，在基坑内侧开挖面以下土体中作用有被动土压力。在地下结构使用期间，作用在地下结构侧墙上的土压力按静止土压力确定。

19.6.2 水压力

在高地下水位地区基坑四周采用止水帷幕，在坑内降水，坑内外形成水位差。如果采用水土分算原则时，需要单独计算作用在支护结构上的水压力。按地下水运动的不同情况，可分别按下列情况计算：

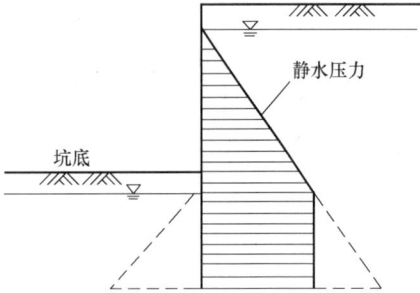

图 19.6.1 无地下水渗流时，作用在支护结构上的水压力

1. 无地下水渗流时

作用在支护结构上的水压力，可按坑内外的水位，分别按静止压力计算，如图 19.6.1 所示。作用在基坑内外的部分水压力相互抵消后，在坑内水位以下按矩形分布计算。

2. 稳定渗流时

基坑内降水，设坑外地下水位保持不变，即地下水从坑外向坑内产生稳定渗流时，静水压力中的一部分转化为渗流力。在基坑外侧，渗流方向向下，产生向下的渗流力，使水压力减小。在基坑内侧，渗流产生向上的渗流力，使水压力增大。水压力分布如图 19.6.2 所示。

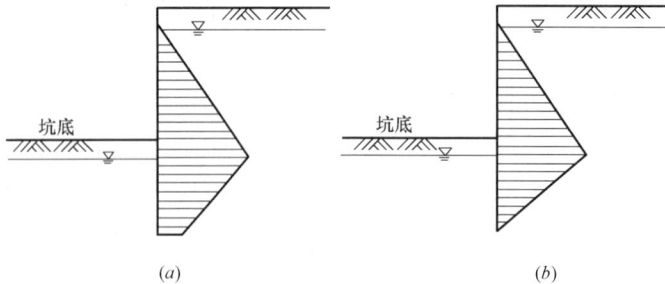

(a)   (b)

图 19.6.2 稳定渗流时作用在支护结构上的水压力分布简化式

（a）稳定渗流时水压力的分布；（b）水压力分布的简化图式

3. 渗流效应对土压力的影响

在基坑内外存在地下水位差，墙后土体的渗流作用，应通过流网分析计算，计算过程比较烦琐。这里仅对其作定性分析，供设计人员参考。

从流网图（图 19.6.3）中可以看出，坑外高地下水位处的水流，基本上是向下竖向渗流，经墙底向上达基坑底部，按渗流方向产生的渗流力的作用，在基坑外侧主动区的土颗粒受渗流力的作用，使有效应力增大，而水压减小。在基坑内侧被动区。则使有效应力减小而水压力增大。通过计算分析，其综合作用为：考虑渗流力作用，在坑外主动区，主动土压力增大，水压力减小，水压力减小的幅值大于土压力的增大，故总的水、土压力减小。在坑内被动区，则情况相反，被动区压力减小，水压

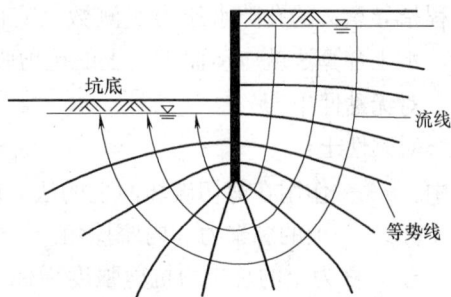

图 19.6.3　均质土层流网

力增大，被动区压力减小的幅值大于水压力的增大，故总的水、土压力值仍为减小。从基坑内外侧的土压力的性质来看，考虑渗流作用，使坑外侧主动区土压力减小，这对支护结构的受力来说是有利的。而在基坑内侧，被动区的被动土压力也减小，这对基坑的稳定性是不利的。

19.6.3　土压力计算的强度理论

1. 土压力计算的有效应力强度理论

土的有效应力原理是土力学理论中最重要的概念之一，无论是研究土的变形或强度，有效应力的概念是贯穿始终的。

土是固、液、气三相分散系，饱和土是由土颗粒和孔隙水组成的二相系，饱和土只有排出孔隙水后才能使其体积缩小，发生压缩。饱和土的压缩——固结，实质上包括了土内孔隙水的逐渐排出的过程，孔隙体积的逐渐缩小以及土骨架和孔隙水所受压力的逐渐转移和调整，三者同时进行。此过程称为饱和土的渗透固结——外荷作用下饱和土骨架和孔隙水的分担作用。在土体受荷加载的瞬间，由于孔隙水还来不及排出，因荷载作用而在土体中产生的应力　　总应力，全部由孔隙水承担。随着孔隙水的不断排出，孔隙体积逐渐缩小、土骨架——土颗粒受的力不断增加，孔隙水受的压力不断减小，这就是土的固结过程，即孔隙水逐渐消散，总应力向土骨架应力——有效应力的逐渐转移过程。直到固结完成，孔隙水压力消散为零，总应力全部转化为有效应力。土力学中，将此现象称为土的有效应力原理，式（19.6.1）即为土的有效应力原理表达式：

$$\sigma = \sigma' + u \tag{19.6.1}$$

式中　σ——作用在饱和土体上的总应力；

　　　σ'——土中有效应力；

　　　u——土中孔隙水压力。

土的抗剪强度 τ_f 的有效应力表达式为：

$$\tau_f = c' + \sigma' \tan\varphi' = c' + (\sigma - u) \tan\varphi' \tag{19.6.2}$$

式中　c'、φ'——土的有效黏聚力和有效内摩擦角。

按有效应力强度理论，采用有效应力强度指标，土压力与水压力分别计算是合理的，工程界亦称为水土分算。

2. 土压力计算的总应力强度理论

当支护结构墙后存在渗流现象产生孔隙水压力时，按有效应力法计算时，需要确定被分析土体中实际存在的孔隙水压力。目前，可以通过理论计算的方法加以确定，但真正有

工程指导意义的孔隙水压力实测数据有限，这时应用半经验的总应力强度理论可能更适合，水土合算法就应运而生。土的抗剪强度 τ_f 的总应力表达式如式（19.6.3）所示：

对无黏性土：$\quad\quad\quad\quad\quad\quad\quad\quad \tau_f = \sigma \tan\varphi$

对黏性土：$\quad\quad\quad\quad\quad\quad\quad\quad \tau_f = \sigma \tan\varphi + c$ $\quad\quad$ （19.6.3）

式中 $\quad \sigma$——作用在剪切破坏面上的法向应力；

$\quad\quad c$、φ——土的黏聚力和内摩擦角。

c、φ 称为土的总应力抗剪强度指标，是确定土的抗剪强度的参数，c、φ 可以通过土样的剪切试验求得。

不同排水固结条件下的抗剪强度指标 c、φ 值的差别很大，当采用总应力法水土合算计算水土压力时，强度指标的选取应遵循下列原则：

（1）对淤泥及淤泥质土，应采用三轴不固结不排水剪强度指标。

（2）对欠固结的饱和黏性土，应采用三轴不固结不排水剪强度指标；对正常固结的饱和黏性土，应采用在土的有效自重应力下预固结的三轴不固结不排水剪强度指标；有地区工程经验时，也可采用三轴固结不排水剪强度指标。

（3）验算软黏土隆起稳定性时，宜采用十字板剪切强度或三轴不固结不排水剪强度指标。

土压力计算时，尚应根据基坑周边的环境条件，考虑因环境影响造成因土的扰动对土的强度指标的影响。对灵敏度较高的土，基坑临近有交通频繁的主干道或其他对土的扰动源时，计算采用土的强度指标宜适当折减。并应考虑打桩、地基处理的挤土效应等施工扰动原因，造成对土的强度指标降低的不利影响。

作用在基坑支护结构上的土压力目前均按经典库仑与朗肯理论计算，作用在支护结构上的土压力及其分布规律取决于支护体的刚度及横向位移条件，基坑柔性支护结构与土体间的相互作用条件远较刚性挡墙的条件复杂。

刚性支护结构的土压力分布可由经典的库仑和朗肯土压力理论计算得到。实测结果表明，只要支护结构的顶部位移不小于其底部的位移，土压力沿垂直方向分布可按三角形计算。但是，如果支护结构底部位移大于顶部位移，土压力将沿高度呈曲线分布。此时，土压力的合力较上述典型条件要大 10%～15%，在设计中应予注意。

柔性支护结构的位移及土压力分布情况比较复杂，设计时应根据具体情况分析，选择适当的土压力值，有条件时土压力值应采用现场实测、反演分析等方法，总结地区经验，使设计更加符合实际情况。

3. 水、土压力的水土分算和水土合算法

土压力的水土分算或水土合算，按朗肯理论其计算表达式如下。

（1）水土分算法

按朗肯理论计算主动与被动土压力强度时，按下式计算：

$$p_a = (q + \sum \gamma_i' h_i) k_a - 2c' \sqrt{k_a} + \gamma_w z \quad\quad (19.6.4)$$

$$p_p = (q + \sum \gamma_i' h_i) k_p + 2c' \sqrt{k_p} + \gamma_w z \quad\quad (19.6.5)$$

式中 $\quad p_a$、p_p——朗肯主动与被动土压力强度，kPa；

$\quad\quad q$——地面均布荷载，kPa；

γ'_i——第 i 层土的浮重度，kN/m^3；

h_i——第 i 层土的厚度，m；

γ_w——水的重度，kN/m^3；

z——地下水位处计算点的深度，m；

k_a、k_p——朗肯主动与被动土压力系数；

$$k_a = \tan^2(45° - \varphi'/2)$$
$$k_p = \tan^2(45° + \varphi'/2)$$

c'、φ'——计算点土的有效应力抗剪强度指标，kPa、°。

（2）水土合算法

以饱和重度表示土体中水和土颗粒的总重，土压力与水压力之和可以用总应力按下式计算：

$$p_a = (q + \sum \gamma_{mi} h_i) k_a - 2c\sqrt{k_a} \tag{19.6.6}$$
$$p_p = (q + \sum \gamma_{mi} h_i) k_p + 2c\sqrt{k_p} \tag{19.6.7}$$

式中　γ_{mi}——第 i 层土的饱和重度，kN/m^3；

$$k_a = \tan^2(45° - \varphi/2)$$
$$k_p = \tan^2(45° + \varphi/2)$$

c、φ——计算点土的总应力抗剪强度指标，kPa、°。

19.7　基坑稳定性

19.7.1　基坑工程的稳定性分析

基坑经土方开挖、降水，使坑内外土体之间形成一定的高差，成为一个挖方边坡。

基坑因土体的强度不足、地下水渗流作用而造成基坑失稳，包括：支护结构倾覆失稳；基坑内外侧土体整体滑动失稳；基坑底土因承载力不足而隆起；地层因地下水渗流作用引起流土、管涌以及承压水突涌等，导致基坑工程破坏。

基坑工程的稳定性主要表现为以下几种形式：

（1）基坑边坡土体的整体稳定；

（2）支护桩、墙的倾覆及滑移稳定；

（3）基坑底部土体隆起稳定；

（4）坑底土渗流、突涌稳定。

基坑稳定性验算，采用单一安全系数法，应满足下式要求：

$$\frac{R}{S_d} \geq K \tag{19.7.1}$$

式中　K——各类稳定安全系数；

R——土体抗力极限值；

S_d——承载能力极限状态下作用的基本组合设计值，但其分项系数均为1.0；当有地区可靠工程经验时，也可按地区经验确定。

基坑稳定性验算所选用的强度指标的类别、稳定验算方法与安全系数取值之间必须配套。

19.7.2 整体稳定性

基坑整体失稳破坏的计算图形如图 19.7.1～图 19.7.4 所示。

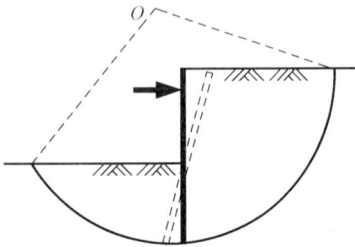

图 19.7.1 单层支撑圆弧滑动分析

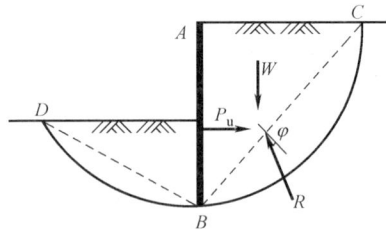

图 19.7.2 悬臂墙整体滑动模式

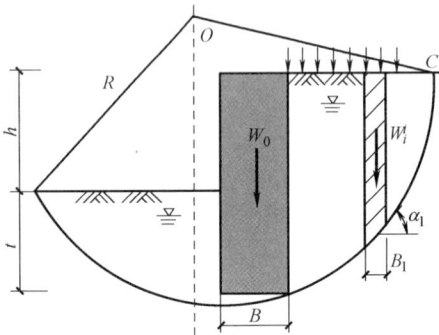

图 19.7.3 重力式支护结构整体稳定性计算简图

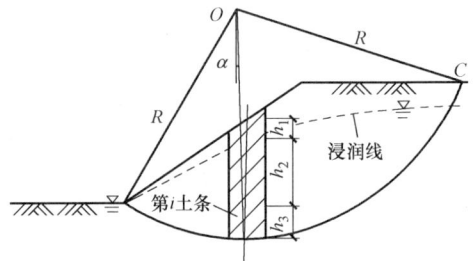

图 19.7.4 放坡开挖边坡稳定验算简图

1. 支挡式支护结构及重力式支护结构

土坡及基坑内外土体的整体稳定性计算可按平面问题考虑，宜采用圆弧滑动面计算。计算方法可采用总应力法。

对不同情况的土坡及基坑整体稳定性验算，最危险滑动面上诸力对滑动中心所产生的滑动力矩与抗滑力矩应符合下式要求：

$$M_s \leqslant \frac{1}{K_R} M_R \qquad (19.7.2)$$

式中 M_s、M_R——分别为对于危险滑弧面上滑动力矩和抗滑力矩；

K_R——整体稳定抗滑安全系数。

M_s 计算中，当有地下水存在时，坑外土体零压线（浸润线）以上的土体重度取天然重度，以下的土体取饱和重度。坑内土体取浮重度。

验算整体稳定性时，对于开挖区，有条件时可采用卸荷条件下的抗剪强度指标进行验算。

条分法是整体稳定分析最实用的方法，假定滑动面为圆弧且不考虑土条间的作用力（图 19.7.4），根据绕滑弧圆心 O 点的抗滑力矩与滑动力矩的比值可以定义安全系数为：

$$K_R = \frac{\sum (q + \gamma h) b \cos\alpha_i \tan\varphi + \sum cl}{\sum (q + \gamma h) b \sin\alpha_i} \qquad (19.7.3)$$

式中 γ——土的天然重度，kN/m³；

h——土条的高度，m；

α_i——土条底面中心至圆心连线与垂线的夹角，°；

φ、c——土的固结快剪峰值抗剪强度指标，°、kPa；

l——每一土条弧面的长度；

q——地面超载，kPa；

b——土条宽度，m；

K_R——基坑整体稳定性安全系数，$K_R \geqslant 1.3$；

R——滑动圆弧的半径，m。

当坑内外有地下水位差时：

$$K_R = \frac{\sum (q + \gamma_1 h_1 + \gamma_2' h_2 + \gamma_3' h_3) b \cos\alpha_i \tan\varphi + cl}{\sum (q + \gamma_1 h_1 + \gamma_2 h_2 + \gamma_3 h_3) b \sin\alpha_i} \tag{19.7.4}$$

式中 h_1——每一土条浸润线（地下水位渗流线）以上的高度，m；

γ_1——与 h_1 相对应的天然重度，kN/m³；

h_2——浸润线以下坑内水位以上土条高度，m；

γ_2'、γ_2——与 h_2 相对应的土的浮重度和饱和重度，kN/m³；

h_3——坑内水位以下土条高度，m；

γ_3'——与 h_3 相对应的土的浮重度，kN/m³。

对于支护桩边坡，当桩长范围内有深厚软弱土层，或采用长、短向排列的柱桩时，或桩、墙下部不配筋时，除验算滑弧通过桩尖时的整体稳定性外，尚需验算滑弧切桩时的整体稳定性，滑弧切桩时需考虑切桩阻力产生的抗滑作用。滑弧切桩阻力产生的抗滑作用，每延米中桩产生的抗滑力矩 M_p（图 19.7.5）可按式（19.7.5）计算。计算时，可在式（19.7.3）、式（19.7.4）的抗滑作用项（分子项）上加上 M_p/R 即可。

$$M_p = R\cos\alpha_i \sqrt{\frac{2M_C \gamma h_i (k_p - k_a)}{d + \Delta d}} \tag{19.7.5}$$

式中 M_p——每延米中的桩产生的抗滑力矩，kN·m/m；

α_i——桩与滑弧切点至圆心连线与垂线的夹角；

M_C——每根桩身的抗弯弯矩，kN·m/单桩；

h_i——切桩滑弧面至坡面的深度，m；

γ——h_i 范围内土的重度，kN/m³；

k_p、k_a——土的被动与主动土压力系数；

d——桩径，m；

Δd——两桩间的净距，m。

对于地下连续墙支护 $d + \Delta d = 1.0$m。

对于单支点桩墙支护结构，还应计算圆心在支撑点处的最小基坑整体稳定性安全系数，其值应满足 $K_R \geqslant 1.3$ 的规定。

2. 锚拉式支护结构的整体稳定

锚拉式支护结构的整体稳定验算，如图 19.7.6 所示，其计算方法与排桩支护的计算相同。

现行规范中，常将锚杆的抗拔作用对滑动体的

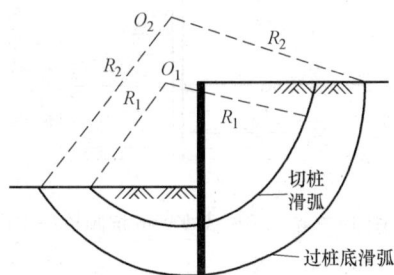

图 19.7.5 桩墙式支护结构
整体稳定性验算

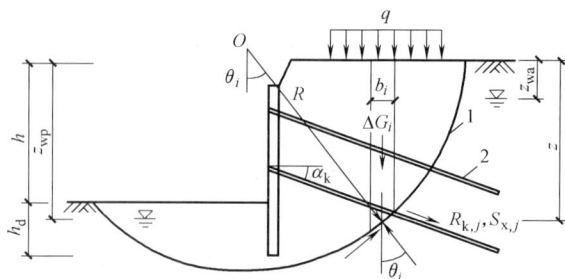

图 19.7.6 锚拉式支护结构的整体稳定验算

1—圆弧滑动面；2—锚杆

稳定作用在计算中予以考虑，即将锚杆在滑动面以外部分的极限抗拔承载力对滑动体形成的稳定力矩计入。但这种计算方法尚可商榷，与内支撑的作用类似，整体稳定破坏发生时，滑动体并不像图中的圆弧体似的是一个刚体，其变形趋势可能导致锚杆失效，因此锚拉式的支挡结构的整体稳定验算，以不计入锚杆的作用为宜。

19.7.3 倾覆及滑移稳定性

基坑内土方开挖以后，作用在支护结构外侧的土压力为主动土压力，内侧支护体上受被动土压力作用。当支护体在坑内插入土中的深度不足时，支护体将向坑内倾覆而丧失稳定。

1. 支挡式支护结构的抗倾覆稳定验算

1）悬臂式支护体的抗倾覆稳定验算的计算简图如图 19.7.7 所示。

悬臂支护桩在坑内外水、土压力作用下，对 O 点取距的倾覆作用，应满足下式规定：

$$K_t = \frac{\sum M_{E_p}}{\sum M_{E_a}}$$

(19.7.6)

式中　$\sum M_{E_p}$——主动区倾覆作用力矩总和，kN·m；

$\quad\quad\ \sum M_{E_a}$——被动区抗倾覆作用力矩总和，kN·m；

$\quad\quad\ K_t$——桩、墙式悬臂支护抗倾覆稳定安全系数，取 $K_t \geqslant 1.30$。

2）带支撑的支挡式支护结构抗倾覆稳定

图 19.7.8 为带支撑的支挡式支护结构抗倾覆稳定的计算简图。

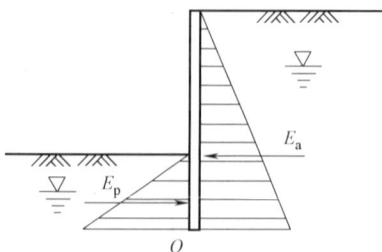

图 19.7.7　悬臂式支护的抗倾覆稳定验算

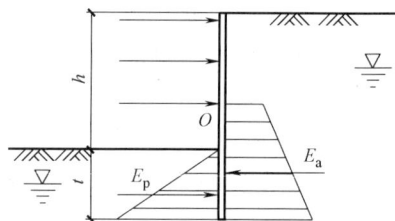

图 19.7.8　带支撑的支挡式支护结构
抗倾覆稳定计算简图

对于带支撑的桩、墙式支护体系，支护结构的抗倾覆稳定性又称抗踢脚稳定性，踢脚破坏为作用在支护结构两侧的土压力均达到极限状态，当主动区的倾覆作用超过被动区的抗力作用时，使得支护结构（特别是支护结构插入坑底以下的部分）大量地向开挖区移动，导致基坑支护失效。

最下一道支撑点以下支护桩的坑内外水、土压力作用下，对 O 点取距的倾覆作用应满足下式规定：

$$K_t = \frac{\sum M_{E_p}}{\sum M_{E_a}} \tag{19.7.7}$$

式中 $\sum M_{E_p}$——主动区倾覆作用力矩总和，kN·m；

$\sum M_{E_a}$——被动区抗倾覆作用力矩总和，kN·m；

K_t——带支撑桩、墙式支护抗倾覆稳定安全系数，取 $K_t \geqslant 1.30$。

2. 重力式支护结构的倾覆及滑移稳定

重力式支护结构的倾覆和滑移稳定性验算的计算简图如图 19.7.9 所示。对桩、墙式支护结构，可仅进行抗倾覆稳定性验算。

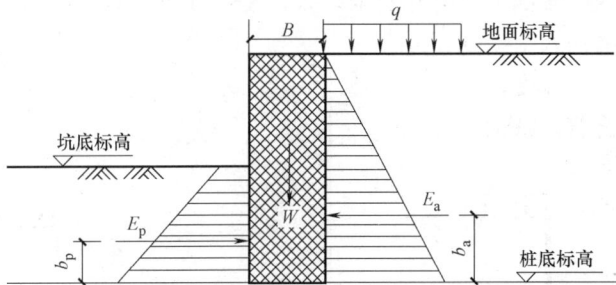

图 19.7.9 重力式支护结构倾覆及滑移稳定性验算计算简图

抗倾覆稳定性验算：

$$K_t = \frac{E_p b_p + WB/2}{E_a b_a} \tag{19.7.8}$$

式中 K_t——抗倾覆安全系数，$K_t \geqslant 1.3$；

b_a——主动土压力合力点至墙底的距离，m；

b_p——被动土压力合力点至墙底的距离，m；

W——重力式支护体的重力，kN/m；

B——重力式支护体的宽度，m；

E_a——主动土压力，kN/m；

E_p——被动土压力，kN/m。

抗滑移稳定性按下式验算：

$$K_h = \frac{W_p + W_\mu}{E_a} \tag{19.7.9}$$

式中 K_h——抗滑移安全系数，$K_h \geqslant 1.2$；

μ——墙底与土之间的摩擦系数，当无试验资料时，可取：

对淤泥质土：$\mu = 0.20 \sim 0.50$；

黏性土：$\mu = 0.25 \sim 0.40$；

砂土：$\mu = 0.40 \sim 0.50$。

19.7.4 隆起稳定性

基坑底土隆起，将会导致支护桩后地面下沉，影响环境安全和正常使用。隆起稳定性验算的方法很多，涉及所选用的计算方法，采取的土的强度指标的条件和相关的安全系数的配套问题，不能一概而论。对饱和软黏土，抗隆起稳定性的验算是基坑设计的一个主要内容，可按以下条件进行验算：

1. 因基坑外的荷载及由于土方开挖造成基坑内外的压力差，使支护桩端以下土体向上涌土，对支护桩底为软土（$\varphi=0$）的基坑，可按式（19.7.10）、图 19.7.10 验算。

$$K_D = \frac{N_c \tau_0 + \gamma t}{\gamma(h+t) + q} \tag{19.7.10}$$

式中　N_c——地基承载力系数，$N_c=5.14$；

　　　τ_0——由十字板试验确定的总强度，kPa；

　　　γ——土的重度，kN/m³；

　　　K_D——入土深度底部土抗隆起安全系数，$K_D \geqslant 1.6$；

　　　t——支护结构入土深度，m；

　　　h——基坑开挖深度，m；

　　　q——地面荷载，kPa。

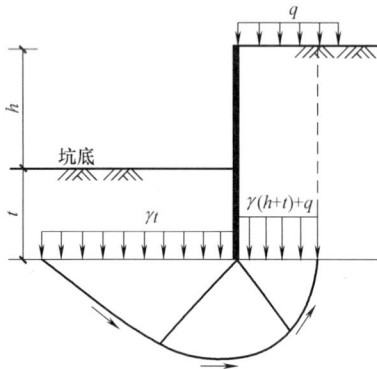

图 19.7.10　坑底抗隆起稳定性验算　　　　图 19.7.11　坑底抗隆起稳定性验算

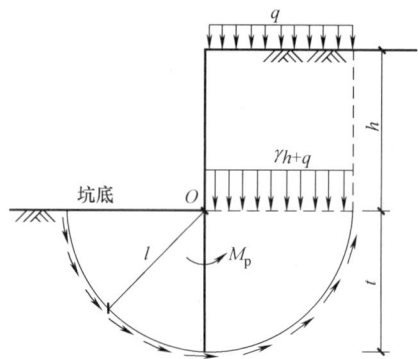

2. 考虑支护桩墙弯曲抗力作用的基坑土体向上涌起，可按式（19.7.11）、图 19.7.11 验算。

$$K_D = \frac{M_p + \int_0^\pi \tau_0 t \, \mathrm{d}\theta}{(q + \gamma h) t^2 / 2} \tag{19.7.11}$$

式中　M_p——基坑底部处支护桩、墙横截面抗弯强度标准值，kN·m；

　　　K_D——基坑底部处隆起安全系数，$K_D \geqslant 1.4$。

3. 临界宽度法

对 $\varphi \neq 0$ 的一般黏性土的抗隆起稳定验算的方法很多，这里推荐 2006 年 3 月《岩土工程学报》第 28 卷第 3 期王成华《基坑抗隆起分析的临界宽度法》一文中的计算方法，以供参考。

1）基本假定

在隆起失稳分析中，假定的墙后土体下滑宽度范围不同，所得的抗隆起稳定安全系数不同。临界宽度即为挡土结构后对应抗隆起破坏安全系数最小值的潜在的土体下滑范围的宽度值。假定墙后土体下沉推动基坑内土体向上隆起时，整个墙后土体在墙下端处为一假想实体深基础且其基底粗糙，土体单方向往基坑内侧滑动破坏，其余假定同 Terzaghi 承载力理论。

2）计算公式

如图 19.7.12 所示，设基坑开挖深度为 h，挡土结构插入深度为 t，q_0 为基坑外土面超载。土的重度为 γ，黏聚力为 c，内摩擦角为 φ，则临界宽度法的主要计算步骤和方法如下。

（1）坑外侧滑动体竖向抗滑力 T，可按下式计算：

$$T = \int_0^{h+t} [c + \sigma_x(z)\tan\varphi] dz$$

(19.7.12)

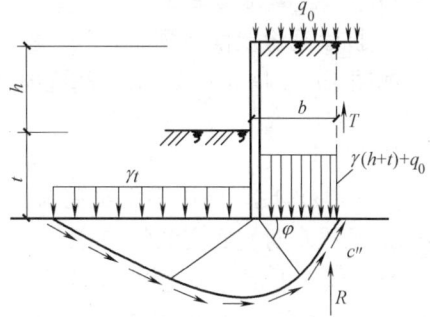

图 19.7.12　临界宽度法示意图

其中，$\sigma_x(z)$ 为坑外侧滑动面上的水平应力。对均质土可按下式计算：

$$\sigma_x = k_0 \sigma_z$$

(19.7.13)

式中　k_0——墙后土体的静止侧压力系数，$k_0 = \mu(1-\mu)$，其中 μ 为土的泊松比。

（2）临界宽度 b_{cr}，可按下式计算：

$$b_{cr} = \sqrt{\dfrac{8T}{\gamma\left(2N_\gamma - \tan\varphi + \dfrac{1}{\cos^2\varphi}\right)}}$$

(19.7.14)

式中　N_γ——地基极限承载力系数，可按照 Terzaghi 承载力公式计算。

（3）等效基坑深度系数 λ，可按下式计算：

$$\lambda = (h + q_0/\gamma)/b_{cr}$$

(19.7.15)

（4）单侧滑动地基极限承载力 p_{1u}，可按下式计算：

$$p_{1u} = cN_{1c} + qN_{1q} + \frac{1}{2}\gamma b_{cr} N_{1\gamma}$$

(19.7.16)

其中，N_{1c}、N_{1q}、$N_{1\gamma}$ 为考虑单面滑动隆起破坏时的地基承载力系数，根据土的内摩擦角 φ 及等效基坑深度系数 λ，按式（19.7.17）计算。

$$\left.\begin{aligned}
N_{1c} &= \frac{1}{2}N_c + \frac{1}{2}\tan\varphi \\
N_{1q} &= \frac{1}{2}N_q + \frac{1}{2\cos\varphi} \\
N_{1\gamma} &= \frac{1}{2}N_\gamma - \frac{1}{4}\tan\varphi + \frac{\lambda}{\cos\varphi} + \frac{1}{4\cos^2\varphi}
\end{aligned}\right\}$$

(19.7.17)

式中　N_c、N_q、N_γ——地基极限承载力系数，可按照 Terzaghi 承载力公式计算。

（5）最小抗隆起稳定安全系数 K_{min}，可按下式计算：

$$K_{min} = \frac{F_{anti}}{F_{uphv}} = \frac{p_{1u}b_{cr} + T}{[\gamma(h+t) + q_0]b_{cr}}$$

(19.7.18)

3）安全系数

临界宽度法是根据 Terzaghi 的地基极限承载力理论推导而得到的。对正常固结的一般黏性土，当采用三轴固结不排水剪强度指标时，取安全系数 $K_{min} \geqslant 3$。

临界宽度法能分析坑外可能产生隆起失稳的范围，可以考虑坑外建筑设置及其荷载对隆起的影响。

19.7.5 渗流稳定性

1. 抗渗流稳定性验算

如图 19.7.13（a）所示，基坑内外的水力坡降为：

$$i = \frac{\Delta h}{\Delta h + 2t} \tag{19.7.19}$$

当 $\gamma' \geqslant i \gamma_w$ 时，则可避免发生流土破坏。

2. 承压水对坑底突涌的验算

当坑底土上部为不透水层，坑底以下某深度处有承压水层时，应进行承压水对坑底土产生突涌的验算，如图 19.7.13（b）验算。

$$\frac{\gamma_m (t + \Delta t)}{p_w} \geqslant 1.1 \tag{19.7.20}$$

式中　γ_m——透水层以上土的饱和重度，kN/m^3；

　　　$t + \Delta t$——透水层顶面距基坑底面的深度，m；

　　　p_w——含水层水压力，kPa。

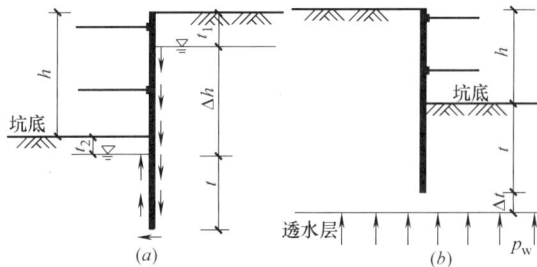

图 19.7.13　抗渗流破坏稳定性验算

（a）流土稳定性验算；（b）抗渗流稳定验算

19.8　支挡式支护结构

在基坑周边设置柱列式桩或地下连续墙为支护体，坑内采取多道水平支撑或预应力锚杆形成的支护结构体系，称为支挡式支护结构。支挡式支护结构性能可靠，适用范围广，常为基坑工程首选的支护方案。在高地下水位地区，当基坑周边环境不允许进行降水施工时，应在支挡式支护结构外设置止水帷幕，切断坑内外地下水的水力联系，在坑内进行疏干降水，实现干作业下的土方开挖，使支护结构的功能得到充分、可靠的发挥。

19.8.1　支挡式支护结构的设计计算

桩、墙式支护结构的计算包括两个方面：其一是基坑内外土体的稳定性验算；其二是支护结构的内力变形计算及截面强度设计。其计算内容为：

（1）确定桩、墙的入土深度，满足基坑稳定性验算要求；

（2）桩、墙支护结构的内力变形计算；

（3）根据支撑系统的布置及设置、拆除支撑顺序，进行支护结构的内力分析及变形计算；

（4）支护结构的构件和节点设计；

（5）基坑变形计算，控制基坑变形以达到保护周边环境的目的，并应提出相应的工程技术措施；

（6）支护桩、墙作为主体结构的一部分时，尚应计算在使用荷载作用下的内力变形。

支挡式支护结构稳定性的主要控制参数是支护结构的入土深度，支护桩、墙入土深度的深浅又是影响基坑造价的关键，因此控制基坑稳定性的安全度和降低基坑工程造价之间的协调是基坑设计的重要内容。通常，先通过估算初步确定支护桩、墙的入土深度，并在满足各种稳定性验算的基础上，结合地区工程经验综合确定支护桩、墙的入土深度。从对基坑稳定分析中可以看出，各类稳定性之间的关系缺乏相互间的内在联系。工程实践经验表明，基坑的整体稳定破坏的工程实例较多，应予以足够重视。倾覆稳定分析中，对坑内外土体中达到主动、被动极限平衡状态的假定常与实际有一定出入，尤其是在软土地区，更宜结合工程经验作综合判定。

支护桩、墙加内支撑系统，形成一个完整的空间结构。目前，工程界分析计算时，对其作了很多简化。将支护桩、墙按在水平力作用下的竖向弹性地基梁考虑，内支撑系统视为平面框架结构，与支护桩、墙分开计算，水土压力作为作用在支护桩、墙上的确定的荷载，不考虑支护结构与土的相互作用的影响。这些假设使计算大为简化，通过大量工程实践的应用，这套简化计算方法已为现行规范、标准所接受。

19.8.2 支护结构的内力分析

承受侧向水土压力作用的支护桩与桩基础中承受水平力作用的桩的受力条件相仿，因此基坑工程设计计算时，可将插入土中的支护桩视作水平力作用下的竖直向弹性地基梁，按桩受水平力作用计算的 m 法（参见 15.6.4 节）进行对支护结构的内力分析，在《建筑地基基础设计规范》GB 50007 中称为侧向弹性地基反力法——即弹性抗力法。弹性抗力法将地基视作符合文克尔假定的弹性地基，按杆系结构力学方法求得桩身的内力及变位。

借助于单桩水平力计算的 m 法，基坑支护桩内力分析的计算简图如图 19.8.1 所示。

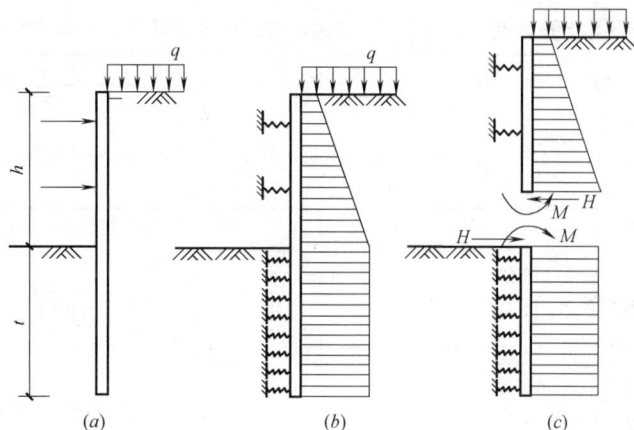

图 19.8.1 侧向弹性地基抗力法

图 19.8.1 中，(a) 为基坑支护桩，(b) 为基坑支护桩上作用的土压力分布图，在开挖深度范围内通常取主动土压力分布图式，支护桩入土部分为侧向受力的弹性地基梁，如图 (c) 所示，地基反力系数取 m 法图形。内力分析时，常按杆系有限元——结构矩阵分析解法，即可求得支护桩身的内力、变形解。

m 称为地基水平抗力系数的比例系数，m 值不是一个定值，其与地质条件、桩身刚度、荷载水平与作用方式以及桩顶水平位移取值大小等因素有关。

通常可由桩的现场水平静载试验结果反算取得 m 值，具体计算时可参照《建筑桩基技术规范》JGJ 94 中的相关规定进行。无试验资料时，m 值可从表 19.8.1 和表 19.8.2 中选用。

由于侧向弹性地基反力法采取的是弹性地基的假定，计算得出的插入土中的桩上的反力，与实际地基中土所处的极限平衡条件不相关，因此不能用于确定支护桩的插入深度的计算。设计计算时，必须先进行桩的插入深度计算，满足各种稳定验算条件后进行桩的内力分析。虽然侧向弹性地基反力法引用的是弹性地基假定，其计算所得的内力和变形结果尚能大致符合工程实际观测结果，已在实际工程设计中广泛应用。

非岩石类土的比例系数 m 值（《公路桥涵地基与基础设计规范》JTG D63—2007）

表 19.8.1

序号	土的类别	m 或 m_0(MN/m^4)
1	流塑黏性土 $I_L > 1$、淤泥	3～5
2	软塑黏性土 $1 > I_L > 0.5$、粉砂	5～10
3	硬塑黏性土 $0.5 > I_L > 0$、细砂、中砂	10～20
4	坚硬、半坚硬黏性土 $I_L < 0$、粗砂	20～30
5	砾砂、角砾、圆砾、碎石、卵石	30～80
6	密实粗砂夹卵石、密实漂卵石	80～120

注：1. 本表用于结构在地面处位移最大值不超过 6mm 时；位移较大时，适当降低。

2. 当基础侧面为数种不同土层时，应将地面或局部冲刷面以下 $h_m = 2(d+1)$（单位：m）深度内的各层土按下列算式换算成一个 m 值，作为整个深度的 m 值，式中 d 为桩的直径。对于刚性桩，h_m 采用整个深度 h，当深度 h_m 内存在两层不同土时（按抗力系数面积加权平均）：

$$m = \frac{m_1 h_1^2 + m_2 (2h_1 + h_2) h_2}{h_m^2}$$

非岩石类土的比例系数 m 值表（《建筑桩基技术规范》JGJ 94—2008）　　表 19.8.2

地基土类别	预制桩、钢桩		灌注桩	
	m(MN/m^4)	相应单桩地面处水平位移（mm）	m(MN/m^4)	相应单桩地面处水平位移（mm）
淤泥、淤泥质黏土和陷性黄土	2～4.5	10	2.5～6.0	6～12
液塑($I_L > 1$)、软塑($0 < I_L \leqslant 1$)状黏性土，$e > 0.9$ 粉土、松散粉细砂、松散填土	4.6～6.0	10	6～14	4～8
可塑($0.25 < I_L \leqslant 0.75$)状黏性土、$e = 0.9$ 粉土、湿陷性黄土、稍密和中密的填土、稍密细砂	6.0～10.0	10	14～35	3～6

地基土类别	预制桩、钢桩		灌注桩	
	$m(\mathrm{MN/m^4})$	相应单桩地面处水平位移（mm）	$m(\mathrm{MN/m^4})$	相应单桩地面处水平位移（mm）
硬塑（$0<I_L\leqslant0.25$）和坚硬（$I_L\leqslant0$）的黏性土、湿陷性黄土、$e<0.9$粉土、中密的中粗砂、密实老黄土	10.0～22.0	10	35～100	2～5
中密和密实的砾砂、碎石类土			100～300	1.5～3

19.8.3 支护结构内支撑

支撑系统是基坑支护结构体系的重要组成部分，在确保基坑安全施工和控制基坑变形中起重要作用。实际工程中，大多采用钢筋混凝土的高次超静定的平面框架结构，抗变形能力强，安全可靠性高。

由支护桩、墙与内支撑系统形成的支护体系是目前基坑工程中采用较多的一种形式，其结构受力明确，计算方法比较成熟，施工经验丰富，在基坑工程中应用广泛。

内支撑系统必须由稳定的结构体系和可靠的连接构成。支护桩、墙在水平方向往往是不连续的，必须通过采用帽梁和腰梁的连接形成整体结构。帽梁或腰梁与内支撑构成多次超静定的水平框架结构，即使局部构件失效，也不致影响整个支撑结构的稳定。

支撑结构常用钢结构或钢筋混凝土结构，有的地区采用定型钢支撑，连接可靠、装拆方便、工效高、可重复使用，降低了工程造价。

内支撑结构常用的形式有平面支撑体系和竖向斜撑体系，如图 19.4.5 所示，可按工程实际需要选用不同的形式。

1. 平面支撑体系

1）支撑体系的组成

一般情况下，平面支撑体系应由腰梁、水平支撑和立柱三部分组成。

腰梁的作用是加强支护桩的整体性，并将支护桩所受到的水平力传递给支撑构件。因此，要求腰梁有较大的平面刚度，而且与支护桩可靠连接。

水平支撑应具有较强的整体性和较大的平面刚度，使支撑系统各部分传力均匀。

立柱的作用是保证水平支撑的竖向稳定，承受水平支撑的自重及其他垂直荷载。要求有较好的刚度和较小的竖向位移。

根据工程具体情况，水平支撑可以采用对撑、斜角撑和八字撑等形式组成的平面结构体系，如图 19.8.2 所示。

内支撑常采用钢筋混凝土支撑和钢管（或型钢）支撑两种。钢筋混凝土支撑体系的优点是刚度好、变形小；而钢管支撑的优点是钢管可以回收，并且施加预压力方便。目前，华东地区采用钢筋混凝土支撑体系较多。有的采用空间结构体系，图 19.8.3 所示为一采用环形内支撑体系的基坑工程空间结构支撑体系示意图。

内撑式围护结构适用范围广，可适用各种土层和基坑深度。

2）平面支撑体系的布置

在基坑竖向平面内需要布置的水平支撑道数，应根据基坑深度和土方开挖的要求，通

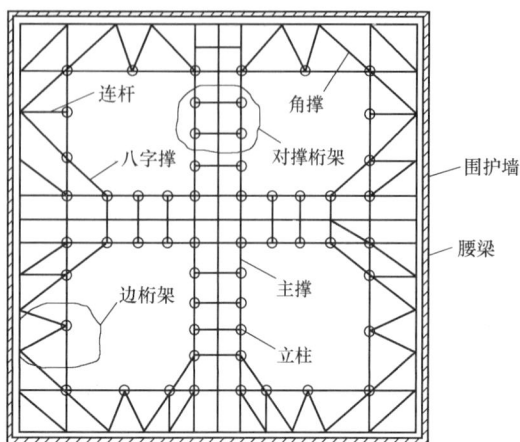

图 19.8.2　水平支撑体系

图 19.8.3　空间结构内撑体系示意图

过计算确定。

上、下层水平支撑轴线应布置在同一竖向平面内。竖向相邻水平支撑净距不宜小于 3m。当采用机械下坑开挖及运输时，水平支撑间距应满足挖土机械施工的操作需要；设定的各层水平支撑标高，不得妨碍主体工程地下结构底板和楼板构件的施工。

一般情况下，利用支护桩顶的水平帽梁兼做第一道水平支撑腰梁。

3）立柱的设置

立柱是水平支撑系统在坑内的竖向支承构件。立柱应布置在横纵向支撑的交点处，并应避开主体工程梁、柱及承重墙的位置。立柱的间距不宜超过 15m。

立柱下端应支承在较好的土层上，开挖面以下的入土长度应满足支撑结构对立柱承载力和变形的要求。通常，在立柱下部设置支承桩。

各层水平支撑通过立柱形成水平空间结构，加强了水平支撑的刚度，对控制支护结构的位移起有益作用。但立柱下沉或由于坑底土回弹而上抬，以及相邻立柱间的差异沉降等因素，会导致水平支撑产生次应力，因此立柱应有足够的插入深度。通常，应尽可能结合主体结构的工程桩设置，并与工程桩整体连接，一次成桩。

4）平面支撑系统的选材

通常，应优先采用钢结构支撑。对于形状比较复杂或环境保护要求较高的基坑，宜采用现浇混凝土结构支撑。

2. 竖向斜撑体系

通常，在基坑平面尺寸很大、设置平面框架或支撑系统、纵横方向支撑系统长度大、材料用量多时，以采用竖向斜撑体系较为适宜。可以在基坑中部区域先进行中心岛式放坡开挖施工，基坑四周留设一定宽度的反压土坡后开挖，待中部地下结构施工完成后，利用地下结构底板作竖向斜撑系统的支点（图 19.4.5），设置竖向斜撑系统后，继续进行基坑反压土方的开挖，并按部分逆作法完成竖向斜撑体系范围内的地下结构施工。这样的支撑方案在大型基坑工程中可取得较大的降低工程造价的经济效益，并具有减少拆撑工程量、方便施工的良好效果。

（1）竖向斜撑体系的组成

竖向斜撑体系通常由斜撑、腰梁和斜撑基础等构件组成。当斜撑长度大于 15m 时，宜在斜撑中部设置立柱。

斜撑宜采用型钢或组合型钢截面；竖向斜撑宜均匀对称布置，水平间距不宜大于 6m；斜撑与基坑底面之间的夹角一般情况下不宜大于 35°，在地下水位较高的软土地区不宜大于 26°，并与基坑内反压土堤的稳定边坡相一致。斜撑与腰梁、斜撑与基础以及腰梁与围护墙之间的连接，应满足斜撑水平分力和垂直分力的传递要求。

（2）竖向斜撑体系的布置

竖向斜撑体系的作用是将支护桩上的侧压力，通过斜撑传到基坑开挖面以下的地基上。它的施工流程是：支护桩墙完成后，先对基坑中部的土层采取放坡开挖，然后安装斜撑，再挖除四周留下的土坡。对于平面尺寸较大、形状不规则，但深度较浅的基坑，采用竖向斜撑体系施工比较简单，也节省支撑材料。

3. 作用在支撑系统上的荷载及内力分析

1）荷载

作用在支撑结构上的水平力，包括由水、土压力和坑外地面荷载引起的支护桩对腰梁的侧压力。作用在支撑结构上的竖向荷载，包括结构自重和支撑上可能产生的施工活荷载。

2）内力分析方法

平面支撑体系多数情况下可由腰梁和支撑形成一个平面闭合框架，作用在平面闭合框架上的水平荷载，即为支护桩的支撑反力。支撑构件的计算长度，可取支撑构件的中心距。分段拼装的钢结构支撑、拼装节点按铰接考虑。现浇钢筋混凝土结构支撑，其构造连接满足刚接要求时，可按刚节点考虑。

（1）形状比较规则的基坑，并且采用相互正交体系时，可采取以下简化计算方法：

在水平荷载作用下，现浇混凝土腰梁的内力与变形可按多跨连续梁计算。计算跨度取相邻支撑间的距离；钢结构腰梁宜按简支梁计算，计算跨度取相邻支撑的中心距。当水平支撑与腰梁斜交时，尚应计算支撑轴力在腰梁长度方向所引起的轴向力。

（2）平面形状较为复杂的平面支撑体系，宜按平面框架模型计算。

需要说明的是，在按平面框架模型分析时，为防止平移或转动所加的水平约束对平面框架的变形产生较大影响，计算时应根据具体情况，使水平约束的位置和条件尽量减小其对变形的影响。

采用混凝土结构或钢结构构成的内支撑系统，组成支撑系统的构件设计时，应满足相应规范中对构件尺寸、材料、配筋等方面的构造要求。

19.8.4 支撑系统构件的截面设计

支护结构的截面设计

基坑支护结构按承载力极限状态设计时，应符合下式要求：

$$\gamma_0 S_d \leqslant R_d \tag{19.8.1}$$

式中 γ_0——结构重要性系数，对安全等级为一级的结构构件，不应小于 1.1；对安全等级为二级的结构构件，不应小于 1.0；对安全等级为三级的结构构件，不应小于 0.9；

R_d——结构构件的抗力设计值；

S_d——基本组合的效应设计值，可按式（19.8.2）确定：

$$S_d = 1.35S_k \qquad (19.8.2)$$

S_k——标准组合的效应设计值。

考虑到基坑支护结构施工或使用期间可能遇到设计时无法预测的不利荷载条件，所以基坑支护结构设计采用的结构重要性系数的取值不宜小于1.0。

基坑结构构件大多同时受轴向力及弯矩作用，截面配筋计算时按偏心受压构件计算。在计算混凝土结构构件的刚度时，混凝土的弹性模量可不予折减。

支撑构件的内力主要是由作为永久荷载的水、土压力及构件自重引起的，可变荷载对内力的影响通常很小。按本章所述的水、土压力算法求得的支护结构内力，均应为内力标准值。

支撑构件截面的抗压、抗弯及抗剪等承载力设计，应根据所选择的构件材料，按相应的结构设计规范执行。

1）腰梁的截面承载力计算。一般情况下，可按水平方向的受弯构件计算。当腰梁与水平支撑斜交或腰梁作为边桁架的弦杆时，还应按偏心受压构件进行验算。此时，腰梁的受压计算长度可取相邻支撑点的中心距。

现浇混凝土腰梁的支座弯矩，可乘以0.8～0.9的调幅系数，但跨中弯矩需相应增加。

2）支撑截面设计应按偏心受压构件计算。支撑的受压计算长度：在竖向平面内取相邻立柱的中心距；在水平面内取与支撑相交的相邻横向水平支撑中心距；斜角和八字撑的受压计算长度均取支撑全长。支撑结构内力分析未计算温度变化或支撑预加压力的影响时，截面验算的轴向力宜分别乘以1.1～1.2的增大系数。

3）立柱的截面设计应按偏心受压构件计算，开挖面以下立柱的竖向承载力可按单桩承载力验算。当基坑开挖深度较大，坑底可能产生较大隆起时，尚应考虑立柱因基坑回弹而产生的附加轴力。

19.9　锚　　杆

锚杆是将拉力传递至稳定岩土体的锚固体系。

锚杆是在岩土层中水平或斜向形成钻孔，在孔中安放钢拉杆并在拉杆尾部一定长度范围内注浆，形成锚固体，形成抗拔锚杆。

在基坑工程中的土层锚杆，一端锚固在基坑外较好的土层中，另一端与支护桩连接，对支护桩的作用如同内支撑，将支护桩所承受的侧向荷载通过锚杆的拉结传到远处稳定土层中去。

在支挡式支护结构中，采用锚杆作为支护桩、墙的支点，既可节省工程费用又方便施工。只要地质条件和场地条件许可，是一种可以优先选择的支撑方案。

19.9.1　锚杆的类型和构造

锚杆通常包括杆体（由钢绞线、钢筋等筋材组成）、注浆体、锚具、套管和连接器等组成。预应力锚杆是通过对杆体自由段预先张拉施加预应力的锚杆，以改善锚杆的力学性能。

1. 锚杆的类型

锚杆成孔主要有套管护壁成孔、螺旋钻杆干成孔、浆液护壁成孔等不同工艺，目前常用的锚杆注浆工艺有一次常压注浆和二次压力注浆，一般做法是在一次注浆液初凝后一定时间，开始进行二次注浆。

钢绞线锚杆杆体为预应力钢绞线，具有强度高、性能好、运输安装方便等优点，由于其抗拉强度设计值是普通热轧钢筋的 4 倍左右，是性价比最好的杆体材料。预应力钢绞线锚杆在张拉锁定的可操作性、施加预应力的稳定性方面，均优于钢筋。因此，预应力钢绞线锚杆应用最多，也最有发展前景。随着锚杆技术的发展，钢绞线锚杆又可细分为多种类型，最常用的是拉力型预应力锚杆，还有拉力分散型锚杆、压力型预应力锚杆、压力分散型锚杆、囊式锚杆等。可回收式锚杆应用钢绞线回收技术，适应越来越引起人们关注的环境保护的要求。

2. 锚杆构造

锚杆是由锚头、拉杆与锚固体三部分组成（图 19.9.1）。

1）锚头的作用是将拉杆与支护结构连接起来，对支护结构起支点作用，将对支护结构的支承力通过锚头传给拉杆。

锚头由台座、承压垫板及紧固器三部分组成。台座的形式如图 19.9.2 所示，在拉杆方向不垂直时，用以调整拉杆受力方向并固定拉杆位置。

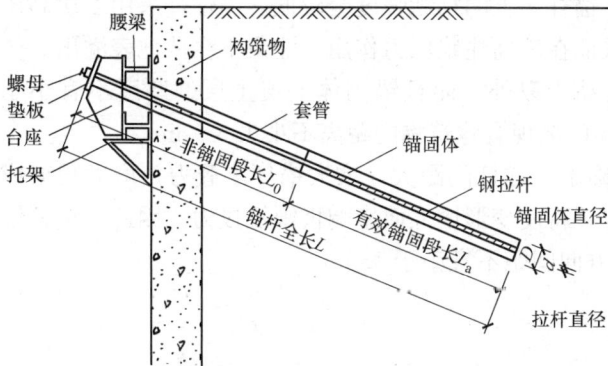

图 19.9.1　锚杆构造　　　　　　　图 19.9.2　台座形式

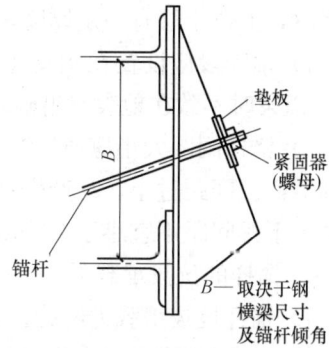

承压垫板的作用是使拉杆的集中力扩散，承压板一般需采用 20～40mm 厚的钢板。

紧固器的作用是可将拉杆与垫板台座支护结构牢固地连接在一起，并通过紧固器可以对拉杆施加预应力并实施应力锁定，其作用同预应力锚具。

2）拉杆是将来自锚杆端部的拉力传递给锚固体。拉杆可采用粗钢筋或钢绞线，拉杆的全长包含非锚固段和锚固段两部分。

3）锚固体是由水泥砂浆或水泥等将拉杆与土体粘结在一起形成的，通常呈圆柱状。其作用是将拉杆的拉力通过锚固体与土之间的摩擦力，传递到锚固体周围的土层中去。

19.9.2　锚杆设计

1. 锚杆的适用条件

支挡式支护结构选用锚杆作支撑构件时，首先应根据场地的工程地质及水文地质条件及基坑周边环境条件是否适宜采用锚杆支护结构，锚杆的应用应考虑下列条件：

1）锚杆结构宜采用钢绞线锚杆；承载力要求较低时，也可采用钢筋锚杆；当环境保护不允许在支护结构使用功能完成后锚杆杆体滞留在地层内时，应采用可拆芯钢绞线锚杆；

2）在易塌孔的松散或稍密的砂土、碎石土、粉土、填土层，高液性指数的饱和黏性土层，高水压力的各类土层中，钢绞线锚杆、钢筋锚杆宜采用套管护壁成孔工艺；

3）锚杆注浆宜采用二次压力注浆工艺；

4）锚杆锚固段不宜设置在淤泥、淤泥质土、泥炭、泥炭质土及松散填土层内；

5）在复杂地质条件下，应通过现场试验确定锚杆的适用性。

2. 锚杆设计内容

锚杆设计包括以下方面：

1）确定锚杆极限承载力及锚杆设计抗拔力，锚固体长度、锚杆结构和杆件截面，计算自由段长度和锚固段长度。

2）确定锚杆施工工艺、施工技术要求及浆体强度设计。

3. 锚杆的布置

锚杆布置是以排和列的群体形式出现的，如果其间距太小，会引起锚杆周围的高应力区叠加，从而影响锚杆抗拔力和增加锚杆位移，即产生"群锚效应"，所以锚杆的最小水平间距和竖向间距应满足规范对最小间距规定的要求。

为了使锚杆与周围土层有足够的锚固力，锚固体上覆土层厚度不宜小于4.0m；上覆土层厚度太小，土层的竖向压力也小，锚杆与土的粘结强度会较低。当锚杆采用二次高压注浆时，上覆土层有一定厚度，才能保证在较高注浆压力作用下注浆不会从地表溢出。

1）锚固段应设置在主动土压力滑动面以外，而且锚固体上覆土层的厚度不宜小于4m，灌浆时不致在地表冒出砂浆。锚固区离现有建筑物的距离不小于5～6m。

2）锚杆间距大小应通过综合比较确定，锚杆间距大，增大锚杆承载力，增大腰梁应力和截面。间距过小，易产生群锚效应，将使变形增大而影响极限抗拔力。因此，锚杆锚固体上下排间距不宜小于2.5m，水平方向间距不宜小于1.5m。

4. 锚杆的抗拔承载力

1）锚杆抗拔承载力经验公式

锚杆极限抗拔承载力应通过现场锚杆抗拔试验确定，初步设计时可按以下经验公式估算：

$$R_k = \pi d \sum q_{sk,i} l_i \qquad (19.9.1)$$

式中　d——锚杆的锚固体直径，m；

　　　l_i——锚杆的锚固段在第i土层中的长度，m；锚固长度为锚杆在理论直线滑动面以外的长度；

　　　$q_{sk,i}$——锚固体与第i土层的极限粘结强度标准值，kPa，应根据工程经验并结合表19.9.1取值；

　　　R_k——锚杆极限抗拔承载力标准值，kN。

锚杆的极限粘结强度标准值　　　　　　　　　　表19.9.1

土的名称	土的状态或密实度	q_{sk}(kPa)	
		一次常压注浆	二次压力注浆
填土		16～30	30～45
淤泥质土		16～20	20～30

土的名称	土的状态或密实度	q_{sk}(kPa)	
		一次常压注浆	二次压力注浆
黏性土	$I_L > 1$	18~30	25~45
	$0.75 < I_L \leqslant 1$	30~40	45~60
	$0.50 < I_L \leqslant 0.75$	40~53	60~70
	$0.25 < I_L \leqslant 0.50$	53~65	70~85
	$0 < I_L \leqslant 0.25$	65~73	85~100
	$I_L \leqslant 0$	73~90	100~130
粉土	$e > 0.90$	22~44	40~60
	$0.75 \leqslant e \leqslant 0.90$	44~64	60~90
	$e < 0.75$	64~100	80~130
粉细砂	稍密	22~42	40~70
	中密	42~63	75~110
	密实	63~85	90~130
中砂	稍密	54~74	70~100
	中密	74~90	100~130
	密实	90~120	130~170
粗砂	稍密	80~130	100~140
	中密	130~170	170~220
	密实	170~220	220~250
砾砂	中密、密实	190~260	240~290
风化岩	全风化	80~100	120~150
	强风化	150~200	200~260

注：1. 采用泥浆护壁成孔工艺时，应按表取低值后再根据具体情况适当折减；
    2. 采用套管护壁成孔工艺时，可取表中的高值；
    3. 采用扩孔工艺时，可在表中数值基础上适当提高；
    4. 采用二次压力分段劈裂注浆工艺时，可在表中二次压力注浆数值基础上适当提高；
    5. 当砂土中的细粒含量超过总质量的30%时，表中数值应乘以0.75；
    6. 对有机质含量为5%~10%的有机质土，应按表取值后适当折减；
    7. 当锚杆锚固段长度大于16m时，应对表中数值适当折减。

2) 锚杆抗拔承载力标准值

锚杆抗拔承载力的安全系数，应按工程的不同安全等级要求确定，安全系数的取值按下式确定：

$$\frac{R_k}{N_k} \geqslant K_t \tag{19.9.2}$$

式中　K_t——锚杆抗拔安全系数，K 值可取1.6；

　　　N_k——锚杆轴向拉力标准值，kN。

锚杆的轴向拉力标准值应按下式计算：

$$N_k = \frac{F_h s}{b_a \cos\alpha} \tag{19.9.3}$$

式中 N_k——锚杆轴向拉力标准值，kN；

F_h——挡土构件计算宽度内的弹性支点水平反力，kN；

s——锚杆水平间距，m；

b_a——挡土结构计算宽度，m；

α——锚杆倾角，°。

锚杆锁定值宜取锚杆轴向拉力标准值的 0.75～0.9 倍。

3）锚杆截面强度计算

锚杆杆体的受拉承载力应符合下式规定：

$$N \leqslant f_{py}A_p \tag{19.9.4}$$

式中 N——锚杆轴向拉力设计值，kN；

f_{py}——预应力筋抗拉强度设计值，kPa；当锚杆杆体采用普通钢筋时，取普通钢筋的抗拉强度设计值；

A_p——预应力筋的截面面积，m^2。

4）锚杆自由段长度的确定

锚杆的非锚固段长度应按下式确定，并且不应小于 5.0m（图 19.9.3）：

$$l_f \geqslant \frac{(a_1+a_2-d\tan\alpha)\sin\left(45°-\frac{\varphi_m}{2}\right)}{\sin\left(45°+\frac{\varphi_m}{2}+\alpha\right)}+\frac{d}{\cos\alpha}+1.5 \tag{19.9.5}$$

式中 l_f——锚杆非锚固段长度，m；

α——锚杆倾角，°；

a_1——锚杆的锚头中点至基坑底面的距离，m；

a_2——基坑底面至基坑外侧主动土压力强度与基坑内侧被动土压力强度等值点 O

图 19.9.3 理论直线滑动面
1—挡土构件；2—锚杆；3—理论直线滑动面

的距离，m；对成层土，当存在多个等值点时应按其中最深的等值点计算；

d——挡土构件的水平尺寸，m；

φ_m——O 点以上各土层按厚度加权的等效内摩擦角，°。

5. 锚杆稳定性验算

锚杆支护结构的稳定性，分为整体稳定性和锚杆深部破裂面稳定性两种，须分别予以验算。整体失稳的破坏形式如图 19.9.4 所示，即包括锚杆与支护结构在内的土体发生整体滑移。这种破坏方式一般可按土坡稳定性分析的方法，按条分法进行验算。

锚杆深部破裂面失稳是由于锚杆长度不足，锚杆设计拉力过大，导致支护结构底部到锚杆锚固段中点附近产生深层剪切滑移，使支护结构倾覆。这种稳定性验算目前常用德国 E. Kranz 的简易算法，以下介绍这种方法。

图 19.9.5 中，G——深部破裂面范围内土体重量；E_a——作用在挡土结构上的主动土压力的反力；E_1——作用在 cd 面上的主动土压力；φ——土的内摩擦角；δ——围护桩与土体之间摩擦角；θ——深部破裂面倾角；α——锚杆倾角；q——地面附加荷载，仅当 $\theta > \varphi$ 时才计入。

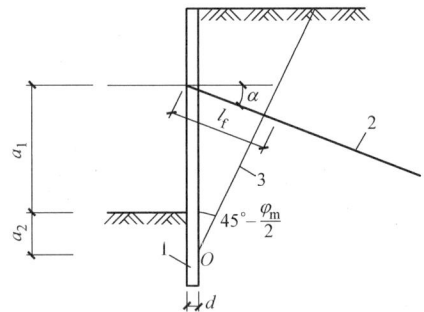

如图 19.9.5 所示，连接围护桩下端支点滑动线，过 c 点上作垂线 cd。于是，单元楔体 $abcd$ 上的作用有：单元体自重 G、作用在支护桩上的主动土压力的反力 E_a、作用在 cd 上的主动土压力 E_1 以及 bc 面上反力的合力 F。当块体处于平衡状态时，可利用力多边形求得锚杆锚固体所能承受的最大力 R_{max}。R_{max} 与锚杆轴向拉力标准值 N_t 之比就是锚杆的稳定安全系数 K_s，一般取 1.5。即

$$K_s = \frac{R_{max}}{N_t} \geqslant 1.5 \tag{19.9.6}$$

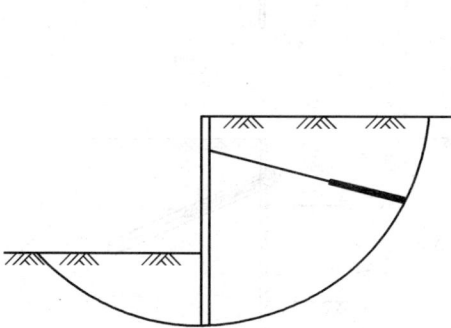

图 19.9.4　锚杆围护结构整体稳定性验算

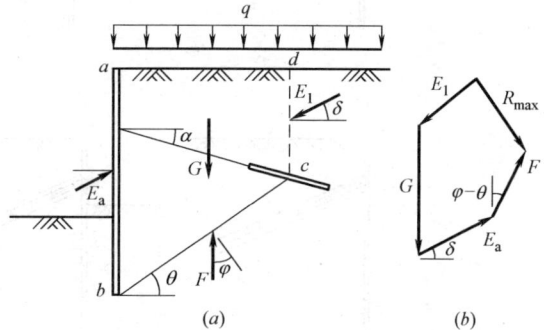

图 19.9.5　单层锚杆围护结构深部破裂面稳定性验算

19.9.3　锚杆试验

土层锚杆试验的主要目的是确定锚固体在土层中的抗拔能力，以此验证土层锚杆设计及施工工艺的合理性或检查土层锚杆的质量。

土层锚杆试验主要有基本试验和验收试验两种，在软土中的锚杆还应进行徐变试验。

1. 基本试验

任何一种新型锚杆或已有锚杆用于未曾用过的土层时，都必须进行基本试验。这种试验用以确定锚杆的极限承载力，为土层锚杆的设计与施工提供依据。

基本试验应在土层锚杆的实际施工场地进行，试验数量不少于 3 根。

基本试验必须把荷载加到锚杆破坏为止，以求得其极限承载能力。

2. 验收试验

锚杆验收试验是对工程锚杆施加大于设计轴向拉力值的短期荷载试验，目的在于检验锚杆的工程质量及承载力是否满足设计要求，及时发现设计施工中存在的缺陷，以便采取相应措施及时解决，确保锚杆质量和工程安全。

验收试验锚杆的数量应取锚杆总数的 5%，并且不得少于 5 根。

3. 徐变试验

土层锚杆的徐变是导致锚杆预应力损失的主要因素。大量实践表明，饱和软黏土对徐变非常敏感，荷载水平对锚杆的徐变有明显影响。因此，在软土地层中，设计锚杆应充分了解其徐变特性，以便合理确定设计参数，采取适当措施控制徐变量。

用作徐变试验的锚杆不应少于 3 根。

4. 蠕变试验

当锚杆锚固段主要位于饱和黏性土层、淤泥质土层、填土层时，应考虑土的蠕变对锚杆预应力损失的影响，并应根据蠕变试验确定锚杆的极限抗拔承载力。

19.9.4 锚杆施工及检测

图 19.9.6 所示为锚杆的施工顺序图。

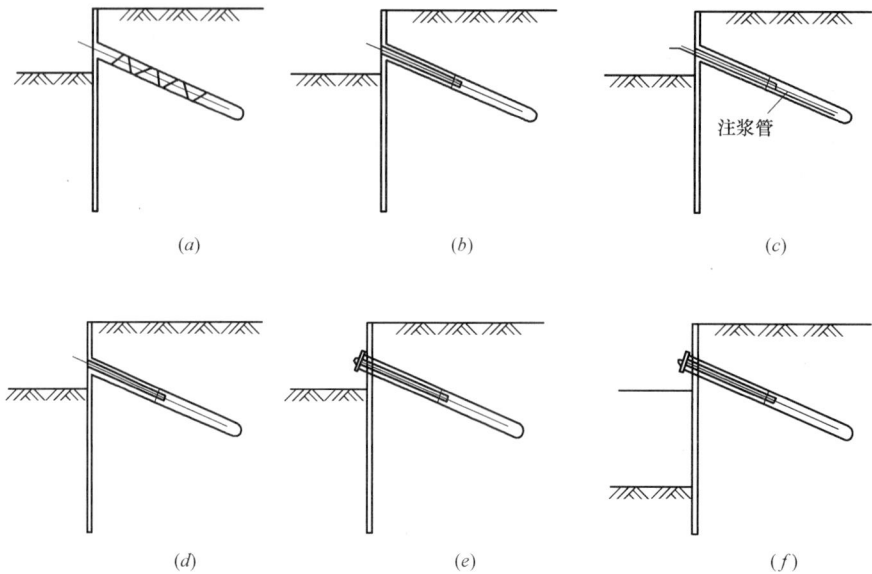

图 19.9.6　锚杆施工顺序示意图

(*a*) 钻孔；(*b*) 插放钢筋或钢绞线；(*c*) 灌浆；(*d*) 养护；(*e*) 安装锚头，预应力张拉；(*f*) 挖土

1. 锚杆施工要点

1) 钻孔

(1) 钻孔按设计要求定出孔位，做出标记。钻孔深度应超过锚杆设计长度 $0.3\sim0.5$m。

(2) 锚杆水平方向孔距误差不大于 50mm，垂直方向孔距误差不大于 100mm。钻孔底部偏斜尺寸不大于长度的 3%，可用钻孔测斜仪控制钻孔方向。

如遇见易塌孔土层，可带护壁套钻进，不宜采用泥浆护壁。

2) 制作钢筋或钢绞线成束

拉杆可采用钢筋或钢绞线制作，当采用 HRB335 级和 HRB400 级钢筋接长时，宜采用双面搭接焊，焊缝长度不应小于 $8d$(d 为钢筋直径)。杆体接长或杆体与螺杆焊接都必须按设计要求使用焊条。精轧螺纹钢筋可采用定型套筒连接。

国内常用钢绞线锚索为 $7\phi5$ 及 $7\phi4$，其力学强度为：$7\phi5$，$A=138\text{mm}^2$，标准强度 1470N/mm²，设计强度 1000N/mm²；$7\phi4$，$A=88\text{mm}^2$，标准强度 1570N/mm²，设计强度 1070N/mm²。钢绞线的制作是通过分割器（隔离件）组成，其距离为 $1.0\sim1.5$m，一般钢绞线由 3、5、7、9 根成索。

3) 灌浆

灌浆材料用 42.5 级以上的水泥，水灰比为 $0.4\sim0.45$。如用砂浆，则配合比为 $1:1\sim1:2$，砂粒不大于 2mm。

一次注浆管宜与锚杆一起放入钻孔，注浆管内端距孔底宜为 $500\sim1000$mm，二次高压注浆管的出浆孔和端头应密封，保证一次注浆时浆液不进入二次高压注浆管内。

二次高压注浆应在锚杆一次注浆形成的水泥结石体强度达到 5.0MPa 时进行，二次注浆压力宜控制在 2.5～4.0MPa，二次注浆量可根据注浆工艺及锚固体的体积确定，不宜少于一次注浆量。

4）预应力张拉

锚杆应在锚固体和外锚头强度达到 15.0MPa 以上后逐根进行张拉锁定，张拉荷载为设计荷载的 1.05～1.10 倍，稳定 5～10min 后，退至锁定荷载锁定。

锚体养护一般达到水泥砂浆强度值的 70%，可以进行预应力张拉。

（1）为避免相邻锚杆张拉的应力损失，可采用"跳张法"，即隔 1 拉 1 的方法。

（2）正式张拉前，应取设计拉力的 10%～20%，对锚杆预张 1～2 次，使各部位接触面紧密，杆体与土层紧密，产生初剪。

（3）正式张拉宜分级加载，每级加载后恒载 3min 记录伸长值。张拉到设计荷载（不超过轴力），恒载 10min，再无变化可以锁定。

（4）锁定预应力以设计轴向拉力的 75% 为宜。

2. 锚杆监测

随着基坑土方的开挖，锚杆的受力条件在不断变化，对于重大基坑工程的锚杆应进行锚杆预应力变化监测。

监测锚杆应具有代表性，监测锚杆数量不应少于工程锚杆的 2%，并且不应少于 3 根。

锚杆监测时间一般不少于 6 个月，张拉锁定后最初 10d 应每天测定一次。11～30d 每 3d 测定一次，再以后每 10d 测定一次，必要时（如开挖、降雨、下排锚杆张拉、出现突变征兆等）应加密监测次数。

监测结果应及时反馈给设计单位，必要时可采取重复张拉，适当放松或增加锚杆数量，以确保基坑安全。

锚杆的质量检验，除常规材质检验外，还应进行浆体强度检验和锚杆验收试验。

浆体强度检验试块数量每 30 根锚杆不少于一组，每组试块数量为 6 块。

19.10　重力式水泥土墙

利用水泥土搅拌桩加固软土形成桩土复合体，并按一定的平面形状及高度做成重力式水泥土墙，作为基坑支护体，施工工艺简单，便于土方开挖，工程造价低，在软土地区的浅基坑支护中是一种常用的支护形式。

水泥土加固的基本原理是水泥与土经过拌和后，发生一系列的化学反应而逐步硬化。用水泥土加固时，由于水化和水解反应，生成氢氧化钙、含水硅酸钙、含水铝酸钙及含水铁铝酸钙等化合物；钙离子与土中的钠、钾离子进行当量吸附交换，使较小的黏土颗粒变成较大的土团粒；水泥水化物中游离的氢氧化钙能吸附水中和空气中的二氧化碳，发生碳酸化反应，生成不溶于水的碳酸钙。由于以上各项作用，使水泥土的强度增加。

水泥土的性能与土体本身情况、水泥掺入量、外加剂等有关。工程中一般采用 42.5 级的普通硅酸盐水泥和 32.5 级的矿渣水泥，掺入量为 7%～15%。水泥土的无侧限抗压强度 q_u 随着水泥掺入量的增加而提高，随着水泥强度等级的提高而增大，随着龄期的增长而增长，随着原天然土体含水量的降低而提高。

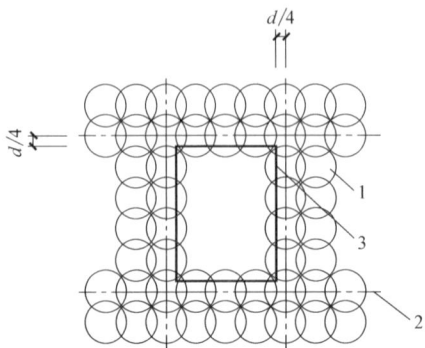

图 19.10.1 格栅式水泥土墙
1—水泥土桩；2—水泥土桩中心线；3—计算周长

19.10.1 重力式水泥土墙的形式

重力式水泥土墙宜采用水泥土搅拌桩相互搭接成格栅状的结构形式，也可采用水泥土搅拌桩相互搭接成实体的结构形式。搅拌桩的施工工艺宜采用喷浆搅拌法。

重力式水泥土墙的嵌固深度，对淤泥质土，不宜小于 1.2h（h 为基坑深度）；对淤泥，不宜小于 1.3h；重力式水泥土墙的宽度，对淤泥质土，不宜小于 0.7h；对淤泥，不宜小于 0.8h。

重力式水泥土墙是一种水泥土加固体，为保证墙体的强度，应有一定的面积置换率。当墙体截面采用格栅式（图 19.10.1）时，格栅面积置换率，对淤泥质土，不宜小于 0.7；对淤泥，不宜小于 0.8；对一般黏性土、砂土，不宜小于 0.6。格栅内侧的长宽比不宜大于 2。每个格栅内的土体面积应符合下式要求：

$$A \leqslant \delta \frac{cu}{\gamma_m} \tag{19.10.1}$$

式中　A——格栅内的土体面积，m^2；

　　　δ——计算系数；对黏性土，取 $\delta=0.5$；对砂土、粉土，取 $\delta=0.7$；

　　　c——格栅内土的黏聚力，kPa；

　　　u——计算周长，m，按图 19.10.1 计算；

　　　γ_m——格栅内土的天然重度，kN/m^3；对多层土，取水泥土墙深度范围内各层土按厚度加权的平均天然重度。

水泥土搅拌桩的搭接宽度不宜小于 150mm，水泥土墙体 28d 无侧限抗压强度不宜小于 0.8MPa。

19.10.2 重力式水泥土墙的设计

重力式水泥土墙的设计与重力式挡土墙基本相同，包括墙体稳定性验算、渗流稳定性验算，以及强身截面强度验算等方面。

1. 重力式水泥土墙的稳定性验算

1）整体稳定性验算

重力式水泥土墙的整体稳定性验算与重力式挡土墙相同，通常按土坡稳定性分析方法，采用条分法进行验算，整体稳定安全系数的取值与土坡稳定分析的要求相同。

2）地下水渗流稳定性验算

在高地下水位地区，重力式水泥土墙支护的基坑尚应进行基坑渗流稳定性验算，分析和评价方法与支挡式支护结构基坑的分析方法相同。

2. 重力式水泥土墙的墙身强度验算

重力式水泥土墙在基坑土压力的作用下，应进行墙体产生的应力计算，并满足墙体强度验算的要求。

重力式水泥土墙的正截面应力验算应包括下列部位：

1）墙身内力最大截面处及水泥土强度较低的截面；

2）基坑底面处；

3）水泥土墙的截面突变处。

重力式水泥土墙墙体的正截面应力应按下列公式进行计算：

1）拉应力：

$$\frac{6M_i}{B^2} - \gamma_{cs}z \leqslant 0.15f_{cs} \tag{19.10.2}$$

2）压应力：

$$\gamma_F\gamma_{cs}z + \frac{6M_i}{B^2} \leqslant f_{cs} \tag{19.10.3}$$

3）剪应力：

$$\frac{E_{aki} - \mu G_i - E_{pki}}{B} \leqslant \frac{1}{6}f_{cs} \tag{19.10.4}$$

式中　M_i——水泥土墙验算截面的弯矩设计值，$kN \cdot m/m$；

　　　B——验算截面处水泥土墙的宽度，m；

　　　γ_{cs}——水泥土墙的重量，kN/m^3；

　　　z——验算截面至水泥土墙顶的垂直距离，m；

　　　f_{cs}——水泥开挖龄时期的轴心抗压强度设计值，kPa，应根据现场试验或工程经验确定；

　　　γ_F——荷载综合分项系数；

E_{aki}、E_{pki}——分别为验算截面以上的主动土压力标准值、被动土压力标准值，kN/m，验算截面在坑底以上时，取 $E_{pki}=0$；

　　　G_i——验算截面以上的墙体自重，kN/m；

　　　μ——墙体材料的抗剪断系数，取 $0.4 \sim 0.5$。

3. 重力式水泥土墙墙底地基土承载力验算

当重力式水泥土墙底部存在软土层时，由于坑内挖方减压作用，应对墙底下部软弱土层的承载力进行验算。可将重力式水泥土墙视为一实体重力式挡土墙，验算方法同浅基础。土钉墙底部压力的平均值不应大于墙底土层承载力特征值，考虑墙体受偏心力的作用，墙底最大压力值应小于土层承载力特征值的 1.2 倍。

19.10.3　重力式水泥土墙的施工与检测

施工机具应优先选用喷浆型双轴型深层搅拌机械。

深层搅拌机械就位时应对中，最大偏差不得大于 2cm，并且调平机械的垂直度，偏差不得大于 1‰桩长。当搅拌头下沉到设计深度时，应再次检查并调整机械的垂直度。

深层搅拌单桩的施工应采用搅拌头上下各二次的搅拌工艺。喷浆时的提升（或下沉）速度不宜大于 0.5m/min。

水泥浆的水灰比不宜大于 0.5，泵送压力宜大于 0.3MPa，泵送流量应恒定。

相邻桩的搭接长度不宜小于 20cm。相邻桩喷浆工艺的施工时间间隔不宜大于 10h。

水泥土挡墙应有 28d 以上的龄期，达到设计强度要求时方能进行基坑开挖。

重力式水泥土墙的质量检测应符合下列规定：

（1）应采用开挖方法检测水泥土搅拌桩的直径、搭接宽度、位置偏差；

（2）应采用钻芯法检测水泥土搅拌桩的单轴抗压强度、完整性、深度。单轴抗压强度试验的芯样直径不应小于80mm。检测桩数不应少于总桩数的1%，且不应少于6根。

19.11 土 钉 墙

19.11.1 土钉墙与复合土钉墙

土钉墙是近30多年来发展起来的一种挡土结构，可用于基坑支护。在挖方土体的侧壁原位坡面上钻孔置入螺纹钢筋，并沿孔全长注浆，形成锚固于土中的细长杆体，称为土钉。土钉依靠与土体之间的摩阻力，在土体发生变形时被动受力，并主要承受拉力作用，随着土方的分层分步开挖，在坡面上形成纵横密布的土钉群，再在坡体表面喷射钢筋混凝土面层于土钉及土钉间加固土体，形成具有自稳能力的原位挡土墙，称为土钉墙（图19.11.1），从而保持开挖面的稳定。

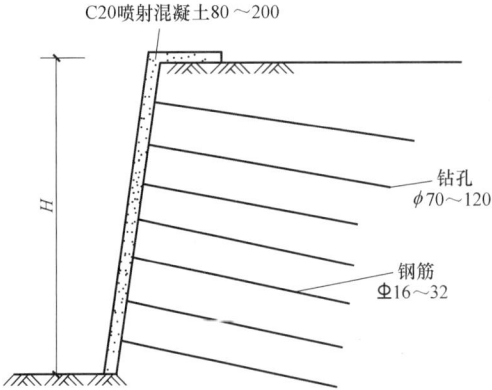

图 19.11.1 土钉墙剖面示意图

土钉墙的施工过程如图19.11.2所示。

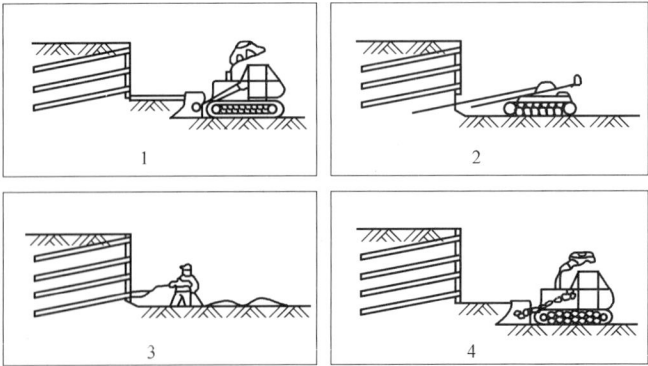

图 19.11.2 土钉墙施工过程简图

1—挖土；2—施打土钉；3—喷射混凝土面层；4—下一步土方开挖

土钉墙支护时，常采用止水帷幕控制地下水，作为止水帷幕的深层水泥土搅拌桩可以与土钉共同形成联合支护，并进一步可以设置微型桩、混凝土排桩、预应力锚杆等共同形成联合支护体，发展成复合土钉墙，大大提高土钉墙的支护作用。这种复合土钉墙在房屋建筑、市政、交通、港口等多个工程领域已得到了普遍应用。图19.11.3即为由土钉墙、止水帷幕、微型桩和预应力锚杆共同组合成的复合土钉墙。

在复合土钉墙中，土钉与预应力锚杆主要起锚拉作用，微型桩及水泥土搅拌桩（止水帷幕）起对侧壁的支护作用。

密布的土钉群是对土体加固的一种形式，相当于一种增强体。经土钉加固以后形成可以自稳的支护体，类似于重力式挡墙。而复合土钉墙，在各种复合构件的共同作用下，其稳定性及抗变形能力大为提高，降低了基坑的风险性。

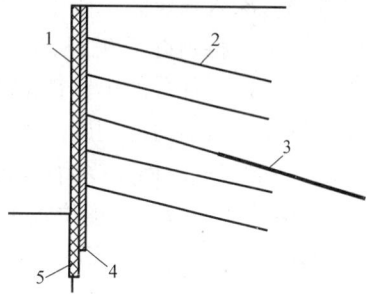

图19.11.3 复合土钉墙
1—喷射混凝土面层；2—土钉；
3—预应力锚杆；4—止水帷幕
（搅拌桩等）；5—微型桩

19.11.2 土钉支护的机理

1. 土钉工作机理

天然土坡的主要破坏形式，是坡率超过极限坡率以后，发生整体稳定破坏。当土坡采用土钉加固以后，形成了以增强土坡稳定性为主要目的的复合土体，增强了土体的强度及抗变形能力，改变了土坡的变形和破坏形态。由于土钉的存在，使坡体的突发性失稳剪切破坏，演变为土体由呈现出明显的塑性变形、裂缝开展，逐步发展为渐进性的破坏形式。当处于极限平衡状态时，一般也不会发生整体性的坍滑破坏（图19.11.4）。

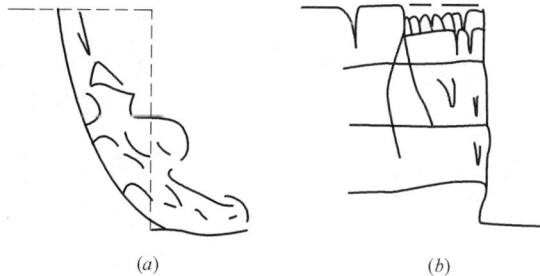

图19.11.4 土钉支护与素土边坡的破坏形态
（a）素土边坡；（b）土钉支护

土钉支护的机理非常复杂，它与许多因素有关，如土体的物理、力学指标，土钉本身的强度、刚度、布置方式等。目前，对土钉支护结构的研究有两种途径，即试验研究、理论分析及数值模拟。鉴于土钉支护的复杂性，目前对土钉支护的研究以试验研究为主，许多理论分析所得到的计算模型和一些结果都是通过试验研究验证确定的。

2. 土钉受力状态分析

通过国内外对土钉墙的一些原位及室内试验，对土钉的受力状态分析大体如下：

1）土钉的工作形式是通过土体变形引发土钉受力，土体不变形，土钉不受力，这与锚杆是不同的，并且土钉支护中一般较少使用预应力钢筋，或只提供较小的预应力；随着土体开挖、地面超载而发生土体变形，于是通过土体与土钉之间的界面粘结力使土钉参与工作，土钉主要是受拉力。只有在土钉支护沿滑移面失稳时，滑移面附近的土钉才会受到弯剪的作用。

2）土钉上的拉力分布是不均匀的，一般呈现中间大、两头小的形式。若土钉支护的设计比较合理，土钉均有足够的长度深入土体的稳定区，则土钉拉力最大点一般出现在土体的潜在失稳破坏面上；若土钉较短，破坏面可能在土钉之外，此时最大拉力一般出现在土钉中部。深入稳定区一侧土钉的端点所受的拉力较小，如果土钉有足够的长度，则这一端的土钉拉力将趋近于0。从图19.11.5中可见，当土钉墙失稳时，土顶端部的拉力仍然很小，说明这一部分的土钉粘结力没有被调动起来。因此，设计计算时，应综合考虑土钉抗拉强度和抗拔能力的问题。

3）喷射混凝土面层受力比较小，因土钉端部传至面层的力较小。

4）沿墙高土钉的高度位置不同，钉体所受的最大拉力也不同，土钉最大拉力的分布曲线大体如图19.11.6所示。

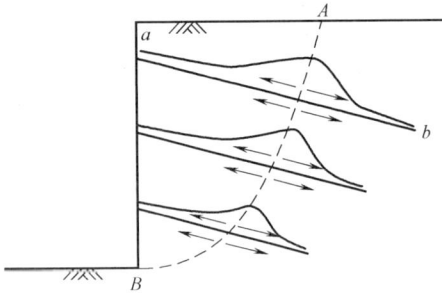

图19.11.5　土钉轴力分布

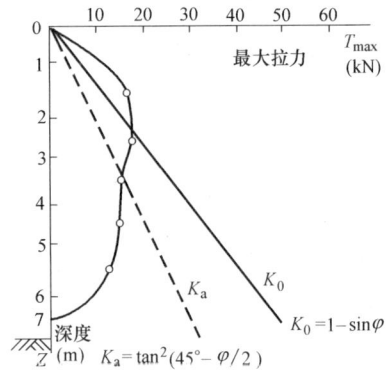

图19.11.6　土钉最大拉力沿墙高的分布曲线示意图

5）土钉墙的位移，随着土方分步开挖分层设置土钉时，墙体的水平位移与墙外的地面沉降会累加。

3. 土钉墙的破坏形式

土钉是对边坡土体的一种加固，施工过程中，随时可能发生边坡失稳的滑动破坏，墙体施工完成后形成类似重力式的挡土墙，应避免产生水平滑动、倾覆及墙体的整体稳定类的破坏。因此，土钉支护的破坏形式可归纳为以下两种：

1）内部整体稳定破坏。边坡土体中可能出现的滑动面发生在支护体内部并穿过全部或部分土钉，滑动面外侧的土钉长度的拉力作用，形成抗力，以防止边坡的稳定破坏。

2）外部稳定性破坏。土钉支护墙体的外部稳定性分析与重力式挡土墙的稳定分析相同，包括水平滑动、倾覆稳定及连同外部土体沿深部的滑动破坏。

4. 土钉支护的位移

土钉支护的位移，大体如图19.11.7所示，通常上部水平位移较大，随着基坑的向下开挖，位移逐渐增大，支护面的位移沿高度大体呈线性变化，类似墙趾部向外转动。土钉支护的破坏是一个连续发展的过程，一般总是先出现局部破坏，产生较大的变形；而后逐渐发展为整体破坏，这是因为局部土钉破坏导致的较大变形，会形成土钉抗力的重分布，从而减缓支护的整体破坏。

19.11.3 土钉墙设计计算

1. 土钉墙的设计内容

土钉墙是利用土钉对边坡土体进行加固后形成重力式挡墙,因此其设计内容包括土坡加固设计和重力式挡墙稳定性验算两部分。土钉支护设计包括以下内容:

1)确定土钉墙的平面和剖面尺寸及分步施工高度,选择合适的筋体材料、注浆材料及注浆方式。计算确定土钉长度、直径、间距、倾角等。

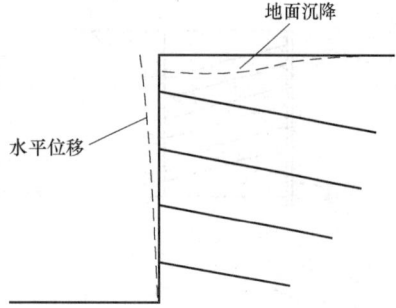

图 19.11.7 土钉墙支护的位移

2)土钉墙在基坑开挖的各种工况条件下的整体滑动稳定验算。

3)土钉抗拔承载力验算和筋体材料抗拉承载力验算。

4)土钉墙基底土承载力验算、沉降估算。

5)坑底抗渗流及突涌稳定性验算。

6)喷射混凝土面层设计及土钉与面层连接设计。

7)基坑变形对周边环境影响的分析。

土钉墙设计时,应根据场地地质条件、环境保护要求等进行基坑支护方案的选择比较。单一土钉墙施工简单、工程造价低,但墙体位移较大,可用于开挖深度不大、环境条件较好的基坑。而复合土钉墙,由于采用了微型桩及预应力锚杆等,起到了联合支护的作用,其受力性状及控制变形的能力明显优于单一土钉墙。

2. 稳定性验算

1)内部稳定性验算

土钉支护的边坡的土体中可能出现的滑动面发生在支护体内部并穿过全部或部分土钉(图19.11.8),按圆弧滑动面采用条分法对土钉墙进行稳定验算时,与一般土坡稳定验算方法相同。假定滑动面上的土钉只承受拉力,土钉在滑动主体破坏面外一侧伸入稳定土体中的长度所提供的抗拉力将成为土坡稳定抗力的组成部分。内部稳定验算的稳定安全系数应不小于1.3。

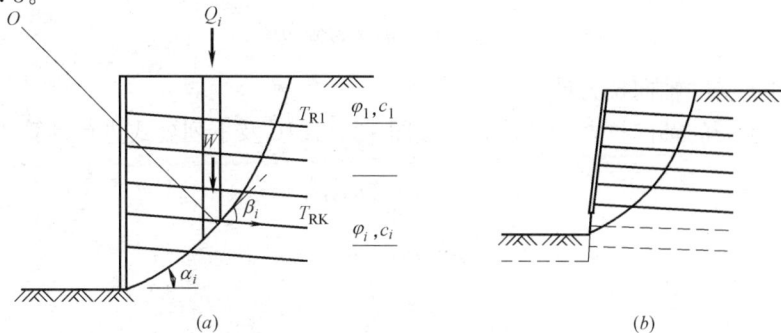

图 19.11.8 内部稳定性验算
(a)内部整体稳定性分析;(b)施工阶段内部稳定性验算

2)外部稳定性验算

土钉墙的外部稳定性问题,如图19.11.9所示。将土钉加固的整个土体视作重力式挡土墙,分别进行以下验算:

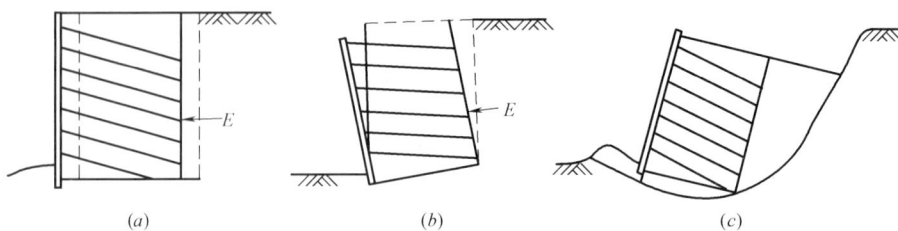

图 19.11.9 土钉墙的外部稳定性验算

（1）土钉墙沿底面水平滑动（图 19.11.9a），抗水平滑动的安全系数应不小于 1.2。

（2）土钉墙绕基坑底角倾覆（图 19.11.9b），抗倾覆稳定的安全系数不小于 1.3。

（3）土钉墙连同外部土体沿深部的圆弧滑动面丧失稳定（图 19.11.9c），可能引起破坏的滑动面应在土钉的设置范围以外，不考虑土钉抗力，验算方法与土坡整体稳定验算方法相同，相应的安全系数不小于 1.3。

3）土钉设计计算

通常基坑开挖后，基坑侧壁土体处于朗肯主动极限平衡状态，侧壁上的土压力呈三角形直线分布，破裂面夹角为 $45°-\dfrac{\varphi}{2}$。土钉墙支护体，由于土钉的存在，对侧壁土体的极限平衡条件将产生影响。试验研究表明，土压力将发生重分布，工程界常采用的土体侧压力分布图形如图 19.11.10 所示。

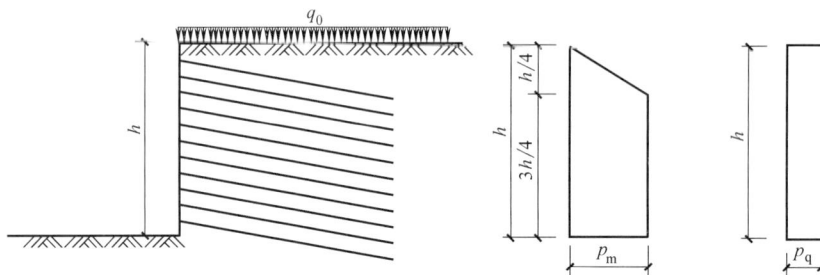

图 19.11.10 侧压力分布图

（1）土钉承受的轴向拉力计算

单根土钉承受的轴向拉力标准值，可按图 19.11.10 及下列公式进行计算：

$$T_{jk}=\frac{1}{\cos\alpha_j}\zeta p s_{xj}s_{zj} \tag{19.11.1}$$

$$p=p_m+p_q$$

$$p_m=\frac{8E_a}{7h}$$

$$p_q=q_0 k_a$$

式中　T_{jk}——第 j 根土钉承受的轴向拉力标准值；

　　　　T_{jd}——第 j 根土钉承受的轴向拉力设计值；

　　　　α_j——第 j 根土钉与水平面之间的夹角；

　　　　s_{xj}——土钉的水平间距，当与相邻土钉的间距不同时，取其平均值；

s_{zj}——土钉的垂直间距，当与相邻土钉的间距不同时，取其平均值；

ζ——荷载折减系数，根据式（19.11.2）确定；

p——土钉所处深度位置的侧压力；

p_m——由土体自重引起的等效侧压力，据图 19.11.10 求出；

p_q——地表均布荷载引起的侧压力；

k_a——主动土压力系数；

E_a——朗肯主动土压力的合力；

h——基坑深度。

土钉墙设计时，常采用倾斜的坡面，坡面倾斜程度对侧土压力的取值有影响，在式（19.11.1）中取荷载折减系数与对侧土压力进行折减。

坡面倾斜时的土压力折减系数 ζ 可按式（19.11.2）计算。

$$\zeta=\tan\frac{\beta-\varphi_{ak}}{2}\left[\frac{1}{\tan\dfrac{\beta+\varphi_{ak}}{2}}-\frac{1}{\tan\beta}\right]/\tan^2\left(45°-\frac{\varphi_{ak}}{2}\right) \tag{19.11.2}$$

式中　ζ——土压力折减系数；

β——土钉墙坡面与水平面的夹角；

φ_{ak}——基坑底面以上各土层内摩擦角标准值的代表值，可取按厚度加权计算的平均值。

（2）土钉抗拔承载力验算

土钉墙后土体的极限平衡条件，通常采用朗肯主动极限平衡条件确定，破裂面的分布如图 19.11.11 所示。

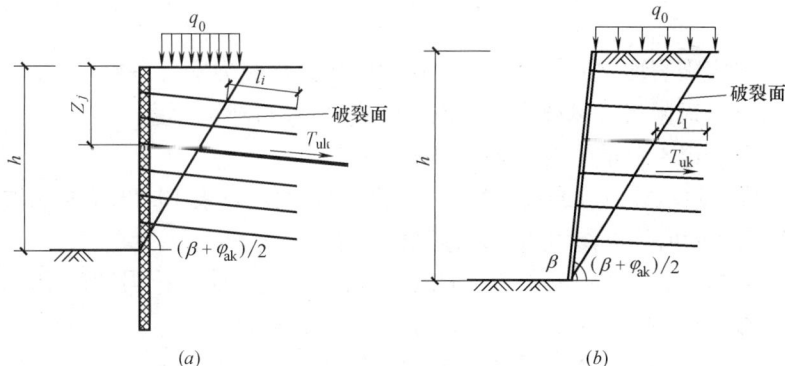

图 19.11.11　土钉抗拔承载力计算简图

（a）直立开挖时；（b）斜面开挖时

土钉在破裂面外伸入到稳定土层中的长度形成的锚固力对坡体起稳定作用，按该锚固长度求得土钉的极限抗拔承载力。土钉的极限抗拔承载力标准值 T_{uk} 可按下式计算确定：

$$T_{uk}=\pi d_j\sum q_{sik}l_i \tag{19.11.3}$$

式中　T_{uk}——土钉极限抗拔承载力标准值；

d_j——第 j 根土钉锚固体直径；

q_{sik}——土钉穿越第 i 层土、土体与锚固体之间的极限粘结强度标准值，可按表 19.11.1 确定；

l_i——第 j 根土钉在直线破裂面外第 i 层稳定土体内的长度，破裂面与水平面的夹角为 $\dfrac{\beta+\varphi_{ak}}{2}$。

土的名称	土的状态	q_{sk}(kPa)
素填土	—	15～30
淤泥质土	—	10～20
黏性土	$I_L>1$	20～30
	$0.75< I_L\leqslant1$	30～45
	$0.25< I_L\leqslant0.75$	45～60
	$0< I_L\leqslant0.25$	60～70
	$I_L\leqslant0$	80～90
粉土	$e>0.90$	30～45
	$0.75<e\leqslant0.90$	45～65
	$e<0.75$	65～80
砂土	松散	35～50
	稍密	50～65
	中密	65～80
	密实	80～100

土钉极限侧阻力标准值　　　　　　　　表 19.11.1

注：采用二次注浆时，表中侧阻力值可乘以 1.2～1.3 的系数。

土钉的抗拔承载力，应满足下式的验算要求：

$$K_b=\frac{T_{uk}}{T_{jk}}\geqslant1.6 \qquad (19.11.4)$$

式中 K_b——设定破裂面之后的土钉有效锚固段抗拉承载力安全系数；

T_{uk}——土钉极限抗拔承载力标准值，按式（19.11.3）计算；

T_{jk}——第 j 根土钉承受的轴向拉力标准值。

土钉的抗拔极限承载力应通过现场抗拔载荷试验确定，表 19.11.1 所提供的土钉极限侧阻力标准值是经验值，可作为初步设计时估算用。

土钉杆件通常采用直径 30mm 以上的带肋钢筋，按钢筋抗拉强度确定的土钉轴向拉力应大于土钉的极限抗拔承载力。土钉配筋面积可按下式计算：

$$A_{sj}\geqslant\frac{1.35T_{jk}}{f_{yj}} \qquad (19.11.5)$$

式中 A_{sj}——第 j 根土钉筋体配筋面积，mm^2；

f_{yj}——第 j 根土钉筋体抗拉强度设计值，MPa。

4）土钉墙墙底地基承载力验算

当基坑底部存在软弱土层时，由于坑内挖方减压作用，应对墙底下部软弱土层的承载力进行验算。可将土钉墙视为一实体重力式挡土墙，验算方法同浅基础。土钉墙底部压力的平均值不应大于墙底土层承载力特征值，考虑墙体受偏心力的作用，墙底最大压力值应小于土层承载力特征值的 1.2 倍。

19.11.4　土钉墙的构造要求

土钉墙的一些构造要求，大多是在实际工程中的经验总结，大体有以下规定：

（1）土钉锚固体直径宜为 800～150mm；

（2）土钉墙侧壁坡比宜为 1：0.2，土钉水平方向倾角宜为 10°～15°；

（3）土钉钢筋宜用 HRB335 级以上的螺纹钢筋，钢筋直径宜为 20～32mm；

（4）土钉长度 L 应由计算确定，L 与开挖深度 h 之比宜为 0.6～1.5；

（5）土钉水平间距可取 1.0～2.0m，垂直间距应根据土层条件和计算确定，宜为 0.8～2.0m，砂土层中宜取小值；

（6）沿土钉长每隔 1～2m 应设置对中点位支架，以保证土钉钢筋周围有足够厚度的浆体保护层；

（7）打入注浆型钢管土钉适用于不易成孔的填土层和砂土层中；

（8）钢管土钉宜采用外径不小于 48mm、壁厚不小于 3mm 的钢管，沿土钉长每隔 0.2～0.8m 设置倒刺和对开孔，孔径宜为 10mm 左右，孔口 2～3m 范围内不宜设注浆孔；

（9）钢管土钉接长宜对接焊接，接头处应拼焊不少于 3Φ16 的加强筋，焊缝长度应与加强筋等长；

（10）喷射混凝土面层厚度宜为 80～150mm，混凝土强度等级不低于 C20。面层中应配置钢筋网，钢筋网可采用 HPB300 级钢筋，钢筋直径宜为 6～10mm，钢筋网间距宜为 150～250mm，钢筋搭接长度应大于 300mm；

（11）土钉钢筋与喷射混凝土面层的连接，对重要的工程或支护面层侧压力较大时，可采用锚板（图 19.11.12a）连接方式；一般工程可在土钉端头部两侧沿土钉长度方向焊短段钢筋（图 19.11.12b），并与面层内连接相邻土钉端部的通长加强筋互相焊接。

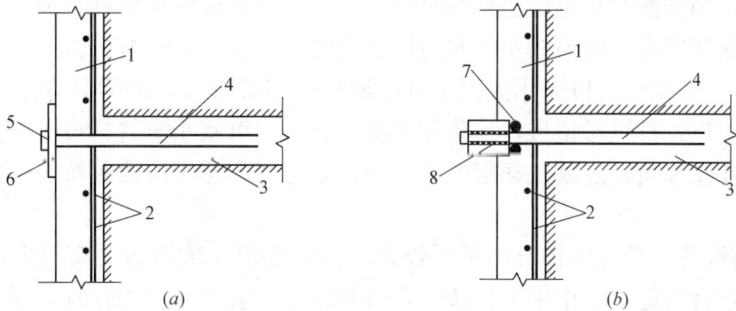

图 19.11.12　土钉与面层的连接

1—喷射混凝土；2—钢筋网；3—注浆体；4—土钉钢筋；5—螺母；6—垫板；7—加强筋；8—钉头钢筋

19.11.5　复合土钉墙

1. 复合土钉墙的选型

土钉墙和止水帷幕、微型桩、预应力锚杆等组合成各种形式的复合土钉墙，如图 19.11.13 所示。

复合土钉墙的选型主要根据控制变形的要求，结合工程实际经验选择适当的组合形式。

2. 复合土钉墙的适用性

1）止水帷幕。土钉墙支护由于受土方开挖及土钉打设的条件限制，适用于在地下水位以上的土层中应用。高地下水位条件下，必须在基坑四周设置水泥土搅拌桩形成封闭的止水帷幕，切断坑内外土体中含水层的水力联系。虽然水泥土的抗剪强度可能高于原状土

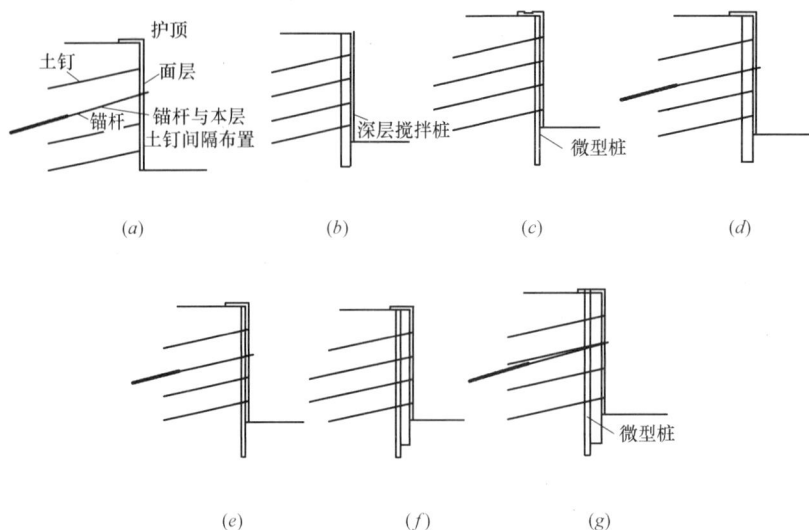

图 19.11.13　复合土钉墙

(a) 土钉墙+预应力锚杆；(b) 土钉墙+搅拌桩；(c) 土钉墙+微型桩；(d) 土钉墙+预应力锚杆；
(e) 土钉墙+微型桩+预应力锚杆；(f) 土钉墙+搅拌桩+微型桩；
(g) 土钉墙+搅拌桩+微型桩+预应力锚杆

的抗剪强度，对基坑侧壁稳定性会有所改善，但水泥土强度的离散性很大，而且在深度较大的土层中，强度提高的幅值较小，对边坡稳定的改善作用十分有限。

2）微型桩。微型桩可以采用混凝土桩或钢桩等多种形式，通常是在土方开挖打设土钉之前在基坑周边先打设微型桩，也称超前桩。其作用可减小土钉打设时分步开挖土方时的边坡变形，并改善喷射混凝土面层的受力条件，是提高施工阶段基坑安全性的一种有效措施。

3）预应力锚杆。预应力锚杆的长度较大，锚固端距基坑周边距离较大，可将锚拉力传布到距基坑较远的稳定土层中去。按一定分布密度设置的预应力锚杆，对土钉支护的变形控制作用明显。

4）复合土钉墙不宜用于以下条件的基坑支护：

（1）基坑开挖深度内有厚度较大的淤泥或淤泥质土层，这类土层的开挖面通常没有足够的自稳时间，易坍塌。

（2）松散的新近填土层强度较低，均匀性差，无法为土钉提供足够的锚固力，在荷载作用下土体变形大，易出现墙体破坏等事故。

（3）基坑底部存在较厚的软弱土层时，坑底土的抗隆起稳定性条件差。

（4）环境保护条件高、对基坑变形要求严格以及开挖深度大于12m的基坑。

与传统支护形式相比，土钉支护的造价低、工期短、施工方便、施工机械设备简单等均为其优点，但基坑变形相对较大。

3. 复合土钉墙的设计要求

复合土钉墙设计的基本要求与常规土钉墙基本相同，各种复合构件的选用基本是参考控制地下水作用及控制基坑变形等因素确定。通常在进行墙体稳定性等分析时，复合构件

818

的作用不予考虑。因此，复合土钉墙的设计除满足土钉墙设计要求外，尚应包括对所选用的各种复合构件的作用等下列内容：

1）根据地质条件和环境条件选择合理的复合土钉墙类型；

2）确定锚杆类型并进行锚固体设计（长度、直径、形式等）；

3）确定锚杆布置形式和安设角度及锚杆结构；

4）计算确定锚杆轴向拉力设计值及锁定拉力值；

5）计算确定锚杆自由段长度和锚固段长度；

6）确定截水帷幕的形式（搅拌桩或旋喷桩等）；

7）确定截水帷幕的平面布置形式、剖面尺寸及施工参数；

8）确定微型桩平面布置形式、剖面尺寸、直径及骨架（钢筋笼或型钢等）的结构尺寸；

9）锚杆注浆体强度设计和施工技术要求；

10）冠梁和腰梁的设计；

11）锚杆检验和监测要求。

19.12 基坑工程逆作法

19.12.1 基坑工程逆作法

逆作法一般是先沿建筑物地下室轴线施工地下连续墙或沿基坑的周围施工其他临时支护墙，同时在建筑物内部的有关位置浇筑或打下中间支承桩和柱，作为施工期间于底板封底之前承受上部结构自重和施工荷载的支承；然后，施工地面一层的梁板结构，作为地下连续墙或其他支护墙的水平支撑；随后，逐层向下开挖土方和浇筑各层地下结构，直至底板封底；同时，由于地面一层的楼面结构已经完成，为上部结构的施工创造了条件，因此可以同时向上逐层进行地上结构的施工；如此地面上、下同时进行施工，直至工程结束。逆作法可以分为全逆作法、半逆作法及部分逆作法。

19.12.2 基坑支护结构与主体结构相结合技术

1. 支护结构与主体结构相结合的概念与逆作法的关系

所谓支护结构与主体结构相结合，是指采用主体地下结构的一部分构件（如地下室外墙、水平梁板、中间支承柱和桩）或全部构件作为基坑开挖阶段的支护结构，不设置或仅设置部分临时支护结构的一种设计和施工方法。基坑支护结构一般由支护墙、水平支撑体系和竖向支承系统组成，因此支护结构与主体结构相结合也就包括三种类型，即支护墙体与地下室外墙相结合、水平支撑体系与地下结构水平梁板构件相结合、支护结构竖向支承系统与地下结构竖向构件相结合。

逆作法必然是采用支护结构与主体结构相结合，对施工地下结构而言，逆作法仅仅是一种自上而下的施工方法。相对而言，支护结构与主体结构相结合的范畴更广，它包括周边两墙合一地下连续墙或桩墙合一结合坑内临时支撑系统采用顺作法施工、周边临时围护体结合坑内水平梁板体系替代支撑采用逆作法施工及支护结构与主体结构全面相结合采用逆作法施工，即支护结构与主体结构相结合既可采用顺作法施工，也可采用逆作法施工。

支护结构与主体结构相结合的设计和施工方法，就是近年来迅速发展应用的一种新的支护技术。它在变形控制、可持续发展等方面具有诸多的优点，克服了常规临时支护方法存在的不足之处，因而成为建设高层建筑多层地下室和其他多层地下结构的有效方法。

2. 支护结构与主体结构相结合优点

（1）节约资源，有利于基坑工程的可持续发展

深度较大的多层地下结构，如采用常规顺作法施工需设置临时围护墙体，同时为减少支护结构变形，需设置强大的内部支撑或外部拉锚系统。另外，内部需设置支撑系统的临时支承立柱，此后还需拆除。这些临时围护结构需要消耗大量建筑材料。而采用支护结构与主体结构相结合时，则可以避免大量临时围护结构的设置，因而可以节约大量的建筑材料。同时，因采用主体地下结构作为支护结构，不存在临时围护结构如钻孔灌注桩及锚杆等在地下结构施工完成后就被废弃于土中的问题，从而可以避免对后续工程产生不利影响；也可避免临时钢筋混凝土水平支撑的拆除而产生的废弃混凝土污染问题，因而支护结构与主体结构相结合可以称作是一项绿色的基坑支护技术。

（2）具有较强的经济性

采用常规的临时支护结构时，其施工费用相当可观，深大基坑工程的临时水平支撑的费用可高达上千万元。而采用支护结构与主体结构相结合技术，两墙合一地下连续墙或桩墙合一的灌注排桩同时作为围护墙和结构外墙，利用地下结构梁板作为水平支撑不需另外设置临时水平支撑，立柱即为主体竖向构件，不存在拆除问题，因此其经济效果非常良好。此外，因总工期缩短而创造的经济效益则更为可观。例如上海铁路南站北广场，基坑面积约40000m²，挖深12.5m，采用支护结构与主体结构全面相结合技术节约工程投资约400万元。

（3）可缩短工程施工的总工期

带多层地下室的高层建筑，如采用传统临时支护体系方法施工，其总工期为地下结构工期加地上结构工期，再加装修等所占的工期。而采用支护结构与主体结构相结合的逆作法施工有条件采取地上和地下同时作业，一般情况下只有地下一层占绝对工期，其他各层地下室可与地上结构同时施工，不占绝对工期，因此可以缩短工程的总工期。如日本读卖新闻社大楼，地上9层、地下6层，用全逆作法上下同时施工，总工期只用22个月，比传统临时支护施工方法缩短工期6个月。又如，有6层地下室的法国黎拉弗埃特百货大楼，用全逆作法施工工期缩短1/3。工程实践同时表明，地下结构楼层越多，用支护结构与主体结构相结合，则工期缩短越显著。

（4）基坑变形小且对周围环境的影响小

采用支护结构与主体结构相结合，可利用逐层浇筑的地下室结构作为基坑围护墙（地下连续墙）的内部支撑。由于地下结构水平构件与临时支撑相比刚度大得多，所以围护结构在侧压力作用下的变形相对较小。此外，由于中间支承柱的存在，底板增加了支承点，使浇筑后的底板成为多跨连续板结构，跨度减小，从而使底板的隆起也减少。因此，结构梁板代支撑有利于减小基坑变形，使相邻建筑物、道路和地下管线等的沉降减少，在施工期间可保证其正常使用。上海软土地区的基坑工程变形统计资料表明，采用支护结构与主体结构相结合并采用逆作法的基坑的围护体平均最大侧移仅为常规顺作法基坑的一半左右。

19.12.3 支护结构与主体结构相结合的类型

支护结构与主体结构相结合有多种方式，从结构构件的角度可区分为：地下室外墙与围护墙体相结合、结构水平构件与水平支撑相结合、结构竖向构件与临时立柱相结合。

若按照支护结构与主体结构结合的程度进行区分，可将支护结构与主体结构相结合工程归为三大类型：

1. 周边两墙合一地下连续墙或桩墙合一结合坑内临时支撑系统采用顺作法施工

周边地下连续墙两墙合一结合坑内临时支撑系统采用顺作法施工，是多层地下室的传统施工方法，采用顺作法施工在深基坑工程中得到了广泛应用。其结构体系包括三部分，即采用地下连续墙的围护结构、采用杆系结构的临时水平支撑体系和竖向支承系统。图 19.12.1 为周边地下连续墙两墙合一结合坑内临时支撑系统的基坑在开挖到坑底和地下室施工完成时的情形。两墙合一地下连续墙设计，需根据工程的具体情况选择合适的结构形式及与主体结构外墙的结合方式，在构造上选择合适的接头形式，并妥善地解决与主体结构的连接、后浇带、沉降缝和有关防渗构造措施。除了两墙合一地下连续墙外，近年来工程界又发展出了桩墙合一技术，即采用灌注桩排桩作为基坑开挖阶段的挡土结构，而在永久使用阶段灌注桩排桩则作为主体地下室结构外墙的一部分，这样费用就大大减少了。同样，桩墙合一也需妥善解决与地下室外墙及各层楼板之间的连接构造及防渗措施。

临时水平支撑体系一般采用钢筋混凝土支撑或钢支撑。钢支撑一般适合于形状简单、受力明确的基坑，而钢筋混凝土支撑适合于形状复杂或有特殊要求的基坑。相对而言，钢支撑由于可以回收利用因而造价较低，在施加预应力的条件下其控制变形的能力不低于钢筋混凝土支撑，但钢筋混凝土支撑的整体性和稳定性高于钢支撑。两墙合一地下连续墙或桩墙合一排桩一般设置圈梁和围檩，与水平支撑系统建立可靠的连接，通过圈梁和围檩均匀地将地下连续墙或排桩上传来的水土压力传给水平支撑。

竖向支承系统承受水平支撑体系的自重和有关竖向施工荷载，一般采用临时钢立柱及其下的立柱桩。立柱桩的布置应尽量利用主体工程的工程桩，当不能利用工程桩时，需施设临时立柱桩。立柱的布置需避开主体结构的梁、柱及承重墙的位置。临时立柱和立柱桩根据竖向荷载的大小，选择合适的结构形式和间距。在拆除第一道临时支撑后，方可割除临时立柱。

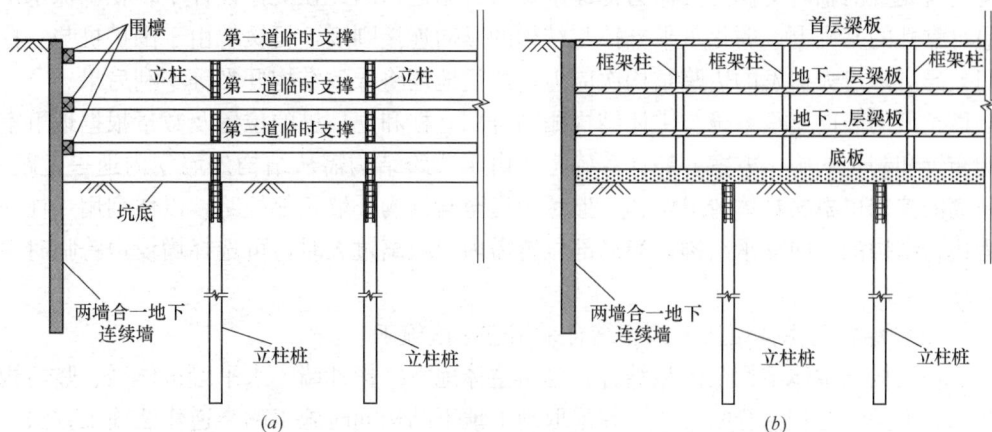

图 19.12.1　周边两墙合一地下连续墙结合坑内临时支撑系统基坑在开挖到
坑底和地下室施工完成时的情形
(*a*) 开挖至坑底时的情形；(*b*) 地下室施工完成时的情形

2. 周边临时围护体结合坑内水平梁板体系替代支撑采用逆作法施工

周边临时围护体结合坑内水平梁板体系替代支撑总体而言采用逆作法施工，适用于面积较大、地下室为两层、挖深为 10m 左右的超高层建筑的深基坑工程，而且采用地下连续墙围护方案相对于采用临时围护并另设地下室外墙的方案在经济上并不具有优势。其结构体系包括临时围护体、水平梁板支撑和竖向支承系统。图 19.12.2 为周边临时围护体结合坑内水平梁板体系替代支撑的基坑在开挖到坑底和地下室施工完成时的情形。临时围护体可采用钻孔灌注桩、型钢水泥土搅拌墙和钻孔咬合桩等方式。作为周边的临时围护结构，需满足变形、强度和良好的止水性能要求。

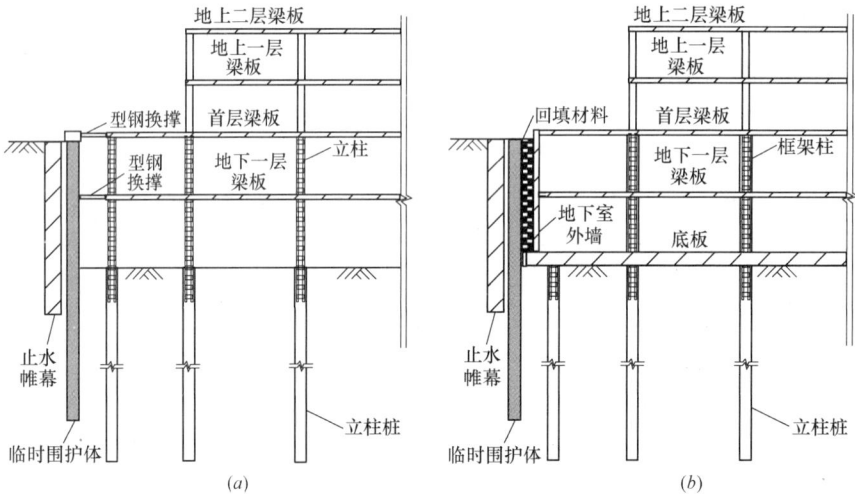

图 19.12.2 周边临时围护体结合坑内水平梁板体系替代支撑基坑在
开挖到坑底和地下室施工完成时的情况
（a）基坑开挖到坑底时的情形；（b）地下室结构施工完成时的情形

该类型的水平支撑与主体地下结构的水平梁板相结合。由于采用了临时围护体，需考虑主体水平梁板结构与临时围护体之间的传力问题。需指出的是，围护桩与内部水平梁板结构之间设置的临时支撑主要作为传递水平力的用途，因此在支撑设计中，在确保水平力传递可靠性的基础上，弱化水平支撑与结构的竖向连接刚度，可缓解由于围护桩与立柱桩之间差异沉降过大引发的边跨结构次应力，严重地还将导致结构开裂等不利后果。

该类型的竖向支承系统与主体结构相结合。立柱和立柱桩的位置及数量根据地下室的结构布置和制定的施工方案，经计算确定。由于边跨结构需从结构外墙朝内退一定距离，该距离的控制可根据具体情况调整，但尽量退至与结构外墙相邻柱跨，以便利用一柱一桩作为边跨结构的竖向支承结构；当局部位置需内退距离过大时，可选择增设边跨临时立柱的处理方案。

3. 支护结构与主体结构全面相结合采用逆作法施工

支护结构与主体结构全面相结合，是指主体地下结构外墙、水平梁板体系、竖向构件均与临时围护结构相结合的形式，并采取地上地下结构同时施工的全逆作法施工方法。图 19.12.3 为支护结构与主体结构全面相结合的基坑在开挖到坑底和地下室施工完成时的情形。支护结构与主体结构全面相结合适合于大面积的基坑工程、开挖深度大的基坑工程、复杂形状的基坑工程、上部结构施工工期要求紧迫的基坑工程，尤其是周边建筑物和地下管线较多、环境保护严格的基坑工程。

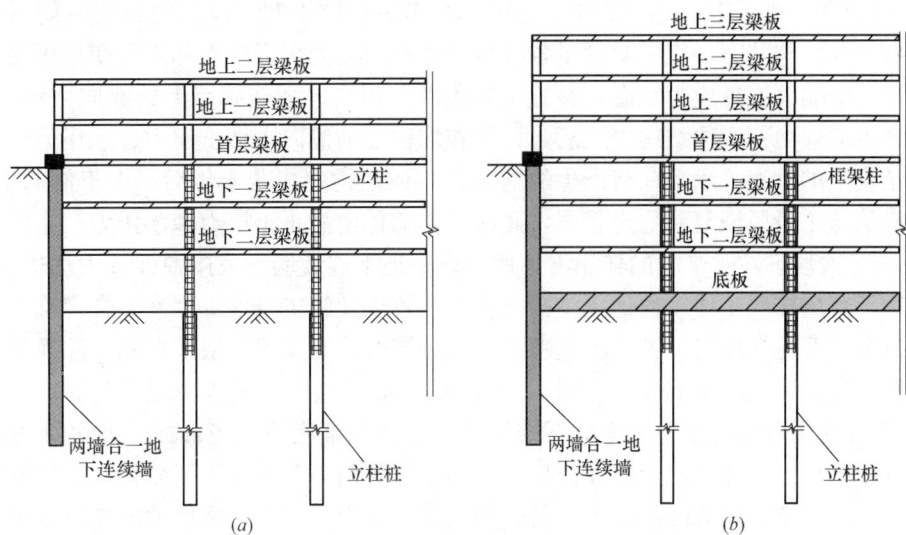

图 19.12.3 支护结构与主体结构全面相结合的基坑在开挖到
坑底和地下室施工完成时的情形
(a) 基坑开挖到坑底时的情形；(b) 地下室施工完成时的情形

19.12.4 支护结构与主体结构相结合及逆作法的设计

1. 墙体相结合的设计

1) 两墙合一地下连续墙设计

(1) 两墙合一的结合方式

通常采用现浇地下连续墙作为主体地下室外墙与围护墙的结合，即两墙合一，其结合方式可采用单一墙、复合墙和叠合墙（图 19.12.4）。单一墙即仅采用地下连续墙作为地下结构外墙，其构造简单，但主体结构与连续墙连接的节点需满足结构受力要求。复合墙即地下连续墙仅作为地下结构外墙的一部分，而且在地下连续墙与主体结构外墙之间填充衬垫材料，形成仅传递水平力不传递剪力的结构形式。这种形式的地下连续墙与主体结构地下室外墙所产生的垂直方向变形不相互影响，但水平方向的变形则相同。叠合墙是将地下连续墙与主体结构地下室外墙做成一个整体，即通过把地下连续墙内侧凿毛或用剪力块将地下连续墙与主体结构外墙连接起来，使其在结合部位能够传递剪力。

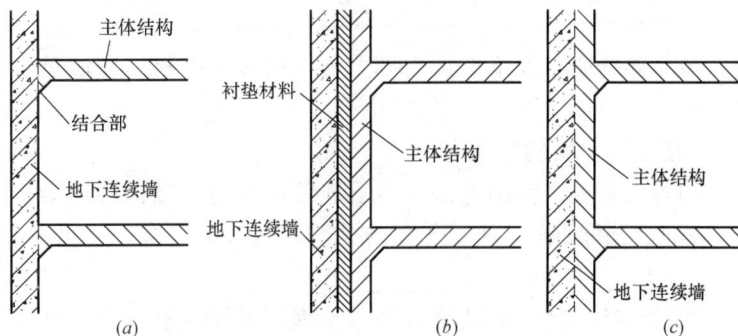

图 19.12.4 两墙合一地下连续墙的结合方式
(a) 单一墙；(b) 复合墙；(c) 叠合墙

（2）两墙合一地下连续墙的设计计算原则

① 两墙合一地下连续墙的设计与计算，需考虑在施工期、竣工期和使用期不同的荷载作用状况与结构状态，应同时满足各种情况下承载能力极限状态和正常使用极限状态的设计要求。应验算三种应力状态：在施工阶段由作用在地下连续墙上的侧向主动土压力、水压力产生的应力；主体结构竣工后，作用在墙体上的侧向主动土压力、水压力以及作用在主体结构上的垂直、水平荷载产生的应力；主体结构建成若干年后，由于侧向土压力、水压力已从施工阶段恢复到稳定状态，此时计算墙体由静止土压力和水压力产生的应力。

② 施工阶段，在水平力的作用下，两墙合一地下连续墙可采用弹性抗力法进行分析。墙体内力计算应按照主体工程地下结构的梁板布置以及施工条件等因素，合理确定支撑标高和基坑分层开挖深度等计算工况，考虑基坑分层开挖与支撑分层设置及拆除换撑等在时间上的顺序先后和空间上的位置不同，进行各种工况下连续、完整的设计计算。

③ 正常使用阶段，由于主体地下结构梁板以及基础底板已经形成，通过结构环梁和结构壁柱等构件与墙体形成了整体框架，因而墙体的约束条件发生了变化，应根据结构梁板与墙体的连接节点的实际约束条件及侧向的水土压力，取单位宽度地下连续墙进行设计计算，尤其是结构梁板存在错层和局部缺失的区域应进行重点设计。正常使用阶段设计主要以裂缝控制为主，计算裂缝应满足相关规范规定的裂缝宽度要求。

④ 墙体承受竖向荷载时，应分别按承载能力极限状态与正常使用极限状态验算地下连续墙的竖向承载力和沉降量。有条件时，地下连续墙竖向承载力应由现场静载荷试验确定；无试验条件时，可参照确定钻孔灌注桩竖向承载力的方法选用。

⑤ 地下连续墙内侧设置内衬墙时，对结合面能承受剪力作用的叠合墙和结合面不能承受剪力作用的复合墙，应根据地下结构施工期和使用期的不同情况，按内外墙实际受载过程进行墙体内力与变形计算。叠合墙的内力与变形计算，以及截面承载力设计时，墙体计算厚度可取内外墙厚之和并按整体墙计算。复合墙的内外墙内力可按刚度分配计算。

⑥ 两墙合一的地下连续墙墙身的防水等级，应根据地下结构外墙防水等级确定。

⑦ 地下连续墙与主体结构连接处，应根据其受力特性和连接刚度进行设计计算。

⑧ 当由多幅地下连续墙共同承担上部结构竖向荷载时，槽段施工接头宜采用刚性接头，而且应进行接头抗剪承载力计算。

⑨ 墙顶承受竖向偏心荷载，或地下结构内设有边柱与托梁时，应考虑其对墙体和边柱的偏心作用。墙顶圈梁（或压顶梁）与墙体及上部结构的连接处，应验算截面受剪承载力。

⑩ 两墙合一地下连续墙与地下结构内部梁板等构件的连接，应满足主体工程地下结构受力与设计要求。

（3）两墙合一地下连续墙构造要求

① 与地下结构各层梁板之间的连接。地下连续墙与地下结构各层梁板之间宜设置贯通的结构环梁，并通过预埋钢筋、剪力槽等方式与结构环梁连接，连接构造如图 19.12.5 所示。

② 与基础底板的连接。地下连续墙宜通过预埋钢筋接驳器、剪力槽等方式与基础底板连接。当基础底板厚度不小于 1m 时，宜在基础底板中设置构造环梁，地下连续墙通过预埋钢筋与构造环梁连接。地下连续墙与基础底板之间的连接如图 19.12.6 所示。

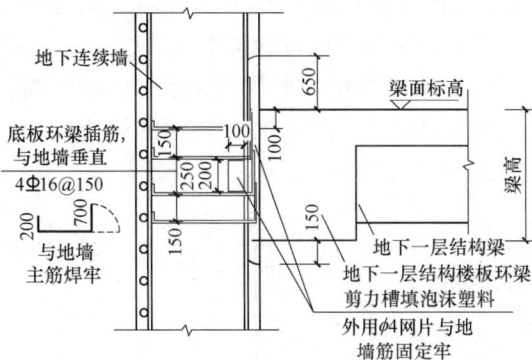

图 19.12.5 地下连续墙与结构周边环梁连接

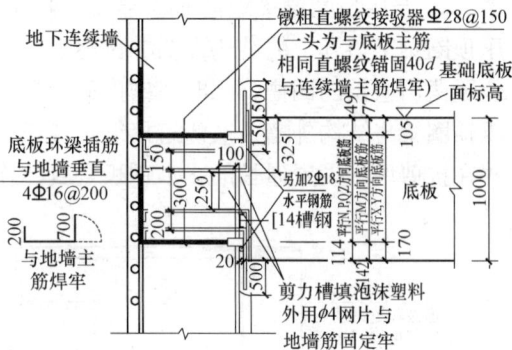

图 19.12.6 地下连续墙与基础底板连接

③ 与结构扶壁柱的连接。为了增强地下连续墙的整体性，减少墙段接缝位置渗漏的可能性，在地下连续墙槽幅分缝位置设置扶壁柱，扶壁柱通过预先在地下连续墙内预留的钢筋与地下连续墙形成整体连接，图 19.12.7 为地下连续墙与结构扶壁柱之间的连接构造。

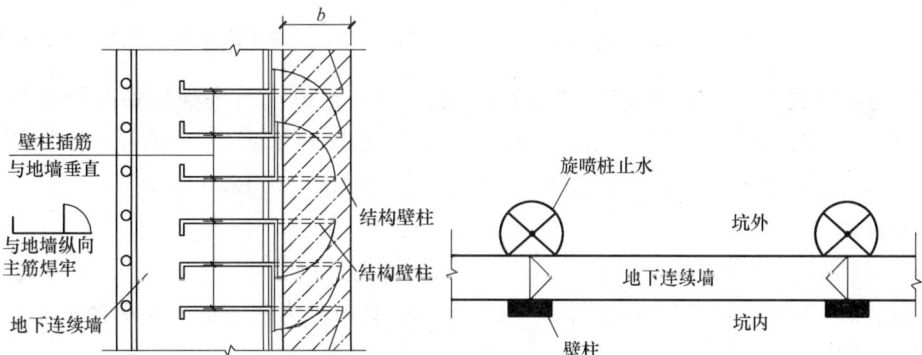

图 19.12.7 结构壁柱与地下连续墙的连接构造

（4）两墙合一防水措施

两墙合一地下连续墙的防水应考虑到墙身、槽段接头、压顶圈梁接缝及基础底板接缝等部位。

① 对于墙身防水，有如下措施：两墙合一地下连续墙应采用防水混凝土，墙体的抗渗等级应满足相关规范要求；在设置预埋件时，应将预埋件的锚固钢筋尽量锚固在墙体中部，使预埋件端部和迎土面墙体表面保持一定距离，防止锚固钢筋在墙体厚度方向贯通，形成渗水路径；施工过程中应严格控制墙体质量，采取措施使墙体混凝土浇筑密实，防止墙体产生孔洞。

② 对于槽段接头防水，有如下措施：采用渗透路径较长的施工接头，如圆形锁口管接头、三波纹管接头或十字钢板接头；在地下连续墙槽幅分缝位置内侧设置扶壁柱；在地下连续墙槽幅分缝位置外侧设置一根或两根高压旋喷桩，增强接缝位置的止水性能；可在墙体内侧采用疏排方案或疏排与封堵相结合的方案。

③ 与压顶圈梁接缝防水。通常，地下连续墙顶的压顶圈梁与地下连续墙二次浇筑，压顶圈梁又与其上的结构外墙二次浇筑。为确保二次浇筑接缝位置的防水可靠性，在墙顶位置凿出通长的凹槽，同时在槽内放置遇水膨胀止水条，并在止水条表面涂刷缓膨胀剂。压顶圈梁与结构外墙二次浇筑接缝位置设置通长的上凸抗剪块，增加接触面的渗透路径，并在抗剪块内设置通长的止水钢板。具体作法如图19.12.8所示。

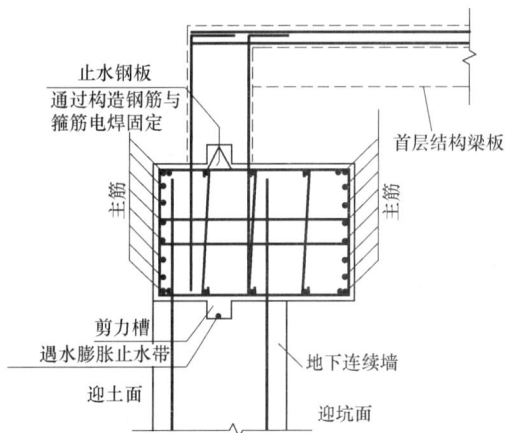

图 19.12.8　地下连续墙与压顶梁连接示意图　　图 19.12.9　地下连续墙与底板连接止水示意图

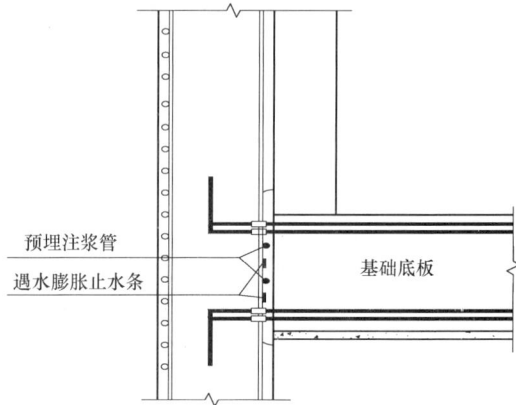

④ 与基础底板接缝防水设计。浇筑基础底板时，连续墙与底板接触面位置设置遇水膨胀橡胶止水条及预埋注浆管。预埋注浆管待结构完成并稳定之后，灌注亲水性环氧浆液止水防漏，同时也可起到补强结构的作用。具体作法如图19.12.9所示。

2）桩墙合一设计

（1）桩墙结合模式

根据围护排桩所分担荷载的不同，桩墙合一可总体分为桩墙水平向结合和水平与竖向结合两种结合模式。

① 水平向结合模式：围护排桩与地下室结构之间仅考虑水平向传力，围护排桩分担永久使用阶段水平向荷载。水平向结合的桩墙合一围护结构根据桩墙之间的空间距离关系以及建筑专业防水保温层等的设置需求，分为桩墙之间设置传力板带型和桩墙紧贴型。当根据建筑功能需求须在地下室外墙外侧设置一定厚度的建筑保温层时，桩墙之间由于存在相对软夹层而无法有效传力，需在各层结构楼板位置设置传力板带，确保桩墙的荷载传递。当桩墙之间仅需设置厚度极薄的防水层时，桩墙紧贴可以实现荷载的传递，构造详见图19.12.10。

② 水平与竖向结合模式：围护排桩与地下室外墙之间考虑水平向传力和竖向传力，围护排桩同时分担永久使用阶段水平向与竖向荷载，即基坑围护排桩既作为永久使用阶段侧壁挡土结构的一部分，又作为竖向承重或抗浮结构的一部分，与主体地下结构共同承担侧向水土压力和竖向荷载。

（2）桩墙合一设计与计算

① 灌注桩排桩除应符合基坑开挖阶段的承载能力极限状态的设计要求外，地下结构正常使用期间，灌注桩排桩应进行水压力和全部静止土压力等水平荷载作用下的承载能力

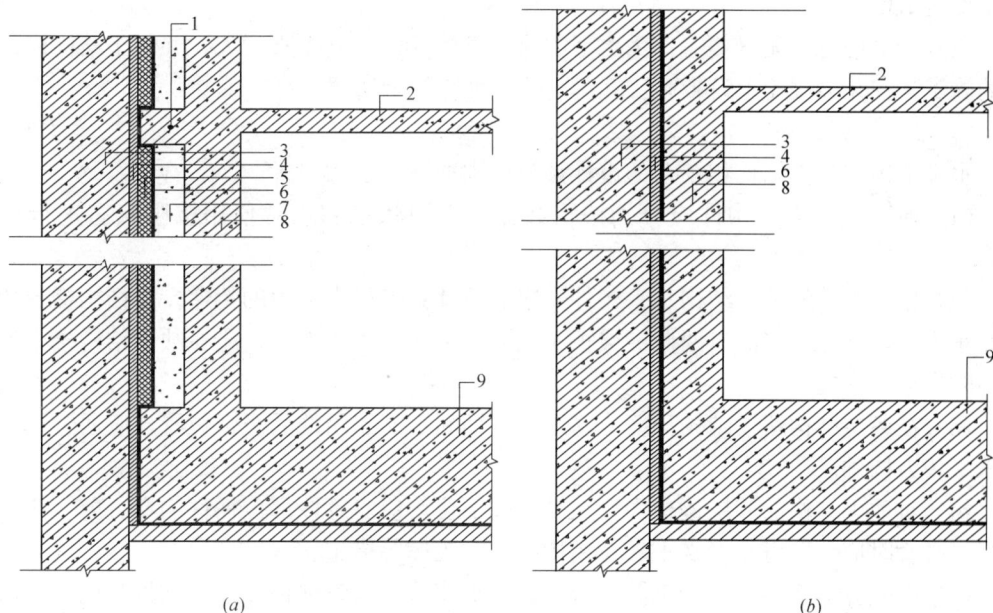

图 19.12.10　桩墙合一的构造示意图

（a）传力板带型；（b）桩墙紧贴型

1—传力板带；2—结构楼板；3—灌注桩排桩；4—挂网喷浆层；5—保温层；6—柔性防水层，

7—素混凝土；8—地下室外墙；9—基础底板

极限状态和正常使用极限状态设计。

② 地下结构外墙宜进行水压力和按桩墙抗弯刚度分配的静止土压力等水平荷载作用下的承载能力极限状态和正常使用极限状态设计。

③ 对于水平与竖向结合模式，围护排桩除进行水平向受力计算外，还应进行永久使用阶段的竖向承载力计算。

④ 桩墙合一的桩身混凝土强度等级不应低于 C30；水下灌注桩的主筋保护层厚度不得小于 50mm；灌注桩排桩的垂直度允许偏差不大于 1/200；内侧现浇地下结构外墙厚度不应小于 300mm，迎水面保护层厚度不应小于 50mm。

⑤ 采用桩墙合一时，灌注桩排桩的桩间土防护应采用内置钢筋网或钢丝网的喷射混凝土面层，喷射混凝土面层的厚度不宜小于 50mm，混凝土强度等级不宜低于 C20，混凝土面层内配置的钢筋网的纵横向间距不宜大于 200mm；钢筋网或钢丝网宜采用挂网钢筋与桩体连接；喷射混凝土面层直接作为外模时，平整度允许偏差宜为 5mm。

2. 水平构件相结合的设计

1）结构体系

地下结构梁板与基坑内支撑系统相结合时，可采用梁板结构体系和无梁楼盖结构体系。

（1）梁板结构体系。地下结构采用肋梁楼盖作为水平支撑适于逆作法施工，其结构受力明确，可根据施工需要在梁间开设孔洞，在逆作法结束后再浇筑封闭。此外，也可采用结构楼板后作的梁格体系，在开挖阶段仅浇筑框架梁作为内支撑，基础底板浇筑后再浇筑封闭楼板结构。

（2）无梁楼盖。无梁楼盖作为水平支撑，整体性好、支撑刚度大，并便于结构模板体系的施工。在无梁楼盖上设置施工孔洞时，一般需设置边梁。

2）设计计算原则

水平结构与支护结构相结合的设计计算原则如下：

（1）地下结构梁板构件应分别按承载能力极限状态和正常使用极限状态进行设计计算。

（2）作为支撑的地下结构水平构件，应通过计算确保水平力的传递。对结构楼板的洞口及车道开口部位，当洞口两侧的梁板不能满足水平传力要求时，应在缺少结构楼板处设置临时支撑等措施。

（3）在各层结构留设结构分缝或基坑施工期间不能封闭的后浇带位置，应通过计算设置水平传力构件。

（4）对地下结构的同层楼板面存在高差的部位，应验算该部位构件的弯、剪、扭承载能力，必要时应设置可靠的水平转换结构或临时支撑等措施。

（5）应验算地下结构混凝土温度应力、干缩变形、临时立柱以及立柱桩与地下结构外墙之间差异沉降等引起的结构次应力影响，并采取必要措施防止有害裂缝的产生。

（6）地下主体结构的梁板兼作施工平台或栈桥时，其构件的强度和刚度应按水平向和竖向两种不同工况受荷的联合作用进行设计。

（7）逆作施工阶段水平结构楼板中预留的用于垂直运输的孔洞尺寸应满足垂直运输能力和进出材料、设备及构件的尺寸要求，预留施工孔洞之间应通过计算保持一定距离，以保证水平力的传递。

（8）地下结构楼板上的预留孔（包括设备预留孔、立柱预留孔、施工预留孔等）应验算开口处的应力和变形。必要时，宜设置孔口边梁或临时支撑等传力构件。

3）构造措施

逆作阶段往往需要在框架柱位置设置立柱作为竖向支承，待逆作结束后，再在钢立柱外侧另外浇筑混凝土，形成永久的框架柱。而逆作阶段框架柱位置存在立柱，从而带来梁柱节点的框架梁钢筋穿越的问题，该问题也是逆作工艺中的共性难题。立柱与框架梁的连接构造取决于立柱的结构形式。一般逆作法工程中，最为常见的立柱主要为角钢格构柱和钢管混凝土柱，灌注桩和 H 型钢立柱作为立柱也在一些逆作法工程中得到成功的实践。以下为几种立柱形式的梁柱节点处理方法。

（1）梁与角钢格构柱的连接构造。角钢格构柱中角钢的肢宽以及缀板会阻碍梁主筋的穿越，根据梁截面宽度、主筋直径以及数量等情况，梁柱连接节点一般有钻孔钢筋连接法、传力钢板法以及梁侧加腋法。

钻孔钢筋连接法是为便于框架梁主筋在梁柱阶段的穿越，在角钢格构柱的缀板或角钢上钻孔穿框架梁钢筋（图 19.12.11）的方法。该方法在框架梁宽度小、主筋直径较小以及数量较少的情况下适用，但由于在角钢格构柱上钻孔对逆作阶段竖向支承钢立柱有截面损伤的不利影响，因此该方法应通过严格计算，确保截面损失后的角钢格构柱截面承载力满足要求时方可使用。

传力钢板法是在格构柱上焊接连接钢板，将受角钢格构柱阻碍无法穿越的框架梁主筋

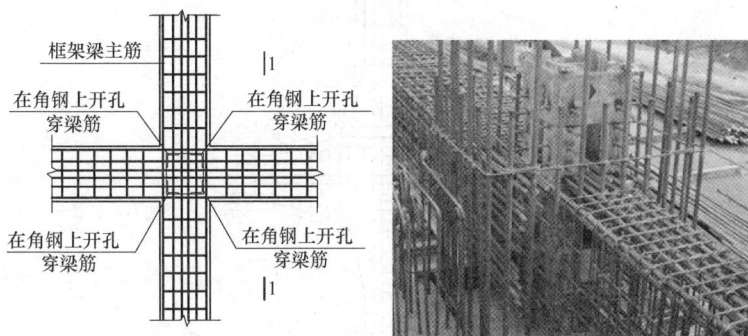

图 19.12.11　钻孔钢筋连接法示意图与实景照

与传力钢板焊接连接的方法，如图 19.12.12 所示。该方法的特点是无须在角钢格构柱上钻孔，可保证角钢格构柱截面的完整性。但在施工第二层及以下水平结构时，需要在已经处于受力状态的角钢上进行大量的焊接作业，因此施工时应对高温下钢结构的承载力降低因素给予充分考虑，同时由于传力钢板的焊接，也增加了梁柱节点混凝土密实浇筑的难度。

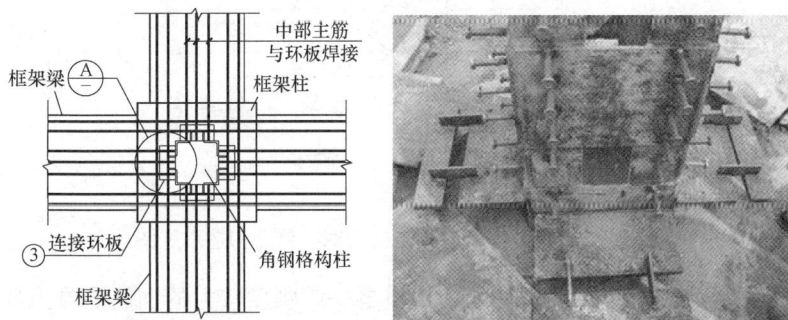

图 19.12.12　传力钢板法示意图与实景照

梁侧加腋法是通过在梁侧面加腋的方式扩大梁柱节点位置梁的宽度（图 19.12.13），使得梁主筋得以从角钢格构柱侧面绕行贯通的方法。该方法回避了以上两种方法的不足之处，但由于需在梁侧面加腋，梁柱节点位置大梁箍筋尺寸需根据加腋尺寸进行调整，而且节点位置绕行的钢筋需在施工现场根据实际情况进行定型加工，一定程度上增加了现场施工的难度。

（2）梁与钢管混凝土柱的连接节点

钢管混凝土柱竖向承载力高，并且塑性和韧性性能得到改善，稳定性好，因此钢管混凝土柱适用于对立柱竖向承载力要求较高的逆作法工程。与角钢格构柱不同的是，钢管混凝土柱由于为实腹式的，其平面范围之内的梁主筋均无法穿越，其梁柱节点的处理难度更大。常用的连接节点主要有如下几种：

双梁节点。双梁节点即将原框架梁一分为二，分成两根梁从钢管柱的侧面穿过（图

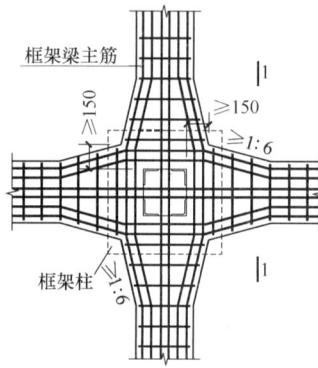

图 19.12.13 梁侧加腋方法示意图

19.12.14），从而避免了框架梁钢筋穿越钢管柱的矛盾。该节点适用于框架梁宽度与钢管直径相比较小，梁钢筋不能从钢管穿越的情况。

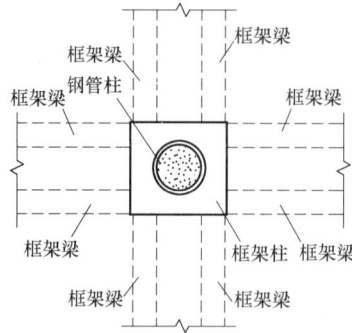

图 19.12.14 钢管混凝土柱的双梁节点构造示意图

环梁节点。环梁节点是在钢管柱的周边设置一圈刚度较大的钢筋混凝土环梁，形成一个刚性节点区（图 19.12.15），利用这个刚性区域的整体工作来承受和传递梁端的弯矩及剪力。环梁与钢管柱通过环筋、栓钉或钢牛腿等方式形成整体连接，其后框架梁主筋锚入环梁，而不必穿过钢管柱的连接方式。该节点可在钢管柱直径较大、框架梁宽度较小的条件下应用。

传力钢板法。在结构梁顶标高处钢管设置两个方向且标高错位的四块环形加劲板，双向框架梁顶部第一排主筋遇钢管阻挡处钢筋断开并与加劲环焊接，而梁底部第一排主筋遇钢管则下弯，梁顶和梁底第二、三排主筋从钢管两侧穿越。它适用于梁宽度大于钢管柱直径，并且梁钢筋较多需多排放置的情况。该连接节点既兼顾了节点结构受力的要求，又较大程度地降低了梁柱节点的施工难度；其缺点是节点用钢量大且焊接工作量多，梁柱节点混凝土浇筑时需采取特殊措施，保证节点混凝土浇筑密实。传力钢板法外加强环节点如图19.12.16 所示。

3. 竖向构件相结合的设计

1）竖向支承系统的结构类型

（1）一柱一桩。一柱一桩指逆作阶段在每根结构柱位置仅设置一根钢立柱和立柱桩，

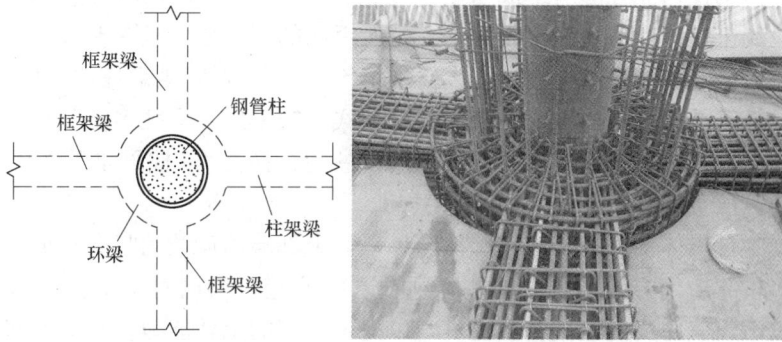

图 19.12.15 钢管混凝土柱的环梁节点构造与实景照

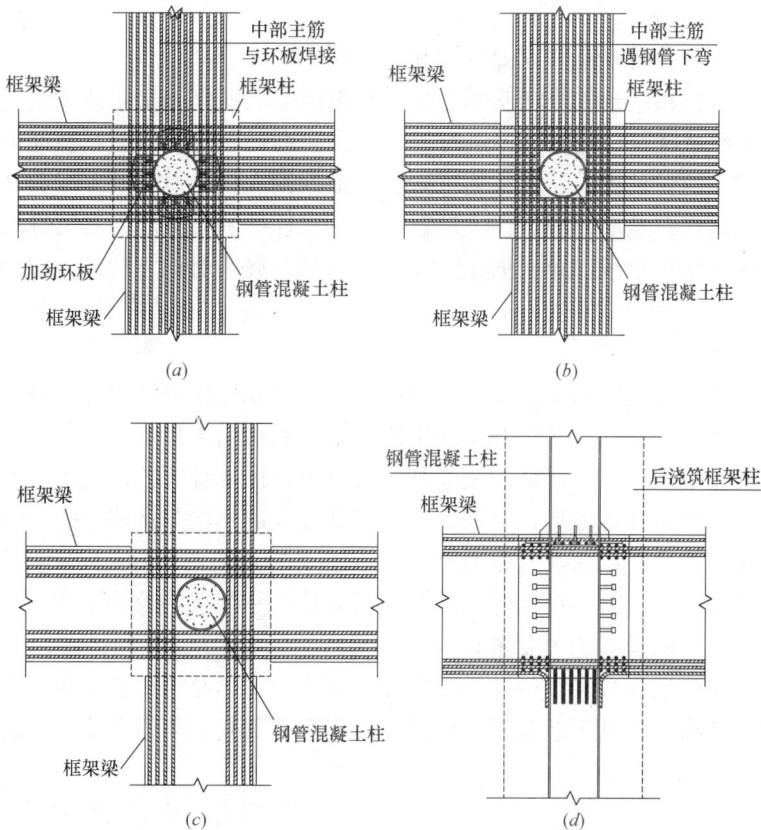

图 19.12.16 外加强环节点示意图

（a）梁顶第一排梁主筋连接节点；（b）梁底第一排梁主筋连接节点；

（c）梁顶底部第二、三排梁主筋连接方式；（d）梁柱节点竖向连接

以承受相应区域的荷载。当采用一柱一桩时，钢立柱设置在地下室的结构柱位置，待逆作施工至基底并浇筑基础底板后再逐层在钢立柱的外围浇筑外包混凝土，与钢立柱一起形成永久性的组合柱。一般对于仅承受 2～3 层结构荷载及相应施工超载的基坑工程，可采用

常规角钢拼接格构柱与立柱桩所组成的竖向支承系统；若承受的结构荷载不大于6～8层，可采用钢管混凝土柱等具备较高承载力钢立柱所组成的"一柱一桩"形式。

（2）一柱多桩。在相应结构柱周边设置多组"一柱一桩"，则形成"一柱多桩"。一柱多桩可采用一柱（结构柱）两桩、一柱三桩等形式。当采用"一柱多桩"时，可在地下室结构施工完成后，拆除临时立柱，完成主体结构柱的托换。"一柱多桩"多用于工程中局部荷载较大的区域，应尽量避免大面积采用。

（3）承受上部墙体荷载的竖向支承系统。承受上部墙体荷载的竖向支承系统是一种特殊的"一柱多桩"应用方法，用在那些必须在基坑开挖阶段同时施工剪力墙构件的工程中。通过在墙下设置密集的立柱与立柱桩，以提供足够的承载能力。承受上部墙体荷载的竖向支承系统与常规"一柱多桩"的区别在于，它在基坑工程完成后钢立柱不能够拆除，必须浇筑于相应的墙体之内，因此必须预先考虑好合适的钢立柱构件的尺寸与位置，以尽量利于墙体钢筋的穿越。

2）设计与计算原则

采用竖向构件结合时，应考虑如下设计计算原则：

（1）与主体结构相结合的竖向支承系统，应根据基坑逆作施工阶段和主体结构永久使用阶段的不同荷载状况与结构状态，进行设计计算，满足两个阶段的承载能力极限状态和正常使用极限状态的设计要求。逆作施工阶段应根据钢立柱的最不利工况荷载，对其竖向承载力、整体稳定性以及局部稳定性等进行计算；立柱桩的承载能力和沉降均需要进行计算。主体结构永久使用阶段，应根据该阶段的最不利荷载，对钢立柱外包混凝土后形成的劲性构件进行计算；兼作立柱桩的主体结构工程桩应满足相应的承载能力和沉降计算要求。

（2）钢立柱应根据施工精度要求，按双向偏心受力劲性构件计算。立柱桩的竖向承载能力计算方法与工程桩相同。基坑开挖施工阶段由于底板尚未形成，立柱桩之间的刚度联系较差，实际尚未形成一定的沉降协调关系，可按单桩沉降计算方法近似估算最大可能沉降值，通过控制最大沉降的方法，以避免桩间出现较大的不均匀沉降。

（3）由于水平支撑系统荷载是由上至下逐步施加于立柱之上，立柱承受的荷载逐渐加大，但跨度逐渐缩小，因此应按实际工况分布对立柱的承载能力及稳定性进行验算，以满足其在最不利工况下的承载能力要求。

（4）逆作施工阶段立柱和立柱桩承受的竖向荷载，包括结构梁板自重、板面活荷载以及结构梁板施工平台上的施工超载等，计算中应根据荷载规范要求考虑动、静荷载的分项系数及车辆荷载的动力系数。

（5）支承地下结构的竖向立柱的设计和布置，应按照主体地下结构的布置，以及地下结构施工时地上结构的建设要求和受荷大小等综合考虑。当立柱和立柱桩结合地下结构柱（或墙）和工程桩布置时，立柱和立柱桩的定位与承载能力应与主体地下结构的柱和工程桩的定位与承载能力相一致。主体工程中柱下桩应采取类似承台桩的布置形式，其中在柱下必须设置一根工程桩，同时该根桩的竖向承载能力应大于基坑开挖阶段的荷载要求。主体结构框架柱可采用钢筋混凝土柱或其他劲性混凝土柱形式；若采用劲性混凝土柱，其劲性钢构件应构造简单且适于用作基坑围护结构的钢立柱。

（6）当钢立柱需外包混凝土形成主体结构框架柱时，钢立柱的形式和截面设计应与地下结构梁板、柱的断面及钢筋配置相协调，设计中应采取构造措施，以保证结构整体受力与节点连接的可靠性。立柱的断面尺寸不宜过大，若承载能力不能满足要求，可选用具有较高承载能力的钢材牌号。

3）立柱的设计

（1）竖向支承立柱的形式

① 型钢格构柱。型钢格构柱由于构造简单、便于加工且承载能力较大，是应用最广的钢立柱形式。最常用的型钢格构柱采用 4 根角钢拼接而成的缀板格构柱，有∟120mm×12mm、∟140mm×14mm、∟160mm×16mm 和∟180mm×18mm 等规格。钢立柱一般需要插入立柱桩顶以下 3～4m。角钢格构柱在梁板位置应当尽量避让结构梁板内的钢筋，因此其断面尺寸除需满足承载能力要求外，尚应考虑立柱桩桩径和所穿越的结构梁等结构构件的尺寸。常用钢立柱断面边长为 420mm、440mm 和 460mm。角钢格构柱构造如图 19.12.17 所示。

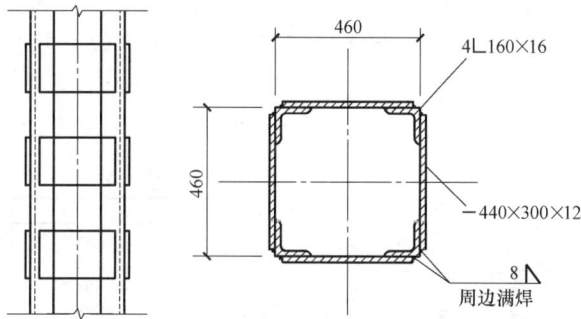

图 19.12.17　角钢拼接格构柱构造示意图

② 钢管混凝土立柱。高层建筑结构采用在钢管中浇筑高强混凝土形成钢管混凝土柱，施工便捷、承载力高且经济性好。基坑工程采用钢管混凝土立柱一般内插于其下的灌注立柱桩中使用，施工时首先将立柱桩钢筋笼及钢管置入桩孔之中，再浇筑混凝土，依次形成桩基础与钢管混凝土柱。钢管由于可以根据工程需要定制，直径和壁厚的选择范围较大，常用直径在 $\phi500～700mm$。钢管混凝土柱通常内填设计强度等级不低于 C40 的高强混凝土。

③ 地下连续墙作为逆作阶段竖向支承构件。主体结构与支护结构相结合的工程中若需要同步施工地下结构的剪力墙，可在剪力墙位置直接根据主体结构设计要求设置相同厚度的地下连续墙，既作为地下室剪力墙又进入坑底以下足够深度，作为基坑逆作阶段的竖向支承构件。地下连续墙应采用刚性槽段接头，同时应确保地下连续墙与地下室底板、结构梁板等水平结构构件的连接能满足主体结构设计要求。

（2）立柱的设计要点

① 竖向支承钢立柱由于柱中心的定位误差、柱身倾斜、基坑开挖或浇筑柱身混凝土时产生位移等原因，会产生立柱中心偏离设计位置的情况，因此应根据立柱允许偏差，按偏心受压构件验算施工偏心的影响。

② 基坑逆作施工阶段，当下层土方已开挖，上一层的钢立柱一般在结构梁板施工时可同时浇筑成复合柱，其承载能力增大很多，故仅需验算最底层一跨的钢立柱的承载能

力。同时，当基坑开挖至坑底、底板尚未浇筑前，最底层一跨钢立柱在承受最不利荷载的同时计算跨度也相当大。一般情况下，该工况是钢立柱的最不利工况。最底层一跨的钢立柱，上端固定于结构梁板中，由于结构梁板的刚度大，可视为固端；下端插入工程桩内，由于工程桩周围土体的刚度小，下端认为是可以自由转动的，因此可假定为铰接。

③ 钢立柱竖向承载能力主要由整体稳定性控制，若在柱身局部位置有截面削弱，须进行竖向承载的抗压强度验算。一般截面形式的钢立柱计算，可按国家标准《钢结构设计标准》GB 50017等相关规范中关于轴心受力构件的有关规定进行。钢管混凝土立柱计算可参考中国工程建设标准化协会标准《钢管混凝土结构技术规程》CECS 28：2012进行。

（3）连接构造

① 角钢格构柱与梁板的连接构造。角钢格构柱与结构梁板的连接节点，在地下结构施工期间主要承受荷载引起的剪力，设计时一般根据剪力的大小计算确定后在节点位置钢立柱上设置足够数量的抗剪钢筋或抗剪栓钉。图19.12.18为设置抗剪钢筋与结构梁板连接的节点示意图。图19.12.19为钢立柱设置抗剪栓钉与结构梁板连接节点的示意图。

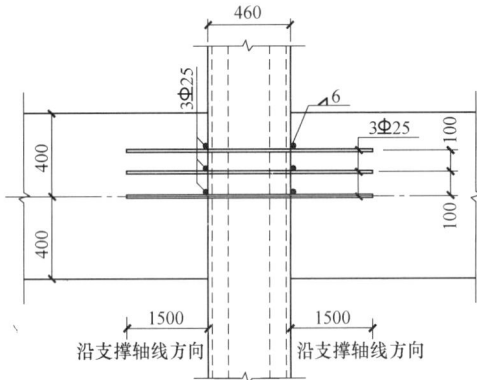

图19.12.18　钢立柱设置抗剪钢筋与
结构梁板连接

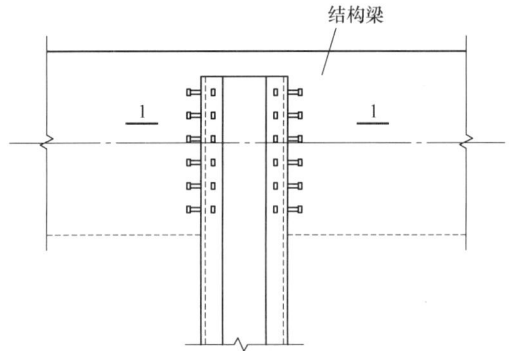

图19.12.19　钢立柱设置抗剪栓
钉与结构梁板连接

逆作施工阶段在直接作用施工车辆等较大超载的结构梁板层，需要在梁下钢立柱上设置钢牛腿或者在梁内钢牛腿上焊接抗剪能力较强的槽钢等构件。格构柱外包混凝土后伸出柱外的钢牛腿可以割除。图19.12.20为钢格构柱设置钢牛腿作为抗剪件时的示意图和实景图。

② 钢管混凝土柱与结构梁板的连接构造。钢管或钢管混凝土立柱与梁受力钢筋的连接一般通过传力钢板法连接，具体做法是在钢管周边设置带加劲肋的环形钢板，梁板受力钢筋则焊在环形钢板上。图19.12.21为钢管混凝土立柱的传力钢板连接构造实景图。图19.12.22为钢管混凝土立柱采用H型钢作为抗剪件做法实景图。

③ 钢立柱在底板位置的止水构造。钢立柱在底板位置也应设置止水构件以防止地下水上渗。对于角钢拼接格构柱通常止水构造是在每根角钢的周边设置两块止水钢板，图19.12.23为角钢拼接格构柱在底板位置止水构造图。对于钢管混凝土立柱，则需要在钢管位于底板的适当标高位置设置封闭的环形钢板，作为止水构件。

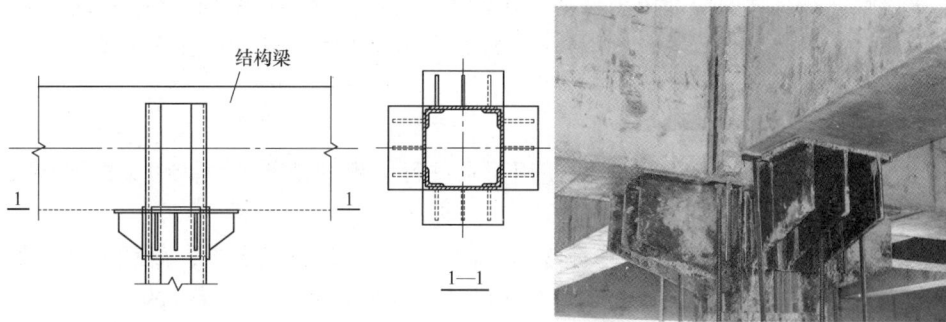

图 19.12.20　钢格构柱设置钢牛腿作为抗剪件的示意图和实景图

图 19.12.21　钢管混凝土柱传力钢板
连接构造实景图

图 19.12.22　钢管混凝土立柱的 H 型
钢传力实景图

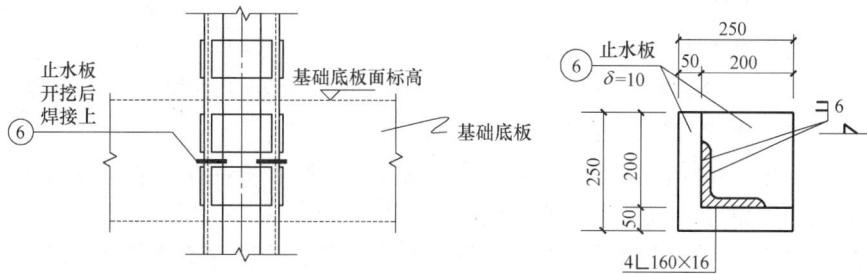

图 19.12.23　角钢拼接立柱在底板位置止水钢板详图

4）立柱桩的设计

（1）立柱桩的结构形式。主体结构与支护结构相结合的工程中，立柱桩必须具备较高的承载能力，同时钢立柱需要与其下部立柱桩具有可靠的连接，工程中常采用灌注桩将钢立柱承担的竖向荷载传递给地基。由于目前主体结构与支护结构相结合的设计方法多在沿海软土地区中应用，因此所采用灌注桩基本上为泥浆护壁钻孔灌注桩，人工挖孔桩的应用较少。另外，也有工程采用钢管桩作为立柱桩基础。当立柱桩采用钢管桩时，可在钢管桩顶部的桩中插焊十字加劲肋的封头板，立柱荷载由混凝土传至封头板和钢管桩。为使柱底与混凝土接触面有足够的局部抗压强度，在柱底可加焊钢板并在钢板上留有浇筑混凝土导管通过的缺口。在底板以下的钢立柱上可增焊栓钉，以增强柱的锚固并减小柱底接触压力。

（2）立柱桩的设计要点

① 主体结构根据永久使用阶段的使用要求进行工程桩设计，设计中应根据将来支护结构的要求适当考虑，作为立柱桩的要求。

② 基坑围护结构设计根据逆作阶段的结构平面布置、施工要求、荷载大小、钢立柱设计等条件进行立柱桩设计，并与主体结构设计进行协调对局部工程桩的定位、桩径和桩长等进行必要的调整，使桩基础设计能够同时满足永久阶段和逆作法开挖施工阶段的要求。

③ 主体结构设计根据被调整后的桩位、桩型布置出图，支护结构设计对所有临时立柱桩和与主体结构相结合的立柱桩出图。

④ 立柱桩设计内容包括立柱桩承载力和沉降计算以及钢立柱与立柱桩的连接节点设计。

⑤ 对于灌注桩桩型，若利用主体结构承压桩作为立柱桩，支护设计将其桩径或桩长增加后应确保调整配筋满足规范的构造要求。若利用抗拔桩作为立柱桩，其桩径、桩长增加后应根据其抗拔承载力进行计算，调整配筋满足规范的抗裂设计要求。

⑥ 钢立柱插入立柱桩需要确保在插入范围内，灌注桩的钢筋笼内径大于钢立柱的外径或对角线长度。若遇钢筋笼内径小于钢立柱外径或对角线长度的情况，可以将灌注桩端部一定范围进行扩径处理。

4. 逆作法施工平台与出土口设计

1）逆作法施工平台设计

逆作法施工期首层结构需要作为施工的便道，需要承受土方工程施工车辆巨大的动荷载作用，因此首层结构除了承受挡土结构传来的水平力外，还需承受较大的施工荷载和结构自重荷载。逆作施工平台设计原则如下：

（1）逆作施工平台层的平面布置应结合逆作期间的土方挖运和材料运输要求综合确定，并应便于施工机械通行与施工作业。

（2）可根据施工组织需要划分为堆载区和施工车辆作业区，堆载区荷载取值不应小于 $10kN/m^2$，施工车辆作业区荷载取值不应小于 $25kN/m^2$。

（3）逆作施工平台层结构构件承载力和变形可按照水平向与竖向受荷状态分别计算。

（4）在竖向受荷状态计算中，结构梁及楼板计算可按照等效均布竖向荷载进行计算。此外，结构梁尚应按照施工机械最不利布置下的轮压作用，进行承载力和变形验算。

2）逆作法施工出土口设计

地下结构逆作法施工阶段的垂直运输（包括暗挖的土方、钢筋以及其他施工材料的垂直运输），主要依靠在顶层以及地下各层结构相对应的位置留设出土口来解决。出土口的数量、大小以及平面布置的合理性与否，直接影响逆作法期间的基坑变形控制效果、土方工程的效率和结构施工速度。通常情况下，出土口设计原则如下：

（1）出土口位置的留设根据主体结构平面布置以及施工组织设计等共同确定，并尽量利用主体结构设计的缺失区域、电梯井以及楼梯井等位置作为出土口。

（2）出土口的数量需要考虑搬运挖掘土的容易程度和施工材料运输的方便性等后进行决定，一般认为，每 600～700m² 需要设置 1 个出土口。

（3）出土口的大小应考虑搬入地下材料的大小（如钢筋、钢骨、临时材料等）、用于坑内挖掘的机械大小等来确定。

（4）相邻出土口之间应保持一定的距离，以保证出土口之间的梁板能形成完整的传力带，利于逆作施工阶段水平力的传递。

（5）由于出土口呈矩形状，为避免逆作施工阶段结构在水平力作用下出土口四角产生较大应力集中，从而导致局部结构的破坏，在出土口四角均应增设三角形梁板，以扩散该范围的应力。

（6）由于逆作施工阶段出土口周边有施工车辆的运作，将出土口边梁设计为上翻口梁，以避免施工车辆、人员坠入基坑内等事故的发生。

（7）由于首层结构在永久使用阶段其上往往需要覆盖较大厚度的土，而出土口区域的结构梁分两次浇筑，削弱了连接位置结构梁的抗剪能力，因此在出土口周边的结构梁内预留槽钢，作为与后接结构梁的抗剪件。

19.12.5　逆作法工程实例

1. 采用桩墙合一的逆作基坑实例—上海虹桥 T1 航站楼交通中心

1）工程简介及地质条件

上海虹桥 T1 航站楼交通中心项目位于上海市长宁区虹桥机场东片区迎宾一路内侧。本项目总建筑面积为 72841m²，分为换乘大厅和停车库两个区域，换乘大厅普遍设置 1 层地下室，局部设置 2 层地下室，地上 1 层；停车库设置 2 层地下室，采用桩筏基础。交通中心基坑面积约 37800m²。其中，地下二层区域基坑面积约 36000m²，开挖深度约 9.9m；地下一层区域基坑面积约 1800m²，开挖深度约 5.95m。

基坑东侧存在一条管径为 A500 的航油管线，最近处距离基坑边线约 8.5m；基坑西侧、西南侧、西北侧有迎宾一路高架道路分布，最近处距离基坑边线约 4.8m；基坑东北角有新建高架道路桩基础分布，最近处距离基坑边线约 3.0m；基坑东南角 1～2 倍开挖深度范围内分布多条市政管线，2～3 倍开挖深度范围内有若干多层建筑物。此外，机场建设指挥部对本基坑施工期间有确保 T1 航站楼不停航的要求，客观上增加了基坑围护设计的难度。

基坑工程涉及的土层分别为：①填土，结构松散；②黏土，可塑—软塑，中—高压缩性；③淤泥质粉质黏土，流塑，高压缩性；④淤泥质黏土，流塑，高压缩性；⑤$_{1-1}$淤泥质粉质黏土，流塑，高压缩性；⑤$_{1-2}$粉质黏土，软塑，中压缩性；⑤$_{2-2}$粉砂，中密，中压缩性。总的来说，本工程基坑开挖深度范围内的土层较为软弱，淤泥质土层较厚，基坑围护结构变形及周边环境变形的控制难度较大。

2）基坑支护总体设计方案

本工程基坑面积巨大，周边环境复杂。采用常规的顺作法方案将无法满足业主的相关要求：首先，本工程工期极为紧迫，常规做法需要在基坑中部设置隔断分坑实施，无法满足工程工期要求；其次，本工程变形控制难度大、环境保护要求高，大量设置临时支撑结构浪费大量人力、物力，不利于基坑工程的可持续发展；施工期间需满足不停航的要求，项目场地有社会车辆和旅客出入，采用顺作法方案有大范围的开洞，会对交通组织安排造成不便，并对旅客产生一定的心理压力。

因项目的特殊性，最终确定本基坑工程的设计方案为：采用整坑逆作，采用桩墙合一的灌注排桩结合单排三轴水泥土搅拌桩止水帷幕作为围护体，逆作结构梁板代替临时支撑。

3）桩墙合一设计

地下二层区域根据周边环境情况，分别采用 $\phi850@1050$、$\phi900@1100$、$\phi1000@1200$ 的灌注桩排桩围护体，桩长约为 25m；地下一层区域普遍采用 $\phi800@1000$ 的灌注桩排桩围护体，桩长约为 15m；各区域统一采用 $\phi850@600$ 三轴水泥土搅拌桩作止水帷幕。

本工程结构地下室外墙与迎宾一路楼前高架桥面投影的净距极近（最近处仅 2m），采用桩墙合一新技术，实现了排桩与地下室外墙紧贴，一定程度上增加基坑与高架道路的净距，保证搅拌桩止水帷幕位于高架路面投影以外，为搅拌桩的施工提供便利。采用桩墙合一实现了主体地下结构与围护排桩一体化，围护排桩与地下室结构之间考虑水平向传力，围护排桩分担永久使用阶段水平向荷载，与地下室外墙共同承担侧向水土压力，地下室外墙厚度可由 800mm 减至 600mm，并省去基坑回筑阶段周边换撑体系及土方回填方量，可节约工程造价约 400 万元。

本工程桩墙合一的施工步骤为：

（1）施工围护排桩及止水帷幕；

（2）基坑开挖后，在排桩迎坑侧施工挂网喷浆面层找平；

（3）面层的强度和平整度达到要求后，铺贴防水卷材；

（4）采用单边支模的方式施工地下室外墙。基坑围护剖面图如图 19.12.24 所示，桩墙合一的具体构造如图 19.12.25 所示。

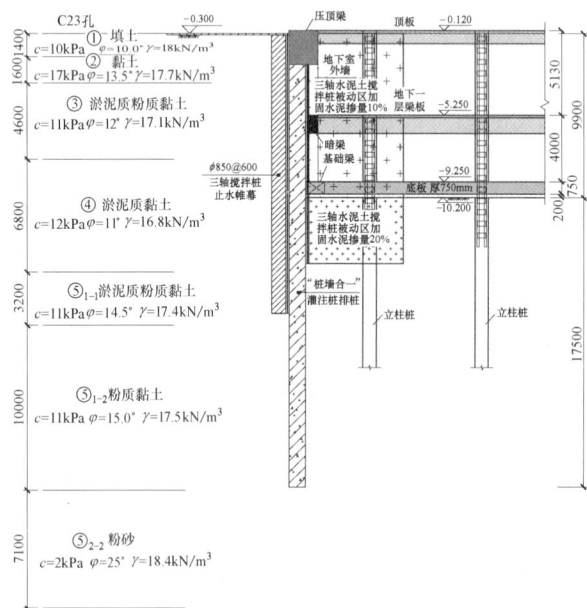

图 19.12.24 基坑围护剖面图

4）结构梁板替代支撑设计

本工程地下二层区域、地下一层 A 区采用整坑逆作先实施。逆作区域利用结构梁板代替水平支撑体系承受水平力，在基坑周边天井开洞的区域设置临时混凝土支撑及钢支撑，确保基坑安全。对首层结构梁板作水平、竖向双向受力状态计算，对相应区域结构构件进行加强处理。其他各层考虑水平力作用，对结构开口边梁位置进行加强。

逆作法需在结构梁板下方暗挖土方，出土效率成为影响逆作法基坑工程工期的重要因素。为加快出土效率，本工程在基坑中部位置设置两个超大型出土口，两个出土口尺寸分别为83m×48m和75m×48m。大开口使逆作过程可以顺利、快捷实施，极大地方

图 19.12.25　桩墙合一节点示意图

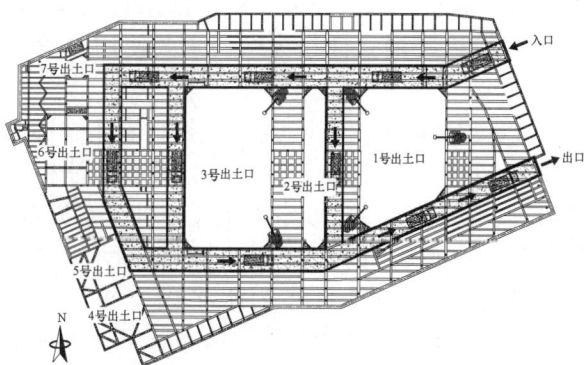

便了土方开挖及外运，为加快本工程进度创造了条件。逆作结构梁板平面及现场照片如图 19.12.26 所示。

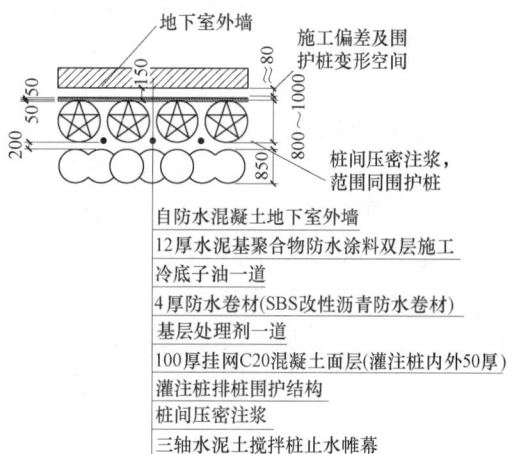

图 19.12.26　逆作结构梁板平面及实景图

5）竖向支承系统设计

通过前期与结构设计充分沟通，结构专业在框架柱下方设置供基坑围护"一柱一桩"竖向支承体系使用的工程桩，桩基形式为 ϕ900mm 的钻孔灌注桩。因此，逆作区域的立柱桩以利用主体结构工程桩为主，在结构梁板区域主梁与围护桩之间跨度大于5m的位置及出土口边梁跨中位置，需加打立柱桩，设置临时格构柱，防止围护桩承受较大的竖向力。一柱一桩格构柱在基础底板浇筑完成后外包混凝土形成永久框架柱，逆作施工结束后临时格构柱予以割除。

地下二层区域钢立柱受到的荷载标准值按各分区的最大值5375kN进行设计。该区域钢立柱采用由等边角钢和缀板焊接而成的 4L200×20 角钢格构柱，其截面为 500mm×500mm，型钢型号为 Q345B，钢立柱插入作为立柱桩的钻孔灌注桩中不少于 3.0m。

2. 周边临时围护体结合坑内水平梁板替代支撑的逆作基坑实例——曹安商贸城

1）工程简介及地质条件

曹安商贸城 C-1、C-2 地块工程位于上海市嘉定区，主体建筑由两幢分别为 12 层和 15 层的公寓式办公楼以及周边 3 层商铺裙房组成。主楼和裙房均设 2 层地下室，采用钢筋混凝土框架-剪力墙体系，基础形式为桩筏基础，桩基采用钻孔灌注桩，主楼区域和裙楼区域基坑普遍挖深分别为 11.55m 和 10.85m，基坑面积达 1.5 万 m^2。工程基地北临曹安公路，距基坑约 20m；南邻沪宁高速公路，基坑距离超过 50m；西侧为空地。东侧偏北是一幢 4 层高酒店建筑物，距离基坑约 12m。基坑工程的环境保护要求相对不高。

工程基地 55.0m 深度范围内土层主要由饱和的黏性土和粉性土组成，基坑工程开挖及影响深度范围内的土层可分为 7 层，各层土的层厚相对比较均匀。自上而下土层分别为：①$_1$杂填土、①$_2$素填土、②$_1$褐黄色黏质粉土、②$_2$灰色黏质粉土、④灰色淤泥质黏土、⑤$_{1a}$灰色黏土、⑤$_{1b}$灰色粉质黏土。其中，第②层粉土层易产生流砂、管涌现象。

2）基坑逆作法设计方案

根据上海地区的常规基坑工程经验，该工程采用常规顺作法实施是可行的，但由于该工程基坑面积达 1.5 万 m^2，顺作法需要设置的临时水平支撑工程量巨大，无法满足工程经济性要求，因此该工程采用了周边临时围护体结合坑内水平梁板体系替代支撑逆作法方案。基坑开挖阶段采用钻孔灌注桩结合其外侧双排水泥土搅拌桩止水帷幕作为临时围护体，结构梁板作为水平支撑，一柱一桩作为基坑的竖向支承系统，地下各层结构采用由上而下的逆作施工方式，逆作施工阶段的同时完成 4 层上部结构的施工。逆作施工结束后，顺作施工地下室结构外墙替代边跨钢立柱作为结构永久使用阶段边跨的竖向承重构件。

基坑主楼区采用 $\phi950@1150$ 钻孔灌注排桩、裙楼区采用 $\phi900@1100$ 钻孔灌注排桩作为基坑围护结构，灌注桩插入基坑底部以下深度分别为 14.8m 和 12.0m，钻孔灌注桩混凝土设计强度等级 C30。钻孔灌注排桩外侧打设双排 $\phi700@500$ 水泥土搅拌桩止水帷幕，止水帷幕有效深度范围为从地面至坑底以下 6m。基坑围护剖面如图 19.12.27 所示。

基坑开挖阶段利用地下结构首层和地下一层梁板体系作为水平内支撑，如图 19.12.28 所示。结合基坑面积及施工场地的特点，在地下室各层结构边跨若干位置预留了出土口，以方便出土、加快挖土速度。地下结构梁板设置边环梁与钻孔灌注排桩通过混凝土换撑节点和围檩进行连接。

本工程地下一层梁板体系与坑底之间跨度较大，在裙楼区域为 5.7m，在主楼区域达到了 6.5m。为控制钻孔灌注排桩围护体的内力，在基坑开挖至地下一层梁板以下土方后，基坑周边留土护坡，首先施工基坑中部底板，然后再分块挖除基坑周边土体，分块浇筑，形成全部底板。

逆作法施工期考虑地上和地下结构同时进行立体交叉施工，地上部分施工至地上 4 层。基坑逆作施工阶段的竖向支承采用一柱一桩形式，立柱采用型钢格构柱 4L180mm×18mm，截面为 460mm×460mm，正常使用期间外包混凝土作为主体结构框架柱。永久框架柱位置的立柱桩均利用主体的柱下工程桩，为提高桩承载力并控制立柱桩的总沉降及立柱桩间的差异沉降，逆作施工阶段立柱桩均采用桩端后注浆。

3. 上下同步逆作基坑实例—徐家汇中心华山路地块项目

1）工程简介及地质条件

徐家汇中心华山路地块项目地处上海市徐汇区，华山路与广元西路东南，主体结构为

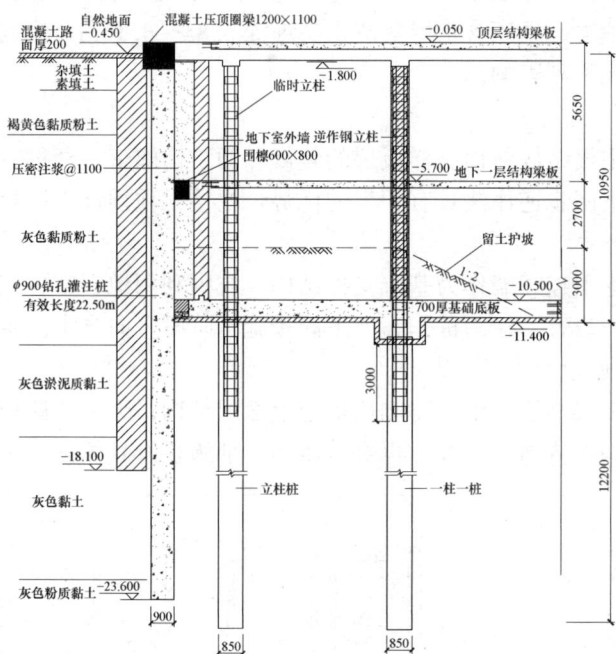

图 19.12.27 曹安商贸城围护结构剖面

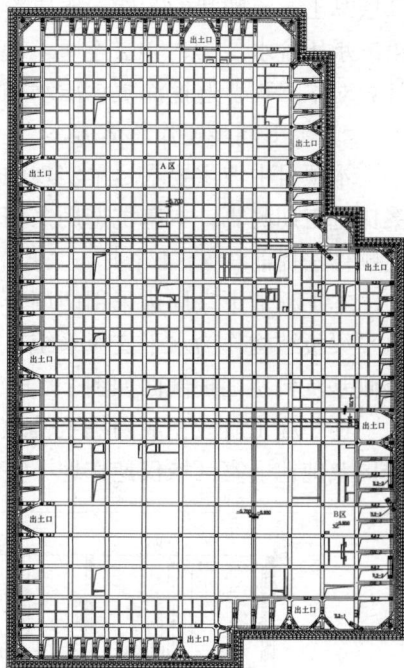

图 19.12.28 逆作阶段首层结构梁
板平面布置图

2栋8层商业办公楼和2层裙楼，主楼高度约40m。整体设置3层地下室，主楼、裙楼均为框架结构。基坑面积约 12000m²，周长约 435m，基坑挖深 16.85～17.05m。基坑面临复杂的周边环境，基坑三侧道路均为城市主干道，下埋大量市政管线，在开挖影响范围内存在多栋天然地基建筑物，均为基坑实施过程中需重点保护的对象。

本项目业主对主楼、华山路侧裙楼上部结构封顶工期提出较高要求，要求尽可能加快两栋主楼和华山路侧裙楼的施工进度、缩短工期，作为优良的工程形象展示。基坑工程作为本工程的关键节点之一，需要通过选取的总体选型方案，尽可能避免基坑实施和地下室结构施工对上部主楼工期的制约，合理安排总体施工流程，尽可能加快主楼的施工进度。

本工程建设场地为典型上海市软土地层，基坑开挖深度范围内主要为

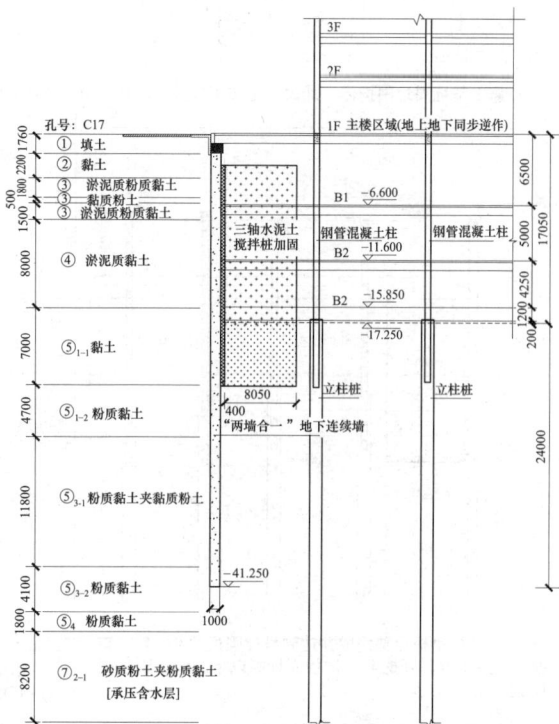

图 19.12.29 主楼侧基坑典型围护剖面

②层黏土、流塑状的③层淤泥质粉质黏土、④层淤泥质黏土层，基底以下为⑤粉质黏土。第二承压含水层⑦、⑨层连通，⑧层缺失。承压含水层实测水头埋深5.84～6.10m，根据计算对本工程普遍挖深抗承压水突涌无不利影响。

2) 上下同步逆作总体方案

本项目中业主要求尽早实现两栋主楼结构封顶、样板层的装修和两结构施工。经过方案比选工期测算，本基坑选用采用上下同步逆作法具有相当的优势，主楼封顶预计工期相比顺作法提前约3～4个月。

本工程地下室周边采用两墙合一地下连续墙作为基坑支护结构，坑内利用地下室各层水平梁板结构作为水平支撑系统，竖向设置一柱一桩作为上下同步施工阶段竖向支承。主楼侧基坑典型围护剖面如图19.12.29所示。

逆作施工阶段完成两栋主楼地上8层结构、华山路侧裙楼地上2层结构；天平路侧裙楼区及纯地下室区域仅逆作地下室结构，待地下完成后再进行裙楼上部施工。具体施工工

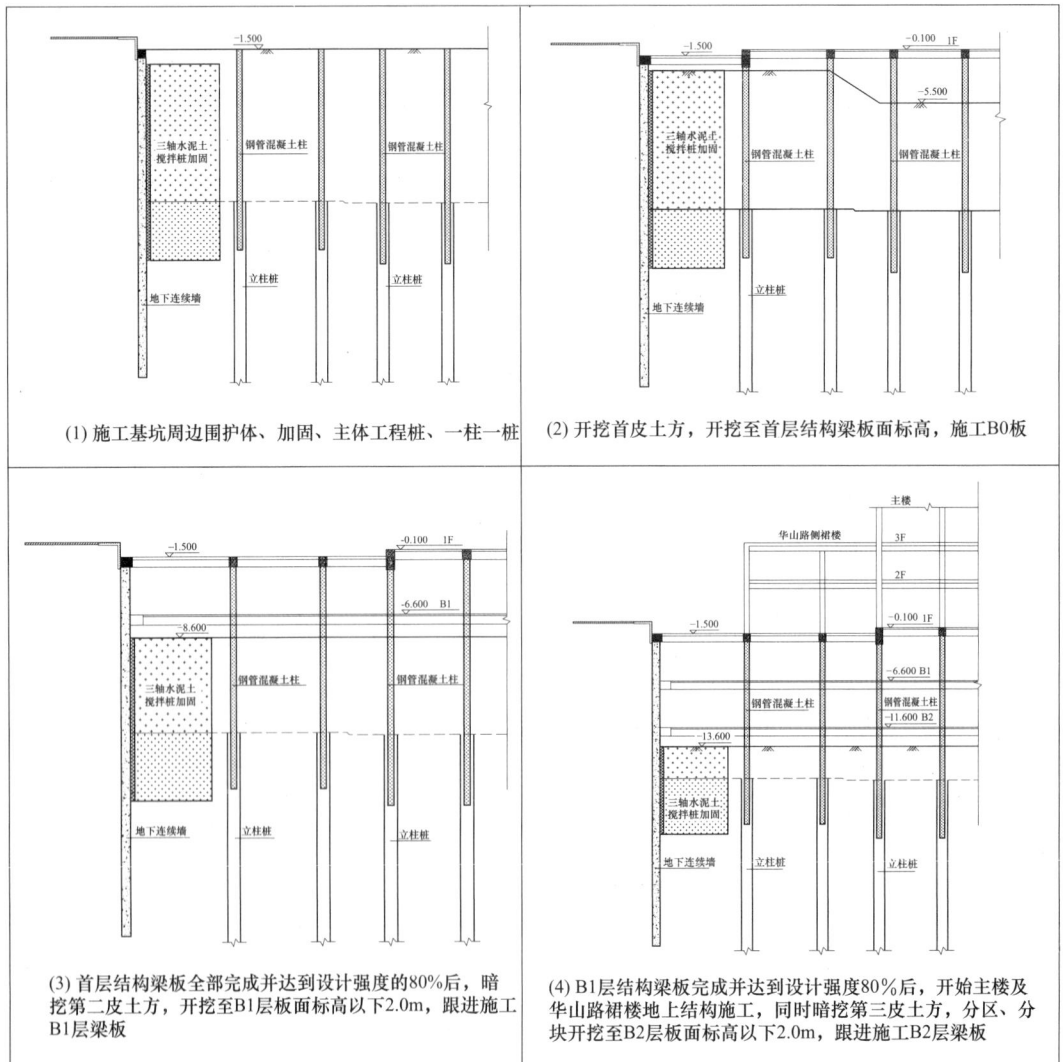

(1) 施工基坑周边围护体、加固、主体工程桩、一柱一桩

(2) 开挖首皮土方，开挖至首层结构梁板面标高，施工B0板

(3) 首层结构梁板全部完成并达到设计强度的80%后，暗挖第二皮土方，开挖至B1层板面标高以下2.0m，跟进施工B1层梁板

(4) B1层结构梁板完成并达到设计强度80%后，开始主楼及华山路侧裙楼地上结构施工，同时暗挖第三皮土方，分区、分块开挖至B2层板面标高以下2.0m，跟进施工B2层梁板

图19.12.30 地上地下结构同步施工工况图（一）

842

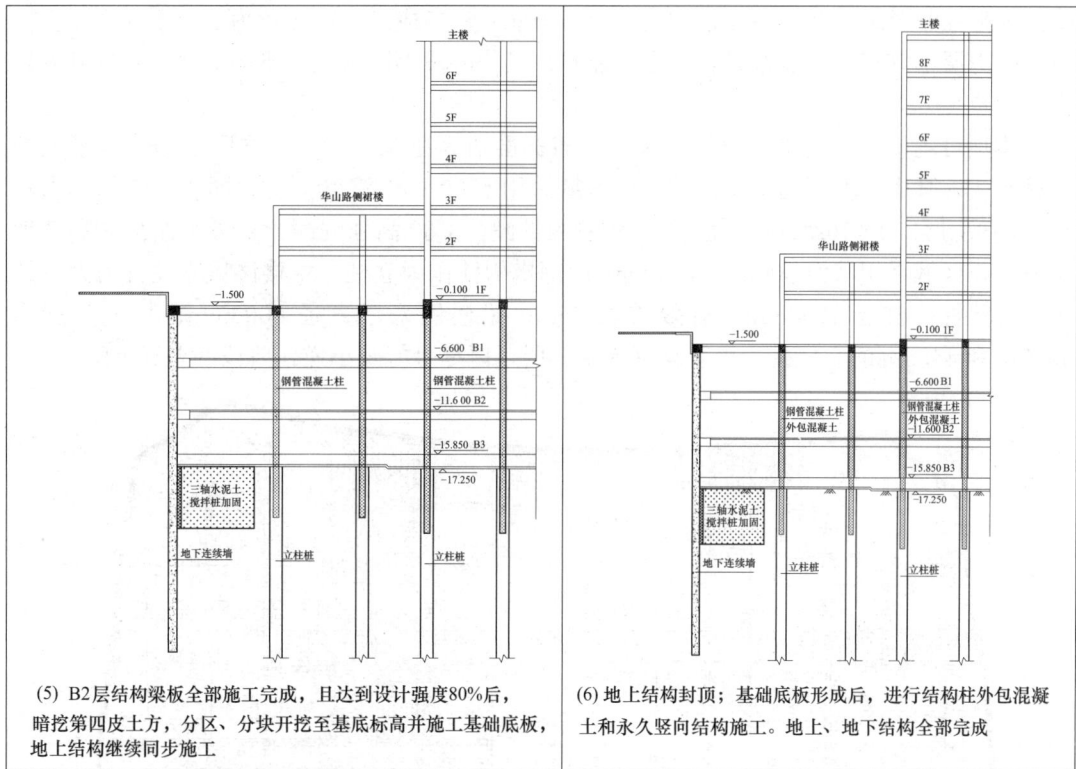

图 19.12.30　地上地下结构同步施工工况图（二）

况如图 19.12.30 所示。

　　3）两墙合一地下连续墙设计

　　本工程围护体采用地下连续墙，作为基坑围护结构起到挡土和止水作用的同时，又作为地下结构外墙，即两墙合一。地下连续墙混凝土强度等级为 C35（水下混凝土提高一级）。地下连续墙施工接头采用圆形锁口管接头。普遍区域开挖深度为 16.85m，地下连续墙厚度为 1m，嵌入基底以下 23.0m。

　　4）逆作水平结构设计

　　逆作施工过程中，利用首层结构梁板作为施工机械的挖土平台及车辆运作通道，由于首层结构梁板上将布设车辆运输路线，运土车等施工机械频繁往来，因此车辆运输路线的结构梁板和临时出土口周边的结构梁相应进行了加强处理。在逆作梁板上设置多个出土口，作为逆作期间挖土和机械的出入口。出土口尽量利用主体结构开洞区域，并需结合施工组织和行车通道布置，保证挖掘机等机械操作空间，不与地上同步施工冲突。为加快出土效率，在主楼和西侧裙楼内适量布置出土口，在 B1 层以下土方基本开挖完成、上部结构施工前再予以封闭。首层逆作梁板平面及出土口布置如图 19.12.31 所示。

　　5）一柱一桩设计

　　竖向支承构件是上下同步逆作法设计的核心，关系到上下同步实施的成败。本工程中主楼和裙楼地上均为框架结构，逆作阶段采用一柱一桩支承，需要根据各逆作区域不同的受荷情况，对立柱、立柱桩的类型进行细化。由于一柱一桩体系中，逆作时结构柱下为单桩，因此立柱桩在具备足够承载的同时，必须满足逆作工况下竖向绝对沉降、柱间差异沉降的变形控制要求，确保主体结构的安全，因此立柱桩应进入稳定持力层且不同区域立柱桩的持力层不宜存在明显差异，以尽可能减小逆作阶段不同区域、不同荷载下的桩基差异沉降。

本项目主楼区域逆作阶段最大竖向荷载标准值高达 12000kN，选取了钢管混凝土的立柱形式。其中，上下同步逆作的主楼区域采用 $\phi700\times22$ 钢管，上下同步逆作的华山路裙楼侧采用 $\phi550\times16$ 钢管作为立柱，钢管内部灌注 C60 高强混凝土；天平路裙楼和纯地下室逆作区域采用截面 500mm×500mm 的钢格构柱作为立柱。主楼区域立柱桩为大直径超长灌注桩，桩径 1200mm，有效桩长 65m；裙楼侧采用直径 1000mm、长度分别为 48.5m 和 44.5m 的立柱桩。桩基均进入第⑨层，以尽可能减小逆作阶段的差异沉降。

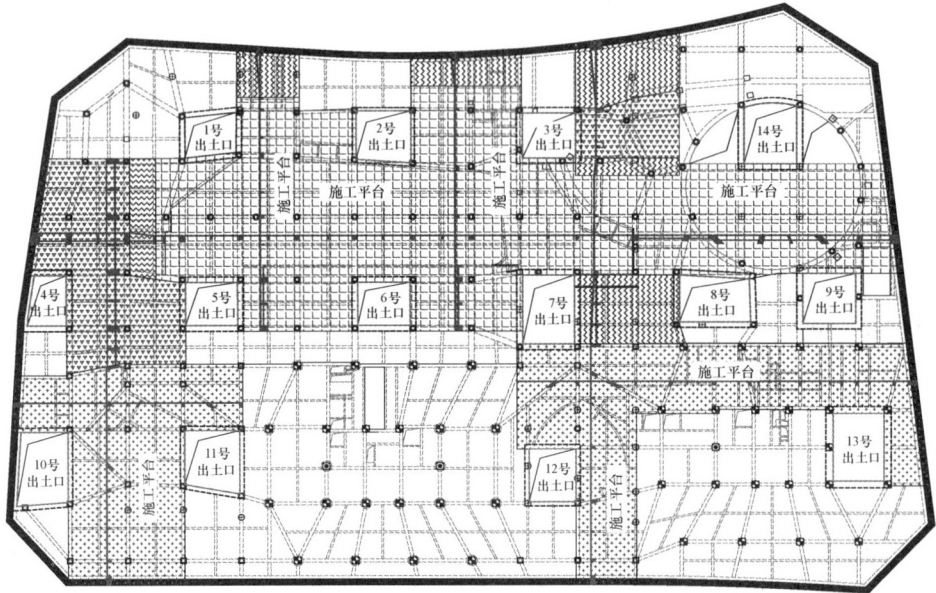

图 19.12.31　首层逆作梁板施工平台和出土口布置平面图

19.13　地下水控制

高地下水位地区对地下水作用的有效控制，是基坑工程安全的决定因素之一。在基坑工程事故中，因地下水控制失效导致的基坑事故占相当高的比例，因此，如何控制好场地地下水的作用，是基坑工程设计的一项重要内容。

19.13.1　基坑工程的地下水条件

1. 地下水的基本类型

1）上层滞水

上层滞水是指当包气带存在局部隔水层时，在隔水层上积聚的具有自由水面的重力水。水量随季节变化，极不稳定，因其接近地表，对基坑施工有影响，应考虑排水措施。

2）潜水

潜水是指第一个稳定隔水层以上饱水带中具有自由水面的地下水。潜水不承压，并与大气及地表水联系紧密，潜水对建筑物的稳定性和施工均有影响，宜用排水、降低水位、隔离等措施处理。

3）承压水

承压水是存在于两层隔水层之间的有压地下水。承压水的特征是上下都有隔水层，具有压力，一般埋深较深，承压水的水头对基坑底部土层的稳定性有影响，应采取有效的降水、排水或减压措施。

2. 含水层与隔水层

地层按其给出与透过水的能力不同，可划分为含水层与隔水层。查明场地地层中的含水层与隔水层的分布，在基坑设计中十分重要。在含水层与隔水层之间往往很难画出一条截然的界限，其间的划分是相对的而不是绝对的，两者之间相比较而区分，取决于基坑现场的具体条件。

地层构造是复杂多变的，场地基坑范围内区分的含水层与隔水层，有时在较大范围内，在含水层和隔水层之间存在局部尖灭或透镜体等条件，形成含水层之间的越流补给的情况，在作基坑降水设计时亦应对其作出适当的评价。

3. 地下水的控制

地下水控制包括基坑开挖影响深度内的潜水、微承压水与承压水控制，采用的方法包括隔水、集水明排、基坑降水以及地下水回灌等。

当基坑开挖深度较小，通常仅需将浅层潜水位控制在坡面和坑底以下。当基坑开挖深度较大，常常涉及微承压水、承压水控制，需通过有效的减压降水措施，将微承压水位、承压水位降低至安全埋深以下。为避免基坑侧壁、坑底发生流砂、渗漏等不良现象，以及满足基坑周边环境的保护要求，需在基坑周边以及坑底局部区域设置可靠的隔水或防渗措施。为控制基坑周边地下水位下降引起的地面沉降，可采取坑外地下水回灌措施，控制地下水位，达到减小地层压缩变形与地面沉降的目的。

19.13.2 地下水运动规律

1. 渗透定律

地下水的层流满足 Darcy 定律（线性渗透定律）：

$$q = kJ \tag{19.13.1}$$

式中　q——渗流速度，不是实际速度，而是假设水流通过包括骨架与空隙在内的全断面流动时所具有的虚拟速度，m/d 或 cm/s；

　　　k——渗透系数，m/d 或 cm/s；

　　　J——水力梯度，为沿渗透途径的水头损失与相应渗透长度的比值，如图 19.13.1 所示。它与介质对水流的阻力有关，无因次物理量。

$$J = \frac{H_1 - H_2}{L} \tag{19.13.2}$$

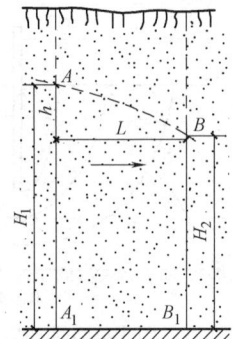

图 19.13.1　水力梯度示意图

Darcy 定律的实质是水在土中的渗流速度取决于两方面的因素：一方面是土的透水性（反映为渗透系数的大小）；另一方面是水力条件（反映为水力梯度的大小）。

2. 渗透系数

渗透系数主要反映土层的孔隙性质，如孔隙大小、连通程度、分布规律等。渗透系数的确定，对基坑工程的降水设计和地下水危害性的判别非常重要。

渗透系数可以采用直接或间接的方法测定，直接测定的方法有现场抽水试验或室内渗透试验测定的方法；间接测定的方法可用固结试验的固结系数和压缩系数计算得到。设计等级为甲级的基坑工程，应进行现场抽水试验。抽水试验可分为单井或群井抽水试验，群井抽水试验能完成抽水试验的多项任务，除测定含水层的渗透系数和井出水量外，还可确定含水层在不同方向上的渗透性、水位下降漏斗范围、各含水层间或含水层与地表水之间的水力联系等。

3. 流网

地层中的渗流场可以用流网来表示。平面稳定渗流基本微分方程的解可以用渗流区平面内两簇互相正交的曲线来表示（图19.13.2），其中一簇为流线，它代表水流的流动路径；另一簇为等势线，在任一条等势线上，各点的测压水位或总水头都在同一水平线上，工程上把这种等势线簇和流线簇交织成的网格图形称为流网。图19.13.3所示为一承压水完整井抽水时的流网图，图19.13.4所示为基坑降水流网图。流网刻画了渗流场的水流特征，利用它可以确定各渗流要素，解决渗流问题。

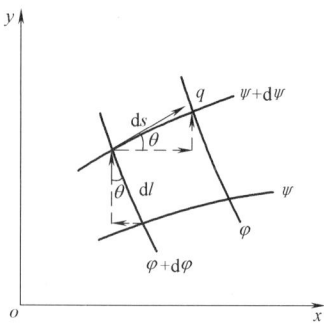

图19.13.2　部分流网图

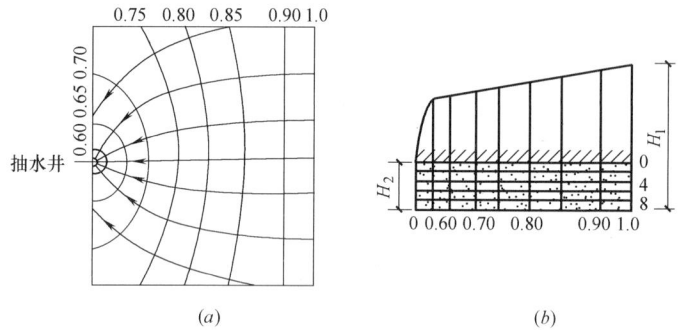

图19.13.3　承压水完整井抽水时的流网图

（a）平面图；（b）剖面图

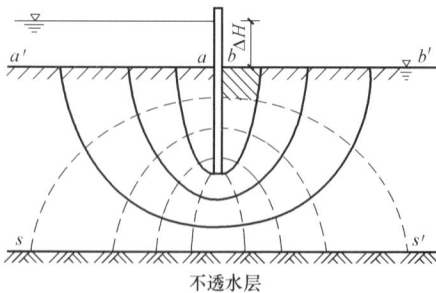

图19.13.4　基坑降水流网图

19.13.3　基坑中地下水的危害

地下水在土的孔隙中流动时，受到土颗粒的阻力，从作用力与反作用力大小相等、方向相反的原理，可知水流过时必定作用压力于土颗粒骨架上。单位体积土颗粒骨架所受到的水压力总和，称为渗透力（kN/m^3）。

如果水流逸出处的水力梯度大于临界水力梯度时，就会在逸出面出现流沙、流土现象，这种现象称为渗流破坏。渗流破坏会造成严重的工程事故，必须加以重视。

1. 流砂与流土

流砂是指在饱和砂土中，由于水头作用产生的渗透力使松散颗粒产生悬浮流动。主要发生在级配均匀的粉细砂及粉土中。流砂产生的结果将导致基坑边坡的坍塌。长时间的水土流失导致坑外土体塌陷及地面沉降，影响基坑的安全。

流土，是在渗流作用下，渗透力超过土的有效重度时，土体表面隆起或某一颗粒群的同时流失的现象称为流土。它可以发生在粉性土中，同样对基坑的安全会产生影响。应通过水力计算，防止流砂、流土的发生。当基坑周边的止水帷幕局部出现渗漏，形成水土流失现象时，应及时采取有效的防渗措施，避免长时间水土流失，危及基坑安全。

2. 管涌

地基土在具有一定渗流速度（或梯度）的水流作用下，其细小颗粒被冲走，土中的空隙逐渐增大，慢慢形成一种能穿越地基的细管状渗流通道，从而掏空地基或坝体，使其变形、失稳，此现象即为管涌。

管涌多发生在非黏性土中，其特征是：颗粒大小差别较大，往往缺少某种粒径，孔隙直径大且互相连通。颗粒多由相对密度较小的矿物组成，易随水流动，有较大和良好的渗流出路。

管涌形成的条件较为复杂，在建筑基坑工程中一般不常出现。防治管涌的措施，一般亦是通过降水降低水力梯度、控制渗流梯度不大于土的临界梯度予以防治。

3. 突涌

当基坑开挖深度较大，下部承压水层至坑底的上覆不透水层的厚度不足时，承压水的水头压力能顶裂或冲毁坑底土层，造成坑底突涌破坏。突涌破坏的危害大，当坑底下部土层厚度不足时，必须对承压水的水头采取减压措施，以控制不致发生突涌的现象。

19.13.4 基坑降水及涌水量计算

1. 明沟排水

明沟排水又叫表面排水，它是利用设置在基坑（槽）内、外的明沟、集水井和抽水设备把地下水从集水井中不断排走，保持基坑干燥。当土质较好而基坑又不深时，因它的设备和施工比较简单、成本低、管理方便，对人工开挖基坑尤为适宜，所以应用较广，但不能完全防止土的流失和产生流砂现象。它适用于碎石土、粗粒砂和渗水量不大的黏性土。

当挖土到接近地下水位时，沿坑底四周挖明沟，并在坑内的适宜部位或边角处设置一个或几个集水井，如图 19.13.5 所示。渗入坑内的地下水经明沟汇集于集水井内，用水泵抽出坑外，然后再开挖基坑中间部分的土方。当挖到明沟底附近时，再加深明沟和集水井。这样，一面抽水、一面加深坑四周的明沟和集水井（图19.13.6），以保持排水通畅。明沟和集水井应经常保持一定的高差，集水井底一般应比明沟底低 0.4～0.5m，沟底又比挖土面低 0.3～0.4m。这样，边挖土边随排水，以达到坑底设计标高。抽水工作应在挖土、砌筑基础以及回填等整个过程中连续进行，始终保持基坑干燥。

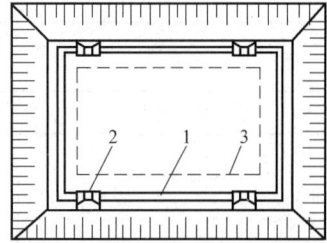

图 19.13.5　坑内明沟排水

1—排水沟；2—集水井；3—基础外缘线

明沟和集水井应设置在基础的轮廓线以外，并距基础边缘一定距离，明沟边缘应离开坡脚不小于 0.3m。沟的断面尺寸和纵向坡度主要取决于排水量的大小，其底宽一般不小于 0.3m，坡度为 0.001～0.005。当排水时间较长而土质又较差时，为防止沟壁坍塌，影响排水，沟壁可设置木板支撑（包括竖向铺设的挡木板和

图 19.13.6　分层开挖明沟

横撑）。集水井最好设在地下水的上游，以便截住地下水。井的容量至少要保证当水泵停止抽水 $10\sim15min$ 后，也不致使井水溢出井外。根据上海地区的经验，集水井的直径一般为 $70\sim80cm$，深度为 $80\sim100cm$，井壁用 $5cm$ 厚的挡土板围筑或用砖干砌，井底铺设一层 $10\sim15cm$ 厚的粗砂或分两层，下层为 $10cm$ 厚的砾石；上层为 $10cm$ 厚的粗砂，作为反滤层，以免泥砂堵塞水泵的吸水龙头，并防止井底土的扰动。

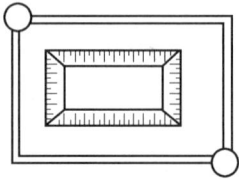

图 19.13.7 基坑外明沟排水

当土中渗水量较大，施工现场地又较宽敞时，可在坑外距坑边约 $3\sim6m$ 处开挖大型明沟，沟底至少要比基坑底面低 $0.5\sim1.0m$，使地下水流到集水井内，然后用水泵连续抽水，将水引到施工场地以外，以保证基坑干燥，如图 19.13.7 所示。如施工时间较长，为了不妨碍施工并防止沟壁坍塌，明沟可用盲沟代替。

也有采用打板桩和集水井排水相结合的方法，但抽水后，由于板桩内外水位相差较大，易使粉砂、细砂发生流砂或管涌，造成施工困难甚至失败，自从用井点法降水成功后，已改用打板桩和井点法相结合的方法施工。

流入基坑内的渗水量与土的种类、渗透系数、水头、坑底面积等有关，可通过抽水试验或凭经验估计，或按大井法估算。按大井法估算时，就是将矩形基坑（其长、短边的比值不大于 10）假想为一个半径为 r_0 的圆形大井，其引用半径 r_0 可按式（19.13.3）近似计算：

$$r_0 = \eta \frac{a+b}{4} \tag{19.13.3}$$

η 值   表 19.13.1

b/a	0	0.20	0.40	0.60	0.80	1.00
η	1.00	1.12	1.14	1.16	1.18	1.18

基坑引用半径（r_0）计算公式   表 19.13.2

基坑平面形状	计算公式	附 注
椭圆形	$r_0 = \dfrac{a+b}{4}$	
不规则形	$a/b < 2\sim3 \quad r_0 = 0.565A$ $a/b > 2\sim3 \quad r_0 = u/\pi$	A—基坑面积 u—基坑周长

式中 a、b——矩形基坑的边长；

η——系数，由表 19.13.1 查得。

对于不规则及椭圆形基坑，其引用半径也可按表 19.13.2 计算。

这时，流入坑内的涌水量 Q（m^3/d）为从四周坑壁和坑底流入的水量之和，即

$$Q = \frac{1.366ks(2H-s)}{\log\dfrac{R}{r_0}} + \frac{6.28ksr_0}{1.57 + \dfrac{r_0}{m_0}\left(1 + 1.185\log\dfrac{R}{4m_0}\right)} \tag{19.13.4}$$

式中 k——土的渗透系数，m/d；

s——抽水时坑内水位下降值，m；

H——抽水前坑底以上的水位高度，m；

R——抽水影响半径，可按表 19.13.3 选用，m；

r_0——引用半径，m；

m_0——从坑底到下卧不透水层的距离，m。

抽水影响半径 R 的经验值   表 19.13.3

土的种类	极细砂	细 砂	中 砂	粗 砂	极粗砂	小砾石	中砾石	大砾石
粒径(mm)	0.05~0.1	0.1~0.25	0.25~0.5	0.5~1.0	1.0~2.0	2.0~3.0	3.0~5.0	5.0~10.0
所占重量(%)	<70	>70	>50	>50	>50			
R(m)	25~50	50~100	100~200	200~400	400~500	500~600	600~1500	1500~3000

虽然，实际上流入集水坑内的水量比理论计算值小，但在选择水泵考虑水泵流量时，应将按式（19.13.4）计算得出的涌水量增加 10%~20%。

水泵所需功率 N 按式（19.13.5）计算：

$$N=\frac{KQH}{75\eta_1\eta_2} \tag{19.13.5}$$

式中 H——包括扬水、吸水以及由各种阻力所造成的水头损失在内的总高度，m；

K——安全系数，一般取 2；

η_1——水泵效率，0.4~0.5；

η_2——动力机械效率，0.75~0.85；

实用上宜安排些备用水泵，以便供当抽水量不足或机器发生故障时投入工作。

2. 人工降低地下水位法

明沟排水法有下列缺点：

（1）不能完全防止流砂现象的发生；

（2）随着大量地下水涌进坑内，由于渗流力的作用，坑四周的土也将跟着涌进，可能导致坑壁滑坍或引起附近地面的下沉；

（3）当为了防止地下水的渗入和加固坑壁而采用板桩围护时，需用大量支撑材料；

（4）降低坑底土的强度，使坑底土软化、泥泞等。因此，就需要采用一些如前所述的特殊施工方法，而其中又以人工降低地下水位法用得较为广泛，效果也较好。它是将带有滤水管的降水工具（即井点）沉设在基坑四周的土中，利用抽水设备抽出地下水，使坑底处于疏干无水状态，以利开挖。

人工降低地下水位法的主要原理是从井中连续抽水，使井周围的地下水位下降而形成所谓"下降漏斗"，如图 19.13.8 所示。下降漏斗从开始形成到最后稳定，要经过一定时间，它与土的颗粒组成有关。如在基坑四周布置一些井，并从这些井中同时连续抽水，则这些井之间的地下水位也将降低，并降低到坑底设计标高以下，从而保证开挖等工作可在干燥、无水的情况下进行。

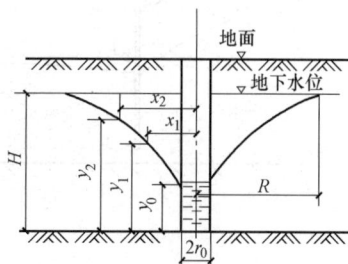

图 19.13.8　从井中抽水
时的下降漏斗

这个方法的主要优点在于：

（1）在整个施工过程中，基坑处于无水状态，便于施工；

（2）抽水时，地下水流的运动方向朝下，土受到动水力的作用而得到压实，从而改善坑周和坑底土的性质；

（3）增加坑壁的稳定性，边坡可以较陡，以减少土方量；

（4）减少作用在板桩墙上的侧压力；

（5）坑内不会造成泥泞状态。但需要注意的是抽水时，因为水流向下，使土得到密实，固然是好事。但水位下降后，土的重度由原有浮重度增加到饱和重度，增加了土的自重压力，再加上渗流力的作用，也就可能引起附近建筑物过大而不均匀的附加沉降。所以，在抽水过程中应对附近建筑物及地下水位进行专门的观测。此外，人工降低地下水位法需要较完整的水文地质资料，施工设备较复杂，费用较高，所以，只有当土质差而地下水位较高，需要挖土的深度较大，施工场地狭窄，采用表面排水有困难时才予采用。

1）各种井点

人工降低地下水位法经过多年来的改进和发展，目前主要有轻型井点、喷射井点和电渗井点三种，可按土的渗透系数、要求降低水位的深度、设备情况以及工程特点，参照表19.13.4选用。

各种井点的适用范围　　　　　　　　　　　　　　　表 19.13.4

井点类别	土的渗透系数(m/d)	降低水位深度(m)
一级轻型井点	0.1～50	3～5
二级轻型井点	0.1～50	6～9
电渗井点	<0.1	5～6
喷射井点	0.1～50	8～20
深井井点	10～250	>15

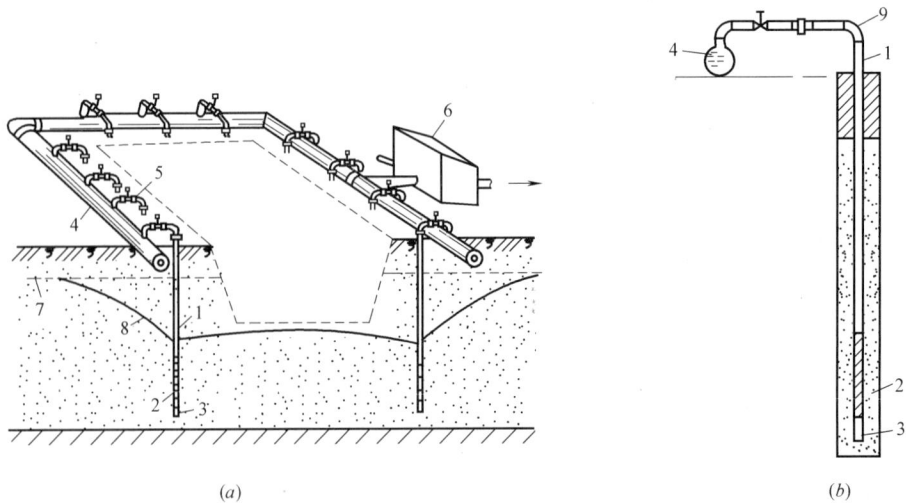

图 19.13.9　轻型井点降低地下水位示意图

1—地面；2—水泵房；3—总水管；4—弯联管；5—井点管；6—过滤器；7—原地下水位线；

8—降低后地下水位线；9—基坑

（1）轻型井点

轻型井点适用于渗透系数为 0.1～50m/d 的土，而对渗透系数为 2～50m/d 的土特别有效。如土的渗透系数过小，则井点抽水效率将大为降低；但土的渗透系数过大，则即使缩小井点管间距（中到中），也很难抽干坑内的渗水。

轻型井点系统的主要设备有：

① 插入土中的井点管，其下端装有吸水用的滤管；

② 集水总管；

③ 弯连管，用以连接总管和井点管；

④ 抽水设备，它主要由真空泵（常用的有 V-5 型或 V-6 型）、离心水泵和集水箱所组成，离心水泵与真空泵分别用两个电动机带动，见图 19.13.9。

井点管多用钢管制成，一般长 7～8m，由滤管和井管两部分组成，其间用螺钉套头连接。滤管用直径 51～63mm 的钢管制成，长 1.0～1.7m，管壁上钻有均匀分布的小孔（孔径 19mm，孔眼间距 30～40mm，滤孔面积占滤管表面积的 20％～25％），以便进水，管外用钢丝以螺旋形缠绕起来，包两层 40～50 号铜丝网作为滤网，滤网外面再包一层粗铁丝保护网。为降低造价，也有不用金属滤网而包两层塑料窗纱，再包以 3～4 道棕皮，滤管下端装有铸铁管靴（或叫堵头），以供导水下沉和抽水时防止泥砂进入内管之用。滤管的内管用外径为 25mm 的无缝钢管制成，长 0.9～1.4m，地下水通过它吸上地面。滤管的构造见图 19.13.10。井管用 50mm 无缝钢管制成，是滤管的接长部分。

集水总管为内径 102mm 或 127mm 的无缝钢管，每段长 4～6m，上面装有与井管连接的短接头，间距分 0.8m、1.0m 等几种规格，总管用套箍连接。

井点管在开挖基坑前，一般用水冲法沉设在含水层中，它是利用高压水冲开泥土，井管就借自重下沉。所需水压大小与土质及井管长度有关，在砂土中压力为 400～500kPa，黏性土中为 600～700kPa。冲孔直径一般为 30cm，冲孔深度宜比滤管底再深 0.5m 以上。如井点系统紧靠建筑物布置，或土层坚硬不能用水冲法穿过时，则应用钻孔法沉设。井点管沉达设计标高后，在管与孔壁之间用洁净粗砂填实，作为砂滤层。在距地面约 1m 的深度内，改用黏土封口捣实，以防漏气，保证井点有较高的真空度。然后，用弯管将它们分别连在一根水平放置的集水总管上，接上抽水设备。总管的底面应尽可能与地下水位同一标高。抽水时先开动真空泵，抽出管路系统内的空气，形成真空。在真空吸力作用下，将地下水和土中的空气吸入集水箱，使空气经真空泵而排

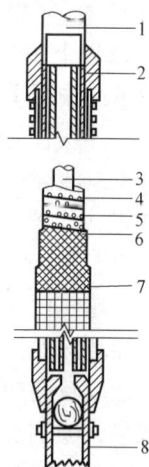

图 19.13.10　滤管构造
1—井管；2—螺钉套头；
3—滤管内管；4—滤管外
管；5—缠绕的粗铁丝；
6—细铜丝网；7—粗铁
丝网；8—管靴

除。当集水箱存在相当多的水后，再开动离心水泵抽水，以达到降低地下水位的目的。

因为井点降水是利用真空的作用而抽吸地下水的，所以它的降水深度取决于抽吸系统中真空度的大小，一般单级轻型井点的抽吸高度可达 7～8m，相当于降水深度 4～5m（基坑中央）。因此，如要求降水深度大于 4～5m 时，就得采用二级或多级的轻型井点系统，如图 19.13.11 所示。但这样就占地较多，需要井点设备也较多。

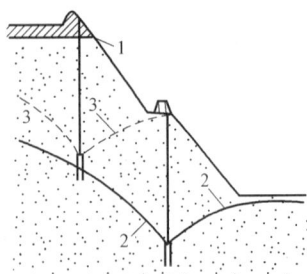

图 19.13.11 二级轻型井点
系统的布置

1—正常地下水位；2—当从第二级抽水时地下水的降落曲线；3—当从第一级抽水时地下水的降落曲线

井点系统的布置视基坑的平面形状及大小、地下水的水流方向、所要求的降水深度和土质情况等因素而定。如基坑面积较大，井点一般按封闭的环形布置在基坑四周（在四角宜适当加密），距坑边约 0.5～1.0m。有时，为了挖土机械出入基坑，也可在地下水流的下游方向，留出一段而不予封闭，成为 U 形。如坑宽大于两倍的抽水影响半径时，可在中间加设一排线形井点。如基坑宽度较窄（≤2.5m），要求降水深度较小（≤4.5m），而基坑长度方向与地下水流方向正交时，可在地下水流上游方向沿基坑一侧设置单排线形井点系统。如基坑较宽，要求降水深度较大或土质不好（如细砂、粉砂等），则宜沿基坑两侧布置。井点管的间距（中到中）视土质情况和所要求的降水深度而定，可通过现场试验确定，一般为 0.8～1.6m，不超过 3m。

（2）喷射井点

当要求的降水深度大于 4～5m 时，就得采用二级或多级轻型井点，这样不但增加设备数量，而且占地面积大，挖土方量大，施工时间也要拖长。因此，除了采用深井泵在一个钻孔里进行多级的降低地下水位外（降水深度可达 15～20m 甚至更大），又在轻型井点的基础上发展了喷射井点，它对土的渗透系数为 0.1～50m/d 的砂土特别有效，降水深度可达 15m 以上。

用水冲法沉设内部装有抽水装置的喷射器的金属井点管，并把这些井点管分别连接在总管上。井点管的间距一般采用 2～3m。利用输送高压水（叫喷水井点）或高压空气（叫喷气井点）的高压水泵或空气压缩机和排水用的水泵等设备组成一个抽水系统，将地下水不断抽走，如图 19.13.12 所示。喷射井点的主要特点是：它不仅具有轻型井点所具备的装设迅速简便的优点，而且因为井点管内部装有能从深处抽水的喷射器，可以在井点管下部造成较高的真空度，从而大大提高了降水效果。喷射器的构造如图 19.13.13 所示，由喷嘴、混合室、扩散室等所组成。用高压水泵（或空气压缩机）把 7～8 个大气压的高压水（或压缩空气）经过总管分别压入井点管中，这水经过内外管间的环形空隙进入喷射器，由于喷嘴处其截面突然细小，使得喷射出的流速突然增大，高压水流高速进入混合室，使混合室内压力降低，形成瞬间真空。井点管周围的地下水在大气压力的作用下，压入滤管向上流动，经过吸入管被吸入混合室，与混合室里的高压水流混合，流入扩散室中。由于扩散室的截面顺着水流方向而逐渐扩大，水流速度就相应减少，而水的压力却又逐渐增高，因而压迫地下水沿着井

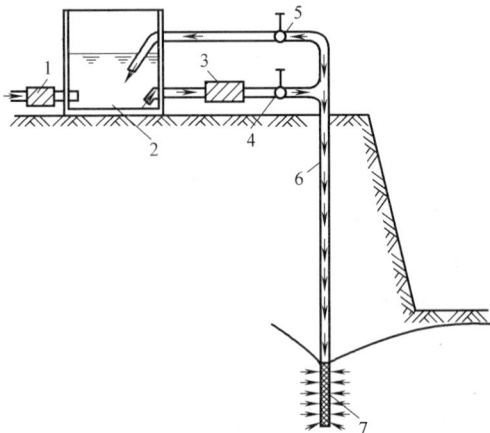

图 19.13.12 喷射井点

1—排水泵；2—水箱；3—高压离心水泵；4—供水总管；5—排水总管；6—喷射井点管；7—过滤器

点管上升，流到循环水槽，其中一部分水重新用高压水泵压入井点管作为工作水，而余下的水则用低压水泵抽走。这样循环不已，地下水不断从井点管中抽走，而使地下水逐渐下降，达到设计要求。与一般轻型井点不同，喷射井点形成真空的喷射器不是设置在地面上，而是装设在井点管下部，因此，从井点管排到地面上的水不

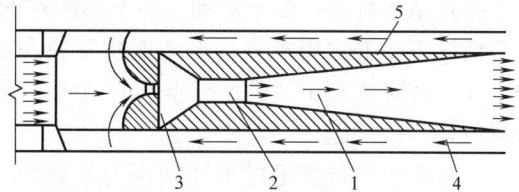

图 19.13.13　喷嘴图

1—扩散室；2—混合室；3—喷嘴；4—喷射井点外管；5—喷射井点内管

是由真空抽吸作用抽出，而是在井点管下部由于喷水（或喷气）作用，地下水和工作水一起借水压力被抽送到地面以上的。所以，一般用单级喷射井点就能降低水位达 $15\sim20\text{m}$，效果较好。

近年来，很多地方在施工实践中创造了在水泵上增加一个喷射器的所谓射流泵，来代替轻型井点中的真空泵和离心水泵，用射流泵造成的真空吸力将地下水吸上排走。这种简易井点质量小、造价低，已推广使用。

喷射井点能量消耗大，工作效率一般只有 30% 且设计复杂，喷嘴和混合室需要经常检查和调换，尤其当滤层填料质量不好时会带入细砂，磨损喷嘴。

（3）电渗排水

如前所述，一般井点法仅适用于土的渗透系数为 $0.1\sim50\text{m/d}$ 的土中，才比较有效；而在饱和黏性土中，特别如淤泥和淤泥质土中，由于渗透系数很小（$<0.1\text{m/d}$），效果就很差。这时宜改用电渗排水，它是利用黏性土中的电渗现象而发展起来的一种排水方法。

电渗排水是利用井点管本身作为阴极，沿基坑（槽）外圈布置，并以金属管（$50\sim75\text{mm}$ 直径）或棒（有用 $\phi20$ 以上左右直径的钢筋制成）作为阳极，埋设在井点管的内侧，成并行交错排列，间距为 $0.8\sim1.0\text{m}$。阳电极外露在地面上约 $20\sim40\text{cm}$，严禁与相邻阴极相碰，其入土深度应比井点管深约 50cm，以保证水位能降低到所要求的深度。阴、阳电极的数量应相等（必要时，阳极数量可多于阴极数量），分别用直径约 10mm 的电线连接成电路，并分别接在直流发电机（常用直流电焊机代替）的相应电极上，如图 19.13.14 所示。通电后，使地下水从内向外流入井点管（电渗），从井点管连续抽水，地下水位就逐渐下降；而电极间的土层则形成电帷幕，由于电场作用而阻止地下水从四面流入坑内。

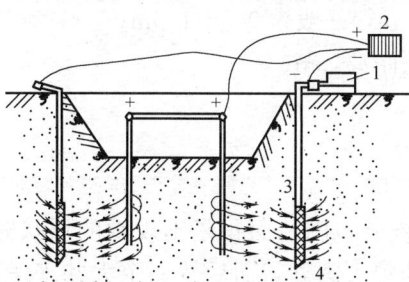

图 19.13.14　电渗井点布置图

1—水泵；2—发电机；3—金属棒；4—井点管

电渗排水除了具有与一般井点同样的优点外，主要用于渗透系数很小（如 $0.1\sim0.002\text{m/d}$）的黏土和淤泥中，效果良好。同时，与电渗一起的电泳作用（带有负电荷的土粒向阳极方向移动）还能防止黏土颗粒淤塞井点管的过滤网，以保证正常抽水。

2）轻型井点系统的设计计算

井点系统计算的目的在于，确定在给定的降水深度条件下所需排出的地下水流量和必要的抽水设备。

井点系统计算，由于受到一些不易确定的因素的影响，计算结果不可能很精确。但在一般情况下，通过周密分析水文地质资料和选用适当的计算公式，还是能满足设计要求的。在一些降水施工经验比较丰富的地区，往往不一定进行计算，按惯用的井管间距进行布置就可解决问题。

井点系统的计算是以水井理论为基础的，因此，必须按井的类型（完整井或不完整井，潜水井或承压井）采用相应的计算公式（参见有关文献）。从目前来看，完整潜水井的计算理论比较完善，下面就以此为例。

轻型井点系统设计计算的主要内容有：

(1) 确定井点系统的平面布置和高程布置，包括有井点系统的平面形状、层数、井点管和集水总管的高程、抽水机组的位置及轴心高程、排水沟的位置（应设在抽水影响半径以外）等；

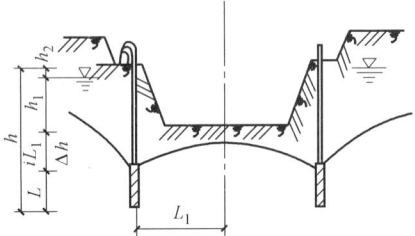

图 19.13.15　井点管的埋设深度

(2) 计算基坑的总涌水量和每个井点管的最大可能出水量；

(3) 计算井点管的数量和间距；

(4) 校核基坑中心点处的降水深度；

(5) 确定水泵的规格和数量。

下面以环形井点系统为例，说明计算步骤、公式和注意事项。

① 确定井点管的埋设深度　井点管的埋深务必要保证使地下水位下降到基坑（槽）底面以下 0.5～1.0m，可由式 (19.13.6) 确定（见图 19.13.15）：

$$h = h_1 + h_2 + \Delta h + iL_1 + L \qquad (19.13.6)$$

式中　h——井点管底部的埋设深度，m；

　　　h_1——基坑底面离原地下水位的距离，m；

　　　h_2——地下水位到集水总管的距离，m，为了充分发挥井点的效率，一般将总管放在距地下水位以上 0.5～1.0m 的平台上；

　　　Δh——降低后地下水位距基坑底面的安全距离，m，一般为 0.5～1.0m；

　　　L_1——井点管中心线到基坑（槽）中心线的水平距离，m；

　　　i——下降漏斗线的水力坡降，一般可取 1/10；

　　　L——滤管长度，m。

h 算出后，为安全计，一般宜再增加一半的滤管长度。

② 确定环形井点系统的引用半径 r_0　当井点系统所包围的面积是不规则的形状时，为简化计算，常把它简化为一个具有引用半径 r_0 的理想大圆井，而后按一个大井来考虑并计算其总涌水量。r_0(m) 可按式 (19.13.7) 确定：

$$r_0 = \sqrt{\frac{A}{\pi}} \qquad (19.13.7)$$

式中　A——井点系统所包围的面积。

③ 确定抽水影响半径 R　抽水影响半径 R 是指下降漏斗曲线稳定时的影响半径。一般，在水泵的出水量稳定后，再过 1～5d 就能达到稳定。

抽水影响半径最好由现场抽水试验确定，也可按土的特性（见表 19.13.3）及经验公

式计算结果对照比较后采用。常用的计算公式有

$$R = 575s\sqrt{Hk} \qquad (19.13.8)$$

式中 s——在环形井点系统中心的降水深度，即原地下水位到井内水位的距离，m；

H——含水层厚度，m；

k——土的渗透系数，m/s。

如土的渗透系数单位以 m/d 计，则式（19.13.8）可改写为

$$R \approx 2s\sqrt{Hk} \qquad (19.13.9)$$

应该指出：上两式适用于含水层较薄的情况。当 s、H、R 等值较小，而引用半径 r_0 又较大时，则上式将会得出不正确的结果。

此外，也有用

$$R = 3000s\sqrt{k} \qquad (19.13.10)$$

但其结果不及式（19.13.8）精确。

由于上式没有和抽水时间、引用半径等联系起来，存在一定缺点，所以，宜按下述经验公式来计算：

$$R = \sqrt{r_0^2 + \frac{2ktH}{m}} \qquad (19.13.11)$$

式中 t——时间，由抽水时间算起（2～5 昼夜），d；

k——土的渗透系数，m/d；

m——土的给水度（又叫给水系数），按表 19.13.5 采用。

给水系数 m 值   表 19.13.5

土的种类	砾石、卵石	粗 砂	中 砂	细 砂	粉 砂	粉质黏土	黏 土	泥 炭
m 值	0.30～0.35	0.25～0.30	0.20～0.25	0.15～0.20	0.10～0.15	0.10～0.15	0.04～0.07	0.02～0.05

④ 计算基坑的总涌水量 当矩形基坑的长宽比小于5，或基坑宽度小于抽水影响半径 R 的两倍时，可按式（19.13.12）或式（19.13.13）计算基坑的总涌水量 Q（m³/d）：

$$Q = 1.366k\frac{(H^2 - h^2)}{\log\frac{R}{r_0}} \qquad (19.13.12)$$

或

$$Q = 1.366k\frac{(2H - s)s}{\log\frac{R}{r_0}} \qquad (19.13.13)$$

式中 k——土的渗透系数，m/d；

H——含水层的厚度，m；

h——抽水时井点系统中心的降水深度到不透水层顶面的高度，即 $H - s$，m；

s——抽水时井点系统中心的降水深度，也就是原地下水位到基坑底面以下 0.5～
　　　1.0m 间的距离，m；

其他符号意义同前。

按上式算得的 Q 值应乘以安全系数 1.1～1.35。

⑤ 计算每根井点管的最大进水量　每根井点管的最大进水量 q（m^3/s）可按式（19.13.14）计算：

$$q = \pi \cdot 2r \cdot L \frac{\sqrt{k}}{15} \qquad (19.13.14)$$

式中　$2r$——滤管的直径（通常为 $51 \sim 63mm$），m；

　　　　L——滤管长度，m，为防止滤管周围土粒发生扰动，并控制管中流速 $\leqslant 1m/s$，一般取 $1.0 \sim 1.7m$；

　　　　k——土的渗透系数，m/s。

⑥ 确定井点管的数目　井点管的数目 n 可由式（19.13.15）决定：

$$n = \frac{Q}{q} \qquad (19.13.15)$$

为了防止井点管因故堵塞或漏气而影响抽水效率，往往把计算得出的井点管数量再增加 $5\% \sim 10\%$。

求得所需的井点管数 n 后，根据基坑形状，决定井点管的间距。但要注意：井点管间距不能过小；否则，水流彼此干扰大，出水量会显著减少，一般可取滤管周长的 $5 \sim 10$ 倍。在基坑四角和靠近地下水流方向一边的井点管数应适当加密。当采用多级井点排水时，下一级井点管的间距应较上一级的为小。当要求降水深度大于 3m 时，井距可取 1.8m；如降水深度小于 3m，则井距取 $1.6 \sim 3.0m$。实际采用井距时，还应与集水总管上短接头的间距相适应。

⑦ 校核基坑内地下水位的实际下降深度　按式（19.13.16）计算 s：

$$s = H - h \qquad (19.13.16)$$

由式（19.13.12）可得 h

$$h = \sqrt{H^2 - \frac{Q}{1.366k}[\log R - \log r_0]}$$

⑧ 选择抽水设备　有关计算见式（19.13.5）。

3）井点降水对周围环境的影响及其防治措施

在井点降水期间，降水往往会使邻近地面发生不均匀下沉，导致其上建筑物和地下设施开裂或倾斜，影响它们的正常使用和安全；甚至在拔板桩时，也会因挟带泥土而增大邻近建筑物的下沉。为此，应采取相应的防治措施。这些措施有：

（1）减缓降水速度，防止带出土粒。

（2）在建筑物沿基坑一面设置回灌水系统，以尽量保持原有设施下的地下水位。具体做法有回灌沟和回灌井，前者较为简单，且适用于建筑物离开基坑稍远，又无隔水层或弱透水层时（图 19.13.16a）。如地层中有黏质粉土夹层，则不适用。回灌井（图 19.13.16b）是一个较长的穿孔井管，与井点的滤管一样，外填适当级配的滤料（中、粗砂），井口用黏土封口，防止空气进入。回灌的水有时还要加压，一般为 100kPa；水要清洁，防止井管堵塞。

（3）设置地下水不透水帷幕（含板桩墙），以隔断井点系统降水对原设施下地下水位的影响。

（4）将井点设置在板桩墙的内侧，以减轻对周围设施的影响。

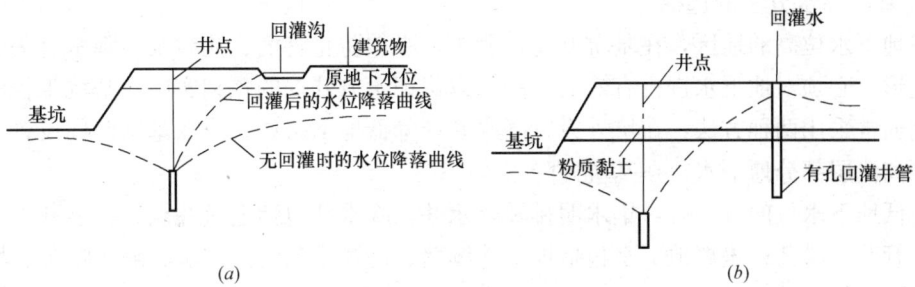

图 19.13.16　回灌沟和回灌井

(a) 回灌沟；(b) 回灌井

19.13.5　基坑工程降水设计

基坑工程降水设计，是基坑工程中的重要内容。在高地下水位的基坑施工中，对地下水的有效控制自始至终都是关键的工程措施。对地下水的控测，在重大的基坑工程中都需进行全面的降水设计。

1. 降水设计的内容

1）充分掌握环境条件，场地水文地质资料及降水设计要求；

2）降水方法的选择；

3）降水系统设计及降水井布置；

4）降水效果预测、运行及监测。

2. 掌握基坑工程场地的水文地质条件

水文地质勘察是研究水文地质条件的主要手段，是详细程度不同的水文地质调查的总称。它包括水文地质测绘、勘察、试验和观测工作。其总目的是查明地下水的形成、分布规律，并在此基础上对地下水资源做出水量与水质评价。基坑工程中对水文地质条件勘察的目的，主要是在施工过程中实现对地下水作用的有效控制，因此，查明地下水的类型、埋藏条件、补给来源、径流、排汇条件、水位变化幅度、污染情况以及地基土的渗透性等；查明深部承压水的埋藏条件、水位变化幅度以及地下水与地表水间的联系，以及土层的渗流条件，并对产生流砂、管涌、坑底突涌的可能性进行分析评价。

地下含水层的渗透性，需要通过对土的物理力学性指标及地层的构造特性等加以综合分析判断，通常土的渗透系数是主要指标，但目前土工试验中，由室内方法测定的渗透系数，其可靠性尚难以保证，因此，设计等级为甲级的基坑工程，水文地质条件复杂时，宜进行现场抽水试验确定场地主要含水层的水文地质参数。

关于含水层和隔水层的提法，首先，含水层和隔水层的划分并不是绝对的，没有或明确的定量标准，两者相比较而存在，是相对的概念；其次，含水层和隔水层可在一定条件下转化，在较大的水头压力下，相对隔水层就可能转化为相对的透水层。

一般情况下，潜水面不是水平的，而是面向排泄区倾斜的曲面，起伏总体上与地形一致，但较地形起伏平缓。

承压性是承压水的重要特征。承压力的大小与该含水层补给区与排泄区的地势有关。承压力的大小（俗称水头压力），可以通过其在钻孔或井中的上升高度测试得到。同时，由于连续隔水顶板的存在，承压水受大气环境的影响较小，性质及形态比潜水稳定。

3. 基坑降水方法的选择

在地下水位高的地区，在基坑开挖过程中，必须防止管涌、流砂及与降水有关的坑外地面变形，必须对地下水进行有效的控制，以保证土方开挖的顺利实施。基坑工程的地下水控制通常采用两种方法：在坑外设置降水井，降低地下水位；或在基坑四周设置止水帷幕，隔离浅层部分地下水，在基坑内降水。

降低地下水位的方法有：集水明排及降水井，降水井包括电渗井点、轻型井点、喷射井点、管井、渗井；隔离地下水包括地下连续墙、连续排列的排桩墙、隔水帷幕、坑底水平封底隔水等。

常用的各种井点降水方法的适用条件如表19.13.6所示。

降水井类型及适用条件表

表 19.13.6

降水井类型 \ 适用条件	渗透系数 （cm/s）	可降低水位深度 （m）	土 质 类 型
轻型井点及 多层轻型井点	$1 \times 10^{-7} \sim 2 \times 10^{-4}$	<6 6～10	含薄层粉砂的粉质黏土、黏质粉土、砂质粉土、粉细砂
喷射井点	$1 \times 10^{-7} \sim 2 \times 10^{-4}$	8～20	同上
电渗井点	$<1 \times 10^{-7}$	根据选定的井点确定	黏土，淤泥质黏土，粉质黏土
管井	$>1 \times 10^{-6}$	>10	含薄层粉砂的粉质黏土，砂质粉土，各类砂土，砂砾，卵石
砂（砾）渗井	$>5 \times 10^{-7}$	根据下伏导水层的性质及埋深确定	含薄层粉砂的粉质黏土，黏质粉土，粉土，粉细砂

对于弱透水地层（渗透系数不大于 10^{-7} cm/s）中的浅基坑，当基坑环境简单、含水层较薄、降水深度较小时，可考虑采用集水明排；在其他情况下，宜采用降水井降水、隔水措施或隔水、降水综合措施。

高地下水位地区，当水文地质条件复杂、基坑周边环境保护要求高、设计等级为甲级的基坑工程，应将基坑降水设计与环境保护设计结合，形成基坑降水和环境保护专项设计，其内容包含：

基坑降水和环境保护专项设计的内容应包括降水设计、运营管理以及风险预测与应对等；

（1）制定基坑降水设计方案：

① 进行工程地下水风险分析，浅层潜水降水的影响，疏干降水效果的估计；

② 承压水突涌风险分析。

（2）基坑坑底突涌稳定性验算。

（3）疏干降水设计计算，疏干井数量、深度。

（4）减压设计，当对下部承压水采取减压降水时，确定减压井数量、深度，以及减压运营的要求。

（5）减压降水的三维数值分析，渗流数值模型的建立，减压降水结果的预测。

（6）减压降水对环境影响的分析及采取的工程措施。

（7）支护桩、墙渗漏风险的预测及应对措施。

（8）降水措施与管理措施：

① 现场排水系统布置；

② 深井构造、设计、降水井标准；

③ 成井施工工艺的确定；

④ 降水井运行管理。

基坑降水设计时对单井降深的计算，通常采用解析法用裘布衣公式计算。使用时，应注意其适用条件。裘布衣公式假定：

① 进入井中的水流主要是径向水流和水平流；

② 在整个水流上流速是均匀一致的（稳定流状态）。要求含水层是均质、各向同性、无限延伸的。单井抽水经一定时间后水量和水位均趋稳定，形成漏斗，在影响半径以外，水位降落为零，才符合公式使用条件。对于潜水，公式使用时降深不能过大。降深过大时，水流以垂直分量为主，与公式假定不符。常见的基坑降水计算资料，只是一种粗略的计算，解析法不易取得理想效果。

鉴于计算技术的高度发展，数值法在降水设计中已有大量研究成果，并已在水资源评价中得到了应用。在基坑降水设计中已开始在重大实际工程中应用，并已取得与实测资料相应的印证。所以，在设计等级甲级的基坑，环境保护等级一级及二级的基坑降水设计，采用有限元数值方法进行设计。

在高地下水位地区，基坑降水通常有以下两种情况：

（1）第一类：降潜水

基坑围护结构深入隔水层（即含水层底板）中，井点降水以疏干基坑内的地下水位为目的，如图 19.13.17 所示。这类围护结构位于含水层以下，即潜水含水层底板之中，将基坑内地下水及基坑外的地下水分隔开来。其地下水渗流特征：由于围护结构隔水，基坑内、外地下水无水力联系。降水时，基坑外地下水不受影响。因此，这类井点降水影响范围小。一般基坑深度小于 10～15m。

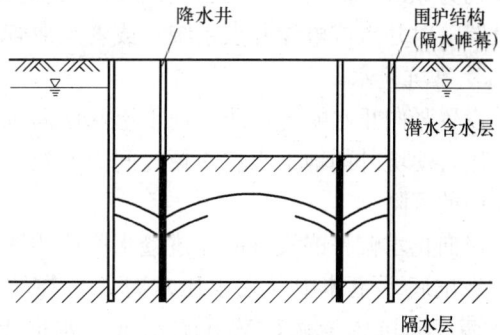

图 19.13.17　第一类地下水渗流特征图

（2）第二类：降承压含水层

基坑围护结构深入隔水层（即含水层顶板）中，井点降水以降低基坑下部承压含水层的水头、防止基坑底板隆起或突水产生流砂为目的，如图 19.13.18 所示。这类围护结构位于降水含水层以上，即承压含水层顶板之中，围护结构未将基坑内、外承压含水层分隔开。其地下水渗流特征：由于不受围护结构的影响，基坑内、外地下水

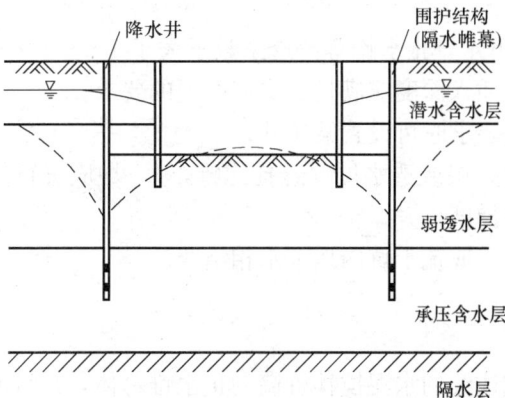

图 19.13.18　第二类地下水渗流特征图

连续相通。这类井点降水影响范围较大，但降落漏斗平缓，抽水引起的地面沉降为均匀沉降。这种基坑深度一般大于15~20m。

4. 降水井的布置

降水井的布置有坑内井和坑外井两种布设，有井点系统平面布置和立面布置两部分。

1）降水井布设比较

当采用坑外降水、不设隔水帷幕时，在坑外布设降水井。坑外降水施工简便，有利于边坡稳定，减少水压力的作用。

坑内降水时都设有隔水帷幕，当环境保护要求高时，隔水帷幕的深度基本上要求切断下部含水层坑内外的水力联系，坑内外形成水位差，需进行基坑抗渗流稳定要求的验算。

2）井点系统平面布置

可按单排或网格状布设井点，井点间距通过计算按单井抽水时的水力坡降要求布设，通常应结合当地工程经验综合确定。

3）井点系统的立面布置

立面布置可按降深要求及井管长度，设计成单级井点或多级井点。理论真空的水柱高度为10.33m，由于水泵机械的效率最大，为80%左右，故在一般条件下，单级井点最大抽深约为8m，加上各种损失，轻型井点的有效降深约为5.5~6m。有特殊要求时，可考虑设置喷射井点或电渗井点系统；或者采取管井（深井）井点系统布置，满足降深要求。

5. 基坑止水

设置竖向止水帷幕，防止地下透水层向坑内渗流。当坑内降水时，由于止水帷幕的隔水作用，使坑外的地下水位在短时间内不致受过大的影响，从而防止因降水而引起基坑周围地面的沉降。

竖向止水帷幕的设置应穿过透水层或弱透水层，真正起到隔水封闭作用。

当坑底下土体中存在承压水时，可在坑底设置水平向的止水帷幕，既可阻止地下水绕墙底向坑内渗流，又可防止承压水向上作用的水压力使基坑底面以下的土层发生突涌破坏。但一般可在承压水层中设置减压井，以降低承压水头。当承压水头高、水量大时，也可以既设置水平向止水帷幕，又配合设置一定量的减压井，这样比较经济。

1）止水帷幕设计要求

（1）采用地下连续墙或止水帷幕隔离地下水，止水帷幕渗透系数不大于1×10^{-7}cm/s，竖向止水帷幕深度宜插入下卧不透水层，其插入深度应满足抗渗流稳定的要求；

（2）对坑底抗突涌进行验算，当不满足要求时可设置减压井；

（3）对地下连续墙或止水帷幕插入弱含水层或透水层（悬挂式帷幕），均应进行抗渗流稳定性计算，渗流的水力梯度应小于临界梯度；

（4）对悬挂式帷幕，可与降水井降低水位或疏干坑内地下水相结合。

2）常用止水帷幕的形式

（1）深层搅拌法

在支护桩、墙外侧，用深层搅拌法形成连续的水泥搅拌桩墙的止水帷幕体，是目前最常用的一种施工法。其平面排列方式有单排桩和双排桩两种，如图19.13.19所示。

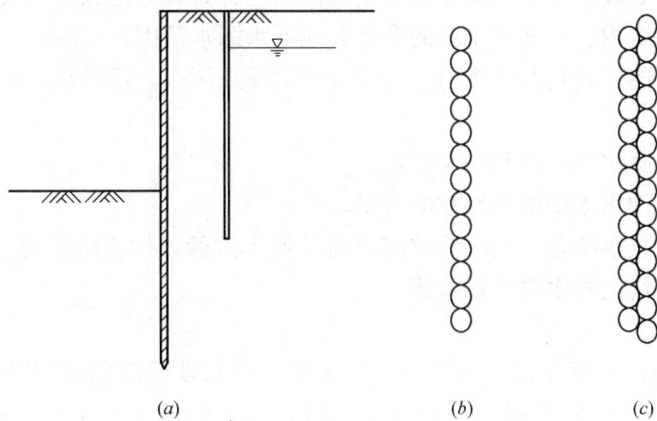

图 19.13.19　深层搅拌桩水泥土桩止水帷幕

(a) 止水帷幕剖面；(b) 单排水泥土桩；(c) 双排水泥土桩

采用湿法搅拌时，水泥掺量为 12%～15%，有效施工深度在 15m 左右。

深层搅拌桩墙止水帷幕适用于软土地区，在硬土层中成桩困难，一般不适用。

（2）高压喷射注浆法

高压喷射注浆法的水泥浆液在 10～20MPa 的压力下，切割破碎和搅拌桩体形成高压喷射注浆水泥土止水帷幕，喷注方式按帷幕墙的形式需要，可采用喷旋、定喷、摆喷等方式，如图 19.13.20 所示。

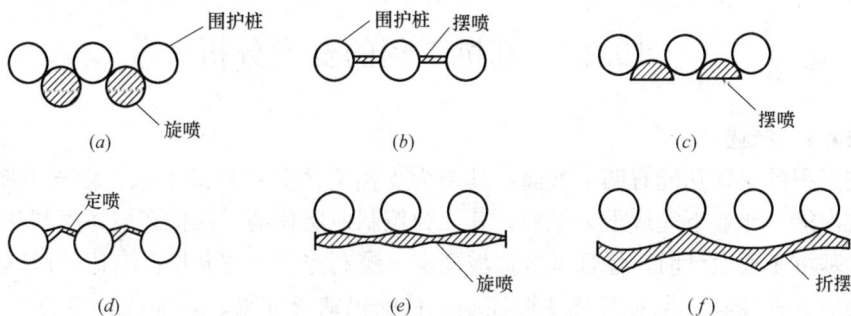

图 19.13.20　高压喷射注浆止水帷幕形式

高压喷射注浆止水帷幕适用于砂类土、粉土及黏性土等土层，对含较多大粒径的块石、卵砾石地基，效果较差。高压喷射注浆法水泥用量大，可达 600～700kg/m³，造价较高。

（3）竖向止水帷幕设计

为防止流砂及流土现象的出现，竖向止水帷幕的深度通常需进入黏性土层（$k \leqslant 1 \times 10^{-6}$ cm/s）1～2m。可以阻断地下水通过透水层沿竖向向坑内渗流。竖向止水帷幕的宽度，常采用单排深层搅拌桩或高压旋喷桩，为避免施工时桩在垂直方向的偏差而导致搭接失效漏水，可以采用双排桩，减少搭接失效的可能性，提高止水效果。

3）基坑降水应监测的内容

（1）在基坑中心或群井干扰最小处及基坑四周，宜布设一定数量的观测孔，定时测定地下水位，掌握基坑内、外地下水位的变化及地下水漏水范围；

（2）基坑邻近的建筑物及各类地下管线应设沉降观测点，定时观测其沉降，掌握沉降量及变化趋势；

（3）定时测定降水井水位和水泵流量；

（4）定时测定抽出水中微细颗粒的含量；

（5）对封闭式止水帷幕，基坑开挖前应通过抽水试验，检验帷幕的止水效果和质量，开挖过程中也应对坑内外水位进行检测。

6. 降水系统运行与监测

降水效果应使水位降至设计要求的稳定水位，降水期间应做好运行管理工作，定时监测坑内地下水位及坑外观测的水位变化。检查抽出的地下水中的含砂量，严防降水井抽出水中的含砂量超标而引起基坑周边的地面沉降。当出现基坑周边地面变形报警时，应及时查明情况，采取相应的控制措施，必要时设置回灌系统，回灌系统主要适用于粉土和粉砂土层，回灌井结构一般与降水井结构相同，只是滤管长度稍大于降水井滤管长度约 2～2.5m。

降水监测包括以下内容：

1）流量观测，一般采用流量表或堰箱；

2）地下水位观测，地下水位观测井的位置和间距可按设计要求布置；

3）沉降观测，对降水影响范围内的建筑物和地下管线进行沉降观测，分析降水与地面沉降速率之间的变化关系。

19.14　基坑工程的变形分析

19.14.1　概述

基坑工程的主要功能有两个方面：其一为支挡土体并控制地下水，使土方顺利开挖，保持在坑内能干作业下完成土方工程；其二为控制地层移动，保护环境，限制基坑周边地面沉降。基坑工程设计时，保证基坑边坡稳定，顺利完成土方开挖已有比较成熟的计算方法和成功的工程经验，但对基坑变形控制，目前仍缺乏简易、可靠的计算方法。理论上讲，借助岩土工程数值方法，可以对基坑变形得出量化计算结果；但岩土程数值方法，在工程计算时，岩土体的本构关系与参数有很大的不确定性，数值方法的计算结果常不能直接用于工程设计。

基坑变形是因土方开挖及施工降水引起的地层移动形成的，如图 19.2.2 所示。基坑周边典型的环境条件如图 19.1.1 所示。对在基坑周边影响范围内的建（构）筑物、地下建筑与设施，均需要求进行变控制的设计。基坑工程施工对环境产生的影响是不可避免的，从支护桩、墙等施工开始，直到地下建筑部分建成，始终伴随着地基变形带来的环境保护问题。

19.14.2　基坑变形形态

基坑施工过程中各种变形形态，以下几种是普遍存在的，需要加以防范。

1）支护桩、墙成槽施工

灌注桩、地下连续墙成槽施工时，槽侧土中应力释放，引起周边地面沉降，尤其当在被保护对象附近施工及在软土地区施工时，成槽施工导致的周边地表沉降区域可达两倍左右的槽深，应给予足够重视。

2）基坑降水

基坑开挖前预降水，开挖过程中持续坑内疏干降水和对承压水的抽降，将持续引起支护结构的侧移及坑外地面沉降。若因地下含水层在坑内外存在水力联系或上下含水层间存在越流现象等情况，出现周边地面持续的降水沉降，又难以找到具体的控制部位，对控制沉降带来一定困难。因此，设计前查明场地水文地质条件是十分重要的。

3）土方开挖

基坑土方开挖坑内外形成边坡压差，加上坑内土方大面积卸荷，引起支护结构产生较大侧移及坑底土体隆起，导致坑外地面沉降，基坑开挖到底，底板和侧墙打设过程中水平支撑将逐渐拆除，将使支护桩、墙产生附加水平位移，亦将增加坑外地面的沉降量。

19.14.3 地层移动的补偿的关系

从土方开挖后土中位移场的分布图 19.2.2 中可以看出，基坑变形是地层移动引起的，支护桩墙的变位与坑外地面沉降之间存在一定的地层移动的补偿关系。

通常，可以将坑外土体的竖向沉降模式归纳为凹槽形和三角形两种基本模式，如图 19.14.1 所示，主要特点为：

（1）凹槽形　坑外土体的沉降最大值或水平位移最大值并非发生在挡墙边上，而是发生在距离支护墙体一定的位置处（图 19.14.1a）；

（2）三角形　即坑外土体的沉降最大值或水平位移最大值均发生在围护墙边上，且随相对围护墙距离的增大而逐渐减小（图 19.14.1b）。然而，在实际的基坑工程中，坑外地表的沉降并非简单地由其中一种模式组成，而是由这两个基本模式组合而成，需要根据具体情况进行分析。

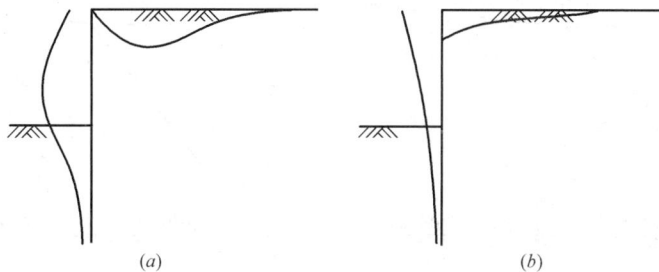

图 19.14.1　坑外土体位移基本模式示意图
（a）凹槽形；（b）三角形

19.14.4 坑外地面沉降分布规律

关于坑外土体沉降模式的研究，Peck（1969）收集了诸多地区的基坑实测数据，土层条件包括了软到中等硬度黏土、硬黏土及砂土，围护结构主要为排桩和板桩，支撑系统包括对撑、斜撑、锚拉和锚杆多种支撑形式。在实测数据基础上，Peck 认为地表沉降曲线为三角形模式，并可根据土层条件和施工状况，将图形分为三个区域，如图 19.14.2 所示。其中，Ⅰ区地表沉降最小，最大沉降小于 $1\%H$（H 为最终的基坑开挖深度），适用

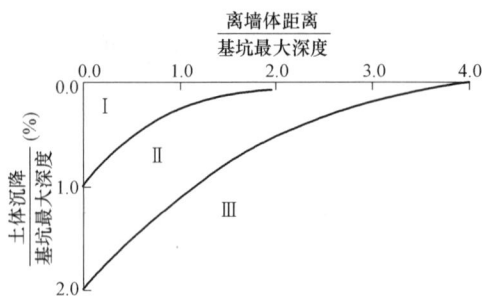

图 19.14.2 坑外地表沉降预测曲线

于砂土和软—硬黏土。Ⅱ区和Ⅲ区根据坑底以下软土的厚度及坑底抗隆起稳定系数而定，最大沉降可达（1%～3%）H。虽然 Peck 的统计数据针对的工程主要采用排桩和板桩等刚度较小的支护结构，施工技术也较为落后，使得坑外地表沉降也较大，但该经验曲线得到了广泛的应用，尤其是作为基坑变形的初步估算。以后经 Goldbergetal. (1976)、Clough & O'Rourke（1990）、Ou et al.（1993）等研究进一步深化，Hsieh et al.（1998）在 Ou et al.（1993）的研究的基础上，更进一步地给出了三角形和凹槽形两种沉降形态的预测方法，如图 19.14.3 所示，并提出了主影响区域和次影响区域的概念。三角形和凹槽形沉降的影响范围均包括主影响区域与次影响区域，并假设影响区域宽度约为 4 倍的开挖深度。其中，主影响区域的范围为 2 倍的开挖深度，而次影响区域为主影响区域之外的 2 倍开挖深度。在主影响区域的范围内，沉降曲线较陡，会使建筑物产生较大的角变量；而次影响区域的沉降曲线较缓，对建筑物的影响较小。对于三角形沉降，其预测曲线如图 19.14.3（a）所示，曲线在 2 倍开挖深度处发生转折，由主影响区进入次影响区，转折点的沉降值为 0.1 倍的最大沉降值。对于凹槽形沉降，如图 19.14.3（b）所示，曲线分为三段折线，分别为主影响区内沉降最大点两侧的两条直线及次影响区内的一条直线，认为最大沉降发生在距离墙后 $0.5H_e$ 的位置处，紧靠墙体处的沉降为最大沉降值的 0.5 倍，主次沉降影响区的转折点沉降值仍为 0.1 倍的最大沉降值，其中 H_e 为开挖深度。

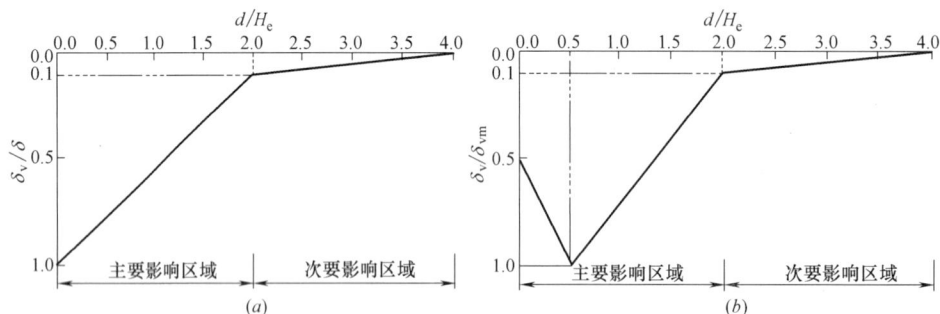

图 19.14.3　坑外地表沉降模式
（a）三角形；（b）凹槽形

图 19.14.3 提出的地表沉降模式已可在实际工程中参考应用（图中，δ_{vm}—最大地面沉降值；δ_v—支护桩墙顶部位移；d—距基坑边的水平距离；H_c—基坑开挖深度）。

19.14.5　上海地区基坑变形的统计分析

收集当地的大量基坑工程的变形观测资料，对坑外地面沉降的变化求得其统计变化规律，在工程实际应用中是可行的。坑外土体沉降最大值不仅同土层条件、围护结构种类、支撑形式等密切相关，而且从工程经验可以看出，沉降最大值与基坑开挖深度之间存在着一定的关系，与围护墙水平位移之间也存在一定的比例关系（图19.14.4），因此在基坑变形预测过程中，可以根据各个地区的工程经验总结，对基坑变形初步的预测，从而更有效地保护周边环境。

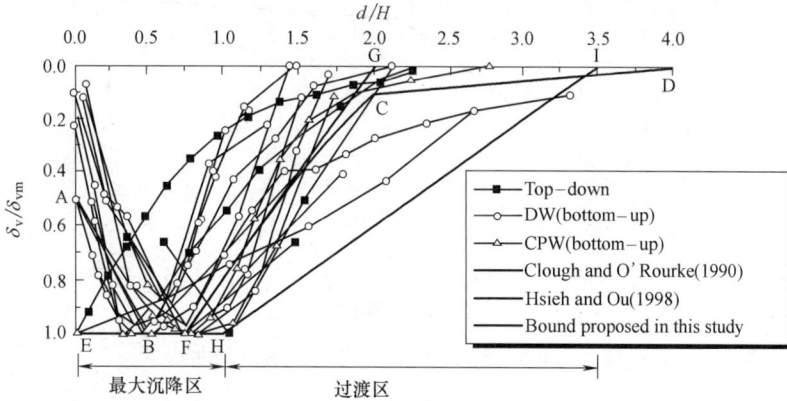

图 19.14.4

国内外已有很多基坑变形的工程观测资料的统计分析，但因工程场地地质条件的差异、设计和施工方法的不同，统计结果的离散性较大。

上海地区针对工程中常用的支护类型——灌注桩、地下连续墙、钢板桩、SMW工法桩、水泥土墙及土钉墙，以及逆作法施工支护等进行了大量的工程实测资料研究及文献资料的收集，得到上海地区墙后地表沉降分布模式，如图19.14.5所示。

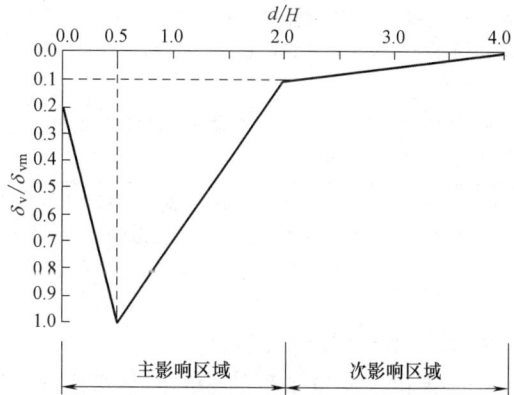

图 19.14.5　上海地区的墙后地表沉降预估曲线

按图19.14.5的基坑周边地表沉降预估曲线，如图19.14.6所示，可对周边建筑物影响作出预估。

19.14.6　基坑工程按变形控制的设计

基坑工程的变形控制设计需要有两个条件：其一是对基坑工程中设计所需的变形参数的计算预测；其二是对基坑周边环保对象的允许变形值的规定。这两方面的要求目前均难以加以规范与确定。在地方标准《上海市基坑工程技术规范》DG/TJ 08-61—2010中，通过对基坑主要变形参数的限制，实现对坑外地面沉降的控制；通过对环保对象的分类，体现不同的保护要求，在此基础上形成了对基坑变形控制设计的系统要求。

1. 基坑工程的环境保护等级

根据基坑周围环境保护对象的重要性程度不同及其与基坑的距离，基坑工程环境保护等级可分为三级，如表19.14.1所示。对不同保护等级的基坑，规定不同的基坑变形控制指标，作为基坑变形设计的依据。

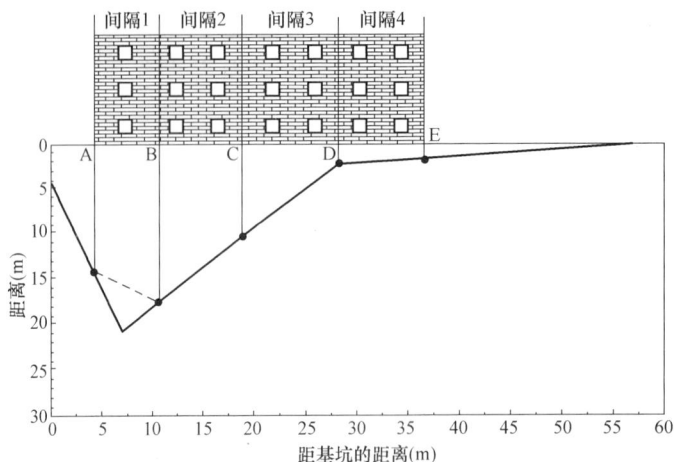

图 19.14.6　预测建筑物承受的地表沉降曲线

基坑工程的环境保护等级　　　　　　　　　　　　　表 19.14.1

环境保护对象	保护对象与基坑的距离关系	基坑工程的环境保护等级
优秀历史建筑、有精密仪器与设备的厂房、其他采用天然地基或短桩基础的重要建筑物、轨道交通设施、隧道、防汛墙、原水管、自来水总管、煤气总管、共同沟等重要建（构）筑物或设备	$s \leqslant H$	一级
	$H < s \leqslant 2H$	二级
	$2H < s \leqslant 4H$	三级
较重要的自来水管、煤气管、污水管等市政管线、采用天然地基或短桩基础的建筑物等	$s \leqslant H$	二级
	$H < s \leqslant 2H$	三级

注：1. H 为基坑开挖深度，s 为保护对象与基坑开挖边线的净距；
　　2. 基坑工程环境保护等级可依据基坑各边的不同环境情况分别确定；
　　3. 位于轨道交通设施、优秀历史建筑、重要管线等环境保护对象周边的基坑工程，应遵照政府有关文件和规定执行。

2. 基坑变形设计控制指标

严格来讲，基坑工程的变形控制指标（如围护结构的侧移及地表沉降）应根据基坑周边环境对附加变形的承受能力及基坑开挖对周围环境的影响程度来确定。由于问题的复杂性，在很多情况下，确定基坑周围环境对附加变形的承受能力是一件非常困难的事情，而要较准确地预测基坑开挖对周边环境的影响程度也往往存在很大的难度，因此也就难以针对某个具体工程提出非常合理的变形控制指标。此时，根据大量已成功实施的工程实践统计资料来确定基坑的变形控制指标，不失为一种有效的方法。显然，基坑的变形控制指标与基坑的环境保护等级密切相关，环境保护等级越高，变形控制也越严格。

当基坑周围环境没有明确的变形控制标准时，可根据基坑的环境保护等级参考表19.14.2确定基坑变形的设计控制指标。

基坑变形设计控制指标　　　　　　　　　　　　　表 19.14.2

基坑环境保护等级	围护结构最大侧移	坑外地表最大沉降
一级	$0.18\%H$	$0.15\%H$
二级	$0.3\%H$	$0.25\%H$
三级	$0.7\%H$	$0.55\%H$

注：H 为基坑开挖深度（m）。

19.14.7 基坑土体加固

对基坑周边地面变形控制要求严的情况下，在地质条件较差的地区，常会考虑采取被动区土体加固的措施，以达到要求的控制标准。支护桩、墙的变形与坑内土体的侧向抗力相关，通过采用水泥土搅拌桩、高压旋喷注浆等，能有效提高土体的强度和侧向抗力，以减小支护桩、墙的位移，满足基坑对环境保护的要求。

1. 加固方法的选择

土体加固设计与地质条件、环境保护要求、基坑稳定性、基坑支护形式、施工要求等密切相关。地质条件主要是指被加固土体的分布范围、含水量、土的颗粒级配、有机质含量、地下水的侵蚀性、孔隙率等因素。土体加固设计应明确加固范围和加固后的技术指标，以便施工的可操作性，并满足工程安全和环境保护要求。加固方法可选用水泥土搅拌桩、高压旋喷桩、注浆及降水等方法，各种方法的适用性如表19.14.3所示。

基坑土体加固方法的适用范围　　　　　　　　　　表 19.14.3

地基土性 加固方法	对各类地基土的适用情况		
	淤泥质土、黏性土	粉性土	砂土
双轴水泥土搅拌桩	○	○	※
三轴水泥土搅拌桩	○	○	○
高压喷射注浆	○	○	○
注浆	※	○	○
降水	—	○	○

注：※表示慎用，○表示可用，—表示不适用。

2. 被动区加固的范围

通常对坑底以下的被动区进行加固时，加固宽度不宜小于基坑开挖深度的0.4倍，并不宜小于4.0m，加固体的厚度不宜小于3m。加固体的布设可采用满堂加固、抽条加固或格栅式加固等形式，加固体应与坑壁紧密结合，不留间隙。

3. 被动区加固体的基本要求

被动区加固体的设计施工参数应通过现场试验及工程经验综合确定，实际工程中一般可参考以下规定：

1) 双轴水泥土搅拌桩的水泥掺量不宜小于13%，水灰比宜为0.5～0.6，水泥土加固体的28d龄期无侧限抗压强度q_u不宜低于0.8MPa。

2) 三轴水泥土搅拌桩的水泥掺量不宜小于20%，水灰比宜为1.2～1.5，水泥土加固体的28d龄期无侧限抗压强度q_u不宜低于0.8MPa。

3) 高压喷射注浆的水泥掺量不宜小于25%，水灰比宜为0.7～1.0，水泥土加固体的28d龄期无侧限抗压强度q_u不宜低于1.0MPa。

4) 注浆加固水泥掺量不宜小于7%，水灰比宜为0.45～0.55。注浆加固应考虑加固体的不均匀性影响，注浆加固区域的外围宜采用水泥土搅拌桩或高压喷射注浆封闭。

5) 在含少量有机质或淤泥的土层中，进行基坑土体加固应适当增加水泥掺量；当采用新型固化剂材料时，应进行现场试验确定其适用性；可掺加外掺剂，改善水泥土加固体的性能和提高早期强度。

4. 局部深坑周围土体的加固

对基坑中小面积的局部深坑，一般应进行支护设计。当坑底下部土体较好，也可对局部深坑周围土体进行加固，形成重力式支护体。加固体平面外围边线应在坑边坡顶线外侧，加固体的深度宜低于坑底面以下不小于 1m。如局部深坑的面积区开挖深度较大时，加固范围应通过设计计算确定。

19.14.8 基坑周围地面变形的控制措施

基础工程不仅要保证基坑支护结构本身的安全和稳定，而且要控制因基坑开挖引起的地面变形对周围环境的影响。尤其是在城市中建筑密集的地区，基坑邻近有交通干线、建筑物及地下管线等设施，因基坑开挖、降水引起的地层移动、地面沉降对周围环境带来的影响，必须采取有效措施加以防治。

地面变形由三方面的因素造成：

1) 基坑支护结构的变形，桩墙体的水平位移引起基坑周围地面沉降。

2) 基坑土方开挖、引起坑内大面积卸荷，坑底土隆起，形成坑外侧土体产生塑性流动，使坑外地面下沉。

3) 基坑降水使周围地下水位下降，引起地面沉降。

目前，在城市中建筑密集地区，对基坑变形控制的要求越来越严格，成为基坑设计中的重要组成部分。由于基坑变形计算比较复杂，难以反映实际情况，因此设计中，通常是针对引起地面变形的因素，采取一些必要的设计与施工措施，以达到有效控制变形的目的。

1. 设计措施

1) 支护结构体系的平面形状对变形很有影响，从受力分析可知，圆形、弧形、拱形比直线形要好得多。实际工程经验表明，在最不利的阳角部位，墙后地面和墙面裂缝最易出现，所以支护体系的平面形状应使围护结构整体均衡受力。在阳角部位应采取加强措施。

2) 在软土地区，支护体系的插入深度除满足稳定要求外，当有较好下卧土层时，支护桩的根部宜插入好土层。

3) 当坑底土层比较软弱时，可对被动区土体进行加固。被动区土体加固可改善支护体系的变形，这已被大量工程实践所证明。被动区土体加固应在基坑开挖前进行，并应有充分的养护期，保证加固土体的强度达到设计要求时方可开挖基坑。任何土体加固措施（如搅拌桩、旋喷桩、压密注浆等）都必须经过强度扰动期、强度恢复期和强度增加期三个阶段。如果养护期不够，加固效果不理想。目前，已有研究资料表明，水泥土地下养护期要比地上长得多。对于这个问题应引起充分重视。

4) 用钢管或型钢作支撑时应施加预应力，减少墙体的位移，预应力水平可取设计支撑轴力的 $30\% \sim 50\%$。

5) 当基坑变形不能满足坑外周边环境控制要求时，应对被影响的建筑物、构筑物和各类管线采取防范的措施，如土体加固、结构托换、暴露或架空管线等。

6) 在软土地区，开挖深度大于 6m 的基坑，除环境简单、基坑面积过大、支撑有困难外，不宜采用重力式支护体系。

7）在地下水位高的地区，支护体系必须有良好的止水系统。当有渗漏发生时，必须及时采取有效的堵漏措施，防止非正常变形的发展。

8）基坑的最大水平位移值，与基坑开挖深度、地质条件及支护结构类型等有关。在基坑支护结构体系的设计满足正常的承载能力极限状态（承载能力和结构变形）要求时，支护结构水平位移最大值与基坑底土层的隆起抗力分项系数有一定的统计关系。

2. 施工措施

1）根据基坑支护体系的总变形的发生可分两个阶段：第一阶段是开挖至设计标高时的变形；第二阶段是至底板混凝土浇筑结束时的位移。第二阶段变形与基坑暴露时间有关。暴露时间越长，风险性也越大。所以，加快施工速度、缩短暴露时间，是控制变形的重要措施。

2）基坑工程的受力特点是大面积卸荷。坑周和坑底土体的应力场从原始条件逐渐降低。基坑暴露后及时铺筑混凝土垫层，可保护坑底土不受施工扰动，起到在坑底对支护桩的一定支撑作用，对延缓应力松弛具有重要的作用。特别是在雨期施工，作用更明显。

3）坑周地面超载，会增加墙后土压力，增加滑动力矩，降低支护体系的安全度。在工程实践中，特别在软土地区曾多次发生放坡开挖的工程事故，分析原因都是由于坡高太大、雨期施工、排水不畅、坡顶堆载、坡脚扰动等引起。

4）由于大量卸荷，地面或多或少地产生许多微裂缝。降雨或施工用水渗入土体，会降低土体的强度和增加土压力，从而降低围护体系的安全度。

3. 应急措施

1）当基坑变形过大或环境条件不允许等危险情况出现时，可采取下列措施：

（1）底板分块施工；

（2）增设斜支撑。

2）基坑周边环境允许时，可采用墙后卸土。

3）基坑周边环境不允许时，可采用坑内被动区压重。

4. 基坑工程变形控制设计中的设计措施

（1）优化基坑支护方案，提高支护桩、墙及支撑体系的刚度，减小支护桩、墙的变位。

（2）控制地下水的作用，采用止水帷幕或地连墙，切断坑下影响范围内含水层坑内外的水力联系，确保坑内疏干降水，不引起坑外地下水位的变化。

（3）土方开挖过程中，一旦在侧墙或坑底出现渗漏、流土、突涌等水力破坏症状时，有及时的应急处理管控措施。

（4）当环境保护控制条件严格时，可采取分仓开挖、分区降水等措施，分区分步开挖土方，减小对基坑变形影响的范围。

（5）对需要重点保护的建（构）筑物周边采取设置隔离桩墙等防护结构，减小基坑施工对其造成的影响。

（6）在被保护区设置变形自动控制伺服系统，在基坑支护结构与保护建筑物之间设置平衡变形的注浆系统，实现控制变形的主动防护。

19.15　基坑开挖与施工监测

基坑施工监测，是基坑工程的重要组成部分。基坑工程从土方开挖开始，进入了验证设计的可靠性及支护结构施工质量的阶段，存在出现各种预估风险的可能。因此，加强施工现场的监测显得十分重要。监测工作从现场支护结构施工开始启动，一直进行到地下结构施工完毕，实施全程跟踪与信息施工。

19.15.1　基坑土方开挖

基坑土方开挖前，应根据基坑设计对各施工阶段的要求，编制土方开挖施工方案。土方开挖施工方案的主要内容一般包括工程概况和特点、地质勘察资料、周围环境、基坑支护设计、施工平面布置及场内交通组织、挖土机械选型、挖土工况、挖土方法、降水排水措施、季节性施工措施、支护变形控制和环境保护措施、监测方案、安全技术措施和应急预案等，施工方案应按照相关规定履行审批手续。

基坑土方开挖在深度范围内进行合理分层，在平面上进行合理分块并确定各分块开挖的先后顺序，可充分利用未开挖部分土体的抵抗能力，有效控制土体位移，以达到减缓基坑变形、保护周边环境的目的。

软土基坑如果一步挖土深度过大或非对称、非均衡开挖，可能导致基坑内局部土体失稳、滑动，造成立柱桩、基础桩偏移。另外，软土的流变特性明显，基坑开挖到某一深度后，变形会随暴露时间增长。因此，软土地层基坑的支撑设置应先撑后挖，并且越快越好，尽量缩短基坑每一步开挖时的无支撑时间。

土方开挖时，分步开挖深度的要求应按设计工况的规定进行，严禁超挖。土方开挖可分为明挖法和暗挖法，暗挖法一般指采用逆作法、盖挖法等施工工艺的基坑开挖。

土方开挖过程中，随着挖深的逐步增大，基坑支护结构的变位也逐步累积增大。工程实践经验表明，基坑周边支护体变形的发展与坑内土方开挖的先后次序相关，通常基坑土方先开挖侧，支护体的变形较对侧土方后挖侧支护体的变形要大。因此，对环境保护要求严的一侧的土方宜后挖。

19.15.2　基坑监测

由于基坑工程设计理论还不够完善，施工场地也存在着各种复杂因素的影响，基坑工程设计方案能否真实地反映基坑工程实际状况，只有在方案实施过程中才能得到最终的验证，其中现场监测是获得上述验证的重要和可靠手段，因此在基坑工程设计阶段应由设计方提出对基坑工程进行现场监测的要求。由设计方提出的监测要求，并非是一个很详尽的监测方案，但有些内容或指标应由设计方明确提出，例如：应进行哪些监测项目的监测？监测频率和监测报警值是多少？只有这样，监测单位才能依据设计方的要求编制出合理的监测方案。

监测的基本要求是：控制支护结构的内力及变形；土压力、孔隙压力值与坑底土体的隆起；监控地下水状态水位变化及流砂、流土、突涌等的前兆；基坑周边的地面沉降及受保护建（构）筑物的变形及安全状况；出现工程风险征兆时预先进行报警。

基坑监测应先由基坑工程设计方提出对工程监测的总体要求、主要监测项目及手段，再由第三方监测单位完成基坑监测设计方案，按方案中的具体要求实施监测。施工过程中，施工方按施工要求进行的监测则是一项平行的监测工作。第三方监测应独立进行。

监测方案应包括下列内容：

1）工程概况。

2）建设场地岩土工程条件及基坑周边环境状况。

3）监测目的和依据。

4）监测内容及项目。

5）基准点、监测点的布设与保护。

6）监测方法及精度。

7）监测期和监测频率。

8）监测报警及异常情况下的监测措施。

9）监测数据处理与信息反馈。

10）监测人员的配备。

11）监测仪器设备及检定要求。

12）作业安全及其他管理制度。

在环境保护的监测中，会涉及一些存在某种结构安全隐患的建（构）筑物。在监测方案中，应单独将其委托给房屋及构筑物和鉴定设计或检测部门，对其安全性做出专项评价。

基坑支护结构体系的监测项目，根据工程实际需要可从表19.15.1中选取。

基坑支护体系监测项目表

表 19.15.1

序号	施工阶段 支护形式和安全等级 监测项目	坑内加固体施工和预降水阶段 —	基坑开挖阶段						
			放坡开挖	复合土钉支护	水泥土重力式围护墙		板式支护体系		
			三级	三级	二级	三级	一级	二级	三级
1	支护体系观察	—	√	√	√	√	√	√	√
2	围护墙(边坡)顶部竖向、水平位移	○	√	√	√	√	√	√	√
3	围护体系裂缝	—	—	√	√	√	√	√	√
4	围护墙侧向变形(测斜)	○	—	○	√	○	√	√	√
5	围护墙侧向土压力	—	—	—	—	—	○	○	—
6	围护墙内力	—	—	—	—	—	○	○	—
7	冠梁及围檩内力	—	—	—	—	—	√	—	—
8	支撑内力	—	—	—	—	—	√	√	○
9	锚杆拉力	—	—	—	—	—	√	√	○
10	立柱竖向位移	—	—	—	—	—	√	√	○
11	立柱内力	—	—	—	—	—	○	○	—

序号	施工阶段 / 支护形式和安全等级 / 监测项目	坑内加固体施工和预降水阶段	基坑开挖阶段						
		—	放坡开挖	复合土钉支护	水泥土重力式围护墙		板式支护体系		
			三级	三级	二级	三级	一级	二级	三级
12	坑底隆起(回弹)	—	—	—	○	—	√	○	—
13	基坑内、外地下水位	√	√	√	√	√	√	√	√

注：1. √应测项目；○选测项目（视监测工程具体情况和相关单位要求确定）；

2. 逆作法基坑施工除应满足一级板式围护体系监测要求外，尚应增加结构梁板体系内力监测和立柱、外墙垂直位移监测。

基坑周边环境监测项目，根据工程实际需要可从表19.15.2中选取。

周边环境监测项目表　　　　　　　　　　　　　　　　表19.15.2

序号	施工阶段 / 基坑工程环境保护等级 / 监测项目	土方开挖前			基坑开挖阶段		
		一级	二级	三级	一级	二级	三级
1	基坑外地下水水位	√	√	√	√	√	√
2	孔隙水压力	○	—	—	○	○	—
3	坑外土体深层侧向变形(测斜)	√	○	—	√	○	—
4	坑外土体分层竖向位移	○	—	—	○	—	—
5	地表竖向位移	√	√	○	√	√	√
6	基坑外侧地表裂缝(如有)	√	√	√	√	√	√
7	邻近建(构)筑物水平及竖向位移	√	√	√	√	√	√
8	邻近建(构)筑物倾斜	√	○	○	√	○	○
9	邻近建(构)筑物裂缝(如有)	√	√	√	√	√	√
10	邻近地下管线水平及竖向位移	√	√	√	√	√	√

注：1. √应测项目；○选测项目（视监测工程具体情况和相关单位要求确定）；

2. 土方开挖前是指基坑支护结构体施工、预降水阶段。

19.15.3　基坑监测报警

基坑工程设计方在为项目确定监测指标等要求时，尚应根据场地工程地质条件、支护结构设计参数及环境保护控制要求等，并结合实际工程经验，明确各监测指标的报警值。第三方监测单位在实施监测时，对监测指标应及时整理其监测结果的变化情况，包括变化速率及累计变化值等。当出现某些风险征兆时，必须立即进行危险报警。出现以下情况时，应对支护结构和周边环境中的保护对象采取应急措施。

1）监测数据达到监测报警值的累计值。

2）基坑支护结构或周边土体的位移值突然明显增大，或基坑出现流沙、管涌、隆起、陷落或较严重的渗漏等。

3）基坑支护结构的支撑或锚杆体系出现过大变形、压屈、断裂、松弛或拔出的迹象。

　　4）周边建筑的结构部分、周边地面出现较严重的突发裂缝或危害结构的变形裂缝。

　　5）周边管线变形突然明显增长或出现裂缝、泄漏等。

　　6）根据当地工程经验判断，出现其他必须进行危险报警的情况。

　　通常可根据实际工程条件，参照表19.15.3的规定，选取基坑及支护结构的报警值。参照表19.15.4的规定，选取建筑基坑工程周边环境监测报警值。

基坑及支护结构监测报警值　　　　　　表 19.15.3

序号	监测项目	支护结构类型	基坑类别								
			一级			二级			三级		
			累计值		变化速率 (mm/d)	累计值		变化速率 (mm/d)	累计值		变化速率 (mm/d)
			绝对值 (mm)	相对基坑深度(h)控制值		绝对值 (mm)	相对基坑深度(h)控制值		绝对值 (mm)	相对基坑深度(h)控制值	
1	围护墙（边坡）顶部水平位移	放坡、土钉墙、喷锚支护、水泥土墙	30～35	0.3%～0.4%	5～10	50～60	0.6%～0.8%	10～15	70～80	0.8%～1.0%	15～20
		钢板桩、灌注桩、型钢水泥土墙、地下连续墙	25～30	0.2%～0.3%	2～3	40～50	0.5%～0.7%	4～6	60～70	0.6%～0.8%	8～10
2	围护墙（边坡）顶部竖向位移	放坡、土钉墙、喷锚支护、水泥土墙	20～40	0.3%～0.4%	3～5	50～60	0.6%～0.8%	5～8	70～80	0.8%～1.0%	8～10
		钢板桩、灌注桩、型钢水泥土墙、地下连续墙	10～20	0.1%～0.2%	2～3	25～30	0.3%～0.5%	3～4	35～40	0.5%～0.6%	4～5
3	深层水平位移	水泥土墙	30～35	0.3%～0.4%	5～10	50～60	0.6%～0.8%	10～15	70～80	0.8%～1.0%	15～20
		钢板桩	50～60	0.6%～0.7%	2～3	80～85	0.7%～0.8%	4～6	90～100	0.9%～1.0%	8～10
		型钢水泥土墙	50～55	0.5%～0.6%		75～80	0.7%～0.8%		80～90	0.9%～1.0%	
		灌注桩	45～50	0.4%～0.5%		70～75	0.6%～0.7%		70～80	0.8%～0.9%	
		地下连续墙	40～50	0.4%～0.5%		70～75	0.7%～0.8%		80～90	0.9%～1.0%	
4	立柱竖向位移		25～35	—	2～3	35～45	—	4～6	55～65	—	8～10
5	基坑周边地表竖向位移		25～35		2～3	50～60		4～6	60～80		8～10
6	坑底隆起（回弹）		25～35	—	2～3	50～60	—	4～6	60～80	—	8～10
7	土压力		$(60\%～70\%)f_1$	—		$(70\%～80\%)f_1$	—		$(70\%～80\%)f_1$	—	
8	孔隙水压力										

序号	监测项目	支护结构类型	基坑类别								
			一级			二级			三级		
			累计值		变化速率 (mm/d)	累计值		变化速率 (mm/d)	累计值		变化速率 (mm/d)
			绝对值 (mm)	相对基坑深度(h)控制值		绝对值 (mm)	相对基坑深度(h)控制值		绝对值 (mm)	相对基坑深度(h)控制值	
9	支撑内力		$(60\%\sim70\%)f_2$	—		$(70\%\sim80\%)f_2$	—		$(70\%\sim80\%)f_2$	—	
10	围护墙内力										
11	立柱内力										
12	锚杆内力										

注：1. h 为基坑设计开挖深度；f_1 为荷载设计值，f_2 为构件承载能力设计值；

　　2. 累计值取绝对值和相对基坑深度（h）控制值两者的小值；

　　3. 当监测项目的变化速率达到表中规定值或连续 3d 超过该值的 70%，应报警；

　　4. 嵌岩的灌注桩或地下连续墙位移报警值宜按表中数值的 50% 取用。

建筑基坑工程周边环境监测报警值 表 19.15.4

监测对象		项目	累计值(mm)	变化速率 (mm/d)	备注
1	地下水位变化		1000	500	—
2	管线位移	刚性管道 压力	10～30	1～3	直接观察点数据
		刚性管道 非压力	10～40	3～5	直接观察点数据
		柔性管线	10～40	3～5	—
3	邻近建筑位移		10～60	1～3	—
4	裂缝宽度	建筑	1.5～3	持续发展	—
		地表	10～15	持续发展	—

注：建筑整体倾斜度累计值达到 2/1000 或倾斜速度连续 3d 大于 0.0001H/d（H 为建筑承重结构高度）时应报警。

第 20 章 岩土工程数值方法概论

自 1996 年以来，随着计算机技术的发展，岩土工程取得了长足的进步，特别是在数值模拟计算方面尤为突出。各种数值模拟方法，如有限元法（FEM）、有限体积法（FVM）、有限差分法（FDM）、边界元法（BEM）、离散元法（DEM）、流形元法（MEM）以及无单元法（Element-Free Method）等相继出现，并在科学研究和工程应用方面发挥着重要作用。

岩土工程数值方法通常分为两大类，即微分法和积分法。其中，微分法表现为对离散模型微分方程的数值解。积分法将控制方程转化为在边界上的积分方程进行求解。本章对数值计算方法及相关通用程序在岩土工程的应用做简单介绍。

20.1 弹塑性力学基础

弹塑性力学是研究可变形固体在外荷载或温度变化等因素影响下产生的应力、应变和位移及其分布规律的一门科学，是研究固体在受载过程中产生的弹性变形和塑性变形这两个变形阶段力学响应的一门科学。其基本任务包括：建立求解固体的应力、应变和位移分布规律的基本方程和理论，为进一步研究岩土工程地基与结构物的强度、稳定性、断裂等力学问题提供必要的理论基础。

20.1.1 弹性力学

弹性力学的基本假定有：

连续性假设：物体的所有物理量（如位移、应变和应力）均为物体所占空间的连续函数；

均匀性假设：假设弹性物体是由同一类型的均匀材料组成，物体各个部分的物理性质都是相同的，不随坐标位置的变化而改变；

各向同性假设：假定物体在各个不同方向上具有相同的物理性质，物体的弹性常数不随坐标方向变化；

完全弹性假设：应力和应变之间存在一一对应关系，与时间及变形历史无关，满足胡克定律；

小变形假设：使用物体变形前的几何尺寸来替代变形后的尺寸，不考虑因变形所引起的几何尺寸变化。采用这一假设，在基本方程中略去位移、应变和应力分量的高阶小量，使基本方程成为线性的偏微分方程组。

1. 位移-应变关系和应变协调方程

物体在平面内的变形状态有两种描述方式：一是给出各点的位移 u 和 v；二是给出各点微小矩形单元的应变 ε_x、ε_y、γ_{xy}。其中，ε_x 和 ε_y 分别表示沿 x 方向和 y 方向的线应变，γ_{xy} 表示剪应变（角位移）。

图 20.1.1 中，变形前物体内的一个微小矩形单元 $ABCD$，边长为 $\mathrm{d}x$ 和 $\mathrm{d}y$，现在分

别考虑由于水平位移 u 和竖向位移 v 所引起的应变。

在图 20.1.1（a）中，只考虑水平位移 u。矩形单元 $ABCD$ 在变形后新位置为 $A'B'$ $C'D'$。由于 u 是逐点变化的，u 是坐标 x 与 y 的函数。偏导数 $\dfrac{\partial u}{\partial x}$ 表示 u 沿 x 方向的变化率，$\dfrac{\partial u}{\partial y}$ 表示 u 沿 y 方向的变化率。

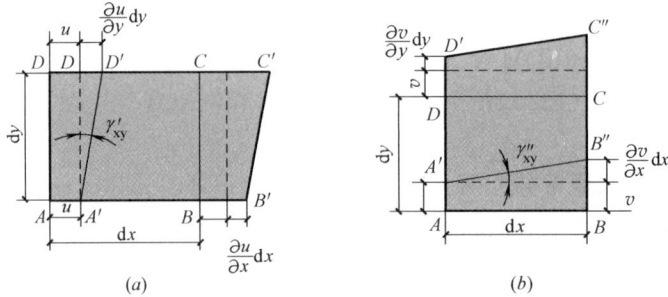

图 20.1.1　变形前后物体内的微小矩形单元

通过几何关系，总应变如下：

$$\begin{cases} \varepsilon_x = \dfrac{\partial u}{\partial x} \\[2mm] \varepsilon_y = \dfrac{\partial v}{\partial y} \\[2mm] \gamma_{xy} = \dfrac{\partial u}{\partial y} + \dfrac{\partial v}{\partial x} \end{cases} \qquad (20.1.1)$$

式（20.1.1）就是位移与应变之间的几何方程。

由式（20.1.1）消去 u 和 v，可得到应变协调方程：

$$\frac{\partial^2 \varepsilon_x}{\partial y^2} + \frac{\partial^2 \varepsilon_y}{\partial x^2} - \frac{\partial^2 \gamma_{xy}}{\partial x \partial y} = 0 \qquad (20.1.2)$$

2. 平衡微分方程

从弹性体内部取出一个微小单元，平面尺寸为 $\mathrm{d}x$ 和 $\mathrm{d}y$，厚度为 t。对于平面应力状态的一般情况，如图 20.1.2 所示，单元体内的体积力 $\overline{F}_x$，$\overline{F}_y$ 可以看作是均匀分布的，其合力作用于单元中心。

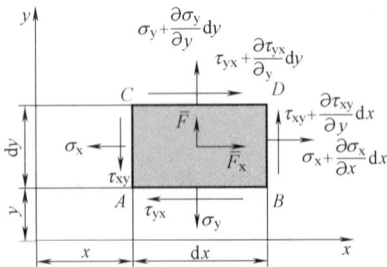

图 20.1.2　平面应力状态

由平衡条件

$$\sum X = 0$$

得：

$$\left.\begin{array}{l} \dfrac{\partial \sigma_x}{\partial x} + \dfrac{\partial \tau_{yx}}{\partial y} + \overline{F}_x = 0 \\[3mm] \dfrac{\partial \tau_{xy}}{\partial x} + \dfrac{\partial \sigma_y}{\partial y} + \overline{F}_y = 0 \end{array}\right\} \qquad (20.1.3)$$

式（20.1.3）就是平面问题中应力与体积力之间的平衡方程，称为平衡微分方程。

3. 应力-应变关系

在空间问题中，从弹性体中截取一个六面体，如图 20.1.3 所示。

六个剪应力中有如下互等关系：

$$\tau_{xy} = \tau_{yx}, \ \tau_{yz} = \tau_{zy}, \ \tau_{xz} = \tau_{zx}$$

因此，空间应力状态共有六个独立的应力分量。与此相对应，空间变形状态共有六个应变分量。

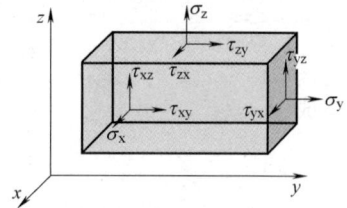

图 20.1.3　六面体

$$\{\sigma\} = \begin{Bmatrix} \sigma_x \\ \sigma_y \\ \sigma_z \\ \tau_{xy} \\ \tau_{yz} \\ \tau_{zx} \end{Bmatrix}, \ \{\varepsilon\} = \begin{Bmatrix} \varepsilon_x \\ \varepsilon_y \\ \varepsilon_z \\ \gamma_{xy} \\ \gamma_{yz} \\ \gamma_{zx} \end{Bmatrix}$$

其中，ε_x、ε_y、ε_z 是沿 x、y、z 三个方向的线应变，γ_{xy}、γ_{yz}、γ_{zx} 是三个角应变（剪应变）。在空间问题中，应力与应变之间的弹性方程如下：

$$\left.\begin{aligned} \varepsilon_x &= \frac{1}{E}(\sigma_x - \mu\sigma_y - \mu\sigma_z) \\[2mm] \varepsilon_y &= \frac{1}{E}(-\mu\sigma_x + \sigma_y - \mu\sigma_z) \\[2mm] \varepsilon_z &= \frac{1}{E}(-\mu\sigma_x - \mu\sigma_y + \sigma_z) \\[2mm] \gamma_{xy} &= \frac{2(1+\mu)}{E}\tau_{xy} \\[2mm] \gamma_{yz} &= \frac{2(1+\mu)}{E}\tau_{yz} \\[2mm] \gamma_{zx} &= \frac{2(1+\mu)}{E}\tau_{zx} \end{aligned}\right\} \tag{20.1.4}$$

在平面应力问题中，由应力求应变的弹性方程为：

$$\left.\begin{aligned} \varepsilon_x &= \frac{1}{E}(\sigma_x - \mu\sigma_y) \\[2mm] \varepsilon_y &= \frac{1}{E}(\sigma_y - \mu\sigma_x) \\[2mm] \gamma_{xy} &= \frac{\tau_{xy}}{G} = \frac{2(1+\mu)}{E}\tau_{xy} \end{aligned}\right\} \tag{20.1.5}$$

由上式，可得出由应变求应力的弹性方程：

$$\sigma_x = \frac{E}{1-\mu^2}(\varepsilon_x + \mu\varepsilon_y)$$

$$\sigma_y = \frac{E}{1-\mu^2}(\mu\varepsilon_x + \varepsilon_y)$$

$$\tau_{xy} = \frac{E}{2(1+\mu)}\gamma_{xy} = \frac{E}{1-\mu^2}\frac{1-\mu}{2}\gamma_{xy}$$

或写成

$$\{\sigma\} = [D]\{\varepsilon\} \tag{20.1.6}$$

其中

$$[D] = \frac{E}{1-\mu^2}\begin{bmatrix} 1 & \mu & 0 \\ \mu & 1 & 0 \\ 0 & 0 & \dfrac{1-\mu}{2} \end{bmatrix} \tag{20.1.7}$$

$[D]$ 称为弹性系数矩阵。

在平面应变问题中，利用式（20.1.4）中的 1、2 和 4 式得出平面变形问题的弹性方程：

$$\left.\begin{aligned} \varepsilon_x &= \frac{1-\mu^2}{E}\left(\sigma_x - \frac{\mu}{1-\mu}\sigma_y\right) \\ \varepsilon_y &= \frac{1-\mu^2}{E}\left(\sigma_y - \frac{\mu}{1-\mu}\sigma_x\right) \\ \gamma_{xy} &= \frac{2(1+\mu)}{E}\tau_{xy} = \frac{2\left(1+\dfrac{\mu}{1+\mu}\right)}{\dfrac{E}{1-\mu^2}}\tau_{xy} \end{aligned}\right\} \tag{20.1.8}$$

如果在式（20.1.5）中把 E 换成 $\dfrac{E}{1-\mu^2}$，把 μ 换成 $\dfrac{\mu}{1-\mu}$，就得出式（20.1.8）。

弹性系数矩阵 $[D]$ 可由式（20.1.7）利用上式转换成如下形式：

$$[D] = \frac{E(1-\mu)}{(1+\mu)(1-2\mu)}\begin{bmatrix} 1 & \dfrac{\mu}{1-\mu} & 0 \\ \dfrac{\mu}{1-\mu} & 1 & 0 \\ 0 & 0 & \dfrac{1-2\mu}{2(1-\mu)} \end{bmatrix} \tag{20.1.9}$$

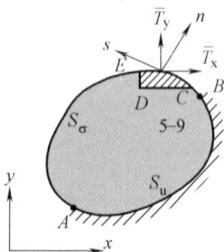

图 20.1.4 边界条件

4. 边界条件

在图 20.1.4 中，弹性体的边界周线为 S。其中，一部分边界 S_σ 为自由边，在自由边上表面力给定为 $\overline{T}_x$ 和 $\overline{T}_y$；另一部分边界 S_u 为固定边，在固定边上位移给定为 $\overline{u}$ 和 $\overline{v}$。

在固定边 S_u 上的边界条件为

$$\left.\begin{aligned} u &= \overline{u} \\ v &= \overline{v} \end{aligned}\right\}（在 S_u 上） \tag{20.1.10}$$

在自由边上的边界条件称为静力边界条件。为了导出静力边界条件，在边界处取隔离体 CDE（图20.1.4中的阴影部分），如图20.1.5所示。

设边界 CD 的向外法线和切线方向分别为 n 和 s，n 与 x 轴的夹角为 θ。斜边 CD 的长度为 $\mathrm{d}s$，则直角边 EC 和 ED 的长度分别为 $\sin\theta\mathrm{d}s$ 和 $\cos\theta\mathrm{d}s$。斜边 CD 上的边界力 T_x 和 T_y 可由隔离体平衡条件求出。由 $\sum X=0$ 得

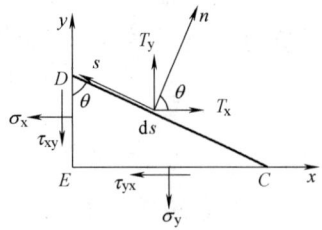

图20.1.5 隔离体应力状态图

$$T_x\mathrm{d}s-\sigma_x\cos\theta\mathrm{d}s-\tau_{yx}\sin\theta\mathrm{d}s=0$$

由此得到式（20.1.11）的第一式。同理，由 $\sum Y=0$ 可得到第二式：

$$\left.\begin{aligned} T_x&=\sigma_x\cos\theta+\tau_{xy}\sin\theta\\ T_y&=\tau_{xy}\cos\theta+\sigma_y\sin\theta \end{aligned}\right\} \tag{20.1.11}$$

因此，自由边界 S_σ 上的静力边界条件为

$$\left.\begin{aligned} Y_x&=\sigma_x\cos\theta+\tau_{xy}\sin\theta=\overline{T_x}\\ T_y&=\tau_{xy}\cos\theta+\sigma_y\sin\theta=\overline{T_y} \end{aligned}\right\}\text{（在 }S_\sigma\text{ 上）} \tag{20.1.12}$$

5. 基本方程汇总

弹性力学平面问题有三类变量，即位移 $\{u\}$、应变 $\{\varepsilon\}$ 和应力 $\{\sigma\}$：

$$\left.\begin{aligned} \{u\}&=\begin{bmatrix} u & v \end{bmatrix}^T\\ \{\varepsilon\}&=\begin{bmatrix} \varepsilon_x & \varepsilon_y & \gamma_{xy} \end{bmatrix}^T\\ \{\sigma\}&=\begin{bmatrix} \sigma_x & \sigma_y & \tau_{xy} \end{bmatrix}^T \end{aligned}\right\} \tag{20.1.13}$$

设 A 为板中面积所占的区域，其边界由固定边界 S_u 和自由边界 S_σ 两部分组成。在 A 内给定的体积力 $\{\overline{F}\}$，在 S_u 上给定的边界位移 $\{\overline{u}\}$ 和在 S_σ 上给定的表面力 $\{\overline{T}\}$ 分别为

$$\left\{\begin{aligned} \{\overline{F}\}&=\begin{bmatrix} \overline{F}_x+\overline{F}_y \end{bmatrix}^T\\ \{\overline{u}\}&=\begin{bmatrix} \overline{u}+\overline{v} \end{bmatrix}^T\\ \{\overline{T}\}&=\begin{bmatrix} \overline{T}_x+\overline{T}_y \end{bmatrix}^T \end{aligned}\right. \tag{20.1.14}$$

（1）平衡微分方程

平衡微分方程矩阵形式为

$$[\hat{D}]\{\sigma\}+\{\overline{F}\}=\{0\} \tag{20.1.15}$$

其中，$[\hat{D}]$ 是微分算子矩阵：

$$[\hat{D}]=\begin{bmatrix} \dfrac{\partial}{\partial x} & 0 & \dfrac{\partial}{\partial y}\\[2mm] 0 & \dfrac{\partial}{\partial y} & \dfrac{\partial}{\partial x} \end{bmatrix} \tag{20.1.16}$$

（2）应变-位移关系

应变-位移关系矩阵形式为

$$\{\varepsilon\}=[\hat{D}]^T\{u\} \tag{20.1.17}$$

式（20.1.15）与式（20.1.17）中的两个微分算子矩阵 $[\hat{D}]$ 和 $[\hat{D}]^T$ 互为转置。

（3）应力-应变关系

应力-应变关系由式（20.1.6）给出，即

$$\{\sigma\}=[D]\{\varepsilon\} \tag{20.1.18a}$$

$$\{\varepsilon\}=[D]^{-1}\{\sigma\} \tag{20.1.18b}$$

（4）位移边界条件

$$\{u\}=\{\bar{u}\}（在给定的边界 S_\mathrm{u} 上） \tag{20.1.19}$$

（5）静力边界条件

静力边界条件矩阵形式为

$$[L]\{\sigma\}=\{\overline{T}\}（在自由边界 S_\sigma 上） \tag{20.1.20}$$

其中

$$[L]=\begin{bmatrix} l & 0 & m \\ 0 & m & l \end{bmatrix} \tag{20.1.21}$$

式中　l、m——分别是边界外法线的方向余弦：$l=\cos\theta$，$m=\sin\theta$。

6. 位移法和应力法

弹性力学问题有两种基本解法：位移法和应力法。

（1）位移法

以位移 $\{u\}$ 作为基本未知函数。利用式（20.1.17）和式（20.1.18a）可依次将应变和应力用位移表示：

$$\{\sigma\}=[D][\hat{D}]^T\{u\} \tag{20.1.22}$$

为了求解位移 $\{u\}$，相应的微分方程和边界条件如下：

首先，将式（20.1.22）代入平衡微分方程（20.1.15），得

$$[\hat{D}][D][\hat{D}]^T\{u\}+\{\overline{F}\}=\{0\} \tag{20.1.23}$$

其次，将式（20.1.22）代入静力边界条件（20.1.20），得

$$[L][D][\hat{D}]^T\{u\}=\{\overline{T}\} \tag{20.1.24}$$

这就是用位移表示的静力边界条件，与位移边界条件（20.1.19）合在一起，就是位移法的边界条件。

（2）应力法

以应力 $\{\sigma\}$ 作为基本未知函数。利用式（20.1.18b）可将应变用应力表示。利用应变-位移关系（20.1.17），将位移的偏导数用应力表示：

$$[\hat{D}]^T\{u\}=[D]^{-1}\{\sigma\} \tag{20.1.25}$$

平面应力情况下，将应力-应变关系方程（20.1.5）代入式（20.1.2），即得

$$\frac{\partial^2}{\partial y^2}(\sigma_\mathrm{x}-\mu\sigma_\mathrm{y})+\frac{\partial^2}{\partial x^2}(\sigma_\mathrm{y}-\mu\sigma_\mathrm{x})-2(1+\mu)\frac{\partial^2\tau_\mathrm{xy}}{\partial x\partial y}=0 \tag{20.1.26}$$

如果体积力为常数，则由平衡微分方程（20.1.3）可得出下列关系：

$$\frac{\partial^2 \sigma_x}{\partial x^2} = -\frac{\partial^2 \tau_{xy}}{\partial x \partial y} = \frac{\partial^2 \sigma_y}{\partial y^2} \tag{20.1.27}$$

将上式代入式（20.1.26）得

$$\left(\frac{\partial^2}{\partial x^2} + \frac{\partial^2}{\partial y^2}\right)(\sigma_x + \sigma_y) = 0 \tag{20.1.28}$$

式（20.1.15）和式（20.1.28）合在一起，就是应力法的基本微分方程。

20.1.2　弹塑性力学

物体在弹塑性变形阶段的应变 ε_{ij} 可包含二个部分：弹性应变 ε_{ij}^e 和塑性应变 ε_{ij}^p，应变增量的表达式为：

$$d\varepsilon_{ij} = d\varepsilon_{ij}^e + d\varepsilon_{ij}^p \tag{20.1.29}$$

弹性应变增量 $d\varepsilon_{ij}^e$ 可以应用广义胡克定律计算，塑性应变增量 $d\varepsilon_{ij}^p$ 可以根据塑性增量理论计算。塑性增量理论主要包括三个部分：（1）屈服面理论；（2）流动规则理论；（3）加工硬化（或软化）理论。

1. 屈服条件与屈服面

根据不同应力路径所进行的试验，随着荷载增大，可以确定从弹性阶段进入塑性阶段的各个界限。弹性状态过渡到塑性状态的这种过渡叫做屈服，在应力空间中将这些屈服应力点连接起来，就形成一个区分弹性和塑性的分界面，称为屈服曲面。当应力点 σ_{ij} 在此曲面以内时，材料处于弹性状态；当应力点 σ_{ij} 位于此曲面上时，材料发生屈服。描述这个屈服面的数学表达式（应力或应变所必需满足的条件）称为屈服函数（或屈服条件，或屈服准则）。在单向受力条件下，就是屈服极限 σ_s。最初出现的屈服面称为初始屈服面，它是应力、应变、时间及温度的函数，其方程为

$$F = (\sigma_{ij}, \ \varepsilon_{ij}, \ t, \ T) = 0 \tag{20.1.30}$$

图 20.1.6 为典型的三轴试验结果。其中，应力达到 A 点之前为弹性状态，A 点应力称为初始屈服应力；达到 A 点后应力再增加，可产生不可恢复的塑性应变，称为后继屈服状态；后继屈服只有在塑性加载过程中才会出现，所以后继屈服又称为加载屈服；应力达到 C 点，土体破坏；对于理想塑性材料，屈服即破坏；应力在 A 点和 C 点之间卸荷—再加荷，不产生塑性应变，称为硬化。

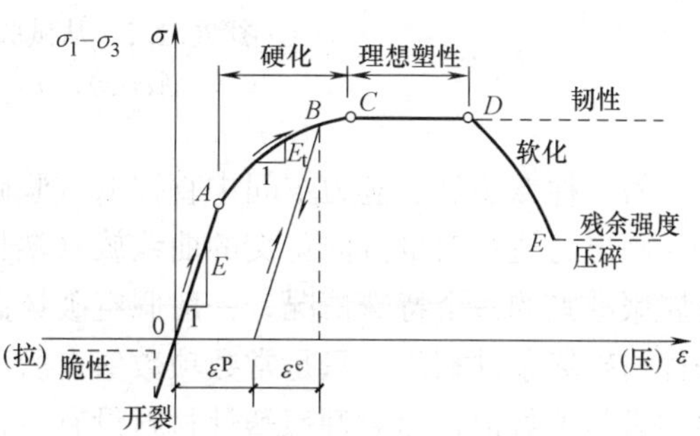

图 20.1.6　典型三轴试验曲线

在不考虑时间效应以及在接近常温的情况下，F 中将不包含 t 和 T。由于初始屈服之前是处于弹性状态的，应力与应变之间有一一对应关系。可将函数 σ_{ij} 用 ε_{ij} 表示，或将 ε_{ij} 用 σ_{ij} 表示。这样，屈服条件仅仅只是应力分量或应变分量的函数。通常可写成

$$F(\sigma_{ij}) = 0 \tag{20.1.31}$$

对于加工硬化材料，当应力点 σ_{ij} 位于屈服面所包围的范围内时，材料只产生弹性应

变，屈服面的位置和形式将保持不变；当应力点 σ_{ij} 位于屈服面上时，因加荷使它发生了超越这个屈服面的应力变化，同时在材料中引起了新的弹性变形和塑性变形。随着塑性变形的产生形成新的屈服面，材料发生加工硬化。换句话说，它的屈服面不是固定的，而是不断扩大着的，屈服面外属于塑性状态的继续，此时屈服函数 F 将是变化的，这种屈服函数一般叫做加载函数，亦称后继屈服面。描述屈服面变化的数学表达式称为加工硬化材料的屈服条件，其一般表达式为：

$$\varphi(\sigma_{ij}, H_\alpha) = 0 \qquad\qquad (20.1.32)$$

式中，$H_\alpha(a=1, 2, \cdots)$ 称为硬化参数，与塑性变形有关，一般可以表示为塑性能的函数。

通常，把材料进入无限塑性状态时称作破坏。因此，理想塑性材料的初始屈服面就是破坏面；而硬化材料首先达到初始屈服，经过加工硬化阶段，最后达到破坏，所以破坏面是极限状态的后继屈服面。

土的屈服面确定有两种方法。一种方法是根据屈服准则的定义，通过试验来确定土在一定应力平面上的屈服轨迹。图 20.1.7 表示的是一系列三轴试验的应力路径，试样首先加载到点 A，随后沿着三种不同直线段变化到点 A'。从应力-应变曲线上，大体可判断两者处于同一屈服轨迹上。因而，可用 AA' 一段屈服轨迹表示。

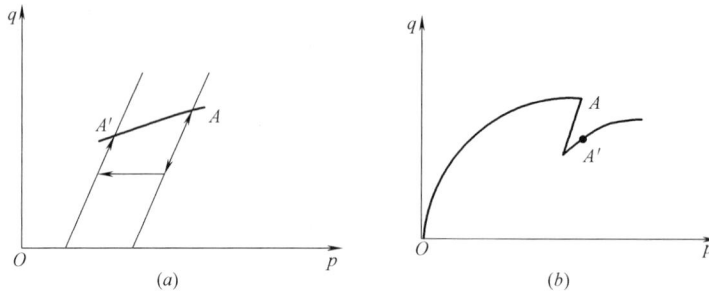

图 20.1.7　从试验确定土的屈服轨迹
(a) 屈服轨迹；(b) 对应的应力-应变关系

另一种方法是在应力空间中直接从试验确定塑性应变增量的方向，然后像绘制流网一样，画出与这些增量方向正交的曲线族（塑性势的轨迹），间接确定屈服轨迹。破坏准则是屈服准则的一个特殊情况，一般假定破坏面与屈服面大小不同，但形状相似，亦即屈服条件与破坏条件相似，只是常数项数值有所不同。对硬化材料来说两者差别仅在屈服条件中的常数项数值，而对理想塑性材料没有差别。图 20.1.8 为在 $p-q$ 平面和 π 平面上确定的屈服轨迹。

2. 常用的屈服准则

(1) Mohr-Coulomb 屈服准则

Mohr-Coulomb 屈服或破坏准则简称为 M-C 准则。式 (20.1.33) 为以应力表达的 Mohr-Coulomb 准则。图 20.1.9 为 Mohr-Coulomb 破坏强度包线。

$$f = (\sigma_1 - \sigma_3) - (\sigma_1 + \sigma_3)\sin\varphi - 2c \cdot \cos\varphi = 0 \qquad\qquad (20.1.33)$$

对于土中任一单元体的三个面都应满足 Mohr-Coulomb 准则：

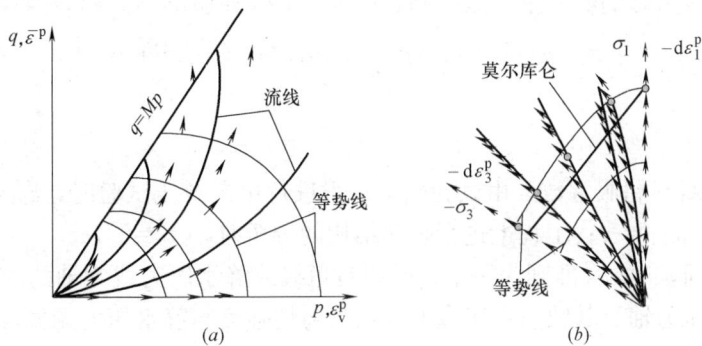

图 20.1.8　从塑性应变增量方向确定等势线

(a) $p-q$ 平面；(b) π 平面

对 σ_1-σ_2 平面

$$\pm(\sigma_1-\sigma_2) \leqslant [(\sigma_1+\sigma_2)\sin\varphi + 2c \cdot \cos\varphi]$$

$$(20.1.34a)$$

对 σ_2-σ_3 平面

$$\pm(\sigma_2-\sigma_3) \leqslant [(\sigma_2+\sigma_3)\sin\varphi + 2c \cdot \cos\varphi]$$

$$(20.1.34b)$$

对 σ_3-σ_1 平面

$$\pm(\sigma_3-\sigma_1) \leqslant [(\sigma_3+\sigma_1)\sin\varphi + 2c \cdot \cos\varphi]$$

$$(20.1.34c)$$

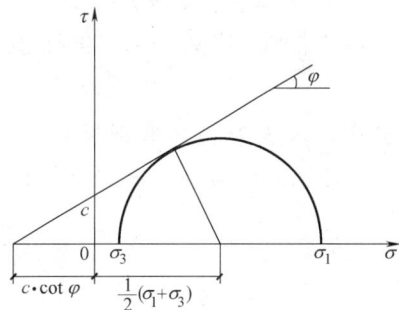

图 20.1.9　Mohr-Coulomb 破坏准则

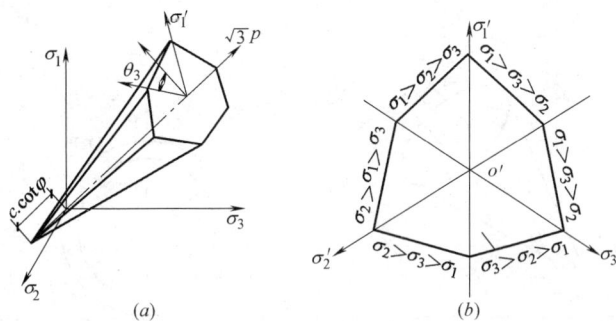

图 20.1.10　(a) 主应力空间中的形状；(b) 偏平面截面上的形状

在应力空间内屈服面的形状为以空间对角线为轴向的六棱锥，如图 20.1.10 (a) 所示。三个主应力是相互约束的，必须在不等角的六边形以内，如图 20.1.10 (b) 所示。

M-C 屈服与破坏准则反映了岩土类材料的剪切强度特性，具有简单实用、应用广泛等优点。但是，该准则不能精确反映中主应力 σ_2 对屈服和破坏的影响，同时不能反映静水压力可以引起岩土屈服的特性。由于屈服面存在角点，不方便进行塑性应变增量的数值计算。

（2）Mises 屈服准则

考虑三个主应力影响的能量屈服准则，称为 Mises 屈服准则。屈服函数为

$$f = [(\sigma_1 - \sigma_2)^2 + (\sigma_2 - \sigma_3)^2 + (\sigma_3 - \sigma_1)^2]^{\frac{1}{2}} - \sqrt{6}k_M = 0 \qquad (20.1.35)$$

或

$$f = \sqrt{J_2} - k_M = 0 \qquad (20.1.36)$$

k_M 为 Mises 材料屈服常数，由试验确定。当进行单向拉压试验时，$k_M = \sigma_s/\sqrt{3}$；当进行纯剪切试验时，$k_M = \tau_s$；工程上进行金属结构的分析时，$k_M = 0.7\sigma_s$。

在主应力空间，Mises 准则为一个以空间对角线或静水压力线为轴的圆柱体面。它的母线平行于静水压力轴。其缺点在于该准则认为剪切强度与静水压力无关，同时压缩和拉伸有同样的破坏应力。

（3）Drucker-Prager 屈服准则

为了克服 Mises 准则没有考虑静水压力对屈服与破坏的影响，Drucker 与 Prager 于 1952 年提出了考虑静水压力影响的广义 Mises 屈服与破坏准则，简称为 D-P 屈服或破坏准则。D-P 准则或广义 Mises 准则的屈服函数为

$$f(I_1, \sqrt{J_2}) = \sqrt{J_2} - \alpha I_1 - k = 0 \qquad (20.1.37)$$

式中，α，k 为 D-P 准则材料常数，按照平面应变条件下的应力和塑性变形条件，Drucker 与 Prager 得到了 α，k 与 M-C 准则的材料常数 φ，c 之间的关系：

$$\left. \begin{array}{l} \alpha = \dfrac{\sin\varphi}{\sqrt{3}\sqrt{3+\sin^2\varphi}} = \dfrac{\tan\varphi}{\sqrt{9+12\tan^2\varphi}} \\[3mm] k = \dfrac{\sqrt{3}\cos\varphi}{\sqrt{3+\sin^2\varphi}} = \dfrac{3c}{\sqrt{9+12\tan^2\varphi}} \end{array} \right\} \qquad (20.1.38)$$

在主应力空间，D-P 准则的屈服曲面为一个以空间对角线为轴的圆锥面，如图 20.1.11 所示。

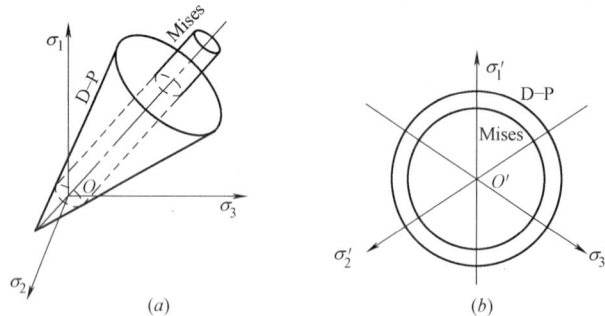

图 20.1.11　（a）主应力空间形状；（b）偏平面上的投影

D-P 准则在应力空间和 π 平面上都是光滑的，便于数值计算；然而，在子午面上，不能反映高围压下土的抗剪强度的非线性。

3. 加载和卸载准则

当某点的应力正好处于屈服面时，应考虑应力增量方向判别加载与卸载，如图 20.1.12 所示：

（1）如果该点产生的应力增量向量 $\{d\sigma_1, d\sigma_2, d\sigma_3\}$ 指向屈服面内部，则有：

$$df = \left\{\frac{\partial f}{\partial \sigma}\right\}^T \{d\sigma\} = \frac{\partial f}{\partial \sigma_{ij}} d\sigma_{ij} < 0 \quad 即 \quad f(\sigma_{ij} + d\sigma_{ij}) < k_0$$

(20.1.39)

应力变化后满足该应力条件的微元体只产生弹性应变,称为卸载;

(2) 如果该点产生的应力增量向量 $\{d\sigma_1,\ d\sigma_2,\ d\sigma_3\}$ 沿当前屈服面切线方向,则有:

$$df = 0 \quad 即 \quad f(\sigma_{ij} + d\sigma_{ij}) = f(\sigma_{ij}) = k_0$$

(20.1.40)

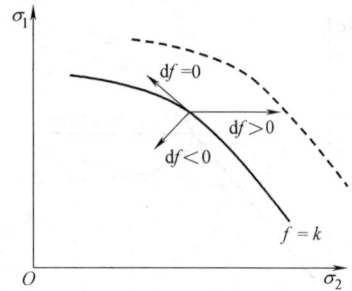

图 20.1.12　理想塑性材料的加载与卸载

应力变化后处于同一屈服面上,并且不产生新的塑性变形,称为中性变载;

(3) 如果该点产生的应力增量向量 $\{d\sigma_1, d\sigma_2, d\sigma_3\}$ 指向屈服面外部,微元体产生新的塑性应变,$df > 0$,k 增加,屈服面扩张,称为加载,则有:

$$df > 0 \quad 即 \quad f(\sigma_{ij} + d\sigma_{ij}) = k_1 > f(\sigma_{ij}) = k_0$$

(20.1.41)

在复杂应力状态下,理想塑性材料的屈服条件是不变的,即加载条件和屈服条件一样。在应力空间中,加载面的形状、大小和位置都和屈服面一样。当应力点保持在屈服面上时,称为加载;当应力点从屈服面上变到屈服面之内时,就称为卸载。

对于硬化材料,当 $d\sigma$ 指向屈服面之外时才算加载;当 $d\sigma$ 沿着屈服面变化时,屈服面不会发生变化,这个过程称为中性变载。

4. 硬化规律

在复杂状态下,发生塑性变形后屈服条件将发生变化,这种变化的屈服条件称为加载条件(硬化条件与软化条件)。加载条件与屈服条件不同,屈服条件是初始弹性状态的界限,它与应力历史无关;而加载条件是后继弹性状态的界限,它随着塑性变形的发展而不断变化。一般来说,它与应力历史有关。

用 $F(\sigma_{ij}) = 0$ 表示屈服条件(初始屈服条件),$\Phi(\sigma_{ij}) = 0$ 表示加载屈服条件。显然,对于理想塑性材料 $\Phi = F$。对于一般情况下材料发生塑性变形时,在应力空间中将加载条件表示为

$$\Phi(\sigma_{ij},\ H_\alpha) = 0$$

(20.1.42)

式中　$H_\alpha(\alpha = 1, 2, \cdots\cdots)$ 表示由于塑性变形引起物质微观结构变化的参量,称为硬化参量(不可逆过程的某种度量),它们与塑性变形、应力历史有关,可以是塑性应变各分量、塑性功或代表热力学状态的内变量。

对于加工硬化材料,后继屈服面的变化规律很复杂。随着加载应力及加载路径的变化,加载面的形状、大小、加载面中心的位置以及加载面的主方向都可能发生变化。加载面在应力空间中的位置、大小、形状的变化规律,称为硬化规律。

当材料达到屈服以后,应力再增加,屈服面扩张,材料硬化,屈服应力提高,理想塑性不硬化,k 为常数,不随应力变化而变化,如图 20.1.13 所示。

$$f(\sigma_{ij}) = k = F(H)$$

(20.1.43)

加载后,应力 $\{\sigma\}$ 变化,k 也随之变化。因为产生塑性应变屈服面才能扩张,所以 k 必然与当前应力和塑性应变有关,塑性功是两者的乘积,常用来作为硬化参数。均可通过

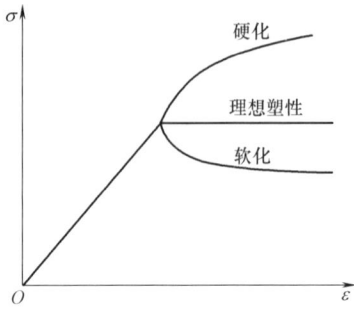

图 20.1.13　简单应力状态

试验确定这种关系。例如，一维的情况下：

（1）假定硬化参数由塑性功确定；

（2）由试验曲线，加载后产生新的应力 $\{\sigma\}$ 材料屈服→产生新的塑性应变 $\{\varepsilon^{\mathrm{p}}\}$→计算塑性功 W^{p}（硬化指数 H）→得到新的屈服应力值 (k)，由此得到一个点 (k,W^{p})；

（3）继续加载，重复上述步骤，即可以建立以下函数关系，

$$k=F(H)=F(W^{\mathrm{p}}) \qquad (20.1.44)$$

这就是所谓的硬化规律。

1）等向硬化模型和运动硬化模型

等向硬化模型和运动硬化模型是最简单的两种硬化模型。等向硬化模型无论在哪个方向加载，拉伸和压缩强化总是相等的产生和开展，在复杂加载条件下，假定后继屈服面的形状、中心和方位与初始屈服面相同，后继屈服面的大小则随着加工硬化过程，围绕其中心产生均匀的膨胀。等向硬化模型，也称为各向同性硬化模型，这是硬化模型中最简单的一种。

等向硬化加载面可以表达如下

$$\Phi(\sigma_{ij},H_{\alpha})=F(I_1,J_2,J_3)-K=0 \qquad (20.1.45)$$

K 为硬化系数。当 $K=0$ 时，即为初始屈服面 $F(I_1,J_2,J_3)=0$。

运动硬化模型假定后继屈服面的大小，形状与初始屈服面相同，后继屈服面是由初始屈服面在塑性变形方向上作刚体位移形成的。如图 20.1.14 所示，图中实线表示初始屈服面的位置，虚线表示产生塑性变形后继屈服面的位置。

运动硬化加载面用数学式可以表达如下

$$\Phi(\sigma_{ij},H_{\alpha})=\Phi(\sigma_{ij}-\alpha_{ij})=F(\sigma_{ij}-\alpha_{ij})-K=0$$
$$(20.1.46)$$

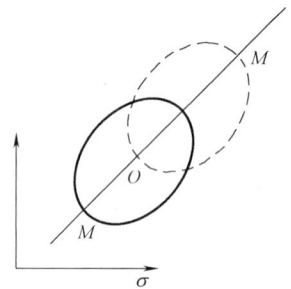

图 20.1.14　运动硬化模型
屈服面位置

式中，K 为常数。这里以 $F(\sigma_{ij})-K=0$ 为初始屈服曲面，与初始屈服曲面不同之处在于以 $\sigma_{ij}-\alpha_{ij}$ 代替 σ_{ij}，它随 σ_{ij} 而移动，所以 α_{ij} 是应力历史的参量。

运动硬化和等向硬化的线性组合，称为混合硬化。这时，后继屈服面既有位置的改变，也产生均匀的膨胀，但是它仍保持原有的形状和方位。等向硬化模型与运动硬化模型的线性组合，可以形成更一般的模型，其方程为

$$\Phi(\sigma_{ij},H_{\alpha})=F(\sigma_{ij}-c\varepsilon_{ij}^{\mathrm{p}})-K=0 \qquad (20.1.47)$$

式中，c 为常数，可根据简单拉伸试验来确定。

图 20.1.15 为运动硬化、等向硬化和混合硬化对于同一加载路径得出的后继屈服面的示意图。

2）硬化定律

从广义上来说，硬化定律是确定从某个屈服面如何进入后继屈服面的一条准则。也可

886

以说，它是用来确定塑性因子 $d\lambda$ 值的一条准则。

在应力空间中，假定 $d\lambda$ 为

$$d\lambda = \frac{1}{A}\frac{\partial f}{\partial \sigma_{ij}}d\sigma_{ij} \qquad (20.1.48)$$

式中 A——硬化参数 H_α 的函数。

将上式代入流动法则，即可建立 $d\sigma_{ij}$ 与 $d\varepsilon_{ij}$ 关系的硬化定律。

目前，硬化参数在不同的本构模型中常假设为塑性变形功 W_p、塑性体应变 ε_v^p、塑性八面体剪应变 $\overline{\varepsilon^p}$ 等的函数。其物理意义在于反映土中颗粒间相对位置变化和颗粒破碎的量，即土的状态和组构发生变化的情况。

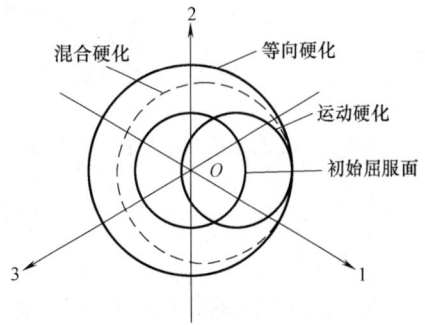

图 20.1.15 同一加载路径下运动硬化、等向硬化和混合硬化的后继屈服面示意图

（1）塑性变形功 W_p 硬化规律

假定硬化参数 H_α 等于塑性功 W_p，即

$$H_a = W_p = \int \sigma_{ij}\,d\varepsilon_{ij}^p \qquad (20.1.49)$$

由屈服条件 $\Phi(\sigma_{ij}, H_\alpha) = 0$ 可得

$$\begin{aligned}
d\Phi &= \frac{\partial \Phi}{\partial \sigma_{ij}}d\sigma_{ij} + \frac{\partial \Phi}{\partial H_\alpha}dH_\alpha \\
&= \frac{\partial \Phi}{\partial \sigma_{ij}}d\sigma_{ij} + \frac{\partial \Phi}{\partial W_p}\sigma_{ij}\,d\varepsilon_{ij}^p \\
&= \frac{\partial \Phi}{\partial \sigma_{ij}}d\sigma_{ij} + \frac{\partial \Phi}{\partial W_p}\sigma_{ij}\,d\lambda\,\frac{\partial g}{\partial \sigma_{ij}} = 0
\end{aligned}$$

结合式（20.1.48），得

$$A = (-1)\frac{\partial \Phi}{\partial W_p}\sigma_{ij}\frac{\partial g}{\partial \sigma_{ij}} \qquad (20.1.50)$$

如果塑性势函数 g 为 σ_{ij} 的 n 阶齐次函数，则根据欧拉齐次函数定理

$$\frac{\partial g}{\partial \sigma_{ij}}\sigma_{ij} = ng \qquad (20.1.51)$$

结合式（20.1.50）和式（20.1.51），得

$$A = (-1)ng\frac{\partial \Phi}{\partial W_p} \qquad (20.1.52)$$

（2）塑性应变 ε_{ij}^p 硬化规律

塑性应变 ε_{ij}^p 硬化规律假定硬化参数 H_α 是塑性应变 ε_{ij}^p 的函数，即

$$H_\alpha = H(\varepsilon_{ij}^p) \qquad (20.1.53)$$

由 $d\Phi = 0$，得

$$\frac{\partial \Phi}{\partial \sigma_{ij}}d\sigma_{ij} + \frac{\partial \Phi}{\partial H_\alpha}dH_\alpha = 0 \qquad (20.1.54)$$

结合式（20.1.54）和式（20.1.48），得

$$Ad\lambda = (-1)\frac{\partial \Phi}{\partial H_\alpha}dH_\alpha \tag{20.1.55}$$

$$= (-1)\frac{\partial \Phi}{\partial H_\alpha}\frac{\partial H_\alpha}{\partial \varepsilon_{ij}^p}d\varepsilon_{ij}^p$$

将式（20.1.29）代入式（20.1.55），两边消去 $d\lambda$，可得

$$A = (-1)\frac{\partial \Phi}{\partial H_\alpha}\frac{\partial H_\alpha}{\varepsilon_{ij}^p}\frac{\partial g}{\partial \sigma_{ij}} \tag{20.1.56}$$

5. 流动规则

经过应力空间的任何一点 M，必定存在一塑性势面，其数学表达式称为塑性位势函数，可记为

$$g(\sigma_{ij}, H_\alpha) = 0 \tag{20.1.57}$$

式中　H_α——硬化参数。

塑性应变增量 $d\varepsilon_{ij}^p$ 可以用塑性位势函数对应力微分的表达式表示，即

$$d\varepsilon_{ij}^p = d\lambda \frac{\partial g}{\partial \sigma_{ij}} \tag{20.1.58}$$

式中　$d\lambda$——比例系数，为一非负的标量塑性因子，它反映 $d\varepsilon^p$ 的绝对值大小。

在塑性理论中，流动规则用以确定塑性应变增量的方向或塑性应变增量张量的各个分量之间的比例关系。通常，将塑性势面 g 与屈服面 f 相同的流动规则称为相关联的流动规则，相关联的流动规则的依据是德鲁克（Drucker）公设。对于稳定性材料而言，在常温和缓慢的加卸载条件下，对于一个完整的弹塑性加、卸载循环过程〔图 20.1.16（a）中的 $ABCD$〕，如果加载产生塑性变形，则在整个的加卸载循环过程中，附加应力做功非负；如果加载不产生塑性变形（即纯弹性应力循环），附加应力做功为零。

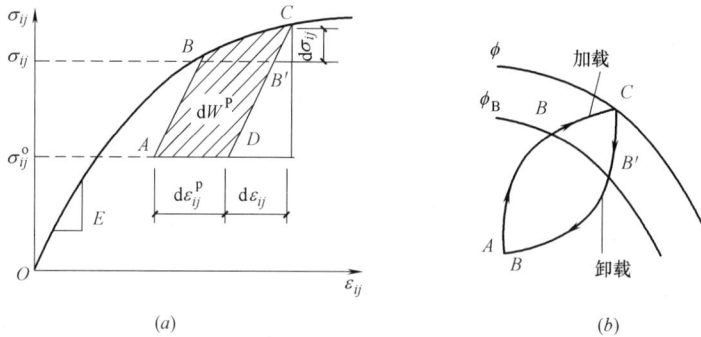

图 20.1.16　（a）完整的弹塑性加卸载过程；（b）屈服面处外凸

岩土类材料具有不均匀性，因此由试验得出的塑性应变增量的方向有时不与屈服面正交，用相关联的流动法则算出的应力-应变关系与试验结果有较大偏离。即很多情况下（例如，软化条件下）

$$g(\sigma_{ij}) \neq f(\sigma_{ij}) \tag{20.1.59}$$

即为非相关联的流动规则。

6. 弹塑性本构关系

假定某单元体从当前屈服面上继续加荷，既产生弹性应变又产生塑性应变。仿照弹性

力学的胡克定律，将增量形式的应力-应变写成：

矩阵形式：
$$\{d\sigma\} = [D_{ep}]\{d\varepsilon\} \tag{20.1.60}$$

向量形式：

$$\begin{Bmatrix} d\sigma_1 \\ d\sigma_2 \\ d\sigma_3 \end{Bmatrix} = [D_{ep}] \begin{Bmatrix} d\varepsilon_1 \\ d\varepsilon_2 \\ d\varepsilon_3 \end{Bmatrix} \tag{20.1.61}$$

其中，$[D_{ep}]$ 称为弹塑性矩阵。
$$\{d\sigma\} = [D_{ep}]\{d\varepsilon\} \tag{20.1.62}$$

总应变可以分成弹性应变和塑性应变：
$$\{d\varepsilon\} = \{d\varepsilon^e\} + \{d\varepsilon^p\} \tag{20.1.63}$$

弹性应变可以用胡克定律求出：
$$\{d\sigma\} = [D]\{d\varepsilon^e\} \tag{20.1.64a}$$
$$或\{d\varepsilon^e\} = [D]^{-1}\{d\sigma\} \tag{20.1.64b}$$

塑性势面 g 假定已知（通过试验可以得到），如果对模型要求比较简单，使 $g=f$ 即可。

如果硬化规律已经确定：
$$f(\sigma_{ij}) = F(H) \tag{20.1.65}$$

注意硬化参数 H（如塑性功等）为塑性应变的函数。

对上式两端都取全微分：
$$\left\{\frac{\partial f(\sigma)}{\partial \sigma}\right\}^T\{d\sigma\} = \frac{dF}{dH}\left\{\frac{\partial H}{\partial \varepsilon^p}\right\}^T\{d\varepsilon^p\} \tag{20.1.66}$$

由式（20.1.63）和式（20.1.64a）可知：
$$\{d\sigma\} = [D]\{d\varepsilon\} - [D]\{d\varepsilon^p\} \tag{20.1.67}$$

式（20.1.67）代入式（20.1.66），移项合并
$$\left\{\frac{\partial f(\sigma)}{\partial \sigma}\right\}^T[D]\{d\varepsilon\} = \left(\frac{dF}{dH}\left\{\frac{\partial H}{\partial \varepsilon^p}\right\}^T + \left\{\frac{\partial f(\sigma)}{\partial \sigma}\right\}^T[D]\right)\{d\varepsilon^p\} \tag{20.1.68}$$

将流动塑性势理论式代入，得到
$$\left\{\frac{\partial f(\sigma)}{\partial \sigma}\right\}^T[D]\{d\varepsilon\} = d\lambda\left(\frac{dF}{dH}\left\{\frac{\partial H}{\partial \varepsilon^p}\right\}^T + \left\{\frac{\partial f(\sigma)}{\partial \sigma}\right\}^T[D]\right)\left\{\frac{\partial g(\sigma)}{\partial \sigma}\right\} \tag{20.1.69}$$

由上式解出 $d\lambda$（下式分子分母都是标量，即数值）：
$$d\lambda = \frac{\left\{\dfrac{\partial f(\sigma)}{\partial \sigma}\right\}^T[D]\{d\varepsilon\}}{\left(\dfrac{dF}{dH}\left\{\dfrac{\partial H}{\partial \varepsilon^p}\right\}^T + \left\{\dfrac{\partial f(\sigma)}{\partial \sigma}\right\}^T[D]\right)\left\{\dfrac{\partial g(\sigma)}{\partial \sigma}\right\}} \tag{20.1.70}$$

将式（20.1.70）代入式（20.1.57），则得到塑性应变与全应变的关系：
$$\{d\varepsilon^p\} = d\lambda\left\{\frac{\partial g}{\partial \sigma}\right\} = \frac{\left\{\dfrac{\partial g}{\partial \sigma}\right\}\left\{\dfrac{\partial f(\sigma)}{\partial \sigma}\right\}^T[D]}{\left(\dfrac{dF}{dH}\left\{\dfrac{\partial H}{\partial \varepsilon^p}\right\}^T + \left\{\dfrac{\partial f(\sigma)}{\partial \sigma}\right\}^T[D]\right)\left\{\dfrac{\partial g(\sigma)}{\partial \sigma}\right\}}\{d\varepsilon\} \tag{20.1.71}$$

将式（20.1.71）代入式（20.1.67），则得到：

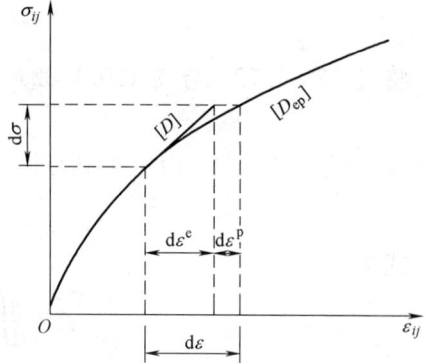

图 20.1.17　应力-应变关系

$$\{d\sigma\} = [D]\{d\varepsilon\} - [D]\{d\varepsilon^p\}$$

$$= [D]\{d\varepsilon\} - [D] \frac{\left\{\dfrac{\partial g}{\partial \sigma}\right\} \left\{\dfrac{\partial f(\sigma)}{\partial \sigma}\right\}^{\mathrm{T}} [D]}{\left(\dfrac{\mathrm{d}F}{\mathrm{d}H}\left\{\dfrac{\partial H}{\partial \varepsilon^p}\right\}^{\mathrm{T}} + \left\{\dfrac{\partial f(\sigma)}{\partial \sigma}\right\}^{\mathrm{T}} [D]\right) \left\{\dfrac{\partial g(\sigma)}{\partial \sigma}\right\}} \{d\varepsilon\}$$

$$(20.1.72)$$

将式（20.1.72）与式（20.1.62）比较，可得到弹塑性矩阵的表达式为

$$[D_{e}p] = [D] - \frac{[D]\left\{\dfrac{\partial g}{\partial \sigma}\right\}\left\{\dfrac{\partial f(\sigma)}{\partial \sigma}\right\}^{\mathrm{T}}[D]}{A + \left\{\dfrac{\partial f(\sigma)}{\partial \sigma}\right\}^{\mathrm{T}}[D]\left\{\dfrac{\partial g(\sigma)}{\partial \sigma}\right\}} \tag{20.1.73}$$

式中

$$A = \frac{\mathrm{d}F}{\mathrm{d}H}\left\{\frac{\partial H}{\partial \varepsilon^p}\right\}^{\mathrm{T}}\left\{\frac{\partial g(\sigma)}{\partial \sigma}\right\} \tag{20.1.74}$$

A 为反映硬化特性的一个变量，与硬化参数 H 的选择有关。

如果假定 H 为塑性功

$$H = W^p \tag{20.1.75}$$

$$\{dW^p\} = \{\sigma\}^{\mathrm{T}}\{d\varepsilon^p\} \tag{20.1.76}$$

另一方面，根据全微分的定义

$$\{dW^p\} = \left\{\frac{\partial W^p}{\partial \varepsilon^p}\right\}^{\mathrm{T}}\{d\varepsilon^p\} \tag{20.1.77}$$

$$\left\{\frac{\partial H}{\partial \varepsilon^p}\right\}^{\mathrm{T}} = \left\{\frac{\partial W^p}{\partial \varepsilon^p}\right\}^{\mathrm{T}} = \{d\sigma\}^{\mathrm{T}} \tag{20.1.78}$$

最后，可得

$$A = \frac{\mathrm{d}F}{\mathrm{d}H}\{\sigma\}^{\mathrm{T}}\left\{\frac{\partial g(\sigma)}{\partial \sigma}\right\} \tag{20.1.79}$$

式中：$[D]$ 是弹性矩阵；f 为屈服函数（如果采用相关联的流动法则，则 $g=f$）；g 为塑性势函数；H 为硬化参数；F 为硬化规律。这四个函数都可以通过试验确定，因此，$[D_{ep}]$ 即可确定。

20.2 土的应力-应变关系特性及影响因素

任何一种土体，伴随着风化、搬运、沉积、固结和地壳运动等作用，土的应力-应变关系十分复杂，与诸多因素有关。表现出非线性、弹塑性、剪胀（缩）性、各向异性等特性。

20.2.1 土的非线性

土是由碎散的固体颗粒组成，其宏观变形主要是由于颗粒间位置的变化，在不同应力水平下由相同应力增量而引起的应变增量就不会相同，亦即表现出非线性。最典型的实例是密实砂土或超固结黏土和松砂或正常固结黏土的常规三轴压缩试验曲线（图 20.2.1）。从图中可以看到，对于正常固结黏土和松砂来说，其应力随应变增加而增加，但增加速率越来越慢，最后逼近一渐近线并趋于稳定；对于密砂和超固结土，应力一般是开始随应变

增加而增加，达到峰值之后则下降，最后也趋于稳定。前者称为应变硬化（或加工硬化），后者称为应变软化（或加工软化）。

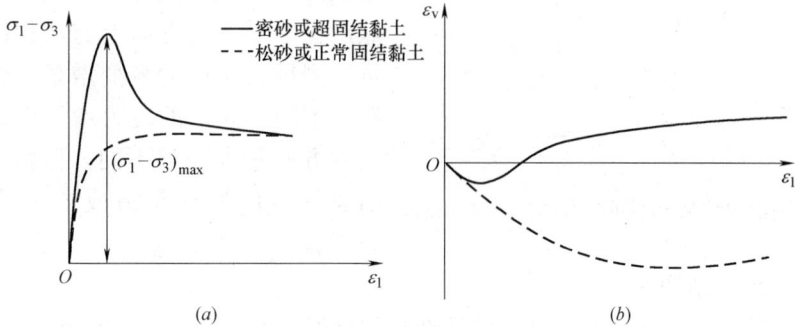

图 20.2.1　土的三轴试验典型曲线

(a) $(\sigma_1-\sigma_3)$-ε_1；(b) ε_v—ε_1

20.2.2　土的剪胀性

图 20.2.1 (b) 表明，三轴试验中，对于密砂或超固结黏土，偏差应力 $\sigma_1-\sigma_3$ 的增加引起了轴应变 ε_1 的增加，但除了开始时试样有少量体积压缩（正体应变）外，随后还发生明显的体胀（负体应变）。由于在常规三轴压缩试验中，平均主应力增量 $\Delta p = \dfrac{1}{3}$ $(\sigma_1-\sigma_3)$ 在加载过程中总是正的，所以 ε_v 不可能是体积的弹性回弹，只能是由剪应力引起的，这种由剪应力引起的体积变化称为剪胀性（Dilatancy）。广义的剪胀性指剪切引起的体积变化，既包括体胀也包括体缩。后者常被称为"剪缩"。土的剪胀性实质上是由于剪应力引起土颗粒间相互位置的变化，使其排列发生变化，增大（或减小）颗粒间的孔隙，从而发生了体积变化。

20.2.3　土的各向异性

土的各向异性通常是由于沉积作用造成的，表现为在不同方向上的物理力学性质不同。目前普遍认为，土的各向异性可分为固有各向异性（Inherent anisotropy）和诱发各向异性（Induced anisotropy）。

（1）固有各向异性

主要是由于颗粒在沉积过程中水平方向以及垂直方向受到的作用不同造成的。早期研究多采用切取与沉积方向成不同倾角的圆柱或立方原状试样，在常规三轴仪或平面应变仪中进行剪切试验。后来，大多采用空心圆柱扭剪仪来实现主应力方向与沉积方向夹角的变化。

检验固有各向异性的最简单试验是各向等压试验。在对土样进行各向等压试验时，经常发现轴向应变小于 1/3 体应变，即 $\varepsilon_z=(0.17\sim0.22)\varepsilon_v$，这表明竖直方向比水平方向的压缩性小。

（2）应力诱发各向异性

主要由于土体在各个方向上所受的应力的不同，从而导致土颗粒在空间排列上也不相同。例如，土体天然固结状态为 K_0 固结状态，而不是各向等压状态，固结结束后就会产生各向异性。外界荷载的变化也有可能导致颗粒的重新排列，从而使土体的各向异性发生

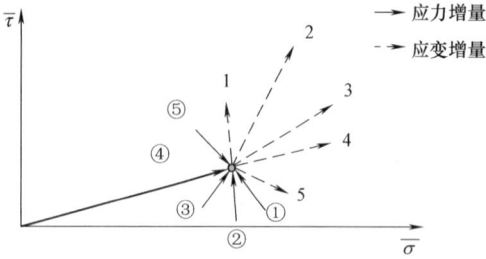

图 20.2.2　正常固结黏土不同应力增量方向的试验

变化。

图 20.2.2 表示的是正常固结黏土的三轴试验。首先，试样被等比固结到 A 点，然后在 5 个不同方向上施加相同的应力增量，测量出相应的应变增量。试验结果表明，不同方向上的应力增量引起的应变增量的方向和大小都不同，初始不等向固结引起的各向异性是造成这种情况的主要原因。

20.2.4　土的结构性

土体的结构性是指土体颗粒及孔隙的性状和排列形式及颗粒之间的相互作用（胶结），其形成原因是多种多样的。土颗粒的矿物成分、沉积条件及孔隙水中的化学成分，都会影响到土体的结构性。由于生成条件和环境的不同，结构性的强弱程度及稳定性也有所差异。

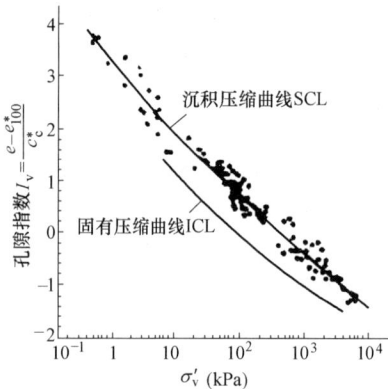

图 20.2.3　天然土的沉积压缩曲线

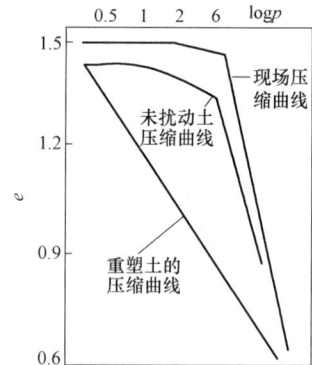

图 20.2.4　湛江黏土单向压缩试验

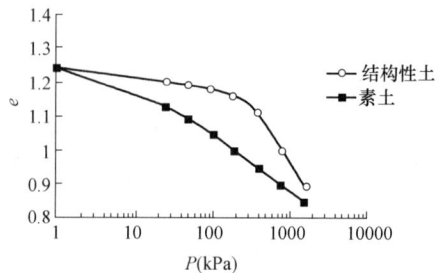

图 20.2.5　人工制备结构性土单向压缩试验

根据大量取自不同深度的天然土样孔隙比与上覆压力的统计结果，Burland 提供了表征天然沉积土压缩过程的沉积压缩曲线（SCL），如图 20.2.3 所示。固有压缩曲线（ICL）是指重塑土在含水量为 w_L（液限）与 $1.5w_L$ 之间（一般取 $1.25w_L$）的单向压缩曲线。图 20.2.4、图 20.2.5 分别为湛江黏土和人工制备结构性土单向压缩曲线。由图可以看出，结构性土压缩曲线可以分为三个阶段：

第一阶段：土体承受的荷载较小，土体结构保持较完整，土体颗粒之间的胶结发挥着重要作用，土体主要是初始结构的自我调整，变形很小；

第二阶段：当荷载超过土体结构屈服应力时，此时土体颗粒间的胶结力已经不足以承受外荷载，土体结构发生大量破损，这时土体变形除了颗粒间的滑移外，还伴随着结构的塌陷，相应的土体压缩性要远远大于重塑土的压缩性；

第三阶段：土的性质已接近重塑土，颗粒间的滑移成为变形的主要原因，压缩曲线开始趋向于重塑土的压缩曲线。

对于结构性较弱的土体，其屈服应力较小，其应力-应变关系多为双曲线关系，剪应力随剪应变的增大而增大，如图 20.2.6 所示。

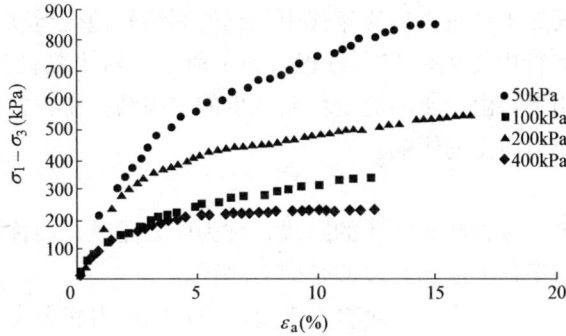

图 20.2.6　结构性较弱试样排水剪切试验应力-应变关系

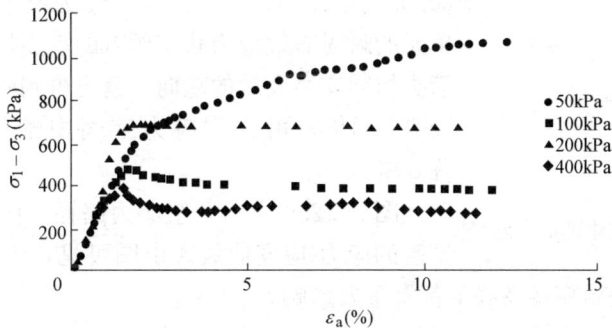

图 20.2.7　结构性较强试样排水剪切试验应力-应变关系

对结构性较强的黏土，当固结压力高于结构屈服应力时，应力-应变关系呈应变硬化型；当固结压力低于结构屈服应力时，应力应变关系呈应变软化型。对于具有相同胶结强度的结构性土（如图 20.2.7 所示），当围压低于结构屈服应力时，随着围压的增大，峰值应力和残余应力都相应增大；当围压高于屈服应力时，应力随剪应变增大而增大，最后达到极限状态。

20.2.5　影响因素

1. 应力水平

应力水平一般有两层含义：一是指围压绝对值的大小；二是指应力（常为剪应力）与破坏值之比，即 $S=q/q_f$。这里，应力水平是指围压大小。一般来说，土的抗剪强度 τ_f 或 q_f 将随着正应力 σ_n 或围压 σ_3 的增加而升高。

土的变形模量随着围压而提高的现象称为土的压硬性。由于土是由碎散颗粒组成的，所以围压所提供的约束对于其强度和刚度至关重要，这也是土区别于其他材料的重要特性之一。根据 Janbu（1963）的研究，土体的初始模量与围压 σ_3 的关系可用下式表达：

$$E_i = K p_a \left(\frac{\sigma_3}{p_a} \right)^n \qquad (20.2.1)$$

式中 p_a——单位应力；

　　　　K——当 σ_3 等于单位应力时土体的初始模量，也称模量数；

　　　　n——试验常数。

2. 应力历史

应力历史既包括天然土在过去地质年代中受到的固结和地壳运动作用，也包括土在试验室或在工程施工、运行中受到的应力过程。如上所述，对于黏性土，尽管固结压力不变，但在长期荷载作用下，由于土的流变性而发生的次固结，使正常固结土表现出超固结的性状，这也是一种应力历史的影响。

3. 应力路径

通常，将描述一单元应力状态变化的路线，称为应力路径；而称描述应变状态变化的路线为应变路径，目前工程上应用较多的是应力路径。

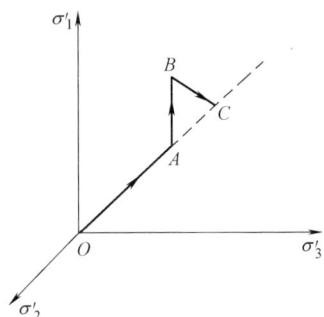

图 20.2.8　应力空间中的应力路径

对岩土来说，一点的应力状态完全可由总主应力及其方向和孔隙压力所确定。如果令三个总主应力或有效主应力为坐标轴，所建立的应力空间或有效应力空间如图 20.2.8 所示，图中 σ'_1、σ'_2、σ'_3 为三个有效主应力，将一单元的瞬时有效应力状态所有的点连接起来的线，并标上箭头指明应力发展的趋向，就可得到有效应力路径，简称 ESP。同样，可在主应力空间中给出总应力路径，简称 TSP。

图 20.2.9 表示一组应力路径不同的三轴不排水剪切试验的应力-应变曲线。由图可见，不同的应力路径，对应力-应变曲线的初始模量及峰值都有重要影响。

4. 加载速率

加载速率问题实际上是时间效应问题，严格来讲，土的应力和应变都是时间的函数，土体是具有弹性、塑性和黏性的黏弹塑性体。不同的加载速率，应力-应变关系也有明显差异。随着加载速率的增加，曲线的初始模量增大，峰值提高，如图 20.2.10 所示。

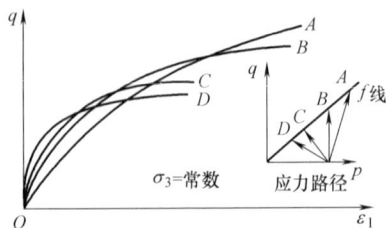

图 20.2.9　应力路径不同的三轴试验应力-应变曲线

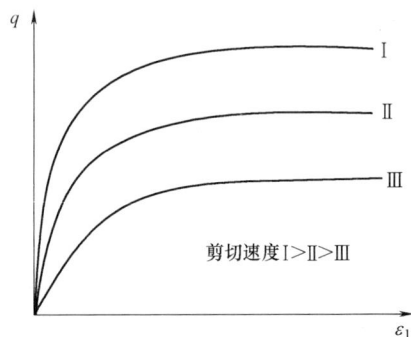

图 20.2.10　加载速率与应力-应变关系

20.3　土的本构模型

为了较好地描述土的真实性状，建立土的应力-应变-时间之间的关系式，有必要在试验的基础上提出某种数学模型，将特定条件下的试验结果推广到一般情况，这种数学模型称为本构模型。广义上说，本构关系是指自然界的作用与由该作用产生的效应两者之间的关系。而土的本构关系则是以土为研究对象，以建立土体的应力-应变-时间关系为核心内容，以土体工程问题的模拟和预测为目标，以非线性理论和土质学为基础的一个课题。

20.3.1　土的弹性模型

对于单调（或正比）加荷情况下，弹性模型一般比其他几类模型简单。该模型曾广泛地应用于地基和土工建筑物的沉降计算分析等问题。

1. 广义虎克定律

当材料处于弹性状态时，材料的本构关系就是广义虎克定律。

$$
\left.
\begin{aligned}
\varepsilon_x &= \frac{1}{E}[\sigma_x - \upsilon(\sigma_y + \sigma_z)] \\[4pt]
\varepsilon_y &= \frac{1}{E}[\sigma_y - \upsilon(\sigma_z + \sigma_x)] \\[4pt]
\varepsilon_z &= \frac{1}{E}[\sigma_z - \upsilon(\sigma_x + \sigma_y)] \\[4pt]
\gamma_{xy} &= \frac{2(1+\upsilon)}{E}\tau_{xy} \\[4pt]
\gamma_{yz} &= \frac{2(1+\upsilon)}{E}\tau_{yz} \\[4pt]
\gamma_{zx} &= \frac{2(1+\upsilon)}{E}\tau_{zx}
\end{aligned}
\right\}
\tag{20.3.1}
$$

如令 $K = \dfrac{E}{3(1-2\upsilon)}$；$G = \dfrac{E}{2(1+\upsilon)}$；$\sigma_m = \dfrac{1}{3}(\sigma_x + \sigma_y + \sigma_z)$；

可用张量下标记号写成：

$$
\varepsilon_{ij} = \frac{\sigma_{ij}}{2G} - \frac{3\upsilon}{E}\sigma_m \delta_{ij}
\tag{20.3.2}
$$

$$
\varepsilon_{ii} = \frac{1}{K}\sigma_m
\tag{20.3.3}
$$

这里，E 是弹性模量，υ 为泊松比，K 为体积弹性模量。记 $\varepsilon_m = \dfrac{\varepsilon_{ii}}{3}$ 为体应变，则可得到 $\sigma_m = 3K\varepsilon_m$。

以应变表示应力的广义胡克定律，则有：

$$
\left.
\begin{aligned}
\sigma_x &= 3\lambda\varepsilon_m + 2G\varepsilon_x, & \tau_{zx} &= G\gamma_{zx} \\
\sigma_y &= 3\lambda\varepsilon_m + 2G\varepsilon_y, & \tau_{xy} &= G\gamma_{xy} \\
\sigma_z &= 3\lambda\varepsilon_m + 2G\varepsilon_z, & \tau_{yz} &= G\gamma_{yz}
\end{aligned}
\right\}
\tag{20.3.4}
$$

这里，λ 是拉梅常数，并有：

$$
\lambda = \frac{E\upsilon}{(1+\upsilon)(1-2\upsilon)}
$$

同样，式（20.3.4）也可采用张量下标记号表示为：

$$\sigma_{ij} = 2G\varepsilon_{ij} + 3\lambda\varepsilon_m\delta_{ij} \tag{20.3.5}$$

为了数值计算中使用方便，以矩阵形式表达的应力-应变关系如下：

$$\{\sigma\} = [D_e]\{\varepsilon\} \tag{20.3.6}$$

其中，$[D_e]$ 为刚度矩阵

$$[D_e] = \frac{E}{(1+v)(1-2v)}\begin{bmatrix} 1-v & v & v & 0 & 0 & 0 \\ v & 1-v & v & 0 & 0 & 0 \\ v & v & 1-v & 0 & 0 & 0 \\ 0 & 0 & 0 & 1-2v & 0 & 0 \\ 0 & 0 & 0 & 0 & 1-2v & 0 \\ 0 & 0 & 0 & 0 & 0 & 1-2v \end{bmatrix}$$

也可以用应力-应变的逆形式表示

$$\{\varepsilon\} = [C_e]\{\sigma\} \tag{20.3.7}$$

其中，$[C_e]$ 为弹性柔度矩阵

$$[C_e] = \frac{1}{E}\begin{bmatrix} 1 & -v & -v & 0 & 0 & 0 \\ -v & 1 & -v & 0 & 0 & 0 \\ -v & -v & 1 & 0 & 0 & 0 \\ 0 & 0 & 0 & 1+v & 0 & 0 \\ 0 & 0 & 0 & 0 & 1+v & 0 \\ 0 & 0 & 0 & 0 & 0 & 1+v \end{bmatrix}$$

2. Duncan-Chang 模型

Kondner 根据大量土的三轴试验应力-应变关系曲线（图 20.3.1），提出可以用双曲线拟合出一般土的三轴试验 $(\sigma_1-\sigma_3)$-ε_a 曲线，即

$$\sigma_1 - \sigma_3 = \frac{\varepsilon_a}{a+b\varepsilon_a} \tag{20.3.8}$$

其中，a、b 为试验常数，它们都是 σ_3 的函数。对于常规三轴压缩试验，$\varepsilon_1 = \varepsilon_a$。

在常规三轴压缩试验中，式（20.3.8）也可以写成

$$\frac{\varepsilon_1}{\sigma_1 - \sigma_3} = a + b\varepsilon_1 \tag{20.3.9}$$

将常规三轴压缩试验的结果按 $\frac{\varepsilon_1}{\sigma_1-\sigma_3}$-$\varepsilon_1$ 的关系进行整理，则两者近似呈线性关系。其中，a 为直线的截距，b 为直线的斜率。如图 20.3.1 所示。

初始弹性模量 E_i 为

$$E_i = \left(\frac{\sigma_1-\sigma_3}{\varepsilon_1}\right)_{\varepsilon_1\to 0} = \frac{1}{a} \tag{20.3.10}$$

a 代表初始弹性模量的倒数。当应变很大时，应力的极限值——有侧限抗压强度为

$$(\sigma_1-\sigma_3)_{ult} = (\sigma_1-\sigma_3)_{\varepsilon_1\to\infty} = \frac{1}{b} \tag{20.3.11}$$

b 代表双曲线的渐进线所对应的极限偏差应力 $(\sigma_1-\sigma_3)_{ult}$ 的倒数。

实际应力-应变曲线在破坏时有侧限抗压强度 $(\sigma_1-\sigma_3)_f$ 经常达不到极限值 $(\sigma_1-\sigma_3)_{ult}$，

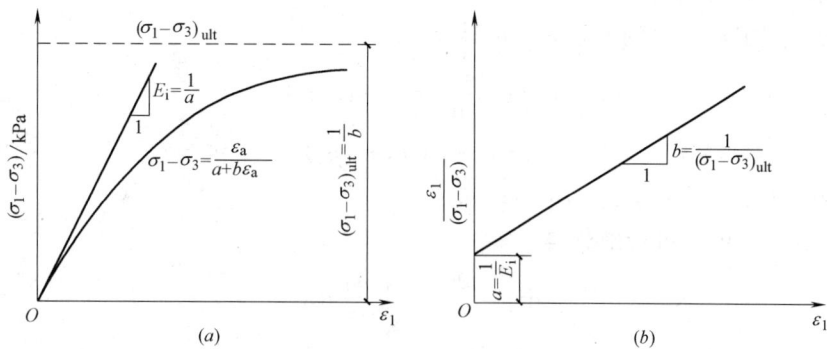

图 20.3.1　三轴试验的应力-应变关系曲线

两者之间有一比值，称为破坏比 R_f，即

$$R_f = \frac{(\sigma_1 - \sigma_3)_f}{(\sigma_1 - \sigma_3)_{ult}} = b(\sigma_1 - \sigma_3)_f \qquad (20.3.12)$$

一般 R_f 在 $0.75 \sim 1.0$，并认为 R_f 与侧限压力 σ_3 无关。但从国内试验结果来看，R_f 并非常数，它随着 σ_3 而发生变化。

在常规三轴压缩试验中，由于 $d\sigma_2 = d\sigma_3 = 0$，所以切线模量为

$$E_t = \frac{d(\sigma_1 - \sigma_3)}{d\varepsilon_1} = \frac{a}{(a + b\varepsilon_1)^2} \qquad (20.3.13)$$

将式 (20.3.10) 和式 (20.3.12) 代入式 (20.3.13) 中，得到

$$E_t = \frac{1}{E_i} \left[\frac{1}{\dfrac{1}{E_i} + \dfrac{R}{(\sigma_1 - \sigma_3)_f} \varepsilon_1} \right]^2 = E_i \left[1 - R_f \frac{\sigma_1 - \sigma_3}{(\sigma_1 - \sigma_3)_f} \right]^2 \qquad (20.3.14)$$

根据莫尔-库仑破坏准则，有

$$(\sigma_1 - \sigma_3)_f = \frac{2c\cos\varphi + 2\sigma_3\sin\varphi}{1 - \sin\varphi} \qquad (20.3.15)$$

如果绘制 $\lg(E_i/p_a)$ 与 $\lg(\sigma_3/p_a)$ 的关系图，则可以发现两者近似呈直线关系，可得

$$E_i = K p_a \left(\frac{\sigma_3}{p_a} \right)^n \qquad (20.3.16)$$

其中，p_a 为大气压，量纲与 σ_3 相同；K、n 为试验常数，分别代表 $\lg(E_i/p_a)$ 与 $\lg(\sigma_3/p_a)$ 直线的截距和斜率。将式 (20.3.15) 和式 (20.3.16) 代入式 (20.3.14)，则得到

$$E_t = K p_a \left(\frac{\sigma_3}{p_a} \right)^n \left[1 - \frac{R_f(\sigma_1 - \sigma_3)(1 - \sin\varphi)}{2c\cos\varphi + 2\sigma_3\sin\varphi} \right]^2 \qquad (20.3.17)$$

可见切线模量的公式中共包括 5 个材料常数 K、n、φ、c、R_f。

为了反映土体变形的可恢复部分与不可恢复部分，通过常规三轴压缩试验的卸载-再加载曲线，确定其卸载模量 E_{ur} 为

$$E_{ur} = K_{ur} p_a \left(\frac{\sigma_3}{p_a} \right)^n \qquad (20.3.18)$$

其中，K_{ur} 为 $\lg(E_{ur}/p_a)$ 与 $\lg(\sigma_3/p_a)$ 直线的截距，n 为其斜率。K_{ur} 值通过试验测

定，一般情况下 $K_{ur} > K$。

邓肯等人假定 $\varepsilon_1 - \varepsilon_3$ 的关系曲线也是双曲线

$$\varepsilon_3 = \frac{h\varepsilon_1}{1 - d\varepsilon_1} = f(\sigma_d, \sigma_3) \tag{20.3.19a}$$

$$h = G - F\log(\sigma_3/p_a) \tag{20.3.19b}$$

式中　d、G、F——试验常数，$\sigma_d = \sigma_1 - \sigma_3$。

对式（20.3.19a）进行微分得

$$d\varepsilon_3 = \frac{\partial f}{\partial \sigma_d} d\sigma_d + \frac{\partial f}{\partial \sigma_3} d\sigma_3 \tag{20.3.20}$$

由此得 υ_t 公式

$$\upsilon_t = \frac{G - F\log(\sigma_3/p_a)}{(1 - d\varepsilon_1)^2} \tag{20.3.21}$$

邓肯等人在总结许多试验资料的基础上，建议采用如下方法计算有关参数。

参数 b 的确定：

$$b = \frac{1}{(\sigma_1 - \sigma_3)_{ult}} = \frac{\left(\dfrac{\varepsilon_1}{\sigma_1 - \sigma_3}\right)_{95\%} - \left(\dfrac{\varepsilon_1}{\sigma_1 - \sigma_3}\right)_{70\%}}{(\varepsilon_1)_{95\%} - (\varepsilon_1)_{70\%}} \tag{20.3.22}$$

参数 a 的确定：

$$\frac{1}{ap_a} = \frac{E_i}{p_a} = \frac{1}{p_a} \frac{2}{\left(\dfrac{\varepsilon_1}{\sigma_1 - \sigma_3}\right)_{95\%} + \left(\dfrac{\varepsilon_1}{\sigma_1 - \sigma_3}\right)_{70\%} - \left(\dfrac{\varepsilon_1}{\sigma_1 - \sigma_3}\right)_{ult}\left[(\varepsilon_1)_{95\%} + (\varepsilon_1)_{70\%}\right]}$$

$$\tag{20.3.23}$$

邓肯-张模型适用于黏性土、砂土，但不宜用于密砂、严重超固结土。其最主要的优点在于可以利用常规三轴压缩试验确定所需的计算参数。该模型是在 σ_3 为常数的三轴试验基础上建立的，因此适宜用于土体的稳定分析。对于基坑开挖等诸多地下工程来说，当 $\Delta\sigma_3 < 0$ 且变化很大时，计算误差会很大。邓肯-张模型没有考虑剪胀性和应力路径问题，这是模型的重要缺点。此外，按邓肯假定，当 $\sigma_3 = 0$ 时，E_t 和 K_t 均为零，这显然与实际不符。

20.3.2　土的弹塑性模型

当前采用的弹塑性模型主要包括两大类。

一类是基于传统塑性力学的单屈服面模型。这类模型又分为两种：一种是单纯地将剪切屈服面作为屈服面，或是单纯地将体积屈服面作为屈服面。前者的典型例子是理想塑性模型，后者是剑桥模型。这种模型不仅理论上存在不足，也不能较好地反映体变与剪变；另一种模型是将剪切屈服面的一部分与体积屈服面的一部分共同组成封闭型屈服面。这种模型的计算结果要优于上述一种模型，但存在着单屈服面模型固有的缺点，仍然会出现过大的剪胀现象。

另一类是基于广义塑性力学的多重屈服面模型，各屈服面与相应的塑性势面对应，具有较好的计算精度，也不会出现过大的剪胀现象，是一种有发展前途的模型。沈珠江的"南水"双屈服面模型（1982 年），郑颖人、严德俊的三重屈服面模型（1988 年）都属于这类模型，尤其是"南水"双屈服面模型已经在国内应用多年，获得国内广泛承认。

1. 剑桥模型与修正剑桥模型

剑桥模型是由英国剑桥大学罗斯柯（Roscoe）等人于 1963 年建立的一个有代表性的弹塑性模型，又称为临界状态模型。该模型主要是基于正常固结土和弱超固结土的排水与不排水三轴试验基础上建立起来的，后来推广到强超固结土及其他类土。作为剑桥模型理论基础的"临界状态土力学"，已成为土力学领域中的一个重要分支。

1）临界状态线

在饱和重塑正常固结黏土中，应力状态与土的体积状态（或含水量、孔隙比）之间存在着唯一性关系，这一点早已被许多试验资料所证实。

罗斯柯等人进行了正常固结土和超固结土的排水和不排水常规三轴试验，试验的参量是有效应力 p'，q' 和比容 v，可以在一个三维空间图中来描述。在三轴应力状态下，其中：

平均主应力 $$p' = \frac{1}{3}(\sigma'_1 + 2\sigma'_3)$$

广义剪应力 $\quad q' = \sigma'_1 - \sigma'_3$

比容 $\quad v = 1 + e$

对于正常固结土进行三轴不排水剪切试验时，根据试验结果可绘制出一组不同的应力-应变关系曲线，如图 20.3.2 所示。试验的应力路线可以在 q-p 坐标面内表示出来，如图 20.3.3（a）所示。由图可以发现，这些不同应力路线的形状是相似的。若采用 q/p_c 和 p/p_c 坐标，所有应力路线曲线可归一化为一条线。

正常固结试样不排水试验在 v-p 坐标平面上的应力路径如图 20.3.3（b）所示。可以看出，试样从正常固结线 A_1、A_2、A_3 出发，由于是不排水试验，所以试样

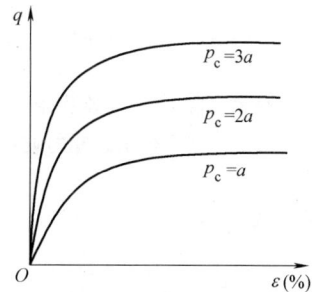

图 20.3.2　正常固结土的三轴
不排水试验应力-应变关系

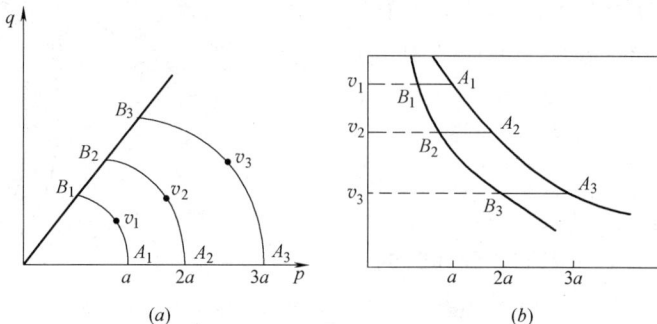

图 20.3.3　正常固结试样不排水试验的应力路线

在比容保持常量的情况下移动，直到 B_1、B_2、B_3 各点破坏为止。显然，B_1、B_2、B_3 各点意味着土体发生了剪切破坏。试验表明，B_1、B_2、B_3 这些破坏点在（图 20.3.3b）的 v-p 坐标面内，连成一条光滑的曲线，曲线外观上与正常固结线形状相似。

同样，对于各向等压固结黏土试样的排水三轴压缩试验，可获得和图 20.3.2 相似的

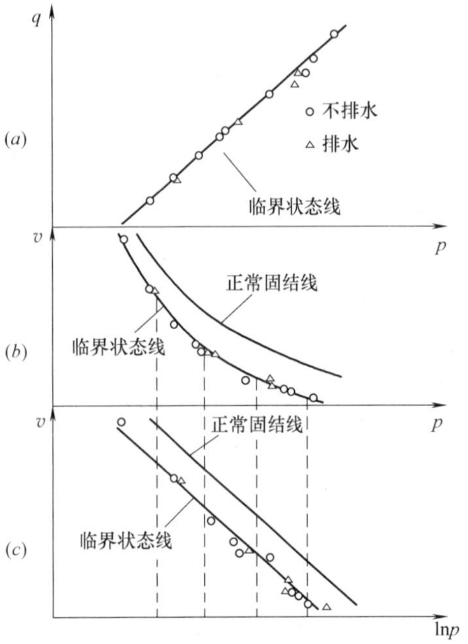

图 20.3.4　正常固结黏土排水与
不排水试验的破坏线

一族曲线。为了比较其同一性，可将这些数据点画在一起（图 20.3.4）。在 q-p 坐标面内，这些点能够成一条通过原点的直线；而在 v-p 坐标平面内，将构成一条形状与正常固结线相似的曲线。可见，排水和不排水两类试验的破坏点均落在一条线上，这条线称为临界状态线（CSL）。该线的特点是：

（1）一旦试样的应力状态达到此线，经过各向等压压缩的试样就会产生破坏，但破坏与试样的试验路径无关，即无论是排水与不排水试验，或通过何种应力路径，只要达到这一状态就发生破坏；

（2）达到这种破坏状态表现为试样产生很大的剪切变形，从应力不变和没有体积变形及剪切变形很大的状态来看，这正是出现塑性流动的特点，所以临界状态也应当意味着理想塑性状态；

（3）临界状态线在 q-p 平面上的投影

可用下式表示

$$q = Mp \qquad (20.3.24)$$

式中　M——破坏线的斜率。

临界状态线在 q-p-v 三维空间内是 p、q、v 的函数，正常各向等压固结线在 $q=0$ 的平面上，即 q-p-v 空间的"底面"上。临界状态线随着 p 的增大和 v 的减小而抬高（即 q 增大）。临界状态线上 ABC 点在 q-p 平面上的投影为（CSL）线，而在 $q=0$ 平面上的投影为（CSL）线，如图 20.3.5 所示。

临界状态线可以通过试验测定，如果已知临界状态线的位置，只需知道破坏时的一个变量（p、q 或 v 值），就可求出其他两个变量值。

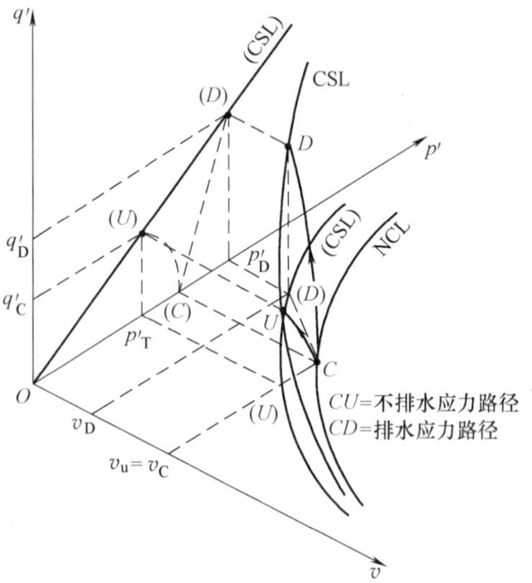

2）罗斯科面

图 20.3.5　q-p-v 空间的临界状态线

对于正常固结黏土，排水和不排水两类试验的试验路线在 q-p-v 空间是同一曲面，称为罗斯科曲面。此曲线将正常固结线与临界状态线在 q-p-v 空间联结起来，任一试样的试验面（指不排水平面或排水平面）与罗斯科面的交线确定该试样在 q-p-v 空间整个试验路线的位置。无论是正常固结或弱超固结试样的试验路径，都逾越不了罗斯科界面（图

20.3.6)。与正常固结线相似，特定的应力状态对应一定的比容。比容高于此应力状态下正常固结线所对应的数值是不可能的。因此，罗斯科面是将试样可能和不可能的状态分开，形成一个分界面，因此将罗斯科面称为状态边界面。

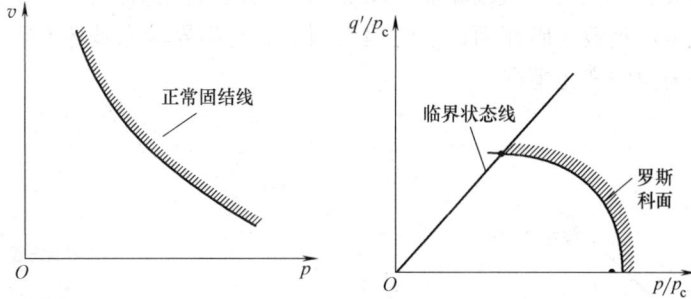

图 20.3.6 正常固结线和罗斯科面

罗斯科面具有以下几个特点：

（1）罗斯科面是从正常固结状态线到临界状态线所走路径的曲面。在 q-p 平面上的罗斯科面是一个等体积面。它与正常固结线或临界状态线一样，特定的应力状态对应着特定的比容，不同的比容对应着不同的罗斯科界面；

（2）罗斯科面是状态边界面，q-p 平面上的罗斯科面可以近似视作体积屈服面，即当应力状态在这条路线上移动时，虽然可以产生塑性剪切变形，但体积变形为零。若略去其弹性变形，即可认为塑性体积变形为零，因此可近似视作体积屈服面。在这个面上，塑性剪切变形随 q 而增大，直至达到临界状态线，剪切变形将无限增大，即达到破坏状态。罗斯科面是体现正常固结土和弱超固结土的特性的，这类土都属于硬化材料，因此，这类屈服面是硬化屈服面，随着体积变化，屈服面就会不断增大。

3）伏斯列夫面

对于超固结土，存在着应变软化阶段，试样从开始阶段的体积压缩转变为体积膨胀。图 20.3.7是超固结试样在 q-p 平面内应力路线。可以看出该试验路线，在临界状态线投影的上方移动到破坏点以后，沿着同一路线向临界状态线退回。这是它与正常固结试样的不同之处，超固结试样的状态边界面在 q-p 坐标面内有一个投影，这个投影在临界状态线的上方。

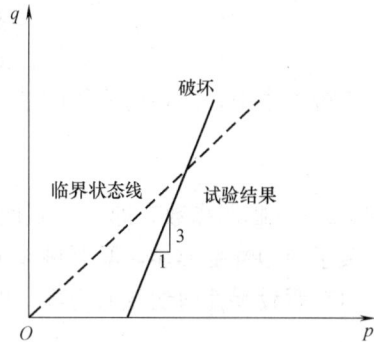

图 20.3.7 超固结土的排水试验的路径

与罗斯科面相比，伏斯列夫面有以下一些性质：

（1）两者都是状态边界面，罗斯科面是反映正常固结土的状态边界面，而伏斯列夫面是反映超固结土的状态边界面；

（2）在 q-p 平面上的伏斯列夫面，既是剪切屈服面，又是近似的体积屈服面。因而它可以认为是完全的屈服面；罗斯科面只是体积屈服面，不是剪切屈服面。伏斯列夫面反映了土的软化屈服性质，而罗斯科面反映土的体积硬化屈服性质。在伏斯列夫面上，如 v 不变，既不产生塑性体积变形，也不产生塑性剪切变形，而在罗斯科面上虽不产生塑性体积变形，却要产生塑性剪切变形；

（3）伏斯列夫面是随 v 而变的，相应于 v 最小时（即相应于某土样历史上最大固结压力时）的伏斯列夫面，就是峰值破坏面（图 20.3.8 所示）。随着土样体积膨胀，伏斯列夫面向下移动，直至达到残余破坏面，这时伏斯列夫面与临界状态破坏面重合，这表示了排水状态下伏斯列夫面的变化情况。

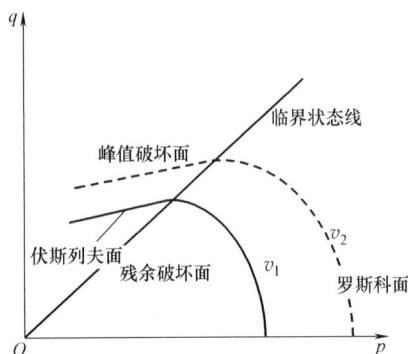

图 20.3.8　排水试验的应力路线　　　图 20.3.9　不排水试样的简化应力路线

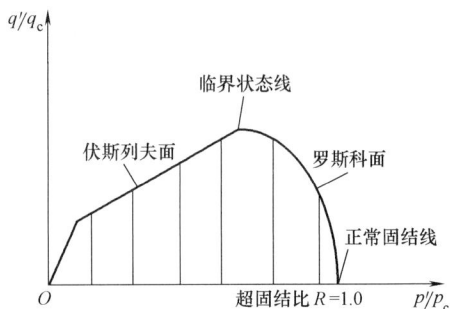

在不排水状态下，体积是不变的，因而应力路径如图 20.3.9 所示。在一定的 v 状态下，超固结土随着 p 的增大沿着伏斯列夫面达到临界状态。

4）剑桥模型

剑桥模型基于传统塑性位势理论，采用单屈服面和关联流动法则。依据能量方程，外力做功 $\mathrm{d}W$ 一部分转化为弹性能 $\mathrm{d}W^{\mathrm{e}}$，另一部分转化为耗散能（或称塑性能）$\mathrm{d}W^{\mathrm{p}}$，因而有

$$\mathrm{d}W = \mathrm{d}W^{\mathrm{e}} + \mathrm{d}W^{\mathrm{p}} \qquad (20.3.25\mathrm{a})$$

$$\mathrm{d}W^{\mathrm{e}} = p'\mathrm{d}\varepsilon_{\mathrm{v}}^{\mathrm{e}} + q\mathrm{d}\overline{\gamma^{\mathrm{e}}} \qquad (20.3.25\mathrm{b})$$

$$\mathrm{d}W^{\mathrm{p}} = p'\mathrm{d}\varepsilon_{\mathrm{v}}^{\mathrm{p}} + q\mathrm{d}\overline{\gamma^{\mathrm{p}}} \qquad (20.3.25\mathrm{c})$$

剑桥模型中，由各向等压固结试验中回弹曲线确定弹性体积变形

$$\mathrm{d}\varepsilon_{\mathrm{v}}^{\mathrm{e}} = \frac{k}{1+e}\frac{\mathrm{d}p'}{p'} \qquad (20.3.26)$$

式中　k——膨胀指数，即 $e\text{-}\ln p'$ 回弹曲线的斜率。

关于弹塑性变形能，罗斯科作了如下假设

（1）假设弹性剪切变形为零，即

$$\mathrm{d}\overline{\gamma^{\mathrm{e}}} = 0 \qquad (20.3.27)$$

则弹性能

$$\mathrm{d}W^{\mathrm{e}} = \frac{k}{v}\frac{\mathrm{d}p'}{p'} = \frac{k}{1+e}\frac{\mathrm{d}p'}{p'} \qquad (20.3.28)$$

（2）剑桥模型中，塑性能等于由于摩擦产生的能量耗散，则有

$$-p'\mathrm{d}\varepsilon_{\mathrm{v}}^{\mathrm{p}} + q\mathrm{d}\overline{\gamma^{\mathrm{p}}} = \mu p'\mathrm{d}\overline{\gamma^{\mathrm{p}}} \qquad (20.3.29)$$

式中，第一项改用负号，是因为 $\mathrm{d}\varepsilon_{\mathrm{v}}^{\mathrm{p}}$ 取以压为正。代入式（20.3.25c），并考虑 $\mathrm{d}\overline{\gamma^{\mathrm{e}}} = 0$，则塑性变形能增量假定为

$$dW^p = Mp'd\overline{\gamma^p} = Mp'd\overline{\gamma} \qquad (20.3.30)$$

式中　M 为 p'-q 平面上破坏线的斜率

$$M = \frac{6\sin\varphi'}{3 - \sin\varphi'}$$

式中　φ'——土体有效内摩擦角。

由式（20.3.28）和式（20.3.30）可得外力功所转化的能量为

$$-p'd\varepsilon_v + qd\overline{\gamma} = \frac{kdp'}{1+e} + Mp'd\overline{\gamma} \qquad (20.3.31)$$

剑桥模型假设材料服从关联流动法则，即 $Q = \Phi$。在图 20.3.10 中，设曲线 AB 为屈服面轨迹，$d\varepsilon^p$ 为屈服时塑性应变增量，它与屈服面正交。

根据正交定律，在屈服面的任一点 Q 处，应有

$$\frac{d\varepsilon_v^p}{d\overline{\gamma^p}} = -\frac{\partial\Phi/\partial p'}{\partial\Phi/\partial q} = -\frac{dq}{dp'} \qquad (20.3.32)$$

考虑到 $d\varepsilon_v^p = d\varepsilon_v - d\varepsilon_v^e$，式（20.3.32）可写成

$$dp'd\varepsilon_v - \frac{k}{1+e}\frac{dp'}{p'}dp' + dqd\overline{\gamma} = 0$$

$$(20.3.33)$$

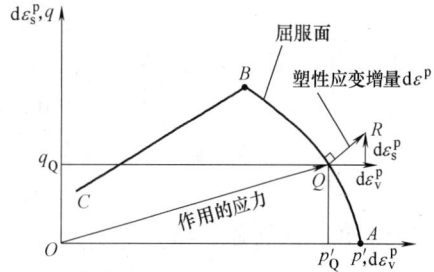

图 20.3.10　屈服时塑性应变增量

与式（20.3.31）相结合，可得

$$d\varepsilon_v = \frac{kdp'}{(1+e)p'} + Md\overline{\gamma} - \frac{q}{p'}d\overline{\gamma} \qquad (20.3.34)$$

综合式（20.3.33）和式（20.3.34），可得

$$\frac{dq}{dp'} - \frac{q}{p'} + M = 0 \qquad (20.3.35)$$

积分上式，可得

$$\frac{q}{Mp'} + \ln p' = C \qquad (20.3.36)$$

式中　C——积分常数。

利用条件 $p' = p_0'$，$q = 0$，即得积分常数

$$C = \ln p_0'$$

将 C 代入上式，就得到屈服面方程

$$\frac{q}{p'} - M\ln\frac{p_0'}{p'} = 0 \qquad (20.3.37)$$

式中，p_0' 就是硬化参量，而 p_0' 由 ε_v^p 确定

$$H = p_0' = H(\varepsilon_v^p) \qquad (20.3.38)$$

由上可见，剑桥模型的屈服面，以塑性体积变形 ε_v^p 作硬化参量，屈服面是塑性体积变形的等值面，剑桥模型不能很好地反映剪切变形。

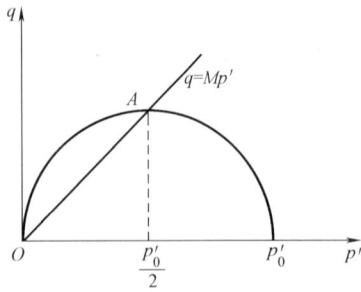

图 20.3.11 修正剑桥模型的屈服面

5）修正剑桥模型

Burland（1965）研究了剑桥模型屈服轨迹与临界状态线交点 A 和正常固结线交点 B 的变形情况。根据能量方程，重新导出了剑桥模型的屈服曲线，该屈服曲线在 p'-q 坐标上为一椭圆（图 20.3.11），一般称它为修正剑桥模型。该模型较原来的剑桥模型能更好地反映实际情况，因而应用更具有广泛性。其推导过程如下：

塑性能增量表示为

$$dW^p = p'd\varepsilon_v^p + qd\varepsilon_s^p \tag{20.3.39}$$

在 A 点，$d\varepsilon_v^p = 0$，$q = Mp'$。于是

$$(dW^p)_{q=Mp'} = p'M\delta\varepsilon_s^p \tag{20.3.40}$$

在 B 点，$q = 0$，$d\varepsilon_s^p = 0$。于是

$$(dW^p)_{q=0} = p'\delta\varepsilon_v^p \tag{20.3.41}$$

满足以上两式的普遍表达式可用式（20.3.42）表示

$$dW^p = p'\left[(d\varepsilon_v^p)^2 + (Md\varepsilon_s^p)^2\right]^{1/2} \tag{20.3.42}$$

结合式（20.3.42）和式（20.3.39），得

$$\frac{d\varepsilon_v^p}{d\varepsilon_s^p} = \frac{M^2 - (q/p')^2}{2(q/p')} \tag{20.3.43}$$

由流动规则，式（20.3.43）可改写成

$$\frac{dq}{dp'} = \frac{(q/p')^2 - M^2}{2(q/p')} \tag{20.3.44}$$

积分上式，根据边界条件，得

$$p'\left(\frac{(q/p')^2 + M^2}{M^2}\right) = p'_0 \tag{20.3.45}$$

记 $q/p' = \eta$，修正剑桥模型在 p'-q 平面上的屈服轨迹方程为

$$\frac{p'}{p'_0} = \frac{M^2}{M^2 + \eta^2} \tag{20.3.46}$$

从上式可推导出

$$\left(p' - \frac{p'_0}{2}\right)^2 + \left(\frac{q'}{M}\right)^2 = \left(\frac{p'_0}{2}\right)^2 \tag{20.3.47}$$

这在 p'-q 平面上是一个椭圆，其顶点在 $q = Mp'$ 线上。

剑桥模型在 p'-q 平面上屈服面形状为弹头形，修正剑桥模型的屈服面为通过原点的椭圆形。魏汝龙（1964，1981）、Khosla 和 Wu（1976）将椭圆形屈服面的位置推广到更一般情况，如图 20.3.12 所示。椭圆方程为

$$\left(\frac{p' - \gamma p_0}{\alpha}\right)^2 + \left(\frac{q}{\beta}\right)^2 = p_0^2 \tag{20.3.48}$$

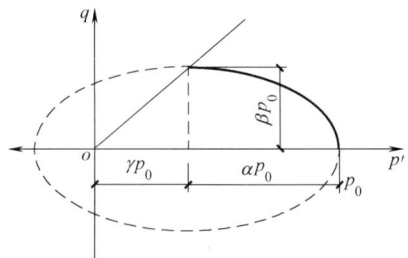

图 20.3.12 椭圆屈服面方程

式中 α、β、γ——土的参数，由试验测定。

剑桥模型和修正剑桥模型的参数对比见表 20.3.1。

剑桥模型和修正剑桥模型参数   表 20.3.1

符号	名称	意义	确定方法	参数对比 （原状土和重塑土）
λ	压缩指数	各向等压加载下得到的 $e\text{-}\ln p'$ 压缩曲线的斜率	1. 各向等压三轴压缩试验 2. 一维压缩试验 3. $\lambda = 0.434c_c$ c_c 为 $e\text{-}\ln p'$ 压缩曲线的斜率	原状土的 λ 值要略大于重塑土的 λ 值，两条线在 $0.42e_0$ 处相交
k	回弹指数	各向等压卸载下得到的 $e\text{-}\ln p'$ 回弹曲线的斜率	1. 各向等压的三轴压缩-回弹-再压缩试验 2. 一维压缩回弹试验 3. $k = 0.434c_s$ c_s 为 $e\text{-}\ln p'$ 回弹曲线的斜率	原状土的 k 值与重塑土的 k 值相差不大
M	破坏应力比	在 $q\text{-}p$ 坐标下破坏线斜率	1. 常规三轴剪切试验 2. $M = \dfrac{6\sin\varphi'}{3-\sin\varphi'}$	原状土残余强度与重塑土相同，峰值强度比重塑土要高
e		各向等压状态下，正常固结土 $P=1$ 时土的孔隙比	通过各向等压三轴压缩试验得到的 $e\text{-}\ln p'$ 曲线确定	差别较大，原状土小于重塑土
c_0	初始孔隙比		土工试验	
OCR	超固结比	用来确定初始屈服面的位置，即 P_0		
υ	泊松比	确定土的弹性变形	一般可假设 $0.3\sim0.35$	

2. 南京水科院弹塑性模型

南京水利科学研究院沈珠江等（1979，1985）提出的双屈服面弹塑性模型适用于软黏土，并服从广义塑性力学理论，基本假设包括：

1）塑性应变与应力状态之间存在唯一关系，采用等向硬化模型，可考虑应力历史影响与加卸载状况；

2）塑性体应变与塑性剪应变在应力空间上等值面分别为体积屈服面和剪切屈服面，分别对应着塑性势 p 面与塑性势 q 面；

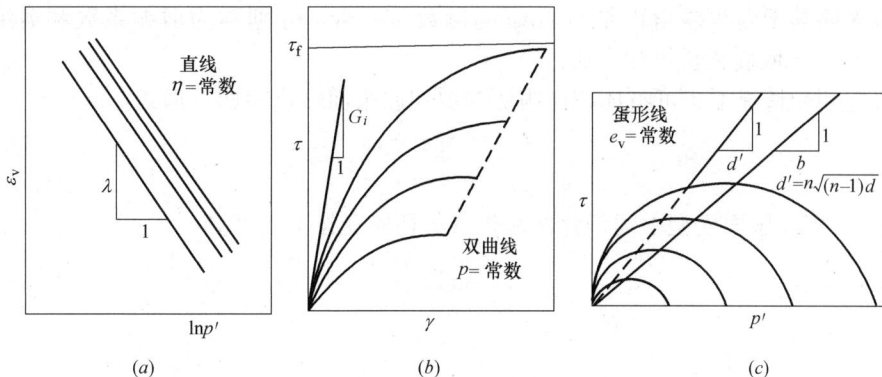

图 20.3.13　基本图式

3）软黏土体积压缩曲线可用半对数曲线拟合（图 20.3.13a）。

$$\varepsilon_v = \lambda \ln \frac{p'(1+\chi)}{p'_0} \qquad (20.3.49)$$

其中　$\varepsilon_v = (\varepsilon_1 + \varepsilon_2 + \varepsilon_3)$；

$p' = \frac{1}{3}(\sigma_1 + \sigma_2 + \sigma_3) - u$；

$\chi = d\eta^n$；

$\eta = \frac{\tau}{p'}, \tau = \frac{1}{3}\sqrt{(\sigma_1 - \sigma_2)^2 + (\sigma_2 - \sigma_3)^2 + (\sigma_3 - \sigma_1)^2}$；

d、n—系数；

p'_0—$\varepsilon_v = 0$ 时的参考平均有效应力；

4）子午平面上的体积屈服曲线为一组蛋形曲线（图 20.3.13c），当 $n=1$ 时，蛋形曲线变为直线，d 为其斜率；当 $n=2$ 时，蛋形曲线变为椭圆，d 为长轴与短轴之比。软黏土具有剪缩性，体积屈服曲线只在极限曲线的右面存在；

5）剪切屈服曲线为一组双曲线（图 20.3.13b）。归一化剪应变为

$$\xi = \lambda \frac{\gamma}{\varepsilon_v} = \frac{a\eta}{1 - b\eta} \qquad (20.3.50)$$

式中　$\gamma = \frac{2}{3}\sqrt{(\varepsilon_1 - \varepsilon_2)^2 + (\varepsilon_2 - \varepsilon_3)^2 + (\varepsilon_3 - \varepsilon_1)^2}$

a、b、λ——系数；

6）模型中不考虑应力洛德角影响

模型中共有 5 个计算参数，主要包括 a、b、λ、d、n，其含义为

λ 称为体积压缩系数，即为 $\varepsilon_v - \ln p'$ 曲线的斜率。

a 称为剪切模量系数，与剪切曲线初始切线模量 G_i 之间有如下关系

$$a = \frac{p'}{G_i \ln \frac{p'(1+\chi)}{p'_0}} \qquad (20.3.51)$$

b 称为极限剪应力系数，与抗剪强度 τ_f 之间有下列关系

$$b = \frac{p'}{\tau_f} \qquad (20.3.52)$$

或者大体等于内摩擦角正弦值 $\sin\varphi$ 的倒数；d 和 n 分别称为剪缩系数和剪缩幂次。通常取 $n=2$，d 取椭圆长短轴之比。

在等向硬化情况下，可将体积屈服面与剪切屈服面转化为如下形式：

$$f_v = \varepsilon_v^p = \varepsilon_v - \varepsilon_v^e \qquad (20.3.53a)$$

$$f_r = \gamma^p = \gamma - \gamma^e \qquad (20.3.53b)$$

"南水"双屈服面模型中建议弹性体积及剪切应变按下式计算

$$\varepsilon_v^e = x \ln \frac{p'}{p'_0} \qquad (20.3.54a)$$

$$\gamma^e = \frac{\tau}{G} \qquad (20.3.54b)$$

式中　x——体积回弹指数；

G——弹性剪切模量。

根据假设 3) 和 5)，结合式（20.3.54）中给出的弹性体积及剪切应变可得到塑性体积应变和塑性剪切应变，即为体积和剪切屈服函数 f_v 和 f_r，即

$$f_v = \lambda \ln \frac{p'(1+\chi)}{p_0'} - x \ln \frac{p'}{p_0'} \qquad (20.3.55a)$$

$$f_r = \frac{a\eta}{1-b\eta} \ln \frac{p'(1+\eta)}{p_0'} - \frac{\tau}{G} \qquad (20.3.55b)$$

相应的塑性应变增量为

$$d\varepsilon_v^p = <a_1>(A_p dp' + A_s d\tau) \qquad (20.3.56a)$$

$$d\gamma^p = <a_2>(-\beta_p dp' + B_s d\tau) \qquad (20.3.56b)$$

其中

$$A_p = \frac{\lambda}{p'}(1-A) - \frac{k}{p'}$$

$$A_s = \frac{\lambda}{\eta p'}A$$

$$B_p = \frac{a}{p'}\frac{\eta}{D}\left(A + \frac{B}{D} - 1\right)$$

$$B_s = \frac{a}{p'}\frac{1}{D}\left(A + \frac{B}{D}\right) - \frac{1}{G}$$

且

$$A = \frac{nx}{1+\chi}, \qquad B = \ln \frac{p'(1+\chi)}{p_0'}, \qquad D = 1 - b\eta$$

式中，$<a_1>$ 和 $<a_2>$ 为判别加荷卸荷的因子，即当体应变加荷时 $<a_1>=1$，否则为 0；剪应变加荷时 $<a_2>=1$，否则为 0。

南京水利科学研究院双屈服面弹塑性模型还建议按下式计算剪切流变

$$\gamma_c = C_t R^m \log \frac{t}{t_0} \qquad (20.3.57)$$

式中　t_0 为参考时间，即试验中每级荷载增量的时间，$R=b\eta$ 即所谓的剪应力水平，C_t 和 m 为两个计算参数。

3. 基于广义塑性力学的后勤工程学院弹塑性模型

"后工"弹塑性模型是基于广义塑性力学建立的，它采用分量塑性势面与分量屈服面。适用于应变硬化土体的静力计算，既可用于体积压缩型土体，也可用于压缩剪胀型土体，但不考虑应力主轴的旋转。

模型采用三屈服面时，除了应给出体积屈服面和剪切屈服面外，还要将剪切屈服面分解为 q 方向与 θ_σ 方向的剪切屈服面；当采用双势面与双屈服面模型时，可简化为令 γ_q^p 剪切屈服面为 $\overline{\gamma^p}$ 剪切屈服面，不计 γ_θ^p 屈服面，但考虑 $\overline{\gamma_q^p}$ 剪切屈服面中洛德角的影响。

由于 $d\overline{\gamma_\theta^p}$ 是已知的或则令 $d\overline{\gamma_\theta^p}$ 为零，因而只需采用两个势面和两个屈服面，就能求出 $d\varepsilon_v^p$ 和 $d\overline{\gamma_q^p}$，即有

$$\left\{\begin{array}{c} d\varepsilon_v^p \\ d\overline{\gamma_q^p} \end{array}\right\} = \left\{\begin{array}{ccc} \dfrac{1}{A_1}\dfrac{\partial \phi_v}{\partial p} & \dfrac{1}{A_1}\dfrac{\partial \phi_v}{\partial q} & \dfrac{1}{A_1}\dfrac{\partial \phi_v}{\partial \theta_\sigma} \\ \dfrac{1}{A_2}\dfrac{\partial \phi_q}{\partial p} & \dfrac{1}{A_2}\dfrac{\partial \phi_q}{\partial q} & \dfrac{1}{A_2}\dfrac{\partial \phi_q}{\partial \theta_\sigma} \end{array}\right\} \left\{\begin{array}{c} dp \\ dq \\ d\theta_\sigma \end{array}\right\} \qquad (20.3.58)$$

式中 $A_1 = \dfrac{\partial \phi_\mathrm{v}}{\partial \varepsilon_\mathrm{v}^\mathrm{p}}$, $A_2 = \dfrac{\partial \phi_\mathrm{q}}{\partial \overline{\gamma_\mathrm{q}^\mathrm{p}}}$

一般情况下，屈服条件为

$$\phi_\mathrm{v} = \phi_\mathrm{v}(p, q, \varepsilon_\mathrm{v}^\mathrm{p}) \tag{20.3.59}$$

$$\phi_\mathrm{q} = \phi_\mathrm{q}(p, q, \theta_\sigma, \overline{\gamma_\mathrm{q}^\mathrm{p}}) \tag{20.3.60}$$

当屈服条件写成如下形式：

$$H_1(\varepsilon_\mathrm{v}^\mathrm{p}) = F_\mathrm{v}(p, q) \tag{20.3.61}$$

$$H_2(\overline{\gamma_\mathrm{q}^\mathrm{p}}) = F_\mathrm{q}(p, q, \theta_\sigma) \tag{20.3.62}$$

则有

$$A_1 = \frac{\partial H_1}{\partial \varepsilon_\mathrm{v}^\mathrm{p}}, A_2 = \frac{\partial H_2}{\partial \overline{\gamma_\mathrm{q}^\mathrm{p}}}$$

此时的屈服条件属于等向强化模型。

最简单情况下，屈服条件写成如下形式：

$$\varepsilon_\mathrm{v}^\mathrm{p} = F_\mathrm{v}(p, q) \tag{20.3.63}$$

$$\overline{\gamma_\mathrm{q}^\mathrm{p}} = F_\mathrm{q}(p, q, \theta_\sigma) \tag{20.3.64}$$

此时 $A_1 = A_2 = 1$ 。

土体塑性柔度矩阵为

$$[C_\mathrm{ep}] = [C_\mathrm{e}] + \frac{1}{A_1} \left\{ \frac{\partial \phi_\mathrm{v}}{\partial p} \right\} + \frac{1}{A_2} \left\{ \frac{\partial \phi_\mathrm{q}}{\partial q} \right\} \tag{20.3.65}$$

$[C_\mathrm{ep}]$ 求逆即可得到弹塑性刚度矩阵，从而获得土体的应力-应变关系。

20.3.3 土的损伤力学模型

从广义上看，损伤力学可以被认为是连续介质力学在处理耗散系统方面的一个分支，它是一切耗散系统力学的基础。

为了描述材料内部微观结构的改变，可以根据不可逆热力学的原理引入一些内变量来描述这种改变。该变量即损伤变量，可用 D 来表示，$D = 0$ 即表示未损伤状态。因为 D 是一个不可恢复的量，所以是一个增加的量。

在建立土的损伤模型时，最常用的方法是将原状土作为一种初始无损伤材料，而将完全破坏（重塑）的土体作为损伤后的材料，在加载（或其他扰动）变形过程中土体可认为是原状土与损伤土两种材料的复合体。把损伤土部分所占的比例 w 称为损伤比，则土体力学特性可表示为两者的加权平均值。

$$S = (1 - w)S_\mathrm{i} + w S_\mathrm{d} \tag{20.3.66}$$

其中，S 为土的某一种力学指标，S_i 与 S_d 分别为原状土及重塑土的同一力学指标。w 为损伤比，亦即损伤土所占的比例，它可以是面积比、体积比、重量比或者其他物理量之比。

以单向压缩为例说明上式。令土试样总截面积为 A，损伤后的重塑面积为 A_d，原状土面积为 A_i，总荷载为 F。原状土与重塑土承担荷载分别为

$$F_\mathrm{i} = \sigma_\mathrm{i} A_\mathrm{i} \tag{20.3.67}$$

$$F_\mathrm{d} = \sigma_\mathrm{d} A_\mathrm{d} \tag{20.3.68}$$

如果损伤比 w 定义为

$$w = \frac{A_\mathrm{d}}{A} \tag{20.3.69}$$

则表观应力 σ 为

$$\sigma = \frac{F}{A} = \frac{F_i}{A} + \frac{F_d}{A} = \frac{F_i}{A_i} \cdot \frac{A_i}{A} + \frac{F_d}{A_d} \cdot \frac{A_d}{A}$$

$$\sigma = (1-w)\sigma_i + w\sigma_d \tag{20.3.70}$$

如果推广为增量形式，为

$$\{\Delta\sigma\} = (1-w)\{\Delta\sigma_i\} + w\{\Delta\sigma_d\} - [\{\sigma_i\} - \{\sigma_d\}]\Delta w \tag{20.3.71}$$

如果表示为增量应力-应变关系，则为

$$\{\Delta\sigma\} = (1-w)[D_i]\{\Delta\varepsilon\} + w[D_d]\{\Delta\varepsilon\} - [\{\sigma_i\} - \{\sigma_d\}]\{\frac{\partial w}{\partial \varepsilon}\}^T\{\Delta\varepsilon\} \tag{20.3.72}$$

其中，$[D_i]$ 与 $[D_d]$ 分别为原状土与重塑土的切线刚度矩阵，设 w 是应变的函数，上式也可以写成

$$\{\Delta\sigma\} = [D_d]\{\Delta\varepsilon\} \tag{20.3.73}$$

其中

$$[D_d] = (1-w)[D_i] + w[D_d] - [\{\sigma_i\} - \{\sigma_d\}]\{\frac{\partial w}{\partial \varepsilon}\}^T \tag{20.3.74}$$

$[D_d]$ 可以称为切线的损伤模量矩阵。

1. 沈珠江弹塑性损伤模型

沈珠江对于结构性黏土提出了一个弹塑性损伤模型。他认为，未被扰动的土为原状土，结构性完全丧失的土为完全损伤土或重塑土。原状黏土变形性状近似为弹性，只有当达到初始屈服面时，材料才会发生塑性变形。而完全损伤土或重塑土变形性状为弹塑性，具有一组单屈服面 f_d。同时，沈珠江假设损伤比 w 为土的应变的函数。

完全损伤土的模量矩阵可表示为

$$[D_d] = [D_d]_{ep} = [D_d]_e - \frac{[D_d]_e\{\frac{\partial f}{\partial \sigma}\}\{\frac{\partial f}{\partial \sigma}\}^T[D_d]_e}{A_d + \{\frac{\partial f}{\partial \sigma}\}[D_d]_e\{\frac{\partial f}{\partial \sigma}\}} \tag{20.3.75}$$

其中，$[D_d]_{ep}$ 与 $[D_d]_e$ 分别为损伤土的弹塑性与弹性模量矩阵；A_d 为塑性硬化模量。

对于损伤土的弹性部分，可以取泊松比 υ_d 为常数，杨氏模量可以通过侧限压缩试验的回弹曲线确定

$$E_d = \frac{(1+\upsilon_d)(1-2\upsilon_d)}{1-\upsilon_d}\frac{1+e_0}{0.434}\frac{\sigma_1}{C_e} \tag{20.3.76}$$

C_e 为侧限压缩试验中 $e\text{-}\lg\sigma_1$ 曲线的回弹段的斜率。

损伤土的塑性变形可用塑性理论确定，屈服函数可表示为

$$f_d = \frac{p}{1-(\eta/\eta_m)^n} \tag{20.3.77}$$

$$\eta = \frac{1}{\sqrt{2}}\left[\left(\frac{\sigma_1-\sigma_2}{\sigma_1+\sigma_2}\right)^2 + \left(\frac{\sigma_2-\sigma_3}{\sigma_2+\sigma_3}\right)^2 + \left(\frac{\sigma_3-\sigma_1}{\sigma_3+\sigma_1}\right)^2\right]^{\frac{1}{2}} \tag{20.3.78}$$

其中，n 和 η_m 为材料参数，$\eta_m = \sqrt[n]{1+n\eta_d}$，$\eta_d$ 为土开始发生剪胀时的 η 值，对于无明显剪胀的土 $\eta_d = \eta_f$，η_f 为土破坏时的 η 值。

上式中，$\eta=\eta_f$ 时，有

$$\eta_f=\frac{1}{\sqrt{2}}\big[\sin^2\varphi_{13}+\sin^2\varphi_{12}+\sin^2\varphi_{23}\big]^{\frac{1}{2}}=\sin\varphi \qquad (20.3.79)$$

其中，φ_{12}、φ_{23}、φ_{13} 的意义如图 20.3.14 所示。

2. 砌块体模型

该模型认为，原状结构性黏土类似于块石砌成的不均质结构，在外力较小时，砌块之间的薄弱连接先受到破坏，形成微裂缝。随着荷载的增大，裂缝逐渐扩展连通，将大土块分割为小土块和团粒，破坏严重的地方形成剪切带，带内的团粒进一步被粉碎。

设 f 为描述颗粒滑移的屈服函数，g 为描述颗粒破损的损伤函数，采用正交流动法则，则相应的应变增量可以写为

$$\{\Delta\varepsilon\}=[C]\{\Delta\sigma\}+A_p\left\{\frac{\partial f}{\partial\sigma}\right\}\Delta f+A_d\left\{\frac{\partial g}{\partial\sigma}\right\}\Delta g \qquad (20.3.80)$$

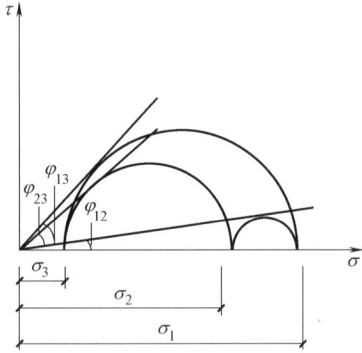

图 20.3.14　φ_{12}、φ_{23}、φ_{13} 的意义

f 和 g 建议采用下列函数

$$f=\frac{\sigma_m}{1-\left(\dfrac{\eta}{\alpha}\right)^n} \qquad (20.3.81)$$

$$g=\frac{\sigma_m}{1-\left(\dfrac{\eta}{\beta}\right)^n} \qquad (20.3.82)$$

硬化参数为塑性体应变 ε_v^p，而损伤参数 w 则建议取为

$$w=\frac{e_0-e}{e_0-e_s} \qquad (20.3.83)$$

其中，e 为现有应力条件下的孔隙比，e_s 为同一应力条件下的稳定孔隙比，可由重塑土的压缩曲线求得。相应的硬化规律和损伤规律建议为

$$f=f_0\exp\left(\frac{\varepsilon_v^p}{c_c-c_s}\right) \qquad (20.3.84)$$

$$g=g_0+(g_m-g_0)\sqrt{2\ln\frac{1}{1-w}} \qquad (20.3.85)$$

可推导出塑性系数 A_p 和损伤系数 A_d 的表达式

$$A_p=\frac{c_c-c_s}{f\dfrac{\partial f}{\partial\sigma_m}} \qquad (20.3.86)$$

$$A_d=\frac{e_0-e_s}{1+e_0}\frac{1}{g\ln\dfrac{g_m}{g_0}\dfrac{\partial g}{\partial\sigma_m}}+\frac{wc_{ci}-c_c}{g\dfrac{\partial g}{\partial\sigma_m}} \qquad (20.3.87)$$

式中　g_0——门槛损伤力；

　　　g_m——峰值损伤力。

910

设 ψ 为剪胀角，则 α 与 ψ 之间有下列关系

$$\alpha = \sqrt[n]{1+n\sin\psi} \tag{20.3.88}$$

式中，ψ 和 c_c 建议采用下列线性公式计算

$$\psi = \psi_0 + w(\psi_1 - \psi_0) \tag{20.3.89}$$

$$c_c = c_{c0} + w(c_{c1} - c_{c0}) \tag{20.3.90}$$

式中，ψ_1 和 c_{c1} 即相当于重塑土（$w=1$）的剪胀角（此时应等于内摩擦角）和压缩指数，ψ_0 和 c_{c0} 为 $w=0$ 时的初始值。颗粒破碎引起的体应变不应有膨胀，为了保证这一点，公式中的 β 应取较大的值，例如取 $\beta=1.2\alpha$。

20.4 常用的数值计算通用程序和本构模型

伴随着电子计算机和计算技术以及土工试验技术的发展，土的本构关系的研究工作日益广泛和深入，成为岩土工程的重要研究领域之一。随着土力学实践的不断发展，一些形式相对比较简单、参数不多且有明确物理意义、易于用简单试验确定模型参数的本构模型被商业程序所使用，如目前广泛采用的大型有限元软件 ABAQUS、ADINA 等，这些软件中针对岩土给出了常用的材料模型，包括 Mohr-Coulomb 模型、Drucker-Prager 模型、Cam-Clay 模型等，同时也针对某些工程领域的特殊条件建立了特殊性本构模型，例如土的动本构模型、流变模型及损伤模型等。

20.4.1 常用的数值计算通用程序

作为功能强大的有限元分析软件，ABAQUS、PLAXIS 等商业有限元软件在土木工程领域中具有广泛的应用。从简单的线弹性问题到复杂的几何非线性和材料非线性等问题，均获得了广泛的应用。

1. ABAQUS

ABAQUS 是一套功能强大的模拟工程的有限元软件，其解决问题的范围从相对简单的线性分析到复杂的非线性问题。ABAQUS 可以模拟大多数典型工程材料的性能，其中包括金属、橡胶、高分子材料、复合材料、钢筋混凝土、可压缩高弹性的泡沫材料以及类似于土和岩石等地质材料。ABAQUS 拥有大量的能够真实反映土体性状的本构模型，包括莫尔-库仑模型、Druker-Prager 模型、Cam-Clay 模型（修正剑桥模型）等。另外，ABAQUS 还提供了二次开发接口，用户可以灵活地自定义材料特性。

作为通用的模拟计算工具，ABAQUS 能解决结构（应力/位移）的许多问题。它可以模拟各种领域的问题，例如热传导、质量扩散、电子部分的热控制（热电耦合分析）、声学分析、岩土力学分析（流体渗透/应力耦合分析、固体变形、渗流和温度影响的三相耦合计算）及压电介质分析。大多数岩土工程问题，如结构-岩土介质相互作用、岩土边坡、地下工程等问题，都会涉及无限域或半无限域，ABAQUS 中提供的有限元与无限元耦合的方法则提供了一种很好的选择。另外，ABAQUS 所提供的多个弹塑性模型都考虑了与蠕变的耦合，这对于岩土工程分析来讲十分重要。

2. FLAC3D

FLAC3D（Fast Lagrangian Analysis of Continua）由美国 ITASCA 公司开发，是一个三维有限差分程序，其输入和一般的数值分析程序不同，它可以用交互的方式从键盘输

入各种命令，也可以写成命令（集）文件，类似于批处理，由文件来驱动。最早开发FLAC3D软件是应用于岩土工程和采矿工程的力学分析，目前已经拓展到土木建筑、地质、交通、水利等工程领域，如岩土体的渐近破坏和崩塌、岩土体材料固结和流变、岩体中断层结构的影响和加固系统模拟、变形局部化剪切带以及岩土体动力稳定性分析等，成为这些专业领域进行工程分析和设计中不可缺少的工具。

FLAC3D能够进行土质、岩石及其他材料的三维结构受力特性模拟和塑性流动分析，可对分析的单元进行线性或非线性本构模型的定义。当材料发生屈服流动后，网格能够相应地发生变形和移动（大变形模式）。对于模拟破坏和塑性流动采用的是"混合离散法"，该方法相比于有限元法中采用的"离散集成法"更加精确、合理。与有限元程序相比，它不需要形成刚度矩阵，因此大大减少其对内存空间的需求，能轻易地求解大范围的三维问题。

3. PLAXIS2D/3D

迄今为止，PLAXIS不仅成功研发了 2D 模块和 3D 模块，而且也研发了渗流和动力分析模块。其中，3D 模块包含了 PLAXIS 3D Foundation 和 PLAXIS 3D Tunnel 两方面。作为一套专业的三维岩土有限元软件，PLAXIS 3D 共包括三个模块，主模块之外还包括渗流、动力两个模块，可进行塑性、安全性、固结、渗流、流固耦合、动力等多种类型的分析。从工程类型角度来看，可对基坑、边坡、隧道、桩基、水库坝体等工程进行分析。另外，PLAXIS 3D 还有专门的子程序用于模拟常规土工试验，并可进行模型参数优化。

PLAXIS程序率先引入土体硬化模型（HS）和小应变土体硬化模型（HSS）这两个高级本构模型，能够考虑土体刚度随应力状态的变化，其典型应用如基坑开挖支护模拟中，对于坑底回弹和地表沉降槽以及支护结构的变形和内力等的计算。

4. PFC

PFC系列软件是由 ITASCA 咨询集团开发的颗粒流分析程序（Partical Flow Code），分为 PFC2D、PFC3D 两种，特别用于模拟任意形状、大小的二维圆盘或三维球体集合体的运移及其相互作用的强大颗粒分析程序。适用于任何需要考虑大应变或破裂、破裂发展以及颗粒流动问题。在岩土体工程中，可以用来研究结构开裂、堆石材料特性和稳定性、矿山崩落开采、边坡解体、爆破冲击等一系列传统数值方法难以解决的问题。

PFC是以介质内部结构为基本单元（颗粒和接触），从介质结构力学行为角度研究介质系统的力学特征和力学响应。PFC 中有效的接触探测方式和显式求解方法，保证可以精确、快速地进行大量不同类型问题的模拟——从快速流动到坚硬固体的脆性断裂。在PFC计算中，不需要给材料定义宏观本构关系和对应的参数，这些传统的力学特性和参数通过程序自动获得，而定义它们的是颗粒的几何和力学参数，如颗粒级配、刚度、摩擦力、粘结介质强度等微力学参数。

20.4.2 大型通用软件中的几个常用本构模型

1. Hardening-Soil 模型

Hardening-Soil 模型的一个基本特征是土体刚度与应力相关。比如，软土模型中所用修正压缩指数和固结加载模量之间存在如下简单关系：

$$E_{\text{oed}}^{\text{ref}} = \frac{p^{\text{ref}}}{\lambda^*} \qquad \lambda^* = \frac{\lambda}{(1+e_0)} \qquad (20.4.1)$$

式中　p^{ref}——参考压力。这里考虑某个特定参考压力 p^{ref} 下的切线固结模量。

因此，主加载刚度与修正压缩指数 λ^* 有关。类似的，卸载/再加载模量与修正膨胀指标关系如下：

$$E_{ur}^{ref} = \frac{3p^{ref}(1-2\nu_{ur})}{K^*} \qquad K^* = \frac{K}{(1+e_0)} \qquad (20.4.2)$$

构造 Hardening-Soil 模型的基本思想是三轴加载下竖向应变和偏应力之间为双曲线关系。

$$-\varepsilon_1 = \frac{1}{2E_{50}}\frac{q}{1-q_a} \qquad （当 q<q_f） \qquad (20.4.3)$$

其中，q_a 是抗剪强度的渐进值。图 20.4.1 绘出了这种关系。参数 E_{50} 是主加载下与围压相关的刚度模量，可表示为：

$$E_{50} = E_{50}^{ref}\left(\frac{c\cos\varphi-\sigma_3'\sin\varphi}{c\cos\varphi+p^{ref}\sin\varphi}\right)^m \qquad (20.4.4)$$

其中，E_{50}^{ref} 是对应于参考围压 p^{ref} 的参考刚度模量。

极限偏应力 q_f 和方程（20.4.3）中的量 q_a 定义如下：

$$q_f = (c\cot\varphi-\sigma_3')\frac{2\sin\varphi}{1-\sin\varphi} \qquad 及 \qquad q_a = \frac{q_f}{R_f} \qquad (20.4.5)$$

q_f 和 q_a 之间的比值由破坏比 R_f 给出，显然它是小于 1 的。在 PLAXIS 中，$R_f=0.9$ 被选作为一个合适的缺省值。

卸载和再加载的应力路径用到了另外一个与应力相关的刚度模量：

$$E_{ur} = E_{ur}^{ref}\left(\frac{c\cos\varphi-\sigma_3'\sin\varphi}{c\cos\varphi+p^{ref}\sin\varphi}\right)^m \qquad (20.4.6)$$

其中，E_{ur}^{ref} 是卸载和再加载的参考杨氏模量，它对应于参考压力 p^{ref}。许多实际情况中，将 E_{ur}^{ref} 设置成 $3E_{50}^{ref}$ 是合适的。

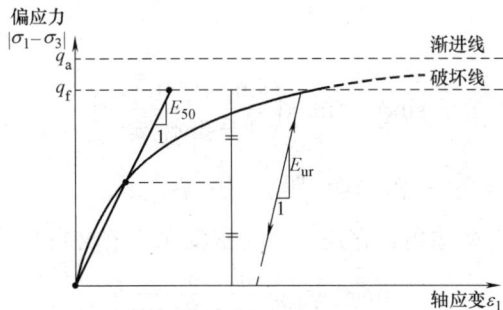

图 20.4.1　标准排水三轴试验主加载下双曲型应力-应变关系

在标准排水三轴试验中考虑应力路径时，首先考虑相应的塑性应变具有下面的形式：

$$f = \overline{f} - \gamma^p \qquad (20.4.7)$$

其中，f 是应力的函数，而 γ^p 是塑性应变的函数：

$$\overline{f} = \frac{1}{E_{50}}\frac{q}{1-\frac{q}{q_a}} - \frac{2q}{E_{ur}} \qquad \gamma^p = -(2\varepsilon_1^p-\varepsilon_v^p) \approx -2\varepsilon_1^p \qquad (20.4.8)$$

q，q_a，E_{50}，E_{ur} 由方程（20.4.4）、方程（20.4.6）定义，同时上标 p 用来表示塑性应变。对于硬土，塑性体积变化（ε_v^p）往往相对较小，而且有近似关系 $\gamma^p \approx -2\varepsilon_1^p$ 成立。

对于主加载，有 $\gamma^p = \overline{f}$，由方程（20.4.5）得到：

$$-\varepsilon_1^p \approx \frac{1}{2}\overline{f} = \frac{1}{2E_{50}}\frac{q}{1-\frac{q}{q_a}} - \frac{2q}{E_{ur}} \tag{20.4.9}$$

塑性应变在主加载中发生，而弹性应变在主加载和卸载/再加载中都会发生。在排水三轴试验的应力路径下，若 $\sigma_2' = \sigma_3' = $ 常数，则有弹性杨氏模量 E_{ur} 保持为常数，而弹性应变为：

$$-\varepsilon_1^e = \frac{q}{E_{ur}} \quad -\varepsilon_2^e = -\varepsilon_3^e = -\nu_{ur}\frac{q}{E_{ur}} \tag{20.4.10}$$

其中，ν_{ur} 是卸载/再加载时的泊松比。

在三轴试验中的偏应力加载阶段，轴向应变是弹性分量和塑性分量之和。于是：

$$-\varepsilon_1 = -\varepsilon_1^e - \varepsilon_1^p \approx \frac{1}{2E_{50}}\frac{q}{1-\frac{q}{q_a}}\frac{q}{E_{ur}} \tag{20.4.11}$$

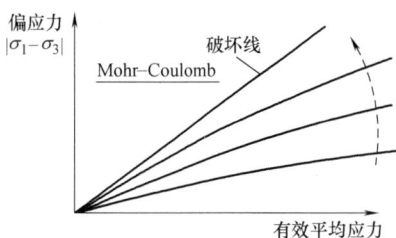

图 20.4.2　硬化参数的不同常数值
下的一系列屈服轨迹

对于硬化参数 γ^p 的一个给定的常数值，屈服条件 $f = 0$ 可以屈服轨迹的形式在 p'-q 平面上可视化。图 20.4.2 显示了 $m = 0.5$ 时的一系列屈服轨迹的形状，这对于硬土来说是典型的。

Hardening-Soil 模型包括塑性体积应变和塑性剪切应变之间的关系。流动规则为：

$$\overset{\&}{\gamma_v^p} = \sin\psi_m\overset{\&}{\gamma^p} \tag{20.4.12}$$

其中：当 $\sin\varphi_m < \dfrac{3}{4}\sin\varphi$，$\psi_m = 0$；当 $\sin\varphi_m \geqslant$

$\dfrac{3}{4}\sin\varphi$ 且 $\psi > 0$，

$$\sin\psi_m = \max\left(\frac{\sin\varphi_m - \sin\varphi_{cv}}{1 - \sin\varphi_m\varphi_{cv}}\right) \tag{20.4.13}$$

当 $\sin\varphi_m \geqslant \dfrac{3}{4}\sin\varphi$ 且 $\psi \leqslant 0$，$\psi_m = \psi$；如 $\varphi = 0$，$\psi_m = 0$。

其中，φ_{cv} 是临界状态摩擦角，它是一个与密度无关的材料常数，φ_m 是机动摩擦角：

$$\sin\varphi_m = \frac{\sigma_1' - \sigma_3'}{\sigma_1' + \sigma_3' - 2c\cot\varphi} \tag{20.4.14}$$

对于小的应力比，材料会收缩；而对于高的应力比，会发生剪胀。破坏时，机动摩擦角等于破坏角 φ，可有：

$$\sin\psi = \frac{\sin\varphi - \sin\varphi_{cv}}{1 - \sin\varphi\sin\varphi_{cv}} \tag{20.4.15a}$$

或者等价地：

$$\sin\varphi_{cv} = \frac{\sin\varphi - \sin\psi}{1 - \sin\varphi\sin\psi} \tag{20.4.15b}$$

因此，临界状态角可以由破坏角 φ 和 ψ 计算得到。

图 20.4.3 所示的剪切屈服不能解释在等向压缩中测量到的塑性体积应变。因此，定义帽盖型屈服面如下：

$$f^c = \frac{\bar{q}^2}{\alpha^2} + p^2 - p_p^2 \qquad (20.4.16)$$

其中，α 是一个与 K_0^{nc} 相关的辅助模型参数，屈服面的大小由等向预固结应力 p_p 决定，p_p 与体积帽应变 ε_v^{pc} 之间有如下硬化规则：

图 20.4.3 Hardening-Soil 模型屈服面

$$\varepsilon_v^{pc} = \frac{\beta}{1-m}\left(\frac{p_p}{p^{ref}}\right)^{1-m} \qquad (20.4.17)$$

体积帽应变是等向压缩下的塑性体积应变。α 和 β 都是帽型参数，具有如下形式的关系：

$\alpha \leftrightarrow K_0^{nc}$（缺省：$K_0^{nc} = 1 - \sin\varphi$）；$\beta \leftrightarrow E_{oed}^{ref}$（缺省：$E_{oed}^{ref} = E_{50}^{ref}$）

这样的 K_0^{nc} 和 E_{oed}^{ref} 可以被用作输入参数，用来分别决定 α 和 β 的大小。椭圆屈服面被用作一个塑性势面。所以：

$$\dot{\underline{\varepsilon}}^{pc} = \lambda \frac{\partial f^c}{\partial \underline{\sigma}} \qquad (20.4.18)$$

其中，$\lambda = \frac{\beta}{2p}\left(\frac{p_p}{p^{ref}}\right)^m \frac{\dot{p}_p}{p^{ref}}$，$\lambda$ 的表达式通过屈服条件 $f^c = 0$ 和方程（20.4.17）得到。

2. HS-Small 本构模型

大量的工程实践表明，岩土工程中各种常见问题所对应的变形范围如图 20.4.4 所示。从图中可以看出，一般的岩土工程（如隧道、基坑开挖、地基变形等）中的土体变形都很小。

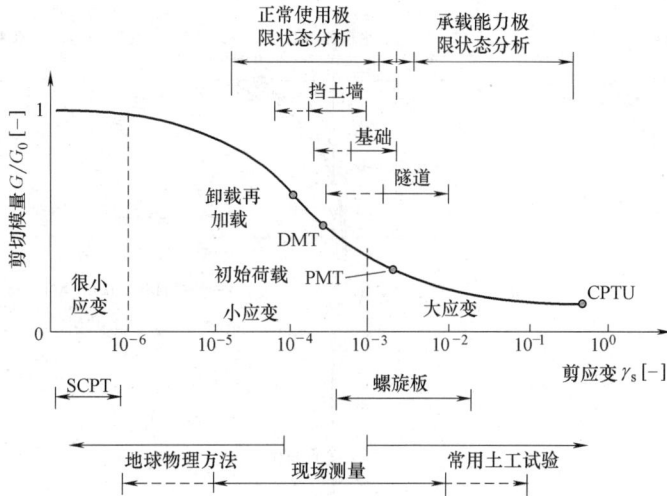

图 20.4.4 岩土工程所对应的应变范围

为了描述土体在小应变情况下的应力-应变特性，Benz 在 HS 模型的基础上进一步修正得到 HS-Small 模型，该模型不仅继承了 HS 模型可以同时考虑剪切硬化和压缩硬化，还可以考虑剪切模量在微小应变范围内随应变衰减的行为，因此，HS-Small 较 HS 模型具有更好的适用性，计算结果更贴近实际土体的变形量值。

HS-Small 模型参数包含了 11 个 HS 模型参数和 2 个小应变参数。

$$G=G_0\left(\frac{\gamma_{0.7}}{\gamma_{0.7}+\alpha\gamma_{\mathrm{Hist}}}\right)^2 \tag{20.4.19}$$

$$G_0=G_0^{\mathrm{ref}}\left(\frac{\sigma_3+c\cot\varphi}{p^{\mathrm{ref}}+c\cot\varphi}\right)^2 \tag{20.4.20}$$

如果 $G_0<\min G$，则该点位于加荷骨架上，根据 Masing 法则，取 $\gamma_{0.7}=\dfrac{\gamma_{0.7}}{2}$。

该模型已加入 PLAXIS 软件中。Benz 对实际工程进行了分析对比，另外，Obrzud、褚峰、吕高峰等也用该模型进行了实际工程的分析验证，结果如图 20.4.5 所示。

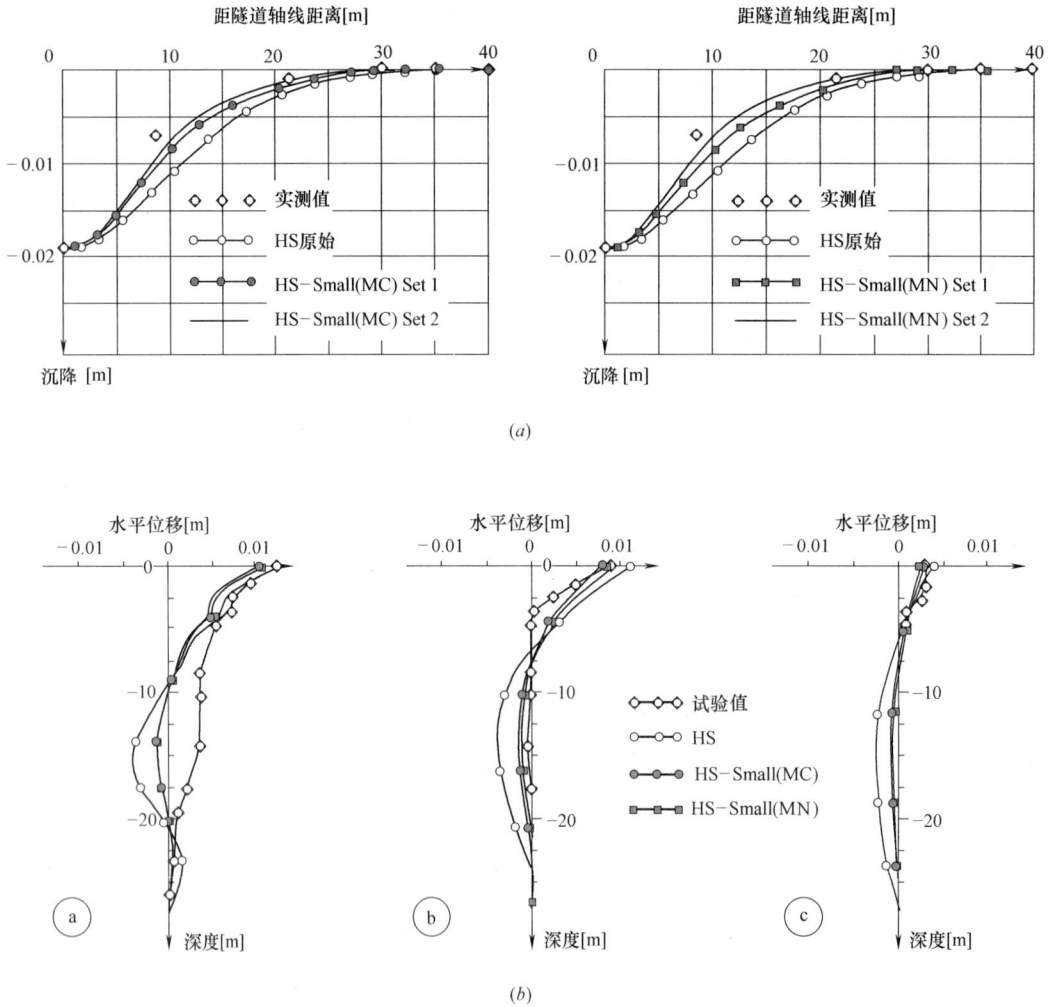

(a)

(b)

图 20.4.5　实际工程模拟分析比较结果（一）

(a) Steinhaldenfeld 隧道（新奥法）开挖沉降对比；(b) Heinenoord 隧道开挖水平位移

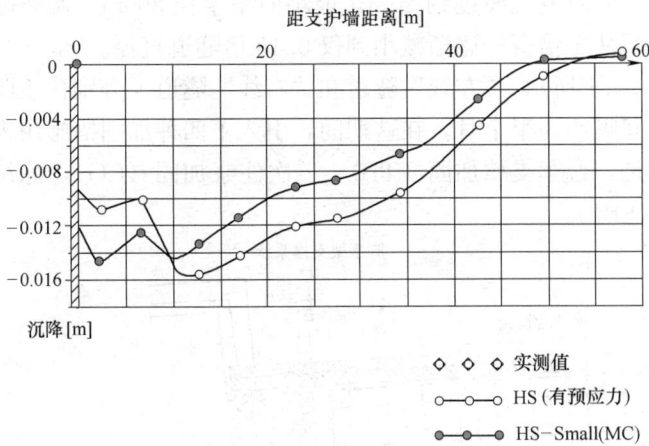

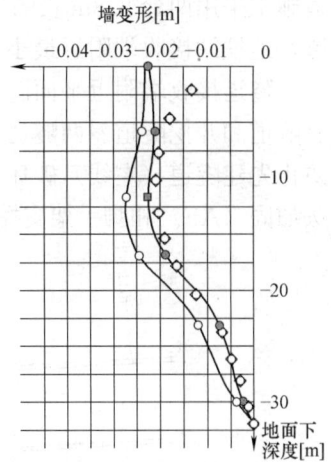

(c)

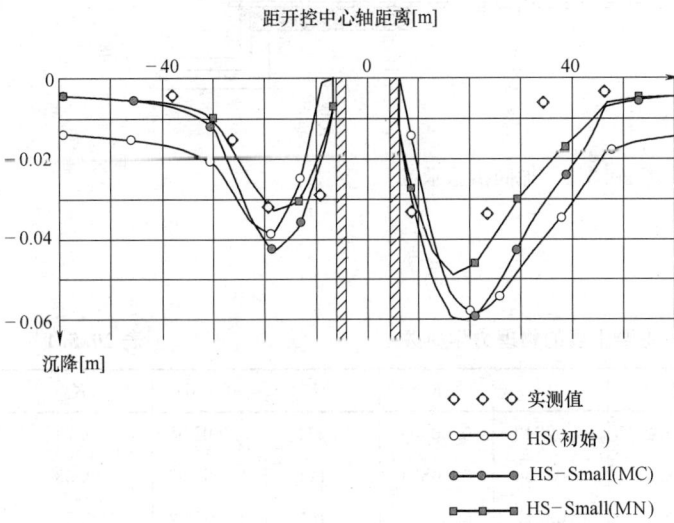

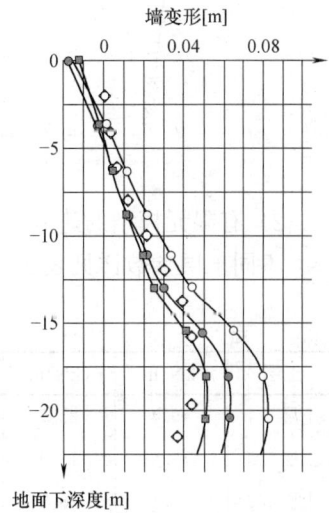

(d)

图 20.4.5　实际工程模拟分析比较结果（二）

(c) Berlin 砂中的基坑开挖；(d) Rupel 黏土基坑开挖

20.5　数值法在岩土工程中的应用实例

本节主要介绍几种常用的数值计算通用程序在城市地下工程设计、施工中的应用案例。

20.5.1　ABAQUS 在岩土工程中的应用

【案例 1】　盾构隧道施工案例分析

1）概述

某工程隧道外径 6.2m，总长度约 500m，里程范围从 DK11＋594 到 DK12＋104。隧道施工采用两台 8.8m 长的盾构机，平均覆土厚度约 20m，最小曲率半径 300m。两条隧道在地铁站接收端附近最小水平净距从 1 倍直径逐渐减小到仅 0.15 倍隧道直径。

隧道接收端附近平面图如图 20.5.1 所示，"左线"隧道和"右线"隧道，分别代表既有隧道和开挖隧道。两隧道施工期间隔约为半个月，在这期间，引入了四种加固措施用来防止先建隧道（左线）破坏，分别是：台车支撑加固（TB），二次注浆加固（CG），冻结法加固（AF）和脚手架支撑加固（SB）。

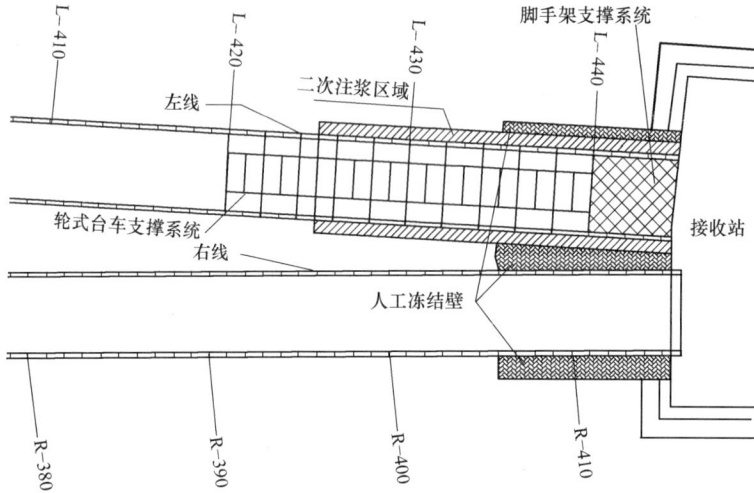

图 20.5.1 加固措施示意

2) 有限元模型的建立

不同土层参数详见表 20.5.1。

主要土层的物理力学参数 表 20.5.1

土层	$\gamma(kN/m^3)$	$c'(kN/m^2)$	$\varphi'(°)$	λ	K	M	$k(m/d)$	K_0
土层 1-1	19.4	25.7	15.2	0.07242	0.00905	0.574	5.00E-01	0.74
土层 3-3	18.9	15.6	28.2	0.06434	0.00804	1.121	4.32E-06	0.53
土层 3-2	19.7	28.5	29.9	0.03217	0.00402	1.195	2.24E-02	0.50
土层 4-2	19.5	25.1	30.6	0.03953	0.00494	1.225	2.24E-04	0.49
土层 5-1	19.3	15.2	27.4	0.04790	0.00599	1.087	7.00E-04	0.54
土层 7-2	20.6	75.3	27.4	0.03260	0.00408	1.087	1.12E-03	0.54

图 20.5.2 所示为有限元模型及加固区域示意，四种加固措施的模拟方法如下：

（1）台车支撑的模拟

台车支撑系统采用刚性支架及连接件单元进行模拟，刚性台车架通过赋予梁单元极大弹性模量来实现。支撑皮轮和隧道管片之间的接触行为主要通过定义仅抗压的连接件单元来实现，其抗压刚度通过实测隧道直径收敛及支撑臂内力反演得到，如图 20.5.3 所示。

（2）二次注浆的模拟

二次注浆与同步注浆的材料均采用考虑时变性的硬化材料进行模拟，主要考虑了弹性模量时变性及浆液渗透系数时变性。其中，弹性模量时变性通过 ABAQUS 用户自定义子

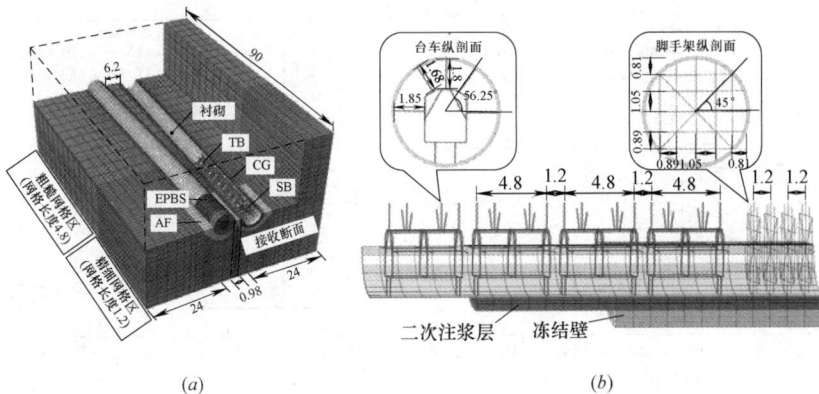

图 20.5.2 有限元网格及加固区域示意

(a) 模型网格；(b) 加固区域局部放大

程序 UMAT 实现，渗透系数时变性通过自定义
场变量 USDFLD 实现。

（3）冻结壁的模拟

模拟不考虑冻结法的施工过程，仅改变冻
结区域的材料属性。冻结壁采用非相关联的
Mohr-Coulomb 本构模型进行模拟。

（4）脚手架支撑的模拟

采用仅能承受压力的杆单元来模拟脚手架
钢管，通过 ABAQUS 自定义单元 UEL 实现。

3）计算结果分析

图 20.5.4 给出了四个典型监测断面的隧道

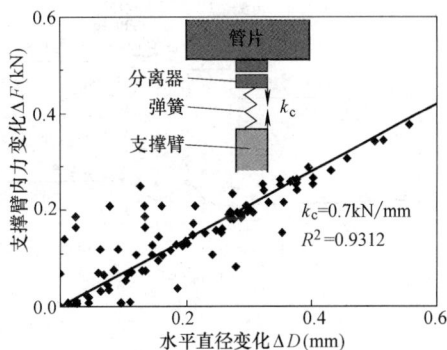

图 20.5.3 连接件单元抗压刚度的标定

计算收敛值的时程曲线，收敛变形根据盾构机的不同位置可以分为 5 个阶段，每个阶段的
变形特征如下：

阶段 1：盾构机"远场"接近（>1D）

变形特点：既有隧道水平直径逐渐增加。

阶段 2：盾构机"近场"接近（<1D）

变形特点：当盾构机刀盘距离既有隧道监测断面 1D 左右时，既有隧道水平直径迅速
减小。参考 Lee et al.（2006）提出的拱率的概念，在这里定义水平向应力改变率，用以
解释盾构前方土体加卸载效应及划分正负拱区域：

$$R_x = \frac{\Delta\sigma_x}{\sigma_x} \tag{20.5.1}$$

其中，σ_x 为图 20.5.5 中横截面内在右线隧道开始掘进之前垂直于右线隧道轴线方向
的正应力，而 $\Delta\sigma_x$ 为右线隧道开挖到某位置处时 σ_x 的改变量。

由图 20.5.7 可以看出，盾构前方土体水平拱区可分为左右挤压区和盾前卸荷区。挤
压区起始于盾构刀盘两侧，向斜前方开展至一定范围，挤压区范围内土体的水平向应力
（水平横截面内垂直于隧道轴线方向的正应力）增加，表现为挤压两侧土体。卸荷区土体
水平向应力减小，表现为松弛和卸荷。

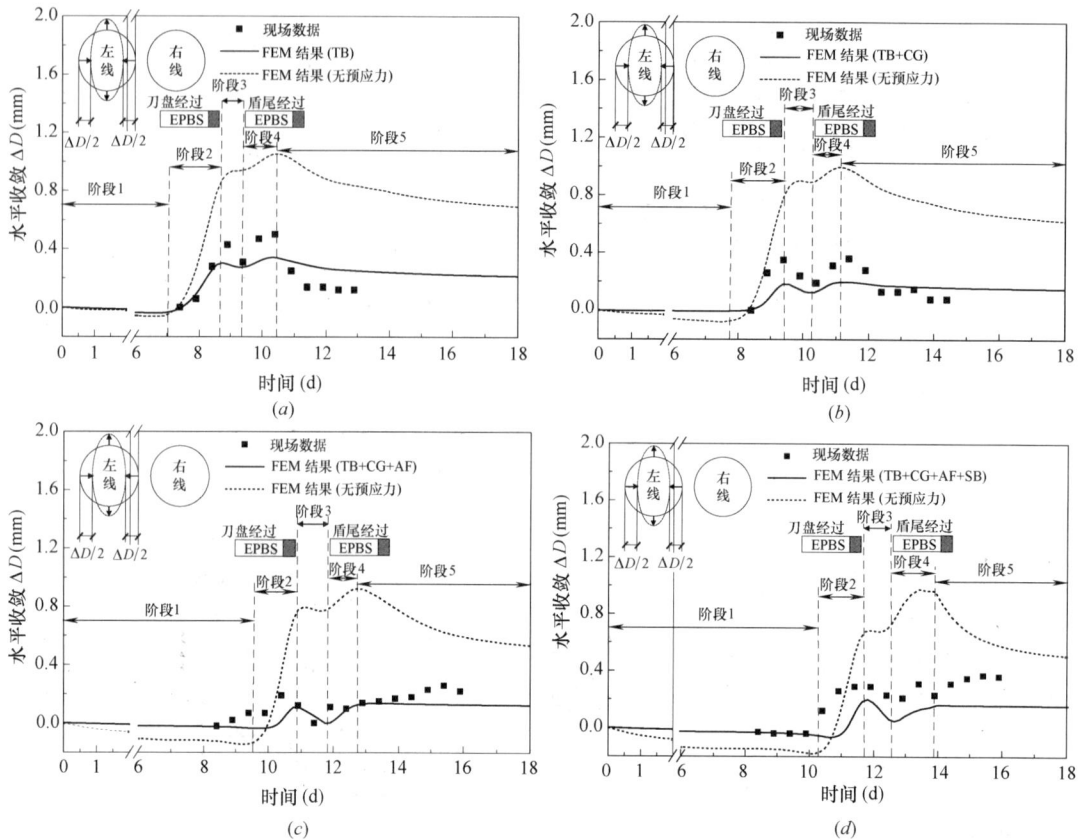

图 20.5.4 四个典型断面既有隧道收敛变形

（a）第 420 环衬砌的水平收敛（台车加固）；（b）第 425 环衬砌的水平收敛（轮式台车支撑和二次注浆）；

（c）第 435 环衬砌的水平收敛（轮式台车支撑、二次注浆及人工冻结法）；

（d）第 440 环衬砌的水平收敛（脚手架支撑、二次注浆及人工冻结法）

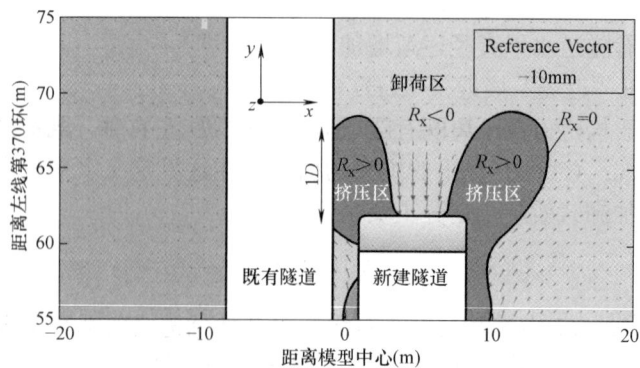

图 20.5.5 水平土拱效应及拱区划分

阶段 3：盾构机身经过监测断面

变形特点：既有隧道水平直径增加。

阶段 4：盾尾逐渐远离

变形特点：既有隧道水平直径再次减小。

阶段 5：固结阶段

变形特点：对于冻结壁外管片，经过一段时间土体固结，水平直径有所恢复；而对于冻结壁内的既有隧道管片，在监测时间内没有明显的水平直径恢复阶段，表现为持续受到挤压。

20.5.2 FLAC3D 在岩土工程中的应用

本工程实例主要用于说明坑内工程桩对基坑稳定的提高作用。

（1）模型概况

基坑开挖深度为 6.5m，采用 $\phi700@900$ 灌注桩围护结构，桩长为 14m。在距地面 1.5m 处设置一道水平支撑。计算时考虑地面超载 20kPa。基坑支护桩的抗弯承载力为 820kN·m。图 20.5.6 为基坑剖面图。表 20.5.2 列出了土层的物理力学参数。在数值计算时，土的强度采用由固结快剪指标推算得出的不排水强度 c_u，$c_u = c_{cu} + \sigma'_c \tan\varphi_{cu}$（$\sigma'_c$ 为上覆土有效重度），对于每层土不排水强度均按沿深度线性增加，内摩擦角 φ 取 0。计算采用相关联流动法则。

土层物理力学参数表　　　　　　　　　　　　　　　　　表 20.5.2

土层	层厚(m)	重度(kN/m³)	固结快剪 φ(°)	固结快剪 c(kPa)
填土	2.0	18.0	10	0
砂质粉土	8.5	18.2	30.5	5
淤泥质土	5.0	16.8	12.5	10
黏土	4.5	17.7	14	15

坑内工程桩直径 700mm，桩身混凝土等级为 C30。桩身抗弯承载力约为 83.7kN·m，抗剪承载力约为 437kN，抗拉承载力约为 323kN。模型长向桩距采用 4 倍桩径，2.8m，厚度方向桩距 2.7m。模型尺寸与约束情况如图 20.5.7 所示。为了研究坑内工程桩对基坑稳定的影响，进行了两个工况的计算分析。工况一为坑内不存在工程桩的情况，模型厚度取支护桩桩距的距离 900mm；工况二为坑内存在工程桩的情况，模型厚度取 3 倍的支护桩桩距，2700mm。

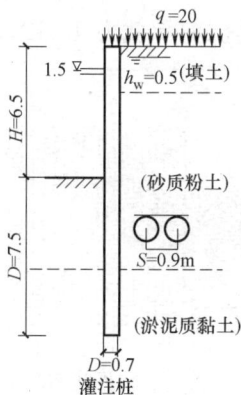

图 20.5.6　基坑剖面图

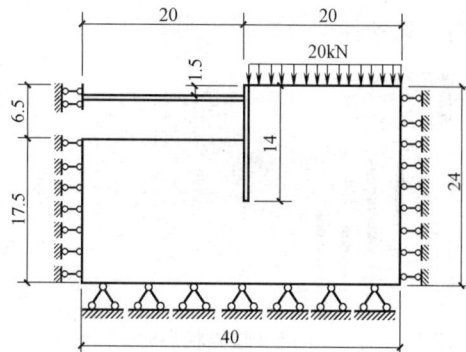

图 20.5.7　模型尺寸及约束情况

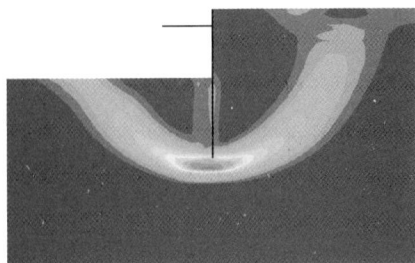

图 20.5.8 工况 1 临界状态时剪应变比率

（2）数值计算结果分析

当坑内不存在工程桩时，稳定安全系数为 1.59。剪切塑性带从桩底通过，贯穿坑内外，如图 20.5.8 所示。图 20.5.9 中，从临界状态时土体的速率矢量图，可以清晰地看出破坏时土体的运动方向。也可以看出，破坏时桩与土体基本上是以支撑与桩的交点为轴发生旋转。临界状态时，围护桩身最大弯矩为 538.1kN·m，未达到其承载能力 820kN·m，最大弯矩发生在坑底部附近。说明基坑失稳时，围护桩未破坏，其在土体带动作用下，随土体一起运动。桩身最大剪力为 323.9kN，位于支撑处。

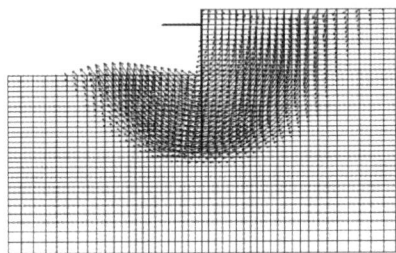

图 20.5.9 工况 1 临界状态时节点速率矢量图

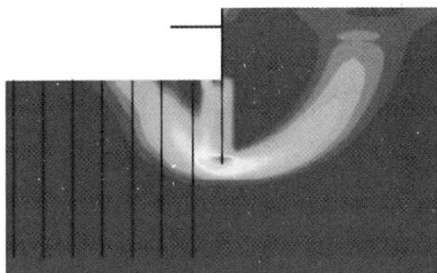

图 20.5.10 工况 2 临界状态时剪应变比率

由图 20.5.10 和图 20.5.11 相比较可以发现，由于工程桩的阻挡作用，工况 2 的剪切塑性带在坑内明显较工况 1 延伸要近。坑内工程桩设置了塑性矩，塑性矩即为其抗弯承载力，83.7kN·m，由图 20.5.12 可以发现，离坑边最近的四根工程桩都达到了最大弯矩，并且距离坑边最近的桩存在正负两个较大弯矩，可知基坑失稳破坏时离基坑侧壁最近的几排工程桩都会被弯断。四根工程桩的最大正弯矩沿剪切塑性带分布，位于滑动面下方。如图

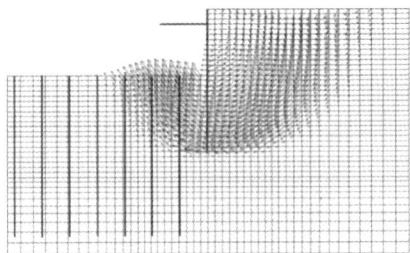

图 20.5.11 工况 2 临界状态时
节点速率矢量图

20.5.13 所示，坑内工程桩的最大剪力为 67.0kN，远未达到其抗剪承载力 437kN。其最大剪力沿剪切塑性带分布。

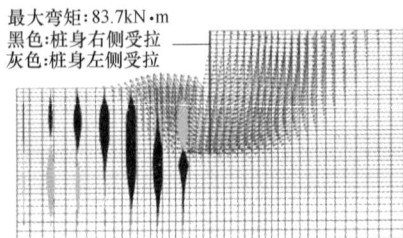

最大弯矩：83.7kN·m
黑色：桩身右侧受拉
灰色：桩身左侧受拉

图 20.5.12 工况 2 临界状态时
工程桩桩身弯矩图

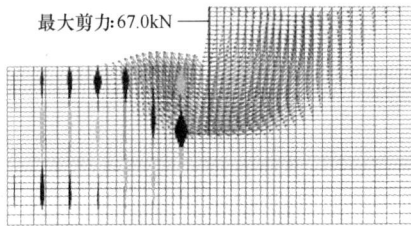

最大剪力：67.0kN

图 20.5.13 工况 2 临界状态时
工程桩桩身剪力图

20.5.3 PLAXIS 在岩土工程中的应用

拟建场地建筑范围内设有三层地下室，基坑形状为不规则多边形，面积约为 43890m²。基坑大部分深度为 15m，塔楼位置深度为 16.25m 和 17.55m，局部电梯坑深度达到 19.2m，如图 20.5.14 所示。

1）模型计算　选取基坑中典型 A-A 剖面，剖面位置见图 20.5.15。剖面模型尺寸见图 20.5.16。

模型中，基坑开挖深度为 15m，采用 1.2m 厚地连墙和两道水平支撑进行支护，南侧局部基坑宽度为 50m。中部基坑预留土部分范围取 180m，远端北侧基坑变形在此未考虑。预留土分两级放坡，坡高分别为 6.8m 和 5.4m，坡顶宽度分别为 14.5m 和 5m。模型坑外为 5 倍开挖深度，坑底以下土体深度约 5.7 倍开挖深度。在隧道和地连墙之间设置"埋入式"隔离桩，隔离桩按照 ϕ800 @1000 布置，桩顶距离地表 13m，有效桩长为 19m。

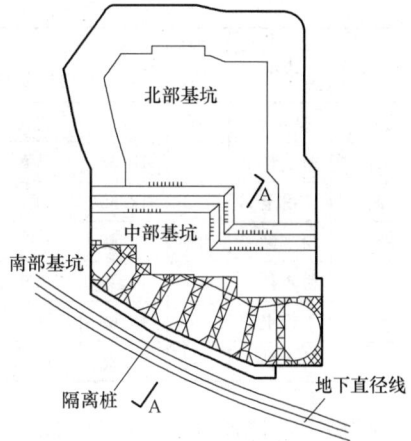

图 20.5.14　基坑实例平面示意图

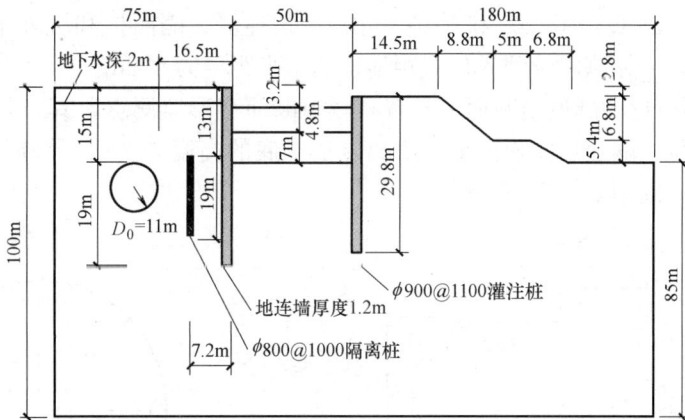

图 20.5.15　A-A 剖面模型尺寸示意图

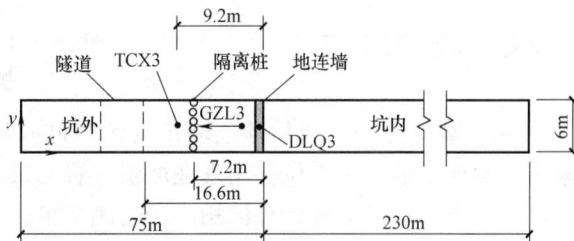

图 20.5.16　有限元模型俯视图

模型中的土体采用 PLAXIS 中小应变硬化模型（HSS）进行模拟。土体物理力学参数见表 20.5.3。

土层编号	土层	层厚 (m)	γ (kN/m³)	c' (kN/m²)	φ' (°)	E_{50}^{ref} (MN/m²)	E_{oed}^{ref} (MN/m²)	E_{ur}^{ref} (MN/m²)	G_0^{ref} (MN/m²)	$\gamma_{0.7}$ (10^{-3})	e
①₁	杂填土	6.5	18.5	12.4	16.1	4.38	4.38	26.28	70.96	0.2	0.94
③₁	粉质黏土	2	18.55	5.6	26.29	5.22	4.21	40.58	109.576	0.2	0.88
⑥₃	粉土	1.2	18.69	6	27.65	15.71	8.38	80	216	0.2	0.75
⑥₄	粉质黏土	7.8	19.46	9.54	28.59	5.31	5.78	53.39	144.15	0.2	0.79
⑧₁	粉质黏土	5.5	19.78	13.95	25.66	7.21	5.05	36.77	99.28	0.2	0.64
⑧₂	粉土	2	18.69	10	32.3	8.41	8.41	44.14	119.18	0.2	0.74
⑪	粉质黏土	66	20.28	14.62	24.66	4.91	5.86	42.27	114.13	0.2	0.73

模型中，地连墙、隧道衬砌、支护排桩和隔离桩均采用线弹性混凝土材料模拟，弹性模量取值 30GPa，泊松比 0.2。计算中将盾构隧道横向刚度有效率折减为 75%，即弹性模量取为 26GPa。同时，支护排桩采用 plate 单元近似模拟，其板厚按照抗弯等效的原则确定。隔离桩采用 PLAXIS 中 embeded 桩单元模拟。

2）计算与实测结果对比

结合计算分析，采用 A-A 剖面附近测点监测数据与计算结果进行对比分析（图 20.5.17）。图中，DLQ3、GLZ3 和 TCX3 分别为地连墙、隔离桩和坑外土体测斜的三号测点编号。其中，土体测斜管埋入位置距地连墙水平距离为 9.2m。

在 A-A 剖面附近的隧道横断面上布置有隧道断面变形监测点，其布置见图 20.5.18，其中底部两测点位于隧道道床板面上，距离隧道拱底的高度为 3m，另外 3 个测点分别位于隧道拱顶和 1/4 圆周处。

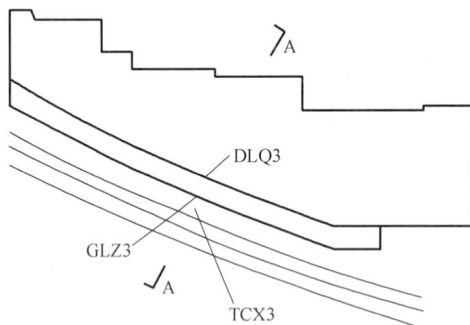

图 20.5.17 A-A 剖面处测点平面图

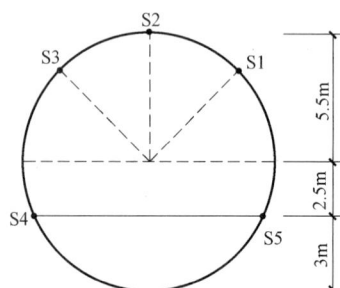

图 20.5.18 A-A 剖面处隧道
测点布置图

由图 20.5.19（a）可见，基坑开挖完成后地连墙出现了"鼓肚形"和"悬臂形"结合的"复合型"变形模式，地连墙最大水平位移出现在墙顶位置，最大值约 50mm，计算结果与实测基本吻合，仅在中下部水平位移计算值稍小于实测结果。

图 20.5.19（b）给出了距离地连墙水平距离 9.2m 处土体的水平位移实测值与计算值对比。从图中可知，TCX3 测点处的土体水平位移模式为"复合型"，这与测点与地连墙间的距离和地连墙自身的变形模式有关。图 20.5.19（c）为隔离桩产生的水平位移分布情况。由图可知，实测值与有限元计算值分布规律及数值基本一致，仅上部靠近地表部分实测值稍大。与前两测点不同，隔离桩整体变形模式呈"悬臂形"，顶部最大实测值为

31mm，可以看出插入坑外土体水平位移主要影响区以下部分桩段的嵌固效应。

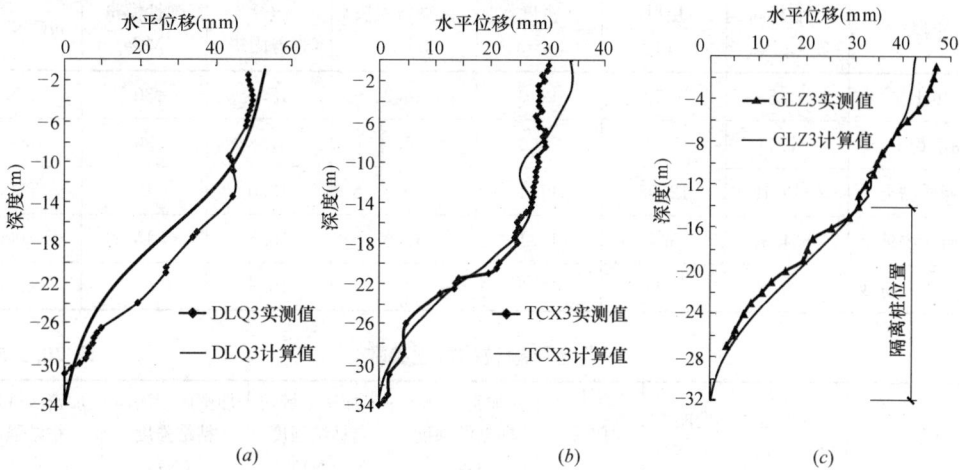

图 20.5.19　水平位移计算值和实测结果的比较
(a) 地连墙水平位移；(b) 坑外土体水平位移；(c) 隔离桩水平位移

　　S1～S5 测点的实测结果与计算值对比见图 20.5.20。计算结果显示，在邻侧基坑卸荷作用下，隧道随周边土体移动产生了向着坑内方向的水平位移。隧道最大水平位移为13.07mm，出现在 S1 点附近；最大沉降为 8.3mm，出现在 S2 点附近。基坑开挖完成的监测结果显示，5 个测点均出现了向着坑内方向的水平位移，但 S2 和 S3 点的水平位移稍小于计算值。实测结果显示 S1 点位置的水平位移为 14.86mm，S2 点位置的沉降为－7.44mm，均与计算最大值较为接近。

20.5.4　PFC 软件在岩土工程中的应用

　　某基坑深16m，宽 20.2m，采用 800mm 厚、32m 长的地连墙及 4 道对撑（ϕ609 钢管支撑，预加一定轴力）支护。设定基坑左侧 20m 范围内存在 30kPa 的超载。如图 20.5.21 所示为沿短边的剖面，土层分布情况及物理力学参数见表 20.5.4。各个土层参数如表 20.5.5 所示。

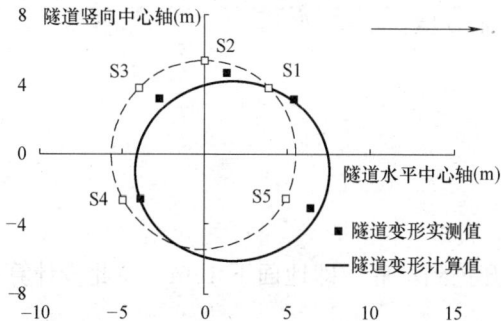

图 20.5.20　开挖完成后隧道变形计算值
和实测值对比（变形放大 100 倍）

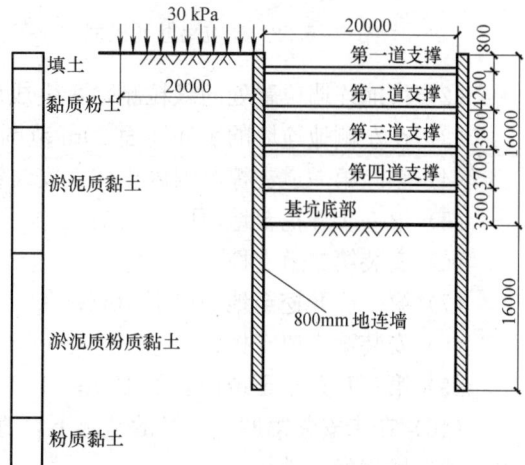

图 20.5.21　支护结构设计断面及土层分布

土层分布及土体物理力学参数　　　　　　表20.5.4

土层	层底标高（m）	层厚（m）	重度（kN/m³）	c_k（直剪固快）（kN/m²）	$\varphi(°)$（直剪固快）	弹性模量（MPa）	m（kN/m⁴）
填土	−1.53	1.53	19.0	16.2	18.1	30	5500
黏质粉土	−7.14	5.61	19.0	10.2	31.8	30	6000
淤泥质黏土	−19.16	12.02	17.1	15.3	13.0	10	2500
淤泥质粉质黏土	−34.88	15.72	17.1	13.5	13.6	15	3000
粉质黏土夹粉砂	−50.00	5.12	17.9	14.4	16.5	60	6000

各土层颗粒的微观参数　　　　　　表20.5.5

土层	法向刚度（m/N）	切向刚度（m/N）	摩擦系数	未加密区域法向粘结强度（N）	未加密区域切向粘结强度（N）	加密区域法向粘结强度（N）	加密区域切向粘结强度（N）
填土	9.72e7	3.60e7	0.29	12.0e3	12.0e3	10.0e3	10.0e3
黏质粉土	9.72e7	3.60e7	0.90	7.0e3	7.0e3	5.0e3	5.0e3
淤泥质黏土	2.97e7	1.10e7	0.20	10.0e3	10.0e3	8.0e3	8.0e3
淤泥质粉质黏土	4.59e7	1.70e7	0.21	8.5e3	8.5e3	7.0e3	7.0e3
粉质黏土夹粉砂	22.28e7	8.25e7	0.27	9.0e3	9.0e3	5.0e3	5.0e3

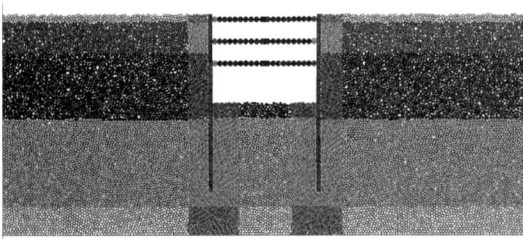

图20.5.22　基坑离散元模型

采用 PFC 2D 建模，模型整体如图20.5.22所示。模型长100m，高40m，边界采用刚性墙模拟。综合考虑计算精度与计算时间两方面因素，最终采用颗粒共计约22000个。

1. 模拟步骤

（1）建立土体模型，赋予各个土层参数，平衡地应力。

（2）将地连墙位置处的颗粒删除，生成地连墙；

（3）在左侧地连墙的坑外地面20m范围内施加30kN/m的超载；

（4）删除第一道支撑范围内土体，安装第一道支撑；

（5）第一步开挖至地面以下6m；

（6）安装第二道支撑；

（7）第二步开挖至地面以下10m；

（8）安装第三道支撑；

（9）第三步开挖至地面以下13m；

（10）在未安装第四道支撑的情况下，直接开挖到坑底，即地面下16m。在此步计算中，地连墙将发生破坏。

2. 模拟结果分析对比

（1）地下连续墙水平位移

图 20.5.23 为各个开挖步骤完成后地连墙最大水平位移随开挖深度变化的曲线。从图中看出，由于基坑左侧存在较大超载，左侧地连墙的位移明显大于右侧地连墙，相差约 20%～25%，表现出了非对称基坑的变形特点。

（2）地下连续墙内力

图 20.5.24 为安装完第三道支撑，开挖到 13m 时的弯矩及剪力曲线，定义弯矩为地连墙在基坑内部一侧受拉为正，剪力为使地连墙片段上部向基坑内部旋转为正。左侧地连墙最大

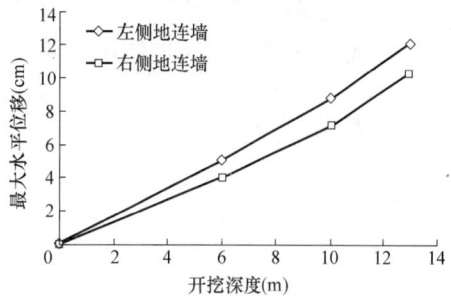

图 20.5.23 地连墙最大水平位移随开挖深度变化

弯矩 2274.5kN·m，右侧地连墙最大弯矩 1756.0kN·m。最大弯矩与最大水平位移位置均位于开挖面下 3m 处左右。左侧地连墙最大剪力为 826.6kN，右侧地连墙最大剪力为 770.3kN。最大剪力均位于第三道支撑下部位置处。开挖到 13m 时，左侧地连墙的剪力已很大，即将接近剪力极限值 1006kN。

当未安装第四道支撑，直接开挖到坑底 16m 时，运算 35000 步后，左侧地连墙最大剪力达到 1009.4kN，超过剪力极限值，地连墙在第三道支撑下部位置处被剪断，如图 20.5.25 所示。此时，左侧地连墙弯矩为 2520.0kN·m，刚达到极限弯矩会形成塑性铰，但还不会断裂；而右侧地连墙最大剪力为 933.0kN，尚未达到极限值。

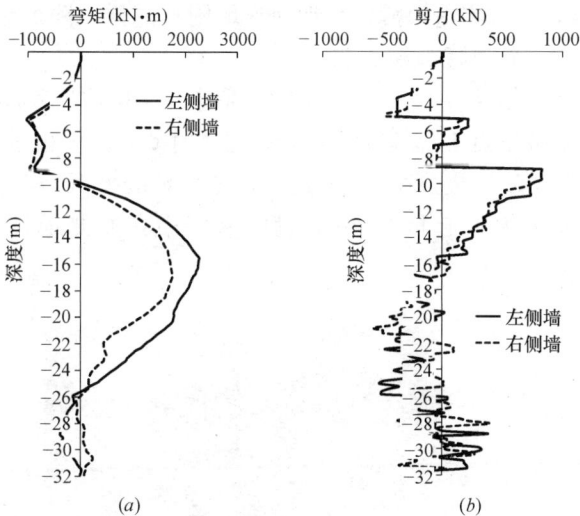

图 20.5.24 地连墙弯矩及剪力曲线
(a) 弯矩；(b) 剪力

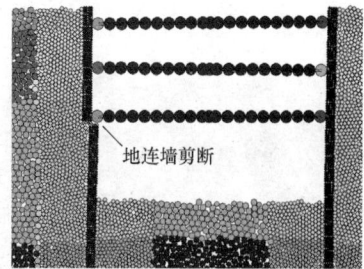

图 20.5.25 地连墙剪断点

（3）不同连接工况基坑破坏分析

当支撑与地连墙连接较弱（工况一），支撑端部不能有效承受拉力及切向力。当左侧地连墙剪断后，两侧地连墙顶部均呈向坑外后仰的趋势，如图 20.5.26 中地连墙旁边的箭头所示，导致第一道支撑受到拉力，与地连墙脱开掉落。第二、第三道支撑轴力增大，并且由于地连墙的旋转变形使得支撑所受轴力严重偏心并与墙体之间产生剪力。由于工况一中水平支撑与墙体连接节点不能承担剪力，导致支撑端部滑移失稳，同样迅速脱落。

当支撑与地连墙的连接较强（工况二），地连墙破坏后支撑端部不会产生脱开或滑移现象。因此，三道支撑与两侧地连墙形成一个框架，共同抵抗两侧土压力，如图 20.5.27 所示。

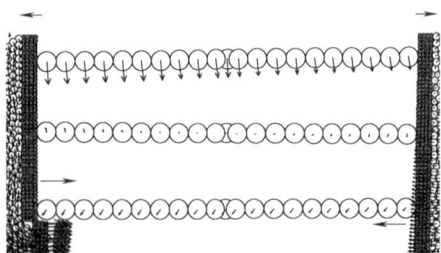

图 20.5.26　地连墙剪断后墙体运动
趋势及支撑位移矢量

图 20.5.27　地连墙与支撑形成
一个整体框架

如图 20.5.28 和图 20.5.29 所示，工况一由于连接节点较弱，整个体系缺乏整体性与冗余度，最终由局部地连墙的剪断发展为整个支撑体系的崩溃及基坑的严重坍塌。基坑左侧地连墙表现出上部向坑外后仰，下部地连墙向坑内倾覆，左侧地面沉陷最深达 5m 左右，影响范围 30m 左右。基坑右侧地连墙则向坑内倾覆，靠近地连墙附近同样下陷严重。基坑坑底土体由于两侧地连墙向坑内挤入，导致隆起约 4.5m。

工况二由于连接节点较强，支护体系整体性较好，虽然地连墙断裂，但水平支撑仍起到了支持左右侧墙体的作用，从而避免了破坏点上部地连墙与墙后土体滑动，同时也避免了右侧地连墙向坑内倾覆，因此整个基坑破坏程度大大减小。基坑左侧最大沉陷量约 2.5m，影响范围约 23m。基坑底部土体最大隆起量为 3m，且隆起集中在左侧地连墙附近。

图 20.5.28　工况一中基坑最终的破坏形态

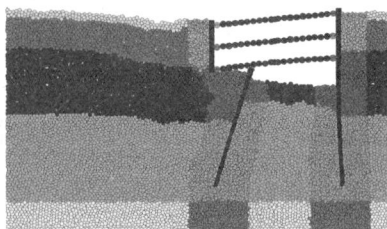

图 20.5.29　工况二中基坑最终的破坏形态

第四篇　不良地质条件下的地基基础问题及特殊土地基

第 21 章　地震区的地基与基础

21.1　地 震 概 述

21.1.1　地球的构造

地球是一个平均半径为 6400km 的椭圆球体，至今已有 45 亿年的历史，地球是由性质不同的三层构成：最外一层为地壳，厚度为几公里至几十千米；其下为地幔，厚约 2900km。地幔的体积约占地球全部体积的 80%。世界上最深的地震发生在地幔内。地核可分为外核与内核，外核处于液态，而内核处于固态。地核物质主要由镍和铁组成（图 21.1.1）。

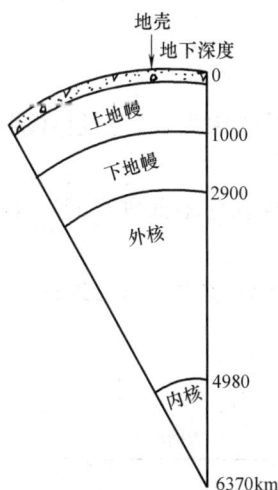

图 21.1.1　地球内部分层

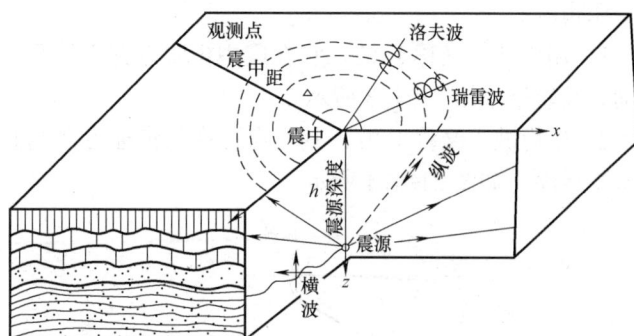

图 21.1.2　地震位置及影响范围

21.1.2　震源和震中

地震是由于地壳内岩层破裂滑移所引起，岩层初始破裂点称为震源。从震源到地表的垂直距离，称为震源深度（图 21.1.2）。

震源深度在 60km 以内的地震称浅源地震，60～300km 的称中源地震，300km 以上的称深源地震。

21.1.3 地震波

地震是大陆板块的碰撞，岩层破裂或错位引起的震动。

地震时由震源释放出的能量，以波的形式由震源向各个方向传播，这就是地震波。

地震波是一种弹性波，通过地球本体的体波和限于在地面传播的面波组成，其体波和面波特性如下：

1. 体波

体波包含纵波与横波两种波。

1）纵波又称压缩波也称 P 波，其质点的振动方向与波的前进方向一致，在空气里纵波就是声波，一般表现为周期短、振幅小。

纵波传播速度理论上可用下列公式计算：

$$v_p = \sqrt{\frac{E(1-\nu)}{\rho(1-\nu)(1-2\nu)}} \tag{21.1.1}$$

式中　v_p——纵波速度；

　　　　E——介质的弹性模量；

　　　　ν——介质的泊松比；

　　　　ρ——介质密度。

2）横波又称剪切波，其介质的质点振动方向与波的前进方向垂直。

$$v_s = \sqrt{\frac{E}{2\rho(1+v)}} = \sqrt{\frac{G}{\rho}} \tag{21.1.2}$$

式中　v_s——剪切波（又称 S 波）的速度；

　　　　G——介质的剪变模量。

2. 面波

面波只限于沿着地球表面传播，包含地层界面多次反射形成的次生波，它包含瑞雷波、乐甫波。

1）瑞雷波　又称 R 波，它在震中位附近并不发生。其质点仅在与地面垂直的平面内运动，其轨迹如图 21.1.3 所示。

2）乐甫波　又称 L 波，其质点仅在与传播方向垂直的水平面内运动，即沿地面方向作水平运动，如图 21.1.4 所示。

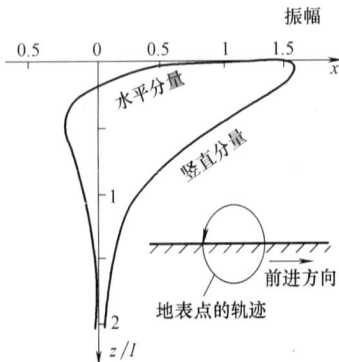

图 21.1.3　瑞雷波特性　　　　图 21.1.4　乐甫波传播示意图

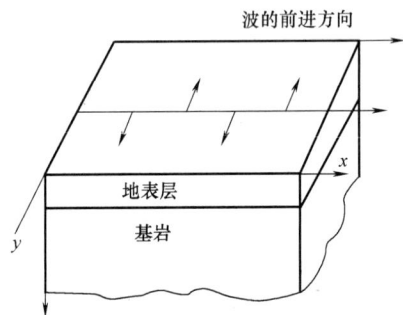

图 21.1.5 为远离震中区记录的地震波图。可以看出纵波最先到达，其后是横波与面波。

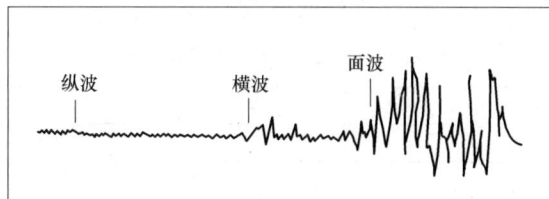

图 21.1.5　地震波记录图

地震对建筑物的破坏作用主要有：

1）地震的破坏作用　在 8、9 度区的某些结构应考虑垂直地震和水平地震的作用；在其他地区，一般只考虑水平向的地震作用。

2）共振作用　地震波在地表土层中传播时，由于不同性质界面多次反射的结果，某个周期的地震波的强度会得到特别增强，也就是土层对这些地震波起共振作用，这种波的周期称为该土层的卓越周期。坚硬土的卓越周期短，松软厚层土的卓越周期较长。地震时，如果建筑物的自振周期与地表层的卓越周期一致或相近，两者就会发生共振，从而大大增加振动力、振幅和时间，导致建筑物的破坏。

3）地基失效　地震时，地基土的物理力学性质发生根本变化，以致地基失效而导致建筑物的破坏。地基受震失效主要表现为：

（1）失稳：由于土体承受了瞬时过大的地震荷载，或由于土体本身强度瞬时降低，都会使地基失稳。砂土液化、河岸或斜坡地基的滑移，都是地基失稳的例子。

（2）变形增加而导致建筑物过量震陷或差异震陷：例如，在半挖半填地基或其他成层条件复杂的地基，或软土地基上的建筑有这类破坏。

分析地震波时，应首先研究地震波的三个最主要因素：

（1）地震波的峰值加速度；

（2）地震波的卓越周期；

（3）地震波的持续时间。因为峰值加速度是衡量地震强烈程度的最主要标志，而地震波的卓越周期与频谱构成是影响共振作用的主要因素。至于持时，则是影响地震后果的又一重要因素，持时越长，则地震的破坏作用越大。

21.1.4　地震强度

地震的强度通常用两种形式来表示：一种是地震震级；另一种是地震烈度。

1. 地震震级

地震震级是衡量地震时震源释放出总能量大小的一种量度。一次地震所释放的能量多，震级也越高。

地震震级一般都是按里希特于 1935 年建议的方法确定，即所谓里氏震级。它指的是距震中 100km 处，标准地震仪（周期为 0.8s，阻尼系数为 0.8，放大倍数为 2800 倍的地震仪）上记录到的最大振幅值（以 μm 计。1mm 为 $1000\mu m$）的常用对数值。如一次地震，在距震中 100km 处用标准地震仪测得最大振幅为 100mm，即 $100000\mu m$，则震级就是（lg100000＝5）五级。

一般来说，七级以上的浅源地震，可以引起大的灾害，称为大地震（表 21.1.1）；七级以下至五级的地震，可以造成一定的灾害，但影响的面积较小，称为中等地震；小于五级的地震，多半不会造成灾害，属于小震或微震。

震中烈度与震级的大致对应关系　　　　　　　　　　表 21.1.1

震级 M	2	3	4	5	6	7	8	8以上
震中烈度	1～2	3	4～5	6～7	7～8	9～10	11	12

2. 地震烈度

1）地震烈度：是地震后受震地区地面影响和破坏的强烈程度。各个国家地震烈度划分并不相同，我国的地震烈度表分为 12 度，7 度、8 度和 9 度所对应的地面加速度通常采用 0.1g、0.2g 和 0.4g（g 为重力加速度）。详见表 21.1.2。

中国地震烈度表　　　　　　　　　　表 21.1.2

地震烈度	人的感觉	房屋震害			其他震害现象	水平向地震动参数	
		类型	震害程度	平均震害指数		峰值加速度 m/s²	峰值速度 m/s
Ⅰ	无感	—	—	—	—	—	—
Ⅱ	室内个别静止中的人有感觉	—	—	—	—	—	—
Ⅲ	室内少数静止中的人有感觉	—	门、窗轻微作响	—	悬挂物微动	—	—
Ⅳ	室内多数人、室外少数人有感觉，少数人梦中惊醒	—	门、窗作响	—	悬挂物明显摆动，器皿作响	—	—
Ⅴ	室内绝大多数、室外多数人有感觉，多数人梦中惊醒	—	门窗、屋顶、屋架颤动作响，灰土掉落，个别房屋墙体抹灰出现细微裂缝，个别屋顶烟囱掉砖	—	悬挂物大幅度晃动，不稳定器物摇动或翻倒	0.31 (0.22～0.44)	0.03 (0.02～0.04)
Ⅵ	多数人站立不稳，少数人惊逃户外	A	少数中等破坏，多数轻微破坏和/或基本完好	0.00～0.11	家具和物品移动；河岸和松软土出现裂缝，饱和砂层出现喷砂冒水；个别独立砖烟囱轻度裂缝	0.63 (0.45～0.89)	0.06 (0.05～0.09)
		B	个别中等破坏，少数轻微破坏，多数基本完好				
		C	个别轻微破坏，大多数基本完好	0.00～0.08			
Ⅶ	大多数人惊逃户外，骑自行车的人有感觉，行驶中的汽车驾乘人员有感觉	A	少数毁坏和/或严重破坏，多数中等和/或轻微破坏	0.09～0.31	物体从架子上掉落；河岸出现塌方，饱和砂层常见喷水冒砂，松软土地上地裂缝较多；大多数独立砖烟囱中等破坏	1.25 (0.90～1.77)	0.13 (0.10～0.18)
		B	少数中等破坏，多数轻微破坏和/或基本完好				
		C	少数中等和/或轻微破坏，多数基本完好	0.07～0.22			

地震烈度	人的感觉	房屋震害			其他震害现象	水平向地震动参数	
		类型	震害程度	平均震害指数		峰值加速度 m/s²	峰值速度 m/s
VIII	多数人摇晃颠簸，行走困难	A	少数毁坏，多数严重和/或中等破坏	0.29～0.51	干硬土上出现裂缝，饱和砂层绝大多数喷砂冒水；大多数独立砖烟囱严重破坏	2.50 (1.78～3.53)	0.25 (0.19～0.35)
		B	个别毁坏，少数严重破坏，多数中等和/或轻微破坏				
		C	少数严重和/或中等破坏，多数轻微破坏	0.20～0.40			
IX	行动的人摔倒	A	多数严重破坏或/和毁坏	0.49～0.71	干硬土上多处出现裂缝，可见基岩裂缝、错动，滑坡、塌方常见；独立砖烟囱多数倒塌	5.00 (3.54～7.07)	0.50 (0.36～0.71)
		B	少数毁坏，多数严重和/或中等破坏				
		C	少数毁坏和/或严重破坏，多数中等和/或轻微破坏	0.38～0.60			
X	骑自行车的人会摔倒，处不稳状态的人会摔离原地，有抛起感	A	绝大多数毁坏	0.69～0.91	山崩和地震断裂出现，基岩上拱桥破坏；大多数独立砖烟囱从根部破坏或倒毁	10.00 (7.08～14.14)	1.00 (0.72～1.41)
		B	大多数毁坏				
		C	多数毁坏和/或严重破坏	0.58～0.80			
XI	—	A	绝大多数毁坏	0.89～1.00	地震断裂延续很大，大量山崩滑坡	—	—
		B					
		C		0.78～1.00			
XII	—	A	几乎全部毁坏	1.00	地面剧烈变化，山河改观	—	—
		B					
		C					

注：表中给出的"峰值加速度"和"峰值速度"是参考值，括弧内给出的是变动范围。

震中的烈度与震级之间有大致相应的关系，见表21.1.1。

2）基本烈度：是某个地区在今后50年内一般场地条件下可能遭遇的超越概率为10%的地震所对应的烈度。由国家地震局规定，并已绘制了全国地震烈度区划图作为设计的依据。

3）设防烈度：考虑建筑物的重要性或场地的特殊条件而将基本烈度进行调整后的烈度。对多数建筑，设防烈度就等于基本烈度。设防烈度是设计时的依据。

我国《建筑抗震设计规范》GB 50011 规定，时程分析用地震加速度时程最大值如表21.1.3所示。

按照抗震规范，烈度在5度以下时建筑物可不设防，即不考虑抗地震问题；6～9度时，按抗震规范要求设防；10～11度时，抗震设计需进行专门研究。

时程分析所用地震加速度时程的最大值（cm/s²）　　　　　　表 21.1.3

地震影响	6 度	7 度	8 度	9 度
多遇地震	18	35(55)	70(110)	140
罕遇地震	125	220(310)	400(510)	620

注：括号内数值分别用于设计基本地震加速度为 0.15g 和 0.30g 的地区。

21.1.5　我国的地震区分布

我国东临环太平洋地震带，南接地中海南亚地震带，所以是一个多地震的国家，更是世界上震害最重的国家。无论是历史上或是 20 世纪，我国在地震中死亡的人数都是世界之最。

从地震区的面积来看，我国 6 度以上需要抗震设防的地区占国土面积的 79%，在 500 多个大中城市中约有 3/4 位于地震区，全国各省省会除南昌外都在设防区。北京、西安、天津、昆明、兰州、乌鲁木齐、太原、呼和浩特、银川、包头、大同等十几个大城市更位于 8 度高烈度区（表 21.1.4）。

我国主要城市基本烈度　　　　　　表 21.1.4

6 度	承德、锦州、辽源、通化、齐齐哈尔、大庆、伊春、牡丹江、温州、绍兴、黄山、宿州、南昌、九江、宜春、济南、平顶山、信阳、武汉、宜昌、长沙、株洲、郴州、东莞、桂林、重庆、内江、广安、贵阳、遵义、延安
7 度	石家庄、秦皇岛、邯郸、邢台、保定、张家口、阳泉、赤峰、通辽、沈阳、大连、鞍山、丹东、营口、辽阳、长春、吉林、哈尔滨、佳木斯、上海、南京、无锡、苏州、连云港、镇江、杭州、宁波、合肥、蚌埠、安庆、福州、莆田、泉州、漳州、烟台、威海、德州、郑州、开封、洛阳、许昌、岳阳、广州、南宁、成都、自贡、泸州、绵阳、广元、眉山、庆阳、西宁
8 度	北京、天津、太原、大同、忻州、临汾、呼和浩特、嘉兴、安阳、昆明、玉溪、普洱、拉萨、西安、宝鸡、渭南、兰州、平凉、银川、石嘴山、乌鲁木齐
9 度	唐山、海口、天水

地震在我国主要的活动地区如下：

1）东南地区主要为台湾、福建、广东。

2）西南地区主要在云南中、西部、四川与西藏。

3）西北地区主要在甘肃、宁夏、天山南北。

4）华北地区主要在陕西、山西、河北、山东。

5）东北地区主要在辽宁南部。

我国地震区带划分如表 21.1.5 所示。

我国地震区带划分简表　　　　　　表 21.1.5

地震区	地震亚区	地震带	地震活动程度
	台湾东部 台湾西部		强度大、频度高 （西部频度较低）
			强度小、频度低
华南	东南沿海	泉州·汕头 邵武·河源 广州·阳江 灵山 雷琼	中强地震活动,频度较低。 东南沿海强度较大
	长江中下游	扬州·铜陵 麻城·常德	
	秦岭、大巴山		

地震区	地震亚区	地震带	地震活动程度
华北	华北平原	邢台·河间 许昌·淮南 营口·郯城	强度大、频度较高
	山西	怀来·西安	
	阴山·燕山	三河·滦县 五原·呼和浩特	
东北			强度小、频度低
青藏 高原 南部	滇西南 腾冲 阿隆岗日 察隅·墨脱 雅鲁藏布江		强度大、频度高
青藏 高原 中部	川滇	下关·剑川 通海·石屏 东川·嵩明 马边·昭通 冕宁·西昌 炉霍·康定	强度大、频度高
	可可西里·三江 西昆仑 托素湖		
青藏 高原 北部	宁夏·龙门山	龙门山 松潘 天水 西海固 民勤 银川	强度大、频度较高
	祁连山	柴达木 祁连 河西走廊	
	阿尔金		
新疆 中部	北天山		强度大、频度高
	南天山	拜城·和静 柯坪·喀什	
新疆北部	阿尔泰		强度大、频度高

注：资料录自《中国地震烈度区划工作报告》

21.2 场地的地震效应与地基震害

21.2.1 场地的地震效应

由于地震波由震源传至地表时所经过的途径与岩、土层的性质不同，地表不同场地的地震反应也不一样，场地的地震效应表现在下列几个主要方面：

1. 放大作用

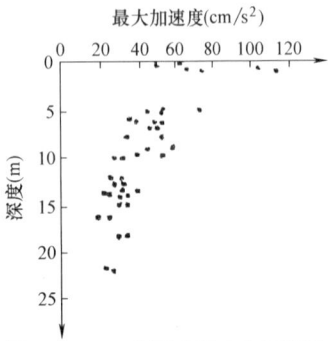

图 21.2.1 实测中最大加速度与
深度关系（日本东松山地震）

地震波由基岩传到地表时，其加速度一般会越来越大，图 21.2.1 是实测的一例。覆盖层越厚，一般放大作用越强，地表最大加速度比基岩的大 2～3 倍是常见的。

2. 共振作用

场地有自己的自振周期，称为场地的卓越周期。覆盖层硬而薄时，卓越周期短，约为 0.1～0.2s；覆盖层松而厚时，卓越周期长，可达 0.8～1.0s 或更长些。如果建筑物的自振周期与土的卓越周期相近，两者就发生共振，使震害大为加重。1987 年，墨西哥城的震害就因为高层建筑的自振周期与深层软土层的卓越周期相近（均在 2s 左右），使 500 栋高层建筑严重破坏。地震波因共振效应放大了 20 倍以上，而不是一般的 2～4 倍，图 21.2.2 中地表反应谱的第二个高峰就是因共振效应造成的。

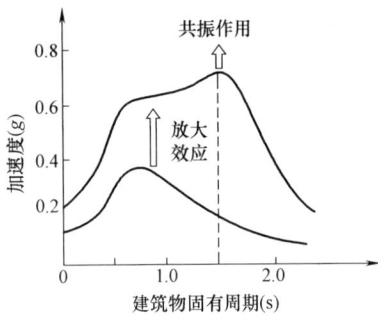

图 21.2.2　放大效应和共振作用

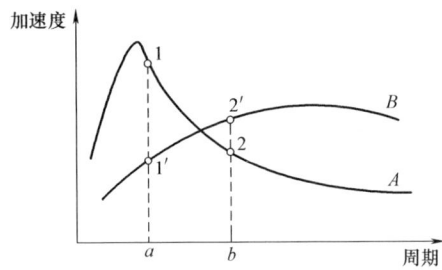

图 21.2.3　不同土上的反应谱
A—硬地基；B—软地基

3. 破坏的进行性

坚硬场地的典型反应谱如图 21.2.3 中的曲线 A 所示，其特点是曲线的峰值在短周期的范围内。如有某个自振周期为 a 的建筑物遭到点 1 所示的地震作用而产生局部损伤后，其自振周期增大到 b 点，对应的地震作用为点 2，比最初的点 1 小了。这时，建筑物的损伤不再加重，属于一次性破坏；反之，软场地的典型反应谱如图 21.2.3 中曲线 B 所示，其特点是反应谱的峰值出现在长周期区段。若建筑物在受到 a 点对应的地震作用 $1'$ 后产生局部破坏，使其自振周期延长到点 b，这时地震作用增至 $2'$ 点，比原先更大了，建筑破坏还会进一步加重，甚至倒塌。这种破坏属于进行性破坏。软地基的进行性破坏比一次性破坏显然更为不利。

4. 地基的失稳与不均匀沉降

砂土液化、软土震陷、河岸或斜坡滑移、山崖崩塌等，这些与土的破坏失稳有关的地震作用称为次生效应，在次生效应方面硬土比软土好。

21.2.2　场地选择和场地类别划分

1. 场地选择

由于不同场地对地震反应不同，因此在进行设计时应针对具体场地、具体震源来进行建筑物的地震反应分析。大多数建筑则是通过下面的途径，来考虑场地的地震效应：

1）选择对抗震有利的场地，避开不利或危险场地。

有利、不利和危险地段的划分，如表21.2.1所示。

各类地段的划分　　　　　　　　　　　　　表21.2.1

地段类别	地质、地形、地段
有利地段	坚硬土或开阔、平坦、密实、均匀的中硬土等
不利地段	软弱土，液化土，条状突出的山嘴，高耸孤立的山丘，非岩质的陡坡，河岸和边坡边缘，平面分布上成因、岩性、状态明显不均匀的土层（如故河道、断层破碎带、暗埋的塘浜沟谷及半填半挖地基）等
危险地段	地震时可能发生滑坡、崩塌、地陷、地裂、泥石流等及发震断裂带上可能发生地表位错的部位

2）在上部结构和地基基础设计中对不利的次生地震效应（如液化、滑坡、震陷、不均匀沉降等）采取对策。

3）按抗震规范的场地类别及地震设防烈度的加速度值，确定建筑物的设计地震作用。

2. 场地类别划分

场地类别划分具有极重要的工程意义，因为同一结构在不同类别的场地上将受到不同的地震作用，因此场地类别是确定建筑结构上设计地震作用的依据。

影响场地类别划分的因素是场地土类别和覆盖层厚度。

1）场地土类别与等效剪切波速

场地土类别按照地下20m且不深于场地覆盖层厚度范围内的等效剪切波速 v_{se}，按下列标准划分：

坚硬土或软质岩石：$v_s > 500\text{m/s}$

中硬土：$500 \geqslant v_{se} > 150\text{m/}\varepsilon$

中软土：$250 \geqslant v_{se} > 150\text{m/s}$

中软土：$v_{se} \leqslant 150\text{m/s}$

土层等效剪切波速的定义是：以该假想的等效剪切波速穿透某一厚度的分层土时，所需的时间与实际剪切波（经过各土层时波速不同）所需的时间相同。

等效剪切波速按式（21.2.1）与式（21.2.2）计算：

$$v_{se} = d_0/t \tag{21.2.1}$$

$$t = \sum_{i=1}^{n} d_i/v_{si} \tag{21.2.2}$$

式中　d_0——计算深度，取覆盖层厚度与20m两者的较小值，m；

　　　　t——剪切波在 d_0 范围内的传播时间，s；

d_i 与 v_{si}——分别为第 i 层土的厚度（m）与剪切波速，m/s；

　　　　n——d_0 范围内的土层数。

v_{si} 应实测求得，测孔数应为控制孔数的 $1/3 \sim 1/5$，山间谷地可适当减少，但不宜少于3个。详勘阶段单幢建筑测波速的孔不宜少于2个，小区密集建筑群可适当减少。

当10层和高度30m以下的丙、丁类建筑，无实测剪切波速时可按表21.2.2及地方经验估计各土层的剪切波速。

土的类型	岩土名称和性状	土层剪切波速范围（m/s）
岩石	坚硬、较硬且完整的岩石	$v_s > 800$
坚硬土或软质岩石	破碎和较破碎的岩石或软和较软的岩石，密实的碎石土	$800 \geqslant v_{se} > 500$
中硬土	中密、稍密的碎石土，密实、中密的砾、粗、中砂，$f_{ak} > 150$ 的黏性土和粉土，坚硬黄土	$500 \geqslant v_{se} > 250$
中软土	稍密的砾、粗、中砂，除松散外的细、粉砂，$f_{ak} \leqslant 150$ 的黏性土和粉土，$f_{ak} > 130$ 的填土，可塑新黄土	$250 \geqslant v_{se} > 150$
软弱土	淤泥和淤泥质土，松散的砂，新近沉积的黏性土和粉土 $f_{ak} \leqslant 130$ 的填土，流塑黄土	$v_{se} \leqslant 150$

注：f_{ak} 为由载荷试验等方法得到的地基承载力特征值（kPa）；v_s 为岩土剪切波速。

2）建筑场地类别划分

根据覆盖土层厚度与等效剪切波速，按表 21.2.3 确定场地类别。

各类建筑场地的覆盖层厚度（m）　　　　　　　表 21.2.3

岩石的剪切波速或土的等效剪切波速（m/s）	场地类别				
	I_0	I_1	II	III	IV
$v_s > 800$	0				
$800 \geqslant v_s > 500$		0			
$500 \geqslant v_s > 250$			<5	≥5	
$250 \geqslant v_{se} > 150$			<3	3～50	>50
$v_{se} \leqslant 150$			<3	3～15	15～80	>80

注：表中，v_s 系岩石的剪切波速。

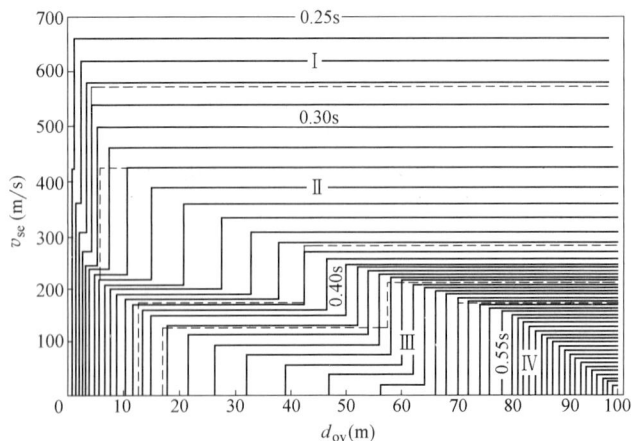

图 21.2.4　在 d_{ov}-v_{se} 平面上的 T_g 等值线图
（图中相邻 T_g 等值线的差值均为 0.01s，此图仅适用于第一组）

在确定覆盖层厚度时应按地面至 $v_s > 500$m/s 的岩、土层顶面的距离确定，且其下各层的 v_s 均不小于 500m/s。但当地面 5m 以下有 v_s 大于其相邻上层土的剪切波速的 2.5 倍而其下土层的 v_s 又均不小于 400m/s 时，可取地面至该层土顶面的距离为覆盖层厚度。

孤石、透镜体应视同周围土层；火山岩硬夹层应由覆盖层中扣除其厚度。

当场地类别判别结果处于表 21.2.3 所列类别的分界线附近时，为避免因 v_{se} 及覆盖层厚度的微小差别造成地震作用设计值的较大差异，可按插值方法确定场地反应谱的特征周期 T_g，并按插入后的反应谱确定地震作用。图 21.2.4 为插值法示例。

对于在二区、三区的建筑场地特征周期，取一区相同场地的 7/6 倍（二区）和 4/3 倍（三区）。

21.2.3 发震断层与不良地形的影响评估

1. 发震断裂的影响的评估

1）工程抗震中考虑的断裂是指：对工业与民用建筑，只考虑 1 万年（全新世）以来活动过的断裂；对核电等工程，则考虑 10 万年以来晚更新世活动过的断裂，晚更新世以前活动过的断裂亦可不考虑。

2）在 8 度区及其以上的烈度区，才需考虑断裂引起的土、岩层错动对建筑的影响。因多次国内外地震经验说明，在小于 8 度的地震区，地面一般不产生错动。

3）基岩上有覆盖层时，可减少岩层错动对地面建筑物的影响。当覆盖层足够厚时，基岩的错动虽也引起上覆土层的错动，但只止于地下某一范围内的土层破裂，不至延及地表浅层，因而不产生对建筑物的威胁。

因此抗震规范规定：

当设防烈度为 8、9 度，隐伏断裂覆盖土层厚度分别大于 60m 与 90m 时，可以不考虑断裂错动对地面建筑的影响。

当不满足上述覆盖土层厚度要求时，应将建筑物避开主断裂带，避让距离不小于表 21.2.4 的要求。

建筑物避让主断裂的水平距离（m） 表 21.2.4

烈　　度	建筑物抗震设防类别			
	甲	乙	丙	丁
8	专门研究	200m	100m	不考虑
9		400m	200m	

注：避让距离指至主断裂带的水平距离，不考虑次生及分枝断裂。

2. 局部突出地形的放大作用

震害调查已多次证实，局部高突地形的地震反应较山脚下的平坦开阔地强烈，山坡上与山顶上的建筑物遭到的地震烈度比开阔低地处要高出 1～3 度。

在用二维地震反应分析方法分析了山包、山梁、悬崖、陡坎等高突地形的地震反应后，结合宏观震害得出下列认识：

1）距基准面（开阔地）越高，则地震反应越强；

2）距顶部边缘越远，则反应越小；

3）土质构成的高突地形比岩质构成的反应大；

4）边坡越陡，则顶部的放大效应越强。

抗震规范规定，若以平坦开阔地的地震作用为 1，而高突地形的放大作用为 λ，则 λ 可按式（21.2.3）计算：

$$\lambda = 1 + \xi \alpha_1 \qquad\qquad (21.2.3)$$

式中　ξ——调整系数，当 $L_1/H<2.5$ 时，$\xi=1$；$2.5 \leqslant L_1/H<5$ 时，$\xi=0.6$；$L_1/H \geqslant 5$ 时，$\xi=0.3$；

λ——局部突出地形顶部的地震影响系数的放大系数；

L_1——建筑距陡坡边缘的最近水平距离，m；

H——高差，m；

α_1——地震影响系数的增幅，按表 21.2.5 采用。

增大系数 α_1　　　　　　　　　　　　　　表 21.2.5

突出高度 (m)	非岩质地层	$H<5$	$5 \leqslant H<15$	$15 \leqslant H<25$	$H \geqslant 25$
	岩质地层	$H<20$	$20 \leqslant H<40$	$40 \leqslant H<60$	$H \geqslant 60$
平均坡降 H/L	$H/L<0.3$	0	0.1	0.2	0.3
	$0.3 \leqslant H/L<0.6$	0.1	0.2	0.3	0.4
	$0.6 \leqslant H/L<1.0$	0.2	0.3	0.4	0.5
	$1.0 \leqslant H/L$	0.3	0.4	0.5	0.6

注：1. H/L 应按距建筑物的最近点考虑；

　　2. 本表适用于山包、山梁、悬崖及陡坡等。

由表 21.2.5 中可看出，α_1 最大值为 0.6，因此 λ 的最大值是 1.6。与实际震害相比，似比实际震害反映出的增幅要小，但因这项工作的研究尚属初步，以后再图改进。

21.2.4　地基基础震害

从我国多次强震中遭受破坏的建筑来看，只有少数房屋是因地基的原因而导致上部结构的严重破坏。而且，这类出问题的地基多半为液化地基、易产生震陷的软弱黏性土地基或不均匀地基，大量的一般性地基具有良好的抗震能力。

地基震害统计表　　　　　　　　　　　　表 21.2.6

地基震害原因	在整个地基震害中占有百分比（%）	
	1962～1971 年的 8 次地震	海城地震与唐山地震
液化	28	45.4
软土震陷	11.6	20.4
不均匀地基	44.2	6.8
填土	7	11.4
地裂,地面运动或原因不明	9.2	16

表 21.2.6 为地基基础震害实例统计表，基本上可反映出我国 1962～1971 年 8 次较大地震、1975 年的海城地震和 1976 年的唐山地震中各种原因的地基基础震害所占的比例。从表中可看出，在平原地区以液化和软土震陷的震害居多，在山区则以不均匀地基和液化为甚。由于平原地区的人口、经济的重要性大于山区，不妨认为，液化是我国地基抗震中的主要问题。

图 21.2.5 显示了各种场地可能遇到的地震抗震问题，在广大的冲积平原，包括漫滩

与阶地，液化带有普遍性，是最常遇到的。其次是震陷问题。在山区则有岩崩、滑坡不均匀地基的沉陷等诸多问题。由此可见，地基震害有很强的区域性。在对抗震不利的区域，地基震害较普遍，甚至很严重。

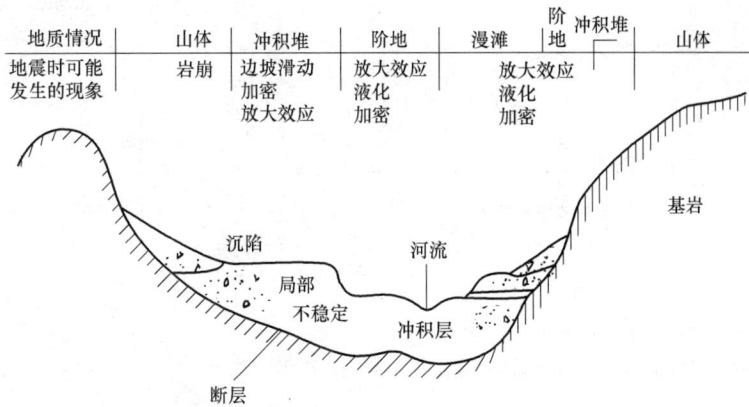

图 21.2.5　不同场地常遇见的地基问题

21.2.5　建筑物按重要性分类

在抗震设防标准上建筑物分为四类，按地震破坏导致的后果来划分：

甲类：特重要或有特殊要求的建筑，地震破坏后带来严重后果，如核电站、全国性纪念建筑等；

乙类：地震破坏会导致人员大量伤亡，严重次生灾害，妨害震后求援，长期中断生产等严重后果的建筑；如中心水厂、电台、中心医院、幼儿园、小学、中学的教学用房以及学生宿舍和食堂、行政指挥中心、重要的厂房。

丙类：除甲、乙、丙类以外的建筑（大量的建筑属于此类）；

丁类：地震破坏不致造成人员伤亡和较大经济损失的建筑。

21.3　土的动力性质

土动力学目前已取得相当大的进展，这些进展可以包括：

（1）建筑工程中的各种动荷作用；

（2）动荷所引起振动和波动在土中运动的规律；

（3）土的动应力—应变关系问题；

（4）土的动强度和变形问题；

（5）土的液化问题；

（6）动荷条件下的地基承载力，土坡稳定及土压力问题等。本节只讨论土的动力性质。

21.3.1　应力—应变的非线性

土在受静力之外如再遇到动荷载，则会在动载作用下产生新的变形与孔压上升，如图 21.3.1 所示，土在静压力 σ_1 与 σ_3 作用下固结后又受到动荷载 σ_d 的作用，则在 σ_d 作用下产生新的应变 ε_d 与孔压 u，随着振动次数的增加，ε_d 与 u 不断增加。ε_d 随作用次数 n 变化的发展过程也和静载下的应变相似，可以分为三个阶段（图 21.3.2）：

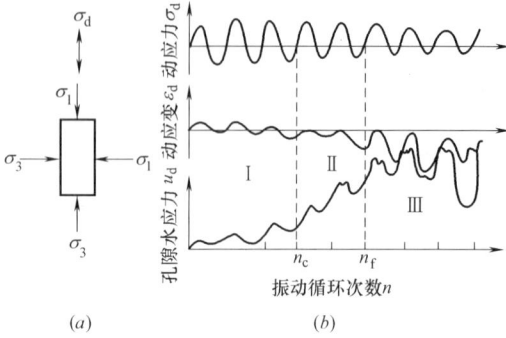

图 21.3.1　土样振动三轴试验

（a）土样在静应力 σ_1、σ_3 及动应力 σ_d 作用下；

（b）动应力、动应变与孔隙水应力随动荷载作用次数 n 的变化

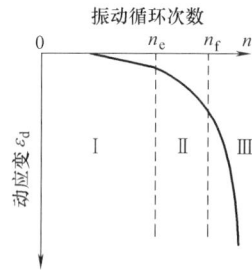

图 21.3.2　振动循环次数与动应变关系

1. 小应变

应变值 $\gamma=(10^{-3}\sim10^5)\%$，土处于弹性状态，动荷载移去后无残余变形，应力—应变间是线弹性关系；

2. 中应变

$\gamma=(10^{-1}\sim10^{-3})\%$，应力—应变关系是非线性的，动载消失后有残余变形；

3. 大应变

$\gamma>10^{-1}\%$，土的变形以塑性变形为主，土接近破坏。

土的动变形除与振动作用次数有关外，当然还和动荷载的大小有关。在微小地震作用下，土始终处于弹性状态，不至于破坏。而在烈度为 6 度及其以上的地震作用下，土将产生塑性变形甚至破坏。

21.3.2　土的主要动力指标

1. 动剪切模量与阻尼比

土的动剪切模量 G_d 为动剪应力 τ_d 与动剪应变 ε_d 的比值。

在一个加卸载循环内剪应力与剪应变之间，表现为图 21.3.3 所示的狭长形封闭曲线，称滞回圈。动剪切模量 G_d 可由连接滞回圈顶峰和原点的直线斜率来定出，即

$$G_d=\frac{\tau_d}{\gamma_d}\qquad(21.3.1)$$

式中　τ_d——动剪应力；

　　　γ_d——动剪应变。

随着 τ_d 或 γ_d 的增大，G_d 将越来越小（图 21.3.4），亦即土的剪切模量随着动应力或动应变的增大而越来越小。

土的阻尼比 λ 是非弹性体中阻尼系数 C 与临界阻尼系数 C_c 的比值，即 $\lambda=\dfrac{C}{C_c}$，它是衡量土体吸收地震能量的尺度。由物理学中知道，非弹性体对振动波的传播有阻尼作用，这种阻尼作用与振动的速度成正比关系，比例系数称阻尼系数 C；而临界阻尼系数 C_c，则为非弹性不能产生振动时的阻尼系数。

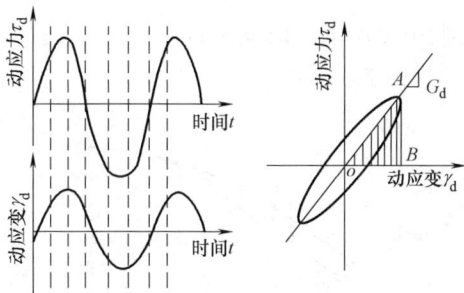

图 21.3.3 应力—应变滞回圈的绘制

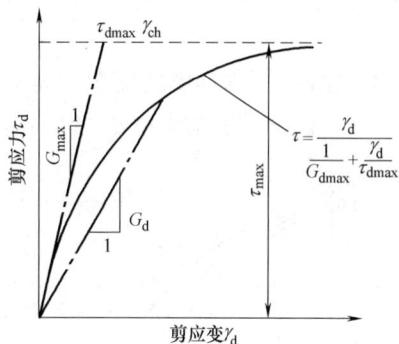

图 21.3.4 剪切模量随应变的变化规律

剪切模量与阻尼比两个指标主要用于土性分析，地震小区划、重要场地与结构物的地震反应分析。

动剪切模量与阻尼比的测定：

土的动剪切模量与阻尼比不是一个定值，因为土在动应变较大时是非线性的，因而应测出此两指标随应变的变化规律或关系曲线，这样在小应变与大应变阶段时均可应用。

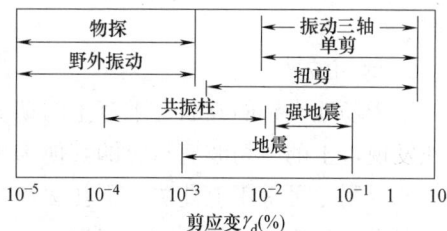

图 21.3.5 各种测试方法的适用范围

土的动剪切模量和阻尼比，可通过现场和室内试验测定。现场测定的方法有波速试验、表面振动试验等。室内试验方法则有振动三轴试验、单剪试验、扭剪试验、共振柱试验以及振动台试验等。如图 21.3.5 所示，各种试验都有其一定的测量范围。测试方法与仪器可详见土动力试验有关参考资料。一般最常用的方法是波速测试及动三轴试验。简述如下：

1）剪切波速测试求最大动剪切模量 G_{max}

根据弹性理论，剪切波速 v_s 与剪切模量间有下列关系，因而可由 v_s 实测值求出剪切模量。

$$G = \rho v_s^2 \tag{21.3.2}$$

式中 G——剪切模量，由于波速测试时土的应变很小（土处于弹性状态），此处所求得的 G 值是 G_{max}；

ρ——土的质量密度。

2）动三轴求剪切模量与阻尼比

动三轴与静三轴原理和仪器结构相似，只是多一套施加轴向动应力（或动应变）的装置，根据动三轴记录的不同振动循环时的动应力 τ_d 与动应变 γ_d，可求得任何应变值 γ_d 时的剪切模量：

$$G_d = \frac{\tau_d}{\gamma_d}$$

由图 21.3.4 可以看出，随 γ_d 的增大，G_d 越来越小。

土的阻尼比可通过振动三轴试验或单剪试验等所得的应力—应变滞回圈（图 21.3.3），由下式求得：

$$\lambda = \frac{1}{4\pi} \frac{\Delta W}{W} \qquad (21.3.3)$$

式中　ΔW——滞回圈的面积，表示在一个振动周期中土所消耗的能量；

　　　W——三角形 AOB 的面积，表示输入振动物体的功。

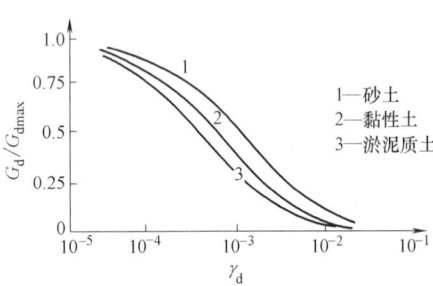

图 21.3.6　$G_d/G_{d\,max}$ 与 γ_d 关系曲线（天津）　　　　图 21.3.7　λ/λ_{max} 与 γ_d 关系曲线

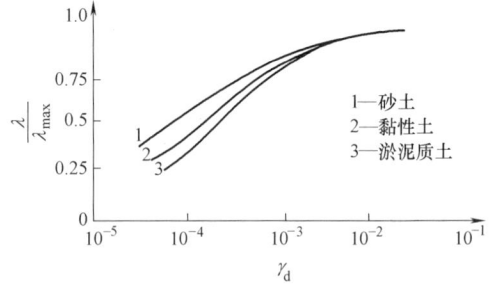

图 21.3.6 及图 21.3.7 表示天津地区的动剪切模量与阻尼比随动剪应变 γ_d 变化的规律。

2. 剪切波速

用于场地类别的判断，求算土的动剪切模量、土性分析、判断液化等。现在已越来越多地发现，土的剪切波速与土的其他物理力学特性指标密切相关。

波速测定可采用上孔法、下孔法和跨孔法（图 21.3.8）。上孔法是以爆炸或锤击作震源，置于钻孔中指定的深度，在地面接收剪切波到达的时间。由震源至接收器间的直线距离和经历时间，求得剪切波速；下孔法则相反，在地面激发振动而在孔内接收；如果震源在一个钻孔中，而拾震器在另一孔中的同样深度处接收，则是跨孔法（图 21.3.8c）。在上述三个方法中，跨孔法效果最好，因为可以直接求得每一层土的波速，但花费较高；而上孔法与下孔法求各分层土的剪切波速时，则需由前后两次不同深度处的剪切波到达时间之差和路途长短之差换算求得。

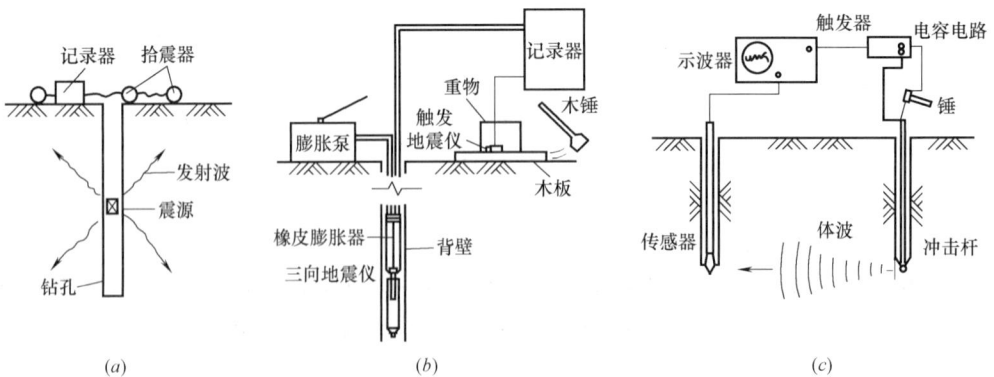

图 21.3.8　波速测试示意图
(a) 上孔法；(b) 下孔法；(c) 跨孔法

3. 土的动强度

动强度是指试件在静载作用下又受到动载作用，在一定的振动次数下，达到破坏应变

时试样上的动应力（但有人也将破坏时的动、静应力之和称为动强度。在阅读文献时，应注意动强度的不同表示方法）。某试样在静主应力 σ_1 和 σ_3 作用下固结后，又受到幅值为 σ_d 的循环荷载作用，当 σ_d 作用 n_f 次时达到破坏，则 σ_d 就是对应于静荷 σ_1 和 σ_3 及振次 n_f 时的动强度。

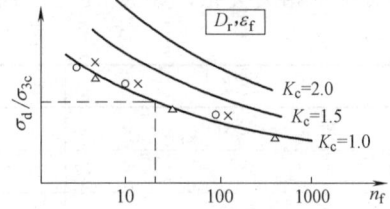

图 21.3.9　K_c 不同时的动强度曲线

图 21.3.9 是在不同固结比下（$K_c = \dfrac{\sigma_1}{\sigma_3}$，固结比）的三条动强度曲线（对液化土则称为抗液化强度曲线）。由图可以看出，$K_c = 1$（均压固结）时的动强度要低于非均压固结（$K_c \neq 1$）的动强度。图中，D_r 为土的相对密实度，ε_d 为破坏应变，常用的破坏应变有下列不同标准，视工程要求而定。

1）双幅动应变达到 5%（双幅指一个循环时振动幅）；

2）动应变达 10%；

3）总应变（动载下的残余应变与可恢复应变之和）达到 10%。

在有限振动次数作用下，多数土的动强度要高于相同破坏标准下的静强度，这主要是因为土在每次振动时都来不及变形而作用力的方向已改变的缘故。

地震作用是一种随机变化的荷载，而目前的多数动力试验设备却只能进行均匀的循环动力作用试验。为了使试验结果能够用于地震作用，需将随机荷载的动应力按照"破坏效果相同"的原则，换算成一定振幅和循环次数的循环应力，并称之为"等效应力"。等效应力 τ_{cu} 的求法，如图 21.3.10（a）所示，等于最大地震剪应力 τ_{max} 的 0.65 倍，即：

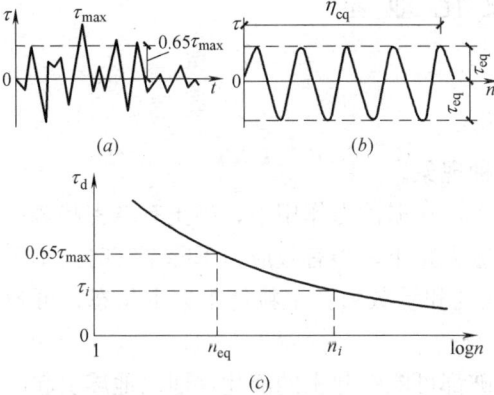

图 21.3.10　地震作用的等效剪应力的求法
（a）地震剪应力随时间的变化；（b）循环应力随时间的变化；
（c）动强度随振动次数的变化

$$\tau_{cu} = 0.65\tau_{max} \tag{21.3.4}$$

等效振动次数 n_{eq}，按式（21.3.5）求算：

$$n_{eq} = \sum_{i=1}^{k} n_i \frac{n_{eqi}}{n_{fi}} \tag{21.3.5}$$

式中　k——将不规则剪应力时程曲线按应力幅值的大小分组的总组数；

　　　n_i——应力幅度为 τ_i 一数组的周数；

　　　n_{fi}——动强度曲线上，应力幅为 τ_i 时所对应的破坏振次；

　　　n_{eqi}——动强度曲线上，应力幅为 $0.65\tau_{max}$ 时所对应的破坏振次。

经过这样等效后，不规则的剪应力过程就可以用幅值为 $0.65\tau_{max}$、周次为 n_{eq} 的均匀循环剪应力来代替（图 21.3.10b），其破坏作用（例如产生相同的变形）与原来的不规则剪应力相同。

利用上述办法，Seed 和 Idress 对一系列地震记录进行统计分析，得到等效振次与地震震级的相关关系，如表 21.3.1 所示。

等效振次

表 21.3.1

震级	等效应力幅值	等效振次
5.5		2～3
6		5
6.75	$0.65\tau_{max}$	10
7.5		15
8.5		26

因此在进行试验时，就可以根据当地预期地震的震级确定等效振动次数，当作等幅循环荷载处理。

动强度的主要用途：研究土的动承载力；确定地震下地基土承载力的特征值；确定抗液化强度。

21.4 液 化 地 基

21.4.1 概述

1. 液化原因

液化是土由固体状态变成液体状态的一种现象。

当砂土受到振动时，土颗粒处于运动状态，在惯性力作用下，砂土有增密趋势，如孔隙水来不及排出，孔压就会上升，并使有关应力减小。当有效应力下降至零时，土粒间就不再传递应力（包括自重），完全丧失抗剪强度和承载力。土粒处于失重状态，可随水流动成为液态，此即"液化"。

地震、机器振动、打桩、快速加载和爆破都可能引起土的液化，而以地震引起的大面积液化危害最大。1976 年唐山地震时，唐山附近至沿海一带的液化面积达 24000km²，包括滦县、乐亭、宁河、丰润等县市和北京市与天津市部分地区，液化规模之大为世界第一。液化喷砂冒水造成河道和水渠淤塞、农田掩埋、公路、铁路和桥梁破坏、地面下沉、房屋裂缝、坝体失稳等事故多起，损失严重。

土的液化与地表所受的地震强度有关，震动强度不大时不产生液化。据统计，发生液化的最低地震烈度为 6 度。

2. 液化的影响因素和常见的液化土类别

饱和砂土是否液化取决于土本身特性、原始静应力状态及振动特性。若土的颗粒粗、级配好、密度高、土粒间有黏性、排水条件好、所受静载大、振动作用时间短、振动强度低时，则不易液化。碎石、砾石、砾砂的渗透性好和抗剪强度高，很少液化。黏土和粉质黏土则因土粒间有黏性亦不易液化，最常见的液化土是中密至松散状态的粉砂、细砂和粉土。中砂、粗砂、砾砂也常液化，但比粉砂、细砂和粉土要少一些。我国的抗震规范中，只规定对砂土和粉土两类土要进行液化判别。事实上，液化土并不是仅见于这两类土中。

3. 砾石的液化问题

1975 年，日本阪神大地震中发生多例砾石液化，在我国见诸文献的曾发生过两起砾石液化实例，在其他国家也发生过砾石液化的事例。砾石本身透水性虽好，但如果地震动很强或砾石上覆透水差的土层，也可能会产生液化。试验室中的动三轴试验就证实了砾石在某些条件下是可液化的。但由于我国目前实例不多、研究工作亦较少，我国抗震规范暂未纳入砾石的液化判别内容，只提醒工程人员注意这个问题，而日本已将砾石的液化判别纳入抗震规范。

4. 黄土液化问题

我国1927年的海原大地震（甘肃省）曾发生过黄土高坡的大规模液化滑坡，至今从探槽中还可观察到黄土成液体状流动形态，苏联的塔吉克也发生过黄土液化。室内研究证明，饱和或接近饱和的黄土如塑性指数较低，在动荷载下就会出现流动性和高孔压。但由于新中国成立以来黄土地区未发生过强震，没有近代黄土液化实例，目前多限于室内外试验，因此抗震规范暂不列入。

21.4.2 液化危害类型和特点

1. 液化危害类型

1）上浮　液化后土变成重度等于其饱和重度的液体，有浮力，置于土上的重的物体下沉，轻的物体上浮，因此埋于液化层中的地下管线、槽、罐、取水站、水池、电线杆、窖井等均会上浮，造成结构的倾斜、破裂等震害，或由于侧壁的土压力增加而破坏。

2）喷水冒砂　因土的自重有效应力转变为孔隙水压，使液化层中的水头压力大增，水头高度超出地面，因而从土缝隙中或自行冲破上覆土层喷出地面，土粒随水一起涌出。喷冒对水利渠道工程、农田危害甚大，造成阻塞或淤沙，使渠道与农田不能利用，在建筑区也因喷水冒砂，造成建筑物内外一片狼藉。喷冒使地下水与土流向地面，使原地表下沉、地面开裂，加重结构的倾斜。

3）地基失效　在结构物作用下，基础外侧是最先出坝液化的地方，因为基础外侧的静剪应力原本较大，原来就存在某个范围的塑性区，在地震剪应力作用下形势更加恶化，因此容易在基础外侧首先液化。图21.4.1和图21.4.2表示路堤与基础下的液化区示例。继后，又在自由场地出现液化区，并与基础外侧液化区相连。直接在基础下方的土最不容

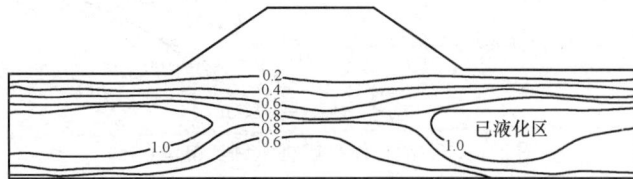

图 21.4.1　路堤地基的液化区示例（图中数字为孔压比）

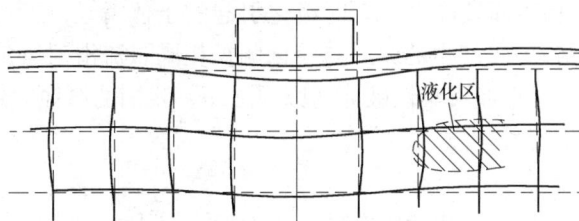

图 21.4.2　基础下的液化区示例

易液化，因此处静剪应力小而压应力大，土粒在地震作用下不容易活动。但这部分尚未液化的土的两侧却是液化区，因而没有侧边土的支承，土体失稳而产生过度沉降（有时能下沉一层楼）。

地基失稳是液化震害中最为广泛的一种，其后果是造成大量的建筑产生不均匀沉降与过大的绝对沉降，个别情况下使建筑物倾倒，在日本 1964 年新潟地震、1998 年中国台湾地震中均出现建筑物倾覆的事例。

4）液化侧向扩展

由于地质生成条形的原因，冲积层面常有倾向河海方向的倾斜度。当土液化时，上覆非液化土重量及液化层本身自重在倾斜方向的分力和地震作用使土产生滑动，而已液化土的抗剪很小，因而在地面倾斜<5°的情况下，都可能使土向河、海水面方向滑动，这种现象称为侧向扩展。其结果是造成土体很大的永久水平位移、多道地裂与竖向阶梯式落差，使结构受到很大损害，其严重程度往往比地基失效更为严重。图 21.4.3 是唐山地震中天津 605 所某车间为海河故道液化侧扩产生的地裂缝群穿过，造成震害的多个车间中的两个。类似的破坏在海城地震（1975）与唐山地震（1976）中还有多起。除河边海滨与故河道上的建筑物受到侧向扩展之害外，公路桥梁也遭到严重破坏，因侧向扩展使桥台向河中心位移，桥长缩短，桥墩倾斜。

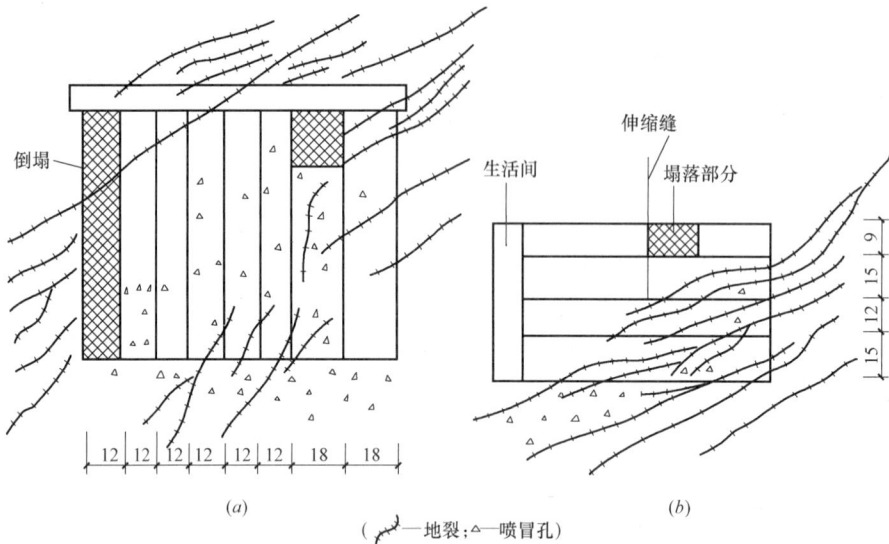

图 21.4.3　液化侧扩震害示例（单位：m）

（a）天津 605 所机加工车间；（b）同一厂的铸工车间

5）流滑　流滑是指土面坡度大于 5°时液化引起的土体滑动（而侧向扩展是指地面坡度小于 5°的液化土体滑动），产生的原因与液化侧扩相同。流滑对含液化土的自然高坡或人工填筑的土坝而言，是造成灾难性破坏的原因之一，我国的海原大地震中出现震惊中外的石碑塬黄土滑坡就是流滑。

2. 液化震害的特点

1）震害调查结果表明，液化造成的喷水冒砂和浅层土承载力的丧失往往发生在地震动停止以后。地基失稳与房屋倒塌也常在震动过后，如日本新潟地震时因地基液化而整体

948

倾斜了80°的多层公寓楼是在震后慢慢倒下的；日本新潟昭和大桥落梁是在震后 1min 内发生的，岸壁的失稳也发生在震后；我国的石门岭水坝表层砂的液化滑坡发生在海域地震主震停息之后。这些事实说明，地基失稳或边坡滑落时往往已无地震作用，失稳是在静力作用下发生的，地震液化只是起到使土强度降低的作用。

2）对工业与民用建筑而言，液化造成的震害以产生倾斜、沉降和不均匀沉降为主，最终使建筑倒塌者为数极少，即使倒下也常发生在主震过后。但对水坝、尾矿坝、桥梁、铁路而言，液化可造成垮坝、塌桥等灾难性危险，危害性甚大。

3）液化土层有减震作用。地震波通过液化土层后其高频成分被大大削弱，主要是长周期的成分能够穿过液化层而向地面传播。这一特点使大部分短周期结构遭到的破坏，比非液化区的同类结构为轻。如唐山地震中，天津附近处于 10°区的稻地公社为非液化区，其房屋倒塌情况比相邻液化区的宣庄为严重，500 多间房屋包括质量很好的住宅全部倒塌，而宣庄倒塌的房屋只有 50％左右，虽然街道两侧的房屋下沉 1m 以上且严重倾斜，但未倒坍。

21.4.3　液化判别

液化判别的方法很多，建筑、铁路、公路、港工、水利等行业的抗震规范各有自己的液化判别法。此外，未列入规范的判别方法则更多，以下将介绍建筑抗震规范的液化判别法。

此法将液化判别分为两步：

① 在初勘阶段，可按液化初判标准将肯定不会出现液化的场地确定下来；在详勘阶段，就不须再考虑液化问题；

② 不能确定的，在详勘时再按规范给出的公式进一步判别。

建筑抗震规范的液化判别方法如下：

1. 初判

饱和土液化判别和地基处理，6 度时，一般情况卜可不考虑；但对液化沉陷敏感的乙类建筑可按 7 度考虑；7～9 度时，乙类建筑可按原烈度考虑。

饱和的砂土或粉土（不含黄土），当符合下列条件之一时，可初步判别为不液化或不考虑液化影响：

1）地质年代为第四纪晚更新世（Q_3）及其以前时，冲积形成的密实饱和砂土或粉土，7～8 度时可判为不液化；

2）粉土的黏粒（粒径小于 0.005mm 的颗粒）含量百分率，对 7 度、8 度和 9 度区分别不小于 10、13 和 16 时，可判为不液化土；

注：用于液化判别的黏粒含量系采用六偏磷酸钠作分散剂测定，采用其他方法时，应按有关规定换算。

3）天然地基的建筑，当上覆非液化土层厚度和地下水位深度符合下列条件之一时，可不考虑液化影响：

$$\left.\begin{array}{l} d_u > d_0 + d_b - 2 \\ d_w > d_0 + d_b - 3 \\ d_u + d_w > 1.5 d_0 + 2 d_b - 4.5 \end{array}\right\} \qquad (21.4.1)$$

式中　d_w——地下水位深度（m），宜按建筑使用期内年平均最高水位采用，也可按近期内年最高水位采用；

d_u——上覆盖非液化土层厚度（m），计算时宜将淤泥和淤泥质土层扣除；

d_b——基础埋置深度（m），不超过2m时应采用2m；

d_0——液化土特征深度（m），可按表21.4.1采用。

液化特征深度 d_0（m） 表21.4.1

饱和土类别	烈 度		
	7	8	9
粉土	6	7	8
砂土	7	8	9

2. 公式判别

在地下20m深度范围内，液化判别标准贯入锤击数临界值可按式（21.4.2）计算：

$$N_{cr} = N_0 \beta [l_n(0.6d_s + 1.5) - 0.1d_w] \sqrt{3/\rho_c} \qquad (21.4.2)$$

式中 N_{cr}——液化判别标准贯入击数临界值；

N_0——液化判别标准贯入锤击数基准值，可按表21.4.2采用；

d_s——饱和土标准贯入点深度（m）；

d_w——地下水位（m）；

ρ_c——黏粒含量百分率，当小于3或为砂土时，应采用3；

β——调整系数，设计地震一组取0.80，第二组取0.95，第三组取1.05。

液化判别标准贯入锤击数基准值 N_0 表21.4.2

设计基本地震加速度(g)	0.10	0.15	0.20	0.30	0.40
液化判别标准贯入锤击数基准值	7	10	12	16	19

3. 使用判别液化应注意的问题

（1）地下水位对临界值影响的大小与地面加速度有关，当前采用定值是一种简化。当水位较深时，可能使高烈度液化判别略偏于不安全。

（2）凡初判认为可不考虑液化影响时，一般不能再用标准贯入法判别，以免可能出现混乱。但粉砂、细砂中有时黏粒含量可能超过10%，在初判时不宜判为不考虑液化，因为缺乏这方面的实际经验。遇到这种情况，应采取标准贯入法等方法再判别是否液化。

4. 建筑抗震规范判别液化检验结果

（1）砂土判别检验（唐山地震中92例砂土现场资料判别的结果，见表21.4.3）

（2）粉土判别检验（我国历次地震中299例粉土现场资料判别的结果见表21.4.4）

砂土判别检验 表21.4.3

烈度	7 度		8 度		9 度		合计	
场地	液化	非液化	液化	非液化	液化	非液化	液化	非液化
总数	17	16	19	9	19	12	55	37
判对数	14	14	19	6	19	8	52	28
成功率(%)	82	88	100	67	100	67	95	76

烈度	7 度			8 度			9 度			合计		
场地	液化	非液化	小计	液化	非液化	小计	液化	非液化	小计	液化	非液化	小计
近震(%)	95	68	82	97	79	88	100	75	92	95	77	86
远震(%)	100	47	74	98	65	83	100	75	92	98	63	83
平均(%)	97	57	78	97	72	85	100	75	92	96	70	85

5. 不同判别方法液化临界值随深度的变化

不同判别方法液化临界值随深度的变化，如图 21.4.4 所示。

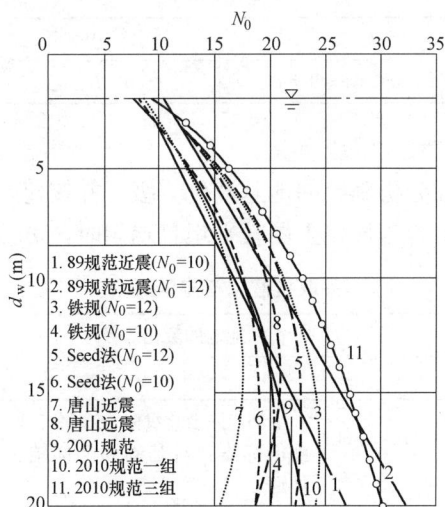

图 21.4.4　不同判别方法液化临界值随深度变化比较（以 8 度为例）

21.4.4　液化危害性分析

1. 场地的液化指数与液化等级

判定地基中有液化层后，需进一步分析液化的危害程度，因为液化层的厚薄，层位的深浅及土的密实程度等都对液化危害程度有影响。在缺少建筑物的详细情况之前可用液化危害指数（简称液化指数）来初步评价液化带来的后果。按建筑抗震规范，用式（21.4.5）计算液化指数：

$$I_{LE} = \sum_{i=1}^{n} \left(1 - \frac{N_i}{N_{cri}}\right) d_i w_i \tag{21.4.3}$$

式中　I_{LE}——液化指数；

　　n——在判别深度范围内每一个钻孔中液化土层内的标准贯入试验点的总数；

N_i、N_{cri}——分别为 i 点标准贯入锤击数的实测值和临界值，当实测值大于临界值时应取临界值的数值；当只需判别 15m 范围以内的液化时，15m 以下的实测值可按临界值采用；

　　d_i——i 点所代表的土层厚度（m），可采用与该标准贯入试验点相邻的上、下两标准贯入试验点深度差的一半，但上界不高于地下水位深度，下界不深于液化深度；

w_i——i 土层考虑单位土层厚度的层位影响权函数值（单位为 m^{-1}），当该层中点深度不大于 5m 时应采用 10，等于 20 时应采用零值，5～20 时应按线性内插法取值。

由上式可见，可液化土越松、越厚、越浅，则液化指数越大，液化造成的破坏也越大。考虑结构类型和地面滑动等影响，主要反映水平场地的地面破坏情况。但由于一般浅基础地基失效或因液化产生不均匀沉降与地表破坏密切相关，因而液化指数一般也能反映浅基房屋的液化危害。

存在液化土层的地基，应根据其液化指数按表 21.4.5 划分液化等级。

液化等级划分 表 21.4.5

液化等级	轻微	中等	严重
液化指数	$0<I_{LE}\leqslant6$	$6<I_{LE}\leqslant18$	$I_{LE}>18$

抗液化措施采用原则与液化等级有关。

根据可液化地基危害性分析确定的地基液化等级，并按建筑物的重要性，结合具体情况综合确定地基抗液化措施。当液化土层较平坦且均匀时，可按表 21.4.6 选用。

采取抗液化措施的原则 表 21.4.6

建筑类别	地基的液化等级		
	轻微	中等	严重
乙类	部分消除液化沉陷，或对基础和上部结构处理	全部消除液化沉陷，或部分消除液化沉陷且对基础和上部结构处理	全部消除液化沉陷
丙类	基础和上部结构处理，亦可不采取措施	基础和上部结构处理，或更高要求的措施	全部消除液化沉陷，或部分消除液化沉陷且对基础和上部结构处理
丁类	可不采取措施	可不采取措施	基础和上部结构处理，或其他经济的措施

注：1. 部分消除液化沉陷是指可保留一部分厚度的液化层不加处理，但残留液化层的液化指数不宜大于 5；
2. 表中建筑类别指抗震设防类别，见《建筑抗震设防分类标准》GB 50223。

2. 液化震陷量预估

在有了基础荷载等资料后，可以估算液化震陷量。与仅评价液化等级相比，估算液化震陷量更好一些，因为针对具体建筑物特点方面要优于前者，因此在有必要时可进行液化震陷预估，以便更能针对结构特点采取抗液化措施。

估算震陷量有两种方法：经验方法与软化模量法。此处仅介绍经验方法，模量软化法因推导及所需参数较多，可参考有关资料，此处不作介绍。

经验方法的背景资料是：宏观液化震陷规律（图 21.4.5）；系列有限元计算的震陷量与基底压力，基础宽度的关系；室内砂箱试验。根据上述几方面的研究资料，得出预估液化砂土与粉土的经验公式如下：

砂土：

$$S_E=0.44\xi\frac{S_0}{B}(D_1^2-D_2^2)(0.01P)^{0.6}\left(\frac{1-D_r}{0.5}\right)^{1.5} \tag{21.4.4}$$

$$D_r = \left(\frac{N}{0.23\sigma'_v + 16}\right)^{0.5} \tag{21.4.5}$$

粉土：

$$S_E = 0.44\xi\frac{S_0 K}{B}(D_1^2 - D_2^2)(0.01P)^{0.6} \tag{21.4.6}$$

式中 S_E——液化震陷量平均值；液化层为多层时，先按各层次分别计算后再相加；

    B——为基础宽度（m）；对住房等密集型基础以建筑平面的宽度；当 $B \leqslant 0.44d_1$ 时，$B = 0.44d_1$；

    S_0——经验系数，对第一组 7、8、9 度分别取 0.05、0.15 及 0.3；

    D_1——由地面算起的液化深度，m；

    D_2——由地面算起的上覆非液化土层深度（m）。若液化层为持力层，则取 $d_2 = 0$；

    P——宽度为 B 的基础底面压力设计值，kPa；

    D_r——砂土的相对密实度，%；

    σ'_v——砂层的平均竖向有效压力，kPa；

    K——与粉土承载力特征值 f_k 有关的经验系数，由表 21.4.5 确定；

    N——标贯击数；

    ξ——与非液化持力层厚度有关的修正系数，当直接位于基础下的非液化持力层的厚度满足式（21.4.1）要求时，$\xi = 0$；基底下无非液化层时，$\xi = 1$；中间情况，可采用内插法确定 ξ 值。

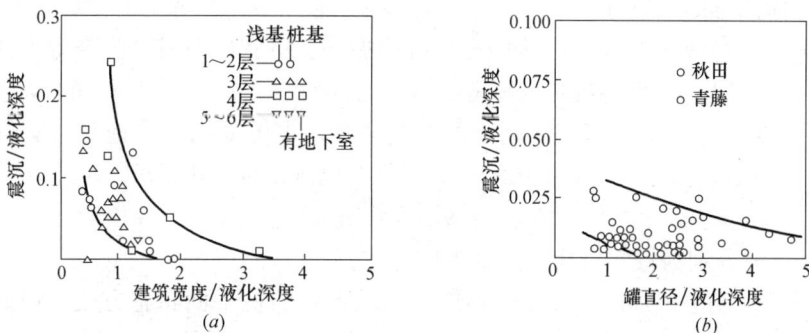

图 21.4.5   实测液化引起的沉降与液化深度的关系（日本）

(a) 房屋；(b) 油罐

液化粉土的 k 值   表 21.4.7

f_k(kPa)	≤80	100	120	140	160	180	200	220	240	260	280	300
k	0.3	0.28	0.28	0.24	0.22	0.2	0.18	0.15	0.14	0.12	0.10	0.08

当 $B \leqslant 0.44D_1$ 时，式（21.4.4）和式（21.4.6）中的 B 值应取 $B = 0.44D_1$。

当液化层为多层时，可先按各层次分别计算震陷量，然后再计算总震陷量。

对 6 层以下丙类建筑，当计算震陷值 $S_E < 5$cm，可不采取措施；$S_E = 5 \sim 15$cm，可优先考虑采取结构构造措施；$S_E > 15$cm，宜作地基处理。对乙类建筑，宜较丙类建筑适当提高要求。对丁类建筑，一般可不作抗液化处理。

21.4.5　液化地基上的抗震措施

液化地基上的抗震措施很多，有的与静载下软土抗不均匀沉降的措施雷同，因为液化地基是一种在震动下变得极软的地基，能产生极大的沉降与不均匀沉降，因而一般防止或减轻不均匀沉降的措施大多对液化地基也有效。现将常采用的措施简述于下。

1）一般来说，不宜将建筑基础放在未经处理的液化层上。震害表明，以未经处理的液化层作持力层的基础其沉降一般都大，最大下沉可达3～4m。这主要是因为基础外侧最易液化，而基础直下方的土丧失侧向土的支承，故产生极大沉降而地基失效所致。因此，一般不宜用未经处理的液化土为基础的持力层。但在液化层本身性质与厚度比较均匀，土层厚度与基础宽度之比不超过基础宽的1/3～1/4时，可考虑将液化层作为持力层，因为此时的液化震陷一般不大于液化层厚的5%，见图21.4.5及式（21.4.6）、式（21.4.8）。我国的营口宾馆筏形基础就直接放在液化砂层上［砂层厚约为基础宽的1/3（4m）］，海城地震中无明显震害。日本1995年阪神地震中也有三个筏形基础（补偿式基础）支承的仓库直接以很厚的液化层为持力层，震后亦无严重震害。分析认为，由于液化层较薄，即使基础外侧液化，对基础下的土层强度与稳定也不会产生严重影响。至于补偿式基础，因为没有附加应力，也就没有地基失稳问题，只有地基液化后再固结时产生的沉降，威胁将大大降低。但不论如何，采取上部结构的防不均匀沉降的构造措施也属必要。

2）防止液化不均匀沉降的构造措施。在液化危害等级为"轻微"或"中等"或预估液化震陷在10～15cm以内时，可不加固液化地基而在设计中采取防不均匀沉降的构造措施，如调整吊车轨道措施、柱子纠偏措施、预留屋架下弦空间、保持房屋的长高比小于2.5、加强房屋圈梁的设置等。

3）在需要进行液化地基处理的场合，可用振冲、挤密碎石桩、强夯等方法加固液化层。加固后，桩间土的实测标准贯入锤击数 N 一般不宜小于式（21.4.2）的 N_{cr}。当考虑碎石桩的桩身刚度及排水性能高于桩间土的有利条件，也可采用复合地基折算标准贯入值 N_{com} 代替 N，与 N_{cr} 比较。当 $N_{com} \geqslant N_{cr}$ 时，可认为已满足抗液化要求。N_{com} 由下式求算：

$$N_{com} = N[1 + m(n-1)] \tag{21.4.7}$$

式中　m、n——分别为桩的置换率及桩土应力比。

4）当采用水泥土桩加固液化土时不应采用散点状的桩平面布置方案，而应采用水泥土桩格栅，因为散点状布置的桩不能有效地限制液化土地震时的剪应变和液化。水泥土桩格栅应穿过液化层，格栅间的净距应不小于0.8倍液化层厚。

5）液化加固区的宽度应超出基础宽度，每边不小于基底下液化加固深度的1/2且不小于基础宽度的1/5。

液化处理的深度可达到或小于液化深度，宜根据液化等级、建筑物的要求及液化震陷量等情况决定。当处理深度小于液化深度时，处理深度下残余液化层的液化指数不宜大于4～5。对独立基础与条形基础，尚不应小于基础底面下液化土特征深度和基础宽度的较大值。

6）在液化侧扩区域内必须修建建筑时，为减少地裂对结构影响，可采取以下一些措施：

（1）建筑主轴宜平行于河道；

（2）建筑物长高比小于2.5；

（3）用筏形基础或箱形基础，板内增配抗拉裂钢筋（箱形、筏形基础底板内的受弯钢筋可兼作抗撕拉钢筋）。基础中线处为撕拉力最大的断面，总撕拉力由1/2基底面积上的土摩擦力决定：

$$T = \frac{1}{2} G\mu \tag{21.4.8}$$

式中　G——建筑物基础底以上的总荷载，kN；

　　　　μ——土与基底的摩擦系数，见地基基础规范或本书的挡土墙部分。

由基础中线向外，抗撕拉钢筋可逐段减少，因理论上撕拉力随距房屋中线距离的增加而线性减少，至基础边缘处为零。式（21.4.10）是理论的 T 值，实际上常因基底下土与基底有部分脱空而减少。

21.5　软土地基与不均匀地基

21.5.1　软土震陷

塘沽新港一带软土上的不少建筑，在唐山地震中产生了较大的震陷。图 21.5.1 是新港望海楼建筑群的部分沉降观测资料，其震陷量达到震前总沉降量的 50% 以上。该地区的淤泥及淤泥质土的厚度大于 10m 含水量 w 达 50%～60%。

目前，对软土震陷的研究初步得出下列认识：

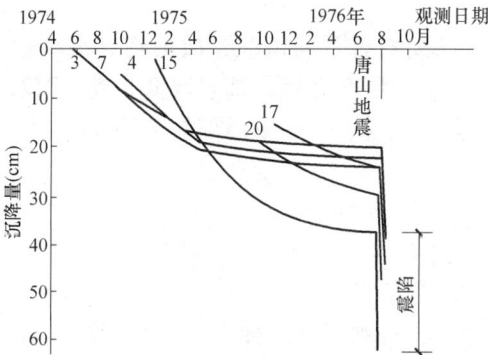

图 21.5.1　望海楼住宅沉降曲线
（曲线上数字表示楼号）

1—3 号楼，震陷 14.0cm；2—7 号楼，震陷 14.4cm；
3—4 号楼，震陷 17.0cm；4—20 号楼，震陷 15.0cm；
5—17 号楼，震陷 24.0cm；6—15 号楼，震陷 24.4cm

1）软土在 10～30 次循环荷载下的动强度比静强度有所降低，约为静强度的 85%。

2）黏性土在振动作用下，与松砂不同。剩余孔隙水压力的上升并不明显。但振动附加下沉则十分明显。脉动孔压的数值较人，峰值可达到有效应力值。

3）模型基础下，土的侧胀很明显，由基底深度开始就向外成鼓形，直到下沉达到 1/4 基础宽度时，也没有观测到明显滑动面。它是一种塑流性质的变形，变形范围主要在基底下不到一倍基础宽度的范围内。

4）震陷的原因目前还不清楚，有可能每一循环中脉动孔压使土的有效应力瞬时下降，抗剪强度瞬时降低，从而使地基中极限平衡区周期性地扩大，产生累积塑性变形所致，也有可能是因为应力方向反复变动，因软土的触变性质而使抗剪强度下降。

5）抗震规范中软土的定义：

对 8 度地震区，土的静承载力特征值 f_k 小于 80kPa，9 度区小于 100kPa 者，为需考虑具有震陷性的软土。

对 7 度区因目前无足够资料，规范暂未规定，但若为 $f_k < 70$kPa 的土，宜用动三轴试验鉴定该土是否有 7 度烈度时的震陷特性。

6) 不考虑软土震陷影响的条件：

当软土地区的基础符合表 21.5.1 的条件时，可不考虑软土震陷的影响，因基底下的非软土持力层的厚度较大，软土层产生的震陷值不足以构成严重危害。

当不符合表 21.5.1 条件时应考虑震陷影响，必要时宜估计震陷值或采取地基加固措施，震陷值的预估可用模量软化法，即根据震前土的模量与震后降低了的软化模量求算震前震后地基沉降的差值，即为震陷值。

基础底面以下非软土层厚度 表 21.5.1

烈度	基础底面以下非软土层厚度(m)
7	$\geqslant 0.5b$ 且 $\geqslant 3$
8	$\geqslant b$ 且 $\geqslant 5$
9	$\geqslant 1.5b$ 且 $\geqslant 8$

注：b 为基础底面宽度（m）。

7) 软土不加处理时，应采取必要的上部结构与地基基础构造措施。具体可参考 21.4 节液化地基或第 27 章软土地基。

软土地基的抗震陷处理的深度要求可按表 21.5.1 的要求执行。处理的宽度应较基础超宽 1/2 基底下的加固深度，且不小于基础宽度的 1/5。

21.5.2 不均匀地基

不均匀地基是常见的不利地基类型，通常见到的有下列情况：故河道、沟坑边缘地带；半挖半填地基；半土半岩地基；厚度变化大的土层交界处；基岩坡度大或岩面双向倾斜；采空区；防空洞或地下通道上方；土中有大块孤石、石芽或局部软土等。

不均匀地基的震害特点：

1) 震害一般较均匀地基为重；

2) 静载下即有不均匀沉降甚至裂缝，地震时进一步加重，受害部位多在土层性质突变处附近；

3) 地震时，有崩塌、失稳或沿倾斜岩（土）层面滑移的可能；

4) 地震波在土层界面处的反射、折射，使土层交界面附近的地震反应增强与复杂化，从而使上部结构的受力情况恶化，形成上部结构的震害。

不均匀地基上可采取的措施有：

1) 宜将基础坐落在性质相同的土上，为此基础埋深与桩长可以不同；

2) 必要时，采用时程分析法研究地表反应特点，以采取合适的对策；

3) 采取必要的抗塌陷、土体失稳的措施；

4) 可采用沉降缝分隔建筑物成独立单位，使每单元都有较大的整体性与刚度；

5) 采用筏形基础或箱形基础等刚度好、强度高的基础，使基础底面可承受地面各点地震反应不同带来的危害。

21.6 天然地基基础的抗震验算

1. 天然地基地震作用下的竖向承载力验算

天然地基基础抗震验算时，地基土抗震承载力应按下式计算：

$$f_{aE} = \zeta_a f_a \qquad (21.6.1)$$

式中　f_{aE}——调整后的地基抗震承载力；

　　　ζ_a——地基土抗震承载力调整系数，应按表 21.6.1 采用；

　　　f_a——深宽修正后的地基承载力特征值，应按现行国家标准《建筑地基基础设计规范》GB 50007 采用。

地基土抗震承载力调整系数　　　　　　　　　　　　　　　表 21.6.1

岩土名称和性状	ζ_s
岩石，密实的碎石土，密实的砾、粗、中砂，$f_k \geqslant 300$kPa 的黏性土和粉土	1.5
中密、稍密的碎石土，中密和稍密的砾、粗、中砂，密实和中密的细、粉砂，150kPa$\leqslant f_k$$<300$kPa 的黏性土和粉土，坚硬黄土	1.3
稍密的细、粉砂，100kPa$\leqslant f_k <1500$kPa 的黏性土和粉土，可塑黄土	1.1
淤泥，淤泥质土，松散的砂，杂填土，新近堆积黄土及流塑黄土	1.0

验算天然地基地震作用下的竖向承载力时，基础底面平均压力和边缘最大压力应符合下列各式要求，且基础底面与地基土之间堆应力区面积不应超过基础底面面积的 25%，烟囱基础零应力区宜符合现行国家标准《烟囱设计规范》的要求。

$$p \leqslant f_{aE} \qquad (21.6.2)$$
$$p_{max} \leqslant 1.2 f_{aE} \qquad (21.6.3)$$

式中　p——基础底面地震组合的平均压力设计值；

　　　p_{max}——基础边缘地震组合的最大压力设计值。

地基基础震害的大量调查结果表明，下列建筑可不进行天然地基及基础的抗震承载力验算：

1) 砌体房屋；

2) 地基主要受力层范围内不存在软弱黏性土层（软弱黏性土层指 7 度、8 度和 9 度时，地基土静承载力特征值分别小于 80kPa、100kPa 和 120kPa 的土层）的下列建筑：一般单层厂房、单层空旷房屋；不超过 8 层且高度在 25m 以下的民用框架房屋及与其基础荷载相当的多层框架厂房；

3) 抗震规范规定可不进行上部结构抗震验算的建筑。

2. 天然地基水平抗滑的抗震验算

由于地基土与基础之间的摩擦系数通常在 0.2~0.4 之间，一般情况下具有足够的摩擦力以抵抗水平地震作用，无须进行验算。当需要验算天然地基的水平抗滑时，可以考虑基础底面与地基土之间的摩擦力及基础前方土的水平抗力（一般取被动土压力的 1/3）。另外，在基础与其四周的刚性地坪有可靠接触及传力条件时，刚性地坪将产生一定的水平抗力作用（可按基础与地坪的接触面的地坪抗压强度计算）。可在刚性地坪与土抗力（$\frac{1}{3}$ 的被动土压与基底摩擦力之和）两者中取大者，作为抵抗水平地震作用的抗力进行验算。

3. 抗倾覆验算

对孤立的高耸结构，如塔楼、石牌、烟囱、水塔等，宜进行地震作用下的抗倾覆验算。验算方法与挡土墙的抗倾覆验算相同，见第 10 章。

如地基为软土，则倾覆时的旋转中心有向基础中部转移的倾向，与计算简图不符并偏于不安全，此时宜适当提高安全储备或设法增大抵抗力矩的力臂。

4. 液化土中地下结构的抗浮验算及抗侧向土压力验算

土一旦发生液化，就与悬浮液类似，轻的埋于土中的物体就会上浮，重的物体就会下沉。这时，作用于物体上的土压的变化规律服从阿基米德原理，压力值只取决于深度，而与方向无关。这就使埋于液化土中结构底面所受的上浮力与侧向土压比液化前大为增加。

图 21.6.1 为液化前后土的侧压力与基底处向上的水压的变化。由图可见，液化层顶面处的侧压力在液化前为 $K_{a1}\gamma_1 h_1$，液化后为 $\gamma_1 h_1$（等于该处的总竖向压力）；在结构底面处，液化前的侧压力为：

$$\sigma_1 = K_{a1}\gamma_1 h_1 + K_{a2}(\gamma - 1)h_2 + h_2\gamma_w \tag{21.6.4}$$

液化后的侧压力为：

$$\sigma'_1 = \gamma_1 h_1 + \gamma_2 h_2 \tag{21.6.5}$$

底面承受的向上浮力在液化前为静水压力 $\gamma_w h_2$，液化后为 σ'_1。

式中 γ_1、h_1 及 K_{a1}——分别为非液化土的重度、厚度和主动土压力系数；

γ_2、h_2 及 K_{a2}——分别为液化层的饱和重度、层厚及主动土压力系数。

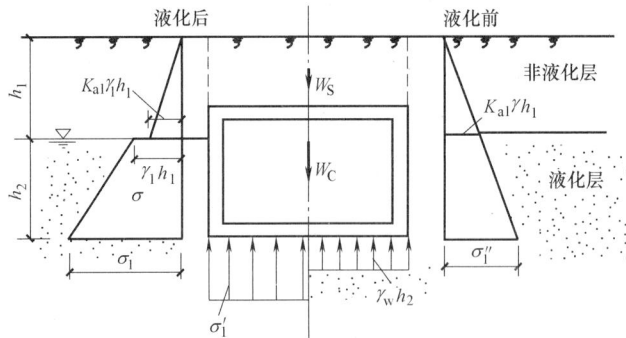

图 21.6.1 液化前后地下结构物受力状态的变化

抗浮验算应符合式（21.6.6）的要求：

$$W + W_0 \geqslant \sigma'_1 \cdot A \tag{21.6.6}$$

式中 A——基础面积；

W、W_0——分别为地下结构上压的土重及结构自重。

对于地下结构的外墙和底板，应验算液化后结构的抗剪与抗弯能力。

5. 液化侧扩时土推力的验算

1）非液化上覆层中的侧压按被动土压计算；

2）液化层中侧压按竖向总压力（不扣浮力）的 1/3 计算；

3）按建筑物距岸距离，1）与 2）的土压力有所折减：

距岸 0～50m 时，不折减；

距岸 >150m 时，侧推力折减为零，即假定侧扩的水平位移为零；

距岸 50～100m 时，按内插法折减。

4）如为桩基，则假定为假想墩基计算，基础宽度取等于外排桩边缘间的宽度。

21.7 桩基础的抗震验算

21.7.1 桩基的震害

20 世纪 80 年代以前，桩基的震害资料积累较少；20 世纪 80 年代以后，由于技术经济的发展，桩支承的结构日益增加，地下监测手段如孔内照相、测斜技术的发展，桩基的震害资料逐渐增多，特别是日本 1995 年阪神大地震后对桩的破坏情况多所揭露。

桩基的震害大体分下列类型：

1. 非液化土中的桩基震害类型

1）桩顶部震害

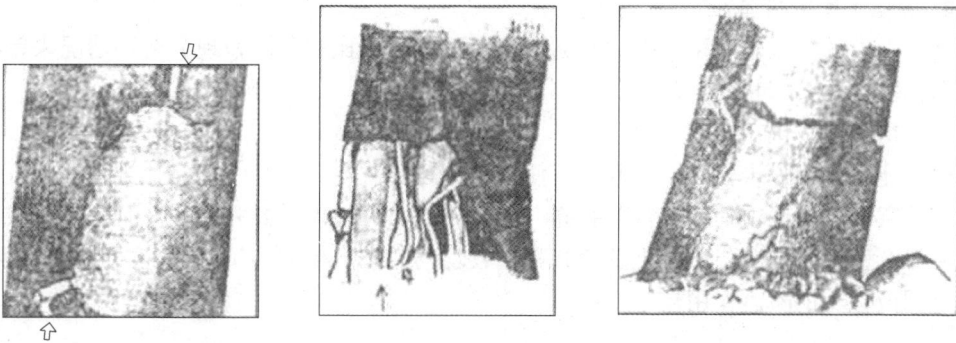

图 21.7.1　日本三沢商业高校钢筋混凝土桩破坏实况

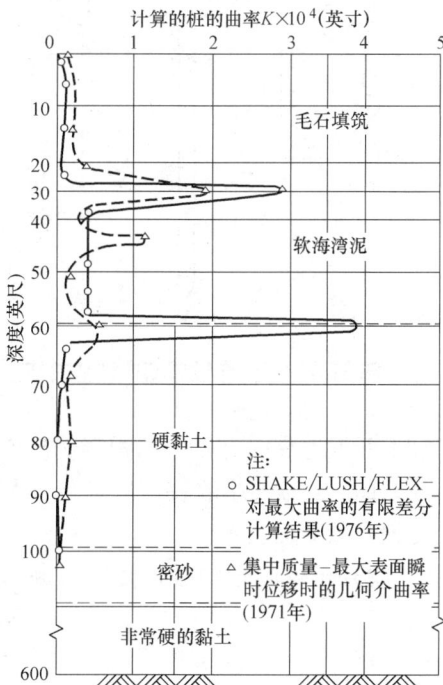

图 21.7.2　旧金山湾桩的计算曲率

如果桩周是刚度相对比较均匀的土层，桩的震害多在桩头、桩与承台的连接处为多，破坏形式多以上部结构惯性力造成的弯曲裂缝、剪坏，压坏、拔脱为主。图 21.7.1 为日本三沢商业高校的钢筋混凝土桩的桩身上部破坏实况。

2）刚度相差大的土中的桩的软硬界面处的破坏

如果桩周是分层土且相邻层的刚度相差较大，则软硬土层界面处弯矩与剪力均很大，可导致桩身弯、剪破坏，而一般计算水平荷载下桩身弯矩的 m 法或常数法却不能反映这种情况，因这类方法是采用分层土的平均土性指标进行计算的。图 21.7.2 是 1971 年建造 14 层高楼下桩基用两种地震分析程序计算的代表性结果。由图可见，在软泥层上下界面处桩身曲率很大。

此外，当桩顶嵌固时桩头及桩—承台连接部位仍是危险部位。

959

3）软土中的桩基震陷

如桩身埋在厚层软土中，地震时软土因触变摩阻力下降，使桩基产生刺入式震陷，如1985年墨西哥城地震时一座16层高的大厦下的桩基产生3～4m的震陷。该桩打入软土层中，该软土为火山灰沉积，其厚度之大、压缩性与含水量之高是很有名的。震陷原因据分析，为桩阻摩阻力下降及上部倾覆力矩增加。

在我国1976年唐山地震时，天津市的桩基也曾产生数毫米至1cm左右的震陷，这是因为天津市的软土性质比墨西哥城的软土好，厚度亦只有几米，故震陷量不大。

4）平时受较大水平静荷载的桩

如挡土墙下的桩或土坡上的桩，因地震时土压力增大而受到比平时大的侧压力因而破坏。桩基附近有较大地面荷载，地震时土侧向挤压而破坏。

2. 液化土中的桩基震害

液化土中的桩比非液化土中的桩更不利，因此破坏比率更高，现分两种情况来阐述。

1）液化而无侧向扩展情况

典型情况是：

（1）建筑周围喷水冒砂，土面下沉使桩承台与土脱空。

液化层界面与桩顶处常有弯剪裂缝（图21.7.3），桩基无水平位移，但在荷载或土不均匀时可产生不均匀沉降，在土及荷载都比较均匀时则产生均匀沉降，上部结构一般破坏轻微（因液化土的减震作用）。

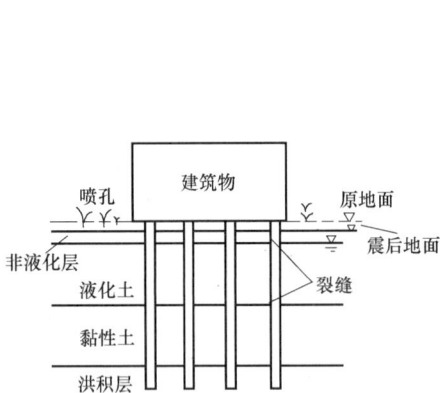

图21.7.3 液化土均匀且无扩侧时桩的震害

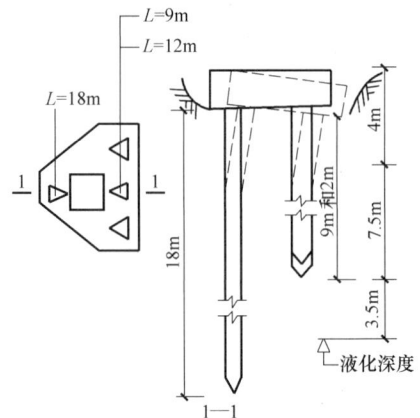

图21.7.4 天津散装糖库桩基破坏

（2）桩长不足，悬在液化土中造成桩基下沉（日本新潟地震时有多个工程实例）或是由于桩伸入非液化下卧层的长度不足，桩基失效。图21.7.4为天津散装糖库桩基，其中短桩悬在液化土中，液化后下沉，长桩负担重且受偏心弯矩而折断。

（3）液化地基上的地面荷载在土液化时其地基失稳，挤推附近的桩，使桩折断（图21.7.5）。

2）有侧向扩展的液化土中桩基震害

在此情况下桩基承受的地震作用除与上述1）类似外，还要承受液化土与非液化上覆土层滑移时的巨大推力，从而产生水平永久位移与不均匀沉降；桩头与液化层界面处因

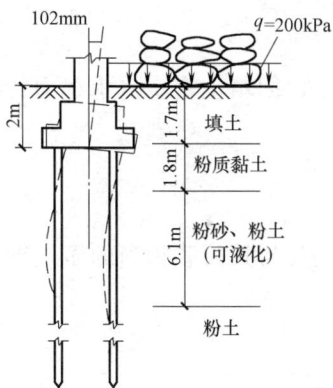

图 21.7.5 天津钢厂的桩基因地
面荷载下地基失效而被挤断

弯、剪作用很强而形成塑性铰或折裂（图 21.7.6a）。高大建筑下的桩基因建筑重心的水平位移而产生较大的附加弯矩，使内陆一侧的桩受拉，从而只出现一个塑性铰（图 21.7.6b）。

综合以往桩基震害的经验教训，可得下列宝贵的认识：

（1）建筑桩基震害事实上还是不少的；

（2）桩基震害的后果多是建筑物的沉降、倾斜、水平位移、桩身及承台—桩连接的破坏，倒塌者甚少。在桩震坏后，有的房屋甚至还可使用多年，直至房屋拆迁时拔出桩来考察，才发现桩身已出现两个塑性铰，但房屋未塌，这样的事例已有数起。由此可知，建筑桩基破坏的后果不及上部结构柱倒墙塌、人亡财尽那样严重。

（3）目前，习惯使用的桩顶嵌固方法（桩顶埋入承台 5～10cm，主筋按抗拉要入锚入承台）不满足嵌固要求，常发生连接破坏、锚筋拔出的现象，宜加强。

（4）为减少桩负担的水平荷载，应将承台旁的填土尽量夯实。

（5）m 法与常数法等常用的水平荷载下桩身内力分析方法用于桩侧为相对均匀的土时，基本能反映桩的受力情况，但在分层土且土层刚度相差大时，却不能反映软硬土界面处的弯矩、剪力突增的受力情况，并且偏于不安全，因此在液化土与非液化土分界处，硬土层与软土层界面处等场合 m 法计算的结果不可靠，宜采用地震反应的时程分析法计算或采取构造措施，从而保证桩的安全。

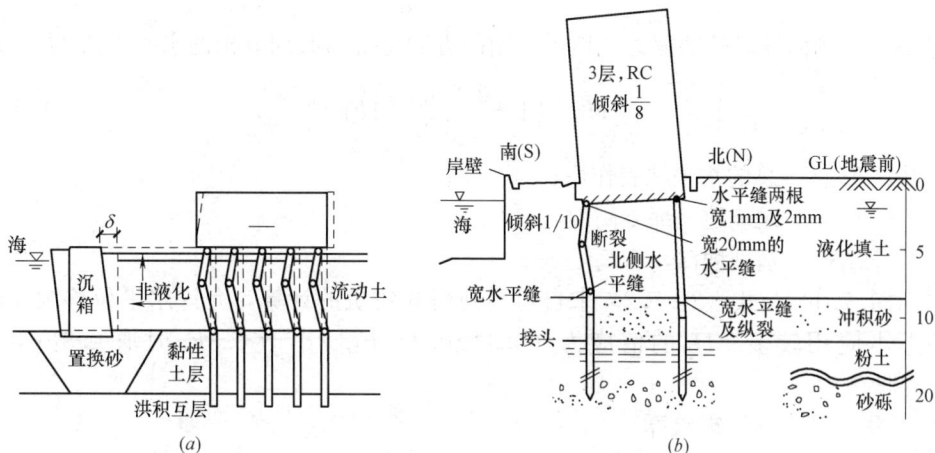

图 21.7.6 液化侧扩地基上桩基的震害
（图中，黑圈示桩顶嵌固破坏，白圈示剪坏塑性铰）
（a）高度不大的建筑；（b）高大建筑

21.7.2 桩基的抗震验算

1. 桩基不验算范围

根据抗震经验，当满足下列条件之一时，桩的抗震性能可保无虞，可不进行桩基的抗震验算，但应满足本节提出的桩基构造要求。

7 度和 8 度设防，同时满足下列要求时：

1）桩端与桩身周围无液化土层，承台旁无液化土和软土，回填土密实（承载力特征值＞100kPa）。

2）属于下列建筑类型：

（1）砌体房屋、一般的单层厂房和单层空旷厂房；

（2）不超过 8 层且高度在 25m 以下的一般民用框架房屋及与其荷载相当的多层框架厂房；

（3）抗震规范规定可不进行上部结构抗震验算的建筑。

2. 非液化地基上的桩基验算

1）桩基的抗震验算方法采用拟静力法，即将传至基础底面的竖向与水平向地震作用视作静力，按前述第 15 章中的方法核算桩的强度与承载力。

2）验算时单桩的竖向承载力可较静载时提高 25％，水平承载力亦可提高 25％。当按静载试验确定时，竖向承载力的安全系数应不小于 1.5。土的横向抗力比例系数 m 可较静载时提高 25％。

3）桩基承台（地下室、箱形基础）旁的土或地坪可分担部分水平地震作用，目前各地做法不一，现有下列几种考虑土分担荷载的办法：

（1）考虑地震水平力前方承台旁的土抗力，一般取被动压力的 1/3；

（2）容许承台有 1cm 左右的水平位移，按 m 法求出此水平位移时的土反力；

（3）按日本的经验公式：桩承担的水平力为 H_p

$$H_p = F_E \cdot \frac{0.2 \sqrt{h_b}}{\sqrt[4]{d_f}} \qquad (21.7.1)$$

地下室的侧面外墙的摩擦力与地震作用前方的土抗力共同分担的水平力为 H_s，则：

$$H_s = \left(1 - \frac{0.2 \sqrt{h_b}}{\sqrt[4]{d_f}}\right) F_E \qquad (21.7.2)$$

上两式中　F_E——总的水平地震作用；

　　　　　h_b——建筑地上部分高度，m；

　　　　　d_f——基础埋深，m。

式（21.7.1）与式（21.7.2）来自对系列塔式建筑的计算，允许水平位移为 10mm。该式在日本应用较多。H_p 的值应为（0.3～0.9）F_E。小于 0.3F_E 时取 0.3F_E，大于 0.9F_E 时取 0.9F_E。

3. 液化地基上的抗震验算

液化地基上的桩基抗震验算一般分为下列几种情况：

1）多桩基础的验算

对筏形基础、水塔、烟囱、墩基等多桩基础，若桩数等于或超过 5×5，平均桩距≤4 倍桩径，桩为挤土桩，则可考虑打桩时的挤土效应和桩对土侧向变形的遮拦效应，将桩间土视为不液化的。如此，桩基可视作横断面等于桩分布面积外包线的实体墩基进行验算。

2）按折减系数法验算

当桩基不满足上述 1）中对多桩基础的要求，但承台底面上下分别有厚度不小于

1.5m 和 1m 的非液化土或非软弱土时，可按下列两种情况分别进行抗震验算。

（1）全部地震作用　单桩承载力可按本节 2（2）所述提高，但液化土的参数（如摩擦力、土的水平抗力等）均乘以液化折减系数 ψ（表 21.7.1）。

液化折减系数 ψ　　　　表 21.7.1

标贯实测值 液化临界标贯	≤0.6		0.6～0.8		0.8～1.0	
土层深度（m）	≤10	>10	≤10	>10	≤10	>10
折减系数 ψ	0	0.33	0.33	0.67	0.67	1.0

（2）部分地震作用　按最大水平地震影响系数的 10% 采用。桩承载力仍如上述 1），但应扣除液化土的桩周摩擦力和承台下 2m 深度范围内非液化土的桩周摩擦力。

3）桩基处于液化侧向扩展区域内时的验算

（1）仍需按上述 1）或 2）进行验算，因为在产生侧扩前或侧扩发生的同时，桩基也经历无侧扩时的地震作用。

（2）桩基承受侧扩时土推力的验算，见 21.4 节。

21.7.3　桩基的构造要求

桩身强度除须按计算进行验算外，尚须满足一定的构造要求。

1. 按《构筑物抗震设计规范》GB 50191

桩基根据抗震类别有不同的最低构造要求，见表 21.7.2 及表 21.7.3。

桩基抗震构造等级　　　　表 21.7.2

烈度	构筑物类别			
	甲	乙	丙	丁
7	B	C	C	C
8	B	B	C	C
9	A	A	B	C

A、B、C 构造等级的要求　　　　表 21.7.3

构造等级	构造要求内容
C	满足一般桩基的构造要求
B	1. 满足 C 级构造要求外，尚须满足下列要求 2. 灌注桩： 　a. 桩顶 10 倍桩径范围内配纵筋； 　b. 桩径为 300～600mm 时，配筋率≥0.65%～0.4%； 　c. 箍筋：桩顶 600mm 范围内，用≥6mm 筋；间距≤100mm，宜用螺旋箍或焊接环。 3. 预制桩： 　a. 纵筋配筋率≥1%； 　b. 上部 1.6m 长度内箍筋直径≥6mm，间距≤100mm； 　c. 接桩应用钢板焊接； 　d. 纵筋锚入承台的长度按受拉确定。 4. 钢管桩： 顶部填充混凝土时应配纵筋，其要求不低于 3. 预制桩中的 a 与 d

构造等级	构造要求内容
A	1. 除满足 B 类要求外,尚须满足下列要求 2. 灌注桩: a. 桩顶 1.2m 长度内箍筋间距≤80mm 且≤8d(d—纵筋直径); b. 当 d≥500mm 时箍筋直径≥8mm,间距≤100mm。 3. 预制桩: a. 纵筋:配筋率≥1.2%; b. 箍筋:桩顶下 1.6m 以内,用 ϕ8 以上筋,间距≤100mm 4. 钢管桩: 与承台的连接按抗拉计算,拉力取桩竖向承载力的 1/10

对独立承台宜沿二主轴方向设基础系梁,系梁按受拉压设计,轴力取桩竖向承载力设计值的 1/10。

2. 液化土中桩身配筋的构造要求

鉴于理论计算与实际震害调查都已证实,桩在软硬土层界面处易发生弯、剪破坏,而计算方法中的 m 法(多数国家采用的规范方法)却不能反映这一现象。因此,不得不用构造措施解决。抗震规范规定,在液化土界面以上及液化层底面以下各 2 倍桩径范围内,桩身纵筋与箍筋的配置应保持与桩顶处相同。因阪神地震反应分析结果说明,软硬土层界面处的弯矩与剪力差不多与桩顶嵌固时的顶部弯矩、剪力处于同一量级。

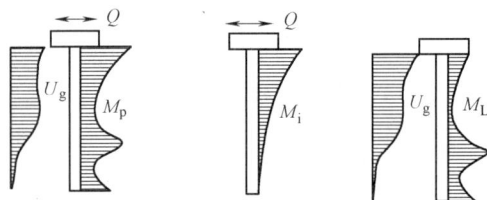

图 21.7.7 地震产生的桩身内力

Q—水平地震产生的桩顶惯性力;U_g—土变形;M_p—桩身总弯矩;M_i—惯性力产生的弯矩;M_k—土变位产生的弯矩

软、硬土层界面处弯矩、剪力增大的原因,是由于软土层地震时的剪切应力与变形过大。桩受地震作用时,可简化为图 21.7.7 的受力模式:

地震作用=桩顶惯性力的作用+土层运动的作用

对一般桩周土较均匀的情况,地层运动的作用不突出;而在软硬土层相邻时,作用却很突出。但 m 法只反映了惯性力的作用而不计及土层运动的作用,因而不能反映实际且偏于不安全。为此,在《建筑抗震设计规范》GB 50011—2010 中 4.4.5 条规定,液化土和震陷软土中桩的配筋范围,应自桩顶至液化深度以下符合全部消除液化沉陷所要求的深度,其纵向钢筋应与桩顶部相同,箍筋应加粗和加密。以此构造要求来弥补 m 法计算软硬相间分层土情况下,桩身内力时偏于不安全的误差。

21.8 地震小区划与地震反应分析概念

21.8.1 地震小区划

为了估计未来可能遭受地震危险,国家地震局已编制出第五代中国地震动参数区划图,根据建设工程需要,编制 50 年超载概率 10% 设防水准峰值加速度和反应谱特征周期两个图件,即《中国地震动参数区划图》GB 18306—2015,其比例尺为 1:400 万。

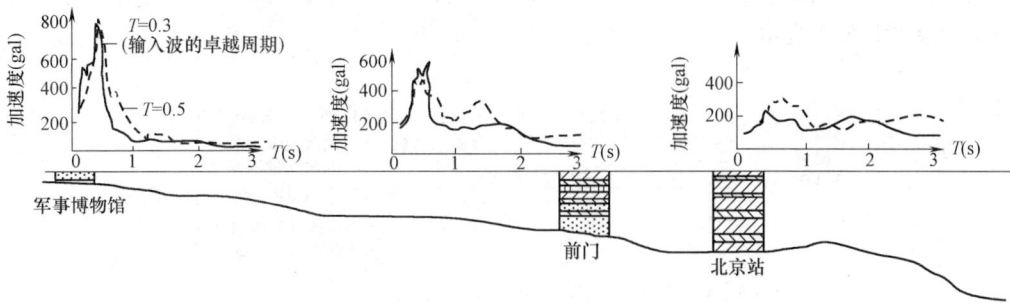

图 21.8.1　北京由西至东不同地质剖面的地表加速度反应谱

全国地震动区划图是针对全国量大面广的一般建设工程，仅考虑平均场地土的条件下给出的动参数。它不能反映局部场地条件地震动参数对建筑工程计算的影响。

地震小区划的范围可以是一个城市或城市中某一个区域，给出建筑工程设计的地震加速度、场地特征周期、土壤液化分布状况等。

为了弥补地震区划图的不足，已有许多城市进行地震小区的工作，如北京、天津、南京、乌鲁木齐等。如图 21.8.1 所示，显示北京不同区域（由西至东：军事博物馆—前门—北京站），由于地震地质条件的不同，得出的加速度反应谱大不相同。因此，相同建筑位于不同区域时，所受地震作用却不相同。

进行地震小区划的基本步骤如下：

1）根据区划地震地质构造、地震活动特征和历史地震资料，确定地区的潜在震源；

2）选用合理的地震复发模型；

3）确定地震活动参数、震级频度关系、年平均发生率、最大震级等；

4）建立本地区地震动衰减规律；

5）选取典型土层的钻孔资料，测剪切波速，进行室内动三轴试验；

6）进行地震反应分析划分小区；

7）根据分析与计算结果，对各小区内建筑、管线、构造物等采取抗震防灾规划。

21.8.2　地震反应分析

一个工程场地多以土体为主，来自震源的地震波通过土体滤波、放大，作用于建筑物、构造物。由于不同的场地有不同的地质环境，就是同一场地，其地质也不相同。地震波通过这样场地的差别传播，必然导致地震波的传播、滤波、放大等不同。因此，出现不同场地条件下具有不同的地震反应。

地震反应分析的目的是：

（1）根据场地反应特点进行地震反应分区；

（2）确定不同场地条件设计地震动参数（场地反应谱、峰值加速度、时程曲线等）。

地震反应分析包括以下内容：

1）场地土的地质调查（现场剪切波速测量、钻孔取土样等）；

2）室内动力试验（各类土动剪切模量、阻尼试验）；

3）选取天然波地震记录（满足场地特征周期、持续时间、峰值加速度要求）；

4）利用一维波动程序计算地震反应分析见图 21.8.2，利用二维或三维的地震反应分析程序，可求得复杂地质（如基岩倾斜或凹陷、地面不平）或地面有结构物时土与结构的反应，如图 21.8.3 所示。

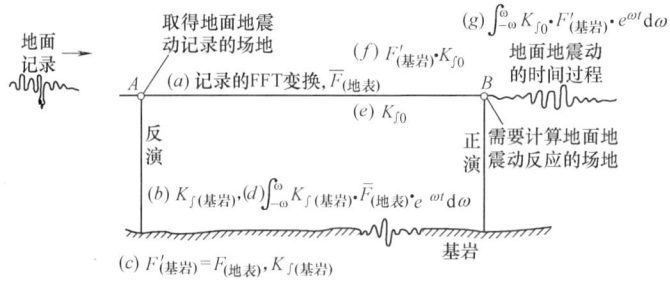

图 21.8.2　地面地震动反应计算示意图

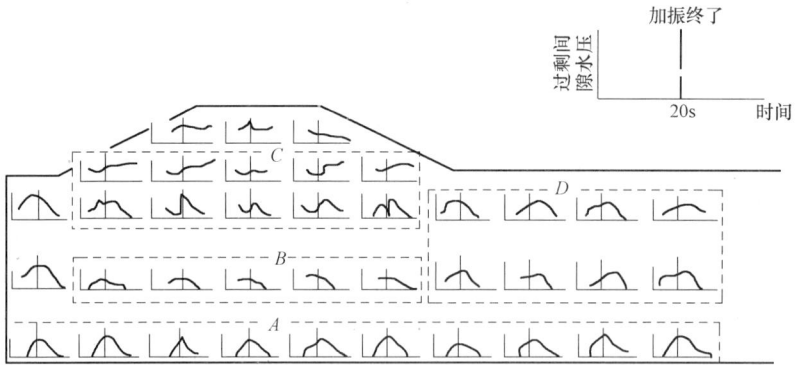

图 21.8.3　用二维地震反应分析程序得出的填土内孔压随时间的变化

第 22 章　边坡运动及其防治

22.1　边坡的应力分布特征

　　边坡的变形破坏与其应力分布状态密切相关，因此，了解边坡周围岩土体中的应力分布状况，对于认识边坡变形破坏的机制是非常必要的。根据有限元法分析和光弹试验结果，边坡的应力状态有如下的特点：

　　1）坡体中主应力迹线发生明显偏转，坡面附近最大主应力 σ_1 的方向与坡面近乎平行，最小主应力 σ_3 与坡面近于垂直（图 22.1.1）。同时，坡体中存在与坡面近于平行的剪应力，其总的趋势是由坡内向外增高，越近坡脚处越高，向坡内则逐渐恢复到初始应力状态。

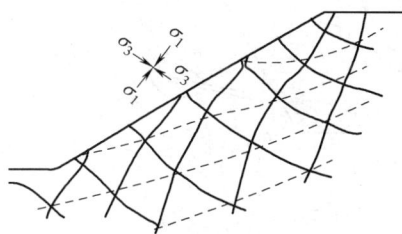

图 22.1.1　边坡主应力迹线与最大剪
应力迹线分布示意图
实线——主应力迹线；虚线——最大剪应力迹线

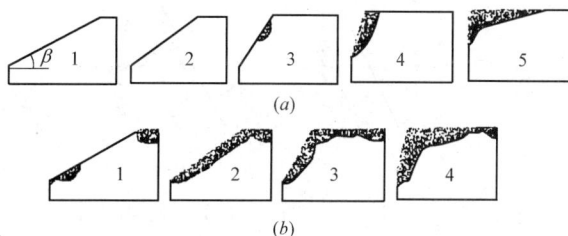

图 22.1.2　坡面和坡顶张力带（图中阴影部分）的分布
（a）$\sigma_c=0$；（b）$\sigma_c=3rH$
1—$\beta=30°$；2—$\beta=45°$；3—$\beta=60°$；4—$\beta=75°$；
5—$\beta=90°$；σ_c—侧向水平残余构造应力；
γ—岩土的天然重度；H—坡高

　　2）坡脚附近形成一明显的应力集中带，特点是最大主应力与最小主应力差达到最大值，出现最大的剪应力集中。坡度越陡，应力集中越明显。

　　3）坡面处的岩（土）体，由于侧向压力近于零，实际上变为两向应力状态，向坡内逐渐恢复为三向应力状态。

　　4）在坡顶和坡面的某些部位，由于水平应力显著降低，最小主应力可能成为拉应力，形成张力带（图 22.1.2a）。

　　上述应力分布特征是以边坡构成物质为各向同性连续体而进行研究的。实际上，边坡的应力分布要复杂得多，它受到岩土体的初始应力状态、坡形、岩土体结构等多种因素的影响。

　　岩土体内的初始应力，通常多为自重应力。但在某些地区（特别是新构造运动强烈的地区），地壳运动可能使岩土体中残存有较大的水平应力（残余构造应力）。这种水平应力增强了坡脚附近的应力集中及坡顶、坡脚张力带的发展（图 22.1.2b），加剧了边坡变形破坏程度和范围。

坡形是影响坡体内应力分布的主要因素。坡角增大，坡面与坡顶张力带的范围扩大，坡脚的剪应力也增高。平面上呈凹形的边坡，由于受坡面走向方向两侧的支撑作用，应力集中程度有明显减缓，坡脚最大剪应力值也显著降低，凸形边坡则恰与此相反。

坡体中不同形式的结构面常对边坡的变形破坏起控制作用，这在岩质边坡中表现尤为显著。在结构面的周边出现应力集中现象，应力集中的特点主要取决于结构面的产状与最大主（压）应力的关系。当结构面与主应力方向平行时，在结构面端点将出现拉应力或剪应力集中，引起向结构面两侧张裂（图 22.1.3a）。当结构面与主应力垂直时，沿结构面将出现切向拉应力，或在端点处出现垂直于结构面的压应力，这有利于结构面的压密和稳定（图 22.1.3b）。当主应力与顺坡向结构面斜交时，特别是在两者成 30°～40°交角的情况下，将出现最大的剪应力与拉应力，对边坡的稳定十分不利（图 22.1.3c）。在结构面的交汇或转折处，由于应力受到阻滞，形成高的拉应力或压应力集中区，这种应力集中区可能成为边坡变形破坏的始点（图 22.1.3d）。此外，在软质岩体中，通常应力集中程度较小；在硬质岩体中，沿结构面应力集中程度较高；在软硬两种岩体界面处，硬岩的一侧应力值较高。

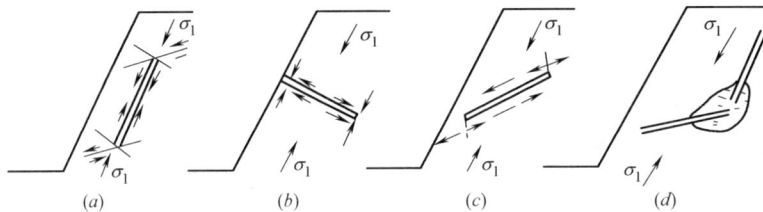

图 22.1.3　坡体中结构面上应力集中的特点

(a) σ_1 与结构面平行；(b) σ_1 与结构面垂直；(c) σ_1 与顺坡向结构面斜交；(d) 结构面交汇处

22.2　边坡变形破坏的基本形式

边坡在其形成过程中，不仅发生上述坡体内应力上的变化，而且还遭受风化、剥蚀等营力的作用，使其强度不断降低。在这两方面的影响下，边坡可能产生局部的或整体的变形与破坏。变形与破坏两者既有区别又相互联系，它们是边坡运动由量变到质变的两个不同的阶段。对于自然边坡（习惯称为斜坡），从变形发展到破坏可能是一个很长的演变过程；但对于人工边坡，往往由于成坡（挖或堆填）较快，这个过程则有可能是短暂的。

22.2.1　边坡变形

边坡变形是指边坡的岩土体已发生局部的破裂与错动，但还未形成贯通性的破坏面。边坡变形虽不能认为边坡已失稳，但它是边坡破坏前的征兆。研究边坡变形可以了解边坡运动的全过程，以便估计边坡稳定性的现状，并预测其破坏的可能性，边坡变形主要有松弛拉裂和蠕动两种形式。

1. 松弛拉裂

在高陡边坡的坡顶附近，会产生一系列与坡面近于平行的陡倾张裂隙（图 22.2.1）。裂隙可由张力带的拉力形成，也可由坡体物质被剥蚀后卸荷回弹或因残余构造应力释放而形成。

坡体被松弛拉裂后，不仅岩土体的整体性被破坏，而且水和风化作用更容易深入坡体，促使岩土体更进一步削弱，最终导致边坡破坏。

2. 蠕动

边坡岩土体在自重等应力的作用下，发生向临空面方向长期而缓慢的变形，称为边坡蠕动或蠕滑。除自重应力外，卸荷、构造应力释放、孔隙水压力及地震等也能造成边坡蠕动。根据蠕动是否受已有结构面控制，可将其分为：

（1）不受已有结构面控制　这种情况在均质土坡和薄层软岩边坡较为典型。图 22.2.2 为均质土坡的蠕滑情况。蠕滑受最大剪应力面所控制。在潜在滑面以上为一剪切蠕变带，密实黏土的应变值（△）可达厚度的 2.5%。变形进一步发展，则已进入滑坡阶段。

图 22.2.3 为反坡向的薄层岩质边坡沿最大剪力带产生的蠕滑。坡的后缘被拉裂，岩层发生挠曲。如剪切面进一步贯通，则发展为滑坡。在反坡向岩层倾角很陡的情况下，薄岩层的端部会向上弯曲，厚层或块状岩层则可能发生弯折倾倒。

（2）受已有结构面控制　当边坡中存在顺坡向软弱结构面时，蠕滑常会沿结构面发生，坡体后缘出现拉裂（图 22.2.4）。如果结构面的倾角较小，蠕滑比较缓慢；如果结构面的倾角接近于其残余摩擦角且后缘拉裂面贯通时，就形成滑坡，迅速滑动。

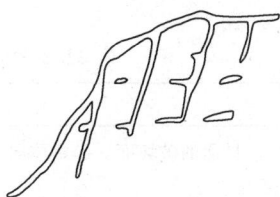

图 22.2.1　边坡张裂隙

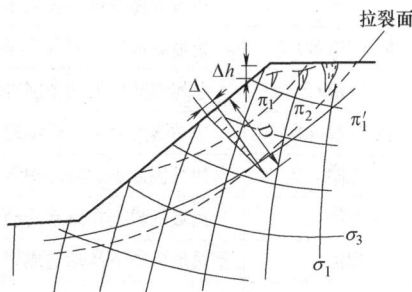

图 22.2.2　均质土坡中的蠕滑

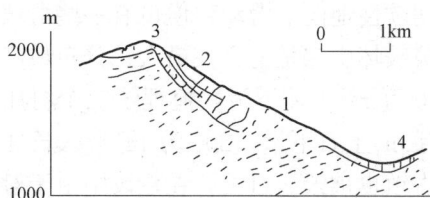

图 22.2.3　反坡向薄层岩质边坡受重力
作用发生蠕滑

1—黑云母片岩；2—混合岩；3—花岗岩；4—覆盖层

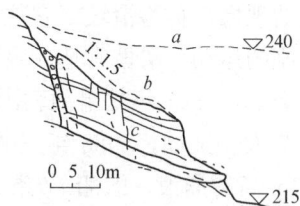

图 22.2.4　蠕滑受已有结构面控制，
因开挖面发展为滑坡

A—原地面线；b—原开挖线；
c—沿多个层面滑动的页岩层

22.2.2　边坡破坏

随着边坡变形的发展，变形所产生的局部破坏面将逐渐扩展。一旦破坏面形成连续的与外界贯通的分离面，分离的岩土体将由缓慢的蠕动转变为增速移动，以一定的加速度脱离母体，这时边坡即已破坏。当边坡受到水的渗入、振动、坡角增大及外荷载作用时，易发生上述情况。

边坡破坏的形式如表 22.2.1 所示,其中滑坡、崩塌及泥石流这三种形式比较常见。它们对工程的危害很大,下面将分节进行讨论。

自然边坡(斜坡)破坏形式分类　　　　　　　　　　　表 22. 2. 1

破坏类型	特　征
滑　坡	边坡上的岩土体在重力、水、地震等因素的影响下失去稳定,沿贯通的破坏面(带)整体向下滑动
危岩和崩塌	陡坡或悬崖上的大块岩土体在重力或地震的作用下,突然向下崩落。崩落的岩块顺山坡翻滚、跳跃、撞击、破碎,最后堆于坡脚。大规模的崩塌称为山崩。将要崩落或坠落的岩体称危岩
塌方	陡坡上的风化岩屑在重力、水、地震等影响下向坡脚坍落
倾倒	边坡岩体受重力长期作用或构造应力释放,岩块发生向临空面转动或转动滑移
坐落(错落)	边坡底部岩体因自重压密、被掏空或软岩塑流挤出,致使其上面的岩土体整体下错位移
坠落(落石)	悬崖或陡坡上的个别岩块突然掉落,但坡体本身基本稳定。将要坠落的岩块称为危岩
剥落(散落)	边坡表层岩土因受物理风化而成碎块,经常不断地沿坡面滚落,堆于坡脚
塌陷	边坡因冲刷、溶蚀、掏空、采空等原因而引起上覆岩土体下沉
冲刷	边坡的岩土在流水的动力作用下被冲蚀、搬运
潜蚀	边坡因地下活动造成岩土中的细颗粒被带走而引起边坡破坏
泥石流	由暴雨或迅速融化冰雪而形成的急骤水流,挟带堆积在缓坡或山谷中的大量堆积物成为泥石洪流,冲向山前地带
复合破坏	两个或两个以上上述破坏类型的组合

22.3　滑　　坡

边坡上的岩土体在自然或人为的因素影响下失去稳定,沿贯通的破坏面(或带)整体下滑的现象,称为滑坡。它往往是缓慢、长期、间歇性地向下滑动,但也有一些滑坡表现为急剧的运动。滑坡常造成巨大危害,在各类边坡破坏中它是危害性最大、分布最广的一类。例如,1983 年甘肃洒勒山滑坡,3min 内 6000 万 m³ 土体下滑,掩埋了三个村庄,死亡 237 人。又如,1985 年三峡新滩滑坡,3000 万 m³ 土石下滑,200 万 m³ 滑入长江,激起 36m 高的涌浪,毁船 77 条、10 人丧生,新滩古镇也被毁。过去,在建设中由于对滑坡认识不足,有的工程被滑坡摧毁,有的则被迫迁厂或耗费巨资来整治。在山区铁路建设中,如宝成、宝天、鹰厦等线也都花费了大量投资整治滑坡,才保证了线路通畅。所以,在工程建设中怎样认识和防治滑坡,就成为一项重要的任务。

22.3.1　滑坡的形态特征

滑坡具有明显的形态和边界,它是判断滑坡存在和范围的重要依据。图 22.3.1 表示均质滑坡的形态和细部结构,其特征如下:

1)滑坡体　简称滑体,即与母体脱离向下滑动的那部分土石体。滑体在下滑时通常能大体上保持整体性,但在发展的过程中多有不同程度的变形和解体。

2)滑坡床　滑体之下未受滑动的岩(土)体。

3)滑坡面　简称滑面,滑体与滑坡床之间的分界面,也即贯通的破坏面。滑面由于

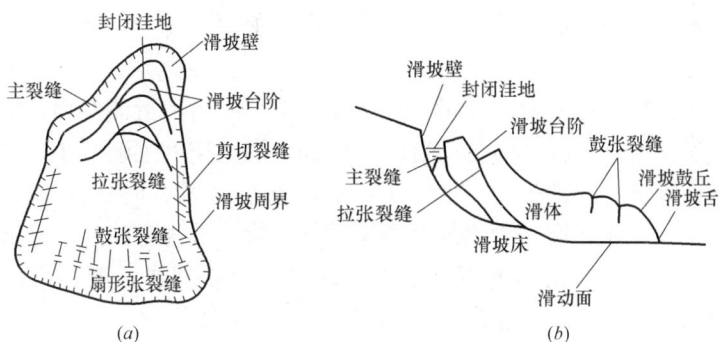

图 22.3.1 滑坡要素分布

(a) 平面图；(b) 剖面图

滑动摩擦，常较光滑且有擦痕。滑面以上受滑动揉皱的土石带称为滑（动）带，其厚度为几厘米至几米。在均匀黏性土和碎石土中，滑面多呈圆弧形；在岩层中，滑面形状受软弱结构面控制，多呈平面形、楔形或折线形。

4）滑坡周界　滑体与其周围未滑动部分在平面上的分界线。它圈定了滑坡的范围，沿滑坡两侧的周界线常会形成冲沟。当冲沟发育很深时，将在滑坡后缘趋向会合，呈现"双沟同源"。这种现象常可用来判定滑坡的存在及侧向边界的位置。

5）滑坡壁　滑坡后部滑下所形成的陡壁。它实际上是滑面的露出部分，平面上多呈圈椅状。壁高数十厘米至数十米，个别可达百米。

6）滑坡台阶　滑体因各级下滑速度和幅度不同而形成的一些台阶。

7）封闭洼地　滑体与滑坡壁之间有时拉开或陷落，形成洼地。它可集水成沼泽或水塘。老滑坡的洼地常被填平。

8）滑坡舌　滑体前缘伸出呈舌状的部分。舌根隆起部分，称为滑坡鼓丘。最前端为滑面出露部分，叫滑坡出口。

9）滑坡裂缝　滑体在滑动时由于各部分受力性质不同，产生不同类型的裂隙系统。一般分为拉张裂缝、剪切裂缝、鼓张裂缝等。

上述滑坡形态特征，也统称为滑坡要素。

22.3.2　滑坡的发育阶段

滑坡的发生和发展经历不同的变化过程，通常可划分为三个阶段：

1. 蠕滑阶段

边坡产生局部破坏面（包括新产生的或沿原有结构面的局部破坏面），后缘出现断续的拉张裂缝并有不大的错距，两侧也出现断续的剪切裂缝，坡脚可能有挤压、渗水现象，但尚未形成贯通的滑动面。

2. 滑动阶段

当滑动面已贯通并有了出口，后部及两侧主裂缝也连通，两侧羽状裂缝已错开，后缘下陷滑坡壁出露，前缘隆起，坡面出现台阶，这时滑坡已处于滑动阶段，滑动速度可明显觉察到。此外，如果坡面长有树木，则树木将会歪斜，形成"醉林"。

在高陡的边坡地带，当滑面很陡且呈脆性破坏时，滑坡能出现剧滑阶段，滑坡的滑动速度很快，后缘裂缝急剧张开、下错，两侧及前缘产生坍塌，滑体能向前滑移较大的距离。滑动时可发出岩石挤压破碎的响声，甚至产生气浪。

3. 稳定阶段

经滑动后，滑体的重心降低，能量消耗于克服滑移阻力和滑体变形，滑带的物质因重新固结而强度有所恢复。这样，滑体的抗滑力增加，滑动速度逐渐减小，滑体在自重压力作用下压密，地面裂缝闭合消失，滑坡趋于稳定。经过一段时间之后，滑坡台阶及滑坡壁变得平缓，壁上生长草木，原来歪斜的树梢又重新长直，成为弯曲的"马刀树"。

滑坡稳定之后，如引起滑动的因素消失或减弱，滑坡就能长期稳定；否则，老（或古）滑坡又能复活，开始新的一轮滑动。

22.3.3 滑坡的分类

滑坡的分类方法很多，现将常用的分类列于表 22.3.1。

滑坡分类表　　　　　　　　　　　　　　　　表 22.3.1

分类依据	分　　类		描　　述
岩性	覆盖层滑坡	黏性土滑坡	发生于平原或浅丘地区黏土层中的滑坡。个体滑坡较小，但常成群出现
		黄土滑坡	黄土塬边缘或峡谷高陡谷坡滑坡规模较大，滑速快，具有崩塌性，破坏力强
		碎石土滑坡	坡积、洪积、残积、泥石流、古滑坡体及人工堆积等所形成的土石层中的滑坡。多沿基岩面滑动，规模较大，滑速慢，地下水较多
		液化滑坡	饱和砂层分布的边坡，地震时因砂层液化而发生滑坡
	岩层滑坡		发生于各类岩层中的滑坡。易发生于页岩、泥岩、泥灰岩、凝灰岩和片岩、千枚岩、板岩等软质岩石中。滑坡多沿层面、断层、节理、片理及泥质夹层等结构面发生
	特殊（岩性）滑坡	融冻土滑坡	多年冻土区每年春夏冻土融化，融冻土沿冻结顶面下滑，滑坡底部含水量大。滑走一层后又会产生，直至滑成缓坡或土层全滑光为止。季节冻土区边坡表层融冻时表层也会下滑，但规模小
		灵敏黏土滑坡	高灵敏度（4~8 或更大）黏土，结构连接被破坏，瞬时丧失强度，产生塑流性滑动。多见于海成黏土和冰碛土中
滑面与结构面关系	均质滑坡（同类土滑坡）		发生于无明显层理的土体或层面、节理不起控制作用的软质岩体及破碎岩体中的滑坡，滑面常呈圆弧形
	顺层滑坡		滑坡沿岩层面或软弱结构面或土岩接触面发生，滑面常呈平坦阶梯状或折线形
	切层滑坡		滑面切过岩层面，滑面形状受结构面的控制
受力状态	牵引式滑坡		沿滑动方向有多级滑坡，前部临空下滑，后部失去支撑相继下滑。前级大，向后逐次变小
	推移式滑坡		沿滑动方向有多级滑坡，后级滑体大先滑，推动前级滑动
滑体厚度	浅层滑坡 中层滑坡 深层滑坡 超深层滑坡		滑体厚度小于 5m 滑体厚度 5~20m 滑体厚度 20~50m 滑体厚度大于 50m

分类依据	分　类	描　　述
滑体规模	小型滑坡 中型滑坡 大型滑坡 超大型滑坡	滑体体积小于 3 万 m³ 滑体体积 3 万～50 万 m³ 滑体体积 50 万～300 万 m³ 滑体体积大于 300 万 m³
滑面形态	平面滑坡	滑面呈平面状,滑体沿基本上平行于坡面的单一结构面滑动
	楔形滑坡	滑面呈楔形,滑体沿两组斜交于坡面的结构面交线滑动
	圆弧形滑坡	滑面近似呈圆柱状,滑体沿坡体最小阻力面滑动
	折线形滑坡	滑面呈折线形,滑体沿同倾向多结构面或覆盖层沿下伏基岩面滑动

22.3.4　产生滑坡的条件

产生滑坡的条件（或因素）十分复杂，归结起来可分为内部条件和外部条件两个方面。实践经验表明：不良的地质条件是产生滑坡的内部条件，而人类的工程活动和水的作用则是触发并发生滑坡的主要外部条件。不具备这些条件，滑坡就不会发生。而在已经发生滑坡的地区，如有可能人为地改变这些条件，滑坡也有可能得以稳定下来。所以，如果能充分地认识和正确分析这些内外条件，因势利导，就能解决好滑坡的防治问题。

1. 滑坡发育的内部条件

产生滑坡的内部条件与组成边坡的岩土的性质、结构、构造和产状等有关。不同的岩土，它们的抗剪强度、抗风化和抗水的能力都不相同，如坚硬、致密的硬质岩，它们的抗剪强度较大，抗风化的能力也较高，在水的作用下岩性也基本没有变化，因此，由它们所组成的边坡往往不容易发生滑坡；反之，如页岩、片岩以及一般的土则恰恰相反，因此，由它们所组成的边坡就较易发生滑坡。从岩土的结构、构造来说，主要是岩（土）层层面、断层面、裂隙等的倾向对滑坡的发育有很大的关系。同时，这些部位又易于风化，抗剪强度也低。当它们的倾向与边坡坡面的倾向一致时，就容易发生顺层滑坡以及在堆积层内沿着基岩面滑动；否则，反之。边坡的断面尺寸与边坡的稳定性也有很大的关系。边坡越陡，其稳定性就越差，越易发生滑动。如果两边坡的坡高和坡长都相同，但一个是放坡到顶，而另一个却是在边坡中部设置一个平台，由于平台对边坡起了反压作用，就增加了该边坡的稳定性。此外，滑坡体要向前滑动，其前沿就必须要有一定的空间；否则，滑坡就无法向前滑动。山区河流的冲刷、沟谷的深切以及不合理的大量切坡，都能形成高陡的临空面，而为滑坡的发育提供了良好的条件。总之，当边坡的岩性、构造和产状等有利于滑坡的发育，并在一定的外部条件下引起边坡的岩性、构造和产状等发生变化时，就能发生滑坡。

实践表明：在下列不良地质条件下往往容易发生滑坡，如：

（1）当较陡的边坡上堆积有较厚的土层，其中有遇水软化的软弱夹层或结构面；

（2）当斜坡上有松散的堆积层，而下伏基岩不透水且岩面倾角大于 20°时；

（3）当松散堆积层下的基岩是易于风化或遇水会软化时；

（4）当地质构造复杂，岩层风化破碎严重，软弱结构面与边坡的倾向一致或交角小于

45°时；

（5）当黏土层中网状裂隙发育，并有亲水性较强的（如伊利石、蒙脱石）软弱夹层时；

（6）原古滑坡、老滑坡地带可能因工程活动而引起复活时等等。

如前所述，仅仅具备上述内部条件，还只是具备了滑坡的可能性，而还不足以立即发生滑坡，必须有一定的外部条件的诱导和触发，才能使滑坡发生。

2. 滑坡发育的外部条件

主要有水的作用，不合理的开挖和坡面上的加载、振动、采矿等，而又以前两者为主。

调查表明，90%以上的滑坡与水的作用有关。水来源于大气降水、地表水、地下水、农田灌溉的渗水、高位水池和排水管道等的漏水等。一旦水进入边坡岩（土）体内，它将增加岩土的重度和起软化作用，降低岩土的抗剪强度，产生静水压力和动水力，冲刷或潜蚀坡脚，当地下水在不透水层顶面上汇集成层时，它还对上覆地层产生浮力等。总之，它将改变组成边坡的岩土的性质、状态、结构和构造等。因此，不少滑坡的旱季原来接近于稳定，而一到雨季就急剧活动，形成"大雨大滑，小雨小滑，无雨不滑"，生动地说明了雨水和滑坡的关系。贵州省曾调查了 24 个滑坡，其中有 14 个是在雨季或暴雨时发生的。

山区建设中，还常由于不合理的开挖坡脚或不适当的在边坡上弃土、建造房屋或堆置材料，以致破坏边坡的平衡条件而发生滑动。

振动对滑坡的发生和发展也有一定的影响，如大地震时往往伴有大滑坡发生，例如，2008 年 5 月 12 日汶川 8 级大地震，造成山区土石边坡发生多处大小不等的崩塌、滑坡，滑坡体堵塞河道，形成堰塞湖达 34 处之多。大爆破有时也会触发滑坡。

22.3.5 滑坡稳定性计算

滑坡稳定性计算，目的在于判定滑坡的稳定程度，为处理滑坡提供依据。计算的方法有极限平衡法、有限单元法和概率法，其中极限平衡法是最基本的方法。下面将介绍这种方法。

在进行计算时假定：

（1）滑体为一刚性体，不考虑滑体本身的变形；

（2）当稳定系数 $K_{st}=1$ 时，滑体处于极限状态。

按滑坡滑面的形态，有平面滑动、楔形滑动、圆弧形滑动和折线形滑动。其中，除楔形滑动外，其余三种一般皆按平面问题考虑。

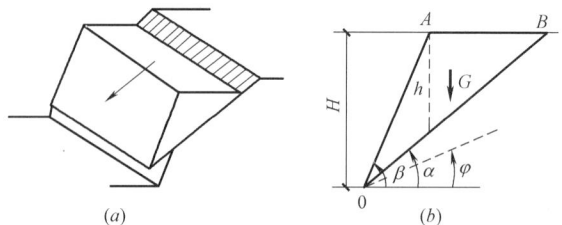

图 22.3.2　无张裂缝的平面滑坡

（a）立体图；（b）剖面图

1. 平面滑动

当坡体内结构面的走向基本上平行于坡面、结构面倾角小于坡角且大于其摩擦角时，易发生平面滑动。

1）当坡顶和坡面无张裂缝时（图 22.3.2），滑坡的稳定系数 K_{st} 等于：

$$K_{st}=\frac{G\cos\alpha\tan\varphi+cA}{G\sin\alpha}$$

（22.3.1）

974

式中 $G=\dfrac{1}{2}\gamma h\dfrac{H}{\sin\alpha}\cos\alpha$，代入式（22.3.1）简化后得：

$$K_{st}=\frac{\tan\varphi}{\tan\alpha}+\frac{4c}{\gamma h\sin2\alpha}\qquad\qquad(22.3.2a)$$

式中 G——滑体的重量；

　　　h——滑体的厚度；

　　　α——滑面的倾角；

　　　A——单宽滑面面积；

　　　γ——滑体物质的重度；

　　　φ——滑面摩擦角；

　　　c——滑面黏聚力。

2）当坡顶（或坡面）出现张裂缝且滑体相对不透水时，裂缝中的水将产生水压力（图 22.3.3），K_{st}等于：

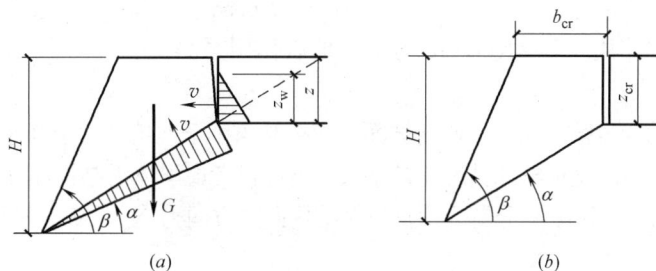

图 22.3.3　坡顶有张裂缝的平面滑坡

$$K_{st}=\frac{(G\cos\alpha-u-\upsilon\sin\alpha)\tan\varphi+cA}{G\sin\alpha+\upsilon\cos\alpha}\qquad\qquad(22.3.3)$$

式中 u——单宽滑面承受的总空隙水压力；

　　　υ——单宽后缘拉裂面承受的总空隙水压力。

根据图 22.3.3（a），式中

$$A=(H-z)\mathrm{cosec}\alpha\qquad\qquad(22.3.4)$$

$$u=\frac{1}{2}\gamma_{w}z_{w}(H-z)\mathrm{cosec}\alpha\qquad\qquad(22.3.5)$$

$$\upsilon=\frac{1}{2}\gamma_{w}z_{w}^{2}\qquad\qquad(22.3.6)$$

$$G=\frac{1}{2}\gamma H^{2}\{[1-(z/H)^{2}]\cot\alpha-\cot\beta\}\qquad\qquad(22.3.7)$$

张裂缝的位置和深度可以从地质剖面图中确定。有困难时，可按下面的方法估算。

当边坡为干的或接近于干的时，式（22.3.3）中的 u 和 υ 为 0，公式变为：

$$K_{st}=\frac{\tan\varphi}{\tan\alpha}+\frac{cA}{G\sin\alpha}\qquad\qquad(22.3.2b)$$

代入 G 值，并对上式的右边求极小值，可求得张裂缝的临界深度（参看图 22.3.3b）：

$$z_{cr}=H(1-\sqrt{\tan\alpha\cot\beta})\qquad\qquad(22.3.8)$$

张裂缝的相应位置为：

$$b_{cr} = H(\sqrt{\cot\alpha\cot\beta} - \cot\beta) \qquad (22.3.9)$$

3）如果滑体透水且受地下水渗流作用时，则应考虑渗流力对稳定的影响（图 22.3.4）。通常，假定渗流力的作用方向平行于滑面，则 K_{st} 为：

$$K_{st} = \frac{(A_1\gamma + A_2\gamma')\cos\alpha\tan\varphi + cA}{(A_1\gamma + A_2\gamma')\sin\alpha + j} \qquad (22.3.10)$$

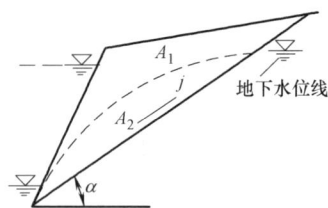

图 22.3.4　渗流力对滑体的作用

式中　A_1、A_2——地下水位以上及以下滑体的面积；

　　　　j——渗流力（见第 4 章）；

　　　　γ'——滑体岩土的浮重度。

4）在地震区需考虑地震的作用，K_{st} 等于：

$$K_{st} = \frac{(G\cos\alpha - P\sin\alpha)\tan\varphi + cA}{G\sin\alpha + P\cos\alpha} \qquad (22.3.11)$$

式中　P——地震作用，$P = KG$，K 为水平地震作用系数。

2. 楔形滑动

当岩质边坡的两组结构面交线倾向坡面、交线倾角小于坡角且大于其摩擦角时，易发生楔形滑动（图 22.3.5a）。这种滑动情况比较复杂，下面仅考虑滑体沿结构面交线滑动的情况。

将图 22.3.5（b）中的 N 分解为垂直于两结构面的方向力 N_a、N_b，按静力平衡条件：

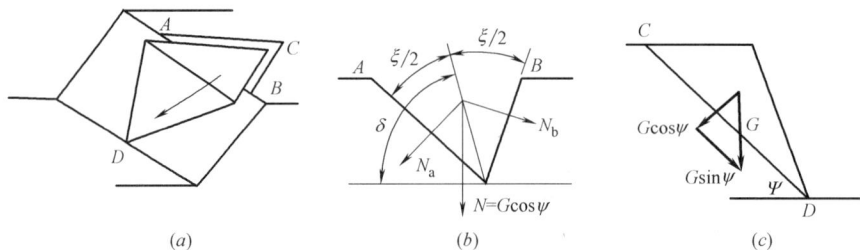

图 22.3.5　楔形滑坡

（a）立体图；（b）垂直交线视图；（c）沿交线视图

$$N_a\sin\left(\delta - \frac{1}{2}\xi\right) = N_b\sin\left(\delta + \frac{1}{2}\xi\right)$$

$$N_a\cos\left(\delta - \frac{1}{2}\xi\right) - N_b\cos\left(\delta + \frac{1}{2}\xi\right) = G\cos\psi$$

将以上两式联合求解，得：

$$N_a = \frac{G\cos\psi\sin\left(\delta + \frac{1}{2}\xi\right)}{\sin\xi} \qquad (22.3.12)$$

$$N_b = \frac{G\cos\psi\sin\left(\delta - \frac{1}{2}\xi\right)}{\sin\xi} \qquad (22.3.13)$$

楔体的稳定系数 K_{st} 等于：

$$K_{st} = \frac{N_a\tan\varphi_a + N_b\tan\varphi_b + c_aA_a + c_bA_b}{G\sin\psi} \qquad (22.3.14)$$

式中 φ_a、c_a——面 A 的摩擦角和黏聚力；

$\quad\quad\varphi_b$、c_b——面 B 的摩擦角和黏聚力；

$\quad\quad A_a$、A_b——面 A 和面 B 的面积；

$\quad\quad\quad G$——楔体重量。

其余符号见图 22.3.5。

结构面交线的方位角 α_{ab} 和倾角 ψ_{ab} 可用以下公式求得：

$$\alpha_{ab}=\tan^{-1}\frac{\cos\alpha_b\tan\psi_b-\cos\alpha_a\tan\psi_a}{\sin\alpha_a\tan\psi_a-\sin\alpha_b\tan\psi_b}\qquad(22.3.15)$$

$$\psi_{ab}=\tan^{-1}\left[\cos(\alpha_{ab}-\alpha_a)\tan\psi_a\right]$$
$$=\tan^{-1}\left[\cos(\alpha_{ab}-\alpha_b)\tan\psi_b\right]\qquad(22.3.16)$$

式中 α_a、ψ_a——面 A 的方位角和倾角；

$\quad\quad\alpha_b$、ψ_b——面 B 的方位角和倾角。

3. 圆弧形滑动

对于均匀土质边坡、节理发育的岩质边坡或弃石堆边坡，易发生旋转破坏，滑面呈圆弧形。这类滑坡稳定分析最常用的方法是条分法，这种方法在第 10 章土坡稳定分析中已作了详细介绍，这里不再重复。下面介绍一种核算滑坡滑动后，滑体当前所处稳定状况的反算法——综合 c 值法。

该法是将滑坡纵剖面恢复到原有状态，并假定此时坡体处于极限平衡状态（稳定安全系数 $K_{st}=1$），滑面的抗剪强度以黏聚力为主，据此求取已知滑面的综合黏聚力 $c_{综合}$值。然后，将 $c_{综合}$值代入目前状态滑体的稳定性计算式中，求 K_{st}值（图 22.3.6）：

$$K_{st}=\frac{G_2d_2+c_{综合}lR}{G_1d_1}\qquad(22.3.17)$$

式中 G_1、G_2——通过滑弧圆心铅垂线至 OO' 两侧的滑体重；

$\quad\quad d_1$、d_2——OO' 两侧滑体重心至 OO' 的距离；

$\quad\quad\quad l$——滑弧长度；

$\quad\quad\quad R$——滑弧半径。

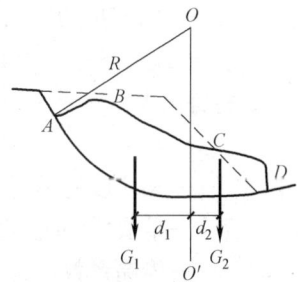

图 22.3.6　综合 c 值法计算
滑坡稳定性示意图

上述计算，对于滑带物质为黏性土，滑动过程中孔隙水压力不易消散时，才较准确（$\varphi=0$）。当滑带由粗碎屑组成，滑动时易排水，则可认为 $c\approx0$，采用综合 φ 值法求 $\tan\varphi_{综合}$，再代入滑动后的滑体稳定计算式，验算其相对稳定程度。

4. 折线形滑动

当岩体沿同倾向多结构面或堆积土层沿下伏基岩面发生滑动时，滑面常呈折线形（图 22.3.7）。此类滑坡的稳定性多采用传递系数法计算。本公式应用于覆盖层滑坡计算，较为切合实际。

计算时按滑面折线转点将滑体分块，并假定：

（1）每一块段的滑面为一直线；

（2）各块段滑动推力的作用方向平行于相应各块段的滑面，其作用点位于两块段分界

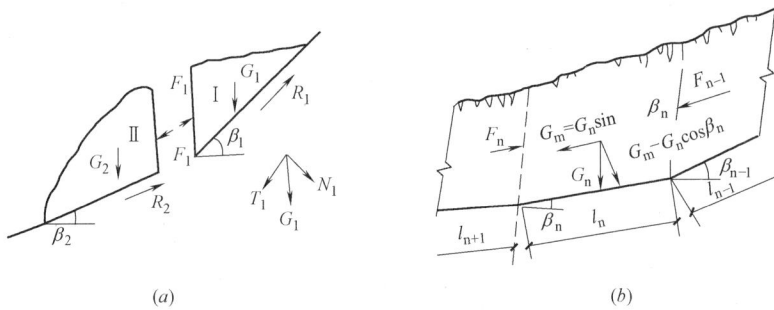

图 22.3.7　折线形滑坡稳定性和推力计算示意图

面的中点。

每一块段的剩余下滑力为：

某块段的剩余下滑力＝该块段的下滑力×K_{st}—该块段的抗滑力

图 22.3.7（a）第一块段的剩余下滑力为：

$$F_1 = T_1 K_{st} - (N_1 f_1 + c_1 A_1) = K_{st} T_1 - R_1 \tag{22.3.18}$$

第二块段的剩余下滑力为：

$$F_2 = \left[F_1 \cos(\beta_1 - \beta_2) + T_2 \right] K_{st} - \left[N_2 f_2 + c_2 A_2 + F_1 \sin(\beta_1 - \beta_2) f_2 \right]$$

上式整理后得：

$$F_2 = K_{st} T_1 + F_1 \left[\cos(\beta_1 - \beta_2) - \sin(\beta_1 - \beta_2) f_2 \right] - (N_2 f_2 + c_2 A_2)$$

令 $\psi_1 = \cos(\beta_1 - \beta_2) - \sin(\beta_1 - \beta_2) f_2$

上式简化为：

$$F_2 = K_{st} T_2 + F_1 \psi_1 - R_2 \tag{22.3.19}$$

式中　T——某块段的下滑力 T_1、T_2 为第一块段及第二块段的下滑力；

　　　R——某块段的抗滑力；

　　　ψ——传递系数，ψ_1 为第一块段传至第二块段的传递系数；

f，c——某块段滑面的摩擦系数和黏聚力。

将式（22.3.18）代入式（22.3.19）得：

$$F_2 = (K_{st} T_1 - R_1) \varphi_1 + K T_2 - R_2$$
$$= K_{st}(T_1 \psi_1 + T_2) - (R_1 \psi_1 + R_2)$$

如果滑坡有几块段，则：

$$F_3 = K_{st}(T_1 \psi_1 \psi_2 + T_2 \psi_2 + T_3) - (R_1 \psi_1 \psi_2 + R_2 \psi_2 + R_3) \cdots\cdots$$
$$F_n = K_{st}(T_1 \psi_1 \psi_2 \cdots\cdots \psi_{n-1} + T_2 \psi_2 \cdots\cdots \psi_{n-1} + \cdots\cdots T_{n-1} \psi_{n-1} + T_n) -$$
$$- (R_1 \psi_1 \psi_2 \cdots\cdots \psi_{n-1} + R_2 \psi_2 \cdots\cdots \psi_{n-1} + \cdots\cdots + R_{n-1} \psi_{n-1} + R_n)$$

令 $F_n = 0$，并用连乘号 Π 及总和符号 Σ 表示，得：

$$K_{st} = \frac{\displaystyle\sum_{i=1}^{n-1} \left(R_i \prod_{j=i}^{n-1} \psi_j \right) + R_n}{\displaystyle\sum_{i=1}^{n-1} \left(T_i \prod_{j=i}^{n-1} \psi_j \right) + T_n} \tag{22.3.20}$$

式中　$\psi_j = \cos(\beta_i - \beta_{i-1}) - \sin(\beta_i - \beta_{i+1}) \tan\varphi_{i+1}$

$$\prod_{j=i}^{n-1}\psi_j = \psi_i\psi_{i+1}\psi_{i+2}\cdots\cdots\psi_{n-1}\circ$$

总之，在进行滑坡稳定计算时，应注意以下几点：

1）按滑坡滑面形态区分出平面滑动、楔形滑动、圆弧形滑动和折线形滑动，选用相应的计算公式；

2）宜根据测试成果、反算法和当地经验，综合确定岩土的强度指标；

3）当有地下水时，计算应计入浮托力和水压力；

4）当有地震、冲刷、人类活动等影响因素时，尚应考虑这些因素对稳定的影响；

5）此外，当有局部滑动可能时，除验算整体稳定外尚应验算局部滑体的稳定。

22.3.6 边坡稳定系数取值

边坡稳定系数 K_{st} 的取值涉及的因素较多，包括勘察资料的准确性和完整程度、工程规模与破坏后所造成的后果、施工控制的不可靠性、设计参数的取值等。编者曾查阅多种文献，重要的有：霍克（E. Hoek）等人认为，在大部分采矿条件下短期保持稳定的边坡 K_{st} 取 1.30，永久的边坡 K_{st} 取 1.50；李（I. K. Lee）等人提出，边坡常用的 K_{st} 取值范围为 1.20～3.0；吉德内（G. S. Gedney）等人提出，公路工程边坡设计 K_{st} 取值一般在 1.25～1.50 范围内；中国香港《边坡岩土工程手册》提出，有高的经济和生命风险的边坡 K_{st} 取 1.40，另外在有较差的地下水条件下 K_{st} 再考虑 1.10；《水利水电工程地质手册》认为，土质边坡 K_{st} 值不小于 1.20～1.30，岩质边坡不小于 1.30～1.50；《建筑地基基础设计规范》GB 50007 提出对甲级建筑物宜取 1.25，乙级建筑物宜取 1.15，丙级建筑物宜取 1.05 等。综合上述资料，边坡稳定系数 K_{st} 的取值：

1）新设计的边坡、重要工程边坡，K_{st} 宜取 1.30～1.50，岩质边坡宜取大值；

2）一般工程 K_{st} 宜取 1.15～1.30；

3）次要工程 K_{st} 宜取 1.05～1.15。

当边坡采用峰值抗剪强度参数设计时，K_{st} 取大值；采用残余强度时，K_{st} 取小值。验算已有边坡稳定时，K_{st} 可采用 1.10～1.25。

22.3.7 滑坡推力计算实例

在实际工程中，通常直接计算滑坡的剩余下滑力。第 n 块（图 22.3.7b）剩余下滑力为：

$$F_n = F_{n-1}\psi + K_{st}G_{nt} - G_{nn}\tan\varphi_n - c_nl_n \tag{22.3.21}$$

$$\psi = \cos(\beta_{n-1}-\beta_n) - \sin(\beta_{n-1}-\beta_n)\tan\varphi_n \tag{22.3.22}$$

式中 K_{st}——滑坡推力安全系数，一般取 1.05～1.25。取值的大小取决于工程的重要性和对滑坡认识的准确程度等因素。对于甲级建筑物取 1.25，乙级建筑物取 1.15，丙级建筑物取 1.05。对滑坡认识程度较高的，可考虑取低值；对滑坡认识程度较差的，可取高值；对于岩质边坡，宜取高值。

计算滑坡推力的具体做法是：从上而下逐块计算各块的剩余下滑力，逐块下传，一直传到支挡结构或滑体的最后一块，就可得出支挡结构所承受的滑坡推力或滑坡的最终推力。在计算过程中，当任何一块的剩余下滑力为零或负值时，说明该块以前部分不存在滑坡推力，应从下一块重新开始累计。

当最后一块滑体的剩余下滑力为负值或零时，表示整个滑体是稳定的；如为正值，则为不稳定，应按此设计支挡结构。当滑体具有多层滑面（带）时，应取推力最大的面（带）确定推力。

由于滑坡实际上不是一个平面问题，因此在判断滑坡的稳定性和计算支挡结构所承受的滑坡推力时，一般应选择几个平行于滑动方向并具有代表性的断面，通常不得少于两个，其中一个应是滑动速度最快的主滑断面。根据不同断面的推力，设计相应的支挡结构。

[例题 22.3.1]　某电站主厂房滑坡系残积、坡积土层沿下伏基岩（黏土岩）表面风化层滑动，滑坡剖面如例图 22.3.1 所示。经工程地质勘察，取 $K_{st}=1.10$，$\varphi=18°$，$c=13kPa$，求最终推力。

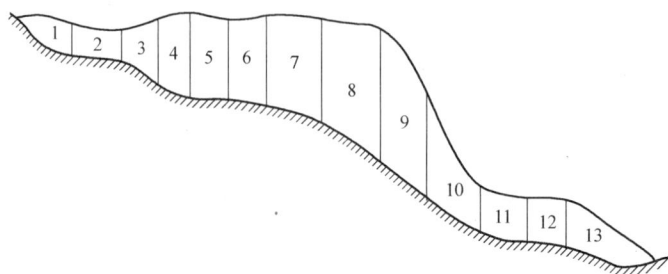

例图 22.3.1　某滑坡剖面图

[解]　按式（22.3.21）和式（22.3.22）计算 F_n。

计算结果详见例表 22.3.1，得最终推力 $F_{13}=129.9kN/m$。

从滑坡推力的计算中可见，滑面上岩土抗剪强度指标的正确选用是个关键问题，滑坡绝大多数（约 90% 以上）发生在堆积层中，基本上以土为主，而岩层滑坡多沿软弱结构面滑动，后者风化破碎，其性质也接近于土。所以，用来测定抗剪强度指标的试样以土为主，只在个别情况下才做岩石试验。试验方法主要有野外原位大型剪切试验和室内三轴压缩或应变式直剪试验，但总的要求是试验条件力求能模拟滑坡滑动时的实际受力情况。滑面（带）上的岩土如为不能进行室内试验的非均质土（如角砾土）、岩土接触面或岩体中的软弱结构面，宜进行原位大型直剪；如为有裂隙的黏性土，宜采用三轴快剪。按滑面的情况来说，当滑面明显或埋藏浅时，宜采用野外或室内的滑面重合剪（要求试样沿滑动方向剪切）；当滑面不明显或埋藏深时，则采用室内重塑土多次剪，以求得残余抗剪强度（这是鉴于滑坡已经或曾多次发生滑动，滑面上的土已经或曾达到残余抗剪强度），试验方法宜采用不排水剪；如滑面处土的含水量较大或估计今后还会有浸水可能时，用浸水饱和快剪。至于抗剪强度的取值，过去一般多采用峰值强度，但实践表明它往往偏于不安全；而采用残余强度，则又过于保守。因此，宜根据工程实际情况，在峰值与残余值之间选取。

例表 22.3.1

滑块顺序	滑块面积(m²)	G_n (kN)	β_n	G_{nt} (kN)	G_{nn} (kN)	$G_{nn}\tan\varphi$ (kN)	l_n (m)	$C_n l_n$ (kN)	$K_{st}G_{nt}$ (kN)	F_n (kN/m)	ψ	ψF_{n-1} (kN/m)
1	3.74	83.0	11°20′	16.3	81.5	26.5	2.8	36.5	17.9	−45.1	1.02	0
2	3.50	78.1	16°	21.5	75.1	24.4	2.5	32.5	23.6	−33.3	1.05	0
3	4.70	97.7	32°	51.7	82.8	27.0	2.0	26.0	57.0	4.0	0.91	3.6

滑块顺序	滑块面积(m²)	G_n(kN)	β_n	G_{nt}(kN)	G_{nn}(kN)	$G_{nn}\tan\varphi$(kN)	l_n(m)	$C_n l_n$(kN)	$K_{st}G_{nt}$(kN)	F_n(kN/m)	ψ	ψF_{n-1}(kN/m)
4	5.17	111.3	19°30′	37.2	105.0	34.1	1.6	20.8	41.0	−10.3	0.93	0
5	7.01	149.6	10°	26.0	147.0	47.8	1.9	24.7	28.6	−43.0	1.05	0
6	8.00	169.1	23°20′	67.0	155.2	50.2	2.0	26.0	73.7	−2.5	1.04	0
7	11.83	249.7	33°30′	137.0	207.0	67.0	2.7	35.1	151.0	48.9	1.03	50.4
8	16.24	243.7	39°20′	217.0	265.0	86.0	3.3	43.0	239.0	160.4	1.00	160.4
9	12.78	278.2	39°40′	177.9	214.0	69.6	2.9	37.6	196.0	249.2	0.90	224.3
10	7.38	161.4	26°30′	72.1	144.0	46.8	2.9	37.6	79.3	219.2	0.91	199.5
11	4.00	87.1	14°40′	22.0	84.2	27.4	2.0	26.0	24.2	170.3	0.96	163.5
12	3.64	79.6	8°	11.2	79.0	25.7	1.5	19.5	12.3	130.6	1.05	137.1
13	7.33	160.5	25°	67.8	145.2	47.0	2.5	32.5	74.8	132.4		

22.3.8 滑坡的预防

滑坡会造成严重的工程事故，因此，在建设中应对滑坡采取预防为主的方针，在勘察、设计、施工和使用中都要采取必要的措施，预防滑坡的发生。经验表明：对滑坡采取简易的预防措施，其所费人力、物力往往要比发生滑坡后再设法整治节省很多。

在建设场区内，对于有可能形成滑坡的地段必须注意以下几个方面，并采取可靠的预防措施，防止滑坡发生。

1）加强勘察工作，对拟建场地（包括边坡）的稳定性进行认真的分析和评价，特别是要注意到由于工程活动对场地工程地质条件的改变以及对边坡稳定性所引起的影响。厂址和线路一定要选在边坡稳定的地段。

对具备滑坡形成条件的或存在有古、老滑坡的地段，如估计到它们确有可能因施工或其他原因而触发滑坡，则一般不应作建筑场地；否则，应采取必要的措施加以预防。如贸然上去，势必会造成不良甚至严重后果。

2）生产建设过程中，应尽量避免造成触发滑坡的外因。如总图布置时应尽量利用原有的地形条件，因地制宜，避免大挖大填，以致破坏场地及边坡的稳定性。

施工过程中，应尽可能先做好室外排水和边坡的保护工程。

"治山先治水"，为了预防滑坡，应认真做好排水工作（包括地表水和地下水）。应尽可能保持场地的自然排水系统，并进行必要的整修和加固，防止渗水。截水沟的坡度要大于天然边坡的坡度，并做好防渗处理，加强维护和勤于疏通。地表的天然植被要尽可能保护和培育；对于疏松或有大量裂缝的坡面应平整夯填，防止渗水。

开挖边坡时，如发现有滑动迹象应避免继续刷坡，并尽快采用恢复原边坡平衡的措施。为了预防滑坡，当在地质条件良好、岩土性质比较均匀的地段开挖时，对高度在25m以下的岩石边坡或高度在10m以下的土质边坡，其最大允许坡度值可按表22.3.2和表22.3.3确定。但是，当：

（1）地下水比较发育或具有软弱结构面的倾斜地层；

（2）岩层面或主要节理面的倾向与边坡的开挖方向相同，并且两者走向的夹角小于

45°时，边坡的允许坡度应另行设计。开挖工作宜从上到下依次进行，严禁先挖坡脚。要尽量分散处理弃土，如必须在坡顶或坡腰上大量堆置时，应验算边坡的稳定性。为了防止风化、剥蚀、渗水和冲刷等对边坡稳定性的影响，对容易风化的岩石坡面，宜采用抹面、水泥砂浆喷浆或浆砌块石等；对易受冲刷的土质坡面，宜种植被或压实，并防止在影响边坡稳定的范围内积水。

岩质边坡允许坡度值　　　　　　　　　　　　　　表 22.3.2

岩石质量等级	坡高小于 5m	坡高 5～15m	坡高 15～25m
Ⅰ	1：0.005～1：0.1	1：0.005～1：0.15	1：0.1～1：0.2
Ⅱ	1：0.005～1：0.15	1：0.1～1：0.2	1：0.2～1：0.35
Ⅲ	1：0.1～1：0.2	1：0.2～1：0.35	1：0.3～1：0.45
Ⅳ	1：0.2～1：0.35	1：0.3～1：0.45	—
Ⅴ	1：0.3～1：0.45	—	—

注：1. 岩质边坡稳定性与结构面的产状密切有关，在确定坡度值时应仔细分析不同产状结构面对边坡稳定的影响，慎重考虑。
　　2. 岩石质量等级参看第 2 章表 2.7.5。

土质边坡允许坡度值　　　　　　　　　　　　　　表 22.3.3

边坡土体类别	状态或时代	允许坡度值（高宽比）		
		坡高小于 5m	坡高 5～10m	
碎石土	密实	1：0.35～1：0.50	1：0.50～1：0.75	
	中密	1：0.50～1：0.75	1：0.75～1：1.00	
	稍密	1：0.75～1：1.00	1：1.00～1：1.25	
黏性土	坚硬	1：0.75～1：1.00	1：1.00～1：1.25	
	硬塑	1：1.00～1：1.25	1：1.25～1：1.50	
粉土	饱和度小于 50	1：1.00～1：1.25	1：1.25～1：1.50	
	地质年代	坡高小于 5m	坡高 5～10m	坡高 10～15m
黄土	次生黄土 Q_4	1：0.50～1：0.75	1：0.75～1：1.00	1：1.00～1：1.25
	马兰黄土 Q_3	1：0.30～1：0.50	1：0.50～1：0.75	1：0.75～1：1.00
	离石黄土 Q_2	1：0.20～1：0.30	1：0.30～1：0.50	1：0.50～1：0.75
	午城黄土 Q_1	1：0.10～1：0.20	1：0.20～1：0.30	1：0.30～1：0.50

注：1. 本表不适用于新近堆积黄土；
　　2. 表中碎石土的充填物为坚硬或硬塑状态的黏性土、粉性土，对于砂土或充填物为砂土的碎石土，其边坡坡度允许值均应按自然休止角确定。

　　在那些不可能按最大允许坡度进行挖方的地段，应在挖方后尽快采取支护、修截水沟等措施，以稳定边坡。对于高而陡的边坡宜分段设置平台，做成台阶式，如图 22.3.8 所示。平台宽度一般为 1.5～3.0m，并挖明沟排水。

　　在边坡附近进行爆破时，要注意它对边坡稳定性的影响。

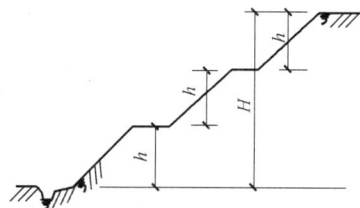

图 22.3.8　台阶式边坡

填方前，应先去掉草皮和松软土层，挖成台阶，而后由坡脚往上逐级堆填并分层夯实。

3）加强维护，边坡的稳定性与勘察、设计、施工和使用都有密切关系。四者必须配合，做好各阶段的预防工作。即使目前稳定的边坡，但随着自然及人为条件的发展和变化，也可能有新的情况发生，触发滑坡。因此，要随时注意养护，加强维修，必要时进行长期监测。

22.3.9 滑坡的整治

滑坡发生后，应深入了解形成滑坡的内、外部条件以及这些条件的变化。对诱发滑坡的各种因素应分清主次，采取相应的措施，使滑坡最终趋于稳定。由于滑坡的发生总有一个过程，因此，在其活动初期如能立即根治就比较容易，收效也显著。对于规模较大而难于整治的滑坡，应在选址时尽量避开。

整治滑坡主要用排水、支挡、减重和护坡等措施，综合处理。个别情况下，也有采用疏干、电渗排水、爆破灌浆、化学加固或焙烧等方法，来改善滑带岩土的性质，以稳定边坡。

如滑坡由切割坡脚而引起，则以支挡为主，然后按具体情况，辅以排水、减重等措施。如滑坡因水而引起，则应以治水为主，辅以适当的支挡措施。

对小型滑坡，一般通过地表排水、坡面整平、裂缝夯填等措施就能见效；对中型滑坡，则需采用支挡、减重、排除地下水等措施；对大型滑坡，则往往要综合整治，主要有支挡结合支撑盲沟、减重结合支挡等措施。

现对整治滑坡的主要措施扼要介绍如下：

1. 排水

就是排除滑坡范围内外的地表水和地下水。滑坡的发生和发展都与水的作用有关，所以排水措施对于整治各种类型的滑坡都是首要的。但应针对具体情况，相应采取不同的排水原则和方法。

1）对滑坡范围外的地表水，应采取拦截旁引的原则，修筑一条或多条环形的截水沟。截水沟应设在滑坡可能发展的边界约 5m 以外。沟一般用浆砌片石做成，壁厚 20～30cm，沟底及沟壁应用水泥砂浆或三合土抹面，防止渗漏。有条件时，也可利用天然沟来布置排水系统。

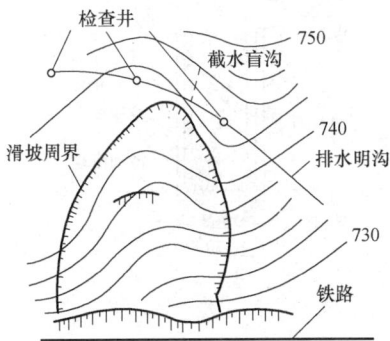

图 22.3.9　截水盲沟的布置

为了拦截滑坡外丰富的地下水，常采用截水盲沟，多修筑在滑坡可能发展的范围以外约 5m 的稳定地段中，并与地下水的流向相正交，布置成折线或环状，如图 22.3.9 所示。为了便于施工，沟底宽度不小于 1.0m。沟的背水面设置黏土或浆砌片石隔水层，厚度一般为 0.3～0.5m，以防止地下水透过盲沟后再渗入滑体内；迎水面应设置厚约 0.3m 的粗砂反滤层。沟底用浆砌块石筑成凹槽形，厚度不小于 0.3m，一般应埋入最深含水层以下的不透水层或基岩内，沟底的纵向坡度不小于 4%～5%。沟内用碎石、卵石或粗砂等作为填料，以利

983

排水。为了维修和疏通的需要，在直线段每隔 30～50m 和沟的转折点、变坡点处设置检查井（图 22.3.9）。

2）对滑坡范围内的地表水，应以采取防渗和汇集并引出滑坡范围外为原则。对天然坡面要整平夯实（包括裂缝处理，必要时用黏土水泥砂浆封口），防止积水下渗。要充分利用天然沟谷布置成树枝状排水系统，主沟应与滑坡的滑动方向大体一致，如图 22.3.10 所示。排水沟每隔 20～30m 一条，用浆砌片石砌筑，厚约 20～30cm。

对于滑体内的地下水，应以疏干和引出为原则，一般采用支撑盲沟（同时起支撑滑体的作用）。根据地下水的流向和分布，确定沟的位置，它往往设置在地下水露头和由于土中水而形成坍塌的地方，并

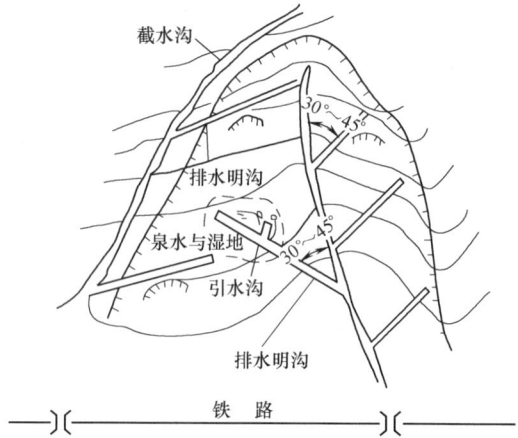

图 22.3.10 排水明沟的布置

沿滑坡的滑动方向修筑成 IYI、YYY 和 III 形。支沟可伸出滑坡范围以外，以拦截地下水，其间距视土质情况采用 6～15m，如图 22.3.11 所示。支撑盲沟的断面见图 22.3.12。

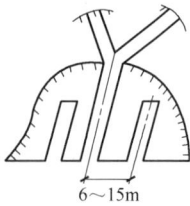

图 22.3.11 盲沟平面布置

沟深一般从 2m 到十几米，宽度视抗滑要求和施工方便而定，沟底一般设置在滑动面以下 0.5m 的稳定地层中，并修成 2%～4% 的纵向坡度，以利排水。

至于河岸边坡前缘因受流水冲刷而发生滑坡时，一般可在上游修筑丁坝，迫使水流偏向对岸，并在边坡前缘用抛石、铺设石笼等措施，避免使坡脚进一步受河水冲刷。当山沟沟谷因河水冲刷而发生滑坡时，常在下游修筑堤坝，防止冲刷，并利用淤积物质稳定坡脚。

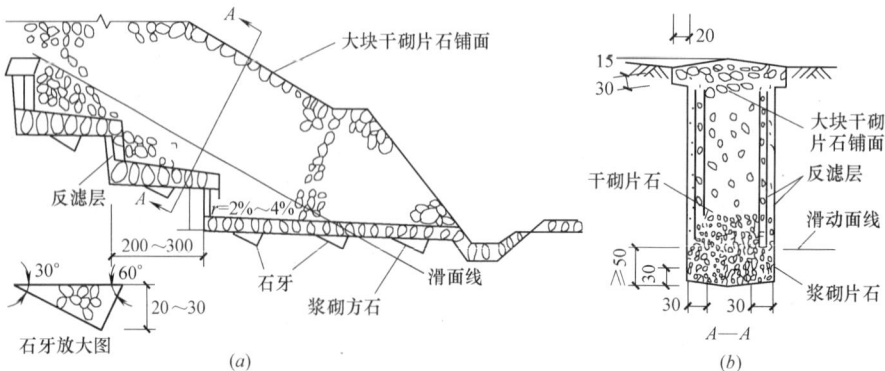

图 22.3.12 支撑盲沟

(a) 纵断面；(b) A-A 断面

2. 支挡

根据滑坡推力的大小，可选用抗滑挡墙、抗滑桩等支挡结构，并常与排水、减重等措施结合使用。

1）抗滑挡墙 是目前整治滑坡中应用最广而又较为有效的措施之一，其优点是破坏山体平衡少、收效快，但应用时必须弄清滑坡的性质（牵引式滑坡还是推移式滑坡，用于前者）、滑面的层数和位置、滑坡推力等情况，以免失效。抗滑挡墙一般多用重力式。墙背所受的土压力就是滑坡推力，一般都大于按库仑土压力理论所计算得出的主动土压力值（但是，对中、小型滑坡，如算得的滑坡推力不大，还应与主动土压力相比较，取其中较大值进行设计），它的作用点约在滑体厚度的 1/2 处，其作用方向与墙后较长一段滑面的方向平行。因此，重力式抗滑挡墙的体形具有矮胖、胸坡平缓（常用 1：0.3～1：0.5）等特点。为了增加墙的抗滑能力，对土质地基，基础底面常做成 1：0.1～1：0.15 的逆坡；对岩石地基，则常把基础做成 1～2 个台阶。挡墙的埋置深度应在滑面以下，并深入完整的岩层面以下不小于 0.5m，稳定土层面以下不小于 2m。确定墙高时还应通过验算，以保证滑体不致从墙顶滑出。墙身应设置泄水孔，以排除地下水。墙的施工宜在旱季进行。一般情况下，不允许在滑坡下部全段开挖地基（特别在雨季），应从滑坡两边向中间分段跳槽进行，以免引起滑坡滑动或使墙的已完成部分被推倒。

2）抗滑锚杆（或锚索） 是用锚杆（索）将滑体锚固在稳定层上（图 22.3.13）。如对锚杆（索）施加预应力，提高抗滑面上的正应力，则效果更显著。

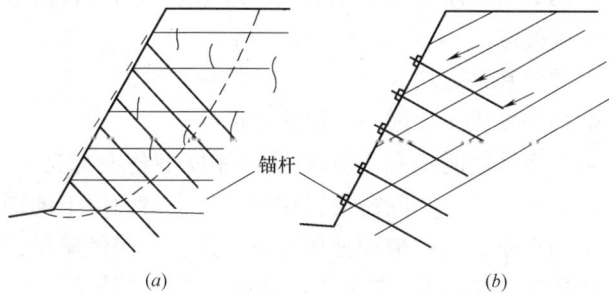

图 22.3.13 抗滑锚杆
(a) 圆弧形滑动；(b) 平面滑动

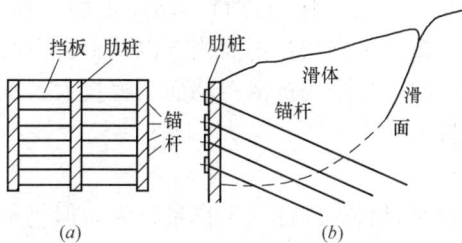

图 22.3.14 锚杆挡墙
(a) 挡墙正视图；(b) 剖面图

3）锚杆挡墙 是由水平或倾斜的锚杆与挡墙组合而成（图 22.3.14）。墙面一般用预制的钢筋混凝土肋桩和挡板组装，也有用就地灌注钢筋混凝土墙面形成整体。锚杆（索）的固定端锚定在坡体稳定层，或用锚定板方法固定在填土内部的稳定层中，而另一端则与墙面连接。它具有下列特点：

（1）结构轻，与重力式相比，可节省大量材料；

（2）可机械化施工，减轻体力劳动，提

高劳动生产率；

（3）由于它依靠锚杆维持墙身的平衡，在高边坡的情况下，可采用自上而下逆作法施工，因而克服了不良地基挖基的困难，并有利于安全施工。

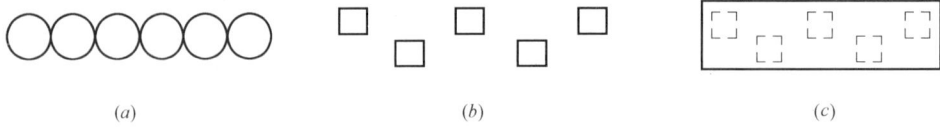

图 22.3.15　抗滑桩的平面布置

(a) 互相连接的；(b) 互相间隔的；(c) 下部间隔而顶部连接的

4）抗滑桩　是借桩周土（岩）体对桩的嵌制来稳定土体，阻止土体下滑并减压，传递部分滑坡推力的。系钢筋混凝土桩或钢筋混凝土外壳内填片石或坵工桩，成排状组合，间隔一定间距（图 22.3.15）深埋入岩层或稳定的土层中，借以锚固滑体，使其稳定。用它来整治滑坡已取得比较成功的经验，如四川某工程曾采用桩身断面为 3m×4m 和 2m×3m，长为 15～18m 的钢筋混凝土抗滑桩 60 余根，挡住了约 40 万立方米滑体，效果较好。它的布置形式有互相连接、互相间隔以及下部间隔而顶部用承台连接的几种，如图 22.3.15 所示。桩的设计方法目前还不统一：一类是刚性桩计算方法；另一类是弹性桩计算方法（铁路系统多采用后一种）。弹性桩计算方法采用弹性地基梁理论，采用文克尔假设：即假定作用在桩上的侧向土反力等于土的侧向地基系数与位移的乘积。关于地基系数的变化规律，有三种不同假定：

（1）认为任何深度的地基系数均为同一常数，简称常数法；

（2）认为地基系数随深度成正比增加，简称"m 法"；

（3）认为深度达到一定数值时地基系数不再随深度变化而保持恒值，称为"K 法"。

桩的横断面有矩形、方形或圆形，一般需设置钢筋。桩在滑面以下的锚固深度，视作用在桩上的滑动推力、岩土的性质、桩前被动土压力等而定。一般经验是：在软质岩石中取桩长的 1/3，硬质岩石中取桩长的 1/4，在土质滑坡床中则取桩长的 1/2。当土层沿下伏基岩面滑动时，也有取桩径的 3～5 倍，以保证桩间土体的稳定。施工方法目前有挖孔、钻孔和打入（用于浅层黏性土或黄土滑坡中）几种，而以前者为多。挖孔桩通常用人工开挖，为防止坍孔，必要时每挖一段（如 1m）支撑一段，如此轮番进行，挖到设计标高；而后，放下钢筋架，灌注混凝土。它施工比较简单，而且可同时进行，缩短工期。总之，抗滑桩具有节省材料，工作面大而施工互不干扰，施工进度快，不需刷方以及不会由此引起其他危害等优点。因此，在整治浅层或中层滑坡时，当采用抗滑挡墙而工程量大、不经济或施工开挖易于引起滑坡下滑时，宜采用抗滑桩。

3. 减重和反压

此种方法技术简单、施工容易，不需要其他建筑材料，因此，工作量虽大，但仍是整治滑坡的常用方法之一。其目的在于减少滑体上部主滑部分的重量（如推移式滑坡后缘），以减小滑体的下滑力。但刷方减重是有条件的，对滑坡床上陡下缓、滑坡后壁及两侧岩（土）体比较稳定时，方始有效；否则，不但不能达到预期的效果，反而可能扩大滑坡范围，引起更大的危险。如对牵引式滑坡，就不宜采用。所以，在处理以前必须掌握滑面形状、滑体各段的受力情况，确定主滑部分、抗滑部分、牵引部分以及其间可能的变化，然后确定刷方减重的位置。

从滑体各区段传力的情况来看，凡滑面比较平缓的区段，这一段滑体起着抗滑作用；而滑面比较陡峻的区段，则起着下滑作用。所以，刷方减重主要是挖去滑面较陡区段土体。由图 22.3.16 可见，如果采用 1-1 线作为刷方线，反而削弱了抗滑力，可能引起滑坡发展；如采用 2-2 线作为刷方线，则是合理而有效的。

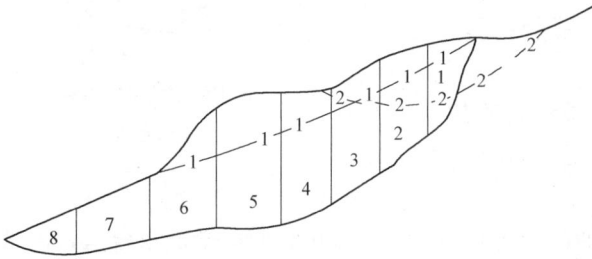

图 22.3.16　刷方线的正确选取　　　　　图 22.3.17　加建御土堆

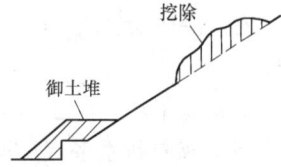

如滑体前缘有弃土条件时，可把不很陡的边坡稍加削平，把它堆在坡前成为御土堆，起反压作用，如图 22.3.17 所示，以增加其稳定性。

22.3.10　滑坡勘察

滑坡勘察的目的在于查明滑坡的范围、规模、地质背景、性质及其危害程度，分析滑坡产生的主、次条件和原因，判断其稳定程度，预测其发展趋势，为滑坡的防治提出方案。

工程地质测绘和调查的范围应包括滑坡体及其邻近的稳定地段，其主要内容有：

1) 搜集地质、水文、气象、地表和人类活动等相关资料；
2) 滑坡的形态要素和经变过程，圈定滑坡围界、坡周界；
3) 地表水、地下水、泉和湿地等的分布；
4) 已有工程设施的变形，树木的位移、变形等；
5) 当地整治滑坡的经验等。

测绘比例尺为 1：200～1：1000，用于整治设计时为 1：200～1：500。必要时，对滑坡重点部位摄影或录像。

勘探工作应根据工程地质测绘后所取得的资料进行，进一步了解滑坡内部的特征，完善测绘工作。其具体任务要确定：

(1) 滑坡的范围、厚度、物质组成和含水状态；
(2) 滑面（带）个数、位置、形状、岩性结构特征和含水状态；
(3) 滑坡地区地下水的层数、分布、补给与排泄条件及各层间的水力联系等；
(4) 在滑坡体、滑坡面（带）和稳定层中采取岩土样进行试验。

勘探方法通常以钻探为主，大型滑坡可辅以物探（用电法）。当情况比较复杂时，为了查明滑面的位置、性状，可在主勘探线上布置少量的探洞、探井或大口径钻孔。

勘探点、线的布置应以查明滑体的形状、岩土性质和含水状态为原则，并布置在滑坡主轴断面上。一般情况下，滑坡主轴断面中部滑面的变化较小，勘探点的间距可适当增大，而断面上部及下部滑面变化较大，勘探点则应适当加密。勘探点间距一般不大于40m。断面上勘探点的数目和密度应根据滑坡规模的复杂程度以及所掌握材料的准确程度而定。对大型滑坡，除在滑坡主轴线布置主勘探线外，其两侧也宜布置一定数量的辅助勘探线、点（图 22.3.18），以了解整个滑坡的情况。勘探深度应超过最下一层滑面，并深入稳定层内一定的深度。

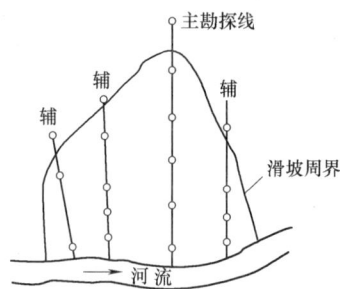

图 22.3.18 滑坡勘探线、点布置示意图

岩土试样应从滑体的前、中、后部滑面及其上、下土（岩）层中分别采取。有条件时，在滑面附近宜连续取样。

试验应采用与产生滑动条件相类似的情况进行。采用室内、野外滑面重合剪，滑带宜做重塑土或原状土多次剪试验，以求得多次剪和残余剪的抗剪强度。对控制性的软弱结构面，宜进行原位剪切试验。采用反分析法验证抗剪强度指标。

滑坡稳定性计算应选择有代表性的断面划分出牵引段、主滑段和抗滑段。按滑面（带）形态选用平面、圆弧或折线等计算模型。根据测试成果、反分析和当地经验，综合确定计算指标。除验算整体稳定外，当有局部滑动可能时尚应验算局部稳定。当有地下水、地震、冲刷、人类活动等因素时，应计及它们对稳定的影响。

在完成上述滑坡稳定性的综合评价后，提出治理方案的建议。对处理十分困难或暂时未处理的危害性较大的滑坡，需进行监测并及时作出危害性预报。

滑坡勘察报告除应符合第12章相关内容外，尚应包括：

（1）滑坡的地质背景和形成条件；
（2）滑坡的形态要素、性质和演化；
（3）提供滑坡的平面图、剖面图和岩土特性指标；
（4）滑坡稳定分析计算；
（5）滑坡防治和监测的建议。

22.4 危岩和崩塌

陡坡或悬崖上的岩土体在重力作用下突然向下崩落，崩落的块体顺山坡猛烈地翻滚跳跃、撞击破碎，最后堆于坡脚的现象，称为崩塌。大规模的崩塌叫做山崩，而单个或几个大岩块的崩落称为坠石。此外，根据崩塌物质的不同，又可分为岩崩和土崩。堆于坡脚的崩落物，称为崩积物。崩塌或坠落发生前将要崩落或坠落的岩体，称为危岩。

危岩和崩塌对建筑工程的危害很大，在发生范围内房屋、道路等被毁坏，而且崩塌物还可能堵塞河流，造成火灾。如1935年，四川叠溪因大地震造成山崩，堵塞岷江，形成三个湖泊（堰塞湖）。同年，溃决后给下游的耕地及居民造成了严重危害。又如，1948年重庆临江门崩塌，毁坏房屋200多幢，死300多人。每年两季，我国南方丘陵、山区多会发生崩塌、滑坡及泥石流等地质灾害，造成生命、财产损失。

22.4.1 危岩崩塌的产生条件和发育因素

危岩崩塌的产生和发育与地形地貌、岩性、地质构造及风化、气候、水等条件和因素有关：

1）地形地貌　危岩和崩塌多产生于 55° 以上陡的山坡。坡度越陡，越易产生；坡高越大，其破坏力也越强。

2）岩性　危岩和崩塌多发生于坚硬性脆的岩石（图 22.4.1）。因为这类岩石抗剥蚀性强，常形成高陡的山坡，在节理比较发育、岩石比较破碎的情况下容易发生。

图 22.4.1　长江三峡月亮地灰岩陡壁的大型崩塌
1—灰岩；2—软硬岩互层；3—石英砂岩

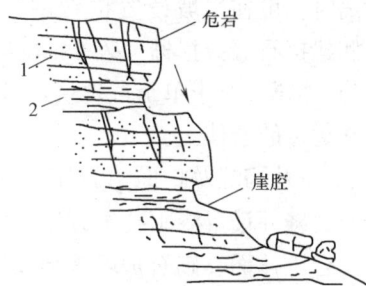

图 22.4.2　重庆地区的小型崩塌
1—砂岩；2—泥岩

3）地质构造　任何危岩和崩塌都必然有结构面的参与，例如节理、断层及层面等对其产生都有重要作用。

4）风化　当山坡由软硬性质不同的岩石构成时，硬的因风化慢而突出成悬崖，软的因风化快而成凹的崖腔，最终硬岩因下部失去支承而沿节理崩塌（图 22.4.2）。

5）气候及水的影响　气温变化能促进岩石风化；降水渗入能降低岩石强度，增大重量，扩大裂隙；水沿坡面流动加速软岩的剥蚀；河流能冲刷坡脚，造成陡坡，这些都有利于危岩和崩塌的产生。

6）人类活动　人为挖成过陡、过高的边坡或进行大的爆破，都能造成崩塌。

必须指出，在上述各种因素影响下，岩体的不稳定性不断增加；最后，常在某种因素（地震、暴雨、洪水等）的诱导下突然崩塌。

土崩多发生于黄土层中，因为黄土能形成直立的边坡，加上垂直节理发育，在地震、暴雨或洪水的诱导下产生崩塌。

22.4.2 危岩和崩塌的防治

在处理前应做好勘察工作，了解当地防治危岩和崩塌的经验，并在此基础上进行评价。评价应根据崩塌区山体的地质结构、变形特征等，圈出可能产生危岩和崩塌的范围及危险区，提出防治方案。

1）对于规模大、破坏后果很严重且难于治理的，不宜作为工程场地，线路应绕避；

2）对于规模较大、破坏后果严重的，应对可能产生崩塌的危岩进行处理，线路也应采取防护措施；

3）规模小、破坏后果不太严重的，可作工程场地，但对危岩采取治理措施。

危岩和崩塌常用的处理方法有：

1）清除　用爆破或楔劈的方法将危岩清除。如危岩的坡脚已有建筑，则应在坡脚设置防护网，然后用楔劈将危岩清除。

2）支护加固　在危岩的下部修建支柱、支墙，以支承危岩，或对易崩塌的岩体采用锚杆或锚索串联加固。

3）遮挡　对崩塌较严重的地区，可修筑明洞（图 22.4.3）、御崩栅等，以保证线路顺利通过。

4）拦截　对规模小或不大的崩塌，当所建工程与坡脚有足够的距离时，可在半坡设置拦石网、落石平台，坡脚设置落石槽，槽外侧建挡石墙或拦栅（表 22.4.1）。

5）绊羁　对于单个危岩块，可用钢绳或钢筋混凝土圈梁将其固定在稳定的岩体上。

6）镶补勾缝及护面　岩体中的裂缝、凹腔，可用片石填补、混凝土灌缝并设置渗水孔等方法，防止裂缝的进一步发展。对易风化的软岩进行喷浆、沥青或三合土抹面、砌石护墙等加以保护。

上述处理措施根据需要可单独使用，也可联合使用。需要指出，水常为引起崩塌的重要因素。在采用上述措施的同时，还应考虑对地表水进行拦截、疏导。

图 22.4.3　明洞

岩崩地区落石槽的设计　　　　　　表 22.4.1

坡　角	坡高 H(m)	岩槽宽 β(m)	岩槽深 z(m)	注
90°	5～10	3	1	
	10～20	5	1.5	①
	>20	7	1.5	①
75°	5～10	3	1	
	10～20	5	1.5	①
	20～30	7	2	②
	>30	8	2	②
65°	5～10	3	1.5	①
	10～20	5	2	
	20～30	7	2	②
	>30	8	2.5	②
55°	0～10	3	1	
	10～20	5	1.5	①
	>20			
45°	0～10	3	1	
	10～20	3	2	①
	>20	5	2	②

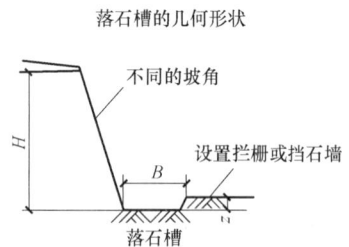

落石槽的几何形状
不同的坡角
设置拦栅或挡石墙
落石槽

注：1. 如果 z 尺寸小于 1m 且岩槽又邻近公路，应设置拦石栅；

　　2. 如果使用了拦石栅，槽的深度可减至 1.5m。

22.4.3　崩塌勘察

崩塌的勘察应与选址或初步勘察一并进行，目的在于查明场地内崩塌的规模、类别及产生条件，以对崩塌区作为建筑场地的适宜性作出评价，并提出防治方案的建议。

崩塌的勘察以工程地质测绘与调查为主，其内容主要包括：

(1) 查明崩塌区的地形地貌及崩塌类型、规模、范围、崩塌体大小和崩落方向；

(2) 崩塌区岩体岩性特征、风化程度和水的活动情况；

(3) 查明崩塌区的地质构造、岩体结构及主要结构面性状；

(4) 搜集气象、水文和地震资料；

(5) 收集当地防治崩塌的经验；

(6) 最后，提出勘察报告。

对于危害性较大且一时又难于处理的崩塌应进行监测，并对其可能发生的时间、规模、崩落方向及影响范围等做出预报。

22.5　泥　石　流

由暴雨或冰雪迅速融化形成的急骤水流，挟带堆积在缓坡或山谷中的大量堆积物成为泥石洪流冲向山前地带的现象，称为泥石流。它具有突然爆发、历时短暂、来势凶猛、破坏力大等特点。有的可在短时间内排出几十万到几百万立方米的物质，能把几百千牛甚至上万千牛重的巨石搬至山外，所经过的地区道路、桥梁被毁，房屋、农田被埋，河流堵塞，顷刻之间造成巨大的灾害。

我国多山，泥石流分布较广，危害不小，如云南东川地区泥石流沟成群分布，每年雨季泥石流就频繁暴发，中断交通，堵塞江河，严重危害当地的工农业生产和生命财产的安全。又如，1958 年新疆天山南坡暴发一次灾害性泥石流，冲进库车城；1964 年 7 月 20 日夜间，兰州洪水沟暴发一次规模较大的泥石流，冲进居民区，都造成较大损失。

22.5.1　泥石流的形成条件与分布

泥石流的形成必须具备以下三个条件：

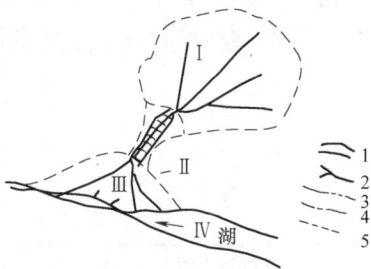

图 22.5.1　标准型泥石流流域示意图

Ⅰ—形成区；Ⅱ—流通区；Ⅲ—堆积区；

Ⅳ—堵塞形成的湖泊

1—峡谷；2—有水沟床；3—无水沟床；

4—分区界线；5—流域界限

1. 流域内有丰富的不稳定的松散堆积物

凡泥石流活跃的地区，大多是地质构造复杂、断层褶皱发育、新构造活动强烈、地震烈度高的地区。由于这些因素致使地表岩层破碎，风化作用强烈，滑坡、崩塌等发育，使泥石流有丰富的物质来源。

2. 有宜于汇水、聚集物质的陡峻地形

标准的泥石流流域（图 22.5.1），上游形成区多为三面环山、一面有出口的瓢状或斗状围谷，周围山高坡陡，植被不良，这样的地形有利于固体物质和水的汇集。中游流通区多为狭窄幽深的峡谷，谷床纵坡比降大，泥石流能急速直泻山外。下游堆积区为山前平原或大河阶地，是泥石流停积的场所。

3. 突发而急骤的大量水流

如大暴雨或冰川、积雪急剧消融，或水库、渠道溃决。

此外，开矿弃碴、修路切坡弃土、陡坡开荒、砍伐森林和过度放牧等，都有利于泥石流的形成。

我国泥石流主要分布于西南、西北及华北山区。如四川西部、云南西部和北部、西藏东部和南部、秦岭、甘肃东南部、青海东部、祁连山、天山、昆仑山、太行山和北京西山等地区。

22.5.2　泥石流的分类

1. 根据泥石流流域的地貌特征分类

1）标准型泥石流（图 22.5.1）　能明显地区分出形成区、流通区及堆积区，流域面积一般为十几至几十平方公里。

2）河谷型泥石流（图 22.5.2a）　流域呈狭长形，形成区不明显，固体物质主要来自中游，沿河谷既有堆积又有冲刷，形成逐次搬运的"再生式泥石流"。

3）山坡型泥石流（图 22.5.2b）　流域呈斗状，形成区与堆积区直接相连，没有明显的流通区。由于流域面积小，多形成规模较小的泥石流，俗称坡面泥石流。

2. 根据泥石流的物质性质及运动状态分类

1）黏性泥石流　又称结构性或土力类泥石流。泥石含量较大，一般占 40%～60%，最高达 80%；重度达 15～20kN/m³；具很大的黏性和结构性，石块呈悬浮搬运；突然爆发，持续时间短，破坏力大；遇弯道时能爬高、超高及截弯取直；堆积物不流散，呈长舌状或岗状。

2）稀性泥石流　又称紊流型或水力型泥石流。泥石含量少于 40%，重度小于 15kN/m³；水为搬运介质，呈紊流状，有强烈的下切作用；堆积物在堆积区呈扇状散流，改道频繁。

3. 根据泥石流的特征、规模及破坏程度分类

分为高频率泥石流沟谷与低频率泥石流沟谷两类，见表 22.5.1。

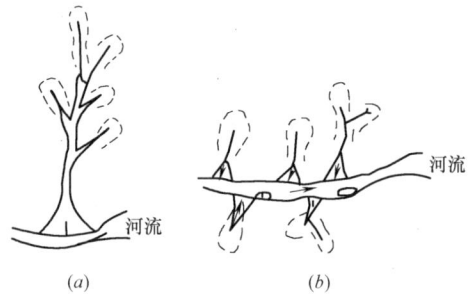

图 22.5.2　泥石流的类型
(a) 河谷型泥石流；(b) 山坡型泥石流

泥石流工程分类和特征　　　　　　　　　　　　　　　　表 22.5.1

类　别	Ⅰ高频率泥石流沟谷	Ⅱ低频率泥石流沟谷
泥石流特征	基本上每年均有泥石流发生。固体物质主要来源于沟谷的滑坡、崩塌。爆发雨强小于 2～4mm/10min。除岩性因素外，滑坡、崩塌严重的沟谷多发生黏性泥石流，规模大；反之，多发生稀性泥石流，规模小	暴发周期一般在 10 年以上，固体物质主要来源于沟床，泥石流发生时"揭床"现象明显。暴雨时坡面产生浅层滑坡往往是激发泥石流形成的重要因素。泥石流爆发雨强，一般大于 4mm/10min。泥石流规模一般较大，性质有黏有稀

类　别	Ⅰ高频率泥石流沟谷			Ⅱ低频率泥石流沟谷		
流域特征	多位于强烈抬升区,岩层破碎,风化强烈,山体稳定性差。泥石流堆积新鲜,无植被或仅有稀疏草丛。黏性泥石流沟中下游沟床坡度大于4%			山体稳定性相对较好,无大型活动性滑坡、崩塌。沟床和扇形地上巨砾遍布。植被较好,沟床内灌木丛密布,扇形地多已辟为农田。黏性泥石流沟中下游沟床坡度小于4%		
亚类	Ⅰ₁	Ⅰ₂	Ⅰ₃	Ⅱ₁	Ⅱ₂	Ⅱ₃
严重程度	严重	中等	轻微	严重	中等	轻微
流域面积(km²)	>5	1~5	<1	>10	1~10	<1
固体物质一次冲出量 (×10⁴m³)	>5	1~5	<1	>5	1~5	<1
流量(m³/s)	>100	30~100	<30	>100	30~100	<30
堆积区面积(km²)	>1	<1	—	>1	<1	—

注：1. 表中流量对高频率泥石流沟指百年一遇流量；对低频率泥石流沟指历史最大流量；

2. 泥石流的工程分类宜采用野外特征与定量指标相结合的原则，定量指标满足其中一项即可。

22.5.3　泥石流的防治

在泥石流地区进行建筑时应做好勘察工作，充分掌握泥石流的特征、规模及破坏强度，并根据建筑物的要求采取避"强"制"弱"、局部防护、重点处理和综合防治的原则，而又以防为主。

对于Ⅰ₁和Ⅱ₁类泥石流沟谷，由于规模大、破坏力强、危害性大、防治工作困难且不经济，故这类泥石流沟谷不应作为建筑场地，线路宜避开。

对于Ⅰ₂和Ⅱ₂类泥石流沟谷，原则上不宜作为建筑场地。当必须进行建筑时，应采取综合处理措施。线路宜在流通区或沟口选择沟床固定、沟形顺直、沟道纵坡比较一致、冲淤变化较小、沟道较窄处，以大跨度桥跨越。

对于Ⅰ₃和Ⅱ₃类泥石流沟谷，由于规模小、破坏作用轻、易于治理，故可利用堆积区作为建筑场地，但应避开沟口。线路通过堆积扇时，不得任意改沟、并沟，宜采用一沟一桥，分段设桥。同时，应根据具体情况做好排洪、导流等处理措施。

当上游大量弃渣或进行工程建设，改变了原有供排平衡条件时，应重新判定新的泥石流的可能性。

泥石流的防治宜采取形成区、流通区、堆积区统一规划，生物措施和工程措施相结合的综合治理方案。其防治的措施有：

1. 水土保持

泥石流可以看作是水土流失的一种特殊表现形式，所以，在形成区做好水土保持工作是防治泥石流的一种带有根本性的措施，主要是平整山坡、种植草被、植树造林、修建谷坊和坡面排水系统。谷坊能起稳定沟坡和蓄水保土的作用，一般高约1~3m，沿沟节节修筑，构成谷坊群，常用土石建成，其断面尺寸可参考表22.5.2。

2. 拦挡

主要在泥石流流通区修筑各种坝，用以拦蓄泥砂、石块，以减弱泥石流的规模并固定沟床，防止沟床下切和谷坡坍塌以及放缓纵坡，减小泥石流的流速。坝高一般在 5m 左右，并常形成坝群。常用的坝型有砌石坝、溢流土坝等。砌石坝常用的尺寸是坝顶宽约 1～2m，迎水边坡 1：0.25 左右，背水边坡 1：（0.4～0.75）。坝身内要设置泄水孔，凡坝高在 5m 以下的可设 1～2 排，间距 2～3m，以便放走细小泥砂。泄水孔的常用尺寸为 25cm×25cm～50cm×50cm。

土石谷坊实用断面尺寸参考表 表 22.5.2

坝高（m）	顶宽（m）		底宽（m）		迎水坡		背水坡	
	土	石	土	石	土	石	土	石
1	1.0	0.6	3.0	1.1	1：1.0	1：0.5	1：1.0	1：0.2
2	1.5	1.1	6.5	3.3	1：1.5	1：0.8	1：1.0	1：0.5
3	2.0	1.6	11.0	5.1	1：1.5	1：1.0	1：1.5	1：0.7

3. 排导

主要在泥石流堆积区采用排洪道，顺利排除泥石流。它应尽可能直线布置，出口处与大河交接处以锐角为宜，一般在 45°以下；其纵坡视泥石流的类型从 2.5%～4.5%到 5%～15%。排洪道的断面形式有矩形、梯形、复式和锅底形几种，其尺寸应根据设计流量的大小和水力要素而定；两侧常采用护坡、挡土墙和堤坝三种形式，前两者多用于下挖的排洪道，后者则用于填方的排洪道。一般情况下，土质护坡的边坡可采用 1：1 或 1：0.75。其他排导措施还有导流堤、停淤场等。

此外，还可根据泥石流物质性质的不同，考虑采取不同的防治方案，如对于稀性泥石流则以治水为主，修建调洪水库、截水沟、引水渠和植树等，以拦蓄洪水，削弱水动力，制止泥石流的形成；对于黏性泥石流，则以治土为主，修筑拱石坝、谷坊、支挡结构和植树等，以稳定土体，制止泥石流的形成。

22.5.4 泥石流勘察

泥石流勘察在选址或初勘阶段即应进行，目的在于查明建筑场地及邻近沟谷是否具有形成泥石流的条件，或查明已有泥石流的类型、规模、强度、频繁程度及危害程度等，以评价建筑场地的适宜性和提出防治措施。

勘察以工程地质测绘与调查为主，范围包括沟谷至分水岭的全部地段及可能受泥石流影响的地段。其内容包括：

（1）搜集融雪和暴雨强度、最大降雨量、平均流量及最大流量；

（2）查明形成区的地形地貌、汇水面积及水量，地质构造及岩性、风化程度，滑坡、崩塌等发育程度，植被及地下水情况，可能形成泥石流的物质分布及积蓄量；

（3）查明流通区的沟床纵横坡度、跌水、急弯等特征，两侧山坡坡度及稳定情况，沟床冲淤变化；

（4）查明堆积区堆积扇的分布范围、形态、植被、开垦、沟道变迁情况，堆积物的成分、层次、厚度、粒径及分布；

（5）调查历次泥石流的发生及活动规律，最大堆积量；

（6）当地开矿弃碴，修路切坡、砍伐、开荒及过度放牧等情况；

（7）当地防治泥石流的经验等。

勘察报告需包括以下内容：

1）泥石流的地质背景和形成条件；

2）形成区、流通区、堆积区的分布特征，绘制专门工程地质图；

3）判别泥石流的类型和评价工程建设的适宜性；

4）泥石流防治和监测的建议。

必要时，可对泥石流的规模、发育阶段、活动规律用遥感技术进行动态监测；泥石流基本参数的变化可用摄影测量短期监测，获得确切的数据资料。

第 23 章　岩溶与土洞

23.1　概　　述

岩溶又名喀斯特（Karst），是可溶性岩层（石灰岩、白云岩、石膏、岩盐等）以被水溶解为主的化学溶蚀作用，并伴随以机械作用而形成沟槽、裂隙、洞穴，以及由于洞顶塌落而使地表产生陷穴等一系列现象和作用的总称。

我国石灰岩地层形成的岩溶地区分布很广。这种地区在广西、贵州、云南、四川等地最多，其余湖南、广东、浙江、江苏、山东、山西等省均有规模大小不同的岩溶地区。此外，我国的西部和西北部在夹有石膏、岩盐的地层中，也有局部的岩溶分布。

岩溶地区由于有溶洞、溶蚀裂隙、暗河等存在，在岩体自重或建筑物重量的作用下，能发生地面变形、地基塌陷，影响建筑物的安全和使用；由于地下水的运动，建筑场地或地基有时会出现涌水、淹没等突然事故。因此，在岩溶地区的建筑工程必须进行查明岩溶地层分布的勘察工作，防止岩溶引发的地质灾害。

土洞是在有覆盖土的岩溶发育区，其特定的水文地质条件，使岩面以上的土体遭到流失迁移而形成土中的洞穴和洞内塌落堆积物，以及引发地面变形破坏的总称。土洞是岩溶的一种特殊形态，是岩溶范畴内的一种不良地质条件，由于其发育速度快、分布密，对工程的影响远大于岩洞。

大量抽吸地下水时，使地下水位急剧下降，引发土洞的发展和地面坍塌的发生，也是在岩溶地区应防止发生的地质灾害之一。在岩溶地区，应充分注意地下水的作用及其影响的重要性。岩溶地区的地下水位下降，引起地面覆盖土层的塌陷较为突出。

洞穴稳定问题，就其坍塌的规模和危害程度，以岩溶地区地下水位下降引起的地面覆盖土层的坍陷较为突出，其原因大多是盲目打井抽水造成的，对区域内的建筑物、市政道路交通工程等产生不良影响。因此，需重视岩溶环境地质保护问题，应根据具体的环境地质条件提出限制取水地段或控制取水降深和取水地点的保护措施。从根本上杜绝危害，减少损失，确保环境安全。

23.2　岩溶的形成及其特征

23.2.1　岩溶的形成和发育条件

岩溶的形成有多种条件。在研究其形成时，应从多种条件去研究，才易了解岩溶的形成与发展。岩溶的发育条件有：可溶性岩层的存在，地下水活动，潮湿气候，地质构造与地形等。前两条是最主要的条件。

1）可溶性岩层存在　可溶性岩层是岩溶形成的物质基础，而且本身要能透水（如存在裂隙）。当受到地下水（岩溶水）的溶蚀时，就能形成岩溶现象。

2）地下水活动　岩溶发育必须要有具有腐蚀性的、处于不断流动状态的地下水活动。这样，水就能增大溶解碳酸钙的能力。当富含 CO_2 的大气降水和地表水渗入地下后，不断地替换原有水质，就能保持地下水的腐蚀力，加速岩溶的发展。

3）潮湿气候　大气降水丰富、气候潮湿的地区，地下水经常得到地表水的补给，来源充沛，岩溶的发育就加速。

4）地质构造　具有裂隙的背斜顶部和向斜轴部、断层破碎带、岩层接触面以及构造裂隙分布等地带，由于地下水沿裂隙流动，因而这些地带都利于岩溶的发生和发育。

5）地形　地形的起伏影响着地下水的补给量与流速。陡峻的坡地，地下水的补给量少、地表径流大，岩溶的地表形态较发育；平缓地带，地下水补给量多，流速稍缓，但腐蚀作用强烈，有利于岩溶的发育。

23.2.2 岩溶地区的特征

岩溶地区有地表形态和地下形态特征（图 23.2.1）。

1. 主要的地表形态

1）溶沟、溶槽和石芽、石林　地表水沿可溶性岩层表面的裂隙流动，进行溶蚀、冲蚀，使岩层表面形成一些大小不同的沟槽，分别称为溶沟和溶槽；溶沟、溶槽进一步发育后，沟槽间的石脊遭受切割破坏，残留着顶尖下粗的锥状柱体，称为石芽；石芽林立，即称石林。

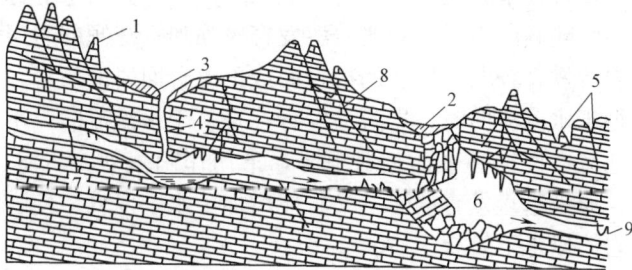

图 23.2.1　岩溶形态剖面示意
1—石芽、石林；2—溶蚀洼地；3—漏斗；4—落水洞；5—溶沟、溶槽；6—溶洞；
7—暗河；8—溶蚀裂隙；9—钟乳石

2）漏斗、落水洞、竖井　由于水的腐蚀作用，岩层塌陷成碗碟状或倒锥状的地貌形态，称为漏斗；而在溶蚀作用和机械腐蚀作用下，形成地表水能流向地下暗河或溶洞的通道，称为落水洞；不起地表水流入地下通道作用者，称为竖井。

3）溶蚀洼地、坡立谷　由于溶蚀作用而形成的面积为数平方公里或数十平方公里的盆状洼地，称为溶蚀洼地；面积较大（数十或百余平方公里）、四周边缘陡峭而谷底平坦的封闭洼地，称为坡立谷。

2. 主要的地下形态

1）溶蚀裂隙　水在岩层裂隙中运动被溶蚀作用所扩大的裂隙。

2）溶洞、暗河、石钟乳、石笋　地下水在流动过程中，对岩石以溶蚀作用为主，间有冲蚀、潜蚀和塌陷作用而造成的地下洞穴，称为溶洞。溶洞的大小相差悬殊，形态千变万化，洞内一般有 $CaCO_3$ 沉淀；含有 $CaCO_3$ 的水从洞顶滴下来在洞内发生沉淀，久而久之，在洞顶自上而下形成的长条形悬挂物，称为石钟乳；洞底自下而上形成的竹笋状突起，称为石笋；由于上下进一步沉淀的结果，石钟乳和石笋连接起来，成为"顶天立地"的柱体，称为石柱。在溶洞中，经常有流量较大的水流形成地下河，称为暗河。

根据上述特征，在野外就容易识别建筑场地是否是岩溶地区。如系岩溶地区，还必须进一步认识和掌握岩溶发育的分布规律，才能合理地选择建筑场地，布置建筑物，防治岩溶现象的危害。

23.2.3 岩溶的发育分布规律

可溶性岩层由于成分、形成条件和组织结构等不同，岩溶的发育分布也不一致。一般情况下，质纯层厚的石灰岩中，岩溶发育形态齐全，规模较大；含泥质或其他杂质（镁、硅、铝等）及薄层的岩层，岩溶发育较弱。在岩盐、石膏中，岩溶发育较快；石灰岩、白云岩、大理岩、泥灰岩中依次发育较慢。

在岩石裸露的分水岭和地形陡峻的斜坡地带，地表径流大，水以表面侵蚀为主，溶沟、溶槽、石芽等发育。在地形平缓地带，地表水易下渗，地表、地下岩溶形态一般均较发育，多漏斗、竖井、落水洞、溶洞以及溶蚀洼地。

地表附近岩溶较发育，随深度的增加，岩溶发育减弱。

在节理裂隙的交叉处或密集带，以及沿断裂带岩溶显著发育。沿断裂带常分布有漏斗、竖井、落水洞以及溶洞、暗河等。一般情况下，正断层处岩溶发育，逆断层处较弱；褶皱轴部一般岩溶较发育。单斜地层，岩溶一般顺层面发育。在不对称褶曲中，陡的一翼较缓的一翼发育；产状陡倾的岩层，一般岩溶发育较强烈；缓倾的岩层，当上覆或下伏有非可溶性岩层时，岩溶发育较弱；岩层的接触面或不整合面岩溶发育。

当岩层层面平行于水流流向时，岩溶易发育；垂直于水流流向，不易发育。

地壳强烈上升地区，侵蚀基准面相对下降，下切作用强烈，岩溶以垂直方向发育为主；处于下降地区，原来垂直发育的岩溶又可能增加了水平发育，使岩溶更加复杂；处于相对稳定的地区，岩溶以水平发育为主。

当不同岩性的倾斜岩层成互层或同一岩性地层中有平行断裂存在时，岩溶形态在平面上则呈带状分布，成层性决定于岩性、新构造运动和水文地质条件。在岩溶地区的竖向上，原在某一平面的高程已形成某级溶洞或暗河，如地区强烈上升，岩溶水的侵蚀基准面相对下降，水的下切作用增强，这时岩溶以竖向发育为主，形成垂直溶洞。如地壳处于相对稳定阶段，岩溶则以水平方向发育为主，形成高程不同的另一级水平溶洞。这样，岩溶的分布具有成层性，地壳升降几次，就形成几级水平溶洞。

23.2.4 岩溶发育程度及等级

1. 岩溶发育程度

岩溶发育程度的划分，可按表23.2.1所列的场地条件确定。

岩溶发育程度 表 23.2.1

等 级	岩溶场地条件
岩溶强发育	地表有较多岩溶塌陷、漏斗、洼地、泉眼 溶沟、溶槽强发育，石芽密布，相邻钻孔间存在临空面且基岩面高差大于5m 地下有暗河、伏流 钻孔见洞（隙）率大于30%或线岩溶率大于20% 溶槽或串珠状竖向溶洞发育深度达20m以上

等 级	岩溶场地条件
岩溶中等发育	介于强发育和微发育之间
岩溶微发育	地表无岩溶塌陷、漏斗 溶沟、溶槽微发育 相邻钻孔间存在临空面且基岩面相对高差小于 2m 钻孔见洞(隙)率小于 10% 或线岩溶率小于 5%

2. 岩溶发育等级

由于岩溶发育具有严重的不均匀性，为区别对待不同岩溶发育程度场地上的地基基础设计，将岩溶场地划分为岩溶强发育、中等发育和微发育三个等级，用以指导勘察、设计、施工。

岩溶地区勘察时，为便于具体操作（定量分析），可根据地表岩溶发育密度、线岩溶率、遇洞隙率、单位用水量等参数，按表 23.2.2 划分岩溶发育等级：

场地岩溶发育等级划分   表 23.2.2

岩溶发育等级	地表岩溶发育密度(个/ km²)	线岩溶率(%)	遇洞隙率(%)	单位涌水量[L/(m·s)]	岩溶发育特征
岩溶强发育	>6	>10	>60	>1	岩性纯，分布广，地表有较多的注地、漏斗、落水洞，泉眼、暗河、溶洞发育
岩溶中等发育	5～1	10～3	60～30	1～0.1	以次纯碳酸盐岩为主，地表发育有注地、漏斗、落水洞，泉眼、暗河稀疏，溶洞少见
岩溶微发育	<1	<3	<30	<0.1	以不纯碳酸盐岩为主，地表岩溶形态稀疏，泉眼、暗河及洞穴少见

注：1. 同一档次的四个划分指标中，根据最不利组合的原则，从高到低，有 1 个达标即可定为该等级；

2. 地表岩溶发育密度是指单位面积内岩溶空间形态（塌陷、落水洞等）的个数；

3. 线岩溶率是指单位长度上岩溶空间形态长度的百分比，即：线岩溶率＝(钻孔所遇岩溶洞隙长度)/(钻孔穿过可溶岩的长度)×100%；

4. 遇洞隙率是指钻探中遇岩溶洞隙的钻孔与钻孔总数的百分比。

23.3 岩溶勘察

23.3.1 岩溶勘察的基本要求

岩溶勘察应主要查明：

(1) 拟建场地的地形地貌、地质构造、地层岩性与产状。

(2) 岩溶发育的特征及主要影响因素；岩溶类型、发育程度、形态、大小、分布、充填情况，发育成因。

(3) 岩溶顶板和覆盖层厚度、性质，岩面起伏、形态。

(4) 地下水赋存条件、类型，动态特征，水位变化，补给、径流、排泄条件，地表水与地下水、覆盖层与岩层之间的水力联系。

(5) 溶洞、土洞和塌陷的成因及其发展趋势。

(6) 溶沟（槽）地基、溶蚀漏斗地基、石芽地基、溶洞（隙）地基、土洞岩溶地区地基的治理经验等。

为取得上述资料而进行的岩土工程勘察是一件较为复杂而困难的工作，目前使用的主要方法是在工程地质测绘与调查（可行性研究和初勘进行）的基础上，因地制宜地综合勘测和采用物探、钻探、井下电视、现场测试等多种勘察手段。

23.3.2 各勘察阶段的主要内容

1. 各勘察阶段的要求

岩溶场地岩土工程勘察宜分为可行性研究勘察、初步勘察、详细勘察和施工勘察等阶段，对以下各方面作出评价或建议：

（1）可行性研究勘察应调查溶洞（隙）、溶沟（槽）、石芽、溶蚀漏斗、伴生土洞塌陷等岩溶发育条件，并对其危害程度和发展趋势做出判断，对场地的稳定性和工程建设的适宜性作出评价；

（2）初步勘察应初步查明溶洞（隙）、溶沟（槽）、石芽、溶蚀漏斗、伴生土洞塌陷的分布、发育程度和发育规律，并对建筑地段的稳定性和适宜性做出评价；

（3）详细勘察应查明拟建工程范围及影响地段的溶洞（隙）、溶沟（槽）、石芽、溶蚀漏斗、伴生土洞塌陷的位置、规模、埋深、岩溶堆填物性状和地下水特征，并对地基基础的设计和岩溶的治理提出建议；

（4）针对地质条件、基础类型和施工过程中需进一步查明的专门问题，应进行施工勘察。

各阶段勘察要求和方法如表 23.3.1 所示。

各阶段岩溶地区建筑岩土工程勘察要求和方法 表 23.3.1

勘察阶段	勘察要求	勘察方法和工作量
可行性研究	应查明岩溶洞隙、土洞的发育条件，并对其危害程度和发展趋势作出判断，对场地的稳定性和建筑适宜性作出初步评价	宜采用工程地质测绘及综合勘探方法。发现有异常地段，应选择代表性部位布置钻孔进行验证核实并在初划的岩溶分区及规模较大的地下洞隙的地段适当增加勘探孔。控制孔应穿过表层岩溶发育带，但深度不宜超过 30m
初步勘察	应查明岩溶洞隙及其伴生土洞、地表塌陷的分布发育程度和发育规律，并按场地的稳定性和建筑适宜性进行分区	
详细勘察	应查明建筑物范围或对建筑有影响地段的各种岩溶洞隙及土洞的形态、位置、规模、埋深、围岩和岩溶堆填物性状，地下水埋藏特征；评价地基的稳定性。 在岩溶发育区的下列部位应查明土洞和土洞群的位置： ①土层较薄、土中裂隙及其下岩体岩溶发育部位。 ②岩面张开裂隙发育，石芽或外露的岩体交接部位。 ③两组构造裂隙交汇或宽大裂隙带。 ④隐伏溶沟、溶槽、漏斗等，其上有软弱土分布负岩面地段。 ⑤降水漏斗中心部位。当岩溶导水性相当均匀时，宜选择漏斗中地下水流向的上游部位；当岩溶水呈集中渗流时，宜选择地下水流向的下游部位。 ⑥地势低洼和地表水体近旁	宜按建筑物轴线布置物探线，并宜采用多种方法判定异常地段及其性质。对基础下和邻近地段的物探异常点或基础顶面荷载大于 2000kN 的独立基础，均应布置验证性钻孔。当发现有危及工程安全的洞体时，应采取加密钻孔或物探等措施。必要时可采取顶板及洞内堆填物的岩土试样，其勘探应符合下列规定： ①当基础地下土层厚度不足时，应将勘探孔全部或部分钻入基岩；当在预定深度内遇见洞体时，应将部分勘探孔钻入洞底以下；当遇中等风化基岩时，其深度不应小于洞底以下 2m。 ②当需查明浅埋岩溶的岩组分界、断裂及岩溶土洞的形态或验证其他勘探手段的成果时，应采取岩土试样或进行原位测试，并应布置适量的探槽或探井。 ③在土洞发育地段，应沿基础轴线或在每个单独基础位置上以较大密度布置静力触探或小口径钎探，查明土洞、地表塌陷的分布

勘察阶段	勘察要求	勘察方法和工作量
施工勘察	应针对某一地段或尚待查明的专门事项进行补充勘察的评价。当基础采用大直径嵌岩桩或墩基时,尚应进行专门的桩基勘察	应根据岩溶地基处理设计和施工要求布置。在土洞、地表塌陷地段,可在已开挖的基槽内布置触探和钎探。对大直径嵌岩桩或墩基,勘探点应按桩或墩布置,勘探深度应为其地面以下桩径的 3 倍,并且不小于 5m,当邻近桩底的基岩面起伏较大时应适当加深。对重要或荷载较大的工程,应在墩底加设小口径钻孔,并应进行检测工作

2. 取样、原位测试、现场试验

除应符合现行国家标准《岩土工程勘察规范》GB 50021 的规定外,尚宜符合下列规定:

(1) 当追索隐伏洞隙的联系时,可进行物探或连通试验;

(2) 评价洞隙稳定性时,可采取洞体顶板岩样和充填物土样进行物理力学性质试验,必要时可进行现场顶板岩体的静载荷试验;

(3) 当需查明土的性状与土洞形成的关系时,可进行复浸水、可溶性和剪切试验;

(4) 当需查明地下水的补给条件、潜蚀作用、与地表水或地下水径流的联系,预测土洞和塌陷的发生、发展时,宜进行流速、流向、流量的测定和水位、水质的观测。

3. 施工勘察工作量应根据建筑工程地基基础设计要求和场地复杂程度确定

应重点查明基底以下对地基稳定性影响范围内的溶洞(隙)、溶沟(槽)、石芽、溶蚀漏斗、伴生土洞塌陷的分布、发育程度和发育规律,并对地基稳定性作出评价。

23.3.3 水文地质勘察

当需要提供水文地质参数和确定岩溶水的连通性及地下水动态观测时,应进行专项的水文地质勘察,具体要求如下:

(1) 水文地质测绘应在现场踏勘、收集并初步掌握场地水文地质资料的基础上进行,重点调查微地貌、地层岩性、地质构造、地表岩溶发育、井(泉)等内容。

(2) 水文地质物探应在水文地质测绘的基础上,结合水文地质勘察需要布置。

(3) 水文地质勘探点布置数量应满足查明和评价岩溶场地地下水特征的要求;勘探点深度应根据场地地层、地下水条件和地下结构基底埋深确定。基底位于上覆土层时,勘探点深度应至上覆土层中最下一层含水层的底板以下不少于 3.0m;基底位于岩溶层时,勘探点深度应至岩溶主要含水层底板以下不少于 2.0m。

(4) 水文地质参数应根据评价工作的需要选择抽水试验、连通试验、注(压)水试验、流速流量测试等试验测定方法确定,试验测定方法可按国家现行有关标准执行。

(5) 应对与工程相关的地表水、地下水水位和水量进行动态观测。

当需要提供水文地质参数和确定岩溶水的连通性时,应进行抽水试验。抽水试验井孔宜按不同岩溶发育地段布置,岩溶强烈发育地段不宜少于 2 个,岩溶中等发育地段不应少于 1 个。当抽水试验可能造成对环境的不良影响时,应采用压水试验或注水试验。

23.4 岩溶地区的岩土工程评价

1. 岩溶地区勘察报告应重点评价的内容

（1）拟建场地岩溶地下水的赋存、动态、补给、径流、排泄条件，地表水、覆盖层地下水与岩溶地下水之间的水力联系。

（2）岩溶发育的成因类型、发育程度、形态和分布特征；溶洞充填程度与充填物；覆盖层厚度、性质。

（3）溶洞（隙）、溶沟（槽）、溶蚀漏斗、石芽、土洞、岩面形态、岩溶顶板和覆盖层等岩溶地基的稳定性评价。

（4）溶洞、土洞和塌陷的成因及其发展趋势。

（5）对岩溶中等发育和强烈发育的浅覆盖型岩溶地基，当基岩面上部存在软弱土、混合土和易产生潜蚀土层时，应评价地下水的渗流与土洞塌陷的形成、发育关系，分析评价地基土的稳定性；对稳定性不良地段，应提出工程治理措施。

（6）溶洞（隙）地基、溶沟（槽）地基、溶蚀漏斗地基、石芽地基、土洞地基的处理措施和基础方案的建议，降水排水截渗方案的建议，基坑开挖与支护方案的建议等。

（7）岩溶治理设计所需岩土参数，建筑地基基础、地下水等监测要求的建议。

建筑场地稳定性评价是在较大范围内，按岩溶发育程度在平面上画出对建筑稳定性不同影响的区域，作为场地选择、建筑总平面图布置的依据。

2. 岩溶地基稳定性评价

岩溶地基的稳定性评价，分为建筑场地的稳定性评价和建筑地基的稳定性评价两部分。

1）建筑场地的稳定性评价

这是指可行性研究和初勘阶段的地区性评价。着重从岩溶发育规律、分布情况及其稳定程度，对场地的岩土工程条件进行评价。即着重研究建筑场地形成岩溶的岩性和水的运动规律，并结合地区的地貌、地质构造、岩溶发育过程以及岩溶形态的分布等进行综合分析，在较大的拟建范围内，按岩溶发育程度在平面上画出对建筑物稳定性不同影响的地段，用来作为选择建筑场地、总图布置的依据。下列地段属于建筑不利的地段，未经处理不宜。

作为地基：

（1）有浅层洞体或洞群，洞径大，顶板破碎，洞底有新近塌落物等的不稳定地段；

（2）有隐伏浅层漏斗、槽谷等，其上覆盖有软弱土体的地段；

（3）成群的土洞或塌陷发育地段；

（4）岩溶水排泄不畅，可能暂时淹没的地段。

2）建筑地基的稳定性评价

这是在详勘阶段，针对具体建筑物下及其附近对稳定性有影响的个体岩溶形态进行评价。根据评价结论，确定是否需要进行工程处理。目前，岩溶地基的评价方法有定性评价和洞顶板稳定性验算两种。

（1）岩溶地区地基的定性评价

定性评价着重分析岩深形态及各项地质条件，并考虑建筑物荷载的影响来判断其稳定性。如是溶洞，则应了解洞体大小、顶板的厚度和形状、岩体的结构及强度、结构面的密度及其分布与空间组合，研究洞内充填情况以及水的活动等因素，再结合洞体的埋深、上覆土的厚度、建筑物的基础形式、荷载条件等进行综合分析。天然溶洞稳定性分级表（表23.4.1）可供评价洞体稳定时参考。

等级	因　素				
	地层岩性	地质构造	地下水及支洞、暗河	洞体表面特征	洞底堆积物
	条　　　件				
稳定	厚层至巨厚层灰岩，无软弱夹层，层面胶结好	无褶皱、断层。裂隙不发育，仅有1～2组较明显的裂隙，裂隙呈闭合状或胶结好。未形成临空不稳切割体	洞内很少滴水，四周支洞少，洞内无暗河通过	洞顶、侧壁均有钙壳、溶蚀窝状面，洞体表面较平整，无危岩和近期崩塌痕迹	洞底平坦，表层堆积物为黏性土或钙质胶结层，不含块石
基本稳定	厚层至中厚层灰岩，层面有一定程度的胶结	有小型断层、褶皱。一般有2～3组连续性差的裂隙，形成的临空切割体少	断层中有季节性地下水活动。四周支洞较少，暗河易于查明、处理	洞顶有钙壳、溶蚀窝状面，有少量钟乳石、灰华物，无近期崩塌痕迹，有少量危岩	洞底平坦，表层堆积物中有少量块石，或有古崩塌体
稳定性差	中厚层夹薄层灰岩，层面胶结差	断层发育。有3组以上的裂隙，且胶结差。形成较多的临空切割体	顶板、断层中常有地下水活动。四周支洞较多，暗河分布较复杂，不易查明、处理	洞顶钙壳和窝状溶蚀面少，钟乳石多，侧壁有含泥质较多的灰华物分布，局部地段有危岩和近期崩塌痕迹	有近期崩塌堆积物，有大量块石
不稳定	薄层至中厚层灰岩，有软弱夹层。层面胶结差	断层很发育。裂隙在4组以上，呈张开状，充水夹泥，形成大量的临空切割体	洞内、断层中漏水严重，四周大小支洞多，暗河分布复杂，难于查明、处理	危岩和近期崩塌痕迹多，钟乳石、石笋、石柱等林立丛生，灰华物大面积分布	洞底为暗河或大量近期崩塌物

注：评价时对各因素需综合考虑，如条件不完全符合某一等级或好坏交叉时，可按地层岩性、地质构造和洞体表面特征三项主要因素来评定。

有岩溶洞隙的地基可按下列原则进行稳定性评价：

① 当地基属下列条件之一时，对二级和三级工程，可不考虑岩溶稳定性的不利影响：

A. 基础底面以下土层厚度大于3倍单独基础宽度或6倍条形基础宽度，且不具备形成土洞或其他地面变形的条件。

B. 基础底面与洞体顶板间岩土厚度虽小于上面所列基础宽度的倍数但符合下列条件之一时：

a. 洞隙或岩溶漏斗被密实的沉积物填满，且无被水冲蚀的可能。

b. 洞体为Ⅰ级或Ⅱ级的岩体，顶板岩体厚度大于或等于洞跨。

c. 洞体较小，基础底面积大于洞的平面尺寸并有足够的支承长度。

d. 宽、长小于1.0m的竖向溶蚀裂隙、落水洞近旁地段。

② 当不满足上述条件时，可根据洞体大小、顶板形状、岩体结构及强度、洞内堆填及岩溶水活动等因素进行洞体稳定性分析。当判断顶板为不稳定，但洞内为密实堆填物充填，且无水流活动时，可认为堆填物受力，按不均匀地基评价；能取得计算参数时，可将洞体顶板视为结构自承重体系进行力学分析；有工程经验的地区，可按类比法进行稳定性

评价；在基础近旁有洞隙或临空面时，应验算向临空而倾覆或滑移的可能性，当地基为石膏、岩盐等易溶岩时，应考虑继续溶蚀的不利影响；对不稳定的岩溶洞隙，可建议采取地基处理或采用桩基。

（2）岩溶地质地基的洞顶板稳定性验算

在有可能取得溶洞计算参数时，可将洞体顶板视为结构自承重体系进行结构力学分析，根据顶板形态、成拱条件及裂隙切割分布，分别将其作为梁板或拱壳受力情况计算。当有条件取得有代表性的参数时，亦可进行有限单元法分析。

目前，定量评价主要是针对溶洞，按经验公式对顶板的稳定性进行验算。根据洞体形状、顶板厚薄、完整情况等因素，采用的公式很多，下面介绍几种常用的公式：

顶板按梁板受力情况计算，其受力弯矩按下列情况计算：

1）当顶板跨中有裂隙，顶板两端支座处岩层坚固完整时，按悬臂梁计算：

$$M = \frac{1}{2} p l^2 \qquad (23.4.1)$$

2）当裂隙位于某一侧支座处，而顶板较完整时，按简支梁计算：

$$M = \frac{1}{8} p l^2 \qquad (23.4.2)$$

3）若支座和顶板岩层均较完整时，按两端固定梁计算：

$$M = \frac{1}{12} p l^2 \qquad (23.4.3)$$

抗弯矩验算：

$$\frac{6M}{bH^2} \leqslant \sigma \qquad (23.4.4)$$

$$H = \sqrt{\frac{6M}{b\sigma}} \qquad (23.4.5)$$

抗剪验算：

$$\frac{4f_s}{H} \leqslant S \qquad (23.4.6)$$

上列各式中 M——弯矩，kN·m；

p——顶板所受总荷重，$p = p_1 + p_2 + p_3$，p_1 为顶板厚 H 的岩体自重，kN/m；p_2 为上覆土层重，kN/m；p_3 为顶板上附加荷载，kN/m；

l——溶洞宽度，取单宽 1m；

σ——岩体的计算抗弯强度，石灰岩可取 $\dfrac{抗压强度设计值}{8}$，kPa；

f_s——支座处的剪力，kPa；

S——岩体的计算抗剪强度，石灰岩可取 $\dfrac{抗压强度设计值}{12}$，kPa；

b——梁板的宽度，m；

H——顶板岩层宽度，m。

以上公式适用于顶板岩层较完整、强度较高、层厚，而且已知顶板厚度和裂隙切割情况。

顶板能抵抗受荷载剪切的厚度计算：

按极限平衡条件的公式计算：

$$P-T=0$$
$$T=HSL$$
$$H=\frac{T}{SL} \tag{23.4.7}$$

式中 P——溶洞顶板所受总荷载，kN；

T——溶洞顶板的总抗剪力，kN；

L——溶洞平面的周长，m；

其余符号意义同前。

23.5 岩溶危害的防治及处理

岩溶危害是指：岩溶洞穴致使建筑物基础悬空；洞穴沉积物的松散特性导致建筑物下沉变形；岩溶水掩没、冲毁各种建筑设施；岩溶地面坍陷，造成破坏及其诱发的其他危害。

23.5.1 对隐伏岩溶的探测

查明隐伏岩溶的情况，是对岩溶危害防治及处理的前提条件，但对隐伏岩溶的探测目前尚无一种适应性好、效果可靠、能独立完成岩溶探测的手段。单纯依靠多打钻去揭露隐伏岩溶的作法是不可取的，应综合使用各种物探方法与钻探配合，探测隐伏岩溶的空间分布信息，再辅以竖钻或斜钻验证，完成对岩溶地区的地质测绘，查明隐伏岩溶的分布。

23.5.2 岩溶顶板安全厚度的评价

溶洞顶板的坍塌以突发性为其特征。所以，评价岩溶顶板的安全厚度十分必要。工程设计中，可以通过结构分析方法分析计算；在现场对顶板的受力及变形进行原位测试以及采用有限元数值分析方法等，可以大致对顶板的安全厚度进行量化评价，但因计算参数、边界条件等影响因素过于复杂，对计算结果仍需结合实际工程经验综合分析、判断，方有实际应用价值。

洞穴顶板分为完整洞穴顶板和不完整洞穴顶板两类，完整洞穴顶板是指未被节理裂隙切割或虽被切割但胶结良好者，可视为整体洞穴顶板；否则，即为不完整洞穴顶板。

研究和工程实践表明，完整洞穴顶板厚度大于等于洞跨度的 0.5 倍时是安全的；非完整洞穴顶板的厚度大于等于洞高度的 5 倍时是安全的。上述判断已在工程实践中被采用。

23.5.3 岩溶地基处理

岩溶地基的地基与基础方案的选择，应针对具体条件区别对待。大多数岩溶场地的岩溶都需要加以适当处理，方能进行地基基础设计。而地基基础方案经济合理与否，除考虑地基自然状况外，还应考虑地基处理方案的选择。

在工程实践中，岩溶地基一般有下列处理方法：

1）不稳定的岩溶洞隙，可根据其大小、形态及埋深，采用清爆换填、浅层楔状填塞、洞底支撑、梁板跨越、调整柱距等方法。

2）岩深水的处理，应在查明季节性动态特征的基础上，采取宜疏勿堵的原则。

3）未经有效处理的隐伏土洞或地表塌陷及预计的塌陷影响范围内，不应作天然地基。对土洞和塌陷的工程处理应按其成因区别对待，并充分估计处理后的重发性。工程措施宜采用地表截流、防渗堵漏、挖填灌、堵塞岩溶通道、通气降压等方法，同时应采用梁板跨越。对重要建筑物，应采用桩基。

4）应注意工程活动改变和堵截山麓斜坡地段地下水排泄通道，造成较大动水力对建筑物基坑底板、地坪及道路等正常使用的不良影响，注意泄水、涌水对环境的污染。

总之，在使用这些方法时应根据工程需要，可单独使用，也可综合使用。如：某建筑物在岩溶地区（图23.5.1），最初未发现溶洞，开挖基坑时发现有长6m、宽3m、深4m的溶洞位于地基内。溶洞四周的岩体比较破碎，洞内有少量岩溶水（在夏季）及沉积物。处理时，在基础部位挖除沉积物，用浆砌石柱作基础，洞的一侧作排水道，洞顶的岩体裂隙灌注水泥浆，石柱两侧用片石灌浆充填，柱顶用钢筋混凝土的梁板跨越，防止了溶洞的危害，经处理后的建筑物多年来仍然在安全使用。

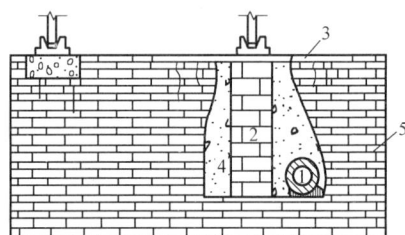

图23.5.1 某建筑物下溶洞的处理示意
1—排水道；2—浆砌石柱；3—钢筋混凝土梁板；4—片石灌浆；5—石灰岩

大量工程实例证明，采用加强建筑物上部结构刚度和承载能力的方法，能减少地基的不均匀变形，取得较好的技术经济效果。因此，本条规定对于需要进行地基处理的工程，在选择地基处理方案时，应同时考虑上部结构、基础和地基的共同作用，尽量选用加强上部结构和处理地基相结合的方案，这样既可降低地基的处理费用，又可收到满意的效果。

在选择地基处理方案时，应根据各种因素进行综合分析，选择下列各种处理方法或组合成综合的处理方案。

1. 充填法

充填法适用于溶（土）洞、溶沟（槽）、溶蚀（裂隙、漏斗）、落水洞的充填和石芽地基的嵌补。

充填材料可采用素土、灰土、砂砾、碎石、混凝土、泡沫轻质土等。当充填部位在地下水位以下、埋藏较深时，不宜采用素土、灰土充填；有防渗要求时，不宜采用砂砾、碎石、泡沫轻质土充填。

2. 跨越法

采用跨越法处理岩溶地基时，可根据溶（土）洞、溶沟（槽）、溶蚀（裂隙、漏斗）、落水洞的大小、形状、岩体的强度、地下水等因素确定洞侧支承条件，进行结构计算。

选择不同的结构形式，采用梁跨、板跨及拱跨等结构跨过溶洞，消除溶洞对建筑物的不利影响。

3. 桩柱法

当建筑物基础局部悬空或处于软硬不均匀地层以及需穿越洞穴内松散堆积物时，可采用桩基础，将建筑物荷载传至下部可靠的持力岩体。

4. 加固法

为防止洞穴坍塌或加强洞穴顶板的稳定，可采用锚杆、支顶、注浆等各种加固措施。

5. 复合地基法

当洞穴堆积体较厚且稳定时，可采取复合地基等加固措施加固松软堆积体，并设置筏形基础等提高基础的整体刚度，防止建筑物产生过大的不均匀沉降。

23.5.4 岩溶水危害的防治

岩溶地区的地下水与气象条件关系密切，地下水运动受岩溶裂隙制约，具有极不均匀性，水量不易确定，具有间歇性、反复性、分带性和承压性，并伴随有涌泥、涌沙等现象。

岩溶地区地下水骤然升降，导致地面坍塌，破坏地质环境是常见的现象，所以工程中对地下水的有效控制是防治岩溶水危害的根本，根据场地不同的水文地质条件，可采取截流、排泄、设置围堰、止水帷幕等各种控水措施。

岩溶地区的基坑工程，在支护桩施工及土方开挖降水时，对地下水运动的控制是十分关键的措施，应防止因降水引起基坑周边出现坍塌等环境影响，以及在坑内引发流土及流砂现象。

23.5.5 岩溶地区的桩基工程

随着城市工程建设规模的不断扩大，大型建（构）筑物及市政、交通设施，作用的荷载大，对变形控制严格，这时常采用桩基础；而在覆盖型岩溶地区，当场地存在浅埋的溶（土）洞、溶沟（槽）、溶蚀（裂隙、漏斗）或洞体顶板厚度小或破碎的地段等条件下，常采用桩穿越不稳定岩土层达到承载力较高的桩端持力层，而需对桩所穿越的不稳定岩溶地层进行评价与处理。同时，桩基础通常属于集中受力的高负荷状态，因此设计时必需查明一些潜在的岩溶地质问题。

1. 对岩溶洞穴性状及最低岩面条件的判断

桩基础设计时，要求查明桩身穿越的地层的岩溶分布情况，常常增加钻孔数量，但即使在做到一桩一孔的情况下依然会出现，对有无溶洞、溶洞大小、充填情况、洞穴数量及暗河还是洞穴的情况的误判，必须在工程实践中引起足够的重视。

2. 加强桩基施工时的施工勘察

因岩溶潜在的问题很难明断，设计时将存在某些不确定性。根据现场施工时遇到的实际问题，通过施工勘察进一步揭露岩溶条件的变化进行设计变更。实际工程中，直径为1.5m的桩，常需作3个钻孔，才能确保顺利完成桩的施工。

3. 合理选择桩基施工工艺

在岩溶发育、土体不稳定时，为防止桩侧壁坍塌，宜采取全套管成桩技术，为有利于揭露隐伏岩溶，宜采取大桩挖、小桩钻的施工方案，即挖桩以大直径桩比小直径桩为宜，钻桩则以小直径桩比大直径桩为宜。

4. 当覆盖层为砂土、黏性土或其他松散地层时

可采用多种形式的复合地基与桩基方案进行优化比较，包括刚性桩复合地基以及沉降控制桩基础等方案。

23.6 土　　洞

23.6.1 土洞的形成

　　土洞是岩溶地层上覆盖的土层被地表水冲蚀或地下水潜蚀所形成的洞穴（图 23.6.1）。这种洞穴的进一步发展，其顶部土体塌陷成土坑（图 23.6.2）和碟形洼地。土洞顶部土体的这种塌陷，称为地表塌陷。

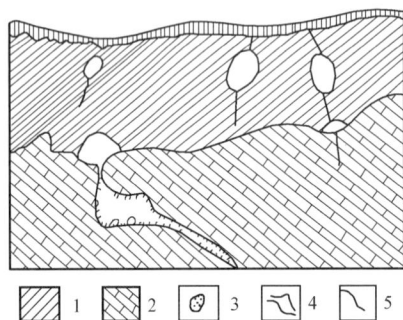

图 23.6.1　土洞的剖面示意

1—黏土；2—石灰岩；3—土洞；4—溶洞；5—裂隙

图 23.6.2　土洞顶部塌陷的土坑

　　土洞及其在地表引起的塌陷，都属于岩溶现象在土层中的一种表现形态。它们对建筑物的稳定性影响很大，不同程度地威胁着建筑物的安全和正常使用。主要原因是土洞埋藏浅、分布密、发育快、顶板强度低。有时，在建筑物施工中没有土洞，但建成后，由于人为因素或自然条件的影响，可以出现新的土洞和地表塌陷。例如：某工程的水池，地基上部为残积黏土，下部为岩溶发育的石灰岩，地下水位于石灰岩中，由于施工用水下渗，形成了两个直径为1～2m的土洞，使池底部分遭到破坏。又如，某厂为了开采地下水，打井多口，在两年内进行抽水，出现地表塌陷800多处，影响很大。因此，在土洞可能产生的地区进行建筑，必须了解土洞的形成条件，查明土洞的发育程度与分布，才能作出正确的设计和经济、合理的处理。

　　土洞的形成和发展，与地区的地貌、土层、地质构造、水的活动、岩溶发育、地表排水等多种条件有关。其中，土、岩溶的存在和水的活动是最主要的条件。

　　土质不同，土洞的发育程度则不同。一般土洞多位于黏性土中，砂土及碎石土中少见。对于黏性土，由于土粒成分、土的黏聚力和透水性不同，土洞的形成便不一样。土粒细、黏性强、胶结好、透水性差的土层，难于形成土洞；反之，土粒粗、黏性弱、透水性较好、遇水易湿化崩解的土层，就容易形成土洞。在溶沟、溶槽地带，经常有软黏土分布，其抵抗水冲蚀的能力弱，而且处于地下水流首先作用的场所，往往是土洞发育的有利部位。此外，当土层厚时，土洞发展到地面引起塌陷所需时间就长，并且易形成自然拱，不一定会引起地面塌陷。当土层薄时，会很快出现塌陷；土层厚薄不同，土洞塌陷后的平面的最终稳定尺寸及纵断面的形态也不同。一般，薄的小，呈筒状；厚的大，呈蝶状或漏斗状。

土洞的形成与岩溶的关系很密切。凡具备土洞发育条件的岩溶地区，一般都有土洞发育，因而土洞常分布在溶沟及溶槽两侧、石芽侧壁和落水洞上口等位置的土层中；另外，土洞或塌陷地段，其下伏基岩中必然有岩溶水通道，这种通道不一定是巨大的裂隙和空洞，连接洞底的往往是上大下小的裂隙。

土洞的形成中，水起着决定性的作用。主要由地表水的冲蚀或地下水的潜蚀形成。因此，土洞可分为地表水形成的和地下水形成的两种。

1. 地表水形成的土洞

在地下水深埋于基岩面以下的岩溶发育地区，上覆土层由于有裂隙或生物洞穴存在，地表水即沿裂隙或洞穴下渗，经基岩面的某一通道流入岩体，最后到达地下水面。这一运动过程使最初的网状分散细流发展为集中的脉状水流，流量增大，加剧了对土体的冲蚀掏空作用，这样便逐渐形成土洞或地表塌陷。这种由地表水形成的土洞，一般都存在有水流通道的特征。

2. 地下水形成的土洞

由地下水形成的土洞多发生于地下水位变化幅度以内，并且大部分在高水位与平水位之间。土洞的发育速度、规模与地下水动力条件、升降幅度及频率有关，如地下水位在岩土交界面附近作频繁地升降变化，上升水位高于基岩面，土体与水接触，便逐渐湿化，在岩土交界处形成松软土带；当地下水位下降到基岩面以下时，水对松软土便产生潜蚀、搬运作用，这样就形成岩土交界面处的土洞。水的作用循环往复，土洞则逐渐扩大，直至发展到地表塌陷。这种由地下水形成的土洞，在地表上覆土层中没有连通的水流通道特征。

应指出，土洞在形成过程中，位于洞底的塌落土有时不是立刻被水带走，而是暂时存在堵塞水流通道。因此，在这一过程中始终存在着地下水的潜蚀与塌落土对岩溶通道堵塞的矛盾。如潜蚀大于堵塞，土洞就继续发展；反之，土洞的发展就告停顿。因此，不是所有的土洞都能发展到地表。尤其当上层较厚、地下水位较深时，有可能在没有波及地表以前，因通道的堵塞而暂停发展。

23.6.2　查明土洞的方法

对建筑物地基内的土洞，应查明其位置、埋深、大小及形成条件和成因。除前面岩溶提到土洞勘察内容外，勘察土洞的方法尚有：

1. 物探法

主要用电探法。这种方法在查明个体土洞时，对土层厚度与洞径相近的浅埋洞体能获得较好的效果。

2. 井探法

即在土洞部位挖探井，对有代表性的塌陷地带及浅埋土洞都宜采用。

3. 触探及钎探法

它们是查明土洞的简便可行的方法。

4. 夯探法

这种方法是在基槽开挖后沿基槽进行夯击。夯击时根据回声来判断有无土洞，若有空洞回声，再用钎探进一步查明。

5. 钻探法

勘探深埋土洞时使用，可采用小口径钻孔配合注水的方法。钻探工作应在物探或钎探的基础上进行。用手摇螺旋钻查明土洞效果也较好。

在土洞和地表塌陷发育地段，沿基础轴线或每个柱基均需布置勘探点，对重大柱基和重大设备基础应适当加密。勘探深度一般至最低地下水位或基岩面。

23.6.3 土洞和地表塌陷的处理

土洞和地表塌陷密集，或因人工改变地下水动态而引起塌陷的地段都属于工程地质条件不良或不稳定地段。当建筑场地处于具有一定厚度覆盖土的岩溶发育地区，应注意由地下水作用所形成的土洞对建筑地基的影响。总图布置前，应有场地土洞分布资料。在土洞发育区建筑，建筑场地的选择最好选在地势较高或地下水最高水位低于基岩面的地段，避开岩溶强烈发育及基岩面上软黏土厚而集中的地带。如地下水位高于基岩面，在建筑施工中或建筑物使用期间，场地附近如有人工降低地下水位或取水时，应注意由降低地下水位引起土洞或地表塌陷的可能性。塌陷区的范围及方向，可根据水文地质条件和抽水试验的观测结果综合分析确定。在塌陷范围内的建筑物，不允许采用天然地基。在已有建筑物附近抽水时，也应考虑对建筑物稳定性的影响。

下列部位易于形成土洞和土洞密集地段：

（1）土层较薄，土中裂隙及其下岩体溶蚀裂隙发育；

（2）岩面开口通道密集，石芽或出露的岩体与土体交接部位；

（3）两组构造裂隙交汇或宽大裂隙带上；

（4）隐伏溶沟、溶槽、漏斗等凹岩面地段，基岩上有较软弱土体分布；

（5）地下水强烈活动于岩土交界面的地段或大幅度降水地段；

（6）地势低洼，河、湖水体近旁。

在建筑物地基范围内有土洞和地表塌陷时，必须认真进行处理。常用的处理措施有下列各项：

1. 处理地表水和地下水

在建筑场地和地基范围内，认真做好地表水的截流、防渗、堵漏等工作，杜绝地表水渗入土层。这种措施对地表水形成的土洞和地表塌陷，可以起到治本作用。对形成土洞的地下水，当地质条件许可时亦可考虑采用地下水截流、改道的办法，阻止土洞和地表塌陷的发展。

2. 挖填处理法

这种措施多用于个体浅埋土洞。对地表水形成的土洞和塌陷，先挖除软土，后用块石、片石或毛石混凝土等回填。对地下水形成的土洞和塌陷，除挖除软土抛填块石外，还应作反滤层，面层用黏土夯实。

3. 灌砂法

灌砂法适用于埋藏深、洞径大的土洞。施工时，在洞体范围内的顶板地面上打两个或更多的钻孔，其中直径较小的孔（直径 50mm）作排气用，直径较大的孔（直径大于100mm）作灌砂用。灌砂时，同时进行冲水，待小孔中冒出砂时为止。如果洞内有水，灌注困难，可用 C15 细石混凝土作灌料进行压力灌注。

4. 用钢筋混凝土梁板跨越

在进行上述处理的同时，均应采用梁板跨越。

5. 岩溶场地上的重要建筑物可采用桩基

采用桩基时，宜优先采用大直径嵌岩灌注桩。

以上对土洞的各种处理措施，一般多联合采用。

23.6.4 土洞的勘察报告

土洞的勘察报告多附于场地岩土工程勘察报告中，写入的主要内容包括：

(1) 土洞发育的背景和形成条件；

(2) 土洞平面分布和洞顶、底板标高；

(3) 地基稳定性评价；

(4) 土洞治理措施建议。

由于土洞与岩溶可能在同一场地中相伴而生，此时在报告中应一并加以讨论。

第24章 红黏土地基与花岗岩残积土地基

24.1 红黏土地基

24.1.1 红黏土的形成条件

红黏土是指碳酸盐类岩石（如石灰岩、泥灰岩、白云岩等），在湿热气候条件下经风化、淋滤和红土化作用而形成并覆盖于基岩上的一种棕红或黄褐色、液限等于或大于50%的高塑性黏土。它属于第四系残坡积层。红黏土经搬运和再沉积后仍保留其基本特征且液限大于45%的土，定为次生红黏土。由于红黏土具有独特的物理力学性质及厚度变化大等一系列特点，便构成了作为地基的特殊条件，因而它属于一种区域性的特殊土。

在我国，红黏土主要分布于黄河、秦岭以南、青藏高原以东地区。集中分布在北纬30°以南的桂、黔、滇、川东、湘西等省区。在北纬30°～35°之间也有零星分布，如鲁南、陕南、鄂西等地。

24.1.2 红黏土的特征

1. 野外特征

1) 地貌特征 红黏土一般分布在盆地、洼地、山麓、山坡、谷地或丘陵等地区，形成缓坡、陡坎、坡积裙等微地貌。有的地区，地表存在着因塌陷而形成的土坑、碟形洼地。

2) 土层特征 包括颜色、状态、土层厚度及结构、构造等。

(1) 颜色：除棕红色外，还有褐黄、褐红等颜色。

(2) 状态：土的状态从地表往下有逐渐变软的规律。上部呈坚硬或硬塑状态。硬塑状态的土，占红黏土层的大部分，构成有一定厚度的持力层。软塑、流塑状态的土多埋藏在溶槽底部（图24.1.1）。深度在6m以下的红黏土一般呈软塑状态，强度很低，特别是在盆地中间较深地带及溶沟中的红黏土，往往呈流塑状态。这种由上至下状态变化的原因，一方面系地表水往下渗滤过程中，靠近地表部分易受蒸发，越往深部则越易集聚保存；另一方面，可能直接由下卧基岩裂隙水的补给和毛细管作用所致。

(3) 土层厚度：红黏土因受基岩起伏的影响和风化深度的不同，厚度变化很大，水平方向上虽相隔咫尺，而厚度却相差可达10m，所以厚度变化大是其特点之一。例如，图24.1.1就是贵州某工程的地质剖面图，相距不过1m，厚度相差达5～8m。

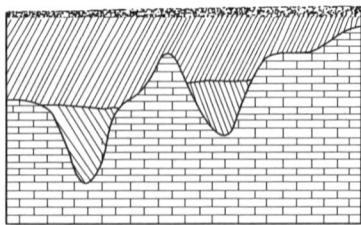

图 24.1.1 红黏土剖面示意
1—耕土；2—硬塑红黏土；3—软塑或流塑红黏土；4—石灰岩

就地区论，红黏土的厚度变化也很大。贵州约3～6m，超过10m者较少；云南约7～8m，个别地方可达10～20m以上，湖南、鄂西、广西等地多在 10m 左右，个别地带可达 20~30m。因此，不同地区厚度也有差异。

（4）土层结构、构造：

① 裂隙。红黏土中的裂隙普遍发育，主要是竖向的，也有斜交和水平的。它是在湿热交替的气候环境中，由于土的干缩而生成的。其密度和深度与地表植被、气候、土质等因素有关，一般可延伸到地下 3~4m，深者达 6m。裂隙面往往光滑，可见擦痕，面上可见灰白、灰绿色黏土物质和铁锰质膜。裂隙破坏了土体的完整性，将土体切割成块状，水沿裂隙活动，对红黏土的工程性质不利。斜坡或陡坎上的竖向裂隙（图 24.1.2）系土体的软弱结构面，沿此面可形成崩塌或滑坡。

② 土洞。红黏土层中可能有地下水或地表水形成的土洞，应查明。

③ 结核。红黏土中铁锰结核也普遍可见，常呈星散状分布。

2. 红黏土的物理力学性质

红黏土的物理力学性质指标，在其分布的不同地区有差异，总的说来具有下述特点：

图 24.1.2　红黏土层的竖向裂隙

（1）天然含水量高而液性指数小，说明天然含水量以结合水为主，自由水较少；

（2）饱和度大，一般在 85% 以上；

（3）天然孔隙比大，密度小；

（4）塑性指数高；

（5）颗粒细而均匀，黏粒含量高，具高分散性；

（6）强度高，压缩性较低，多属中压缩性土，具较高的承载力；

（7）红黏土收缩性明显，失水后强烈收缩，原状土体缩率可达 25%，扰动土可达 40%~50%，浸水后多数膨胀性轻微（膨胀率常 <2%），但个别例外；

（8）除少数的红黏土具湿陷性外，一般不具湿陷性。

红黏土具有上述特殊性质与其生成环境及其相应的组成物质有关。高度分散的黏粒含量高，使土体中拥有大量的比表面积。单个颗粒的吸附水膜虽不厚，但由于其表面能很大，吸附了大量的结合水，因此，粒度成分的高分散性是决定红黏土具有高塑性、高含水量和低密度的基本因素。高度分散的黏粒或残留的氧化物凝胶形成较稳固的团粒结构，土体近于两相体且土中水又多为结合水，这是构成红黏土具有良好力学性能的基本因素之一。

但是，如前所述，由于它的多变性及成层性，进行勘察设计时绝对不能将这种土层组成的地基视为均质地基，而应当将其划分成不同的土质单元，每一土质单元采用一套计算指标来进行地基计算。

3. 矿物成分和化学成分

红黏土的矿物成分除含有一定数量的石英外，黏土矿物主要为高岭石、多水高岭石、伊利石及三水铝矿和赤铁矿等。

我国不同地区的红黏土，其矿物成分不完全相同。广西大致以高岭石和伊利石为主，含有较多的蒙脱石或蛭石及游离 Fe_2O_3；贵州则多数以高岭石为主，少数以高岭石和伊利石为主（坡积、洪积层），含有少量的蒙脱石或蛭石及游离 Fe_2O_3；残积的以伊利石为主，含较多的蒙脱石；坡积、洪积的以高岭石和伊利石为主，蒙脱石的含量相对减少。这些矿物具有抗水而稳定的结晶格架，并含有大量铁铝氧化物，在酸性介质作用下，这些氧化物生成可抗水的氢氧化物胶体，对黏粒和胶粒产生胶结，使红黏土中大量的细颗粒连接成较稳固的团粒结构。这种胶化性质决定了红黏土的天然孔隙比虽大，但抗水性却较好。

4. 红黏土层中的地下水特征

红黏土层中常有裂隙水活动，其补给源有降雨、岩溶裂隙水、上层滞水、地表水体等。由于补给源不同和作为渗流途径的裂隙分布不均，致使裂隙水往往不具有统一水面，其埋藏、运动的特征及渗流量也因地而异。因此，在勘察中应查明水文地质条件，以便根据具体情况进行处理。

24.1.3 红黏土的分类

红黏土可按湿度状态、土体结构、复浸水特性及地基均匀性进行分类：

1. 按湿度状态，即以土的含水比 α_w 将土划分（表 24.1.1）

表 24.1.1
红黏土的状态分类

状 态	含水比 α_w	比贯入阻力 P_s(kPa)
坚硬	$\alpha_w \leqslant 0.55$	$P_s \geqslant 2300$
硬塑	$0.55 < \alpha_w \leqslant 0.70$	$2300 > P_s \geqslant 1300$
可塑	$0.70 < \alpha_w \leqslant 0.85$	$1300 > P_s \geqslant 700$
软塑	$0.85 < \alpha_w \leqslant 1.00$	$700 > P_s \geqslant 200$
流塑	$\alpha_w > 1.00$	$P_s < 200$

注：含水比 $\alpha_w = 0.45 I_L + 0.55$ 或 $\alpha_w = w/w_L$，w_L 为液限，I_L 为液性指数。

2. 按裂隙发育特征，红黏土的结构按表 24.1.2 分类

表 24.1.2
红黏土的结构分类

土体结构	类别	灵敏度 S_t	裂隙发育特征
致密状	I	$S_t > 1.2$	偶见裂隙（<1 条/m）
块状	II	$1.2 \geqslant S_t > 0.8$	较多裂隙（1~5 条/m）
碎块状	III	$S_t \leqslant 0.8$	富裂隙（>5 条/m）

3. 红黏土的复浸水特性按表 24.1.3 分类

表 24.1.3
红黏土的复浸水特性分类

类别	I_r 与 I_r' 关系	复浸水特性
I	$I_r \geqslant I_r'$	收缩后复浸水膨胀，能恢复到原位
II	$I_r < I_r'$	收缩后复浸水膨胀，不能恢复到原位

注：$I_r = w_L/w_p$，$I_r' = 1.4 + 0.0066 w_L$。

4. 红黏土地基均匀性以基底下压缩层分布深度 Z 范围内的土层组成划分（表24.1.4）

24.1.4 红黏土场地的岩土工程勘察要点

1. 红黏土场地工程地质勘察应查明的内容

地基均匀性	基底压缩层范围内岩土组成	地基均匀性	基底压缩层范围内岩土组成
均匀地基	全部由红黏土组成	不均匀地基	由红黏土与岩石组成

注：1. "地基压缩层"的厚度 Z 一般应根据建筑物结构类型、基础形式、荷载等综合分析确定；当独立基础总荷载 P_1 为 500～3000kN，条形基础线荷载 P_2 为 100～250kN/m 时，Z 值可分别按下式确定：

独立基础：$Z(m)=\eta_1 P_1+1.5$

条形基础：$Z(m)=\eta_2 P_2-4.5$

式中，系数 η_1 可取 0.003m/kN，η_2 可取 0.05m²/kN；

    2. 当箱（筏）形基础无相邻荷载影响、基础宽度不大于 30m 时：$Z(m)=b(2.5-0.4\ln b)$；

    3. 对均匀地基，基底下 Z 深度范围内全部由红黏土构成。

（1）不同地貌单元红黏土的分布、厚度、组成、性质等特征及其差异；

（2）下伏基岩岩性、岩溶发育特征及其与红黏土的性质、厚度变化的关系；

（3）地裂分布、发育特征和成因，土中裂隙的密度、深度、状态、延伸方向和规律，并分析其对边坡稳定的影响；

（4）地表水体和地下水的分布、动态及其对红黏土湿度状态垂直向分带和土质软化的影响；地下水埋藏和运动条件、季节变化；

（5）已有建筑物的使用情况，开裂原因和当地勘察、设计、施工经验等。

2. 勘察工作的布置

1）初勘探点按微地貌形态布置，间距宜为 30～50m，孔深宜达到基岩面或不小于 15m。

2）详勘应按地基均匀性确定，需满足下列要求：

（1）均匀地基勘探点间距宜取 12～24m，孔深可取 5～10m 或根据基础荷载确定（表 24.1.5）。

红黏土均匀地基勘探点深度   表 24.1.5

单独基础		条形基础	
荷载(kN)	勘探深度(m)	每延米荷载(kN/m)	勘探孔深度(m)
3000	6.5(4.0)	250	5.0(3.0)
2000	5.0(3.5)	200	3.5(0.5)
1000	3.5(2.5)	150	1.5(0)
500	1.0(0)	100	1.0(0)

注：勘探孔深度从基础底面算起。括号内数值，系指地基沉降计算深度内存在软塑土层时应增加的勘探孔深度值。

（2）不均匀地基勘探点间距宜取 6～12m，并沿基础轴线布置。孔深须符合第 12 章有关详勘勘探孔深度要求。

（3）当基础方案采用岩面端承桩时，或有岩芽出露的不均匀地基或有土洞需查明时，应进行施工勘察，勘察的内容可根据需要确定。

3. 试验

红黏土的室内试验应按第 12 章有关室内试验的要求进行。此外，对裂缝发育的红黏土，尚应进行三轴剪切试验或无侧限抗压强度试验。当需进行边坡稳定分析时，应进行重复剪切试验。

4. 红黏土地基岩土工程评价

（1）根据工程需要划分红黏土类型的空间分布，并分别提出特性参数及工程评价；

（2）分析地表水、地下水、红黏土裂隙及土洞发育特征，评价场地有无土洞形成的可能性；

（3）分析地表水、滞水、土岩界面水、岩溶水分布及相互连通补给关系，评价其对基坑工程、基础施工及建筑地基正常使用的影响；

（4）评价场地内地裂缝分布和发育规律，并对密集带或深长地裂缝提出避让或处理建议；

（5）评价石芽出露地段地表水下渗、冲蚀对地基的影响，并提出处理建议；

（6）在大范围挖方区，应提出保湿和防浸泡措施与建议；

（7）对一般轻型建（构）筑物，应确定大气影响急剧层的深度，提出基础埋深建议。

24.1.5 红黏土地基的岩土工程评价

红黏土的表层，在一般情况下压缩性低、强度高，属较好的地基土，但应避免建筑物布置跨越地裂密集带或深长地裂地段。

1. 红黏土地基岩土工程评价应符合的规定

（1）根据工程需要，划分红黏土类型的空间分布，并分别提出特性参数及工程评价；

（2）分析地表水、地下水、红黏土裂隙及土洞发育特征，评价场地有无土洞形成的可能性；

（3）分析地表水、滞水、土岩界面水、岩溶水分布及相互连通补给关系，评价其对基坑工程、基础施工及建筑地基正常使用的影响；

（4）评价场地内地裂缝分布和发育规律，并对密集带或深长地裂缝提出避让或处理建议；

（5）评价石芽出露地段地表水下渗、冲蚀对地基的影响，并提出处理建议；

（6）在大范围挖方区，应提出保湿和防浸泡措施与建议。

（7）对一般轻型建（构）筑物，应确定大气影响急剧层的深度，提出基础埋深建议。

2. 红黏土地区的大气影响深度

大气影响深度：是指在自然气候作用下，由降水、蒸发地温等因素引起的升降变形的有效深度；大气影响急剧层深度为大气影响深度的 0.45 倍。

大气影响深度，应根据各地区土的深层变形观测或含水量观测资料确定；无此资料时，可根据表 24.1.6 确定。

大气影响深度及大气影响急剧层深度 （m） 表 24.1.6

膨胀岩土胀缩等级	场地类别	大气影响深度 d_a	大气影响急剧层深度 d_r
强胀缩岩土	一、二	8	3.0～3.6
	三	6	2.0～2.7
中等胀缩岩土	一、二	7	2.0～2.7
	三	6	1.2～1.5
弱胀缩岩土	一、二	6	1.5～2.0
	三	5	1.2～1.5

注：表中大气影响深度内，有稳定地下水位时，则以稳定水位以上 2m 处的埋深作为大气影响深度；对承压水，则以隔水层底板以上 2m 处的埋深作为大气影响深度。

24.1.6 红黏土地基设计

1. 基础埋深

确定红黏土地基上基础埋深时，宜利用表层较硬土层作地基持力层，应充分利用红黏土上硬下软的湿度状态竖向分布特征，基础尽量浅埋。

2. 红黏土地基的均匀性

红黏土的厚度随下卧基岩面起伏变化，致使红黏土的厚度变化较大，常引起地基的不均匀沉降，应采取控制不均匀沉降的地基处理措施予以控制。

3. 红黏土地基的裂隙与胀缩性

在红黏土地基的裂隙与胀缩性发育的地区，地基设计时应决定是否按膨胀土地基考虑。

4. 红黏土地基的干缩特性

红黏土地基设计与施工时，应考虑建筑物施工和运营时的条件，采取有效措施防止红黏土地基的干缩、湿化。对红黏土人工边坡稳定性评价时，应考虑开挖面土体干缩导致裂隙发展及重复浸水使土质产生变化的不利影响。

5. 红黏土地基的计算

红黏土地基的计算与一般地基基础工程的计算相同，应满足地基承载力验算及地基变形控制两方面的设计要求。

红黏土的承载力按公式计算，并结合原位测试验方法确定。对甲级建筑，应用载荷试验验证。表 24.1.7 提供的红黏土承载力，可供参考。

红黏土承载力特征值（kPa）　　　　　　　　　　表 24.1.7

土的名称	第一指标含水比 $\alpha_w = \dfrac{w}{w_L}$ 第二指标 液塑比 $I_r = \dfrac{w_L}{w_P}$	0.5	0.6	0.7	0.8	0.9	1.0
红黏土	$\leqslant 1.7$	380	270	210	180	150	140
	$\geqslant 2.3$	280	200	160	130	110	100
次生红黏土		250	190	150	130	110	100

注：1. 本表仅用于定义范围内的红黏土。
    2. 折算系数 ξ 为 0.4。
    3. 表中提供的承载力基本值相当于地基承载力特征值。

6. 红黏土人工边坡稳定性评价

评价时，应考虑开挖面土体干缩导致裂隙发展及重复浸水使土质产生变化的不利影响。

24.2　花岗石残积土地基

24.2.1　风化岩土与残积土

岩石在风化营力的作用下，其结构、成分和性质可产生不同程度的变异，其定名为风化岩。已完全风化成土而未经搬运的，但其性质与原母岩完全变异的应定名为残积土。

风化岩与残积土的特点如下：

1）风化岩与残积土都是新鲜岩层在物理风化作用和化学风化作用下形成的物质，统称为风化残积物，其共同特点是均保持在其原岩（母岩）所在的位置，没有受到搬运营力的水平搬运。

2）因为岩石受到的风化程度不同，其性状也表现不同。风化岩使原岩（母岩）受到风化的程度较轻，保持原岩的性质较多。残积土则使原岩受到风化的程度较为严重，极少保持原岩性质。

3）在工程上，风化岩基本可以作为岩石看待，残积土完全是土状物。

24.2.2　风化岩与残积土的分类

1.《岩土工程勘察规范》GB 50021 中的规定

岩石按风化程度，分为残积土、全风化岩、强风化岩、中等风化岩、微风化岩及未风化岩，见表 24.2.1。

岩石按风化程度分类　　　　　　　　　　　　　表 24.2.1

岩石类型	风化程度	野 外 特 征	风化程度参考指标		
			压缩波速率 v_p/K_v(m/s)	波速比 K_v	风化系数 K_f
硬质岩石	未风化	岩质新鲜、偶见风化痕迹	>5000	0.9~1.0	0.9~1.0
	微风化	组织结构基本未变，仅节理面有铁锰质渲染或矿物略有变色，有少量风化裂痕	4000~5000	0.8~0.9	0.8~0.9
	中等风化	组织结构部分破坏，矿物成分基本未变化，仅沿节理面出现次生矿物。风化裂隙发育。岩体被切割成边长 20~50cm 的岩块。锤击声脆且不易击碎，不能用镐挖掘，岩心钻方可钻进	2000~4000	0.6~0.8	0.4~0.8
	强风化	组织结构已大部分破坏，矿物成分已显著变化。长石、云母已风化成次生矿物。裂隙很发育，岩体破碎。岩体被切割成边长 2~20cm 的岩块，可用手折断。用镐可挖掘，干钻不易钻进	1000~2000	0.4~0.6	<0.4
	全风化	组织结构已基本破坏，看尚可辨认，并且有微弱的残余结构强度，可用镐挖，干钻可钻进	500~1000	0.2~0.4	
	残积土	组织结构已全部破坏。矿物成分除石英外，大部分已风化成土状，锹镐易挖掘，干钻易钻进，具可塑性	<500	<0.2	
软质岩石	未风化	岩质新鲜、未见风化痕迹	>4000	0.9~1.0	0.9~1.0
	微风化	组织结构基本未变，仅节理面有铁锰质渲染或矿物略有变色，有少量风化裂痕	3000~4000	0.8~0.9	0.8~0.9
	中等风化	组织结构部分破坏，矿物成分发生变化，节理面附近的矿物已风化成土状。风化裂隙发育。岩体被切割成边长 20~50cm 的岩块。锤击易碎，用镐难挖掘。岩心钻方可钻进	1500~3000	0.5~0.8	0.3~0.8

岩石类型	风化程度	野外特征	风化程度参考指标		
			压缩波速率 v_p/K_v(m/s)	波速比 K_v	风化系数 K_t
软质岩石	强风化	组织结构已大部分破坏，矿物成分已显著变化，含大量黏土质黏土矿物。风化裂隙很发育，岩体破碎。岩体被切割成碎块，干时可用手折断或捏碎，浸水或湿时可较迅速地软化或崩解。用镐或锹可挖掘，干钻可钻进	700～1500	0.3～0.5	<0.3
	全风化	组织结构已基本破坏，但尚可辨认并且有微弱残余结构强度，可用镐挖，干钻可钻进	300～700	0.1～0.3	
	残积土	组织结构已全部破坏，矿物成分已全部改变并已风化成土状，锹镐易挖掘，干钻易钻进，具可塑性	<300	<0.1	

注：1. 波速比（K_v）为风化岩石与新鲜岩石压缩波速度之比。

2. 风化系数（K_t）为风化岩石与新鲜岩石饱和单轴抗压强度之比。

3. 岩石风化程度，除按表列野外特征和定量指标划分外，亦可根据地区经验按点荷载试验资料划分。

4. 花岗岩强风化与全风化，全风化与残积土的划分，宜采用标准贯入试验，其划分标准分别为强风化 $N≥$ 50；全风化 $30≤N<50$；残积土 $N<30$。

2. 《港口工程地质勘察规范》JTJ 240 中的规定

岩石按其风化程度，划分为未风化、微风化、中等风化、强风化、全风化五类。其划分可按硬质岩岩土（$f_r>30$MPa）和软质岩岩土（$f_r>30$MPa）的不同，按现场特征和某些测试手段进行风化程度划分，详见《港口工程地质勘察规范》JTJ 240 附录 D。

3. 泥质砂岩类、花岗岩类风化岩及残积土划分标准的经验数据

如表 24.2.2 所示。

泥质砂岩类、花岗岩类风化岩与残积土划分标准　　　　表 24.2.2

原岩	岩体风化程度	无侧限抗压强度 q_u(kPa)	标准贯入击数 N	剪切波速度 v_s(m/s)
花岗岩	残积土	<600	<30	<250
	全风化	$600≤q_u<800$	$30≤N<50$	$250v_s$
	强风化	≥800	≥50	≥350
泥质砂岩	残积土		<20	<250
	全风化		$20≤N≤30$	$250≤v_s<300$
	强风化		$30≤N≤80$	$300≤v_s<500$
	中等风化		≥80	≥500

24.2.3　花岗岩残积土的特征

在我国广东、福建等沿海地区，广泛分布花岗岩残积土层，该层为燕山期花岗岩类岩石在湿热的条件下经长期化学、物理风化作用而形成。花岗岩残积土属红土类土，其主要特征为：

1. 土层特征

花岗岩残积土的厚度可达 18～40m，在垂直剖面上自地表向下大致可分为三层。以深圳地区为例，这三层的特点是：

1）棕红色黏性土　具网纹状结构，含有多量的砂粒和砾粒，呈硬塑—坚硬状态，厚

度为 1~5m；

2）棕红色黏性土　夹有灰白色高岭石团块，含有多量的砾粒和砂粒，呈可塑—硬塑状态，厚度可达 10~20m；

3）红褐色黏性土　呈坚硬状态，含有多量的砾黏和砂粒，有少量未完全风化的长石，其下渐变为母岩。

福建地区花岗岩残积土也划分为三层，但三层土在颜色、粒度成分、状态及厚度上与深圳地区略有不同。

由于花岗岩本身及其所含岩脉存在差异风化，因而土层在水平和垂直方向上存在不均匀的问题。尤其是在垂直剖面上，土层可能呈袋状、透镜体等产状，其下部可能夹有未完全风化的大的花岗岩球体（孤石）。

2. 矿物成分

粗颗粒的矿物主要是石英、长石及硬水铝石等；黏土矿物以高岭石为主，伊利石次之。

3. 粒度成分

如表 24.2.3 所示，花岗岩残积土既含有大量的粗颗粒，又含有很多的细颗粒，因此，在土的命名上应将两者都考虑进去（表 24.2.4）。

福建地区花岗岩残积土的粒度（%）　　表 24.2.3

土层 ＼ 粒径(mm)	＞0.5	0.5~0.1	0.1~0.05	＜0.05
1	9.0	20.8	22.7	47.5
2	10.0	22.3	25.2	41.6
3	15.7	32.5	41.6	10.2

花岗岩残积土的定名　　表 24.2.4

土的名称	＞2mm 颗粒含量(%)
砾质黏性土	＞20
砂质黏性土	＜20
黏性土	无

通常，中、粗粒花岗岩风化后成为砾质黏性土，细粒花岗岩成为砂质黏性土，而花岗岩体中的岩脉或构造破碎带风化后多成为黏性土。

4. 物理力学性质

表 24.2.5 为深圳花岗岩残积土的物理力学性质部分室内试验资料。

从表中数值看，花岗岩残积土的强度较高，压缩性低且皆为超固结土（超固结比远大于 1），因此土的性质是很好的。但值得注意的是，由于土中含有大量的粗颗粒，室内试验的结果不能很好地反映土的性质，例如：

1）土的液性指数如用包括粗粒在内的土的天然含水量计算，其值均小于零（属坚硬状态），这显然是不符合实际的。如采用减去大于等于 0.5mm 粗颗粒的细粒土的天然含水量计算，液性指数值为 0.2~0.5（硬塑至可塑状态），这就比较符合实际。其计算式为：

项 目	天然重度 γ(kN/m³)		天然含水量 w(%)		液性指数 I_L		孔隙比 e	压缩系数 a_{1-2} (MPa⁻¹)	压缩模量 E_s (MPa)	前期固结 压力 σ_p (MPa)
	小环刀	大环刀	天然土	<0.5mm 的细粒土	天然土	<0.5mm 的细粒土				
范围值	16.8~ 20.1	17.7~ 21.0	16.7~ 29.6	34~ 48.6	<0	0.16~ 0.53	0.73~ 1.09	0.14~ 0.58	4~11	324~ 520
平均值	18.4	19.3	24.9	40.9	<0	0.25	0.90	0.23	7.8	389
统计个数	41	62	106	18	84	16	41	46	46	8

注：1. 表中小于 0.5mm 的细粒土的天然含水量，系从实测天然土的含水量减去大于等于 0.5mm 颗粒土的含水量，然后除以小于 0.5mm 的干土重；

2. 大环刀的容积为 1177cm³，小环刀的容积为 100cm³；

3. 孔隙比是用小环刀数据求得。

$$w_f = \frac{w - w_A \cdot 0.01 P_{0.5}}{1 - 0.01 P_{0.5}} \qquad (24.2.1)$$

$$I_L = \frac{w_f - w_p}{w_L - w_p} = \frac{w_f - w_p}{I_p} \qquad (24.2.2)$$

式中　w——花岗岩残积土（包括粗、细粒）的天然含水量，%；

w_f——花岗岩残积土中细粒土的天然含水量，%；

w_A——土中粒径大于 0.5mm 颗粒的吸着含水量，%，可以为 5%；

$P_{0.5}$——土中粒径大于 0.5mm 颗粒的液限含水量，%；

w_L——土中粒径小于 0.5mm 颗粒的液限含水量，%；

w_p——土中粒径小于 0.5mm 颗粒的塑限含水量，%。

2）根据载荷试验及静力触探、标准贯入等原位测试所得到的承载力值，皆高于以室内试验物理指标按地基基础规范查得的承载力值。

3）深圳地区花岗岩残积土载荷试验所得到的变形模量，与室内固结试验所得出的压缩模量 E_s 的比值，β 为 1.8~8.1，而且 β 值很不稳定，这表明不宜用室内试验的 E_s 值来估算重要建筑物的地基变形。

24.2.4　花岗岩残积土地基的岩土工程勘察要点

花岗岩残积土的勘察应着重查明：

（1）土层的分布、厚度，特别是在垂直剖面上的均匀性，包括岩脉和球状风化体（孤石）及软弱夹层的分布；

（2）土层的物理力学性质及水文地质条件；

（3）需要时，应查明母岩岩体不同风化带的埋深、厚度、力学性质及软弱破碎带的情况。

勘察工作可按第 12.3 节的要求进行，但其中勘探点的间距宜取小值。

不扰动土试样可用探坑（井）或钻探对土层（按上、中、下部）分层采取。当采用钻探取样时，为保证取样的可靠性，宜用双重管或三重管取土器。每一土层的取样数应不少于 6 件。有条件时，钻探中岩体应测定 RQD 值。

原位测试和室内试验的内容包括：

1）为区分残积土与风化岩，宜采用标准贯入试验、动力触探、波速试验或取样进行无侧限抗压强度试验，或进行点荷载试验。

2）对残积土宜采用动力触探、标准贯入或载荷等试验测求地基承载力。每个场地每种试验不得少于 3 处。

3）对边坡稳定性研究，宜进行不排水剪切试验。

4）对花岗岩残积土除进行常规的物理力学性质室内试验外，需增加粒径小于 0.5mm 细粒土的天然含水量 w_f、塑性指数 I_p，按式（24.2.2）计算液性指数 I_L。

24.2.5 花岗岩残积土场地的岩土工程评价

进行地基评价时，应充分注意土层的均匀性，土层的袋状、透镜体等不规则产状以及其中的弱软夹层、未风化的花岗岩大球体和岩脉等能引起的地基不均匀沉降。

土的表层强度较高，中间层相对较软弱，下层强度又增高，一般建筑物可利用表层硬壳层作为地基。

花岗岩残积土与下面的风化岩是渐变的，为了区别两者，根据经验可用下列准则之一进行划分：

1）当标准贯入试验击数 $N \geqslant 50$ 时，为强风化岩；当 $50 > N \geqslant 30$ 时，为全风化岩；当 $N < 30$ 时，为残积土。

2）当风干试样的无侧限抗压强度 $q_u \geqslant 800kPa$ 时，为强风化岩；当 $800kPa > q_u \geqslant 600kPa$ 时，为全风化岩；当 $q_u < 600kPa$ 时，为残积土。

3）当剪切波 $v_s \geqslant 350m/s$ 时，为强风化岩；当 $350m/s > v_s \geqslant 250m/s$ 时，为全风化岩；当 $v_s < 250m/s$ 时，为残积土。

花岗岩残积土的承载力采用载荷试验、标准贯入试验等原位测试和公式计算，并结合当地经验综合确定。表 24.2.6 为《岩土工程勘察规范》GB 50021 规范提供的承载力值基本值（乙、丙级工程用），相当于地基承载力特征值。

花岗岩残积土承载力基本值 f_0（kPa）　　　　　　　表 24.2.6

土的名称 f_0 ＼ N	4～10	10～15	15～20	20～30
砾质黏性土	（100）～250	250～300	300～350	350～（400）
砂质黏性土	（80）～200	200～250	250～300	300～（350）
黏性土	150～200	200～240	240～（270）	

注：括号内的数值供内插用。

花岗岩残积土的变形模量，对甲级工程应采用载荷试验；对乙、丙级工程，当 N 值为 5～30 时，可按经验公式（24.2.3）确定：

$$E_0 = 2.2N \tag{24.2.3}$$

式中　E_0——变形模量，MPa；

　　　N——标准贯入试验击数。

目前，花岗岩残积土上的甲级建筑大多采用大直径的端承桩，桩端嵌入中等风化或微风化的花岗岩体中。在土层较均匀的情况下，也有采用箱形基础的。

在基础施工中如遇较宽的岩脉，应根据其岩性和风化程度取挖除、换土等措施处理或直接加以利用，球状风化体（孤石）则考虑挖除。

第25章 山区地基

25.1 概　　述

山区地基与平原地基相比，其工程地质条件较复杂，一方面有地基性质不均匀问题；另一方面又有场地稳定性问题。后者已在第 22 章中专门作了论述，本章主要讨论前者。

25.1.1 山区地基的特点

1. 存在较多的不良物理地质现象

山区经常遇到的不良物理地质现象有滑坡、崩塌、断层、岩溶、土洞以及泥石流等。这些不良物理地质现象的存在，对建筑物构成直接或潜在的威胁，给地基处理带来困难，处理不当就有可能带来严重损害。

2. 岩土性质比较复杂

山区除岩石外，还可遇见各种成因类型的土层，如山顶的残积层、山麓的坡积层、山谷沟口的洪积、冲积层，在西南山区及新疆天山、甘肃祁连山等地局部还存在第四纪冰川形成的冰碛层，这些岩土的力学性质往往差别很大，软硬不均，分布厚度也不均匀，组成山区不均匀岩土地基。如有的土层夹杂有直径为数米至数十米的大块孤石，有的基岩（如石灰岩）表面起伏很大，有的冲沟中淤积有软弱土层形成一狭长软弱带等。如西南某工程在冲沟两侧地基土质较好，但在冲沟中间发现一条狭长地带淤积有黑色泥炭土，其工程性质很差，压缩系数 $a=4.85\mathrm{MPa}^{-1}$，孔隙比 $e-3.84$，天然重度 $\gamma=12.8\mathrm{kN/m^3}$，大然含水量 $w=154\%$，这种土不经处理根本不能作为建筑地基。

3. 水文地质条件特殊

南方山区一般雨水丰富，建筑时如需破坏天然排水系统，应考虑暴雨形成的洪水排泄问题。北方山区由于天然植被较差，雨水集中，在山麓地带汇水面积大，如风化物质丰富，就应注意暴雨挟带泥沙形成泥石流的防治问题。山区地下水带处于不稳定状态，受大气降水影响较大，设计施工均应考虑这一特点。在高山脚下，由于地下水补给来自山上，因而可能有较高水头，尤其在雨季里可能会破坏某些地下设施的地坪，所以应考虑防水问题。

4. 地形高差起伏较大

山区地形高差一般较大，往往沟谷纵横，陡坡很多。因而平整场地时，土石方工程量大，大挖大填必然给地基处理带来很多困难。

25.1.2 山区建筑应注意的问题

由于山区地基具有上述特点，在山区进行建筑物设计与施工时，应注意处理好以下几方面的问题。

1. 处理好建筑物与地形、填方和挖方的关系

为了保持山坡稳定和减少土方开挖，建筑物一般应沿冲沟和山坡布置，即平行于等高

线方向布置，而不宜垂直等高线布置。在确定设计标高时，要按道路的起伏坡度来考虑，而不能只从土方平衡来看。当填方很深时，一般基础埋置深度较深，施工困难，材料消耗较多，并不经济。当挖方无困难时，一般以多挖少填为宜，但应考虑斜坡的稳定性。基础应浅埋，尽可能位于老土层上，因为挖方区地基承载力一般较填方区为高，基础可以做得小一些，室内地坪也不致由于填土下沉而开裂。当填方较厚时，应考虑高填土对地基可能引起的沉降；当填方厚薄不匀时，亦应注意由此引起的不均匀沉降。

2. 处理好建筑物与软弱带、大块孤石的关系

对建筑场地的软弱土层，必须查清其分布范围和埋藏深度。当土质变化较大时，必须在基坑开挖后进行复核，必要时在开挖至基底标高后再用轻便触探、洛阳铲或麻花钻进行补探。对淤泥充填的暗塘或承载力很低的泥炭土，当深度不大时，一般都必须挖除，然后利用场地附近的砂夹石或平整场地时挖出的石碴回填夯实。如厚度较大，全部挖除不经济时，可采用振冲碎石桩强夯、深层搅拌桩等人工地基或桩基处理。

3. 处理好山洪、排水与施工的关系

山区往往暴雨大，由于地形坡度陡，水汇集于冲沟，流速大、水量集中，极易形成山洪。当山区风化碎屑物质丰富时，山洪挟带大量泥沙甚至块石顺沟而下形成泥石流，常常造成灾害。如果厂区邻近河流，要考虑50年或100年一遇的特大洪水，厂区标高应定在最高洪水位以上。如不可能或不经济时，应修筑拦洪坝。在厂区背山一侧及两侧应修筑排洪沟，以保持山洪的通畅，如有泥石流发生的可能，排洪沟的设置应尽可能保持直线，曲率要小，以便泥石流顺利排泄。

山区地基的工程事故绝大部分是由水造成的。在长期自然状态下，大多数山区已形成天然排水系统和山地植被，使场地处于稳定状态。工程实践表明，充分利用和保护这些长期形成的排水系统及天然植被，不但节约投资，还可以保证建筑场地和建筑物的安全。一般利用原有自然冲沟作为厂区排沟就是较经济的作法，这样既不破坏原来天然排水系统，又可省去新建排洪沟的工程量。施工中如破坏原有天然排水系统而又未及时修建新的排水系统，一旦雨水不能顺利排泄，就有可能浸泡施工场地，造成施工困难，甚至引起工程事故。

山区地表水宜泄不宜堵，厂内外排水系统要综合考虑。对山区承压水，为了防止地坪开裂，可在地坪下作粗砂或卵石导滤层，并设地下排水沟，以便将压力水排除。

总之，在山区建设中必须充分重视地基基础问题，首先搞好工程地质勘察工作，查明地层构造、岩土性质以及地下水的埋藏条件，查明场地不良地质现象的成因、分布以及对场地稳定性的影响。建筑应选择在山区稳定地段，建筑规划应结合山区特点合理布局。

25.2　山区不均匀岩土地基

山区不均匀岩土地基在主要受力层范围内由不同的岩土组成，可以分为：下卧基岩表面坡度较大（>10%）的地基；石芽密布并有局部出露的地基；大块孤石或个别石芽出露的地基三种基本类型，分述如下。

25.2.1　下卧基岩表面坡度较大的地基

这类地基在山区较为普遍，设计时除要考虑由于上覆土层厚薄不均，使建筑物产生不

均匀沉降雨量外，还要考虑地基的稳定性，也就是上覆土层有无沿倾斜的基岩面产生滑动的可能。

建筑物不均匀沉降的大小除与荷载的大小、分布情况和建筑结构形式等有关外，主要取决于下列三个因素：岩层表面的倾斜方向和程度、上覆土层的力学性质以及岩层的风化程度和压缩性。一般情况下，又以前两个因素为主。

当下卧基岩单向倾斜时，建筑物的主要危险是倾斜。评价这类地基主要是根据下卧基岩的埋藏条件和建筑物的性质而定。一般经验是，当单向倾斜的下卧基层表面允许坡度值的经验数据如表 25.2.1 所示。当建筑物的结构类型和地质条件满足表 25.2.1 要求时，可不进行变形验算和地基处理。对于不能满足表 25.2.1 要求的地基，应验算变形。当计算变形值超过地基容许变形值时，宜选用调整基础宽度、埋深或采用褥垫等方法进行处理。

下卧基岩表面允许坡度值 表 25.2.1

土覆土层承载力特征值 f_{ak}(kPa)	四层和四层以下的砌体承重结构，三层和三层以下的框架结构	具有 150kN 和 150kN 以下吊车的一般单层排架结构	
		带墙的边柱和山墙	无墙的中柱
≥150	≤15%	≤15%	≤30%
≥200	≤25%	≤30%	≤50%
≥300	≤40%	≤50%	≤70%

注：本表适于建筑地基处于稳定状态，基岩坡面为单向倾斜且基岩表面距基础底面的土层厚度大于 30cm 时。

建造在这类地基上的建筑物基础产生不均匀沉降时，裂缝多出现在基岩出露或埋藏较浅的部位。为防止建筑物开裂，基础下土层的厚度应不小于 30cm，以便能和褥垫一样，起到调整变形的作用。

当建筑物位于冲沟部位，下卧基岩往往相向倾斜，成倒八字形。如岩层表面的倾斜平缓，而上覆土层的性质又较好时，对于中小型建筑物，可只采取某些结构措施以适当加强上部结构的刚度，而不必处理地基。

如下卧基岩的表面向两边倾斜时，地基的变形条件对建筑物最为不利，往往在双斜面交界部位出现裂缝，最简单的处理办法就是在这些部位用沉降缝隔开。

25.2.2 石芽密布并有局部出露的地基

这种地基是岩溶现象的反映，如图 25.2.1 所示，在贵州、广西、云南等地最多。一般基岩起伏较大，石芽之间多被红黏土所充填。用一般勘探方法是不易查清基岩面的起伏变化情况的。如贵州某厂在进行勘察时，将钻孔加密到每 6m 一个，仍然没有查清地基的全貌。因此，基础埋置深度要按基坑开挖后的地基实际情况确定。施工前最好用手摇麻花钻、洛阳铲或轻便钎探等小型钻探工具加密钻孔，进行浅孔密探；同时，加强勘察、设计与施工三方面的协作，以便发现问题，及时解决。

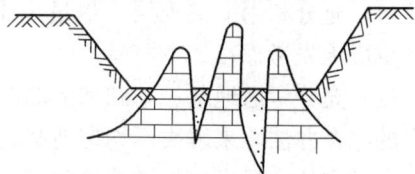

图 25.2.1 石芽密布地基

这类地基的变形问题，目前尚无法在理论上进行计算。实践表明：由于充填在石芽间的红黏土承载力特征值通常较高，压缩性较低，因而变形较小；由于石芽限制了岩间土的侧向膨胀，变形量总是小于同类土在无侧限压缩时的变形量。在岩溶地区，气候温湿多雨，土的饱和度多在 85％ 以上，不易失水收缩。调查表明，建造在这种地基上的大量中小型建筑物，虽未进行过地基处理，但至今使用正常。如石芽间由软土充填，则土的变形较大，有可能使建筑物产生过大的不均匀沉降。根据上述情况，《建筑地基基础规范》GB 50007 规定：如石芽间距小于 2m，其间充填的是硬塑或坚硬状态的红黏土，当房屋为六层和六层以下的砌体承重结构，三层及三层以下的框架结构或具有 150kN 及 150kN 以下吊车的单层排架结构，其基底压力小于 200kPa 时，可不作地基处理。如不能满足上述条件，可利用经检验稳定性可靠的石芽作支墩式基础。也可在石芽出露部位（在基础底面范围以内）凿去 30～50cm，回填可压缩性土作为褥垫。当石芽间有较厚软弱土层，可用碎石、土夹石等进行置换。如果地下水位较高，为了保证褥垫的质量，应用敞坑排水方法，使褥垫在无水情况下施工。

25.2.3 大块孤石或个别石芽出露的地基

这类地基的变形条件对建筑物最为不利，如不妥善处理，极易造成建筑物开裂。例如，贵阳某小学教学楼，地基内仅有个别石芽出露，荷载加上后，石芽两侧的土层压缩，使石芽突出房屋因此开裂。对于这种地基，如土的承载力特征值大于 150kPa，当房屋为单层排架结构或一、二层砌体承重结构时，宜在基础与岩石接触的部位采用厚度不小于 50cm 的褥垫进行处理。对于多层砌体承重结构，应根据土质情况，结合结构措施综合处理。

在处理地基时，应使局部部位的变形条件与其周围的变形条件相适应，否则就可能造成不良后果。如周围柱基的沉降都很小，就应对个别石芽少处理，甚至不处理（仅把石芽打平）；反之，就应处理石芽。

大块孤石常出现在山前洪积层中或冰碛层中，在这类地层上勘探时，不要把孤石误认为基岩。孤石除可以褥垫处理外，有条件时可利用它作为柱子或基础梁的支墩。有时，在工艺布置合理的情况下，可在大块孤石中打洞，埋设螺栓，将设备直接安装在孤石上，以省去基础。

孤石的清除一般都需要爆破，应提前进行。爆破时，在它的周围约 100m 范围内都得暂时停工。还应注意到，如附近有已浇筑但未达设计强度的混凝土，爆炸振动也将影响混凝土的质量。

25.2.4 山区不均匀岩土地基的处理

土岩组合地基的处理在山区建设中占有重要的地位，抓好这个环节，既能保证工程质量，又可节约建设资金。一些工程采用了以下一些处理原则，取得了较好效果：

（1）充分利用上覆土层，尽量采用浅埋基础。尤其在上覆持力层土性较下卧层为好时，更应优先考虑；

（2）充分考虑地基、基础和上部结构的共同工作，采用地基处理和建筑、结构措施相结合的综合办法，来解决不均匀地基的变形问题；

（3）应从全局出发来考虑处理措施，如在基底下标高处即为不均匀岩土地基，既可以考虑在土质地基部分采取加固措施，以适应岩质地基的要求；也可以在岩质地基部分凿去 30～50cm，换填可压缩性土来适应土质地基部分变形，以减少沉降差；

（4）调整建筑物的基底压力，以达到调整沉降差的目的。如在强风化层中采用较高的基底压力，使强风化岩层产生一定变形，以适应土质地基的变形要求；反之，也可对土质地基采取较小的承载力，从而减少其变形。

对不均匀岩土地基的处理包括地基处理与结构措施两个部分，分述如下：

1. 地基处理

不均匀岩土地基的处理方法可概括为两类：一类是改造压缩性较高的地基，使它和压缩性较低的地基相适应，多采用桩基、局部深挖、换土及梁、板、拱跨越等方法；这类处理方法一般效果较好，但耗资较多；另一类是改造压缩性较低的地基，使它与压缩性较高的地基相适应，如采用褥垫就有较好效果。具体方法的选用应从建筑要求、工期、施工条件和经济比较等各方面，综合考虑后决定。总之，应在保证建筑物安全、可靠和正常使用的前提下，尽量减少地基处理工程量，以降低造价，缩短工期。

褥垫在处理山区不均匀岩土地基中是简便易行而又较为可靠的方法。它主要用来处理有局部岩层出露而大部分为土层的地基，对条形基础效果较好，它能调整岩土交界部位地基的相对变形，避免由于该处应力集中而使墙体出现裂缝。

褥垫处理示意见图 25.2.2，它是把基底出露的岩石凿去一定厚度，然后填以炉渣、中砂、粗砂、土夹石或黏性土等，其中以炉渣（颗粒级配相当于角砾）效果最好，因它调整沉降的幅度较大，夯实密度较为稳定，不受水的影响。中砂、粗砂、土夹石或高炉炉渣等虽然水稳定性较好，但由于其压缩性较低，调整沉降不大。用黏性土作为褥垫材料调整沉降也比较灵活，但施工时要注意水的影响，不要使基坑被水浸泡，影响褥垫质量。当采用松散材料时，应防止浇筑混凝土基础时水泥浆的渗入，以免褥垫失去其作用。

褥垫的厚度视需要调整的沉降量大小而定，一般取 30～50cm，可不进行计算，但须注意不使地基产生过大的变形。

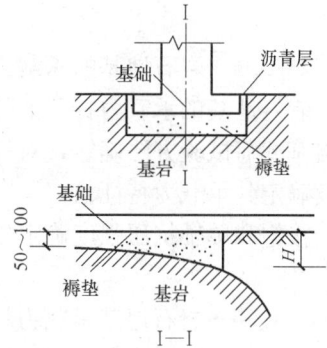

图 25.2.2　褥垫构造示意

采用褥垫时应特别注意施工质量。褥垫下的基岩应打成斜面，最好凿成凹槽，凹槽要稍大于基础的宽度。褥垫施工时，用夯填度 D_h 控制其质量，夯填度是指褥垫夯实后的厚度与虚铺厚度的比值，应根据试验或当地经验确定。当缺乏资料时，中砂、粗砂可取 0.87 ± 0.05（虚铺 25cm，夯到 20.5～23cm），土夹石（其中碎石含量为 20%～30%）可取 0.70 ± 0.05（虚铺 25cm，夯到 16.5～18.5cm），煤炉渣取 0.65。基础四周与岩石间要涂以沥青，以防水泥浆渗入胶结。

2. 结构措施

位于软硬相差比较悬殊地基上的建筑物，为了防止不均匀沉降所产生的危害，可以采用沉降缝或加强建筑物刚度等结构措施。当建筑物体形较为复杂或长度较大时，宜用沉降缝将建筑物分开。沉降缝的位置既要与建筑物体形相适应，又要与地基条件相适应，不要顾此失彼，造成损失。因此，在确定建筑物平面位置时，应尽量避免建筑物两端或转角处落在局部软土上。

对多层砖石承重结构的底层，应适当加密横墙。在建筑物两端和沉降缝两侧都不宜布置大开间，以免削弱房屋刚度。增设圈梁是加强建筑物整体刚度的有效方法之一，一般设两道：一道设在基础顶面；一道设在顶层窗顶上兼作过梁。

当有局部软土存在，可能使建筑物发生倾斜时，可用调整基础埋深或基底面积的方法，调整不均匀沉降。

必须指出，加强上部结构刚度的效果也是有限的，当地基变形超过一定限度以后，地基、基础和上部结构的共同作用也无法适应，建筑物仍然可能产生裂缝。因此，必要时应同时处理地基，以控制不均匀沉降。

采用装配式简支结构，较能适应地基的不均匀变形，如将简支结构的刚性接头放在施工后期完成，就是一种较好的作法，它可以减少不均匀沉降对建筑物产生的附加应力。例如，重庆某厂的一个三跨厂房，跨度都是 24m，设有 300kN 吊车，位于不均匀岩土地基上。原采用现浇钢筋混凝土结构，裂缝很大。以后，在同类地基上改用装配式简支结构，就没有出现类似问题。对于单层工业厂房的围护结构，当地基难以处理时，经过经济比较也可采用简支墙板，以适应地基变形。

25.3 岩石地基

25.3.1 岩石地基的承载力与压缩性

岩石地基的承载力特征值除取决于岩石类别外，还与其风化程度有较大关系，一般可按岩基载荷试验方法确定，对完整、较完整和较破碎的岩石，也可根据室内饱和单轴抗压强度确定其承载力特征值。

按饱和单轴抗压强度确定岩石地基承载力特征值的计算公式如下：

$$f_a = \psi_r f_{rk} \tag{25.3.1}$$

式中 f_a——岩石地基承载力特征值，kPa；

f_{rk}——岩石饱和单轴抗压强度标准值，kPa；

ψ_r——折减系数。根据岩体完整程度以及结构面的间距、密度、产状和组合，由地方经验确定。无经验时，对完整岩体可取 0.5；对较完整岩体，可取 0.2~0.5；对较破碎岩体，可取 0.1~0.2。

上述折减系数未考虑施工因素及建筑物使用后风化作用的继续进行。对于黏土质岩，如能采取措施，确保施工期及使用期不致遭水浸泡时，也可采用天然湿度试样试验，不进行饱和处理。

对破碎、极破碎的岩石地基承载力特征值，可根据地区经验取值；无地区经验时，可根据平板载荷试验确定。

微风化坚硬质岩及较硬岩强度较高，其饱和单轴极限抗压强度标准值为 30~100MPa；微风化较软岩及软岩的饱和单轴极限抗压强度一般在 5~30MPa；中等风化及强风化坚硬岩及较硬岩由于不易取得完整岩石试样作饱和单轴极限抗压强度试验，一般需通过岩基载荷试验确定其承载力。

岩基载荷试验采用的承压板一般为直径 300mm 的圆形刚性承压板，当基岩埋藏较深时，也可采用钢筋混凝土桩，但桩周需采取措施以消除桩身与土之间的摩擦力。根据试验所得 p-s 曲线，确定比例界限及极限荷载。将极限荷载除以 3.0 的安全系数，并与比例界限荷载比较，取两者中的小值。参加统计的试验点不应少于 3 点，取最小值作为岩石地基承载力特征值。除强风化和全风化岩外，其他岩石地基承载力特征值不进行基础埋深及基底宽度的修正。

作岩石单轴抗压强度的试样，试样尺寸一般为 $\phi 50mm \times 100mm$，数量不少于 6 个，并应进行饱和处理。试验时，按 $500 \sim 800kPa/s$ 的速度加载，直到试样破坏为止。根据参加统计的一组试样的试验值计算其平均值、标准差、变异系数，然后按下式计算其饱和单轴抗压强度的标准值 f_{rk}：

$$f_{rk} = \psi \cdot f_{rm} \tag{25.3.2}$$

$$\psi = 1 - \left(\frac{1.704}{\sqrt{n}} + \frac{4.678}{n^2} \right) \delta \tag{25.3.3}$$

式中　f_{rm}——岩石饱和单轴抗压强度平均值；

　　　f_{rk}——岩石饱和单轴抗压强度标准值；

　　　ψ——统计修正系数；

　　　n——试样个数；

　　　δ——变异系数。

未风化及微风化岩石的压缩性很小，实际上可以认为是不可压缩的。随着风化程度的增加，压缩性有所增高。但由于一般工业与民用建筑物的基底压力都不大，所以对中等风化岩石，地基的变形量仍可忽略不计。某些强风化岩石的压缩性较高，如有的黏土岩加荷到 $600 \sim 700kPa$ 时，变形量可达 $2 \sim 3cm$，如利用其作为超高层建筑物地基，由于荷载很大，仍需考虑地基的变形问题。

25.3.2　岩石地基的利用

岩石地基的特点是整体性强、下部支承可靠、强度高、压缩性低（对某些易风化的软岩与极软岩则是例外），但要注意节理、裂隙、风化等对其工程性质的影响，并应注意场地稳定性问题。设计时，应结合现场工程地质条件及建筑物性质全面综合考虑。

当岩层坚硬、整体性较好、裂隙较少时，可省去基础，将荷载通过墙、柱直接传到岩石上。如为预制钢筋混凝土柱，可把岩石凿成杯口，将柱直接插入，然后用强度等级为 C20 的细石混凝土将柱周围空隙填实，使其与岩层连成整体。杯口深度要满足柱内钢筋的锚固要求。如岩层整体性较差，则一般仍要做混凝土基础，但杯口底部厚度可适当减少到 $8 \sim 10cm$。

对捣制的钢筋混凝土柱，如为中心受压或小

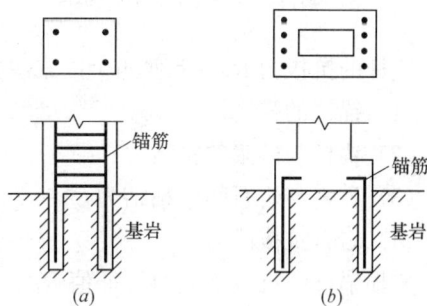

图 25.3.1　捣制钢筋混凝土柱和岩层连接示意图

(a) 中心受压或小偏心受压时；

(b) 大偏心受压时

偏心受压，可将柱子钢筋直接插入基岩作锚桩，如图 25.3.1 (a) 所示；对大偏心受压柱，为了承受拉力，当岩层强度较低时可做大放脚，以便布置较多的锚桩，如图 25.3.1 (b) 所示。对某些设备基础，也有将地脚螺栓直接埋设在岩石中，利用岩层作为设备的基础。

25.3.3　岩石锚杆基础

岩石锚杆基础可用于直接建造在基岩上的柱基，以及承受拉力或水平力较大的建筑物基础。它是在基岩内凿孔，孔内放入热轧带肋钢筋，然后用强度等级不低于 M30 的水泥砂浆或细石混凝土将孔洞灌填密实，使锚杆基座与基岩连成整体。

1. 锚杆基础的类型

锚杆按形状，分为圆柱形和扩大底两种（图 25.3.2）。前者在建筑工程中应用较多，施工比较简便，但抗拔力较小；后者在钢筋下部焊有钢板，能承受较大的抗拔力。

按受力状态分为普通锚杆和预应力锚杆两种，后者抗拔力大，但施工较复杂。

2. 锚杆设计

锚杆孔的直径 d_1 按成孔方法而定，一般取 $3d$（d 为锚杆直径），但不小于 $d+50\text{mm}$，以便将砂浆捣固密实。锚杆孔中距不应小于 $6d_1$（对完整的基岩），如图 25.3.3 所示。随着基岩情况不良，此距离还应相应增加。

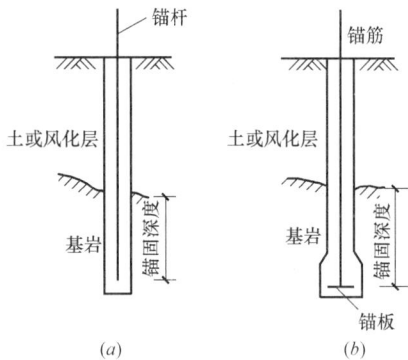

图 25.3.2　锚杆类型
（a）圆柱形锚杆；（b）扩大底锚杆

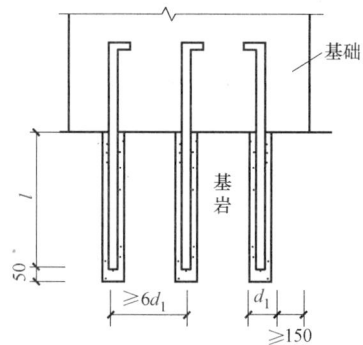

图 25.3.3　岩石锚杆基础

锚杆的抗拔力 R_t 由下列四个因素决定：

（1）锚杆的强度；

（2）锚杆与砂浆的粘结力；

（3）砂浆与岩石间的粘结力；

（4）岩石抗拔能力。

单根锚杆的抗拔承载力特征值 R_t，对设计等级为甲级的建筑物应通过现场试验确定；对于其他建筑物，可按式（25.3.4）计算：

$$R_t \leqslant 0.8\pi d_1 l f \tag{25.3.4}$$

单根锚杆的截面面积 A_s（cm^2）为：

$$A_s = \frac{1.4R_t}{f_{st}} \tag{25.3.5}$$

式中　d_1——锚杆孔的直径，cm；

　　　　l——锚杆的有效锚固长度，必须大于 $40d$，cm；

　　　　f——砂浆与岩石间的粘结强度特征值（MPa），当水泥砂浆强度为 30MPa，混凝土强度等级为 C30 时，按表 25.3.1 选用；

　　　　f_{st}——锚杆的抗拉强度特征值，MPa。

水泥砂浆和混凝土与岩石间的粘结强度特征值（MPa）			表 25.3.1
岩石坚硬程度	软 岩	较软岩	硬质岩
粘结强度	<0.2	0.2～0.4	0.4～0.8

锚杆基础中单根锚杆所承受的拔力值（kN），应按式（25.3.6）验算：

$$N_{ti} = \frac{F_k + G_k}{n} - \frac{M_{xk}y_i}{\Sigma y_i^2} - \frac{M_{yx}x_i}{\Sigma x_i^2} \qquad (25.3.6)$$

$$N_{tmax} \leqslant R_t \qquad (25.3.7)$$

式中　F_k——相应于荷载效应标准组合作用在基础顶面上的竖向力，kN；

　　　G_k——基础自重及其上的土自重，kN；

M_{xk}、M_{yk}——按荷载效应标准组合计算作用在基础底面形心的力矩值，kN·m；

　x_i、y_i——第 i 根锚杆至基础底面形心的 y、x 轴线的距离，m；

　　　N_{ti}——按荷载效应标准组合 F，第 i 根锚杆所承受的拔力值，kN；

　　　R_t——单根锚杆抗拔承载力特征值，kN。

3. 施工要求

锚杆孔的成孔方法有：

（1）人工打钎，孔径仅 30～40mm；

（2）风钻成孔，设备简单，施工方便，成孔速度快，孔径可达 45～70mm，孔深可达 2m 左右；

（3）地质钻机成孔，孔径可达 90～115mm，孔深可达 100mm。成孔要求是位置准确、孔深垂直，埋设钢筋前应将锚杆孔清理干净。砂浆一般为 1∶1～1∶1.5 水泥砂浆，强度等级不低于 M30（或 C30 细石混凝土），水灰比控制在 0.4～0.5，坍落度为 3～5cm。为了提高粘结力，可采用膨胀水泥（其粘结力比普通水泥可提高 10％左右）或在砂浆中掺入 1‰水泥用量的铝粉。

25.4　采空区地表塌陷

在山区建筑中，常会遇到采空区地表塌陷问题。采空区地表塌陷指的是由于地下矿藏采掘形成地下空间，周围的岩石向此空间移动而导致地表变形和破坏。当移动变形较大时，地表可出现陷坑、台阶和裂缝。如有的煤矿开采后，地表塌陷可超过 1m，塌陷范围可达数百米，从而危及地面建筑物及结构物的安全。

25.4.1　采空区的工程地质勘察

在采空区建筑时，勘察工作更应分外仔细，要详细查明地表移动、变形分布的特征和规律性，确定地表移动和变形的基本参数，判定其作为建筑场地的适宜性或对建筑物可能的危害程度。

采空区勘察一般以搜集资料、调查访问及地表移动观测为主，必要时还应进行物探和勘探工作，以查明采空区的范围、形状、开采深度、开采厚度和顶板稳定情况。搜集已有建筑物的变形观测资料和建筑物的加固措施，并了解采空区附近抽水情况，研究抽水对采空区稳定性的影响。

如预估或实测地表倾斜大于 $10mm/m$ 或地表水平变形大于 $6mm/m$ 的地段，不应作为一级建筑物场地；当地表倾斜及水平变形虽然小于上述数值，但超过 $2\sim3mm/m$ 时，能否作为建筑场地应进行专门研究。新建建筑物通常都应避开地表裂缝和塌陷地段，当建筑物必须位于采空区影响范围内时，则需要根据建筑物基底压力、采矿巷道埋深、宽度和岩层性质评价地基的稳定性，综合确定是否需要采取处理或加固等措施。

25.4.2 地表移动与地面破坏的关系

由于开采地下矿藏形成采空区后，巷道周围岩层应力释放，使岩层或土层的原始平衡状态遭到破坏，从而产生运动。岩层与土层的运动，反映到地表则出现塌陷、倾斜以及水平位移。通常，最大下沉量 s 与开采宽度 w 和开采深度 h 成正比，但对地面建筑物影响最大的是整个地表下沉曲线的形态（图25.4.1）。一般来说，地表下沉曲线由两段凸曲线和一段凹曲线组成，由凸曲线过渡到凹曲线的点为拐点。下沉曲线形状随回采区的宽深比 w/h 而异，当 $w/h\leqslant0.25$ 时，下沉曲线拐点落在开采边界以外，曲线的曲率很小；当 w/h 在 0.4 左右时，拐点将与开采边界重合；当 $w/h\geqslant1.2$ 时，拐点将落在采空区以内，这时下沉曲线的曲率最大。曲率可用局部倾斜表示，这一参数对研究建筑物的破坏以及设计新建筑物最为重要。当需要考察开采工作对某一具体建筑物的影响时，考虑下沉曲线上任一特定部分的变形，就要研究下沉过程曲线，也即时间—下沉曲线。下沉过程的发展仅与采空区深度、宽度及采掘推进速度等有关，而与开采方法及井巷充填方法（如陷落法、带状充填法、风力或耙斗机充填的密实充填法）无关。

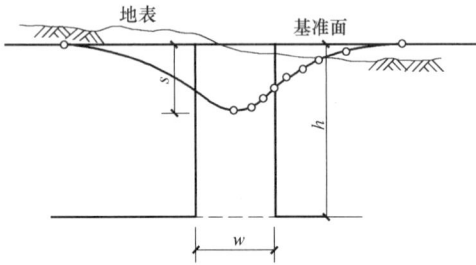

图25.4.1 开采引起的地表下沉曲线

矿藏开采前，应设置地表和建筑物变形的观测站、观测点。在开采前和开采期间，对地表变形应尽可能采用高精度的水准测量，以查明下沉发展过程及达到完全稳定的时间。对地表裂缝及建筑物损坏情况，也应及时描述和摄影记录。

建筑物受开采影响的破坏程度，取决于地表变形值的大小和建筑物本身抵抗变形的能力。地表移动的竖直分量使地面坡度发生变化，能对排水系统、高层建筑和机器设备产生有害影响。一个采区上方只在较短距离出现倾斜最大值，所以一个小的建筑物或机械设备可能倾斜到最大值，而上下水管道则只可能在一小段产生严重倾斜。对于各种管道观测或计算由于开采沉陷引起的倾斜，要考虑倾斜方向与原来水流方向是否一致，如一致则两者坡度可进行叠加，相反则两者相减。叠加后增大了管道坡降，是否会使冲刷作用加剧，相减后是否会使流速减小，进行管道设计时应对此作专门考虑。

塌陷除了将造成积水外，浅层矿藏的不完全回采（即在采区适当保留起支撑作用的矿柱）会形成若干个分离的小型盆地，从而造成之字形路线，这对铁路和公路是不允许的。

开采引起的地表倾斜对高耸构筑物及高层建筑物影响也很大。$5‰$ 的倾斜虽然不致影响 $30m$ 高建筑物的稳定性，但将妨碍电梯的正常运转。对于长度或变形区段小于 $20m$ 的砌体承重结构破坏等级与地表变形值的关系，如表25.4.1所示。

破坏等级 (保护等级)	建筑物可能达到的破坏程度	地表变形值			处理方式
		倾斜 (mm/m)	曲率 ($\times 10^{-3} m^{-1}$)	水平变形 (mm/m)	
I	墙壁上不出现或仅出现少量宽度小于 4mm 的细微裂缝	≤3.0	≤0.2	≤2.0	不修
II	墙壁上出现 4～15mm 宽的裂缝,门窗略有歪斜,墙皮局部脱落,梁支撑处稍有异样	≤6.0	≤0.4	≤4.0	小修
III	墙壁上出现 16～30mm 宽的裂缝,门窗严重变形,墙身倾斜,梁头有抽动现象,室内地坪开裂或鼓起	≤10.0	≤0.6	≤6.0	中修
IV	墙身严重倾斜、错动、外鼓或内凹,梁头抽动较大,屋顶、墙身挤坏;严重者有倒塌危险	>10.0	>0.6	>6.0	大修、重建或拆除

注:据《建筑物、水体、铁路及主要井巷煤柱留设与压煤开采规程》。

25.4.3 采空区地面建筑的保护与加固措施

采空区上部建筑物的允许地表变形值一般为:倾斜 3mm/m;曲率 $0.2 \times 10^{-3} m^{-1}$;水平变形 2mm/m。如预计的地表变形值小于上述允许变形值,则地下矿藏可正常开采;如预计地表变形值超过上述允许值,则必须在开采技术上采取专门技术措施并对建筑物采取加固保护措施后,才允许开采。当预计建筑物将遭受如表 25.4.1 所示的 II 级破坏时,其加固保护措施较为简单,如挖补偿沟,设置钢拉杆、钢筋混凝土圈梁和对较长建筑物增设变形缝等;如预计建筑将遭受 III 级破坏时,除采取上述保护加固措施外,还应增设基础梁(包括纵横向梁及斜梁)、钢筋混凝土柱等,并采取一定的开采技术措施,以减轻开采影响对建筑物的危害;当预计建筑物将受到 IV 级破坏时,除采取前述两部分加固保护措施外,还应增设基础板等,同时应采取旨在减少地表移动和变形的开采技术措施。在技术和施工条件许可时,应尽量选用静定结构体系,并采用柔性大的轻质屋面材料;房屋基础底部设置滑动层,滑动层的作法据国外经验是在平滑、无突起的混凝土基础底板下设置一层聚乙烯板,板下铺设厚度为 150mm 的砂层。

对于地下管网,除采用临时性地面管网外,也可采取适当保护措施。如管接头处设置柔性接头、增设附加阀门、建立环形管网、修筑管沟等。

在开采影响期间,对建(构)物和设备应及时修理及调整。对各种管线定期切断,消除附加应力后再重新焊接或安装。在地表变形活跃期内,可考虑暂时改变建筑物的使用性质。

对已有建筑物,如预计到矿藏开采将引起其破坏时,可考虑提前采取加固措施。对一排长的房屋可以切开一部分,甚至拆掉一座房屋来留出变形空间。在建筑物周围挖沟,以吸收水平变形。沟应尽量靠近建筑物,沟深要比基底深,以利于吸收变形。沟内要充填比周围地基土软又能承受一定挤压力的材料,一般可采用粒径不小于 25mm 的炉渣。

对采空区地基的处理方法,一般可采用回填或压力灌浆。回填材料可用毛石混凝土或砂夹石等。压力灌浆可注入掺有粉煤灰的水泥砂浆。当预测地表移动及变形值较小时,也可仅采取加强建筑物刚度的措施而不处理地基。

对地表塌陷区,可就近利用矿渣(如煤矿和矸石等)、粉煤灰等填平。

第26章 填 土 地 基

人工填土系指由于人类活动而堆填的各种土，按其组成物质、特性和堆填方式，可分为素填土、杂填土和冲（吹）填土三种。素填土系指被破坏天然结构后重新堆填起来的由碎石、砂、粉土或黏性土等一种或几种材料组成的填土，其中不含杂质或含杂质很少。按其主要组成物质，分为碎石素填土、砂性素填土、粉性素填土及黏性素填土，经分层压实的统称为压实填土。杂填土是含有大量建筑垃圾、工业废料或生活垃圾等杂物的填土，按组成物质，分为建筑垃圾土、工业废料土及生活垃圾土。吹填土是由水力冲填泥砂而形成的沉积土（如沿海一带及江河两岸为了疏浚河道、港口，用挖泥船从水下吸出泥砂，然后用水力在岸上冲填形成的土）。

人工填土一般具有不均匀、规律性差的特点，因此，在填土地段布置勘探工作量时应按复杂场地考虑。通过调查和搜集资料，了解填土场地的地形和地物的变迁、填土的来源、堆积年限和堆积方法。勘察时，应查明填土的分布、厚度、物质成分、颗粒级配及其均匀性、密实度、压缩性和湿陷性。此外，还应查明地下水的水质对混凝土是否具有腐蚀性，对吹填土还应了解其排水固结性能。为查清填土层的分布情况，宜采用触探判断土层均匀性，或采用轻便钻具（如洛阳铲、麻花钻等），以加密勘探点。勘探孔的深度以查清填土底部界限为原则，如填土过厚，则除部分控制孔应钻透填土层外，一般可不超过20m。测试工作应根据填土性质而定，宜采用原位测试并配合室内试验。对压实填土，在压实前应测定填料的最优含水量及最大干密度，压实后测定其压实系数。通过勘察工作，结合建筑物特征和当地建筑经验，应对填土作为建筑物地基的可能性和填土地段的稳定性作出评价。一般对堆积年限较长的素填土、吹填土及由建筑垃圾和性能稳定的工业废料组成的杂填土，当均匀性和密实度较好时，可作为一般工业与民用建筑物的天然地基。对有机质含量较多的生活垃圾和对基础有腐蚀性的工业废料组成的杂填土，未经处理则不宜作为天然地基。当填土厚度变化较大或堆积年限在5年以内，应注意地基的不均匀变形。

人工填土的承载力原则上宜采用静载荷试验等原位测试方法确定。如当地有较丰富的建筑经验，也可参照采用。

现按素填土地基、杂填土地基和吹填土地基分别讨论如下。

26.1 素填土地基

在山区或丘陵地带进行建筑时，由于地形起伏较大，平整场地时常会出现较厚的填土层。为了充分利用场地面积，少占或不占农田，并减少土石方量，部分建筑物不得不造在填土上。此外，在工矿区或一些古老城市的新建、扩建工程中，也常会遇到一些由于人类活动而堆填形成的素填土。因此，必须研究解决素填土地基的设计和施工问题。诚然，填土地基的均匀性不易控制，黏性素填土在自重作用下压密稳定也需要较长时间，但并不是所有建在填土地基上的建筑物都会出现事故。能否直接利用填土作为持力层，关键在于搞好调查研究，查清填土分布及性质，结合建筑物情况因地制宜地采取设计措施。我国在填土地基的利用上，取得了不少成功经验。例如，武汉钢铁公司在第一个五年计划末期，经过反复试验研究，成功地将一些厂房建造在填土地基上。沉降观测结果表明，该建筑物建成一两年后，沉降即趋于稳定，沉降量也都在允许范围以内。

素填土地基的承载力取决于土的均匀性和密实度。未经人工压实的填土，一般比较疏松，但堆积时间较长的，由于土的自重压密作用，也能达到一定的密实度。经过分层压实的填土，如能严格控制施工质量，则能完全保证其均匀性和密实度，并且具有较高的承载能力和水稳定性。土的密实度越高，则其压缩模量和抗剪强度也越高，浸水后不会产生显著附加下沉。

现按压实填土地基和未压实填土地基，分别讨论如下。

26.1.1 压实填土地基

在山区或丘陵地带进行建设时，如填方数量大应尽可能事先确定建筑物的位置，利用分层压实方法处理填方。只要填土土料合适且严格控制施工方法，就能完全保证填土地基的质量，使其具有较好的力学性能，直接作为建筑物的地基。

填土土料的选择应以就地取材为原则，如碎石、卵石、砂夹石、粉质黏土及粉土都是良好的填料，但前四种应注意其颗粒级配，而后者则要注意其含水量。淤泥、耕土、冻土、膨胀性土以及有机质含量大于 5% 的土都不得作为填料。当填料内含有块石时，块石粒径一般不宜大于 400mm。当填料的主要成分为强风化岩层的碎块时，应加强地面排水和采取表面覆盖等措施。

压实填土的质量是以压实系数 λ_c 来控制的，它是填土施工时实际达到的控制干密度 ρ_d 和室内轻型标准击实试验中土在最优含水量时测得的最大干密度 ρ_{dmax} 的比值，即

$$\lambda_c = \frac{\rho_d}{\rho_{dmax}} \tag{26.1.1}$$

可见，当 $\lambda_c = 1$ 时，说明填土地基的质量与试验室所得到的一样；λ_c 越小，则施工质量越差，填土越不密实。

填土的最大干密度和最优含水量由轻型标准击实试验确定。我国目前击实试验采用的击实仪其锤重为 25N，锤底直径 50mm，落距 460mm，击实筒内径 92.15mm，容积 1000cm³。土料粒径应小于 5mm，分三层击实，每层击数，对砂土和粉土为 20 击；对黏性土为 30 击。当没有条件进行试验时，可按下列经验公式估算：

$$\rho_{dmax} = \frac{\eta \rho_w d_s}{1 + 0.01 w_{op} d_s} \tag{26.1.2}$$

式中　η——经验系数，对粉质黏土取 0.96，粉土取 0.97；

　　ρ_w——水的密度，g/cm³；

　　d_s——土粒的相对密度；

　w_{op}——填料的最优含水量，%，当无试验资料时，可取 $0.6 w_L$ 或 $w_p - (1\% \sim 2\%)$；

　w_L、w_p——土的液限、塑限，%。

当填料为碎石或卵石时，其最大干密度可取 2.0～2.2t/m³。

压实填土地基的质量控制值（即压实系数 λ_c 和控制含水量 w）与建筑物的结构类型和填土的受力部位有关，可参照表 26.1.1 的规定采用。地坪垫层以下及基础底面以上的压

实填土，压实系数不宜小于 0.94。

压实填土地基质量控制值　　　　　表 26.1.1

结构类型	填土部位	压实系数 λ_c	控制含水量(%)
砌体承重结构和框架结构	在地基主要受力层范围内	≥0.97	$w_{op} \pm 2$
	在地基主要受力层范围以下	≥0.95	
排架结构	在地基主要受力层范围内	≥0.96	
	在地基主要受力层范围以下	≥0.94	

压实填土的承载力与填料性质、施工机具和施工方法有关，宜采用原位测试（如载荷试验、静力触探等）确定。压实填土边坡的允许坡度值应根据其厚度、填料性质等，按表 26.1.2 的数值确定。

压实填土地基边坡坡度允许值　　　　　表 26.1.2

填土类型	边坡坡度允许值(高宽比)		压实系数 (λ_c)
	坡高在 8m 以内	坡高为 8~15m	
碎石、卵石	1：1.50～1：1.25	1：1.75～1：1.50	0.94～0.97
砂夹石(碎石、卵石占全重 30%～50%)	1：1.50～1：1.25	1：1.75～1：1.50	
土夹石(碎石、卵石占全重 30%～50%)	1：1.50～1：1.25	1：2.00～1：1.50	
粉质黏土、黏粒含量 $\rho_c \geq 10\%$ 的粉土	1：1.75～1：1.50	1：2.25～1：1.75	

注：当压实填土厚度 $H>15m$ 时，可设计成台阶或者采用土工格栅加筋等措施，验算满足稳定性要求后，进行压实填土的施工。

压实填土地基的变形系由三部分组成，除由建筑物荷载所产生的变形 s_1 外，还有由于填土自重所产生的变形 s_2 和填土重量对其下卧天然可压缩土层所产生的变形 s_3。在控制好填土施工质量的条件下，起决定性作用的将是 s_3。因此，有人认为只要填土本身密实度好，下卧天然土层为低压缩性土，就不必考虑变形问题。如填土较厚或分布不均匀，下卧天然土层又比较软弱，地基变形可能较大时，则应验算变形。

填土地基应注意并做好地面排水，防止边坡遭受冲刷。位于填土区的上、下水道，应采取防渗、防漏措施。

位于斜坡地段或软弱土层上的填土，尚应验算其稳定性。当天然地面坡度大于 20% 时，应采取有效措施（如平整成阶梯状地形等），防止填土沿坡面滑动。

当压实填土厚度大于 30m 时，可设计成台阶进行压实填土的施工。

压实填土地基在施工前，要清除基底杂草、耕土和软弱土层。填土要求在最优含水量时压实，以便得到良好效果。如填料的原始含水量与最优含水量有差别，应将土晾干或加湿，使其达到最优含水量。土的加湿要力求均匀。加水量可按式（26.1.3）计算：

$$w_{op} = \frac{W_0}{1+0.01w_0}(0.01w_{op} - 0.01w_0) \tag{26.1.3}$$

式中　w_{op}——使填料达到最优含水量时所需的用水量，kN；

W_0——填料的湿重，kN；

w_0——填料的原始含水量，%；

w_{op}——土的最优含水量，必要时应估计蒸发量，%。

压实填土的每层虚铺厚度和压实遍数与压实机械功能的大小有关，应在现场通过试验确定。当无试验资料时，可参考表26.1.3。

各种压实机械的控制铺土厚度和压实遍数   表 26.1.3

压实机械	黏 性 土		粉 土		备 注
	铺土厚度（cm）	压实遍数	铺土厚度（cm）	压实遍数	
重型平碾（120kN）	25～30	4～6	30～40	4～6	
中型平碾（80～100kN）	20～25	8～10	20～30	4～6	
轻型平碾（80kN）	15	8～12	20	6～10	
铲运机			30～50	8～16	
50kN羊足碾	25～30	12～22			
120kN双联羊足碾	30～35	8～12			
130～160kN羊足碾	30～40	18～24			
蛙式夯（200kg，2.0kN）	25	3～4	30～40	3～10	控制最后一击下沉1～2cm
人工夯（夯重0.5～0.6kN，落高50cm）	18～22	4～5			
重锤夯（锤重10kN，落距3～4m）	120～150	7～12			

注：本表系在最优含水量时压实到最大密实度时的一般经验值。

施工时，将调节到最优含水量的填料按规定虚铺厚度铺平，然后进行碾压。碾压应顺次序进行，避免漏压，在机械压不到的地方应用人工补夯。质量检验工作应随施工进度分层进行。根据工程需要，每100～500m² 内应有一个检验点，测定填土的干密度，并与控制干密度或压实系数比较。如未达到要求，应增加压实遍数或挖开，将土块打碎并重新压实。为保证质量还要认真验槽，发现问题及时处理。

26.1.2 未压实填土地基

未经人工压实的素填土，其承载能力除与填料的种类性质、均匀程度等有关外，还与填土的龄期有很大关系，一般随填龄的增加而提高。如堆填时间超过10年的黏土和粉质黏土，超过5年的粉土以及超过2年的砂土，由于在自重作用下已得到一定程度的压密，具有一定的强度，可以作为一般工业与民用建筑物的天然地基。其地基承载力特征值应由载荷试验或其他原位测试（如静力触探、轻便触探、动力触探、标准贯入试验等），并结合当地工程实践经验确定。

《建筑地基基础设计规范》GBJ 7—89中曾列出根据压缩模量确定素填土承载基本值（表26.1.4）及根据轻便触探试验锤击数确定素填土承载力标准值（表26.1.5），可结合工程经验参考使用。表中的承载力基本值和承载力标准值和承载力特征值大致相当。表26.1.5中的N_{10}，应由现场试验锤击数经修正得。

在我国部分地区，根据当地建筑经验总结土的有关经验数据，列于表26.1.6与表26.1.7中，可供参考。

根据压缩模量确定素填土承载力基本值　　　　　　表 26.1.4

E_{s1-2}(MPa)	7	5	4	3	2
f_0(kPa)	160	135	115	85	65

根据轻便触探试验锤击数确定素填土承载力标准值　　　　　表 26.1.5

N_{10}	10	20	30	40
f_k(kPa)	85	115	135	160

注：本表只适用于黏性土与粉土组成的素填土。

西安市黏性及粉性素填土与含有少量杂物的素填土承载力标准值　　表 26.1.6

N_{10}	15~20	18~25	23~30	27~35	32~40	35~50
孔隙比 e_0	1.25~1.15	1.20~1.10	1.15~1.00	1.05~0.90	0.95~0.80	<0.8
f_k(kPa)	40~70	60~90	80~120	100~150	130~180	150~200

注：1. 本表以土的饱和度 $S_r=50\%\sim60\%$ 为准，当 $S_r<50\%$ 时取上限；
　　2. 验槽时，触探击入总深度宜大于压缩层深度。

成都地区黏性素填土承载力基本值　　　　　　　　表 26.1.7

孔隙比 e	0.5	0.7	0.9	1.0
变形模量 E_0(MPa)	12	10	8	7
f_0(kPa)	230	200	150	130

注：本表适用于堆填时间在 30 年以上、有机质含量小于 8%而比较均匀的粉质黏土填土。

对于堆填时间较短又未经分层压实的素填土，一般不能利用其作为建筑物的天然地基，因为它一般比较疏松、不均匀、压缩性高、承载力低，还往往具有浸水湿陷性。实际工程中，由此而造成的地基不均匀沉陷事故已屡见不鲜，应引以为训。

26.2　杂填土地基

杂填土主要出现在一些古老城市和工矿区里，由于人们长期生活和生产活动，常常在地面上任意堆填着一定厚度的杂填土。按其组成物质的成分和特征，可以分为：

1）建筑垃圾土　在填土中含有较多的碎砖、瓦砾、腐木、砂石等杂物，一般组成成分较单一，有机物含量较少；

2）生活垃圾土　在填土中含有大量从居民日常生活中排出的废物，如炉灰、布片、骨殖等杂物，成分极为复杂，混合极不均匀，含大量有机物，土质极为疏松、软弱；

3）工业垃圾土　由现代工业生产排放的渣滓堆填而成，其成分、形状和大小随生产性质而有所不同，如矿渣、煤渣和各种工业废料（如电石渣）等。杂填土的厚度变化较大，从 1m、2m 到几十米不等。大多数情况下，这类土都比较疏松，含有机质多，承载力低，压缩性较高，一般还具有浸水湿陷性。如有的杂填土干密度小于 $1.0g/cm^3$，孔隙比大于 2.0，压缩系数高达 $2MPa^{-1}$ 并具有强烈的浸水湿陷性。而均匀性差（因成分复杂，厚度不匀，堆填时间先后不一），更是杂填土的主要特点。在同一建筑场地内，其承载力和压缩性往往差别较大。

杂填土地基由于其成因没有规律，成分复杂，有时取样也较困难，因而给地质勘察工作带来一定困难。一般来说，应做好调查研究并查阅有关文献资料，对照原始地形，查明填土范围、暗塘分布和填土年限，然后进行现场勘探工作。

我国通过大量城市和工矿区的新建或扩建工程，对杂填土地基的设计与施工积累了不少经验，如杂填土比较均匀，填龄较长又较为密实，在加强上部结构刚度的同时，可以直接将其作为一般小型工业与民用建筑物的地基。对软弱而又不均匀的杂填土，各地也采用了一些行之有效的处理方法，如强夯和强夯置换法、振冲法、柱锤冲扩法、砂石桩、灰土井桩、灰土挤密桩等，避免了大挖、大填，有效缩短了工期，降低了地基基础工程造价。

26.2.1 杂填土地基的利用

在杂填土地基设计中，要认真做好勘察工作，查明杂填土的分布范围、厚度、堆积年限、物质成分、均匀性、密实度、压缩性、湿陷性等，进行正确的分析和判断，对其作为建筑物地基的可能性做出评价。杂填土能不能作为天然地基，不应单从地基一方面来考虑，而应从地基基础和上部结构共同作用上来全面考虑，区别情况而不同对待。一般来说，凡杂填土堆填时间较长，比较均匀密实，则在采取某些结构措施以加强建筑物刚度后，也可以直接用作小型建筑物的天然地基。对一些低层民用建筑，可适当降低地基的承载力进行地基基础设计，而不采取其他措施。杂填土地基承载力应通过载荷试验或其他原位测试方法确定，也可参考当地建筑经验确定。表 26.2.1 列出了我国某些地区有关杂填土承载力基本值相当于特征值的一些经验数据。

我国某些地区杂填土承载力基本值　　　　　　　　　　　　　表 26.2.1

地区	杂填土类型	物理力学性质	$f_0(kPa)$	备　注
北京	变质炉灰	$S_r=60\%$, $E_s=1.5\sim11MPa$ $S_r=75\%$, $E_s=1.5\sim11MPa$ $S_r=90\%$, $E_s=1.5\sim11MPa$	$70\sim145$ $60\sim135$ $50\sim125$	堆积年代较久，经变质作用而微具黏性者，称作变质炉灰
苏州	房渣土(含碎砖瓦块杂质40%以上)	松,很湿—湿(堆积时间在10年以内者) 稍密,湿—很湿 中密,湿	需经人工处理 80 100	
	碎砖夹填土(含碎砖瓦块杂质20%~40%)	松,很湿 稍密,湿—很湿 软塑,中密,湿	需经人工处理 80 100	
福州	瓦砾填土	回填时间超过10年,湿—饱和,$w<w_L$,瓦砾含量15%~60%,有机质含量小于10%	$70\sim120$	
江苏	房渣土	$e_0=0.82\sim1.23$	$60\sim80$	
武汉	砖渣土	堆填时间在10年以上且土质较均匀,砖渣含量超过50%	$100\sim120$	
旅大	新炉渣填土	$\rho_d=0.85t/m^3$, $e_0=1.71$ $\rho_d=0.95t/m^3$, $e_0=1.42$	50 100	

为了利用矿渣作为建筑物的天然地基，各地曾进行过不少试验研究。据东北和重庆地区的经验，当矿渣堆填时间超过 5 年、有机质含量不大于 5% 时，它的承载力一般可按

100～150kPa 采用。对矿渣、高炉渣等工业废料，要注意它们的水化学性质，如含有较高硫化铁成分的钢渣，遇水后容易膨胀和崩解，强度很快降低。

对于有机质含量较多的生活垃圾土，含大量木屑、刨花等建筑废料的杂填土，即使堆填时间较长，往往仍旧很松软，未经处理不宜作为建筑物的天然地基。

26.2.2 杂填土地基的处理

当杂填土不能作为建筑物的天然地基而需要处理时，应根据上部结构情况和技术经济比较，因地制宜地采用有效的地基处理方法。如杂填土不厚，可全部挖除，将基础落深或加厚垫层（如采用灰土垫层或毛石混凝土垫层）；如杂填土分布宽度不大（如暗浜），可用基础梁跨越。在其他情况下，可以采用的地基处理方法主要有表面挤实、重锤夯实及强夯、振动压实、振动辗压、换土垫层、短桩、灰土井柱、灰土挤密桩、振冲碎石桩、干振砂石桩、柱锤冲扩法等。大部分内容已在第 17 章中详细介绍。

1. 片石表面挤密法

适用于含软土较少，厚度不大的房渣土而地下水位又较低（如低于基础底面 1.0m 以上）的情况。浙江的习惯做法是用 20～30cm 长的片石，尖端向下，密排夯入土中（从疏到密）。挤实后，地表往往会向上隆起 1cm 左右。经过这样处理后，加大了表层土的密实度，从而减少地基的变形，承载力可以提高约 50%。

2. 重锤夯实法

其主要作用是在杂填土表面可形成一层较为均匀的硬壳层。例如，房渣经过重锤夯实后所作载荷试验的曲线表明，其比例极限比处理前提高一倍以上，水稳定性比较好。但在有效夯实深度（约等于夯锤直径，一般在 1.2m）范围内，存在地下水或软弱黏性土层时就不宜采用重锤夯实，以免出现橡皮土现象。重锤夯实法也不适用于大块钢渣组成的杂填土，因其强度高，无法将其击碎，这时可采用强夯法。但要考虑强夯对周围已有建筑物的振动影响。某钢铁基地已成功地采用强夯处理由钢渣组成的杂填土地基，技术、经济效果均较好。

3. 振动压实法

适用于处理地下水位离振实面小于 0.6m、含少量黏性土的建筑垃圾、工业废料和炉灰填土地基。试验表明，对于含炉渣、碎砖、瓦片的建筑垃圾土，振动时间约需 60s 以上；对于含炉灰等细颗粒的杂填土，振实时间约需 3～5min。施工后的质量检查应采用轻便触探试验，检查深度不小于 1.5m。处理杂填土的承载力标准值可达 100～120kPa。

4. 打短桩法

在上海地区，当暗浜内杂填土下为粉质黏土、粉砂时，常用打短桩的方法处理，效果较好。短桩断面一般为 20cm×20cm，配 4ϕ12 钢筋，长约 7m，单桩承载力约 50～70kN 并利用桩台底面下土与桩的共同作用。在缺乏试验资料时，一般按桩承受荷载的 70%、承台底面下地基土承受 30% 计算，但控制承台下地基土所承受的荷载强度不超过 30kPa。

5. 灰土挤密桩

其在处理杂填土地基中也得到推广应用。它是用振动打桩机将按设计要求直径（一般为 28～40cm，也有达 60cm 的）的桩管打入土中，而后拔出桩管，用 2∶8（体积比）灰土分层填入，用夯实机夯实。一般采用的夯锤直径应比桩孔直径小 9～12cm，锤重不宜小于 10kN，锤底平截面静压力不小于 20kPa。如在水下或估计以后有可能浸水时，可改用

3：7灰土。根据具体情况也可考虑掺加部分水泥，一般掺加的水泥量约为灰土体积的5％～10％。桩管用无缝钢管制成，下端焊成60°角的尖锥形，桩尖可以上下活动。当桩管打入土中时，活动桩尖与桩端顶紧；当桩管拔起时，桩尖与桩端脱开，空气即可流入，避免产生负压而增加拔桩阻力。

挤密桩的处理宽度每边应超出基础外缘，对于条形基础、矩形基础不得小于50cm，对于整片基础不得小于75cm。为了使杂填土能被均匀挤密，桩在平面上宜按等边三角形布置且不得少于两排。桩距一般为 $(2.0～3.0)d$（d 为桩径），多为 $2.5d$。桩长以能处理全部压缩层范围内土层为原则，并不得小于5m。如杂填土厚度较小，桩应穿透杂填土层并打入老土层内。试验表明，采用灰土桩挤密处理后的杂填土复合地基的承载力，可从原有的 60～120kPa 提高到 140～220kPa，效果明显。

灰土桩挤密施工时应注意：

（1）当桩距小于 $3d$ 或 2m 时，应进行跳打。中间空出来的桩位要待其相邻两个桩孔都已回填成为灰土桩后才能施打，以免打桩时将相邻桩孔挤塌；

（2）桩管入土时的倾斜度不得大于 2％，以免造成拔桩管困难且易破坏桩孔，影响夯实成桩；

（3）桩管打到预定深度后，应立即将其拔出。拔桩管时应使活动桩尖脱开，避免在孔内产生负压，使桩孔回缩淤塞；

（4）为保证施工质量，灰土桩应夯筑到基底设计标高以上 20～30cm；

（5）应及时检查桩孔和灰土桩的质量；

（6）如在地下水位以下为软弱土层或有洞穴、暗坑，则在拔出桩管后会迅速渗水、积水，影响成桩施工。这时应将孔内积水排出，如排水有困难，可改作砂桩；

（7）当桩孔中部或底部因有软弱土层而发生缩颈、淤塞现象时，如缩颈不大严重，可用洛阳铲将桩孔上部的软土铲出，或在淤塞的桩孔下部夯填干砖渣、生石灰块，也可在填入灰土后复打扩大，减少缩颈。如桩孔下部淤塞严重，可改做砂桩，到软弱土层以上再改为灰土桩。

灰土桩挤密效果好、施工进度较快、工期短、造价低，是一种较好的杂填土地基处理方法。

26.3　吹填土地基

吹填土，亦称为冲填土，是我国沿海一带常见的人工地基之一，是用挖（吸）泥船通过泥浆泵将含有大量水分的泥砂通过管道输送到海（江、河、湖）岸等指定区域而形成的沉积土。随着我国经济的高速发展，对土地的需求与日俱增，相应的吹填造陆区域的面积日益扩大。在滨海地区的围海造陆工程中广泛应用。

吹填土地基在吹填过程中，原土的泥沙结构遭到破坏。多数情况下。土体以细小颗粒的形式缓慢沉积，具有塑性指数大、天然含水率和孔隙比大、重度小、高压缩性、渗透性小等特点。因此，吹填土地基一般不能直接用于工程建设，需要进行地基处理。

26.3.1　吹填场地的形成

沿海地区通常吹填造陆规模巨大，按规划、设计、施工方面的要求，进行吹填分区，根据各分区的吹填面积确定吹填土料、吹填施工工艺以及工后的地基处理方案。首先，在原天然地面上构筑吹填围堰，形成吹填区，疏浚船舶通过管线及吹填机械将取土区的土料填入吹填区内。吹填达到设计标高后，经一定时间排尽余水后，形成吹填场地。

吹填场地设计时，应了解吹填场地原有地基结构及性状，了解吹填土料的来源、颗粒组成及吹填过程。吹填围堰设计时，应满足地基承载力及稳定性的要求。并计算吹填区的地基稳定性，预估吹填土的固结度、沉降量及超填量，确定吹填场地的设计标高。

26.3.2　吹填土地基的特点

1）吹填土的颗粒组成随泥砂的来源而变化，有的是砂粒，但更多情况下是黏土粒和粉土粒。在吹泥的入口处，沉积的土粒较粗，甚至有石块，顺着出口处方向则逐渐变细。除出口处局部范围外，一般尚属均匀。但是，有时在冲填过程中，由于泥砂的来源有所变化，造成吹填土在纵横方向上的不均匀性。

2）由吹泥的入口处到出口处，土粒沉淀后常形成约 1‰ 的坡度。坡度的大小与土粒的粗细有关，一般含粗颗粒多的坡度要大些。

3）由于土粒的不均匀分布以及自然坡度的影响，越靠近出口处，土粒越细，排水越慢，土的含水量也越大。

4）吹填土的含水量较大，一般都大于液限。当土粒很细时，水分难以排出，土体在形成初期呈流动状态。当其表面经自然蒸发后，常呈龟裂状。但是，下面的土由于水分不易排除，仍处于流动状态，稍加扰动即呈触变现象。

5）冲填前的地形对吹填土的固结排水很有影响。如原地面高低不平或局部低洼，冲填后土内水分不易排出，就会使它在较长时间内仍处于饱和状态，压缩性很高。而冲填于坡岸上时，则其排水固结条件就比较好。

吹填土地基的勘探工作，应查明其颗粒组成、均匀性、密实度、压缩性、排水条件、固结性能等。钻孔时，应注意防止涌土现象和孔壁坍塌。因其灵敏度较高，即使轻微晃动也会使土产生触变现象，因此，取样时应尽可能减少对土样的扰动，还要避免土样的运输过程中由于受振动而导致水分离析，使试验成果偏高，造成假象。必要时，应进行十字板剪切试验、载荷试验等原位测试。

吹填土的工程性质主要与它的颗粒组成、均匀性和排水固结条件有关。如冲填年代较久、含砂粒较多的吹填土，其固结情况和力学性质就较好。一般来说，吹填土与自然沉积的同类土相比，其强度较低，压缩性较高。

26.3.3　吹填土的分类

吹填土的分类，主要是按吹填场地填土的颗粒组成，将吹填土分为粗颗粒土、细颗粒土和混合土三个类别（表 26.3.1），目的是为了便于选择相应的地基处理方法。

26.3.4　吹填土地基勘察要点

吹填土地基的勘察分为吹填前场地勘察及吹填后地基处理勘察两个阶段。前者主要查明场地工程地质条件，分析作为吹填区的适用性；后者需查明经吹填后吹填土层的分布及原土层物理力学指标变化情况，为地基处理设计、施工服务。

吹填前场区勘察应查明在吹填前场区的工程地质情况，尤其是场区的不良地质现象的分布，地下水、透水层的状况，为吹填后地基处理做好前期准备。

吹填土分类表

表 26.3.1

吹填土分类		土 名	分类标准
粗颗粒土	碎石土类	块石、漂石	$d>200$mm 颗粒含量大于总质量的 50%
		碎石、卵石	$d>20$mm 颗粒含量大于总质量的 50%
		角砾、圆砾	$d>2.0$mm 颗粒含量大于总质量的 50%
	砂土类	砾砂	$d>2.0$mm 颗粒含量占总质量的 25%～50%
		粗砂	$d>0.5$mm 颗粒含量大于总质量的 50%
		中砂	$d>0.25$mm 颗粒含量大于总质量的 50%
		细砂	$d>0.075$mm 颗粒含量大于总质量的 85%
		粉砂	$d>0.075$mm 颗粒含量大于总质量的 50%
细颗粒土	粉土类	粉土	$d>0.075$mm 颗粒含量小于总质量的 50%　$I_p \leqslant 10$
	黏性土类	粉质黏土	$d>0.075$mm 颗粒含量小于总质量的 50%　$10<I_p \leqslant 17$
		黏土	$d>0.075$mm 颗粒含量小于总质量的 50%　$I_p>17$
	淤泥质土类	淤泥质粉质黏土	$d>0.075$mm 颗粒含量小于总质量的 50%　$36\% \leqslant w<55\%$ $1.0<e \leqslant 1.5$　　$10<I_p<17$
		淤泥质黏土	$d>0.075$mm 颗粒含量小于总质量的 50%　$36\% \leqslant w<5\%$ $1.0<e \leqslant 1.5$　　$I_p>17$
	淤泥类	淤泥	$d>0.075$mm 颗粒含量小于总质量的 50%　$55\% <w \leqslant 85\%$ $1.5<e \leqslant 2.4$
		流泥	$d>0.075$mm 颗粒含量小于总质量的 50%　$85\% <w \leqslant 150\%$
		浮泥	$d>0.075$mm 颗粒含量小于总质量的 50%　$w>150\%$
混合土	淤泥和砂的混合土类	淤泥混砂	淤泥干土质量超过总质量的 30%
		砂混淤泥	淤泥干土质量超过总质量的 10% 且小于等于总质量的 30%
	黏性土和砂或碎石的混合土类	黏性土混砂	黏性土干土质量超过总质量的 40%
		砂混黏性土	黏性土干土质量超过总质量的 10% 且小于等于总质量的 40%
		黏性土混碎石	黏性土干土质量超过总质量的 40%
		碎石混黏性土	黏性土干土质量超过总质量的 10% 且小于等于总质量的 40%

吹填后地基土处理勘察的重点，需查明吹填土分布的均匀性及其水平和垂直方向分布的差异、特殊吹填土的性质等，应对吹填土的处理给出建议。

26.3.5 吹填土地基处理

吹填土地基上建（构）筑物的设计可参照常规地基基础设计，地基承载力计算和变形应满足《建筑地基基础设计规范》GB 50007 的要求。

吹填土地基应根据吹填土性质及分类，结合不同地基处理方法的工艺特点，判定吹填土地基处理方法的适宜性。各种处理方法对不同性质吹填土的适宜性，宜符合表 26.3.2 的规定。

堆载预压加固法一般应在地表铺设与竖向排水体相连的水平排水砂垫层，砂垫层厚度应为不小于 0.5m 的粗砂、中砂。在砂资源条件缺乏地区，也可采用无砂垫层堆载预压法。

不同性质吹填土对处理方法的适宜性

表 26.3.2

地基处理方法 吹填土分类		压实法	堆载预压法	真空预压法	强夯法	振冲法	固化法	电渗排水法
粗颗粒土	碎石土类	宜	不宜	不宜	宜	可	不宜	不宜
	砂土类	宜	不宜	不宜	宜	宜	不宜	不宜
细颗粒土	粉土类	宜	可	不宜	宜	宜	不宜	不宜
	黏性土类	不宜	软黏性土可	软黏性土可	不宜	黏性土可，软黏性土经试验后确定	软黏性土可	软黏性土可
	淤泥质土类	不宜	宜	宜	不宜	不宜	宜	宜
	淤泥类	不宜	宜	宜	不宜	不宜	宜	宜
混合土	淤泥和砂的混合土类	不宜	不宜	不宜	宜	不宜	不宜	不宜
	黏性土和砂或碎石的混合土类	可	不宜	不宜	宜	可	不宜	不宜

注：压实法按工艺，分为碾压法、振动压实法和冲击压实法。表中所列为振动压实法适用土类。而碾压适用于地下水位以上强度较高的吹填土的压实；冲击压实法适用于处理深度要求高、施工时间短的吹填土地基。

　　无砂垫层对传统预压法进行改进，不需要铺设排水砂垫层，在处理场地上打插塑料排水板后，每隔两排塑料排水板布置一条水平管道，并使用连接器将塑料排水板露出部分紧密连接到水平管道上，从而使水平向排水板系统和垂直向排水板系统连成一个有机的整体。无砂垫层预压法适用于大面积软土地基加固，如机场跑道、公路、港口、码头以及岸堤填海造陆的吹填土地基处理施工，有较好的加固效果且节省了铺设砂垫层的大量投入，具有施工工期短、经济、节约的优势。

　　吹填土由于土源、吹填条件不同，地基处理方法种类很多，根据工程条件，可参见《吹填土地基处理技术规范》GB/T 1064—2015 的相关规定。

第 27 章 软 土 地 基

27.1 概 述

软土是对近代沉积的软弱地层的统称，是一种区域性的特殊土。软土一般是指在静水或缓慢流水环境中，以细颗粒为主的近代沉积物。其天然含水量大、压缩性高、承载力低、渗透性小，是一种呈软塑到流塑状态的饱和黏性土。软土的天然含水量 w 大于液限 w_L；天然孔隙比 e 大于 1；压缩系数 a_{1-2} 大于 $0.5MPa^{-1}$；不排水抗剪强度 c 小于 20kPa。当软土由生物化学作用形成，并含有机质，其天然含水量大于液限、天然孔隙比 e 大于 1.5 时为淤泥；天然孔隙比 e 小于 1.5 而大于 1.0 时为淤泥质土。工程上，将淤泥、淤泥质土、泥炭、泥炭质土，统称为软土。

软土在世界范围内分布很广，软土地区是指在建筑和影响深度范围内存在一定厚度的软土，并对工程建设可能产生不良作用的地区。我国软土主要分布在沿海地区，如上海、天津、浙江、福建、广东沿海等省。内陆地区的江河流域和湖泊周围散布着各种成因类型的内陆软土。含有大量未分解的腐殖质、有机质含量大于 60% 的土，为泥炭；有机质含量大于等于 10% 且小于等于 60% 的土，为泥炭质土。

27.2 软土的成因与分布

我国沿海地区和内陆平原或山区都广泛地分布着海相、三角洲相、湖相和河相沉积的饱和软土。沿海软土主要位于各河流的入海口处。例如，渤海及津塘地区、浙江的温州、宁波、长江三角洲、珠江三角洲及闽江口平原等地都有深厚的软土层，其厚度由数米至数十米不等。内陆软土主要分布在洞庭湖、洪泽湖、太湖流域及昆明的滇池地区。山区软土则分布于多雨地区的山间谷地、冲沟、河滩阶地和各种洼地里。与平原地区不同的是山区软土的分布零星，范围不大，但厚度及深度变化悬殊，多呈透镜体状，土质不均，土的强度和压缩性变化很大。

软土厚度较大的地区，由于表层经受长期气候的影响，使含水量减小，在收缩固结作用下，表面形成所谓的"硬壳"。这一处于地下水位以上的非饱和"硬壳"层厚度通常为 0~5m。其承载力较下层软土为高，压缩性也较小，常可用来作为浅基础的持力层。

软土按其沉积环境及其形成特征，大致可分为四种类型，如表 27.2.1 所示。

我国软土的分布，可以分为沿海软土、内陆软土和山区软土等几种不同的区域性分布。不同成因的软土，其组成及物理力学性质都有一定的差异。

1. 沿海软土

我国沿海地区分布有三角洲相软土及滨海相软土。三角洲相如在珠江、闽江、瓯江、长江等三角洲的广大软土地区，软土沉积的厚度比较大，黏性土和粉砂土、细砂土互成层，

类型	成因	在我国主要分布情况	形成与特征
滨海沉积	潟湖相,三角洲相,滨海相,溺谷相	东海、黄海、渤海等沿海岸地区	在较弱的海浪岸流及潮汐的水动力作用下,逐渐沉积淤成。表层硬壳厚 0～3m,下部为淤泥夹粉、细砂透镜体,淤泥厚度 5～60m,常含贝壳及海生物残骸,表层硬壳之下,局部有薄层泥炭透镜体。滨海相淤泥常与砾砂相混杂,极疏松,透水性强,易于压缩固结,三角洲相多薄层交错砂层,水平渗透性好。潟湖相、溺谷相淤积一般更深、松软
湖泊沉积	湖相,三角洲相	洞庭湖、太湖、鄱阳湖、洪泽湖周边,古云梦泽边缘地带	淡水湖盆沉积物,在稳定的湖水期逐渐沉积,沉积相常有季节性,粉土颗粒占主要成分。表层硬壳厚 0～5m,淤泥厚度一般 5～25m,泥炭层多呈透镜体,但分布不多
河滩沉积	河床相,河漫滩相,牛轭湖相	长江中下游、珠江下游、韩江下游及河口、淮河平原、松辽平原、闽江下游	平原河流流速减小,水中携带的黏土颗粒缓慢沉积而成,成层不匀,以淤泥及软黏土为主,含砂与泥炭夹层,厚度一般小于 20m
谷地沉积或残积土		西南、南方山区或丘陵区	在山区或丘陵区地表水带有大量含有机质的黏性土,汇积于平缓谷底之后,流速减低,淤积而成软土,山区谷地也有残积的软土,其成分与性质差异性很大,上覆硬壳厚度不一,软土底板坡度较大

土层厚度和工程性质一般比较均匀。沿海地区还有滨海相和潟湖相等成因的软土分布。

2. 内陆软土

内陆软土主要有内陆河流相及内陆湖相两类软土分布。

内陆河流相软土主要分布在大河的中下游的阶地或河漫滩上,与其他较粗颗粒的土交替沉积,软土厚度不大且分布不均匀,因而产生的沉降很不均匀,对工程不利。

内陆湖相软土主要分布在湖泊的周边地带,湖相沉积土含腐殖质和植物根系,当有机物极为丰富时就成为泥炭或泥炭质土。内陆软土由于地区的成因类型不同,其组成及物理力学性质差异较大,地区性特点明显。

3. 山区软土

在山区或丘陵地区,地表流水中常带有大量有机质的细颗粒土粒,汇集至平缓谷地后流速降低,淤积而成软土,山区谷地也有残积的软土,其成分与性质的差异性很大,上覆硬壳厚度不一,软土底板坡度较大。有时,在不大的水平距离内,软土底板形成很大的高差,形成极为不均匀的地基。

27.3　软土的工程特征

在软土地区,表层软土经受长期气候的影响使土中的含水量减小,在失水固结的作用下而形成所谓的"硬壳层"。这一处于地下水位以上毛细饱和带中的土层,厚度有时可达到 0～3m,其承载力较下部软土层为高,压缩性也较小,常可用来作为浅基础的持力层。

软土的物理力学性质

1. 天然含水量高、孔隙比大

软土的颜色多呈灰色或黑灰色，光润、油滑且有腐烂植物的气味，多呈软塑或半流塑状态。其天然含水量很大，据统计一般都大于 30%。山区软土的含水量变化幅度更大，有时可达 70%，甚至高达 200%。

软土的饱和度一般大于 90%。液限一般在 35%～60%，随土的矿物成分、胶体矿物的活性因素而定。液性指数大多大于 1.0。根据我国铁道部门的统计，软土的塑性指数与液限之间有以下关系：

$$I_p = 0.6856 w_L - 7.558 \ (适用于\ I_p = 13～50) \qquad (27.3.1)$$

软土的重度较小，约为 15～19kN/m³。孔隙比都大于 1，山区软土的孔隙比有的甚至可达 6.0。软土因其天然含水量高、孔隙比大，就带来了软土地基变形特别大、强度低的特点。

应该指出，沿海地区的深厚软土中，有时夹有一种带状黏土层，厚度可达数米，是由粉砂与黏土交互成层淤积而成的，分层的厚度很薄，有时只有十分之几毫米，最厚的粉砂层也不超过 3cm 且两端尖灭。其物理性质与上述软土相似。如把带状黏土层混合后进行测定，容易将它误定为粉质黏土，并得出一些不正确的物理力学性质指标。

2. 透水性低

软土的透水性很低。又由于大部分软土地层中存在着带状夹砂层，所以在垂直方向和水平方向的渗透系数不一样，一般垂直方向的渗透系数要小些，其值约在 10^{-7}～10^{-9} cm/s，水平向渗透系数为 10^{-4}～10^{-5}cm/s，因此软土的固结需要相当长的时间。同时在加载初期，地基中常出现较高的孔隙水压力，影响地基的强度。当地基中有机质含量较大时，在土中可能产生气泡，堵塞渗流通路，降低其渗透性。

3. 高压缩性

软土孔隙比大，具有高压缩性的特点。又因为软土中存在大量微生物，由于厌气菌活动，在土内蓄积了可燃气体（沼气），致使土的压缩性增高，并使土层在自重和外荷作用下长期得不到固结。软土的压缩系数 a_{1-2} 一般在 0.5～2.0MPa^{-1} 之间，最大可达 4.5MPa^{-1}。如其他条件相同，则软土的液限越大，压缩性也越大。

4. 抗剪强度低

软土的抗剪强度很低，并与排水固结程度密切相关。在不排水剪切时，软土的内摩擦角接近于零，抗剪强度主要由黏聚力决定，而黏聚力值一般小于 20kPa。经排水固结后，软土的抗剪强度便能提高，但由于其透水性差，当应力改变时，孔隙水渗出过程相当缓慢，因此抗剪强度的增长也很缓慢。

剪切试验方法应根据地基应力状态、加荷速率和排水条件来选择，对排水条件较差、加荷速率较快的地基，宜采用不排水剪。当地基在荷载作用下有可能达到一定程度的固结时，可采用固结不排水剪。当有条件计算出地基中的孔隙水压力分布时，则可用有效应力法，以确定有效抗剪强度指标。

带状黏土的抗剪强度是不规律的，其主要原因是带状层理影响着抗剪强度。做室内剪切试验时，剪裂面可能切过若干带状层次，也可能单独切过粉砂层或黏土层，造成其抗剪强度没有规律性。有时，剪切面夹有贝壳也会影响结果。因此，最好用现场原位测试方法，如采用十字板剪力试验测定其抗剪强度。

5. 结构性

组成软土的黏土矿物以高岭土、伊利土、蒙脱土为主，粒径小于 0.002mm 的土粒常呈片状或针状。软土在沉积环境中，由于带电颗粒间电荷的相互作用，沉积过程中软土形成卡片状的架叠结构，颗粒接触点形成一定的胶结作用，使软土具有一定的结构强度。天然状态下的软土与经扰动后的重塑土相比，其物理力学性质有明显的变化。软土天然状态下的孔隙比高于重塑土，具有结构性的软土的孔隙比往往要比相同压力作用下的重塑土高 $0.2\sim0.4$。天然软土的固结系数可以达到同样条件下重塑土的 $10\sim15$ 倍。勘察时对土样的扰动，增大了土的压缩性。软土结构强度没有完全破坏时的抗剪强度比较高。

黏性土结构性的强弱用灵敏度 S_t 来表示：

$$S_t = \frac{q_u}{q_0} \tag{27.3.2}$$

式中　q_u——原状土的无侧限抗压强度，即单轴受压的抗压强度，kPa；

　　　q_0——具有与原状土相同密度和含水量并彻底破坏其结构的重塑土的无侧限抗压强度，kPa。

按灵敏度的大小，黏性土可分为：

低灵敏 $S_t=1\sim2$；

中灵敏 $S_t=2\sim4$；

高灵敏 $S_t>4$。

软黏土在重塑后甚至不能维持自己的形状，无侧限抗压强度几乎等于零，灵敏度很大。对于灵敏度大的土，在基坑开挖时须特别注意保护基槽，使其结构不受扰动。

软土的灵敏度一般在 $3\sim4$，个别情况达 $8\sim9$。在软土中钻孔取样时，常使土发生触变，以致取出的土样不能完全反映土的实际情况。

6. 流变性

土的流变性是研究土体应力、应变状态随时间变化的规律。

软土具有流变性，其中包括蠕变特性、流动特性、应力松弛特性和长期强度特性。

蠕变特性是指在荷载不变的情况下变形随时间发展的特性；流动特性是土的变形速率随应力变化的特性；应力松弛特性是在恒定的变形条件下应力随时间减小的特性；长期强度特性是指土体在长期荷载作用下土的强度随时间变化的特性。考虑到软土的流变特性，用一般剪切试验方法求得的软土的抗剪强度值不宜全部用足。

我国主要软土地区，软土的主要物理力学性质指标如表 27.3.1 所示。

我国主要软土地区的主要物理力学性质指标　　　　表 27.3.1

指标 地区	土层埋深或范围(m)	含水量 $w(\%)$	重度 γ (kN/m^3)	孔隙比 e	饱和度 $S_r(\%)$	液限 $w_L(\%)$	塑限 $w_p(\%)$	塑性指数 I_p	渗透系数 k (cm/s)	压缩系数 a_{1-2} (MPa^{-1})	黏聚力 $c(\text{kPa})$	内摩擦角 φ (°)	无侧限抗压强度 q_u (kPa)
天津	7~14	34	18.2	0.97	95	34	19	17	1×10^{-7}	0.51			30.0~40.0
塘沽	8~17	47	17.7	1.31	99	42	20	22		0.97			
	0~8								2×10^{-7}				
	17~24	39	18.1	1.07	96	34	19	15		0.65			

指标\地区	土层埋深或范围(m)	含水量 $w(\%)$	重度 γ (kN/m³)	孔隙比 e	饱和度 $S_r(\%)$	液限 $w_L(\%)$	塑限 $w_p(\%)$	塑性指数 I_p	渗透系数 k (cm/s)	压缩系数 a_{1-2} (MPa⁻¹)	黏聚力 c(kPa)	内摩擦角 φ(°)	无侧限抗压强度 q_u (kPa)
上海	6~7	50	17.2	1.37	98	43	23	20	6×10^{-7}	1.24			20.0~40.0
	1.5~6												
	>20	37	17.9	1.05	97	34	21	13	2×10^{-6}	0.72			
杭州	3~9	47	17.3	1.34	97	41	22	19					
	9~19	35	18.4	1.02	99	33	18	15		1.17			
宁波	2~12	50	17.0	1.42	97	39	22	17	3×10^{-8}	0.95			30.0~48.0
	12~28	38	18.0	1.03	94	36	21	15	7×10^{-8}	0.72			
舟山	2~14	45	17.5	1.32	99	37	19	18	7×10^{-6}	1.10			
	17~32	36	18.0	1.03	97	34	20	14	3×10^{-7}	0.65			
温州	1~35	63	16.2	1.79	99	53	23	30		1.93			
福州	3~19	68	15.0	1.87	98	54	25	29	8×10^{-8}	2.03	1.0~15.0	10~15	5.0~18.0
	1~3												
	19~25	42	17.1	1.17	95	41	20	21	5×10^{-7}	0.70			
广州	0.5~10	73	16.0	1.82	99	46	27	19	3×10^{-6}	1.18			
贵州	软黏土	54~127	13.0~17.0	1.70~2.18				15~34	$i\times10^{-4}$	1.2~4.2			1.0~18.0
	泥炭	140~264	12.0~15.0	1.60~5.9				26~73	$i\times10^{-8}$	1.7~7.3			
昆明	软黏土	41~270	12.0~18.0	1.1~5.8				>7	$i\times10^{-4}$	1.2~4.2			2.0~35.0
	泥炭	68~299	11.0~15.0	1.9~7.0				27~62	$i\times10^{-8}$				0.02~0.35
龙溪	0~6	89	14.5	2.45	97	65	34	31		2.33			

27.4 软土地基的计算

27.4.1 软土地基的承载力

软土地基承载力的确定，可按第13章浅基础设计中所述的原则进行。

1. 根据土的物理性质指标确定软土地基的承载力

对于沿海地区淤泥和淤泥质土，可根据土的天然含水量 w 由表 27.4.1 查得承载力 f_0 值（相当于地基承载力特征值）。工程实践中，进行地基承载力计算时可供参考。因为软土大多是饱和的，含水量基本上反映土的孔隙比的大小。一般来说，当孔隙比为1时，相应的含水量为36%；孔隙比为1.5时，相应的含水量为55%。对于内陆地区的淤泥和淤泥质土，其f_0值亦可参考表27.4.1确定。对于山区软土，往往由于其特殊的生成条件，土的物理力学性质与沿海软土有差别，这是应予注意的，其承载力应通过试验确定。

沿海地区淤泥和淤泥质土承载力基本值　　　　　　　表27.4.1

天然含水量(%)	36	40	45	50	55	65	75
f_0(kPa)	100	90	80	70	60	50	40

2. 根据理论公式确定软土地基的承载力

介绍下列三种方法：

1)《建筑地基基础设计规范》公式：利用《建筑地基基础设计规范》GB 50007 推荐的理论公式计算软土地基的承载力，见第 13 章浅基础设计中的式（13.5.1）。

2) 极限荷载公式：饱和软黏土的极限承载力 p_u（kPa）可按下列各式计算：

条形基础

$$p_u = 5.14c + \gamma d \qquad (27.4.1)$$

方形基础

$$p_u = 5.71c + \gamma d \qquad (27.4.2)$$

矩形基础　　当$\dfrac{b}{l} > 0.53$ 时，

$$p_u = \left(5.14 + 0.66\frac{b}{l}\right)c + \gamma d \qquad (27.4.3)$$

当$\dfrac{b}{l} < 0.53$ 时，

$$p_u = \left(5.14 + 0.47\frac{b}{l}\right)c + \gamma d \qquad (27.4.4)$$

式中　c——土的黏聚力，一般由不排水剪切试验求得，kPa；

　　　γ——基底以上土的重度，kN/m³；

　　　d——基础埋深，m；

　　　b——基础短边，m；

　　　l——基础长边，m。

利用极限荷载公式确定软土地基的承载力时，可将计算所得极限荷载 p_u 除以安全系数 3 以后采用。

3) 临塑荷载公式

软土地基承载力除按强度公式计算外，尚应考虑变形因素。可按临塑荷载公式计算。

$$p = \pi \cdot c + \gamma d \qquad (27.4.5)$$

式中　c——土的内聚力，由不排水剪切试验求得，kPa；

　　　γ——基底以上土的加权平均重度，kN/m³。

　　　d——基础埋深，m。

试验证明，按式（27.4.5）计算的临塑荷载与荷载试验所确定的比例界限值十分接近。同时，如果作用在软土上的压力小于或等于比例界限值，软土的变形将不会很大。

当利用理论公式计算软土地基的承载力时，必须进行地基变形验算，以满足地基变形的要求。

3. 用原位测试的方法确定软土地基承载力

几种常用的原位测试方法有：载荷试验、十字板剪切试验、静力触探、标准贯入试验、旁压试验。

现场原位测试可减小对软土原状结构的扰动，取得比较准确的试验数据。

27.4.2 软土地基的变形计算

软土地基的变形计算，可按第8章建筑物基础沉降的计算中所介绍的计算方法进行。一般，常用地基基础规范所推荐的沉降公式计算，见第8章。

应该指出的是，由于软土的压缩性很高，在荷载作用下，应考虑压力与孔隙比之间的非线性变化关系。若将压缩曲线以半对数坐标表示，画成 $e\text{-}\log p$ 曲线，在 $e\text{-}\log p$ 曲线上某一压力 p_d 之后，呈现良好的直线段（图27.4.1），直线的斜率是：

$$C_c = \frac{e_1 - e_2}{\log p_2 - \log p_1} = \frac{e_1 - e_2}{\log \dfrac{p_2}{p_1}} \tag{27.4.6}$$

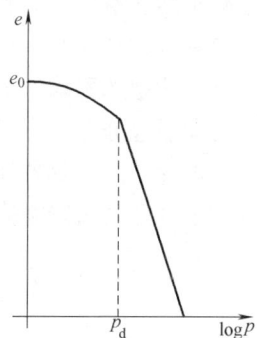

图 27.4.1 $e\text{-}\log p$ 曲线

式中　C_c——压缩指数，无量纲，由压缩试验求得，C_c 越大，土的压缩性越大；

e_1——当土样上作用有法向压力 p_1 时的孔隙比；

e_2——当土样上作用的法向压力增加至 p_2 时的孔隙比。

由式（27.4.6）可得

$$e_2 = e_1 - C_c \log \frac{p_2}{p_1} \tag{27.4.7}$$

设在 p_1 作用下土层厚度为 Δh，则当压力增加到 p_2 时，孔隙比相应由 e_1 改变为 e_2，这时土层所产生的压缩量为：

$$\Delta s = \frac{e_1 - e_2}{1 + e_1} \Delta h \tag{27.4.8}$$

将式（27.4.7）代入式（27.4.8）得

$$\Delta s = \frac{\Delta h}{1 + e_1} C_c \log \frac{p_2}{p_1} \tag{27.4.9}$$

根据式（27.4.9）用分层总和法，即可求得软土地基的变形。按式（27.4.9）计算得的土层沉降量，即已考虑了软土孔隙比与压力间的非线性关系。

27.5　软土地基设计中应采取的措施

由于软土具有压缩性高、强度低等特性，因此变形问题是软土地基的一个主要问题，表现为建筑物的沉降量大而不均匀、沉降速率大以及沉降稳定历时较长等特点。

软土地基上建筑物的沉降量通常是比较大的，特别是当地基上的压力超过比例界限值或施工时土被扰动。据统计，一般的三层房屋沉降量为 15～20cm；四层以上变化很大，为 20~50cm；其中，五六层的有的大于 60cm。对于有吊车的一般工业厂房，其沉降量约为 20~40cm；而大型构筑物，如水池、料仓、储气柜、油罐等，其沉降量一般都大于 50cm，甚至超过 100cm。除了沉降量大外，如上部结构荷载差异大、建筑物体形复杂以及土层均匀性差时，大面积地面堆载、相邻建筑物的影响等，都会引起很大的不均匀沉降。即使在荷载均匀及简单平面形式下，沉降差也有可能超过总沉降量的 50%。沉降速率大是软土地基的又一特点。如果作用在地基上的荷载过大、加荷速率过快，则可能出现等速沉降或加速沉降的现象，导致地基的破坏。此外，由于软土的渗透性低，软土地基上的建筑物沉降稳定历时较长，在深厚的软黏土层上的建筑物，其沉降有时可延续十多年甚至数十年之久。除了排水固结沉降需要较长时间，软土的次固结沉降亦十分显著。

山区软土下常存在有倾斜基岩或其他坚硬地层倾斜面，而且坡度大于 10% 时，这对建筑物来说是一个隐患。除造成不均匀沉降外，还可能由于在建筑物荷载作用下倾斜基岩面上软土蠕变滑移，导致地基失稳。其影响程度的大小，视埋藏的位置及其倾斜程度而定。遇到这种情况时，除考虑变形外，尚应考虑地基稳定性问题。

软土地基的不均匀沉降，是造成建筑物开裂损坏或严重影响使用等工程事故的主要原因，必须引起充分注意。但人们从反复的生产斗争和科学试验的实践中，对软土地基上建筑物的设计与施工等方面已积累了许多经验，只要设计、施工以及使用得当，在软土地基上成功地修建建筑物是完全可能的。

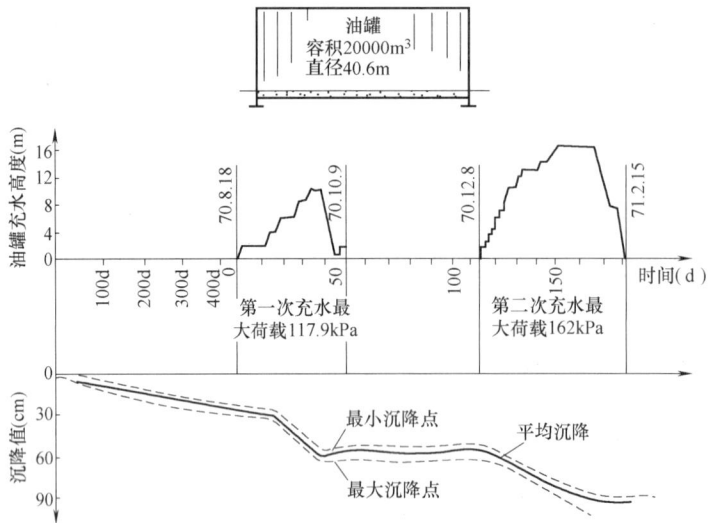

图 27.5.1 软土地基上 20000m³ 油罐充水预压试验

例如，某地冲填土地基上一大型油罐，如图 27.5.1 所示。表土层为 4~5m 厚的冲填土，下层为 20 余米厚的软土。据载荷试验得冲填土的承载力为 50kPa。油罐容积为 20000m³，直径为 40.6m，高度为 15.89m，基底压力达 173.0kN/m²，远远超过了地基的承载力特征值。油罐中心点的计算沉降量为 2m，底板边缘的计算沉降约为中心点的一半。为解决地基承载力不足及减少使用阶段的沉降，利用油罐建成后试水阶段的水重作为荷载，对地基进行预压加固并在底板下设砂垫层，以利排水。为控制加荷速率，在底板四周设沉降观测点及量测土中孔隙压力变化的装置，按实测的孔隙压力变化及沉降稳定情况来控制油罐加载速率。待半数以上沉降观测点的沉降速率小于 5mm/昼夜时，才进行下一级充水。前后进行了两次充水预压，预压期间的沉降为 96cm（中心点），几乎达计算沉降的一半。投产使用后情况良好。这个成功的经验说明，掌握了软土的强度和变形特性，是可以成功地被用来作为建筑物的天然地基的。

在软土地基上修建建筑物时，应考虑上部结构与地基的共同工作。我国沿海一带软土地区许多工程实践表明，考虑上部结构和地基的共同工作是一项十分成功的经验。如果仅从上部结构或地基单方面采取措施，往往不能获得既可靠又经济的效果，必须对建筑体形、荷载情况、结构类型和地质条件等进行综合分析，确定应采取的建筑措施、结构措施和地基处理方法，这样就可以减少软土地基上建筑物的不均匀沉降。关于建筑与结构措施，在第 13.9 节中已作介绍；地基处理的各种方法在第 17 章地基处理中已作介绍，均不再重复。现在，对软土地基设计中经常采取的一些介绍如下：

1）对于表层有密实土层（软土硬壳层）时，应充分利用硬壳层作为天然地基的持力层，"轻基浅埋"是我国软土地区总结出来的好经验。

2）减少建筑物作用于地基的压力，如采用轻型结构、轻质墙体、空心构件、设置地下室或半地下室等。

3）当建筑物对变形要求较高时，采用较小的地基承载力。

4）铺设砂垫层。一方面，可以减小作用在软土上的附加压力，减少建筑物沉降；另一方面，有利于软土中水分的排出，缩短土层固结时间，使建筑物的沉降较快地达到稳定。

5）采用砂井、砂井预压、电渗法等促使土层排水固结，以提高地基承载力。当黏土中夹有薄砂层或互层时，更有利于采用砂井预压加固的办法来减小土的压缩性，提高地基的承载力。

6）遇有局部软土和暗埋的塘、浜、沟、谷、洞等情况，应查清其范围，根据具体情况，采取基础局部深埋、换土垫层、短桩、基础梁跨越等办法处理。

总之，软土地基的变形和强度问题都是工程中必须注意的。尤其是变形问题，过大的沉降及不均匀沉降造成了软土地区大量的工程事故。在软土地基区，当地基承载力或地基变形不能满足设计要求时，必须进行地基处理，采用人工地基或桩基。因此，在软土地区设计与施工建筑物和构筑物时，必须从地基、建筑、结构、施工、使用等各方面全面综合考虑，采取相应的措施，减小地基的不均匀沉降，保证建筑物的安全和正常使用。

第28章　湿陷性黄土地基

　　湿陷性土是指那些非饱和的结构不稳定土。在一定压力作用下受水浸湿时，其结构迅速破坏，并发生显著的附加下沉。凡在上覆土的自重应力下受水浸湿发生湿陷的，叫自重湿陷性土；凡在上覆土的自重应力下受水浸湿不发生湿陷的，叫非自重湿陷性土。它们必须在土自重应力和由外荷所引起的附加应力的共同作用下，受水浸湿才会发生湿陷。

　　在地球上，大多数地区几乎都存在有湿陷性土（Aitchison，1973），主要有风积的砂和黄土（含次生的黄土状土）、疏松的填土和冲积土以及由花岗岩和其他酸性岩浆岩风化而成的残积土（Jennings&Knight，1975）。此外，还有来源于火山灰沉积物、石膏质土、由可溶盐胶结的松砂、分散性黏土、钠蒙脱石黏土（Clemence&Finbarr，1981）以及某些盐渍土等，其中又以湿陷性黄土为主。世界各大洲的湿陷性黄土主要分布在中纬度干旱和半干旱地区的大陆内部、温带荒漠和半荒漠地区的外缘，或分布于第四纪冰川地区的外缘，在苏联、中国和美国的分布面积较大。

　　湿陷性土不论作为建筑物的地基、建筑材料或地下结构的周围介质，如在设计和施工中没有认真考虑到湿陷性这一特性并采取相应措施，则一旦浸水，均会产生湿陷，影响建筑物的正常使用和安全、可靠，造成损失；反之，如采取的措施过于保守，则又将增加基建投资，造成浪费。

　　正因为湿陷性黄土的分布面积很广，所以，在建设工程实践中大量遇到的湿陷问题就是从湿陷性黄土地区开始，如苏联在第一个五年计划期间就约有50%的基本建设项目位于湿陷性黄土地区，并迫使他们投入大量的人力、物力对湿陷性黄土进行了研究。我国的情况也很类似。以后，由于建设地域逐渐扩大，各种湿陷性土遇到得也越多，土的湿陷问题在国际上就引起了广泛的关注和重视，如国际土力学及基础工程学会（1999年改名为国际土力学及岩土工程学会）于1986年设立了湿陷性土专门委员会（由我国钱鸿缙教授担任主席），并责成该委员会组织召开了以湿陷性土为主的区域性土工程问题的国际学术会议（1988，北京）。到20世纪末，曾先后几次召开了以湿陷性土为会议主题之一的国际学术会议。

　　本章主要讨论了湿陷性黄土，但其基本概念和设计、施工措施也适用于其他湿陷性土。

28.1　黄土的湿陷特征以及我国湿陷性黄土的分布和性质

　　凡以风力搬运沉积又没有经过次生扰动、无层理的黄色粉质、含碳酸盐类并具有肉眼可见、大孔的土状沉积物，称为黄土（也称原生黄土）。其他成因、黄色又常具有层理和夹有砂、砂石层的土状沉积物，称为黄土状土（也称次生黄土）。黄土和黄土状土在我国特别发育，地层全、厚度大，从东而西分布在黑龙江、吉林、辽宁、内蒙古、山东、河北、河南、山西、陕西、甘肃、宁夏、青海和新疆等地，大致以昆仑山、祁连山、秦岭为界（其南则很少，分布零星），呈带状，东西走向，并与沙漠、戈壁从南而北成带状排列。地理位置约在北纬 $30°\sim48°$，而以 $34°\sim45°$ 最为发育，总面积约达 63.5 万 km^2，其中黄土约占 44 万 km^2，黄土状土 19.5 万 km^2（不包括华北平原和长江流域的黄土状土），占全世界黄土和黄土状土分布总面积的 4.9%，占我国陆地总面积的 6.58%。

黄土和黄土状土（以下统称黄土）在天然含水量时，往往具有较高的强度和较小的压缩性，但遇水浸湿后，有的即使在其自重作用下，也会发生剧烈而大量的变形，强度也随之迅速降低；而有的却并不发生湿陷。凡天然黄土在上覆土的自重应力作用下，或在上覆土的自重应力与附加应力共同作用下，受水浸湿后土的结构迅速破坏而发生显著附加下沉的，叫湿陷性黄土；否则，就叫非湿陷性黄土。非湿陷性黄土作为建筑物地基时，可按一般黏性土地基进行设计和施工。湿陷性黄土又分为自重湿陷性黄土和非自重湿陷性黄土。因此，当黄土作为建筑物地基时，为了恰当地考虑湿陷对建筑物的影响，从而采取相应的措施，首先就要判别它是湿陷性还是非湿陷性的；如果是湿陷性的，还要进一步判别它是自重湿陷性还是非自重湿陷性的。

28.1.1 黄土湿陷的原因和主要的影响因素

黄土怎么会产生湿陷呢？这还得从它的形成过程谈起。在它的形成过程中，因当地气候干燥，土中水分不断蒸发，水中所含的碳酸钙、硫酸钙等盐类就在土粒表面上析出，沉淀下来，形成胶结物；此外，还有由于土颗粒间的分子引力和由薄膜水及毛细水所形成的水膜联结。所有这些胶结使颗粒之间具有抵抗移动的能力，阻止土的骨架在其上覆土自重压力的作用下可能发生的压密，从而形成肉眼可见的大孔结构（此外，植物残留的根孔也能形成大孔。由于这些大孔的存在，也曾称为大孔土）和多孔性，并使其处于欠固结状态。黄土被水浸湿后，水分子楔入颗粒之间，破坏连接薄膜并逐渐溶解盐类。同时，水膜变厚，土的抗剪强度显著降低，在土自重应力或其和附加应力的作用下，土的结构逐步破坏，颗粒向人孔中滑动，骨架挤紧，从而发生湿陷。可见，土的人孔性和多孔性是湿陷的内在根据，水和压力则是湿陷的外界条件，并通过前者起作用。

黄土的湿陷性主要与其特有的组构，也即与其组构组成有关的微结构、颗粒组成、矿化成分等有关，这也是各地区黄土湿陷性不同的主要原因。在同一地区，土的湿陷性又主要与其天然孔隙比和天然含水量有关。此外，压力也是一个有影响的外界因素。

根据对黄土微结构的研究，它可分为接触胶结、接触-基底胶结和基底胶结三种，如图 28.1.1 所示。接触胶结（如陕西靖边的马兰黄土），粒径大于 0.05mm 的粗颗粒较多，胶结物多呈薄膜状，膜厚小于 0.01mm，骨架颗粒（粒径大于 0.02mm）彼此接触较多，结构较松散，湿陷性较强；接触-基底胶结（如陕西延安的马兰黄土），骨架颗粒有的彼此接触，有的在粒间镶嵌有胶结构，其湿陷性较接触胶结为小；基底胶结（如陕西洛川的马兰黄土），骨架颗粒较细，胶结物丰富，多呈团聚状，骨架颗粒完全由胶结物胶结，结构致密，湿陷性弱。Larinov（1965）、高国瑞（1979）、王永炎（1981）等通过对黄土结构特征（颗粒形态、连接形式和排列方式）的研究，又都分别提出了黄土不同的微结构分类。

从黄土的颗粒组成来看，黏粒的含量越多，特别当粒径小于 0.001mm 的土粒含量大于 20% 并均匀分布在骨架颗粒之间，又具有较大的胶结作用时，则土的湿陷性越弱。

黄土的湿陷性还与碳酸钙、石膏以及易溶盐（氯化物、硫酸盐和重碳酸盐等）的含量和状态以及土的酸碱度（用 pH 值表示）等有关。一般来说，黄土中碳酸钙的含量越小并以碎屑状分布时，石膏及易溶盐含量越大，pH 值越大时，则黄土的湿陷性越强。

影响黄土湿陷性的主要物理性质指标为天然孔隙比和天然含水量。当其他条件相同时，黄土的天然孔隙比越大，则湿陷性越强；否则，反之。黄土的湿陷性随其天然含水量的增加而减弱；当含水量相同时，黄土的湿陷量将随浸湿程度的增加而增大。

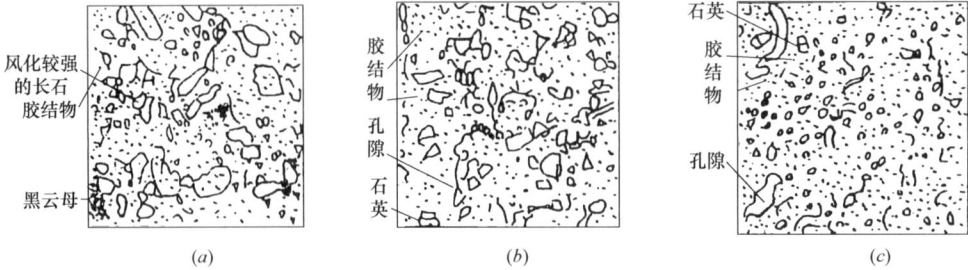

图 28.1.1 黄土的微结构—颗粒间的胶结关系

(a) 接触胶结；(b) 接触—基底胶结；(c) 基底胶结

在给定的天然孔隙比和天然含水量情况下，黄土的湿陷量将随压力的增加而增大，但压力增加到某一个定值以后，湿陷量却又随着压力的增加而减小。

28.1.2 湿陷变形的特征指标

湿陷系数（过去又叫大孔隙系数、相对湿陷系数）、湿陷起始压力和湿陷起始含水量，是表明湿陷性黄土湿陷变形特征的三个主要指标，其中又以前者最为重要。

1. 湿陷系数 δ_s

湿陷系数是单位厚度土样在规定的压力作用下受水浸湿后所产生的湿陷量，它通过室内侧限浸水压缩试验确定（图 28.1.2），并按式（28.1.1）或式（28.1.2）计算：

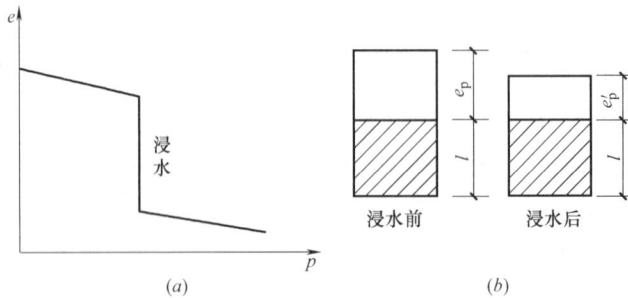

图 28.1.2 黄土的浸水压缩曲线

(a) 浸水压缩曲线；(b) p（kPa）压力作用下土样浸水前后的高度

$$\delta_s = \frac{h_p - h_p'}{h_p} \approx \frac{h_p - h_p'}{h_0} \tag{28.1.1}$$

或

$$\delta_s = \frac{e_p - e_p'}{1 + e_p} \approx \frac{e_p - e_p'}{1 + e_0} \tag{28.1.2}$$

式中　h_p、e_p——分别是保持天然含水量与结构的土样在侧限条件下加压到规定压力 p
　　　　　　（kPa）时压缩稳定后的高度（cm）和孔隙比；

　　　　h_p'、e_p'——分别是上述加压稳定后的土样在浸水作用下压缩稳定后的高度（cm）
　　　　　　和孔隙比；

　　　　h_0、e_0——分别是土样的原始高度（cm）和孔隙比。

　　如浸水压力等于上覆土的饱和（$S_r=85\%$）自重应力，则按上式求得的湿陷系数叫自
重湿陷系数，用 δ_{zs} 表示。

　　可见，一个试验只能测定黄土在某一压力下的湿陷系数。有时，为了某种工程目的
（如确定湿陷起始压力），需要找出压力 p 与湿陷系数 δ_s 之间的变化关系，以便确定任意
压力下的湿陷系数，可以采用单线法或双线法压缩试验。前者在同一取土点的同一深度处
至少取 5 个试样（其重度的差值应控制在 0.3kN/m³ 之间），都在天然含水量下分级加荷，
分别加荷到不同的压力，待压缩稳定后浸水，至湿陷稳定为止。后者则取两个试样，一个
在天然含水量下分级加荷，加到规定压力下压缩稳定为止；另一个试样在天然含水量下加
第一级荷重，压缩稳定后浸水，至湿陷稳定，再分级加荷。在加荷过程中，试样一直处于
浸水饱和状态，直至在规定压力下下沉稳定为止。按式（28.1.1）求得各级压力下相应的
湿陷系数值，并绘制 p-δ_s 关系曲线，如图 28.1.3 所示。这两种试验方法由于浸水和加荷
程序不同，湿陷的产生和发展过程也有差别，湿陷系数值也不一样，单线法是直接得出，
而双线法则是间接得出。单线法土样的受力和湿陷过程比较符合实际，但由于土的不均匀
性，在同一试件中要取 5~7 个环刀试样，它们重度的差值要控制在 0.3kN/m³ 以内，有
时难以办到，试验结果缺乏规律性。所以，从试验质量上看，双线法较单线法可靠；此
外，双线法所需土样的数量少，可以节省勘察和试验工作量，因此，生产部门目前一般都
乐于采用。

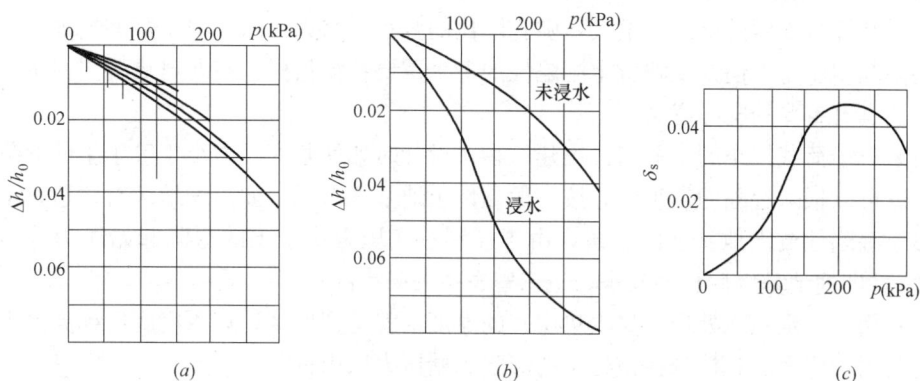

图 28.1.3　浸水压缩试验曲线

（a）单线法压缩曲线；（b）双线法压缩曲线；（c）p-δ_s 关系曲线

Δh——某一级荷重下土样的压缩量；h_0——土样的原始高度

　　显然，湿陷系数的大小反映了黄土对水的湿陷敏感程度。湿陷系数越大，表示土受水
浸湿后的湿陷性越强烈；否则，反之。$0.015 \leqslant \delta_s \leqslant 0.03$，为弱湿陷性的；$0.03 < \delta_s \leqslant$
0.07，为中等湿陷性的；$\delta_s > 0.07$，为强湿陷性的。

浸水压力确定后，就可用相应的湿陷系数值来判别黄土的湿陷性，如我国《湿陷性黄土地区建筑规范》GB 50025 所规定，详见第 28.1.4 节。

应该指出：一个湿陷系数只代表黄土地基中某一个黄土层在某一压力作用下的湿陷性质，并不表示整个黄土地基湿陷性的强弱。对整个黄土地基湿陷性的评价，包括了湿陷影响深度范围内各黄土层的湿陷系数值及其相应厚度等因素，如黄土规范采用了场地的湿陷类型和地基的湿陷等级来表示，详见第 28.1.4 节。

2. 湿陷起始压力 p_{sh}

湿陷起始压力是指湿陷性黄土在某一压力作用下浸水后开始出现湿陷时的压力，如果作用在湿陷性黄土地基上的压力小于这个湿陷起始压力，地基即使浸水，也不会发生湿陷。严格来说，它是湿陷系数接近于 0 时的压力。实用上，则常取相应于在判定黄土湿陷性时湿陷系数的界限值（如 0.015）时的压力。实质上，它又相应于黄土受水浸湿后的残余结构强度。

湿陷起始压力常通过室内浸水压缩试验或现场浸水载荷试验确定。不论室内或现场试验，都有单线法和双线法。《湿陷性黄土地区建筑规范》GB 50025 规定：当按室内浸水压缩试验确定时，可在 p-δ_s 曲线上取 δ_s＝0.015 所对应的压力作为湿陷起始压力；当按浸水载荷试验确定时，应在 p-s_s（s_s 为浸水下沉量）曲线上取其转折点所对应的压力作为湿陷起始压力值。如曲线上的转折点不明显，可取 s_s/b（b 为承压板宽度）等于 0.015 所对应的压力作为湿陷起始压力值。

过去，曾有在 p-s_s 曲线上取 s_s＝3cm 所对应的压力作为湿陷起始压力值的。实践表明，这个数值一般偏大，安全度小。

对自重湿陷性黄土，不需要确定其湿陷起始压力值。

湿陷性黄土的湿陷起始压力与土的成因、堆积年代、地理位置、地貌特征和气候条件等有关，因此，各地黄土的湿陷起始压力值也不相同。同一地区，它一般随天然含水量、黏粒含量和埋藏深度的增加而增大，随孔隙比的减小而增大，随湿陷系数的增加而减小。

湿陷起始压力不但是反映黄土湿陷性的一个重要特征指标，在非自重湿陷性黄土地基设计中还具有重要的实际意义：

（1）对于荷载较小的工业与民用建筑物，设计时如使基底压力小于等于土的湿陷起始压力，就可以根除湿陷的发生，并按一般黏性土地基来考虑。如西安地区有些造在Ⅰ、Ⅱ级非自重湿陷性黄土地基上的建筑，由于控制基底压力小于土的湿陷起始压力（约80～100kPa），即使地基以后长期浸水，也未曾发生湿陷事故；

（2）用来确定地基处理（如土垫层）的厚度，就是把地基处理深度底面标高处土的自重应力与附加应力之和控制在该处土的湿陷起始压力以内；

（3）用来判定湿陷性黄土场地的湿陷类型，当基础底面下各土层的湿陷起始压力值都大于其上部土的饱和自重应力时，即为非自重湿陷性黄土场地；否则，为自重湿陷性黄土场地。

3. 湿陷起始含水量 w_{sh}

湿陷起始含水量是指湿陷性黄土在一定压力作用下受水浸湿开始出现湿陷时的最低含水量，它与土的性质和作用压力有关。对于同一种土，起始含水量并非是一个恒值，一般随压力的增大而减小。但是，对于特定的湿陷性黄土并在特定的压力下，则其湿陷起始含水量是一个定值。

湿陷起始含水量与土的结构强度、黏性、受水浸湿时强度降低的程度，以及土的应力状态等有关。作用在土上的压力越大，起始含水量越小。

确定湿陷起始含水量的标准与确定湿陷起始压力的标准相似，以土样在某一压力作用下的湿陷系数等于 0.015 时的相应含水量，作为湿陷起始含水量。

当湿陷性黄土的含水量在湿陷起始含水量与饱和含水量之间变化时，湿陷系数与含水量之间呈线性关系，也即黄土的含水量超过其湿陷起始含水量以后，其湿陷系数可近似按式（28.1.3）计算：

$$\delta'_{sh} = (\delta_{sh} - 0.015)\frac{w - w_{sh}}{w_{sat} - w_{sh}} + 0.015 \tag{28.1.3}$$

式中　δ'_{sh}——含水量增加到 w 时土的湿陷系数；

　　　δ_{sh}——浸水饱和土的湿陷系数；

　　　w_{sh}——湿陷起始含水量；

　　　w_{sat}——浸水饱和土的含水量。

28.1.3　自重湿陷变形和外荷湿陷变形的特征

1. 自重湿陷变形的特征

自重湿陷性黄土地基在其上覆土自重应力作用下受水浸湿所发生的变形，简称自重湿陷变形，其变形特征主要通过现场试坑浸水试验进行研究，同时对试验过程中地表塌陷现象和建筑破坏情况进行观察。试坑浸水试验是在现场模拟黄土地基受水浸湿后实际产生的自重湿陷情况。试坑宜挖成圆形或方形，其直径或边长不应小于湿陷性黄土层的厚度，并不应小于 10m。这样，才能保证浸湿土体的自重足以克服浸湿土体与非浸湿土体间的摩擦阻力，使土体完全发生湿陷。试坑深度约 0.5m，坑底铺一层 10cm 厚的砂砾石。在坑内底面中部及其他部位和不同深度处以及坑外地面上 10～20m 范围内，设置若干个沉降观测标点，并注意观察试坑浸水后地面裂缝的发展情况。在设置观测标点前，可在坑底面打一定数量及深度的渗水孔，孔内应填满砂砾。沉降观测的精度为 ±0.1mm。坑内水深不宜小于 30cm。试验一直进行到湿陷稳定（即最后 5d 内的平均日湿陷量≤1mm）为止。坑内各浅标点的最终下沉值是不一样的，最大下沉部位叫湿陷中心。一般来说，由于土质不均，湿陷中心往往与试坑中心并不重合。这时，应以湿陷中心的下沉量也即浅标点最大下沉量作为场地的实测自重湿陷量[①]。上下相邻两个深标点的最终下沉量的差值就是该分层的自重湿陷量，由此可得出自重湿陷量沿深度分布的情况。

自重湿陷变形的特征分下述四方面来讨论：

1）自重湿陷的产生与发生过程

当水渗入黄土场地地表下某一深度且该处黄土的湿陷起始压力小于上覆土的饱和自重应力时，土层将下沉，但由于周围未浸湿土体仍具有较高的抗剪强度，它对中间浸水饱和土体的下沉有一定的约束作用。当浸水范围较小时，饱和土体的自重不足以克服周围未浸湿土体的摩擦阻力，则湿陷不会产生。只有当浸水范围较大而饱和土体的自重足以克服未浸湿土体的摩擦阻力，则土体将由于自重作用而下沉。该土层下沉后，上下土层间形成空隙，使上部土层失去支托而塌陷。这种湿陷现象叫作自重湿陷。浸湿范围从试坑边缘开

---

① 有的试验资料用坑内各浅标点下沉量的平均值作为场地的实测自重湿陷量，似不大合适。

始，一般呈 40°～45°向四周扩散。浸湿区的大小与浸水时间、浸水量及土的渗透性有关。浸湿区剖面一般呈梯形，在浸湿区以外，土仍保持天然含水量。由于浸湿区内土的塌陷，使区外的地表形成一级一级的台阶，各台阶之间出现近似于同心圆的环形裂缝。

自重湿陷出现的迟早与自重湿陷性黄土层的埋藏深度有关。如这些土层接近地表，则浸水后 24h 就会产生较大的自重湿陷量，其发展速率也在浸水后 1～3d 后出现，最大值可达 15cm/d；如这些土层位于地表下 3～5m，则浸水后 3～5d 才开始产生少量湿陷，而最大湿陷发展速率也延迟到 8～10d 后才出现。自重湿陷发展到最大速率后，变形速率就逐渐减小，而变形稳定时间也延续较长，约需 50～100d 才达到湿陷稳定。浸水后 15d 内所完成的自重湿陷量，约占全部自重湿陷量的 40%～80%。坑内停止注水后，由于土体继续压密，其下沉速率远大于浸水终止前几天的下沉速率，可达 3～4cm/d。

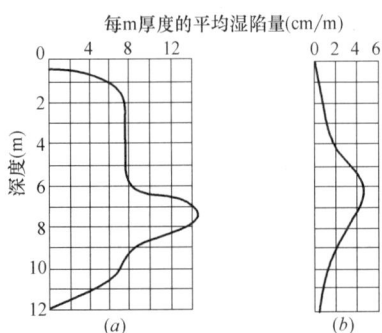

图 28.1.4　自重湿陷量沿深度的分布
(a) 兰州东岗场地；(b) 富平张桥场地

2）自重湿陷量的大小与沿深度的分布

自重湿陷量的大小与湿陷性黄土层的自重湿陷性质和厚度密切有关，土层越厚，自重湿陷性越强烈，则自重湿陷量越大。在陇东、陇西一带，实测自重湿陷量常超过 50cm，而关中地区则多在 9～25cm 左右。

自重湿陷量沿深度的分布与自重湿陷黄土层的埋藏深度有关，而后者有明显的地区性差异，已如前述。图 28.1.4 表示兰州东岗和富平张桥两地实测自重湿陷量沿深度的分布曲线。

3）自重湿陷量与浸水面积的关系

前已述及：当浸水试坑的边长超过湿陷性黄土层的厚度或不小于 10m 时，浸湿土体的自重才足以克服坑周未浸湿土体对它的约束力，自重湿陷才能充分发展；否则，湿陷量较小，甚至完全不产生，其影响程度随地区和场地土的性质而异。当试坑边长超过湿陷性黄土层厚度时，如继续加大试坑尺寸，则自重湿陷量没有明显增大，只能加快湿陷稳定，缩短浸水时间。

试坑浸水面积越大，自重湿陷影响范围越大，如兰州地区其影响范围相当于湿陷性黄土层厚度的 1.2～2.0 倍，而关中地区则为 0.8～1.0 倍。如浸水面积较小，则其影响范围常不超过湿陷性黄土层的厚度。

2. 外荷湿陷变形的特征

湿陷性黄土地基在其自重应力和附加应力的共同作用下，受水浸湿所发生的湿陷变形，简称外荷湿陷。它与压缩变形截然不同，不但在变形机理上有根本的区别，在引起变形的作用力方面也是不同的，它常通过埋标浸水载荷试验来研究。

外荷湿陷变形的特征分下列五个方面来讨论：

1）外荷湿陷量与时间的关系

外荷湿陷的产生和发展速率与自重湿陷截然不同，由于基底压力都大于基底土的自重应力，因而湿陷量大且发展快。试验表明：一般浸水 1～3h 就会产生大量下沉，下沉量最大可达 1～3cm/h；湿陷稳定快，浸水后 6h 就可完成最终湿陷量的 20%～25%；浸水 24h 完成 30%～70%；浸水 3d 完成 50%～90%。

图 28.1.5 是陕西和甘肃三个场地上 1.0m×1.0m 承压板浸水载荷试验的湿陷量与时间的关系曲线，可见曲线基本可分两段；oa 段为浸水第一阶段Ⅰ，即湿陷急剧发展阶段（一般约延续 2～5d），这一阶段可完成总湿陷量的 80%～90%；过 a 点后，变形进入第二阶段Ⅱ，即湿陷稳定阶段，变形速率开始变缓，曲线渐趋于一条直线，最后达到稳定。这一阶段湿陷量约占总湿陷量

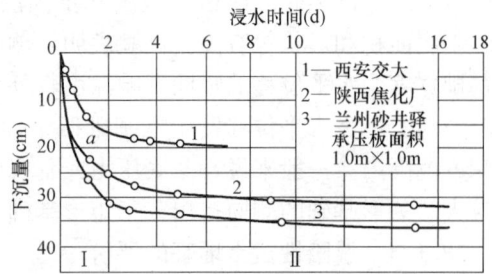

图 28.1.5　湿陷量与时间关系曲线

的 10%～20%，而延续时间较长，一般约需 15～30d，最后达到湿陷变形稳定。

2）外荷湿陷的影响深度

试验表明：由外荷湿陷所引起的湿陷只发生在基底以下有限深度范围内的湿陷性黄土层中，这一深度范围就是外荷湿陷的影响深度。它的大小与黄土的湿陷类型、湿陷起始压力、基底形状与尺寸、基底压力等有关。基础面积越大，单位面积压力越大，则外荷湿陷的影响深度越深；土的湿陷起始压力越大，则影响深度越小。当浸水压力为 200kPa 时，外荷湿陷的影响深度一般为 $(2.0～4.0)b$（b 为基础短边的长度）。就同一场地而言，当基础面积相同、浸水压力为 150～300kPa 时，外荷湿陷的影响深度相应为 $(1.5～4.5)b$。

正确确定外荷湿陷的影响深度，对合理确定地基处理厚度有较大的实际意义。

3）湿陷量沿深度的分布

在外荷湿陷影响深度范围内的湿陷量并非均匀分布。试验表明：约 50%～80% 的湿陷量集中在基底下 $1.0b$ 的深度范围内，最大的相对湿陷量（即单位厚度的湿陷量）都发生在 $(0.5～1.0)b$ 深度处，而不在附加应力为最大的基础底面处，这是由于基底摩擦作用限制了湿陷时土的侧向挤出；在 $0.5b$ 深度处，这种限制已不起作用，侧向挤出作用增强，因而相对湿陷量也较大。自上而下，累计外荷湿陷量随着附加应力的减小而减小，其沿深度的变化曲线与附加应力随深度的衰减曲线很相似。

4）湿陷量与基底压力和面积的关系

外荷湿陷量除与场地土的湿陷性质有关外，还与基底压力和基底面积有关。当其他条件相同时，湿陷量随着基底压力的增加而增大，这是由于土的侧向挤出和外荷湿陷影响深度都随着增大所致。当基底压力为定值时，湿陷量随着基底面积的增加而增大，但其影响与面积增大对压缩变形的影响不同（后者随着面积的增大而成比例地增加），湿陷量的增加并不与基底面积的增大成正比。当基底面积为定值时，基底形状对湿陷量似乎没有明显的影响。

可见，减少基底压力对减少外荷湿陷量有很大作用；同时，也表明在湿陷性黄土地基上一般不宜采用过高的承载力。

5）湿陷过程中的侧向变形

在局部荷载作用下，湿陷性黄土地基被水浸湿后，土的静止侧压力系数从天然状态时的 0.1～0.2 增大到 0.6～0.9，因而水平压力显著增大；同时，又由于土的结构遭受破坏，强度急剧降低，侧向限制大为削弱，因而地基土湿陷时产生了大量的侧向挤出，并导致湿陷量增大。

黄土地基湿陷时侧向挤出范围和不同层位处的水平位移，与土的湿陷性质、基底压力、基底面积和形状等有关。试验表明：侧向挤出的水平影响范围从基础边缘开始都不超过基础宽度。水平位移的竖向影响深度较外荷湿陷的竖向影响深度略浅；前者约为后者的 $2/3 \sim 3/4$。最大水平位移发生在基础四个周边的竖向剖面上，而且集中在 $(1.0 \sim 1.5)b$ 的深度范围内。一般来说，基底压力或基底面积大，则侧向挤出的水平范围和影响深度也都较大。条形基础的侧向挤出大于矩形基础。湿陷起始压力大，则侧向挤出影响减少。

28.1.4 湿陷性黄土地基的评价

黄土地基的湿陷性评价包括下述三个方面的内容：

1）判定黄土是湿陷性还是非湿陷性的；

2）如果是湿陷性的，还要进一步判定湿陷性黄土场地的湿陷类型，是自重湿陷性还是非自重湿陷性的；

3）判定湿陷性黄土地基的湿陷等级。

由于各地区湿陷性黄土的生成年代、环境以及成岩作用程度等的不同，其湿陷性状也不相同，例如，甘肃、青海地区的自重湿陷性黄土与陕西关中等地的自重湿陷性黄土，不论其自重湿陷性黄土层的埋藏深度、湿陷性和湿陷敏感性等，都有明显不同。又如，晚更新世 Q_3 和全新世 Q_4 湿陷性黄土与新近堆积黄土，它们在湿陷性、压缩性和承载力等方面也都有较大差别。这些差别反映到它们对建筑的危害程度上也不同。因此，如果对湿陷性黄土地基的湿陷性评价不当，就会造成技术和经济上的不合理，导致大量浪费或造成湿陷事故。

1. 黄土湿陷性的判定

关于判别黄土湿陷性的各种主要指标和相应的界限值，已有不少人（如 Northey，1969；Sultan，1969 等）综合介绍过，但其中应用最广的仍是按室内侧限浸水压缩试验所测定的湿陷系数 δ_s。

测定湿陷系数的关键（也是国内外长期有争论的问题）是浸水压力 p 究竟怎样取值？用它来判别黄土湿陷性的界限值又该是多少？当前，我国、苏联及罗马尼亚等国有关规范对浸水压力的取值和判定湿陷性时湿陷系数界限值的规定如表 28.1.1 所示。

我国、苏联、罗马尼亚等国现行规范[①]关于浸水压力取值和湿陷系数界限值的规定

表 28.1.1

项　　目	我国黄土规范	苏联（НИП2.020.1—1983）	罗马尼亚规范
浸水压力(kPa)	（1）基础底面下 10m 以内用 200kPa，10m 以下到非湿陷性黄土层顶面应用上覆土的饱和自重压力（当大于 300kPa 时，仍用 300kPa）； （2）当基底压力大于 300kPa 时，宜用实际压力测定； （3）对压缩性较高的新近堆积黄土，基底下 5m 以内宜用 100～150kPa 压力，5～10m 和 10m 以下的非湿陷性黄土层顶面，应分别用 200kPa 和上覆土的饱和自重压力	实际压力	300
湿陷性的判定标准	当 $\delta_s \geqslant 0.015$ 时,应定为湿陷性黄土；当 $\delta_s < 0.015$ 时,应定为非湿陷性黄土	当 $\delta_s \geqslant 0.01$ 时,应定为湿陷性土；$\delta_s < 0.01$ 时,应定为非湿陷性土	当 $\delta_s \geqslant 0.02$ 时,应定为湿陷性黄土；$\delta_s < 0.02$ 时,应定为非湿陷性黄土

注①：保加利亚、南斯拉夫、波兰等国家都采用浸水压力为 300kPa，并规定当 $\delta_s \geqslant 0.02$ 时,应定为湿陷性黄土；$\delta_s < 0.02$ 时,应定为非湿陷性黄土。

《湿陷性黄土地区建筑规范》GB 50025 按黄土层位于基底下 10m 以内和 10m 以下分别规定采用 200kPa 与上覆土的饱和自重应力（当大于 300kPa 时，宜用实际基底压力）作为浸水压力，这主要是鉴于一般工业与民用建筑在基底下 10m 以内的土自重应力与附加应力之和接近于 200kPa，而 10m 以下土的附加应力很小，主要是上覆土的自重应力，不用固定压力 300kPa，可避免采用两种不相同的压力值测定湿陷系数所出现的差异和矛盾。同时，试验表明，我国大量湿陷性黄土湿陷系数的峰值的对应压力也多在 200kPa 左右。

至于不采用基底实际压力，则是由于在初勘阶段，实际压力的大小还不清楚，无法进行试验，而且同一建筑物各基础的基底压力也不尽一致，加上基建过程中修改设计往往难以避免，如用实际压力作为浸水压力，则勘察试验工作量将大大增加，甚至造成被动。由此可见，采用实际压力作为浸水压力也并非是完美无缺的。

划分湿陷性与湿陷性黄土的湿陷系数界限值从 1978 年以前的 0.02 改定为 0.015，这是鉴于从 400 多份实测的 p-δ_s 曲线来看，湿陷性黄土湿陷变形的起始点摆动在 0.005～0.02，可见过去把界限值定为 0.02，不但与土的实际性状不符而且显得过高。实践也表明：在自重湿陷性黄土地区，虽然 $\delta_s < 0.02$，但它在受水浸湿时，却表现出一定的湿陷量，这些都表明原界限值 0.02 定得较高，把原属湿陷性的错定为非湿陷性的了。因此，界限值改定为 0.015 较为合理。同时，这样也把湿陷与非湿陷、湿陷起始压力、自重湿陷与非自重湿陷三者的判定标准基本统一起来了。

对于 Q_2 和 Q_1 老黄土，我国过去一直认为不具湿陷性，但近年来对这些深层老黄土的试验研究表明：它们在 200～300kPa 压力下浸水固然往往不具湿陷性，但在实际压力下浸水则显示出具有湿陷性，甚至有自重湿陷性；而湿陷系数的峰值往往发生在 800～1000kPa 以上。因此，在深层老黄土上修建用水量大的建筑物时，应注意这一特点。

2. 湿陷性黄土场地湿陷类型的划分

如前所述，湿陷性黄土分为非自重湿陷性和自重湿陷性两种，后者一旦浸水，在其上覆土自重应力作用下，迅速发生湿陷且比较强烈，因此，在自重湿陷性黄土地区进行建筑，必须采取比非自重湿陷性黄土场地要求更高的措施，才能确保建筑物的安全和正常使用。所以，在工程地质勘察中，必须区分湿陷性黄土场地的湿陷类型——非自重湿陷性还是自重湿陷性的。

建筑场地这两种湿陷类型的划分，应按自重湿陷量实测值 Δ'_{zs} 或计算值 Δ_{zs} 来判定。2002 版《湿陷性黄土地区建筑规范》规定：当 Δ'_{zs} 或 Δ_{zs} 小于等于 7cm 时，应定为非自重湿陷性黄土场地；当 Δ'_{zs} 或 Δ_{zs} 大于 7cm 时，应定为自重湿陷性黄土场地。当 Δ'_{zs} 与 Δ_{zs} 出现矛盾时，应按 Δ'_{zs} 判定。

实测自重湿陷量 Δ'_{zs} 应根据现场试坑浸水试验确定。这个方法符合实际情况，比较可靠，但常限于现场条件（主要是水的来源）或受工期限制，不易做到。

《湿陷性黄土地区建筑规范》GB 50025 规定：自重湿陷量的计算值 Δ_{zs}（cm）按式（28.1.4）计算：

$$\Delta_{zs} = \beta_0 \sum_{i=1}^{n} \delta_{zs_i} h_i \tag{28.1.4}$$

式中　β_0——因土质地区而异的修正系数。对陇西地区可取 1.5；对陇东—陕北—晋西地区可取 1.2；对关中地区可取 0.9；对其他地区可取 0.5；

δ_{zsi}——第 i 层土样的压力值等于上覆土的饱和（$S_r > 85\%$）自重应力（当饱和自重
应力大于 300kPa 时，仍用 300kPa 时，试验测定的自重湿陷系数；

h_i——第 i 层土的厚度，cm；

n——计算厚度内土层的数目。

用式（28.1.4）计算时，土层总厚度从天然地面（当挖方、填方厚度和面积较大时，从设计地面）算起，一直算到其下非湿陷性黄土层的顶面为止，其中 $\delta_{zs} < 0.015$ 的土层（属于非自重湿陷性黄土）不累计在内。

关于用 7cm 作为划分黄土湿陷类型的界限值的主要根据为：

（1）实测表明：在典型的非自重湿陷性黄土地区，实测自重湿陷量一般不大于 3～4cm；而在典型的自重湿陷性黄土地区，则常在 10cm 以上，有时达 30cm 或更大；

（2）自重湿陷黄土地区上建筑物的调查结果表明：当场地的自重湿陷量在 7cm 左右时，建筑物一般没有明显的破坏特征，砖墙裂缝较少，不影响建筑物的正常使用。

因此，可采用实测或计算自重湿陷量 7cm 作为界限值。

3. 湿陷性黄土地基的总湿陷量和湿陷等级

由若干个具有不同湿陷系数的黄土层所组成的湿陷性黄土地基，它的湿陷程度可以用这些土层被水浸湿饱和并下沉稳定后所发生湿陷量的总和，即总湿陷量来衡量。总湿陷量越大，地基浸水后建筑物和地面的变形越严重，对建筑物的危害性越大，对设计、施工措施的要求也越高。

试验表明：同一场地浸水载荷试验的实测湿陷量往往大于室内浸水压缩试验的计算湿陷量，两者之差与地区无关，其比值为 1.4～2.0，之所以有这个差别主要是由于前者有侧向挤出，后者因侧限约束而无侧向挤出。为此，可以将湿陷量的计算公式乘以考虑到土的侧向挤出和浸水概率等因素的修正系数，以使湿陷的计算值接近于由现场载荷试验所得的实测湿陷量值。

《湿陷性黄土地区建筑规范》GB 50025 规定：湿陷性黄土地基受水浸湿饱和并下沉稳定后湿陷量的计算值 Δ_s 应按式（28.1.5）计算：

$$\Delta_s = \sum_{i=1}^{n} \beta \delta_{si} h_i \tag{28.1.5}$$

式中 δ_{si}——第 i 层土的湿陷系数；

h_i——第 i 层土的厚度，cm；

β——考虑地基土的侧向挤出和受水浸湿可能性等因素的修正系数，在缺乏实测资料时，可按下列规定取值：基底下 5m（或压缩层）深度内，可取 $\beta = 1.5$；基底下 5～10m 深度内，取 $\beta = 1.0$；基底下 10m 以下是湿陷性黄土层顶面，在非自重湿陷性黄土场地取 $\beta = 0$；在自重湿陷性黄土场地，可取工程所在地区的 β_0 值。

用式（28.1.5）计算时，计算深度从基础底面（在基底标高不确定时从地面下 1.5m）算起；在非自重湿陷性黄土场地，累计至基底下 10m（或压缩层）深度止；在自重湿陷性黄土场地，累计至非湿陷性黄土层的顶面止，其中 δ_s（10m 以下 δ_{zs}）< 0.015 的土层不累计。

在非自重湿陷类黄土场地，其计算深度改为累计至基底下 10m（或压缩层）深度止。

式（28.1.5）还可用来计算地基处理后的剩余湿陷量（即未处理黄土层的湿陷量，它等于湿陷性黄土地基的总湿陷量与基底下被处理黄土层的湿陷量之差），以确定地基的处理厚度。

湿陷性黄土地基的湿陷等级，据《湿陷性黄土地区建筑规范》GB 50025 规定，应根据基底下各黄土层累计的湿陷量和计算自重湿陷量等因素，按表 28.1.2 判定。

湿陷性黄土地基的湿陷等级

表 28.1.2

湿陷类型 Δ_{zs}(cm) 湿陷量 Δ_s(cm)	非自重湿陷性场地	自重湿陷性场地	
	$\leqslant 7$	$7 < \Delta_{zs} \leqslant 35$	> 35
$\leqslant 30$	Ⅰ（轻微）	Ⅱ（中等）	—
$30 < \Delta_s \leqslant 70$	Ⅱ（中等）	*Ⅱ（中等）或Ⅲ（严重）	Ⅲ（严重）
> 70	Ⅱ（中等）	Ⅲ（严重）	Ⅳ（很严重）

注：*1. 当 $\Delta_s \geqslant 60$cm、$\Delta_{zs} \geqslant 30$cm 时，可判为Ⅲ级；其他情况，可判为Ⅱ级。

2. 当 $\Delta_s \leqslant 5$cm 时，对各类建筑均可按非湿陷性黄土地基设计和施工。

如前所述，湿陷性黄土地基的湿陷等级越高，地基浸水后的湿陷量和自重湿陷量越大，其对建筑的危害性也越大，所以，设计措施的要求也应越高。

[**例题 28.1.1**] 例表 28.1.1 是陕西富平某建筑场地在初勘时某号探井的土工试验资料，试划分该场地的湿陷类型和湿陷等级。

[**解**] 由例表 28.1.1 可见，δ_s 值都较大，属强湿陷性的；同时，3m 以下，δ_{zs} 也较大。第 13-10 号土样有扰动，应舍弃不用，全部湿陷性土层按 9m 考虑。

例表 28.1.1

土样编号	取土深度 (m)	G	e	γ(按 $S_r = 85\%$计) (kN/m³)	δ_s	δ_{zs}	备 注
13-1	1.5	2.70	0.975	12.8	0.085	0.002	
13-2	2.5	2.70	1.100	17.4	0.059	0.013	
13-3	3.5	2.70	1.215	16.8	0.076	0.022	
13-4	4.5	2.70	1.117	17.0	0.028	0.012	
13-5	5.5	2.70	1.126	17.4	0.094	0.031	
13-6	6.5	2.70	1.300	16.2	0.091	0.075	
13-7	7.5	2.70	1.179	17.0	0.071	0.060	
13-8	8.5	2.70	1.072	18.9	0.039	0.012	
13-9	9.5	2.71	0.787	17.4	0.002	0.001	
13-10	10.5	2.70	0.778	17.9	0.025	0.028	土样扰动，δ_s 和 δ_{zs} 值不可靠

由式（28.1.4）并代入数据，得

$$\Delta_{zs} = \beta_0 \sum_{i=1}^{n} \delta_{zs} h_i$$
$$= 0.9 \times (0.022 \times 100 + 0.031 \times 100 + 0.075 \times 100 + 0.060 \times 100)$$
$$= 0.9 \times (2.2 + 3.1 + 7.5 + 6.0) = 16.92 \text{cm} > 7 \text{cm}$$

应为自重湿陷性黄土场地。

再将有关数据代入式（28.1.5）中，得

$$\Delta_s = \sum_{i=1}^{n} \beta \delta_{si} h_i$$

$$= (0.085 \times 50 + 0.059 \times 100 + 0.076 \times 100 + 0.028 \times$$
$$100 + 0.094 \times 100 + 0.091 \times 50) \times$$
$$1.5 + (0.091 \times 50 + 0.047 \times 100 + 0.039 \times 100) \times 0.9$$
$$= (4.25 + 5.9 + 7.6 + 2.8 + 9.4 + 4.55) \times 1.5 +$$
$$(4.55 + 7.1 + 3.9) \times 1.0$$
$$= 34.5 \times 1.5 + 15.55 \times 1.0$$
$$= 67.3 \text{cm}$$

因 $30\text{cm} < \Delta_s \leqslant 70\text{cm}$，按表 28.1.2，应定为 Ⅱ 级自重湿陷性黄土地基。

28.1.5 我国湿陷性黄土的分布和主要特征

我国湿陷性黄土分布很广，面积约 38 万 km^2，占我国黄土分布总面积的 60% 左右，主要分布在黄河中游，即河南西部、山西南部，陕西和甘肃的大部分，其次是宁夏、青海、河北的部分地区。此外，新疆维吾尔自治区、山东、辽宁等省也有局部分布。它们一般具有下列特征：

（1）在一定压力作用下受水浸湿后发生显著附加下沉的现象；

（2）天然孔隙比一般在 1.00 左右；

（3）颗粒组成以粉土粒为主，常在 60% 以上；

（4）含有大量的可溶盐；

（5）颜色为黄色或褐黄色；

（6）天然剖面形成垂直节理；

（7）一般有肉眼可见的大孔隙。

我国黄土形成的地质时代包括整个第四纪，其地层划分如表 28.1.3 所示，主体是中更新世（Q_2）的离石黄土（以分布在山西省吕梁市离石区陈家崖的为代表）和早更新世（Q_1）的午城黄土（以分布在山西省隰县午城镇的为代表），统称老黄土，色黄褐-褐黄，大孔结构退化，一般没有湿陷性或只在离石黄土上部有轻微的湿陷性。它们形成年代越久，结构越密实，强度很高，有达 2000kPa 的，压缩性小，E_0 值有高达 100MPa 的。覆盖在上述地层上面和河谷阶地地带上的是晚更新世（Q_3）的马兰黄土（以北京西北丰沙铁路雁翅车站以西 23km 斋堂的马兰阶地为代表）和全新世（Q_4）各种成因的次生黄土，统称新黄土，色褐黄-黄褐，土质均匀，较疏松，大孔发育，有或没有垂直节理，有湿陷性并随深度而减小。新中国成立以来，我国大量建设物都布置在新黄土地区上，与工程建设关系密切。此外，还有新近堆积黄土（Q_4^2），其成因主要有坡积、重力堆积和洪积。土层厚度 1.2～10m 左右，多处于地表，受自然条件的影响较大；它们的堆积年代很短，从几十年到几百年，成岩作用差，土质疏松，结构强度低，所以虽也和马兰黄土同样被看作为新黄土，但它们在力学性质上的判别远较它们在外貌和物理性质上的差异为大；与一般湿陷性黄土相比，它们的天然含水量较高（多在 20% 左右）；含黏土粒较多；压缩性较高（特别在小压力范围如 50kPa 以下），a_{1-2} 一般都大于 0.5MPa^{-1}；湿陷性很不一致，有的还具有自重湿陷性；承载力很低，相当于比例界限的强度往往只有 75kPa 左右或更小；由于其成因特征和受地形条件的限制，土性很不均匀，在同一地貌单元中，沿平面或深度范围变化较大。综上所述可见，黄土的工程特性与其形成年代有密切关系，形成年代越久，成岩作用程度越高，则土的强度越高，压缩性越小，没有或只有轻微的湿陷性；否则，反之。

我国黄土的地层划分、分布和野外特征，见表 28.1.3。

地质时代		地层名称		颜色	土层特征及包含物	古土壤层	沉积环境及分布地区	开挖情况	湿陷特征
全新世 Q₄	近期 Q₄²	新黄土	新近堆积黄土	灰黄、褐黄、黄褐、棕褐、常相杂或相间	土质不均,结构松软;大孔排列杂乱,常混有岩性不一的土块;多虫孔,最大直径 0.5～2.0cm,孔壁分布较多虫屎,有植物根孔,孔壁常有白色粉末状碳酸盐结晶,在深色土中呈菌丝状或条纹状、在浅色土中呈星星点状分布;含少量小砾石及砂粒、礓结石等;有人类活动遗物	无	河漫滩,低级阶地,山间洼地的表层,黄土塬、梁、峁的坡脚,沉积扇或山前坡积地带	锹挖极为容易,进度很快	一般具湿陷性,常具高压缩性
	早期 Q₄¹		一般湿陷性黄土	褐黄至黄褐色	具有大孔,有虫孔及植物根孔,含少量小礓结石及砾石;有时有人类活动遗物;土质较均匀,稍密至中密	有埋藏土,呈浅灰色,或没有	黄土分布地区的河流两岸较低的阶地	锹挖容易,但进度稍慢	一般具湿陷性
晚更新世 Q₃			马兰黄土	浅黄至灰黄及黄褐色	土质均匀,大孔发育,其垂直节理,有虫孔及植物根孔,易产生天生桥和陷穴,有少量小礓结石,呈零星分布,稍密至中密	浅部有埋藏土,一般为浅灰色	河岸阶地、塌坡、梁、峁地带的上部,及黄土高原与河谷平原的过渡地带,其下为 Q₃ 黄土	锹、镐开挖不困难	
中更新世 Q₂		老黄土	离石黄土	深棕黄及黄棕微红	有少量大孔或虫孔,土质紧密,有柱状节理;抗侵蚀力强,土质较均匀,不见层理;上部礓结石少而小,下部礓结石粒径 5～20cm,且成层分布,或成钙质胶结层,下部有砂砾及小石子分布	有几层至十几层古土壤,上部间距 2～4m,下部 1～2m,每层厚约 1m	常出露于山西高原豫西山前高地、渭北高原,陕甘和陇西高原的梁、峁丘陵地带,地形深切冲沟的两侧,上部有不厚的 Q₃ 黄土覆盖,下部为 Q₁ 黄土或第三纪红色黏土	锹、镐开挖困难	一般不具湿陷性
早更新世 Q₁			午城黄土	微红及棕红等	不具大孔,土质紧密至坚硬,颗粒均匀,柱状节理发育,不见层理,礓结石含量较 Q₂ 的少,成层或零星分布于土层内,粒径 1～3cm,有时夹砂及砾石等粗粒夹层	古土壤层不多,呈棕红及褐色	位于 Q₂ 黄土之下,其底部与第三纪红色黏土或砂砾层及其他基岩相接触	锹、镐开挖很困难	

我国各地黄土的厚度不一,一般来说,高原上黄土的厚度要比河谷地区的为大,如陕甘黄土高原上的黄土厚达 100～200m,而河谷地区Ⅰ、Ⅱ级阶地上一般只有几米或十几米。黄土高原以老黄土为主体,而覆盖在它上面的湿陷性新黄土一般只占总厚度的1/10～1/3。河谷地区的黄土层常缺失老黄土,主要由新黄土组成。

由于各地湿陷性黄土的堆积环境、地理、地质和气候条件的不同,依《湿陷性黄土地区建筑规范》GB 50025,我国湿陷性黄土可分为七个分区,即:陇西地区、陇东-陕北-晋西地区、关中地区、山西-冀北地区、河南地区、冀鲁地区和边缘地区,其中山西-冀北地区又分为汾河流域区-冀北区及晋东南区,冀鲁地区又分为河北区及山东区,边缘地区又分为宁-陕区、河西走廊区、内蒙古中部-辽西区及新疆-甘西-青海区,如图 28.1.6 所示;各分区湿陷性黄土的沉积厚度、主要物理力学性质和湿陷特征,见表 28.1.4 和表 28.1.5。

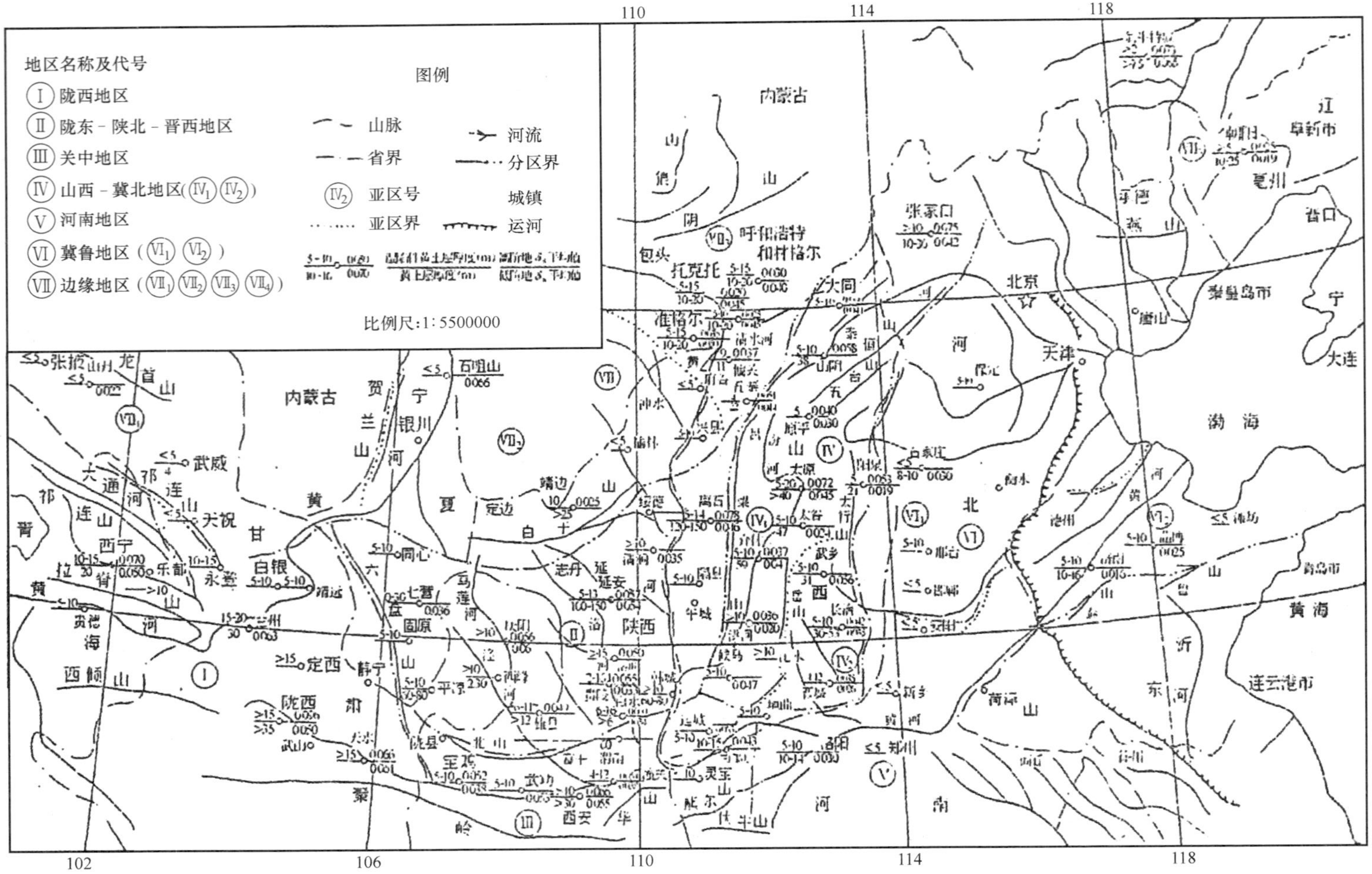

图 28.1.6 (a) 中国湿陷性黄土工程地质分区略图

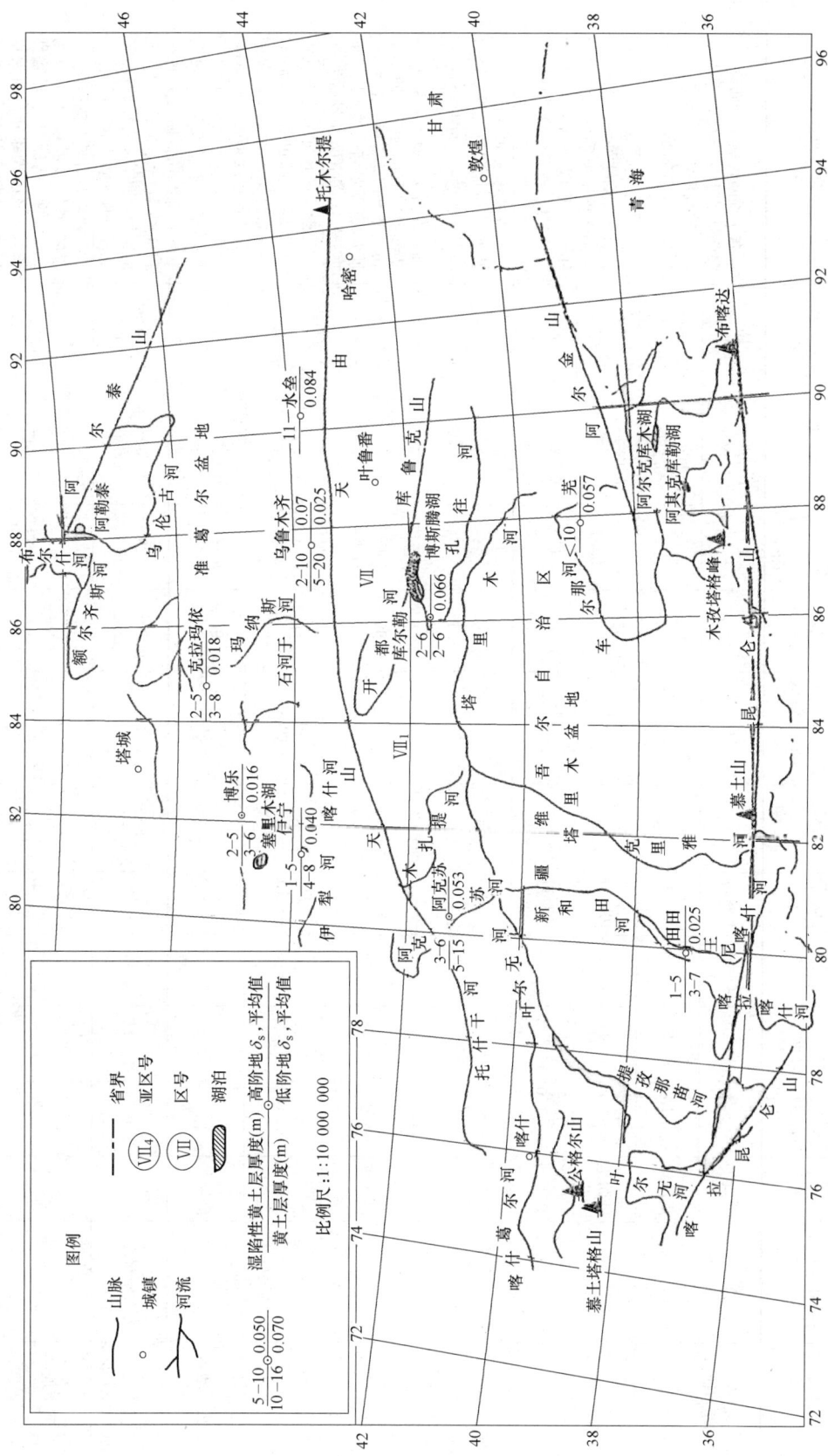

图 28.1.6 (b) 中国湿陷性黄土工程地质分区略图

表 28.1.4

中国湿陷性黄土工程地质分区湿陷性黄土的物理力学性质指标

分区	亚区	地貌	黄土层厚度 (m)	湿陷性黄土层厚度 (m)	地下水埋藏深度 (m)	含水量 w (%)	天然密度 ρ (g/cm³)	液限 w_L (%)	塑性指数 I_p	孔隙比 e	压缩系数 a (MPa⁻¹)	湿陷系数 δ_s	自重湿陷系数 δ_{zs}	特征简述
陇西地区 I		低阶地	4~25	3~16	4~18	6~25	1.20~1.80	21~30	4~12	0.70~1.20	0.10~0.90	0.020~0.200	0.010~0.200	自重湿陷性黄土分布很广,湿陷性黄土层厚度通常大于10m,地基湿陷等级多为Ⅲ~Ⅳ级,湿陷性敏感
		高阶地	15~100	8~35	20~80	3~20	1.20~1.80	21~30	5~12	0.80~1.30	0.10~0.70	0.020~0.220	0.010~0.200	
陇东-陕北-晋西地区 II		低阶地	3~30	4~11	4~14	10~24	1.40~1.70	20~30	7~13	0.97~1.18	0.26~0.67	0.019~0.079	0.005~0.041	自重湿陷性黄土分布广泛,湿陷性黄土层厚度通常大于10m,地基湿陷等级一般为Ⅲ~Ⅳ级,湿陷性较敏感
		高阶地	50~150	10~15	40~60	9~22	1.40~1.60	26~31	8~12	0.80~1.20	0.17~0.63	0.023~0.088	0.006~0.048	
关中地区 III		低阶地	5~20	4~10	6~18	14~28	1.50~1.80	22~32	9~12	0.94~1.13	0.24~0.64	0.029~0.076	0.003~0.039	低阶地多属非自重湿陷性黄土,高阶地和黄土塬属自重湿陷性黄土。湿陷性黄土,在渭河流域两岸多为4~10m,秦岭北麓地带有的小于4m。地基湿陷等级一般为Ⅱ~Ⅲ级,自重湿陷性黄土层一般埋藏较深,湿陷发生迟缓
		高阶地	50~100	6~23	14~40	11~21	1.40~1.70	27~32	10~13	0.95~1.21	0.17~0.63	0.030~0.080	0.005~0.042	
山西-冀北地区 IV	汾河流域区-冀北区 IV₁	低阶地	5~15	2~10	4~8	6~19	1.40~1.70	25~29	8~12	0.58~1.10	0.24~0.87	0.030~0.070		低阶地多属非自重湿陷性黄土,高阶地(包括山麓堆积)多属自重湿陷性黄土。湿陷性黄土层厚度多为5~10m,个别地段小于5m或大于10m,地基湿陷等级一般为Ⅱ~Ⅲ级。在低阶地新近堆积(Q4)黄土分布较普遍,土的结构松散,压缩性较高,冀北部分黄土含砂量大
		高阶地	300~100	5~20	50~60	11~24	1.50~1.60	27~31	10~13	0.97~1.31	0.12~0.62	0.015~0.089	0.007~0.040	
	晋南区 IV₂		30~53	2~12	4~7	18~23	1.50~1.80	27~33	10~13	0.85~1.02	0.29~1.00	0.030~0.070	0.015~0.052	低阶地多属非自重湿陷性黄土,高阶地一般为自重湿陷性黄土。湿陷等级一般近Ⅲ级。黄土分布较普遍,压缩性较高,冀北部分黄土新近堆积较大
河南地区 V			6~25	4~8	5~25	16~21	1.60~1.80	26~32	10~13	0.86~1.07	0.18~0.33	0.023~0.045	—	一般为非自重湿陷性黄土。湿陷性土层厚度一般为5m。土的结构密实,压缩性较低。该区浅部分布新近堆积黄土,压缩性较高

分区	亚区	地貌	黄土层厚度 (m)	湿陷性黄土层厚度 (m)	地下水埋藏深度 (m)	含水量 w (%)	天然密度 ρ (g/cm³)	液限 w_L (%)	塑性指数 I_p	孔隙比 e	压缩系数 a (MPa⁻¹)	湿陷系数 δ_s	自重湿陷系数 δ_{zs}	特征简述
冀鲁地区 VI	河北区 VI₁		3~30	2~6	5~12	14~18	1.60~1.70	25~29	9~13	0.85~1.00	0.18~0.60	0.024~0.048	—	一般为非自重湿陷性黄土，湿陷性黄土层厚度一般小于5m，局部地段为5~10m，地基湿陷等级一般为Ⅱ级，土的结构密实，压缩性低。在黄土边缘地带及鲁山北部的局部地段，湿陷性黄土层薄，含水量高，湿陷系数小，地基湿陷等级为Ⅰ级或不具湿陷性
	山东区 VI₂		3~20	2~6	5~8	15~23	1.60~1.70	28~31	10~13	0.85~0.90	0.19~0.51	0.020~0.041	—	为非自重湿陷性黄土。湿陷性黄土层厚度一般小于5m，地基湿陷等级一般为Ⅱ~Ⅲ级。土的压缩性低，土中含砂量较多，湿陷性黄土分布不连续
边缘地区 VII	宁陕区 VII₁		5~30	1~10	5~25	7~13	1.40~1.60	22~27	7~10	1.02~1.14	0.22~0.57	0.032~0.059	—	靠近山西、陕西的黄土地区，一般为非自重湿陷性黄土。地基湿陷等级一般为Ⅰ级。湿陷性黄土层厚度一般为5~10m，低阶地黄土新近堆积（Q₄²）黄土分布较广，土的结构松散，压缩性高，高阶地土的结构较密实，压缩性较低
	河西走廊区 VII₂		5~10	2~5	5~10	14~18	1.60~1.70	23~32	8~12	—	0.17~0.36	0.029~0.050	—	
	内蒙中部-辽西区 VII₃	低阶地	5~15	5~11	5~10	6~20	1.50~1.70	19~27	8~10	0.87~1.05	0.11~0.77	0.026~0.048	0.040	
		高阶地	10~20	8~15	12	12~18	1.50~1.90	—	9~11	0.85~0.99	0.10~0.40	0.020~0.041	0.069	
	新疆-甘西-青海区 VII₄		3~30	2~10	1~20	3~27	1.30~2.00	19~34	6~18	0.69~1.30	0.10~1.05	0.015~0.199	—	一般为非自重湿陷性黄土场地，地基湿陷等级为Ⅰ~Ⅱ级，局部为Ⅲ级湿陷性黄土层厚度一般小于8m，天然含水量变化大。主要分布于沙漠边缘、冲、洪积扇身及高阶地及山麓斜坡，北疆呈连续条状分布，南疆呈零星分布

（以陇西地区的兰州、关中地区的西安、河南地区的洛阳和山西地区的太原为代表）。有明显的差别，但也存在一定的规律，如湿陷性黄土的厚度在六盘山以西较大（最厚达30m），以东则较小（如汾渭地区一般不超过12m），到豫西就更小了；黏土粒含量、密度、含水量和塑性指数从西而东和从北而南逐渐增大，而湿陷特征以及可溶盐含量（未列入表28.1.5内），则从西而东和从北而南逐渐减小。

我国各主要湿陷性黄土地区黄土的厚度、颗粒组成、物理力学性质和湿陷特征

表 28.1.5

地点	厚度(m)			颗粒组成		物理力学性质指标										湿陷特征			
	I级阶地	II级阶地	（IV级阶地）III级阶地	0.05~0.005mm(%)	<0.005mm(%)	γ(kN/m³)	w(%)	S_r(%)	e	w_L(%)	I_p	a_{1-2}(MPa)$^{-1}$	E(kPa)	c(kPa)	φ(°)	δ_s	湿陷等级	湿陷起始压力(kPa)	自重湿陷性
兰州	0~5	5~20	10~15(15~30)	67	15	14.0	10~12	38	1.05	26	9	0.22	10000~2000	25	20	0.04~0.10	III	20~50	强烈
西安	0~2	2~8	8~12	66	24	5.0	8~20	43	1.05~1.10	30~31	12	0.30	8000~12000	25	21.5		II~III		局部出现
洛阳	0~3	5~8	<8	60	28	17.5	20	60	0.87	33	14	0.10	1000~14000	38	18		I		无
太原		2~10		71	18	16.0	17	46	0.95	28~30	10~11	0.36	1000~600				II	50	局部出现

28.2　湿陷性黄土地区的工程地质勘察

湿陷性黄土场地按工程地质条件的复杂程度，可分为三类：

1. 简单场地

地形平缓，地貌、地层简单，场地湿陷类型单一，地基湿陷等级变化不大。

2. 中等场地

地形起伏较大，地貌、地层复杂，不良地质现象局部发育，场地湿陷类型、地基湿陷等级变化较复杂。

3. 复杂场地

地形起伏很大，地貌、地层复杂，不良地质现象广泛发育，场地湿陷类型、地基湿陷等级变化分布复杂，地下水位变化幅度大或变化趋势不利。

在勘察工作中，除其基本要求、测绘和勘探方法等可参见第12章并必须查明一般工程地质条件外，还应针对湿陷性黄土的特点和不同的勘察阶段查明：

（1）黄土地层的年代、成因、夹层、包含物和胶结物的成分、性质；

（2）湿陷性黄土层的厚度；

（3）湿陷系数、自重湿陷系数、湿陷起始压力随深度的变化；

（4）场地湿陷类型和地基湿陷等级的平面分布；

（5）变形参数和承载力；

（6）地下水位升降的可能性；

（7）由于建设可能引起的不良工程地质现象；

（8）有无地下坑穴；

（9）对场地、地基的稳定性和适宜性做出评价以及地基处理措施的建议。

在初勘阶段，勘探线应按地貌单元的纵横轴线方向布置，在平缓地段可按网格状布置勘探点。在详勘阶段，勘探点的布置应根据总平面、建筑物类别和工程地质条件的复杂程度确定。不同阶段勘探点的间距宜按表28.2.1选用，其中取土勘探点的数量分别不少于全部勘探点的1/2和2/3；当勘探点间距较大或数量不多时，也可全部作为取土勘探点。对湿陷性黄土分布很不均匀的场地，勘探点应加密。

勘探点的深度，在初勘阶段应根据湿陷性黄土层的厚度和预估的压缩层深度确定，一般为10～20m，并应有一定数量的取土勘探点穿透湿陷性黄土层。在详勘阶段，对非自重湿陷性黄土场地，除应大于压缩层厚度外，还应大于基础底面下5m；对自重湿陷性黄土场地，应根据地区和湿陷性黄土层厚度确定。当基础底面下湿陷性黄土层厚度大于10m时，对陇西和陇东-陕北地区不应小于基底下15m，对其他地区不应小于基底下10m。对重要建筑，应有一定数量的取土勘探点深度穿透湿陷性黄土层。

勘探点的间距（m）　　　　　　　　　　　表28.2.1

场地类别	初勘阶段	详勘阶段			
		建筑类别			
		甲	乙	丙	丁
简单场地	120～200	30～40	40～50	50～80	80～100
中等复杂场地	80～120	20～30	30～40	40～50	50～80
复杂场地	50～80	10～20	20～30	30～40	40～50

注：在单独的重要建筑物场地内，勘探点不宜少于3个。

采取原状土样必须保持其天然结构和含水量，因此宜在探井中取样。探井取样时，其竖向间距一般为1m。在钻孔中取样，必须注意钻进工艺，一般宜采用回转钻进。在含水量适中（16%＜w＜24%）及有经验时，也可用冲击钻进。土样的直径视取样方法而定，探井取样不应小于12cm，钻孔取样不宜小于12cm，并应采用专门的薄壁取土器。

对工程地质条件复杂或对基底压力大于300kPa的建筑物，宜进行专门勘察或施工勘察。

评价湿陷性黄土边坡的稳定性时，应注意由于浸水而引起黄土本身或它与下伏地层接触面上强度的降低而导致滑坡的可能。

28.3　湿陷性黄土地基的设计和施工

28.3.1　湿陷性黄土地基设计措施的选择

湿陷性黄土地基的设计原则与一般地基相同，但又具有湿陷性这一个特点，因此，在设计和施工中必须予以充分注意，才能使设计和施工方案经济、合理。

如前所述，湿陷性黄土地基发生湿陷的内因是土的大孔性和多孔性，结构疏松；而水则是发生湿陷的主要外因之一。所以，要防止建筑物地基发生湿陷，不是消除内因，就是改变外因。要消除内因，就得进行地基处理，预先破坏土的大孔结构；要改变外因，就得采取必要的防水措施和控制基底压力。

在湿陷性黄土地区进行建筑物设计时，应根据建筑类别、场地湿陷类型、地基湿陷等级、地基处理后的剩余湿陷量，并结合当地建筑经验和施工条件等因素来采取设计措施，以保证建筑物的安全、可靠和正常使用。

原黄土规范将建筑分为三类，未包括高层建筑；现行黄土规范则在原分类原则上按拟建在湿陷性黄土场地上的建筑物的重要性、地基受水浸湿可能性的大小以及在使用期间对不均匀沉降限制的严格程度，分为甲、乙、丙、丁四类。应该指出：如将高层建筑都划为甲类，其范围显然太广，经济上不允许，而基于对高层建筑的倾斜限制较严，将高层建筑、构筑物和高耸结构物按不同高度分别划入甲、乙类中。这样，甲类建筑的范围就有所缩小。

1. 甲类建筑

包括高度大于 60m 的高层建筑；高度大于 50m 的构筑物；高度大于 100m 的高耸结构；特别重要的建筑；地基受水浸湿可能性大的建筑；对不均匀沉降有严格限制的建筑。

2. 乙类建筑

包括高度为 24~60m 的高层建筑；高度为 30~50m 的构筑物；高度为 50~100m 的高耸结构；地基受水浸湿可能性较大或可能性小的重要建筑；地基受水浸湿可能性大的一般建筑。

3. 丙类建筑

除乙类以外的一般建筑和构筑物。

4. 丁类建筑

次要建筑。

设计措施分为地基处理、防水措施和结构措施。地基处理在于全部或部分消除建筑物地基的湿陷性，是防止或减轻湿陷、保证建筑物安全的可靠措施。防水措施是包括总平面、建筑、给水排水、供热与通风等各方面防止地基浸水的重要措施，分基本防水措施（防止建筑物地基受水浸湿的基本措施）、检漏防水措施（在基本防水措施的基础上，对防护范围内的地下管道增设检漏管沟或检漏井，以便检查管道漏水，防止水漏入地基）和严格防水措施（在检漏防水措施的基础上，提高防水地面、排水沟、检漏管沟和检漏井等设施的材料标准，是严格防止地基受水浸湿的可靠措施），不使水浸入地基，当然可避免湿陷。结构措施是减少或调整建筑物不均匀沉降或使其适应地基变形的措施，以补充地基处理和防水措施的不足。

地基处理、防水措施和结构措施是互相影响、相辅相成的。大量建筑实践表明：未处理或未经彻底消除湿陷性的黄土地基，如所采取的防水措施一旦失效，则地基就有可能受水浸湿而发生湿陷。某省由于地基湿陷事故，每年用于拆除和加固的费用达 1000 万元以上，造成巨大的经济损失。为此，为了扭转这种情况，强调了应根据湿陷性黄土的特点和工程要求，因地制宜地采取以地基处理为主的综合措施，防止地基湿陷，保证建筑物的安全和正常使用。

甲类建筑应消除湿陷性黄土地基的全部湿陷量或采用桩基穿透全部湿陷性黄土层，或将基础设置在非湿陷性土层上。对于大厚度的自重湿陷性黄土场地，当消除全部湿陷性确有困难时，应采用专门措施。乙、丙类建筑应消除地基的部分湿陷量。湿陷性黄土地基上的丁类建筑可不处理地基。

防水措施和结构措施一般用于地基不处理或用于消除地基的部分湿陷性，以弥补地基处理的不足。甲类建筑按一般地区设计防水措施和结构措施，而乙、丙类建筑因为只消除了地基的部分湿陷性，故还应按地基处理后的剩余湿陷量分别采取相应的防水措施和结构措施，以防止或减少未处理湿陷性黄土层浸水的概率。应强调指出：防水措施的作用在很大程度上取决于管材和施工质量，以及在使用期间维护管理的好坏，每隔一定时间应对所采取的防水措施进行一次检修或翻修；否则，一旦防水措施不能发挥其有效作用，地基迟早会受水浸湿而引起湿陷！

28.3.2　地基处理、防水措施和结构措施

几种主要的地基处理方法的原则和做法，地基、基础和上部结构共同工作的原理和具体措施，都已在有关章节中详细讨论过，因此，本节只进行简单的讨论。

1. 地基处理

湿陷性黄土地基处理的目的，主要在于改善土的物理力学性质，消除或减少地基因偶然浸水而引起的湿陷变形，它与其他类土的地基处理的目的是有所不同的。当然，湿陷性黄土地基经过处理后，它的压缩性也往往有所减小，承载能力也有所提高。

湿陷性黄土地基的处理范围和处理厚度应根据场地的湿陷类型、地基湿陷等级和建筑类别等来选定。它的平面处理范围有：

（1）处理建筑物范围内整片的湿陷性黄土层（除可以起很好的防水作用外，也可看作为双层地基，其应力扩散作用较好，可减少湿陷变形）；

（2）仅处理直接在建筑物基础下的湿陷性黄土层（大多数情况）；

（3）仅处理在建筑物局部地段下的湿陷性黄土层（如对厕所、盥洗室等用水房间下水管附近的地基等）。

当为整片处理时，其处理范围应大于建筑物底层平面的面积，超出建筑物外墙基础外缘的宽度，每边不宜小于处理土层厚度的 1/2 并不应小于 2m。当为局部处理时，其处理范围应大于基础底面的面积，在非自重湿陷性黄土场地，每边应超出基础底面宽度的0.25 倍并不小于 0.5m；在自重湿陷性黄土场地，每边应超出基础底面宽度的 0.75 倍，并且不应小于 1m。

处理厚度分：

（1）全部消除地基的湿陷性；

（2）部分消除地基的湿陷性（大多数情况）。

对于甲类建筑消除地基全部湿陷量的处理厚度，试验研究表明：对非自重湿陷性黄土地基，如基础下地基处理厚度达到压缩层下限，或达到饱和土的自重应力与附加应力之和等于或小于同一标高处土的湿陷起始压力，就可以认为地基的湿陷性已全部消除。但在采用桩基或深基时，则应穿透全部湿陷性黄土层。对自重湿陷性黄土地基，由于土的湿陷变形与湿陷性黄土层的厚度、饱和土自重应力有关，而与压缩层厚度无关，所以，要全部消

除地基的湿陷性，就必须处理基础底面以下的全部湿陷性黄土层。对于部分消除地基湿陷性的处理厚度，应根据建筑类别、基础形式、基底面积、基底压力、场地湿陷类型、地基湿陷等级、各土层的湿陷系数以及湿陷起始压力沿深度的分布情况等确定。对乙类建筑，其最小处理厚度在非自重湿陷性黄土场地不应小于压缩层厚度的 2/3，并且下部未处理湿陷性黄土层的湿陷起始压力不应小于 100kPa。在自重湿陷性黄土场地，不应小于湿陷性黄土层厚度的 2/3，并控制下部未处理湿陷性黄土层的剩余湿陷量不大于 15cm。如因基础宽度或湿陷性黄土层厚度很大，使处理厚度难以达到时，应在建筑物范围内采用整片处理，其处理厚度在不同类型场地分别不应小于 4m 或 6m，并且下部未处理湿陷性黄土层的湿陷起始压力不应小于 100kPa 或其剩余湿陷量不宜大于 15cm。对丙类建筑，其地基最小处理厚度可按表 28.3.1 采用。

丙类建筑物最小地基处理厚度（m）　　　　　　　　表 28.3.1

地基湿陷等级	最小地基处理厚度（m）		
	非自重湿陷性黄土场地		自重湿陷性黄土场地
	单层建筑	多层建筑	单层及多层建筑
I	不处理	>1[1]	—
II	>1[1]	>2[1]	>2.5[2]
III			整片处理>3[2]
IV			整片处理>4[2]

注：1. 其下部未处理湿陷性黄土层的湿陷起始压力，对不同湿陷等级的地基分别不宜小于 100kPa、80kPa 和 100kPa；
　　2. 其下部未处理的湿陷性黄土层的剩余湿陷量，对不同湿陷等级的地基均不应大于 20cm。

国内目前较常用的处理方法有土（或灰土）垫层、强夯、土（或灰土）桩挤密、深基础或桩基础（基底或桩尖设置在密实的、非湿陷性土层或岩层上）、预浸水、硅化法等。对具体工程，应根据建筑类别、湿陷性黄土的特性、施工条件和材料来源等，通过技术、经济比较加以选用。这些方法的基本原理和具体做法，大部分已在 17 章地基处理和第 15 章桩基础的有关节段中讨论过，不再赘述，现只结合湿陷性黄土扼要地加以阐述。

地基处理后的承载力特征值应在现场采用载荷试验结果或当地建筑经验确定。如有软弱下卧层，应验算其强度是否满足。在确定基础底面积时，其承载力特征值应进行修正。其宽度和埋深修正系数应分别取为 0 和 1。

土（或灰土，消石灰与土的配合比一般为 2∶8 或 3∶7）垫层（分层夯实或碾压）是应用最广的处理方法，适用于消除地下水位以上 1～3m 厚黄土层的湿陷性，可局部或整片处理。它简单易行，效果显著。在消除湿陷性黄土地基的部分湿陷性时，垫层的厚度可采用 $(1.0～1.5)b$（b 为基础宽度）；对条形基础，采用 $(1.5～2.0)b$。垫层的宽度应大于基础的底宽，并不小于其厚度的一半，也可按式（28.3.1）计算确定：

$$B=b+2z\tan\theta+c \qquad (28.3.1)$$

式中　B——需处理土层底面的宽度；

　　　z——基础底面至处理土层底面的距离；

　　　θ——地基压力扩散线与铅直线的夹角，素土宜取 22°，灰土宜取 30°，当 $z/b<0.25$ 时可取 0；

　　　c——考虑施工机具影响而增设的附加宽度，一般为 20cm。

如采用整片垫层，每边超出建筑物外墙基础外缘的宽度不应小于其厚度，并不应小于2m。土垫层的关键在于要保证它的夯填质量；否则，因此所引起的湿陷事故与没有处理过的天然地基同样严重。压实系数 λ_c 不得小于 0.95（当垫层厚度不大于 3m 时）～0.97（当垫层厚度大于 3m 时，其超过 3m 部分）。也可用干密度来控制土垫层的施工质量（表 28.3.2），或根据当地经验采用（如西安地区土垫层的控制干密度一般不小于 $16kN/m^3$）。

土或灰土垫层的承载力特征值，应根据原位试验结果确定；当无试验资料时，对土垫层不宜超过 180kPa，对灰土垫层不宜超过 250kPa。

土垫层按塑性指数采用的控制干密度 （kN/m³）　　　　　　　表 28.3.2

塑性指数 I_p	$I_p \leqslant 7$	$7 < I_p \leqslant 10$	$10 < I_p \leqslant 12$	$12 < I_p \leqslant 17$
干密度 ρ_d	$\geqslant 17.0$	$\geqslant 16.5$	$\geqslant 16.2$	$\geqslant 16.0$

重锤表层夯实法（简称重夯法）和强夯法适用于地下水位以上，$S_r \leqslant 60\%$ 的湿陷性黄土，可局部或整片处理。消除其部分湿陷性并提高承载力。两者的工艺和设备基本类似，有关参数参见表 28.3.3，可供设计选用。重夯法起吊设备简单、易于解决、施工速度快、造价低，故 20 世纪 50～60 年代曾在我国湿陷性黄土地区广泛采用，但近年来则基本上已被强夯法所替代，很少采用了。国内大能量的强夯法施工都在湿陷性黄土地区进行。

重夯法和强夯法有关参数的一般范围　　　　　　　表 28.3.3

方法	锤重(kN)	锤底直径(m)	落距(m)	锤底静压力(kPa)	消除湿陷性的土层厚度(m)
重夯法	20～30	1.2～1.4	4～6	20～25	1～2
强夯法	100～250	2.5～3.0	10～20	25～60	3～6

强夯的单击夯击能一般可取 $1000～4000kN \cdot m/m^2$。

在选择强夯方案处理地基或缺乏试验资料时，消除湿陷性黄土层的有效深度可按表 28.3.4 所列的相应的单击夯击能进行预估。

采用强夯法消除湿陷性黄土层的有效深度预估值 （m）　　　　　表 28.3.4

黄土的名称 单击夯击能(kN·m)	全新世(Q_4)黄土、晚更新世(Q_3)黄土	中更新世(Q_2)黄土
1000～2000	3～5	—
2000～3000	5～6	—
3000～4000	6～7	—
4000～5000	7～8	—
5000～6000	8～9	7～8
7000～8500	9～12	8～10

消除湿陷性土层的有效厚度 z，也可按式（28.3.2）近似计算：

$$z = \alpha \sqrt{QH} \tag{28.3.2}$$

式中　z——消除湿陷性的黄土层厚度，m，从夯击终止时的夯面算起，至 $\delta_s < 0.015$ 的土层顶面为止；

　　　Q——夯锤重量，kN；

　　　H——夯锤落距，m；

α——因黄土土质而异的修正系数，一般为 $0.3\sim0.5$。如土的含水量适中，可取大值，其他情况可取小值。

强夯法的处理范围应大于建筑物基础范围，拓宽的宽度可从基础外缘起增加拟加固深度 $1/3\sim1/2$ 的距离，并且不小于 3m。

强夯法施工前，应按设计要求在现场选点进行试夯。夯点的夯击次数应按试夯所得的锤击次数和夯沉量（每夯击一次的下沉量）的关系曲线确定，同时应满足：

（1）最后两击的平均夯沉量不宜大于 5cm；

（2）夯坑周围地面不应发生过大的隆起。夯击遍数一般为 $2\sim3$ 遍，第一遍夯点宜按正三角形布置，其间距为夯锤底面直径的 $1.5\sim2.2$ 倍，每个夯击点夯击 $12\sim18$ 次，主要对 2m 以下的土层进行夯实。其他各遍夯点多为满堂布置。第二遍每个夯点一般夯击 $8\sim12$ 次，主要对夯面下 2m 以内的土层进行夯实。最后一遍夯击后，每个夯点夯击 $1\sim2$ 次，主要是夯实和拍平表层松土，夯锤落距可降低到 $4\sim6$m。施工结束后，夯面以上宜设置一定厚度（$30\sim50$cm）的灰土垫层。对湿陷性黄土地基，不存在相邻夯击两遍之间的间歇时间，可连续作业。施工时应严格控制土的含水量，施工含水量宜为 $w_p-(1\%\sim3\%)$。如土的含水量低于 10% 或大于 $w_p+3\%$，施工前，对前者应加水增湿到 w_p，对后者则宜采取适当措施降低含水量，避免夯成软塑状态，出现"橡皮土"。

强夯土的承载力特征值宜在地基强夯结束后 30d 左右，经载荷试验测定。

土（或灰土）桩挤密适用于消除位于地下水位以上 $5\sim15$m 厚黄土层的湿陷性，可局部或整片处理。当整片挤密地基时，还宜在基底下铺设一层厚度不小于 0.5m 的灰土（或土）垫层。用土桩挤密的处理宽度：当为局部处理时，在非自重湿陷性黄土场地，每边应超出基础边缘 0.25b，并不应小于 0.5m；在自重湿陷性黄土场地，每边应超出基础边缘 0.75b，并不应小于 1m；当为整片处理时，每边超出外墙基础外缘的宽度宜大于处理厚度的一半。桩孔宜按正三角形布置，孔心距 x 可按式（28.3.3）估算：

$$x=\sqrt{\frac{0.907\eta_c\rho_{dmax}D^2-\rho_{d0}d^2}{\eta_c\rho_{dmax}-\rho_{d0}}} \qquad (28.3.3)$$

式中 D——挤密填料孔直径，cm；

d——预钻孔直径，一般为 $35\sim45$cm；

ρ_d——地基挤密前压缩层范围内各层土的平均干密度，g/cm^3；

ρ_{dmax}——由击实试验确定的最大干密度，g/cm^3；

$\overline{\eta}_c$——挤密填孔达到 D 后，三个孔之间土的平均挤密系数不宜小于 0.93。

桩孔可用沉管（锤击或振动）、爆扩、夯扩、冲击等方法成孔，并按桩孔位置由外向里（局部处理时）、间隔分批进行，成孔后应及时夯填。向孔内填土料前必须夯底，而后将土料分层回填夯实，回填土的压实系数不宜小于 0.97，成孔后为了保证桩间土密实，应用由式（28.3.4）计算的三个孔之间土的最小挤密系数 η_{dmin} 来控制：

$$\eta_{dmin}=\frac{\rho_{d0}}{\rho_{dmax}} \qquad (28.3.4)$$

式中 η_{dmin}——土的最小挤密系数，其值应不小于 0.88（甲、乙类建筑）和 0.84（其他建筑）；

ρ_{d0}——挤密填孔后，三个孔之间形心点部位土的密度（g/cm^3）。

施工时为了保证桩身上部一段填土的密实程度，桩孔顶面应高出基础底面标高以上约0.5m。

如无试验资料，挤密桩地基的承载力特征值，应大于处理前的1.4倍和200kPa（土桩挤密）或2倍和250kPa（灰土桩挤密）。

二灰（另加粉煤灰）挤密桩、机械或人工成孔的就地灌注桩和预制桩，宜用于处理厚度较大（已有超过30m的）的湿陷性黄土层，其桩尖都应支承在密实、非湿陷性的土层或岩层上（预制桩打入密实、非湿陷性土层中的深度宜由试桩确定，对黏性土一般不小于1m，砂土不小于0.5m），才能消除地基的湿陷性。实践表明，效果都很好；否则，仅能消除它所穿透部分黄土层的湿陷性，而桩尖下的湿陷性黄土层一旦浸水仍将产生湿陷，引起事故。单桩承载力宜根据现场单桩浸水载荷试验或地区建筑经验确定。在确定自重湿陷性黄土场地的单桩承载力时，除不计湿陷性土层范围内的桩周正摩擦力外，尚应扣除桩侧的负摩擦力，后者宜通过现场试验确定；如确有困难时，桩侧平均负摩擦力可按表28.3.5所列数值估算。负摩擦力的计算深度，从桩承台底面算起，至其下非湿陷性黄土层的顶面为止。

桩侧平均负摩擦力特征值（kPa）

表28.3.5

Δ_{zs}，自重湿陷量（cm）	挖、钻孔灌注桩	预制桩
7～20	10	15
＞20	15	20

预浸水适用于处理厚度大于10m而自重湿陷量$\Delta_{zs} \geqslant 50cm$的自重湿陷性黄土场地，浸水坑的边长不小于湿陷性土层的厚度，坑内水位不应小于30cm，浸水时间以湿陷变形稳定为准。一般来说，可消除地面下6m以下土层的全部湿陷性，地面6m以上土层的湿陷性也可大幅度减小。此法曾在兰州地区某些工程中应用，效果较好。但预浸水后，地面下6m以上的土层还不能消除因外荷载所引起的湿陷变形，还需按非自重湿陷性黄土地基配合采用土垫层、重夯或强夯法等措施进行处理。同时，它耗水量大，处理时间长（约3～6月），所以目前在推广上还受限制。此外，还应注意到浸水对附近建筑物（一般要求其间距离不宜小于50m）和场地边坡稳定性的影响。在苏联，很重视预浸水结合水下爆破来处理，认为它比单独采用预浸水法能得到较快而又经济的效果。

硅化法已成功地在硅化过程中加入二氧化碳或氨气，以减少硅酸钠溶液的用量，降低造价。曾在我国西北某些工程中应用成功。碱液加固法见第28.4节。

2. 防水措施

防水措施是防止或减少建筑物和管道地基受水浸湿而引起湿陷，以保证建筑物和管道安全使用的重要措施。对于厚度大的自重湿陷性黄土场地上的甲类建筑，当消除地基的全部湿陷量确有困难时，防水措施的作用更有重要意义。地基浸水的原因不外是自上而下的浸水和地下水的上升，前者是由于建筑场地积水、给水排水和采暖设备的渗水漏水等（其中，又以给水设备的渗水漏水对建筑物危害最大）和施工临时积水等原因。浸水的原因不同，就应采取相应不同的措施。本节主要讨论防止或减少自上而下浸湿地基的措施。

防水措施的主要内容有：

（1）做好总体的平面和竖向设计，保证整个场地排水畅通；

（2）做好防洪设施；

（3）保证水池类构筑物或管道与建筑物的间距符合防护距离的规定；

（4）保证管网和水池类构筑物的工程质量，防止漏水；

（5）做好排除屋面雨水和房屋内地面防水的措施。

以单体建筑物的防水措施来说，它主要包括检漏管沟、防水地坪、散水和室外场地平整，现扼要分述如下：

1）检漏管沟　它的构造和选用应根据湿陷性黄土的场地湿陷类型和地基湿陷等级、建筑物的重要性，结合地基处理等情况综合考虑。在采用检漏防水措施时，应选用砖壁混凝土沟槽或砖壁钢筋混凝土沟槽检漏管沟；在采用严格防水措施时，应选用钢筋混凝土或有卷材等防水层的钢筋混凝土检漏管沟。管沟下的土层应夯实，在自重湿陷性黄土地区做15～30cm厚的土垫层或30cm厚的灰土垫层。

管沟设计中要注意到：设置管沟时应设置检漏井；管沟必须设置伸缩缝，在缝内应填充不透水的柔性材料，同时要求不致产生缝隙而导致漏水；管沟内的防水层（通常用1∶2水泥砂浆加5％防水剂，厚20mm）一般应和管沟高度相同；沟底坡度不宜小于1％。

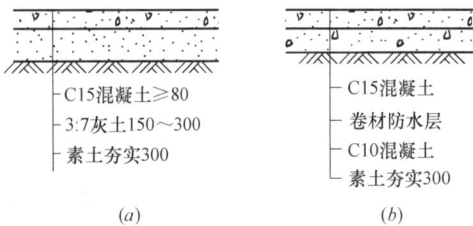

图 28.3.1　防水地坪的构造
（a）灰土垫层防水地坪；（b）油毡防水地坪

2）防水地坪　在湿润生产和生活用水的厂房，或民用建筑中直接受水浸湿或可能积水的地坪，都应做成不漏水的，常用的两种做法如图28.3.1所示，灰土垫层防水地坪主要用于非自重湿陷性黄土地区，而卷材防水地坪则用于采取严格防水措施的建筑物或房间。面层应光滑，坡度不小于1％，坡向地漏，以便通畅排水。

3）散水　在建筑物周围必须做散水，它的横向坡度不应小于0.05，外缘还要略高于平整后的场地（一般大于5cm），以便排泄屋面雨水。它的构造应根据场地的湿陷类型和建筑的重要性来决定，但应做成不透水的。砖铺（用水泥砂浆嵌缝）散水，仅用于非自重湿陷性黄土地区单层次要或低标准的民用房屋；混凝土散水则可分别用于非自重或自重湿陷性黄土地区。面层用C10混凝土，厚度不小于80mm，下面做15cm厚的灰土垫层或30cm厚的土垫层，其宽度超出散水和基坑（槽）外缘50cm。

散水的宽度应根据建筑物的高度、屋面排水方式和伸出外墙面基槽尺寸决定。一般规定：屋面为无组织排水时，檐口高度在8m以下，散水宽度宜为1.5m；檐口高度大于8m，宜按每增高4m加宽0.25m，但最宽不大于2.5m；屋面为有组织排水时，散水宽度不得小于1.0（在非自重湿陷性黄土场地）～1.5m（在自重湿陷性黄土场地）；高耸建筑的散水宽度宜覆盖其基槽，超出基础底边缘1m并且不得小于5m。

沿混凝土散水每隔6～10m左右设伸缩缝一道（但不得设在水落管处），用柔性防水材料填封。沿散水外缘不宜设置雨水明沟。

4）室外场地平整　这是防止场地积水渗入地基的重要措施。在建筑物周围场地6m范围以内和以外，场地平整后的坡度分别不宜小于0.02和0.005。当为填方时，应分层夯（压）实，其压实系数不得小于0.95。填土的干密度不得小于15kN/m³。在自重湿陷性黄土场地，表面夯（压）实后宜设置 15～30cm 厚的灰土面层，压实系数不得小于 0.95。当建筑物平面为 E 形、U 形、H 或 L 形等形状而造成封闭或半封闭的场地时，应在场地内设置排水沟，并以不小于 0.02 的坡度坡向雨水排水系统。建筑物室内外地坪高差尽可能不小于 30cm。

3. 结构措施

采取结构措施的目的在于，使建筑物能适应或减少因地基局部浸水所引起的差异沉降而不致遭受严重破坏，并能继续保持其整体稳定性和正常使用。选择结构措施时，应考虑地基处理后的剩余湿陷量。

主要的结构措施包括以下几方面：

1）选择适应不均匀沉降的结构体系和适宜的基础形式

这方面的措施有：

（1）选择合适的结构形式，如：对单层工业厂房（包括山墙处）宜选用铰接排架；围护墙下宜采用钢筋混凝土基础梁；当不处理地基时，对多层厂房及空旷的多层民用建筑，宜选用钢筋混凝土框架结构和钢筋混凝土的条形基础或筏形基础，而不宜采用内框架结构；对多层砌体结构房屋，不应采用空斗墙和无筋砌体过梁；

（2）建筑体形应力求简单等。

2）加强建筑物的整体刚度

这方面的措施有：

（1）对多层砌体结构房屋宜控制其长高比，一般不大于 3；

（2）设置沉降缝；

（3）增设横墙；

（4）规定窗间墙的宽度在承受主梁处或开间轴线处，不应小于主梁或开间轴线间距的 1/3，并不应小于 1m；在其他承重墙处，不应小于 0.6m；门窗洞孔边缘至建筑物转角处（或变形缝）的距离不应小于 1m；否则，应在洞孔周边用钢筋混凝土框加强或在转角处及轴线处加构造柱；

（5）设置钢筋混凝土圈梁；

（6）增大基础刚度等。

3）局部加强构件和砌体强度

这方面的措施有：

（1）在底层窗台下一皮砖处墙身内或窗间墙内设置砖配筋带（一般用 3ϕ8）或混凝土配筋带；

（2）对受水浸湿可能性较大的部位及其相邻的一个开间范围内，底层的横墙和纵墙相交处用钢筋拉结；

（3）门窗洞孔宽度大于 1m 而且地基未经处理或仅消除部分湿陷量时，应采用钢筋混凝土过梁等。

4）构件应有足够的支承长度

预制钢筋混凝土梁和板支承在砖墙（柱）上的长度，分别不宜小于 24cm 和 10cm。

5）预留适应沉降的净空

这方面的措施有：

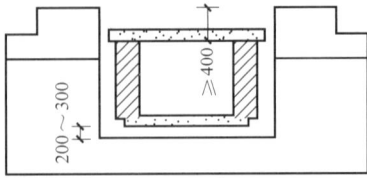

图 28.3.2 管沟穿过墙身基础示意图

（1）管道或管沟穿过建筑物基础时，基础上预留孔洞的洞底距基础底不应小于洞宽的一半，并不得小于40cm；洞顶与管（沟）顶间的净空高度按地基的处理厚度分别不应小于20cm（消除全部湿陷量）或30cm（部分消除湿陷量或未处理地基），如图28.3.2所示，洞边与管沟外壁的净距不应小于3cm；（2）吊车与屋面结构系统之间的净空，扣除设备和管道尺寸后，按地基的湿陷等级分别不得小于20cm（消除全部湿陷量）或30cm（消除部分湿陷量或未处理地基）。

28.3.3 湿陷性黄土的地基计算

考虑到表层土容易受到地面水的浸湿而引起地基湿陷，甲、乙、丙类建筑的基础埋置深度一般不应小于1m。对低层房屋，则可减少到0.75m。

湿陷性黄土地基的湿陷只有在地基受水浸湿时才能发生，它是带有偶然性的，所以在确定基础底面尺寸时，可以不联系黄土的湿陷问题。

地基承载力特征值的确定，对甲、乙类建筑，可根据载荷试验或其他原位测试，理论公式计算并结合工程实践经验等方法综合确定；对丙、丁类建筑，可根据当地经验确定。

当基础宽度 $b>3$m 或埋置深度 $d>1.5$m 时，地基承载力特征值 f_a 应按式（28.3.5）进行修正。当 $b<3$m 时，按 3m 计算；当 $b>6$m 时，按 6m 计算；当 $d<1.5$m 时，按1.5m 计算。

$$f_a = f_{ak} + \eta_b \gamma(b-3) + \eta_d \gamma_0(d-1.5) \tag{28.3.5}$$

式中　f_a——修正后的地基承载力设计值，kPa；

　　　f_{ak}——相应于 $b=3$m 和 $d=1.5$m 的地基承载力特征值，kPa；

　　　η_b、η_d——分别为基础宽度和埋置深度的地基承载力修正系数，可按基底以下土的类别由表28.3.6查得；

　　　γ——基底以下土的重度，地下水位以下取有效重度，kN/m³；

　　　γ_0——基底以上土的加权平均重度，地下水位以下取有效重度，kN/m³；

　　　b——基础底面宽度，m；

　　　d——基础埋置深度，一般从室外地面标高算起；在填方整平地区，可从填土地面标高算起；但填土在上部结构施工后完成时，应从天然地面标高算起；对于地下室，如采用箱形基础或筏形基础时，基础埋置深度可从室外地面标高算起，其他情况下应从室内地面标高算起，m。

基础的宽度和埋置深度的地基承载力修正系数 η_b 和 η_d　　　表 28.3.6

地基土类别	有关物理指标	η_b	η_d
Q₃、Q₄ 湿陷性黄土	$w \leqslant 24\%$	0.2	1.25
	$w > 24\%$	0	1.10
饱和黄土[(1)(2)]	e 和 I_L 均小于 0.85	0.2	1.25
	e 和 I_L 均大于 0.85	0	1.10
	e 和 I_L 均不小于 1.0	0	1.00
新近堆积 Q_4^2 黄土		0	1.00

注：1. 只适用于 $I_p>10$m 的饱和黄土；
　　2. $S_r \geqslant 80\%$ 的 Q_3 和 Q_4^1 黄土。

根据载荷试验确定湿陷性黄土的承载力时，一般采用 $p\text{-}s$ 曲线上的比例界限点所对应的荷载（p_0）作为地基土承载力的特征值。对于压缩性较高的新近堆积黄土和饱和黄土的承载力特征值，当 $p\text{-}s$ 曲线上的比例界限点不明显时，可取沉降量与承压板宽度之比不大于 0.015 所对应的压力值。

地基处理后的承载力特征值，可根据现场测试结果（如载荷试验）或结合当地建筑经验确定。

基础底面积应按正常使用极限状态下荷载效应的标准组合，并按修正后的地基承载力特征值确定。当偏心荷载作用时，相应于荷载效应标准组合，基础底面边缘的最大压力值不应超过修正后地基承载力特征值的 1.2 倍。

计算地基变形时，应注意各种不同黄土地基的不同之处。如湿陷性黄土地基，应考虑对湿陷变形的计算，其目的在于：

（1）根据自重湿陷量的计算值［按式（28.1.4）］判定建筑场地的湿陷类型；

（2）根据基底下各黄土层累计的湿陷量［按式（28.1.5）计算］和自重湿陷量的计算值等因素，判定湿陷性黄土地基的湿陷等级；

（3）对于湿陷性黄土地基上的乙、丙类建筑，根据地基处理后的剩余湿陷量并结合其他因素，确定采取的设计措施。对饱和黄土地基，则由于其湿陷性已消失并常转化为高压缩性，应考虑压缩变形的计算。对新近堆积黄土地基，则要同时考虑湿陷变形和压缩变形的计算。

甲类建筑要求采取消除地基全部湿陷性的措施，不存在湿陷性问题，但要考虑下卧层土的压缩变形。

对需要进行变形验算的黄土地基，其变形计算和变形允许值，应符合《建筑地基基础设计规范》GB 50007 的规定，但沉降的计算经验系数 ψ_s 则应按表 28.3.7 采用。

沉降计算经验系数 ψ_s 表 28.3.7

$\overline{E}_s$(MPa)	3.3	5.0	7.5	10.0	12.5	15.0	17.5	20.0
ψ_s	1.80	1.22	0.82	0.62	0.50	0.40	0.35	0.30

注：$\overline{E}_s$ 为变形计算深度范围内土的压缩模量的当量值，按式（8.2.19）计算。

湿陷性黄土地基的稳定性计算，除应符合《建筑地基基础设计规范》GB 50007 的有关规定外，还应符合下列要求：

（1）确定滑动面时，应考虑湿陷性黄土地基中可能存在的竖向节理和裂隙；

（2）对有可能受水浸湿的湿陷性黄土地基，土的强度指标应按饱和状态的试验结果确定。

28.3.4 湿陷性黄土地基的施工要点

湿陷性黄土地区建筑物的事故调查表明：不少事故与地基基础的施工程序和质量有很大关系，如往往没有竖向设计，或者不按竖向设计预先平整场地和做好防洪排水措施，结果，下雨时山洪暴发或雨水排泄不畅，淹没施工现场，造成地基湿陷。如青海某工程，由于没有规划防洪设施，山洪漫淹了 10 幢建筑物，发生严重湿陷，个别不能使用。又如，西安南郊某厂一幢五层宿舍楼，四周地势高低不一，施工时忽视房屋四周土方的处理工作，结果导致地基长期受水浸湿，产生大量湿陷，房屋发生严重变形和开裂。有的则忽视水池类构筑物、管道及其附属设施的施工质量，一旦漏水，就影响到邻近建筑物并产生湿陷。因此，在湿陷性黄土地区进行建筑，必须合理安排施工程序，确保施工质量，防止施工用水和场地雨水流入建筑地基，引起湿陷。

经验表明，正常的施工程序应是：

（1）先安排场地平整和做好防洪、排水设施，再安排主要建筑物的施工；当条件不具备时，也应采取分期分片做出合理安排，以防地基浸水；

（2）在建筑物范围内填方整平或基坑开挖前，应对建筑物及其周围 3～5m 范围内的地下坑穴进行探查和处理，详见下文；

（3）在单体建筑施工中，先做地下工程，后做地上工程。对体形复杂的建筑，先建深、重、高的部分，后建浅、轻、低的部分；

（4）管道施工中，先做排水管道，并先完成其下游部分。有条件时，应尽量先将建筑物周围的地下管道施工完毕，再做建筑物的上部结构。

各施工阶段排水和防水工作的要求是：

（1）施工前先整平场地，修筑永久或临时性的防洪沟、排水沟；施工临时用的管道和贮水构筑物应与建筑物保持一定的安全防护距离，并按永久性管道的质量要求施工；施工大量用水设施除保持其必要的防护距离外，还应采取防止渗漏的措施，并设置在地势低洼的地方。

（2）地基处理、地下管道和大量土方工程，应尽量避免在雨期施工。必要时要采取措施，以防止地面水流入基坑（槽）。设置土（灰土）垫层或施工基础前，应在基坑（槽）底面进行夯底或碾压，夯（压）次每处不宜少于 3 遍；如基土太湿，可采取夯入吸水性材料、换土、晾干等措施。对于暂不进行地基处理或基础施工的基坑（槽），宜在基底标高以上保留 20～50cm 厚的土层，留待施工时挖除。基础施工后应立即清理基坑，并用素土分层回填夯实，土的干密度不得小于 15kN/m³。地下工程做出地面后，首先做好室内外填土和整平场地，而且所有填土必须按要求夯实，保证质量；有条件时还应做好散水和室内地坪，然后进行地上工程的施工。屋面施工前，应先做好附近的排水系统；屋面施工后，应立即做好天沟、水落管等，以便将雨水引入排水系统中。

28.3.5 湿陷性黄土地区的地下水上升问题

1955 年以来，陕西关中地区、河南三门峡水库附近和山西太原某些地区，由于降水量较大、城市大量污水渗入地下、灌溉和污水渠道以及蓄水库的渗漏等原因，地下水位普遍上升，如西安市 10 年中地下水位上升高度一般为 5～8m，个别地段如东南郊兴庆公园附近上升达 15m 左右。这些地区的某些建筑物，由于事前没有考虑到地下水上升对湿陷性黄土地基的影响及采取相应措施，因此，地下水上升后，地基不同程度地发生了湿陷，引起建筑物变形甚至破坏，如西安陕西工业大学（现称西安理工大学）、西安公路学院（现称长安大学）的教学大楼都曾先后发生了严重变形；兴平某厂的露天吊车因柱子倾斜而不能运行等。所以，怎样使这些地下水上升地区现有建筑物能够继续安全使用，新建的能够免于受害，显然是一个亟须解决的问题。

经过近 30 年来对地下水上升地区特别是西安地区建筑物的大量调查研究，已经初步摸清一些关于非自重湿陷性黄土地区因地下水上升而引起湿陷和压缩变形的规律，并总结了这方面的建筑经验。因此，在这些地区进行建筑设计时，应考虑下列问题：

（1）查清当地地下水的上升情况和原因。

（2）选择建筑场地时，尽可能避免在地下水位剧烈上升地区进行建筑；否则，应采取措施制止地下水位的上升。

（3）如把地基各土层的自重应力与附加应力之和都控制在各该土层的湿陷起始压力以内，可不考虑地下水位上升的影响。

（4）尽量采用能适应差异沉降的结构形式。建筑体形力求简单，平面形状尽量避免转折；否则，宜将建筑物用沉降缝分成若干个平面形状简单的单元，并在转折处拉开一定距离，设置能适应沉降的连接体或采取其他措施。

（5）多层砌体房屋应有较大的刚度。当不处理地基时，三层或三层以上房屋单元长高比不宜大于 3.0。沉降缝处基底的单位面积压力应适当减小。

（6）在一个单体建筑范围内，地下水位的上升一般是比较均匀的，因此，应使同一单元内各基础的荷载、形式、尺寸、埋置深度等尽量接近，使湿陷比较均匀。

地下水位上升地区，黄土的承载力和压缩性指标应按地下水位上升后的情况考虑采用。

（7）在建筑物的一个单元内不宜设置局部地下室。对有地下室的单元，应用沉降缝将其与相邻单元分开并采取相应的措施，以防止由于相邻两单元地基土性的差异和地下室挖方的影响所引起的不均匀下沉。

（8）对地下室和地下管沟，应根据可能上升的最高水位采取防水措施。

在自重湿陷性黄土地区，主要还是采取措施，以防止地下水位上升。对有可能上升的Ⅲ、Ⅳ级湿陷性黄土地基上的建筑，应消除地基的全部湿陷性或采取深基础或桩基础直接支承在坚实的非湿陷性土层或岩层上。

饱和黄土有两种类型，一类是较早形成的饱和黄土，已受过上覆土自重应力的长期作用，已失去了原有的高孔隙比和高压缩性的性状，工程性状好，承载能力高；另一类饱和黄土系指原具有较高湿陷性的新黄土，由于近期内浸水饱和（如由于地下水位的上升），以致失去其湿陷性和增大压缩性的非湿陷性黄土，其物理、力学性质主要与其母体的堆积年代和性质有关。如母体为新近堆积黄土，其力学性质就较母体为马兰黄土的为差。同时，凡与土的物质成分有关而与土的含水量无关的一些物理、力学性质指标，例如土粒相对密度、液限、塑限、塑性指数等，在其浸水饱和前后基本不发生变化；而凡与土的含水量有关的物理、力学性质指标，例如土的重度、含水量、饱和度、液性指数、渗透系数、压缩系数、黏聚力等则有所变化。总的来说，这一类饱和黄土的压缩性较大，灵敏度较高，承载能力较小。但它与一般饱和黏性土或淤泥质土又有区别，如后者的含水量一般为36%～75%，而饱和黄土的最高含水量却只有极少数达到 36%，差别很大。因此，饱和黄土的承载力特征值不能按一般黏性土来套用。此外，总体上说，饱和黄土地基上建筑物的设计和施工，在原则上可按一般软土地基对待。

28.3.6 湿陷性黄土地区墓坑的探查和处理

我国西北黄土地区有不少古城，如西安、咸阳、洛阳等，曾是历代的政治、文化和经济中心，因而墓坑很多。如西安东郊每 $10\sim25m^2$ 就有一个墓坑，并埋藏有不同厚度的杂填土，成为这些地区湿陷性黄土地基的两个附带的特点。本节着重讨论西安与关中地区墓坑的探查和处理。

1. 墓坑的范围和分类

墓坑包括有墓葬、填土坑、井眼、洞穴、古河、暗浜、砂井、砂巷等。墓葬分近代墓和古代墓两类，前者指明代和明代以后的墓，在西安地区多埋藏在地面以下5m范围以内，墓内充填土一般还没有恢复它原有的结构强度；后者指宋代和宋代以前的墓，墓内充填土一般已恢复它原来的结构强度。古代墓按充填土的虚实程度，分为实墓、虚墓和空墓三种。前两者墓土充实，已经完全消失空洞状态，但墓土的密度不一样。实墓已和附近天然土一样，它的干重度一般在14.0kN/m³以上；虚墓则差些，干密度在12.8～14.0kN/m³。空墓则或保持它的空洞状态；或虽经充实，但填土与墓顶之间还留有空隙；或填土疏松，干重度一般小于12.8kN/m³。近代墓一般多为虚墓或空墓。

2. 探墓的时间和方法

探墓的时间一般都在墙、柱等位置完全确定后进行。

探墓用洛阳铲提取土样（限在地下水位以上），由探墓工人凭经验辨别土质，鉴别有无墓坑，并把它的位置、深度、形状、充填土的性质、虚实情况和年代等探查清楚，做出记录，作为处理的依据。

探孔多采用沿建筑物方向间距为1m、中间并加一孔的梅花形方式布置。探孔有深浅两种，其中深探孔多布置在最外两排，探到地面以下9～12m，以便直接找到墓道或墓室；浅探孔则探到老土层下50cm，打穿活土找老土，发现墓道找墓室。探查范围除了整个建筑物占地面积外（丁类建筑例外，一般只在沿基础中心线两侧1.5b范围内布置探孔，孔互相错开，间距1m），还要从外墙（柱）基础边缘向外延伸出一定距离（3～5m）。

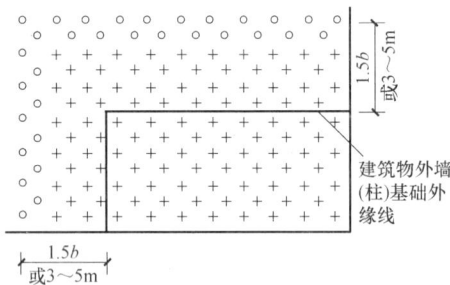

图28.3.3　甲、乙类建筑探孔布置图

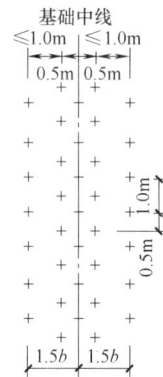

图28.3.4　丙类建筑探孔布置图

○—深探孔；＋—浅探孔；b—矩形基础短边长度或条形基础宽度

探墓完毕后，除去位在墓坑范围内需要处理的探孔外，其余的探孔都应立即用素土分层回填，每层虚铺约20cm，用探锤（又叫西安锤）夯打8～12遍。

3. 墓坑的处理

墓坑的处理时间最好能结合基坑（槽）开挖一并进行。在填方较大的地区，应在填方开始前进行。

墓坑的处理范围和要求应根据不同的建筑物，是否系湿润生产或有大量用水、墓坑和填土虚实情况以及墓坑所在部位而定。墓坑处理范围一般按室外、基础下和室内三个区域考虑，而其中以基础下这一区域最为关键。关于这三个区域的范围以及位于这三个区域内不同情况的墓坑究竟应怎样来处理，还有不同的看法和规定。表 28.3.8 所列的墓坑处理范围，可供参考。如西安地区对于一般三层以下的民用房屋有作如下处理的：基础下这一区域取宽度为 2b，深度为 3b，位在这一区域里的墓坑除实墓外都须处理，在这区域以下的实墓和虚墓都不处理，空墓视具体情况研究确定是否处理；室外部分只在室外设计标高以下挖去 50cm，而后分层夯实，上筑散水就行了，室内部分除浴池、盥洗室等用水较多的部位需要处理到室内地坪下 1.5m 或到老土外，其他概不处理。

基坑处理范围 表 28.3.8

建筑物类别	Ⅰ区（室外部分）	Ⅱ区（基础下部分）	Ⅲ区（室内部分）	说　明
甲类建筑物	"Ⅰ"区以内所有基坑均须处理"Ⅰ"区以下实墓不处理，空墓须处理，虚墓视具体情况确定是否处理	"Ⅱ"区以内所有墓坑均须处理"Ⅱ"区以下实墓不处理，空、虚墓均须处理	"Ⅲ"区以内实墓不处理，空、虚墓均须处理"Ⅲ"区以下实、虚墓不处理，空墓须处理	
乙类建筑物	"Ⅰ"区以内实墓不处理，空、虚墓均须处理"Ⅰ"区以下实、虚墓不处理，空墓须处理	"Ⅱ"区以内实墓不处理，空、虚墓均须处理"Ⅱ"区以下实、虚墓不处理，空墓须处理	"Ⅲ"区以内实墓不处理，空、虚墓均须处理"Ⅲ"区以下实、虚墓不处理，空墓视具体情况确定是否处理	
丙类建筑物	"Ⅰ"区以内实、虚墓不处理，空墓须处理"Ⅰ"区以下所有墓坑均不处理	"Ⅱ"区以内实墓不处理，空、虚墓均须处理"Ⅱ"区以下实、虚墓均不处理，空墓须处理	"Ⅲ"区以内实、虚墓均不处理，空墓须处理"Ⅲ"区以下所有墓坑均不处理	
重要管道		基底下深度3.5m，宽度小于 3b 范围内的实墓不处理，空、虚墓均须处理		

说明：
(1) H 为基础压缩层深度；
(2) L 为室外处理宽度，从基础边沿算起，乙、丙类建筑当为 Ⅰ 级湿陷性土层时为 3m，当为 Ⅱ、Ⅲ 级湿陷性土层时为 5m。甲类建筑按乙类建筑相应增加 2m。丁、丙类建筑按乙类建筑物相应减少 2m。

注：1. 重要管道指重要的容水管道，如直径 ≥300mm 的给水干管。
　　2. 当室内地坪荷重较小，墓土填实程度较好，经设计单位同意后，丙、丁类建筑可将 "Ⅲ" 区的处理深度相应减小，但不得小于 1.5m。

墓坑开挖完毕并经复核后，就需回填。回填前应清理坑底，打底夯至少三遍。回填土的干密度不得小于 16kN/m³。当坑底位在地下水位以下时，水位以下部分用 1∶3 的粗砂和碎砖或碎石分层回填夯实，填出水面 50cm 后，再分层填土夯实。

应该指出：墓坑处理必须重视回填的施工质量，回填土的干密度必须达到设计要求。如回填质量很差、填土疏松，则以后一旦地基浸水，势必引起大量下沉。调查表明：西安地区很大一部分地基湿陷事故与墓坑处理不当、填土疏松有关。

28.4 黄土地基湿陷事故的处理

湿陷性黄土地区建筑物地基事故除和浸水有关外，有相当一部分还与墓坑处理不当或填土质量不好有关。地基浸水的原因不外乎地面水下渗、给水排水和采暖设备漏水以及地下水上升等。因此在处理以前，必须弄清湿陷的原因，以便区别对待，正确处理。同时，还要及时进行建筑物的沉降和裂缝观测，以了解湿陷变形的发展情况。如果变形已接近或基本稳定，建筑物又受害不大，就不必处理地基，只要做好地面排水工作，防止地面水下渗并对建筑物受损部位进行一些必要的修补、加固工作就行了。否则，就要及时断绝水源，使地基不继续浸水，然后根据具体情况采用不同的处理办法。下面扼要介绍几种常用的处理方法。它们的效果不一，费用也有高低，应根据具体情况选用。

1. 石灰桩加固

当基础下面没有空虚的墓坑，而地基浸水后湿陷程度比较严重，砖墙裂缝较多且变形继续发展，估计在短时间内还难以稳定时，过去常用的方法是在断绝水源后，挖去基础四周的湿土，一直到基础底面标高，而后用洛阳铲以每隔 30cm 的间距紧接基础四周布置钻孔（这样成孔方法对土没有起到挤密作用，效果不好，所以在条件允许的情况下，宜打桩成孔），孔径 10cm，深度一般达到土的天然含水量约等于 18%～20% 为止。用粒径 2～4cm 的纯生石灰块（宜掺入 10%～15% 的砂，以填塞石灰块间的孔隙）分层填入，每填20cm 加以夯实，一直填到距离基础底面大约 50cm 为止，上面再用 3∶7 灰土填实。生石灰块吸收土中水分后，水解为熟石灰，这时它就产生膨胀作用，将其四周的湿土挤紧，并将湿土中的水分挤出，这些被挤出的水分就进一步使石灰水解。继续挤压湿土，从而逐步减少土的含水量和孔隙比，达到处理的目的。如一次还不能解决问题，可以设法掏出已经水解软化的石灰，重新填入生石灰块。经验表明：用石灰桩处理，有时因施工方法和布置不妥、土的含水量过大或石灰质量差等原因，效果不够满意，可采用石灰砂桩等。

2. 重新填实空虚墓坑，并加大基础底面尺寸

基础下有空虚墓坑而未经处理，或虽经处理，但填土疏松，因此，浸水后局部地基发生严重变形，使上部结构严重开裂、扭曲或倾斜等。这时应彻底处理地基，以免后患。在断绝水源及查明墓坑的位置和虚实情况后，根据具体情况采取临时措施，托住上部结构，然后用柔性桩加固较深的虚土，并分段分区挖去主要受力层范围内的松软湿土，加宽已有基础尺寸，以减少基底压力。

3. 化学加固或热加固

基础下面虽然没有空虚墓坑，但土的承载能力不够，承受荷载后基础沉降较大。浸水后情况更为严重，影响建筑物或设备的安全和正常使用。这时，可用化学加固法或热加固法，以改善黄土的湿陷性质，提高其承载能力。硅化法是用硅酸钠溶液（为增加黄土中盐类的溶解性，可加 2.5% 的氯化钠）通过有孔的注射管压入土中。它与土中原有的大量水溶性盐类相互作用后产生硅胶，将土胶结，使土产生不透水性和水稳定性，并且提高了土的强度；它的缺点是费用高，有时溶液还不易灌进去（这时可用电动硅化法）。1965 年，李云常创造出一种利用氢氧化钠（俗称烧碱）溶液加固湿陷性黄土地基的方法。它是将具有一定浓度（约 90～100g/L）的烧碱溶液加热到 90～100℃，通过钢注液管在其自重作

用下灌入土中。碱液在土中的主要作用是使土粒表面活化，使土粒相互溶合粘结，并与分布在土粒周围新生成的氢氧化钙生成非水溶性的络合物，进一步使土粒粘结在一起，提高其强度和水稳性。灌液孔的间距约为50cm，常用洛阳铲成孔，孔径约为6～10cm，中间插入2cm的钢管。管上部四周用素土分层填实，孔的下部则用5～20mm粒径的小石子填充。施工时要注意到碱液含有一定水分，溶液对土的湿化速度超过碱液与土粒间相互反应的速度，因此，为了避免基础在灌液过程中发生大量附加下沉，施工时必须分段间隔灌液，不得在一个基础或同一部位集中灌注溶液。碱液加固施工简便，费用较低，首先曾在西安冶金建筑学院（现西安建筑科技大学）某宿舍楼地基加固中采用过，效果很好，以后又先后在近30个工程中使用成功。

用热加固方法来处理地基，就是将压缩空气和煤气或汽油压入钻孔，燃烧后焙烧孔周的土，消除其湿陷性且提高了承载力。

4. 浸水矫正法

一些整体性较好、刚度较大的高耸构筑物，如由于地基浸水后产生湿陷而造成倾斜，可以在它发生倾斜的相反方向上钻孔注水，使它产生湿陷并通过控制注水量和注水速度，将倾斜矫正过来。例如，兰州某厂29m高的烟囱、西安500kN的水塔等，都曾先后用人工浸水方法矫正了倾斜，效果很好。以后，这个方法又推广到建筑物上，如兰州西固某厂的三层试验楼，整体性较好，刚度较大，建成后由于地基局部浸水，于1967年开始下沉并向东北方向倾斜，到1969年10月，最大沉降差已达55cm。虽经用石灰桩

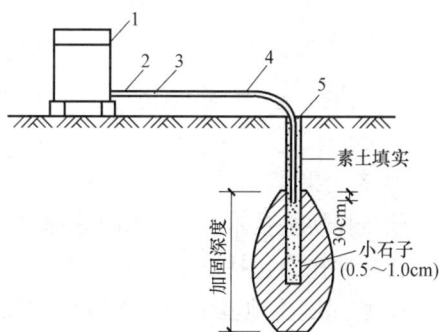

图28.4.1　碱液加固装置示意图

1—汽油桶；2—3/4英寸铁管；3—开启阀门；
4—1英寸胶皮管；5—3/4英寸铁管，长1.5m

加固，对继续沉降起了稳定作用，但未能纠正倾斜，以致停止使用。1972年10月，先在条形基础内外两侧开挖宽50cm的浸水槽，深达基底。除东北角未浸水外，其余部位都先后浸水，共浸水99d，浸水4000kN。到1973年1月末，终于将试验楼矫正过来，恢复使用。在浸水矫正和加压矫正（如西安机瓦厂55m高的烟囱）的基础上，又曾采用浸水和加压同时作用的方法成功地矫正了西安某800kN水塔倾斜事故的处理。经验表明：湿陷性黄土地基浸水湿陷后，浸水矫正法适用于含水量较低的情况，而加压矫正法则恰恰相反。对一般情况，可用浸水加压，效果较好；矫正前期，浸水和加压应同时进行，加快矫正速度；后期，特别在接近矫正位置时，应采用加压方法矫正到最终位置并宜适当超过一些，以便抵消卸荷后土的回弹。

5. 预压托换桩

预压托换桩是用于既有建筑物地基基础加固的一种方法。它与一般托换桩（如锚杆静压桩或坑式静压桩）不同的是，在托换过程中利用一套预压托换装置对已压入地基中的桩施加预压力，待托换完成后，桩身即已承受部分基础荷载。同时，对原有地基起到卸荷作用，从而可快速制止基础沉降的发展。

预压托换装置如图28.4.2所示。当桩已压入设计深度或较坚实地层后，在桩顶安装预压托换装置，启动左右两台托换千斤顶，这时中间的主千斤顶开始卸荷。当其压力表指

针回零时，将主千斤顶取出，量取基础底面到桩顶净距尺寸，按此尺寸截取一段钢管置入，钢管顶部放一钢板，钢板与基础底面之间间隙打入钢楔楔紧，再松开托换千斤顶，桩身回弹，从而使钢管、钢板与基底顶紧，桩身也承受一定的预压力；最后，用混凝土将桩顶、钢管、钢板包裹起来，起承台作用。

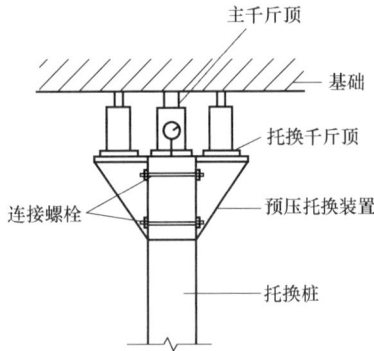

图 28.4.2　托换示意图

预压托换桩桩身材料可用钢筋混凝土或钢管，前者称钢筋混凝土预压托换桩，后者称钢管预压托换桩。桩段长度一般为 1.0~1.5m，混凝土桩段截面多为 200mm×200mm；钢管桩段直径多为 219mm 或 180mm，也有用 273mm 的。在基础底部利用基底反力，通过千斤顶将桩段逐段压入地基中，桩段之间焊接连接。

这项技术自 1988 年在西安首先开发研究成功后，已在陕西、甘肃、河南、山西等湿陷性黄土或饱和黄土地基中得到推广应用。应用此技术处理的各类地基工程已超过 400 项，均取得了较好的技术、经济效果。

预压托换桩技术主要应用于补救性托换，但也可应用于预防性托换。

补救性托换包括以下四个方面：

1. 快速制止地基不均匀沉降的继续发展

如西安市某单位 6 层住宅楼，建筑面积 3800m²，地基为湿陷性黄土。建成后由于地基浸水及相邻建筑影响，地基沉降长期不能稳定，最大下沉量已超过 40cm，南北纵墙及内纵墙普遍出现倒八字形斜裂缝。事故处理时，在整幢建筑物基础下压入 103 根钢筋混凝土预压托换桩，立即制止了不均匀沉降的发展，房屋至今使用正常。

2. 使下沉基础连同上部结构整体顶升复位

例如，太原某钢铁公司初轧厂精整车间中部地基有一条软弱带穿过，位于软弱带上的两跨 4 个柱基沉降长期不能稳定，不得不每年调整吊车梁轨顶标高，使生产受到影响。处理时，在这 4 个柱基下各压入 8 根直径 273mm 的钢管托换桩，达到预定终止压力后，在各桩顶部设置的千斤顶同步启动加压，使柱基础、钢筋混凝土柱连同 2000m² 的屋面系统同时顶升，顶升高度分别达到 146~152mm。经上述处理后，厂房结构正常使用已逾 10 年，沉降稳定，效果良好。

3. 建（构）筑物倾斜纠偏扶正

例如，西安市某单位住宅楼，原为 3 层砖混结构，灰土井桩基础。后增建至 7 层。增建 4 层为框架结构，另作钢筋混凝土条形基础。地基为Ⅱ~Ⅲ级自重湿陷性黄土，增建部分的钢筋混凝土条形基础下地基未进行处理。在增建主体完工后的装修阶段，因荷载偏心，地基又浸水，导致房屋严重倾斜，倾斜率达 19.5‰。初期在下沉大一侧压入 48 根钢筋混凝土托换桩，一周内即控制住倾斜的发展，然后又压入 100 根托换桩并在原灰土井桩顶部设置 60 个顶升支座，共计 208 个顶升支点，动用 300 台 500kN 千斤顶，将重达 6 万余千牛的大楼整体顶升纠偏，恢复垂直，倾斜率接近于零。该楼在纠偏处理后恢复装修，很快投入使用，至今已历时 3 年多，使用正常。

4. 建筑物加层加载的地基基础加固

城市建设中由于用地紧张，常需将底层房屋增建一层至数层，采用预压托换桩即可解决增层后地基承载力不足问题。在西安市有2层增建至6层的工程实例。

预压托换桩用于预防性托换，主要是进行深基坑护坡。在城市高层建筑基础施工中，紧邻深基坑的既有建筑物保护以往一般采用各种形式的支护桩（如混凝土灌注桩、深层搅拌水泥桩、旋喷桩、钢板桩等），工程量往往较大。如采用预压托换桩，则可将桩直接置于紧邻基坑边的既有建筑物基础下。它的作用有两个：一是将既有建筑物基础荷载通过桩身传到深部好土层上去，使直接位于浅基础底面以下地基卸荷，降低超载，从而大大减少侧土压力；二是一排深埋托换桩还可类似于挡土墙一样，起到支挡边坡土压力的作用，一举两得。采用这种方法在西安地区类似工程中已有40余项成功的应用实例，它既节约支护费用又减少了支护桩占用的场地面积，后者在城市建设黄金地段更具有较高的经济价值。

第 29 章 膨胀土地基

膨胀土是一种非饱和、结构不稳定的高塑性黏性土，它的黏粒成分主要由蒙脱石、伊利石等亲水性矿物组成，并具有显著的吸水膨胀和失水收缩变形特性。天然状态下，它的工程性状较好，呈硬塑～坚硬，强度较高，压缩性较低，因而过去常被看作是一种较好的天然地基。约 1938 年以后，人们才开始认识到它具有膨胀、收缩的特性，其体积变化可达原体积的 40% 以上。同时，其胀缩性又是可逆的。当它作为建筑物地基时，如未经处理或处理不当，则由于膨胀土层的不同层厚、含水量的变化，土的不均匀性以及建筑物的用途、荷载等原因，往往会造成不均匀的胀缩变形，导致轻型房屋、低价路面、边坡、地下建筑等的开裂和破坏，而且不易修复，危害极大。

膨胀土广泛分布在美国、俄罗斯、中国、印度、澳大利亚、加拿大、南非、以色列等 40 多个国家的年蒸发—蒸腾量超过年降雨量的半干旱或半湿润地区，其地理位置大致在北纬 60° 到南纬 50° 之间。在我国则分布于广西、云南、湖北、河南、安徽、四川（称成都黏土）、陕西、河北、江西、江苏、山东、山西、贵州、广东、新疆、海南等 20 几个省（区），总面积约在 10 万 km² 以上。

膨胀土的主要特征是，黏土矿物成分中以蒙脱石-伊利石等亲水矿物为主，粒组成分中小于 $2\mu m$ 的含量大于 30%；液限大于 40%；土体吸水膨胀并产生膨胀压力和失水时体积收缩形成收缩裂缝，膨胀收缩可随环境变化反复发生，导致土体强度下降。

我国于 20 世纪 50～60 年代起进行对膨胀土的研究至今已取得丰硕研究成果，于 1987 年已发布了《膨胀土地区建筑技术规范》GBJ 112—87，多年来在工程实践中取得了良好效果。现行标准是《膨胀土地区建筑技术规范》GB 50112—2013。

29.1 膨胀土的特性

29.1.1 野外特征

1. 地貌特征

膨胀土一般分布在 Ⅱ 级或 Ⅱ 级以上的阶地、山前和盆地边缘丘陵地带，埋藏较浅，常见于地表。就其微地貌来说，有以下共同特征：

1）多呈微起伏的低丘缓坡和垄岗式地形，一般坡度平缓；

2）一般在沟谷头部、水库岸边和路堑边坡上常见浅层滑坡；

3）在旱季，地表常出现地面裂隙（叫作地裂），到雨季则多闭合。据广西和湖北两地调查，地裂的长度一般为 10～80m，缝宽约 3～5cm，上大下小，深度一般为 3.5～8.5m，缝壁粗糙。

2. 工程地质特征

1）地质年代 我国膨胀土形成的地质年代大多为第四纪晚更新世（Q_3）及其以前，少量为全新世（Q_4）。

2）成因　大多为残积，有的是冲积、洪积或坡积。

3）岩性

（1）颜色　灰白、灰绿、灰黄、棕红或褐黄等色。

（2）土的类别　以黏土为主，其主要物理、力学特性指标参见表29.1.1。

（3）状态　结构致密，多呈硬塑或坚硬状态。

（4）裂隙　较发育，有竖向、斜向和水平三种。竖向裂隙有时出露地表，向下逐渐减小，以致消失。裂隙面光滑，呈油脂或蜡状光泽，有擦痕或水渍以及铁、锰氧化物薄膜，裂隙中常填有灰绿、灰白色黏土。在大气影响深度或不透水界面处附近，常有水平裂隙。在邻近边坡处，裂隙往往构成滑坡的滑动面。

（5）包含物　常含铁、锰或钙质结核，有的富集成层或呈透镜体。

几个地区膨胀土的主要物理、力学特性指标　　　　　表 29.1.1

指标	黏粒含量（%）	天然含水量 $w(\%)$	天然孔隙比 e	液限 $w_L(\%)$	塑限 $w_p(\%)$	缩限 $w_s(\%)$	塑性指数 I_p	液性指数 I_L
数值	24～40	20～30	0.5～1.0	38～55	20～35	11～18	18～35	0.14～0.0

3. 水文地质特征

膨胀土地区的地下水多为上层滞水或裂隙水，水位变化大，随季节而异。

29.1.2　矿物成分

膨胀土的矿物成分主要是次生的黏土矿物——蒙脱石和伊利石。蒙脱石的亲水性强，遇水浸湿时，膨胀强烈，对土建工程危害也较大，而伊利石次之。我国蒙自、宁明、邯郸、平顶山等地的膨胀土以前者为主，而合肥、成都、郧县、临沂等地则以后者为主。

29.1.3　物理、力学特性指标

表 29.1.1 是我国几个膨胀土地区大量土工试验资料的统计结果。

可见膨胀土的物理、力学特性指标有如下特点：

（1）黏粒（$<2\mu m$ 的土粒）含量高，超过 20%；

（2）天然含水量接近塑限，饱和度一般大于 85%；

（3）塑性指数大都大于 17[①]，多数在 22～35 之间；

（4）液性指数小，在天然状态呈硬塑或坚硬状态；

（5）缩限一般大于 11%，但红黏土类型膨胀土的缩限偏大；

（6）土的压缩性小，多属低压缩性土；

（7）c、φ 值在浸水前后相差较大，尤其是 c 值可下降 2～3 倍以上。

29.1.4　主要工程特性指标

膨胀土的主要工程特性指标有自由膨胀率 δ_{ef}、膨胀率 δ_{ep}、收缩系数 λ_s 和膨胀力 p_e，它们的确定或试验方法参见《膨胀土地区建筑技术规范》GB 50112 的附录。

1. 自由膨胀率 δ_{ef}

自由膨胀率是人工制备的烘干土在水中增大的体积与其原有体积之比，用百分数表示：

---

① 在我国某些地区如华北、江淮平原、陕南等地的粉质黏土也具有膨胀性。

$$\delta_{ef}(\%) = \frac{V_w - V_0}{V_0} \times 100 \qquad (29.1.1)$$

式中 V_w——土样在水中膨胀稳定后的体积，cm^3；

V_0——土样的原有体积，cm^3。

自由膨胀率与主要黏土矿物的种类有关，一般来说，当土中黏粒含量＞30％且主要黏土矿物为蒙脱石时，δ_{ef} 在 80％以上；为伊利石并含少量蒙脱石时，δ_{ef} 为 50％～80％；为高岭石时，δ_{ef}＜40％；当 δ_{ef}＜40％时，一般应视为非膨胀土。不过，也应指出，不应单凭 δ_{ef} 这一个指标就下判断，如由碳酸盐岩石风化而成的红黏土，其 δ_{ef} 值一般都小于40％，但却具有膨胀土的某些特性。

自由膨胀率可用来判定黏性土在无结构力影响下的膨胀潜势，如表 29.3.4 所示。

2. 膨胀率 δ_{ef}

膨胀率是指原状土样在一定压力下浸水膨胀稳定后所增加的高度与原始高度之比，用百分数表示：

$$\delta_{ep}(\%) = \frac{h_w - h_0}{h_0} \times 100 \qquad (29.1.2)$$

式中 h_w——土样在一定压力下浸水膨胀稳定后的高度，mm；

h_0——土样的原始高度，mm。

通过换算，上式又可改写成

$$\delta_{ep}(\%) = \frac{e_w - e_0}{1 + e_0} \times 100 \qquad (29.1.3)$$

式中 e_w——土样在一定压力下浸水膨胀稳定后的孔隙比；

e_0——土样的天然孔隙比。

土的初始含水量越低，在相同压力下，其膨胀率和膨胀量也越高。当土的初始含水量相同时，压力越大，膨胀率越低；当压力达到某值时，将出现压缩。

为了比较不同土的膨胀性，需要统一规定压力值。这个压力有采用 50kPa 的，也有采用 6.9kPa（等于 1 磅/英寸^2）的。我国《膨胀土地区建筑技术规范》GB 50112 规定，采用 50kPa 压力下的膨胀率试验。

3. 收缩系数 λ_s

收缩系数是指原状土样的直线收缩阶段含水量减少 1％时的竖向收缩变形的线缩率（图 29.1.1），即

$$\lambda_s = \frac{\Delta \delta_s}{\Delta w} \qquad (29.1.4)$$

式中 Δw——收缩过程中直线变化阶段两点含水量之差，％；

$\Delta \delta_s$——收缩过程中与两点含水量之差对应的竖向线缩率之差（％）；所谓线缩率 δ_{sL}，是指竖向收缩量与试样的原有高度之比。

由图可见到 a 点后，含水量虽继续减少，但水缩停止，对应于 a 点的含水量称为缩限 w_s。

4. 膨胀力 p_e

膨胀力是指原状土样在体积不变时由于浸水膨胀而产生的最大内应力，可由压力 p 与膨胀率 δ_{ep} 的关系曲线来确定，它等于曲线上当 δ_{ep} 为 0 时所对应的压力（图 29.1.2）。

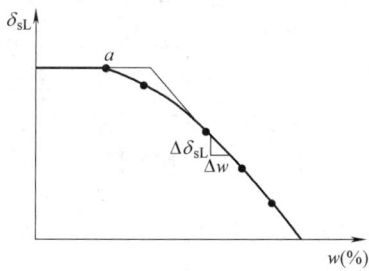

图 29.1.1　线缩率与含水量的关系曲线

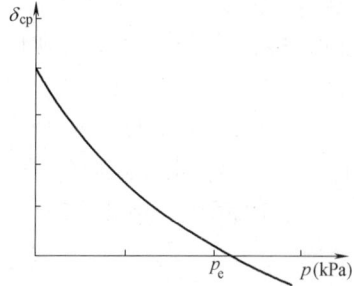

图 29.1.2　p-δ_{ep} 曲线

膨胀力与土的初始密度有密切关系，初始密度越大，膨胀力也越大。原状土的膨胀力一般大于重塑土。

当外力小于膨胀力时，土样浸水后将出现膨胀；当外力大于膨胀力时，土样抗压缩，因此在设计上，如果希望减少膨胀变形时，往往采取较大的后底压力。

我国几个膨胀土地区有关胀缩性的上述几个工程特性指标，如表 29.1.2 所示。

我国几个地区膨胀土的主要胀缩性特性指标　表 29.1.2

指标	自由膨胀率 δ_{ef}（%）	膨胀率 δ_{ep}（%）	线缩率 δ_{sL}（%）	收缩系数 λ_s	膨胀力 P_e（kPa）
数值	40～58	1～4	2～8	0.2～0.6	10～110

5. 胀缩可逆性

胀缩可逆性是指膨胀土具有吸水膨胀、失水收缩、再吸水再膨胀、再失水不再收缩的变形特征。试验表明：对膨胀土的原状土样和压实土样进行多次反复的胀缩试验后，可见每一次膨胀和收缩后试样的高度、直径和体积都基本相同，而且每一次胀缩后的膨胀率、收缩率、胀限（即膨胀含水量）和缩限也都基本相同，这充分说明了膨胀土的胀缩变形是可逆的。同时也可以这样认为，膨胀土的性质不会因反复胀缩而发生进一步的变化。

膨胀土这个胀缩可逆性的特性也正可用来解释，为什么膨胀土地基有时上升，有时下沉；房屋裂缝有时张开，有时闭合。

29.1.5　影响胀缩变形的因素

影响膨胀土胀缩变形的因素有内在的和外部的，现分述如下：

1. 影响胀缩变形的内在因素

1）黏土矿物和化学成分　含蒙脱石越多，其吸水和失水的活动性越强，胀缩变形也越显著，已如前述。这种现象常用膨胀晶格理论和扩散双电层理论来解释。同一种矿物，其膨胀性与其所吸附阳离子价有关，价越低，则膨胀性越大，如钠蒙脱石的膨胀性要比钙蒙脱石大 3.6 倍。

膨胀土的化学成分以 SiO_2、Al_2O_3 和 Fe_2O_3 为主，可用硅铝分子比 $\dfrac{SiO_2}{Al_2O_3+Fe_2O_3}$ 来反映，这比值越小，则土的胀缩变形越小；反之，则大。

2）黏粒含量　当矿物成分相同时，土的黏粒含量越大，则吸水能力越强，胀缩变形也越大。

3）土的孔隙比　在黏土矿物和天然含水量都相同的条件下，土的天然孔隙比越小，则浸水后膨胀量越大，收缩量越小；反之，亦然。

4）含水量的变化　影响含水量变化的因素除气象条件外，还有植物吸湿、地基土受热、地表水渗入、管道漏水以及地下水位的变化等。土的含水量一有变化，就会导致土的胀缩变形，其规律如图 29.1.3 和图 29.1.4 所示。由图 29.1.3 可见，含水量越大，则膨胀越小；含水量越小，则膨胀越大；而且，当含水量等于土的缩限时，膨胀量最大。由图 29.1.4 可见，土的含水量对收缩的影响恰与上述情况相反，含水量越小，则收缩越小；而当含水量等于缩限时，则收缩为零。

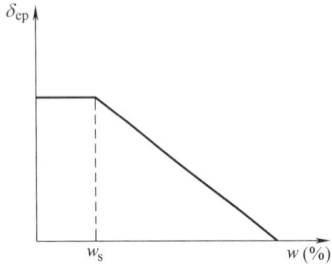

图 29.1.3　含水量对膨胀的影响　　　　图 29.1.4　含水量对收缩的影响

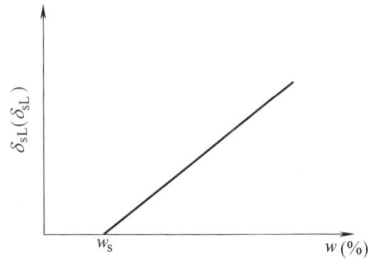

5）土的微结构和结构强度　土的微结构是影响土的膨胀性的一个因素，我国近年来的研究表明[①]：面—面叠聚体是膨胀土产生膨胀的一个主要结构原因，而且曲片状、密集排列和黏胶基质的面—面叠聚体的膨胀性，要比平片状、疏松排列和黏粉基质的大。

土的结构强度越大，其限制土的胀缩变形的能力也越强。当土的结构受到破坏后，土的胀缩性随之增强。

2. 影响胀缩变形的主要外部因素

1）气候条件　在雨季，土中水分增加；在旱季，则水分减少。房屋建造后，室外土层受气候的影响较大，因此，基础内外两侧土的胀缩变形也不一样，有时甚至外缩内胀。由于变形的不均匀性，导致了建筑物开裂或破坏。

季节性气候变化对地基土中水分的影响随深度的增加而递减，因此，确定当地的大气影响深度对防治胀缩变形的危害具有重要的实际意义。

2）作用压力　由图 29.1.2 可见：作用压力小时，膨胀量大；压力大时，膨胀量小。而且，当施加土上的压力大于土的膨胀力时，土浸水时不但不膨胀，反而产生压缩。所以，膨胀土所受的作用压力对其遇水膨胀有着重要的影响，从而也可用来解释为什么造在膨胀土上低层轻型房屋容易开裂或破坏，并提出了在设计中可以采用减小基底面积或增大基底压力的措施，以防止地基产生过大的膨胀变形。

试验表明：作用压力对土的收缩的影响不太明显，通常可忽略不计。

3）地形地貌　实践表明：低地的膨胀土地基比较高地的膨胀土地基，其胀缩变形要小得多；在坡地，坡脚地段的膨胀土地基较坡肩地段的同类地基其胀缩变形也要小得多，这是由于高地和坡肩地段土中水分蒸发条件较好，因此，土中含水量的变化幅度较大，胀缩变形也较大。

4）绿化　在炎热干旱地区，建筑物周围的阔叶树（尤以桉树为甚）常对建筑物地基的变形造成不利影响。尤其在旱季，当无地下水或地表水补给时，由于树根的吸水作用，

---

① 高国瑞. 膨胀土的微结构和膨胀势. 岩土工程学报, 1984, 第 2 期。

使土的含水量减少，从而加剧了土的干缩变形，使近旁有成排树木的房屋开裂。

5）日照及室温　日照的时间和强度也是一个影响因素。调查表明：房屋的向阳面（东、南、西三面，尤其是南、西两面）开裂较多，而背阳面则开裂较少。高温建筑物如无隔热措施，也常因地基的不均匀变形而开裂。

29.2　膨胀土地基上建筑物的变形

膨胀土地基上建筑物的变形可分为两大类：一类是基础埋置深度大于大气影响深度或建筑物的荷载较大，这时建筑物地基的变形主要是压缩变形；另一类是基础埋深较浅的建筑物，特别是轻型低层房屋，其变形较为复杂，根据不同的气候条件、地面覆盖、地形地貌等因素，分上升型、下降型和上升—下降循环型三种。上升型主要发生在地基土含水量较低或久旱之后或基坑（槽）暴晒之后。在土的含水量偏低的膨胀土地区，建造房屋后，室内温度低于室外，室内地面又阻止土中水分的蒸发，以致室内地面下土的含水量逐渐增加，造成土的隆胀，基础上升。施工前，土的含水量与其塑限的比值越小，土的上升越大。下降型常发生在土的含水量较高时，对于地下有热源或临坡的建筑物，其地基变形的趋势是下沉。地下有热源的建筑物，由于大量热量不断传入土中，引起了土的干缩。坡地上的建筑物，由于其临空面大，受多方蒸发的影响而具有多向失水性。大气影响深度不同，临坡土体不仅有竖向下沉，而且还有水平位移。不可避免的挖填方破坏了原有植被以及原有湿度和应力状态，造成不均匀下沉。在亚干旱或湿润地区和地形平坦地带，造在膨胀土地基上建筑物的变形常随着季节性气候的变化而上升下沉，做周期性的变化。

29.2.1　建筑物的变形

当膨胀土地基中的含水量因故有所增大或减小时，土就会发生相应的胀缩变形，如土层的厚度不同、均匀性不一、不同部位处土的含水量有变化，以及建筑物的基底压力不同等，就会导致地基土不均匀的隆胀或收缩，使得未设防治措施的建筑物墙体开裂，地面隆起、开裂。调查表明：膨胀土地基上未设防治措施的建筑物的开裂或破坏，往往不只限于一二幢，而是成群出现。其中，又以一二层轻型房屋的开裂或破坏最为普遍和严重。

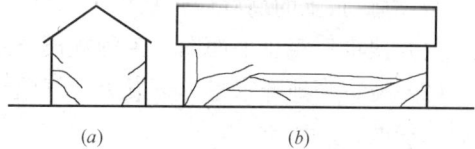

图 29.2.1　膨胀土地基上房屋的裂缝示意图
(a) 山墙上倒八字形裂缝；
(b) 外纵墙上水平裂缝及斜裂缝

房屋墙体的开裂情况虽各种各样，但也有一定的规律性。裂缝主要分斜裂缝、竖裂缝、水平裂缝和交叉裂缝。房屋角端下的土因易于在两面失水或吸水，含水量变化幅度较大，往往最易开裂，并在墙体上出现对称或不对称的倒八字形斜裂缝，如图 29.2.1 所示。有时，则出现上大下小的竖裂缝。外纵墙常在勒脚、窗台线等处出现水平裂缝，裂缝内宽外窄，并伴有墙体外倾、基础向外转动、内外墙脱开等；门窗洞四角出现斜裂缝。内横墙与外墙交接处因内外墙变形差异而开裂，并出现倒八字形斜裂缝或竖裂缝。同一部位的墙体由于土的交替胀缩，常导致交叉裂缝。地坪常膨胀隆起并出现纵长裂缝，且与地裂相连。当地裂通过基底下时，基础相应因受拉而可能断裂，并使其上的墙体出现上小下大的竖裂缝或斜裂缝。一般情况下，朝阳面墙体开裂或破坏比阴面严重，两端房间比中间房间严重，墙角比其他部位严重。裂缝随气候变化而张大或缩小。

29.2.2 建筑物变形的特点和影响因素

应该指出：在膨胀土上建造建筑物后，由于地基土含水量的变化有一个时间过程，在一般的气候年份，地基变形的积累并不显著。因而，建筑物建成后并不立即出现墙体开裂或破坏，而往往要经过一定年限，少则 1～2 年，多则 10～20 年，并往往发生在气候突变且引起土中含水量有大幅度变化之时（如旱季、旱年）。同一部位处的裂缝，因气候条件的变化，地基有时因吸水而隆胀，有时却因失水而下沉，裂缝也有时张开、有时闭合，有时变宽、有时变窄。

实践表明：由于临坡土体能多向失水和蒸发以及挖方、填方的影响等，造在坡地上的建筑物即使在边坡稳定的条件下，也极易发生不均匀变形，其破坏程度也比平坦场地上的要严重得多。地面覆盖条件越好，它对土的防水保湿作用也越显著，从而使得土中含水量和地温相对稳定，建筑物的破坏也越轻。基础埋得越深（如超过当地的大气影响急剧深度），基底下土的含水量变化也越小，变形也越小。荷载越大，膨胀变形也越小。对不均匀变形敏感的砖石结构、拱结构，特别如空斗墙、砌块墙以及无砂石混凝土砌体房屋等，越易开裂破坏；反之，则破坏极少。

29.3　膨胀土地基的工程地质勘察与评价

29.3.1　膨胀土地基工程地质勘察的特点

1) 对富含亲水矿物，吸水显著膨胀、软化、崩解，失水急剧收缩开裂，能往复胀缩变形的黏性土，应按膨胀土要求进行勘察。

2) 膨胀土的判定分为初判和终判两步进行。

3) 对膨胀土的勘察应包括以下内容：

(1) 搜集建筑总平面图、工程规模、结构类型、基础埋深等资料；

(2) 搜集当地降水量、蒸发力、气温、干湿季节、干旱持续时间等气象资料，查明大气影响深度；

(3) 勘察场地和周边地区的建筑经验和建筑物开裂情况；

(4) 调查地表水的排泄和积聚情况以及地下水类型、水位和变化规律；

(5) 查明膨胀土的岩体、地质年代、成因、分布及颜色、裂隙等外观特征；

(6) 查明有无浅层滑坡、地裂、冲沟以及微地貌形态和植被情况；

(7) 对建在膨胀土场地上的建筑物，宜提供地基处理和维护等方案及建议。

4) 大气影响深度是自然气候作用下，由降水、蒸发、地温等因素所引起土胀缩变形的有效深度，它是膨胀土的活动带，应由各气候区各种现场观测资料确定。一般来说，这个深度在平坦场地约在 5m 以内，其下土的含水量受气候的影响很小。所以，在膨胀土地区，取样工作的重点应在大气影响深度以内，即在地面下 5m 以内必须取样，并每隔 1m 取样一件；反之，在大气影响深度以下，则可适当加大取样间距。

5) 对于重要或有特殊要求的建筑场地，必要时应进行现场浸水载荷试验，进一步确定地基土的胀缩性状和承载力；其试验要点参见《膨胀土地区建筑技术规范》GB 50112 附录 C。

29.3.2 膨胀土地基的评价

按膨胀土的工程特性对膨胀土的胀缩性进行分类，是正确采取工程措施的前提，这样才能在工程设计与施工中，结合工程实际情况，采取切实有效的方法进行处理。

1. 膨胀土的判别标准

迄今为止，国内外按主要工程特性指标判别膨胀土胀缩性的方法不少，标准也不统一，如：

1) 美国垦务局标准

美国垦务局 W·G 荷尔兹（Holtz. W. G）提出的分类方法，见表 29.3.1。将膨胀土胀缩等级分极强、强、中、弱四级，评判指标为：塑性指数 I_p、缩限 w_s（%）、膨胀体变 δ_p（%）、膨胀程度、胶粒含量（<0.001m）等。

美国膨胀土胀缩等级标准　　　　　表 29.3.1

膨胀程度	指标			
	<0.001m 胶粒含量(%)	塑性指数 I_p	缩限 w_s(%)	膨胀体变 δ_p(%)
极强膨胀土	>28	>35	<11	>30
强膨胀土	20～31	25～41	7～12	20～30
中膨胀土	13～23	15～28	10～16	10～20
弱膨胀土	<15	<28	>15	<10

2) 住房和城乡建设部标准

住房和城乡建设部标准《膨胀土地区建筑技术规范》GB 50112 按自由膨胀率分类，见表 29.3.2。

《膨胀土地区建筑技术规范》GB 50112 膨胀土膨胀潜势分类　　　　表 29.3.2

膨胀潜势	自由膨胀率 δ_{ef}(%)
强	$\delta_{ef} \geq 90$
中	$65 \leq \delta_{ef} < 90$
弱	$40 \leq \delta_{ef} < 65$

3) 交通部标准

我国交通部《公路路基设计规范》JTG D30 提出按标准吸湿含水率和塑性指数进行判别与分类，其标准如表 29.3.3 所示。

交通部《公路路基设计规范》JTG D30 膨胀土潜势的分级　　　　表 29.3.3

级别分级　指标	非膨胀土	弱膨胀土	中膨胀土	强膨胀土
自由膨胀率 F_s(%)	$F_s < 40$	$40 \leq F_s < 60$	$60 \leq F_s < 90$	$F_s \geq 90$
标准吸湿含水率 w_f(%)	$w_f < 2.5$	$2.5 \leq w_f < 4.8$	$4.8 \leq w_f < 6.8$	$w_f \geq 6.8$
塑性指数 I_p	$I_p < 15$	$15 \leq I_p < 28$	$28 \leq I_p < 40$	$I_p \geq 40$

4) 膨胀潜势标准

将膨胀土胀缩分为高、中、低三级，评判指标为液限和塑性指数，见表 29.3.4。

膨胀土膨胀潜势标准　　　　　　　　表 29.3.4

级　别	指　标	
	液限(%)	塑性指数(%)
高	＞60	＞35
中	50～60	25～35
低	＜50	＜25

膨胀土的判定目前尚无统一的指标和方法，多年来采用综合判定法。对膨胀土判别主要根据地貌形态、土的外观特征和自由膨胀率；结合各种室内试验及邻近工程损坏原因等综合判别，这里需要说明：

1）自由膨胀率是一个很有用的指标，但不能作为唯一依据，否则容易造成误判。

2）从实用出发，应以是否造成工程的损害为最直接的标准；但对于新建工程，不一定有已有工程的经验可借鉴，此时仍可通过各种室内试验指标结合现场特征判定。

3）最终判别时应综合考虑现场特征，不宜只凭个别试验指标确定。

我国目前采用综合的判别方法，也即根据现场的工程地质特征、土的自由膨胀率和建筑物的破坏特征三部分来综合判定，其中前两者是用来判别是否是膨胀土的主要依据，但又不是唯一因素。必要时，还需进行土的黏土矿物和化学成分等试验。

某些地区性盐渍上（如戈壁滩）和低洼地段或常年水位上升而造成严重盐渍化的场地，也应考虑膨胀问题。

对于受某些化工生产废料（如含硫的酸性溶液）浸染的某些矿渣（如电熔炉生产的矿渣），也应考虑含水量增大时的膨胀特性。

不应单纯从成因这个因素来划分是否为膨胀土，例如下蜀纪黏土，在武昌青山地区属非膨胀土，而在合肥地区却属膨胀土；又如红黏土有的为膨胀土，而有的却为非膨胀土。

按《膨胀土地区建筑技术规范》GB 50112 规定：当场地具有下列工程地质特征及建筑物破坏形态，且土的自由膨胀率 $\delta_{ef} \geqslant 40\%$ 的黏性土，应判为膨胀土：

（1）裂隙发育，常有光滑面和擦痕，有的裂隙中充填着灰白、灰绿色黏土，在自然条件下呈坚硬或硬塑状态；

（2）多出露于二级或二级以上阶地、山前和盆地边缘丘陵地带，地形平缓，无明显自然陡坎；

（3）常见浅层塑性滑坡和地裂，新开挖坑（槽）壁易发生坍塌，地裂多为单向延伸，在斜坡地带多并行于地形等高线；

（4）建筑物多呈倒八字形、X 形或水平裂缝，裂缝随气候变化而张开和闭合。

膨胀土的膨胀潜势，是膨胀土在环境条件变化时可能产生胀缩变形或膨胀力的量度。

膨胀土在环境条件变化时可能产生的胀缩变形和膨胀力的大小是不同的，根据自由膨胀率的大小，可按表 29.3.2 确定膨胀土的膨胀潜势分类。

按上述场地的工程地质特征及自由膨胀率指标，判定为膨胀土后，根据表 29.3.2 的膨胀潜势分类，即可确定场地膨胀土胀缩性强、弱的分类。

2. 膨胀岩土的岩土工程评价

1）对建在膨胀岩土上的建筑物，其基础埋深、地基处理、桩基设计、总平面布置、建筑和结构措施、施工和维护，应符合现行国家标准《膨胀土地区建筑技术规范》GB 50112 的规定；

2）一级工程的地基承载力应采用浸水载荷试验方法确定；二级工程宜采用浸水载荷试验；三级工程可采用饱和状态下不固结不排水三轴剪切试验计算或根据已有经验确定；

3）对边坡及位于边坡上的工程，应进行稳定性验算；验算时应考虑坡体内含水量变化的影响；均质土可采用圆弧滑动法，有软弱夹层及层状膨胀岩土应按最不利的滑动面验算；具有胀缩裂缝和地裂缝的膨胀土边坡，应进行沿裂缝滑动的验算。

3. 建筑场地的划分

我国过去曾根据工程地质和水文地质条件的复杂程度，将建筑场地分为简单场地、中等复杂场地和复杂场地三种，但实践表明：膨胀土地区一般自然坡度很缓，而超过 14°时就有蠕动和滑坡现象。同时，建在坡角大于 5°的边坡上的建筑物下沉量较大（房屋临坡面的变形幅度为非临坡面的 1.35 倍等），所以实际上，只有简单场地和复杂场地之分。并为便于地基处理，《膨胀土地区建筑技术规范》GB 50112 规定：将简单场地改为平坦场地，将中等复杂和复杂场地合并，改为坡地场地。

（1）平坦场地：地形坡度小于 5°；地形坡度大于 5°而小于 14°，距坡肩水平距离大于 10m 的坡顶地带。这些场地的地形地貌比较简单，土较均匀，单向地面蒸发。

（2）坡地场地：地形坡度大于或等于 5°；地形坡度虽然小于 5°，但同一座建筑物范围内局部地形高差大于 1m。

对于坡度大于 14°的膨胀土坡地，处理费用太高，一般均应避开。

4. 膨胀土地基的胀缩等级

对膨胀土地基的评价是根据地基土的胀缩变形对低层砖混房屋的影响程度而定的。《膨胀土地区建筑技术规范》GB 50112 规定：膨胀土地基的胀缩等级应按分级变形量 s_c（mm）分为三级，如表 29.3.5 所示。计算分级变形量 s_c（第 29.4 节）时，各计算式中的膨胀率 δ_{ep} 所采用的压力应为 50kPa。

膨胀土地基的胀缩等级　　　　　　　　　　　　表 29.3.5

地基分级变形量 s_c(mm)	级别
$15 \leqslant s_c < 35$	I
$35 \leqslant s_c < 70$	II
$s_c \geqslant 70$	III

29.4　膨胀土地基的设计

29.4.1　设计原则

膨胀土的活动性很强，对环境变化的影响极为敏感，土中含水量变化、胀缩变形的产生和幅度大小受多种外界因素的制约。有的房屋建成一年后就会开裂破坏，有的则在 20 年后才出现裂缝。膨胀土地基问题十分复杂，虽然国内外科技工作者在膨胀土特性、评价和设计处理方面进行了大量的研究和实测工作，但目前尚未形成一门系统的学科。

膨胀土地基上建筑物的设计应遵守预防为主、综合治理的原则。设计时，应根据场地的工程地质特征和水文气象条件以及地基基础的设计等级，结合当地经验，注重总平面和竖向布置，采取消除或减小地基胀缩变形量以及适应地基不均匀变形能力的建筑和结构措施，并应在设计文件中明确施工和维护管理要求。

建造在膨胀土地基上的低层房屋，若不采取预防措施时，10~20mm 的胀缩变形幅度就能导致砌体结构的破坏，比一般地基上的允许变形值要小得多。之前，在国内工程中由于对膨胀土的特性缺乏认识，造成新建房屋成片开裂破坏，损失极大。因此，在膨胀土上进行工程建设时，必须树立预防为主的理念，有时在可行性研究阶段应予"避让"。

所谓"综合治理"，就是在设计、施工和维护管理上都要采取减少土中水分变化和胀缩变形幅度的预防措施。我国膨胀土多分布于山前丘陵、盆地边缘、缓丘坡地地带。建筑物的总平面和竖向布置应顺坡就势，避免大挖大填，做好房前屋后边坡的防护和支挡工程。同时，尽量保持场地天然地表水的排泄系统和植被，并组织好大气降水和生活用水的疏导，防止地面水大量积聚。对环境进行合理绿化，涵养场地土的水分等，都是宏观的预防措施。

单体工程设计时，应根据建筑物规模和重要性，综合考虑地基基础设计等级及工程地质条件，采取单一措施或以一种措施为主，辅以其他措施预防。例如，地基土较均匀，胀缩等级为Ⅰ、Ⅱ级膨胀土上的房屋可采取以基础埋深来降低其胀缩变形幅度，保证建筑物的安全和正常使用；而场地条件复杂、胀缩等级为Ⅲ级膨胀土上的重要建筑物，以桩基为主要预防措施，在结构上配以圈梁和构造柱等辅助措施，确保建筑物的安全。

膨胀土地基的设计，按建筑场地的地形地貌条件分为下列两种情况：

1）位于平坦场地上的建筑物地基，按变形控制设计；

2）位于坡地场地上的建筑物地基，除按变形控制设计外，还应验算地基的稳定性。

调查表明：平坦场地上的木结构、钢和钢筋混凝土排架结构都具有较好的适应不均匀变形的能力；当地基分级变形量 $s_c < 15mm$，或当地湿度系数 $\psi_w \geq 0.95$，或当最低地下水位面在基础底面下 3m 范围以内时，由于毛细作用，土中含水量基本稳定，不存在胀缩变形；上述这些情况，都可按一般非膨胀土地基设计。

造在坡地上的建筑物，往往有较大的挖填方，边坡坡度多大于 14°，并且房屋基础外边缘距坡肩的距离较小，或有顺层滑坡的可能。因此，除了按变形控制设计，注意坡体的水平移动以及坡体土中含水量的变化对建筑物的影响以外，还应验算坡地场地上建筑物地基的稳定性，验算时应按土层的均匀性、有无软弱夹层以及层面与坡面的斜交情况（如交角小于 45°时）等不同情况进行。如土质均匀且无节理面时，按圆弧滑动法验算；有软弱夹层时，取软弱层面为滑动面进行验算；如层面与坡面斜交，验算层面的稳定性。验算时应考虑建筑物和堆料的荷载，抗剪强度应为土体沿滑动面的抗剪强度，稳定安全系数取 1.2。当坡地小于 1:5 或建筑物离坡肩距离超过 10m 时，可按平坦场地考虑。

29.4.2 膨胀土场地地基基础设计等级

膨胀土场地上的建筑物，根据其重要性、规模、功能要求和工程地质特征以及土中水分变化可能造成建筑物破坏或影响正常使用的程度，将地基基础分为甲、乙、丙三个设计等级。设计时，应根据具体情况按表 29.4.1 选用。

膨胀土地基上的建筑物，均应满足地基承载力设计计算的要求。对设计等级为甲级、乙级的建筑物应进行地基变形验算。对建造在斜坡附近及受水平荷载作用的建（构）筑物，应进行地基稳定性验算。

膨胀土上的建筑物遭受开裂破坏多为砌体结构的低层房屋，四层以上的建筑物很少有危害产生。低层砌体结构的房屋一般整体刚度和强度较差，基础埋深较浅，土中水分变化容易受环境因素的影响，长期往复的不均匀胀缩变形使结构遭受正反两个方向的挠曲变形作用。即使在较小的位移幅度下，也常可导致建筑物的破坏且难于修复。因此，膨胀土地基的设计必须按变形计算控制，严格控制地基的变形量不超过建筑物地基允许的变形值。

膨胀土场地地基基础设计等级　　　　　　　　　　表 29.4.1

设计等级	建筑物和地基类型
甲级	1）覆盖面积大、重要的工业与民用建筑物 2）使用期间用水量较大的湿润车间、长期承受高温的烟囱、炉、窑以及负温的冷库等建筑物 3）对地基变形要求严格或对地基往复升降变形敏感的高温、高压、易燃、易爆的建筑物 4）位于坡地上的重要建筑物 5）胀缩等级为Ⅲ级的膨胀土地基上的低层建筑物 6）高度大于 3m 的挡土结构、深基坑工程
乙级	除甲级、丙级以外的工业与民用建筑物
丙级	1）次要的建筑物 2）场地平坦、地基条件简单且荷载均匀的胀缩等级为Ⅰ级的膨胀土地基上的建筑物

膨胀土地基上建（构）筑物进行稳定性验算时，应考虑地表水和地下水作用对土体稳定性的影响。水不但导致土体膨胀而使其抗剪强度降低，同时也产生附加的水平膨胀力。设计时应采取地基的防水保湿措施，保持土中水分的相对平衡。

29.4.3　膨胀土地基承载力特征值

我国膨胀土成因复杂、土质不均，试验结果的离散性大，一般应根据建设场地地基土吸水膨胀后强度衰减的可能性，由载荷试验或其他原位测试、并结合工程实践经验等方法综合确定。荷载较大的重要建筑物宜采用现场浸水载荷试验确定。《膨胀土地区建筑技术规范》GB 50112 条文说明中所建议的由物理性指标确定的承载力值（表 29.4.2），仍可结合地区经验参考使用。表中的数值相当于地基承载力特征值，但应进行地基变形验算。

膨胀土地基承载力的特征值 f_{ak}（kPa）　　　　　　表 29.4.2

含水比 ＼ e	0.6	0.9	1.1
＜0.5	350	280	200
0.5～0.6	300	220	170
0.6～0.7	250	200	150

注：1. 含水比为天然含水量与液限之比；
　　2. 本表适用于基坑开挖时土的天然含水量等于或小于勘察取土时土的天然含水量。

29.4.4　膨胀土地基上的基础埋深

膨胀土地基上建筑物的基础埋置深度不应小于 1m。平坦场地上的多层建筑物，以基础埋深为主要防治措施时，基础最小埋深不应小于大气影响急剧层深度。

当坡地坡角为 5°～14°，基础外边缘至坡肩的水平距离为 5～10m 时，基础埋深（图 29.4.1）可按下式确定：

$$d=0.45d_a+(10-l_p)\tan\beta+0.30 \tag{29.4.1}$$

式中 d——基础埋置深度，m；

d_a——大气影响深度，m；

β——设计斜坡坡角，°；

l_p——基础外边缘至坡肩的水平距离，m。

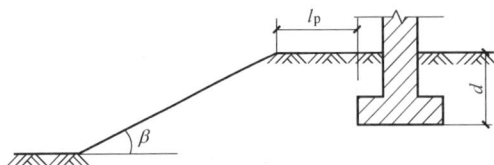

图 29.4.1 坡地上基础埋深计算示意图

29.4.5 地基计算

1. 承载力计算

地基承载力计算，原则上可按《建筑地基基础设计规范》GB 50007 的规定进行。

地基承载力不作宽度修正，深度修正系数取 1.0，修正后的地基承载力特征值应按式（29.4.2）计算：

$$f_a = f_{ak} + \gamma_m(d - 1.0) \tag{29.4.2}$$

式中 f_{ak}——地基承载力特征值，kPa；

γ_m——基础底面以上土的加权平均重度，地下水位以下取浮重度。

2. 变形计算

膨胀土地基建筑物的地基变形计算值，不应大于地基变形允许值。地基变形允许值应符合表 29.4.3 的规定。对于表中未包括的建筑物，其地基变形允许值应根据上部结构对地基变形的适应能力及功能要求确定。

膨胀土地基的建筑物地基变形允许值　　　　　　　表 29.4.3

结 构 类 型	相对变形		变形量 (mm)
	种　类	数　值	
砌体结构	局部倾斜	0.001	15
房屋长度 3～4 开间及四角有构造柱或配筋砌体承重结构	局部倾斜	0.0015	30
工业与民用建筑相邻柱基 (1)框架结构无填充墙时； (2)框架结构有填充墙时； (3)当基础不均匀升降时不产生附加应力的结构	变形差 变形差 变形差	0.001l 0.0005l 0.003l	30 20 40

注：l 为相邻柱基的中心距离，m。

膨胀土地基变形量取值，按不同的变形特征，分为：

（1）膨胀变形量应取基础的最大膨胀上升量；

（2）收缩变形量应取基础的最大收缩下沉量；

（3）胀缩变形量应取基础的最大胀缩变形量；

（4）变形差应取相邻两基础的变形量之差；

（5）局部倾斜应取砌体承重结构沿纵墙 6～10m 内基础两点的变形量之差与其距离的比值。

平坦场地地基变形量 s_i 按下列三种情况分别计算：

1）当地表下 1m 处地基上的天然含水量等于或接近最小值时，或地面有覆盖且无蒸发可能时，以及建筑物在使用期间经常有水浸湿的地基，按膨胀变形量 s_e 计算。它应取基础某点的最大膨胀上升量，即 $s_i = s_e$；

2）当地表下 1m 处地基土的天然含水量大于 1.2 倍塑限含水量时，或直接受有高温作用的地基，按收缩变形量 s_s 计算。它应取基础某点的最大收缩下沉量，即 $s_i = s_s$；

3）其他情况下按胀缩变形量计算。它应取基础某点的最大膨胀上升量也最大收缩下沉量之和，即 $s_i = s_e + s_s$。

当然，在满足式（29.4.3）的同时，基础底面处的平均压力设计值应小于或等于修正后地基土承载力特征值（中心荷载时），或基础底面边缘的最大压力应小于或等于修正后地基土承载力特征值的 1.2 倍（偏心荷载时）。

下面分别说明 s_e 和 s_s 的计算方法。

1）地基土膨胀变形量 s_e 的计算

膨胀变形量 s_e 按式（29.4.3）计算：

$$s_e = \psi_e \sum_{i=1}^{n} \delta_{epi} h_i \qquad (29.4.3)$$

式中　s_e——地基土的膨胀变形量，mm；

　　　ψ_e——经验系数，宜根据当地经验确定，当无可依据经验时，三层及三层以下建筑物，可采用 0.6；

　　　δ_{epi}——基础底面下第 i 层土在该层土的平均自重应力与平均附加应力之和作用下的膨胀率；

　　　h_i——第 i 层土的计算厚度，mm；

　　　n——自基础底面至计算深度内所划分的土层数（见图 29.4.2a），计算深度应根据大气影响深度确定；有浸水可能时，可按浸水影响深度确定。

2）地基土收缩变形量 s_s 的计算

收缩变形量 s_s 按式（29.4.4）计算：

$$s_s = \psi_s \sum_{i=1}^{n} \lambda_{si} \Delta w_i h_i \qquad (29.4.4)$$

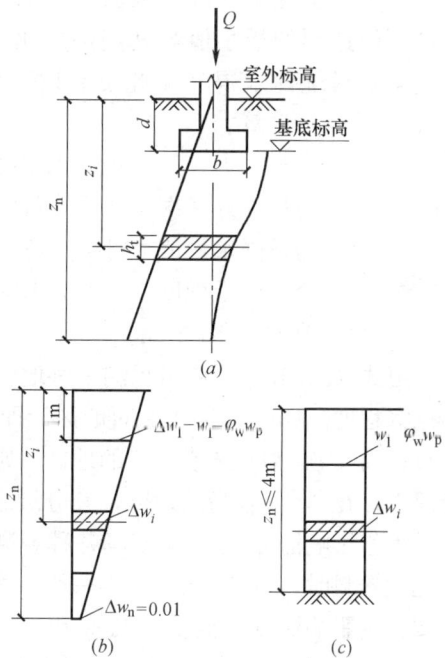

图 29.4.2　地基土变形计算示意图

式中　s_s——地基土的收缩变形量，mm；

　　　ψ_s——经验系数，宜根据当地经验确定，如无可依据经验时，三层及三层以下建筑物，可采用 0.8；

　　　λ_{si}——第 i 层土的收缩系数；

　　　Δw_i——地基土收缩过程中，第 i 层土可能发生的含水量变化的平均值，以小数表示；

　　　n——自基础底面至计算深度内所划分的土层数（图 29.4.2b）。计算深度可取大气影响深度（自然气候条件下，由渗水、蒸发、地温等因素引起土的升降变形的有效深度）；当有热源影响时，应按热源影响深度确定。

在计算深度内各土层的含水量变化值，应按式（29.4.5）计算：

$$\Delta w_1 = \Delta w_1 - (\Delta w_1 - 0.01)\frac{z_i - 1}{z_n - 1} \qquad (29.4.5)$$

而

$$\Delta w_1 = w_1 - \psi_w w_p \qquad (29.4.6)$$

式中　w_1、w_p——分别是地表下 1m 处土的天然含水量和塑限含水量，以小数表示；

　　　　ψ_w——土的湿度系数；

　　　　z_i——第 i 层土的深度，m；

　　　　z_n——计算深度，可取大气影响深度，m。

在地表下 4m 土层深度内，如有不透水基岩，可假定含水量变化值为常数（图 29.4.2c）。在计算深度内如有稳定地下水位，可计算至水位以上 3m。

研究表明：膨胀土在自然气候影响下，土的最小含水量与塑限之间有密切关系。同时，当地下水位埋藏深时，土中含水量的变化主要受气候因素的降水和蒸发之间的湿度平衡所控制。湿度系数 ψ_w 系膨胀土在自然气候影响下，地表下 1m 处土层含水量可能达到的最小值与其塑限之比，可根据当地 10 年以上的土的含水量变化及有关气象资料统计求得。无此资料时，《膨胀土地区建筑技术规范》GB 50112 建议按式（29.4.7）计算：

$$\psi_w = 1.152 - 0.726a - 0.00107c \qquad (29.4.7)$$

式中　a——当地 9 月至次年 2 月的蒸发力之和与全年蒸发力的比值。我国部分地区蒸发力及降水量值，可按《膨胀土地区建筑技术规范》GB 50112 附录 H 采用；

　　　　c——全年中干燥度（蒸发力与降水量之比值）大于 1 的月份的蒸发力与降水量差值的总和，mm。

由式（29.4.7），还可预测某些地区膨胀土的胀缩势能可能产生的影响及其对建筑物的危害程度。如在 $\psi_w = 0.9$ 的地区，即使为强亲水性的膨胀土，其胀缩等级可能为弱的 Ⅰ 级；而在 ψ_w 为 0.7 或 0.6 的地区，则可能是 Ⅱ、Ⅲ 级。换而言之，在土质完全相同的情况下，在 ψ_w 值较高的地区，其分级胀缩量将低于 ψ_w 值较低的地区；反之，亦然。

大气影响深度 d_s 应由现场各种观测资料（如土的深层变形、含水量及地温等）确定。如无此资料时，可按表 29.4.4 采用。大气影响急剧深度系指大气影响特别显著的深度，可按大气影响深度值乘以 0.45 采用。

大气影响深度（m）　　　　　　　　　　　　　　　表 29.4.4

土的湿度系数 ψ_w	大气影响深度 d_s
0.6	5.0
0.7	4.0
0.8	3.5
0.9	3.0

3）地基土胀缩变形量 s 的计算

胀缩变形量 s 按式（29.4.8）计算：

$$s = \psi \sum_{i=1}^{n} (\delta_{epi} + \lambda_{si} \cdot \Delta w_i) h_i \qquad (29.4.8)$$

式中　ψ——经验系数，可取 0.7；

其他符号意义同前。

（$\delta_{epi} + \lambda_{si} \cdot \Delta w_i$）项又叫膨胀总率。

3. 稳定性计算

位于边坡场地上的建筑物地基，应进行地基稳定性的验算。稳定验算时，对地基土质较均匀的地基，按圆弧滑动法验算；土层较薄、土层与岩层间存在软弱层时，取软弱层为滑动面进行验算；层状构造的膨胀土，如层面与坡面斜交且交角小于45°时，应验算层面的稳定性。地基稳定安全系数不小于1.2。

对膨胀土地区的土坡进行土坡稳定分析时，应考虑膨胀土的非饱和土特性。

在工程中遇到的膨胀土大多处于非饱和状态，表现出非饱和土的特性。由于非饱和土中吸力的作用，使土的抗剪强度相对较高，但一旦浸水后吸力减小，其强度明显降低。膨胀土地区气候的交替化，导致膨胀土反复膨胀与收缩，土体中生成大量次生裂隙与原生裂隙削弱了土体的整体性，使得土中裂隙极为发育，从而加剧了土体内的渗流作用，加快了土体的湿化，促使吸力降低，大大降低了土的强度，从而降低了膨胀土边坡的稳定性。尤其是在膨胀土边坡的水位变动区，是膨胀土强度变动最为显著的区域。对该区域土体的工程特性的研究，必须按非饱和土来进行。膨胀土强度指标的影响因素十分复杂，应当区分地下水位以上、地下水位以下和水位变动区以及填方、挖方等不同条件对强度指标的影响。

4. 坡地场地的设计要点

实践表明：造在膨胀土坡地上建筑物的破坏远比平坦场地的严重，而坡腰处更易破坏。当整体或局部坡度超过14°时，常可能发生滑坡；即使坡度小于14°，由于临坡面胀缩变形剧烈，往往同时出现竖向和水平变形，而后者还随着气候变化和时间延续而不断增长。因此，位于坡地场地上的建筑物地基，除按变形控制设计外，还应验算地基的稳定性，已如前述。但是，仅仅满足坡地稳定要求，还不足以保证房屋的正常使用，还应考虑坡体的水平移动和坡体内部土的含水量变化对建筑物的影响。

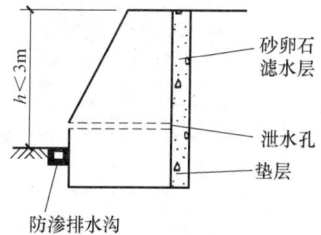

图 29.4.3 挡土墙示意图

多年的建筑经验表明：坡地必须先治坡而后才开始建造房屋。治坡包括排水（包括防渗）措施、设置支挡和设置护坡三个方面。设置排水沟等，以防止地面水浸水坡体；对裂缝应进行灌浆封堵。根据滑动面或软弱结构面的位置，设置一级或多级挡土墙、挡土桩等。挡墙底应埋置在滑动面或软弱结构面以下。坑底还应用混凝土封闭；墙高不宜大于3m，其构造示意图见图29.4.3；墙背和滤水层之间宜增设防水层，每隔10m左右和转角部位应设变形缝，采用高分子卷材充填。填料宜用非膨胀性土和透水性较强的土；按上述处理后，计算时可不考虑土的水平膨胀力，否则造价将成倍增加。护坡主要是保湿作用，以保持坡体内含水量的稳定并可防止冲刷，可在坡面采用干砌或浆砌片石、种植草皮、设置支挡盲沟等。

当在坡地上设置挡墙且建筑物基础外边缘距挡墙距离大于5.0m时，以及当布置在挖方地段的建筑物外墙至坡脚挡墙的净距大于3m时，可按平坦场地进行地基设计。

29.5 膨胀土地基的工程处理措施

29.5.1 设计措施

现分别按场地选择、总平面设计、建筑设计、结构设计、地基基础设计等方面简述如下：

1. 场地选择

建筑场地应尽量选在地形条件比较简单、土质比较均匀、胀缩性较弱并便于排水且地面坡度小于 14°的地段；应尽量避开地裂、可能发生浅层滑坡以及地下水位变化剧烈等地段。

2. 总平面设计

对变形有严格要求的建筑物应布置在膨胀土埋藏较深、胀缩等级较低或地形较平坦的地段；同一建筑物地基土的分级变形量之差不宜大于 35mm；竖向设计宜保持自然地形，并按等高线布置，避免大挖大填；所有排水系统都应采取防渗措施，并远离建筑物（净距不小于 3m）；建筑物周围 2.5m 范围内平整后的地面坡度不宜小于 2%；要合理绿化，考虑它对土中含水量的影响，如在散水以外，宜种植草地和绿篱，4m 以内选种蒸腾量小的树木（如松、柏等），对于高大快长的树种（如桉树等），宜种在距建筑物 20m 以外，散水和绿化可减少土中水分蒸发，但土中含水量要较高，如含水量小于 $0.85w_p$ 时，反而会造成更大的膨胀变形，应予注意。

3. 建筑设计

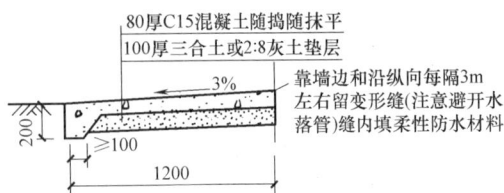

图 29.5.1 一般散水构造示意

用于软弱地基上的各种建筑措施仍然适用，如建筑物的体力求简单，避免凹凸曲折及高低不一；设置沉降缝；做好散水的设计和施工，其宽度不小于 1.2m，外缘应超出基坑（槽）边外 30cm，坡度为 3%～5%（图 29.5.1）。有时，为了有效减少土的胀缩变形，除Ⅲ级膨胀土和坡地地基不宜单独使用外，还可采用宽 2～3m 的宽散水（如图 29.5.2 所示）起着防水保湿和保温隔热的作用；屋面排水宜用外排水，水落管下端距散水面不应大于 30cm 并与沉降缝错开；散水应与室内地面同时施工，至少也应在地坪完工后立即施工；为便于修复，室内地坪一般可用预制块铺设，下做灰土垫层，块缝用柔性防水材料充填；对于使用要求严格的地坪，也可用地面配筋或架空（造价较高）等措施。

4. 管道

应做好地下管道及其附属构筑物（如管沟、检查井、检漏井等）的防水工作，如其地基宜设置厚 15cm 的灰土垫层、检漏井应设在管沟末端和管沟沿线分段检查处，并防止地面水流入，井内设置深度不小于 30cm 的集水坑，使积水能及时发现及排除。地下管道或管沟穿过建筑物基础或墙时，应预留净空，并用不透水的柔性材料填塞。

5. 结构措施

承重砌体可采用拉结较好的实心砖墙；不得采用空斗墙、砌块墙或无砂混凝土砌体；不宜采用砖拱结构、无砂大孔混凝土和无砂中空砌块等结构；房屋顶层和基础顶部宜设置圈梁，其他各层可隔层或层层设置；砖混结构房屋的门窗等洞孔应采用钢筋混凝土过梁，且在底层窗台处设置通长的水平钢筋；钢和钢筋混凝土排架结构的山墙和内隔墙应采用与柱基相同的基础形式，其围护墙宜采用填充墙或外包墙并砌筑在基础梁上，梁下净空不应小于10cm并做好防水处理；吊车顶面与屋架下弦的净空不应小于20cm，吊车梁应设计成简支梁，吊车梁与吊车轨道之间应采用便于调整的连接方式。

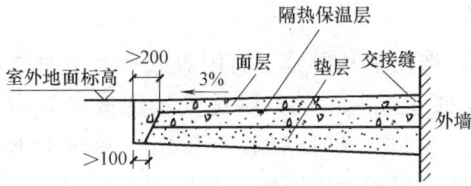

图29.5.2　宽散水构造示意图

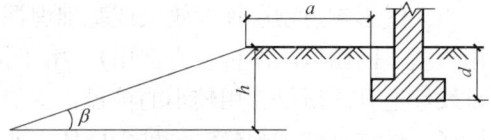

图29.5.3　坡地上基础埋深计算示意图

6. 基础设计

四层以上房屋、水塔等高耸构筑物为消除胀缩变形，主要采用基底压力大于膨胀力的办法。这时基础埋深可不受控制，但不宜小于1m。三层及三层以下的砖石结构房屋极易破坏，可适当增加埋深，使膨胀总量小于允许值。当场地土含水量高于塑限时，也可采用宽散水，以减少收缩变形。在Ⅱ、Ⅲ级场地上的一二层房屋，宜采用柔性结构和墩式基础；三层房屋采用条形基础时，基底压力不得小于膨胀力。

基础埋置深度除应符合《建筑地基基础设计规范》GB 50007的规定外，还应考虑场地类型、地基胀缩等级和大气影响急剧层深度，一般不应小于1m。平坦场地上的砖混结构房屋，当以基础埋深为主要防治措施时，基础埋深应设在大气影响急剧层深度以下，并可不再采取其他地基处理措施，或通过变形计算确定。但这样对低层房屋可能会增加造价，为此可采用独立墩式基础或宽散水等方法。当以宽散水为主要防治措施时，基础埋深可为1m。当坡地坡角β小于14°，基础外边缘至坡肩的水平距离a大于或等于5m时，基础埋深d（图29.5.3）可按式（29.5.1）确定：

$$d=0.45d_a+h(1-0.2\cot\beta)-0.2a+0.20 \tag{29.5.1}$$

式中　h——设计斜坡高度，m；

　　　d_a——大气影响深度，m。

7. 地基处理

常用的地基处理方法有换土、土性改良、预浸水、桩基等，其具体选用应根据地基的胀缩等级、地方材料、施工条件、建筑经验等，通过综合技术经济比较后确定。换土垫层的作用是减少可膨胀土层的厚度以及调整不均匀变形，换土材料可采用非膨胀性土（特别如砂石）或灰土。砂石垫层适用于平坦场地的Ⅰ、Ⅱ级膨胀土地基，其厚度不小于30cm，宽度大于基底宽度，一般在基底两侧各拓宽20cm，基础两侧宜用与垫层相同的材料回填夯实，并做好防水处理；在长期干旱地区而又有可能大量浸水的房屋中，不宜采用。

国外采用石灰、水泥、无机化合物或有机化合物等来稳定膨胀土，改良土质。前两种可采用混合法或压力灌注法。无机化合物如硅酸钠、氯化钠、氢氧化钙、氯化钙和磷酸等都曾经试用过，但试验表明：它们虽然在试验室条件下表明是有效的，但用于现场却困难很大，特别从经济的角度很难推广。有机化合物有Arguard2HT、4-三氟丁基焦化苯酚以及命名为705、706和707的专利溶液，它们是通过防水、延迟吸水或用树脂使土硬化，以稳定膨胀土，但它们也只取得有限的成功且费用较高，需要进一步研究。这些改良土质的方法在我国很少采用，甚至还没有采用过。

预浸水的目的是使膨胀土预先浸水，以完成膨胀变形并在土中维持高含水量，使土体积能基本保持不变，但是，迄今对其水分的移动、可达到的深度、饱和所需要的时间、部分饱和土的膨胀等问题还没有完全弄清楚，需要进一步研究。至于电渗法，由于费用高在国外也基本被否定了。

当大气影响急剧层深度较大或基础埋深较大，选用墩基础施工有困难或不经济时，可采用桩基（国内以灌注桩较为常用）。由于桩在膨胀土地基中的升降运动量随桩径的增大而呈线性上升，所以宜用较小的桩径，一般为 25～35cm；桩长应不小于 4m。单桩的承载力应通过试桩静载试验确定。桩尖应伸入非膨胀性土层或大气影响急剧层深度以下的土层中，由于土的膨胀变形和收缩变形都可能发生，其伸入长度应取这两种变形量的大值：

1）按膨胀变形计算　这时，土对桩侧产生向上的胀切力 v_e。

$$l_a \geqslant \frac{v_e - Q_1}{u_p f_s} \qquad (29.5.2)$$

2）按收缩变形计算　这时，桩周出现裂缝，并不考虑土收缩时所产生的负摩擦力和大气影响急剧层深度内土的摩擦力，也即作用在桩上的全部荷载由大气影响急剧层深度以下的桩长来承受，则

$$l_a \geqslant \frac{Q_1 - A_p f_k}{u_p f_s} \qquad (29.5.3)$$

式中　　　l_a——桩锚固在非膨胀性土层内的长度，m；

v_e——在大气影响急剧层深度内桩侧土的胀切力。由现场浸水试桩试验确定，试桩数不少于 3 根，取其最大值，kN；

f_s——桩侧土的允许侧阻力，kPa；

f_k——桩端土的允许端阻力，kPa；

u_p——桩身周长，m；

A_p——桩端面积，m^2；

$Q_1 (= Q_2 + G_0)$——作用在桩顶上的竖向荷载标准值，为作用于桩基承台顶面上的竖向荷载标准值 Q_2 与承台和土的自重 G_0 之和，kN。

当桩身承受胀切力时，还应验收桩身材料的抗拉强度并采取通长配筋，其最小配筋率应按受拉构件配置。

桩承台梁下应预留孔隙，其值应大于土层浸水后的最大膨胀量且不小于 10cm。承台梁两侧应采取措施，防止孔隙堵塞。

对于坡地场地，首先要改变土中水分的蒸发条件，使其与平坦地形的单向蒸发条件相同。这时，可先做土墙或护坡，然后按平坦场地处理。

8. 地裂（指地裂深度不大于大气影响急剧层深度）处理

由于膨胀土失水收缩而引起的地裂，其防治措施与地裂发育程度的缝宽有关。在地裂发育地区，如缝宽超过 30mm 应予避开；否则，可采用墩式基础或桩基础，以减少地裂通过的概率或采用砂包基础（当采用条形基础或墩式基础时），其做法如图 29.5.4 所示，砂包顶面应用混凝土或其他防水材料封闭。对于一般地区，可按地基等级设置圈梁（隔层或层层）。在外墙阳角及楼梯间四角设置构造柱等。

29.5.2　施工及维护管理要点

在膨胀土地基施工过程中，如不采取相应措施，往往会引起土中水分的变化。而后者

又孕育着土的胀缩变形，因此，各种施工工艺的确定应以保证地基土中水分尽量少变化为原则，这就要求既管理施工用水又要防止暴晒。在维护管理上，也应以此为准。

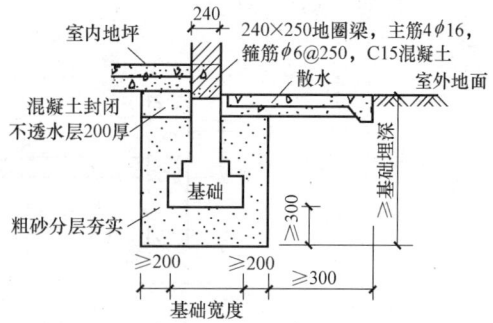

图 29.5.4　砂包基础构造图

基础施工前，应先完成场区土方、挡土墙、护坡、防洪沟及排水沟等工程，使场地内排水畅通、边坡稳定；施工用水应妥善处理，防止管网漏水；临时水池、洗料场、淋灰池、搅拌站等至建筑物外墙的净距不应小于 10m；要确实防止施工用水流入基坑（槽）内；需大量浇水的材料应堆放在距坑（槽）边缘 10m 以外；开挖基坑（槽）时，如发现有地裂、局部上层滞水或土层有较大变化时，应及时处理后才能继续施工；基础、管道等施工宜采用分段快速作业法，施工过程中不得使基坑（槽）暴晒或泡水；宜避开雨期施工，必要时采取防水措施，如坑内泡水，要及时清除淤土；验槽后，应及时浇筑混凝土垫层和砌造基础；否则，应在基底标高以上预留 15～20cm 土层，待下一道工序开始前挖除，或采取喷（抹）1：3 水泥砂浆或土工塑料膜覆盖等封闭坑底的措施；基坑（槽）回填土应与砌体砌筑相配合，每砌高 50cm，立即分两步回填夯实，严禁砌出地面后一次回填，填料可采用非膨胀性土、弱膨胀土［其含水量约为（1.1～1.2）w_p］及掺有石灰或其他材料的膨胀土，夯实土的干密度不应小于 15.5kN/m³；在施工灌注桩时，不得在其成孔过程中向孔内注水。孔底虚土须经处理后，才能向孔内浇灌混凝土。

要对膨胀土场区内的建筑物、管道、地面排水、环境绿化、边坡、挡土墙等经常进行认真的维护管理，如发现有不正常现象应及时检修。严禁破坏边坡坡脚和墙基，或在坡肩上大面积堆料。当坡体表面出现通长水平裂缝时，应及时采取措施，预防坡体滑动。为防止树木枝叶长得太茂盛而加大蒸腾量，应定期修剪树枝。

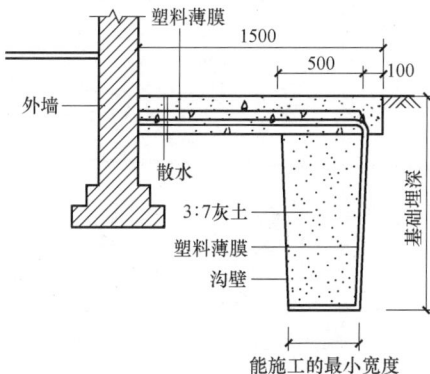

图 29.5.5　塑料薄膜灰土帷幕构造图

29.5.3　事故处理

对于因地基土的胀缩变形而导致开裂或破坏的房屋等，通常采用塑料薄膜灰土帷幕或保湿暗沟等措施。

塑料薄膜灰土帷幕是一种阻碍和延缓地基土中水分转移，以保证水分稳定的保湿措施，可与宽散水结合使用。当帷幕深度达到大气影响急剧层深度时，散水宽度可适当减小（如1.5m）。塑料薄膜灰土帷幕的做法如图 29.5.5 所示。薄膜应适用较厚的聚乙烯薄膜，一般用两层，铺设时其搭接部分不应小于 10cm 并热合处理。

保湿暗沟常用于处理损坏的一二层房屋，其做法如图 29.5.6 所示。对于无经常水源的房屋、Ⅲ级膨胀土地基和长期干旱地区，则不得采用。

对于临坡的损坏房屋，应首先治坡，然后再整治房屋，可用保湿暗沟或塑料薄膜灰土帷幕。

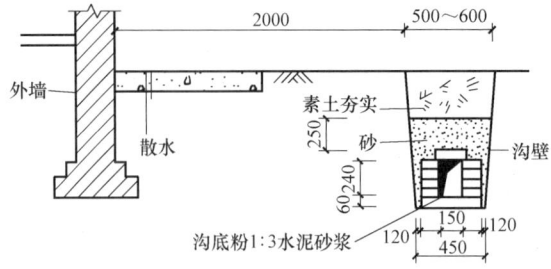

图 29.5.6　保湿暗沟构造图

第30章 多年冻土地基

30.1 概　　述

冻土是一种含冰的负温地质体。季节冻土遭受反复冻融作用，多年冻土多年保持冻结状态。用冻土作为建筑物地基时，由于含冰与反复的冻融作用，使地基情况更为复杂，增大了地基的不稳定性。

作为建筑地基的冻土，根据持续时间可分为季节冻土与多年冻土；根据所含盐类与有机物的不同，可分为盐渍化冻土与冻结泥炭化土；根据其变形特性，可分为坚硬冻土、塑性冻土与松散冻土；根据冻土的融沉性与土的冻胀性，又可分成若干亚类。

温度连续三年或三年以上保持在摄氏零度或零度以下，并含有冰的土层，称为多年冻土。多年冻土地基的表层常覆盖有季节性冻土（或称融冻层）。在多年冻土上修建建筑物后，由于建筑物地基中的热量改变了多年冻土的地温状态，使冻土逐年融化而强度显著降低，压缩性明显增高，从而导致上部结构破坏或妨碍正常使用。多年冻土与季节性冻土不同，埋藏深而厚度大，设计中很难处理，因此有必要作为特殊地基来考虑。

多年冻土分布在年平均气温约低于−2℃、冰冻期长达七个月以上的严寒地区。在我国基本上集中在两大区域：一是在内蒙古自治区和黑龙江省大小兴安岭一带；二是在青藏高原和甘肃、新疆高山区。

多年冻土在平面上的分布有三种形态：

（1）整片连续；

（2）岛状；

（3）整片连续但有局部岛状融区。

我国东北地区的多年冻土属于后两种，厚度为几米至几十米不等，多数呈透镜体状。青藏高原的多年冻土基本上为整片连续，厚度在30m以上，最厚可达200m左右。

多年冻土在垂直剖面上可分为衔接的和不衔接的。如果季节性冻层能冻到多年冻土的顶面（称为年冻土上限），则为衔接的（图30.1.1a）；反之，即为不衔接的（图30.1.1b）。青藏高原的多年冻土为衔接的，而东北地区则两者都有。

多年冻土按其发展趋势，可分为发展的和退化的。如土层每年散热比吸热多，多年冻土逐渐变厚，即为发展的多年冻土；如土层每年吸热比散热多，地温逐年升高，多年冻土层逐渐融化变薄以致消失，即为退化的多年冻土。当然，在自然条件下

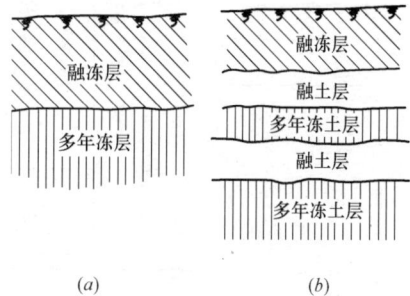

图 30.1.1　衔接的与不衔接的多年冻土层
（a）衔接的；（b）不衔接的

不论是发展还是退化，都是十分缓慢的过程。但了解其发展趋势，对于应采取怎样的设计原则是十分重要的，因为可以能动地顺应自然和改造自然，视工程要求加速或延缓其变化。如清除地表草皮等覆盖，可加速多年冻土的退化；而采用厚填土，则可加速多年冷层的发展，使上限上升。

在多年冻土地区常见到一些特殊的不良地质现象，如地下冰、热融滑坍、冰椎、冰丘等，在勘察时应充分查明，以便采取相应的措施。

30.2 冻土的分类

30.2.1 季节冻土按冻胀性分类

季节冻土与多年冻土季节融化层土，根据土平均冻胀率 η 的大小，可分为不冻胀土、弱冻胀土、冻胀土、强冻胀土和特强冻胀土五类，分类时还应符合表 30.2.1 的规定。冻土层的平均冻胀率 η 应按式（30.2.1）计算：

$$\eta = \frac{\Delta z}{h' - \Delta z} \times 100(\%) \tag{30.2.1}$$

式中 Δz——地表冻胀量，mm；

       h'——冻层厚度，mm。

季节冻土与季节融化层土的冻胀性分类   表 30.2.1

土的名称	冻前天然含水率 $w(\%)$	冻前地下水位距设计冻深的最小距离 h_w(m)	平均冻胀率 $\eta(\%)$	冻胀等级	冻胀类别
碎(卵)石，砾、粗、中砂(粒径小于 0.075mm 的颗粒含量不大于 15%)，细砂(粒径小于 0.075mm 的颗粒含量不大于 10%)	不饱和	不考虑	$\eta \leq 1$	I	不冻胀
	饱和含水	无隔水层	$1 < \eta \leq 3.5$	II	弱冻胀
	饱和含水	有隔水层	$3.5 < 7$	III	冻胀
碎(卵)石，砾、粗、中砂(粒径小于 0.075mm 的颗粒含量大于 15%)，细砂(粒径小于 0.075mm 的颗粒含量大于 10%)	$w \leq 12$	>1.0	$\eta \leq 1$	I	不冻胀
		≤ 1.0	$1 < \eta \leq 3.5$	II	弱冻胀
	$12 < w \leq 18$	>1.0			
		≤ 1.0	$3.5 < \eta \leq 6$	III	冻胀
	$w > 18$	>0.5			
		≤ 0.5	$6 < \eta \leq 12$	IV	强冻胀
粉砂	$w \leq 14$	>1.0	$\eta \leq 1$	I	不冻胀
		≤ 1.0	$1 < \eta \leq 3.5$	II	弱冻胀
	$14 < w \leq 19$	>1.0			
		≤ 1.0	$3.5 < \eta \leq 6$	III	冻胀
	$19 < w \leq 23$	>1.0			
		≤ 1.0	$6 < \eta \leq 12$	IV	强冻胀
	$w > 23$	不考虑	$\eta > 12$	V	特强冻胀

土的名称	冻前天然含水率 $w(\%)$	冻前地下水位距设计冻深的最小距离 $h_w(m)$	平均冻胀率 $\eta(\%)$	冻胀等级	冻胀类别
粉土	$w \leqslant 19$	>1.5	$\eta \leqslant 1$	I	不冻胀
		$\leqslant 1.5$	$1 < \eta \leqslant 3.5$	II	弱冻胀
	$19 < w \leqslant 22$	>1.5			
		$\leqslant 1.5$	$3.5 < \eta \leqslant 6$	III	冻胀
	$22 < w \leqslant 26$	>1.5			
		$\leqslant 1.5$	$6 < \eta \leqslant 12$	IV	强冻胀
	$26 < w \leqslant 30$	>1.5			
		$\leqslant 1.5$	$\eta > 12$	V	特强冻胀
	$w > 30$	不考虑			
黏性土	$w \leqslant w_p + 2$	>2.0	$\eta \leqslant 1$	I	不冻胀
		$\leqslant 2.0$	$1 < \eta \leqslant 3.5$	II	弱冻胀
	$w_p + 2 < w \leqslant w_p + 5$	>2.0			
		$\leqslant 2.0$	$3.5 < \eta \leqslant 6$	III	冻胀
	$w_p + 5 < w \leqslant w_p + 9$	>2.0			
		$\leqslant 2.0$	$6 < \eta \leqslant 12$	IV	强冻胀
	$w_p + 9 < w \leqslant w_p + 15$	>2.0			
		$\leqslant 2.0$	$\eta > 12$	V	特强冻胀

注：1. w_p—塑限含水率（%）；w—冻前天然含水率在冻层内的平均值；

2. 盐渍化冻土不在表列；

3. 塑性指数大于 22 时，冻胀性降低一级；

4. 粒径小于 0.005mm 的颗粒含量大于 60% 时，为不冻胀土；

5. 碎石类土当填充物大于全部质量的 40% 时，其冻胀性按填充物上的类别判定；

6. 隔水层指季节冻结层底部及以上的隔水层。

30.2.2 多年冻土按融沉性分类

根据土融化下沉系数 δ_0 的大小，多年冻土可分为不融沉、弱融沉、融沉、强融沉和融陷土五类，分类时还应符合表 30.2.2 的规定。冻土层的平均融化下沉系数 δ_0 可按式（30.2.2）计算：

$$\delta_0 = \frac{h_1 - h_2}{h_1} = \frac{e_1 - e_2}{1 + e_1} \times 100(\%)$$ （30.2.2）

式中 h_1、e_1——冻土试样融化前的高度（mm）和孔隙比；

h_2、e_2——冻土试样融化后的高度（mm）和孔隙比。

多年冻土的融沉性分类　　　表 30.2.2

土的名称	总含水率 $w(\%)$	平均融沉系数 δ_0	融沉等级	融沉类别	冻土类型
碎（卵）石，砾、粗砂、中砂（粒径小于 0.075mm 的颗粒含量不大于 15%）	$w < 10$	$\delta_0 \leqslant 1$	I	不融沉	少冰冻土
	$w \geqslant 10$	$1 < \delta_0 \leqslant 3$	II	弱融沉	多冰冻土

土的名称	总含水率 w(%)	平均融沉系数 δ_0	融沉等级	融沉类别	冻土类型
碎(卵)石,砾、粗砂、中砂(粒径小于0.075mm的颗粒含量大于15%)	$w<12$	$\delta_0 \leqslant 1$	I	不融沉	少冰冻土
	$12 \leqslant w<15$	$1<\delta_0 \leqslant 3$	II	弱融沉	多冰冻土
	$15 \leqslant w<25$	$3<\delta_0 \leqslant 10$	III	融沉	富冰冻土
	$w \geqslant 25$	$10<\delta_0 \leqslant 25$	IV	强融沉	饱冰冻土
粉砂、细砂	$w<14$	$\delta_0 \leqslant 1$	I	不融沉	少冰冻土
	$14 \leqslant w<18$	$1<\delta_0 \leqslant 3$	II	弱融沉	多冰冻土
	$18 \leqslant w<28$	$3<\delta_0 \leqslant 10$	III	融沉	富冰冻土
	$w \geqslant 28$	$10<\delta_0 \leqslant 25$	IV	强融沉	饱冰冻土
粉土	$w<17$	$\delta_0 \leqslant 1$	I	不融沉	少冰冻土
	$17 \leqslant w<21$	$1<\delta_0 \leqslant 3$	II	弱融沉	多冰冻土
	$21 \leqslant w<32$	$3<\delta_0 \leqslant 10$	III	融沉	富冰冻土
	$w \geqslant 32$	$10<\delta_0 \leqslant 25$	IV	强融沉	饱冰冻土
黏性土	$w<w_p$	$\delta_0 \leqslant 1$	I	不融沉	少冰冻土
	$w_p \leqslant w< w_p+4$	$1<\delta_0 \leqslant 3$	II	弱融沉	多冰冻土
	$w_p+4 \leqslant w< w_p+15$	$3<\delta_0 \leqslant 10$	III	融沉	富冰冻土
	$w_p+1 \leqslant w< w_p+35$	$10<\delta_0 \leqslant 25$	IV	强融沉	饱冰冻土
含土冰层	$w \geqslant w_p+35$	$\delta_0>25$	V	融陷	含土冰层

注：1. 总含水率 w，包括冰和未冻水；

2. 盐渍化冻土、冻结泥炭化土、腐殖土、高塑性黏土不在表列；

3. 粗颗粒土用起始融化下沉含水率代替 w_p。

30.3　冻土的物理力学性质

30.3.1　土的起始冻结温度和冻土的未冻水含量

各种土的起始冻结温度是不一样的。砂土、砾石土约在0℃时冻结；可塑的粉土在0.2～−0.5℃开始冻结；坚硬黏土和粉质黏土在−0.6～−1.2℃开始冻结。对同一种土，含水量越小，起始冻结温度越低（图30.3.1）。当土的温度降到起始冻结温度以下时，部分孔隙水开始冻结。随着温度的进一步降低，土中未冻水的含量逐渐减少，但不论温度多低、土中仍含有未冻水，冻水中未冻水的含量对其力学性质有很大影响。根据未冻水含量和冰的胶结程度，可将冻土分为：

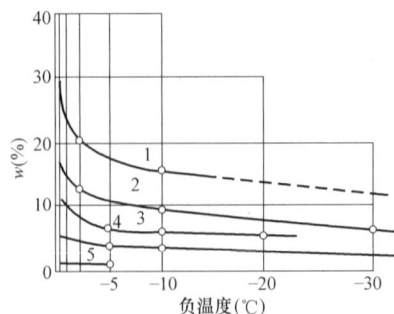

图 30.3.1　冻土起始冻结温度
与含水量的关系

1、2—黏土；3—粉质黏土；
4—粉土；5—砂土

1. 坚硬冻土

土中未冻水含量很少，土粒为冰牢固胶结，土的强度高，压缩性小，在荷载下表现为脆性破坏，与岩石相似。当土的温度低于下列数值时，易呈坚硬冻土：粉砂-0.3℃，粉土-0.6℃，粉质黏土-1.0℃，黏土-1.5℃。

2. 塑性冻土

含大量未冻水，土的强度不高，压缩性较大。当土的温度在0℃以下至坚硬冻土温度上限之间，饱和度 $S_r \leqslant 80\%$ 时，呈塑性冻土状态。

3. 松散冻土

土粒未被冰所胶结，仍呈冰前的松散状态，其力学性质与未冻土没有太大的差别。砂土与碎石常呈松散冻土状态。

根据所含盐类与有机物的不同，冻土又可分为盐渍化冻土与冻结泥炭化土。它们的承载力特性与非盐渍化或非泥炭化的冻土不同，应按冻土地基规范加以区分。

30.3.2 冻土的构造和融陷性

由于土的冻结速度、冻结和边界及土中水的多少不同，在冻结中可以形成三种冻土构造（图30.3.2）：

（a）晶粒状构造——冻结时没有水分转移，水分就在原来的孔隙中结成冰。一般的砂土或含水量小的黏性土具有这种构造；

（b）层状构造——土呈单向冻结并有水分转移时形成这种构造，冰和矿物颗粒离析，形成冰夹层。在饱和的黏性土或粉砂中常见；

（c）网状构造——由于多向冻结条件下有水分转移而形成。

一般晶粒构造的冻土融沉性不大，而层状和网状构造的冻土在融化时可产生很大的融沉。

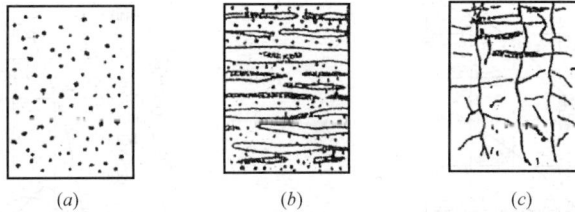

图30.3.2 冻土的构造
(a) 晶粒状的；(b) 层状的；(c) 网状的

冻土的融沉性可由融化下沉系数 δ_0 表示，见式（30.2.2）。

根据融化下沉系数 δ_0 的不同，可将多年冻土分为不融沉、弱融沉、融沉、强融沉和融陷土五类，见表30.2.2。

30.3.3 多年冻土的主要物理指标

冻土是由矿物颗粒、冰、未冰水和气体四项组成。表示冻土物理状态的指标除常用物理指标外，还有几个特殊指标：

1. 相对含冰量 i_c

即冰的质量与全部水的质量（包括冰）之比（％）。

2. 冰夹层含水量（或包裹体含水量）w_b

即冰包裹体（冰夹层）的水的质量与土骨架质量之比（％）。

3. 未冻水含量 w_u

$$w_u = (1 - i_c)w \qquad (30.3.1)$$

式中 w——含水量。

4. 质量含冰量（也称饱冰度）V

即冰的质量与土的总质量之比（％）。

$$V = \frac{i_c w}{1 + w} \qquad (30.3.2)$$

5. 冰夹层含冰量（也称包裹体含冰量）B_b

即指冰透镜体的冰夹层体积占冻土总体积的比（％）。

6. 冻胀量 V_p

即土在冻结过程中的相对体积膨胀，以小数表示。

$$V_p = \frac{\gamma_r - \gamma_d}{\gamma_r} \qquad (30.3.3)$$

式中 γ_r、γ_d——分别为冻土融化和融化前的干重度，kN/m^3。

30.3.4 多年冻土的抗压强度与抗剪强度

冻土的抗压强度比未冻土大许多倍，并且与温度和含水量有关。冻土的抗压强度随温度的降低而增高（图30.3.3），这是因为温度降低时不仅含冰量增加而且冰的强度也增大的缘故。冻土的抗压强度又随土含水量的增加而增加（图30.3.4），因为含水量越大，起胶结作用的冰也越多。但含水量过大时，其抗压强度反而减小并趋于某个定值，相当于纯冰在该温度下的强度。

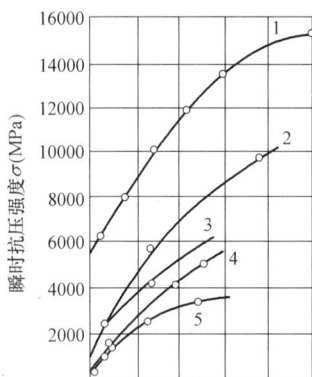

图 30.3.3 冻土瞬时抗压强度与负温的关系
1—砂；2、3—粉土；4、5—黏土

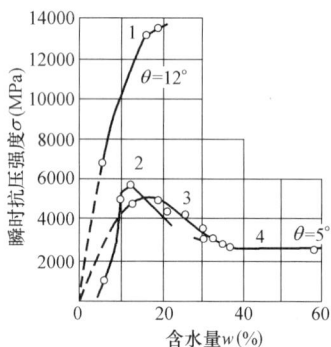

图 30.3.4 冻土瞬时抗压强度与含水量的关系
1—砂（$\theta \approx -12℃$）；2—粉土；3—黏土；
4—黏土（$\theta \approx -5℃$）

冻土中因有冰和未冻水存在，故在长期荷载下有强烈的流变性（图30.3.5）。长期荷载作用下的冻土极限抗压强度比瞬时荷载下的抗压强度要小很多倍（图30.3.6），而且与冻土的含冰量及温度有关，在选用地基承载力时必须考虑到这一点。

多年冻土在抗剪强度方面的表现与抗压强度类似。由图30.3.7中可以看出，在长期荷载作用下，冻土的抗剪强度比瞬时荷载作用下的抗剪强度低了很多，所以，一般情况下只能考虑其长期抗剪强度。此外，由于冻土的内摩擦角不大，故可近似地把冻土看作理想黏滞体，即 $\varphi = 0$ 并按第9章中的公式计算冻土地基的极限荷载或临塑荷载，以试验求得的长期内聚力 c_c 代替公式中的 c 值。

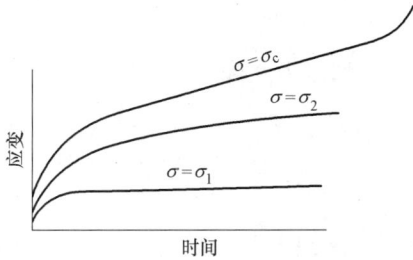

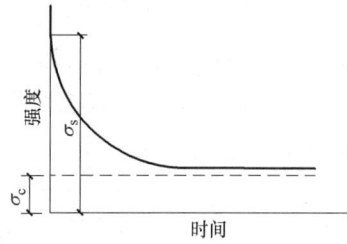

图 30.3.5　冻土的应变与时间关系（流变性）

σ—压应力；σ_c—长期抗压强度；

σ_1 及 σ_2—均为小于 σ_c 的某个压力值

图 30.3.6　冻土的抗压强度与荷载作用

历时的关系（应力松弛）

σ_s—瞬时抗压强度；σ_c—长期抗压强度

冻土融化后的抗压强度与抗剪强度将显著降低。对于含冰量很大的土，融化后的黏聚力约为冻结时的 $\frac{1}{10}$。这时，建于冻土上的建筑物将因地基强度破坏而造成严重事故。

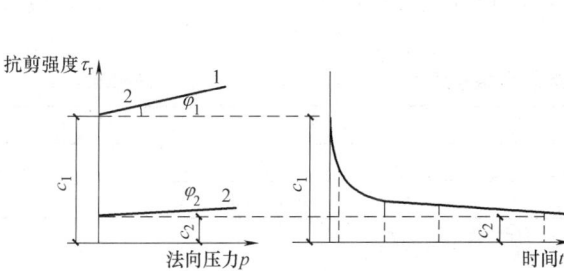

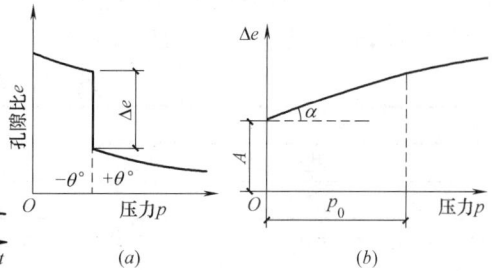

图 30.3.7　冻土的抗剪强度 τ_f 与法向压力 p 及

荷载作用时间 t 的关系

1—荷载快速增长时；2—荷载缓慢增长时

图 30.3.8　冻土融化前后的孔隙比变化曲线

（a）冻土的压缩曲线，在温度由 $-0\,℃$ 上升至 $+0\,℃$ 时，孔隙比有突变；（b）融化前后孔隙比的突变和压力的关系

30.3.5　冻土的变形性质

在短期荷载作用下，冻土的压缩性很低，类似岩石，可不计其变形。在荷载长期作用时，压缩性可能相当大，压缩系数可达 $0.05\sim0.2\text{MPa}^{-1}$，必须考虑冻土地基的变形。

冻土融化时可变成高压缩性和稀释的土体，产生剧烈的变形（融陷）。图 30.3.8（a）表明，冻土在融化前后孔隙比 e 发生明显的突变。图 30.3.8（b）表示孔隙比 Δe 变化与压力 p 的关系。压力 p 越大，则融化前后的孔隙比之差 Δe 也越大。在一定压力范围内（$p\leqslant50\text{kPa}$），这一关系可看作线性关系，并以式（30.3.4）表示：

$$\Delta e = A + ap \tag{30.3.4}$$

式中　A——$\Delta e\text{-}p$ 曲线在纵轴上的截距，称为融陷系数；

　　　a——$\Delta e\text{-}p$ 曲线的斜率 $a=\tan\alpha$，称为冻土融化时的压缩系数。

冻土地基的融陷变形计算公式为：

$$s = \frac{\Delta e}{1+e_1}h = \frac{A}{1+e_1}h + \frac{ap}{1+e_1}h = A_0 h + a_0 ph \tag{30.3.5}$$

式中　e_1——冻土的原始孔隙比；

　　　h——土层融化前的厚度；

　　　A_0——相对融陷量，$A_0 = \dfrac{A}{1+e_1}$；

a_0——引用压缩系数，$a_0 = \dfrac{a}{1+e_1}$；

p——作用在冻土上的总压力（即自重压力和附加压力之和）。

上述公式表明，冻土地基的融陷变形由两部分组成：一部分与压力无关，另一部分与压力有关。

30.4 冻土地基勘察要点

多年冻土地区建筑地基基础设计前应进行冻土工程地质勘察，查清建筑场地的冻土工程地质条件。

在对多年冻土钻探、取样、运输、储存及试验等过程中，应采取防止试样融化的措施。

季节冻土地基勘探孔的深度和间距可与非冻土地基的勘察要求相同；多年冻土地基勘察应考虑多年冻土用作地基的三种状态的设计要求（详见 30.5 节），勘探点间距应符合表30.4.1 的规定；控制性钻孔应占钻孔总数的 1/3～1/2；钻孔的深度应符合表 30.4.2 的规定；取样数量应满足设计需要。

多年冻土地基勘探点间距   表 30.4.1

冻土分布类型	孔间距(m)
岛状(不连续)多年冻土区	10～15
大片(连续)多年冻土区	15～25

注：为查清多年冻土平面分布界限时，可根据情况适当加密勘探点间距。

多年冻土地基勘探深度   表 30.4.2

冻土分布类型	钻孔类型	钻孔深度
岛状(不连续)多年冻土区	控制性钻孔	穿透下限进入稳定地层不小于 5m 且孔深不小于 20m,若采用桩基应大于 25m
	一般钻孔	穿透下限且孔深不小于 15m,若采用桩基应大于 20m
大片(连续)多年冻土区	控制性钻孔	一般场地大于 15m;复杂场地或采用桩基大于 25m
	一般钻孔	一般场地大于 10m;复杂场地或采用桩基大于 20m

注：在钻探深度内遇到基岩时，可适当减少钻孔深度。

多年冻土勘察主要包括以下内容：

1）查明多年冻土的类别、冻土总含水量、冻土中含水量的分布规律、冻土结构特征、厚度和冻土的物理力学性质，进行融陷性分类及评价。

2）查明地下水与地下水的特征，研究多年冻土层上水、层间水、层下水的埋藏形式、相互关系及其对工程建筑的影响。

3）查明多年冻土上限深度的分布范围，确定多年冻土上限深度的采用数值。

4）查明多年冻土地区各种不良地质现象，如厚层地下水、冰椎、冰丘、冻土沼泽、热融滑塌、热融湖塘、融冻泥流等的形态特征、形成条件、分布范围、发生发展规律，分析对工程建筑的危害程度。

5）查明大河桥渡冻融区的分布情况。

6）查明地下洞室遇地下水、冻土融化圈造成围岩强度降低及冰层融化、水分转移可能引起的岩土工程问题。

7) 调查填料、保温材料及工程用水的分布情况。

对多年冻土地基，应根据建筑地基基础设计等级、冻土工程地质条件、冻土特征、地温特征、地基采用的设计状态等情况，岩土勘察报告宜提供下列设计所需资料：

1) 气象资料 年平均气温、融化指数（冻结指数）、冬季月平均风速、年平均降水量；

2) 地温资料 年平均地温、标准融深（标准冻深）、秋末冬初地温沿深度的分布；

3) 冻土物理参数 干密度、总含水率、相对含冰率、盐渍度、泥炭化程度、冻土构造、冰夹层厚度；

4) 冻土与未冻土的热物理参数 导热系数、导温系数、容积热容量；

5) 冻土强度指标 冻结强度、抗剪强度、承载力特征值、体积压缩系数、压缩系数；

6) 冻土融化指标 融化下沉系数、融土体积压缩系数、融土承载力特征值；

7) 土的冻胀指标 冻胀率、冻切力、水平冻胀力；

8) 地下水分布的资料及特征、不良冻土现象的分布及特征。

对地基基础设计等级为甲级或乙级的建筑物，其所在多年冻土场区宜进行地温观测等原位试验。

上述多年冻土勘察任务是通过勘探和测试工作来完成的。因此，为很好地完成勘察任务，对勘探和测试工作有如下要求：

1) 勘探点数量、深度，除满足一般要求外，尚应适当增加数量，以查明冻土层变化情况和上限深度，并应符合下列要求：

（1）所有勘探点的深度均应穿透上限深度，一般情况下宜小于上限深度的 1.5 倍。在多年冻土不稳定地带，应有部分钻孔查明多年冻土下限深度。当地基为饱冰冻土或含冰土层时，勘探点应适当加深或穿透该层；

（2）在采用保持冻结原则时，对二三级建筑物地基的勘探深度，应至基底下一定深度或基底以下 2~3m；对一级建筑物或其他重要工程，应视具体情况研究确定。

2) 在多年冻土地区钻探时，应尽量缩短钻探时间，以避免在钻孔周围造成人工融化区或孔内冻结。为避免钻头摩擦生热而破坏冻层结构，宜采用低速钻进并采用大孔径，终孔直径不宜小于 108mm，钻进中不宜采用泥浆液，必要时可采用低温泥浆液。

3) 凡采用保持冻结原则设计地段的勘探孔，竣工后均需进行回填。

4) 冻土的试样应尽快试验，以免土试样融化。

5) 多年冻土的试验项目，除按一般物理力学性质试验要求外，应根据各类工程的不同需要，提供热物理及冻土力学参数，如导温系数、融化系数、冻土地基承载力等。

6) 为查明地温状态与土的物理力学性质的关系，必要时应建地温观测点。

季节性冻土地基勘探孔的深度和间距，可与非冻土地基的勘察要求相同。

在季节冻土层深度与多年冻土季节融化层深度内，应沿其深度方向采取土样，取样数量应根据设计需要确定且每层不应少于一个试样，取样间距不大于 1m。

30.5 多年冻土地基基础的设计

设计前应获得下列基本资料：

（1）场地的工程地质勘察资料，包括多年冻土的分布形态和埋藏条件；土和温度状态；冻土的物理力学指标；冻土的组成和构造；地下水和季节冻层的情况；有无冻胀、冰椎、寒冻裂缝等不良现象；建筑区的气候条件等；

（2）上部结构的特点、用途、使用情况及其与地基的相互作用；

（3）邻近建筑物、地下管道等的建造和使用情况以及植被和雪被破坏对多年冻土的影响。

根据上述资料确定地基基础的设计原则。

多年冻土地基基础设计，可以采取两种不同的设计原则：（a）保持冻结法；（b）允许融化法。《冻土地区建筑地基基础设计规范》JGJ 118 中，又将其细分为了三种设计状态：保持冻结状态、逐渐融化状态或预先融化状态。一般来说，当冻土温度较低、土温比较稳定，或者是坚硬和融陷性很大的冻土时，采取保持冻结法比较合理，特别是对那些不采暖房屋和带不采暖地下室的采暖建筑物最为适宜。对于塑性冻土或采暖建筑物，如能采取措施，也可按保持冻结法进行设计。如果冻土是退化的，厚度不大；基岩或不融陷的承载力很高的土层埋藏较浅；不连续分布的小块岛状冻土或融陷量不大的冻土层，则采取允许融化的原则较合理。特别对上部结构刚度较好或对不均匀沉降不敏感的结构物；大量散热的建筑物（如高温车间、浴室等）以及不允许采用通风地下室或其他保持地基冻结状态的方法时，更应按允许融化原则进行设计。当预估融陷量超过地基允许变形值时，也可采取人工预融法将冻土融化后再建基础，或者适当加固地基（如换填融陷性不大的土等）。

30.5.1 按保持冻结状态设计

保持冻结状态的设计中，宜用于下列场地的地基：

1）多年冻土的年平均地温低于－1.0℃的场地；

2）持力层范围内的土层处于坚硬冻结状态的基础；

3）地基最大融化深度范围内，存在融沉、强融沉、融陷性土及其夹层的地基；

4）非采暖建筑或采暖温度偏低，占地面积不大的建筑物地基。

1. 基础的结构形式

为了尽量减少基础传入地基的热量，宜采用柱基或桩基。但即使这样做，也还有热量传入地基，为了将热量完全导走，就要导入冷空气来平衡它。为此，在永冻土地区常采用：

（1）设置架空且通风的底层地板；

（2）采用地下冷却装置（冷却管、地沟等）。通风管或外墙上留的通风口的面积应经过热工计算。在夏季这些通风口应能闭上，以免室外空气的进入。

2. 基础最小埋深 d_{min}

按保持冻结状态利用多年冻土作地基时，基础埋深深度可通过热工计算确定，但不得小于建筑物地基多年冻土的稳定人为上限埋深以下 0.5m。在无建筑物稳定人为上限资料时，基础的最小埋置深度，对于架空通风基础及冷基础，可根据冻土的设计融深 z_d^m 确定，并应符合表 30.5.1 的规定。

基础最小埋置深度 d_{min}　　　　　　表 30.5.1

地基基础设计等级	建筑物基础类型	基础最小埋深（m）
甲级、乙级	浅基础	$z_d^m + 1$
丙级	浅基础	z_d^m

融深设计值应按式（30.5.1）计算：

$$Z_d^m = Z_0^m \psi_s^m \psi_w^m \psi_c^m \psi_{t0}^m \tag{30.5.1}$$

式中　z_0^m——标准融深（m）；

ψ_s^m——土的类别对融深的影响系数，按表30.5.2的规定取值；

ψ_w^m——融深性对融深的影响系数，按表30.5.3的规定取值；

ψ_{t0}^m——场地地形对融深的影响系数，按表30.5.4的规定取值；

ψ_c^m——地表覆盖影响系数，按表30.5.5的规定取值。

土的类别对融深的影响系数 ψ_s^m　　　　　　　表30.5.2

土的类别	ψ_s^m	土的类别	ψ_s^m
黏性土	1.00	中砂、粗砂、砾砂	1.30
细砂、粉砂、粉土	1.20	碎(卵)石土	1.40

融沉性对融深的影响系数 ψ_w^m　　　　　　　表30.5.3

湿度(融沉性)	ψ_w^m	湿度(融沉性)	ψ_w^m
不融沉	1.00	强融沉	0.85
弱融沉	0.95	融陷	0.80
融沉	0.90		

地形对融深的影响系数 ψ_{t0}^m　　　　　　　表30.5.4

地形	ψ_{t0}^m	地形	ψ_{t0}^m
平坦地面	1.00	阳坡斜坡	0.90
阴坡斜坡	1.10		

地表覆盖影响系数 ψ_c^m　　　　　　　表30.5.5

覆盖类型	ψ_c^m	覆盖类型	ψ_c^m
地表草炭覆盖	0.7	裸露地表	1.0

3. 保持冻结状态地基的计算

1）当采用保持冻结状态设计时，地基承载力计算，基础底面的压力应符合下式要求：

（1）当轴心荷载作用时

$$p_k \leqslant f_a \tag{30.5.2}$$

式中　p_k——相应于荷载效应标准组合时，基础底面处的平均压力值，kPa；

f_a——未经深宽修正的地基承载力特征值（表30.5.6，kPa）。

（2）当偏心荷载作用时，除应符合式（30.5.2）要求外，尚应符合式（30.5.3）的要求：

$$p_{kmax} \leqslant 1.2 f_a \tag{30.5.3}$$

式中　p_{kmax}——相当于荷载效应标准组合时，基础底面边缘的最大压力值，kPa。

2）基础底面的压力，可按下列公式确定：

（1）当轴心荷载作用时

$$p_k = \frac{F_k + G_k}{A} \tag{30.5.4}$$

式中　F_k——相当于荷载效应标准组合时，上部结构传至基础顶面的竖向力值，kN；

G_k——基础自重和基础上的土重，kN；

A——基础地面面积，m^2。

（2）当偏心荷载作用时

$$p_{kmax} = \frac{F_k + G_k}{A} + \frac{M_k - M_e}{W} \qquad (30.5.5)$$

$$p_{kmin} = \frac{F_k + G_k}{A} - \frac{M_k - M_e}{W} \qquad (30.5.6)$$

式中　p_{kmin}——相当于荷载效应标准组合时，基础底面边缘的最小压力值，kPa；

$\quad\quad M_k$——相当于荷载效应标准组合时，作用于基础底面的力矩值，kN·m；

$\quad\quad W$——基础底面的抵抗矩，m^3；

$\quad\quad M_e$——作用于基础侧表面与多年冻土冻结的切向力所形成的力矩值，kN·m。

（3）切向力所形成的力矩值可按下式确定：

$$M_e = f_{ca} h_b L(b + 0.5L) \qquad (30.5.7)$$

式中　f_{ca}——多年冻土与基础侧表面间的冻结强度特征值（kPa），应由试验确定；当无试验资料时，可按表30.5.7的规定确定；

$\quad\quad h_b$——基础侧表面与多年冻土冻结的高度，m；

$\quad\quad b$——基础底面的宽度，m；

$\quad\quad L$——基础底面平行力矩作用方向的边长，m。

3）冻土地基承载力特征值

冻土地基承载力特征值应按现场静载荷试验确定，当不进行原位试验确定时，可根据冻结地基土的名称、土的温度，按表30.5.6的规定取值。

冻土承载力特征值 f_a 表30.5.6

土的名称	不同土温(℃)时的承载力特征值(kPa)					
	-0.5	-1.0	-1.5	-2.0	-2.5	-3.0
碎砾石类土	800	1000	1200	1400	1600	1800
砾砂、粗砂	650	800	950	1100	1250	1400
中砂、细砂、粉砂	500	650	800	950	1100	1250
黏土、粉质黏土、粉土	400	500	600	700	800	900

注：1. 冻土"极限承载力"可按表中数值乘2；

    2. 表中数值适用于表30.2.2中Ⅰ、Ⅱ、Ⅲ类的冻土类型；

    3. 冻土含水率属于表30.2.2中Ⅳ类土时，黏性冻土承载力取值应乘以0.8～0.6（含水率接近Ⅲ类时取0.8，接近Ⅴ类时取0.6，中间取中值），碎砾石土和砂冻土取值应乘以0.6～0.4（含水率接近Ⅲ类时取0.6，接近Ⅴ类时取0.4，中间取中值）；

    4. 当含水率小于等于未冻水的含水率时，应按不冻土取值；

    5. 表中温度是使用期间基础底面下的最高地温；

    6. 本表不适于盐渍化冻土及冻结泥炭土。

4）冻土与基础间的冻结强度特征值

冻土和基础间的冻结强度特征值应在现场进行原位测定，或在专门试验设备条件下进行试验测定。若无试验资料时，可依据冻结地基土的土质、物理力学指标，按表30.5.7的规定确定。对于盐渍化冻土与基础表面间的冻结强度，可按表30.5.8的规定确定；对于冻结泥炭化土，可按表30.5.9的规定确定。

类别	温度(℃)						
	−0.2	−0.5	−1.0	−1.5	−2.0	−2.5	−3.0
黏性土、粉土							
Ⅲ	35	50	85	115	145	170	200
Ⅱ	30	40	60	80	100	120	140
Ⅰ、Ⅳ	20	30	40	60	70	85	100
Ⅴ	15	20	30	40	50	55	65
砂土							
Ⅲ	40	60	100	130	165	200	230
Ⅱ	30	50	80	100	130	155	180
Ⅰ、Ⅳ	25	35	50	70	85	100	115
Ⅴ	10	20	30	35	40	50	60
砾石土(粒径<0.075mm 的颗粒含量≤10%)							
Ⅲ	40	55	80	100	130	155	180
Ⅱ	30	40	60	80	100	120	135
Ⅰ、Ⅳ	25	35	50	60	70	85	65
Ⅴ	15	20	30	40	45	55	65
砾石土(粒径<0.075mm 的颗粒含量>10%)							
Ⅲ	35	55	85	115	150	170	200
Ⅱ	30	40	70	90	115	140	160
Ⅰ、Ⅳ	25	35	50	70	85	95	115
Ⅴ	15	20	30	35	45	55	60

注：1. Ⅰ、Ⅱ、Ⅲ、Ⅳ、Ⅴ类融沉等级可按表 30.2.2 的规定确定。

　　2. 插入桩侧面冻结强度按Ⅳ类土取值。

盐渍冻土与基础间的冻结强度特征值（kPa）　　　　表 30.5.8

土的盐渍度(%)	温度(℃)			
	−1	−2	−3	−4
细砂和中砂				
0.1	70	110	150	190
0.2	50	80	110	140
0.3	40	70	90	120
0.5	—	50	80	100
粉土				
0.15	80	120	160	210
0.3	60	90	130	170
0.5	30	60	100	130
1.0	—	—	50	80

土的盐渍度（%）	温度（℃）			
	−1	−2	−3	−4
	粉质黏土			
0.2	60	100	130	180
0.5	30	50	90	120
0.75	25	45	80	110
1.0	20	40	70	100

含植物残渣和泥炭混合物的冻土与基础间的冻结强度特征值（kPa）　　表 30.5.9

土的泥炭化程度ξ	温度（℃）					
	−1	−2	−1	−4	−6	−8
	砂土					
0.03<ξ≤0.10	90	130	160	210	250	280
0.10<ξ≤0.25	50	90	120	160	185	210
0.25<ξ≤0.60	35	70	95	130	150	170
	粉土、黏性土					
0.03<ξ≤0.10	60	100	130	180	210	240
0.10<ξ≤0.25	35	60	90	120	140	160
0.25<ξ≤0.60	25	50	80	105	125	140
泥炭	20	40	75	95	110	125

表 30.5.7～表 30.5.9 适用于混凝土或钢筋混凝土。不同材质的基础与冻土间的冻结强度，可按表 30.5.10 列出的修正系数进行修正。

不同材质基础表面状态修正系数　　表 30.5.10

基础材质及表面状况	木质	金属（表面未处理）	金属或混凝土表面涂工业凡士林或渣油	金属或混凝土增大表面粗糙度	预制混凝土
修正系数	0.90	0.66	0.40	1.20	1.0

图 30.5.1～图 30.5.3 是按保持冻结状态设计的工程实例。

30.5.2　按逐渐融化和预融化状态设计

1. 承载力计算

进行承载力计算时，应采用融化土地基承载力，按融化状态下地基的实测资料确定；无实测资料时，可按现行《建筑地基基础设计规范》GB 50007 相应规定确定。

2. 变形验算

地基变形量应符合式（30.5.8）的要求：

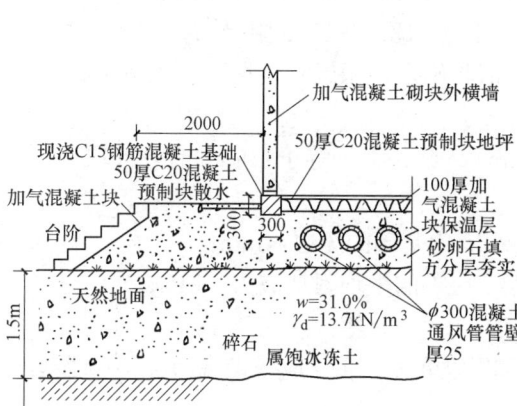

图 30.5.1 低填埋设管道通风基础图

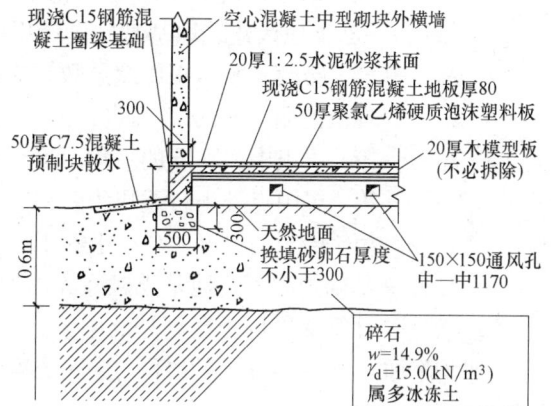

图 30.5.2 平铺式钢筋混凝土圈梁架空通风基础图

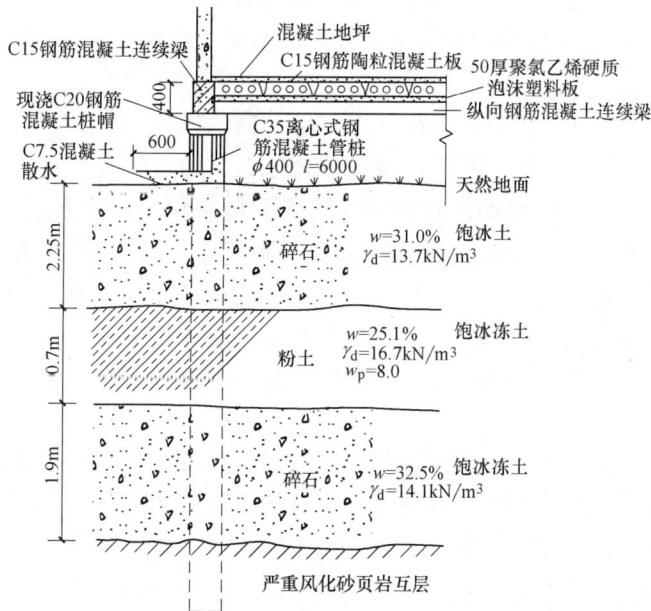

图 30.5.3 钢筋混凝土桩基架空通风基础图

$$s \leqslant s_y \tag{30.5.8}$$

式中 s——地基变形值，mm；

s_y——《建筑地基基础设计规范》GB 50007 规定的变形允许值。

在建筑物施工及使用过程中逐渐融化的地基土，应按线性变形体计算，其地基变形量由基于分层总和法的式（30.5.9）计算：

$$s = \sum_{i=1}^{n} \delta_{0i}(h_i - \Delta_i) + \sum_{i=1}^{n} m_v(h_i - \Delta_i)P_{ri} + \sum_{i=1}^{n} m_v(h_i - \Delta_i)P_{0i} + \sum_{i=1}^{n} \Delta_i$$

$$\tag{30.5.9}$$

式中　δ_{0i}——无荷载作用时第 i 层土融化下沉系数，由试验确定；无试验数据时，可见《冻土地区建筑地基基础设计规范》JGJ 118—2011 的附录 G；

$\quad m_v$——第 i 层融土的体积压缩系数，应由试验确定；无试验数据时，可按上述冻土规范的附录 G.0.3 确定；

$\quad \Delta_i$——第 i 层土中冰夹层的平均厚度（mm），当 Δ_i 大于等于 10mm 时才计取；

$\quad P_{ri}$——第 i 层中点处土自重压力，kPa；

$\quad h_i$——第 i 层土的厚度，h_i 小于等于 $0.4b$，b 为基础的短边，mm；

$\quad P_{0i}$——基础中心下，地基土融冻界面处第 i 层土的平均附加应力，kPa；

$\quad N$——计算深度内土层划分的层数。

平均附加应力 P_{0i} 是 i 层的层顶与层底处的附加应力的平均值，应按式（30.5.10）计算：

$$P_{0i} = (\alpha_i + \alpha_{i-1})\frac{1}{2}P_0 \qquad (30.5.10)$$

式中　α_{i-1}——基础中心下第 $i-1$ 层底面作为融化界面时土的应力系数（即基底附加应力 P_0 与 α_{i-1} 相乘后即得该处的附加应力），应按表 30.5.11 的规定取值；

$\quad \alpha_i$——第 i 层底面作为融化界面时的应力系数，按表 30.5.11 取值。

需要说明的是：

（1）式（30.5.9）中，第一项为融化下沉量；第二项为土重作用下压缩量；第三项为附加压力作用下的压缩量；第四项为冰透镜体和冰夹层融化时的下沉。

（2）冻融界面是逐步下移的，直到预估的冻融最大深度。融面以下近似看作可压缩的，因而界面处的附加应力是按上软下硬的双层地基考虑的（表 30.5.11），它比线弹性半无限体理论求出的附加应力大。在最大融化深度内的各个深度都曾经一度是融化界面，因此每个深度的附加应力均应按假定该深度为融化界面时，由双层地基理论确定。

地基冻土在最大融深范围内不完全预融时，其下沉量可按式（30.5.11）计算：

$$s = s_m + s_a \qquad (30.5.11)$$

式中　s_m——已融土层厚度 h_m 内的下沉量，应按式（30.5.9）计算，此时 δ_{0i} 为 0，Δ_i 为 0；

$\quad s_a$——已融土层下的冻土在使用过程中逐渐融化压缩的下沉量，应按式（30.5.9）计算，此时的计算深度 $h_i = H_u - H_m$；H_u 为地基土的融化总深度，$H_u = H_{max} + 0.2H_m$，其中 H_{max} 为地基冻土的计算最大融深。

基础下多年冻土融冻界面处土中的应力系数 α　　　　表 30.5.11

$\dfrac{h}{b_1}$	圆形（半径$=b_1$）	矩形基础底面长宽比 a/b					条形 $a/b>10$	简　　图
		1	2	3	10			
0	1.000	1.000	1.000	1.000	1.000	1.000	
0.25	1.009	1.009	1.009	1.009	1.009	1.009	
0.50	1.064	1.053	1.033	1.033	1.033	1.033	
0.75	1.072	1.082	1.059	1.059	1.059	1.059	
1.00	0.965	1.027	1.039	1.026	1.025	1.025	
1.50	0.684	0.762	0.912	0.911	0.902	0.902	
2.00	0.473	0.541	0.717	0.769	0.761	0.761	

$\dfrac{h}{b_1}$	圆形（半径＝b_1）	矩形基础底面长宽比 a/b					条形 $a/b>10$	简　图
		1	2	3	10			
2.50	0.335	0.395	0.593	0.651	0.636		0.636	
3.00	0.249	0.298	0.474	0.549	0.560		0.560	
4.00	0.148	0.186	0.314	0.392	0.439		0.439	
5.00	0.098	0.125	0.222	0.287	0.359		0.359	
7.00	0.051	0.065	0.113	0.170	0.262		0.262	
10.00	0.025	0.032	0.064	0.093	0.181		0.185	
20.00	0.006	0.008	0.016	0.024	0.068		0.086	
50.00	0.001	0.001	0.003	0.005	0.014		0.037	
∞	0.000	0.000	0.000	0.000	0.000		0.000	

由于偏荷载、冻土融深的不一致或土质不均匀及相邻基础相互影响等而引起的基础倾斜，应按式（30.5.12）计算：

$$i=\frac{s_1-s_2}{b} \tag{30.5.12}$$

式中　s_1、s_2——基础边缘下沉值，mm；

　　　　b——基础倾斜边的长度，mm。

图 30.5.4 是按逐渐融化状态设计的工程实例。

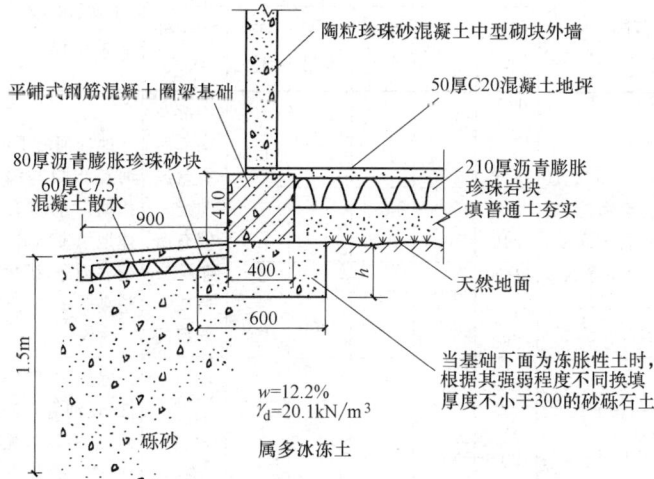

图 30.5.4　平铺式钢筋混凝土圈梁基础图

第31章 盐渍土地基

31.1 概　述

我国盐渍土主要分布在新疆、青海、甘肃、宁夏、内蒙古、陕西、西藏的大部分地区。此外，东北地区也有盐渍土的分布。

沿海各省则有滨海盐渍土。除了我国，在俄罗斯、美国、伊拉克、埃及、沙特阿拉伯、阿尔及利亚、印度以及非洲、欧洲等许多国家和地区均有分布。

盐渍土在农业上的危害主要是土壤盐渍化。盐渍土对工程上的危害较广泛，可以概括为三个方面：即溶陷性、膨胀性和腐蚀性。滨海盐渍土因常年处于饱和状态，其溶陷性和膨胀性不明显，主要是腐蚀方面的危害，而内陆盐渍土则三种危害兼而有之且较为严重。例如：天然状态下的盐渍土是很好的建筑地基，而一旦因自然条件改变而浸水，盐渍土地基就产生严重溶陷。所以，在工程上，研究和处理盐渍土的重点应面向内陆盐渍土。

我国土壤盐渍化的分区，参见表31.1.1。

中国土壤盐渍化分区表　　　　　　　　表31.1.1

区名	范围	气候特征						水文、水文地质特点	积盐特征及盐渍类型
		无霜期	Σt	年降水量	年蒸发量	干燥度	灾害性天气		
滨海湿润～半湿润海水浸渍盐渍区	沿海一带,北起辽东半岛经渤海湾、黄海、东海、台湾海峡、南海、海南岛等滨海	北部165～225	3200～4100	400～700		1.0～1.5	中部及南部时有台风袭击、偶有海啸袭击,造成局部海浸	地处河流下游,河流出口与海洋相通。水质有规律地呈带状分布,越靠近海,矿化度越高	盐渍类型主要以 NaCl 为主,北部含有 NaHCO₃ 成分,南部有酸性硫酸盐
		中部240	4500～8000	800～2000		0.75～1.0			
		南部240～365	8000～9500	1200～2000	800～1800	0.5～1.0			
东北半湿润～半干旱草原盐渍区	三江平原、松嫩平原和辽河平原	120～180	2000～3400	400～800	1600～1800	1.0～1.5	寒冷、冻结期长	除黑龙江、松花江、辽河等外流河外,还有许多无尾河,积水成为泡子,地下水和泡子水多含 NaHCO₃ 成分	冻融过程对盐分积累有重要影响,土壤和地下水的 NaHCO₃ 含量占总盐量的50%～80%
黄淮海半湿润～半干旱耕作盐渍区	冀、鲁、豫、苏、皖的黄河、淮河、海河的广大冲积平原	170～220	3400～4500	500～700	1800～2000	1.0～1.5	常受旱、涝危害	主要为黄河、淮河、海河三大水系。黄河为地上河对两岸有很大威胁	在低矿化条件下积盐,具有季节性积盐或脱盐,盐分在土壤中表聚性很强,以 SO₄-Cl 盐或 Cl-SO₄ 盐为主

区名	范围	气候特征						水文、水文地质特点	积盐特征及盐渍类型
		无霜期	Σt	年降水量	年蒸发量	干燥度	灾害性天气		
内蒙古高原干旱～半荒漠盐渍区	内蒙古东部高平原的呼伦贝尔和中部草原,狼山以北直抵中蒙边境	140～160	2000～3000	200～350	2000	1.25～1.5	常遇寒冷暴风雪的袭击	除海拉尔河、伊敏河等外流河外,内流水系发育成咸水湖、盐湖	在干旱草原条件下,碱土具有明显的剖面发育为NaHCO₃草甸盐渍土,还有大面积的潜在盐渍土
黄河中、上游半干旱～半荒漠盐渍区	陕、甘、青、蒙的一部分和宁大部分黄河流经地区	140～180	2500～3500	150～500	1800～2400		受干旱威胁,又常遭受强暴雨而发生水土流失	黄河流经本区,在鄂尔多斯高平原内有一些盐池和碱池	黄土高原中有潜在盐渍化,在黄河河套冲积平原有碱土、NaHCO₃盐渍土以及SO₄-Cl盐或Cl-SO₄盐渍土等
甘、新、蒙干旱～荒漠盐渍区	河西走廊、阿拉善以西和准格尔盆地		2500～3500	100～200个别<100	2000以上		受干旱、风沙威胁	除新疆额尔齐斯河外流外,其余均为内流区,盐湖、咸水湖发育	残余积盐大面积发育,土壤盐碱化发育
青、新极端干旱～荒漠盐渍区	吐鲁番盆地、塔里木盆地、疏勒河下游和柴达木盆地		2000～4000	15～80	2000～3000		受干旱、风沙威胁	完全封闭的内流盆地,盐湖、盐池、咸水湖大量分布	土壤盐渍化普遍存在,各种类型的盐渍土均有发育,残余积盐过程和现代积盐过程大面积分布
西藏高寒荒漠盐渍区	西藏高原			100～300个别<100			受高原恶劣天气变化影响	羌塘高原闭流区,咸水湖广泛发育	冻融过程对盐分富集有重要影响,盐渍土主要分布在湖周边和河谷低地,盐渍类型以硫酸盐为主

注:Σt 为日平均气温不低于10℃时期内的年积温。单位:无霜期(d);Σt(℃);年降水量(mm);年蒸发量(mm)。

31.2 盐渍土的工程分类

31.2.1 盐渍土的定名

凡土中所含的易溶盐超过一定的量,统称为盐渍土。工程上对盐渍土与非盐渍土划分的界限值,国内外历来规定各不相同(有的国家规定易溶盐含量,即易溶盐含量与干土重之比超过0.5%,或中溶盐含量大于5%为盐渍土)。我国工程界通过从青海等地的盐渍土的含量分析出发,小于0.5%盐渍土溶陷性还较大。所以,从《盐渍土地区建筑规范》

GB/T 50942—2014 起规定，易溶盐含量大于 0.3％ 为盐渍土，对盐渍土的定名仍以 0.3％ 为下限。

31.2.2 盐渍土的分类

土中不同性质盐的含量多少，影响着盐渍土的工程性质。含氯盐为主的盐渍土遇水后结晶盐溶解、土的强度降低，并产生溶陷变形；含硫酸盐为主的盐渍土在强度和湿度变化时，除产生溶陷变形外还将产生较大的体积变形，形成地基土的膨胀和收缩；碳酸盐中的碳酸和碳酸氢钠则使土在遇水后产生膨胀。盐溶液对基础和对其他地下设施的建筑材料也会产生腐蚀作用。

1. 盐渍土按含盐化学成分分类

表 31.2.1 所列盐渍土中所含盐化学成分、含盐量对盐渍土的影响，主要表现为：

1）氯盐类的溶解度随温度变化甚微，吸湿保水性强，使土体软化；

2）硫酸盐类则随温度的变化而胀缩，使土体变软；

3）碳酸盐类的水溶液有强碱性反应，使黏土胶体颗粒分散，引起土体膨胀。

盐渍土按含盐化学成分分类   表 31.2.1

盐渍土名称	$\dfrac{c(\mathrm{Cl}^-)}{2c(\mathrm{SO}_4^{2-})}$	$\dfrac{2c(\mathrm{CO}_3^{2-})+c(\mathrm{HCO}_3^-)}{c(\mathrm{Cl}^-)+2c(\mathrm{SO}_4^{2-})}$
氯盐渍土	>2	—
亚氯盐渍土	2～1	—
亚硫酸盐渍土	1～0.3	—
硫酸盐渍土	<0.3	—
碱性盐渍土	—	>0.3

注：表中 $c(\mathrm{Cl}^-)$、$c(\mathrm{SO}_4^{2-})$、$c(\mathrm{CO}_3^{2-})$、$c(\mathrm{HCO}_3^-)$ 分别为氯离子、硫酸根离子、碳酸根离子、碳酸氢根离子在 $-0.1\mathrm{kg}$ 土中所含摩尔数 $\mathrm{mol}/0.1\mathrm{kg}$

2. 盐渍土按含盐量分类

盐渍土按含盐量分类，如表 31.2.2 所示。盐渍土中含盐量的多少对盐渍土的工程特性影响较为明显。但以含盐量作为单一指标区分盐渍土的严重程度，尚无法准确反映其对工程的实际危害性。

盐渍土按含盐量分类   表 31.2.2

盐渍土名称	平均含盐量(％)		
	氯及亚氯盐	硫酸及亚硫酸盐	碱性盐
弱盐渍土	0.3～1.0	—	—
中盐渍土	1.0～5.0	0.3～2.0	0.3～1.0
强盐渍土	5.0～8.0	2.0～5.0	1.0～2.0
超盐渍土	>8.0	>5.0	>2.0

例如，易溶盐含量超过 0.5％ 的砂土，浸水后可能产生较大溶陷，而同样的含盐量对土几乎不产生溶陷；即使对同一类土，其含盐量和含盐性质相同，溶陷性也可能相差甚远，对土骨架紧密接触的结构，盐仅填充土中孔隙，盐的溶解对土的结构变化影响较小；反之，如土骨架之间是通过盐结晶胶结的，则盐的溶解使土的结构完全解体，造成很大的溶陷变形。

31.3 盐渍土的物理力学性质指标

31.3.1 盐渍土的三相物质组成

盐渍土的三相体与常规土不同，如图31.3.1所示。其固体部分除土的颗粒外，还有较稳定的难溶结晶盐和不稳定的易溶结晶盐。当含水量较小且易溶盐含量较大时，液体部分常为饱和盐溶液；当含水量较大且易溶盐含量较小时，液体为非饱和的盐溶液，所以，因土中含水量与含盐量不同，其液体的相对密度不为恒值。

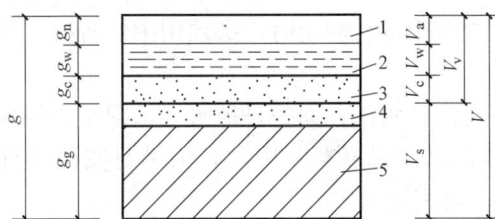

图 31.3.1 盐渍土三相组成示意
1—气；2—水盐溶液；3—易溶盐结晶；
4—难溶盐结晶；5—土颗粒

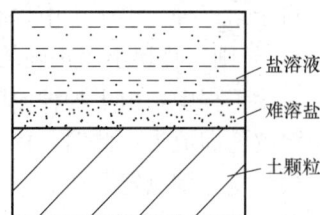

图 31.3.2 饱和盐渍土的
二相组成示意

图 31.3.1 中，各符号的意义如下：

V——土的总体积，cm^3，包括土颗粒、结晶难溶盐和易溶盐、水和空气的体积；

V_s——固体颗粒和结晶难溶盐的体积，cm^3；

V_c——结晶易溶盐的体积，cm^3；

V_w——水的体积，cm^3；

V_a——空气体积，cm^3；

V_v——孔隙体积，cm^3；

g——土的总重量，N，包括土颗粒、结晶难溶盐和易溶盐及盐溶液的重量；

g_s——固体土颗粒和结晶难溶盐（在105℃下烘干后）的重量，N；

g_c——结晶易溶盐的重量，N；

g_w——水的重量，N；

g_a——空气的重量，略去不计。

在温度变化和有足够多的水浸入盐渍土的条件下，图31.3.1中的结晶易溶盐将会被溶解变成液体，气体孔隙也被填充。此时，盐渍土的三相体转变成二相体，如图31.3.2所示。在盐渍土三相体转变成二相体的过程中，通常伴随土的结构破坏和土体变形（通常是溶陷的）；相反，当自然条件变化时，盐渍土的二相体也会转化为三相体，此时土体也会产生体积变化（通常是膨胀）。因此，盐渍土相态的变化对工程带来严重的危害。

31.3.2 盐渍土的物理指标及其测定方法

由于盐渍土中有不稳定的易溶盐结晶的存在，因此，其物理指标及其测定区别于一般土。这里着重讨论它们的区别及如何用常规土工试验方法进行盐渍土物理指标的测定。

1. 盐渍土的相对密度

盐渍土的相对密度一般有如下三种：

1）纯土颗粒的相对密度　即去掉土中所有盐后的土颗粒相对密度。

2）含难溶盐时的相对密度　即去掉土中易溶盐后的相对密度。

3）含所有盐时的相对密度　即天然状态盐渍土固体颗粒（包括结晶盐粒和土颗粒）的相对密度。其表达式（式中，ρ_{1t} 为 t℃时中性液体的密度，g/cm³）为：

$$G_{sc} = \frac{g_s + g_c}{(V_s + V_c \rho_{1t})} \tag{31.3.1}$$

对于前两种相对密度，因为易溶盐均被去掉，所以，可采用蒸馏水在比重瓶中进行测定；对于第三种，由于土中含有易溶盐，在比重瓶中进行测定时，必须用中性溶液（如煤油等）；否则，将得不出正确的结果。

实际工程中，由于种种原因，盐渍土地基可能被水浸；而一旦被水浸，则土中的易溶盐被溶解随即流失。此时，固体颗粒中不含易溶盐结晶颗粒。因此，为满足实际工程需要，最好应分别测定上述 2）、3）两种情况的相对密度值。

2. 天然含水量与含液量

目前，测定盐渍土中的含水量通常采用式（31.3.2）：

$$w' = \frac{g_w}{g_s + g_c} \times 100\% \tag{31.3.2}$$

式中　w'——将盐当作土骨架的一部分时的含水量，%，可用烘干法求得；

　　　g_w——土样中含水重量，N；

　　　g_c——土样中含易溶盐的总重量，N；其余符号同前。

又因为：

$$c = \frac{g_c}{g_s + g_c} \times 100\% \tag{31.3.3}$$

将式（31.3.3）代入式（31.3.2）可得：

$$w' = w(1 - c) \tag{31.3.4}$$

式中　w——常规土定义的含水量，即 g_w / g_s，%；

　　　c——土中易溶盐含量，%。

由（31.3.4）可知，w' 与常规土定义的含水量 w 相比偏小，而且随含盐量的增加而减小。所以，若用它来计算其他物理指标，会得出偏于不安全的结果。

另外，盐渍土三相体中的液体，实际上并不是水（除强结合水外），而是水把部分或全部易溶盐溶解而形成的一种盐溶液。也就是说，对于盐渍土，用含液（盐水）量来替代含水量这个指标，才能正确反映盐渍土的基本性质（液相与固相的关系）。

盐渍土中含液量由式（31.3.5）定义：

$$w_B = \frac{土样中含盐水重}{土样中土颗粒和难溶盐总量} \times 100\% \tag{31.3.5}$$

并且不考虑强结合水，则有

$$w_B = \frac{g_w + Bg_w}{g_s} = w(1 + B) \tag{31.3.6}$$

将式（31.3.4）代入式（31.3.6），可得

$$w_B = \frac{w'}{1-c}(1+B) \tag{31.3.7}$$

式中　w_B——土样中含液量，%；

　　　B——每 100g 水中溶解的盐的含量，%。

B 值可按式（31.3.8）确定：

$$B = g_c/g_w = c/w' \tag{31.3.8}$$

当计算出的 B 值大于盐的溶解度时，取等于该盐的溶解度；计算值 B 小于盐的溶解度时，取计算值。

3. 天然重力密度 γ

盐渍土的天然重力密度与一般土的定义相同，即其值等于土的三相物质总重与其总体积之比，即：

$$\gamma = g/V \tag{31.3.9}$$

值得指出的是，我国许多盐渍土属于碎石类土，因此难以用常规的环刀法来测定其天然重力密度，故宜采用野外方法，如"现场坑测法"等。

在上述三个基本指标求得以后，其他物理指标可采用常规土的计算公式求得。

31.3.3　盐渍土的粒径组成

由于土中含盐，使土中微颗粒胶结成小集粒。此外，盐结晶本身也常会形成较大的颗粒，所以，随着含盐量的增大，土的细颗粒减少。但是，当土被水浸后，随着土中盐的溶解，土颗粒分散度增高，尤其对黏土颗粒的含量影响较大。因此，盐渍土的颗粒分散试验应先去掉盐后进行，以得到正确的结果。

31.3.4　盐渍土的渗透性

盐渍土的渗透性随着渗流过程的进行而不断变化，即使在不大的水力梯度下，其渗透系数 k 也随着易溶盐含量的减小而增大，如图 31.3.3 所示。

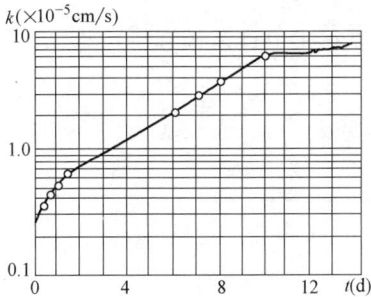

图 31.3.3　盐渍土渗透系数 k 随时间变化

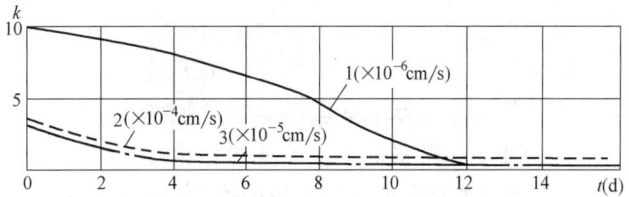

图 31.3.4　有荷载时盐渍土的渗透系数随时间的变化

1、2、3—不同土样。括号内数值与该曲线的纵坐标相乘，即为该土的渗透系数

图 31.3.3 中，土样的原始易溶盐含量为 6.7%，试验过程中，开始水不断把土样中的易溶盐溶解并冲洗掉，形成渗水通道。经过一段时间后，土样中的盐将趋于零。所以，试验曲线前一部分随时间变化大，后一部分几乎与时间无关。

有荷载作用时，土样因溶盐不断随渗流滤走而压密，其渗透系数随时间的变化则越来越小，如图 31.3.4 所示。

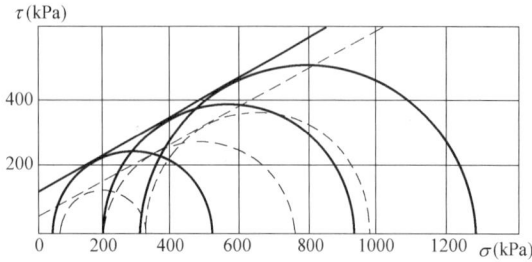

图 31.3.5　浸水前后抗剪强度曲线
---浸水后　——浸水前

31.3.5　盐渍土的抗剪强度

盐渍土在天然状态下的抗剪强度，与含盐量、土与盐的类别以及土的物理状态有关，而且在浸水后强度明显降低。图 31.3.5 即为某盐渍土在浸水前后的抗剪强度曲线。由图可知，浸水对土的黏聚力影响较大。在有可能浸水的情况下，一般应测定浸水饱和状态的抗剪强度。

31.4　盐渍土地基的勘察

31.4.1　盐渍土地区的勘察要点

盐渍土是具有特殊性质的土，其形成与地区的气候条件、植物生长环境、土中含盐程度、类型、地下水位深度及矿化度等有密切关系。地区盐渍土的成因是决定盐渍土性质的主要因素，青海、新疆、西藏等西部地区与沿海各省的高海盐渍土及内地冲积平原盐渍土在其工程特性上各不相同。

1. 盐渍土地区的工程地质勘察

应查明以下资料并做出评价：

1）收集当地的气象资料和调查场地及附近盐渍土地区地表植被种属、发育程度及分布特点；

2）查明地区水文地质资料：

地表水的径流、排泄和积聚情况；

地下水类型、埋藏条件、水质、水位、毛细水上升高度及季节性变化规律；

3）查明盐渍土的成因、分布、含盐类型和含盐量：

测定盐渍土的物理和力学性质指标；

评价盐渍土地基的溶陷性及溶陷等级；

评价盐渍土地基的盐胀性及盐胀等级；

评价环境条件对盐渍土地基的影响；

4）评价盐渍土对建筑材料的腐蚀性：

测定天然状态和浸水条件下的地基承载力特征值；

提出地基处理方案及防护措施的意见；

5）盐渍土的岩土工程评价：

（1）地区的气象、水文、地形、地貌、场地积水、地下水位等环境条件变化对场地建筑适宜性的评价；

（2）盐渍土中含盐类型、含盐量及主要含盐矿物对工程建议的影响；

（3）对盐渍土的融陷性、盐胀性、腐蚀性做出评价；

（4）对盐渍土的地基承载力做出评价；

（5）预估建筑物的地基变形值；

（6）提出地基处理方案及防护措施的意见。

2. 盐渍土的地表形态特征

盐渍土地表形态是一定盐渍化程度和类型的外表特征，通过工程地质调查，能大致判断各种盐渍土的分布的规律，如表 31.4.1 所列内容。

不同盐渍土地表形态特征　　　　　　　　　　　　　　　　表 31.4.1

盐渍土类型	地表形态特征
氯盐渍土	地表常结成厚度几厘米至几十厘米的褐黄色坚硬盐壳，地表高低不平，波浪起伏，犹如刚犁过的耕地，足踏"咔嚓咔嚓"作响，盐壳厚者相对积盐较重，盐壳较薄或呈结皮状者积盐较轻
硫酸盐渍土	因盐胀作用，表面形成厚约 3～5cm 的白色疏松层，似海绵，踏之有陷入感，白色粉末，尝之有苦涩味
碱性盐渍土	地表常有白色的盐霜或结块，但厚度较小，仅数毫米，结块背面多分布有大量小孔，白色粉末，尝之有咸味。胶碱土地表很少生长植物，干燥时龟裂，潮湿时则泥泞不堪

3. 盐渍土中毛细水的上升高度

盐渍土层中毛细水的上升可直接造成地基土或换填土吸水软化及次生盐渍化，促使溶陷、盐胀等病害的发生。为此，盐渍土地区勘察应查明土中毛细水强烈上升高度，为地基设计提供依据。

4. 物理力学性质指标的测定

盐渍土需要测定的物理指标与一般土相同，但因含盐土三相体与常规土的不同在于，其固态骨架中除土的固体颗粒外，还有不稳定的结晶盐，遇水后部分转变成液态，如同冻土中的冰结晶一样。所以，测定盐渍土的物理指标时应考虑到两种状态，即天然状态和浸水（盐溶解后的）状态。盐渍土中难溶盐基本不溶解，故可作为固体骨架，所以在测定盐渍土的物理指标中，含盐量中不包含难溶盐；至于是否包含中溶盐，则视具体情况而定。就我国西部青海、新疆地区的盐渍土来说，中溶盐的含量均比较小，一般为 1% 左右，即使有条件使土中全部中溶盐溶解（而实际溶解度很小，如石膏仅为 0.2%），对物理指标的影响也不大。考虑到中溶盐含量的分析试验较为困难，这里除以中溶盐为主的盐渍土外，不考虑中溶盐对物理指标的影响。

31.4.2 盐渍土的溶陷性

1. 盐渍土的溶陷性

盐渍土的溶陷性可用溶陷系数 δ 作为评定的指标。溶陷系数由下列方法之一来确定：

1）室内压缩试验　在一定压力 p 作用下，由式（31.4.1）确定溶陷系数 δ_{rx}：

$$\delta_{rx} = \frac{h_p - h'_p}{h_0} \qquad (31.4.1)$$

式中　h_0——原状试样的（原始）高度；

h_p——加压至 p 时，土样变形稳定后的高度；

h'_p——上述土样在维持压力 p，经浸水溶陷，待其变形稳定后的高度。

2）现场浸水荷载试验　按式（31.4.2）确定平均溶陷系数：

$$\delta_{rx} = \Delta s / h \tag{31.4.2}$$

式中　Δs——压力为 p 时，浸水溶陷过程中所测得盐渍土层的溶陷量，cm；

h——压板下盐渍土的湿润深度，cm。

上述两种方法所采用的压力 p，一般应按试验土层实际的设计平均压力取值，但有时为方便计，也可取为 200kPa。

遵照《盐渍土地区建筑技术规范》GB/T 50942，当 $\delta_{rx} < 0.01$ 时，盐渍土为非溶陷性；当 $\delta_{rx} \geqslant 0.01$ 时，则为溶陷性盐渍土。

根据溶陷系数的大小，可将盐渍土的溶陷程度分为下列三类：

（1）当 $0.01 < \delta_{rx} \leqslant 0.03$ 时，溶陷性轻微；

（2）当 $0.03 < \delta_{rx} \leqslant 0.05$ 时，溶陷性中等；

（3）当 $\delta_{rx} > 0.05$ 时，溶陷性强。

盐渍土地基的总溶陷量（s_{rx}）除可直接测定外，也可按式（31.4.3）计算：

$$s_{rx} = \sum_{i=1}^{n} \delta_{rxi} h_i (i = 1, \cdots, n) \tag{31.4.3}$$

式中　s_{rx}——盐渍土地基的总溶陷量计算值，mm；

δ_{rxi}——室内试验测定的第 i 层土的溶陷系数；

h_i——第 i 层土的厚度，mm；

n——基础底面以下可能产生溶陷的土层层数。

盐渍土地基的溶陷等级分为三级：Ⅰ级为弱溶陷，Ⅱ级为中溶陷，Ⅲ级为强溶陷。溶陷等级的确定应符合表 31.4.2 的规定。

盐渍土地基的溶陷等级 表 31.4.2

溶陷等级	总溶陷量 s_{rx}(mm)
Ⅰ级 弱溶陷	$70 < s_{rx} \leqslant 150$
Ⅱ级 中溶陷	$150 < s_{rx} \leqslant 400$
Ⅲ级 强溶陷	$s_{rx} > 400$

2. 盐渍土地基的溶陷变形

盐渍土地基浸水后不仅强度降低，而且伴随着土结构破坏，产生较大的溶陷变形，其变形速度一般也比黄土湿陷变形快，所以危害更大。

图 31.4.1 和图 31.4.2 分别为在压力为 200kPa 和 0 时，典型的盐渍土场地的溶陷试验结果。由图 31.4.1 可以看到，在 200kPa 的压力下，这种土浸水产生的溶陷量 Δs 达 90mm，远远超出了一般建筑物所允许的承受不均匀变形的能力。从图 31.4.2 还可以看出，即使在土自重条件下（附加压力为 0），盐渍土的溶陷也相当剧烈。所以，建造在此类未经处理盐渍土地基上的建筑物常因地基溶陷导致破坏。

盐渍土遇水溶陷的主要原因有如下几点：

1）砂土、黏土为主的盐渍土　有的结构疏松，具有大孔隙结构的特征，如图 31.4.3 所示。其孔隙直径达 $40\sim50\mu m$，是由颗粒的不稳定架空排列构成，构成孔隙的土颗粒直径一般小于孔隙直径。在浸水条件下，胶结土颗粒的盐类被溶解，土颗粒落入孔隙中，导致土层溶陷。

2）天然状态下较紧密的结构（盐也作为土颗粒的一部分）的盐渍土　如图 31.4.4 所示，土中的盐主要是氯盐和硫酸盐，而硫酸盐又主要是芒硝（$Na_2SO_4 \cdot 10H_2O$），这种土在天然条件下之所以紧密，其主要原因是芒硝结晶时产生体积膨胀，一旦遇水溶解，体积收缩，故导致土体产生溶陷变形。

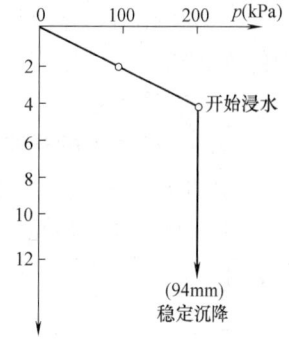

图 31.4.1　盐渍土溶陷试验
曲线（压力 200kPa）

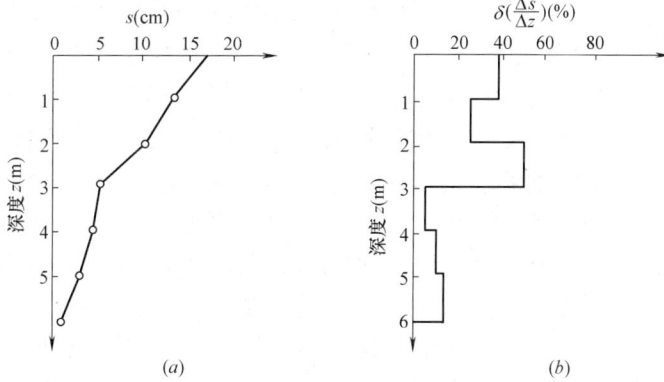

图 31.4.2　盐渍土自重溶陷试验曲线
（a）不同深度处的溶陷量；（b）分层溶陷系数

图 31.4.3　盐渍土的架空结构

图 31.4.4　盐渍土的紧密结构

3) 砂土为主的盐渍土　天然状态下砂颗粒直径多数大于 $100\mu m$，而这些砂颗粒很多不是原生矿物碎屑，是由较小或很小的土粒由盐胶结而成的集粒。遇水后盐类被溶解，导致胶结而成的集粒或体积缩小或完全解体，还原成很多细小土粒，填充孔隙，因而产生土体溶陷。在有渗流条件下，盐和细土粒均被带走，造成严重的潜蚀变形。

31.4.3　盐渍土的盐胀性

1. 盐渍土的盐胀性

盐渍土的膨胀主要发生在硫酸盐渍土中，由于硫酸钠结晶时吸收 10 个水分子而造成体积膨胀，故称盐胀。

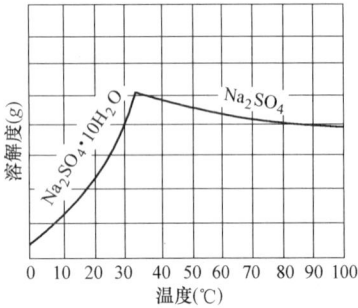

图 31.4.5　硫酸钠的溶解度曲线

当温度小于 32.4℃ 时，硫酸钠的溶解度随温度升高而增大的现象很明显，如图 31.4.5 所示。因此，对日温差较大的地区（如我国西北地区），在一天之内土壤会产生"膨胀"和"收缩"的变化。因为夜间硫酸钠由于低温溶解度较小，极易形成过饱和溶液，这时盐分从溶液中析出成为 $Na_2SO_4 \cdot 10H_2O$ 结晶，体积增大 3 倍多，土体结构遭到破坏。一些资料表明，上述的这种危害一般较浅（为 30cm 左右），所以，主要是对地坪、散水坡、道路等造成危害。另外，一些研究结果表明，当土中所含的硫酸钠不超过 2% 时，土体基本上不发生这种膨胀破坏。当然，产生这种危害的程度随含盐量增加而加剧。

另一种膨胀破坏是由于年温差引起的。在我国西北地区，年降雨量很小，天然地基常处于干燥状态；加之夏季高温的作用，土中的水分还被蒸发，所以，土中较深部位的结晶 $Na_2SO_4 \cdot 10H_2O$ 往往失水而变成无水芒硝。一旦在这种地基上进行建造，因施工等原因导致水不断地渗入地下，或由于地下水位变化及地表径流的影响，改变了原处于极干燥状态的土中含水量。这样，待秋后地温降低，无水芒硝就会结合水分子形成 $Na_2SO_4 \cdot 10H_2O$ 结晶，产生体积膨胀。因这种盐胀常发生在建筑物基础以下，故可导致建筑物的破坏。

2. 盐渍土的盐胀性分类

盐渍土地基中硫酸钠含量小于 1% 且使用环境条件不变时，可不考虑盐胀性对建（构）筑物的影响。

3. 盐胀性评价

盐渍土的盐胀性，可根据盐胀系数（δ_{yz}）的大小和硫酸钠含量按表 31.4.3 分类：

盐渍土盐胀性分类　　表 31.4.3

指标	非盐胀性	弱盐胀性	中盐胀性	强盐胀性
盐胀系数 δ_{yz}	$\delta_{yz} \leqslant 0.01$	$0.01 < \delta_{yz} \leqslant 0.02$	$0.02 < \delta_{yz} \leqslant 0.04$	$\delta_{yz} > 0.04$
硫酸钠含量 $C_{ssn}(\%)$	$C_{ssn} \leqslant 0.5$	$0.5 < C_{ssn} \leqslant 1.2$	$1.2 < C_{ssn} \leqslant 2$	$C_{ssn} > 2$

注：当盐胀系数和硫酸钠含量两个指标判断的盐胀性不一致时，应以硫酸钠含量为主。

盐渍土地基的总盐胀量除可直接测定外，也可按下式计算：

$$s_{yz} = \sum_{i=1}^{n} \delta_{yzi} h_i (i=1, \cdots, n) \tag{31.4.4}$$

式中　s_{yz}——盐渍土地基的总盐胀量计算值，mm；

δ_{yzi}——室内试验测定的第 i 层土的盐胀系数；

n——基础底面以下可能产生盐胀的土层层数。

盐渍土地基的盐胀等级分为三级：Ⅰ级为弱盐胀，Ⅱ级为中盐胀，Ⅲ级为强盐胀。盐胀等级的确定应符合表 31.4.4 的规定

盐渍土地基的盐胀等级 表 31.4.4

盐胀等级	总盐胀量 s_{yz} (mm)
Ⅰ级 弱盐胀	$30 < s_{yz} \leqslant 70$
Ⅱ级 中盐胀	$70 < s_{yz} \leqslant 150$
Ⅲ级 强盐胀	$s_{yz} > 150$

各类盐渍土场地的盐胀性均应根据地基的盐胀等级，结合场地的使用环境条件（A或B）做出综合评价。

盐渍土的盐胀性以土体的盐胀系数为指标。盐渍土盐胀性可分为非盐胀性、弱盐胀性、中盐胀性和强盐胀性，如表 31.4.4 所示。应重点指出，评价盐胀性应采用硫酸钠含量，而不是硫酸盐含量。在内陆盆地有的含盐地层中含有大量的硫酸钙，这种土一般不产生强烈盐胀，因此评价盐胀性时应做含盐分析，求得各种成盐比值进行论证。同时，与盐胀系数相对应的硫酸钠含量也是评价地基在盐胀条件下工作状态的一个指标，不能认为是地基土容许含盐量的指标。

31.4.4 盐渍土的腐蚀性

1. 盐渍土的腐蚀性

盐渍土对基础或地下设施的腐蚀，一般来说属于结晶性质的腐蚀，可分为物理侵蚀和化学腐蚀两种。在地下水位深或地下水位变化幅度大的地区，物理侵蚀相对显著；而在地下水位浅、变化幅度小的地区，化学腐蚀作用显著。

1）物理侵蚀　含于土中的易溶盐类，在潮湿情况下呈溶液状态，通过毛细管作用侵入建筑物基础或墙体。在建筑物表面，由于水分蒸发，盐类便结晶析出。而盐类结晶时体积膨胀，产生很大的内应力，所以，使建筑物由表及里逐渐疏松剥落。在建筑物经常处于干湿交替或温度变化较大的部位，由于晶体不断增加，其侵蚀作用相对明显。

2）化学腐蚀　分为两种情况：其一是溶于水中的 Na_2SO_4 与水泥水化后生成的游离 $Ca(OH)_2$ 反应，生成 $NaOH$ 和 $CaSO_4$，$NaOH$ 易溶于水，其水溶液通过毛细管作用到达建筑物表面，与空气中的 CO_2 接触，生成 Na_2CO_3，其反应式为：

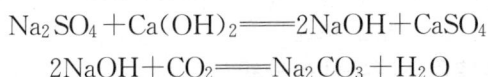

$$Na_2SO_4 + Ca(OH)_2 = 2NaOH + CaSO_4$$

$$2NaOH + CO_2 = Na_2CO_3 + H_2O$$

Na_2CO_3 结晶时体积膨胀，使建筑物表皮形成麻面的疏松。这种腐蚀多见于对水泥砂浆的破坏。

化学腐蚀的第二种方式是处于地下水或低洼处积水中的混凝土基础或其他地下设施。当水中硫酸根含量超过一定限量时，它与混凝土中的碱性固态游离石灰和水泥中的水化铝酸钙相结合，生成硫铝酸钙结晶或石膏结晶。这种结晶体体积增大，产生膨胀压力，使混凝土受内应力作用而破坏。化学反应方程式如下：

$$4CaO \cdot Al_2O_3 \cdot 12H_2O + 2Ca(OH)_2 + 3Na_2SO_4 + 20H_2O$$

$$\longrightarrow 3CaO \cdot Al_2O_3 \cdot 3CaSO_4 \cdot 31H_2O + 6NaOH$$
$$Ca(OH)_2 + Na_2SO_4 + 2H_2O \longrightarrow CaSO_4 \cdot 2H_2O + 2NaOH$$

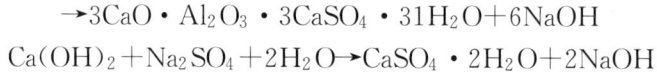

对于钢筋混凝土基础或构件，一旦混凝土遭到破坏产生裂纹，则构件中的钢筋很快锈蚀。因此，在腐蚀严重的盐渍土地区，捣制钢筋混凝土基础或构件时，应加入适量的钢筋防锈剂。

2. 腐蚀性评价

盐渍土的主要特点是含有较多的盐，尤其是易溶盐，它使土具有明显的腐蚀性，对建筑物基础和地下设施构成一种严酷的腐蚀环境，影响其耐久性和安全使用。土的腐蚀性、含盐地下水的腐蚀性以及土、水、气接触界面的变化，共同构成了这一腐蚀环境。土对钢结构、水和土对混凝土结构中钢筋及混凝土的腐蚀性评价，应符合《岩土工程勘察规范》GB 50021 的相关规范规定。

盐渍土对建（构）筑物的腐蚀性，可分为强腐蚀性、中腐蚀性、弱腐蚀性和微腐蚀性四个等级。

当环境土层为弱盐渍土、土体含水量小于 3% 且工程处于 A 类使用环境条件时（见 31.4.5 节），可初步认定工程场地及其附近的土为弱腐蚀性，可不进行腐蚀性评价；否则，应取土试样和（或）水试样进行分析，分别评价其对钢结构、混凝土结构和砌体结构的腐蚀性。

对腐蚀性环境条件进行初步判别，并根据判别结果确定下一步工作内容。将腐蚀性的研究对象分为三类：钢结构、混凝土结构和砌体结构；其腐蚀特征主要有如下几点：

1) 盐渍土的腐蚀，既与土体自身的腐蚀及其相关因素紧密相关，又取决于含盐的性质、种类和数量等；

2) 以氯盐为主的盐渍土，主要对金属的腐蚀危害大，如罐、池、混凝土中的钢筋及地下管线等。氯盐类也通过结晶、晶变等胀缩作用，对地基土的稳定性产生影响，对一般混凝土也有轻微影响；

3) 以硫酸盐为主的盐渍土，主要是通过化学作用、结晶胀缩作用，对水泥、砂浆、混凝土和烧结普通砖类建筑材质发生膨胀腐蚀破坏，对钢结构、混凝土中钢筋、地下管道等也有一定腐蚀作用；

4) 氯盐和硫酸盐同时存在的盐渍土，具有更强的腐蚀性，其他可溶盐的存在通常都会提高土的腐蚀性；

5) 盐渍土的腐蚀性还与大环境（温度、湿度、降水量、冻融条件等）和小环境（物件埋设条件、干湿交替条件等）紧密相连。

31.4.5 盐渍土场地使用环境条件的分级

根据工程实施前后环境条件的变化和工程使用过程中的环境条件，盐渍土地基可分为 A 类使用环境和 B 类使用环境：

1) A 类使用环境　工程实施前后和工程使用过程中不会发生大的环境变化，能保持盐渍土地基的天然结构状态，地基受淡水侵蚀的可能性小或能够有效防止淡水侵蚀；

2) B 类使用环境　工程实施前后和工程使用过程中会发生较大的环境变化，盐渍土地基受淡水侵蚀的可能性大且难以防范。

保护盐渍土使用环境的工程措施，应与主体工程同时设计、同时施工、同时交付使用。

31.5 盐渍土地基的设计

31.5.1 建筑场地的选择

在盐渍土地区进行工程建设时，宜避开超、强盐渍土场地，特别是分布有浅埋高矿化度地下水的盐渍土地区。并且，宜选择含盐量较低、场地条件较有利于处理的地段，宜避开排水不利地段和低洼地段；地下水位有可能上升的地段；次生盐渍化程度明显增加的地段。重要建筑宜布置在含盐量较低、地下水位较深、地势较高、排水通畅的地段；单幢建（构）筑物宜布置在含盐量均匀的地层上。

同一幢建（构）筑物范围内，如地基土含盐量差异较大，容易在浸水的情况下造成不均匀沉降，导致建（构）筑物开裂。

31.5.2 地基计算

1. 地基承载力计算

建筑物基础的底面积应满足地基承载力特征值的验算要求，盐渍土地基的承载力验算与一般地基基础的设计计算要求相同。

$$p_k \leqslant f_a \tag{31.5.1}$$

式中 p_k——相对于作用的标准组合时基底的平均压力，kPa；有浸水可能时，还应考虑土层溶陷对基础侧面产生的负摩擦力；

f_a——修正后的地基承载力特征值，kPa；有浸水可能时，宜由现场浸水静（动）荷载试验确定，也可根据浸水后土的物理力学指标确定。

盐渍土在天然状态下，由于盐的胶结作用加之含水量低，通常处于坚硬状态。因此，其天然状态下的承载力一般都比较高，可作为一般工业与民用建筑物的良好地基。但是，一旦浸水，地基中的易溶盐类被溶解，土体结构破坏，抗剪强度降低，成为一种新的承载力较低的地基。浸水后盐渍土地基承载力降低的幅度，取决于土的类别、含盐的性质和数量。图 31.5.1 即为三种氯盐渍土浸水前后的静载荷试验曲线。由图 31.5.1 可见，3 号点浸水后的承载力特征值仅有 44kPa，是浸水前（284kPa）的 15%。因此，设计中要想利用天然状态下盐渍土较高的承载力时，必须保证地基不受水浸，为此需要采取相应的防水措施；否则，就只能按浸水后盐渍土地基的承载力来设计。

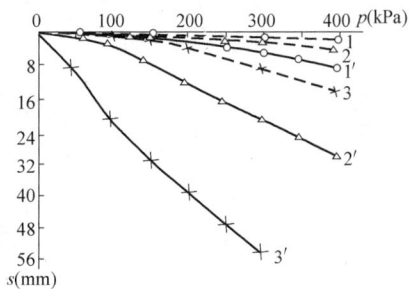

图 31.5.1 盐渍土浸水前后 p-s 曲线
——浸水前 - - - 浸水后
1—碎石、砾石为主；2—粉细砂为主；
3—粉细砂与黏土为主

盐渍土地的浸水载荷试验，可用于现场测定盐渍土地基的溶陷量、平均溶陷系数，以及盐渍土地基浸水稳定后的地基承载力特征值及变形参数。

2. 地基变形计算

盐渍土地基的总变形量中，包含了天然状态下地基变形值以及盐渍土的溶陷变形及盐胀变形，目前对盐胀变形尚无法进行准确的量化计算。

在溶陷性盐渍土地基上的建（构）筑物，地基变形应符合下式要求：

$$s_0 + s_{rx} \leqslant [s] \qquad (31.5.2)$$

式中　s_0——天然状态下地基变形值，mm，其计算应符合现行国家标准《建筑地基基础设计规范》GB 50007 的规定；

　　　s_{rx}——地基总溶陷量，mm，可按式（31.4.4）确定。A 类使用环境或无浸水可能性时取 0；采用地基处理的，可按处理后的资料确定；

　　　$[s]$——建（构）筑物地基变形允许值，mm。

31.5.3　地基处理

在盐渍土地基上进行建筑时，应根据建筑物的重要性和承受不均匀沉降的能力、地基的溶陷等级以及浸水的可能性等，采取相应的设计措施。主要设计措施可分为：

（1）防水措施　包括场地排水、地面防水、地下管道、沟和集水井的敷设、检漏井、检漏沟设置以及地基中隔水层的设置等。

（2）防腐措施　包括砖墙勒脚防腐、混凝土防腐和钢筋阻锈等。

盐渍土地区地基与基础的一般处理措施　　　　　　表 31.5.1

	处理措施	适用条件	备　注
地基处理措施	浸水预溶	厚度不大或渗透性较好的盐渍土	需经现场试验确定浸水时间与预溶深度
	强夯	地下水位以上,孔隙比较大的低塑黏性土和砂土	需经现场试验,选择最佳夯击能量与夯击参数
	浸水预溶+强夯	厚度较大、渗透性较好的盐渍土,处理深度取决于预溶深度和夯击能量	需经试验选择最佳夯击能量与夯击参数
	浸水预溶+预压	土质条件同上,处理深度取决于预溶深度和预压深度	需经现场试验,检验压密效果
	换土	溶陷性较大且厚度不大的盐渍土	宜用灰土或易夯实的非盐渍土回填
	物理化学处理(盐化处理)	含盐量很高、土层较厚其他方法难以处理,且地下水位较深时	需经现场试验,检验处理效果
	桩基础	溶陷性高、土层厚,其他方法难以处理以及荷载很大的或重要的建筑上部地层软弱的盐沼地	需对成桩方法、浸水后桩承载力、上部土层负摩擦等进行现场研究
	墩式基础(包括灰土墩、砾石墩、混凝土墩等)	同桩基,但埋深不宜过大	同桩基
	梁板式连续基础	上部结构允许用此类基础及溶陷性不大时	

（3）地基基础措施　包括消除或减小溶陷性的各种地基处理方法和穿透溶陷性盐渍土层以及隔断盐渍土中毛细水上升的各种方法。针对我国盐渍土的特点，工程界已试验研究出了一些处理对策，在实际工程中应用已取得了较好的效果。将这些方法汇总于表

31.5.1 中，供大家选用时参考。

31.5.4 防水排水设计

盐渍土中盐分发生的各种作用与现象，几乎都与水有关。盐渍土地区工程建设所发生的各种工程病害，其根源一般在于水。所以，要保证盐渍土地区工程建设的安全，防水是最基本的措施，在设计阶段对场地排水、地面防水、管道防渗漏、绿化带布置等方面的防水措施应给予高度重视。

场地排水设计应根据地形地貌条件布设排水系统，对山前倾斜平原地区的建设场地，场外应设截水沟并建立地表水排水系统，确保排水、排洪通畅；在建（构）筑物周围 6m 以内的场地坡度应大于2％，6m 以外应大于0.5％。排水沟应有防渗措施；对建（构）筑物周围 6m 范围内定为防水监护区，其内不宜设水池、排水明沟、直埋式排水管道、绿化带等。

地面防水设计主要是在建筑物周边一定范围内布设各种防水构造措施，建（构）筑物周围应及时回填并做好散水处理，散水坡宽度应大于 1.0m，坡度应大于5％。散水宜采用现浇混凝土，其下应设置 150～200mm 硬质不透水层，与外墙交接处应作柔性防水处理。对经常受水浸或可能积水的地面，应做防水地面，其下也应设 150～200mm 的防水层。在中～超盐渍土地区，建（构）筑物的室内地面、室外地坪、场地道路与盐渍土层之间均应设置隔离层或隔断层，其宽度应大于基础宽度 100～200mm，使用耐久性应保证与建（构）筑物设计使用年限一致。

管道防渗应防止管道渗漏，在管道接头处设置柔性防水，重要部位设置检漏井、检漏管沟、集水井等，这些装置自身也应有防渗功能；管道穿过墙、梁、井、沟时，应采用柔性防水接头。

建（构）筑物周边的绿化带应与建（构）筑物保持安全距离，防止绿化用水浸入基础下部。

31.5.5 防腐设计

盐渍土地区建筑物设计时，结构防腐是十分重要的环节，高效、合理而经济的防腐措施往往难以全面实施。

采取何种处理方案。在设计阶段，设计人员应深入了解和掌握有关资料，依据腐蚀环境、地基基础设施的重要性、使用年限要求、经济合理性等综合提出可供实施的方案。防腐措施保护对象主要是指埋入盐渍土中或与盐渍土相接触的建（构）筑物基础及构件。

砌体结构的建（构）筑物，其重点防腐措施和部位应为：

1）建（构）筑物接近地表的区段以及干湿交替和冻融循环的部位，是采取防腐措施的重点部位；

2）应将提高建筑材料自身的抗腐蚀能力作为重要的防腐措施；

3）选用混凝土外加剂时，以硫酸盐为主的腐蚀环境，可选用抗硫酸盐水泥、减水剂、密实剂、防硫酸盐添加剂等；

4）在以上措施尚不能满足防腐要求时，可在建（构）筑物外表面进行涂覆、渗透、隔离等处理，采取加防腐涂料、浸透层、玻璃钢、耐腐蚀砖板、聚合物防腐砂浆等措施。

混凝土和钢筋混凝土结构的建（构）筑物，在满足结构受力要求的前提下，其防腐蚀措施可按表 31.5.2 选用。

防腐蚀措施　　　　　　　　　　　　　　　　　表 31.5.2

项目		环境等级		
		弱	中	强
内部防腐措施	水泥品种	普通硅酸盐水泥、矿渣水泥	普通硅酸盐水泥、矿渣水泥、抗硫酸盐水泥	普通硅酸盐水泥、矿渣水泥、抗硫酸盐水泥
	混凝土最低强度等级	C30	C35	C40
	最小水泥用量(kg/m³)	300	320	340
	最大水灰比	0.5	0.45	0.4
	保护层厚度(mm)	≥50	≥50	≥50
	外加剂	—	阻锈剂、减水剂、密实剂等	阻锈剂、减水剂、密实剂等
外部防腐措施	干湿交替	—	沥青类、渗透类涂层	沥青类、渗透类、树脂类涂层、玻璃钢、耐腐蚀板砖层等
	湿	—	防水层	防水层
	干	—	—	沥青类涂层

　　氯盐为主的环境下，不宜单独采用硅酸盐或普通硅酸盐水泥作为胶凝材料配制混凝土，而应加入 20%～50% 的矿物掺合料，并宜加入少量硅灰。水泥用量不应少于 240kg/m³；用于氯离子环境中的钢筋混凝土构件，其混凝土 28d 的氯离子扩散系数 D_{RCM} 值宜符合表 31.5.3 的规定。

混凝土中的氯离子扩散系数 D_{RCM}（28d 龄期，10^{-12} m²/s）　　　表 31.5.3

设计使用年限　　　环境等级	弱	中级及以上
100 年	＜7	＜4
50 年	＜10	＜6

　　注：1. 表中的 D_{RCM} 值为标准养护条件下 28d 龄期混凝土试件的测定值，仅适用于氯盐环境下采用较大掺量和大掺量矿物掺合料的混凝土。对于其他组分的混凝土以及更长龄期的混凝土，应采用更低的 D_{RCM} 值作为抗氯离子侵入性能的评定依据。

　　　　2. 扩散系数 D_{RCM} 的测试方法可按现行国家标准《普通混凝土长期性能和耐久性能试验方法标准》GB/T 50082 执行。

　　硫酸盐为主的环境下，不宜采用灰土基础、石灰桩、灰土桩等；水泥宜选用铝酸二钙含量小于 5% 的普通硅酸盐水泥或抗硫酸盐水泥，配制混凝土时宜掺加矿物掺合料。

　　钢筋混凝土及预应力钢筋混凝土的裂缝控制等级和最大裂缝控制宽度，应符合现行《工业建筑防腐蚀设计规范》GB 50046 的规定。

　　普通钢筋应优先选用 HRB335 级和 HRB400 级钢筋，受力钢筋直径不应小于 12mm；当构件处于可能遭受强腐蚀的环境时，受力钢筋直径不应小于 16mm。

　　对于中—强腐蚀环境下的构件，浇筑在混凝土中并部分暴露在外的吊环、紧固件、连接件等铁件，应与混凝土构件中的钢筋隔离。

31.5.6　施工

　　盐渍土地区建（构）筑物及工程设施（如管道、塔、罐、沟渠）施工，应根据盐渍土的特性和设计要求，合理安排施工程序，防止施工用水和场地雨水流入建（构）筑物地基、基坑或基础周围，应在施工组织设计中明确提出防止施工用水渗漏的要求。

施工期间的各种用水必须引至排水系统，不得随意排放；各用水点均应与建（构）筑物基础保持一定距离，其最小净距应符合表 31.5.4 的规定；混凝土基础不宜采用浇淋养护。

施工用水点距离建（构）筑物基础的最小净距　　　　表 31.5.4

施工用水种类	距离基础边缘的最小净距(m)
浇砖用水、临时给水管道	10
浇料场、淋灰池、混凝土搅拌站、水池	20

施工的时间和程序安排应符合下列要求：

1）施工时间选择应考虑当地盐渍土的水盐状态，宜在枯水季节施工，不宜在冬期施工。

2）在冬期或雨期进行施工时，应采取防冻、防雨雪、排洪等防止管道冻裂漏水以及突发性山洪侵入地基、基坑等措施。

3）应先施工建（构）筑物的地下工程和埋置较深、荷载较大或需要采取地基处理措施的基础，基坑应及时回填、分层夯实。

4）敷设管道时，应先施工排水管道并保证其畅通。

参 考 文 献

1. 软土地基岩土工程勘察规范（JGJ 83—2011）．北京：中国建筑工业出版社，2011．

2. 岩土工程勘察规范（2009 年版）（GB 50012—2001）．北京：中国建筑工业出版社，2009．

3. 土的工程分类标准（GB/T 50145—2007）．北京：中国建筑工业出版社，2007．

4. 高层建筑岩土工程勘察标准（JGJ/T 72—2017）．北京：中国建筑工业出版社，2017．

5. 建筑地基处理技术规范（JGJ 79—2012）．北京：中国建筑工业出版社，2013．

6. 建筑地基基础术语标准（GB/T 50941—2014）．北京：中国建筑工业出版社，2014．

7. 建筑地基基础设计规范（GB 50007—2011）．北京：中国建筑工业出版社，2012．

8. 基坑工程技术标准（DG/T J 08-61—2018）．上海：上海市建筑建材业市场管理总站，2018．

9. 建筑抗震设计规范（2016 年版）（GB 50011—2010）．北京：中国建筑工业出版社，2016．

10. 工程抗震术语标准（JGJ/T 97—2011）．北京：中国建筑工业出版社，2011．

11. 建筑基坑工程监测技术规范（GB 50497—2009）．北京：中国建筑工业出版社，2009．

12. 建筑桩基技术规范（JGJ 94—2008）．北京：中国建筑工业出版社，2008．

13. 工程结构可靠度设计统一标准（GB 50153—2008）．北京：中国建筑工业出版社，2009．

14. 建筑基坑支护技术规范（JGJ 120—2012）．北京：中国建筑工业出版社，2012．

15. 建筑工程抗震设防分类标准（GB 50223—2008）．北京：中国建筑工业出版社，2008．

16. 高层建筑筏形基础与箱形基础技术规范（JGJ 6—2011）．北京：中国建筑工业出版社，2011．

17. 建筑基坑工程技术规范（YB 9258—97）．北京：冶金工业出版社，2012．

18. 深圳市基坑支护技术规范（SJG 05—2011）．北京：中国建筑工业出版社，2011．

19. 河南省基坑工程技术规程（DBJ 41/139—2014）．北京：中国建筑工业出版社，2014．

20. 湿陷性黄土地区建筑规范（GB 50025—2004）．北京：中国建筑工业出版社，2004．

21. 冻土地区建筑地基基础设计规范（JGJ 118—2011）．北京：中国建筑工业出版社，2012．

22. 混凝土结构设计规范（GB 50010—2010）．北京：中国建筑工业出版社，2011．

23. 工业建筑防腐蚀设计规范（GB 50046—2008）．北京：中国建筑工业出版社，2008．

24. 砌体结构设计规范（GB 50003—2011）．北京：中国建筑工业出版社，2011．

25. 建筑结构荷载规范（GB 50009—2012）．北京：中国建筑工业出版社，2012．

26. 钢结构设计标准（GB 50017—2017）．北京：中国建筑工业出版社，2017．

27. 建筑桩基检测技术规范（JGJ 106—2014）．北京：中国建筑工业出版社，2014．

28. 建筑基桩自平衡法静载试验技术规程．（JGJ/T 403—2017）．北京：中国建筑工业出版社，2018．

29. 建筑工程施工质量验收统一标准（GB 50300—2013）．北京：中国建筑工业出版社，2013．

30. 复合地基技术规范（GB/T 50783—2012）．北京：中国建筑工业出版社，2012．

31. 混凝土结构耐久性设计规范（GB/T 50476—2008）．北京：中国建筑工业出版社，2008．

32. 膨胀土地区建筑技术规范（GB 50112—2013）．北京：中国建筑工业出版社，2013．

33. 盐渍土地区建筑技术规范（GB/T 50942—2014）．北京：中国建筑工业出版社，2014．

34. 吹填土地基处理技术规范（GB/T 51064—2015）．北京：中国建筑工业出版社，2015．

35. 预应力混凝土管桩技术标准（JGJ/T 406—2017）．北京：中国建筑工业出版社，2017．

36. 常士骠，张苏民．工程地质手册（第四版）．北京：中国建筑工业出版社，2007．

37. F. G. 贝尔．工程地质与岩土工程．北京：中国建筑工业出版社，1990．

38. 张绰元等．工程地质分析原理．北京：地质出版社，1981．

39. P. B. 阿特韦尔，I. W. 法默著．成都地质学院工程地质教研室译．工程地质学原理．北京：中国建筑工业出版社，1982．

40. 水利电力部水利电力规划设计院主编．水利水电工程地质手册．北京：水利电力出版社，1985．

41. E. Hoek，J. W. Bray. 岩土边坡工程. 北京：冶金工业出版社，1983.

42. ［美］Ning Lu（卢宁），William J. Likos 著. 韦昌富，侯龙，简文星等译. 非饱和土力学. 北京：高等教育出版社，2012.

43. 高大钊. 土力学与岩土工程师. 北京：人民交通出版社，2008.

44. 高大钊. 实用土力学. 北京：人民交通出版社，2014.

45. 沈扬. 土力学原理十记. 北京：中国建筑工业出版社，2015.

46. 张学言，闫澍旺. 岩土塑性力学基础. 天津：天津大学出版社，2006.

47. 张芳枝，梁志松，周秋娟. 非饱和土性状及其边坡稳定性. 北京：中国水利水电出版社，2011.

48. 胡中雄. 土力学与环境土工学. 上海：同济大学出版社，1997.

49. 黄文熙. 土的工程性质. 北京：水利电力出版社，1983.

50. 李广信. 高等土力学. 北京：清华大学出版社，2004.

51. 钱家欢，殷宗泽. 土工原理与计算（第二版）. 北京：中国水利水电出版社，1996.

52. 高大钊，袁聚云. 土质学与土力学（第三版）. 北京：人民交通出版社，2006.

53. 黄文熙主编. 土的工程性质. 北京：水利水电出版社，1983.

54. 沈珠江著. 理论土力学. 北京：水利水电出版社，2000.

55. B. A. 弗洛林著. 同济大学土力学及地基基础教研室译. 土力学原理. 北京：中国建筑工业出版社，1965.

56. D. G. Fredlund，H. Rahardjo. Soil Mechanics For Unsaturated Soils ［M］. Wily，1993：127-207.

57. J. L. Briaud. Geotechnical Engineering：Unsaturated and Saturated Soils ［M］. John Wiley & Sons，Inc.，Hoboken，New Jersey，2013.

58. E. J. Murray，V. Sivakumar. Unsaturated Soils -A fundamental interpretation of soil behaviour ［M］. Wiley-Blackwell，2010，UK.

59. N. Lu，W. J. Likos. Unsaturated Soil Mechanics ［M］. John Wiley & Sons，Inc.，Hoboken，New Jersey，2004.

60. 王锺琦，张荣祥，钟亮. 建筑场地与地基评价. 北京：中国建筑工业出版社，1990.

61. 张忠苗. 灌注桩后注浆技术及工程应用. 北京：中国建筑工业出版社，2009.

62. 余志成，施文华. 深基坑支护设计与施工. 北京：中国建筑工业出版社，1997.

63. 张忠苗. 桩基工程. 北京：中国建筑工业出版社，2007.

64. 刘金波. 建筑桩基技术规范理解和应用. 北京：中国建筑工业出版社，2008.

65. 阮起楠. 预应力混凝土管桩. 北京：中国建筑工业出版社，2000.

66. 张喜刚，龚维明. 超长桩基础承载机理研究. 北京：人民交通出版社，2010.

67. 高大钊，岩土工程勘察与设计. 北京：人民交通出版社，2010.

68. 陈凡，徐天平，陈久熙，关立军. 桩基质量检测技术. 北京：中国建筑工业出版社，2003.

69. 李德庆，李澄宇，李澄海. 桩基工程质量的诊断技术. 北京：中国建筑工业出版社，2009.

70. 郑刚. 高等基础工程学. 北京：机械工业出版社，2007.

71. 刘建航，侯学渊. 基坑工程手册. 北京：中国建筑工业出版社，1997.

72. 朱炳寅，娄宇，杨琦. 建筑地基基础设计方法及实例分析. 北京：中国建筑工业出版社，2007.

73. 刘金砺，高文生，邱明兵. 建筑桩基规范应用手册. 北京：中国建筑工业出版社，2010.

74. 龚晓南. 复合地基理论及工程应用. 北京：中国建筑工业出版社，2002.

75. 顾国荣，张剑锋，桂业琨，许丽萍. 桩基优化设计与施工新技术. 北京：人民交通出版社，2011.

76. 宰金珉. 复合桩基理论与应用. 北京：知识产权出版社，中国水利水电出版社，2004.

77. 吴林高，工程降水设计施工与基坑渗流理论，北京：人民交通出版社，2003.

78. ［英］David M. Potts Lidija Zdravkovie 著. 谢新宇，周建，胡敏云，应宏伟等译. 岩土工程有限元

分析：理论. 北京：科学出版社，2010.

79. 王全安，王树仁，冯锦艳等. 岩土工程数值计算方法实用教程. 北京：科学出版社，2010.

80. 罗汀，姚仰平，侯伟. 土的本构关系. 北京：人民交通出版社，2010.

81. 林天健，熊厚金，王利群. 桩基础设计指南. 北京：中国建筑工业出版社，1999.

82. 建筑地基基础设计规范理解与应用编委会. 建筑地基基础设计规范理解与应用（第二版）. 北京：中国建筑工业出版社，2012.

83. 宰金珉. 岩土工程测试与监测技术. 北京：中国建筑工业出版社，2008.

84. 钱力航. 高层建筑箱形与筏形基础的设计计算. 北京：中国建筑工业出版社，2003.

85. 刘国彬，王卫东. 基坑工程手册（第二版）. 北京：中国建筑工业出版社，2009.

86. 龚晓南，高有潮. 深基坑工程设计施工手册. 北京：中国建筑工业出版社，1998.

87. 中国土木工程学会土力学及岩土工程分会主编. 深基坑支护技术指南. 北京：中国建筑工业出版社，2012.

88. 郑刚，焦莹. 深基坑工程设计理论及工程应用. 北京：中国建筑工业出版社，2010.

89. 熊厚金，林天健，李宁. 岩土工程化学. 北京：科学出版社，2009.

90. 沈保汉. 桩基与深基坑支护技术进展. 北京：知识产权出版社，2006.

91. 史佩栋. 桩基工程手册（第二版）. 北京：人民交通出版社股份有限公司，2015.

92. 刘全砺. 桩基础设计与计算. 北京：中国建筑工业出版社，1990.

93. 桩基工程手册编辑委员会. 桩基工程手册. 北京：中国建筑工业出版社，1995.

94. 程良奎，朱象范. 岩土锚固、土钉、喷射混凝土——原理、设计与应用，北京：中国建筑工业出版社，2008.

95. 从蔼森. 地下连续墙的设计施工与应用. 北京：中国建筑工业出版社，2001.

96. 王卫东，王建华. 深基坑支护结构与主体结构相结合设计、分析与实例. 北京：中国建筑工业出版社，2007.

97. 中国土木工程学会土力学及岩土工程分会主编. 深基坑支护技术指南. 北京：中国建筑工业出版社，2012.

98. 欧章煜. 深开挖工程分析设计理论与实务. 台北：科学图书股份有限公司，2004.

99. 黄熙龄，秦保玖. 地基基础的设计与计算. 北京：中国建筑工业出版社，1981.

100. 陈肇元，崔京浩. 土钉支护在基坑工程中的应用. 北京：中国建筑工业出版社，2000.

101. 程良奎，范景伦，韩军，许建平. 岩土锚固. 北京：中国建筑工业出版社，2003.

102. 曾宪明，黄文狄，王作明. 土钉支护设计与施工手册. 北京：中国建筑工业出版社，2000.

103. 唐贤强，谢瑛，谢树彬，文载奎. 地基工程原位测试技术. 北京：中国铁道出版社，1993.

104. 张在明. 地下水与建筑基础工程. 北京：中国建筑工业出版社，2001.

105. 李桐然，贺可强. 高压旋喷注浆技术与应用. 北京：中国建筑工业出版社，2007.

106. H. F. 温特科恩、方晓阳主编. 钱鸿缙、叶书麟等译校. 基础工程手册. 北京：中国建筑工业出版社，1983.

107. 钱鸿缙，张迪民，王杰贤. 动力机器基础设计. 北京：中国建筑工业出版社，1980.

108. 第一机械工业部设计研究总院编. 动力机器基础设计手册. 北京：中国建筑工业出版社，1983.

109. 陈仲颐，叶书麟主编. 基础工程学. 北京：中国建筑工业出版社，1990.

110. 沈杰. 地基基础设计手册. 上海：上海科学技术出版社，1988.

111. 龚晓南主编. 地基处理手册（第三版）. 北京：中国建筑工业出版社，2008.

112. 徐攸在. 桩基检测手册. 北京：中国建筑工业出版社，1999.

113. 陈国亮. 岩溶工程论文集. 北京：中国铁道出版社，2009.

114. 崔可锐，毛由田. 岩土工程师实用手册. 北京：化学工业出版社，2007.

115. 杨果林，刘义虎，黄向京. 膨胀土处理理论与工程建造新技术. 北京：人民交通出版社，2008.

116. 朱万生，王涛，崔新壮. 含盐水泥土桩耐久性技术. 济南：山东大学出版社，2011.

117. 刘特洪. 工程建设中的膨胀土问题. 北京：中国建筑工业出版社，1997.

118. 顾宝和. 岩土工程典型案例评述. 北京：中国建筑工业出版社，2015.

119. 吴紫汪，刘永智. 冻土地基与工程建筑. 北京：海洋出版社，2005.

120. 钱鸿缙，罗宇生，涂光祉，齐文浩. 湿陷性黄土地基. 北京：中国建筑工业出版社，1985.

121. 朱梅生. 软土地基. 北京：中国铁道出版社，1989.

122. 侯学渊，钱达仁，杨林德. 软土工程施工新技术. 合肥：安徽科学技术出版社，1999.

123. 黄绍铭，高大钊主编. 软土地基与地下工程（第二版）. 北京：中国建筑工业出版社，2005.

124. 加拿大矿物与能源技术中心编. 祝玉学、邢修祥译. 边坡工程手册. 北京：冶金工业出版社，1984.

125. 铁道部第二勘察设计院编. 岩溶工程地质. 北京：中国铁道出版社，1994.

126. 铁道部科学研究院西北研究所编. 滑坡防治. 北京：中国铁道出版社，1977.

127. R.L. 舒斯特，R.J. 克利泽克. 滑坡的分析与防治. 北京：中国铁道出版社，1987.

128. 刘惠珊，张在明. 地震区的地基与基础. 北京：中国建筑工业出版社，1999.

跋

    《地基与基础》源于 1961 年由中国工业出版社发行的全国统编教材《工程地质与地基基础》一书，为高等学校试用教科书，由"工程地质与地基基础"教材选编小组选编，只限学校内部试用，出版社的责任编辑为朱象清。1961 年 1 月，中央提出对国民经济实行"调整、巩固、充实、提高"的"八字方针"，在高教战线上，制定了教育部直属高等学校暂行工作条例（草案）（即高教 60 条），贯彻执行"各门课程要按照教学方案、教学计划的要求，制定教学大纲，选用或者编写教材"，"鼓励水平较高、经验较多的教师，在若干年内，逐步为各门课程编出优秀教科书"等高教 60 条的要求，由建筑工程部委托天津大学召集组成了《工程地质与地基基础》教材选编小组完成编写工作。

    选编小组由天津大学、西安冶金建筑学院、哈尔滨建筑工程学院和重庆建筑工程学院等四院校的工程地质、土力学与基础工程等学科的教师组成。选编工作由国内当时岩土工程界的知名学者、天津大学范恩锟教授主持，在选编小组成员的共同努力下，制定了全书的编写大纲，按时完成了当时国内工业与民用建筑专业工程地质与地基基础科目的第一本试用教材，并由中国建筑工业出版社出版发行。

    《工程地质与地基基础》经多年的教学实践，并为工程技术界在工程实践中参考应用后，由中国建筑工业出版社朱象清编辑、组织重新进行修编，书名更名为《地基与基础》，于 1978 年出版发行了第一版。由天津大学、西安冶金建筑学院、哈尔滨建筑工程学院、重庆建筑工程学院合编。全书由天津大学负责总成，最后由顾晓鲁、钱鸿缙、刘惠珊、汪时敏修改定稿。

    《地基与基础》由工程地质学、土力学和基础工程学三部分组成。共分：第一篇岩石与地质作用，第二篇土力学，第三篇基础工程，第四篇不良地质条件下的地基基础问题及特殊土地基等四篇。新版《地基与基础》主要面向建筑工程地基基础工程领域的勘察、设计与施工人员，内容全面、充实，理论与实际结合，适用性广，发行量大，成为建筑工程行业地基基础工程技术人员的实用参考书，亦作为高等学校建筑工程专业的教学参考书。中国建筑工业出版社相继于 1993 年发行了第二版，并由原四校的顾晓鲁、钱鸿缙、刘惠珊、汪时敏任主编。

    改革开放以来，随着我国建设事业的大发展，科学技术进步飞速发展，尤其是在建筑工程领域工程规模的增量达世界前列，地基基础工程技术的创新日新月异，国家规范与行业标准大量实施发行的局面下，中国建筑工业出版社于 2003 年组织发行了《地基与基础》第三版，仍由第二版的四主编完成编写及总成、定稿工作。第三版发行至今已历时 15 年，为跟上岩土工程技术发展的步伐，中国建筑工业出版社计划于 2018 年出版发行《地基与基础》第四版。至此，本书如果从 1961 年《工程地质与地基基础》高等学校试用教科书版算起，至今已历时 57 年。自 1978 年《地基与基础》第一版算起，至今也已历时 40 年。这是中国建筑工业出版社的科技图书书目中历时较长的一本图书。

    本书从 1978 年起的四位主编中，经历了漫长的沧桑岁月的变化，西安冶金建筑学院的钱鸿缙教授与哈尔滨建筑工程学院的刘惠珊教授以及重庆建筑工程学院的汪时敏教授均已先后仙逝。钱鸿缙、刘惠珊、汪时敏三位教授为《地基与基础》一书长期的编修、出版做出了重大贡献，并广为业界称颂。

《地基与基础》一书能历时 40 余年不断出版发行，是与中国建筑工业出版社的支持密不可分的。多位出版社的责任编辑：朱象清、石振华、高峰、咸大庆、吉万旺等为本书的出版发行做了大量工作，使本书能长期保持较高的出版质量，受到广大读者的称赞和欢迎，在科技类参考书中保持了较大的发行量。

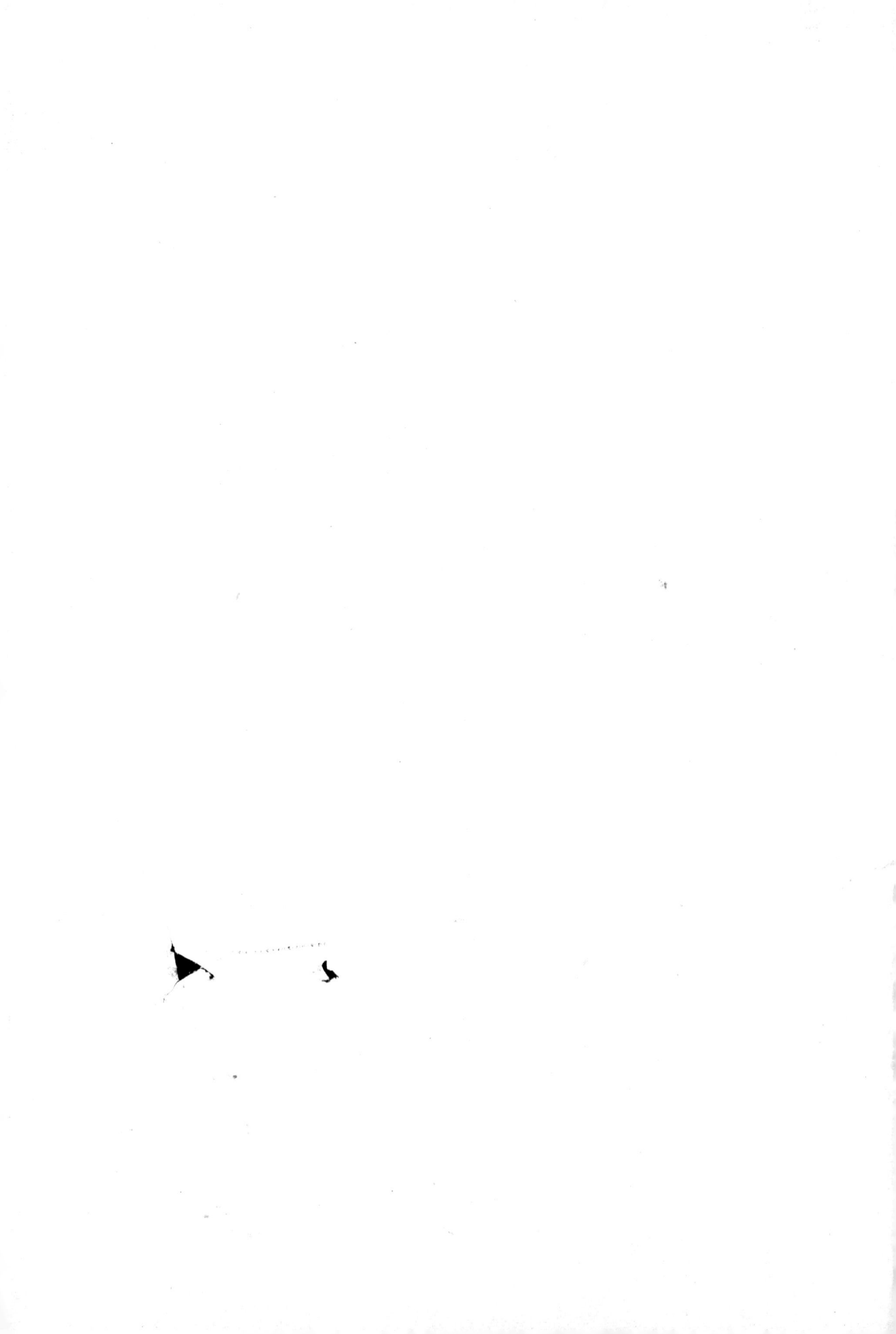